“十二五”国家重点图书
国家科学技术学术著作出版基金资助出版

稀土金属材料

唐定骧　刘余九　张洪杰　孟　健　主编

北　京
冶金工业出版社
2011

内 容 提 要

本书共分10章，主要分三个方面深入系统阐述了稀土金属材料：一是介绍以稀土金属为主要成分的金属间化合物功能材料，包括我国重大科技成果之一的稀土永磁材料、业已规模化生产的稀土贮氢合金材料和稀土磁致伸缩材料等；二是介绍以稀土为重要成分的高性能稀土金属材料，包括具有中国特色的稀土铝合金、稀土镁合金以及稀土－贵金属、稀土锌、稀土铜合金材料等；三是介绍以稀土作为添加剂的金属结构材料，包括中国自主创新的稀土铸铁、稀土钢和一些稀土有色合金。此外设专章推荐了稀土金属材料中稀土的分析方法，便于相关人员查询。本书力求理论联系实际、研发应用结合资源和市场，注重科学发展、可持续发展，兼顾综合性和系统性、新颖性和前瞻性，将一些正处于研究阶段但具有广阔应用前景的稀土金属新材料，如稀土磁制冷材料、稀土磁光材料、稀土金属基玻璃材料、稀土镁合金生物材料、核工业用稀土合金材料、铅酸电池板栅用稀土铅合金等纳入书中，便于读者了解稀土金属材料的最新发展情况。

本书适合于从事稀土金属和合金的研发、稀土在金属材料中的应用、稀土金属间化合物功能材料以及稀土合金结构材料领域的科研人员、生产技术人员阅读，亦可作为高等院校稀有（稀土）冶金专业和金属材料专业的教学参考用书。

图书在版编目（CIP）数据

稀土金属材料/唐定骧等主编．—北京：冶金工业出版社，2011.8

ISBN 978-7-5024-5523-1

Ⅰ．①稀…　Ⅱ．①唐…　Ⅲ．①稀土金属—金属材料　Ⅳ．①TG146.4

中国版本图书馆CIP数据核字（2011）第150708号

出 版 人　曹胜利
地　　址　北京北河沿大街嵩祝院北巷39号，邮编100009
电　　话　（010）64027926　电子信箱　yjcbs@cnmip.com.cn
策　　划　曹胜利　责任编辑　戈　兰　谭学余　美术编辑　李　新
版式设计　孙跃红　责任校对　王贺兰　责任印制　牛晓波
ISBN 978-7-5024-5523-1
北京兴华印刷厂印刷；冶金工业出版社发行；各地新华书店经销
2011年8月第1版，2011年8月第1次印刷
787mm×1092mm　1/16；54.25印张；1319千字；852页
140.00元
冶金工业出版社发行部　电话：（010）64044283　传真：（010）64027893
冶金书店　地址：北京东四西大街46号（100010）　电话：（010）65289081（兼传真）

序

18世纪末，人们发现了稀土，这时也正是人类社会开始进入工业革命的时代。随着科学技术的发展，人们对有17个元素（包括钪、钇）的稀土的发现、提取分离方法、理化性质和用途的认识有个漫长的发展过程。在稀土的应用方面，19世纪还只以混合稀土形式有了少量个别用途，直到第二次世界大战后，进一步完善了稀土的提取分离方法和对每个单一稀土元素及其化合物理化性能深入了解，才发现了其在工业上的广泛用途——稀土在冶金机械中的应用、稀土在玻璃陶瓷中的应用、稀土在石化等催化剂中的应用，促进了人们对稀土的经济价值的重视。特别是到20世纪六七十年代高新技术的迅速发展，激光、稀土发光材料、稀土永磁材料等以稀土为主要成分的新材料相继成功研发及迅速拓开军工应用市场，使稀土进入了"黄金时代"。80年代的钕铁硼稀土永磁、钇钡铜氧等高温超导材料的发明，以及这些新材料的应用开发，更促成稀土战略价值的提升。

中国稀土由于自然资源优势加上国家对稀土的重视，20世纪70年代初开始进入世界市场，80年代我国富产的中、重稀土又充实了这些与高新技术密切相关而国外又稀缺的原料来源，有利于稀土的大规模广泛应用。20世纪70年代末80年代初人们曾预测到2000年世界稀土矿产品量会从当时的两万多吨（1980年为27300t稀土REO含量，当时我国只产1000多吨）增加到6万吨左右。实际2000年世界稀土矿产品产量已达9万多吨。进入21世纪发展的更快，截至2008年已达到近13万吨，八年间增加了1/3还多，我国产量约占世界总产量的97%。稀土不但在国民经济中得到普遍的应用，更在军工上发挥着不可替代的作用。美国将稀土材料及其制品视为重要战略物资，用于各种功能和型号的精确制导武器——包括导弹和"灵巧"炸弹、飞机、激光、光纤通信、声学武器、雷达系统、光学装备、彩色显示、防止中子辐射涂层、电子计算机和电子对抗装备等。稀土在所有武器上几乎无所不在，涉及到的稀土材料也包罗万象，稀土永磁钐钴和钕铁硼、磁致伸缩材料、稀土贮氢材料、稀土发光材料、液晶抛光粉、稀土激光晶体（YAG，YIG，YGG等）和纯稀土金属等。

我国稀土用于发展国民经济多个领域，自20世纪60年代就大力开展稀土的应用推广工作，1988年就以近3万吨稀土矿产品产量超过美国历史最高年产量水平（1984年的2.6万吨），稳居世界稀土产量第一位，2003年又以近3万吨稀土消费量超过美国历史最高用量（1990年的2.87万吨），居世界稀土消费量第一位。2008 年我国稀土消费量已达 7.0 万吨，占世界稀土消费量的 50% 以上，其中用于冶金机械、石化催化、玻璃陶瓷和具有我国特色的用于农业和轻纺等传统产业领域的稀土消费量约 3.16 万吨。其中，可喜的是在农业领域稀土得到了广泛应用。稀土用于钢铁、有色金属及合金领域主要利用其化学性质使用稀土金属及合金为添加剂，起到调质、净化、细化晶粒及微合金化作用，其特点是用量少、提高性能作用大，可谓四两拨千斤。

稀土金属材料是稀土材料领域的一个重要部分。它的应用领域非常广泛，在传统工业领域中稀土以合金形式用于冶金机械；在高新技术中的稀土永磁和稀土贮氢等新材料，绝大部分是稀土金属与过渡族金属间化合物，如稀土永磁材料 $Nd_2Fe_{14}B$、$SmCo_5$、稀土超磁致伸缩材料如 $Tb_{0.27}Dy_{0.73}Fe_2$、稀土贮氢材料如 $LaNi_5$、稀土磁制冷材料如 $Gd_5Si_2Ge_2$，以及稀土非晶薄膜磁光转换材料 TbDyFe、TbDyCo 等。稀土功能材料的特点是稀土元素为主成分且利用其 4f 电子层结构、合金的晶体结构和磁结构等稀土金属的物理性质。上述稀土功能金属材料除磁制冷和磁光材料外，都已产业化。2010 年稀土永磁材料、贮氢材料产量分别达到 78000 t（实物量）和 17800 t（实物量）。2010 年稀土金属材料国内市场消费量达到了 40425 t（REO），占稀土总用量的 46.5%。

目前稀土金属材料的相关资料大都包含在稀土专著的相关章节中，或以某种材料论文形式发表在相关杂志中，缺少系统综合的稀土金属材料方面的书籍。

本书是稀土金属材料的专著，由拥有实践经验的著名专家、学者编写。书中主要介绍稀土金属材料理论和目前已生产和应用的稀土及合金结构材料、稀土功能材料，并对各种稀土金属材料发展趋势、存在问题和改进措施进行了评述。

相信本书的出版，会有助于我国稀土金属材料的研发、应用和推广，本书不但可供从事稀土金属领域的教师、研究工作者、工程技术人员和管理人员参考；也有助于研究生、大专学生的学习。我国稀土除具有资源、生产、应用、出口和领导的重视等优势外，还拥有一大批科技人员，这支队伍从理论到实际、从科研到生产，专业齐全，功绩显赫。我与本书主编相识四十余年，深知其功底深厚，敬业专一，对我国稀土的开发和应用，做出过重大贡献。相信在稀土科技人员努力下，我国不但会保持稀土规模的大国，更能早日成为稀土领域的科技强国。

中国工程院院士 李东英

2011 年 7 月

前　言

稀土资源包含15个镧系元素和钪、钇共17个元素。由于它们具有特殊的核外电子排布，特殊的化学活性和光、电、磁特性，被誉为工农业的“维生素”和“国防战略物资”，稀土金属对改造和提升传统钢、铁、有色金属及其合金产业，发展稀土金属间化合物及其合金高新科技尖端技术、高端产品正起着越来越大的作用。事实证明，稀土金属材料在国民经济建设和国防军工多个领域发挥着重要作用，产生了巨大经济效益，它是我国提高自主创新能力和核心竞争力不可或缺的重要材料。

稀土材料可概略分为稀土金属材料和稀土非金属材料。顾名思义，稀土金属材料是指含有稀土的金属（合金）材料，或者说，在金属（合金）中应用了稀土金属的材料。鉴于稀土金属很少独自作为材料应用，本书把稀土金属材料分为三类：(1) 以稀土金属为主体成分，其中稀土金属含量（质量分数）超过25%，与其他元素化合，制备出具有特殊功能的金属间化合物，如稀土磁性材料，对高新技术起着支撑作用。(2) 以稀土金属作为添加剂（稀土含量0.01%～1%），在钢、铁、有色金属及其合金中可产生净化、细化变质和微合金化作用，从而提升合金产品的综合物化性能。(3) 以稀土金属作为合金的重要成分（其中稀土含量为1%～20%，居于(1)、(2)类之间），在有色合金中除了作为添加剂所起的作用外，还凸显出固溶强化、时效硬化和弥散强化作用，如耐热、高强的稀土镁合金、铝合金和铜合金在制造业中日益彰显出其重要作用。本书就此三类稀土金属材料进行描述和讨论以便彼此交流借鉴，旨在了解各种稀土金属在诸多金属材料中作用的共性和个性，探寻不同稀土在不同合金中特有的效用，逐步认识稀土金属在各种金属材料中的作用规律，这是本书的第一个特点。

鉴于稀土金属材料发展迅速，稀土金属功能材料产业化规模越来越大，稀土添加剂在黑色和有色金属中应用越来越广，本书增加了合金的耐热、高强、耐蚀等性能方面内容的阐述。稀土有色金属品种越来越多，新型稀土金属材料不断涌现，稀土金属材料研发课题越来越红火，相关科技人员和大专院校师生对稀土金属材料方面图书的需要越发渴求。在此情况下，我们应冶金工业出版社邀请编写此书，注重基础性、系统性、综合性和前瞻性兼备，这是本书的第二个特点，旨在有助于促进稀土金属材料又好又快的发展，促进稀土从资源优势转化为技术和经济优势。

本书力求理论与实际紧密结合，将研发、生产与市场紧密结合，稀土金属材料推广应用与稀土资源、产销状况紧密结合，这是本书的第三个特点。

本书主要篇幅介绍了稀土金属在多个领域已有的应用基础和生产应用实践，同时还介绍了一些具有应用前景的新型重要稀土材料：稀土磁制冷材料、稀土金属基块体玻璃材料、稀土核能应用材料、可降解人体植入稀土镁合金材料等，以飨读者，这是本书的第四个特点。

本书各章邀请工作在或曾在第一线工作过、有基础、有经验的知名学者专家牵头撰写，多数章节由研发团队协作而成。本书还有一个特点是：每章最后都提出了存在的问题、对策和建议，旨在活跃学术思想、交流经验、起抛砖引玉作用。此外，为保证各章节内容的系统、完整，不同章节间的内容会有少量重叠，请广大读者谅解。

本书由唐定骧、刘余九、张洪杰、孟健担任主编，并承担了内容策划和审稿、统稿工作。具体编写分工及参编人员为：第 1 章由刘余九、唐定骧、王国珍、卢忠效、张洪杰、孟健编写；第 2 章由胡伯平、饶晓雷、王亦忠编写；第 3 章由伍虹、杨妹娟、陈云贵、唐永柏编写；第 4 章由陈云贵、唐定骧编写；第 5 章由唐定骧、张洪杰、孟健、张密林、王立民、吴耀明、张德平、韩伟、颜永德、陈云贵、王立东、鲁化一、李远发、姜永正、单巍巍、李扬德、李卫荣、姚远、卫中领、黄元伟、邱鑫、房大庆、田政、孙伟、牛晓东编写；第 6 章由巫瑞智、唐定骧、张密林、张洪杰、孟健、王立民、张德平、鲁化一编写；第 7 章由谈荣生、蒋建清、毛向阳、方峰、涂益友、宋人英、唐定骧、张德平、唐有根、张景怀、王成辉、赵昆、罗强、汪卫华、彭秋明、张清、张涛、李然编写；第 8 章由王龙妹编写；第 9 章由盛达编写；第 10 章由刘文华编写。

感谢中国工程院李东英院士为本书写序，感谢李冬英院士、倪嘉缵院士和苏锵院士对本书的推荐，也感谢各参编人员付出的辛勤劳动以及冶金工业出版社谭学余总编辑多次莅临本书编著会议进行的指导帮助。本书编写中参阅了不少资料，对这些文献的作者表示感谢。张德平、张景怀、邱鑫、刘轲、薛江参与本书文字收录及整理工作，在此对所有为本书的出版做出贡献的人们一并表示诚挚的谢意。

由于编者水平所限，书中不妥之处恳请读者和专家指正。

编 者

2011 年 7 月

目　录

1 稀土金属基础

稀土金属已被广泛应用作为稀土金属间化合物功能材料的重要原料,各种特色合金的主要合金元素以及黑色、有色冶金工业的各种添加剂。为了了解和研究各个稀土金属及其组合在上述材料中的作用、机理和规律,继而进行稀土金属材料设计优化、稀土金属成分优选以利用稀土提升金属材料的各种性能(综合性能),从而达到创造出性价比更高、更先进而实用的稀土金属新材料,必须对稀土金属概貌、稀土资源、稀土金属原子结构和各种物理性质等稀土金属基本特征和稀土金属和合金的生产方法、应用和市场诸多方面,有一个基本全面的认识。这就是编写本章的出发点。

1.1 稀土金属简介[1~4]

元素周期表中原子序数从 57 到 71 的元素称为镧系元素,常用 Ln 表示,它们的名字分别称为镧(La)、铈(Ce)、镨(Pr)、钕(Nd)、钷(Pm)、钐(Sm)、铕(Eu)、钆(Gd)、铽(Tb)、镝(Dy)、钬(Ho)、铒(Er)、铥(Tm)、镱(Yb)、镥(Lu)。由于原子序数为 39 的钇(Y)和原子序数为 21 的钪(Sc)与镧系元素半径相近,彼此成为近亲,也被包括在这个大家庭中,人们把这 17 个元素总称为稀土元素,常用符号"RE"或"R"表示。因为钷为天然放射性元素,有时被排除在外,乃有稀土包含 16 个元素之说。有时把这个大家族又划分为 2 个或 3 个分族。例如,根据原子量的轻重,把 La、Ce、Pr、Nd、Pm、Sm、Eu 7 个元素称为轻镧系,也称为轻稀土,或以其中含量最多的铈命名为铈族稀土。把 Gd、Tb、Dy、Ho、Er、Tm、Yb、Lu 8 个元素称为重镧系,如果把其中原子量较小而含量较高的钇元素包括在内的话又称为钇族稀土。但分界线并不严格,有时把钆也划在轻镧系中,有时把位于中间的 Sm、Eu、Gd 称为中稀土。

稀土金属是以稀土的化合物(氯(氟)化物或氧化物)为原料,采用熔盐电解法、金属热还原法或其他方法,让化合物中的稀土金属离子获得电子而被还原为电中性的金属原子,它是稀土原子的集合体,常温为固态,而气态稀土金属只有在特殊高温状况下存在。

市场上售卖的稀土金属有 16 种,不包括钷在内。根据出售的稀土金属的纯度可略分为:稀土粗金属(90% ~98%)、纯金属(>99%)和高纯稀土金属(>99.99%)。这里所说的含量(%)是指该金属在产品中占有的质量分数,通常是以 100% 减去稀土金属杂质和非稀土金属杂质总和而得(如果没有特别注明,本书中的含量均指质量分数)。而一般所说的稀土金属纯度是指某一稀土金属的含量与稀土金属总量的比值,以百分数表示,通常是以 100% 减去稀土金属杂质总和(不包括非稀土金属)而得,两者常被混淆。

工业上和市场上常用或常见的是混合稀土金属,依据含稀土金属种类不同、含量不同和用途不同可大体分为以下九个品种：

（1）富铈混合稀土金属：相对纯度为98%～99%，含Ce为45%～51%、La为23%～28%、Pr为5%～7%、Nd为12%～17%、非稀土杂质为1%。

（2）富镧混合稀土金属：相对纯度含La为40%～90%、非稀土杂质为1.0%～1.3%。

（3）不含钕的混合稀土金属（有的称为镧镨铈LPC混合稀土金属）：Ce为60%～62%、La为30%～32%、Pr为6%～8%。

（4）未分离的混合轻稀土金属：Ce为45%～50%、La为22%～28%、Pr为5%～7%、Nd为12%～17%、Sm、Eu、Gd、Y等约为3%。

（5）不含钐的混合轻稀土金属：Ce为50%、La为30%、Pr为6%～7%、Nd为13%～17%。

（6）提取部分铈和提取钕后的混合稀土金属：La为78%～84%、Pr为5%～12%、Ce为5%～10%、Nd<1%。

（7）低铁、低锌、低镁电池级（镍－氢电池用）混合稀土金属：稀土金属总量99.5%，非稀土金属杂质Fe<0.2%、Mg<0.01%、Zn<0.01%、O<0.05%、C<0.03%。

（8）NdPr混合稀土金属：Nd为70%～85%、Pr为15%～30%。

（9）富Y稀土金属：Y>75%，其他稀土总和<25%。

混合稀土金属其实也可叫混合稀土合金，是某种稀土金属与一种或其他多种稀土金属组成的合金。

1.2 稀土资源现状

1.2.1 世界稀土资源

稀土元素在地壳中主要以矿物形式存在，其赋存状态主要有三种：

（1）作为矿物的基本组成元素，稀土以离子化合物形式赋存于矿物晶格中，构成矿物的成分。这类矿物通常称为稀土矿物，如独居石、氟碳铈矿等。

（2）稀土作为矿物的杂质元素，以类质同象置换的形式，分散于许多造岩矿物和稀有金属矿物中，这类矿物称为含有稀土元素矿物如磷灰石、萤石等。

（3）稀土呈离子状态被吸附于某些矿物的表面或颗粒间。这类矿物主要是各种黏土矿物、云母类矿物。这类状态的稀土元素很容易提取，如离子吸附型稀土矿。

稀土矿物是以几种矿物复合的形式存在的，因此目前稀土原矿的品位一般不超过5% REO，只有美国芒廷帕斯的氟碳铈矿品位为5%～10% REO。

1.2.1.1 世界稀土资源及稀土配分[5]

世界稀土资源丰富，在地壳内含量比人们熟悉的铅、锌多，远超过金和铂的含量。虽然稀土绝对量很大，但非常分散，在地壳中的平均丰度只为$2\times10^{-2}\%$。分布又很不均匀。目前世界上已发现的稀土矿物和含稀土元素的矿物约有250种，而且还在不断发现新的稀土矿物。但具有工业价值的稀土矿物只有50～60种，目前可供工业开采利用的轻稀土矿物主要是氟碳铈矿、独居石、铈铌钙钛矿；重稀土矿物主要是磷钇矿、褐钇铌矿、离子吸附型稀土矿、钛铀矿等十几种，主要稀土矿物、分子式、矿物类型、氧化物（REO）最大含量见表1-1。

表 1-1 主要稀土矿物、分子式、矿物类型、氧化物(REO)最大含量

稀土矿物名称	分 子 式	矿 物 类 型	REO 最大含量/%
氟碳铈矿	$CeFCO_3$	氟碳酸盐	75
钇菱铈钙矿	$(Ce, Y)FCO_3$	氟碳酸盐	50
独居石	$(Ce, Y)PO_4$	磷酸盐	65
磷灰石	$(Ca, Ce)_5\{(P, Si)O_4\}_3(O, F)$	磷酸盐	12
烧绿石	$(Na, Ca, Ce)_2Nb_2O_6F$	氧化物	6
褐钇铌矿	$(Y, Er, U, Th)(Nb, Ta, Ti)_2O_4$	氧化物	46
钇铌矿	$(Y, Ce, U, Ca)(Nb, Ta, Ti)_2O_6$	氧化物	22
铈铌钙钛矿	$(Na, Ca, Y, Ce)(Nb, Ta, Ti)_2O_6$	氧化物	32
黑稀金矿	$(Y, Ca, Ce, U)(Nb, Ta, Ti)_2O_6$	氧化物	30
褐帘石	$(Ce, Ca, Y)_2(Al, Fe)_3(SiO_4)_3OH$	硅酸盐	28
铈硅石	$Ca, Ce_6Si_3O_{13}$	硅酸盐	70
氟铈矿	CeF_3	氧化物	70
钛铀矿	$(U, Ca, Fe, Y, Th)_3(Ti, Si)_5O_{16}$	氧化物	12
硅铍钇矿	$(Y, Ce)_2Fe_2Si_2O_{10}$	硅酸盐	48
磷钇矿	YPO_4	磷酸盐	62
锆 石	$(Zr, Th, Y, Ce)SiO_4$	硅酸盐	—
离子吸附型稀土矿	—	—	—

目前世界生产稀土产品使用的稀土矿物主要有五种：氟碳铈矿、离子吸附型稀土矿、独居石矿、磷钇矿和磷灰石矿，前四种矿占世界稀土产量的95%以上。氟碳铈矿与独居石轻稀土含量高，磷钇矿含重稀土和钇，但储量低，离子吸附型稀土矿重稀土含量高，磷灰石主要是轻稀土。世界主要稀土矿物中的稀土配分见表 1-2。

1.2.1.2 世界内生同类稀土矿床特征[6, 7]

根据稀土矿床成因，稀土矿床分为内生矿床、变质矿床、特殊的复杂矿床和外生矿床。将世界重要内生同类稀土矿床的矿石类型、主要稀有稀土矿物、可综合回收利用矿物、脉石矿物、有益化学成分、杂质含量、稀土配分形式、稀土氧化物分布等进行分析比较，它们具有相同和类似的特征，见表 1-3。

表 1-2 世界主要稀土矿物中的稀土配分(REO) (%)

稀土矿物及产地		La_2O_3	CeO_2	Pr_6O_{11}	Nd_2O_3	Sm_2O_3	Eu_2O_3	Gd_2O_3	Tb_4O_7	Dy_2O_3	Ho_2O_3	Er_2O_3	Tm_2O_3	Yb_2O_3	Lu_2O_3	Y_2O_3	总计
独居石	澳大利亚韦尔德矿山	25.10	48.50	5.30	16.70	2.20	0.55	0.89	0.07	0.23	痕	0.03	痕	0.06	痕	0.35	99.98
	美国佛罗里达州戈林科夫斯普林斯	17.50	43.70	5.00	17.50	4.90	0.16	6.60	0.26	0.90	0.11	痕	痕	0.21	痕	3.20	100.04
	印度	23.0	46.0	5.50	20.0	4.0	—	—	—	—	—	1.50	—	—	—	—	100.00
	中国广东南岗	23.0	42.7	4.1	17.0	3.0	0.1	2.0	0.7	0.8	0.12	0.30	痕	2.4	0.14	2.4	98.76
磷灰石	澳大利亚诺兰斯波尔	18.51	47.77	6.06	21.48	2.45	0.45	1.15	0.11	0.34	0.05	0.11	0.01	0.05	0.01	1.45	100.00
	俄罗斯	25.1	45.0	3.9	14.0	1.6	0.5	1.5	0.1	1.0	0.1	0.2	痕	0.1	痕	4.3	97.4
氟碳铈矿	中国内蒙古白云鄂博	23.0	50.0	6.2	18.5	0.8	0.2	0.7	0.1	0.1	痕	痕	痕	痕	痕	0.43	99.6
	美国加利福尼亚芒廷帕斯	33.2	49.1	4.34	12.0	0.80	0.10	0.20	痕	痕	痕	痕	痕	痕	痕	0.10	99.84
磷钇矿	马来西亚拉哈特皮拉克	1.24	3.13	0.50	1.60	1.10	痕	3.50	0.90	8.30	2.00	6.40	1.10	6.80	1.00	61.00	98.57
	中国广东	1.20	3.00	0.60	3.50	2.20	0.20	5.00	1.20	9.10	2.60	5.60	1.30	6.00	1.80	59.30	102.60
中国离子吸附矿	富镧钕型	38.00	3.50	7.41	30.18	5.32	0.51	4.21	0.46	1.77	0.27	0.88	0.13	0.62	0.13	10.07	103.46
	中钇富铕型	27.56	3.23	5.62	17.55	4.54	0.93	5.96	0.68	3.71	0.74	2.48	0.27	1.13	0.21	24.26	98.87
	高钇型	2.18	< 1.09	1.08	3.47	2.37	< 0.37	5.69	1.13	7.48	1.60	4.26	0.60	3.34	0.47	64.97	100.00

表 1–3 世界重要内生同类稀土矿床特征比较

产地及矿床名称	四川冕宁牦牛坪稀土矿床	内蒙白云鄂博铁铌稀土矿床	山东微山稀土矿床	美国芒廷帕斯稀土矿床	加拿大雷神湖铍铌稀土矿床	蒙古木苏盖——胡都卡稀土矿床
矿床规模	大型	超大型	中型	大型	大型	大型
矿(脉)石类型	碱性伟晶岩型、方解石碳酸岩型、细网脉型	铁—稀土矿石、白云石稀土矿石、硅酸盐岩稀土矿石	石英重晶石碳酸岩型、霓辉花斑岩型、铈磷灰石型、霓辉石型	铁白云石碳酸岩型、方解石重晶石碳酸岩型、硅化方解石碳酸岩型	正长岩型、碱性花岗岩型	角砾岩型、磷酸岩型、磷灰石岩型。最重要的是呈角砾岩产出的碳酸岩矿石
主要稀土、稀有矿物	氟碳铈矿。少量硅钛铈矿、氟碳铈钙矿、方铈石、钍石	氟碳铈矿、独居石、易解石、烧绿石、铌铁矿	氟碳铈矿。少量氟碳铈钙矿、碳铈钠石、钍石	氟碳铈矿。少量氟碳铈钙矿、钍石、独居石	硅铍钇矿、磷钇矿、独居石、氟碳铈矿、烧绿石、铀钍石	氟碳铈矿（10%~15%）
可综合回收利用矿物	重晶石萤石、方铅矿、钍石	铁矿、烧绿石、铌铁矿、重晶石、萤石	重晶石、钍石	重晶石、钍石	晶质铀矿、锆石、锡石	重晶石(15%) 天青石(10%) 方铅矿
主要脉石矿物	霓辉石、正长石、方解石。少量石英、黑云母、钠铁闪石	白云石、正长石、方解石、黑云母	方解石、白云石、萤石、霓辉石、钠铁闪石、石英、钾(钠)长石	方解石、黑白云石、黑云母、石英、少量萤石棉、萤石	条纹长石、石英、钠闪石、霓辉石、黑云母、星叶石、萤石	
主要有益化学成分	REO 伴生 $BaSO_4$、CaF_2、Pb、Mo、Ag、Nb、Th	Fe、REO、Nb、$BaSO_4$、CaF_2	REO、BaO	REO、$BaSO_4$、ThO_2	LREO、HREO、Nb、BeO、Zr	REO、Sr、Ba、Pb
有害杂质含量/%	$ThO_2=0.02\sim0.05$ $P_2O_5=0.37\sim0.68$ $CaO=2.8\sim12.4$ $F=4.53\sim6.0$ $TiO_2=0.02\sim0.40$	$ThO_2=0.03\sim0.05$ $P_2O_5=0.22\sim2.85$ $CaO=1.65\sim35.06$ $F=0.34\sim16.83$ $TiO_2=0.05\sim0.62$	$Th=0.02$ $P=0.12$ $CaO=1.18$ $F=0.7$ $TFe=2.81$	稀土及钍矿化破碎带的氧化带 $ThO_2=6$	$U=(1.4\sim450)\times10^{-6}$ $Tm=(37\sim1702)\times10^{-6}$ $CaO=0.37\sim4.24$ $P_2O_5=0.19\sim0.51$ $TiO_2=0.03\sim0.74$ $F=0.18\sim3.13$	$TiO_2=0.03\sim0.76$ $CaO=8.86\sim43.60$ $P_2O_5=0.27\sim30.25$ $F=0.55\sim22.16$
矿石稀土配分形式	Ce > La > Nd 富铈族稀土强选择配分型	Ce > La > Nd 富铈族稀土强选择配分型	Ce > La > Nd 富铈族稀土强选择配分型	Ce > La > Nd 富铈族稀土强选择配分型	轻稀土选择配分型	富铈族稀土强选择配分型
稀土氧化物分布/%	LREO95. 60 ~ 96. 75 MREO2. 37 ~ 3. 34 HREO0. 83 ~ 1. 04	LREO 96. 25 MREO 3. 18 HREO 0. 58	LREO 97. 28 MREO 2. 29 HREO 0. 44	LREO 98. 90 MREO 0. 91 HREO 0. 10	HREO 80 ±	$\sum Ce/\sum Y=15.19\sim41.00$

1.2.1.3 世界稀土资源及储量基础[8,9]

世界稀土资源主要集中在中国、独联体、美国、澳大利亚、印度、加拿大、南非、巴西、马来西亚、斯里兰卡、埃及等国家和地区，其中中国的占有率最高。随着时间的推移世界稀土资源变化不大，美国地质调查局2008年1月《矿产品摘要》统计发表的世界稀土矿山储量和储量基础分别为88000 kt和150000 kt，见表1-4。

表1-4 世界稀土矿山储量和储量基础（以REO计） (t)

年 份	2002		2004		2005		2006		2007	
国 家	储量	储量基础	储量	储量基础	储量	储量基础	储量	储量基础	储量	储量基础
中 国	2700	8900	2700	8900	2700	8900	2700	8900	2700	8900
美 国	1300	1400	1300	1400	1300	1400	1300	1400	1300	1400
澳大利亚	520	580	520	580	520	580	520	580	520	580
印 度	110	130	110	130	110	130	110	130	110	130
俄罗斯	1900	2100	—	—	—	—	—	—	—	—
加拿大	94	100	—	—	—	—	—	—	—	—
南 非	39	40	—	—	—	—	—	—	—	—
巴 西	—	—	—	—	—	—	—	—	4.8	8.4
马来西亚	3	3.5	3	3.5	3	3.5	3	3.5	3	3.5
独联体	—	—	1900	2100	1900	2100	1900	2100	1900	2100
泰 国	—	—	—	—	—	—	—	—	—	—
其他国家	2100	2100	2200	2300	2200	2300	2200	2300	2200	2300
世界总计	8800	15000	8800	15000	8800	15000	8800	15000	8800	15000

注：表中所述“储量”及“储量基础”的概念与我国的储量及基础储量不能直接对应，但有近似之处，因为我国的资源分类、技术经济评价和勘察程度的标准与美国不一致，表中的稀土储量和储量基础是美国根据中国的资料修改的。

“储量基础”是指从中可以估算储量的原地探明资源（确定的＋推定的）。

“储量”是指在进行测定的当时可以经济开采、提取生产的那部分储量基础。

A 世界钇资源

钇主要存在于独居石、磷钇矿和离子吸附型稀土矿中，独居石矿分布在全球各地的地表、风化层、碳酸岩、铀土岩中。含钇的独居石矿中含有磷灰岩、钽铌矿和铀矿。位于加拿大安大略省的尼罗河区域其独居石矿、铀矿中有丰富的钇。中国特有的离子吸附型稀土矿含丰富的钇，分为富钇、中钇富铕和富铕矿。表1-4中的稀土储量其中包括了钇的储量。美国地质调查局2008年1月《矿产品摘要》发表了世界钇矿山储量、储量基础分别为540 kt和610 kt，见表1-5。

表1-5 世界钇矿山储量和储量基础（以REO计） (t)

年 份	1995		2002		2007	
国家及地区	储 量	储量基础	储 量	储量基础	储 量	储量基础
美 国	120000	130000	120000	130000	120000	130000
澳大利亚	100000	110000	100000	110000	100000	110000

续表 1-5

年 份	1995		2002		2007	
国家及地区	储量	储量基础	储量	储量基础	储量	储量基础
巴 西	400	1500	2200	6200	2000	6200
加拿大	3300	4000	3300	4000	—	—
中 国	220000	240000	220000	240000	220000	240000
印 度	36000	38000	72000	80000	72000	80000
马来西亚	13000	21000	13000	21000	13000	21000
南 非	4400	5000	4400	5000	—	—
斯里兰卡	240	260	240	260	240	260
泰 国	600	600	600	600	—	—
其 他	9570	10630	9000	10000	17000	20000
世界总计(大约)	507510	560990	540000	610000	540000	610000

注:表中数据“储量”和“储量基础”的定义见表 1-4 注。

B 世界钪资源

钪属于稀土元素,钪在地壳中的克拉克值为$(5\sim6)\times10^{-4}\%$,与铍、硼、锶、锡、锗、砷、硒和钨的丰度相当,但其分布却极为分散,是典型的稀散亲石元素。已知含钪的矿物多达 800 多种,主要存在于基性岩和超基性岩的铁-镁矿物中,它在岩石和矿物中多以氧化物、硅酸盐和磷酸盐的形式存在。钪的矿源较小,在自然界中罕见,它多与镧系元素和钇等其他元素共生,广泛分散于其他矿物中如钛铁矿、锆英石、铝土矿、钒钛磁铁矿等,作为钪的独立矿物只有钪钇矿、水磷钪矿、铁硅钪矿、钛硅酸稀金矿和中国江西稀土矿中富钪矿。全世界钪的储量约 2000 kt,主要分布于俄罗斯、中国、塔吉克斯坦、美国、马达加斯加、挪威等国家。近年来发现的中国长江三峡重庆段的淤砂是以高硅、高钙、高铝、镁型脉石矿物为主,含少量铁和钛[10],淤砂含钪 6.6 g/t,其中钛铁矿含钪 101 g/t,钛辉石含钪最高为 121 g/t,是原矿(淤砂)含钪的主要矿物。每年流过重庆境内金属钪量达 254 t,而且淤砂中钪的资源不会枯竭,是极有开采价值的钪资源。

我国浙西北最近发现一个大型钪资源,每吨矿石含有 14 g 钪,总储量达到 70 t。

1.2.1.4 世界稀土资源状况分析

根据世界稀土资源[11]表 1-4 稀土储量数据,独联体稀土储量占世界的 21.6%,居第二位,主要是伴生矿,有铈铌钙钛矿,位于科拉半岛,赋存于碱性岩中含稀土的磷灰石。俄罗斯科拉半岛磷灰石含稀土有 12000 kt(REO),独联体的主要稀土来源是从磷灰石矿石中回收稀土。此外,在磷灰石矿中可回收的矿物有铈银钙钛矿,含稀土为 29% ~34%。另外在赫列比特和森内尔还有氟碳铈矿,托姆托尔有碳岩风化壳稀土矿,希宾有磷霞岩稀土矿床。

美国稀土资源占世界第三位,占 14.8%。美国稀土资源主要有氟碳铈矿、独居石及在选别其他矿物时作为副产品回收的黑稀金矿、硅铍钇矿和磷钇矿等。位于加利福尼亚州贝迪诺县的芒廷帕斯矿山,是世界上最大的单一氟碳铈矿,品位为 5% ~10% REO,储量达 500 多万吨,已开采多年,是一个大型稀土矿。佛罗里达州的独居石砂矿已开采。另外,北卡罗莱纳州、南卡罗莱纳州、爱达荷州、蒙大拿州、佐治亚州也有含独居石的砂矿分布,储量也相当大。

澳大利亚稀土资源居世界第四位,已探明储量为 5200 kt REO。占 5.9% 左右,具有开采价值的独居石砂矿主要位于西澳大利亚。它是作为生产锆英石和金红石及钛铁矿的副产品加以回收。澳大利亚也产磷钇矿。可开发利用的稀土资源还有采铀的尾矿及南澳洲罗克斯伯唐斯铜、铀金矿，REO 平均为 0.5% ~0.6% 及主要伴生的氟碳铈矿和磷铝铈矿等。澳大利亚洲多泊利地区稀有金属矿床中还含有重稀土资源。

印度占世界稀土资源的 1.25%，居第五位。主要矿床是砂矿，最大的矿床分布在喀拉拉邦、泰米尔那都邦和奥里萨拉邦。有名矿区位于印度南部西海岸的恰瓦拉和特拉范科大矿床，已开采多年，现仍然是独居石重要产地。此外，在比尔哈尔邦内陆的兰契高原上有一个规模较大的独居石和钛铁矿矿床，据说每平方英里达 3500 t 独居石。

2004 年评估的加拿大稀土资源占世界稀土资源的 1%。主要从铀矿中副产稀土。位于安大略省的铀矿，主要由沥青铀矿、钛铀矿、独居石和磷钇矿组成，在湿法提铀时回收稀土。在魁北克省有烧绿石矿，也是稀土资源。还有纽芬兰岛和拉布拉多省境内的斯特伦奇湖矿含有钇和重稀土，2004 年后稀土资源变化未见报道。

南非稀土资源虽然不多，但在非洲地区是最重要的独居石生产国。位于开普省的磷灰石矿，伴生有独居石，是世界上独一的单一脉状型独居石稀土矿。此外，东南海岸海滨砂中也伴生有独居石，在布法罗萤石矿中伴生有独居石和氟碳铈矿，2004 年后稀土资源变化也未见报道。

巴西稀土资源主要是独居石矿，独居石集中在东部沿海，从里约热内卢到北部福塔莱萨长达约 643 km 地区矿床规模大。另外，在米纳斯基拉斯州发现氟碳铈矿、褐铈石重要稀土矿床，含二氧化钍高达 1%。

马来西亚稀土资源主要从锡矿的尾矿中回收独居石、磷钇矿、褐铌钇矿等稀土矿物，用来生产重稀土和钇。

1.2.2 中国稀土资源

我国拥有丰富的稀土资源，是世界第一稀土资源大国。稀土资源在全国分布广泛，22 个省市自治区都发现有稀土矿藏，而且品种齐全，储量大，主要稀土矿有白云鄂博稀土矿，四川冕宁稀土矿，山东微山稀土矿，南方七省的离子吸附型稀土矿，广东、广西、江西磷钇矿，湖南、广东、广西、海南、台湾独居石矿，贵州含稀土的磷砂，长江重庆段淤砂中的钪矿，以及漫长海岸线上的海滨砂矿等。

1.2.2.1 稀土储量、基础储量、资源量及查明资源储量

根据我国国土资源部《全国矿产资源储量通报》[12]，截止到 2005 年全国 237 个矿区的重稀土矿、轻稀土矿、稀土矿（轻重稀土）的稀土储量、基础储量、资源量、查明资源储量数据，见表 1-6 和表 1-7。我国稀土储量为 19040 kt，资源量为 67820 kt，查明总储量 87311.5 kt。

表 1-6 我国稀土储量、基础储量、资源量、查明资源储量（以 REO 计） (kt)

矿产名称	矿 种	矿区数	储 量	基础储量	资源量	查明资源储量
稀土矿	氧化物	131	18961.9	19684.5	67140.8	86825.3
	磷钇矿	31	5.3	7.3	46	53.3
	独居石	75	76.2	40.6	392.3	432.9
合 计		237	19043.4	19732.4	67579.1	87311.5

表 1-7 我国重稀土矿、轻稀土矿、稀土矿(轻重稀土)储量、基础储量、资源量、查明资源储量(以 REO 计) (kt)

矿产名称	矿区数	储量	基础储量	资源量	查明资源储量	分布地区
重稀土矿	30	59.1	93.2	725.5	818.7	吉林、福建、江西、湖北、广东、四川
重稀土矿(磷钇矿)	31	5.3	7.3	46	53.3	吉林、福建、江西、河南、广东、广西、云南
稀土矿(轻重稀土)	21	18620.2	19035.5	63044.8	82080.3	内蒙古、江西、广西、贵州、陕西、甘肃
轻稀土矿	80	282.6	555.8	3370.5	3926.3	福建、江西、山东、河南、湖北、湖南、广东、广西、四川、云南、青海
轻稀土矿(独居石矿物)	75	76.2	40.56	392.34	432.9	辽宁、吉林、福建、江西、湖北、湖南、广东、广西、海南、云南、台湾

1.2.2.2 我国主要稀土矿物中的稀土配分

包头白云鄂博是我国最大的稀土矿山,主要稀土矿是氟碳铈矿和独居石。四川省凉山彝族自治州牦牛坪和山东微山稀土矿是氟碳铈矿。广东、福建、广西、湖南等地的海滨砂矿伴生独居石矿,广东、广西、江西和河南等地还有磷钇矿。离子吸附型矿富含中重稀土,含轻稀土元素较低。我国主要稀土矿物中的稀土配分见表 1-8。

表 1-8 我国主要稀土矿物中的稀土配分 (%)

稀土组分	氟碳铈矿	独居石	磷钇矿	离子吸附矿	
				龙南	寻乌
La_2O_3	27.00	23.35	1.20	2.10	29.84
CeO_2	50.00	45.69	8.00	1.00	7.18
Pr_6O_{11}	5.00	4.16	0.60	1.10	7.41
Nd_2O_3	15.00	15.72	3.50	5.10	30.18
Sm_2O_3	1.10	3.05	2.15	3.20	6.32
Eu_2O_3	0.20	0.10	< 0.20	0.30	0.51
Gd_2O_3	0.40	2.03	5.00	2.69	4.21
Tb_4O_7	—	0.10	1.20	1.13	0.46
Dy_2O_3	—	1.02	9.10	7.48	1.77
Ho_2O_3	—	0.10	2.60	1.60	0.27
Er_2O_3	1.00	0.51	5.60	4.26	0.88
Tm_2O_3	—	0.51	1.30	0.60	0.27
Yb_2O_3	—	0.51	6.00	3.34	0.62
Lu_2O_3	—	0.10	1.80	0.47	0.13
Y_2O_3	0.30	3.05	59.30	62.90	10.07

1.2.2.3 稀土资源状况分析[13,14]

我国稀土资源储量大、分布广、品种全。截止到 2005 年查明资源储量(表 1-6)87310 kt,约占世界稀土储量基础的 58%。根据 2008 年 1 月美国地质调查局统计发表的世界稀土矿山储量和储量基础,我国稀土储量(表 1 - 4)27000 kt,占世界稀土储量的 30% 以上,储量基础 8900 t,为世界储量基础的 59% 以上,其中钇储量为 540 kt,占世界钇储量的 40% 。我国钪资源储量也十分丰富,根据原地质矿产部 1990 年以前文件,我国钪资源储量已超过 300 kt。近年在重庆和浙江两地又发现大型钪资源。我国是一个名副其实的稀土资源大国。

我国主要稀土矿——内蒙古白云鄂博稀土矿与铁铌共生,主要稀土矿物有氟碳铈矿和独居石,其比例为 3∶1,都达到了稀土回收品位,故称混合矿。稀土储量大,堪称为世界第一大稀土矿。稀土随铁矿采出,生产成本低,同品级稀土精矿售价比国外低 60% 。

冕宁稀土矿主要矿物为氟碳铈矿,伴生有重晶石、萤石等矿物,共中 80% 稀土氧化物集中在氟碳铈矿内。原矿中平均含 REO 4. 29% ,矿物粒度粗,P、Fe、Ca 杂质含量低,属易选的稀土矿,拥有资源质量优势。稀土工业保有储量 2400 kt,具有工业开采价值。

微山稀土矿主要矿物为氟碳铈矿,少量的氟碳铈钙矿、石英、重晶石等矿物。原矿 REO 平均含量为 3. 5% ~5% ,适于地下坑采。稀土矿物粒度粗,有害杂质含量低、可选性能好,其资源利用率达到 98% 。稀土精矿易于深加工分离成单一稀土元素,具有明显的资源质量优势。

我国南方七省离子吸附型稀土矿,主要赋存于花岗岩风化壳中,是我国特有的中重稀土矿,储量大、品位高,类型齐全。利用我国自主开发的原地浸矿技术稀土利用率高。江西寻乌等地离子型矿中 Sm_2O_3、Eu_2O_3、Gd_2O_3、Tb_4O_7 分别比美国芒廷帕斯氟碳铈矿中含量高 10 倍、5 倍、12 倍和 20 倍。所以,我国南方离子型矿中重稀土资源,不论资源量还是稀土元素种类配分,是目前世界上任何国家无法相比的,具有市场竞争力的稀土矿。

我国的海滨砂矿较为丰富,在南海大部分海岸线及海南岛、台湾岛的海岸线有沉积砂矿,其中独居石和磷钇矿作为钛铁矿和锆英石的副产品加以回收利用。

除以上稀土资源外,我国内蒙古东部地区与碱性花岗岩有关的稀有稀土矿床;湖北、新疆等地与碳酸盐有关的铌稀土矿床,云南、四川等地与贵州织金相同类型的含稀土磷块岩矿床等均具有很大的资源潜力,为我国稀土工业发展提供了资源保证。

1.3 稀土金属的基本物理化学性质

1.3.1 稀土原子和离子的电子构型

稀土金属与其他金属在物理、化学性质上的区别是基于其原子和离子的电子结构不同,所以稀土金属原子和离子的电子结构是稀土金属物理和化学的基础,苏锵院士对稀土原子结构做了深入浅出的叙述,引用如下,以飨读者[3]。

物理学家波尔对原子结构提出一个模型:认为任何原子都是由带正电荷的原子核和带负电荷的电子组成的。电子围绕原子核在不同层次的轨道中运动。这些轨道的层次,按离核距离增大的顺序,用主量子数 $m = 1, 2, 3, \cdots, 7$(或 $K, L, M, \cdots, Q$)来表示。这些主层次又分为 s, p, d, f 支壳层。不同层次的不同轨道用 $1s, 2s, 2p, 3s, 3p, 3d, 4s, 4p, 4d, 4f, 5s, 5p, 5d, 6s$ …符号表示。其中 $1s$ 轨道只有一个轨道,不能再分裂成子轨道;而 p 轨道可分成 3 个子轨道,d 轨道可分为 5 个子轨道,f 轨道可分为 7 个子轨道。

每一电子态具有一定的能量,原子的总能量是轨道上 Z 个电子能量的总和。电子本身有两种自旋运动,自旋的方向彼此相反。原子中的电子很有规则地逐一填入各个子轨道中,这个规则就是1924年奥地利物理学家泡利提出的不相容原理。按照这个原理,每个轨道内只能填入两个自旋方向相反的电子。因此,在不能分裂为子轨道的 s 轨道内只能填入2个电子,全部填满时表示为 s^2,电子的数目写为右上角,其前的1,2,3,4,5,…数目表示不同层次,在第一层的 s 轨道写为 $1s$,在第二层的 s 轨道写为 $2s$ 等,依次类推。同理,p 轨道有3个子轨道,每个子轨道内只能填入两个自旋方向相反的电子,故 p 轨道全部填满时共可填入6个电子,表示 p^6。d 轨道有5个子轨道,每个子轨道内只能填入两个自旋方向相反的电子,故 d 轨道全部填满时共可填入10个电子,表示为 d^{10}。f 轨道有7个子轨道,每个子轨道内只能填入两个自旋方向相反的电子,故 f 轨道全部填满时共可填入14个电子,表示为 f^{14}。

原子核是由中子和带正电荷的质子构成的。对于中性的原子,为了保持电中性,围绕在原子核外面运动的带负电荷的电子数目,必须等于在原子核内部的带正电荷的质子数目。元素在周期表中原子序数是按原子核中的质子数排列的。故排行为21的钪原子应有21个质子和21个电子,排行为39的钇原子应有39个电子,排行为57至71的镧系原子分别应有57至71个电子。根据上述的原子结构模型和电子填充的规则,钪、钇和镧系原子中的电子填充方式(称为电子结构)可表示如下:

钪原子的电子构型为:$1s^2 2s^2 2p^6 3s^2 3p^6 3d^1 4s^2$

钇原子的电子构型为:$1s^2 2s^2 2p^6 3s^2 3p^6 3d^{10} 4s^2 4p^6 4d^1 5s^2$

镧系原子的电子构型为:$1s^2 2s^2 2p^6 3s^2 3p^6 3d^{10} 4s^2 4p^6 4d^{10} 4f^n 5s^2 5p^6 5d^m 6s^2$

镧系原子的电子构型可写成[Xe]$4f^n 5d^m 6s^2$,其中的[Xe]为氙的电子构型 $1s^2 2s^2 2p^6 3s^2 3p^6 3d^{10} 4s^2 4p^6 4d^{10} 5s^2 5p^6$。在 $4f$ 轨道中的电子数 $n=0\sim14$,$5d$ 轨道中的电子数 $m=0$ 或1。电子逐一填充在内层的 $4f$ 轨道中。如前所述,f 轨道的轨道量子数 $l=3$,共有 $(2l+1)=7$ 个子轨道,以量子数 m_l 表示,即:$m_l=+3,+2,+1,0,-1,-2,-3$。在这7个子轨道中,按泡利不相容原理,每个子轨道可容纳两个自旋方向相反的电子,故在镧系的 $4f$ 轨道中共可容纳14个电子,即 $n=2(2l+1)=14$。电子的自旋可用自旋量子数 s 来表示,根据自旋方向的不同,又可用 m_s 来表示。设每个按正方向自旋的电子用 $m_s=1/2$ 和向上的箭头↑表示,则每个按相反方向自旋的电子用 $m_s=-1/2$ 和向下的箭头↓表示。

当 $4f$ 电子依次填入不同 m_l 值的子轨道时,组成了不同镧系原子和离子的处于能量最低的基态,它的总轨道量子数表示为 L,总自旋量子数表示为 S,总角动量量子数表示为 J 和基态光谱项表示为 ${}^{2S+1}L_J$。基态总轨道量子数 L 是各个 $4f$ 电子的子轨道量子数 m_l 的和:

$$L=\sum m_l$$

不同的 L 分别用下列的英文字母表示:

$$L=0,1,2,3,4,5,6,7,8,\cdots$$
$$S,\ P,\ D,\ F,\ G,\ H,\ I,\ K,\ L,\ \cdots$$

根据电子的自旋方向(即箭头的方向是向上或是向下),m_s 可以是1/2或是 $-1/2$,总自旋量子数 S 是各个 $4f$ 电子的自旋量子数 m_s 的和:

$$S=\sum m_s$$

基态总角动量量子数 J 由基态的总轨道量子数 L 和总自旋量子数 S 组成。对于轻镧系元素(Ce–Eu),$J=L-S$;对于重镧系元素(Tb–Yb),$J=L+S$。

钪、钇和镧系离子的特征价态为+3,当形成正三价离子时,钪原子失去最外层的2个 $4s$

电子和 1 个 3d 电子；钇原子失去最外层的 2 个 5s 电子和 1 个 4d 电子；而镧系原子是失去最外层的 2 个 6s 电子和 1 个内层的 4f 电子；而对于 La，Ce，Gd 和 Lu，则是失去最外层的 2 个 6s 电子和 1 个 5d 电子。它们的电子构型分别为：

$$Sc^{3+} \quad 1s^2 2s^2 2p^6 3s^2 3p^6$$
$$Y^{3+} \quad 1s^2 2s^2 2p^6 3s^2 3p^6 3d^{10} 4s^2 4p^6$$
$$Ln^{3+} \quad 1s^2 2s^2 2p^6 3s^2 3p^6 3d^{10} 4s^2 4p^6 4d^{10} 4f^n 5s^2 5p^6$$

由于镧系三价离子的最外层都是 $5s^2 5p^6$，所以从外表来看都是一样的，所不同的是随原子序数的增大，在 4f 内层逐一填充电子。其中的镧（La^{3+}）没有 4f 电子（$4f^0$），至镥（Lu^{3+}）时全部填满了 14 个 4f 电子（$4f^{14}$）。而化学性质主要取决于外层电子，所以它们的化学性质很类似，常伴生同一种矿物中，很难用化学方法把镧系元素区分开来；把它们用在冶金工业中也常常表现出相似的作用：净化、细化、合金化或微合金化。这是大同，也有小异。差异在于内层 4f 层电子数目不同，固溶度不同，合金化或微合金化所生成的金属间化合物的熔点、热稳定性、硬度等等不同，因而各个稀土金属在不同合金体系中所表现的作用也不相同，它们的作用大小规律有待人们研究发掘和积累。

1.3.2 稀土原子和离子的大小

在合金中各合金元素原子和离子大小起着十分重要的作用。比如二元化合物中两个相对大小不同的原子可以决定原子堆积的类型；两个元素的原子尺寸越接近或者说两者原子半径差越小，则其固溶度越大。所以人们在设计合金成分时非常关注该元素的原子和离子大小。

在周期表中镧系的原子半径和离子半径是较大的，可见表 1-9。在填充内层的 4f 轨道时，由于在同一 4f 壳层中的一个电子被另一个电子的屏蔽是不完全的，因此，作用在每个 4f 电子的有效核电荷随原子序的增大而增大，也就是说，当原子序数增加时，外层电子受到有效核电荷的引力实际上是增加了，这种引力的增加导致了 4f 壳层及半径随原子序数的增大而收缩，这就是“镧系收缩”。当配位数为 8 时，从 La^{3+} 到 Lu^{3+}，离子半径约收缩 15.8%，致使 Y^{3+} 的离子半径（101.9×10^{-12}m）位于重镧系的 Dy^{3+}（102.7×10^{-12}m）和 Ho^{3+}（101.5×10^{-12}m）之间。原子半径约收缩 7.6%，是 Y 的原子半径（180.1×10^{-12}m）接近轻镧系的 Sm（180.2×10^{-12}m）。这就是 Y 常与镧系在一起的原因，并且也是 Y 在镧系元素中的位置会随不同化合物中的化学键共价程度的不同而发生变化的原因。

表 1-9 稀土的原子半径和三价离子半径 [15]

原 子	原子半径/m	三 价 离 子	离子半径/m（配位数 8）
La	187.7×10^{-12}	La^{3+}	116.0×10^{-12}
Ce	182.5×10^{-12}	Ce^{3+}	114.3×10^{-12}
Pr	182.8×10^{-12}	Pr^{3+}	112.6×10^{-12}
Nd	182.1×10^{-12}	Nd^{3+}	110.9×10^{-12}
Pm	181.0×10^{-12}	Pm^{3+}	—
Sm	180.2×10^{-12}	Sm^{3+}	107.9×10^{-12}

续表 1-9

原　子	原子半径/m	三价离子	离子半径/m（配位数 8）
Eu	204.2×10^{-12}	Eu^{3+}	106.6×10^{-12}
Gd	180.2×10^{-12}	Gd^{3+}	105.3×10^{-12}
Tb	178.2×10^{-12}	Tb^{3+}	104.0×10^{-12}
Dy	177.3×10^{-12}	Dy^{3+}	102.7×10^{-12}
Ho	176.6×10^{-12}	Ho^{3+}	101.5×10^{-12}
Er	175.7×10^{-12}	Er^{3+}	100.4×10^{-12}
Tm	174.6×10^{-12}	Tm^{3+}	99.4×10^{-12}
Yb	194.0×10^{-12}	Yb^{3+}	98.5×10^{-12}
Lu	173.4×10^{-12}	Lu^{3+}	97.7×10^{-12}
Y	180.1×10^{-12}	Y^{3+}	101.9×10^{-12}
Sc	164.1×10^{-12}	Sc^{3+}	87.0×10^{-12}

为什么镧系离子半径收缩大（约 15.8%），而原子半径收缩（7.6%）较小？这是因为 4*f* 电子对核内核电荷屏蔽系数不同，在原子中 4*f* 电子的屏蔽系数较离子中大，所以镧系收缩在原子中的表现比离子中小。

稀土金属的原子半径与原子序数的关系示于图 1-1。从图 1-1 可见，镧系金属原子半径随原子序数增大而缩小的关系中，在铕和镱处呈现“双峰效应”；在铈处也表现“异常”，这是因为金属的原子半径大致相当于最外层电子云密度最大的地方，因此金属的最外层电子云在相邻原子之间是相互重叠的，它们可以在晶格之间自由运动，成为传导电子，一般情况下这种离域的传导电子是三个。但是，由于铕和镱倾向于只提供两个电子为离域电子，外层电子云在相邻原子之间相互重叠少，有效半径明显增大。铈原子的情况与此相反。由于 4*f* 中只有一个电子，它倾向于提供 4 个离域电子（即失去 $4f^1 5d^1 6s^2$）而保持较稳定的电子组态，这就是它的原子半径较相邻金属原子半径小的原因。

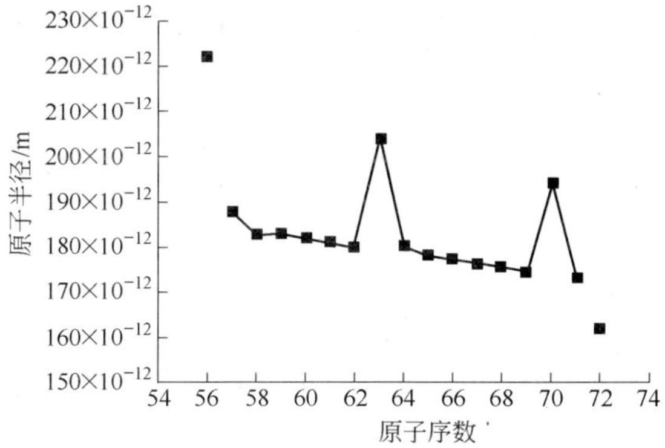

图1-1　稀土金属的原子半径与原子序数的关系[16]

1.3.3 稀土元素的价态

稀土元素的最外两层电子组态基本相似，在化学反应中表现为典型的金属性质，大多容易失去三个电子呈现正三价。它们的活泼性仅次于碱土金属，不像碱金属那样过于活泼而不便处理；而又比所有其他金属的活性都强。在 17 个稀土金属中，镧最活泼，从镧到镥活泼性递减；反过来说，稀土金属活泼性由钪→镥→钆→镧而递增。

虽然三价稀土离子较稳定，但在不同环境、不同条件下，稀土又呈现混合价、价态起伏变价的情况。业已发现不少四价稀土离子，诸如 Ce^{4+}、Pr^{4+}、Tb^{4+}、Nd^{4+} 和 Dy^{4+} 等；又已制得不少二价稀土离子，诸如 Sm^{2+}、Eu^{2+}、Yb^{2+}、Nd^{2+}、Tm^{2+} 和 Ho^{2+} 等等。变价稀土的研究工作陆续有报道，预计还会有新的变价稀土元素被发现。

稀土离子的价态变化也是有一定规律性的，没有 $4f$ 电子的镧（$4f^0$）、$4f$ 轨道半充满的钆（$4f^7$）和全充满的镥（$4f^{14}$）具有最稳定的三价。在其邻近的镧系离子为了趋向于稳定的电子构型 $4f^0$、$4f^7$ 和 $4f^{14}$，它们失去或者获得电子而具变价的性质，越靠近镧（$4f^0$）、钆（$4f^7$）、镥（$4f^{14}$）的离子，变价的倾向越大。La 和 Gd 右侧的邻近倾向于氧化成高价（Ce^{4+} 和 Tb^{4+} 等）离子，Lu 的右侧是稳定的四价非镧系元素铪 Hf^{4+}。Gd 和 Lu 左侧的近邻倾向于还原成低价（Eu^{2+} 和 Yb^{2+} 等），La 的左侧已是稳定的二价非镧系元素 Ba^{2+}。可将整个镧系分为 La ~ Gd 和 Gd ~ Lu 两个周期，离 La、Gd、Lu 越远的镧系元素变价倾向大于后一周期（Gd ~ Lu）中相应位置的元素，如 $Ce^{4+} > Tb^{4+}$，$Pr^{4+} > Dy^{4+}$，$Eu^{2+} > Yb^{2+}$，$Sm^{2+} > Tm^{2+}$。

广义而言，稀土原子簇化合物属于非三价稀土离子的范畴。所谓稀土原子簇化合物，是指含有三个或三个以上金属原子（其中至少有一个稀土原子）及若干桥联及端基配体，稀土原子间或稀土与其他金属原子间存在金属 - 金属链的化合物[17]。资料中较多的是氢还原的稀土金属卤化物，人们对 REX_3/RE（X 代表卤化物）研究的多一些。在熔盐电解稀土金属或合金中类似现象不少，有待深入系统地研究。

在稀土 - 有色合金中，由于原子间的相互作用，容易使稀土电子的能态发生变化，产生稀土价态起伏波动的稀土金属间化合物。以稀土 - 镁二元合金为例，已出现下列金属间化合物[18]：Mg_5RE、Mg_3RE、$Mg_{15}RE_3$、$Mg_{24}Y_5$、$Mg_{11}Nd$、Mg_6Gd、$Mg_{6.3}Sm$、$Mg_{24}Er_6$、Mg_2Yb、$CeMg_{12}$、$CeMg_{10.3}$、$Ce_5Mg_{4.1}$、$CeMg_3$、$CeMg_2$、CeMg 等等。在稀土三元合金中呈现的金属间化合物更多，例如比较时新的 Mg - Gd - Y 三元固相合金中就有：$Y_xGd_{1-x}Mg_2$、$Y_xGd_{1-x}Mg_3$、$Y_xGd_{1-x}Mg_5$ 等金属间化合物。合金中形成的某些金属间化合物熔点高、热稳定性高、以细小颗粒弥散分布于晶内或晶界，成为位错移动或晶界滑移的阻抗者，有力地提升了合金高温机械性能等。因此，科研工作者对其产生了很深的兴趣，专门对其组织性能、晶体结构进行了大量的研究工作，然而很少甚至没有对其价态构成、电子结构及化学键进行研究，这是值得开拓的研究领域。

1.3.4 稀土金属的电负性

电负性（早期称负电性，又称化学亲和力）是关系两元素间物理化学反应的重要因素。余宗森[19]做了如下评述：原子的第一电离能 E_I 是气态原子失去一个电子成为气态的一价正离子所需要的能量，即

$$M \longrightarrow M^+ + e$$

$$E_{\mathrm{I}} = E(\mathrm{M}^{+}) - E(\mathrm{M})$$

原子的电子亲和能 Y 是原子获得一个电子成为一价负离子时所放出的能量,即

$$\mathrm{M} + e \longrightarrow \mathrm{M}^{-}$$

$$-Y = E(\mathrm{M}^{-}) - E(\mathrm{M})$$

E_{I} 和 Y 都可以实验测定。假设有 A、B 两原子,从 A 取去一个电子,使之和 B 结合

$$\mathrm{A} + \mathrm{B} = \mathrm{A}^{+} + \mathrm{B}^{-}$$

完成这个过程所需的能量

$$\Delta E_{\mathrm{I}} = E_{\mathrm{IA}} - Y_{\mathrm{B}}$$

式中,E_{IA},Y_{B}分别表示 A 的第一电离能和 B 的电子亲和能。如果从 B 取去一个电子,使之和 A 结合,即

$$\mathrm{A} + \mathrm{B} = \mathrm{A}^{-} + \mathrm{B}^{+}$$

完成这个过程 $\Delta E_2 = E_{\mathrm{IB}} - Y_{\mathrm{A}}$;如果 $\Delta E_1 > \Delta E_2$,则 $E_{\mathrm{IA}} + Y_{\mathrm{A}} > E_{\mathrm{IB}} + Y_{\mathrm{B}}$。

就是说,形成 $\mathrm{A}^{+}\mathrm{B}^{-}$ 所需的能量大于形成 $\mathrm{A}^{-}\mathrm{B}^{+}$ 所需的能量。所以形成 $\mathrm{A}^{-}\mathrm{B}^{+}$ 必须满足上式。我们以 $E_{\mathrm{IA}} + Y_{\mathrm{A}}$表示化学亲和力,通常称之为"电负性",它表示组元吸引电子的能力。电负性大的元素成为负离子,电负性小的成为正离子。

活性最高的非金属元素氟和氧的电负性值最高,而化学活性最强的金属如钙和铷,其电负性最低。两个元素电负性差值越大,它们之间形成的化合物越稳定。相反,元素之间电负性差值越小,它们则趋向于形成溶液(液态溶液或固态溶液 – 固溶体)。

稀土金属的电负性值较小,列于表 1–10 中[20]。

表 1–10 稀土金属的电负性

金 属	电负性	金 属	电负性	金 属	电负性
Sc	1.27	Pm	1.20	Ho	1.21
Y	1.20	Sm	1.18	Er	1.22
La	1.17	Eu	0.97	Tm	1.22
Ce	1.21	Gd	1.20	Yb	0.99
Pr	1.19	Tb	1.21	Lu	1.22
Nd	1.19	Dy	1.21		

镧系元素除铕和镱外,它们的电负性彼此相近,都在 1.17 ~2.2 之间。这些数值与镁的电负性值相近,而铕和镱[21]的电负性值不在这个范围,它们略低于 1。与此相反,钪的电负值为 1.27,所以钪与同样成分生成的金属间化合物的热稳定性更大。

1.3.5 稀土金属的晶体结构[22]

稀土金属室温晶体结构常见的是镁型密排六方结构,这类结构中的轴比 c/a 接近于 1.6。从钇到镥的所有稀土金属(除镱以外)以及钪和钇都具有类似的结构,见表 1–11。由表看出,有些稀土存在几种同素异形体,包括 Sc 、Y、La、Ce、Pr、Nd、Pm、Sm、Gd、Tb、Dy 和 Yb,这些金属在高温时属于体心立方结构。但镧、镨、钕属于双 – c 密排六方结构,其 c_0/a_0近似为 3.22。钐有完全独特的晶体结构,在元素周期表中还没有另一个元素具有这种结构。钐为菱形的,在该杂化六方单胞中 c 轴的长度大约是一般六方结构轴长度的 4 倍。

铕有钨型体心立方结构，它与其他稀土金属晶格不属于同种构型。体心立方结构原子的堆积密度为68%，而密排六方结构原子的堆积密度为74%。室温下三价稀土金属晶体结构随原子序数的增大按下列顺序变化：面心立方→密排六方（有双轴）→菱形→密排六方。

表 1-11 稀土金属的晶体结构[23-25]

原子序数	同素异形体	温度范围/℃	晶格	皮尔逊符号	空间群	模 型
21	αSc βSc	<1337,RT 1337 ~ m. p.	hcp bcc	hP2 cI2	$P6_3/mmc$ $Im3m$	Mg W
39	αY βY	<1478,RT 1478 ~ m. p.	hcp bcc	hP2 cI2	$P6_3/mmc$ $Im3m$	Mg W
57	αLa βLa γLa	<310,RT 310 ~ 865 865 ~ m. p.	dhcp fcc bcc	hP4 cF4 cI2	$P6_3/mmc$ $Fm3m$ $Im3m$	αLa Cu W
58	αCe βCe γCe δCe	低于 RT 低于 RT <726,RT 726 ~ m. p.	fcc dhcp fcc bcc	cF4 hP4 cF4 cI2	$Fm3m$ $P6_3/mmc$ $Fm3m$ $Im3m$	Cu αLa Cu W
59	αPr βPr	<795,RT 795 ~ m. p.	dhcp bcc	hP4 cI2	$P6_3/mmc$ $Im3m$	αLa W
60	αNd βNd	<963,RT 863 ~ m. p.	dhcp bcc	hP4 cI2	$P6_3/mmc$ $Im3m$	αLa W
61	αPm βPm	<890,RT 890 ~ m. p.	dhcp bcc	hP4 cI2	$P6_3/mmc$ $Im3m$	αLa W
62	αSm βSm γSm	<734,RT 734 ~ 922 922 ~ m. p.	rh hcp bcc	hR3 hP2 cI2	$R3m$ $P6_3/mmc$ $Im3m$	αSm Mg W
63	Eu	< m. p. ,RT	bcc	cI2	$Im3m$	W
64	αGd βGd	<1235,RT 1235 ~ m. p.	hcp bcc	hP2 cI2	$P6_3/mmc$ $Im3m$	Mg W
65	αTb βTb	<1289,RT 1289 ~ m. p.	hcp bcc	hP2 cI2	$P6_3/mmc$ $Im3m$	Mg W
66	αDy βDy	<1381,RT 1381 ~ m. p.	hcp bcc	hP2 cI2	$P6_3/mmc$ $Im3m$	Mg W
67	Ho	< m. p. ,RT	hcp	hP2	$P6_3/mmc$	Mg
68	Er	< m. p. ,RT	hcp	hP2	$P6_3/mmc$	Mg
69	Tm	< m. p. ,RT	hcp	hP2	$P6_3/mmc$	Mg
70	αYb βYb γYb	< -3 -3 ~ 795,RT	hcp fcc bcc	hP2 cF4 cI2	Pr_3/mmc $Fm3m$ $Im3m$	Mg Cu W
71	Lu	795 ~ m. p. < m. p. ,RT	hcp	hP2	$P6_3/mmc$	Mg

注：fcc—面心立方；bcc—体心立方；hcp—密排六方；dhcp—双 - c 密排六方；rh—菱形；RT—室温；m. p. —熔点。

1.3.6 稀土金属的主要物理性质

表1-12列出了稀土金属某些物理性质。稀土金属作为镁、铝及其合金添加剂首先要考虑它们的密度。密度取决于相对原子质量、原子半径和稀土金属的晶体结构。除铕外,所有稀土金属都有密排六方结构,故它们的密度取决于其相对原子质量和原子半径。由于钪的原子量较小,它的密度为2.989 g/cm^3,是所有稀土金属中最小的一个。这个数值比镁的密度(1.741 g/cm^3)大约高70%;比铝的密度(2.7 g/cm^3)大约高10%。钇的密度为4.46 g/cm^3,比钪大,但它比镧系元素的原子量都小,介于钪和镧系金属(从镧到镥)中间。在镧系金属范围内,由于镧系收缩和原子量增加的结果,它们的密度一般都是随原子序数变大而增加,从镧到镥约增加60%,而铕和镱是例外,它们在镧系中有异常大的原子半径,它们的密度比其相邻稀土金属的密度要小。

表1-12 稀土金属某些物理性质[26, 27]

稀土金属	密度/g·cm^{-3}	熔点/℃	比热容(298K)/J·(mol·K)$^{-1}$	熔化热/kJ·mol^{-1}	剪切模量/GPa	杨氏(弹性)模量/GPa
Sc	2.989	1541	25.5	14.1	31.3	79.4
Y	4.469	1522	26.5	11.4	25.8	64.8
La	6.146	918	27.1	6.20	14.9	38.0
Ce	6.770	798	26.9	5.46	12.0	30.0
Pr	6.773	931	27.4	6.89	13.5	32.6
Nd	7.008	1021	27.4	7.14	14.5	38.0
Pm	7.264	1042	~27.3	~7.7	16.6	42.2
Sm	7.520	1074	29.5	8.62	12.7	34.1
Eu	5.244	822	27.7	9.21	5.9	15.2
Gd	7.901	1313	37.1	10.0	22.3	56.2
Tb	8.230	1365	28.9	10.79	22.9	57.5
Dy	8.551	1412	27.7	11.06	25.4	63.2
Ho	8.795	1474	27.2	17.0(估计)	26.7	67.1
Er	9.066	1529	28.1	19.9	29.6	73.4
Tm	9.321	1545	27.0	16.8	30.4	75.5
Yb	6.966	819	26.7	7.66	7.0	17.9
Lu	9.841	1663	26.8	22(估计)	33.8	84.4

镧系金属的熔点随原子序数变化而变化的规律和镧系金属的比重随原子序数增加而增加的规则相类似,但镧金属除外。从铈起,镧系金属的熔点随原子序数增加而增加。从铈到镥的熔点大约增加了110%。但这个规律并不适合铕和镱,这两类金属的熔点比其相邻稀土金属的熔点要低。钇的熔点接近于钇副族元素熔点的中间值。其中铒的熔点为1529℃,而钇的熔点为1522℃,钪的熔点为1541℃。

镧系金属的熔化热和弹性模量也呈现出这样类似的规律,即随原子序数变化而改变。钪和钇的熔化热和弹性模量都在钇副族元素的极限范围之内。然而也有不符合上述规律的情况。钐的弹性模量比钷甚至比钕低,而铕的熔化热居于钷和钆之间。这些偏差的解释可归因于物理性质缘由复杂,这些偏差源于晶体结构原子间键力不同所致。所有稀土金属的比热大致相近。总之,所有这些特性都和镧系元素晶体结构原子间的键力有关系。

1.3.7　稀土金属的磁性及其他物理性质

稀土金属因具有特殊的电子构型而显示特殊的性能。前面已经说及从镧到镥的稀土元素随着原子序数从 57 到 71 的增大，在内层的 4f 轨道中逐一填充电子，而这些 4*f* 电子被外层完全充满的 $5s^2$ 和 $5p^6$ 电子所屏蔽。4*f* 电子不同的运动方式使稀土具有不同于其他元素的磁、光、电学和化学特性。就磁学而言，稀土元素在 4*f* 组态中的未成对电子数可高达 7 个。例如，Gd^{3+}（$4f^7$）离子具有 7 个自旋平行的 4*f* 电子，是具有自旋平行电子最多的元素；稀土的未成对电子数多于 *d* 族过渡元素在 *d* 层的未成对电子数（它们最多只有 5 个）。这些 4*f* 电子的自旋运动和轨道运动，较强的自旋—轨道耦合作用以及跟周围环境的间接作用，使稀土的磁性不同于铁、钴、镍等 *d* 族过渡元素，使它们具有很大的顺磁化率，很大的磁饱和强度，很大的磁各向异性，很大的磁致伸缩，很大的磁光旋转和很大的磁熵效应，从而使稀土在永磁材料、磁致伸缩材料、磁光材料、磁制冷材料等各方面获得广泛的应用（详见本书第 2、第 3 章），稀土成为创造新型磁性材料的重要源头。

有关稀土金属的磁性质、液态金属性质及其他性质的基础数据分别列入表 1-13 ~ 表 1-17。

表 1-13　稀土金属的磁性[28,29]

稀土金属	$\chi^A \times 10^6$ (298K) /emu·mol^{-1}	有效磁矩				瑞利轴	尼耳温度 T_N/K		居里温度 T_C/K	Q_P/K		
		顺磁的（~298K）		铁磁的（~0K）			六边形晶格	立方形晶格		//*c*	⊥*c*	多晶或 a. v. g.
		理论	观察	理论	观察							
αSc	295.2	—	—	—	—	—	—	—	—	—	—	—
αY	187.7	—	—	—	—	—	—	—	—	—	—	—
αLa	95.9	—	—	—	—	—	—	—	—	—	—	—
βLa	105	—	—	—	—	—	—	—	—	—	—	—
γCe	2270	2.54	2.52	2.14	—	—	—	14.4	—	—	—	-50
βCe	2500	2.54	2.61	2.14	—	—	13.7	12.5	—	—	—	-41
αPr	5530	3.58	3.56	3.20	2.7	*a*	0.03	—	—	—	—	0
αNd	5930	3.62	3.45	3.27	2.2	*b*	19.9	7.5	—	0	5	3.3
αPm	—	2.68	—	2.40	—	—	—	—	—	—	—	—
αSm	1278	0.85	1.74	0.71	0.5	*a*	109	14.0	—	—	—	—
Eu	30900	7.94	8.48	7.0	5.9	<110>	—	90.4	—	—	—	100
αGd	185000	7.94	7.98	7.0	7.63	30° - *c*	—	—	293.4	317	317	317
αTb	170000	9.72	9.77	—	—	—	230.0	—	—	195	239	224
α′Tb	—	—	—	9.0	9.34	*b*	—	—	219.5	—	—	—
αDy	98000	10.64	10.83	—	—	—	179.0	—	—	121	169	153
α′Dy	—	—	—	10.0	10.33	*a*	—	—	89.0	—	—	—
Ho	72900	10.60	11.2	10.0	10.34	*b*	132	—	20.0	73.0	88.0	83.0
Er	48000	9.58	9.9	9.0	9.1	30° - *c*	85	—	20.0	61.7	32.5	42.2
Tm	24700	7.56	7.61	7.0	7.14	*c*	58	—	32.0	41.0	-17.0	2.3
βYb	67	—	—	—	—	—	—	—	—	—	—	—
Lu	182.9	—	—	—	—	—	—	—	—	—	—	—

表 1-14 稀土液态金属性质[30-33]

稀土金属	密度/g·cm^{-3}	表面张力/N·m^{-1}	黏度/10^{-3}Pa·s	比热容/J·(mol·K)$^{-1}$	热导率/W·(cm·K)$^{-1}$	磁化率 $\chi 10^4$/emu·mol^{-1}	电阻率/μΩ·cm	$\Delta V_{L\to S}$/%	光谱辐射(λ=645 nm)	
									ε/%	温度范围/℃
Sc	2.80	0.954	—	44.2	—	—	—	—	—	—
Y	4.24	0.871	—	43.1	—	—	—	—	36.8	1522~1647
La	5.96	0.718	2.65	34.3	0.238	1.2	133	-0.6	25.4	920~1287
Ce	6.68	0.706	3.20	37.7	0.210	9.37	130	+1.1	32.2	877~1547
Pr	6.59	0.707	2.85	43.0	0.251	17.3	139	-0.02	28.4	931~1537
Nd	6.72	0.687	—	48.8	0.195	18.7	151	-0.9	39.4	1021~1567
Pm	6.9	0.680	—	50	—	—	160	—	—	—
Sm	7.16	0.431	—	50.2	—	18.3	182	-3.6	43.7	1075
Eu	4.87	0.264	—	38.1	—	97	242	-4.8	—	—
Gd	7.4	0.664	—	37.2	0.149	67	195	-2.0	34.2	1313~1600
Tb	7.65	0.669	—	46.5	—	82	193	-3.1	—	—
Dy	8.2	0.648	—	49.9	0.187	95	210	-4.5	29.7	1412~1437
Ho	8.34	0.650	—	43.9	—	88	221	-7.4	—	—
Er	8.6	0.637	—	38.7	—	69	226	-9.0	37.2	1529~1587
Tm	9.0	—	—	41.4	—	41	235	-6.9	—	—
Yb	6.21	0.320	2.67	36.8	—	—	113	-5.1	—	—
Lu	9.3	0.940	—	47.9	—	—	224	-3.6	—	—

表 1-15 稀土金属蒸气压、沸点和升华热[34]

稀土金属	蒸气压				沸点/℃	升华热(25℃)/kJ·mol^{-1}
	0.001Pa (10^{-8} atm)	0.101Pa (10^{-6} atm)	10.1Pa (10^{-4} atm)	1013Pa (10^{-2} atm)		
Sc	1036	1243	1533	1999	2836	377.8
Y	1222	1460	1812	2360	3345	424.7
La	1301	1566	1938	2506	3464	431.0
Ce	1290	1554	1926	2487	3443	422.6
Pr	1083	1333	1701	2305	3520	355.6
Nd	955	1175	1500	2029	3074	327.6
Pm	—	—	—	—	3000(估计)	348(估计)
Sm	508	642	835	1150	1794	206.7
Eu	399	515	685	964	1529	175.3
Gd	1167	1408	1760	2306	3273	397.5
Tb	1124	1354	1698	2237	3230	388.7
Dy	804	988	1252	1685	2567	290.4
Ho	845	1036	1313	1771	2700	300.8
Er	908	1113	1405	1896	2868	317.1
Tm	599	748	964	1300	1950	232.2
Yb	301	400	541	776	1196	152.1
Lu	1241	1483	1832	2387	3402	427.6

表 1-16 室温线膨胀系数、热导率、电阻率和霍尔系数[29,34]

稀土金属	线膨胀系数 $\alpha_i/10^{-6}\cdot℃^{-1}$			热导率 /W·(cm·K)$^{-1}$	电阻率/Ω·cm			霍尔系数 $R_i/10^{-12}\cdot V\cdot cm\cdot(AOe)^{-1}$		
	α_a	α_c	$\alpha_{多晶}$		ρ_a	ρ_c	$\rho_{多晶}$	R_a	R_c	$R_{多晶}$
αSc	7. 6	15. 3	10. 2	0. 158	70. 9	26. 9	56. 2	—	—	-0. 13
αY	6. 0	19. 7	10. 6	0. 172	72. 5	35. 5	59. 6	-0. 27	-1. 6	—
αLa	4. 5	27. 2	12. 1	0. 134	—	—	61. 5	—	—	-0. 35
βCe	—	—	—	—	—	—	82. 8	—	—	—
γCe	6. 3	—	6. 3	0. 113	—	—	74. 4	—	—	+1. 81
αPr	4. 5	11. 2	6. 7	0. 125	—	—	70. 0	—	—	+0. 709
αNd	7. 6	13. 5	9. 6	0. 165	—	—	64. 3	—	—	+0. 971
αPm	9	16	11	0. 15	—	—	75	—	—	—
αSm	9. 6	19. 0	12. 7	0. 133	—	—	94. 0	—	—	-0. 21
Eu	35. 0	—	35. 0	0. 139	—	—	90. 0	—	—	+24. 4
αGd	9. 1	10. 0	94	0. 105	135. 1	121. 7	131. 0	-10	-54	-4. 48
αTb	9. 3	12. 4	10. 3	0. 111	123. 5	101. 5	115. 0	-1. 0	-3. 7	—
αDy	7. 1	15. 6	9. 9	0. 107	111. 0	76. 6	92. 6	-0. 3	-3. 7	—
Ho	7. 0	19. 5	11. 2	0. 162	101. 5	60. 5	81. 4	+0. 2	-3. 2	—
Er	7. 9	20. 9	12. 2	0. 145	94. 5	60. 3	86. 0	+0. 3	-3. 6	—
Tm	8. 8	22. 2	13. 3	0. 169	88. 0	47. 2	67. 6	—	—	-1. 8
βYb	26. 3		26. 3	0. 385	—	—	25. 0	—	—	+3. 77
Lu	4. 8	20. 0	9. 9	0. 164	76. 6	34. 7	58. 2	+0. 45	-2. 6	-0. 535

表 1-17 稀土金属力学性质[35]

稀 土 金 属	力 学 性 质				再结晶温度/℃
	屈服强度/MPa, 剩余偏差 0. 2%	极限强度/MPa	伸长率/%	断面收缩率/%	
Sc	173	255	5. 0	8. 0	550
Y	42	129	34. 0	—	550
αLa	126	130	7. 9	—	300
βCe	86	138	—	24. 0	—
γCe	28	117	22. 0	30. 0	325
αPr	73	147	15. 4	67. 0	400
αNd	71	164	25. 0	72. 0	400
αPm	—	—	—	—	400
αSm	68	156	17. 0	29. 5	400
Eu	—	—	—	—	300
αGd	15	118	37. 0	56. 0	500
αTb	—	—	—	—	500
αDy	43	139	30. 0	30. 0	550
Ho	—	—	—	—	520
Er	60	136	11. 5	11. 9	520
Tm	—	—	—	—	600
βYb	7	58	43. 0	92. 0	300
Lu	—	—	—	—	600

1.3.8 稀土金属与其他元素相互作用[36]

稀土金属有典型的金属性质,它的化学活性很强,能形成多种多样的化合物,包括氢化物、氯化物、硅化物、碳化物、有机/无机盐和络合物,这是稀土金属在冶金工业中作为净化、除杂、细化变质剂的基础。

稀土金属在空气中不稳定,其稳定性大小随原子序数递增而增大;换言之,原子半径越大的稀土金属抗氧化能力越弱;轻稀土金属较重稀土金属活泼、镧是最活泼的、最易被氧化的,镥、钪是最耐空气氧化的。

稀土金属是被广泛应用的还原剂,它能将铁、钴、镍、铬、钒、铌、钽、锆、钛、硅等元素的氧化物还原成金属。由于稀土金属的还原能力有大小,加上稀土金属镧的蒸气压比钐、铕、镱和铥的小得多,可以用镧(铈)将钐、铕、镱、铥金属从其氧化物中还原出来。然而稀土金属的活性比碱金属和碱土金属低一些,所以工业上常用锂和钙作为还原剂,将稀土金属从其卤化物中还原出来。

稀土金属与稀土金属间发生相互作用。如果两种稀土金属在相应温度下的晶体结构一样,它们可形成连续固溶体;如果两种稀土金属晶体结构不同,它们只能形成有限固溶体;只有属于不同副族(铈族和钇族)的两种稀土金属才能形成金属间化合物。

钇和钪在合金中的行为与重稀土金属相似;而镱在镁合金中的行为与轻稀土相似[37],铕、镱的熔点和弹性模量也和轻稀土镧、铈的相似。

稀土金属与过渡族金属(铁、锰、镍、金、银、铜、锌)及镁、铝、镓、铟、铊等能形成许多合金,而且在其二元和多元合金体中有很多金属间化合物形成。比如 Ce - Zn 体系中有 9 个,Au - Yb 和 Co - Ho 体系中有 8 个,在 Mg - Al - Dy 和 Mg - Al - Sm 体系中分别有 10 个和 11 个。这些化合物有的熔点高、硬度大、热稳定性高、弥散分布于有色合金基体或晶界,对抗高温、抗蠕变、提高合金强度起着重要作用。其中不少稀土金属间化合物具有特殊功能而被广泛应用于高新技术中,例如已知的 $SmCo_5$、Sm_2Co_{17}、Ce - Co - Cu - Fe、$Nd_2Fe_{14}B$、SmFeB、$Tb_{0.27}Dy_{0.73}Fe_{2-x}$、$LaNi_5$、$La_2Mg_{15}Ni_2$ 等等。可以预料,会有更多更新更好的金属间化合物新材料陆续被开发问世。

只有钽/铌和钨/钼及其合金与稀土金属间的互相作用很小,钽和钼几乎不与稀土金属及其卤化物作用。在真空或惰性气体中,钽可在 1700℃下使用,钼可在 1400℃下使用,被用作熔盐电解用电极及稀土金属、稀土合金的承载坩埚。

1.4 稀土金属及合金生产工艺方法

1.4.1 稀土火法冶金技术发展概况

稀土金属冶炼工艺研究是在 19 世纪中期由瑞典化学家莫桑第尔(G. Mosander)首次用金属钠、钾还原无水氯化铈制备金属铈开始的。在 12 年以后赫太克兰德(Hitekrand)和诺顿(T. Norton)又首次以氯化合物为原料用融熔盐电解法制备了金属铈和金属镧。进入 20 世纪 30 年代以来逐步发展了稀土氯化合物和氟化合物金属热还原及熔盐电解两项工艺技术开始工业化生产轻稀土混合金属。20 世纪中期后稀土金属材料的开发应用发展迅速。混合稀土金属在低合金管线钢、耐蚀钢中应用及在镍氢电池阴极材料中应用极大地促进了氯化合物熔盐电解混合稀土金属的工艺技术的进步和生产规模的扩大。20 世纪 60 年代电解槽规模为 3000 A,而进入 70 年代国内达到 10000 A,奥地利特列巴赫公司设计生产使用过 50 kA 电解槽;而钕铁硼永磁材料的产业化推动了使用氟化合物熔融盐体系电解稀土氧化合物工艺技术的发展和工业水平的提高,同时与大磁致伸缩材料市场需求一道也推动了稀土氟化合物钙热还原制备金属镝、铽工艺技术的产业化。金属镝和铽的最大单炉产量已达到百公斤级,技术指标和产品质量均属先进水平。

利用氟化物熔盐体系电解氧化钕的工业电解槽规模在 20 世纪 80 年代只有 300 A,而目前已达到万安培规模,最大到 30 kA 规模,且工艺过程实现了机械化和半自动化,做到了电解挥发物及阳极气体、电解渣处理回收。

工艺技术和技术经济指标达到了世界先进水平。钐钴永磁材料的开发应用带动了金属钐的冶炼技术和工业水平的提高。镧热还原－蒸馏法生产金属钐的单炉产量在 20 世纪 80 年代只几千克,而现已达百余千克。金属钐的质量可满足用户不断提高的要求,技术经济指标属先进水平。

稀土金属及合金冶炼工艺方法依据其原理可分为两大类:一是根据稀土元素的电化学性质,采用熔融盐电解工艺方法。原理上采用该方法可以制得全部 17 种稀土金属,但实际上选择生产工艺方法必须考虑固定资产投资最少、能耗、原铺材料消耗最低、三废量最小且易回收处理等因素。目前熔融盐电解法还只用于生产熔点低、沸点高的轻稀土金属和具有低共熔点的稀土合金(包括轻重稀土合金);二是根据稀土化合物的热力学性质,采用金属热还原工艺方法,它也适用冶炼提取全部稀土金属。从经济成本考虑,采用该方法更适用生产熔点和沸点均高的重稀土金属和熔点、沸点较低的金属钐、铕和镱。此两种工艺方法无论在其机理和工艺设备方面都已十分成熟。自 2004 年以来形成的稀土金属生产能力 55 kt,2007 年的产量超过 30 kt。

1.4.2 金属热还原法的简明原理及工艺技术[38~43]

参加金属热还原反应的物质构成一个热力学系统,其中物质间能量转换即形成新反应物质的过程。在等压等温条件下该反应过程是严格遵循热力学第二定律,即

$$\Delta G^{\ominus} = \Delta H^{\ominus} - \Delta T \Delta S^{\ominus} \tag{1-1}$$

式中 $\Delta G^{\ominus}$——化学反应自由能变化值,kJ/ mol;

$\Delta H^{\ominus}$——化学反应热焓变化值, kJ/ mol;

$\Delta S^{\ominus}$——化学反应热熵变化值, kJ/ mol。

上述反应公式也是该系统的状态函数。它判断某种金属热还原反应在什么条件下才能发生以及反应进行的程度。若 $\Delta G < 0$ 时,体系处于自发过程,反应能够进行;$\Delta G^{\ominus} > 0$ 时,体系处于非自发过程,反应向反方向进行;$\Delta G^{\ominus} = 0$ 时,体系处于平衡状态,即正、反方向的反应速率相等。对式(1-1)进行化学热力学计算,其结果不仅可判断还原反应进行的方向,还能确定反应进行的限度($\Delta G^{\ominus} = 0$ 是限度的标志),但不能确定反应进行的量。还原反应平衡常数 K 是它进行程度的标志。还原反应体系自由能变化值 $\Delta G^{\ominus}$ 与反应平衡常数间有以下函数关系:

$$\Delta G^{\ominus} = -RT \ln K \tag{1-2}$$

由上式可见,ΔG 值越大反应平衡常数越大。反应平衡常数亦可用参加反应组元的摩

尔浓度表示。上述反应式还可利用 Vant Hoff 方程表示,即

$$\frac{\partial \ln K}{\partial T}=\frac{\Delta H^\ominus}{RT^2} \tag{1-3}$$

在一般火法冶金温度范围内 $\Delta H^\ominus$ 变化很小,可视为常数,积分上式得出:

$$\lg K=-\frac{\Delta H^\ominus}{4.575T}+A \tag{1-4}$$

式中,A 为积分常数。

由上式可见,当 $\Delta H^\ominus<0$ 时,即化学反应为放热反应时,提高冶炼温度会使平衡常数减小,而当 $\Delta H^\ominus>0$ 时,即反应为吸热反应时,则提高反应温度会使反应平衡常数增大。但是生产工艺条件的选择不只是取决于平衡状态,同时必需综合考虑反应速度、生产效率、能量消耗及操作条件控制诸多因素,以使经济成本最低。

稀土金属氧化物是稳定的化合物,很难用其直接还原成纯金属(除钐、铕、镱和铥外),因此一般多用它们的氟化物、氯化物为原料进行钙热还原、锂热还原。因为氟化物、氯化物较溴化物、碘化物稳定、较不易吸潮,易制成纯原料且在还原过程中生成的熔渣流动性好,便于同金属分离。

稀土金属卤化物及常用金属卤化物的生成热焓及生成自由能变化值见表1-18。

表1-18 稀土金属卤化物及还原剂卤化物的生成热、自由能变化值[44]

金属	氯化物			氟化物		
	$-\Delta H^\ominus_{298}$/kJ·g^{-1}	$-\Delta G^\ominus_{298}$/kJ·g^{-1}	$-\Delta G^\ominus_{1000}$/kJ·g^{-1}	$-\Delta H^\ominus_{298}$/kJ·g^{-1}	$-\Delta G^\ominus_{298}$/kJ·g^{-1}	$-\Delta G^\ominus_{1000}$/kJ·g^{-1}
Y	77.6	71.7		132.3	131.2	
La	88.0	82.3	69.7	140.3	134.0	120.0
Ce	86.7	81.0	68.7	138.7	132.3	118.3
Pr	86.0	80.3	68.3	134.3	131.3	116.7
Nd	84.7	79.0	67.0	136.7	130.3	116.3
Sm	82.7	77.3	65.7	135.0	128.7	114.7
Eu	77.7	72.3	61.0	130.3	124.3	110.3
Gd	81.7	76.3	65.0	134.7	128.7	114.7
Tb	70.3	65.0	54.0	133.3	127.3	113.3
Gy	87.7	73.3	62.0	132.7	126.7	112.7
Ho	77.7	72.3	62.0	131.7	125.7	112.0
Er	77.3	72.0	60.0	130.7	124.7	111.0
Tu	76.3	71.0	58.7	130.3	124.3	111.0
Yb	71.3	66.0	53.7	125.3	119.3	106.0
Lu	76.0	70.3	112.7	130.7	124.7	111.3
Na	98.3	92.0	76.7	136.0	129.0	112.6
Li	97.7			146.3	139.5	
Ca	95.3	90.0	78.2	145.1	139.1	124.8
Mg	76.6	75.5	57.6	131.5	126.0	112.8
Al	55.6	56.0		107.7	102.0	89.7

由表1-18可知，金属钠、钙和锂的氯化物、氟化物生成自由能负值均比稀土金属相应的卤化物生成自由能负值大。因此它们都可用作还原稀土氯化物、氟化物的还原剂。

稀土金属按其熔点和沸点不同，可分为三组；由镧至钕。它们的熔点较低，但沸点很高，可采用其氯化物为原料进行金属热还原；钐、铕、镱和铥熔点沸点较低，适合采用还原－蒸馏法直接由它们的氧化物制得海绵状金属；其余七种稀土金属钆、铽、钬、铒、钇和镥它们熔点高且沸点亦高，适合金属热还原其氟化物直接制备纯的密致金属。

近年来金属热还原工艺生产熔点和沸点均高的稀土金属主要采用钙热还原法，其最终化学反应式为：

$$3Ca + 2LnF_3 \longrightarrow 3CaF_2 + 2Ln \tag{1-5}$$

根据被还原金属熔点，还原温度一般控制在高于熔点50℃为宜。钙热还原稀土金属钇的卤化物反应的自由能变化值与温度的关系见图1-2。

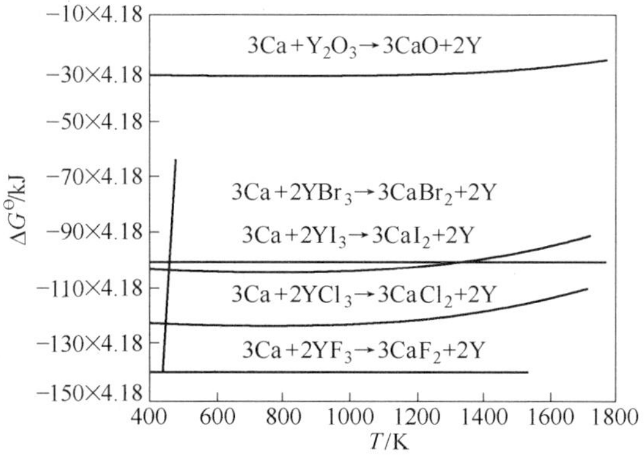

图1-2 钇的卤化物 $\Delta G^{\ominus}$ 变化值与温度的关系

图1-2表明，反应式(1-4)进行的足够条件是温度，在还原温度下 $-\Delta G^{\ominus}$ 都很大且反应速度快，金属回收率也较高。

用金属热还原法还原蒸气压高的金属（Sm、Eu、Yb和Tm）卤化物的实验均未成功，只得到低价的卤化物。但是可用它们的氧化物为原料，用蒸气压很低的金属镧、铈为还原剂，在热还原的同时进行高真空蒸馏。在冷凝区得到被还原蒸馏的海绵状金属。还原－蒸馏反应式为

$$RE_2O_3(s) + 2La(l) \xrightarrow{1200 \sim 1400℃} 2REM(g) \uparrow + La_2O_3(s) \tag{1-6}$$

该反应是固、液、气多相反应。由于反应是在高温、高真空和有温度梯度的系统中进行的，被还原的蒸气压高的金属迅速蒸馏出反应区而达到冷凝区。根据质量作用定律，该反应单向地向还原方向进行。反应(1-5)在还原－蒸馏温度范围内稀土氧化物和还原剂金属的蒸气压都很低，可视为零。因此被还原蒸馏的金属蒸气压值决定着反应的平衡、蒸馏速度。被还原金属的蒸气压与温度的关系可用下式表示

$$\lg P = A - \frac{B}{T} \tag{1-7}$$

式中 P——被蒸馏金属蒸气压，Pa；

A,B——常数；

T——蒸馏温度,K。

上式表明在蒸馏表面固定条件下,提高蒸馏温度可提高金属蒸气压。稀土金属蒸气压与温度的关系见表1-19。

表1-19 稀土金属蒸气压与温度的关系[45]

稀土金属	t/℃		蒸气压为133.32Pa时的蒸馏速度/g·(cm²·h)⁻¹	沸点/℃
	1.33 Pa	133.32 Pa		
Sc	1397	1773	33	2882±15
Y	1637	2082	43	3337±5
La	1754	2217	53	3454±5
Ce	1744	2174	53	3257±30
Pr	1523	1968	56	3212±30
Nd	1341	1759	60	3127±5
Sm	722	964	83	1752±15
Eu	613	837	90	1597±5
Gd	1583	2022	59	3233±5
Tb	1524	1939	60	3041±30
Dy	1121	1439	71	2335±20
Ho	1179	1526	69	2572±20
Er	1271	1609	68	2510±20
Tm	850	1095	83	1732±20
Yb	471	651	108	1193±5
Lu	1657	2098	61	3315±5

1.4.2.1 金属热还原工艺过程条件

A 还原剂金属的选择

选择还原剂金属主要有三个方面:一是热力学及物理化学性质。在选定热还原原料为稀土卤化物如稀土氟化物情况下,还原剂金属氟化物生成的自由能负值必须大于被还原金属氟化物生成的自由能负值。这是决定它可作为还原剂的热力学条件。此外它的熔点要低于被还原金属的熔点,而沸点要高于后者,且它的氟化物(即还原反应渣)的熔点亦低于被还原金属的熔点,流动性和化学稳定性要好;二是它要具备适宜的纯度,尤其氧、氮、氢的含量应尽量低,因稀土金属化学性质异常活泼。这些杂质在还原过程中与稀土金属作用生成高熔点化物,而进入渣相,提高了渣的黏度,造成稀土金属与渣分离困难,降低金属的回收率;三是还原剂金属形状要适中。为尽可能使还原剂金属与还原的原料有更多更大的接触表面以提供较好的还原扩散条件,还原剂金属应在单位重量下,有更多的表面积。当前工业生产中多使用小颗粒蒸馏金属钙。

B 金属热还原温度的确定

还原温度是还原反应的重要的热力学条件,也影响反应产物的扩散传质过程,因此还原温度对金属回收率和产品的杂质含量有明显的影响。稀土卤化物还原反应的起始温度一般在650~900℃范围之内,但反应速度很慢。为使还原过程在液相间进行,以提高反应速度和使金属产物与渣相较好地分离且获得致密金属,在此前提下确定还原温度应尽量低。这样不仅节省能耗,还可延长坩埚使用寿命,减少杂质的污染。工业生产采用还原温度为还原产物最高熔点以上50℃。对于某种稀土金属热还原反应,在原料配比合理、设备适用及合理的升温制度条件下,都存在着一个最佳还原反应温度。低于或高于此最佳温度都会降低稀土金属的回收率。

C 热还原熔炼时间的选择

还原反应的时间是重要的动力学条件。对在高温区固定的炉料量,要保持足够的还原熔炼时间以使还原反应、传质过程充分地进行,从而得到好的技术经济指标。但是还原熔炼时间视不同炉料、还原条件和生产规模而异。它对稀土金属的回收率亦存在着一个最佳值,低于或高于此最佳值都降低金属回收率;而对杂质的污染却视杂质金属的性质而异。碱性金属杂质如金属钙,由于熔渣偏酸性,则延长保温时间,会减少对稀土金属的污染;坩埚金属杂质如钽、铌、钨、钼以及铁族元素,随着熔炼时间的延长会增加杂质的污染。因此要权衡这两类杂质不同的污染情况和金属回收率的要求,来确定还原熔炼时间。

D 还原坩埚材料的选择

稀土氟化物、金属及熔渣都有很强的化学活性,因此使用的坩埚材料须在高温下耐卤素及其化合物的腐蚀并不与稀土金属作用,在惰性气氛中可较长时间使用。常用的坩埚材料对稀土金属及卤化物的化学稳定性见表1-20。

表1-20 坩埚材料对稀土金属及卤化物化学稳定性

坩埚材料	稀土金属及卤化物化学稳定性
氧化镁	在1200℃内较稳定,曾用于$RECl_3-KCl$熔盐电解槽内衬
氧化钙	在1000℃之内较稳定
氧化铍	可用到1250℃
高纯氧化锆	不大于1700℃,在真空及惰性气氛中较稳定
氧化铝、氧化硅	在高温下与熔融金属发生反应
金属钽	在1700℃之前于真空及惰性气氛中稳定,但与钪和镥有明显作用
金属铌	在真空及惰性气氛中于1500℃有1%~2%铌溶解于稀土金属
金属钼	在惰性气氛中于1400℃前稳定
金属钨	在惰性气氛中于高温下缓慢地被腐蚀,但对卤化物稳定
石墨、碳	与稀土金属作用缓慢,但对卤化物稳定
硫化铈	高温下对铈稳定,在1000℃对卤化物稳定
氮化钛(70%)+氧化钛(30%)	比硫化铈还稳定

表1-20说明,钽材制作的坩埚最适用于高温金属热还原法生产致密稀土金属,其次是钨和铌制坩埚。当前生产使用的多是钽和钨制坩埚。它们虽然在高温惰性气氛中使用本身很少被氧化和被还原产物的腐蚀,但经数次使用后均有变脆和强度降低等情况出现。这是由于材料在高温下反复再结晶使晶粒长大以及晶界杂质积累造成的。

E 高温热还原设备的要求

高温还原稀土化合物生产稀土金属的设备主要包括高温还原炉、高真空系统、惰性气体供给源及其相应的工具和器具。这些设备的匹配必需满足工艺设计的要求，主要是温度、真空度、还原气氛、炉产能力和操作条件的要求。

1.4.2.2 稀土氟化物钙热还原法生产稀土金属工艺及设备

该工艺方法采用的原料是无水稀土氟化物和蒸馏的金属钙粒。还原使用的坩埚为钽或钨制的坩埚，在惰性气氛中于高温还原熔炼温度下发生如下还原反应：

$$3Ca + 2REF_3 \longrightarrow 3CaF_2 + 2REM$$

该工艺方法适用于制备除蒸气压较高的稀土金属外所有的致密稀土金属，但目前该工艺方法主要用于生产熔点、沸点均高的重稀土金属。钙热还原稀土金属工艺流程见图 1-3。

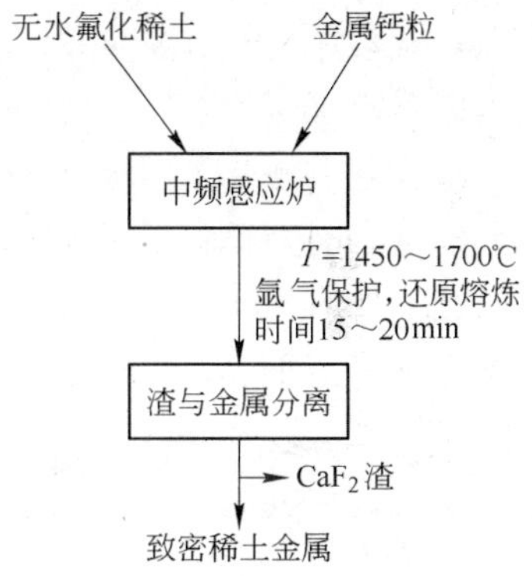

图 1-3 钙热还原稀土金属工艺流程图

在原料符合冶炼要求（主要是氧及水分的含量需小于 0.1%）及最佳配料比、工艺条件下，稀土金属的直收率可达 95% ~97%。所得致密稀土金属纯度为工业纯度，杂质主要来自钙带入的碱土金属、碱金属和过渡族金属以及稀土氟化物及操作过程带入的气体杂质。为进一步提高纯度需采用高真空蒸馏等提纯方法，以获得相对纯度（RE/TREM）大于 99.5%（用户还要求分析稀土杂质 20 ~30 种）。

当前该工艺技术水平提高较快，单炉产量可达数十千克并采用自动控温系统的中频感应炉，升温速度快，控温误差小；高真空系统抽气速率快，气密性好及高纯氩气供给源，这些都在扩大生产规模的同时充分地满足了工艺条件的要求。

1.4.2.3 还原蒸馏法生产稀土金属工艺及设备

还原蒸馏法生产稀土金属工艺技术是生产蒸气压值较高的 Sm、Eu、Yb 及 Tm 的唯一可行的工业生产方法，因为它们三价化合物是稳定的，而且二价化合物亦较稳定。采用金属热还原法和熔盐电解法均还原至二价态，而得不到纯金属。利用它们蒸气压高的性质，在高温、高真空条件下用蒸气压低的金属镧、铈或混合轻稀土金属还原其氧化物，在系统的冷凝区可得到海绵状金属。还原－蒸馏不可逆反应如下：

$$RE_2O_3(s) + 2La(l) \xrightarrow{1200 \sim 1400℃} 2REM(g)\uparrow + La_2O_3(s)$$

式中，RE_2O_3 可为 Sm_2O_3、Eu_2O_3、Yb_2O_3 和 Tm_2O_3。

上述反应是固、液、气多相反应。在高温、高真空条件下蒸气压很低的液态金属镧与固态的被还原金属氧化物形成中间相并与起始被还原出的金属钐形成合金。后者由于蒸气压很高，随即变为蒸气逸出反应区，使反应只能向还原方向进行。在反应开始阶段，反应速度限制性环节是被还原的金属钐从中间合金中蒸馏出来的速度；而炉料形成较厚的固态渣后，限制性环节则是扩散速度。实现上述还原蒸馏反应的工艺流程和条件见图 1-4。

按图 1-4 工艺生产稀土金属的回收率都与蒸馏温度、时间、还原剂用量、冷凝器位置及合理的操作有关。冷凝器温度在 300 ~500℃时，冷凝的金属结晶颗粒较粗大，在空气中稳定。用该工艺制备金属铕时还原－蒸馏反应激烈，冷凝下来的金属极易氧化，须在惰性气氛中剥离和保存。在本工艺中使用的设备是高真空中频感应炉、钽制或钨制坩埚、陶瓷冷凝器。

目前用该工艺方法生产金属钐最大单炉产量可达百余千克，直收率大于 95%。分析碱金属、碱土金属、难熔金属、非金属及氧、氮气体杂质共 21 种，产品纯度达 99.5%，相对纯度（Sm/TREM）大于 99.95%，完全满足了磁性材料性能要求。

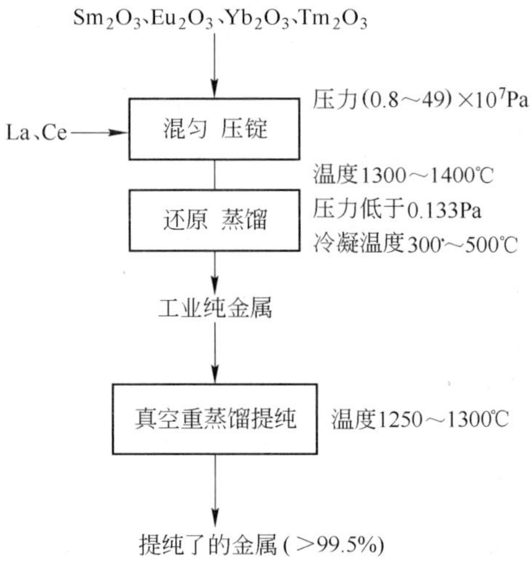

图 1-4 还原－蒸馏工艺流程图

1.4.2.4 中间合金法生产高熔点稀土金属工艺和设备[38~43, 46]

该工艺方法适用于生产熔点及沸点均高的稀土金属，如钇、镝、铒、镥等，其优点是在钙热还原过程中加入低熔点合金组元——金属镁和无水氯化钙造渣剂，以生成熔点低的稀土镁合金及氯化钙、氟化钙的复合渣。这样可大幅度降低还原熔炼温度约 500℃，不但节省了能耗还降低了杂质污染，且易于扩大生产规模。

金属镁和氯化钙的加入量是根据 REM－Mg 二元合金相图及 CaF_2-CaCl_2 二元相图，选择熔点较低的二元化合物组成，如对用该法生产金属钇，则选择 Y∶Mg＝1∶1（原子比）、$CaF_2:CaCl_2=1:1$。前者的初晶温度为 935℃、后者为 820℃。因此还原熔炼温度采用 950～1100℃是适宜的[6,7]。最终还原、造渣及合金化反应如下：

$$2YF_3(s)+3Ca(l)\longrightarrow 3CaF_2(s)+2Y(s)$$

$$2Y(s)+2Mg(l)\longrightarrow 2YMg(l)$$

$$3CaF_2(s)+3CaCl_2(l)\longrightarrow 3CaF_2\cdot CaCl_2(l)$$

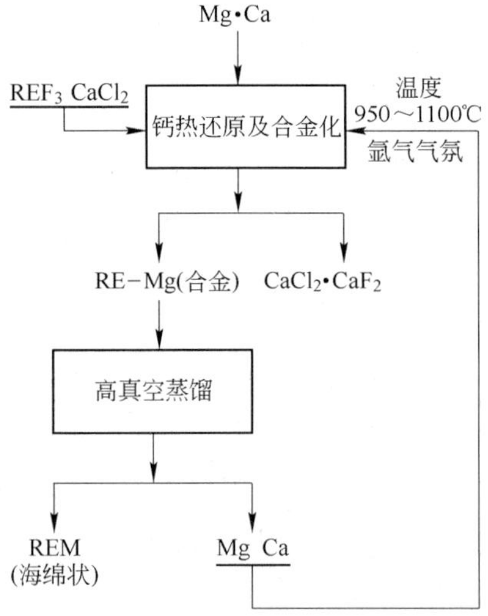

图 1-5 中间合金法生产稀土金属工艺流程图

上述反应在惰性气氛中进行是不可逆的。还原得到的稀土金属同时与镁进行合金化反应生成稳定的稀土镁合金，氟化钙及氯化钙复合渣。它们都是液相。将渣与金属剥离后得到稀土镁合金，然后对其进行高真空蒸馏，除去镁和钙，得到海绵状稀土金属。工艺流程见图 1-5。

该工艺中还原加热炉为碳棒炉，用于外部加热反应罐。反应罐由不锈钢制成，分为上、下两部分，上部是贮料罐，下部为反应罐，可接真空系统和氩气源。在反应罐中放入盛有金属钙和镁的坩埚，而在加料罐中则放有无水稀土氟化物及氯化钙。反应罐处于炉子加热区，加料罐处于非加热区。在炉子加热前先抽真空至 0.1 Pa 后加热至 750℃，充氩气升温至 900℃，使金属镁和钙熔化后通过料斗将贮罐

中的 CaF_2、$CaCl_2$加入反应罐并升温至 950～1100℃（本加温条件是针对生产金属钇的）保温约 30 min。反应完成后提出反应罐使其与水平线成 30°角放置冷却。然后取出坩埚倒出料锭，除去上面的渣，得到稀土镁合金，经破碎成块放置于高真空炉中，在稀土镁合金熔点以下进行真空蒸馏，随着合金中镁、钙含量逐渐减少，合金熔点逐步提高，蒸馏温度也逐渐提高至 950℃，保温 20 h 以上。然后冷却至室温，得到海绵状稀土金属。如需致密金属可进行真空重熔。

该工艺方法所得到的稀土金属质量好于钙热直接还原稀土氟化物所得的金属质量。主要由于还原的温度较低降低了杂质污染的程度，并且真空蒸馏过程也起到提纯产品作用。

目前国内用该工艺方法生产金属钇、镝等重稀土金属的工业规模已达到单炉还原稀土氟化物百余千克，真空蒸馏稀土镁合金装料量达吨级水平。

1.4.2.5 硅热及碳热还原法生产硅铁合金及设备[38～43, 46～48]

A 硅热还原法生产稀土硅铁合金工艺及设备

该工艺方法生产含稀土 20%～35% 的硅铁合金。主要使用包头中品位稀土精矿经脱磷、铁后的稀土富渣（$REO > 12\%$、$P_2O_5 < 1\%$、$Fe < 1\%$）为原料，用 75 硅铁为还原剂，配以石灰（$CaO > 85\%$）造渣剂（配料碱度约为 3.5），在三相电炉内于 1300～1400℃下进行还原熔炼。在炉料配比、熔炼温度、操作条件均在适宜条件下，则发生如下不可逆还原熔炼反应：

$$4/3(RE_2O_3) + 2[Si]_{Fe} \longrightarrow 8/3[RE] + 2(SiO_2)$$

$$(SiO_2) + 2(CaO) \longrightarrow 2(SiO_2 \cdot CaO)$$

$$[RE] + 3/8[Si]_{Fe} \longrightarrow [RESi]_{Fe}$$

该反应是在熔融状态下的合金相与渣相之间进行。由于在还原温度下，提高了渣相中稀土氧化物的活度，而高碱度使渣相中二氧化硅的活度极大地降低，从而生成稳定的硅酸钙，合金相则生成稳定的稀土硅铁合金，致使上述反应向右进行为不可逆。硅热还原法生产稀土硅铁合金的工艺流程见图 1-6。

工业生产使用 5 t 三相电弧炉，按上述工艺生产的稀土硅铁合金质量稳定不易粉化。稀土直收率可达 65%～70%，能耗较高约为 13000 kW·h/t。近年已开始采用低磷的高品位氟碳铈精矿（REO 含量 30%～55%）如四川矿，不经脱铁，造块，直接入炉加入到已熔化的炉料中（石灰、钢屑和硅铁）。经过还原熔炼可生产稀土含量大于 35% 的稀土硅铁合金。稀土直收率大于 76%，电耗约为 11000 kW·h/t[38～43,46,47]。

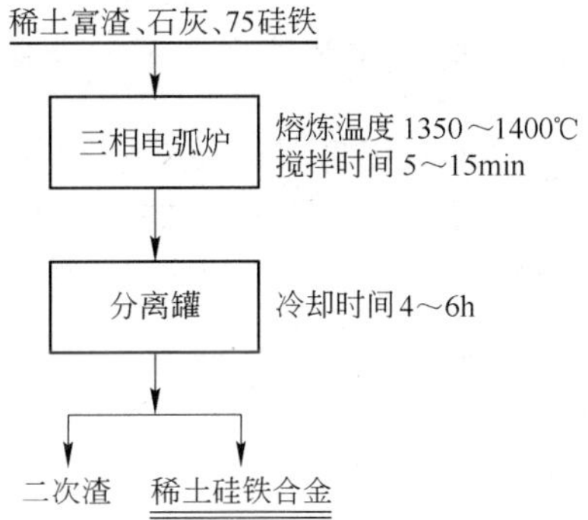

图 1-6 硅热法冶炼稀土硅铁合金工艺流程图

目前工业生产使用的设备主要是 5 t 三相电弧炉，加料和炉前工作多为人工操作。生产过程产生大量烟尘，部分企业使用了除尘装置。

B 碳热还原法生产稀土硅铁合金

该法是 20 世纪 90 年代后期发展起来的，使用矿热炉可连续作业，是属无渣冶炼新工艺,能耗低,稀土回收率高。但原料需使用高品位稀土精矿(REO > 60%),经制球干燥后使用。还原剂碳含量需达 82% 以上,灰分 < 7%,挥发分亦应少,粒度为 10 mm 左右;原料硅石中 SiO_2 > 98%、Al_2O_3 < 4%、P_2O_5 < 0.5%,粒度约为 50 mm;钢屑应无锈渍。

碳热还原化学反应较为复杂,在还原熔炼温度约 1800℃ 下,是固、液、气三相反应。虽然参加还原反应元素较多,但主要参加反应的物质是稀土氧化物、氧化钙、氧化硅、铁和碳,其中碳虽然用作还原剂但更重要的作用是使金属氧化物生成碳化物,如稀土及硅的碳化物,后者在铁的存在下与氧化物反应生成金属硅铁合金。最终的还原冶炼反应可表达为:

$$(CaO)(l) + 2C(s) = CaC(l) + CO(g)\uparrow$$

$$CaC(l) + (SiO_2)(l) \longrightarrow [CaSi]_{Fe}(l) + 2CO(g)\uparrow$$

$$(RE_2O_3)(l) + 2[CaSi]_{Fe}(l) + 3C(s) \longrightarrow 2[RESiCa]_{Fe}(l) + 3CO(g)\uparrow$$

$$(RE_2O_3)(l) + 7C(s) \longrightarrow 2REC_2(s) + 3CO(g)\uparrow$$

$$2REC_2(s) + 2(SiO_2)(l) \longrightarrow 2[RESi]_{Fe} + 4CO(g)\uparrow$$

$$(SiO_2)(l) + 3C(s) \longrightarrow SiC(s) + 2CO(g)\uparrow$$

$$SiC(s) + (SiO_2)(l) \longrightarrow [Si](l) + (SiO)(l) + CO(g)\uparrow$$

$$SiO(l) + (REC)(s) \longrightarrow [RESi]_{Fe} + CO\uparrow$$

$$[Si](l) + REC_2 + (SiO_2)(l) \longrightarrow [RESi_2]_{Fe} + 2CO\uparrow$$

上述反应表明,铁的作用不仅能有效地破坏高熔点碳化物,还起到合金化作用,促进反应向右不可逆进行。理论上该反应不产生熔渣,是无渣冶炼。

该工艺方法能生产稀土含量 30% ~ 40% 的低钛稀土硅铁合金,质量好,不粉化。稀土回收率可达 90% 以上。冶炼电耗低于 9000 kW · h/t。

目前工业生产国使用的冶炼设备主要是 1800 kV · A 和 4000 kV · A 的矿热炉。

除上述金属热还原法外,在 20 世纪 80 年代前还曾做过以无水氯化物为原料用钙或锂为还原剂在保护气氛中还原制备轻稀土金属的实验,结果是成功的。但由于氯化物吸水严重,不好操作易造成环境污染,致使这种工艺方法没被工业采用。

1.4.3 熔盐电解法生产稀土金属基本原理及工艺技术

稀土卤化物熔盐是属强电解质,在熔融状态下是离子导体,因此具有良好的导电及离子迁移性能。在这样的熔盐体系中放入惰性电极并在两极间加直流电压,将出现电化学过程。在阴极上发生阳离子获得电子被还原成金属原子,而在阳极上则发生卤素阴离子放出电子被氧化为气态分子。该过程与化学电池相反,即为电解过程。为发生电解过程必须在两电极间施加与化学电池电动势相反的直流电压,且要达到足够大的数值。这个能使电解过程长时间进行的最小外电压值称为该熔盐体系的分解电压。它不是个定值,而与许多因素有关。对于单一纯熔盐体系,在没有超电压和去极化作用的条件下,它的分解电压等于该化学电池的可逆电动势,也就是两个电极电位差即:

$$E^{\ominus} = \varphi_a - \varphi_k \tag{1-8}$$

式中 $E^{\ominus}$——理论分解电压,V;

φ_a——阳极电位,V;

φ_k——阴极电位,V。

当有超电压时,理论分解电压则大于相应的两个电极电位差,而在有去极化作用时理论分解电压则小于它。理论分解电压值与可逆化学电池中的化学反应过程的自由能变化值的关系可表达为:

$$E^{\ominus} = -\frac{\Delta G^{\ominus}}{nF} \tag{1-9}$$

式中 n——元素电极反应的得失电子数;

F——法拉第常数。

从式(1-9)可知,理论分解电压可用热力学函数计算。但是,实际上稀土熔盐电解常用二元熔盐体系,以改善熔盐电化学性质如减少极化作用和改善物理化学性质如降低熔点、蒸气压、黏度,提高电导、离子迁移率等。熔盐体系的分解电压不仅与组分有关,还与温度有关。假定二元卤化物熔盐体系且它们离子间无化学作用,该体系的分解电压与温度、浓度的关系可用 Nerenst 方程式表述:

$$E = E^{\ominus} + \frac{RT}{nF} \times \ln\frac{C_1}{C_2} \tag{1-10}$$

式中 E——所求金属卤化物在该二元熔盐体系中的分解电压,V;

$E^{\ominus}$——所求金属卤化物的理论分解电压,V;

C_1——单一纯卤盐的摩尔浓度,mol/L;

C_2——所求金属卤化物在该二元体系中的摩尔浓度,mol/L。

Nerenst 方程表明所求卤化物的分解电压大于其在单一纯卤化物盐浴中的分解电压。说明在混合盐浴中不同组分间有化学作用,致使稀土离子电位变得更负一些,而卤素离子电位变得更正一些。混合盐浴中稀土卤化物分解电压的升高,说明它较在其单一盐浴中电化学状态更稳定。

实际生产中为保持电解槽的热平衡和提高单槽产能,需保持阴极电流密度约为 5 A/cm²、槽电压约为 9 V,约是稀土卤化物分解电压值的 3 倍以上。

1.4.3.1 稀土氯化物熔盐电解的基本电极过程

工业稀土氯化物熔盐电解采用的熔盐体系是 $RECl_3-KCl$。$RECl_3$的质量浓度为35% ~ 50%,电解温度为 850 ~ 870℃,阴极电流密度为 3 ~ 5 A/cm²。使用钨或钼阴极和石墨惰性阳极,在这样的条件下,基本无明显的浓差极化、化学极化及欧姆极化。阴极电位基本上与平衡电位相近,因此阴极过程只表现为三价稀土离子吸收电子而被还原成金属:

$$2RE^{3+} + 6e \longrightarrow 2REM$$

而阳极上也主要是氯离子放出电子被氧化为氯元素:

$$6Cl^{-1} - 6e \longrightarrow 3Cl_2(g)\uparrow$$

最终电极反应可写为:

$$2RE^{3+} + 6Cl^{-} \longrightarrow 2REM(l) + 3Cl_2(g)$$

但在使用工业纯原料作电解质时,较稀土离子电位更正些的阳离子会先于稀土离子在阴极上放电析出,而变价稀土阳离子会被还原为二价离子如三价钐离子在阴极上被还原为二价钐并在阳极上被氧化为三价,从而空耗电量,降低电流效率。此外,阴极上析出的稀土金属少量溶解于盐浴中不仅降低电流效率,还会恶化电解质性质。在正常电解条件下较稀土离子电位更负的碱金属离子，不会在阴极上被还原析出。

1.4.3.2 稀土氟化物熔盐体系电解稀土氧化物的电极过程

目前工业用氟化物熔盐体系为 REF_3-LiF 二元体系。稀土氧化物在该体系中的溶解度约为3%～4%。氟化物熔盐体系组成根据电解不同稀土氧化物而异，电解金属钕的初始组成 LiF 约为11%，剩余的为氟化钕；电解镧、镨金属时，需较低的初晶温度，因此氟化锂含量可提高至25%以上。电解金属钕时，熔盐温度为(1050±20)℃，在使用惰性阴极（钨或钼）、阴极电流密度为5～7A/cm²、阳极电流密度为1～1.5A/cm²条件下，溶解于氟化物熔盐体系中氧化钕解离成三价钕离子和二价氧离子，前者在阴极上获得电子被还原为金属，而后者则于阳极上放出电子被氧化为气态氧。电极过程可表达为：

阴极过程： $$4Nd^{3+}+12e=\!=\!=4Nd$$

阳极过程： $$6O^{2-}-12e=\!=\!=3O_2$$

在石墨阳极上析出的氧与碳作用发生如下反应：

$$1/2O_2+C\longrightarrow CO\uparrow$$

$$2O^{2-}-4e+C\longrightarrow CO_2\uparrow$$

在电解正常条件下，阳极气体主要是一氧化碳和少量的二氧化碳。此外由于微量水分作用，在熔盐、石墨阳极、空气三者界面上可发生脱氟反应而生成氟化氢气体：

$$2F^-+H_2O\longrightarrow O^{2-}+2HF\uparrow$$

因此实际生产中，阳极气体含有微量的氟化氢。但当氟化物熔盐体系溶解的稀土氧化物很少时，在石墨阳极上可发生氟离子放电，产生氟碳化物：

$$4F^--4e+C\longrightarrow CF_4$$

当氟碳物量足够多，在阳极表面形成薄膜，把电解质与阳极隔离开来，电流急剧减小，电压快速升高，发生火花放电，这时即出现所谓的“阳极效应”。

1.4.3.3 法拉第定律与电流效率

法拉第定律确立了电解过程中在电极上析出的物质质量数值与通过的电量成正比。每析出1g当量物质要消耗26.8A·h的电量。1A·h析出的物质数量称为电化当量，即

$$C=26.8\,g/(A\cdot h)$$

显然电化当量只与电极上析出物质的原子量和原子价有关。因此按法拉第定律计算出电极上析出的物质量只与电化当量，通过的电流强度和时间有关，可表示为：

$$W_{理}=CIt$$

式中 $W_{理}$——理论上析出的物质数量，g；

C——析出的物质电化当量，g/(A·h)；

I——通过的电流强度，A；

t——电流通过的时间，h。

电流效率(η)是采用电解法制备金属实际得到的物质数量($W_{实}$)与理论量($W_{理}$)的比值：

$$\eta=W_{实}/W_{理}\times100\%$$

电流效率实际上是衡量电解过程偏离法拉第定律的定量标志，也是表示通过的电量实际电解所得金属的程度，因此它是电解工艺的重要技术经济指标。

在生产实践中电解得到的金属产品量远少于理论量，也就是电流效率远小于100%，主要影响因素可归纳为三方面[38~43, 46~49]：

(1) 直流电解电路系统电阻（导电板、熔盐电解质电阻）以欧姆热的形式消耗电量；金属离子不完全放电，在阴极上被还原为低价离子，而在阳极上被氧化为高价离子，空耗电量。此外熔盐中由于金属溶解生成低价化合物，使化学键未达到饱和而在离子间产生电子交换即电子导电现象存在，极端条件下也可能有其他电子导电现象，比如悬浮去电解质中的石墨颗粒。

(2) 阴极上被还原的金属溶解于熔盐中，与熔盐、电解槽衬材料及空气和阳极产生的气体等发生化学作用。

(3) 电解工艺条件未达到最佳化控制。

1.4.3.4 实现稀土熔盐电解过程的工艺条件

A 熔盐体系选择及在电解过程中的作用

在单一纯稀土卤化物熔盐电解生产稀土金属是不成功的，原因是稀土金属在其自身卤化物熔盐中溶解度大、卤化物熔点较高、黏度较大、电导偏低。因此要添加碱金属卤化物组成物化性质及电化学性质均适中的电解熔盐体系如 $RECl_3$ - KCl、REF_3 - LiF 熔盐体系。一方面碱金属卤化物在同一熔盐体系中的分解电压高于稀土卤化物的分解电压，并能与稀土卤化物生成共晶熔盐成为稳定的络合体，从而不仅降低了稀土金属的溶解度而且又降低了熔点、蒸气压、黏度、界面表面张力和提高了导电性。这些性质改善程度都与熔盐体系组成及杂质含量有关。一般规律是电解质组成对电流效率的影响存在最佳值。根据电解法生产不同稀土金属及不同的纯度要求，选择不同组成与纯度的金属卤化物组成熔盐体系，如目前电解法生产永磁用金属钕采用纯度大于99.9%氧化钕和氟化钕；电解质组成为 NdF_3 : LiF = 89% : 11%。

B 电极材料要求及在电解过程中作用

电解用电极既是电解电路的导体又是正、负离子放电产生新物质的受体。无论是阴极还是阳极材料都应导电性好，对电解单一纯稀土金属来说应是基本无超电压和去极化作用，应属惰性电极材料而对卤化物熔盐和稀土金属应是稳定的。这样电极属非消耗电极，使电极过程基本上在平衡电位下进行，并在电解过程中基本保持工艺要求的电流密度，以使槽电压和盐浴温度相对稳定。可满足上述要求的阴极材料是金属钨和钼；阳极材料是石墨。电解槽体材料要耐熔态稀土金属及金属卤化物熔盐腐蚀。不同耐火材料对卤化物熔盐及熔态稀土金属稳定性见表1-20。

C 电流密度的控制及在电解过程中的作用

在熔盐电解电路闭路情况下，单位电极面积通过的电流强度称为电流密度。阴极及阳极电流密度对电极过程、金属溶解、二次反应、熔融电解质流动以至电子导电综合的表现在对电流效率的影响。在实际电解法生产稀土金属中，阴极电流密度对产量、电流效率和保持电解槽热平衡都有重要作用，在不产生不利作用情况下保持最大值。但对每一稀土熔盐电解体系和电解工艺条件，阴极电流密度都存在最佳值。在电解过程中稀土离子在阴极上还原析出同时该析出金属可溶解于盐浴中，两个过程基本可同时发生，但溶解损失的速度同阴极电流密度并无直接关系。因此根据法拉第定律在合理的范围内提高阴极电流密度会产生更多的金属并会使阴极电位变得更负，有利于稀土离子析出。但要超过最佳值，会增大更正(析出电位更负)的阳离子如碱金属离子放电析出的几率，提高熔池温度，加剧电解质流动，从而增加二次反应。这些都是降低电流效率的重要因素。至于阳极电流密度应保持较小的数值，主要目的是减少单位阳极表面的阳极气体析出量，避免达到或超过产生阳极效应的临界电流密度值。

目前不同槽型、不同电解规模的工业电解采用的阴极电流密度 4 ~ 7 A/cm^2；阳极电流密度约为 1 A/cm^2。

D 电解温度的确定及对电解过程的影响

熔盐电解温度都要高于熔盐电解质和金属或合金熔点以上约 50℃，在其他工艺条件为最佳时，应尽量采用低一些的电解温度。这主要是为减少稀土金属的溶解损失、电解质挥发以及液、固、气界面间化学作用；当然也可节约能耗和物耗。电解温度即盐浴熔体温度是该体系性质如挥发、黏度、电导、扩散、熔解以及密度等热力学和物理化学的重要条件，而这些性质都影响着电解过程、电流效率、稀土收率。对某个具体的熔盐电解体系其最佳电解温度都是以获得最佳电流效率、稀土回收率、原料单耗和金属质量为目标，是通过实验确定的。实践证明每个熔盐电解体系的工艺条件都存在一个最佳电解温度。

目前采用 $RECl_3$ - KCl 熔盐体系电解轻稀土金属的电解温度为 850 ~ 880℃；NdF_3 - LiF 熔盐体系电解氧化钕的电解温度为 1050 ~ 1100℃

1.4.3.5 熔盐电解法生产稀土金属及合金工艺和设备

A 稀土氯化物熔盐体系电解轻稀土金属工艺及设备

氯化物熔盐体系电解法生产轻稀土金属及混合轻稀土金属是最早开始应用的工艺技术。从 20 世纪 30 年代至 90 年代该工艺技术不断进步，电解规模曾达到 50 kA。但是从 20 世纪开始，由于该电解法造成环境污染严重、电流效率低、氯化物原料吸潮严重，不易操作等原因，有的生产工作被采用氟化物熔盐体系电解稀土氧化物的工艺方法所取代。

800 A 石墨电解槽及 10 kA 耐火砖砌筑槽分别见图 1–7、图 1–8；电解工艺流程见图 1–9；电解工艺条件及技术经济指标见表 1–21。

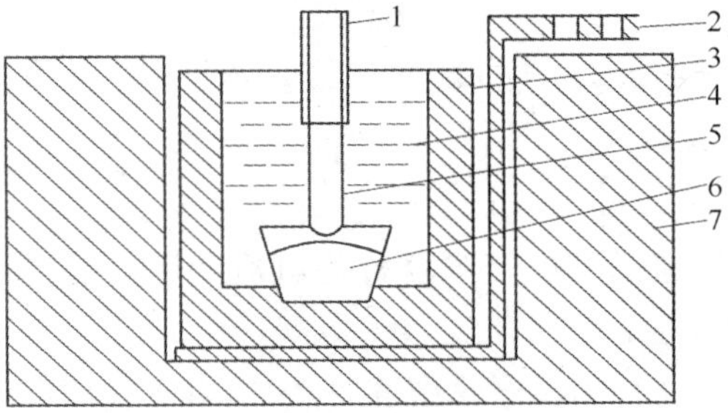

图 1–7 800 A 石墨电解槽

1—瓷保护管；2—阳极导电板；3—石墨坩埚；4—电解质；5—钼阴极；6—稀土金属；7—耐火砖

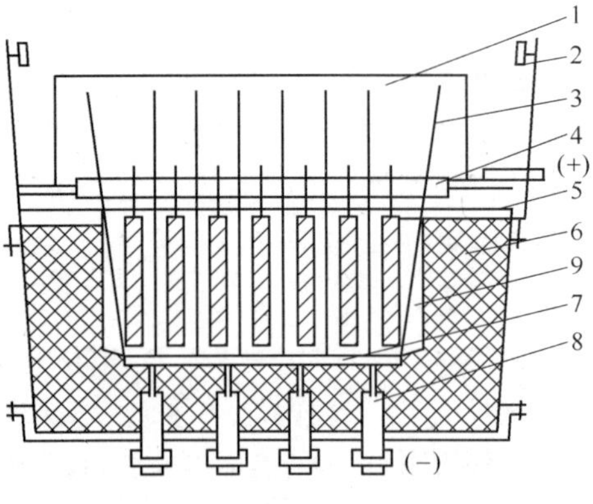

图 1–8 10 kA 陶瓷型电解槽示意图

1—风罩；2—阳极升降支架；3—上插阴极；4—阳极框；5—石墨阳极；6—高铝砖；7—金属室；8—阴极导电棒；9—炉膛

表 1-21 $RECl_3-KCl$ 熔盐体系电解工艺条件和技术经济指标

槽 型	电解质	槽温/℃	电流/A	槽电压/V	D_k /A·cm^{-2}	D_a /A·cm^{-2}	电流效率/%	直收率/%	电耗 /kW·h·kg^{-1}
800A 石墨槽(石墨阳极，钼棒阴极)	$RECl_3-KCl$	850~880	750~800	14~16	4~6	0.8~1.0	43~47	88~90	28~30
	$(LaPrCe)Cl_3-KCl$	910~930	1800	14~15	7	0.8~0.9	>60	>90	18~20
	$LaCl_3-KCl$		800	14~16	4~7	0.8~0.9	70~75	85~90	18~20
万安耐火砖砌筑槽(石墨阳极，钼阴极)	40% $RECl_3-KCl$	860~880	8500~9000	8~10	3~5	0.4~0.6	28~32	80~86	22~26

B 稀土氟化物熔盐体系电解稀土氧化物生产稀土金属工艺及设备

自 1983 年钕铁硼永磁材料问世以来，金属钕市场需求量急剧上升，同时其质量要求也日益提高。这些客观因素促进了氟化物熔盐体系电解氧化钕生产金属钕的工艺技术进步和生产规模的扩大。目前我国生产金属钕的熔盐电解槽规模有 3 kA、10 kA、25 kA 和 30 kA。万安以上的电解槽大都采用了自动控制加料、控制炉温、电极升降装置、真空虹吸出金属和挥发物粉尘、阳极气体无害化处理，综合回收氟盐和稀土。万安槽电解生产稀土金属工艺流程见图 1-10；电解槽型示意图见图 1-11。3000 A 及万安级电解槽运行技术经济指标及金属钕质量分别见表 1-22 和表 1-23[38~43,46~52]。

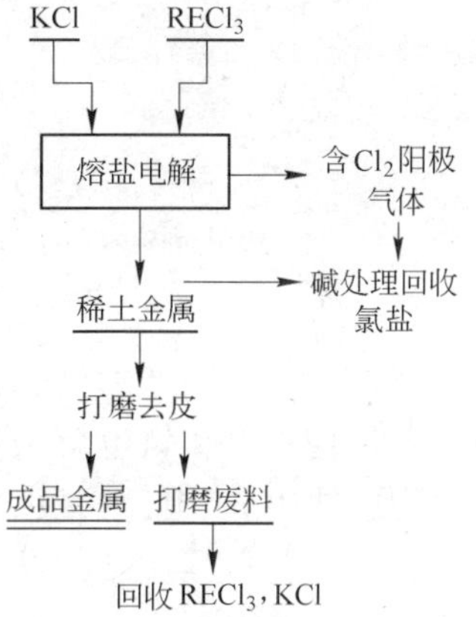

图 1-9 $RECl_3-KCl$ 熔盐体系电解流程图

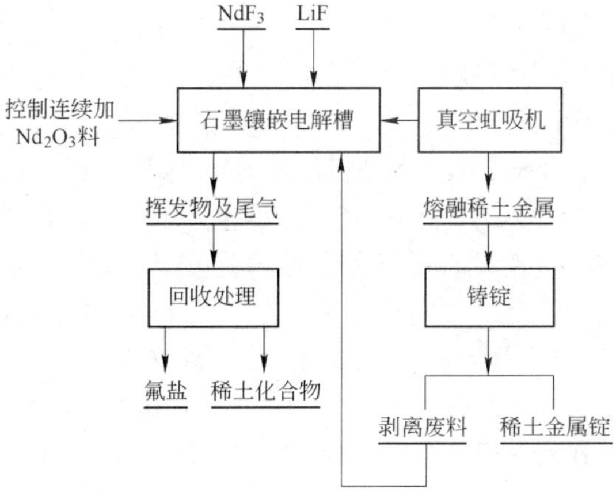

图 1-10 万安级氟化物体系稀土氧化物电解工艺流程图

表 1-22 氟化物体系氧化钕电解槽运行指标范围

指 标 项 目	10 kA 槽	25 kA 槽	3000 A 槽
槽电压/A	8.5~8.7	8.0~8.5	9.0~9.5
电流效率/%	75~78	80~82	65~70
电耗/kW·h·kg^{-1}	9.5~10	9.0~9.5	11~13
金属钕总收率/%	94~95	96~97	91~93

表 1-23 氟化物体系氧化物电解生产的永磁用金属钕质量范围

元 素	∑RE	Nd/RE	C	Fe	Ca	O	Si	Al	Mg	W + Mo
含量/%	>99.5	>99.0	<0.03	<0.1	<0.01	<0.02	<0.05	<0.05	<0.01	<0.05

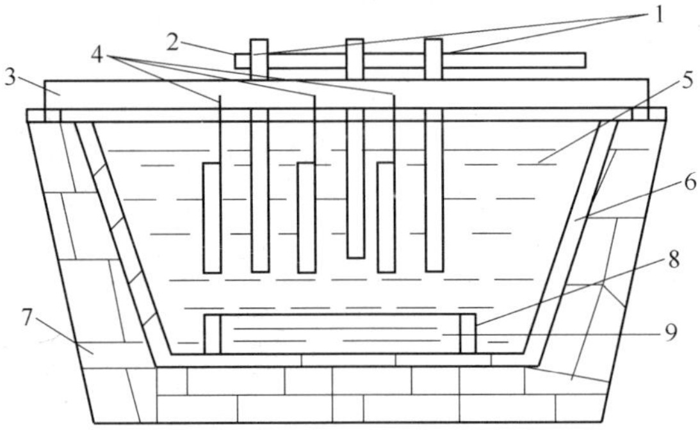

图 1-11 万安级氟化物体系稀土氧化物熔盐电解槽剖面示意图

1—钼阴极；2—固定架接电源负极；3—固定架接电源正极；4—石墨阳极；5—熔融盐电解质；
6—砌筑石墨砖；7—耐火砖；8—钼制容器；9—熔融稀土金属

我国近几年生产的金属钕质量满足了高性能钕铁硼永磁性能的要求。

氟化物-氧化钕电解生产设备完全适用于生产轻稀土金属及稀土铁合金、镁合金，只是氟化物熔盐组成、电流密度、电解温度等工艺参数需要调整，选择最佳值。

C 熔盐电解法生产稀土合金工艺技术

生产稀土合金虽然有混熔法和电解法，前者由于合金组元的熔点、密度和表面张力等差别悬殊，不易获得成分均匀的合金且金属损失较大，目前已较少被采用。电解法生产稀土合金避免了上述缺点，而成为生产稀土中间合金的主流工艺技术如稀土镁合金、铝合金。

a 共析出电解法生产稀土中间合金

该工艺方法是采用惰性阴极或合金组元金属为阴极，在具有同名阴离子金属盐类熔盐体系中进行电解。控制盐浴中合金组元的阳离子析出电位相近，可同时在阴极上放电被还原成原子态金属，随即发生合金化反应生成稀土合金。显然在阴极上的合金化作用会产生较强的去极化作用，从而使阴极的平衡电位变得更正一些，这就有利于析出电位更负的稀土离子放电而被还原成金属（或者说有助于使分解电压更高的稀土氯化物分解成金属），参加合金化反应，生成熔点低于稀土金属的合金。在使用惰性阴极如钨阴极情况下，合金组元阳离子在阴极上放电生成合金，该类合金化反应的限制性环节是生成的稀土合金快速地落出反应区，为此阴极区的温度应适当高于稀土金属的熔点和盐浴的平均温度；在液态阴极条件下，合金化反应限制性环节则是合金组元的扩散速度。

（1）氟化物熔盐体系以液态铝为阴极共析出电解法生产稀土铝合金[38~43, 46~53]。在60 kA 铝电解工业电解槽的工艺条件下，即电解温度为 940℃、冰晶石摩尔比为 2.7、氧化铝溶解度为 5%左右条件下稀土氧化物分解电压为 2.25 V，氧化铝分解电压为 2.88 V，轻稀土氧化物溶解度约为 6%（与稀土氧化物焙烧条件和稀土价态有关），都与氧化铝相近似。因此具备电解共析出的条件。在这样的工艺条件下可生产出稀土含量约 10% 稀土铝中间合金。此外控制$\frac{RE_2O_3}{RE_2O_3+Al_2O_3}=2\%$，亦可生产稀土含量为 0.3% ~0.4% 的应用铝合金。电流效率可达95%（比电解铝的电流效率提高2% ~3%）。除稀土氧化物外，亦可以稀土氢氧化物、稀土碳酸盐或稀土氧氯化物形式加入电解槽。

（2）氟化物熔盐体系以钨棒为惰性阴极，石墨为阳极电解稀土氧化物如 Y_2O_3、MgO 共析出电解生产稀土镁合金。该生产工艺技术采用 $REF_3 - LiF - BaF_2$熔盐体系，在约 1050 ~ 1100℃下电解溶于该体系中的 RE_2O_3和 MgO。在直流电场作用下 RE^{3+}和 Mg^{2+}离子同时在钨阴极上放电析出并相互作用生成稀土镁中间合金。为了达到 Mg^{2+}极限扩散电流使 RE^{3+}能与 Mg^{2+}共同析出，要求 MgO 浓度要低，也为了提高合金密度，使其大于熔盐密度以便合金迅速下沉于承接的钼制坩埚中，RE_2O_3与 MgO 的配比必须大一些，一般前者是后者的 3 ~ 6 倍。用该工艺技术生产了 Gd - Mg、Y - Mg 合金，其中稀土金属含量（质量百分数）可达 85% ~90%；稀土直收率约 90%；电耗约 12 ~15 kW · h/kg。

（3）氯化物熔盐体系共析出电解法电解生产稀土镁合金。采用 $YCl_3 - KCl - MgCl_2$熔盐电解体系，以钨为阴极、石墨为阳极在 900℃下进行电解。在阴极上 Y^{3+}和 Mg^{2+}离子吸收电子被还原为原子态金属同时相互作用生成 Y - Mg 合金，可得到含钇大于 60% 的钇镁中间合金。实验室中的电流效率和稀土直收率分别大于 50% 和 70%[38~43, 46~53]。

b　消耗阴极电解法生产稀土合金

该法是以合金组元为阴极，以石墨为阳极，在熔盐电解过程中只有稀土离子在阴极上放电被还原为金属，同时与阴极金属作用生成低熔点合金。在控制合金密度大于熔盐密度的条件下，合金下沉于位于电解槽底部的钼制坩埚中。

（1）氟化物熔盐体系消耗阴极电解稀土氧化物生产稀土合金。该方法是采用合金组元如铁、镍、钴等为消耗阴极，石墨为阳极，采用氟化物熔盐体系电解稀土氧化物。在电解过程中稀土氧化物解离为离子，在直流电场作用下，稀土阳离子在阴极上放电被还原为稀土金属原子，同时与阴极金属发生合金化反应生成液态合金，滴落在电解槽底部的钼制或钨制坩埚中。用该方法成功地生产了钕铁合金，以工业纯铁为消耗阴极，电解质组成为 NdF_3∶LiF∶BaF_2 =1∶0. 188∶0. 62∶起始电流密度为 7 A/cm^2，电解温度为 990℃；并在电解过程中控制 Nd_2O_3加料速度和电流密度。在上述工艺条件下，以纯度为 99% 氧化钕为原料进行电解，获得了含铁为 20. 1% 的 Nd - Fe 合金，电流效率 81%。

（2）氯化物熔盐体系低温电解生产稀土镁合金。中国科学院长春应用化学研究所采用该项技术[38~43,46~55]在 YCl_3 - KCl - NaCl 熔盐体系中以低含量稀土镁合金为阴极，在 750℃下电解，生产了钇、富钇镁、钆镁中间合金。电流效率可达 75%，合金中稀土含量大于 20%。在 $RECl_3$ - KCl - NaCl 熔体中以液体铝为下沉阴极，在 690 ~750℃ 电解轻稀土 - 铝中间合金（稀土含量 10% ~12%），电流效率 86%，稀土直收率 91% 以上[38~43,46~57]。

1. 4. 3. 6　稀土金属冶金现状及发展

目前我国稀土金属及合金冶炼企业约 160 家，分布于 21 个省市、自治区。冶炼设备配套较齐全，能生产除钷以外的所有镧系元素及钪、钇等共 16 种金属单质及合金。总装备能力约 80 kt，其中单一稀土金属、镝铁和镨钕合金及镨钕金属能力约 35 kt，混合稀土金属能力约 20 kt。产品规格和品种质量不仅可满足传统产业如冶金、机械等行业的需要，亦可满足新材料的需要如磁性材料、电子信息材料。

近几年稀土金属及合金（不包括稀土硅铁合金）市场需求强劲，产量增长迅速。2004 年产量为 18.63 kt,2007 年增至 33.788 kt,平均年增长率 22%。产量增长高于年平均增长率的品种主要是金属钕、镨钕合金、镝铁合金以及电池级混合金属[38~43,46~56]。

我国生产的稀土金属及合金除供国内市场需求外,约 40% 多出口国际市场。目前中国的稀土金属冶炼企业亦成为国际用户的重要供应商。

金属热还原工艺技术主要用于生产重稀土金属及变价稀土金属如金属钐。多数生产企业使用的真空还原炉能力较小(多数为 50 kg 真空感应炉)。单炉产量低,产品质量稳定性、一致性需进一步提高,工艺技术进步缓慢,缺少冶炼过程最佳化控制,致使冶炼工艺条件较难达到最佳状态。随着环保政策要求愈加严格,氟化稀土制备过程产生的含氟废水(采用湿法氟化产生的废水)和含氟气体(火法氟化产生的尾气)以及冶炼产生的含氟废渣都需经过认真处理,以达到排放标准。今后发展方向是,生产设备大型化,提高产品质量的一致性、稳定性,进一步提高回收率和降低消耗并在治理污染的同时,回收利用二次资源。

熔盐电解法主要用于生产轻稀土金属及其合金。目前氯化物熔盐体系电解用于生产轻稀土金属,低铁、低锌混合稀土金属,铈镧/镧铈镨钕混合稀土金属以及稀土 - 铝、稀土 - 镁、稀土镁锂合金。该法优点是:电解温度较低,杂质碳和铁含量较低,槽结构简单,操作较容易,成本较低;而其缺点是氯化稀土吸湿性强,电流效率比氟化物熔盐体系电解同样产品要低,直流电耗较高,而且阳极气体氯气处理也不容易达标;因而存在着被氟化物 - 氧化物电解工艺取代的趋势。然而,氯化物电解仍是生产金属镁、锂及其合金的成熟方法,氟化物 - 氧化物电解工艺难以取代它;氯化物熔盐电解稀土金属及其合金的出路有三条:一是采用密闭或半密闭系统,提高尾气中氯气浓度,加以利用,变废为宝(如用以生产四氯化钛或聚氯乙烯)。二是充分利用作为副产物的 $MgCl_2$ 廉价资源(盐湖资源提钾后的剩余物或克诺尔法镁还原 $TiCl_4$ 的副产物 $MgCl_2$)。三是利用氯化物电解温度低,因而具有节能降耗的优势,在较低温度下制取价值更高的稀土 - 镁和稀土 - 锂镁等合金。

目前氟化物熔盐电解工艺技术不仅用于生产金属钕、镨钕以及稀土铁合金(如 DyFe、GdFe),还逐渐用于生产金属镧、铈等轻稀土金属及合金。该工艺技术所需原料易获得、吸潮性小、电流效率高、能耗低、阳极气体较易处理等优点。但该工艺目前还只限于生产轻稀土金属及合金,未来要解决高温电解槽的材质及工艺关键,届时可用该方法生产熔点高的重稀土金属及合金。

目前 3 ~4 kA 氟化物 - 氧化物熔盐电解槽为多数厂家采用的槽型。虽然经过"九五"和"十五"的科技攻关相继解决了 10 kA 和 25 kA 的电解槽型及工艺技术问题,但由于技术难度大,配套设备要求高致使万安级槽子运行缺乏稳定性并且操作灵活性小,因此万安级槽电解工艺技术还没普遍被采用。进一步稳定万安级槽工艺技术、提高槽体使用寿命、解决好尾气及挥发物综合处理回收二次资源是重要任务。研发高温电解槽材质、结构和工艺是较长期的目标。与此同时开展氟化物熔盐体系的物理化学和电化学深入研究也是重要的任务。

1.5 稀土金属与合金产品应用及市场

1.5.1 概述[58,59]

稀土金属和合金产品主要包括有混合稀土金属、除钷外的 16 种单一稀土金属、稀土中间合金、含稀土铝、镁、铜、锌、钛、钨、钼等有色金属合金以及稀土金属间化合物等种类。稀土金属和可塑稀土合金可通过压力加工方法制造出块材、板材、箔材、棒材、线材与管材等。由于受稀土金属晶格结构、杂质含量等因素影响,目前稀土金属和稀土基合金材料力学性能较低,一般不作为结构材料应用。稀土金属在钢铁中溶解度很低,稀土金属在有色金属中的溶解度一般也很低。但是稀土金属在金属镁中的溶解度是例外,最大可达到12% ~41%,产生固溶强化、时效沉淀强化和形成弥散强化相,从而提高了铸造和变形稀土镁合金综合性能。因此,稀土镁合金作为节能结构材料有重要的应用前景。稀土金属具有特殊的物理化学性能,作为制备新型功能材料的原料和在钢铁、有色金属中用作除杂净化剂、变质细化剂和微合金剂等方面获得非常重要的应用,市场前景非常广阔。

1.5.2 混合稀土金属产品及应用

依据含稀土元素种类和不同用途,混合稀土金属产品有很多种类,已经在本书1.1中有所叙述。混合稀土金属主要用于作为生产发火合金、各种稀土中间合金和稀土贮氢合金的原料,或直接用作生产钢铁和有色金属合金的添加剂。此外,镨钕混合稀土金属可直接用作钕铁硼合金的原料。混合稀土金属市场需求量大,2004 ~2007 年我国混合稀土金属年产量见表1-24。

表1-24 2004 ~2007 年我国混合稀土金属产品产量(以 REO 计) (t)

年 份	2004	2005	2006	2007
产 量	13200	7213	9166	5257

1.5.3 稀土发火合金[60]

稀土发火合金用铈为主的混合稀土金属配以纯铁18% ~22%和少量的镁2.0% ~3%、锌0.5% ~2.5%、铜0.5% ~2%。发火合金具有发火率高、硬度大、耐腐蚀及耐磨等特点,作为生产打火石的原料获得较好应用。2007 年我国的发火合金产量达到730 t,居世界首位。2000 年以来我国的发火合金及打火石的出口量约占65%,国内市场占35%,稀土发火合金主要应用于打火石、各种玩具、国防军工的曳光弹、子弹、炮弹和引芯等。

1.5.4 稀土中间合金

稀土中间合金主要包括有稀土硅铁合金(RE 17% ~23%、Si 44% ~59%、Fe 10% ~30%、Ca 1% ~5%、P <0.1%以下)、稀土硅铁镁合金(RE 6% ~9%、Mg 7% ~11%、Si 44% ~50%、Fe 22% ~30%、Mn、Ca、Ti 及 P 小于0.1%)、钇基重稀土合金(RE 20% ~40%、Ca 2% ~8%、Si 25% ~ 45%、Fe 20% ~30%)及稀土硅钙合金(RE 15% ~30%、Ca 7% ~25%、Si 46% ~56%、C <0.2%、P、S 各小于0.05%)等。这一类稀土中间合金用于钢铁工业,稀土硅铁合金是炼钢的脱氧剂,在铸造行业主要用作钢铁铸件的孕育剂以及配制球化剂作稀土镁硅铁合金的主要原材料。稀土硅铁镁合金作为球化剂在铸铁中能促使石墨形态从片状改变为球状或蠕虫状,细化铸铁共晶团,中和铸铁中的反球化元素,改善和提高铸铁的机械性能。钇基重稀土合金抗球化衰退能力强,能使石墨保持球化状态,提高铸铁韧性和延展性,已成功应用于大断面铸铁件、稀土耐热钢等领域。稀土硅钙合金用作钢的硫、氧净化剂、低熔点金属和磷的中和变质剂和铸铁的蠕化剂。我国2006 年产稀土合金

12657 t(REO),球墨铸铁是稀土在铸铁中应用的最大用户,2006 年我国稀土球墨铸铁产量突破 6000 kt,位居世界第一位。另一类稀土中间合金是混合稀土金属或单一稀土金属和有色金属铝、镁、铜、锌、钛等通过电解法或熔炼对掺法制成 Al - RE、Cu - RE、Mg - RE、Zn - RE 等稀土中间合金,RE 含量大约在 10% 以上,主要用于有色金属合金加工熔炼中作为有色金属合金化和微合金化元素和净化剂及变质剂等。稀土中间合金产业具有产量大、品种多、用途广的特点,目前已广泛应用于冶金机械制造和军事工业部门。

1.5.5 稀土钢[61]

在钢中(包括低合金钢、合金钢)加入微量混合稀土可以有效变质钢中的有害杂质,脱氧脱硫,消除和降低硫、磷和低熔点金属的危害作用,细化晶粒,与其他合金元素的复合微合金化作用,进而可以有效提高钢的强韧性、耐磨性、耐蚀性、抗疲劳性,改善焊接性能,提高钢抗氢致脆性,改善钢的低温性能,提高抗氧化性等。我国现有稀土处理钢的牌号近 50 个,主要有含 Cu、P 类的低合金钢,包括 06CuPRE、08CuPRE、09CuPRE、09CuPTiRE 和 10CuPRE 等钢号。这一类作为耐候钢主要用于车厢、集装箱、客车、钢门窗、管线用钢和煤气瓶钢等产品。另一类是含 Mn、Nb、V、Ti 的稀土处理低合金钢,主要有 10MnV、14MnNb、30CrMnMoRE、55SiMnVBR 等钢号,这一类钢是利用稀土改善钢的强韧性和耐磨性,主要用于汽车大梁、铁路钢轨、船板钢、耐蚀结构钢、液压支架、抽油杆、压力容器、齿轮钢、弹簧钢和模具钢等。我国混合稀土在钢中应用的消费量见表 1-25。稀土金属在钢中的应用大大提高钢铁产品质量,增加品种,强化和提升钢铁传统产业。

表 1-25 2001～2006 年我国混合稀土金属在钢中应用消费量(以 REO 计)

年 份	2001	2002	2003	2004	2005	2006
稀土处理钢/kt	750	830	940	740	1170	1370
稀土消费量/t	240	270	300	240	370	550

1.5.6 稀土金属

目前我国采用金属热还原法、熔盐电解法和真空蒸馏、区域熔炼及电解精炼等提纯方法可生产除钷外的 16 种单一稀土金属和高纯稀土金属。稀土金属一般纯度在 98% ～ 99.99%,有的根据需要可以生产纯度达 5 N 以上的高纯稀土金属。产品有 70 多种规格。近几年随着市场需求迅速增长,我国单一稀土金属产量大幅度上升,2006 年产量为 31032 t(REO),见表 1-26。稀土金属及合金出口量达到 16530 t(REO)。

表 1-26 2004～2007 年我国单一稀土金属产量(以 REO 计) (t)

年 份	2004	2005	2006	2007
稀土金属产量	5530	18835	32887	28513

单一稀土金属及其中间合金绝大多数用于生产钕铁硼、钐钴永磁和超磁致伸缩等稀土金属新材料和有色金属合金如 Al - RE、Mg - RE、Cu - RE、Zn - RE、W - RE、Mo - RE 等,另外还有一少部分稀土金属应用是利用其某种特殊性能制备出功能材料。

1.5.6.1 金属钕、镨及镨钕合金[62]

钕具有良好的4f电子自旋排列导致的硬磁性特性，成为钕铁硼永磁材料的最大用户，近年来全球钕铁硼材料迅猛发展，金属钕在钕铁硼永磁材料中的大量应用带动了稀土工业的快速发展。我国近年金属钕产量及质量见表1-27和表1-28。另外金属钕作为合金添加剂，它对许多有色金属合金有良好的净化、变质和合金化作用，在镁或铝合金中添加1.5%~2.5%钕可提高合金高温性能、气密性和耐蚀性。

表1-27 2001~2007年金属钕产量(以REO计) (t)

年 份	2001	2002	2003	2004	2005	2006	2007
钕产量	4660	5830	3900	3900	6980	7032	9970

表1-28 钕铁硼用金属钕质量要求

相对纯度 $\frac{m(Nd)}{m(REM)}$/%	非稀土杂质(质量分数)/%							
	Fe	C	O	Si	Ca + Mg	Al	Mo	S
99.5	0.3	0.04	0.04	0.04	0.03	0.3	0.03	0.004
99.9	0.2	0.03	0.03	0.03	0.02	0.3	0.02	0.004

镨是一个能改善磁性能的协同元素，在钐钴永磁和钕铁硼永磁中加入适量的镨都能有效地提高和改善永磁材料性能。在$SmCo_5$中加入部分Pr取代Sm可提高永磁材料的磁能积，在NdFeB中加入5%~8%Pr，最高达10%可取代1/3的钕合金，可以提高磁体抗氧化性能、矫顽力和力学性能。镨钕合金已成为独立产品，既可用于永磁材料，也可作为有色金属合金改性添加剂。近年我国镨钕产量见表1-29。

表1-29 2005~2007年镨钕产量(以REO计) (t)

年 份	2005	2006	2007
镨钕金属	8242	14502	9970

1.5.6.2 金属镝、铽

金属镝及镝铁合金和金属铽及铽铁合金被用作高性能钕铁硼永磁材料的改性添加剂，在钕铁硼永磁中添加2%~5%金属镝和更低量的金属铽就能显著提高钕铁硼永磁材料的矫顽力和使用温度等性能。镝、铽是制备稀土超磁致伸缩材料($Tb_{0.3}Dy_{0.7}Fe_{1.95}$合金，叫Terfenol-D)的必需元素。金属镝、铽所具有的磁光学特性被用来与过渡金属制备非晶态薄膜RE-TM高性能磁光光盘。金属镝与一些有色金属和贵金属形成合金，如在银合金中加入镝的膜溅射靶材，可用作平板型显示装置用的布线膜或反射膜，我国近年金属镝、铽产量见表1-30。

表1-30 2005~2007年金属镝、铽产量(以REO计) (t)

年 份	2005	2006	2007
金属镝	62	1280	16
镝铁合金	1356	1855	1630
金属铽	47	45	26

1.5.6.3 金属钐

金属钐具有优异的硬磁特性，被用来作为制备 $SmCo_5$、Sm_2Co_{17}、$Sm_2Fe_{17}N_x$ 永磁材料的主要原料。钐热中子俘截面较大，达到650 MPa，金属钐被制成棒材用于核反应堆内控制热中子量。钐作为一些有色金属微合金化添加剂如 Cu 中加入 Sm 生成 $SmCu_5$ 金属间化合物起着微合金化作用，改善铜合金力学性能和加工性。近年我国金属钐产量见表 1-31。

表 1-31 2005～2007 年金属钐产量（以 REO 计） （t）

年 份	2005	2006	2007
金属钐	184	489	270

1.5.6.4 金属镧

金属镧性质活泼，用来作为金属还原剂，热还原工艺法还原制备其他稀土金属，镧还作为有色合金的净化剂和变质剂，通常以镧中间合金形态来使用。金属镧用以制作 $LaNi_5$ 合金，是一种优良的贮氢材料，每千克可贮存氢约 160 L，利用其可以吸收和释放氢的特性，可用作氢气净化剂，将纯度为 99.999% 的氢提纯到 99.99999%。近年我国金属镧产量见表 1-32。

表 1-32 2005～2007 年金属镧产量（以 REO 计） （t）

年 份	2005	2006	2007
金属镧	1184	2034	2645

1.5.6.5 金属钇、铈、钪及钆

金属钇和铈是镁、铝、钛等有色金属的优良净化剂和改性添加剂。钇镁合金拥有良好的高温机械性能和优异的高温抗氧化性能，用于航空、航天等方面的轻质结构材料。铁铬铝合金添加 0.5%～4% 金属钇，能够提高合金抗氧化能力，增加电阻率和高温强度；含金属铈的铁铬铝不锈钢已大量应用于作摩托车尾气净化催化剂的金属铂载体。金属钪是铝、镁、钛优质改性添加元素，铝中加入 0.2%～0.4% Sc 可明显提高铝合金的高温强度、合金组织结构稳定性，焊接性能和抗腐蚀性能。国内外已开发性能优良的一系列铝钪和镁钪合金，是理想的航空、航天材料。金属钪还用于中子发生器，可产生高能中子，是活化分析、地质探矿的中子源。金属钆是一种较为合适的磁制冷材料，用钆和钆金属间化合物作为磁制冷的工作物质。另外金属钆和钆铁合金已被用于钕铁硼永磁材料作为添加剂替代部分金属镝，既能改善磁体性能又能弥补金属镝的供应不足。

1.5.7 稀土金属间化合物

稀土金属间化合物是由稀土金属与其他金属或与同类金属之间形成的金属化合物相，主要利用稀土金属间化合物的特殊物理化学性质，采用各种加工制造技术制备成各种不同用途的新型稀土功能材料。目前市场需求量大而已实现产业化和规模化生产的有以下几种稀土金属中间化合物：

（1）$SmCo_5$、Sm_2Co_7、$Nd_2Fe_{14}B$ 及 $Sm_2Fe_{17}N_x$ 等。稀土间化合物是具有优异磁性能的稀土永磁材料，可分为烧结永磁体和黏结永磁体。钐钴永磁材料具有良好高温使用稳定性和抗腐蚀性能,主要用于制作行波器和环行器的器件在军事和航空航天等领域中获得重要应用。目前世界钐钴永磁体的产量在500t左右,主要集中在日本,2007年我国钐钴永磁体产量50t,见表1-33。作为第三代的钕铁硼永磁体具有很高的磁感强度和磁能积,近几年全球钕铁硼永磁体产业发生根本性变化,产量和消费量不断增长,用途不断扩展,烧结NdFeB产量1983年不到1t,发展到2006年全球NdFeB产量已接近50kt,加上粘结磁体的产量则已达55540t,全球产业的产值为28.8亿美元。2006年全球与中国钕铁硼永磁体产量见表1-34。钐铁氮粘结磁体稀土含量比钕铁硼磁体低,居里温度为740K左右,室温各向异性约为15~16T,比NdFeB高,钐铁氮的抗氧化性和耐蚀性优于钕铁硼磁体,可望有良好的市场前景。

表1-33 2004~2007年我国钐钴永磁材料产量 (t)

年 份	2004	2005	2006	2007
钐钴产量	390	400	400	500

表1-34 2006年全球与中国钕铁硼永磁体产量 (t)

国家及地区	中 国	日 本	美 国	欧 洲	其他国家及地区	全球总计
烧结钕铁硼	39300(78.3%)	10200(20.3%)	—	480(1%)	200(0.4%)	50180(90%)
粘结钕铁硼	3200(57.6%)	560(10%)	200(3.6%)	300(5.4%)	1300(23.4%)	5560(10%)
合 计	42500(76.2%)	10760(19.3%)	200(0.4%)	780(1.4%)	1500(2.7%)	55740(100%)

注:括号中的数字为所占的比例数。

钕铁硼的用途十分广泛,包括高科技领域、传统和一般民用低档磁体的用途。NdFeB磁体在日本主要用于电子、计算机、医疗等高新技术领域,其中以VCM、MRI和各类电机/发电机三种用途为主,2003年约占总用量的84%以上。中国磁体在高技术领域应用的比重由2003年的34%提升到2006年的43.1%,高科技用途主要包括MRI、VCM、CD拾音器、CD存储器、DVD存储器、手机、无绳电动工具、电动自行车、电力助动车和电动汽车。近几年电动自行车发展迅猛,其驱动用直流NdFeB永磁电机,每台电机用烧结磁体380g,2007年产电动自行车917.5万辆,需用磁体约3500t。

(2) $RENi_5$贮氢合金[63]。AB_5型MM-Ni-Co-Al-Mn混合稀土系多元合金,在合金中混合稀土含量约占34%左右。贮氢合金作负极材料应用于镍氢电池,具有能量密度高、寿命长、无记忆效应、优异的大电流放电特性和快速充电等特点,用途广泛,主要用作便携式家用电器、数码照相机、笔记本电脑、便携式电动工具和油电混合车或电动汽车的电源,市场需求量大。2005年全球销售贮氢合金20kt,近几年我国贮氢合金材料产量迅速增长,见表1-35。另外稀土贮氢合金还有其他应用前景,例如制作贮氢装置用于氢为燃料的汽车和手提小型电源燃料箱的氢存储装置。利用贮氢合金的化学反应热制作热泵系统,有望用于无氟利昂的制冷机。

表1-35 2004~2007年我国贮氢合金产量 (t)

年 份	2004	2005	2006	2007
贮氢合金产量	6000	13000	15000	18600

（3）TbDyFe 超磁致伸缩材料[64]。稀土超磁致伸缩材料比传统磁致伸缩材料具有磁致伸缩系数大、应力大、低电压电流驱动、滞后小、响应快和磁力机械耦合系数大等特点。目前 Terfenol－D 合金 $Tb_{0.3}Dy_{0.7}Fe_{1.95}$ 的超磁致伸缩材料可制成最大直径为 75 ~ 100 mm，长度 250 mm 的棒材，超磁致伸缩系数达到（2000 ~ 2400）$\times 10^{-6}$。稀土超磁致伸缩材料可应用的领域十分广泛，目前主要应用制作水声换能器和电声换能器，已成功用于海军舰艇声纳探测、水下油井探测、扬声器、降噪声器与振动控制系统、海洋勘探与地下通信等领域。超磁致伸缩材料还用来制造智能振动时效装置，超声授能器、传感器和精密致动器等应用器件。全世界 Terfenol－D 合金从 1989 年 100 kg 增加到 1997 年 70 t，据 Etrema 公司总裁 Larson 预测稀土超磁致伸缩材料已进入一个稳定需求增长期，未来市场 2010 年将达到 8 亿美元。

（4）TbFeCo 稀土－铁族金属非晶薄膜磁光材料 。稀土铁非晶薄膜具备磁光盘存储所要求的特性，即要求磁化方向与膜面垂直，磁畴稳定，室温矫顽力大，居里温度须在 100 ~ 200℃内以及磁光克尔旋转角或法拉第旋转角必须大。国内外积极研发用稀土－铁族金属非晶态薄膜作磁光存储介质，大力研制和生产可擦除、大容量的磁光光盘存储系统。磁光光盘具有磁记录和磁盘系统两者的优点，可用于高级录音机、光录像机、计算机和信息存档。

1.5.8 稀土在有色金属合金中的应用

稀土化学活性很高，具有细化、净化、孕育、变质、强化、提高耐热性能和改善工艺性能等方面作用。因此被广泛应用于有色金属冶金和加工领域，用来改善和提高有色金属和合金性能，开发出具有不同性能、功能和用途的新材料，扩大有色金属材料品种、应用领域和使用价值。以下列举出几种含稀土的有色金属合金及其应用简况，详见第 5 ~ 7 章。

1.5.8.1 稀土在铝及铝合金中的应用[65]

稀土在铝及铝合金中的应用如表 1-36 所示。

表 1-36 稀土在铝及铝合金中的应用

编号	合金种类	合金组分	应用领域及效果
1	ZL106RE 稀土耐磨铸造铝合金	ZAlSi8Cu1MgRE	稀土耐磨铸造铝合金比 ZL106 合金的耐磨性提高 41.9%，硬度提高 30% ~ 40%，已广泛用作飞机、汽车、拖拉机的铸件、机床导轨、压板及其他耐磨零件
2	ZL109RE 稀土过共晶铸造铝合金	ZAlSi12Cu2Mg1N1 添加适量稀土	性能已达到甚至超过日本和德国同类合金材料水平，与 ZL109 合金相比线膨胀系数降低了 14% ~ 17%，强度提高了 30% ~ 40%，耐磨性提高 4 ~ 5 倍
3	ZL101RE 铸造铝合金	ZAlSi7M 添加 0.13% RE	晶粒明显细化，组织致密，大大减少初晶硅亮点和夹杂物，针孔度减少 5%，氢含量由 0.134 mL/100 g Al 降至 0.104 mL/100 g Al，抗拉强度由 188.16 MPa 上升到 235.2 MPa，在机械制造业上获得广泛应用
4	AlCuRE 系铸造铝合金，ZL207RE、ZL208RE、ZL209RE 稀土高强度铸造铝合金	Al－5% Cu－RE ZAl-RE5Cu3Si2，合金中稀土含量 1%	Al－Cu－RE 合金加稀土后提高高温持久寿命和断裂韧性值明显升高。稀土高强度铸造铝合金可替代高压线路的钢制滑轮及制造轻型起重机的部分零件，获得广泛应用
5	AlMgRE 系稀土压铸铝合金和光亮铸造铝合金	Al－Zn－Mg－Mn－RE 压铸铝合金和 Al－Mg－RE 系光亮铸造铝合金，添加 0.1% ~ 0.3% 混合稀土	可使铸造合金材料获得最好的表面光洁度和光泽持久性，大大提高了压铸件的表面质量，现已批量生产供应

续表 1-36

编号	合金种类	合金组分	应用领域及效果
6	Al-Mg-Si-RE 高强度稀土铝合金绞线	Al-Mg-Si-RE 系合金中加入微量稀土制作绞线	提高抗拉强度 40%,抗弯强度提高一倍,加工性能和导电性能有明显提高。适用于大跨越地段和高寒地区的高压和超高压输变电工程的架线上
7	Al-RE 高导电稀土铝合金绞线	Al-RE,在纯铝中添加 0.15%~0.3% 混合稀土,制成稀土铝合金绞线	可将电工铝中的硅含量由原来允许的 0.09% 提高到 0.14%~0.16%,使导电率提高到 62%~64% IACS,使电网线损耗降低 10% 以上,用于制造架空输电线、电缆线、滑接线、线芯等
8	Al-Cu-Mn-RE 耐热高导电稀土铝合金绞线	Al-Cu-Mn-RE 系硬铝合金中加入 0.5% 以下的混合稀土,可生成耐热性好、热稳定性好、熔点高的化合物 Al_8Cu_4Ce、Al_8Mn_4Ce、$Al_{24}Cu_8MnCe$	用制成的绞线可在 150℃ 以下使用,导电率可达 60% IACS,导电载流量为硬铝导线的 1.5 倍,使用寿命为硬铝导线的 1.7 倍
9	6063RE 民用建筑铝合金	在 6063RE 铝合金中加入 0.15%~0.25% 稀土	明显改善铸态组织和加工组织,提高挤压性能和热处理效果,改善和提高耐蚀性能和表面质量,在 T5 状态下抗张强度、屈服强度、延伸率分别由 157 MPa、108 MPa、8% 提高到 245 MPa、226 MPa 和 13%,耐腐蚀能力提高 20%~40%。6063RE 合金建筑型材获得了广泛应用
10	Al-Mg-RE 铝合金	在 Al-Mg-RE 系 Al-Si-Mg-RE 系合金中添加微量稀土	合金能明显提高强度 20%~40%,硬度 40%,伸长率 30%,提高深冲性和耐蚀性。适合制造各种深冲和深加工日用品以及用于车身板材,稀土铝合金日用品获得广泛应用
11	AlSnCuRE 系轴承铝合金	Al-Sn-Cu-RE 系中加入微量稀土	在 Al-Sn-Cu 系轴承合金中加入适量稀土可明显改善合金的组织结构,获得细小均匀的晶粒组织,明显提高合金的强度和硬度,消除铸造组织中锡偏析,提高耐磨性 37.2%,轴承疲劳强度提高 38.4% 和寿命,合金获得广泛应用

1.5.8.2 稀土在铜及铜合金中的应用

稀土在铜及铜合金中的应用如表 1-37 所示。

表 1-37 稀土在铜及铜合金中的应用

编号	合金种类	合金组分	应用领域及效果
1	Pb59-1RE,HPb60-2RE 铅青铜轴承材料	在 Pb59-1RE,HPb60-2RE 添加适量 0.02%~0.1% 的稀土	可改善铜合金的铸造性能和高温塑性,扩大热加工温度范围和热加工性能,可消除铅偏析可使铅青铜轴瓦成品率由 88% 提高到 99%,使用寿命由 200 h 延长到 600 h
2	QSn6.5-0.1,QSn7-0.2-MgRE 锡磷青铜	QSn6.5-0.1,QSn7-0.2-MgRE 添加微量稀土和镁	与 QSn7-0.2-MgRE 相比可明显细化晶粒,提高力学性能,抗张强度提高 40~80 MPa,弹性极限提高 70 MPa,被广泛用作导电弹性元件
3	Cu-Zn-Al-RE 弹性合金	Cu-Zn-Al-RE 添加 0.035% 稀土	可明显细化晶粒,减少柱状晶区,显著提高合金的高温塑性,明显提高合金耐腐蚀性和抗脱锌腐蚀能力,可以代替锡磷青铜来制作各种弹性元件
4	含稀土锌铜铋合金及铜钨铋锆合金	Cu-Zn-Bi-RE,Cu-W-Bi-Zr-RE 添加 0.15%~0.25% 铈	具有放气量少,抗熔性好,使用寿命长等特点,被用作大容量的真空开关的触头材料

续表 1–37

编号	合金种类	合 金 组 分	应用领域及效果
5	含稀土铜基系装饰合金	Cu – Zn – Al – Ni – Fe – Mn – RE 添加微量稀土，具有与 14 K ~ 18 K 黄金色泽相似的装饰用铜稀土合金	色泽鲜艳美丽，加工性能优良，有良好耐蚀性、抗脱锌腐蚀性及高温抗氧化变色能力，不含贵重金属，可用于制作建筑装潢构件、灯具、钟表、证章、首饰等工艺品和装饰品，有广泛用途
6	Cu – Ti – RE 铜钛合金	Cu – Ti – RE 加入 0.5% ~ 5% 镧可生成分布于晶界的球状颗粒化合物 $LaCu_6$	改善合金组织和热处理效果，固溶时效后，材料的显微硬度可提高到 1000 MPa，用来制作较重要的受力构件

1.5.8.3 稀土在镁及镁合金中的应用[66~68]

稀土在镁及镁合金中的应用如表 1–38 所示。

表 1–38 稀土在镁及镁合金中的应用

编号	合金种类	合 金 组 分	应用领域及效果
1	含稀土 AM50 压铸镁合金	Al – Zn – Mn – RE 添加 0.2% ~0.5% 稀土 Nd	可提高合金高温 200℃ 抗拉强度、屈服强度和延伸率，合金压铸件已广泛用作重要的高温使用零部件
2	含稀土 AM60B、AZ91D 压铸镁合金	Mg – Al – Zn – RE 加入 0.3% ~1.5% 混合稀土，可与合金中 Mg、Al、Mn 形成多种金属间化合物	化合物形态与分布改善了合金的组织，细化晶粒，提高合金材料的力学性能。用于制作使用温度低于 120℃ 的壳体及箱盖等零件
3	含稀土 ZM2、ZM3、ZM4、ZM6 高温高强铸造镁合金	ZMgZn4RE1Zr、ZMgRE3ZnZr、ZMgRE3Zn2Zr、ZMgRE2ZnZr 前三种添加含铈混合稀土，ZM6 加钕含量 85% 以上的混合稀土，另外也可添加钪、钇、钐等	具有优良的高温抗拉强度和蠕变抗力，铸造性能良好，在航空、汽车、交通运输和电子工业上获得应用
4	含稀土 MB1 合金	MB1Mg – Al 0.2% – Mn (1.3% ~2.5%) – Zn 0.3% 合金基础上，添加稀土钇开发 Mg – (3% ~4%) Y – 2% Mn 新型变形镁合金	该合金是高强、耐热、抗蚀、可焊的板材合金，室温抗拉强度 350 MPa，伸长率 5%，200℃ 抗拉强度 300 MPa，伸长率 10%，可应用于航天航空和交通运输领域
5	含稀土 MB15 锻造镁合金	Mg – Zn(5.0% ~6.0%) – Zr(0.3% ~0.9%) – Y，加稀土钇	含钇合金与 MB15 相比具有更优良的工艺性能和力学性能，合金可用铸坯直接进行自由锻和模锻，变形率≥50% 时不会产生裂纹。其强度高于 MB15 合金，合金在国防军工和民用上作结构件有良好应用前景
6	含稀土 AZ91 镁合金	Mg – Al(8.5% ~9.5%) – Zn(0.45% ~0.9%) – Mn(0.15% ~0.5%) – RE 镁合金中添加微量稀土	采用快速凝固技术，可使抗拉强度提高 40% ~60%，蠕变强度提高 50% ~100%，疲劳强度提高 45% ~230%，伸长率提高 22%，该合金综合性能优良有可能在军工和民用上推广应用
7	含稀土 MgBe 阻燃镁合金	MgBeRE 中含 Be(0.1% ~0.8%)，RE(0.4% ~1.5%)阻燃稀土镁合金	该合金着火点可提高 250℃，力学性能与 AZ91D 相当，可望在煤炭矿井、天然气及其他与易燃物接触的部件上应用
8	高稀土含量耐热高强镁合金	WE43 (Mg –4% Y –2.25% Nd –1% 重稀土 –0.3% Zr) WE54 (Mg –5.1% Y –3.2% Nd –1% 重稀土 –0.5% Zr) MgSc15Mn (Mg –15% Sc –1% Mn) Mg – Gd – X (Mg –10% Gd –3% Nd – Zr Mg –6% ~15% Gd –1% ~6% Y –0.5% Zr –1.5% Ca)	这类合金强度高，有的抗拉强度达到 440MPa；可在 200℃、250℃ 甚至 300℃ 下使用，多用于航空航天，也在汽车耐热结构件上使用

1.5.8.4 稀土在硬质合金中的应用

稀土在硬质合金中的应用如表1-39所示。

表1-39 稀土在硬质合金中的应用

编号	合金种类	合金组分	应用领域及效果
1	YG6R、YG8R、YT5R、YT14R	YG6R(WC94% -Co6% RE)、YG8R(WC92% -Co8% RE)、YT5R(WC85% -Ti5% -Co10% RE)、YT14R(WC78% -Ti14% -Co8% RE)中加入微量稀土	与原有相应牌号合金相比抗弯强度提高10%、断裂韧性提高20%、耐磨性提升3倍,不同切削速度下抗冲击次数提高1~8倍。稀土硬质合金获得广泛应用推广

上述内容仅叙述了开发成功的并有稳定市场和正在推广应用阶段的稀土金属及合金的应用概况,在未来几年内还会有更多稀土金属及合金的预研成果并开发为产品推广使用,将会进一步推动稀土材料市场的发展。

1.6 存在问题、对策和建议[1~5]

改革开放以来,我国稀土金属材料(包括稀土金属、稀土合金和稀土金属间化合物)同非金属稀土材料及稀土化合物材料并驾齐驱,2008年,稀土金属材料占总消耗的54%,取得了举世瞩目的成就,奠定了我国稀土生产、应用、出口大国的地位,但离稀土强国要求还有不小差距。主要问题有:一是在稀土高技术、新材料核心技术方面缺少自主创新;二是稀土金属材料基础和应用基础研究不深不细不持续;三是稀土金属材料推广应用力度小,范围窄,用量不够大;四是稀土金属、稀土合金、稀土金属间化合物生产规模小,有的生产工艺、装备不先进、环保差、效益差;五是稀土产销不平衡,滞销稀土有待开拓市场。对此提出如下对策和建议仅供参考:

(1) 大力加强稀土金属材料,特别是高技术、新材料的研发和应用。创新是由稀土大国变为稀土强国的必然要求,也是关键问题和核心任务。所有稀土金属材料,尤其是起着带头和推动作用的稀土磁性材料,必须毫不放松地继续前进,一方面进行更系统、更深入地物化研究,开发出性能更先进、性价比更高、更能广泛应用的下列新材料:稀土永磁材料、超磁致伸缩材料、高密度磁光(盘)材料、巨磁阻材料、磁制冷材料等。在稀土贮氢合金材料方面,要花大力气利用滞销的镧铈,开发不含钕或镨、不含钴的廉价适用新材料。首先要在已有良好基础的稀土磁性材料和贮氢材料方面取得突破性创新进展。综观稀土金属功能新材料,如稀土磁性材料 $SmCo_5$、NdFeB、TbDyFe 和贮氢合金 $LaNi_5$,离不开稀土金属间化合物,主要是稀土族与过渡族元素铁、钴、镍组成的金属间化合物。要着力研究稀土二元及多元合金相图、组成-结构-性能关系、稀土金属间化合物稳态、亚稳态、单晶、多晶、准晶各种物化行为,发现其有用的特殊功能,探索制备合成稀土金属材料的多种新技术、新方法;另一方面要对业已成功实用的这两大类稀土金属材料在国内大力推广应用,取得更大的实实在在的效果。其中首推稀土永磁电机,它的体积小、重量轻、效率高、节能显著、应用领域特别广阔,必将对整个机电、制造产业带来重大革新;第二要大力推动稀土磁性材料在计算机、信息通信、音响、磁选、磁共振成像仪等有关产业中更多的应用。由于地区、行业、部门间情况存在差异,这些稀土金属材料推广应用的广度和深度不一样,有着很大的拓宽应用空间,应该抓紧抓实抓出更大实效;第三,要将我国有竞争力、有基础、有市场的稀土金属材料及其制品不失时机地推向国际市场。已经在出口的要提升市场占有率和话语权,努力实现稀土资源优势向技术/经济优势的转化。

(2) 大力加强稀土金属作为添加剂,提升传统金属材料的综合性能,开发新产品。稀土在钢、铁和有色金属/合金中的应用,历来就是稀土应用的主要市场。这是基于稀土金属特殊的核外电子排布,在冶金工业中显示出特殊的化学活性作用:

1) 净化作用:除去或减少金属及合金中的气体、非金属和低熔点金属杂质的有害影响;

2) 细化晶粒、组织(比如由柱状晶变为等轴晶)和变质作用(例如使铸铁中片状石墨球化,改变钢中条形硫化物为球状,将镁合金中呈粗大汉字状的 Mg_2Si 变为分散细小粒子,使铝中溶质硅变为稀土硅化物而提升电导率,使镁合金中的铁变为稀土铁化合物而提升耐蚀性能);

3) 利用稀土元素表面活性作用,降低金属液及合金液表面张力,改进流动性能和铸造性能;利用稀土在浇铸过程中在固液界面前沿富集、凝固后在表面形成复合氧化物层,改善表面多种性能;4) 加入稀土元素产生微合金化/合金化,能够改善合金耐热、耐蚀、高强、耐磨等综合性能。利用上述一种或几种联合作用,稀土在黑色、有色冶金应用中取得更大成果,充分发挥稀土在冶金工业中应用品种繁多,应用面广,用量大(规模大、产量大),技术优势凸显,经济效益巨大的效果。所以要锲而不舍、持续抓紧、抓好、抓实下述三方面工作:

① 要加强应用基础研究。要研究16个稀土元素在各种钢、铁、有色金属及合金中的作用效果、作用机理以及16个稀土元素作用共性和个性的规律性;研究轻稀土-重稀土元素的协调作用和稀土-非稀土元素组合效应,重点利用赋存量多、配分高的、滞销廉价稀土金属开发出高性能、低成本的多种钢、铁、有色金属及合金新材料、新产品,提升传统冶金过程和冶金产品档次。

② 要加强稀土添加技术研究。要科学确定稀土加入工艺、加入方式、加入种类、加入量、稀土与其他元素匹配关系(避免互相产生不良作用),确保稀土添加剂产生好质量、好效果。例如稀土和其他元素作用析出第二相的组成性能、结构、尺寸、分布,要求它与基体、晶界相适应,要求所形成的金属间化合物熔点高、热稳定性高、粒子细小,高度弥散分布产生钉扎晶界、位错移动的弥散强化效果,而不产生负面作用。要防止加入不当带来"坏影响",比如稀土加入量过多,与其他元素成渣浪费稀土,形成大块脆性第二相偏聚,夹杂物滞留于合金或生成结瘤等等。

③ 选出几十种加稀土的重要而优秀的金属及合金材料,大力组织推广应用。可供选择的项目有:

含稀土的高质量球墨、蠕墨、可锻铸铁;

含稀土的高强、高韧、高塑、高温合金钢;

含稀土的铝及锌合金涂层材料,含稀土钇的铁基、钴基、铬基耐温涂层材料和碳、氮、硼、稀土共渗涂层;

高导电稀土铝导体、耐热稀土铝合金;

高强稀土铝合金,特别是钪铝及铒铝合金;

耐热、高强、耐蚀稀土镁合金；

稀土在铜、钛、铅等有色合金中的应用；

高技术、高温用稀土 - 难熔金属及合金；

稀土 - 贵金属合金（旨在大量节约贵金属和开发高技术用高端稀土 - 贵金属产品）；

稀土金属在废旧有色合金中的应用。

（3）大力推进以稀土金属为重要成分的新型镁合金材料的研发和应用。如前所述，在稀土金属间化合物功能材料（如稀土磁性材料和贮氢合金）中，稀土含量大多高于 30%，发挥着主体成分的作用，而在钢、铁、有色金属及合金中作为添加剂的稀土含量常在 0.01% ~ 1.0% 之间，起着添加辅助成分的作用。另一类稀土有色合金材料，稀土金属起着重要成分的作用，稀土含量为 1% ~ 20%，恰在前述两种情况之间。例如，在 Fe - 28Al 合金中添加 0.15%（原子分数）的铈，其室温塑性提高近一倍，屈服强度和抗拉强度也得到明显提升[6]。耐热稀土铝合金 ZL401（RE 4.4% ~ 5.0%，Cu 3.0% ~ 3.4%，Mn 0.9% ~ 1.2%，Mg 0.15% ~ 0.25%，Zr 0.15% ~ 0.25%，余为 Al），使用温度可达 400℃（比其他铝合金提高 100℃），已列为我国航标[7]。用快速凝固法制得的 Al - 8.4Fe - 3.4Ce 合金，其中的 Fe 和 Ce 的含量大大超过了各自的平衡固溶度，组织中出现细小的、均匀分布的稳定的稀土金属间化合物，产生固溶强化和时效硬化作用，室温抗拉强度达到 550 MPa，比传统铝镁合金提高一倍，塑性提高 4 ~ 5 倍[8]。稀土在耐热高强镁合金中被认为是最具实用、最具发展潜力的合金化元素。比如 WE43（Mg - 4% Y - 2.25% Nd - 1% 重稀土 - 0.3% Zr）已用于航空航天，还可用作心血管支架。

上海交通大学丁文江等研究了 Mg - Gd - Y - Zr - Ca（GWK）系合金，并开发出高强度铸造镁合金 Mg - 10Gd - 3Y - 0.6Zr - 0.4Ca 和变形镁合金 Mg - 12Gd - 3Y - 0.4Zr - 0.4Ca。GWK 合金系展示了良好的室温、高温力学以及抗蠕变性能。无论是铸造成形，还是热挤压变形加工，该合金均具有非常显著的时效硬化效应。其中铸造的 GW103K 合金经过一定的热处理工艺可达到 360 MPa 以上的室温抗拉强度和 5% 左右的伸长率；变形工艺处理的 GW123K 合金最高抗拉强度和屈服强度分别达到了 491 MPa 和 436 MPa，伸率长为 3.6%。对比日本 Kamado 等人研发的此类合金，上海交通大学所研究的合金在成分和最佳力学性能方面都有优势。

长春应用化学研究所彭秋明等研制的耐热高强镁合金 Mg - 12% Gd - 4% Y - 2% Nd - 0.4% Zn - 0.6% Zr 在 300℃ 抗拉强度 300 MPa，400℃ 时还高于 100 MPa，可用作导弹弹壳。张景怀等研发的 ACeLa4，2.6，1.4 耐热镁合金中存在着层片状/针状第二相 $Al_{11}RE_3$ 金属间化合物，有序堆叠，分布在晶粒边界，有效钉扎晶界，抑制晶粒滑动，同时阻碍位错移动，从而提升合金热强性能。对比 Hydro Magnesium 公司开发的 AE44 合金，在原料、成本和可持续发展方面更具竞争力。

由此可见，稀土金属作为新型镁合金的重要成分值得重视。其特点在于该类稀土镁合金中稀土的加入量比作为添加剂的稀土用量高几十到几百倍，除了具有添加剂的作用外，更大的作用是固溶强化和生成高熔点、高热稳定性的稀土金属间化合物所产生的弥散强化作用。所以，在研发这类合金时更应注意合金成分的优化设计，更应注意合金的熔炼工艺技术，更应注意第二相的性质、尺寸和分布，确保获得好的性能而不产生负面作用[9]。至于在某一具体合金中某种或某几种稀土产生了哪种作用或哪几种联合作用，哪种作用占主导地位,哪种作用占第二位、第三位,则需要进行具体的、系统的研究和深入细致的分析讨论[10]。

(4) 大力改进稀土金属、稀土合金和稀土金属间化合物材料的生产工艺技术,降低成本:

1) 改进稀土金属、稀土中间合金生产工艺,降低成本。稀土金属材料能否大量广泛推广应用,依然取决于其性价比高低,而决定材料价格的重要因素是原材料稀土金属种类和含量的选择及稀土中间合金的生产成本。本章1.4和1.6已对我国生产工艺及存在的问题和建议进行了评述,不再重复。值得强调的是:稀土氧化物-氟化物熔盐电解工艺应模仿铝电解槽槽型结构,适时扩大单槽规模;中国科学院长春应用化学研究所正在开展的往镁电解槽中添加氯化稀土和氯化镁一步直接生产稀土镁合金新工艺,应抓紧进行。

2) 改进稀土合金、稀土金属间化合物制取及合成、加工技术,提升稀土金属材料性能。稀土金属材料性能好坏,除了合金设计而外,其制造及合成技术起着决定性作用。研究开发稀土金属材料的常用技术有[11,12]:

耐热、高强、高韧、耐蚀稀土-有色合金成分优化设计;

稀土金属材料熔炼(含成分控制)和铸造技术,或者说稀土加入工艺(含稀土分析)和浇铸技术;

集稀土净化-变质于一体的新型添加剂;

稀土合金连铸连轧和连铸带锻技术;

稀土有色合金半固态触变铸造技术;

新型稀土合金挤压技术;

亚稳态稀土-过渡元素合金制造技术;

快速凝固、粉末冶金制造技术;

稀土合金薄膜制备技术;

稀土金属材料表面防护处理技术;

稀土金属材料力学和化学物理性能检测技术;

稀土金属材料中稀土等高价元素回收利用技术。

3) 努力促进稀土高效、综合平衡利用,开拓滞销稀土市场。目前,稀土的应用主要是轻稀土,重稀土相对应用不多;轻稀土中铕、钕及镨市场紧俏,而大量铈镧滞销;重稀土中除铽、镝和钇外,使用的较少;从钐铕钆富集物中把市场需求好的铕分离后剩下钐钆而被积压;从富钇矿中提出铽、镝、镥后,剩下的富钇稀土有待应用,凸显出稀土产销不平衡矛盾,影响稀土产业平稳持续发展。因此,应积极规划支持滞销稀土的研发应用。一是要进一步树立稀土高效、综合平衡利用、不要单打一的观念;二是要鼓励多用滞销稀土,少用或不用未经分离的稀土原料,把其中紧俏元素分离应用,避免"大材小用",例如以往在钢、铁、有色冶金、农业中大都使用富铈混合稀土,建议尽量用铈镧混合稀土取而代之,不但为滞销铈镧开拓了市场,同时把钕、镨、铕等稀贵元素节约下来,真正做到"物尽其用"。外销市场严禁原矿出口,提高稀土经济效益。

4) 积极开展稀土金属材料废料回收利用技术,提升经济效益。无论稀土金属间化合物功能材料还是稀土合金结构材料,总有一部分废品、废料和使用后报废产品均应回收综合利用,以提升整体经济效益和节约稀土。现实情况是:有的缺乏回收技术而把废料贮存库中,有的回收技术不过硬回收率不高,有的回收料质量不合格,未能用作再生资源,有的暴露在空气中,影响环保。这都有待科技人员针对不同情况进行具体处理,提出高效、实用、成熟的回收利用技术。有关制定政策、法规和科研生产、管理的人员切勿对此小觑。

参 考 文 献

[1] 徐光宪. 稀土(上)[M]. 2 版. 北京:冶金工业出版社, 2002 :1 ~ 3.

[2] 苏锵. 稀土元素:您身边的大家族[M]. 北京: 清华大学出版社,2000:1 ~ 3.

[3] Nomenclature of Inorganic Chemistry, J. Amer. Chem. Soc. , 82(21) ,5523 ~ 5544 (1960).

[4] Gschneidner K A, Capenllen Jr J. 稀土二百年[M]. 盛达,王昆林,等译. 北京:中国稀土学会全国稀土在铸铁中应用技术服务中心(内部资料),1985.

[5] 刘跃,王彦,张烨. 世界稀土经济[C]. 12 版. 全国稀土信息网,2005: 6 ~ 7,32.

[6] 池汝安,王淀佐. 稀土矿物加工[C]. 全国稀土信息网,1994:8,49 ~ 63.

[7] 蒲广平. 四川稀土[M]. 2001, 4:8 ~ 13.

[8] U. S Geological Survey. Mineral Commodity Summaries[R]. Jan. 2008.

[9] 国家发展和改革委员会,国家物资储备局,中国地质科学院全球矿产资源战略研究中心. 世界矿产品概要[R]. 2005:202.

[10] 重庆市东信鸿实经贸发展有限公司. 长江淤砂提钪可行性研究报告[R]. 2005:8 ~ 9.

[11] 刘余九,王国珍,卢忠效. 中国可持续发展矿产资源战略研究:有色金属卷[M]. 北京: 科学出版社, 2005:448 ~ 451.

[12] 中华人民共和国国土资源部. 中华人民共和国国土资源部全国矿产资源通报[R]. 2006.

[13] 中华人民共和国地质矿产部. 文件[1990]352 号:我国矿产资源对建设保证程度论证[R]. 1990.

[14] 侯宗林. 浅论我国稀土资源与地质科学研究[C]. 稀土信息,2003,10:7 ~ 10.

[15] 徐光宪. 稀土(上)[M]. 2 版. 北京:冶金工业出版社. 1995:111 ~ 130.

[16] 徐光宪. 稀土(上)[M]. 2 版. 北京:冶金工业出版社. 1995:35.

[17] 苏锵. 稀土元素:您身边的大家族[M]. 北京: 清华大学出版社,2000:37.

[18] 刘楚明,朱秀荣,周海涛. 镁合金相图集[M] 长沙:中南大学出版社,2006.

[19] 余宗森, 田中卓. 金属物理[M]. 2 版. 北京:冶金工业出版社,1982: 69.

[20] Gschneidner K A, Capenllen Jr J. Rare Earth Alloys[M]. D. Van Nostrand Co. , Inc. , Princeton, New Jersey – New York – Toronto – London, 1961.

[21] 张德平,唐定骧,孟健. 镱在 AZ91D 镁合金显微组织和力学性能的影响[J]. 稀土学报, 2009,1: 104 ~ 109.

[22] 刘光华,等. 稀土材料与应用技术化学 [M]. 北京:化学工业出版社, 2005:22 ~ 23.

[23] H. W. King. in Binary Alloy Phase Diagrams [M]. Ed. Th. B. Massalski. Meatals Parc Ohio: American Society for Metals, 2179 ~ 2181.

[24] Beaudry B J, Gschneidner K A. Jr. In Handbook on the Physics and Chemistry of Rare Earth[M]. Asterdam-New York-Oxford: North-Holland publishing Co. , 1978, 1:173 ~ 211.

[25] Koskenmaki D C. In Handbook on the Physics and Chemistry of Rare Earth [M]. Amsterdam-New York-Oxford: North-Holland Publishing Co. , 1978, 1: 337 ~ 377.

[26] Beaudry B J, Gschneidner K A. Jr. In Handbook on the Physics and Chemistry of Rare Earth[M]. Amster-

dam-New York-Oxford: North-Holland Publishing Co. , 1978,1: 212 ~ 232.
[27] E. M. Savitsky, V. F. Terekhova. Metals Science of the Rare-Earth Metals [M]. Moscow: Nauka, 1975.
[28] Legvold S. Ferromagnetic Materials [M]. Amsterdam: E. P. Wohlfarth, ED. North-Holland Physics Publishing, 1980, l. 1:183.
[29] Mcewen K A. Handbook on the Physics and Chemistry of Rare Earths [M]. Gschneidner K A, Jr. , Erying L. Amsterdam: North-Holland Physics Publishing, 1978, 1: 411.
[30] Van Zytveld J. Handbook on the Physics and Chemistry of Rare Earths [M]. Gschneidner K A, Jr. , Eyring L. Amsterdam: North-Holland Physics Publishing, 1989, 12: 357.
[31] Stretz L A, Bautista R G. Temperature: Its Measurement and Control in Science and Industry [M]. Plumb H H. Pittsburgh: Instrument Society of American, 1972, 4: 489.
[32] King T S, Baria D N, Bautista R G. Met. Trans. [J]. 1976, B7: 411.
[33] Baria D N, King T S, Bautista R G. Met. Trans. [J]. 1976, B7: 577.
[34] Beaudry B J, Gschneidner K A, Jr.. Handbook on the Physics Publishing and Chemistry of Rare Earths [M]. Gschneidner K A, Jr. , Eyring L. Amsterdam: North-Holland Physics Publishing, 1978, 1: 173.
[35] Scott T, Handbook on the Physics and Chemistry of Rare Earths [M]. Gschneidner K A, Jr. , Eyring L. Amsterdam: North-Holland Physics Publishing, 1978, 1: 591.
[36] 杜挺. 杜挺科技文集:冶金、材料及其物理化学[M]. 北京:冶金工业出版社, 1996:11 ~ 14.
[37] Rokhlin L L. Magnesium Alloys Containing Rare Earth Metals Structure and Properties [M]. New York: Taylor & Franis Group, 2003:12 ~ 14.
[38] 刘余九,颜世宏. 我国稀土火法冶金技术发展[C]. 稀土信息,2003,(4):2 ~ 8.
[39] 国家发展和改革委员会稀土办公室. 中国稀土[R]. 2004,稀土信息; 2005,(3):4.
[40] 国家发展和改革委员会稀土办公室. 中国稀土[R]. 2005,稀土信息;2006,(3):4.
[41] 国家发展和改革委员会稀土办公室. 中国稀土[R]. 2006,稀土信息; 2007,(3):4.
[42] 黄春辉,刘余九,王慰,吴瑾光. 钪、稀土元素 [M]. 北京:科学出版社,1992:654.
[43] 徐光宪. 稀土(中)[M]. 2 版. 北京:冶金工业出版社,2002:1 ~ 57.
[44] Beaudry B J, Gschneidner K A. Jr. In Handbook on the Physics and Chemistry of Rare Earth [M]. Amsterdam-New York-Oxford: North-Holland Publishing Co. , 1978,1: 54 ~ 62.
[45] 徐光宪. 稀土(中)[M]. 2 版. 北京:冶金工业出版社,1995:40.
[46] 肖纪美, 霍明远. 中国稀土理论与应用研究[M]. 北京:高等教育出版社,1992:144 ~ 160.
[47] 郑再春. 3t 电弧炉冶炼稀土硅铁合金的实践[J]. 铁合金, 2003 (34):24.
[48] 吕俊杰,陈景友,郑再春. 矿热炉和电弧炉冶炼稀土硅铁合金的实践[J]. 稀土,2006 (4):99.
[49] 刘余九. RCl_3 - KCl 体系电解稀土金属电流效率问题的讨论[J]. 中国稀土学报, 1986 (4):61.
[50] 张志宏. 氟化物熔盐体系铁固体消耗阴极电解 Nd - Fe 合金的研究[J]. 稀土,1993, 14(1).
[51] 郭春泰,唐定骧,等. La_2O_3 Y_2O_3对冰晶石熔盐体系熔点和密度的影响[J]. 有色金属,1989, 41(2).
[52] 李根义,吕松涛. 铝工业电解槽中添加稀土氧化物共析出电解:Al - RE 中间合金的研究[J]. 稀土, 1992, 3(5).
[53] 邓伟平,曾兴蒂. 熔盐电解法制取稀土镁合金[J]. 稀土, 1997, 8(2).
[54] 李平,孙金治,唐定骧. YCl_3 - NaCl - KCl 熔盐体系下沉镁阴极电解钇镁中间合金[J]. 中国稀土学报, 1986, 4(2):36.
[55] 孟健,张洪杰,张德平,房大庆,吴耀明,唐定骧,申家成,杜海. 用高含水料电解法制备稀土 - 镁中间合金的方法: 中国, CN20051011921[P]. 2006.
[56] 唐定骧,朴东奎,等. 在较低温度下电解稀土氯化物制取稀土铝中间合金的研究[J]. 稀土,1980, 8(1).

[57] 唐定骧,赵敏寿. 熔盐电解稀土铝合金进展[J]. 有色金属,1986 (1).
[58] 中国稀土. 2004—2008 年国家发展和改革委员会稀土办公室[R]. 稀土信息,2004(3),2005(3),2006(3),2007(3),2008(3).
[59] 刘余九,王国珍,卢忠效. 我国稀土产业技术发展战略研究:中国可持续发展矿产资源战略研究有色金属卷[M]. 北京:科学出版社,2005.
[60] 林河成. 稀土发火合金的生产应用及市场[J]. 四川稀土,2007(3):10 ~ 14.
[61] 夏国金. 稀土在钢铁中的应用现状和发展建议[R]. 稀土信息,2008(3).
[62] 罗阳. 我国烧结与粘结 NdFeB 磁体产业发展现状与未来[R]. 电子信息材料,2007(4).
[63] 张丽华. 稀土贮氢合金现状及市场前景[R]. 稀土信息,2006(10).
[64] 李素珍. 稀土超磁致伸缩材料与器件发展现状[R]. 稀土信息,2005(4).
[65] 唐定骧. 我国独具特色的稀土电工铝和铝稀土合金[J]. 四川稀土,2002(4):19 ~ 24.
[66] 徐河. 镁合金制备与加工技术[M]. 北京:冶金工业出版社,2007.
[67] 刘静安. 稀土在有色金属工业中的开发与应用[J]. 四川稀土, 2003(2).
[68] 唐定骧,张洪杰,孟健. 稀土镁合金研发及应用进展[C]. 中国镁业,2006(5).

(刘余九、唐定骧、王国珍、卢忠效、张洪杰、孟　健)

2 稀土永磁材料

2.1 引言

稀土永磁材料是支撑电子信息时代的重要基础材料之一，与人们的生活息息相关，作为一种重要的功能材料，它已被广泛应用于能源、交通、机械、医疗、计算机、家电等领域，深入国民经济的各方面，其产量与用量已成为衡量一个国家综合国力与国民经济发展水平的重要标志之一。如果说半导体集成电路的发明及应用给现代信息产业安上了大脑，那么高性能稀土永磁材料的应用则赋予了它活动行走的四肢和飞翔的翅膀。小到手机、手表、照相机、录音机、CD 机、DVD 机、计算机硬盘、光盘驱动器，大到汽车、风力发电机、医疗仪器等，稀土永磁材料已无所不在。正是广泛采用了高性能稀土永磁材料，众多电子产品的尺寸进一步缩小，性能大幅度改善，从而适应了当今电子产品轻、薄、小的发展需求。正是稀土永磁材料在各种永磁电动机和发电机方面的应用，使得电动机在提高效率和节约能源方面获得了极大改善，从而间接地支持了绿色能源和环保事业的发展。

2.1.1 永磁材料的磁性特征

磁性与力、热、电、光一样是物质的基本属性之一。物质的磁性源于原子的磁性，即每个原子的原子磁矩。原子磁矩又可分成原子核磁矩和电子磁矩两部分，原子核磁矩是核磁共振探测信号的承载体，但它的数值远远小于电子磁矩，在磁性材料的研讨中往往忽略不计。而电子磁矩又由它的轨道磁矩和自旋磁矩两部分组成，所以我们通常称的原子磁矩主要是电子的轨道磁矩和自旋磁矩的矢量和。原子磁矩通常以玻尔磁子 μ_B 为单位表示（$1\mu_B = 9.274 \times 10^{-24}$ J/T）。

物质的磁性根据其不同的特点，可以分为弱磁性和强磁性两大类。弱磁性仅在具有外磁场的情况下才表现出来，并随着磁场增大而增强，其方向可能与磁场平行（顺磁性）或反平行（抗磁性）。强磁性意味着在无外加磁场时仍存在自发磁化，但在一般情况下，为了使得静磁能最小，物质的自发磁化被分成若干小区域，同一小区内的自发磁化方向相同，但不同区域的自发磁化方向各异。这些小的区域称为磁畴。在无外加磁场的情况下，各磁畴的自发磁化矢量和为零，系统总的磁矩互相抵消，对外部不呈现磁性；但在外磁场作用下，由于畴壁的移动或者自发磁化方向的改变通常会表现出很强的磁性。根据原子磁矩在原子尺度上排列方式的不同，强磁性又可分为铁磁性（近邻原子磁矩平行排列）、反铁磁性（近邻原子相同大小磁矩反平行排列）、亚铁磁性（不同大小的近邻原子磁矩反平行排列）和螺磁性等。除反铁磁性外，这些磁性通常又广义地称为铁磁性。随着温度的升高，热扰动会破坏原子磁矩平行或反平行排列的相互作用使铁磁性消失，铁磁性消失的临界温度称为居里温度（用 T_c 表示）。在居里温度以上，由于热运动强于交换相互作用，故不再存在自发磁化。

铁磁性物质的磁性方向和强度通常用磁化强度矢量 $\boldsymbol{M}$ 表示，它代表单位体积的原子磁矩(矢量和),单位为 A/m(高斯单位制中为 Gs)。在同一个磁畴中,磁化强度 $\boldsymbol{M}$ 的数值为 M_s，称为自发磁化强度。对于一块 $\boldsymbol{M}=0$ 的铁磁性物质(原子磁矩矢量和为零),在外加磁场强度 $\boldsymbol{H}$(单位为 A/m,高斯单位制中为 Oe)的作用下,畴壁移动或原子磁矩朝 $\boldsymbol{H}$ 的方向偏转(相互作用能最小),$\boldsymbol{M}$ 会随之变大并与 $\boldsymbol{H}$ 同方向。此时有

$$\boldsymbol{B}=\mu_0(\boldsymbol{H}+\boldsymbol{M})=\boldsymbol{B}_0+\boldsymbol{J} \tag{2-1}$$

式中 $\boldsymbol{B}$——磁感应强度(或称磁通密度),T(高斯单位制中为 Gs);

$\boldsymbol{B}_0$——真空磁感应强度,$\boldsymbol{B}_0=\mu_0\boldsymbol{H}$,T(高斯单位制中为 Gs);

$\boldsymbol{J}$——磁极化强度,$\boldsymbol{J}=\mu_0\boldsymbol{M}$,T(高斯单位制中为 Gs);

μ_0——真空磁导率,$\mu_0=4\pi\times10^{-7}$ Tm/A。

具有铁磁性的材料通常称为磁性材料。磁性材料的最大特征就是具有磁滞行为即磁化强度 $\boldsymbol{M}$ 随外磁场 $\boldsymbol{H}$ 变化的滞后行为,当 $\boldsymbol{H}$ 从某个状态回到零时,$\boldsymbol{M}$ 还保持一定的大小,只有在反方向施加磁场才会将 $\boldsymbol{M}$ 降到零,从而 $\boldsymbol{M}$ 随 $\boldsymbol{H}$ 的往复变化呈回线而非单一的曲线。图 2-1 给出了典型磁滞回线的示意图。描述磁滞回线特征的主要参数是:

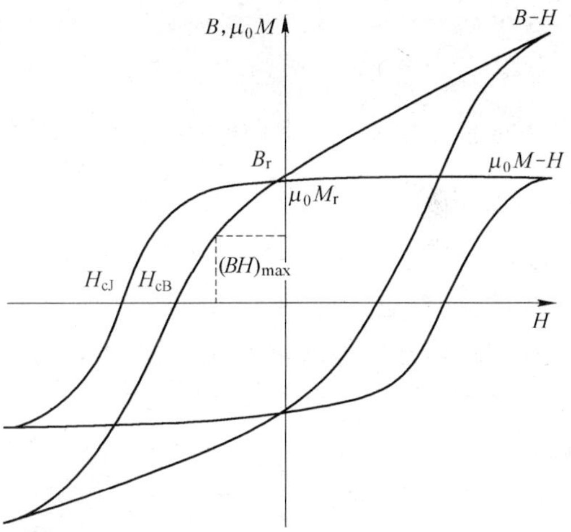

图 2-1 磁滞回线示意图

(1) 剩余磁感应强度 B_r(或剩余磁极化强度 $J_r=\mu_0M_r$)(简称剩磁),是磁体内部磁场 $H=0$ 时的磁通密度;

(2) 矫顽力 H_{cB}(或内禀矫顽力 H_{cJ}),是使磁通密度 $B=0$ (或磁极化强度 $J=0$)所必须的反向磁场 H;

(3) 最大磁能积$(BH)_{max}$(简称磁能积),是退磁曲线(磁滞回线第二象限部分)上 B 和 H 乘积最大的磁能积。

具有不同磁滞回线的材料用于不同的应用领域,这些材料通常划分为两大类:一类是矫顽力较小的软磁材料($H_{cJ}<100$ A/m),另一类是矫顽力较大的永磁材料(也称硬磁材料)($H_{cJ}>1000$ A/m)。

永磁体的特征是在受外磁场磁化后,撤去外场仍能长时间稳定地保持磁性。永磁材料性能的好坏,最全面的判据是在各种外界条件(外磁场、温度、时间、辐射、振动等)下的退磁曲线的形状,但为了简便起见,通常只用上面提到的三个参数及其稳定性来衡量:磁能积$(BH)_{max}$的大小,表征永磁体提供静磁能的能力,即在满足同样的磁场值和空间范围的情况下,$(BH)_{max}$大的材料用料少;剩磁 B_r越大,磁体可能向空间提供的磁场强度越大;而 H_{cJ}大的材料,抗干扰能力强。所以,上述三个参数越高,永磁体磁性能越好。永磁材料的温度稳定性主要是指材料的温度系数和不可逆损失。温度系数(或称可逆温度系数)是指温度改变时,剩磁或矫顽力可逆改变的百分比。不可逆损失是指由室温开始,经过加热或冷却再回到室温时开路磁通的变化率。对永磁材料来说,温度系数的绝对值和不可逆损失越小越好。

2.1.2 永磁材料发展简史

磁性材料及其应用,已为人所知达上千年之久。中国古代许多史料都有关于磁性的记载[1,2],“慈石招铁,或引之也”(吕不韦《吕氏春秋 · 精通》, 公元前 239 年),“司南之杓,投之于地,其柢指南”(王充《论衡 · 是应》,公元 27 ~ 97 年)。这里的司南就是指南针,它是我国古代人民使用天然磁石(主要成分为 Fe_3O_4)制成的。图 2-2 给出了我国古代指南针的一个例子。古代司南,它是磨成勺状的磁石,其尾端指向南方。在欧洲,“磁石(magnet)”一词起源于希腊一个叫 Magnesia 的地方,这个地方有些石头显示出很强的互相吸引的现象[3,4]。

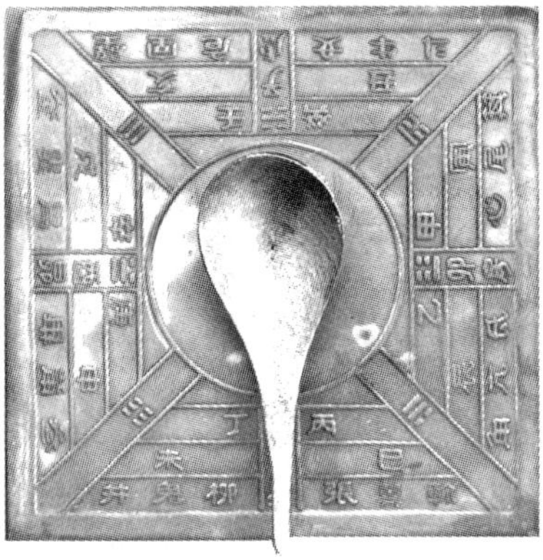

图 2-2 古代司南

最早的人造永磁体约在 10 世纪时产生于我国,人们利用地磁场的磁化作用来制作指南针。“鱼法用薄铁叶剪裁,长二寸,阔五分,首尾锐如鱼形,置炭火中烧之,候通赤,以铁钤钤鱼首出火,以尾正对子位,蘸水盆中,浸尾数分则止,以密器收之。用时置水碗于无风处,平放鱼在水面令浮,其首常南向午也。”(曾公亮《武经总要 · 前集卷 15》,北宋,1044 年)。

在 19 世纪末,人们开发出了能大量生产的永磁材料碳钢。在 1900 年前后钨钢制成的永磁体性能又稍有改进。将 Fe - W - C 钢中的 Fe 的 35% 用 Co 代替而得到的本多(Honda)钢使永磁性有很大的提高。由于钴比铁昂贵,所以这种新型永磁材料的应用进展缓慢。接下来是三岛发明的 MK 钢,一种含 Fe、Ni、Co、Al 的合金。MK 钢的价格只有本多钢的三分之一,而永磁性能却更好。MK 钢磁性的改进主要是由一种特殊的热处理所生成的特殊微结构来实现的。实际上,MK 钢可以看做是 1936 年发明的著名的 Ticonal Ⅱ 的先驱。Ticonal Ⅱ 合金系的成分和热处理范围很宽,所以有一个如何使磁性最佳的问题,这种研究导致两年后 Ticonal G 的出现。Ticonal G 的微结构不再像 Ticonal Ⅱ 合金那样是各向同性的,而是各向异性的,制作中的关键一步是在磁场中进行热处理。还有一种特殊方法使 Ticonal 熔体定向凝固以改进性能,该工作花了差不多 10 年(到 1949 年),它可以使晶粒在[100]方向取向,并在此方向上有伸长的晶粒形状。这种晶粒取向的铸锭再经磁场热处理就得到所谓的 Ticonal XX 永磁材料,即我们通常称为铝镍钴(Alnico)类型的永磁体。它的磁各向异性来源于微结构中富铁脱溶物的特殊形状(形状各向异性)。

1936 年,人们就发现了四方结构的 CoPt 合金,由于其磁晶各向异性很强而具有很大的矫顽力,但因为价格太贵而没有获得广泛应用。另一种基于磁晶各向异性的永磁材料是铁氧体,它是一种分子式为 $MO(Fe_2O_3)_6$ 的氧化物,其中 M 表示一种或一种以上的二价金属,如 Ba、Sr 或 Pb 等。相对而言,铁氧体永磁体的制备较为简单。它是由直径约 1 μm 的细粉烧结而成的。铁氧体为亚铁磁性,含有磁矩相互反平行排列的铁次晶格,因此,铁氧体的磁化强度较低,但由于它有较高的矫顽力和特别低廉的价格而被广泛应用。

20 世纪 50 年代末 60 年代初, 研究发现具有 $CaCu_5$ 结构的稀土 - 钴化合物 $RECo_5$(六角对称性)是一种很有希望的永磁材料。1959 年 Nesbitt 等人[5] 及 1960 年 Hubbard 等人[6] 先后报道了 $GdCo_5$ 具有超常的硬磁性。1966 年 Hoffer 等人发现具有大磁晶各向异性场、高居里温度和高饱和磁化强度的 YCo_5 化合物[7]。1967 年 Strnat 采用粉末法制造出第一块 YCo_5 永磁体[8]，接着 Strnat 等人又用同样的方法研制出 $SmCo_5$ 永磁体[9]。1968 年 Velge 等人采用制粉法[10]、Buschow 等人采用等静压工艺[11]，1969 年 Das 采用粉末冶金工艺[12]，均以 $SmCo_5$ 为原料制作成稀土永磁体，其性能比铝镍钴提高了数倍，磁能积为 127.4 ~ 159.2 kJ/m^3（16 ~ 20 MGOe）[12]。至此，第一代稀土永磁材料问世。

为了进一步提高稀土永磁的性能，人们将目光转向了比 $RECo_5$ 磁化强度更高的 RE_2Co_{17} 化合物。可惜的是，后者的 Co 次晶格不再是单轴各向异性。RE_2Co_{17} 化合物的晶体结构可以通过用 Co 原子对（通常称为哑铃对）去置换 $RECo_5$ 结构中三分之一的稀土原子而得到。人们发现在成分大致为 $SmCo_{7.7}$ 的合金中控制脱溶反应的动力学过程，最后做到了 Sm_2Co_{17} 的高饱和磁化强度和 $SmCo_5$ 的高硬磁性的相互结合。办法是用铁和少量铜和锆等代换 $SmCo_{7.7}$ 中的部分钴。采用脱溶硬化处理使生成 2-17 相的双棱锥晶粒（富铁和钴的相）和 1-5 相的片状物构成的胞状微结构，从而得到高的剩磁和高的矫顽力。该磁体的高矫顽力是由于片状物对畴壁起钉扎作用而获得的。钐钴 2-17 永磁体的研制成功，宣告了第二代稀土永磁的诞生，它的磁能积达到了 239 kJ/m^3（30 MGOe）[13]。

在上面提及的前两代稀土永磁材料的主要成分钐和钴价格都较贵，所以在 20 世纪 70 年代，人们做了很多努力去发掘铁基化合物。但很遗憾，具有 $CaCu_5$ 结构的二元 RE - Fe 化合物不存在。虽然与 RE_2Co_{17} 同结构的 RE_2Fe_{17} 型化合物是存在的，但其居里温度较低（小于 476 K），并且在室温均呈现为平面各向异性，难以满足实际的磁体应用。1983 年，日本住友特殊金属公司和美国通用汽车公司分别报道了一个含有钕（Nd）、铁（Fe）和硼（B）的新型永磁体的制备和性能，从而产生了第三代稀土永磁材料——钕铁硼磁体[14,15]。它的主要成分是 $Nd_2Fe_{14}B$，其晶体结构是四方对称的。有两个非常重要的特性与该新化合物相伴随，第一是基于价格便宜的铁，第二是该化合物的晶体结构使得轻稀土钕（或镨）而不是钐产生很强的单轴各向异性从而更适合永磁开发，并且钕（和镨）在稀土矿中的丰度比钐高，且价格也便宜。钕铁硼磁体的磁能积的理论值为 509 kJ/m^3（64 MGOe），2006 年实验室样品已达到 474 kJ/m^3（59.6 MGOe）[16]，工业产品已超过 438 kJ/m^3（55 MGOe）。图 2-3 给出了永磁材料的发展示意图。从图中可以看出，随着稀土永磁体的出现和发展，永磁体的磁能积随时间呈指数增长。

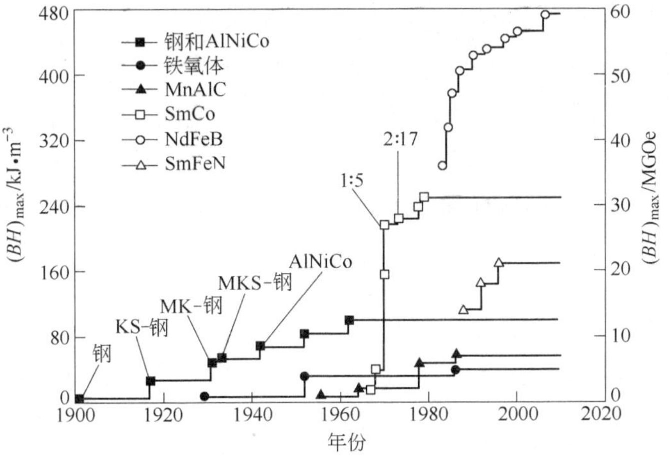

图 2-3 永磁材料最大磁能积 $(BH)_{max}$ 的进展

第三代稀土永磁钕铁硼的发现，一方面由于其性能优异，价格低廉而使稀土永磁得到了更广泛的应用；另一方面也在世界范围内激发了人们对于新型铁基稀土合金的探索。

2.2 稀土永磁材料的结构、磁性和其他特性

2.2.1 稀土过渡族金属间化合物的磁性

一种好的永磁体应该具有高的居里温度、高的剩磁、高的矫顽力和高的磁能积。后三种指标，我们称为永磁体的硬磁性指标。组成永磁体主相的磁性，我们称为内禀磁性，它包括居里温度、饱和磁化强度和磁晶各向异性场等。一种材料只有具备了优异的内禀磁性，才有可能开发成为高性能的永磁体。居里温度越高，永磁体的工作温度范围就越高，并且温度稳定性也越好。饱和磁化强度 M_s 决定了永磁体磁能积的理论上限，$(BH)_{max} \leqslant \mu_0 M_r^2/4 \leqslant \mu_0 M_s^2/4$。因此，只有饱和磁化强度高的材料才能开发成为高磁能积的永磁体。同样只有高的磁晶各向异性场的材料才能制备出高矫顽力的永磁体。然而，具备了高居里温度、高饱和磁化强度和高磁晶各向异性场的材料并非就一定能够开发成为永磁体，它还要取决于是否有合适的制备工艺来实现高矫顽力和高磁能积。所以永磁材料的研制可分为两大领域，一是对具有优异内禀磁性的新材料的探索，另一个是制备工艺的改进和创新。

在元素周期表的所有元素中，只有铁、钴和镍在室温下具有很强的铁磁性（见表 2-1），它们（特别是铁）具有较大的磁矩。在铁、钴、镍金属及其合金中，其磁矩是由 $3d$ 电子产生的。由于 $3d$ 电子与晶格产生很强的相互作用，使得原子轨道磁矩淬灭，故往往只获得比自由离子低的磁矩和较小的磁晶各向异性场。在金属 Fe 中，原子磁矩为 $2.2\mu_B$；而在 $m(Fe):m(Co)=7:3$ 的合金中，平均原子磁矩达 $2.5\mu_B$，其饱和磁极化强度为 $\mu_0 M_s=2.64T$。

表 2-1 铁、钴和镍的主要磁性参数 [17~19]

物质	晶体结构	居里温度/K	饱和磁化强度/T		矫顽力（室温）/A·m^{-1}	原子磁矩/μ_B	磁晶各向异性常数（室温）/kJ·m^{-3}	
			室温	0K			K_1	K_2
Fe	立方	1043	2.15	2.19	80	2.22	+42	+15
Co	立方	1404	1.76	1.80	800	1.72	+410	+100
Ni	六角	631	0.61	0.64	60	0.61	-5.7	-2.3

虽然铁、钴和镍具有较高饱和磁化强度和居里温度，但是矫顽力低，只能用作软磁材料。磁晶各向异性是获得矫顽力的一个重要来源。稀土元素的磁矩源于位于原子内壳层的 $4f$ 电子。在晶体中，$4f$ 电子在很大程度上保留了原子的特性，当其与周围非球对称电磁环境相互作用并且稀土原子的磁矩仅处于某一特定方向时，系统能量才最低，从而产生很强的磁晶各向异性。稀土和铁、钴或镍形成的金属间化合物，一方面利用了后者的高居里温度和高磁矩，另一方面又发挥了前者的强磁晶各向异性，所以将稀土过渡族金属间化合物作为永磁材料是一种优化组合，是迄今为止所发现的高性能永磁材料的最佳候选者。

由于铁是自然界非常丰富，也是最廉价的物质，所以稀土铁合金对永磁材料的研制最具吸引力。1983 年，第三代稀土永磁钕铁硼的研制成功，将永磁材料研究推进到了一个崭新的阶段，同时它的广泛应用对日常生活和国民经济也带来了重大影响。

在稀土(RE)过渡(T)金属间化合物中,相互作用非常复杂,理论解释也不完备。有三种主要相互作用:RE 和 RE 离子之间的 $4f-4f$ 电子以其他电子为媒介的间接相互作用,T 和 T 原子之间的 $3d-3d$ 电子直接相互作用以及 RE 和 T 之间的 $4f-3d$ 电子间接相互作用。在 T 为 Fe、Co 和 Ni 的 RE－T 体系中,T－T 相互作用最强,而 RE－RE 相互作用最弱。根据过渡金属 $3d$ 电子和稀土 $4f$ 电子各自的特点,我们可以用不同的近似方法来描述它们的行为。对于具有 N 个局域电子的原子,其哈密顿方程为

$$H = \sum_i \frac{P_i^2}{2m} - \sum_i \frac{Ze^2}{r_i} + \frac{1}{2}\sum_{i\neq j}\frac{e^2}{r_{ij}} + \lambda L \cdot S + H_{ex} + H_{cf} \tag{2-2}$$

前四项属于自由原子,即电子的动能、电子与原子核的静电能、电子间的静电能以及电子的自旋－轨道耦合能;$H_{ex}+H_{cf}$描述电子的环境相互作用,分别对应交换和晶场相互作用。根据 $L \cdot S$、H_{ex}和 H_{cf}相互作用能大小的不同,需要对它们作完全不同的处理。这些相互作用的相对强度可以通过每种相互作用的能级劈裂大小来比较。

本节后面的内容,将对稀土永磁材料的结构与磁性作更详尽的讨论,读者同时也可参考文献[19~22]。

2.2.1.1 3d 电子的相互作用

$3d$ 电子位于过渡金属的次外层。在固体中,外层 s、p 电子作为自由电子,而次外层的 $3d$ 电子同周边环境直接地相互作用,包括 $L \cdot S$、H_{ex}和 H_{cf}在内的三者相互作用中,H_{cf}起主导作用:

$$H_{cf} > H_{ex}, \lambda L \cdot S \tag{2-3}$$

通常会造成 $3d$ 轨道磁矩淬灭。因此,$3d$ 电子的磁矩主要由自旋贡献,而轨道磁矩可以忽略。交换相互作用 H_{ex}源于量子力学的泡利不相容原理和电子交换不变性,它导致了电子自旋在相对取向不同时能量会有所差别,从而使得电子的自旋有序,这也正是引言中提到的邻近原子磁矩间强相互作用的主要来源。

一旦过渡金属形成合金后,$3d$ 电子不再是局域的,而部分地进入导带。$3d$ 电子的波函数与相邻原子的波函数发生很强的重叠,从而导致 $3d$ 电子能带而不是 $3d$ 电子能级。$3d$ 过渡金属的磁性可以用能带模型来描述,其中比较熟知的是 Stoner-Wohlfarth 模型[23,24]。

对于稀土过渡族金属间化合物中的 $3d$ 电子的磁性处理是非常困难的。为简化处理,我们可以采用分子场模型,用平均磁矩来描述过渡金属晶格的磁矩,并假设磁矩仅由自旋贡献[4,25,26],即

$$\mu_T = -2\mu_B S_T$$

虽然自旋轨道耦合项 $\lambda L \cdot S$ 非常小,但它仍然对磁晶各向异性有贡献,这在许多金属化合物中被证实[19,26,27]。

2.2.1.2 4f 电子的相互作用

同过渡金属的 $3d$ 电子不同,稀土的 $4f$ 电子位于稀土离子的内层,几乎不参与化学键。因此,在固体中 $4f$ 电子是完全局域的,$4f$ 电子之间几乎没有什么重叠和直接相互作用,以至于 14 个稀土元素在周期表上共用一格。基于 1 个 $4f$ 电子和 2 个 $6s$ 电子在金属和金属间化合物中进入了导带或在绝缘体中进入价带,故一般说来稀土在合金或化合物中处于正三价。随着原子序数 Z 的变化,$4f$ 电子层被逐步填充,这些 RE^{3+} 离子呈现出丰富的磁特性。例如的 Sm^{3+} 的磁矩为 $0.71\mu_B$,而 Dy^{3+} 和 Ho^{3+} 的磁矩为 $10\mu_B$。

对于 RE－T (T = Fe、Co) 系统中稀土离子的 $4f$ 电子,下面的关系式成立:

$$\lambda L \cdot S > H_{ex} > H_{cf} \tag{2-4}$$

最强的相互作用是库仑关联，它使得单个电子的自旋 $\boldsymbol{S}_i$ 耦合在一起给出 RE^{3+} 总自旋 $\boldsymbol{S} = \sum \boldsymbol{S}_i$，单个电子的轨道磁矩 $\boldsymbol{l}_i$ 耦合在一起给出总轨道磁矩 $\boldsymbol{L} = \sum \boldsymbol{l}_i$，从而形成总角动量 $\boldsymbol{J} = \boldsymbol{L} + \boldsymbol{S}$。这就是大家熟知的 Russell-Saunders 耦合图像。S 和 L 的电子基态由 Hund 法则确定，并形成 $2J+1$ 个 $4f$ 能级的简并态。对于轻稀土（$4f$ 电子未满半壳层），$J = L - S$；对于重稀土（$4f$ 电子大于半壳层），$J = L + S$。

与过渡金属不同，$4f$ 电子的自旋和轨道对稀土离子的磁矩 μ 均有贡献，可表达为：

$$\boldsymbol{\mu}_R = -2\mu_B(\boldsymbol{L} + 2\boldsymbol{S}) \tag{2-5a}$$

沿 $\boldsymbol{J}$ 方向的稀土离子的磁矩为

$$\boldsymbol{\mu}_J = -g_J\mu_B\boldsymbol{J} \tag{2-5b}$$

沿 $\boldsymbol{J}$ 方向的稀土离子的磁矩的数值（大小）为

$$\mu_J = g_J\sqrt{J(J+1)}\,\mu_B \tag{2-5c}$$

其中，兰德因子

$$g_J = 1 + \frac{J(J+1) + S(S+1) - L(L+1)}{2J(J+1)} \tag{2-5d}$$

对于稀土来说，$4f$ 电子的自旋－轨道相互作用通常比交换和晶场相互作用要强得多。同 $3d$ 电子的情况不同，H_{ex} 和 H_{cf} 只能作为 J 本征态的微扰项来处理。主要原因是，由于稀土原子的 $5s$、$5p$ 外层电子和 $5d$、6s 传导电子的屏蔽效应，使晶场对 $4f$ 电子的作用变得较弱。表 2-2 列出了稀土元素三价离子的磁矩，理论值由式（2-5）计算出，其中量子数由光谱项的基态决定；实验值是根据稀土顺磁盐离子磁化率的实验值确定的[18]。

表 2-2 稀土元素三价离子的有效磁矩[18,19,22]

离子	电子组态	光谱项	J	L	S	g_J	$g_J[J(J+1)]^{1/2}$	实验值/μ_B
镧 La^{3+}	$4f^0$	$^1S_0$	0	0	0	—	0	0 抗磁
铈 Ce^{3+}	$4f^1$	$^2F_{5/2}$	5/2	3	1/2	6/7	2.54	2.37 ~ 2.77
镨 Pr^{3+}	$4f^2$	$^3H_4$	4	5	1	4/5	3.58	3.20 ~ 3.51
钕 Nd^{3+}	$4f^3$	$^4I_{9/2}$	9/2	6	3/2	8/11	3.62	3.45 ~ 3.62
钷 Pm^{3+}	$4f^4$	$^5I_4$	4	6	2	3/5	2.68	—
钐 Sm^{3+}	$4f^5$	$^6H_{5/2}$	5/2	5	5/2	2/7	0.84	1.32 ~ 1.63
铕 Eu^{3+}	$4f^6$	$^7F_0$	0	3	3	—	0	3.6 ~ 3.7
钆 Gd^{3+}	$4f^7$	$^8S_{7/2}$	7/2	0	7/2	2	7.94	7.81 ~ 8.2
铽 Tb^{3+}	$4f^8$	$^7H_6$	6	3	3	3/2	9.72	9.0 ~ 9.8
镝 Dy^{3+}	$4f^9$	$^6H_{15/2}$	15/2	5	5/2	4/3	10.63	10.5 ~ 10.9
钬 Ho^{3+}	$4f^{10}$	$^5I_6$	8	6	2	5/4	10.60	10.3 ~ 10.5
铒 Er^{3+}	$4f^{11}$	$^4I_{15/2}$	15/2	6	3/2	6/5	9.59	9.4 ~ 9.5
铥 Tm^{3+}	$4f^{12}$	$^3H_6$	6	5	1	7/6	7.57	7.2 ~ 7.6
镱 Yb^{3+}	$4f^{13}$	$^2F_{7/2}$	7/2	3	1/2	8/7	4.54	4.0 ~ 4.6
镥 Lu^{3+}	$4f^{14}$	$^1S_0$	0	0	0	—	0	0 抗磁

2.2.1.3 $3d-4f$ 电子的相互作用

在 RE－T 系统中，$4f$ 电子的交换相互作用源于不同晶格位置上的 $4f$ 电子之间的耦合和不同晶格位置上的 $4f$ 电子与 $3d$ 电子之间的耦合。由于 $4f$ 电子是局域的，$4f-4f$ 和 $4f-3d$ 重叠可以忽略，所以 $4f$ 电子和 $3d$ 电子之间相互作用只能通过传导电子进行。可能的机理有如 RKKY 的通过 s 电子的长程相互作用理论[18]，还有如 Campbell 提出的晶格点上直接的 $4f-5d$ 交换理论[28]。无论怎样，我们始终可以采用唯象的分子场模型来处理 RE－T 系统中的交换作用，即引进正比于自旋的有效分子场。

$4f$ 同后 $3d$ 元素（Fe、Co、Ni、Cu、Zn）自旋之间的反平行耦合，被许多实验所证实[25~27]。然而，对于后 $3d$ 元素铁磁性过渡金属（Fe、Co、Ni）母体中的过渡金属杂质，一般来讲，当杂质是来自于过渡金属后半族时，母体和杂质的自旋耦合是铁磁性，当杂质是来自于过渡金属前半族时，母体和杂质的自旋耦合是反铁磁性[29,30]。对于 RE－T 系统，局域的 $4f$ 电子和 $3d$ 能带电子交换耦合是间接的相互作用。Campbell 提出，通过原子内部的 $4f-5d$ 交换，$4f$ 电子自旋产生出一个正的局域的 $5d$ 磁矩，这样就引导出像在正常的过渡金属中的直接的 $5d-3d$ 交换[28]。这种解释也被能带结构计算确认[31,32]。综合考虑 $4f-5d$ 的平行耦合和 $5d-3d$ 的反平行耦合，则间接的 $4f-3d$ 耦合总是反平行的。按照 Hund 法则，轻稀土离子中 $4f$ 电子的总角动量与其总自旋角动量反平行，从而 $4f$ 电子的总磁矩也反平行于它的总自旋磁矩，再结合 $4f$ 与过渡金属的 $3d$ 自旋磁矩反平行耦合，就可以推出轻稀土总磁矩平行于过渡金属总磁矩，两者呈铁磁性耦合；而重稀土则相反，其总磁矩与过渡金属总磁矩成反平行排列，呈亚铁磁性耦合。所以在 RE－T 系统中，从轻稀土到重稀土总的 $4f$ 和 $3d$ 磁矩的耦合是从铁磁性变到亚铁磁性[参见图 2-4，注意关系式 $\boldsymbol{\mu}_L=-\mu_B\boldsymbol{L}$，$\boldsymbol{\mu}_S=-2\mu_B\boldsymbol{S}$ 和 $\boldsymbol{\mu}_J=-g_J\mu_B\boldsymbol{J}=-g_J\mu_B(\boldsymbol{L}+\boldsymbol{S})$]，也就是说，轻稀土过渡族化合物比重稀土过渡族化合物有更高的饱和磁化强度。

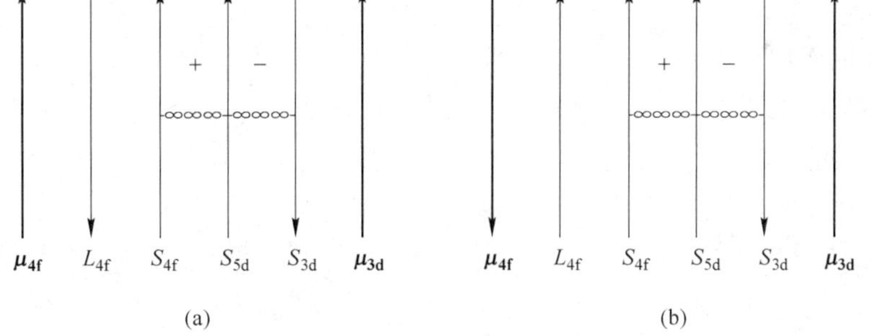

图 2-4　稀土和 $3d$ 元素自旋角动量耦合和磁矩耦合的示意图

（“+”和“−”为自旋－自旋交换作用的符号）

（a）轻稀土；（b）重稀土

2.2.1.4　分子场模型和居里温度

当我们考虑固体中两个分别具有自旋量子数 S_i 和 S_j 但无轨道矩的邻近金属离子的磁耦合时，我们通常可用海森堡交换模型来描述这个系统。此时，自旋之间相互作用能的哈密顿方程为

$$H_{ex}=-\sum_{i\neq j}J_{ij}\boldsymbol{S}_i\cdot\boldsymbol{S}_j \tag{2-6a}$$

其中，求和是对于晶格中所有的磁性离子，J_{ij} 为第 i 和第 j 个离子之间的交换积分，$\boldsymbol{S}_{i(j)}$ 是第 $i(j)$ 格点的总自旋。对于铁磁相互作用，两个离子 i 和 j 之间的交换积分 J_{ij} 为正；而对于反

铁磁相互作用，交换积分 J_{ij} 为负，并随它们之间距离的增加而快速下降。采用分子场近似，就是除第 i 格点以外的所有自旋对第 i 格点自旋的作用用一个平均值来代替，这个平均值的场称为分子场或者交换场。采用这种方法，一个 N 体相互作用问题被化简为 N 个分离单体问题。在 RE－T 系统中，三种类型的交换作用可能发生：T－T、T－RE 和 RE－RE。如果用 J_{TT}、J_{TRE} 或 J_{RET}（$J_{TRE}=J_{RET}$）和 J_{RERE} 分别表示 T－T、T－RE 和 RE－RE 的交换积分，分别反映 T－T、T－RE 和 RE－RE 的交换相互作用的强度，则式（2-6a）可分离成：

$$H_{ex}=-\sum_{T}\boldsymbol{S}_{T}\cdot\boldsymbol{J}_{TT}\sum_{T'}<\boldsymbol{S}_{T'}>-\sum_{RE}\boldsymbol{S}_{RE}\cdot\boldsymbol{J}_{RET}\sum_{T}<\boldsymbol{S}_{T}>-\sum_{RE}\boldsymbol{S}_{RE}\cdot\boldsymbol{J}_{RERE}\sum_{RE'}<\boldsymbol{S}_{RE'}> \tag{2-6b}$$

上式中 T（T′）和 RE（RE′）的求和是分别针对晶格中的 T 和 RE 离子。

为了简化多体问题，我们将 RE－T 系统分为两套次晶格，即 T 次晶格和 RE 次晶格。这种方法称为双次晶格模型，在下面 2.2.1.5 节中讨论磁晶各向异性时，我们也将采用该模型进行处理。在实际处理问题时，用原子磁矩代替自旋磁矩更为方便。

在此基础上，我们就可以采用交换场（分子场）模型来处理 RE－T 系统的交换相互作用，有哈密顿方程：

$$H_{ex}=-\sum_{T}\boldsymbol{\mu}_{T}\cdot\boldsymbol{B}_{TT}^{ex}-\sum_{RE}\boldsymbol{\mu}_{RE}\cdot\boldsymbol{B}_{RET}^{ex}-\sum_{RE}\boldsymbol{\mu}_{RE}\cdot\boldsymbol{B}_{RERE}^{ex} \tag{2-6c}$$

其中，求和是对单位体积中所有 T 原子和 RE 原子进行的。在上式中，交换场可表达为：

$$\boldsymbol{B}_{TT}^{ex}=n_{TT}\boldsymbol{M}_{T}=n_{TT}\sum_{T'}\boldsymbol{\mu}_{T'} \tag{2-7a}$$

$$\boldsymbol{B}_{RET}^{ex}=-\gamma n_{RET}\boldsymbol{M}_{T}=-n_{RET}\sum_{T'}\boldsymbol{\mu}_{T'} \tag{2-7b}$$

$$\boldsymbol{B}_{RERE}^{ex}=-\gamma^{2}n_{RERE}\boldsymbol{M}_{RE}=-n_{RERE}\sum_{RE'}\boldsymbol{\mu}_{RE'} \tag{2-7c}$$

其中，$\boldsymbol{M}_{T}=N_{T}<\boldsymbol{\mu}_{T}>=-2N_{T}\mu_{B}<\boldsymbol{S}_{T}>$（过渡金属只有自旋贡献）和 $\boldsymbol{M}_{RE}=N_{RE}<\boldsymbol{\mu}_{RE}>=-g_{J}N_{RE}\mu_{B}<J>$［参见式（2-5）］分别为 T 次晶格和 RE 次晶格单位体积的平均磁矩，N_{T} 和 N_{RE} 分别表示单位体积中过渡金属和稀土原子的个数。在式（2-7）中，n_{TT}、n_{RET} 或 n_{TRE}（$n_{RET}=n_{TRE}$）和 n_{RERE} 被称为交换场系数，它们同交换积分的关系为 $n_{TT}=J_{TT}/4\mu_{B}^{2}$，$n_{RET}=-J_{RET}/4\mu_{B}^{2}$，$n_{RERE}=-J_{RERE}/4\mu_{B}^{2}$。在一般情况下，$J_{TT}>0$，$J_{TRE}<0$，$J_{RERE}<0$ [25,33]。为了使得 n_{TT}、n_{TRE} 和 n_{RERE} 均为正值，所以在 n_{RET} 同 J_{RET} 以及 n_{RERE} 同 J_{RERE} 两个关系式中出现了负号。其中 $\gamma=2(g_{J}-1)/g_{J}$，它是将稀土离子的自旋变换成总磁矩时出现的，稀土离子的自旋磁矩和总磁矩在某一方向上投影的关系式为：$\mu_{RE}^{S}=-2\mu_{B}S_{RE}=-2(g_{J}-1)\mu_{B}J=[2(g_{J}-1)/g_{J}]\mu_{J}=\gamma\mu_{J}$。稀土离子的自旋和总角动量通过 $\gamma=2(g_{J}-1)/g_{J}$ 相联系（具体数值可将表 2-2 中的 g_{J} 代入获得），对于稀土离子基态 J 多重态，RE－T 相互作用图像完全由 $\gamma n_{RET}\boldsymbol{\mu}_{RE}\cdot\boldsymbol{M}_{T}$ 决定：对于轻稀土，$\gamma<0$，$\boldsymbol{\mu}_{RE}$ 与 $\boldsymbol{\mu}_{T}$ 平行；对于重稀土，$\gamma>0$，$\boldsymbol{\mu}_{RE}$ 与 $\boldsymbol{\mu}_{T}$ 反平行。并且，由于 γ 的大小与 J 相关联，所以交换场造成的不同的 J 多重态的能级劈裂也不相同。

如果对 T 次晶格感兴趣，在式（2-7b）中的第二项（RE－T 相互作用项）也可写为 $-\sum_{T}\boldsymbol{\mu}_{T}\cdot\boldsymbol{B}_{TRE}^{ex}$ 和 $\boldsymbol{B}_{TRE}^{ex}=-\gamma n_{TRE}\boldsymbol{M}_{RE}$（$n_{RET}=n_{TRE}$）。综上所述，分别作用在 T 次晶格和 RE 次晶格的分子场可写为

$$\boldsymbol{B}_{T}^{mol}=\boldsymbol{B}_{TT}^{ex}+\boldsymbol{B}_{TRE}^{ex}=n_{TT}\boldsymbol{M}_{T}-\gamma n_{TRE}\boldsymbol{M}_{RE} \tag{2-8a}$$

$$\boldsymbol{B}_{RE}^{mol}=\boldsymbol{B}_{RET}^{ex}+\boldsymbol{B}_{RERE}^{ex}=-\gamma n_{RET}\boldsymbol{M}_{T}-\gamma^{2}n_{RERE}\boldsymbol{M}_{RE} \tag{2-8b}$$

上述的交换场系数 n_{TT}、n_{TRE} 和 n_{RERE} 可以用居里温度（T_{c}）和相关参数表达[33]。根据居里定律，结合分子场模型，我们可以得到

$$T_c = (1/2)\{T_T + T_{RE} + [(T_T - T_{RE})^2 + 4T_{RET}^2]^{1/2}\} \tag{2-9a}$$

式中，T_T、T_{RET}和T_{RE}分别代表了 T－T、T－RE 和 RE－RE 交换作用的贡献。它们由下式给出：

$$\begin{aligned} T_T &= n_{TT}C_T \\ T_{RET} &= n_{RET}|\gamma_{RE}|(C_{RE}C_T)^{1/2} \\ T_{RE} &= \gamma_{RE}^2 n_{RERE} C_{RE} \end{aligned} \tag{2-9b}$$

式中 C_T——T 次晶格的有效居里常数，$C_T = [4N_T S_T(S_T+1)\mu_B^2]/3k_B$；

C_{RE}——RE 次晶格的居里常数，$C_{RE} = [N_{RE}g_{RE}^2 J(J+1)\mu_B^2]/3k_B$；

N_T——单位体积的 T 原子数；

N_{RE}——单位体积的 RE 原子数。

对于给定的 RE－T 化合物，n_{TT}和 n_{RERE}可以分别由同晶体结构非磁性稀土化合物（如 Y－T、La－T 和 Lu－T）和非磁性的或弱磁性的过渡金属化合物（如 RE－Cu、RE－Mn、RE－Ni等）的居里温度 T_T和 T_{RE}获得。利用上面的关系式，我们得到

$$n_{RET} = \sqrt{\frac{(T_c - T_T)(T_c - T_{RE})}{\gamma^2 C_{RE} C_T}} \tag{2-10}$$

由此关系式，我们可以得知 RE－T 交换作用的强度。

2.2.1.5 磁晶各向异性

对于永磁体应用来说，磁晶各向异性场是一个很重要的参数。它起源于自旋轨道耦合和在具有非球对称性电场（即晶场）环境下轨道电子的库仑相互作用。海森堡交换耦合，虽然可以成功解释铁磁体的许多性质，但对于解释磁晶各向异性没有一点帮助，因为交换耦合只依赖相邻自旋的相对取向，而与它们同晶轴的取向无关。Bloch 和 Gentile 在 1931 年首先提出了自旋－轨道耦合与轨道－晶体的静电耦合相关联，提供了磁晶各向异性起源的解释[34]。唯象而言，磁晶各向异性能 E_a可以表示成各向异性常数 K_i和磁化强度矢量同晶轴的角度的三角函数的幂级数[35,36]。对于单轴体系（不考虑垂直于单轴的平面内的各向异性）

$$\begin{aligned} E_a &= \sum_i K_i \sin^{2i}\theta \\ &= K_1\sin^2\theta + K_2\sin^4\theta + K_3\sin^6\theta + \cdots \end{aligned} \tag{2-11}$$

式中 θ——磁化强度矢量同 c 轴的夹角，(°)；

K_i——磁晶各向异性常数。

当 E_a在 $\theta = 0°$为极小值时，表示磁化强度矢量沿 c 轴，此时我们称 c 轴为易磁化轴（简称易轴）；当 E_a在 $\theta = 90°$为极小值时，表示磁化强度矢量位于 c 平面内的某个晶轴方向，此时我们称 c 平面为易磁化面（简称易面），而 c 轴此时则变为难磁化轴（简称难轴）。当 E_a在 $0° < \theta < 90°$为极小值时，则磁化强度矢量位于以 c 轴为中心轴的圆锥面内的某个方向，此时我们称该锥面为易磁化锥面（简称易锥面）。

在 RE－T 系统中，通常我们只考虑 K_1、K_2和 K_3。对于 T 次晶格，一般只考虑 K_1^T的贡献（高于 $2i>4$ 级的对称性不影响 $3d$ 电子的轨道状态）；而对于 RE 次晶格，只考虑 K_1^{RE}、K_2^{RE}和 K_3^{RE}的贡献（高于 $2i>6$ 级的对称性不影响 $4f$ 电子的轨道状态）。此时，上面提到的磁化强

度矢量的方向存在如下三种情况：

$\theta=0°$，易磁化方向沿 c 轴，如果 $K_1+K_2+K_3>0$，$K_1>0$； (2-12a)

$\theta=90°$，易磁化方向垂直于 c 轴，如果 $K_1+K_2+K_3<0$，且 $K_1+2K_2+3K_3<0$ (2-12b)

或其他情况时：

$$\sin^2\theta=[-K_2\pm(K_2^2-3K_1K_3)^{1/2}]/3K_3\text{，或}\sin^2\theta=-K_1/2K_2(K_3=0) \tag{2-12c}$$

在外加磁场 H 的作用下，系统的自由能为

$$F=E_a-\mu_0\boldsymbol{H}\cdot\boldsymbol{M}_s \tag{2-13}$$

对于 c 轴为易磁化轴系统，在外加磁场 H 垂直于 c 轴时，$F=E_a-\mu_0HM_s\sin\theta$，当 $H=H_a$ 时，M_s 转到 H 方向（$\theta=90°$），如下关系式成立：

$$H_a=\frac{2(K_1+2K_2+3K_3)}{\mu_0M_s} \tag{2-14a}$$

对于 c 平面为易磁化面系统，外加磁场 H 沿 c 轴时，$F=E_a-\mu_0HM_s\cos\theta$，当 $H=H_a$ 时，M_s 沿 H 方向（$\theta=0$），如下关系式成立（$\mathrm{d}F/\mathrm{d}\theta=0$）：

$$H_a=\frac{2K_1}{\mu_0M_s} \tag{2-14b}$$

在这里，我们称 H_a 为该系统的磁晶各向异性场。它可以通过单晶或取向的多晶样品在不同方向的磁化曲线推导出。

有时为了方便讨论问题，我们还采用磁晶各向异性等效场来反映磁晶各向异性能。对于单轴磁晶各向异性，沿易磁化方向的等效场 H_K，与上面推导类似，可得：

$$H_K=\frac{2K_1}{\mu_0M_s} \tag{2-15}$$

在 RE-T 系统中，我们通常采用双晶格模型来处理磁晶各向异性，即 RE-T 系统总的磁晶各向异性可化为 RE 次晶格的磁晶各向异性和 T 次晶格的磁晶各向异性的叠加（更详细的讨论，参见文献[36,37]）。

A 过渡金属次晶格的磁晶各向异性

由于很强的晶场相互作用，$3d$ 电子几乎没有轨道磁矩。通常过渡金属的磁晶各向异性场较小，但是自旋轨道耦合 $\lambda L\cdot S$ 微扰有时也能产生出足够强的各向异性，如 YCo_5 室温下磁晶各向异性场 $H_a=10.3\,\mathrm{MA/m}$ (130 kOe)（$K_1=5.5\,\mathrm{MJ^3/m^3}$）[20]，此时磁晶各向异性场完全来自 Co 次晶格。在 RE-T 系统中，通常我们选择非磁性的 RE 元素（如 Y、Lu）来获得 T 次晶格的磁性，除磁晶各向异性外，还可获得 T 次晶格的交换作用（由 T_c 反映）和饱和磁化强度。

在 RE-T 的单轴体系中，T 次晶格的磁晶各向异性能通常表示为

$$E_a^T=K_1^T\sin^2\theta \tag{2-16}$$

与前面的推导类似，我们有磁晶各向异性场

$$H_a^T=\frac{2K_1^T}{\mu_0M_s^T} \tag{2-17}$$

式中 K_1^T——T 次晶格的磁晶各向异性常数；

M_s^T——T 次晶格的饱和磁化强度，T。

一般情况下，K_1^T 足以描述 T 次晶格的磁晶各向异性行为。

B 稀土次晶格的磁晶各向异性

图2-5是稀土离子的4f电子云图[19,38]。可以看出,这些电子云可以按旋转对称轴(z轴)和x-y平面上的分布密度不同分为三类,第一类扁鼓型(Ce,Pr,Nd,Tb,Dy,Ho),第二类长椭球型(Pm,Sm,Er,Tm,Yb),还有第三类球型(Gd,Lu)。

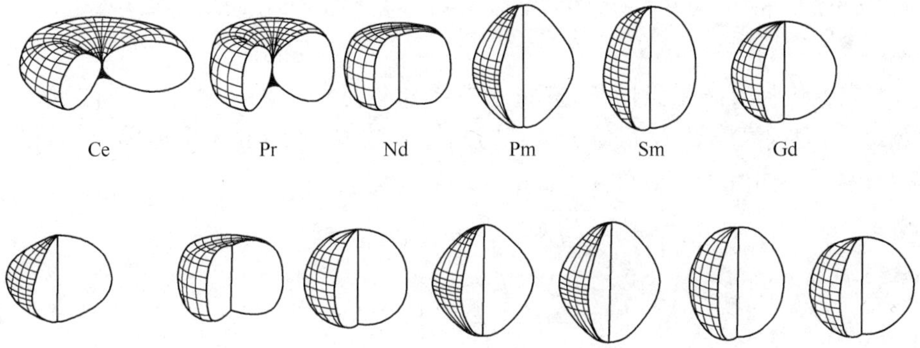

图2-5 稀土离子的4f电子云图

由于第一类和第二类4f电子的非球形轨道与非球对称晶格的电场(晶场)之间的相互作用有很强的各向异性,导致稀土离子磁矩也表现出很强的各向异性,并通过4f-3d耦合影响过渡金属离子的磁矩,所以稀土离子对RE-T金属间化合物的磁晶各向异性的贡献很大。

对于RE-T金属间化合物,稀土离子的晶场哈密顿量可表达如下(仅对基态J,混合态的情况参见文献[39]):

点对称4/mmm(如$Nd_2Fe_{14}B$)

$$H_{cf} = B_2^0O_2^0 + B_4^0O_4^0 + B_4^4O_4^4 + B_6^0O_6^0 + B_6^4O_6^4 \tag{2-18a}$$

点对称6/mmm或$\bar{6}$m2(如$CaCu_5$和Th_2Ni_{17})

$$H_{cf} = B_2^0O_2^0 + B_4^0O_4^0 + B_6^0O_6^0 + B_6^6O_6^6 \tag{2-18b}$$

点对称3m(如Th_2Zn_{17})

$$H_{cf} = B_2^0O_2^0 + B_4^0O_4^0 + B_4^3O_4^3 + B_6^0O_6^0 + B_6^3O_6^3 + B_6^6O_6^6 \tag{2-18c}$$

式中 B_n^m——晶场参数,$B_n^m = \theta_n < r^n > A_n^m$;

θ_n——Stevens系数(通常表达为$\theta_2 = \alpha_J, \theta_4 = \beta_J$和$\theta_6 = \gamma_J$),不同$RE^{3+}$离子的$\theta_n$值和$O_n^m$可以在参考文献[40~42]中找到;

A_n^m——晶场系数,仅与晶体结构相关;

$< r^n >$——4f壳层的径向平均值,不同RE^{3+}离子的$< r^n >$值可以在文献[43]中找到;

O_n^m——Stevens等效算子[40]。

相应的稀土次晶格的磁晶各向异性能表达如下(这里考虑了垂直于单轴的平面内的各向异性):

点对称4/mmm(如$Nd_2Fe_{14}B$)

$$E_a^{RE}=K_1^{RE}\sin^2\theta+(K_2^{RE}+K'^{RE}_2\cos4\varphi)\sin^4\theta+(K_3^{RE}+K'^{RE}_3\cos4\varphi)\sin^6\theta \tag{2-19a}$$

点对称 6/mmm 或 $\bar{6}$m2(如 Th_2Ni_{17})

$$E_a^{RE}=K_1^{RE}\sin^2\theta+K_2^{RE}\sin^4\theta+(K_3^{RE}+K'^{RE}_3\cos6\varphi)\sin^6\theta \tag{2-19b}$$

点对称 3 m(如 Th_2Zn_{17})

$$E_a^{RE}=K_1^{RE}\sin^2\theta+K_2^{RE}\sin^4\theta+(K_3^{RE}+K'^{RE}_3\cos6\varphi)\sin^6\theta+K'^{RE}_2\sin^3\theta\cos\varphi\cos3\varphi+K''^{RE}_3\sin^5\theta\cos\varphi\cos3\varphi \tag{2-19c}$$

其中,φ 和 θ 为磁化强度矢量极性角,参照系中 $\boldsymbol{x}$ 轴平行于[100]和 z 轴平行于[001]。唯象宏观的磁晶各向异性常数 K_i 和量子微观的晶场参数 B_n^m 之间的关系可以由晶场项的旋转对称操作获得[42]。如对于点对称 4/mmm($Nd_2Fe_{14}B$)有:

$$K_1^{RE}=-\left[\frac{3}{2}B_2^0<O_2^0>+5B_4^0<O_4^0>+\frac{21}{2}B_6^0<O_6^0>\right] \tag{2-20a}$$

$$K_2^{RE}=\frac{7}{8}[5B_4^0<O_4^0>+27B_6^0<O_6^0>] \tag{2-20b}$$

$$K'^{RE}_2=\frac{1}{8}[B_4^4<O_4^0>+5B_6^4<O_6^0>] \tag{2-20c}$$

$$K_3^{RE}=-\frac{231}{16}B_6^0<O_6^0> \tag{2-20d}$$

$$K'^{RE}_3=-\frac{11}{16}B_6^4<O_6^0> \tag{2-20e}$$

对于点对称 6/mmm 或 $\bar{6}$m2 的情况,上面关系式中 $K'^{RE}_2=0$(无四方对称),而 $K'^{RE}_3=(B_6^6<O_6^0>)/16$;对于点对称 3m 的情况,上面关系式中 $K'^{RE}_2=0$(无四方对称),而 $K'^{RE}_2=B_4^3<O_4^0>/8+B_6^3<O_6^0>/2$,$K'^{RE}_3=B_6^6<O_6^0>/16$,$K''^{RE}_3=(-11/16)B_6^3<O_6^0>$。在上面的关系式中,$<O_n^m>$ 为 Stevens 等效算子矩阵元的热平均值。

磁晶各向异性常数 K_i 决定了稀土次晶格的易磁化方向,而 K_i 又取决于 $B_n^m=\theta_n<r^n>A_n^m$,其中晶场系数 A_n^m 反映晶场对 RE^{3+} 离子的作用,只与晶体结构有关;$\theta_n<r^n>$ 则与 RE^{3+} 离子的 4f 电子云分布相关联。

对于稀土过渡族金属间化合物 RE－T 系统,在 0 K～T_c 的磁有序温度区间,磁晶各向异性可分为 4 个阶段(见图 2-6)[19]。T 次晶格的磁晶各向异性贯穿整个温度区间,随着温度增高而逐步衰减。而 RE 次晶格的磁晶各向异性情况则很不一样,随着温度增高而衰减很快。在低温段,$<O_2^0>$、$<O_4^0>$ 和 $<O_6^0>$ 三项均有贡献;在中低温段,$<O_2^0>$ 和 $<O_4^0>$ 两项有贡献;在中高温段,仅 $<O_2^0>$ 项有贡献;到高温段,RE 次晶格的磁晶各向异性消失。在低温段,$<O_n^0>$ 随温度变化有如下近似关系[44]:

$$\frac{<O_n^0(T)>}{<O_n^0(0)>}=\left[\frac{M^{RE}(T)}{M^{RE}(0)}\right]^{\alpha} \tag{2-21}$$

其中,$\alpha=n(n+1)/2$。

对于居里温度较高的稀土永磁材料而言,在室温下,稀土次晶格的各向异性通常主要由 2 级项起作用。此时,不同类型晶体结构的稀土晶格有共同的 K_1(RE)表达形式[45]:

$$K_1^{RE}=-\frac{3}{2}\alpha_J<r^2>N_{RE}A_2^0<O_2^0>(1-\sigma_2) \tag{2-22}$$

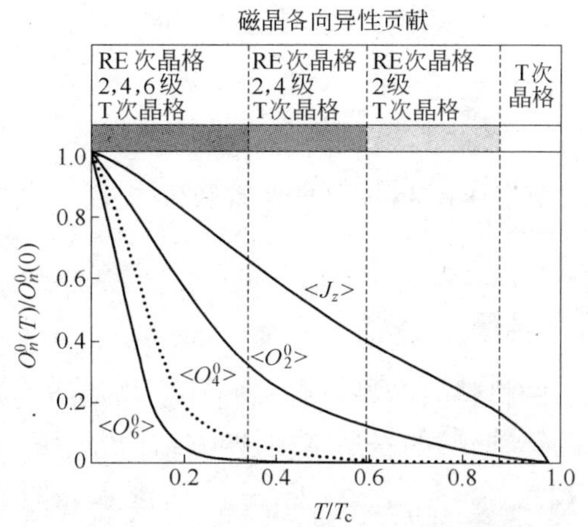

图 2-6 稀土过渡族金属间化合物 RE-T 系统磁晶各向异性随温度的变化示意图

（图中 $<O_n^0>$ 曲线是 Er(Fe_{11}Ti)的计算结果）

其中，$N_{RE}(1-\sigma_2)$是稀土价电子对 4f 电子造成的屏蔽常数。由此可看到，在决定材料是否具有单轴各向异性中，稀土的二级 Stevens 系数 α_J 和稀土晶位的二级晶场系数 A_2^0 扮演着重要角色，仅当该两系数的符号相反时才能满足单轴各向异性所要求的 $K_1>0$。于是，对第一类扁鼓型(Ce, Pr, Nd, Tb, Dy, Ho)所有的 RE^{3+} 离子，因 $\alpha_J<0$，人们可推断，仅当该类稀土晶位的二级晶场系数 $A_2^0>0$ 时，材料才可能成为单轴材料；而对第二类长椭球型(Pm, Sm, Er, Tm, Yb)所有的 RE^{3+} 离子，因 $\alpha_J>0$，仅当该类稀土晶位的二级晶场系数 $A_2^0<0$ 时，材料才可能成为单轴材料。显然，在同一种稀土过渡族金属间化合物中，由于稀土晶位的二级晶场系数相同，并且第一类与第二类稀土的二级 Stevens 系数的符号相反，所以第一类稀土与第二类稀土次晶格的磁晶各向异性行为正好相反。表 2-3 给出了一些稀土过渡族金属间化合物的结构、稀土的二级 Stevens 系数 α_J、稀土晶位的二级晶场系数 A_2^0 以及稀土次晶格(4f)和过渡金属次晶格(3d)的易磁化方向(EMD)。A_2^0 的两个数值对应两个不同的稀土晶位。表 2-3 中列出的文献为相应于 A_2^0 的参考文献。

表 2-3 一些稀土过渡族金属间化合物的结构、稀土的二级 Stevens 系数 α_J、稀土晶位的二级晶场系数 A_2^0、稀土次晶格(4f)和过渡金属次晶格(3d)的易磁化方向(EMD)

化合物	结构	$\alpha_J/10^{-4}$	A_2^0/Ka_0^{-2}	EMD		参考文献
				4f	3d	
$SmCo_5$	$CaCu_5$	+412.7	-200	//c	//c	[18]
Sm_2Co_{17}	Th_2Ni_{17}	+412.7	-108	//c	⊥c	[18]
$Nd_2Fe_{14}B$	$Nd_2Fe_{14}B$	-64.3	+304, +308	//c	//c	[50]
$SmFe_{11}Ti_1$	$ThMn_{12}$	+412.7	-143	//c	//c	[18]
$Sm_2Fe_{17}N_3$	Th_2Zn_{17}	+412.7	-160	//c	⊥c	[46]
$NdFe_{11}TiN_{0.5}$	$ThMn_{12}$	-64.3	+170	//c	//c	[47]
$Sm_3(Fe,Ti)_{29}N_3$	$Nd_3(Fe,Ti)_{29}$	+412.7	-472, +4	//c	⊥c	[48]

注：A_2^0 的两个数值对应两个不同的稀土晶位。表中列出的文献为相应于 A_2^0 的参考文献。

稀土过渡族金属间化合物 RE－T 系统的易磁化方向，最终由下面的总磁晶各向异性能中的晶场项决定：

$$E_a^{tot} = E_a^T + E_a^{RE} = [K_1^T + K_1^{RE}]\sin^2\theta + \sum_{i=2,3} K_i^{RE}\sin^{2i}\theta \tag{2-23}$$

可见在 RE－T 系统中，第二级磁晶各向异性常数 $K_1 = K_1^T + K_1^{RE}$，而其他 K_i（$i = 2, 3$）均为稀土次晶格的贡献。

2.2.2 稀土永磁材料的晶体结构

具有很强磁晶各向异性的材料只能是具有某些特定晶体结构的化合物，这些晶体结构往往含有一个对称性独特的单轴，譬如六角结构、四方结构等中的 c 轴。

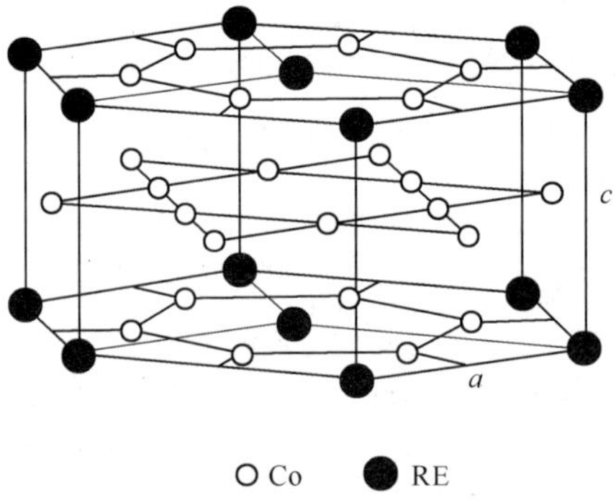

图 2-7 $CaCu_5$ 晶体结构图

第一代稀土永磁材料 $SmCo_5$ 的晶体结构是 $CaCu_5$ 型，它的晶体结构（含 3 个单胞，$a \sim 0.50$ nm，$c \sim 0.40$ nm）如图 2-7 所示。空间群为 P6/mmm，6 度对称的 c 轴为一独特轴。每一个单胞为一个分子式，含一个 RE 原子和 5 个 Co 原子。稀土原子占据具有六角点对称 6/mmm 的特殊晶位 1a，过渡金属 Co 原子占据两个晶位 2c（与稀土原子同一平面）和 3g（处在两稀土原子平面的中间平面上）。

第二代稀土永磁材料 Sm_2Co_{17}，其家族 RE_2Co_{17} 有两种晶体结构，一种 Th_2Zn_{17} 型（$a \sim 0.84$ nm 和 $c \sim 1.22$ nm），另一种是 Th_2Ni_{17} 型（$a \sim 0.84$ nm 和 $c \sim 0.82$ nm）（如图 2-8 所示）。这两种结构均是从 $CaCu_5$ 结构演变而来的，其关系如下（RE 代表稀土）：

$$3(RECo_5) - RE + 2Co \longrightarrow RE_2Co_{17} \tag{2-24}$$

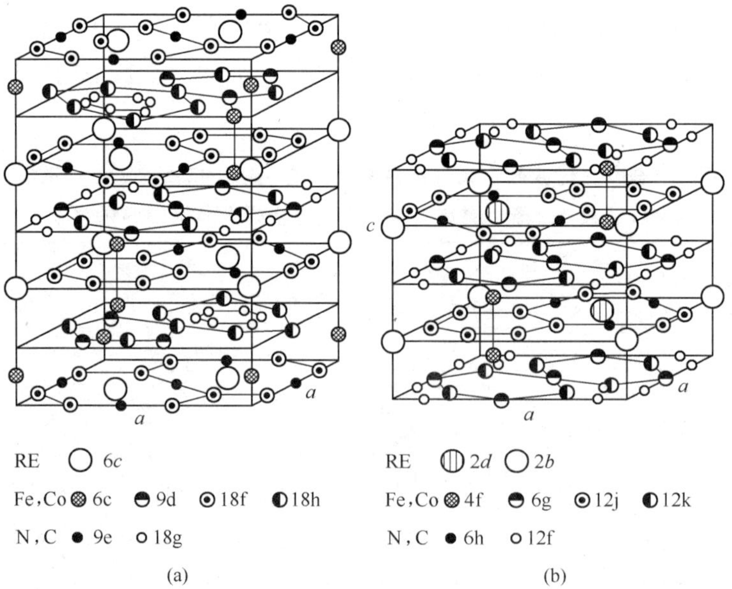

图 2-8 Th_2Zn_{17}（3 个分子式）和 Th_2Ni_{17}（2 个分子式）晶体结构图

（a）Th_2Zn_{17}（3 个分子式）晶体结构图；（b）Th_2Ni_{17}（2 个分子式）晶体结构图

如果我们取 $RECo_5$ 化合物的三个分子，并将其中的一个稀土原子用一个沿 c 轴的 Co 原子对（称为哑铃对）代替，就得到了 RE_2Co_{17} 的结构。在 Th_2Zn_{17} 结构中，稀土原子 RE 被 Co 原子对取代是按 ABC 层序；而在 Th_2Ni_{17} 结构中则是按 AB 层序。Th_2Zn_{17} 结构为菱方晶系，空间群为 $R\bar{3}m$。每一个单胞为 3 个分子式，含 6 个 RE 原子和 51 个 Co 原子。稀土原子占据具有六角点对称 3m 的 6c 晶位，过渡金属 Co 原子占据四个晶位 6c，9d，18f 和 18h。Th_2Ni_{17} 结构为六方晶系，空间群为 $P6_3/mmc$。每一个单胞为 2 个分子式，含 4 个 RE 原子和 34 个 Co 原子。稀土原子占据具有六角点对称 $\bar{6}m2$ 的 2b 和 2d 晶位，过渡金属 Co 原子占据四个晶位 6g，12j，12k 和 4f。

同 RE_2Co_{17} 一样，RE_2Fe_{17} 也具有 Th_2Zn_{17} 型和 Th_2Ni_{17} 型两种结构。由于 Fe 与 Co 在 RE－T化合物中相反的电荷特性，RE_2Fe_{17} 为平面各向异性，不能成为永磁材料。但当引入间隙原子 N 后，发现 $Sm_2Fe_{17}N_y$ 具有很强的单轴各向异性，成为潜在的永磁材料[49]。图 2-8 中也给出了间隙原子的位置。

前两代稀土永磁材料为二元金属间化合物，而第三代稀土永磁材料 $Nd_2Fe_{14}B$ 为三元金属间化合物。它的晶体结构为 $Nd_2Fe_{14}B$(a～0.88 nm 和 c～1.22 nm)，如图 2-9 所示[19]，它的对称性与 1－5 和 2-17 结构不同，为四方对称，四度对称的 c 轴为一特殊对称轴。$Nd_2Fe_{14}B$ 结构为四方晶系，空间群为 $P4_2/mnm$。每一个单胞为 4 个分子式，含 8 个 RE 原子，56 个 Fe 原子和 4 个 B 原子。稀土原子占据具有点对称 mm 的 4f 和 4g 晶位，过渡金属 Fe 原子占据 6 个晶位，分别是 $16k_1$，$16k_2$，$8j_1$，$8j_2$，4e 和 4c，B 原子占据 4g 晶位。

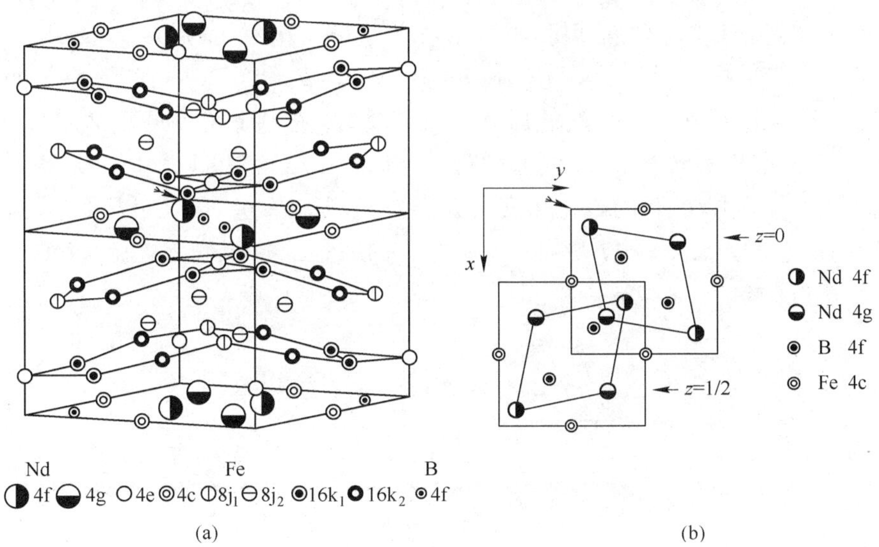

图 2-9 $Nd_2Fe_{14}B$ 晶体结构图

(a) 晶体结构图；(b) $z=0$ 和 $z=1/2$ 平面沿 001 方向上的投影

在以上讨论这些具有特殊晶轴的晶体结构中，可以期望得到很强的磁晶各向异性。确实，在这些结构中的 c 轴是磁性独特的，在有些情况下 c 轴是易磁化方向（永磁材料的必要条件），而有些情况下 c 轴为难磁化方向。这些晶体结构的参数总结在表 2-4 中。

表 2-4 $CaCu_5$、Th_2Ni_{17}、Th_2Zn_{17}和 $Nd_2Fe_{14}B$ 晶体结构的参数

晶体结构	对称性	空间群	Z	a/nm	c/nm	RE 晶位	T 晶位
$CaCu_5$	六角	$P6/mmm$	1	0.50	0.40	1a	2c,3g
Th_2Ni_{17}	六角	$P6_3/mmc$	2	0.84	0.82	2b,2d	4f,6g,12j,12k
Th_2Zn_{17}	菱方	$R\bar{3}m$	3	0.84	1.22	$6c_2$	$6c_1$,9d,18f,18h
$Nd_2Fe_{14}B$	四方	$P4_2/mnm$	4	0.88	1.22	4f,4g	4c,4e,$8j_1$,$8j_2$,$16k_1$,$16k_2$

注:Z 表示每个晶胞中的单胞数;a 和 c 表示每个晶胞中尺寸。

2.2.3 稀土永磁材料的内禀磁性

稀土永磁材料的内禀磁性是指它们相应的稀土过渡族金属间化合物主相的内禀磁性,在本节中我们仅给出和讨论已广泛应用的第一、第二和第三代稀土永磁材料(即 1-5, 2-17 和 2-14-1 金属间化合物)的内禀磁性(参见文献[19,20,22,27])。

2.2.3.1 饱和磁化强度

在稀土过渡族金属间化合物中,只有那些富 3d 金属 Co 或 Fe,并且含轻稀土元素 Ce, Pr, Nd 和 Sm,还有像非磁性的 La 和 Y 的化合物才具有足够高的饱和磁化强度值,能满足高性能永磁体的需要。图 2-10 给出了 1-5, 2-17 和 2-14-1 金属间化合物系列在 4.2 K 时的饱和磁化强度值。由于轻稀土与 Fe 和 Co 的铁磁性耦合(磁矩平行排列),从而轻稀土化合物具有高的饱和磁化强度值;重稀土的耦合因是反平行的,使得饱和磁化强度值降低,特别是对于从 Gd 到 Ho 这些大磁矩的重稀土化合物。以 $RE_2Fe_{14}B$ 为例,Fe 次晶格的磁矩可以从 $La_2Fe_{14}B$($M_s = 31.0\mu_B$/f. u.)和 $Lu_2Fe_{14}B$($M_s = 28.2\mu_B$/f. u.)(f. u. 表示分子或单胞)导出,Fe 次晶格的平均磁矩为 29.6[(31.0 + 28.2)/2]μ_B/f. u. ,即有 Fe 原子的平均磁矩 $\mu_{Fe} = 29.6\mu_B/14 = 2.11\mu_B$,与纯铁的原子磁矩 2.22$\mu_B$ 很接近(参见表 2-1)。如果假设 $RE_2Fe_{14}B$ 中 Fe 次晶格的磁矩从 La 到 Lu 线性下降,可以获得 $Nd_2Fe_{14}B$ 中 Fe 次晶格的磁矩为 30.4μ_B/f. u. ;而 $Nd_2Fe_{14}B$ 的磁化强度实验值为 37.7μ_B/f. u. ,故又可从 Nd 次晶格的磁矩中导出 Nd 的原子磁矩 $\mu_{Nd} = (37.7 - 30.4)/2\mu_B = 3.65\mu_B$,这也同 Nd^{3+} 的磁矩实验值 3.45 ~3.62μ_B 很接近(参见表 2-2)。

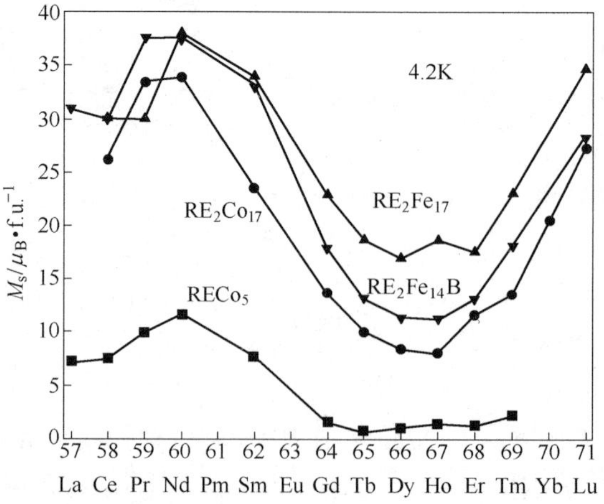

图 2-10 稀土过渡族金属间化合物在 4.2 K 下的饱和磁化强度

图2-11 给出了 $RE_2Fe_{14}B$ 中 Fe、Pr 和 Gd 次晶格的磁化强度随温度的变化[19]。Pr 次晶格的磁化强度与 Fe 次晶格的磁化强度方向相同，而 Gd 次晶格的磁化强度与 Fe 次晶格的磁化强度方向相反。

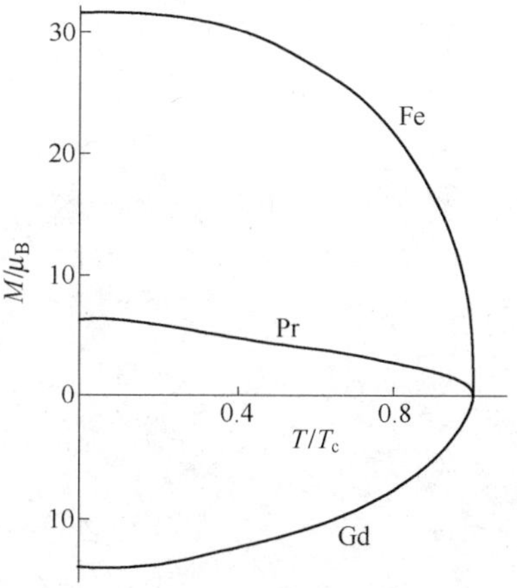

图2-11　$RE_2Fe_{14}B$ 中 Fe、Pr 和 Gd 次晶格的磁化强度随温度的变化

图2-12 给出了 1-5，2-17 和 2-14-1 金属间化合物系列在室温下的饱和磁化强度值。从图中可以看出，$Nd_2Fe_{14}B$ 的饱和磁化强度最高，这表明它的磁能积的理论值最大，因为最大磁能积的理论值上限为 $(BH)_{max}=\mu_0M_s^2/4$。$SmCo_5$ 的饱和磁化强度 $\mu_0M_s=1.05$ T，最大磁能积 $(BH)_{max}\leqslant219$ kJ/m³（27.5MGOe）；Sm_2Co_{17} 的饱和磁化强度 $\mu_0M_s=1.25$ T，最大磁能积 $(BH)_{max}\leqslant311$ kJ/m³（39.1MGOe）；$Nd_2Fe_{14}B$ 的饱和磁化强度 $\mu_0M_s=1.61$ T，最大磁能积 $(BH)_{max}\leqslant516$ kJ/m³（64.8MGOe）（参见表2-5）。

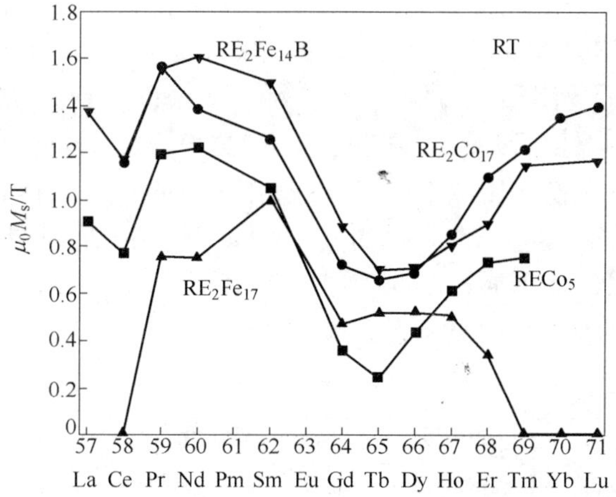

图2-12　稀土过渡族金属间化合物的室温饱和磁化强度

2.2.3.2　居里温度

由于温度稳定性的需要，希望永磁合金具有足够高的居里温度，且越高越好。图2-13 总结了与图2-10 或图2-12 中相同稀土过渡族金属间化合物家族的居里温度（或称居里点）。很明显，具有居里温度 $T_c=800\sim950$℃的 RE_2Co_{17} 为最好。$RECo_5$ 的居里温度也相当不错（$CeCo_5$ 除外），然而 RE_2Fe_{17} 的居里点均小于 180℃，对实用性永磁体来说太低。不过当一些硼引入二元 RE-Fe 合金后所形成的三元 RE-Fe-B 化合物，其居里温度在相应的 RE_2Fe_{17} 上增加了 200～300℃，这使得其中的一些相（如 RE=Nd 和 Pr 的相）成为永磁材料开发的对象，这也正是以 $Nd_2Fe_{14}B$ 为基的 RE-Fe-B 合金成为第三代稀土永磁材料的重要原因，但由于它的居里温度（$T_c=315$℃）大大低于上两代稀土永磁，使得它的使用范围受到了一定的限制，如果将其中的部分 Fe 用 Co 代替，则居里温度可大幅度提高，从而满足更多的用途。

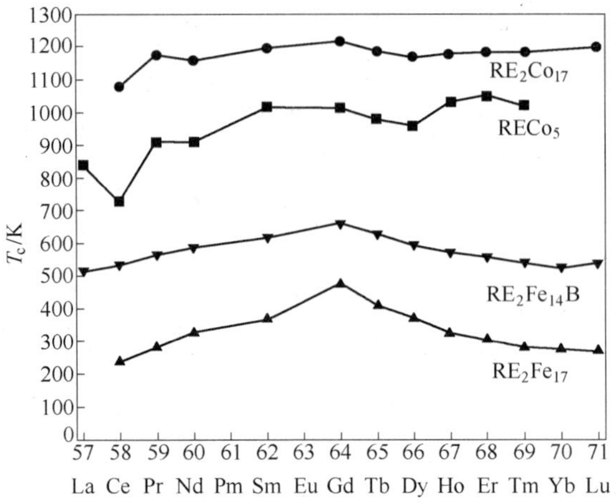

图 2-13 稀土过渡族金属间化合物的居里温度

RE_2Fe_{17}的居里点低，主要是由于该化合物中 Fe - Fe 的间距较短。引进间隙原子 N 使得晶格膨胀，$RE_2Fe_{17}N_3$ 相对 RE_2Fe_{17} 的体积膨胀率为 $\Delta V/V \approx 7\%$，居里温度增加了 381 ~ 437℃[19,26,49]。

对于 RE - T 化合物，T 次晶格对磁有序的贡献可以从 Y、La 和 Lu 的居里温度估计（参见 2.2.1.4 节）。表 2-5 列出了室温下 $SmCo_5$，Sm_2Co_{17}和 $Nd_2Fe_{14}B$ 相对应的 Y、La 或 Lu 的化合物居里温度[4,19,20,27]。可以看出，磁有序温度（居里温度）的贡献主要来自 Co 次晶格或 Fe 次晶格中的 Co - Co 交换作用或 Fe - Fe 交换作用，而 RE - T 和 RE - RE 交换作用的贡献较小。以 $Nd_2Fe_{14}B$[T_c(Nd) = 588K]为例，取 $La_2Fe_{14}B$ 的居里温度 T_c(La) = 516K 作为 Fe - Fe交换作用的贡献（Nd 更靠近 La），则占有份额 T_c(La)/T_c(Nd) = 88%，而 RE - Fe 和 RE - RE两者交换作用对居里温度的贡献只有 12%。

表 2-5 室温下 $SmCo_5$、Sm_2Co_{17}和 $Nd_2Fe_{14}B$ 的内禀磁性数据

化 合 物	晶体结构	T_c/℃	T_c/K	$\mu_0 M_s$/T	$\mu_0 H_a$/T	$\mu_0 M_s^2/4$/kJ · m^{-3}
YCo_5	$CaCu_5$	630	903	1.06	13.0	223
$LaCo_5$	$CaCu_5$	567	840	0.91	17.5	164
$SmCo_5$	$CaCu_5$	727	1000	1.14	25.0 ~ 44.0	259
Y_2Co_{17}	Th_2Ni_{17}	913	1186	1.27	1.5	—
Lu_2Co_{17}	Th_2Ni_{17}	923	1196	1.4	易面	—
Sm_2Co_{17}	Th_2Zn_{17}	920	1193	1.25	6.5	310
$Y_2Fe_{14}B$	$Nd_2Fe_{14}B$	298	571	1.38	2.3	378
$La_2Fe_{14}B$	$Nd_2Fe_{14}B$	243	516	1.38	2.0	378
$Lu_2Fe_{14}B$	$Nd_2Fe_{14}B$	266	539	1.17	2.6	272
$Nd_2Fe_{14}B$	$Nd_2Fe_{14}B$	315	588	1.61	7.6	516

2.2.3.3 磁晶各向异性场

磁晶各向异性场是稀土永磁化合物第三个重要的基本磁性参数。在易单轴的化合物中，具有强磁晶各向异性的永磁材料可以期望获得高的矫顽力。磁晶各向异性的强弱可以通过沿着不同晶轴测量其高场磁化曲线来表征。图 2-14 给出了 4 种高磁晶各向异性化合物所测到的成对的磁化曲线。这 4 种化合物（$SmCo_5$、Sm_2Co_{17}、部分 Co 被 Fe 替代的 $Sm_2(Co,Fe)_{17}$和 $Nd_2Fe_{14}B$）已经成为稀土永磁材料非常重要的"母体"。对每一种化合物，在很低场下磁化强度就在易磁化方向（c 轴）达到饱和，该 c 轴就是在无外磁场的情况下自发磁化强度所沿的方向。相反，在垂直 c 轴的平面里的任何方向（难磁化方向，或难轴），需要非常高的磁场才能使其到达饱和磁化。

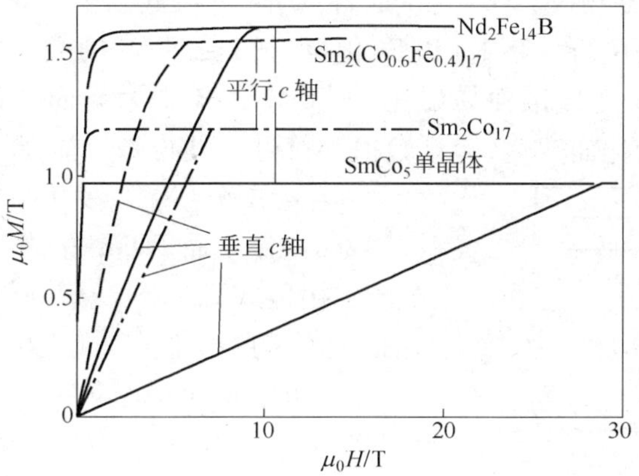

图 2-14 具有强磁晶各向异性的几种实用稀土永磁体
在室温下沿易向和难向的磁化曲线[20]

沿着晶体难磁化方向达到饱和磁化的磁场强度通常被称为磁晶各向异性场，用 H_a（或 $B_a = \mu_0 H_a$）表示。简单地讲，在稀土过渡族金属间化合物中，可以将晶格分为过渡金属次晶格和稀土次晶格。化合物总的磁晶各向异性是两个次晶格各自的磁晶各向异性之和。前面已经提到，由于 $3d$ 电子和 $4f$ 电子的不同特性，往往使得稀土次晶格对磁晶各向异性的贡献占主导地位。对于 Sm_2Co_{17}化合物，它是单轴各向异性的，磁晶各向异性场 H_a为 5.2 MA/m（65 kOe）（$\mu_0 H_a$为 6.5 T），但从 Y_2Co_{17}的易平面各向异性（$\mu_0 H_a$ = 1.5T）[4,19,20,27]可以断定 Co 次晶格是易面各向异性；在 $Nd_2Fe_{14}B$ 中，Fe 次晶格和 Nd 次晶格均为单轴各向异性，但后者对磁晶各向异性场的贡献是前者的 3 倍；而对于 $SmCo_5$化合物，稀土次晶格和 Co 次晶格均有很强的磁晶各向异性。表 2-5 给出了室温下 $SmCo_5$，Sm_2Co_{17}和 $Nd_2Fe_{14}B$ 的磁晶各向异性场数据，同时还给出了相对应非磁性稀土化合物的数据，以反映过渡金属次晶格的贡献。

在 2.2.1.5 节中，我们已经讨论过，对于稀土过渡族金属间化合物，过渡金属次晶格的磁晶各向异性在居里温度以下随温度升高的变化缓慢，而稀土次晶格的磁晶各向异性情况则很不一样，随着温度增高而迅速衰减，在低温阶段各级晶场项均有贡献，在中温阶段仅最低级（第二级）项起作用，高温阶段稀土次晶格对磁晶各向异性的贡献消失（图 2-6）。室温下，稀土次晶格各向异性主要是二级项起作用。在同一种晶体结构的稀土过渡族金属间化合物中，Ce，Pr，Nd，Tb，Dy，Ho 化合物（$\alpha_J < 0$）的稀土次晶格具有相同的易磁化方向，而 Pm，Sm，Er，Tm，Yb 化合物（$\alpha_J > 0$）的稀土次晶格也具有相同的易磁化方向，但第一类与第二类的稀土次晶格的各向异性行为正好相反。如果前者为单轴各向异性，则后者便为平面各向异性；反之，则相反。例如，在 1-5 或 2-17 稀土钴化合物中，只有 Sm 化合物能制备永磁体，而 Nd 化合物不能；在 2-14-1 结构稀土铁化合物中则正好相反，可以用 Pr 或 Nd 化合物制备永磁体，而不是 Sm 化合物。注意，第三类是球形（Gd，Lu）稀土离子，$4f$ 电子为半满壳层或满壳层，对磁晶各向异性没有贡献。

在不同温度范围，RE－T 化合物呈现出非常丰富的磁化行为，如自旋重取向（Spin Reorientation Transition）现象和一级磁化过程（First-Order Magnetization Process，即 FOMP）转变的反常磁化曲线[3,4,26,27,37,50]。图 2–15 给出了 $RE_2Fe_{14}B$ 磁性相图，它反映了磁晶各向异性随温度的变化：Fe 次晶格（RE 为 La，Gd，Lu）始终呈现单轴各向异性；在室温下（300 K 左右），Sm，Er，Tm 化合物（$\alpha_J>0$）为平面各向异性；在低温下，Yb 化合物为平面各向异性（$T\leqslant115$ K），Nd 化合物（$T\leqslant135$ K）和 Er 化合物（$T\leqslant58$ K）的磁化强度偏离 c 轴，发生自旋重取向，此时 $Nd_2Fe_{14}B$ 变成锥面易磁化，而 $Er_2Fe_{14}B$ 则为易面磁化。磁晶各向异性常数 K_1，K_2 和 K_3 随温度的变化而变化（包括数值和符号），使得磁化强度的方向由 $\theta=0°$（$\theta=90°$）变为 $\theta\neq0$（或 $\theta\neq90°$），发生自旋重取向，θ 的大小由式(2–12c)决定。而 FOMP 的发生，则由在外加磁场时系统的自由能式(2–13)决定。简单的物理图像是（以易 c 轴为例），自由能在 c 轴（0°）与 c 轴为法向的平面（90°）之间有两个极小值 E^1_{min}（$\theta_1=0°$）和 E^2_{min}（$\theta_2=\theta'$ 或 90°）（平面内 $\varphi=\varphi_0$ 为某一固定值），当垂直于易磁化方向的外加磁场 $H=0$ 时，$E^1_{min}<E^2_{min}$；随着外加磁场增大到 $H=H_1$ 时，$E^1_{min}>E^2_{min}$，此时出现位垒穿透，FOMP 发生，磁化强度从 $\theta_1=0°$ 跳跃到 $\theta_2=\theta'$（Type Ⅱ FOMP）或 90°（Type Ⅰ FOMP）。图 2–16 展示了单晶 $Nd_2Fe_{14}B$ 在 4.2K 的磁化曲线，图中给出了在自旋重取向温度以下易磁化方向与 c 轴构成倾角的温度关系[51]。可看到沿[100]方向的磁化曲线在约 18T 磁场下磁化强度有一个大的跳跃，表明发生了 FOMP 转变；在温度 $T_r=135$K 发生自旋重取向，$T=4.2$K 时饱和磁化强度与 c 轴的倾角为 30°左右。

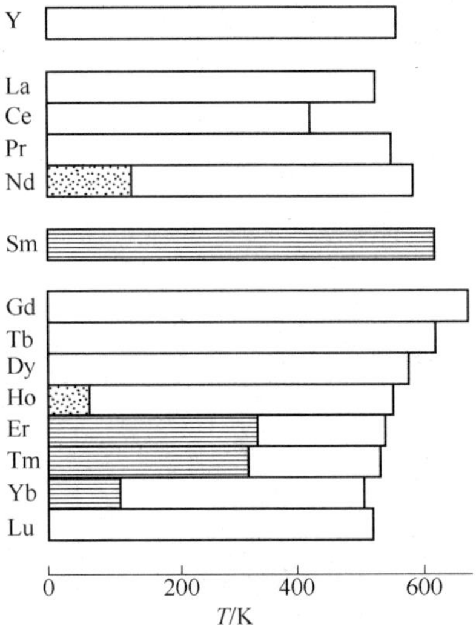

图 2–15 $RE_2Fe_{14}B$ 磁性相图[19]

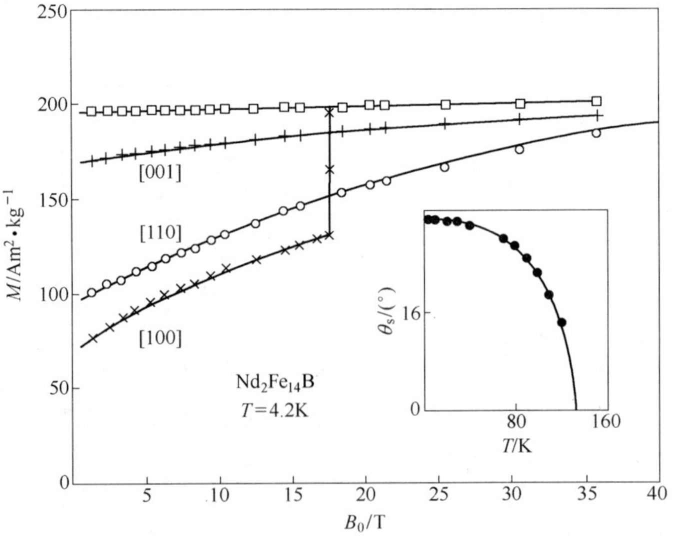

图 2–16 单晶 $Nd_2Fe_{14}B$ 在 4.2K 的磁化曲线[51]

RE_2Fe_{17}化合物在室温下均为平面各向异性，所以与永磁无缘。但如果部分原子被置换或引入间隙原子，则各向异性类型可以发生改变。

为了便于查询，表 2-6 给出了 $RECo_5$，RE_2Co_{17}，RE_2Fe_{17}和 $Nd_2Fe_{14}B$ 的内禀磁性数据。

表 2-6 $RECo_5$、RE_2Co_{17}、RE_2Fe_{17}和 $Nd_2Fe_{14}B$ 的晶格常数和磁性参数[19,27,38,52~56]

化合物	结构	a/nm	c/nm	d_x/g·cm^{-3}	T_c/K	T_{sr}/K	M_s(4.2K)/μ_B·f.u.$^{-1}$	μ_0M_s(4.2K)/T	μ_0M_s(RT)/T	μ_0H_a(4.2K)/T	μ_0H_a(RT)/T	易磁化方向/(°)	
												4.2K	RT
$RECo_5$													
YCo_5	$CaCu_5$	0.4935	0.3964	7.618	987		8.33	1.16	1.06	16.0	13.0	0	0
$LaCo_5$		0.5105	0.3996	7.983	840		7.1	0.92	0.91		17.5	0	0
$CeCo_5$		0.4922	0.4016	8.568	737		7.4	1.02	0.77		21.0	0	0
$PrCo_5$		0.5013	0.3980	8.350	912	100	9.9	1.33	1.20		17.0	>0	0
$NdCo_5$		0.5020	0.3997	8.277	910	280,241	11.7	1.55	1.22		0.5	90	0
$SmCo_5$		0.5004	0.3969	8.587	1020		7.8	1.06	1.14		25.0~44.0	0	0
$GdCo_5$		0.4973	0.3969	8.828	1014		1.6	0.22	0.36		25.3	0	0
$TbCo_{5.1}$		0.4950	0.3979	9.033	980	409,400	0.68	0.09	0.24		—	90	90
$DyCo_{5.2}$		0.4897	0.4007	9.358	960	362,316	1.10	0.15	0.44		—	90	90
$HoCo_{5.5}$		0.4881	0.4006	9.826	1033	190	1.49	0.21	0.61		11.9	>0	0
$ErCo_{5.9}$		0.4870	0.4002	10.403	1053		1.28	0.18	0.73		10.4	0	0
$TmCo_{6.0}$		0.4863	0.4017	10.547	1020		2.20	0.31	0.75				
RE_2Co_{17}													
Y_2Co_{17}	Th_2Ni_{17}	0.8341	0.8125	8.003	1186	1040	28.0	1.33			1.3	90	90
Ce_2Co_{17}	Th_2Zn_{17}	0.8370	1.2193	8.634	1078		26.1	1.23			1.4	0	0
Pr_2Co_{17}		0.8427	1.2265	8.478	1177	180	33.5	1.55				26	90
Nd_2Co_{17}		0.8407	1.2257	8.568	1157	175	33.9	1.58			2.0	7.5	90
Sm_2Co_{17}		0.8379	1.2212	8.740	1195		23.6	1.11	1.25		6.5	0	0
Gd_2Co_{17}		0.8365	1.2184	8.882	1218	950	13.7	0.65				90	90
Tb_2Co_{17}	Th_2Ni_{17}	0.8348	0.8125	8.938	1185		10.0	0.48				90	90
Dy_2Co_{17}		0.8328	0.8125	9.030	1166		8.4	0.40				90	90
Ho_2Co_{17}		0.8320	0.8113	9.094	1177		8.0	0.38				90	90
Er_2Co_{17}		0.8310	0.8113	9.147	1184		11.6	0.56		3.0	1.8	0	0
Tm_2Co_{17}				1181		13.6			7.0	1.8	0	0	
Yb_2Co_{17}		0.8309	0.8096	9.248			20.5	0.99		3.0	1.9		>0
Lu_2Co_{17}		0.829	0.812	9.290	1196	900	27.4	1.32				90	90
RE_2Fe_{17}													
Y_2Fe_{17}	Th_2Ni_{17}	0.8466	0.8300	7.267	324		35.2	1.59	0.84			90	90
Ce_2Fe_{17}	Th_2Zn_{17}	0.8491	1.2409	7.907	238		30.0	1.35	0.00			90	90
Pr_2Fe_{17}		0.8585	1.2463	7.711	283		30.0	1.32	0.76			90	90

续表 2-6

化合物结构		a /nm	c/nm	d_x/g · cm^{-3}	T_c/K	T_{sr}/K	M_s(4.2K) /μ_B · f. u.$^{-1}$	μ_0M_s (4.2K)/T	μ_0M_s (RT)/T	μ_0H_a (4.2K)/T	μ_0H_a (RT)/T	易磁化方向/(°)	
												4.2K	RT
Nd_2Fe_{17}		0.8578	1.2462	7.766	327		38.0	1.67	0.75			90	90
Sm_2Fe_{17}		0.8553	1.2443	7.901	368		34.0	1.51	1.00			90	90
Gd_2Fe_{17}		0.8538	1.2431	8.024	476		22.9	1.02	0.47			90	90
Tb_2Fe_{17}	Th_2Ni_{17}	0.8473	0.8323	8.134	408		18.6	0.84	0.52			90	90
Dy_2Fe_{17}		0.8467	0.8312	8.202	371		16.9	0.76	0.52			90	90
Ho_2Fe_{17}		0.8460	0.8277	8.282	325		18.7	0.85	0.51			90	90
Er_2Fe_{17}		0.8435	0.8281	8.357	305		17.5	0.80	0.34			90	90
Tm_2Fe_{17}		0.8406	0.8291	8.427	280	72	23.0	1.06	0.0			0	90
Yb_2Fe_{17}		0.8414	0.8249	8.508	275				0.0			90	90
Lu_2Fe_{17}		0.8401	0.8272	8.536	268		34.7	1.60	0.0			90	90
$RE_2Fe_{14}B$													
$Y_2Fe_{14}B$	$Nd_2Fe_{14}B$	0.8757	1.2026	6.98	571		30.6	1.55	1.41	1.2	2.0	0	0
$La_2Fe_{14}B$		0.8822	1.2333	7.40	516		31.0	1.50	1.38	1.3	2	0	0
$Ce_2Fe_{14}B$		0.8750	1.2090	7.76	533		30.0	1.52	1.17	3.0	3.0	0	0
$Pr_2Fe_{14}B$		0.8792	1.2177	7.43	565		37.6	1.76	1.56	32.0	8.7	0	0
$Nd_2Fe_{14}B$		0.8792	1.2177	7.62	588	135	37.7	1.86	1.60	35	7.5	32	0
$Sm_2Fe_{14}B$		0.8787	1.2105	7.78	618		33.3	1.57	1.50	40	—	90	90
$Gd_2Fe_{14}B$		0.8780	1.2075	7.90	660		18.0	0.90	0.89	1.8	2.5	0	0
$Tb_2Fe_{14}B$		0.8775	1.2070	7.90	629		13.2	0.65	0.70	30.1	22.0	0	0
$Dy_2Fe_{14}B$		0.8757	1.1990	8.07	593		11.4	0.58	0.71	16.7	15.0	0	0
$Ho_2Fe_{14}B$		0.8753	1.1988	8.12	574	58	11.2	0.57	0.81	18	7.5	22	0
$Er_2Fe_{14}B$		0.8734	1.1942	8.21	557	320	13.1	0.66	0.90	16	—	90	90
$Tm_2Fe_{14}B$		0.8728	1.1928	8.26	540	311	18.1	0.93	1.15	17	—	90	90
$Yb_2Fe_{14}B$		0.871	1.192	8.35	524	115	—	—		25	—	90	0
$Lu_2Fe_{14}B$		0.8712	1.1883	8.41	539		28.2	1.46	1.17	2.4	2.0	0	0

注：1. 在 1∶5 型 RE－Co 化合物中，对于重稀土元素，Co 含量比正分比偏高。

2. a、c—晶胞常数；d_x—理论密度；T_c—居里温度；T_{sr}—自旋重取向温度；f. u. —分子式；M_s—饱和磁化强度；μ_0M_s—饱和磁极化强度；μ_0H_a—磁晶各向异性场；RT—室温；易磁化方向—磁化场与 c 轴夹角。

2.2.4 稀土永磁材料的硬磁特性

正如在前两节所介绍的那样，三代稀土永磁材料都具备了永磁材料必须具备的三个条件：高的自发磁化强度 M_s、足够高的居里温度 T_c 和足够高的磁晶各向异性场 H_a。但从这些化合物的发现和研究到稀土永磁体的工业化，却走了一段相当长的路径，实际过程表明需要经过恰当的冶金学过程才能获得高剩磁和高内禀矫顽力，真正体现出其硬磁特征。自 20 世纪 60 年代发现稀土永磁材料以来，已研究开发并广泛应用的上述三代稀土永磁材料在磁性能上有三次大的突破，其最大磁能积和矫顽力比以前的铝镍钴或铁氧体猛长了 5 ~ 10 倍（见图 2-3），其最具特征的高内禀矫顽力，在 $SmCo_5$ 和 RE - Fe - B 磁体中可达 6T[55]。

稀土永磁材料的高矫顽力源于材料本身的高的磁晶各向异性场 H_a。理论上，一种理想的稀土永磁材料的矫顽力应该接近它本身的磁晶各向异性场 H_a。然而，由于实际磁体中磁畴结构和不可避免的不均匀冶金学微结构（空洞、夹杂、晶界、位错、堆垛层错及晶粒的形状、边角和散取向等）的存在，实际能得到的矫顽力远小于它的磁晶各向异性场，其比值不超过 1/2（如图 2-17 所示）[19]。

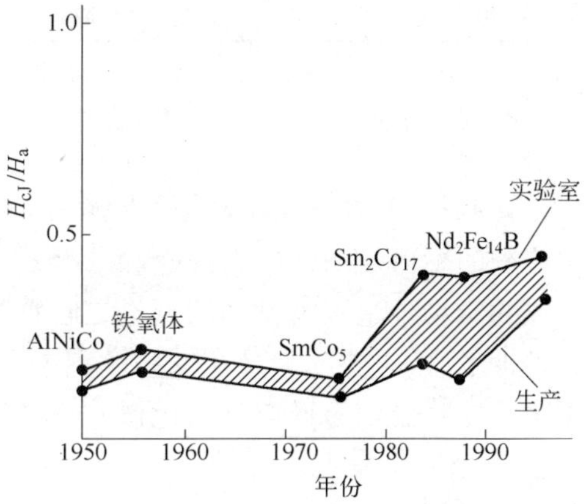

图 2-17 实际矫顽力与磁晶各向异性场之比值[19]

实际矫顽力与理论上的最大值之间的较大偏离，反映出现实磁体与理想的最佳冶金学微结构之间的差异。与高矫顽力相应的最佳微结构是与材料的成分及其制备工艺密切相关的。对于烧结磁体来说，除了材料的成分和制粉技术外，烧结和回火工序是保障磁体获得最佳微结构的关键步骤，为了获得最佳矫顽力所需的微结构，通常要对烧结磁体进行复杂的热处理。

矫顽力的高低反映了永磁体反磁化的难易程度，即矫顽力越高磁体的反磁化越难。矫顽力与反磁化以及材料微结构之间的关系正是人们长期关注的所谓的矫顽力机制，而且材料微结构也对磁体的磁化过程起着至关重要的作用。在实际磁体中，无论是完全分离的颗粒还是致密的烧结体或铸锭，晶粒的磁化、反磁化通常是通过畴壁运动和磁化方向旋转进行的，即在磁体中发生磁畴的形核和长大，或畴壁的位移和钉扎，以及接近饱和磁化时的磁矩旋转等。因此，磁化、反磁化过程以及矫顽力机制的问题就是研究磁畴的产生、运动变化以及它和微结构之间的相互作用问题。由于在反磁化过程中所涉及的磁畴运动很快、形核尺寸很小和反转时间很短，目前直接的动力学观察仍比较困难，通常是通过磁测量、材料冶金学微结构观察、静态畴结构研究等间接的手段来获得重要线索。比如利用各种磁测量来获得起始磁化曲线和在各种温度、角度下的退磁曲线；通过磁光克尔（Kerr）效应的偏光显微镜、洛伦兹（Lorentz）电子显微镜以及最新使用的磁力扫描隧道显微镜等设备来对静态磁畴的图像进行各种观测，建立相应的磁畴参数（表 2-7 列出了三代主要稀土永磁材料及其他永磁材料室温下的微磁学性质[19]）；与此同时，还采用高分辨电子显微镜和高分辨的微区分析技术来分别观察显微组织和探测微区化学成分，然后再结合理论模型，与实验测量和微结构研究之间相互配合和促进，使人们对稀土永磁体的磁化、反磁化和矫顽力机制有了比较深入的了解，并随着实验技术的不断进步，材料硬磁特性和磁畴与微结构之间的关系也越来越清晰。

表 2-7 永磁化合物的微磁学性质[19]

化合物	T_c/K	A_{ex}/pJ · m^{-1}	M_s/MA · m^{-1}	l_{ex}/nm	K_1/MJ · m^{-3}	κ	δ_w/nm	γ_w/mJ · m^{-2}	d_c/μm
$BaFe_{12}O_{19}$	723	6	0.38	6.7	0.25	1.4	15.4	5	0.68
$SmCo_5$	993	24	0.84	5.3	17	4.4	3.7	81	1.68

续表 2-7

化合物	T_c/K	A_{ex}/pJ · m^{-1}	M_s/MA · m^{-1}	l_{ex}/nm	K_1/MJ · m^{-3}	κ	δ_w/nm	γ_w/mJ · m^{-2}	d_c/μm
Sm_2Co_{17}	1100	25	1.03	4.3	3.3	1.6	8.6	36	0.49
$Nd_2Fe_{14}B$	585	9	1.28	2.1	5	1.6	4.2	27	0.24
$Sm(Fe_{11}Ti)$	584	8	0.91	2.8	5	2.2	4.0	25	0.44
$Sm_2Fe_{17}N_3$	749	12	1.22	2.6	9	2.2	3.6	42	0.41

注：T_c—居里温度，A_{ex}—交换劲度，M_s—磁极化强度，l_{ex}—交换长度，K_1—磁晶各向异性常数，κ—硬度参数，δ_w—畴壁宽度，γ_w—畴壁能，d_c—临界单畴粒子尺寸。

2.2.4.1 稀土磁体的矫顽力机制

传统的不可逆壁移应力理论和掺杂理论，一致的转动理论和卷曲（涡旋）式、曲折式等非一致的转动理论以及发动场理论在解释具体材料的矫顽力时，都有一定的说服力，但也存在着不少矛盾，主要原因是在这些模型中没有考虑到晶格不完整性（缺陷）的影响[58]，而正是在这些缺陷处容易形成反磁化核或畴壁钉扎的中心。随着稀土永磁材料的进展，20 世纪 70 年代后期以来发展的矫顽力理论，全面考虑了晶格不完整性的影响，比较成功地解释了从软磁材料到稀土永磁材料中的矫顽力来源。

A 两种矫顽力机制：形核和钉扎的特征

研究表明，目前大量使用的晶粒尺寸在亚微米以上量级的稀土永磁体，其磁化和反磁化过程基本上有两种类型：一种是形核控制型；另一种是钉扎控制型。

形核控制型的特征是：

（1）处于热退磁状态下的晶粒呈多畴状态，在外磁场作用下畴壁运动十分容易，磁体的起始磁化曲线十分陡峭，即用小的驱动磁场就可很容易地使晶粒内部的畴壁穿过那些没受到干扰的晶格。

（2）磁场从零增加到某一低场后降低到零，然后再反向增加磁场，所描绘的小磁滞回线通常具有低剩磁和低矫顽力；随着磁场的增加，剩磁和矫顽力缓慢地增大；需要很高的磁化场才能完全开发出最大的饱和退磁曲线。在反磁化过程中，反转畴的形核和长大受到磁体边界相的钉扎，仅当反向磁场超过临界磁场时，反转畴才迅速长大，并像起始磁化那样迅速扩展到整个磁体，获得最大的不可逆壁移。

（3）最先出现磁化强度饱和的磁化场远低于完全开发出最大饱和退磁曲线的磁化场。在此类磁体中，磁体中存在着边界相的钉扎，这是考虑形核型磁体的先决条件[59]。

钉扎控制型的特征是：

（1）处于热退磁状态下多畴体晶粒中的畴壁移动非常困难，展示的起始磁化曲线开始几乎是平的，即畴壁被晶粒中的某些钉扎物牢牢地钉住。

（2）仅当磁场接近临界磁场时，磁化强度在较窄的磁场范围内很快上升并接近饱和；而当磁场降低并反向磁场时，其磁化状态几乎不变，并保持到接近矫顽力处，直到反向磁场到达矫顽力后磁化强度才快速反转到另一侧；此时小回线给出的剩磁和矫顽力，随磁场增加首先接近零，然后分别快速增大到各自的饱和值。钉扎型磁体的矫顽力随磁场的变化的形状类似于它的起始磁化曲线。

上述两种类型可以通过它们的起始磁化曲线的特征形状以及剩磁和矫顽力对磁化场的

变化关系来鉴别，如图2-18所示，类型A和B分别表示形核控制型和钉扎控制型[20]。在稀土磁体中，形核型磁体有$SmCo_5$、Nd－Fe－B和Sm_2Co_{17}；钉扎型磁体有脱溶（或称沉淀）硬化系中低矫顽力的$Sm(Co,Cu,Fe,Zr)_z$磁体，其成分可从1－5覆盖到2-17范围（$z=5\sim8.5$）。

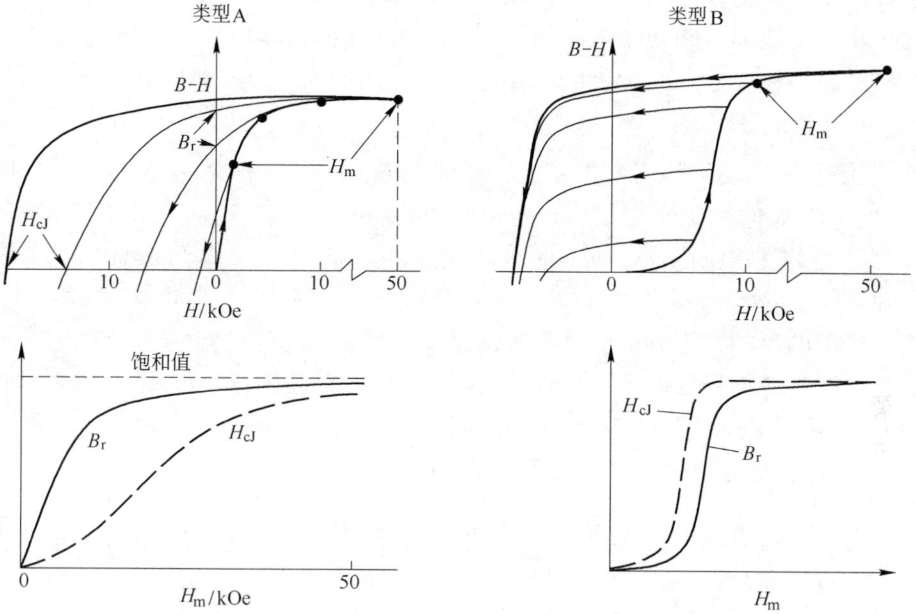

图2-18　形核控制型（A型）和钉扎控制型（B型）磁体的磁化及反磁化曲线示意图
（H_m表示小回线的最大磁化场）[20]

这里需指出，上述的形核和钉扎类型实际上仅是代表了两种理想情况，有时还会出现形核和钉扎的混合类型，如图2-19中的C型所示（以钉扎为主的混合类型）[20]。高矫顽力的$Sm(Co,Cu,Fe,Zr)_z$磁体（$z=7.2\sim8$）和快淬Nd－Fe－B合金薄带及用其制备的磁体具有混合型的特征。

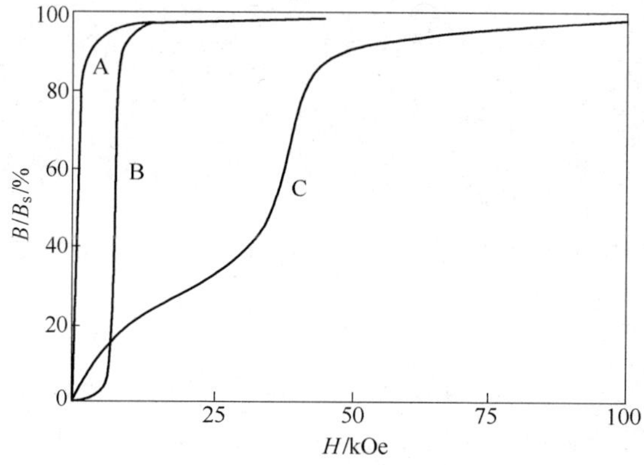

图2-19　三种类型起始磁化曲线的比较[20]

磁体在反磁化过程中反转畴的形核和钉扎可以发生在磁体中微结构的不均匀处，包括各种晶界相、晶界、晶粒的边角和散取向,以及晶粒内部的脱溶相或各种缺陷等,是它们的存在导致了矫顽力的大幅度下降。因此,在高性能磁体的制备过程中,如何控制磁体的微结构,如何利用最佳的微结构效果去影响磁畴结构,均是永磁工作者面临的极其重要的研究课题。

对于稀土永磁体来说,除了上述两种最基本的磁硬化机制外,还有一种在纳米复合磁体中出现的全新的交换耦合磁硬化机制(见 2.7.2.3 节),在该新型磁体中出现的磁硬化机制与以往所接触的晶粒尺寸在亚微米(0.1 μm)以上磁体的磁硬化机制有着本质的区别。

B 理论模型

目前,主要有两种模型来描述稀土永磁体的矫顽力:一种是由 Aharoni[60] 建立并由 Kromüller 等[61] 发展的微磁学方法(micromagnetic approach);另一种是由 Givord 等[62,63] 开发的唯象的"整体"方法(phenomenological "global" approach),人们也称它为"热激活"模型。

微磁学模型的目的在于弄清磁体产生反磁化所需的磁场和温度条件;该模型利用了正比于硬磁相中磁晶各向异性能的能量,并认为形核发生于最先背离饱和磁化的一些局域磁矩处,并假设一致转动发生在缺陷范围内。因此,可以把 Stoner-Wohlfarth 模型作为一个恒定的参考。这样,微磁学模型的矫顽力有如下的形式:

$$H_c = \frac{2K_1}{\mu_0 M_s}\alpha_\psi \alpha_k - N_{eff} M_s \tag{2-25}$$

式中 α_k——晶粒的微结构参数;

α_ψ——晶粒的散取向参数;

$2K_1/\mu_0 M_s$——硬磁相的磁晶各向异性等效场 H_K;

N_{eff}——有效退磁因子,它包括晶粒的自身和晶粒之间的静磁退磁效应。

根据磁体中晶粒的取向和微结构的不同,不同磁体有不同的 α_k、α_ψ 和 N_{eff}。

对于实际的形核型磁体,$0.5 < \alpha_\psi < 1$。为了简化问题,在多数模型中仅考虑各向异性缺陷。Kromüller[61, 64] 考虑了在一个平面型晶粒表面上存在准谐波各向异性缺陷,其磁晶各向异性可表示为如下的双曲余弦形式:

$$K_1(z) = K_1(\infty) - \frac{\Delta K_1}{\cosh^2(z/r_0)} \tag{2-26}$$

式中 $K_1(\infty)$——基体相的磁晶各向异性常数;

ΔK_1——不均匀薄片中心处 K_1 的降低。此时,与各向异性相关的微结构参数 α_k^{nuc} 可表达为:

$$\alpha_k^{nuc}(r_0) = 1 - \frac{1}{4\pi^2}\frac{\delta'^2_B}{r_0^2}\left(1 - \sqrt{1 + \frac{4\pi^2 r_0^2}{\delta'^2_B}}\right)^2 \tag{2-27}$$

式中,$\delta'_B = \pi\sqrt{A_{ex}/\Delta K_1}$。在这种各向异性不均匀性缺陷类型下,当 $\Delta K_1 \approx K_1$ 时,与矫顽力机制相关的微结构参数 α_k^{nuc} 随缺陷长度的变化如图 2-20 所示。

该模型能较好地解释所谓"单相"稀土磁体中反磁化的形核机制,如 1:5、2:14:1 磁体和 2:17"单相"磁体。

对于在硬磁相中磁性不均匀引起的钉扎型磁体,模型考虑了一个延伸的平面型缺

陷[65]。当缺陷宽度 $d<\delta_w$ 时,钉扎场

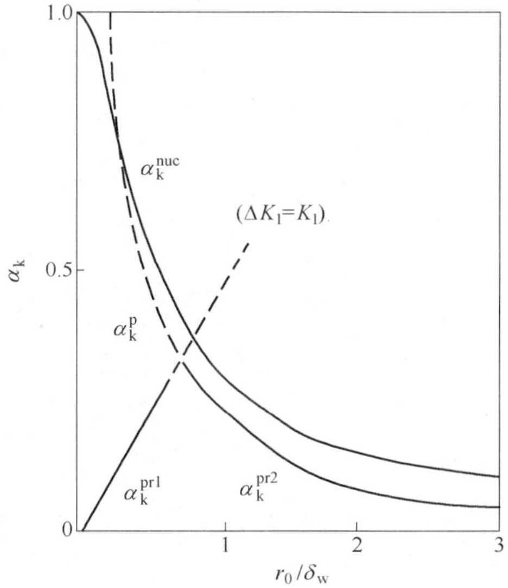

图 2-20 与矫顽力机制相关的 α_k 随缺陷长度计算的变化关系[64]

$$H_{pr}=H_A\frac{\pi}{3\sqrt{3}}\frac{r_0}{\delta_w},\quad 即\quad \alpha_k^{pin}=\frac{\pi}{3\sqrt{3}}\frac{r_0}{\delta_w} \tag{2-28}$$

当缺陷宽度 $d>>\delta_w$ 时,钉扎场

$$H_{pr}=H_A\frac{2\delta_w}{3\pi r_0},即\ \alpha_k^{pin}=\frac{2\delta_w}{3\pi r_0} \tag{2-29}$$

图 2-20 也给出了钉扎型磁体中微结构参数 α_k^{pin} 随缺陷长度的变化。该模型能较好地解释两相稀土磁体中反磁化的钉扎机制,如脱溶硬化系的 $Sm(Co,Cu,Fe,Zr)_z$ 磁体($z=7.2\sim8$)和快淬 Nd - Fe - B 合金带及与之相关的磁体。

在另一个唯象的"整体"模型中[62,63],反磁化的关键现象是磁化不均匀性的形成,其典型的不均匀性是磁畴壁,所以,起作用的是在晶粒涉及的区域内的磁畴壁能。反磁化核的尺寸与特征畴壁宽度相关,并可从实验中获得。反磁化核是在晶粒边界处一个小激活体积内的热激活产生的,磁体的矫顽力可表示为:

$$H_c=\alpha\frac{\gamma_w}{\mu_0M_sV^{1/3}}-N_{eff}M_s-25S_V \tag{2-30}$$

式中 S_V——磁粘滞系数,可从磁后效测量获得,$S_V=k_BT/\mu_0M_sV$;

k_B——玻耳兹曼常数;

V——激活体积;

γ_w——硬磁相的磁畴壁能密度。

另外,利用矫顽力与磁场对易磁化轴夹角的关系,也可获知磁体矫顽力机制的类型。由于形核型是以很容易移动的畴壁位移形式出现,因此该类型的矫顽力与角度之间呈现 $1/\cos\theta$ 关系(Kondorsky 模型[66]);而钉扎型的畴壁因被钉扎点牢牢地钉扎无法位移,磁化开始部分的增大只能以磁畴磁矩的一致转动形式出现,因此它的矫顽力角度关系将展示一定程度

的 Stoner-Wohlfarth 关系（Stoner-Wohlfarth 模型）[67]。这样，从两者具有不同的角度关系特征，人们也可判别磁体矫顽力机制的类型。图 2-21（a）和（b）分别给出了以畴壁位移产生的不可逆的反磁化[66]和以畴转使磁矩一致转动过程产生的不可逆的反磁化的角度关系曲线[67]。

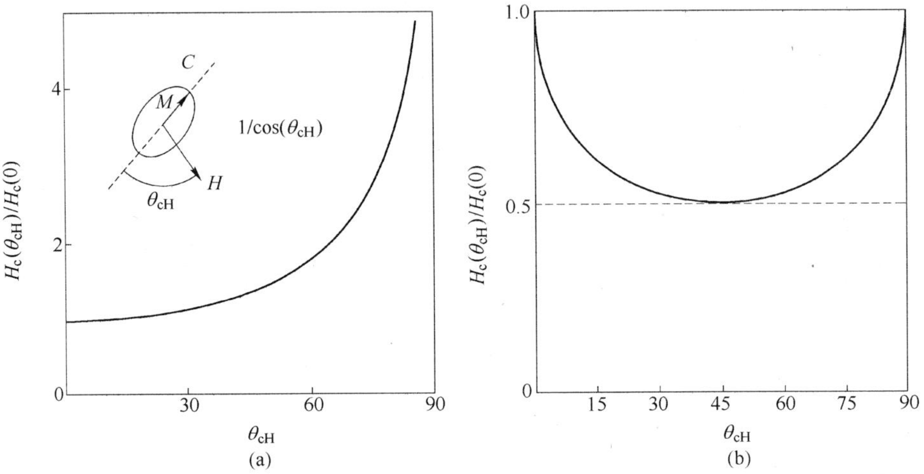

图 2-21 矫顽力的角度关系

（a）磁矩无任何旋转的 $1/\cos\theta_{cH}$ 规律[66]；（b）磁矩一致转动（Stoner-Wohlfarth 模型）[67]

2.2.4.2 烧结稀土磁体的微结构和矫顽力

自 20 世纪 70 年代以来，随着前两代稀土磁体的开发和应用，稀土磁体的矫顽力理论有了显著的进步；到了 20 世纪 80 年代，因第三代稀土磁体的发现、开发和广泛的使用，使稀土磁体的矫顽力理论有了新的进展。下面分别简要地介绍目前正在广泛使用着的三代稀土永磁体的微结构情况和各自遵循的矫顽力机制。

A 1:5 型 RE－Co 磁体微结构和矫顽力

1:5 型 RE－Co 永磁体，即第一代稀土永磁材料，包括 $SmCo_5$、$PrCo_5$、$(SmPr)Co_5$、$MMCo_5$（MM 表示混合稀土）和 $Ce(Co,Cu,Fe)_5$ 等，其中的典型代表是 $SmCo_5$ 磁体，它们的晶体结构是 $CaCu_5$ 型（见 2.2.2 节图 2-7 所示）。$SmCo_5$ 化合物具有最高的磁晶各向异性场 $\mu_0H_a=25\sim44$ T，它的饱和磁化强度 $\mu_0M_s=1.14$ T，理论磁能积为 259 kJ/m³（见 2.2.2 节表 2-5）。$SmCo_5$ 磁体的最高性能如下：$B_r=1.07$T（10.7 kGs），$H_{cB}=851.7$ kA/m（10.7 kOe），$H_{cJ}=1273.6$ kA/m（16.0 kOe），$(BH)_{max}=227.6$ kJ/m³（28.6MGOe）[68]。$SmCo_5$ 金属间化合物的正分成分在以质量分数计时是 $Sm_{33.79}Co_{66.21}$，但该类商业磁体典型的成分在 37% Sm + 63% Co 附近，其成分明显偏向富 Sm 方一边。$SmCo_5$ 烧结磁体严格讲是多相磁体，磁体的晶粒尺寸在 20～30 μm范围内，密度通常小于 95% 理论密度。除了 1:5 主相和由于工艺过程中不可避免的 Sm 氧化所生成的 Sm_2O_3 相外，还始终观察到随机的、十分弥散地分布在晶界上量较少的 Sm_2Co_7 和（或）Sm_2Co_{17} 脱溶相[69～71]以及一个成分为 75% Sm/25% Co 与 $SmCo_5$ 和 Sm_2Co_7 或 Sm_2Co_{17} 紧密接触的、壁厚约 5 nm 的富 Sm 相（约为 1% 体积分数）。另外，$SmCo_5$ 晶粒的内部有大量的位错环和混乱的堆垛层错缺陷[72]。

$SmCo_5$ 烧结磁体矫顽力的理论值为 20000～35200 kA/m（250～440 kOe），然而实际的矫顽力只有 1592～2388 kA/m（20～30 kOe），仅是理论值的十分之一左右。实验发现，几个微

米的 $SmCo_5$ 颗粒,在热退磁状态下包含有若干个磁畴,它的磁化和反磁化是由十分容易运动的畴壁位移来实现的。从十分陡峭的起始磁化曲线和小回线的特征都表明 $SmCo_5$ 磁体的矫顽力是由反磁化畴的形核场来决定的。实验还发现,$SmCo_5$ 磁体的内禀矫顽力 H_{cJ} 与 K_1 随温度的变化规律不同,但与磁体中脱溶相 Sm_2Co_7 相的 K_1 随温度的变化有相同的倾向[73],这说明 $SmCo_5$ 磁体中第二相对矫顽力有至关重要的作用。因此,$SmCo_5$ 合金的反磁化形核同脱溶相 Sm_2Co_7 相或(和)Sm_2Co_{17} 相的存在密切相关。由于脱溶相 Sm_2Co_7 相和 Sm_2Co_{17} 相的 K_1 都比 $SmCo_5$ 相的低,它们都可成为反磁化畴的形核中心。

为了理解脱溶相在反磁化过程中对 $SmCo_5$ 磁体反磁化畴的形核场 H_n 的作用,Kromüller 等首先用微磁学理论计算了 $SmCo_5$ 磁体以 Sm_2Co_{17} 脱溶相形成反磁化畴核的形核场[74]。在考虑到处于晶界面内脱溶相的厚度 D 很小,即脱溶相界面很薄(几个纳米)情况下,利用该理论获得了 $SmCo_5$ 合金中反磁化是通过以下两个步骤产生的:首先在 Sm_2Co_{17} 脱溶相中反磁化畴的形核和磁化;然后反磁化畴核的畴壁横穿脱溶相的相界,扩展到整个 $SmCo_5$ 磁体基体中,并且很快完成磁体的反磁化。定量计算的结果表明:$SmCo_5$ 烧结磁体的矫顽力不是由理想无限伸展小板产生的 $H_n = 35000$ Oe 确定,而是由一个有限小板片边缘的形核所计算的 $H_n = 14000$ Oe 确定的[74]。

B 2:17 型 Sm – Co 磁体微结构和矫顽力

2:17 型 Sm – Co 磁体可以分成两种类型:一种是 Sm – Co – Cu 脱溶硬化系多相磁体,如 $Sm(Co,Cu,Fe,Zr)_z$($z=7\sim8.5$);另一种是无 Cu 且接近正分成分的"单相"磁体。前一种磁体在工业上已获得广泛的应用,即第二代稀土永磁体;而后一种磁体由于温度稳定性差,加之工艺的重复性差,在工业上没有得到应用。

在第二代稀土永磁体 $Sm(Co,Cu,Fe,Zr)_z$ 中,按矫顽力的大小,可分为低矫顽力 2:17 型和高矫顽力 2:17 型磁体。低矫顽力 2:17 型磁体具有较高的磁能积,退磁曲线的方形度较好,它的磁性能范围为 $B_r = 0.9\sim1.19$T($9.0\sim11.9$ kGs),$H_{cB} = 493.5\sim636.8$ kA/m($6.2\sim8.0$ kOe),$H_{cJ} = 525.3\sim636.8$ kA/m ($6.6\sim8.0$ kOe),$(BH)_{max} = 175.1\sim251.5$ kJ/m^3($22.0\sim31.6$MGOe);高矫顽力 2:17 型磁体的磁性能范围为 $B_r = 0.9\sim1.06$T,$H_{cB} = 636.8\sim796$ kA/m($8\sim10$ kOe),$H_{cJ} = 796\sim2388$ kA/m($10\sim30$ kOe),$(BH)_{max} = 199\sim222.8$ kJ/m^3($25\sim28$MGOe)[21]。

$Sm(Co,Cu,Fe,Zr)_z$($z=7\sim8.5$)磁体经分级时效处理后可获得最佳显微组织和最佳磁性能,此时的磁体具有细小的胞状显微组织。透射电子显微镜研究指出[75,76],在低矫顽力 2:17 脱溶硬化磁体中,胞状组织是长轴沿着 c 轴的长菱形,具有菱方 2:17 结构,其胞径约为 50 nm,胞壁厚度约为 5 nm,胞壁为 1:5 相,两相是共格的;胞内部由两个成对取向的小薄板组成。图 2–22 展示了较低矫顽力 2:17 脱溶硬化磁体的透射电子显微图。对于较高矫顽力 2:17 脱溶硬化磁体,胞径明显粗大,约为 100 nm,并显示出有约 3 nm 厚的薄片附加在该胞状的显微组织上(见图 2–23)。成分分析表明,胞内为富 Fe – Co 菱方晶系的 $Sm_2(Co,Fe)_{17}$ 主相和富 Zr 片状的六方晶系的 $Sm_2(Co,Fe,Cu,Zr)_{17}$ 次相组成,胞壁为富 Cu 的六方晶系的 $Sm(Co,Cu)_5$ 相。还需指出,胞的形状与观察平面有关。当观察平面与 c 轴垂直时,胞为等轴状;当观察平面通过 c 轴时,胞为长菱状[77]。

由洛伦兹电子显微镜观测上述热退磁样品时,其磁畴显示出畴壁跟随着胞边界的波状特性,见图 2–24[76,78]。畴壁的这种波状特性在外加磁场后不变,这表明畴壁已被钉扎在胞

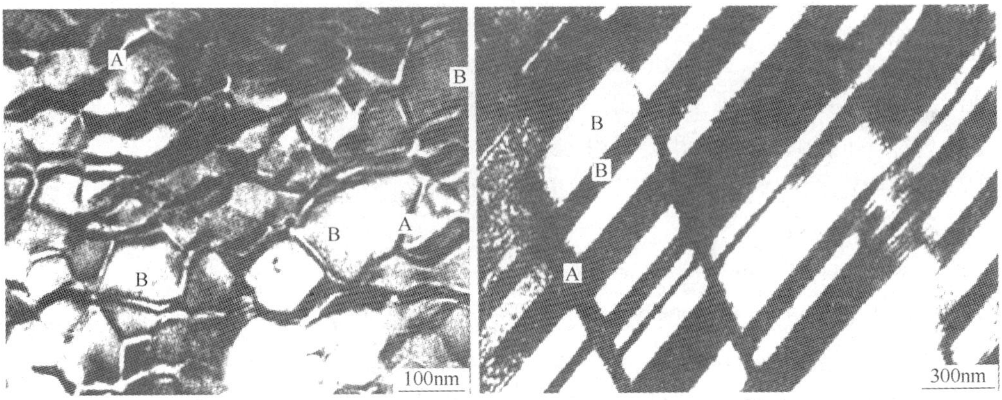

(a) (b)

图 2-22 低矫顽力 2∶17 型磁体透射电子显微图[75]

(a) 低矫顽力 2∶17 型脱溶硬化磁体中的胞状结构(A 为 1∶5 相,B 为 2∶17 相);

(b) 在 2∶17 胞中的两个成对取向的小薄板

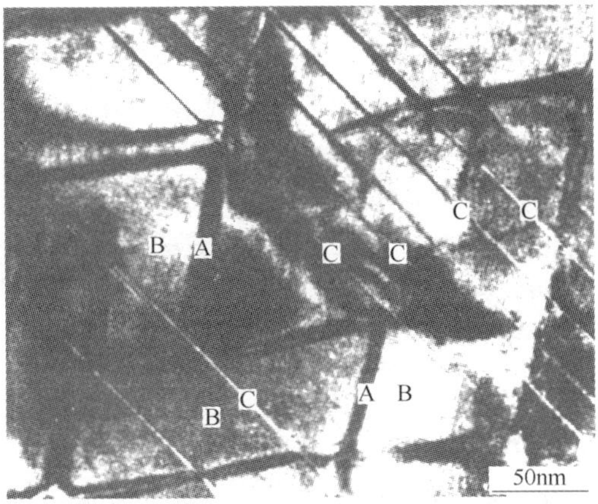

图 2-23 高矫顽力 2∶17 型磁体的胞状和薄片结构(A 为 1∶5 相,B 为 2∶17 相,C 为薄片)[75]

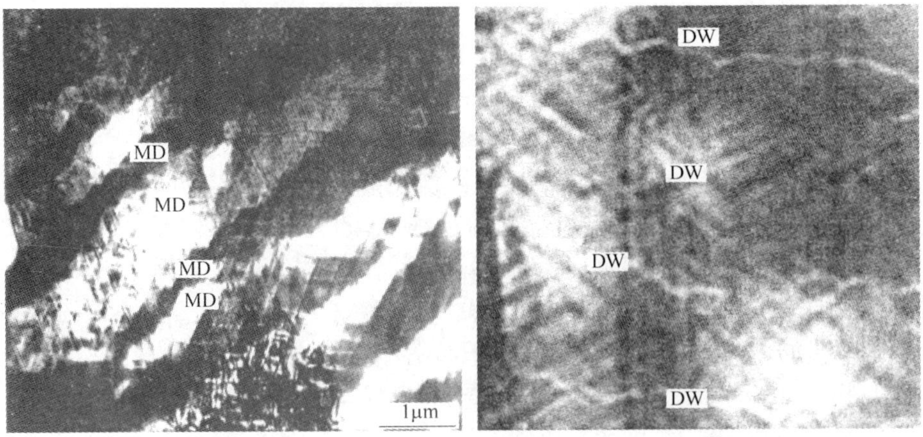

(a) (b)

图 2-24 畴壁的波状特性

(a) 2∶17 型磁体中的磁畴(MD);(b) 畴壁(DW)[78]

的边界上。观测还表明,薄片的存在也不影响畴壁;低矫顽力 2:17 型磁体比高矫顽力 2:17 型磁体显示更大的畴尺寸。

热退磁状态的 $Sm(Co,Cu,Fe,Zr)_z$($z=7\sim8.5$)磁体的起始磁化曲线有两种类型。对于低矫顽力类型磁体,它的起始磁化曲线是典型的钉扎型;而对于高矫顽力类型的 2:17 型磁体,其起始磁化曲线是随回火时间的延长,逐渐向着不均匀钉扎变化,即向混合型转变。研究表明,不论是高矫顽力类型还是低矫顽力类型的 2:17 型脱溶硬化系磁体,其矫顽力都是由构成胞壁的富 Cu 的 $Sm(Co,Cu)_5$ 相对畴壁的钉扎来决定的;但它们稍有差别,表现在高矫顽力类型由于晶粒粗大,在低场磁化时起始磁化呈现部分畴壁位移的特征。借助微磁学模型和整体模型都成功地解释了该类磁体的矫顽力机制:微磁学模型把具有低磁晶各向异性富 Cu 的 1:5 相所构成的胞壁当作面缺陷处理,因此,$Sm(Co,Cu,Fe,Zr)_z$ 磁体中不一致分布的胞状结构成为了磁体反磁化的有效的钉扎位[79]。用整体模型分析了高矫顽力 $Sm(Co,Cu,Fe,Zr)_z$ 合金磁体的矫顽力温度关系 $H_c(T)$,分析表明仅在高温区磁体的矫顽力温度关系符合整体模型;研究也证实,该磁体的矫顽力角度关系基本上是钉扎型所应遵循的那种 Stoner-Wohlfarth 关系,然而略带一点 $1/\cos\theta$ 关系[80](见图 2-25)。显然,这是混合型矫顽力机制的特点,是部分畴壁位移造成了上述的轻微的 $1/\cos\theta$ 关系。

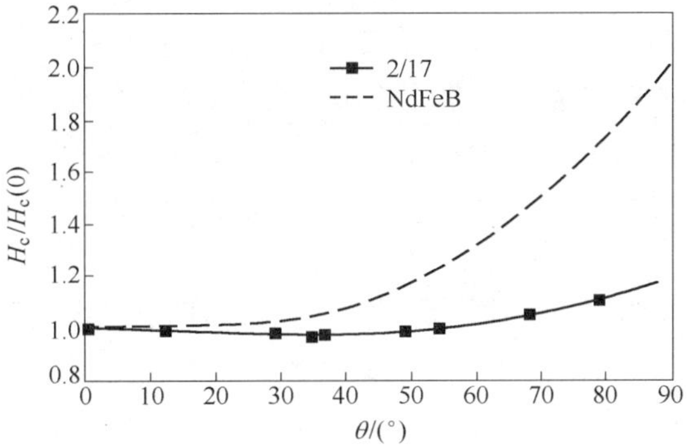

图 2-25 在 $Sm(Co,Fe,Cu,Zr)_{7.76}$ 和 Nd-Fe-B 磁体中的矫顽力角度关系[80]

C 烧结 Nd-Fe-B 磁体的微结构和矫顽力

以烧结 Nd-Fe-B 磁体为代表的第三代稀土永磁材料,自 1983 年问世以来,得到了迅速的发展,到目前为止已发展成多个系列 2:14:1 型铁硼基稀土永磁材料。按磁性能可分成高磁能积、高矫顽力、超高矫顽力、低温度系数、高使用温度等材料。目前实验室的最高磁能积已达 474 kJ/m^3(59.6MGOe)[16]。工业生产磁体的最高磁能积已达 413 ~ 446 kJ/m^3(52 ~ 56MGOe);工业生产磁体的最高矫顽力已达 3260 kA/m(41kOe),其连续使用的最高工作温度可达 220 ~ 230℃(见 2.5.3.2 节的表 2-30 ~ 表 2-32)。

大量的组织结构观察表明,铸态和烧结 Nd-Fe-B 磁体通常都可能存在六个相。这些相特征可见表 2-8 [81]:具有四方结构的 $Nd_2Fe_{14}B$ 主相(Φ)、富 Nd 相(因 Pr、Dy、Tb 等其他稀土元素的添加,严格地讲,这里应为富 RE 相,但为照顾习惯的称谓,后文中出现的富 Nd 相均含义为富 RE 相)、富 B 的 $NdFe_4B_4$(η)相以及 Nd_2O_3、α-Fe 相和外来的掺杂物相。这后四种次相(第二相)不是在所有的铸态和烧结 Nd-Fe-B 磁体中都存在。虽然铸态和烧结 Nd-Fe-B 磁体的成分相同,但铸态 Nd-Fe-B 合金的矫顽力是十分低的,而烧结 Nd-

Fe－B 磁体的矫顽力因显微组织的优化变得相当大。

表 2-8 烧结 Nd－Fe－B 磁体中存在相及其特征[81]

相的名称	大体上的成分 Nd: Fe: B	相的特征(形貌、分布与取向)
$Nd_2Fe_{14}B$ 基体相	2:14:1	多边形,不同尺寸,晶体取向不同
富 B 相	1:4:4	大块或细小颗粒沉淀
富 Nd 相	Fe : Nd = 1: (1.2 ~ 1.4) = 1: (2 ~ 2.3) = 1: (3.5 ~ 4.4) > 1: 7	颗粒状或薄层状,沿晶界分布或处于晶界的交汇处
Nd 的氧化物	Nd_2O_3	大颗粒或小颗粒沉淀
富 Fe 相	Nd－Fe 化合物或 α－Fe	沉淀
外来相	氯化物等	颗粒状

具有四方结构的 $Nd_2Fe_{14}B$ 主相是烧结磁体中唯一的硬磁相。它的体积百分数决定了 Nd－Fe－B 永磁合金的 B_r 和 $(BH)_{max}$ 值的大小。在烧结磁体中主相的体积百分数在 85% ~ 96% 之间,高磁能积烧结 Nd－Fe－B 磁体的主相约占体积的 96% 或更高。

富 Nd 相对烧结 Nd－Fe－B 磁体的磁硬化起着极其重要的作用。它的成分、结构、分布和形貌对工艺条件十分敏感。显微组织观察表明,按分布和形貌讲,富 Nd 相可分三种类型:第一种是镶嵌在 $Nd_2Fe_{14}B$ 晶粒边界上的块状富 Nd 相;第二种是连续分布在晶粒边界的各种厚度不同的薄层状富 Nd 相,它具有面心立方(FCC)结构,其 $a = 0.52$ nm、成分约为原子分数 75% Nd 和原子分数 25% Fe;第三种是弥散地分布在主相 $Nd_2Fe_{14}B$ 晶粒内部的富 Nd 相,但其数量极少。

与铸态 Nd－Fe－B 合金不同,烧结态 Nd－Fe－B 合金已初步具备了该类型永磁体所需要的显微组织,因此,烧结态 Nd－Fe－B 合金已有较高的矫顽力。然而对烧结态回火后,其矫顽力还可进一步提高,研究指出,回火前后晶粒内部并没有明显的变化,有变化的仅仅是晶界,因此,回火后的矫顽力提高只能归因于晶界内显微组织的变化。

烧结 Nd－Fe－B 磁体的晶粒边界,从磁特性上可分为两类:第一类是 $Nd_2Fe_{14}B$ 晶粒与非磁性相如富 Nd 相(一般是 FCC 结构的富 Nd 相)或富 B 相晶粒直接接触;第二类是 $Nd_2Fe_{14}B$ 晶粒与磁性相如 α－Fe 相、$RE(Co,Fe)_2$ 拉弗(Laves)相或 $Nd_2Fe_{14}B$ 晶粒之间直接接触。第一类边界能起到磁去耦的作用,是永磁体所需要的边界;但第二类边界是永磁体应该尽量避免的,因为这种情况增加了晶粒之间的磁相互作用,会使磁体的矫顽力大幅下降。

添加或掺杂元素对磁体的显微结构有显著的影响。Fidler 根据它们对显微结构的影响分成两类[82]:第一类添加元素 M1 = Al、Cu、Zn、Ga、Ge、Sn 等低熔点金属,它们可以部分替代 $Nd_2Fe_{14}B$ 相中的 Fe,并降低晶界富 Nd 相熔点和形成附加的二元 M1－Nd 或三元 M1－Fe－Nd 非磁性晶界相;第二类添加元素 M2 = V、Mo、W、Nb、Ti 等难熔金属,在 $Nd_2Fe_{14}B$ 相中仅有低的溶解度,会在 $Nd_2Fe_{14}B$ 晶粒内部和晶界造成二元 M2－B 或三元 M2－Fe－B 硼化物相析出,这是第二类添加元素 M2 的主要存在方式,它的主要效果是产生新的晶界相。

由于第一类掺杂元素 M1 具有低的熔点,在烧结和回火过程中可影响液相的湿润性,从而影响晶粒之间的磁退耦行为,这种硬磁晶粒之间好的隔离和退耦可导致磁体矫顽力的增强;新的掺杂元素晶间相替换晶界中的富 Nd 相,还可明显改善磁体的抗腐蚀性。由于第二类掺杂元素 M2 在主相内只有低的溶解度，从而在主相内形成析出物和在晶界中形成硼化物。这样，在 Nd-(Fe,Co)-B 中，用 M1 掺杂可改变磁性和提高矫顽力；用 M2 掺杂可细化晶粒并抑制软磁的 $Nd(Fe,Co)_2$ 相形成，并将由 Nd_3Co 相部分替换原先晶界中的富 Nd 相，使得磁体矫顽力得到提高的同时改善磁体的抗腐蚀性。对于在 1100℃ 有一定溶解度的掺杂元素 Al 和 Ga，它们将部分替代 Fe，从而还影响到磁体的 M_s、T_c 和 H_a。

研究表明，在 $Nd_{15.5}Fe_{67.5}Co_5B_7Al_2Mo_3$ 烧结磁体中，由 Nd_3Co 相和硼化物 $(Mo,Fe)_3B_2$ 替换了晶界的富 Nd 相；在 Nd-(Fe,Co)-B(Al,V) 烧结磁体中，由 Nd_3Co 相和硼化物 $(V,Fe)_3B_2$ 替换了晶界中的富 Nd 相。在 $Nd_{18}Fe_{74}B_6Ga_6Nb_1$ 和 $Nd_{15.4}Fe_{75.7}B_{6.7}Cu_{1.3}Nb_{0.9}$ 烧结磁体中，有包含 Ga 的 Nd 相（$Nd_3(Ga,Fe)$ 和 $Nd_5(Ga,Fe)_3$ 相）以及包含 Nb 的硼化物相存在。在 (Ga,Nb) 和 (Cu,Nb) 复合掺杂的烧结磁体中，可同时展示出上述两种类型的微结构变化，这里添加 Nb 的另一个优点是可避免在掺杂 Ga 或 Cu 的合金中形成 α-Fe。

烧结 Nd-Fe-B 和 Pr-Fe-B 磁体的矫顽力通常随磁化场的增加而强力地增加，图 2-26 给出了烧结 Nd-Fe-B 磁体在不同磁化场下的室温小磁滞回线[83]。与图 2-17 的磁化/反磁化类型对比可以看出，烧结 Nd-Fe-B 磁体的低场磁导率很高，完全符合形核型矫顽力机制特征。

图 2-27 展示出烧结 Nd-Fe-B 磁体小磁滞回线的矫顽力与磁化场的关系曲线[84]。该烧结磁体矫顽力的饱和磁化场只需 0.7 T，远低于磁体相应的矫顽力（1.2 T）。另外，从图 2-27 小磁滞回线的矫顽力与磁化场的关系曲线可看到，添加 Dy 饱和磁化场较低，但添加 Al 饱和磁化场明显增大。这表明适当地选择添加元素有可能获得较低的饱和磁化场。从添加 Al 磁体低场下的矫顽力与磁化场的关系可看到，该磁体的主相晶粒中存在一定量的脱溶析出物（钉扎物），是这些钉扎物造成了磁体畴壁的部分钉扎，增大了磁体的饱和磁化场。

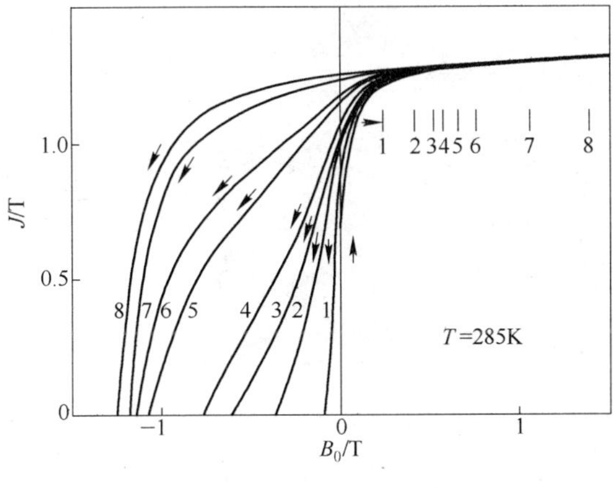

图 2-26　烧结 Nd-Fe-B 磁体在不同磁化场下的室温小磁滞回线[83]

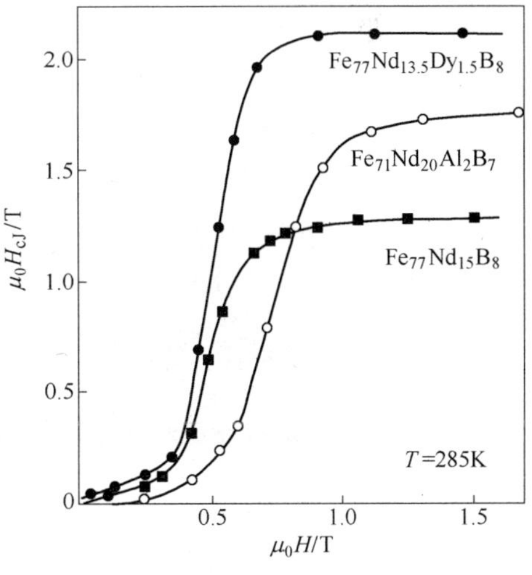

图 2-27　小磁滞回线的矫顽力与磁化场的关系曲线[84]

对于用户来说，饱和磁化场也是一个重要的永磁特性指标。在实际使用中为方便磁体的充磁，人们总希望磁体的饱和磁化场越低越好，以便充分利用永磁体的最佳磁性能。为了降低烧结 Nd - Fe - B 磁体的饱和磁化场，需要磁体主相晶粒生长完美；在选择添加元素时，应尽量使引入的添加元素仅仅改变磁体的边界相组织，而不影响主相晶粒内部的组织，尤其不能让它们在晶粒内形成任何脱溶析出物，以避免一切钉扎型的矫顽力来源；另外，实验结果表明磁晶各向异性场的增大，也可以降低饱和磁化场。这样，在选择适当的添加元素以及相应的工艺条件下，人们有可能获得具有较低饱和磁化场的烧结 Nd - Fe - B 磁体。

磁畴研究也表明，烧结 Nd - Fe - B 磁体的矫顽力机制是形核型的。图 2-28[85] 和图 2-29[86] 展示出正向饱和磁化后取向烧结 Nd - Fe - B 磁体 Kerr 效应研究的磁畴图。在热退磁状态，由于晶粒尺寸（~10 μm）远远超过单畴粒子的直径（0.24 μm），所以几乎每个 $Nd_2Fe_{14}B$ 晶粒包含多个畴[见图 2-28(a)]，图中斑马状黑色条纹表明 $Nd_2Fe_{14}B$ 主相 c 轴在照片平面内，并沿着条纹的走向。当沿着样品的取向轴（c 轴）施加磁化场时，观察发现每个晶粒内的畴壁位移十分容易，在很小的磁场下，畴壁就被赶出晶粒内部[见图 2-28(b)]。而对于反磁化情形，反转磁畴的形核变得十分重要，显然是我们最为关心的现象。图 2-29(a) 展示了经饱和磁化但磁化场下降到 $\mu_0H = 0.15T$ 时的磁畴图，此时与饱和磁化时一样，Nd - Fe - B 晶粒内的所有剩余反转磁畴处于消失状态。但当磁化场下降到 $\mu_0H = 0.1T$ 时，由于样品内部产生的退磁效应，使磁体局部已处于反向退磁状态，于是在 $Nd_2Fe_{14}B$ 晶粒内展示出一典型的反转磁畴的形核[见图 2-29(b)]。从图 2-29(b) 可看到，反转磁畴的形核出现在与非磁性相相邻的 $Nd_2Fe_{14}B$ 晶粒的边缘上。根据扫描电镜的观测，这些非磁性相是 $NdFe_4B_4$

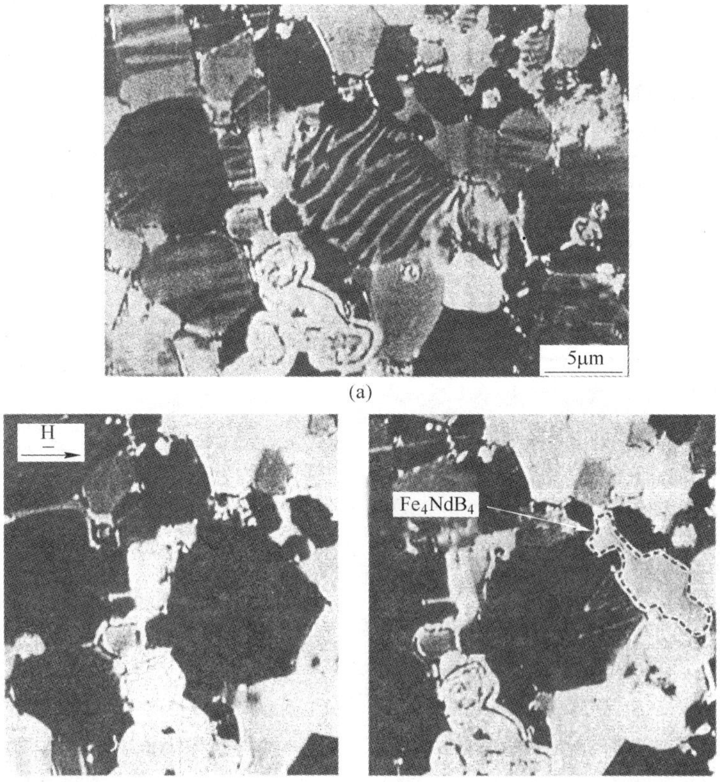

图2-28 在磁场下由 Kerr 效应观测的烧结 Nd - Fe - B 磁体磁畴图[85]

(a) $\mu_0H = 0T$；(b) $\mu_0H = +1.4T$；(c) $\mu_0H = -0.4T$

和 Nd 的氧化物。在以 $Nd_2Fe_{14}B$ 晶粒为基体的磁体中，由于非磁性相的存在而造成的杂散磁场，会严重影响烧结 Nd－Fe－B 磁体的退磁行为。正如在图 2-29(c)、(d)、(e)、(f)中所展示的那样，在几乎平行于取向轴的 $Nd_2Fe_{14}B$ 晶粒的整个体积内，其退磁行为首先被反转磁畴的形核过程所控制，接着被在 $Nd_2Fe_{14}B$ 晶粒内磁畴壁的位移过程和在不同的相邻

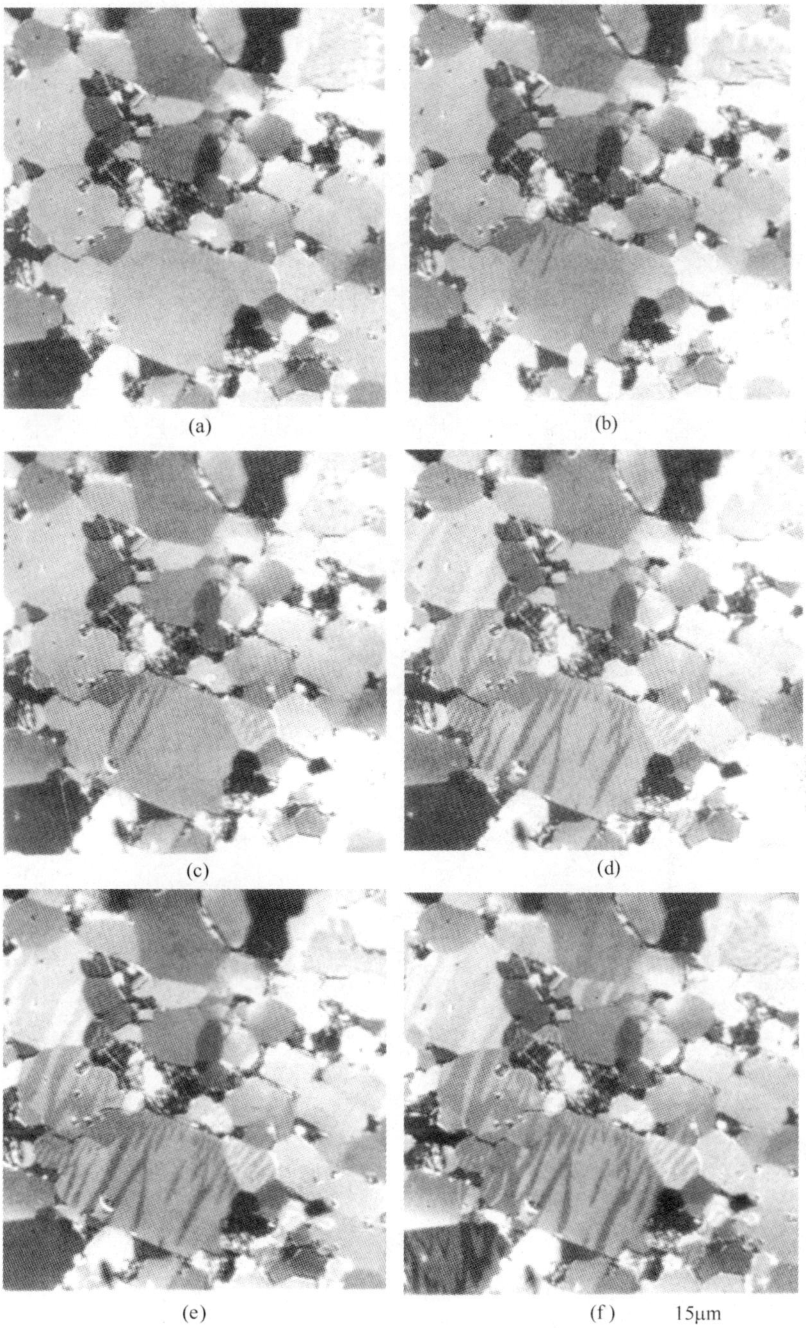

图 2-29 在磁场下由 Kerr 效应观测的烧结 $Nd_{15}Fe_{77}B_8$ 磁体磁畴图[86]

(a) $\mu_0H=+0.15T$；(b) $\mu_0H=+0.1T$；(c) $\mu_0H=0T$；(d) $\mu_0H=-0.1T$；(e) $\mu_0H=-0.15T$；(f) $\mu_0H=-0.35T$

$Nd_2Fe_{14}B$ 晶粒之间磁极面上的静磁相互作用所控制。在磁化场下降到 $\mu_0H=0T$ 时，由于样品形状的退磁效应，磁体已完全处于反向退磁状态，此时已形核的反转磁畴延伸扩大[见图 2-29(c)]。当磁化场反向，并不断增大时(从 -0.1T，-0.2T 至 -0.35T)，其反转磁畴也不断延伸扩大，此时的磁畴图分别展示于图 2-29(d)、(e)、(f)。在图 2-28(c)中也展示出，在不大的反向磁化场(-0.4T)作用下，大部分晶粒已出现反转磁畴，并且在反向磁化场远小于磁体矫顽场下完成了反磁化，此时在 $Nd_2Fe_{14}B$ 晶粒内部也观察不到磁畴。这一结果表明，样品表面的反磁化比较容易，因为样品表面的退磁场较大。

利用带有 Fresnel 和 Foucault 图像模式的洛伦兹显微镜结合经磁场表征了的透射电子显微镜的原位磁化实验，Velkov 和 Zhu 实时研究了在不同外加磁场下烧结 Nd - Fe - B 磁体中单独磁畴的磁化反转变化[87]。研究结果清晰地指出，在烧结 Nd - Fe - B 磁体中的反磁化过程，首先由在高磁场下保留下的散取向晶粒中已反转的磁畴偶极进行形核和扩张，然后在更负的磁场下通过靠近晶粒取向好的晶界上的磁畴的形核和劈裂实现大的不可逆畴壁位移，直到新建畴壁的横向扩张全部完成。

Lorentz 显微镜研究发现[88]，在烧结 Nd - Fe - B 磁体中每个晶粒包含若干个尺寸约为 0.3 μm 接近单畴粒子尺寸的畴[见图 2-30(a)]，其畴壁同富 Nd 夹杂物[见图 2-30(b)]和晶粒边界[见图 2-30(c)]两者有相互作用，倾斜实验表明后者的作用更强。

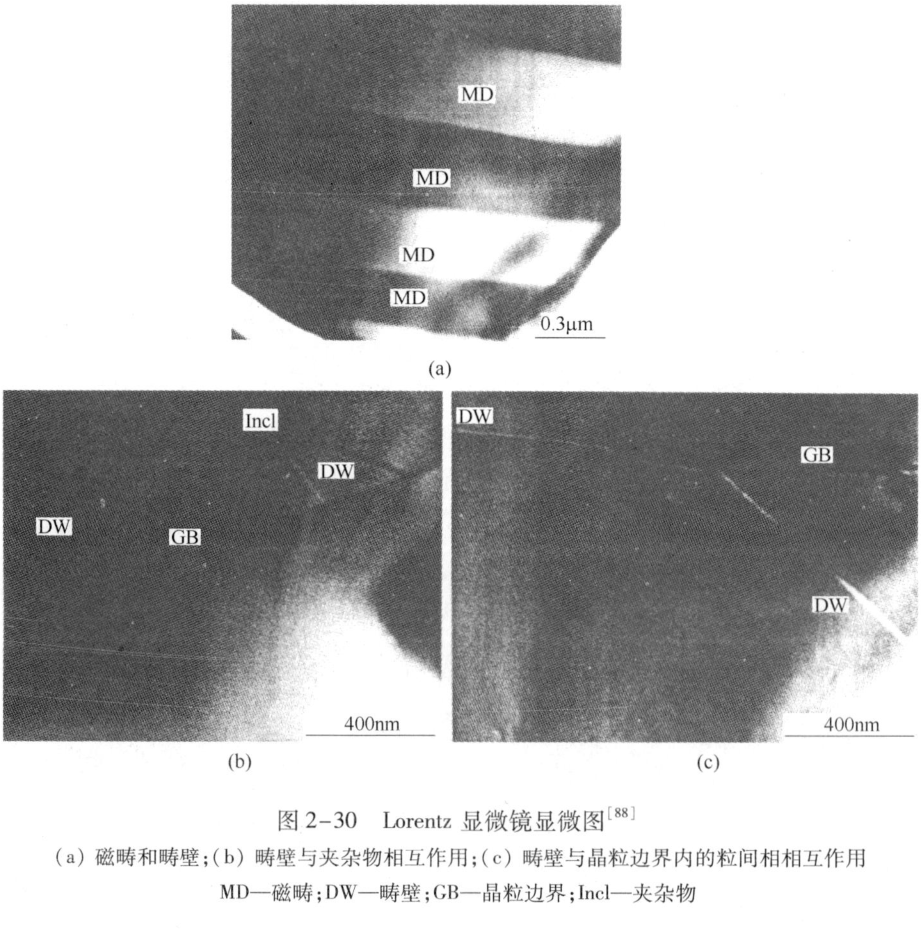

图 2-30 Lorentz 显微镜显微图[88]

(a) 磁畴和畴壁；(b) 畴壁与夹杂物相互作用；(c) 畴壁与晶粒边界内的粒间相相互作用

MD—磁畴；DW—畴壁；GB—晶粒边界；Incl—夹杂物

由上面的初始磁化曲线、小回线形状以及磁畴观测均可得出，烧结 Nd－Fe－B 磁体在室温附近的矫顽力可以通过反转畴的形核得到解释。这种解释与上述的微结构研究是一致的。借助微磁学模型和整体模型也都成功地解释了该类磁体是形核控制型矫顽力机制[89]。如果取钉扎机制所相关的散取向角 $\alpha_{\psi}^{\mathrm{eff}}=1$，按照微磁学钉扎模型所作的 $H_c/M_s \sim (\pi H_A/3\sqrt{3}\delta_w M_s)$ 或 $H_c/M_s \sim (2\delta_w H_A/3\pi M_s)$ 图所看到的均不为线性，表明不符合钉扎模型；但如果取形核机制相关的散取向角 $\alpha_{\psi}^{\mathrm{eff}}=0.5 \sim 0.65$，依照微磁学形核模型所作的 $H_c/M_s \sim \alpha_{\psi}^{\mathrm{eff}} H_A$ 图有很好的线性关系，表明了形核机制控制着烧结 Nd－Fe－B 磁体的矫顽力。而按照整体模型所作的 $H_c/M_s—\gamma_w/\mu_0 M_s^2 V^{1/3}$ 图，则有更好的线性关系。从线性关系的斜率和截距，可分别得到两种模型的微结构参数 α_k 或 α 和 N_{eff}，整体模型给出的 α 比起微磁学模型的 α_k 稍小。通常，α_k 或 α 值在 0.5～1 之间，而 N_{eff} 值接近 1 或更大。大的 N_{eff} 值表明了在磁体内部存在着许多大的局域退磁场，它们往往出现在非磁性的夹杂物和晶粒的锐边附近，容易造成反磁化形核，使得矫顽力降低。根据形核机制所期望的矫顽力角度关系应遵循 $1/\cos\theta$ 规律，这也从另一角度证实了烧结 Nd－Fe－B 磁体是形核控制型矫顽力机制。图 2-31 给出了烧结 Nd－Fe－B 和 $SmCo_5$ 磁体在 300K 时矫顽力的角度关系[90]。

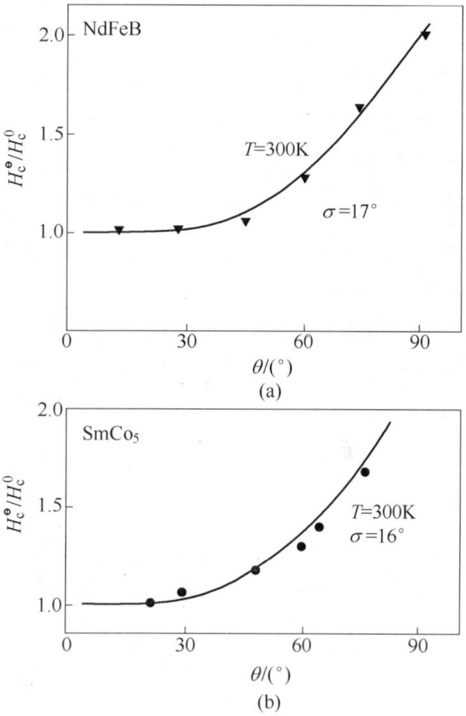

图 2-31 烧结 Nd－Fe－B 和 $SmCo_5$ 磁体在 300K 时矫顽力的角度关系[90]

2.2.4.3 熔体快淬 Nd－Fe－B 磁体的微结构和矫顽力

自 1987 年以来，由快淬 Nd－Fe－B 合金带制备的粘结磁体发展很快，而 Sm－Co 粘结磁体的产量明显下降。目前，Nd－Fe－B 粘结磁体已占整个粘结稀土磁体产量的 90% 以上。与烧结磁体不同的是，用于粘结磁体的磁粉必须有实用的矫顽力。在 Nd－Fe－B 粘结磁体中，主要使用的是熔体旋淬（melt-spinning）法制备的 Nd－Fe－B 合金快淬带和氢化－歧化－脱氢－重组（hydrogenation disproportionation desorption recombination，HDDR）法制备的 Nd－Fe－B 合金 HDDR 粉。而在 Nd－Fe－B 粘结磁体所用的快淬 Nd－Fe－B 合金薄带又可以分成两大类：一种是晶粒尺寸在亚微米量级的、稀土比正分 $Nd_2Fe_{14}B$ 成分稍富的磁粉；另一种是贫稀土 Nd－Fe－B 的双相纳米晶复合材料。本节仅涉及前一种材料，而后一种材料将在 2.7.2.3 节中讨论。

借助透射电子显微镜实验观测到相应于最佳快淬速度的熔体旋淬薄带是两相材料。该薄带材料是由尺寸约为 30 nm 的 $Nd_2Fe_{14}B$ 晶粒和其周围一层很薄的非晶相组成的[91～93]，其中的非晶相由较富的 Nd 和欠缺的 B 构成，Nd∶Fe 为 7∶3。过淬的快淬薄带在 600℃ 下退火 1 min后，合金带中的平均晶粒尺寸为 30～40 nm，与最佳快淬薄带一样，$Nd_2Fe_{14}B$ 晶粒被一薄层非晶相围绕着。在欠淬的快淬薄带中，$Nd_2Fe_{14}B$ 晶粒比较大，最大的晶粒可达 500 nm。

由于快淬 Nd – Fe – B 薄带中的晶粒尺寸（30 ~ 80 nm）小于 $Nd_2Fe_{14}B$ 相的单畴晶粒的临界尺寸 d_c（~240 nm），且其周围有一层很薄的非晶相隔离，因此，快淬 Nd – Fe – B 薄带中晶粒的磁畴基本上是单畴结构，但从洛伦兹显微镜实验观察到[92,93]，在最佳快淬薄带中也存在畴壁，这些畴壁主要存在于晶粒的边界上，且被钉扎在几个约 80 nm 较大的晶粒的边界上；而在较小的晶粒（20 ~ 30 nm）中，畴是由几个晶粒组成的（即纳米晶粒之间的交换作用畴），畴壁被钉扎在该畴外面的晶粒边界上。畴壁的厚度约为 3 nm，畴壁能约为 17 mJ/m²。这些结果表明，快淬薄带中的磁化和反磁化与钉扎控制型磁体相类似，主要是由薄带中各单畴粒子磁畴磁矩的一致转动和晶粒边界中畴壁钉扎来实现的。因此，快淬 Nd – Fe – B 薄带的矫顽力机制是钉扎型的。人们从快淬 RE – Fe – B 薄带的小回线和初始磁化曲线行为也证实了它的钉扎型机制[15,57]。

对通过熔体旋淬、热压和热变形（die-upset）工序所制备的 Nd – Fe – B 热变形磁体的透射电子显微镜实验观测表明[94,95]，热变形磁体具有各向异性的织构，大部分晶粒的 c 轴沿热变形压力的方向；主相 $Nd_2Fe_{14}B$ 晶粒以小板片的形式（平均直径为 300 nm，厚度约为 60 nm）平行地存在于磁体中，c 轴垂直于板面；主相 $Nd_2Fe_{14}B$ 晶粒内不存在缺陷，在晶粒边界有延伸到晶粒间交汇处的晶界相；其晶界相与最佳快淬带一样是富 Nd 相。图 2–32 展示了 Nd – Fe – B 热变形磁体中洛伦兹显微镜观测的畴结构图[95]。从图可清晰地看到，接近等间距的畴壁通过许多晶粒，热压磁体中的畴壁处于大晶粒的内部和小晶粒的周围，其畴壁钉扎在边界相中。虽然热变形磁体中的晶粒尺寸远大于最佳快淬薄带中的晶粒尺寸，但前者磁体中的畴壁厚度和畴壁能与后者快淬带中的畴壁厚度和畴壁能有同样的数值。由于 Nd – Fe – B 热变形磁体中绝大多数晶粒尺寸仍然小于 $Nd_2Fe_{14}B$ 相的单畴晶粒临界尺寸 d_c，因此，在 Nd – Fe – B 热变形磁体中，大的矫顽力同样主要来源于单畴粒子磁畴磁矩的一致转动和边界相的畴壁钉扎。

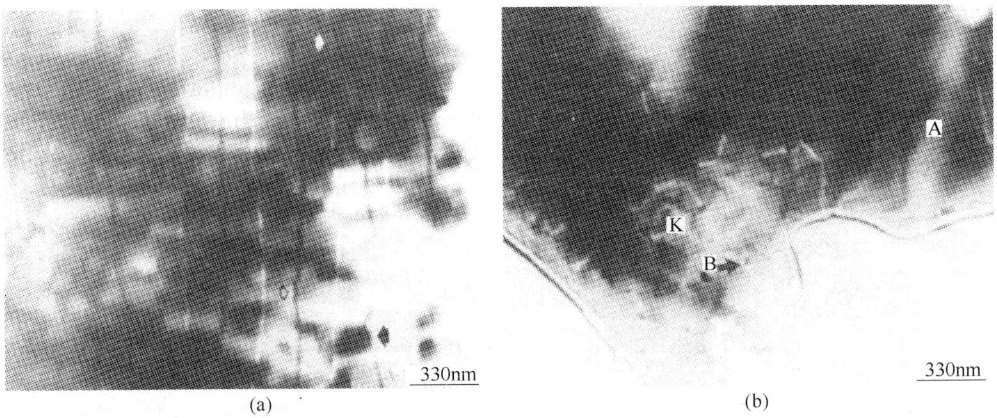

图 2–32 在 Nd – Fe – B 热变形磁体洛伦兹显微镜观测的畴结构图[95]

2.2.5 稀土永磁材料的其他特性

永磁材料最主要的性能是室温附近的永磁特性，但除此之外，材料的其他物理性能在一些特殊应用领域也是重要的。如在航空航天和弹道导弹中使用的磁体，环境温度变化很大，需要磁体温度系数低才能确保器件正常工作，另外，在永磁性能相同的情况下还希望材料的密度尽量低，以降低重量；在高频环境下工作的永磁体需要它的电导率尽量低，以降低高频损耗和磁体的发热；在电真空器件磁控管和行波管中工作的磁体，除需要低的磁体温度系数外，还希望其热导率尽量高，以便很好地降温；在高速运转的电机、陀螺仪和磁性轴承中使用的磁体需要材料有高的机械强度；一些特殊形状要求的磁体需要进行各种机械加工，对于这些磁体需要有良好的机械加工性能；通常磁体总是与其他材料组装在一起使用，为了与其他材料紧密配合，希望磁体的线膨胀系数与相配材料的线膨胀系数差异尽量小。这些物理性能包括磁性材料的温度稳定性、密度、电导率、热导率、比热容、线膨胀系数、磁致伸缩系数、维氏硬度、抗压强度、抗拉强度、冲击韧性等。

另外，永磁材料的化学稳定性在材料的制造过程及一些应用领域显得尤其重要。它主要包括材料在各种环境下抗氧化性和抗腐蚀性。在海洋工程领域中使用的磁体，由于潮湿的空气和盐的作用，磁体表面会受到侵蚀，从而造成磁体的氧化和腐蚀；在化工工程领域中使用的磁体，由于磁体表面受到各种酸和碱的侵蚀也将造成磁体的氧化和腐蚀。

除了材料的上述特性外，还有一些特殊的性能有时也需要关注：如能忍受振动和冲击、电磁场和射线辐射的相关性能。总之，各种特殊要求的永磁材料只有满足了以上所述的在磁性、温度及周围环境方面的种种苛求，磁体才能长期稳定地工作。

2.2.5.1 稀土磁体磁性能的温度稳定性

对于许多应用，知道磁体的磁性随温度变化的规律以及长时间处于高温下它们是否稳定是很重要的。这一点对于在整个工作温度下，磁通需要保持恒定或变化范围极窄的器件来说有特别重要的意义。如在通讯领域中用的大功率发射管所需的微波管聚焦结构、在航空航天领域的陀螺仪、在测量领域的加速计等器件上都有异常严格的温度稳定性要求，正是这种应用的需求推动了一系列严格的温度稳定性测量。

磁体的温度特性主要指磁体的剩余磁通密度和内禀矫顽力的温度特性。对于磁体的剩余磁通密度的温度特性，通常可用开路状态下的可逆温度系数 $\alpha(B)$ 和不可逆磁通损失（irreversible flux losses）两个参量来衡量。它们的物理意义和定义如下：一个已充磁的开路磁体，从室温 T_0 升到某一高温 T_1，随后再降回室温 T_0 时，磁体的磁通密度随温度的变化将如图 2-33 那样变化。磁体的热磁损失就是总磁通密度损失 $L = B(T_0) - B(T_1)$，它包含了两种损失：可逆磁通损失（reversible flux losses）$L_{rev} = B'(T_0) - B(T_1)$ 和不可逆磁通损失（irreversible flux losses）$L_{irr} = B(T_0) - B'(T_0)$，总磁通密度损失该写成 $L = L_{rev} + L_{irr}$。人们通常又用可逆温度系数 α(B)来描述温度从 T_0 至 T_1 的可逆磁通损失的变化率，而用不可逆磁通损失 L'_{irr} 来描述不可逆磁通损失的变化率，分别表达如下：

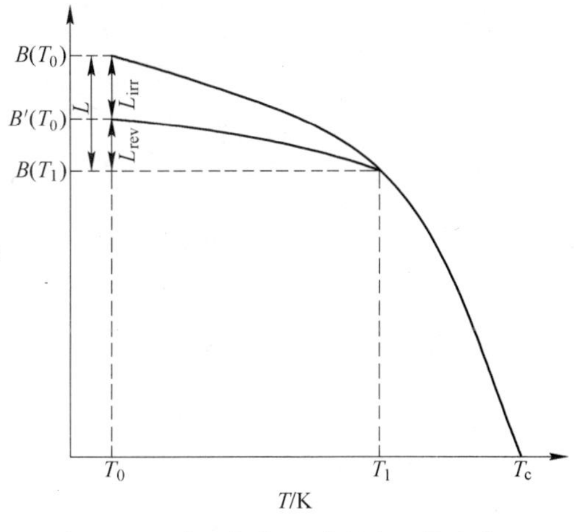

图 2-33 磁通密度 B 随温度 T 的变化

$$\alpha(B) = \frac{L_{rev}}{B'(T_0)(T_1 - T_0)} \times 100\% = \frac{B(T_1) - B'(T_0)}{B'(T_0)(T_1 - T_0)} \times 100\% \tag{2-31}$$

$$L'_{irr}=\frac{L_{irr}}{B(T_0)}\times 100\%=\frac{B'(T_0)-B(T_0)}{B(T_0)}\times 100\% \tag{2-32}$$

式中 $B(T_0)$——磁体在室温时的磁通密度,T;

$B(T_1)$——磁体在高温时的磁通密度,T;

$B'(T_0)$——磁体从高温回到室温的磁通密度,T。

对于磁体内禀矫顽力的温度特性,与可逆温度系数 $\alpha(B)$ 相类似,人们通常用内禀矫顽力 H_{cJ} 的温度系数 $\alpha(H_{cJ})$ 来描述,其表达如下:

$$\alpha(H_{cJ})=\frac{H_{cJ}(T_1)-H_{cJ}(T_0)}{H_{cJ}(T_0)(T_1-T_0)}\times 100\% \tag{2-33}$$

式中,$H_{cJ}(T_0)$ 和 $H_{cJ}(T_1)$ 分别是 T_0 和 T_1 时的内禀矫顽力。为了清晰明了地表明磁体抵御高温的能力,还引入磁体抗热的临界温度(HRT:heat resistance temperature),也称最高使用温度 T_W。它的定义为:采用长径比 $L/D=0.7$ 圆柱形磁体,磁导 P 为 2 时,当不可逆磁通损失为3%(或5%)时的温度。磁体抗热的临界温度 HRT 与退磁曲线的内禀矫顽力和方形度密切相关[96]。

可逆温度系数 $\alpha(B)$ 仅取决于材料的内禀特性,即由材料成分所决定的饱和磁化强度的温度变化和居里温度相关;而不可逆磁通损失不仅与材料的内禀特性有关,也与磁体的形状、暴露的温度和时间等因素相关。需指出,以上所指的不可逆损失均是在短时间加热与冷却循环中的磁通变化。由于上面所说的不可逆损失仅仅是指起始时间的不可逆磁通损失,因而有时也称它为起始不可逆磁通损失。除了起始不可逆磁通损失外,还有相对长时间而言的老化效应(aging effects)所产生的不可逆磁通损失。这两种不可逆磁通损失均属非结构性改变引起的磁性的时间效应。另外还有第三种由金相结构改变所引起的不可逆磁通损失。

短时间(几天以内)加热与冷却循环中的可逆温度系数、不可逆磁通损失以及严格的长期(几月或几年)老化效应还依赖于退磁曲线上磁体的工作点。该工作点通常利用一个专用的工作磁导 $P=-B_d/\mu_0H_d$ 来描述。图 2-34 展示了 $B-H$ 曲线的温度变化和不同的磁导线[97]。如果磁体所用的磁导是 P_1,那么由于温度从室温升到高温,磁体的工作点将从 A 点转变到 B 点,当从高温冷却到室温,磁体的磁通密度将完全返回,即为可逆磁通损失。然而,如果磁体所用的磁导是 P_2,此时的工作点是 A' 点,在高温的工作点是 B' 点,该 B' 点在退磁曲线的膝点以下。在此情况下,磁体从高温冷却到室温时,工作点不再返回到 A' 点,而是仅返回到 C 点。此时造成的磁通损失为 $A'-C$,即为起始不可逆磁通损失。起始不可逆磁通损失的大小取决于稀土磁体的类型、使用温度和使用的磁导系数。

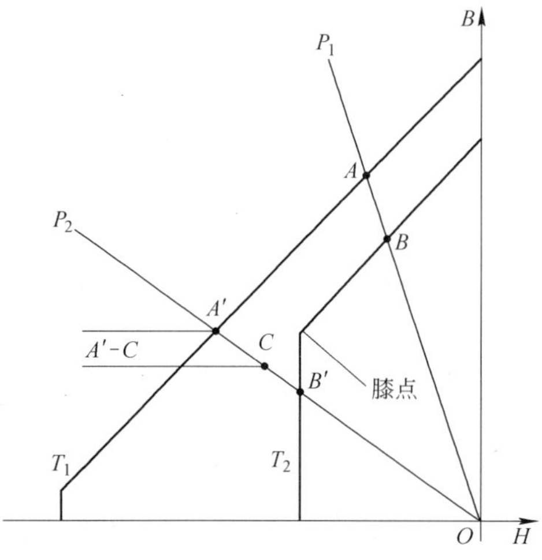

图 2-34 $B-H$ 曲线的温度变化和磁导线

较低温度的不可逆磁通损失通常来源于磁性,并且通过再充磁即可恢复。它可归因于内部自退磁场影响下热激活的畴壁移动。这种磁通损失的分量随工作磁导 P 值的降低而快速地增加。然而,可逆磁通损失或可逆温度系数几乎与工作磁导 P 值无关,基本上与自发磁化强度的温度变化相关。在较高温度的不可逆磁通损失,既是温度的函数,也是时间的函数。对于高温短时间的不可逆磁通损失通常是由于冶金学微结构的慢变化和氧化引起的结构改变造成的。对于粘结磁体,这种不可逆磁通损失也可以由于粘结剂的软化和合金与粘结剂界面的恶化造成。实际测量可以发现烧结磁体的高温长时间老化减磁非常平缓,而粘结磁体的则出现持续下滑的趋势。而长时间的老化效应是指磁体长时间暴露在高温下所附加的仅与时间相关的那部分不可逆磁通密度损失,来源于畴壁的爬行。在较低温度,如 100℃ 或直到 150℃,数小时磁畴结构不可能达到平衡态;在靠近室温时甚至数百小时,磁畴结构仍不能达到平衡态[20]。

A Sm－Co 磁体

这里首先考虑可逆磁通损失。图 2-35 给出了 5 种 Sm－Co 型商业烧结磁体在工作磁导 $P = -2.5$ 时温度升至 250℃ 的可逆磁通变化。这些样品都是柱状的,磁体被轴向充磁。可以注意到,可逆磁通损失基本上是由磁体合金的成分所确定的。两种 2-17 型磁体尽管它们的矫顽力差异很大,但可逆磁通损失都很小;1－5 型磁体的可逆磁通损失比 2-17 型磁体的稍大一点;含稀土铈磁体的可逆磁通损失最大。这是因为磁通损失与主相的居里温度 T_c 密切相关,2-17 型磁体的居里温度 T_c 最高,1－5 型磁体稍次,而含稀土铈的最低,所以它的可逆磁通损失也最大。

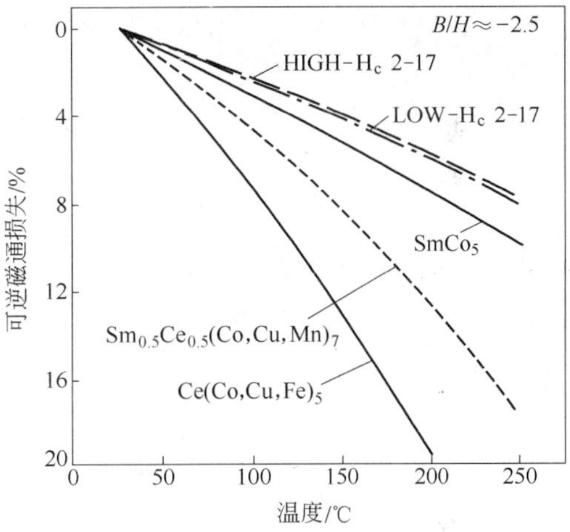

图 2-35 工作磁导为 －2.5 时不同稀土磁体的开路可逆磁通变化[98]

作为温度或时间函数的上述磁通损失测量通常是在一定的 P 值下小的柱形或棱柱形样品上进行的。由于圆柱或棱柱体样品不可能像椭球体那样有均匀一致的磁化,因此,H_d 值在整个被测样品体积中也是不一致的,使样品的工作磁导 P 值有一定的误差。

与不可逆磁通损失相关的磁体磁性主要是内禀矫顽力。内禀矫顽力 H_{cJ} 越低,不可逆磁通损失越严重;另外,工作磁导 P 值越低,不可逆磁通损失也越严重。

图 2-36 展示了与图 2-35 中显示可逆磁通损失的同一组样品在 150℃ 和 250℃ 时所测量到的老化曲线[98]。这些柱状样品的 L/D 值相应于 $P \approx -2.5$ 和 $P \approx -0.5$ 两种明显不同工作磁导值上:$P \approx -2.5$ 是许多微电机工作的磁导值,而 $P \approx -0.5$ 是很接近行波管聚焦磁体的典型工作点。这些测量是在空气中加热磁体到一定温度并暴露所需时间后再回到 25℃ 时做的。注意把 $t = 10^{-1}$ h 作为起始点,即相应于短时间不可逆磁通损失,随后的长时间暴露引起的磁通下降才是器件工作中真正的老化损失。从图 2-36 可看到,老化损失与不可逆磁通损失一样基本上同内禀矫顽力相关。高矫顽力的 1－5 型和 2-17 型的老化损失很小,而低矫顽力的 2-17 型的不可逆磁通损失和老化损失都相当严重。另外也可看到,工作磁导 P 值越低,不可逆磁通损失和老化损失也越严重。

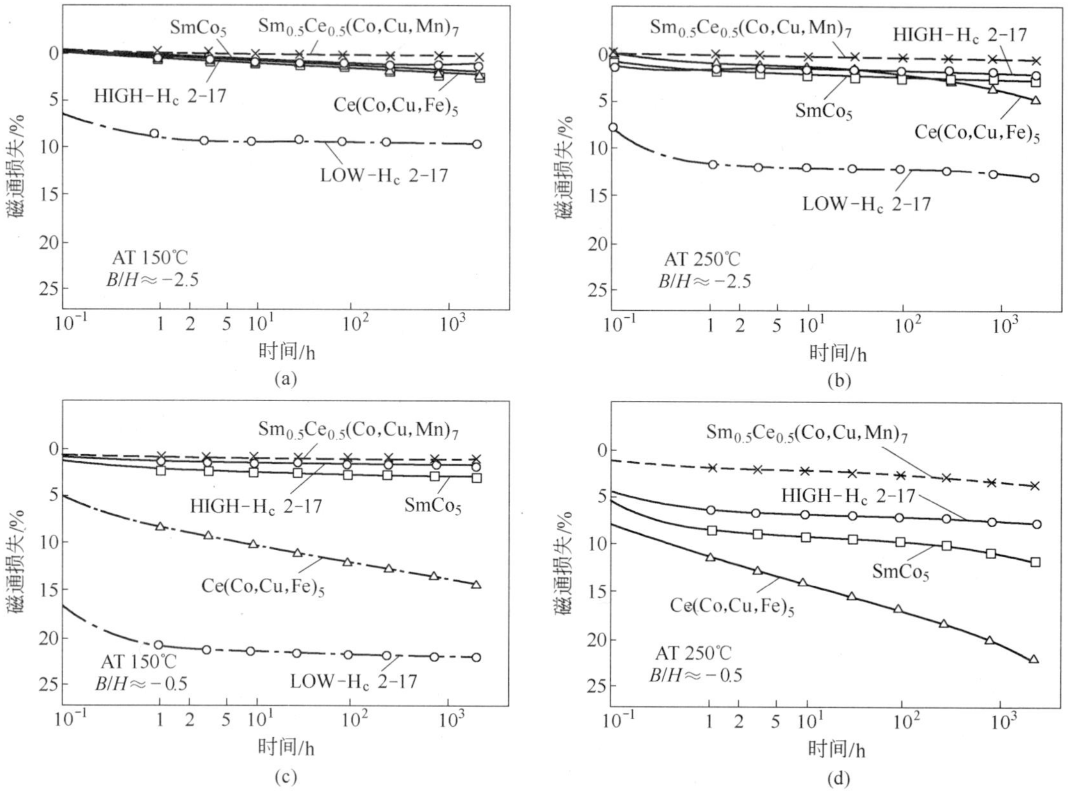

图 2-36 在 150℃和 250℃所测量到的老化曲线[98]

从图 2-36 可明显地看到,对于一个连续长时间工作的器件来说,加热 1 ~ 10 h 经常会相当好地稳定系统的磁通。因此,人为的预老化可以被用来作为一种热稳定的方法。

B Nd - Fe - B 磁体

表 2-9 是 Nd - Fe - B 系磁体的温度系数、居里温度和最高使用温度与其他永磁材料的比较。从表 2-9 可见,Nd - Fe - B 系磁体在 20 ~ 100℃ 温度范围内的磁通密度温度系数 $\alpha(B_r)$是 Sm - Co 合金的 3 ~ 5 倍,矫顽力温度系数 $\alpha(H_{cJ})$也是 Sm - Co 合金的 2 ~ 3 倍,Nd - Fe - B系磁体的温度稳定性较差。但该磁体的温度稳定性可通过 Co 替代 Fe 以及 Dy、Tb 等重稀土替代 Nd 获得显著改善;如果在上述替代的基础上同时添加少量的 Al、Ga、Cu、Nb、W 等低熔点或高熔点金属,如成分为 $Nd_{0.5}Dy_{0.5}(Fe_{0.68}Co_{0.22}B_{0.08}Ga_{0.01}W_{0.01})_{5.8}$磁体,其磁通密度在室温甚至可达到零温度系数[99]。如果在 Dy、Co 替代 Nd、Fe 的同时,再适量添加少量的 Ga 或 Nb,成分为$(Nd_{0.8}Dy_{0.2})(Fe_{0.86-u}Co_{0.06}B_{0.08}M_u)_{5.5}$磁体的不可逆磁通损失也可降低[100]。

表 2-9 Nd - Fe - B 系磁体的温度系数、居里温度和最高使用温度与其他永磁材料的比较

合 金	居里温度 T_c/℃	磁感应温度系数(20 ~ 100℃) $\alpha(B_r)$/% · ℃$^{-1}$	矫顽力温度系数(20 ~ 100℃) $\alpha(H_{cJ})$/% · ℃$^{-1}$	最高使用温度①/℃
$SmCo_5$	720	-0. 045	-0. 25	250
2 - 17 型 SmCo 合金	820	-0. 025	-0. 25	350

续表 2-9

合 金	居里温度 T_c/℃	磁感应温度系数(20~100℃) $\alpha(B_r)$/%·℃$^{-1}$	矫顽力温度系数(20~100℃) $\alpha(H_{cJ})$/%·℃$^{-1}$	最高使用温度①/℃
Nd-Fe-B 三元合金	310	-0.126	-0.55	150
Al-Ni-Co 合金	800	-0.02	-0.03	500
硬磁铁氧体	450	-0.02	+0.04	300
Mn-Al-C 合金	310	-0.12	-0.04	120

① 一些特殊成分的 Sm-Co 和 Nd-Fe-B 磁体的最高使用温度已分别达到 550℃ 和 250℃，详见 2.7.1.1 节和 2.7.1.2 节。

表 2-10 给出了成分为$(Nd_{0.8}Dy_{0.2})(Fe_{0.86-u}Co_{0.06}B_{0.08}M_u)_{5.5}$烧结磁体不同 Nb 或 Ga 添加量对磁性和不可逆磁通损失的影响[100]。如果在 Dy、Co 替代 Nd、Fe 的同时，再适量复合添加少量的 Ga 和 Nb，成分为$(Nd_{0.8}Dy_{0.2})(Fe_{0.835}Co_{0.06}B_{0.08}Nb_{0.015}Ga_{0.01})_{5.5}$磁体具有更低的不可逆磁通损失，其最高使用温度可延伸到更高的温度，图 2-37 给出了该磁体不可逆磁通损失的温度关系[100]。从表 2-10 可看到，随矫顽力的增加，磁体不可逆磁通损失下降。

表 2-10 成分为$(Nd_{0.8}Dy_{0.2})(Fe_{0.86-u}Co_{0.06}B_{0.08}M_u)_{5.5}$烧结磁体不同 Nb 和 Ga 添加量对磁性和不可逆磁通损失的影响

M	*u*	B_r/G	H_{cJ}/Oe	$(BH)_{max}$/MGOe	不可逆磁通损失/%		T_2/℃
					200℃	220℃	
	0	11200	22500	30.0	1.6	6.4	600
Nb	0.003	11100	20900	29.7	5.8	19.0	600
Nb	0.006	11050	21600	29.3	3.9	17.8	600
Nb	0.009	10900	21800	28.7	3.1	13.7	600
Nb	0.012	10950	22200	28.9	3.0	11.0	600
Nb	0.015	10850	24900	28.5	0.6	1.8	600
Ga	0.005	11050	23300	29.5	1.4	2.1	580
Ga	0.010	11000	26200	29.4	1.3	2.2	600
Ga	0.015	10800	28200	28.1	1.2	1.8	580
Ga	0.020	10600	27200	27.1	1.6	2.1	620
Ga	0.025	10700	24800	27.6	2.4	4.1	620
Ga	0.030	10500	24300	26.7	2.7	4.3	640

注：1. T_2为烧结磁体的第二个退火温度，第一个退火温度是 900℃；

2. 这里的不可逆损失是磁体样品在高温下暴露 0.5 h 后所测的值[100]。

当定义不可逆磁通损失为 3%（也有用 5% 的）的温度是磁体抗热温度（HRT）的话，HRT 与内禀矫顽力之间的实验规律有如图 2-38 所示的线性关系[96]。由此实验规律可知，要提高磁体的使用温度，必须提高磁体的内禀矫顽力。

2.2.5.2 稀土磁体的其他物理性能

烧结 Sm-Co 和 Nd-Fe-B 磁体的非磁性参数见表 2-11[101]。由表 2-11 可见，两种材料都有相当小的电导率、热导率、比热和维氏硬度。它们的热导率比普通钢(50 W/(m·K))、不

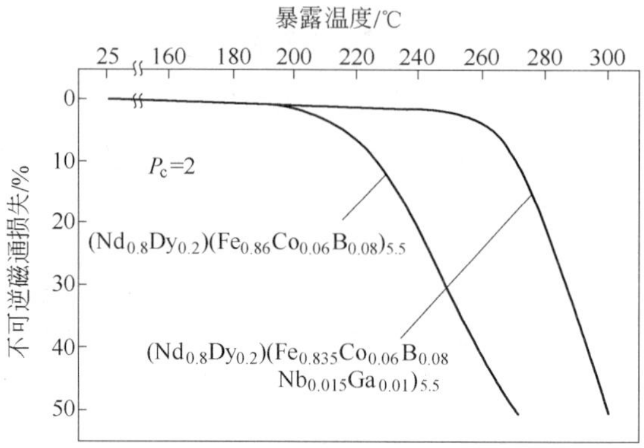

图 2-37 添加 Nb 和 Ga 对磁体开路不可逆磁通损失温度关系的影响[100]

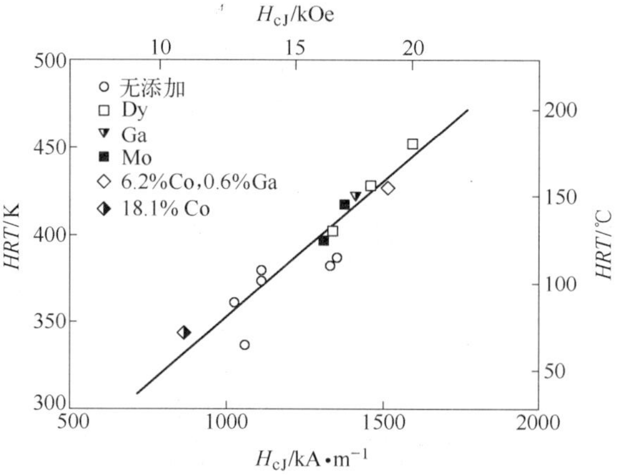

图 2-38 抗热温度(*HRT*)与内禀矫顽力之间的变化规律[96]

锈钢(15 W/(m·K))或铝镍钴磁钢(25 W/(m·K))的热导率低许多。稀土烧结磁体通常是十分硬和易脆的。Nd-Fe-B 磁体比 Sm-Co 磁体韧性稍好些,因而对破损和碎裂的影响程度较低。Sm-Co 磁体的密度比 Nd-Fe-B 磁体高约 15%,但最明显的差别在于线膨胀和机械强度。

表 2-11 烧结 Sm-Co 和 Nd-Fe-B 磁体的非磁性参数[101]

参数	单位	Sm-Co	Nd-Fe-B
μ_{rec}		~1.05	~1.05
密度	kg/m^3	8200~8400	7200~7600
电阻率	Ωm	0.86×10^{-6}	$(1.40\sim1.60)\times10^{-6}$
维氏硬度		500~550	550~600
比热容	J/(kg·K)	370	405
热导率	W/(m·K)	10	7
弯曲强度	MPa	150	250
压缩强度	MPa	820	1100
拉伸强度	MPa	36	75

续表2-11

参　数	单　位	Sm－Co	Nd－Fe－B
线膨胀系数 $c_{//}$(0～100℃)	$℃^{-1}$	8×10^{-6}	5.2×10^{-6}
线膨胀系数 $c_{\perp}$(0～100℃)	$℃^{-1}$	11×10^{-6}	-0.8×10^{-6}

Nd－Fe－B磁体的机械强度是Sm－Co磁体的两倍,然而任何普通永磁体的强度还与磁体的档次明显相关,例如横向断裂强度可以从220 MPa改变到440 MPa,因为它与烧结体的密度紧密相关。Nd－Fe－B磁体在垂直于磁化方向上有负的线膨胀系数,而其他的磁性和结构材料均有正的线膨胀系数。钢的线膨胀系数为 12×10^{-6}/℃、铜为 17×10^{-6}/℃、铝为 24×10^{-6}/℃、铁氧体和Sm－Co磁体在 $(10\sim15)\times10^{-6}$/℃之间;而Nd－Fe－B磁体的线膨胀系数平均值是1。Nd－Fe－B磁体的反常热膨胀(因瓦效应)是由于铁的3d磁性。它使得用粘结的办法把Nd－Fe－B磁体和其他材料组装起来有一定的困难。为了减轻不同材料之间的失配,可以在Nd－Fe－B合金中适当引进一些钴。

Nd－Fe－B磁体的线磁致伸缩系数 λ_S、体积磁致伸缩系数 w 见表2-12[21]。表中第一列 $\lambda_S=\alpha_J J(J-1/2)\langle\gamma_f^2\rangle$ 是根据单离子模型计算的0K时磁致伸缩系数 λ_S,具有明显的各向异性。在 $Nd_2Fe_{14}B$ 化合物中,磁致伸缩系数主要由R亚晶格贡献。随温度的升高,体积磁致伸缩系数增加。

表2-12　Nd－Fe－B磁体的线磁致伸缩系数 λ_S、体积磁致伸缩系数 w[21]

化合物	$\lambda_S=\alpha_J J(J-1/2)\langle\gamma_f^2\rangle$(0K)	$\lambda_S\times10^6$(80K)	$\lambda_S\times10^6$(300K)	$w\times10^6$(80K)	$w\times10^6$(300K)
$Y_2Fe_{14}B$		8±4	23±4	200±6	466±6
$Nd_2Fe_{14}B$	-0.71×10^{-3}	−260±4	−96±4	−30±6	232±6
$Ho_2Fe_{14}B$	-2.22×10^{-3}	−10±4	41±4	200±3	440±6
$Dy_2Fe_{14}B$	-6.35×10^{-3}	−23±4	−45±4	133±3	243±6

2.2.5.3　稀土磁体的化学稳定性

在稀土磁体中,SmCo磁体的化学稳定性较好,而Nd－Fe－B磁体由于磁体晶粒边界上富钕相的存在以及磁体中高的铁含量,其抗氧化和抗腐蚀性能较差。在干燥的条件下,不管是SmCo磁体还是Nd－Fe－B磁体在室温下都是稳定的,但在腐蚀环境(较高的温度、潮湿空气和酸性气氛)下将导致磁体严重的氧化和腐蚀,并伴随其磁性的恶化。图2-39(a)和图2-39(b)展示了用热重分析仪测得的不同Sm－Co磁体在温度120℃干燥空气下的氧化速度(质量分数的增加)曲线[102]。可见在 $RECo_5$ 磁体中,$SmCo_5$ 磁体的抗氧化性能较强,而在Sm－Co磁体中,2∶17型又比1∶5型的抗氧化性能强。图2-40展示了在温度150℃干燥空气下Nd－Fe－B磁体经过粒度为0.082 mm(180目)、0.037 mm(400目)、0.025 mm(600目)砂纸磨光后的氧化速度磁体表面单位面积的质量增加曲线[103]。可见Nd－Fe－B磁体表面越光滑其氧化的速度越低。

Minowa[104]等对烧结Nd－Fe－B磁体四个主要金属相在100 mol/m^{3}的NaCl溶液中进行了浸泡失重的实验(见图2-41),金属相腐蚀失重量随B含量的增加而下降,富钕相($Nd_{77}Fe_{23}$)的失重量是其他相的10倍以上,主相 $Nd_2Fe_{14}B$ 的失重量其次,富硼相的稳定性很好。

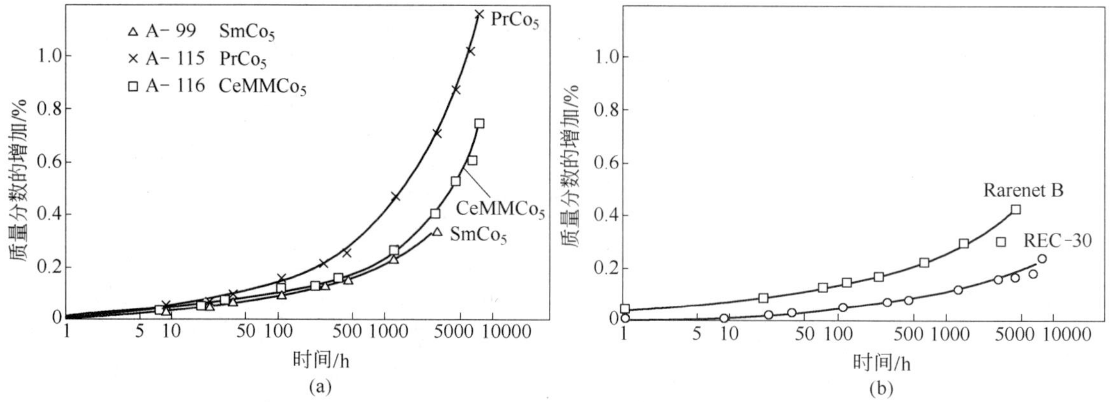

图 2-39 在 120℃干燥空气中烧结磁体质量分数的增加

（a）$SmCo_5$，$CeMMCo_5$ 和 $PrCo_5$；（b）$Sm(Co,Cu,Fe,Zr)_{7.4}$（Rarenet B：$Ce(Co,Fe,Cu)_5$；REC－30：$Sm_2(Co,Cu,Fe,Zr)_{17}$）

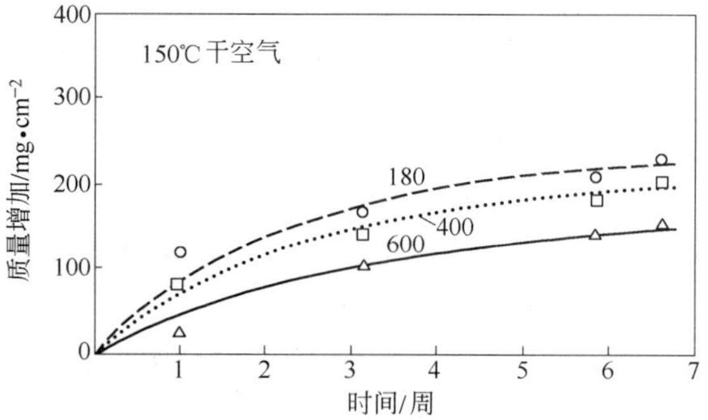

图 2-40 在 150℃干燥空气（相对湿度 $R \cdot H < 15\%$）下烧结 $Nd_{15}Fe_{77}B_8$ 磁体表面经过粒度为 180、400、600 目砂纸磨光后磁体表面单位面积的质量增加

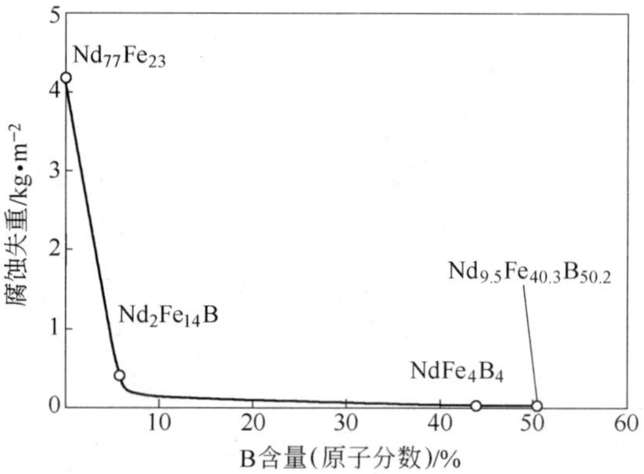

图 2-41 烧结 Nd－Fe－B 磁体中四个主要金属相在 100 mol/m^3 的 NaCl 溶液中失重的实验[104]

Nakamura 等测量了烧结 Nd－Fe－B 磁体多相组织中各相在电解液内的电极电位[105]，发现富钕晶界相的电位低于主相 $Nd_2Fe_{14}B$ 和富硼相 $Nd_{1+\varepsilon}Fe_4B_4$ 的电位。该类磁体多相组织中各相的电极电位见表 2-13。

表 2–13 烧结 Nd – Fe – B 磁体中各相的电极电位[105]

材 料	$Nd_{1+\varepsilon}Fe_4B_4$	$Nd_2Fe_{14}B$	富钕相	粘结 $Nd_{12}Fe_{77}Co_5B_6$	烧结 $Nd_{14}Fe_{78}Al_1B_7$
电极电位/mV(Ag/AgCl)	–460	–515	–650	–480	–530

与上面的研究结果稍有不同,对烧结 Nd – Fe – B 磁体多相组织中各相的腐蚀敏感率,Schultz 等[106,107]给出的顺序为:富 Nd 相 > 富 B 相 > $Nd_2Fe_{14}B$ 相。尽管两组研究在富 B 相和 $Nd_2Fe_{14}B$ 相的顺序上有所不同,但主相 $Nd_2Fe_{14}B$ 对富 Nd 相的顺序是一致的。

由表 2–13 可见,Nd – Fe – B 磁体中第二相富钕相的电化学电位最负,在原电池中成为阳极,而主相则成为原电池的阴极,这种小阳极大阴极的局部腐蚀电池,在小阳极的富钕相中有相当大的腐蚀电流密度,使其沿 $Nd_2Fe_{14}B$ 相晶界加速腐蚀富钕相,形成晶间腐蚀。在潮湿气氛和腐蚀介质中,磁体表层的富钕相首先被氧化成富 O、富 Nd 但低 Fe 的黑色氧化物组织,然后此黑色物质扩散到邻近的 Nd – Fe – B 中,进一步氧化为棕色氧化物,残存的 $Nd_2Fe_{14}B$晶粒因周围组织粉化而从基体剥落。这样,在最终的生成物中,除了 Fe_3O_4、Nd_2O_3 外尚有大量的 $Nd_2Fe_{14}B$ 颗粒。上述的晶间腐蚀是 Nd – Fe – B 磁体抗腐蚀能力差的主要原因。

除了腐蚀环境下会导致磁体严重的氧化和腐蚀外,与其他稀土材料一样,即使在室温下处于富氢环境中的 Nd – Fe – B 磁体也会发生吸氢反应,首先富钕相通过式(2–34)进行放热的($+\Delta H$)吸氢反应,生成 NdH_x,随后引起 $Nd_2Fe_{14}B$ 主相发生式(2–35)的吸氢反应。Nd – Fe – B磁体的吸氢反应如下[108]:

$$Nd + \frac{x}{2}H_2 \longrightarrow NdH_x + \Delta H \tag{2–34}$$

$$Nd_2Fe_{14}B + \frac{x}{2}H_2 \longrightarrow Nd_2Fe_{14}BH_x + \Delta H \tag{2–35}$$

式中,x 与温度和压力相关;在室温和 10^5Pa 时,式(2–34)中的 $x \sim 2.7$,而式(2–35)中的 $x \sim 2.9$。

磁体吸氢后的晶格膨胀和基体相的断裂造成了磁体的爆裂,这是制备烧结 Nd – Fe – B 磁体中制粉工序所采用的氢破碎(氢爆)技术的原理。氢破碎后的 Nd – Fe – B 合金粉通常在球磨或气流磨前进行部分脱氢,并在烧结过程中进行完全脱氢反应。脱氢反应有如下三个阶段[108]:

(1) 在室温 ~300℃之间,主相完全脱氢,其脱氢反应为

$$Nd_2Fe_{14}BH_{2.9} \longrightarrow Nd_2Fe_{14}B + 1.45H_2 \tag{2–36}$$

(2) 在 250 ~400℃之间,富钕相部分脱氢,其脱氢反应为

$$NdH_{2.7} \longrightarrow NdH_{1.9} + 0.4H_2 \tag{2–37}$$

(3) 在 550 ~650℃之间,富钕相完全脱氢,其脱氢反应为

$$NdH_{1.9} \longrightarrow Nd + 0.95H_2 \tag{2–38}$$

Nd – Fe – B 磁体经吸氢后,在潮湿的气氛下,磁体中的富钕相氢化物($NdH_{2.7}$ 和 $NdH_{1.9}$)与潮湿气体直接反应腐蚀粉化成钕的氧化物(Nd_2O_3),其反应为[108]

$$2NdH_x + 3H_2O \longrightarrow Nd_2O_3 + (3 + x)H_2 \tag{2–39}$$

在烧结 Nd – Fe – B 磁体出炉时或磁体长时间存放后,有时能闻到氨的气味。这表明在

Nd-Fe-B 磁体的制备过程中富钕相或基体相已与 N 和 H 发生了一系列反应，最终产生了氨。

在烧结 Nd-Fe-B 磁体时，合成氨反应过程可以从生坯产品在等静压时沾上的油或扩散泵的返油与水气的反应中获得氢，而从烧结过程中生坯放气不足时获得氮，以 Nd-Fe-B 生坯及其氧化物作催化剂，在 800～1000℃下由氢和氮直接合成氨，其反应为[109]

$$3H_2 + N_2 = 2NH_3 + Q \tag{2-40}$$

式中，Q 是热量，加号表示该式是放热反应。

在烧结 Nd-Fe-B 磁体的生产过程中，由于大部分工序是用氮气作为保护气氛，所以在磁体生坯中不可避免地含有一定量的氮。研究指出磁体中氮含量的大小，也会影响 Nd-Fe-B 磁体的抗腐蚀性能[110]。因此，严格控制磁体中的氮含量（$<0.1\%$）是提高烧结 Nd-Fe-B磁体抗腐蚀性能的重要措施之一。

磁体腐蚀的程度依赖于磁体的成分和微织构。为了防止 Nd-Fe-B 磁体的氧化和腐蚀，采取的措施首先应提高磁体本身的抗氧化和抗腐蚀能力，也就是要选择合适的磁体成分和在工艺中控制磁体的微结构；其次才是对磁体的表面进行各种防腐处理。稀土磁体表面防腐处理有：电镀、化学镀、有机涂层、物理气相沉积等。目前，电镀镍是处理 Nd-Fe-B 磁体表面最常用的办法（详见 2.3.4 节）。

2.3 稀土永磁材料的制备

稀土永磁材料的制备有两个基本任务——实现高剩磁和高矫顽力所需要的冶金学微结构，并使磁体的形状、充磁方式（磁化方向）和磁化强度达到磁路应用的要求。在实际生产中，通常根据磁体中磁性材料的含量，将磁体分成全密度磁体和磁粉 + 粘结剂的复合磁体；另外根据磁体内部磁化强度是否有目的地排列，又可将磁体分成各向异性磁体和各向同性磁体。全密度稀土永磁体大都采用粉末冶金工艺制造，以各向异性为主，易磁化方向通常是单一的。但随着电机应用的发展，也形成了成熟的辐射取向磁体制造工艺。如同 Alnico 那样直接铸造稀土磁体的工艺有过非常系统的研究[111～114]，并且具备了量产的条件，然而最终没有形成市场。利用合金中的富稀土低熔点相，通过热压可以直接从铸态合金制造出全密度各向同性磁体[115,116]；而利用 Nd-Fe-B 的热变形取向机制，发展出了热变形各向异性磁体工艺[115,116]。该工艺成为制作薄壁辐射取向磁环的主要手段，但这两类磁体的铸态合金必须具有与最终产品相当的内禀矫顽力，通常是晶粒结构为亚微米的快淬磁片。复合磁体以热固性或热塑性粘结剂为主，也有采用低熔点金属或合金的。由于矫顽力机制的不同，Sm-Co 类复合磁体可以采用铸锭直接破碎的粉末、经过脱溶处理的合金破碎粉，或者烧结各向异性磁体破碎后的粉末，并且依据磁粉的易磁化特征，可加工成各向同性磁体或各向异性磁体[117]；然而由于 Nd-Fe-B 合金铸锭不具有实用的矫顽力，烧结 Nd-Fe-B 磁体破碎到 1mm 以下时因为氧化等原因矫顽力也很低，所以绝大多数粘结 Nd-Fe-B 磁体需采用快淬的各向同性磁粉[118]。由于热变形磁体保持了快淬磁粉的亚微米晶粒结构，可被用来制造各向异性粘结 Nd-Fe-B[119]；氢处理工艺 HDDR 可以制成各向同性或各向异性粉末[120～122]，在成本上优于热变形磁粉；以 Sm_2Fe_{17} 或 $NdFe_{12-x}M_x$ 为基的氮化物各向异性粉末是新开发的对象，也被用来制造粘结磁体。

见诸报刊和学术会议的稀土永磁制备工艺研究，重点集中在全密度磁体和供复合磁体用的磁粉，其主要原因在于磁性材料及其工艺的研究基本上是从磁学或金属学的角度来展开的，复合磁体的制备技术具有高分子、机械、粉末冶金多学科综合的特点，而且更偏向于工艺和技巧，没有成为磁性材料研究和交流的重点，而是作为各制造厂家的独门绝技，在专利上呈现出丰富的图景。在本节中，我们同样将重点放在如何实现稀土永磁体的永磁特性上，并以各向异性烧结磁体和各向同性快淬磁粉为主，仅用少量篇幅介绍铸造、热变形和粘结磁体的制备工艺，以及烧结/粘结磁体常用的机械加工手段。另外，由于稀土元素的化学活泼性和稀土磁体多金属相的特点，稀土磁体的化学稳定性较差，而 Nd－Fe－B 比以 Co 为基的 Sm－Co 磁体更差，磁体的表面防护工序已成为稀土永磁材料制备不可或缺的部分，本节也将就此做一些说明。

2.3.1 烧结磁体的制备工艺

采用粉末冶金工艺制备烧结磁体的基本流程可以参见图 2-42。

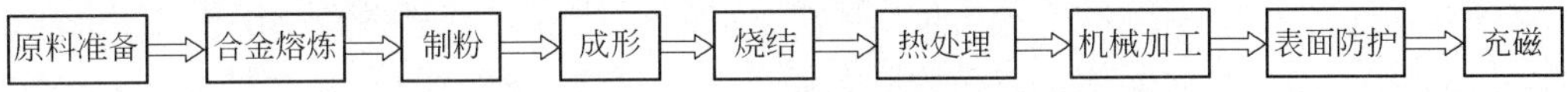

图 2-42 粉末冶金工艺制备烧结磁体的基本流程示意图

各向异性磁体的取向过程在成形工序中实现，除了采用纯金属或合金为原料经过高温熔炼制备合金以外，磁体合金还可以采用还原扩散工艺由金属氧化物直接制备成粉末[123～125]。为了保障最终产品的质量，每一道工序都必须严格控制，其中氧含量的控制尤为重要。

2.3.1.1 原料准备和合金熔炼

通常采用纯金属或中间合金作为原料，在真空或惰性气体环境下进行中低频感应熔炼，利用交变磁场在原料内产生的涡电流使原料加热熔融，并对熔融的合金液体进行搅拌使其均匀化。Fe 和 Co 的熔点在 1500℃附近，作为添加剂的一些高熔点金属如 Ti、V、Cr、Nb、Mo 或 W 等的熔点在 1600～3400℃，纯 B 则为 2077℃，而稀土金属处于 800～1500℃之间，因此熔炼需要在温度高达 1000～1500℃的条件下进行，高熔点元素靠稀土金属熔液的合金化作用熔融，或者直接用高熔点元素的合金（通常为铁合金）做原料，例如 B－Fe（熔点～1500℃）、Nb－Fe（熔点～1600℃）合金等。为了得到真空或低氧的惰性气体环境，需要将炉体抽成真空，并使炉内各零部件和合金原料充分放气，真空水平通常要优于 10^{-1}Pa，炉体在加热前的压升率（内部放气以及外部漏气）也需要控制在较低的水平，比如容量为 1t 的熔炼炉，压升率应低于 $5\times10^{-4}\sim1\times10^{-3}$L/s。真空熔炼可以使熔融液体充分放气，去除低沸点杂质和有害气体，提高合金的纯度，但由于稀土金属的蒸气压很低（<1 Pa），挥发损耗十分可观，所以通常在熔炼过程中对炉体充入惰性气体，以提升环境压力来抑制稀土挥发，较为方便的是采用氩气，一般情况下充到 50kPa 的水平。待合金熔液均匀化、排气和造渣充分完成后，就可以进行浇铸了。合金浇铸是一个非常关键的过程，因为相的组成、结晶状态和分布对烧结磁体的磁性能至关重要。为避免成分偏析，通常采用快速冷却的浇铸方式。

下面就合金熔炼的一些关键要素作进一步的说明。

A 原料

除以混合稀土为原料外，绝大多数情况下稀土以纯金属的形式配料，高熔点成分（如 B、

Mo、Nb 等)则多以铁合金的方式加入;磁体多金属相的特征要求原始配方中稀土和 B 略为富裕;考虑到稀土金属与坩埚材料的反应以及熔炼和烧结挥发(尤其是 Sm),更多的稀土金属要加入原始配方;为了降低合金中的杂质水平,原料纯度要进行严格控制,表面的氧化层和附着物要充分去除。中低频感应熔炼的加热源是交变磁场在原料中形成的感应涡电流,涡电流的趋肤效应使电流集中在原料的表面,如果原料块尺寸过大,涡流不能穿透到料块中心,就只能靠热传导将芯部熔融,这在实际生产中很不现实,所以要根据频率的选择调整原料的尺寸,其尺寸一般控制在趋肤深度的 3 ~6 倍。表 2-14 给出了电源频率—趋肤深度—原料尺寸之间的关系,可见频率越高,趋肤效应越严重,所要求的原料尺寸越小。熔炼频率的选择受制于感应熔炼的另一个重要作用——电磁搅拌,即利用熔融金属液与交变磁场之间力的相互作用促进未熔融固体的熔化和已熔融金属液的均匀化,电磁力的大小与电流频率的平方根成反比,过高的频率会削弱交变电源的电磁搅拌效果。实际生产中采用的频段在 1000 ~2500 Hz 附近,原料尺寸需要控制在 100 mm 以下。原料在坩埚内的码放,要考虑到感生磁场和熔炼过程中温度的空间分布,通常感应线圈绕在坩埚外侧面,坩埚内侧面磁场最强,向中心逐渐减弱,但坩埚侧面、底面以及上开口又是热量外泄的主要途径,所以坩埚的下侧面温度居中,上层和底面中部温度偏低,中间部分温度最高。因此,装料时宜将低熔点的小块料较密实地放在埚底;高熔点料、大块料放在中下部;低熔点的大块料放在上部,且较松动以防搭桥。

表 2-14 电源频率—趋肤深度—原料尺寸之间的关系[126]

电源频率/Hz	50	150	1000	2500	4000	8000
趋肤深度/mm	73	42	16	10	8	6
最佳原料尺寸/mm	220 ~ 440	125 ~ 250	50 ~ 100	30 ~ 60	25 ~ 50	15 ~ 35

B 坩埚

关于熔炼坩埚的选择,有过较为仔细的研究[127~129],常用的是高度重结晶的氧化铝坩埚,因为稀土氧化物的生成自由能是一个绝对值很大的负数,熔融状态的稀土金属容易与氧化铝反应生成稀土氧化物和 RE - Al 中间相,如果能控制工艺条件使 RE - Al 相与高熔点的稀土氧化物紧密附着,则可以大大降低合金熔融液中 Al 和 O 的水平。热解 BN 坩埚是另一个选择,在不施加电磁搅拌的情况下,热解 BN 坩埚对合金熔融液中 B 和 N 的污染水平在 0.01% 以下,电磁搅拌可能妨碍硼化物、氮化物保护层的形成而使污染水平上升。结合两者的优点,BN 和 MgO 涂敷的重结晶氧化铝坩埚在合金熔炼中得到了广泛的应用。

C 浇铸

在烧结稀土永磁磁体的生产中,为达到急冷的效果,通常采用两种方式浇铸。一种方式是水冷模板浇铸(Book Moulding)(厚度通常为 10 ~50 mm),它的优点是设备成本低,操作简单,能满足一般磁体生产的要求;缺点是晶粒不均匀,往往有 α - Fe 相的析出,根据需要可在低于合金熔点下进行均匀化热处理。另一种方式是条片浇铸 (strip casting 或 SC)[130],它是将熔融合金直接浇到快速旋转的水冷金属轮上,以得到织构理想的合金薄片(厚度通常为 0.2 ~0.6 mm)。

Sm_2Co_{17}合金的浇铸直截了当,因为它是共熔的,凝固过程中相分离现象较少,合金可以很缓慢地冷却以便晶粒长大。$SmCo_5$是通过包晶反应生成的，如果最先凝固的 Co 生长过快并且不能被包晶反应完全吸收的话，会形成 Co 核，造成合金成分偏析。采用合金快速冷却技术，使液态合金迅速穿越固 - 液两相区降到包晶点以下，可以大大抑制 Co 核偏析，然后让晶粒在包晶点以下生长，以便在制粉工序制成单晶颗粒。这个过程可以分成两步——合金铸锭快冷到室温，然后在低于包晶点进行长时间均匀化处理，但如果 Co 核被主相严重包裹，将很难与外面的富 Sm 相直接反应，则均匀化处理效果有限。为调整磁体性能而添加微量元素，目的都是为了生成一些附加相，这时仍需要快冷获得理想的相结构和晶粒结构。

在 Nd - Fe - B 合金中抑制 α - Fe 和 $Nd_{1.1}Fe_4B_4$富硼相的目的与 $SmCo_5$的情形是一样的，添加合金化元素、控制熔炼条件、各种铸锭模的设计都用来减少 α - Fe 相的形成，而均匀化处理还可能带来一个新的问题——富 Nd 相聚集，影响其后期对矫顽力的作用。如图 2-43 所示，常规工艺浇铸的合金主要由 $Nd_2Fe_{14}B$（灰色）、富 Nd 相（白色）和 α - Fe（黑色）构成，后者呈典型的枝状结构；均匀化处理后 α - Fe 大幅度减少，主相晶粒长大，但白色的富 Nd 相也相对富集。

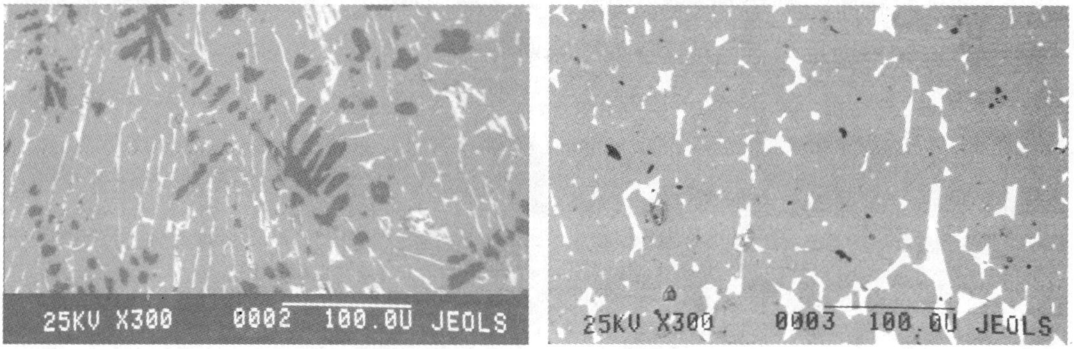

(a) (b)

图 2-43 常规工艺浇铸的 Nd - Fe - B 合金金相图

在 Nd - Fe - B 铸锭中消除 α - Fe 的最佳途径是提高冷凝速度，为此，日本住友特殊金属公司开发了被称作“条片浇铸”的技术[130]。该工艺的优点，一是冷却速度快，抑制了 α - Fe 的生成；二是使富 Nd 相较为均匀地分布在主相晶间，成为极薄过渡层（~0.1 μm）。由此对 Nd - Fe - B 烧结磁体生产带来的益处，一是对于生产同样磁性能的磁体，稀土含量减少，成本降低；二是尽可能减少稀土含量，从而获得高性能磁体。条片浇铸典型的金相结构显微照片和结构见图 2-44。不足的是，采用条片浇铸工艺生产的磁体同采用模板浇铸生产的磁体相比，脆性增加，后加工难度增大。

D 还原扩散法

稀土氧化物通过金属钙热还原，并与 Co、Fe 等金属或氧化物粉末相互扩散，可以直接生成所需要的 RE - T 合金粉末。该项技术最早由美国通用电气公司的 Cech 开发出来[123]，典型的化学反应式为：

$$Sm_2O_3 + 3Ca + 10Co \xrightarrow{1150℃, H_2} 2SmCo_5 + 3CaO \tag{2-41}$$

德国 Goldschmidt 公司的 Domazer 则开发了将 Sm_2O_3和 Co_3O_4共还原的技术[131]：

$$Sm_2O_3 + nCo_3O_4 + (10 - 3n)Co + (4n + 3)Ca \xrightarrow{1000℃,真空} 2SmCo_5 + (4n + 3)CaO \tag{2-42}$$

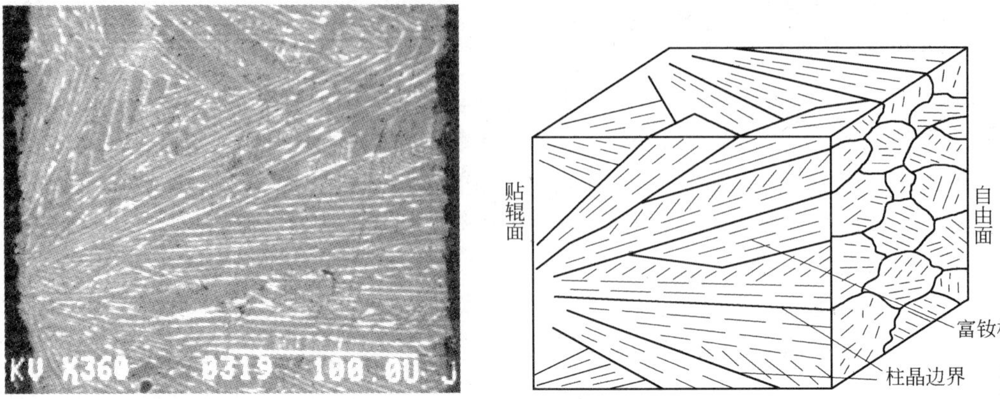

(a) (b)

图 2-44 条片浇铸 Nd - Fe - B 合金的金相结构显微照片和结构示意图[130]

(a) 金相结构显微照片；(b) 结构示意图

李东等人将还原扩散方法应用于 2∶17 的 Sm - Co 合金[124]，而 Herget 等人则将其用在 Nd - Fe - B 合金的制备上[125]，其反应方程式如下：

$$Sm_2O_3 + 3Ca + 17Co \xrightarrow{850 \sim 1160℃,真空} Sm_2Co_{17} + 3CaO \quad (2-43)$$

$$Nd_2O_3 + 14Fe + B + 3Ca \xrightarrow{1200℃,真空} Nd_2Fe_{14}B + 3CaO \quad (2-44)$$

由于直接采用稀土氧化物甚至过渡金属氧化物作为原料，并且将采用金属或合金作为原料的原料提纯、合金熔炼和制粉整合为一个步骤，制造成本相对低廉，为了使原子充分扩散形成金属间化合物，原料粉末的粒度不能过大，一般控制在 40 ~ 200 μm 之间，反应生成的合金呈海绵状，含氧量较高（质量比为 0.1% ~ 0.25%），因为需要在原料中添加过量的稀土氧化物进行反应补偿。

还原扩散工艺主要分为三步：粉末混合、还原扩散处理和脱钙。粉末混合遵从一般的粉末冶金原理，物料的粒度、密度、形状以及表面粗糙度都会影响到混合体的均匀性，导致成分偏析，影响还原扩散处理。运用以重力作为动力的 V 形、双锥形、三维行星形混料机，可以通过粒度 - 密度的关系调整使不同物料的颗粒单重接近；如果偏析现象严重，则可以采用对流式的混合机。为了防止钙的氧化，还需要对混合过程实施气氛保护。还原扩散处理在真空或惰性气体保护下实施，$SmCo_5$ 合金需在 850 ~ 1150℃ 处理 5 ~ 8 h，其中 850℃ 中温处理就需要 2 h 以上，Cech 的工艺是在 850℃、900℃、950℃、1100℃ 和 1150℃ 各保温 30 min；Sm_2Co_{17} 的处理条件与 $SmCo_5$ 的接近，但由于 Fe、Cu 和 Zr 等元素的存在，温度 - 时间组合的差别可分别生成 Sm_2Co_{17} 纯相或 Sm_2Co_{17}/ $SmCo_5$ 混合相，前者的反应条件是 850℃，1 h + 1180℃，5 h，后者为 850℃，1 h + 1100℃，3 h + 1160℃，2 h；Nd - Fe - B 要在 1200℃ 真空下进行处理而获得，并且要形成足够的富 Nd 相以便获得高矫顽力，对防氧化要求更高一些。因为还原扩散处理是在低于硬磁主相的熔点下进行的，反应产物不是一个整体熔融块，CaO 和残余的 Ca 粉末与永磁合金呈海绵状熔接，需要用机械或化学的方法去除，生产中一般采用水磨法，即在水中球磨使 CaO 和 Ca 从合金块中分离，再与水反应生成氢氧化钙沉淀，固 - 液分离后再经过干燥处理，得到 500 μm 左右的粗粉产物，水磨法可以将 Ca 含量降低到 0.5% 的水平，再用弱酸（比如稀释后的醋酸）进行酸洗可以中和残余的氢氧化钙，进一步将

Ca 含量降到0.1%以下。

2.3.1.2 粉末制备

得到合理的粉末形状、平均粒度和粒度分布是粉末制备的基本目的。粉末的上述特征差异在宏观上表现为粉末的松装密度、振实密度、安息角、流动性、压缩比、内摩擦和外摩擦等等参数的变化,直接关系到成形工序中的粉末充填、磁场取向、毛坯压制和脱模以及因烧结和热处理工序中晶粒结合长大后的磁体金相结构,从而敏感地影响磁体的永磁性能、机械性能、热电性能和化学稳定性。理想磁体的金相结构是细密而均匀的,主相晶粒被平滑、纤薄的附加相包围,主相晶粒的易磁化方向尽可能一致地排列在取向方向上。除脱溶钉扎型的 Sm_2Co_{17} 以外,过大的晶粒、空洞,较大尺寸的软磁相都会严重降低磁体的内禀矫顽力,而易磁化方向偏离取向方向的晶粒会同时降低磁体的剩磁和退磁曲线方形度。为此需要将合金铸锭制成平均粒度 3 ~5 μm、最大颗粒小于 20 μm、形状接近球形的单晶颗粒,同时还要控制过细晶粒的比例,以避免粉末严重氧化的倾向,必要的情况下通过粉末表面处理加强防氧化能力和充填、压制能力。Uestuener 等人[132]采用美国材料与试验协会(American Society for Testing and Materials,简称 ASTM)测量平均粒度的 ASTM E112 标准,研究了烧结 Nd - Fe - B 磁体平均粒度及其与剩磁和内禀矫顽力之间的关系。从表 2-15 的分析数据可以看见,粉末粒度越细,其粒度分布越窄,对应烧结磁体的粒度平均值及其分布也越小越窄,剩磁没有明显的差异,但内禀矫顽力显著提升,而且其温度稳定性也有所改善,与 ASTM 粒度的关系可以拟合成下述表达式:

$$H_{cJ} = 2177.6 \times (D_{ASTM})^{-0.44} \tag{2-45}$$

表 2-15 粉末粒度与磁性能的关系[132]

粉末	粉末粒度 /μm				磁体粒度 D_{ASTM}/μm	H_{cJ} /kA · m^{-1}	$\alpha(H_{cJ})$ (20 ~100℃) /% · K^{-1}	B_r/T	μ_{res}
	费氏粒度 F. S. S. S.	激光粒度							
		D10	D50	D90					
A	1.9	1.5	3.0	5.4	3.8	1178	-0.634	1.43	1.047
B	2.2	1.9	3.8	6.9	4.3	1162	-0.633	1.41	1.045
C	2.6	2.1	4.6	8.4	4.9	1090	-0.649	1.42	1.052
D	3.0	2.5	5.8	10.8	6.0	971	-0.657	1.44	1.055
E	3.5	2.8	7.3	14.4	7.6	883	-0.662	1.44	1.077

事实上,当磁性粉末颗粒小到 ~10 μm 的水平时,粉末的团聚会非常强烈,因为颗粒的多畴结构已难以将磁核完全封闭,除了粉末颗粒间非磁性相互作用如范德华力、伦敦力外,磁偶极相互作用使颗粒表现出很强的团聚性。团聚粉末颗粒不仅影响到对颗粒分布的测量和判断,更直接影响粉末填充和取向,所以在压制过程中要采用足够强的磁场来解除这种团聚效应。

A 常规机械方法

稀土过渡族金属间化合物的硬度和脆性大,合金铸锭很容易机械破碎成小块,然后再被进一步粉碎到平均粒度为 3 ~5 μm 的水平,而设备磨损带进的杂质也不可避免地影响到粉末的质量。随着粉末平均粒度降低,粉末的比表面积增大,氧化也急剧上升,Bartlett 和 Jorgensen 的研究[133]表明：当温度从 25℃ 升到 125℃时，100℃ 的温升在几个小时内就会在 $SmCo_5$颗粒表面形成 10 nm 厚的氧化层，平均粒度 3 μm 左右的粉末含氧量可以达到 0. 1%（见图 2–45），Ormerod 对 $Sm(Co, Cu, Fe, Zr)_z$和 Nd – Fe – B 也做了振动球磨时间与粉末粒度及其氧含量的研究，结果表明 Nd – Fe – B 更容易被破碎，但同时氧含量也远大于 Sm – Co 粉末，相当于 Sm – Co 的 3 倍，2 h 球磨后达到 3 μm 的平均粒度和 0. 9% 的氧含量，而 Sm – Co 仅 4 μm 和 0. 25%[134]。因此，粗破（～10 mm 水平）和中破（～100 μm 水平）通常在氮气或氩气等保护气氛下进行，而细磨（平均粒度 3～5 μm）则选择液体保护球磨或氮气、惰性气体气流磨。Sm – Co 制造中，为补偿 Sm 的氧化损耗，会在球磨中或者球磨后添加一些合金来调整成分，液相烧结的 $RECo_5$ 和 RE_2Co_{17}磁体会添加 Sm60% – Co40% 的合金，而 Sm_2Co_7 和 Sm_3Co 成分的合金则被用于 $SmCo_5$的制造。烧结 Nd – Fe – B 的双合金法也被广泛运用，通常是将接近 $Nd_2Fe_{14}B$ 正分的合金和快冷富 Nd 合金进行混合研磨。

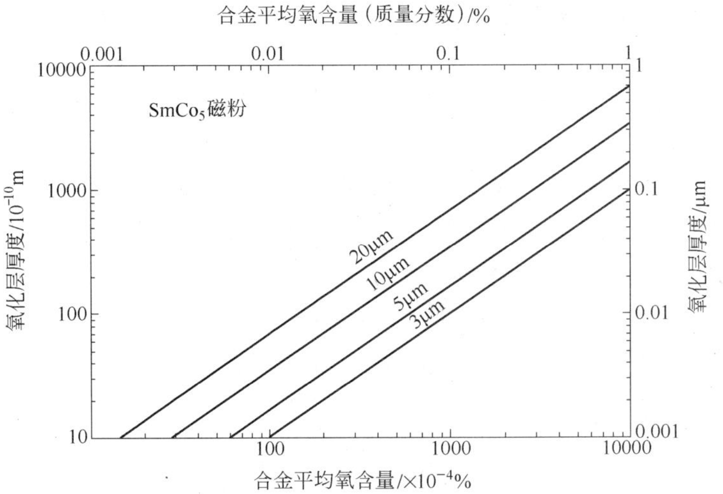

图 2–45　粉末粒度与氧含量关系[133]

B　氢破法（也称氢爆法）——Hydrogen Decrepitation（HD）

稀土金属、合金和金属间化合物吸氢的行为和氢化物的物理、化学特性的研究一直是稀土应用的重大课题，最直接的就要算氢电池了；而烧结 Nd – Fe – B 合金铸锭内的 $Nd_2Fe_{14}B$ 主相和富 Nd 相也都有很强的吸氢倾向[135]，在一定的温度和氢气压强下，有式（2–34）和式（2–35）的可逆反应（见 2. 2. 5. 3 节）。差热分析表明在氢气压强恒定的条件下，在 50℃ 和 650℃附近存在两个放热峰，分别对应 $Nd_2Fe_{14}B$/富 Nd 相的吸氢反应和 $Nd_2Fe_{14}BH_x$ 的分解歧化，因此吸氢反应可以在常温常压下发生。吸氢合金的反向脱氢反应需要加热激活，真空条件下氢气分压随温度上升存在 300℃和 350～650℃两个脱氢峰，分别对应 $Nd_2Fe_{14}BH_x$ 和 NdH_y 的脱氢过程。发生歧化反应合金的脱氢行为有所不同，有三个脱氢峰出现在 400℃、500℃ 和 750℃，脱氢后的 Nd、Fe 和 Fe_2B 混合物需要经过再化合反应重新生成 $Nd_2Fe_{14}B$ 相。

$Nd_2Fe_{14}B$ 和富 Nd 相的氢化物相对于原始相有较大的晶格膨胀，例如当 $x = 3$ 时，$Nd_2Fe_{14}B$的 $\Delta a/a$ 和 $\Delta c/c$ 可以达到 3%，体积膨胀率可以达到 2. 4%[136]，晶格膨胀的内应力在脆性强的合金中引发合金块在晶界的开裂（沿晶断裂）或晶粒断裂（晶间断裂），控制吸氢和脱氢温度在歧化反应以下，就可以利用这种氢化—开裂效应对 Nd－Fe－B 合金铸锭进行粗破到细破的制粉工作，得到平均粒度为 40～355 μm 的细粉供气流粉碎，而且由于细小颗粒内部微裂纹的残存，气流磨的效率也大为提高。如果合金是由条片浇铸法(SC)制备的，氢破法有利于快冷片在富 Nd 相处形成沿晶断裂，获得良好的单晶粉末颗粒，并且使适量的富 Nd 相“镶嵌”在单晶颗粒表面，在烧结过程中长成纤薄而均匀的晶界相，最大限度地发挥富 Nd 相的效能。“SC＋HD”法已经成为高性能烧结 Nd－Fe－B 磁体的常规工艺途径。

2.3.1.3 *磁场取向成形*

磁场取向成形是利用磁性粉末和外磁场的相互作用，对粉末颗粒的易磁化方向进行排列，使其与磁体最终充磁方向一致，这是获得各向异性磁体最普遍的一种方法。粉末制备工序将 Sm－Co 合金或 Nd－Fe－B 合金破碎到单晶颗粒，而它们又是单轴各向异性的，每个颗粒都只有一个易磁化方向——*c* 轴，将粉末松散地充填到模具内，充填密度大约是实密度的 25%～30%，在 0.8 kA/m 以上的外磁场作用下这些粉末颗粒由多畴变成单畴，并通过旋转或移动将易磁化方向调整到外磁场方向，也就是使各晶粒的 *c* 轴按外磁场方向排列取向；排列后的颗粒经 100 MPa 量级的外加压力压制到 60%～70% 的实密度，并在很大程度上保留 *c* 轴的取向，然后再对磁粉退磁消除颗粒间磁偶极相互作用对相邻颗粒取向的破坏，就可以得到易磁化方向取向良好的毛坯。高达 100 MPa 的压强也会引起磁粉颗粒的移动和旋转，可能使其易磁化轴偏离外磁场方向，降低毛坯的取向度。因此，磁场成形过程实际上是在所需要的毛坯密度前提下，合理地平衡磁场强度与成形压力的关系，获得尽量高的取向度。高汝伟和周寿增详细研究了在其他成形相同的条件下取向场对磁性能的影响[137]，图 2-46 中编号 1～5的退磁曲线分别对应 0.00T、0.05T、0.15T、0.50T 和 1.40T 的磁场，可见随着取向场的增加，剩磁、H_{cB} 和最大磁能积都显著提高，退磁曲线的方形度也明显改善，但 H_{cJ} 逐步下降，当取向磁场超过 1.2T 后，上述参数的变化趋于平缓。而 Kaneko 等人[138]研究了在橡皮模具中同等压强下，磁体性能与更高取向磁场的关系，实验表明取向磁场从 1.6 MA/m 提高到 3.2 MA/m 时，剩磁和最大磁能积仍有较大幅度的上升，在 3.2～6.4MA/m 区间，上升幅度减缓并趋于线性，但仍然没有达到饱和(见图 2-47)。粉末取向度还受到粉末内摩擦力的影响，松装密度较大时影响尤其严重，实际生产中采用有机润滑剂来降低内摩擦力，但必须在烧结反应发生前(通常在 200～400℃)将润滑剂完全脱出，以防止润滑剂氧化或炭化，降低磁体的性能。

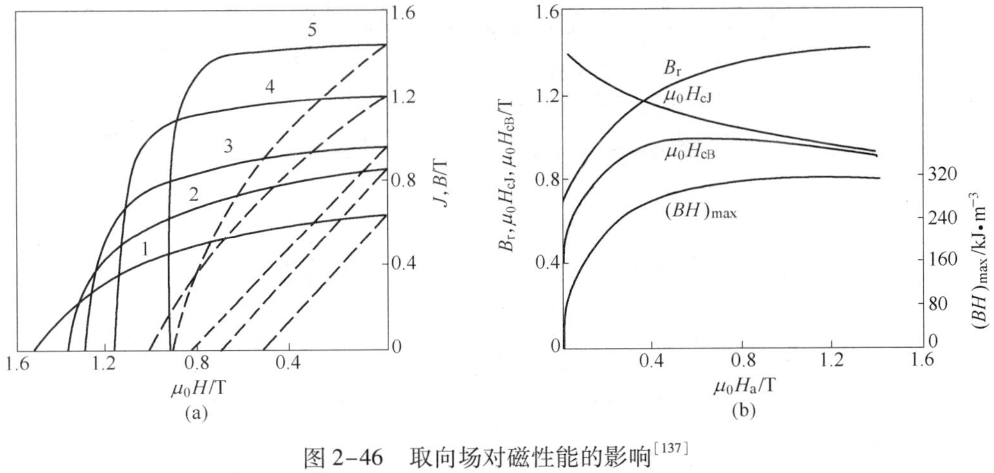

图 2-46 取向场对磁性能的影响[137]

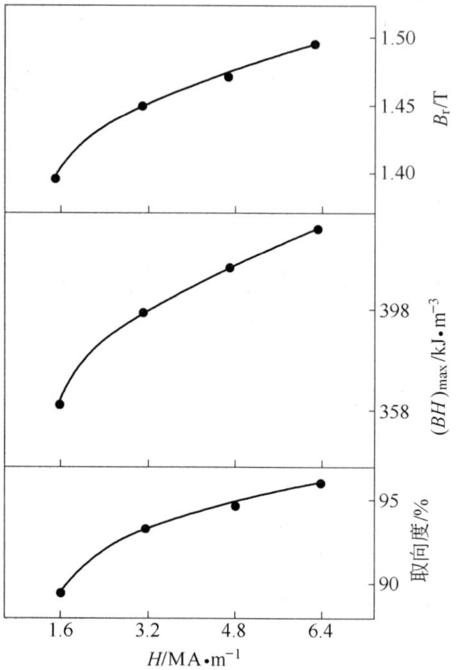

图 2-47 高取向场对磁性能的影响[138]

事实上，取向磁场和成形压力之间的夹角关系对磁体性能的影响是很可观的，一方面由于磁路设计的限制可能难以达到相同水平的磁场强度（比如辐射取向），另一方面即使取向磁场相同，也会因为机械压力、磁偶极相互作用力和内外摩擦力的方向关系，导致不同的力学平衡状态和不同的磁性能。实际生产中的成形方式通常有垂直压制（TDP）、平行压制（ADP）和等静压制（RIP）三种，其中最常见的是垂直压制。垂直压制顾名思义即磁场 *H* 方向与压制 *P* 方向垂直；平行压制即磁场方向与成形压力平行（见图 2-48）；等静压制则是通过液体或橡胶模等介质在各个方向对磁粉均匀施加压力。在磁粉充填、磁场强度、成形压强等工艺参数相同的情况下，以等静压制方法获得的磁体性能最高，垂直压制其次，而平行压制则是最低的[138]，其间的最大磁能积可以相差 16～40 kJ/m^3（2～5 MGOe）。这个差异典型地反映了机械压力、磁偶极相互作用力和内外摩擦力之间的竞争关系（见图 2-49）。

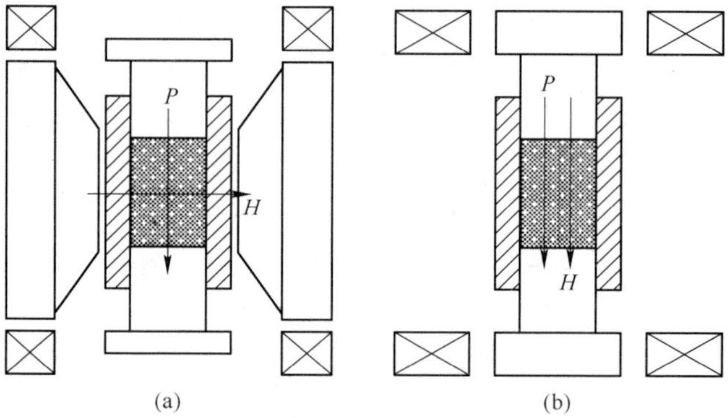

图 2-48 成形时磁场与压力的方向关系

（a）垂直压制；（b）平行压制

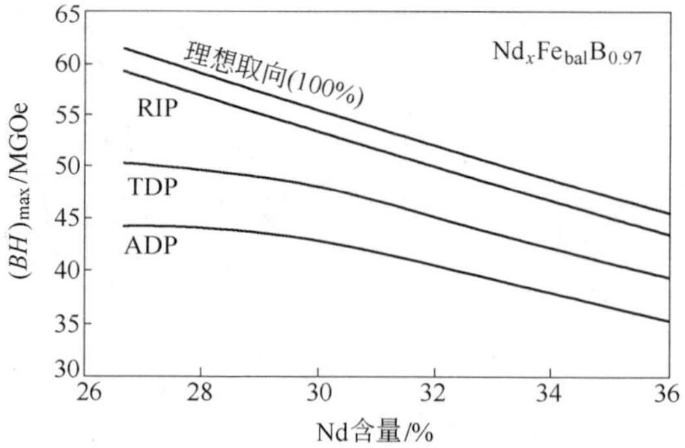

图 2-49 不同 Nd 含量下垂直压制、平行压制和等静压制与磁能积的关系[138]

当粉末处于松散状态时，取向磁场会将磁粉磁化，形成首尾相接、彼此平行的线状集团，如同一根根的筷子。当压力在垂直于这些“筷子”的方向上作用时，会将它们扎成成捆的“筷子”，但保持其指向；但倘若压力与磁场平行，会迫使线状集团上的颗粒移位和偏转，较大程度上破坏取向度。Shimoda[139]设计了一个简单的刚性球体模型（见图2-50）。

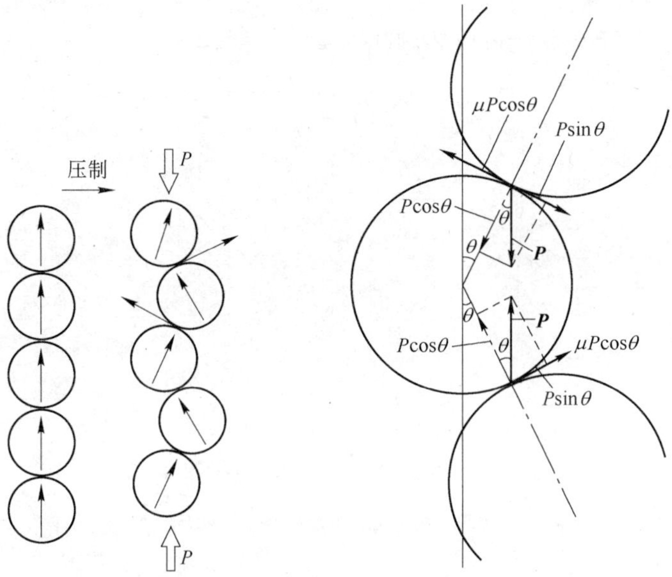

图2-50 取向偏离角 θ_c 计算的刚性球体模型[139]

设定球体半径 r、饱和磁化强度 $4\pi I_s$、取向偏离角 θ、球体表面摩擦系数 μ、压制力 P、取向磁场强度 H_f，按图2-50中的力学平衡关系：

$$\frac{4}{3}\pi r^3 I_s H_f \sin\theta - r(P\mu\cos\theta - P\sin\theta + P\mu\cos\theta + P\sin\theta) = 0 \tag{2-46}$$

可以算出平行压制条件下的取向偏离角 θ_c（如下式所示）：

$$\theta_c = \arctan\frac{3P\mu}{2r^2 I_s H_f} \approx \frac{3P\mu}{2r^2 I_s H_f} \tag{2-47}$$

可见偏离角随成形压力 P 和摩擦系数 μ 的增大而加大，而大粒径、高饱和磁化强度和高取向磁场则有利于提高取向度。冷等静压通常能得到更好的取向度，将松散的粉末在橡胶模中用磁场取向，然后对橡胶模施加接近各向同性的压力，有利于缓解诸如粉末与模具表面摩擦等粉末颗粒偏离取向的效应，得到的磁性能最大。冷等静压也常被用于单向压制毛坯的二次加压，在取向磁场有限的情况下，先采用较低的压力获得恰当的取向度，再利用等静压进一步提高压坯密度而不破坏已有的取向水平[140]。Sagawa 和 Nagata[141]开发的橡胶模等静压技术（Rubber Isostatic Pressing——RIP）将磁粉充填到橡胶模具中，再利用脉冲强磁场取向，最后将橡胶模放到金属模具中实施准等静压；而内田等[142]开发的日立低氧工艺 HILOP（Hitachi Low Oxygen Process），将气流粉碎的微粉直接盛入装有特殊油的容器中，阻断气氛中的氧对磁粉的作用，被油分子包覆的磁粉在磁场下成形，既防止空气氧化，又有利于取向，保护用油在烧结前期100～300℃真空脱除，磁体氧含量低于0.2%，碳含量则不超过0.1%。

对电机和磁耦合器件而言,环状磁体多极充磁是理想的选择,磁体易磁化方向常选择在沿磁环半径的方向,即辐射取向。营造辐射取向磁场的常见方法有两种:一种方法是用电磁铁和模具构成称作"双极对充"的磁路,即由上下压头的导磁芯棒与阴模及模架构成的对顶磁场导入模具气隙形成辐射状磁场(见图 2-51);另一种方法则类似于制作多极充磁夹具,针对每个磁体的具体尺寸和充磁极数来设计取向夹具,在强脉冲场下取向,制成磁体后按同样的极数和方向充磁,这种方法可以得到接近平行压的性能水平。

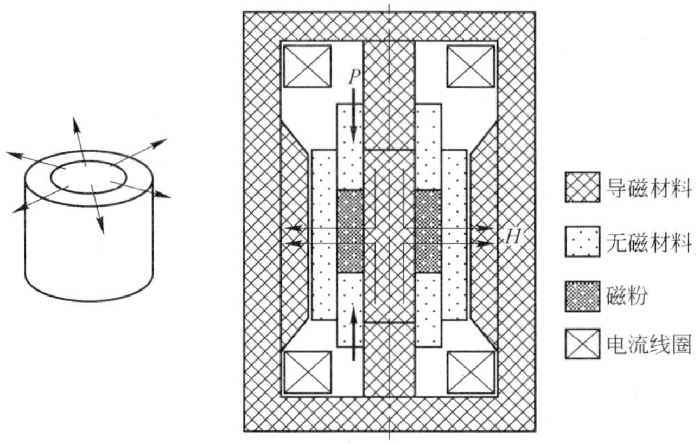

图 2-51 "双极对充"结构在模具气隙中形成辐射状磁场

2.3.1.4 烧结和热处理

磁场取向压制的毛坯,在高真空或纯惰性气氛下经过烧结达到接近 95% 理论密度以上的高密度,磁体孔洞呈封闭结构,确保了磁通密度的稳定性和化学均匀性;又因为磁体的永磁特性与其金属学微结构密切相关,烧结后的热处理过程对磁性的调整至关重要,但毕竟处理温度较低,一些重要的微结构特征不能完全指望热处理来调整,而是要在烧结过程中仔细控制。

第一代稀土永磁材料以 $SmCo_5$ 为基础,凭借其磁晶各向异性场 $\mu_0 H_a$ 高达 40 T,合金粉末就具有实用的矫顽力。Velge 和 Buschow 研究了矫顽力随球磨时间的变化规律[143],实验表明(见图 2-52),随着 $SmCo_5$ 合金机械破碎时间的延续,粉末的 H_{cJ} 从 1 MA/m 增加到 1.2 MA/m,然后逐渐下降,峰值对应的平均粒度是 10 μm。最早的实密度稀土永磁体,是由 Westendorp 和 Buschow 获得的[144],他们用 2000 MPa 的静水压将磁场取向的 $SmCo_5$ 粉末制成 85% 理论密度的压坯,再在 3000 MPa 的超高压装置中将坯件压到理论密度的 95%。Das 则最早采用了 $SmCo_5$ 的单相烧结[145],在 1000℃ 的烧结温度下获得了 160 kJ/m³ 的磁能积。但随后的研究表明,在烧结温度低于 1100℃ 时磁体密度几乎没有什么提升,而烧结温度 ≥1100℃ 时会导致广泛的晶粒过度长大,磁体矫顽力大幅度降低。Jorgensen 和 Bartlett[146] 的研究表明,在 1000℃ 时相当多的相邻颗粒间已经出现了典型的颈状融合结构,但晶粒尚未长大,毛坯也没有显著的收缩,在 1100℃ 以上毛坯明显收缩,密度接近理论值。除了密度提高以外,烧结过程还会改善晶粒的取向度,因为在晶粒长大的过程中,一些小的偏离取向颗粒会被较大的取向良好晶粒融合。为了避免广泛的晶粒过度长大,$SmCo_5$ 的烧结过程在达到 93% ~95% 理论密度时就要终止,而削弱压坯的化学均匀性可以较好地抑制晶粒长大。例如,Benz 和 Martin[147] 发现,采用液相烧结的办法,在 $SmCo_5$ 合金中混入富 Sm 合金(60%

Sm），烧结过程中富 Sm 液相会形成边界相，阻止主相原子的迁移和晶粒长大，而且磁体中的富 Sm 相还会阻止反向磁畴在相邻晶粒间传播，提高磁体的矫顽力。另一个既提高密度同时又能抑制晶粒长大的方案由 Narasimhan 和 Lizzi[148] 提出，即对常压惰性气氛环境烧结的磁体实施高温等静压（HIP），以缩小烧结中形成的封闭孔尺寸，但这样会使缩孔周边的内应力大幅度提高（接近 100 MPa），磁体的脆性大为增强。实际生产 $SmCo_5$ 磁体的典型烧结、热处理过程如图 2-53 所示[149]，即经过 100℃ 低温放气，将毛坯中的水分和高分子添加剂脱出，然后在 1130 ~ 1150℃烧结 1 ~ 2 h，典型的晶粒尺寸达到 10 ~ 20 μm，急冷到 850 ~ 900℃进行固溶处理并急冷到室温。矫顽力与热处理温度的依赖关系见图 2-54，在 850 ~ 950℃之间可以获得最佳的 H_{cJ}，800℃以下热处理对应的矫顽力很低，但可以通过 850 ~ 950℃ 热处理回复，而 950℃以上矫顽力也逐步下降到较低的水平。造成 800℃以下热处理矫顽力低的机理分析有几种说法：一是 $SmCo_5$ 共析分解成各向异性场较低的 Sm_2Co_7 和 Sm_2Co_{17} 相，成为反磁化畴形核中心[150]；二是认为 Sm_2Co_7 和 Sm_2Co_{17} 来源于第二相脱溶，而不是 $SmCo_5$ 分解，证据是 $SmCo_5$ 相在低温下稳定性很好[151]；三是 $SmCo_5$ 脱溶分解（spinodal 分解），Sm_2Co_{17} 具有较高的熔点和较低的自由能，可以率先从 $SmCo_5$ 中析出，当分解产物很细小时只有 Sm_2Co_{17}

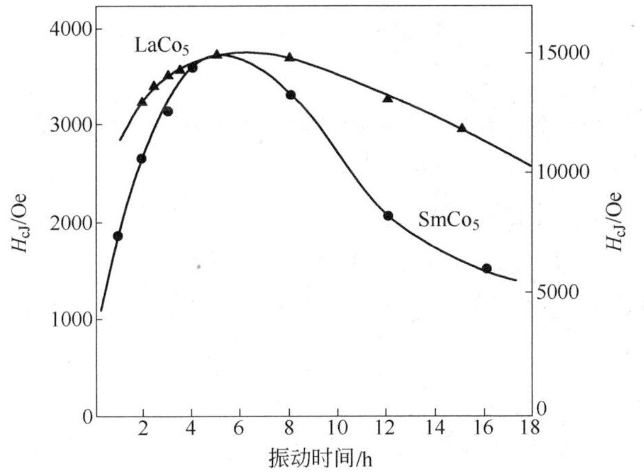

图 2-52　$SmCo_5$ 合金的 H_{cJ} 随球磨时间的变化规律[143]

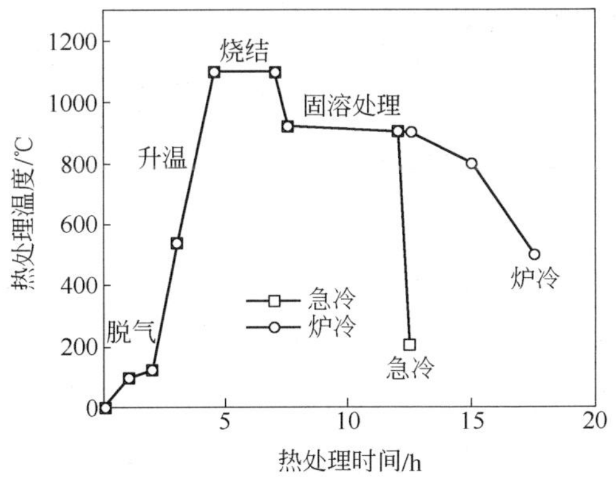

图 2-53　$SmCo_5$ 磁体的典型烧结、热处理过程[149]

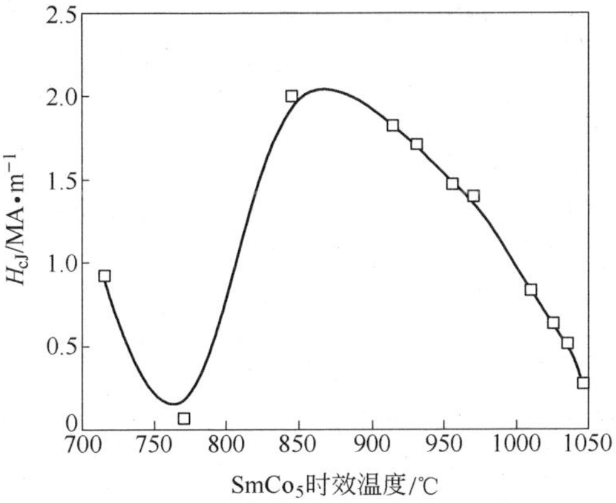

图 2-54　H_{cJ} 与热处理温度的依赖关系[149]

相,只是分解产物粗大时会观察到 Sm_2Co_7 和 Sm_5Co_{19} 相的存在[152];四是考虑到低温和中温热处理的可逆性,认为存在可以随热处理温度变化形成或消失的不均匀固溶体,即合金内部 Sm 或 Co 相对富集的区域,降低主相的各向异性场,倘若富集区随热处理程度的加深形成真正的第二相 Sm_2Co_7 和 Sm_2Co_{17} 时,热处理的可逆性就消失了[153]。热处理后的磁体如果是缓慢冷却,矫顽力和退磁曲线方形度都会受到不良影响,所以制作大尺寸烧结 $SmCo_5$ 磁体有一定的困难。

第二代稀土永磁体 Sm_2Co_{17} 的发展不那么一帆风顺,而是经历了 $RE(Co,Cu)_5$($RE = Sm, Ce$)、$Sm(Co,Fe,Cu)_7$ 和 Sm_2Co_{17} 三个阶段。商品化的 Sm_2Co_{17} 磁体实际上是由 Cu、Fe 和 Zr 等元素部分置换 Co 的多元、多相组合体,Sm_2Co_{17} 磁体的烧结温度比 $SmCo_5$ 更高一些,在 1180 ~ 1200℃之间,而热处理过程因组分及其比例的不同而不同。1967 年,Nesbitt[154]发现 Cu 部分取代 Co 的 $SmCo_5$ 合金的内禀矫顽力就可以达到 800 kA/m(10 kOe),经过适当的热处理,合金的矫顽力提高到 2296 kA/m(28.7 kOe)(见图 2–55)。与此同时,Tawara 也独立发现 $CeCo_5$ 中存在相同的 Cu 替代效应[155],并由此打开了系统开发 2∶17 型 Sm – Co 烧结磁体的大门。$RE(Co,Cu)_5$ 的磁化过程表现出典型的畴壁钉扎特征,透射电镜显微观察发现主相中生成了富 Cu 非磁性细微脱溶相,阻碍畴壁移动。但 Cu 的替代会造成磁体的磁化强度下降,所以加入 Fe 来增强磁性。考虑到稀土资源中 Ce 的含量比 Sm 更加丰富,真正实现商品化的是 $Ce(Co,Fe,Cu)_5$,在最佳成分 $Ce(Co_{0.72}Fe_{0.14}Cu_{0.14})_5$ 得到 $(BH)_{max} = 100\ kJ/m^3$。为进一步提高磁化强度,Senno 和 Tawara[156]将磁体成分移向富 Co 侧,在 $(Sm,Ce)(Co,Fe,Cu)_7$ 附近实现了优异的磁性能,$Sm(Co_{0.79}Fe_{0.06}Cu_{0.15})_{6.8}$ 的 $(BH)_{max}$ 达到 200 kJ/m³,被称作第一代 Sm_2Co_{17} 磁体。随后许多研究围绕第四元素(如 Ti、Zr、Hf 等)的添加效应而展开,Ojima 等人[157,158]发现添加 Zr 可以扩大 Fe 的固溶度,有利于减少 Cu 的含量,提高磁体的饱和磁化强度,经过 800℃和 400℃两级热处理,矫顽力可以最大化。第二代 Sm_2Co_{17} 磁体的典型代表 $Sm(Co_{0.75}Fe_{0.14}Cu_{0.10}Zr_{0.01})_{7.4}$ 的性能参数为:$B_r = 1.1T$,$H_{cJ} = 540\ kA/m$,$(BH)_{max} = 240\ kJ/m^3$。Livingston[159]和 Thomas[160]研究了这类磁体的金相结构,揭示出薄层状 $SmCo_5$ 相在 Sm_2Co_{17} 主相晶粒边界析出的特征。热处理过程使 Cu 在 $SmCo_5$ 相富集,而 Fe 和 Zr 则在 Sm_2Co_{17} 相富集,析出相的畴壁能低于主相,畴壁在这个析出区被钉扎,使磁体呈现典型的钉扎型磁化和

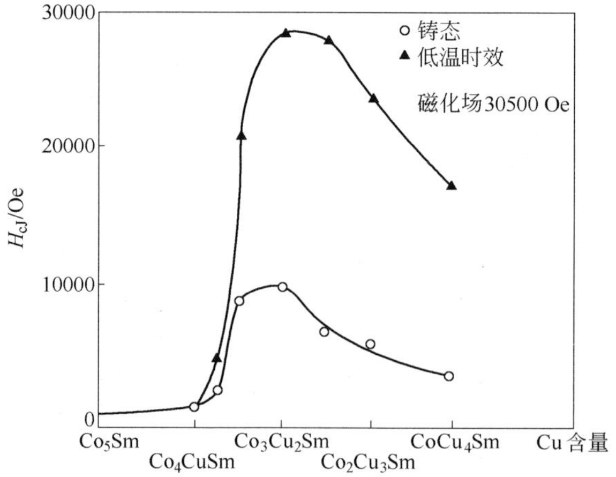

图 2–55 Cu 取代 Co 的 $SmCo_5$ 合金内禀矫顽力(3.05T 充磁)[154]

反磁化特征，因此成分偏析程度越大，矫顽力会越高，这与 Ojima 发现的高矫顽力可以通过从 800℃ 到 400℃ 经过多段热处理来实现相吻合（见图 2-56）。Shimoda 等人[161]仔细研究了第二代 Sm_2Co_{17} 磁体的添加元素及其比例与热处理条件的关系，将 Zr 在过渡金属中的比例从 0.01 增加到 0.02 ~ 0.03，并添加更多的 Fe 来提升磁化强度，而 Cu 量控制在 0.1 以下，经过如图 2-57（a）所示的二次热处理过程，矫顽力达到 1000 kA/m 以上的水平［见图 2-57（b）］，第一次热处理为 750℃，（2 ~ 3）h，以 1℃/min 缓慢冷却，效果是将烧结后的退磁曲线调整成方形的，但矫顽力很低；第二次热处理温度提高到 800 ~ 850℃，急冷和缓冷结合，通过热处理温度、保温时间和缓冷速度等参数的调节对矫顽力进行控制，在同一配方下可以同时实现低矫顽力和高矫顽力两种不同的产品，例如 $Sm(Co_{0.72}Fe_{0.20}Cu_{0.055}Zr_{0.025})_{7.5}$ 就可以有 $B_r = 1.1T$、$H_{cJ} = 1000\ kA/m$、$(BH)_{max} = 225\ kJ/m^3$ 和 $B_r = 1.08T$、$H_{cJ} = 1600\ kA/m$、$(BH)_{max} = 210\ kJ/m^3$ 两种规格，这便是第三代 Sm_2Co_{17} 磁体。

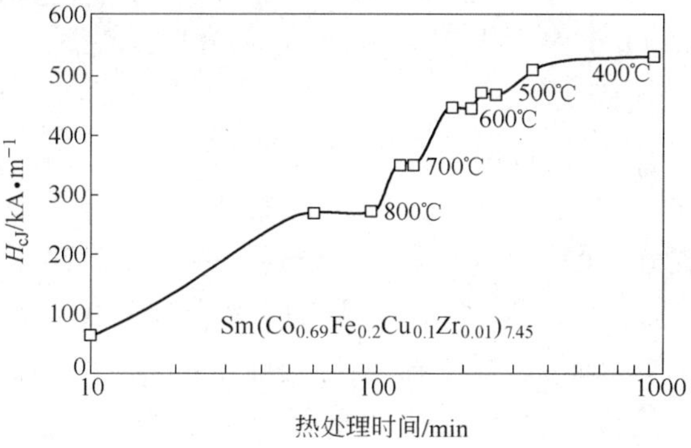

图 2-56 多段热处理工序[157,158]

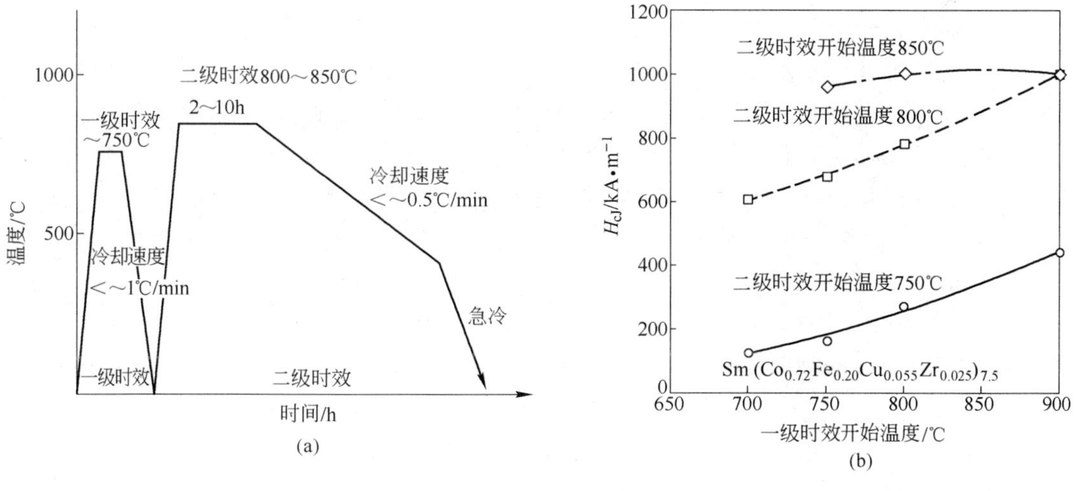

图 2-57 二次热处理过程[161]

Nd-Fe-B 三元相图比 Sm-Co 二元相图要简单得多，具有硬磁性的只有 $Nd_2Fe_{14}B$ 主相，不可或缺的富 Nd 相与主相以及富硼相的三相共晶点只有 617℃[162]，其中富 Nd 相充当烧结液相，以促进烧结反应的进程，并对主相表面的缺陷进行修复，减少反磁化畴的形核区。

与 $SmCo_5$ 磁体类似，需要尽量避免主相晶粒长大导致的矫顽力下降，为此 Nd – Fe – B 磁体需要在低于 1100℃ 的温度下烧结，通常的烧结温度是 1050 ~ 1080℃，并可以得到接近零孔隙率的实密度，晶粒尺寸在 5 ~ 15 μm 的范围；为了获得高矫顽力，通常需要进行 900℃ 附近和 500℃ 附近的两级热处理，而且烧结和热处理后大多用急冷来固定相应的微结构。最佳的热处理温度和时间组合与 Nd – Fe – B 磁体中的添加元素及其成分密切相关，但大量实验表明一级热处理温度（900℃）具有广泛的普适性，原因在于此温度下富 Nd 相处于液态，作为晶界相可对主相晶粒的表面进行修复，只要时间不是太长，就不会导致主相晶粒过分长大或富 Nd 相富集，这个效果是与成分关系不大的；二级热处理对磁体的相组成和微结构的调整至关重要，在这个温区段会发生共晶反应，液相的总量、成分和分布都在变化，所以会敏感地影响到磁体的内禀矫顽力、退磁曲线方形度以及磁体的高温不可逆损失。例如 $Nd_{0.8}Dy_{0.2}(Fe_{0.851}Co_{0.06}B_{0.08}Nb_{0.009})_{5.5}$ 在 580℃ 热处理可以得到最好的方形度，而降低 20℃ 的情况下方形度就明显变差[163]，又比如 $Nd_{0.8}Dy_{0.2}(Fe_{0.85}Co_{0.06}B_{0.08}Al_{0.01})_{5.5}$ 在 580℃ 热处理一小时后 $H_{cJ}=2.24$MA/m，而在 640℃ 的情况下 H_{cJ} 降到了 1.70MA/m，但后者的开路磁通不可逆损失反而更小[164]。尽管第三代稀土永磁体 Nd – Fe – B 没有像 Sm_2Co_{17} 那样分成几个次生代，但是其磁性能、热稳定性、化学稳定性等一直在持续不断地提高。为了提高磁性能，降低富 Nd 相和富 B 相的比例，Otsuki[165] 用急冷方法制备了接近液相成分但氧含量更低的子合金，再与接近主相 $Nd_2Fe_{14}B$ 成分的粉末混合，采用双合金法首次得到高于 400 kJ/m^3 的磁能积；考虑到 Dy、Tb 等集中在主相晶粒边界时，对矫顽力的提升有最实质性的效果，而且对磁体饱和磁化强度的影响最小，Kusunoki[166] 采用含有重稀土的烧结助剂（典型成分 $Nd_{28}Dy_7Fe_{29}Co_{30}B_4Al$）实现了高性能、高矫顽力磁体的批量生产；而条片浇铸（SC）[130] 结合氢破碎（HD）[135] 更是成为高性能磁体的常规工艺。

2.3.1.5 机械加工

由于磁场取向成形过程的特点，烧结磁体很难直接一次性达到实际应用的形状和尺寸精度，所以烧结毛坯的机械加工在所难免，其主要原因有以下三点：首先，为了达到良好的取向度，将 3 ~ 5 μm 的细粉进行结团造粒来改善充填特性的技巧难以实施，松装密度低、粉末流动性差，导致阴模定容加料困难、填充高度高、均匀性差，加上磁场后充填均匀性更差；其次，成形模具受磁场方向和强度的限制，磁体形状不易做成满足应用要求的最终形状，加压方式也可能因此而异于传统粉末冶金制品，而且磁相互作用还会与机械压力相互抗衡；第三，充填和成形的不均匀性势必造成烧结品尺寸精度难以确保，而 Nd – Fe – B 毛坯在平行和垂直于取向方向上烧结收缩的明显差异更加剧了烧结变形，甚至造成烧结体开裂或内部隐裂，而为了避免这些缺陷，在磁体成形形状选择上也不得不有所顾忌。在日本和欧美企业因考虑人工和原材料成本而选择接近终形成形时，中国企业则发挥陶瓷、水晶或硅晶加工的优势，将稀土永磁体的机械加工发挥到了极致，随着原材料成本压力的增加，近终形成形技术也在不断发展，但仍离不开烧结后的机械加工。

通过粉末冶金方法制备的稀土永磁体是一种典型的金属陶瓷制品，硬而脆。对硬而脆的材料而言，一般机械加工用的车铣刨磨钻就只剩下切割、钻孔、研磨或滚磨了，而根据加工面的基本特征可以进行细分：刀片切割通常采用金刚石或立方氮化硼粉末电镀的刀片，根据切口深度和形位公差要求选择不同的刀片厚度和刀片刃口的位置，内圆切刀的刃口由于刀片和外圆箍的支撑,切割过程中可以保证良好的平面度,因此刀片厚度可以做到 0.1 mm,但其切口深度和所切磁体的尺寸受到刀片内径和内外径差的限制。外圆切刀的刃口飘在外沿,刀口支撑能力逊色于内圆切刀,所以保证同样的公差水平需要厚度略大的刀片,一般在 0.2 ~ 0.5 mm 范围,由此带来的材料损耗也大一些。对于大批量的单一产品,采用线锯切片,效率非常高。电火花切割和激光切割属于直接热加工,可以从事形状复杂的切割工作,但相对而言切割效率较低,加工成本高,而且有研究发现烧结 Nd - Fe - B 磁体的加工表面由于加工温升形成厚度约 15 μm 的 Nd 富集层,降低了材料的化学稳定性。磁体钻孔要靠金刚钻或激光,为提高材料利用率而发展了空心钻掏孔的技术,较大内径产品中心挖出来的实心圆柱还可以用来做其他小尺寸的产品,配合超声波作用的钻孔方式能够缓解脆性破损,对脆性高的高性能或高热稳定性磁体的加工比较有利。研磨砂轮分金属基或树脂基两种,仿形磨是依据研磨面轮廓制成砂轮基底,然后镀上金刚石或 BN 粉末,并经过修形以达到最终产品的要求。图 2-58 给出了稀土磁体的机械加工分类图。

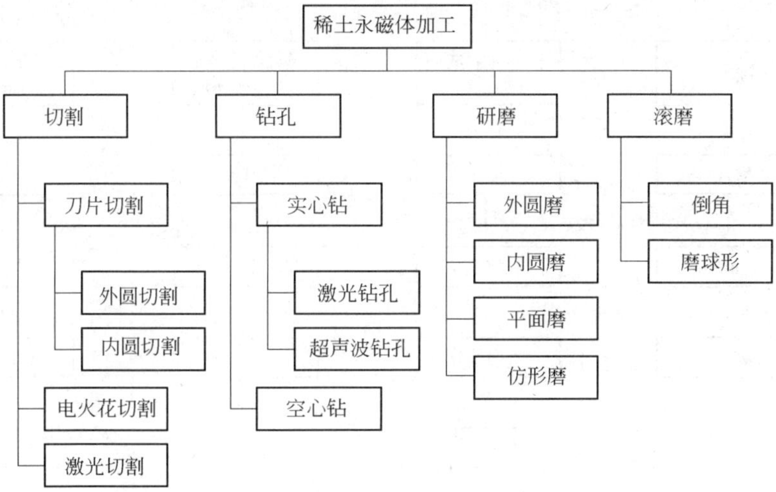

图 2-58 稀土磁体的机械加工分类图

2.3.2 粘结磁体的制备工艺

粘结磁体是由磁性粉末与粘结剂以及适当的添加剂共同组成的复合体。尽管有研究尝试采用低熔点金属或合金作为粘结剂,但真正形成批量生产的粘结永磁体所采用的粘结剂都是高分子材料。根据高分子材料加工特性的差异又可将磁体成形分成压缩、注射、挤出和压延四大类。与烧结磁体不同的是,粘结磁体的单个粉粒必须具有足够高的矫顽力,如果高矫顽力所需要的金相结构在制粉过程中严重损害,则得不到适用的粘结磁体,典型的实例就是难以直接将机械破碎后的烧结 Nd - Fe - B 磁粉用来制作粘结磁体,因为晶界相的损伤和颗粒氧化已经使其矫顽力大大下降;另一个不同是因磁体的磁能积与其剩磁的平方成正比,而后者是与磁体中磁粉的饱和磁感应强度、取向度和体积填充率成正比的,所以粘结磁体的性能相对于烧结磁体的磁能积要大打折扣。但是,粘结磁体仍以性能一致性好、形状复杂、尺寸精确、材料利用率高、易与金属/塑料零件集成等优点,在稀土永磁领域占据重要位置,其中最主要的品种就是采用快淬 Nd - Fe - B 磁粉的各向同性磁体。图 2-59 给出了四种成形工艺流程示意图。四种成形方法各有特长和缺陷,具体应用选择可以参见表2-16。

图2-59 四种成形工艺流程示意图

表2-16 四种成形方法的特性比较

特 性	单 位	压缩成形	注射成形	挤出成形	压延成形
磁粉体积填充比(体积比)	%	70~85	50~70	60~80	50~70
磁体孔隙率(体积比)	%	5~8	2~5	3~6	6~10
$(BH)_{max}$ (以Nd-Fe-B为例)	MGOe	12~13	6~8	10~11	6~8
尺寸精度 (以ϕ30 mm为例)	mm	±0.03	±0.02	±0.03	±0.05
形状复杂性		中	高	较 高	低
树脂耐温		较 高	高(采用PPS)	高(采用PPS)	低
特 长		磁性能高	形状复杂	长尺寸	柔 性

2.3.2.1 稀土永磁粉末

$SmCo_5$粉末的制备过程直截了当,只要将熔炼浇铸的合金粉碎到合适粒度即可[116,143],因为$SmCo_5$相高达30 MA/m的各向异性场已经足够让其合金具有1 MA/m以上的矫顽力,而机械破碎带来的表面和内部缺陷可以通过热处理或 Zn 粉混合热处理加以修复,使矫顽力进一步提高。第一块稀土永磁体就是树脂粘结的各向异性磁体,由 2.3.1.4 节所叙述的烧结 Sm-Co 工艺开发历史已知,采用尼龙粘结剂的 $SmCo_5$ 磁体甚至先于各向异性高密度烧结磁体投入批量生产;还原扩散法制成的 $SmCo_5$ 粉经过球磨也是制作粘结磁体的优良材料,但由于性能偏低(6~10 MGOe),市场应用狭窄,生产厂家并不多。Sm_2Co_{17} 合金铸锭则需要多一道工序——800℃附近脱溶热处理来实现高矫顽力[116,161],再经机械破碎后用于粘结磁体制作,这种方法得到的是取向非常不充分的磁粉,因为粉末必须保持多晶结构,而不像 $SmCo_5$ 那样在单晶颗粒中可实现高矫顽力,即可由合金铸锭破碎直接获得各向异性 $SmCo_5$ 磁粉;变通的方法就是将烧结后的 Sm_2Co_{17} 磁体破碎,或者是有效地将烧结 Sm_2Co_{17} 磁体的加工废料加以合理利用,也有人尝试过利用切削和研磨加工中的碎屑,但磁性能损失过大难以恢复。

粘结 Nd-Fe-B 磁粉的制作方法与烧结 Nd-Fe-B 全然不同,因为烧结 Nd-Fe-B 的合金铸锭或烧结体在破碎到用于粘结磁体的粒度后都不具备实用的矫顽力,批量生产的制备方法是在惰性气体环境下,熔融合金以 10^5~10^6℃/s 的冷却速度冷凝成微晶甚至非晶态结构,再经过晶化热处理使晶粒生长到几十纳米或几百纳米以获得矫顽力,因此这种方法制成的粉末是各向同性的。如此高的快速冷却速度是通过将炽热的熔融合金液倾倒或喷射到线速度为 16~30 m/s 的水冷旋转铜轮上而实现的[117],液态合金在旋转铜轮的加速作用下沿切线方向甩出并被冷凝成厚度~100 μm 的薄带,冷却速度敏感地决定了合金薄带的晶粒尺寸,从而敏感地决定了磁粉的矫顽力。在图 2-60 中,当冷却铜轮线速度是 19 m/s 时磁性能最佳,B_r=0.84T,H_{cJ}=1.12 MA/m,$(BH)_{max}$=112 kJ/m³,Mishira[94]的透射电镜显微观察表明磁粉由 30 nm 左右的晶粒组成,晶粒边界是厚度约 2 nm 的 $Nd_{0.7}B_{0.3}$ 非晶态富 Nd 相,$Nd_2Fe_{14}B$ 体积比约占 95%,而 Hadjipanayis[93]则指出亚微米主相晶粒间实际上并不存在晶界相,而是直接相邻的;冷却速度过快(图 2-60 中 35 m/s 线速度),合金薄带呈完全非晶态,表现出典型的软磁特征,而当线速度不够时,过大的晶粒(~1 μm)也呈现软磁特征,与相对细小的硬磁晶粒共存构成肩部塌陷的退磁曲线。值得提到的是,根据 Nd-Fe-B 快淬粉末各向同性的特征,磁粉的剩磁应该是饱和磁感应强度的一半,按 $Nd_2Fe_{14}B$ 的 J_s = 1.6T,再考虑到主相体积比 95%,剩磁只有 0.76T,因此最佳条件下 B_r=0.84T 表明主相间交换耦合剩磁增强效应的存在,事实上快淬磁粉退磁曲线良好的方形度也是交换增强效应的反映。由于冷却速度取决于合金液温度、流动速度、铜轮的转速和温度以及氩气氛等诸多环节,难以严格控制。如果直接制成晶态的金相结构,很容易导致宽的晶粒尺寸分布和对应的宽分布矫顽力,退磁曲线的方形度很差;通常是先将磁粉快速冷凝到非晶态,再通过 630℃晶化处理,调整结晶状态到平均晶粒尺寸 40 nm 的水平,以获得良好的永磁特性。

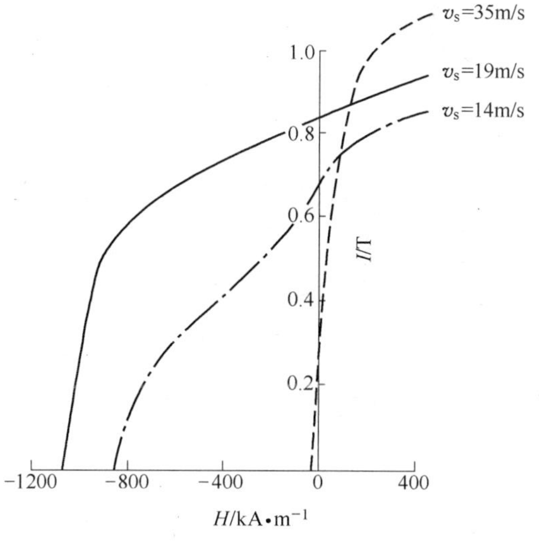

图 2-60 不同的铜轮线速度所对应的退磁曲线

快淬 Nd－Fe－B 磁粉在 700℃和 100 MPa 的条件下热压后，再经过热变形能形成亚微米晶粒的各向异性磁体[114,115]，这种磁体的破碎粉是制作各向异性粘结 Nd－Fe－B 的主要原料来源之一[118]，更加便捷的方法是直接对合金铸锭进行相同的热压和热变形处理。Takeshida[119]发明了被称作 HDDR 的氢化—歧化—脱氢—重组工艺，由普通合金铸锭制成 Nd－Fe－B 磁粉，重组后的晶粒尺寸～0.3 μm，与 $Nd_2Fe_{14}B$ 的单畴临界尺寸一致，可用于粘结磁体，并且可以是各向同性或部分取向的；Mishima 等[121,122]又通过恰当的工艺控制实现了 HDDR 各向异性粉的批量生产。2.3.1.2 节中说到，Nd－Fe－B 合金有很好的吸氢特性，从而获得氢化（Hydrogenation）；而在 700～800℃时，$Nd_2Fe_{14}B$ 会在氢气作用下分解歧化（Decomposition）：

$$Nd_2Fe_{14}B + 3H_2 \longrightarrow 2NdH_3 + Fe_2B + 12Fe \qquad (2\text{-}48)$$

由于反应温度低，原子迁徙距离短，生成物只是几十个或上百个原子的集团；保持同样的温度对反应釜抽真空脱氢（Desorption），上述反应逆向发生导致 $Nd_2Fe_{14}B$ 相重组（Recombination），不过这时的 $Nd_2Fe_{14}B$ 相因为原子迁徙距离的限制只能形成 0.2～0.5 μm 的晶粒，要由多个晶粒构成一个完整的粉末颗粒，恰好与快淬 Nd－Fe－B 磁粉相当，具有良好的永磁特征。Takeshida 后续的研究还表明，通过 Al、Ga 以及难熔金属如 Zr、Nb、Hf、Mo、Ta 和 W 的添加，并严格控制反应条件，可以在很大程度上保持歧化和重组反应产物沿原合金中 $Nd_2Fe_{14}B$ 大晶粒的方向取向，从而获得各向异性多晶磁粉颗粒。Nakamura[121]则发现，上述添加元素的存在对引发各向异性而言不是必要条件，而 Mishima 等利用合理控制温度、氢气压随时间变化的动态 HDDR 过程（d－HDDR）[122]，更容易实现磁粉的取向控制，从而将 HDDR 各向异性 Nd－Fe－B 磁粉推向了市场。

$Sm_2Fe_{17}N_x$（$x = 2.5 \sim 3$）[49]氮化物的居里温度 $T_c = 470$℃，室温饱和磁感应强度 $J_s = 1.57$T，各向异性场 $H_A = 20$MA/m，具有优良的内禀磁特性，但是在 600℃以上会分解成 SmN、Fe_4N 和 Fe，不适合烧结工艺，但作为粘结磁体的粉料却是相当不错的。$Sm_2Fe_{17}N_x$ 由 Sm_2Fe_{17} 合金和氮气或氨气经固－气相反应生成，反应温度必须远离 $Sm_2Fe_{17}N_x$ 的分解温度，这样便限制了氮原子的扩散深度。Sm_2Fe_{17} 合金必须预先研磨成几十微米的细粉，而细粉表面的氧化又会阻碍氮化物的生成，而且其中的超细粉可能完全氧化失去性能；增加氮气压力可以加深氮的扩散但效果不显著，更方便的改善方法是采用氨－氢混合气氛，利用稀土氢化物生成时引发的微裂纹来帮助氮原子扩散[167]。Sm_2Fe_{17} 合金粉末也可以由还原扩散法直接从氧化物获得[168]。$Sm_2Fe_{17}N_x$ 粉末的内禀磁特性与氮含量密切相关，如果氮含量 $x < 2$，Sm_2Fe_{17} 晶格膨胀不充分，T_c 和 J_s 不高，最主要的是易面各向异性没有充分转变，H_A 很低；当 x 超过 3 以后，氮原子进入负效应晶位，H_A 急剧下降（见图 2-61）[167]；而 $Sm_2Fe_{17}N_x$ 粉末的永磁特性则与粉末粒度密切关联（见图 2-62）[169]，只有将氮化粉末研磨到接近单畴颗粒尺寸，比如 2 μm 左右，才能开发出实用的矫顽力。自然，$Sm_2Fe_{17}N_x$ 粉末也是各向异性的，可以期待更高的磁能积，但是细粉末必然影响到粘结磁体的体积填充率，加上氧化的影响，从实际效果看与各向同性快淬 Nd－Fe－B 粉相比并无太大优势，所以并没有投入大规模应用。$NdFe_{12-x}M_xN_y$ 系列（M = Ti、V、Cr、Si、Mo 等）[170]与 $Sm_2Fe_{17}N_x$ 的情形非常相似，但内禀磁特性略为逊色，尽管其稀土含量偏低，但考虑到要与烧结 Nd－Fe－B 争 Nd 资源，因此其在成本上并不占有优势。

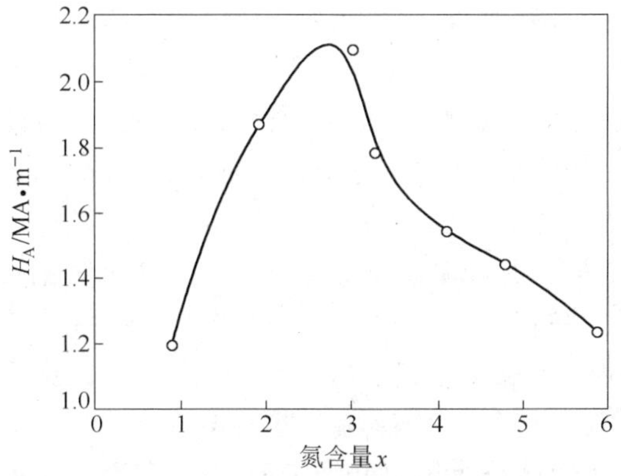

图 2-61 $Sm_2Fe_{17}N_x$粉末的 H_A
与氮含量的关系[167]

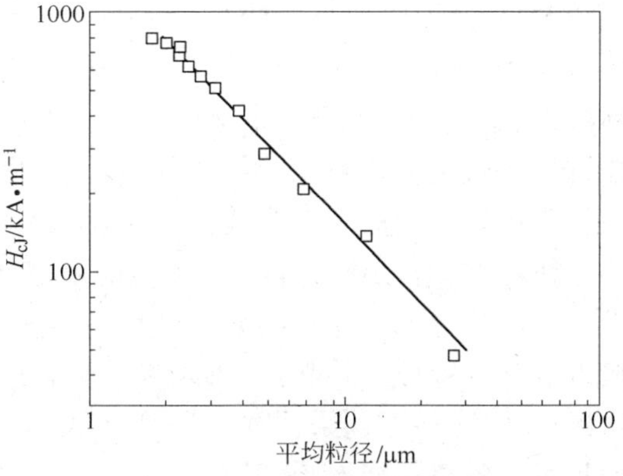

图 2-62 $Sm_2Fe_{17}N_x$粉末的 H_{cJ}
与粉末粒度的关系[169]

交换耦合效应可以在紧密相邻的纳米级磁性相中产生剩磁增强效应，并且可以通过硬磁—软磁相耦合同时得到高剩磁和高矫顽力。除了上面提到的快淬 Nd - Fe - B 薄带外，在 Nd - Fe - B 三元相图中还可以得到以 $Nd_2Fe_{14}B$ 为硬磁相，以 α - Fe 或 Fe_3B 及其组合为软磁相的交换耦合体系。同样是通过“快淬薄带 + 晶化处理”的手段得到恰当的微结构，同样是为了防止晶粒过分长大失去矫顽力而不能制成烧结磁体，其中已经投入批量生产的是 $Nd_2Fe_{14}B + Fe_3B$ 组合[171]，快淬工序采用直接向高速旋转的铜轮上浇注熔融液体的办法，类似于烧结 Nd - Fe - B 合金的条片浇注技术，因为高硬度 Fe_3B 相占有很高的比例，磁粉显微硬度比快淬 Nd - Fe - B 大，磁体成形性较差，磁粉对成形模具的伤害也大一些，但磁粉的化学稳定性比较高。

2.3.2.2 磁粉 - 粘结剂的混合/混炼

除氮化物以外，供粘结磁体用的稀土永磁合金为亚微米晶粒合金粉末，允许人们方便地将合金粉末破碎到充填和成形所需要的理想粒度分布，然后与粘结剂进行混合或混炼。根据粘结剂物理化学特性以及成形方法的差异，需要采取不同的混合/混炼工艺。压缩成形磁体的磁粉比例在 96% ~98%，粘结剂采用热固性树脂（通常是环氧类）加固化剂，将树脂和固化剂用有机溶剂溶解并混合均匀，然后将磁粉加入溶液并充分搅拌，使磁粉均匀分散和浸渍在溶液中，让溶液中的粘结剂在磁粉表面形成包覆膜，然后通过加热或自然干燥使有机溶剂挥发，再将干燥板结的磁粉破碎到所需要的粒度，就可以供下道工序成形了。为了改善磁粉的填充、取向和压制性，提高磁体的机械强度，有时候还需要在混合前对磁粉进行耦联处理，或在混合破碎后添加润滑剂。注射或挤出成形磁体使用热塑性树脂，在很大程度上延用塑料颗粒料混炼的技术，与塑料工业最大的不同在于其高额的固体填充比，一般塑料改性用的玻纤、碳纤或其他无机填料的体积比是 40% ~50%，而粘结稀土永磁为了获得高性能，这个比例高达 80% 以上，所以设备的机械结构要做很大的调整，需要加大长径比，以使粒料充分塑化、混合和煅炼，还要针对严重的机械磨损采取混炼部位的表面硬化处理。考虑到高温混炼和后续成形过程可能带来的磁粉氧化和树脂劣化以及高填充比粒料的注射/挤出加工，需在树脂、各类添加剂的配合以及混炼工艺上进行适当的选择，最常用的热塑性树脂是尼龙（PA），耐高温磁体则使用聚苯硫醚（PPS），前者是一种应用广泛的优良工程塑料，磁体最高使用温度在 120℃ 左右，而后者可以用到 180 ~200℃；添加剂包括耦联剂、抗氧剂、增塑剂、润滑剂等等，混炼前将这些组分和磁粉进行充分混合，然后将混合体送入单螺杆或双螺杆混炼造粒机中进行混炼，制成注射或挤出所需的颗粒料。传统的压延成形磁体都采用橡胶做粘结剂，最常用的是丁腈橡胶和氯化聚乙烯，如果有较高的耐温要求，则使用聚氨酯，将磁粉、树脂、硫化剂和其他助剂充分混匀，然后在橡胶开放式混炼机或密闭式混炼机中混炼，最后将混炼好的团块破碎成适合压延机入料的尺寸，在混炼和成形过程中橡胶处于粘弹态，而不是像注射或挤出磁体那样在熔融态混炼和成形，所以混炼温度比较低，对磁粉的防氧化要求也可以相应低一些。高分子材料中有一类热塑性弹性体，在室温附近表现出与传统橡胶接近的良好弹性，但同时又可以采用塑料或橡胶的工艺来加工，被成功地移植到了压延成形永磁体，其中最普遍采用的就是氯化聚乙烯弹性体，它可以用来制成高填充比的粘结磁体，而且可以省略传统橡胶的硫化处理过程。热塑性弹性体最大的缺点是在耐磨性和耐温方面还不如橡胶，但耐磨性要求对大多数永磁体应用而言并不十分突出。

2.3.2.3 混合体成形

压缩成形过程可以分解成充填、压缩、保压、脱模、取坯和固化等步骤。如果是各向异性磁体，在压缩前和保压后还要分别加上磁场取向和退磁两个步骤。因为粘结磁体最大的优点在于尺寸精度高和一致性好，所以这个优点在这些步骤中如何确保和平衡优化就成为工艺的关键。良好的充填和压制特性要求合理的粒度分布，但又要兼顾细粉在高温固化时的氧化问题；为克服粉末间和粉末 - 模具间的摩擦力，得到高密度并且易于脱模，必须适当添加润滑剂，但又要避免降低磁体的强度；各向异性磁体的取向磁场比烧结磁体的强度要高很多，因为粘结磁体成形的压强不是 100 MPa 而是它的 8 ~ 10 倍，需要更强的磁相互作用来抗衡机械力对取向度的破坏；采用温压的办法，使磁体在树脂软化但并不充分固化的状态下成形，可以有效地提高磁体密度和各向异性磁体的取向度，且已成为各向异性粘结稀土磁体必须采用的方法，但这是以严重降低压制节奏为代价的，压制周期由通常的数秒钟延长到近半分钟，采用多工位压制可以缓解这个矛盾，但需要相当可观的设备初期投入。由此可见，压缩成形过程是一个各工艺参数高度平衡优化的过程，任一方面过于偏颇都会导致产品的严重缺陷。

磁体的注射和挤出成形加工在流程上与普通工程塑料的加工一样，而高固体填充比则带来一些本质性的差异。由于磁体是一个功能材料零件，不是结构零件，所以对材质的均匀性和一致性的要求更高，磁粉 - 树脂复合体的流变特性要更稳定，而恰恰是这高的填充比给流动性和模具充填均匀性上带来了很大的麻烦。为了确保磁粉和熔融树脂同步地流动和充填到模具各处，需要克服复杂形状模具对均匀流动的干扰，混炼料的磁粉 - 粘结剂耦联特性以及料的流变特性是工艺的关键；对于高填充比的材料挤出时如何保持产品的截面形状和直线度也是工艺控制的重要参数。计算机有限元分析提供了强大的模拟功能，可用它来指导模具、流道的设计和温区、压力和螺杆转速的控制。对各向异性磁体而言，还必须设计与模具一体化的磁路。由于稀土磁粉需要的取向场比铁氧体高 3 ~ 5 倍，约在 1 ~ 1.5 MA/m 的场强水平，所以用高性能烧结稀土永磁体来构建磁路的方法是不可取的，而必须通过电磁铁将强磁场导入模具。与烧结磁体的情形类似，单一方向的取向场相对更容易实现，但实际应用中的电机和耦合器占绝大多数，它们需要的是辐射取向磁环。虽然薄壁辐射取向磁环在烧结磁体中难以实现，在压缩成形粘结磁体中也遇到困难，然而在注射成形和挤出成形工艺中更容易实现，由于熔融的树脂起到了良好的润滑作用。采用同极磁场对顶排斥形成径向磁场的方法在产品高度上仍受到很大限制，且磁场强度也偏低；注射成形过程采用周期性脉冲磁场可以得到较好的取向,但产品不能太高;而挤出成形需要提供连续磁场,场强更低,但可以通过连续成形制备高度不受限制的产品。

粘结稀土永磁体的压延成形工艺开发相对缺乏,在铁氧体橡胶磁体中使用的传统成形工艺可以很方便地移植到稀土制造永磁体。各向异性磁体的取向场更高,虽然磁场方向单一,但需要在整个压延轧辊长度所对应的较宽幅面上施加,所以对电磁铁电源的要求也不低。

2.3.2.4 机械加工

粘结磁体是近终形成形,材料利用率高,加工量和加工损耗非常小。注射成形磁体几乎没有什么机械加工,只是需要通过滚磨倒角来去除注射浇口和模具合缝处的飞边。挤出成形磁体则需要在高度方向进行切割,然后对切割品滚磨倒角。如果挤出磁体的直线度以及切割的垂直度或高度不能满足公差要求,则需要对磁体高度进行研磨以达到所需的精度。压缩成形磁体在压缩面上的尺寸和形位公差精度主要靠模具设计和加工来保证,尤其是圆环产品,但在产品高度方向的精度较难控制,因为无论采用定重量加料还是定容积加料,粉末充填和压制特性的波动会增大高度方向的公差水平,体现不出粘结磁体高精度的优势,而增加高度研磨工序就能比较轻易地达到高精度,所以高度研磨是压缩成形磁体的必备工艺。非环状磁体可能存在脱模和固化过程的形变,理想的工艺过程是建立形变的经验关系或模型,在模具设计时事先留出矫正量,但对于形状相对简单(比如瓦形)的磁体,采用仿形研磨的方法更为方便和经济,研磨后的磁体同样需要滚磨倒角来去除尖锐的棱角或吸附在磁体表面的浮尘。

在加工设备和工夹具选择上,要考虑粘结磁体机械性能的双重特性。一方面稀土永磁粉是硬度和脆性都很高的金属间化合物,对设备、研磨刀具或磨料的磨损很大,需要对接触面做高硬度的处理或选择高硬度材料;另一方面磁体的力学性能实际上取决于粘结剂自身以及磁粉-粘结剂界面的力学强度,磨削和滚磨加工的施力要有节制,尤其是薄壁磁环要防止加工断裂或缺口,所以粘结磁体的机械加工与烧结磁体的加工还是有很大区别的,比如研磨要采用树脂基的金刚石砂轮,一次进刀量不宜过大,滚磨倒角的磨料硬度不要太大,控制一次倒角的磁体数量以减少磁体相互撞击的几率等等。

2.3.3 热压、热变形方法和铸造磁体

如果金属或合金的晶体结构偏离立方对称性,其弹性模量在不同晶轴方向存在差异,各向同性多晶金属或合金在冷轧或热压过程中,往往会形成一定的织构,弹性模量较小的晶轴沿受压方向择优取向,以便使压延形变导致的弹性能量增加量最小。其中典型的事例就是冷轧硅钢的压延各向异性,Fe-Cr 系列冷拔金属丝永磁体也是如此。Lee 等人[114,115]发现在 Nd-Fe-B 合金中也可以通过缓慢而大幅度的热压变形诱发类似的晶体择优取向,制成优异的全密度各向异性磁体,而且很适合制造辐射取向薄壁磁环。

热压和热变形磁体的制造需要从快淬 Nd-Fe-B 薄带或磁粉开始,原因是热压过程并不能形成类似液相烧结那样的金相结构和矫顽力机制,而必须预先在合金颗粒内建立足够高的矫顽力。具有高矫顽力的薄带在模具中加热到700℃,再施加100 MPa 的压力能制成各向同性实密度的磁体。为了加以区分,人们习惯将采用有机或金属粘结剂的各向同性粘结 Nd-Fe-B 磁体叫做 MQ-Ⅰ;而上述的热压磁体叫 MQ-Ⅱ,因在700℃的温度下晶粒不会长得很大,亚微米结构得以保持,所以 MQ-Ⅱ具有与薄带相近的矫顽力,而且 $Nd_2Fe_{14}B$ 的 c 轴在加压方向上已经有了10%左右的取向,$(BH)_{max}$ 可以做到130 kJ/m³;如果将 MQ-Ⅱ磁体

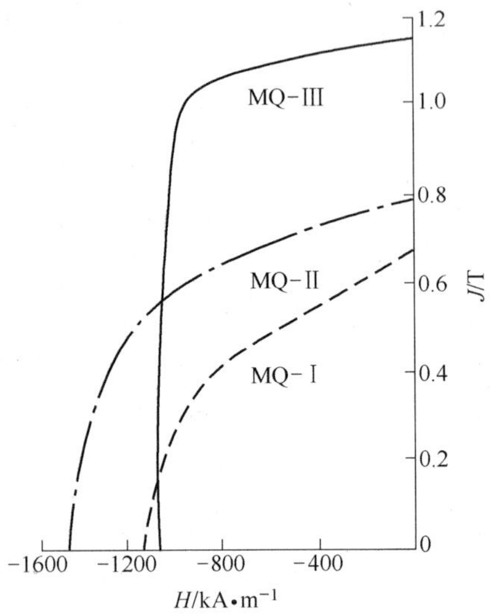

图 2-63 MQ-Ⅲ的退磁曲线[115]

放到一个更大口径的加热模具中，缓慢加压使 MQ-Ⅱ 磁体在受压方向上压缩 50% 以上，就可以获得取向相当充分的实密度各向异性磁体——MQ-Ⅲ，其易磁化方向 c 轴平行于受压变形方向，晶粒形状扁平，受压方向高度为 20～100 nm，而在垂直于受压方向上长度延展到 200～400 nm[94]。因为不需要富 Nd 相，MQ-Ⅲ更接近 $Nd_2Fe_{14}B$ 正分成分，在压制温度、速度和压缩率控制最佳的条件下，Tokunaga 制成了 $(BH)_{max}=400\ kJ/m^3$ 的磁体[172]；但在实际生产中毕竟 $Nd_2Fe_{14}B$ 的硬度和脆性不适合用来做塑性加工，还是需要引入少量富 Nd 相，使其在热变形中形成液相，起到取向润滑的作用，批量生产 MQ-Ⅲ 的 $B_r=1.35T$，$(BH)_{max}=320\ kJ/m^3$（见图 2-63）[115]。一种变通的但更有特点的热变形压制方法是背挤压，阴模的尺寸与 MQ-Ⅱ 磁体相同，但上冲的尺寸比阴模小，冲头下压时将软化的磁体挤到阴模和冲的夹缝之中，形成环状的磁体（见图 2-64）[173]。由于磁体的压力来自于阴模和冲头间的侧向压力，主要的压缩变形发生在环形磁体的径向，压延各向异性的易磁化轴正好在圆环径向，这是制造辐射取向薄壁圆环的理想方法。

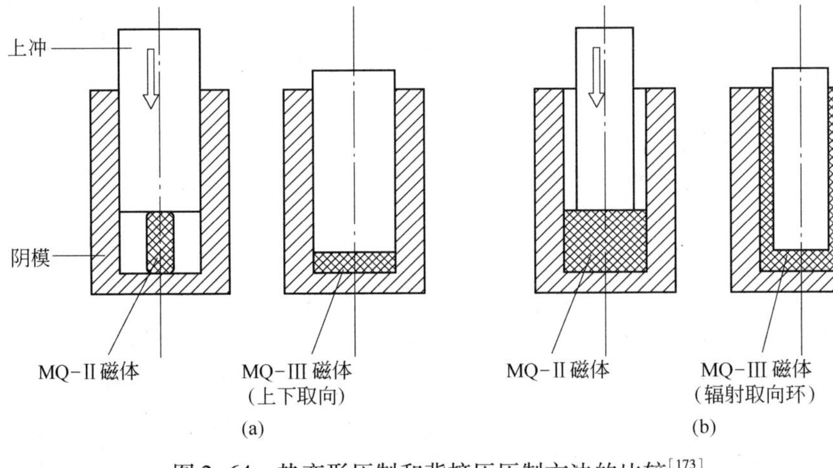

图 2-64 热变形压制和背挤压压制方法的比较[173]

（a）热变形压制；（b）背挤压压制

Shimoda 等[113]发现 Pr-Fe-B 系铸态合金就可以达到 0.56 MA/m 的矫顽力，经过 950℃热处理后 H_{cJ} 提高到了 0.77 MA/m，而获得高矫顽力的必要条件是富 Pr 相，典型的合金成分是 $Pr_{17}Fe_{79}B_4$。矫顽力的问题解决了，但硬而脆的 $Pr_2Fe_{14}B$ 仍然不适合进行热变形处理，少量 Cu 的添加大大改善了合金铸锭的热加工特性，合金成分调整到 $Pr_{17}Fe_{76.5}B_5Cu_{1.5}$ 后，Cu 除了在主相中固溶外，还进入富 Pr 相，拉低了主相和富 Pr 相的共晶温度，铸锭晶粒细化到接近烧结 Nd-Fe-B 的 10 μm 水平，热变形过程中的液相辅助效果更明显，允许合金成分更接近主相的化学正分成分，所以能获得高性能的磁体。典型的永磁参数如下：$B_r=1.25\ T$、$H_{cJ}=0.8\ MA/m$、$(BH)_{max}=288\ kJ/m^3$，与常规烧结 Nd-Fe-B 相当。

2.3.4 磁体表面防护处理技术

以 Co 为主要成分的 Sm－Co 系列磁体具有很好的化学稳定性，无需经过任何表面防护处理就可以胜任绝大多数应用场合，但 Nd－Fe－B 磁体的表面防护是一个必经的工序，尤其是烧结 Nd－Fe－B 磁体，富 Nd 相有非常强的氧化倾向，在潮湿环境下与 $Nd_2Fe_{14}B$ 主相构成原电池并率先腐蚀，逐渐使主相颗粒剥离主体（Nd－Fe－B 磁体的腐蚀性见 2.2.5.3 节）。在磁体中用少量（低于 20%）Co 置换 Fe，可以大大改善富 Nd 相和主相的化学稳定性，还能提高磁体的性能，但显著增加磁体的成本；Cr、Ni、Ti 等元素也可以提高磁体的化学稳定性，但要以降低磁性能为代价。因此，烧结和粘结 Nd－Fe－B 的主要防护手段还是在磁体表面处理上做文章，即采用其他行业中成熟的表面防护技术，如磷化、电镀[174]、化学镀、电泳和离子镀[175]等，结合 Nd－Fe－B 基材的特点对工艺过程进行适当调整和控制。快淬 Nd－Fe－B 粉是亚微米晶粒结构，富 Nd 相很少，而且被主相严密包裹，耐腐蚀性比烧结 Nd－Fe－B 强很多，但其压缩成形粘结磁体的孔隙率较高，又存在一定比例的细微粉末，通常仍需采用电泳或喷涂环氧类涂料做表面防护处理；而注射成形磁体的粘结剂含量较高，磁体内部孔隙率低，外表面还有一层树脂包覆，只有浇道口有少许磁粉外露，一般无需做表面防护处理；挤出和压延磁体存在切割断口，高性能磁体树脂含量又不够高，针对不同的应用场合，需要考虑表面的涂覆。

表面防护处理可分为湿法和干法两大类。

（1）湿法是磁体是在纯水、无机溶液或有机溶液环境下实施表面防护处理的，如磷化、电镀、化学镀、电泳、喷涂和浸涂等。

（2）干法是磁体不接触溶液，通过物理或化学过程实施表面防护处理。干法通常有物理气相沉积（Physical Vapor Deposition，简称 PVD），包括真空蒸发镀、真空溅射镀和离子镀（如多弧离子镀、离子气相沉积——Ion Vapor Deposition）和化学气相沉积（Chemical Vapor Deposition，简称 CVD）。干法表面防护处理能够避免腐蚀性离子在磁体表面孔隙中残留，对磁体的损伤和性能破坏都比较小。目前，离子蒸发镀铝和化学气相沉积聚二甲苯已经在工业化生产中采用。

表 2-17 中概括了不同表面涂覆工艺及其特点，由此可见，不同方法各有所长，需要针对磁体不同的应用环境对涂层进行选择。表面防护的上述两种途径，在涂层前处理、表面涂覆和后处理三个环节上都有一些差异，下面就两种方法在 Nd－Fe－B 磁体中的应用加以说明。

表 2-17 Nd－Fe－B 典型涂覆方法的对比

涂层	涂覆方法	膜厚/μm	硬度	防锈能力		结合力	绝缘	尺寸	耐热温度/°C	典型应用
				耐湿	耐盐					
磷化膜	化学反应	0.5～3		△	△	◎	○	◎		风电、空调压缩机
锌	电镀	＜15	50～60HB	◎	○	○		△	＜160	VCM、扬声器、电机
镍	电镀	10～30	500～550HB	◎	○	○		△	＜200	VCM、传感器、扬声器、驱动器、电机
	化学镀	10～15	HV500～600	◎	◎	○		◎	＜180	

续表 2-17

涂层	涂覆方法	膜厚/μm	硬度	防锈能力		结合力	绝缘	尺寸	耐热温度/°C	典型应用
				耐湿	耐盐					
环氧树脂	电泳	10 ~ 30	4H	○	◎	○	◎	△	< 150	汽车电机、绝缘、直线电机
	喷涂	5 ~ 15	3H	○	○		◎	○	< 130	有绝缘要求的应用、CD拾取器
铝	离子镀	5 ~ 20	HV20	○	○	◎		○	< 500	传感器、扬声器、驱动器、EPS、车载压缩机
	喷涂	> 5	4H	○	○	◎		○	< 180	家用空调压缩机、封闭电机
聚二甲苯	气相沉积	> 5	2H	○	○	△	◎	◎		小尺寸磁体、有绝缘要求的应用

注：◎—优秀，○—良好，△—可用。

2.3.4.1 湿法涂装

湿法涂装的基本流程如图 2-65 所示，主要分成前处理、表面防护和后处理三个阶段。

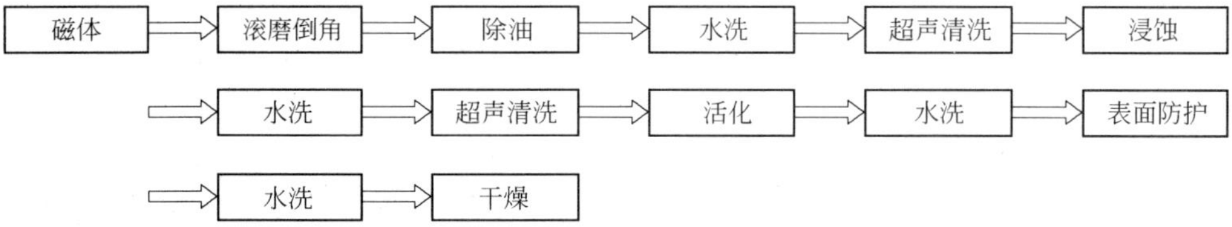

图 2-65 湿法涂装的基本流程示意图

A 前处理

与普通的致密金属材料不同，经过机械加工的烧结或粘结 Nd - Fe - B 表面存在油污、氧化、锈蚀、砂眼、裂纹、附着磁粉和晶粒脱落等缺陷，如果涂覆前处理的状态不好，将严重影响涂层与基体的附着力，导致涂层起泡或高孔隙率，涂层的保护作用减弱甚至丧失。

对实际生产过程的统计表明，大多数涂层的质量问题都是由前处理不妥造成的。滚磨倒角工序是将磁体、磨削介质和滚磨液按比例放入滚磨容器，当容器作旋转、振动或离心运动时，磁体与介质相互摩擦去除表面油污、氧化层和锈蚀，并将尖角磨圆。常用的磨削介质是不同尺寸规格的棕刚玉球、正方体或三棱柱，滚磨液多采用碱性洗液加少量防锈剂，机械设备有离心滚磨机、振动光饰机等。磁体经滚磨倒角后，浸入碱（氢氧化钠）或碱性盐（如碳酸钠、磷酸钠、硅酸钠等）与乳化剂配成的热碱液，利用 OH^- 根与动植物油脂（主要成分为硬脂酸酯）的皂化反应以及乳化剂对矿物油的乳化作用进一步去除表面油脂[176]。图 2-65 中的“超声清洗”是非常关键的工序，因为烧结或粘结 Nd - Fe - B 磁体表面疏松多孔，在微孔中极易残存油污及除油工序的反应产物，应利用超声波发生器产生的空化作用将 Nd - Fe - B 磁体表面彻底清洗干净。浸蚀是利用化学方法进一步去除磁体表面的锈蚀和氧化物，制造新鲜表面以利于涂覆层附着，由于 Nd - Fe - B 与 Cl^- 离子的反应倾向非常强，常采用硝酸的稀溶液，而不使用盐酸，如果氧化皮较厚，则可用混合酸来处理。经过如此繁复和细致前处理的磁体就可以进行表面防护处理了。

B 表面防护处理

Nd－Fe－B 的湿法保护处理有磷化、电镀、化学镀、电泳、喷涂和浸涂等不同手段，它们可以独立使用也可以联合使用。

磷化处理是将磁体在含有磷酸、磷酸二氢盐（$M(H_2PO_4)_2$，M = Zn、Mn、Fe、Ni 或 Ca）的溶液中进行处理，使磁体表面形成一层水合磷酸盐（$M_x(PO_4)_y \cdot zH_2O$）保护膜——磷化膜的过程。磷化膜厚度在 0.5～3 μm 之间，呈灰色或暗灰色，是具有细小裂纹的多孔结构，水合磷酸盐的弱导电性和难溶性能有效抑制磁体表面的原电池效应，改善磁体的耐蚀性和吸附性，但其化学稳定性较差，单独使用只适合对付短期的抗腐蚀要求或使用环境不苛刻的场合，如果再追加封闭处理可适当提高其耐蚀性；磷化膜的多孔性则有助于有机涂料对磁体表面的渗透和吸附，一般作为电泳或喷涂的前一道工序来增加涂层对磁体的附着力。磷化工艺分常温、中温和高温三种，常温磷化温度是 10～35℃，处理时间 20～60 min，常温磷化能耗少、成本低、溶液稳定性好，但磷化膜的耐蚀性和耐热性较差；中温磷化在 50～70℃ 下进行，时间为 10～15 min，中温磷化溶液稳定、成膜快、耐蚀性适中，适合于防锈和涂装打底；高温磷化温度是 90～98℃，时间 10～30 min，高温磷化膜的耐蚀性、结合力、硬度和耐热性都比较好，而且成膜快，但由于工作温度偏高，溶液的水分蒸发量大，浓度难以控制，磷化膜晶粒粗细不均，且容易夹杂沉淀物[176]，因此目前在 Nd－Fe－B 行业一般不采用高温磷化工艺。磷化膜的质量与磷化液的总酸度、游离酸和促进剂浓度直接相关，同时前处理的除油、除锈也一定要彻底，否则会磷化不上、磷化不全或磷化膜发花。磷化膜封闭处理可采用重铬酸钾溶液或亚硝酸钠溶液。磷化不合格的磁体可以用酸洗液浸渍去除，水洗后重新磷化。

Nd－Fe－B 电镀工艺一般为镀镍和镀锌，而镀镍一般为镍/铜/镍复合镀层，很少采用单层镍或双层镍工艺，这是由于镍的标准电极电位是 －0.25 V，比铁电位偏正，镍镀层为阴极性镀层，如果镀层存在从表面贯穿至基体的孔隙，遇腐蚀性环境时基体优先腐蚀，镀镍层无法起到保护作用，而总厚度在 15 μm 以上的镍/铜/镍复合镀层可以很好地封闭孔隙，同时，铜镀层的韧性还能降低镍镀层过厚所导致的应力。但因为镍是优良的软磁材料，镍镀层对磁体有一定的磁屏蔽效应，当磁体小或薄的时候尤为显著。锌的标准电极电位是 －0.762 V，比铁负，所以锌镀层属于阳极性镀层，在腐蚀性环境下的磁铁－锌镀层原电池效应中充当阳极而优先腐蚀，并且腐蚀反应在锌镀层内横向发展，而不是纵向侵蚀基体，从而对磁体起到有效保护，直至锌层全部腐蚀。但由于锌腐蚀会生成大量的白色粉末，较严重地玷污磁体的使用环境，所以对防腐能力要求较高的产品一般不采用锌镀层。为提高锌镀层的抗腐蚀能力，镀锌后一般均要进行钝化处理，分为蓝白钝和彩钝，受欧共体 RoHS 指令禁用汞、铅、镉和六价铬的制约，目前 Nd－Fe－B 镀锌钝化一般均采用三价铬。

化学镀与电镀一样，也是通过氧化还原反应，镀液中的金属离子还原成原子附着在磁体表面，不同的是没有电流来吸引离子、补充电子和增强原子的附着力，所以需要有还原剂在镀液中共存，基体表面还需要有催化作用。化学镀的最大优点是镀层厚度均匀且有极其良好的深镀能力，前者在形状复杂磁体的表面防护中尤为突出，消除了电镀过程中金属离子向电场强的高曲率端富集的“尖端”效应，而后者对具有细小深孔的磁体意义重大，化学镀层的硬度高、孔隙率小、化学稳定性高。

与磷化和电镀不同，电泳、喷涂或浸涂的表面保护膜是有机物——热固性高分子聚合物，这就决定了涂层方法、膜的物理/化学特性以及耐腐蚀性与前者有很大的差别，因为涂覆过程仍是在水溶液或有机溶剂配制的溶液中完成的，而且前处理过程与磷化和电镀一样，所以可归于湿法涂覆的范畴。电泳、喷涂或浸涂是粘结 Nd－Fe－B 的主要涂覆手段，磷化和电镀很少在粘结 Nd－Fe－B 磁体中应用。电泳是带电的胶体微粒在外加直流电源的作用下，在分散介质里向带电电荷相反的电极作定向移动的现象，利用这个特征可以使带电的有机涂料分子（通常是环氧树脂）牢固地吸附在磁体表面，磁体从电泳槽中取出后再经固化即可形成保护膜。

根据涂料的带电特征，电泳涂装可分为阳极电泳和阴极电泳两种，当涂料是带负电荷的阴离子时，磁体是阳极，这种配置叫阳极电泳，反之则叫阴极电泳。两者的本质区别在于：当磁体作为阴极时，在电源作用下不会发生阳极溶解，磁体表面或其磷化膜不被破坏，所以阴极电泳涂层的耐蚀性更高，Nd－Fe－B 磁体电泳大都是阴极电泳，但因为电泳漆、设备和工艺条件的要求比阳极电泳高，成本也更高一些。如果将电泳涂覆过程细分，则包含电解、电泳、电沉积、电渗四个电化学过程和最后的固化交联反应。

首先是作为溶剂的水分子在电场作用下电解成氢气和氧气，并在溶液中留下 H^+ 和 OH^- 离子：

阳极电解反应 $$2H_2O - 4e \longrightarrow 4H^+ + O_2\uparrow \tag{2-49}$$

阴极电解反应 $$2H_2O + 2e \longrightarrow 2OH^- + H_2\uparrow \tag{2-50}$$

阴极电泳漆分子与电解出来的 H^+ 离子结合成阳离子胶粒，在电场作用下向阴极方向电泳迁移；胶粒在位于阴极的磁体表面与 OH^- 交换 H^+ 离子，电泳漆分子沉积在磁体表面；刚沉积到磁体表面的漆膜疏松，含水量相当高，OH^- 离子还能通过，此时若保持电场的作用，OH^- 以水化离子的形式夹带水分子穿过疏松漆膜与漆膜表面的树脂离子继续中和，形成新的沉积漆膜，并将漆膜中的水逐渐排到膜外，使漆膜脱水成为含水率低、电阻率高的致密漆膜，当漆膜达到一定厚度时，其电阻也使得反应过程基本停止，漆膜呈均匀、无光泽的海绵状，此时即使用水喷洗它也不会脱落，最后，在加温固化的过程中，伴随流平剂的作用，漆膜在磁体表面形成光滑而结实的保护膜。喷涂或浸涂没有这么复杂的电化学过程，只需要保证漆膜分布均匀、厚度恰当，然后同样对涂装好的磁体进行烘烤流平和固化处理即可。它们与普通材料的喷涂或浸涂的最大区别恰好就在"均匀厚度的漆膜"上，因为磁体体积小、尺寸精度高、表磁损失要小、耐腐蚀要求高，不能仅靠堆积厚厚的一层漆膜来达到目的。为此，在喷涂过程中，必须对漆的黏度、固体份、喷枪出漆量、雾化状态等方面做仔细的控制；而在浸涂中，则要严格控制漆的成分和温度，以使漆液对磁体进行充分、均匀的浸泡。

2.3.4.2 干法涂装

干法涂装的流程如图 2-66 所示。

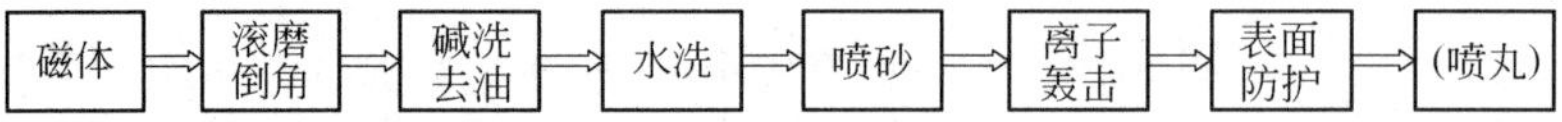

图 2-66 干法涂装的基本流程示意图

在干法涂装中，磁体倒角和去油的步骤与湿法涂装相近，但干法涂装不需要将磁体的倒角做得很大，原因是干法涂装的膜厚更均匀，同等耐蚀条件下膜厚低（10～15 μm），边角效应小得多。喷砂是用净化的压缩空气将砂流喷向磁体表面，在高速砂流强力的撞击下打掉其表面的毛刺、氧化皮和锈蚀等。砂料常用的是石英砂（SiO_2），其对磁体无污染，但砂粒易粉化；铝矾土（Al_2O_3）不易粉化，砂料可以循环使用；人造金刚砂太贵，很少使用。根据磁体尺寸的大小，砂料的粒度有所不同：对于 1 ~3 mm 厚、尺寸小的磁体宜采用直径为 0.5 ~1 mm或更细的砂粒；中等大小的磁体用直径为 1 ~2 mm 的砂料；较大块的磁体可采用直径为 3 mm 以上的砂粒。考虑到烧结 Nd – Fe – B 硬而脆的特征，压缩空气的压力宜控制在 0.2 ~0.4 MPa。喷丸处理适用于离子镀铝，其方法与喷砂很相像，只是砂粒换成了玻璃丸。喷丸能对磁体产生压应力，修复镀层表面缺陷，提高镀层耐腐蚀能力。由于压应力会在高温处理中消失，所以不必再对磁体做退火处理。

真空离子蒸发镀（IVD）是由真空蒸镀工艺发展出来的。真空蒸镀是在真空下将待镀金属材料经电阻加热、电弧加热或溅射等方法蒸发，原子态的金属在磁体表面沉积，结晶生长成完整覆盖磁体的金属膜，其中工艺成熟度最高的是电阻加热蒸发镀铝。一方面铝的氧化物是非常好的钝化膜，具有良好的耐腐蚀性，另一方面铝熔点低、蒸发速率高、铝材的价格也低，因此镀铝的成本较为合算。比较而言，溅射蒸发的成膜性能优异，但蒸发速率过低；而电弧加热易产生较大的飞溅液滴；简单的蒸镀也存在明显的缺陷，比如沉积厚度不均匀、晶粒粗大、附着力差等。真空离子镀克服了以上方法的不足，它通过在蒸发源和磁体之间加载高的负偏压，于是氩气在磁体所在的阴极附近会形成辉光放电，铝蒸气在通过辉光区时能产生部分电离，并被高电压加速沉积到磁体表面，有助于形成致密且附着力强的镀层。同时利用辉光放电还可以在镀铝前让氩离子流轰击磁体，清洗磁体表面，进一步提高磁体对铝膜的附着力。真空离子镀的关键工艺参数包括：真空度（$<1\times10^{-2}$ Pa）、氩气分压（1 ~3 Pa）、磁体温度（150 ~ 200℃）、蒸发源和磁体的距离（10 ~15 cm）、负偏压（ –1 ~ –3 kV）、蒸发速率等等。较高的真空度可以确保整个蒸镀过程不发生严重的氧化。氩气分压与铝原子的平均自由程直接关联，必须与蒸发源和磁体的距离相匹配，分压过低则自由程长，蒸发原子有很强的直进性，易造成磁体两面膜厚不均，分压过高则可能导致远离蒸发源的磁体镀不上。氩气分压还与负偏压组合共同决定离子轰击的效果和膜层对磁体的附着，负偏压值小的话，氩原子离化程度不够，负偏压值过高又会使磁体表面轰击过度，使铝原子动量过大，而不易在磁体表面沉积。磁体温度和蒸发速率则敏感地影响铝在磁体表面的结晶生长状态。理想的成膜状态是细密均匀的柱状晶，蒸发原子在磁体表面要有足够的能量和时间迁移并定向生长，磁体温度低、蒸发速率低的组合不利于原子扩散，需要较厚的膜来实现表面整体覆盖，生产效率低，高温度高蒸发速率的极端组合则可能在膜中生成粗大晶粒，甚至会有可观的大液滴沉积。

化学气相沉积（CVD）对二甲苯聚合物（Parylene）最早应用于印刷线路板作防护涂层，后来又被广泛运用于软磁材料的表面绝缘处理、纤维织物的表面防护等，近期发展到 Nd – Fe – B 的表面防护，成为一项新的磁体涂装技术。涂覆过程在真空下进行，对二甲苯类单体加热升华为气相单体，然后在温度较低的磁体表面沉积并直接聚合成固态的 Parylene 薄膜，所以又称作蒸气沉积聚合（VDP）。涂层单分子以气相沉积在磁体上时，具有非常强的渗透性和包覆性，能渗透到磁体的表面微孔中，经表面聚合反应直接从基材的表面向外“生长”出完全覆盖、均匀一致的固体分子层，即使膜厚在 1 μm 以下也无针孔，并且不存在由表面张力引起的积料现象和涂层弯月面状不均匀等。Parylene 类涂层有优异的绝缘性和介电性能——低介质损耗和高介电强度，有高机械强度和低摩擦系数，成为无伤害小型绕线元件唯一能适用的绝缘层；Parylene 具有极低的水汽透过率，能提供优异的防潮抗腐蚀防护，对小型、形状复杂的 Nd – Fe – B 磁体的表面涂装非常适用，并可以增加磁体的强度。表 2–18 给出了 Parylene 与其他有机涂层主要性能的对比。

表 2-18 Parylene 与其他有机涂层主要性能的对比

主要性能		Parylene	环氧树脂	聚氨酯	聚丙烯酸酯
体电阻率(23℃,50%RH)/Ω·cm		$(1.2 \sim 12) \times 10^{16}$	$10^{12 \sim 17}$	$10^{11 \sim 15}$	$10^{13 \sim 14}$
表面电阻/Ω		$10^{13} \sim 10^{16}$	10^{13}	10^{14}	
杨氏模量/MPa		2400 ~ 3200	2400	80 ~ 800	480
拉伸强度/MPa		45 ~ 70	28 ~ 91	1.13 ~ 70	32 ~ 77
断裂伸长率/%		10 ~ 250	3 ~ 6	100 ~ 1000	3 ~ 85
吸水性(24h)/%		<0.1	0.08 ~ 0.15	0.02 ~ 4.50	
硬　度		R(80 ~ 85)	M(80 ~ 110)	10A ~ 25D(肖氏)	H ~ 2H
摩擦系数	静　态	0.25 ~ 0.33			
	动　态	0.25 ~ 0.31			
熔点/℃		290 ~ 420	固　化	~170 或固化	
使用温度/℃		-200 ~ 140		-45 ~ 110	-59 ~ 137
线膨胀系数(25℃)/℃$^{-1}$		$(3 \sim 8) \times 10^{-5}$	$(4.5 \sim 6.5) \times 10^{-5}$	$(10 \sim 20) \times 10^{-5}$	$(0.5 \sim 15) \times 10^{-5}$
水汽渗透率(37℃,90%RH)/mg·(m^2·d)$^{-1}$		3.1 ~ 23.3	102.3	313.1	403.9

2.3.5 磁体充磁

由于稀土永磁体具有很高的内禀矫顽力,一般只有在足够强的外磁场下磁体才能饱和磁化(此时该场被称为饱和磁化场),以获得最佳永磁性能。这个饱和磁化场,除了与磁体材料的内禀参数有关外,更重要的是与磁体的微结构相关,合适的微结构可以相当程度地降低这个饱和磁化场。在实际使用中,需要尽量降低磁体的饱和磁化场,以便用户对磁体充磁。显然,如果充磁磁场过低,不仅得不到所希望的标称性能,甚至可能得不到稳定的磁性。稀土永磁体在不同磁化场下的磁化和反磁化行为(小磁滞回线),揭示出了不同类型磁体的磁化特征,在实际应用中具有非常重要的参考价值。图 2-67 分别是在不同磁化场下的磁化和反磁化曲线。在图 2-67 中,(a)和(c)呈现典型的形核机制,磁体的磁极化强度很容易达到饱和(H_{ext} < 300 kA/m),但其退磁行为表明,如果外磁场不足够强(比如 $SmCo_5$ 的 H_{ext} < 1400 kA/m,Nd - Fe - B 的 H_{ext} < 1000 kA/m),则剩磁、内禀矫顽力以及退磁曲线的方形度都很差,磁体中有相当比例的部分没有被磁化到稳定的矫顽状态,处在这种磁化状态下的磁体比较容易在外场或升温条件下出现较大的不可逆损失;而(b)和(d)则表现出钉扎机制的典型特征,在外磁场没有达到摆脱钉扎需要的强度之前,小磁滞回线仍有较好的方形度,不像以形核机制主导的磁体在靠近剩磁的地方存在磁化强度急剧下降的反磁化现象,因此这类磁体在较远离饱和充磁状态时,已经具有实用性,并且有较好的磁稳定性。

磁体的磁化场按时间依赖性可分为恒定磁场和脉冲磁场。恒定磁场通常由接直流电源的电磁铁产生,特殊情况下也会使用超导空心线圈。电磁铁提供的磁场受制于电源额定电流、极头间距、极头和轭铁的饱和磁化强度以及自身的冷却状况,在 10 mm 的气隙内比较容易实现 1200 ~ 1400 kA/m 的磁场强度,但电源的热损耗较大,而且当磁场超过软磁铁芯的饱

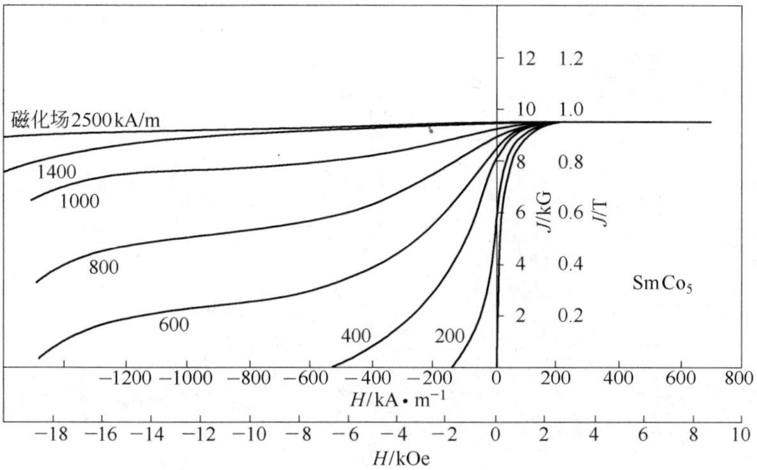
磁化场2500kA/m
1400
1000
800
600
400
200
12 1.2
10 1.0
8 0.8
6 0.6
4 0.4
2 0.2
J/kG
J/T
SmCo5
−1200 −1000 −800 −600 −400 −200 0 200 400 600 800
H/kA·m−1
−18 −16 −14 −12 −10 −8 −6 −4 −2 0 2 4 6 8 10
H/kOe

(a)

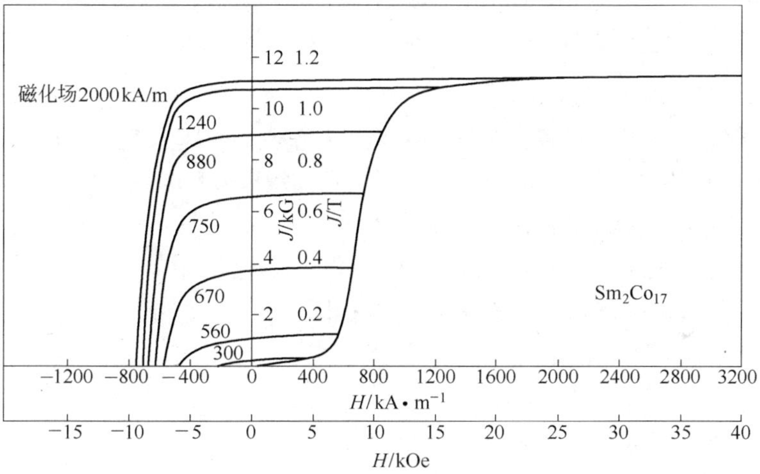
磁化场2000kA/m
1240
880
750
670
560
300
12 1.2
10 1.0
8 0.8
6 0.6
4 0.4
2 0.2
J/kG
J/T
Sm2Co17
−1200 −800 −400 0 400 800 1200 1600 2000 2400 2800 3200
H/kA·m−1
−15 −10 −5 0 5 10 15 20 25 30 35 40
H/kOe

(b)

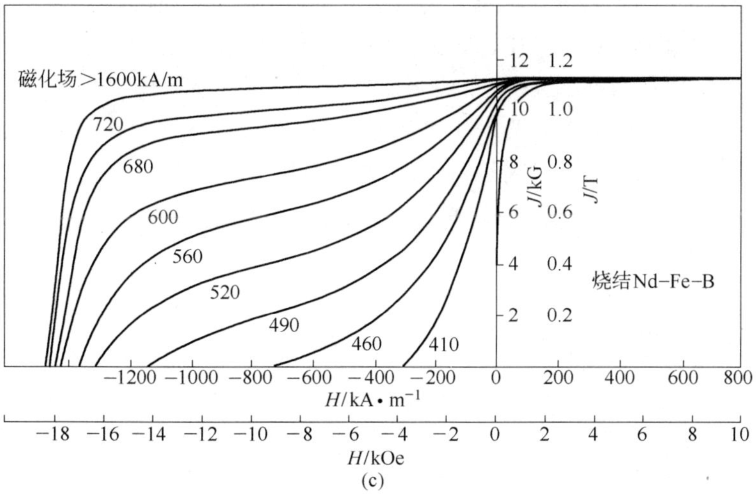
磁化场>1600kA/m
720
680
600
560
520
490
460
410
12 1.2
10 1.0
8 0.8
6 0.6
4 0.4
2 0.2
J/kG
J/T
烧结Nd-Fe-B
−1200 −1000 −800 −600 −400 −200 0 200 400 600 800
H/kA·m−1
−18 −16 −14 −12 −10 −8 −6 −4 −2 0 2 4 6 8 10
H/kOe

(c)

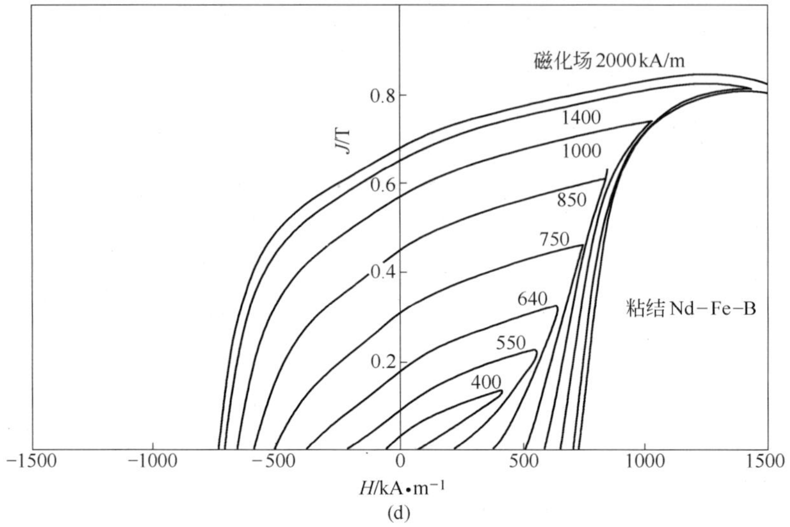

图 2-67 在不同磁化场下的小磁滞回线
(a) $SmCo_5$烧结磁体;(b) Sm_2Co_{17}烧结磁体;(c) Nd - Fe - B 烧结磁体;(d) Nd - Fe - B 粘结磁体

和磁化强度后,磁场均匀性完全由线圈来决定,比铁芯饱和前的状况差,不适合充大尺寸、厚实的磁体。超导线圈可以承受很大的电流密度,磁场强度可以达到 5000 kA/m,均匀区也较大,适合充大磁体,但目前超导空心线圈还是工作在液氦环境下,冷却工程量浩大,工业生产很少采用。脉冲磁场的电流来自于电容储存的电能,在毫秒量级的时间内电能释放到空心线圈或带软磁铁芯的线圈上,形成 $10^2 \sim 10^5$ A 的瞬间大电流,电容放电过程中电容、线圈、磁体以及电源内阻等构成 RLC 回路,在电容储能相同的条件下,峰值电流与回路的时间常数成反比,所以要设法减少线圈的感抗来缩小时间常数,提升磁化电流,但如果时间常数过低,趋肤效应和感应涡电流会阻碍磁场深入到磁体的内部,造成磁体不均匀充磁。

如果按磁化场的方向来区分,磁体的充磁过程又可以分成单一方向充磁和多极充磁两类。各向异性烧结磁体大多采用单一方向充磁,充磁方向即成形时的取向方向。电磁铁、直流或脉冲空心线圈也适合于单一方向充磁过程。单一方向充磁可以对条形、片状或瓦状磁体以及轴向或单一径向磁化的圆片、圆环等充磁。多极充磁由脉冲电源配带支架的充磁夹具来完成,通常是根据磁体的磁极分布要求来设计电流线的走向,然后再考虑支架的形状来固定电流导线。在许多情况下支架采用高磁导率的铁合金,有一些特殊场合也采用叠层硅钢片来减少涡流损耗。常见的实例是平面多极充磁和圆环内外径多极充磁,而圆环内外径多极充磁在各向同性粘结 Nd - Fe - B 磁体中尤为普遍。

2.4 稀土永磁产业状况

2.4.1 全球稀土永磁产业

自 1966 年以来,永磁材料中增加了一个新成员,它就是“稀土永磁体”。由于稀土永磁体优异的性能,它的出现为应用打开了一扇全新的大门,也提供了新器件产生的基础。20 世纪 70 年代中期,第一代稀土永磁体 1 - 5 型 Sm - Co 开始商业化生产。20 世纪 70 年代后期,第二代稀土永磁体高性能 2 - 17 型 Sm - Co 开发成功。钕铁硼永磁体是日本住友特殊金属公司(2007 年并入日立金属公司)和美国通用汽车公司(后分离成 Magnequench 公司)于 1983 年最先研制成功的。它的磁能积比目前通常使用的铁氧体高 10 倍,是当今世界上磁性最强的材料,有“磁王”之美誉。进入 21 世纪以来,由于中国稀土永磁产业的高速发展,使得稀土永磁产业的国际格局发生了重大变化。

虽然由于钕铁硼物美价廉,应用越来越广泛,但钐钴永磁体(2 - 17 型 Sm - Co 为主)独特的优势(例如工作温度高,温度系数小,抗腐蚀强等),仍然在军工、航空航天等方面占有牢固的地位。钐钴永磁材料,国外生产企业主要有日本 TDK 公司、美国电子能源公司(EEC)、美国阿诺公司(ALNORD)、德国真空熔炼公司(VAC)和俄罗斯托尼公司等;我国的企业有宁波宁港永磁材料有限公司、浙江天女集团稀土永磁有限公司、成都航磁科技有限公司等。2010 年,全球烧结钐钴磁体的产量估计在 1000t 左右,其中我国占 60% 左右。

烧结钕铁硼磁体方面,2000 年美国的 UGIMAG 公司被卖给了麦格昆磁(Magnequench),2003 年麦格昆磁进行了产业调整,将 UGIMAG 关掉,并将磁材生产转移到中国来;20 世纪初英国的摩根集团把德国西门子下属的真空熔炼公司(Vacuumschmelze 或简称 VAC)收购了,把美国的坩埚公司(Crucible)也收购了,但是在 2003 年 6 月份,摩根集团关闭了美国的坩埚公司,2005 年摩根集团把真空冶炼公司卖给了美国 J. P. Morgan。

在欧洲只有两家烧结钕铁硼的生产厂家,一家是在德国的真空熔炼公司,另一家是在芬兰的 Neorem 公司。2007 年 7 月,真空熔炼公司并购了 Neorem 公司,这样在欧洲实际上只剩一家烧结钕铁硼企业。

在日本,2003 年 6 月日立金属公司购买了住友金属下属的住友特殊金属公司的股份,并同自己的稀土永磁业务整合为一体,成为全球最大的钕铁硼生产企业。2004 年 4 月 1 日住友特殊金属公司更名为 NEOMAX。2007 年 4 月 1 日 NEOMAX 在日本退市,成为日立金属的全资子公司。另外还有两家企业,一家是 TDK,这是一家老牌的磁性材料的生产企业;还有一家就是信越化工。NEOMAX、TDK 和 Neorem 在中国已建立磁体后加工基地;德国真空熔炼公司与中科三环合作,2005 年在北京成立了烧结钕铁硼合资企业——三环瓦克华(北京)磁性器件有限公司。除了欧洲和日本两地外,其余的烧结钕铁硼磁体生产企业全部集中在中国。

自 1990 年以来,全球烧结钕铁硼磁体产量增长迅猛,在过去 20 年间(1991 ~ 2010 年),全球年均增长率为 22.6%,我国年均增长率为 35.5%。进入 21 世纪,尽管日、美、欧等发达国家稀土永磁产业的发展减缓,但由于中国稀土永磁产业的超常发展,使得全球稀土永磁产业依然保持了迅猛增长的态势,如图 2 - 68 所示。由于受到全球经济危机的影响,2009 年全球烧结钕铁硼产量稍有下滑。但由于低碳经济的强劲需求,2010 年仍大幅增长。2010 年,全球烧结钕铁硼毛坯产量为 9.82 万吨,其中我国的毛坯产量为 7.8 万吨,占世界总产量的 79.4%,比 2009 年增长 50%。日本烧结钕铁硼磁体产量近年来稳步增长,2010 年毛坯产量为 1.9 万吨,占世界总产量的 19.3%。欧洲烧结钕铁硼磁体原地踏步,处于维持状态(2010 年毛坯产量为 0.12 万吨,占世界总产量的 1.3%)。

虽然粘结钕铁硼产业与烧结钕铁硼同时起步,但相比而言发展较为缓慢。从产量上看,烧结钕铁硼磁体超过粘结钕铁硼磁体 10 倍。这里面的原因很多,但是主要的原因有两个:一个是麦格昆磁(Magnequench)独家拥有 Nd - Fe - B 快淬磁粉的成分及制备工艺专利,与住友特殊金属公司的做法不同,麦格昆磁不向其他制造商授予专利许可,对粘结钕铁硼的磁

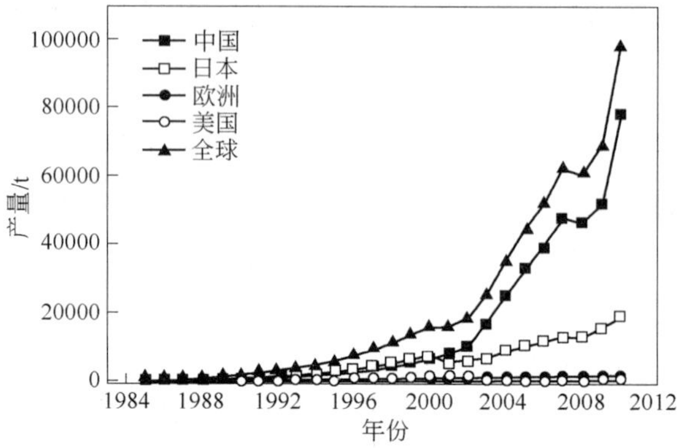

图 2-68 全球烧结钕铁硼毛坯磁体产量增长图

粉拥有绝对控制权,独家生产,垄断定价;二是粘结钕铁硼磁体的磁性能和机械强度较低,应用上受到较大制约,应用范围没有烧结钕铁硼磁体广泛。1995 年,三环公司和美国 Sextant 公司合作从通用汽车(GM)手中收购了麦格昆磁,并于 2000 年将工厂从美国 Indiana 搬到了中国天津。麦格昆磁于 2006 年并入加拿大上市公司 Neo Materials Technology Co. Ltd. 。

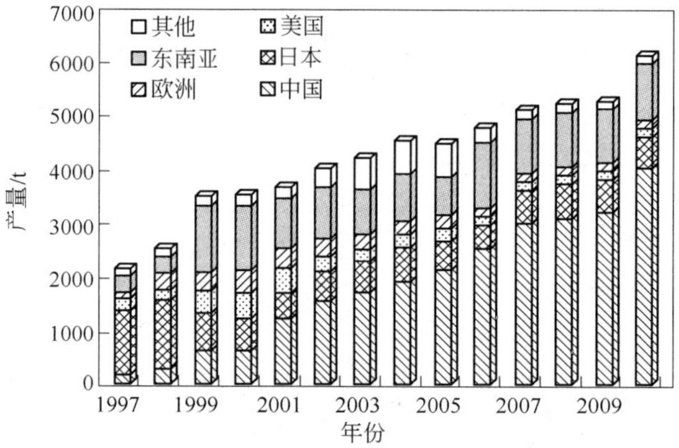

图 2-69 全球粘结钕铁硼磁体产量增长图

粘结钕铁硼的磁体制造方面,全球的生产能力大部分集中在东南亚,其中规模大的代表性企业有上海爱普生磁性器件有限公司(中科三环控股子公司)、日本大同电子公司、成都银河、日本美培亚、台湾天越和北京安泰科技下属的海美格等。2002 年底,中科三环参股上海爱普生磁性器件有限公司,2004 年后中科三环持有该公司 70% 的股份,成为第一大股东。安泰科技 2003 年 3 月收购了台湾的海恩公司,获得烧结钕铁硼专利许可,并借助深圳海美格公司进入粘结稀土磁体业务。在硬盘驱动器(HDD)的主轴电机应用方面,磁体主要由上海爱普生、日本大同和成都银河三家企业生产,大同电子和上海爱普生两家企业就占据了整个市场份额的 80% 以上。光盘驱动器(ODD)主轴电机磁体,主要由成都银河、上海爱普生和天越公司生产。全球粘结钕铁硼磁体产量增长趋势如图 2-69 所示,在过去 10 年间

(2001～2010 年),全球年均增长率为 7.7%。2002 年以来,中国的粘结钕铁硼磁体产量已超过全球产量的 40%,年均增长率为 20.5%,带动了全球粘结钕铁硼产业的发展。2010 年,全球粘结钕铁硼产量 6100 吨左右,我国的产量约为 4000t。

2.4.2 中国稀土永磁产业

2.4.2.1 烧结稀土永磁

1968 年,我国一些研究人员看到文献报道国外的稀土永磁材料后,自发成立了研究小组开始研究第一代稀土永磁材料。20 世纪 70 年代初,他们研制出了 $SmCo_5$、$SmPrCo_5$、Ce(CoCuFe)等合金,并且很快在航天和雷达等多项军事工程中得到了应用。1974 年,制备的 $PrCo_5$ 磁体得到 $(BH)_{max}$ = 26MGOe 的高磁性。1975 年,制备的 $(SmPr)Co_5$ 磁体得到 $(BH)_{max}$ = 25.7MGOe 的高磁性。1978 年,用液相烧结制备的 Sm－Co 2∶17 磁体,最大磁能积 $(BH)_{max}$ = 31MGOe,已达到当时的国际先进水平。20 世纪 70 年代后期,为满足市场需求,在北京钢铁研究总院、北京有色冶金研究总院、四川绵阳西南应用磁学研究所及包头冶金研究所等单位分别建立了小型生产线,年生产能力达到几吨的水平。其产品主要满足军工需要。钐钴稀土永磁材料主要应用在较高使用温度的环境下。当时已广泛用在如风云气象卫星、718 工程和 09 工程等重大项目中。至 1983 年底,全国的稀土永磁生产厂家不到 10 个。

1983 年 9 月,由中国稀土学会组织的“第七届稀土钴永磁体及其应用国际会议”在北京召开。日本学者在会上披露了发现第三代稀土永磁 Nd－Fe－B 的消息。这一消息一经报道,我国几乎所有相关的研究所和大学的物理和材料科学部门都卷入了这种新型永磁材料的研究。其中最值得一提的是形成于 1984 年的两大集团:一个是冶金工业部所属的联合行动小组,包括北京钢铁研究总院、包头稀土研究院、北京钢铁学院、包头稀土三厂等单位;另一个是中国科学院的联合行动小组,参加单位有物理所、电子所、应用化学所,稍后的三环公司就是在此基础上建立的。中国科学家和工程师研制的 Nd－Fe－B 永磁体的磁能积提高迅猛,在 1984 年内就从 286 kJ/m^3(36 MGOe)提高到 345 kJ/m^3(43.3 MGOe),与当时的世界水平同步。

随着第三代稀土永磁钕铁硼磁体的发现,三环公司 1985 年成立(1999 年发起设立中科三环,并于 2000 年上市),并于同年在宁波建立了中国第一家烧结钕铁硼工厂。从此以后,大量的烧结 Nd－Fe－B 工厂涌现出来。2010 年底的统计表明,全国有稀土永磁生产企业 120 余家,其中年生产能力超过 3000t 的企业 7 家,年生产能力 1000～3000t 的企业 20 家左右,年生产能力 500～1000t 的企业 40 家左右。沪浙地区、京津地区和山西地区形成了中国三足鼎立的稀土永磁产业格局。

自 1985 年以来的二十多年间,在国家相关主管部门及地方政府的支持和引导下,在全国稀土永磁行业的共同努力下,我国的稀土永磁产业取得了巨大的成就和发展。1990 年,全球烧结钕铁硼毛坯产量为 1660t,我国毛坯产量为 180t,仅占世界毛坯总产量的 10.8%;2000 年,全球烧结钕铁硼毛坯产量为 15550t,我国毛坯产量跃升为 6500t,占世界毛坯总产量的 41.8%;2010 年,全球烧结钕铁硼毛坯产量为 9.82 万吨,我国毛坯产量为 7.8 万吨,占世界总产量的 79.4%(参见图 2－70)。同时在稀土原材料企业和烧结钕铁硼装备企业的大力配合下,我国烧结钕铁硼产品的性能逐年提高,中科三环、安泰科技、宁波韵升、烟台正海等企业的产品性能同日本三家制造商和德国 VAC 的产品性能相差无几。考虑到剩磁(磁能积）和矫顽力的扁担关系（一个变大，另一个则变小），通常用最大磁能积和内禀矫顽力的和来考量烧结钕铁硼的性能档次，目前高端产品 $(BH)_{max}$(MGOe) + H_{cJ}(kOe) 可达到 70。

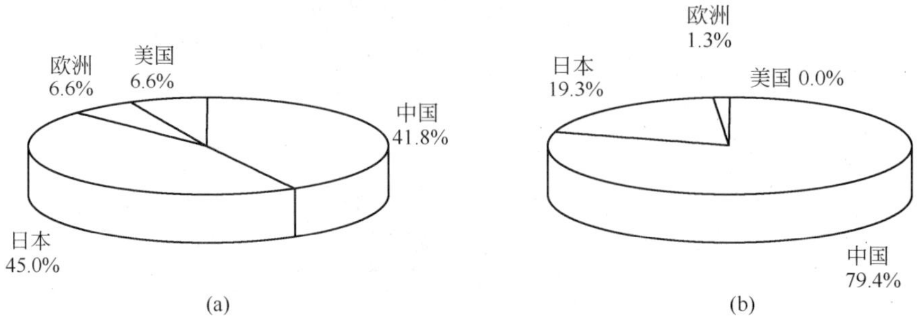

图 2-70 全球烧结钕铁硼毛坯产量分布
(a) 2000 年；(b) 2010 年

同西方发达国家相比，我国稀土永磁产业生产技术和管理水平相对落后，我国的烧结 Nd-Fe-B 磁体长期都处于低端产品。但 2003 年以后，中科三环公司通过长期努力，其产品进入到了长期为日本、欧美等发达国家磁材企业所垄断的钕铁硼高端应用领域，典型的例子是计算机硬盘驱动器音圈电机（VCM）应用市场，2005 年宁波韵升也涉足了 VCM 磁体；在另外一个高端应用领域——汽车应用方面，中科三环的钕铁硼磁体也已经成功应用在点火线圈、电动助力转向、气囊传感器等汽车零部件中；同时，京磁公司、中科三环、宁波韵升和山西恒磁的产品还先后进入了核磁共振成像仪领域；烟台正海、中科三环、安泰科技、银纳金科、北京京磁、横店英洛华等的产品进入了风力发电领域。对上述几个稀土永磁高端应用市场的进入，标志着中国的稀土永磁产品结束了以往大部分只局限于中低端应用市场的不利局面，真正开始与日、欧发达国家磁材巨头争夺高端应用市场。

三环公司于 1993 年购买了日本住友特殊金属公司和美国通用汽车公司（Magnequench）的专利许可权，成为国内第一家拥有钕铁硼产品销售专利许可权的磁体企业。2000 年以来，国内先后还有四家钕铁硼磁体企业购买了该专利，它们分别为北京京磁、银纳金科、宁波韵升和安泰科技。

近年来，我国的稀土永磁的生产装备有了长足的进步，特别是在满足一些新的生产工艺方面的装备有了突破，例如国产速凝薄片炉和氢破碎炉已在许多磁体生产厂使用。一些国外发达国家的永磁设备制造商也瞄准了中国这块宝地，纷纷在中国设立生产基地，同时也给我国的永磁设备制造商带来了机遇和挑战。2004 年 9 月，沈阳中北真空技术有限公司与日本真空株式会社合作，在沈阳高新技术产业开发区注册成立了爱发科中北真空（沈阳）有限公司，近年来连续烧结炉和速凝薄片炉已逐步投放市场。

由于钕铁硼应用日益广泛，市场前景诱人，近年来又有不少投资进入钕铁硼产业。新投资主要集中在两大稀土原料所在地包头和赣州。

包头：2007 年 8 月，包头韵升强磁材料有限公司三期工程暨年产 1500 t 高性能钕铁硼及深加工项目在稀土高新区开工奠基，拟建设国内最大的直流无刷微型电机关键部件 KPM 的研发和生产基地。2009 年，天津天和公司年产 10000 t 钕铁硼项目落户包头稀土高新开发区，占地 200 亩。目前 50000 m^2 厂房已落成。2009 年，山西拓力拓公司年产 3000t 钕铁硼及万吨钕铁硼深加工项目在包头稀土高新开发区奠基，占地 200 亩，总投资 5 亿元。2010 年，山西金山公司年产5000 t钕铁硼项目落户包头稀土高新开发区，占地100亩。2010年9月，包钢“年产15000 t高性能磁性材料产业化”项目在包头稀土高新开发区竣工。

赣州：赣州红帆稀土科技，2007年7月份开始投产，总投资6000万元，年产烧结钕铁硼接近1000 t。2007年，浙江英洛华磁业，年产烧结钕铁硼6000～7000 t项目，固定资产投资2.5亿元，工程分三期，第一期工程为年产量2400 t。2007年，浙江横店东磁，年产烧结钕铁硼2000 t项目。2007年，赣州华京稀土新材料，年产1000 t高性能烧结钕铁硼薄片和1000 t稀土储氢粉项目，投资总额1.2亿元。2008年，江西金力永磁科技，总投资10亿元人民币，第一期投资2.5亿元，目前烧结钕铁硼产能3000 t/a左右。2007年9月，赣州昭日稀土新材料有限公司举行竣工开业仪式，这是日本昭和电工株式会社继在内蒙古包头投产钕金属系列磁性材料合金之后，在中国组建的第二家磁性材料合金工厂，年生产钕铁硼薄片能力为2000 t。2010年10月，五矿三德(赣州)稀土材料有限公司挂牌，计划生产钕铁硼薄片能力为5000 t/a，第一期2500 t/a。

河北：2010年5月，由北京圣雄科健世纪科技有限公司投资的高效能稀土永磁材料项目落户大厂。项目占地200亩，投资5亿元。

北京：2010年5月，安泰科技“高端应用高性能稀土永磁生产线项目”启动会在北京空港新材料产业基地召开。该项目投资5495万元，建设期一年，将实现新增1000 t/a烧结钕铁硼的生产能力。

福建：2010年，福建宁德市星宇科技有限公司，在东侨稀土永磁材料项目投产。该项目投资6500万元，年产能力1300 t。2009年，福建宏毅稀土磁性材料有限公司，在龙海市稀土永磁材料项目开工，占地70亩，设计年产能力2000 t。

山西：2010年，长治市政府和长治亿通公司共同投资4亿元，实施稀土永磁材料项目，设计年产烧结钕铁硼10000 t，第一期工程为年产量3000 t，厂房8000 m^2。2010年，山西恒磁(万荣)(目前产能5000t/a)，在运城拿地400亩，计划扩产年产烧结钕铁硼10000 t。

2.4.2.2 粘结稀土永磁

2000年，全球粘结钕铁硼产量达到3150 t，我国的产量为620 t，占世界总产量的比例仅为19.4%。2010年，全球粘结钕铁硼产量为6100 t，我国产量为4000 t，占世界总产量的65.6%(参见图2-71)。我国粘结钕铁硼企业有20余家，代表企业有上海爱普生磁性器件有限公司、成都银河磁体股份有限公司、深圳海美格磁石技术公司、宁波韵升高科磁业有限公司、浙江英洛华磁业有限公司、平湖乔智电子有限公司、广东江粉磁材股份有限公司等。

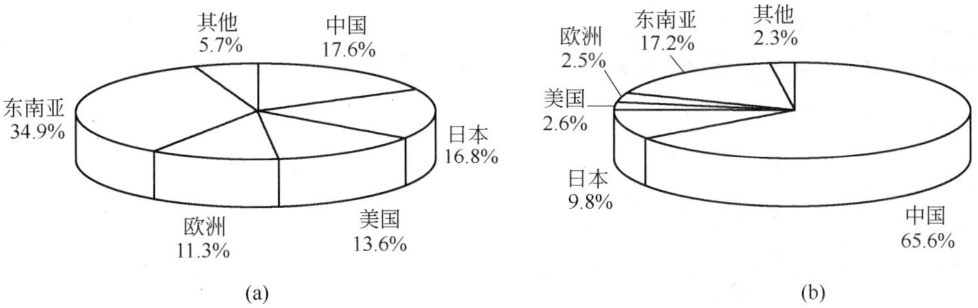

图2-71 全球粘结钕铁硼磁体产量分布
(a) 2000年；(b) 2010年

由于国内市场的需求带动(无钕铁硼专利限制),近年来国内用于粘结磁体的快淬钕铁硼磁粉生产能力已超过1000 t,代表性厂家有浙江朝日科磁业有限公司、夹江县园通稀土永磁厂、绵阳西磁新材料有限公司和沈阳新橡树磁性材料有限公司等。

2.5 稀土永磁材料标准及企业磁体规格

2.5.1 稀土永磁材料相关标准

国际电工委员会(IEC)目前已发布的涉及磁性材料分类、金属软磁、永磁的电磁特性及其测量方法的标准有 14 个,美国和欧洲各国的标准在很大程度上与 IEC 趋同,而日本的标准自成体系,发布了 28 项与磁性材料、元件有关的标准,而且产品标准与测试方法标准的对应非常好。我国在 1989 年成立了与 IEC/TC51 对应的 CSBTS/TC89"全国磁性元件与铁氧体材料标准化技术委员会",负责磁性元件与铁氧体材料国家标准和行业标准的制定和修订,并于 1997 年成立了与 IEC/TC68 对应的 CSBTS/TC228"全国电工合金标准化技术委员会",负责磁合金和磁钢国家标准与行业标准的制定和修订。本节将对稀土永磁材料及元器件相关的国际标准、国内标准以及国外标准的情况作简单介绍。另外,还介绍一下国内外稀土永磁公司所生产的典型产品规格。

2.5.1.1 *磁性材料分类及磁性能*

2001 年发布的 IEC 60404 – 8 – 1:2001《磁性材料——第 8 – 1 章:单项材料规范——硬(永)磁材料》以及 2004 年发布的 IEC 60404 – 8 – 1 Am1:2004 修正案对永磁材料的规格做出了详细的规定,日本工业标准 JIS C 2502:1998《永久磁石材料》、美国磁性材料制造商协会(MMPA)标准 No. 0100 – 00《永磁材料标准规格》、德国国家标准 DIN IEC 60404 – 8 – 1 和 DIN IEC 60404 – 8 – 1/A1 都等同采用了 IEC 60404 – 8 – 1:2001 标准及其修正案。我国在下述标准中贯彻了 IEC 的相关标准:

GB/T 17951—2000《硬(永)磁材料一般技术条件》

GB/T 17803—1999《稀土产品牌号表示方法》

GJB 2453—1995《稀土永磁体总规范》

GB/T 4180—2000《稀土钴永磁材料》

GB/T 13560—2000《烧结钕铁硼永磁材料》

GB/T 11880—2002《粘结钕铁硼永磁材料》

SJ/T 10410—2002《永磁铁氧体材料》

IEC 标准中关于磁性能的符号和单位定义如表 2–19 所示。值得注意的是该标准对英文字母的大小写、上下标和正斜字体有严格的规定。而 IEC 标准关于稀土永磁材料的磁性能、居里温度、最高工作温度和密度的要求则体现在表 2–20 中。

表 2–19 IEC 60404 – 8 – 1:2001 关于磁性能的符号和单位定义

IEC6005(121)术语号	IEC6005(221)术语号	磁 性 能	符号	单位
—	221 – 04 – 05	最大磁能积	$(BH)_{max}$	kJ/m^3
121 – 12 – 67	221 – 02 – 38	剩 磁	B_r	mT
121 – 12 – 69	221 – 02 – 36	磁通密度矫顽力	H_{cB}	kA/m
121 – 12 – 69	221 – 02 – 36	磁极化强度矫顽力	H_{cJ}	kA/m

续表 2-19

IEC6005(121)术语号	IEC6005(221)术语号	磁 性 能	符号	单位
	221-03-16	回复磁导率	μ_{rec}	—
		剩磁温度系数(对应饱和磁极化强度温度系数 $\alpha(J_s)$)	$\alpha(B_r)$	%/℃
		内禀矫顽力温度系数	$\alpha(H_{cJ})$	%/℃
121-12-51		居里温度	T_c	℃

磁体牌号赋予规则:

A B/C

A——材料主要成分的化学符号:AlNiCo——铝镍钴铁钛

$RECo_5$——稀土钴 1:5

RE_2Co_{17}——稀土钴 2:17

REFeB——稀土铁硼

Hard ferrite——永磁铁氧体

B——最大磁能积$(BH)_{max}$的四舍五入整数值,单位 kJ/m^3

C——磁极化强度矫顽力 H_{cJ} 的 1/10 取四舍五入整数,单位 kA/m

p——粘结磁体在 C 数字后面缀加 p 以示区别

代号赋予规则(稀土永磁依据 CEI/IEC 60404-8-1 Am1:2004):

X-Y-Z

X——材料分类: R——硬(永)磁合金

R1——铝镍钴铁钛合金

R2——铬铁钛合金

R3——铁钴钒铬合金

R4——稀土钴合金

R5——稀土铁硼合金

S——硬(永)磁陶瓷

S1——永磁铁氧体

U——粘结永磁材料

U1——粘结铝镍钴铁钛磁体

U2——粘结稀土钴磁体

U3——粘结钕铁硼磁体

U4——粘结永磁铁氧体

Y/Z——细分类: R4-0 ——各向异性 $RECo_5$ 合金

Z——1,2,3,…,9

R4-1 ——各向异性 RE_2Co_{17} 合金

Z——10,11,12,…,19

R5-1 ——各向异性 Nd-Fe-B 合金

Z——1,2,3,…,9

U2 – 0 ——各向同性 RECo 粘结磁体

Z——10,11,12,…,19 碾压/挤压成形

Z——20,21,22,…,29 注射成形

Z——30,31,32,…,39 模压成形

U2 – 1 ——各向异性 RECo 粘结磁体

Z——10,11,12,…,19 碾压/挤压成形

Z——20,21,22,…,29 注射成形

Z——30,31,32,…,39 模压成形

U3 – 0 ——各向同性 Nd – Fe – B 粘结磁体

Z——10,11,12,…,19 碾压/挤压成形

Z——20,21,22,…,29 注射成形

Z——30,31,32,…,39 模压成形

表 2-20 稀土永磁材料的磁性能、居里温度、最高工作温度和密度

材料			工艺	主要磁性能					密度
牌号	①	代号		$(BH)_{max}$ /kJ·m^{-3}	B_r/mT	H_{cB} /kA·m^{-1}	H_{cJ} /kA·m^{-1}	μ_{rec}	ρ/kg·dm^{-3}
				规定最小值				典型值	
RECo									
$RECo_5$ 140/120	a	R4 – 1 – 1	烧结	140	860	600	1200	1.05	8.3 ~ 8.5
$RECo_5$ 160/120	a	R4 – 1 – 2		160	920	660	1200		
$RECo_5$ 150/70	a	R4 – 1 – 3		150	900	600	700		
$RECo_5$ 170/70	a	R4 – 1 – 4		170	930	600	700		
$RECo_5$ 120/160	a	R4 – 1 – 5		120	800	620	1600		
RE_2Co_{17} 140/100	a	R4 – 1 – 10		140	900	620	1000	1.1	8.3 ~ 8.4
RE_2Co_{17} 160/70	a	R4 – 1 – 11		160	940	600	700		
RE_2Co_{17} 180/100	a	R4 – 1 – 12		180	1000	680	1000		
RE_2Co_{17} 200/70	a	R4 – 1 – 13		200	1050	600	700		
RE_2Co_{17} 220/70	a	R4 – 1 – 14		220	1100	600	700		
RE_2Co_{17} 180/150	a	R4 – 1 – 15		180	1000	660	1500		
RE_2Co_{17} 200/150	a	R4 – 1 – 16		200	1050	700	1500		
REFeB									
REFeB 170/190	a	R5 – 1 – 1	烧结	170	980	700	1900	1.05	7.4 ~ 7.5
REFeB 210/130	a	R5 – 1 – 2		210	1060	790	1300		
REFeB 250/120	a	R5 – 1 – 3		250	1130	840	1200		
REFeB 290/80	a	R5 – 1 – 4		290	1230	700	800		
REFeB 200/190	a	R5 – 1 – 5		200	1060	760	1900		
REFeB 240/180	a	R5 – 1 – 6		240	1160	840	1800		
REFeB 280/120	a	R5 – 1 – 7		280	1240	900	1200		

续表 2-20

材料			工艺	主要磁性能					密度
牌号	①	代号		$(BH)_{max}$ /kJ·m^{-3}	B_r/mT	H_{cB} /kA·m^{-1}	H_{cJ} /kA·m^{-1}	μ_{rec}	ρ/kg·dm^{-3}
				规定最小值				典型值	
REFeB 320/88	a	R5-1-8	烧结	320	1310	800	880	1.05	7.4~7.5
REFeB 210/240	a	R5-1-9		210	1060	760	2400		
REFeB 240/200	a	R5-1-10		240	1160	840	2000		
REFeB 310/130	a	R5-1-11		310	1300	900	1300		
REFeB 250/240	a	R5-1-12		250	1200	830	2400		
REFeB 260/200	a	R5-1-13		260	1210	840	2000		
REFeB 340/130	a	R5-1-14		340	1330	920	1300		
REFeB 360/90	a	R5-1-15		360	1350	800	900		
REFeB 380/100	a	R5-1-16		380	1420	990	1000		
RECo-p									
RECo 20/60p	i	U2-0-20	注射	20	350	200	600	1.15	5.6
RECo 30/80p	i	U2-0-30	模压	30	430	300	800	1.15	6.8
RECo 40/60p	a	U2-1-20	注射	40	480	300	600	1.05	5.3
RECo 65/70p	a	U2-1-21		65	610	360	700	1.05	5.5
RECo 75/55p	a	U2-1-22		75	650	440	550	1.05	5.7
RECo 110/75p	a	U2-1-30	模压	110	780	480	750	1.05	6.8
REFeB-p									
REFeB 28/56p	i	U3-0-20	注射	28	430	270	560	1.25	4.2
REFeB 33/56p	i	U3-0-21		33	470	290	560	1.25	4.6
REFeB 26/90p	i	U3-0-22		26	400	270	900	1.15	4.2
REFeB 30/90p	i	U3-0-23		30	440	280	900	1.15	4.6
REFeB 40/70p	i	U3-0-24		40	470	320	700	1.25	5.0
REFeB 45/70p	i	U3-0-25		45	510	350	700	1.25	5.7
REFeB 50/70p	i	U3-0-26		50	550	380	700	1.25	5.7
REFeB 72/64p	i	U3-0-27		72	650	370	640	1.25	5.7
REFeB 40/100p	i	U3-0-28		40	480	330	1000	1.15	5.3
REFeB 63/64p	i	U3-0-30	模压	63	630	360	640	1.25	5.8
REFeB 53/95p	i	U3-0-31		53	560	350	950	1.15	5.8
REFeB 82/68p	i	U3-0-32		82	700	500	680	1.25	6.2

其他参数典型值：

$RECo_5$：

剩磁温度系数 $\alpha(B_r)$ = -0.04 %/℃(20~100 ℃)

内禀矫顽力温度系数 $\alpha(H_{cJ})$ = -0.3 %/℃(20~100 ℃)

居里温度 T_c = 720 ℃

最高工作温度 T_w = 250 ℃

RE_2Co_{17}：

剩磁温度系数 $\alpha(B_r)$ = -0.03 %/℃(20~100 ℃)

内禀矫顽力温度系数 $\alpha(H_{cJ})$ = -0.25 %/℃(20~100 ℃)

居里温度 T_c = 820 ℃

最高工作温度 T_w = 350 ℃

续表 2-20

REFeB：
剩磁温度系数 $\alpha(B_r)=(-0.1\sim-0.12)\%/℃(20\sim100\ ℃)$
内禀矫顽力温度系数 $\alpha(H_{cJ})=(-0.45\sim-0.6)\%/℃(20\sim100\ ℃)$
居里温度 $T_c=310\ ℃$
最高工作温度 $T_w=200\ ℃$

RECo－p：
剩磁温度系数——同 RECo
内禀矫顽力温度系数——同 RECo
居里温度——同 RECo
最高工作温度——视粘结剂而定

REFeB－p：
剩磁温度系数 $\alpha(B_r)=(-0.1\sim-0.15)\%/℃(20\sim100\ ℃)$
内禀矫顽力温度系数 $\alpha(H_{cJ})=-0.4\ \%/℃(20\sim100\ ℃)$
居里温度 $T_c=310\ ℃$
最高工作温度 $T_w=120\ ℃$

① i—各向同性，a—各向异性。

GB/T 18880—2002《粘结钕铁硼永磁材料》就国内通常采用的压缩成形和注射成形磁体专门规定了相应的磁性能和密度标准，具体见表 2-21。

表 2-21 粘结钕铁硼永磁材料国内标准

材料			主要磁性能				密度 ρ /kg · dm^{-3}
成形方式	种类	牌号	$(BH)_{max}$ /kJ · m^{-3}	B_r/mT	H_{cB} /kA · m^{-1}	H_{cJ}/kA · m^{-1}	
			范围值	范围值	范围值	范围值	范围值
压缩成形	L	048121A	36～52	0.70～0.80	160～200	200～280	5.5～6.0
	M	048131A	48～56	0.54～0.60	320～380	600～900	5.5～6.1
		048132A	56～64	0.59～0.64	340～420	640～900	5.6～6.1
		048133A	64～72	0.62～0.70	360～440	640～900	5.7～6.2
		048134A	72～80	0.65～0.72	400～460	640～880	5.7～6.2
		048135A	80～96	0.69～0.76	400～480	700～880	5.8～6.4
	H	048141A	56～68	0.58～0.62	380～440	1035～1380	5.8～6.2
注射成形	M	048131B	24～36	0.35～0.46	250～350	600～750	4.0～4.7
		048132B	35～40	0.46～0.52	280～350	520～750	4.5～5.2
		048133B	40～56	0.52～0.62	300～370	640～800	5.2～5.5

压缩成形：
剩磁温度系数 $\alpha(B_r)=-0.11\ \%/℃(25\sim125\ ℃)$
内禀矫顽力温度系数 $\alpha(H_{cJ})=-0.40\ \%/℃(25\sim125\ ℃)$
回复磁导率 $\mu_{rec}=1.16$
居里温度 $T_c=305\ ℃$
最高工作温度（$P=3$，不可逆损失≦5%时对应温度）$T_w=125\ ℃$

注射成形：
剩磁温度系数 $\alpha(B_r)=-0.10\ \%/℃(25\sim125\ ℃)$
内禀矫顽力温度系数 $\alpha(H_{cJ})=-0.40\ \%/℃(25\sim125\ ℃)$
回复磁导率 $\mu_{rec}=1.20$
居里温度 $T_c=305\ ℃$

2.5.1.2 力学参数和其他物理参数

IEC 60404－8－1:2001 标准还规定了永磁材料的力学参数和其他物理参数，见表2-22。

表 2-22 永磁材料的力学参数和其他物理参数

材料与工艺				物理特性			机械特性			
品种	①	代号	工艺	线膨胀系数/℃	热导率/W·(m·K)$^{-1}$	电阻率/Ω·m	拉伸强度/MPa	压缩强度/MPa	杨氏模量/GPa	硬度(HV)
AlNiCo	i	R1－0－Z	铸造	$(11\sim12)\times10^{-6}$	10～50	0.45～0.55	80～400	300～400	100～200	300～400
	a	R1－1－Z	烧结							
CrFeCo	i	R1－0－Z	铸造	$(10\sim11)\times10^{-6}$	10～30	0.7～0.8	1200～1400 ② 600～700 ③			300～350② 400～500③
	a	R1－1－Z	烧结							
FeCoVCr	a	R3－1－Z	铸造	$(11\sim12)\times10^{-6}$		0.55～0.65	2000～2500 ② 2500～3500 ③			
$SmCo_5$	a	R5－1－Z	烧结	$//\ (6\sim7)\times10^{-6}$ $\perp\ (12\sim13)\times10^{-6}$	10～13	0.5～0.6	30～40	900～1000	100～150	500～600
Sm_2Co_{17}	a	R5－1－Z	烧结	$//\ (8\sim10)\times10^{-6}$ $\perp\ (10\sim12)\times10^{-6}$		0.75～0.85	40～50	800～900	150～200	600～700
Nd－Fe－B	a	R7－1－Z	烧结	$//\ (3\sim4)\times10^{-6}$ $\perp\ (1\sim3)\times10^{-6}$	8～10	1.4～1.6	80～90	1000～1100	150～200	500～600
铁氧体	i	S1－0－X	烧结	$(9\sim10)\times10^{-6}$	4	$>10^4$	50～60	600～700	15～200	500～600
	a	S1－1－Z	烧结	$//\ (12\sim13)\times10^{-6}$ $\perp\ (10\sim11)\times10^{-6}$						

GB/T 18880—2002《粘结钕铁硼永磁材料》
压缩成形：
硬度(HRB)＝35
线膨胀系数＝1.24×10^{-5}/℃
压缩强度＝200 MPa（$\phi10\times9$ 的圆柱试样）

注射成形：
硬度(HRB)＝110
抗拉强度＝58 MPa

① i—各向同性，a—各向异性；
② 冷加工；
③ 冷态。

2.5.1.3 磁体表面防护

烧结 Nd－Fe－B 的表面防护是一个必经的制造工序，而且以电镀为主。为此，国家发展改革委员会稀土办公室发布了稀土行业标准 XB/T903—2002《烧结钕铁硼永磁材料——表面电镀层》，对镀镍、镀锌层以及以铜、镍为底层，锡、银和金为面层的组合镀层的要求、试验方法、检验规则及标志、包装、运输、储运等进行了规范。该标准没有对应的国际标准和国外标准，是参照电镀行业标准和国外专利，并结合烧结 Nd－Fe－B 行业特点制定的。

对于待镀的磁体，标准要求其基体组织细小、均匀、致密，无裂纹和针孔，密度不低于典型值，并可以采用加速失重试验（压力容器内使用 pH 值为 6.7～7.2 的蒸馏水或去离子水，在蒸汽压 0.20～0.24 MPa、温度(120±1)℃的环境下放置 24 h）失重率小于 5% 作为判据，同时也要求基体的形状和尺寸、表面剩磁、倒角和除油酸洗前处理符合规范，否则不能保证镀层的质量。

关于镀层类别代号，标准规定如下：

镀层类别	镀层厚度	镀层特征	·	后处理代号

其中镀层类别用镀层元素符号表述，镀层厚度取以 μm 为单位的整数，镀层特征符号以 b 表示光亮镀层、s 表示半光亮镀层（其余参见 GB/T 13911），后处理代号 C1A 表示镀锌层蓝白钝化、C2C 表示镀锌层彩色钝化、At 则表示银和锡的防变色处理。镀层最小局部厚度的要求见表 2-23，但随着磁体使用环境严酷性的增加，镀层厚度也要相应增加。

表 2-23 典型使用环境条件下的镀层最小局部厚度

镀层类别	最小局部厚度/μm
Ni	10
Zn	8
CuNi NiSn NiAg	12
NiAu	10

注：1. 典型使用环境通常指无凝露的室内环境；
2. 最小局部厚度指在主要表面上能被直径为 20 mm 球接触部分的镀层厚度；
3. 最大厚度未作规定，但不要影响磁体尺寸公差，镀镍层还要考虑对磁性能的屏蔽效应；
4. 组合镀层的最小局部厚度以各分镀层的总厚度来计算。

镀层的外观要求呈光亮或亚光，色泽均匀，表面洁净无锈斑、黄印、水渍等不良痕迹，锌镀层表面的铬酸钝化膜应完整，不允许有粘连露白现象，金镀层表面不应出现发雾、泛白现象。在磁体的主要表面不应有明显的起泡、孔隙、边角毛刺、表面粗糙、镀层裂纹或局部无镀层及镀层脱落等肉眼可见的缺陷，挂镀磁体允许在非主要表面上有 2 ~ 3 处肉眼可见的挂具导电接触痕迹，但不应暴露基体和不影响产品整体防护性能。

标准规定各种镀层开始出现腐蚀迹象的时间应大于表 2-24 中的规定，在规定时间内允许镀层有轻微变色或发黑变暗，锌镀层钝化膜退色、轻微变色发暗，但不允许生锈、起泡、裂纹、脱落、粉化等现象。镀镍和以铜、镍作底层的组合镀的结合强度以热震试验方法进行（GB/T 5270），将磁体加热至 250℃，保温 1 小时后再放入冷水中骤冷；镀锌的结合强度则采用划格试验，用刃口磨成 30°角的硬质钢刀，划边长为 1 mm 的正方形格子，观察格子内的镀层是否从基体上剥落。

表 2-24 各种镀层开始出现腐蚀的时间

镀层类别	后处理代号	开始出现腐蚀的时间/h		
		中性盐雾试验	湿热试验	压力容器试验
Ni		48	300	72
Zn	C1A	24		
	C2C	72		
CuNi		72	500	96

续表 2-24

镀层类别	后处理代号	开始出现腐蚀的时间/h		
		中性盐雾试验	湿热试验	压力容器试验
NiSn		72	500	96
NiAg		72	500	96
NiAu		72	500	96

注:1. 中性盐雾试验按 GB/T 10125 中的规定进行,采用 24 h 连续喷雾试验方式;

2. 湿热试验将磁体放入恒温恒湿试验箱内,升温到(80 ±2)℃后恒温 30 min,用 pH =6.7 ~7.2 的蒸馏水或去离子水喷雾加湿,相对湿度控制在(90 ±3)%;

3. 压力容器试验将试样放入盛有 pH =6.7 ~7.2 蒸馏水或去离子水的压力容器内,升温到(120 ±3)℃,使蒸汽压力为 0.20 ~0.24 MPa,保持该温度以恒定压力;

4. 锌镀层不要求做湿热试验和压力容器试验。

2.5.1.4 检验和测试

A 室温退磁曲线以及基本磁性能参数的测量

IEC 标准 CEI/IEC 60404 -5 Ed. 2.0:1993 (b)《永磁(硬磁)材料——磁性试验方法》规定了采用电磁铁闭路测量永磁材料室温退磁曲线以及由此获得剩磁、矫顽力、最大磁能积和回复磁导率的方法和条件,日本 JIS C 2501:1998《永久磁石试验方法》和德国 DIN EN 10332《永磁(硬磁)材料——磁性试验方法》都等同采用了上述标准,美国 ASTM A 977/A 977M《采用磁滞回线仪测量高矫顽力永磁材料磁性能的标准测试方法》也是等同采用 IEC 标准的事例。我国的国家标准《永磁(硬磁)材料磁性试验方法》(GB/T 3217—1992)也照例沿用了上述标准。

测量是在由电磁铁和样品构成的闭合磁路中进行的,电磁铁极头端面需尽量相互平行并垂直于极轴,以减少磁体 - 极头间的气隙,磁场均匀性要求极头最小内接圆直径 D、均匀场区直径 d 和极头间距 L 满足下述条件,以确保样品附近磁场的不均匀性不超过 1%:$D \geqslant d + 1.2L$ 和 $D \geqslant 2.0L$。

测量过程中,极头中的磁通密度应远低于极头材料的饱和磁通密度,比如电工纯铁极头应小于 1T,含 Co 35% ~ 50% 的铁 - 钴极头应小于 1.2T。样品厚度应大于 5 mm,端面平行并且垂直于轴线(平行度和垂直度不超过公差等级 9 级),表面粗糙度不超过 3.2 μm。对 H_{cJ}大于 600 kA/m 的稀土永磁体而言,从磁中性状态达到饱和的磁化场为内禀矫顽力的 1 ~1.5 倍;如果要测得退磁曲线并再磁化到最初的极性,则需要(1.5 ~3)H_{cJ};而完整表征对称的磁化状态,磁场要相当于内禀矫顽力的 3 ~5 倍。通常电磁铁很难满足要求,所以可以用脉冲磁场预先充磁再进行测量。有一个办法可以帮助判断磁体是否磁化饱和:当关系式 $P_2 \leqslant P_1 e^{[0.02454\ln(H_2/H_1)]}$ 或 $P_2 \leqslant P_1 e^{[0.02454\log(H_2/H_1)]}$ 满足,且 $H_2 \geqslant 1.2H_1$ 时,则表明样品已磁化饱和。其中 H_2是可能达到的最大磁化场,P_2是在 H_2测到的$(BH)_{max}$或 H_{cB}的值,P_1则是更低的磁场 H_1磁化后的对应数值。值得注意的是,无论用何种充磁方式,都必须避免磁体过热,测量的环境温度应该在(23 ±5)℃。

回复磁导率的测量,需要在退磁曲线上指定的外场点 H_p处,将磁场绝对值减少 ΔH 再回到原场,得到以(H_p, B_p)为起点、$(H_p - \Delta H, B_p + \Delta B)$为止点的小回线,两点之间的斜率即回复磁导率:$\mu_{rev} = \Delta B/\mu_0 \Delta H$。通常在退磁曲线上各点的 μ_{rev}不是常数,所以需要标明相应的(H_p, B_p, ΔH)。幸运的是各向异性烧结稀土永磁体 $B-H$ 退磁曲线非常接近一条直线，各点的回复磁导率接近常数，即 $B-H$ 曲线的斜率。

B 高温退磁曲线的测量

IEC 标准 IEC/TR 61807:1999《硬磁材料的高温磁特性——测量方法》规定了依据 IEC 60404-5 的方法如何测量永磁材料的高温退磁曲线，中华人民共和国机械行业标准《永磁材料温度系数测量方法》(JB/T 8986—1999)也参照了此标准。IEC/TR 61807:1999 和室温测量标准 IEC 60404-5 两者的差别在于：在电磁铁的极头中插入一个控温加热系统，通过极头的热传导将样品提升到所需的温度，加热系统和电磁铁的其他部分用一个薄的绝热层分开，以降低不必要的加热功率，减少温度波动。样品温度通过测量极头温度而获得，鉴于两者间不可避免的差异，需要作校准曲线获得准确的样品温度值。典型的极头结构如图 2-72所示。

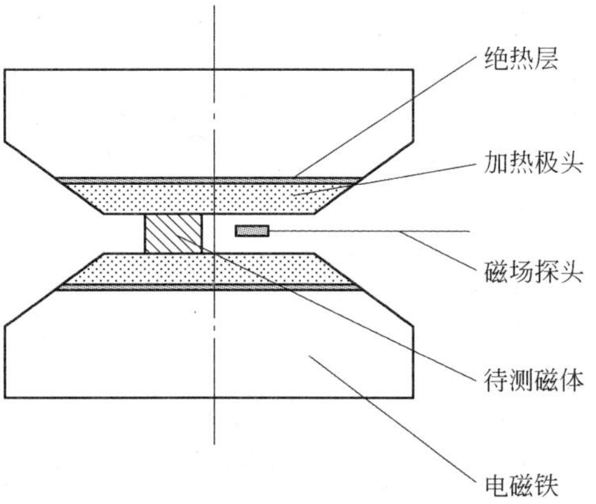

图 2-72 测量不同温度退磁曲线的极头结构示意图

变通的方法则基于 IEC 60404-7:1999《磁性材料 第七部分：在开路中测量磁性材料矫顽力的方法》，在一个绝热的加热腔内部放置待测样品、螺线管、B 测量线圈和温度传感器，磁体的磁化过程推荐用脉冲磁场，但用这种方法只能测到 H_{cJ}，而且仅适用于 $H_{cJ}<500\,kA/m$ 的场合。

测得不同温度下的基本磁性能参数后，可以用最小二乘法拟合计算 B_r 或 H_{cJ} 的温度系数。设 B_r 或 H_{cJ} 与高温—室温的温度差 T(单位 K 或℃)的关系为一元二次函数：$Y=AT^2+BT+C$，这里的 Y 是 B_r 或 H_{cJ}。数据点(T,Y)按照上述函数作最小二乘法拟合，可以得到系数 A、B 和 C，然后根据如下公式计算一次和二次温度系数：$\alpha=B/C$ 和 $\beta=A/C$。当 $\beta<1\times10^{-6}/K^2$ 时，可以忽略不计。

C 开路磁特性的测量

IEC 标准 IEC 60404-7:1999《磁性材料 第七部分：在开路中测量磁性材料矫顽力的方法》规定了永磁材料的开路测试方法，适用于 $H_{cJ}<500\,kA/m$ 的磁性材料，我国国家标准《在开路中测量磁性材料矫顽力的方法》(GB/T 13888—1992)与 IEC 60404-7 等同。这种测量方法的原理是：磁极化强度非零的磁体放入均匀外磁场时，磁体自身的磁场会使外磁场产生畸变，破坏其均匀性，而当外磁场将磁体反磁化到磁极化强度为零时，磁场畸变消失，对应外磁场即磁体的内禀矫顽力，测量这个畸变场随外磁场的变化即可达到目的。测量时，长直形状的磁体放在螺线管中部，长度选择既要避免自退磁场影响磁体的磁化状态，又要不超过螺线管磁场均匀区，磁体磁化方向与螺线管轴平行；磁通探测器可以是探测线圈或霍尔探头，可选择图 2-73 所示的两个位置放置。

IEC 标准 IEC 60404-14:1999《铁磁材料样品磁偶极矩的测量方法——抽拉或旋转方法》，描述了如何通过校准的探测线圈和磁通计测量已充磁磁体的开路磁偶极矩 j 或磁体工作点的磁极化强度 J：

$$j = \Delta\Phi / k_h \tag{2-51a}$$

或

$$J = j/V \tag{2-51b}$$

式中 j——磁偶极矩，Wb·m；

J——磁体工作点的极化强度，T；

V——磁体的体积，m^3；

$\Delta\Phi$——抽拉或旋转磁体的磁通量变化，Wb；

k_h——探测线圈的磁场/电流常数，$k_h = H/I$，1/m；

H——磁场强度，A/m；

I——电流强度，A。

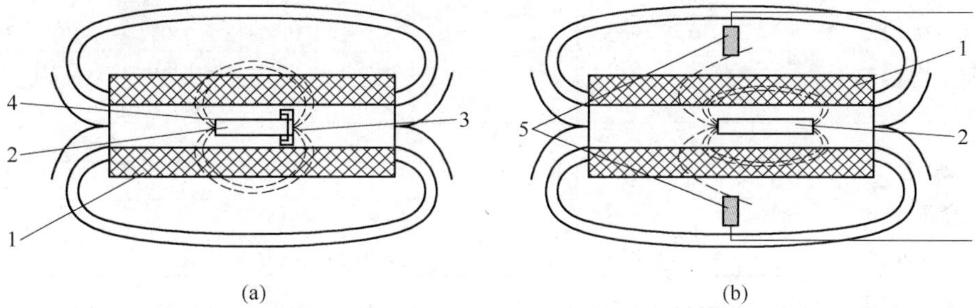

图 2-73 开路测量时磁体、螺线管和磁通探测器的放置

(a) 磁通探测器靠近磁体；(b) 磁通探测器在螺线管外

1—螺线管；2—磁体；3—振动探测线圈；4—偏离轴线的磁通探头；5—差分磁通探头

对已磁化磁体而言，探测线圈无须施加电流，但样品依然必须位于探测线圈的磁场均匀区内，各向异性的样品必须标明磁化轴的方向。探测线圈的几何尺度要足够大，以确保样品放置区内的磁场不均匀性小于1%，常用的线圈结构是一对赫姆霍兹线圈。

2.5.2 国内外典型厂家的牌号和规格

2.5.2.1 烧结稀土-钴永磁材料的性能

1:5 型烧结稀土-钴永磁材料有若干种类，主要以稀土的特征来区分，比如 $SmCo_5$、$PrCo_5$、$MMCo_5$、$(Sm,MM)Co_5$、$SmPrCo_5$ 和 $(Sm_{1-x}HR_x)Co_5$ 等等，其中 MM 代表混合稀土，HR 为重稀土，还有以部分铁和铜替代钴的 $Ce(CoCuFe)_5$，常用的是 $SmCo_5$、$SmPrCo_5$ 和 $(Sm_{1-x}HR_x)Co_5$，后者具有较低的温度系数。2:17 型烧结稀土-钴永磁材料主要有 $Sm_2(CoCuFeZr)_{17}$，同样，以部分 HR 替代 Sm 可以制成低温度系数的 $(Sm_{1-x}HR_x)_2(CoCuFeZr)_{17}$。生产 Sm-Co 烧结磁体的国外公司主要有美国电能公司(EEC)、德国真空熔炼公司(VAC)、日本 TDK 公司和俄罗斯托尼公司。国内的主要生产厂家有宁波宁港永磁材料有限公司、西南应用磁学研究所、包头稀土研究院、四川宜宾899厂和浙江天女集团稀土永磁有限公司等。EEC 的产品非常有特色，有 $(BH)_{max}$ 高达 32MGOe 的 EEC2:17-32，EEC1:5 的 H_{cJ} 都在 2390 A/m (30kOe) 以上，还有低 $\alpha(B_r)$ 和低 $\alpha(H_{cJ})$ 的 EEC1:5TC-9、EEC2:17TC-16 和 EEC2:17TC-17 ($\alpha(B_r) = -0.001\ \%/℃$，$\alpha(H_{cJ}) = (-0.03 \sim -0.02)\%/℃$)，以及使用温度高达 450~550℃ 的 EEC20-T500 和 EEC16-T550。国外稀土-钴磁体的性能的具体参数见表 2-25 ~ 表 2-29。

表 2–25 美国 EEC 公司烧结稀土–钴永磁材料的典型磁性能

牌 号	$(BH)_{max}$		B_r		H_{cB}		H_{cJ}		$\alpha(B_r)$	$\alpha(H_{cJ})$	T_w
	MGOe	kJ/m³	kG	mT	kOe	kA/m	kOe	kA/m	/%·℃⁻¹	/%·℃⁻¹	/℃
$SmCo_5$											
EEC 1:5–18	18.0	143	8.6	860	8.4	668	>30	>2390	–0.04	–0.05	300
EEC 1:5TC–15	15.0	119	7.8	780	7.7	612	>30	>2390	–0.03	–0.04	300
EEC 1:5TC–13	13.0	103	7.3	730	7.2	573	>30	>2390	–0.02	–0.03	300
EEC 1:5TC–9	9.0	72	6.1	610	6.0	477	>30	>2390	–0.001	–0.02	300
Sm_2Co_{17}											
EEC 2:17–31	31.0	247	11.5	1150	10.5	835	>20	>1590	–0.032	–0.06	250
EEC 2:17–27	27.5	217	10.8	1080	10.1	803	>25	>1990	–0.035	–0.06	300
EEC 2:17–24	24.0	192	10.1	1010	9.3	740	>25	>1990	–0.035	–0.06	300
EEC 2:17TC–18	18.5	147	9.0	900	8.2	652	>25	>1990	–0.02	–0.04	300
EEC 2:17TC–16	16.0	127	8.3	830	7.8	620	>25	>1990	–0.001	–0.03	300
EEC 2:17TC–15	14.5	117	8.0	800	7.2	573	>20	>1590	–0.001	–0.03	300
高温应用											
EEC 24–T400	24.0	195	10.2	1020	9.6	763	>25	>1990			400
EEC 20–T500	20.0	167	9.3	930	8.9	708	>25	>1990			500
EEC 16–T550	16.0	127	8.5	850	7.5	598	>20	>1590			550

表 2–26 德国真空熔炼公司(VAC)烧结稀土–钴永磁材料 VACOMAX 的典型磁性能(20℃)

牌 号		VACOMAX	240 HR	225 HR	240	225	200	170	145 S
		IEC	200/64	190/159	180/64	170/159	180/100	160/120	140/200
$(BH)_{max}$	通常	MGOe	30	28	26	26	25	23	20
		kJ/m³	240	225	210	205	200	180	160
	最小	MGOe	25	24	23	21	23	20	18
		kJ/m³	200	190	180	170	180	160	140
B_r	通常	kG	11.2	11.0	10.5	10.4	10.1	9.5	9.0
		T	1.12	1.10	1.05	1.04	1.01	0.95	0.90
	最小	kG	10.5	10.3	9.8	9.7	9.8	9.0	8.5
		T	1.05	1.03	0.98	0.97	0.98	0.9	0.85
H_{cB}	通常	kOe	9.2	10.3	9.0	9.6	9.5	9.0	8.3
		kA/m	730	820	720	760	755	720	660
	最小	kOe	7.5	9.0	7.3	8.5	8.9	8.3	7.5
		kA/m	600	720	580	680	710	660	600
H_{cJ}	通常	kOe	10	26	10	26	19	22.5	30
		kA/m	800	2070	800	2070	1500	1800	2400
	最小	kOe	8	20	8	20	12.5	15	25
		kA/m	640	1590	640	1590	1000	1200	2000
$\alpha(B_r)$	通常	%/℃	–0.030	–0.030	–0.030	–0.030	–0.040	–0.040	–0.040
$\alpha(H_{cJ})$	100℃	%/℃	–0.15	–0.18	–0.15	–0.18	–0.24	–0.21	–0.14
$\alpha(B_r)$	通常	%/℃	–0.035	–0.035	–0.035	–0.035	–0.045	–0.045	–0.045
$\alpha(H_{cJ})$	150℃	%/℃	–0.16	–0.19	–0.16	–0.19	–0.25	–0.22	–0.15
密 度	通常	g/cm³	8.4	8.4	8.4	8.4	8.4	8.4	8.4
磁化场		kOe	25	46	25	46	25	25	25
		kA/m	2000	3650	2000	3650	2000	2000	2000

续表 2-26

牌号		240 HR	225 HR	240	225	200	170	145 S
VACOMAX		240 HR	225 HR	240	225	200	170	145 S
IEC		200/64	190/159	180/64	170/159	180/100	160/120	140/200
T_w	°C	300	350	300	350	250	250	250
	K	572	662	572	662	482	482	482

表 2-27 德国真空熔炼公司(VAC)烧结稀土-钴永磁材料的典型力学/物理性能

牌号	T_c/℃	电阻率/Ω·m	比热容/J·(kg·K)$^{-1}$	热导率/W·(m·K)$^{-1}$	线膨胀系数/K^{-1} c//	线膨胀系数/K^{-1} c⊥	杨氏模量/MPa	抗弯强度/kPa	抗压强度/kPa	维氏硬度(HV)
VACODYM 3/5/7XX	~330	1.2~1.6	~440	~9	5×10^{-6}	-1×10^{-6}	1500	~2700	~10500	~570
VACODYM 6XX	~350	1.2~1.6	~440	~9	5×10^{-6}	-1×10^{-6}	1500	~1800	~8500	~580
VACOMAX 2:17	~800	0.75~0.85	~390	~12	10×10^{-6}	12×10^{-6}	1500	900~1500	~6050	~640
VACOMAX 1:5	~720	0.5~0.6	~370	~10	7×10^{-6}	13×10^{-6}	1100	~1200	~10000	~550

表 2-28 日本 TDK 公司烧结 SmCo 系列的基本磁性

成分		2:17 系列						1:5 系列
牌号		REC32A	REC30	REC26A	REC26	REC24	REC22	REC18
剩磁	B_r/kG	11.0~11.6	10.8~11.2	10.0~10.8	10.2~10.8	9.8~10.2	9.2~9.8	8.3~8.7
矫顽力	H_{cB}(kOe)		6.0~6.8	7.0~9.0	8.4~10.0	6.0~6.8	7.8~9.4	7.5~8.5
	H_{cJ}(kOe)	≥8.0	6.2~7.0	≥8.0	≥10.0	6.2~7.0	≥10.0	12.0~20.0
最大磁能积	$(BH)_{max}$/MGOe	28~32	29~31	23~27	25~27	22~24	20~24	17~19
$\alpha(B_r)$(20~100°C)	%/℃	-0.03	-0.03	-0.03	-0.03	-0.03	-0.03	-0.045

表 2-29 日本 TDK 公司烧结 SmCo 系列的物理/力学性能

物理特性			2:17 系列	1:5 系列
居里温度	℃		800~850	700~750
线膨胀系数	c//	10^{-6}/℃	8	6
	c⊥	10^{-6}/℃	11	13
热导率	4.18J/(m·h·℃)		10	11
	W/(m·K)		(12)	(13)
比热容	4.18×10^{-2}J/(g·℃)		8	9
	J/(kg·K)		(335)	(377)
电阻率	10^{-5}Ω·cm		8.6	5.3
密度	g/cm^3		8.3~8.5	8.1~8.3

力学特性		2:17 系列	1:5 系列
抗弯强度	MPa	1.5	1.8
抗压强度	MPa	8.2	10.2
	10^2MPa	(8)	(10)
抗拉强度	MPa	0.36	0.41
	10MPa	(3.5)	(4)
杨氏模量	10^3MPa	1.2	1.6
	10^{15}MPa	(1.2)	(1.6)
维氏硬度	HV	500~600	450~500

2.5.2.2 烧结 Nd-Fe-B 永磁材料的性能

经过了 20 多年的发展,烧结 Nd-Fe-B 已经成为最重要的稀土永磁材料,并且在相当多的应用领域取代了价廉物美、销量巨大的铁氧体。

曾经的 NEOMAX 现在是日立金属烧结 Nd-Fe-B 的商品名,我们熟悉的-H、-SH、-EH或-UH 后缀也发生了根本变化,图 2-74、表 2-30 给出了 2007 年日立金属的产品牌号和基本性能状况,超高性能系列仍然沿用日立金属的湿法低氧工艺 HILOP,性能最高的 55AH 牌号 B_r = 14.7~15.2 kGs,H_{cJ}≥13 kOe,$(BH)_{max}$ = 52~56 MGOe;较低一档的是住友特殊金属的干法工艺,另外他们专门归纳了耐热磁体系列-AH 和-VH,以适应汽车、家电等日益扩大的特殊需求，H_{cJ}在 20 kOe 以上，最高的为 33 ~ 35 kOe；辐射取向环也成为一个专门的 - R 系列，$(BH)_{max}$最大的可以达到 42 MGOe。

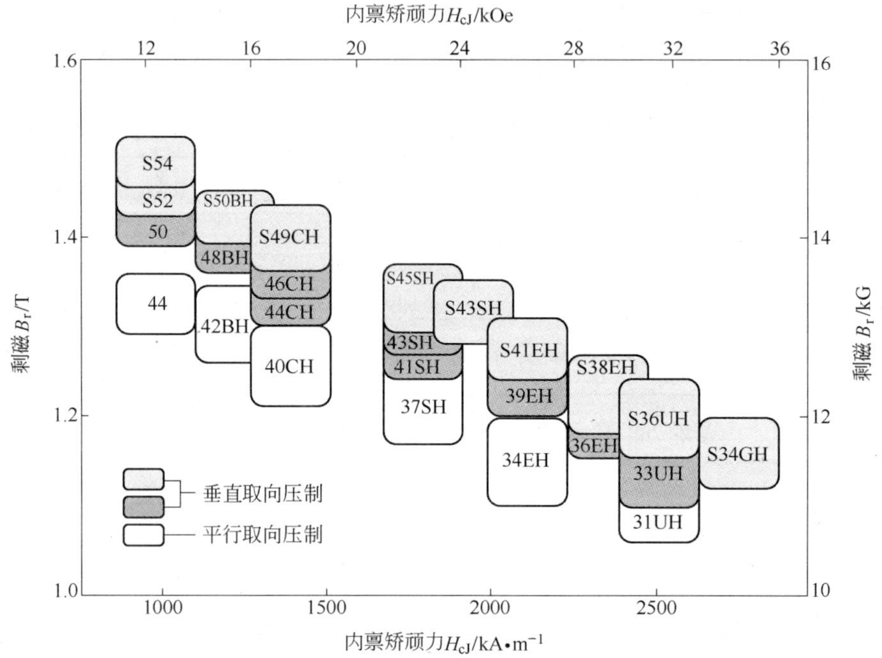

图 2-74　日立金属烧结 Nd - Fe - B 典型牌号的性能分布图

表 2-30　日立金属烧结 Nd - Fe - B 典型牌号的性能表

成形方法		牌　号	$(BH)_{max}$		B_r		H_{cB}		H_{cJ}(min)	
			kJ/m^3	MGOe	T	kG	kA/m	kOe	kA/m	kOe
单一取向成形系列	垂直压制	NMX - S54	405 ~ 437	51 ~ 55	1.45 ~ 1.51	14.5 ~ 15.1	939 ~ 1153	11.8 ~ 14.5	875	11
		NMX - S52	389 ~ 421	49 ~ 53	1.42 ~ 1.48	14.2 ~ 14.8	835 ~ 994	10.5 ~ 12.5	875	11
		NMX - S50BH	374 ~ 405	47 ~ 51	1.39 ~ 1.45	13.9 ~ 14.5	1042 ~ 1122	13.1 ~ 14.1	1114	14
		NMX - S49CH	358 ~ 397	45 ~ 50	1.36 ~ 1.43	13.6 ~ 14.3	1018 ~ 1106	12.8 ~ 13.9	1273	16
		NMX - S45SH	326 ~ 366	41 ~ 46	1.30 ~ 1.37	13.0 ~ 13.7	970 ~ 1058	12.2 ~ 13.3	1671	21
		NMX - S43SH	310 ~ 350	39 ~ 44	1.28 ~ 1.35	12.8 ~ 13.5	962 ~ 1042	12.1 ~ 13.1	1830	23
		NMX - S41EH	294 ~ 334	37 ~ 42	1.24 ~ 1.31	12.4 ~ 13.1	923 ~ 1018	11.6 ~ 12.8	1990	25
		NMX - S38EH	270 ~ 310	34 ~ 39	1.19 ~ 1.27	11.9 ~ 12.7	883 ~ 978	11.1 ~ 12.3	2228	28
		NMX - S36UH	254 ~ 294	32 ~ 37	1.16 ~ 1.24	11.6 ~ 12.4	883 ~ 962	11.1 ~ 12.1	2387	30
		NMX - S34GH	238 ~ 278	30 ~ 35	1.12 ~ 1.20	11.2 ~ 12.0	859 ~ 939	10.8 ~ 11.8	2626	33
		NMX - 50	374 ~ 405	47 ~ 51	1.39 ~ 1.45	13.9 ~ 14.5	835 ~ 1034	10.5 ~ 13.0	875	11
		NMX - 48BH	358 ~ 389	45 ~ 49	1.36 ~ 1.42	13.6 ~ 14.2	1018 ~ 1098	12.8 ~ 13.8	1114	14
		NMX - 46CH	342 ~ 374	43 ~ 47	1.33 ~ 1.39	13.3 ~ 13.9	994 ~ 1074	12.5 ~ 13.5	1273	16
		NMX - 44CH	326 ~ 358	41 ~ 45	1.30 ~ 1.36	13.0 ~ 13.6	978 ~ 1058	12.3 ~ 13.3	1273	16
		NMX - 43SH	310 ~ 350	39 ~ 44	1.27 ~ 1.34	12.7 ~ 13.4	947 ~ 1026	11.9 ~ 12.9	1671	21
		NMX - 41SH	294 ~ 334	37 ~ 42	1.24 ~ 1.31	12.4 ~ 13.1	923 ~ 1002	11.6 ~ 12.6	1671	21
		NMX - 39EH	278 ~ 318	35 ~ 40	1.20 ~ 1.28	12.0 ~ 12.8	915 ~ 994	11.5 ~ 12.5	1990	25
		NMX - 36EH	254 ~ 294	32 ~ 37	1.16 ~ 1.24	11.6 ~ 12.4	883 ~ 962	11.1 ~ 12.1	2228	28
		NMX - 33UH	230 ~ 270	29 ~ 34	1.10 ~ 1.18	11.0 ~ 11.8	835 ~ 915	10.5 ~ 11.5	2387	30

续表 2-30

成形方法		牌号	$(BH)_{max}$		B_r		H_{cB}		H_{cJ}(min)	
			kJ/m³	MGOe	T	kG	kA/m	kOe	kA/m	kOe
单一取向成形系列	平行压制	NMX-44	318~358	40~45	1.29~1.36	12.9~13.6	835~1018	10.5~12.8	875	11
		NMX-42BH	302~342	38~43	1.26~1.34	12.6~13.4	931~1026	11.7~12.9	1114	14
		NMX-40CH	278~326	35~41	1.21~1.30	12.1~13.0	915~1010	11.5~12.7	1273	16
		NMX-37SH	262~310	33~39	1.17~1.26	11.7~12.6	875~978	11.0~12.3	1671	21
		NMX-34EH	230~278	29~35	1.10~1.20	11.0~12.0	827~931	10.4~11.7	1990	25
		NMX-31UH	206~254	26~32	1.06~1.16	10.6~11.6	795~899	10.0~11.3	2387	30
辐射取向成形系列		NMX-42R	295~351	37~44	1.24~1.36	12.4~13.6	923~1058	11.6~13.3	1035	13
		NMX-40CR	278~343	35~43	1.20~1.34	12.0~13.4	891~1051	11.2~13.2	1274	16
		NMX-38SR	246~319	31~40	1.14~1.29	11.4~12.9	819~1003	10.3~12.6	1592	20
		NMX-35ER	230~295	29~37	1.10~1.24	11.0~12.4	803~970	10.1~12.2	1871	23.5
		NMX-38R	278~327	35~41	1.20~1.30	12.0~13.0	891~1019	11.2~12.8	1035	13
		NMX-35CR	246~295	31~37	1.15~1.25	11.5~12.5	859~980	10.8~12.3	1274	16
		NMX-33SR	230~279	29~35	1.10~1.20	11.0~12.0	790~939	9.9~11.8	1592	20
		NMX-30ER	207~239	26~30	1.05~1.13	10.5~11.3	772~884	9.7~11.1	1871	23.5

信越化工是日本第二大烧结 Nd-Fe-B 公司，其产品的磁性能水平与日立金属相当，但最高性能差一档，只有 N52 系列。从垂直压、平行压和辐射取向环的数据比较可以看出，平行压的性能水平比垂直压低 8~10 MGOe，而辐射取向磁环的则与平行压相当，可见其辐射取向磁环的制造工艺还是具有很高水准的；TDK 的情况与信越差别不大，这里就不一一列举了。作为老牌的特种合金制造企业，德国 VAC 的技术工艺线路与日本企业相比有其独到的特点，以 VACODYM 为商标的产品分 -HR、-TP 和 -AP 三个大类，分别代表等静压、垂直压和平行压三种不同的取向压制方式，其中 -HR 和 -TP 类对应的性能也达到日本 N52 系列的水平，但性能牌号的划分与日企有所不同，并且同时引用了 IEC 的性能分类编号。德国 VAC 烧结 Nd-Fe-B 典型牌号的性能表见表 2-31。

表 2-31 德国 VAC 烧结 Nd-Fe-B 典型牌号的性能表

牌号		$(BH)_{max}$ /MGOe		B_r /kGs		H_{cB} /kOe		H_{cJ} /kOe		$\alpha(B_r)$ /%·℃$^{-1}$	$\alpha(H_{cJ})$ /%·℃$^{-1}$	T_w /℃	ρ /g·cm^{-3}
		常规值	最小值	常规值	最小值	常规值	最小值	常规值	最小值	常规值	最小值	常规值	最小值
HR	722 HR	53	48	14.7	14.2	11.5	10.5	12	11	-0.115	-0.77	50	7.6
	745 HR	50	47	14.4	14.0	14.0	13.4	15	14	-0.115	-0.73	70	7.6
	510 HR	48	45	14.1	13.8	12.3	11.5	13	12	-0.115	-0.79	70	7.5
	633 HR	44	40	13.5	12.9	13.1	12.3	18	16	-0.095	-0.65	110	7.7
	655 HR	40	35	12.8	12.2	12.4	11.6	23	21	-0.090	-0.61	150	7.7
	677 HR	34	30	11.8	11.2	11.5	10.7	31	28	-0.085	-0.55	190	7.7
TP	722 TP	50	46	14.3	13.9	11.5	10.5	12	11	-0.115	-0.77	50	7.6
	745 TP	48	45	14.1	13.7	13.7	13.0	15	14	-0.115	-0.73	70	7.6

续表 2-31

牌号		$(BH)_{max}$ /MGOe		B_r /kGs		H_{cB} /kOe		H_{cJ} /kOe		$\alpha(B_r)$ /%·℃$^{-1}$	$\alpha(H_{cJ})$ /%·℃$^{-1}$	T_w /℃	ρ /g·cm^{-3}
		常规值	最小值	常规值	最小值	常规值	最小值	常规值	最小值	常规值	最小值	常规值	最小值
TP	764 TP	43	42	13.7	13.3	13.3	12.6	18	16	-0.115	-0.70	100	7.6
	510 TP	47	43	13.9	13.5	13.1	12.1	14	13	-0.115	-0.73	70	7.5
	362 TP	41	37	13.0	12.5	12.6	11.9	17	15	-0.115	-0.72	100	7.6
	633 TP	42	39	13.2	12.8	12.8	12.2	18	16	-0.095	-0.65	110	7.7
	642 TP	38	33	12.5	11.9	12.0	11.2	21	18	-0.100	-0.66	120	7.6
	655 TP	39	35	12.6	12.2	12.2	11.6	24	21	-0.090	-0.61	150	7.7
	669 TP	36	32	12.2	11.7	11.8	11.0	28	25	-0.085	-0.57	180	7.7
	677 TP	34	30	11.8	11.3	11.5	10.8	31	28	-0.085	-0.55	190	7.7
	688 TP	32	28	11.4	10.9	11.1	10.4	36	33	-0.080	-0.51	220	7.8
AP	722 AP	44	42	13.6	13.3	11.5	10.5	12	11	-0.115	-0.77	60	7.6
	745 AP	43	41	13.4	13.1	12.9	12.2	15	14	-0.115	-0.73	80	7.6
	764 AP	41	38	13.0	12.7	12.5	12.0	19	17	-0.115	-0.69	110	7.6
	510 AP	42	40	13.2	13.0	12.1	11.3	14	13	-0.115	-0.73	80	7.5
	362 AP	36	33	12.3	11.8	11.7	10.8	17	15	-0.115	-0.72	110	7.6
	633 AP	38	35	12.6	12.2	12.1	11.5	19	17	-0.095	-0.64	120	7.7
	642 AP	34	30	11.9	11.4	11.3	10.5	22	19	-0.100	-0.66	130	7.6
	655 AP	35	32	12.0	11.6	11.5	10.9	24	21	-0.090	-0.61	160	7.7
	669 AP	32	28	11.6	11.2	11.1	10.3	28	25	-0.085	-0.57	180	7.7
	677 AP	30	27	11.3	10.8	10.8	10.1	31	28	-0.085	-0.55	200	7.7
	688 AP	28	25	10.8	10.3	10.4	9.7	36	33	-0.080	-0.51	230	7.8

中国企业大都沿用以前住友特殊金属公司的 NEOMAX 牌号规则，按照 H_{cJ} 的差异分成 N、M、H、SH、UH 和 EH 等不同类型，性能最高的也能达到 N52 水平，表 2-32 列出中科三环的 SANMAG 牌号以供参考。

表 2-32　中科三环烧结 Nd-Fe-B 产品性能表

序号	等级 \ 单位 \ 性能	剩磁 B_r kGs 最大	剩磁 B_r kGs 最小	剩磁 B_r T 最大	剩磁 B_r T 最小	矫顽力 H_{cB} kOe	矫顽力 H_{cB} kA/m	内禀矫顽力 H_{cJ} kOe	内禀矫顽力 H_{cJ} kA/m	最大磁能积 $(BH)_{max}$ MGOe 最大	最大磁能积 $(BH)_{max}$ MGOe 最小	最大磁能积 $(BH)_{max}$ kJ/m^3 最大	最大磁能积 $(BH)_{max}$ kJ/m^3 最小
1	N35	12.5	11.8	1.25	1.18	≥10.8	≥860	≥12	≥955	38	33	302	263
2	N38	13.0	12.3	1.30	1.23	≥10.8	≥860	≥12	≥955	41	36	326	286
3	N40	13.2	12.6	1.32	1.26	≥10.8	≥860	≥12	≥955	42	38	334	302
4	N42	13.5	13.0	1.35	1.30	≥10.8	≥860	≥12	≥955	44	40	350	318
5	N45	13.8	13.2	1.38	1.32	≥10.8	≥860	≥12	≥955	46	42	366	334
6	N48	14.3	13.7	1.43	1.37	≥10.5	≥836	≥11	≥875	49	45	390	358
7	N50	14.6	13.9	1.46	1.39	≥10.5	≥836	≥11	≥875	51	47	406	374
8	N52	14.8	14.2	1.48	1.42	≥10.5	≥836	≥11	≥875	53	49	422	390
9	N54	15.1	14.5	1.51	1.45	≥10.5	≥836	≥11	≥875	55	51	438	406

续表 2-32

序号	等级	剩磁 B_r				矫顽力 H_{cB}		内禀矫顽力 H_{cJ}		最大磁能积 $(BH)_{max}$			
	单位	kGs		T		kOe	kA/m	kOe	kA/m	MGOe		kJ/m³	
		最大	最小	最大	最小					最大	最小	最大	最小
10	N35M	12.5	11.8	1.25	1.18	≥11.0	≥876	≥14	≥1114	38	33	302	263
11	N38M	13.0	12.3	1.30	1.23	≥11.5	≥916	≥14	≥1114	41	36	326	287
12	N40M	13.2	12.6	1.32	1.26	≥11.8	≥939	≥14	≥1114	43	38	342	302
13	N42M	13.5	13.0	1.35	1.30	≥12.0	≥955	≥14	≥1114	45	40	358	318
14	N45M	13.8	13.2	1.38	1.32	≥12.2	≥971	≥14	≥1114	47	42	374	334
15	N48M	14.3	13.7	1.43	1.37	≥12.5	≥995	≥14	≥1114	50	45	398	358
16	N50M	14.6	13.9	1.46	1.39	≥12.5	≥995	≥13	≥1035	52	47	414	374
17	N52M	14.8	14.2	1.48	1.42	≥12.5	≥995	≥13	≥1035	53	49	422	390
18	N35H	12.5	11.8	1.25	1.18	≥11.0	≥876	≥17	≥1353	38	33	302	263
19	N38H	13.0	12.3	1.30	1.23	≥11.5	≥916	≥17	≥1353	41	36	326	287
20	N40H	13.2	12.6	1.32	1.26	≥11.8	≥939	≥17	≥1353	43	38	342	302
21	N44H	13.7	13.0	1.37	1.30	≥12.1	≥963	≥16	≥1273	46	41	366	326
22	N46H	14.0	13.4	1.40	1.34	≥12.5	≥995	≥16	≥1273	48	43	382	342
23	N48H	14.2	13.6	1.42	1.36	≥12.7	≥1011	≥16	≥1273	50	45	398	358
24	N50H	14.5	13.8	1.45	1.38	≥12.9	≥1026	≥16	≥1273	51	47	406	374
25	N52H	14.7	14.0	1.47	1.40	≥13.0	≥1035	≥16	≥1273	53	48	422	382
26	N35SH	12.5	11.8	1.25	1.18	≥11.1	≥883	≥20	≥1592	38	33	302	263
27	N38SH	13.0	12.3	1.30	1.23	≥11.6	≥923	≥20	≥1592	41	36	326	287
28	N40SH	13.2	12.6	1.32	1.26	≥11.8	≥939	≥20	≥1592	43	38	342	302
29	N42SH	13.4	12.8	1.34	1.28	≥12.0	≥955	≥19	≥1512	44	39	350	310
30	N45SH	13.8	13.2	1.38	1.32	≥12.4	≥987	≥19	≥1512	47	42	374	334
31	N48SH	14.2	13.6	1.42	1.36	≥12.7	≥1011	≥19	≥1512	50	45	398	358
32	N33UH	12.2	11.4	1.22	1.14	≥10.8	≥859	≥25	≥1990	36	31	287	247
33	N35UH	12.5	11.8	1.25	1.18	≥11.2	≥891	≥25	≥1990	38	33	302	263
34	N38UH	12.8	12.2	1.28	1.22	≥11.6	≥923	≥25	≥1990	40	36	318	287
35	N40UH	13.2	12.6	1.32	1.26	≥12.0	≥955	≥25	≥1990	42	38	334	302
36	N42UH	13.5	13.0	1.35	1.30	≥12.0	≥955	≥25	≥1990	44	40	350	318
37	N45UH	13.8	13.2	1.38	1.32	≥12.4	≥987	≥25	≥1990	47	42	374	334
38	N30EH	11.7	10.9	1.17	1.09	≥10.3	≥820	≥30	≥2388	33	28	263	223
39	N33EH	12.0	11.4	1.20	1.14	≥10.8	≥859	≥30	≥2388	35	31	279	247
40	N35EH	12.3	11.7	1.23	1.17	≥11.1	≥883	≥30	≥2388	37	33	295	263
41	N38EH	12.8	12.2	1.28	1.22	≥11.6	≥923	≥30	≥2388	40	36	318	287
42	N40EH	13.1	12.5	1.31	1.25	≥11.8	≥939	≥30	≥2388	42	37	334	295
43	N28EHS	11.3	10.5	1.13	1.05	≥10.0	≥780	≥35	≥2786	31	26	247	207
44	N30EHS	11.7	10.9	1.17	1.09	≥10.3	≥820	≥35	≥2786	33	28	263	223
45	N33EHS	12.0	11.4	1.20	1.14	≥10.8	≥859	≥35	≥2786	36	31	287	247
46	N35EHS	12.5	11.7	1.23	1.17	≥11.1	≥883	≥35	≥2786	38	33	302	263

2.5.2.3 粘结稀土永磁材料的性能

由于市场应用有限,全球生产粘结 Sm – Co 磁体的厂家不多,日本精工—爱普生曾经是粘结稀土永磁体最早的生产厂家之一,而且以生产粘结 Sm – Co 而著称,但现在已经把生产粘结 Sm – Co 的业务转给了 Napacol 公司,其产品的性能参数见表 2–33。生产粘结 Nd – Fe – B 具有代表性的是日本大同电子公司、上海爱普生磁性器件有限公司和成都银河,相应的性能参数分别见表 2–34 ~ 表 2–38。

表 2–33 Napacol 公司生产粘结 Sm – Co 磁体的磁性能

性能指标	符号	单位	SAM – 15	SAM – 15R	SAM – 13A	SAM – 5	SAMLET – 9R	SAMLET – 10A
剩　磁	B_r	mT (kGs)	780 ~ 810 (7.8 ~ 8.1)	730 ~ 810 (7.3 ~ 8.1)	700 ~ 760 (7.0 ~ 7.6)	380 ~ 440 (3.8 ~ 4.4)	600 ~ 660 (6.0 ~ 6.6)	620 ~ 680 (6.2 ~ 6.8)
矫顽力	H_{cB}	kA /m (kOe)	460 ~ 510 (5.8 ~ 6.4)	448 ~ 520 (5.6 ~ 6.5)	414 ~ 480 (5.2 ~ 6.0)	240 ~ 280 (3.0 ~ 3.5)	370 ~ 450 (4.6 ~ 5.6)	400 ~ 490 (5.0 ~ 6.2)
内禀矫顽力	H_{cJ}	kA/m (kOe)	720 ~ 950 (9 ~ 12)	720 ~ 950 (9 ~ 12)	720 ~ 950 (9 ~ 12)	800 ~ 1030 (10 ~ 13)	720 ~ 950 (9 ~ 12)	720 ~ 950 (9 ~ 12)
最大磁能积	$(BH)_{max}$	kJ /m³ (MGOe)	103 ~ 120 (13 ~ 15)	88 ~ 120 (11 ~ 15)	80 ~ 103 (10 ~ 13)	28 ~ 40 (3.5 ~ 5.0)	60 ~ 76 (7.5 ~ 9.5)	68 ~ 84 (8.5 ~ 10.5)
剩磁温度系数	A	% /℃	−0.035					
密　度		$10^3 kg/m^3$	6.6 ~ 7.2				5.7 ~ 6.1	
易磁化方向			径　向	辐射取向	轴　向	各向同性	辐射取向	轴　向
成形方法			压缩成形				注射成形	

表 2–34 大同电子公司注射成形粘结 Nd – Fe – B 磁体 NEOQUENCH – P 的磁性能

性能指标	单位	NPI – 4L	NPI – 5L	NPI – 6	NPI – 6L	NPI – 8L	NPI – 9L	NPI – 6LR①	NPI – 6S②R
剩磁 B_r	mT (kG)	410 ~ 490 (4.1 ~ 4.9)	500 ~ 580 (5.0 ~ 5.8)	480 ~ 560 (4.8 ~ 5.6)	540 ~ 620 (5.4 ~ 6.2)	570 ~ 630 (5.7 ~ 6.3)	640 ~ 720 (6.4 ~ 7.2)	480 ~ 560 (4.8 ~ 5.6)	460 ~ 520 (4.6 ~ 5.2)
矫顽力 H_{cB}	kA/m (kOe)	247 ~ 310 (3.1 ~ 3.9)	326 ~ 390 (4.1 ~ 4.9)	334 ~ 398 (4.2 ~ 5.0)	342 ~ 406 (4.3 ~ 5.1)	360 ~ 440 (4.6 ~ 5.4)	398 ~ 462 (5.0 ~ 5.8)	302 ~ 366 (3.8 ~ 4.6)	310 ~ 374 (3.9 ~ 4.7)
内禀矫顽力 H_{cJ}	kA/m (kOe)	573 ~ 732 (7.2 ~ 9.2)	637 ~ 796 (8.0 ~ 10.0)	1035 ~ 1357 (13.0 ~ 17.0)	637 ~ 796 (8.0 ~ 10.0)	640 ~ 800 (8.0 ~ 10.0)	637 ~ 796 (8.0 ~ 10.0)	637 ~ 796 (8.0 ~ 10.0)	835 ~ 1075 (10.5 ~ 13.5)
最大磁能积 $(BH)_{max}$	kJ/m³ (MGOe)	28 ~ 36 (3.5 ~ 4.5)	43 ~ 55 (5.4 ~ 6.9)	40 ~ 52 (5.0 ~ 6.5)	49 ~ 61 (6.2 ~ 7.7)	59 ~ 67 (7.4 ~ 8.4)	68 ~ 76 (8.5 ~ 9.5)	36 ~ 48 (4.5 ~ 6.0)	37 ~ 45 (4.6 ~ 5.6)
可逆磁导率 μ	—	1.20	1.20	1.13	1.20	1.20	1.20	1.20	1.13
剩磁温度系数 α	% / ℃	−0.10	−0.12	−0.15	−0.10	−0.10	−0.10	−0.10	−0.13
饱和磁化场 H_s	kA/m (kOe)	≥1592 (≥20)	≥1592 (≥20)	≥1990 (≥25)	≥1592 (≥20)	≥1592 (≥20)	≥1592 (≥20)	≥1592 (≥20)	≥1592 (≥20)
密　度	$10^3 kg/m^3$	4.2 ~ 4.9	4.9 ~ 5.4	5.0 ~ 5.5	5.0 ~ 5.5	5.0 ~ 5.5	5.5 ~ 6.0	4.6 ~ 5.1	4.6 ~ 5.1

① R 表示采用耐热型树脂 PPS,其他则采用尼龙;② S 表示耐超高温度,采用 MQI 的耐高温磁粉。

表 2–35 大同电子公司压缩成形粘结 Nd – Fe – B 磁体 NEOQUENCH – P 的磁性能

性能指标	单位	NP – 7L	NP – 8	NP – 8L	NP – 8R①	NP – 8S②R	NP – 10LL	NP – 11L	NP – 12L
剩磁 B_r	mT (kG)	570 ~ 640 (5.7 ~ 6.4)	580 ~ 650 (5.8 ~ 6.5)	640 ~ 710 (6.4 ~ 7.1)	580 ~ 650 (5.8 ~ 6.5)	600 ~ 680 (6.0 ~ 6.8)	670 ~ 740 (6.7 ~ 7.4)	680 ~ 730 (6.8 ~ 7.3)	720 ~ 770 (7.2 ~ 7.7)
矫顽力 H_{cB}	kA/m (kOe)	374 ~ 438 (4.7 ~ 5.5)	390 ~ 454 (4.9 ~ 5.7)	406 ~ 470 (5.1 ~ 5.9)	390 ~ 454 (4.9 ~ 5.7)	414 ~ 486 (5.2 ~ 6.1)	398 ~ 462 (5.0 ~ 5.8)	430 ~ 485 (5.4 ~ 6.1)	454 ~ 509 (5.7 ~ 6.4)

续表 2-35

性能指标	单位	NP-7L	NP-8	NP-8L	NP-8R①	NP-8S②R	NP-10LL	NP-11L	NP-12L
内禀矫顽力 H_{cJ}	kA/m (kOe)	637~796 (8.0~10.0)	1035~1353 (13.0~17.0)	637~796 (8.0~10.0)	1035~1353 (13.0~17.0)	835~1075 (10.5~13.5)	517~677 (6.5~8.5)	716~836 (9.0~10.5)	716~836 (9.0~10.5)
最大磁能积 $(BH)_{max}$	kJ/m³ (MGOe)	56~68 (7.0~8.5)	60~72 (7.5~9.0)	68~80 (8.5~10.0)	60~72 (7.5~9.0)	65~77 (8.2~9.7)	76~84 (9.5~10.5)	80~88 (10.0~11.0)	88~99 (11.0~12.5)
可逆磁导率 μ	—	1.20	1.13	1.20	1.13	1.13	1.26	1.20	1.20
剩磁温度系数 α	% / ℃	-0.12	-0.15	-0.10	-0.15	-0.13	-0.11	-0.10	-0.10
饱和磁化场 H_s	kA/m (kOe)		≥1990 (≥25)	≥1592 (≥20)	≥1990 (≥25)	≥1592 (≥20)	≥1592 (≥20)	≥1592 (≥20)	≥1592 (≥20)
密 度	10³ kg/m³	5.6~6.1	5.6~6.1	5.6~6.1	5.6~6.1	5.6~6.1	5.9~6.2	5.9~6.2	6.1~6.4

① R 表示采用耐热型树脂 PPS,其他则采用尼龙;② S 表示耐超高温度,采用 MQI 的耐高温磁粉。

表 2-36 大同电子公司粘结 Nd-Fe-B 磁体 NEOQUENCH-P 的典型物理、力学特性

项 目	单位	NPI-4L, 6L NPI-6, 8L, 5L, 9L	NP1-6SR NP1-6LR	NP-8, 8L, 7L, 10LL NP-11, 12L	NP-8SR
电阻率 (JIS C2525)	μΩ·m	130	130	56	31
线膨胀系数 (JIS K7179)	10^{-6}/℃ (30~100℃)	26.0	21.0	10.0	7.0
弯曲强度 (JIS K7171)	MPa	74.0	71.0	52.0	52.0
弯曲弹性模量 (JIS K7171)	MPa	15700	24200	10800	10800
压环强度 (JIS Z2507)	MPa	50	50	54	54
硬度(JIS K7202)	HRM	70	107		
拉伸强度 (JIS K7113)	MPa	37	33		
拉伸弹性模量 (JIS K7113)	MPa	16000	25000		
磁体成形方式		尼龙注射	PPS 注射	压 缩	压 缩

表 2-37 上海爱普生压缩成形粘结 Nd-Fe-B 磁体 NEOM 的磁性能

项 目			NEOM-2	NEOM-4	NEOM-6	NEOM-8	NEOM-8H	NEOM-10	NEOM-12	NEOM-12L
剩 磁	B_r	mT	290~370	370~450	440~530	550~650	590~660	620~700	700~760	700~750
		(kG)	(2.9~3.7)	(3.7~4.5)	(4.4~5.3)	(5.5~6.5)	(5.9~6.6)	(6.2~7.0)	(7.0~7.6)	(7.0~7.5)
矫顽力	H_{cB}	kA/m	200~277	260~360	280~380	336~432	400~480	360~456	424~472	360~450
		(kOe)	(2.5~3.5)	(3.2~4.5)	(3.5~4.75)	(4.2~5.4)	(5.0~6.0)	(4.5~5.7)	(5.3~5.9)	(4.5~5.63)
	H_{cJ}	kA/m	640~800	640~800	640~816	640~816	875~1115	640~800	640~800	510~640
		(kOe)	(8.0~10.0)	(8.0~10.0)	(8.0~10.2)	(8.0~10.2)	(11.0~14.0)	(8.0~10.0)	(8.0~10.0)	(6.35~8.0)
最大磁能积	$(BH)_{max}$	kJ/m³	12~28	28~36	32~48	56~68	60~76	64~80	80~96	72~88
		(MGOe)	(1.5~3.5)	(3.5~4.5)	(4.0~6.0)	(7.0~8.5)	(7.5~9.5)	(8.0~10.0)	(10.0~12.0)	(9.0~11.0)
饱和磁化场	H_s	kA/m	≥1600	≥1600	≥1600	≥1600	≥2000	≥1600	≥1600	≥1280
		(kOe)	≥20	≥20	≥20	≥20	≥25	≥20	≥20	≥16
方形度	H_k	kA/m	159~279	159~279	159~279	159~279	159~279	159~279	175~279	143~239
		(kOe)	(2.0~3.5)	(2.0~3.5)	(2.0~3.5)	(2.0~3.5)	(2.0~3.5)	(2.0~3.5)	(2.2~3.5)	(1.8~3.0)

续表 2-37

项　目			NEOM-2	NEOM-4	NEOM-6	NEOM-8	NEOM-8H	NEOM-10	NEOM-12	NEOM-12L
回复磁导率	μ_{rec}		1.2	1.2	1.2	1.2	1.2	1.2	1.2	1.2
可逆温度系数	$\alpha(B_r)$	%/℃	-0.12	-0.12	-0.12	-0.12	-0.13	-0.10	-0.10	-0.10
密度（未涂装）	ρ	$10^3kg/m^3$	5.7～6.1	5.8～6.2	5.8～6.2	5.9～6.3	6.0～6.4	5.9～6.3	6.0～6.4	6.0～6.4

表 2-38　上海爱普生粘结 Nd-Fe-B 磁体的磁性能

项　目			NEODEX-5	NEODEX-8	NEODEX-10	NEODEX-11	NEOLET-5	NEOLET-6	NEOLET-7	NEOLET-6HR	NEOLET-6R	NEOLET-8
剩磁	B_r	mT	450～510	600～660	650～730	650～700	500～560	520～650	550～560	450～550	450～550	600～675
		(kG)	4.5～5.1	6.0～6.6	6.5～7.3	6.5～7.0	5.0～5.6	5.2～6.5	5.5～6.5	4.5～5.5	4.5～5.5	6.0～6.75
矫顽力	H_{cB}	kA/m	280～350	380～450	360～456	410～450	310～390	340～415	365～430	300～360	300～360	360～420
		(kOe)	3.5～4.4	4.75～5.6	4.5～5.7	5.1～5.6	3.9～4.9	4.2～5.2	4.5～5.4	3.75～4.5	3.75～4.5	4.5～5.25
	H_{cJ}	kA/m	640～800	640～800	640～800	640～800	640～810	640～810	640～810	850～1114	630～864	640～800
		(kOe)	8.0～10.0	8.0～10.0	8.0～10.0	8.0～10.0	8.0～10.1	8.0～10.1	8.0～10.1	10.6～14.0	7.9～10.8	8.0～10.0
最大磁能积	$(BH)_{max}$	kJ/m^3	32～44	60～68	64～80	68～88	44～52	48～64	50～65	36～48	36～48	52～72
		(MGOe)	4.0～5.5	7.5～8.5	8.0～10.0	8.5～11.0	5.5～6.5	6.0～8.0	6.2～8.2	4.5～6.0	4.5～6.0	6.5～9.0
饱和磁化场	H_s	kA/m	≥1600	≥1600	≥1600	≥1600	≥1600	≥1600	≥1600	≥2000	≥1600	≥1600
		(kOe)	≥20	≥20	≥20	≥20	≥20	≥20	≥20	≥25	≥20	≥20
方形度	H_k	kA/m	111～239	159～279	159～279	159～279	127～255	127～255	127～255	111～247	127～255	159～279
		(kOe)	1.4～3.0	2.0～3.5	2.0～3.5	2.0～3.5	1.6～3.2	1.6～3.2	1.6～3.2	1.4～3.1	1.6～3.2	2.0～3.5
回复磁导率	μ_{rec}		1.2	1.2	1.2	1.2	1.2	1.2	1.2	1.2	1.2	1.2
可逆温度系数	$\alpha(B_r)$	%/℃	-0.10	-0.10	-0.10	-0.10	-0.10	-0.10	-0.10	-0.13	-0.10	-0.10
密度（未涂装）	ρ	$10^3kg/m^3$	5.5～5.8	5.5～5.8	5.8～6.1	5.8～6.1	5.0～5.5	5.0～5.5	5.2～5.7	5.0～5.5	5.0～5.5	5.5～5.8

注：NEODEX—挤出成形；NEOLET—注射成形。

2.6　稀土永磁材料的应用

利用永磁体所产生的磁场与其他运动导体、载流导体、运动电子和铁磁体等的相互作用，可方便地将一种能量转换成另一种能量。车用发电机、电话受话器是利用闭合导体在永磁体磁场中运动所产生的感应电动势，将机械能转变为电能的装置；各种电动机和制动器是利用闭合导体中的电流在永磁体磁场中产生的洛伦兹力，将电能转变为机械能的装置；各种喇叭则是利用闭合导体中的电流在永磁体磁场中作用产生的洛伦兹力，将电能转变为声能的装置；而永磁卡盘、磁选机、磁耦合传动装置、磁性轴承等则是利用永磁体对磁性材料的相吸或排斥，将一种机械能转变为另一种机械能的装置。还有核磁共振成像仪、光隔离器、微波铁氧体器件、磁水器和石油防蜡器等，则是利用各种物理磁效应构成的特种器件或装置。

由于永磁体一经磁化后，在使用过程中不再需要任何电源，因此该磁体系统在使用过程中可不必考虑在普通电磁铁中出现的励磁线圈发热、损坏和电力消耗等问题，从而有省电、维护方便的优点。另外，利用永磁材料，特别是稀土永磁材料，做成上述器件或装置后，可以极大地降低器件或装置的体积和重量。

在永磁体做的所有电磁器件或装置中，磁体设计的基本特征是如何在最大限度上利用永磁体产生的磁通密度 $\boldsymbol{B}$,同时也希望磁体本身产生的 $\boldsymbol{B}$ 越大越好。其原因是在这些电磁器件或装置中所应用的原理不外乎是电磁感应电动势、洛伦兹力、静磁力和其他磁效应等,它们的强度均正比于 $\boldsymbol{B}$ 的大小。

与过去传统磁体如铁氧体和铝镍钴相比,稀土磁体能提供大的磁通密度 $\boldsymbol{B}$、大的磁能积和高的内禀矫顽力。稀土磁体高的磁能积使磁体在动态应用中实现器件的小型化,而过去在这些器件中磁体却占据了大部分体积和重量;稀土磁体高的内禀矫顽力也使稀土永磁体适合应用到以前传统磁体不可能涉及的强退磁器件中,如磁轴承、电动机、发电机和制动器等。尽管稀土磁体在价格上比铁氧体贵得多,然而它在提高磁体的性能,降低磁体的体积和重量以及降低能耗等方面都带来了可观的益处。因此,在许多情况下稀土磁体仍然被工程师们列为首选磁体。

2.6.1 稀土永磁材料的应用分类

目前,稀土永磁体已在许多领域获得了广泛的应用,如计算机领域中硬盘驱动器上的音圈电机和主轴电机,航空航天领域的陀螺仪,通信领域中产生微波和毫米波的大功率微波管,对微弱微波和毫米波信号进行宽带放大的行波管,微波和毫米波用的环行器、隔离器、相移器,汽车上用的各种电机,消费领域中家用电器空调和冰箱上的电机,音响设备上的喇叭和耳机,机电领域的电机和发电机,矿山冶金工业中采用磁分离技术的磁选机,磁力机械方面的磁力传动器、磁制动器、磁力打捞器、磁性轴承,医疗领域的核磁共振成像仪以及利用磁化技术的节油减烟器、磁化防蜡器、磁水器等等。

按照作用机理,稀土永磁体的应用与一般永磁体一样可以分成四大类:(1)洛伦兹力;(2)法拉第电磁感应;(3)静磁力;(4)材料的磁效应。每种类型都有极其宽广的应用领域。表 2-39 列出了稀土永磁体的应用概貌和各种稀土永磁器件或装置所依据的物理效应及其作用方式。

表 2-39 稀土永磁体的应用概貌和各种稀土永磁器件或装置所依据的物理效应及其作用方式

物理效应	作用方式	主要应用领域
洛伦兹力	磁场对带电粒子的作用	微波管、显像管、粒子加速器、磁谱仪、磁控溅射、磁控电镀等
	磁场对载流导体的作用	永磁电机、扬声器(喇叭)、音圈电机、罗盘、陀螺仪、加速度计、各种测量仪表等
法拉第电磁感应	磁场对运动导体或运动磁场对导体的作用	永磁发电机、涡流制动器、话筒、涡流磁选机等
静磁力	永磁体磁极之间的吸引和排斥作用	磁力传动器、磁性轴承
	磁场与铁磁性物质的吸引作用	磁分离、磁力吸着装置、磁流体密封、磁闭锁继电器、电脉冲起重机、打捞器等
材料的磁效应(核磁共振效应、法拉第磁光效应、铁磁共振效应、各种其他磁化效应)	磁场与各种物质的相互作用	核磁共振成像仪、光隔离器、光环行器、磁光电机、微波铁氧体器件、行输出变压器、磁选机、磁水器、石油防蜡器、磁疗器械等

下面根据物理效应和作用方式归为六种类型来介绍稀土磁体的具体应用。

2.6.1.1 磁场控制带电粒子的器件或装置

在雷达、通信、遥测、电子对抗等领域中用到的微波管,如速调管、磁控管、行波管等元器件,需要用磁场来控制带电粒子的运动,以便实现高频或超高频振荡以及微波信号放大和接收的目的。

在这些器件或装置中,磁场通常是由周期反转聚焦磁体产生的。这个周期反转聚焦磁体由多个圆环形稀土永磁体构成,相邻两个磁体的极性相反。图 2-75 给出了行波管中周期反转聚焦磁体的剖面示意图。为了达到行波管有效的信号放大以及获得足够高的峰值磁场和高的温度稳定性,Sm-Co 磁体是行波管的首选磁体。同样地,大功率多注速调管的磁场系统有类似的周期反转聚焦磁体,图 2-76 左侧给出了一个用于 C 波段大功率多注速调管的实物照片,其脉冲功率达 120 kW,平均功率为 6 kW,而图 2-76 右侧是该多注速调管中所采用的周期反转永磁聚焦系统。

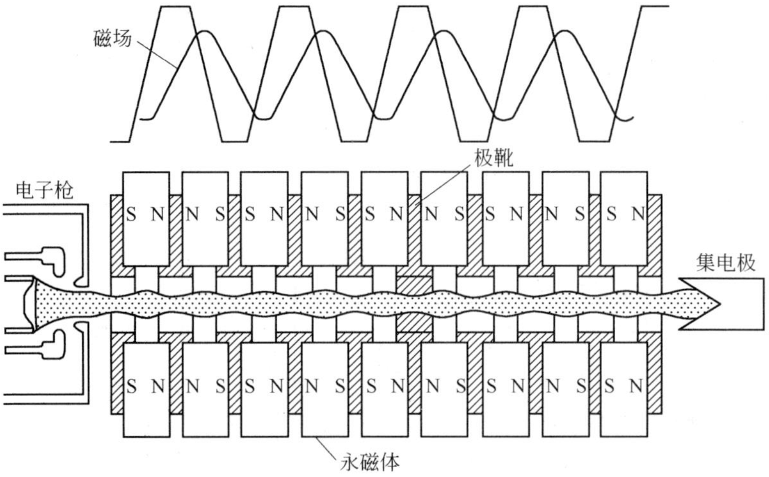

图 2-75 行波管周期反转聚焦磁体剖面示意图[21]

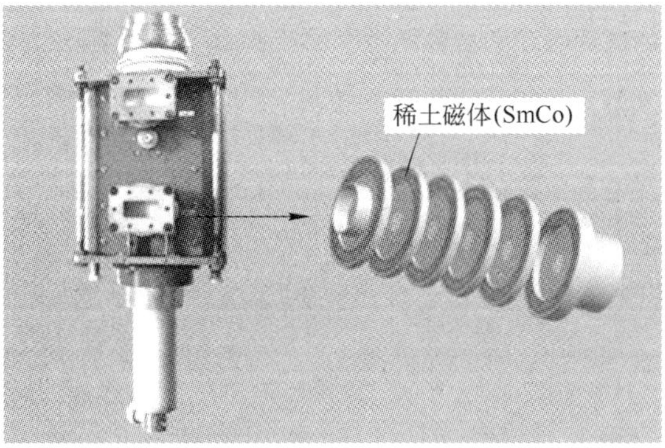

图 2-76 用于 C 波段大功率多注速调管照片

(速调管长 690 mm,重量为 35 kg)[177]

在粒子物理研究中采用的各种加速器装置和磁谱仪也都需要用到磁场来约束高能粒子和捕捉带电粒子。值得一提的是,当前国际上最先进的粒子物理传感器——阿尔法磁谱仪(AMS),就是由一个永磁体和精密探测器组成的。其中一个核心部件是基于魔环结构的用高性能钕铁硼材料制成的大型永磁体,该永磁体重 1 t,直径 1.2 m,高 0.8 m,空腔直径 1.1 m,高 0.8 m,中心场强为 1360 G。它的主要任务是在国际空间站上捕捉宇宙中的反物质和暗物质。

2.6.1.2 磁场对载流导体作用的电力驱动器件或装置

相关磁场对载流导体作用的电力驱动器件或装置有永磁电机、扬声器、制动器、陀螺仪和测量仪表等。这些电力驱动器件或装置都是基于闭合导体中的电流在永磁体磁场中产生的洛伦兹力进行设计的。该力在永磁电机、陀螺仪和测量仪表中分别对转子和可动线圈产生一个力矩,使永磁电机的转子和测量仪表的可动线圈产生旋转;而在扬声器和制动器中,该力产生一个直线力,使扬声器和制动器的运动部件获得振动和制动。

A 永磁电机

永磁电机是指利用永磁体的励磁来替换电机中的励磁绕组后的所有电机的总称。它也有交流和直流之分。利用永磁体进行激磁,不仅可以降低电力消耗、达到节约能源的目的,而且还可改善电机的运行性能。目前稀土永磁材料的1/3用于制造各种永磁电机。永磁电机的种类和用途列于表2-40[21]。由表可见永磁电机的品种很多,电机的容量小至几分瓦,大至数兆瓦,广泛应用于国民经济、航空航天和尖端科学技术的各个方面。高性能稀土永磁材料,尤其是Nd-Fe-B系永磁材料的出现极大地促进了永磁电机的发展。目前,在500 W以下的微型直流电机中,永磁电机占92%,而10 W以下占99%以上。

表2-40 稀土永磁电机的种类和用途[21]

种 类	永磁电机的名称	用 途
永磁交流电机	永磁同步发电机	单相和三相交流电源、副励磁机、风力发电机
	永磁交流测速电机	飞行、航海、机车、车床等行速和转速的测量
	永磁感应式发电机	单相中频电源
	点火用磁电机	机车、火车、飞机等内燃机的点火系统
	永磁同步电机	采油机、鼓风机、水泵、纺织机
永磁直流电机	永磁直流电机	录音录像机、照相机、电唱机、家用电器、电子工业、仪器仪表、电动玩具等中的微型电机
	永磁直流伺服电机	自动化、遥控遥测系统
	永磁直流测速电机	测量各种转动部件的转速
	永磁直流力矩电机	电梯、航空航天、火炮转动定位系统
	其他永磁电机,如永磁步进电机、永磁直流无刷机、压电电机、霍尔电机、音圈电机等	工业自动化、办公室自动化、遥控遥测系统、计算机外围设备等

a 永磁无刷直流电机

在永磁无刷直流电机中,永磁体替代了转子上的绕组,而将激励旋转的驱动绕组改在定子上,此时驱动绕组中的电流必须用电子线路来实现换向。有三种类型的永磁无刷直流电机示于图2-77中。

在图2-77(c)所示的盘形电机结构中,电机的驱动绕组固定在定子上,而永磁体装配在盘形转子上,一个光电二极管作为转子的位置传感器。由于这种盘形电机具有低的惯性和低的转矩脉动,从而具有特别高的转动加速度和很高的位置精度。用高性能稀土磁体作为盘形转子的扁平电机是最适合作为机器人、机械手以及自动化工业生产的驱动器。这种内永磁式无刷直流电机也被用于家用电器如空调机、冰箱和真空吸尘器以及便携式电动工具和电动自行车中。

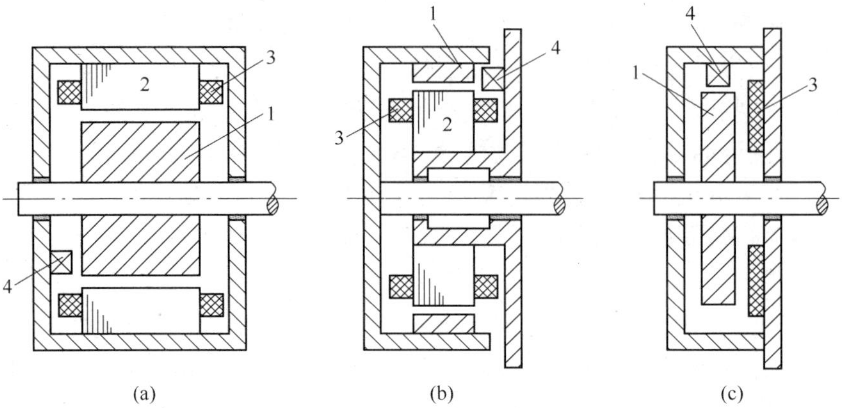

图 2-77　不同类型无刷直流电机的示意图[101]

(a) 经典的圆柱形设计,带槽的内转子;(b) 杯形圆柱形设计,带槽的外转子;(c) 盘形设计,无槽

1—永磁体;2—定子;3—定子绕组;4—转子位置传感器

b　永磁同步电机

永磁同步电动机与感应电动机相比,不需要无功励磁电流,可以显著提高功率因数,减少了定子电流和定子电阻损耗,且在稳定运行时没有转子铜耗,进而可以减小风扇(小容量电机甚至可以去掉风扇)和相应的风摩损耗,效率比同规格感应电动机可提高 2% ~8%。另外,永磁同步电动机在 25% ~120% 额定负载范围内均可保持较高的效率和功率因数,使轻载运行时节能效果更为明显。但永磁同步电机无自起动能力,因此在转子上需设置起动绕组使之异步起动。利用稀土磁体制作的永磁同步电机,不但具有高的效率和功率因数,而且具有高的过载能力和起动能力。现已开发出最大功率超过兆瓦级的永磁同步电机。这种永磁同步电动机主要应用在油田、纺织化纤工业、陶瓷玻璃工业和年运行时间长的风机和水泵上。

随着电力电子技术的迅猛发展和其器件价格的不断降低,人们越来越多地将变频电源和交流永磁同步电机组成交流调速系统来替代直流电机调速系统。在此系统中永磁同步电机的起动可用升高变频电源的频率实现,因此,在转子上可不必设置起动绕组。德国制成了 6 相变频供电的 1095 kW、230 r/min 稀土永磁同步电机(见图 2-78),用于舰船的推进。与过去的直流电机相比,体积减小了 60%,总损耗降低了 20% 左右,而且省去了电刷和换向器,维护方便[178]。

随着汽车工业的发展和汽车市场的日益扩大,带来了环境污染愈烈和能源消耗过多两大问题。为了减少环境污染,绿色环保的电动汽车和混合动力汽车受到人们的重视。新型无刷永磁同步电机电动汽车驱动系统正在逐步取代目前应用着的异步电机电动汽车驱动系统。无刷永磁同步电机可采用圆柱形径向磁场结构或盘式轴向磁场结构,由于具有较高的功率密度和效率以及宽广的调速范围,在电动车辆牵引电机中是强有力的竞争者,已在国内外多种电动车辆中获得应用。

c　微型电机

在微型电机、微型发电机或微型驱动器中,电子机械能量转换器的直径在毫米和亚毫米范围。微型电机可应用于玻璃纤维的调整、激光镜的调整、医疗和生物工程等。大量的应用是在微外科、内窥镜外科和传递胞状药物方面。在微型电磁器件中,为了降低组装困难,转子是由高性能稀土磁体做的薄板式或薄盘式磁体组装成的,而定子由刻蚀的平板状线圈构成。图 2-79 展示了两种微型电机的示意图。

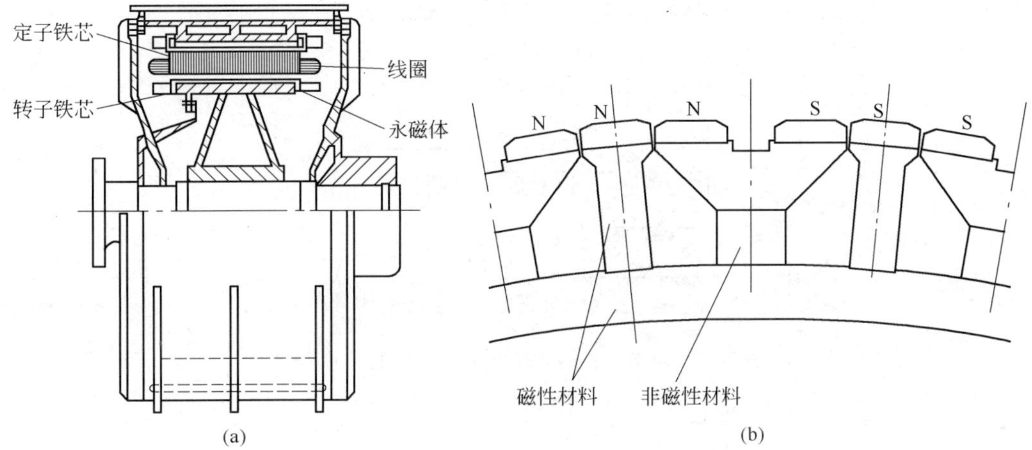

图 2-78 1095 kW 永磁同步电机

(a) 剖面图;(b) 磁极结构图[178]

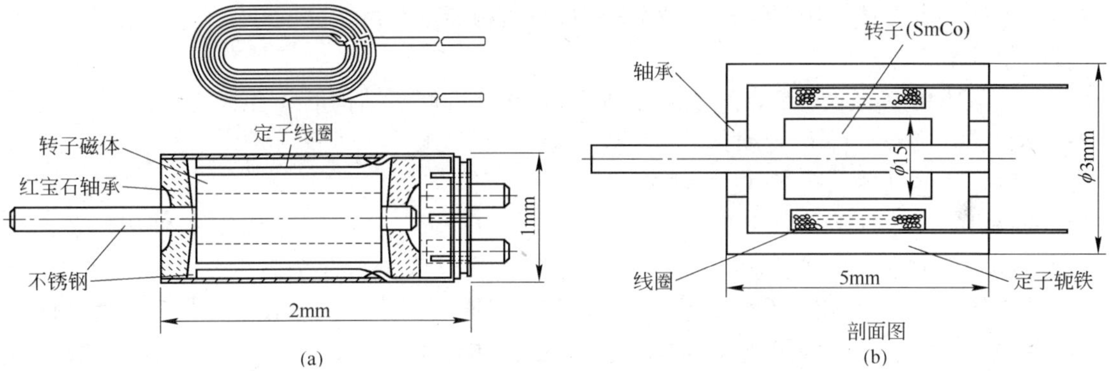

图 2-79 两种微型电机的示意图[101]

在数码照相机中的聚焦、自动聚焦和快门以及在数码摄像机中的自动聚焦和磁带的传动机构,因受容积的限制,其中的微型电机都采用了高性能的 Nd - Fe - B 磁体。

d 永磁直线同步电机

永磁直线同步电机的结构与永磁同步电机类似,有两大结构部件:运动的永磁体和驱动绕组。不同的是它们的排列形态不一样,前者排列成直线,而后者环形地排列。图 2-80 是用于德国柏林城市磁悬浮快速交通系统中的 M - Bahn 永磁直线同步电机的示意图[101]。磁极交替的永磁体直线排列在车辆中具有软磁特性的低碳钢构成的磁体承载板上,三相绕组依次沿着用叠片铁芯构成的(长定子)导轨排列。通过导轨上绕组中的三相电流产生的电磁移动场,使承载永磁体阵列的车辆沿着导轨运动。比较以前使用的 Sm - Co 磁体来说,Nd - Fe - B 材料提供了较低的磁体重量以及更高的剩磁和矫顽力,因此,采用 Nd - Fe - B 磁体可降低磁体体积,增大导轨和车辆之间的空气隙,从而允许较高的导轨误差。

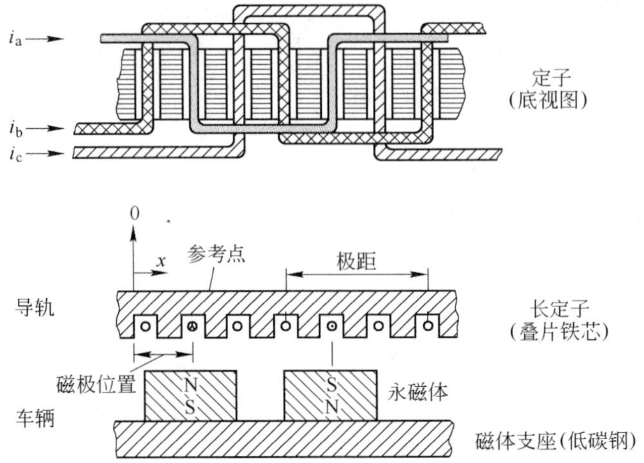

图 2-80　M-Bahn 永磁直线同步电机的示意图[101]

B　永磁致动器

高性能稀土永磁体的出现,促进了直线和旋转两者的有限运动致动器的改进和更新。它们的应用已横跨所有应用领域,从硬盘磁头驱动和工业机器人到气动泵和汽车门锁。这些应用对于力、位移、响应速度、位置精度及占空因数的要求都是很高的。在通常的情况下,致动器提供一个直接作用于运动负载上的力,因而它与带有齿轮的旋转电机相比,只是一个比较简单的电磁结构。

为了与应用中的运动和空间限制相适应,致动器有许多结构形式,但基本的类型只有三种:运动线圈(常数气隙)、运动铁芯(常数气隙)和运动磁体(可变气隙)。在这些类型中,气隙长度随着运动体的行进,既可以保持常数,又可以是个变量。在气隙长度保持常数时,使用的磁力平行于气隙并垂直于电流方向和磁场方向;而气隙长度为变量时,使用的磁力垂直地施加在气隙中。直线致动器的一次动作,其典型长度可从几个微米到几个厘米(相当于旋转器件的位移),加速度可能超过 20 个重力加速度。当位置精度、分辨率和可靠性通过相关的位置传感器和伺服放大器被确定后,该操作还可以分为锁定、振荡、开环、闭环、伺服等控制形式。三种实际的致动器展示于图 2-81 中[179]。

上面各种形式的致动器已大量地应用于不同领域的产品中,如扬声器、硬盘驱动器的读写头寻位(音圈电机)、光盘驱动器以及其他不同领域的工业自动化控制中。

a　硬盘驱动器用音圈电机(VCM)

在笔记本电脑和台式计算机中的外储存器,目前分别采用 45.72 ~ 88.90 mm(1.8 ~3.5 in)的硬盘驱动器(HDD)。HDD 在搜寻数据地址中依靠两个电磁器件来实现上述操作:主轴电机实现角度位置的搜寻,而音圈电机实现径向位置的搜寻。图 2-82 展示了硬盘驱动器中音圈电机的结构[180]。从图 2-82 可清楚地看到主轴电机控制硬盘旋转,而音圈电机控制磁头在径向位置上搜寻。由于体积的限制,主轴电机通常采用了无传感器的无刷直流电机和高能积的粘结 Nd-Fe-B 磁体;而音圈电机目前的首选磁体是高性能的烧结Nd-Fe-B 磁体。其原因是 HDD 的空间有限,只有高能积和高矫顽力的各向异性烧结 Nd-Fe-B 磁体才能以最小体积的磁体来实现所需的转矩,并在强的电枢电流变化下磁体性能不受影响。

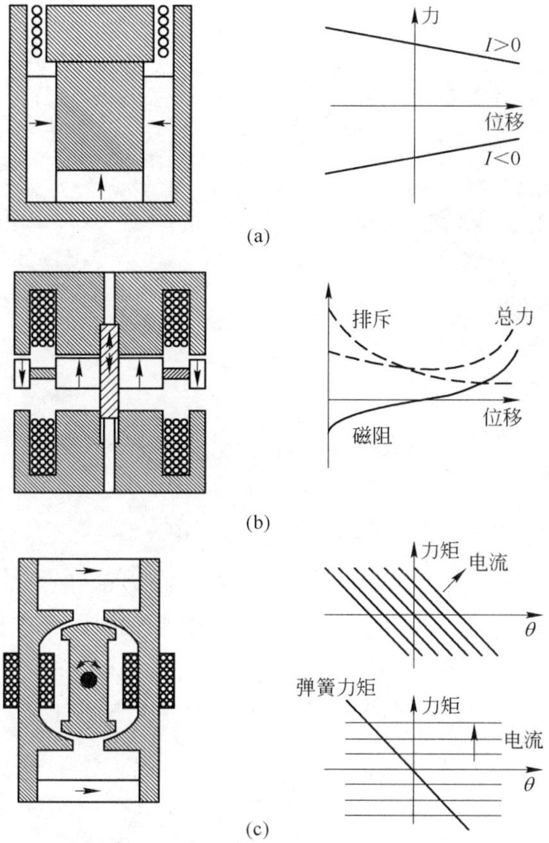

图 2-81 三种不同类型永磁致动器及其典型的静态性能特征[179]

(a) 磁通-聚集直线运动线圈致动器(常数气隙);(b) 双稳态直线运动磁体致动器(可变气隙);
(c) 旋转运动铁芯致动器(常数气隙)

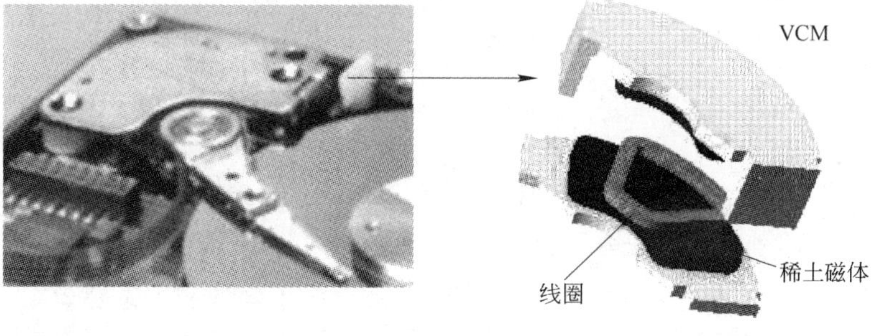

图 2-82 硬盘驱动器中音圈电机的结构[180]

b 光盘驱动器

光盘器件如 CD-ROM、DVD、MO(磁光)等都需要一个由激光、光接收单元和透镜组成的拾波单元,即光拾波器。光盘驱动器中的光拾波器[180]见图 2-83。在光拾波器中,通过由稀土磁体构成磁路中的跟踪线圈磁驱动回路所响应的磁场力来控制透镜的位移和角度。由于光盘驱动器的体积有限,磁驱动回路中的磁体必须使用高性能的稀土磁体,而价格较低的、性能越来越高的 Nd-Fe-B 磁体已使光聚焦做得越来越小。

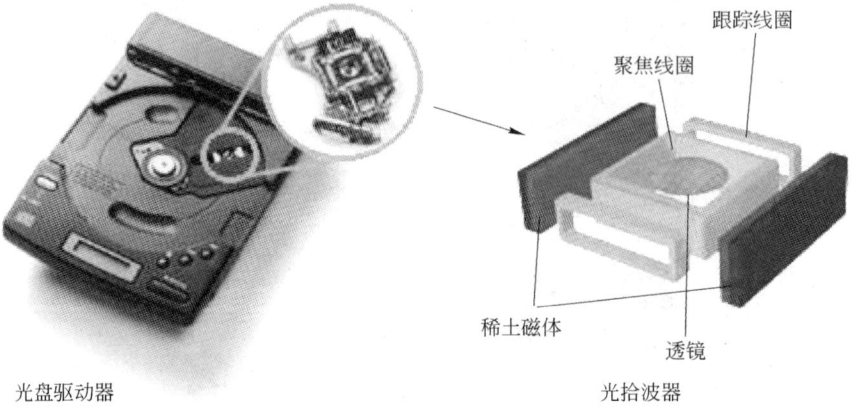

图 2-83　光拾波器[180]

2.6.1.3　磁场对运动导体作用的电磁器件或装置

磁场对运动导体作用的电力驱动器件或装置有永磁发电机、涡流制动器、话筒、涡流磁选机等。这些电磁器件或装置的设计原理都是基于闭合导体在永磁体磁场中运动所产生的法拉第电磁感应进行的。该电磁感应使永磁发电机产生与转子运动相应频率的交流电，使涡流制动器产生相应的制动，使话筒产生与声音一致的电流信号等。

A　永磁同步发电机

永磁同步发电机不需要励磁绕组和直流励磁电源，也就取消了容易出问题的集电环和电刷装置，成为无刷电机，因此结构简单，运行可靠。稀土永磁具有高的磁能积和矫顽力，抗退磁能力很强。用它制造的同步发电机运行更加稳定可靠，并具有电压变化较低、响应速度快、体积小和功率质量比高等优点。目前，高速稀土永磁同步发电机的功率质量比可高达 20 kW/kg，这特别适合于航空、航天场合。稀土永磁发电机的另一重要应用是用作大型汽轮发电机的副励磁机。图 2-84 为国产第一台稀土永磁发电机转子结构图。稀土永磁副励磁机的应用迅速增加，受到了电力部门的重视[178]。

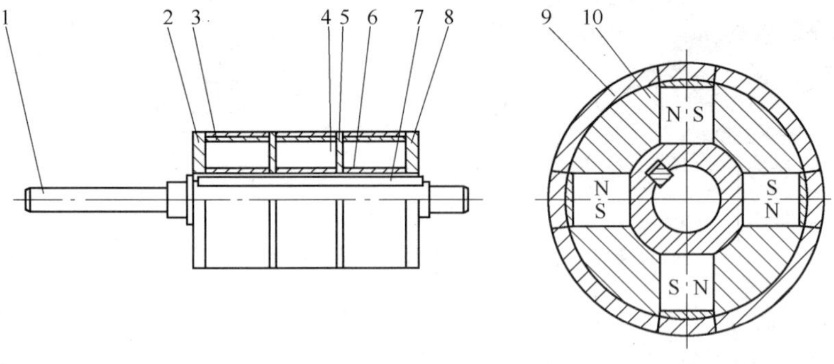

(a)　　(b)

图 2-84　20000 r/min 稀土永磁发电机转子结构图[178]

1—转轴；2—转子端板；3—垫片；4—稀土永磁体；5—隔板；6—衬套；7—键；8—转子端板；9—套环；10—极靴

目前,这种稀土永磁发电机在独立运行的电源上可用作内燃机驱动的小型发电机、车用发电机和用风轮直接驱动的风力永磁发电机。而大型风力永磁发电机目前已开始采用磁悬浮直驱式风力永磁发电机,其功率高达2MW,且有联网稳定的特点。

B 涡流磁选机

对于非铁磁性金属,通过电流感应使金属导体磁化而实现的分离技术被称为涡流分离。非铁磁性金属和非金属材料的混合物在通过快速旋转的磁极交变的磁体转子时,由于非铁磁性金属导体切割磁力线而感应电流,即在导体中产生了涡流,该涡流又产生磁场。这个磁场与永磁体产生的磁场相互作用,改变了非铁磁性金属的运动方向,从而导致了金属与非金属物质的分离,这就是涡流分离技术,它本质上也是一种磁分离技术。其原理如图2-85所示[181]。利用涡流分离技术可以从非金属的塑料、木质垃圾中回收非铁磁性金属如铝、黄铜和铜等。

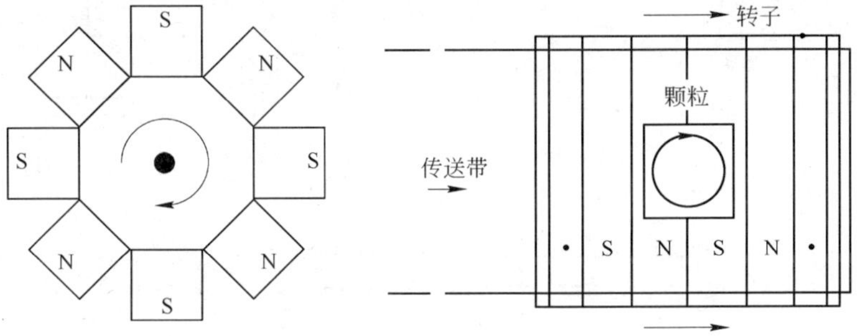

图2-85 涡流分离原理图[181]

如果把上述的磁体转子部分浸入水中,在电磁力和水动力分离力(Magnus 效应)的共同作用下,产生的一种新的分离法被称为 Magnus 分离技术。这种新的分离技术比干法涡流分离的效率更高[181]。

2.6.1.4 *磁体磁极间的静磁力构成的器件和装置*

磁体磁极间的静磁力构成的器件和装置是利用磁体同极性的排斥力或异极性的吸引力来工作的。它们统称为磁力器械,包括磁力传动器或磁性"齿轮"、磁性轴承、磁力泵和磁性阀等。所有这些应用,其作用的力或力矩与磁体的磁极化强度 J 的平方成正比。如果一种耦合器用 $SmCo_5$ 磁体($J=0.9$ T)设计的话,则用 Nd-Fe-B 磁体($J=1.3$ T)替换后的转矩将提高2倍。

磁力器械需要用高磁极化强度的磁体;另外,这些器械因经常利用磁体之间的排斥力,在使用过程中始终处于较大的反向场作用下,但其磁极化强度仍必须保持常数,因此,磁力器械磁体的内禀矫顽力还必须很高。稀土永磁体的发展为该类应用提供了基本条件。

任何机械装置的运动部件,由于相对运动无不产生摩擦和噪声。摩擦不仅产生热,浪费能源,而且引起磨损。大的噪声是一种污染,对人体影响很大。新型的磁力传动器和磁性轴承的使用可完全消除上述两方面的影响。

A 磁力传动器

图2-86是三种不同类型的磁力传动器的示意图[182]。图2-86(a)所示传动器作直线运动传动;而图2-86(b)、(c)所示传动器旋转传动。它们利用异磁极相互引力的原理,构

成了在大气、密封或真空容器的上下或内外机械之间的非接触式传动。因为磁力传动器以非接触式传动，所以它具有不产生摩擦和噪声等优点。从动轮的传动速度由它与主动轮的齿数比决定。当加于从动轮的惯性负载未超过允许值时，从动轮正常运转。一旦该负载超出允许值时，从动轮即停止传动，此时主动轮呈空传动状态。为了获得强的传动力，要求磁体有高的磁感应强度，而在磁力传动器中磁体忍受高的退磁因子，则要求磁体有高的内禀矫顽力。所有这些要求，稀土磁体是最合适的选择，尤其是价廉的 Nd – Fe – B 磁体。

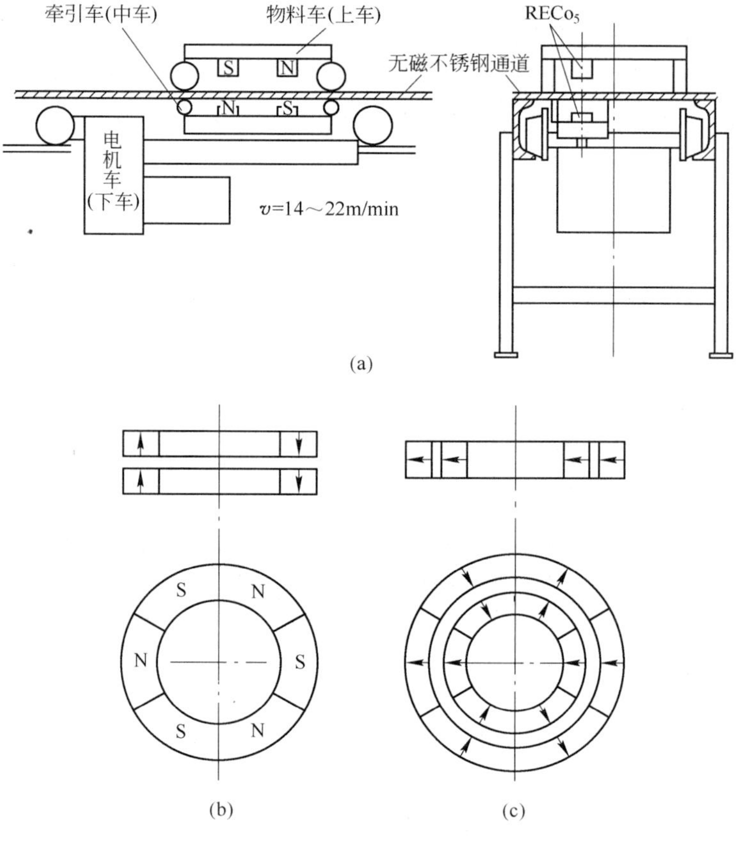

图 2-86　磁力传动器的示意图[182]

B　永磁轴承

磁性轴承是利用磁体同磁极间相互排斥的原理，将两块磁体同极性地相对着，构成一种磁斥力场。永磁体轴承是磁悬浮的关键组元。一个完整的磁悬浮可以由两个单元构成：一个是由两个径向磁环组成的被动磁性轴承，另一个是主动的轴系统。典型的主动单元包括一个带有位置传感器的电磁伺服系统。在任何情况下，必须有一个轴是主动的，单靠永磁体轴承不可能建立起一个完整的磁悬浮系统。与磁力传动一样，永磁体轴承要求磁体有高的磁感应强度，其磁体忍受高的退磁场（包括自身的退磁场和反向磁体建立的外加反向场），故要求磁体有高的矫顽力。另外，两个磁体之一经常处于高速旋转之中，传动带技术可能被利用，此时，磁体需要具有好的力学特性。

图 2-87 是磁性轴承的示意图[21]，展示了磁性轴承的两种结构：垂直式和水平式。磁

性轴承在垂直方向上是稳定的,为使其在水平方向也稳定,必须安装定位销和回磁极。磁性轴承主要应用于人造卫星、宇航器、高速飞行器中的陀螺仪、超高速离心机和涡轮机等。人造卫星和航天器一般在真空条件下工作。在真空条件下工作的机械轴承会面临严重的滑润和磨损的问题,影响人造卫星和航天器的寿命。然而,磁性轴承不需要滑润,也没有磨损的问题,可以长期使用。

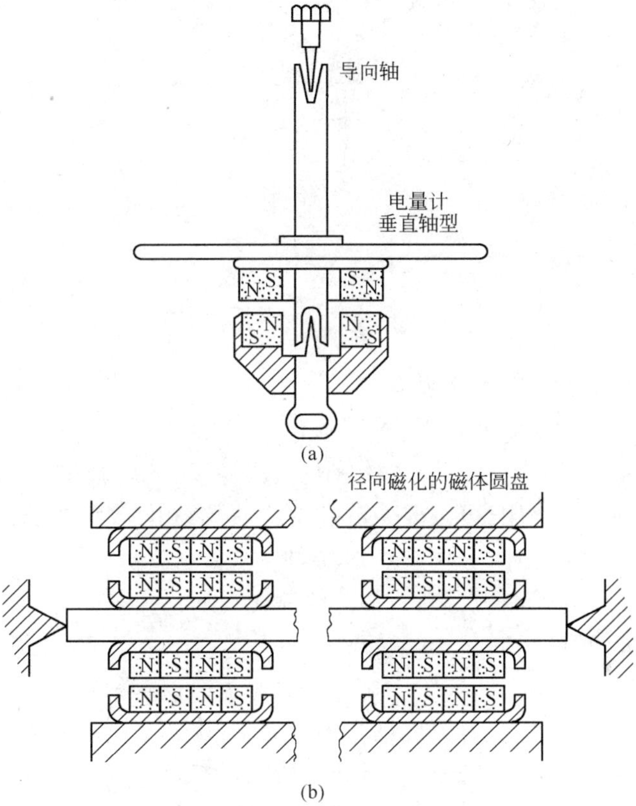

图 2-87 磁性轴承的两种结构[21]

(a) 垂直式磁性轴承;(b)水平式磁性轴承

2.6.1.5 磁体对铁磁性材料的吸引原理形成的一般磁分离技术

基于磁场的分离可产生两种作用:一是从铁磁性和非铁磁性的混合物中回收铁磁性金属;另一是从非金属材料如塑料、木质垃圾中回收非铁磁性金属。前一种是铁磁性和非铁磁性的混合物通过固定不动的磁体产生的静磁力使铁磁性物质与非铁磁性物质分离的技术,这就是磁分离技术;后一种是涡流分离技术(见 2.6.1.3 节)。一般磁分离技术现在已广泛地使用在选矿、垃圾处理、化学工业和食品工业中,而涡流分离技术主要用在垃圾处理方面。

选矿是把非铁磁性矿石分离出,而留下铁磁性的精矿石。图 2-88 所示为选取铁矿石的磁选机[21]。在再生资源的循环中,磁分离技术主要被利用来回收钢铁。通常,磁体表面的磁场强度对分离的分级或回收不是至关重要的,因为钢铁部分即使在低场和梯度场下都能被吸引。另外,利用一般磁分离技术结合涡流分离技术可回收有用的非铁磁性金属,以便作为再生资源进行再利用。

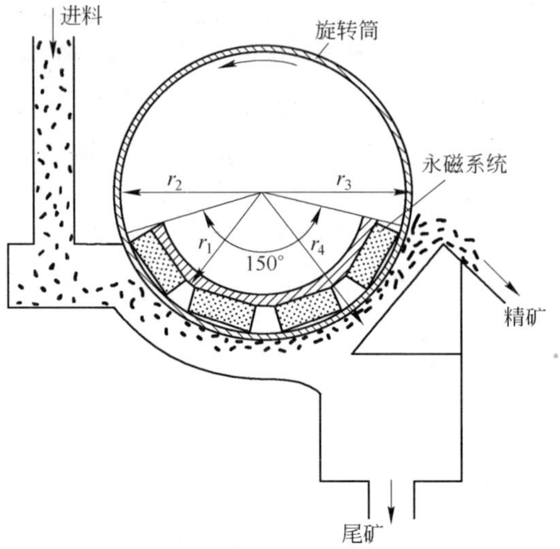

图 2-88 磁选铁磁性矿石的原理图[21]

2.6.1.6 其他磁效应器件和装置

在电磁器件中除利用感应电磁力、洛伦兹力、静磁力外，还可利用其他磁效应，如核磁共振、法拉第磁光、微波旋磁等效应，构成核磁共振成像仪、光隔离器、微波环行器等。另外，利用磁场对物质进行磁化作用，可以改变被磁化物质的键状态或原子、电子组态，或改变物质的结晶形态或凝固点。这样，利用磁场对各种物质（包括水、石油、生物等）的磁化作用，可构成各种各样的磁化器，如磁水器、石油防蜡器等。

A 核磁共振成像仪

核磁共振成像仪是利用人体细胞中氢原子核（质子）在磁场中产生核磁共振而成像的一种先进仪器。它的工作机制是：人体细胞中氢原子核（质子）在一个大直流磁场和一个小梯度磁场以及另一个射频场的共同作用下获得所需的核磁共振信号，该信号在计算机的处理下可形成人体的断层照片。人体正常组织与病变组织的核磁共振信号如弛豫时间是不同的。核磁共振成像仪就是利用这种人体正常组织与病变组织的核磁共振弛豫时间不同的原理来诊断人体细胞的病变。利用它可以方便地诊断出人体癌症早期的病变，并从人体断层分析确定其病变的部位。因此，核磁共振成像仪是一种很有价值的新型人体疾病诊断设备。

核磁共振成像仪所要求的磁场空间较大，其孔径在 0.8 m 左右，磁场均匀性在 10^{-5} 以上，磁场强度范围在 0.1 ~ 1T 之间。这种磁场最早是由超导线圈产生的，但目前这种强的均匀直流磁场多数已被高性能的 Nd－Fe－B 磁体所替代。利用高性能的稀土磁体虽然一次性投入稍高，但与超导磁体相比，其优点明显，相关技术简单，安装后故障少，维修方便，运行成本低，能耗小。图 2-89 展示了核磁共振成像仪及其所用的一种磁体。

B 光隔离器

微波铁氧体材料在恒定磁场和微波交变磁场的共同作用下会出现铁磁共振效应，应用这种特性可做成微波环行器、隔离器和相移器等。类似地在光波段，被称为石榴石的铁氧体材料在恒定磁场和激光的共同作用下同样会呈现磁光效应，应用这种特性可类似地做成光隔离器、环行器和相移器等。

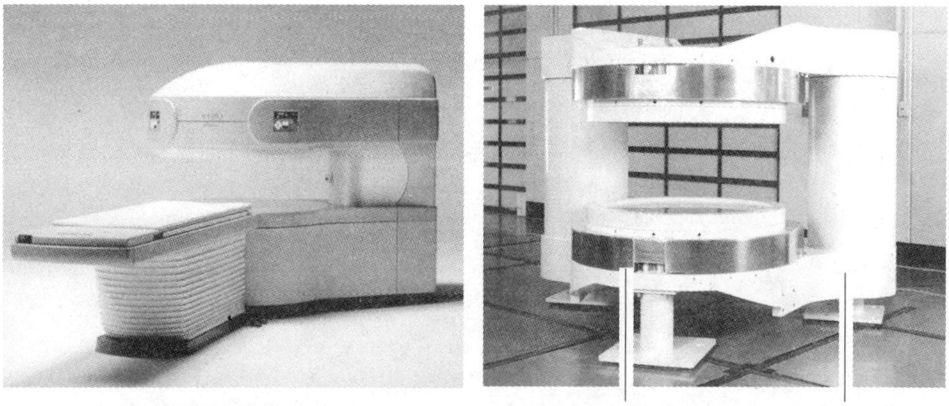

图 2-89 核磁共振成像仪及其所用的一种磁体(引用自 NEOMAX 资料)

光隔离器仅允许光在单个方向上通过,是光通信领域中一种很重要的器件。它可用来阻挡来自光纤的反射波,以保护激光源。光通信用的隔离器几乎都用法拉第磁光效应原理制成。图 2-90 展示了法拉第旋转隔离器的原理[183]。起偏器 P 使入射光的垂直偏振分量通过,调整加在法拉第介质的磁场强度或法拉第介质的长度,使偏振面旋转 45°,然后通过检偏器 A。当反射光返回时,通过法拉第介质又一次旋转 45°,正好和入射光偏振面正交,因此不会使入射光受到影响,相当于把入射光和反射光相互隔离了开来。目前国内外广泛采用的法拉第介质是钇铁石榴石(YIG - $Y_3Fe_5O_{12}$)和用 Gd 或 Bi 部分替代 Y 形成的钇铁石榴石单晶体。它们在 1.1 ~ 5μm 的波长范围是透明的,它们的饱和磁场为 1000 ~ 1300Oe。旋转 45°所需的材料厚度仅在 0.05 ~ 3 mm 之间。隔离器中用的磁体通常采用环状稀土磁体以产生所需的饱和磁场[183]。

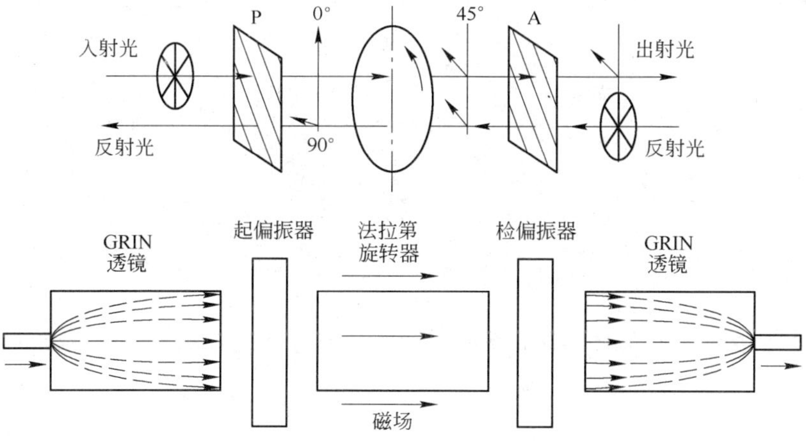

图 2-90 法拉第旋转隔离器的原理图[183]

图 2-91 展示了光隔离器的例子[180]。由于光纤尺寸很小,光隔离器的尺寸也很小,因而要求磁体尺寸很小。为了在磁路中产生足够大的磁场,必须采用高磁能积的稀土磁体,高性能的 Nd - Fe - B 磁体是光隔离器的首选磁体。

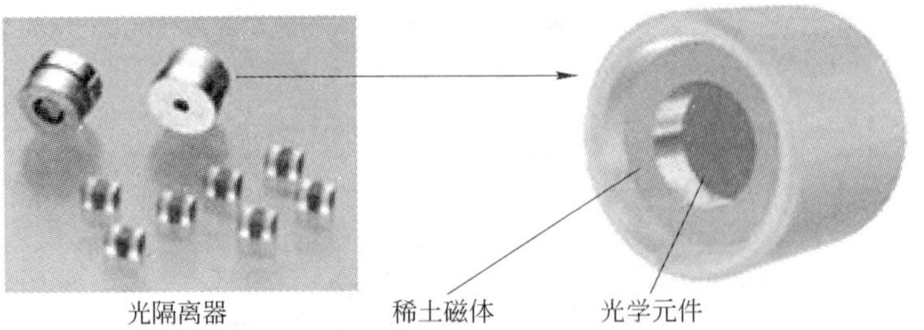

图 2-91 通信领域的光隔离器[180]

C 磁化器

磁化技术已越来越为人们所认识并重视，利用磁场对各种物质（包括水、石油、生物）的磁化作用已构成了各种各样的磁化器。磁水器可使硬水不结垢，有报道说用磁化水浇灌，可促进生物的生长；在工业燃油炉中用的燃油（汽油、柴油等）燃烧前通过磁场处理后，其燃烧更加完全，可节油约 3% ~8%，减少排烟 80%，大大降低了对环境的污染；在石油开采过程中，原油中的蜡很易凝固，粘在输油管壁上引起输油管的堵塞，严重影响原油的生产，在输油管上安装磁化防蜡器后，降低了原油的黏度，使原油中的蜡不再凝固，可极大提高原油的产量。

2.6.2 应用效果和市场前景

2.6.2.1 应用效果

稀土磁体独特优点之一是具有高的磁能积，这意味着在不消耗外界能源的情况下它可提供较高的磁场；高的磁能积也意味着器件只需用很小体积或重量的磁体，从而可实现器件的小型化。稀土磁体优点之二是高的矫顽力，这意味着它可抗大的退磁场，从而可适应在大动态场下工作的各种动力机械的需要，另外，高的矫顽力也为薄型器件的集成化奠定了基础。人们正是利用了上述两个优点，设计出许多过去无法实现的一些新器件和新装置。最明显的例子是上面已提到的音圈电机，它是计算机硬盘驱动器中用以驱动读写磁头作往返运动的动圈式直线电动机。自从 1960 年 IBM 采用铁氧体永磁体研制出第一台609. 6 mm (24in)的硬盘驱动器用音圈电机以来，改用稀土磁体，特别是采用 Nd - Fe - B 磁体以后，随着 Nd - Fe - B 磁体性能的不断提高，硬盘驱动器尺寸也不断地缩小，存取时间明显减少，存储容量也不断增加，而价格却不断地下降。1984 年，硬盘驱动器缩小到以 132. 08 mm (5. 2 in)硬盘为主；到 20 世纪 90 年代，88. 9 mm(3. 5 in)硬盘驱动器成为主体；进入 21 世纪，63. 5 mm(2. 5in)和 45. 72 mm(1. 8 in)硬盘驱动器已逐步成为主流产品。配合其他电子技术的进步，计算机的体积越来越小，价格也越来越低。还有，由于采用高性能稀土磁体，应用量很大的稀土永磁电机的性能、效率都有极大的提高，例如用于舰船的推进 1095 kW、230 r/min 稀土永磁同步电机，与过去的直流电机相比，体积减小了 60%，总损耗降低 20% 左右，而且省去了电刷和换向器，维护也方便。

世界经济很大部分取决于能源的有效使用。高性能永磁体在工业驱动器和小型电子机械上的应用能导致它们的性能和能效的明显改善。用高性能永磁体制造的新的驱动器及其配套的驱动器系统已成为当今技术进步的一个重要根源。当前新的电子机械驱动系统已综合了人们所想要的一切特征,它们极大地促进了现代的技术进步。可用机器人的轴驱动作为一个例子,它必须把低的转动惯量、低的转矩颤动和高的功率重量比、高的转矩过载能力及高的效率结合在一起,稀土磁体的出现为改进上述器件以及其他工业驱动用的、小型的电子机械和微电机等性能开辟了新的设计期望。

2.6.2.2 市场前景

钕铁硼永磁材料已经广泛应用于电子信息、汽车工业、医疗设备、能源交通等众多领域。同时,随着技术的持续进步和成本的不断下降,在很多新兴领域,钕铁硼永磁材料展现出广阔的应用前景。特别是在低碳经济席卷全球的大势之下,世界各国都在把环境保护、低碳排放作为关键科技领域给予关注。我国将在 2020 年实现单位 GDP 二氧化碳排放量比 2005 年下降 40% ~50%, 这对我国在改善能源结构、发展再生能源、提高效率、节能减排、倡导低碳生活等方面提出了新的要求,也为风力发电、新能源汽车、节能家电等低碳经济产业的发展提供了广阔的市场空间。

A 风力发电

风能是一种清洁的永续能源,与传统能源相比,风力发电不依赖矿物能源,没有燃料价格风险,发电成本稳定,也没有包括碳排放等环境成本。此外,可利用的风能在全球范围内分布都很广泛。正是因为有这些独特的优势,风力发电逐渐成为许多国家可持续发展战略的重要组成部分,发展迅速。根据全球风能理事会的统计,全球的风力发电产业正以惊人的速度增长,过去 10 年平均年增长率达到 28%。我国政府将风力发电作为改善能源结构、应对气候变化和能源安全问题的主要替代能源技术之一,并给予了有力的扶持。制定了风电设备国产化相关政策,推动技术创新、市场培育和产业化发展。从 2005 年开始,中国的风电总装机连续 5 年实现翻番。2009 年,中国以 2580 万千瓦的总累计装机容量超过德国,成为世界第二,2010 年,中国风电延续了其迅猛的发展势头,当年新增装机 1600 万千瓦,总累计装机容量达到 4182.7 万千瓦,比上年增长约 62%,首次超过美国,跃居世界第一。

目前风电机组主要有双馈式和直驱永磁式两种。其中,双馈式机型技术成熟,是目前风电技术的主流机型。直驱永磁式风电机组是近几年刚刚发展起来的技术,由于具有效率高、寿命长、稳定性高、结构简单等一系列优点,已经成为今后风电技术的发展方向。直驱永磁式风电机组使用钕铁硼永磁材料 1t/MW。目前,我国生产直驱永磁式风力发电机厂家主要有金风科技股份有限公司、湘电风能有限公司、江西麦德风能股份有限公司、上海万德风力发电股份有限公司、哈尔滨电气集团公司等。2008 年直驱永磁式风力发电机装机约 600 台,装机容量 90 万千瓦(平均 1.5MW/台),占新增装机容量的 14%,使用烧结钕铁硼磁体 600 吨左右。2009 年,直驱永磁式风力发电机装机 1700 台左右,装机容量达 270 万千瓦,约占新增装机容量的 20%,使用烧结钕铁硼磁体 1700 t 左右。2010 年,直驱永磁式风力发电机装机 3000 台左右,装机容量达 500 万千瓦,约占新增装机容量的 30%,使用烧结钕铁硼磁体超过 3000 t。

"十二五"期间,如果风电装机容量年平均增长速度按 40% 预测,则 2011 ~2015 年累计新增装机容量将突破 25000 万千瓦,如按其中 40% 采用稀土永磁发电机估算,则稀土永磁风力发电机累计新增装机容量可达 9800 万千瓦。根据目前平均 1.5MW 使用 1 t 烧结钕铁硼磁体测算,"十二五"期间稀土永磁风力发电机对高性能钕铁硼磁体的需求量将达到 65000 t。

B 新能源汽车

新能源汽车包括:混合动力汽车(HEV)、纯电动汽车(BEV)、燃料电池汽车(FCEV)、氢发动机汽车以及燃气汽车、醇醚汽车等等。混合动力汽车是指同时装备两种动力来源——热动力源(由传统的汽油机或者柴油机产生)与电动力源(电池与电动机)的汽车。通过在混合动力汽车上使用电机,使得动力系统可以按照整车的实际运行状况灵活调控,而发动机保持在综合性能最佳的区域内工作,从而降低油耗与尾气排放,节能环保效益显著。

国际混合动力汽车市场上,日本、美国、欧洲等市场比较成功,日本丰田、本田,美国通用、福特等大型车企积极投身混合动力汽车的研发及生产。日本在混合动力领域处于领先地位,美国则混合动力与燃料电池技术并重,欧洲则偏重于采取清洁柴油技术及柴油混合动力技术。

中国新能源汽车产业始于 21 世纪初。2001 年,新能源汽车研究项目被列入国家"十五"期间的"863"重大科技课题,并规划了以混合动力车为起点,向氢动力车目标挺进的战略。2009 年初,国家财政部、科技部下发《节能与新能源汽车示范推广财政补助资金管理暂行办法》,在北京、上海、重庆、杭州、广州、深圳等 13 个城市开展节能与新能源汽车示范推广试点工作,以财政政策鼓励在公交、出租、公务、环卫和邮政等公共服务领域率先推广使用节能与新能源汽车,对推广使用单位购买节能与新能源汽车给予补助。

经过多年研发,我国已基本掌握了混合动力汽车关键零部件和动力系统平台技术,拥有了相关技术标准和测试能力,开发出一批混合动力汽车产品,实现了小批量的整车生产能力,混合动力公交车已在多个城市开展了小规模示范应用。在国家相关扶持政策的积极推动下,我国混合动力汽车业将进一步突破产业化瓶颈、降低制造成本、加速产业链的培育和延伸。

目前混合动力车型是新能源汽车的主流。近年来混合动力车型得到了越来越多消费者的认可。在这股产业化高潮中,国内汽车企业也正在向国际接轨。从最初合资企业一汽丰田引进普锐斯混合动力轿车到如今包括一汽、上汽、东风、长安、奇瑞、比亚迪的群雄逐鹿,混合动力汽车在我国已进入科研转向产业化的关键时期。2009 年后,我国混合动力汽车市场将进入快速发展阶段。

据不完全统计,2009 年全球混合动力汽车销量近 80 万辆。其中,日本混合动力车销量超过 45 万辆,占其新车总销量的比例高达 14.1%。这也是日本新车销售中混合动力车所占比例首次超过 10%。美国 2009 年混合动力汽车的销量为 29.03 万辆,占全年美国乘用车销量的 2.8%。

混合动力车的发电机采用稀土永磁永磁同步电机,每台电机需使用烧结钕铁硼磁体 1 ~ 3 kg。该稀土永磁永磁同步电机是混合动力车的心脏。若按年增长率 20% 粗略估算,在 2011 ~ 2015 年期间,累计新增混合动力车将超过 800 万辆。假设每辆车使用 1.5 kg 钕铁硼磁体,则"十二五"期间混合动力车对高性能钕铁硼磁体的需求量约为 12000 t。

C 节能家电

作为全球家电生产基地,我国 2009 年家电业产值超过 7000 亿元,而家电产品耗电量超过我国总耗电量的 15%。家电节能不仅是节能减排的要求,更是家电企业增强自身竞争力的需要。2011 年,中国将进入第十二个五年规划,在"十二五"期间,转型升级是家电行业的重点任务,以节能减排为使命,以低碳综合技术为发展方法的绿色经济发展模式已经成为家电产品进一步发展的大势所趋。

以空调为例。受益于2009年6月国家开始实施的高效节能空调补贴政策，2010年，我国空调产量突破1亿台。传统的“定频空调器”压缩机依靠其不断地“开、停”来调整室内温度，其一开一停之间容易造成室温忽冷忽热，并消耗较多电能。而运用了变频控制技术的变频空调，可根据环境温度自动选择制热、制冷和除湿运转方式，使居室在短时间内迅速达到所需要的温度，并在低转速、低能耗状态下以较小的温差波动，实现了快速、节能和舒适控温效果。

变频空调在发达国家普及程度非常高。日本作为变频空调的强国，从20世纪80年代初就开始将变频调速技术用于压缩机电机的控制，长期垄断变频压缩机技术。目前，变频空调比例已占其空调总量的高达97%。而其他发达国家中，法国变频空调普及率也高达90%左右，西班牙为45%、意大利为40%。

根据我国国家信息中心公布的数据显示，在2006~2008年三个年度，我国变频空调零售量占空调整体销售的比例从未超过10%，长期处于“叫好不叫座”的境况，普及率一直较低。但是，从2009年开始，我国变频空调市场开始突飞猛进，销售量大幅增长，增速与去年同期相比高达50%以上，变频空调销量占空调总销量的比例达到17%，创出历史新高。如果说2009年是变频空调在国内市场迅速普及的一年，那么2010年无疑是中国空调业从定频时代向变频时代演进的重要转折之年。2010年，国内重点城市变频空调销售量同比大幅增长超过100%，增幅是历年之最。得益于空调整体销售规模的增长，2010年，我国变频空调占整体空调销售量比例也得到明显提升，达到了创纪录的24%。据国家信息中心分析，2011年，预计国内空调的规模将有10%~15%的增长，其中变频空调的增长将达到30%。且未来几年，中国变频空调市场，尤其是重点大中型城市的总体规模仍然会保持强劲的增长势头。中国变频空调产业和市场已经进入了一个快速发展阶段。预计在未来几年，变频空调占空调总销量的比例将达到50%。

2010年，我国变频空调机产量约2400万台，其中稀土永磁变频电机占50%左右（其余为铁氧体永磁电机），若平均每台稀土永磁变频电机使用钕铁硼磁体100g，则全年使用钕铁硼1200t。在2011~2015年期间，若变频空调年增长率按35%计算，其中稀土永磁变频空调从50%逐年增长至100%，则累计稀土永磁变频空调产量达27000万台，将使用约28000t钕铁硼磁体，新增产值将超过210亿元。

继变频空调推出后，市场上陆续出现了变频洗衣机、变频冰箱、变频微波炉等新型节能家电产品。能效要求更高的空调、冰箱、冷柜等新型节能家电越来越多地得到人们的关注。节能家电产业未来的持续发展，必将为稀土永磁产业的高速发展提供广阔的市场空间。

D 信息产品应用

硬、软磁盘和光盘驱动器都需要高性能烧结和粘结永磁材料，随着技术水平的提高，记录密度也不断攀升，如超过1TB的硬盘、蓝光DVD等，因而对磁性材料的性能要求也越来越高。2010年，全球硬盘驱动器产量约6.5亿个，使用烧结钕铁硼磁体约6500t。每年硬盘驱动器具有稳定的市场需求，预计2011~2015年期间年增长率为8%，累计硬盘驱动器产量达41亿个，将使用约42000t钕铁硼磁体。

自从稀土永磁问世以来，Sm-Co磁体和Nd-Fe-B磁体的的优异性能，取得了广泛的应用。可以坚信，随着新的设计和新应用不断出现，稀土磁体的应用领域也越来越宽广，它在今后的国民经济和国防建设中必将发挥出更大的作用。

2.7 稀土永磁材料的改进和研发

现有的上述三代稀土永磁材料的出现及它们的广泛应用,极大地促进了当今工业技术的进步和当今人民的物质文化生活的提升。然而,上述三代稀土永磁材料尚有许多不足,如前两代稀土磁体的原料中需要大量的稀缺金属 Sm 和 Co,第三代稀土磁体的耐腐蚀性和温度稳定性较差以及三代稀土永磁材料的机械性能都欠佳等。针对这些不足,在过去的近 40 年中,人们对改善现有的三代稀土磁体的各种性能已作了巨大的努力,各种性能也都有了很大的提高,特别是它们的磁能积已分别接近各自的理论磁能积。在近 25 年中,为了探索磁性能更高的第四代稀土永磁材料,人们还研究了各种新型的稀土永磁材料,同时也研制了许多新颖的制备装置,并探索了一些新工艺和新方法。

2.7.1 对现有三代稀土磁体的改进

2.7.1.1 超高使用温度和低温度系数的 Sm - Co 永磁体

稀土永磁材料被用于特殊工作环境时,对其性能需有特殊要求。在航天领域用的高功率密度电子推进器件中需要高能积、高温度、长寿命和耐用的永磁体。有些应用如惯性器件和行波管,需要小的剩磁可逆温度系数 $\alpha(B_r)$。对于高温应用来说,仅 Sm - Co 基永磁体才是合适的,尤其是 2 - 17 型 Sm - Co 永磁体,它具有高达 1100 K 的居里温度和大的饱和磁极化强度,$J_s = 1.29\,T$,远好于 $SmCo_5$永磁体($T_c = 993\,K$,$J_s = 1.05\,T$)。因此,高使用温度磁体的研究和开发主要集中在 2 - 17 型 Sm - Co 永磁体上。过去温度补偿得最好的磁体的最高使用温度仅为 300℃,其磁性如下:$B_r = 8.3$ kG,$H_{cJ} > 25$ kOe,$H_{cB} = 7.8$ kOe,$(BH)_{max} = 16$ MGOe,$\alpha(-50 \sim 150℃) = -0.001\%/℃$。

永磁材料的最高使用温度与室温下的内禀矫顽力和它的温度系数密切相关。Kim A S 研究指出,减小内禀矫顽力的温度系数比提高室温下的内禀矫顽力能更有效地提高材料的最高使用温度[184]。研究还表明,内禀矫顽力的温度系数与胞状组织的尺寸有关,胞状组织尺寸越小,温度系数越低,因此,Sm、Cu 含量越高时,形成更多的 $Sm(Co,Cu)_5$胞壁相,胞壁相的增加有利于形成细小的胞状组织,从而降低内禀矫顽力的温度系数。Liu J F 等[185]研究的 $Sm(Co_{bal}Fe_{0.1}Cu_{0.128}Zr_{0.033})_7$磁体室温内禀矫顽力达 3200 kA/m(40 kOe),内禀矫顽力的温度系数达到 $-0.03\%/℃$,温度在 500℃时,内禀矫顽力还可达 864 kA/m(10.8 kOe)。Liu S 等[186]分别在 $Sm(Co_{bal}Fe_{0.09}Cu_{0.09}Zr_{0.025})_{7.14}$磁体和 $Sm(Co_{bal}Fe_{0.09}Cu_{0.09}Zr_{0.027})_{7.26}$磁体上在高温区实现了零和正的内禀矫顽力的温度系数。可以看到,超高使用温度 2 - 17 型Sm - Co 永磁体是朝高 Sm、Cu 低 Fe 含量方向发展的。

为了航天和军工需要,超高使用温度为 400 ~ 550℃的稀土永磁体以及具有温度补偿磁体的最高使用温度达 400℃的磁体也已研制成功。研究工作的关键在于在适当改变成分的基础上优化多级热处理工艺,以构成最佳的胞状结构。表 2-41 列出了 EEC 公司已取得专利权的最高使用温度可达 550 ℃的系列 Sm - Co 磁体的磁性能[188];而表 2-42 列出了 EEC 公司低可逆温度系数和接近零可逆温度系数的超高使用温度 Sm - Co 永磁体的典型磁性、最高使用温度(T_M)和可逆温度系数 α。

表 2-41 高使用温度 Sm-Co 磁体的典型磁性和最高使用温度(T_M)[188]

材 料	B_r/kG	H_{cB}/kOe	H_{cJ}/kOe	$(BH)_{max}$/MGOe	T_M/℃
SmCo T550	8.5	7.9	> 25	16	550
SmCo T500	9.2	8.9	> 25	20	500
SmCo T450	9.6	9.1	> 25	22	450
SmCo T400	10.1	9.5	> 25	24	400

表 2-42 低可逆温度系数和接近零可逆温度系数的超高使用温度 Sm-Co 永磁体的磁性和可逆温度系数[188]

磁体名称	温度/℃	B_r/kG	$(BH)_{max}$/MGOe	α/% · ℃$^{-1}$	T_M/℃
T400-22	25 150 400	9.6 9.1 8.1	21.9 19.6 14.7	-0.037	400
TC400-20	25 150 400	9.1 8.7 7.8	19.9 18.0 13.6	-0.034	400
TC400-18	25 150 400	8.7 8.4 7.6	18.0 16.5 12.7	-0.030	400
TC400-16	25 150 400	8.3 8.1 7.4	16.5 15.3 12.1	-0.020	400
TC400-14	25 150 400	7.9 7.7 7.0	14.7 14.0 11.0	-0.015	400
TC400-13	25 150 400	7.4 7.3 6.8	13.0 12.5 10.3	-0.007	400
TC400-11	25 150 400	6.9 7.0 6.5	11.5 11.3 9.5	+0.002	400

2.7.1.2 高性能 Nd-Fe-B 烧结磁体

A 高磁性能 Nd-Fe-B 烧结磁体

对 Nd-Fe-B 系烧结磁体的研究和开发，主要是从高磁能积、高矫顽力、高温度稳定性和耐腐蚀等方面进行的。在高性能 Nd-Fe-B 系烧结磁体的研制过程中，人们已对一些关键性的工艺进行了重大的改进，主要有以下几方面：

(1) 合金的条片浇铸技术[130]——该方法消除了通常 Nd-Fe-B 铸态合金中经常存在的 α-Fe 相，而且使富 Nd 相分布得较均匀(详见 2.3.1.1 节)。

(2) 双合金法[166]——它是将接近正分成分的 $Nd_2Fe_{14}B$ 合金粉与富 Nd 相合金粉(通常采用快淬法获得)以适当的比例混合后，利用低温烧结工艺制备磁体，该方法可以较好地控制富 Nd 相的成分、比例及其分布；在此基础上，改变两种合金的不同比例，通过混合粉末法可以较为容易地设计磁体性能以获得不同牌号的产品[188]。

(3) 氢破碎法[189]——该方法明显降低了通常粗中破碎中的粉末的氧化以及提高了细磨效率[190]。

(4) 低氧工艺[191,192]——即制备 Nd-Fe-B 烧结磁体工艺流程的各个环节以及转递过程中都在真空、惰性气体或液态保护介质中进行，防止了磁粉或生坯接触空气而氧化。

(5) 交替脉冲取向成形法[193,194]——它利用正反向交替的高脉冲磁场(峰值场强约4～8T)来打破细磁粉的聚团,以提高磁体的取向度;另外还改进了制粉工艺(有效控制制粉的粒度和均匀性)和烧结工艺(低温烧结抑制晶粒长大)等。

目前 Nd－Fe－B 系烧结磁体的最高磁性能产品就是综合以上方法后获得的。对于同一成分、同一种工艺条件下制备的稀土磁体,在实现高磁能积和高矫顽力方面是相互矛盾的。高磁能磁体的矫顽力偏低;而高矫顽力磁体的磁能积偏低,且随矫顽力的提高,其磁能积逐渐降低。同一系列的磁体,其磁能积与内禀矫顽力之和基本上为常数。有人把磁能积与内禀矫顽力之和大于等于62 MGOe 的稀土 Nd－Fe－B 磁体称作高磁性能稀土 Nd－Fe－B 磁体是有道理的。这种高磁性能 Nd－Fe－B 系烧结磁体的磁性能见图 2-74。

B 高使用温度 Nd－Fe－B 烧结磁体

通过不断的技术改进,Nd－Fe－B 永磁体的磁性能连续提高,其磁能积已由 1983 年的 288 kJ/m^3(36 MGOe)提升至现在的 476.8 kJ/m^3(59.6 MGOe)[16],它已广泛应用于永磁电机中,在那里永磁体工作在比较高的温度下,通常高于 120℃,有的应用领域需其工作在更高的温度下,如 200℃或更高。对于前两代 Sm－Co 稀土永磁体,由于它们的高居里温度、高矫顽力及其低的温度系数,都能胜任这些工作,但对于一般的 Nd－Fe－B 永磁体则满足不了这些要求。由于 Sm－Co 永磁材料的价格比 Nd－Fe－B 贵几倍,所以研究开发较高使用温度 Nd－Fe－B 永磁体具有重大的应用价值。从 2.2.5.1 节我们知道提高 Nd－Fe－B 永磁体的使用温度,关键在于提高磁体的内禀矫顽力,以降低磁体在高温下的不可热磁通损失;同时,为了减少高温下的可热磁通损失,适当提高居里温度也是必要的。为此,开发较高使用温度 Nd－Fe－B 永磁体可从两方面着手:一是用部分 Co(一般不超过 Fe 的 10%)取代 Fe 以提高居里温度;二是提高磁体的内禀矫顽力。而提高内禀矫顽力通常有两种途径:一种是通过提高基相的磁晶各向异性场(可以用 Dy 或 Tb 替代部分 Nd),另一种是联合添加 Al、Ga、Cu、Nb、Mo、V 等元素以优化磁体的微结构。目前已有高使用温度 Nd－Fe－B 烧结磁体的产品面世,它有较好的温度系数,尤其它的剩磁和矫顽力温度系数明显地分别降低到 －0.8%/K和 －0.5%/K,在适当的磁路结构下磁体能工作到 250℃[195];磁体的磁能积已超过 224 kJ/m^3(28 MGOe),内禀矫顽力达 2880 kA/m(36 kOe),最高连续使用温度达 230℃(见表 2-31),其高温永磁特性与 1－5 型 Sm－Co 永磁体相当(见表 2-9)。

C 高耐腐蚀 Nd－Fe－B 烧结磁体

在 2.2.5.3 节中已指出,Nd－Fe－B 磁体的抗氧化和抗腐蚀能力较差,其原因在于磁体中存在着为主相晶粒之间退耦所必需的大量的富钕相。而正是这个富钕相与主相在磁体表面构成了小阳极大阴极的局部腐蚀电池,使得在小阳极的富钕相中产生相当大的腐蚀电流密度,从而加速了磁体表面的富钕相的腐蚀。

为了改善磁体本身的抗氧化和抗腐蚀性能,应尽量降低磁体富钕相的含量和调整富钕相的成分来提高它本身的电化学电位,以便降低它与主相之间的电化学电位差。在 Nd－Fe－B 合金中联合添加 Co、Cu 和 Ga 是有效的办法。表 2-43 中列出了不同 Nd－Fe－B 合金和富钕相的电化学电位[196]。从表中可看到,新的富钕相 $Nd_3(Co,Cu)$、$Nd_5(Co,Cu,Ga)_3$、$Nd_6(Fe,Co)_{13}Ga$ 的电化学势比原先的富钕相分别提高了 770 mV、803 mV、920 mV,即与主相的电化学电位差减少了约 800～900 mV,这极大地降低了富钕相与主相之间的电化学电位差,从而很好地改善了磁体本身的抗腐蚀性能。

表 2-43 不同 Nd-Fe-B 磁体和相关化合物的成分和电化学电位[196]

试样	成分(质量分数)/%						电位/mV
	Nd	Dy	Fe	Co	Cu	Ga	
磁体 A	30.0	0.5	bal.	—	—	—	-730
磁体 B	24.5	8.5	bal.	—	—	—	-670
磁体 C	22.0	9.0	bal.	3.0	0.2	0.3	-700
$Nd_3(Co,Cu)$	bal.	—	1.8	10.5	1.9	—	-900
$Nd_5(Co,Cu,Ga)_3$	bal.	—	3.1	4.5	3.3	10.1	-807
$Nd_6(Fe,Co)_{13}Ga$	bal.	2.5	43.3	2.0	—	3.4	-750
Pr							-1689
Nd							-1670
Dy							-1645
Al							-720
Ni							-130

注:bal. 表示按照合金材料配方的要求,该元素是剩余的配方量。

图 2-92 展示了联合添加 Co、Cu、Ga 和 Al 磁体的加速试验(HAST)的测试结果。从图中可看到,该联合添加 Co、Cu、Ga 和 Al 磁体在经 100 天试验后没有重量损失,具有较低富钕相的磁体甚至经 200 天试验后仍没有重量损失,这表明了磁体本身的高耐蚀性,其原因就是联合添加 Co、Cu、Ga 后,在磁体的边界相中形成了上面所指出的新富钕相 $Nd_3(Co,Cu)$ 或 $Nd_5(Co,Cu,Ga)_3$ 或 $Nd_6(Fe,Co)_{13}Ga$ 的缘故;然而没有添加 Co 的磁体,因无上述三种富钕相存在,在不到 10 天中质量损失已超过 6 mg/cm²,磁体的耐蚀性较差[196]。

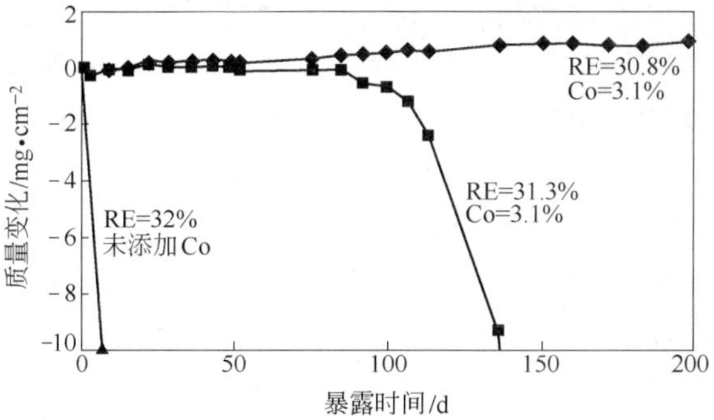

图 2-92 在 HAST 测试(130℃,95%湿度,无水蒸气凝结)中 Nd-Dy-Fe-Co-Cu-Al-Ga-B 磁体的重量变化[196]

2.7.1.3 低或无 Dy(Tb)含量 Nd-Fe-B 磁体

正如前面所述的,改善 Nd-Fe-B 永磁体的高温度稳定性,除了用部分 Co 取代 Fe 以提高居里温度外,通过提高室温矫顽力来扩展磁体的使用温度也是非常有效的手段。用 Dy 或 Tb 替代部分 Nd 是提高室温矫顽力的最常用的方式之一,但由于 Dy 和 Tb 是重稀土,它们的磁矩与 Fe 磁矩的方向相反,会明显降低磁体的剩磁,且 Dy 和 Tb 的价格昂贵,成本较高。为此,人们希望尽可能地降低磁体中 Dy 或 Tb 的用量。

借助对矫顽力机制的理解,人们已认识到增强主相晶粒周围边界部分的磁晶各向异性和它的完整性是有效提高磁体矫顽力的关键所在。为了达到降低磁体中 Dy 或 Tb 的用量这个目的,人们早在十多年前就已开发了双合金工艺[166],研究表明,与添加同样量 Dy 或 Tb 的普通工艺制备出的磁体相比,双合金工艺可明显提高磁体的矫顽力,但该方法由于在烧结时,Dy 或 Tb 会扩散到磁体晶粒内部,从而不可避免地降低了磁体的剩磁。

小型或薄型磁体在单体制备或在大块切割成小块的过程中,由于磁体的表面部分氧化或机械受损等因素,会使表面部分的磁性明显低于磁体中心部分,从而影响磁体的整体性能。对于小磁体,由于比表面积较大,影响也较大。从矫顽力机理上讲,Nd - Fe - B 烧结磁体是典型的形核型机制,磁体的反磁化核通常就发生在磁体的表面或晶粒边界处较软的磁性区域内,因此磁体表面的缺陷或受损将极大地降低磁体的性能。为了恢复磁体的整体性能,一方面要设法消除表面部分微结构上的缺陷或受损,它通常用机械和/或热处理等方法解决,另一方面可能更重要的是修复磁体表面晶粒内禀磁性的损伤(如 K_1 下降),则必须适量补充 Nd、Dy 或 Tb。

人们最近新开发了一种工艺:晶粒边界扩散工艺(grain boundary diffusion process,GBDP)[197,198],也可称为固体渗镀(pack cementation, PC)技术[199]。它们是在已切割的磁体表面先涂覆 Dy_2O_3 或 DyF_3 或 TbF_3 粉末,然后在 900℃ 和 500℃ 下分别热处理 1 h。图 2-93 给出了 2 mm 厚磁体在处理前后离开不同层面深度处剩磁和矫顽力的变化。可明显看到,用该新工艺处理过的磁体矫顽力有大幅提高,而剩磁几乎不变。因此,固体渗镀技术克服了双合金工艺降低磁体剩磁的不足,但充分发挥了 Dy 或 Tb 高矫顽力的优点。

渗镀技术应用于小型和薄型烧结 Nd - Fe - B 磁体,不但使磁性能得到恢复,而且还可以使它们的磁性能获得极大的提高,尤其在矫顽力方面;根据烧结 Nd - Fe - B 磁体矫顽力机制,渗镀技术也可应用于各种大型烧结 Nd - Fe - B 磁体性能的改善上。图 2-94 给出了在厚度为 2 mm 磁体上用此方法获得的不同磁体中含 Dy 或 Tb 量与矫顽力的关系[200]。从图 2-94 可看到,在同样矫顽力下,用晶粒边界扩散工艺法仅是普通工艺法 Dy 或 Tb 用量的 10%。显然,这种新工艺可极大地降低磁体中 Dy 或 Tb 的用量,从而降低磁体的生产成本。

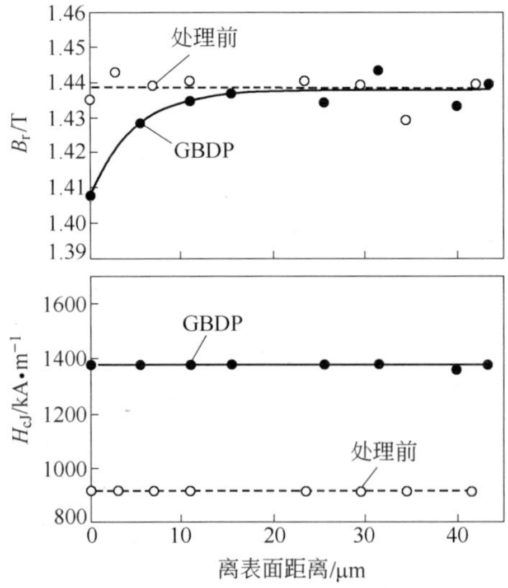

图 2-93 2 mm 厚磁体在处理前后离开不同层面深度处剩磁和矫顽力的变化[198]

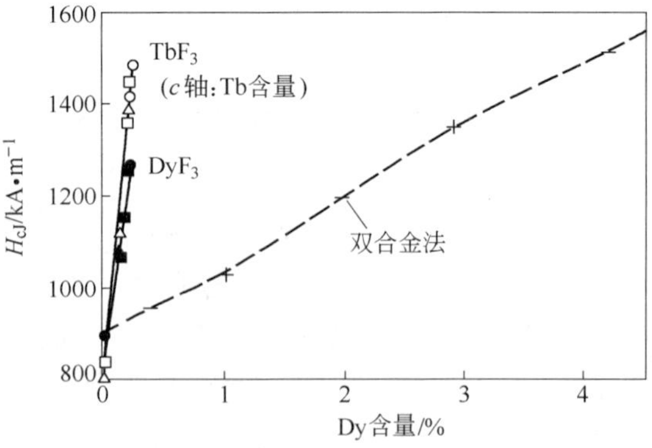

图 2-94 厚度为 2 mm 的不同磁体中含 Dy 或 Tb 的矫顽力[200]

2.2.4 节中的图 2-17 展示了一种尴尬的情景，即批量生产可以获得的内禀矫顽力远低于磁体主相的各向异性场，以至于在烧结 Nd-Fe-B 中要靠重稀土 Dy 或 Tb 部分替代 Nd，以牺牲剩磁和磁能积来换取高矫顽力。而根据 Uestuener 等人[132]的工作，细化晶粒可以在相同剩磁和磁能积的前提下得到更高的矫顽力，这为工程研究提供了较大的发展空间。针对阻碍晶粒细化的主要困难之一，即细粉在成型过程中的氧化，Sagawa 等人发展了一种称作无压机压制(Pressless Process)的工艺，简称为 PLP 方法[201]，将比工业生产更细的磁粉(平均粒度 2.7μm)送入一条封闭的工艺流程线，在与大气隔绝的环境下粉末被装入模具，经过简单的油压缸(而不是压机)压实到 $4g/cm^3$ 左右的密度，然后连模具一起放入脉冲场取向，叠层后再通过通道装入烧结炉。这个流程有效地降低了氧含量，在完全不用 Dy 或 Tb 的情况下磁体达到 50H 的水平(磁能积 50 MGOe，内禀矫顽力达到或超过 17 kOe)。图 2-95 给出了用 PLP 方法制备的烧结 Nd-Fe-B 磁体目前达到的磁性能。如果采用更极端的方法能将磁粉平均粒度降低到 1μm，他们预期可以达到 55UH 的程度(磁能积为 55 MGOe，内禀矫顽力达到或超过 25 kOe)。

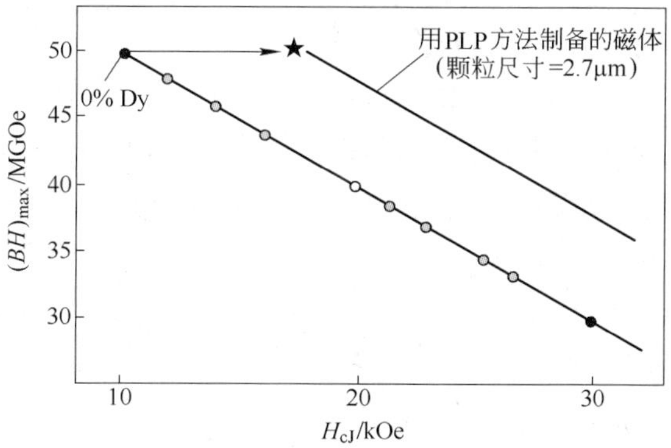

图 2-95 用 PLP 方法制备的烧结 Nd-Fe-B 磁体目前达到的磁性能[201]

2.7.1.4 Nd-Fe-B 磁体力学性能的改善

目前，Nd-Fe-B 永磁材料多数应用于静态或准静态条件，如硬盘、音响、核磁共振仪、通信器材等，即使用于动态的电机，也多为小功率，对材料的力学性能要求不高。但随着 Nd-Fe-B永磁材料的使用范围不断扩大，其服役条件也越来越苛刻。还有如手机的振动功能是由直径 3~5 mm 的超小型直流电动机来完成的，其中 Nd-Fe-B 磁体内的轴向孔通常由钻床加工形成。因此，需要磁体有较好的可加工性能，要有一定的韧性，以防加工时发生磁体的边角崩裂。又如汽车用电机，其转速将超过 10 kr/min，高的转速要求磁体有高的强韧性，以防服役时发生磁体开裂。尽管烧结 Nd-Fe-B 磁体的力学性能均明显优于烧结 SmCo 磁体(见表 2-10)，但其力学性能仍然是较差的。为了提高磁体加工的成品率和服役时防止磁体开裂，必须进一步改善烧结 Nd-Fe-B 磁体的力学性能，以增强磁体的强韧性。

烧结 Nd-Fe-B 磁体的脆性是由基体材料 $Nd_2Fe_{14}B$ 金属间化合物的晶体结构复杂、滑移系少以及材料本身的制备工艺所决定的。它既与材料的内禀属性相关，如强的磁晶各向异性,也与磁体的制备方法和工艺参数相关。文献[202]报道了不同工艺生产的 Nd - Fe - B 磁体的断裂韧性值,其差异很大;即使同一 HD 工艺,若工艺参数(脱氢量)不同,其力学性能差异也很大[203]。人们通过对烧结 Nd - Fe - B 磁体力学性能(如抗弯强度和断裂韧性等)以及与之相应的显微组织的研究指出,烧结 Nd - Fe - B 永磁材料的断裂机理是由张应力的临界值控制的[204],其断裂行为主要是沿晶断裂,仅有少量的穿晶断裂[205],因此,提高磁体中晶界相的强韧性是改善烧结 Nd - Fe - B 磁体力学性能的基本方法。为提高晶界相的强韧性,刘金芳等[206,207]采用添加 Ti、Nb 和 Cu 等元素的方法,使在晶界相中析出少量富 Ti、Nb、Cu 沉淀相,其成分分别为 $Nd_{4.3}Fe_{29.2}Ti_{66.5}$、$Nd_{0.6}Fe_{48.4}Nb_{51.0}$、$Nd_{10.4}Fe_{59.5}Cu_{30.1}$。因这些沉淀相具有较好的塑性,从而改善了磁体的断裂韧性。李安华[208]等人采用双合金法在主合金 $Nd_{14.1}Dy_{0.5}Fe_{79.0}B_{6.4}$(原子分数)的基础上,再添加晶界合金中的 B 含量,添加量从 0.95% 逐步增加到 6.95%(原子分数)。结果表明:磁体的抗弯强度普遍高于单合金法制得的磁体,前者的抗弯强度最高可达 397 MPa,而后者仅为 309 MPa;B 添加量为 0.95%(原子分数)时,磁体有最高的抗弯强度;微量添加 B 可使磁体晶界相的分布更加均匀,从而抑制了晶粒的不规则长大。根据材料强韧化的普遍原则,细化晶粒以及采用阻止和延缓裂纹扩展的方法均是提高材料强度和韧性的有效途径[205]。日本川崎钢铁公司下斗[209]等通过用 Co、Ni 和 Ti 复合替代部分 Fe,在磁体内析出 TiB_2,它作为晶间相可以细化晶粒,在主相内析出,可提高合金强度,从而使磁体的抗弯强度提高到 560 MPa,$(BH)_{max}$ 仍保持为 272 kJ/m^3 (34 MGOe),磁体的切削性能良好,能加工成 50 μm 的薄磁体。刘金芳等[206,207]采用增加磁体中 Nd 含量来提高磁体的强韧性,在商用 $Nd_{16}Fe_{78}B_6$ 的基础上增大 Nd 含量到 19%(原子分数),此时磁能积降低不大,但使磁体的冲击断裂韧性从 12.9×10^4 Pa · m 提高到 22.4×10^4 Pa · m。对成分为 $Nd_{18}Fe_{76}B_6$ 磁体的断口分析发现,断口有大量富 Nd 相颗粒沉淀。这种富 Nd 颗粒沉淀能阻止和延缓裂纹的扩展,从而提高其冲击断裂韧性。另外,他们在成分为 $Nd_{15}Dy_1Fe_{78-x}Al_xB_6$ 磁体中,添加 0.5%(原子分数)的 Al,使磁体的冲击断裂韧性能提高了 60%。与添加 Nd 一样,添加 Al 的磁体断口晶粒表面和晶界有大量的含 Al 的富 Nd 相颗粒沉淀物。正是这种颗粒沉淀物使得添加 Al 的磁体的冲击断裂韧性获得显著提高。他们在增大 Nd 含量和添加 Al、Ti、Nb、Cu 和 Ga 等元素对磁体冲击断裂韧性的影响进行系统研究的基础上,发展了一个称为 ToughNEO™ 的系列磁体,其冲击断裂韧性值可达一般商用磁体的两倍,在可加工性能上获得了明显改善[210]。

2.7.2 新型稀土永磁材料的研发

第三代稀土永磁材料钕铁硼的问世,不仅对永磁材料的应用开辟了更加光明的前景,而且还极大地鼓舞和推动了人们对新型稀土永磁材料的探索。在 20 世纪 80 年代中期,人们主要开展了对 $Nd_2Fe_{14}B$ 家族即 $RE_2Fe_{14}B$,$RE_2Co_{14}B$,$RE_2Fe_{14}C$ 以及相关部分替代化合物的结构和磁性的深入研究[4,27]。1987 年,人们将兴趣移到了研究具有 $ThMn_{12}$ 结构的三元富铁化合物 $REFe_{12-x}M_x$ 上,其中 RE = Sm 的化合物具有较好的内禀磁性,期望开发为永磁材料[4,211]。1990 年初,在发现 $Sm_2Fe_{17}N_y$ 间隙金属间化合物[4,52]和提出交换弹性磁体理论[212,213]后,掀起了新型稀土永磁材料研究的又一高潮。下面就稀土永磁材料近 25 年来的研究情况和最新研究热点分别做一简要介绍。

2.7.2.1 $ThMn_{12}$结构金属间化合物

单纯稀土铁$REFe_{12}$化合物是不存在的，当添加第三元素M后，就能形成具有$ThMn_{12}$结构的三元金属间化合物$REFe_{12-x}M_x$，其中M为Ti、V、Cr、Mn、Mo、W、Al、Si、Re和Nb，x取值的范围一般为0.5~4[3,26]。$ThMn_{12}$结构如图2-96所示。该结构四方对称，空间群为4/mmm，稀土占2a位置，间隙原子占2b位置，过渡金属占其余位置。晶格常数$a\approx0.85$nm，$c\approx4.9$nm。虽然大多数$REFe_{12-x}M_x$在室温下呈现单轴各向异性，但只有$SmFe_{12-x}M_x$才具有足够的单轴磁晶各向异性场而成为永磁材料开发的候选者。例如$SmFe_{11}Ti$的居里温度为584K（与$Nd_2Fe_{14}B$相近），室温饱和磁化强度$\mu_0M_s=1.14$T（比$Nd_2Fe_{14}B$低），室温磁晶各向异性场$B_a=10.5$T（比$Nd_2Fe_{14}B$高）。

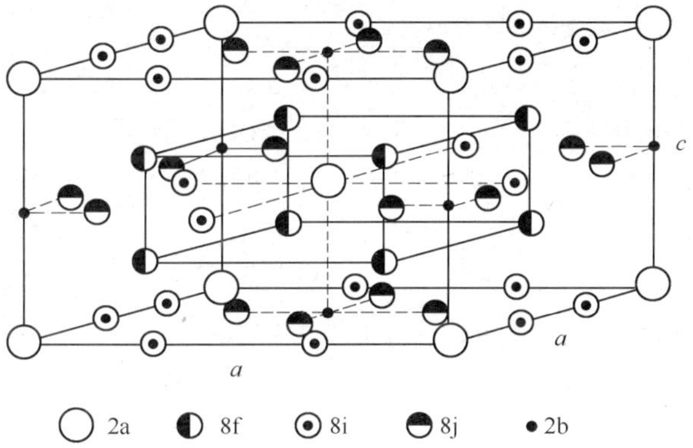

图2-96 $ThMn_{12}$晶体结构图

通过快淬（甩带）方法获得$SmFe_{11}Ti$样品的内禀矫顽力μ_0H_{cJ}达0.65T[214]，而用机械合金化方法制备的$Sm_{20}Fe_{70}Ti_{10}$样品内禀矫顽力可高达5T[215]。可见1:12 Sm化合物是潜在的稀土永磁材料的候选者。在1:12金属间化合物方面，至今仍不断有新的研究成果发表。特别是低含量第三元素M的化合物使人们更为感兴趣，因为第三元素的含量越少，化合物的饱和磁化强度值越高[216]。

2.7.2.2 间隙稀土金属间化合物

在金属间化合物的晶体结构中存在一些间隙位置，人们已将某些元素的原子引进到这些间隙位置中去，以研究它们对化合物结构和磁性的影响。最早被引入金属间化合物间隙的原子是H（氢）原子，因为它的体积最小，最容易被人们想到。1984年，H被引入到$RE_2Fe_{14}B$系列中，发现晶体结构不变，居里温度增加，磁晶各向异性场减小。随后，H又被引入到RE_2Fe_{17}中，仅使居里温度升高。当人们在研究$RE_2Fe_{14}C$化合物时，发现在它的稳定区上面的高温区存在$RE_2Fe_{17}C_y$相（$y<1.5$）[217,218]。C原子占据Th_2Zn_{17}结构中的9e间隙位置（见图2-8）。居里温度随着C含量的增加而大幅度提高。$Sm_2Fe_{17}C$的居里温度为552K，室温磁晶各向异性场增大达5.3 T，这意味着它具有永磁应用的开发潜力。1990年初，爱尔兰都柏林大学Coey教授领导的研究小组报道了利用气固相反应制备间隙金属间化合物之后，在世界范围掀起了间隙金属间化合物研究的高潮。我国北京大学杨应昌领导的研究小组在国际上最先报道了将N引入$ThMn_{12}$结构化合物$REFe_{11}Ti$，开辟了氮化物研究的又一大分支[170]。

A 2:17 型和 1:12 型间隙金属间化合物

在氮化物成功的基础上，人们又成功地利用碳氢气体(如乙炔 C_2H_2，甲烷 CH_4 等)获得了高碳含量的 $RE_2Fe_{17}C_y$($2<y<3$) 和 $RE_2Fe_{11}TiC_y$ 化合物。采用氨氢混合气体，可以制备出高氮含量的 $RE_2Fe_{17}N_y$，y 的最大值可以到 6。但是实验发现，仅当 $y=3$ 时，$RE_2Fe_{17}N_y$ 才具有最佳的内禀磁性。

在 2:17 化合物中，间隙原子的进入使得晶格膨胀，相对体积的膨胀率 $\Delta V/V\approx7\%$；而对于 1:12 化合物，$\Delta V/V\approx3\%$。间隙原子的进入使得铁原子之间的距离增大，使铁原子之间的交换作用增强，从而使化合物的居里温度升高(见图 2-97)。氮的间隙作用也使化合物的饱和磁化强度增加，例如对 2:17 系列约为 10%；而碳间隙化合物的饱和磁化强度则基本无变化。间隙原子另一个突出的影响是改变了稀土位的晶场环境，如在 2:17 系列中使 RE 位的二级晶场系数由接近零变为 $-811Ka_0^{-2}$，而在 1:12 系列中使 RE 位的二级晶场系数由 $-120\ Ka_0^{-2}$ 变为 $+300\ Ka_0^{-2}$(见 2.2.1.5 节和表 2-3)。由于稀土位的晶场环境产生了急剧的改变，化合物的磁晶各向异性跟着发生根本性的改变，它们都由平面各向异性转变为很强的单轴各向异性。例如，Sm_2Fe_{17} 在室温下为平面各向异性，而 $Sm_2Fe_{17}Z_y$($Z=N$ 或 C)的室温单轴各向异性场达 14T；$NdFe_{11}Ti$ 在室温下为平面各向异性，而 $NdFe_{11}TiZ_y$($Z=N$ 或 C)的室温单轴各向异性场达 8T。表 2-44 给出了一些单轴各向异性化合物内禀磁性的比较，可以看出，在 1:12 合金和氮化物以及 2:17 氮化物中，$Sm_2Fe_{17}N_{2.5}$ 的理论磁能积与 $Nd_2Fe_{14}B$ 相接近。

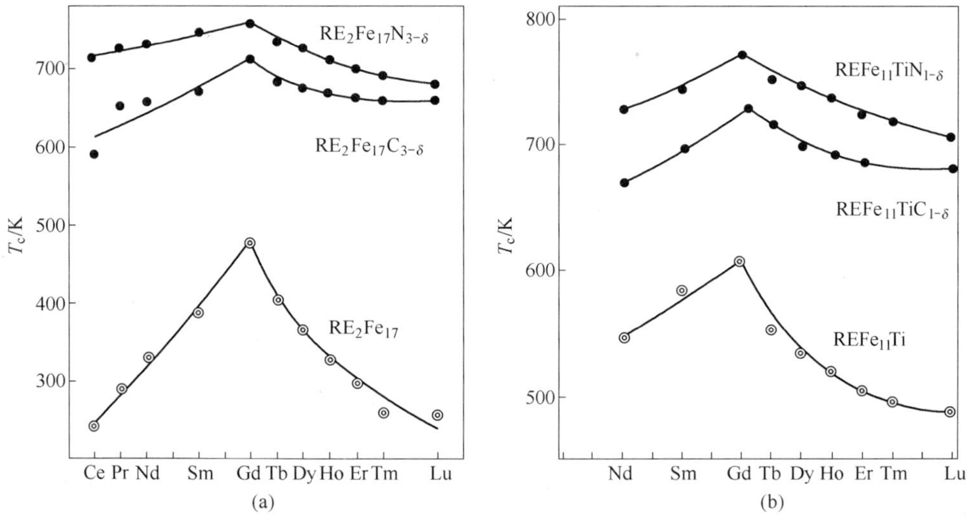

图 2-97 间隙金属间化合物的居里温度与母合金的比较

(a) 2:17 家族；(b) 1:12 家族

表 2-44 一些具有单轴各向异性的稀土过渡族金属间化合物的内禀磁性比较

金属间化合物	T_c/K	μ_0M_s/T	B_a/T	$\mu_0M_s^2/4$/kJ · m^{-3}
$Nd_2Fe_{14}B$	585	1.61	7.6	516
$SmFe_{11}Ti$	584	1.14	10.5	259

续表 2-44

金属间化合物	T_c/K	$\mu_0 M_s$/T	B_a/T	$\mu_0 M_s{}^2/4$/kJ · m^{-3}
$Sm_2Fe_{17}N_{2.5}$	749	1.54	14	472
$NdFe_{11}TiN_{0.8}$	740	1.37	8.0	373
$Sm_3(Fe,Ti)_{29}N_4$	750	1.30	12.8	340

注：T_c表示居里温度，$\mu_0 M_s$、B_a和$\mu_0 M_s{}^2/4$分别为室温的饱和磁化强度、磁晶各向异性场和理论磁能积。

由于间隙金属间化合物具有优良的内禀磁性，世界上许多实验室都开展了对它们的硬磁性研究。值得特别注意的是，由于通过气固相反应而获得的氮化物或碳化物在温度高于650℃就发生分解，所以不能采用传统的粉末冶金工艺制备永磁体，人们尝试了多种方法研究其硬磁性，并试图制备出面向实用的永磁体。这些方法包括：

（1）机械合金化方法[219,220]——它是在常温下将各单质元素混合一起，通过高能球磨，依赖相互扩散反应，从而得到超细的多元层状粒子，合金可能在球磨过程中或者在接下来的热处理中形成。通过此方法获得的室温的内禀矫顽力对 $Sm_2Fe_{17}N_y$为 4.4 T[219]，对 $Sm_2Fe_{17}C_y$为 2.3 T[220]，对 $NdFe_{12-x}V_xN_y$为 0.8 T[220]。

（2）有机粘结磁体[221]——实验室结果环氧树脂粘结 $Sm_2Fe_{17}N_3$永磁体的最好性能为剩磁 B_r=0.97 T，内禀矫顽力 $\mu_0 H_{cJ}$=0.85 T，磁能积$(BH)_{max}$=154 kJ/m^3（19.4 MGOe）[221]。

（3）金属粘结磁体[222]——除用有机粘结剂外，人们还想到了利用低熔点金属。如利用 Zn 粘结的 $Sm_2Fe_{17}N_y$永磁体，其内禀矫顽力高达 2 T，但磁能积仅 86 kJ/m^3（10.8 MGOe）[222]。

（4）爆炸烧结磁体[223]——由于粘结剂的稀释作用，使得磁体的饱和磁化强度（或剩余磁化强度）降低，而采用爆炸烧结方法则有可能克服此缺点。爆炸烧结使磁粉在很短时间内（小于 10^{-6}s）在激波的高压作用下致密成形，而不破坏结构和磁性。目前实验室结果表明，爆炸烧结 $Sm_2Fe_{17}N_y$磁体的剩磁为 0.95 T，内禀矫顽力为 0.7 T，磁能积为 129 kJ/m^3（16.2 MGOe）。

采用微磁学理论对矫顽力随温度的变化规律进行分析，表明 $Sm_2Fe_{17}N_y$永磁体的矫顽力是由晶粒表面的形核场控制的[224]。

与一般钕铁硼磁体相比，钐铁氮永磁温度特性和抗腐蚀性都较好。住友金属矿业公司自 1999 年用还原扩散（R/D）法制成的 $Sm_2Fe_{17}N_y$粉商业化生产粘结磁体以来，该磁粉的工艺、磁性和稳定性方面均有了很大的改进。粉的最大磁能积$(BH)_{max}$=292 kJ/m^3，剩磁 B_r=1.35T，矫顽力 H_{cJ}=851 kA/m。用注射模型成形法制成了各向异性粘结磁体，其最大磁能积$(BH)_{max}$=141 kJ/m^3，剩磁 B_r=0.86 T，矫顽力 H_{cJ}=692 kA/m，H_{cB}=551 kA/m[225]。

虽然通过气固相反应可以制备优异内禀磁性的 $Sm_2Fe_{17}N_y$（Z = N 或 C）化合物，但它们的致命弱点是高温不稳定（当温度高于 650℃便发生不可逆分解），故不能用粉末冶金工艺制备此类化合物。对于 $Sm_2Fe_{17}C_y$化合物，当采用直接冶炼方法时，由于 $Sm_2Fe_{17}C_y$中的 C 含量 y 小于 1.5，其磁晶各向异性场不够高；然而通过快淬（甩带）方法则能够制备出高碳含量的 $RE_2Fe_{17}C_y$化合物。快淬间隙金属间化合物 $RE_2Fe_{17}C_y$，其碳含量最高可达 y=3。这些化合物的一个重要特点是在高温下稳定（在 1100℃下不分解）[226]。$RE_2Fe_{17}C_{1.5}$化合物的室温各向异性场超过 11.5 T，内禀矫顽力高达 1.6T[227]。

B 3∶29 型间隙金属间化合物

3∶29 型（$Nd_3(Fe,Ti)_{29}$结构）是 1992 年发现的一个新相，当时确定为 1∶19 型[228]，但过后在 1994 年用 X 射线衍射和中子衍射实验分别同时证实该化合物不是 1∶19 型，而是 3∶29 型，它具有单斜晶体结构，空间群为 A_2/m[229,230]。同 2∶17 型（Th_2Ni_{17}或 Th_2Zn_{17}结构）和 1∶12型（$ThMn_{12}$结构）一样，3∶29 型（$Nd_3(Fe,Ti)_{29}$结构）也是 1∶5（$CaCu_5$结构）家族的成员之一。它是2T（两个过渡金属原子）哑铃对取代 1:5 中的一个 RE（一个稀土原子）而形成的。它们依次取代率分别为 1/3，1/2 和 2/5：

$$3RET_5 - RE + 2T \longrightarrow RE_2T_{17} \quad (2\text{-}52a)$$

$$2RET_5 - RE + 2T \longrightarrow RET_{12} \quad (2\text{-}52b)$$

$$5RET_5 - 2RE + 4T \longrightarrow RE_3T_{29} \quad (2\text{-}52c)$$

与 1∶12 相类似，3∶29 相需要添加第三元素 M 作为稳定元素（M = Ti、V、Cr、Mn）。由于 3∶29 相的内禀磁性与 2∶17 相接近，它也需要经间隙原子填隙后才能获得强的单轴各向异性。经间隙原子填隙后，3∶29 相两个稀土晶位中 2a 晶位的二级晶场系数由 $+191Ka_0^{-2}$变为接近零，而另一个 4e 晶位的二级晶场参数由 $-285Ka_0^{-2}$变得更负，为 $-472Ka_0^{-2}$，从而使间隙 3∶29 化合物稀土晶位总体上讲具有很负的二级晶场系数[48]。由于 Sm 具有正的二级 Steven 系数，所以 Sm 的间隙 3∶29 化合物可期望获得强的单轴各向异性（见 2.2.1.5 节和表 2-3）；实验也表明，Sm 的 3∶29 相氮化物和碳化物确实具有很强的单轴各向异性[231,232]。$Sm_3(Fe,Ti)_{29}N_y$（$y \sim 5$）的居里温度为 750 K，室温饱和磁化强度为 1.3 T，室温磁晶各向异性场为 13T。采用常规球磨方法，已分别制备出内禀矫顽力为 0.83 T 和 0.8 T 的 $Sm_3(Fe,Cr)_{29}N_y$和 $Sm_3(Fe,Cr)_{29}C_y$磁粉[233,234]。

从目前的研究结果来看，可以认为 $Sm_3(Fe,M)_{29}N_y$ 与 $Sm_2Fe_{17}N_y$ 一样具有永磁开发潜力。

2.7.2.3 双相纳米复合永磁材料

A 各向同性纳米复合永磁合金

20 世纪 90 年代初，人们发现在硬磁相和软磁相共存的合金中，当各自的晶粒小到纳米量级时，会形成一个被称作“交换弹性”磁体的新型纳米复合磁体[212]。该新型纳米复合磁体的磁滞回线显示两个显著的特征：(1) 有大的可逆的退磁曲线，其磁滞回线具有单一的铁磁性特征；(2) 在各向同性材料中，剩磁与饱和磁化强度比 $M_r/M_s \geq 0.5$，即有明显的剩磁增强效应。产生上述特征的根本原因在于这些纳米量级的硬磁相和软磁相晶粒间在晶体学上的共格和在磁性上的铁磁交换耦合作用，正是这种铁磁交换耦合使得与硬磁相晶粒相邻和在晶体学上共格的大量的软磁相晶粒（最多可占 60% ~70% 体积分数）也具有一定的磁硬性。显然，这种以软磁相为基而以硬磁相为辅的新型磁体，与过去晶粒尺寸在亚微米以上的磁体有着本质的区别。因为该新型磁体的磁硬化机制与过去以硬磁相为基的晶粒尺寸在亚微米以上磁体中的磁硬化机制完全不同，它的磁硬化机制是一种全新的“交换耦合”型磁硬化机制。

在该新型纳米复合磁体中，磁硬化机制的一维模型如下：假设纳米复合磁体由具有高的磁晶各向异性的硬磁性相（用 k 代表）和具有高的饱和磁化强度的软磁性相（用 m 代表）交替地重复构成。两相界面在晶体学上是共格的，两相均是易单轴的，其易轴沿 z 轴方向，与 x

轴垂直,如图 2-98 所示。图中 b_m和 b_k分别表示软磁相区和硬磁相区的宽度。图 2-98(a)示出了饱和磁化后的剩磁状态,可以看到,所有的磁矩沿着饱和磁化时外加磁场的方向(z轴方向);而图 2-98(b) ~ 图 2-98(d)示出了反转场后两种不同情况下的反磁化状态。一种是图 2-98(b) ~ 图 2-98(c)所示的软磁相区的宽度不变且处于过临界宽度情形下的反磁化状态,即 $b_m = \delta_{0m}$ = 常数$\gg b_{cm}$,其中 δ_{0m}表示软磁相区的平衡畴壁宽度,即 $\delta_{0m} = \pi(A_m/2K_m)^{1/2}$,$b_{cm}$表示在软磁相区获得最大矫顽力时软磁相区的临界宽度, 即 $b_{cm} \approx \pi(A_m/2K_k)^{1/2}$;另一种是图 2-98(d)所示的降低软磁相区的宽度,直到接近临界宽度的情形,即 $b_m \to b_{cm}$。对于第一种 $b_m = \delta_{0m}$ = 常数$\gg b_{cm}$的情形,随反磁化场的增加或降低,软磁相区的磁矩始终可逆地变化,两个平衡的 180°畴壁在软磁相区可逆地形成(见图 2-98(b));随着反磁化场的进一步增加或降低,这些畴壁将被可逆地推向硬磁相区的边界,并使该畴壁能密度增大,而硬磁相区的磁矩基本不变(见图 2-98(c));一旦软磁相区的畴壁能密度与硬磁相区的硬磁相区平衡,软磁相区的畴壁进入硬磁相区,这便导致两个相区内不可逆的反磁化,其矫顽场较低,$H_{cm} \approx A_m\pi^2/2\mu_0 M_{sm} b_m{}^2 < K_k/\mu_0 M_{sm}$。对于第二种 $b_m \to b_{cm}$的情形,随软磁相区的宽度降低,软磁相区的平衡畴壁能密度增大,相应的矫顽场增大;当软磁相区的宽度降低到软磁相区的临界宽度时,达到最大的矫顽场,$H_{cm} = K_k/\mu_0 M_{sm}$(见图 2-98(d))。

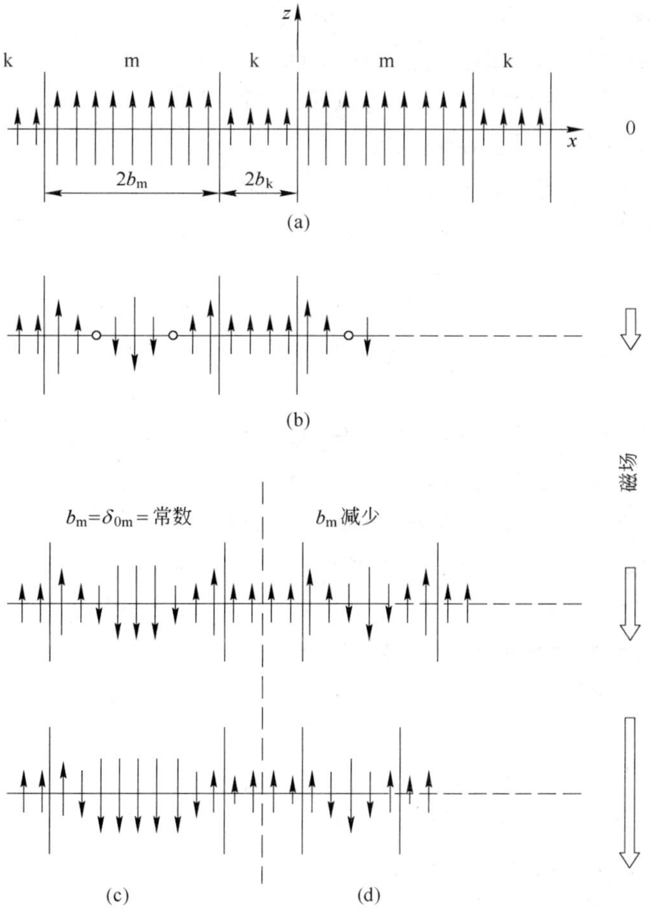

图 2-98　双相纳米晶复合永磁材料一维模型示意图

这类磁体首先在熔旋快淬法制备的 $Nd_4Fe_{77}B_{18.5}$ 合金薄带上得到[235]，其主相为 Fe_3B，占体积的 73%；次相是 $Nd_2Fe_{14}B$ 和 $\alpha-Fe$，分别占体积的 15% 和 12%。Fe_3B 和 $\alpha-Fe$ 均是软磁性相，晶粒尺寸在 30nm 左右；$Nd_2Fe_{14}B$ 是硬磁性相，其尺寸在 10nm 左右。两相的晶粒是混乱取向的，合金薄带显现各向同性的磁性。该合金显示出较高的矫顽力和剩磁，分别为 $H_{cJ}=0.3T$ 和 $B_r=1.2T$；因 $B_r/M_s=0.75>0.5$，表明有明显的剩磁增强效应。1991 年 Kneller 和 Hawig 两人在重复上述实验的基础上，提出了交换弹性磁体这个新概念。自此以后，在世界范围掀起了双相纳米晶复合永磁材料的研究热潮。此后，不同材料的双相纳米晶复合磁体被研究，如主相为 $Nd_2Fe_{14}B$、次相为 $\alpha-Fe$ 的 $Nd_8Fe_{86}B_6$ 快淬合金薄带[236]以及主相为 Sm_2Fe_{17}、次相为 $\alpha-Fe$ 的 Sm_7Fe_{93} 合金氮化物机械合金化粉[237]等。Sm_7Fe_{93} 合金氮化物机械合金化粉的剩磁达 1.4 T，内禀矫顽力为 0.4 T，磁能积达 205 kJ/m^3（25.8 MGOe）[237]。

纳米复合磁体中稀土含量比传统快淬法和烧结法生产出的 Nd-Fe-B 磁体稀土含量低 15% ~50%（原子分数）。由于稀土含量减少使得这种新磁体成本低，并具有较高的磁性能和较好的抗腐蚀性。同时，由于新型磁体具有细的纳米晶粒结构并含有较软的 $\alpha-Fe$ 相，因此断裂韧性也得到了改善。

B 各向异性纳米复合磁体

1993 年，Skomski R 和 Coey J M D [213] 对各向异性纳米晶复合永磁材料的理论研究预示，在纳米晶复合永磁体中，如果硬磁相是完全取向的话，该纳米晶复合永磁体的磁能积可达到或超过 800 kJ/m^3（100MGOe）。这对永磁工作者来说是一个十分诱人的目标，这很可能就是人们期待寻求的第四代稀土永磁材料。然而要实现这个目标是非常困难的。2002 年以前，纳米晶复合永磁粉的磁能积只有 160 kJ/m^3（20MGOe）左右，而粘结体的磁能积更低，仅有 80 kJ/m^3（10MGOe）左右。直到 2002 年，Liu S 等成功开发了一种新颖的射频快速感应热致密装置（RF rapid inductive hot compaction technology）并结合混合技术（Blending technique），才使块体各向异性纳米晶复合永磁体的研究有了重大突破[238~240]。该块体各向异性纳米晶复合永磁体的制备方法如下：首先用熔旋法制备富 Nd 的 Nd-Fe-B 非晶带，并将此带磨成 200 ~300μm 的粉，再将适量贫 Nd 的 Nd-Fe-B 非晶带或微米量级的 $\alpha-Fe$ 或 Fe-Co 粉与富 Nd 的 Nd-Fe-B 非晶粉混合；然后将混合粉在上述的射频快速感应热致密装置中，经热压（hot compaction）和热变形（hot deformation）两步工序制作成块状磁体。目前，块体各向异性纳米晶复合永磁体磁性能的最好指标已经接近烧结 Nd-Fe-B 磁体的水平，磁能积达到 440 kJ/m^3（55 MGOe），剩磁和矫顽力分别为 $B_r=1.508T$ 和 $H_{cJ}=1159.2$ kA/m（14.49 kOe）[241]。这个新结果是将 Fe-Co 金属通过溅射（sputting）和脉冲激光淀积（pulsed laser deposition）技术镀覆到 Nd-Fe-B 非晶粉上来替代以上的混合工序而实现的。当不用溅射和脉冲激光淀积的镀覆技术而用一般的混合方法时，磁体的磁能积仅为 404 kJ/m^3（50.5 MGOe）[241]。虽然该结果仍然没有突破烧结磁体的最高水平，但该研究还有很大的改进空间，因为目前磁体中的软磁相太少，仅为 5%，且软磁相的晶粒尺寸比较大，其分布也很不均匀。如果能加大软磁相量、大幅降低软磁相晶粒的尺寸及进一步改善其分布，那么块体各向异性纳米晶复合永磁体磁性能将会有大幅度的提高，可以肯定地说，突破 Nd-Fe-B 磁体理论磁能积也只是时间问题。

从上面的块体各向异性纳米晶复合稀土永磁材料的重大突破可以看到，一种新材料的出现，在很大程度上取决于新设备以及新工艺的出现。因此，制备技术的创新也是新材料产生的重要基础。

人们对自然界的认识无止境，同样人们对新型稀土永磁的探索从来没有停止过。我们期待着性能更为优异的稀土永磁材料被发明或发现，虽然钕铁硼磁体问世已经25周年，但其仍然表现出强大的生命力。

2.8　稀土永磁材料发展与展望

2.8.1　稀土永磁材料发展建议

2010年统计数据表明（参见图2－99），在国内稀土应用中，新材料领域占62%；而在新材料领域应用中，稀土永磁材料占63%。也就是说，在我国的整个稀土应用中，稀土永磁材料占39%的份额。所以，稀土永磁材料的发展对整个稀土应用至关重要。我国在稀土永磁的产量上超过全球的五分之四，成为全球最大的稀土永磁生产基地，同时也是重要的稀土永磁应用市场。随着时代的进步，稀土永磁需求量逐年上升，应用日益广泛，中国稀土永磁产业在全球的地位举足轻重，因而承担有较大的责任，既面临新机遇，也迎接新挑战。为此，我们有以下建议：

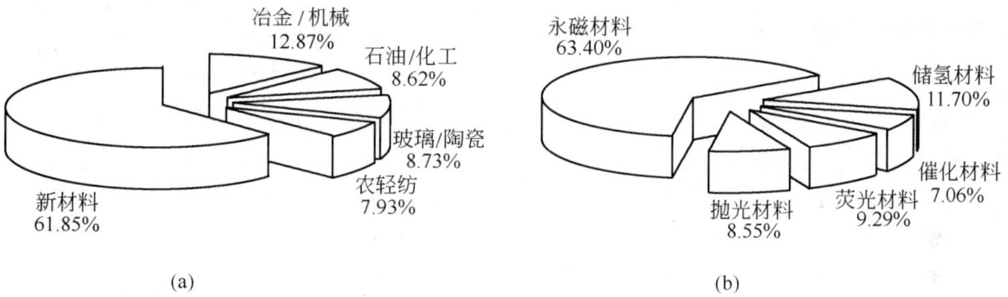

图2-99　稀土在中国的应用

（a）2010年中国稀土应用；（b）2010年中国稀土在新材料领域的应用

（1）要继续加强新型稀土永磁材料的探索、加强高档稀土永磁材料及相关生产技术和设备的开发；在一些关键技术方面，加强产学研结合，充分发挥我国在生产、人才和技术诸方面的综合优势，实现实质性突破，使我国稀土永磁材料产业能保持持续发展。

（2）作为参与全球化竞争的必由之路，进一步提升自主创新能力，建立自主知识产权保护体系。一方面在研发、生产和经营活动中做好自主创新，构筑专利及其他知识产权的保护体系，提高企业竞争能力；另一方面，要通过不懈的努力在稀土永磁领域寻找新的立足点，逐渐摆脱受制于人的局面。树立起真正的知识产权保护意识，并了解、尊重和充分利用知识产权的游戏规则，在未来发展中取得主动权。

（3）我国的稀土永磁企业，要加强自身内功修炼，不断提高技术水平和管理水平，做大做强，提升行业整体水平。

（4）尽管我国的稀土永磁生产能力已超过实际产量的两倍，但近年来生产能力仍有迅速扩张的趋势，一些现存的厂家盲目扩产，还有不少新的磁体厂家上马。它们缺少准确的市场定位，将加剧行业恶性竞争，不利于我国稀土永磁产业健康发展。相关政府部门应予以重视并加强调控，投资单位应注意防范风险。

（5）稀土永磁材料的成本构成中，稀土原材料的价格占有举足轻重的地位，相对稳定的稀土原材料价格对于稀土永磁产业的健康发展是非常重要的。应该做到，稀土原材料满足应用需求，并且价格合理。从市场角度讲，如果价格太高，应用范围就会受到限制；价格太低，则会造成不必要的资源滥用。从稀土产业角度讲，价格太高，中国会失去市场份额；价格太低，其他国家或地区的稀土就难以进入到市场，不利于保护我国稀土资源。既要掌握主动权，同时让其他国家或地区的稀土也有机会进入到市场，以形成一个由中国主导的多元化稀土市场。

（6）进一步加强我国稀土永磁应用领域的技术开发和产业化，磁体生产厂家和应用产品企业增进合作，充分发挥各自的优势，扩大稀土永磁的应用，让稀土永磁材料发挥更大的作用。

2.8.2 稀土永磁材料展望

随着现代科技和经济的快速发展，人们对于稀土永磁材料的综合性能的要求越来越高。在研究开发工作方面主要有：一是开展原创性磁性材料的研究，寻求性能优于钕铁硼的新型永磁材料；二是提高和改善现有稀土永磁材料的磁性能；三是开展新工艺和新设备的研发。

自 1983 年钕铁硼诞生以来，虽然发现了一些有永磁开发潜力的稀土金属间化合物（如 $SmFe_{12-x}Ti$）、间隙原子稀土金属间化合物（如 $Sm_2Fe_{17-y}M_y$，$NdFe_{12-x}Mo_xM_y$，M = N，C）和纳米复合稀土永磁材料等，但很难撼动具有优异永磁性能的钕铁硼材料的地位。铁和稀土的结合，将永磁材料的性能推向了一个巅峰，在短期内很难看到有其他材料超越的可能。

近几年，为了进一步加强环境保护，高效利用稀土资源，我国政府加强了稀土行业治理整顿。2011 年 2 月 16 日，国务院总理温家宝主持召开国务院常务会议，进一步研究和部署了稀土行业发展的方针和政策。2011 年 5 月 10 日《国务院关于促进稀土行业持续健康发展的若干意见》出台，其中第十九条指出：加快稀土关键应用技术研发和产业化。按照发展战略性新兴产业总体要求，引导和组织稀土生产应用企业、研发机构和高等院校，大力开发深加工和综合利用技术，推动具有自主知识产权的科技成果产业化，为发展战略性新兴产业提供支撑。

目前，我国稀土原料供应量占世界稀土使用量的 95% 以上，国外稀土功能材料相关行业对我国稀土原料依赖很大，出口配额限制必将对其产生巨大影响。由于我国的稀土行业治理整顿，稀土出口减少，使得美国、欧盟和日本等发达国家除了恢复开采已关闭的稀土矿或开采新的稀土矿外，还加大了对稀土永磁材料和其他稀土功能材料的支持。美国钼公司（Molycorp）不仅恢复开采已关闭的 Mountain Pass 稀土矿，2013 年将产出 2 万吨稀土氧化物，而且将投资稀土永磁材料生产。在日本政府的大力支持下，日本稀土应用相关企业，除了在越南、蒙古等地合作开采稀土矿外，稀土永磁材料企业、研究院和高校还积极合作，开发降低重稀土用量甚至不使用重稀土的钕铁硼永磁材料，并探索不含稀土的永磁材料。

我国正继续加强新型稀土磁性材料的探索、加强高档稀土磁性材料的开发，使我国稀土磁性材料能保持持续发展。科技部正在制定《稀土材料科技发展“十二五”专项规划》，稀土永磁材料将作为重点支持对象。在 2011 年“863”计划项目中，实施了“先进稀土材料制备及应用技术”重大项目，共设课题17个，其中稀土永磁材料课题5个，涉及能烧结稀土永磁材料、粘结稀土永磁材料和热压稀土永磁材料。

我国的稀土永磁企业要加强自身的整合，不断提高技术和管理水平，以便在国外的稀土磁性产业向中国转移的过程中保持主动地位，并通过与国外先进稀土磁性企业加强合作，互利互助，使稀土磁性产业更好地扎根于中国，使中国的稀土永磁产业更好地服务于全球。依赖于丰富的稀土资源、充足的技术人才、较低的人工成本和广阔的市场，中国必将成为世界一流的稀土永磁材料供应基地，我国稀土永磁材料的明天将更加美好。

参考文献

[1] 北京大学物理系《中国古代科学技术大事记》编写小组．中国古代科学技术大事记[M]．北京：人民教育出版社，1977.

[2] 中国科学院自然科学研究所．中国古代科技成就[M]．北京：中国青年出版社，1978.

[3] Buschow K H J. New Permanent Magnet Materials[J]. Materials Science Rep. ,1986:1 ~63.

[4] Buschow K H J. New Developments in Hard Magnetic Materials[J]. Rep. Prog. Phys. ,1991, 54:1123.

[5] Nesbitt E A, Wernick J H and Corenzwit E. Magnetic Moments of Alloys and Compounds of Iron and Cobalt with Rare Earth Metal Additions[J]. J. Appl. Phys. ,1959, 30:365.

[6] Hubbard W M, Adams E, Gilfrich J V. Magnetic moments of alloys of gadolinium with some of the transition elements[J]. J. Appl. Phys. ,1960, 31:S386.

[7] Hoffer G, Strnat K. Magnetocrystalline anisotropy of YCo_5 and Y_2Co_{17} [J]. IEEE Trans. Magn. , 1966, MAG -7:487.

[8] Strnat K J. Cobalt,1967, 36:133.

[9] Strnat K J, Hoffer G, Olsen J C, et al.. A Family of New Cobalt-Base Permanent Magnet Materials[J]. J. Appl. Phys. ,1967, 38:1001.

[10] Velge W A J T, and Buschow K H J. Magnetic and Crystallographic Properties of Some Rare Earth Cobalt Compounds with $CaZn_5$ Structure[J]. J. Appl. Phys. ,1968, 39:1717.

[11] Buschow K H J, Luiten W, Naastepa. P A, et al.. Magnet material with a $(BH)_{max}$ of 18.5 million gauss oersteds[J]. Philips Tech. Rev. ,1968, 29:336.

[12] Das D. Twenty million energy product samarium-cobalt magnet[J]. IEEE Trans Magn. ,1969, MAG -5: 214 .

[13] Ojima T, Tomisawa S, Yoneyama T, et al.. New type rare-earth cobalt magnets with an energy product of 30 MGOe[J]. Japan J. Appl. Phys. ,1977, 4:671.

[14] Sagawa M, Fujimura S, Togawa M ,et al.. New material for permanent magnets on a base of Nd and Fe [J]. J. Appl. Phys. ,1984, 55:2083.

[15] Groat J J, Herbest J F, Lee R W ,et al.. Pr-Fe and Nd-Fe-based materials: A new class of high-performance permanent magnets[J]. J. Appl. Phys. ,1984, 55:2078.

[16] Hirosawa S. Recent Developments and Future Perspectives of Nd - Fe - B Permanent. Magnets for Automotive Applications,BM News,2006, 35:135.

[17] 内山晋，等. 应用磁学[M]. 天津：天津科学技术出版社，1983.

[18] 戴道生，等. 铁磁学[M]. 北京：科学出版社，1987.

[19] Coey J M D. Introduction[M]//Coey J M D ed. Rare-Earth Iron Permanent Magnets. Oxford: Clarendon

Press,1996: 1 ~ 57.

[20] Strnat K J. Rare Earth-Cobalt Permanent Magnets[M]//Wohlfarth E P and Buschow K H J ed. Ferromagnetic Materials Vol. 4. Elsevier Science Publishers B. V. ,1988:131 ~ 209.

[21] 周寿增. 稀土永磁材料及其应用[M]. 北京:冶金工业出版社,1995.

[22] 周寿增,董清飞. 超强永磁体—稀土铁系永磁材料[M]. 2 版. 北京:冶金工业出版社,2004.

[23] Stoner E C. Collective electron ferromagnetism[J]. Proc. Roy. Soc. A,1938, 165:372.

[24] Wohlfarth E P. Forced magnetostriction in the band model of magnetism[J]. J. Phys C: Solid State Phys. , 1969, 2:68.

[25] Kirchmayer H R and Poldy C A. Magnetism in Rare earth-3d Intermetallics[J]. J. Magn. Magn. Mat. , 1978, 8: 1.

[26] Hong-Shuo Li and Coey J M D. Magnetic Properties of Ternary Rare-earth Transition-metal Compounds [G]//Buschow K H J ed. Magnetic Materials Vol. 6. Elsevier Science Publishers B. V. ,1991:1 ~ 83.

[27] Buschow K H J. Permanent Magnet Materials Based on 3d-rich Ternary Compounds[G]//Wohlfarth E P and Buschow K H J ed. Ferromagnetic Materials Vol. 4. Elsevier Science Publishers B. V. ,1988:1 ~ 129.

[28] Campbell J F. Indirect exchange for rare earths in metals[J]. J. Phys. F:Met. Phys,1972, 2:L47.

[29] Moriya T. Spin PolarizationinDilutemagnetic Alloys with Particular Reference to Palladium Alloys[J]. Prog. Theor. Phys. ,1965, 34:329.

[30] Campbell J F. Magnetic moments in dilute transition metal alloys[J]. J. Phys. C:Solid State Phys,1968, 1:687.

[31] Yamada H and Shimizu M. Electronic structure and magnetic properties of the cubic Laves phase compounds AFe_2(A = Zr, Lu and Hf) [J]. J. Phys. F:Met. Phys. ,1986, 16:1039.

[32] Brooks M S S, Erriksson O and Johansson B. 3d-5d band magnetism in rare earth transition metal intermetallics: $LuFe_2$[J]. J. Phys. :Condens. Matter. ,1989, 34:5861.

[33] Belorizky E, Fremy M A, Gavigan J P, et al. . Evidence in rare-earth (R)-transition metal (M) intermetallics for a systematic dependence of R-M exchange interactions on the nature of the R atom[J]. J. Appl. Phys. ,1987, 61:3971.

[34] March N H,Lambin Ph and Herman F. Cooperative magnetic properties in single-and two-phase 3d metallic alloys relevant to exchange and magnetocrystalline anisotropy[J]. J. Magn. Magn. Mat. ,1984, 44:1.

[35] Morrish A H. The Physical Principles of Magnetism[M]. New York:John Weily & Sons, Inc. ,1965.

[36] Asti G and Bolzoni F. Theory of its order magnetization processes-uniaxal anisotropy[J]. J. Magn. Magn. Mat. ,1980, 20:29.

[37] Hu Bo-Ping, Wang Kai-Ying, Wang Yi-Zhong, et al. . Structure and magnetic properties of $RFe_{11.35}Nb_{0.65}$ and $RFe_{11.35}Nb_{0.65}N_y$(R = Y, Sm, Gd, Tb, Dy, Ho, Er, and Lu) [J]. Phys. Rev. B,1995,51:2905.

[38] Freeman A J and Desclaux J P. Dirac-Fock Studies of Some Electronic Properties of Rare earth Ions[J]. J. Magn. Magn. Mat. ,1979, 12:11.

[39] Wallace W E. Rare-earth transition-metal permanent magnet materials[J]. Prog. Solid State Chem. ,1985, 16:127 ~ 162.

[40] Stevens K W H. Matrix elements and operator equivalents connected with the magnetic properties of rare earth ions[J]. Proc. Phys. Soc. (London), 1952,65:209.

[41] Hutchings M T. Point-charge calculations of energy levels of magnetic ions in crystalline electric fields[J]. Solid State Physics,New York :Academic,1964, 16:227.

[42] Rudowicz C. Transformation relations for the conventional O_k^q and normalised O'^q_k Stevens operator equivalents with k = 1 to 6 and-k≤q≤k[J]. J. Phys. C: Solid State Phys. ,1985, 18:1415.

[43] Callen H B and Callen E. The present status of the temperature dependence of magnetocrystalline anisotropy and the l(l+1)/2 power law[J]. J. Phys. Chemi. Solid, 1966, 27:1271.

[44] Coehoorn R J. Supermagnets-hard magnetic Materials Vol. 4[G]//Long G J and Grandjean ed. Kluwer, 1991: Chapter 8.

[45] Buschow K H J and de Mooij D B. Novel Ternary Fe-Rich Rare Earth Intermetallics[G]//The Concerted European Action on Magnets. Mitchel IV et al. ed. London: Elsevier, 1988:63.

[46] Li H S, Cadogan J M. Exchange and crystal field interactions in $Sm_2Fe_{17}N_{3-\delta}$[J]. J. Magn. Magn. Mater., 1992, 103:53.

[47] Li H S, Cadogan J M. Determination of the Leading Crystal-Field Parameter A_{20} in $NdFe_{11}TiN_{1-x}$ compounds[J]. J. Magn. Magn. Mater., 1992, 109:L153.

[48] Li H S, Cadogan J M, Hu B P, et al.. Crystal Fields in $R_3(Fe, Ti)_{29}N_y$[J]. J. Magn. Magn. Mater., 1995, 140~144:1037.

[49] Coey J M D and Sun Hong. Improved Magnetic Properties by Treatment of Iron-Based Rare earth Intermetallic Compounds in Anmonia[J]. J. Magn. Magn. Mater., 1990, 87:L251.

[50] Franse J J M and Radwanski R J. Intrisic Magnetic Properties[G]//Coey J M D ed. Rare-Earth Iron Permanent Magnets. Oxford: Clarendon Press, 1996:58~158.

[51] Verhoef R, Franse J J M Menovsky A A, et al. High-field magnetization measurements on $R_2Fe_{14}B$ single crystals[J]. J. Phys. (Paris), 1988, 49:C8-565.

[52] Buschow K H J. Intermetallic compounds of rare-earth and 3d transition metals[J]. Rep. Prog. Phys., 1977, 40:1179.

[53] Zhao T. S, Jin H M, Gao G H, et al.. Magnetic properties of R ions in RCo_5 compounds (R = Pr, Nd, Sm, Gd, Tb, Dy, Ho, and Er) [J]. Phys. Rev. B, 1991, 43:8593.

[54] Kou X C, Zhao T. S, Grossinger R, et al.. Magnetocrystalline anisotropy of $R_2Fe_{14}BN_x$ (R = Pr, Nd) [J]. Phys. Rev. B, 1992, 46:11204.

[55] Alameda J M, Givord D, Lemaire R, et al.. Co energe and magnetization anisotropies in RCo_5 intermetallics between 4.2K and 300K[J]. J. Appl. Phys., 1981, 52:2079.

[56] Sun H, Coey J M D, Otani Y, et al.. Magnetic properties of a new series of rare-earth iron nitrides: $R_2Fe_{17}N_y$ (y approximately 2.6) [J]. J Phys.: Condensed Matter, 1990, 2:6465.

[57] Pinkerton F E. High Coercivity in Melt-Spun Dy-Fe-B and Tb-Fe-B Alloys[J]. J Magn. Magn. Mater., 1986, 54~57:579.

[58] 钟文定. 铁磁学[M]. 北京:科学出版社,1987.

[59] Livingston J D. Present understanding of coercivity in cobalt-rare earth [J]. AIP Conf. Proc., 1972, 10:643.

[60] Aharoni A. Reduction in Coercive Force Caused by a Certain Type of Imperfection[J]. Phys. Rev., 1960, 119:127.

[61] Kromüller H. Theory of Nucleation Fields in Inhomogeneous Ferromagnets[J]. Phys. Stat. Sol. B, 1987, 144:385.

[62] Givord D, Tenaud P and Viadieu T. Coercivity mechanisms in ferrites and rare earth transition metal sintered magnets ($SmCo_5$, Nd-Fe-B) [J]. IEEE Trans. Magn., 1988, Mag-24:1921.

[63] Givord D, Rossignol M, Barthem V M T S. The Physics of Coercivity[J]. J. Magn. Magn. Mater., 2003, 258~259:1.

[64] Kronmuller H, Durst K D and Sagawa M. Analysis of the Magnetic Hardening Mechanism in RE-FeB Permanent Magnets[J]. J. Magn. Magn. Mater., 1988, 74:291.

[65] Zijlstra H. Permanent Magnets:Theory[G]//Wohlfarth E P ed. Magnetic Materials Vol. 3. North-Holland Publishing Company,1982:37 ~ 107.

[66] Reich S,Shtrikman S,and Treves D. Angular Variation of Coercivity in Orthoferrite Single Crystals[J]. J Appl. Phys. ,1965, 36:140.

[67] Stoner E C and Wohlfarth E P. A mechanism of magnetic hysteresis in heterogeneous alloys [J]. Philo. Trans. of the Royal Soc. of London,1948, 240A:599.

[68] Narasimhan K S V L. Higher energy product Rare Earth-Cobalt permanent magnets[C]//Strnat K J. Proc. 5th Int'l workshop on REPM. Dayton:Uni. of Dayton,1981:629.

[69] Croat J J and Lee R W. A metallographic study of sintered $SmCo_5$ compacts[J]. IEEE Trans. ,1974, MAG - 10:712.

[70] Livingston J D. Domains in sintered Co_5Sm magnets[J]. Phys. Status Solidi, A,1973, 18:579.

[71] Smeggil J. Phase analysis of liquid-phase sintered Co_5Sm magnet compacts[J]. IEEE Trans. Magn. ,1973, MAG - 9:158.

[72] Riley A and Jones G A. The observation of domain structures in $SmCo_5$ by electron microscopy[J]. IEEE Trans. Magn. ,1973, MAG - 9:201.

[73] Adler E,Hamann P. A contribution to the understanding of corcivity and its temperature dependence in sintered $SmCo_5$ and $Nd_2Fe_{14}B$ magnets[C]//Strnat K J. Proc. 8th Int'l workshop on REPM. Dayton:Uni. of Dayton,1985:747.

[74] Kronmuller H,Hilzinger H R . Incoherent Nucleation of Reversed Domains in Co_5Sm Permanent Magnets [J]. J. Magn. Magn. Mater. ,1976, 2:3.

[75] Hadjipanayis G C. Microstructure and magnetic domain structure of 2:17 precipitation-hardened rare-earth cobalt permanent magnets[C]//Fidler J ed. Proc. 3th Int. Symp. on Magn. Anisotropy and Coercivity in RE-Transition Metal Alloys,Baden, Austria,1983:609.

[76] Fidler J and Skalicky P. Domain wall pinning in REPM [C]//Fidler J ed. Proc. 3th Int. Symp. on Magn. Anisotopy and Coercivity in RE-Transition Metal Alloys,Baden, Austria,1983:585.

[77] Rothworf F,Tawara Y,Ohashi K et al. . Enhancement of coercivity by heat treatment of $Sm(Co,Fe,Cu,Zr)_{7.5}$ magnets[C]//Fidler J. Proc. 6th Inter. Workshop on Rare Earth-Cobalt Permanent Magnets and Their Applications. Vienna, Austria,1982:567.

[78] Hadjpanayis G C,Hazelton R C, Lawless K R, et al. . Magnetic domains in rare-earth cobalt permanent magnets[J]. IEEE Trans. Mag. ,1982, MAG - 18:1460.

[79] Kromüller H. Micromagnetism in Hard Magnetic Materials[J]. J. Magn. Magn. Mater. ,1978, 7:341.

[80] Givord D, Rossignol M F,Taylor D W, et al. . Coercivity analysis in $Sm(Co,Cu,Fe,Zr)_{7-8}$ Magnets[J]. J. Magn. Magn. Mater. ,1992, 104 ~ 107:1126.

[81] Fidler J. Analytical microscope studies of sintered Nd - Fe - B magnets[J]. IEEE Trans. magn. ,1985, MAG - 21:1955.

[82] Fidler J. Overview of Nd - Fe - B magnets and coercivity[J]. J. Appl. Phys. ,1996, 79:5029.

[83] Durst K D and Kronmuller H. The Coercive Field of Sintered and Melt-Spun NdFeB Magnets [J]. J. Magn. Magn. Mater. ,1987, 68:63.

[84] Kronmuller H. Micromagnetic background of hard magnetic-materials[G]//G J Long and F Grandjean ed. Supermagnets-Hard Magneic Materials. The Netherlands:Kluwer Academic,1991:461 ~ 498.

[85] Kronmuller H. Micromagnetism and Magnetization Processes in Modern Magnetic Materials. In Hadjpanayis G C and Prinz G eds. Science and Technology of Nanostructured Materials[M]. New York:Plenum Press, 1991:657.

[86] Yury P, Konstantin S. Magnetic Domain Structure: Analysis of Magnetic Reversal in RE-3d Permanent Magnets[C]//Luo Y and Li W. Proc. 19th Int'l. Workshop on REPM & Their Appl.. Beijing: J. Iron Steel Research International Vol. 13, 2006: 79.

[87] Volkov V V, Zhu Y. Dynamic Magnetization Observations and Reversal Mechanisms of Sintered and Die-Upset Nd-Fe-B Magnets[J]. J Magn. Magn. Mater., 2000, 214: 204.

[88] Hadjipanayis G C, Tao Y F and Lawless K R. Microstructure and magnetic properties of Iron-Rare-Earth magnets[G]//Strnat K J. 8th Int. Workshop on Rare Earth Magnets and their Applications. Dayton, Ohio, 1985: 657.

[89] Givord D and Rossignol M F. Coercivity[G]//Coey J M D ed. Rare-Earth Iron Permanent Magnets. Oxford: Clarendon Press, 1996: 218 ~ 285.

[90] Givord D, Tenaud P and Viadieu T. Angular Dependence of Coercivity in Sintered Magnets[J]. J Magn. Magn. Mater., 1988, 72: 247.

[91] Chen Y T. Transmission electron microscopy study of high energy product Fe-Nd-B ribbons[J]. IEEE Trans. magn., 1985, MAG-21: 1967.

[92] Wecker J and Schultz L. Coercivity after heat treatment of overquenched and optimally quenched Nd-Fe-B[J]. J Appl. Phys., 1987, 62: 990.

[93] Hadjipanayis G C, Gong W. Lorentz Microscopy in Melt-Spun R-Fe-B Alloys[J]. J Magn. Magn. Mater., 1987, 66: 390.

[94] Mishra R Kand Lee R W. Microstructure, domain walls, and magnetization reversal in hot-pressed Nd-Fe-B magnets[J]. Appl. Phys. Lett, 1986, 48: 733.

[95] Mishra R K. Microstructure of hot-pressed and die-upset NdFeB magnets[J]. J Appl. Phys., 1987, 62: 967.

[96] Yoshikawa N, Kasai Y, Watanabe T, et al.. Effect of additive elements on magnetic properties and irreversible loss of hot-worked Nd-Fe-Co-B magnets[J]. J. Appl. Phys., 1991, 69: 6049.

[97] 肖耀福. 关于永磁材料可逆和不可逆损失测量问题的讨论——p 值引起的误差[J]. 磁性材料及器件, 1989, 20: 22.

[98] Li D, Mildrum H F and Strnat K J. Thermal stability of five sintered rare-earth-cobalt magnet types[J]. J. Appl. Phys., 1988, 63: 3984.

[99] Endoh M, Tokunaga M. Nd-Fe-B Based Sintered Magnets with Low Temperature Coefficients. In: Proc. 10th Int. Workshop on Rare Earth Magnets and Their Application [C]. Tokyo, Japan, 1989: 449.

[100] Tokunaga M, KoqureH, Endoh M, et al.. Improvement of thermal stability of Nd-Dy-Fe-Co-B sintered magnets by additions of Al, Nd and Ga[J]. IEEE Trans. magn., 1987, MAG-23: 2287.

[101] Hanitsch R. Permanent-magnet motors[G]//Coey J M D ed. Rare-Earth Iron Permanent Magnets. Oxford: Clarendon Press, 1996: 452 ~ 495.

[102] Strnat R M, W Luo H L. Oxidation behavior of rare-earth magnet alloys[C]//Fidler J. Proc. 6th Inter. Workshop on Rare earth-Cobalt Permanent Magnets and Their Applications. Vienna, Austria, 1982: 457.

[103] Kim AS, Jacobson J M. Oxidation and oxidation protection of Nd-Fe-B magnets[J]. IEEE Trans on Magn., 1987, MAG-23: 2509.

[104] 俵好夫（Minowa），大桥健. 希土類永久磁石（日文）[M]. 森北出版株式会社, 1999: 105.

[105] Nakamura H, Fukuno A, Yoneyama T. Corrosion Resistance of Nd-Fe-B base Magnet Alloys. In: Proc. 10th Int. Workshop on Rare Earth Magnets and Their Application[C]. Tokyo, Japan, 1989: 315.

[106] Schultz L, El-Aziz AM, Barkleit G et al. Corrosion behaviour of Nd-Fe-B permanent magnetic alloys [J]. Mater. Sci. Eng. A, 1999, 267: 307.

[107] El-Aziz AM, Mummert K, Barkleit G et al. 6th All-polish Corrosion Conf. Materials and Environment[C]. Czestochowa, Poland,1999.

[108] Gaolin Y, Williams A J, Harris I R . The effect of density on the corrosion of NdFeB magnets[J]. J. Alloys and Comp,1999,292:266.

[109] 唐杰,魏成富,赵导文,等. NdFeB 烧结过程中可能发生的有害反应[J]. 磁性材料及器件,2007, 38:55.

[110] Kim A S, Camp F E,and Dulis E J. Effect of Oxygen,Carbon,and Nitrogen Contents on the Corrosion Resistance of Nd – Fe – B Magnets[J]. IEEE Trans. magn. ,1990, MAG – 26:1936.

[111] Nesbitt E A. New Permanent Magnet Materials Containing Rare-Earth Metals[J]. J. Appl. Phys. ,1969, 40:1259.

[112] Nesbitt E A,Wernick J H and Corenzwit E. Magnetic Moments of Alloys and Compounds of Iron and Cobalt with Rare Earth Metal Additions[J]. J. Appl. Phys. ,1959, 30:365.

[113] Shimoda T,Akioka K,Kobayashi O,et al. . High-energy cast Pr – Fe – B magnets[J]. J. Appl. Phys. , 1988, 64:5290.

[114] Lee R W. Hot-pressed neodymium-iron-boron magnets[J]. Appl. Phys. Lett. ,1985, 46:790.

[115] Lee R, Brewer E. , Schaffel N. Processing of Neodymium-Iron-Boron melt-spun ribbons to fully dense magnets[J]. IEEE Trans. Mag. ,1985, MAG – 21:1958.

[116] 浜野正明. 工業材料[J]. 1976, 27:86.

[117] Croat J J, Herbst J F, Lee R W,et al. . Pr – Fe and Nd – Fe-based materials: A new class of high-performance permanent magnets[J]. J. Appl. Phys. ,1984, 55:2078.

[118] Nozawa Y, Iwasaki K, Tanigawa S, et al. . Nd – Fe – B die-upset and anisotropic bonded magnets[J]. J. Appl. Phys. ,1988, 64:5285.

[119] Takeshita T. and Nakayama R. Magnetic Properties and Microstructures of the NdFeB Magnet Powder Produced by Hydrogen Treatment. In:Proc. 10th Inter. Workshop on Rare Earth Permanent Magnets and Their Applications[C]. 1989:551.

[120] McGuiness P J,Zhang X J,Yin X J, et al. . Hydrogenation,Dspropertionation and Desorption(HDD):An effective processing route for Nd – Fe – B-type magnets[J]. J. Less Common Metals,1990, 158:359.

[121] Nakamura H,Suefuji R,Sugimoto S,et al. . Effects of HDDR treatment conditions on magnetic properties of Nd – Fe – B anisotropic powders[J]. J. Appl. Phys. ,1994, 76:6828.

[122] Mishima C, Hamada C,Mitarai H et al. Magnetic Properties of NdFeB Anisotropic Magnet Powder Produced by the d-HDDR Method. In: Proc. 16th Inter. Workshop on Rare Earth Permanent Magnets and Their Applications[C]. H. Kaneko,M. Homma and M. Okada ed. ,Sendai,Japan,The Japan Institute of Metals,2000:873.

[123] Cech R E. J. Met. ,1974,26:32.

[124] Li D, Liu J L, Xu E D,et al. . Reduction-diffusion preparation of $Sm_2(Co,Fe,Cu,Zr)_{17}$ type alloy powers and magnets made from them[C]//Strnat K J. Proc. 5th Inter. Workshop on Rare earth-Cobalt Permanent Magnets and Their Applications. Dayton:Uni. of Dayton,1981:571.

[125] Herget C. Metallurgical ways to NdFeB alloys. Permanent magnets from Co-reduced NdFeB[C]//Strnat K J. Proc. 8th Inter. Workshop on Rare Earth Permanent Magnets and Their Applications. Dayton:Uni. of Dayton,1985:407.

[126] 石富. 稀土永磁材料制备技术[M]. 北京:冶金工业出版社,2007.

[127] Herget C and Domazer H. Goldschimdt informiert[J]. 1975, 35:3.

[128] Ray A E and Millott H. The preparation of RCo_5 permanent magnet alloys[J]. IEEE Trans. Magn. ,

1971, MAG-7:423.

[129] Miller J F and Austin A E. Container materials for molten $SmCo_5$[J]. J. Less-Common Metals,1971, 25: 317.

[130] Hirose Y, Hasegawa H, Sasaki S. Microstructure of Strip Cast Alloys for High Performance NdFeB Maagnets[C]//Proc. 15th Inter. Workshop on Rare Earth Permanent Magnets and Their Applications,1998: 401.

[131] Domazer H G. In: Zijlstra ed. Proc. 3rd Eur. Conf. On Hard Magnetic Materials[C]. Den Hagg: Bond voor Materialenkennis,1974:140.

[132] Uestuener K, Katter M, Rodewald W. Dependence of the Mean Grain Size and Coercivity of Sintered Nd - Fe - B Magnets on the Initial Powder Particle Size[J]. IEEE Trans. Magn. ,2006, MAG-42:2897.

[133] Bartlett R W and Jorgensen P J. Metall. Trans. ,1974, 5:355.

[134] Ormerod J. The physical metallurgy and processing of sintered rare-earth permanent -magnets[J]. J. Less Common Metal,1985, 111:49.

[135] Gutfleisch O and Harris I R. Hydrogen assisted processing of rare-earth permanent magnets[C]//Proc. 15th Int. Workshop on Rare earth Permanent Magnets and Their Applications,1998:487.

[136] Isnard, O; Miraglia, S; Fruchart, D. A Study of the Magnetic Properties of the $Nd_2Fe_{14}BH_x$ System(x = 0 to 4). In: Proc. 9th Int. Symposium Magnetic Anisotropy and Coercivity in Rare-Earth Transition Metal Alloys[C]. 1996,2:317.

[137] 高汝伟,周寿增.烧结永磁材料的磁性能与取向磁场的关系[J].磁性材料和器件,1996,27:13.

[138] Kaneko Y and Ishigaki N. Recent developments of high-performance NEOMAX magnets[J]. J of Mater. Eng. and Performance,1994, 3:228.

[139] Shimoda T. A prospective observation of bonded rare-earth magnets[J]. 日本応用磁気学会誌,1993, 17:32.

[140] Vekshin B S, et al. Sov. Powder Metall. Met. Ceram. ,1975, 14:921.

[141] Sagawa M and Nagata H. Novel processing technology for permanent magnets[J]. IEEE Trans. Mag. , 1993, MAG - 29:2747.

[142] Takahashi M, Uchida K and Taniguchi F. High performance Nd - Fe - B sintered magnets made by the wet process[J]. J. Appl. Phys. ,1998,83:6402

[143] Velge W A J J and Buschow K H. Magnetic and Crystallographic Properties of Some Rare Earth Cobalt Compounds with $CaZn_5$ Structure[J]. J. Appl. Phys. ,1968, 39:1717.

[144] Westendorp F F and Buschow K H. Permanent magnets with energy products of 20 million gauss oersteds [J]. Silid State Commun. ,1969, 7:639.

[145] Das D K. Twenty million energy product samarium-cobalt magnet[J]. IEEE Trans. Magn. , 1969, MAG - 5:214.

[146] Jorgensen P J and Bartlett R W. Solid-phase sintering of $SmCo_5$[J]. J. Less-Common Metals, 1974, 37:205.

[147] Benz M G and Martin D L. Cobalt-Samarum Permanent Magnets Prepared by Liquid Phase Sintering[J]. Appl. Phys. Lett. ,1970, 17:176.

[148] Narasimhan K S V L and Lizzi T. Densification and magnetization of rare earth magnets[J]. J. Appl. Phys. ,1985, 57:4158.

[149] Paladino A E, et al. Kornfeld,1975:63.

[150] Den Broeden F J A, et al. Z. Metallkunde,1974, 65:501.

[151] Kumar K, and Das D. Magnetic properties and microstructures of sprayed $SmCo_5$ magnets exposed to in-

termediate temperatures[J]. J. Appl. Phys. ,1979, 50:2940.

[152] Fidler J, Kirchmayr H, Wernisch J. Homogeneous precipitation in Co_5Sm crystals[J]. J. Less-Common Metals, 1980, 71:245.

[153] Zhou S Z, Lin B, Zhao Z et al. . The Reversible Variation in Coercivity for Rare Earth-Cobalt Permanent Magnets[C]//Pan X S, Ho W W, Yu C Z, eds. Proc. 7th Inter. Workshop on Rare earth Permanent Magnets and Their Applications. Beijing, 1983:361.

[154] Nesbitt E A, Willens R H, Sherwood R C, et al. . New Permanet Magnet Materials[J]. Appl. Phys. Lett, 1968, 12:361.

[155] Tawara Y and Senno H. Cerium, Cobalt and Copper Alloy as a Permanent Magnet Material[J]. Japn. J. Appl. Phys. ,1968, 7:966.

[156] Senno H and Tawara Y. Magnetic Properties of Sm-Co-Fe-Cu Alloys for Permanent Magnet Materials[J]. Japn. J. Appl. Phys. ,1975, 14:1619.

[157] Ojima T, Tomizawa S, Yoneyama T, et al. . Magnetic properties of a new type of rare-earth cobalt magnets $Sm_2(Co, Cu, Fe, M)_{17}$[J]. IEEE Trans. Mag. ,1977, MAG-13:1317.

[158] Ojima T, et al. . New Type Rare Earth Cobalt Magnets with an Energy Product of 30 MGOe[J]. Japn. J. Appl. Phys. ,1977, 16:671.

[159] Livingston J D and Martin D L. Microstructure of aged $(Co, Cu, Fe)_7Sm$ magnets[J]. J. Appl. Phys. , 1977, 48:1350.

[160] Rabenburg L, Mishra R and Thomas G. Microstructures of precipitation-hardened SmCo permanent magnets[J]. J. Appl. Phys. ,1982, 53:2389.

[161] Shimoda T, Kasai K and Teraishi K. New Resin-Bonded Sm-Co magnet Having High Energy Product (SAM). In: Proc. 4th Inter. Workshop on Rare Earth-Cobalt Permanent Magnets and Their Applications [C]. Hakone National Paek, Japan, 1979:335.

[162] 车广灿,等. Nd-Fe-B(B≤50at%)三元系相图的研究[J]. 中国科学 A,1985, No. 10:909.

[163] Tokunaga M, Endoh Mand Harada H. Magnetizability of Nd-Fe-B-type magnets with Dy additions[J]. J. Appl. Phys. ,1988, 63:3510.

[164] Tokunaga M, Tobise M, Meguro N, et. al. . Microstructure of R-Fe-B sintered magnet[J]. IEEE Trans. Mag. ,1986, MAG-22:904.

[165] Otsuki E, Otsuka T and Imai T. . Processing and magnetic properties of sintered Nd-Fe-B magnets[C]// Proc. 11th Inter. Workshop on Rare earth Permanent Magnets and Their Applications, 1990, 1:328.

[166] Kusunoki M, Yoshikawa M, Minowa T, et al. . Binary alloy method for the production of Nd-Fe-Co-B permanent magnets[J]. Adv. Mater. (Transactions of the Materials Research Society of Japan), 1994, 14B: 1013.

[167] Iriyama, T. , Kobayashi, K. , Imaoka, N. Effect of nitrogen content on magnetic properties of $Sm_2Fe_{17}N_x$ $(0<x<6)$ [J]. IEEE Trans. Mag. ,1992, MAG-28:2326.

[168] N Ishikawa T, Kawamoto A and Ohmori K. Production of an Sm-Fe-N magnet power and its application in a bonded magnet[J]. 日本応用磁気学会誌, 2000, 24:1394.

[169] Imaoka N T, Iriyama S, Itoh A, et al. . Effect of Mn addition to Sm-Fe-N magnets on the thermal stability of coercivity[J]. J. Alloys and Comp. ,1995, 222:73.

[170] Yang Y C, Zhang X D, Kong L S, et al. . Magnetocrystalline anisotropies of $RTiFe_{11}N_x$ compounds[J]. Appl. Phys. Lett. ,1991, 58:2042.

[171] Hono K, Ping D H, Hirosawa S. Effect of Cu on microstructural evolution of nanocrystalline soft and hard magnetic materials[J]. Advaced hard and soft magnetic materials, 1999, 577:507.

[172] Tokunaga M, Nazawa Y, Iwasaki K, et al. . Magnetic Properties of Isotropic Nd-Fe-B Bonded Magnets [J]. J. Mag. Mag. Mater. ,1989, 80:80.

[173] Kojima K, Kawamoto A and Ohmori K. Production of an Sm – Fe – N magnet prower and its application in a bonded magnet[J]. 日本応用磁気学会誌,1988, 12:219.

[174] Minowa, T, Yoshikawa M, Honshima M. Improvement of the corrosion resistance on Nd – Fe – B magnet with nickel plating[J]. IEEE Trans. Mag. ,1989, MAG – 25:3776.

[175] Fannin E R and Muehlberger D E. 14th Airlines Plating Forum[C]. 1978:MCAIR 78 – 006.

[176] 程秀云,张振华,等. 电镀技术[M]. 北京:化学工业出版社,2003.

[177] Ding Y G, Zhu Y X, Yin X L, et al. . Research Progress on C-band Broadband Multibeam Klystron[J]. IEEE Trans. Electron Devices,2007, 54(4):624.

[178] 唐任远,现代永磁电机理论与设计[M]. 北京:机械工业出版社,1997.

[179] D Howe. Actuators[G]//Coey J M D ed. Rare-Earth Iron Permanent Magnets. Oxford:Clarendon Press, 1996:499 ~ 512.

[180] 信越稀土磁体网站(http://www. shinetsu-rare-earth-magnet. jp).

[181] Rem P C. Magnets in eddy current technology [C]//Int. Symposium on Rare Earth Magnets, Beijing,2000.

[182] 宋后定,陈培林. 永磁材料及其应用[M]. 北京:机械工业出版社,1984.

[183] 原荣. 光纤通信[M]. 2 版,北京:电子工业出版社,2006,153.

[184] Kim A S. Design of high temperature permanent magnets[J]. J Appl Phys,1997, 81(8):5609.

[185] Liu J F, Zhang Y, Dimitrov D et al. . Microstructure and high temperature magnetic properties of Sm(Co, Cu, Fe, Zr)$_z$(z = 6. 7 ~ 9. 1) permanent magnets[J]. J Appl Phys,1999, 85(5):2800.

[186] Liu S, Y ang J, Doyle G, et al. . Abnormal temperature dependence of intrinsic coercivity in sintered Sm-Co-based permanent magnets[J]. J Appl Phys,2000, 87(9):6728.

[187] Liu J F, Payal V, Michael W. Overview of Recent progress in Sm-Co Based Magnets[C]//Luo Y and Li W. Proc. 19th Int'l. Workshop on REPM & Their Appl. . Beijing: J. Iron Steel Research International Vol. 13,2006:319.

[188] 成问好,李卫,李传健,等. 制取低温度系数 Nd – Fe – B 磁体的混合合金法工艺[J]. 稀有金属材料与工程,2002, 31:52.

[189] Harris I R. The use of hydrogen in the production of Nd-Fe-B type magnets and the assessment of Nd-Fe-B type alloys and permanent magnets-an update[C]//Street B ed. 12th Inter. Workshop on Rare earth Permanent Magnets and Their Applications,1992:347.

[190] 朱青,刘长庆,王亦忠,等. 氢爆工艺中脱氢程度对烧结 NdFeB 磁体永磁性的影响[J]. 金属功能材料,2003, 10:1.

[191] Takahashi M, Uchida K, and Taniguchi F. High Performance Nd-Fe-B Sintered Magnets Made by the Wet Process[J]. J Appl. Phys. ,1998, 83:6402.

[192] Tokoro H, Uchida K. High energy product Nd – Fe – B sintered magnets produced by wet compacting process[J]. IEEE Trans. Mag. ,2001, MAG – 37:2463.

[193] Kaneko Y. Highest performance of Nd – Fe – B magnet over 55 MGOe[J]. IEEE Trans. Mag. ,2000, MAG – 36:3275.

[194] Rodewald W, Wall B, Katter M, et al. . Top Nd – Fe – B magnets with greater than 56 MGOe energy density and 9. 8 kOe coercivity[J]. IEEE Trans. Mag. ,2002, MAG-38:2955.

[195] Grieb B. New Corrosion Resistant Materials Based on Neodym-Iron-Boron[J]. IEEE Trans. Magn. ,1997, MAG – 33:3904.

[196] Katter M, Zapf L, Blank R, et al. . Corrosion mechanism of RE – Fe – Co – Cu – Ga – Al – B magnets [J]. IEEE Trans Mag,2001, MAG –37:2474.

[197] Park K T,Hiraga K, and Sagawa M. Effect of Metal-Coating and Consecutive Heat Treatment on Coercivity of Thin Nd-Fe-B Sintered Magnets. In:Proc. 16th Workshop Rare-Earth Magnets and Their Applications [C]. Sendai,2000:257.

[198] Nakamura H, Hirota K, Shimao M, et al. . Magnetic properties of extremely small Nd-Fe-B sintered magnets[J]. IEEE Trans. Magn. ,2005, 41:3844.

[199] 孙绪新,包小倩,高学绪,等. 烧结 Nd – Fe – B 磁体表面渗镀 Dy_2O_3 对磁体显微组织和磁性能的影响[J]. 中国稀土学报,2009, 27:86.

[200] Hirota K, Nakamura H, Minowa T, et al. . Coercivity Enhancement by the Grain Boundary Diffusion Process to Nd – Fe – B Sintered Magnets[J]. IEEE trans. Magn. ,2006, 42:2909.

[201] Sagawa M. A new process for the NdFeB sintered magnets[C]//2008BM International Symposium, Japan,2008.

[202] Horton J A,Wright J L,Herchenroeder J W. Fracture toughness of commercial magnets[J]. IEEE trans. Magn. ,1996, 32:4374.

[203] Yan M, Yu L Q, Wu J M, et al. . Inproved Magnetic Properties and Fracture Strength of NdFeB by Dehydrogenation[J]. J Magn. Magn. Mater. ,2006, 306:176.

[204] Withey P A, Kennett H M, Bowen P,et al. . The magnetic and mechanical properties of NdFeB type permanent magnets and the effect of quenching[J]. IEEE trans. Magn. ,1990, 26:2619.

[205] 曾振鹏. 烧结 NdFeB 永磁材料的断裂研究[J]. 稀有金属材料与工程,1996, 25:18.

[206] Liu J F, Liu S. High performance singtered Nd – Fe – B type magnets with improved toughness[C]//HPMA 04 – 18th International Workshop on high Performance Magnets and Their Applications, Annecy (France),2004.

[207] Liu S,Cao D,Leese R,et al. . Sintered Nd – Fe – B magnets with high fracture toughness[C] //Hadjipanayis G C and Bonder M J eds. Proc. of the 17th Inter. Workshop on Rare Earth Magnets and Their Applications,Newark, Delawawe, USA, 2002:360.

[208] 李安华,董生智,李卫. 稀土永磁材料的力学性能[J]. 金属功能材料,2002,9(4):7.

[209] 福田泰隆,下斗米道夫. 日本金属学会会报[J]. 1994,33:619.

[210] Liu J F, Vora P, Walmer M H,et al. . Microstructure and magnetic properties of sintered NdFeB magnets with improved impact toughness[J]. J. Appl. Phys. ,2005, 97:10H101.

[211] Buschow K H J and de Mooij D B. Novel ternary Fe-rich rare earth intermetallics[G]//Mitchell I V et al eds. the Concerted European Action on Magnets (CEAM), London:Elsevier,1989:63.

[212] Kneller E F and Hawig R. The exchange-spring magnet: a new material principle for permanent magnets [J]. IEEE Trans. Mag. ,1991, 27:3588.

[213] Skomski R and Coey J M D. Giant energy product in nanostructured two-phase magnets[J]. Phys. Rev. B, 1993, 48:15812.

[214] Strzeszewski J,Wang Y Z, Singleton E W , et al. High Coercivity in $Sm(FeT)_{12}$ Type Magnets[J]. IEEE Trans. Mag,1989, Mag –25:3309.

[215] Schultz L,Schnitzke K and Wecker J. Magnetic hardening of Sm – Fe – V and Sm – Fe – Ti Magnets[J]. J. Magn. Magn. Mater. ,1990, 83:254.

[216] Hu B P,Wang K Y, Wang Y Z, et al. . Structure and Magnetic Properties of $RFe_{11.35}Nb_{0.65}$ and $RFe_{11.35}Nb_{0.65}N_y$ (R = Y,Sm,Gd,Tb,Dy,Ho,Er,and Lu) [J]. Phys. Rev. B,1995, 51:2905.

[217] Gueramian M, Beginge A, Yvon K, et al. . Synthesis and magnetic properties of ternary carbides $R_2Fe_{14}C$

(R = Pr, Sm, Gd, Tb, Dy, Ho, Er, Tm, Lu) with $Nd_2Fe_{14}B$ structure type[J]. Solid State Commun. , 1987, 64:639.

[218] Zhong X P, Radwanski R J, de Boer F R, et al. High-Field Study of $R_2Fe_{17}C$ Compounds[J]. J. Magn. Magn. Mater. ,1990, 83:143.

[219] Kuhrt C O, Donnell K, Katter M, et al. . Pressure-assisted zinc bonding of microcrystalline $Sm_2Fe_{17}N_x$ powders[J]. Appl. Phys. Lett,1992, 60:3316.

[220] Schultz L, Schnitzke K, Wecker J, et al. . Permanent magnets by mechanical alloying[J]. J Appl. Phys. ,1991, 70:6339.

[221] Suzuki S, Miura T, Kawasaki M. $Sm_2Fe_{17}N_x$ bonded magnets with high-performance[J]. IEEE Trans. Mag. ,1993,29:2815.

[222] Huang M Q,Zhang L Y,Ma B M,et al. Metal-Bonded Sm_2Fe_{17} – N-Type Magnets[J]. J Appl. Phys. , 1991,70:6027.

[223] 许建民,胡伯平,饶晓雷,等.爆炸烧结 $Sm_2Fe_{17}N_y$ 永磁体[J].中国科学通报,1992,38:455.

[224] Hu J F,Yang F M,Nasunjilegal B,et al. . Hard Magnetic Behaviour and Interparticle Interaction in the $Sm_3(Fe,Ti)_{29}N_y$ Nitride[J]. J. Phys. :Condens Matter,1994,6:L411.

[225] Ohmori K, Ishikawa T, J. Progress of Sm – Fe – N Anisotropic Magnets[C]//Luo Y and Li W. Proc. 19th Int'l. Workshop on REPM & Their Appl. . Beijing: J. Iron Steel Research International Vol. 13, 2006:221.

[226] Shen B G,Kong L S,Wang F W,et al. . Structure and magnetic properties of $Sm_2Fe_{14}Ga_3C_x$ ($x = 0 \sim 2.5$) compounds prepared by arc melting[J]. Appl. Phys. Lett,1993, 63:2288.

[227] 沈保根,孔麟书,王芳卫,等. $Sm_2(Fe,M)_{17}C_{1.5}$ (M = Ga,Si)化合物的形成和磁性[J].物理学报, 1994,43:846.

[228] Collocott S J, Day R K, Dunlop J B. 7th Inter. Symposium on Mag. Anisotropy and Coercivity in Rare Earth Ransition Metal Alloys[C]. Canberra, Australia,1992:437.

[229] Li H S,Cadogen J M,Davis R L. Structural properties of a novel magnetic ternary phase: $Nd_3(Fe_{1-x}Ti_x)_{29}$ ($0.04 \leqslant x \leqslant 0.06$) [J]. Solid State Commun. ,1994, 90:487.

[230] Hu Z,Yelon W B. Magnetic and Crystal Structure of the Novel Compound $Nd_3Fe_{29-x}Ti_x$[J]. J. Appl. Phys. ,1994,76:6147.

[231] Yang F M, Nasunjilegal B, Wang J L et al. Magnetic Properties of a Novel $Sm_3(Fe,Ti)_{29}$ Nitride[J]. J. Appl. Phys. ,1994, 76:1971.

[232] Hu B P, Wang Y Z, Liu G C, et al. . A Hard Magnetic Properties Study of a Novel $Sm_3(Fe,Ti)_{29}N_y$ Nitride[J]. J. Phys. :Condens Matter,1994, 6:L197.

[233] Hu B P, Liu G C, Wang Y Z, et al. . Magnetic Properties of the $Sm_3(Fe,Ti)_{29}C_y$ Carbides(R = Nd,Sm) [J]. J. Phys. :Condens Matter,1994, 6:L595.

[234] Wang Y Z, Hu B P, Liu G C, et al. . Hard Magnetic Properties of the Novel Compound $Sm_3(Fe,Cr)_{29}N_y$ [J]. J. Phys. :Condens Matter,1997, 9:2787.

[235] Coehoorn R, de Mooji D B, Duchateau J P W B, et al. . Novel Permanent Magnetic-Materials Made by Rapid Quenching[J]. J. Phys. (Paris),1988, 49(C – 8): 669.

[236] Bauer J, Seeger M, Zem A, et al. . Nanocrystalline FeNdB Permanent Magnets with Enhanced Remanence[J]. J Appl. Phys. ,1996, 80:1667.

[237] Ding J,McCormick PG, Street R. Remanence Enhancement in Mechanically Alloyed Isotropic Sm_7Fe_{93}-Nitride[J]. J. Magn. Magn. Mater. ,1993, 124:1.

[238] Liu S, Cui B, Bauser S, et al. . Approach to Synthesizing Bulk,Fully Dense Anisotropic Nanocomposite

Rare Earth Permanent Magnets[C]//Proc. 17th Int'l. Workshop on REPM, 2002:939.

[239] Lee D, Hilton J S, Liu S, et al. . Hot Pressed and Hot Deformed (Nd, Pr, Dy)$_2$Fe$_{14}$B/α - Fe Based Nanocomposite Magnets[J]. IEEE Trans. Magn. ,2003, MAG - 39:2947.

[240] Lee D, Hilton J S, Chen C H, et al. . Bulk Isotropic and Anisotropic Rare Earth Magnets. IEEE Trans. Magn. ,2004, MAG - 40:2004.

[241] Liu S, Lee D, Huang M Q, et al. . Research and Development of Bulk Anisotropic Nanograin Composite Rare Earth Permanent Magnets[C]//Luo Y and Li W. Proc. 19th Int'l. Workshop on REPM & Their Appl. . Beijing: J. Iron Steel Research International Vol. 13, 2006:123.

（胡伯平、饶晓雷、王亦忠）

3 稀土磁性材料

根据稀土结构的特性而研发出了许多磁性材料。兹就当今发展较快的稀土超磁致伸缩材料和磁制冷材料分别进行如下介绍。

3.1 稀土超磁致伸缩材料(GMM)及其应用

3.1.1 磁致伸缩及磁致伸缩材料

3.1.1.1 *磁致伸缩现象*

铁磁性和亚铁磁性物质在外磁场作用下,其尺寸伸长或缩短的这种现象称为磁致伸缩现象或磁致伸缩效应。其中长度的变化称为线磁致伸缩,体积的变化称为体磁致伸缩。当磁性体磁化未达到饱和时,主要是产生线磁致伸缩;而当磁性体磁化达到饱和后,主要产生体磁致伸缩或强制磁致伸缩。发生线磁致伸缩时,磁性体的体积几乎不变。一般情况下,线磁致伸缩的量级为 $10^{-5} \sim 10^{-6}$,体磁致伸缩的量级为 10^{-10}。可见体磁致伸缩比线磁致伸缩要弱得多,一般提到磁致伸缩均指线磁致伸缩[1]。

磁致伸缩效应是 1842 年由焦耳发现的,故又称焦耳(Joule)效应。铁磁性材料在居里点以下发生自发磁化,形成大量磁畴。在每一个磁畴内,晶格都发生形变,其磁化强度的方向是自发形变的主轴。在未外加磁场时,磁畴的磁化方向是随机取向的,不显示宏观形变。在外磁场作用下,大量磁畴的磁化方向转向外加磁场方向。如果畴内磁化强度方向是自发形变的长轴,则材料会在外场方向伸长,为正磁致伸缩;如果是短轴,则材料会在外场方向缩短,为负磁致伸缩。

磁致伸缩效应可用磁致伸缩系数(或应变)λ 来描述,这是衡量磁致伸缩材料优劣的重要指标。

$$\lambda = \Delta l / l \tag{3-1}$$

式中 l——磁致伸缩材料沿外磁场方向的原长度,mm;

Δl——在磁场作用下产生的长度变化量,mm。

当 $\lambda > 0$ 时,为正磁致伸缩,表示磁致伸缩材料沿磁场方向伸长,而垂直于磁场方向缩短;相反,当 $\lambda < 0$ 时,为负磁致伸缩,表示沿磁场方向缩短,而垂直于磁场方向伸长。图 3-1 为磁性材料的磁致伸缩系数 λ 与外磁场强度 H 的关系图。

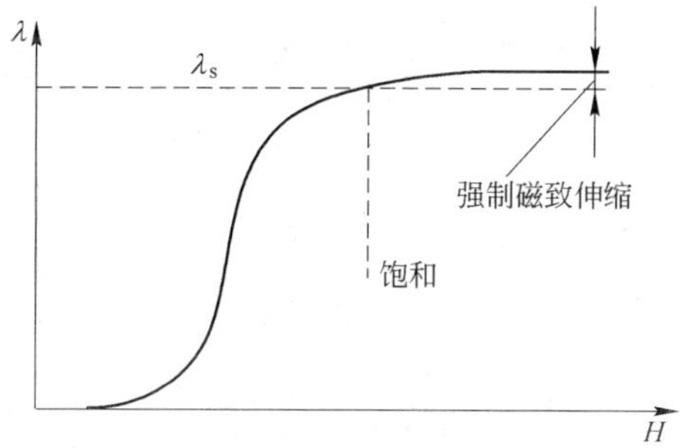

图 3-1　磁致伸缩与外磁场的关系

一般铁磁性物质的 λ 很小,约在百万分之一数量级,用 10^{-6} 表示。例如金属镍(Ni)的 λ 约为 -40×10^{-6}。磁致伸缩系数的大小与外磁场强度的大小有关，且当外加磁场达到饱和磁化场时，磁致伸缩系数为一确定值，称为饱和磁致伸缩系数 λ_s。不同材料的饱和磁致伸缩系数 λ_s 是不同的。影响磁致伸缩系数的因素很多，主要有材料的化学成分和相组成，以及所含的杂质、晶粒结构及晶粒取向等。

另外，当对材料施加外力时，其磁化状态发生变化，对外显示出宏观磁化强度变化，它是磁致伸缩效应的逆效应，称为压磁效应或维拉利(Villari)效应。

磁致伸缩效应在实际中有很多非常重要的应用。利用焦耳效应可以制成换能器、致动器，如声换能器、振动器、超声波发生器、精密阀等。利用维拉利效应可以制作传感器，例如力传感器、加速度传感器等。如果将材料的维拉利效应和焦耳效应结合起来应用，那么就可以制成既可以传感又可以做出致动响应的智能结构，所以磁致伸缩材料也是智能材料的一种。

3.1.1.2 磁致伸缩材料的分类

磁致伸缩材料主要有以下三大类：(1) 传统金属与合金磁致伸缩材料，一般包括镍、镍基合金(如 Ni－Co 合金、Ni－Co－Cr 合金等)和铁基合金(如 Fe－Ni 合金、Fe－Al 合金、Fe－Co－V合金等)。(2) 铁氧体磁致伸缩材料，如 Ni－Co 和 Ni－Co－Cu 等的铁氧体材料。(3) 稀土金属间化合物磁致伸缩材料，如 Tb－Dy－Fe 赝二元系超磁致伸缩合金(GMM)。

3.1.1.3 磁致伸缩的机理

磁致伸缩是一种复杂的物理现象，是满足自由能极小条件的必然结果。下面采用磁畴唯象理论对其进行解释[2]。

如图 3-2 所示，铁磁材料在居里温度以下发生自发磁化时，其中的电子自旋磁矩可在小范围内"自发"排列起来，形成一个个小的"自发磁化区"，这种自发磁化区称为磁畴。当没有外加磁场作用时，各磁畴内的自发磁化方向不同，而且其磁矩的矢量和为零，故在宏观上不显示磁性；当有外加磁场作用时，每个磁畴内晶格都会发生改变，其磁化强度方向是自发形变的一个主轴。开始阶段由于磁场较小，只能使磁畴间的边界发生移动，即使取向与外磁场方向夹角较小的那些磁畴的体积增大，如图 3-2(b)所示。随着外磁场的增强，磁畴内的磁矩逐渐旋转到外磁场方向，直至饱和，如图 3-2(c)所示。当外磁场再增加时，则磁畴内的磁化强度几乎不再增加。

在有外磁场时，大量的磁畴的磁化方向趋于外磁场方向，在宏观上产生形变，出现磁致伸缩现象。

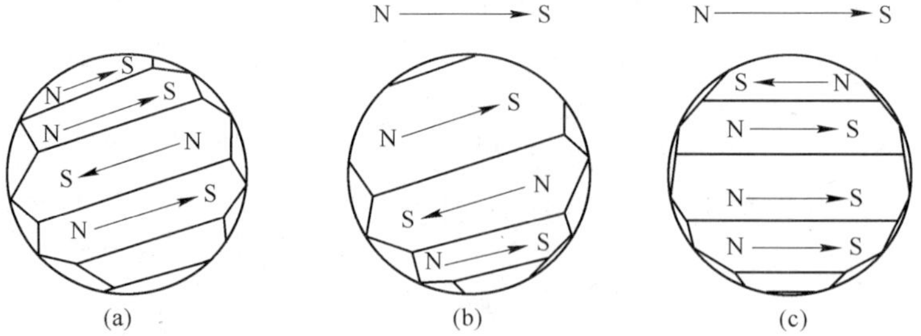

图 3-2 磁畴内磁矩随外磁场的变化情况

(a)—$H=0$；(b)—$0<H<H_s$；(c)$H\geqslant H_s$

图3-2中H为外磁场强度，H_s为磁化达到饱和时需要的外加磁场强度，λ为磁致伸缩系数。λ一般通过测量沿着主轴(<100>,<110>,<111>)方向长度变化计算得到，磁场从垂直于应变测量方向转到平行于应变测量方向。其磁致伸缩系数(应变)：

$$\lambda = h_1(\alpha_x^2\beta_x^2 + \alpha_y^2\beta_y^2 + \alpha_z^2\beta_z^2 - \frac{1}{3}) + 2h_2(\alpha_x\alpha_y\beta_x\beta_y + \alpha_y\alpha_z\beta_y\beta_z + \alpha_z\alpha_x\beta_z\beta_x) +$$
$$h_3(\alpha_x^2\beta_x^2 + \alpha_{yx}^2\beta_{zy}^2 + \alpha_x^2\beta_z^2) + h_4(\alpha_x^4\beta_x^4 + \alpha_y^4\beta_y^4 + \alpha_z^4\beta_z^4 + \frac{2}{3}s - \frac{1}{3}) +$$
$$2h_5(\alpha_x\alpha_y\alpha_x^2\beta_x\beta_y + \alpha_y\alpha_z\alpha_x^2\beta_y\beta_z + \alpha_z\alpha_x\alpha_x^2\beta_z\beta_x)$$
$$s = \alpha_x^2\alpha_y^2 + \alpha_y^2\alpha_z^2 + \alpha_z^2\alpha_x^2 \tag{3-2}$$

式中 h_i——比例系数($i=1\sim5$)；

α_i——饱和磁化强度相对晶轴的方向余弦($i=x,y,z$)；

β_i——测量方向相对晶轴的方向余弦($i=x,y,z$)。

通常只用最低阶的两项去和磁致伸缩的实验拟合。如果用λ_{100}表示磁化向量沿<100>方向时该方向的长度变化，用λ_{111}表示磁化向量沿<111>方向时该方向的长度变化，则可把磁致伸缩系数(应变)简化为：

$$\lambda = \frac{3}{2}\lambda_{100}(\alpha_x^2\beta_x^2 + \alpha_y^2\beta_y^2 + \alpha_z^2\beta_z^2 - \frac{1}{3}) + 3\lambda_{111}(\alpha_x\alpha_y\beta_x\beta_y + \alpha_y\alpha_z\beta_y\beta_z + \alpha_z\alpha_x\beta_z\beta_x) \tag{3-3}$$

3.1.2 稀土超磁致伸缩材料(GMM)

3.1.2.1 稀土超磁致伸缩材料的发展

从1840年焦耳首次发现磁致伸缩现象以来，人们对磁致伸缩材料进行了大量的研究，以期提高材料的磁致伸缩性能，扩大材料的应用范围。传统的磁致伸缩材料例如Ni、Fe-Ni和Fe-Al等的磁致伸缩系数很小，约为$10^{-5}\sim10^{-6}$(例如Ni为-40×10^{-6})，与材料的热膨胀系数相当，实际应用非常有限。

1963~1965年间，Legvold、Clark、Rhyne等发现稀土金属具有异常的磁性，特别是重稀土元素Tb和Dy在4.2K的低温下显示出巨大的磁致伸缩效应，达到10^{-3}数量级。但由于纯稀土交换作用小，有序化温度低，导致这样大的磁致伸缩值只有在极低的温度下才能获得，其优异的磁致伸缩特性不能在室温下应用。

20世纪70年代初期，美国海军表面武器实验室(NOL, Naval Ordinance Labs)的A. E. Clark等人经实验发现稀土元素与铁合成的立方Laves相化合物$REFe_2$(例如$TbFe_2$、$DyFe_2$、$SmFe_2$和$HoFe_2$等)在室温下具有高达10^{-3}数量级的巨大磁致伸缩系数，其中在室温下$TbFe_2$单晶在其<111>易磁化方向的饱和磁致伸缩应变为$\lambda_{111}=2460\times10^{-6}$，但这些合金的磁晶各向异性较大。研究发现，由磁致伸缩系数符号相同而磁晶各向异性常数符号相反的$REFe_2$和$RE'Fe_2$化合物组成磁晶各向异性相互补偿的赝二元系化合物$RE_xRE'_{1-x}Fe_{2-y}$(RE'、RE代表稀土元素，如Tb、Dy等，x一般为0.27~0.35，y为0.05~0.1)，可以在保持大的磁致伸缩的同时，降低磁晶各向异性。表3-1中列出了一些$REFe_2$化合物磁致伸缩和磁晶各向异性常数的正负符号。其中，$Tb_xDy_{1-x}Fe_2$化合物的饱和磁致伸缩系数在$x=0.27$时出现一个峰值，同时磁晶各向异性常数也很低($K_1\sim-0.06\times10^6J/m^3$)，多晶材料的饱和磁致伸缩系数$\lambda_s=1000\times10^{-6}$，单晶的磁致伸缩系数$\lambda_{111}=1640\times10^{-6}$，$\lambda_{100}=100\times10^{-6}$。

之后,又研究和开发了具有更好的磁、力学、温度等特性的(RE′RE)(Fe, M)$_x$(RE′、RE 代表稀土元素,如 Tb、Dy 等;M 代表其他元素,如 Mn、Co、V、Ti 等;$1.9 \leqslant x \leqslant 2.0$)的多元新型超磁致伸缩稀土化合物。这些稀土合金材料已在美国、瑞典和中国等国家实现商品化生产,美国 ETREMA 公司产品的牌号为 Terfenol－D,典型的成分有 $Tb_{0.27}Dy_{0.73}Fe_{1.93}$ 和 $Tb_{0.3}Dy_{0.7}Fe_{1.93}$,其磁致伸缩系数为$(1500 \sim 2000) \times 10^{-6}$,为传统磁致伸缩材料的几十倍到上百倍,所以称为"大磁致伸缩材料"或"超磁致伸缩材料"(giant magnetostrictive material,缩写为 GMM)[3]。其中 $Tb_{0.3}Dy_{0.7}Fe_{1.93}$ 的磁致伸缩系数较大,适合制作致动器;而 $Tb_{0.27}Dy_{0.73}Fe_{1.93}$ 磁晶各向异性较小,适合于制作换能效率高的换能器。

表 3-1 $REFe_2$ 化合物磁致伸缩和磁晶各向异性常数的正负符号

项　目	$PrFe_2$	$SmFe_2$	$TbFe_2$	$DyFe_2$	$HoFe_2$	$ErFe_2$	$TmFe_2$	$YbFe_2$
λ	+	−	+	+	+	−	−	−
$K^{\theta,4}$ $K_1 + K_2/11$	+	−	−	+	+	−	−	+
$K^{\theta,6}$, K_2	−	0	+	−	+	−	+	−

Tb－Dy－Fe 稀土超磁致伸缩材料在室温下具有大的磁致伸缩应变值和低的磁晶各向异性,还具有机械响应快、功率密度高、输出力大、磁－机械耦合系数大、声速低、工作性能稳定等优点,其性能明显优于传统的磁致伸缩材料和压电陶瓷材料,并可方便有效地实现电磁能与机械能之间的相互转换,已经成为高新技术、尖端武器、航空航天领域和装备技术、制造技术升级换代的关键材料,是现代材料领域的研究热点之一。

稀土超磁致伸缩材料可以应用于换能器(transducer)、致动器(actuator)和传感器(sensor)等领域,例如可以制作大功率的声纳发生装置、大功率超声换能器、推动桌面发声的新型扬声器、宽频带的振动器、超精密机床进给用致动器、伺服阀、精密流量泵、力和位移传感器等,应用前景广阔。

3.1.2.2 TbDyFe 大磁致伸缩材料的微观结构

$REFe_2$ 类金属间化合物作为一个重要的磁致伸缩材料,其晶体具有 $MgCu_2$ 型立方 Laves 相结构。图 3-3 给出了这类化合物的晶体结构[4]。每个单胞由 24 个原子组成,其中 8 个稀土原子处在 8a 位,排列成类金刚石点阵;16 个铁原子处在 16d 晶位,组成四个四面体排列,在四个 1/8 的晶胞内。将稀土原子和铁原子分解开,分别如图 3-4 所示。

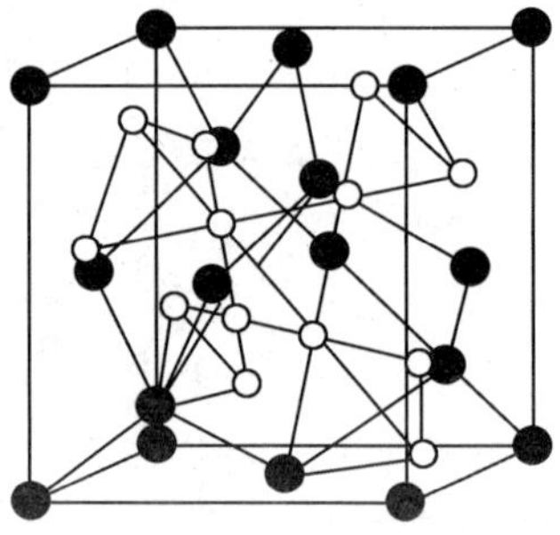

图 3-3 $REFe_2$ 立方 Laves 相结构示意图

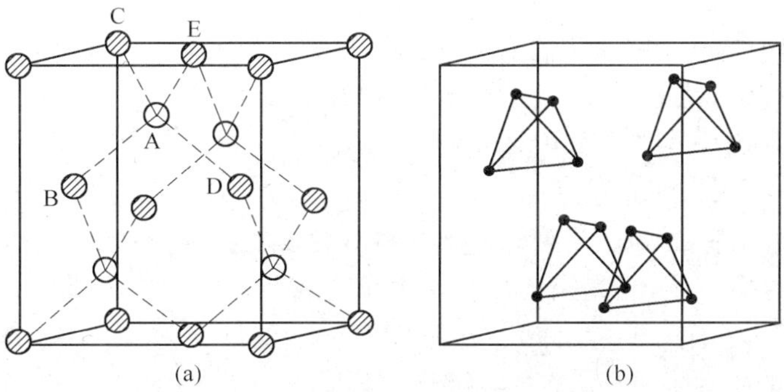

图 3-4 $REFe_2$立方 Laves 相结构分解示意图

(a) 稀土元素的金刚石亚点阵;(b) 铁的四面体亚点阵

这种结构的材料备受关注的原因除了它能够在较高温度下保持铁磁有序且具有可观的磁致伸缩系数外,还在于它的立方结构可以使得大的各向异性相互抵消。由于立方晶系中的 2 阶约化矩阵元对磁致伸缩有贡献,而对磁晶各向异性有贡献的最低阶矩阵元是 4 阶的(六角体系中 2 阶矩阵元对磁致伸缩及磁晶各向异性均有贡献),因而可以利用各向异性补偿得到具有较低各向异性的大磁致伸缩材料。

3.1.2.3 稀土超磁致伸缩材料 Tb - Dy - Fe 合金的制备工艺

稀土超磁致伸缩材料的制备工艺有合金定向凝固法、烧结法、粘接法、快淬法和薄膜溅射法等。目前定向凝固法是主要的制备方法。

A 定向凝固法

定向凝固方法是根据晶体生长时晶粒竞争生长的原理,主要通过改变凝固界面温度梯度和晶体生长速度等凝固条件,使不同取向的晶粒间竞争生长,通过晶粒淘汰,获得具有一定择优取向的材料,最大限度地发挥稀土超磁致伸缩材料的大磁致伸缩特性。

现在制备超磁致伸缩材料的晶体定向生长技术主要有:丘克拉夫斯基法或提拉法(Czochralski)[5]、布里吉曼法(Bridgman)和改进的布里吉曼法(Modified Bridgman)[6~10]、悬浮区熔法(Zone melting)[11]和微重力场磁场条件下的定向凝固法(Directionally solidification under micro-gravitational field)[12, 13]。

丘克拉夫斯基法或提拉法是制备 Tb - Dy - Fe 单晶的一个重要手段,原理简图如图 3-5 所示。装置中有一个坩埚,用于熔化合金和控制合金温度。坩埚上方有一根可以旋转和垂直升降的提拉杆,杆的下端有一个夹头,其上装有籽晶。调整杆的高度,使籽晶和熔体接触,在适当的温度下,籽晶既不熔掉也不长大,然后按所需提拉速度向上提拉和旋转晶杆,以籽晶为晶核慢慢长大。旋转晶杆使晶体转动的直接作用是搅拌熔体,并产生强制对流,增加温度场的径向对称性,有利于合金成分均匀并且改变熔体中界面的形状。提拉法在晶体生长方面的主要优点:(1) 在生长过程中,可以方便地观察晶体的生长状况;(2) 晶体在熔体的自由表面处生长,而不与坩埚接触,显著减少晶体的应力,并防止坩埚壁上的寄生成核;(3) 以较快的速度生长具有低位错密度和高完整性的单晶;(4) 晶体直径可以通过改变工艺参数来控制。晶体的直径取决于熔体温度、冷端冷却条件以及提拉速度,减少合金加热功率和降低提拉速度,晶体直径增加,反之直径减小。这种方法的缺点是:(1) 需要使用籽晶;

(2) 由于原材料整体熔化,稀土元素又特别容易挥发,这样使得生长出来的晶体沿轴向成分分布不均匀;(3) 由于晶体直径受热传导条件的影响,热量传输过程中的不稳定性会使得材料外形不规则。因此,目前仅仅采用丘克拉夫斯基法制作少量的 $REFe_2$ 相超磁致伸缩材料供研究使用,其中大规模生产中受到限制。

布里吉曼法原理简图见图 3-6。布里吉曼法使用坩埚盛放熔体(如将 Tb - Dy - Fe 的母合金置于石英坩埚内),采用感应线圈或电阻对合金整体加热,使合金熔化。下面有一个引杆向下牵引,使母合金从下至上定向凝固。布里吉曼法可以用于制备大尺寸 $REFe_2$ 相超磁致伸缩材料(如 Tb - Dy - Fe 晶体)。这种工艺方法的缺点是,由于坩埚的使用,坩埚可能会污染合金,带进杂质。另外,由于合金被整体加热,合金中熔融状态停留时间长,合金元素烧损量大,也会造成沿轴向方向成分不均匀,性能不一致。

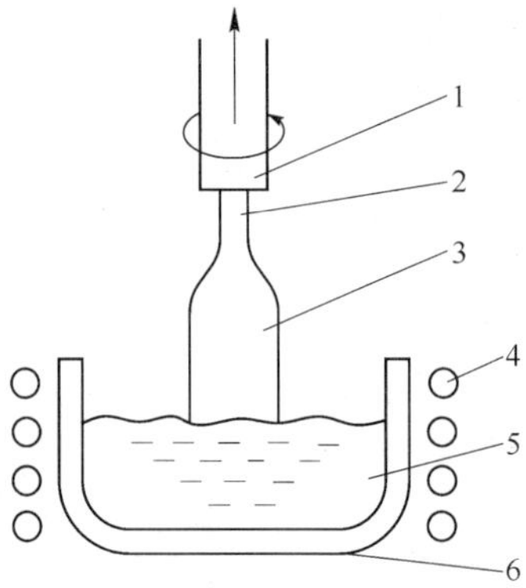

图 3-5 晶体生长提拉法示意图
1—提拉杆; 2—籽晶;3—晶体;
4—感应线圈;5—熔体;6—坩埚

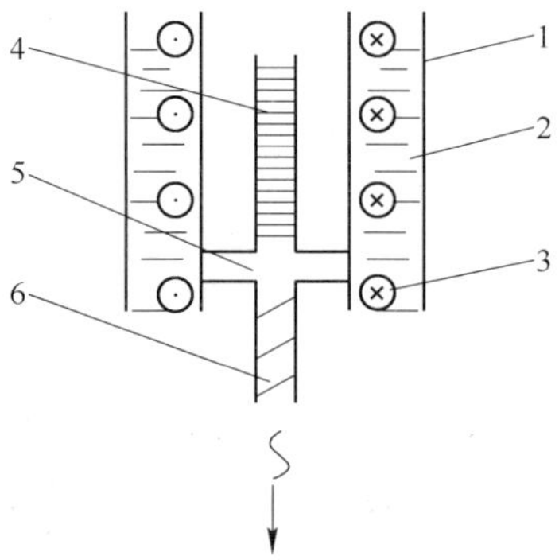

图 3-6 布里吉曼法原理图
1—炉壳;2—耐火材料;3—炉丝;
4—熔体;5—挡热板;6—引杆

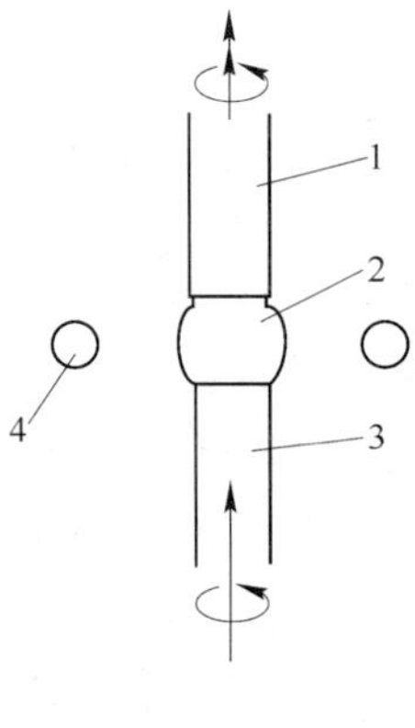

图 3-7 悬浮区熔法示意图
1—晶体;2—熔体;3—多晶;
4—射频感应器

悬浮区熔法是将已制好的母合金置于悬浮装置中,利用高频感应加热,在表面张力和悬浮力共同作用下,使熔体悬浮。图 3-7是悬浮区域熔法简图。固定感应线圈,当合金部分熔化后,以一定的速度朝一个方向移动合金棒,即可实现合金的定向凝固。悬浮区熔法既避免了坩埚对原材料的污染,同时母合金料又不需要一次性全部加热,元素烧损少,沿轴向成分和性能都很均匀。但是,由于该方法受高频加热和材料表面张力的限制,目前主要用于制造小尺寸的晶体。

改进的布里吉曼法是将母合金放置在石英坩埚内,然后利用感应线圈加热使母合金区域熔化,再以一定的速度使坩埚下降或使热源上移,实现定向凝固。用改进的布里吉曼法,综合了布里吉曼法和悬浮区熔法的优点,合金总体加热时间短,沿轴向材料成分分布均匀性得到了一定程度的改善,而且可以制备较大直径的材料。但仍然不可避免地受到坩埚的污染,因此材料的性能稍次于用垂直悬浮区熔法得到的材料的性能。

定向凝固获得的超磁致伸缩材料需要通过热处理来提高和改善磁致伸缩性能。这是由于磁致伸缩材料的性能与材料的显微结构有很大的关系,通过热处理可以改善合金的纤维组织,减少合金的缺陷,同时又可以减少材料的内应力,从而使磁致伸缩性能提高。Verhoeven[14]等的研究表明:对 $Tb_xDy_{1-x}Fe_y$孪生单晶和 $Tb_{0.3}Dy_{0.7}Fe_{1.9}$在 850 ~ 900℃热处理 1 ~ 96h,都可以明显提高磁致伸缩性能,使材料出现跳跃效应,而且处理 1h 和处理 96h 的效果差别不大。

B 薄膜溅射法

近年来,随着控制领域的微型化发展趋势,在磁致伸缩应用领域又出现了一个新的研究热点——超磁致伸缩薄膜材料的研究与应用。许多研究者采用溅射方法在非磁性基片上制备了稀土—过渡金属非晶薄膜,并对薄膜的结构和磁致伸缩特性进行了研究,发现磁致伸缩薄膜具有良好的软磁性能,磁晶各向异性值低,在室温和低磁场下能产生很大的磁致伸缩应变。与通常的体磁致伸缩材料相比,超磁致伸缩薄膜的制造过程容易和传统的半导体工艺联系起来,因而成本较低,并且由于薄膜中的二维磁弹性相互作用使超磁致伸缩材料又具有一些新的功能,这对于超磁致伸缩材料的实际应用具有重要意义。可以说正是由于超磁致伸缩薄膜材料的种种优点,决定了其在微型执行器中有着不可估量的发展前景。目前从事微型机电系统技术方面的研究人员已将目光纷纷投向这一新型的驱动方式。研究和开发应用于微型系统的超磁致伸缩薄膜也就成为当务之急。关于超磁致伸缩薄膜的研究,目前主要集中在通过各种途径试图改善非晶 RE - Fe 薄膜的低场磁致伸缩性能。但是,非晶薄膜的居里温度目前还很低,严重制约着该薄膜的实用化进程。因此,制备纳米结构的超磁致伸缩薄膜[15~17],研究其磁性及磁致伸缩性能成为磁致伸缩薄膜研究的另一热点。

C 粉末冶金法

粉末冶金法包括粉末烧结和粉末粘接等方法。粉末冶金法制备 Tb - Dy - Fe 制品[18~21]的优点是可以制备大尺寸和异形件,用粉末冶金法一般都采用磁场预取向的工艺。

粉末烧结法的工艺步骤为:合金冶炼—铸态合金破碎为粉末颗粒—在磁场下加压成形—烧结。铸料 $Tb_{0.3}Dy_{0.7}Fe_x$ 中的成分一般控制在 $x = 1.75$ 左右。烧结温度一般在 1130 ~ 1190℃之间,时间一般为 4 h 以上,然后再在 900 ~ 950℃回火。合金中相对高的稀土含量可在高温时形成较多的液相,从而在冷却的过程中经共晶反应获得较高的密度。合金粉碎成的颗粒的尺寸小于 40 μm,这样有助于提高烧结密度和产品取向。在粉末冶金方法中,如果工艺控制得恰当,可以获得 <111 >取向略占优势的制品,当然缩松和孔洞在这种方法中是无法避免的。在不采用粘接剂的粉末烧结法中,材料在 24 MPa 的压力和 7 kOe 的磁场中可获得最大为 1400×10^{-6}的磁致伸缩系数。经过不断的改进,目前已可获得最大磁致伸缩系数为 1500×10^{-6}。

粉末粘接法是将研磨后的颗粒粉末和固体粘接剂均匀混合,然后在约 1.5T 的磁场中压制成形,在 150℃左右的温度中固化成形。粉末粘接法制备的磁致伸缩材料的电阻低,在高频条件下使用时,涡流比较小,器件发热量低[22]。这种材料的磁致伸缩系数较低,对于能量密度和机电耦合系数以及响应速度也有一定影响。

3.1.2.4 典型的稀土超磁致伸缩材料定向凝固生产工艺和产品性能

稀土超磁致伸缩材料(Tb - Dy - Fe)采用定向凝固工艺生产晶粒取向晶体的方法有很

多种。下面介绍其中一种典型的生产工艺，其主要生产流程如图 3-8 所示。

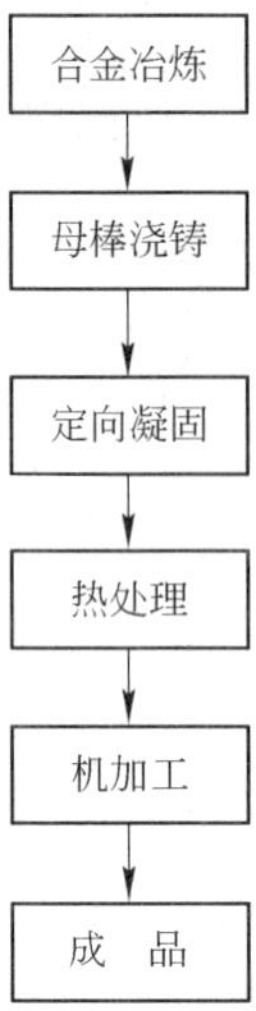

图 3-8 稀土超磁致伸缩材料定向凝固生产流程图

首先将金属铽、镝和铁等原材料通过高温冶炼成块状的合金锭，然后将合金锭熔化并浇铸成一定直径的母合金棒，再将母合金棒放入内径稍大的坩埚中进行定向凝固，定向凝固后的棒要进行热处理并通过机械加工加工成所需形状和尺寸的成品。

A 合金的冶炼

选购高纯度的金属铽、镝（一般选用经过蒸馏处理的高纯金属铽和高纯金属镝）和金属铁作为原材料，按照所需的配比配料。原料中如果杂质含量过高，会导致磁致伸缩性能变差，甚至造成合金粉化。

Tb - Dy - Fe 合金的制备，一般采用真空非自耗电弧炉多次熔炼或感应炉熔炼，熔炼温度高于合金的液相线温度。由于 Tb - Dy - Fe 合金中稀土（Tb 和 Dy）约为 60%，很容易在高温下挥发，而稀土的化学性质又非常活泼，易与周围气体物质以及坩埚材料等产生化学反应，造成成分变化和合金污染。所以冶炼时要严格控制工艺，减小稀土挥发，造成成分偏析；同时要尽可能减少合金污染，例如采用高真空并充高纯氩气等进行冶炼等措施。

电弧炉熔炼时采用水冷铜坩埚，这样基本不会对材料带来污染。感应炉熔炼时则要控制坩埚材料和熔炼工艺，例如可以采用冷坩埚技术，并采用较低的冶炼温度和较短的冶炼时间，尽可能减少污染。也可以采用悬浮熔炼技术使合金在冶炼时不与坩埚接触。图 3-9 给出真空非自耗电弧炉冶炼的设备示意图。该系统主要由炉体 6，真空系统 13、14 等，保护气体系统 11、12 等，带水冷电极系统 15、18 等，水冷铜坩埚系统 3 等和基座 1 等组成。冶炼前炉内抽真空至 2×10^{-2} Pa 以上，然后通入氩气。上下电极之间通电后在钨电极 16 和装在水冷铜坩埚的原料 4 之间产生高温电弧 17，使局部原料熔化和合金化，熔化过程中转动上电极 17 使电弧作用于整个料池，原料达到充分熔化和合金化。

电弧炉熔炼合金时由于靠近水冷铜坩埚的那部分原料很难熔化和合金化，因此一次熔炼不够，需要对合金锭多次翻转和熔炼（一般要熔炼 3 次以上）。在合金冶炼过程中，要合理控制熔炼温度和熔炼时间，如果温度过低或熔炼时间过短则合金化不完全，合金成分不均匀；而温度过高或时间过长，则会造成稀土成分挥发严重，材料变脆，$REFe_3$ 相出现，并导致磁致伸缩性能下降。合金熔炼完成后就可以作为制备母合金棒的原料。如欲获得成分均匀的多晶合金，则需要在真空热处理炉中进行真空热处理。图 3-10 是 RE-Fe 相图[23]。由图 3-10 可知：当 $x\geqslant2$ 时，$Tb_{0.3}Dy_{0.7}Fe_x$ 合金的平衡凝固组织由 Laves 相（磁致伸缩相）和 $REFe_3$ 相（磁致伸缩有害相）组成；$x<2.0$ 时，包含 Laves 相和富稀土相。因此，在制备 Tb - Dy - Fe 合金时，为避免磁致伸缩有害相（1∶3 相）的析出，合金的铁 - 稀土成分配比比例选择往往小于 2；铁 - 稀土比越接近 2，则磁致伸缩性能越高，然而材料将变脆。可是当铁 - 稀土比例小于 1.8 时，合金中又将会产生过多的富稀土相，虽然其有利于提高合金的力学性能，但同时也会使合金的磁致伸缩性能下降。因此，在实际生产中，目标成分选择的铁 - 稀土比例通常在 1.8 ~ 1.95 之间。两种典型的配比成分为 $Tb_{0.3}Dy_{0.7}Fe_{1.93}$ 和 $Tb_{0.27}Dy_{0.73}Fe_{1.93}$。

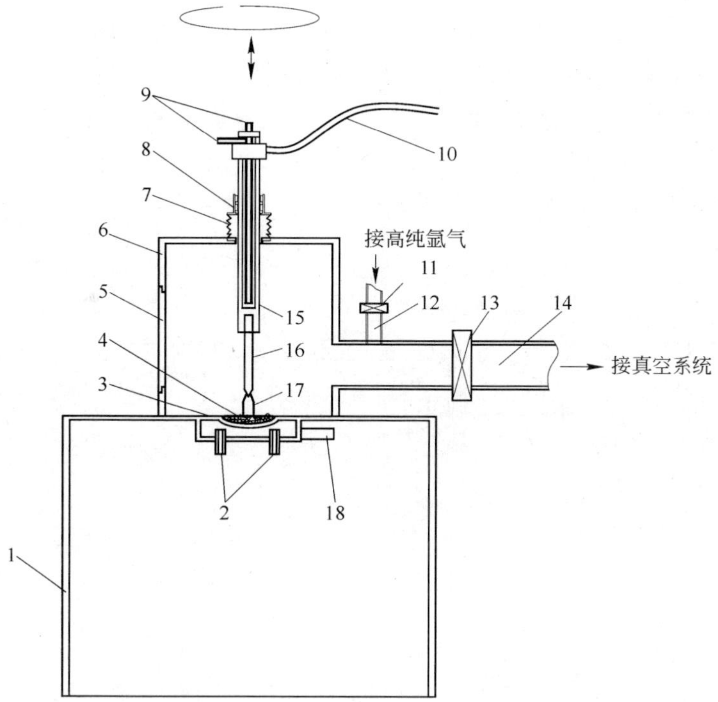

图 3-9 非自耗合金冶炼设备

1—基座;2—冷却水出入口;3—水冷铜坩埚;4—原料;5—炉门;6—炉壳;7—波纹管;8—手把;9—冷却水出入口;10—电极接头;11—气阀;12—接气管道;13—真空阀;14—真空管道;15—水冷电极;16—钨电极棒;17—电弧;18—电极接头

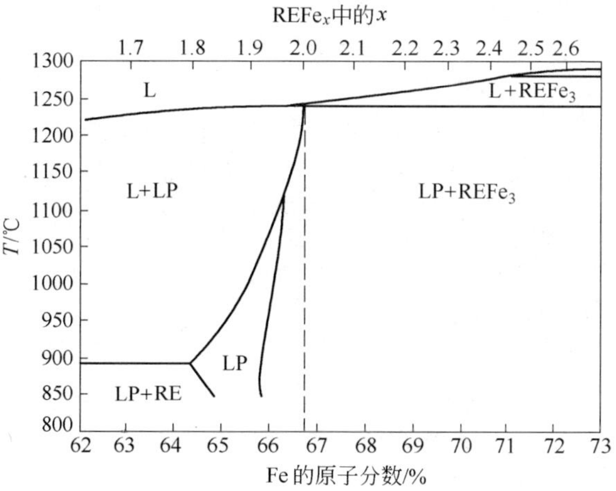

图 3-10 RE-Fe 相图

B 母合金棒的浇铸

通过熔炼获得的合金锭无法直接放入定向凝固的石英管坩埚中,所以需要浇铸成尺寸略小于定向凝固用石英管的内径的母合金棒。

母合金棒的浇铸可以采用非自耗电弧炉进行,只需将其中的水冷铜坩埚换成如图 3-11

所示的浇铸机构即可。

该浇铸机构将原来非自耗冶炼炉的水冷铜坩埚的中心部分设计出一个浇注口 6,其下部放置一只石英坩埚 3。合金锭 9 倒置放入水冷铜坩埚中,当电弧起弧后被逐渐加热熔化,从浇注口 6 流入石英坩埚 3 中形成母合金铸棒,冷却后从石英管取出即可。

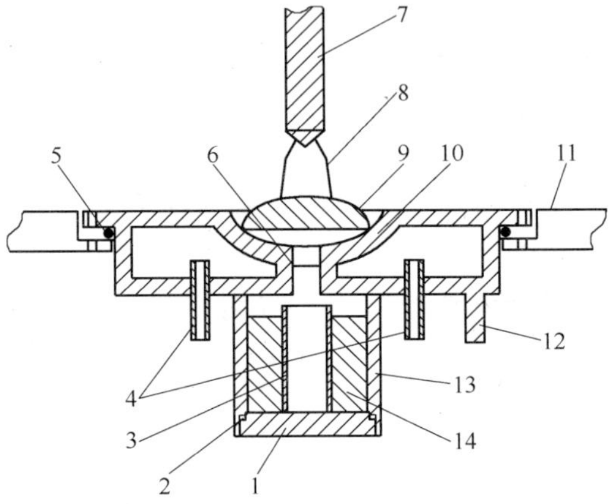

图 3-11 母合金棒浇铸机构图

1—底盖;2—密封垫圈;3—坩埚;4—冷却水进出口;5—密封绝缘垫圈;6—浇注口;7—钨电极棒;8—电弧;9—超磁致伸缩铸锭;10—水冷铜坩埚;11—炉底;12—电极接头;13—浇铸腔;14—坩埚定位环

C 定向凝固

定向凝固是整个生产工艺的关键。图 3-12 示出一种典型的稀土超磁致伸缩定向凝固设备。该设备主要由高频发生器,炉体部分 6,拉晶机构 2、17、18 等,真空系统 13、14,机械泵和扩散泵等,保护性气体系统 11、12 等,感应线圈 8,水冷系统 4、7 以及基座 1 等组成。炉内的感应线圈 8 通过水冷接口 16 接到外部的高频发生器上;拉晶机构可以带动放入石英管内的磁致伸缩棒上下运动;真空系统由真空管道、真空阀、机械泵和扩散泵等组成。

定向凝固之前,将母合金棒放入石英管 10 中然后固定在拉晶机构上的水冷座 7 上。最好有籽晶,这样在石英管内先装入籽晶,然后再在籽晶上放置母合金棒。准备好后,关闭炉门 5,打开真空系统将炉体内抽真空至 2×10^{-2} Pa 以上,然后关闭真空阀 13 给炉内充氩气到正压后就可以开始定向凝固了。

定向凝固过程开始时,先将感应线圈 8 位置调节到籽晶上半部分开始加热,通过感应加热使籽晶的上部和母合金棒下部充分熔化结为一体,然后启动拉晶机构 2 向下缓慢移动,移动的速度约为每分钟 2 ~ 6 mm,一直到母合金上部熔化和定向凝固完毕,整个定向凝固过程完成。

定向凝固获得的 GMM 材料一般为多晶或孪生单晶,晶体取向方向多为 <112> 或 <110>。一般获得的圆柱棒直径从 8 mm 到 50 mm,长度一般小于 200 mm,粗糙的外表面可以采用无芯磨床磨光并加工到需要的尺寸。其他形状如方块、片状材料等可以利用电火花线切割机等多种特殊机械手段加工获得。

D 热处理

定向凝固获得的棒材要进行热处理以使晶粒长大,消除残余应力,并提高磁致伸缩性

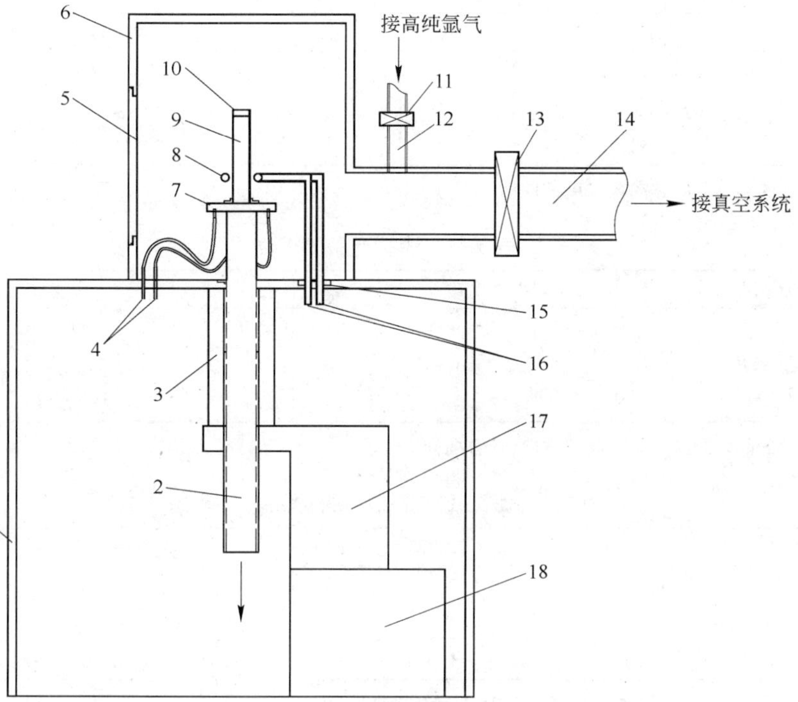

图 3-12 典型的稀土超磁致伸缩晶体定向生长设备

1—基座；2—拉晶杆；3—杆套；4—冷却水进出口；5—炉门；6—炉壳；7—冷却座；8—线圈；9—超磁致伸缩材料母棒；10—石英管；11—气阀；12—接气管道；13—真空阀；14—真空管道；15—绝缘座；16—水冷感应电源接口；17—变速箱；18—电机

能。一般稀土超磁致伸缩材料的热处理采用普通真空管式炉，同样需要抽真空至 2×10^{-2} Pa以上，然后充入氩气，热处理温度一般为 900 ~ 1000℃，保温时间一般为 1h 以上，处理完成后缓慢降温，以避免内应力再生成。

E 机加工

上述工艺完成后获得的棒材可以通过机加工的方法加工成最终需要的形状。由于稀土超磁致伸缩材料很脆，在加工时需要特别小心。一般适合稀土超磁致伸缩加工的设备有：电火花线切割机、多刀切片机、无芯磨床、平面磨床等。其中，电火花线切割机可以切割的形状很多，可以进行直线或曲线切割，但是切割速度很慢；多刀切片机适合于批量的直线切割；无芯磨床适合于圆棒的外圆表面加工和磨光；平面磨床则可用于平直表面加工和磨光处理。

F 定向凝固稀土超磁致伸缩产品的规格和性能

甘肃天星稀土功能材料有限公司是稀土超磁致伸缩定向凝固产品国家标准的起草单位。下面以其生产的稀土超磁致伸缩定向结晶材料(Tb - Dy - Fe)为例，来了解这种材料的产品典型的规格和性能。

a 产品的规格

表 3-2 ~ 表 3-6 中分别给出圆棒状、块状、管状、圆片状和叠片圆柱状产品的规格。

表 3-2 圆棒状产品的规格 (mm)

直径 D	长度 L
ϕ 4 ~ 7	$5\leqslant L\leqslant 60$
ϕ 8 ~ 10	$5\leqslant L\leqslant 100$
ϕ 10 ~ 50	$5\leqslant L\leqslant 200$

注:棒状产品的晶体取向方向为长度方向(L 方向)。

表 3-3 块状产品的规格 (mm)

长度 L	宽度 W	高度 H
$2\leqslant L\leqslant 4$	$2\leqslant W\leqslant 4$	$2\leqslant H\leqslant 30$
$4\leqslant L\leqslant 7$	$4\leqslant W\leqslant 7$	$2\leqslant H\leqslant 60$
$7\leqslant L\leqslant 35$	$7\leqslant W\leqslant 35$	$2\leqslant H\leqslant 100$

注:块状产品的晶体取向方向为高度方向(H 方向)。

表 3-4 管状产品的规格 (mm)

外径 D	最小管壁厚 t	长度 L
$8\leqslant D\leqslant 10$	2	$2\leqslant L\leqslant 50$
$10\leqslant D\leqslant 20$	3	$2\leqslant L\leqslant 100$
$20\leqslant D\leqslant 50$	4	$2\leqslant L\leqslant 100$

注:管状产品为开环,其晶体取向方向为长度方向(L 方向)。

表 3-5 圆片状产品的规格 (mm)

直径 D	最小厚度 δ
$4\leqslant D\leqslant 50$	1

注:圆片状产品的晶体取向方向为厚度方向(δ 方向)。

表 3-6 叠片圆柱状产品的规格 (mm)

直径 D	长度 L	每片最小厚度 δ
$10\leqslant D\leqslant 20$	$5\leqslant L\leqslant 50$	2
$20\leqslant D\leqslant 50$	$5\leqslant L\leqslant 100$	2

注:叠片圆柱状产品的晶体取向方向为长度方向(L 方向)。

目前产品最主要的规格为棒状,其他形状的产品均由棒状产品切割加工获得,切割加工会造成一定材料损耗。由于该材料很脆,细长棒不易加工和使用,所以细长棒长度都短一些。另外还有粉末状产品提供,粉末状产品是由熔炼后获得的合金锭直接破碎磨粉制成,多用于高频和超声应用。

b 产品的磁致伸缩性能及测量

磁致伸缩系数的测量一般在电磁铁中进行,测量系统包括电磁铁、特斯拉计、电阻应变仪和密封波纹管压应力产生装置和气瓶等,如图 3-13 所示。其中电磁铁 6 的两个磁极 1 之间提供所需要的均匀磁场;霍尔探头 8 连接到特斯拉计上,置于两个磁极中间并与磁场方向垂直,用于测量磁极间的磁场;电阻应变片 5 连接电阻应变仪,用于磁致伸缩材料应变的测量。气密封波纹管 3 由气瓶中气体通过充气口 2 充气后对磁致伸缩棒 4 产生一个近似恒定的压应力。磁致伸缩棒表面打磨后沿着棒的长度方向紧贴一个或多个应变片 5。

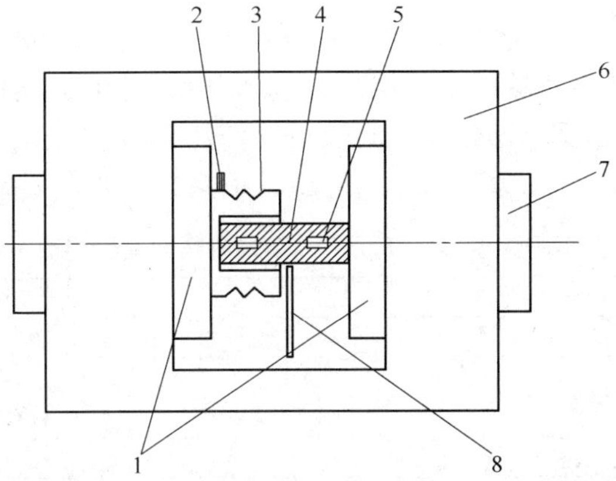

图 3-13 磁致伸缩测量装置示意图

1—磁极;2—充气口;3—气密封波纹管;4—磁致伸缩棒;5—电阻应变片;

6—电磁铁;7—电机间距调节轮;8—霍尔探头

测量平行于磁场方向的磁致伸缩系数 $\lambda_{//}$ 时,将磁致伸缩棒放入电磁铁的两端磁极之间,棒的一端直接与一个磁极接触,另一端通过波纹管与磁极接触,磁致伸缩棒的放置应与磁场方向平行。调节波纹管内的气压就可以调节对于棒的预应力大小。一般一根棒要在不同部位测量 2~3 个点,将其平均值作为整根棒的磁致伸缩系数。磁致伸缩系数的测量也可以采用测量磁致伸缩棒整体位移的方法来进行。

图 3-14 给出了利用图 3-13 所示测量装置测量一根 $\phi10\,mm\times100\,mm$ 超磁致伸缩棒获得的磁致伸缩曲线。可以看出:随着磁场的增加,磁致伸缩曲线先缓慢增加,然后在一个接近线性区段内迅速上升,达到饱和后就很难再增加了;另外,随着预应力的增加,磁致伸缩饱和值增加,但是磁致伸缩曲线右移,意味着磁化需要的磁场也增加,也就是说磁化变得困难了。

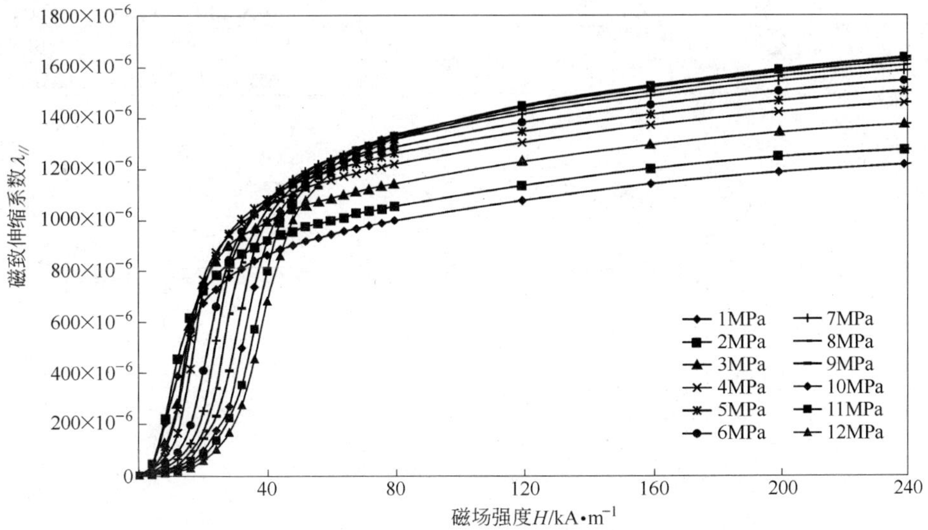

图 3-14 不同压应力下稀土超磁致伸缩定向生长晶体的磁致伸缩曲线

不同直径的磁致伸缩材料的磁致伸缩系数也是有所不同的。表3-7中列出了一批不同直径而长度基本差别不大(为80～100mm)的超磁致伸缩棒的磁致伸缩系数。可以看出:直径越大,测得的磁致伸缩系数越小。但是我们知道:在外加磁场作用下,磁性材料内部产生一个与外加磁场方向相反的退磁场,而且直径/长度比增加则退磁场增大。这也是在长度基本相同的情况下直径大的磁致伸缩材料磁致伸缩系数小的重要原因之一。

表3-7 不同直径GMM材料的平均磁致伸缩性能(10MPa下)

ϕ/mm	$\lambda_{//}$(80kA/m)
15	1205×10^{-6}
20	1208×10^{-6}
30	1130×10^{-6}
40	1049×10^{-6}

材料的一致性是实际使用中关心的一个问题。表3-8和图3-15给出了一批ϕ 20mm×80mm材料在40kA/m和80kA/m磁场下的磁致伸缩系数,其平均值在40kA/m下为903.4×10^{-6},在80kA/m下为1208.3×10^{-6}。同一批产品的磁致伸缩系数的变化范围在40kA/m下为$(868\sim973)\times10^{-6}$,与平均值的最大偏差为$69.4\times10^{-6}$;在80kA/m下为$(1103\sim1329)\times10^{-6}$,与平均值的最大偏差为$120.7\times10^{-6}$。这一水平与国外同类产品水平相当。

表3-8 一批ϕ 20mm×80mm稀土超磁致伸缩定向生长晶体的磁致伸缩系数(10MPa下)

样品号	磁致伸缩系数 $\lambda_{//}$		样品号	磁致伸缩系数 $\lambda_{//}$	
	40kA/m	80kA/m		40kA/m	80kA/m
1	874×10^{-6}	1171×10^{-6}	11	918×10^{-6}	1230×10^{-6}
2	880×10^{-6}	1210×10^{-6}	12	892×10^{-6}	1185×10^{-6}
3	868×10^{-6}	1167×10^{-6}	13	918×10^{-6}	1216×10^{-6}
4	902×10^{-6}	1262×10^{-6}	14	955×10^{-6}	1261×10^{-6}
5	892×10^{-6}	1235×10^{-6}	15	973×10^{-6}	1272×10^{-6}
6	883×10^{-6}	1108×10^{-6}	16	958×10^{-6}	1329×10^{-6}
7	892×10^{-6}	1103×10^{-6}	17	869×10^{-6}	1255×10^{-6}
8	875×10^{-6}	1179×10^{-6}	18	909×10^{-6}	1180×10^{-6}
9	898×10^{-6}	1221×10^{-6}	19	922×10^{-6}	1161×10^{-6}
10	886×10^{-6}	1213×10^{-6}	平均值	903.4×10^{-6}	1208.3×10^{-6}

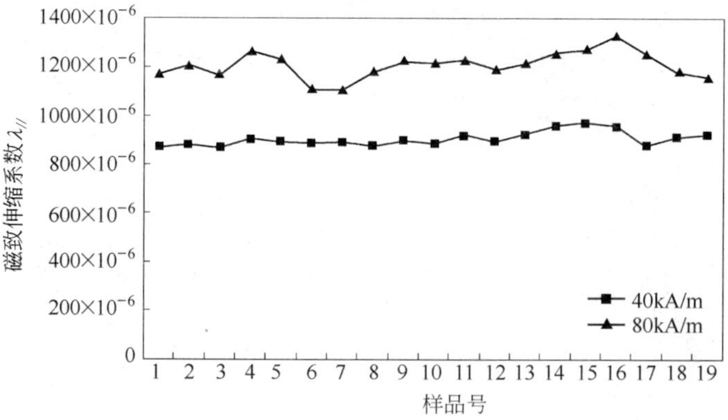

图3-15 一批ϕ20mm×80mm稀土超磁致伸缩定向生长晶体的磁致伸缩性能分布曲线

磁致伸缩应变率 d_{33}($d_{33}=\mathrm{d}\lambda/\mathrm{d}H$)是磁致伸缩材料的另一个重要参数。$d_{33}$越大,相同外磁场下获得的磁致伸缩应变越大,同时材料的换能效率也越高。从图 3-16 可以看出:在施加的预应力一定时,超磁致伸缩材料的磁致伸缩应变率 d_{33}随磁场强度的增加有一个明显的峰,在磁致伸缩应用器件设计时一般将偏置磁场的大小设定在 d_{33}曲线峰值附近,这样只需要施加一个较小的外置磁场 $\pm H_{app}$就可以获得较大的磁致伸缩应变,而且磁致伸缩系数的变化在接近线性区域内。另外,随着预应力的增加,d_{33}峰值增加,然后下降。也就是说,施加的预应力不能过大或过小,预应力过小则“跳跃”效应不明显,过大则会造成 d_{33}的下降。对于一般的超磁致伸缩器件,采用的预应力一般为 3 ~ 10 MPa。要特别注意施加的预应力在磁致伸缩材料位移伸缩范围内应该是接近于恒定的,否则如果随着材料的伸缩变化,预应力产生比较大的变化,会影响到器件的换能效率和工作特性。

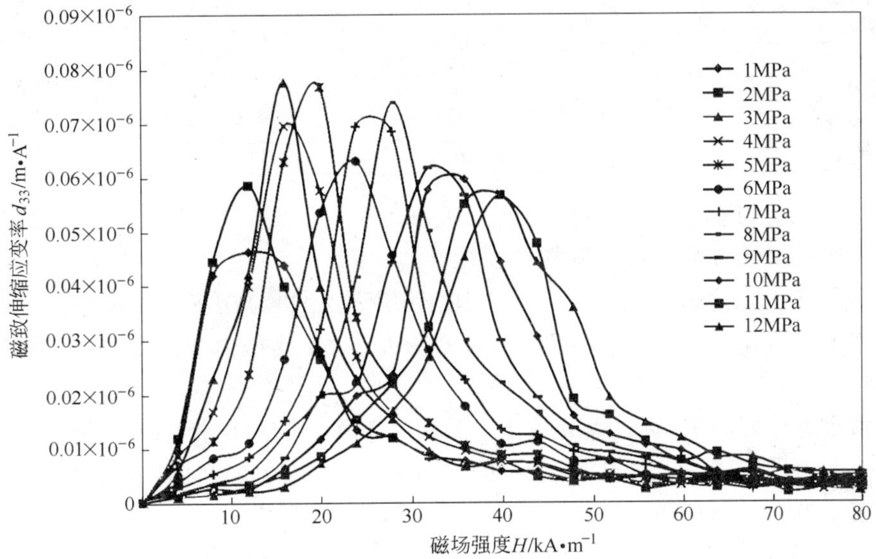

图 3-16 不同压应力下稀土超磁致伸缩晶体定向生长晶体的 d_{33}随磁场变化曲线

3.1.2.5 稀土超磁致伸缩材料的特点

Tb - Dy - Fe 超磁致伸缩材料具有室温磁致伸缩应变值大、磁 - 机械耦合系数高、能量密度高、承受压应力大、响应速度快、可靠性好、驱动方式简单等特点,适合于大位移、高精密的强力致动器和大功率换能器制作。

由表 3-9 可知,稀土超磁致伸缩材料和传统磁致伸缩材料及压电陶瓷材料(PZT)相比,稀土超磁致伸缩材料是佼佼者。它具有下列优点:

(1) 室温下的磁致伸缩应变大, 可达 0.15%, 比镍的高 40 ~ 50 倍, 比压电陶瓷高 5 ~ 25 倍, 可以利用于制作大位移、大输出力的精密致动器,也可用于大功率换能器;

(2) 能量密度高, 比镍高 400 ~ 800 倍, 比压电陶瓷高 14 ~ 30 倍;

(3) 产生伸缩的响应速度快, 响应时间仅几微秒,可以制作高速致动器;

(4) 输出力大,每平方厘米的 GMM 材料可产生 1700 N 的静态输出力,动态力更大;

(5) 能量转换效率高, 机电耦合系数 $k_{33}>0.7$, 即磁机能量转换效率高于 70%, 而镍基磁致伸缩材料只有不到20%，压电陶瓷也只有40%～60%；

表 3-9 GMM、Ni 和 PZT 物理性能的比较

性能	参数	GMM	Ni	PZT
磁弹性性能	饱和磁致伸缩应变 λ_s	$(1500 \sim 2000) \times 10^{-6}$	$(-35 \sim -40) \times 10^{-6}$	$(10 \sim 600) \times 10^{-6}$
	动态磁致伸缩系数 d_{33}/m·A^{-1}	1.7×10^{-9}		0.3×10^{-9}
	机电耦合系数 k_{33}	0.7～0.75	0.30	0.45～0.72
	能量密度/kJ·m^{-3}	14～25	0.03	0.65～1.0
	能量转换效率/%	49～56	9	23～52
	响应时间/μs	<1		≈10
声学力学性能	弹性模量 E/MPa	$(2.5 \sim 3.5) \times 10^4$	21×10^4	$(4.6 \sim 6) \times 10^4$
	声速 v/m·s^{-1}	1720	4950	3130
	密度 ρ/g·cm^{-3}	9.25	8.9	7.5
	抗拉强度/MPa	28		76
	抗压强度/MPa	700		
	承载能力/MPa	20		4
磁学电学热学性能	相对磁导率 μ_r	3～15		
	居里温度 T_c/℃	380～387	>500	130～400
	电阻率/Ω·m	6×10^{-7}		1×10^8
	热膨胀系数 α/℃$^{-1}$	12×10^{-6}	12.9×10^{-6}	2.9×10^{-6}

(6) 具有较高的居里温度，居里温度高达380℃。工作性能稳定，可用于200℃以上的较高温区。还可以通过成分设计调整温度特性；

(7) 声速较小，其声速 $C_H \geqslant 1700$ m/s 。用于超声波元件可减小机械共振中所需要的尺寸；

(8) 抗压强度高。可承受高达700 MPa 的压力，适于高压力的执行器、大功率的声学换能器等；

(9) 频率特性好、频带宽，特别适合于低频区工作。与压电换能器不同，在 1 kHz 以下声频区工作十分理想，频带宽(几十赫兹至 15 kHz)。因为低频声波传输距离远、可靠性高，低频声纳在军事上十分重要。过去对于低频大振幅声纳系统不是体积庞大就是结构复杂，故难以实现。GMM 的使用改变了这种情况，因而被称为革命性声纳材料；

(10) 用超磁致伸缩材料制备的器件驱动电压低，与压电陶瓷相比，可用较低电压(几伏至 100 多伏)驱动，故不存在压电陶瓷中高电压(其工作电压约 2 kV/mm)引起电火花和绝缘击穿问题；

(11) 无老化、无疲劳、无过热失效问题。压电陶瓷存在退极化而失效的问题，而 GMM 即使加热到居里温度以上，也只是暂时地失去磁致伸缩特性，当温度降低到居里温度以下时，材料完全恢复磁致伸缩性能。

鉴于超磁致伸缩材料的上述优良特性，在许多领域中有着重要的应用。当然稀土超磁致伸缩材料也存在若干缺点，需要在应用器件设计时注意，如由于其电阻率低，会产生涡流损耗导致高频特性差；抗拉强度低，不能承受较大的拉力；材质硬但较脆易碎，机械加工困难；制造工艺复杂，成本较高。这些缺点在一定程度上制约了该材料的推广应用。针对这些问题目前已提出了一些解决方法并付诸实施，如为了控制线圈发热导致磁致伸缩棒膨胀而影响纳米、埃米级超精密定位精度，研制了用在棒与螺线管之间的恒温水冷却管，使强制水冷却控温精度达 ±0.01℃，系统位移效率高于 90%。对于涡流效应引起的发热问题，可采用多层绝缘薄片粘结，或采用颗粒绝缘粘结来减小涡损。

稀土超磁致伸缩材料存在以下主要效应:

(1) 焦耳(Joule)效应:磁性体被外加磁场磁化时,其长度发生变化。可用来制作磁致伸缩换能器、致动器和振动器。

(2) 维拉利(Villari)效应:在一定磁场中,给磁性体施加外力作用,其磁化强度发生变化,即逆磁致伸缩现象,可用于制作磁致伸缩传感器。

(3) ΔE 效应:随磁场变化,杨氏模量也发生变化,可用于声延迟线。

(4) 维德曼(Viedemann)效应:在磁性体上形成适当的磁路,当有电流通过时,磁性体发生扭曲变形,可用于扭转电机。

(5) 反维德曼(Anti - Viedemann)效应:使磁性体发生机械扭曲,且在二次线圈中产生电流,可用于扭转传感器。

(6) 跳跃(Jump)效应:铁系超磁致伸缩材料,外加预应力时,磁致伸缩随外场而有跃变式增加,磁化率也改变。

以上这些效应是超磁致伸缩材料的应用基础,利用这些效应即可做成各种器件。

3.1.2.6 稀土超磁致伸缩材料的工作特性

A “跳跃”特性

无论是<112>轴向取向的孪生单晶,还是<112>轴向取向的多晶超磁致伸缩材料,在热退磁状态都是多畴结构。热退磁状态的多畴体的相邻磁畴的自发磁化强度之间的夹角可能是180°、109.47°和70.53°,可近似地看作是180°、109°和70°畴结构,并且以180°畴为主,因此热退磁态的样品很易磁化到饱和,但磁致伸缩应变值并不高,λ_s 一般在 1100×10^{-6} 左右。Clark 等人于1983年首次发现对于<111>与样品轴成15°角的超磁致伸缩材料,当沿其轴向施加压应力时,其磁化曲线和磁滞回线变得平坦,而磁致伸缩应变曲线变得陡峭,如图3-17所示。这使得超磁致伸缩材料在低磁场下就能获得很高的磁致伸缩应变值,这一现象称为磁致伸缩的“跳跃”现象[11]。

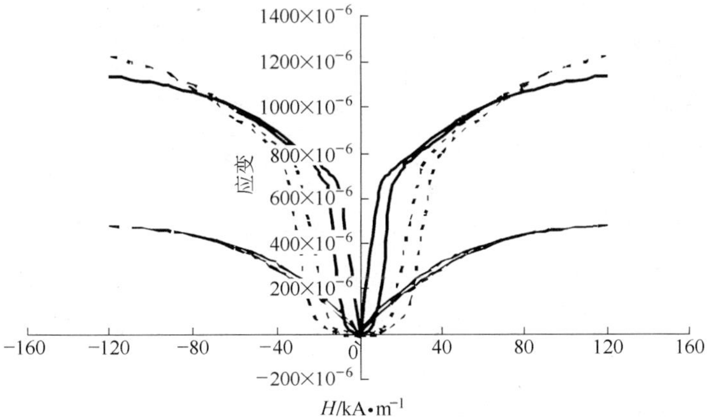

图3-17 不同预压应力下的 $H-\lambda$ 曲线

可以采用应变能最小原理解释磁致伸缩“跳跃”现象中磁化曲线和磁滞回线变得平坦这一现象。

当超磁致伸缩材料受到外磁场而未受外应力的作用时,其晶体的能量可表示为:

$$E = E_0 + E_a + E_{me} + E_{cl} \tag{3-4}$$

式中 E_0——不依赖于磁场方向的磁能,J;

E_a——磁晶各向异性能,J;

E_{me}——磁弹性能,J;

E_{cl}——弹性能,J。

当材料受到外应力时,将使总能量发生变化,这时式 3-4 将变为:

$$E = E_0^0 + E_a^0 + E_{me}^0 + E_{cl}^0 + E_\sigma \tag{3-5}$$

符号“0”代表未加应力时的能量,E_σ代表加上外应力后晶体内增添的能量,因此被称为应力能。

由公式 3-3 可得:

$$E = -\frac{3}{2}\lambda_{100}\sigma\left(\alpha_1^2\beta_1^2 + \alpha_2^2\beta_2^2 + \alpha_3^2\beta_3^2 - \frac{1}{3}\right) + 3\lambda_{111}\sigma(\alpha_1\alpha_2\beta_1\beta_2 + \alpha_2\alpha_3\beta_2\beta_3 + \alpha_3\alpha_1\beta_3\beta_1) \tag{3-6}$$

对于各向同性的材料,上式可得到简化:

$$E_\sigma = -\frac{3}{2}\lambda_{100}\sigma\cos^2\theta$$

$$\cos\theta = \alpha_1\beta_1 + \alpha_2\beta_2 + \alpha_3\beta_3 \tag{3-7}$$

由应力最小原理和公式 3-3 可知:由于超磁致伸缩材料的 $\lambda_s > 0$,施加压应力时,$\theta =$ 90°或 270°才能使应力能最小。

对于磁致伸缩压应力效应中的跳跃现象,Clark 等人采用了孪生单晶的物理模型对其进行了解释:磁致伸缩应变与超磁致伸缩材料的起始畴结构、磁畴磁矩的转动密切相关。随着磁场强度的增加,180°畴的畴壁位移运动产生的磁致伸缩应变甚微,其他非 90°畴的畴壁位移受到各向异性、应力、残杂物的阻碍力是很大的,因此其磁致伸缩应变的增加也十分缓慢。而 90°畴磁矩转动导致磁致伸缩应变的增加是十分陡的。由于孪晶 90°畴的磁矩转动阻力较小,磁矩可一致转动,从而产生一个磁致伸缩应变“跳跃性”的增加。

由上面的分析可知,超磁致伸缩材料在实际应用时,应该在轴向预加适当的压力,这样一方面可以增大磁致伸缩系数和磁致伸缩系数对磁场的灵敏度;另一方面,超磁致伸缩材料的抗拉强度远小于抗压强度,预加压力可以增强材料的抗拉能力[24]。

B ΔE 效应

稀土超磁致伸缩材料的弹性模量适中,介于较软的稀土元素和较硬的过渡族磁性金属之间,结合它的大磁致伸缩率,稀土超磁致伸缩材料能产生大的磁弹性力和磁弹性位移。图 3-18 所示为 $Tb_{0.3}Dy_{0.7}Fe_2$室温时的弹性模量和 ΔE 效应。稀土超磁致伸缩材料的 ΔE 效应是指它的弹性模量随外磁场变化而变化,这是因为当有外磁场作用时,其内部会产生应变和应力,引起磁畴磁矩方向的改变,进一步导致了材料晶格的改变。此时获得的长度变化由两部分叠加而成:一是应力作用引起的长度变化;二是磁致伸缩引起的长度变化。当稀土超磁致伸缩材料达到磁化饱和以后,后一部分长度变化就不再产生,仅剩下由应力作用引起的长度变化,此时的弹性模量将不再受磁场的影响[25]。故 ΔE 效应实际为磁致伸缩逆效应的一种表现形式。

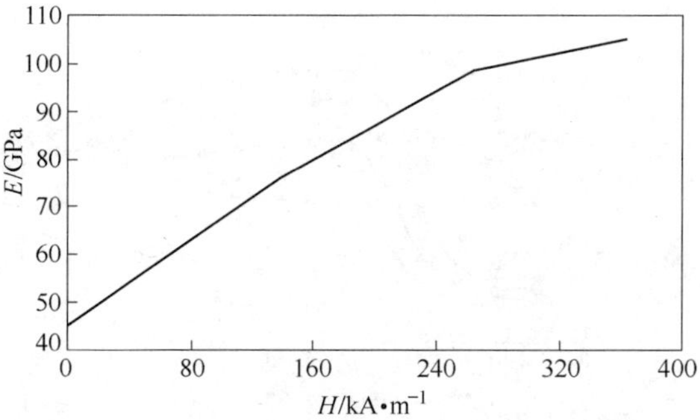

图 3-18 $Tb_{0.3}Dy_{0.7}Fe_2$室温时的弹性模量

当一个铁磁材料试件受到应力 σ 作用后,就会通过磁致伸缩逆效应引起磁畴磁化状态的改变(即磁畴重新排列或重新取向),这样在材料理想的弹性应变 ε_s之外又多了一个磁致应变 ε_μ,故此时实际的杨氏模量为

$$E=\frac{\sigma}{\varepsilon_s+\varepsilon_\mu} \tag{3-8}$$

ΔE 效应与材料理想状态下的杨氏模量 E_s、饱和磁致伸缩系数 λ_s、饱和磁化强度 M 及初始磁导率 μ 相关。其表达式为:

$$\frac{\Delta E}{E}=\frac{9\mu_c\lambda_s^2}{20\pi M_s^2}E_s \tag{3-9}$$

由于超磁致伸缩材料的饱和磁致伸缩系数 λ_s很高,因此其 ΔE 效应很明显。此外,杨氏模量的变化会导致 GMM 的能量密度 $E\lambda_s^2/2$ 的改变,对常规超磁致伸缩电 - 机械换能器来说,ΔE 效应是其性能变化的影响因素之一。A. E. Clark 等人观察到谐振态下 Terfenol - D 的最大 ΔE 变化可达到 161%[26]。较强的 ΔE 效应是器件结构参数变化的起因之一,能够影响能量转换及器件的输出特性,故在超磁致伸缩换能器设计前应该预估该效应对 GMM 棒纵振动基频的影响。另一方面,该效应则是某些新型器件开发的物理依据,如声延迟线、变频谐振子、参量放大器、传感器等。

C 温度特性

超磁致伸缩材料的温度特性对实际应用具有十分重要的作用,但作用机制尚未有明晰的理论解释[27]。低温下,随着温度的下降,平行于 <111> 方向的磁致伸缩急剧减小;高温下,随着温度的升高,磁致伸缩也逐渐减小,直至其居里点时磁致伸缩特性消失;而在室温下,特别是在 0 ~ 80℃,超磁致伸缩材料的磁致伸缩系数的变化并不明显,如图 3-19 所示。

因此,超磁致伸缩材料在 0 ~ 80℃的范围内使用才能发挥其最佳性能。当然,温度的影响与超磁致伸缩材料内的 Tb 与 Dy 的比例也有关系,通过改变超磁致伸缩材料的化学成分便可以改变其温度特性。

D 倍频效应

由于稀土超磁致伸缩材料在正反向磁场中都是伸长变形的,因此在交变磁场作用下的超磁致伸缩材料其形变输出频率是励磁电流频率的两倍,称为倍频特性,如图 3-20 所示。

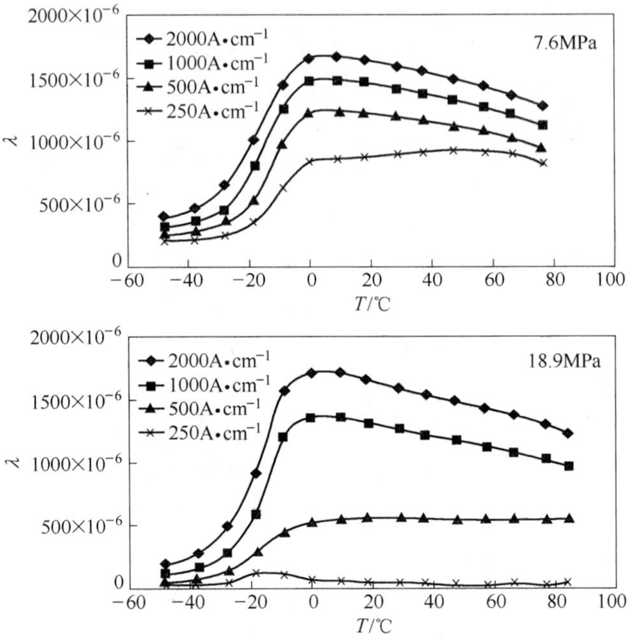

图 3-19 磁致伸缩系数与温度的关系曲线

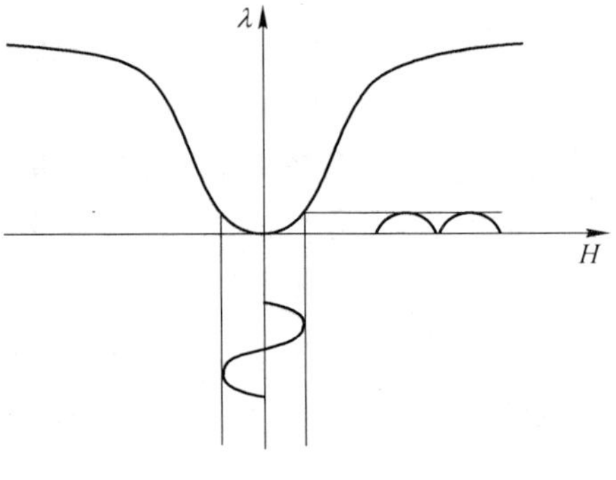

图 3-20 “倍频”现象

由于“倍频”现象,引起了超磁致伸缩材料不同频率的机电转换,在实际应用中应尽量消除这种现象。在稀土超磁致伸缩换能器中,倍频特性还带来一定的非线性影响,应予以消除。在激励磁场之外,再给超磁致伸缩材料施加一个适当的恒定磁场,可使它处于极化状态,可消除倍频现象。所加的恒定磁场称为偏置磁场,又称为极化磁场。

E 涡流效应

所谓涡流是指外加磁场在磁致伸缩棒中产生的感生电流,其沿磁致伸缩棒的断面呈旋涡状,且顺时针方向流动与逆时针方向流动反复变化着,变换的周期和外加磁场的周期是相同的。涡流的密度从工件的中心到表层分布极不均匀,愈靠近表层,其密度愈大,而电源的频率愈高,表层的电流密度愈大,而在心部,基本上没有电流,这种现象称为集肤效应。集肤深度的表达式为[28]:

$$h=\sqrt{\frac{2}{\omega\rho\mu_0\mu_r}} \tag{3-10}$$

式中 h——集肤深度,m;

ω——交流电流的角频率,Hz;

ρ——材料的电导率,Ω·m;

μ_0——真空磁导率,H/m;

μ_r——材料的相对磁导率,H/m。

由于磁致伸缩材料具有一定的电阻率,这样就会产生一定量的欧姆损耗。反之,涡流又会激发一个磁场来阻止外磁场引起的磁通量的变化,使材料内的实际磁场减小,降低超磁致伸缩材料的利用率。

棒状超磁致伸缩材料的涡流损耗为[28]:

$$W_e=\frac{H_m^2 r_m \pi l_m}{2h\rho} \tag{3-11}$$

式中 H_m——超磁致伸缩棒的磁场强度,A/m;

r_m——超磁致伸缩棒的半径,m;

l_m——超磁致伸缩棒的长度,m。

涡流电流会使材料发热产生热变形、减低换能器的效率,对于高频应用,超磁致伸缩材料中产生的涡流损耗较大,因而对输出特性的影响较大,若不采取措施对伸缩元件的热变形加以控制,则换能器整体的稳定性、可靠性和精度将比较差。故实际应用中必须采取相应的措施抑制涡流效应[29,30,31]。

当前比较常用的方式是将超磁致伸缩材料沿平行于棒轴方向进行分片切割,再用绝缘胶(环氧树脂)将片与片粘结起来,如图 3-21(a)所示。

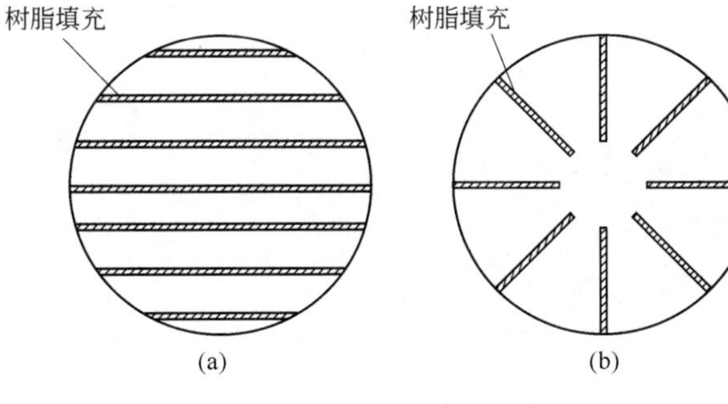

图 3-21 棒的横截面

还有一种切割的方法如图 3-21(b)所示。半径为 R 的 GMM 棒,中间留有半径为 r 的一实心体,余下部分沿径向均匀分切 n 道缝,并将绝缘胶加压灌注入这些切缝中。这样既有效地避免了涡流损耗,又最大程度地节省了材料和费用,是一种既有效又经济的方法。

另外,为了改善稀土超磁致伸缩材料高频特性,可以采用稀土超磁致伸缩复合材料(GMPC),它是由稀土超磁致伸缩材料的粉末和粘结剂合成的复合材料,提高了材料的电阻率,改善了材料的加工性能,加工也相对容易了。需要注意的是要选择合适的粘接剂,如果粘接剂工作温度低,则可能在工作状态下随着温度的提高而软化,造成复合材料的力学性能下降或变形。

F 磁机耦合特性

当超磁致伸缩材料在磁场中发生磁致伸缩效应的同时,反过来,由于超磁致伸缩材料所受的机械应力也会对其内部的磁化状态产生影响,即所谓的磁致伸缩逆效应。由于磁致伸缩效应与磁致伸缩逆效应的存在,使材料中原本相互独立的两个子系统——磁系统和机械系统发生了耦合[32,33]。此时,反映材料力学性能的弹性模量不仅仅取决于应力/应变关系,而且与材料的磁化状态有关;与之相应,材料的磁化率也不仅仅取决于其磁化强度与磁场的关系,而且与材料的受力状态有关。换言之,对于磁性材料,如果其磁致伸缩不为零,那么磁学量(磁场强度 H、磁感应强度 B)和力学量(应力 σ、应变 ε)之间就会相关起来,若取磁场强度 H 和应力 σ 为独立变量,则其关系表示为[34]:

$$\begin{cases}\varepsilon = s^{\mathrm{H}}\sigma + dH \\ B = d\sigma + \mu^{\sigma}H\end{cases} \tag{3-12}$$

式中 ε——应变;

σ——应力,Pa;

H——磁场强度,A/m;

B——磁感应强度,T;

s^{H}——柔顺系数(H=常数时),m^2/N;

d——动态磁致伸缩系数,m/A;

μ^{σ}——磁导率(σ=常数时),H/m。

该方程称为第一类压磁方程。对超磁致伸缩换能器来说,主要利用超磁致伸缩棒的轴向磁致伸缩效应,因此,在不计机械及涡流损耗时,上述方程可简化为:

$$\begin{cases}\varepsilon_{33} = s_{33}^{H}\sigma_{33} + d_{33}H_{33} \\ B_{33} = d_{33}\sigma_{33} + \mu_{33}^{\sigma}H_{33}\end{cases} \tag{3-13}$$

式中 ε_{33}——轴向应变;

σ_{33}——轴向应力,Pa;

H_{33}——轴向磁场强度,A/m;

B_{33}——轴向磁感应强度,T;

s_{33}^{H}——轴向柔顺系数常数,m^2/N;

d_{33}——轴向动态磁致伸缩系数,m/A;

μ_{33}^{σ}——轴向磁导率常数,H/m。

由上式可看出,超磁致伸缩材料内部的应变与激励磁场强度、材料特性常数、应力状态等直接相关,其外部位移、力输出实为磁场-弹性场相互耦合的结果。从压磁方程还可看出,磁致伸缩效应和磁致伸缩逆效应的本质是使材料的磁系统和弹性系统发生了能量交换。如果通过改变磁感应强度和磁场强度以增加材料的磁能,那么所增加的磁能中,就有一部分会转变成弹性能,使材料的应力和应变发生变化;反之,如果通过改变材料的应力和应变以增加材料的弹性能,那么所增加的弹性能中也有一部分会转变成材料的磁能。在绝热和与外界无能量交换的热力学条件下,这种双向转换的效率相等,可以用磁机耦合系数(又称磁弹性耦合系数)来度量,即

$$磁机耦合系数=\frac{机械能(输出)}{磁能(输入)}=\frac{磁能(输出)}{机械能(输入)} \tag{3-14}$$

即换能器中电磁能与机械能之间的转换满足如下方程[34]：

$$(1-k_{33}^2)E_{mech}=k_{33}^2E_{magn} \tag{3-15}$$

式中 k_{33}——GMM 棒轴向磁机耦合系数；

E_{mech}——机械能，J；

E_{magn}——电磁能，J。

换能器激励线圈中的电磁场能量向机械能的转换受输入电流控制，对应不同的输入电流，其位移、力的输出随之改变。其中，预压力和偏置磁场的大小对磁机耦合系数有一定影响；适当配置机械和电气的结构参数，可使 GMM 处于较佳的机电耦合状态，提高能量转换效率。此外，磁机耦合系数 k 与材料的磁导率和弹性模量之间的关系[25,35]：

$$k^2=\frac{d^2}{s^H\mu^\sigma} \tag{3-16}$$

磁机耦合系数是评价超磁致伸缩材料性能优劣的重要指标之一。磁机耦合系数的大小不仅与超磁致伸缩材料的磁致伸缩系数、磁导率、刚度系数有关，而且还与其成分配比有着很大的关系。因此，在实际应用中可以通过调整成分配比来提高超磁致伸缩材料磁机耦合系数。

3.1.3 超磁致伸缩材料的应用

超磁致伸缩材料是继传统磁致伸缩材料、压电陶瓷之后，从 20 世纪 70 年代逐渐发展起来的一种新型功能材料。以 Tb－Dy－Fe(GMM)材料为代表的超磁致伸缩材料，由于其优异的磁致伸缩性能，已逐步应用于声纳水声换能器、电声换能器、微位移致动器、减振降噪装置、智能机翼、机器人、燃油喷射器、精密阀门、精密泵、波动采油等高技术领域，在国民经济和工业生产中起着越来越重要的作用。美国 ETREMA 公司总裁 Larson 认为，稀土超致伸缩材料已进入一个稳定的需求增长期，其发展趋势与 Nd－Fe－B 极为相似。

超磁致伸缩应用基本分为换能器、致动器和传感器三大类。

换能器是进行能量转换的器件，是将一种形式的能量转换成另一种形式能量的器件，例如用于发射声纳的水声换能器和用于超声清洗用的超声换能器。

致动器是在外部能量(电、磁等)作用下产生位移和力的器件。超磁致伸缩材料可以在驱动线圈电流的作用下产生精密可控的大位移(约为棒长的千分之一)，而且力量大(静态输出力 17 MPa)、响应快(微秒级)、精度高(可达到纳米级)，是制作新一代高性能致动器的重要材料。

传感器是能够探测、感受外界的信号、物理和化学条件(如力、光、热、湿度、烟雾)，并将探知的信息传递给其他装置的器件。例如利用稀土超磁致伸缩材料具有维拉利效应，就可以制作力传感器或振动传感器。特别的是，将这种材料的焦耳效应与维拉利效应结合应用，就可以制作既能传感又能致动的智能机构。

3.1.3.1 超磁致伸缩换能器

超磁致伸缩材料，由于其具有特大的磁致伸缩应变、特高的储能密度、声速小、居里点高、响应快、工作电压低、稳定性与可靠性高等卓越的特性，被人们普遍认为是制作低频、大功率、大深度换能器的理想功能材料，并正在或已经用它取代过去以铁氧体和铁钴镍为主的传统的磁致伸缩换能器。稀土超磁致伸缩材料的特点之一是它的声速低，仅为 1700 m/s，比

PZT 压电陶瓷和纯镍的声速小 3 ~4 倍。因此用 GMM 做成的水声换能器，在相同体积的条件下，GMM 水声换能器的共振频率比压电陶瓷水声换能器的共振频率低 3 ~4 倍，而辐射的声功率可比压电陶瓷水声换能器的辐射声功率至少大 10 倍。因此超磁致伸缩材料 GMM 体块材料（Bulk Materials）在低频大功率水声换能器、大功率执行器、控制器、有源消振以及力、位移和其他传感器等等方面得到越来越广泛的应用。

A 在声纳系统中的应用

以前大功率换能器中广泛使用的功能材料是 PZT 系列的压电陶瓷和以镍为代表的传统的磁致伸缩材料。由于压电陶瓷和传统的磁致伸缩材料的储能密度低、声速高、压电（磁）系数小，用它们来制作低频换能器不仅效率低，而且尺寸大。由于这些功能材料的限制，使得低频大功率换能器的性能远远落后于声纳技术以及其他民用技术的发展要求。从某种程度上讲，换能器的更新换代，取决于材料的更新换代。

近些年来，Tb－Dy－Fe 超磁致伸缩材料的出现，立即引起了水声领域以及其他高技术领域的广泛重视。用此种材料做成的水声换能器，在适合于远程声纳和其他低频水声系统应用中的每项指标几乎都要比传统的换能材料理想。

发射和接收声信号的器件称为声纳，其核心元件是换能器的能量转换材料。声纳是潜艇的眼、耳、口，因此军事上对超磁致伸缩材料非常重视，声纳也就成为超磁致伸缩材料最早、最主要的应用器件。以往的海军声纳大多采用压电陶瓷 PZT 作为换能器材料，需要几千伏的驱动高压，频带窄，且不能在低频下使用。而深海长距离目标探测中需要低频技术，因为频率越低衰减越小。在低频领域，超磁致伸缩材料的各项指标（大的磁致伸缩量，低的杨氏模量，比一般金属软）均比传统的有源材料做成的换能器好，用 GMM 制作的声纳具有低频、大功率、尺寸小、重量轻的优点，不会产生高压击穿现象，它最早由美国海军部门应用于低频声纳系统中。

图 3-22 所示为国际上最先使用的 GMM 换能器，是活塞型的换能器，它由永磁体、线圈、超磁致伸缩棒、变幅杆、壳体和后质量块等部分组成。其特点是结构简单、体积小，但它只具有单方向指向性，而且共振频率较高。

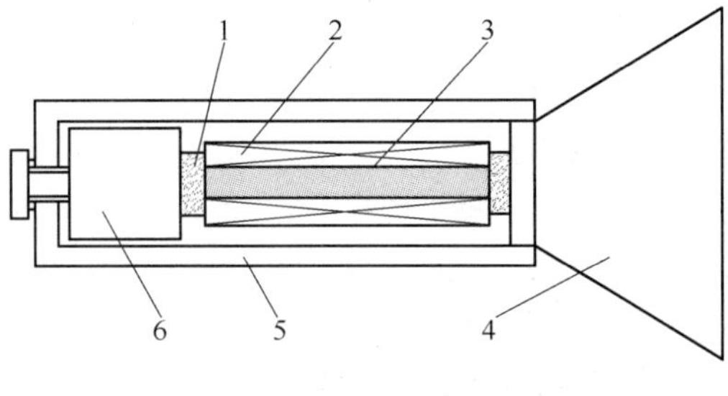

图 3-22 活塞型的水声换能器

1—永磁体；2—线圈；3—超磁致伸缩棒；4—变幅杆；5—壳体；6—后质量块

日本学者 Wakiwaka 采用超磁致伸缩材料设计了声纳换能器，结构如图 3-23 所示。他采用了 8 根 ϕ 20 mm ×120 mm 的 GMM 棒作为振动源，并由上、下各一块永久磁铁提供一定的偏置磁场，以便超磁致伸缩棒工作在线性区。调整预紧弹簧的变形量，可以对超磁致伸缩材料施加适当的预压力。理论上，此换能器的机电耦合系数可达 0.73，声源信号可达 192 dB[36]。

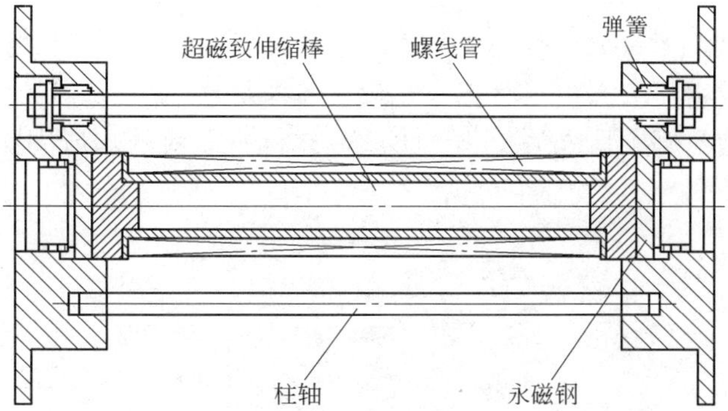

图 3-23 声纳换能器结构图

后来开发了一种内方外圆形水下器件，叫方环换能器，如图 3-24 所示。驱动部分是由 4 根 ϕ6.35 mm×50 mm 的 GMM 棒组成，其共振频率可达 2 kHz。这种结构的换能器最早被用于美国 Gould 公司和 Rayfhlon 公司的商品水听器中[4]。另外，又开发了弯张型换能器(图 3-25)，结构简洁，指向性、低频特性大大改善[24]。

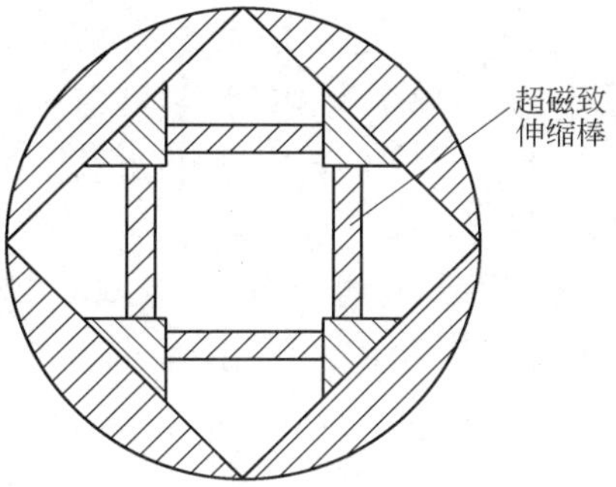

图 3-24 超磁致伸缩方环换能器

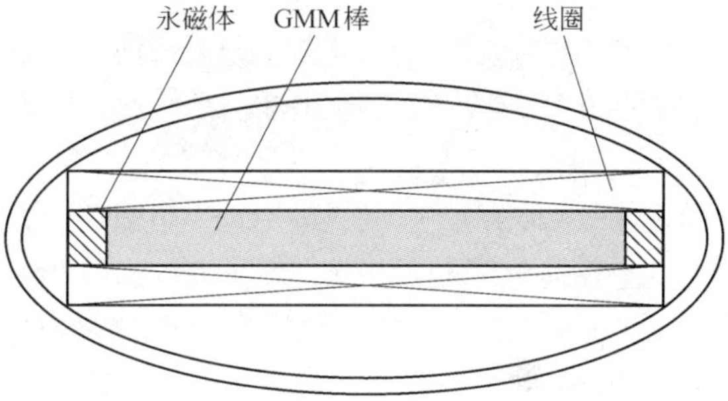

图 3-25 超磁致伸缩弯张型换能器

我国北京钢铁研究总院和中国科学院声学研究所采用国产超磁致伸缩合金，研制出大功率低频声纳[37]。七一五研究所进行了多边形水声换能器的研究[38]。稀土水声换能器的通信距离及识别隐身目标的能力高出 PZT 水声换能器，还可用于海洋开发技术、水下通信、海底地形地貌观察、海洋勘探和海洋捕捞。

B 在超声换能器中的应用

用稀土超磁致伸缩材料制作大功率超声换能器，需克服高频下的涡流损耗，为此，换能器的驱动元件采用薄片叠层的方法制成。

用超磁致伸缩材料制造的大功率超声换能器，在清洗、除垢、分离、乳化、破碎、机加工、塑料焊接、探伤和医疗器械等方面具有广泛的应用前景。ETREMA 公司用 Terfenol-D 制成了 3 kW 的超声换能器，用于废旧轮胎破碎，破碎后的橡胶脱硫后可制成新的轮胎。该超声换能器可长时间连续工作，而压电换能器功率太小，无法进行这种工作。该公司还用 Terfenol-D 制成了超声手术刀，操作方便，安全可靠，尺寸比使用压电陶瓷的超声手术工具小一半，而功率大 50%。

C 在音频扬声器中的应用

图3-26所示为音频换能器结构示意图。音频换能器由1~8部分组成。其核心有1根或多根GMM棒2,两端和中间粘接有稀土永磁体3,用于产生偏置磁场。橡胶或弹性元件6被底端带螺纹的底盖8旋紧压缩后提供给GMM材料所需要的预应力。音频振动通过输出板7传递给发声板9。

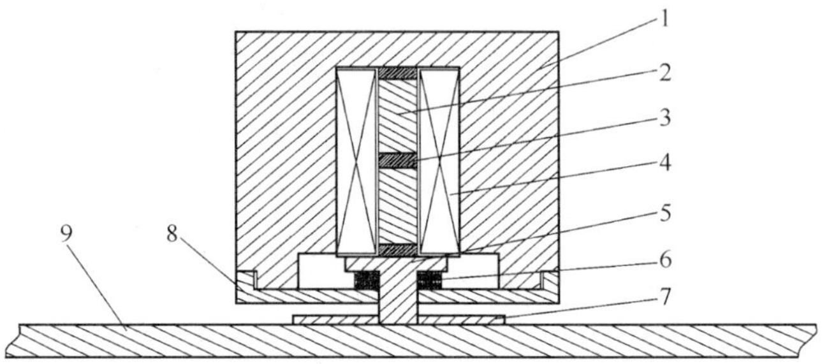

图3-26 GMM音频换能器结构示意图

发声板材料可以是任意硬质材质,如木质、玻璃、塑料的板材等,也可以是专门的发声材料。如果把音频换能器放在桌子上,那么桌子就变成了扬声器。也就是说这种音频换能器可以使很多家具、建筑物、用具等变为扬声器。需要指出的是:单个音频换能器就像一只扬声器单元一样,其频率响应范围是有限的,需要有多个扬声器才能组成完整的声道,由两个声道就可以形成立体声音响,同样的原理也可以组成5.1家庭影院。

这种扬声器的发声方式是面声源,其特点是:能够提供更大的均匀声场(见图3-27),发声180度无指向,瞬态特性好。特别是它与乐器的发声方式很相似,器乐还原逼真,临场感强烈,为扬声器的发展提供了新的发展方向。

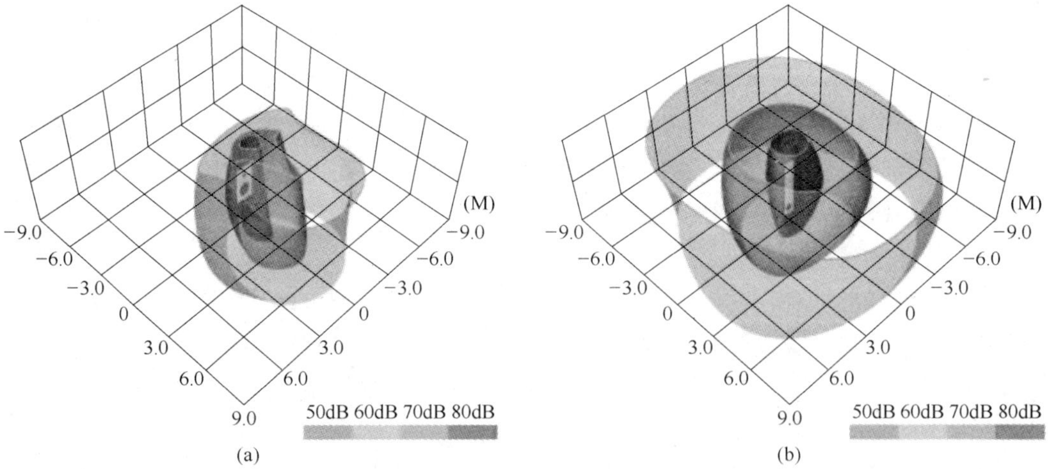

图3-27 两种扬声器的声场空间分布图(1 W,1 kHz)

(a) 传统扬声器;(b) GMM扬声器

3.1.3.2 超磁致伸缩致动器

由于超磁致伸缩材料具有优良的性能,因而在许多领域,尤其是在机电工程中的应用前景良好。

A 在超精密加工中的应用

随着尖端科技的飞速发展,超精密加工技术成为当今机械制造行业最重要的发展方向之一。目前,超精密加工刀具主要采用电致伸缩微位移器作为驱动器,而电致伸缩微位移器的位移量和输出功率相对较小,而且在机构设计中必须采取有效措施防止冲击力和高电压驱动造成的短路问题,采用超磁致伸缩材料作为微位移器可很好地解决上述问题。

图 3-28 是日本江田·弘和 Toshiba 公司的 Kobayashi 设计的、装备在大型光学金刚石车床上的微进给装置。此装置采用了超磁致伸缩材料作为驱动器。系统中采用温度控制器,使冷却线圈的水温度控制在 0.01℃以内。采用此致动器的金刚石车床加工玻璃等脆硬材料的尺寸精度和表面粗糙度可控制在几个纳米以内[39]。

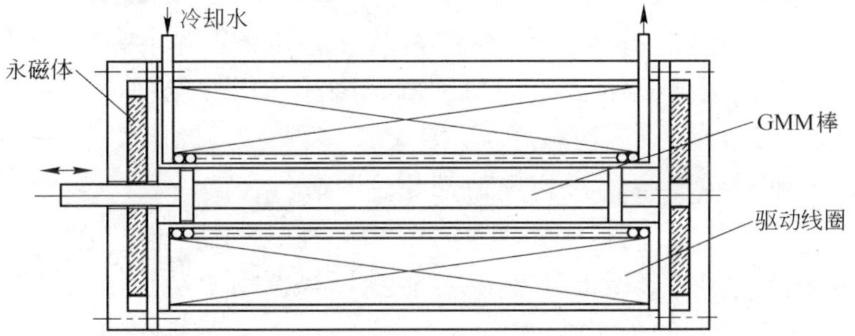

图 3-28 超磁致伸缩致动器

浙江大学利用超磁致伸缩的特性,开发研制了活塞异型销孔的制造系统,成功解决了企业异型销孔制造的实际问题。此系统的关键是将超磁致伸缩材料固定在镗刀杆的合适位置,当周围的磁场改变时,超磁致伸缩材料能相应地伸长或缩短,从而使刀杆产生相应的弯曲变形。而磁场的变化可通过改变驱动线圈的电流来实现[40]。

B 在流体机械中的应用

电-机转换器是流体控制阀类部件的关键部分,由于超磁致伸缩材料具有响应速度快、输出力大,并可在低磁场强度下工作等特性,采用超磁致伸缩材料的转换器将极大地提高控制阀的性能。

瑞典一家公司将 Terfenol-D 用于燃料喷射阀,并申请了专利。图 3-29 是通过控制驱动线圈的电流,来驱动负磁致伸缩棒,使得针阀提起或放下。这个简单的设计,可使燃料在喷射过程中实现快速、高准确度的

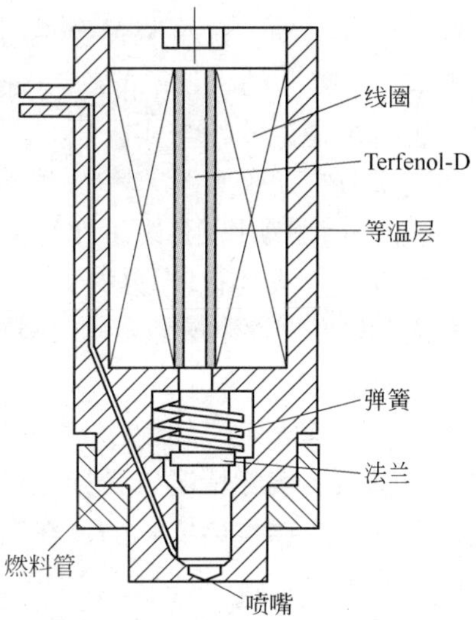

图 3-29 燃料喷射阀

燃料流动无级控制，而且也为更快、更精确的计算机控制燃料系统甚至排气系统提供了可能。

超磁致伸缩材料还被应用于直接作用的比例阀和伺服阀。Goodfriend 等采用超磁致伸缩致动器改造了比例滑阀，在 300 Hz 时阀芯位移达 0. 3 mm。Urai 等采用超磁致伸缩致动器设计了直动式伺服阀，其最大输出流量达 2 L/min，频带宽 650 Hz[41]。此外，这种材料还被应用于高速阀、高压泵，微型泵的研究也在进行中。

C　在步进电机中的应用

德国柏林大学的 L. Kiesewetter 教授利用超磁致伸缩材料研制成功一种新型步进电机，命名为 Kiesewetter。当线圈通入电流并且位置发生变化时，超磁致伸缩棒交替伸缩，像虫子一样蠕动前进，它的最大驱动力可达到 1000 N，分辨率为 2 μm，并具有驱动重载无反冲的优点[42~45]。美国的 J. M. Vranish 采用超磁致伸缩材料，利用上述原理开发出转动式的步进电机。它的扭矩输出达 12. 2 N · m，精度高达 800 微弧度。日本学者还利用超磁致伸缩棒和压电陶瓷开发出一种功率大、响应快且无反冲的混合型的线性电机。美国 ETREMA PRODUCTS 公司利用超磁致伸缩执行器输出力大的特点，将其应用在机翼的“灵敏翼”中。“灵敏翼”指飞机航行中，调整机翼（导风板）的横截面以减小阻力影响，增加飞机的有效载荷量或减小燃料消耗。在此应用中，驱动器在飞机的双翼中用作线性电机，构成桥架型肋，线性电机驱动器伸展或收缩以改变机翼构型[46]。

D　在振动的主动控制执行机构中的应用

在科技飞速发展的今天，高精度光学平台的精确控制，宇航器、微型及发射装置的主动消振等一系列振动控制问题显得十分突出，而致动器是振动主动控制系统中的一个重要环节，直接影响振动主动控制的可实施性。

由 GMM 制成的主动控制执行机构有着其他类型致动器无法比拟的优点，最大消振力达数千牛顿，最大可达 70% 的振动衰减量，频率范围为 0 ~ 5 kHz，低频特性好，这种材料作制动器的开发和应用为振动控制工程领域开辟了广阔的前景。

日本的 Ohmate 采用 GMM 设计了三连杆的臂型半主动控制装置，可减缓由于地震、强风等产生的振动。这个装置像人的手臂，可在三个直线或转动方向产生可控的摩擦力和摩擦力矩[47]；美国的 Anjanappa 等将磁致伸缩微致动器应用于振动的主动控制中，并对其工作原理进行了理论分析与实验研究[48]。

南京航空航天大学[49,50]根据 GMM 的固有特性而设计研制的磁致伸缩致动器，既能承载，又能产生驱动作用；既可作智能隔振器，又可作智能吸振器。基于反馈的自适应算法的控制率设计方法具有较好的鲁棒性，能充分利用现代数字信号处理硬件的优良性能，直接以所要求的部位处的振动为目标，减振效果好。但是要完全消去“倍频”成分，还必须做更细致、更深入的工作。

海军工程大学[51]把磁致伸缩致动器用于主动控制，该系统虽然是模拟系统，但与舰船主动力机械的实际情况较为接近。实验证明，用磁致伸缩材料作执行机构，对动力机械实施主动隔振是有望付诸实际的。在这一研究中，可得到一些初步结论：采用主动隔振，对所关心的频率成分隔振量提高了 12 dB，在 500 Hz 内总隔振量提高了 7. 2 dB；用磁致伸缩致动器进行主动隔振控制，实际是一主动惯性效应系统；对系统实施主动隔振，并没有恶化振源的运动状态。

E 在振动时效中的应用

振动时效(VSR)是可以取代热时效(TSR)和自然时效(NSR)的新工艺,它通过振动匀化和消除工件残余应力并使工件获得尺寸稳定性,具有高效、节能、绿色环保的特点。

传统的振动时效设备采用偏心振动电机作为振动器,工作频率范围窄,低频下激振力小,高频受转速限制最高只能达到约167 Hz(10000 r/min),激振力大小要手工调节偏心块位置才能调节。甘肃天星稀土功能材料公司利用稀土超磁致伸缩材料开发了磁致伸缩式智能振动时效装置[24](见图3-30),使振动性能、自动化程度和可靠性等方面都大大提高。最高工作频率达到400 Hz,整个工作频率范围(10～400 Hz)接近恒激振力,并且允许多台振动器同步振动,以实现对工件特别是异型复杂工件进行均匀振动时效处理。同时,该振动器无宏观位移和旋转因而无摩擦,可靠性大大提高。

此外,超磁致伸缩致动器还被应用于扫描电子显微镜、望远镜、照相机自动聚焦和微型机器人等机电一体化产品中[52～55]。

图3-30 GMM振动时效装置

3.1.3.3 超磁致伸缩传感器

利用稀土超磁致伸缩材料的磁致伸缩正效应或逆效应,可以制作检测磁场、应变、位移、扭矩、压力和电流等的传感器敏感元件[56～58]。

利用稀土超磁致伸缩材料在磁场中产生应变的原理,结合激光二极管或PZT材料可以制成各种测磁仪。1991年美国开发出一种GMM激光二极管磁强计,精度为160×10^{-15} A/m。国内成功开发出磁场光纤传感器原型,将磁场传感器由传统磁-电类型升级为更可靠和灵敏度更高的磁-光类型;美国海军采用超磁致伸缩材料开发了磁致伸缩应变计,它与传统的半导体应变计相比具有更大的动态范围、更高的灵敏度和精度,并且它的温度依赖性小,可测的频带更宽,可测应变量最小达到3×10^{-10}。利用超磁致伸缩材料的压磁效应研制的压磁式压力传感器,运用了磁场平衡原理,当传感器受力时,压力方向和垂直于压力方向上的磁场不再均匀分布,这样就会在输出线圈中产生磁通,激发线圈产生二次电压信号。压磁式压力传感器具有输出功率大、抗干扰能力强、寿命长、维护方便、能适应恶劣工作环境等优点,在自动化控制系统中有良好应用前景。国外利用GMM的压磁效应研制的用于检测地震波的加速度传感器,在实际应用中获得良好的效果。多元稀土铁化合物存在一个补偿温度,在此温度下其线膨胀系数从$5\times10^{-6}K^{-1}$突然增大到$115\times10^{-6}K^{-1}$,弹性模量亦发生锐变，并可通过改变磁场或材料成分来改变补偿温度，利用该特性可制作热膨胀检测器件。

由于稀土超磁致伸缩材料的弹性模量(E) 在磁场中的变化极大(150%)，所以声速(v) 也变化很大(声速 $v \propto E$)，这一特性可用来设计可调谐的声波器件、声纳的相位传感器、振荡器等，可变延迟线可用于雷达、声纳的相位传感器和电子计算机的存储元件。

日本东芝公司 M. Sahashi 等发明了用磁致伸缩薄膜制作的接触型扭矩传感器，其动态范围大、响应快，灵敏度比用传统金属电阻薄膜制成的扭转应变计高 10 倍。螺线管式压磁效应扭矩传感器为非接触型扭矩传感器，安装方便，可检测瞬时扭矩，并且灵敏度高，易于小型化，是当前研究的主流。

自传感执行器(self-sensing actuator，简称 SSA)指的是既是执行器又为传感器，即同时具有传感、执行能力的一体化器件，是随着智能材料、现代控制理论、微电子学(MEMS)等学科的发展而出现的一种新颖器件。SSA 是基于单一材料的双重作用(传感、执行)，所以对所用的材料有一定的要求。从能量角度来看，要求作为 SSA 的材料对能量的转换是可逆的，即要求电 - 机、磁 - 机或其他类型的耦合关系可逆，自传感超磁致伸缩执行器正是基于稀土超磁致伸缩材料的磁致伸缩效应和逆磁致伸缩效应。SSA 不仅在结构，而且在功能上实现了集成。与传统的传感器和执行器相分离的情况相比，具有很大的优越性，主要体现在以下几点：

(1) 结构上，由于传感和执行器合二为一，使得 SSA 结构紧凑，占用空间小、系统趋于小型化；

(2) 功能上，对于整个系统来说，由于传感信号的输出和执行信号的输入是同一点，可实现同位控制；

(3) 以 SSA 为基础制成的灵巧单元具有初级的智能，可组成自律微机电系统，从而提升整个系统的性能。总之，自从磁传感器作为一种独立产品进入应用以来，基于磁致伸缩效应的传感器的应用领域也在不断地拓展。

3.1.4 存在的问题及对策

稀土超磁致伸缩材料具有前所未有的巨大磁致伸缩系数、高速响应、大输出力和高可靠性，自出现以来已成功地在水声声纳、音频换能器和精密致动器等领域获得了应用，研究开发的应用器件也很多，然而要达到大规模的应用，还应解决以下一些问题：

(1) 材料批量生产的一致性、稳定性需要进一步提高。由于该材料组分比重存在差别，另外稀土很活泼，如果制备工艺不合理或控制不严，就会造成材料成分偏析严重、棒的上下成分差别大、污染严重、批量产品性能差别大等问题，影响实际应用。这就要求材料的生产厂家对工艺精益求精，并通过对制备工艺的改进和严格的质量管理来提高产品的整体质量水平。

(2) 目前很多应用开发中比较盲目，没有考虑到将要开发的应用产品性价比的合理性。相对来说，该材料的价格由于受生产量小和原材料价格高的限制，成本相对还是比较高的，如果没有经过充分的市场调研和设计优化，盲目投入做出的产品可能就没有优势。其实，成本高是相对而言，如果能够充分了解市场的竞争产品，并且在设计时充分发挥该材料的特性优势，例如可以使得设计的机构简化，并发挥出新的器件大位移、小体积、大输出功率、高可靠性等优点,那么就完全可以开发出具有很高性价比优势的产品。所以要求器件的开发一定要在认真细致的可行性研究基础上开展。

(3) 由于了解这种材料和应用的人很少,特别是很多应用开发人员对该材料以及应用领域很陌生,影响到应用产品应用的拓展。虽然目前国内在器件开发上专利数量大增,开始出现了很多可喜的新的成果,但是真正形成实际大规模应用的还很少。因此必须要注重加强这种新材料及应用的推广、宣传和工作,使相关的从事应用研究和开发人员更多地关注和投入这种新材料的应用研究,同时要加强成果的转化,推动其规模化应用。

3.2 稀土磁制冷材料及其应用

3.2.1 引言

能源和环境是当今国际社会共同面临着的问题。据报道,全球范围用于制冷(包括空调、冷藏及冷冻)所消耗的能源就占总耗能的15%[59]。而目前所使用的制冷技术多为传统的气体压缩膨胀制冷,虽日臻完善,但仍存在两个重大的缺陷:一是工质对环境的污染,二是制冷效率低。故找到一种既环保又高效节能的新型制冷技术已成为世界范围内亟待解决的问题。

作为一种新型的制冷技术,磁制冷与传统的制冷技术相比具有三个明显的优点:

(1) 绿色环保。磁制冷采用固体制冷工质,解决了气体有毒、易泄漏、易燃以及对臭氧层的破坏和温室效应等问题。

(2) 高效节能。磁制冷产生磁热效应的热力过程是高度可逆的,其本征热力学效率可以达到卡诺效率,而实际能实现的效率也可达到卡诺循环效率的60% ~70%,甚至更高,而目前传统制冷技术最高只能达到卡诺循环效率的30% ~40%。

(3) 稳定可靠。磁制冷无需气体压缩机,振动与噪声小,寿命长,可靠性高。因而磁制冷技术被誉为绿色制冷技术。磁制冷应用广泛,从 μK、mK 级到室温及室温以上均适用:在低温领域,磁制冷技术在制取液化氦、氮,特别是绿色能源液化氢方面有较好的应用前景;在高温特别是近室温领域,磁制冷在冰箱、空调以及超市食品冷冻系统方面也有广阔的应用前景。

目前,低温区(20 K 以下)及中温区(20 ~77 K)的磁制冷技术在工业、国防以及科学技术等领域已经成为不可替代的制冷技术之一。相比之下,室温磁制冷一直没有得到商业应用,大多数材料室温附近的磁热效应有待进一步提高是其主要原因之一。与低温和中温区磁制冷相比,室温磁制冷无疑具有更重要的意义,除巨大的经济效益外,它将直接影响人们的工作、生存环境,甚至改变人们的生活方式。基于以上原因,近十年来,世界各国在室温磁制冷研究领域都投入了大量的人力物力,并形成了多个国家实验室联合攻关的形势。近年美国、日本、欧洲各国相继成立了磁制冷协会,协调、统筹磁制冷问题的学术与技术研究与交流,以推动室温磁制冷研究的步伐。从2005年起,以室温磁制冷为专题的国际会议也已召开了三次。室温磁制冷的研究沿着两个方向进行,一是高效磁制冷材料的探索,二是磁制冷样机的研制。经过几十年的艰苦努力,在室温磁制冷样机的研究方面取得了一些重要进展。如:(1) 1976 年美国 NASA 的 Brown 研制了室温磁制冷样机,采用超导磁体,以金属 Gd 为磁工质,获得了 80 K 制冷温跨、8 W 的制冷功率,首次在实验室实现了室温磁制冷;(2) 1998

年，美国宇航公司研发的室温磁制冷样机，具有 38 K 的温跨、600 W 的制冷量，无故障运行了 18 个月，表明了室温磁制冷技术的实用化成为可能；(3) 2001 年，美国宇航公司又研发推出了世界上第一台成功运转的永磁、回转型室温磁制冷机，加速了室温磁制冷机的商业化进程。(4) 2003 年，日本中部电力公司和日本东芝公司研制的室温旋转式样机，采用 NdFeB 磁体，磁场强度为 0.76 T，体现了很强的实用性。我国，中国科学院物理所、北京科技大学、四川大学、南京大学和中国科学院理化所等单位展开了室温磁制冷的相关研究，也已取得了一些国际水平的研究成果。并在室温磁制冷材料、磁场设计、制冷及热交换模式设计等方面获得了珍贵的第一手资料，积累了丰富的经验。

作为固体制冷工质的磁制冷材料是决定磁制冷技术能否得到应用的关键因素之一，因此磁制冷材料一直是人们所关注的研究对象。磁制冷材料的研究可追溯到 120 多年前，1881 年 Warburg[60] 首先观察到金属铁在外加磁场中的热效应，1895 年 Langeviz 发现了磁热效应。1926 年 Debye[61]、1927 年 Giauque[62] 两位科学家分别从理论上推导出可以利用绝热去磁制冷的结论，此后在液氮温区(77 K)以下的磁制冷技术的研究得到了蓬勃发展。

自 1997 年美国 Ames 实验室在 $Gd_5Si_2Ge_2$ 中发现巨磁热效应后，磁制冷材料尤其是室温磁制冷材料的研究受到了人们的广泛关注，就其缘由一方面是磁制冷材料及其磁热效应的研究能获取有关磁性材料的磁状态及磁相变的信息，而这是其他方法很难获得的，这对凝聚态物理及材料学的发展具有重要学术意义；另一方面是利用磁热效应材料作为制冷工质可建立磁制冷装置用于制冷，具有重要的实际意义。最近十多年，在室温磁制冷材料的研究方面取得的重要进展有：1997 年，Ames 实验室报道了具有巨磁热效应的 GdSiGe 材料，该材料在 5T 磁场下的室温磁熵变达到了 Gd 的 2 倍左右，其大的磁热效应来源于 T_c 附近的一级磁相变；1997 年，南京大学的研究人员报道了稀土钙钛矿氧化物 $LaCaMnO_3$ 具有较高磁热效应；2000 年，中国科学院物理研究所沈保根研究组分别报道了具有巨大磁熵变的 $La(Fe, M)_{13}$ (M = Al, Si) 稀土－铁基化合物，并通过 Co 的替代或间隙原子的引入，使其在室温呈现巨大的磁熵，为稀土金属钆的 2 倍以上，并且材料的相变温度(即产生大磁熵变的温度)在连续可调；2001 年底和 2002 年初，日本京都大学和荷兰的 Amsterdam 大学相继报道的 $MnAs_{1-x}Sb_x$ 和 $MnFeP_yAs_{1-y}$ 系列化合物在室温区也呈现巨大磁熵变。之后，还有一些有关于形状记忆合金室温大磁熵变的报道。从三届国际室温磁制冷会议来看，目前有关磁制冷材料及其磁热效应的研究在许多大学及研究机构展开，所涉及的国家和地区有美国、日本、中国、加拿大、欧洲、南美洲等。发表文章的数量也在迅速增长，图 3-31 为 Gschneidner 所统计的过去 80 多年有关磁制冷材料及其磁热效应每年所发表的论文数[63](包含了在标题、摘要、关键词中有“magnetocaloric”这个单词的文章)。从图可看到，1999 年论文数约 21 篇，2000 年为 41 篇，以后每年的论文数几乎以指数规律增长。

纵观磁制冷材料及其磁热效应的研究，无论是低温区、中温区，还是近室温磁制冷材料，稀土磁制冷材料(包括单质、合金及化合物)都占有重要的地位，这主要与稀土所特有的 4f 外层电子结构有关。因此，本章节在阐述了磁制冷基本原理及磁热效应的测量和表征后，结合已有的实验结果，对稀土磁制冷材料尤其稀土室温磁制冷材料的磁热效应及热容进行了评述和讨论，并对它们在磁制冷装置中的应用进行了介绍。希望有助于读者们对稀土磁制冷材料及其磁热效应，以及它们的应用有全面的了解。

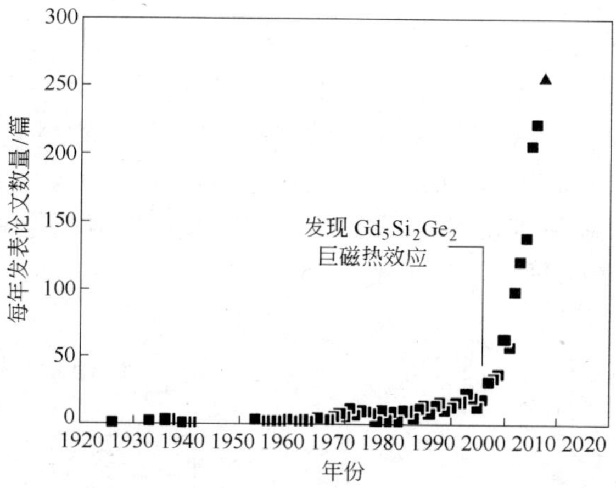

图 3-31 过去 80 多年每年所发表的研究论文数

3.2.2 磁制冷基本原理及磁热效应的表征和测量

3.2.2.1 磁制冷的基本原理

磁制冷是指以磁性材料为工质的一种全新的制冷技术，其基本原理是借助磁性材料（磁制冷材料）的磁热效应（Magnetocaloric Effect ,MCE）。所谓磁热效应是材料在外加磁场下因磁矩发生有序 - 无序变化（相变）而吸热放热的物理现象。

众所周知，磁性材料是由具有磁矩的原子或磁性离子组成，由于物质内部的热运动或热振动，当不加磁场时，磁性材料内磁矩的取向是随机的，此时其相应的熵较大。当磁性材料被磁化时，磁矩沿磁化方向择优取向，在等温条件下，自旋有序度增加，磁熵降低，向外界等温排热。当磁场强度减弱时，由于磁性原子或离子的热运动，其磁矩又趋于无序，在等温条件下，材料从外界吸热，就能达到制冷的目的。如图 3-32 所示[64]。

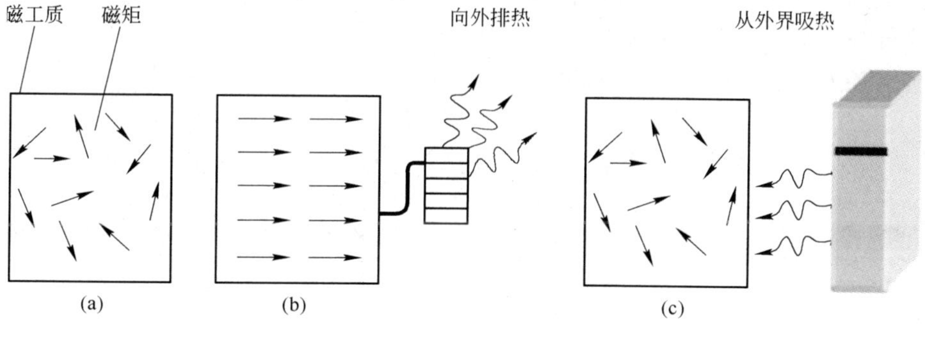

图 3-32 磁制冷原理示意图

(a) 无外场时 $H=0$；(b) 磁化时 $H>0$；(c) 退磁到 $H=0$ 时

了解了磁制冷的基本原理，最终是要实现磁制冷。磁制冷实现过程和传统的气体压缩制冷十分类似，材料的加磁退磁循环相当于制冷中气体的压缩膨胀过程。磁制冷的循环过程示意图如图 3-33 所示[65]，初始处于顺磁态的材料，磁矩是杂乱无章排列的，外加磁场材料发生磁相变后磁矩规则排列，有序度增加，总熵减小，材料的温度会升高 ΔT (1)；利用固体制冷工质与高温热源进行热交换，把磁性材料在加磁过程中产生的热量带走，材料即可恢复原来的温度(2)；随着外界磁场的去除，材料内有序排列的磁矩又恢复到无序状态，总熵增加，材料的温度会降低 ΔT (3)；再通过热交换从冷端热源吸收热量，即可实现对外制冷，同时使制冷工质的温度还原到初始状态继续下一个制冷循环(4)。通过适当的介质对固体工质和冷热端进行热交换，即可以实现制冷。

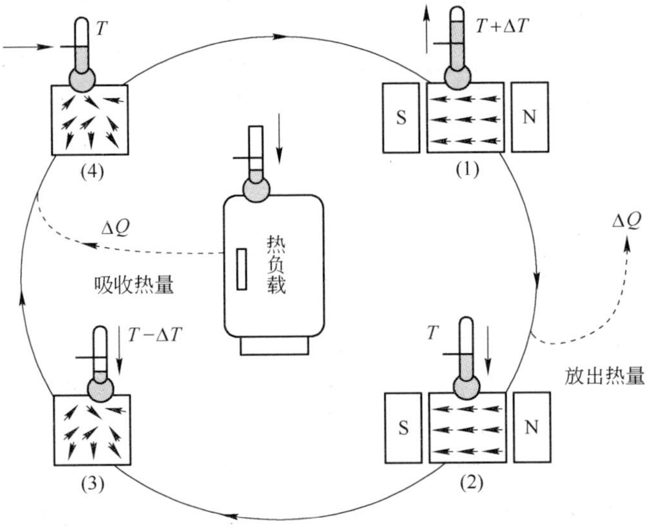

图 3-33 磁制冷循环示意图

3.2.2.2 磁热效应的热力学基础

从热力学角度来讲，磁热效应是外力(磁场)作用于磁性材料使其熵发生改变，从而形成温度变化的物理现象。根据热力学知识，材料在磁场为 H，温度为 T，压力恒定的体系中，其热力学性质可用 Gibbs 自由能 $G(H,T)$ 来描述。

对体系的 Gibbs 函数微分可得到：

磁熵

$$S(T,H) = -\left(\frac{\partial G}{\partial T}\right)_H \tag{3-17}$$

磁化强度

$$M(T,H) = -\left(\frac{\partial G}{\partial H}\right)_T \tag{3-18}$$

熵的全微分

$$dS = \left(\frac{\partial S}{\partial T}\right)_H dT + \left(\frac{\partial S}{\partial H}\right)_T dH \tag{3-19}$$

在恒磁场下，定义磁比热容 c_H

$$c_H = T\left(\frac{\partial S}{\partial T}\right)_H \tag{3-20}$$

由式3-17和式3-18可得

$$(\frac{\partial S}{\partial H})_T = (\frac{\partial M}{\partial T})_H \tag{3-21}$$

式3-21即是人们熟知的Maxwell方程,将式3-20、式3-21代入式3-19中可得

$$dS = (\frac{C_H}{T})dT + (\frac{\partial M}{\partial T})_H dH \tag{3-22}$$

对式3-22

(1)等温条件下,$dT=0$,

$$dS = (\frac{\partial M}{\partial T})_H dH \tag{3-23}$$

对式3-23积分可求得磁熵变:

$$\Delta S_M(T,H) = S_M(T,H) - S_M(T,H=0) = \int_0^H (\frac{\partial M}{\partial T})_H dH \tag{3-24}$$

(2)绝热条件下,$dS=0$,

$$dT = -\frac{T}{C_H}(\frac{\partial M}{\partial p})_H dH \tag{3-25}$$

积分可得 ΔT。

(3)等磁场条件下,$dH=0$,

$$dS = \frac{C_H}{T}dT \tag{3-26}$$

通过实验测得 $M(T,H)$ 及 $C_H(H,T)$,根据式3-24、式3-25和式3-26可求得材料的绝热温变 ΔT_{ad} 和等温熵变 ΔS_M。

3.2.2.3 磁热效应的表征及测量方法

A 磁热效应的表征

磁制冷材料的磁热效应主要取决于以下几个特性:居里温度 T_c、外加磁场 H、磁热效应 *MCE* 和磁比热容 c_H。T_c 指从高温冷却时,发生顺磁→铁磁磁相变的转变温度;H 指对磁制冷材料进行磁化时所施加的外部磁场,对同一磁制冷材料而言,H 越大,磁热效应就越大(但 H 越大,磁制冷成本越高);*MCE* 一般用在 T_c 时一定外场 H 下的等温磁熵变 $|\Delta S_M|(-\Delta S_M)$ 或绝热磁化时材料自身的温度变化 ΔT_{ad} 来表征,在相同外场条件下,若 $|\Delta S_M|(-\Delta S_M)$ 或 ΔT_{ad} 越大,则该材料的磁热效应就越大;磁比热容 c_H 是指在外磁场 H 下磁制冷材料的比热容,在同样 $|\Delta S_M|(-\Delta S_M)$ 或 ΔT_{ad} 时,磁比热容越大,热交换性能越好,制冷性能越好。总之,磁热效应最直观的表征是一定外场下的等温熵变 ΔS_M 和绝热温变 ΔT_{ad}。

B 磁热效应的测量方法

磁制冷材料的磁热效应通常由等温熵变 ΔS_M 和绝热温变 ΔT_{ad} 表征,根据磁热效应的定义及上述磁热效应的热力学基础,磁热效应的测量方法可分为直接法和间接法。直接法可以通过测量绝热条件下外界磁场变化前后材料的起止温度差,得到材料的绝热温变 ΔT_{ad},该法的测量精度强烈依赖于测试环境与外界的绝热情况、量热计灵敏度、磁场的设置等,还要考虑磁场

变化引起的量热计读数误差的补偿问题，如果控制不好，直接法得到的结果也会有较大的误差。由于大多磁制冷材料在其相变温度处都是不良导体，如果测试时材料相变的动力学条件不能完全满足（相变不能在测试时间内完成），在磁场快速增加的条件下、材料的相变过程处于非平衡状态，这种测试条件下得到的材料绝热温变数据通常会有较大测量误差。

间接法是通过测量不同温度的等温磁化曲线（$M-H$）或不同磁场的比热随温度的变化曲线，分别利用式 3-24、式 3-25、式 3-26 可以计算得材料的等温磁熵（ΔS_M）和/或绝热温变（ΔT_{ad}）。对于具有一级相变的材料，比热在相变温度处因不连续变化会引起大的测量误差，通过数值积分算得的磁热效应参数误差较大。因此对于一级相变材料为客观反映其磁热效应，需要尽可能准确的比热值，可通过补偿零场和加场环境中材料的突变值来实现，这样可以有效减少实验误差。通过不同磁场下的变温比热曲线可以计算得到对磁制冷设计等非常有用的性能指标，如 RC、$S-T$ 图、ΔS_M 和 ΔT_{ad} 等。间接对于有关一级相变材料在居里温度附近的磁热效应用间接法测试的误差问题仍在争论，但间接测量方法仍是当前被广泛认可的表征材料磁热效应的有效手段，因为到目前为止还没有发现有效的实验方法能直接测得磁制冷材料的等温熵变值等材料的磁热效应参数。

由于间接法测试相对方便并有 SQUID、PPMS 和 VSM 等商业化检测设备，目前在报道材料磁热性能时多采用间接测试方法得到磁化曲线、热容等然后计算得等温熵变、绝热温变等指标。直接测量只能给出材料绝热温变的数据、测试非常耗时并且要求样品和外界绝热非常严格，控制不好会产生很大的测量误差，目前应用得相对较少，同时直接测量设备多是各实验室自行设计，测试结果的可比性较差。具体哪种测量方法得到的结果更为可靠，尚无定论。因此如果条件允许，最好把间接和直接测量方法相结合来综合考察磁制冷材料的磁热效应。

3.2.3 稀土磁制冷材料

3.2.3.1 稀土金属

由于稀土金属有着不同的磁结构和磁相变以及它们大的局域磁矩和磁化强度，使得稀土金属是继 3d 金属之后受到广泛关注的磁制冷材料。其各种各样的磁结构主要由传导电子为媒介的局部 4f 磁矩间的交换相互作用所引起的。在稀土金属中研究的较多的是一些重稀土金属，如 Gd、Tb、Dy、Ho、Er、Tm。这些重稀土金属都具有六方密排晶体结构[66]。由于 Gd 是室温磁制冷研究领域关注最早的材料，在室温附近具有比较明显的磁热效应，并通常作为新型磁制冷材料性能对比的参照物，其研究应用得较多、较透彻。下面重点介绍稀土金属 Gd。

A 钆（Gd）

早在 1968 年 Cable 和 Wollan 通过中子衍射研究表明 Gd 从液氦温度到其居里温度 $T_c=293\,K$ 为铁磁有序[67]。从居里温度 T_c 到自旋重排温度 $T_{SR}\approx 230\,K$，其易磁化轴沿 c 轴方向，在 230 K 以下其自发磁化矢量沿 c 轴分离，呈圆锥状分布。

图 3-34 显示了 Gd 单晶在不同磁场下的比热容与温度之间的关系[68]。其零场比热曲线呈不规则的 λ 型符合顺磁到铁磁状态的二级相变。随着磁场的增加，不规则的曲线明显变宽并向高温漂移，这是典型的铁磁体行为。在自旋重排温度附近观察到了小的异常，磁场到 20 kOe 时，异常消失。

Gschneidner 和 Pecharsky 通过比热测量所确定的多晶 Gd 在居里温度 T_c 附近的磁热

效应 ΔT（即前述的绝热温变 ΔT_{ad}）与温度的关系如图 3-35 所示[69]。这是典型的铁磁行为，在其居里温度附近有最大值，两边基本对称。在磁场变化为 20 kOe 时，ΔT 曲线的半高宽约为 78 K。在居里温度附近，磁热效应与磁场的关系是非线性的，磁热效应随磁场的变化速率在高场区减小；而当 Gd 在 90 K 处于铁磁状态时，磁热效应与磁场的关系基本呈线性，如图 3-36 所示[70,71]。

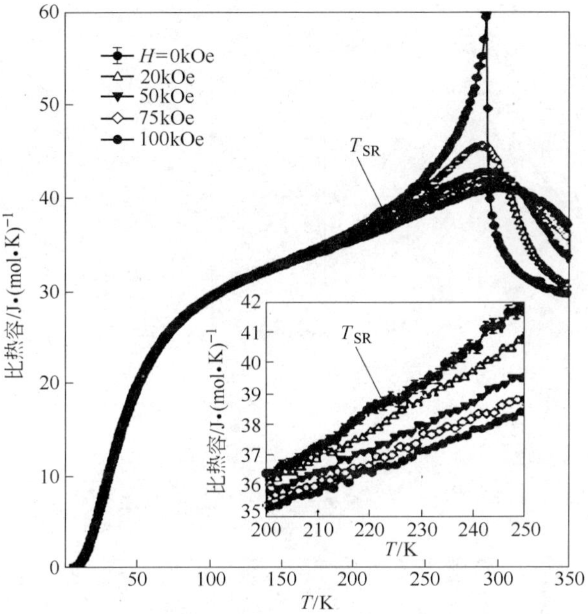

图 3-34 Gd 单晶沿[0001]方向比热与温度的关系（插图为自旋重排温度附近的情况）

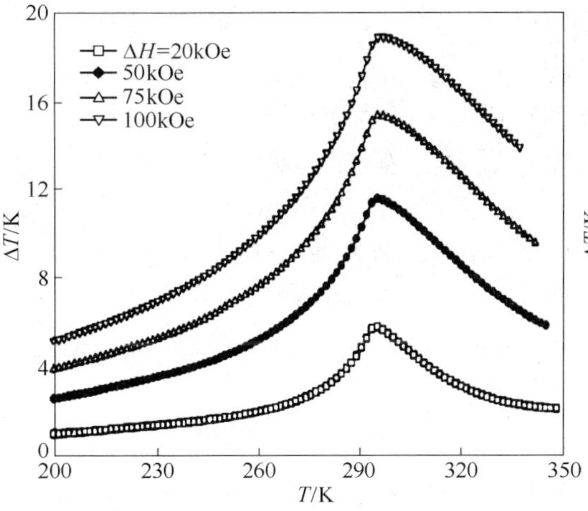

图 3-35 不同磁场变化下 Gd 的 ΔT 与温度的关系

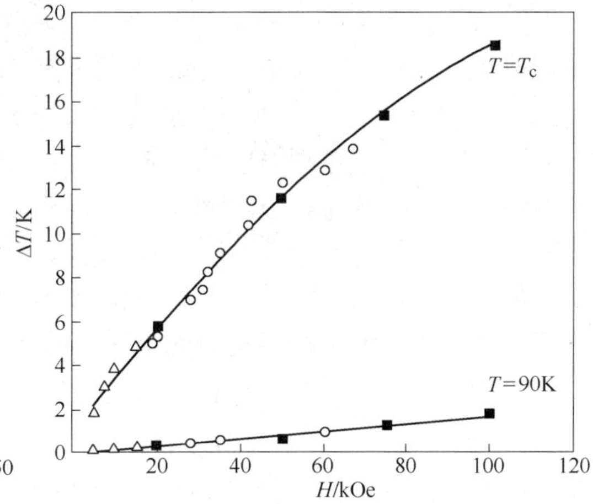

图 3-36 磁热效应 ΔT 与磁场的关系

○—脉冲场下直接测量；△—开关磁场直接测量；■—由比热容得到的

如图 3-37 所示,图 3-37(a)为绝热温变的理论计算值和实验值。图 3-37(b)为磁熵变的理论值和实验值[72~74]。图 3-37(a)中为磁场变化 70 kOe 下的温变,曲线 1 为实验值,曲线 2 为计算值;图 3-37(b)中曲线 1、2 为 60 kOe 磁熵变,曲线 3、4、5 为 10 kOe 磁熵变,曲线 6、7 为 5 kOe 磁熵变。其中 1、5、7 为计算值,2、3、4、6 为实验值。从中看到理论值和实验值基本一致。

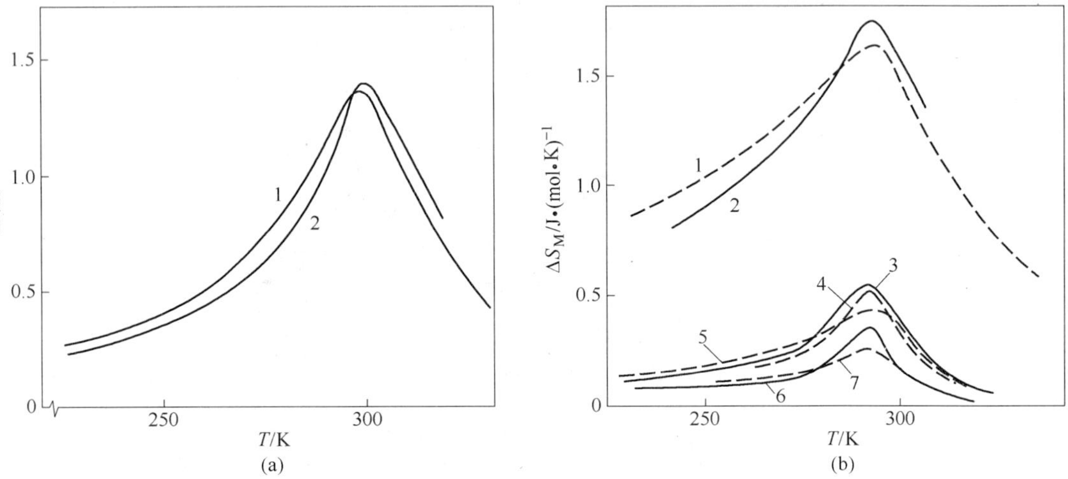

图 3-37　Gd 的磁热效应与温度的关系

虽然金属 Gd 在室温附近表现出了较好的磁热性能,但金属 Gd 的磁性能与它的纯度有很大的关系,这一点早在 1993 年 Gschneidner 就注意到[75]。Gd 的纯度降低会引起不规则 λ 型比热容曲线的最大值及对应的温度降低,并且在温度为 70 ~ 286 K 之间以及 300 K 以上会出现额外的比热容。早在 1966 年 Lounasmaa 和 Sundstrom 所测量的 Gd 的比热容[76],在 3 K 时的 K 峰值仅 300 mJ/mole,这是与 Gd_2O_3 氧化物存在有关。这些特点与溶解在金属 Gd 中的间隙杂质(如碳)所引起的晶格应变及交换相互作用变弱有关。还有就是间隙杂质对通过脉冲场所测量的磁热效应有很大的影响,在商业纯 Gd 中的磁热效应要比高纯 Gd 低约 2 倍。

另外,人们对 Gd 的热传导系数也进行了研究,图 3-38 显示了在 Gd 单晶中沿 c 轴和 a 轴所测量的热导系数与温度的关系[77]。从图中可看到,在顺磁区域沿 c 轴的热导要比沿基面的高。类似的行为在 Dy、Er 和 Tm 中看到[78,79]。重稀土金属的热导相当低,在高温区起初随温度的降低而减小。对于重稀土金属的热导,除电子外磁振子和声子也起作用。相反在非磁金属 Lu 中,沿 c 轴的热导与纯由电子热导机理所推出的值一致[78]。另外,还有其他研究者也在这方面进行了相应的工作[80,81]。

B　铽(Tb)、镝(Dy)、钬(Ho)、铒(Er)、铥(Tm)

Tb、Dy、Ho 金属在奈尔温度 T_N 和居里温度 T_c 之间表现出螺旋式反铁磁结构(HAFM)。当处在 HAFM 状态时,在相同的基面上磁矩为铁磁有序,而相邻的基面之间磁矩旋转一定的角度。HAFM 结构在磁场超过某一临界磁场 H_{cr} 时,会转变成扇形结构,然后再变为铁磁状态。H_{cr} 最大值对应的温度为 T_K,在 T_K 以下,在 $H = H_{cr}$ 的相变为一级相变,在 T_K 以上为二级相变。一级相变时,在 $H = H_{cr}$ 发生磁化强度的跃变并存在磁滞。在 T_c 以下,在 Tb 和 Dy 中看到了铁磁相基面;在 Ho 中带有铁磁成分的 HAFM 被发现。

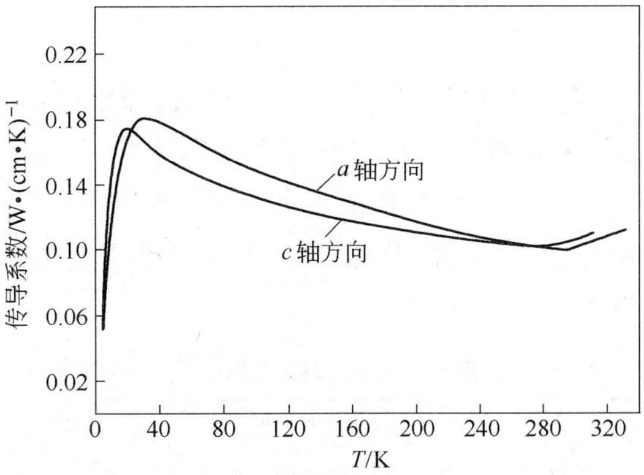

图 3-38 Gd 单晶热传导系数与温度的关系[77]

金属 Er 具有更复杂的磁结构。在 T_N(85 K) 和 53 K 之间,有一沿 c 轴的纵向自旋波。在 53 K 以下,变成了轮转线,在其中自旋波呈螺旋式分层排列。在居里温度(18 K)以下,沿 c 轴铁磁有序,在基面中仍螺旋式有序,形成了一铁磁圆锥[82~84]。

金属 Tm 在 T_N(56 K) 以下为反铁磁的纵向自旋波相。在 32 K 以下,转变成铁磁结构,有 4 个基面层,磁矩与 c 轴平行,然后是磁矩反平行排列的 3 个层。

有关这些稀土金属的磁热效应,人们也进行了相应的研究,见表 3-10。

表 3-10 稀土金属的磁相变温度及磁热效应值

磁制冷材料	T_c、T_N/K	ΔH/kOe	$-\Delta S_M$/J·(kg·K)$^{-1}$	ΔT_{ad}/K
Gd[85]	293	50	9.5	12
		20	4.5	6
		10	0.6 J/(mol·K)	
		10	23.6 kJ/(m^3·K)	
		10		3
		30		8
		70		14
Tb 多晶[86]	233	60		10.5
	231	20		5
Tb 单晶[86]	231	50~60		9~10
		2.5		0.8
Dy 多晶[86]	179	20		2.7
		70		12.3
Dy 单晶[86]	177.5	60		7.7
Ho	132[87]	60	1.8[88]	4.6[87]
Er	85[87]	60	1.2[88]	3.2[87]
Tm	56[89]	60.2		3[90]

3.2.3.2 稀土二元合金

在稀土二元磁制冷合金中主要有两大类:一类是稀土与稀土之间形成的合金,重点研究的是 Gd 基合金;另一类是稀土元素与其他元素形成的合金。通过这种合金化一方面可改变磁相变温度，另一方面可改变相及相变类型。

A　Gd-Tb 合金

$Gd_{1-x}Tb_x$合金在 $x<0.94$ 时有很强的各向异性，其难磁化轴沿 c 轴[91]。其磁热效应早就有研究，如 Nikitin 等采用直接测量法获得其磁热效应[91~34]；Gschneidner 和 Pecharsky 利用比热容确定其磁热效应[95]；Long 等利用磁化曲线计算其磁热效应等等[96]。在 $Gd_{1-x}Tb_x$ 合金中，沿合金基面（易磁化面）加磁场，其磁热效应在居里温度附近有最大值[93]。合金磁热效应的值列举在表 3-11 中。

表 3-11　稀土合金的磁相变温度及磁热效应

磁制冷材料	T_c、T_N/K	ΔH/kOe	$-\Delta S_M$/J·(kg·K)$^{-1}$	ΔT_{ad}/K
$Gd_{0.3}Tb_{0.7}$	253[93]	60(12)		9.1(0.4)[93,94]
$Gd_{0.6}Tb_{0.4}$	271[93]	60		8[94]
$Gd_{0.8}Tb_{0.2}$	282[93]	60(8)		7.2(2.2)[93,94]
$Gd_{0.76}Tb_{0.24}$	280[93]	100	17.8[95]	19[95]
$Gd_{0.75}Tb_{0.20}Nd_{0.05}$[97]	267	10	3.07	
$Gd_{0.25}Tb_{0.70}Nd_{0.05}$[97]	231	10	4.64	
$Gd_{0.25}Tb_{0.60}Nd_{0.15}$[97]	223	10	1.26	
$Gd_{0.2}Ho_{0.8}$[99]	160			7
$Gd_{0.4}Ho_{0.6}$[99]	194	60.2		9
$Gd_{0.6}Ho_{0.4}$[99]	230			9.5
$Gd_{0.8}Ho_{0.2}$[99]	268		3.8(10 kOe)[100]	10
$Gd_{0.2}Er_{0.8}$[99]	125			4
$Gd_{0.4}Er_{0.6}$[99]	168	60.2		7
$Gd_{0.6}Er_{0.4}$[99]	220			8
$Gd_{0.3}Dy_{0.7}$[102]	208	70	16	
$Gd_{0.51}Dy_{0.49}$[102]	248	70	10.4	
$Gd_{0.7}Dy_{0.3}$[106]	254	16	4.6	
$Gd_{0.8}Dy_{0.2}$[106]	264	16	4.6	
$Gd_{0.9}Dy_{0.1}$[106]	276	16	4.6	
$Gd_{0.5}Dy_{0.5}$[103]	235	80(20)	14.2(5)	
$Gd_{0.35}Dy_{0.35}Nd_{0.3}$[103]	165	80(20)	12(3.8)	
$Tb_{0.1}Y_{0.9}$[106]	52			0.3
$Tb_{0.63}Y_{0.37}$[106]	176	60	0.9	5.6
$Dy_{0.7}Y_{0.3}$[90]	135	60		3.7
$Er_{0.8}La_{0.2}$[107]	45	70		5.4
$Er_{0.9}Pr_{0.1}$	65.4			3.3
$Er_{0.8}Pr_{0.2}$	49.2			4
$Er_{0.75}Pr_{0.25}$	42.8	50		3.1
$Er_{0.7}Pr_{0.3}$	38.7		0.59	2.9

Nikitin 等发现当沿难磁化轴 c 轴加磁场进行测量时，合金会显示出更复杂的磁热效应行为。图 3-39 显示了 $Gd_{0.8}Tb_{0.2}$合金的磁热效应 ΔT 与温度的关系曲线（图中曲线 1 和 2 所示）[94]，在居里温度 $T_c=282$ K 附近，合金有正的最大磁热效应；但随着样品冷却到 T_c 温度以下，磁热效应变成负值。而在高场下，出现负磁热效应所对应的温度会更低。居里温度附近，磁热效应与磁化强度的温度关系相关联，对于 60 kOe 磁场，其比磁化强度曲线类似于铁磁体；对于 10 kOe 磁场，其比磁化强度曲线有最大值。对于在 10 kOe 磁场下，比磁化强度出现

最大值是由于在该磁场下,磁矩在基面有序,而沿 c 轴取向很难。因此磁场变 10 kOe 时,磁热效应的最大值在比磁化强度变化率为负的极大值的温度处出现,而负的磁热效应值对应着正的比磁化强度变化率。关于 Gd-Tb 合金出现负磁热效应的更进一步解释见 Nikitin 论文。

另外,研究发现 Nd 的添加会使 $Gd_{74}Tb_{26}$ 合金的居里温度降低,而磁熵变增加[97]。其中 $Gd_{0.25}Tb_{0.70}Nd_{0.05}$ 合金在稀土合金中有最高的单位磁场变化磁熵变绝对值(见表 3-11),但该材料的磁熵变曲线相当窄,其半高宽约为 5 K。

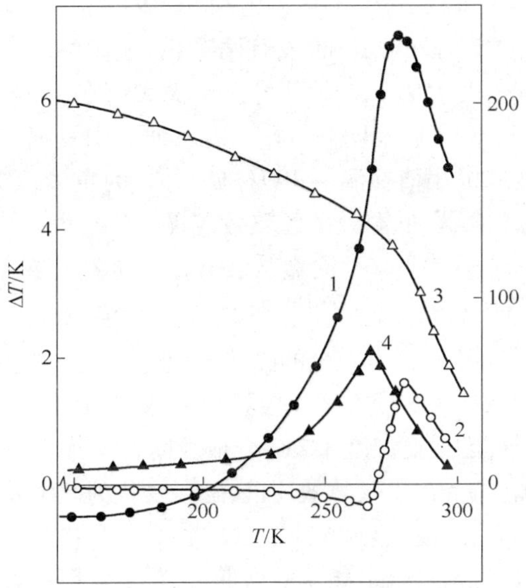

图 3-39 $Gd_{0.8}Tb_{0.2}$ 单晶的磁热效应(曲线 1 对应的场变为 60 kOe,2 对应着 10 kOe)及比磁化强度(曲线 3 对应 60 kOe,4 对应 10 kOe)

B Gd－Ho、Gd－Er、Gd－Dy 合金

1976 年,Fujii 研究了 Gd－Ho 合金的磁化行为[98],发现当 Gd 的含量超过 75%(原子分数),合金仅在居里温度 T_c 发生顺磁到铁磁相变,而当 Gd 的含量不足 75%(原子分数)时,合金会存在顺磁到反铁磁及反铁磁到铁磁两种磁相变。Nikitin 通过对多晶 Gd_xHo_{1-x} 磁热效应 ΔT 的直接测量[99],发现 ΔT 曲线上也反映出了其相变与合金成分的关系:在 $Gd_{0.8}Ho_{0.2}$ 合金中只发现一个磁热效应最大值,是由顺磁到铁磁相变引起的;在 $Gd_{0.2}Ho_{0.8}$ 合金中,从 40 K 到 140 K 之间有一宽的磁热效应平台(磁场变化 20 kOe),这与反铁磁到铁磁的相变有关,当磁场变化为 60 kOe(大于反铁磁结构破坏的临界磁场),该平台变成了 T_N 附近的一个肩。Tishin 通过磁化强度测量得到 $Gd_{0.8}Ho_{0.2}$ 合金的磁熵变 ΔS_M 曲线[100],在 10 kOe 的磁场变化下,其磁熵变最大值在居里温度 T_c 附近。

研究发现 Gd－Er 合金有更复杂的磁结构[98]。在 T_N 温度以下,如果 Er 的含量超过 30%(原子分数),反铁磁结构会出现,但它们不是简单的螺旋面,在 Er 中,沿 c 轴发生自旋振动。复杂的磁结构使得合金在 T_N 和 T_c 处出现磁热效应 ΔT 最大值,在 T_c 温度发生反铁磁到铁磁螺旋式结构转变[99]。有关 Gd－Ho 合金和 Gd－Er 合金的温变 ΔT 和磁熵变 ΔS_M 的峰值列在表 3-11 中。

Burhanov、Smaili 和 Chahine、Dai 等分别研究了 Gd－Dy 合金的磁热效应[101~103]，并在顺磁到磁有序态转变温度附近观察到了磁熵变 ΔS_M 的最大值。另外 Burhanov 发现尽管随着 Dy 含量的增加，Gd_xDy_{1-x}系合金居里温度降低，但合金的磁熵变峰值几乎是常量，并且很接近 Gd 的值。Dai 采用轻稀土 Nd 替代 GdDy，合金的居里温度和磁熵变峰值都随 Nd 增加而降低。有关 Gd－Dy 系合金的磁热效应峰值见表 3-11。

C　Tb－Dy、Tb－Y、Dy－Y、Er－La、Er－Pr 合金

Nikitin 研究了多晶 Tb_xDy_{1-x}（$x=0.25,0.5,0.75$）合金的磁热效应[104]，在磁场变化为 13 kOe 情况下，该系合金在 $x \leqslant 0.5$ 时，其 ΔT 曲线有两个极大值和一个极小值。对于 $Tb_{0.5}Dy_{0.5}$ 合金，其 ΔT 在高温 207 K 有一极大值 1.7 K，其另一个极大值在 175 K 出现，约 1.1 K。对 $x=0.25$ 的合金，其两个极大值基本相等。Bykhover[105] 在其研究中发现在磁场变化为 13 kOe 情况下，$Tb_{0.25}Dy_{0.75}$合金的磁热效应极小值在温度 190 K 处，并且为负值；$Tb_{0.5}Dy_{0.5}$合金的极小值在温度 200 K 处。随磁场变化增大，在低温处的磁热效应极大值消失。

根据磁化测量，Tb_xY_{1-x}（$x=0.1\sim0.63$）合金从液氦温度到 T_N存在反铁磁结构，而 $x \geqslant 0.835$，在低于 T_c（$T_c<T_N$）的低温下铁磁状态出现[106]。在 Tb_xY_{1-x}合金中，其易、难磁化方向分别为 b 轴和 c 轴。Nikitin 和 Tishin 测量了 $Tb_{0.1}Y_{0.9}$合金的磁热效应与温度的关系[106]，该合金在有序温度 T_N以下只有反铁磁相，其磁热效应最大值在 T_N附近。进一步冷却样品，其磁热效应变为负，绝对值单调增加，直到降温至该研究的最低温度 4.2 K，合金磁热效应仍为负。当沿 c 轴加磁场，在 T_N 温度附近，正的磁热效应峰值变宽；在负磁热效应区，磁场变化为 60 kOe 时，在温度 T 为 30 K，磁热效应有极小值 $\Delta T=-0.17$ K。沿 c 轴测量的 ΔT 曲线的形状与合金的磁结构相变有关。图 3-40 显示了沿 b 轴加场 $Tb_{0.63}Y_{0.37}$合金磁热效应曲线[106]。从图中看到，磁场小于 22 kOe 时，随温度降低，磁热效应从正值到负值变化，在 $T=168$ K，磁场变化为 15 kOe 时，最小温变值为 -0.6 K；当磁场变化大于 22 kOe 时，负的磁热效应观察不到。这一行为与螺旋式反铁磁结构的破坏有关（见图 3-40 中的磁相图插图）。作者用场诱导螺旋式反铁磁结构的变形来解释了在 $Tb_{0.1}Y_{0.9}$ 和 $Tb_{0.63}Y_{0.37}$合金出现负磁热效应。表 3-11 列出了 Tb_xY_{1-x}合金的磁热效应。

Tishin 研究了 $Dy_{0.7}Y_{0.3}$单晶沿易磁化 a 轴加场的磁热效应与磁场和温度的关系[90]。在磁场变化为 20～50 kOe 情况下，磁热效应有两个极大值，分布在温度为 7 K 和 135 K 处。对于磁场变化小于 20 kOe，磁热效应在 T_N 附近有最大值；磁场小于 25 kOe，在温度 90～110 K 之间观察到了负的磁热效应。合金的 $\Delta T(H)$ 曲线与 Dy 金属类似。

Zimm 测量了 $Er_{0.8}La_{0.2}$多晶合金的热容和磁热效应与温度的关系[107]，在 $\Delta T(T)$ 和 $C(T)$ 曲线中仅分别观察到一个最大值和一个奇异点，是典型的铁磁体。$Er_{0.8}La_{0.2}$合金的最大 ΔT 值略大于金属 Er（见表 3-11）。

Gschneidner 及 Wu 分别研究了 $Er_{1-x}Pr_x$（x 达到 0.5）合金的比热容和磁热效应[108~110]。前面讲到纯金属 Er 的比热容曲线有四个奇异点，分别在 84 K（T_N）、52 K、25 K、19 K（T_c）。当 Pr 加入到 Er 中，随比热容奇异点的漂移，T_N降低而 T_c 增加。在 $x=0.05$ 时，25 K 对应的峰消失；在 $x \approx 0.07$ 时，52 K 对应的峰迅速降低并消失。进一步增加 x，在 $x>0.3$ 时，比热容的双峰结构融合成一个峰。Pr 的含量超过 $x=0.3$，会使比热容峰降低并向低温移动。图 3-41 是基于比热容数据所得到的磁热效应曲线。从图中可看到，对应着磁相变温度处，$\Delta T(T)$ 曲线有异常。在所研究的合金中，在高温异常处为一尖峰，而低温异常处则为一跳跃，这是一级相变的特征。

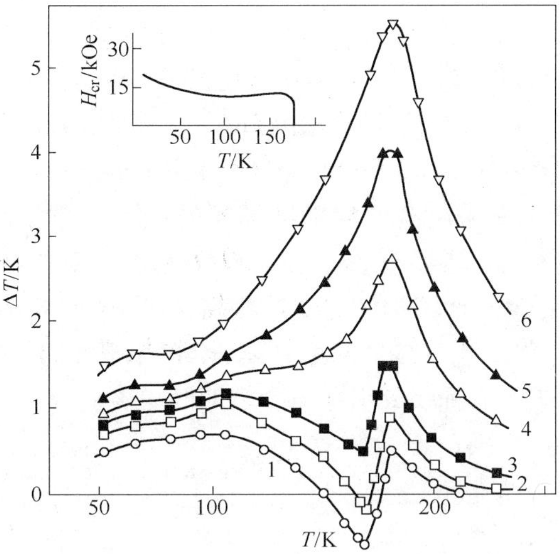

图 3-40 $Tb_{0.63}Y_{0.37}$合金沿 b 轴的绝热温变曲线

1—$\Delta H=15$kOe;2—$\Delta H=20$kOe;3—$\Delta H=25$kOe;4—$\Delta H=35$kOe;5—$\Delta H=45$kOe;6—$\Delta H=60$kOe

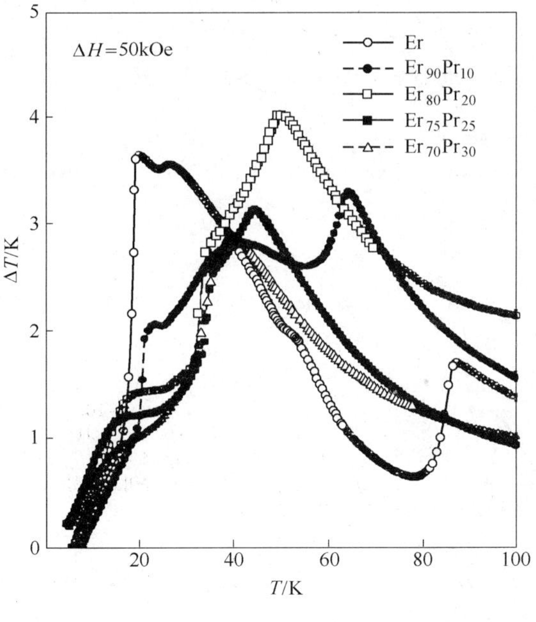

图 3-41 Er 及 Er-Pr 合金的温变曲线

D 稀土-铝合金

稀土-铝合金的化学式为 $REAl_2$(RE 表示稀土),它是立方 Laves 相结构(Cu_2Mg 型),在居里温度处发生顺磁到铁磁的磁相变,该系合金的居里温度一般比较低。

$REAl_2$系合金的磁热性能受到了广泛的研究,1991 年,Hashimoto[111]由磁化数据算得的一些 $REAl_2$合金的 $\Delta S_M(T)$曲线(见图 3-42)。在其他 $REAl_2$合金中也有类似的曲线。2000 年,Dan'kov[112]等从比热容、磁化曲线及脉冲场直接测量数据获得 $GdAl_2$的 $-\Delta S_M(T)$和 $\Delta T(T)$曲线,如图 3-43 所示。各种方法所得结果是一致的,在居里温度 T_c 附近,磁热效应与磁场的关系显示该材料表现出典型的铁磁体行为。另外,Van Ranke、Wang[113,114] 等分别研究了 $REAl_2$ (RE = Tb、Dy、Er 和 Ho)的 $\Delta S_M(T)$、$\Delta T(T)$,并发现 $HoAl_2$ 有高的磁热性能,但磁热曲线相当窄,其半高宽在磁场变化 20 kOe 时为 15 K。表 3-12 列出各种 $REAl_2$ 合金的 ΔS_M、ΔT 的峰值。

Sahashi 等研究了非化学计量比(富 Al)$REAl_2$ 合金,如 $ErAl_{2.2}$、$HoAl_{2.24}$、$DyAl_{2.22}$ 及 $Ho_{0.5}Dy_{0.5}Al_{2.25}$ 等[115]。这些合金是采用高密度烧结得到的(把电弧熔炼得到的 $REAl_2$ 合金锭在酒精中球磨得到 3 μm 的粉末,然后把粉末在 100 MPa 压力下压成形,最后在氩气气氛中 1105℃下烧结 1.5h),X 射线分析表明该合金的相结构是 Laves 相 $REAl_2$ 被立方 Cu_3Au 结构的 $REAl_3$ 相包围。该系合金的居里温度要比化学计量比的合金的居里温度低(见表 3-12),但这种合金的磁熵变峰要比 $REAl_2$ 合金的峰更宽。

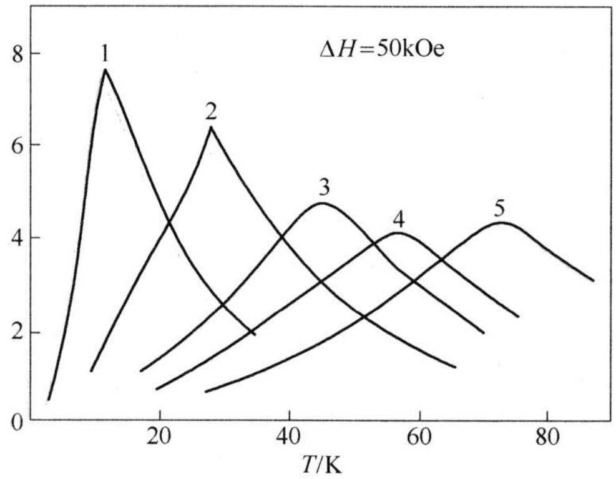

图 3-42 $REAl_2$ 合金的磁熵变曲线[111]

1—$ErAl_2$;2—$HoAl_2$;3—$(Dy_{0.5}Ho_{0.5})Al_2$;4—$DyAl_2$;5—$(Gd_{0.1}Dy_{0.9})Al_2$

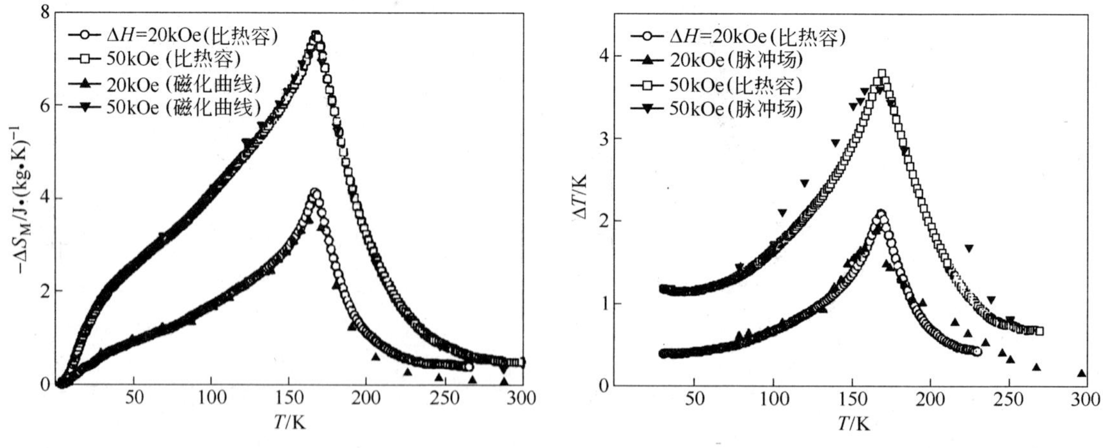

图 3-43 不同实验方法得到的 $GdAl_2$ 合金的磁热效应曲线[112]

表 3-12　稀土－非磁性元素合金的相变温度及磁热效应[111~126]

磁制冷材料	T_c、T_N/K	ΔH/kOe	$-\Delta S_M$/J·(kg·K)$^{-1}$	ΔT_{ad}/K
$GdAl_2$	167	75		5.2
		50	7.6	
		20	4.2	2.1
$TbAl_2$	108	50	11.4	4.4
		20	5.5	2.2
$DyAl_2$	63.3	75		9.18
		50	18.5	
		20	9.7	3.6
$HoAl_2$	31	50	28.8	
		20	12.8	4.6
$ErAl_2$	13	75		14.2
		50	36.15	
		20	22.6	
$ErAl_{2.2}$	11	50	27.3	
$HoAl_{2.24}$	25	50	22.2	
$DyAl_{2.2}$	50	50	19.3	
$(Ho_{0.5}Dy_{0.5})Al_{2.25}$	34	50	16.9	
$(Dy_{0.85}Er_{0.15})Al_2$	54.4	75		9.59
$(Dy_{0.7}Er_{0.3})Al_2$	45.5			9.83
$(Dy_{0.55}Er_{0.45})Al_2$	39.3			10.5
$(Dy_{0.5}Er_{0.5})Al_2$	37.8			10.5
$(Dy_{0.4}Er_{0.6})Al_2$	32			10.4
$(Dy_{0.25}Er_{0.75})Al_2$	24			11
$(Dy_{0.1}Er_{0.9})Al_2$	16.3			13.1
GdPd	38	70		8.7
Gd_3Pd_4	18	98.5	1.3	
Gd_7Pd_3	323	50	6.4	8.5
GdZn	270	100	11.2	10.6
$Gd_{0.7}Zn_{0.3}$	295	75	9.4	9
Gd_2In	191	100	2.7	7.3
		20	0.8	2
TmCu	7.8	80	15	7
TmAg	9.2		15.5	7.3

Gschneidner 等研究了$(Dy_{1-x}Er_x)Al_2$合金的比热容[116~119]。发现 x 从 0.6 到 1.0 时，合金在 14 K 以下有一尖锐的峰，并随 Dy 含量的增加，峰的位置不变而峰高降低。对于 x 从 0 到 0.75 的合金，其比热容曲线为一宽的不规则的 λ 型；$x=0.6$、0.75 和 0.9 时，比热容曲线上有两个奇异点(峰)。图 3-44 显示了$(Dy_{1-x}Er_x)Al_2$合金磁热效应(由比热容数据获得)与温度的关系。该关系曲线类似脱字符号特征并有宽的峰，这可能是由自旋重排引起的。在 $x=1$ 时，即 $ErAl_2$ 合金的磁热效应值最大，而 $x=0$，即 $DyAl_2$ 合金的磁热效应值最小。根据磁化测量，$Dy_{0.5}Er_{0.5}Al_2$ 合金在 2 K 时磁滞为 340 Oe，在 17 K 时滞后消失。Zimm[120] 等研究了 $Gd_{0.14}Er_{0.86}Al_2$ 合金的热容并直接测量了其磁热效应(见表 3-12)。$\Delta T(T)$ 曲线显示合金在 25 K 有宽峰值，但磁化率测量得到的 $T_c \approx 40$ K。作者认为宽的 ΔT 峰值与 Er 和 Gd 原子在 RE 位随机分布有关，这种随机分布使得局部的磁环境改变。Johanson[121] 研究了 $Gd_{0.06}Er_{0.94}Al_2$ 合金的磁热性能，其居里温度为13 K，ΔT 峰值为 13 K(磁场变化为 80 kOe)。

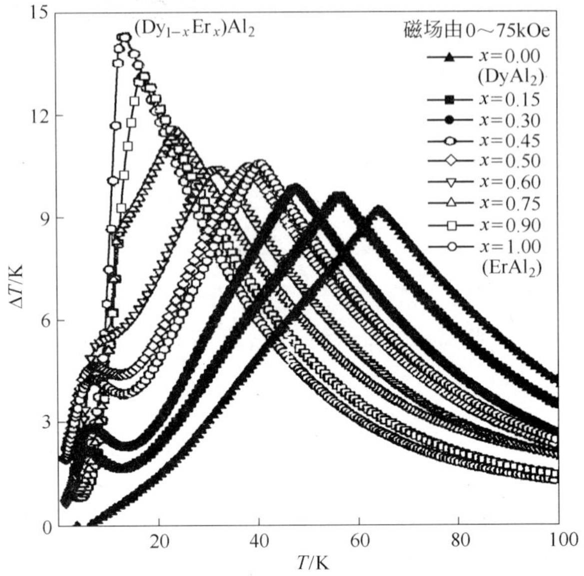

图 3-44 $(Dy_{1-x}Er_x)Al_2$ 合金的温变曲线[61]

E 稀土 - 铜、锌、钯、铑、银、铟合金

Gd_3Pd_4 具有斜六面体 Pu_3Pd_4 型结构，Tanoue[122] 等研究了该合金的比热容、磁化率和磁化行为。研究发现该合金在 18 K 发生顺磁到反铁磁相变，在 6 K 时合金具有铁磁特征。在反铁磁转变时，比热容有一峰值，当外磁场达到 98.5 kOe 时，在 13 K 会出现另一比热容峰，这主要是自旋重排的结果。磁场变化 98.5 kOe 时，合金的磁熵变在 20 K 有最大值。GdPd 合金具有正交 CrB 型结构，其铁磁有序温度为 T_c = 38 K。Zimm[120] 采用直接测量法得到了 GdPd 合金的 $\Delta T(T)$ 曲线，该合金的 $\Delta T(T)$ 曲线在居里温度附近有尖锐的峰。Gd_7Pd_3 合金具有 Th_7Fe_3 型结构，其居里温度 T_c 为 323 K，故常温下合金处于铁磁状态[123]。该合金的 $\Delta S_M(T)$ 和 $\Delta T(T)$ 曲线由比热容数据计算得到。表 3-12 列出了 Gd - Pd 合金的 ΔS_M 和 ΔT 的峰值。另外，研究的 Gd 基合金还有 GdZn（CsCl 型结构，居里温度 270 K）、$Gd_{0.75}Zn_{0.25}$ 及 $Gd_{0.7}Zn_{0.3}$ 合金等[124]。其中 $Gd_{0.75}Zn_{0.25}$ 及 $Gd_{0.7}Zn_{0.3}$ 合金包含两相（Gd 相和 GdZn 相），它们的热容有两个不规则 λ 型峰处在 270 K 和 292 K，这正好对应着 GdZn 和 Gd 的居里温度。表 3-12 给出了这些合金的磁热效应峰值。

除了上述的 Gd 合金外，人们还研究了 TmCu[125]、TmAg[125]、Gd_2In[126]、$DyCu_2$、Er_xAg_{1-x}、(PrNd)Ag 等合金。但其中 $DyCu_2$、Er_xAg_{1-x}、(PrNd)Ag 合金的磁热效应的研究很少见报道。其他合金的磁热性能见表 3-12。

F 稀土 - 镍合金

在这类合金中主要有 RE_3Ni、RENi、$RENi_2$、$RENi_5$。根据以前的磁性研究，Ni 在这些合金中没有磁矩。下面分别来了解这些合金的磁热性能。

Sato[127] 等研究了 RENi（RE 为 Gd、Ho、Er）合金的比热容。GdNi 是简单的铁磁体，而 HoNi 和 ErNi 由于晶体场效应出现非共线的磁结构。从比热容曲线反映出 GdNi 的居里温度 T_c 为 70 K、ErNi 为 10 K，而 HoNi 在自旋重排温度 13 K 处出现异常（Sato 由磁化率测量得到其 T_c 为

37 K)。研究表明 Yb 的添加降低了居里温度,但增加了比热容峰值。Zimm[120] 直接测量得到了 GdNi 的磁热效应与温度的关系,在居里温度附近,其峰值为 7.5 K(磁场变化 70 kOe)。之后,Gschneidner 等从比热容数据获得的磁热效应峰值与 Zimm 直接测量的结果一致[119]。

Tomokiyo、Yayama、Melero 等[128~130]分别对 $RENi_2$(RE 为 Pr、Gd、Tb、Dy、Ho、Er)及($RERE'$)Ni_2合金进行了研究。这些合金中除 $GdNi_2$外,其居里温度都在 40 K 以下。Melero 等的研究表明 $GdNi_2$合金的比热容曲线为不规则 λ 型,其奇异点在 75.3 K;$PrNi_2$在温度到 4 K 时都没表现出磁有序;$ErNi_2$在 6.5 K 表现出磁有序,其中 $DyNi_2$、$ErNi_2$合金的磁熵变是由热容数据算得,$HoNi_2$合金的磁熵变由磁化数据获得。之后,Foldeaki[131] 等从磁化测量获得了 $GdNi_2$及 $DyNi_2$合金的磁熵变,在居里温度处,$DyNi_2$合金的磁熵变 $-\Delta S_M(T)$ 的峰值为 28 J/(kg·K)(磁场变化 70 kOe);$GdNi_2$合金的磁熵变为 14 J/(kg·K)(磁场变化 70 kOe)。低场下的磁化率曲线表明 $DyNi_2$合金磁行为不可逆,即其有场和零场曲线都存在滞后。该合金的 Arrot 曲线在 5~50 K 间没有线性段。作者认为这些行为与在居里温度处复杂的磁相变特征及居里温度以下晶体场效应引起的非共线磁结构有关。$GdNi_2$没有这种不可逆磁行为。纵观 $RENi_2$ 合金,它们有相当高的磁熵变及温变值(见表 3-13)。

表 3-13 稀土-镍合金的相变温度及磁热效应[119,120,127~131,133~137]

磁制冷材料	T_c、T_N/K	ΔH/kOe	$-\Delta S_M$/J·(kg·K)$^{-1}$	ΔT_{ad}/K
GdNi	70	70		7.5
ErNi	10			
$GdNi_2$	75	70 30		5.9 3.2
$TbNi_2$	37	75.3		11
$DyNi_2$	20	50 20	21.4 10.7	8.5 4
$HoNi_2$	13	50	22.3	
$ErNi_2$	6.6	50	20.4	8
$PrNi_3$	11			
$NdNi_3$	6.5			
$ErNi_3$	7			

Ranke[132] 等通过比热容数据获得了 $PrNi_5$ 合金(为六方晶体结构)的磁熵变曲线,发现该合金在 14 K 以下出现了正的磁熵变 ΔS_M。

Sahashi、Tokai、Hershberg、Gschneidner、Pecharsky 等[133~137] 研究了 RE_3Ni 合金的比热容。发现这些合金有显著的热容值,可用作低温蓄冷器。RE_3Ni 合金为反铁磁有序,表 3-13 列出了该系合金由比热容数据获得的有序温度。整个比热容峰为 λ 型。特别是 Er_3Ni 的热容值很高,可作为蓄冷器用在 10 K 以下的制冷器中。Er_3Ni 合金有较宽的热容峰,其最大值为 0.4 J/(cm^3·K);Pr_3Ni 也有较宽的比热容峰;Nd_3Ni 的比热容峰较尖,其高度为 0.7 J/(cm^3·K)。Pecharsky 等研究了添加 Ti 对 Er_3Ni 热容性质的影响。发现在铸态下,Ti 替代 Ni 使合金磁有序温度有稍许增加,而比热容峰值有稍许减小。通过熔体快淬可获得部分非晶合金,虽非晶合金的热容峰要比铸态合金低,但其力学性能得到改善,能更好地应用到蓄冷器,这是因为快淬薄带易弯曲。

G 稀土-钴合金

$RECo_2$合金(RE 为重稀土 Gd、Tb、Dy、Ho、Er)为 C15 型立方 Laves 相晶体结构。表现出

顺磁到亚铁磁相变，这种相变对 $GdCo_2$（T_c = 400 K）和 $TbCo_2$（T_c = 230 K）为二级相变，对 $DyCo_2$（T_c = 140 K）、$HoCo_2$（T_c = 75 K）、$ErCo_2$（T_c = 32 K）为一级相变[138]。RCo_2 合金的磁性能可用 $s-d$ 模型很好地描述，该模型假设稀土局域自旋与 $3d$ 巡游电子共存[139]。磁场能导致 $RECo_2$ 合金从一级磁相变到二级磁相变的转变。下面对这类合金的磁热性能进行介绍。

Nikitin 和 Tishin 首先采用直接测量法研究了 $RECo_2$ 合金的磁热效应[140]，并利用 Voiron 等测量的比热容数据估算了 ΔS_M。在这之后，研究者分别利用磁化和热容测量获得了 $RECo_2$（RE 为 Tb、Dy、Ho、Er）合金的磁熵变及温变。Tishin[141] 等的研究结果表明 $TbCo_2$ 合金的 $\Delta S_M(T)$、$\Delta T(T)$ 曲线的形状对称，在居里温度附近有最大值，表现典型的铁磁行为。而 $DyCo_2$、$HoCo_2$ 及 $ErCo_2$ 合金的 ΔS_M(T)、$\Delta T(T)$ 曲线表现出非对称，它们的峰陡而尖（见图 3-45）。对于 $HoCo_2$ 合金，在 80 K 以下出现负的温变，这与 Nikitin 和 Tishin[140] 直接测量得到的结果类似，但在 $DyCo_2$、$ErCo_2$ 合金中没发现。在 18 K 附近，$HoCo_2$ 合金又出现负的温变及正的磁熵变，这是典型的反铁磁态。其他研究者获得的 $\Delta S_M(T)$、$\Delta T(T)$ 结果与 Tishin 的结果类似。

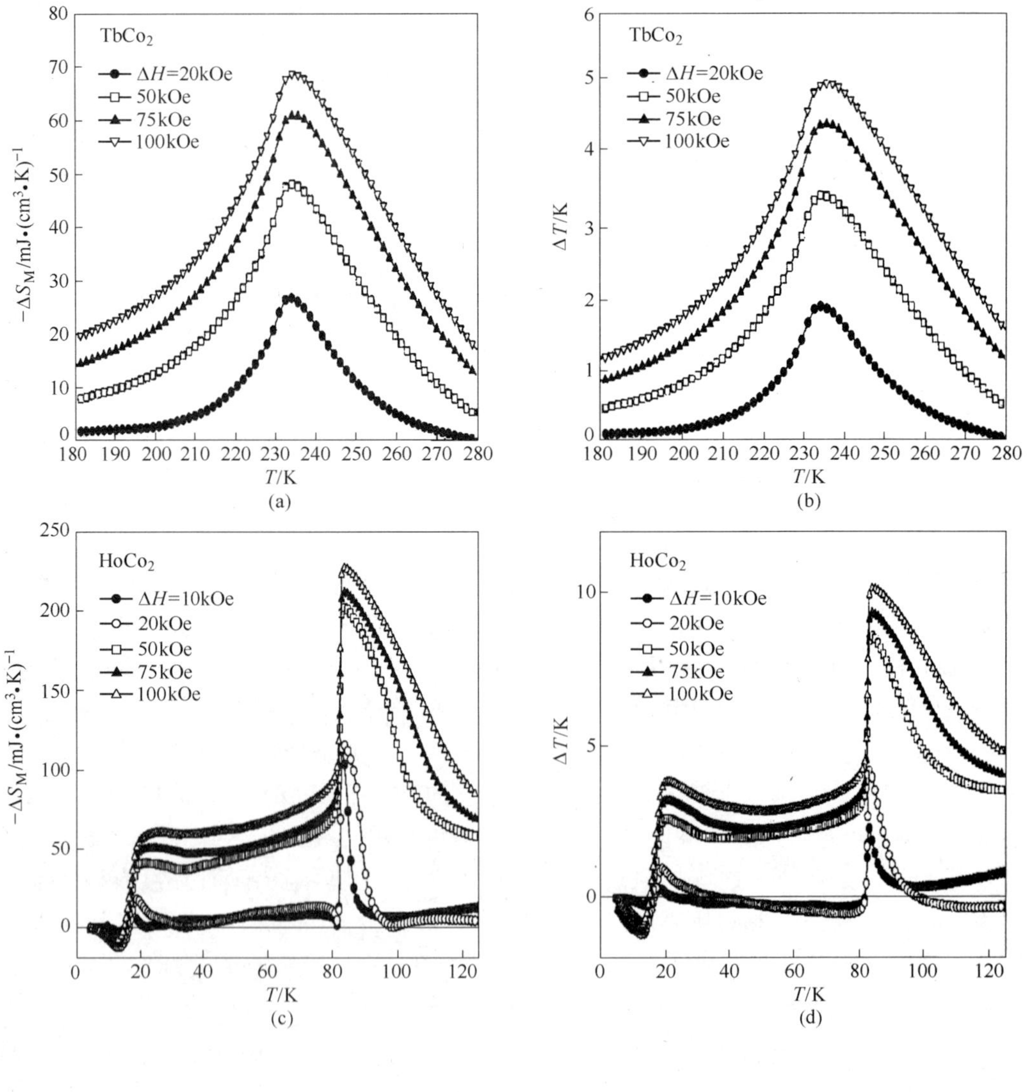

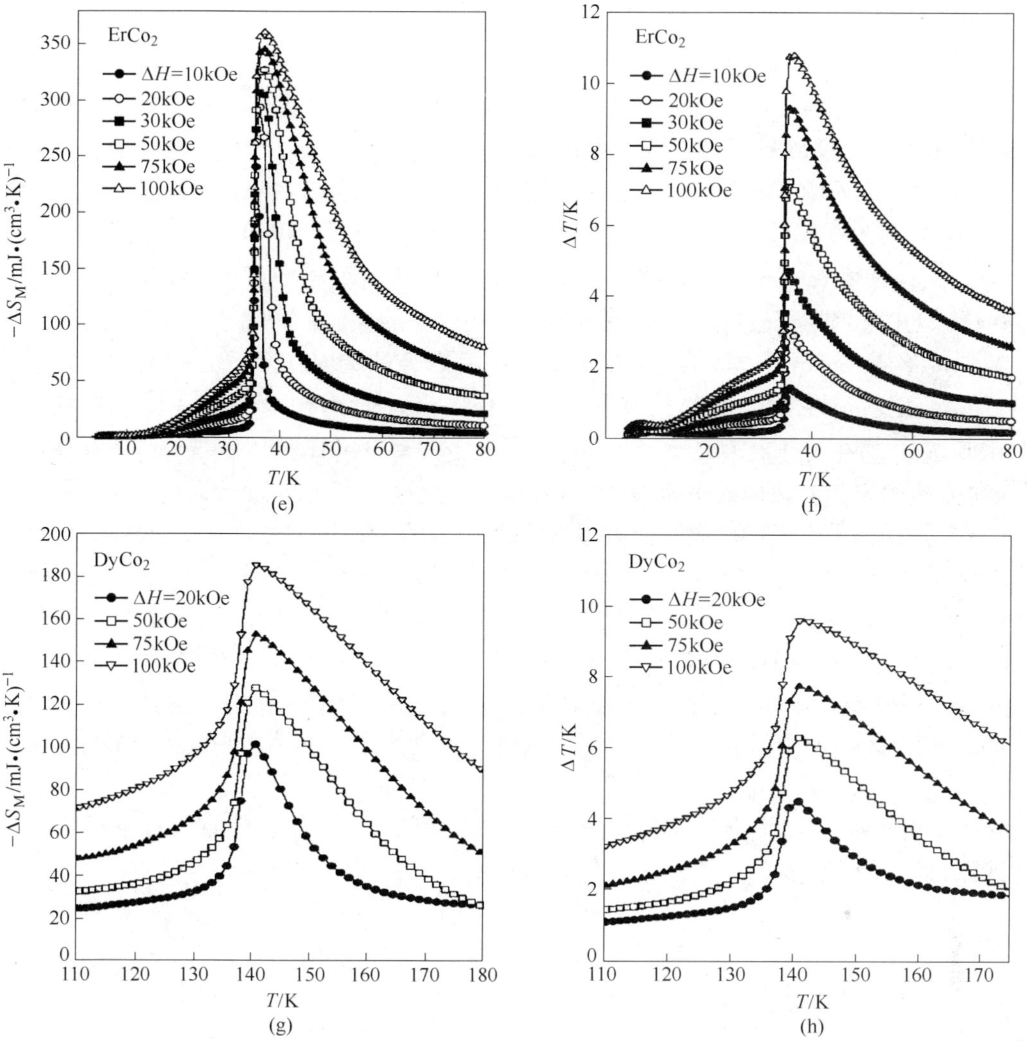

图 3-45　$TbCo_2$、$HoCo_2$ 及 $ErCo_2$、$DyCo_2$ 合金的磁熵变及温变曲线[141]

Wada[142]等通过 Ni 替代 Co 研究了 $Er(Co_{1-x}Ni_x)_2$ 系合金的比热容和磁热效应。Ni 替代后合金居里温度降低，如从 $ErCo_2$ 的 32 K 降到了 $Er(Co_{0.9}Ni_{0.1})_2$ 的 13 K。对 $x=0.05$ 时，其比热容峰仍保持一级相变的尖锐，$x=0.1$ 时，比热容峰减小并变宽。从 $\Delta S_M(T)$、$\Delta T(T)$ 曲线看，随着 Ni 的加入，曲线有了典型的二级磁相变的特征，在居里温度附近曲线更对称，峰更宽，但曲线的峰值没有明显的变化。另外，Wang[143]通过 Si 替代 Co，在 $Dy(Co_{1-x}Si_x)_2$ 系合金（$x>0.05$）中发现了类似的一级相变消失现象。

除了替代 Co 外，研究者还进行了稀土元素替代。Wang[144]等用 Gd 替代 $DyCo_2$ 中的 Dy，发现 $Dy_{1-x}Gd_xCo_2$ 系合金（$0.05<x<0.55$）均为二级相变，磁熵变 ΔS_M 的峰值较低。另外，Duc[145]、Gomes[146]等分别研究了 Gd 基、Tb 基 RCo_2 合金，发现合金均为二级相变，磁熵变峰值较低。对于 $Er_{0.8}Y_{0.2}Co_2$ 合金，在磁场达到 40 kOe 时，在 T_c 处仍看到尖锐的热容峰；在 80 kOe 时，热容峰变圆。合金的 $\Delta S_M(T)$、$\Delta T(T)$ 曲线与 $ErCo_2$ 类似，并保留了一级相变的特征；但最大值比 $ErCo_2$ 小 20% ~30%。De Oliveira[147]等对此进行了理论解析和计算，理论

计算结果与 Wada[148] 的实验结果一致。

3.2.3.3 稀土多元合金

在稀土多元合金中，其中以稀土与硅、锗等元素所形成的合金作为一大类；另一类为稀土－过渡族合金，即 La(Fe,M)$_{13}$(M 为 Si、Al)。RE$_5$(Si$_x$Ge$_{1-x}$)$_4$合金及 La(Fe,M)$_{13}$(M 为 Si、Al)合金目前是室温磁制冷材料研究的重点，这里就这两类合金进行介绍。

A RE$_5$(Si$_x$Ge$_{1-x}$)$_4$ 合金

近年来，由于在该系合金中发现了巨磁热效应，且其居里温度可调。另外，该系合金还有一些特殊的磁和结构现象。因此，该系合金受到广泛的关注。

早在 1966 年，Smith[149~151] 等对 Gd_5Si_4 及 Gd_5Ge_4 合金的结构进行研究，发现合金在室温下有 Sm_5Ge_4 型正交晶体结构。该结构按…Ge、Sm、Ge－Sm、Sm、Ge…顺序沿 b 轴分层堆积。之后，Holtzberg[152] 等报道了在 Gd$_5$(Si$_x$Ge$_{1-x}$)$_4$体系合金($0 \leqslant x \leqslant 0.2$ 和 $0.5 \leqslant x \leqslant 1$)中存在正交结构固溶体及未确定晶体结构的中间相($0.3 \leqslant x \leqslant 0.5$)。这是有关 RE$_5$(Si$_xGe_{1-x}$)$_4$体系合金最早的有关晶体结构学方面的研究。而后相当长的一段时期内，该体系合金并未受到关注。

1997 年 Ames 实验室在 $Gd_5Si_2Ge_2$ 合金中发现巨磁热效应，为室温磁制冷材料的研究带来突破，并且 Gd$_5$(Si$_x$Ge$_{1-x}$)$_4$体系合金因其在居里温度附近独特的一级磁晶相变才开始引起人们的极大关注。目前已经对 Gd$_5$(Si$_x$Ge$_{1-x}$)$_4$体系合金从晶体学、磁学等方面进行了系统研究。有关 Gd$_5$(Si$_x$Ge$_{1-x}$)$_4$ 体系合金系统研究主要由 Ames 实验室的 Pecharsky 和 Gschneidner 以及 Choe 等完成。图 3-46 是 Pecharsky 等利用粉末 XRD 结合磁性测量确定的 Gd_5Si_4－Gd_5Ge_4 伪二元磁晶相图[153~156]。不同成分的 Gd$_5$(Si$_x$Ge$_{1-x}$)$_4$($0 \leqslant x \leqslant 1.0$)合金的室温晶体结构非常类似，均具有 Gd_5T_4(T 为 Si, Ge)片层结构，按合金在常温下组织结构的差异，可以将 Gd$_5$(Si$_x$Ge$_{1-x}$)$_4$分为以下几个不同的区域：

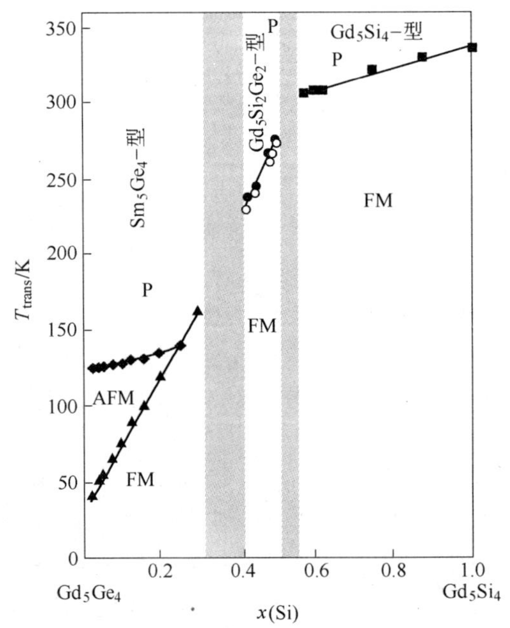

图 3-46 Gd$_5$(Si$_x$Ge$_{1-x}$)$_4$的 Gd_5Si_4－Gd_5Ge_4 伪二元零场磁相图[154]

(1) $0 < x \leqslant 0.3$ 时，合金具有 Sm_5Ge_4－型正交结构，片层间的(Si, Ge)－(Si, Ge)类共价键全部断开，合金的居里温度区间在～40～170 K，奈尔温度在～120～130 K。在这一成分范围内合金具有两个相变，一个是居里温度附近的一级磁晶相变，另一个则为奈尔温度附近的反铁磁－顺磁相变。具有很好的低温磁热效应。

(2) $0.4 < x \leqslant 0.5$ $Gd_5Si_2Ge_2$－型单斜结构，片层间的(Si, Ge)－(Si, Ge)类共价键隔位相连，合金的居里温度区间在～230～280 K。在这一成分范围内合金在其居里温度附近具有一级磁晶相变，在磁相变的同时有结构相变发生，室温附近具有巨磁热效应。

(3) $0.575 \leqslant x \leqslant 1$ Gd_5Si_4－型正交晶体结构，片层间的(Si, Ge)－(Si, Ge)类共价键全部相连，居里温度区间为～300～340 K，具有典型的顺磁－铁磁二级相变，晶体结构在磁相变时没有变化，合金的磁热效应一般。

（4）其余成分范围的 $Gd_5(Si_xGe_{1-x})_4$ 合金则为两相区，$0.3<x\leq0.4$ Sm_5Ge_4－型正交结构和 $Gd_5Si_2Ge_2$－型单斜结构的复相组织，$0.5<x<0.575$ $Gd_5Si_2Ge_2$－型单斜结构和 Gd_5Si_4－型正交结构的复相组织。

正是这样奇特的 Gd_5T_4（T 为 Si，Ge）片层状使 $Gd_5(Si_xGe_{1-x})_4$（$x\sim0.5$）在变温或外界磁场改变时会引起片层沿 a 方向滑移，从而引起（Si，Ge）－（Si，Ge）类共价键的断裂或结合，导致晶体结构在 Sm_5Ge_4－、$Gd_5Si_2Ge_2$－和 Gd_5Si_4－型之间变换[153, 157]。在低温条件下，所有的 $Gd_5(Si_xGe_{1-x})_4$（$0\leq x\leq1.0$）均为 Gd_5Si_4－型正交结构，对外表现为铁磁态，随着温度的升高，$Gd_5(Si_xGe_{1-x})_4$（$x\leq0.5$）合金在发生磁相变时晶体结构也由 Gd_5Si_4－型正交结构转变为 Sm_5Ge_4－型正交或 $Gd_5Si_2Ge_2$－型单斜结构。正是这种独特的一级磁晶相变，从而使 $Gd_5(Si_xGe_{1-x})_4$（$x\leq0.5$）合金在其居里温度附近具有显著的磁热效应。$Gd_5(Si_xGe_{1-x})_4$（$0.575\leq x\leq1.0$）的合金在温度升高发生铁磁－顺磁相变时，晶体结构保持不变，居里温度前后均为 Gd_5Si_4－型正交结构，为二级相变，合金在室温附近的磁热效应一般。图 3-47 给出了 $Gd_5(Si_xGe_{1-x})_4$ 合金的磁热效应与温度的关系曲线[158, 159]。从图中看到，在 $Gd_5(Si_{0.25}Ge_{0.75})_4$ 合金中有最大磁熵变；另外，尽管磁性原子 Gd 被非磁性原子 Ge 和 Si 稀释了，但室温下具有单斜结构的合金的磁熵变比 Gd 高很多。

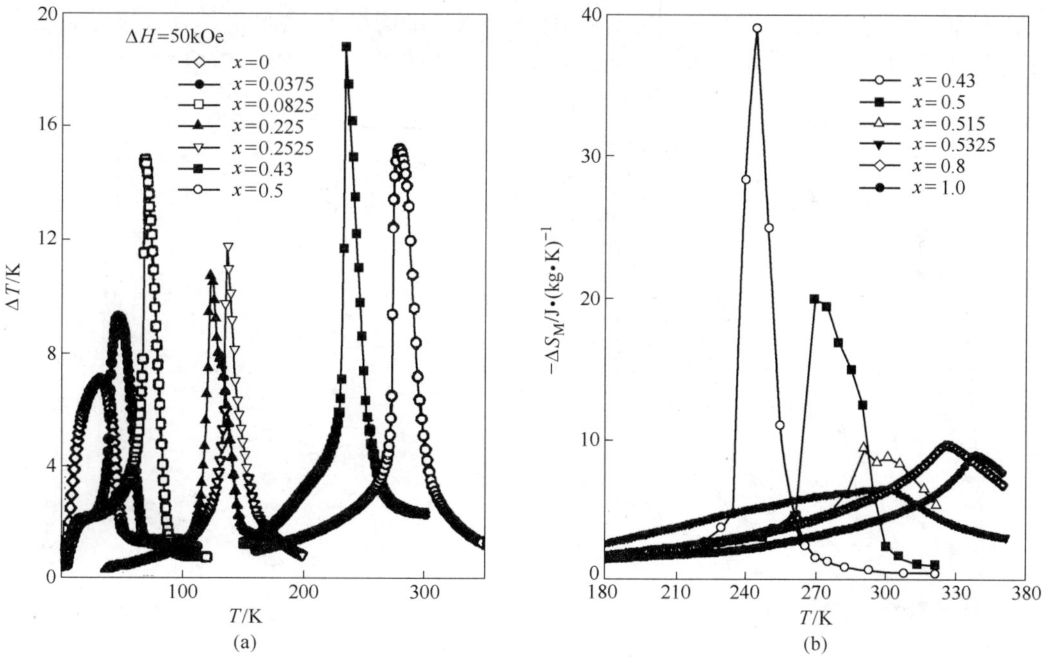

图 3-47　$Gd_5(Si_xGe_{1-x})_4$ 合金相变温度附近的绝热温变（ΔT_{ad}）和等温熵变（ΔS_M）随温度的变化关系

（a）绝热温度；（b）等温熵变

变温 XRD 研究结果表明，室温附近具有巨磁热效应 $Gd_5(Si_xGe_{1-x})_4$（$0.4<x\leq0.5$）磁制冷材料的物理本质是居里温度附近的一级磁晶相变，即合金发生顺磁－铁磁相变的同时

伴随有单斜(β) - 向正交(α)的晶体结构变化[158,160~163]。以 $Gd_5Si_2Ge_2$ 合金不同温度的结构分析为例,在常温下(292 K),合金为 β - $Gd_5Si_2Ge_2$ 单斜结构的,晶体结构中 Gd_5T_4(T 为 Si, Ge)层片间的(Si,Ge) - (Si,Ge)隔位断开,合金处于顺磁状态;随着温度的降低至居里温度以下时,合金则转变为 Gd_5Si_4 合金完全类似的晶体结构 α - $Gd_5Si_2Ge_2$,层片间的(Si,Ge) - (Si,Ge)键全部相连,键长变短,从而会显著增强 Gd 原子之间的相互作用,使合金转变为铁磁状态。值得一提的是,正交 α 和单斜 β 之间的转变在磁场、温度变化过程中是完全可逆的[160]。另外,单斜结构的 $Gd_5(Si_xGe_{1-x})_4$ $(0.4 < x \leq 0.5)$ 合金只是在室温低于 300℃的条件下稳定,当温度升高时合金在至 300℃附近,还会发生单斜 $Gd_5Si_2Ge_2$ - 型(β)到高温正交 Gd_5Si_4 - 型(γ)的晶体结构相变。这一相变在慢速升降温过程中是可逆的,在快速降温过程中是不可逆的,也即 γ - β 相变在快速冷却时不能发生。$Gd_5(Si_xGe_{1-x})_4$ $(0.4 < x \leq 0.5)$ 合金通常需退火慢速冷却后的室温组织单斜 $Gd_5Si_2Ge_2$ - 型结构,因此对于 $Gd_5(Si_xGe_{1-x})_4$ $(x \sim 0.5)$ 合金,要想在室温条件下得到 β 相、提高材料性能就需要控制合金的降温速度。

上述描述的是温度诱发 $Gd_5(Si_xGe_{1-x})_4$ $(x \leq 0.5)$ 合金的一级磁晶相变。除此之外,磁场、压力也能诱发合金的一级磁晶相变[158]。图 3-48 给出了 $Gd_5Si_2Ge_2$ 合金在居里温度附近的等温磁化曲线,也发生了单斜到正交结构的转变。图中看到由磁场诱发的滞后为典型的一级相变。另外值得注意的是在磁化曲线上没有观察到剩磁。这表明了结构相变的可逆,也就是当磁场去掉后,合金的结构回到原来状态。即便是在很高的磁场下,合金也具有一级磁晶相变特点,这点从图 3-49 的比热容曲线可看到(在 100 kOe 时仍没看到具有二级相变特点的圆峰)。

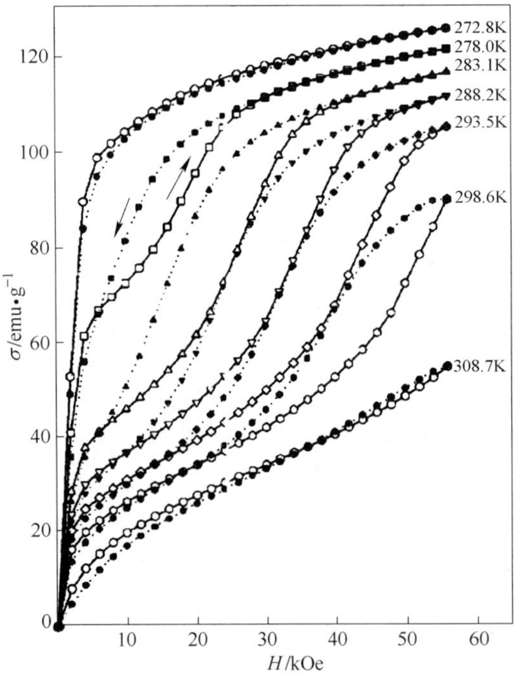

图 3-48 $Gd_5Si_2Ge_2$ 合金在居里温度附近的等温磁化曲线

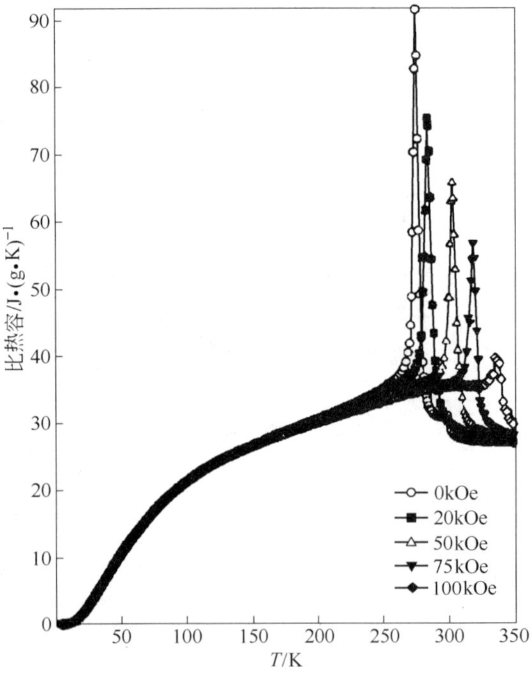

图 3-49 $Gd_5Si_2Ge_2$ 合金比热容曲线

除了 $Gd_5(Si_xGe_{1-x})_4$合金的磁热效应被研究外，人们对 $RE_5(Si_xGe_{1-x})_4$(RE 为 Nd、Pr、Tb、Dy)合金也进行了研究[164]。对于 $Dy_5(Si_xGe_{1-x})_4$合金，其结构与 $Gd_5(Si_xGe_{1-x})_4$合金类似。$0\leqslant x\leqslant 0.62$ 时，合金为正交 Sm_5Ge_4结构；$0.82\leqslant x\leqslant 1$ 时，为正交结构；$0.67\leqslant x\leqslant 0.78$ 时，为单斜结构。但其磁有序温度比 $Gd_5(Si_xGe_{1-x})_4$合金低，从 Dy_5Ge_4 的 46 K 到 Dy_5Si_4 的 137 K。图 3-50 为合金的磁熵变曲线，其中 Dy_5Si_3Ge 属单斜相区，其峰值比其他合金要高，这表明该合金相 $Gd_5(Si_xGe_{1-x})_4$合金一样发生了一级相变。另外在低温区有的合金出现了正的 ΔS_M，这可以看做是在合金中出现了非共线磁结构。

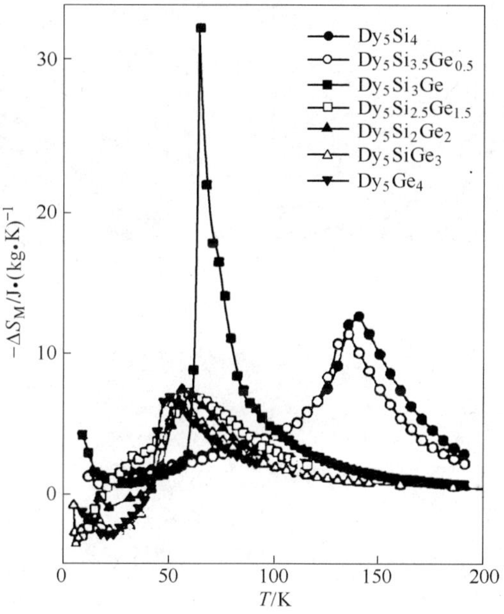

图 3-50 $Dy_5(Si_xGe_{1-x})_4$ 合金的磁熵变曲线(磁场变化 50 kOe)

对于 $Tb_5(Si_xGe_{1-x})_4$合金，Huang[165]等通过 X 射线分析表明在室温下 $x=3,4$ 时为正交 Gd_5Si_4 型结构；x 为 2 时，具有单斜 $Gd_5Si_2Ge_2$ - 型结构。其居里温度从 Tb_5Si_4的 225.1 K 到 $Tb_5Si_2Ge_2$的 100.1 K。比热容曲线反映出 $x=3,4$ 时，合金为二级相变；$Tb_5Si_2Ge_2$为一级相变。$-\Delta S_M$、ΔT 曲线中 $Tb_5Si_2Ge_2$合金有最大峰值(见图 3-51)，并且在 75 K 附近有另外的奇异点。

对于轻稀土 Pr、Nd 所形成的 $RE_5(Si_xGe_{1-x})_4$系合金也有研究。值得注意的是在该系合金中 Nd_5Ge_4具有正交 Sm_5Ge_4型结构，但 Nd_5Si_4和 Pr_5Si_4属于四方 Zn_5Si_4型结构。居里温度从 Nd_5Ge_4的 55 K 到 Nd_5Si_4的 71 K。合金的磁热效应不是很高，即便是具有单斜结构的 $Nd_5Si_2Ge_2$合金。

B $Gd_5(Si,Ge,Sn)_4$ 合金

为降低 $Gd_5(Si_xGe_{1-x})_4$ 室温磁制冷材料的成本，虽然人们已采用商业级的稀土金属 Gd 制备了具有大磁熵变的合金[166~168]。但该系合金中 Ge 的价格居高不下，因此四川大学采用相对廉价的 Sn 取代具有巨磁热效应 $Gd_5Si_2Ge_2$ 合金中的同主族元素 Si/Ge，开发了具有自主知识产权的 $Gd_5(Si,Ge,Sn)_4$ 合金，并进行了系统的研究，取得了很好的效果。

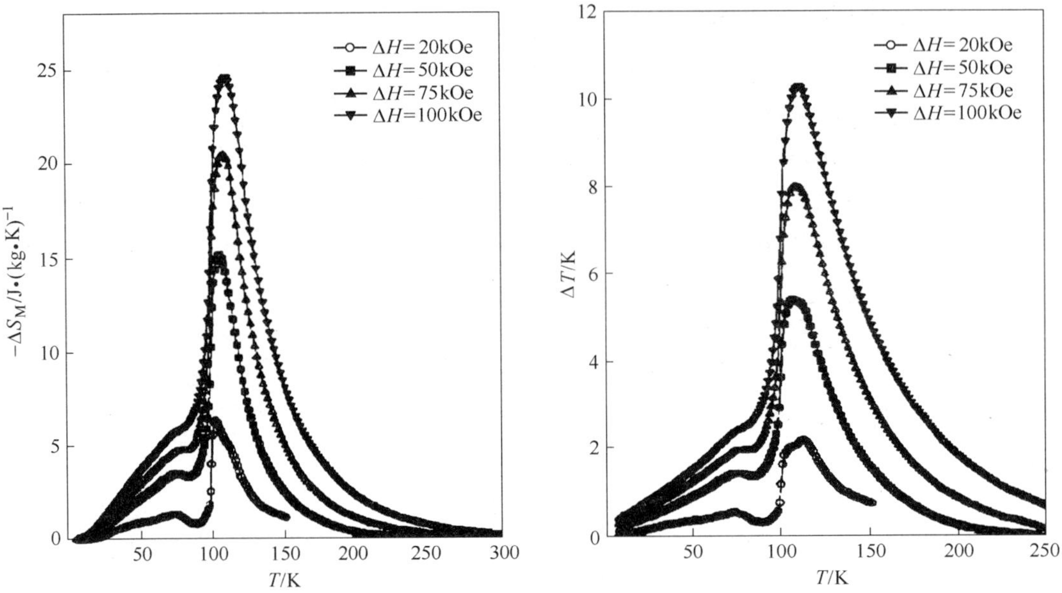

图 3-51 $Tb_5Si_2Ge_2$合金的磁熵变和绝热温变

通过粉末 X 射线研究[169]发现 Sn 等量替代 $Gd_5Si_2Ge_2$ 合金中的 Si、Ge 所得的 $Gd_5Si_{2-x}Ge_{2-x}Sn_{2x}$($x=0.05$,0.10,0.15, 0.20, 0.25)合金常温条件下几乎是理想的 $Gd_5Si_2Ge_2$ - 型单相组织,在粉末衍射精度范围内没有检测到其他杂质相的存在,$Gd_5Si_{2-x}Ge_{2-x}Sn_{2x}$在铸态条件下即可得到单斜 $Gd_5Si_2Ge_2$ - 型单相组织(这一点是值得注意的,因为它无需进一步的高温热处理,显著降低材料制备成本),这对于材料的室温磁热效应非常有利。上述提到,室温具有 $Gd_5Si_2Ge_2$ - 型单斜结构的 $Gd_5(Si_xGe_{1-x})_4$($0.4<x\leqslant0.5$)合金体系在其居里温度附近发生一级磁晶相变,从而在室温附近具有显著的磁热效应。由于 Sn 与 Si、Ge 原子的相似性,具有单斜 $Gd_5Si_2Ge_2$ - 型结构的 $Gd_5Si_{2-x}Ge_{2-x}Sn_{2x}$($x=0.05$,0.10,0.15, 0.20, 0.25)合金在磁相变的同时也发生结构相变。另外,$Gd_5Si_{2-x}Ge_{2-x}Sn_{2x}$的室温组织与同样条件下的 $Gd_5Si_2Ge_2$ 合金存在显著差异,适量 Sn 的加入使合金在铸态条件下就可以方便地形成对室温磁热效应非常有利的物相组织。当进一步增加随 Sn 含量到 $x=0.50$,$Gd_5Si_{1.5}Ge_{1.5}Sn$ 合金中除单斜 $Gd_5Si_2Ge_2$ - 型相外还有部分正交 Sm_5Ge_4 - 型相的存在,这说明 Sn 对 Si、Ge 同时取代超过一定含量后,不能完全保持合金的单斜结构。

图 3-52 为 $Gd_5Si_{2-x}Ge_{2-x}Sn_{2x}$($x=0.05$,0.10,0.15, 0.20, 0.25,0.5)合金在 100Oe 低场下的变温磁化曲线。从图中可以看出在 Sn 含量较少时,$Gd_5Si_{2-x}Ge_{2-x}Sn_{2x}$($x=0.05$, 0.10, 0.15)合金在 100 Oe 低场条件具有从顺磁状态逐渐向铁磁态转变,并且这一磁相变过程还有一个中间相的存在,随着温度的继续降低材料全部转变为铁磁状态。低 Sn 含量合金热磁曲线中微小台阶的出现与 $Gd_5Si_2Ge_2$ - 型单斜相中磁有序状态略有差异所致。需要指出的是,这三种成分合金在外界磁场稍微增加后(0.1 T),即可抑制相变过程中的中间状态,直接由顺磁态转变为铁磁态,变温磁化曲线中的微小台阶随即消失。随着 Sn 含量的增加,合金的磁相变温度逐渐降低,$Gd_5Si_{2-x}Ge_{2-x}Sn_{2x}$($x=0.20$, 0.25)合金在降温过程中直接

由顺磁态转变为铁磁态。另外，$Gd_5Si_{2-x}Ge_{2-x}Sn_{2x}$（$x=0.05$，0.10，0.15，0.20，0.25）合金的顺磁－铁磁相变均在很窄的温度范围内完成，这一现象表明合金具有一级相变的典型特征，与前述 $Gd_5Si_{2-x}Ge_{2-x}Sn_{2x}$（$x\leqslant 0.25$）合金具有 $Gd_5Si_2Ge_2$－型单斜相的粉末 XRD 结果相吻合。Sn 含量继续增加后，$Gd_5Si_{1.5}Ge_{1.5}Sn_{1.0}$ 合金由于 Sm_5Ge_4－型相的出现，居里温度进一步降低。另外，由于合金具有 $Gd_5Si_2Ge_2$－型和 Sm_5Ge_4－型复相组织，合金顺磁－铁磁相变的温度范围高达 50K，磁相变的温度区间和其他 $Gd_5Si_{2-x}Ge_{2-x}Sn_{2x}$ 合金相比显著增大。由此可看到 Sn 含量的改变可调整合金的居里温度。

图 3-53 为 $Gd_5Si_{2-x}Ge_{2-x}Sn_{2x}$（$x=0.05$，0.10，0.15，0.20，0.25，0.5）合金在磁场变化为 1.8T 下的磁熵变 $-\Delta S_M$（由磁化测量得到）。从图中可以看出，$Gd_5Si_{2-x}Ge_{2-x}Sn_{2x}$ 合金具有优异的低场磁热性能，合金的最大磁熵变随 Sn 含量的增加总体上呈逐渐增加趋势，$Gd_5Si_{1.75}Ge_{1.75}Sn_{0.5}$ 的最大磁熵变高达 16.7J/(kg·K)（0～1.8T），是 Gd 的两倍多，并略高于 $Gd_5Si_2Ge_2$ 在其居里点处的最大磁熵变。当 Sn 含量继续增加时，$Gd_5Si_{1.5}Ge_{1.5}Sn$ 的磁熵变略有降低，但仍保持在较高水平。

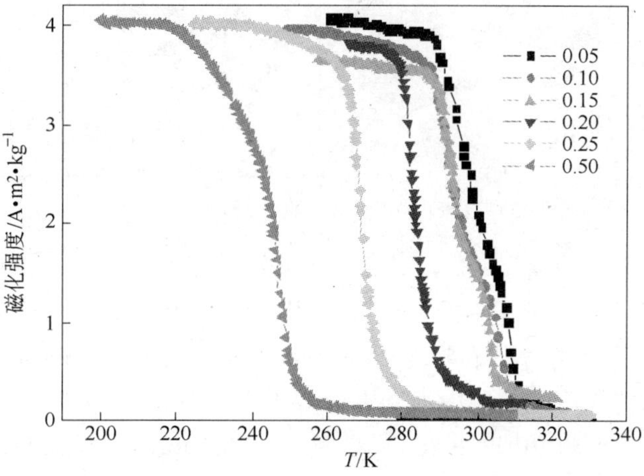

图 3-52 $Gd_5Si_{2-x}Ge_{2-x}Sn_{2x}$ 合金的变温磁化曲线[169]

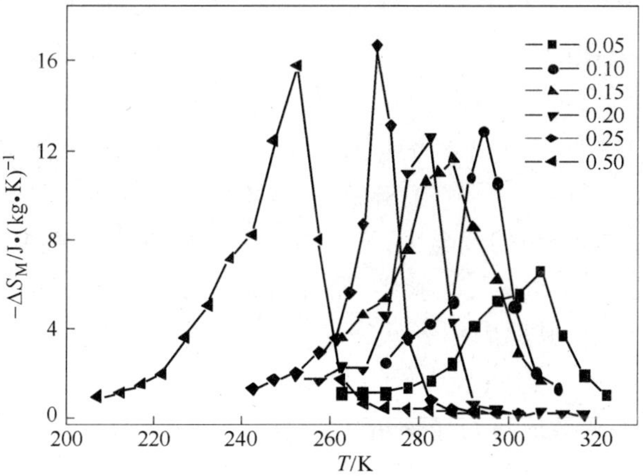

图 3-53 $Gd_5Si_{2-x}Ge_{2-x}Sn_{2x}$ 合金在磁场变化为 1.8T 下的磁熵变 $-\Delta S_M$

C　$La(Fe_xM_{1-x})_{13}$（M = Si，Al）合金

$La(Fe_xM_{1-x})_{13}$ 合金由于具有大的磁热效应，且原材料价格便宜，是继 $Gd_5(Si_xGe_{1-x})_4$ 合金之后又一引起人们广泛关注的近室温磁制冷材料。

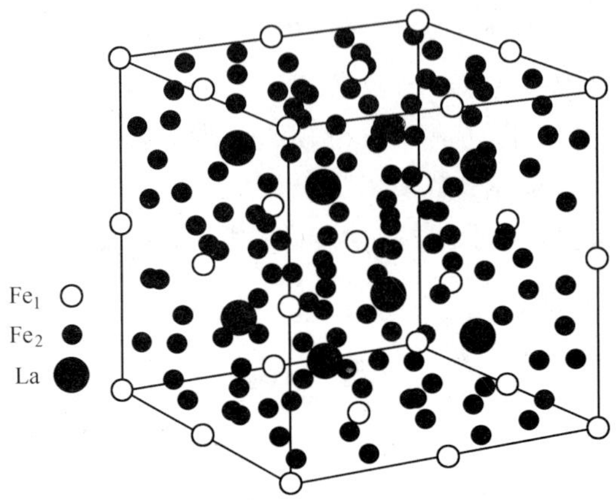

图 3–54 $LaFe_{13}$化合物晶胞示意图[170]

$La(Fe_xM_{1-x})_{13}$合金是立方 $NaZn_{13}$型晶体结构，空间对称群是 $Fm\bar{3}c$（O_h^6）。图 3–54 示出了假想的 $NaZn_{13}$化合物的一个晶胞。在这个晶胞中，La 和 Fe 原子数比为 1∶13，Fe 原子浓度很大。Fe 原子在晶胞中占据两种不同的位置，分配数量是 1∶12。为区别，分别用 FeⅠ，FeⅡ表示。按 Wijackoff 的提法，La 在晶体中的位置标为 8a，FeⅠ在晶体中的位置标为 8b，FeⅡ在晶体中的位置标为 96i。每个单胞含有 8 个 $LaFe_{13}$化学式。La 和 FeⅠ原子组成 CsCl 结构，另外，La 原子被由 24 个 FeⅡ原子组成的多面体包围。FeⅠ原子被由 12 个 FeⅡ原子组成的二十面体包围，FeⅡ原子被 9 个最近邻的 FeⅡ原子和一个 FeⅠ原子包围。$LaFe_{13}$合金由于形成焓大于零不能稳定存在，但如果用少量的 Si，Al 替代 Fe，则 $La(Fe_xM_{1-x})_{13}$伪二元化合物的形成焓小于零，合金可以稳定存在。在 $La(Fe_xM_{1-x})_{13}$晶胞中，Si，Al 原子占据的位置是假想 $LaFe_{13}$晶胞中 FeⅡ原子的位置。

早在 20 世纪 80 年代，荷兰的 Palstra 等对 $La(Fe_xM_{1-x})_{13}$合金的晶体学、磁学等方面进行了研究[171,172]。研究表明 $La(Fe_xAl_{1-x})_{13}$合金在 $0.49 \leqslant x \leqslant 0.92$ 具有 $NaZn_{13}$型结构存在；随 Fe 浓度的变化表现出不同的磁有序状态。当 $0.62 \leqslant x \leqslant 0.86$，化合物为铁磁有序；当 $0.86 \leqslant x \leqslant 0.92$，化合物为反铁磁有序。Hu 等[173]发现用少量 Co 替代 Fe 后，可完全破坏合金的反铁磁有序，而变为铁磁有序。与 $La(Fe_xAl_{1-x})_{13}$化合物相比，$La(Fe_xSi_{1-x})_{13}$化合物以 $NaZn_{13}$型晶体结构存在的成分局限在很窄的一个范围，即 $0.81 \leqslant x \leqslant 0.88$[172]。Fujita 和 Fukamichi 及 Fujita 等[174,175]在其研究工作中阐述了在 $La(Fe_xSi_{1-x})_{13}$合金中，当 $0.81 \leqslant x \leqslant 0.89$，合金为铁磁体，其行为类似于巡游电子磁性合金。其饱和磁矩随铁含量增加而增加，而居里温度减小。在 $x=0.86$ 及 $x=0.88$ 的合金中发现了亚磁转变，研究者认为是顺磁到铁磁的一级相变。在 $x=0.88$ 的合金中，X 射线研究表明在发生磁相变的同时，合金晶胞体积减小约 1.2%。在之后的热膨胀实验中，研究者发现了在 $x=0.86$ 及 $x=0.88$ 的合金中由磁场诱发的晶胞体积变化，其原因作者认为是一级相变的结果。

2000 年，中国科学院物理所也展开了对 $La(Fe_xM_{1-x})_{13}$合金晶体学及磁学的相关研究，并首次对该系合金的磁热效应进行了研究。

由于 $La(Fe_xAl_{1-x})_{13}$化合物的居里温度低于室温，用作室温制冷材料还不合适，Hu 等[176]采用少量的 Co 替代 Fe，并对不同 Co 含量的 $La(Fe_{1-x}Co_x)_{11.83}Al_{1.17}$合金进行了磁性能及磁热效应的研究。当 Co 含量为 0.06 时，合金的居里温度为 273 K；当 Co 含量为 0.08 时，合金的居里温度为 303 K。在居里温度以下，合金表现出典型的软铁磁体行为，在 5 K 时的最大矫顽力为 20 Oe。磁熵变曲线（见图 3–55）显示合金表现为铁磁体行为特征，在居里温度附近有最大值。通过分子场近似计算得到的磁熵变 $\Delta S_M(T)$ 曲线与实验曲线基本一致。当 Co 含量为 0.06 时，合金在 50 kOe 的磁场变化下的磁熵变为 9.5 J/(kg · K)；当 Co 含量为

0.08 时,合金在 50 kOe 的磁场变化下的磁熵变分别为 9.0 J/(kg·K)。可见微量的 Co 加入,对合金的磁熵变影响不大;另外,在相同的外磁场变化下,对比 $La(Fe_{1-x}Co_x)_{11.83}Al_{1.17}$ 合金与 Gd 的磁熵变的数值,可以看出两者的数值大小相当。对于高 Al 含量的 $LaFe_{11.44}Al_{1.56}$ 和 $LaFe_{11.375}Al_{1.625}$ 合金,Hu 等[177,178]发现在冷却过程中有两个连续的磁相变。首先是在 T_N 处($LaFe_{11.44}Al_{1.56}$ 为 186 K,$LaFe_{11.375}Al_{1.625}$ 为 181 K)发生顺磁到反铁磁转变;然后就是在 T_{A-F} 处($LaFe_{11.44}Al_{1.56}$ 为 127 K,$LaFe_{11.375}Al_{1.625}$ 为 140 K)的反铁磁到铁磁的一级相变。在 T_{A-F} 处的相变伴随着温度滞后。另外在 T_N 和 T_{A-F} 之间,当加磁场时反铁磁态会转变成铁磁态,这一转变伴随着磁场滞后。合金的磁熵变在 T_N 和 T_{A-F} 处有两个极大值。在高场下,这两个峰值合并形成一宽平台似的 $\Delta S_M(T)$ 曲线,其中 $LaFe_{11.375}Al_{1.625}$ 合金的 $\Delta S_M(T)$ 曲线的半高宽在磁场变化为 40 kOe 时约 60 K。

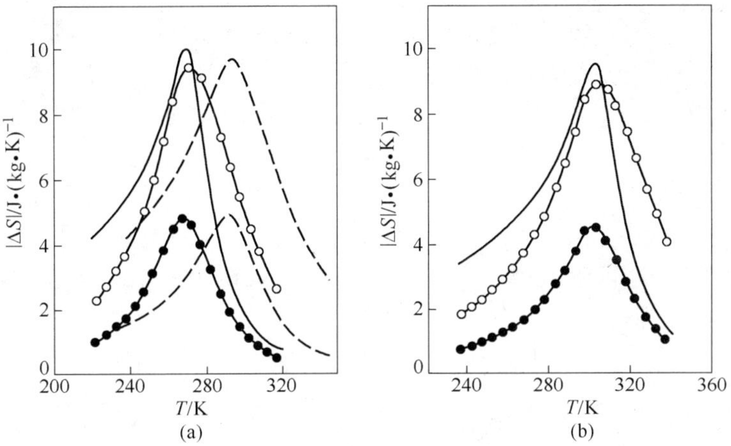

图 3-55 不同磁场变化下,$La(Fe_{1-x}Co_x)_{11.83}Al_{1.17}$ 合金的磁熵变

(a)对应 Co 含量为 0.06;(b)对应 Co 含量为 0.08

○—5T;●—2T;实线—理论曲线;虚线—Gd

对于 $La(Fe_xSi_{1-x})_{13}$ 合金,人们研究了不同 Si 含量的合金。研究表明 Si 含量为 2.4 ~ 2.8 的合金表现为顺磁到铁磁的二级磁相变[179],合金磁熵变曲线的峰很宽,如 Si 为 2.8 时,磁场变化为 50 kOe 的情况下,磁熵变的半高宽为 90 K。Hu 等[179]对比研究了 $LaFe_{11.4}Si_{1.6}$ 和 $LaFe_{10.4}Si_{2.6}$ 合金,发现在居里点,由温度、磁场诱导产生的磁相转变本质不同。对低 Si 合金($LaFe_{11.4}Si_{1.6}$ 合金),在居里点附近,晶格参数、磁化强度随温度的变化曲线陡峭,具有一级相转变的特征(见图 3-56 和图 3-57)。对高 Si 合金($LaFe_{10.4}Si_{2.6}$ 合金),在居里点前后,材料的晶格参数差异不大,与低 Si 化合物相比,在居里点处,磁化强度随温度的变化相对平缓,表现为二级相变的特征。在小于居里温度的温区,材料的磁化强度曲线在外加磁场作用下很快达到饱和,饱和磁化强度随温度的增加而减小,材料处于铁磁有序的状态。在远大于居里温度的温区,磁化强度与温度成线性关系,材料处于顺磁状态。而在大于居里温度附近,材料的磁化强度随温度变化曲线呈明显的"S"形,在外加磁场的作用下,处于顺磁状态的材料在磁场的诱导下,发生了向铁磁态的转变,这种现象与一级巡游电子变磁转变有关。$LaFe_{11.4}Si_{1.6}$ 合金在居里温度附近的 Arrott 曲线也证实这种顺磁到铁磁的变磁转变的特征的

存在。正是居里温度附近磁相转变的本质不同，使得两种合金的磁熵变有很大区别，图3-58给出了合金的磁熵变曲线。从图中看出，$LaFe_{11.4}Si_{1.6}$合金的磁熵变曲线有不对称的行为，磁熵变的峰值为 14.3 J/(kg · K)(磁场变化20 kOe)和19.4 J/(kg · K)(磁场变化50 kOe)，为 Gd 的两倍多；而 $LaFe_{10.4}Si_{2.6}$合金的磁熵变峰值在磁场变化 20 kOe 时仅为 2 J/(kg · K)。

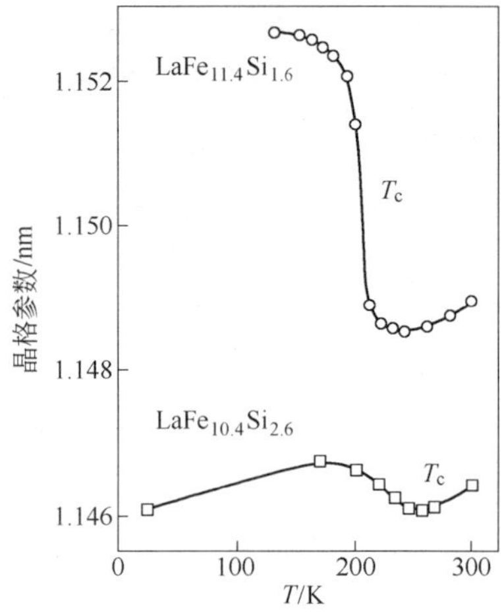

图 3-56 $LaFe_{11.4}Si_{1.6}$，$LaFe_{10.4}Si_{2.6}$合金晶格参数随温度的变化

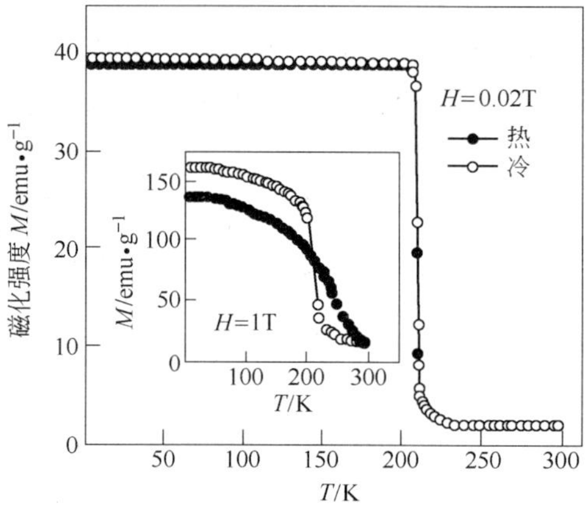

图 3-57 低场下 $LaFe_{11.4}Si_{1.6}$磁化强度随温度变化曲线

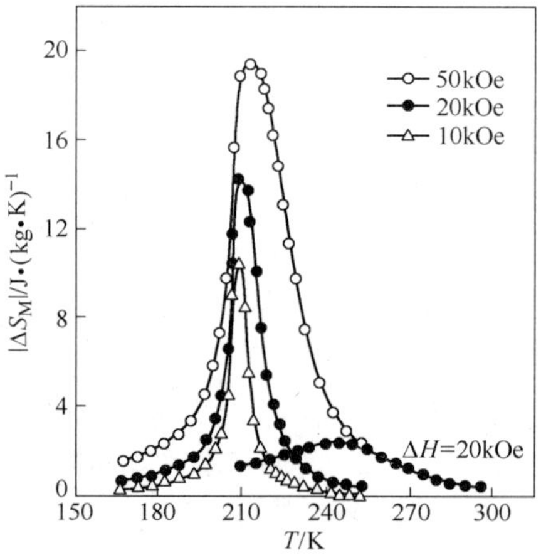

图 3-58 $LaFe_{11.4}Si_{1.6}$合金的磁熵变

之后，Hu 等又研究了低 Si 含量的 $LaFe_{11.7}Si_{1.3}$合金[180]。该合金在 188 K 发生铁磁到顺磁的一级相变(加热过程)。$M(T)$曲线表明合金为典型的一级相变，热滞为 3 K。同样在居里温度发生了晶格参数的变化。从等温磁化曲线 $M(H)$看，在居里温度以下表现为铁磁行为；而在居里温度以上，到某临界场以上则磁化强度急剧变化并伴随有滞后，这意味着磁场诱导了顺磁到铁磁的一级变磁转变。刚过居里温度时，其临界场为 7 kOe，以后随温度增加，临界场增加，

而磁滞回线的宽度变小。根据磁化测量得到磁熵变曲线如图 3-59 所示,在 50 kOe 磁场变化下,其峰值为 29 J/(kg·K),比 $LaFe_{11.4}Si_{1.6}$合金的磁熵变要高。由于在居里温度以上磁场诱导了顺磁到铁磁的变磁转变,使得磁熵变的峰明显地向高温区展宽,并且磁场变化越大,峰越宽。另外,研究者采用直接测量法研究了合金的磁热效应 ΔT(见图 3-60)。其峰值在 14 kOe 磁场变化下为 4 K,并且升温与降温过程中存在 3 K 的热滞,这与前述 $M(T)$ 曲线中的滞后一致。

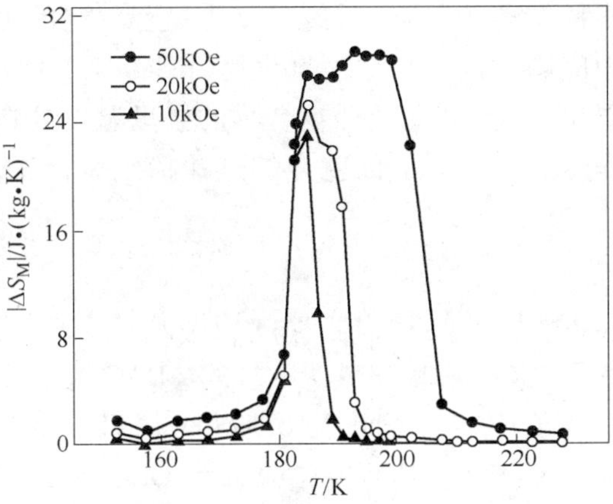

图 3-59 $LaFe_{11.7}Si_{1.3}$合金的磁熵变曲线

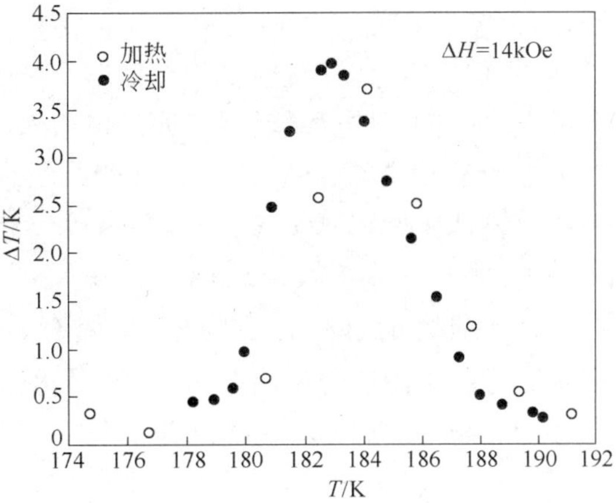

图 3-60 $LaFe_{11.7}Si_{1.3}$合金的温变曲线

2002 年,Fujieda 等[181]针对 $La(Fe_xSi_{1-x})_{13}$合金(Si 含量分别为 1.3,1.43,1.56 和 1.6)的磁热性能进行了研究,获得了类似的结果。其中 ΔT 是由比热容和磁熵变数据得到。值得注意的是对于低 Si 含量的 $La(Fe_xSi_{1-x})_{13}$合金,不但有高的磁熵变值,而且还有高的温变值。

由上述可知,低 Si 含量的 $La(Fe_xSi_{1-x})_{13}$合金虽具有大的磁热效应,但其居里温度普遍低于室温,这不利于将该材料用于室温磁制冷。因此人们为提高其居里温度进行了相应的研究。文献报道的主要有两种方法:一是用适量的 Co 替代 Fe;二是加入适量的间隙原子,如 H。无论用哪一种方法,调整化学成分的最终目的是在使添加了这些元素后的化合物在相转变点能保持一级相转变的本质而产生大的等温磁熵变的同时,化合物的居里温度能够提高。Hu 等[182]研究了 $LaFe_{11.2}Co_{0.7}Si_{1.1}$合金的等温磁熵变。从居里温度看,$LaFe_{11.2}Co_{0.7}Si_{1.1}$合金的居里温度为 274 K,表明加入 Co 的 $LaFe_{11.2}Co_{0.7}Si_{1.1}$合金的居里温度可以提高到接近室温。在居里温度发生铁磁到顺磁相变时,晶格参数急剧下降,并保持立方 $NaZn_{13}$型晶体结构。另外,在 50 kOe 的外加磁场变化下,$LaFe_{11.2}Co_{0.7}Si_{1.1}$合金的等温磁熵变达到20.3 J/(kg·K)。中国科学院物理所及日本 Tohoku 大学的研究人员进行了有关氢对 $La(Fe_xSi_{1-x})_{13}$合金的磁性能及磁热性能的影响研究[183~185]。研究结果表明氢化后合金的晶体结构不变;氢的引入使得合金的居里温度得到大大的提高,并保留了合金一级相变的特征及大的磁热效应。值得一提的是四川大学目前正在进行 $La(Fe_xSi_{1-x})_{13}$合金氢化的系统研究。另外,由于 $La(Fe_xM_{1-x})_{13}$合金具有巨磁热效应的有效组织是 $NaZn_{13}$相,对于电弧熔炼的 $La(Fe_xM_{1-x})_{13}$合金主相一般为 α-Fe,要经长时间高温退火方可得到 $NaZn_{13}$相,材料制备成本相对较高。后来也有人报道采用熔体快淬和随后短时退火的方法,制备出了具有该结构的材料[186~190]。四川大学磁制冷课题采用高温短时热处理的方法获得了主相为 $NaZn_{13}$ 相的 $La(Fe_xSi_{1-x})_{13}$ 合金[191]，有利于降低制备成本及材料后期加工使用。

3.2.3.4 稀土氧化物

在这类稀土磁制冷材料中主要有：稀土石榴石、含稀土的铝酸盐、亚钒酸盐及钙钛矿型锰氧化物。在已有研究中，稀土石榴石主要为稀土－镓(铝)石榴石($RE_3Ga_5O_{12}$ 及 $RE_3Al_5O_{12}$)，它们的磁有序温度很低，通常为顺磁材料。同样，铝酸盐($REAlO_3$)及亚钒酸盐($REVO_4$)的磁有序温度较低，一般为顺磁材料。由于稀土离子的存在，这些氧化物有一定的磁热效应，但磁有序温度低，多用在低温及极低温中应用。钙钛矿型锰氧化物($REMnO_3$)由于其复杂、独特的磁电性能，并可通过掺杂来调整居里温度(某些成分化合物的居里温度处在室温)，且有较高的磁热性能，因此受到了很大程度的关注。下面就介绍这些稀土氧化物，重点是钙钛矿型锰氧化物。

A 稀土－镓(铝)石榴石

在已研究的这类化合物中，主要有 $Gd_3Ga_5O_{12}$(GGG)、$Dy_3Ga_5O_{12}$(DGG)、$Dy_3Al_5O_{12}$(DAG)及 Er 掺杂的钇铝石榴石。根据磁化率测量，GGG 居里温度为 －2.3 K；DAG 为反铁磁体，其奈尔温度为 2.54 K，居里温度为 －1.1 K；DGG 的奈尔温度为 0.373 K，居里温度为 －0.26 K。Hashimoto 采用分子场近似计算了它们的磁熵变，其研究结果认为 GGG 对 20 K 以下的磁制冷更有效；DGG 和 DAG 对 20 K 以上的磁制冷更有效。Er 掺杂的钇铝石榴石，如($Er_{0.317}Y_{0.683}$)Al_5O_{12}，主要用作 1 K 以下的磁制冷材料。

B 稀土铝酸盐

稀土铝酸盐($REAlO_3$)为畸变的正交钙钛矿型结构。已有的研究主要集中在 $GdAlO_3$、$DyAlO_3$、$ErAlO_3$、$HoAlO_3$ 及 $Dy_{0.9}Er_{0.1}AlO_3$ 化合物。$DyAlO_3$ 和 $ErAlO_3$ 表现出磁各向异性；$GdAlO_3$ 为磁各向同性。$DyAlO_3$ 和 $ErAlO_3$ 易磁化轴分别为 b 轴和 c 轴。$DyAlO_3$ 和 $ErAlO_3$ 沿所有轴的磁化强度随温度升高而降低，$HoAlO_3$ 沿 a、b 轴磁化强度随温度升高而降低，但沿 c 轴磁化强度基本不变。对于 $GdAlO_3$、$DyAlO_3$、$ErAlO_3$、$HoAlO_3$ 及 $Dy_{0.9}Er_{0.1}AlO_3$ 化合物的磁熵变，人们采取了分子场近似计算和实验的方法获得。

C 稀土亚钒酸盐

该系化合物具有四方锆石型结构，其中某些化合物表现出低温晶相变化，并受磁场影响。研究发现 $DyVO_4$ 在 14.3 K 发生了晶相转变，而在 3 K 发生了反铁磁转变。由热容曲线获得的 $DyVO_4$ 化合物的零场总熵曲线也反映出在 3 K 和 15 K 左右分别有一台阶，这跟反铁磁及结构相变有关。加入一定的 Gd 后的 $Dy_{1-x}Gd_xVO_4$ ($x=0.5,1$)，没有发现结构变化的峰，并且 $DyVO_4$ 及 $Dy_{0.75}Gd_{0.25}VO_4$ 有正的居里温度，而其他两种化合物为负。另外，Gd 的加入使晶体的各项异性减弱。从磁熵变曲线上看到 $DyVO_4$ 及 $Dy_{0.75}Gd_{0.25}VO_4$ 分别在 14 K 及 8 K 有奇异点。

D 稀土钙钛矿锰氧化物

该类化合物的通常分子式为 $RE_{1-x}A_xMnO_3$，RE 为稀土元素，A 为碱土金属及碱金属。该化合物因其独特的结构特征而具有非常丰富的物化性质，对其相变、磁电阻等的研究已经有相当长的一段时间。对其磁热性能的研究是最近十多年的事情。1996 年，张西祥等[192]报道了 $La_{0.67}Ca_{0.33}MnO_\delta$ 的磁热性能。同年，南京大学研究小组报道了 $La_{0.8-x}Na_{0.2+x}MnO_3$ 的磁热性能[193]。此后，该类化合物的室温磁热效应开始引起人们的关注，并陆续从晶体结构、磁性、尺寸等方面进行研究。研究表明,对 $LaMnO_3$进行 La、Mn 位适当掺杂替代可调节其居里温度。如表 3-14 所示为钙钛矿锰氧化物和 Gd 的磁热性能比较。该类化合物的相变温度区间可以在很宽的温度范围,对制冷力非常有力。此外,价格相对便宜、化学性能稳定及电阻率大等特点是该类化合物的优点。但相对于 Gd,具有较大磁熵变的钙钛矿锰氧化物,其居里温度一般在 250 K 附近,通过掺杂元素提高距离温度到室温后,其磁熵变大幅下降,这一点是制约其作为室温磁制冷材料应用的一大弱点。

表 3-14 钙钛矿锰氧化物和 Gd 的磁热性能比较

样 品	T_c/K	$-\Delta S_m^{max}$/J·(kg·K)$^{-1}$	ΔH/T
$La_{0.67}Ca_{0.33}MnO_3$[194]	275	3.40	2
$La_{0.85}K_{0.15}MnO_3$[195]	309.7	3.00	1
$La_{0.60}Y_{0.07}Ca_{0.33}MnO_3$[138]	230	1.50	3
$La_{0.67}Ca_{0.275}Sr_{0.055}MnO_3$[196]	285	2.80	1.2
$La_{0.796}K_{0.196}MnO_3$[197]	344	2.19	1.5
$La_{0.80}Ag_{0.20}MnO_3$[198]	278	3.40	1
$La_{0.65}Sr_{0.35}MnO_3$[199]	305	2.12	1
$La_{0.6}Sr_{0.2}Ba_{0.2}MnO_3$[199]	354	2.26	1.35
$La_{2/3}Ba_{1/3}MnO_3$[200]	337	2.70	1
$La_{0.7}Pb_{0.3}MnO_3$[201]	358	1.53	1.35
$La_{0.835}Na_{0.165}MnO_3$[202]	342	2.11	1
Gd[203]	292	3.25	1

3.2.3.5 稀土磁制冷材料的应用

稀土磁制冷材料主要用在制冷装置上。根据实际情况,一般是通过两种方式来应用:一种是被动式的磁蓄冷,这种方式中材料本身不产生热,也不需加磁场,只是在制冷循环的不同阶段进行吸热和放热,从而拓宽传统制冷机的温跨。并且这种方式多用在低温下,因为这时的晶格及电子热容趋于零,而磁制冷材料由于在磁相变点附近有大的热容,对蓄冷(热)有利。另一种是所谓主动式的磁制冷,这种方式是把磁制冷材料作为装置的核心部件,利用它在磁化(去磁)产生的热(冷)(即磁热效应)来主动实现制冷。这里我们主要介绍稀土磁制冷材料在主动式磁制冷中的应用。

一般情况下,磁制冷机包括以下几个主要部分:磁工质(磁制冷材料)、磁化场系统、热交换系统(冷端和热端热交换器、换热流体)及驱动机构(如驱动磁化场系统或磁工质的电机、使换热流体流动的泵等)。其工作原理是磁工质在低温端(冷端热交换器)吸热,而在高温端(热端热交换器)放热,然后不断地循环而实现制冷。要实现制冷,必须要有相应的热力学循环,那么在磁制冷中通常使用的循环有卡诺循环、斯特林循环、埃里克森循环、布雷顿循环及 AMR(主动式磁蓄冷)循环。从熵温($S-T$)图上可看出,卡诺循环为两个绝热过程和两个等温过程;斯特林循环包括两个等磁化过程及两个等温过程;埃里克森循环包括两个等磁场过程及两个等温过程;布雷顿循环包括两个等磁场过程和两个绝热过程;AMR 循环包括两个绝热过程和两个等磁场过程,虽与布雷顿循环类似,但 AMR 循环中磁工质既提供磁热效应,又作为换热流体的蓄冷器。

根据磁制冷的发展历史，稀土磁制冷材料主要应用在 20 K 以下温区、20 ~ 77 K 温区，77 K 以上温区(主要是近室温磁制冷)。

在 20 K 以下温区，主要使用的材料为那些磁有序温度低的稀土氧化物。$Gd_3Ga_5O_{12}$(GGG)、$Dy_3Al_5O_{12}$(DAG)是该温区磁制冷机占主导地位的磁工质，$Gd_3Ga_5O_{12}$(GGG)材料常用来生产 He Ⅱ，另外，$Gd_3Ga_5O_{12}$(GGG)、$Dy_3Al_5O_{12}$(DAG)也应用在该温区作为氦液化的前级制冷。在 20 ~ 77 K 温区，是液化氢、液化氮的重要温区。可使用的材料为 $REAl_2$、$RENi_2$ 型材料及一些重稀土元素单晶、多晶材料，而且 $REAl_2$ 型材料复合化研究获得了较宽的居里温度。

在 77 K 以上温区，尤其近室温磁制冷是目前研究热点。因此人们研究各种稀土磁制冷材料在室温应用比较多。1976 年，Brown 首先把 Gd 作为磁工质应用到室温磁制冷，所用 Gd 量为 1 mol，并且把它做成了 1 mm 厚的 Gd 片，50 个循环后达到了 47 K 的温跨，而后又达到了 80 K 的温跨。之后，Gd 经常被应用到近室温磁制冷实验机中，但其形状根据需要进行改变(见表 3-15)，这与它较高的磁热效应及好的加工性能有关。随着巨磁热效应材料不断发现，人们又尝试着把一些具有巨磁热效应的材料应用到制冷机中。

表 3-15 不同磁制冷样机所使用的磁工质及制冷能力[63]

设 计 者	制冷材料	最大磁场/kOe	制冷量/W	制冷温跨/K
Brown	Gd 片	70		80
Kirol	Gd 箔	9		11
Green	Gd 棒	70		24
Zimm	Gd 球	50	600	10
Bohigas	Gd 箔	9.5		5
Hirano	Gd 球	40	100	21
Rowe	Gd 和 GdTb	20	2	14
Zimm	Gd 球	15	95	20
Blumenfeld	Gd 粉	17	3	15
Wu	Gd 球和 GdSiGe	14		23
Hirano	GdDy	6	40	27
Hirano	GdDy	7.6	60	10
Clot	Gd 箔	8	8.8	4
Richard	Gd - R 合金	20	2	14
Shir	Gd 粉	20		5
Lu	Gd 球和 GdSiGe	14	40	25
Okamura	Gd - R 合金	7.7	60	4
Zimm	Gd、Gd 合金及 LaFeSiH	15	50	25
Chen	Gd 粒	15	40	11.5
Zimm	Gd 板	14	220	11
Tang	Gd 片	7.8		6.2
Tura	Gd 粒	14		13
Okamura	Gd 球	11	540	7.5

3.2.3.6 稀土磁制冷材料存在的主要问题和发展趋势

目前,室温磁制冷材料是研究热点,因此仅就室温磁制冷材料来讨论。

虽然室温磁制冷材料的研究最近十年来取得了前所未有的进展,各类具有大磁热效应的材料不断涌现,各国对这一领域的研发投入了大量的人力物力,但室温磁制冷技术离大规模的商业应用仍有一段距离,还存在不少技术难题有待克服。具体来说,目前材料的磁热效应还不能满足大功率制冷的需要,尤其是永磁材料能够提供的磁场条件下等温熵变和绝热温变都还不够大,目前报道的所谓具有巨磁热效应的材料都是在超导磁体提供的磁场下和金属 Gd 的比较,显然利用超导磁体提供磁场在商业应用上是不太现实的,因此研究低场变化下具有显著磁热效应的材料将是室温磁制冷材料今后的一个重要方向;磁制冷循环中需要含水溶剂作为载冷介质,材料的腐蚀问题也不可忽视,稀有金属 Gd 在空气中都会被氧化,由于其常作为新型磁制冷材料对比标准并在当前磁制冷机中制冷工质使用较多,对工质 Gd 的防腐研究做得相对较多[204]。

磁制冷材料的磁滞和热滞现象的存在使材料在居里温度附近加磁 - 退磁、升温 - 降温的过程不重合,不可避免地会在制冷循环中引起部分能量损失,因此对于具有磁制冷材料滞后问题的研究开始被关注,但目前对巨磁热效应材料滞后问题的成因并不清楚,只是把其笼统地归因于一级磁晶相变[205]。利用过渡金属元素替代部分 Ge 后已经可以在保持合金制冷量不变的情况下显著降低合金的滞后,更有利于在磁制冷机中的应用[205]。如前所述,具有巨磁热效应的材料多属于金属间化合物,由于此类合金脆性很大,加工相当困难,因此对室温磁制冷材料的成形问题研究将成为今后一个时期值得关注的问题。

室温磁制冷材料及磁制冷技术的研究是一个系统工程,需要各个环节齐头并进,在材料研究取得突破性进展之后,磁制冷机的开发也被提上了议事日程,美国、日本、中国、欧洲等相继开发出基于不同制冷循环的磁制冷样机,为磁制冷技术的商业化应用做了很好的技术储备。与此同时,磁制冷材料的研发也在积极围绕样机要求进行改进,原有材料的性能得到进一步提高,新型磁制冷材料不断涌现。随着人们对环境问题的日益关注,室温磁制冷材料及相关技术的研发越来越受到各国政府的关注和支持。相信不久的将来,节能环保的室温磁制冷技术一定会走进我们的日常生活。

参 考 文 献

[1] Cullity R D. Introduction to Magnetic Materials[G]. Addison-Wesley Publishing Company Inc. ,1972.

[2] 钟文定. 铁磁学[M]. 北京:科学出版社,1987.

[3] 李碚,伍虹. 国外稀土超磁致伸缩材料的研究状况[J]. 稀土,1990,11(6):52.

[4] Goran Engdahl. Handbook of Giant Magnetostrictive Materials[M]. San Diego: Academic Press, 2000.

[5] Wang B W, Busbridge S C, Li Y X, Wu G H, Piercy A R. Magnetostriction and magnetization process in $Tb_{0.27}Dy_{0.73}Fe_2$ single crystal[J]. J. Magn. Mater. , 2000, 218, 198 ~ 202.

[6] Verhoeven J D, Gibson E D, McMasters O D. The growth of single crystal Terfenol – D cyrstals[J]. Metallurgical Transaction A, 1987, 18A:223 ~ 231.

[7] Koon N C, Schindler A L, Williams C M, et al. Magnetostritive properties of $Ho_xTb_{1-x}Fe_2$ intermetallic com-

pounds[J]. J. Appl. Phys. , 1974, 45(12):5389 ~ 5391.

[8] Teter J P, Clark A E, and McMasters O D. Anisotropic magnetostriction in $Tb_{0.27}Dy_{0.73}Fe_{1.9}$ [J]. J. Appl. Phys. ,1987, 61(8):3787 ~ 3789.

[9] Lord D C, Elilot V, Clark A E, et al. Optical observation of closure domains in Terfenol – D singlecyrstals, IEEE Trans. Magn. , 1988, 24(2):1716 ~ 1718.

[10] Clark A E, Teter J P, McMasters O D. Magnetostriction jumps in twined $Tb_{0.3}Dy_{0.7}Fe_{1.9}$[J]. J Appl Phys, 1988,63(8):3910 ~ 3912.

[11] Jiles D C. The development of highly magnetostrictive rare earth-iron alloys[J]. J. Phys. , Appl. Phys. , 1994, 27, 1 ~ 11.

[12] Minggawa H, K Kamada, T Konishi, et al. Unidirectional solidification of $TbFe_2$ alloy using magnetic field in microgravity[J]. J. Magn. Mag. Mater, 2001, 234:437 ~ 442.

[13] Minggawa H, KamadaK, Nagai H, et al. Synthesis of $Tb_{0.3}Dy_{0.7}Fe_{1.9}$ mangetostrictive alloy by unidirection solidification in amagnetic field and microgravity[J]. J. Magn. Magn. Mater, 2002, 248:230 ~ 235.

[14] Verhoeven J D, Gibson E D, McMasters O D, Ostenson J E. Directional Solidification and Heat Treatment of Terfenol – D Magnetostrictive Materials[J]. Metall. Trans. , 1990, 21A:22.

[15] E. Quandt. J. Alloy. Comp. , 1997, 258:126.

[16] Wada. J. Alloy. Comp. , 1997, 258:174.

[17] Toshiyuki Shima, Hiroyuki Yokoyama, Hiroyasu Fujimori. Journal of Alloys and Compounds 1997, 258: 149 ~ 154.

[18] Croat J J. Liquid phase sintering of rare earth-iron ($Dy_{0.7}Tb_{0.3}Fe_2$) magnetostrictive materials[J]. J. Appl. Phys. , 1978,49(3):1972 ~ 1977.

[19] Malekzadeh M and Pickus M R, Magnetostrictive properties of rare earth- iron Laves phase materials prepared by powder metallurgy techniques[J]. IEEE-Trans. Magn. , 1980, MAG-16(3)5:536 ~ 540.

[20] Jones D G R, Abell J S, Hams I R. Powder metallurgical processing of $Tb_{0.27}Dy_{0.73}Fe_{2-x}$ ($0 < x < 0.5$) by a hydrogen- decrepitation(HD) route[J]. J. Appl. Phys. , 1990, 67(9):5001 ~ 5003.

[21] Mei W, Umeda T, Zhou S. Preparation and magnetostriction of Tb – Dy – Fe sintered compacts[J]. J. Magn. Magn. Mater, 1997, 174:100 ~ 108.

[22] 江丽萍,赵增祺,吴双霞,等. 粘结稀土磁致伸缩材料的制备工艺研究[J]. 稀土,2005, 26(4):30 ~ 32.

[23] Mei Wu, Toshimitsu Okane, Takateru Umeda. Phase diagram and inhomogeneity of (Tb,Dy)-Fe(T) (T = Mn, Co, Al, Ti) system[J]. J. Alloys Comp. , 1997, 248:132 ~ 137.

[24] 王博文. 超磁致伸缩材料制备与器件设计[M]. 北京:冶金工业出版社,2003.

[25] Savage H T, Clark A E, Powers J M. Magnetomechanical coupling and ΔE effect in highly magnetostrictive rare earth-Fe_2 compounds[J]. IEEE Transactions on Magnetics,1985, 11(5):1355 ~ 1357.

[26] Clark AE. High Power Rare Earth Magnetostrictive Materials[J]. Journal of Alloys and Compounds,1993,4(1):70 ~ 75.

[27] Kendau D, Piercy A R. Magnetization Process and Temperature of the Magnetomechanical Properties or $Tb_{0.27}Dy_{0.73}Fe_{1.9}$[J]. IEEE Transactions on Magnetics,1990,26(5):1837 ~ 1839.

[28] 李恒菊. 磁致伸缩材料在微动工作台中的应用[D]. 武汉:武汉理工大学, 2005.

[29] Purcell C J. Terfenol Driver for the Barrel-Stave Projector[M]. Transducers for Sonics and Ultrasonics. Orlando:Technomoc Publishing Co. Inc. ,1993,161 ~ 169.

[30] 贺西平. 稀土超磁致伸缩换能器[M]. 北京:科学出版社,2006.

[31] 朱厚卿. 稀土超磁致伸缩材料的应用[J]. 应用声学,1998,17(5):3 ~ 10.

[32] Besbes M, Ren Z, Razek A. Finite Element Analysis of Magneto-Mechanical Coupled Phenomena in Magnetostrictive Materials[J]. IEEE Transactions on Magnetics,1996,32(3):1058~1061.

[33] Gros L, Reyne G. Strong Coupling Magneto Mechanical Applied to Model Heavy Magnetostrictive Actuators[J]. IEEE Transactions on Magnetics,1998,34(5):3150~3153.

[34] Clark A E. Ferromagnetic material[M]. E. P. Wohlfarth:North-Holland Publishing company,1980.

[35] Clark A E, Teter P, Wun-Fogle M, Magneto mechanical coupling of Terfenol-D with stress[J]. J. Appl. Phys., 1990, 67(9): 5007~5009.

[36] Wakiwaka H,Aoki K,Yoshikawa T,etc. Maximum output of a low frequency sound source using giant magnetostrictive material[J]. Alloys Comp,1997,258(8):87~92.

[37] 张洪平,杜挺,王龙妹,等. 稀土-铁系超磁致伸缩材料水声换能器的研制[J]. 金属功能材料,1995,2(3):107~109.

[38] 周利生,曹荣,唐良雨,等. 多边形稀土换能器[J]. 声学与电子工程,1996(1):8~10.

[39] Eda etc. Machine Tool Equipped with a Giant Magnetostriction Actuator-Development of New Materials $Tb_{0.27}Dy_{0.73}(FeMn)_{1.93}$ and Their Application[J]. Annals of the CIRP,1992,41(1):421~424.

[40] 邬义杰,项占琴. 新功能材料在活塞异形销孔制造中的应用[J]. 制造技术与机床,1997(8):36~38.

[41] 夏春林,丁凡,陈大军,等. 超磁致伸缩材料在流体控制元件中的应用研究展望[J]. 液压气动与密封,1997(2):2~4.

[42] Teter J P, Sendaula M H, John Vranish,et al.. Magnetostrictive linear motor development[J]. IEEE Trans Magn,1998,34(4):2081~2083.

[43] Claevssen F, Lhermet N, Letty R Le, et al.. Actuators, transducers and motors based on giant magnetostrictive materials[J]. J Alloys Comp,1997,258(8):61~73.

[44] Tremolet du de, Lacheisserie E, Mackay K, et al. From bulk to film magnetostrictive actuators[J]. Alloys Comp,1998,275~277(7):685~691.

[45] Vishnu Kottamas, Magnetostrictive elastic wave type linear motion with Terfenol-D[J]. SPIF,1997,30(44):363~369.

[46] Vranish L M,Naik D P,Restorff J B,et al. Magnetostrictive direct drive rotary motor development [J]. IEEE Trans Magn,1991,27(6):5355~5357.

[47] Ohmata K etc. A three-link arm type vibration control device using magnetostrictive actuators[J]. J Alloys Comp,1997,258(8):74~78.

[48] Anjanappa M etc. A theoretical and experimental study of Magnetostrictive Mini-actuators[J]. Smart Mater Struct,1994(3):83~91.

[49] 朱金才,顾仲权. 磁致伸缩作动器的设计及其动态特性研究[J]. 南京航空航天大学学报,1998,30(4):413~418.

[50] 顾仲权,朱金才,彭福军,等. 磁致伸缩材料作动器在振动主动控制中的应用研究[J]. 振动工程学报,1998,11(4):381~388.

[51] 欧阳光耀,施引. 磁致伸缩材料及其作动器设计[J]. 海军工程学院学报,1998,(1):44~48.

[52] 丁凡,戴旭涵,夏春林. GMM 蠕动微位移机械的研究[J]. 仪器仪表学报,1999,20(4):419~420,431.

[53] Honda T etc. Principles for Magnetic Thin-Film Cantilevers[J]. 日本应用磁学会志,1997,21(4):817~827.

[54] Lim S H etc. Prototype microactutors driven by magnetostrictive thin films[J]. IEEE Trans. Magn,1998,34(4):2042~2044.

[55] Uchsda H, Wads M, Koike K, et al. Giant Magnetostrictive Materials thin film formation and application to magnetic surface acoustic wave devices[J]. Journal of Alloys and Compounds, 1994, 211 ~ 212: 576 ~ 580.
[56] 孙慧明, 于泉, 范茂军. 大磁致伸缩材料在测控技术中的应用[J]. 黑龙江大学自然科学学报, 1998, (04): 23 ~ 26.
[57] 杜挺, 张洪平, 邝马华. 稀土 - 铁系大磁致伸缩材料的应用研究[J]. 金属功能材料, 1997, (04): 34 ~ 37.
[58] 邬义杰. 大磁致伸缩材料发展及其应用现状研究[J]. 机电工程, 2004, 21(4): 12 ~ 16.
[59] Coulomb D. The IIR and environmental challenges facing the refrigeration sector [C]// Poredos A., Sarlah A. Proceedings of the Second International Conference on Magnetic Refrigeration at Room Temperature. Paris: International Institute of Refrigeration, 2007: 3 ~ 5.
[60] Warburg E. Ann Phys, 1881, 13 : 141 ~ 164.
[61] Debye P. Ann Phys, 1926, 81: 1154 ~ 1160.
[62] Giauque W F. A Thermodynamic treatment of certain magnetic effects: A proposed method of producing temperature considerably below 1-degree temperature absolute[J]. Journal of American Society, 1927, 49 (8): 1864 ~ 1870.
[63] Gschneidner K A, Pecharsky V K. Thirty years of near room temperature magnetic cooling: Where we are today and future prospects[J]. International journal of refrigeration, 2008, (31): 945 ~ 961.
[64] Gschneidner K. A. Jr, Pecharsky V K. Materials Science Forum 315, Trans Tech Pub, 1999: 69 ~ 76.
[65] Tegus O, Bruck E, Buschow K H J, de Boer F R. Transition-metal-based magnetic refrigerants for room-temperature applications[J]. Nature, 2002, 415 (6868): 150 ~ 152.
[66] Tishin A M, Spichkin Y I. The Magnetocaloric Effect and its Applications[M]. Bristol: Institute of Physics Publishing, 2003.
[67] Cable J W , Wollan E O. Phys. Rev. 1968, 165: 733.
[68] Dan'kov S Yu, Tishin A M, Pecharsky V K, Gschneidner K A Jr. Magnetic phase transitions and the magnetothermal properties of gadolinium[J]. Phys. Rev. B, 1998, 57(6): 3478 ~ 3490.
[69] Gschneidner K A Jr. , Pecharsky V K. Magnetic refrigeration in Rare Earths: Science, Technology and Applications III[M]. The Minerals, Metals and Material Society, 1997: 209.
[70] Pecharsky V K. , Gschneidner K A Jr. Adv. Cryog. Eng. 1996, 42: 423.
[71] Dan'kov S Yu, Tishin A M, Pecharsky V K and Gschneidner K A Jr. Experimental device for studying the magnetocaloric effect in pulse magnetic fields[J]. Rev. Sci. Instrum, 1997, 68(6): 2432 ~ 2437.
[72] Tishin A M, Magnetocaloric effect in strong magnetic fields[J]. Cryogenics, 1990, 30(2): 127 ~ 136.
[73] Maeda H, Sato M , Uehara M, J. Japan Inst. Metals, 1983, 47: 688.
[74] Brown G V, Magnetic heat pumping near room temperature[J]. J. Appl. Phys, 1976, 47: 3673.
[75] Gschneidner K A Jr. Metals, alloys and compounds-high purities do make a difference! [J]. J. Alloys Comp. , 1993, 193(1 - 2): 1 ~ 6.
[76] Lounasmaa O V and Sundströ m L J, Phys. Rev. 1966, 150: 399.
[77] Nellis W J, Legvold S. Phys. Rev. 1969, 180: 581.
[78] Boys D W, Legvold S. Phys. Rev. 1968, 174: 377.
[79] Edwards L R, Legvold S. Phys. Rev. 1968, 176: 753.
[80] Beaudry B J , Gschneidner K A Jr. Handbook on the Physics and Chemistry of Rare Earth[M]. Amsterdam: Elsevier Press, 1978.
[81] Gschneidner K A Jr. Handbook on the Physics and Chemistry of Rare Earth[M]. Amsterdam: Elsevier Press, 1993, Cumulative Index 1 ~ 15: 509.

[82] Cable J W, Wollan E O, Koehler W C, Wilkinson M K. Phys. Rev., 1965, 140: 1896.

[83] Habenshuss M C, Stassis C, Sinha S K, Deckman H W, Spedding F H. Phys. Rev. B, 1974, 10: 1020.

[84] Atoji M. Magnetic Structures of Er Single Crystal in 0 ~ 20 kOe Field[J]. Solid State Comm., 1974, 14 (10): 1047 ~ 1050.

[85] 陈远富等．研究发展中的磁致冷材料[J]．功能材料,2000,31(2):113 ~ 115.

[86] 李桌棠等．化学进展, 1995, 7 (2) :140 ~ 150.

[87] Tishin A M, Martynenko O P. Physics of Rare Earth Metals in the Vicinity of Magnetic Phase Transitions [M]. Moscow: Nauka Press, 1995.

[88] Nikitin S A, Tishin A M. Sov. Tech. Phys. Lett., 1988, 14: 327.

[89] Brun T, Sinha S, Wakabayashi N, Lander G, Edwards L, Spedding F. Phys. Rev. B, 1970, 1: 1251.

[90] Tishin A M. Magnetocaloric Effect in Heavy Rare Earth Metals and their Alloys[D]. Moscow: Moscow State University, 1988.

[91] Nikitin S A, Andreenko A S, Zvezdin A K, Popkov A F. Bull. Acad. Sci. USSR, Phys. Ser. 1980, 44 (7) :14.

[92] Nikitin S A, Andreenko A S, Zvezdin A K, Popkov A F. Sov. Phys. JETP, 1979, 49: 1090.

[93] Nikitin S A, Andreenko A S. Features of the Magnetic Phase Diagram of Terbium-Yttrium Alloys in the Range in Which there is an Antiferromagnetic Helix Structure[J]. Phys. Met. Metallogr, 1981, 52(1): 55 ~ 59.

[94] Nikitin S A, Tishin A M, Redko S V. Magnetocaloric effect in single crystals of terbium and its alloys with gadolinium[J]. Phys. Met. Metallogr, 1990, 66(1): 77 ~ 85.

[95] Gschneidner K A Jr, Pecharsky A O, Pecharsky V K, Lograsso T A, Schlagel D L. Rare Earth and Actinides: Science, Technology and Applications IV[C], 2000: 63

[96] Long Y, Zhou S Z, Zhao J. Study of the Thermo-magnetic Effect of Gd-Tb Alloys at Near Room Temperature[J]. Chinese Sci. Bull., 1994, 39(5): 367 ~ 370.

[97] Xiyan Z, Ling Y, Shijie Z, Linlin Q, Zhinong L. Room-temperature magnetic refrigerate system gadolinium-terbium-neodynium[J]. Mater. Trans., 2001, 42(12): 2622 ~ 2624.

[98] Fujii H, Hashimoto Y, Meshima A. J. Phys. Soc. Japan., 1976, 41: 176

[99] Nikitin S A, Andreenko A S, Tishin A M, Arkharov A M, Zherdev A A. Magnetocaloric Effect in Rare-Earth Alloys Gd-Ho and Gd-Er[J]. Phys. Met. Metallogr., 1985, 59(2): 104 ~ 108.

[100] Tishin A M. Working substances for magnetic refrigerators[J]. Cryogenics, 1990, 30(8): 720 ~ 725.

[101] Burkhanov G S, Dan'kov S Yu, Nikitin S A, Tishin A M, Chistiakov O D. Sov. Tech. Phys. Lett., 1991, 17: 353.

[102] Smaili A, Chahine R. Composite materials for Ericsson-like magnetic refrigeration cycle[J]. J. Appl. Phys., 1997, 81(2): 824.

[103] Dai W, Shen B G, Li D X and Gao Z X. New magnetic refrigeration materials for temperature range from 165 K to 235 K[J] J. Alloy Comp., 2000, 311(1):22 ~ 25.

[104] Nikitin S A, Tishin A M, Leontev P I. Magnetocaloric effect and refrigerant capacity of Tb-Dy alloys [J]. Phys. Stat. Sol. (A) Applied Research, 1989, 113(1): K117 ~ K121.

[105] Bykhover S E, Nikitin S A, Spichkin Yu I, Tishin A M and Umhaeva Z S. Sov. Phys. JETP, 1990, 70: 1114.

[106] Nikitin S A, Tishin A M. Magnetocaloric effect and magnetic phase transitions in single crystals of Tb-Y alloys[J]. Phys. Met. Metallogr., 1989, 67(2): 59 ~ 64.

[107] Zimm C B. Properties of a Ductile Magnetic Refrigerant[J]. Adv. Cryog. Eng., 1994, 40: 647 ~ 653.

[108] Gschneidner K A Jr, Pecharsky A O, Pecharsky V K. Proc. 11th International Cryocooler Conference (Keystone, Colorado, 20 ~ 22 June 2000), 2000, Paper N 35.

[109] Gschneidner K A Jr, Pecharsky V K, Pecharsky A O. The Science of Alloys for the 21st Century: A Hume-Rothery Celebration [G]// Turchi E A, Shull R D and Gonis A, 2000, 201.

[110] Wu Y L, Pecharsky A O, Pecharsky V K, Gschneidner K A Jr. Effects of praseodymium additions on the magnetothermal properties of erbium[J] Adv. Cryog. Eng., 2002, 48:3.

[111] Hashimoto T. Workshop Magn. Refr. Convekt. Refrig. Techniques[C], 18th International Congress of Refrigeration, Montreal, August 15,1991.

[112] Dan'Kov S Yu, Ivtchenko V V, Tishin A M, Gschneidner K A Jr., Pecharsky V K. Adv. Cryog. Eng., 2000, 46: 397.

[113] Ranke, von P J, Pecharsky V K, Gschneidner K A Jr. Influence of the crystalline electrical field on the magnetocaloric effect of $DyAl_2$, $ErAl_2$, and $DyNi_2$[J]. Phys. Rev. B., 1998, 58(18): 12110 ~ 12116.

[114] Wang F W, Zhang X X, Hu F X. Large magnetic entropy change in $TbAl_2$ and $(Tb_{0.4}Gd_{0.6})Al_2$ [J]. Appl. Phys. Lett., 2000, 77(9): 1360 ~ 1362.

[115] Sahashi M, Niu H, Tohkai Y, Inomata K, Hashimoto T, Kuzuhara T, Tomokiyo A, Yayama H. Specific heat and Magnetic Entropy Associated With Magnetic Ordering in Al-RICH RAl_2 Sintered Compounds[J]. IEEE Trans. Magn., 1987, MAG-23(5): 2853 ~ 2855.

[116] Gschneidner K A Jr, Takeya H, Moorman J O, Pecharsky V K. Appl. Phys. Lett.. 1994, 64: 253.

[117] Gschneidner K A Jr, Takeya H, Moorman J O, Pecharsky V K, Malik S K, Zimm C B. New Magnetic Refrigeration Materials for the Liquefaction of Hydrogen[J]. Adv. Cryog. Eng., 1994, 39: 1457 ~ 1465.

[118] Gschneidner K A Jr, Pecharsky V K, Gailloux MJ, Takeya H. Adv. Cryog. Eng. 1996, 42: 465.

[119] Gschneidner K A Jr, Pecharsky V K, Malik S K. Adv. Cryog. Eng. 1996, 42: 475.

[120] Zimm C B, Ludeman E M, Severson M C, Herring T A. Adv. Cryog. Eng. 1992, 37B: 883.

[121] Johanson W R, Pierce G, Zimm C B, Barclay J A. Heat capacity of $Gd_{0.06}Er_{0.94}Al_2$ in magnetic fields [J]. J. Appl. Phys. 1988, 64(10): 5892 ~ 5894.

[122] Tanoue S, Gschneidner K A Jr, McCallum R W. Study of the magnetic properties of Gd_3Pd_4 in applied magnetic fields[J]. J. Magn. Magn. Mater., 1992, 103(1 - 2): 129 ~ 138.

[123] Canepa F, Napoletano M, Cirafici S. Magnetocaloric effect in the intermetallic compound Gd_7Pd_3 [J]. Intermetallics, 2002, 10(7): 731 ~ 734.

[124] Pecharsky V K, Gschneidner K A Jr. Cryocoolers, 1999, 10: 629.

[125] Rawat R, Das I. The similar dependence of the magnetocaloric effect and magnetoresistance in TmCu and TmAg compounds and its implications[J]. J. Phys.: Condens. Matter, 2001, 13(19): L379 ~ L387.

[126] IlynMI, Tishin A M, Gschneidner K A Jr, Pecharsky V K, Pecharsky A O. Proc. 11th Int. Cryocooler Conf., Colorado, USA, 2000.

[127] Sato K, Isikawa Y, Mori K, Miyazaki T. J. Appl. Phys., 1990, 67: 5300.

[128] Tomokiyo A, Yayama H, Wakabayashi H, Kuzuhara T, Hashimoto T, Sahashi M, Inomata K. Specific Heat and Entropy of RNi_2 (R: Rare Earth Heavy Metals) in Magnetic Field [J]. Adv. Cryog. Eng., 1986, 32: 295 ~ 301.

[129] Yayama H, Tomokiyo A, Hashimoto T, Kuzuhara T, Li R, Sahashi M, Inomata K. Specific Heat of Recenerative Material RNi_2 System[J]. IEEE Trans. Magn., 1987, MAG - 23(5): 2850 ~ 2852.

[130] Melero J J, Burriel R, Ibarra M R. Magnetic interactions in Laves phases. Heat capacity of $PrNi_2$, $GdNi_2$ and $ErNi_2$[J]. J. Magn. Magn. Mater., 1995, 140 - 144: 841 ~ 842.

[131] Foldeaki M, Giguere A, Chahine R, Bose T K. Development of intermetallic compounds for use as mag-

netic refrigerators or regenerators[J]. Adv. Cryog. Eng. ,1998, 43: 1533 ~ 1540.

[132] Ranke, von P J, Pecharsky V K, Gschneidner K A Jr, Korte B J. Anomalous behavior of the magnetic entropy in $PrNi_5$[J]. Phys. Rev. B, 1998, 58:14436 ~ 14441.

[133] Sahashi M, Tokai Y, Kuriyama T, Nakagome H, Li R, Ogawa M, Hashimoto T. New magnetic material R_3T system with extremely large heat capacities used as heat regenerators[J]. Adv. Cryog. Eng. , 1990, 35: 1175 ~ 1182.

[134] Tokai Y, Takahashi A, Sahashi M, Hashimoto T. Proc. 7th Int. Conf. (Santa Fe,NM, 17 ~ 19 November) 1992, 484.

[135] Hershberg E L, Anderson I E, Osborne M G, Hundley M F, Smith J L. The Heat-capacity Characteristics of RE_3Ni Below 20 K[J]. Adv. Cryog. Eng. , 1994, 40: 617 ~ 624.

[136] Gschneidner K A Jr, Pecharsky V K, Osborne M S, Moorman J O, Anderson I E, Pasker D, Eastwood M L. Cryocoolers, 1997, 9:669.

[137] Pecharsky V K, Gschneidner K A Jr, McCallum RW, Dennis KW. Cryocoolers, 1997 9: 663.

[138] Duc N H, Goto T. Itinerant electron metamagnetism of Co sublattice in the lanthanide-cobalt intermetallics Handbook of the Physics and Chemistry of Rare Earth[M]. Amsterdam: Elsevier Press, 1999, 26: 177.

[139] Inoue J, Shimizu M. J. Phys. F, 1982, 12: 1811.

[140] Nikitin S A, Tishin A M. Magnetocaloric effect in $HoCo_2$ compound[J]. Cryogenics, 1991, 31(3):166 ~ 167.

[141] Tishin A M, Pecharsky V K, PecharskyAO, Gschneidner K A Jr. 2002 [S. L.].

[142] Wada H, Tanabe Y, Shiga M, Sugawara H, Sato H. Magnetocaloric effects of Laves phase $Er(Co_1\text{-}xNix)_2$ compounds[J]. J. All. Comp. , 2001, 316(1 -2): 245 ~ 249.

[143] Wang D H, Liu H D, Tang S L, Tang T, Wen J F, Du YW. Low-field magnetic entropy change in $Dy(Co_{1-x}Si_x)_2$[J]. Solid State Commun. , 2002, 121(4): 199 ~ 202.

[144] Wang D H, Liu H D, Tang S L, Yang S, Huang S, Du Y. Magnetic properties and magnetocaloric effects in $(Gd_xDy_{1-x})Co_2$ compounds[J]. Phys. Lett. A, 2002, 297: 247 ~ 252.

[145] Duc N H, Kim Anh D T. Magnetocaloric effects in RCo_2 compounds[J]. J. Magn. Magn. Mater. , 2002, 242 ~ 245: 873 ~ 875.

[146] Gomes A M, Reis M S, Oliveira I S, Guimarães A P, Takeuchi A Y. Magnetocaloric effect in (Er,Tb) Co_2[J]. J. Magn. Magn. Mater. , 2002, 242 ~ 245:870 ~ 872.

[147] Oliveira de N A, von Ranke P J, Tovar Costa M V. J. Appl. Phys. , 2002, 91: 8879.

[148] Wada H, Tomekawa S, Shiga M. Magnetocaloric properties of a first-order magnetic transition system $ErCo_2$[J]. Cryogenics, 1999, 39(11): 915 ~ 919.

[149] Smith G S, Tharp A G, Johnson Q. Crystallographic Data on New Rare Earth-Germanium and Silicon Compounds[J]. Nature, 1966, 210: 1148 ~ 1149.

[150] Smith G S, Johnson Q, Tharp A G. Crystal Structure of Sm_5Ge_4[J]. Acta Crystallographica, 1967, 22: 269 ~ 272.

[151] Smith G S, Tharp A G, Johnson Q. Rare earth-germanium and -silicon compounds at 5:4 and 5:3 compositions[J]. Acta Crystallographica, 1967, 22: 940 ~ 943.

[152] Holtzberg F. , Gambino R J, McGuire T R. New Ferromagnetic 5:4 Compounds in the Rare Earth Silicon and Germanium Systems[J]. J. Phys. Chem. Solids, 1967, 28: 2283 ~ 2289.

[153] Pecharsky V K, Gschneidner Jr K A. Phase relationships and crystallography in the pseudobinary system $Gd_5Si_4 - Gd_5Ge_4$[J]. Journal of Alloys and Compounds, 1997, 260(1 -2): 98 ~ 106.

[154] Pecharsky A O, Gschneidner Jr KA, Pecharsky V K, Schindler C E. The room temperature metastable/stable phase relationships in the pseudo-binary $Gd_5Si_4-Gd_5Ge_4$ system[J]. Journal of Alloys and Compounds, 2002, 338 (1 -2): 126 ~135.

[155] Pecharsky V K, Zavalij P. Fundamentals of Powder Diffraction and Structural Characterization of Materials[M]. Kluwer Academic Publishers, 2003.

[156] GschneidnerJr K A, Pecharsky V K, Pecharsky A O, Ivtchenko V V, Levin E M. The nonpareil $R_5(Si_xGe_{4-x})$ phases[J]. Journal of Alloys and Compounds, 2000, 303 ~304: 214 ~222.

[157] Pecharsky V K, Holm A P, Gschneidner Jr K A, Rink R. Massive Magnetic-Field-Induced Structural Transformation in Gd_5Ge_4 and the Nature of the Giant Magnetocaloric Effect[J]. Physical Review Letters, 2003, 91 (19): 197204 ~197204.

[158] Pecharsky V K, Gschneidner Jr K A. Giant Magnetocaloric Effect in $Gd_5(Si_2Ge_2)$[J]. Physical Review Letters, 1997, 78 (23): 4494 ~4497.

[159] Pecharsky V. K., Gschneidner Jr K. A. Tunable magnetic regenerator alloys with a giant magnetocaloric effect for magnetic refrigeration from ~20 to ~290 K[J]. Applied Physics Letters, 1997, 70(24): 3299 ~3301.

[160] Choe W, Pecharsky V K, Pecharsky A O, Gschneidner Jr K A, Young Jr V G, Miller G J. Making and Breaking Covalent Bonds across the Magnetic Transition in the Giant Magnetocaloric Material $Gd_5(Si_2Ge_2)$[J]. Physical Review Letters, 2000, 84(20): 4617 ~4620.

[161] Morellon L, Algarabel P A, Ibarra M R, Blasco J, Garcia-Landa B, Arnold Z, Albertini F. Magnetic-field-induced structural phase transition in $Gd_5(Si_{1.8}Ge_{2.2})$[J]. Physical Review B (Condensed Matter and Materials Physics), 1998, 58(22): R14721 ~R14724.

[162] Pecharsky V K, Gschneidner Jr K A. $Gd_5(Si_xGe_{1-x})_4$: An Extremum Material[J]. Advanced Materials, 2001, 13(9): 683 ~686.

[163] Pecharsky V K, Pecharsky A O, Gschneidner Jr K A. Uncovering the structure-property relationships in $R_5(Si_xGe_{4-x})$ intermetallic phases[J]. Journal of Alloys and Compounds, 2002, 344 (1 ~2): 362 ~368.

[164] Ivtchenko V V, Pecharsky V K, Gschneidner K A Jr. Adv. Cryog. Eng., 2000, 46: 405.

[165] Huang H, Pecharsky A O, Pecharsky V K and Gschneidner K A Jr, Adv. Cryog. Eng. 2002, 48: 11.

[166] Zhang T. B., Chen Y. G., Fu H., Teng B. H., Tang Y. B., Tu M. J. The giant magnetocaloric effect in $Gd_5Si_2Ge_2$ with low purity gadolinium[J]. Chinese Science Bulletin, 2005, 50(16): 1811 ~1814.

[167] Gschneidner Jr K A, Pecharsky A O, Pecharsky V K, Lograsso T A, Schlagel D L. Rare Earths and Actinides: Science, Technology and Applications Ⅳ[C]// Production of the giant magnetocaloric effect $Gd_5(Si_xGe_{1-x})_4$ magnetic refrigerat materials from commercial gadolinium metal, 2000:63 ~72.

[168] 张铁邦，陈云贵，付浩，滕保华，唐永柏，涂铭旌．低纯 Gd 制备 $Gd_5Si_2Ge_2$的结构与磁热性能[J]．科学通报，2005，50(18)：2043 ~2045.

[169] 张铁邦．$Gd_5(Si,Ge,Sn)_4$合金的组织、结构与磁热性能研究[D]．四川:四川大学,2008.

[170] Liu X B, Altounian Z, Ryan D H. Structure and magnetic transition of $LaFe_{13-x}Si_x$Compounds[J]. Journal of Physics : Condensed Matter, 2003, 15:7385 ~7394.

[171] Palstra T T M, Nieuwenhuys G J, Mydosh J A, et al. Mictommagnetic, ferromagnetic, and antiferromagnetic transition in $La(Fe_xAl_{1-x})_{13}$ intermetallic compounds[J]. Physical review B, 1985, 31(7): 4622 ~4632.

[172] Palstra T T M, Mydosh J A, Nieuwenhuys G J, et al. Study of the critical behaviour of the magnetization and electrical resistivity in cubic $La(Fe,Si)_{13}$ compounds[J]. Journal of Magnetism and Magnetic Mate-

rials, 1983, 36: 290 ~ 296.

[173] Fengxia Hu, Baogen Shen, Jirong Sun, et al. Great magnetic entropy change in La(Fe, M)$_{13}$ (M = Si, Al) with Co Doping[J]. Chinese physics, 2000, 9(7): 551 ~ 553.

[174] Fujita A, Fukamichi K. Giant volume magnetostriction due to the itinerant electron metamagnetic transition in La(Fe-Si)(13) compounds[J]. IEEE Trans. Magn. 1999, 35(5): 3796 ~ 3798.

[175] Fujita A, Akamatsu Y, Fukamichi K. Itinerant electron metamagnetic transition in La(Fe_xSi_{1-x})(13) intermetallic compounds[J]. J. Appl. Phys. 1999, 85(8): 4756 ~ 4758.

[176] Fengxia Hu, Baogen Shen, Jirong Sun, et al. Large magnetic entropy change in La(Fe, Co)$_{11.83}$Al$_{1.17}$ [J]. Physical review B, 64: 012409 - 1 - 012409 - 3.

[177] Hu F X, Shen BG, Sun J R, et al. Large magnetic entropy change in compound $LaFe_{11.44}Al_{1.56}$ with two magnetic phase transitions[J]. IEEE Trans. Magn., 2001, 37(41): 2328 ~ 2330.

[178] Hu F X, Wang G J, Wang J, et al. Magnetic entropy change and magnetoresistance in the $LaFe_{11.375}Al_{1.625}$ compound[J]. J. Appl. Phys., 2002, 91(10): 7836 ~ 7838.

[179] Hu F X, Shen B G, Sun J R, et al. Influence of negative lattice expansion and metamagnetic transition on magnetic entropy change in the compound $LaFe_{11.4}Si_{1.6}$[J]. Appl. Phys. Lett., 2001, 78(23): 3675 ~ 3677.

[180] Hu F X, Ilyn M, Tishin AM, et al. Direct measurements of magnetocaloric effect in the first-order system $LaFe_{11.7}Si_{1.3}$[J]. J. Appl. Phys., 2003, 93(9): 5503 ~ 5506.

[181] Fujieda S, Fujita A, Fukamichi K. Large magnetocaloric effect in La(Fe_xSi_{1-x})(13) itinerant-electron metamagnetic compounds[J]. Appl. Phys. Lett., 2002, 81(7): 1276 ~ 1278.

[182] Hu F X, Shen B G, Sun J R, et al. Very large magnetic entropy change near room temperature in $LaFe_{11.2}Co_{0.7}Si_{1.1}$[J]. Appl. Phys. Lett., 2002, 80(5): 826 ~ 828.

[183] Fujieda S, Fujita A, Fukamichi K. Large magnetocaloric effect in $NaZn_{13}$ - type La(Fe_xSi_{1-x})$_{13}$ compounds and their hydrides composed of icosahedral clusters[J]. Science and technology of advanced materials, 2003, 4: 339 ~ 346.

[184] Fujita A, Fujieda S, Fukamichi K, et al. Giant magnetic entropy change in hydrogenated La($Fe_{0.88}Si_{0.12}$)$_{13}H_y$ compounds[J]. Mater. Trans. JIM., 2002, 43: 1202 ~ 1204.

[185] Yuanfu Chen, Fang Wang, Baogen Shen, et al. Large magnetic entropy change near room temperature in the $LaFe_{13.5}Si_{1.5}H_{1.3}$ compound[J]. Chinese physics, 2002, 11(7): 741.

[186] Liu X B, Liu X D, Altounian Z, Tu GH. Phase formation and structure in rapidly quenched La($Fe_{0.88}Co_{0.12}$)$_{13-x}Si_x$ alloys[J]. Journal of Alloys and Compounds, 2005, 397(1 - 2): 120 ~ 125.

[187] Yan A, Müller KH, Gutfleisch O. Structure and magnetic entropy change of melt-spun $LaFe_{11.57}Si_{1.43}$ ribbons[J]. Journal of Applied Physics, 2005, 97(3): 036102.

[188] Gutfleisch O, Yan A, Müller KH. Large magnetocaloric effect in melt-spun $LaFe_{13-x}Si_x$[J]. Journal of Applied Physics, 2005, 97(10): 1 ~ 3.

[189] Lyubina J., Gutfleisch O., Kuz'min M. D., Richter M. La(Fe, Si)$_{13}$ - based magnetic refrigerants obtained by novel processing routes[J]. Journal of Magnetism and Magnetic Materials, 2008, 320: 2252 ~ 2258.

[190] Liu X B, Altounian Z, Tu G H. The structure and large magnetocaloric effect in rapidly quenched $LaFe_{11.4}Si_{1.6}$ compound[J]. Journal of Physics: Condensed Matter, 2004, 16: 8043 ~ 8051.

[191] Tao Liu, Yungui Chen, Yongbai Tang, Sufen Xiao, Enyao Zhang, Jinwei Wang, Structure and magnetic properties of shortly high temperature annealing $LaFe_{11.6}Si_{1.4}$ compound[J]. Journal of Alloys and Compounds, 2009, 475(1 ~ 2): 672.

[192] Zhang X X, Tejada J, Xin Y, Sun G F, Wong K W, Bohigas X. Magnetocaloric effect in $La_{0.67}Ca_{0.33}MnO_{\delta}$

and $La_{0.60}Y_{0.07}Ca_{0.33}MnO_{\delta}$ bulk materials[J]. Applied Physics Letter, 1996, 69(23):3596 ~ 3599.

[193] Chen W, Zhong W, Hou D L, Gao R W, Feng W C, Zhu M G, Du Y W. Preparation and magnetocaloric effect of self-doped $La_{0.8-x}Na_{0.2+x}MnO_3$[J]. Journal of Physics: Condensed Matter, 200, 14(45): 11889 ~ 11896.

[194] Xu Y H, Memmert U, Hartmann U. Thermomagnetic properties of ferromagnetic perovskite manganites [J]. Journal of Magnetism and Magnetic Materials, 2002, 242 ~ 245: 698 ~ 700.

[195] Das S, Dey T K. Magnetic entropy change in polycrystalline $La_{1-x}K_xMnO_3$ perovskites[J]. Journal of Alloys and Compounds, 2007, 440: 30 ~ 35.

[196] Dinesen A R, Linderoth S., Mϕrup S. Direct and indirect measurement of the magnetocaloric effect in $La_{0.67}Ca_{0.33-x}Sr_xMnO_{3\pm\delta}$($x \in [0, 0.33]$) [J]. Journal of Physics: Condensed Matter, 2005, 17: 6257 ~ 6269.

[197] Zhong W, Chen W, Ding W P, Zhang N, Hu A, Du Y. W, Yan Q J. Synthesis, structure and magnetic entropy change of polycrystalline $La_{1-x}K_xMn_{3+\delta}$[J]. Journal of Magnetism and Magnetic Materials, 1999, 195(1): 112 ~ 118.

[198] Tang T, Gu K M, Cao Q Q, Wang D H, Zhang S Y, Du Y W. Magnetocaloric properties of Ag-substituted perovskite-type manganites[J]. Journal of Magnetism and Magnetic Materials, 2000, 222(1 - 2): 110 ~ 114.

[199] Phan M H, Tian S B, Hoang D Q, Yu S C, Nguyen C, Ulyanov A N. Large magnetic-entropy change above 300K in CMR materials[J]. Journal of Magnetism and Magnetic Materials, 2003(258 - 259): 309 ~ 311 .

[200] Zhon W, Cheng W, Au C T, Du Y W. Dependence of the magnetocaloric effect on oxygen stoichiometry in polycrystalline $La_{2/3}Ba_{1/3}Mn_{3-\delta}$[J]. Journal of Magnetism and Magnetic Materials, 2003, 261(1 - 2): 238 ~ 243.

[201] Chau N, Nhat H N, Luong N H, Minh D L, Tho N D, Chau N N. Structure, magnetic, magnetocaloric and magnetoresistance properties of $La_{1-x}Pb_xMnO_3$perovsite[J]. Physica. B: Condensed Matter, 2003, 327: 270.

[202] Zhong W, Cheng W, Ding W P, Zhang N, Du Y W, Yan Q J. Magnetocaloric properties of Na-substituted perovskite-type manganese oxides[J]. Solid State Communication, 1998, 106: 55.

[203] Lee J. S. Evalucation of the the magnetocaloric effect from magnetization and heat capacity data[J]. Physical Status Solid B, 2004, 241(7): 1765 ~ 1768.

[204] 张泽玉, 龙毅, 叶荣昌, 常永勤, 万发荣. 缓蚀剂对金属钆在水介质中腐蚀行为的影响. 中国稀土学报,2005, 23 : 400 ~ 404.

[205] Provenzano V, Shapiro A J, Shull R D. Nature, 2004, 429: 853 ~ 857.

(伍 虹、杨妹娟、陈云贵、唐永柏)

4 稀土贮氢合金

4.1 引言

石油、煤和天然气等是地球上经过千百万年演变后积累的化石燃料，是一种非再生的能源，其储量有限。随着我国经济的快速发展，能源的消耗速度也迅速提高。目前我国石油进口依存度已超过50%，能源安全成为了国家重大问题[1]。同时，自从工业革命以来，传统的化石燃料已经对环境造成了严重的污染。近年来全球的温室效应愈来愈明显，大量温室气体排放，其中一半以上来自含碳化石燃料燃烧后所释放的二氧化碳。因此，开发和研究新能源已是当今世界上刻不容缓的一件大事[2]。

氢是一种清洁的新能源。氢和氧燃烧时生成清洁无污染的水，不会产生 CO_x、SO_x 和 NO_x 等有害物质。用氢作能源，可大大减轻对环境的污染，更有利于人类健康、保持了自然界的生态平衡。氢在能量转化中形成水—氢—水自然循环，而且由于海水占地球表面近71%，氢及其同位素的资源并不匮乏。所以，氢能是一种可以再生的永久性清洁能源，符合人类长远发展的需要。

在氢能的利用过程中，其关键技术是解决廉价的制氢技术和安全、方便、大容量贮存氢的技术。20世纪50年代，人们就已经发现了金属及金属间化合物的吸氢现象，但作为氢能源储存的贮氢材料的研究并未引起人们的重视，一方面由于这些材料贮氢量较少，另一方面由于金属吸氢会出现脆性，降低材料的强度，因此人们研究的重点是如何避免材料的吸氢。60年代末，由于 $LaNi_5$ 等贮氢合金的发现[3~4]，使得贮氢材料的研究开发得到了迅猛的发展。表4-1列出了某些贮氢材料的贮氢密度、贮氢能力和能量密度[5]。由于氢可以跟许多金属或合金相结合，其中某些金属或合金吸氢后形成金属氢化物，其单位体积内的含氢量甚至可高于液氢的密度。以金属氢化物形式贮存氢，具有贮氢密度大、安全、不需要复杂容器就可以长时间贮存以及可获得高纯度氢等优点，被认为是一种经济、有效的贮氢方法。

表4-1 典型金属氢化物贮氢与传统贮氢能力比较[5]

贮存介质	氢密度 D_v /$\times 10^{22}$ H原子·cm^{-3}	贮氢能力		能量密度	
		按质量计 /%	按容积计 /g·mL^{-1}	按质量计 /4.18 J·g^{-1}	按容积计 /4.18 J·mL^{-1}
高压氢(101.325 MPa)	5.4×10^{-3}	100	0.008	33900	271
液体氢	4.2	100	0.07	33900	2373
MgH_2	6.6	7.6	0.101	2373	3423
Mg_2NiH_4	–	3.16	0.081	1071	2745
VH_4	10.5	3.81	0.095	701	3227
$TiFeH_{1.95}$	5.7	1.75	0.096	593	3254
$LaNi_5H_7$	6.2	1.37	0.089	464	3017

在氢能量储存方面,由于体积能量密度和安全性等方面的优势,稀土贮氢合金作为固定式氢燃料贮存载体是可选择的方案之一;但就燃料电池车或氢内燃机车对车载贮氢系统的要求看,稀土贮氢合金的质量贮氢密度低($LaNi_5$ 合金贮氢约 1.5%),贮氢系统过重,难以满足车载贮氢系统要求。美国能源部(DOE)提出的 2010 年和 2015 车载贮氢系统的质量贮氢密度要求分别不低于 6% 和 9%,而相对于贮氢材料的质量贮氢密度要求更高[6]。

稀土贮氢合金除了在固定式贮氢等方面的应用具有优势之外,目前在镍氢电池上的应用取得了巨大成功。利用稀土贮氢合金的电化学吸放氢特性研制成功的镍 - 稀土金属氢化物(Ni - MH)二次电池是迅速发展起来的一种高能绿色二次电池,它以稀土贮氢合金充当活性物质的稀土氢化物电极作为负极,以氢氧化镍电极作为正极。与传统的 Ni - Cd 二次电池比较,Ni - MH 电池具有如下优点:

(1) 能量密度高;

(2) 可快速充放电;

(3) 几乎无记忆效应;

(4) 耐过充和过放电能力高;

(5) 环境污染小。此外 Ni - MH 电池与 Ni - Cd 电池的工作电压相同(1.2 V),在使用过程中有良好的互换性。因此,作为一种新型的高容量绿色电池,Ni - MH 电池正在许多领域得到广泛使用。特别需要指出的是,针对环境污染及节约能源,发展电动汽车是国际国内采取的主要措施之一,其中采用稀土贮氢合金作为负极材料的镍氢电池在混合动力车及电动车等领域的应用受到高度关注和发展[7]。

4.2 贮氢合金的理论基础

4.2.1 贮氢合金的固 - 气吸放氢原理

氢被贮氢合金吸收和释放的过程取决于金属和氢的相平衡关系。许多金属可固溶氢形成氢的固溶体(MH_x),其溶解度$[H]_M$与固溶体平衡氢压的平方根成正比[8],即:

$$p_{H_2}^{1/2} \propto [H]_M \tag{4-1}$$

贮氢金属或合金吸氢形成固溶体后,在一定温度和压力条件下,固溶相 MH_x 与氢反应生成金属氢化物,这一反应可写成:

$$\frac{2}{y-x}MH_x + H_2 \rightleftharpoons \frac{2}{y-x}MH_y + Q \tag{4-2}$$

根据 Gibbs 相律,如果温度一定,式 4-2 的反应将在一定压力下进行,该压力即为反应平衡压力。式 4-2 反应是一个可逆反应,氢化反应(正向)吸氢, 为放热反应;逆向反应放氢,为吸热反应。改变温度与压力条件可以使反应向正、反方向反复交替进行,从而使贮氢材料起到可逆吸放氢的功能。

金属 - 氢系的相平衡可由图 4-1 的压力 - 组成等温线(PCT 曲线)表示,该图以 $LaNi_5$ 合金为例[9]。0℃时,从图左向右开始吸氢时,$LaNi_5$ 吸氢形成氢的 α 相间隙固溶体,氢原子在 $LaNi_5$ 合金中处于无序分布状态,如图 4-1 最左边合金晶体与氢的作用示意。吸氢至第一个拐点时,氢化反应开始,此时 $LaNi_5$ 合金中氢浓度显著增加而氢压几乎不变,α 相反应逐渐生成 β 相金属氢化物,平台区内 α 相和 β 相共存。吸氢至第二个拐点,$LaNi_5$ 从 α 相向

β 相的氢化反应结束，$LaNi_5$ 合金完全变成 β 相金属氢化物。β 相中的氢原子处于有序分布状态，如图 4-1 最右边合金晶体与氢的作用示意。当再增加氢压时，又在氢化物的基础上形成新的固溶体。金属氢化物放氢过程按反方向进行。图 4-1 中水平段（两相共存区）压力即为平衡压力，该段氢浓度（H/M）代表了金属氢化物在不同温度时的有效吸氢量。由图 4-1 还可以看出，温度升高，平衡压力增大，有效氢容量减少。α 相和 β 相共存区的平衡氢压与金属－氢系氢化物的生成焓变ΔH 和熵变ΔS 及反应温度有关，可表述为式 4-3 的 Van't Hoff 方程：

$$\ln\left(\frac{p_{eq}}{p_{eq}^{0}}\right)=\frac{\Delta H}{R}\cdot\frac{1}{T}-\frac{\Delta S}{R} \tag{4-3}$$

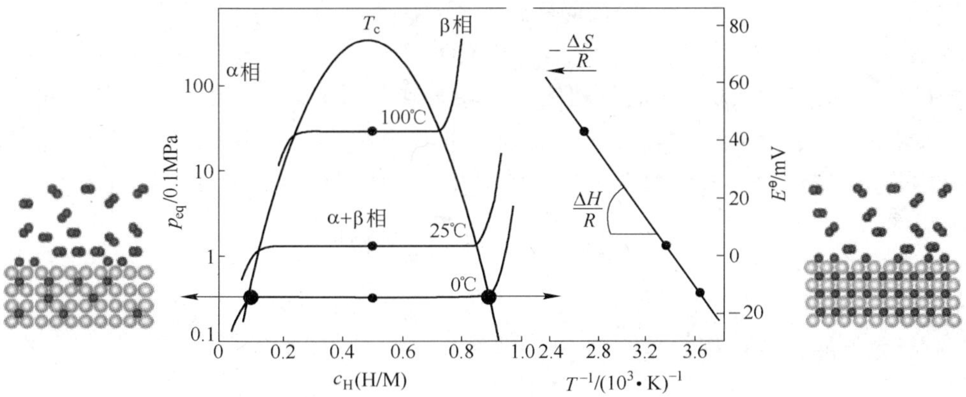

图 4-1 $LaNi_5$ 的压力－组成等温及 Van't Hoff 曲线[9]

图 4-1 右边也给出了 $LaNi_5$－氢系反应的 Van't Hoff 曲线，从该曲线可以求出 $LaNi_5$ 合金氢化物的生成焓变ΔH 和熵变ΔS。金属氢化物生成熵变ΔS 反映的是氢气进入金属中变成原子氢的变化，对所有的金属－氢系统的氢化物生成熵变ΔS 都约为 －130 J/(K · mol)。金属氢化物生成焓变ΔH 反映的是金属－氢原子的键能大小。氢化物生成焓变ΔH 决定了氢化物热力学可逆性及氢化物的稳定性，是氢化物开发过程中非常重要的参数。对 $LaNi_5$ 合金，氢化物生成焓变ΔH 约为 39.2 kJ/mol，在 300 K 的平衡氢压约 0.1 MPa，在室温附近的吸放氢可逆性是很好的。金属氢化物形成是放热过程，而其放氢是吸热过程。从热力学上看，温度越高或压力越低越有利于氢的放出，反之越有利于氢的吸入。

4.2.2 贮氢合金的电化学吸放氢原理

贮氢合金的电化学吸放氢反应为：

$$M+xH_2O+xe\underset{\text{放电}}{\overset{\text{充电}}{\rightleftharpoons}}MH_x+xOH^- \tag{4-4}$$
$$E^{\ominus}=-0.828\ V/SHE$$

过充电时，反应为：
$$2H_2O+2e\xrightarrow{\text{过充}}H_2\uparrow+2OH^- \tag{4-5}$$

过放电时，反应为：
$$2OH^-\xrightarrow{\text{过放}}1/2O_2\uparrow+2e+H_2O \tag{4-6}$$

贮氢合金氢化物电极的平衡电位与贮氢合金气态平衡压力之间的关系为[10]：

$$E_{MH,eq}(\text{vs. Hg,HgO/OH}^-) = -0.9324-0.0291\lg[p(H_2)/p^\Theta] \quad (4-7)$$

贮氢合金电极过程是由一系列性质不同的单元步骤构成,除了连续进行的步骤外,还可能存在平行的步骤。贮氢电极的电化学吸放氢过程可表达为以下几个步骤[11~18]:

（1）液固界面附近的液相传质过程:

$$H_2O_{(b)} \rightleftharpoons H_2O_{(s)} \quad (4-8)$$

式中,$H_2O_{(b)}$和$H_2O_{(s)}$分别表示体相中和表面上的水分子。

（2）电极表面的电荷转移过程(电化学反应过程):

$$M + H_2O_{(s)} + e \rightleftharpoons MH_{ads} + OH^-_{(s)} \quad (4-9)$$

（3）氢向体相的扩散及OH^-的液相传质:

$$MH_{ads} \rightleftharpoons MH_{abs} \quad (4-10)$$

$$OH^-_{(s)} \rightleftharpoons OH^-_{(b)} \quad (4-11)$$

式中,$OH^-_{(s)}$和$OH^-_{(b)}$分别表示表面上和体相中的氢氧根离子。这是两个平行进行的过程。

(4)氢原子在α相中的扩散过程。氢的扩散与合金中氢－氢相互作用及氢的浓度有关,合金中氢的扩散系数D_H与H－H相互作用及合金中氢浓度之间的关系可表述为:

$$D_H = D^*\left\{1 + \left(\frac{W_{H-H}}{RT}\right)c_H\right\} \quad (4-12)$$

式中 D^*——爱因斯坦扩散系数。

（5）氢化物的相变过程:

$$MH_\alpha \rightleftharpoons MH_\beta \quad (4-13)$$

其中,MH_α为氢的固溶体,MH_β为氢化物。

（6）在过充电时,合金表面上的吸附氢原子发生脱附反应,包括电化学脱附和复合脱附,最后在电极表面形成氢气泡脱离电极表面。

复合脱附反应式为:

$$H_{ad} + H_{ad} \longrightarrow H_2\uparrow \quad (4-14)$$

电化学脱附:

$$MH_{ad} + H_2O + e \longrightarrow M + OH^- + H_2\uparrow \quad (4-15)$$

式4-14和式4-15这两个反应均有氢气析出,是充电过程中的副反应,它们降低了贮氢合金电极的充电效率。

4.3 稀土贮氢合金的结构及氢的占位

4.3.1 $LaNi_5$的晶体结构及氢的占位

4.3.1.1 $LaNi_5$的晶体结构[5,19]

$LaNi_5$合金的晶体结构见图4-2,为$CaCu_5$型晶体结构,六方点阵,空间群为$P6/mmm$。La原子占据Ni与La原子共面上的la(0,0,0)位,对于两种非等价的Ni_1和Ni_2原子,Ni原子占据Ni与La原子共面上的$2c$(1/3,2/3,0)和(2/3,1/3,0)位,Ni_2原子占据全部为Ni原子面上的3g (1/2,0,1/2)、(0,1/2,1/2)和(1/2,1/2,1/2)位。$LaNi_5$合金的晶格参数a = 0.5016 nm,c = 0.3982 nm,c/a = 0.794,晶胞体积0.0868 nm^3。

4.3.1.2 $LaNi_5$ 晶体中氢原子占位[20,21]

从几何的角度来看,$LaNi_5$ 晶胞由 20 个多面体堆垛而成,其多面体类型如图 4-3 所示。由 2 个 La 原子和 6 个 Ni_2 原子组成 1 个十二面体(图 4-3a),2 个 La 原子与 2 个 Ni_1 原子和 2 个 Ni_2 原子组成的八面体有 3 个(图 4-3b),1 个 La 原子与 1 个 Ni_1 原子和 2 个 Ni_2 原子组成的四面体有 12 个(图 4-3c),由 1 个 Ni_1 原子和 3 个 Ni_2 原子组成 4 个四面体(图 4-3d)。构成晶体的基本单元是四面体,因为不共面的四个原子必然构成一个四面体。上述的十二面体可以分为 6 个四面体,且有两种分法。一种分法为:1La,$3Ni_2$;另一种分法为:2La,$2Ni_2$。一个八面体可以分为四个四面体,其分法也有两种。一种分法为:1La,$1Ni_2$,$2Ni_1$。另一种分法为:2La,$1Ni_2$,$1Ni_1$。因此,如果 $LaNi_5$ 晶胞按四面体划分,可以分为 34 个四面体。两个图 4-3(d)的四面体也可以构成一个六面体,因此也可以认为一个 $LaNi_5$ 晶胞是由一个十二面体,三个八面体,两个六面体和 12 个四面体组成。

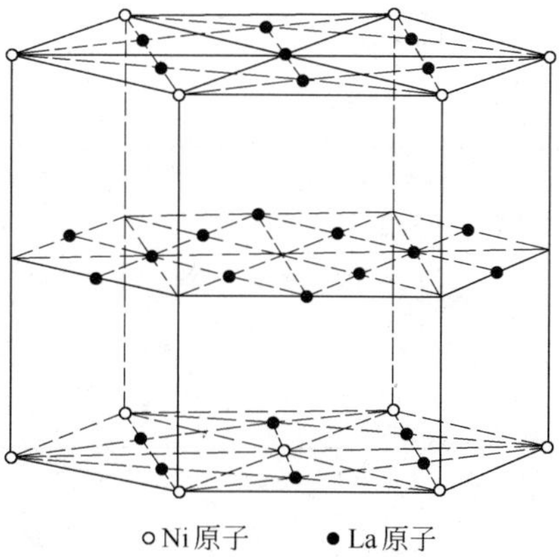

图 4-2 $LaNi_5$ 晶体结构[5]

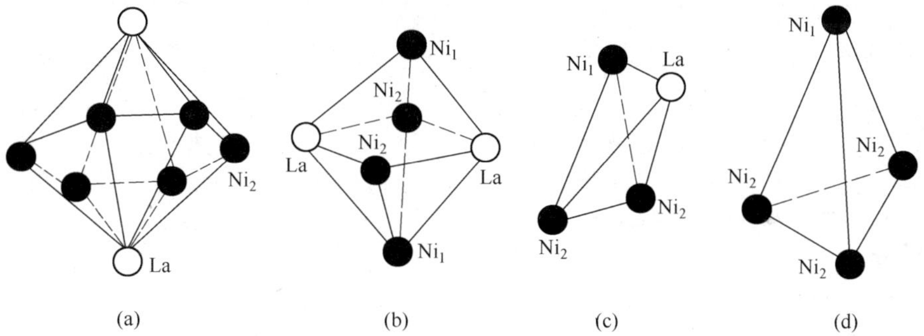

图 4-3 $LaNi_5$ 晶胞中多面体的类型[20]

(a) 十二面体;(b) 八面体;(c) 四面体;(d) 六面体

氢就贮存在这些间隙中,但并不是所有的间隙都能贮氢,这取决于两个条件:(1)多面体间隙的半径应大于氢原子的半径;(2)氢原子同金属原子必须以共价键相结合。这就是说,在合金中一定空隙位置被氢原子占据的状态取决于空隙周围金属原子的电负性和电子分布状况。此外,四面体间隙贮氢还要受到 Shoemaker 填充不相容规则的限制,即两个共面的四面体间隙不能同时被氢原子占据。

四种多面体的间隙特征如表 4-2 所示。氢原子的半径为 0.046 ~ 0.053 nm,从表 4-2 中可以看出,四面体间隙半径比氢原子半径小,不能贮氢,其余的间隙每个贮存一个氢原子,总共可贮存六个氢原子。对于图 4-3(d)的四面体或六面体,文献[20]认为不能贮氢,因为该四面体或六面体仅由镍原子组成。

晶体学及中子衍射研究表明[22],$LaNi_5$ 晶胞中的间隙可分为五类,即 $3f$(八面体间隙)、$4h$(四面体间隙)、$6m$(四面体间隙)、$12o$(四面体间隙)和 $12n$(四面体间隙)。这五种间隙的特征如表 4-3 所示。研究表明，对于固溶体 $LaNi_5H_x$（$x=0.1$ 和 0.4），氢原子优先占据 3*f* 和 12*n* 的位置。

表 4-2 多面体的间隙特征[21]

多面体类型	多面体数量/个	坐 标	间隙半径/nm
四面体	12	1La,$2Ni_2$,$1Ni_1$	0.043
六面体	2	$3Ni_2$,$2Ni_1$	0.068
八面体	3	2La,$2Ni_1$,$2Ni_2$	0.106
十二面体	1	2La,$6Ni_2$	0.146

表 4-3 五种间隙的特征[22]

间隙种类	位置(*x*,*y*,*z*)	坐 标	间隙半径/nm
3*f*	1/2,0,0	2La,$2Ni_1$,$2Ni_2$	0.0257
4*h*	1/3,2/3,0.37	$1Ni_1$,$3Ni_2$	0.0301
6*m*	0.137,0.274,1/2	2La,$2Ni_2$	0.0551
12*o*	0.204,0.408,0.354	1La,$1Ni_1$,$2Ni_2$	0.0388
12*n*	0.455,0,0.117	1La,$2Ni_1$,$1Ni_2$	0.0408

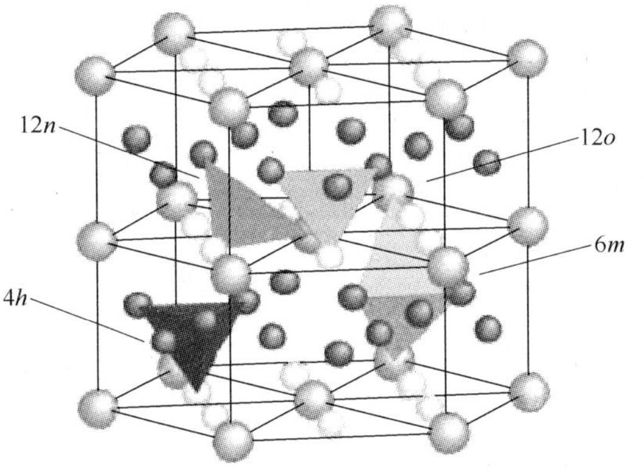

图 4-4 AB_5 中氢的占位位置[25]

值得提出的是，M. Latroche 等研究了 $LaNi_{3.55}Co_{0.75}Mn_{0.4}Al_{0.3}D_x$ 中氢原子的占位[23,24]。研究表明，该贮氢合金晶体中的间隙分为四种，其特征如表 4-4 所示。图 4-4显示的是四种氢占位情况[25]，其中大原子对应 AB_5 中的 A 侧原子，小原子对应 B 侧原子，该图沿 *c* 轴方向多加了一层。

表 4-4 中的四种四面体与表 4-2 中的四种多面体是对应的。4*h* 对应于六面体，两个 4*h* 构成一个六面体。6*m* 对应于 12 面体，6 个 6*m* 构成一个十二面体。12*n* 对应于八面体，四个 12*n* 构成一个八面体。12*o* 等于表 2 中的四面体。在上述四种间隙中，氢原子的占据是有先后顺序的，且占据的比例也是不一样的。氢原子在合金 $LaNi_{3.55}Co_{0.75}Mn_{0.4}Al_{0.3}D_x$ 中的占据情况及晶胞参数的变化如表 4-5 所示。

从表 4-5 可以看出，氢原子首先占据的是间隙较大的 6*m* 和 12*n* 位置，当贮氢量达到 $x=4.6$ 时，氢原子开始占据间隙较小的 4*h* 和 12*o* 位置。实际上，氢原子的填充是一个动态过程，随着氢原子的填入，合金晶胞参数逐渐增大，因此间隙半径也在逐渐增大，原来间隙半径较小的 4*h* 和 12*o* 间隙也能贮存少量的氢原子。

表 4-2 显示十二面间隙半径最大，表 4-5 却表明氢原子并未占据十二面体间隙，而是占据组成十二面体的一个四面体的 6*m* 间隙。这说明间隙半径大于氢原子只是贮氢的必要条件，而非充分条件，间隙半径大并不一定有利于氢的贮存。

表 4-4 $LaNi_{3.55}Co_{0.75}Mn_{0.4}Al_{0.3}D_{4.6}$ 中四种间隙的特征[23]

间隙种类	位置(x,y,z)	坐标	间隙半径/nm
4*h*	1/3,2/3,0.4	$1Ni_1,3Ni_2$	0.0351
6*m*	0.14,0.28,1/2	$2La,2Ni_2$	0.0516
12*o*	0.22,0.44,0.31	$1La,1Ni_1,2Ni_2$	0.0421
12*n*	0.471,0,0.0934	$1La,2Ni_1,1Ni_2$	0.0439

表 4-5 氢原子在合金 $LaNi_{3.55}Co_{0.75}Mn_{0.4}Al_{0.3}D_x$ 中的占据情况及晶胞参数的变化[24]

氢含量 *x*		0	0.6	3.4	4.6	5.6
D_1	4*h*	–	–	–	3%	5.6%
D_2	6*m*	–	3.6%	24.8%	31.5%	32.6%
D_3	12*n*	–	3.6%	16.2%	19.8%	22.2%
D_4	12*o*	–	–	–	1%	5.9%
	a/nm	0.5067	0.5103	0.5276	0.5340	0.5383
	c/nm	0.4043	0.4061	0.4145	0.4213	0.4277
	$V/\times10^{-3}\ nm^3$	89.9	91.6	99.8	104.0	107.3
	$\Delta V/V$	–	1.9%	11.0%	15.7%	19.4%

4.3.2 AB_5 型贮氢合金及其氢化物的电子结构

晶体的性质归根到底决定于原子间的相互作用,贮氢合金也不例外。原子间的相互作用则取决于晶体的电子结构。晶体的电子结构不是指电子本身的结构,而是指电子在核外运动所采取的排列方式或状态。研究晶体的电子结构主要有两类理论,一类是量子化学的理论,一类是固体与分子经验电子理论。

4.3.2.1 量子化学理论

文献[26]用量子力学的自洽场 Xα 散射波的方法(SCF – Xα – SW)对 $RENi_5$(RE = La, Ce, Pr, Nd)的电子结构进行了计算。计算采用的模型为 $RENi_5$ 中具有代表性的 RE_2Ni_4 的八面体原子团,如图 4-5 所示。研究结果表明:

(1) RE 原子内层满壳层的 $5s^2$ 和 $5p^6$ 电子也参与了外层电子的耦合作用,对结构的键价和稳定性有很大的影响;

(2) 费米能 E_f 与吸氢平台压有关系,E_f 越低,氢化物越稳定,吸氢平台压越低;

(3) Ce,Pr,Nd 取代 La 后,原子与原子间的键合在垂直于 *c* 轴的平面内大大加强,而在 *c* 方向减弱了。

H. Yukawa 等[27~30]用 DV – Xα 分子轨道方法研究了包含不同 3*d* 过渡族元素的 $LaNi_5$ 氢化物的电子结构。研究发现,如图 4-6(图中显示数字代表每任一单位(a. u.)的电子数量,1a. u. = 0.0529 nm),氢原子相对高的电子密度更靠近氢化物非形成元素金属镍原子,而不是氢化物形成元素镧原子,即氢原子与镍原子形成了较强的化学键,而与 La 形成的键则较弱。此外,如图 4-7 所示,稀土元素的合金化改变了原子间的化学键的强度,导致了合金化 $LaNi_5$ 吸放氢性能的改变。

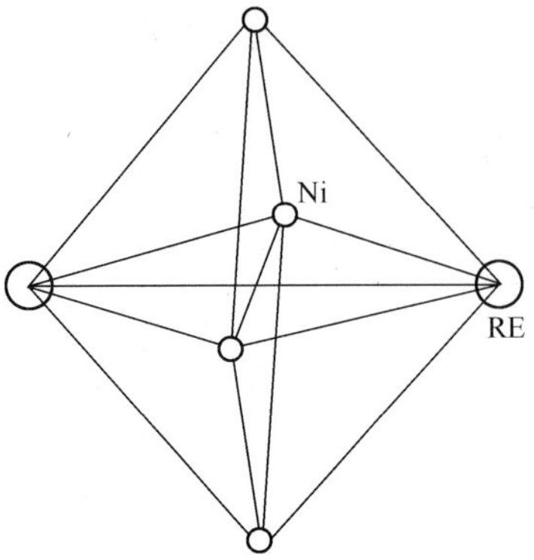

图 4-5 RE_2Ni_4 模型[26]

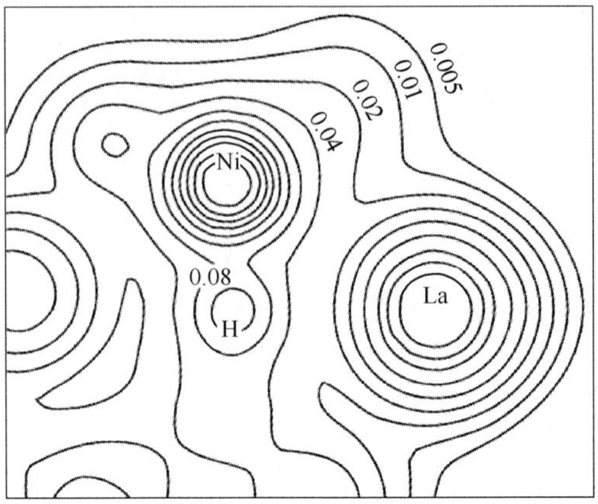

图 4-6 $LaNi_5H_6$ 的电子密度分布图[30]

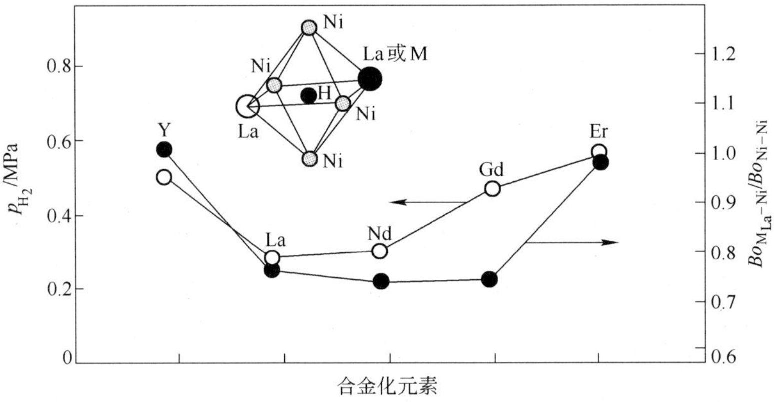

图 4-7 $La_{0.8}M_{0.2}Ni_5$ 氢化物的键序比与平衡氢压[27]

文献[31]据密度泛函理论，采用总体能量计算方法，以扩展平面波函数为基集，并结合超软赝势技术，计算了 $LaNi_5$ 及其 5 种不同贮氢间隙位的总体能量、能带结构、电子态密度以及 Mulliken 布局电荷，获得如下研究结论：

（1）能带结构分析（图 4-8）发现，$LaNi_5H$ 具有 $LaNi_5$ 的特征，也具有典型的金属性。无论是否吸氢，费米面的导带主要是定域的 d 电子，其中以 Ni－3d 为主，而且导带均未填满。

（2）$LaNi_5$ 和 $LaNi_5H$ 的态密度分析（图 4-9）发现，吸氢后出现了 M－H 作用形成的能带。d 电子的定域性增强，同时有少量 d 电子向 H 带迁移，参与 H 带的形成。H 的存在对未组成间隙位的金属原子影响不大。在分析 H 位于不同间隙位的 $LaNi_5H$ 中 H 的总体态密度时发现，H 带的位置及其与导带间的带隙影响着吸氢的难易。

（3）对 $LaNi_5$ 及 $LaNi_5H$ 的 Mulliken 布局分析发现，H 在氢化物中带负电荷，主要与 Ni 成键，H－Ni 上电荷密度越高，键越稳定。La 与 H 之间是斥力作用，La－H 键不稳定，进而影响到间隙位的稳定性。最稳定的间隙位是 3f 12n 位，H 易在二者之间发生短程跳跃，其次是 4h，12o 和 6m 位，其中 6m 位吸 H 较易，但 H 也易从其中脱出。

4.3.2.2 固体与分子经验电子理论[32~33]

固体与分子经验电子理论简称余氏理论，是在量子力学、Pauling 理论、能带理论的基础上,通过对 78 种元素和上千种化合物实验资料的分析、归纳、总结后提出的处理复杂体系的经验电子理论。这个理论以确定晶体内各类原子的杂化状态为基础描述晶体的价电子结构。原子的杂化状态给出了原子的共价电子数、晶格电子数、磁电子数、哑对电子数等,由此可以确定已知晶体中的键络。

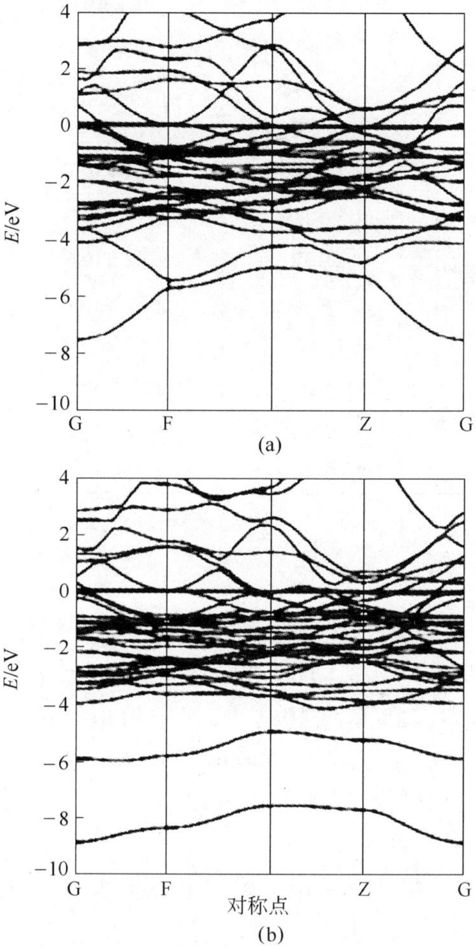

图 4-8 LaNi$_5$ 和 LaNi$_5$H 的能带结构[31]

(a) LaNi$_5$;(b) LaNi$_5$H

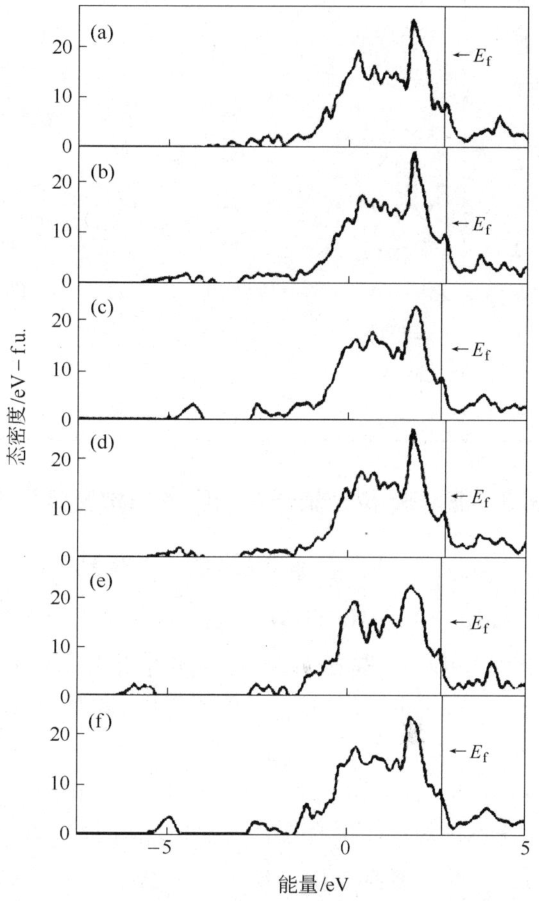

图 4-9 LaNi$_5$及 H 位于不同间隙位的 LaNi$_5$H 的总体态密度曲线能带结构[31]

(a) LaNi$_5$;(b) LaNi$_5$ 及 H 位于 3*f* 间隙位;(c) LaNi$_5$ 及 H 位于 6*m* 间隙位;(d) LaNi$_5$ 及 H 位于 12*n* 间隙位;(e) LaNi$_5$ 及 H 位于 4*h* 间隙位;(f) LaNi$_5$ 及 H 位于 12*o* 间隙位

文献[34]用固体与分子经验电子理论(EET)计算了其值小于 0.5000 nm 的 LaNi$_5$ 合金 14 条键的实验键距 D_a 及其等同键数 I_a(表 4-6)。并且计算了 Mn 和 Co 原子取代 LaNi$_5$ 中部分镍原子后所形成的各种晶胞情况下连接上下两层原子的主要键的键能,发现 Mn 原子取代 Ni$_2$ 原子后表 4-6 中键能增大,Co 原子无论取代 Ni$_1$ 或 Ni$_2$ 都能使相关键能增加,两种原子同时取代,其键能增加更明显,作者认为 Mn 和 Co 原子是通过增大连接上下两层原子的主要键的键能强化合金、延缓合金粉化,从而提高 LaNi$_5$ 合金的循环。

表 4-6 $LaNi_5$ 的价电子结构[34]

键 序	键 名	等同键数 I_a	实验键距 D_a/nm	理论键距 $\bar{D}_a$/nm	共价电子数 n_a
A	$Ni_1—Ni_2$	24	0.24620	0.24623	0.4205
B	$Ni_2—Ni_2$	12	0.25085	0.25088	0.3557
C	$La—Ni_1$	12	0.28966	0.28968	1.2798
D	$Ni_1—Ni_1$	6	0.28966	0.28968	0.1045
E	$La—Ni_2$	24	0.32026	0.32029	0.4664
F	La—La	2	0.39820	0.39823	0.4638
G	$Ni_2—Ni_1$	4	0.39820	0.39823	3.09×10^{-3}
H	$Ni_2—Ni_2$	6	0.39820	0.39823	2.99×10^{-3}
I	$Ni_1—Ni_2$	48	0.43182	0.43185	1.22×10^{-3}
J	$Ni_2—Ni_2$	12	0.43449	0.43451	9.22×10^{-4}
K	$Ni_2—Ni_2$	24	0.47063	0.47065	2.85×10^{-4}
L	$La—Ni_2$	24	0.47793	0.47796	2.81×10^{-3}
M	$La—Ni_1$	24	0.49241	0.49243	1.78×10^{-3}
N	$Ni_1—Ni_1$	12	0.49241	0.49243	1.46×10^{-4}

4.3.3 非 AB_5 型贮氢合金的晶体结构及氢的占位

4.3.3.1 $LaNi_3$ 和 La_2Ni_7 的晶体结构

$LaNi_3$ 和 La_2Ni_7 非 AB_5 型稀土-镍系合金的结构与 AB_2 型 Laves 相结构有关。Laves 相合金结构是一种构成元素的原子半径比（A/B）接近 1.225 的密排结构，根据价电子浓度（VEC）的不同 Laves 相合金可分为立方系 $MgCu_2$ 型（C15）、六方系 $MgZn_2$ 型（C14）及六方系 $MgNi_2$ 型（C36）三种晶体结构。$MgCu_2$ 型晶体学空间群为 Fd3m，$MgZn_2$ 型晶体学空间群为 $P6_3/mmc$，$MgNi_2$ 型晶体学空间群为 $P6_3/mmc$[35,36]。

$LaNi_3$ 与 La_2Ni_7 合金都是 AB_5 型 $CaCu_5$ 单元与 AB_2 型 Laves 相结构单元共同重叠排列构成的，即二者都是由一层 Laves 单元与一层 $CaCu_5$ 单元沿 c 轴纵向堆垛而成[37]。

$LaNi_3$ 属于 $PuNi_3$ 型结构，斜六面体结构，单位晶胞的原子数为 36，空间群 $R-3m$，晶胞参数为：$a=(0.500\pm0.002)$ nm，$c=(2.435\pm0.010)$ nm[38]。表 4-7 列出了 $PuNi_3$ 型结构的原子占位情况，合金结构如图 4-10 所示。La 原子占据 $3a$（Pu_1）和 $6c$（Pu_2）位置，Ni 原子占据 $3b$ 位置（Ni_1）、$6c$ 位置（Ni_2）和 $18h$ 位置（Ni_3），其中 $3a$ 和 $6c$ 分别位于 AB_5 和 AB_2 结构单元中。$PuNi_3$ 型结构单元 1/3 为 AB_5、2/3 为 AB_2，沿 c 轴［001］方向堆叠而成（图 4-9），可表达为：

$$n(AB_3)=\frac{1}{3}n(AB_5)+\frac{2}{3}n(AB_2) \tag{4-16}$$

式中，n 代表每个 AB_5、AB_2 和 AB_2 的吸氢量。从式 4-16 可以估算 $LaNi_3$ 的吸氢量。假设在室温和常压下 $n(AB_5)=6$ H/M，$n(AB_2)=4.5$ H/M，则可以计算出 $n(AB_3)=5$H/M，即得出 $LaNi_3$ 理论最大贮氢量（质量分数）为 1.59%，比 $LaNi_5$ 贮氢量 1.39% 高，但由于 $LaNi_3$ 吸氢后生成的氢化物为非晶态并具有较高的热力学稳定性而未能得到应用[39]。

表 4-7 $PuNi_3$ 型合金的原子占位[38]

原 子	原子位置	占位原子坐标		
		x	y	z
Pu_1	3a	0	0	0
Pu_2	6c	0	0	0.1414
Ni_1	3b	0	0	0.5
Ni_2	6c	0	0	0.3336
Ni_3	18h	0.5002	-0.5002	0.0829

A_2B_7系合金是由一层 Laves 单元与两层 $CaCu_5$ 单元沿 c 轴纵向堆垛而成,其结构转换过程可表述如下[40~42]:

$$n(A_2B_7) = n(AB_5) + n(AB_2) \tag{4-17}$$

该类型典型合金属于 Ce_2Ni_7 型,六方晶系,空间群为 $P6_3/mmc$,$a = 5.059(3) \times 10^{-10}$m,$c = 24.68(2) \times 10^{-10}$m,晶体结构如图 4-11 所示,原子占位情况见表 4-8。

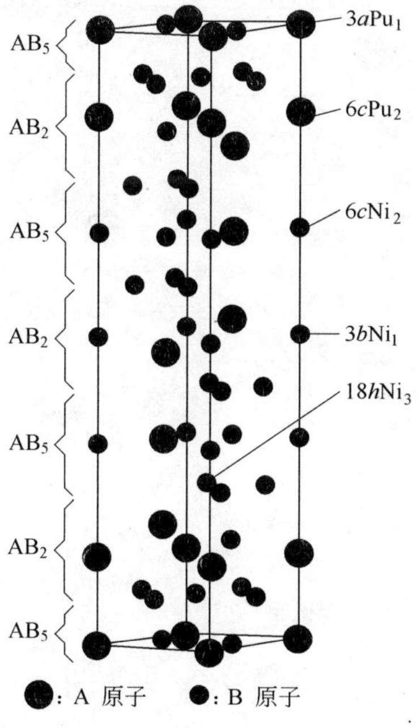

图 4-10 $PuNi_3$ 型结构模型[38]

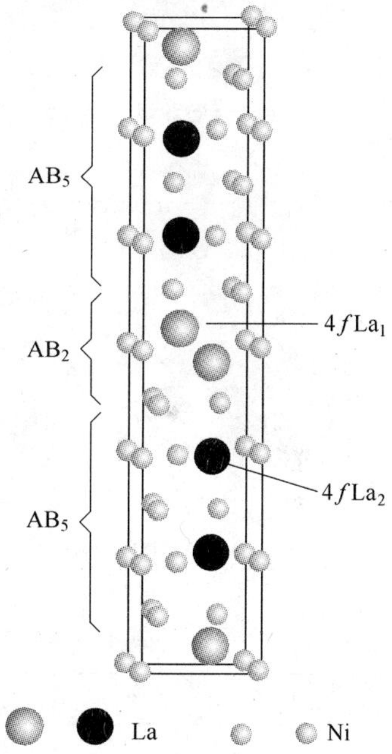

图 4-11 Ce_2Ni_7型结构模型[41]

表 4-8 Ce_2Ni_7型合金晶体学结构参数[41]

原 子	原子位置	占位原子坐标		
		x	y	z
La_1	$4a$	1/3	2/3	0.030
La_2	$4a$	1/3	2/3	0.175
Ni	$2a$	0	0	0
Ni	$4e$	0	0	0.167
Ni	$4f$	1/3	2/3	0.833
Ni	$6h$	0.835	$2x$	1/4
Ni	$12k$	0.834	$2x$	0.085

4.3.3.2 $LaNi_3$ 和 La_2Ni_7 晶体中氢原子占位

研究表明[43~45]，$PuNi_3$ 型 AB_3 合金内 H 可能占据 13 种间隙位置，其中 12 种为四面体间隙（简写为 T），1 种为八面体间隙（简写为 O）。依据间隙周围的金属原子种类不同又可分为：T－A_2B_2（4 个），T－AB_3（5 个），T－B_4（3 个）和 O－A_2B_4（1 个），这些间隙分布在 AB_5 结构单元、AB_2 结构单元以及 AB_5 和 AB_2 结构层之间，见图 4-12 和表 4-9。实际上在充氢时，氢原子进入图 4-10 中的 AB_2 层单元，不会进入 AB_5 层单元，除非采用很高的充氢压力。氢原子进入造成 AB_2 层单元沿[001]方向膨胀，AB_2 层单元[001]方向膨胀率高达 60%，并造成氢原子周围金属原子空间占位发生变化，产生新的八面体间隙（La_3Ni_3）和四面体间隙（La_3Ni）。

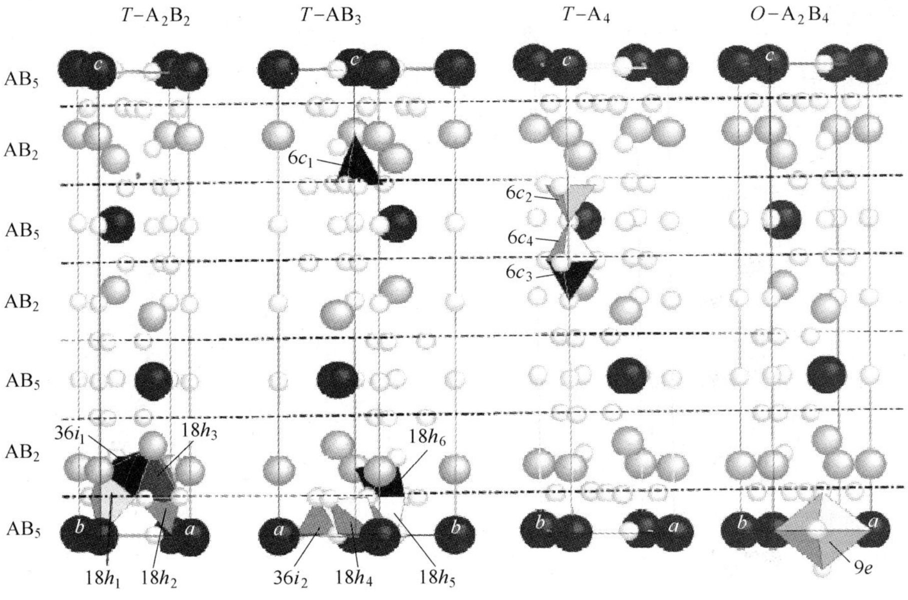

图 4-12　$PuNi_3$ 型合金的 H 原子间隙位置示意图[44]

表 4-9　$PuNi_3$ 型合金的 H 原子占据的间隙位置[44]

结构单元	Wyckoff 占位	位置对称性
AB_2	$6c_1$	T－AB_3
	$6c_3$	T－B_4
	$18h_3$	T－A_2B_2
	$18h_6$	T－AB_3
	$36i_1$	T－A_2B_2
AB_5	$6c_2$	T－B_4
	$6c_4$	T－B_4
	$9e_1$	O－A_2B_4
	$18h_4$	T－AB_3
	$18h_5$	T－AB_3
	$36i_2$	T－AB_3
AB_5/AB_2	$18h_1$	T－A_2B_2
	$18h_2$	T－A_2B_2

当 $PuNi_3$ 型合金吸氢时，氢原子占据的间隙位置应满足以下条件：首先，氢原子最可能占据的间隙位置应由尽可能多的能够吸氢的 A 原子组成；其次，组成间隙原子间的距离应超过相应原子的半径之和；此外，金属原子与氢原子的距离应比金属原子的半径大 0.02 ~ 0.03 nm，合金内部氢原子间的距离应大于 0.18 ~ 0.20 nm。从表 4-9 可见，$18h_1$ 和 $18h_2$ 间隙位置包含两个能够吸氢的 A 原子，且间隙组成原子间的距离远大于相应原子半径之和，由此判断氢原子优先占据该位置[43]。

$La_2Ni_7D_{6.5}$粉末中子衍射研究表明[45]：La_2Ni_7吸氢变成 $La_2Ni_7D_{6.5}$后，a 轴方向收缩约 2.1%，c 轴方向膨胀约 19.8%，体积变化率约 14.9%。La_2Ni_7结构由一个 AB_2 单元和两个 AB_5 两种单元组成（图 4-11），$La_2Ni_7D_{6.5}$中的氢并没有进入 AB_5 层中，而是进入 AB_2 层中和 AB_5 层与 AB_2 层之间，La_2Ni_7吸氢后（$La_2Ni_7D_{6.5}$）造成 AB_2 单元沿[001]方向膨胀 58.7%，与上述 $LaNi_3$ 情况类似。

La_2Ni_7有四个吸氢间隙位，其中三个在 AB_2 单元中，另一个在 AB_5 层与 AB_2 层之间。AB_2 单元中三个吸氢间隙位包括两个由 La_3Ni_3 组成的八面体间隙和一个由 La_3Ni 组成的四面体间隙，由于 AB_2 单元吸氢造成晶格变形很大，这些间隙位与 La_2Ni_7的间隙位已有所不同，这种变化可参见文献[45]。AB_5 层与 AB_2 层之间的吸氢间隙位由 La_2Ni_2 组成的四面体间隙。$La_2Ni_7D_{6.5}$详细的原子及氢原子占位情况见表 4-10。

表 4-10　$La_2Ni_7D_{6.5}$晶体结构数据[45]

原　子	原子位置	占位原子坐标			氢占位间隙
		x	y	z	
La_1	4f	1/3	2/3	0.4514(8)	
La_2	4f	1/3	2/3	0.3124(7)	
Ni_1	2a	0	0	0	
Ni_2	4e	0	0	0.3188(8)	
Ni_3	4f	1/3	2/3	0.6854(7)	
Ni_4	6h	0.840(2)	0.679(4)	1/4	
Ni_5	12k	0.834(1)	0.668(3)	0.3868(2)	
D_1	4e	0	0	0.0864(8)	O－$La1_3Ni5_3$
D_2	4f	1/3	2/3	0.5586(11)	O－$La1_3Ni5_3$
D_3	12k	0.330(6)	0.165(3)	0.020(5)	T－$La1_3Ni1$
D_4	12k	0.485(3)	0.970(6)	0.120(1)	T－$La1La2Ni5_2$

4.3.3.3　$LaNi_2$ 与 La－Mg－Ni 系 AB_2 型贮氢合金的晶体结构

图 4-13 显示的 C15 Laves 立方晶体结构及原子间隙[46]。$LaNi_2$ 的晶体结构属于立方 C15 Laves 结构，空间群 Fd－3m。单胞原子数 24 个，8 个 La 原子，16 个 Ni 原子。结构中有 3 类四面体原子间隙，即由 4 个 Ni 原子组成的 Ni_4 间隙、由 1 个 La 原子和 3 个 Ni 原子组成的 La_1Ni_3 间隙及 2 个 La 原子和 2 个 Ni 原子组成的 La_2Ni_2 间隙。氢原子占据 La_1Ni_3 和 La_2Ni_2 间隙位。平均每单位 $LaNi_2$ 结构中包含有 1 个 Ni_4、4 个 La_1Ni_3 和 12 个 La_2Ni_2 共 17 个四面体间隙[47]。

由于理想的 C15 Laves 结构的原子半径比 $r_A/r_B = 1.225$，而 $r_{La}/r_{Ni} = 1.506$，二者差异大，因此其理想的立方 Laves 相在 La－Ni 平衡相图中并不存在，而是出现更加稳定的 $LaNi_{2.286}$。$LaNi_{2.286}$的四方晶体结构见图 4－14，空间群 $I-42m$，是由两个立方 C15 单胞沿 c 轴方向堆垛而成，在 $Z=0$ 及 $Z=0.5$ 处出现 La 原子缺位，一个四方单胞缺 2 个 La 原子，单胞共有 46 个原子，14 个 La 原子，32 个 Ni 原子[48]。1991 年，张德元、唐劲科和 Gschneidner 的工作表明[49]，$LaNi_2$ 合金是一种亚稳相，实际存在的是 $La_{0.875}Ni_2$ 或 $LaNi_{2.286}$ 伪二元 Laves 结构相。采用快淬技术可以得到 Laves 结构的亚稳态整比的 $LaNi_2$ 相[50]。

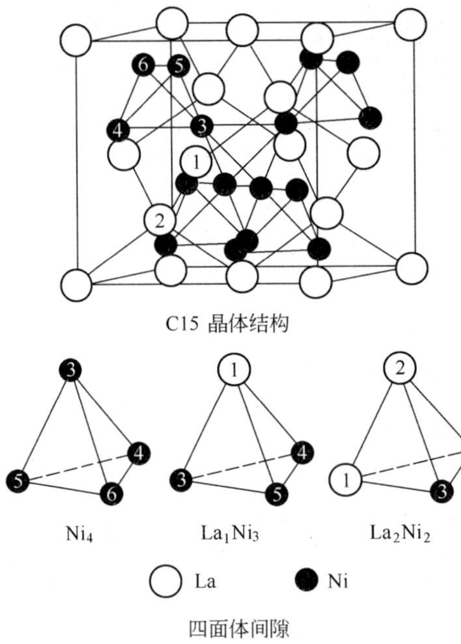

图 4－13　C15 晶体结构与间隙[46]

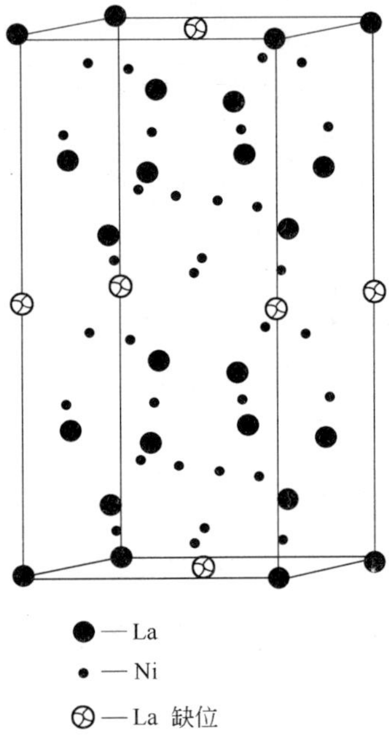

图 4－14　$LaNi_{2.286}$的晶体结构[48]

作为贮氢电极合金用的非 AB_5 型 La－Ni 系合金几乎都要加 Mg。Kadir 等[51]研究了 AB_2 型的 $AMgNi_4$（A＝Ca、La、Ce、Pr、Nd、Y）化合物的晶体结构（图 4－15），结果表明该类合金具有与 $MgCu_2$ 型（C15）相关的 $SnMgCu_4$（$AuBe_5$ 型）结构。$LaMgNi_4$ 的 a 轴为 0.71794(2) nm，晶胞体积 0.370 nm^3，按单个分子算体积为 0.093 nm^3，空间群 F－43m。

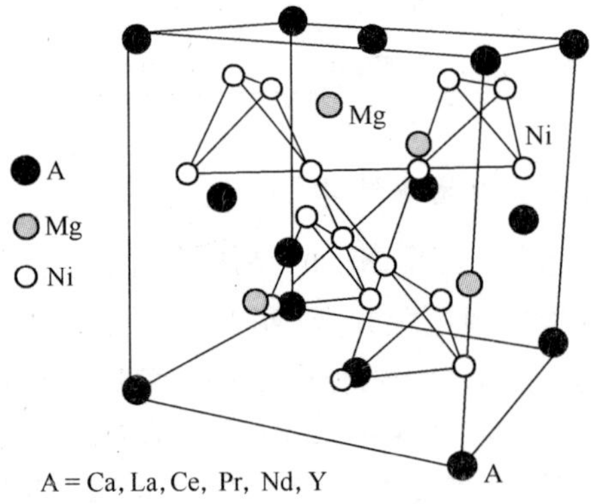

图 4－15　$AMgNi_4$ 的晶体结构[51]

4.3.3.4　La－Mg－Ni 系 AB_2 和 A_2B_7 型贮氢合金的晶体结构

由于 $LaNi_3$ 和 La_2Ni_7 在吸氢过程中发生非晶化现象，吸放氢过程不存在平台，有效吸放氢量及作为电极材料的放电容量小，使用价值不高[39,52,53]。

1997 年，Kadir 等人[54]发现了一种化学式为 RMg_2Ni_9（R＝La，Ce，Pr，Nd，Sm 和 Gd）的新型贮氢合金，这类合金也具有 $PuNi_3$ 型斜六面体结构，

空间群 $R-3m$，该结构由 $CaCu_5$ 结构单元（AB_5 单元）和 $MgCu_2$（$MgZn_2$）结构单元（AB_2 单元）在空间以不同的方式堆叠而成（图 4-16）。表 4-11 列出了 $LaMg_2Ni_9$ 合金的结构参数。在 $LaMg_2Ni_9$ 合金中，La 原子占据 $PuNi_3$ 结构的 3a 位置（即在 AB_5 结构单元中），Mg 原子占据了 $PuNi_3$ 结构中的 $6c$ 位置（即在 AB_2 结构单元中），Ni 原子占据 $PuNi_3$ 结构的所有 Ni 位置（即 $3b$,$6c$,$18h$ 位置）。许多化学式为 AA'_2B_9（A = 稀土元素、Ca 或 Y，A' = Mg、Ca 或 Y，B = Ni）的合金均具有与 $LaMg_2Ni_9$ 一样的结构。从此类 AA'_2B_9 型结构上来看，除了 $CaCu_5$ 单元外，由于存在较高贮氢量的 $MgCu_2$（$MgZn_2$）单元，理论上认为，该类合金贮氢量具有超过传统 AB_5 合金的可能。

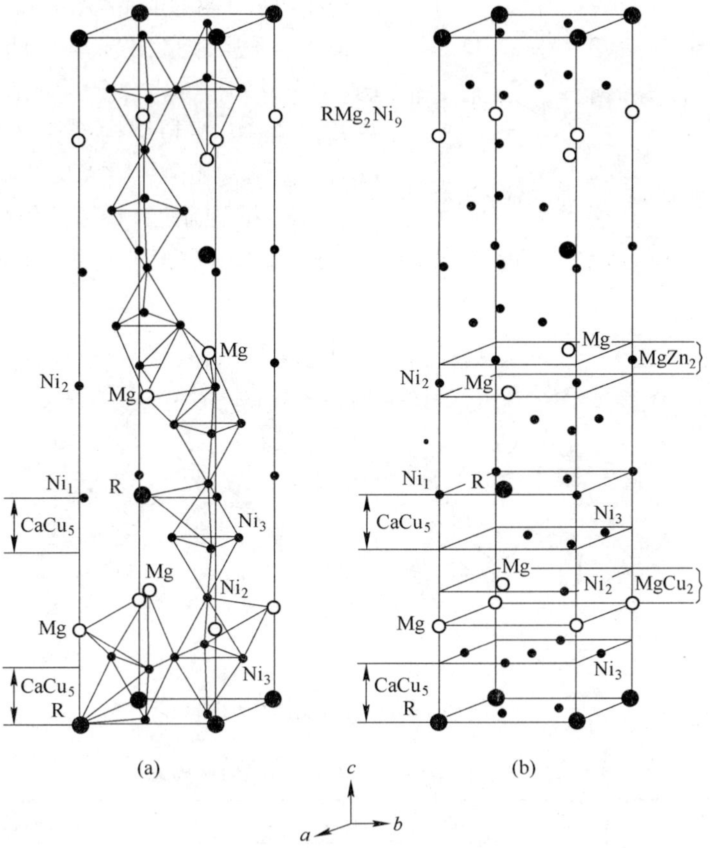

图 4-16 RMg_2Ni_9 型结构的晶体结构部分四面体堆垛和层间堆垛关系[54]

（a）RMg_2Ni_9 型结构的晶体结构；（b）部分四面体堆垛和层间堆垛关系

表 4-11 $LaMg_2Ni_9$ 合金的原子位置及坐标[54]

原 子	原子位置	占位原子坐标		
		x	y	z
La	$3a$	0.0000	0.0000	0.0000
Mg	$6c$	0.0000	0.0000	0.146(6)
Ni_1	$3b$	0.0000	0.0000	0.5000
Ni_2	$6c$	0.0000	0.0000	0.333(1)
Ni_3	$18h$	0.5015(6)	0.4985(6)	0.0857(5)

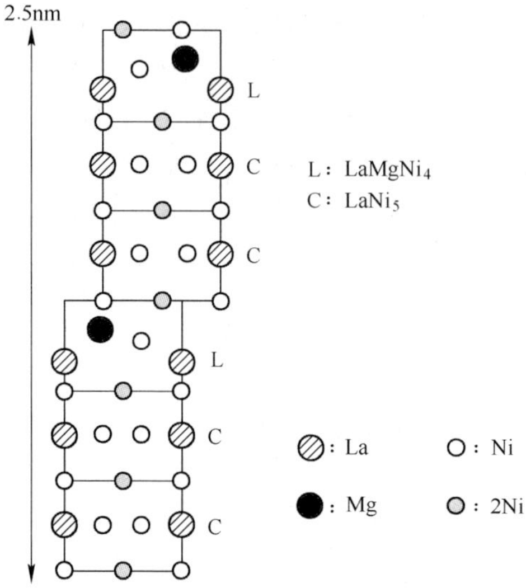

图 4-17　A_2B_7 型 La_3MgNi_{14} 合金的结构[55]

Kohno 等采用高分辨电子显微镜研究了 A_2B_7 型 La_3MgNi_{14} 合金的结构[55]，发现其结构是由 RNi_5（$CaCu_5$ 型）和 R_2Ni_4（Laves 型）结构亚单元堆垛组成的超结构，一个超结构中含四个 $LaNi_5$（AB_5）单元和两个 $La_2Mg_2Ni_4$（AB_2）单元，如图 4-17所示。Mg 原子处于 AB_2 结构单元之中。Akiba 等研究了一种 A_2B_7 型 $La_{0.75}Mg_{0.25}Ni_{3.0}Co_{0.5}$ 合金[56]，合金主要是由 Ce_2Ni_7 型和 Pr_5Co_{19} 型两种结构相组成。在实际的 AB_3 和 A_2B_7 等非 AB_5 型合金中，通常都是出现至少两种结构的组织。$La_{0.75}Mg_{0.25}Ni_{3.0}Co_{0.5}$ 合金两种结构相参数列入表 4-12。Ce_2Ni_7 型超结构堆垛情况类似图 4-17。Pr_5Co_{19} 型结构相由一层 AB_2 结构亚层（La_2Ni_2）和三层 AB_5 结构亚层（$LaNi_5$）组成，如图 4-18 所示。$La_{0.75}Mg_{0.25}Ni_{3.0}Co_{0.5}$ 合金中 Mg 占据 AB_2 结构亚层 La 位的 50%，Mg 的加入使结构在吸放氢过程中更加稳定。

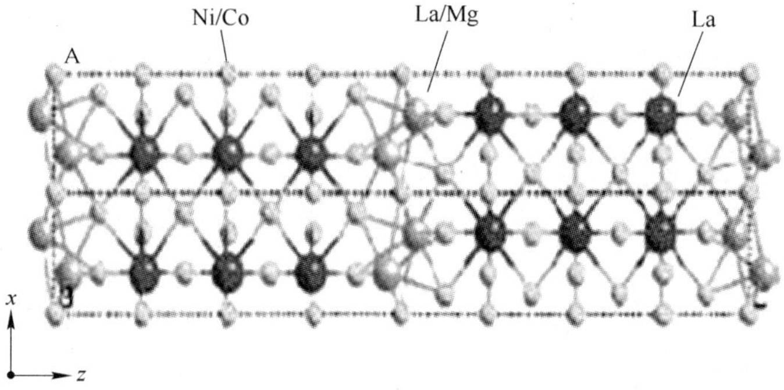

图 4-18　Pr_5Co_{19} 型晶体结构[56]

表 4-12　$La_{0.75}Mg_{0.25}Ni_{3.0}Co_{0.5}$ 合金相结构参数[56]

相结构	化 学 式	晶系	空 间 群	a/nm	c/nm	晶胞体积/nm^3	密度/$Mg \cdot m^{-3}$
Ce_2Ni_7	$La_3Mg(Ni,Co)_{14}$	六方	$P6_3/mmc$	0.5052(1)	2.4245(3)	0.5358(3)	7.83
Pr_5Co_{19}	$La_4Mg(Ni,Co)_{19}$	六方	$P6_3/mmc$	0.5042(2)	3.2232(5)	0.7097(7)	7.93

4.4 稀土-镍系 AB_5 型贮氢合金的性能

4.4.1 $LaNi_5$ 二元合金的性能

图 4-19 和图 4-20 分别是 $LaNi_5$ 二元合金在不同温度条件下的吸氢和放氢压力与氢量之间的关系（pressure - composition temperatures 曲线，简称 PCT 曲线）[3,57]。常温下一个 $LaNi_5$ 分子可以储存 6 个 H 原子，相当于储存 1.37% 的氢。$LaNi_5$ 常温吸放氢平衡压接近 0.2 MPa（2 atm），平台平整度好，吸放氢滞后很小。随着温度的升高，有效吸放氢量减小，吸

放氢平台升高，平台倾斜度和吸放氢滞后增加。在 80℃时，吸放氢平台压分别约为 1.5 MPa（15 atm）和 1.2MPa（12 atm）。在 140℃时，吸氢平台压约为 5 MPa（50 个大气压）。

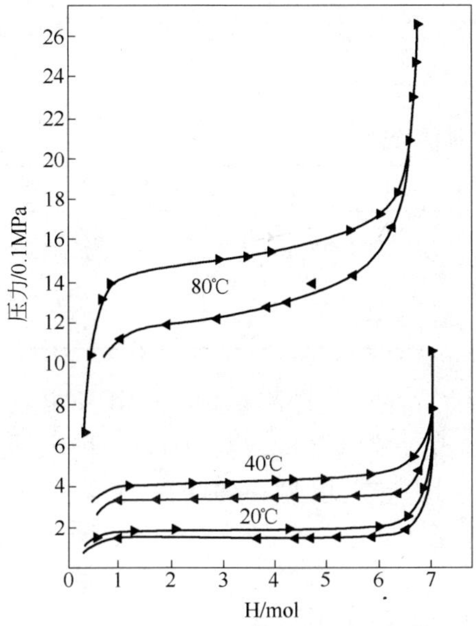

图 4-19 $LaNi_5$ 的等温吸放氢曲线[57]

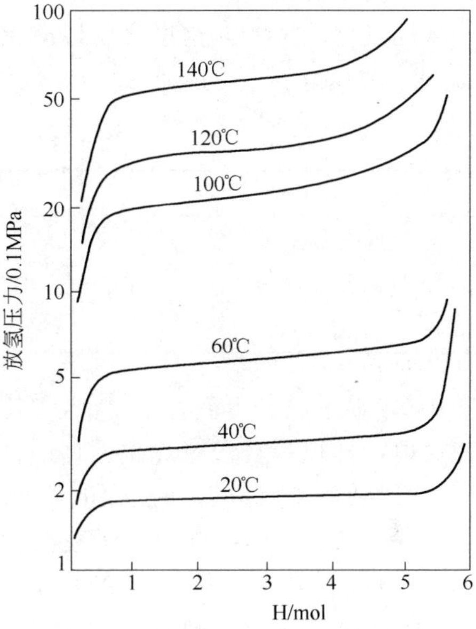

图 4-20 $LaNi_5$ 的等温放氢曲线[3]

图 4-21 是非化学计量比 $LaNi_5$ 型合金的 PCT 曲线[58]，从欠化学计量比（$x = 4.9$）到过化学计量比（$x = 5.14 \sim 5.50$），合金氢化物的平台压力变化很大，从 $LaNi_{4.9}$ 的 0.275 MPa（2.75 atm）上升到 $LaNi_{5.5}$ 的 0.92 MPa（9.2 atm）。对于化学计量的 $LaNi_5$，平台压力为 0.37 MPa（3.7 atm）。表明随着过化学计量比的增加，吸氢特性有很大的变化，即随着 Ni 在化合物中含量的增加，氢化物的稳定性降低。

AB_5 系合金氢化物的 Van't Hoff 曲线如图 4-22[59]，$LaNi_5$ 在 0 ~ 100℃ 和 0.1 ~ 1 MPa

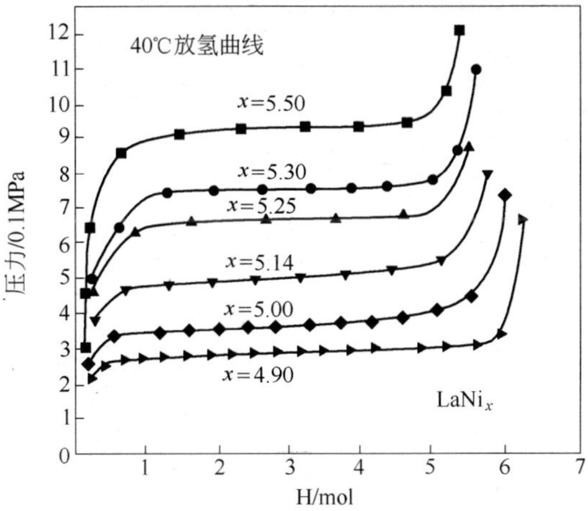

图 4-21 非化学计量比 $LaNi_x$ 的 PCT 曲线[58]

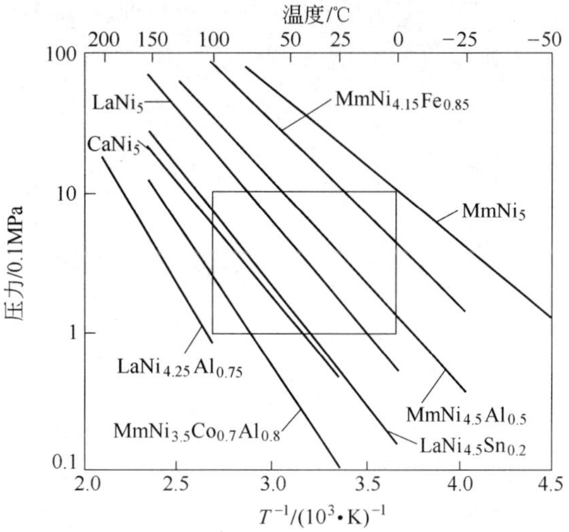

图 4-22 AB_5 系氢化物的 Van't Hoff 曲线[59]

(1 ~ 10 atm)条件下具有很好的吸放氢性能。表 4-13 给出了不同学者[60~62]采用量热法测出的 $LaNi_5$ 合金氢化或放氢过程的焓变,氢化过程的焓变ΔH_f大约在 29.4 ~ 32.3 kJ/mol,放氢过程的焓变ΔH_d大约在 29.8 ~ 31.8 kJ/mol。考虑到合金制备及测量误差,这三种测试结果的一致性是比较好的。这里之所以测出氢化和放氢两个焓变,原因是合金本身存在滞后,$LaNi_5$氢化物平衡生成焓的数值介于氢化和放氢两个焓变数值之间。

表 4-13 $LaNi_5$ 氢化物的焓变

ΔH_f/kJ · mol^{-1}	ΔH_d/kJ · mol^{-1}	参 考 文 献
-29.4 ±0.8	-29.8 ±1.2	[60]
-32.3 ±0.06	-31.8 ±0.10	[61]
-31.6 ±0.2	-31.4 ±0.2	[62]

图 4-23 显示的是 $LaNi_5$ 二元合金的循环电化学特性[4]。$LaNi_5$ 合金在 KOH 电解液中循环充放电特性很差。经过几次循环后,$LaNi_5$ 达到最大放电容量,约 330 mA · h/g,活化性能较好,之后随着充放电循环次数的增加,容量发生快速衰减,循环 400 次时,容量不超过 50 mA · h/g。造成 $LaNi_5$ 合金容量衰减的主要原因是[4,63]:$LaNi_5$ 在 KOH 电解液中被碱液腐蚀,表面组成主要为 $La(OH)_3$、$Ni(OH)_2$ 和金属镍,La 比 Ni 更易被腐蚀。从热力学上讲,La 在 KOH 电解液中的腐蚀是不可避免的,$LaNi_5$ 被氧化的自由能变化ΔG 等于 -472 kJ/mol,而 $LaNi_5$ 本身的生成焓变只有 -273 kJ/mol ,前者明显大于后者。$La(OH)_3$和 $Ni(OH)_2$ 的生成可以阻止 $LaNi_5$ 的进一步腐蚀,但由于 $LaNi_5$ 在充放电即吸放氢过程中体积变化很大,$LaNi_5$ 合金粉化也快,露出的新鲜表面又被腐蚀成 $La(OH)_3$ 和 $Ni(OH)_2$。$La(OH)_3$ 和 $Ni(OH)_2$腐蚀产物的形成实际上消耗了有效的可提供容量的合金量,另一方面,表面 $La(OH)_3$ 和 $Ni(OH)_2$ 增加了合金电化学反应阻抗,也会造成容量损失。当合金粉化及相应的腐蚀相当严重时,合金的容量将变得很小。因此,$LaNi_5$ 二元合金不适宜于作为实用的电极材料。

另外,$LaNi_5$ 合金在气固吸放氢过程中抗气体中杂质 CO、O_2、H_2S、SO_2 等的毒化能力很差[64~66]。即使添加了一点 Al,CO 仍然很容易让合金中毒,如图 4-24 所示。$LaNi_{4.7}Al_{0.3}$采用二次离子质谱(SIMS)方法对 $LaNi_{4.7}Al_{0.3}$贮氢合金被 CO 毒化前后的表面分析表明,毒化后 O 和 C 峰明显增高,形成了 La - C、La - C_2 和 La - O 强键,表面出现一层毒化膜。

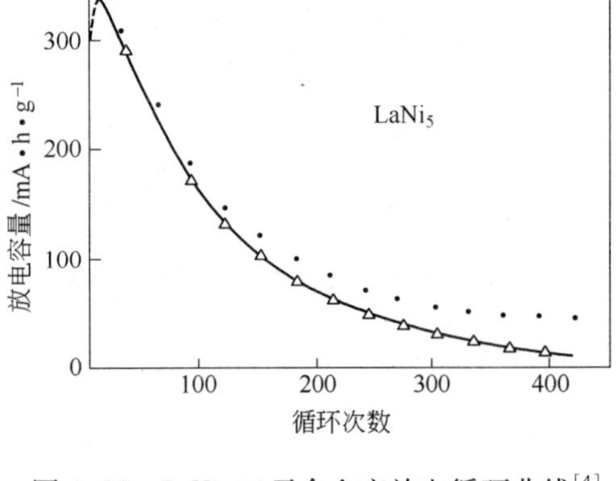

图 4-23 $LaNi_5$ 二元合金充放电循环曲线[4]

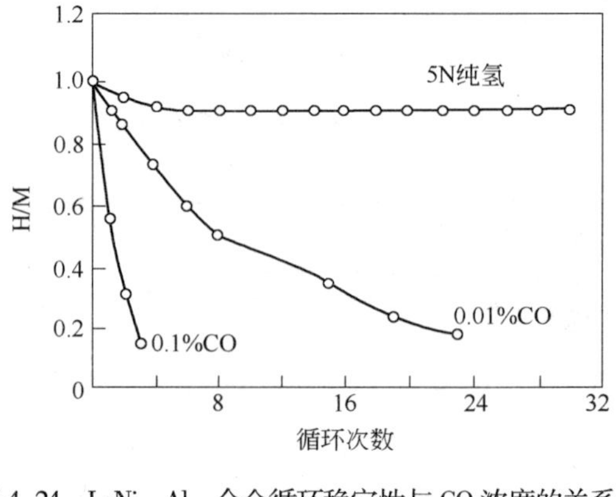

图 4-24 $LaNi_{4.7}Al_{0.3}$合金循环稳定性与 CO 浓度的关系[65]

4.4.2 A 侧元素的作用

4.4.2.1 Ce 的作用

表 4–14 是 $La_{1-x}Ce_xNi_5$ 合金的晶格参数及晶胞体积变化。Ce 部分替代 La 后，随 Ce 含量增加，晶格参数 a 和晶胞体积 V 明显减小，而晶格参数 c 有少量增加。与 $LaNi_5$ 相比，$CeNi_5$ 的晶胞体积减小了约 5%。随着 Ce 的增加，晶胞体积呈线性减小（图 4–25）。加 Ce 造成 a 轴和晶胞体积 V 明显减小的原因被认为是 $RENi_5$ 中 Ce 的 $5d$ 电子转移到 Ni 的 $3d$ 层造成的，c 轴本质上受 Ni 原子半径的控制，受 Ce 的加入的影响很小。文献[68]在研究 $La_{1-x}Ce_xNi_5$（$x=0, 0.2, 0.4, 0.6, 0.8, 1$）合金时同样发现随 Ce 含量增加，晶格参数 a 和晶胞体积 V 减小明显，而晶格参数 c 稍有增加，同时在所有研究的成分中，合金都保持了典型的 $CaCu_5$ 结构。

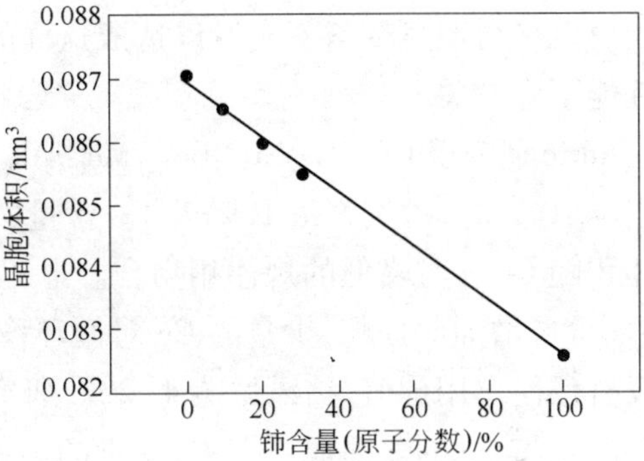

图 4–25 $La_{1-x}Ce_xNi_5$ 晶胞体积与 Ce 含量关系[67]

表 4–14 $La_{1-x}Ce_xNi_5$ 合金的晶格参数及晶胞体积变化[67]

成 分	晶格参数/nm		晶胞体积 V/nm³	$\frac{\Delta V}{V}$/%
	a	c		
$LaNi_5$	0.5020(1)	0.3988(1)	0.08703	
$La_{0.9}Ce_{0.1}Ni_5$	0.5002(1)	0.3993(1)	0.08652	−0.58
$La_{0.8}Ce_{0.2}Ni_5$	0.4983(3)	0.3998(3)	0.08600	−1.18
$La_{0.7}Ce_{0.2}Ni_5$	0.4964(2)	0.4004(1)	0.08545	−1.81
$CeNi_5$	0.4882	0.4004	0.08264	−5.04

图 4–26 是 $Ml(NiCoMnAl)_5$ 合金 Ml 中 Ce 对晶格参数的影响[69]，随着 Ce 添加量的增加，晶格参数减小，晶胞体积减小，c/a 轴比先增加后减小。

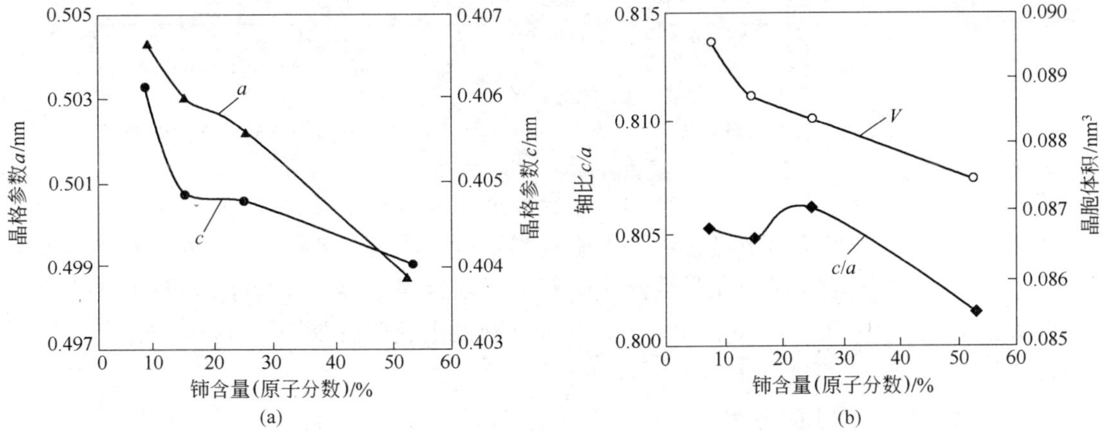

图 4–26 $Ml(NiCoMnAl)_5$ 合金 Ml 中 Ce 对晶格参数、轴比及晶胞体积的影响[69]

图 4-27 是 $La_{1-x}Ce_xNi_5$ 合金的 PCT 曲线，在 Ce 的添加范围内并没有明显造成合金吸放氢量的减小。实际上，$CeNi_5$ 合金吸氢后的氢化物是 $CeNi_5H_6$，本身的吸氢量就与 $LaNi_5$ 的吸放氢量相当[70]。Ce 部分替代造成吸放氢平台均增加，吸氢平台增加更大，这与 Ce 添加加剧吸放氢滞后有关。$La_{0.7}Ce_{0.3}Ni_5$ 的吸氢平台压高达约 2.3 MPa(23 atm)，而放氢平台压也高达 1 MPa(10 atm)，吸放氢滞后有 1.3 MPa(13 atm)之多，与 $LaNi_5$ 的情况相比(图 4-19)变化很多。此外，$La_{0.9}Ce_{0.1}Ni_5$ 和 $La_{0.8}Ce_{0.2}Ni_5$ 的平台斜率变化不大，平台平整度较好，但 $La_{0.7}Ce_{0.3}Ni_5$ 的吸放氢平台明显变斜。之所以造成这样的情况与 Ce 添加较多造成合金与氢的反应动力学性能下降有关。

Adzic 研究了 $La_{1-x}Ce_xNi_{3.35}Co_{0.75}Mn_{0.4}Al_{0.3}$ 合金[71]。他们绘出了一条 PCT 曲线(图4-28)，显示当 $x>0.2$ 时，贮氢容量 H 随着 Ce 含量的增加而降低，氢化物稳定性下降。这与合金单胞体积随 Ce 含量降低的规律相吻合。电化学放电容量随 Ce 含量增加而降低，循环稳定性随 Ce 含量增加而提高，少量的 Ce 对循环稳定性改善明显；当 $x=1.0$ 时，放电容量很低，几乎没有任何实用价值，结果见图 4-29。研究还发现(图 4-30)，合金的腐蚀和容量衰减更重要的是与 Ce 的表面作用有关，少量的铈可以减少合金的腐蚀，其原因是铈可以在合金表面生成一层 CeO_2 膜，这层氧化膜可以阻止合金的氧化[72,73]。

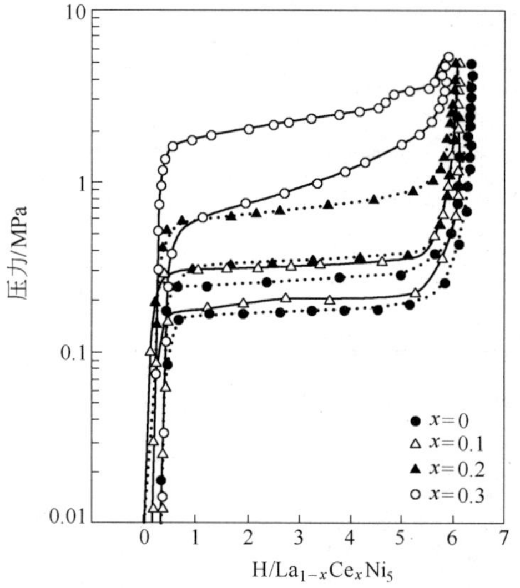

图 4-27 $La_{1-x}Ce_xNi_5$ 合金常温吸放氢 PCT[67]

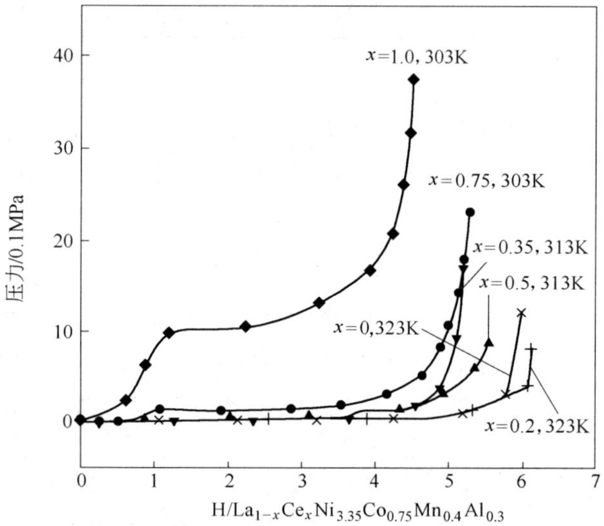

图 4-28 $La_{1-x}Ce_xNi_{3.35}Co_{0.75}Mn_{0.4}Al_{0.3}$ 的 PCT[71]

$La_{0.82-x}Ce_xNd_{0.15}Pr_{0.03}Ni_{3.55}Mn_{0.4}Al_{0.3}Co_{0.75}$ 合金最大放电容量受合金 Ce 变化量的影响不大，尽管当 $x=0.82$ 时 80℃吸氢量相对 25℃有较明显的降低，见图 4-31(a)。可以推测高温条件下过高的 Ce 含量对合金的电化学性能影响较大。联合考虑容量衰减率，如图 4-31(b)所示，当 A 侧 Ce 含量在 0.2～0.6 之间，合金具有良好的电化学性能[74]。这里的研究结果与前面讲的有一定差异，可能与 Pr、Nd 的存在有关。

4.4.2.2 Pr 和 Nd 的作用

图 4-32 是 $La_{1-x}Pr_xNi_5$ 合金的吸氢和放氢 PCT 曲线，Pr 部分代替 La 后随 Pr 替代量增加，

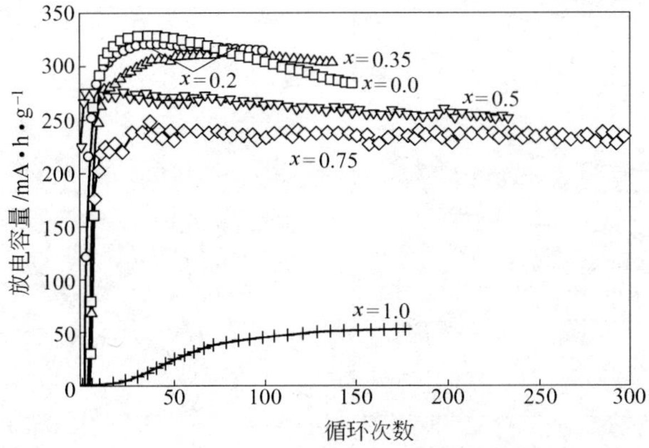

图 4-29 $La_{1-x}Ce_xNi_{3.35}Co_{0.75}Mn_{0.4}Al_{0.3}$ 合金的循环放电曲线[71]

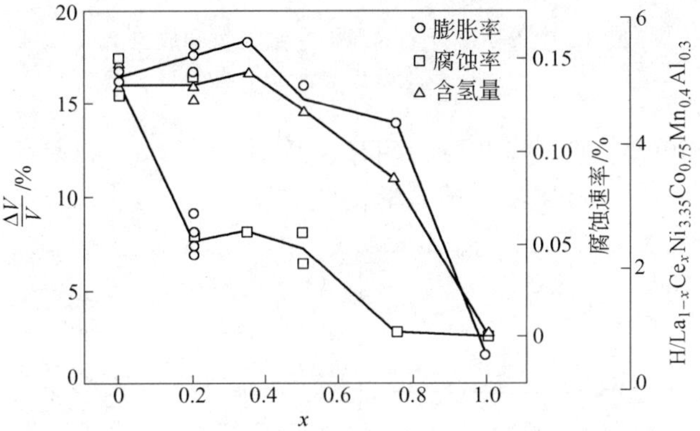

图 4-30 $La_{1-x}Ce_xNi_{3.35}Co_{0.75}Mn_{0.4}Al_{0.3}$ 合金 Ce 含量与体积膨胀、腐蚀率和氢含量的关系[71]

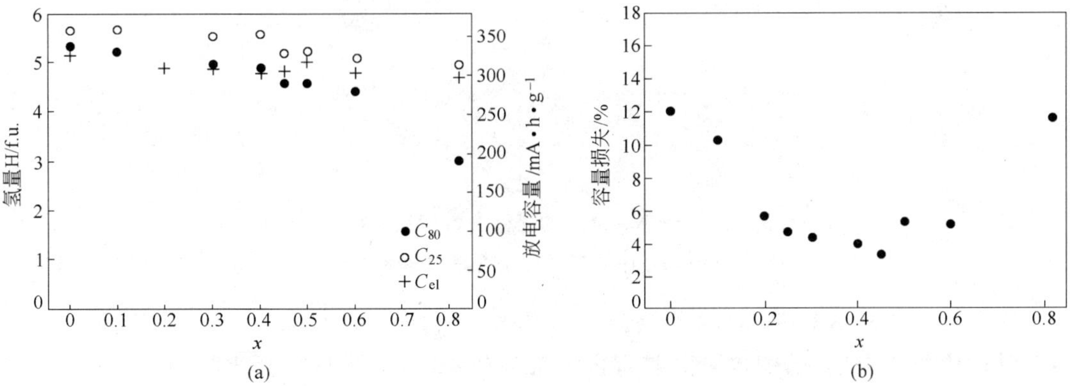

图 4-31 $La_{0.82-x}Ce_xNd_{0.15}Pr_{0.03}Ni_{3.55}Mn_{0.4}Al_{0.3}Co_{0.75}$ 合金 80℃吸氢量 C_{80}、25℃吸氢量 C_{25}、最大放电容量 C_{el} 及容量衰减率与 Ce 变化量 x 之间的关系[74]

（a）合金吸氢量、最大放电容量与 Ce 变化量之间的关系；（b）合金容量衰减率与 Ce 变化量之间的关系

平台压不断升高，平台宽度逐渐变窄（有效吸放氢降低），平台平整度基本没有变化。$PrNi_5$ 平台压达到几个 MPa，明显高于 $LaNi_5$ 的不到 0.2 MPa 平台，且似乎出现两个平台[75]。

图 4-33（a）是 $LaNi_5$ 中部分 La 被 Pr 取代后晶格参数的变化，部分 La 被 Pr 取代后，晶

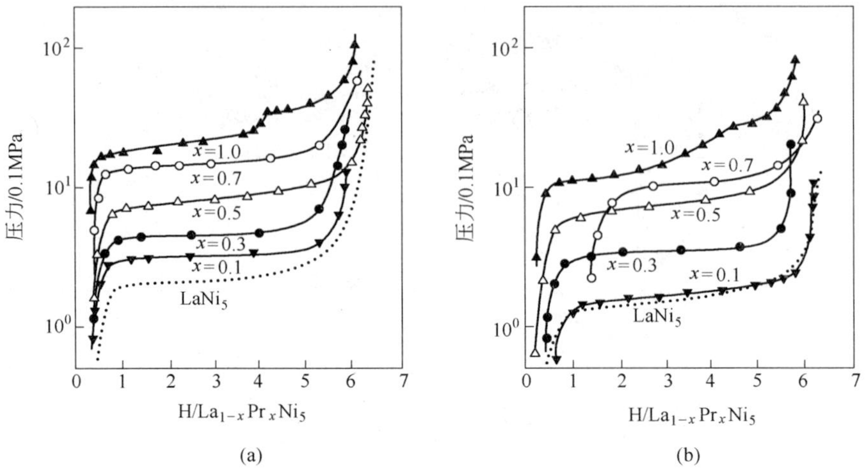

图 4-32　$La_{1-x}Pr_xNi_5$ 合金的晶格参数吸氢和放氢 PCT 曲线[75]

(a) 吸氢;(b) 放氢

格参数 a 和 c 都逐渐降低,且 a 降低更为明显。从图 4-33(b)可以看出,Pr 部分替代 La 可以改善合金的吸氢速率,改善其吸氢动力学特性[76]。

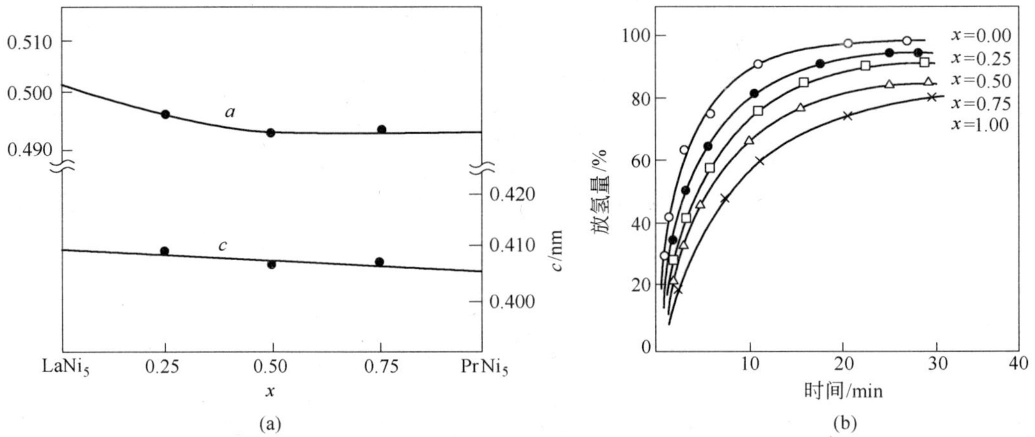

图 4-33　$La_{1-x}Pr_xNi_5$ 合金的晶格参数和吸氢动力学特性[76]

(a) 晶格参数;(b) 吸氢动力学特性

镨对 $La_{1-x}Pr_x(NiCoMnAl)_5$ 贮氢合金常温 0.2C 和 1C 放电容量的影响如图 4-34(a)所示。从图中可以看出,镨的含量对贮氢合金常温 0.2C 放电容量没有影响,且放电容量均较高,达到 340 mA · h/g 左右。对于 1C 容量来说,随着镨含量的增加,容量先增加后降低,当镨的含量超过 0.3 时,1C 放电容量又略有增大。合金经大约 200 次循环后计算其容量衰减率。不同镨含量合金在循环过程中的容量衰减率如图 4-34(b)所示。从图中可以看出,合金在循环过程中的容量衰减率随着镨含量的增加先减小后增加,在镨含量为 10% 时其容量衰减率最小。

图 4-35 是 $La_{1-x}Nd_xNi_5$ 合金的放氢 PCT 曲线[77]。随 Nd 替代量增加,平台压升高,有效吸放氢量降低。对 B 侧为多元的 $La_{1-x}Nd_x(NiCoMnAl)_5$ 合金[78],随着 Nd 添加量增加,晶

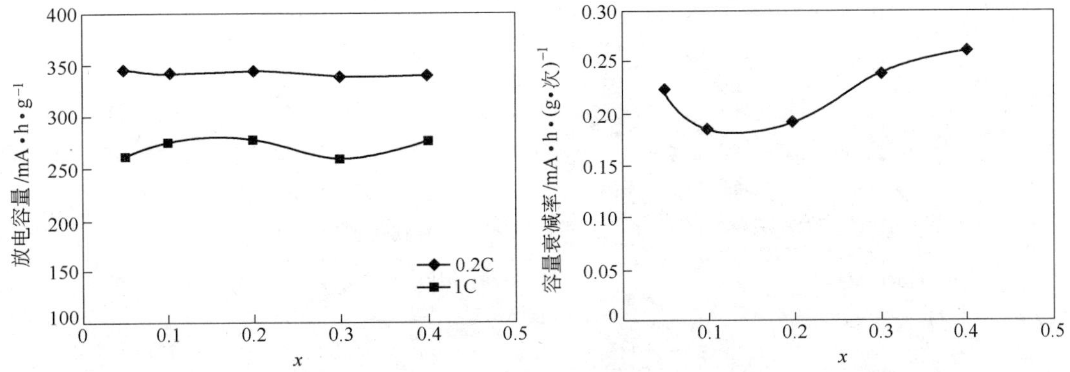

(a) (b)

图 4-34 $La_{1-x}Pr_x(NiConAl)_5$ 合金的不同倍率放电容量和循环稳定性

(a) 合金不同倍率的放电容量;(b) 循环稳定性

胞体积呈线性减小,吸放氢平台压增高,如图 4-36 所示。此外,放电容量降低,充放电循环稳定性得到一定改善,少量添加(如≤0.2)可能对高倍率性能有改善。日本 Sakai 在研究 $La_{1-x}Z_x(NiCoAl)_5$ ($Z = Ce,Nd$)电极合金时认为[72],部分 Nd 和 Ce 代替 La 对合金电极的腐蚀起到了抑制作用,从而可改善合金的充放电循环性能。

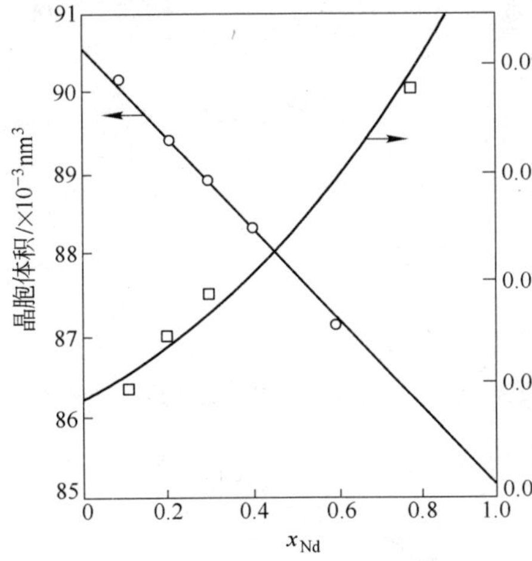

图 4-35 $La_{1-x}Nd_xNi_5$ 的放氢 PCT[77]

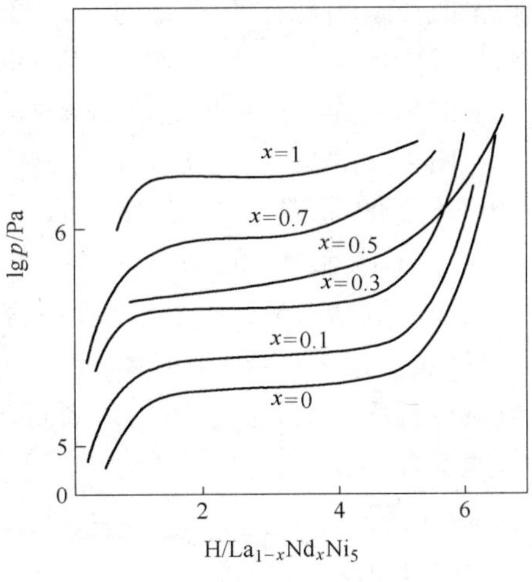

图 4-36 $La_{1-x}Nd_x(NiCoMnAl)_5$ 中 Nd 含量与晶胞体积和氢压的关系[78]

4.4.2.3 轻稀土单一元素作用比较

图 4-37 显示 $La_{1-x}RE_xNi_5$(RE = Ce、Pr、Nd、Sm)合金吸氢平台压(a)和放氢平台压(b)与稀土添加量的关系[75],对 $LaNi_5$ 合金中常用的轻稀土元素 Ce、Pr 和 Nd,三种轻稀土元素都可提高 $LaNi_5$ 合金的吸放氢平台压,其中 Ce 对吸放氢平台压的提升明显高于 Pr 和 Nd,Nd 对平台压的提升最小。从氢化物生成热分析(图 4-38),轻稀土元素 Ce、Pr 和 Nd 的添加对 $LaNi_5$ 氢化物生成热的影响规律并不完全与其对吸放氢平台压的影响规律一致,Ce 的添加对简单 $LaNi_5$ 氢化物生成热影响最大,这点在 Ce、Pr 和 Nd 三种元素的比较中与其对平台

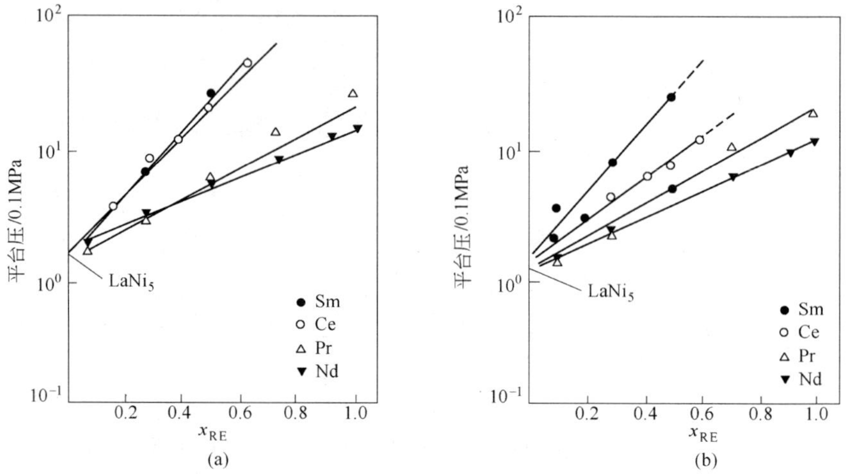

图 4-37 $La_{1-x}RE_xNi_5$ 吸氢和放氢平台压与稀土添加量的关系[75]

(a) 吸氢;(b) 放氢

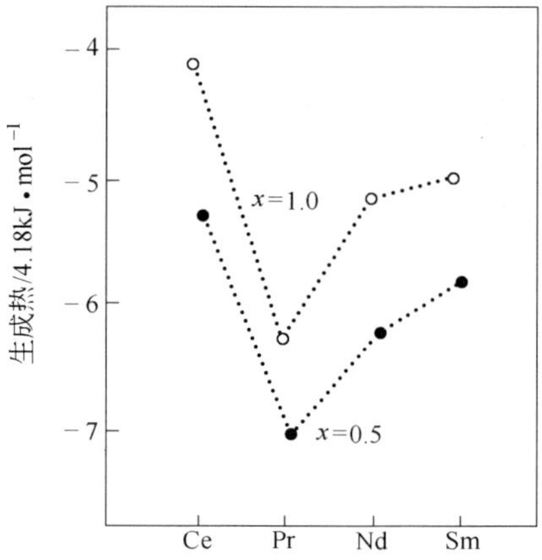

图 4-38 $La_{1-x}RE_xNi_5$ 合金氢化物生成热[75]

压作用规律一致,但 Nd 对 $LaNi_5$ 氢化物稳定性的降低大于 Pr,这点与二者对平台压的影响规律不同。$LaNi_5$ 中添加其他稀土元素对平台压及氢化物生成热影响规律不一致的原因可能很复杂,但添加稀土的 $LaNi_5$ 氢化物生成热的变化规律与所添加的稀土的氢化物生成热的规律一致。

图 4-39 显示的是 $La_{0.8}RE_{0.2}Ni_5$(RE = Ce,Pr,Nd)合金的常温吸氢动力学和放氢动力学曲线[80],Ce、Pr 和 Nd 的部分替代都能改善 $LaNi_5$ 合金的吸放氢动力学,对吸氢过程而言(图 4-39a),$LaNi_5$ 吸氢速率按 Nd < Pr < Ce 顺序逐渐提高,对放氢过程而言(图 4-39b),三者都较明显提高放氢速率,但之间的差异不大。

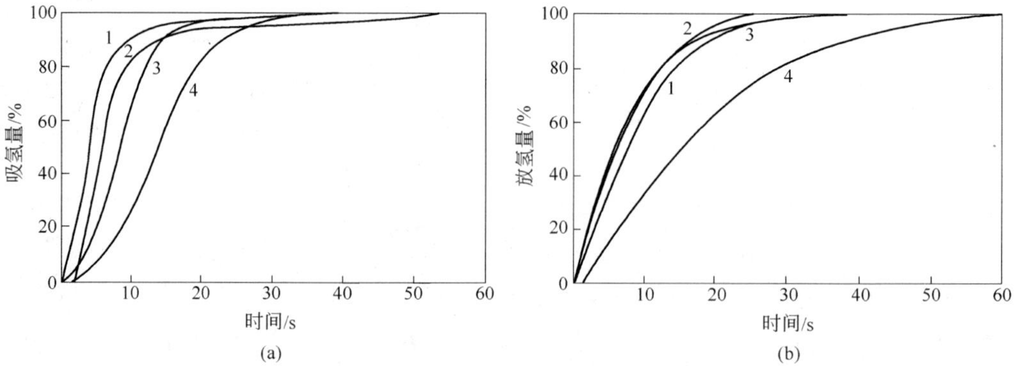

图 4-39 $La_{0.8}RE_{0.2}Ni_5$ 合金的常温吸氢动力学和放氢动力学曲线[80]

(a) 吸氢;(b) 放氢

1—$La_{0.8}Ce_{0.2}Ni_5$;2—$La_{0.8}Pr_{0.2}Ni_5$;3—$La_{0.8}Nd_{0.2}Ni_5$;4—$LaNi_5$

图 4-40 显示的是 $La_{0.7}RE_{0.3}Ni_{3.55}Co_{0.75}Mn_{0.4}Al_{0.3}$（RE = La，Ce，Pr，Nd，Mm）电极合金的活化性能及循环稳定性[81]，Ce、Pr、Nd 及混合稀土金属 Mm（La∶Ce∶Pr∶Nd = 0.7∶0.2∶0.05∶0.05）都可提高合金的活化性能（图 4-40a），其中相对更好一些的是 Ce，都能明显改善合金的循环稳定性（图 4-40b），其中相对更好的也是 Ce。

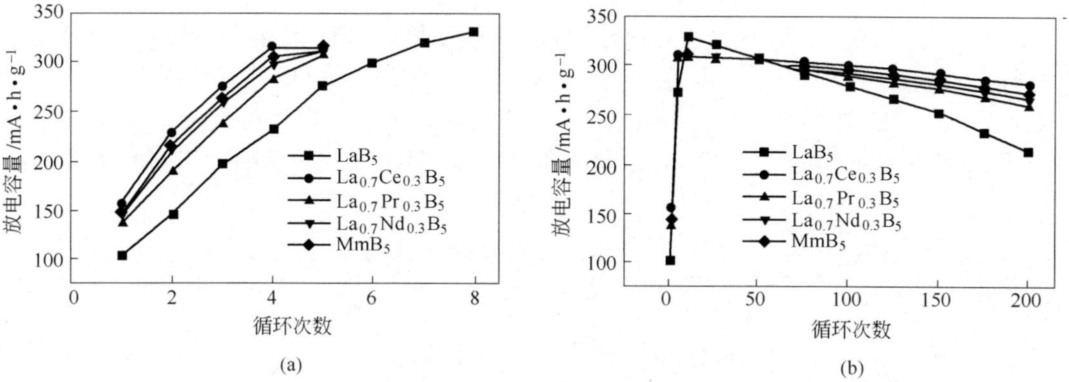

图 4-40　$La_{0.7}RE_{0.3}B_5$（$B = Ni_{3.55}Co_{0.75}Mn_{0.4}Al_{0.3}$）合金的活化性能及循环稳定性[81]

（a）活化性能；（b）循环稳定性

4.4.2.4 混合稀土金属的作用

采用富铈混合稀土金属的商业贮氢合金 $MmNi_{3.55}Co_{0.75}Mn_{0.4}Al_{0.3}$ 合金和 $LaNi_5$ 二元合金的 PCT 特性见图 4-41[71]，商用合金的有效吸放氢量明显小于 $LaNi_5$。如何最大地发挥 $LaNi_5$ 合金的有效容量，同时克服其缺点，是开发商业合金关注的问题。

有文献报道[82]将 La、Ce、Pr、Nd 四种元素两两配对，组成 RE = La_xCe_{1-x}、La_xPr_{1-x}、La_xNd_{1-x}、Ce_xNd_{1-x}（$x = 0.2 \sim 0.8$）等二元稀土合金系列，比较系统地研究了稀土成分对合金性能的影响。结果表明，合金的最大放电容量主要由合金的晶胞体积决定（图 4-42）。最大放电容量先随晶胞体积的增大而增大，约在晶胞体积为 0.08566 nm^3 时达到极大值，然后又随晶胞体积的增大而减小。该实验分析还表明，合金的最大放电容量还与 4*f* 电子浓度 n_{e4f}/n_{Are} 有关。

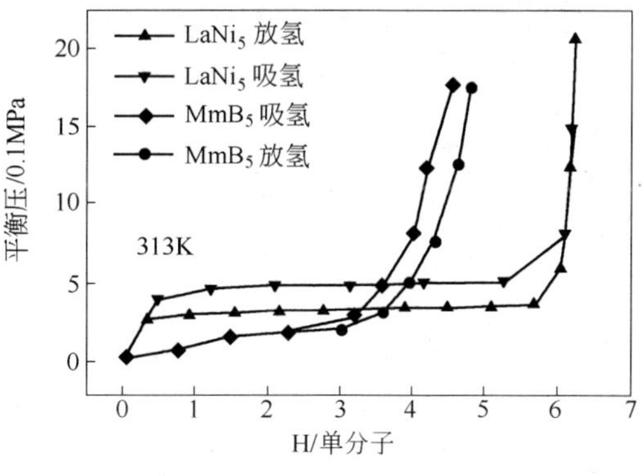

图 4-41　$LaNi_5$ 和 $MmNi_{3.55}Co_{0.75}Mn_{0.4}Al_{0.3}$ 合金的 PCT 曲线[71]

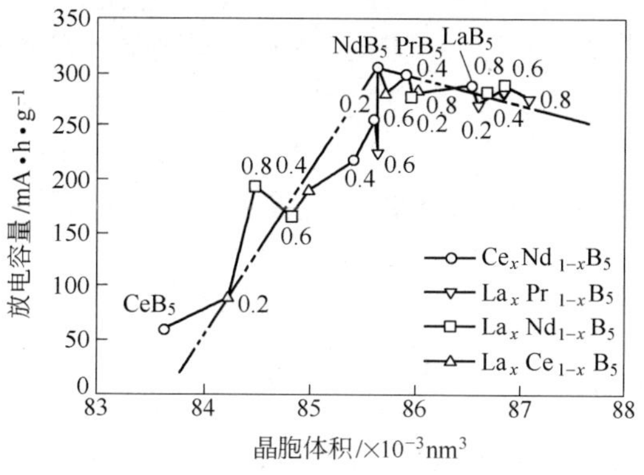

图 4-42　二元稀土系 AB_5 贮氢合金最大放电容量与晶胞体积的关系[82]

早在 1983 年[83]，有学者就针对 RNi_5（R 代表 La、Ce、Pr、Nd）就提出了稀土元素对 $LaNi_5$ 系合金放氢平台压的影响，如式 4-18。从该式可以看出，轻稀土 Ce、Pr 和 Nd 中，Ce 提高平台压的效果最明显，其次分别是 Nd 和 Pr。Nd 和 Pr 对平台压的作用规律与其单一添加（图 4-37b）存在差异。

$$\ln p_{Eq.D} = 10.60 - 5.70x_{Ce} - 10.03x_{La} - 8.46x_{Pr} - 7.40x_{Nd} \quad (4-18)$$

Valϕen 研究了 8 种 A 侧全组分稀土金属成分不同的 $RENi_5$ 合金[84]，并利用式 4-18 测试计算了不同温度下氢化物平衡压与六方晶格参数 a 和晶胞体积的关系（图 4-43），发现随着晶格参数 a 和晶胞体积的增大，不同温度下的氢化物平衡压自然对数值呈线性降低。同时发现，晶格参数 c 的大小与平衡氢压呈无规律现象，吸氢造成的晶胞体积膨胀率随 c/a 增大而减小。

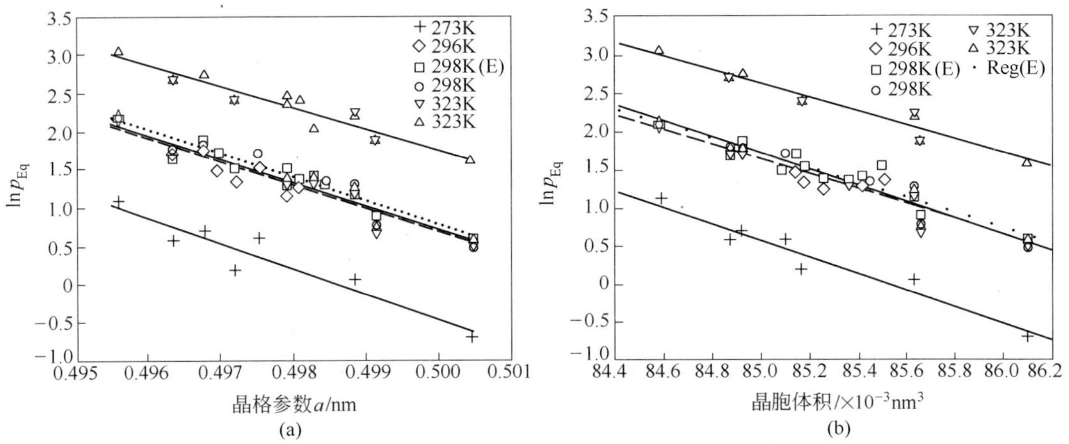

图 4-43 （LaCePrNd）Ni_5 合金不同温度下放氢平台压与晶格参数和晶胞体积的关系[84]

（a）放氢平台压与晶格参数的关系；（b）放氢平台压与晶胞体积的关系

靳红梅等[85]用正交设计方法对 AB_5 型混合稀土电极材料 $La_xCe_yPr_zNd_{1-x-y-z}Ni_{3.5}Co_{0.75}Mn_{0.4}Al_{0.3}$ 的容量、高倍率放电性能、循环寿命和电压平台等性能进行了实验测定。采用模式识别方法对实验数据进行分类，得出下述判据，特征参量为 La、Ce、Pr、Nd 的摩尔分数。

以较高放电容量为目标，放电容量大于 300 mA · h/g 的判据见式 4-19，从该判据的系数大小可知 Nd、Ce 的含量对放电容量的影响最为明显，减少 Nd 或增加 Ce 的含量能使放电容量提高。

$$4.83 + 10.23x_{La} - 18.78x_{Ce} + 1.88x_{Pr} + 23.21x_{Nd} < 0 \quad (4-19)$$

以合金 1C 放电性能为目标，1C 高倍率放电性能大于 90% 的判据见式 4-20，从该判据系数大小可见 Ce、Pr、Nd 的含量对 1C 放电性能影响都比较大。增加 Ce 和 Pr 或减少 Nd 含量将会使合金 1C 放电性能提高。

$$-3.83 + 6.88x_{La} - 23.38x_{Ce} - 19.00x_{Pr} + 41.29x_{Nd} < 0 \quad (4-20)$$

以合金循环寿命为目标，150 mA/g 电流密度循环 300 次的容量保持率大于 75% 的判据见式 4-21，从该判据系数大小可见 Pr 对循环寿命的影响最为显著，减少 Pr 或增加 Ce 的含量将有利于合金循环寿命的提高。

$$-5.56 - 6.83x_{La} - 19.72x_{Ce} + 85.31x_{Pr} + 16.94x_{Nd} < 0 \quad (4-21)$$

以放电电压平台为目标，放电电压平台大于 870 mV 的判据处于式 4-22 和式 4-23 之间，发现 Ce 和 Nd 的含量对合金的放电平台均有明显的影响。

$$4.32-9.20x_{La}+17.04x_{Ce}-4.74x_{Pr}-18.26x_{Nd}>0 \tag{4-22}$$

$$0.30-11.14x_{La}+16.32x_{Ce}-8.51x_{Pr}-13.45x_{Nd}<0 \tag{4-23}$$

文献[85]最终认为，在 $La_xCe_yPr_zNd_{1-x-y-z}Ni_{3.5}Co_{0.75}Mn_{0.4}Al_{0.3}$ 合金中，Nd 含量增加有利于提高合金的电压平台，但对合金的放电容量、循环寿命和 1C 放电性能不利。而当 Nd 含量超过 0.2 时，合金的电压平台降低。Pr 有利于提高合金的 1C 放电性能却影响合金的循环寿命。Ce 含量的提高有利于提高各电性能指标，但当其含量超过 0.4 时对电压平台不利。根据所建立的模型，预测了电化学性能优良的合金成分，见表 4-15，与 $La_{0.45}Ce_{0.38}Pr_{0.09}Nd_{0.08}Ni_{3.5}Co_{0.75}Mn_{0.4}Al_{0.3}$ 的实验值对比发现，该预测准确率较高。

表 4-15　$La_xCe_yPr_zNd_{1-x-y-z}Ni_{3.5}Co_{0.75}Mn_{0.4}Al_{0.3}$ 电化学性能的预报值[85]

合金成分	放电容量/mA·h·g^{-1}	1C 放电性能	循环寿命 C_{300}/C_0	放电平台/mV
$La_{0.45}Ce_{0.38}Pr_{0.09}Nd_{0.08}B_5$	315(310)	0.99(0.99)	0.81(0.85)	870(880)
$La_{0.53}Ce_{0.23}Pr_{0.09}Nd_{0.15}B_5$	297	0.96	0.82	875
$La_{0.60}Ce_{0.05}Pr_{0.15}Nd_{0.20}B_5$	294	0.87	0.76	876
$La_{0.40}Ce_{0.39}Pr_{0.09}Nd_{0.12}B_5$	319	0.94	0.77	865

注：第一行括号内的数值为实验值。

Yamamoto 等人[86]研究了合金粉 $MmNi_{3.6}Co_{0.8}Al_{0.3}Mn_{0.3}$ 中 La 含量及温度对其在电解液中耐腐蚀性的影响（图 4-44）。首先，温度对贮氢合金耐腐蚀性能影响很大，60℃的腐蚀速率明显高于常温腐蚀速率。同时发现该贮氢合金经过热处理后，对其腐蚀速率几乎没有影响。许多研究者认为商用成分电极中的稀土组成与电极的抗腐蚀性能直接相关。比如，Sakai 等[72]发现在 $La_{1-x}Z_x(NiCoAl)_5$（Z 为 Ce 或 Nd）电极中，部分 Nd 和 Ce 代替 La 对合金电极的腐蚀起到了抑制作用。

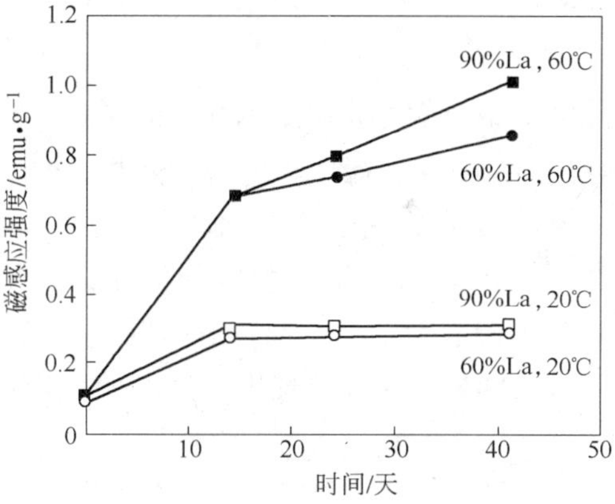

图 4-44　温度及 La 含量对贮氢合金腐蚀性能的影响[86]

4.4.3　B 侧元素的作用

4.4.3.1　Co 元素的作用

图 4-45 是 $LaNi_{5-x}Co_x$（$x=0\sim2$）合金在 40℃条件下的 PCT 曲线[87]，随着 Co 替代量的增加，平衡氢压逐渐减小，在 $x=1$ 和 $x=2$ 时平台区宽度（$\alpha+\beta$共存区）明显变短，显然 $LaNi_5$ 中过多的加入 Co 对有效吸放氢量损害较大。Co 是贮氢合金电极非常重要的 B 侧合金化元素，大部分的商业合金都含有 Co。但单独的 Co 加入（$x<1$），$LaNi_{5-x}Co_x$ 的平台压仍然超过 0.1 MPa（1 atm），仅从平台压来考虑，这样的合金不适合于用作镍氢电池的负极材料。

图 4-45 是 $La_{0.2}Ce_{0.8}Ni_{5-x}Co_x$（$x=0,0.5,1.0,1.5$）合金在 20℃条件下的吸放氢 PCT 曲

线[88]，Co 含量小于 1 不会明显降低平台压。在图 4-46 中，观察到 Co 含量的增加引起了吸放氢迟滞效应的逐渐减小，同时也发现在钴含量最高的合金 $La_{0.2}Ce_{0.8}Ni_{3.5}Co_{1.5}$ 中出现了中间氢化物相（两个 PCT 平台），中间氢化物相的存在可以解释迟滞效应的减小。Cocciantelli[89] 测试了实用化镍氢电池电极合金 $MmNi_{4.3-x}Mn_{0.33}Al_{0.4}Co_x$ 在 60℃ 下的放氢 PCT 曲线（图 4-47），由于 A 侧采用了混合稀土金属，B 侧添加了一定量的 Mn 和 Al，相对于 $LaNi_{5-x}Co_x$ 单一添加而言，平台压已只有零点零几个 MPa，但有效吸放氢量减小，平台倾斜度增加。

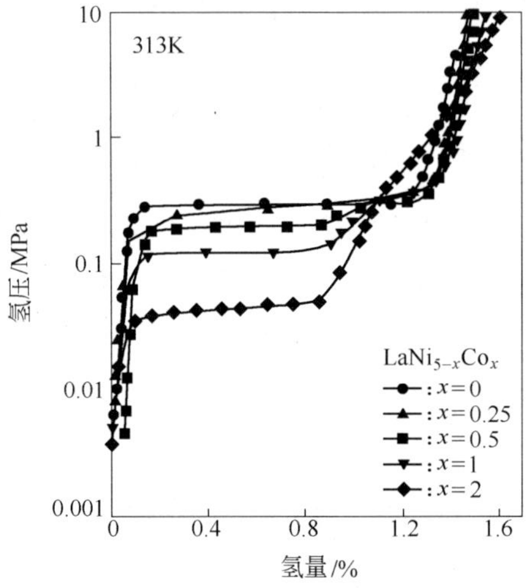

图 4-45　$LaNi_{5-x}Co_x$ 合金的 PCT 曲线[88]

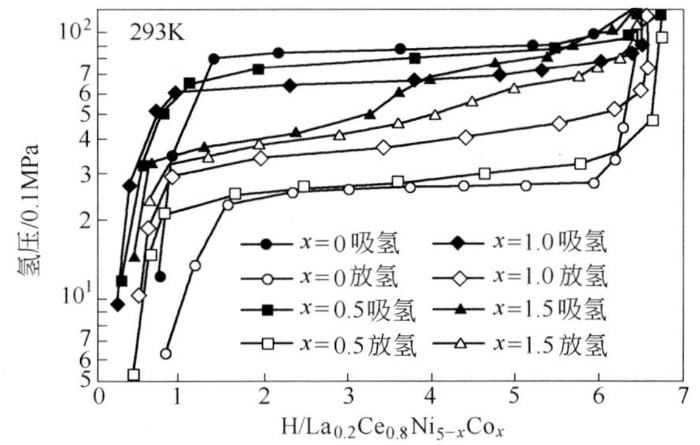

图 4-46　$La_{0.2}Ce_{0.8}Ni_{5-x}Co_x$ 合金的吸放氢 PCT 曲线[88]

Philips 研究室 Willems 和 Buschow 研究了 $LaNi_{5-x}Co_x$ 合金的电化学性能（图 4-48）[90]，可以看出对 $LaNi_5$ 进行单独的替代效果，放电容量有所降低，循环性能有一定改善。该实验 Co 添加量与实际应用合金相比过多，这种 Co 添加量过多的替代效果并不特别理想。循环稳定性的改善被认为是晶胞体积变化减小引起的。Sakai 研究了 $LaNi_{5-x}M_x$（M = Ni、Mn、Cu，Cr，Al，Co）合金[91]，发现容量越低，体积膨胀越小，粉化速率和材料维氏硬度越小，循环寿命越长。$LaNi_{2.5}Co_{2.5}$ 表现出最好的循环稳定性，但容量不大。

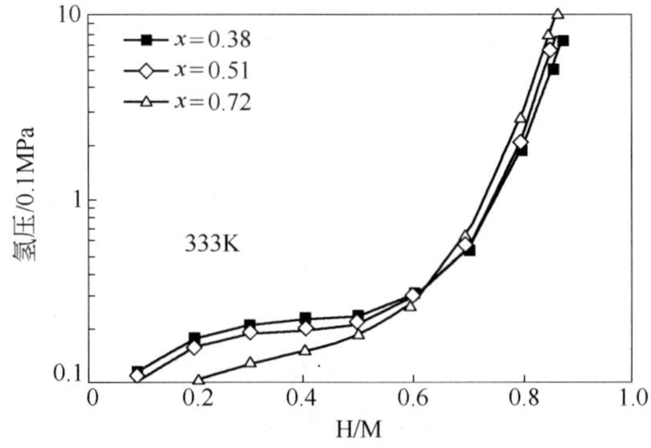

图 4-47　$MmNi_{4.3-x}Co_xMn_{0.33}Al_{0.4}$ 的放氢 PCT 曲线[89]

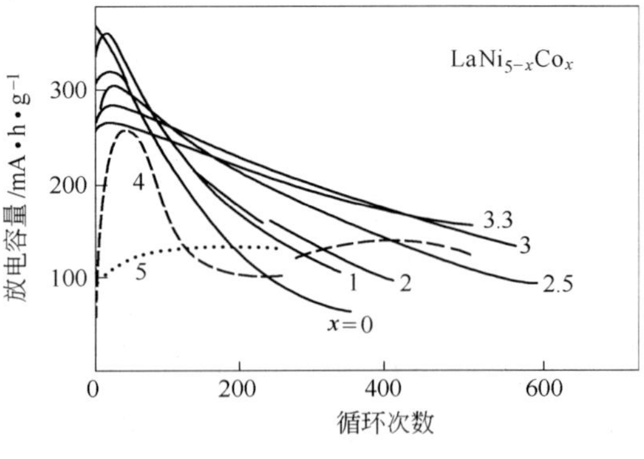

图 4-48　$LaNi_{5-x}Co_x$ 充放电循环曲线[90]

在 B 侧含有一定量的 Al 和 Mn 的情况下，Co 对 $LaNi_{4.3}Mn_{0.4}Al_{0.3}$ 的循环稳定性影响较大（图 4-49）[92]，在 Co 添加量不大于 0.75 时最大放电容量未见降低，与上述（图 4-48）过多 Co 添加不同，但循环稳定性得到显著改善。当 A 侧采用混合稀土金属时，$MmNi_{4.3-x}Co_xMn_{0.33}Al_{0.4}$（$x=0.38,0.51,0.72$）的充放电循环稳定性随着 Co 含量的增加而明显提高，见图 4-50[89]。可见，Co 的添加量在不大于0.75 条件下，随着 Co 含量增加贮氢合金电极材料的循环稳定性明显改善，A 侧为合适成分的混合稀土金属时效果更佳。

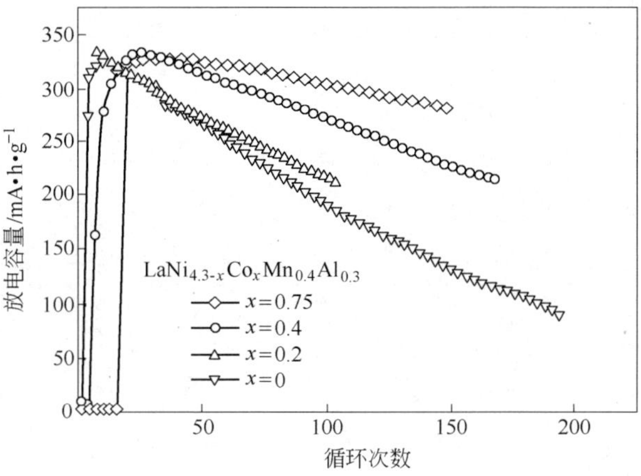

图 4-49 Co 替代对 LaB_5 循环性能影响[92]

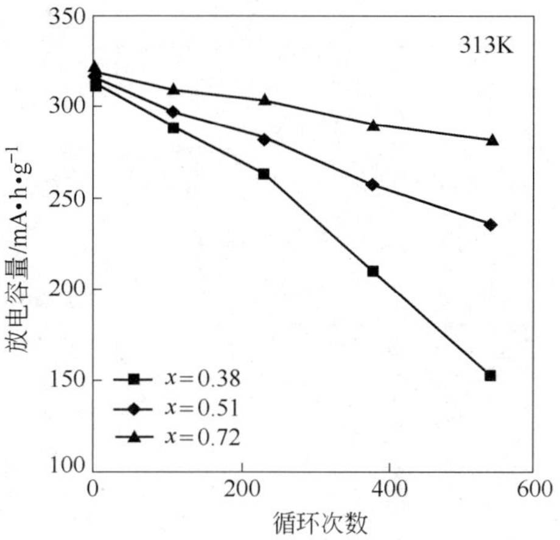

图 4-50 $MmNi_{4.3-x}Co_xMn_{0.33}Al_{0.4}$ 合金的 0.2C 充放电循环曲线[89]

AB_5 型贮氢合金电极的抗腐蚀性主要是由两个因素决定的：由于表面存在氧化膜或氢氧化膜使表面钝化，以及合金吸氢后的单位原子的膨胀量 V_H，即 $V_H=(V_{AB_5Hn}-V_{AB_5})/n$。而 V_H 值是最重要的因素，因为它控制了合金在充放电循环中的应力大小及粉化过程，这一过程直接决定了合金电极的抗腐蚀性。图 4-51给出了 $LaNi_{4.3-x}Co_xMn_{0.4}Al_{0.3}$ 合金电极的腐蚀率和体积膨胀率（$\Delta V/V$,%）随 Co 含量变化的关系曲线[92]。可见，腐蚀率和 $\Delta V/V$ 均随 Co 含量的降低而升高。但是 Adzic 从图 4-51 中 $x=0.2$ 和 $x=0.4$ 处膨胀率不变而腐蚀速率变化的事实，认为合金的膨胀与腐蚀之间的关系并不强，以此还认为 Co 同样起到了与 Ce 类似抑制合金腐蚀的作用。X 射线吸收光谱（XAS）分析表明，Co 通过抑制 Ni 的腐蚀，从而达到抑制合金衰减的目的[93]。

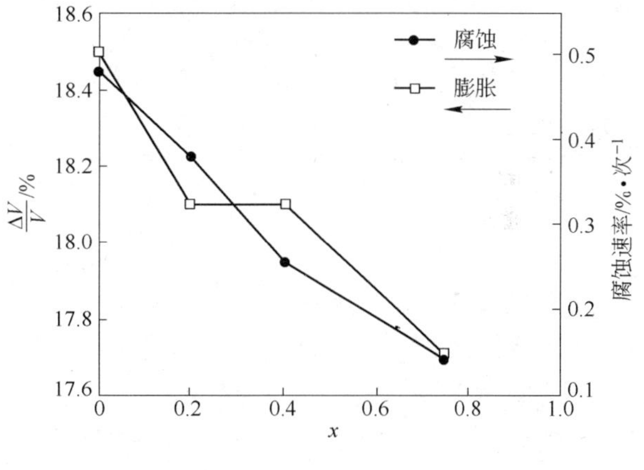

图 4-51 $LaNi_{4.3-x}Co_xMn_{0.4}Al_{0.3}$ 合金晶格膨胀和腐蚀率与 Co 含量关系[92]

Cocciantelli[89] 说明了降低 $MmNi_{4.3-x}Mn_{0.33}Al_{0.4}Co_x$ 贮氢合金中的 Co 含量（从 $x=0.75$ 到 $x=0.38$）会导致 10 Ah 镍氢电池循环寿命的降低，原因是 Co 含量的降低导致了合金中 Al 在电解液中浓度的增大（表 4-16），Al 元素扩散到正极造成正极毒化，随循环延长电池内压升高，Co 含量越低内压升高越快，并造成电解液消耗量提高。从该实验也能看出随着 Co

含量增加可抑制 Mn 的溶解和对正极的污染,但程度不明显。不过,对于 Co 对 Mn 的作用, Kanda 指出[94],Co 抑制了合金内部的 Mn 向表面转移,而 Mn 容易在表面被氧化,导致电极被快速腐蚀掉。从表 4-16 还可看出,该实验条件下,镍氢电池循环 400 次后,负极容量已残留很少了,不超过 100 mA · h/g。

表 4-16 10 Ah 镍氢电池循环 400 次后正负极特性[89]

负极 Co 含量	初始负极容量 /mA · h · g^{-1}	初始正极容量 /mA · h · g^{-1}	负极容量残留 /mA · h · g^{-1}	正极中 Al 含量 /mg · dm^{-2}	正极中 Mn 含量 /mg · dm^{-2}
$x=0.72$	313	268	68	57	5
$x=0.51$	299	260	99	75	7
$x=0.38$	263	248	82	172	14

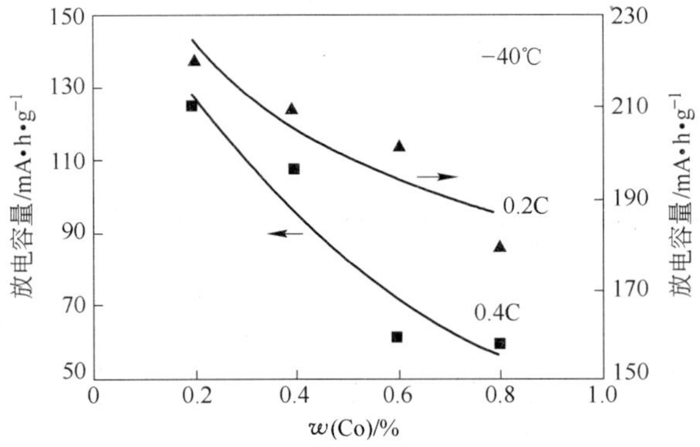

图 4-52 Mm(NiCoMnAl)$_5$ 中 Co 含量与 −40℃ 性能的关系[95]

在对 Mm(NiCoMnAl)$_5$ 低温放电性能的研究中发现[95],随合金中 Co 含量增加,−40℃ 低温放电容量降低(图 4-52),其原因与随 Co 含量增加,氢化物稳定性提高,低温下氢扩散能力下降有关。

钱存富等[34]通过价电子结构分析发现,Co 能够较明显提高 $LaNi_5$ 合金的连接上下两层原子键的键能,Co、Mn 同时加入时这种增大效果更显著,达到强化合金,延缓合金粉化,从而提高 $LaNi_5$ 合金的循环寿命。

综上所述,Co 元素在 AB_5 合金中主要起下列作用:(1)减少吸放氢过程的体积变化,降低合金显微硬度,增大合金韧性,抑制合金的微粉化;(2)通过抑制 Al、Mn 从负极上溶解及其扩散过隔膜污染正极。此两点都可改善合金电极及镍氢电池的寿命。此外,Co 还可能具有直接或间接的电催化功能。比如,Ni 的电催化作用是众所周知的,上述 Co 可抑制 Ni 的腐蚀,至少从这个角度看,Co 起到了间接的有利于电催化的作用。虽然 Co 在 AB_5 合金中起到非常重要的作用,但 Co 价格昂贵,人们一直在致力于开发低 Co 和无 Co 贮氢电极合金。此外,Co 对贮氢合金电极材料的低温放电性能不利。

4.4.3.2 Al 元素的作用

Al 元素与 Co 元素一样,也是商业化 AB_5 型贮氢合金普遍采用的。图 4-53 是 $LaNi_5$、$LaNi_{4.8}Al_{0.2}$ 和 $LaNi_{4.5}Al_{0.5}$ 三种合金在不同温度下的吸放氢 PCT 曲线[96],随着 Al 添加量的增加,吸放氢平台压降低,吸放氢平台滞后减小,有效吸放氢量减少,平台出现倾斜现象。在 A 侧采用富铈混合稀土金属的情况下,$MmNi_{5-x}Al_x$($x=0, 0.3, 0.5, 0.8, 1.0$)在平台压、有效吸放氢量和平台倾斜的变化方面出现了与 La(NiAl)$_5$ 三元合金类似的现象(图 4-54),但仔细观察发现,随着 Al 添加量增加,吸放氢平台滞后并没有明显减小[97]。文献[98]的研究发现,采用富镧混合稀土的 $MlNi_{4.5}Al_{0.5}$ 的吸放氢滞后较小。

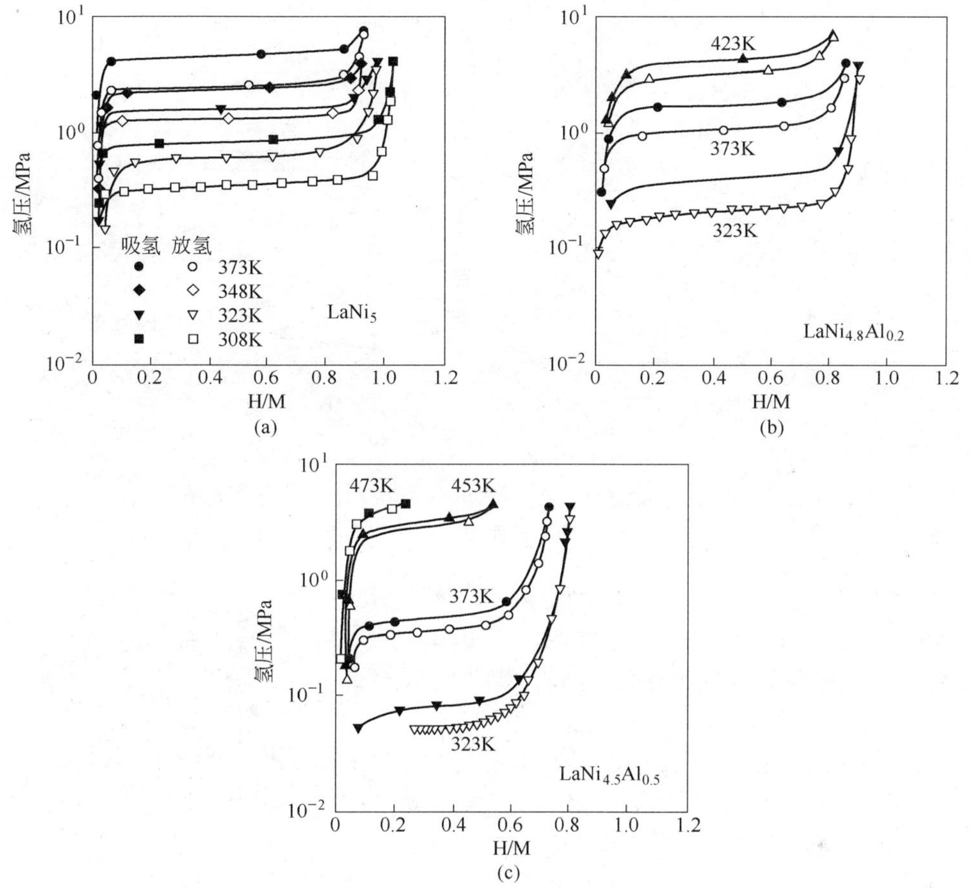

图 4-53 $LaNi_5$、$LaNi_{4.8}Al_{0.2}$ 和 $LaNi_{4.5}Al_{0.5}$ 合金不同温度下的 PCT 曲线[96]

(a) $LaNi_5$ 合金;(b) $LaNi_{4.8}Al_{0.2}$ 合金;(c) $LaNi_4Al_{0.5}$ 合金

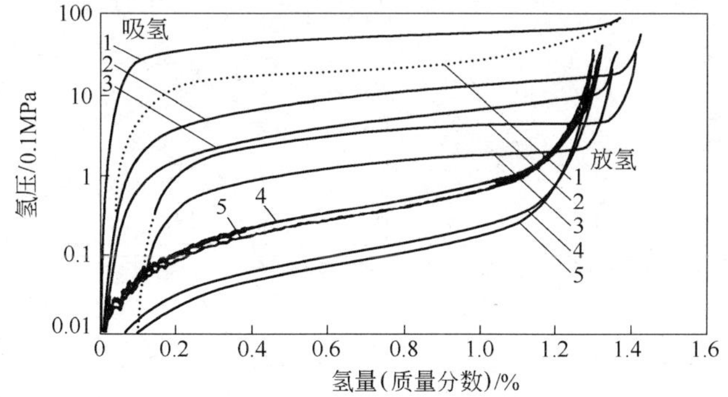

图 4-54 不同铝含量的 $MmNi_{5-x}Al_x$ 合金 20℃的吸放氢 PCT 曲线[97]

1—$MmNi_5$;2—$MmNi_{4.7}Al_{0.3}$;3—$MmNi_{4.5}Al_{0.5}$;4—$MmNi_{4.2}Al_{0.8}$;5—$MmNi_4Al$

$LaNi_{5-x}Al_x$($x=0,0.2,0.4,1.0,1.5$)合金的 Van't Hoff 曲线及晶格参数见图 4-55,对应的热力学参数见表 4-17[99]。随着 Al 替代量增加,$LaNi_{5-x}Al_x$ 氢化物平衡压降低,焓

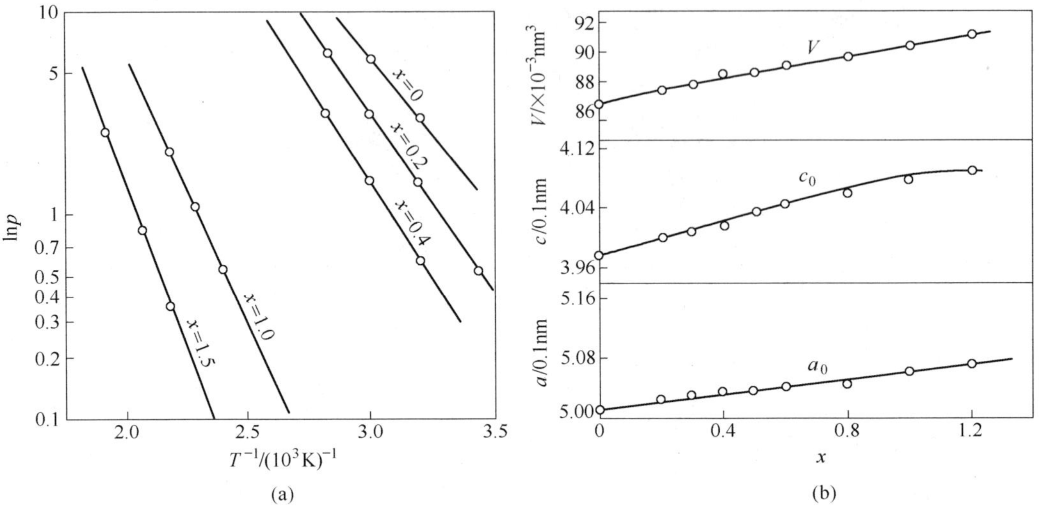

图 4-55 $LaNi_{5-x}Al_x$ 合金不同 Al 替代量的 Van' t Hoff 曲线和晶格参数[99]

(a) Van' t Hoff 曲线;(b) 晶格参数

变增加,氢化物稳定性提高,氢化物分解温度明显升高。熵变有一定增加,但变化不大,这与本章 4.2.1 节所讲金属氢化物熵变的机理有关。随着 Al 替代量的增加,Al 原子倾向于进入$LaNi_5$合金晶格中的 3g 位置(图 4-56),1a 是 A 位原子,2c 和 3g 是 B 位原子,造成晶格参数 c_0 轴明显变大,而 a_0 轴增大速率相对较小,但 Al 替代量较多时,c_0 轴不再增大,而 a_0 轴持续增大,整个过程晶胞体积呈直线增大[25]。

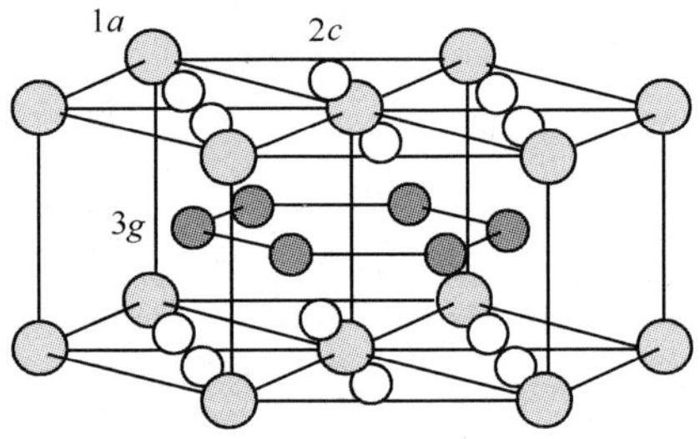

图 4-56 $CaCu_5$ 型 AB_5 合金晶体结构[25]

表 4-17 $LaNi_{5-x}Al_x$ 氢化物的焓变、熵变及 0.1 MPa(2 atm)下的平衡温度[99]

合 金	ΔH/4.18kJ · mol^{-1}	ΔS/4.18kJ · (mol · ℃)$^{-1}$	T_{eq}/℃
$LaNi_5$	7.2 ±0.1	26.1 ±0.4	25
$LaNi_{4.8}Al_{0.2}$	8.3 ±0.1	27.3 ±0.4	50
$LaNi_{4.6}Al_{0.4}$	9.1 ±0.2	28.1 ±0.7	70
$LaNi_4Al$	12.7 ±0.3	29.2 ±0.7	180
$LaNi_{3.5}Al_{1.5}$	14.5 ±0.6	29.6 ±1.4	240

图 4-57 是 $LaNi_{5-x}Al_x$(x =0,0.15,0.5,1.0)合金的吸氢动力学曲线,图中除实验数据点之外,实线和点画线分布是采用“表面渗透模型”和“扩散模型”计算预测的曲线[100]。从理论及实验结果来看,Al 的加入($x \leqslant 1.0$)可以改善 $LaNi_{5-x}Al_x$ 的动力学性能,少量加入的效果更佳,多加不仅会降低有效吸放氢量,同时动力学性能也会降低。

图 4-58 是 $LaNi_{3.85-x}Co_{0.75}Mn_{0.4}Al_x$($x$ =0,0.1,0.2,0.3)合金的充放电循环曲线[93]。少量加入 Al,虽然降低了合金最大放电容量,但明显减少了合金电极的腐蚀速率,改善了循环稳定性,这个实验结果表明即使很少量的 Al 也可以显著地降低 v_H 和单胞氢原子数 n,最后

降低晶格膨胀和腐蚀率。Sakai 等也指出[101]，$La(NiCoAl)_5$ 合金中的 Al 可以显著地降低电极的腐蚀率，并把它归因于表面保护性氧化膜的生成。

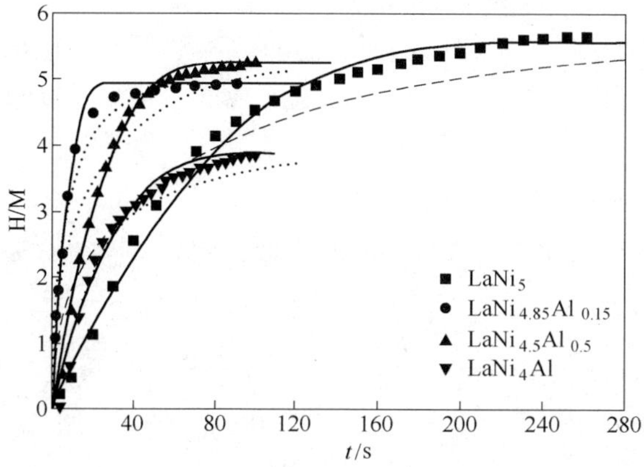

图 4-57　$LaNi_{5-x}Al_x$ 合金吸氢动力学特性[100]

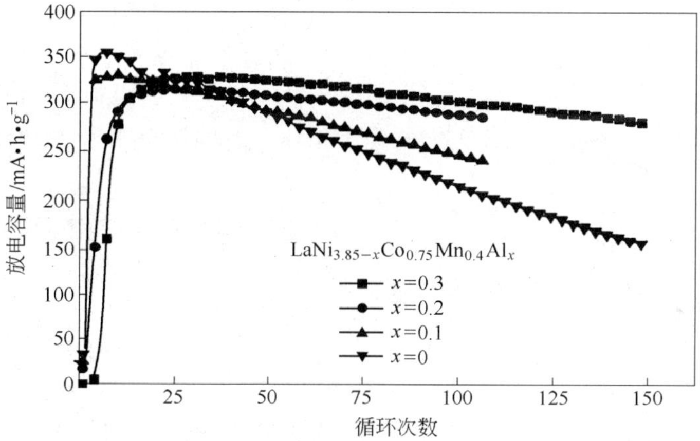

图 4-58　$LaNi_{3.85-x}Co_{0.75}Mn_{0.4}Al_x$ 合金的充放电循环曲线[93]

有研究表明[102]：贮氢电极合金表面的 Al 和 Al_2O_3 可溶解于碱液中，形成 AlO^{-2}。在镍氢电池通常采用的贫液态下，电解液是很少的，AlO^{-2} 的溶解有限。在这种情况下，AlO^{-2} 将在正极活性物质 $\beta-Ni(OH)_2$ 表面沉淀析出，并通过溶解－沉淀机理进入 $\beta-Ni(OH)_2$ 表层的晶格中，形成 $\alpha-Ni_{1-x}Al_x(OH)_2$，$\alpha-Ni_{1-x}Al_x(OH)_2$ 导电性差，因此将影响正极电化学性能。此研究与 Cocciantelli 的研究结果吻合[89]。图 4-59 是 $MlNi_{3.55}Co_{0.75}Al_{0.3}Mn_{0.4}$ 合金 0.4C 循环 280 次后的 XPS 表面分析结果[103]，发现表面 Al 原子浓度很高，远高于其他合金元素的含量。

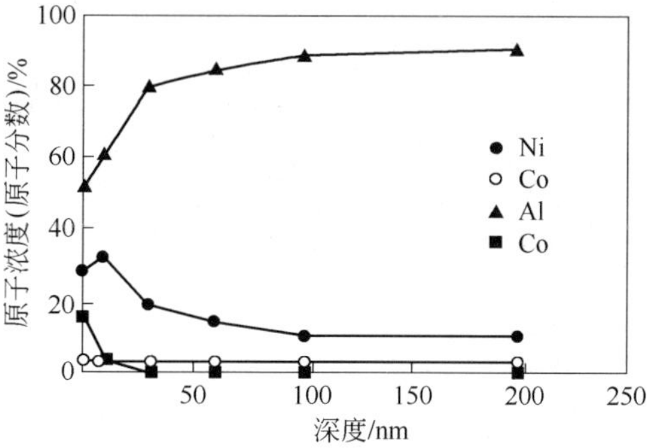

图 4-59　$MlNi_{3.55}Co_{0.75}Al_{0.3}Mn_{0.4}$ 合金循环 280 次的表面 XPS 分析[103]

Al 是镍氢电池负极贮氢合金材料重要的添加元素，总体上看，Al 的作用主要是抑制贮氢合金在碱液中的腐蚀及粉化，提高循环稳定性及高温性能，改善荷电保持能力，减少自放电[104]；同时调控合金平台压，改善合金热力学及动力学性能。但是，Al 在贮氢合金中的加入量应该严格控制，添加量过多不仅减小了合金有效吸放氢量及电极材料的放电容量，使吸放氢平台及放电电压平台变得倾斜，而且对镍氢电池的大电流充放电性能的损害及对镍氢电池正极的毒化都会加强。

4.4.3.3 Mn 元素的作用

在 $LaNi_{5-x}Mn_x$（$x \leqslant 0.5$）合金中随着 Mn 添加量增加，a 轴、c 轴及晶胞体积都呈线性逐渐增加（图 4-60）[105]，合金仍然保持为 $CaCu_5$ 六方结构。相对于 $LaNi_5$ 二元合金，$LaNi_{4.5}Mn_{0.5}$ 合金的 a 轴增大 0.49%，c 轴增大 0.71%，晶胞体积增大 1.65%，c 轴增长率相对高于 a 轴。图 4-61 是 $LaNi_{4.25-x}Al_{0.75}Mn_x$ 的 PCT 和 Van't Hoff 曲线[106]，可以看出 Mn 降低平台压的效果是明显的，同时添加 Mn 有降低吸放氢滞后的趋势。关于这一点，Mungole 对 $MmNi_{5-x}M_x$（M = Al，Mn，Sn）的研究发现，Mn 的加入有利于降低铸态合金的吸放氢滞后，但对退火态合金的情况正好相反[107]。

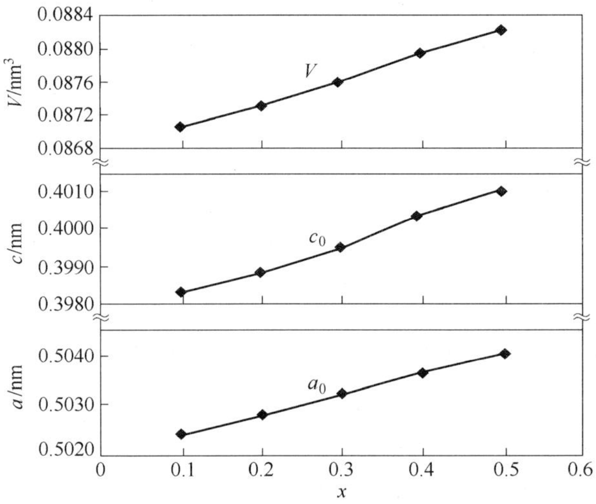

图 4-60 $LaNi_{5-x}Mn_x$ 合金晶格参数及晶胞体积[105]

Suoza 研究了 $LaNi_{5-x}Mn_x$（$x = 0.15, 0.35, 0.7$）和 $LaNi_{6-x}Mn_x$（$x = 0.1, 0.5$）的电化学性能（图 4-62）[108]，可以看出添加 Mn 对合金循环性能几乎没有改善作用（图 4-62a），但对平台压的降低明显（图 4-62b）。图 4-62a 中的 $LaNi_{4.85}Mn_{0.15}$ 和 $LaNi_{5.9}Mn_{0.1}$ 两个合金的容量很低，应该与 Mn 添加量少、平台压高有关。Sakai 等在测试 $LaNi_{5-x}M_x$（M = Mn，Cu，Cr，Al，

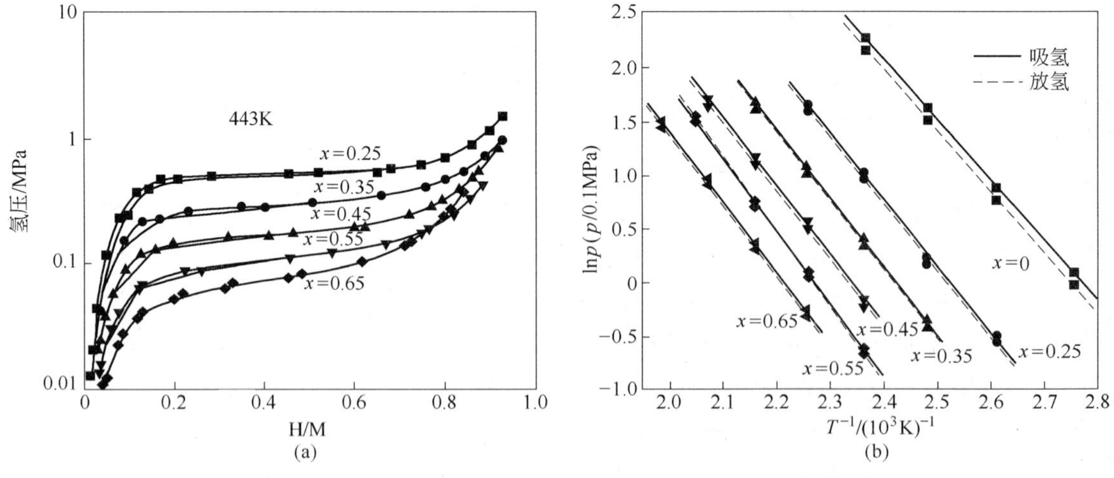

图 4-61 $LaNi_{4.25-x}Al_{0.75}Mn_x$ 的 PCT 和 Van't Hoff 曲线[106]

(a) PCT 曲线；(b) Van't Hoff 曲线

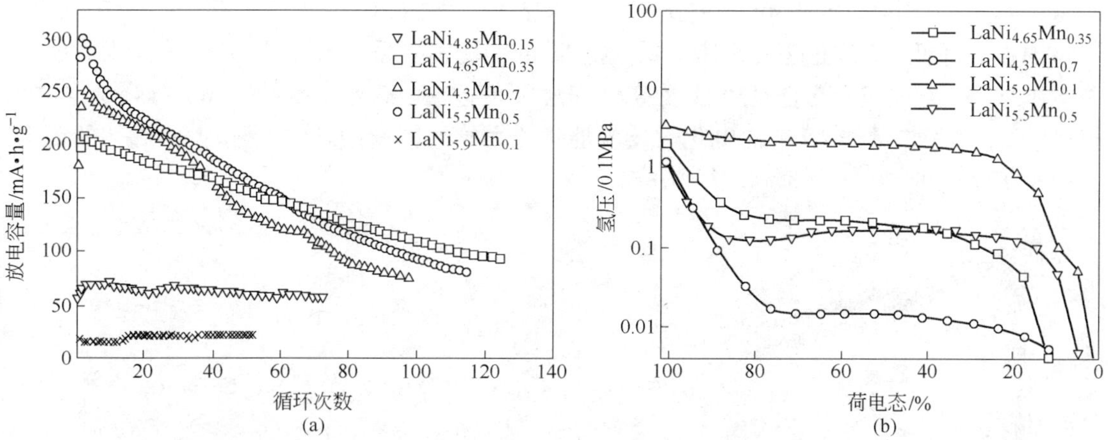

图 4-62 $LaNi_{5-x}Mn_x$ 和 $LaNi_{6-x}Mn_x$ 的充放电循环和电化学平台压与荷电态关系[108]

(a)充放电循环；(b) 平台压与荷电态关系

Co)合金的循环性能时发现[101]，Mn 对循环稳定性的改善作用最小。

Adzic 在分析成分更为复杂的 $LaNi_{3.95-x}Co_{0.75}Mn_xAl_{0.3}$ 合金时也发现(图 4-63)[93]，Mn 对循环稳定性的改善作用仍然不明显。对商用 $MmNi_{3.95-x}Mn_xAl_{0.3}Co_{0.75}$ 合金的研究表明[109]，当 Mn 对 Ni 的取代量由 0.2 增加到 0.4 时，合金的平衡氢压由 0.24 MPa 降低到 0.083 MPa(45℃)，并使合金的活化性能、放电容量及高倍率放电性能得到改善，但进一步增加 Mn 对 Ni 的取代量会降低合金的循环稳定性。

Meli 等[110]比较 $LaNi_{3.4}Co_{1.2}Al_{0.4}$ 和 $LaNi_{3.4}Co_{1.2}Al_{0.3}Mn_{0.1}$ 合金时发现，含 Mn 合金更倾向于在碱液中出现钝化现象，这意味着电极合金存放性能会变差，使用时需要重新活化。但是，Sakai 的研究表明[111] $MmNi_{3.8}Co_{0.5}Al_{0.3}Mn_{0.4}$ 合金比不含 Mn 的 $MmNi_{3.5}Co_{0.7}Al_{0.8}$ 合金具有更好的抗钝化能力，看来 Mn 对电极的抗钝化作用并不清楚。采用 Raman 光谱技术分析 $La_{0.54}Ce_{0.32}Pr_{0.03}Nd_{0.11}Ni_{3.5}Co_{0.8}Mn_{0.4}Al_{0.3}$ 合金充放过程的电化学行为[112]，发现合金表面的 Mn 形成 $Mn(OH)_2$ 和 MnO。

文献[105]实验认为 Mn 的添加可改善 $LaNi_5$ 合金的电化学活化和循环性能，但增加了合金电极极化过电位，降低了最大放电容量和氢的扩散能力。该文献研究结果与 Sakai 的研究有矛盾[101]，作者认为原因是其所采用的粉末微电极技术(PME)可以进行短时快速的充放电循环试验，防止了 Sakai 等所采用的常规实验中电极的腐蚀问题，因为通常情况下，电极合金的 Mn 对耐腐蚀性能是不利的。

图 4-64 是 $RENi_{3.45}Mn_{0.5}Co_{0.75}Al_{0.3}$ 合金常温及 60℃高温循环曲线[113]，其中稀土 RE 成分为：40.45% La，43.21% Ce，4.22% Pr，12.12% Nd。从图 4-63 可以看到，相对于 25℃常温，60℃高温的充放电循环性能明显变差，这与高温下 Mn 更容易在碱液下部分溶出有关。同时发现，适量的 Mn($x=0.3\sim0.5$)有利于高倍率性能的改善。

与 Co、Al 一样，Mn 也是商业贮氢电极合金常用元素[18]。$LaNi_5$ 合金常温下的平台压接近 0.2 MPa(2 个大气压)，作为电极材料不合适，而 A 侧其他稀土均是升高平台压的元素，从这点看，作为电极材料合金的平台压只能靠 B 侧元素来调整。在 B 侧元素中，Mn 被认为是降低平台压、增加合金氢化物的稳定性最有效的元素，同时适量添加 Mn 对合金容量损害较少，考虑经济因素，添加 Mn 的重要性就很明显了。添加 Mn 最大的问题是合金在碱液中耐腐蚀能力降低，高温下这点尤其重要，这方面的问题需要采用 Co、Al 和 Ce 等元素来解决。至于添加 Mn 对电极合金活化性能及高倍率性能的改善，需要具体考查 Mn 对合金电导性能、氢原子体相扩散能力、表面电化学反应催化能力等的影响，如果没有这方面确切的证据，是很难下结论的。

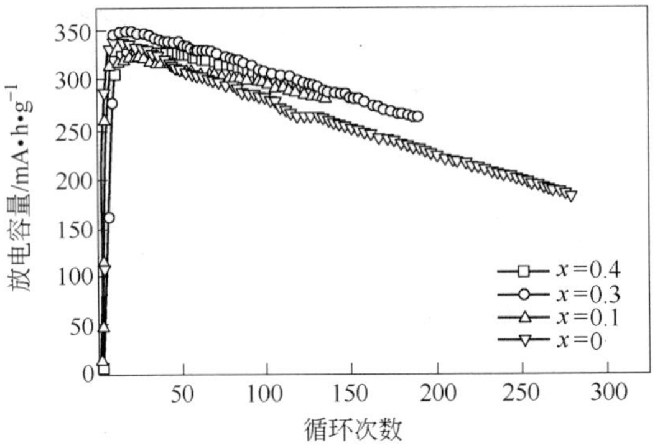

图 4-63 $LaNi_{3.95-x}Co_{0.75}Mn_xAl_{0.3}$ 合金充放电循环曲线[93]

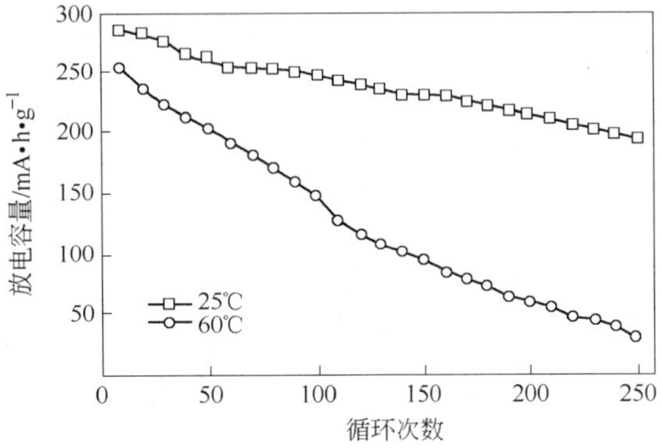

图 4-64 $RENi_{3.45}Mn_{0.5}Co_{0.75}Al_{0.3}$ 合金常温及 60℃ 高温循环曲线[113]

4.4.3.4 B 侧其他元素的作用

A Fe 元素的作用

Fe 的原子半径（1.72×10^{-10} m）比 Ni（1.62×10^{-10} m）和 Co（1.67×10^{-10} m）大，用 Fe 替代 Ni 或 Co，可以降低 $LaNi_5$ 系合金的平台压，提高氢化物的稳定性。开发无 Co 或低 Co 的 $LaNi_5$ 贮氢合金电极材料，Fe 是最常考虑的元素[114~116]。

图 4-65 是一种高 Fe 含量的 $LaNi_{4-x}FeMn_x$ 合金 0.2C 放电曲线和 1C 充放电循环曲线[117]，可以看出高 Fe 贮氢合金仍然可以做到高容量和良好的循环稳定性。Cocciantelli 研究发现[89]，含铁的 $MmNi_{3.64}Mn_{0.33}Al_{0.4}Co_{0.51}Fe_{0.16}$ 合金显示出了比 $MmNi_{3.79}Mn_{0.33}Al_{0.4}Co_{0.51}$ 和

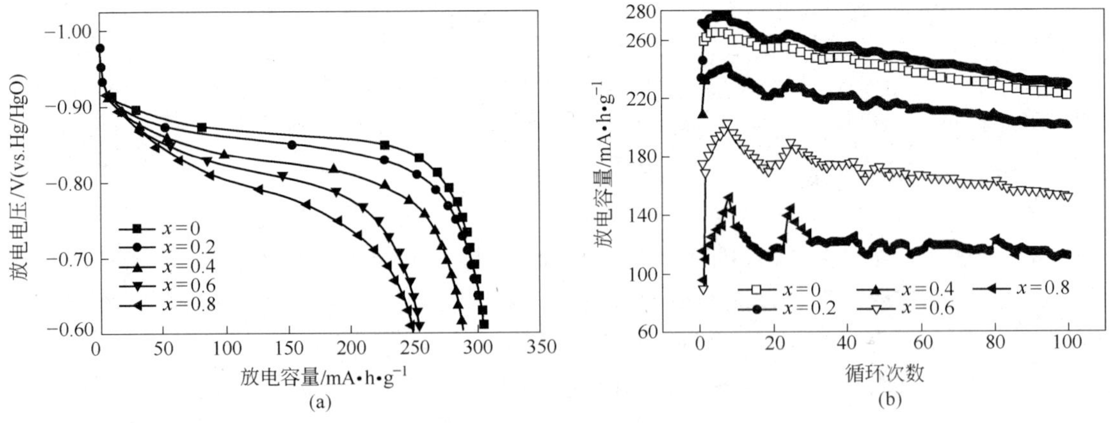

图 4-65 $LaNi_{4-x}FeMn_x$ 合金 0.2C 放电曲线和 1C 充放电循环曲线[117]

(a) 0.2C 放电曲线；(b) 1C 充放电循环曲线

$MmNi_{3.55}Mn_{0.33}Al_{0.4}Co_{0.72}$ 合金更好的循环稳定性，Fe 的作用在某种程度上被认为与 Co 相似，可以降低合金的粉化，提高合金的循环稳定性。图 4-66 是温度和电流密度对 $LaNi_{4.6-x}Mn_{0.4}M_x$（M = Fe，Co）合金放电性能的影响[118]，相对于 Co，Fe 对低温性能不利，在 253K 条件下，Fe 的添加量在这个合金体系中不宜超过 0.5。

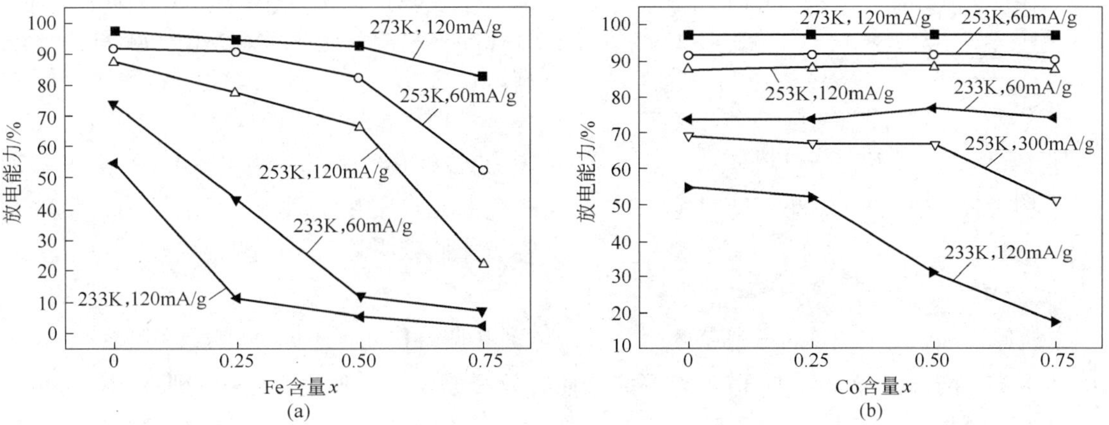

图 4-66 温度和电流密度对 $LaNi_{4.6-x}Mn_{0.4}M_x$（M = Fe，Co）合金放电性能的影响[118]

B Sn 元素的作用

添加少量的 Sn 到 $LaNi_5$ 中不会改变其结构，Sn 进入晶格 3*g* 位置替代部分 Ni 原子，Sn 可明显改变 $LaNi_5$ 的平台压，提高其循环稳定性，且容量损失较小[119,120]。$LaNi_{5-x}Sn_x$ 合金 Sn 含量与平台压和晶胞体积及充放电循环性能的关系见图 4-67[121]，随着 Sn 添加量增加，晶胞体积增大，但 Sn 添加量增加到 0.2 及以上时，合金的吸放氢平台已低于 0.1 MPa（1 atm），如图 4-67a 所示。研究认为，Sn 添加量在 0.25 ~ 0.3 时具有最佳的放电容量（ >300mA · h/g）、循环寿命及动力学特性，可以与商用合金 $MmNi_{3.5}Co_{0.8}Mn_{0.4}Al_{0.3}$ 媲美（图 4-67b）。不过，该研究中 Sn 含量更高合金的充放电曲线的初期凹陷特征不易理解。

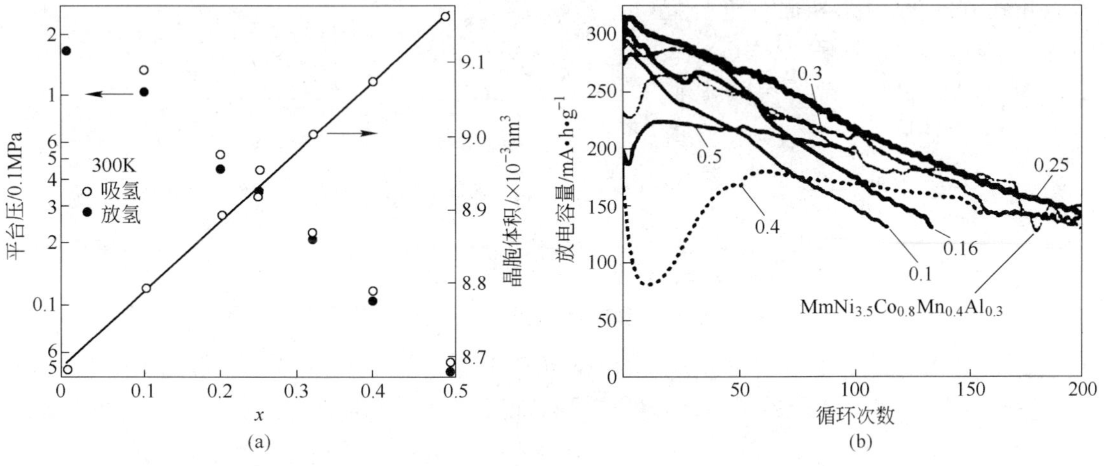

图 4-67 $LaNi_{5-x}Sn_x$ 合金 Sn 与平台压和晶胞体积及循环性能的关系[121]

（a）合金与平台压和晶胞体积的关系；（b）合金放电容量与循环次数的关系

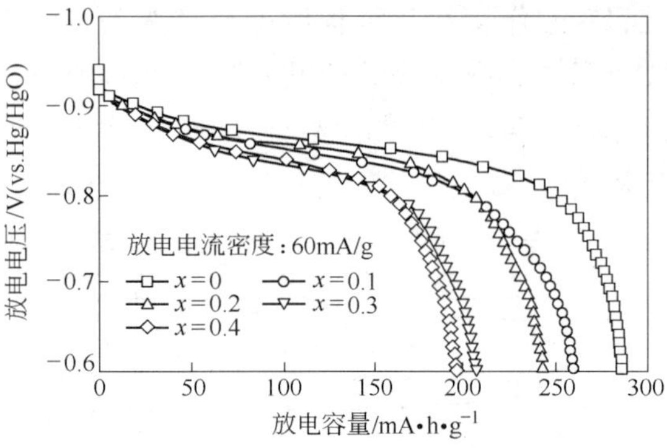

图 4-68 $RENi_{3.5}Co_{0.3}Mn_{0.3}Al_{0.4}Fe_{0.5-x}Sn_x$ 放电曲线[123]

Kumar 指出[122]，$LaNi_5$ 合金中用 Sn 部分取代 Ni 会引起晶格膨胀，用 Sn 置换的合金化合物的初始放电容量高，并且在较高的放电电流下也可以保持高放电容量。但是，如果电极中的合金化合物只用 Sn 来置换，则电极在充—放电循环中的容量衰减率会比较高。在 $RENi_{3.5}Co_{0.3}Mn_{0.3}Al_{0.4}Fe_{0.5-x}Sn_x$ 铸态合金（RE 成分为 31.4% La，41.06% Ce，10.02% Pr，14.59% Nd）中添加 Sn，由于更为复杂的元素相互作用，Sn 的添加使合金放电容量降低较明显（图 4-68）[123]。

C 其他元素的作用

Si 原子加入到 $LaNi_5$ 位于晶格 3*g* 位置，与许多 B 侧替代元素不同，Si 的原子半径（1.46×10^{-10} m）比 Ni（0.162 nm）小，道理上可能会使有效吸放氢量及吸放氢体积膨胀减小，同时 Si 形成的表面膜有利于合金的抗腐蚀，因此 Si 的加入能提高合金的抗粉化能力和表面抗腐蚀能力，改善合金的循环稳定性。含 Si 合金对容量和高倍率性能损害较大，Si 添加量不能多，易出现第二相[101,124,125]。

Cu 的原子半径（0.157 nm）比 Ni（0.162 nm）小，与 Si 类似。Cu 的加入对晶格参数影响规律性不强，有研究仔细分析发现，Cu 添加到 $LaNi_5$ 中总体上没有多少好处，微量加入对合金性能影响不大（B 侧原子数不大于 0.1），稍加多一点对容量损害较大，对循环稳定性也无益处，动力学性变差[125~131]。

在 $LaNi_5$ 系合金中添加 B 和 Mo 很容易形成第二相，少量的第二相不会明显影响合金的放电容量，但被认为能起到电催化作用，从而改善合金的电化学性能。图 4-69 是 $MmNi_{3.55}Co_{0.75}Mn_{0.4}Al_{0.3}B_x$ 的高倍率放电性能[135]，加 B 达 0.3 时，在 10C 放电电流下，高倍率放电能力大约从 16% 提高到 55%。[11,132~136]

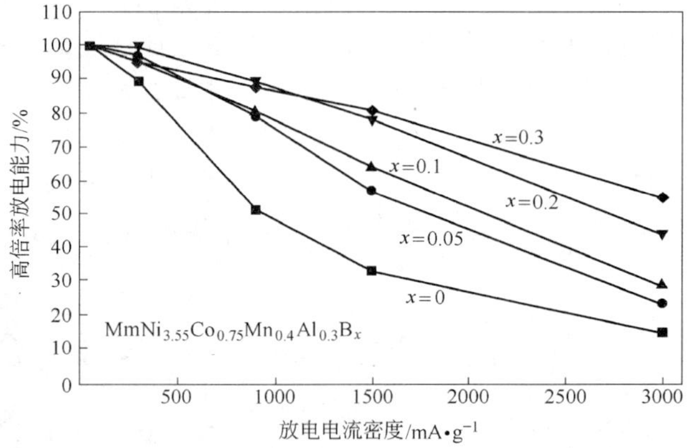

图 4-69 $MmNi_{3.55}Co_{0.75}Mn_{0.4}Al_{0.3}B_x$ 高倍率放电[135]

4.4.3.5 非化学计量比合金

瑞士 Philips 研究室的 Nottern 于 1994 年报道了一种过化学计量比的 $La(NiCu)_{5+x}$ 合金[137,138]，过化学计量比 $La(NiCu)_{5+x}$ 合金的充放电循环稳定性能得到非常明显的提高，其原因被认为是过量的 B 位原子 Ni 沿随 *c* 轴形成哑铃结构，同时合金的晶体结构空间群仍保持为 *P6/mmm*。成分接近 $LaNi_{4.4}Cu$（B/A = 5.4）的合金粉末在氢化过程中被认为具有最佳的结构稳定性。

1999 年，美国 Brookhaven 国家实验室的 Vogt 报道了一种过化学计量比与 $LaNi_{4.4}Cu$ 一

样的无钴 $La_{0.9}Ni_{4.54}Sn_{0.32}$ 合金[93,139]，Sn 占据 3*g* 位置，部分 A 位被过量的哑铃结构的 Ni 原子占据（图 4-70），被认为哑铃结构 Ni 同样极大地改善了合金电极的充放电循环稳定性，$LaNi_{4.84}Sn_{0.32}$ 合金可与含 10% Co 的商用合金 $MmNi_{3.55}Co_{0.75}Mn_{0.4}Al_{0.3}$ 媲美（图 4-71），从图 4-71 中也可看出无钴纯镧的 $LaNi_{4.3}Mn_{0.4}Al_{0.3}$ 合金的循环性能很差。Reilly 认为过化学计量比的 AB_{5+x} 合金能够形成一系列新的低成本的、耐腐蚀能力优良的贮氢合金电极材料。

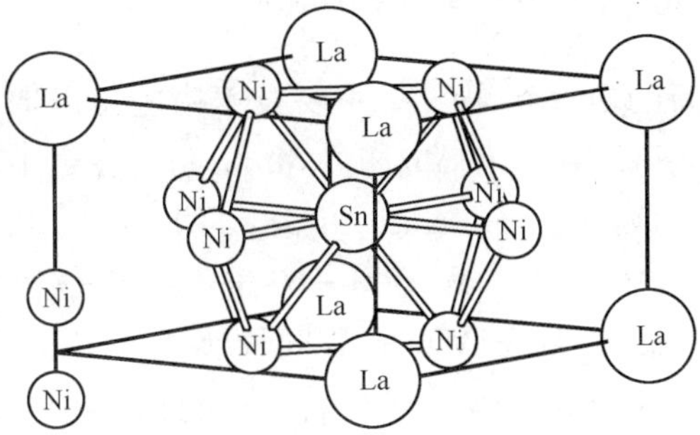

图 4-70　过化学计量 AB_{5+x} 哑铃结构[93]

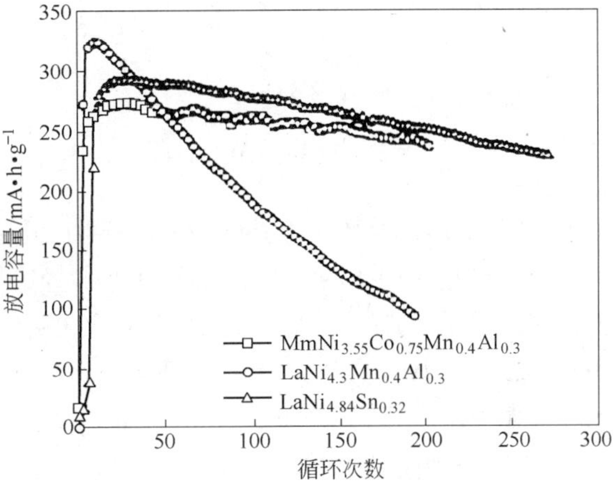

图 4-71　三种合金的充放电循环曲线[93]

2001 年，在 Kleperis 的一篇综述评论性文章中[18]，关于非化学计量比 $AB_{5\pm x}$ 合金（A = La，Mm；B = Ni，Mn，Al，Co，V，Cu）的论述提到，过量的 Ni 形成细小弥散第二相。在 $MmB_{5.12}$ 合金中，所形成的 Ni_3Al 型第二相具有高的电催化活性，A 侧稀土 Mm 贫化使合金稳定性降低，而氢原子间相互作用却增强。在 $MmB_{4.88}$ 欠化学计量比的合金中，出现非常稳定的 Ce_2Ni_7 型第二相。当 $5-x<4.8$，这种欠化学计量比的合金在过充电时氢气的产生减少。文中大量提到的相关参考文献都是专利，并未提到上述的 AB_5 型过化学计量比合金。

2003 年，法国国家科学研究中心稀土化学冶金实验室（LCMTR）的 Vivet 等报道了一类名义过量比 B/A = 5.3 的 $MmNi_{4.07}Mn_{0.63}Al_{0.2}Co_{0.4-x}M_x$（M = Ni，Mn，Al，Fe；$x$ = 0，0.25，0.4）贮氢合金系列[141]，稀土 Mm 成分为 $La_{0.7}Ce_{0.22}Nd_{0.06}Pr_{0.02}$，合金均经过了退火处理，发现两种含 Fe 的过化学计量比的合金 $MmNi_{4.07}Mn_{0.63}Al_{0.2}Co_{0.15}$（$x_{Fe}=0.25$）和 $Fe_{0.25}$ 和 $MmNi_{4.07}Mn_{0.63}Al_{0.2}Fe_{0.4}$（$x_{Fe}=0.4$）虽然容量有一定降低，最大放电容量分别为 286 mA · h/g 和 282 mA · h/g，但采用 300mA/g 的充放电电流密度（充 52 min，放 48 min）循环 200 次后，容量保持率分别为 94% 和 95%，其循环稳定性与 $MmNi_{4.07}Mn_{0.63}Al_{0.2}Co_{0.4}$（$x_M=0$）相当（图 4-72）。$MmNi_{4.07}Mn_{0.63}Al_{0.2}Co_{0.15}$ 为低钴贮氢电极合金，$MmNi_{4.07}Mn_{0.63}Al_{0.2}Fe_{0.4}$（$x_{Fe}=0.4$）为无钴贮氢电极合金，具有更低的吸放氢晶格膨胀率，高的抗粉化能力，在成本上具有优势。研究还发现，在 Ni 含量更多的过化学剂量比合金 $MmNi_{4.47}Mn_{0.63}Al_{0.2}$（$x_{Ni}=0.4$）中出现了成分及晶格参数差异很小的两种 $CaCu_5$ 型结构相，其中主相约 61%，$a=0.5011$ nm，$c=0.4069$ nm，B/A = 5.17，第二相约 69%，$a=0.5013$ nm、$c=0.4050$ nm。在 Al 相对较多的过化学剂量比合金 $MmNi_{4.07}Mn_{0.63}Al_{0.45}Co_{0.15}$（$x_{Al}=0.25$）和 $MmNi_{4.07}Mn_{0.63}Al_{0.6}$（$x_{Al}=0.4$）合金中，出现了 FCC 结构的第二相，主相化学剂量比 B/A 分别变成了 5.18 和 5.06。

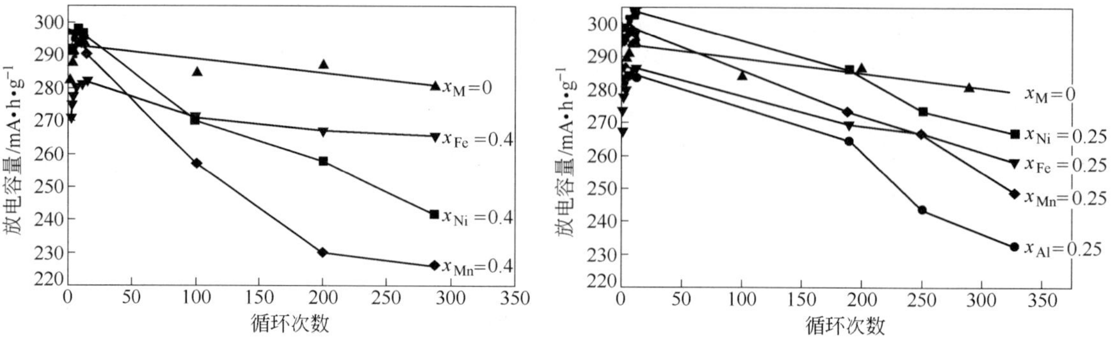

图 4-72 $MmNi_{4.07}Mn_{0.63}Al_{0.2}Co_{0.4-x}M_x$（M = Ni, Mn, Al, Fe； x = 0, 0.25, 0.4）的循环曲线[141]

2008 年，Vivet 又在上述工作的基础上报道了新的研究结果[142]，主要技术措施是采取了快淬（冷速约 10^6K/s），目的是解决前期 $MmNi_{4.47}Mn_{0.63}Al_{0.2}$ 和 $MmNi_{4.07}Mn_{0.63}Al_{0.6}$ 合金中出现第二相的问题，本实验还补充了含 Cu 和 Cr 的两种合金 $MmNi_{4.07}Mn_{0.63}Al_{0.2}Cu_{0.4}$ 和 $MmNi_{4.07}Mn_{0.63}Al_{0.2}Cr_{0.4}$，图 4-73 是无钴系列 $MmNi_{4.07}Mn_{0.63}Al_{0.2}M_{0.4}$（M = Ni, Fe, Al, Cu, Cr, Mn）过化学计量比（B/A = 5.3）合金的充放电循环曲线，稀土 Mm 成分同样为 $La_{0.7}Ce_{0.22}Nd_{0.06}Pr_{0.02}$，图中给出了对比含钴合金 $MmNi_{4.07}Mn_{0.63}Al_{0.2}Co_{0.4}$，合金成分右上标的 rq 表示快淬制备，ann 表示铸锭合金经过 1050℃4 天的热处理，图中所有合金均为单相 $CaCu_5$ 型结构，循环充放电制度同上。从图 4-73 中可以看出，$MmNi_{4.07}Mn_{0.63}Al_{0.2}Cu_{0.4}$ 和 $MmNi_{4.07}Mn_{1.03}Al_{0.2}$ 两种合金的循环稳定性差；而 $MmNi_{4.07}Mn_{0.63}Al_{0.2}Cr_{0.4}$ 合金虽然循环稳定性不太差，但容量太低；$MmNi_{4.07}Mn_{0.63}Al_{0.6}$ 合金容量偏低；含铁的 $MmNi_{4.07}Mn_{0.63}Al_{0.2}Co_{0.4}$ 循环稳定性良好，容量偏低；最好的是快淬处理的 $MmNi_{4.47}Mn_{0.63}Al_{0.2}$ 合金，容量高，循环稳定性好，优于含钴合金 $MmNi_{4.07}Mn_{0.63}Al_{0.2}Co_{0.4}$。文献作者把循环稳定性的改善归结于过化学剂量比的作用，所有合金充放电过程的体积变化率约 10%，而商用 B/A = 5 的 $MmNi_{3.55}Co_{0.75}Mn_{0.4}Al_{0.3}$ 的体积变化率约 17%。Al 较多或加 Cr 合金的两种 $MmNi_{4.07}Mn_{0.63}Al_{0.6}$ 和 $MmNi_{4.07}Mn_{0.63}Al_{0.2}Cr_{0.4}$ 合金存在气固吸放氢平台倾斜度大、平台宽度窄等缺点，造成电化学容量低。$MmNi_{4.07}Mn_{1.03}Al_{0.2}$ 的循环衰减大被认为是由于所制备的合金化学剂量比实际只有 5.17，明显低于 5.3 造成的。至于含铜的 $MmNi_{4.07}Mn_{0.63}Al_{0.2}Co_{0.4}$ 不好的原因，文献作者没有给予解释。

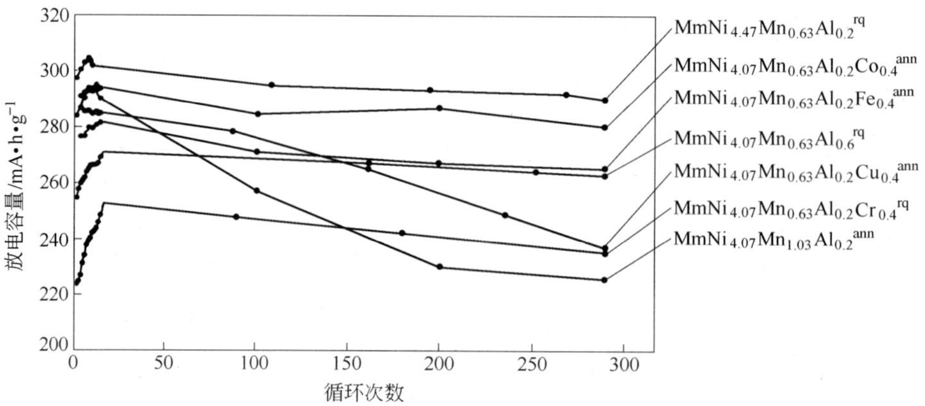

图 4-73 $MmNi_{4.07}Mn_{0.63}Al_{0.2}Co_{0.4}$ 和 $MmNi_{4.07}Mn_{0.63}Al_{0.2}M_{0.4}$（M = Ni, Fe, Al, Cu, Cr, Mn）循环曲线[142]

$MlNi_{3.55+x}Co_{0.75}Al_{0.3}Mn_{0.4}$（$0 \leqslant x \leqslant 0.6$）和 $Ml(Ni_{0.71}Co_{0.15}Al_{0.06}Mn_{0.08})_x$（$4.6 \leqslant x \leqslant 5.2$）合金的研究结果表明，随着 x 增加，晶格常数 a 值减小、c 值增大，c/a 也随之增大，Mn、Al 等元素偏聚增强，平台压升高。$Ml(Ni_{0.71}Co_{0.15}Al_{0.06}Mn_{0.08})_{5.2}$ 合金显示了最高的容量及循环稳定性（图 4–74）[143,144]。

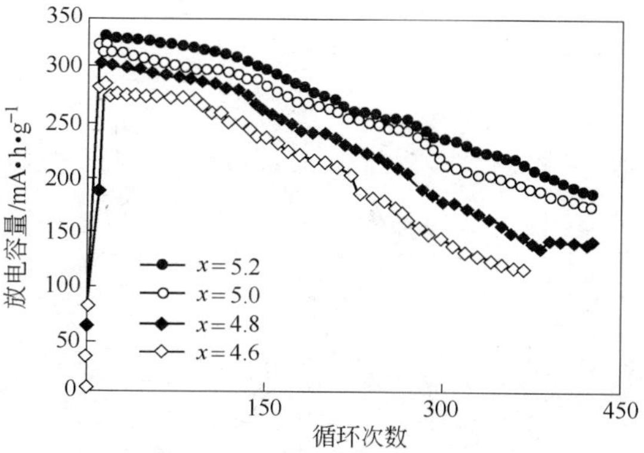

图 4–74　$Ml(Ni_{0.71}Co_{0.15}Al_{0.06}Mn_{0.08})_x$ 的循环曲线[144]

对于非化学计量比合金，过化学剂量比 AB_{5+x} 更加具有优势，一方面过量 Ni 原子在 A 侧稀土原子位沿 c 轴方向形成哑铃结构，能够协调合金充放氢过程的膨胀与收缩，明显减小吸放氢的体现膨胀，膨胀量从约 17% 降低到约 10%，改善合金的抗粉化能力，提高循环寿命；另一方面，过量的 Ni 已形成富 Ni 的第二相，这种第二相催化性能往往不错，在改善合金动力学特性方面应该具有好处。

4.5　La－Mg－Ni 系贮氢合金的性能

稀土系 AB_5 型合金最大吸氢量受到 $CaCu_5$ 型单胞结构的制约使其吸放氢量不大于 1.4%，经合金优化的综合性能优良的合金电极容量只有 300 mA · h/g 左右，限制了高能量密度镍氢电池的发展。从 20 世纪末，人们发现化学计量比介于 AB_2 型和 AB_5 型之间的某些 La－Mg－Ni 合金具有比传统 AB_5 型合金更高的气固贮氢容量及电化学容量，放电容量可达 400 mA · h/g 左右，La－Mg－Ni 合金被看作是有希望代替稀土 AB_5 贮氢合金的候选材料之一，从而引起人们的广泛关注，成为近十年的研究热点[145]。

La－Mg－Ni 研究最多的是稀土镍系 AB_3 型和 A_2B_7 型贮氢合金，与 La－Ni 二元相图有密切关系。从图 4–75 的 La－Ni 二元相图可以看出[146]，$LaNi_3$ 和 La_2Ni_7 两种化合物凝固过程都属于包晶反应，该相图中不存在亚稳相 $LaNi_2$，代之的是 La_7Ni_{16} 相（$LaNi_{2.286}$）。La_2Ni_7 的包晶反应首先是从液相析出初生 $LaNi_5$ 相，利用杠杆原理看，在达到 1287K 包晶反应温度时，初生 $LaNi_5$ 相的量估计约 70%，然后初生 $LaNi_5$ 相和残余 30% 的液相发生包晶反应生成 La_2Ni_7 相，反应属于固液相变过程。由于包晶凝固过程中，固相中原子扩散远远慢于液相，通常凝固速度下初生相（$LaNi_5$ 相）会大量保留下来，很难得到纯的包晶反应产物。La_2Ni_7 在固相冷却过程中，还会发生从高温的β相到α相的转变。因此，La_2Ni_7 相的形成过程是复杂的。对于 $LaNi_3$ 来说，凝固过程首先是发生 La_2Ni_7 的凝固过程，之后 La_2Ni_7 和残留的液相再发生包晶反应，其形成过程同样是复杂的。通常这种情况下，$LaNi_3$ 和 La_2Ni_7 的铸态组织除其二者共存之外，还含有较多的 $LaNi_5$ 相，也能出现 La_2Ni_3 相及亚稳相 $LaNi_2$ 相（或 La_7Ni_{16} 相），甚至 LaNi 相。解决杂相的技术措施，一是采用深过冷技术，抑制初生相的析出而让包晶相直接从液相中析出，但这种方法生产应用难度大；二是采用快速凝固技术，得到细小晶粒，再利用高温退火工艺进行处理。

表 4–18 列出了几种 La－Ni 二元合金氢化物的结构与性能，可以看出 $LaNi_2$、$LaNi_3$ 和 La_2Ni_7 氢化物的吸氢量都大于 $LaNi_5$，其理论上的电化学容量也应高于 $LaNi_5$，从平台压来

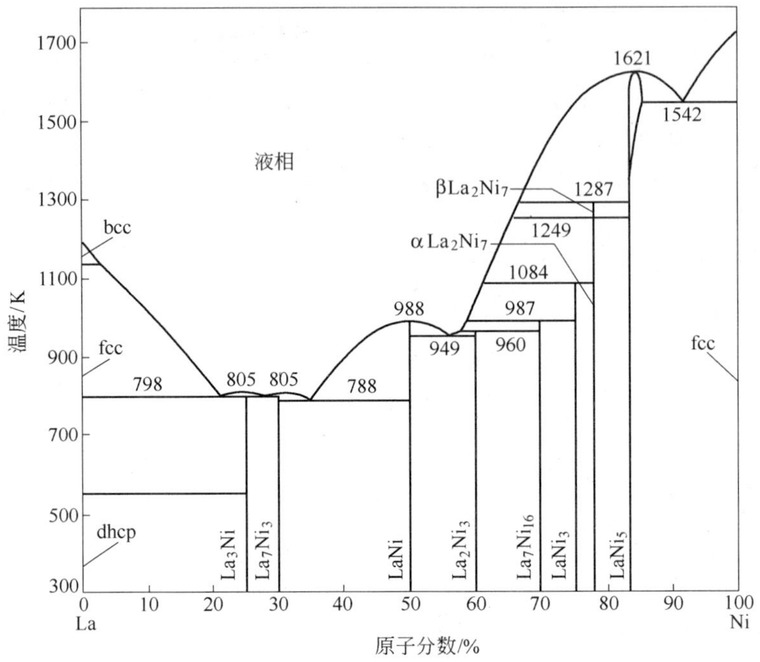

图 4-75 La - Ni 二元相图[146]

看，$LaNi_3$ 和 La_2Ni_7氢化物过于稳定，而 $LaNi_2$ 常温平衡氢压是比较适合镍氢电池负极材料的，遗憾的是这三种氢化物都是非晶态，吸氢过程引起严重的晶格畸变，吸放氢过程造成急剧的非晶化过程，吸放氢曲线倾斜度大，没有平台存在，实际有效的吸放氢量不高，吸氢过程易分解成 LaH_2 和 $LaNi_5$，很难应用[52]。

表 4-18 $LaNi_2$、$LaNi_3$、La_2Ni_7、$LaNi_5$ 合金氢化物的结构及性能[52]

合金	合金结构	氢 化 物	氢化物结构	吸 氢 量		压力/0.1 MPa	温度/℃
				H/M	质量分数/%		
$LaNi_2$	$MgCu_2$	$LaNi_2H_{4.5}$	非晶	1.5	1.7	5×10^{-3}	252
$LaNi_3$	$PuNi_3$	$LaNi_3H_5$	非晶	1.25	1.6	<1	200
La_2Ni_7	Ce_2Ni_7	$La_2Ni_7H_{10}$	非晶	1.11	1.43	0.6	25
$LaNi_5$	$CaCu_5$	$LaNi_5H_6$	$CaCu_5$	1.0	1.4	2	25

针对应用，实际研究的几乎都是含有 Mg 的 La - Mg - Ni 系非 AB_5 型贮氢合金，因此了解 La - Mg - Ni 三元系合金的成相更具有价值。表 4-19 列出了 La - Mg - Ni 三元合金系中主要存在的相及其晶体参数[147~150]。$LaMg_2Ni$ 属于化学计量正比化合物。La_2MgNi_2 中存在少量固溶度，37% ~40%（原子分数）Ni，19% ~20%（原子分数）Mg。$(La_{1-x}Mg_x)Ni_2$ 属于金属间化合物基的固溶体型，添加少量的 Mg 使 La - Ni 二元合金中的亚稳相 $LaNi_2$ 变成稳定相，Mg 可以在$0<x\leqslant0.67$ 之间变换，x 在 $0<x\leqslant0.6$ 之间保持 $MgCu_4Sn$ 型结构，Mg 含量时更高合金为 $MgCu_2$ 结构。$(La_{1-x}Mg_x)Ni_3$ 合金中 Mg 含量通常在 $0\leqslant x\leqslant0.67$ 之间变化。$(La_{1-x}Mg_x)_2Ni_7$相存在高温β相和低温α相之分，$(La_{1-x}Mg_x)_2Ni_7$相存在高温β相是 Gd_2Co_7 型结构，低温α相是 Ce_2Ni_7 型结构。$(La_{5-x}Mg_x)Ni_{19}$存在两种同质异构体，分别是 Pr_5Co_{19} 和

Ce_5Co_{19}型结构。表 4-19 中最后四种相未见更详细的结构与晶体参数报道。$LaMg_2$ 在二元合金中属于亚稳相，非常少量的 Ni(如 $x=0.015$)的加入能使其成为稳定相($(La_{1-x}Ni_x)Mg_2$)。

表 4-19 La－Mg－Ni 三元合金系中主要存在的相及其晶体参数[147~150]

相	原 型	空 间 群	晶格参数/nm		
			a	*b*	*c*
$LaMg_2Ni$	$CuMgAl_2$	*Cmcm*	0.4227	1.0303	0.8360
La_2MgNi_2	Mo_2FeB_2	*P4/mbm*	0.7544		0.3852
$(La_{1-x}Mg_x)Ni_2$	$MgCu_4Sn$	*F*－43*m*	0.71794 $x=0.5$		
$0<x\leq0.67$	$MgCu_2$	*Fd*－3*m*	0.7118 $x=0.67$		
$(La_{1-x}Mg_x)Ni_3$	$PuNi_3$	*R*－3*m*	0.49380 $x=2/3$		2.38359 $x=2/3$
$0\leq x\leq0.67$			0.50336 $x=1/3$		2.42759 $x=1/3$
$(La_{1-x}Mg_x)_2Ni_7$	Ce_2Ni_7	$P6_3/mmc$	0.5037 $x=0.25$		2.4206 $x=0.25$
	Gd_2Co_7	*R*－3*m*	0.5034 $x=0.25$		3.6287 $x=0.25$
$(La_{5-x}Mg_x)Ni_{19}$	Pr_5Co_{19}	$P6_3/mmc$	0.50279 $x=1.0$		3.2103 $x=1.0$
	Ce_5Co_{19}	*R*－3*m*	0.50276 $x=1.0$		4.8186 $x=1.0$
$La_2Mg_{0.5}Ni_{0.5}$	—	—	—	—	—
$La_2Mg_{0.34}Ni_{0.66}$	—	—	—	—	—
$La_{66-70}Ni_{23.2-28.8}Mg_{2.8-7.7}$	—	—	—	—	—
$(La_{1-x}Ni_x)Mg_2$	Cu_2Mg	—	—	—	—

4.5.1 La－Mg－Ni 系 AB_2 型贮氢合金

4.5.1.1 La－Mg－Ni 系 AB_2 型贮氢合金气固贮氢性能[151]

$LaNi_2$ 单胞理论上可贮存 6 个氢原子，实际上在 298K 和 0.8MPa 氢气压力下生成的氢化物为 $LaNi_2H_{4.5}$，对应吸氢量为(质量分数)1.77%。1976 年，Oesterreieher 等人[152]采用气固反应方法制备了 $LaNi_2H_{4.5}$、$LaNi_3H_5$、$La_2Ni_7H_{10}$等 La－Ni 二元合金氢化物，XRD 分析发现这三种合金形成氢化物时均变成非晶。1987 年 Aoki[153]研究了 RNi_2(R＝La、Ce、Pr、Mm)合金的氢化行为，发现合金吸氢量均高于 $LaNi_5$ 合金，氢化物为非晶结构，$CeNi_2$、$LaNi_2$、$PrNi_2$、$MmNi_2$ 的放氢 PCT 曲线非常倾斜(图 4-76)，无放氢平台，实际为固溶氢的析出过程，平衡氢压随氢浓度下降而显著降低，在 10^{-3}MPa 条件下有超过 75% 的氢不能有效释放。

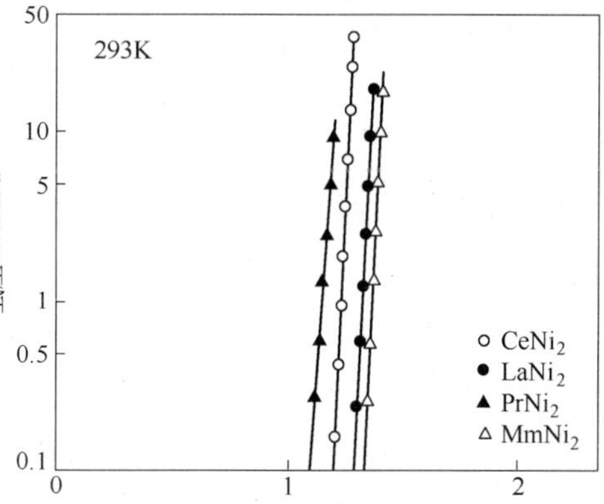

图 4-76 RNi_2 的 PCT 曲线[153]

Aoki[46]对这种吸氢非晶化的原因给予了解释，生成非晶或晶体 RM_2H_x 取决于二者的生成焓及其差值。晶体 RM_2H_x 中氢原子由于几何约束占据 R_1M_3 和 R_2M_2 间隙位(与上述的 La_1Ni_3 和 La_2Ni_2 间隙位等效),而非晶体 RM_2H_x 中氢原子所占据的四面体原子由 R_4 和 R_3M_1 等组成。由于 RH_2 生成焓具有更大的负值,非晶相中的氢原子结合能远比晶体中的强,也就是说晶体中存在的氢原子在能量上是不适宜的。低温下由于金属原子扩散动力学差的原因,晶体 RM_2H_x 可以形成,但只要加热升温到一定温度,金属原子可进行短程扩散,晶体 RM_2H_x 就会容易转变成非晶 RM_2H_x,如果继续升温,金属原子可进行长程扩散,非晶 RM_2H_x 不再稳定,将分解为晶型的 RH_2 和 M。

Oesterreicher[154]研究了 $La_{1-x}Mg_xNi_2$,Mg 含量低($0<x<0.67$)时,合金结构为 $MgCu_2$ 型(C15),当 $x>0.67$ 时,合金结构转变成 $MgNi_2$ 型(C36)。合金吸氢量随 Mg 含量的增加而降低,但合金氢致非晶化趋势逐渐减弱,$La_{0.5}Mg_{0.5}Ni_2$ 即 $LaMgNi_4$ 可以吸 3.4 个氢原子,即 $LaMgNi_4H_{3.4}$,无氢致非晶化出现。这是由于 Mg 取代 La 抑制了 $LaNi_2$ 与 H 作用的动力学,降低了吸氢过程中的放热速率,从而保证了合金结构的稳定性。

罗永春等[155]研究了单相 $LaMgNi_4$ 合金的气态贮氢性能(图 4-77),与图 4-76 中的 $LaNi_2$ 相比,$LaMgNi_4$ 有较大的改观,吸放氢均出现平台,但固溶体 α 相和氢化物 β 相共存的两相区较窄,其可逆吸放氢能力差;在 323 K 和 1.8 MPa 氢气压力下生成氢化物 $LaMgNi_4H_{3.8}$,吸氢平台压力约为 0.1 MPa,放氢平台压力约为 0.03 MPa,吸放氢滞后效应较大,有效吸放氢量小。王仲民等[156]发现 $NdMgNi_4$ 在常温下具有比 $LaMgNi_4$ 好得多的吸放氢 PCT 特性(图 4-78),平台平整,有效吸放氢较大,但吸放氢滞后仍超过 0.3 MPa(3 atm)。

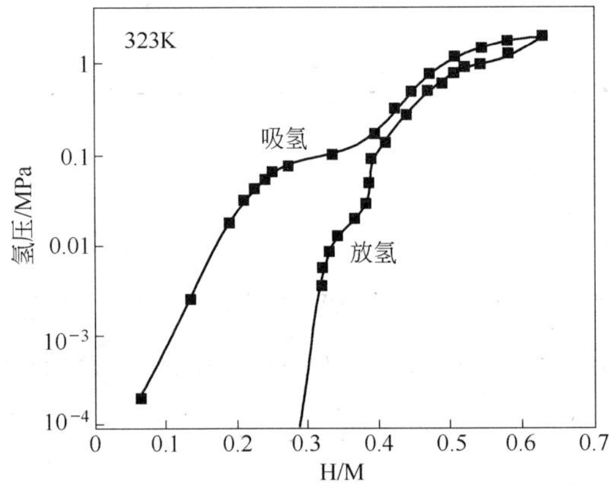

图 4-77 $LaMgNi_4$ 吸放氢 PCT 曲线[155]

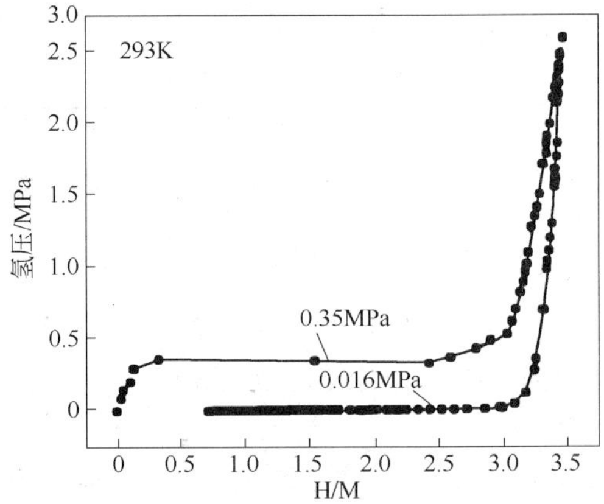

图 4-78 $NdMgNi_4$ 吸放氢 PCT 曲线[156]

Denys 等[157]研究了 $La(Cu_{1-x}Ni_x)_2$化合物的结构及其氢化特性,发现其经过真空加热活化处理后在室温 0.1 MPa(1 atm)下很容易吸氢,两种 $CeCu_2$ 或 AlB_2 型氢化物 $La(Cu_{0.4}Ni_{0.6})_2H_{4.2}$和 $La(Cu_{0.35}Ni_{0.65})_2H_{4.0}$均为晶体,在空气中长时间暴露或在真空下加热到 100℃,结构将变为 Fe_2P 型。

4.5.1.2 La - Mg - Ni 系 AB_2 型贮氢合金的电化学性能

1991 年,Miyamura 等[158]研究了 AB_2 型 $RENi_2$(RE = La、Ce、Pr 及富铈混合稀土金属 Mm)的气态吸放氢及电化学充放电性能,图 4-79 是充放电循环曲线。研究发现其气态吸放氢过程均表现为非晶化外，且其放电容量小于气态测试容量的四分之一，活化困难，但 $LaNi_2$ 放电容量在循环 600 次后没有衰减。$LaNi_2$ 理论容量应为 471 mA · h/g，但实际放电容量仅为 60 ~ 80 mAh/g，且需要 100 次以上才能活化。研究认为[159]，稀土系 AB_2 型合金电化学容量偏低的原因主要是由于合金的平衡氢压过低以及氢在非晶态氢化物中的扩散性能较差所致（室温时氢在非晶 $LaNi_2H_x$ 薄膜中的扩散系数约为 10^{-9} cm^2/s）。

$LaNi_2$ 中添加一定量的 Al、Mn 等可以适当改善其电化学性能。图 4-80 是赵敏寿等[160]研究的 $LaNi_{1.8}Al_{0.2}$ 合金的充放电循环结果。$LaNi_{1.8}Al_{0.2}$ 合金经过 9 次循环后达到最大放电容量，其最大放电容量接近 240 mAh/g，之后发生明显衰减现象，循环 20 次之后容量继续衰减的趋势明显减弱，循环 40 次后的放电容量约 180 mA · h/g。100 次循环后 XRD 分析表明充放过程中 $LaNi_{1.8}Al_{0.2}$ 合金的非晶化得到较明显抑制。关于放电容量衰减的问题，文献[160]认为腐蚀是 $LaNi_{1.8}Al_{0.2}$ 合金容量衰减的主要原因。

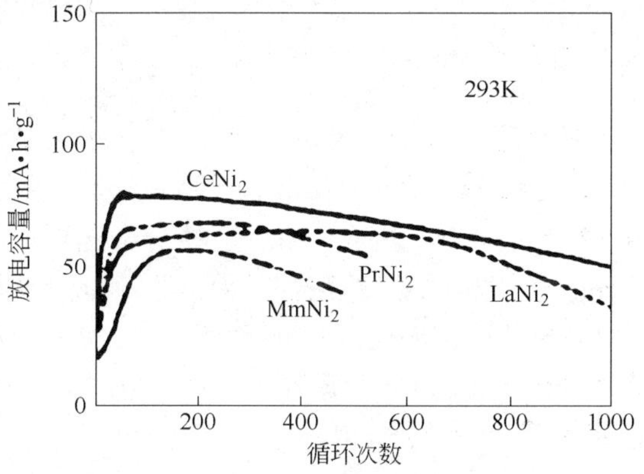

图 4-79 $RENi_2$ 充放电循环曲线[158]

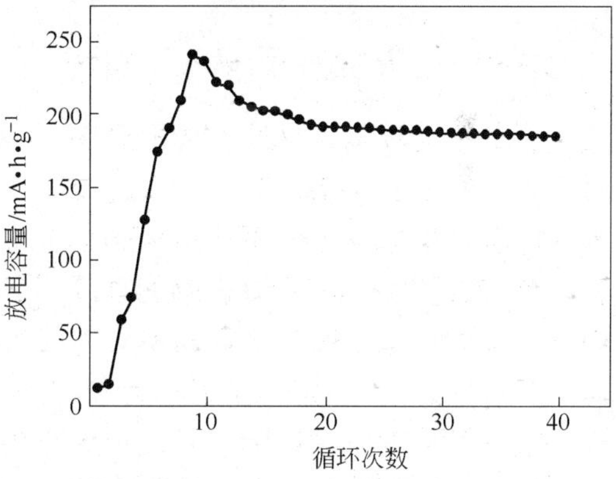

图 4-80 $LaNi_{1.8}Al_{0.2}$ 循环曲线[160]

图 4-81 是 $REMgNi_4$（RE = La、Ce、Pr、Nd）合金的充放电循环曲线。合金采用球磨制备，球料比 25∶1，转速 400 r/min，球磨时间 6 h。球磨后进行热处理，分别在 673 K、873 K、973 K 保温 3 h。充放电制度为 150 mA/g 充电，30 mA/g 放电[161]。$LaMgNi_4$ 和 $NdMgNi_4$ 的最大放电容量约 400 mA · h/g，$PrMgNi_4$ 表现出最差的电化学性能，最大放电容量约 200 mA · h/g。所有合金在充放电循环过程中的容量衰减都比较大，相对较好的 $LaMgNi_4$ 合金在循环 9 次后的容量衰减达到 25%。文献[161]认为，球磨引起大量晶界及晶体缺陷，从而提高了合金的储氢量，并改善了吸放氢动力学性能。

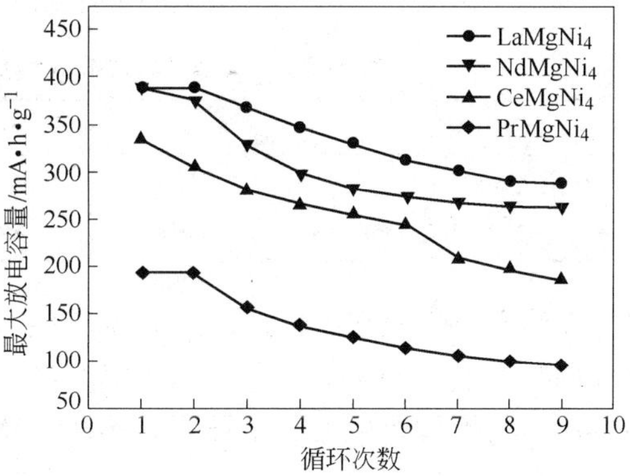

图 4-81 $REMgNi_4$（RE = La、Ce、Pr、Nd）合金的充放电循环曲线[161]

图 4-82 为 $LaMgNi_{3.7}M_{0.3}$（M = Sn，Ni，Al，Co，Cu，Mn）合金电极的充放电循环曲线[162]。所有合金均采用真空感应熔炼制备，并采用 750℃，25 h 的制度进行热处理。充放电电流密度为 100 mA/g。从图 4-82 可以看出，所有合金都容易活化。由于元素作用的差异，造成不

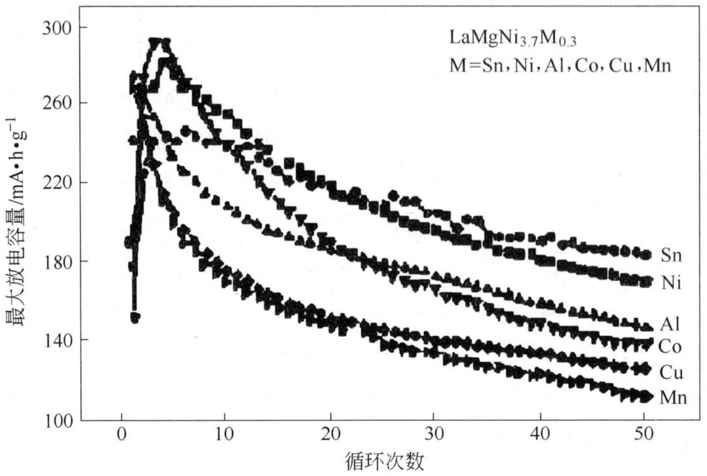

图 4-82 $LaMgNi_{3.7}M_{0.3}$（M = Sn, Ni, Al, Co, Cu, Mn）合金的放电容量与循环次数的关系[162]

同合金的最大放电容量及充放电循环 50 次后的容量保持率不同，结果见表 4-20。最大放电容量最高的是 $LaMgNi_{3.7}Co_{0.3}$，达 293 mAh/g，最小的是 $LaMgNi_{3.7}Sn_{0.3}$，为 245 mAh/g。最大放电容量按添加元素不同由大到小依次为：Co > Ni > Al > Mn > Cu > Sn。这些合金充放电循环 50 次后的容量保持率最好的是 $LaMgNi_{3.7}Sn_{0.3}$ 达 76%，最差的是 $LaMgNi_{3.7}Mn_{0.3}$ 为 43%。容量保持率按添加元素不同由大到小依次为：Sn > Ni > Al > Cu ≈ Co > Mn。组织结构分析表明，该系列合金主相均为 $LaMgNi_4$ 相，其中 Mn、Cu 和 Co 元素在 $LaMgNi_4$ 合金相中有一定的固溶度，$LaMgNi_{3.7}Sn_{0.3}$ 合金中的 Sn 元素主要以 LaNiSn 相析出。合金化元素在 $LaMgNi_4$ 相中的固溶度从大到小的顺序是 Mn > Cu > Co > Al > Sn，这种排序似乎与容量保持率有一定关系。就 $LaMgNi_4$ 而言，该研究的最大放电容量明显低于图 4-81 的结果，但容量保持率有所提高，这可能与不同的制备方法及吸放氢粉化程度不同有关。

表 4-20 $LaMgNi_{3.7}M_{0.3}$ 合金的最大放电容量与容量保持率[162]

M	Co	Ni	Al	Mn	Cu	Sn
最大放电容量/mA · h · g^{-1}	293	283	274	268	246	245
50 次循环容量保持率/%	48	60	54	43	48	76

李学军等[163]研究了 $La_{1-x}Mg_xNi_{2.28}$（x = 0.0 ~ 0.6）贮氢合金相结构和电化学性能。合金采用冷坩埚磁悬浮熔炼，最大放电容量测试的充放电电流为 60 mA/g，循环试验采用 600 mA/g的充放电电流。电化学性能测试表明，最大放电容量从 100 mA · h/g（x = 0.0）增大到 329 mA · h/g（x = 0.5），然后减小到 208 mA · h/g（x = 0.6），活化性能改善，$La_{0.5}Mg_{0.5}Ni_{2.28}$ 只需 1 次活化，高倍率放电性能先降低后提高，$La_{0.5}Mg_{0.5}Ni_{2.28}$ 在 900 mA/g 放电能力为 79%，循环 100 次的容量保持率从 85%（x = 0.0）提高到 92%（x = 0.2），然后降低到 63%（x = 0.5）。在 $La_{0.5}Mg_{0.5}Ni_{2.28}$ 的基础上，文献[163]作者又研究了添加 Co 的影响。图 4-83 为 $La_{0.5}Mg_{0.5}(Ni_{1-x}Co_x)_{2.28}$ 贮氢合金的最大放电容量和充放电循环曲线[164]。材料制备与充放电制度同上。文献[164]研究试验结果表明，随 Co 含量增加，最大放电容量从 329 mA · h/g（x = 0.0）增大到 338 mA · h/g（x = 0.15），合金活化性能及高倍率放电性能明显改善，循

环稳定性无明显变化。

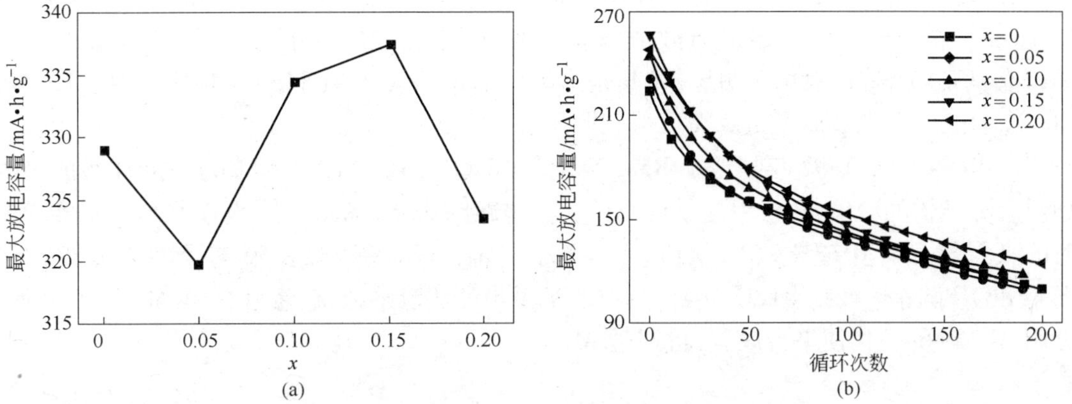

图 4-83 $La_{0.5}Mg_{0.5}(Ni_{1-x}Co_x)_{2.28}$贮氢合金的最大放电容量与充放电循环曲线[164]

(a)最大放电容量;(b)充放电循环次数

4.5.2 La - Mg - Ni 系 AB_3 型贮氢合金

4.5.2.1 La - Mg - Ni 系 AB_3 型贮氢合金气固贮氢性能

表 4-21 列举了部分二元 AB_3 型合金氢化物的结构和贮氢性能[165]。从表 4-21 中可以看出,除 $LaNi_3$ 合金出现氢致非晶化现象外,其余合金氢化物结构保持不变,但除 $HoNi_3$ 外合金氢化过程中均伴随着大的体积膨胀。随合金成分的不同吸氢量介于 1.0% 和 1.87% 之间,部分合金贮氢量高于 AB_5 型合金。

表 4-21 部分 AB_3 型合金氢化物结构和吸贮氢性能[165]

合 金	合金结构	H/mol	质量分数/%	p_{eq}/0.1 MPa	T/℃	氢化物结构	$\left(\frac{\Delta V}{V}\right)$/%
$LaNi_3$	$PuNi_3$	5.0	1.60	—		非晶	28.65
$CeNi_3$	$CeNi_3$	3.0	0.95	0.09	50	$CeNi_3$	28.65
$HoNi_3$	$PuNi_3$	1.8	0.53	—		$PuNi_3$	9.5
$ErNi_3$	$PuNi_3$	3.7	1.00	1.3	25	$PuNi_3$	19.11
YNi_3	$PuNi_3$	4.0	1.51	—		$PuNi_3$	23.6
$CaNi_3$	$PuNi_3$	4.6	1.85	0.4	20	$PuNi_3$	28.2
$CeCo_3$	$PuNi_3$	4.0	1.29	0.2	50	$PuNi_3$	32.3
$ErCo_3$	$PuNi_3$	4.1	1.19	—		$PuNi_3$	18.3
YCo_3	$PuNi_3$	3.8	1.43	0.45	75	$PuNi_3$	18.1
$GdFe_3$	$PuNi_3$	5.0	1.54	—		$PuNi_3$	22.5
YFe_3	$PuNi_3$	4.8	1.87	$<10^{-5}$	50	$PuNi_3$	17.7

研究表明[166,167],二元 $LaNi_3$ 合金吸氢质量分数约 1.6%,初期吸氢存在一定平台,但放氢平台消失,吸放氢滞后很大,见图 4-84(a)。随着吸放氢不断循环,$LaNi_3$ 的非晶化程度会

加剧，如图4-85所示。$LaNi_3$ 常温吸氢形成非晶 $LaNi_2H_x$ 和 $LaNi_5H_y$，非晶 $LaNi_2H_x$ 在200℃时可分解为 LaH_2 和 $LaNi_5H_z$。在 $La(Ni_{0.9}M_{0.1})_3$ 中采用Al、Fe、Mn、Si、Sn及Cu部分取代Ni，Ni部分被取代后的合金的有效放氢量提高、吸放氢滞后减小，其中 $La(Ni_{0.9}Al_{0.1})_3$ 和 $La(Ni_{0.9}Mn_{0.1})_3$ 替代效果更明显，尤其是 $La(Ni_{0.9}Al_{0.1})_3$（图4-84b）。相比 $LaNi_3$，$La(Ni_{0.9}Al_{0.1})_3$ 合金的有效吸放氢量及滞后得到明显改善。

Kadir等[54]于1997年报道了 RMg_2Ni_9（R = La，Ce，Pr，Nd，Sm和Gd）三元体系的 $PuNi_3$ 型斜六方结构的贮氢合金，引起了广泛的关注与跟踪研究。Kadir[169]发现 $LaMg_2Ni_9$ 在303 K时的吸氢量只有0.33%，$(La_{0.65}Ca_{0.35})(Mg_{1.32}Ca_{0.68})Ni_9$ 在283 K吸氢量可达1.87%（见图4-86）。陈军[53]发现，$LaCaMgNi_9$ 具有非常平坦的放氢平台，贮氢量达H/M = 1.1，B侧部分用Al和Mn替代使平台倾斜，特别是Al。

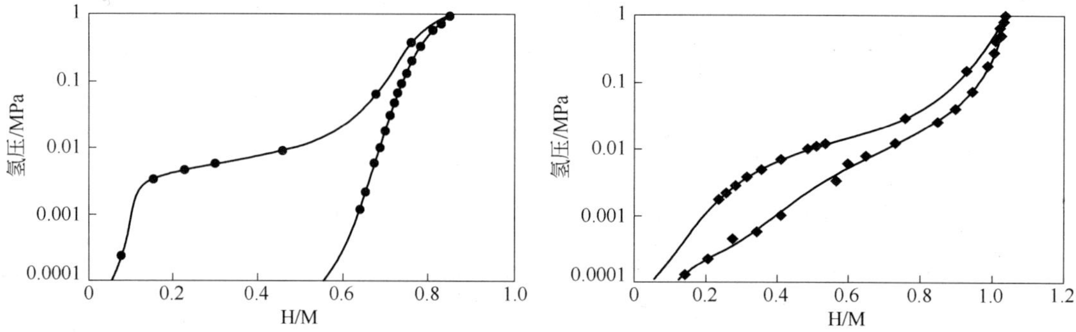

图4-84 $LaNi_3$ 和 $LaNi_{2.7}Al_{0.3}$ 的PCT曲线[166]

（a）$LaNi_3$；（b）$LaNi_{2.7}Al_{0.3}$

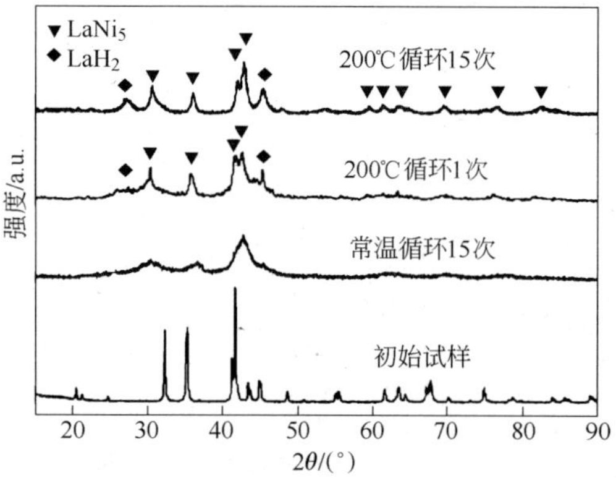

图4-85 $LaNi_3$ 合金5.5 MPa充氢循环XRD[166]

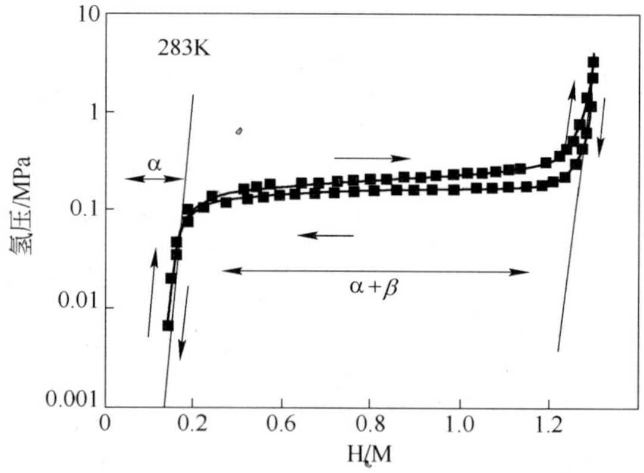

图4-86 $La_{0.65}Ca_{1.03}Mg_{1.32}Ni_9$ 合金PCT曲线[169]

对于不含Ca的 AB_3 型La－Mg－Ni体系，通过调整La/Mg比值，也可明显改变合金的吸放氢特性。图4-87显示的是 $La_xMg_{3-x}Ni_9$ 合金电化学测试的PCT曲线[170,171]。如图4-87a所示，随着La含量从 x = 1.0增加到2.0，合金吸放氢平台压明显地降低，其中放氢平台从0.25 MPa（2.5 atm）降到0.006 MPa（0.06 atm），平台变得更宽更平，有效氢量从H/M = 0.17

增加到 1.05。图 4-87(a)中 $x=1.0$ 即为上述的 $LaMg_2Ni_9$,可见其有效吸放氢量很少,平台高,不适宜用作电极合金。如图 4-87(b)所示,La 含量从 $x=1.6$ 增加到 2.0,平台压降低,合金贮氢量从 H/M＝0.751 增加到 1.03,La 含量进一步增加,贮氢量降低。表明富镧合金氢化物具有更低的晶胞体积,贮氢量更大,氢化物更稳定。但如果 La 含量过大,氢化物过于稳定,也会降低有效贮氢量,如图 4-87(b)中 $x=2.2$ 所示的情况。

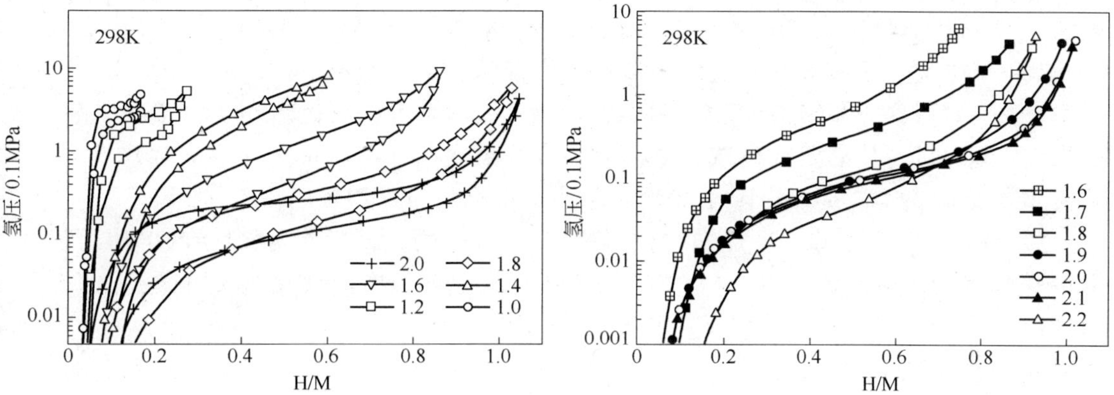

(a) (b)

图 4-87 $La_xMg_{3-x}Ni_9$ 合金电化学测试的 PCT 曲线[171]
(a) $1.0 \leqslant x \leqslant 2.0$; (b) $1.6 \leqslant x \leqslant 2.2$

4.5.2.2 La－Mg－Ni 系 AB_3 型贮氢合金的电化学性能

$LaNi_3$ 合金的放电曲线见图 4-88[167],$LaNi_3$ 合金的最大放电容量约 180mA·h/g,循环 20 次后的放电容量约 150mA·h/g,从放电曲线看,$LaNi_3$ 合金几乎没有放电电压平台,这与其吸放氢过程或充放电过程的非晶化现象有关。研究表明[166],在 $La(Ni_{0.9}M_{0.1})_3$ 中采用 Al、Mn、Fe、Cu、Sn、Si、Ni、V、Ta、Nb 及 Ti 部分取代 Ni,Ni 部分被 Al、Mn、Fe、Cu、Sn、Si 取代后的合金的最大放电容量增加,而采用 V、Ta、Nb 及 Ti 部分取代 Ni 后,合金的最大放电容量降低,结果见图 4-89。相比 $LaNi_3$、$La(Ni_{0.9}Al_{0.1})_3$ 和 $La(Ni_{0.9}Mn_{0.1})_3$ 合金的最大放电容量分别提高了 47% 和 33%。

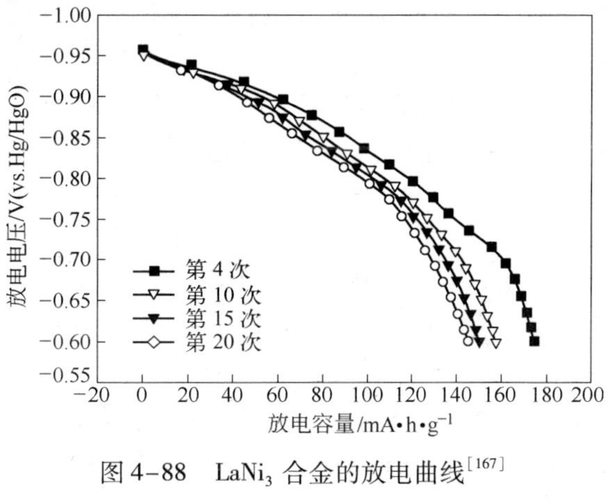

图 4-88 $LaNi_3$ 合金的放电曲线[167]

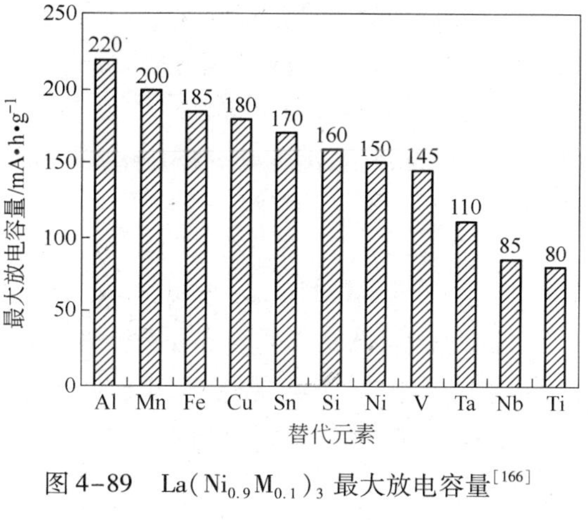

图 4-89 $La(Ni_{0.9}M_{0.1})_3$ 最大放电容量[166]

上述 $LaMg_2Ni_9$ 合金的吸氢量只有 0.33%，其最大放电容量约 68 mA · h/g，通过元素替代多元合金化的方法，可以改善这类结构的三元合金的电化学性能。陈军等[172]研究表明，通过 Ca 替代 $LaMg_2Ni_9$ 中的一个 Mg 原子形成的 $LaCaMgNi_9$ 合金，其电化学容量可达到 356 mA · h/g，高于现有的 AB_5 型贮氢合金(320 mA · h/g)，更明显高于 $LaMg_2Ni_9$ 合金的放电容量。在含 Ca 的 $(La,Ca)(Mg,Ca)_2Ni_9$ 合金晶体结构中的 Mg－Ni 及 Ni－Ni 原子间的距离要明显大于原有的三元合金，意味着合金中拥有较大的可以容纳氢原子的四面体和八面体空隙，从而有效地提高了贮氢容量。合金 $LaMg_2Ni_9$、$CaMg_2Ni_9$、$(La,Ca)(Mg,Ca)_2Ni_9$ 和 $(Y,Ca)(Mg,Ca)_2Ni_9$ 等合金吸氢后的氢化物能保持初始合金的 $PuNi_3$ 型结构，这与 $LaNi_3$ 二元合金吸氢后形成非晶态氢化物不同，说明适当的元素替代可以消除 AB_3 型合金的氢致非晶化问题。进一步的研究发现，$LaCaMgNi_9$ 合金每次循环的容量衰退率为 0.91%，而 Al 替代部分 Ni 后的 $LaCaMgNi_6Al_3$ 合金的容量衰退率降低到 0.24%。

对于 AB_3 型 La－Mg－Ni 体系，通过调整 La/Mg 比值，可明显改变合金的电化学特性。图 4-90 显示的是 $La_xMg_{3-x}Ni_9$ 合金常温第四次循环后的放电曲线及充放电循环曲线[171]。如图 4-90(a)所示，所有合金都存在明显的放电电压平台，这与 $LaNi_3$ 合金(图 4-88)明显不同，说明 Mg 的加入明显抑制了合金的非晶化过程。当 La 含量 $x=1.0\sim2.1$，合金的最大放电容量都超过 380 mA · h/g，$x=2$ 时最大放电容量达到 398 mA · h/g，但当 $x=2.2$ 时，不仅放电容量降低，放电平台电压也降低了。如图 4-90(b)所示，计算发现当 La 含量 $x=1.6\sim2.1$，采用 100 mA/g 循环 100 次的放电容量保持率基本稳定在 60% ~64%，而当 $x=2.2$ 时的放电容量保持率为 56%。放电容量降低的主要原因被认为是在充放电过程中，合金表面生成了 $La(OH)_3$ 和 $Mg(OH)_2$，一方面减弱了合金表面电催化能力，降低了氢原子通过表面的进出，另一方面 La 和 Mg 的消耗也会降低有效活性物质量，降低其有效容量。除 $x=1.6$ 外，所有合金充放电体积膨胀率都约为 24%。上述作用随着充放电过程伴随的合金胀缩与粉化而加剧。从应用的角度看，这些合金的循环衰减还是过快了。

在上述电化学性能相对最好的 La_2MgNi_9 合金基础上，可通过 B 侧元素替代进一步改善循环稳定性。$La_2Mg(Ni_{0.95}M_{0.05})_9$(M = Al, Co, Cu, Fe, Mn, Sn)合金的 100 mA/g 充放电循环曲线见图 4-91[173]。相对于 La_2MgNi_9 合金(图中标注 Ni 的曲线)，Co 替代部分 Ni 后，循环 100 次的放电容量保持率有一定提高，采用 Cu 部分替代 Ni 后最大放电容量有一定降低，约为 370 mA · h/g，但容量保持率是最好的，其余元素 Fe、Mn、Sn、Al 的添加效果不好，特别是 Al，明显降低了合金的放电容量。虽然 B 侧改性改善了循环稳定性，但合金的衰减仍然较快。关于 Co、Mn、Al 添加量变化的研究介绍如下。

$La_{0.67}Mg_{0.33}Ni_{3.0-x}Co_x$ 合金中 Co 替代部分 Ni 的作用研究表明(表 4-22)[174]，Co 的添加对合金活化性能几乎没有影响，随着 Co 增加，合金的高倍率性能不断提高，最大放电容量先增加后降低，但放电容量变化不大。除 $x=0.75$，其余的添加量对合金循环稳定性反而不利。不同学者对同一成分合金 $La_{0.67}Mg_{0.33}Ni_{3.0-x}Co_x$($x=0\sim1.5$)的研究结果表明(表 4-23)[175]，随着 Co 添加量增加，合金晶胞体积增大，氢化物稳定性增加，氢化过程体积膨胀率降低，活化性能降低，充放电循环过程容量保持率不断提高，最大放电容量变化规律同上，最大放电容量达到 405 mA · h/g($x=0.6$)。随着 Co 添加量增加，高倍率放电性能明显降低，$x\leqslant0.6$ 时的缓慢降低与电荷转移过程的电催化活性降低有关，而 $x>0.6$ 的快速降低与氢扩散能力降低有关。二者对同一成分 $La_{0.67}Mg_{0.33}Ni_{3.0}$ 中 Co 的影响

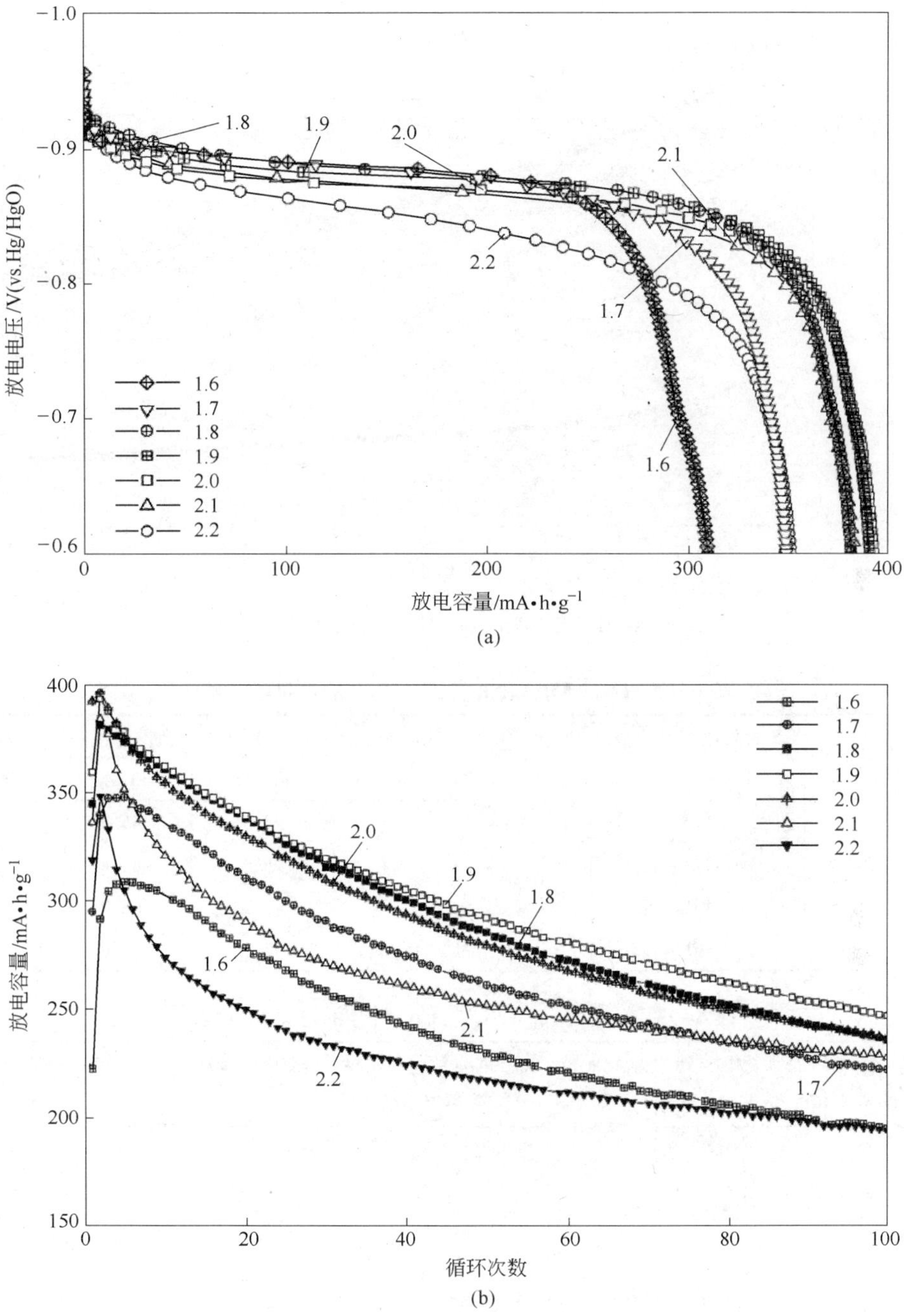

图 4-90 $La_xMg_{3-x}Ni_9$ 合金的放电及循环曲线[171]

（a）合金放电曲线；（b）合金循环曲线

规律出现差异，应该归结为在合金制备过程中对成分与组织结构的控制上的差异。罗永春等[176]研究的含钴的 $La_{0.67}Mg_{0.33}Ni_{2.5}Co_{0.5}$ 合金的最大放电容量为 416 mA · h/g，经 50 次循环后容量为 311 mA · h/g，容量衰减率为 17%，1200 mA/g 电流密度下可放电 285 mA · h/g。

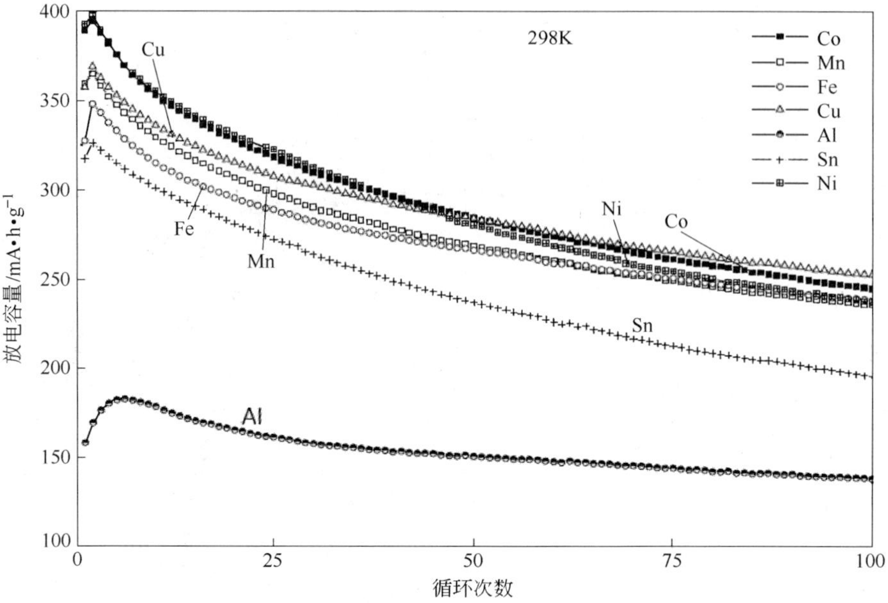

图 4-91 $La_2Mg(Ni_{0.95}M_{0.05})_9$ 循环曲线[173]

表 4-22 $La_{0.67}Mg_{0.33}Ni_{3.0-x}Co_x$ 合金的电化学性能[174]

x	活化次数 N_a	最大放电容量 C_{max} /mA · h · g⁻¹	70 次循环容量保持率 S_{70} /%	不同放电电流的高倍率性能 *HRD*/%		
				600 mA/g	600 mA/g	900 mA/g
0.0	2	392	62	94.6	85.5	72.6
0.25	2	398	57	95.3	86.8	74.6
0.50	2	404	58	97.7	88.9	76.1
0.75	2	391	71	97.3	91.6	81.5

表 4-23 $La_{0.67}Mg_{0.33}Ni_{3.0-x}Co_x$ 合金的电化学性能[175]

x	贮氢量 H/M	最大放电容量 C_{max}/mA · h · g⁻¹	活化次数 N_a	800 mA/g 放电高倍率性能 HRD_{800}/%	交换电流密度 I_0 /mA · g⁻¹	100 次循环容量保持率 S_{100}/%
0.0	1.03	400	2	72.8	88.5	60.2
0.3	1.04	403	3	70.3	81.4	68.0
0.6	1.05	405	3	64.2	72.1	69.3
0.9	1.06	394	3	52.6	60.2	70.5
1.2	1.05	349	10	42.2	53.1	74.1
1.5	0.99	328	17	24.5	49.4	87.9

文献[177]研究了 $La_2Mg(Ni_{0.8-x}Co_{0.2}Al_x)_9$($x=0\sim0.03$)合金中 Al 替代 Ni 的作用，研究发现所有合金组织均由 $PuNi_3$ 结构的主相和$(La,Mg)_2Ni_7$第二相组成，Al 的增加导致晶胞体积最大、氢化物稳定性提高，晶胞体积膨胀率降低。电化学性能研究发现(表4-24)，随着 Al 添加量增加，放电容量及高倍率性能降低，循环稳定性提高。$x=0.02$ 即 $La_2Mg(Ni_{0.78}Co_{0.2}Al_{0.02})_9$合金最大放电容量达到 375.9 mA · h/g ，其 150 次循环的容量保持率达到

77.8%，但 800mA/g 放电的高倍率性能很差，仅为 8.3%，其原因与添加 Al 导致电极反应的电催化性能恶化与低的氢的扩散速率有关。

表 4-24 $La_2Mg(Ni_{0.8-x}Co_{0.2}Al_x)_9$合金的电化学性能[177]

x	最大放电容量 C_{max} /mA·h·g^{-1}	活化次数 N_a	800mA/g 放电高倍率性能 HRD_{800}/%	150 次循环容量保持率 S_{150}/%
0.00	404.5	3	64.2	62.4
0.01	387.5	3	20.8	69.8
0.02	375.9	3	8.3	77.8
0.03	360.9	3	10.7	62.2

文献[178]采用快速凝固方法研究了 $La_{0.5}Ce_{0.2}Mg_{0.3}Co_{0.4}Ni_{2.6-x}Mn_x$（$x=0,0.1,0.2,0.3,0.4$）合金的组织结构与电化学性能。合金主要由（La，Mg）Ni_3 和 $LaNi_5$ 以及少量的 LaNi 相组成。在甩带速度为 5m/s 时，Mn 的加入使合金放电容量从 371mA·h/g（$x=0$）增加到 385mA·h/g（$x=0.2$），之后降低到大约 365mA·h/g（$x=0.4$），高倍率性能（600mA/g 放电）随 Mn 添加量增加而提高，大约从 73%（$x=0$）增加到 84%（$x=0.4$），循环稳定性（100mA/g充放电）随 Mn 添加量增加而降低，100 次充放电循环后大约从 68%（$x=0$）降低到 63%（$x=0$）。在甩带速度为 30m/s 时，100 次充放电循环后大约从 84%（$x=0$）降低到 78%（$x=0$）。从该相研究看来，适量添加 Mn 有利于提高放电容量和高倍率性能，但添加 Mn 对循环稳定性不利。

罗永春等[179]采用 Ce、Pr 和 Nd 少量混合稀土部分替代 La，采用感应熔炼及高温退火工艺（1123K，10h）制备（$La_{0.7}Ce_{0.1}Pr_xNd_{0.2-x}$）$_{0.67}Mg_{0.33}Ni_{3.0}$（$x=0,0.1,0.2$）系列贮氢合金，研究了混合稀土金属的作用。结果表明，与 $La_{0.67}Mg_{0.33}Ni_{3.0}$合金相比较，混合稀土元素加入后对合金的相组成没有本质影响，合金微观组织由主相 $PuNi_3$ 型结构与 $LaMgNi_4$ 第二相组成；随着混合稀土加入和 Pr 含量 x 的增加，$PuNi_3$ 型相晶体结构的晶胞体积和 a 轴减小，但 c 轴及轴比 c/a 增大。从表 4-25 合金的电化学性能测试结果可以看出，用混合稀土 Ce、Pr 和 Nd 少量替代 La 后均能明显改善合金的综合电化学性能，合金的电化学容量与 $La_{0.67}Mg_{0.33}Ni_{3.0}$合金（392.0mA·h/g）比较虽略有下降，但随 Pr 含量 x 的增加，混合稀土合金电极容量有所提高（384mA·h/g）；经 100 次循环后，混合稀土合金电极容量保持率从 $La_{0.67}Mg_{0.33}Ni_{3.0}$合金时的 64% 提高到 82%～83%，其高倍率放电性能则从 78.4% 提高到了 89%～91%。

表 4-25 （$La_{0.7}Ce_{0.1}Pr_xNd_{0.2-x}$）$_{0.67}Mg_{0.33}Ni_{3.0}$（$x=0,0.1,0.2$）合金的电化学性能[179]

合　金	最大放电容量 /mA·h·g^{-1}	100 次循环容量保持率 /%	900mA/g 放电高倍率性能 /%
$(La_{0.7}Ce_{0.1}Nd_{0.2})_{0.67}Mg_{0.33}Ni_3$	377.2	82.8	89.4
$(La_{0.7}Ce_{0.1}Pr_{0.1}Nd_{0.1})_{0.67}Mg_{0.33}Ni_3$	379.1	83.0	91.1
$(La_{0.7}Ce_{0.1}Pr_{0.2})_{0.67}Mg_{0.33}Ni_3$	384.0	82.6	90.1
$La_{0.67}Mg_{0.33}Ni_{3.0}$	392.0	64.0	78.4

关于 AB_3 型的 La－Y－Ni 系贮氢合金，如 LaY_2Ni_9 合金，因其吸放氢滞后严重，放氢压力很低，目前还存在难度[38]。

4.5.3 La－Mg－Ni 系 A_2B_7 型贮氢合金

4.5.3.1 La－Mg－Ni 系 A_2B_7 型贮氢合金气固贮氢性能

图 4-92 是 La－Ni 二元合金形成的化合物在 298K 时的贮氢量与平衡氢压的关系[152]，可以看出 La_2Ni_7 在 298 K 时的贮氢量高于 $LaNi_5$、低于 $LaNi_3$ 和 $LaNi_{2.28}$ 等，平衡氢压低于 $LaNi_5$、高于 $LaNi_3$ 和 $LaNi_{2.28}$ 等。并且发现，La_2Ni_7 在 250℃，5～10 MPa（50～100 atm）下吸氢后形成非晶态氢化物 $La_2Ni_7H_{10}$。但氢化温度超过 100℃时促进了氢化物的分解。图 4-93 是 La_2Ni_7 二元合金在 298 K 时的吸放氢 PCT 曲线[180]，相对于 $LaNi_3$ 合金（图 4-84a），其吸放氢滞后明显减小，吸放氢过程都存在平台特征，贮氢量很少，不超过 0.5%。对于 La_2Ni_7 合金，吸放氢平台特征随着循环次数的增加一般会弱化。图 4-94 的 La_2Ni_7 合金经过 1153 K，240 h 及低温相稳定技术处理[181]，相的单一性很高，其合金放氢 PCT 表现出明显的平台特征。La_2Ni_7 合金的平台压大于 0.1 MPa（1 atm），且平台宽度窄，在 H/M≈0.4 和 H/M≈0.9 之间。图 4-93 和图 4-94 出现的差异，应该源于该合金包晶反应的不完全性，测试电化学容量应该不大。

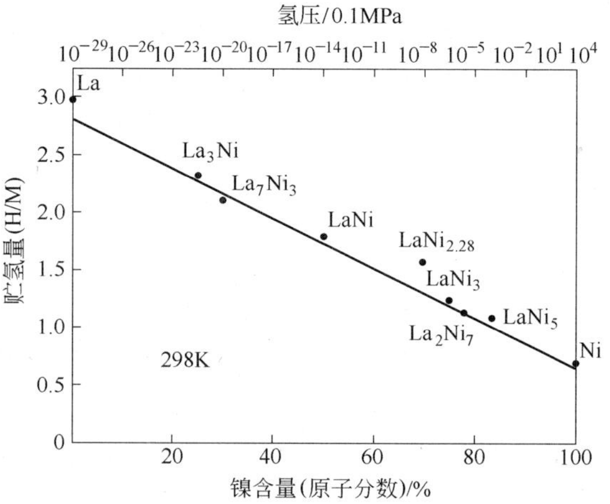

图 4-92 La－Ni 合金贮氢量与氢压[152]

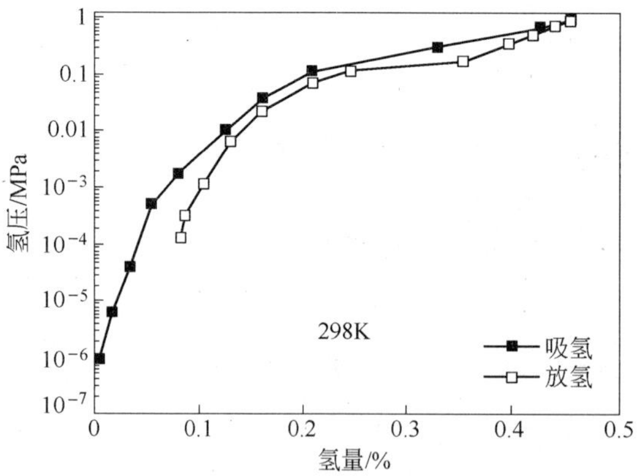

图 4-93 La_2Ni_7 合金吸放氢 PCT[180]

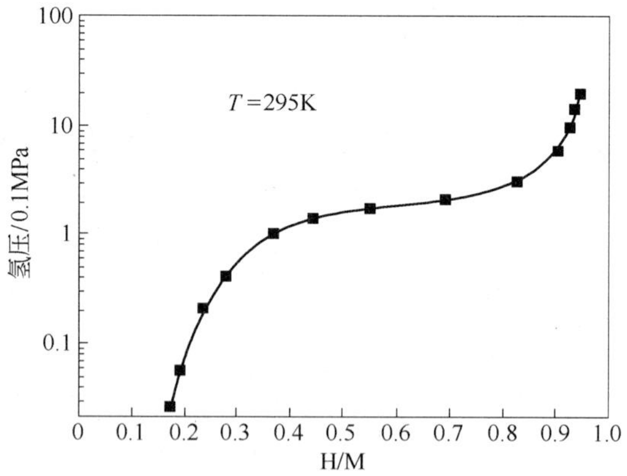

图 4-94 La_2Ni_7 的放氢 PCT[181]

图 4-95 是采用电化学法测试的 $La_{2-x}Mg_xNi_7$（x=0.3～0.6）合金的 PCT 曲线[150]，相对于图 4-93 中的 La_2Ni_7 的吸放氢特性，添加 Mg 的合金贮氢量明显增加，其中 $La_{1.5}Mg_{0.5}Ni_7$ 合金贮氢量 H/M 约等于 1.1，折算成质量贮氢量超过 1.4%，而 La_2Ni_7 本身不超过 0.5%。从

图 4-95 中还看出，对于 $x=0.3$ 和 $x=0.4$ 合金，其 PCT 曲线上存在 a 和 b 两个特征段，这是由于合金中存在两种相造成的。b 段与合金中的 $LaNi_5$ 相相关，有明显的 0.1～0.2 MPa（1～2 atm）的吸放氢平台，a 段与 $(La,Mg)_2Ni_7$ 相相关。对 $x=0.3$ 合金，由于非晶化的作用（Mg 添加量不足），a 段没有明显的平台，且其较多的 $LaNi_5$ 相使其 b 段平台比 $x=0.4$ 的合金要宽。当 $x=0.5$ 和 $x=0.6$ 时，$LaNi_5$ 相引起的 b 段已经消失，$(La,Mg)_2Ni_7$ 相平台变得清晰并宽化。随着 Mg 添加量增加，$(La,Mg)_2Ni_7$ 的平台压逐渐增加，且滞后逐渐减小。Mg 通过减小晶胞体积实现调控氢化物稳定性及吸放氢可逆性。

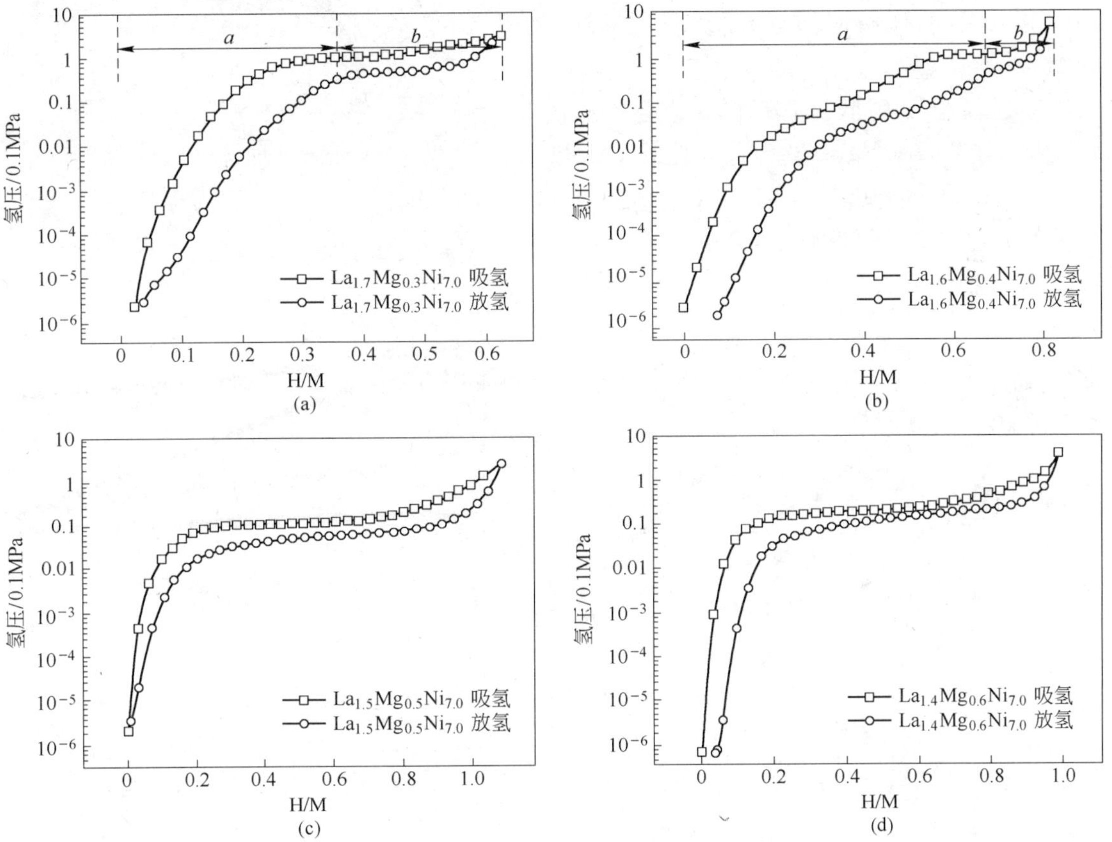

图 4-95　电化学法测试的 $La_{2-x}Mg_xNi_7$（$x=0.3$～0.6）合金的 PCT 曲线（293 K）[150]

图 4-96 是 $La_{1.5}Mg_{0.5}Ni_7$ 合金在不同温度下的 PCT 曲线[182]，$La_{1.5}Mg_{0.5}Ni_7$ 合金吸放氢过程出现明显的平台，其平台区宽度大约在 $H/La_{1.5}Mg_{0.5}Ni_7\approx1$～8 之间，但平台平整度并不高，且随温度升高变得更加倾斜，吸放氢滞后较大，$d_{吸}/d_{放}$ 比值大约等于 1.4，氢化物生成焓 ΔH 大约为 －15.77 kJ/mol。该实验得出的 $La_{1.5}Mg_{0.5}Ni_7$ 合金的吸放氢特性看起来不如图 4-94 中的结果。

4.5.3.2　La－Mg－Ni 系 A_2B_7 型贮氢合金的电化学性能

图 4-97 是 La－Ni 二元体系的放电曲线[183]，可以看出，单纯的非 AB_5 型的 La－Ni 二元化合物的最大放电容量都不高，远不如 $LaNi_5$ 合金，最高的是 La_2Ni_7，约 240 mA · h/g，随

着 La 的相对含量增加，放电容量逐渐降低，这与非 AB_5 合金的非晶化现象等有关。图 4－98 是 $La_{2-x}Mg_xNi_7$（$x=0.3\sim0.6$）在 293 K 时充放电循环曲线[150]，La_2Ni_7 中适当添加 Mg 代替部分 La 后，放电容量明显提高，如 $La_{1.5}Mg_{0.5}Ni_7$ 合金的最大放电容量约 390 mA · h/g，充放电循环 70 次后容量保持率为 86%。该研究结果难以理解的是 $La_{1.5}Mg_{0.5}Ni_7$ 和 $La_{1.4}Mg_{0.6}Ni_7$ 合金之间的 Mg 含量相差很小，但循环稳定性相差很大。一般来说，含 Mg的 A_2B_7 型贮氢合金的放电容量比含 Mg 的 AB_3 型贮氢合金稍低，但其循环稳定性却优于 AB_3 型。对于（La，Mg）Ni_3 合金最佳的 La/Mg 比值是 2∶1，即 La_2MgNi_9 贮氢合金，而对于（La，Mg）$_2Ni_7$ 合金的最佳 La/Mg 比值是3∶1，即 $La_{1.5}Mg_{0.5}Ni_7$。

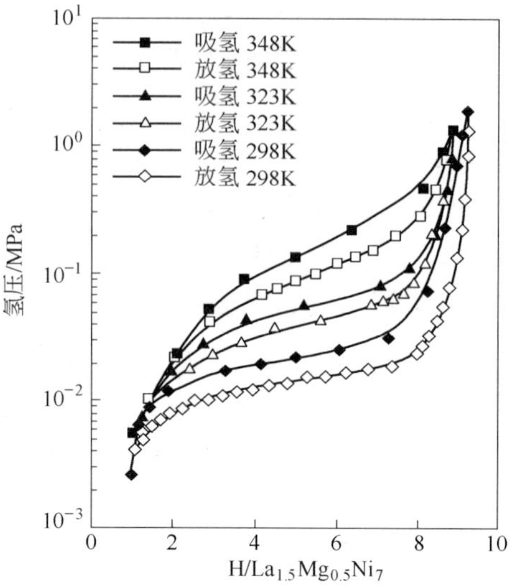

图 4－96 $La_{1.5}Mg_{0.5}Ni_7$ 不同温度 PCT 曲线[182]

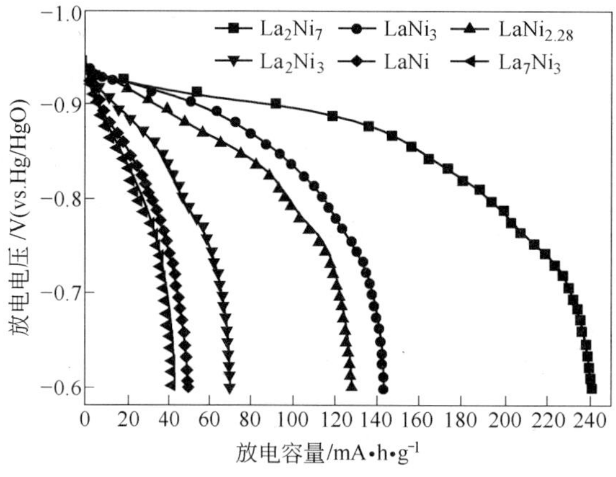

图 4－97 La－Ni 二元合金放电曲线[183]

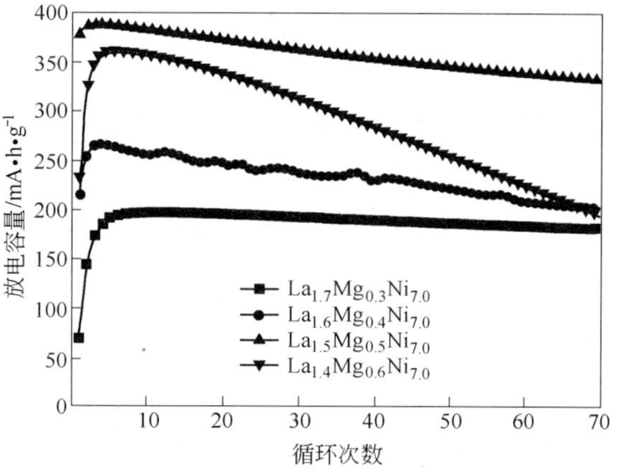

图 4－98 $La_{2-x}Mg_xNi_7$ 的循环曲线[150]

Co 添加到 $La_{0.7}Mg_{0.3}Ni_{3.4}Mn_{0.1}$ 合金中，合金中的（La，Mg）Ni_3 和 $LaNi_5$ 的 a 和 c 轴都增加，晶胞体积变大，平台压有一定程度降低和倾斜，Co 添加量适度可提高贮氢量[184]。图 4－99是 $La_{0.7}Mg_{0.3}Ni_{3.4-x}Mn_{0.1}Co_x$（$x=0, 0.75, 1.3$）合金 60 mA/g 的充放电循环曲线[185]，$La_{0.7}Mg_{0.3}Ni_{3.4}Mn_{0.1}$（$x=0$）、$La_{0.7}Mg_{0.3}Ni_{2.65}Mn_{0.1}Co_{0.75}$（$x=0.75$）及 $La_{0.7}Mg_{0.3}Ni_{2.1}Mn_{0.1}Co_{1.3}$（$x=1.3$）三种合金的最大放电容量分别为 398 mA · h/g、403 mA · h/g 和 386 mA · h/g，Co 替代部分 Ni 并没有明显降低合金放电容量，适度添加还可提高放电容量，添加 Co 使合金的循环稳定性得到明显改善，90 次循环后的容量保持率分别为 26%、37% 和 61%。合金充放电变成氢化物后，$La_{0.7}Mg_{0.3}Ni_{3.4}Mn_{0.1}$（$x=0$）中的（La，Mg）$Ni_3$ 和 $LaNi_5$ 相变成氢化物后的体积膨胀率分别为 21.6% 和 22.4%，对应地，$La_{0.7}Mg_{0.3}Ni_{2.65}Mn_{0.1}Co_{0.75}$（$x=0.75$）中的分别为 18.7% 和 19.4%，$La_{0.7}Mg_{0.3}Ni_{2.1}Mn_{0.1}Co_{1.3}$（$x=1.3$）中的分别为 16.6% 和 13.8%，采用 Co 部分替代 Ni 时合金充放电过程的体积胀缩减小是循环稳定性改善的主要原因。体积膨

胀小，合金粉化就小，合金在碱液中的腐蚀也会小。$La_{0.7}Mg_{0.3}Ni_{2.1}Mn_{0.1}Co_{1.3}$ 合金虽然循环稳定性最好，90 次循环容量衰减约 40% 也是比较大的，且含 Co 量高，合金成本高。考虑到成本，对含 Co 量适中的 $La_{0.7}Mg_{0.3}Ni_{2.65}Mn_{0.1}Co_{0.75}$ 的关注更高。

另一项关于 Co 的作用的研究表明[186]，与图 4-99 的结果不同，Co 的添加并没有改善而是恶化了合金的循环稳定性（图 4-100）。经 1123～1223K 退火的 $La_{1.6}Mg_{0.4}Ni_{7-x}Co_x$（$x$ = 0～1.8）合金的主相结构为 Ce_2Ni_7 型，还含有少量 $LaNi_5$ 和 $PuNi_3$ 型第二相。XRD 和中子衍射分析表明，Mg 原子仅仅位于 Laves 结构单元中，Co 原子仅仅位于 $CaCu_5$ 结构单元中。随着 Co 含量增加，晶格参数和晶胞体积增加，氢化物变得更加稳定。所有合金的最大放电容量都大于 390 mA · h/g，且只需要三次即可活化。但是，循环稳定性却随 Co 含量增加有一定的降低，作者将此原因归结于 Co 原子仅仅分布在 $CaCu_5$ 结构单元中，从而引起晶格膨胀不均匀造成的。

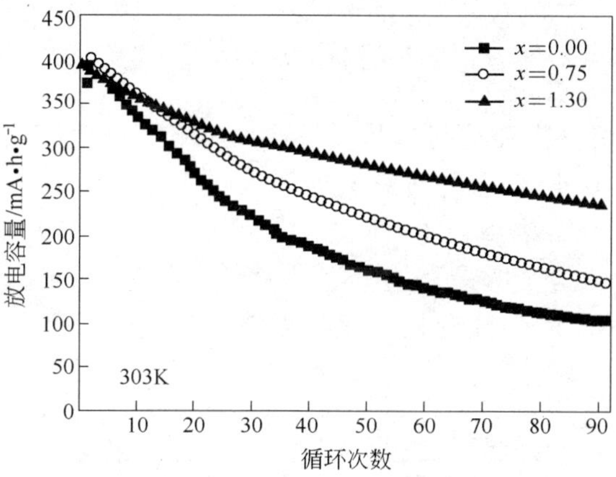

图 4-99 $La_{0.7}Mg_{0.3}Ni_{3.4-x}Mn_{0.1}Co_x$ 循环曲线[185]

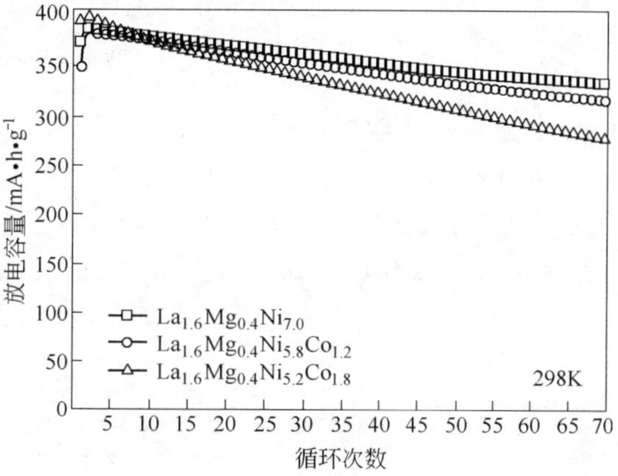

图 4-100 $La_{1.6}Mg_{0.4}Ni_{7-x}Co_x$ 合金循环曲线[186]

关于 Al 的影响，潘红革等[187]研究 $La_{0.7}Mg_{0.3}Ni_{2.65-x}Mn_{0.1}Co_{0.75}Al_x$（$x$ = 0～0.5）合金发现，添加 Al 可明显改善合金的循环稳定性，但其最大放电容量及高倍率性能降低，电化学反应动力学性能恶化，原因被归结为由于合金颗粒表面存在含 Al 的氧化膜，致使表面电荷转移阻抗增大及氢扩散能力的降低。合适的添加量约 0.2～0.3。同一研究对 Al 改善循环稳定性的原因进行了更加详细的探索[188,189]，图 4-101 出示了 $La_{0.7}Mg_{0.3}Ni_{2.65}Co_{0.75}Mn_{0.1}$ 和含 Al 的 $La_{0.7}Mg_{0.3}Ni_{2.35}Co_{0.75}Mn_{0.1}Al_{0.3}$ 合金的充放电循环曲线，含 Al 的 $La_{0.7}Mg_{0.3}Ni_{2.35}Co_{0.75}Mn_{0.1}Al_{0.3}$ 合金循环 100 次的容量保持率为 74%，而不含 Al 的仅为 32%，Al 改善循环稳定性归结于两个因素：其一是 Al 减缓了循环过程中合金颗粒的粉化速度，其二是合金颗粒表面致密的 Al 氧化物膜可增强合金耐碱液腐蚀能力。在 $La_{0.7}Mg_{0.3}Ni_{2.75}Co_{0.75-x}Al_x$（$x$ = 0～0.4）中用 Al 代替部分 Co，可以有效地改善合金的循环稳定性，但却降低了合金的放电容量。

$La_{0.4}Ce_{0.3}Mg_{0.3}Ni_{2.975-x}Mn_xCo_{0.525}$（$x$ = 0.1～0.4）的研究表明，随着 Mn 含量的增加[190]，$La(La,Mg)_2Ni_9$ 相比例降低，$LaNi_5$ 相比例增加，二者的晶格参数及晶胞体积都增大；贮氢量变化不大，但平台压较明显降低。从表 4-26 可以看出合金的电化学性能与 Mn 添加量的关系，随着 Mn 含量增加，最大放电容量与活化性能得到改善，循环稳定性降低（60 mA/g 充放），高倍率性能规律不明显。估计是由于 A 侧部分 La 被 Ce 替代，使合金整体的容量不高。当 x =

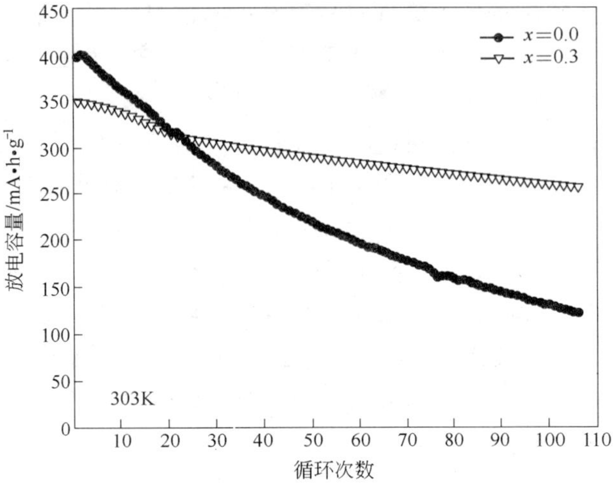

图 4-101 $La_{0.7}Mg_{0.3}Ni_{2.65-x}Co_{0.75}Mn_{0.1}Al_x$ 循环曲线[188]

0.1,合金容量只有 184 mA·h/g,当 $x=0.4$ 时的最大放电容量仅与高容量的 AB_5 型合金相当。另一项针对 $La_{0.7}Mg_{0.3}Ni_{2.975-x}Co_{0.525}Mn_x$($x=0\sim0.4$)合金的研究发现[191],$x=0.3$ 时合金具有最大的放电容量(356 mA·h/g)和最好的高倍率放电性能(1200 mA/g 放电达到 81.5%),而 $x=0.0$ 的合金 $La_{0.7}Mg_{0.3}Ni_{2.975}Co_{0.525}$ 合金的最大放电容量为337.6 mA·h/g,高于含 Ce 的 $La_{0.4}Ce_{0.3}Mg_{0.3}Ni_{2.975-x}Mn_xCo_{0.525}$ 合金,综合分析其电化学性能不如 AB_5 型贮氢合金。

表 4-26 $La_{0.4}Ce_{0.3}Mg_{0.3}Ni_{2.975-x}Mn_xCo_{0.525}$ 的电化学性能[190]

x	最大放电容量 /mA·h·g^{-1}	活化次数	循环 100 次容量衰减率 /mA·h·(g·次)$^{-1}$	1000 mA/g 放电高倍率性能 /%
0.1	183.5	5	0.44	65.6
0.2	242.6	3	1.02	70.9
0.3	296.7	3	1.39	74.9
0.4	334.6	2	1.45	63.2

$La_{0.8-x}Ce_xMg_{0.2}Ni_{3.5}$($x=0,0.05,0.10,0.15,0.20$)合金的研究表明[192],合金主要由 $(La,Mg)_2Ni_7$ 相和 $LaNi_5$ 相组成。随着 Ce 含量增加,$(La,Mg)_2Ni_7$ 相丰度减少,$LaNi_5$ 相丰度增加,晶格参数及晶胞体积均减少。随着 Ce 含量的增加,合金放氢平台区域变窄,平台压力升高,合金中各组成相单胞体积的减小是其主要原因。随着 Ce 含量的增加,合金常温最大放电容量逐渐减小但循环稳定性有一定改善(图 4-102)。同时发现合金低温(233 K)下的最大放电容量随着 Ce 含量增加呈先增大后减小变化规律,合金的低温高倍率放电性能以及交换电流密度均随 Ce 含量的增加而增加,但氢扩散系数随着 Ce 含量的增加而减小。此外研究发现[193],随着 Ce 含量增加,合金的高倍率放电性能及高温(333 K)下的循环稳定性得到改善。总体上,Ce 不能加入太多,Ce 的过量加入对合金容量损害较大。

$La_{0.8-x}Nd_xMg_{0.2}Ni_{3.1}Co_{0.25}Al_{0.15}$($x=0.0\sim0.4$)合金的研究表明[194],合金主要由 $(La,Mg)_2Ni_7$ 相和 $LaNi_5$ 相组成,随着 Nd 含量增加,$(La,Mg)_2Ni_7$ 相丰度减少,$LaNi_5$ 相丰度增

加，晶格参数及晶胞体积均减少。随着 Nd 含量增加，合金常温最大放电容量逐渐减小但循环稳定性有一定改善（图 4-103），循环衰减率降低（图 4-103 中插图），高倍率放电性能呈先增加后降低趋势。在 233 K 低温下，一定量的 Nd 可以改善其放电性能，放电容量从 188 mA · h/g（$x=0.0$）增加到 201 mA · h/g（$x=0.1$）。考虑到常温及低温，Nd 最佳添加量约为 $x=0.1$。

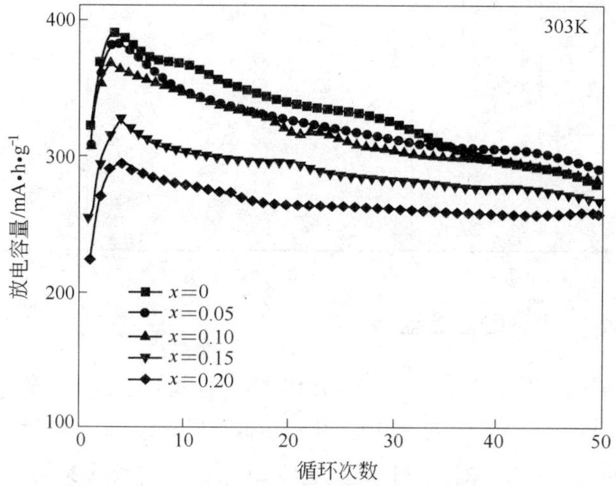

图 4-102 $La_{0.8-x}Ce_xMg_{0.2}Ni_{3.5}$ 循环曲线[192]

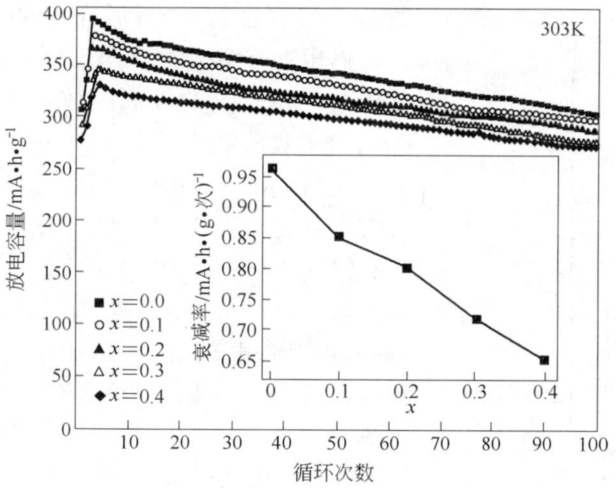

图 4-103 $La_{0.8-x}Nd_xMg_{0.2}Ni_{3.1}Co_{0.25}Al_{0.15}$ 循环曲线[194]

$La_{0.7-x}Pr_xMg_{0.3}Ni_{2.45}Co_{0.75}Mn_{0.1}Al_{0.2}$（$x=0.00 \sim 0.30$）的研究表明[195]，所有合金均由 (La, Mg)Ni_3 和 $LaNi_5$ 相组成。随着 Pr 含量增加，(La, Mg)Ni_3 和 $LaNi_5$ 相的晶格参数及晶胞体积均减小，(La, Mg)Ni_3 含量减少，而 $LaNi_5$ 相含量增加。表 4-27 列出了 $La_{0.7-x}Pr_xMg_{0.3}Ni_{2.45}Co_{0.75}Mn_{0.1}Al_{0.2}$ 合金的电化学性能与 Pr 含量的关系。可以看出，合金的最大放电容量从 366 mA · h/g（$x=0.00$）降低到 347 mA · h/g（$x=0.30$），但合金的循环稳定性得到一定的改善，高倍率放电性能先增加后降低。合金的电化学动力学性能在 $x=0.15$ 时

最佳。

表 4-27 $La_{0.7-x}Pr_xMg_{0.3}Ni_{2.45}Co_{0.75}Mn_{0.1}Al_{0.2}$的电化学性能[195]

x	最大放电容量 /mA·h·g^{-1}	活化次数	80 次循环的容量保持率 /%	1000 mA/g 放电高倍率性能 /%
0.00	366.4	2	77.7	70.8
0.05	361.3	2	77.9	75.3
0.10	358.9	2	77.8	76.4
0.15	356.8	2	79.4	78.9
0.20	354.1	2	79.9	74.7
0.25	349.7	2	81.1	67.6
0.30	346.6	2	80.6	63.5

4.5.4 其他 La - Mg - Ni 系贮氢合金

除上述介绍的$LaNi_2$(或$LaNi_{2.286}$)、$LaNi_3$ 和 La_2Ni_7基贮氢合金之外,在 La - Ni 二元相图中,还存在一种La_5Ni_{19}($LaNi_{3.8}$)高温相(图 4-104)[196],La_5Ni_{19}相平衡条件下于1014℃通过包晶反应形成,大约在 920℃ 左右分解为 La_2Ni_7 和 $LaNi_5$,也就是 La_5Ni_{19}相在室温属于亚稳相。

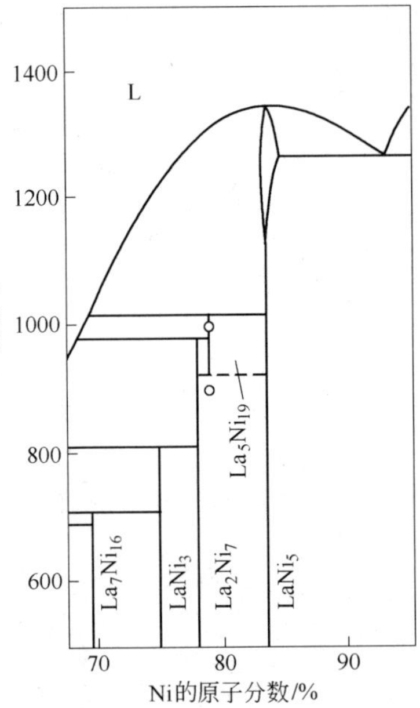

图 4-104 La - Ni 局部二元相图[196]

文献[149]采用感应电炉熔炼得到具有多相结构的 La_5Ni_{19}合金初锭,然后在 1000℃ 退火一周并快淬,获得单相六方结构的 La_5Ni_{19}合金,空间群为 $P6_3/mmc$。单相 La_5Ni_{19}合金的气固吸放氢 PCT 特性见图 4-105(a),合金吸放氢滞后不大,但平台较倾斜,中值平台压大约在 0.2 MPa(2 atm),298 K 及 1 MPa(10 atm)下的最大吸氢量约 1.4%,对应的电化学容量约为 375 mA·h/g,但在 0.0035 ~ 10 MPa(0.035 ~ 100 atm)之间的有效放氢量仅约 0.73%,实际在 0.001 ~ 0.1 MPa(0.01 ~ 1 atm)的开口电池条件下的估计电化学容量不会超过 50 mA·h/g,表明其吸放氢可逆性较差,存在非晶化趋势。

同非 AB_5 型合金通常加 Mg 抑制非晶化的技术措施一样,采用粉末冶金烧结的方法制备了 La_4MgNi_{19}合金,初始原料为 $LaNi_{4.8}$和 Mg_2Ni 粉末,混合均匀并压片后,在氩气保护下进行烧结,烧结温度为 900℃,烧结时间为 10 天,最好快速冷却到室温。结构分析发现,与 La_5Ni_{19}合金不同,La_4MgNi_{19}合金存在两种同质异构相,两种相成分完全相同,但结构不同,一种为六方 Pr_5Co_{19}(2H)型结构,$P6_3/mmc$,另一种为菱方 Ce_5Co_{19}(3R)型结构,$R-3m$。这种同质异构相由三层 AB_5 和一层 AB_2 沿 c 轴堆垛而成。La_4MgNi_{19}合金的气固吸放氢 PCT 特性见图 4-105(b),合金吸放氢滞后很小,平台平整且平台宽度宽,α相区、α + β双相区及β相区很分明,吸氢中值平台压大约为 0.04 MPa(0.4 atm),放氢中值平台压大约为

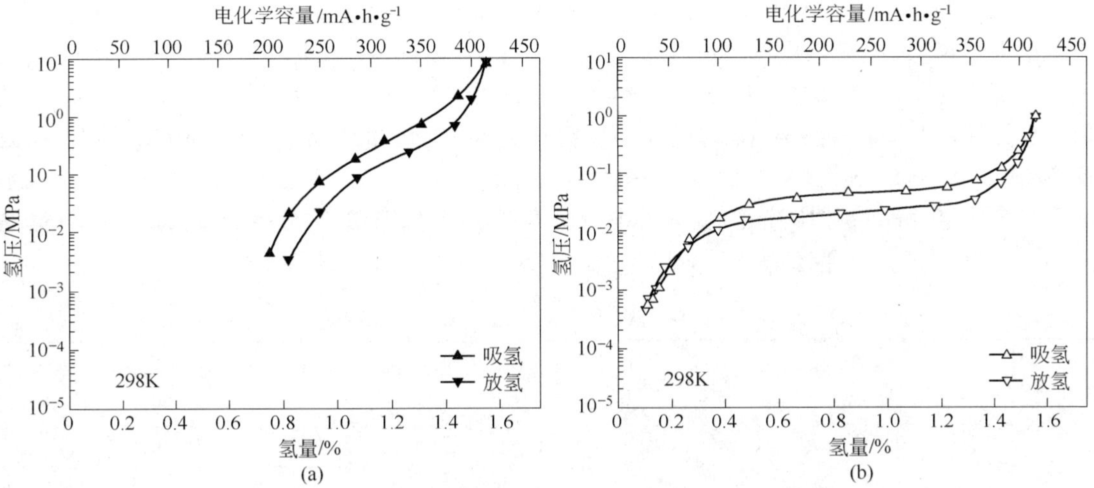

图 4–105 La_5Ni_{19} 和 La_4MgNi_{19} 合金的气固吸放氢 PCT 曲线[149]

(a) La_5Ni_{19}；(b) La_4MgNi_{19}

0.02 MPa(0.2 atm)，这种平台压适合作镍氢电池电极材料，合金在 298 K 时的最大吸氢量约 1.56%，对应的电化学容量约为 418 mA · h/g，在 0.001 ~0.1 MPa(0.01 ~1 atm)同样的窗口条件下的可逆电化学容量约340 mA · h/g。

图 4–106 显示了 La_5Ni_{19} 和 La_4MgNi_{19} 合金的充放电循环特性。对于 La_5Ni_{19}(图 4–106a)，采用 90 mA/g 电流密度进行充放，第 1 次放电达到其最大放电容量(约 50 mA · h/g)，循环过程中放电容量几乎不变。对于 La_4MgNi_{19}(图 4–106b)，35 mA/g 充电、70 mA/g 放电，第 4 次放电达到其最大放电容量(约 340 mA · h/g)，在 11 次循环过程内放电容量几乎不衰减，见图 4–106(b) 中插图，循环寿命采用 350 mA/g 充放电，但放电容量采用 0.2C 测试，循环 280 次后，放电容量衰减到 123 mA · h/g。

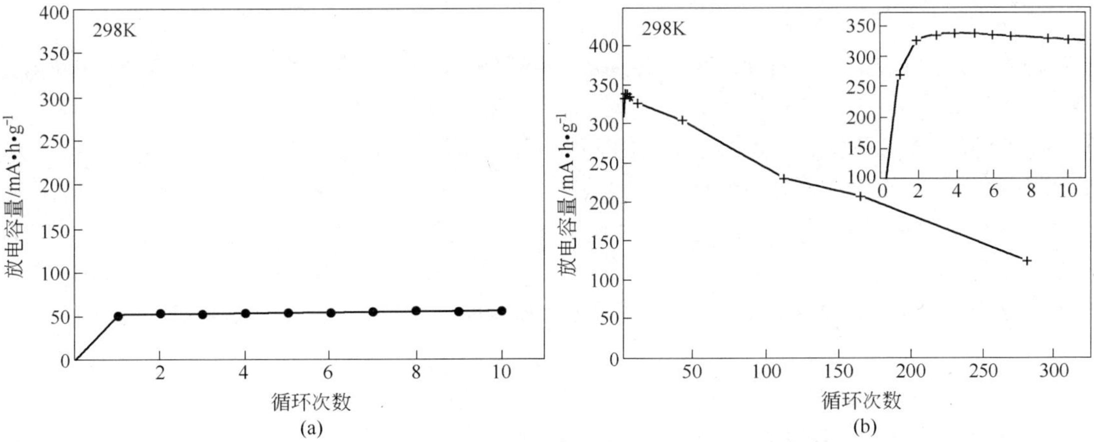

图 4–106 La_5Ni_{19} 和 La_4MgNi_{19} 合金的充放电循环曲线[149]

(a) La_5Ni_{19}；(b) La_4MgNi_{19}

文献[197]研究了 La_5Ni_{19} 系贮氢合金的组织结构与电化学性能，$La_{4-x}Pr_xMgNi_{19}$ ($x = 0$ ~ 2.0)合金采用 0.2 MPa 高纯氩气下的高频感应熔炼，水冷铜模铸造，之后在 0.3 MPa 高纯氩气保护下进行1173 K,24 h 退火。合金主要由 Pr_5Co_{19}、Ce_5Co_{19}和 $CaCu_5$ 型物相组成。电化学性能测试结果见表4-28,充放电循环试验采用300 mA/g 电流。当 $x=0$ 时,即 La_4MgNi_{19}合金,最大放电容量达到376 mA · h/g,100 次循环容量保持率为89%,均明显优于图4-106(b)的研究结果。少量加入 Pr(如 $x=0.4$,$x=0.8$)可以获得综合性能良好的合金。同一研究人员[198]还研究了 $La_{0.8-x}Pr_xMg_{0.2}Ni_{3.2}Co_{0.4}Al_{0.2}$合金,电化学性能同样列入表4-28,制备条件完全一样,只是活化与充放电过程采用100 mA · h/g 的电流密度,可以看出容量、循环稳定性及高倍率性能均不如 $La_{4-x}Pr_xMgNi_{19}$合金,似乎是 Co 和 Al 的加入总体上恶化了合金性能。

表4-28 $La_{4-x}Pr_xMgNi_{19}$合金的电化学性能[198]

合金	x	最大放电容量 /mA · h · g^{-1}	活化次数	100 次循环的容量保持率 /%	900 mA/g 放电高倍率性能 /%
A	0	376	5	89	89
	0.4	380	5	90	90
	0.8	377	6	92	92
	1.2	334	1	95	94
	1.6	332	15	93	93
	2.0	311	15	92	92
B	0	353	3	73	73
	0.05	359	3	76	74
	0.10	367	5	82	77
	0.15	372	6	85	79
	0.20	371	6	85	85
	0.30	368	5	86	90
	0.40	361	4	86	87

注:A:$La_{4-x}Pr_xMgNi_{19}$ B:$La_{0.8-x}Pr_xMg_{0.2}Ni_{3.2}Co_{0.4}Al_{0.2}$。

韩树民[199]报道了一种成分非常接近 La_5Ni_{19}($LaNi_{3.8}$)的合金,该合金成分为 $Ml_{0.88}Mg_{0.12}Ni_3Mn_{0.1}Co_{0.55}Al_{0.1}$,其中 Ml 是富镧混合稀土金属(71.6% La、19.7% Ce、1.9% Pr、6.3% Nd 和0.5%杂质),合金铸锭采用1173 K,8 h 退火。合金主要由 Ce_2Ni_7型相、Pr_5Co_{19}型相和 $CaCu_5$ 型相组成。图4-107(a)中浅灰色 α 相为 Ce_2Ni_7型相,深灰色 β 相为 Pr_5Co_{19}型相,黑色 γ 相为 $CaCu_5$ 型相,Ce_2Ni_7型相和 Pr_5Co_{19}型相呈连续分布状态,而 $CaCu_5$ 型相的分布状态分散,含量相对较少。如图4-107(b)所示,$Ml_{0.88}Mg_{0.12}Ni_3Mn_{0.1}Co_{0.55}Al_{0.1}$合金的最大放电容量约为386 mA · h/g,明显高于商用 AB_5 型合金,充放电循环300 次后,合金的放电容量降到约315 mA · h/g,容量保持率约为82 %。此外,该合金在1100 mA/g 的放电电流密度下,合金的高倍率放电性能达到62%。

日本东芝公司于2000 年报道了 $La_5Mg_2Ni_{23}$(即 $La_{0.7}Mg_{0.3}Ni_{3.3}$)系合金[200],该合金被认为是由三个 $LaNi_5$ 单元和两个 $LaMgNi_4$ 单元堆垛而成,采用 HRTEM 分析了这种合金的结果[55],如图4-108 所示。一种化学计量比 $AB_{3.3}$的 $La_{0.7}Mg_{0.3}Ni_{2.8}Co_{0.5}$合金的放电容量甚至高达410 mA · h/g,且循环稳定性很好(100mA/g 电流密度充放),几乎与商用 $MmNi_{4.0}Mn_{0.3}Al_{0.3}Co_{0.}$ 合金相当,但容量高出不少,如图4-109 所示。

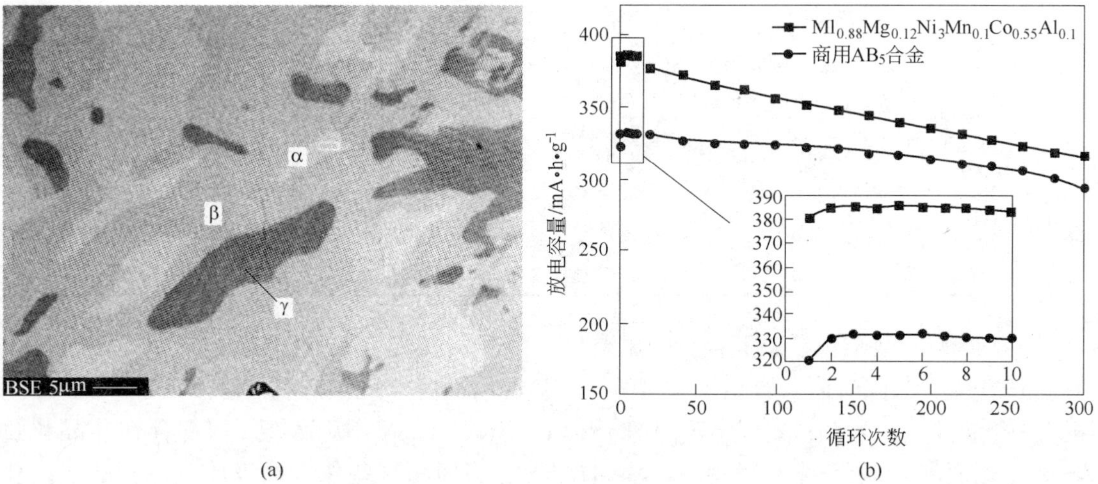

图 4-107 $Ml_{0.88}Mg_{0.12}Ni_3Mn_{0.1}Co_{0.55}Al_{0.1}$ 合金的金相组织与充放电循环曲线[199]

(a)合金的金相组织;(b)充放电循环曲线

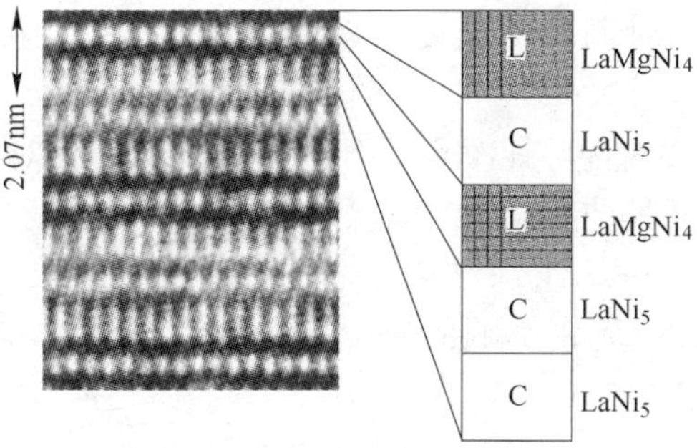

图 4-108 $La_5Mg_2Ni_{23}$ 结构[55]

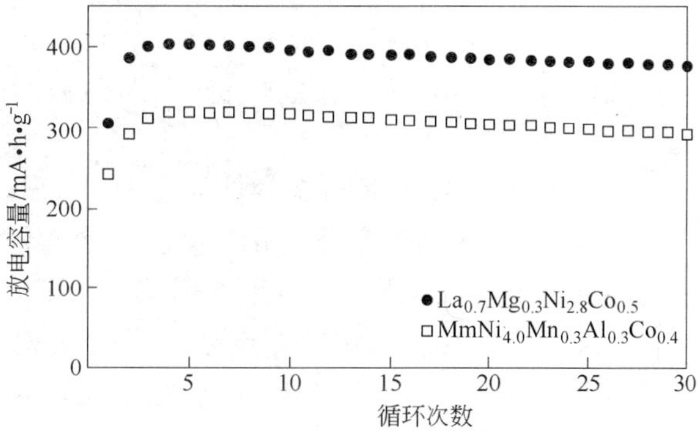

图 4-109 $La_{0.7}Mg_{0.3}Ni_{2.8}Co_{0.5}$ 的循环曲线[200]

对于同样成分合金,刘永峰等[201]的研究结果却出现很大差异,$La_{0.7}Mg_{0.3}Ni_{2.8}Co_{0.5}$ 合金在铸态、1123 K,8 h 及 1223 K,8 h 退火态的 100 mA/g 电流密度充放电循环性能见图 4-110,对于循环稳定性较好的经 1123 K,8 h 退火处理的合金,其 50 次循环后的容量保持率只有 66%。张新波[202]也得到与刘永峰类似的研究结果,并未发现 $La_{0.7-x}Ce_xMg_{0.3}Ni_{2.8}Co_{0.5}$ ($x=0.1\sim0.5$)有很好的循环稳定性(表 4-29),仅仅添加了少量的 Ce($x=0.1$),电化学容量与容量保持率与图 4-108比都相差甚远。上述差异原因并不清楚,可能是东芝公司一些技术秘密并未公开。

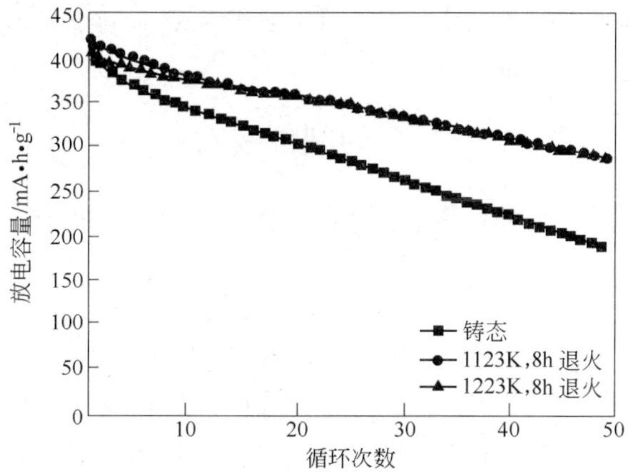

图 4-110 $La_{0.7}Mg_{0.3}Ni_{2.8}Co_{0.5}$ 的循环曲线[201]

表 4-29 $La_{0.7-x}Ce_xMg_{0.3}Ni_{2.8}Co_{0.5}$合金的电化学性能[202]

x	H/M	最大放电容量 /mA·h·g^{-1}	活化次数	70 次循环的容量保持率 /%	1200 mA/g 放电高倍率性能 /%
0.1	0.952	368	5	56	55
0.2	0.740	286	5	64	60
0.3	0.519	200	6	73	68
0.4	0.263	101	15	79	58
0.5	0.177	68	4	87	52

研究非 AB_5 型镧镍系贮氢合金的主要目的是开发高容量贮氢电极材料，对提高镍氢电池能量密度有利，同时因其合金中 Ni 含量相对较少，对降低成本有利。综上所述，非 AB_5 型镧镍系合金，包括 $LaNi_2$（或 $LaNi_{2.286}$）、$LaNi_3$、La_2Ni_7 及 La_5Ni_{19} 吸放氢过程都存在非晶化过程，B/A 比值越大，非晶化趋势越小。Mg 的加入能够抑制这些化合物吸放氢过程的非晶化过程。(La,Mg)Ni_x 合金中 B/A 比值越小，La-Mg-Ni 系贮氢合金的理论贮氢量及电化学容量越大，充放电循环稳定性越差，与 AB_5 商用合金相比，这些非 AB_5 合金的放电容量明显更高，但循环稳定性差。电化学性能分析测试表明，(La,Mg)Ni_2 合金充放电过程衰减最为严重，应用价值小，而(La,Mg)Ni_3、(La,Mg)$Ni_{3.3}$、$(La,Mg)_2Ni_7$、$(La,Mg)_5Ni_{19}$ 都具有一定的实用价值，但因其循环稳定性仍不够好的原因，在对循环寿命要求较高的领域，其应用受限。

La-Mg-Ni 系贮氢合金的性能受 Mg 的影响最为敏感，其次是受合金相组成及其相对含量的影响，这些都受合金成分与组织结构的控制。其他合金化元素对 La-Mg-Ni 系贮氢合金性能的影响不及 Mg 元素的影响。可能基于成分与组织结构控制的难度大，以及多元合金元素之间相互作用的复杂性，不同学者对合金化元素影响的研究出现较大差异性结果，我们仍能够大概地总结出不同合金化元素的作用规律的异同。

除了本节最开始讲到的 La-Mg-Ni 系合金包晶反应给合金制备带来的困难之外，La-Mg-Ni系合金由于 Mg 加入还会带来两个问题，其一是 Mg 在高温条件下蒸气压很大，超过 900℃熔炼 Mg 会发生明显挥发，而 $LaNi_3$ 和 La_2Ni_7 两种化合物的熔炼温度都应该接近 1400℃，因此 Mg 的存在也使其制备过程变得复杂；其二是 Mg 的存在使合金在碱液中的耐腐蚀性能降低，因此难以用于要求长寿命的镍氢电池上，而这一问题是 La-Mg-Ni 系合金目前存在的最大的问题。

4.6 稀土贮氢合金的制备技术

4.6.1 真空感应熔铸技术

4.6.1.1 常规真空熔铸技术

除了在研究开发贮氢合金过程中常采用小型真空非自耗电弧炉及真空磁悬浮炉等技术外，生产贮氢合金最常用的熔炼设备是真空中频感应电炉，电炉规格多为 100~1000 kg。相比于使用最多的单室真空感应电炉，双室真空感应电炉具有技术与效率优势。图 4-111 是 ALD 真空工业有限公司的一种双室真空感应电炉系统，其中包含了控制柜、熔铸室、真空系统、水冷系统、加料系统、过渡室等部分。感应熔炼的基本原理是电磁感应，交变电流通过水冷线圈在坩埚内部产生交变磁场,交变磁场在金属炉料中产生涡旋电流,从而使金属炉料被加热直至熔化。真空感应熔炼是在感应熔炼炉上外连真空系统,使整个金属炉料在加热、熔化、保温及浇铸过程中都是在真空条件下进行的。熔铸室内包括了感应熔炼炉和铸模,合金在感应熔炼炉熔炼后,直接浇注到铸模中。感应熔炼炉必须有水冷系统,否则存在安全问题,铸模通常也采用水冷模具。过渡室也是抽真空的,其作用是可以保证在不破坏熔铸室真空条件下,完成出料及铸造模具的更换与进出等工作。加料系统也可以保证加料时不破坏熔铸室真空。我国制定了真空感应熔炼炉的有关标准《真空技术 真空感应熔炼炉》(JB/T 10551—2006)。常见的真空感应熔炼炉的技术参数见表4-30。

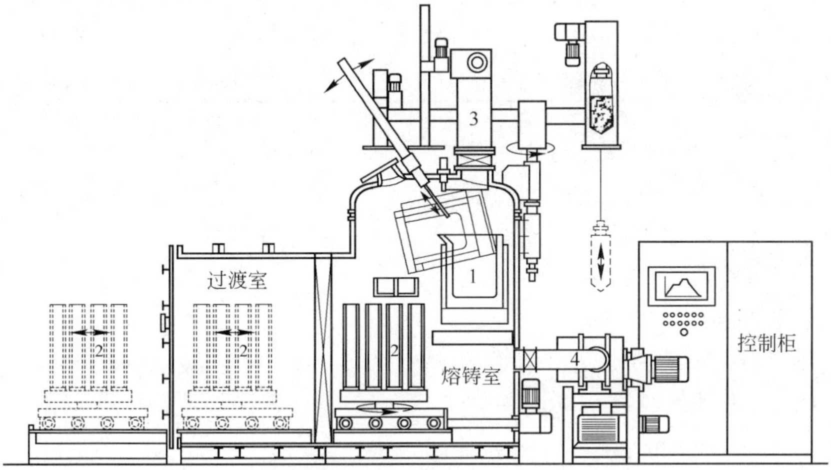

图4-111 真空感应电炉系统

1—熔炼炉;2—铸模;3—加料机构;4—真空系统

表4-30 常见真空感应电炉的技术参数范围

容量/kg	最高工作温度/℃	极限真空度/Pa	压升率/$Pa \cdot h^{-1}$	额定中频功率/kW	额定中频频率/Hz	中频电压/V	冷却水耗量/$m^3 \cdot h^{-1}$	冷却水压力/MPa
5~1000	1700	6.7×10^{-2}	≤6.5	50~1000	8000~500	750~375	0.3~40	≥0.3

稀土-镍系 AB_5 型贮氢合金常用稀土金属原料有富铈混合稀土金属(Mm)、富镧混合稀土金属(Ml)、纯稀土金属 La 和 Ce 等。GB/T 4153-2008 是混合稀土金属的国家标准,该标准对原国家标准《混合稀土金属》(GB/T 4153—1993)和行业标准《电池级混合稀土金属》(XB/T 216—1995)进行了整合修订,标准中混合稀土的成分要求见表4-31。外观上稀土金属为块状,新界面为银灰色,表面应清洁,无肉眼可见夹杂物。常用的其他金属原料是电解金属 Ni、Co、Mn 和 Al,还可能选用 Cu、Fe、Cr、Zr、Mo、B、Ti、Sn、Si 等。电解 Ni 和电解 Mn 的纯度一般要达到99.9%,电解 Co 的纯度要达到99.8%,电解 Al 一般选用 A00 铝。合金熔炼前,原材料都必须进行严格的检查与预处理。

坩埚是熔炼贮氢合金的重要组成部分,用于装料、加热及熔化,并起到绝热绝缘的作用。熔炼稀土-镍系贮氢合金一般采用碱性氧化镁坩埚和中性氧化铝坩埚,耐火度要求达到至少1500℃以上,各种规格的成型氧化镁坩埚和氧化铝坩埚均有市售,各公司生产的坩埚质量存在差异,质量不好的坩埚带入 Si、Fe 等杂质,且坩埚寿命有限。

表 4-31 混合稀土金属的化学成分(GB/T 4153—2008)

产品牌号	化学成分(质量分数)/ %													
	RE,不小于	稀土元素 RE					非稀土杂质,不大于							
		La	Ce	Pr	Nd	Sm	Mg	Zn	Fe	Si	W + Mo	Ca	C	Pb
194025A	99.5	>80	—	—	—	<0.1	0.05	0.05	0.1	0.03	0.035	0.01	0.05	0.02
194025B	99.5	33 ~ 37	51 ~ 59	2.5 ~ 3.2	6.0 ~ 9.3	<0.1	0.05	0.05	0.1	0.03	0.035	0.01	0.03	0.02
194025C	99.5	25 ~ 29	49 ~ 53	4 ~ 7	—	<0.1	0.05	0.05	0.1	0.03	0.035	0.01	0.05	0.02
194020A	99	61 ~ 65	24 ~ 28	—	—	<0.1	0.1	0.05	0.2	0.05	0.035	0.02	0.02	0.05
194020B	99	>33	>62	—	—	<0.1	0.1	0.05	0.2	0.05	0.035	0.02	0.02	0.05
194020C	99	>30	>60	4 ~ 8	—	<0.1	0.1	0.05	0.2	0.05	0.035	0.02	0.05	0.05

稀土－镍系贮氢合金熔炼过程中一方面要保持较高的真空度,为防止熔炼过程中金属炉料特别稀土金属等活泼金属炉料严重氧化,一般真空度应达到 10^{-2} Pa。另外一方面熔炼温度和保温时间也有重要影响。有人采用中频感应电炉研究了熔炼温度及保温时间对 $MmNi_{3.55}Co_{0.75}Mn_{0.4}Al_{0.3}$ 贮氢合金的结构与性能的影响[203],发现合金比容量与熔炼温度之间存在较明显关系(图 4－112),最佳熔炼温度在 1450 ~ 1550℃之间。分析表明,当熔炼温度低于 1400℃时,合金中发现少量未知第二相,这应该与金属炉料未充分熔化有关,温度高于 1650℃,稀土及金属 Mn 等损失过多(表 4-32)。在适中的熔炼温度下,不同的熔化保持时间也有一定影响,时间过短使金属炉料熔化不充分、成分均匀性较差,合金比容量较小,见表 4-33。此外,易烧损的金属元素如稀土和 Mn 等在配料时应考虑烧损率。

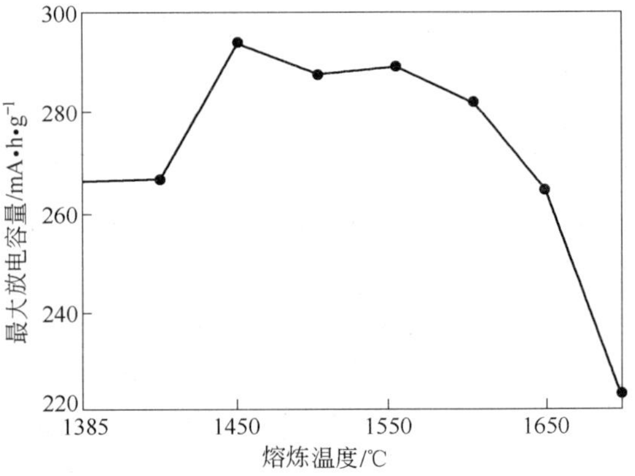

图 4－112 $MmNi_{3.55}Co_{0.75}Mn_{0.4}Al_{0.3}$ 合金容量与熔炼温度的关系[203]

表 4－32 熔炼温度与 $MmNi_{3.55}Co_{0.75}Mn_{0.4}Al_{0.3}$ 合金结构性能的关系[203]

序 号	熔炼温度/℃	晶胞体积 $V\times10^{-3}/nm^3$	结 构
1	<1400	87.20	含少量未知相
2		87.00	
3	适中温度	87.75	单一 $CaCu_5$ 结构
4		87.63	
5		87.57	
6		87.56	
7	>1650	86.90	含 Ni 相
8		86.40	
9		86.35	

表 4-33 熔化保持时间与 $MmNi_{3.55}Co_{0.75}Mn_{0.4}Al_{0.3}$ 合金结构性能的关系[203]

熔化保持时间/min	比容量/mA · h · g^{-1}	晶胞体积 $V\times10^{-3}/nm^3$	结　构
5	273	86.30	未知相
10	305	87.84	单一 $CaCu_5$ 结构
15	302	87.86	
20	301	87.87	

La－Mg－Ni 系高容量贮氢合金或含 Mg 的 AB_5 型贮氢合金由于高温下蒸气压大的金属 Mg 的存在，熔炼过程中可考虑采用氩气正压保护的真空感应熔炼炉，熔炼温度不能太高，熔炼时间应尽可能短；可考虑快速熔炼的技术，如对于熔炼量不大的合金可以考虑采用高频真空感应炉等，同时也应该考虑控制熔炼温度和熔炼时间；有文献[204]利用真空感应熔炼 La－Mg－Ni 系合金时，采用 0.04 MPa 的氦气进行保护，同样起到了减轻 Mg 挥发的问题。

稀土－镍系贮氢合金液浇铸时采用较多的是水冷多片板式铁模或铜模，板厚或板的数量根据熔炼量及质量要求而定；也有采用盘式模具，直接浇铸成一圆盘状铸锭。合金熔炼过程关键的技术要点是保证获得稳定的合金成分，减少合金液被污染的程度。合金铸造过程最关键的技术要点是稳定控制金属液凝固过程的冷却速度，实际生产过程是通过控制铸件壁厚、水冷强度、金属液浇注温度来实现。

图 4-113 是铸件壁厚对 $Mm(NiCoMnAl)_5$ 合金放电容量及 1C 充放电循环稳定性的影响[205]，研究表明壁厚过厚或过薄对放电容量都可能产生不利影响，也就是凝固冷却速度并非越大越好。此外，厚壁大或冷却速度小的合金的活化性能更好，且壁厚敏感程度与合金成分存在关联性。与贮氢合金研发中常采用的纽扣电弧炉熔铸试样相比，工业感应电炉熔铸合金的凝固速度通常要小，其合金的活化性能更好。

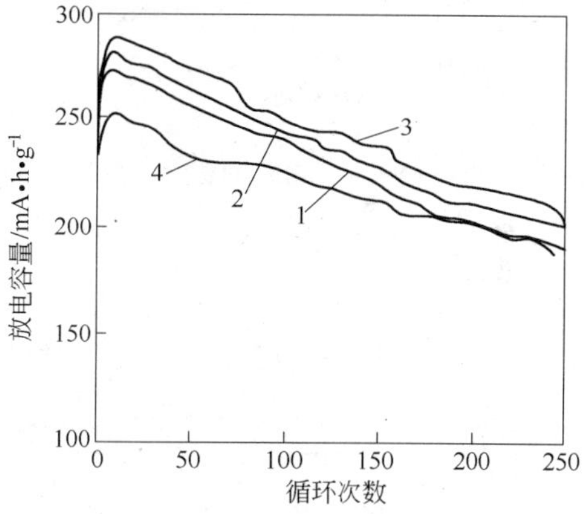

图 4-113 铸件壁厚对贮氢合金容量与循环性能的影响[205]

1—1 mm；2—3 mm；3—6 mm；4—10 mm

在普通快冷条件下，具有不同成分的贮氢合金锭呈不同的织构生长特性，一般具有(101) + (002)晶面择优取向，垂直于冷却面呈柱状晶生长，并可获得较好的综合电化学性能[206]。贮氢合金凝固过程慢冷条件下易生成等轴晶，尤其是含锰合金，用电弧炉熔炼时，即使在 10^2 K/s 的较快冷却速度条件下也有等轴晶生成。等轴晶合金晶格内应力大，吸放氢时晶粒各方向膨胀相同，循环过程中容易粉化，而快冷有利于形成柱状晶和细化晶粒，抗粉化能力增强。柱状晶粒主要沿垂直于晶格 c 轴方向生长，吸氢时晶格在 c 轴方向上的膨胀率较小，因而在循环过程中合金粉化减少。Sakai 发现具有柱状晶晶粒形态的 $MlNi_{3.5}Co_{0.7}Al_{0.8}$ 充放电 2000 次的容量衰减仅为 10%[207,208]。

4.6.1.2 熔体旋转快凝技术

熔体旋转快速凝固技术是在真空中以高的冷却速度由熔液直接铸成薄带或薄片的快

速凝固工艺(图 4-114)[209]。金属液在一定的氩气压力作用下喷射到旋转水冷铜辊上,冷却速度可达 $10^2 \sim 10^6$ K/s,薄带或薄片厚度可以通过辊轮转速、氩气压力、金属液过热度、喷嘴的直径、喷射压、喷嘴前端与辊面间距离等来控制。图 4-115 是爱发科公司生产的 FMI - I - 600 型真空速凝炉示意图[210],这种快速凝固炉单炉生产 600 kg 合金,辊轮尺寸为 ϕ600 × 500,铜辊旋转速度可在 0 ~ 50 m/s 之内调整,适合于工业生产。原理上炉子熔炼合金的量是可以调整的,也可以设计成类似图 4-111 连续式生产设备。另外,甩带时也可以考虑采用底部浇注式(图 4-116),这种方式的好处是合金液压头稳定,受污染更小。

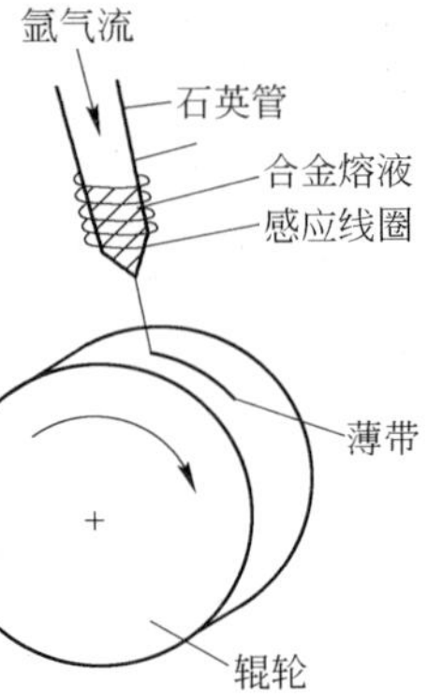

图 4-114 单辊熔体旋转淬冷技术原理图[209]

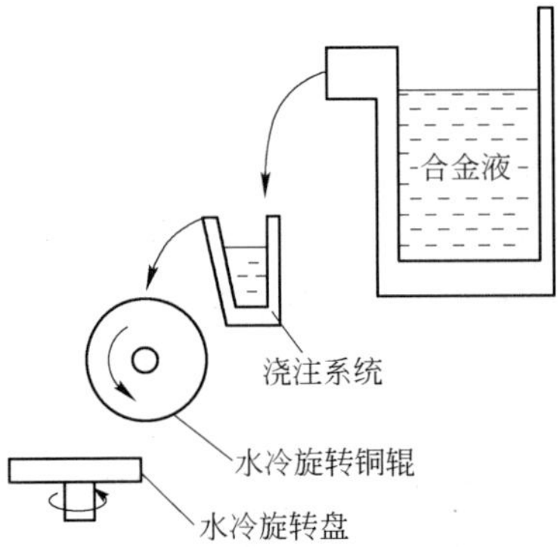

图 4 - 115 FMI - I - 600 型真空速凝炉[210]

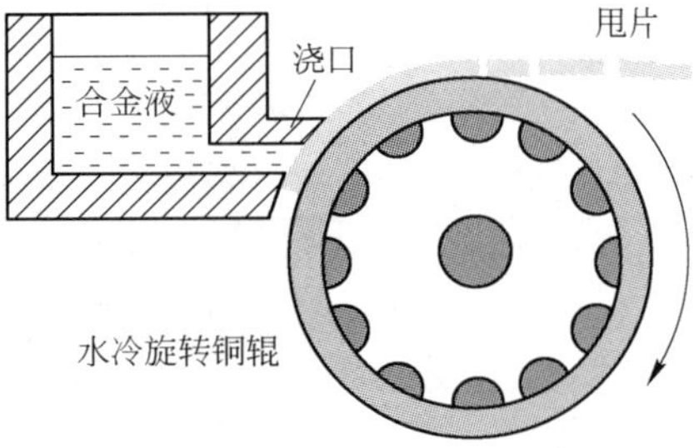

图 4 - 116 底注式速凝方式

贮氢合金在高的过冷度下凝固,可获得晶颗细小、成分均匀以及垂直辊面的柱状晶组织,贮氢合金电极耐腐蚀性能提高、寿命长等优良特性[211]。采用这种方法甚至可以使贮氢合金组织达到纳米晶或非晶状态。熔体旋转冷却速度与淬片厚度的关系如表 4-34 所示。

表 4-34 熔体旋淬片厚和冷却速度的关系[211]

片厚/μm	105	59	35	30
冷却速度/10^6 K · s^{-1}	0.435	1.38	3.92	5.33

李全安等[212]研究了快速甩带速度对 $LPC(NiCoMnAl)_5$ 贮氢合金组织结构与电化学性能的影响。研究发现,点阵常数 a 和单胞体积 V 随快淬速度增大而减小,而点阵常数 c 在 0 ~ 20 m/s 范围内随快淬速度的增加而减小,当快淬速度继续增大时,c 却增大。衍射峰的半高宽随快淬速度增大而增大。说明快淬速度会直接影响到晶粒细化、晶格缺陷增加和成分均匀性提高等,从而引起晶格参数发生变化(图 4-117)。随着快淬速度提高,合金放电容量降低,循环稳定性提高,放电容量与晶胞体积大小呈线性关系(图 4-118),而循环稳定性的改善与 c/a 轴比、晶胞大小及成分均匀性有关。

李传键等[213]对快速凝固 AB_5 型贮氢合金进行了比较全面的研究。图 4 - 119 为 $MlNi_{4.3-x}Co_xMn_{0.4}Al_{0.3}$合金 Co 含量与不同凝固方式下的最大放电容量与倍率性能的关系,其中 Ml 代表富镧混合稀土,Co 含量(x),分别为 0.2,0.4,0.5,0.6,0.7,0.9,快速甩带速度

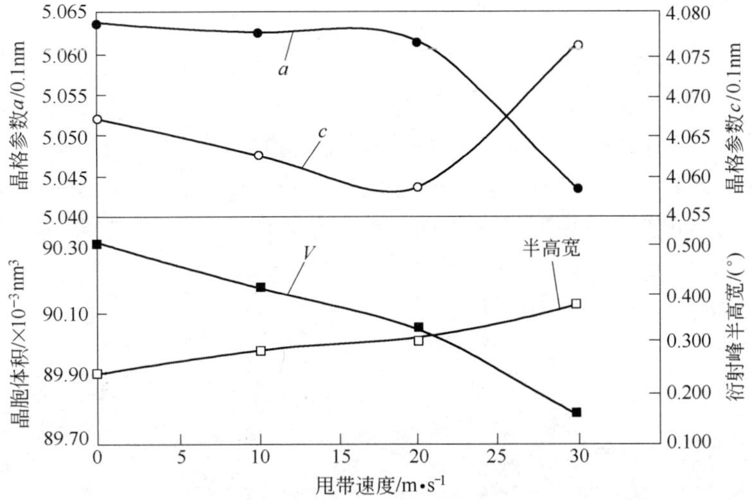

图 4-117　LPC(NiCoMnAl)$_5$ 贮氢合金晶格参数与甩带速度的关系[212]

为 35 m/s。研究发现，所有合金的放电容量均随 Co 含量的增加而降低；快淬合金的容量比铸态更低，特别是在较高放电电流密度下（如 300 mA/g）。但快淬处理大大提高了合金的循环稳定性，且对低钴合金比高钴合金更有效（表 4-35）。如钴含量为 0.7 的合金 $MlNi_{3.6}Co_{0.7}Mn_{0.4}Al_{0.3}$（$x=0.7$）300 mA/g 充放电 300 次后的容量保持率约 76%，而钴含量仅为 0.2 的合金 $MlNi_{64.1}Co_{0.2}Mn_{0.4}Al_{0.3}$（$x=0.2$）相应充放电条件下的容量保持率约为 85%。

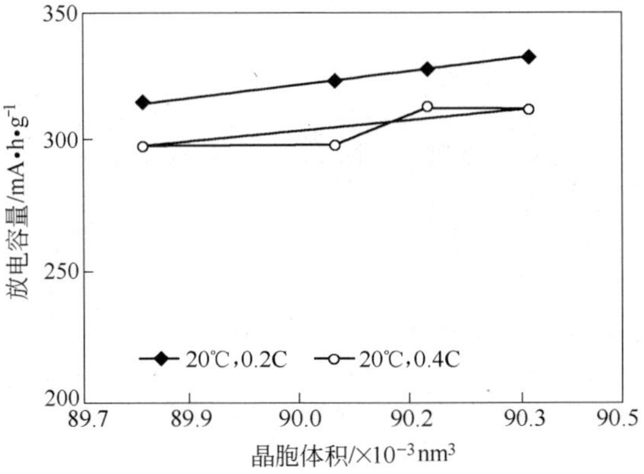

图 4-118　晶胞体积与放电容量的关系[212]

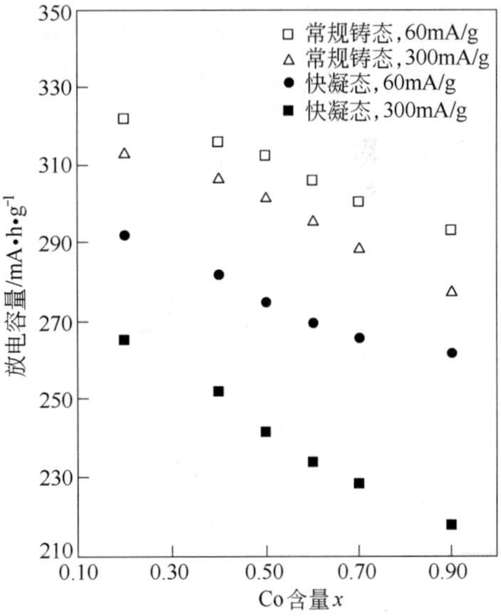

图 4-119　$MlNi_{4.3-x}Co_xMn_{0.4}Al_{0.3}$ 合金 Co 含量与不同凝固方式最大放电容量关系[213]

表 4-35　$MlNi_{4.3-x}Co_xMn_{0.4}Al_{0.3}$ 合金 300 mA/g 充放电 300 次的容量保持率[213]　（%）

x	0.2	0.4	0.5	0.6	0.7	0.9
常规铸态	35	57	68	75	76	85
快凝态	85	90	96	97	98	99

Brateng 等[214]研究了快速冷却 $Mm(NiCoMnAl)_{5.15}$ 合金($La_{0.60}Ce_{0.29}Pr_{0.04}Nd_{0.07}Ni_{3.37}Co_{0.79}Mn_{0.25}Al_{0.74}$)的组织结构与电化学性能,冷却速度从 8.2×10^3 K/s 到 9.5×10^5 K/s。如图 4-120 所示,晶胞体积从 8.2×10^3 K/s 到 3.3×10^4 K/s 逐渐减小,之后随着冷却速度增加而增加,但从 6.1×10^4 K/s 之后又开始减小,合金中非晶相对晶胞体积的变化有影响。约 80 次充放电循环后发现,15 mA/g 小电流充放电的放电容量与晶胞体积变化规律非常吻合,随充放电电流密度增加,特别是在 1200 mA/g 充放电时,二者差异增加。同时,合金密度变化规律与晶胞变化规律一致,原因与合金中空位有关。放电电压随晶胞体积增加而降低,放电容量正好相反。

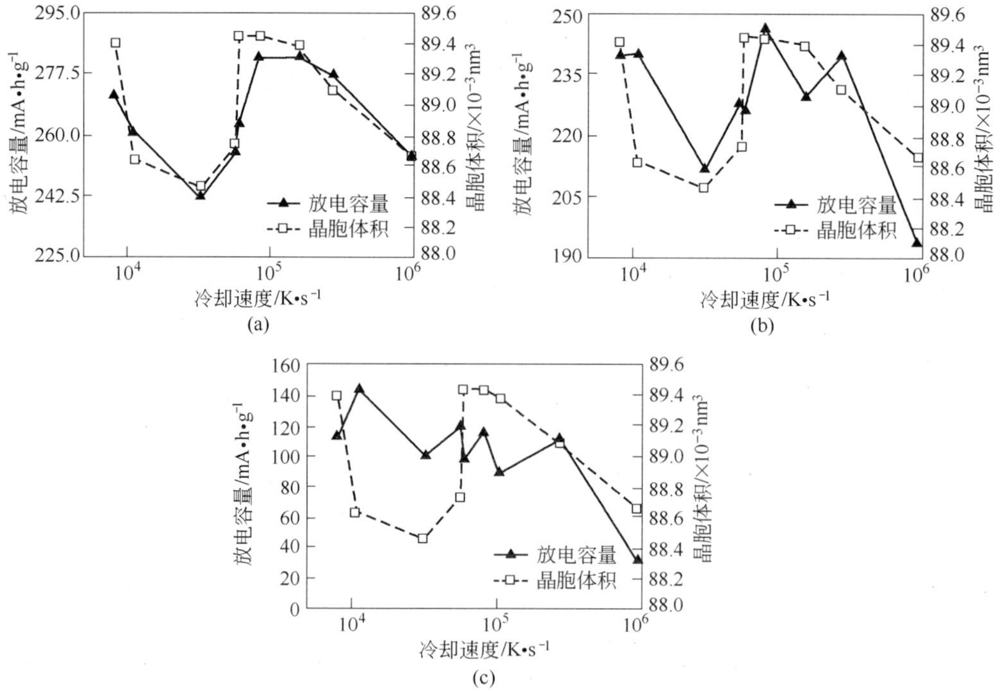

图 4-120 $La_{0.60}Ce_{0.29}Pr_{0.04}Nd_{0.07}Ni_{3.37}Co_{0.79}Mn_{0.25}Al_{0.74}$ 合金冷却速度与晶胞体积和约 80 次循环后不同放电电流放电容量的关系[214]

(a)15 mA · h/g;(b)300 mA · h/g; (c)1200 mA · h/g

文献[215]研究了甩带速度对 $La_{0.7}Mg_{0.3}Co_{0.45}Ni_{2.55-x}M_x$(M = Cu, Al, Mn; x = 0 ~ 0.4)合金组织结构与电化学性能的影响。研究发现,与常规铸造合金相比,快速凝固使合金主相 $(La,Mg)Ni_3$ 和 $LaNi_5$ 的 c 轴增加,而 a 轴和晶胞体积有一定减小。图 4-121 是 $La_{0.7}Mg_{0.3}Co_{0.45}Ni_{2.35}M_{0.2}$(M = Ni, Cu, Al, Mn)甩带速度与放电容量和循环稳定性的关系。可以看出(图 4-121a),快速凝固合金的最大放电容量低于常规铸造合金(甩带速度等于 0 处)。随着甩带速度(冷却速度)的提高,每一种合金的最大放电容量也随之降低。当甩带速度从 0 提高到 30 m/s 时,M = Ni、Cu、Mn、Al 合金的最大放电容量分别从 396 mA · h/g、390 mA · h/g、379 mA · h/g、358 mA · h/g 下降到 364 mA · h/g、350 mA · h/g、348 mA · h/g、344 mA · h/g。而从 100 mA/g 充放电下容量衰减 40% 所用的循环次数来看(图 4-121b),快速凝固合金的循环稳定性都优于常规铸造合金。随着甩带速度(冷却速度)的提高,每一种合金的循环稳定性也随之提高,但实际上所有状态合金的循环稳定性都不好。此外,添加元素对 $La_{0.7}Mg_{0.3}Co_{0.45}Ni_{2.55}$ 循环稳定性改善的顺序为 Al > Cu > Mn,Al 改善最明显,而对其放电容量的损害顺序为 Al > Mn > Cu,Al 损害最大。另外还发现,Cu 的添加有利于非晶的形成,而 Al 的添加不利于非晶的形成。同一作者研究 Fe[216] 和 Cu[217] 对 AB_3 型合金 $La_{0.7}Mg_{0.3}Co_{0.45}Ni_{2.55}$ 的影响时,快速凝固速度对结构与电化学性能的影响规律与上述一致。

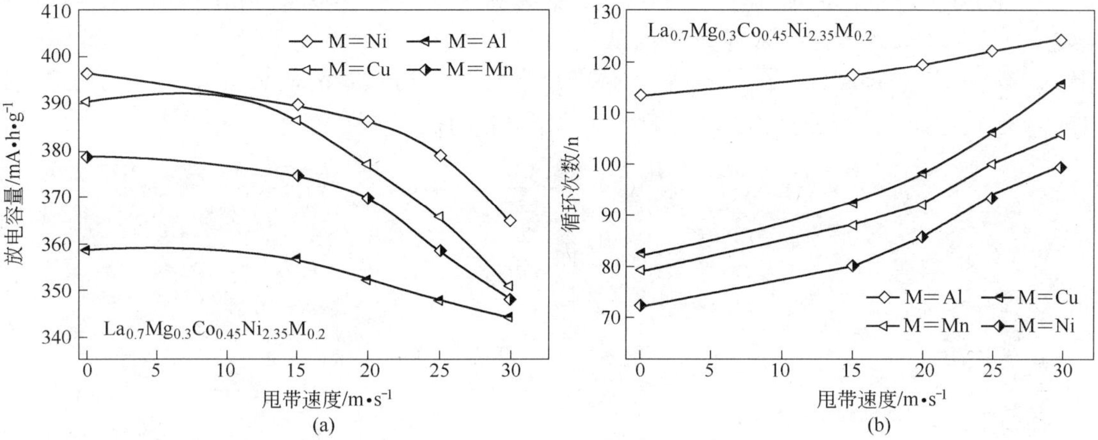

图 4-121 $La_{0.7}Mg_{0.3}Co_{0.45}Ni_{2.35}M_{0.2}$(M = Ni,Cu,Al,Mn)甩带速度与放电容量和循环的关系[215]

快速凝固技术制备贮氢合金可以改善其循环稳定性,但往往降低其放电容量、活化性能及高倍率性能,因此快速凝固贮氢合金往往需要后续热处理。

4.6.1.3 高压气体雾化技术

高压气体雾化法是利用高压气体作为雾化介质来破碎连续的金属液细流,是生产金属粉末的最主要方法之一(图 4-122)。雾化机理分为流体薄层的形成、薄层破碎成金属液流丝线和金属液流丝线收缩形成微液滴三个阶段。高压气体雾化获得直径 50 ~ 100 μm 的金属粉末;气体雾化粉末为光滑圆球形,冷却速度约为 $10^2 \sim 10^4$ K/s。

20 世纪 70 年代以来,发展最快、最活跃的是高压气体雾化法,它是大批量生产快速凝固粉末最有前途的工艺之一。气体雾化喷嘴在不断改进,常用紧耦合环缝式对称气体喷嘴,还可用非对称式气体喷嘴,以提高粉末的收得率。在雾化过程中,能应用实时图像技术(如暗线摄影、全息摄影、高速摄影)、激光散射、激光衍射及激光多普勒技术等对雾化区温度分布、金属粉末粒度及速度分布进行在线测量,从而控制成品粉末的粒度、形状和组织。气体雾化法使用的保护气体有 N_2、N_2 - Ar 混合气体、Ar 气等,其中 Ar 气雾化制取的合金粉形状一般为球形,随着 N_2 气压的增加,合金粉形状逐渐变得不规则。气体雾化技术可以将贮氢合金熔铸技术和制粉技术结合起来,提高生产效率,降低成本。

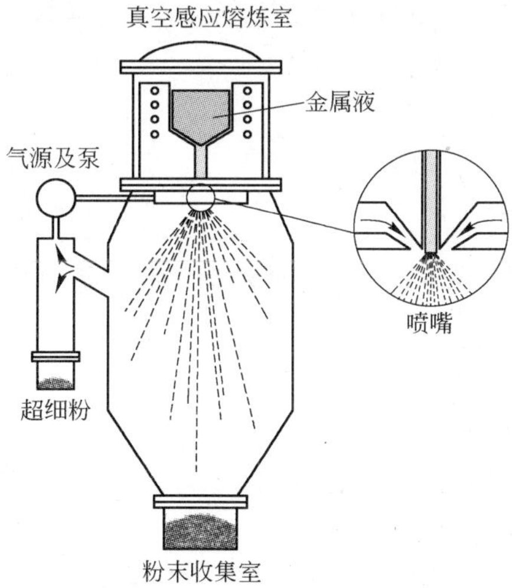

图 4-122 气体雾化装置示意图

采用高压气体雾化制备的贮氢合金一般都呈球形,而传统感应熔铸加机械制粉的贮氢合金一般都呈多角形。如图 4-123 所示[218],图 4-123(a)是常规熔铸后机械制粉的 $LaNi_{4.75}Sn_{0.25}$ 合金,呈多角形,而图 4-123(b)是采用 7.58 MPa 高压高纯氩气(99.998%)雾化制备的 $LaNi_{4.75}Sn_{0.25}$ 合金粉末,呈球形。气体雾化粉末凝固速度快,成分均匀性明显优于常规熔铸法,热处理时需要的时间也短。图 4-124 是 $LaNi_{4.75}Sn_{0.25}$ 合金采用常规方法、Ar 雾化、He 雾化制备的循环曲线,同时图中还示出了常规法制备 $MmNi_{3.55}Co_{0.75}Mn_{0.4}Al_{0.3}$ 的循环曲线,合金均经过了 900℃ 热处理,可以看出常规法 $LaNi_{4.75}Sn_{0.25}$ 合金循环稳定性很差,而 Ar 雾化、He 雾化制备的 $LaNi_{4.75}Sn_{0.25}$ 合金的循环稳定性可以和 $MmNi_{3.55}Co_{0.75}Mn_{0.4}Al_{0.3}$ 的媲美。因此高压气体雾化法也被认为是制备无 Co 或低 Co 的低成本贮氢合金的方法。

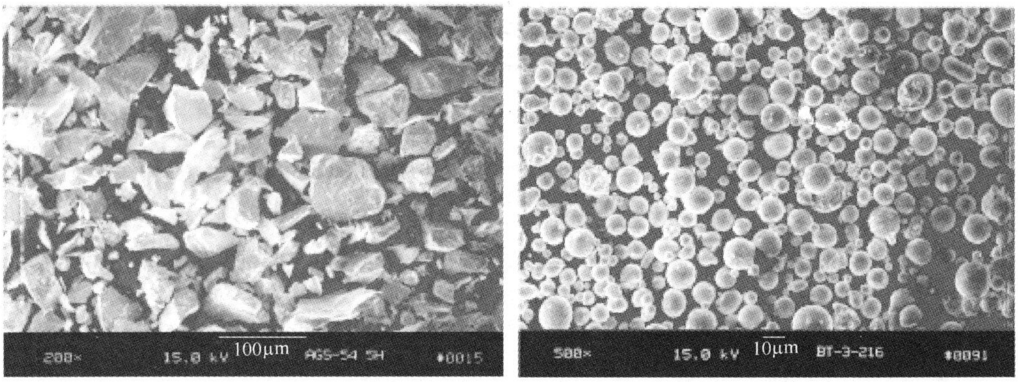

(a) (b)

图 4-123 $LaNi_{4.75}Sn_{0.25}$ 合金常规熔铸机械制粉及气雾法制备的 SEM 形貌[218]

(a) 常规熔铸机械制粉;(b) 气雾法制备

图 4-125 是低钴(4.2% Co)合金$(MmNiCoMnAlX)_5$(X = Fe, Cu)的 200 mA/g 充放电循环曲线(40℃),合金都进行过热处理[219]。可以看出,气雾化法制备的低 Co 合金具有比常规法更好的循环稳定性,气雾化法制备的含 Fe 的低 Co 合金循环稳定性改善更明显。

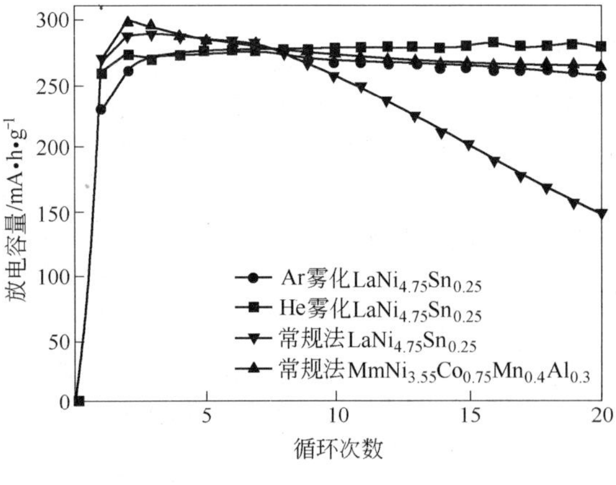

图 4-124 气雾化 $LaNi_{4.75}Sn_{0.25}$ 循环曲线[218]

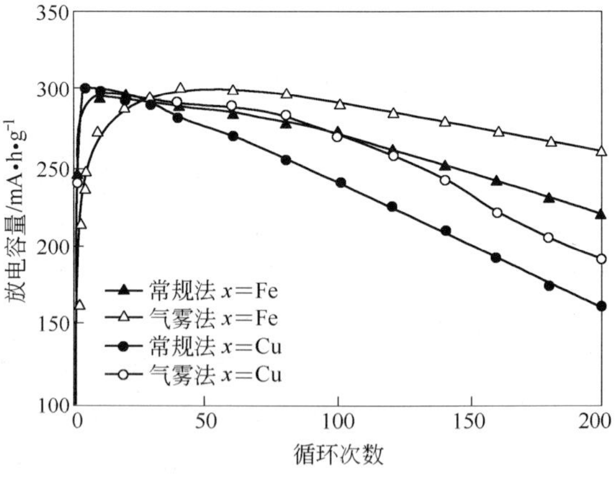

图 4-125 常规法与气雾法制备低钴$(MmNiCoMnAlX)_5$ 的循环性能[219]

由于气雾法制备的贮氢合金是在高温条件下直接制得的粉末,因而粉末活性很高,要求纯度非常高的惰性雾化气体,同时由于雾化合金是粉末状态,其热处理时受二次污染的可能性增加,所以雾化及后续热处理对制备装备的密闭性要求很高。雾化制备过程中如存在污染等,合金的动力学性能往往较差[220]。图 4-126 是 $MlNi_{2.8}Co_{0.3}Fe_{0.2}Mn_{0.4}Al_{0.3}$ 气雾法合金和常规法合金未热处理以及 850℃,6 h 热处理后 300 mA/g 的充放电循环曲线[220]。首先,气雾法制备的这种低钴 $MlNi_{2.8}Co_{0.3}Fe_{0.2}Mn_{0.4}Al_{0.3}$ 合金无论在雾化铸态还是雾化热处理态的放电容量都很低,雾化铸态下的合金的活化性能也很差。合金中高的氧含量及氮含量是主要原因,合金粉末越小(图中标注的均为 D_{50} 尺寸),受氧氮污染越严重,放电容量也越低。热处理合金的活化性能可以得到改善,但循环稳定性变差。活化性能的改善被认为是雾化态合金中非晶相转变成晶相造成的。

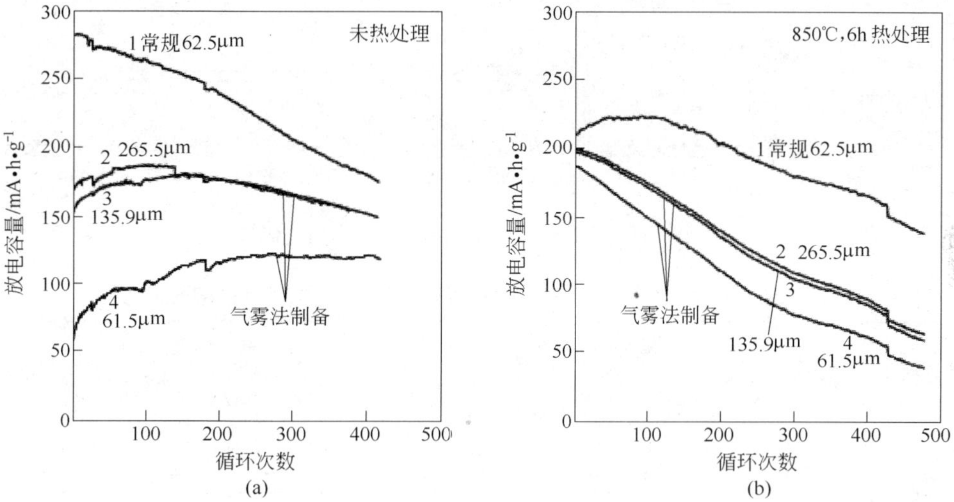

图 4-126 气雾法和常规法制备 $MlNi_{2.8}Co_{0.3}Fe_{0.2}Mn_{0.4}Al_{0.3}$ 的循环性能未热处理和热处理[221]

(a) 未热处理;(b) 热处理

4.6.2 真空热处理技术

对于贮氢合金来讲,热处理目的可分为:成分均匀化、消除应力及其他组织缺陷、相变等。成分均匀化一般要求较高的处理温度及处理时间,消除应力的处理温度往往较低,相变则必须考虑相变热处理制度与合金平衡相变温度的关系。AB_5 合金一般不存在相变,成分均匀化与其他缺陷消除是其主要目的,非 AB_5 型 La - Mg - Ni 系贮氢合金热处理主要目的是相变。贮氢合金的热处理必须在真空或惰性气体保护下进行。

生产中一般采用卧式真空热处理炉,真空热处理炉分为单室、双室及连续式三室,各种方式生产中都有应用,但连续式三室真空热处理炉最为理想。卧式三室连续式热处理炉示意图见图 4-127。日本 ULVAC 公司为贮氢合金厂家提供其热处理装备,我国爱发科公司是 ULVAC 的合资公司。ULVAC 推荐的用于贮氢合金热处理炉 FHH - 75PHGS 部分参数见表 4-36,表中的气冷时间是指采用 190 kPa 惰性气体将合金温度从 1150℃冷却到 150℃所需时间。FHH 系列真空热处理炉多为卧式三室连续式真空热处理炉,分为加料室、加热室及冷却室,加热工作室的装炉料可以达到上吨。该炉最高使用温度为 1350℃,正常工作温区 800 ~ 1150℃,工作温区的温度精度可达 1150 ± 5℃。加热室可始终保持高真空,加热区零部件寿命更长。工作区加气系统可减少或阻止某些金属的挥发。贮氢合金热处理完毕后,进入冷却室,工作室无需冷却,能够提高生产效率、节约能源。封闭式水冷系统与真空系统等使工作环境良好。我国爱发科中北真空公司和北京机电研究所等也可提供连续真空热处理炉。

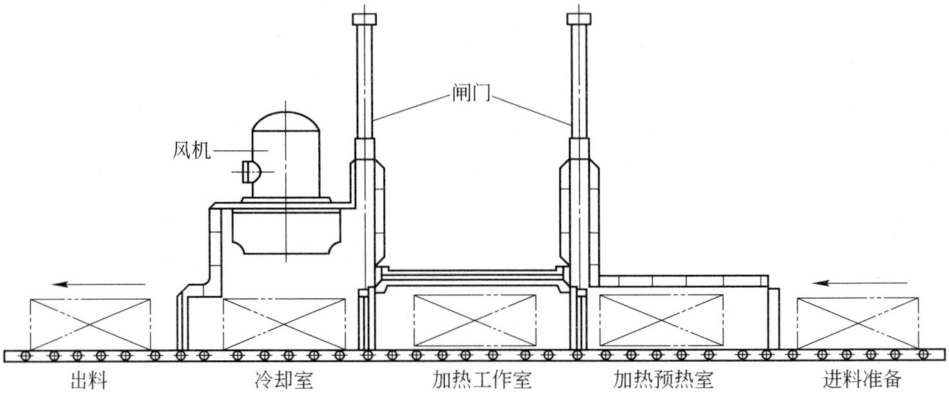

图 4-127 卧式三室连续式热处理炉示意图

表 4-36 日本 ULVAC 公司 FHH-75PHGS 真空热处理炉部分参数

加热区尺寸 /mm × mm × mm	装炉料 /kg	温度/℃		气冷时间 /min	真空系统		最大功率 /kV · A
		工作温区	精 度		工作区压力/Pa	压升率 /Pa · m³ · s⁻¹	
1125 × 750 × 500	650	800 ~ 1150	1150 ± 5	≤20	1.33×10^{-3}	4×10^{-4}	232

图 4-128 是 $LaNi_{4.55}Al_{0.45}$ 合金铸态和退火态 PCT 曲线[222],经过 1323 K,72 h 退火后,合金平台更加平整,倾斜度小,且有效平台宽度更宽。图 4-129 是退火时间和退火温度对 $LaNi_{4.55}Al_{0.45}$ 合金平台斜率和平台压的影响,图中 $\sigma = p/p_0$,σ_0 指退火时间等于 0 的值。图 4-128 中铸态合金平台倾斜的原因是晶粒中 Al 元素浓度偏析造成的。可以看出,退火过程初期合金化元素 Al 进行快速扩散,导致平台斜率参数 $\ln\sigma$ 快速减小(图 4-129a 图中Ⅰ区),之后进入稳态扩散阶段(图 4-129a 图中Ⅱ区),拐点时间约 11 s;参数 $\ln(\ln\sigma_0 - \ln\sigma)$ 随着 $1/T$(T = 1073 ~ 1423 K)线性减小(图 4-129b)。说明升高退火温度和延长退火时间都有利于平台变得更加平整。平台压与退火温度及退火时间无关,初期平台压降低被认为是 $AlNi_3$ 相的 Al 扩散到基体造成的。

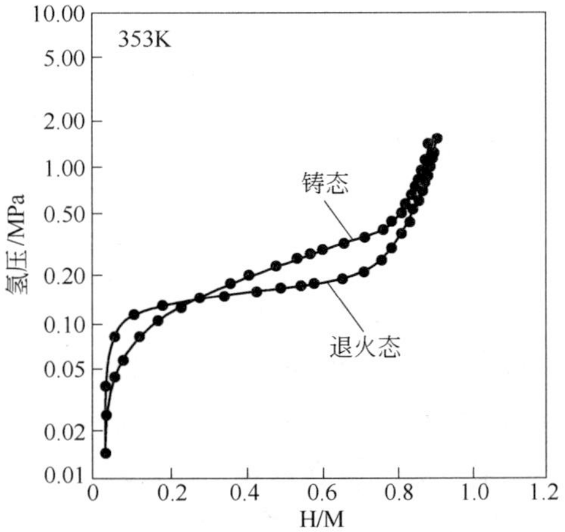

图 4-128 $LaNi_{4.55}Al_{0.45}$ 铸态和退火态 PCT 曲线[222]

退火处理总体上可以减少合金元素的偏析、内应力及位错等缺陷,通常情况下退火后合金的 XRD 衍射峰都会变高变窄,成分更加均匀;非平衡第二相往往也会减少或消失,但如果

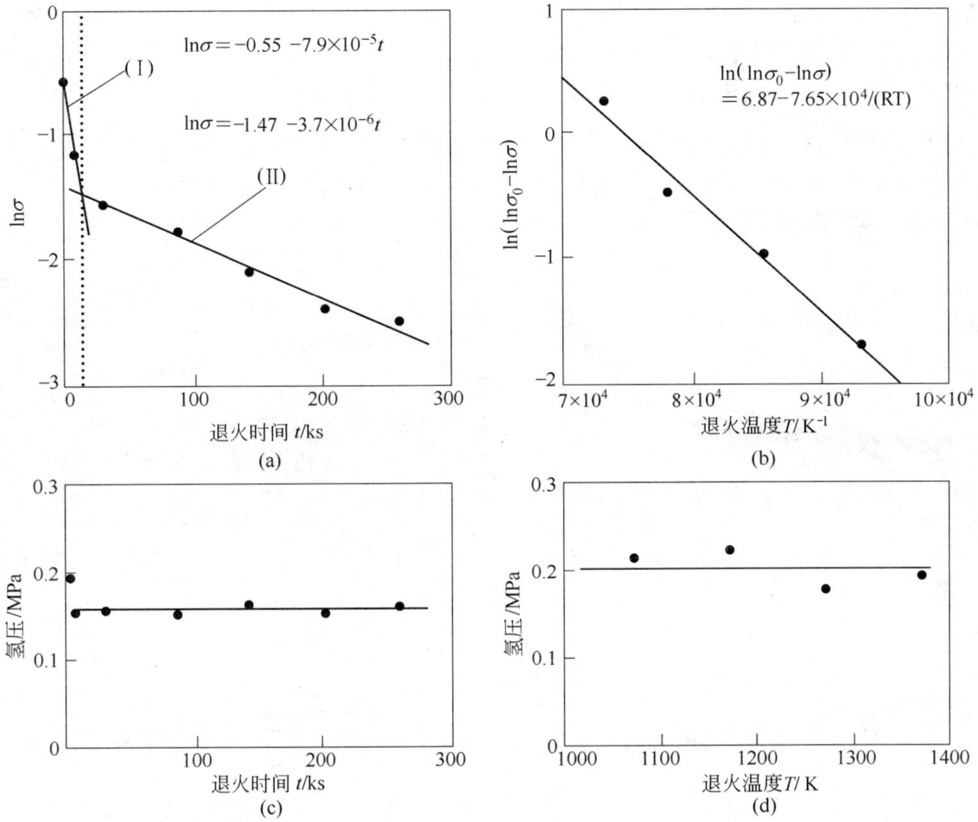

图 4-129 退火时间和退火温度对 $LaNi_{4.55}Al_{0.45}$ 合金平台斜率和平台压的影响[222]

退火温度过高或时间过长也会导致合金晶粒尺寸变大[223]。文献[224]研究了 AB_5 型 $MmNi_{3.4}Co_{1.0}Mn_{0.5}Al_{0.1}$ 等贮氢合金铸态及热处理退火态的组织结构、气固吸放氢与电化学性能等。合金采用电弧炉制备，Mm 成分为 78% La、7.4% Ce、2.24% Nd、10.68% Pr 以及少量杂质 Fe 和 Mn。图 4-130 是 $MmNi_{3.4}Co_{1.0}Mn_{0.5}Al_{0.1}$ 贮氢合金铸态、1000 ~ 1050℃，3 h 和 1000 ~ 1050℃，28 h 退火态的 XRD。可以看出，铸态和退火态合金物相一致，退火后衍射峰

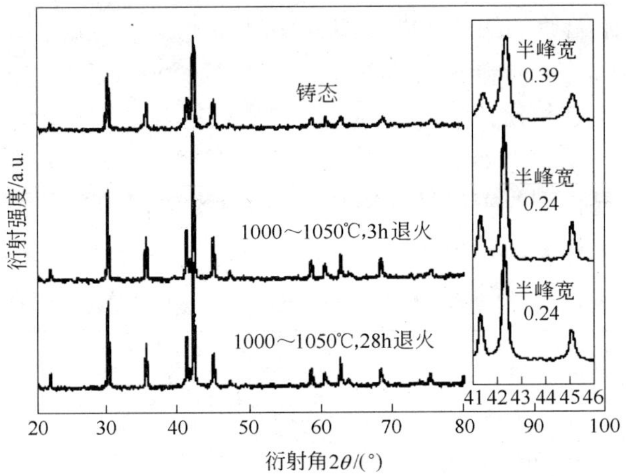

图 4-130 $MmNi_{3.4}Co_{1.0}Mn_{0.5}Al_{0.1}$ 的 XRD[224]

强变窄，铸态合金第一强峰半高峰宽为 0.39，1000 ~ 1050℃，3 h 退火后半高峰宽减小到 0.24，延长到28h 退火半高峰宽不变，说明过长的退火时间不会带来更大效果。与半高峰宽变化规律一致，合金经退火处理后，PCT 变得更加平坦及有效贮氢量增加（图 4-131a），最大放电容量（图4-131b）及循环稳定性（图4-130c）增加，但1000 ~ 1050℃温度下 28h 和3h 退火的性能差异很小。退火合金在高倍率放电条件下不如铸态合金（图4-130d），这与退火合金抗粉化能力增强，表面钝化有关。

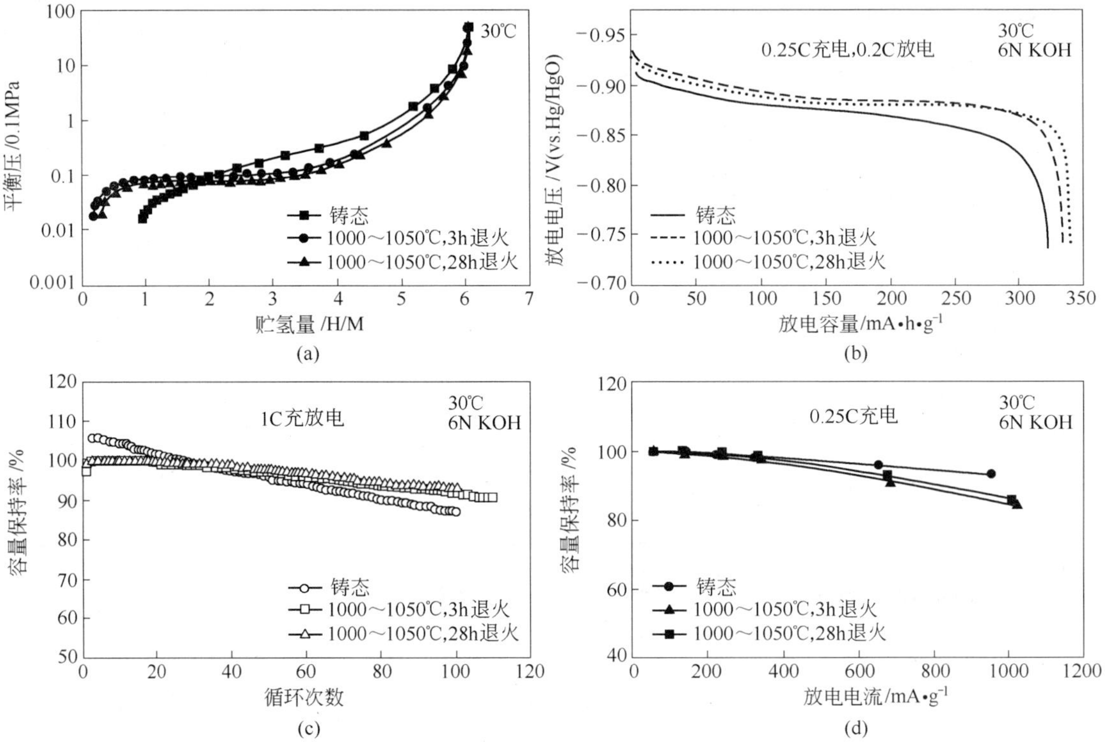

图 4-131 $MmNi_{3.4}Co_{1.0}Mn_{0.5}Al_{0.1}$ 合金的 PCT 及电化学性能[224]

对于 AB_5 型快淬合金、非化学剂量比合金及多元低 Co 合金，退火处理显得更加重要。文献[225]研究了一种无钕的快淬 LPC（NiCoMnAl）$_5$ 贮氢合金的组织结构与电化学性能，研究所用甩带速度为 30 m/s，退火温度分别为 400℃、550℃、700℃ 和 900℃，退火时间为 10h。可以看出，与快淬态相比，随着退火温度升高，衍射峰半高宽越来越小，见表 4-37。合金的最大放电容量在 700℃ 退火时达到最高（图 4-132a），300 mA/g 充放电循环时所有退火态合金的稳定性都明显得到改善（图 4-132b）。综合考虑，700℃ 退火对该合金最佳。过长的退火温度与时间往往导致晶粒粗大，并不是温度越高时间越长越好。

表 4-37 快淬 + 热处理合金 LPC（NiCoMnAl）$_5$ 合金的 XRD 衍射峰的半高宽[225]

衍射峰晶面	快淬态	退火温度/℃			
		400	550	700	900
(200)	0.4568	0.4479	0.4222	0.3307	0.3257
(111)	0.4568	0.4479	0.4222	0.3307	0.3257
(002)	0.4568	0.4479	0.4222	0.3206	0.3083

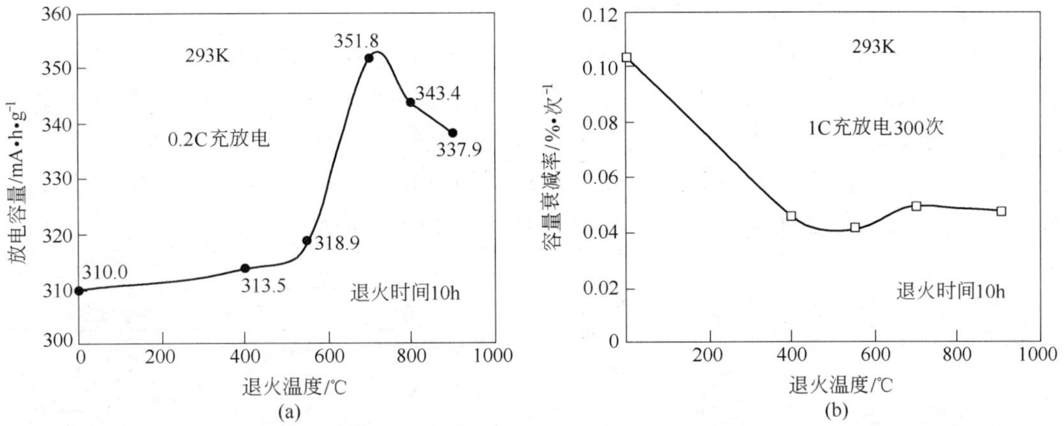

图 4-132 退火温度对 LPC(NiCoMnAl)$_5$ 最大放电容量及循环稳定性的影响[225]

Ma 等[226]研究了一种低 Co 含 Fe 的贮氢合金，发现 1273 K，7 h 退火使 $MlNi_{3.8}Co_{0.3}Mn_{0.3}Al_{0.4}Fe_{0.2}$ 低 Co 合金内应力降低、成分偏析减小、枝晶消失、晶粒长大，放电容量从 292 mA · h/g 提高到 309.2 mA · h/g，300 mA/g 循环 500 次后的容量保持率从铸态的 ~20% 提高到 ~60%。

Hu 等[136]研究一种含 B 的贮氢合金，B 的固溶度一般很小，含 B 合金中往往会出现第二相。研究结果发现退火处理改善了 $MmNi_{3.65}Co_{0.62}Mn_{0.36}Al_{0.27}B_x$ 合金电极的循环稳定性，而放电容量基本没有降低。特别是 $MmNi_{3.65}Co_{0.62}Mn_{0.36}Al_{0.27}B_{0.1}$ 合金经过退火后，显示出了最好的电化学性能：500 周次充 - 放电循环后，放电容量衰减率仅为 16.6%，0.2C 放电容量为 286 mA · h/g，高倍率放电性能也很好。

Chen 等[227]研究了 $La_{1-x}A_xNi_{4.25}Co_{0.5}Sn_{0.25}$（A = La，Nd，Ce，$x$ = 0.2）合金，发现经过 773 K和 973 K 真空退火的快淬合金内应力消除了，Sn 元素的偏析也有所改善，使合金的电化学性能，特别是无 Ce 合金的循环寿命得到了进一步提高。

李传键等[228]在研究快淬 Ml(NiMnTiCo)$_5$ 合金时，对退火温度进行了讨论。结果发现，该快淬合金的电化学性能对退火温度十分敏感，在一定的退火时间内，温度越高，活化越快，放电电压和放电容量越高，放电平台越平，最优的退火温度为 700 K。造成以上区别的原因是退火引起相结构和微观组织的变化。作者发现，退火温度高于 873 K 时，合金内会出现铸态合金中常见的新相，并导致晶粒长大，最终恶化合金的循环稳定性。此外，作者还发现，退火可以使合金中的缺陷尺寸减小，但却使数量增多了。

以上讨论了热处理对 AB_5 型贮氢合金的影响规律。对于 La - Mg - Ni 贮氢合金，由于凝固过程发生包晶反应，常规条件下无法得到单一的包晶相，因而热处理是必须的，且热处理主要目的是完成包晶相的形成转变。

张法亮等[229]研究了退火温度对 AB_3 型 $La_{0.67}Mg_{0.33}Ni_{2.5}Co_{0.5}$ 合金组织结构与电化学性能的影响。采用 0.4 MPa 压力氩气保护下的真空感应熔炼制备合金，铸态合金分别在1023 K、1073 K、1123 K、1173 K 保温 24 h 进行退火处理。铸态合金由 AB_3 型(La，Mg)(Ni，Co)$_3$ 相、AB_5 型 La(Ni，Co)$_5$ 相和 AB_2 型 LaMg(Ni，Co)$_4$ 相组成，三相的含量分别为 49.10%、22.82% 和 28.08%，也就是说有一半(La(Ni，Co)$_5$ 和 LaMg(Ni，Co)$_4$)是并不希望得到的相。图 4-133 示出的是退火温度对 $La_{0.67}Mg_{0.33}Ni_{2.5}Co_{0.5}$ 合金相丰度及 Mg 烧损的影响，如图 4-133(a)所

示，随着退火温度的升高，各相含量都在发生变化，其中 $La(Ni,Co)_5$ 和 $LaMg(Ni,Co)_4$ 含量逐渐降低，而 $(La,Mg)(Ni,Co)_3$ 相和 $(La,Mg)_2(Ni,Co)_7$ 相比例在 1123 K 之前不断增加，在 1123 K 之后，$(La,Mg)(Ni,Co)_3$ 相含量快速降低，$(La,Mg)_2(Ni,Co)_7$ 相含量快速增加，该现象与退火时的 Mg 的烧损有关（图 4-133b），高于 1123 K 后，合金中的 Mg 含量已经跨入 $(La,Mg)(Ni,Co)_3$ 相和 $(La,Mg)_2(Ni,Co)_7$ 相之间。在 1123 K 处理时，$(La,Mg)(Ni,Co)_3$ 相和 $(La,Mg)_2(Ni,Co)_7$ 相比例分别达到 73.21% 和 22.24%，高容量相明显高于铸态合金。

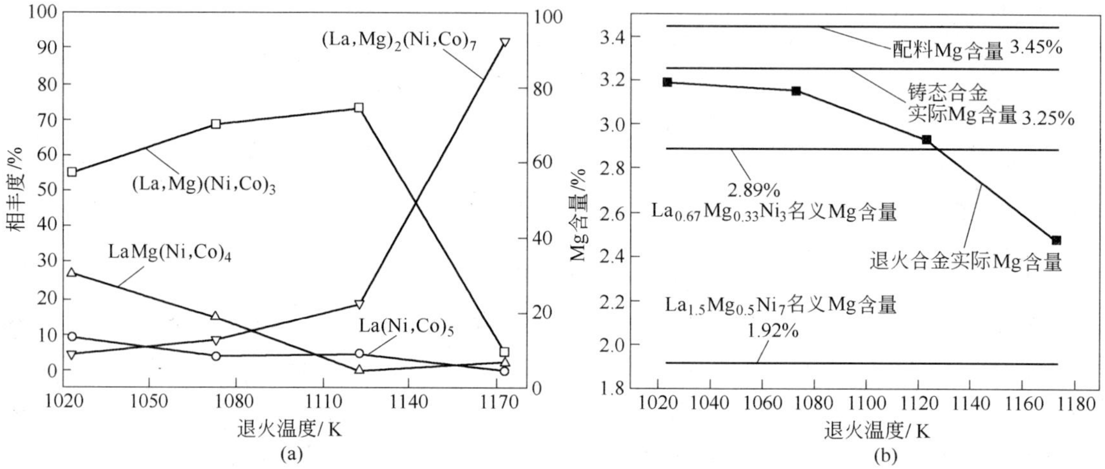

图 4-133 退火温度对 $La_{0.67}Mg_{0.33}Ni_{2.5}Co_{0.5}$ 合金相丰度及 Mg 烧损的影响[229]

（a）合金相丰度的影响；（b）Mg 烧损的影响

图 4-134a 是退火温度对 $La_{0.67}Mg_{0.33}Ni_{2.5}Co_{0.5}$ 合金 300 mA/g 充放电循环稳定性的影响[229]，所有退火态放电容量都明显高于铸态合金，这与组织相组成密切相关。同时从 4-134a 插图中可知，容量保持率随退火温度升高而升高，其中 1173 K 的循环稳定性最高，这是因为这个退火温度下 $(La,Mg)_2(Ni,Co)_7$ 相的比例已达到 92.5%，而该具有相对好的循环稳定性。潘洪革等[230]也研究了与上述同一成分的 $La_{0.67}Mg_{0.33}Ni_{2.5}Co_{0.5}$ 合金，发现 1123 K，8 h 处理的合金最大放电容量达到 398 mA · h/g，高于铸态的 358 mA · h/g。1223 K，8 h 处理的合金的100 mA/g

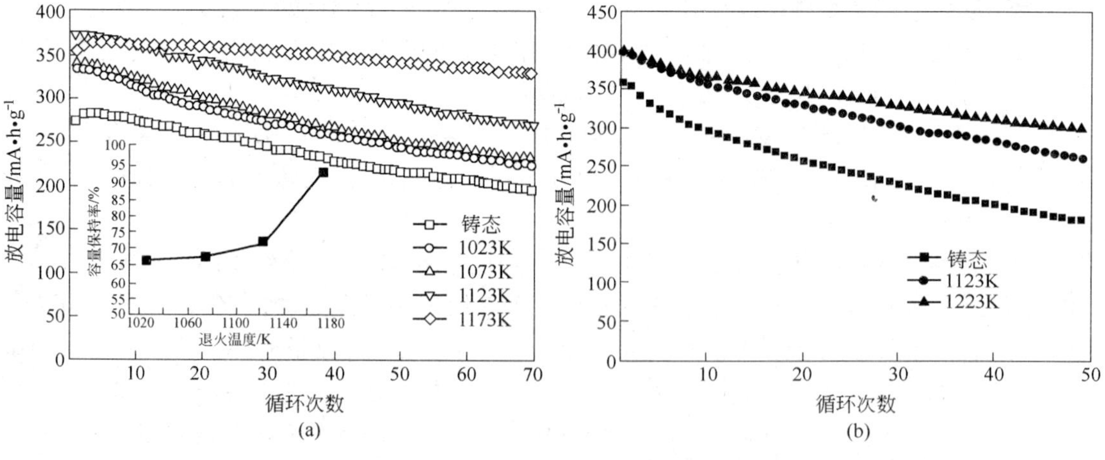

图 4-134 退火温度对 $La_{0.67}Mg_{0.33}Ni_{2.5}Co_{0.5}$ 合金循环稳定性的影响[229,230]

充放电循环稳定性最好(图 4-134b),但低于图 4-133(a)的循环稳定性,其影响因素包括成分、相组成及充放电制度等的差异。由此也可看出,La - Mg - Ni 系合金的制备没有 $LaNi_5$ 合金稳定。

潘洪革等[231]研究了退火温度对 A_2B_7型合金 $La_{0.7}Mg_{0.3}Ni_{2.45}Co_{0.75}Mn_{0.1}Al_{0.2}$合金组织结构与电化学性能的影响。合金采用磁悬浮熔炼,铸态合金分别在 1173 K、1273 K、1373 K 并保温 8 h 进行退火处理。由表 4-38 可知,合金主相由(La,Mg)Ni_3 和 $LaNi_5$ 组成,二者的晶格参数及晶胞体积都随退火温度升高而增大。在 1173 K 处理时,(La,Mg)Ni_3 的含量高于铸态合金,之后随着退火温度升高,(La,Mg)Ni_3 的含量逐渐降低,但总体上二者相对量变化不大。由表 4-39 可知,合金最大放电容量的变化规律与表 4-38 中相的相对含量的变化规律一致。循环稳定性随退火温度升高而提高,这与退火后成分均匀性和两相的相对含量有关。1000 mA/g 放电时,铸态合金的高倍率放电能力最好,退火处理后,合金倍率性能随退火温度升高而降低。由于(La,Mg)Ni_3 相的高倍率性能优于 $LaNi_5$ 相,造成退火合金高倍率性能的变化规律。成分均匀性的改善带来循环性能的提高,循环性能的改善往往不利于高倍率性能,这也是铸态合金高倍率性能更好的原因,实际上这种现象在 AB_5 合金中也常见。

表 4-38 铸态和退火态 $La_{0.7}Mg_{0.3}Ni_{2.45}Co_{0.75}Mn_{0.1}Al_{0.2}$合金相分析[231]

状 态	相	相丰度/%	晶格参数/nm		晶胞体积/nm^3
			a	c	
铸 态	(La,Mg)Ni_3	62.84	0.5077	2.4860	0.55498
	$LaNi_5$	37.16	0.5057	0.4028	0.08920
1173 K	(La,Mg)Ni_3	69.83	0.5082	2.4868	0.55629
	$LaNi_5$	30.17	0.5061	0.4029	0.08939
1273 K	(La,Mg)Ni_3	67.95	0.5085	2.4879	0.55701
	$LaNi_5$	32.05	0.5062	0.4032	0.08947
1373 K	(La,Mg)Ni_3	63.35	0.5086	2.4887	0.55767
	$LaNi_5$	36.65	0.5064	0.4040	0.08971

表 4-39 铸态和退火态 $La_{0.7}Mg_{0.3}Ni_{2.45}Co_{0.75}Mn_{0.1}Al_{0.2}$合金的电化学性能[231]

状 态	最大放电容量/mA · h · g^{-1}	活化次数	C_{100}/C_{max}/%	HRD_{1000}/%
铸 态	350.9	2	65.5	82.4
1173 K	370.0	2	67.5	77.7
1273 K	367.9	2	72.1	75.4
1373 K	359.8	2	75.0	58.1

刘永锋等[201]研究了 $AB_{3.3}$型 $La_{0.7}Mg_{0.3}Ni_{2.8}Co_{0.5}$合金的电化学性能,发现 $La_{0.7}Mg_{0.3}Ni_{2.8}Co_{0.5}$合金经 1123 K 热处理后,最大放电容量、循环稳定性、高倍率放电性能、交换电流密度以及极限电流密度都有明显改善。铸态合金电极的最大放电容量为 392 mA · h/g,放电电流密度为 2000 mA/g 时的高倍率性能达到 74.0% 。经 1123 K 保温 8 h 退火的合金电极的最大放电容量提高到 414 mA · h/g,放电电流密度为 2000 mA/g 时的高倍率性能达到 76.2% 。XRD 衍射分析表明,衍射峰宽度随着退火温度的升高而变窄,其原因是合金经退火处理相结构的变化和成分的均匀化。

4.6.3　真空制粉技术

稀土系 AB_5 和 La－Mg－Ni 贮氢合金作为镍氢电池负极材料使用时都是粉末状，一般要求贮氢合金粉碎至－0.074 mm（－200 目）以下。就感应熔炼法而言，贮氢合金形状呈锭状、厚板状、薄片状等，这些产物都不能直接应用，必须粉碎至一定粒度。工业上一般采用球磨制粉、气流磨制粉及氢化制粉等方法。实验室一般采用行星式球磨机制粉。工业上制粉常采用保护气氛下的滚筒式球磨机和气流磨机等，道理上振动磨、搅动磨机和棒磨机也是可以的。高能球磨对稀土系 AB_5 和 La－Mg－Ni 贮氢合金不合适，因为不存在机械合金化的需求。

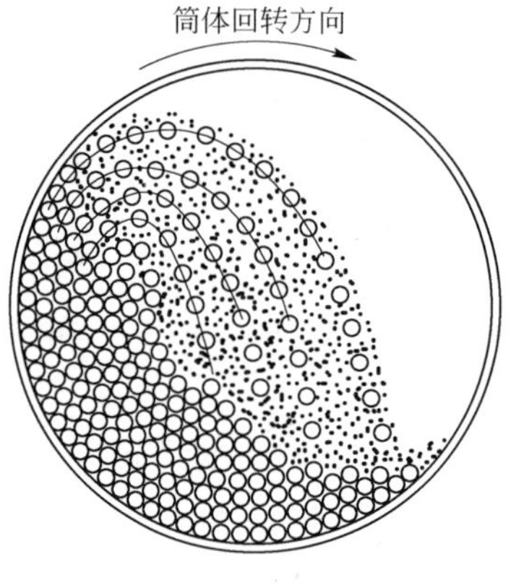

图 4-135　球磨机磨球和物料运动图

图 4-135 是滚筒式球磨机磨球与物料的运动图。球磨机一般为卧式筒形旋转装置，外沿齿轮传动，物料由进料装置进入磨仓，内装不同规格钢球，筒体转动产生离心力将钢球带到一定高度后落下，对物料产生重击和研磨作用。球磨筒将机械能传递到筒内的球磨物料及介质上，相互间产生正向冲击力、侧向挤压力、摩擦力等，当这些复杂的外力作用到脆性粉末颗粒上时，细化过程实质上就是大颗粒的不断解理过程。由于物料粉末有严格的粒度要求，如贮氢合金粉末一般要求在几十个微米，球磨机中筒壁常是多孔的，孔径根据要求而定，达到粒度要求的合金粉末从筛孔中落下。合金进入球磨机之前，已经过粗破达到符合要求的进料粒度。磨球常采用钢球，最好是耐磨钢球或高铬铸铁磨球。

磨球大小、球料比、滚筒转速是主要的技术参数。磨球大小一般要采用大、中、小搭配，或者大、中 1、中 2、小搭配，这样能起到很好的冲击和研磨作用，至少也得两种规格的磨球搭配。球的大小选择一般都很经验化，存在一些经验公式，其选择往往与物料进料时的大小有关。对于现贮氢合金常采用的球磨机，大球直径一般小于 50 mm，小球直径大于 10 mm。各种规格球的搭配比例应比较适中。大球起冲击作用，小球与物料进行相互滑动起研磨作用。关于球料比，球料比过高，得到的粉过细、物料的团聚和在磨球上的粘结过多，污染也较严重；球料比过低，制粉效率低。生产中的球料比一般不超过 5∶1，但很少低于 1∶1。球磨过程中一般采用氮气保护。就滚筒转速而言，转速应适宜。转速过快且超过临界转速时，离心力作用使磨球和物料都沿随筒壁运动，转速过低时，物料和磨球仅存在相互滑动及滚动等，物料和磨球无法抛起。球磨过程中磨球的磨损等会引起物料污染，污染会影响贮氢合金产品的质量与质量稳定性，因此球磨机衬板与磨球等都应考虑采用耐磨性优良的耐磨抗磨材料。

气流磨是通过气体传输粉料的一种研磨方法。与机械研磨法不同的是，气流研磨不需要磨球及其他辅助研磨介质。研磨腔内是粉末与气体的两相混合物。根据粉料的化学性质，可采用不同的气源，如陶瓷粉多采用空气，而金属粉末则需要用惰性气体或还原性气体。由于不使用研磨球及研磨介质，气流研磨粉的化学纯度一般比机械研磨法的要高。由于粉末颗粒的运动是从流态气体中获得的，提高颗粒的动能必须要提高载流气体的速度。一般是通过两种办法使喷嘴出口端的气体流速达超音速，获得足够的动能，一是提高气体的入口压力，二是气体喷嘴的气体动力学设计优化。

图 4-136 是北京（吉林市）新大科机电技术有限责任公司的一种气流磨系统图。该系

统由压缩机输出的高压气体，经过特殊设计、相对摆放的几个喷嘴后，被加速为超音速气流，喷射到研磨机的中心研磨区域，超音速气流带动物料高速飞行，在研磨区内相互碰撞，从而达到粉碎的目的。气流膨胀后带动碰撞后的物料上升进入分级区，在分级区中由涡轮式分组轮分选出达到粒度的粉料，粉料的粒度大小可由分级轮转速快慢来调整，分离出的粉料随气流带出，进入旋风分离器实现分离，其余粗粉返回研磨区继续研磨，直至达到粒度后被分出为止。合格的粉料从离心分离器中排出，不能利用离心法分离出来的超细粉随气流进入过滤器，被滤出，从过滤器流出的纯净氮气，返回压缩机随新补充的氮气循环使用，整个过程由计算机控制，实行自动连续工作。

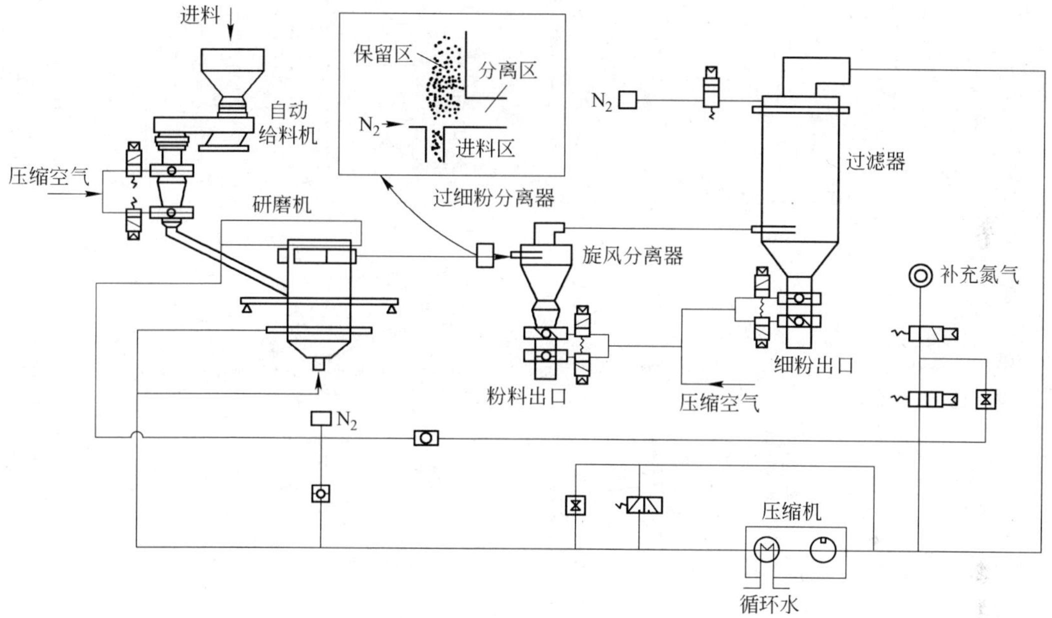

图 4-136 气流磨系统图

原鲜霞等[232,233]研究了贮氢合金 $MlNi_{3.65}Co_{0.75}Mn_{0.4}Al_{0.2}$ 的颗粒度及粒度分布均匀性对其电化学性能的影响。合金采用电弧熔炼，机械制粉，并用英国 Malvern 公司的激光粒度分析仪 Mastersizer2000 测试其粒度分布。图 4-137 是合金的粒径分布与平均粒径，平均粒径从小到大分布为 25.5 μm、45.9 μm、68.0 μm、87.6 μm和 125.2 μm。如图 4-138(a)所示，在 200 mA/g 的充放电电流下，合金的粒度越小，首次放电容量越大，且活化速度越快。小颗粒比表面积大，合金表面真实电流密度小，电化学反应与氢的扩散都好。但其最大放电容量随粒度的增大而增加，如图 4-138(b)所示。作者在其中文文献中讲 60 ~ 76 μm 之间的合金最大放电容量最大，而在粒径更大的 76 ~ 95 μm 之间的

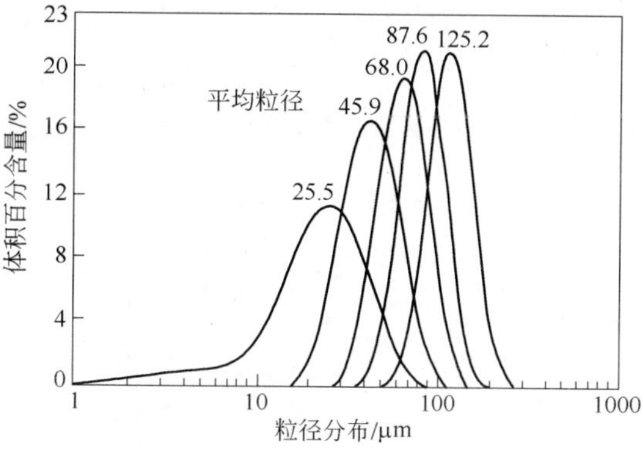

图 4-137 粒径分布与平均粒径[233]

合金的最大放电容量有较明显的降低，与英文文献报道结果有出入。如图4-138(c)所示，合金的高倍率放电容量先随粒径增加而增加，平均粒径为68.0 μm时达到最大，之后随着粒径的增加而降低。放电电流越大，粒径对高倍率放电性能的影响越大。如图4-138(d)所示，在充放电电流为300 mA/g时，除平均粒径为25.5 μm的合金粉性能衰减较快外，其余各个粒度的合金粉的性能衰减速度几乎相等，说明过细的粉末表面氧化严重，对循环稳定性不利。

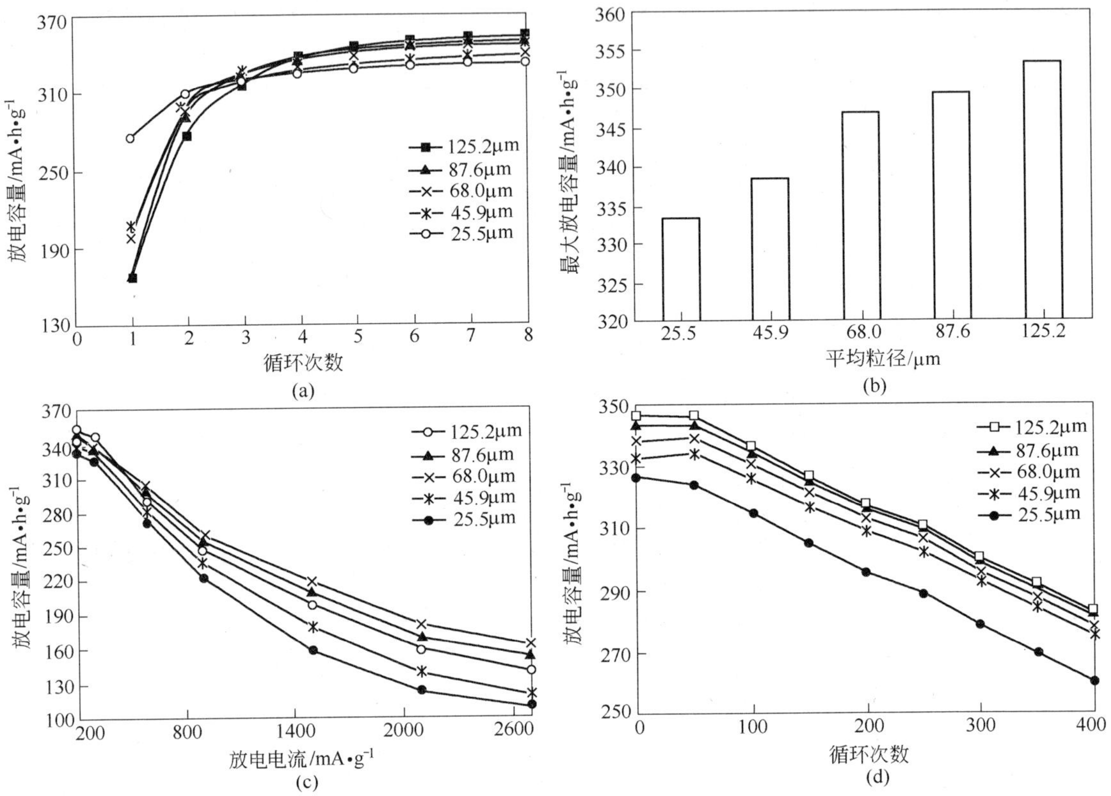

图4-138 粒径大小对$MlNi_{3.65}Co_{0.75}Mn_{0.4}Al_{0.2}$合金电化学性能的影响[233]

贺维勇等[234]研究了粉末粒度对$La_{0.45}Ce_{0.05}Pr_{0.35}Nd_{0.15}Ni_{3.5}Co_{0.8}Mn_{0.4}Al_{0.3}$贮氢合金电化学性能的影响。合金采用真空中频感应电炉熔炼，机械制粉，激光粒度分析结果见图4-139。结果表明，合金粉末粒度越小，活化性能越好(图4-140a)。但就放电容量与循环稳定性而言(图4-140b)，随着粉末粒度的减小，贮氢合金的放电容量及循环稳定性都降低，粗粉的放电容量及循环稳定性更好。该研究还用惰性气体熔融法测得的样品电池负极合金的氧含量(表4-40)，可以看出随样品电池负极粉末粒度的减小，样品电池负极中的氧含量增加。对于每一个样品而言，合金中的氧含量应是相同的，所以每一种样品中的氧含量应等于合金中的氧含

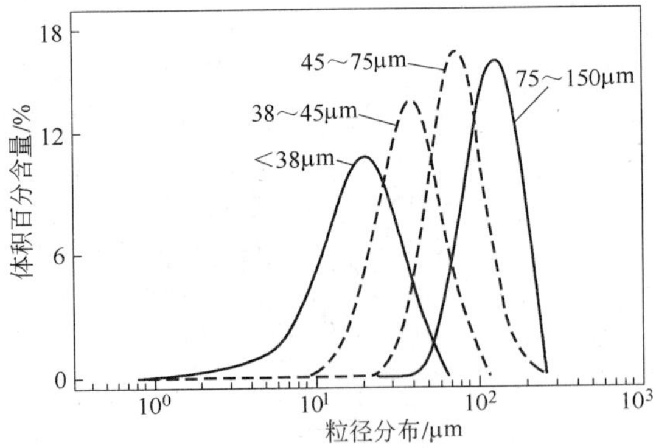

图4-139 AB_5合金的粒度分布[234]

量加上粉末表层氧的含量。合金粉末越细,氧含量越高,是粉末表面被氧化的结果。因此,从这个角度看,细粉不利于合金性能。

表 4-40 不同粒径分布的 $La_{0.45}Ce_{0.05}Pr_{0.35}Nd_{0.15}Ni_{3.5}Co_{0.8}Mn_{0.4}Al_{0.3}$ 合金的氧含量[234]

合金粒度分布/μm	75 ~ 150	45 ~ 75	38 ~ 45	< 38
氧含量/%	0.0053	0.0440	0.0990	0.2800

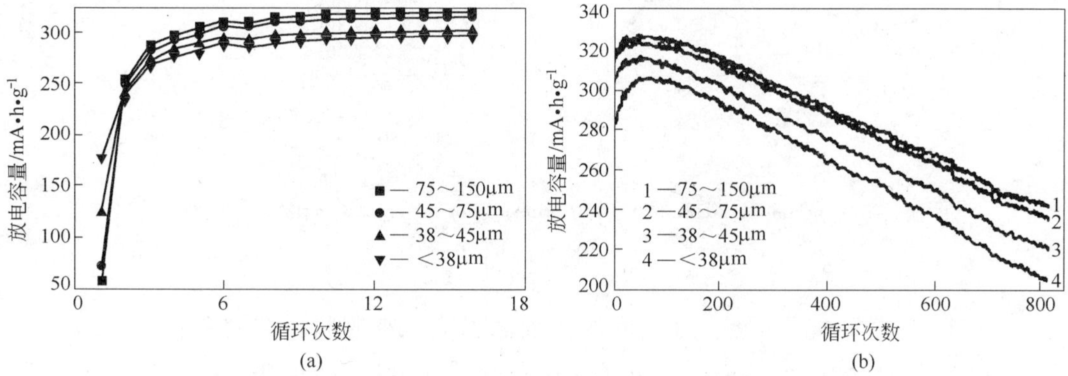

图 4-140 $La_{0.45}Ce_{0.05}Pr_{0.35}Nd_{0.15}Ni_{3.5}Co_{0.8}Mn_{0.4}Al_{0.3}$ 合金的电化学性能[234]

文献[235]研究了不同颗粒尺寸 $MmNi_{3.8}Co_{0.75}Mn_{0.4}Al_{0.2}$ 的电化学性能,合金经 1073 K,1 h 退火处理。文章主要分析了 100 ± 5 μm 和 20 ± 10 μm 两种粒径合金的电化学性能及电化学动力学特性。两种不同粒径合金的形貌如图 4-141 所示,可以看出粒径分布很均匀。图 4-142 是两种粒径 $MmNi_{3.8}Co_{0.75}Mn_{0.4}Al_{0.2}$ 合金的不同倍率性能,对 100 ± 5 μm 粗粒径合金(图 4-142a),1C 放电能力明显降低;特别是放电电压平台降低明显。对 20 ± 10 μm 细粒径合金(图 4-142b),高倍率性能明显提高,容量下降及放电电压下降都小得多。在900 mA/g 下,细颗粒放电能力达 86%,而粗颗粒不能放电。研究发现表明电荷转移阻抗是影响二者性能差异的主要原因,特别是对高倍率放电性能。

图 4-141 100 ± 5 μm 和 20 ± 10 μm 两种粒径 $MmNi_{3.8}Co_{0.75}Mn_{0.4}Al_{0.2}$ 合金的形貌[235]

(a) 100 ± 5 μm;(b) 20 ± 10 μm

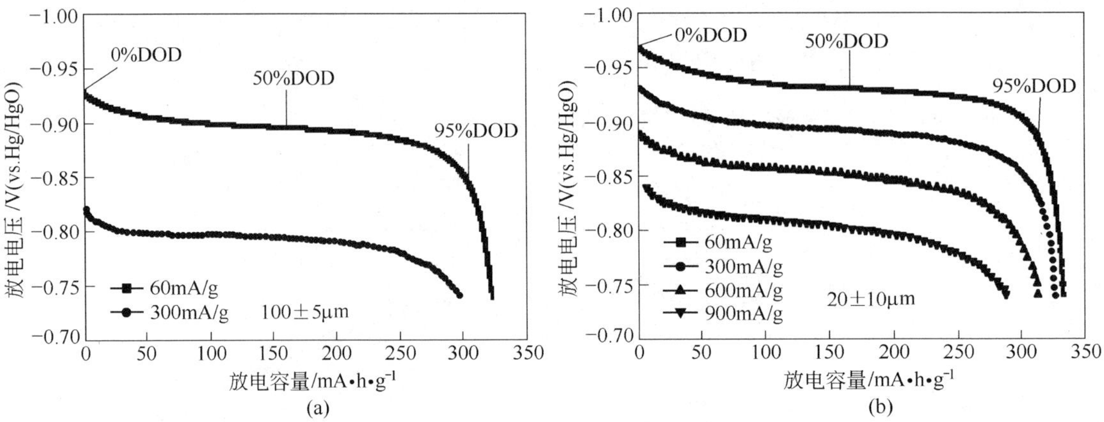

图 4-142 100 μm 和 20 μm 两种粒径 $MmNi_{3.8}Co_{0.75}Mn_{0.4}Al_{0.2}$合金的倍率性能[235]

(a) 100 μm; (b) 20 μm

刘开宇等[236]研究了干法、湿法和湿法加添加剂三种制粉工艺对贮氢合金电化学性能的影响。合金采用真空感应电炉熔炼,并采用 1000℃,3 h 和 850℃,1 h 两段热处理。制粉工艺采用两段一闭路流程,即:粗碎—细碎—筛分,筛上物料返回细碎。在惰性气体保护下,采用颚式破碎机将热处理后的贮氢合金锭粉碎成约 10 mm 的颗粒,此为粗碎,然后在带筛球磨机中进行细碎作业。细碎采用两种制粉工艺:(1)湿法制粉。在一定的制粉液体介质(加添加剂和不加添加剂两种工艺)中,采用球磨机制粉;经筛分、离心和干燥等工艺得到 -0.074 mm(-200 目)的贮氢合金粉末。(2)干法制粉。在惰性气体保护下,采用球磨机制粉,得到 -0.074 mm(-200 目)的贮氢合金粉末。利用 Leco 碳硫-氮氧仪测试合金粉氧含量。结果表明:制粉工艺对合金粉末的表面形貌、粒度分布、氧含量均存在很大的影响,并影响到其电化学性能。测试表明,干法氧含量(726×10^{-6})低于湿法(1350×10^{-6})及湿法 + 添加剂(831×10^{-6})。当采用湿法制粉工艺时,贮氢合金电极的活化性能较干法制粉明显改善,若加入一定量的添加剂,活化性能进一步提高,第一次放电容量即达到 278 mA · h/g,第二次放电容量达到合金电极的稳定容量 322 mA · h/g。湿法制粉对贮氢合金电极的循环稳定性能有一定的负面影响,这可能与贮氢合金粉末表面的氧化和细粉相对含量较多有关。然而,当加入一定量的添加剂以后,贮氢合金电极的氧含量得到有效的控制,3C 充放循环稳定寿命达到 500 次,与干法制粉工艺接近。

Young 等[237]发明了一种氢化制粉工艺。可以选择适当的氢压和氢化温度,以控制所得合金粉的粒度。该工艺的主要步骤是:将贮氢合金置于反应容器中;排掉容器中的余气;通氢气;排掉氢化过程中生产的热;冷却到氢化温度;贮氢合金在氢化温度下氢化,控制合金吸氢量,调节所得合金粉 90% 的粒度在 250 μm 以下。氢化粉碎制得的合金粉颗粒电化学活性较好[238],但氢化粉碎法存在脱氢和安全问题,不易进行大规模工业化生产。

高压惰性气体雾化法是一种直接制造粉末的方法。Chung 等[239]研究了气雾法制备的 $MmNi_{3.6}Co_{0.56}Mn_{0.56}Al_{0.28}$贮氢合金粉末颗粒尺寸对氢化特性及电化学性能的影响。研究发现,气雾法所得合金的气固及电化学贮氢特性都有别于常规方法制备的合金。对尺寸小于 10 μm 的合金颗粒，氢化过程没有裂纹产生，这种尺度的合金粉末很难与氢气反应。图 4-143 是采用 Ar 气雾法制备的 $MmNi_{3.6}Co_{0.56}Mn_{0.56}Al_{0.28}$贮氢合金的充放电曲线。38 ~75 μm 颗粒大小的贮氢合金具有最高的放电容量(282 mA · h/g)。颗粒尺寸在 10 ~38 μm 之间的合金的最大放电容量为 268 mA · h/g，而颗粒尺寸小于 10 μm 的合金的最大放电容量仅仅只有 18 mA · h/g，因此 10 μm 是气雾法贮氢合金的临界尺寸，小于这种尺度的合金颗粒表面氧化膜更稳定致密，很难吸放氢。电化学性能也会很差。

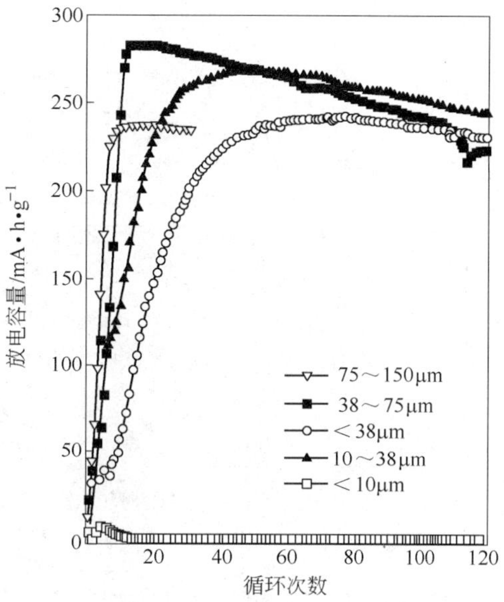

图 4-143 气雾法合金粉末大小对循环性能的影响[239]

镍氢电池负极生产过程中还要考虑合金粉末的填充密度，干法生产对合金粉末的流动性要求较高。Furnas 的堆积密度理论认为当用两种不同粒度的颗粒进行混合堆积时，粒度的粒径相差越大(粗细粒径尺寸比越大)，堆积密度越高。而粗细合金粉的质量比为 7:3 时，其堆积密度最高。随着合金粉的堆积密度增大，合金粉之间的接触将增强，这有利于电化学反应中电子的传输，提高了贮氢合金的利用率，从而提高了电极放电容量。此外，合金粉的充填密度越高，单位体积内充填的活性物质就越多，在不加大电池体积的前提下，能有效地提高电池的总容量。但需要指出，在金属氢化物电极界面上，存在着固、气、液三相物质参与的电极反应，若压实密度太大，氢及 OH^- 离子的扩散通道就会减少，从而使氢及 OH^- 离子的扩散成为电极充放电的控制环节，降低其充放电效率，继而降低其容量。

合金粉越细，达到最大放电容量所需充放电次数越少，越容易活化。另一方面，虽然贮氢合金粉的有效反应比表面增大有利于提高吸氢反应速度，但若合金颗粒半径太小，又会降低单位体积内贮氢合金粉的贮氢容量。因为合金颗粒平均粒径越小，比表面积就越大，合金受氧化的程度也越大，贮氢合金粉的有效活性物质损失较多；同时合金粉颗粒细小，表面积增大，其接触电阻将随之增大，这都将导致细合金粉的放电容量减小。另外合金粉颗粒细小，表面积增大，充放电过程中氧化加剧，电极循环寿命将明显缩短。如合金粉太粗，则氢扩散路径长及合金粉之间空隙多，也将导致电极阻抗增加，高倍率放电能力损害大。

上述研究表明，合金粉细，容易活化，但损害放电容量及循环稳定性；合金粉粗，循环寿命长，但损害高倍率放电性能。追求高倍率性能采用粉末粒度要合适。镍氢电池负极生产过程往往更加具体要求制取合适的合金粉末粒度分布。图 4-144 是厦门钨业出示的湿法(图 4-144a)和干法(图 4-144b)用贮氢合金粉粒度分布，湿法用贮氢合金粉 D_{50}粒径大约 40 ~45 μm 之间，干法用贮氢合金粉 D_{50}粒径大约 60 ~65 μm 之间。这不是绝对的，合适的粒度分布总是根据镍氢电池应用要求而定的。

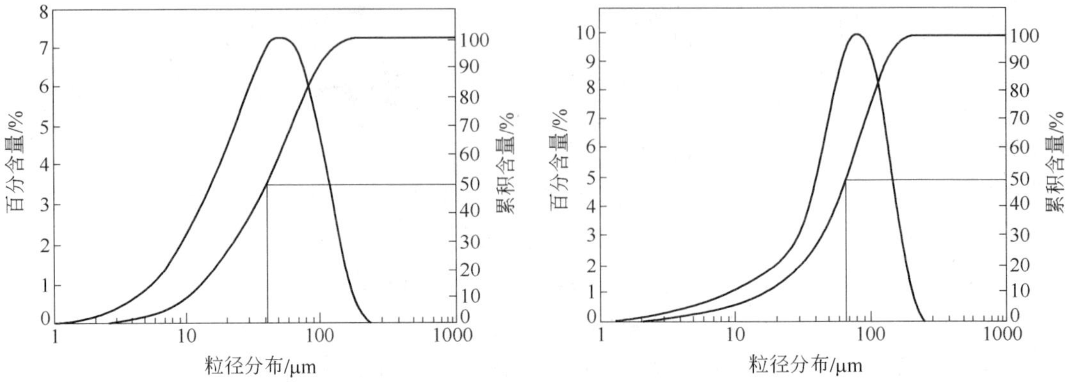

(a) (b)

图 4-144 厦门钨业出示的湿法和干法用贮氢合金粉粒度分布

(a)湿法；(b) 干法

4.7 稀土贮氢合金的应用与发展趋势

4.7.1 贮氢合金在镍氢电池上的应用

稀土贮氢材料在氢的贮运、蓄热与热泵、氢压缩机、氢传感器、氢分离回收与纯化、催化剂、氢同位素分离等方面已有一定研发与应用，但这些应用大多未形成规模。稀土贮氢合金最主要的应用是在镍氢电池上面，因此，本节讲述稀土贮氢合金在镍氢电池上的应用。

4.7.1.1 基本原理与特点

镍氢电池正极活性物质为氢氧化镍，负极活性物质为稀土镍系贮氢合金，电解液为氢氧化钾，图 4-145 是圆柱形和方形镍氢电池的组成与结构，电池主要由正极、负极、隔膜、电解液、正负极极耳、安全阀、绝缘件、外壳、正负极端子等组成。圆柱形电池正负极是通过卷绕而成的，而方形电池正负极通常是通过叠片方式而成的，正负极之间用隔膜隔开，以防止短

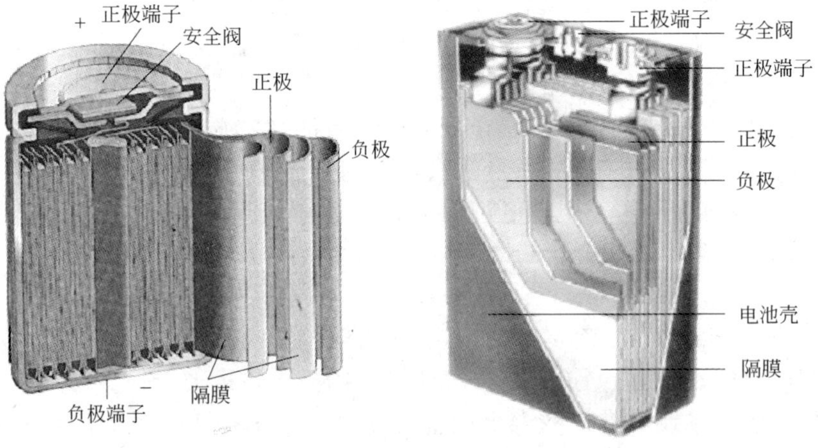

(a) (b)

图 4-145 圆柱形和方形镍氢电池的组成与结构

(a) 圆柱形；(b) 方形

路。镍氢电池充放电过程的电化学反应如下：

正极 $$Ni(OH)_2 + OH^- \underset{放电}{\overset{充电}{\rightleftharpoons}} NiOOH + H_2O + e \tag{4-24}$$

$$E^\ominus = +0.39\,V\ (vs.\ Hg/HgO)$$

负极 $$M + xH_2O + xe \underset{放电}{\overset{充电}{\rightleftharpoons}} MH_x + xOH^- \tag{4-25}$$

$$E^\ominus = -0.93\,V\ (vs.\ Hg/HgO)$$

电池总反应为： $$M + Ni(OH)_2 \underset{放电}{\overset{充电}{\rightleftharpoons}} MH + NiOOH \tag{4-26}$$

$$E^\ominus = 1.32\,V$$

过充时，发生水的分解反应，即正极析氧，负极析氢：

正极 $$2OH^- \longrightarrow \frac{1}{2}O_2\uparrow + 2e + H_2O \tag{4-27}$$

负极 $$2H_2O + 2e \longrightarrow H_2 + 2OH^- \tag{4-28}$$

过放时，正极析氢，负极贮氢合金中的部分金属元素发生溶解，即：

正极 $$H_2O + e \longrightarrow 1/2H_2 + OH^- \tag{4-29}$$

负极 $$M \longrightarrow M^{z+} + ze \tag{4-30}$$

MH/Ni 电池的电容量一般均按正极容量设计，即电池负极的容量应超过正极容量，正、负极容量的比例可以达到 1∶1.2，甚至更高。这样在充电末期，当正极析出的氧通过隔膜扩散到负极时，氧可与稀土贮氢合金氢化物中的氢反应生成 H_2O，这样的设计可以减轻电池内部压力的积累升高。氢与氧反应释放出热，因此镍氢电池过充太多不利。从电池总反应来看，充放电过程无 KOH 和 H_2O 额外产生和消耗，电解质的浓度保持不变，这是 Ni/MH 电池的特点之一，它说明 Ni/MH 电池在使用过程中无需维护。

Ni/MH 电池中最关键的是负极活性材料，负极所用活性物质目前主要是 AB_5 型稀土系贮氢合金，La－Mg－Ni 在高能量密度镍氢电池中有少量应用。稀土贮氢合金作为镍氢电池负极材料需满足下列要求：

(1) 电化学比容量高。理论上 1 g 当量活性物质将放出 26.8 Ah 的电容量，其理论放电容量的计算见式 4-31，式中 z 是参与反应的电子数，M 为活性物质的摩尔质量(g/mol)。

对于 $LaNi_5H_6$，参与反应的电子数为 6，理论比容量为 372 mA · h/g，实用化的 AB_5 型多元合金一般实际放电容量约 280～350 mA · h/g；对于 $LaNi_3H_5$ 和 $La_2Ni_7H_{10}$，参与反应的电子数为 5 和 10，理论容量分别为 425 mA · h/g 和 389 mA · h/g，为防止充放电过程的非晶化，实际合金基本都在 A 侧添加了部分 Mg，原子量降低，其理论容量会更高，这类非 AB_5 型 La－Mg－Ni 系合金实际容量一般在 360～410 mA · h/g。

$$C_0 = 26.8 \times z/M\ (A \cdot h/g) \tag{4-31}$$

(2) 充放电可逆性好，工作温度范围宽。氢化物生成焓与平台压适中，生成焓 $\Delta H \approx -29 \sim -46$ kJ/mol，平台压 $p_{eq} \approx -0.01 \sim 0.1$ MPa，工作温度范围宽 −30～60℃，充放电电压平台滞后小，可逆充放电性能良好。当电解液浓度为 6 M KOH 和温度为 298 K 时，平衡电极电位 E 和平衡氢压 p_{H_2} 关系式为：

$$E = -0.9293 - 0.0296\lg p_{H_2} \tag{4-32}$$

(3) 电催化活性高，反应阻力小，氢扩散速率大，导电导热性能好，大电流充放电性能好。

(4) 抗粉化能力与耐碱液腐蚀能力好,循环寿命长。

(5) 原料丰富,成本低廉,环境友好,安全性高等。

镍氢电池是在航天用高压氢镍电池的基础上发展起来的。20 世纪 60 ~ 70 年代,随着 $LaNi_5$(AB_5 系)合金、NiTi(AB 系)合金、$NiTi_2$(AB_2 系)合金先后被发现具有可逆电化学吸放氢性能后[240~242],人们一直试图将这些贮氢合金用作常压氢镍电池的负极材料。直到 1984 年,荷兰 Philips 公司 Willems 等人解决了 $LaNi_5$ 合金电极充放电时容量迅速衰减的问题[4],从而实现了以贮氢合金为负极材料制造镍氢电池的可能性。1988 年,美国 Ovonic 公司成功开发出 C 型镍氢电池并进行小批量生产。1989 ~ 1990 年,日本松下电池公司、东芝电池公司、三洋电池公司等,也相继开发出镍氢电池。1990 年 10 月,日本三洋电池公司首先开始批量生产镍氢电池。至此,镍氢电池的产业化开始全面启动。镍氢电池比能量高,不污染环境,无记忆效应,循环寿命长,具有良好的耐过充 - 过放电特性,与镍镉电池有互换性,可以而且正在取代有毒的、废电池难以处理的镍镉电池。表 4-41 是部分可充电电池的技术数据比较[243],该表可代表大多数的情况。如专门的高功率镍氢电池,可以超出标中所列比功率,而专门的高能量镍氢电池,可以超出表中所列比能量。可以看出,镍氢电池的综合性能指标明显优于铅酸电池、镍镉电池、镍铁电池、镍锌电池,但相对自放电率较高。锂离子电池比能量优于镍氢电池,但安全性等方面不如镍氢电池。

表 4-41 部分可充电电池的技术数据比较[243]

电池种类	电压/V	质量比能量① /W·h·kg⁻¹	体积比能量① /W·h·L⁻¹	质量比功率② /W·kg⁻¹	工作温区 /℃	循环寿命③ /次	自放电④ /%·月⁻¹
铅 酸	1.98	35	80	200	-20 ~ 50	800	3
镍 镉	1.2	35	80	260	-40 ~ 60	1000	10
镍 氢	1.2	65	220	850	-30 ~ 65	900	30
铁 镍	1.2	30	60	100	-10 ~ 60	1000	25
锌 镍	1.6	60	120	300	-20 ~ 50	200	15
$C/LiCoO_2$	3.6	155	410	—	-20 ~ 60	600	—
$C/LiMn_2O_4$⑤	3.8	140	300	—	-20 ~ 60	600	<2.5

① 0.2C 放电;

② 从满荷电态到半荷电态短时间放电;

③ 0.2C 放电至额定容量的 80%;

④ 20℃测试(聚合物电解质);

⑤ 聚合物电解质。

4.7.1.2 技术现状及发展

A 比能量

镍氢电池与镍镉电池采用相同的正极和电解液,工作电压同为 1.2 V,但贮氢合金拥有较高的比容量(AB_5 型:~300 mA·h/g,AB_2 型:~400 mA·h/g),且材料密度大于镉电极,因此,镍氢电池自产业化初期即拥有对镍镉电池能量(特别是体积比能量)上的优势。近年来,镍氢电池的比能量逐渐提升,目前,混合动力汽车(HEV)用的功率型电池质量比能量一般为 45 ~ 60 W·h/kg,纯电动车(EV)用的能量型镍氢电池的质量比能量可以达到 65 ~ 85

W·h/kg,而高容量AA型镍氢电池的质量比能量已达110 W·h/kg,体积比能量则高达435 W·h/L(图4-146)[244]。

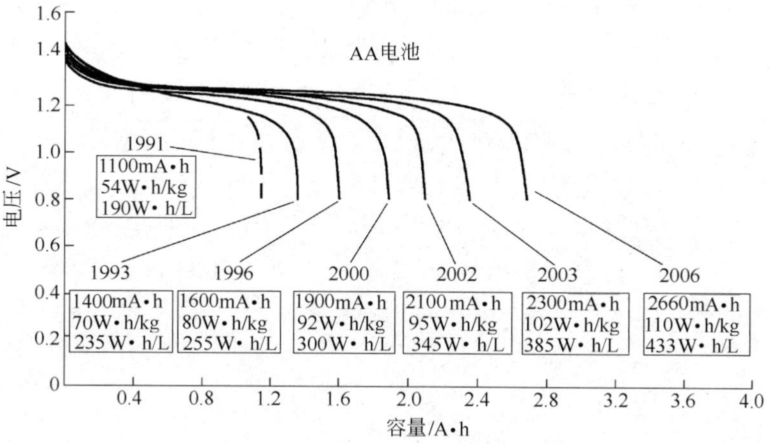

图4-146 镍氢电池能量密度逐年增加[244]

B 比功率

早期的镍氢电池功率性能不如镍镉电池,这主要由两种电池不同的阳极动力学性能造成。镉电极反应机制为"溶解-析出",因电极不易钝化、Cd溶解反应交换电流密度大,镍镉电池可实现10~20C超高倍率放电。而氢化物电极反应主要由表面电化学反应和体相氢扩散两步骤组成,反应动力学由氢化物表面电催化能力和体相氢扩散速率控制,电池倍率性能取决于贮氢合金的元素、表面状态、晶胞体积大小等多方面因素。因此镍氢电池倍率性能的提升经历了一段时间的研发过程。随着HEV的迅速发展,镍氢动力电池得以广泛的开发和应用,电池的功率性能也显著提升。目前高水平的功率型镍氢电池质量比功率都在1000 W/kg以上,如日本丰田所采用的松下PEVE商业化的功率型镍氢电池在室温附近的质量比功率为1350 W/kg,功率密度约为2280 W/L。美国Cobayses(电池核心开发是Ovonic)提出的下一代功率型镍氢电池比功率达到2000 W/kg,能量密度达80 W·h/kg(图4-147)[245]。

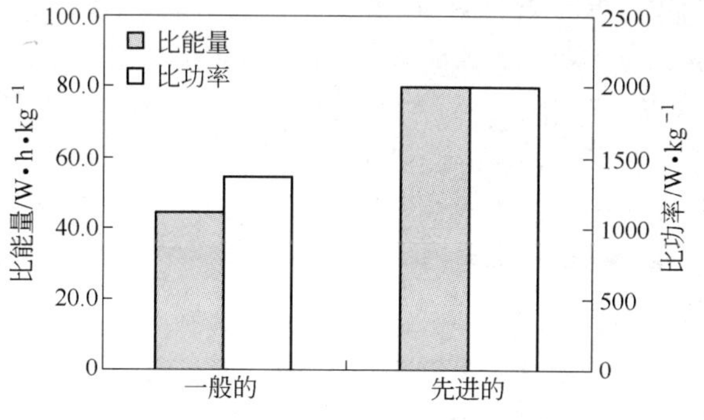

图4-147 先进镍氢电池的比功率比能量[245]

C 充放电速率

充放电速率与电池输入、输出功率密切相关。早期镍氢电池的充电性能受温度和倍率的影响较大,当温度和充电电流密度较高时,正极容易产生析氧反应,降低电池充电接受能力，造成电池的内压升高。随着正极材料性能的改进，电池在高温和高倍率下的充电性能显著提升。而放电倍率方面，如前所述，先进的动力镍氢电池的放电倍率性能优秀，可以轻松实现 10C 放电，如图 4-148 中四川大学和四川宝生公司开发的高功率 D 型镍氢电池那样。

D 循环寿命

镍氢电池的循环性能主要取决于负极合金，造成负极合金容量衰减的原因更多在于电化学吸放氢过程中合金粉化、表面腐蚀失活，通过成分调整（如 $LaNi_5$ 合金中 A 位采用混合稀土，B 位代入少量 Co、Al 等元素）可以有效改善负极的循环性能。此外，电池寿命还取决于电极构造、充放电机制与放电深度（DOD）等多方面因素。通常，镍氢电池在 100% DOD 下能循环 500 ~ 1000 次，在 50% ~ 80% DOD 下达 3000 ~ 5000 次以上（图 4-149）[246]。而 HEV 用功率型镍氢动力电池由于采用脉冲充放电机制，其循环寿命超过 8000 次，容量损失小于 20%。

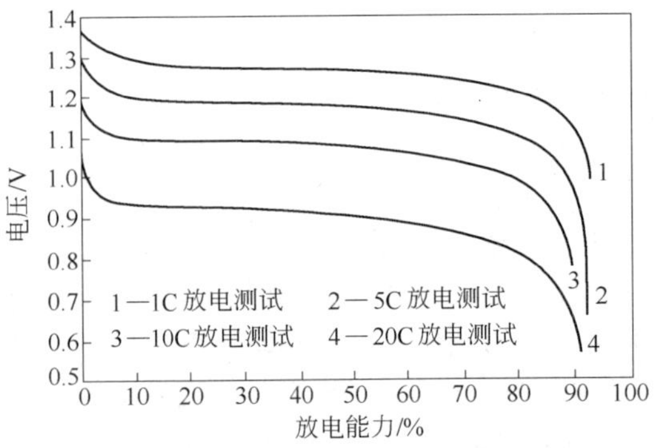

图 4-148 高功率镍氢电池的放电特性

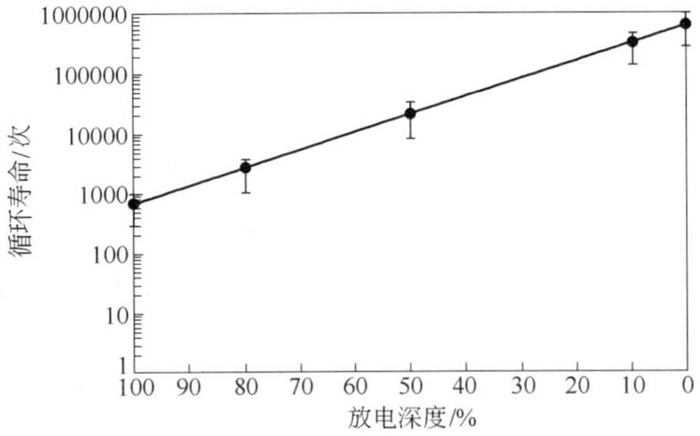

图 4-149 循环寿命与放电深度[246]

E 工作环境温度

对于所有二次电池来说，在很宽的温度范围内工作都是一项挑战。对镍系电池（镍氢、镍镉、镍锌等电池）而言，当温度较高时，析氧反应的电位会接近正极反应，两者竞争致使正极充电接受能力急剧恶化。具体到镍氢电池，当温度较低时，负极合金的电催化能力和氢扩散速率同样会明显下降，因此动力学性能无法与常温状态下相比。以目前松下公司的动力镍氢电池为例，其 -30℃时的输出比功率只有 150 W/kg，约为常温时的 10%。因此早期的镍氢电池工作温区为 -20 ~ 55℃，较镍镉电池（-40 ~ 60℃）低温性能不足。

目前，Ovonic 公司开发出的绿色生命（greenlife）$Ni(OH)_2$ 正极材料能有效抑制析氧反应，一举将镍氢电池的工作温区上调至 70℃（图 4-150）[246]，使得镍氢电池的高温性能远超过了铅酸、镍镉和锂离子电池。值得注意的是，该正极材料在镍镉、镍锌电池中的作用可能并不如镍氢电池明显，对于这些“溶解析出”电极而言，高温会加速 Cd、Zn 电极的溶解，导致部分 Cd^{2+}、Zn^{2+} 迁移并毒害正极；而镍氢电池负极为固相反应机制，此方面影响相对小很多。

同时，改善负极材料低温性能的研究也取得了突破性的进展，Ovonic 公司通过改善负极材料内 H_2O 和 H 的扩散环境使得功率型电池在 -35℃时的输出比功率升至 340 W/kg [247]。而四川大学和四川宝生公司生产的宽温区镍氢动力电池使用温度更是达到了 -50℃，可以满足几乎全球的使用环境（图 4-151）。

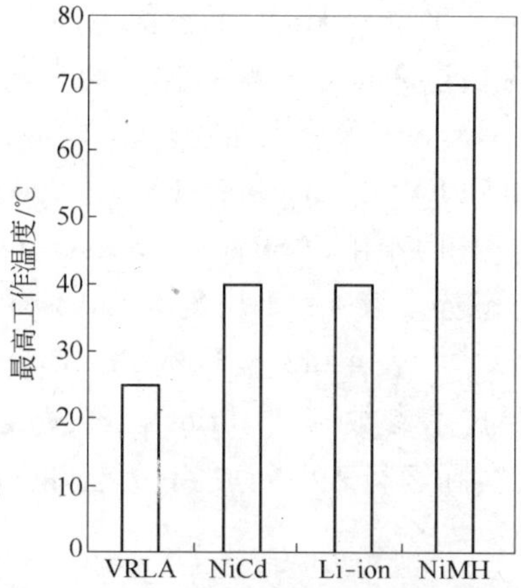

图 4-150 Ovonic 镍氢电池的高温性能[246]

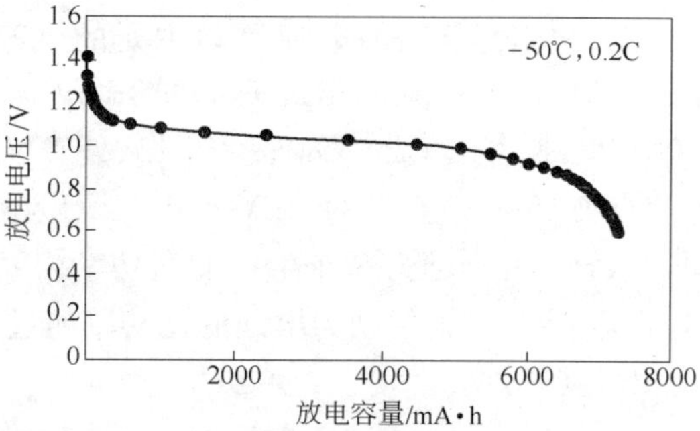

图 4-151 镍氢电池的低温放电性能

4.7.1.3 应用现状与发展趋势

经过20多年的发展,镍氢电池无论在技术上还是应用上都趋于成熟,同时也存在很大的拓展空间。目前镍氢电池主要应用或潜在应用领域主要在小型电子设备、混合动力车HEV领域和大规模静态使用三方面。

A 小型电子设备

自1987年进入便携式电子设备市场以来,镍氢电池曾一度统治手机、笔记本电脑电源等领域,而后被锂离子电池抢占了市场份额。然而随着消费者和产业的环保意识增强,镍氢电池开始成为碱性电池的良好替代品。较之于碱性电池,小型镍氢电池在续航时间(即能量性能上)优势相当明显,图4-152示出了GP公司ReCyko镍氢电池相对于其他碱性电池的放电性能上的相对优势。其充电性能和安全环保性也是碱性电池无法比拟的。目前便携电子设备、照明设备、电动玩具等应用领域对镍氢电池的需求较为强劲,使其市场呈每年30% ~40%增长[244]。

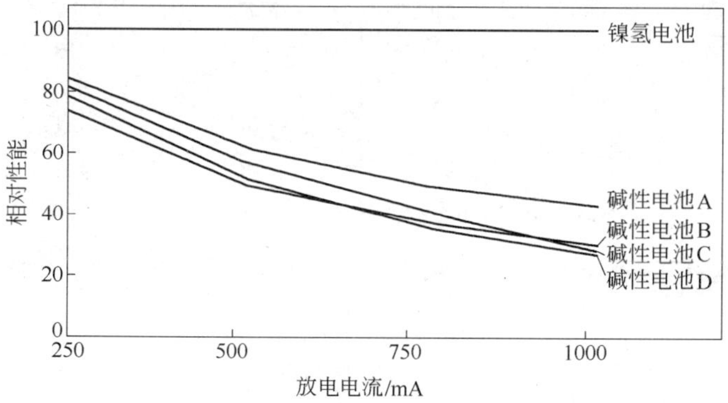

图 4-152 小型镍氢较碱性电池容量上存在巨大的优势[244]

B 混合动力车 HEV 领域

电动车包括EV、HEV、插电式混动车(PHEV)。镍氢电池在此领域面临的竞争仍来自于锂离子电池。从技术角度讲,镍氢电池的优势在于成熟度、安全可靠性和成本,而锂离子电池的优势主要在于质量比能量。目前的电动汽车市场几乎全是 HEV，而镍氢电池在 HEV 用动力电池中处于绝对控制地位。自 1997 年以来，已有超过 2 百万辆配有镍氢动力电源的 HEV 投入使用，这其中包括丰田 Prius、本田 Insight、福特 Escape 等著名车型。

HEV 用镍氢动力电池目前主要的生产商是日本的 PEVE（Panasonic EV Energy Co.，Ltd.）、MBI（Matsushita Battery Industrial Co.，Ltd.）、Sanyo 和美国的 Cobasys（Cobasys，LLC），其中 PEVE 占据了超过 80% 的市场，处于绝对市场控制态势。表 4-42 是美国 Cobasys 公司（前身为 Ovonic）开发的 HEV 车用镍氢电池的部分参数[243]，表 4-43 是日本 PEVE 公司为丰田 Prius 混合动力轿车生产的高功率镍氢电池的主要技术参数[248]。Prius 已经发展到目前的第三代，其镍氢动力电池的比功率超过 1300W/kg，实际运行表明行驶 40 万公里未见电池出现问题。

表 4-42　美国 Cobasys 公司 HEV 车用镍氢电池的部分参数[243]

参　数	13 - HEV - 60	7 - HEV - 28	12 - HEV - 20
模块电压/V	13.2	7.2	12
单体容量/Ah	60	28	20
重量/kg	12.2	4.3	5.2
体积/L	5.1	2.0	2.3
重量比能量/$W \cdot h \cdot kg^{-1}$	68	50	48
体积比能量/$W \cdot h \cdot L^{-1}$	160	102	110
重量比功率/$W \cdot kg^{-1}$	600	550	550
体积比功率/$W \cdot L^{-1}$	1400	1200	1300

表 4-43　日本 PEVE 公司 Prius 车用镍氢电池的参数[248]

参　数	第一代 NHW10	第一代 NHW11	第二代 NHW20	第三代 ZVW30
上市时间	1997	2000	2003	2009
单体形状	圆柱形	方形	方形	方形
单体容量/Ah	6	6.5	6.5	6.5
模块电压/V	7.2	7.2	7.2	7.2
模块数量/个	40	38	28	28
电池组电压/V	288	273.6	201.6	201.6
模块输出功率/W	872	1050	1352	1352
模块重量/g	1090	1050	1040	1040
模块尺寸（宽×高×长）/mm×mm×mm	19.6×106×285	19.6×106×285	19.6×106×271.5	19.6×117.8×285
电池组重量/kg	57	50	45	41
电机输出功率/kW	30	33	50	60

对于未来 EV 和 PHEV 的市场，锂离子电池普遍看好。一方面，锂离子电池的价格和安全性等因素会使得镍氢电池在 EV 和 PHEV 市场仍有一定占有率。另一方面，EV、PHEV 和 HEV 三者之间也存在着开发和生产上的竞争，福特公司预期 2020 年能实现总产量 25% 的电动车产量，而这 25% 中，HEV 就占据 70%，PHEV 和 EV 分别占据 25% 和 5%。可以预见的是，在相当长时期内，镍氢电池在电动车的市场仍较为稳定（图 4-153），锂离子电池的应用比例则会逐渐上升，但全面取代镍氢电池几乎没有可能[249]。

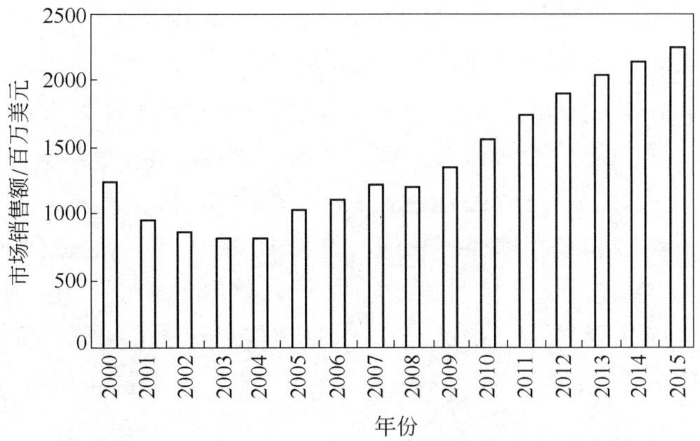

图 4-153　镍氢电池的市场[249]

C　大规模静态使用

虽然镍氢电池广泛应用于小型电子设备和电动车等领域，但在大规模静态应用领域并未受到诸如铅酸、镍镉、锂离子电池同等的关注。需要指出的是，目前先进的镍氢电池在各方面性能上都有了长足的进步。相比储能领域应用最为成熟的铅酸电池，镍氢电池在比能量、比功率、高温低温性能、循环稳定性、部分荷电态工作能力和免维护以及环保性能等重要技术指标上全面胜出；与被广泛看好的锂离子电池相比，镍氢电池的优势则在于：(1) 安全可靠性更好；(2)成本更低；(3)产业成熟度高。另外值得注意的是，就固定使用设施而言，质量并非决定性的，关键在于空间，而镍氢电池虽然质量比能量低于锂离子电池，但其体积能量密度已可与锂离子电池一较高低。因此，镍氢电池完全可以成为一项颇具潜力的贮能技术。事实上，国内外一些先进电池生产商已着手镍氢电池在大规模静态使用领域的应用研究，并相继取得了可观的成绩。

美国 Cobasys 公司于 2005 年组装了 560 kW 镍氢电池，并成功替代铅酸电池用于不间断电源(UPS)[250]。此电池运行时展现了很好的安全稳定性能，额定输出功率下更长的工作时间，并且将设施占地面积大幅降低了 68%。此后，该公司又将镍氢电池的应用拓展至离网电信基站，不仅将基站空间缩小了 2 ~3 倍，性能得以提升，甚至取得成本上的优势。分析表明，虽然镍氢电池初始价格(3840 美元)比铅酸电池(2300 美元)高，但镍氢电池由于具有能量密度高、免维护、使用寿命长替换频率低等优点，其 10 年使用总成本(6340 美元)远低于铅酸电池(14600 美元)。考虑到铅酸电池高温性能差，很多基站需要附加空调进行降温，高温性能优秀的镍氢电池每年还可以节省 420 美元运营成本，其十年有效成本更是降低至 2140 美元。目前，Cobasys 公司的目标是将镍氢电池的能量成本由现在的 400 美元/kW · h 降至 200 美元/kW · h，开发电池在小型电网、调峰系统和可再生能源领域的应用。

法国 Saft 公司的 NHE Ni – MH 蓄电池模块专门为要求非常苛刻的偏远地区应用而开发。可再生能源(太阳能和风能)发电装置通常安装在偏远区域和环境恶劣的地方，维护、维修和电池更换的成本都相当高，且不可能总得到立即处理。这些应用要求蓄电池具有高的能量密度、零维护、全面可靠性和至少 15 年的使用寿命。Saft 公司的 NHE – 200 Ni – MH 蓄电池具有结构紧凑(195 mm × 390 mm × 120 mm)、重量轻(18.6 kg)、安全、稳定和耐滥用能力等优点。该电池能量密度达到 137 W · h/L，功率密度为 310 W/L，远高于目前所用的铅酸、镍镉电池。苏格兰的北方灯塔管委会(NLB)在某些偏远地区(例如苏尔礁岛)采用光伏系统供电的灯塔上安装了 NHE 蓄电池模块。此处,30 个 NHE Ni-MH 蓄电池模块构建成了免维护化学储能体系(24 V-1500 Ah),通过太阳能电池板储备足够的电能以保证冬季正常运行,减少了派遣直升飞机进行常规维护的必要。导航用品的专业生产厂家 Sabik 已经将 NHE 镍氢电池系统应用在其开发的最新型整体光伏导航灯中,用于标记北海弗里格油田内废弃的近海结构。与此同时,在航行浮标应用中采用 NHE 蓄电池替代阀控式铅酸(VRLA)蓄电池的试验工作也正在进行之中。通过增加所安装蓄电池的能量,航行浮标可提高其负载承受能力,满足 AIS(自动识别系统)和 MET(气象数据收集)的使用要求。另外,SAFT 开发了针对 UPS 使用的 VHT 镍氢系列电池。这些电池在 UPS 应用中提供的能量密度高,高温下充电效率佳,储存时荷电保持能力出色。

目前为止,日本似乎并未实现镍氢电池在储能领域的应用。但日本储能研究组(SGEEST)已将川崎重工业株式会社开发的 5.4 kW · h Cigacell 大型镍氢电池(图 4-154)列为静态储能电池发展对象[251]。该电池设计采用了独特的放热板和冷却口,有效解决了镍氢电池大型化后可能存在的散热问题。电池具有较好的充放电倍率性能和安时效率(图 4-155)。

图 4-154 川崎重工 Cigacell 镍氢电池[251]

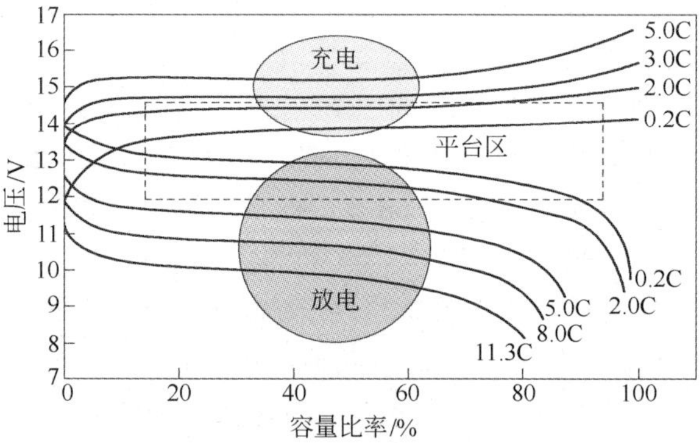

图 4-155 Cigacell 镍氢电池倍率性能[251]

据春兰集团官方网站介绍,其研发的 100Ah DY384-100 镍氢电池 (1000 mm × 800 mm × 2100 mm)用在 100 kW 国家电网上海储能电站,在上海世博会期间开始运行。该电池质量比能量达到 84 W · h/kg;比功率达到 300 W/kg。该系统应用于储能电站后,不仅可以应对电网中断或大面积停电等突发事件,还实现了削峰填谷、调压调频等作用。电能富裕时将电能存储,电能不足时将存储的电能逆变后向电网输出。具备能量转化效率高,绿色环保无污染等众多优势。

综上所述,现阶段国内外先进电池厂商开发出的镍氢电池在小型电子设备、电动车、

UPS、电信基站、可再生能源和储能电站各领域已展现出了很好的性能或潜力，为化学储能技术提供了很好的选择。但应指出，目前在静态储能领域的案例中，镍氢电池的额定功率都小于1 MW，说明镍氢电池还无法达到铅酸电池、钠硫电池、液流电池等的大型化规模，这可能与密封造成的散热问题相关。但是截至2009年，世界最大的储能电池是安装在美国阿拉斯加的40 MW的镍镉电池。除单体电池容量级别和成本之外，镍氢电池的电化学性能几乎全面超过镍镉电池，这为镍氢电池在兆瓦级储电系统上的应用带来了希望。因此，镍氢电池除了在中小功率的储能电源上可以应用之外，要参与竞争兆瓦级储能电源的竞争，镍氢电池与锂离子电池一样，必须在提高单体电池容量级别并降低成本等方面进行攻关。

随着镍氢电池的发展，我国稀土贮氢合金也得到快速发展。图4-156是根据《稀土信息》杂志上国家发展和改革委员会稀土办公室每年公布的数据统计得到的。我国贮氢合金的实际产量从2001年的3000 t增长到2007年的18600 t，2008年由于金融危机的影响贮氢合金的产量有少量回落，2009年又出现回升现象。我国目前HEV车用镍氢电池几乎没有，预计随着我国HEV等用镍氢电池的发展，贮氢合金的用量将呈现快速增长趋势。

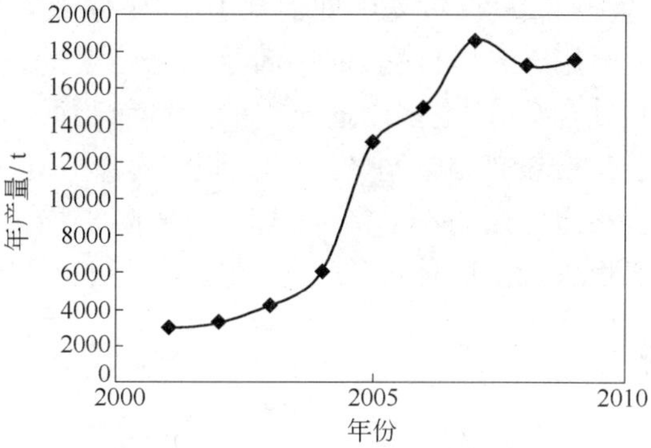

图4-156 2001~2009年我国贮氢合金产量

4.7.2 稀土资源平衡利用与无钕贮氢合金

4.7.2.1 稀土资源不平衡问题

表4-44是我国主要的四大稀土矿床矿中稀土元素的配分，该四大稀土矿约占我国稀土总储量的95%以上[252]。包头氟碳铈与独居石混合矿以及四川和山东的氟碳铈矿主要含La、Ce、Pr、Nd四种轻稀土元素，其中La和Ce约占四种轻稀土元素的总量超过80%。江西寻乌稀土矿也含有超过30%的轻稀土La。2009年，我国稀土矿产品约12.9405万吨(REO)，其中混合型矿和氟碳铈轻稀土矿产品量约占75%[253]。也就是说，矿产品中大量的是轻稀土产品，特别是La和Ce的产品。

表4-44 我国主要稀土矿稀土元素配分[252]（质量分数） (%)

成 分	包头混合型矿	氟碳铈矿		离子型矿	
		四川冕宁	山东微山	江西寻乌	江西龙南
La_2O_3	24~26	28~30	32	31~40	2~5
Ce_2O_3	50	45~50	48~50	3~7	1~2
Pr_6O_{11}	3~5	5	4	7~11	1~2
Nd_2O_3	16~18	12~14	11~12	26~35	3~5
Sm_2O_3	1.5	1.5~2	1.0~1.8	4~6	2~4
Eu_2O_3	0.2	0.4	0.1~0.2	0.5	0.12
Gd_2O_3	0.4	0.8~1.0	0.3~0.5	4	6
$(Tb-Lu)_2O_3$	0.2~0.3	1	0.4~0.6	4~5	15~20
Y_2O_3	0.3	0.76	0.1~0.3	9~11	>60

稀土永磁材料钕铁硼是制造永磁电机等的关键材料，根据《稀土信息》杂志上国家发展和改革委员会稀土办公室每年公布的相关数据可知，我国钕铁硼年产量增长速度非常快（图 4-157），我国 2000 年钕铁硼产量约 7000 t，2009 年就已经达到约 55000 t。电动车及风力发电等新能源技术的快速发展，稀土永磁电机的用量会激增，钕铁硼用量也会激增。按照 2009 年稀土永磁材料 55000 t 及含稀土 33% 计算，约需 18150 t 稀土金属 Nd、Pr、Dy 及 Tb，其中金属 Nd 的用量一般超过 90%，即超过 16335 t 用量。Dy 和 Tb 除用作生产钕铁硼的原材料之外，还是电子陶瓷、荧光材料、精密光学材料及其他磁性功能材料的重要原料。此外，Dy 特别是 Tb 的储量有限，Tb 一般并不建议用于钕铁硼的生产。按照表 4-44 的稀土矿配分，生产 55000 t 钕铁硼即消耗 18150 t 稀土 Nd，将会造成大量的 La 和 Ce 产品过剩。La 目前主要用于光学玻璃、催化剂及贮氢合金等，Ce 主要用于抛光粉、汽车尾气催化剂、荧光粉及贮氢合金等，这些用途所需的量目前还远不能使稀土应用达到平衡，特别是 Nd 和 Pr 除了用于生产钕铁硼之外，还是目前贮氢合金等的主要原料，这种状态加剧了稀土应用的不平衡。稀土应用的不平衡问题，严重影响了稀土行业及相关稀土冶炼分离企业的经济效益和生产积极性。此种现象已经引起了部分专家的关注[254,255]。

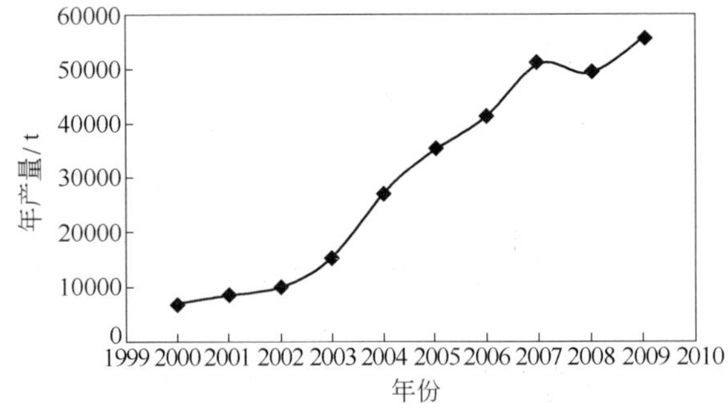

图 4-157　2000～2009 年我国稀土永磁材料的产量

从图 4-156 可知，我国目前贮氢合金产量约 1.8 万吨，消耗稀土金属约 6000 t。此外，目前国际市场 HEV 混合动力车用镍氢电池约 1200 MW · h[249]，需贮氢合金约 5000 t，稀土金属约1650 t。由于国际稀土的绝大部分都是由我国供应，因此贮氢合金总的稀土金属消耗量约 7650 t。由于 HEV 用镍氢电池的发展速度快，未来对贮氢合金及稀土金属的消耗量也会明显增加。

从本章前面的介绍可知，从 20 世纪 80 年代到 90 年代所形成的镍氢电池用贮氢合金 A 侧稀土元素中几乎都含有近 20% 的稀土金属 Nd，直至现在，尽管一些低 Nd 的和无 Nd 的贮氢合金产品已经在一些公司开始生产，镍氢电池用的大多数贮氢合金及电池级混合稀土金属中都含有金属 Nd。贮氢合金含 Nd 和 Pr，等于在与钕铁硼争夺市场，加剧稀土应用的不平衡。因此，针对钕铁硼造成的稀土应用严重不平衡的问题，研究开发无钕或无钕无镨贮氢合金是解决稀土平衡利用的主要措施之一。

4.7.2.2　无钕贮氢合金与无钕镍氢电池

针对稀土资源应用不平衡的严重问题，四川大学在 20 世纪末率先系统地展开了无钕系列贮氢合金的研究开发，发表了较多的学术论文[69,103,143,144,205,225,256～268]，并获得相关专利授权[269,270]。

为了研究贮氢合金中钕的作用，试验设计了两种 AB_5 贮氢合金，一种为含钕的贮氢合金，A 侧采用常规的电池级混合稀土金属，另一种为无钕的贮氢合金，A 侧采用了优化的镧镨铈配方，两种合金 B 侧成分均一样。制备采用非自耗电弧炉，状态为铸态，采用半电池测试电化学性能。图 4-158 是两种合金的活化性能和 1C 循环性能曲线。从图 4-158a 可知，无钕贮氢合金和含钕贮氢合金的电活化性能相当，均在 3 次基本达到最大放大容量。结合

表4-45可知，无钕贮氢合金和含钕贮氢合金小电流密度下的最大放大容量相当，均超过了310mA·h/g，但在1C放电条件下，无钕贮氢合金电极倍率性能可达96%，而含钕贮氢合金仅约89%，表明无钕贮氢合金具有更好的大电流放电性能。从图4-158b和表4-45可以看出，无钕贮氢合金具有更好的循环稳定性，1C充放电循环150次后，无钕贮氢合金电极每次循环的容量衰减率约0.037%，推算500次循环的容量衰减约18.5%，含钕贮氢合金电极每次循环的容量衰减率约0.056%，推算500次循环的容量衰减约28%，这与一般认为AB_5型贮氢合金A侧中含Nd有利于循环稳定性的看法不一致。该试验至少说明无钕贮氢合金的循环稳定性未必就差，同时发现无钕贮氢合金具有优良的大电流放电性能，这不仅对稀土资源平衡利用有益，同时对开发镍氢动力电池及低温镍氢电池也有利。

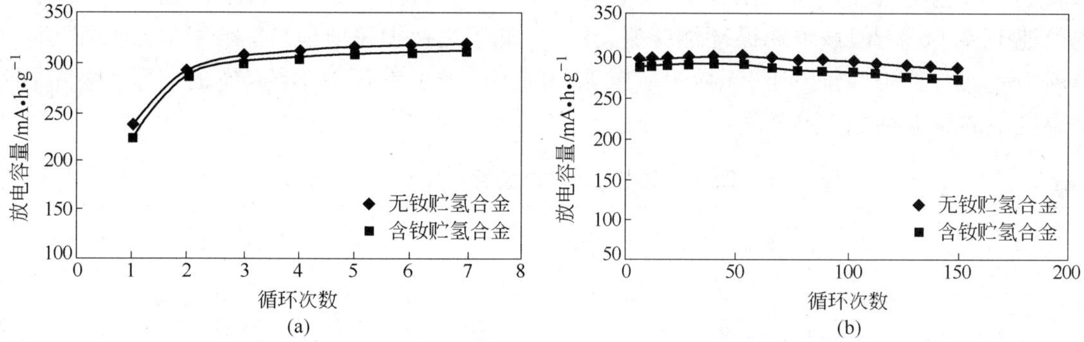

图4-158 无钕和含钕贮氢合金的活化性能和1C循环性能
(a)活化性能；(b)1C循环性能

表4-45 无钕和含钕贮氢合金的部分电化学性能

合金种类	最大放电容量/mA·h·g^{-1}		1C倍率性能/%	每次循环衰减率/%
	0.2C	1C		
无钕贮氢合金	319	307	96.3	0.037
含钕贮氢合金	313	285	88.9	0.056

采用上述无钕贮氢合金制备了D型镍氢电池，该电池3次活化可达到最大放电容量，其0.2C和1C最大放电容量的放电曲线见图4-159a，其0.2C放电容量达到9.30Ah，1.2V

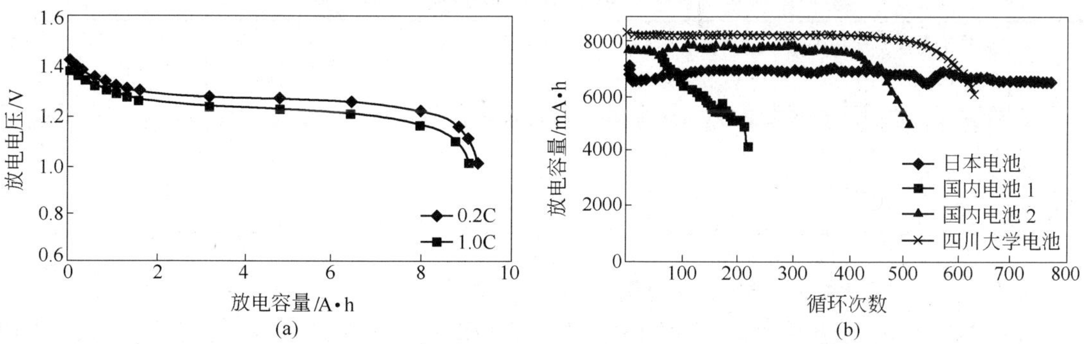

图4-159 D型无钕镍氢电池和四种D型镍氢电池的1C循环曲线
(a)放电曲线；(b)1C循环曲线

以上放电时间占总放电时间的85.6%，1C放电容量达到9.10Ah，1C倍率性能达到97.8%，表现出优良的大电流放电性能，1.2V以上放电时间占总放电时间的70%。这种无钕D型镍氢电池与日本及国内一些电池进行了循环性能测试，结果见图4-159b。无钕D型镍氢电池1C循环寿命可达550次，日本电池循环寿命优异，与其电池制作的容量低等因素有关，国产电池2的循环寿命约450次，而国产电池1的循环寿命不超过200次。

由于无钕D型镍氢电池表现出优良的大电流放电能力，同时测试了四种电池在低温下的放电能力，常温充电后，所有电池低温放电能力测试时均需在低温下恒温16h，以0.2C放电至1.0V，测试结果如表4-46所示。可以看出，无钕镍氢电池具有很好的低温放电性能。在0℃条件下，无钕镍氢电池可以放出96%的容量，-18℃下可以放出92%的容量，明显优于其他三种电池。在-30℃条件下，无钕镍氢电池可以放出72%的容量，与此接近的是国内电池1，约66%，但该电池循环性能差，且容量低于无钕镍氢电池，其余两种电池的低温放电能力差。在-40℃条件下，无钕镍氢电池和国产电池1都仅放出约5%的容量，说明在这种温度下的放电性能有待改善。

表4-46 四种镍氢电池的常温容量及低温下的放电能力 （%）

温度/℃	日本某电池	国产电池1	国产电池2	川大电池
25	6.86A·h	8.51A·h	9.20A·h	9.30A·h
0	89.9	84.9	90.1	96.3
-18	75.8	77.7	54.2	91.7
-30	11.7	65.8	0	72.3
-40	0	5	0	4.9

此外，对无钕贮氢合金进行拓展性研究，开发出了无钕无镨的高容量贮氢合金，结果见表4-47。采用铜粉作导电剂，测试得到的两种无钕无镨高容量贮氢合金的最大放电容量都约340mA·h/g，其最大放电容量和放电电压平台稍高于已广泛应用的厦门钨业生产的高容量贮氢合金粉。川大A贮氢合金的循环温度性和倍率放电性能与国内某企业生产的高容量贮氢合金粉相当，川大B贮氢合金的循环稳定性稍差。川大A和川大B两种无钕无镨贮氢合金已用于生产，在制造高容量镍氢电池中表现出优良的综合性能。

表4-47 无钕无镨高容量贮氢合金的电化学性能

合金	放氢平台压/MPa	活化性能/n	放电平台/V(vs. Hg/HgO)	C_{max}/mA·h·g^{-1}		HRD/%		S_{150}/%
				60mA/g	300mA/g	600mA/g	900mA/g	
川大A	0.04~0.05	5	≈-0.87	339.45	307.4	81.55	63.23	83.38
川大B	0.04~0.05	3	≈-0.88	339.06	312.8	83.64	64.08	75.64
对比样	0.02~0.04	3	≈-0.86	331.02	299.7	82.16	66.74	82.02

4.7.2.3 无钕低温贮氢合金与宽温区镍氢电池

在一些特殊的条件下，如野外军用电台、飞机和坦克等军事装置、高山与冬季运动、南极与野外考察以及寒冷地区室外无线电源，基本都要求电池在-40℃甚至更低的温度环境下放电，电动汽车的发展也对电池低温充放电性能提出了严格的要求。

改善贮氢合金及镍氢电池低温放电性能的研究工作已有一些报道[271~273]，但 -40℃环境下放电性能的改善没有取得大的突破。上述研究表明无钕贮氢合金具有优良的低温放电性能，这引发了对无钕低温贮氢合金及宽温区镍氢电池的研究开发，四川大学很多年前在此方向就已取得突破性进展[95,274~278]，这里介绍部分结果。

无钕低温贮氢合金常温 0.2C 放电容量超过 300 mA · h/g，-40℃，0.2C 放电容量为 194 mA · h/g，达到常温容量的 64%，常温 1C 充放电循环 165 次充放电循环后，容量衰减是很小的，仅有 8.6%，试验结果见图 4-160。

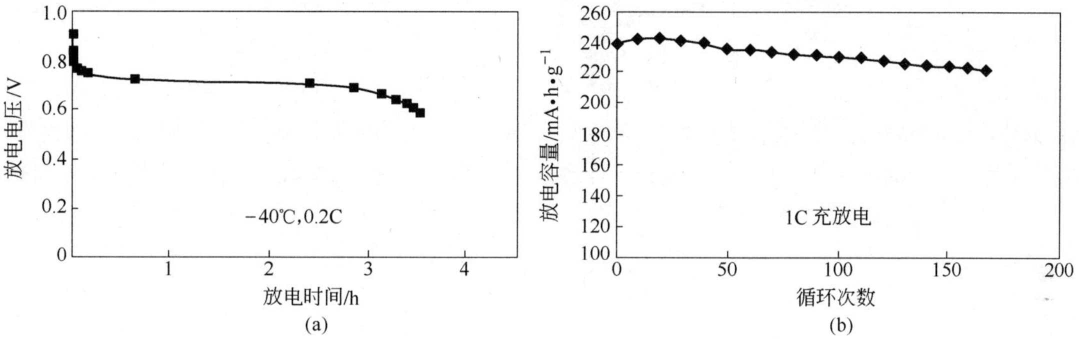

图 4-160　无钕低温贮氢合金 -40℃，0.2C 放电性能和 1C 循环曲线
(a) 放电性能；(b) 循环曲线

利用无钕低温贮氢合金制造了 D 型宽温区镍氢电池。这种电池在常温下 0.2C 放电容量达到 9.2Ah，1.2V 以上的放电时间占总放电时间的 89.3%，1C 放电容量达到 9Ah，1.2V 以上放电时间占总放电时间的 79%，1C 放电容量与 0.2C 放电容量的比值达到 97.8%，显示出高倍率性能优良，见图 4-161a，电池 1C 循环寿命超过 700 次(图 4-161b)。

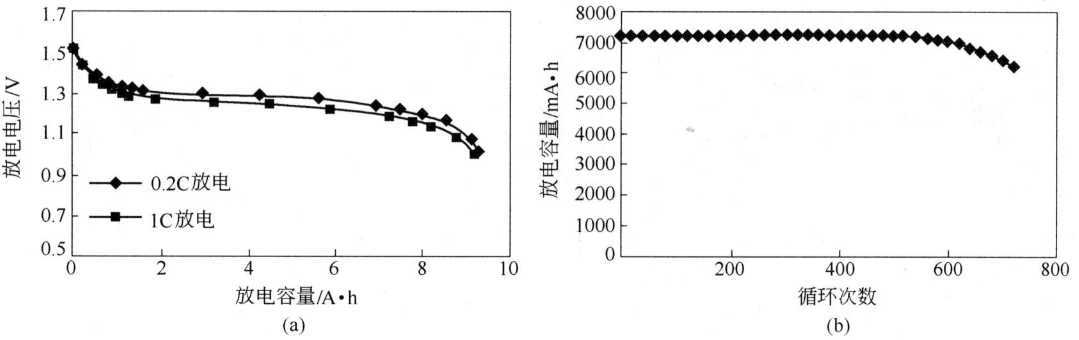

图 4-161　D 型宽温区镍氢电池的放电和 1C 循环曲线
(a) 电池的放电曲线；(b) 1C 循环曲线

图 4-162 是 D 型宽温区镍氢电池低温放电性能，-40℃，0.2C 放电至 1.0V 达到实际容量的 84%（图 4-162a），-40℃，0.8C 放电至 1.0V 达到实际容量的 70%（图 4-162b），-40℃，1.0C 放电至 0.9V 达到实际容量的 66%（图 4-162c），-50℃，0.2C 放电至 1.0V 达到实际容量的 56%（图 4-162d），表现出优异的低温放电性能，最低放电温度可达 -50℃。此外，D 型宽温区镍氢电池 -30℃，0.2C 低温充电后，常温放电容量基本无损失(图 4-163a)，

表明低温充电性能很好,可以满足绝大多数室外寒冷条件下的充电。在 60℃,0.2C 高温放电时,D 型宽温区镍氢电池可以放出常温额定容量的 95%,实际容量的 84%,表明其高温放电性能良好(图 4-163b)。与含钕贮氢合金制造的镍氢电池相比,无钕贮氢合金制造的镍氢电池具有优异的低温放电性能,可在宽的环境温度条件下使用,综合电化学性能突出。

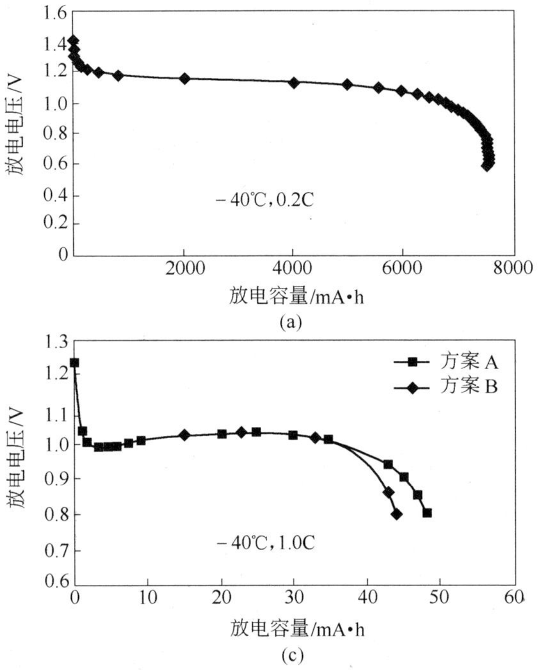

图 4-162 D 型宽温区镍氢电池的低温放电性能

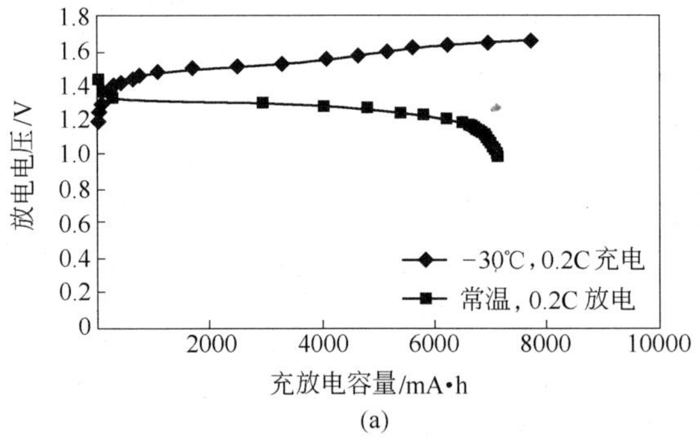

图 4-163 D 型宽温区镍氢电池 -30℃低温充电和 60℃高温放电性能
(a) -30℃低温充电;(b) 60℃高温放电

4.7.2.4 无钴高铁低成本贮氢合金

无钕贮氢合金的开发应用对于降低贮氢合金的成本及缓解稀土资源应用不平衡问题有益,但除了贮氢合金 A 侧不采用稀土金属 Nd 或 Nd 和 Pr 外,要大幅度降低贮氢合金的成本,必须尽量考虑其 B 侧中不采用或少采用昂贵的金属 Co,尽量少用金属 Ni。只有这样才能增强镍氢电池与锂离子电池和铅酸电池等的市场竞争力。目前,贮氢合金所需原材料金属 Co 和 Ni 的价格居高不下,而 Fe 贮量丰富,价格低廉,且在 AB_5 型合金中具有与 Co 相似的特性,因此成为开发无 Co 合金的重要备选元素。在开发无钴高铁且不含钕镨的低成本贮氢合金方面,已取得明显进展[116,118,279~281],这里介绍部分研究结果。

钴被认为是改善贮氢合金电极循环稳定性的重要元素,铁也具有同样的效果。图 4-164 是 $LaNi_{4.6-x}Mn_{0.4}M_x$(M = Fe, Co)合金的 1C 循环寿命曲线,由图可见,随 Fe 含量增加,合金的 1C 最大放电容量逐渐降低,而随 Co 含量的提高,合金的放电容量逐渐增加,即使当 Fe 添加 0.75 时,合金的最大放电容量也有 290 mA · h/g。从 Fe 和 Co 对循环稳定性的影响看,合金的循环稳定性在添加 Fe 和 Co 以后均得到改善,但添加 Fe 改善更明显。

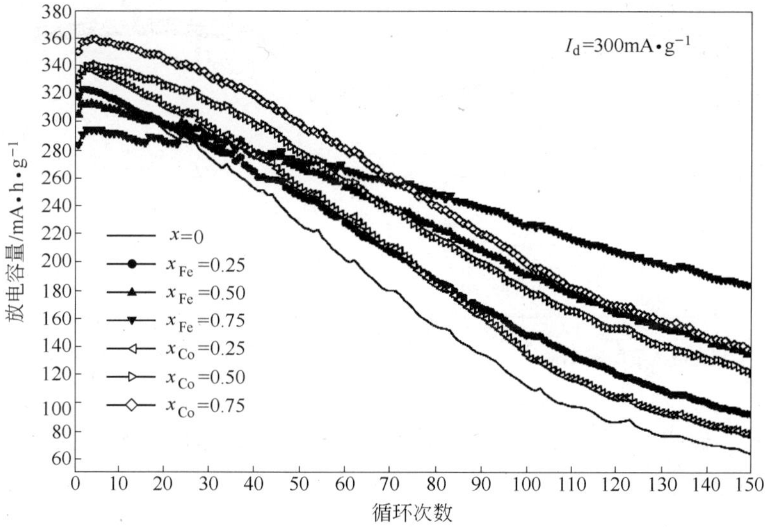

图 4-164 $LaNi_{4.6-x}Mn_{0.4}M_x$(M = Fe, Co)合金的充放电循环曲线

虽然图 4-164 中 $LaNi_{4.6-x}Mn_{0.4}M_x$ 合金添加 Co 或 Fe 使合金的混合稳定性得到改善,但由于合金 A 侧是纯 La,B 侧缺少 Al 等抗碱液腐蚀的元素,因此该合金的循环稳定性仍然不够理想。采用均匀设计法,A 侧 La 用部分 Ce 替代,B 侧考虑部分 Ni 被 Al 等替代,优化出两种无钴高铁低成本贮氢合金,该合金不仅没有含昂贵的 Co 元素、稀土 Nd 和 Pr 元素,同时 B 侧 Ni 的替代量也较高。两种优化出的无钴高铁贮氢合金(HF-06 和 HF-08)基本电化学性能见表 4-48。两种合金的气态放氢平台压都在 0.02 ~ 0.03 MPa,这种平台压很适合做贮氢合金电极材料。两种合金的活化性能一样,只是采用 Cu 粉为添加剂时,活化次数从采用 Ni 粉的 2 次增加到 3 次,总体活化性能优良。放电平台压都在 -0.87 ~ -0.86 V,平台压适中。采用 Ni 粉时,HF-06 和 HF-08 合金 0.2C 的最大放电容量分别达到约 340 mA · h/g 和 330 mA · h/g,而采用 Cu 粉分别达到约 310 mA · h/g 和 305 mA · h/g,表明这两种无钴高铁贮氢合金都具有较高的放电容量,同时也表明 Ni 粉比 Cu 具有更好的电催化能力。图 4-165 是两种合金的倍率放电性能和 1C 循环稳定性。如图 4-165(a)所示,HF-06 和 HF-08 合金 1C(300 mA/g)放电能力都约 80%,2C(600 mA/g)都约 71%,相比上述不含 Fe 的无钕贮氢合金,这两种低成本贮氢合金的高倍率放电性能较差,但也处于良好水平。如图 4-165(b)所示,HF-06 和 HF-08 合金 1C 充放电循环 100 次后的容量保持

率分别为 91.6% 和 92.8%，表现出优良的循环稳定性，图 4-164 中循环稳定性最好的 $LaNi_{3.85}Mn_{0.4}Fe_{0.75}$（$x=0.75$）合金 1C 循环 100 次的容量保持率也仅有 77%。

表 4-48 两种无钴高铁贮氢合金的电化学性能

合 金	40℃，放氢平台压/MPa	活化性能/n		放电平台/V (vs. Hg/HgO)	C_{max}/mA·h·g^{-1}		S_{100}/%
		Ni	Cu	Ni	Ni	Cu	Ni
HF-06	0.02~0.03	2	3	-0.87~-0.86	340	310	91.6
HF-08	0.02~0.03	2	3	-0.87~-0.86	330	305	92.8

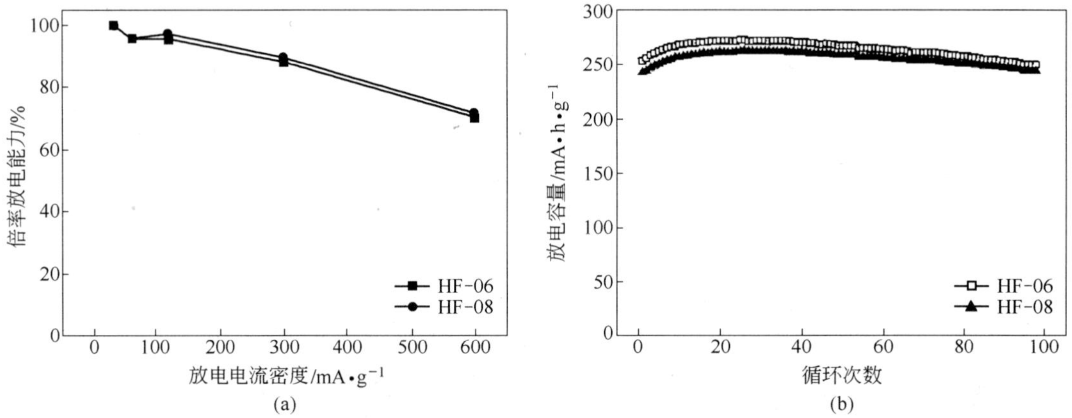

图 4-165 两种无钴高铁贮氢合金的倍率放电性能和 1C 循环性能
（a）倍率放电性能；（b）1C 循环性能

4.7.3 废旧镍氢电池的回收利用

4.7.3.1 概述

环保与经济可持续发展是人类生存的主题，践行这个主题是现代人对子孙后代负责任的表现。镍氢电池虽然被称为绿色电池，不像许多原电池和二次电池那样含有镉、铅、汞等对环境造成极大危害的元素，但镍氢电池中的 Ni 等元素仍对环境存在污染。镍进入人体后主要存在于脊髓、脑、肺和心脏，以肺为主。如误服镍盐量较大时，则可产生急性胃肠道刺激现象，发生呕吐、腹泻。金属镍粉及镍化合物有可能在动物身上引起肿瘤，使肺部逐渐硬化。我国《危险废物鉴别标准 - 浸出毒性鉴别》（GB5085.3—1996）规定了镍及其化合物浸出毒性标准为 10mg/kg。实际上，除镍外，钴也存在污染问题。钴离子是废弃物中常见的有毒物质，其产生毒效应的浓度范围低，生物摄取存在累积性，不能通过降解消除。钴过量对蛋白质、氨基酸、辅酶和脂蛋白合成产生不良影响，可发生红细胞增多症，还可使血糖增高，甚至钴中毒。因此，废旧镍氢电池的处理与回收应引起重视，废旧镍氢电池仍是一种对环境有害的废弃物。正在制定的国家标准《电池工业污染物排放标准》对镍氢电池废水与废气排放也做出了规定（表 4-49 和表 4-50）。国家指导性文件《废电池污染防治技术政策》明确的废电池收集对象包括了镍氢电池。2010 年底，包含有镍氢电池的《二次小型电池废料废件分类》和《废旧电池的储运规范》国家标准制定通过立项。日本石油天然气与金属矿物资源机构(JOGMEC)与三井金属矿业、住友金属矿山从2006年就开始从废旧镍氢电池中回收有价金属元素。2010年底,丰田汽车公司(TMC)、丰田化学工程公司、住友金属矿业公司和松下PEVE公司联合宣布,将回收处理混合动力车废旧镍氢电池中镍等有价金属元素,并用于新的镍氢电池的制造。

表4-49 镍氢电池企业水污染物直接排放限值 (mg/L,pH和排水量除外)

指　标	pH值	化学需氧量	悬浮物	总磷	总氮	氨氮	总镍	单位产品基准排水量
现有企业	6~9	100	70	1.0	25	15	1.0	0.3m^3/万只
新建企业	6~9	70	50	0.5	20	10	0.5	0.25m^3/万只
特别排放①	6~9	50	10	0.5	15	8	0.05	0.2m^3/万只

① 针对在国土开发密度已经较高、环境承载能力开始减弱,或环境容量较小、生态环境脆弱、容易发生严重环境污染问题而需要采取特别保护措施的地区。

表4-50 镍氢电池企业大气污染物排放限值 (mg/m^3)

指　标	车间及生产设施排气筒		企业边界	
	镍及其化合物	颗粒物	镍及其化合物	颗粒物
现有企业	3.5	100	0.040	1.0
新建企业	2.0	50		

镍氢电池中含有许多高价金属元素Ni、Co和稀土等,废旧镍氢电池的回收利用不仅对经济可持续发展有重要意义,也具有明显的经济价值。表4-51是几种镍氢电池的成分表[282],可以看到有价元素镍、钴及稀土的含量很高,这些在普遍使用的圆柱形及方形电池中的含量超过40%。2008年,我国约生产1.8万吨贮氢合金(图4-156),贮氢合金克容量按照300mA·h计算,1.8万吨贮氢合金等值容量为54亿安培小时,镍氢电池正负极容量比按1∶1.3计算,对应镍氢电池总容量约42亿安培小时。如正极活性材料$Ni(OH)_2$的克容量按240mA·h计算,42亿安培小时镍氢电池需1.75万吨$Ni(OH)_2$。此外,电极催化导电剂还会消耗几千吨的CoO、金属镍粉、泡沫镍及中重稀土化合物等。这些材料中Ni、Co和稀土元素的总价值估计至少超过50亿元。

表4-51 几种镍氢电池的成分表[282](质量分数) (%)

元　素	扣　式	圆柱形	方　形
镍	29~39	36~42	38~40
铁	31~47	22~25	6~9
钴	2~3	3~4	2~3
稀土(La、Ce、Pr、Nd)	6~8	8~10	7~8
石　墨	2~3	<1	<1
塑　料	1~2	3~4	16~19
钾	1~2	1~2	3~4
氢、氧	8~10	15~17	16~18
其　他	2~3	2~3	3~4

电池的回收与其失效有关[4,63,283~287],除非正常使用外,镍氢电池的失效与负极、正极及其他因素有关。负极的失效一般与贮氢合金的粉化与氧化有关。稀土-镍贮氢合金存在活

泼稀土元素 La、Ce、Pr 或 Nd 等，这些元素在强碱中不稳定，很容易生成 $M(OH)_3$，循环负极的表面分析发现主要是 $La(OH)_3$ 等。合金电极表面被腐蚀将导致其部分失活，降低电化学反应动力学性能及电化学容量，同时影响电池在充电过程氧气在负极的复合能力降低，复合能力的降低还会加剧负极合金的氧化。此外，合金充放电过程的粉化也是其失效的主要原因。$LaNi_5$ 吸氢过程的晶格膨胀引起的体积变化率约 24%，体积变化产生很大的内应力，结果是吸放氢循环过程会发生明显的粉化现象（图 4-166），前 50 次吸放氢循环合金快速粉化，比表面积达到 0.22 m^2/g，之后粉化速率变慢，1000 次循环后的比表面积为 0.28 m^2/g。实用化的 $LaNi_5$ 系合金 A 侧和 B 侧采用其他元素替代，吸放氢过程的体积变化率减小（约 15% ~20%），达到相对稳定的比表面积也会减小，但其粉化过程仍然不能避免。粉化露出新鲜表面会重复上述腐蚀等问题，粉化越严重，有效的贮氢合金活性物质自然损失越多，电化学容量降低越多。再者，粉化引起的体积胀缩将恶化活性物质与集流体的接触状态，降低电子传导能力即倍率性能；活性物质的腐蚀、体积胀缩及比表面积增加也会消耗部分电解液，降低游离电解液的量，甚至造成隔膜干涸，离子传输能力显著降低，内阻明显增加，此两种现象也是电池失效的原因。

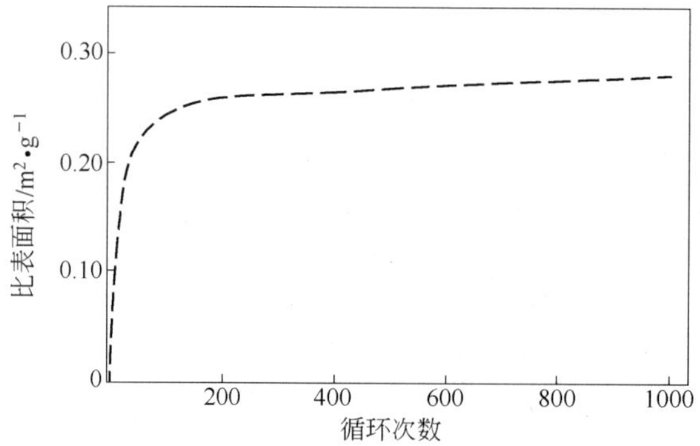

图 4-166　$LaNi_5$ 吸放氢循环的比表面积变化[4]

镍氢电池正极失效的主要原因是γ - NiOOH 相的形成及正极被毒化等[89,102,285,288~292]。如图 4-167 所示，镍电极在正常充放电情况下，活性物质在β - $Ni(OH)_2$ 与β - NiOOH 之间转变，相变过程中产生质子的转移，体积缩小 15%。过充时，β - NiOOH 将转化为γ - NiOOH，体积膨胀 44%。γ - NiOOH 在放电过程中不能可逆转变为β - $Ni(OH)_2$，而是转变成α - $Ni(OH)_2$，体积膨胀 39%。α - $Ni(OH)_2$ 在碱液中很快转变成α - $Ni(OH)_2$。γ - NiOOH 的生成及γ - NiOOH 转变为α - $Ni(OH)_2$ 都存在大的体积膨胀，结果是容易造成电极变形、开裂、粉化、掉粉，导电网络受到破坏，游离电解液减少，实际电化学容量及循环性能降低。其次，镍电极中常加入 CoO，CoO 在电池搁置和初充电时转变为β - CoOOH，β - CoOOH 包覆在正极活性物质β - $Ni(OH)_2$ 颗粒周围及β - $Ni(OH)_2$ 与集流体（如泡沫镍）之间，形成高导电性的网络，改善正极活性物质的利用率及动力学性能等。但如电池在长期存储或过放电条件下，电池电压过低，如正极电位低至 90 mV（vs. Hg/HgO），正极析氢，会使β - CoOOH 还原为导电性差的β - $Co(OH)_2$

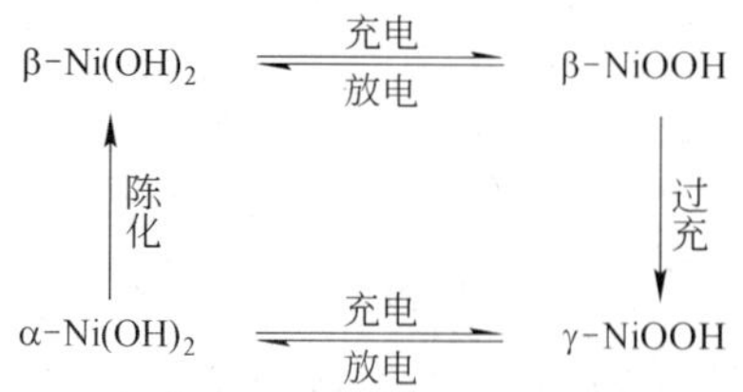

图 4-167　正极各晶型的转变关系[292]

和 Co_3O_4，造成β－CoOOH 导电网络的破坏，导致正极活性物质颗粒之间以及活性物质颗粒与集流体之间的阻抗增大、导电性变差，损害正极容量。这种下降是不可逆的，即使经过一定次数的充放电循环也得不到消除。再者，负极中 Al 和 Mn 易通过隔膜迁移到正极β－$Ni(OH)_2$ 颗粒上，使α－$Ni(OH)_2$ 稳定，正极受到毒化，可逆相变变差，实际电化学容量降低。最后，正极中少量的钴化合物可能溶解在碱液中形成钴配合物，并沉积在隔膜上形成"钴桥"，Mn 和 Al 的迁移也可能形成"锰桥"等，造成微短路，甚至完全短路，这也是电池失效的原因之一。

与镍氢电池正负极特性及其在充电过程中的变化密切关联的失效涉及电解液及隔膜等。如电极的膨胀、粉化、氧化以及电池内压过高、安全阀开启等因素，易造成电解液量减少甚至干涸，引起电池最后失效；隔膜受挤压变形引起隔膜孔隙及孔隙率变小，电池温度升高及化学因素等引起隔膜本身性质变化及分解，结果是隔膜性质变坏、保液能力变差，加上其他因素造成电解液减少，隔膜将逐渐干涸，最终导致电池失效。此外，电池使用温度及充放电制定（充放电倍率及深度等）也是影响电池失效的重要因素。

废旧电池的处理方式一般有固化深埋、存放于废井矿及回收利用等。从长远角度看，废旧电池固化深埋和存放于废井矿不是理想的处理方法，最终会引起环境污染。废旧电池的回收利用是更具有价值的处理方法。镍氢电池与镍镉电池有很多相似处，因此废旧镍氢电池的回收处理方法与镉镍电池相似。但是，镍氢电池的负极采用贮氢合金，含有 Ni、Co、Mn、Al 及稀土元素等，与镉镍电池负极氧化镉不同，因此废旧镍氢电池的处理方法与废旧镉镍电池的处理方法也有所不同。废旧电池回收的技术主要包括机械处理、火法冶炼和湿法冶金，这里主要介绍后两种[293]。

4.7.3.2 火法冶金处理技术

火法冶金（Pyrometallurgy）是指在高温下提取有价金属的方法，步骤包括矿石准备、冶炼和精炼三个步骤。熔盐电解等电解技术也属于火法冶金，可以将火法冶金的金属产品进一步提纯或从金属氧化物或氯化物中提取金属。火法冶金由于没有水溶液参加，故又称干法冶金，同时由于是在高温下工作，也称为高温冶金。火法冶金的主要化学反应是还原－氧化反应。

废旧镍氢电池的火法冶金目的主要是提取其中的镍和铁，其过程与镉镍电池的回收技术类似。图 4－168 是废旧镍氢电池一种简单的火法冶金过程。首先用机械方法将电池破碎，然后加水将 KOH 等电解液洗涤去除。重力分选是将电池中的隔膜、黏结剂和密封橡胶等有机物与金属和金属化合物分离。干燥的主要目的是去除残留的水，过高的温度会氧化金属。采用电炉等进行高温熔炼最重要的是造渣，通过加入合适的溶剂进行造渣，使金属液中的稀土、铝、锰等相对活泼金属和氧化物等进入金属液上面的溶剂渣中，达到渣液分离，获得含有金属钴的 Ni－Fe 合金。Ni－Fe 合金仍含有杂质等，因此需要进一步的精炼。电炉熔炼的 Ni－Fe 合金液直接进入转炉精炼，这样可以节能。精炼过程通常进行吹氧，进一步氧化合金液中的稀土、铝和锰等。Ni－Fe 合金可作为制造不锈钢的原料。冶炼过程产生的炉

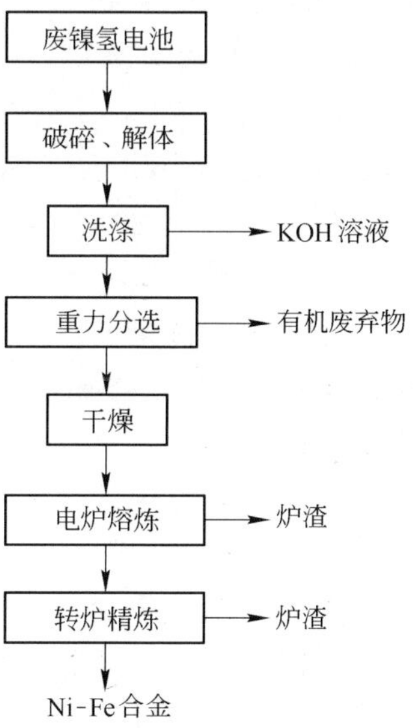

图 4－168 废镍氢电池火法冶金过程

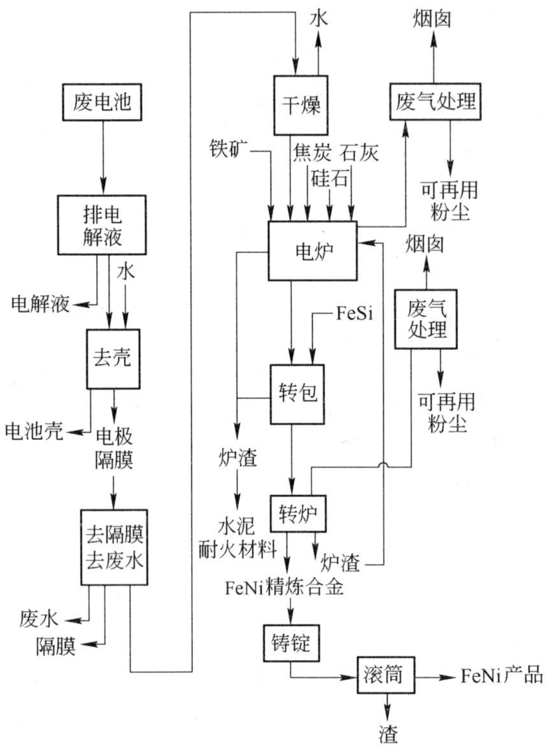

图 4-169 一种详细的废旧镍氢电池火法冶金工艺流程[294]

渣可采用湿法冶金技术提取其中的有价稀土金属。

美国可再生能源国家实验室于 20 世纪 90 年代对废旧镍氢电池的回收利用进行了开发[294]，其建议的火法冶金技术工艺过程见图 4-169。对废旧镍氢电池组进行手工拆卸之后，将单体电池放在自动传送带上，传送带经过电池底部穿孔工位，电解液流出。通过机械方法分离电极与电池壳，之后注水；利用重选技术分离去除隔膜、黏结剂等有机物质，KOH 对熔炼炉衬材料有腐蚀作用并降低炉渣的积渣能力，重选工艺应尽量洗涤残留的 KOH 电解质。从环保的角度，有机物也应尽量在重选工段除净。除去废水后基本上只留下正负电极，电极经过约 300℃ 的温度进行干燥，进一步去除残留水，因为含水电极进入下一工段的电炉中易引起爆炸。由于铁的价值不高，也可考虑将电极中的镀镍钢带分离。这些熔炼前的准备过程更适合于较大的动力型废旧镍氢电池。

干燥后的电极进入电炉中，电炉中加入一定比例的硅石和石灰的目的是造渣，一定比例的铁矿石用于氧化合金液中的铝、锰和稀土等，而加焦炭的目的是还原合金液中的氧化镍和氧化钴。熔炼后的 FeNi 为主的合金液进入转包中，同时加入硅铁除杂，并利用反应热保温。FeNi 合金液通过转包进入转炉中，通过吹氧进一步除去稀土、锰和铝等。精炼后的 FeNi 合金浇注成锭，并利用滚筒旋转除去铸锭表面的砂和氧化皮等，成为合金产品进入不锈钢等行业。

考虑经济原因，电炉和转包中产生的渣可直接作为耐火材料或水泥产品的原料，更有价值的做法是卖给稀土冶炼厂，采用湿法冶金技术提取稀土等有价元素。精炼炉中的渣可以返回电炉中再还原。所有工段产生的废气都必须进入气流分选和过滤除尘设备，降低排放物中的微尘等有害污染物，而沉积物道理上可以再利用。

美国 INMETCO 公司和法国的 SNAM - SAVAM 公司采用了上述火法冶金技术回收废旧镍氢电池的镍[295]。

上述废旧镍氢电池的火法冶金工艺没有充分利用高价的金属钴，Ni 和 Co 以 FeNi 合金廉价地用于制造不锈钢等，Co 不计价。德国亚琛工业大学的 Tobias Müller 等[296] 在德国政府三年计划项目的支持下，开发了一种可制取 NiCo 合金或单质金属的火法处理工艺，如图 4-170所示。进入直流电弧炉熔炼之前的处理技术与上述火法冶炼技术类似。该项技术成功最重要的是进行了电炉熔炼过程的造渣溶剂体系的优化选择。造渣溶剂需满足：在 NiCo 合金熔点（1460℃）处于熔融状态，蒸气压低，黏度低，与合金液的密度差大，稀土氧化物溶解度大(至少20%),铝、硅及其他杂质的溶解度大,Ni、Co溶解度低等。研究发现,CaO-65% CaF_2体系适合于所开发的该火法冶炼工艺。冶炼采用石墨坩埚,渣的比例为5%,冶炼温度约1600℃,Ni和Co几乎100%留在了合金液中,而稀土转化为氧化物进入渣中。如图4-171所示,除3号外,其余渣中含NiCo均小于0.8%,合金中NiCo含量超过80%,其余为Mn和Fe。NiCo合金成分大约为:80% Ni、12% Co、4% Mn、2% Fe和2% C,渣中含稀土约50%~60%。理论上,NiCo合金液中的Fe和Mn可以在1600℃进行吹氧除去,但实际由于操作工艺上的问题,进入合金液的氧太少,Fe和Mn未除去,除去的是Al和C。NiCo合金还可以进行电解,获得价值更高的Ni和Co单质金属,本章未对此进行研究。稀土氧化物渣可通过湿法冶金技术获得稀土金属。

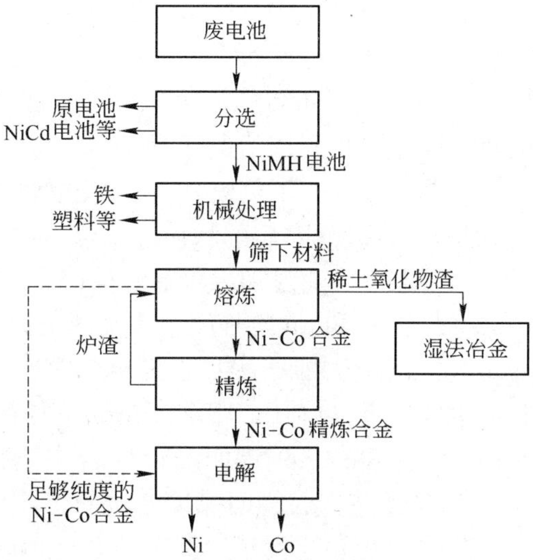

图4-170 制取Ni、Co的火法冶金工艺[296]

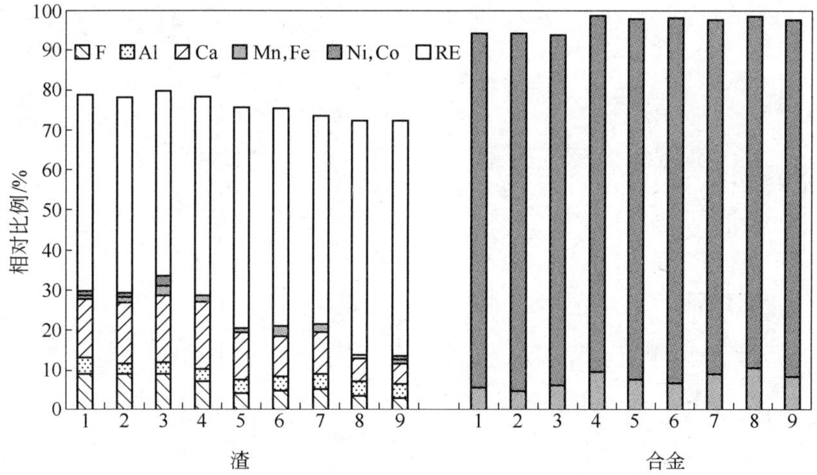

图4-171 各种元素在渣和金属中的分布[296]

4.7.3.3 湿法冶金处理技术

湿法冶金(Hydrometallurgy)是金属矿物原料等在酸性介质或碱性介质的水溶液进行化学处理或有机溶剂萃取、分离杂质、提取金属及其化合物的过程,其化学作用包括氧化、还原、中和、水解及络合等反应。湿法冶金又称水法冶金,与传统的火法冶金同属于提取冶金或化学冶金。湿法冶金的主要步骤为:首先将原料中有用成分转入溶液,即浸取;浸取溶液与残渣分离,同时将夹带于残渣中的冶金溶剂和金属离子洗涤回收;其三是可通过调整溶液pH值、加入反应剂或电解的方法,提取金属;或者在浸取液中加入有机萃取剂,分离不同金属,通过反萃取、沉淀析出或电解等技术提取金属或化合物。

美国矿业局(USBM)于20世纪90年代初进行了废旧镍氢电池中有价金属元素回收的湿法冶炼技术开发与评估[297],通过对不同的酸浸、萃取和沉淀技术的研究,认为技术上回收稀土、Ni和Co是可行的。美国可再生能源国家实验室于20世纪90年代初也对废旧镍氢电池的湿法回收利用进行了研究[294],其前处理过程与上述火法过程类似,首先让电池壳、隔膜、电解液等与正负极分离,再经过筛分使粗细物质分离,磁选使粗物质中的磁性物质分离,细物质和磁分离后的物质经20%的HCl盐酸溶液浸取,浸取液含Ni、Co、Al、Mn、Zn、RE等,在浸取液中通过加入次氯酸钠(NaOCl)、KOH和NaOH中和盐酸溶液,调整pH值约为3~4,使除Ni和Co之外的金属全部沉淀析出,含Ni和Co的溶液进入电解沉积过程,获得金属Ni和Co。文献[294]也提出可以加入萃取段,如加入D2EHPA(2-乙基己基磷酸)萃取剂萃取稀土,再利用HF氢氟酸溶液使稀土沉淀,获得稀土氟化物产品。Sandia国家实验室在1997年和1999年的一份报告中指出[298,299],美国INMETCO公司采用成熟的INMETCO火法工艺回收废旧镍氢电池的工作已经进行了几年,以回收NiFe为主,未实现Co和RE的回收,但由于湿法冶炼工艺在处理废旧镍氢电池的规模及经济等方面的因素,湿法冶金技术回收废旧镍氢电池的工作仍限于实验室和中试阶段。

20世纪90年代,张平伟先生[300,301]在日本科学技术公司(JST)和日本东北工业技术研究所(TNIRI)展开了废旧镍氢电池的回收开发工作,图4-172是其开发的一种废旧镍氢电池Ni、Co及RE有价金属的湿法冶炼回收流程图,Ni、Co和RE的回收率超过96%。其详细过程如下。

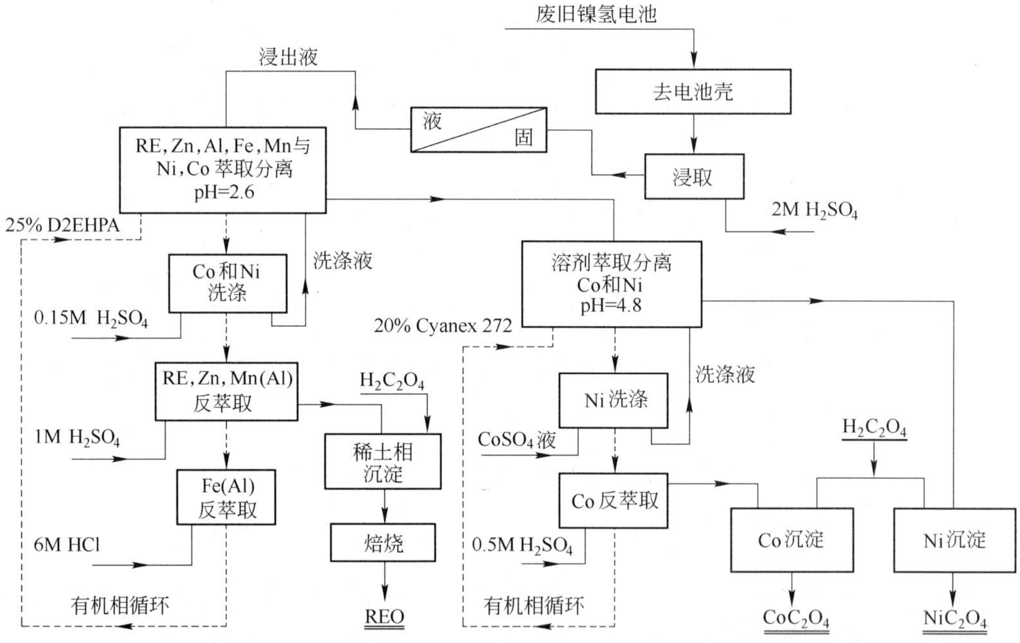

图4-172 废旧镍氢电池有价金属湿法冶炼回收流程[301]
(虚线为有机溶液线,实线为水溶液线)

首先利用机械方法将废旧镍氢电池的正负极与电池外壳、隔膜和其他物质分离。

浸取过程所采用的硫酸浸取条件为:2M H_2SO_4,95℃,pH=0.4,搅拌4h。实现了将Ni、Co、RE、Fe、Al、Zn、Mn等全部转入硫酸溶液。浸取液中少量不溶物质通过过滤去除和水洗涤,洗涤液可回用。在此条件下,Ni、Co 和 RE 的浸取率分别达 97%、100% 和 96%。除此工序之外,以下各试验段的工作温度均为 25℃。

进入萃取环节,首先采用两步逆流接触萃取将 RE、Fe、Zn、Al、Mn 与 Co、Ni 的萃取分离。萃取过程所采用的条件为:25% D2EHPA 萃取剂的煤油溶液、浸取液 pH=2.6、有机相和水溶液相比例为 3:2。利用此条件,可以将 RE、Fe、Zn、Al、Mn 转移到 D2EHPA 有机煤油溶液中,有机相中含 Co 和 Ni 分别小于 4.7% 和 0.8%,而 Co 和 Ni 留在萃取后的残留浸取液中,此水相中仅含微量的 Al、Zn 和 Mn,不含 RE 和 Fe,基本实现了 RE、Fe、Zn、Al、Mn 与 Co、Ni 的萃取分离。

RE 的回收过程为:针对萃取过程得到的有机相,首先将 0.15M 的 H_2SO_4 溶液按有机相和水相比例 25:1 加入有机相中,实现有机相 Ni 和 Co 的洗涤,洗涤液返回进入上级萃取段。之后,在洗涤过的有机溶液中按有机相和水相比例 20:3 加入 1M 的 H_2SO_4 溶液,实现 RE、Zn、Mn、Al 的反萃取,让这些金属进入硫酸水溶液,有机相中还存在的 Fe 和少量的 Al 采用 6M 的 HCl 实现反萃取。经过反萃取的有机相返回到萃取段。为实现更多的 RE 进入硫酸溶液中,可以采取多步逆流接触反萃取技术。在含稀土的反萃液中加入草酸($H_2C_2O_4$),使 RE 选择性沉淀析出,形成草酸稀土,与其他杂质分离。分离后的草酸稀土经过焙烧获得氧化稀土 REO,其稀土成分为:52.9% La_2O_3、3.3% CeO_2、10.3% Pr_6O_{11}、32.5% Nd_2O_3 和 0.9% Sm_2O_3,杂质成分为:0.007% CoO、0.034% MnO、0.052% ZnO、0.006% Fe_2O_3 和 0.10% Al_2O_3。稀土的损失率大约为 1.2%。

Ni 和 Co 的回收过程为:在上述萃取段,Ni 和 Co 留在了萃取后的硫酸浸出液中。首先采用有机膦类萃取剂 Cyanex272 萃取 Co,条件为:20% Cyanex272 萃取剂的煤油溶液、浸取液 pH=4.8、有机相和水溶液相比例为 1:1.2。经两步逆流接触萃取,液相中的 Co 几乎全部转移到有机液相中,其中仅含痕量的 Ni、Mn 和 Al。按有机相和水相比例 25:1 加入 19.1 g/L 的 $CoSO_4$ 溶液(初始 pH=3.65),可以一步完成有机液中痕量 Ni 的洗涤,洗涤液返回 Co 萃取段。在洗涤过的有机溶液中按有机相和水相比例 20:1.1 加入 0.5M 的 H_2SO_4 溶液,一步实现 Co 的反萃取,使 Co 进入硫酸水溶液。经过反萃取的有机相返回到 Co 萃取段。在含 Co 的反萃液中加入草酸,使 Co 选择性沉淀析出,形成 CoC_2O_4,与其他杂质分离,其中微量的杂质含量:0.025% Ni、0.01% Zn、0.38% Mn 和 0.004% Al,Co 的沉淀率达到 98%。在 Co 萃取段后残留的水相中同样加入草酸,使 Ni 选择性沉淀析出,形成 NiC_2O_4,与其他杂质分离,其杂质仅是 Co(0.058%)和 Zn(0.15%),Ni 的沉淀率达到 99%。

最近几年,清华大学核能与新能源技术研究院也研究了废旧镍氢电池的湿法回收处理工艺[302],见图 4-173。在去掉废旧镍氢电池的外壳和电解液等之后,采用 3M 的 H_2SO_4 溶液于 95℃浸取 4h 分离金属,由于在此温度下稀土在硫酸溶液中的溶解度低,约 95% 的稀土以 $RESO_4$ 的固相形式存在,而其他金属(Ni、Co、Fe、Mn、Zn 等)仍留在浸取液中。图 4-172 也是采用硫酸及 95℃的浸取条件,但几乎所有的金属都进入到浸取液中,二者不同的是,这里采用了高浓度的硫酸(3M)和低的液固比(750 mL:100 g=7.5:1),而前者硫酸浓度为 2M,液固比是 350 mL/17.8 g≈20:1。

稀土的提取过程:将从浸取液中分离出的主要含稀土的固相物质放在 5 倍的水中,呈悬浮液状态,之后按理论所需值 1.1 倍比例加入 1M 的 NaOH 到悬浮液中,碱化反应将 $RESO_4$

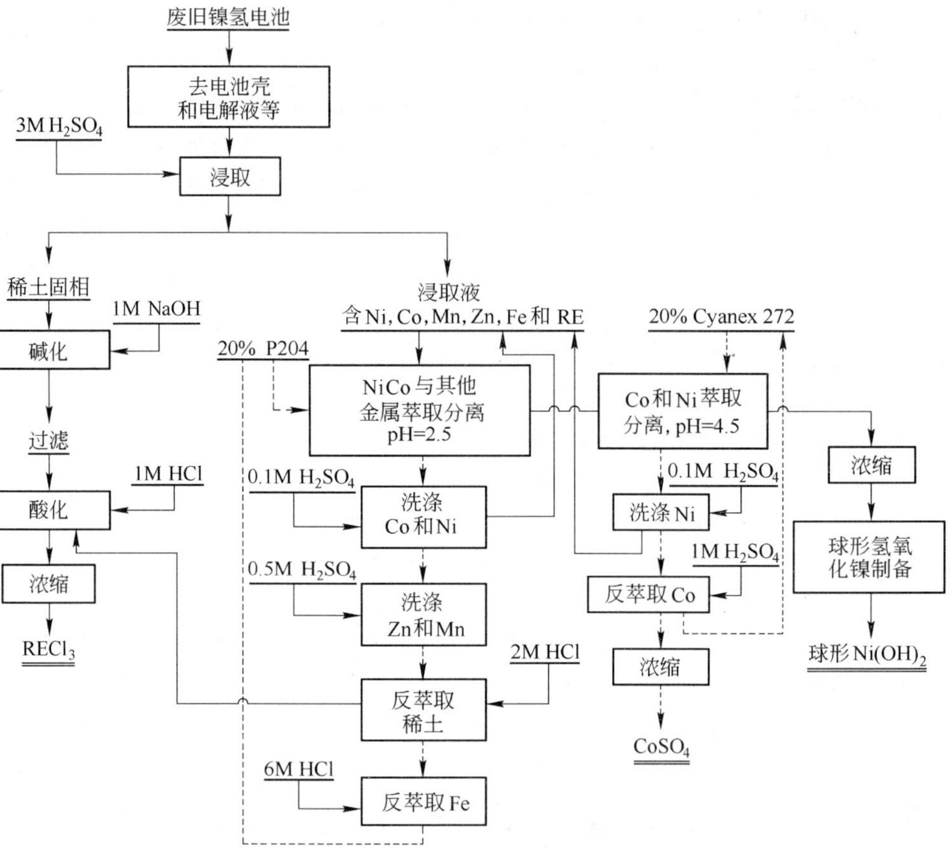

图 4-173 从废旧镍氢电池中回收 RE、Ni、Co 和制备球形 $Ni(OH)_2$ 的工艺流程[302]

转变为 $RE(OH)_3$。$RE(OH)_3$ 析出物和电极中残留的有机物被过滤出来，加入一定量的 1M 的 HCl，并与从 NiCo 提取段来的稀土反淬液混合。此过程将使稀土溶解到盐酸溶液中，实现稀土与有机物质的分离。过滤有机物后，蒸发处理 $RECl_3$ 溶液，$RECl_3$ 结晶析出，总的稀土回收率达到 97.8%。

Ni 和 Co 的提取过程：在富含 Ni、Co、Fe、Mn、Zn 等的浸取液中，加入 20% 的 P204（磷酸二异辛酯）有机萃取剂，有机相与水相比为 1∶1，溶液 pH = 2.5，可一步实现将 Fe、Zn、RE 与 Ni、Co 的分离，而 Mn 按 80% 萃取率计算，需要 5 步逆流接触萃取。在萃取分离后的有机相中，加入 0.1M 的 H_2SO_4 溶液，有机相和水相比为 20∶1，进行 3 步洗涤处理，将有机相中少量的 Co 和 Ni 洗涤进入水相中，洗涤液返回到浸取液中。在洗涤去除 Ni 和 Co 的有机相中，加入 0.5M 的 H_2SO_4 溶液，有机相和水相比为 10∶1，进行 5 步洗涤处理，将有机相中少量的 Zn 和 Mn 洗涤进入水相中，可以去除 97.7% Zn 和 98.8% Mn。在洗涤过后的有机相中，加入 2M 的 HCl 溶液，有机相和水相比为 10∶1，进行 5 步逆流反接触萃取处理，将有机相中的稀土反萃取到盐酸溶液中，富含稀土的反淬液进入到提取稀土的酸化工位。在反萃取稀土之后的有机相中，还含有少量的三价铁，加入 6M 的 HCl 溶液，有机相和水相比为 20∶1，进行 4 步逆流反接触萃取处理，将有机相中的铁去除。洗涤和反萃取各种金属后的 P204 有机溶液返回到 Ni、Co 与其他金属萃取分离的工位。在富含 Ni 和 Co 的萃取液中，加入 20% Cyanex272 有机萃取剂,溶液 pH = 4.5,进行 3 步萃取处理,将 Co 萃取到有机相中。在富含 Co 的有机相中,加入 0.1M 的 H_2SO_4 溶液洗涤有机相中的残留 Ni,有机相和水相比为 10 : 1,含 Ni 的洗涤液返回到浸取液中。在洗涤 Ni 后的富含 Co 的有机相中,加入 1M 的 H_2SO_4,一步反萃取生成 $CoSO_4$ 溶液,通过蒸发浓缩后获得 $CoSO_4$。反萃取 Co 后的 Cyanex272 有机溶剂回用。同样,富含 Ni 的硫酸溶液通过蒸发浓缩后获得 $NiSO_4$。Co 和 Ni 总的回收率大约 98%。

为了充分发挥 Ni 的作用,可以直接在 $NiSO_4$ 溶液中添加 NaOH,生成 $Ni(OH)_2$,如式 4-33。试验获得了可用作为镍氢电池正极材料的高密度球形 $Ni(OH)_2$。其试验条件为:1.5M NaOH, pH≈11,$[NH_3]/[Ni^{2+}] \approx 1$,T≈60℃,Co、Zn 和 Cd 的掺入量分别为 1%、1.5% 和 1.5%,搅拌速度 150 r/min,流量 10 mL/min。生成的球形 $Ni(OH)_2$ 连续从 5 L 反应器中移除,清洗和干燥后成为产品。球形 $Ni(OH)_2$ 粒径为 12.49 μm(D50),松装密度 1.93 g/cm^3,振实密度 2.27 g/cm^3,比容量 198 mA · h/g。

$$NiSO_4 + 2NaOH \xlongequal{} Ni(OH)_2 \downarrow + Na_2SO_4 \quad (4-33)$$

英国纽卡斯尔大学的 Scott 等[303,304]采用盐酸浸取,98% Ni、100% Co 和 99% RE 可以浸出,其优化的浸取条件为:4.0 mol/dm^3 盐酸溶液,工作温度 95℃,浸取时间 3h。采用 25% D2EHPA 萃取剂的煤油溶液、调整浸取液 pH = 2.5,将 RE 与 Co、Ni 分离,使 RE 进入有机相中。有机相中的稀土可再沉淀析出,而萃取残留水相中的 Ni 和 Co 电沉积出来。

意大利的 Lupi 等[305]报道了一种回收镍氢电池的湿法冶金技术,其中 Ni 和 Co 是直接从纯化的浸取液中电共沉积出来,未采取溶剂萃取。意大利的 Pietrelli 等[306,307]在工作温度 20℃、2M 的 H_2SO_4 溶液、浸取时间 2 h 的条件下,可将所有电池中的金属浸出,并可直接在硫酸浸取液中加入 NaOH 中和,保证 pH < 1.5,使稀土以 $NaRE(SO_4)_2$ 复盐沉淀物的形式析出。

巴西米纳斯联邦大学和圣保罗州立大学等[308~311]在废旧镍氢电池的有价金属的湿法冶金回收技术方面,也进行了较多的研究工作。Mansur 项目组采用硫酸浸出,加入 NaOH 将稀土从硫酸浸出液中沉淀析出,利用 Cyanex272 从浸出液中分离 Ni 和 Co。

在德国政府支持的一个基金研究项目中,IME Aachen 公司、ACCUREC Mühlheim 公司和 UVR - FIA Freiberg 公司合作进行废旧镍氢电池的回收工作[312]。文中描述的推荐工艺是由机械处理、湿法冶金和火法冶金处理等工序组合而成的。常用的火法冶金的炉渣中富集稀土,UVR - FIA Freiberg 公司负责采用湿法冶金技术从炉渣中提取稀土,其工艺流程见图 4-174。火法冶金炉渣用一台颚式破碎机粉碎,除去粗粒金属片以后,用球磨机进行研磨。筛分以后,小于 0.1 mm 的物料进行硫酸浸出炉渣中的 RE、Ni、Co、Mn、Zn 和 Al。由于含铁组分的预先分离不彻底,铁也进入溶液中。溶液的初始 pH 值处于强酸性范围($pH \ll 1$)。通过添加 NaOH 溶液,稀土以复盐 $(RE)_2(SO_4)_3 \cdot Na_2SO_4 \cdot xH_2O$ 的形式从强酸性溶液中沉淀出来,在此过程中溶液 pH 值从 1.5 左右升高至 2。为确保在有利于复硫酸盐沉淀的 pH 范围内铁不发生共沉淀,通过添加还原剂将其还原为 Fe^{2+}。过滤复硫酸盐沉淀以后的工序是复硫酸盐转化为稀土氢氧化物,采用的方法是用 NaOH 处理溶液和用 NH_4OH 洗涤溶液。过滤得到的沉淀物用盐酸溶解,添加 NH_4Cl 后,从该溶液中获得稀土氯化物,并且可用熔盐电解法将其还原为稀土金属。

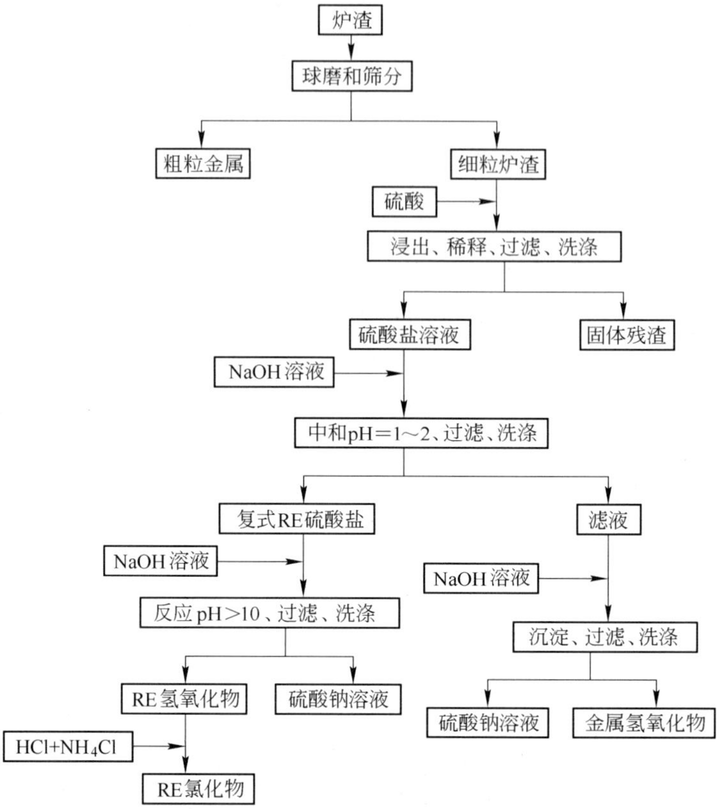

图 4-174 从炉渣中湿法提取稀土的工艺[312]

4.7.4 新型稀土贮氢材料

4.7.4.1 新型稀土贮氢电极材料

四川大学探索了 $LaFeO_3$ 材料的电化学性能[313~315]。采用硬脂酸燃烧法合成了复合稀土氧化物 $LaFeO_3$，在充放电电流为 31.25 mA/g 的条件下，测试了材料的电化学性能，结果如图 4-175 所示。从图 4-175(a)可以看出，在 298K(25℃)常温条件下，$LaFeO_3$ 的首次放电容量约为 330 mA·h/g，313 K 约为 500 mA·h/g，333 K(60℃)约为 530 mA·h/g，353 K 约为 630 mA·h/g，首次放电容量随试验温度升高而增大。从图 4-175(b)可知，$LaFeO_3$ 材料不存在活化过程。在 125 mA/g 充放电条件下，$LaFeO_3$ 材料在 313 K 及常温条件下的充放电循环容量很低，313 K 时 5 次循环后容量约 120 mA·h/g，常温 5 次循环后容量仅约 50 mA·h/g，但 333 K 循环容量保持在约 300 mA·h/g，353 K 循环容量保持在约 480 mA·h/g。相对于图 4-175(a) 的初始容量，可发现 $LaFeO_3$ 初期循环过程容量衰减是很大的。产生这些问题的原因可能与 $LaFeO_3$ 的电催化及电导性能较差有关。

充电态 $LaFeO_3$ 的质谱(MS)分析结果见图 4-176。N_2 作为吸气的指示气体。到 623 K 时，发现有明显的氢气放出。如果不计少量的水蒸气，H_2、N_2 和 O_2 所占的原子百分比分别为 21.4%、71.4% 和 7.2%。水蒸气在这个温度下是不可能分解为氢气和氧气的，所检测到的氢气应该是从充电态 $LaFeO_3$ 中释放的，这个现象表明 $LaFeO_3$ 材料是有一定贮氢量的，氢是在充电过程中进入了 $LaFeO_3$ 晶格，但并不破坏 $LaFeO_3$ 的结构。另外，有少量的氧存在，

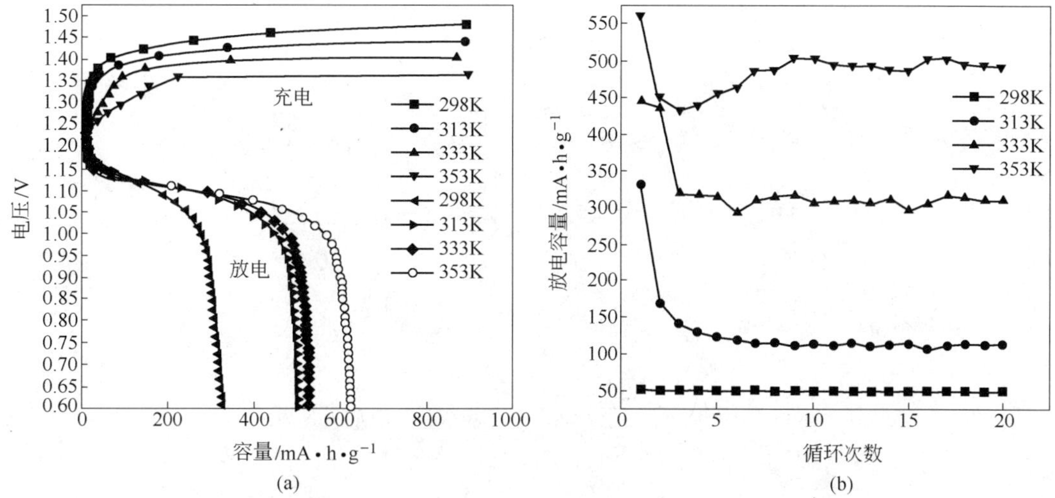

图 4-175 $LaFeO_3$ 在 31.25 mA/g 的充放电曲线和 125 mA/g 的循环曲线

(a) 充放电曲线;(b) 循环曲线

这可能表明 $LaFeO_3$ 有少量的氧释放出来。

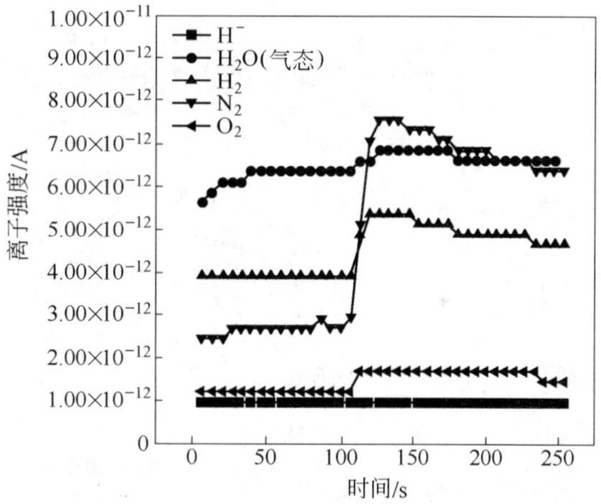

图 4-176 充电态 $LaFeO_3$ 的 MS 分析

图 4-177 是放电态和充电态 $LaFeO_3$ 的 XPS 分析结果。图 4-177(a)是放电态 $LaFeO_3$ 中铁的 XPS 谱图,其为双峰谱,低结合能(710.8eV)处峰是 $Fe2p_{3/2}$ 的贡献,高结合能(724.1eV)处峰是 $Fe2p_{1/2}$ 的贡献。根据电子结合能的大小可知此时铁为 Fe^{3+}。图 4-177(b)是充电态 $LaFeO_3$ 中铁的 XPS 图谱,与图 4-177(a)相比有明显的不同,用最小二乘法可拟合为两套亚谱,每套亚谱代表铁的一种价态。Fe^{3+} 所带正电荷较多,电子云密度较低,其 $2p$ 电子的结合能较大,因此较大结合能的亚谱则应归属为 Fe^{3+} 的贡献;相反较小结合能的亚谱应归属为 Fe^{2+} 的贡献。推测充电态 $LaFeO_3$ 由于氢原子的嵌入导致部分 Fe^{3+} 被还原为 Fe^{2+}。$LaFeO_3$ 材料的部分电化学反应机制可表述为式 4-34。

$$LaFeO_{3-\delta} + xH_2O + xe \underset{\text{放电}}{\overset{\text{充电}}{\rightleftharpoons}} LaFeO_{3-\delta}H_x + xOH^- \tag{4-34}$$

$LaFeO_3$ 材料的 La 位和 Fe 位可以用其他元素替代。图 4-178 为 $La_{1-x}Sr_xFeO_3$(x=0.2,0.4,0.6,0.8)电极在 298K 和 333K 的循环曲线。以 125 mA/g 放电,在 298 K 下,x=0.2 时,循环曲线与 $LaFeO_3$ 电极相似。当 x=0.4,0.6,0.8 时,电极 $La_{1-x}Sr_xFeO_3$ 与传统电极一样出现活化,放电容量随着循环次数和 x 的值的增加而增大。在 10 个循环后,$La_{1-x}Sr_xFeO_3$ 电极的容量分别保持在 54 mA · h/g(x=0.2)、77 mA · h/g(x=0.4)、83 mA · h/g(x=0.6)和 87 mA · h/g(x=0.8)。在 333 K 下,x=0.2 时,放电容量为 230 mA · h/g 左右,低于 $LaFeO_3$

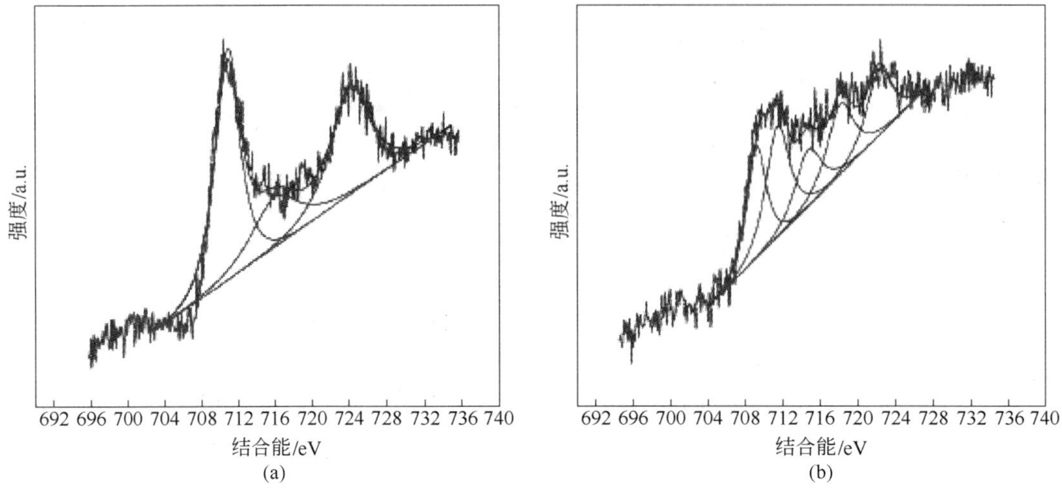

图 4-177　放电态和充电态 $LaFeO_3$ 的 XPS 分析

(a) 放电态;(b) 充电态

电极 310 mA · h/g 的容量。当 $x = 0.4, 0.6, 0.8$ 时,稳定的循环放电容量分别保持在 380 mA · h/g、370 mA · h/g 和 320 mA · h/g。稳定的循环放电容量随 x 值呈先增大后减小的趋势。这个变化趋势与晶胞体积的变化一致。

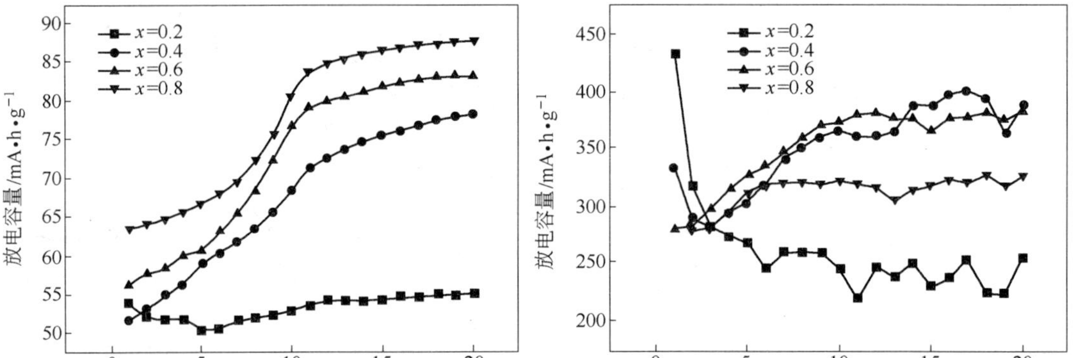

图 4-178　$La_{1-x}Sr_xFeO_3$ 电极在 298K 和 333K 的循环曲线

(a) 298 K;(b) 333 K

$LaFeO_3$ 材料具有较高的电化学容量,其原材料成本低,研究还表明这种材料的充电态和放电态结构基本上没有变化,这预示着这种材料可能具有很长的寿命,作为一种新型的镍氢电池氧化物负极材料,无论在理论上还是在应用上,都具有一定的价值。$LaFeO_3$ 作为电极材料还存在一些问题:其一是材料产生可逆电化学容量的机理还不完全清楚;其二是温度较低(如 313K 及以下)的条件下,电化学容量相对较小,动力学性能较差,温度影响容量很明显;其三是材料在初期几次循环过程中容量衰减很快。

荷兰埃因霍芬理工大学和飞利浦实验室报道了 Mg - Sc 系贮氢电极合金[316~319],图 4-179 是其放电曲线。对 Mg_xSc_{1-x}二元合金薄膜(200 nm)而言(图 4-179a),在 1000 mA/g 的放电电流密度下，$Mg_{0.8}Sc_{0.2}$合金的放电容量达到了 1740 mA/g，对应 6.5% H，除 $Mg_{0.85}Sc_{0.15}$外，其余合金的放电容量也都大约在 1300 mA · h/g 以上。对 $Mg_xSc_{1-x}Pd_{0.024}$合金而言（图 4-179b），在 50 mA/g 的放电电流密度下，$Mg_{0.8}Sc_{0.2}Pd_{0.024}$合金的放电容量达到 1495 mA · h/g，对应 5.6% H，除 $Mg_{0.85}Sc_{0.15}Pd_{0.024}$外，其余合金的放电容量也都在大约在 1100 mA · h/g 以上。薄膜合金的性能优于块状合金，本实验薄膜性能优越不仅仅与其扩散距离短有关，与实验时薄膜一侧被 Pd 包覆也有关。Pd 在合金充放电过程起重要作用。充电后合金从伪 BCC 结构转变为 FCC 结构。其电化学反应可以描述为：

$$Mg_xSc_{1-x} + (3-x)H_2O + (3-x)e \underset{放电}{\overset{充电}{\rightleftharpoons}} Mg_xSc_{1-x}H_{3-x} + (3-x)OH^- \qquad (4\text{-}35)$$

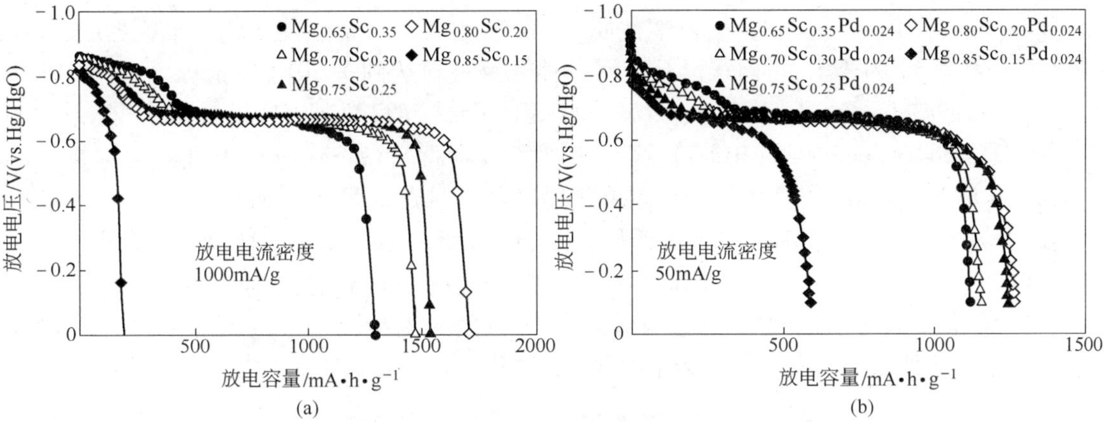

图 4-179　Mg_xSc_{1-x}薄膜和 $Mg_xSc_{1-x}Pd_{0.024}$块样的放电曲线[317]

（a）Mg_xSc_{1-x}薄膜；（b）$Mg_xSc_{1-x}Pd_{0.024}$块样

广西大学[320]报道了 $Gd_6Mn_{23-x}Ni_x$（x = 0，0.4，1.0，1.2 和 1.4）合金的电化学特性，如图 4-180。合金结构为 Th_6Mn_{23}型结构，空间群 $Fm-3m$（No. 225）。Gd_6Mn_{23}合金以 50 mA/g 放电时的最大放电容量为 520 mA · h/g，用部分 Ni 替代 Mn 之后，合金的活化性能、放电容量、

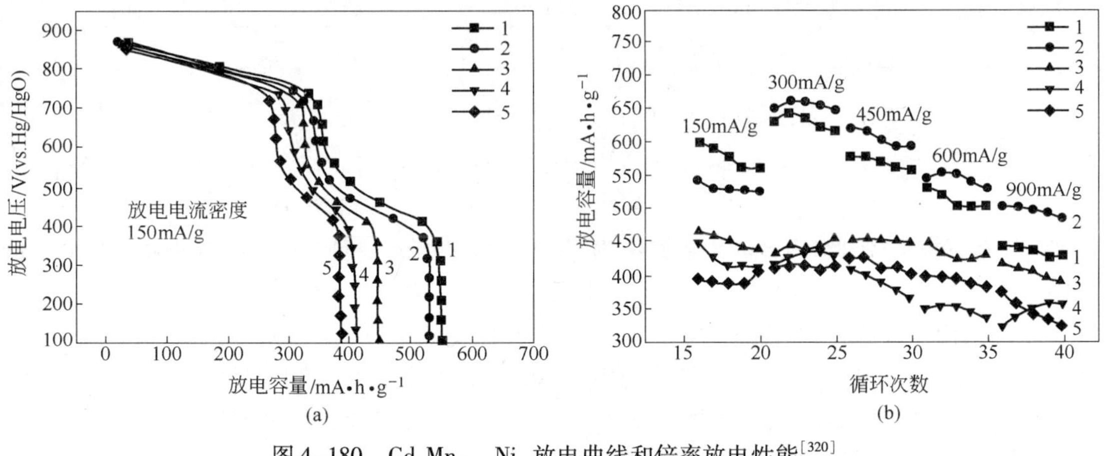

图 4-180　$Gd_6Mn_{23-x}Ni_x$ 放电曲线和倍率放电性能[320]

（a）放电曲线；（b）倍率放电性能

1—x = 0；2—x = 0.4；3—x = 1.0；4—x = 1.2；5—x = 1.4

循环稳定性及倍率性能均得到一定改善。合金放电时出现双平台,第一个平台容量在 300 ~ 400 之间,放电电压大于 0.6V,这是适合于用作镍氢电池负极材料的可用容量(图 4-180a)。对 $Gd_6Mn_{22.6}Ni_{0.4}$合金,如图 4-180(b) 300 mA/g 放电时,放电容量达到 650 mA · h/g,即使以 900 mA/g放电时,放电容量也可达到 500 mA · h/g,可惜的是可用的第一个平台的容量没有提升。

4.7.4.2 新型稀土贮氢材料

对于车载贮氢系统,美国能源部(DOE)于 2009 年重新制定了新的标准,见表 4-52。新规定计划到 2015 年贮氢系统的重量贮氢量需达到 5.5% 的水平,如按 70% 折算成贮氢材料的贮氢量,则到 2015 年贮氢材料的贮氢量至少应达到 8% 的水平,终极则需要达到 11% 以上,同时还需要考虑体积密度、热力学性能(工作温度)、动力学性能(吸放氢温度)及成本等。按照表 4-52 的要求,目前还没有任何一种贮氢材料达到了 2010 年指标,因此 2015 年将具有更大的难度。针对车载贮氢系统,全球展开了许多的开发研究,其贮氢材料体系主要包括配位氢化物(Complex hydrides)、高比表面积吸附材料(Sorbents)、不可逆化学氢化物(chemical hydrides)等[321]。传统的金属氢化物因其重量贮氢量达不到要求,目前在车载贮氢材料开发方面未受到关注。新型车载贮氢材料一般选用原子量相对较少的元素进行设计与合成,而稀土原子量普遍很大,因而很少考虑到采用稀土。不过,考虑到目前碱金属和碱土金属配位化合物等所遇到的热力学及动力学等方面的困难,稀土元素也受到了一定的关注,下面主要介绍最近与稀土相关的新型贮氢材料。

表 4-52 美国 DOE2009 年车载贮氢系统指标[321]

系统参数	单 位	2010 年	2015 年	终 极
质量贮氢能量	kW · h/kg	1.5	1.8	2.5
质量贮氢量	%	4.5	5.5	7.5
体积贮氢能量	kWh/L	0.9	1.3	2.3
体积贮氢量	g/L	28	40	70
工作温度	℃	-40 ~ 85	-40 ~ 85	-40 ~ 95/105
工作压力	MPa	0.5 ~ 1.2	0.5 ~ 1.2	0.3 ~ 1.2
动力学性能	g/(s · kW)	0.02	0.02	0.02
成 本	美元/kW · h	待 定		

A 稀土金属配位氢化物贮氢材料

配位化合物(coordination compound)也叫络合物,为一类具有特征化学结构的化合物,由中心原子或离子(统称中心原子)和围绕它的称为配位体(简称配体)的分子或离子,完全或部分由配位键结合形成。金属硼氢化物是配位氢化物的一种,介于其高的贮氢密度,如 $LiBH_4$ 分解为 LiH 和 B 的放氢量达到了 13.8%,$Mg(BH_4)_2$ 加热到 870K 的放氢量达到 14.9%,金属硼氢化物作为潜在的贮氢材料最近几年受到了高度的关注。但是,许多已知的金属硼氢化物表现出差的热力学和动力学性能,其应用受到很大限制[322 ~ 324]。最近,发现采用碱金属 - 过渡金属的双金属硼氢化物可以明显改善金属硼氢化物的热力学和动力学性能,通过这种方式可以调控过于稳定的碱金属硼化物和大多数不稳定的过渡金属硼化物,通常这种碱金属 - 过渡金属的双金属硼氢化物的放氢温度都比已研究较多的碱金属硼化物的放氢温度要明显低[325]。瑞士日内瓦大学、美国夏威夷大学、丹麦奥胡斯大学、法国 ESRF 实验室、瑞典隆德大学以及挪威能源技术研究所合作报道了碱金属 Na 和 Li 与稀土金属 Sc 形成的双金属硼氢化物的结构与性能[326,327]。采用 $NaBH_4$ 和 $ScCl_3$ 粉末球磨制备了 $NaSc(BH_4)_4$，其沿 c 轴方向观察的晶体结构如图 4-181 所示。$NaSc(BH_4)_4$ 基本的结构构筑单元是四方 BH_4^- 阴离子，H - B 原子间距是 0.113(2) nm，Sc 原子周围存在四个 BH_4 四面体，形成规则的 $[Sc(BH_4)_4]^-$ 阴离子，Na 原子周围存在六个 BH_4 四面体，形成一八面体构型。BH_4^- 阴离子有两种配位形式，一种是与一个 Na 原子和一个 Sc 原子配位，另一种是与一个 Sc 原子和两个 Na 原子配位。$NaSc(BH_4)_4$ 的含氢量 12.6%，其制备过程中有 Na_3ScCl_6 产生。$NaSc(BH_4)_4$ 的起始脱氢温度大约是 440K（图 4-182a），在试验温度范围内的热脱氢量约 3.04%，对应的计算氢量为 3.56%，之间存在一定差异。采用 $LiBH_4$ 和 $ScCl_3$ 粉末球磨制备了 $LiSc(BH_4)_4$，其结构与 $NaSc(BH_4)_4$ 类似，含氢量 14.4%，制备过程中有 LiCl 生成。图 4-182b 中 $LiSc(BH_4)_4$ 的脱氢温度区间在 415 ~ 535 K，DSC 曲线上对应的吸热峰位分别是 476 K 和 484 K，在测试温度范围内总的放氢量是 4.38%，对应的计算氢量为 6.76%，之间也存在差异。两者实际放氢量与理论值的差异被认为是与金属硼氢化物在操作过程中受空气污染有关。$NaSc(BH_4)_4$ 和 $LiSc(BH_4)_4$ 放氢时都存在较复杂的过程。原位同步辐射 X 射线衍射（in situ SR - PXD）分析表明，$NaSc(BH_4)_4$ 在 410 K 发生熔化，温度升高到 430 ~ 540K 之间，熔融的 $NaSc(BH_4)_4$ 和球磨副产物 Na_3ScCl_6 反应出现 NaCl，后一变化对应上述 $NaSc(BH_4)_4$ 在此温度范围内 3.56% 的放氢量。当温度升高到 773 K，将生成稳定的固态 ScB_x，B 并未像许多碱金属硼化物中的 B 以气态二硼化物的形式损失，因此这种碱金属 - 过渡金属的双金属硼氢化物存在可逆吸放氢的可能。$NaSc(BH_4)_4$ 和 $LiSc(BH_4)_4$ 的起始放氢温度分别为440 K和415 K，而碱金属硼

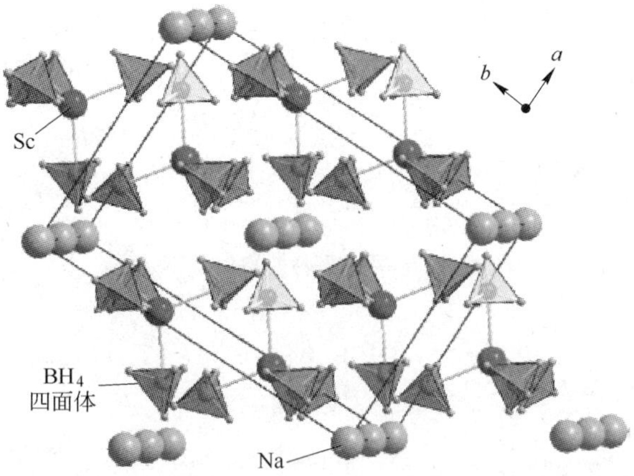

图 4-181 $NaSc(BH_4)_4$ 晶体结构（c 轴视图）[327]

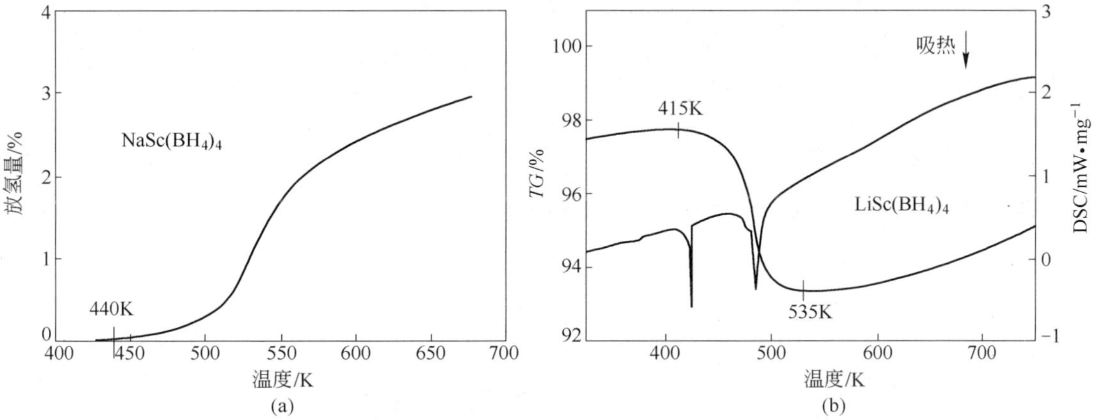

图 4-182 $NaSc(BH_4)_4$ 热脱氢曲线和 $LiSc(BH_4)_4$ 的热失重和 DSC 分析[327]

（a）$NaSc(BH_4)_4$ 热脱氢曲线；（b）$LiSc(BH_4)_4$ 的热失重和 DSC 分析

氢化物如 $LiBH_4$ 和 $NaBH_4$ 的起始脱氢温度需要达到 653 K 和673 K[328]，显然采用稀土 Sc 制备碱金属－Sc 双金属硼化物可以明显降低碱金属硼化物的放氢温度。

除上述碱金属－Sc 的双金属硼氢化物，$Y(BH_4)_3$ 相对于碱金属硼化物也具有较低的放氢温度和较高的贮氢量，因而受到关注。目前涉足研究 $Y(BH_4)_3$ 的单位包括日本东北大学[329]、挪威能源技术研究所[330]、韩国科学技术研究院[331]、丹麦奥胡斯大学、法国 ESRF 实验室、瑞士日内瓦大学及瑞典隆德大学[332]、美国康奈尔大学和波兰华沙大学[333]等。

$$Y(BH_4)_3 = YH_2 + 3B + 5H_2 \tag{4-36}$$

按式 4-36，$Y(BH_4)_3$ 的放氢量约 7.5%，因而作为贮氢材料也是一种不错的研究对象。$Y(BH_4)_3$ 室温晶体结构见图 4-183[330]。采用 ^{11}B 和 D 同位素分析发现，$\alpha-Y(BH_4)_3$ 属于立方相，空间群为 $Pa-3$ (no. 205)，晶格参数 $a = 1.08522(7)$ nm，Y^{3+} 阳离子组成一立方体，周围存在六个 $(BH_4)^-$ 阴离子。当加热到约 180℃时，$\alpha-Y(BH_4)_3$ 转变成立方 $\beta-Y(BH_4)_3$，空间群为 $Pm-3m$，晶格参数 $a = 0.54547(8)$ nm[332]。$Y(BH_4)_3$ 加热到 773K 的反应过程可描述为[332,334]：(1) $\alpha-Y(BH_4)_3-\beta-Y(BH_4)_3$ 相变（约 180℃）；(2) 熔化；(3) $\beta-Y(BH_4)_3$ 分解为未知中间相和 YH_3（约 190℃）；(4) 未知中间相分解；(5) YH_3 分解为 YH_2（约 270℃）。未知中间相形成温度在 215～280℃，被推测为正交晶系，晶格参数 $a = 1.2170(14)$ nm、$b = 0.7670(5)$ nm、$c = 0.7478(6)$ nm[330,332]。文献[332]采用 3∶1 比例的 $LiBH_4$ 和 YCl_3 粉末球磨合成，生成物是 $\alpha-Y(BH_4)_3$，未形成双金属硼化物，还存在副产物 LiCl 和少量的 $\beta-Y(BH_4)_3$，图 4-184 是这种合成混合产物的热失重 TG 和 DSC 分析曲线。其主要的热失重分别发生在 160～230℃和 230 ～300℃，之后 300～500℃之间有缓慢且少量的重量损失，所测量到的放氢量为 4.64%。在图 4-184 中，DSC 曲线上显示了五个吸热峰，表明在加热过程中存在较复杂的物质变化，对此作者采用原位同步辐射 X 射线衍射（in situ SR－PXD）进行了详细的变温结构分析。日本东北大学的严义刚和李海文等[329]采用液相法合成 $Y(BH_4)_3$，基本避免了 LiCl 的出现，其起始放氢温度约 189℃，加热到 500℃的放氢量为 7.8%，采用质谱仪未检测到 B_2H_6 气体，加热到 573 K 在 35 MPa 及 12 h 的条件下，可实现 1.1%～1.3% 的可逆充氢量。

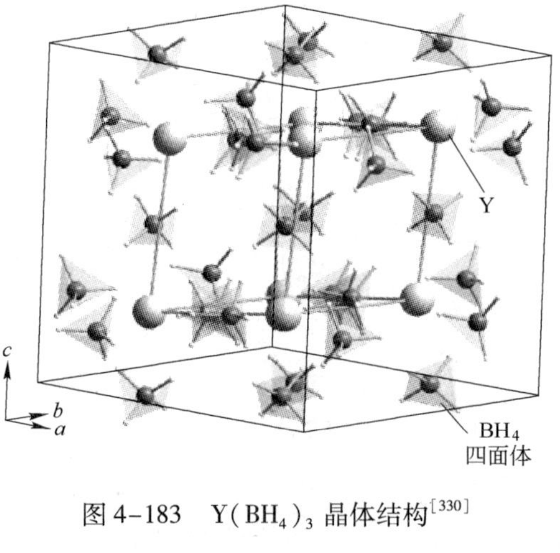

图 4-183 $Y(BH_4)_3$ 晶体结构[330]

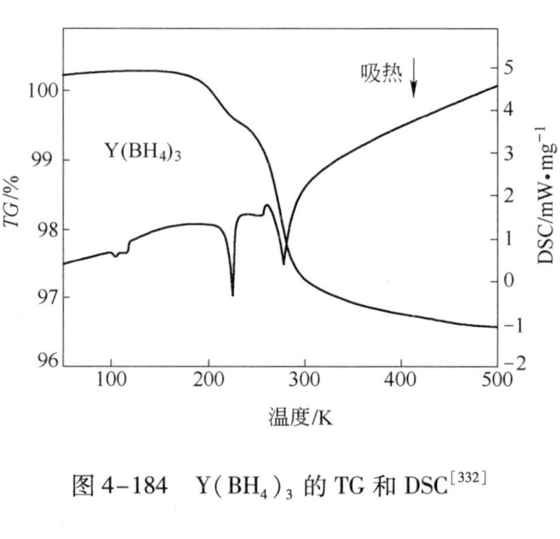

图 4-184 $Y(BH_4)_3$ 的 TG 和 DSC[332]

$Ce(BH_4)_3$ 的含氢量为 6.5%，具有一定的研究价值。阿根廷国家科学技术研究等利用 $LiBH_4$ 和 $CeCl_3$ 为原料，可球磨合成了生成 $Ce(BH_4)_3$，其反应按式 4－37 进行[335]。

$Ce(BH_4)_3$属于立方晶体结构，晶格参数 $a=1.1640(0)$ nm。如图4-185(a)所示，$Ce(BH_4)_3$放氢起始温度约220℃，结束温度约270℃。考虑扣除杂相物质，截至约270℃，$Ce(BH_4)_3$放氢量为3.85%。从图4-185(b)可见有三个放氢速率突变峰，预示着放氢过程是多步反应，具体的反应步骤如式4-38。第一步放出11/3个氢气，同时出现CeH_2和中间相$Ce_2(B_{12}H_{12})_3$，第二步放出5.5个氢气，同时出现CeH_2和CeB_6。按放出氢气分子个数计算，可放氢量约5%，说明理论上还存在放氢空间。热脱氢过程中由于没有带走B和Ce的气相物质，因此反应存在可逆性。试验表明，在平衡条件下，0.1 MPa对应的放氢低于200℃。在6 MPa及350℃时，大约有实际放氢量的28%的氢可以实现可逆。试验还测试了200℃条件下的放氢PCI曲线，发现其平台压约0.3 MPa，按贮氢材料的热力学规律，平台压为0.1 MPa时的热力学温度应明显低于200℃，也就是说从热力学上讲，$Ce(BH_4)_3$是比较温和的。此外，文章测试了不同加热速率下的DSC曲线，并利用Kissinger方程(式4-39)计算了$Ce(BH_4)_3$放氢过程的激活能。式4-38中T_p是DSC曲线不同加热速率下放热峰温度，β是加热速率，E_a是激活能，R是气体常数，Kissinger方程图(图4-185c)中直线斜率对应$Ce(BH_4)_3$放氢过程的激活能，其激活能数值为136±7 kJ/mol，低于经过掺杂的$LiBH_4$的激活能[336]。

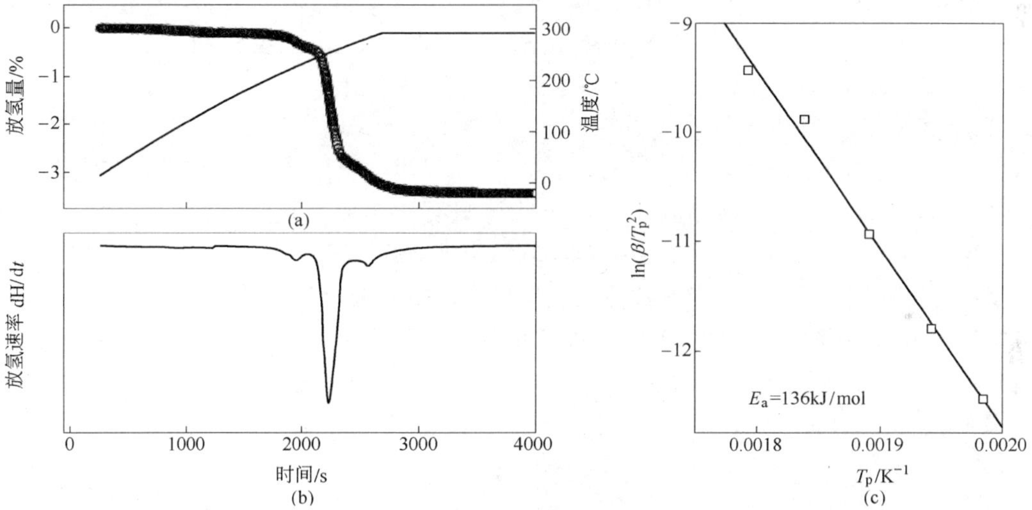

图4-185 $Ce(BH_4)_3$的热脱氢、放氢速率和Kissinger图[335]

(a)热脱氢；(b)放氢速率；(c)Kissinger图

$$3LiBH_4+CeCl_3\longrightarrow Ce(BH_4)_3+3LiCl \tag{4-37}$$

$$\begin{aligned}Ce(BH_4)_3(s)&\longrightarrow(1/12)Ce_2(B_{12}H_{12})_3+(5/6)CeH_2(s)+(11/3)H_2(g)\\&\longrightarrow(1/2)CeH_2(s)+(1/2)CeB_6(s)+5.5H_2(g)\end{aligned} \tag{4-38}$$

$$\frac{d(\ln(\beta/T_p^2))}{d(1/T_p)}=\frac{-E_a}{R} \tag{4-39}$$

金属铝氢化物是另一种金属配位化合物，其高的含氢量同样受到贮氢材料研究者的关注。首先对碱金属或碱土金属铝氢化物进行广泛研究，但是其中大部分在热力学及动力学性能上都满足不了低温燃料电池的应用要求。德国马普协会煤化所的Bogdanović先生等[337~340]利用过渡金属如Ti催化的$NaAlH_4$是目前唯一的可以在100℃左右工作的铝氢化物,也是此项研究激起了世界范围内对金属配位氢化物作为贮氢材料的研究热情。该材料存在两步放氢过程,0.1 MPa 条件下,第一步放氢温度约 30℃,生成 Na_3AlH_6、Al 和 H_2,放氢量约 3.7%,第二步放氢温度约 100℃,Na_3AlH_6 分解为 NaH、Al 和 H_2,放氢量约 1.9,总的放氢量 5.6%。掺杂的 $NaAlH_4$ 的充氢相对于其他铝氢配位化合物来说是相当不错的,如采用 $ScCl_3$ 催化的 $NaAlH_4$,当充氢量达到 3.5% 所需时间仅 3 ~ 5 min。但是,催化的 $NaAlH_4$ 第二步放氢温度对于低温燃料电池仍然太高,而第一步放氢量又不太大,且温度降低之后的动力学性能变差,因此碱金属或碱土金属铝氢化物目前仍面临很多问题,需要开拓新的方向。

德国马普协会煤化所及美国西北大学[341]报道了一系列新型的稀土配位铝化物贮氢材料,这类含稀土的配位氢化物仍具有较高的含氢量,因而具有较高的价值。稀土配位铝氢化物的制备采用球磨,原料为稀土氯化物和 $NaAlH_4$,整个操作过程中反应物和产物都需在保护气氛下进行。结构是八面体$[AlH_6]_3^-$ 阴离子通过稀土阳离子连接而成。按式 4-40 反应制备出的 $RE(AlH_4)_3$ 不稳定,将分解为 $REAl_xH_y$、Al 和氢气,如式 4-41。

$$RECl_3 + 3NaAlH_4 \longrightarrow [RE(AlH_4)_3] + 3NaCl \tag{4-40}$$

$$[RE(AlH_4)_3] \longrightarrow REAl_xH_y + (3-x)Al + nH_2 \tag{4-41}$$

按照 $RE(AlH_4)_3$ 计算,$La(AlH_4)_3$、$Ce(AlH_4)_3$、$Pr(AlH_4)_3$ 和 $Nd(AlH_4)_3$ 的含氢量分别为 5.20%、5.15%、5.13% 和 5.06%。在制备这四种稀土配位铝氢化物的过程中,分别有 51%、56%、57% 和 60% 的氢跑掉。作者通过实验及密度泛函理论计算确定式 4-41 中的 $REAl_xH_y$ 为 $REAlH_6$,其热解曲线见图 4-186。从图 4-186a 可以看出,稀土铝氢化物的放氢起始温度大约为 100℃,放氢结束温度大约为 260 ~ 270℃,明显低于上述的稀土配位硼氢化物,更低于碱金属和碱土金属硼氢化物。$LaAlH_6$ 只有一步放氢过程,而其余三种均是两步放氢。第一步大约从 100℃ 到 170 ~ 180℃,第二步到 260 ~ 270℃。从图 4-186b 可以看出,第一步放氢为吸热反应,第二步放氢为放热反应,而 $LaAlH_6$ 的第二步放氢不明显。第一步放氢发生 $LaAlH_6$ 到稀土氢化物的转变,第二步放氢发生稀土氢化物到 $REAl_4$ 的转变。这些稀土配位铝氢化物的吸热焓变约为 30 kJ/mol,有可能实现可逆。球磨过程存在放氢,因此这是稀土配位铝氢化物需要解决的问题之一。

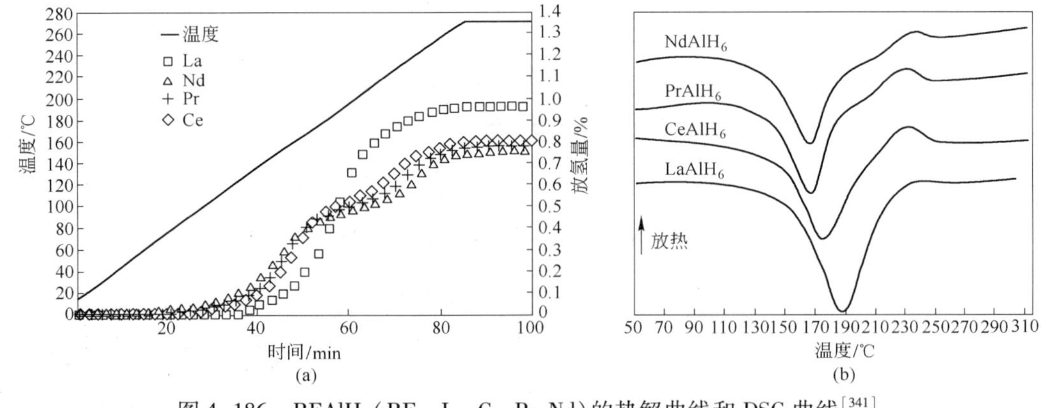

图 4-186 $REAlH_6$(RE = La、Ce、Pr、Nd)的热解曲线和 DSC 曲线[341]

(a) 热解曲线;(b) DSC 曲线

B 稀土金属有机骨架贮氢材料

金属有机骨架化合物(metal-organic frameworks, MOFs)是由有机配体与过渡金属离子自组装而成的配位聚合物，是目前研究最热的高比表面的氢吸附材料之一。2003 年，美国密歇根大学 Yaghi 等首次报道了 MOFs 材料可作为贮氢材料[324]。之后，MOFs 材料被认为是最有希望的新型贮氢材料之一。MOFs 材料一般具有规则晶体结构的均匀多孔，孔径大多为 0.5 ~2 nm，超高的比表面积（通常大于 1000 m^2/g），且制备相对简单。MOFs 材料同时可通过调控金属离子或金属团簇及有机联结体等，获得构型及成分多样性，得到氢吸附性能的改善[343]。MOFs 材料稳定的多孔特性是由金属 - 有机羧酸盐团簇的结构决定的。图 4-187 是 MOF -5 材料的构型[344]。在图 4-187a 中，金属离子被羧酸包围，形成一稳定的次构造单元（SBUs），SBUs 是 MOFs 最基本的支撑单元，在图 4-187b 中，这些八面体 SBUs 基本单元相互之间由苯环联结，形成一立方体结构，氢气可以被吸附在立方体的内孔中。MOFs 材料中的金属离子大多采用过渡金属，Zn 基、Cu 基、Mn 基、Cr 基、Ni 基等，但也有部分学者对稀土金属 MOFs 材料给予了关注，这里介绍部分这方面的研究情况。

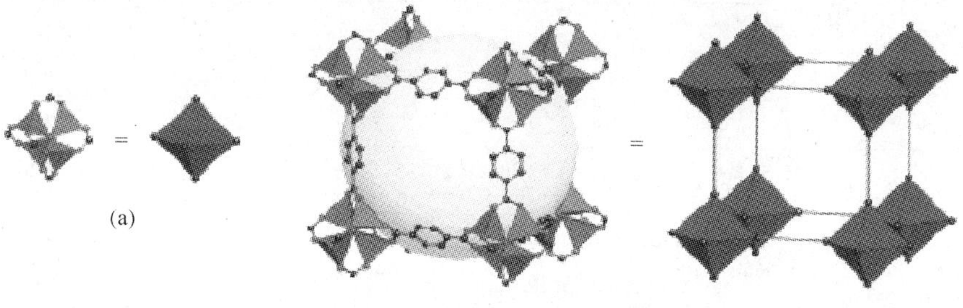

图 4-187 MOF -5 的结构描述[344]

Yaghi 教授团队在 2005 年的一篇文章中[344]介绍了 14 种新的 MOFs 材料，其中含三种稀土铽有机骨架材料：MOF -75，MOF -76 和 MOF -80，三种稀土 Tb 金属有机骨架的化学式和结构参数见表4-53。MOF -75 的结构见图4-188，SUB 次单元 TbO_8 之间通过 Tb - O - C 连接形成棒，其结晶体结构由 TDC 噻吩环连接形成，沿 *a* 向形成的菱形隧道尺寸为 0.97 nm × 0.67 nm。图4-189 是 MOF -76 的 SBUs（a）、多面体形式 SBUs（b）和 BTC 的苯环连接 SBUs 的

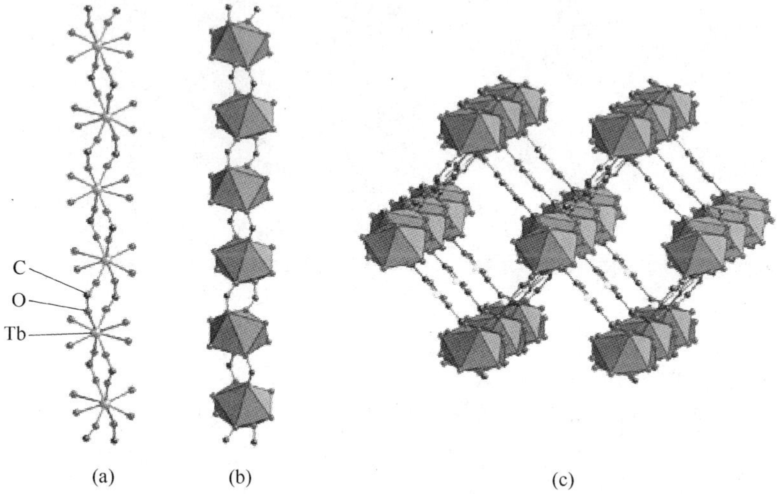

图 4-188 MOF -75 的 SBUs、多面体 SBUs 和 TDC 的噻吩环连接 SBUs 的结晶骨架[344]

（a）SBUs；（b）多面体 SBUs；（c）TDC 的噻吩环连接 SBUs

结晶骨架(c),沿 c 向形成的正方隧道尺寸为 0.67 nm × 0.67 nm,120℃氮气吸附测试出的 Langmuir 比表面积为 264 m^2/g。图 4-190 是 MOF-80 的 SBUs(a)、多面体形式 SBUs(b)和 PDC 的芘环连接 SBUs 的结晶骨架(c),沿 c 向形成的菱形隧道尺寸为 1.93 nm × 0.58 nm。文中未测试氢吸附特性。

表 4-53 稀土 Tb 金属有机骨架 MOFs 材料的结构参数[344]

材 料	MOF-75	MOF-76	MOF-80
有机连接体	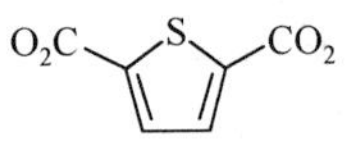 TDC	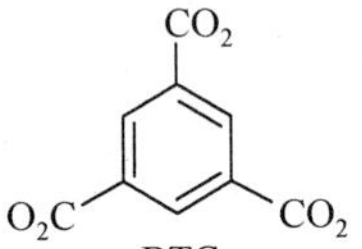 BTC	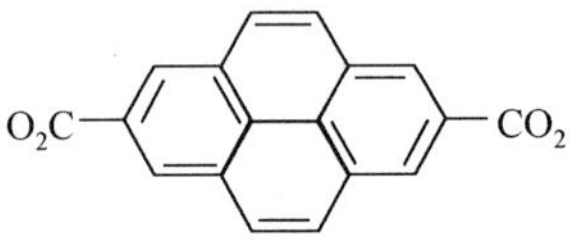 PDC
化学式	$Tb(TDC)(NO_3)(DMF)_2$	$Tb(BTC)(H_2O)_{1.5}\cdot(DMF)$	$Tb(PDC)_{1.5}(H_2O)_2(DMF)\cdot(DMF)$
空间群	$P2/n$	$P4_322$	$p-1$
a/nm	1.06926	1.02792	0.98294
b/nm	1.06727	1.02792	1.21099
c/nm	1.57533	1.45376	1.46280
α/(°)	90.00	90.00	109.750
β/(°)	95.665	90.00	103.613
γ/(°)	90.00	90.00	100.140
V/nm^3	1.7888	1.5361	1.5293
z	4	4	

注:TDC:2,5-thiophenedicarboxylate,即 2,5-噻吩二羧酸酯;BTC:1,3,5-benzenetricarboxylate,即 1,3,5-苯三羧酸酯;PDC:2,7-pyrenedicarboxylate,即 2,7-芘二羧酸酯;DMF:dimethylformamide,即二甲基甲酰胺。

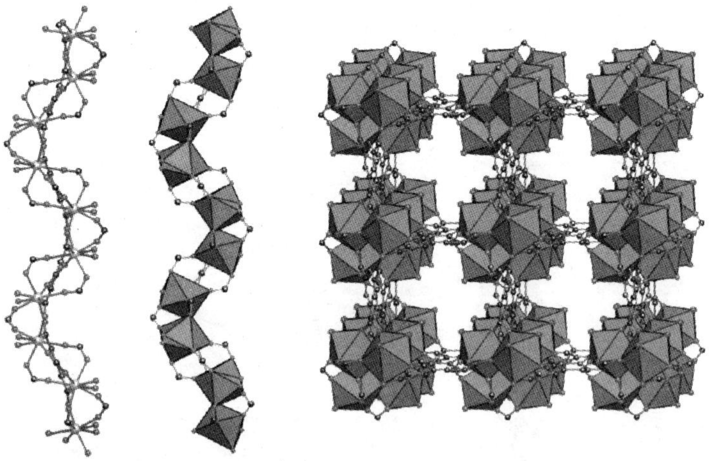

(a) (b) (c)

图 4-189 MOF-76 的 SBUs、多面体 SBUs 和 BTC 的苯环连接 SBUs 的结晶骨架[344]

(a) SBUs;(b)多面体 SBUs;(c)BTC 的苯环连接 SBUs

2005 年,法国凡尔赛大学和雷恩第一大学[345]报道了采用水热法合成的一系列三角结构(空间群为 $R32$)的稀土镧系金属有机骨架材料,所用稀土包括 Y、La、Ce、Pr、Nd、Sm、Eu、

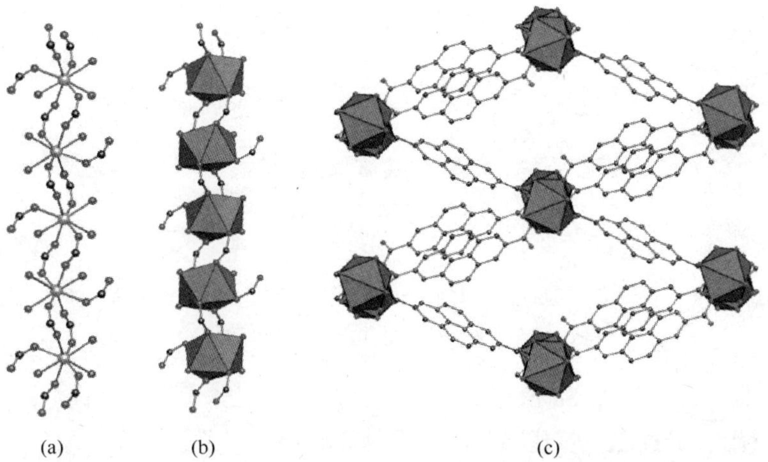

图 4-190 MOF－80 的 SBUs、多面体 SBUs 和 PDC 的芘环连接 SBUs 的结晶骨架[344]
(a) SBUs;(b)多面体 SBUs;(c)PDC 的芘环连接 SBUs

Gd、Tb、Dy 和 Ho。论文较详细介绍了 $Tb(BTB)(H_2O).2(C_6H_{12}O)$ (BTB 为 1,3,5－三(4－羧基)苯基－苯,即 1,3,5－benzenetrisbenzoate)的合成、晶体结构及氮气吸附特性,该材料是一种三维镧系稀土羧酸盐 MOFs 材料,通常被称为 MIL－103。这类材料具有较大的孔径($>10\times10^{-10}$ m)和高的比表面积(BET:730 ～930 m^2/g),文章未报道其吸附氢气的性能。

2005 年,吉林大学[346]报道了采用低温汽相扩散法制备的四种稀土金属(Tb、Ho、Er、Y)有机骨架结构材料,其晶体结构参数见表 4-54。图 4-191 是沿不同方向的 $C_{22.5}H_{17.5}TbO_{7.5}N_{0.5}$的晶体结构,结构连接方式为－Tb－O－C－O－Tb－,SBUs 之间有两个羧基连接,沿[001]方向形成菱形隧道的尺寸为 2.515 nm × 1.709 nm,这种孔径作为贮氢来说偏大。文中未见关于氢吸附可能性的评价。

表 4-54 四种稀土金属有机骨架 MOFs 材料的结构参数[346]

稀土元素	Tb	Ho	Er	Y
化学式	$C_{22.5}H_{17.5}TbO_{7.5}N_{0.5}$	$C_{22.5}H_{17.5}HoO_{7.5}N_{0.5}$	$C_{22.5}H_{17.5}ErO_{7.5}N_{0.5}$	$C_{22.5}H_{17.5}YO_{7.5}N_{0.5}$
晶体结构	单斜	单斜	单斜	单斜
空间群	*C*2/*c*	*C*2/*c*	*C*2/*c*	*C*2/*c*
a/nm	2.53477(8)	2.52219(14)	2.51508(11)	2.51904(14)
b/nm	1.71399(8)	1.70779(14)	1.70903(11)	1.71122(14)
c/nm	1.84904(8)	1.85141(12)	1.85354(10)	1.85799(12)
α/(°)	90	90	90	90
β/(°)	107.3250(10)	106.887(2)	106.6730(10)	106.789(2)
γ/(°)	90	90	90	90
V/nm^3	7.6688(5)	7.6308(9)	7.6322(7)	7.6322(7)
Z	8	8	8	8

2005 年,西班牙马德里材料科学研究所[347]报道了一种采用水热法合成的对苯二酸钪[$Sc_2(C_8H_4O_4)_3$],所采用的原料为对苯二酸双钠盐和对苯二甲酸。$Sc_2(C_8H_4O_4)_3$ 属于正

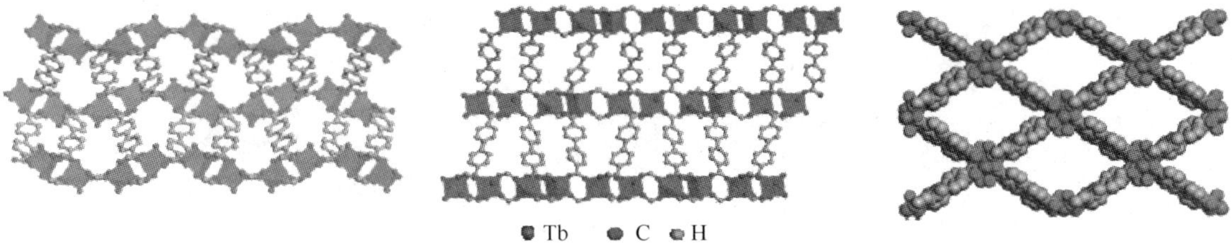

图 4-191 $C_{22.5}H_{17.5}TbO_{7.5}N_{0.5}$的晶体结构沿[100]、沿[010]和沿[001][346]
(a) 沿[100];(b) 沿[010];(c) 沿[001]

交晶系,空间群是 *Fddd*,每个 Sc 原子有六个对苯二酸阴离子中的氧原子配位,形成 ScO_6 八面体,如图 4-192所示,图中存在两种桥联方式。为清晰起见,图 4-192 中去掉了对苯二酸阴离子中的氢原子和第二个羧酸族。$Sc_2(C_8H_4O_4)_3$ 在小于 520℃煅烧活化,其结构不会遭到破坏。图 4-193a 给出了 $Sc_2(C_8H_4O_4)_3$沿[110]方向的具有矩形隧道孔的三维结构图,图 4-193b 是其有效孔径分布,主要的有效孔径约 0.5 ~ 0.6 nm。利用 77 K 下氮气吸附及 BET 方法计算出 $Sc_2(C_8H_4O_4)_3$ 的比表面积为 721 m^2/g。在77 K及 665 Pa(500Torr)(约 0.067 MPa)时,$Sc_2(C_8H_4O_4)_3$ 的氢气吸附量约 1.5%,见图 4-194。

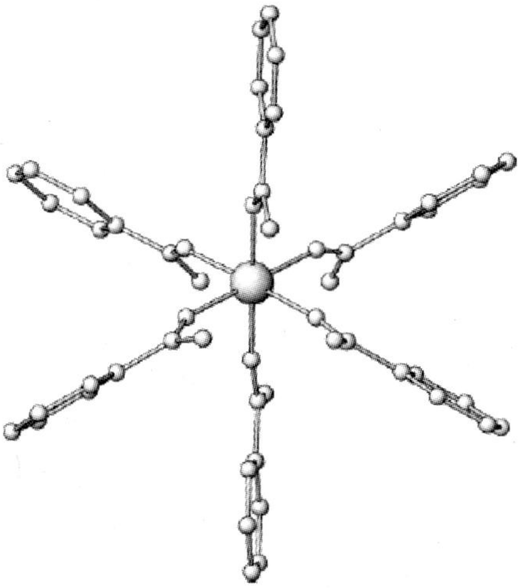

图 4-192 六配体与一个 Sc 中心原子[347]

美国洛斯阿拉莫斯国家实验室、NIST 中子测试中心、马里兰大学、新墨西哥高地大学及迈阿密大学合作在 JACS 上发表了一篇文章[348],介绍了溶剂热法制备的多孔稀土金属钇有机骨

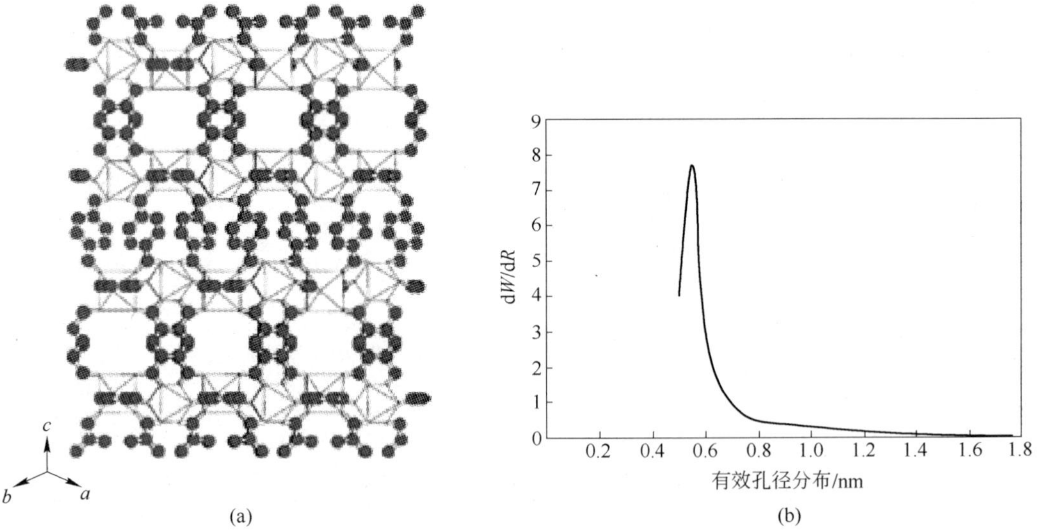

图 4-193 $Sc_2(C_8H_4O_4)_3$ 沿[110]的具有矩形隧道孔的三维结构和有效孔径分布[347]
(a)三维结构;(b) 有效孔径分布

架材料 Y(BTC)的结构、氢的占位及氢气吸附性能等，其中 BTC 为苯 -1,3,5 三甲酸。Y(BTC)中的稀土金属钇离子通过 BTC 桥接，形成四角型多孔骨架结构，沿 *c* 轴方向的通道尺寸为 0.58 nm × 0.58 nm，见图 4-195(a)。其结构在 490℃之前保持稳定。图 4-195(a)是 Y(BTC)的吸附氢之后的情况，氢气(氘)位于孔径约 6 nm的孔中。Y(BTC)不仅在热活化之后表现出稳定的孔结构，而且具有良好的选择性氢吸附特性。Y(BTC)有四个吸附氢气位，图 4-195(b)显示的是第一个氢气吸附位 $D_2(1)$和第二个氢气吸附位 $D_2(2)$。第三个氢气占位的结合能与第二个相当，而第四个位置氢气的结合能弱。四个氢气位吸满可达 3.7% H_2。氢气吸附位之间的最近距离约 0.286 nm，小于固态氢气间距 0.36 nm，说明 MOFs 的骨架结构对所吸附的氢气有一个明显的压缩行为。Y(BTC)中吸附的 $D_2(1)$位氢气更靠近有机联体中的苯环(约 0.37 nm)，而不是稀土金属钇三价离子(约 0.427 nm)，这与其他 MOFs 材料不同。Y(BTC)氢气吸附焓为 7.3 kJ/mol，在 77 K 及 0.1 MPa 条件下的重量吸附氢量为 1.57%(图 4-196b)、体积吸附氢量为 176 cm^3/g(图 4-196a)，超过 MOF -5 的氢吸附量[349]。Y(BTC)在 77 K 时的饱和吸附氢量约 2.1%，氢气压力为 1 MPa(10 bar)，与 MOF -74 相当，压力继续增高无益，见图 4-196(b)。饱和吸附氢气条件下的吸氢体积密度为 28.8 g/L。

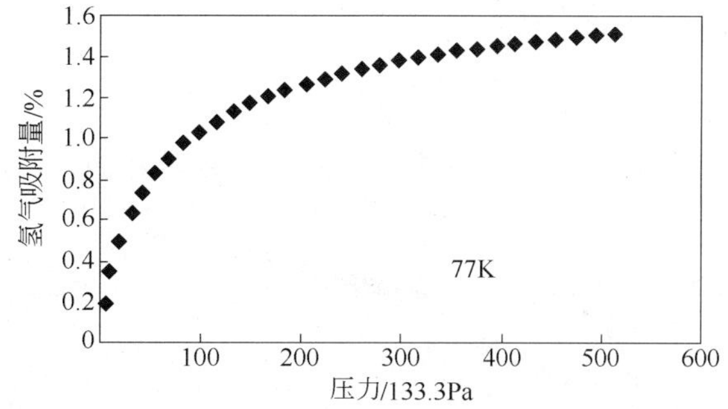

图 4-194 $Sc_2(C_8H_4O_4)_3$ 在 77 K 的氢气吸附曲线[347]

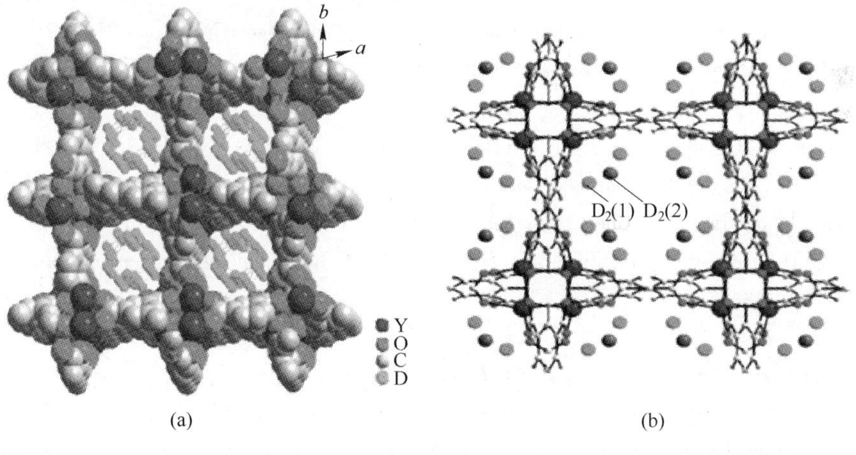

图 4-195 Y(BTC)的吸氢态的多孔结构和 $D_2(1)$及 $D_2(2)$吸氢位[348]

(a) 多孔结构；(b) $D_2(1)$及 $D_2(2)$吸氢位

MOFs 材料作为贮氢材料还是一名新军，还存在诸多未解决的问题，如结构与贮氢特性之间内在的关系等。MOFs 材料作为表面吸附材料，需要在低温(如 77 K)下才可能具有较高的贮氢密度，这为常温使用提出了挑战。但由于 MOFs 中金属离子及有机连接体的多样性，为此类材料的性能改善提供了很大的空间；此外，相对于液氢的制备技术而言，MOFs 材料可在液氮温区工作，具有相对的优势。在众多的 MOFs 新材料中，稀土金属 MOFs 材料也具有自身的优势与特点。

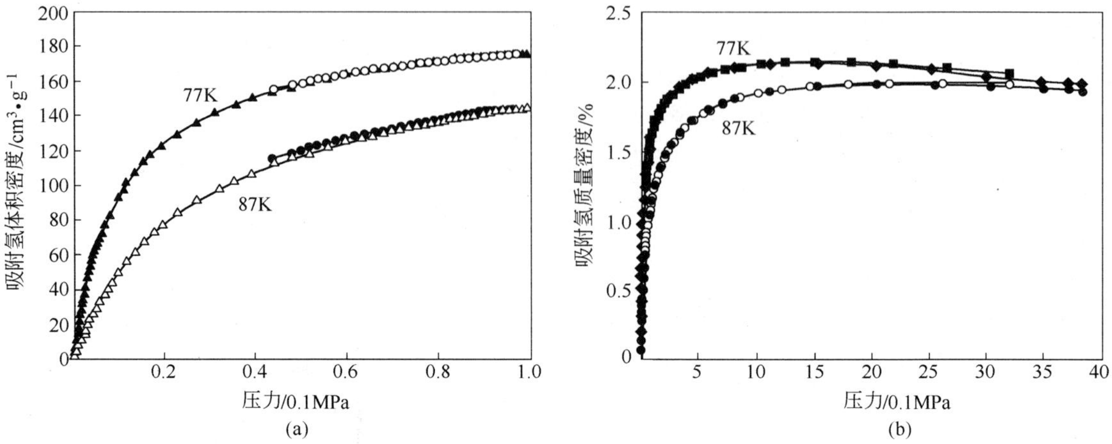

图 4-196 Y(BTC)的 77K、87K 的质量吸附氢量和体积吸附氢量[348]

(a) 质量吸附氢量;(b)体积吸附氢量

参考文献

[1] 田春荣. 2009 年中国石油进出口状况分析[J]. 国际石油经济,2010,(3):4.

[2] 杨艳,袁磊,赵星. 低碳经济发展趋势与石油公司的对策[J]. 石油科技论坛,2010,(1):17.

[3] Vucht J. H. N. ,van. Kuijpers F. A. ,Bruning H. C. A. M. Reversible room – temperature absorption of large quantities of hydrogen by intermetallic compounds[J]. Phillips Research Reports,1970,25(2):133.

[4] Willems J J G. Metal Hydride Electrodes Stability of $LaNi_5$ – Related Compounds. Philips J. Res. ,1984, 39(S1):1.

[5] 大角泰章. 金属氢化物的性质与应用[M]. 吴永宽等译. 北京:化学工业出版社,1990:16.

[6] Annemieke W. C. ,van den Berg and Carlos Otero Areán. Materials for hydrogen storage: current research trends and perspectives[J]. Chem. Commun. ,2008,(6):668.

[7] Chan C C. The State of the Art of Electric,Hybrid,and Fuel Cell Vehicles. Proceedings of the IEEE,2007, 95(4):704.

[8] 胡子龙. 贮氢材料[M]. 北京:化学工业出版社,2002.

[9] Züttel A. Materials for hydrogen storage[J]. Materials Today,2003,(6):24.

[10] Enyo M. The hydrogen pressure equivalent to the overpotential: observation on Pd hydrogen electrode and interpretation on the basis of a mixed – controlled mechanism, Electrochim[J]. Acta. 1994,39(11 ~ 12):1715.

[11] Notten P H L. ,Hokkeling P J. Double – phase hydride forming compounds: a new class of highly electrocatalytic materials[J]. J. Electrochem. Soc. ,1991,138(7):1877.

[12] Yayama H. ,Hirakawa K. ,Tomokiyo A. Equilibrium Potential and Exchange Current Density of Metal Hydride Electrode[J]. Jpn. J. Appl. Phys. ,1986,25(5):739.

[13] Heikonen J. ,Vuorilehto K. and Noponen. T. A Mathematical Model for a Thick Porous Metal – Hydride Electrode in Discharge[J]. J. Electrochem. Soc. ,1996,143(12):3972.

[14] Viitanen M. A. Mathematical Model for Metal Hydride Electrodes[J]. J. Electrochem. Soc. ,1993,140

(4):936 .

[15] Vidts P De, Delgado J, White R E. Mathematical Modeling for the Discharge of a Metal Hydride Electrode [J]. J. Electrochem. Soc. ,1995,142(12):4006.

[16] Subramanian V R, Ploehn H J, White R E. Shrinking Core Model for the Discharge of a Metal Hydride Electrode[J]. J. Electrochem. Soc. ,2000,147(8):2868.

[17] Borgschulte A. Gremaud R. and Griessen R. Interplay of diffusion and dissociation mechanisms during hydrogen absorption in metals[J]. Physical Review B,2008,78(9): 094106 - 1 ~ 16.

[18] Kleperis J, Wójcik G, Czerwinski A, et al. Electrochemical behavior of metal hydrides[J]. J. Solid State Electrochem. ,2001,5(4):229.

[19] Nakamura H. , Nguyen - Manh D. , Pettifor D. G. Electronic structure and energetics of $LaNi_5$, $\alpha - La_2Ni_{10}H$ and $\beta - La_2Ni_{10}H_{14}$[J]. J. Alloys Compd. ,1998,381: 81.

[20] 钱存富,杜昊,王洪祥. $LaNi_5$ 型储氢材料最大储氢量的讨论[J]. 稀有金属材料与工程,2000,29(2):25.

[21] 王宏,刘祖岩. $LaNi_5$ 最大储氢量的晶体结构分析[J]. 稀有金属材料与工程,2004,33(3):239.

[22] Soubeyroux J. L. , Percheron - Guegan A. and Achard J. C. Localization of hydrogen (deuterium) in $\alpha - LaNi_5H_x$ ($x = 0.1$ and 0.4)[J]. J Less - Common Met. ,1987,129:181.

[23] M. Latroche, A. Percheron - Guegan, F. Bouree - Vigneron. Investigation of the crystallographic structures of $LaNi_4CoD_{4.4}$ and $LaNi_{3.55}Mn_{0.4}Al_{0.3}Co_{0.75}D_x$ ($x = 2.0$ and 4.6 D/f. u.) by neutron powder diffraction [J]. J. Alloys Compd. ,1998,265:209.

[24] M. Latroche, J. Rodriguez - Carvajal, A. Percheron - Guegan. Structural studies of $LaNi_4CoD_{6.11}$ and $LaNi_{3.55}Mn_{0.4}Al_{0.3}Co_{0.75}D_{5.57}$ by means of neutron powder diffraction[J]. J. Alloys Compd. ,1995,218:64.

[25] Cuevas F. , Joubert J. - M. , Latroche M. , et al. Intermetallic compounds as negative electrodes of Ni/MH batteries[J]. Appl. Phys. A. ,2001,72:225.

[26] 陈宁,林勤,叶文等. $RENi_5$ 电子结构与吸氢性能关系研究[J]. 科学通报,1995,24(12):2234.

[27] H. Yukawa, T. Matsumura, M. Morinaga. Chemical bond state and hydride stability of hydrogen storage alloys[J]. J. Alloys Compd. ,1999,293 ~ 295:227 ~ 230.

[28] M. Morinaga, H. Yukawa, k. Nakatsuka, et al. Roles of constituent elements and design of hydrogen storage alloys[J]. J. Alloys Compd. ,2002,330 ~ 332:20.

[29] M. Morinaga, H. Yukawa. Nature of chemical bond and phase stability of hydrogen storage compounds [J]. Mat Sci Eng A - Struct,2002,329 ~ 331:268.

[30] H. Yukawa, Y. Takahashi and M. Morinaga. Alloying effects on the electronic structures of $LaNi_5$ containing hydrogen atoms[J]. Intermetallics,1996,4:S215.

[31] 刘杨,吴锋. $LaNi_5$ 中贮氢间隙位的电子结构分析[J]. 稀有金属材料与工程,2005,34(10):1541.

[32] 刘志林. 合金价电子结构与成分设计[M]. 长春:吉林科学技术出版社,1990.

[33] 刘志林,刘伟东. 界面电子结构与界面性能[M]. 北京:科学出版社,2002.

[34] 钱存富,杜昊,王洪祥. Co, Mn 元素在 $LaNi_5$ 储氢合金中的作用机理[J]. 稀有金属材料与工程,1999,28(6):368.

[35] Stein F. , Palm M. , Sauthoff G. Structure and stability of Laves phases Part Ⅰ - Critical assessment of factors controlling Laves phase stability[J]. Intermetallics,2004,12:713.

[36] Stein F. , Palm M. , Sauthoff G. Structure and stability of Laves phases Part Ⅱ - structure type variations in binary and ternary systems[J]. Intermetallics,2005,13:1056.

[37] Dunlap B. D. , Viccaro P. J. , Shenoy G. K. . Structural relationships in rare earth - transition metal hydrides[J]. J Less - Common Met. ,1980,74(1):75.

[38] 张晶,方方,郑时有,等. AB_3 型贮氢合金材料的研究进展[J]. 稀有金属材料与工程,2008,37(5):926.

[39] Wang Wei, Chen Yungui, Tao Mingda, et al. Hydrogen – induced amorphization in $LaNi_{3-x}Mn_x$ compounds [J]. J Rare Earth, 2010, 28(3):443.

[40] Virkar. A. V, Ramam. A. Crystal structures of AB_3 and A_2B_7 rare earth – nickel Phase[J]. J Less – Common Met. 1969, 18:59.

[41] Ivey D. G., Northwood D. O. Storing hydrogen in AB_2 Laves – type compounds[J]. Z. Phys. Chem., 1986, 147:191.

[42] Buschow K. H. J. and Van Der Goot A. S. The crystal structure of rare – earth nickel compounds of the type R_2Ni_7[J]. J. Less – Common Metal, 1970, 22(4):419.

[43] Yartys V. A, Bumasheva V. V, Semenenko K. N, et al. Crystal chemistry of $RT_5H(D)_x$, $RT_2H(D)_x$ and $RT_3H(D)_x$ hydrides based on intermetallic compounds of $CaCu_5$, $MgCu_2$, $MgZn_2$ and $PuNi_3$ structure types [J]. Int J Hydrogen Energy, 1982, 7(12):957.

[44] Latroche M, Percheron—Guégan A. Structural and thermodynamic studies of some hydride forming RM_3 – type compounds (R = lanthanide, M = transition metal)[J]. J Alloys Compd, 2003, 356 ~ 357;461.

[45] Yartys V. A., Riabov A. B., Denys R. V., et al. Novel intermetallic hydrides[J]. J Alloys Compd, 2006, 408 ~ 412:273.

[46] Aoki K. Amorphous phase formation by hydrogen absorption[J]. Mat Sci Eng A – Struct, 2001, 304 ~ 306: 45.

[47] Magee C. B., Liu J., Lundin C. E. Relationships between intermetallic compound structure and hydride formation[J]. J. Less – Common Met. 1981, 78:119.

[48] Liang J., Ma X. F., Tang J. K., et al. Formation and structure of $LaNi_2$ intermetallic compound under high pressure[J]. Intermetallics, 2003, 11: 875.

[49] Zhang D. Y., Tang J. K. and Gschneidner Jr K. A., A redetermination of the La – Ni phase diagram from LaNi to $LaNi_5$(50 – 83.3 at. % Ni)[J]. J. the Less Common Met. 1991, 169(1):45.

[50] Miyamura H., Sakai T., Oguro K., et al. Hydrogen absorption and phase transitions in rapidly quenched La – Ni alloys[J]. J. the Less Common Met. 1989, 146:197.

[51] Kadir K, Noreus D, Yamashita I. Structural determination of $AMgNi_4$(where A = Ca, La, Ce, Pr, Nd and Y) in the $AuBe_5$ type structure[J]. J. Alloys Compd., 2002, 345:140.

[52] U – In Chung and Jai – Young Lee. A study on hydrogen – induced amorphization in the La – Ni system [J]. J. Non – Cryst. Solids, 1989, 110(2 ~ 3):203.

[53] Chen J, Takeshita H T, Tanaka H, Kuriyama N, Sakai T, Uehara I, Haruta M. Hydriding properties of $LaNi_3$ and $CaNi_3$ and their substitutes with $PuNi_3$ – type structure[J]. J Alloys Compd, 2000, 302(1 – 2): 304.

[54] Kadir K., Sakai T., Uehara I. Synthesis and structure determination of a new series of hydrogen storage alloys; RMg_2Ni_9(R = La, Ce, Pr, Nd, Sm and Gd) built from $MgNi_2$ Laves – type layers alternating with AB_5 layers[J]. J Alloys Compd. 1997, 257:115.

[55] Kohno T., Takeno S., Yoshida H. et al. Structural analysis of La – Mg – Ni – based new hydrogen storage alloy[J]. Res. Chem. Intermed., 2006, 32(5 ~ 6):437.

[56] Akiba E., Hayakawa H., Kohno T. Crystal structures of novel La – Mg – Ni hydrogen absorbing alloys [J]. J Alloys Compd., 2006, 408 ~ 412:280.

[57] Kuijpers F. A., Vanmal H. H. Sorption hysteresis in the $LaNi_5$ – H and $SmCo_5$ – H systems[J]. J. Less – Common Met, 1971, 23(4):395.

[58] Buschow K H J, van Mal H H. Phase Relations and H Absorption in the La – Ni System[J]. J. Less – Common Met, 1972, 29(2):203.

[59] Sandrock G. A panoramic overview of hydrogen storage alloys from a gas reaction point of view[J]. J. Alloys Compd., 1999, 293 ~ 295, 877.

[60] Bowerman B. S., Wulff C. A., Flanagan T. B. Calorimetric Enthalpies for Solution of Hydrogen in the $LaNi_5$ – H System[J]. Z. Phys. Chem. 1979, 116: 197.

[61] Murray J. J., Post M. L., Taylor J. B.: The Thermodynamics of the $LaNi_5$ – H_2 System by Differential Heat Flow Calorimetry. II. – The Alpha and Beta Single – Phase Regions[J]. J. Less – Common Met. 1981, 80(2):210.

[62] Hubbard W. N., Rawlins P. L., Connick P. A., et al. Standard enthalpy of formation of $LaNi_5$ and the enthalpies of hydriding of $LaNi_{5-x}Al_x$[J]. J. Chem. Thermodyn.. 1983, 15:785.

[63] Boonstra A. H., Lippits G. J. M. and Bernards T. N. M. Degradation processes in a $LaNi_5$ electrode[J]. J. Less – Common Met. 1989, 155(1):119.

[64] 桑革,陈云贵,涂铭旌,等. AB_5 型贮氢合金吸放氢过程的中毒现象[J]. 功能材料,1999, 30(2):137.

[65] 桑革,涂铭旌,李全安,唐定骧,等. CO 毒化 $LaNi_{4.7}Al_{0.3}$SIMS 分析[J]. 金属学报. 2000, 36(3):251.

[66] 桑革,涂铭旌,李全安,唐定骧,等. 被氧气毒化后 $LaNi_{4.7}Al_{0.3}$ 的 XPS 分析[J]. 功能材料. 2001, 32(2):161.

[67] Corré S., Bououdina M., Fruchart D., et al. Stabilisation of high dissociation pressure hydrides of formula $La_{1-x}Ce_xNi_5$ ($x = 0 \sim 0.3$) with carbon monoxide[J]. J. Alloys Compd., 1998, 275 ~ 277:99.

[68] Zuxian Tan, Yifu Yang, Yan Li, etal. The performances of $La_{1-x}Ce_xNi_5$ ($0 \leqslant x \leqslant 1$) hydrogen storage alloys studied by powder microelectrode[J]. J. Alloys Compd. 2008, 453:79.

[69] 李全安,桑革,陈云贵,唐定骧,等. Ce 含量对贮氢合金及其电极特性的影响[J]. 稀有金属材料与工程. 2001, 30(1):54.

[70] Klyamkin S. N., Verbetsky V. N. Interaction of Intermetallic Compounds with Hydrogen at Pressures up to 250 MPa: the $LaCo_{5-x}Mn_x$ – H_2 and $CeNi_5$ – H_2 Systems[J]. J. Alloys Compd., 1993, 194 (1) 41.

[71] Adzic G., Johnson J. R., Reilly J. J., et al., Cerium content and cycle life of multicomponent AB_5 hydride electrodes[J]. J. Electrochem. Soc., 1995, 142(10): 3429.

[72] Sakai T., Hazama T., Miyamura H., et al. Rare – earth – based alloy electrodes for a nickel – metal hydride battery[J]. J. Less – Common Met., 1991, 172 ~ 174:1175.

[73] Davenport A. J., Isaccs H. S., Kendig M. W. XANES Investigation of the Role of Cerium Compounds as Corrosion Inhibitorsfor Aluminium[J]. Corrosion Sci., 1991, 32(55):653.

[74] Zeng Qingxuea, J. – M. Joubert, M. Latroche, et al. Influence of the rare earth composition on the properties of Ni – MH electrodes[J]. J. Alloys Compd., 2003, 360:290.

[75] Uchida H., Tada M. T. and Huang Y. C., The influence of cerium, praseodymium, neodymium and samarium on hygrogen absorption in $LaNi_5$ alloys[J]. J. Less – Common Met., 1982, 88:81.

[76] Konenko I. R., Parfenova N. M., Klabunovskii E. I., et al. Intermetallic Compounds of the Type $La_{1-x}Pr_xNi_5$ as Catalysts and Hydrogen Sorbents, Izv. Akad. Nauk SSSR, Ser. Khim., 1981, (5):986.

[77] Schur D. V., Zaginaichenko S. Yu., Matysina Z. A., et al. Hydrogen in lanthan – nickel storage alloys[J]. J. Alloys Compd., 2002, 330 ~ 332:70.

[78] 亓永新,郭晓燕,孙东升,李木森. Nd 含量对稀土储氢合金 REB_5 性能的影响[J]. 稀土, 1999, 20(4):39 ~ 41;.

[79] 靳红梅,李国勋,张昭良,等. $La_{1-x}Nd_x(NiCoMnAl)_5$ 贮氢合金性能研究[J]. 中国稀土学报. 1998,

16(1):22.

[80] Clay K. R. , Goudy A. J. , Schweibenz R. G. , et al. The effect of the partial replacement of lanthanum in $LaNi_5$ – H with cerium, praseodymium, and neodymium on absorption and desorption kenetics[J]. J. Less – Common Met. 1990, 166:153.

[81] Chen J. , Dou S. X. , Liu H. K. Effect of partial substitution of La with Ce, Pr and Nd on the properties of $LaNi_5$ – based alloy electrodes[J]. J. Power Sources, 1996, 63:267.

[82] 朱光明,雷永泉,陈立新,等. 二元稀土系 AB_5 型贮氢电极合金的放电容量与晶胞体积和 4f 电子浓度的关系. 金属学报,2003, 39(7):781.

[83] Liu J. and Huston E. L. RNi_5 hydrogen storage compounds (R ≡ rare earth) [J]. J. Less – Common Met. , 1983, 90(1):11.

[84] Valoen L. O. , Zaluska A. , Zaluski L. , et al. R. Structure and related properties of (La, Ce, Nd, Pr) Ni_5 alloys[J]. J. Alloys Compd. , 2000, 306:235.

[85] 靳红梅,李国勋,周传华,等. $La_{1-x-y-z}Ce_xPr_yNd_zB_5$ 电极材料组成的优化与设计[J]. 中国稀土学报, 1998, 16(4):348.

[86] Yamamoto M. , Kanda M. Investigation of AB_5 type hydrogen storage alloy corrosion behavior in alkaline electrolyte solutions[J]. J. Alloys Compd. , 1997, 253 ~ 254:660.

[87] Asano K. , Yamazaki Y. , Iijima Y. Hydriding and dehydriding processes of $LaNi_{5-x}Co_x$ ($x = 0 \sim 2$) alloys under hydrogen pressure of 1 – 5 MPa[J]. Intermetallics, 2003, 11:911.

[88] Hagström M. T. , Klyamkin S. N. , Lund P. D. Effect of substitution on hysteresis in some high – pressure AB_2 and AB_5 metal hydrides[J]. J. Alloys Compd. , 1999, 293 ~ 295:67.

[89] Cocciantelli J. M. , Bernard P. , Fernandez S. , et al. The influence of Co and various additives on the performance of $MmNi_{4.3-x}Mn_{0.33}Al_{0.4}Co_x$ hydrogen storage alloys and Ni – MH prismatic sealed cells[J]. J. Alloys Compd. , 1997, 253 ~ 254:642.

[90] Willems J. J. G. , Buschow K. H. J. , From permanent magnets to rechargeable hydride electrodes[J]. J. Less – Common Met. , 1987, 129:13.

[91] Sakai T. , Oguro, K. Miyamura H. , et al. Some factors affecting the cycle lives of $LaNi_5$ – based alloy electrodes of hydrogen batteries[J]. J. Less – Common Met. , 1990, 161:193.

[92] Adzic G. , Johnson J. R. , Mukeijee S. et al. Function of cobalt in AB_5H_x electrodes [J]. J. Alloys Compd. , 1997, 253 ~ 254:579.

[93] Reilly J. J. , Adzic G. D. , Johnson J. R. , et al. The correlation between composition and electrochemical properties of metal hydride electrodes[J]. J. Alloys Compd. , 1999, 293 ~ 295:569.

[94] Kanda M. , Yamamoto M. , Kanno K, et al. Behaviour of metal hydride electrodes and the cell characteristics of nickel – metal hydride batteries[J]. J. Less – Common Met. , 1991, 172 ~ 174:1227.

[95] 付春艳,陶明大,陈云贵,等. 不同 Co 含量对 $Mm(NiCoMnAl)_5$ 贮氢合金 –40℃ 放电性能的影响[J]. 稀有金属材料与工程, 2005, 34(4):577.

[96] Kodama T. The thermodynamic parameters for the $LaNi_{5-x}Al_x$ – H and $MmNi_{5-x}Al_x$ – H systems[J]. J. Alloys Compd. , 1999, 289:207.

[97] Kumar E. A. , Maiya M. P. , Murthy S. S. Influence of aluminium content on the dynamic characterstics of mischmetal based hydrogen storage alloys[J]. J. Alloys Compd. , 2009, 470:157.

[98] 桑革,涂铭旌,李全安,等. 一种新型的稀土贮氢合金 $MlNi_{4.5}Al_{0.5}$[J]. 稀土, 1999, 20(6):65.

[99] Mendelsohn M. H. , Gruen D. M. , Dwight A. E. $LaNi_{5-x}Al_x$ is a versatile alloy system for metal hydride applications[J]. Nature, 1977, 269(1):45.

[100] An X. H. , Pan Y. B. , Luo Q. , et al. Application of a new kinetic model for the hydriding kinetics of La-

$Ni_{5-x}Al_x$(0≤x≤1.0) alloys[J]. J. Alloys Compd. ,2010, 506: 63.

[101] Sakai T. ,Miyamura H. ,Kuriyama H. ,et al. The influence of small amounts of added elements on various anode performance characteristics for $LaNi_{2.5}Co_{2.5}$ – based alloys[J]. J. Less – common Met. ,1990, 159:127.

[102] 王先友,刘冰,袁华堂,等. Mm(NiCoMnAl)$_5$ 贮氢合金中铝对直封型 MH/ Ni 电池性能的影响[J]. 应用化学,1999, 16(1):54.

[103] 李全安,桑革,李建文,唐定骧,等. 贮氢合金电极的表面分析[J]. 功能材料,2001, 32(2):151.

[104] 李志尊,雷永泉,韩凤起. 添加 Al 对稀土系贮氢电极合金高温性能的影响[J]. 材料研究学报,2002, 16(1):105.

[105] Jun Liu, Yifu Yang, Huixia Shao. Rapid evaluation of $LaNi_{5-x}Mn_x$(x = 0.1 ~ 0.5) by X – ray diffraction and powder microelectrode (PME) techniques[J]. J. Alloys Compd. ,2007, 429:285.

[106] JIANG Yuwei, LIU Xiaopeng ,JIANG Lijun ,et al. Effect of Manganese substitution on hydrogen storage properties of $LaNi_{4.25-x}Al_{0.75}Mn_x$ alloy[J]. Rare Metals. 2006, 25S:204.

[107] Mungole M. N. ,Balasubramaniam R. and Rai K. N. Hysteresis in $MmNi_5$ systems with aluminium, manganese and tin substitutions[J]. Int J Hydrogen Energy ,1995,20(2):151.

[108] Souza E. C. and Ticianelli E. A. Effect of Partial Substitution of Nickel by Tin, Aluminum, Manganese and Palladium on the Properties of $LaNi_5$ – Type Metal Hydride Alloys[J]. J. Braz. Chem. Soc. 2003, 14(4):544.

[109] 雷永泉,万群,石永康. 新能源材料[M]. 天津:天津大学出版社,2000,63.

[110] Meli F. ,Sakai T. ,Zfittel A. ,et al. Passivation behavior of AB_5 – type hydrogen storage battery electrode application[J]. J. Alloys Compd. ,1995, 221:284.

[111] Sakai T. ,Miyamura H. ,Kuriyama N. ,et al. Nickel – metal hydride battery for electric vehicles[J]. J Alloys Compd. ,1993,192: 158.

[112] Junmin Nan, Yong Yang, Zugeng Lin. Raman spectroscopic study on the surface oxide layer of AB_5 – type metal hydride electrodes[J]. Electrochim. Acta. ,2001, 46:1767.

[113] 郭蕊,陈立新,李世群,等. 贮氢合金 $RENi_{3.95-x}Mn_xCo_{0.75}Al_{0.3}$($x$ = 0 ~ 0.6)的相结构与高温电化学性能[J]. 中国有色金属学报,2001,11(s):121.

[114] 尹树峰,李全安,文九巴,等. 低 Co 贮氢合金的研究进展[J]. 稀有金属材料与工程,2004, 33(9):913.

[115] 赵东江,马松艳. AB_5 型低钴含铁贮氢合金电极材料的研究进展[J]. 稀有金属快报,2008, 27(1):12.

[116] 羊恒,陈云贵,陶明大,等. 镍氢电池用无钴 AB_5 型贮氢合金的研究进展[J]. 四川稀土,2008,(2):20 ~ 22.

[117] YANG Heng, CHEN Yungui, TAO Mingda, et al. Microstructure and electrochemical properties of $LaNi_{4-x}FeMn_x$(x = 0 ~ 0.8) hydrogen storage alloys[J]. J. Rare Earths,2009, 27(5):853.

[118] Heng Yang, Yungui Chen, Mingda Tao, et al. Low temperature electrochemical properties of $LaNi_{4.6-x}Mn_{0.4}M_x$(M = Fe or Co) and effect of oxide layer on EIS responses in metal hydride electrodes[J]. Electrochim. Acta. ,2010, 55:648.

[119] Cantrell J. S. , Beiter T. A. , Bowman Jr. R. C. Crystal structure and hydriding behavior of $LaNi_{5-y}Sn_y$[J]. J. Alloys Compd. 1994, 207 ~ 208:372.

[120] Hughes J. M. ,Cantrell J. S. and Bowman Jr R. C. Positional disorder in $LaNi_{5-y}Sn_y$, intermetallic phases[J]. Int. J. Hydrogert Energy. 1997, 22(2/3):347.

[121] Ratnakumart B. V. ,Witbam C. ,Bowman,Jr. R. C. ,et al. Electrochemical Studies on $LaNi_{5-x}Sn_x$ Metal

Hydride Alloys[J]. J. Electrochern. Soc. ,1996, 143(8):2578.

[122] Sridhar Kumar M. P. ,Zhang,W. L. ,Petrov K. ,et al. Effect of Ce,Co,and Sn Substitution on Gas Phase and Electrochemical Hydriding/Dehydriding Properties of $LaNi_5$[J]. J. Electrochem. Soc. ,1995, 142(10): 3424.

[123] 魏范松,雷永泉,陈立新,等. 低 Co 贮氢合金 $ReNi_{3.5}Co_{0.3}Mn_{0.3}Al_{0.4}Fe_{0.5-x}Sn_x$($x=0\sim0.4$)的相结构和电化学性能[J]. 材料科学与工程学报,2003, 21(30):323.

[124] Meli F. ,Zuettel A. ,Schlapbach L. Surface and bulk properties of $LaNi_{5-x}Si_x$ alloys from the viewpoint of battery applications[J]. J. Alloys Compd. ,1992, 190(1):17.

[125] 郭生武,张勇,张中平,等. 掺硅 $MlNi_5$ 系稀土贮氢合金电化学性能[J]. 中国稀土学报,2000, 18(12):325.

[126] Meli F. ,Züttel A. ,Schlapbach L. Electrochemical and surface properties of low cost,cobalt – free $LaNi_5$ – type hydrogen storage alloys[J]. J. Alloys Compd. 1993,202: 81.

[127] Weizhong Tang,Yingxin Gai and Haoyu Zheng. Deterioration of copper – containing mischmetal – nickel – based hydrogen absorption electrode materials[J]. J. Alloys Compd. 1995, 224(2):292.

[128] 张羊换,陈梅艳,王新林,等. Cu 对高淬速 AB_5 型贮氢合金电化学性能的影响[J]. 包头钢铁学院学报,2002, 21(2):154.

[129] 林玉芳,李蓉,张羊换,等. Cu 对 MI (NiAlMnCoCu) $_{5.1}$贮氢合金电化学性能的影响[J]. 功能材料,2003, 34(3):291.

[130] 段浩,刘开宇,苏振华,张思方 . Cu 对低钴贮氢合金动力学性能的影响[J]. 电池,2008, 38(6):377.

[131] 黄可龙,杨国利,谭飞鹏,等. Cu 掺杂对贮氢合金 MI(NiCoMnAlCu)$_{5.0}$电化学性能的影响[J]. 稀有金属与硬质合金,2007, 35(4):6.

[132] Yeh M. T. ,Beibutian V. M. ,Hsu S. E. Effect of Mo additive on hydrogen absorption of rare – earth based hydrogen storage alloy[J]. J. Alloys Compd. ,1999, 293 ~ 295:721.

[133] Tadokoro M. ,Nogami M. ,Chikano M. ,et al. Development of hydrogen – absorbing alloys for nickel – metal hydride secondary batteries[J]. J. Alloys Compd. ,1993, 192: 179.

[134] Ye H. ,Zhang H. ,Wu W. Q. ,et al. Influence of the boron additive on the structure,thermodynamics and electrochemical properties of the $MmNi_{3.55}Co_{0.75}Mn_{0.4}Al_{0.3}$ hydrogen storage alloy [J]. J. Alloys Compd. ,2000, 312:68.

[135] Ye H. ,Huang Y. X. ,Huang T. S. ,et al. Influence of the boron additive on the electrochemical properties of the $MmNi_{3.55}Co_{0.75}Mn_{0.4}Al_{0.3}$ hydrogen storage alloy[J]. J. Alloys Compd. , 2002, 330 ~ 332:866.

[136] Hu W. K. ,Ye Z. ,Noréus D. Studies on multi – component rare earth – based hydrogen storage alloys with small amounts of boron[J]. J. Alloys Compd. ,1998, 280: 314.

[137] Notten P. H. L. ,Einerhand R. E. F. ,Daams J. L. C. On the nature of the electrochemical cycling stability of non – stoichiometric $LaNi_5$ – based hydride – forming compounds Part I. crystallography and electrochemistry[J]. J. Alloys Compd. ,1994, 210(1 ~2):221.

[138] Notten P. H. L. ,Einerhand R. E. F. ,Daams J. L. C. On the nature of the electrochemical cycling stability of non – stoichiometric $LaNi_5$ – based hydride – forming compounds Part Ⅱ. In situ X – ray diffractometry [J]. J. Alloys Compd. ,1994, 210(1 ~2):233.

[139] Vogt T. ,Reilly J. J. ,Johnson J. R. ,et al. Crystal Structure of Nonstoichiometric La(Ni,Sn)$_{5+x}$ Alloys and Their Properties as Metal Hydride Electrodes[J]. Electrochem. Solid – State Lett. , 1999, 2(3):111.

[140] Kleperis J, Wójcik G, Czerwinski A, Skowronski J, M. Kopczyk and Beltowska - Brzezinska M., Electrochemical behavior of metal hydrides[J], Journal of Solid State Electrochemistry, 2001, 5(4): 229 ~ 249.

[141] Vivet S., Joubert J. - M., Knosp B., et al. Effects of cobalt replacement by nickel, manganese, aluminium and iron on the crystallographic and electrochemical properties of AB_5 - type alloys[J]. J. Alloys Compd., 2003, 356 ~ 357: 779.

[142] Vivet S., Joubert J. - M., Knosp B., et al. The effect of over - stoichiometry on the electrochemical properties of $LaNi_5$ derived electrode materials[J]. J. Alloys Compd., 2008, 465: 517.

[143] 李全安,桑革,李建文,等. 非化学计量比贮氢合金及其电极特性[J]. 功能材料, 2001, 32(2): 156.

[144] Li Quanan, Chen Yungui, Tu Mingjing. Effect of stoichiometry on properties of rare - earth - based hydrogen storage alloy for nickel - metal hydride secondary battery[J]. J Mater. Sci. Technol., 2003, 19(1): 90.

[145] Yongfeng Liu, Yanhui Cao, Li Huang, et al. Rare earth - Mg - Ni - based hydrogen storage alloys as negative electrode materials for Ni/MH batteries[J]. J. Alloys Compd., 2011, 509: 675.

[146] Liu L., Jin Z. Thermodynamic reassessment of the La - Ni system[J]. Z. Metallkd., 2000, 91: 739.

[147] De Negri S., Giovannini M., Saccone A. Phase relationships of the La - Ni - Mg system at 500℃ from 0 to 66.7 at.% Ni[J]. J. Alloys Compd., 2005, 397: 126.

[148] De Negri S., Giovannini M., Saccone A. Phase relationships of the La - Ni - Mg system at 500℃ from 66.7 to 100at.% Ni[J]. J. Alloys Compd., 2007, 439: 109.

[149] Férey A., Cuevas F., Latroche M., et al. Elaboration and characterization of magnesium - substituted La_5Ni_{19} hydride forming alloys as active materials for negative electrode in Ni - MH battery[J]. Electrochim. Acta., 2009, 54: 1710.

[150] Faliang Zhang, Yongchun Luo, Dahui Wang, et al. Structure and electrochemical properties of $La_{2-x}Mg_xNi_{7.0}$ ($x = 0.3 - 0.6$) hydrogen storage alloys[J]. J. Alloys Compd., 2007, 439: 181.

[151] 李学军,崔舜,周增林,等. 稀土(镁)系 AB_2 型贮氢合金的研究进展[J]. 材料导报, 2008, 22(7): 77.

[152] Oesterreicher H., Clinton J., Bittner H. Hydrides of La - Ni compounds[J]. Mat. Res. Bull. 1976, 11: 1241.

[153] Aoki K., Yamamoto T., Masumoto T. Hydrogen induced amorphization in RNi_2 laves phases[J]. Scr Metall Mater., 1987, 21(1): 27.

[154] Oesterreicher H., Bittner. H. Hydride formation in $La_{1-x}Mg_xNi_2$[J]. J Less - Common Met., 1980, 73: 339.

[155] 罗永春,章应,阎汝煦,等. $La_{1-x}MgNi_{9-5x}$ ($x = 0 \sim 0.1$) 贮氢合金的晶体结构与电化学性能研究[J]. 中国稀土学报, 2005, 23 (1): 11.

[156] Wang Z. M., Zhou H. Y., Zou R. P., et al. Effect of sintering conditions on the formation of single - phase $NdMgNi_4$ compound and its hydrogen storage properties[J]. J. Alloys Compd., 2007, 429: 260.

[157] Denys R. V., Zavaliy I. Yu., Černý R., et al. Structural studies of pseudobinary $La(Cu_{1-x}Ni_x)_2$ compounds and their hydrides[J]. J. Alloys Compd., 2005, 396: 139.

[158] Miyamura H, Kuriyama N., Sakai T., et al. Characteristics of electrodes using amorphous AB_2 hydrogen storage alloys[J]. J Less - Common Met., 1991, 172 ~ 174: 1205.

[159] Miyamura H., Kuriyama N., Sakai T., et al. Hydrogen diffusion in amorphous $LaNi_2H_5$ thin films[J]. J Alloys Compd., 1993, 192: 188.

[160] 赵敏寿,刘玉萍,乔玉卿,等. 稀土基 AB_2 型金属氢化物电极的衰变机理的探索[J]. 功能材料,

2004, 35 (增刊):1095.

[161] Wang Z. M. ,Zhou H. Y. ,Cheng G. ,et al. Preparation and electrode properties of new ternary alloys: $REMgNi_4$(RE = La,Ce,Pr,Nd)[J]. J. Alloys Compd. ,2004, 384: 279.

[162] 章应,罗永春,王大辉,等. AB_2 型 $LaMgNi_{3.7}M_{0.3}$(M = Ni 、Al 、Mn 、Co 、Sn 、Cu)贮氢合金的晶体结构及电极性能[J]. 功能材料,2005, 36(9):1372.

[163] 李学军,崔舜,周增林,等. AB_2 型 $La_{1-x}Mg_xNi_{2.28}$(x = 0.0 ~ 0.6)贮氢合金相结构和电化学性能的研究[J]. 中国稀土学报,2009, 27(2):234.

[164] 李学军,崔舜,周增林,等. $La_{0.5}Mg_{0.5}(Ni_{1-x}Co_x)_{2.28}$($x$ = 0.0 ~ 0.2)储氢合金的相结构和电化学性能[J]. 中国稀土学报,2009, 27(4):533.

[165] 张绪玉. AB_3 型 $La_{0.67}Mg_{0.33}Ni_{3.0-x}M_x$ 系贮氢合金的相结构与电化学性能研究[D]. 兰州:兰州理工大学,2005.

[166] Kohno. T,Yoshida. H,Kanada. M. Hydrogen storage properties of $La(Ni_{0.9}M_{0.1})_3$ alloys[J]. J Alloys Compd. ,2004, 363:249.

[167] Jing Zhang,Fang Fang,Shiyou Zheng,et al. Hydrogen – induced phase transitions in RNi_3 and RY_2Ni_9 (R = La,Ce) compounds[J]. J. Power Sources,2007, 172:446.

[168] Kadir K. ,Sakai T. ,Uehara I. ,Synthesis and structure determination of a new series of hydrogen storage alloys; RMg_2Ni_9(R = La,Ce,Pr,Nd,Sm and Gd) built from $MgNi_2$ laves – type layers alternating with AB_5 layers[J]. Journal of Alloys and Compounds. 1997, 257:115 ~ 121.

[169] Kadir K. ,Sakai T. ,Uehara I. Structural investigation and hydrogen storage capacity of $LaMg_2Ni_9$ and $(La_{0.65}Ca_{0.35})(Mg_{1.32}Ca_{0.68})Ni_9$ of the AB_2C_9 type structure[J]. J Alloys Compd. ,2000, 302:112.

[170] Liao B. ,Lei Y. Q. ,Lu G. L. ,et al. The electrochemical properties of $La_xMg_{1-x}Ni_9$(x = 1.0 ~ 2.0) hydrogen storage alloys[J]. J Alloys Compd. ,2003, 356 ~ 357:746.

[171] Liao B. ,Lei Y. Q. ,Chen L. X. ,et al. Effect of the La/Mg ratio on the structure and electrochemical properties of $La_xMg_{3-x}Ni_9$(x = 1.6 ~ 2.2) hydrogen storage electrode alloys for nickel – metal hydride batteries[J]. J. Power Sources,2004, 129:358.

[172] Chen J. ,Kuriyama N. ,Takeshita H. T. ,et al. Hydrogen storage alloys with $PuNi_3$ – type structure as metal hydride electrode[J]. J Electrochem Solid – State Lett. ,2000,3(6):2492.

[173] Liao B. ,Lei Y. Q. ,Chen L. X. ,et al. A study on the structure and electrochemical properties of $La_2Mg(Ni_{0.95}M_{0.05})_9$(M = Co,Mn,Fe,Al,Cu,Sn) hydrogen storage electrode alloys[J]. J Alloys Compd. , 2004, 376: 186.

[174] Dahui Wang,Yongchun Luo,Ruxu Yan,et al. Phase structure and electrochemical properties of $La_{0.67}Mg_{0.33}Ni_{3.0-x}Co_x$($x$ = 0.0,0.25,0.5,0.75) hydrogen storage alloys[J]. J Alloys Compd. ,2006, 413:193.

[175] Liao B. ,Lei Y. Q. ,Chen L. X. ,et al. Effect of Co substitution for Ni on the structural and electrochemical properties of $La_2Mg(Ni_{1-x}Co_x)_9$(x = 0.1 ~ 0.5) hydrogen storage electrode alloys[J]. Electrochim. Acta. ,2004, 50:1057.

[176] 王大辉,罗永春,闫汝煦,等. $La_{0.67}Mg_{0.33}Ni_{2.5}Co_{0.5}$贮氢合金的制备和 MH 电极性能研究[J]. 稀有金属材料与工程,2004, 33(1):1283.

[177] Liao B. ,Lei Y. Q. ,Chen L. X. ,et al. The structural and electrochemical properties of $La_2Mg(Ni_{0.8-x}Co_{0.2}Al_x)_9$($x$ = 0 ~ 0.03) hydrogen storage electrode alloys[J]. J Alloys Compd. ,2006, 415:239.

[178] Zhang Yang – huan,Zhao Dong – liang,DONG Xiao – ping,et al. Effects of rapid quenching on structure and electrochemical characteristics of $La_{0.5}Ce_{0.2}Mg_{0.3}Co_{0.4}Ni_{2.6-x}Mn_x$($x$ = 0 ~ 0.4) electrode alloys. Trans[J]. Nonferrous Met. Soc. China. ,2009, 19:364.

[179] 罗永春,冯苍,腾鑫,等. 高温退火 $R_{0.67}Mg_{0.33}Ni_{3.0}$(R = La,Ce,Pr,Nd)贮氢合金电化学性能研究[J]. 稀有金属材料与工程,2010,39(1):90.

[180] Féray M. A. P. Elaboration and characterization of AB_x (A = La, Mg; B = Ni and x = 3 to 4) hydride - forming alloys to be used as active materials for negative electrode of Ni - MH battery[D]. France: University of Paris XII - Val de Marne, 2008.

[181] Levin E., Donskoy P., Lushnikov, S. et al. Hydrogen Sorption and Electrochemical Properties of Intermetallic Compounds La_2Ni_7 and La_2Ni_6Co[J]. NATO Science Series. 2005, 172:503.

[182] Denys R. V., Riabov A. B., Yartys V. A., et al. Mg substitution effect on the hydrogenation behaviour, thermodynamic and structural properties of the La_2Ni_7 - H(D)$_2$ system[J]. J Solid State Chem, 2008, 181:812.

[183] Siqi Shi, Chuying Ouyang, Minsheng Lei. Crystal structure and electrochemical characteristics of non - AB_5 type La - Ni system alloys[J]. J. Power Sources, 2007, 164: 911.

[184] Yongfeng Liu, Hongge Pan, Mingxia Gao, et al. Effect of Co content on the structural and electrochemical properties of the $La_{0.7}Mg_{0.3}Ni_{3.4-x}Mn_{0.1}Co_x$ hydride alloys I. The structure and hydrogen storage[J]. J. Alloys Compd., 2004, 376:296.

[185] Yongfeng Liu, Hongge Pan, Yuanjian Yue, et al. Cycling durability and degradation behavior of La - Mg - Ni - Co - type metal hydride electrodes[J]. J. Alloys Compd., 2005, 395:291.

[186] Faliang Zhang, Yongchun Luo, Kai Sun, et al. Effect of Co content on the structure and electrochemical properties of $La_{1.5}Mg_{0.5}Ni_{7-x}Co_x$ (x = 0, 1.2, 1.8) hydrogen storage alloys[J]. J. Alloys Compd., 2006, 424: 218.

[187] Hongge Pan, Yongfeng Liu, Mingxia Gao, et al. Electrochemical Properties of the $La_{0.7}Mg_{0.3}Ni_{2.65-x}Mn_{0.1}Co_{0.75}Al_x$ (x = 0 ~ 0.5) Hydrogen Storage Alloy Electrodes[J]. J Electrochem Soc. 2005, 152(2):A326.

[188] Yongfeng Liu, Hongge Pan, Mingxia Gao, et al. Function of Al on the cycling behavior of the La - Mg - Ni - Co - type alloy electrodes[J]. Int J Hydrogen Energy, 2008, 33:124.

[189] Yu Zhao, Mingxia Gao, Yongfeng Liu, et al. The correlative effects of Al and Co on the structure and electrochemical properties of a La - Mg - Ni - based hydrogen storage electrode alloy[J]. J. Alloys Compd., 2010, 496:454.

[190] Hongge Pan, Qinwei Jin, Mingxia Gao, et al. An electrochemical study of $La_{0.4}Ce_{0.3}Mg_{0.3}Ni_{2.975-x}Mn_xCo_{0.525}$ (x = 0.1 ~ 0.4) hydrogen storage alloys[J]. J. Alloys Compd., 2004, 376:196.

[191] Zhang X. B., Sun D. Z., Yin W. Y., et al. Effect of Mn content on the structure and electrochemical characteristics of $La_{0.7}Mg_{0.3}Ni_{2.975-x}Co_{0.525}Mn_x$ (x = 0 ~ 0.4) hydrogen storage alloys[J]. Electrochim. Acta., 2005, 50:2911.

[192] 沈向前,陈云贵,陶明大,等. $La_{0.8-x}Ce_xMg_{0.2}Ni_{3.5}$($x$ = 0 ~ 0.20)贮氢合金电极的低温放电性能[J]. 稀有金属材料与工程,2009, 38(2):237.

[193] Shen Xiangqian, Chen Yungui, Tao Mingda, et al. The structure and high - temperature (333K) electrochemical performance of $La_{0.8-x}Ce_xMg_{0.2}Ni_{3.5}$ (x = 0.00 ~ 0.20) hydrogen storage alloys[J]. Int J Hydrogen Energy, 2009, 34:3395.

[194] Shen Xiangqian, Chen Yungui, Tao Mingda, et al. The structure and 233 K electrochemical properties of $La_{0.8-x}Nd_xMg_{0.2}Ni_{3.1}Co_{0.25}Al_{0.15}$ (x = 0.0 ~ 0.4) hydrogen storage alloys[J]. Int J Hydrogen Energy, 2009, 34:2661.

[195] Hongge Pan, Shuai Ma, Jia Shen, et al. Effect of the substitution of Pr for La on the microstructure and electrochemical properties of $La_{0.7-x}Pr_xMg_{0.3}Ni_{2.45}Co_{0.75}Mn_{0.1}Al_{0.2}$ (x = 0.0 ~ 0.3) hydrogen storage elec-

trode alloys[J]. Int J Hydrogen Energy,2007, 32:2949.

[196] Yamamoto T. ,Inui H. ,Yamaguchi M. ,et al. Microstructures and hydrogen absorption/desorption properties of La – Ni alloys in the composition range of La – 77. 8 ~ 83. 2 at. % Ni[J]. Acta Mater. ,1997, 45 (12):5213.

[197] 邓安强,罗永春,阎汝煦,等. $La_{4-x}Pr_xMgNi_{19}$ ($x = 0 \sim 2.0$)贮氢合金的相结构与电化学性能[J]. 稀有金属材料与工程,2007, 25(4):1037.

[198] 罗永春,陈江平,邓安强,等. $La_{0.8-x}Pr_xMg_{0.2}Ni_{3.2}Co_{0.4}Al_{0.2}$ ($x = 0 \sim 0.4$)储氢合金的相结构与电化学性能[J]. 中国稀土学报,2007, 25(4):454.

[199] 韩树民,李媛,张忠,等. Ni/ MH 电池负极用高容量稀土 – 镁 – 镍基储氢合金[J]. 西安交通大学学报,2008, 42(3):377.

[200] Kohno T. ,Yoshida H. ,Kawashima F. ,et al. Hydrogen storage properties of new ternary system alloys: La_2MgNi_9 ,$La_5Mg_2Ni_{23}$,La_3MgNi_{14}[J]. J Alloys Compd. 2000, 311:L5.

[201] 刘永锋,金勤伟,高明霞,等. 热处理对 $La_{0.7}Mg_{0.3}Ni_{2.8}Co_{0.5}$ 贮氢合金电化学性能的影响[J]. 稀有金属材料与工程,2003, 32(11):942.

[202] ZhangX. B. ,Sun D. Z. ,Yin W. Y. ,et al. Effect of La/Ce ratio on the structure and electrochemical characteristics of $La_{0.7-x}Ce_xMg_{0.3}Ni_{2.8}Co_{0.5}$ ($x = 0.1 \sim 0.5$) hydrogen storage alloys[J]. Electrochim. Acta. ,2005, 50(9):1957.

[203] 王建军,侯岩,刘杰. 贮氢合金制备工艺研究[J]. 电源技术,2005,26(5):344.

[204] Xiaoping Dong, Yanghuan Zhang, Fanxiu Lu, et al. Investigation on microstructures and electrochemical performances of $La_{0.75}Mg_{0.25}Ni_{3.5}Co_x$ ($x = 0.0.6$) hydrogen storage alloys[J]. Int J Hydrogen Energy, 2007, 32:4949.

[205] 吴朝玲,陈云贵,陶明大,唐定骧,等. 薄壁铸造铸态贮氢合金的电化学性能及微观分析[J]. 中国有色金属学报,2003,13(4):854.

[206] 王超群,王宁,靳红梅,等. 稀土贮氢合金织构生长特性的研究[J]. 电源技术,1999,23(5):256.

[207] SakaiT. ,Yoshinaga H. ,Miyamura H. ,et al. Rechargeable hydrogen batteries using rare – earth – based hydrogen storage alloys[J]. J. Alloys Compd. ,1992, 180:37.

[208] Tang Weizhong and Sun Guangfei. Electrode stability of La – Ni – Mn hydride – forming materials prepared by conventional and rapid quenching techniques[J]. J. Alloys Compd. ,1994, 203:195.

[209] 董小平,张羊换,冯猛,等. 真空快淬技术制备贮氢合金的新近进展[J]. 金属功能材料. 2005, 12 (3):35.

[210] 房也,孙宝玉,巴德纯,等. FMI – I – 600 型钕铁硼真空速凝炉冷却强度对铸带组织的影响[J]. 真空科学与技术学报,2010, 30(2):181.

[211] Mishima R. ,Miyamura H. ,Sakai T. et al. Hydrogen storage alloys rapidly solidified by the melt – spinning method and their characteristics as metal hydride electrodes[J]. J Alloys Compd,1993, 192:176.

[212] 王秋娟,李全安,陈云贵,等. 快淬对贮氢合金组织和电化学性能的影响[J]. 洛阳工学院学报, 2001, 22(2):8.

[213] Li C. J. ,Wang F. R. ,Cheng W. H. ,et al. The influence of high – rate quenching on the cycle stability and the structure of the AB_5 – type hydrogen storage alloys with different Co content[J]. J. Alloys Compd. ,2001, 315: 218.

[214] Brateng R. ,Gulbrandsen – Dahl S. ,Valoen L. O. ,et al. Structural and electrochemical characterization of a melt spun AB_5 – type alloy[J]. J. Alloys Compd. ,2005, 396:100.

[215] Yang – huan Zhang, Dong – liang Zhao, Hui – ping Ren, et al. Investigation on the microstructure and electrochemical performances of as – cast and quenched $La_{0.7}Mg_{0.3}Co_{0.45}Ni_{2.55-x}M_x$ (M = Cu, Al, Mn; $x =$

0 ~ 0.4) electrode alloys[J]. J. Alloys Compd. ,2007, 446 ~ 447:643.

[216] Yang – huan Zhang, Bao – wei Li, Hui – ping Ren, et al. Investigation on structures and electrochemical performances of the as – cast and – quenched $La_{0.7}Mg_{0.3}Co_{0.45}Ni_{2.55-x}Fe_x$ ($x = 0 \sim 0.4$) electrode alloys [J]. Int J Hydrogen Energy, 2007, 32:4627.

[217] Yang – huan Zhang, Bao – wei Li, Hui – ping Ren, et al. Effects of substituting Ni with Cu on the microstructures and electrochemical characteristics of the as – cast and quenched $La_{0.7}Mg_{0.3}Ni_{2.55-x}Co_{0.45}Cu_x$ ($x = 0 \sim 0.4$) electrode alloys[J]. Int J Hydrogen Energy, 2007, 32:3420.

[218] Anderson M. L. , Anderson I. E. Gas atomization of metal hydrides for Ni – MH battery applications[J]. J. Alloys Compd. ,2000, 313:47.

[219] Lichtenberg F. , Köhler U. , Fölzer A. , et al. Development of AB_5 type hydrogen storage alloys with low Co content for rechargeable Ni – MH batteries with respect to electric vehicle applications[J]. J. Alloys Compd. ,1997, 253 ~ 254:570.

[220] Bowman Jr. R. C. , Witham C. , Fultz B. , et al. Hydriding behavior of gas – atomized AB_5 alloys[J]. J. Alloys Compd. ,1997, 253 ~ 254:613.

[221] Huang Yuexiang, Ye Hui, Zhang Hong. Effects of particle size and heat treatment on the electrode performance of a low – cobalt atomized AB_5 – type hydrogen storage alloy[J]. J. Alloys Compd. ,2002, 330 ~ 332:831.

[222] Nakamura H. , Nakamura Y. , Fujitani S. , et al. Influence of annealing on hydrogenation characteristics and microstructure of $LaNi_{4.55}Al_{0.45}$ alloy[J]. J Alloys Compd. ,1995,218(2):216.

[223] 葛利玲,马玉韩,井晓天,等. 稀土系贮氢合金热处理的研究与进展[J]. 金属功能材料,2005,12(3):22.

[224] Wei – Kang Hu, Dong – Myung Kim, Seok – Won Jeon, et al. Effect of annealing treatment on electrochemical properties of Mm – based hydrogen storage alloys for Ni/MH batteries[J]. J Alloys Compd. , 1998, 270:255.

[225] Zheng Qun, Chen Yungui, Wang Jinguo, Tang Dingxiang, et al. Influence of annealing temperature on electrochemical properties of rapidly quenched $LPC(NiAlMn)_{4.25}Co_{0.75}$ hydrogen storage alloy electrodes [J]. Trans. Nonferrous Met. Soc. China. ,2004, 14(6):1129.

[226] Zhi – Hong Ma, Ju – Feng Qiu, Li – Xin Chen, et al. Effects of annealing on microstructure and electrochemical properties of the low Co – containing alloy $Ml(NiCoMnAlFe)_5$ for Ni/MH battery electrode[J]. J. Power Sources. 2004, 125:267.

[227] Demin Chen, Lian Chen, Ke Yang, et al. Electrochemical performance of Sn – substituted, $LaNi_5$ – based rapidly solidified alloys[J]. J. Alloys Compd. 1999, 293 ~ 295:724.

[228] Li C. J. , Wang X. L. The influence of the annealing temperature on the elctrochemical properties and the structure of the melt – spun $ML(NiMnTiCo)_5$ hydrogen – storage alloy[J]. J. Alloys Compd. , 1998, 274: 278.

[229] Faliang Zhang, Yongchun Luo, Jiangping Chen, et al. Effect of annealing treatment on structure and electrochemical properties of $La_{0.67}Mg_{0.33}Ni_{2.5}Co_{0.5}$ alloy electrodes[J]. J. Power Sources, 2005, 150:247.

[230] Hongge Pan , Yongfeng Liu, Mingxia Gao, et al. A study on the effect of annealing treatment on the electrochemical properties of $La_{0.67}Mg_{0.33}Ni_{2.5}Co_{0.5}$ alloy electrodes[J]. Int J Hydrogen Energy , 2003, 28:113.

[231] Hongge Pan , Ni Chen, Mingxia Gao, et al. Effects of annealing temperature on structure and the electrochemical properties of $La_{0.7}Mg_{0.3}Ni_{2.45}Co_{0.75}Mn_{0.1}Al_{0.2}$ hydrogen storage alloy[J]. J. Alloys Compd. , 2005, 397:306.

[232] 原鲜霞,徐乃欣. 颗粒度对贮氢合金 $MlNi_{3.65}Co_{0.75}Mn_{0.4}Al_{0.2}$ 电化学性能的影响[J]. 稀有金属材料与工程,2001,30(4):306.
[233] Xianxia Yuan, Naixin Xu. Electrochemical performance of hydrogen storage alloy $MlNi_{3.65}Co_{0.75}Mn_{0.4}Al_{0.2}$ with various particle sizes[J]. Int J Hydrogen Energy ,2001, 26:697.
[234] 贺维勇,花均社,申淑兰. 粉末粒度对 AB_5 型合金电化学性能的影响[J]. 中国有色金属学报,12(s1):54.
[235] Xiangyu Zhao, Liqun Ma, Yi Ding, et al. Effect of particle size on the electrochemical properties of $MmNi_{3.8}Co_{0.75}Mn_{0.4}Al_{0.2}$ hydrogen storage alloy[J]. Int J Hydrogen Energy,2009,34:3389.
[236] 刘开宇,黄伯云,依娜·巴格娜波娃,等. 制粉工艺对贮氢合金电化学性能的影响研究[J]. 金属功能材料,2005,12(1):9.
[237] Young K., Fetcenko M. A. Method for powder formation of a hydrogen storage alloy. US Pat 6120936,2000.
[238] 潘光国,张新宇,戴为智. 混合稀土－镍系贮氢材料研制[J]. 电源技术,1995, 19(6):5.
[239] Chung S. –R., Perng T. –P. Effect of particle size on hydrogenation properties of a gas – atomized AB_5 – type alloy[J]. J. Alloys Compd. ,2003, 353:289.
[240] Justi E. W., Ewe H. H., Kalberlah A. W., et al. Electrocatalysis in the Nickel – Titanium System[J]. Energ Convers,1970, 10:183.
[241] Bronoel G., Sarradin J., Bonnemony M., et al. A new hydrogen storage electrode[J]. Int. J. Hydrogen Energy ,1976,1 :251.
[242] Sandrock G., Intermetallic hydrides: history and applications[C], in: P. D. Bennett, T. Sakai (Eds.), Hydrogen and Metal Hydride Batteries, PV 94–27, in: Proceedings of the Electrochemical Society Series, Pennington, NJ,1994.
[243] Linden D., Reddy T. B. Handbook of Batteries[M]. The McGraw – Hill Companies. 2004.
[244] Fetcenko M. Ovonic NiMH – Strong for Consumer and Vehicle with Room for Growth[C]. The 27th International Seminar & Exhibit on Primary and Secondary Batteries. Florida, USA. March,2010.
[245] Fetcenko M. NiMH for Consumer, Vehicle and Stationary Applications[C]. Batteries 2010. Avicenne, France. September,2010.
[246] Zelinsky M., Koch J., Fetcenko M. Heat Tolerant NiMH Batteries for Stationary Power[C]. Battcon 2010 Proceedings, Battcon 2010 Conference, Hollywood.
[247] Fetcenko M. A., Ovshinsky S. R., Reichman B., et al. Recent advances in NiMH battery technology[J]. J. Power Sources,2007, 165:544.
[248] Pistoia G. Electric and Hybrid Vehicles – Power Sources, Models, Sustainability, Infrastructure and the Market[M]. Elsevier,2010.
[249] Madani A. EV, PHEV & HEV Woldwide Market 2008 – 2020, Battery is the Key[C]. Batteries2009, Cannes, France. 2009.
[250] Kopera J. Considerations For The Utilization of NiMH Battery Technology in Stationary Applications[C]. Battcon 2005, Proceedings,2005.
[251] Ota K. Status of Japanese Electric Energy Storage Technologies with Stationary Battery Systems[C]. NEDO Workshop for Energy Storage, Yokohama, Japan, July,2010.
[252] 余永富. 我国稀土矿选矿技术及其发展[J]. 中国矿业大学学报,2001, 11(6):537.
[253] 国家发展和改革委员会产业协调司. 中国稀土－2009[J]. 稀土信息,2010,(3):4.
[254] Karayannopoulos C. E.,罗阳译. 磁体对稀土的需求－某种不稳定的平衡[J]. 稀土信息,2005,(2):7.

[255] 李培良.适应稀土利用的平衡发展 AB_5 型储氢合金成分应尽快调整[J].稀土信息,2005,(5):4.

[256] Li Quan-an, Sang Ge, Li Jianwen, et al. Low-Co Rare-earth-based Hydrogen Storage Alloys and Their Hydride Electrodes[J]. T Nonferr Metal Soc, 2000, 10(5):660.

[257] 李全安,桑革,李建文,等. 非化学计量比贮氢合金 $Ml(Ni_{0.75}Co_{0.15}Al_{0.06}Mn_{0.08})_x$ 的研究[J]. 中国有色金属学报,2000,10(5):659.

[258] 陈云贵,陶明大,吴朝玲,唐定骧,等. 无钕贮氢合金及其在镍氢电池中的应用[C]. 2002 年材料科学与工程新进展(上)——2002 年中国材料研讨会论文集,2002: 836.

[259] Li Quan'an, Chen, Yungui, Tu, Mingjing. Characteristics of multi-component Ml-based hydrogen storage alloys and their hydride electrodes[J]. Rare Metals, 2002, 21(1):74.

[260] Wu Chaoling, Chen Yungui, Li Feng, et al. Electrochemical Properties of Strip Casting $LPCNi_{3.55}Co_{0.75}Mn_{0.4}Al_{0.3}$ Hydrogen Storage Alloys[J]. J Rare Earth, 2002, 20(5):517.

[261] 李建文,陈云贵,涂铭旌. 热处理对 $LPC(NiCoAlMn)_{5.0}$贮氢合金电化学性能的影响[J]. 稀有金属材料与工程,2002, 31(5):397.

[262] Wu Chaoling, Chen Yungui, Feng Li, et al. Differential thermo-analysis (DTA) method in strip casting AB_5-type hydrogen storage alloy[J]. Int J Hydrogen Energy, 2003, 28(4):409.

[263] 郑群,陈云贵,王金国,等. 退火处理对快淬贮氢合金显微组织及电化学性能的影响[J]. 中国稀土学报,2003, 21(4):417.

[264] Wu Chaoling, Chen Yungui, Li Feng, Tang Dingxiang, et al. Effects of Strip Casting and Annealing on Electrochemical Properties of $LPCNi_{3.55}Co_{0.75}Mn_{0.4}Al_{0.3}$ Hydrogen Storage Alloys[J]. J. Rare Earths, 2004, 22(2):254.

[265] 吴朝玲,陈云贵,陶明大,唐定骧,等. 无钕稀土系贮氢合金及其在动力电池中的应用[J]. 功能材料,2004, 35(增刊):1896.

[266] 吴朝玲,陈云贵,李峰,唐定骧,等. 薄壁铸造和退火工艺对 $LPCNi_{3.55}Co_{0.75}Mn_{0.4}Al_{0.3}$贮氢合金电化学性能的影响[J]. 中国稀土学报,2004, 22(4):476.

[267] 李全安,陈云贵,涂铭旌. 热处理对快淬贮氢合金组织和电化学性能的影响[J]. 稀土,2004, 25(1):5.

[268] 陶明大,陈云贵,阎康平,等. 稀土氧化物对贮氢合金电化学性能的影响[J]. 稀有金属材料与工程,2005, 34(4):552.

[269] 涂铭旌,陈云贵,唐定骧,等. 镧镨铈—镍系贮氢合金电极材料. ZL99115178. X[P],2002.

[270] 涂铭旌,陈云贵,唐定骧,等. 低 Co 镧镨铈—镍系贮氢合金电极材料. ZL99115177. 1[P],2002.

[271] Atwater T B, Cygan P J, Leung F C. Man portable power needs of the 21st century: Ⅰ. Applications for the dismounted soldier. Ⅱ. Enhanced capabilities through the use of hybrid power sources[J]. J Power Sources, 2000, (91):27.

[272] Chiaki Wakura. Influence of temperature on discharge process of mischmetal based hydrogen storage alloy electrode[J]. Electrochemistry, 2002, 70(1):2.

[273] Ye Hui, Xia Baojia, Wu Wenquan, et al. Effect of rare earth composition on the high rate capability and low temperature capacity of AB_5 type hydrogen storage alloys[J]. J. Power Sources, 2002, 111(1):145.

[274] Tao Mingda, Chen Yungui, Wu Chaoling, et al. Low-Temperature Hydrogen Storage Alloy and Its Application in Ni-MH Battery[J]. J Rare Earth, 2004, 22(6):882.

[275] 陶明大,陈云贵,付春艳,等. 稀土组元对 AB_5 型无钕贮氢合金低温性能的影响[J]. 功能材料. 2004, 35(增刊):1915.

[276] 陶明大,陈云贵,付春艳,等. 无钕稀土系低温贮氢合金[J]. 中国稀土学报,2005, 23(专辑):15.

[277] 涂铭旌,陈云贵. 稀土、钒钛贮氢合金及镍氢电池研究进展[J]. 四川大学学报(工程科学版),

2006, 38(5):1.

[278] 陈云贵,陶明大,涂铭旌,等. 无钕稀土系低温贮氢合金电极材料. ZL200410040649.2[D],2007.

[279] Heng Yang, Yungui Chen, Mingda Tao, et al. Microstructure and electrochemical properties of $LaNi_{4-x}FeMn_x$ ($x=0\sim0.8$) hydrogen storage alloys[J]. J Rare Earths,2009, 27(5):853.

[280] 羊恒,陈云贵,陶明大,等. $LaNi_{4-x}FeCr_x$ 合金的显微组织及电化学性能[J]. 功能材料,2009, 40(10):1654.

[281] 张晓燕,陈云贵,陶明大,等. $LaNi_{5-x}Fe_x$($x=1\sim1.8$)合金相结构及电化学性能[J]. 稀有金属材料与工程,2008, 37(8):1388.

[282] Heydecke J, Kiehne H. Ni – Cd and NiMH Batteries for mobile Communication[R]. Varta Special Report 2/1997.

[283] Meli F. and Schlapbach L.. Surface analysis of ABs – type electrodes[J]. J. Less – Common Met, 1991,172 ~ 174:1252.

[284] Xia Baojia, Shi Pengfei, Yin Geping, et al. Degradation mechanism of the mischmetal alloy hydride electrodes[J]. J. Alloys Compd.,1999, 293 ~ 295 : 737.

[285] 黄振谦,徐国荣,唐有根,等. MH/Ni 电池的失效原因. 电池,2000,30(6):263.

[286] Chen W. X., Xu Z. D., Tu J. P. Electrochemical investigations of activation and degradation of hydrogen storage alloy electrodes in sealed Ni/MH battery[J]. Int J Hydrogen Energy,2002, 27 (4) :439.

[287] Wang Rong, Yan Jie, Zhou Zhen, et al. Study on Degradation and Recovery of AB_5 – Type Hydrogen Storage Alloy Used in Ni – MH Batteries[J]. J. Rare Earths,2002, 20(3): 213.

[288] Deepika Singh. Characteristics and Effects of γ – NiOOH on Cell Performance and a Method to Quantify It in Nickel Electrodes[J]. J. Electrochem. Soc.,1998, 145(1):116.

[289] LI Li, WU Feng, YANG Kai. Degradation analysis of nickel/metal hydride battery and its electrodes materials[J]. T Nonferro Met. Soc. China,2004, 14(3):446.

[290] 李丽,吴锋,杨凯,等. MH/Ni 电池电极材料在过充电条件下的失效分析[J]. 北京理工大学学报,2004,24(8):739.

[291] 李群杰. MH/Ni 电池储存容量下降及改善措施[J]. 电池,2002, 32(1):52.

[292] 陈军,陶占良. 镍氢二次电池[M]. 北京:化学工业出版社,2006.

[293] Denise Crocce Romano Espinosa, Andréa Moura Bernardes, et al. An overview on the current processes for the recycling of batteries[J]. J. Power Sources,2004, 135:311.

[294] Sabatini J. C., Field E. L., Wu I. C., et al. Feasibility study for the recycling of nickel metal hydride electric vehicle batteries[R]. National Renewable Energy Laboratory, NREL/TP – 463 – 6153,1994.

[295] Denise Crocce Romano Espinosa, Andréa Moura Bernardes, Jorge Alberto Soares Tenório. An overview on the current processes for the recycling of batteries[J]. J. Power Sources,2004, 135:311.

[296] Tobias Müller, Bernd Friedrich. Development of a recycling process for nickel – metal hydride batteries [J]. J. Power Sources,2006,158:1498.

[297] Lyman J. W. and Palmer G. R. Investigating the Recycling of Nickel Hydride Battery Scrap[J]. J. Metals,1993, 45(5):32.

[298] Rudolph G. Jungst. Recycling Readiness of Advanced Batteries for Electric Vehicles[R]. Sandia National Laboratories, SAND97 – 2343C,1997.

[299] Rudolph G. Jungst. Recycling of Advanced Batteries for Electric Vehicles[R], SAND99 – 2589C,1999.

[300] Zhang Pingwei, Yokoyama Toshiro, Itabashi Osamu, et al. Hydrometallurgical process for recovery of metal values from spent nickel – metal hydride secondary batteries[J]. Hydrometallurgy,1998, 50:61.

[301] Zhang Pingwei, Yokoyama Toshiro, Itabashi Osamu, et al. Recovery of metal values from spent nickel –

metal hydride rechargeable batteries[J]. J. Power Sources,1999,77(2):116.

[302] Li Linyan,Xu Shengming,Ju Zhongjun,et al. Recovery of Ni,Co and rare earths from spent Ni - metal hydride batteries and preparation of spherical $Ni(OH)_2$[J]. Hydrometallurgy,2009, 100 : 41.

[303] Tzanetakis N and Scott K. Recycling of nickel - metal hydride batteries. Ⅰ : Dissolution and solvent extraction of metals[J]. J Chem Technol Biot,2004, 79:919 .

[304] N Tzanetakis and K Scott,Recycling of nickel - metal hydride batteries. Ⅱ : Electrochemical deposition of cobalt and nickel[J]. J Chem Technol Biot,2004, 79:927 ~934.

[305] Lupi C. ,Pilone D. Ni - MH spent batteries: a raw material to produce Ni - Co alloys[J]. Waste Manag. ,2002, 22:871.

[306] Pietrelli L. ,Bellomo B. ,Fontana D. ,et al. Rare earths recovery from NiMH spent batteries[J]. Hydrometallurgy,2002, 66:135.

[307] Pietrelli L. ,Bellomo B. ,Fontana D. ,et al. Characterization and leaching of NiCd and NiMH spent batteriesfor the recovery of metals[J]. Waste Manag. ,2005, 25:221.

[308] Danuza Pereira Mantuano,Germano Dorella,Renata Cristina Alves Elias,et al. Analysis of a hydrometallurgical route to recover base metals from spent rechargeable batteries by liquid - liquid extraction with Cyanex 272[J]. J. Power Sources,2006, 159:1510.

[309] Bertuol D A,Bernardes A M,Tenório J A S. Spent NiMH batteries: Characterization and metal recovery through mechanical processing[J]. J. Power Sources,2006, 160:1465.

[310] Bertuol D A,Bernardes A M,Tenório J A S. Spent NiMH batteries—The role of selective precipitation in the recovery of valuable metals[J]. J. Power Sources,2009, 193:914.

[311] Luiz Eduardo Oliveira Carmo Rodrigues,Marcelo Borges Mansur. Hydrometallurgical separation of rare earth elements,cobalt and nickel from spent nickel - metal - hydride batteries[J]. J. Power Sources, 2010, 195:3735.

[312] 崔洪山,李长根译. 从废镍氢电池中再生回收镍、钴和稀土金属的闭路循环[J]. 国外金属矿选矿, 2006,(6):34.

[313] Deng Gang,Chen Yungui,Tao Mingda,et al. Ming Liu,Electrochemical properties and hydrogen storage mechanism of perovskite - type oxide $LaFeO_3$ as a negative electrode for Ni - MH batteries[J]. Electrochim. Acta. ,2010,55:1120.

[314] Deng Gang,Chen Yungui,Tao Mingda,et al. Electrochemical properties of $La_{1-x}Sr_xFeO_3$ ($x=0.2,0.4$) as negative electrode of Ni - MH batteries,[J]. Electrochim Acta. ,2009,54:3910.

[315] Deng Gang,Chen Yungui,Tao Mingda,et al. Preparation and electrochemical properties of $La_{0.4}Sr_{0.6}FeO_3$ as negative electrode of Ni - MH batteries[J]. Int J Hydrogen Energy ,2009, 34:5568.

[316] Notten P. H. L. ,Ouwerkerk M. ,van Hal H. ,et al. High energy density strategies: from hydride - forming materials research to battery integration[J]. J. Power Sources,2004, 129:45.

[317] Kalisvaart W. P. ,Niessen R. A. H. ,Notten P. H. L. Electrochemical hydrogen storage in MgSc alloys: A comparative study between thin films and bulk materials[J]. J. Alloys Compd. ,2006, 417:280 .

[318] Kalisvaart W. P. ,Vermeulen P. ,Ledovskikh A. V. ,et al. The electrochemistry and modelling of hydrogen storage materials[J]. J. Alloys Compd. ,2007, 446 ~447:648.

[319] Kalisvaart W. P. ,Latroche M. ,Cuevas F. ,et al. In situ neutron diffraction study on Pd - doped $Mg_{0.65}Sc_{0.35}$ electrode material[J]. J Solid State Chem,2008, 181:1141.

[320] Huang Jinli,Zhuang Yinghon,He Wei,et al. Electrochemical performance of compounds $Gd_6Mn_{23-x}Ni_x$ ($x = 0 \sim 1.4$)[J]. J. Alloys Compd. ,2008,456:277.

[321] Jun Yang,Andrea Sudik,Christopher Wolverton,et al. High capacity hydrogen storage materials: attrib-

utes for automotive applications and techniques for materials discovery[J]. Chem. Soc. Rev. ,2010, 39: 656.

[322] Grochala W. ,Edwards P. P. Thermal Decomposition of the Non – Interstitial Hydrides for the Storage and Production of Hydrogen[J]. Chem. Rev. ,2004, 104(3):1283.

[323] Orimo S. ,Nakamori Y. ,Eliseo J. R. ,Complex hydrides for hydrogen storage[J]. Chem. Rev. ,2007, 107(10): 4111.

[324] Filinchuk Y. ,Chernyshov D. ,Dmitriev V. Z. ,et al. Light metal borohydrides: crystal structures and beyond[J]. Zeitschrift für Kristallographie,2008, 223(10):649.

[325] Dorthe Ravnsbæk, Yaroslav Filinchuk, Yngve Cerenius, et al. A Series of Mixed – Metal Borohydrides [J]. Angew. Chem. ,2009, 121:6787.

[326] Hagemann H. , Longhini M. , Kaminski J. W. , et al. $LiSc(BH_4)_4$: A Novel Salt of Li^+ and Discrete $Sc(BH_4)_4^-$ Complex Anions[J]. J. Phys. Chem. A,2008, 112(33):7551.

[327] Černý R. , Severa G. , Ravnsbæk D. B. , et al. $NaSc(BH_4)_4$: A Novel Scandium – Based Borohydride [J]. Phys. Chem. C,2010, 114(2):1357.

[328] Züttel A. . Rentsch S. . Fischer P. , et al. Hydrogen storage properties of $LiBH_4$[J]. J. Alloys Compd. , 2003, 356 ~ 357: 515.

[329] Yan Y. , Li H. – W. , Sato T. , et al. Dehydriding and rehydriding properties of yttrium borohydride $Y(BH_4)_3$ prepared by liquid – phase synthesis[J]. Int. J. Hydrogen Energy,2009, 34: 5732.

[330] Frommen C. ,Aliouane N. ,Deledda S. ,et al. Crystal structure, polymorphism, and thermal properties of yttrium borohydride $Y(BH_4)_3$[J]. J. Alloys Compd. ,2010, 496: 710.

[331] Lee Y. – S. ,Shim,J. – H. ,Cho Y. W. Polymorphism and Thermodynamics of $Y(BH_4)_3$ from First Principles[J]. J. Phys. Chem. C,2010, 114: 12833.

[332] Dorthe B. Ravnsbœk, Yaroslav Filinchuk, Radovan Černý, et al. Thermal Polymorphism and Decomposition of $Y(BH_4)_3$[J]. Inorg Chem,2010, 49(8): 3801.

[333] Jaroń T. ,Grochala W. $Y(BH_4)_3$—an Old – New Ternary Hydrogen Storeaka Learning from a Multitude of Failures[J]. Dalton Trans. ,2010, 39:160.

[334] Li Hai – Wen, Yan Yigang, Orimo Shin – ichi, et al. Recent Progress in Metal Borohydrides for Hydrogen Storage[J]. Energies,2011, 4: 185.

[335] Gennari F. C. ,Esquivel M. R. Synthesis and Dehydriding Process of Crystalline $Ce(BH_4)_3$[J]. J. Alloys Compd. 2009, 485: L47.

[336] Y. Zhang, W. Zhang, M. Q. Fan, S. S. Liu, H. L. Chu, Y. H. Zhang, X. Y. Gao, L. X. Sun, Enhanced Hydrogen Storage Performance of $LiBH_4$ – SiO_2 – TiF_3 Composite[J]. J. Phys. Chem. C,2008, 112: 4005 ~ 4010. .

[337] Bogdanović B. ,Schwickardi M. Ti – doped alkali metal aluminium hydrides as potential novel reversible hydrogen storage materials[J]. J. Alloys Compd. 1997, 253 ~ 254:1.

[338] Bogdanović B. ,Brand R. A. ,Marjanović A. ,et al. Metal – doped sodium aluminium hydrides as potential new hydrogen storage materials[J]. J. Alloys Compd. 2000, 302:36.

[339] Borislav Bogdanović, Michael Felderhoff, André Pommerin, et al. Advanced Hydrogen – Storage Materials Based on Sc – , Ce – , and Pr – Doped $NaAlH_4$[J]. Adv. Mater. ,2006, 18: 1198.

[340] Bogdanović, B. ; Felderhoff, M. ; Pommerin, A. ; et al. Cycling properties of Sc – and Ce – doped NaAlH4 hydrogen storage materials prepared by the one – step direct synthesis method[J]. J. Alloys Compd. ,2009,471:383.

[341] Claudia Weidenthaler, André Pommerin, Michael Felderhoff, et al. Complex Rare – Earth Aluminum Hydrides: Mechanochemical Preparation, Crystal Structure and Potential for Hydrogen Storage[J]. J. AM. CHEM. SOC., 2009, 131: 16735.

[342] Rosi N. L., Eckert J., Eddaoudi M., et al. Hydrogen Storage in Microporous Metal – Organic Frameworks[J]. Science, 2003, 300: 1127.

[343] Hu Yun Hang and Zhang Lei. Hydrogen Storage in Metal – Organic Frameworks[J]. Adv. Mater. 2010, 22: E117.

[344] Nathaniel L. Rosi, Jaheon Kim, Mohamed Eddaoudi, et al. Rod Packings and Metal – Organic Frameworks Constructed from Rod – Shaped Secondary Building Units[J]. J. Am. Chen. Soc., 2005, 127: 1504.

[345] Thomas Devic, Christian Serre, Nathalie Audebrand, et al. MIL – 103, A 3 – D Lanthanide – Based Metal Organic Framework with Large One – Dimensional Tunnels and A High Surface Area[J]. J. Am. Chen. Soc., 2005, 127: 12788.

[346] Guo Xiaodan, Zhu Guangshan, Fang Qianrong, et al. Synthesis, Structure and Luminescent Properties of Rare Earth Coordination Polymers Constructed from Paddle – Wheel Building Blocks[J]. Inorg. Chem., 2005, 44(11): 3850.

[347] Josefina Perles, Marta Iglesias, Maria – Ángeles Martín – Luengo, et al. Metal – Organic Scandium Framework: Useful Material for Hydrogen Storage and Catalysis[J]. Chem. Mater. 2005, 17: 5837.

[348] Luo Junhua, Xu Hongwu, Liu Yun, et al. Hydrogen Adsorption in a Highly Stable Porous Rare – Earth Metal – Organic Framework: Sorption Properties and Neutron Diffraction Studies[J]. J. Am. Chen. Soc., 2008, 130(30): 9626.

[349] Jesse L. C. Rowsell, Andrew R. Millward, Kyo Sung Park, et al. Hydrogen Sorption in Functionalized Metal – Organic Frameworks[J]. J. Am. Chen. Soc., 2004, 126: 5666.

(陈云贵、唐定骧)

5 稀土镁合金

5.1 引言

镁合金具有质轻、高比刚度、高阻尼、减振降噪 、抗电磁波辐射、加工和回收时不产生污染等特点，而且镁资源丰富，可供持续发展，因此镁合金被誉为“21 世纪轻质、绿色结构材料”。它揭示了在21 世纪制造业追求轻量化、节能减排大潮中，镁合金会扮演更为重要角色的趋势，也预示着包括中国在内的全球金属材料的产业结构会发生改变。但是传统镁合金存在着易氧化燃烧、不耐蚀、抗高温蠕变能力差、高温强度低等弱点。理论和实践表明，稀土是克服这些弱点最有效、最实用、最具发展潜力的合金化元素，因而利用我国丰富的镁和稀土资源，将它们科学开发利用，研发出具有我国特色的一系列稀土镁合金，将资源优势转变为技术优势和经济优势，具有重大意义。实践科学发展观，走可持续发展途径，实践资源节约型、环境友好型的新型工业化道路，为航空、航天、交通、“三 C”工业以及所有制造业提供轻质、先进、低成本的稀土镁合金支撑材料，已经成为国家、行业和许多科研人员的热点和重点任务。性能先进而又价格低廉的稀土镁合金可望成为镁合金扩大应用的突破点和发展动力。

5.2 稀土镁合金发展概况

1808 年，Humphrey Davey 首次从汞合金中分馏出汞和镁，1852 年 Bunsen 第一次使用电解法从氯化镁中电解得到镁。从此，镁及镁合金作为一种新的材料登上了历史舞台。在二次世界大战期间镁及镁合金得到了突飞猛进的发展。然而，由于纯镁的强度很低，很难作为结构材料在生产工业上应用。提高镁金属强度的主要方法之一是合金化，即加入其他种类的合金元素，通过固溶、沉淀、细化晶粒、弥散强化等方式提高镁金属的强度，使其能够满足给定工作环境的要求。

稀土是镁合金的主要合金化元素，在已经开发的耐热镁合金中大多含有稀土元素。稀土镁合金具有耐高温和高强度等特点，但在初期的镁合金研究中，由于价格昂贵，稀土仅限于用在特定材料，稀土镁合金主要应用于军事和航空航天领域，但随着社会经济的发展，对镁合金性能提出了更高的要求，加之稀土成本的降低，稀土镁合金在航空航天、导弹、汽车、电子通信、仪表等军工和民用领域均有了较大拓展。稀土镁合金的开发概括来看大致分为四个阶段：

第一阶段：在 20 世纪 30 年代，人们发现在镁铝合金中加入稀土元素可以提高合金的高温性能[1]。1937 年，德国人 Beek 和英国人 Haughtion 进行了 Mg－MM（MM 为富铈稀土）的研发工作，进而开发了 AM6 型合金，并应用于 BMW－801D 飞机发动机，在第二次世界大战早期得到广泛使用。后来实际应用中发现，这类合金有一个很大的缺陷，就是晶粒粗大，特别是在铸造大的样品和复杂的零件时,容易产生裂纹,使得这种合金在使用上受到一定的限制。

第二阶段:1947 年,Sauerwarld 发现在 Mg-RE 合金中加入 Zr 元素可以有效地细化合金晶粒[2]。这一发现,解决了稀土镁合金的工艺问题,真正为耐热稀土镁合金的研究和应用奠定了基础。Zr 在不含有 Al、Mn 的 Mg-RE 合金中可以同其他的合金化元素一同加入,可明显细化合金晶粒,改善合金的综合力学性能,从而开发了 EK 型(Mg-RE-Zr)合金,其中 EK30A 是第一个以稀土为主要合金元素的高温铸造镁合金,在航空发动机上得到应用。1949 年,Leontis[3]发现稀土对镁合金耐热性能的影响按 La、Ce、Nd 序列提高(笔者认为这有待于进一步研究)。研究发现在 Mg-Zn 合金中加入稀土可改善铸造性能和蠕变抗力,开发了 ZE41 及 EZ33 合金。1959 年,Payne 等人发现 Ag 的加入能够改善镁稀土合金的时效硬化特性[4],此后开发了 QE22、QE21 和 EQ21 型等合金,其中 QE22A 合金被广泛应用于飞机、导弹的优质铸件,如美洲虎攻击机的座舱盖骨架,大黄蜂飞机的前起落架外筒和轮毂等。后来,为了降低合金成本,拓展民用领域,1972 年有研究表明[5],向 Mg-Al 合金中加入 1% 的混合稀土可以提高 Mg-Al 基合金的抗蠕变性能,尤其是当 Al 含量较低时(≤4%),从而开发出了 AE 系列合金(AE42、AE41、AE21),其中 AE42 性能最好,被 GM 公司用于生产汽车用变速箱[6]。这类合金的开发成功是耐热镁合金的一个里程碑,后来开发的新型耐热镁合金通常都把 AE42 合金作为比较对象。这个时期开发的新合金,对扩大稀土镁合金应用起到了推动作用。

第三阶段:1979 年,Drits 等发现添加 Y 对镁合金有非常有益的影响,这是在开发耐热稀土镁合金方面的又一重要发现,以此为基础,开发出了一系列耐热高强的 WE 型合金。其中,WE54 合金在室温和高温下,其抗拉强度、抗疲劳强度及抗蠕变性能都能够和铸造铝合金相媲美。改良的 WE43 合金,强度略有下降,但伸长率得到提高,被用于赛车及 Mc Donnell Douglas MD500 直升飞机的变速器壳体。20 世纪 80 年代末,北京航空材料研究所与中国科学院长春应用化学研究所在 MB25 合金的基础上,应用中国科学院长春应用化学研究所研制的富钇稀土镁中间合金,成功研发 MB26 镁合金,用于国产飞机的受力构件上[7]。

第四阶段:主要指从 20 世纪 90 年代开始,人们为了得到性能更加优越的镁合金,满足高技术领域的需求,开始了对 Mg-HRE (重稀土)合金的探索。对于重稀土元素来说,除去 Eu 和 Yb,在镁中的最大固溶度大约为 10% ~28%,最大可以到 41%。和轻稀土元素相比较,重稀土元素固溶度大,而且固溶度随着温度的降低而迅速下降,具备很好的固溶强化和沉淀强化作用。近年来开发的 Mg-Gd 系列合金和 Mg-Sc 系列合金,无论是拉伸性能还是蠕变性能都超过以往的耐热镁稀土合金。

我国北京航空材料研究所等研发单位早在 20 世纪 60 年代就对相关的镁合金体系做过系统研究。60 ~70 年代,上海跃龙化工厂就开始生产和供应 Mg-Nd、Mg-富 Nd、Mg-Y、Mg-富 Y 中间合金,随后湖南稀土金属材料研究所也开始陆续供应。从 1967 年起应用至今,我国第一个在生产中应用的稀土镁合金是含富铈混合稀土金属 2.5% ~4.0% 的 ZM5。该类合金主要用于铸造 WP11 的离心机匣,也曾用于歼 6 发动机的前舱铸件。该合金在 200℃ 具有优异的抗蠕变性能,比前苏联的 MA7 提高了 1.5 倍,并且该类合金的铸件抗腐蚀能力也显著改善。

ZM2 镁合金是在 ZM1 基础上,加入 0.7% ~1.7% 富铈混合稀土金属研制而成。该合金容易铸造并且可焊接,能够在低于 200℃高温条件下长期工作,主要用在飞机、发动机和导弹的各种铸件上。

ZM9 合金是以 Mg – Zn – Zr 合金体系为基础,添加稀土金属 Y 而研发的一种高强耐热铸造合金。它是在对其力学性能、微观组织、合金成分做了大量而又富有成效的工作后研发而成的性能优异的合金。该类合金能在 300℃的高温条件下具有良好的抗蠕变性能和高温持久强度,其性能接近 HZ32A, 且无放射性,其可使用性更加广泛。在这同一时期研制成功了 ZM6 合金,该合金具有良好的高温瞬时力学性能和抗蠕变性能,既可以做高强合金在室温下使用,也可以在低于 250℃条件下使用。

经过这近十年的工作,20 世纪 80 年代初,我国已经有了 ZM1、ZM2、ZM3、ZM4、ZM5、ZM6、ZM7、ZM8 及 ZM9 等 9 种牌号的铸造镁合金,其中包含北京航空材料研究所在新中国成立后近 30 年的时间里研制的 6 种含镁稀土合金。这些成功研发的镁合金已经广泛应用于国内的航空事业,为中国的航空工业的发展作出了卓越的贡献。

根据加工方式的不同,镁合金材料主要分为铸造镁合金和变形镁合金[8]。变形镁合金通过变形可以生产尺寸多样的板材、棒材、管材、型材及锻件产品。通过对材料组织的控制和热处理工艺可以得到比铸造镁合金更好的力学性能。国际镁协会(International Magnesium Association-IMA)在 2000 年提出,研究与开发新型变形镁合金产品、工艺,是最重要、最具挑战并且最长远的目标和计划[9]。我国在变形镁合金方面做了很多突出的工作,已经研发完成并且已经规范牌号的变形镁合金有 MB1、MB2、MB3、MB4、MB5、MB6、MB7、MB8、MB15、MB22、MB25 等(MB26 尚为企业牌号)[10],为我国的工业生产建设做出了贡献。在 20 世纪 60 年代,我国相继建设了东北轻合金加工厂的镁合金挤压生产线和洛阳铜加工厂的镁合金压延生产线, 几十年来为我国的国民经济建设和国防建设做出了巨大贡献。在飞机的操纵系统上,有采用变形镁合金 MB5、MB8、MB15 制成的零部件,其中 MB15 合金锻造件就多达 40 多种,ϕ20 ~95 mm 的棒材也有较大用量。采用 MB8、MB15 镁合金轧成厚度为 7 ~18 mm 的板材,用于制作飞机舱门、壁板、连杆机构和导弹尾翼等。

20 世纪 90 年代后期,我国根据实际情况,提出了新的镁稀土合金开发计划,先后分别启动国防“973”、“863”等重大项目,有效带动了镁稀土合金产业的发展[11]。经过近十年的努力,国内上海交通大学和中南大学开发的高强度镁合金取得了很大进展,上海交通大学研制的 GW123K 合金在室温下抗拉强度为 491 MPa, 屈服强度为 436,伸长率为 3.6%[12~14]。重庆大学对耐热镁合金在民用方面进行了卓有成效的工作[15]。中国科学院金属研究所和中国科学院上海微系统与信息技术研究所对稀土镁合金的腐蚀和防腐方面开展了系统研究。中国科学院长春应用化学研究所在稀土镁中间合金方面做出了一定贡献,并成立了中科希美镁业有限责任公司,生产的一系列稀土镁中间合金销往国内外[16,17],并用自制的新的 Mg – 富 Y 中间合金与中科院金属研究所合作研制成了新型的 MB26 合金并已用于神舟六号飞船。长春汽车厂与长春应用化学研究所合作开发的 AZ91 加稀土的镁合金已用于发动机罩盖。哈尔滨工业大学和大连工业大学在耐热稀土镁合金的焊接和复合材料等的研究方面积累了大量的基础数据[18]。吉林大学、东北大学、四川大学、山西银光镁业、台湾富士康集团、中国第一汽车集团,中国航空工业第一集团公司和南京云海镁业等单位在镁稀土合金设计、研发、应用等方面开展了卓有成效的工作[19~22]。

我国镁资源和稀土资源特别丰富，科学的组合利用这两大资源优势，利用稀土与镁共电沉积技术制取镁稀土中间合金，把稀土作为镁合金一个创新源头，使稀土镁合金成为镁合金的一个亮点，是我们工作的长期方向。

5.3 稀土在镁合金中的作用和效果

如前所述，镁合金存在着巨大的应用市场，特别是在全球铁、铝、铜等金属资源日益紧缺的大背景下，镁的资源优势和产品优势将得到充分发挥，镁合金将成为一种迅速崛起的工程材料。面临国际镁金属材料的高速发展，中国作为镁资源生产和出口大国，对镁合金开展深入的理论研究和应用开发尤为重要。然而，目前普通镁合金产品成品率低，抗蠕变性差，耐热、耐蚀等性能较差等仍然是制约镁合金大规模应用的瓶颈[23~28]。

稀土元素具有独特的核外电子结构，因此，它作为一类重要的合金化元素，在冶金、材料领域起着独特的作用，例如净化合金熔体、细化合金组织、提高合金力学性能和耐腐蚀性能等。作为合金化元素或微合金化元素，稀土已经被广泛应用于钢铁及有色金属合金中[29]。在镁合金领域，尤其是在耐热镁合金领域，稀土突出的净化、强化性能逐渐被人们认识，稀土被认为是耐热镁合金中最具使用价值和最具发展潜力的合金化元素，其独特的作用是其他合金化元素所不能取代的。近年来，国内外科研工作者展开了广泛的合作，利用镁和稀土这两种资源，对含稀土的镁合金进行了系统研究，同时，中国科学院长春应用化学研究所从满足国家实际需求出发，致力于探索开发低成本、高性能的新型稀土镁合金，并取得了一定的成果，促进了稀土镁合金材料的开发利用。

5.3.1 稀土在镁合金中的主要作用

在耐热镁合金中，稀土元素地位十分突出，90%以上的耐热镁合金中含有稀土。稀土元素由于其特殊的电子结构而具有独特的物理和化学性质，能够从多方面提高镁合金的性能。稀土元素在镁合金中的主要作用包括净化熔体等五个方面。

5.3.1.1 净化熔体

稀土元素化学性质很活泼，可以与镁合金中的氢、氧、硫等元素相互作用，并将溶液中的铁、钴、镍、铜等有害金属夹杂物转化为金属间化合物的形式除去，提高合金的抗腐蚀能力。

5.3.1.2 改善合金的铸造性能和加工性能

镁合金在铸造过程中极易氧化燃烧，因此目前工业生产镁合金一般采用熔剂覆盖或气体保护法熔炼，但都存在不少缺点。稀土加入镁合金中可以降低合金在液态和固态下的氧化倾向，改善其铸造性能。例如 Mg－Y 合金具有突出的高温抗氧化性，3 g Mg－9% Y 合金在潮湿空气中加热到 1510℃，18 h 后仅增重 1 mg，而含钍合金在同样条件下则增重 15 mg。主要原因是钇是镁合金熔体的表面活性元素，与镁铝的氧化物能够在熔体表面形成致密的复合氧化物膜，有效阻止熔体和大气的接触，大大提高镁合金熔体起燃温度。钇通过提高镁合金熔体自身的起燃温度进而可能实现镁合金在空气中直接熔炼，这对镁合金进一步推广应用意义重大。在此基础上，通过添加不同的合金化元素和稀土，开发了新型阻燃镁合金。例如上海交通大学通过添加稀土和钙、锶等合金化元素开发的车用阻燃镁合金的燃点达到700℃以上，具有广阔的应用前景。

大量研究结果表明，添加合适的稀土元素可以提高镁合金液的流动性。主要原因是，一方面稀土是表面活性元素，能够降低合金液的表面张力；另一方面，稀土与镁能形成简单的共晶体系，结晶温度间隔小。因此，稀土加入镁合金后，增加了合金的流动性，减少缩松、热裂倾向，提高充填性能，从而提高了薄壁产品的成品率。

5.3.1.3 细晶强化作用[30]

晶体金属的晶粒边界通常是大角度晶界，相邻的不同取向的晶粒受力产生塑性变形时，部分施密特(Schmid. E)因子大的晶粒内位错源先运动，并沿着一定的晶面产生滑移和增殖。滑移到晶界的位错被晶界阻挡，这样一个晶粒的塑性变形就无法直接传播到相邻的晶粒中去，而且造成塑变晶粒内位错塞积，在外力作用下，晶界上面的位错塞积产生一个应力场，可以作为激活相邻晶粒内位错源开动的驱动力。当应力场作用于位错源的作用力等于位错开动的临界应力时，相邻晶粒内的位错源开始开动、滑移和增殖，造成塑性变形。塞积位错应力场强度和塞积位错数目与外加应力值有关，而塞积位错数目正比于晶粒尺寸，因此，当金属材料的晶粒变小时，必须加大外部作用力激活相邻晶粒内位错源，也就是说，细晶粒产生塑性变形要求更高的外加作用力。在稀土镁合金中，添加的稀土元素在固液界面前沿富集引起成分过冷，过冷区形成新的形核带而形成细等轴晶；另外，稀土的富集阻碍 α－Mg 晶粒生长，进一步促进了晶粒的细化；在热加工和退火过程中阻碍再结晶及晶粒长大。

根据 Hall-Petch 公式，即

$$\sigma_g = \sigma + K_s d^{-1/2}$$

式中 σ_g——屈服强度，MPa；

σ——单晶屈服强度，MPa；

K_s——Hall-Petch 常数；

d——晶粒尺寸，μm。

可知，合金的强度随晶粒尺寸的降低而增加，由于纯镁的常数 K_s 值很大，是一般体心立方和面心立方晶体的 K_s 值的数倍，也就是说，相对体心立方和面心立方晶体而言，晶粒尺寸对密排六方金属强度影响更大，因此镁合金晶粒细化产生的强化效果更加显著。

5.3.1.4 固溶强化作用

纯金属经过适当的合金化后，强度、硬度提高的现象，称为固溶强化。固溶强化的效果决定于溶质原子的性质、浓度及溶质与溶剂原子的直径差。一般来说，溶质原子和溶剂原子之间的直径差越大，溶质的浓度越高，其强化效果越好，它的作用原理是：通过在合金中加入溶质元素原子和位错交互作用，导致溶质引发局部点阵畸变，提高其均匀化温度和弹性模量，减慢扩散和自扩散过程，降低位错攀移的速率。大部分稀土元素在镁中具有较大的固溶度，稀土原子溶入镁基体中，三价稀土离子置换二价镁离子，增强了电子云密度，使基体产生晶格畸变，增强原子间的结合力；稀土元素固溶强化的作用主要是稀土原子质量远大于镁原子，稀土原子半径也大于镁原子，稀土原子在镁中扩散系数小，减慢原子扩散速率，阻碍位错运动，从而强化基体，提高合金的强度和高温蠕变性能。

5.3.1.5 弥散强化作用

稀土与镁或其他合金化元素在合金凝固过程中形成稳定的金属间化合物，这些含稀土的金属间化合物一般具有高熔点(表 5-1)、高热稳定性等特点，它们呈细小化合物粒子弥散分布于晶界和晶内，在高温下可以钉扎晶界，抑制晶界滑移，同时阻碍位错运动，强化合金基体。

表 5-1 镁合金中常见含稀土的析出相及其熔点

合金系	析出相	熔点/℃	合金系	析出相	熔点/℃
Mg - La	$Mg_{17}La_2$	—	Mg - Yb	Mg_2Yb	718
Mg - Ce	$Mg_{12}Ce$	611	Mg - Lu	$Mg_{24}Lu_5$	—
Mg - Pr	$Mg_{12}Pr$	585	Mg - Y	$Mg_{24}Y_5$	620
Mg - Nd	$Mg_{41}Nd$	560	Mg - Sc	MgSc	—
Mg - Sm	$Mg_{6.2}Sm$	—	Mg - Th	$Mg_{23}Th_6$	772
Mg - Eu	$Mg_{17}Eu_2$	—	Mg - Al - La	$Al_{11}La_3$	1240
Mg - Gd	Mg_5Gd	640	Mg - Al - Ce	$Al_{11}Ce_3$	1235
Mg - Tb	$Mg_{24}Tb_5$	—	Mg - Al - Ce	Al_2Ce	1480
Mg - Dy	$Mg_{24}Dy_5$	610	Mg - Al - Nd	$Al_{11}Nd_3$	1235
Mg - Ho	$Mg_{24}Ho_5$	610	Mg - Al - Nd	Al_2Nd	1460
Mg - Er	$Mg_{24}Er_5$	620	Mg - Al - Y	Al_2Y	1485
Mg - Tm	$Mg_{24}Tm_5$	645			

另外，稀土元素在镁中所具有的较高固溶度随温度降低而降低，当处于高温下的单相固溶体快速冷却时，形成不稳定的过饱和固溶体，经过长时间的时效，会形成细小而弥散的析出沉淀相，该脱溶沉淀相具有较高的熔点和热稳定性。析出相与位错之间产生交互作用，提高合金的强度和高温蠕变抗力。镁合金中添加两种或两种以上稀土元素时，由于稀土元素间的相互作用，能够降低彼此在镁中的固溶度，并相互影响其过饱和固溶体的沉淀析出动力学，产生附加强化作用。

稀土对镁合金性能的提高主要包括：

（1）提高镁合金力学性能。稀土通过细晶强化、固溶强化、弥散强化及时效沉淀强化（其中的一种或几种强化机理）提高镁合金的力学性能，特别是高温力学性能，使得稀土镁合金成为高温高强镁合金的重要研发方向。

（2）提高镁合金耐蚀抗氧化性能。稀土元素能够与镁合金中有害杂质（如铁、镍等）结合，降低它们的强阴极性作用，并且能够优化合金组织结构，抑制阴极过程[31]，提高合金基体的耐蚀性能。稀土的加入使合金表面生成更加致密的腐蚀产物膜，抑制合金的进一步腐蚀，因此稀土能够有效的提高镁合金耐腐蚀性能。此外，镁合金在稀土盐（比如硝酸铈）溶液中能够生成耐蚀稀土化合物膜，这也是提高镁合金耐蚀性能的一种途径。

（3）提高镁合金摩擦磨损性能和疲劳性能[32,33]。在熔炼过程中，稀土元素能与水气和镁液中的氢反应，生成稀土氢化物和稀土氧化物以除去氢气，减少气孔、针孔及缩松等铸造缺陷，提高了铸件质量，减少了在摩擦过程中裂纹源的产生；稀土元素与氧、硫等杂质元素有较强的结合力，抑制了这些杂质元素引起组织疏松的作用；稀土元素还可以净化晶界，增加晶界强度，使裂纹不易在晶界处产生。在大气环境中，几乎无法避免氧化作用的影响，摩擦表面的氧化物层对摩擦磨损起着非常重要的作用。稀土元素在氧化物膜与基体界面发生了偏聚，提高了氧化物膜的黏着力，细化了膜的组织，有助于提高膜的耐磨性和抗剥离能力。

5.3.2 稀土元素在镁合金中的冶金物理化学原理

对于稀土在镁合金中产生的主要作用和效果，可以从物理冶金和化学冶金方面来分析。

5.3.2.1 稀土和镁的晶体结构类似性

大部分稀土在使用温度下的晶体结构与镁相似，为密排六方（hcp），因此具有较高的固溶度。某些 Mg - RE 亚稳相为六方相(超点阵结构,DO_{19}),易于和镁基体形成共格/半共格关系,这是稀土镁合金通常具有很好的高温蠕变抗力的原因之一。

5.3.2.2 稀土在镁中的固溶度

各稀土原子与镁原子的半径之差相似,但又互不相同,因此在镁中的固溶度各异。如图 5-1 所示,镧系元素的原子半径随原子序数的增加而减小,这种现象被称为"镧系收缩"。但在铕和镱处呈现两个峰值,称为"双峰效应"。大部分稀土元素与镁的原子半径之差在 15% 以内,所以大部分稀土元素在镁中具有较高的固溶度(有些高达 10% ~20%,而稀土在钢和铝中的溶解度仅有千分之几)。稀土元素在镁中的最大固溶度随原子序数的增加而增长,恰恰在铕和镱处形成两个低谷,我们称为"双谷现象",这种现象与铕和镱原子半径(分别为 2.04×10^{-10} m 和 1.93×10^{-10} m)远大于镁的原子半径(1.62×10^{-10} m)直接相关。

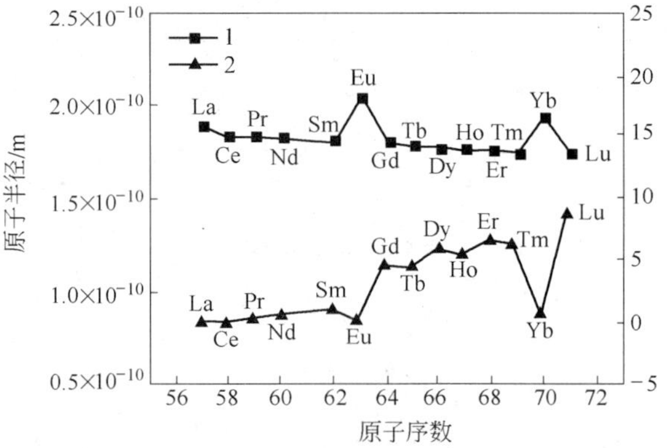

图 5-1 稀土金属在镁中最大固溶度与稀土原子半径的关系

1—稀土金属原子半径与原子序数的关系;2—稀土金属在镁中最大固溶度与原子序数的关系

5.3.2.3 稀土电负性的影响

稀土的电负性变化范围宽,研究结果表明:两元素的电负性之差越小,越易形成固溶体,反之易形成化合物。镁的电负性为 1.31,稀土的电负性示于图 5-2,由图 5-2 可以看出,稀

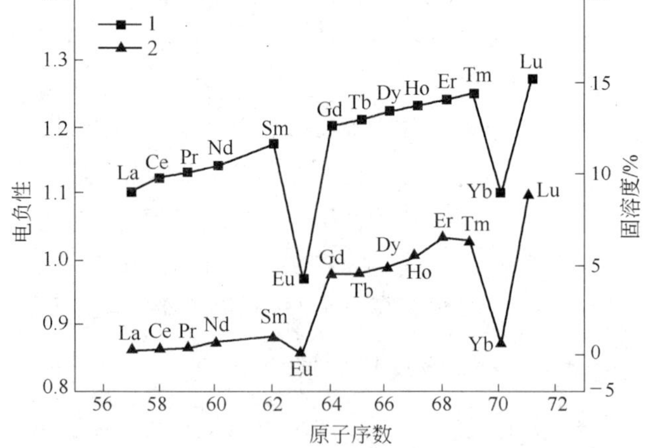

图 5-2 稀土金属电负性与稀土金属在镁中最大固溶度的关系

1—稀土金属电负性与原子序数的关系;2—稀土金属在镁中最大固溶度与原子序数的关系

土元素与镁的电负性相差越小,稀土元素在镁中的固溶度越大。相反,原子间电负性相差越大,越易生成金属间化合物,生成的化合物越稳定。例如在 Mg－Al－RE 系合金中,镁电负性为1.31,铝电负性为1.61,稀土元素的电负性在0.97～1.27之间,$\Delta\chi_{Al-RE}>\Delta\chi_{Mg-RE}$($\Delta\chi$表示电负性差值),因此合金中通常生成 Al－RE 相。在 Mg－RE 系合金中,一般镁和轻稀土电负性之差大于镁和重稀土电负性之差,所以,轻稀土在镁中的固溶度小于重稀土在镁中的固溶度,而更易与镁形成金属间化合物。

5.3.2.4 稀土元素对合金基体中 Mg^{2+} 间结合力的影响

稀土金属多以三价形式溶于二价镁基体中,提高了合金基体的电子云密度,增强镁合金中原子间的结合力,另外稀土原子质量和半径都比镁原子大,从而能够减慢原子的扩散速率,有助于提高合金的力学性能,尤其是抗高温蠕变性能。

5.3.2.5 稀土在镁合金中的活性

合金熔炼时稀土合金液表面聚集,形成 MgO、RE_2O_3 等多元复合致密氧化物层,减轻氧化现象,提高合金的起燃温度,有利于合金的熔铸;合金液凝固过程中,稀土在固/液界面前沿富集,提高成分过冷度,细化合金组织(包括基体和第二相);适量的稀土降低合金液的表面张力,有助于提高合金铸造性能。

稀土元素是典型的金属元素,其活泼性仅次于碱金属和碱土金属,几乎能和所有元素起化学反应,因此与杂质反应,生成熔点高、密度大的化合物,从而除去杂质,比如镁合金中常见的氢、氧化物夹杂、硫和铁等。

稀土除氢的反应过程如下:

$$H_2O(g)+Mg(l)=\!=\!=MgO(s)+2[H]$$

$$RE=\!=\![RE]$$

$$2[RE]+3MgO=\!=\!=RE_2O_3+3Mg(l)$$

$$[RE]+2[H]=\!=\!=REH_2$$

稀土除氧化物夹杂的反应过程如下:

$$MgO(s)=\!=\!=Mg(l)+1/2O_2(g)$$

$$RE=\!=\![RE]$$

$$2[RE]+3/2O_2=\!=\!=RE_2O_3$$

以上三式加合后 $3MgO+2[RE]=\!=\!=RE_2O_3+3Mg(l)$

稀土除硫反应过程如下:

$$2[RE]+S_2(g)=\!=\!=2RES$$

$$4[RE]+3S_2(g)=\!=\!=2RE_2S_3$$

稀土除铁反应过程如下:

$$[RE]+2[Fe]=\!=\!=REFe_2$$

$$[RE]+3[Fe]=\!=\!=REFe_3$$

$$[RE]+[Fe]+[Mg]+[Al]+[Mn]\longrightarrow Mg-RE-Fe-Al-Mn$$ [7]

另一方面,稀土与镁或合金化元素生成熔点高热稳定性好的第二相化合物,这些化合物在高温下不易长大变形或分解,因而能提高合金的强度和耐热性能。

5.3.2.6 时效硬化特性

从图5-3可以看出,稀土,尤其是重稀土(镱除外),在镁中固溶度随着温度的下降而降低，具备固溶 – 人工时效强化的基本条件。试验证明，钆、铽、钇和钪都具有显著的时效硬化特性。

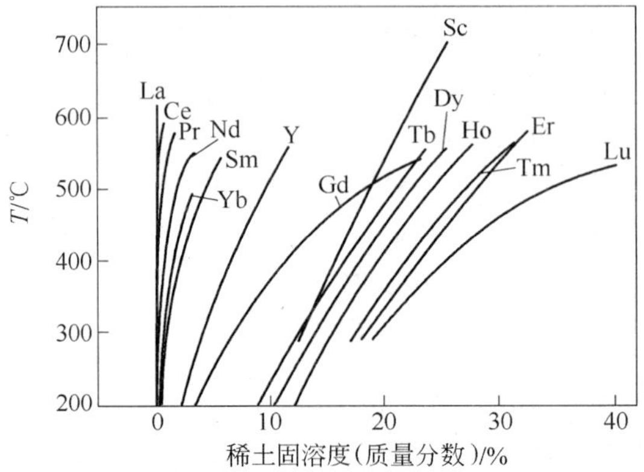

图 5–3 不同温度下稀土金属在镁中的固溶度

5.3.3 各稀土元素在镁中作用效果比较[34]

各稀土元素在镁中作用效果可以从以下几个方面进行比较：

（1）净化合金液方面。一般来说，镧系元素从镧到镥的化学活泼性逐渐减弱，因此轻稀土化学活性比重稀土高，轻稀土的除杂能力一般比重稀土要好。

（2）细化作用。Ce 最常用，但 Y 的细化作用也很明显，对于不同种类的镁合金，各稀土的细化效果不一样。

（3）强化效果。由于重稀土在镁中固溶度大于轻稀土在镁中的固溶度，重稀土固溶强化和时效沉淀强化效果一般比轻稀土好。但轻稀土更易于富集晶界，形成高熔点金属间化合物，因此轻稀土的晶界强化效果一般比重稀土要好。因此，合理将轻稀土和重稀土组合，有望发挥出稀土的最佳效果。

（4）稀土镁合金中优化选择稀土种类。虽然稀土元素的许多性质相近，但又不完全相同，因此开发不同体系的高性能稀土镁合金，需要深入了解不同稀土在不同合金体系中的作用规律，优化合金成分，这样才能开发出最佳性能的稀土镁合金。例如通过大量的实验总结出，在高强耐热 Mg – RE1 – RE2 基合金中，重稀土的强化效果比轻稀土要好。需要指出的是，镱虽属重稀土范畴，但其物化性质如熔点、密度、弹性模量、原子半径、在镁中的固溶度都与轻稀土更相近，因此它在镁合金中的作用与轻稀土更相似；而在 Mg – Al 基合金中，由于熔炼过程中重稀土（例如钇）具有较大的稀土损失率，因此添加轻稀土更适合开发高性能低成本的 Mg – Al – RE 基合金。

同时，选择稀土种类时还要考虑各稀土元素储量、市场和价格。各稀土元素储量、市场和价格差异悬殊，因此在选择稀土作为镁合金的合金成分时，应尽量考虑储量大、配分高的稀土元素，比如轻稀土中的 Ce、La 和重稀土中的 Y 或 Gd，这样原料才有供应保障，才可持续发展。另外，还要考虑原料的价格和市场情况，如轻稀土中将价值高、市场好的 Nd、Pr 分离出去剩余的 Ce/La 混合稀土、除掉贵重稀土（Tb、Dy、Lu 等）后剩余的富 Y 混合稀土，这些稀土原料价格低,目前缺乏应用市场,以上考虑旨在开发出加入稀土后合金成本不高于10%,为市场可以接受的新型镁合金,消除国内外认为稀土加入镁合金太贵、用不起的疑虑,另一方面为滞销的稀土原料开辟大用户,缓解稀土元素产销不平衡的矛盾,促进稀土市场的平稳发展。

5.4 稀土镁中间合金

5.4.1 稀土镁中间合金概述

稀土镁中间合金,也称为稀土镁母合金,它是生产镁基稀土应用合金的中间体材料;科技文献检索目前停留在检索"中间合金"和"母合金",而其中的"稀土"和"镁"只能按照"布尔检索"方式中的"和 (and)"处理,通常输入母合金(master alloy)检索到条目高于中间合金(intermediate alloy)的检索量。各国专利局将其分类到 C/25C 3/36 这一国际分类(Int. Cl.)居多,若通过此分类号检索,可方便检索各个国家母合金制备方法方面的专利。英文文献检索多用 master alloy,而中文检索多用"中间合金",故本书沿用"中间合金"一词。

由于稀土金属与镁的密度相差悬殊,大多数稀土金属的熔点比镁的熔点高,二者难以在较低温度下直接均匀混熔而不产生成分偏析,所以常常在熔炼稀土镁应用合金时,先制成稀土镁中间合金。对于高稀土含量的稀土镁应用合金,其消耗中间合金的数量很大。文献[35]揭示,其在制备 WE54 镁合金中,生产 1 t 成品合金,最多消耗掉 0.5 t 稀土镁中间合金,所以,对于消耗大量稀土镁中间合金的镁合金品种或牌号,必须注意中间合金的"遗传性",中间合金的组织遗传和力学性能遗传往往决定最终产品是否合格或是否具有良好的力学性能。美国铝业公司在 20 世纪 90 年代,已经在企业标准中增加了细化晶粒用中间合金的组织要求[36];该要求核心为从标准角度强迫中间合金生产商更加注重自己产品对下游用户产品质量影响。

稀土镁中间合金可以通过混熔法、电解法和还原法制备。混熔法和还原法报道的不多,有关电解法报道较多。电解法是目前生产稀土镁中间合金的主流方法。

5.4.2 氯化物体系熔盐电解制备稀土镁中间合金

5.4.2.1 生产流程

图 5-4 给出了氯化物体系电解制备稀土镁中间合金的生产流程图。

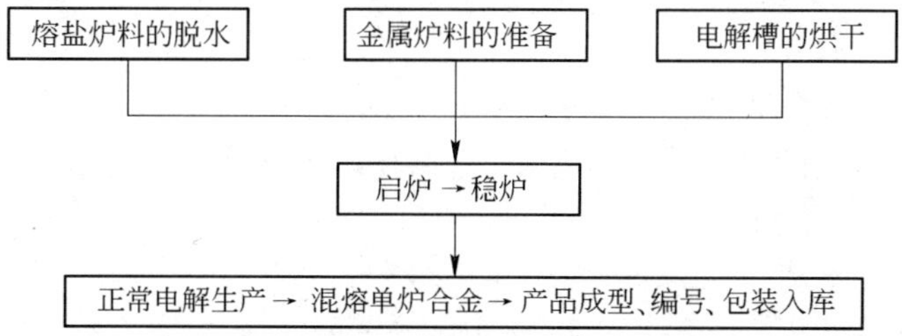

图 5-4 氯化物体系电解制备稀土镁中间合金生产流程图

5.4.2.2 方法及设备

A 氯化镁和氯化稀土的脱水

氯化镁和氯化稀土是共电沉积法制备稀土镁中间合金的主要原料，后者也是以下沉阴极或固液复合阴极制备稀土镁中间合金的基本原料。市售的氯化镁和氯化稀土都含有6个左右结晶水，若选用这类 $MgCl_2 \cdot 6H_2O$ 和 $RECl_3 \cdot 6H_2O$ 结晶料为原料，通常需要进行完全脱水或不完全脱水，也有人在用结晶料不脱水进行电解。包头稀土研究院任永红等采用氯化稀土结晶料，在800A规模下电解，制备出镁含量为40% ~60%的合金。

$MgCl_2 \cdot 6H_2O$ 脱水、脱掉前4个结晶水可以通过浓缩的方法，20世纪40年代，美国专利商标局就公开了美国迈森碱厂（Mathieson Alkall Wors）关于 $MgCl_2 \cdot 6H_2O$ 脱掉前4个结晶水的浓缩方法及设备[37]；而脱掉后2个结晶水，浓缩方法已经不再有效，常常要产生水解反应，会生成MgO。$MgCl_2 \cdot 6H_2O$ 中的6个结晶水中的最后2个结晶水完全脱掉，往往需要很高的成本。20世纪末，美国通用公司在电解生产镁过程中统计结果为：电解生产金属镁锭的50%成本和能耗来源于完全脱水的氯化镁原料[38]，以降低 $MgCl_2 \cdot 6H_2O$ 脱水成本为中心的改进研究与新方法研究一直没有间断。

中国科学院青海盐湖研究所发明的“两段六室流化床”脱水制取无水氯化镁的方法，脱掉前4个结晶水采用100 ~190℃；第二阶段将二水合氯化镁脱水至无水氯化镁的流化床温度210 ~320℃，每个阶段的流化床都分为三个室[39]。该方法的技术关键是“制备无水氯化镁过程中脱水尾气中水分的除去”，其采用无水氯化钙为吸附剂，在吸湿反应床中，使脱水尾气进行接触吸附反应，除去尾气中的水分，成为干燥的气体[40]。其对应设备情况在文献[41]中介绍。

利用有机物反应脱水进展很大。澳大利亚联邦科学及工业研究组织与澳大利亚镁制品经营有限责任公司联合开发的利用甘油、液氨与氯化镁结晶料反应、形成含有氯化镁六氨合物的沉淀物，加热即得到无水氯化镁[42]。国内清华大学采用盐酸苯胺与水氯镁石反应生成盐酸苯胺－六水氯化镁复盐，然后通过喷雾法将复盐干燥并造粒形成适合流态化的复盐颗粒，最后依次通过流化床脱去结晶水和盐酸苯胺，得到无水氯化镁产品[43]。南开大学采用乙酸异丁酯回流脱水，制得粉末状的二水氯化镁[44]。华东理工大学以水氯镁石制取 $MgCl_2 \cdot 6NH_3$，再经脱 NH_3 制取无水氯化镁。其工艺为 $MgCl_2 \cdot 6H_2O$ 溶于乙二醇中除水，反应为：

$$MgCl_2 \cdot 6H_2O + 3HOCH_2CH_2OH = MgCl_2 \cdot 3HOCO_2CO_2OH + 6H_2O$$

上述产物通入 NH_3 气，以产生的 $MgCl_2 \cdot 6NH_3$ 为原料，经不同温度下分段脱 NH_3，获得氯化镁产品。

$RECl_3 \cdot 6H_2O$ 的脱水与 $MgCl_2 \cdot 6H_2O$ 脱水比较类似，其专用脱水设备也已公布[45]。无水 $RECl_3$ 的制备，采用 RE_2O_3 和 NH_4Cl 为原料的干法氯化也不失为实验室开展研究的一条途径。其工艺和设备在文献[47]中有详细介绍。

氯化物体系电解制备稀土镁中间合金，除氯化镁和氯化稀土主要原料需要脱水外，其他辅助性的熔盐炉料简单烘干即可。

B 氯化物体系电解质组成与作用

电解质的组成与性质是决定电解过程各项指标的基本因素。目前，氯化物体系电解制备稀土镁合金常用的电解质原料包括：氯化钾、氯化钠、氯化钙、氯化钡、氯化镁、氯化稀土及少量氟化钠或氟化钙。它们在电解过程中起的作用[48]如下：

（1）氯化钾。KCl 的表面张力小，能使电解质对阴极的湿润性变好，但对镁在阴极上的汇集是极不利的；但是能减轻电解质水解，减轻镁在电解质中的溶解度。

（2）氯化钠。NaCl 能增大电解质与电极间的湿润角。$MgCl_2$含量一定时，增大 NaCl 含量，NaCl 与 KCl 的比值升高，则电解质与阴极的湿润角增大，对电解过程是有利的，而且能提高熔体的导电性。

（3）氯化钙。$CaCl_2$的重要作用是增加电解质的密度使镁易于上浮，但是过高时也能使电解质黏度增加，电解时水解严重，槽渣量增加，所以 $CaCl_2$的浓度要适中。

（4）氯化钡。$BaCl_2$与 $CaCl_2$的作用类似，主要是提高电解质的密度。

（5）氯化镁。$MgCl_2$对阴极的湿润性好，有利于镁在阴极的汇集长大。$MgCl_2$浓度增大，能使镁的分散度降低。由于 $MgCl_2$的表面张力较小，$MgCl_2$含量较高的电解质能保护镁。但是，此时镁在电解质中的溶解度也随之增大。

（6）氯化稀土。主要指的是轻稀土（La、Ce、Pr 及其混合金属）氯化物，既可以增加电解质的密度，又能够消除由于 $MgCl_2$水解产生的 MgO，减少电解过程中的槽渣量，同时可以使产品增值。氯化稀土消除 MgO 的机理[49]如下：

氯化镁水解：

$$MgCl_2 + H_2O \rightleftharpoons MgO + 2HCl$$
$$MgCl_2 + H_2O = Mg(OH)Cl + HCl$$
$$Mg(OH)Cl = MgO + HCl$$

氧化镁和氯氧化镁转化：

$$MgO + RECl_3 = MgCl_2 + REOCl$$
$$Mg(OH)Cl + RECl_3 = MgCl_2 + REOCl + HCl$$

氯氧化稀土在石墨电极上转化成氯化稀土[50]：

$$REOCl + C + Cl_2 = RECl_3 + CO$$
$$2REOCl + C + 2Cl_2 = 2RECl_3 + CO_2$$

（7）氟化钠或氟化钙。在电解液中加入 1.5% ~2% 的 NaF 或 CaF_2能提高镁和阴极的表面张力，使镁更好的汇集，也有利于提升电解液对少量氧化物或氧氯化物的溶解性能。

C　电解前金属型炉料准备

若采用 Mg^{2+} 和 RE^{3+} 共电沉积方法电解制备稀土镁中间合金[51]，电解前几乎不需要准备金属型炉料，而其他方式需要准备大量被切割过的金属镁锭。切割金属镁锭效率比较高的锯片为圆盘式焊接硬质合金锯齿尖的锯片，可采用干法或湿法切割，无论是采用干法或湿法切割，都要将被切割下来的镁条及时移出切割区，集中到一起二次利用。

D　电解前电解槽的烘干

氯化物体系电解制备稀土镁中间合金的电解槽材质通常为石墨。槽的形状通常为圆柱形或方形，以圆柱形居多，其阴极电流效率较高。其主要原因在于圆柱形槽型电解过程易于获得高对称性的“三场”（电场、磁场和力场）设计。由于已经使用过的电解槽，石墨微孔或介孔中会渗透盐，盐吸收空气中水分，因此电解前对电解槽的彻底烘干是必要的；即使对于没有使用过的新电解槽,石墨与其他耐火材料也会吸收空气中水分,也需要烘干。烘干热源可采用槽内放置电炉或焦炭炉等方式,烘干时间不低于12h。

E 启炉

启炉,即电解槽启动电解程序中的熔化盐程序。实验室电解槽熔化盐可利用外加热热源进行熔化,没有启炉步骤;而工业电解槽与实验室电解槽不同,工业电解槽没有外加热的热源,电解过程中依靠自身热量维持电解进行。电解槽中最初为固体盐,需要熔化,工业上习惯称为启炉。启炉可采用交流或直流启炉两种方式。启炉依据的是尖端放电原理。尖端放电对偶材料通常为石墨－石墨、石墨－钨棒或石墨－钼棒。直流启炉可以直接使用电解用的直流整流电源。整流电源正极输出端连接石墨电解槽,负极输出端连接钨棒,当钨棒边缘接触石墨电解槽底面时正负极短路并开始火花放电,控制该火花放电以量子化的电弧形式,并使用 KCl 包埋该电弧,则 KCl 被该电弧熔化,不断添加固体 KCl 包埋该电弧,最终液体 KCl 达到电解槽指定刻度。交流启炉比直流启炉的优点在于可以作为电解槽内加热器增加启弧探头功能,缺点是需要增加交流变压器等投资。

F 稳炉

启炉过程中大量石墨粉混入电解质中,使得电解质呈现深灰色,若直接通直流电电解,电解不能正常和稳定进行,甚至会出现电解终止。从启炉开始至电解正常稳定进行时段和过程,称为稳炉时段或稳炉过程。稳炉也可采用交流或直流两种方式。直流方式为直接通直流电电解,电解过程中精心调整电流密度,不断捞渣,控制补充添加电解质数量和维持合理炉温等手段,使得炉温稳定,电解质澄清度提高并翻动正常。稳炉过程通常至少耗时一天,产能大的电解炉需要两天或以上。文献[52]介绍含有内加热探头的电解槽,其交流加热探头作用之一为工业电解槽稳炉而设计。

G 正常电解

a 静态下沉阴极法

在700～900℃下电解,以液态镁做阴极,镁容易上浮、飘浮到电解液表面。静态下沉阴极法是采用稀土含量为5%～8%的稀土镁中间合金作为初始下沉液态阴极,含有5%～8%稀土的镁合金密度超过熔盐电解质密度,这种初始液态阴极下沉程度好,在此基础上继续电解,使液态阴极中稀土浓度从5%～8%提高到20%～25%,获得稀土浓度20%以上的稀土镁中间合金。这种工艺在文献[53]中有详细介绍。

b 动态下沉阴极法

显然,静态下沉阴极法的限制条件为:以稀土含量为5%～8%的稀土镁中间合金作为初始下沉液态阴极。要克服该限制,可用纯金属镁做阴极,将飘浮在液面上的镁作阴极。随着电解过程的进行,稀土金属进入镁液中含量增加,合金化镁的密度变大,超过熔盐密度后,开始沿着裸阴极棒下沉,下沉过程中仍然保持固液态复合阴极功能,一直到镁合金下沉到坩埚内作为静态下沉阴极,电解阴极达到立体化,这种动态下沉阴极工艺在文献[54]中也有详细介绍。文献[54]也同时详细介绍了利用该动态下沉阴极生产 Mg－Y, Mg－镧镨铈新型混合稀土等产品工艺。

静态或动态下沉阴极的一个特点是稀土在液体阴极上析出,会产生去极化作用,使析出电位正移,分解电压变小,有利于降低槽压,节能降耗。

图 5-5 给出氯化物体系电解制备稀土镁中间合金电解槽截面图。

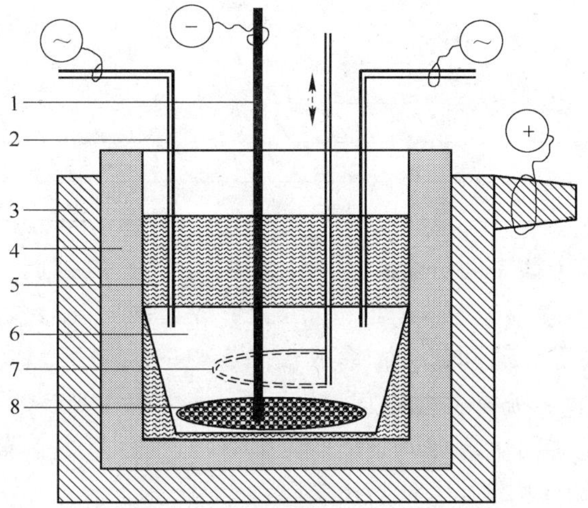

图 5-5 氯化物体系电解制备稀土镁中间合金 1000 ~ 3000 A 电解槽截面图

1—阴极(钨)棒;2—交流内加热探头;3—电解槽铸铁外壳;4—石墨电解槽内衬(兼做阳极);5—熔盐电解质;6—液态阴极承受器(坩埚);7—上下振动式搅拌器;8—液态阴极(合金产品)

H 电解获得单炉合金混熔与均匀化

电解获得单炉合金,即使电解工艺条件控制得很好,也可能造成稀土在合金中浓度的差异,将多次单炉获得合金混熔可以消除这种成分差异,提高产品质量。另外,也可以有效地防止稀土元素与 Mg 形成金属间化合物聚集体存在或残留。

17 种稀土元素,除 Pm 元素外,其余 16 种稀土元素只有 Sc 难以与 Mg 形成热力学稳定的金属间化合物外,其余 15 种稀土元素与 Mg 都易形成 1 ~ 6 种热力学稳定的金属间化合物,如表 5-2 所示。这些金属间化合物大多具有较高的熔点,其有利的方面是可起弥散作用而强化合金;但若分布不好,它们又可能聚集成为材料的破裂源。

表 5-2 稀土元素与镁易形成热力学稳定的金属间化合物一览表

RE 元素	RE-Mg 稳定的金属间化合物	个 数
Sc	—	0
Y	$Mg_{24+x}Y(x \leqslant 1)$、$Mg_2Y$、$Mg_{1+x}Y(x<1)$	3
La	$Mg_{12}La$, $Mg_{17}La_2$, Mg_3La, Mg_2La, MgLa	5
Ce	$Mg_{12}Ce$, $Mg_{10.3}Ce$, $Mg_{41}Ce_5$, Mg_3Ce, Mg_2Ce, MgCe	6
Pr	$Mg_{12}Pr$, $Mg_{41}Pr_5$, Mg_3Pr, Mg_2Pr, MgPr	5
Nd	$Mg_{12}Nd$, $Mg_{41}Nd_5$, Mg_3Nd, Mg_2Nd, MgNd	5
Sm	$Mg_{41}Sm_5$, Mg_5Sm, Mg_3Sm, Mg_2Sm, MgSm	5
Eu	$Mg_{17}Eu_2$, Mg_5Eu, Mg_2Eu, MgEu	4
Gd	Mg_5Gd, Mg_3Gd, Mg_2Gd, MgGd	4
Tb	$Mg_{24}Tb_5$, Mg_3Tb, Mg_2Tb, MgTb	4
Dy	$Mg_{24}Dy_5$, Mg_2Dy, MgDy	3

续表 5-2

RE 元素	RE-Mg 稳定的金属间化合物	个 数
Ho	$Mg_{24}Ho_5$, Mg_2Ho, MgHo	3
Er	$Mg_{24}Er_5$, Mg_2Er, MgEr	3
Tm	$Mg_{24}Tm_5$, Mg_2Tm, MgTm	3
Yb	Mg_2Yb	1
Lu	$Mg_{24}Lu_5$, Mg_2Lu, MgLu	3

熔盐电解法制备稀土镁中间合金过程中，如果“解决扩散控制与自热之间矛盾”不当、人工强制扩散(常用机械搅拌方法)不当，有可能形成金属间化合物聚集体存在或残留，该残留通常被认为是高熔点金属间化合物形成枝晶放电的尖端点，尖端放电效应使初始电沉积在该尖端点沉积，适宜电流密度与适宜温度匹配，该尖端点晶核沉积得到块状聚集体。从扩散控制角度解决该金属间化合物聚集体残留的方法在文献[55]有详细介绍，而从电解槽设计角度解决该聚集体产生的方法公开在文献[52]中。

I 产品成型

经过混熔与均匀化的合金可以手工浇铸或机械连铸成型。机械连铸成型比较典型的设备是镁合金真空虹吸出炉浇铸机。该设备已经在生产中应用，其构造和原理在文献[56]有详细介绍。成型的合金再经过化学成分分析、组织抽检、包装等工序形成最终产品。目前，湖南稀土研究所下属公司在生产镁钕、镁钇的中间合金；包头稀土研究院下属公司在生产镁钆中间合金。

目前国内生产稀土镁中间合金品种较多的企业——中科希美公司的系列品种与化学成分如表 5-3 所示。

表 5-3 中科希美公司稀土镁中间合金品种与化学成分统计表

序号	合金名称	化学成分/%		稀土配分/%	杂质含量(小于)/%					
		RE	Mg	单一 RE/∑RE	Fe	Si	Cu	Ni	Al	Co
1	镧镁中间合金	3~60	余量	99.90	0.03	0.01	0.005	0.001	0.01	0.0001
2	铈镁中间合金	3~60	余量	99.90	0.03	0.01	0.005	0.001	0.01	0.0001
3	镨镁中间合金	3~60	余量	99.90	0.03	0.01	0.005	0.001	0.01	0.0001
4	钕镁中间合金	3~60	余量	99.90	0.03	0.01	0.005	0.001	0.01	0.0001
5	钐镁中间合金	3~60	余量	99.90	0.03	0.01	0.005	0.001	0.01	0.0001
6	钆镁中间合金	3~60	余量	99.90	0.03	0.01	0.005	0.001	0.01	0.0001
7	铽镁中间合金	3~30	余量	99.90	0.03	0.01	0.005	0.001	0.01	0.0001
8	镝镁中间合金	3~30	余量	99.90	0.03	0.01	0.005	0.001	0.01	0.0001
9	钬镁中间合金	3~30	余量	99.90	0.03	0.01	0.005	0.001	0.01	0.0001
10	铒镁中间合金	3~30	余量	99.90	0.03	0.01	0.005	0.001	0.01	0.0001
11	镱镁中间合金	3~30	余量	99.90	0.03	0.01	0.005	0.001	0.01	0.0001
12	钇镁中间合金	3~60	余量	99.90	0.03	0.01	0.005	0.001	0.01	0.0001
13	钪镁中间合金	1~5	余量	99.90	0.03	0.01	0.005	0.001	0.01	0.0001
14	富镧镁中间合金	3~60	余量	99.90	0.03	0.01	0.005	0.001	0.01	0.0001
15	富铈镁中间合金	3~60	余量	99.90	0.03	0.01	0.005	0.001	0.01	0.0001
16	富钕镁中间合金	3~60	余量	99.90	0.03	0.01	0.005	0.001	0.01	0.0001
17	富钇镁中间合金	3~60	余量	99.90	0.03	0.01	0.005	0.001	0.01	0.0001

J 尾气处理

氯化物体系电解制备稀土镁中间合金,阴极产生合金产品同时,阳极产生大量的氯气。氯化物体系电解制备稀土镁中间合金尾气处理与利用是重要问题。

电解生产稀土镁中间合金产生的尾气包括氯气、氯化氢和一些易挥发的粉尘。常用的方法是将尾气中的挥发物通过布袋式吸尘器处理,然后把尾气通过碱洗槽(石灰水或氢氧化钠),回收次氯酸钠或漂白粉。

以不完全脱水氯化镁电解制备稀土镁合金时,产生的气体成分会比较复杂,除了含有 Cl_2、CO 和 CO_2 之外,还含有其他成分,详情见表 5-4。

表 5-4 以不完全脱水氯化镁电解制备稀土镁合金时产生的气体及来源

气 体	来 源
氯 气	金属氯化物的电解
水蒸气	含水电解原料中水分的挥发
氯化氢	金属氯化物的水解
二氧化碳	石墨阳极的氧化,氯氧化稀土的消渣反应
一氧化碳	石墨阳极的氧化,氯氧化稀土的消渣反应
氧 气	水的电解
氢 气	水和碱式氯化镁的电解
有机氯	石墨阳极的氯化

杂质气体的含量及含量的相对高低需要通过实验验证。以预焙式氧化镁-炭复合阳极电解制备金属镁的试验研究表明:阳极气体主要为 CO_2,只有微量 CO[57]。有机氯可能主要是在氯气从石墨阳极逸出的过程中产生的。

R. L. Deutscher 和 K. J. Cairo 在实验室规模的电解槽中研究了电解制镁过程中有机氯的形成问题[58],电解时以石墨为阳极,以液态铝合金为阴极,以 $MgCl_2-CaCl_2-KCl-NaCl-NaF$ 为熔盐电解质,电流密度为 3000~10000 A/m^2,电解温度为 660~750℃。实验结果表明检测出的所有有机氯都是被充分氯化的脂肪族或芳香族化合物,主要物质为六氯丁二烯、六氯苯、四氯乙烯和八苯乙烯。以每吨镁计的有机氯生成总量随电解时间和电流密度的增大而减少,随操作温度的升高而增加,也和石墨电极的种类有关,有机氯的生成量为 5~20 g/t 镁。

一般认为工业电解生产金属镁的过程中,有机氯的生成量远远高于上面的结果,其中一个原因是熔盐电解质中的有些杂质,比如铁能催化有机氯的生成反应[59]。

处理不完全脱水氯化镁电解制备稀土镁合金产生的尾气,主要有两个思路:

(1) 将尾气直接通过吸收液,去除氯气。一种方式是用碱液吸收,得到次氯酸盐溶液或固体。用氢氧化钠溶液吸收时,得到次氯酸钠溶液;用氢氧化钙溶液吸收时,可以得到次氯酸钙固体。另一种方式是用氯化亚铁溶液吸收,在吸收的过程中补充铁粉,得到氯化铁溶液。

(2) 将尾气净化制备液氯,这大致需要经过冷却、提纯、干燥和液化 4 个步骤。以无水氯化镁为原料进行电解的过程中产生的氯气一般不需要提纯,以不完全脱水氯化镁为原料电解制备稀土镁合金时，产生的气体需要提纯，使 Cl_2 与 CO_2、CO 等气体分离，然后才能用于制备液氯。

中国科学院长春应用化学研究所发明的一套新型处理电解熔融氯化物阳极产生的氯气吸收装置[60,61]，其主要工作原理是 $Fe + Cl_2 = FeCl_2$，$2FeCl_2 + Cl_2 = 2FeCl_3$，三氯化铁浓度小于40%时，氯气吸收效果好；三氯化铁浓度在40% ~60%之间，氯气吸收效果一般；如果三氯化铁浓度超过60%，不再能吸收氯气时，可以补加铁粉，进行还原再生，反应方程式为 $2FeCl_3 + Fe = 3FeCl_2$。氯气吸收装置图如图5-6所示。

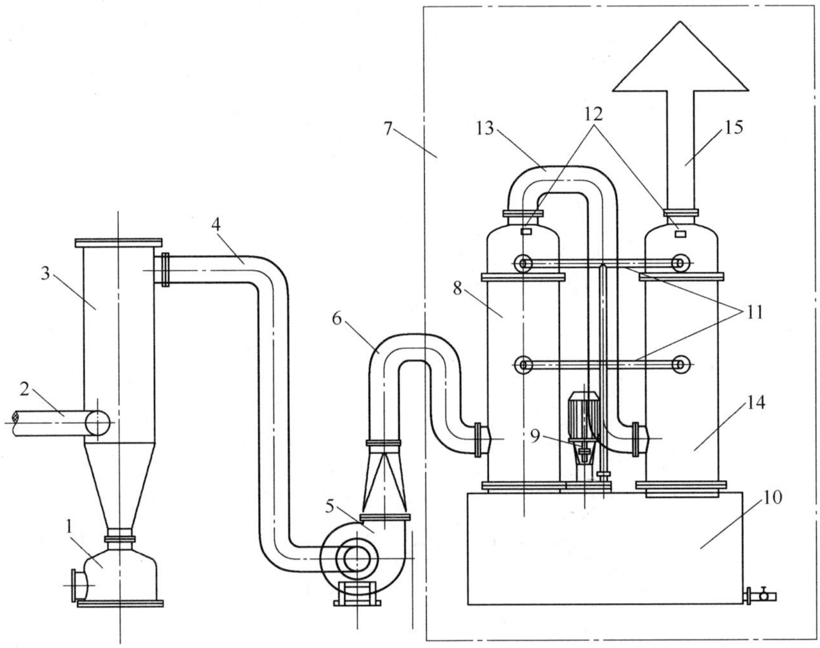

图5-6 电解熔融氯化物阳极产生的氯气吸收装置示意图

1—粉尘收集器；2—氯气吸入管道；3—旋风除尘器；4—中间管道；5—风机；6—连接管道；7—单元；8，14—高效净化塔；9—液下泵；10—储液槽；11—吸收液管；12—汽水分离器；13—管道；15—氯气排出口

该装置的优点在于，在尾气进入净化塔之前，采用旋风除尘器，把气体和粉尘分离，避免粉尘进入储液箱和净化塔；还原剂采用铁粉代替以往通常采用的铁屑，减小了铁屑对电机的破坏；可以视氯气产量的多少和氯气被吸收效果的不同情况，增加高效净化塔的数量。整套设备氯气吸收率高，废气中的氯含量小于 $3\times10^{-4}\%$。

K 国内不完全脱水料电解研究进展

进入21世纪，国内在熔融氯化物熔盐体系中，直接使用含有0.56 ~5.4个结晶水的氯化钇和富镧混合氯化稀土的高含水料投入电解槽电解，生产 Y－Mg 或 ML－Mg 稀土－镁中间合金的技术壁垒已经突破（ML代表富镧混合稀土）。文献[62]介绍：以市售纯度为99.5%的 KCl、经脱水处理的纯度为99.5%的 $YCl_3 \cdot xH_2O \cdot yNH_4Cl$ 和纯度为99%的 $MLCl_3 \cdot mH_2O \cdot nNH_4Cl$ 为融盐电解质的原料，其中 $x = 2.2 \sim 5.4$，$y = 0.7 \sim 1.2$，$m = 0.56 \sim 5.1$，$n = 0.44 \sim 0.86$。ML相对质量分数为：La81.74%，Pr10.82%，Ce6.12%，Nd0.8%。以纯度为99.5%的 NaF 和 CaF_2 为消渣剂。以含10% Y－90% Mg 和9% ML－91% Mg 中间合

金为初始阴极的原料,该中间合金原料的纯度为99.5%。以纯度99.9%的金属镁作为产物的稀释原料。阴极电流导出所用的阴极导流体材料为金属钨,该导流体采用上插式,其外绝缘套管材料选择刚玉或镁砂—高铝复合材料。阴极承受器材料为刚玉或镁砂 - RE_2O_3 - 金属 - 高铝复合材料[63],其中 RE_2O_3 为 Y_2O_3 或 ML_2O_3。石墨为阳极材料。向圆柱形电解槽中加入一定量的KCl,该KCl的加入数量控制条件为:在Y - Mg电解体系中,加入总电解质的质量分数为9% ~ 26%;而在ML - Mg电解体系中,加入总电解质的质量分数为10% ~ 35%。用交流电弧使该KCl熔化,向已经熔化的KCl表面匀速添加 $YCl_3 \cdot xH_2O \cdot yNH_4Cl$ 或 $MLCl_3 \cdot mH_2O \cdot nNH_4Cl$ 的部分脱水料,该部分脱水料中的 m 为0.56 ~ 6;再向阴极承受器内加入上述10% Y - 90% Mg或9% ML - 91% Mg中间合金形成初始阴极,每炉投入量为8 ~ 22 kg;通1000A以上直流电进行自热式电解,其间不断添加氯化稀土含水料和补加KCl,维持电解质质量分数为 $p\%\ YCl_3 - (100-p)\%\ KCl$ 或 $q\%\ MLCl_3 - (100-q)\%\ KCl$ 的相对浓度,其中 $p = 9 \sim 26$,$q = 10 \sim 35$。单槽电解电流控制在1000 ~ 2000 A,并用该电流作为自热源,维持电解温度在700 ~ 860℃,阴极电流密度控制在2 ~ 4 A/cm^2,电解。即可得到用高含水料电解制备稀土 - 镁中间合金。中国科学院长春应用化学研究所正在试验往镁电解槽中添加 $RECl_3$ 直接制取稀土镁中间合金及应用合金。

5.4.3 氟化物体系熔盐电解与还原法制备稀土镁中间合金

5.4.3.1 氟化物体系电解制备稀土镁中间合金的工艺与方法

氟化物体系电解制备稀土镁中间合金与氯化物体系电解制备稀土镁中间合金相比,既有相同之处,又有不同之点,并且各自存在优势和劣势。

氟化物体系电解温度比氯化物体系电解温度高,较高的电解温度,高熔点金属间化合物块状聚集体容易溶解,利于保证制品的高品质为其优点,同时,容易获得稀土镁中间合金中稀土浓度较高含量的制品,以满足特殊需要。然而,其缺点在于较高的温度下腐蚀更加严重,辐射热等不容易控制,使用氟化物原料和合金承受器难熔金属的价格较贵。

图5-7给出了氟化物体系电解制备稀土镁中间合金代表性电解槽截面图。

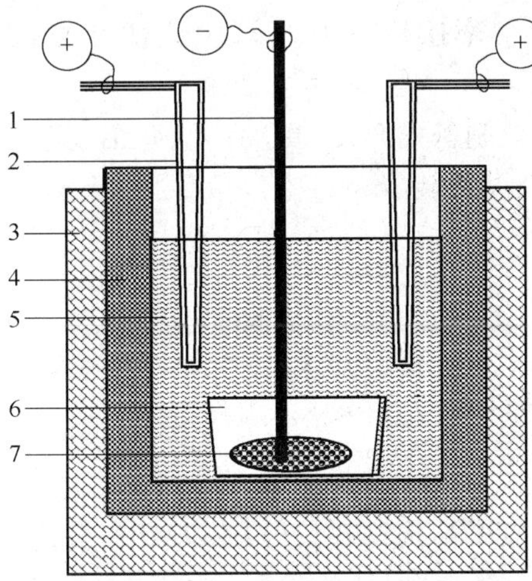

图5-7 2000 A 圆形氟化物电解制备稀土镁中间合金电解槽截面图
1—阴极(钨)棒;2—石墨阳极;3—耐火与保温材料外壳;4—石墨电解槽内衬;
5—熔盐电解质;6—阴极承受器(坩埚);7—液态阴极产品

据文献[64]报道:利用图 5-7 所示电解槽,在氟化体系共电沉积制备 Gd - Mg 中间合金,以市售的纯度大于95% Gd_2O_3、纯度大于95%的 MgO 混合物为原料,其中 Gd_2O_3质量百分数为80% ~95%,以 GdF_3 - LiF 或 GdF_3 - LiF - BaF_2氟化物熔盐为电解介质,以 Gd_2O_3与 MgO 为原料,采用图 5-7 所示圆形或者方形电解槽,在阴极位置发生 Gd 与 Mg 的电化学析出,并合金化得到 Gd 质量百分含量大于85%的 Gd - Mg 中间合金。制备的稀土镁合金的稀土含量高,且成分均一。电解工作连续,采用虹吸出炉,操作简单,稀土回收率大于90%,废气符合环保要求,中间合金杂质含量低,成本低。

文献[65]也认为:在 REF_3 - LiF 二元或 REF_3 - MgF_2 - LiF 三元熔盐体系中,加入稀土氧化物 RE_2O_3和氧化镁 MgO 的混合物,电解共析制取稀土镁中间合金。该方法工艺流程简单,电流效率高,稀土金属收率高,产品质量稳定,能耗低,污染小。由于该方法所得稀土镁合金产品中稀土金属含量高,可通过真空蒸馏除去镁制备稀土金属,也可作为制备系列低品位稀土镁中间合金的母合金。

5.4.3.2 还原法制备稀土镁中间合金的方法、流程及设备装置

金属镁在高温下能够还原出稀土卤化物中稀土同时得到稀土镁中间合金,这种还原法报道不多,一般局限在制备稀土浓度在2% ~3%的含 Sc 中间合金(含 Sc 应用合金中 Sc 的含量通常在0.3%左右)。

文献[66]研究的还原反应在 KCl - NaCl(等摩尔)$ScCl_3$熔盐体系中进行,KCl - NaCl(等摩尔)的初晶温度是658℃,14% $ScCl_3$ -42% KCl -44% NaCl 熔盐熔点为594℃,KCl - NaCl(等摩尔) -(10% ~40%)$ScCl_3$,熔盐体系初晶温度范围655 ~651℃,还原反应温度在727 ~927℃时,还原发生在熔盐与合金的液 - 液界面上,搅拌使两相充分接触,还原反应能顺利进行。体系中加入 Al 原理是:727 ~927℃范围内,还原反应平衡常数的对数为5.75 ~5.77,还原反应能顺利进行,但当在还原体系中加入 Al 时,还原反应新生成的金属 Sc 与 Al 生成金属间化合物 Al_3Sc,考虑 Al_3Sc 的生成焓后平衡常数的对数增加至9.23 ~8.37,可极大降低 $ScCl_3$的平衡浓度,提高 Sc 的收得率。其研究的最终结论是:热力学计算和实验证明,727 ~927℃时,$ScCl_3$能被镁还原为金属钪,当有铝共存时,由于生成 Al_3Sc 化合物,能极大降低 $ScCl_3$的平衡浓度,使 Sc 的收得率接近100%,利用这种方法制备钪中间合金,反应装置简单,能大幅度降低生产成本。

文献[67]和[68]从工业制备的角度,更加详细介绍以铝镁合金为还原剂,还原法制备钪 - 镁中间合金方法、流程及设备装置。有些学者认为,还原法制备稀土镁中间合金,具有很大研究空间。

5.5 稀土镁合金材料

5.5.1 含稀土的高强耐热镁合金

5.5.1.1 概述

镁合金作为最轻的工程应用结构材料,已经在工业界引起了广泛关注,被誉为“21 世纪的绿色工程材料”[69]。常用的镁合金,如 AZ91、AM60、AM50、AM20、AS41 和 AE42,其中 AZ 和 AM 两个系列的镁合金占汽车用镁合金的90%。它们虽然具有良好的室温性能,但当温度超过120 ℃时,合金的强度随着温度的升高而大幅度下降[70]。耐热性能差,特别是高温

拉伸性能和抗蠕变性能差，无法用于制造对高温性能要求较高的汽车零部件，严重限制了其扩大应用。因此，为了提高镁合金的耐热性能，世界各国对其展开了大量研究，希望开发多种耐热镁合金，以满足工业实际需求。

在现有研究中，合金化是提高镁合金高温性能的主要方法，通过添加 Si、Ca、Sr、Sb、Bi、RE 等元素来强化基体和晶界，提高高温强度和抗蠕变能力，其中以 RE 的作用最为显著。图 5-8 为高强耐热镁合金的发展示意图，并标明了各个合金体系的使用温度，目前 Mg - RE 系高强耐热镁合金为人们重点研究和发展方向。

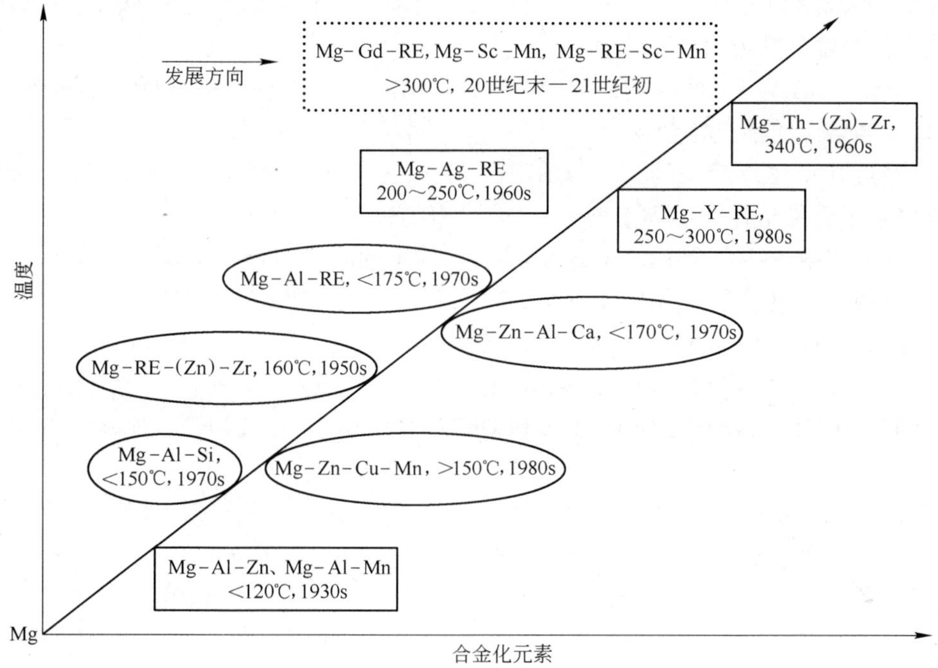

图 5-8 高强耐热镁合金发展示意图

20 世纪 60 年代到 20 世纪 80 年代末的耐热稀土镁合金的发展概况已在本章 5.2 节叙述，到了 20 世纪 90 年代，人们又开发了成本较低的 Mg - 2.5RE - 0.35Zn - 0.3Zr(简称 MEZ)合金，应用于汽车零部件，其耐热性优于 AE42 合金[71,76]。最近几年，研究开发的主要有 Mg - Gd、Mg - Y 和 Mg - RE - Sc - Mn 等体系合金。目前也有人开展了 Mg - Sm、Mg - Dy、Mg - Ho 等合金系的研究。我国是一个镁资源和稀土资源都很丰富的国家，稀土镁合金研究拥有独特的优势。我国稀土镁合金新材料的研究始于 20 世纪 70 年代，其 ZM 系列合金研制曾一度达到世界先进水平。但近 20 年来我国高温镁合金发展缓慢，新型的 ZM6 和 ZM9 性能已落后于 WE 系列以及俄罗斯发展的新型耐热稀土镁合金[77,78]，已无法满足航空工业和国防建设的需求。最近我国提出了新的稀土镁合金开发计划，先后启动国家“863”和“973”等重大项目，有效带动了稀土镁合金产业的发展[79]。经过近十年的努力，我国开发的高强度稀土镁合金取得了很大进展[80~90]。

世界各国含稀土铸造镁合金已占牌号总数的 50% 以上，稀土镁合金中稀土金属的质量分数最高达到 15% 以上。稀土元素在耐热镁合金中的作用研究已取得突破性进展，开发的稀土耐热镁合金主要有以下几大系列：

(1) Mg－RE－Zr 系，如 EK30、EK31、EK41 等，高熔点的 Mg－RE 合金相的生成提高了合金的高温性能。

(2) Mg－Zn－RE 系，如 ZE33、ZE41、ZE63 等，在 Mg－RE－Zr 系基础上加入 Zn 后，可改善合金的铸造性能，力学性能进一步提高。

(3) Mg－Ag－RE 系，如 QE21、QE22、EQ21 等，在 Mg－RE－Zr 系基础上加入 Ag 后，改善合金的时效硬化效应。

(4) Mg－Al－RE 系，如 AE41、AE42 、AE21 等，主要是由于 Al 和 RE 生成了高熔点的 $Al_{11}RE_3$ 相，抑制了低熔点的 $Mg_{17}Al_{12}$ 相的生成，$Al_{11}RE_3$ 相具有很高的热稳定性，可有效钉扎晶界，从而使合金的高温性能提高[91]。

(5) Mg－Y－RE 系，如 WE33、WE54、WE43，高温性能优良是由于稀土的过饱和固溶，时效后析出高熔点的稀土化合物相。

(6) 最近几年发展起来的 Mg－HRE(重稀土)系合金，其中以 Mg－Gd 系合金最为热门，主要是由于重稀土在镁中固溶度大，具有显著的时效硬化特征。

根据稀土在耐热镁合金中的含量的不同，含稀土的耐热镁合金可以分为以下几大类。

(1) 低稀土耐热镁合金(RE 总量 $<2\%$)。代表性的有 AE41、ZE41、QE21、ZE10A 等合金，另外包括通过添加少量稀土元素 Ce、Y 等改善 AZ、AS、AM 等合金系高温性能。

(2) 中等稀土耐热镁合金($2\% \leq$ RE 总量 $<6\%$)。这个范围合金较多，代表性的有 AE42、AE44、ACM522、ZE33、ZE63、EQ21、QE22、QE22A、EK30、EK31、EK41 等多个系列合金。

(3) 高稀土耐热镁合金(RE 总量 $\geq 6\%$)。代表性合金有 WE33、WE43、WE54 等，以及目前发现的 Mg－6Sc－1Mn、Mg－15Sc－1Mn[92,93] 和 Mg－9Gd－4Y－Zr 等 Mg－Gd 系合金。这些合金高温性能优异，可以在 250～300℃ 长期使用。总的趋势来看随着稀土含量的增加耐热镁合金的高温性能增加。表 5－5 所示为几种典型的含稀土高强耐热镁合金的室温和高温力学性能。表 5－6 所示为几种典型的含稀土高强耐热镁合金的高温蠕变性能。对比分析可以看出 WE54 和 WE43 合金的高温力学性能和抗蠕变性能最为突出。

表 5－5 含稀土的高强耐热镁合金的力学性能[94～97]

合金牌号	温度/℃	抗拉强度 σ_b/MPa	屈服强度 $\sigma_{0.2}$/MPa	伸长率 δ/%
AE42	RT	226	139	11
	121	177	118	23
	177	135	106	28
ACM522 (MgAlCaRE)	RT	200	158	4
	150	175	138	7
	175	152	132	9
MEZ	RT		97	3
	150		78	8
	175		73	5

续表 5-5

合 金 牌 号	温度/℃	抗拉强度 σ_b/MPa	屈服强度 $\sigma_{0.2}$/MPa	伸长率 δ/%
MIR153 (MgAlCaRESr)	RT	197	157	2.2
	125	170	134	3.1
	175	139	113	3.4
ZE41	RT	205	140	3.5
	150	167		
	315	77		
EZ33	RT	160	112	2
	150	145		
	315	83		
QE22	RT	260	195	3
	150	208		
	250	162		
	315	80		
WE54	RT	280	172	2
	150	255		
	250	234		
	315	184		
WE43	RT	265	186	2
	150	252	175	
	250	220	160	
	300	160	125	

注:RT 表示室温。

表 5-6 含稀土高强耐热镁合金的高温蠕变性能[96]

合 金	蠕变强度/MPa		弹性模量/GPa	
	205℃	315℃	205℃	315℃
EZ33 - T5	38	6.9	40	38
ZE41 - T5	31		41	24
HK31 - T6	64	14	40	39
HZ32 - T5	52	22	40	39
QE22 - T6	55		37	31
WE54 - T6	132		41	36
WE43 - T6	96		39	37

目前 Mg - RE 系合金形成商业牌号的主要有西方的 EK30、EK31、WE33、WE43、WE54、MEZ 等,俄罗斯的 ML9、ML10、ML11、ML19、MA11、MA12。我国的牌号有 ZM3、ZM6、MB22,其中 MA11、MA12 和 MB22 为变形镁合金。表 5-7 列出目前形成商业牌号的几种 Mg - RE 系合金成分,表 5-8 列出其中几种合金的室温和高温力学性能。

表 5-7 Mg-RE 系镁合金的合金成分[98,99]

合金牌号	合金主要成分(质量分数)/%
EK30	Mg-(2.5~4.4)%RE-(0.2~0.4)%Zr
EK31	Mg-(3.5~4.0)%RE-(0.4~1)%Zr
EK41	Mg-3.5%RE-0.6%Zn-0.4%Zr
WE33	Mg-3%Y-2.5%Nd-1%重稀土-0.5%Zr
WE43	Mg-(3.75~4.25)%Y-(2.4~3.4)%RE-(0.4~1)%Zr
WE54	Mg-(4.75~5.5)%Y-(2.0~4.0)%RE-(0.4~1)%Zr
MEZ	Mg-2.5%RE-0.35%Zn-0.3%Mn
ML9	Mg-(1.9~2.6)%Nd-(0.2~0.8)%In-(0.4~1)%Zr
ML10	Mg-(2.2~2.8)%Nd-(0.1~0.7)%Zn-(0.4~1)%Zr
ML11	Mg-(2.5~4.0)%∑RE-(0.2~0.7)%Zn-(0.4~1)%Zr
ML19	Mg-(1.6~2.3)%Nd-(1.4~2.2)%Y-(0.1~0.6)%Zn-(0.4~1)%Zr
MA11	Mg-(2.5~3.5)%Nd-(1.5~2.5)%Mn-(0.1~0.22)%Ni
MA12	Mg-(2.5~3.5)%Nd-(0.3~0.8)%Zr
ZM3	Mg-(2.5~4.0)%RE-(0.2~0.7)%Zn-(0.4~1)%Zr
ZM6	Mg-(2.0~2.8)%RE-(0.2~0.7)%Zn-(0.4~1)%Zr
ZM9	Mg-Y-Zn-Zr
MB22	Mg-(2.9~3.5)%Y-(1.2~1.6)%Zn-(0.45~0.8)%Zr

表 5-8 Mg-RE 系镁合金的力学性能[98~101]

合金牌号	状态	温度/℃	抗拉强度 σ_b/MPa	屈服强度 $\sigma_{0.2}$/MPa	伸长率 δ/%
EK41	T6	RT	152	111	1
MEZ		RT	235	120	12
ML9	T6	RT	226	108	4
		200	200	135	5
		250	170	120	5
		300	120	100	20
ML10	T6	RT	226	137	3
		200	190	140	8
		250	165	130	13
		300	135	110	17
ML11	T6	RT	137	98	2
		200	140	80	6
		250	130	75	8.5
		300	105	60	30
ML19	T6	RT	216	118	3
		200	215	120	3
		250	200	110	7
		300	150	100	12
		350	110	80	15

续表 5-8

合金牌号	状态	温度/℃	抗拉强度 σ_b/MPa	屈服强度 $\sigma_{0.2}$/MPa	伸长率 δ/%
MA11	挤压材	RT	260	130	5
		200	210	110	13
		250	180	90	15
		300	140	80	19
MA12	挤压材	RT	260	130	5
		200	170	120	10
		250	140	100	16
		300	100	80	20
ZM3	铸态,T2	RT		145	3
		200	145		3
		250	145	30	
		300	110		
ZM6	T6	RT		255	5
		200	255		5
		250	165	37	
		300	110		
ZM9	T1	RT			
		200	215		8
		250	140	50	
		300	115	27	
MB22	热轧板材	RT	277	212	9
		175	209	159	20
		250	192	146	20
		300	106	100	36

5.5.1.2 含稀土的高强耐热镁合金的结构

稀土元素包括镧系从 La 到 Lu 的 15 个元素,加上 Sc 和 Y 共 17 个元素。稀土镁合金中通常添加的稀土元素有轻稀土元素 Ce、La、Pr、Nd 等,重稀土元素为 Y、Gd、Dy、Ho、Er 等。RE 元素在 Mg 中的最大固溶度和富镁端形成的化合物如表 5-9 所示。从表中可以看出生成的镁稀土化合物熔点都在 550℃以上,具有很高热稳定性。

表 5-9 RE 类元素在 Mg 中固溶度和 Mg 形成的化合物及其熔点[42,43]

稀土元素(RE)	原子序数	原子半径/0.1 nm	共晶温度/K	最大固溶度		富 Mg 端生成的化合物相	
				质量分数/%	原子分数/%	名称	熔点/K
Sc	21	1.64	—	25.9	15.9	MgSc	—
Y	39	1.80	838	12.4	3.35	$Mg_{24}Y_5$	<878
La	57	1.88	886	0.79	0.14	$Mg_{12}La$	913

续表 5-9

稀土元素（RE）	原子序数	原子半径 /0.1 nm	共晶温度/K	最大固溶度		富 Mg 端生成的化合物相	
				质量分数/%	原子分数/%	名称	熔点/K
Ce	58	1.83	863	1.6	0.28	$Mg_{12}Ce$	889
Pr	59	1.83	848	1.7	0.31	$Mg_{12}Pr$	853
Nd	60	1.82	821	3.6	0.63	$Mg_{12}Nd$	825
Pm	61	1.81	823	≈2.9	≈0.5	—	—
Sm	62	1.80	815	5.8	0.99	$Mg_{41}Sm_5$	823
Eu	63	2.04	844	≈0	≈0	$Mg_{17}Eu_2$	864
Gd	64	1.80	821	23.5	4.53	Mg_5Gd	915
Tb	65	1.78	832	24	4.57	$Mg_{24}Tb_5$	>832
Dy	66	1.77	834	25.8	4.83	$Mg_{24}Dy_5$	<873
Ho	67	1.76	838	28.0	5.44	$Mg_{24}Ho_5$	<873
Er	68	1.75	857	32.7	6.56	$Mg_{24}Er_5$	<873
Tm	69	1.74	865	31.8	6.26	$Mg_{24}Tm_5$	—
Yb	70	1.94	782	3.3	0.48	Mg_2Yb	991
Lu	71	1.73	889	41.0	8.80	$Mg_{24}Lu_5$	>889

图 5-9 和图 5-10 为 Mg－Y 和 Mg－Nd 二元相图。从 Mg－RE 相图上看，二元系 Mg－RE 富镁区大多是共晶反应。轻稀土元素 La、Ce、Pr 在镁中固溶度较小，但大多数稀土元素在 Mg 基体中具有较大的固溶极限，特别是 Y、Gd 等重稀土元素，而且随温度下降固溶度急剧减小，在 470 K 附近仅为最大固溶度的 1/10，满足时效析出强化型合金的必要条件。所以，稀

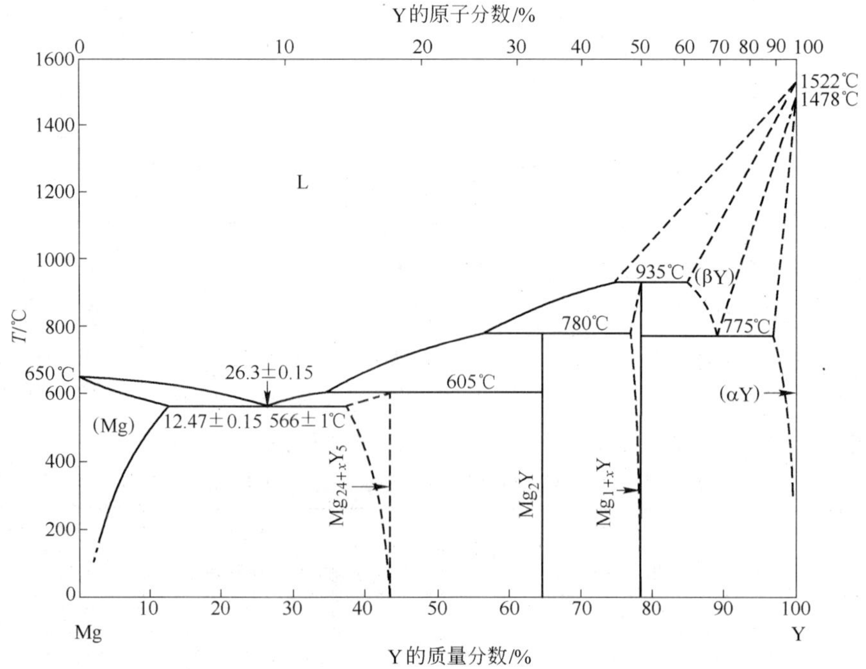

图 5-9 Mg－Y 二元相图

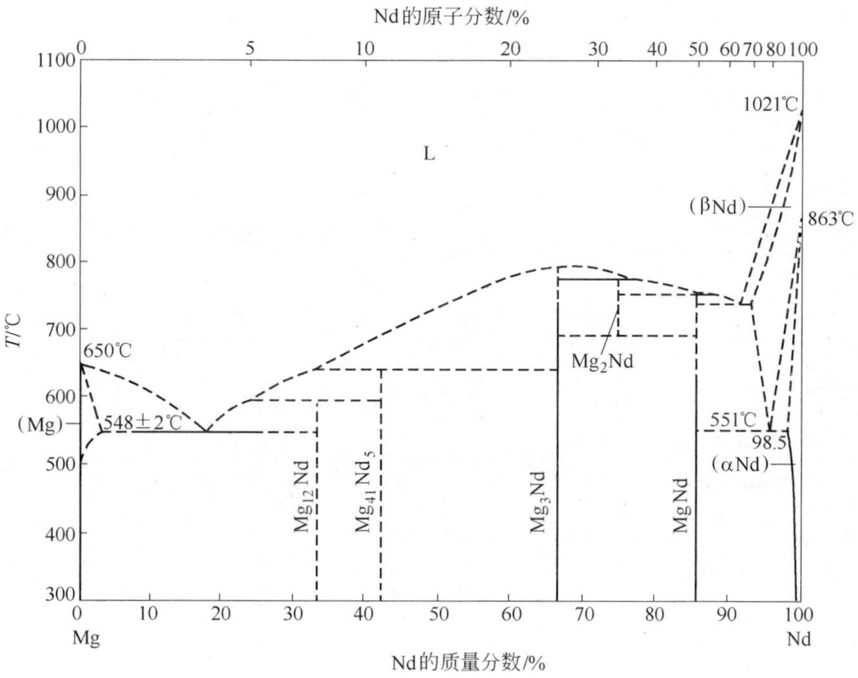

图 5-10 Mg - Nd 二元相图

土镁合金在 773 ~ 803 K 固溶处理后可以得到过饱和固溶体,然后在 423 ~ 523K 附近时效时均匀弥散地析出第二相,获得显著的时效强化效果。由于稀土元素具体的沉淀相转变过程很复杂,随着稀土元素含量的变化,时效析出序列并非均按同一顺序进行。时效析出序列的复杂性主要表现在[102]:

（1）各个合金系时效析出序列不一定相同,有些合金不一定出现 G. P. 区或过渡区。

（2）同一体系不同成分的合金,在同一温度下时效,可能有不同时效析出序列,过饱和度大的合金更易出现 G. P 区或过渡相。

（3）同一成分合金,时效温度不同,时效析出序列也不一样。一般情况下,时效温度高,预脱溶阶段或过渡相可能不出现或出现的过渡结构较少;温度低时,则有可能只停留在偏聚区或过渡相阶段。

（4）合金在一定温度下时效时,由于多晶体各部位的能量条件不同,在同一时期可能出现不同的脱溶产物。

已有的研究结果表明,二元或更复杂的镁稀土合金中过饱和固溶体大体上按下面三种沉淀析出秩序进行分解[103],即:

（1）Mg - Y 型（Y、Tb、Dy、Ho、Er、Tm、Lu）:

Mg(SSSS)→β″(DO_{19})→β′(c. b. c. o.)→β($Mg_{24}Y_5$, b. c. c.)

（2）Mg - Gd 型（Gd、WE 合金）:

Mg(SSSS)→β″(DO_{19})→β′(b. c. o.)→β(Mg_5Gd, f. c. c.)

（3）Mg - Nd 型（Nd、Pr、La、Sm）:

Mg(SSSS)→G. P. →β″(DO_{19})→β′(f. c. c.)→β($Mg_{12}Nd$, b. c. c.)

序列中 Mg(SSSS)是 Mg－RE 饱和固溶体，β″和 β′是亚稳相，β 是稳定相。时效析出的一般规律是在时效初期形成 β″相；时效中期析出 β′ 相，并可以获得最高强度；时效后期的析出相 β 为平衡析出相，由于稀土元素在镁中的扩散速率较低，析出相的热稳定性很高，所以 Mg－RE 合金具有优异的耐热性和高温强度。典型的 Mg－RE 系合金在各时效阶段的析出相及其晶体结构见表 5-10。

表 5-10 Mg－RE 系合金在各时效阶段的析出相及其晶体结构[104～106]

合金系	初期结构	中间结构	后期结构
Mg－Y	β″相：DO_{19} 型结构 $a \approx 2a$Mg，$c \approx c$Mg	β′相：斜方晶 a＝0.642nm， b＝2.242nm， c＝0.521nm	β 相：$Mg_{24}Y_5$(体心立方晶) a＝2.223nm
Mg－Ce	—	中间相(不确定)	B 相：$Mg_{12}Ce$(六方晶)
Mg－Nd	G. P. 区：棒状(共格) β″相：DO_{19} 型结构 $a \approx 2a$Mg，$c \approx c$Mg	β′相：面心立方晶 a＝0.735 nm 或六方晶 a ＝ 0.52 nm，c ＝ 1.3 nm	β 相：$Mg_{12}Nd$，体心正方晶 a＝1.031 nm，c＝0.593 nm
Mg－Pr	G. P. 区：尚不确定 β″相：DO_{19} 型结构	β′相：菱面体 $a \approx 4d100$Mg，$b \approx 8d110$Mg，$c \approx c$Mg	β 相：$Mg_{12}Pr$，正方晶，a ＝ 1.034 nm，c＝0.598 nm
Mg－Sm	G. P. 区：尚不确定 β″相：DO_{19} 型结构	β′相：尚不确定	β 相：$Mg_{41}Sm_5$，正方晶，a ＝ 1.477 nm，c＝1.032 nm
Mg－Dy	β″相：DO_{19} 型结构，$a \approx 2a$Mg，$c \approx c$Mg	β′相：斜方晶 $a \approx 4d100$Mg，$b \approx 2a$Mg，$c \approx c$Mg	β 相：$Mg_{24}Dy_5$，立方晶，a ＝ 1.1246 nm
Mg－Tb	β″相：DO_{19} 型结构，$a \approx 2a$Mg，$c \approx c$Mg	β′相：斜方晶 $a \approx 4d100$Mg，$b \approx 2a$Mg，$c \approx c$Mg	β 相：$Mg_{24}Tb_5$，立方晶，a ＝ 1.09 nm
Mg－Gd	β″相：DO_{19} 型规则结构	β′相：面心斜方晶	β 相：Mg_5Gd(面心立方晶)
Mg－Y－Nd	β″相：DO_{19} 型结构，$a \approx 2a$Mg，$c \approx c$Mg	β′相：$Mg_{12}NdY$ 底心斜方晶，a ＝ 0.64 nm，b ＝ 2.23 nm，c＝0.52 nm	β 相：$Mg_{14}Nd_2Y$ 面心正方晶，a＝2.23 nm
Mg－Sc	—	—	MgSc

5.5.1.3 含稀土的 Mg－Al 合金

到目前为止，铝仍是镁合金中应用最多的合金元素，AZ31、AZ61、AZ91、AM50、AM60 都是开发比较成功的合金牌号，其中 AZ91 是目前开发最为成功、研究最为细致的镁合金，但还未达到最佳状态。适当地添加 RE，可以使 AZ91 的性能得到很大改善[107]。

图 5-11 所示的是室温下 AZ91 合金和添加稀土后的 AZ91 合金的应力－应变曲线，如图所示，极少量的富 Y 稀土就使 AZ91 镁合金的抗拉强度和伸长率明显提高。同时稀土元素的添加大大提高了 AZ91 镁合金的抗蠕变性能，图 5－12 是试验合金在 150℃，50MPa 下的蠕变曲线，如图所示，富 Y 稀土的添加大大提高了合金的蠕变抗力，降低了蠕变速率。与此同时，RE 的添加还可以大大提高 AZ91 镁合金的耐腐蚀性能，如图 5－13 所示。

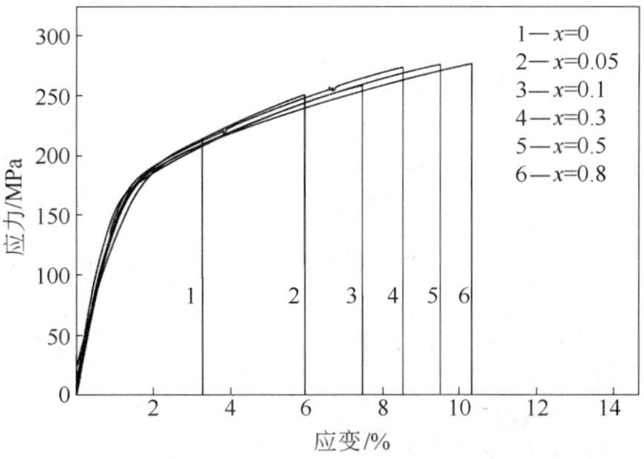

图 5-11 试验合金的应力 - 应变曲线

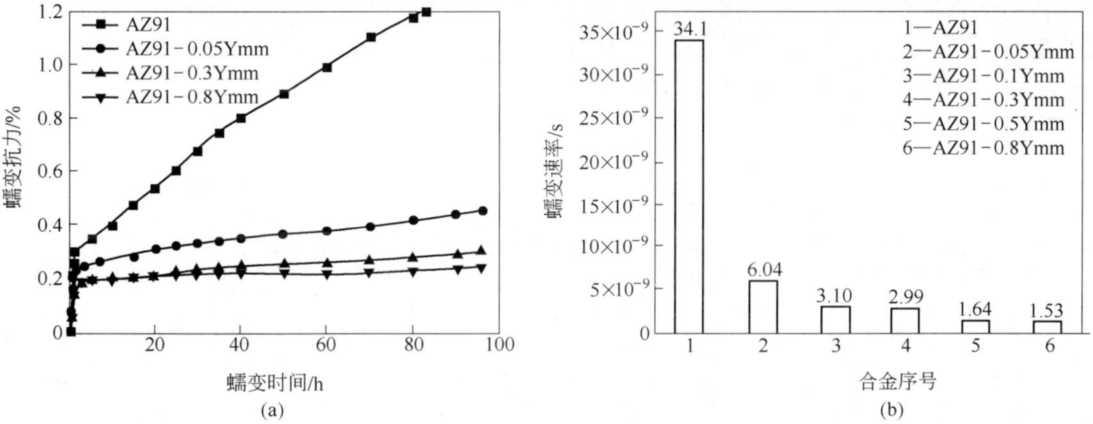

图 5-12 试验合金的蠕变曲线

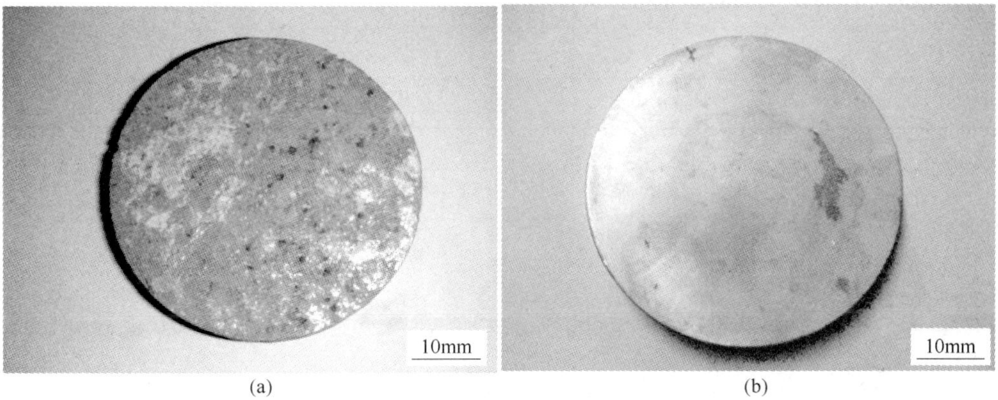

图 5-13 AZ91 镁合金的耐腐蚀性能(合金盐雾腐蚀后的形貌对比)

(a) AZ91 合金;(b) AZ91 + RE

我们以 AE44 合金为参考目标,综合考虑合金成本、性能和可持续生产等诸多影响因素,通过大量的成分优选实验,开发出成本更低、原材料资源丰富、性能可与 AE44 媲美的新型耐热压铸镁合金,如图 5-14 和图 5-15 及表 5-11 所示。该合金以铈镧混合稀土代替传统的富铈混合稀土，由铝、铈、镧、锰和镁组成，其配比（质量比）为：铝 3.5% ~4.5%，铈/镧 3.5% ~4.5%，锰 0.2% ~0.6%，杂质元素 Fe、Cu 和 Ni 的总量小于 0.02%，余量为镁。我们暂将该合金称之为 AlCeLa44。对比 AE44 和 AlCeLa44 合金的力学性能可以看出，新型耐热压铸镁合金 AlCeLa44 的力学性能和 AE44 相当，其耐热性能优于 AE44，如图 5-16 及表 5-12 所示。

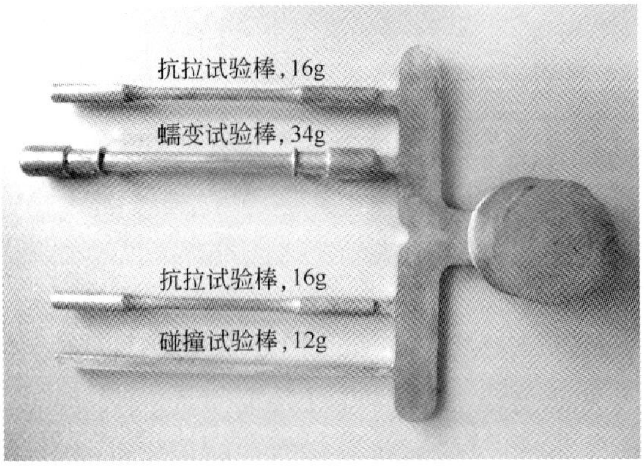

图 5-14　压铸试棒

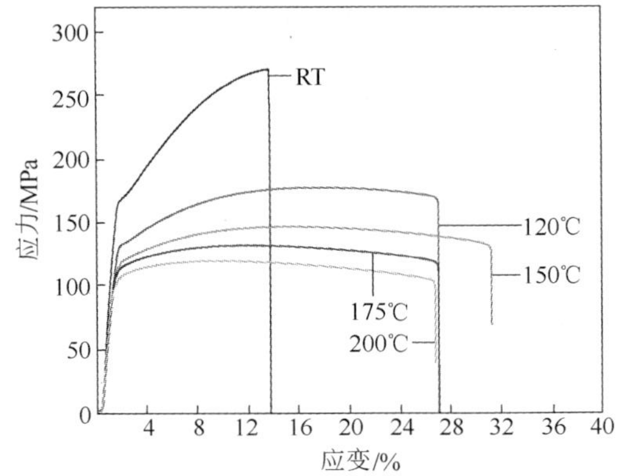

图 5-15　AlCeLa44 合金典型应力应变曲线

表 5-11　AE44 和 AlCeLa44 合金室温和高温拉伸性能

T/℃	AE44			AlCeLa44		
	极限抗拉强度/MPa	屈服强度/MPa	ε/%	极限抗拉强度/MPa	屈服强度/MPa	ε/%
RT	247	140	11	270	160	14
120	172	126	22	178	137	27
150	145	110	25	147	120	31
175	123	107	26	132	110	27
200	115	105	23	120	107	26

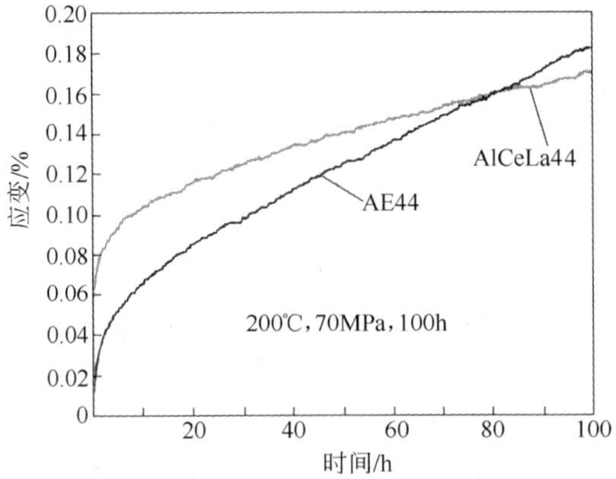

图 5-16　AE44 和 AlCeLa44 合金蠕变曲线

表 5-12 AE44 和 AlCeLa44 合金的高温抗蠕变性能

合金牌号	200℃,70 MPa		
	持久寿命/h	100 h 伸长率/%	最小蠕变速率/s^{-1}
AlCeLa44	>100	0.17	1.82×10^{-9}
AE44	>100	0.18	3.42×10^{-9}

压铸 AE 系合金中的主要强化相为 $Al_{11}RE_3$(见图 5-17),该相和传统 Mg-Al 基合金(AZ91、AM60、AM50)中的强化相 $Mg_{17}Al_{12}$ 相比,具有更高的热稳定性,因此能够使其应用到温度相对较高的环境下。但随后的相关报道表明,在 AE42 合金中,当温度高于 150℃时,$Al_{11}RE_3$ 相部分分解并导致 $Mg_{17}Al_{12}$ 相的生成,使合金晶界附近组织在蠕变过程中不稳定,最终导致合金抗蠕变性能急剧下降。Hydro Magnesium 公司开发的 AE44 压铸镁合金通过提高富铈稀土的加入量进一步提高了合金的耐热性能。但因为合金中添加的稀土同样是富铈稀土,从而合金在高于 150℃时蠕变性能下降的根本原因,即 $Al_{11}RE_3$ 相的部分分解,并没有得到完全解决。通过 AE 系列合金蠕变实验,我们发现合金中的主要强化相 $Al_{11}RE_3$ 的热稳定性和其中的 RE 种类密切相关。我们从理论计算方面也得到有力支持,采用 CASTEP 程序进行计算,使用超软赝势,交换关联函数,采用 GGA 方法的 PBE 函数,容忍因子达到 10^5 Ev/atom 时认为自洽场收敛。按照 $Al_{11}RE_3 \rightarrow 3Al_2RE + 5Al$ 对 $Al_{11}La_3$、$Al_{11}Ce_3$、$Al_{11}Pr_3$、$Al_{11}Nd_3$ 的分解能进行了理论计算,可以看出四种金属间化合物中 $Al_{11}La_3$ 的分解能最高,也就是说 $Al_{11}La_3$ 最稳定,以下依次是 $Al_{11}Pr_3$、$Al_{11}Ce_3$、$Al_{11}Nd_3$,传统 AE 合金,即 AE42、AE44,其中的稀土为富铈混合稀土,典型稀土成分为 52% ~55% Ce,23% ~25% La,16% ~20% Nd,5% ~6% Pr,我们认为传统 AE 系合金中的 $Al_{11}RE_3$ 相不够稳定与其中的稀土中含有较多的 Nd 有关,而我们开发的新型 AlCeLa44 合金中的稀土只有铈和镧,从而主要强化相 $Al_{11}(Ce/La)_3$(如图 5-18 所示)具有比 $Al_{11}RE_3$ 更高的热稳定性,因此合金的耐热性能要优于传统的 AE 系合金。

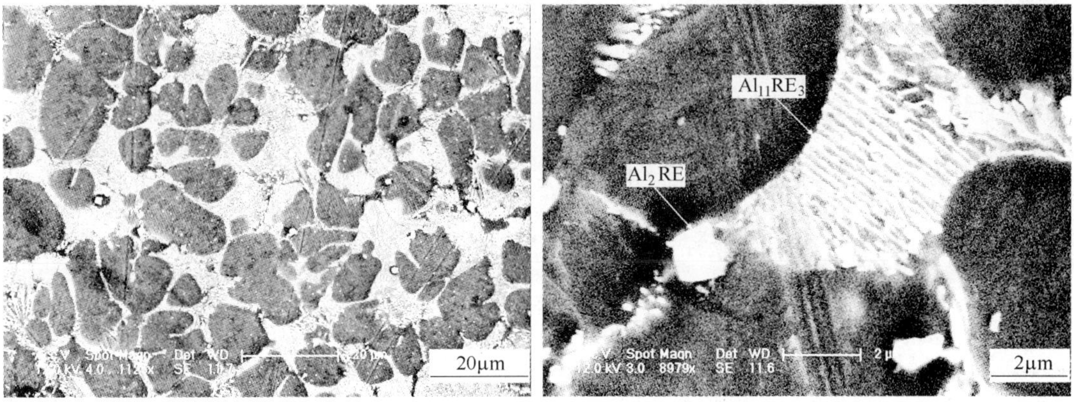

图 5-17 AE44 合金微观组织

新型耐热压铸镁合金 AlCeLa44 对比 Hydro Magnesium 公司开发的 AE44 合金的优势突出表现在合金性能、合金成本、合金的可持续性供应几方面。

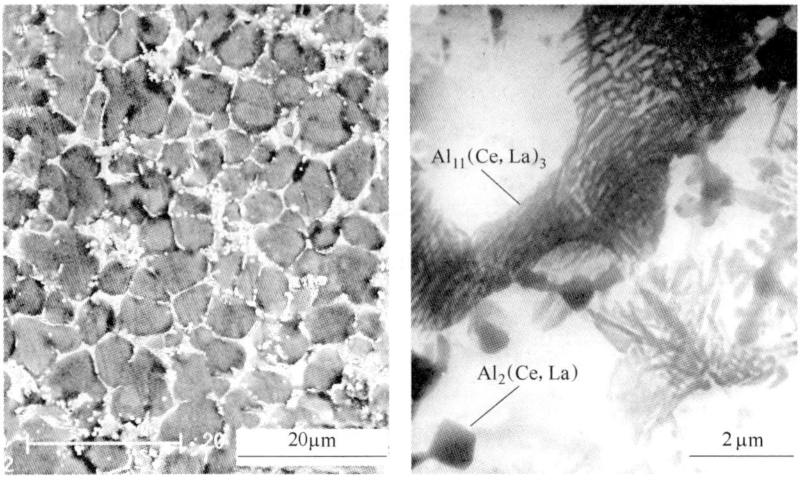

图 5-18　AlCeLa44 合金微观组织

我们对合金主要的力学性能进行了测试对比，新型耐热压铸镁合金 AlCeLa44 的力学性能和 AE44 相当，其耐热性能优于 AE44。因此用 AE44 做材料的耐热零件完全可以用 AlCeLa44 做材料代替。

2009 年铈镧金属价格为每吨 36000 元，富铈稀土（含镧铈镨钕）价格约为 65000 元/吨，可以看出铈镧稀土价格与富铈混合稀土相比具有明显的价格优势。因此新型耐热压铸镁合金 AlCeLa44 与 AE44 合金相比具有明显的成本优势。

如前面研发背景中所讨论，镨及钕需求量的逐年上涨以及价格的明显上浮，使得镨/钕成为紧缺的稀土元素，所带来的后果一是富铈混合稀土的生产和出口受到限制，因而使用受到控制；二是大量的富铈混合稀土中的镨及钕被提取出用作永磁材料，而剩余物铈镧稀土大量滞库。从而不难分析出，作为 AE44 合金的重要合金化元素富铈混合稀土的可持续供应已经成为问题，相反，作为新型耐热压铸镁合金 AlCeLa44 的重要合金化元素铈镧稀土，具有可持续性供应的保证。

5.5.1.4　含稀土的 Mg - Zn 合金

Mg - Zn 系合金具有良好的时效硬化效果，但纯粹 Mg - Zn 二元合金在实际中几乎没有得到应用，因为合金的组织粗大，显微缩孔非常明显。如前所述，Zr 的成功加入使 Mg - Zn 系合金的应用成为可能。稀土元素可以细化镁合金的晶粒，还可以减少显微疏松和热裂倾向，改善合金的铸造性能和焊接性能。

尽管 Mg - Al 和 Mg - Al - Zn 合金通常都易于铸造，但它们在某些方面有局限性。当采用砂铸时，铸件将会产生缩孔，这种铸件不能用于温度高于 85℃ 的地方。后来开发了 Mg - RE - Zn 合金来克服这些局限性，例如 EZ33A 合金在实际使用中显示了极好的气密性。

ZE41A 和 EZ33A 合金广泛应用于 160℃ 以下的工作环境。它们特别容易铸造，可用于生产形状极其复杂的铸件，这类合金的另外一个优点是只需要进行 T5 热处理。

以前的研究认为，镁合金中 Zn 的添加量不宜超过 2%，当其含量超过该数值时，合金的热裂倾向增大，并且合金的耐腐蚀性能降低。但是，20 世纪 70 年代中期，Foerester 系统的研究了 Mg - Al - Zn 体系，其中 Al 变化范围是 0 ~ 10%，Zn 的变化范围是 0 ~ 35%。结果表明,合金中 Al 含量一定,Zn 含量较高时,在一个较宽的范围内没有热裂和微孔存在[108],其中一些合金的流动性超过 AZ91D 合金。更为有意义的是,这些高 Zn 含量的镁合金具有比 AZ91D 合金更好的抗蠕变性能。高 Zn 含量镁合金的浇注温度明显低于 AZ91D 合金,也就是说溶解过程容易并且熔炼过程中 Mg 的烧损较少。另外,高 Zn 含量可以提高合金的耐腐蚀性能(盐水中的实验结果)[109]。这些高 Zn 含量的镁合金的密度小于 2.0 g/cm^3,因此,该体系成为很有发展潜力的合金体系。杨洁等[110]系统地研究了 Mg－4.5% Zn－(1～5)% RE 系合金(RE 元素包括轻稀土 La、Ce、Nd、Sm;重稀土 Gd 和 Y),研究了合金的铸态和热处理态组织和性能,得到以下结论:

(1) 适量的稀土元素均可细化合金晶粒,其中轻稀土元素的细化效果好于重稀土元素。

(2) 含轻稀土元素合金中的析出相主要为 $(Mg, Zn)_{17}RE_2$(如图 5－19 所示)和 Mg_4Zn_7,而含重稀土元素的合金中的析出相主要为 $MgZn_xRE_y$(Mg_3Zn_6RE, $Mg_3RE_2Zn_3$)和 Mg_4Zn_7。

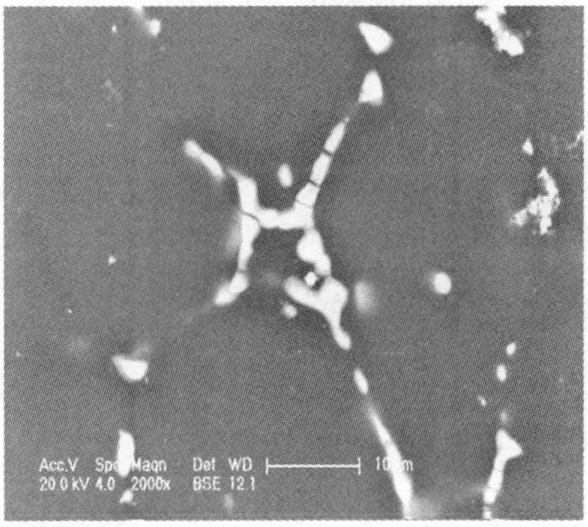

(a)

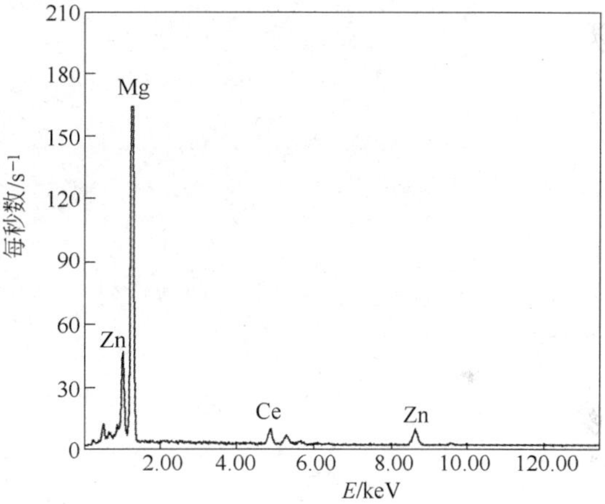

(b)

图 5-19 Mg－4.5Zn－1Ce 合金的 SEM 和 EDS 结果
(a) 合金的 SEM; (b) 合金的 EDS 结果

(3) 加入稀土元素后,合金的强度提高;稀土含量相同时,含轻稀土元素的强化效果较好。Mg－4.5Zn－1Ce 合金具有最高的强度,强度提高的主要原因是合金中生成了大量的纳米级 Mg_4Zn_7 强化相,以及晶界沉淀相的连续性降低。

(4) 含重稀土元素合金的时效硬化效果好于含轻稀土元素的合金,经 T6 处理后,含重稀土元素合金的断裂强度和屈服强度均提高,而含轻稀土元素合金只有屈服强度提高。

图 5-20 给出了 Mg－4.5Zn－1Ce 合金的 TEM 和 SADP 结果。图 5-20(a)是晶界处无规则形状的大颗粒沉淀相。SADP 结果表明衍射斑点平行于 $[113]_{Mg_{17}Ce_2}$,证实了 $(Mg,Zn)_{17}Ce_2$ 相的存在。图 5-20(b)是晶粒内部的 TEM 像,箭头方向指向晶界处,可知接近晶界处和远离晶界处的沉淀相形态不同。图 5-20(c)是远离晶界处的 TEM 像,为取向一致的棒状的或条状的沉淀相,SADP 结果表明该相为 Mg_4Zn_7 相。图 5-20(d)是晶界附近 TEM 组织,除少量取向一致的棒状或条状 Mg_4Zn_7 相外,同时观察到块状的 Mg_4Zn_7 相和垂直于条状 Mg_4Zn_7 相的棒状 $MgZn_2$ 相。

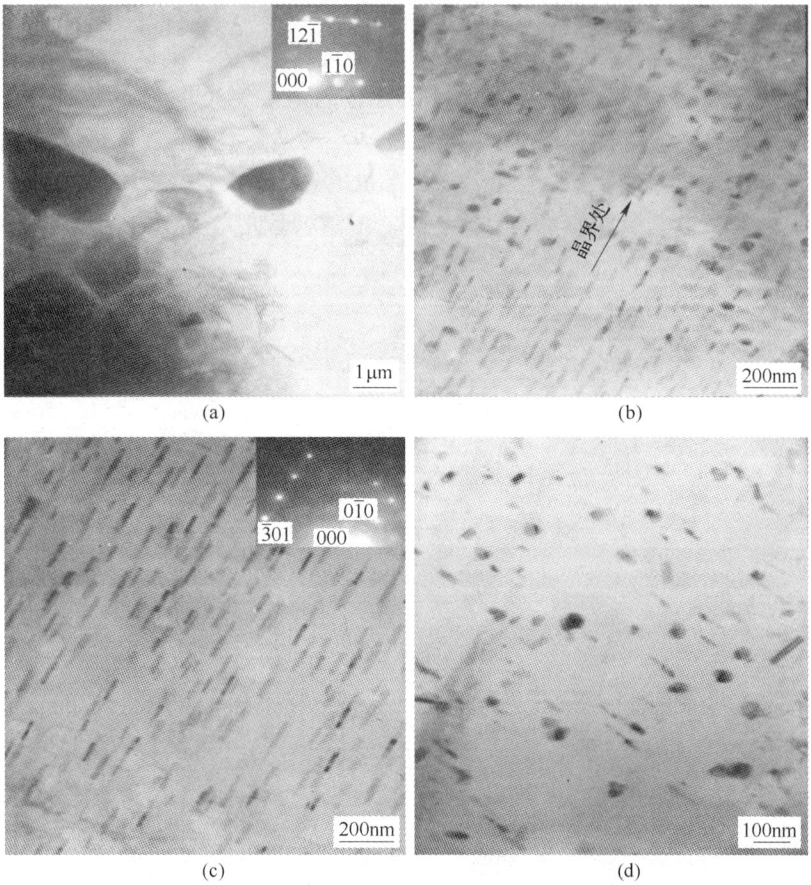

图 5-20 Mg-4.5Zn-1Ce 合金的 TEM 像及选区电子衍射图

最近的研究发现，Mg-Zn-RE（RE 为 Y 以及 Gd 到 Er 的稀土元素）系镁合金中主要的增强相是准晶，这些准晶基本都属于 Frank-Kasper 型 20 面体准晶。由于准晶中不存在特定的滑移面，室温下位错难以运动，所以硬而脆。此外，和晶态合金相比准晶具有超低的摩擦系数、较低的热膨胀系数、好的耐蚀性以及低的界面能等特点[111]。

5.5.1.5 Mg-RE 合金

在 Mg-RE 体系合金中，WE 系合金开发最为成功，该合金具有良好的浇铸、时效硬化及高温抗蠕变性能，已被广泛应用于航空航天领域中。另外，目前 Mg-Gd 和 Mg-Dy 系合金成为重点研究的合金体系，下面分别对这几个合金体系的时效析出进行归纳说明。

A WE 系

WE 系合金固溶体的分解不是单纯的二元合金分解的过程，它较 Mg-Y 二元合金快而比 Mg-Nd 二元合金慢，WE 系合金时效析出过程及产物可表示为：→β″（MgY：DO_{19} 型规则结构 $a \approx 2a$Mg，$c \approx c$Mg）→β′（$Mg_{12}NdY$：bco 结构，晶格常数为 $a = 0.640\,\text{nm}$，$b = 2.223\,\text{nm}$，$c = 0.521\,\text{nm}$）→β（$Mg_{14}Nd_2Y$：fcc 结构，晶格常数为 $a = 2.223\,\text{nm}$）。时效初期亚稳中间相 β″是由母相 Mg 局部有序化发展而来，初期为共格结构，后期变为半共格。时效中期由于 Nd 置换了部分 Y 元素而析出半共格的 β′，此时合金达到最高硬度。图 5-21 为 C. Antion[112] 在

Mg－Y－Nd 合金中高分辨观察到的 β″向 β′的转化。时效后期在晶内及晶界析出平衡相 β，沿基体的〈0001〉及三个〈11$\bar{2}$0〉方向生长，由于其与基体在〈0001〉方向具有最小的位向错配度，故生长速度最快，从而形成片状沉淀[113]。β 相的尺寸通常比较粗大，对硬化几乎不起作用。

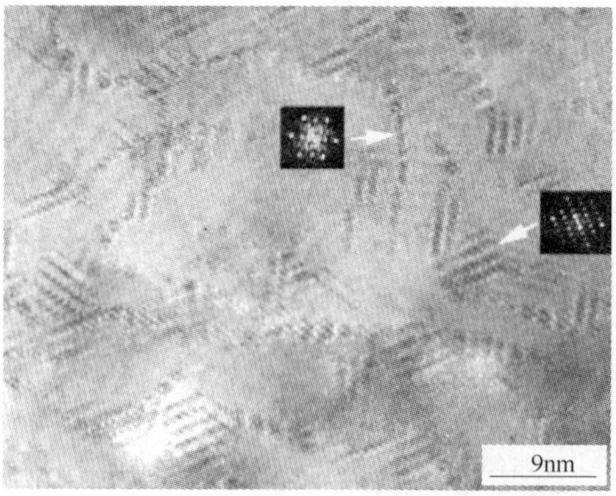

图 5-21 Mg－Y－Nd 合金中析出 β″向 β′转化的 TEM 图[112]

1999 年，J. F. Nie[114]研究了 WE54 合金在 250℃时效过程中沉淀相的变化规律时，最先发现了在 β′和 β 相之间存在另外一个亚稳相 β_1 相。在欠时效条件下，显微结构为在{11 $\bar{2}$0}面上沿 <1 $\bar{1}$00> 方向分布的片状沉淀相，以及分布于单个或一族沉淀相中心的球状颗粒，通过电子显微分析证实了球状颗粒正是 β′相，不同的是其形态并非片状结构。而观察到的片状沉淀相的结构尚不清晰。随着时效的进行，片状沉淀相逐渐减少，β′相的体积分数逐渐增加。时效 48h 后残余的片状沉淀相粗化，β′相演变为具有小平面的不规则形状，与此同时，发现新的沉淀相 β_1，如图 5-22 所示。它是面心立方结构，(*Fm*3*m* 型空间点阵，$a=0.74\pm0.01$ nm)，化合物成分类似 Mg_3X(X = RE)，它呈盘状，位向关系为 $(112)\beta_1//(1100)_\alpha[110]\beta_1//[0001]_\alpha$[115]。$\beta_1$ 相与成团簇形式分布的 β′相相连，后者有效地调节了相变

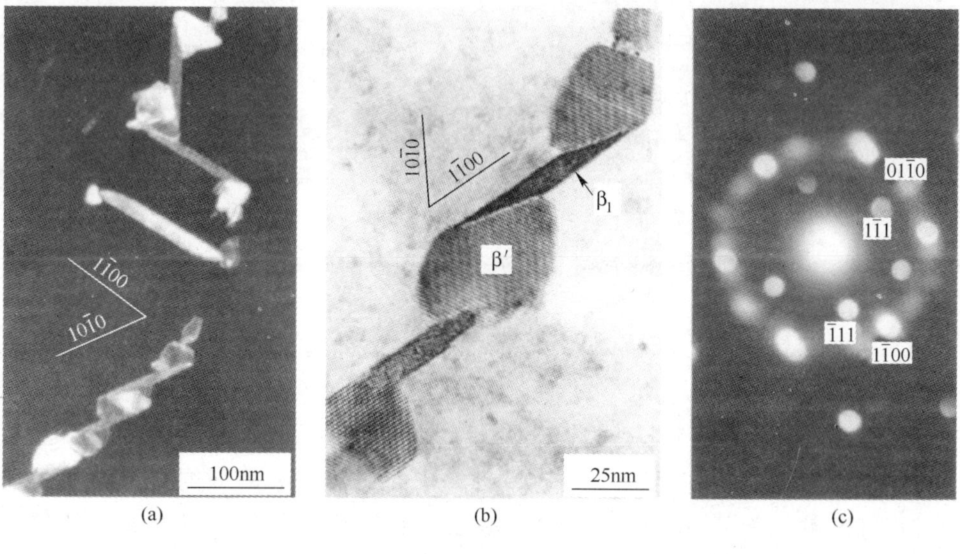

图 5-22 WE 系合金中 β′相转化为 β_1 相的 TEM 图[114]

过程中所需的应变能，为 β_1 的形核提供了条件。进一步研究表明，新形成的 β_1 相并不稳定，经过一段时间后，它们会在原位转变成稳定的 β 相（如图 5-23 所示），而 β′相也会随着时效时间的延长逐步发生分解，最后全部转化为高温稳定的 β 相。此后 C. Antion[112] 在 Mg - Y - Nd 析出相研究中也观察到和证实了 β_1 相的存在。

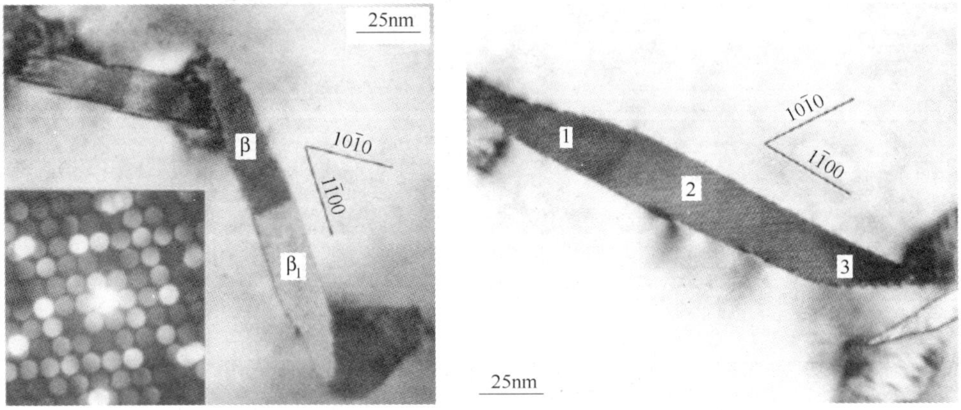

(a)　　(b)

图 5-23　WE 系合金中 β_1 相转化为 β 相的 TEM 图[115]

B　Mg - Gd 系

早期 Rokhlin[116] 等人在研究二元体系 Mg - Gd 的时效过程中发现合金的析出序列为：

$$\alpha(\mathrm{SSSS})\rightarrow\beta''(\mathrm{DO_{19}})\rightarrow\beta'(\mathrm{cbco})\rightarrow\beta(\mathrm{Mg_5Gd,\ fcc})$$

其中时效初期的 β″相为 DO_{19} 超结构，晶格常数为 $a = 2a_{Mg} = 0.64\,\mathrm{nm}$，$c = c_{Mg} = 0.52\,\mathrm{nm}$，满足如下对应关系：$[0001]_{Mg}//[0001]_{\beta''}$，$[1010]_{Mg}//[1010]_{\beta''}$。β′相为面心正交结构，晶格常数为 $a = 0.64\,\mathrm{nm}$，$b = 2.223\,\mathrm{nm}$，$c = 0.521\,\mathrm{nm}$，满足如下对应关系：$[0001]_{Mg}//[011]_{\beta'}$，$\{11\bar{2}0\}_{Mg}//\{111\}_{\beta'}$ 认为主要是 β′的生成导致了合金性能提高。因为 β′和基体是半共格的，匹配性比较高，而且热稳定性高，尺寸小，体积分数大，可以有效阻止位错移动，从而提高合金的力学性能。长时间时效，在晶粒内部与晶界处析出粗大的平衡相 β，成分为 Mg_5Gd，为面心立方结构，晶格常数为 $a = 2.2158\,\mathrm{nm}$。

在 Mg - Gd 二元体系中，Kojima[117] 和 Mordike[118] 都报道了在低含量的 Gd 时，合金时效硬化不明显。当含量大于 10% 时，硬化特性十分明显。相分析得知，Gd 低于 10% 时效过程为：

$$\alpha(\mathrm{SSSS})\rightarrow\beta''(\mathrm{DO_{19}})\rightarrow\beta(\mathrm{Mg_5Gd,\ fcc})$$

Gd 大于 10% 时效过程为：

$$\alpha(\mathrm{SSSS})\rightarrow\beta''(\mathrm{DO_{19}})\rightarrow\beta'(\mathrm{cbco})\rightarrow\beta(\mathrm{Mg_5Gd,\ fcc})$$

因此，也认为 β′为强化相。但进一步研究发现，在三元体系 Mg - 3Gd - 3Nd 中，虽然只生成 β″中间相，但是也表现出时效硬化特性，因此认为 β″也是合金中的一种强化相。

1999 年，Nie 等人[114,115] 在 Mg - Y - Nd 体系时效过程中首次观察到 β_1 亚稳定相。随后，Apps[119,120] 在 Mg - 7Gd - 2.25Nd 合金中也证实了 β_1 相的存在，认为合金的析出序列为

$$\alpha(\mathrm{SSSS})\rightarrow\beta''(\mathrm{DO_{19}})\rightarrow\beta'(\mathrm{cbco})\rightarrow\beta_1(\mathrm{fcc})\rightarrow\beta(\mathrm{Mg_5Gd,\ fcc})$$

β'',β'和β_1相均为亚稳相而β相为平衡相。在镁基体的$\{1010\}_\alpha$面形成具有面心立方结构的片状析出β_1相,其晶格常数为0.74nm,观察到β_1向平衡相β发生原位转变,两个不同析出相的区域分界明晰可见,并通过微衍射进一步确定其分别为β_1和β。这与Nie和Muddle在WE54(Mg-Y-Nd)合金中观察到的β_1相特征一致。2006年S. M. He[121]在研究Mg-10Gd-3Y-0.4Zr析出序列时也证实了上述序列,并指出各个阶段析出相与基体的位向关系为:β'':$[0001]_{\beta''}//[0001]_\alpha$,$(2\bar{1}\bar{1}0)_{\beta''}(2\bar{1}\bar{1}0)_\alpha$;$\beta'$:$[001]_{\beta'}//[0001]_\alpha$,$(100)_{\beta'}//(2\bar{1}\bar{1}0)_\alpha$;$\beta_1$:$[110]_{\beta_1}//[0001]_\alpha$,$(\bar{1}12)_{\beta_1}//(1\bar{1}00)_\alpha$;$\beta$:$[110]_\beta//[0001]_\alpha$,$(\bar{1}12)_\beta//(1\bar{1}00)_\alpha$。文献[122]中报道了$\beta''$相向$\beta'$相的清晰转化过程(图5-24)。图5-25为S. M. He等[82]在研究Mg-15Gd-0.5Zr合金时观察到的β'相向β_1相的和β_1相向β相转化过程,并提出了图5-26所示的相转化过程。

(a) (b)

图5-24 Mg-Gd-Nd-Zr合金中β''相向β'相转化的TEM图[122]

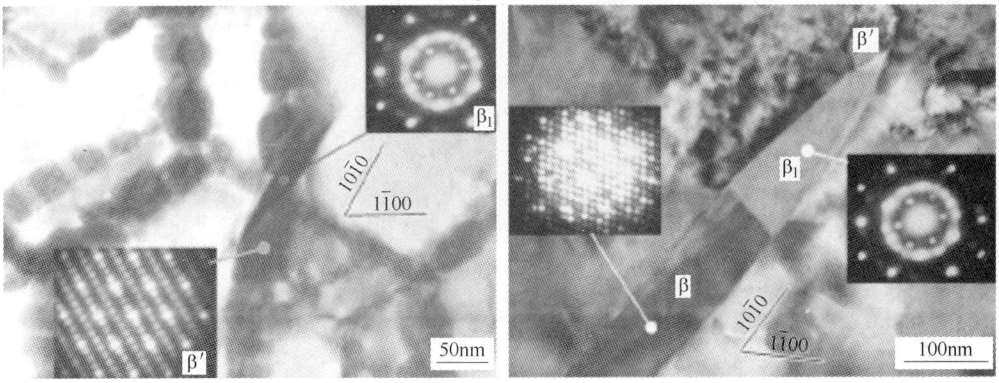

(a) (b)

图5-25 Mg-15Gd-0.5Zr合金中β'相向β_1相转化和β_1相向β相转化的TEM图[82]

2005年,Honma[123]在Mg-11Gd-4Y-0.2Zr合金中观察到类似的结果。认为β'和β_1是合金的主要强化相。后来,Yamasaki[124,125]向合金Mg-Gd-Y-Zr添加Zn,比较研究发现,Zn的加入能改变相的形貌,生成了14H的长条状沉淀,提高合金的室温性能,但对合金的分解序列无影响。认为β'、β_1和含Zn的化合物是合金的主要强化相。

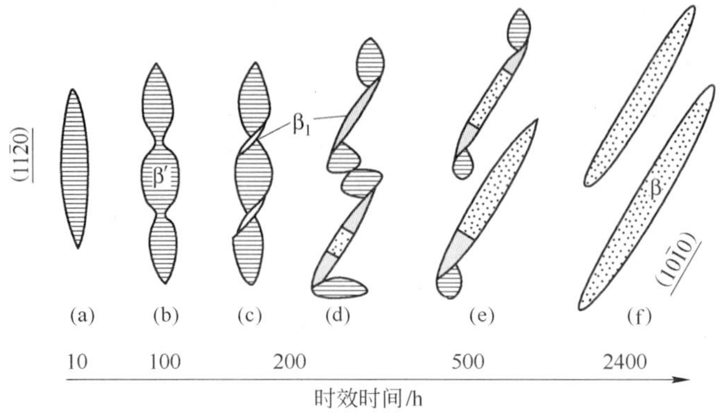

图 5-26 β′相→$β_1$ 相→β 相转化示意图[123]

C Mg - Dy 系

1984 年苏联的 Drits 等[126]就发现,Mg - Dy 合金在时效过程中有 $Mg_{24}Dy_5$相的形成,后来又有一些关于该类合金的研究,并提出 Mg - Dy 合金具有一定的时效硬化效果。在时效过程中,Mg - Dy 二元合金中的析出序列为:α 固溶体 →β″(DO_{19})→β′(斜方晶)→β(立方晶 $Mg_{24}Dy_5$, a = 1.1283 nm)。

2003 年 Apps[119,120]在 Mg - 7Dy - 2Nd 合金中证实了 $β_1$相的存在,并测出 Mg - 7Dy - 2Nd 合金中 $β_1$和 β 的原子组成比,观察到 $β_1$ 向平衡相 β 发生原位转变,两相间的区域分界明晰可见。认为 $β_1$ 成核不仅与 β′有关,而且与 β″有关。最近上海交大研究了 Mg - 3.5Dy - 4.0Gd - 3.1Nd - 0.4Zr 合金[127,128],发现 $β_1$ 在基体{11$\bar{2}$0}面上形成,与基体位向关系为$\{1\bar{1}\bar{1}\}_{β_1}//\{11\bar{2}0\}_α$, $\{1\ 1\ 0\}_{β_1}//\{0\ 0\ 0\ 1\}_α$, $\{11\bar{2}0\}_α//\{1\ 1\ 1\}_{β_1}$,进一步时效,盘状的稳定相 β 生成,沿基体{1$\bar{1}$00}α 生长,与基体的位向关系和 $β_1$相相同。图 5-27、图 5-28 分别为在 Mg - Dy - Nd 合金中观察到类似于 WE 系和 Mg - Gd 系合金的 β″相向 β′相、$β_1$ 相向 β 相转化[119,129]。

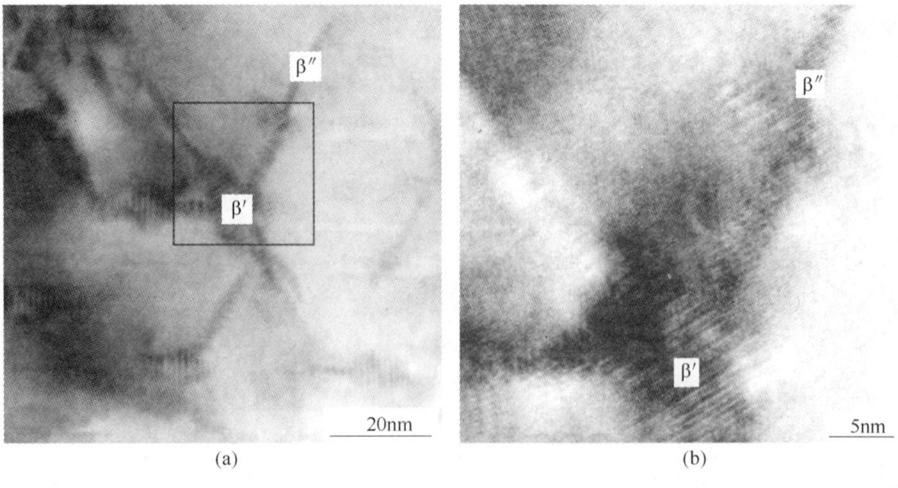

图 5-27 Mg - Dy - Nd 系合金中 β″相向 β′相转化的 TEM 图[119]

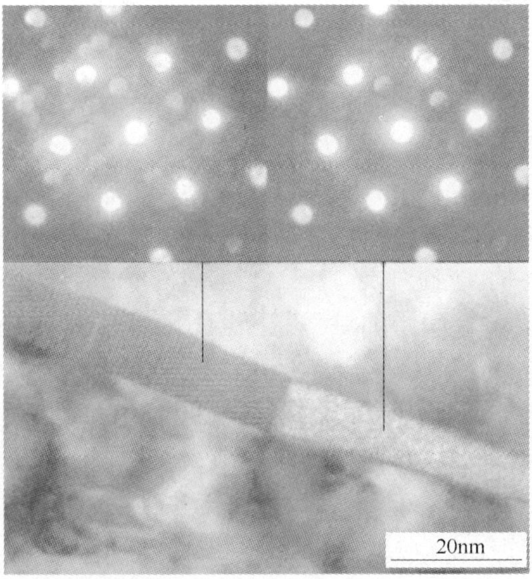

图 5-28　Mg-Dy-Nd 系合金中 β_1 相向 β 相转化的 TEM 图[129]

5.5.1.6　Mg-RE 系合金的力学性能和蠕变性能

苏联科学家 L. L. Rokhlin[116] 对 Mg-RE 二元合金的性能进行了系统研究(如图 5-29 所示)。包括稀土含量、制备方法、热处理工艺等对合金性能的影响进行了研究。

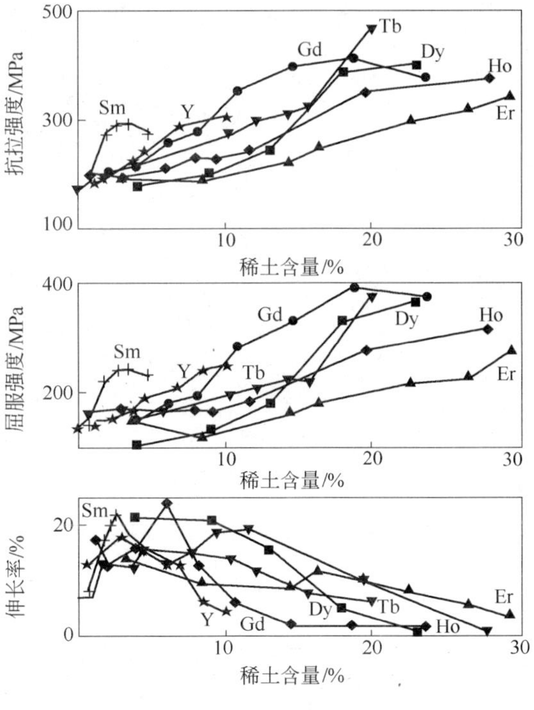

图 5-29　Mg-xRE 二元合金的室温力学性能[116]

对 Mg-LRE(轻稀土 La、Ce、Pr、Nd、Sm 等)二元合金研究发现铸造合金力学性能随着 RE 含量增加而提高,但当加入的稀土大于 3% 时,合金性能提高不明显,甚至有些下降。几种轻稀土对合金力学性能作用效果按 La、Ce、Pr、Nd 顺序依次增加。Mg – LRE 二元合金采用挤压制备，室温力学性能提高近一倍，但高温力学性能提高不大。Nd、Sm 对提高合金高温力学性能作用显著，Ce 次之。稀土 Sm 含量为 3% 左右时，采用 T5 热处理后挤压态合金的性能最好，优于采用 T6 处理。

对 Mg – HRE（重稀土 Y、Gd、Dy、Ho、Er 等）二元合金研究发现，合金性能随着稀土含量增加而提高。稀土 Y 含量在 5% 以下性能提高较为缓慢，当达到 6% 以上时，性能显著提高。稀土 Gd 当含量高于 10% 时，性能也迅速提高。稀土 Dy、Ho 当含量高于 15% 时，性能大幅提升。而 Mg – Er 合金随 Er 含量增加呈平稳上升。以上这些重稀土都是当含量接近最大平衡度时性能最高。Mg – Y、Mg – Dy 合金 T5 处理后性能都优于 T6 处理，特别是热轧 Mg – Y 合金经过 T5 处理后，力学性能能够显著提高。稀土 Eu 和 Yb 加入镁中，合金的力学性能有所提高，但与 Y、Gd、Dy、Ho、Er 等相比效果较差，特别是高温性能下降很快。对 Mg – Sc 二元挤压合金的研究发现，Sc 的加入对合金的室温性能提高不大，但对合金的高温性能提高显著，当 Sc 含量达到 10% 以上时效果显著。

中国科学院长春应用化学研究所也系统研究了 Mg – Gd 二元合金，研究发现稀土 Gd 不仅可以细化晶粒，而且可以减小二次枝晶间距。同样发现当 Gd 的含量不大于 5% 时，合金的时效硬化现象不明显；当 Gd 的含量大于 8% 时，合金的时效硬化效果增大；当 Gd 的含量约为 20% 时具有最高的峰值硬度。表 5–13 为 Mg – *x*Gd 合金铸态和峰值时效硬度时的力学性能。表中可以看出随着 Gd 含量的增加，铸态和 T6 合金的室温和高温力学性能都提高，但伸长率减小。Gd 含量约为 12% ~ 15% 范围时，时效增强效果最为显著。

表 5–13 Mg – *x*Gd 合金的力学性能

合金	状态	硬度（HV）	抗拉强度 σ_b/MPa		屈服强度 $\sigma_{0.2}$/MPa		伸长率 δ/%	
			RT	250℃	RT	250℃	RT	250℃
Mg – 5Gd	铸态	60	127	113	62	58	8.1	14.3
	T6	65	125	94	90	60	8.1	11.2
Mg – 8Gd	铸态	70	138	125	84	67	6.7	11.2
	T6	86	159	116	92	69	5.4	8.0
Mg – 12Gd	铸态	81	182	146	132	101	6.6	9.4
	T6	98	238	178	185	122	4.4	6.5
Mg – 15Gd	铸态	95	198	156	174	106	4.2	6.5
	T6	110	241	188	203	142	3.9	5.2
Mg – 20Gd	铸态	115	250	194	250	178	0.3	1.3
	T6	153	245	204	245	188	0.7	2.1

单纯的二元 Mg – RE 合金，人们只是为了开发 Mg – RE 系高强耐热合金而进行的基础性研究。开始研究者发现在 Mg – RE 合金中加入 Zr 元素可以有效的细化合金晶粒，加入少

量的 Zn 可提高合金的性能,加入 Ag 可提高耐热性。J. F. Nie 等[130]发现 Mg-6Gd-Zr 合金中加入 1%~2% 的 Zn 能够使合金力学性能显著增加,特别屈服强度提高近一倍多,同时材料的抗蠕变性能也得到提高。同时加入 Zn 和 Ag,材料的时效硬度进一步增强。中南大学热挤压 Mg-Ce-Zn-Zr 合金研究发现[131],其室温性能优于 WE54,200℃时拉伸性能近 200MPa。另外,元素 Mn 也是 Mg-RE 合金中重要的合金化元素,可显著提高合金的耐蚀性。对于 Zr 和 Mn 在 Mg-9Gd-4Y 合金[132,133]中的作用研究认为 Zr 含量不同对合金的细化机制不同,低含量的 Zr 作用是抑制晶粒长大,而高含量的 Zr 作用是增加异质形核质点。在同等条件下,Mn 与 Zr 相比对合金的形变作用更显著,高温下含 Mn 的合金伸长率较大,含 Zr 的合金更适宜进行 T5 处理,而含 Mn 的合金在 T6 处理可获得较优良的综合性能。上海交大研究表明在 Mg-Gd-Y 合金中加入少量的 Zn 能够进一步改善合金的综合性能,同时,添加少量的 Ca,可以改善合金的耐热性。

从目前开发的镁耐热合金看,研究最多的还是在 Mg-RE 二元合金中加入另外一种或几种稀土元素,再加少量的 Zr 或 Zn 等起细化作用和微合金化作用。多种稀土元素同时加入时,稀土原子在镁中固溶时会发生原子的替代等,从而相互影响彼此的固溶度;析出的合金相中原子位置也会发生相互取代,从而形成新的复杂相等。总的来说目前大部分研究发现两种以上稀土元素复合加入要比单一的稀土元素加入效果好。苏联学者早期研究的 Mg-Y-Nd 合金和后来开发最为成功的耐高温稀土镁合金 WE54 和 WE43,都属于两种稀土元素联合加入。Negishi 等人[134]通过添加 Nd 元素的 Mg-3Gd-3Nd 合金即使在 250℃ 也表现出良好的时效硬化特性,Mg-6Gd-3Nd 合金的耐热性能比商品化的 WE54 合金更加优异,比强度是普通耐热铝合金的 2 倍。在 Mg-Gd 二元合金中添加 Y 后,能够提高合金的时效硬化特性,增大伸长率。中南大学对 Mg-9Gd-4Y 的铸态和变形合金在各种热处理状态下的,室温和高温以及低温力学性能进行了研究,为此合金体系积累了丰富的基础数据。这种合金在经过 T5 热处理后,在 300℃ 其断裂强度和屈服强度分别为 260 MPa 和 230 MPa,其综合力学性能高于 WE 系列合金[135~138]。

近年,中国科学院长春应用化学研究所系统研究了 Mg-8Gd-LRE(LRE:La、Ce 和 Nd)系[139,140]和 Mg-8Gd-HRE(HRE:Y、Dy、Ho 和 Er)系[141~144]合金的组织和性能。表 5-14 所示为 Mg-8Gd-RE 系合金力学性能。研究结果表明添加少量的轻稀土,能够降低 Gd 在 Mg 基体中的固溶度,但对提高合金的力学性能和耐热性作用效果有限。在添加的轻稀土元素中,Nd 的作用效果较好,其次为 Ce、La。添加的重稀土元素 Ho、Er、Y 和 Dy,在镁合金中有很大的固溶度,易取代 Gd 在基体中的位置,利于提高 Gd 的时效硬化作用,从而提高合金的力学性能和耐热性。重稀土中 Y 和 Dy 的作用效果较好,其次为 Ho、Er。组合稀土的添加能改善合金的时效硬化特性,提高合金的力学性能。主要原因归纳如下:

(1) 添加其他稀土元素后,能降低 Gd 在镁基体中的固溶度,提高强化相的体积分数,和 Mg-RE 二元相比较而言,时效析出强化作用效果更加突出,从而提高合金的铸态性能和时效性能。

(2) 添加其他稀土元素后,容易生成高熔点的弥散分布的 $Mg_{24}RE_5$ 和 $Mg_{41}RE_5$ 等复杂化合物相,这种分散的化合物相具有高的熔点,而且能有效阻止位错在晶界附近的滑移,从而提高合金的耐热性能。

表5-14 Mg-8Gd-RE合金的力学性能

合金	状态	硬度HV	抗拉强度 σ_b/MPa		屈服强度 $\sigma_{0.2}$/MPa		伸长率 δ/%	
			RT	250℃	RT	250℃	RT	250℃
Mg-8Gd-1La	铸态	70	152	108	85	75	6.4	10.5
	T6	80	148	115	89	75	3.4	7.5
Mg-8Gd-1Ce	铸态	71	156	115	90	84	5.9	9.90
	T6	81	170	135	146	90	4.1	7:8
Mg-8Gd-1Nd	铸态	71	201	189	126	98	11.7	16.6
	T6	81	198	183	131	80	8.2	12.4
Mg-8Gd-1Nd	铸态	87	250	210	158	138	7.50	11.3
	T6	103	271	222	205	150	7.8	12.5
Mg-8Gd-3Ho	铸态	73	190	172	128	119		
	T6	100	279	191	175	131	4.7	8.3
Mg-8Gd-3Er	铸态	72	210	169	101	89		
	T6	91	261	203	173	122	5.1	7.5
Mg-7Gd-5Y	铸态	82	204	179	159	124		
	T6	99	258	212	167	140	5.4	8.9
Mg-8Gd-1Dy	铸态	78	210	187	131	116	5.7	7.9
	T6	118	355	230	261	174	3.8	7.4

表5-15所示为目前研究较多的几种Mg-Gd系铸态合金在不同热处理状态下的室温和高温力学性能。另外采用轧制和挤压等变形方法制备合金,较传统铸造方法合金综合力学性能得到大大提高,特别是250℃以下的力学性能,高于250℃这些变形方法对合金的力学性能提高不大。Zheng[148]等对Mg-6Gd-2Nd-Zr合金在不同热处理工艺和挤压工艺下进行了研究,发现时效前进行冷变形处理对合金的抗拉强度影响不大,屈服强度有一定提高,但合金的伸长率有所下降。在350℃挤压和时效处理后合金的力学性能最好,抗拉强度381MPa,屈服强度273MPa,伸长率为17.6%。长春应用化学研究所也采用挤压方法制备了Mg-8Gd-Y-Nd-Zn合金[149],发现合金经过挤压后,强度得到提高,伸长率明显提高,合金的高温热稳定性与铸态相当。上海交通大学对Mg-10Gd-2Y-Zr合金的T6态和挤压态进行了比较研究[145],发现挤压后合金的抗拉强度、屈服强度和伸长率都大幅提高,性能提高主要是由于挤压后晶粒细化和晶界强化的作用,但250℃后两种状态下性能都下降迅速,如图5-30及表5-16所示。

表 5-15 Mg－Gd 系铸态合金室温和高温的力学性能[130,137,145~147]

合金	状态	温度/℃	屈服强度/MPa	抗拉强度/MPa	伸长率/%
Mg－11Gd－2Nd－0.5Zr	T6	RT	222	336	2.5
		175		339	9.9
		250		300	11.2
		300		251	12.9
	5%预变形+T6	RT	276	351	2.0
		175		348	6.3
		250		328	8.2
		300		250	14.6
	10%预变形+T6	RT	298	381	1.4
		175		365	5.0
		250		336	7.1
		300		247	15.2
Mg－10Gd－2Y－0.5Zr	F	RT	153	215	5.1
	T4	RT	130	235	15.2
	T6	RT	239	362	4.1
Mg－10Gd－3Y－0.5Zr	T6	RT	237	348	3
Mg－10Gd－3Y－1Zn－0.5Zr		RT	253	364	2
Mg－10Gd－1Y－0.4Zr	T6	RT	137	215	12
		175	127	202	14
		250	125	198	17
		300	121	188	17
Mg－10Gd－3Y－0.4Zr	T6	RT	154	235	7
		175	135	212	13
		250	135	215	15
		300	130	205	14
Mg－10Gd－5Y－0.4Zr	T6	RT	287	301	3
		175	262	320	3
		250	263	338	5
		300	233	310	10
Mg－9Gd4Y0.6Zr	F	RT	209	256	2.3
	T4	RT	177	228	3.5
	T5	RT	262	301	2.1
	T6	RT	279	327	3.3
Mg－6Gd－0.6Zr	T6	RT	72	143	9
		175	66	138	16

续表 5-15

合　金	状　态	温度/℃	屈服强度/MPa	抗拉强度/MPa	伸长率/%
Mg - 6Gd - 1Zn - 0.6Zr	T6	RT	127	220	12
		175	115	199	18
Mg - 6Gd - 2Zn - 0.6Zr	T6	RT	137	213	7
		175	124	192	10
Mg - 6Gd - 2Nd - 0.5Zr	T4	RT	110	220	17
	T6	RT	176	340	7
	5% 预变形 + T6	RT	230	345	6.5
	10% 预变形 + T6	RT	265	348	3

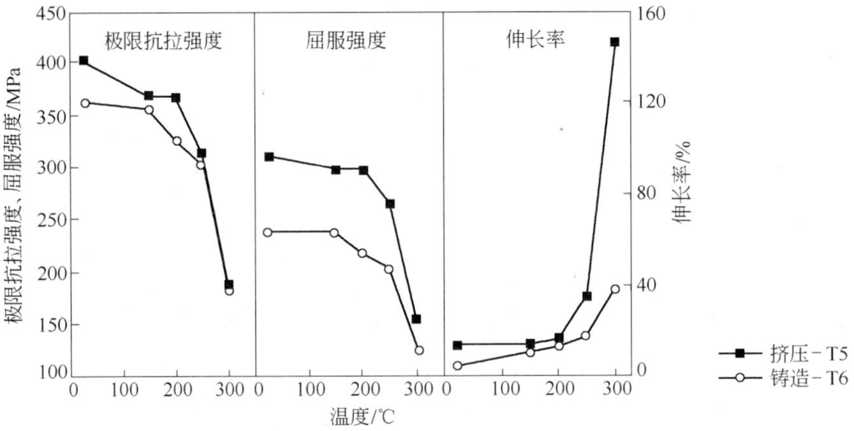

图 5-30　挤压态 Mg - 10Gd - 2Y - Zr 合金的力学性能[145]

表 5-16　Mg - Gd 系合金挤压态的室温力学性能[133,136,138,145,146,150]

合　金	状　态	屈服强度/MPa	抗拉强度/MPa	伸长率/%
Mg - 10Gd - 2Y - 0.5Zr	F + 挤压(400℃)	219	305	25.6
	F + 挤压(350℃)	232	314	22.9
	T5 + 挤压(400℃)	311	403	15.3
	T5 + 挤压(350℃)	331	397	12.8
Mg - 10Gd - 3Y - 0.5Zr	铸态 + 挤压	192	290	13
	挤压 + T5,250℃	228	341	11
	挤压 + T5,225℃	261	383	9
	挤压 + T5,200℃	311	397	5
Mg - 10Gd - 3Y - 1Zn - 0.5Zr	铸态 + 挤压	231	347	11
	挤压 + T5,250℃	255	382	9
	挤压 + T5,225℃	285	406	6
	挤压 + T5,200℃	331	428	4

续表 5-16

合　金	状　态	屈服强度/MPa	抗拉强度/MPa	伸长率/%
Mg-9Gd-4Y-0.6Mn	挤压+T6	310	336	11.2
	挤压+T5	320	360	5
Mg-9Gd-4Y-0.6Zr	挤压+T6	298	320	4.5
	挤压+T5	320	370	3.5
Mg-9Gd-4Y-0.6Zr	挤压	274	312	4.8
	挤压+T4	187	238	5.7
	挤压+T5	319	370	4.0
	挤压+T6	293	347	4.5
Mg-6Gd-2Nd-0.5Zr	450℃挤压	205	275	20.5
	350℃挤压	252	350	7.8
	450℃挤压+时效	240	287	28.8
	350℃挤压+时效	273	381	17.6

图 5-31 所示为 Mg-Gd 二元合金与其他合金的蠕变性能[97]。随着 Gd 含量的增加，Mg-Gd 二元合金蠕变速率降低。Mg-Gd 二元合金的抗蠕变性能优于 QE22 合金，Gd 含量为 4%~9% 时，合金抗蠕变性能与 WE43 合金相当。当 Gd 含量为 15% 时，T6 处理蠕变速率降低为 $\varepsilon = 1.89 \times 10^{-11}\,s^{-1}$。Mg-Gd 系合金具有优良的高温抗蠕变性，因此 Mg-Gd 系合金在高温部件上的开发和应用具有广泛的前景。

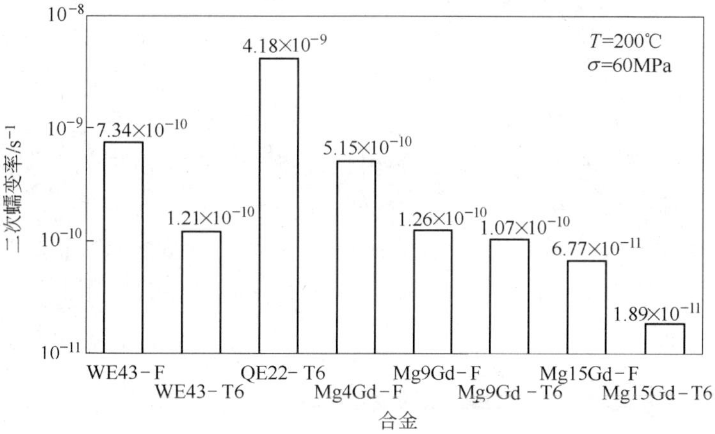

图 5-31　Mg-Gd 二元合金与 WE43、QE22 蠕变性能的对比图[97]

B. L. Mordike 研究组开发了 Mg-Sc 系合金，研究发现简单的 Mg-Sc 二元合金的抗蠕变性能比 WE43 合金差，在合金中进一步加入一定量 Mn，由于形成了 $Mn_{23}Sc_6$ 或 Mn_2Sc 强化相，从而开发了抗蠕变性能优良的 Mg-Sc-Mn 系合金[92,93]。由于 Sc 的成本太高，后来寻求加入一定量的稀土 Ce，降低 Sc 的含量，从而形成了 Mg-Sc-Ce-Mn 合金。最近又开发了在 Mg-Gd、Mg-Y、Mg-Ce 镁稀土基合金中加入少量的 Sc 和 Mn，形成了 Mg-Gd-Mn

–Sc、Mg–Y–Mn–Sc 和 Mg–Ce–Mn–Sc 等多个合金[151~153]。图 5–32 为含 Sc 的几种合金与 WE43 力学性能的对比图，从图中可以看出这些合金中只有高 Sc 含量的 Mg–15Sc–1Mn 合金和高 Gd 含量 Mg–10Gd–0.8Sc–1.5Mn 合金力学性能最好，与 WE43 相当。低稀土含量的 Mg–6Sc–1Mn 和 Mg–3Ce–1Sc–1Mn 力学性能比较起来较差[97,151]。

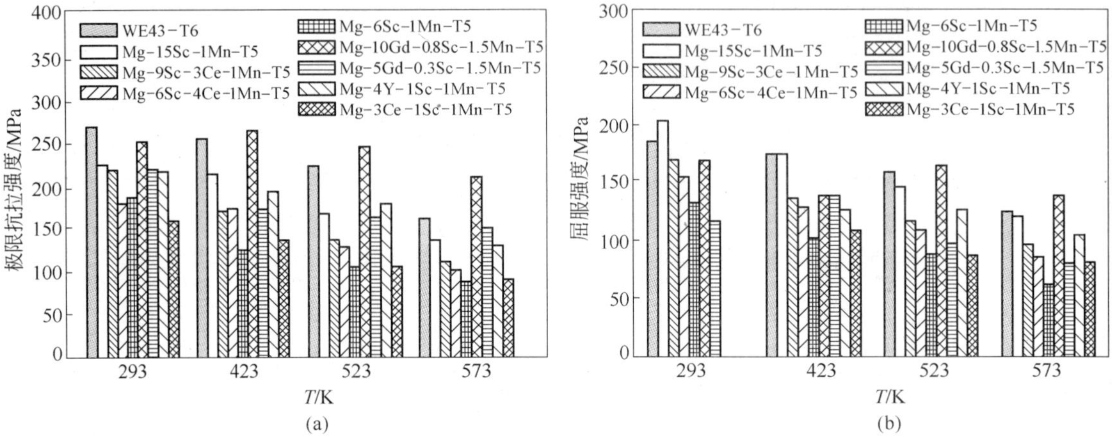

图 5–32 含 Sc 高强耐热镁合金的力学性能[151~153]

(a) 温度对抗拉强度的影响；(b) 温度对屈服强度的影响

进一步对含 Sc 耐热镁合金的蠕变性能进行研究，Sc 和 Mn 的加入可明显改善合金的抗蠕变性能，主要原因是在凝固过程中生成了大量的高熔点稳定 Mn_2Sc 相，这种针状的化合物能够有效阻止位错滑移。含 Sc 耐热镁合金和 WE43 合金和 Mg–Gd 二元合金的蠕变性能相比较列于表 5–17，我们发现总体来说相当条件含 Sc 耐热镁合金比 WE43 的蠕变性能提高两个数量级，比 Mg–Gd 二元合金蠕变性能提高一个数量级。Sc 含量较高的 Mg–15Sc–1Mn、Mg–6Sc–4Ce–1Mn 和 Mg–9Sc–3Ce–1Mn 合金的蠕变性能最好，比低 Sc 含量的 Mg–10Gd–0.8Sc–1Mn 和 Mg–5Gd–0.3Sc–1Mn 蠕变性能提高近一倍。Mg–3Ce–1Sc–1Mn 合金的蠕变性能与高 Sc 含量合金的相当，但从图 5–32 发现其力学性能较低，因此其适宜用于高温低载荷部件。综合考虑力学性能、蠕变性能和合金成本，Mg–10Gd–0.8Sc–1Mn、Mg–5Gd–0.3Sc–1Mn 等 Mg–RE–Sc–Mn 系合金的综合性能更为优良，适用于 300℃高温低载荷等部件的应用。但总的来说由于 Sc 的价格太高，限制了这些含 Sc 合金的工业应用。

表 5–17 耐热合金的蠕变性能（350℃，30 MPa）[103]

合 金	状 态	蠕变速率/s^{-1}
Mg–10Gd	T6	6.18×10^{-7}
Mg–15Gd	T6	4.39×10^{-7}
Mg–6Sc–1Mn	T5	4.27×10^{-8}
Mg–15Sc–1Mn	T5	1.84×10^{-8}
Mg–6Sc–4Ce–1Mn	T5	1.33×10^{-8}
Mg–9Sc–3Ce–1Mn	T5	1.70×10^{-8}

续表 5-17

合　金	状　态	蠕变速率/s^{-1}
Mg-10Gd-0.8Sc-1Mn		2.67×10^{-8}
Mg-5Gd-0.3Sc-1Mn		2.49×10^{-8}
Mg-4Y-1Sc-1Mn		6.62×10^{-8}
Mg-3Ce-1Sc-1Mn		1.54×10^{-8}
WE43	T6	1.10×10^{-6}

5.5.2 含稀土的镁锂合金

镁锂合金是迄今为止密度最小的合金材料。镁的原子序数为12，其密度为1.738 g/cm^3，锂的原子序数为3，其密度为0.534 g/cm^3。在镁中添加锂，随着锂元素加入量的增加，密度逐渐减小。由金属镁和金属锂为主要元素而制得的镁锂合金密度一般为1.35～1.65 g/cm^3，是所有金属结构材料中的最轻者，它比普通镁合金轻1/4～1/3，比铝合金轻1/3～1/2，所以镁锂合金也被称之为超轻合金。镁锂合金具有很高的比强度、比刚度和优良的抗振性能及抗高能粒子穿透能力，而且镁锂合金的密度远远小于新型航空用材铝锂合金的密度，是航天、航空、兵器工业、核工业、汽车、“3C”产业、医疗器械等领域最理想并有着巨大的发展潜力的结构材料之一[154～159]。随着世界范围内能源短缺，很多工业领域对轻量化材料和器件的需求极为迫切。

稀土元素由于具有独特的核外电子排布，在冶金、材料领域中有其独特的作用。稀土元素具有净化合金液，改善合金的铸造性能、细化和变质组织、提高合金的力学性能、增强合金耐蚀性以及提高合金蠕变性能的作用[160]。

稀土元素加入Mg-Li合金，可通过固溶强化和形成细小弥散的金属间化合物，提高其综合性能，而且，由于大多数稀土金属间化合物均具有较好的热稳定性，从而改善镁锂合金在较高温度下的力学性能[161]，加RE(稀土)还可以提高Mg-Li合金的再结晶温度，并促进Mg-Li合金的时效强化[162,163]。

稀土元素在Mg-Li合金中的固溶度均较小，能与Mg形成多种金属间化合物。日本学者丹野敦、大内清明等人的研究表明在Mg-8Li合金中加入1%～2%的La、Ce、Nd，经过一定的均匀化处理后，组织中的相细化，并产生$Mg_{17}La_2$、$Mg_{17}Ce_2$、(或$Mg_{12}Ce$)及Mg_3Nd等稀土镁化合物。由于这些化合物具有较高的硬度，因此，合金的硬度与强度得到提高[164]。在Mg-Li-Al-Zn合金中加入混合稀土(La、Pr、Ce)，形成了Al_2Zn_2La金属间化合物，这种化合物呈杆状分布在合金中，使$Mg_{17}Al_{12}$层片变细，减小了晶粒尺寸，提高了合金的高温强度。在Mg-16Li-5Al中加入混合稀土(La、Pr、Ce)，结果表明，混合稀土(La、Pr、Ce)细化了基体组织[165～169]。

Tanno等[170]对Mg-8Li中添加稀土元素之后的性质进行了研究，结果发现，稀土元素与镁形成金属间化合物，在压下量低于90%轧制时，与Mg-Li二元合金一样表现出加工硬化，但压下量高于90%时，出现软化，他指出这可能与出现回复有关。与其他强化元素不同，添加稀土元素不会产生过时效，这表明稀土元素能够提高Mg-Li合金的热稳定性，并能通过时效处理获得高温下的强度，但塑性仍有降低。

Xu 等[171]研究了 Y 对 Mg－Li－Zn 合金的强化作用，Y 在 Mg－Li－Zn 合金中产生了 20 面体结构的新相 Mg_3Zn_6Y，该相引起了合金中其他相的微观结构变化，导致 Mg－Li－Zn 合金拉伸性能显著提高。

5.5.2.1 熔盐电解共沉积镁锂稀土合金

哈尔滨工程大学近年来开展了镁锂稀土合金的电解制备研究，在多元合金共电沉积研究中获得了可喜的成果，尤其是在变价稀土的电解研究中，实现了较高含量稀土的电解沉积工艺，这将为变价稀土的成功电解开辟新的途径。

A 镁－锂－镝合金熔盐电解共电沉积[172]

以 $MgCl_2$ + LiCl + KCl + KF 为电解质体系，各成分的质量百分比分别为 5%～13%、41%～45%、41%～45% 和 5%，再按 $MgCl_2$ 质量的 1%～7% 加入 Dy_2O_3，控制温度在 660～760℃的条件下，待坩埚内物料熔融后，通入直流电电解，控制阴极电流密度 10～15 A/cm²，达到或接近 Mg^{2+} 的极限扩散电流密度；阳极电流密度为 0.4～0.6 A/cm²，槽电压 7～8 V，经过 1～2 h 的电解，在熔盐电解槽底部于阴极附近沉积出液态 Mg－Li－Dy 合金，冷凝后得固态 Mg－Li－Dy 合金。图 5－33 是在 $MgCl_2$、LiCl、KCl、KF 和 Dy_2O_3 的质量分数分别为 13.57%、40.72%、40.72%、4.52% 和 0.45%，电流密度为 12.7 A/cm²，电解温度为 680℃的条件下，电解时间为 2 h 所得到的合金的 XRD 谱图。从图中可以初步判断，Mg－Li－Dy 合金主相为 αMg 相。另外还包含 βLi 相和 $DyMg_3$ 两种化合物的衍射峰。

图 5－34 是在 $MgCl_2$、LiCl、KCl、KF 和 Dy_2O_3 的质量分数分别为 13.57%、40.72%、40.72%、4.52% 和 0.45%，电解温度为 680℃的条件下电解 1h 所得到的电流密度与电流效率的关系。从图中可以看出，随着电流密度的增加，电流效率的变化趋势是先增加后减少，这说明在该体系下存在一个最佳的电流密度使电流效率达到最高，并且最高电流密度出现在 10～12 A/cm² 之间。当电流密度在此区间时，能保证电解液有一定的搅动和翻滚，这样有利于电解液的循环流动和产生气体的排出。但是如果电流密度过高时，会使电解液翻滚严重，导致部分从阴极上析出的金属被带到阳极附近而重新被氧化，这样造成了电流的空耗，使电流效率下降。过低的电流密度不利于电解液的循环流动，也同样会影响电流效率。

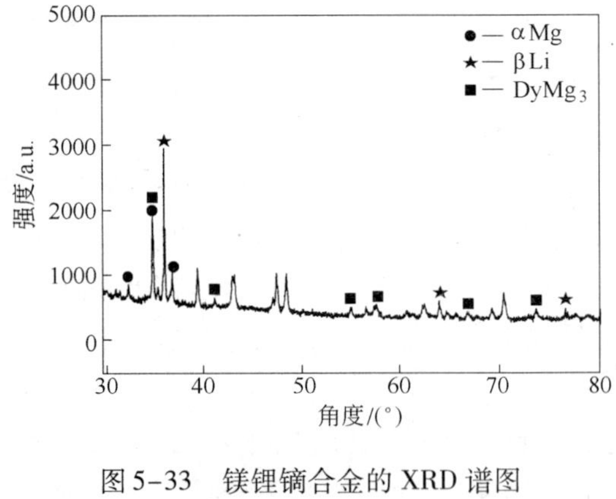

图 5－33 镁锂镝合金的 XRD 谱图

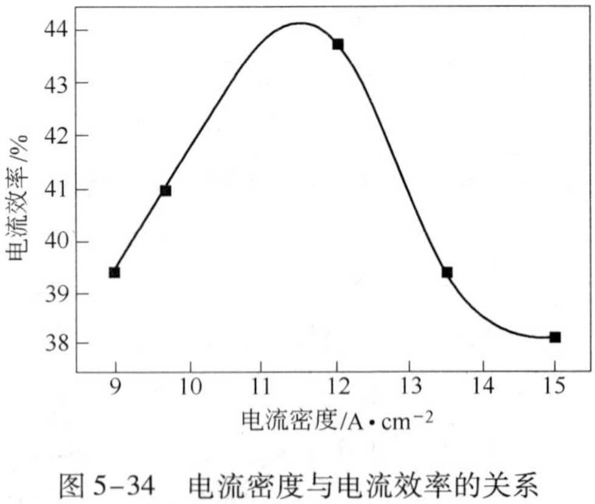

图 5－34 电流密度与电流效率的关系

图 5－35 是在 $MgCl_2$、LiCl、KCl、KF 和 Dy_2O_3 的质量分数分别为 13.57%、40.72%、40.72%、4.52% 和 0.45%，电流密度为 12.7 A/cm² 的条件下，电解 1h 所得到的电解温度与电流效率的关系。从图中可以看出，随着电解温度的增加，电流效率的变化趋势是先增加后

减少，当电解温度超过740℃之后，电流效率降到很低，这说明温度过高对合金的烧损，尤其是对合金中锂的烧损严重，致使电流效率降低。而温度过低，电解液中的离子扩散速度慢，不利于电流效率的提高。

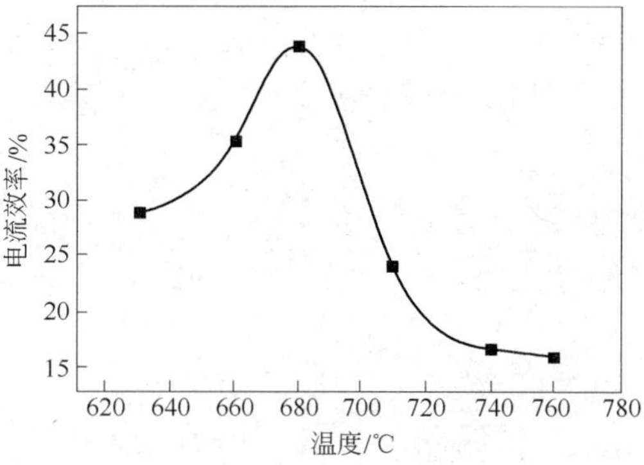

图5-35 温度与电流效率的关系

图5-36为放大100倍的金相照片，可以看出，当稀土Dy的含量为9%、10%、12%时，对合金均有细化和球化作用，但是稀土含量为10%和12%时有部分呈现树枝状；而当稀土含量为16%时，虽然无明显的树枝状，但细化作用比9%镝的要差。当稀土含量为20%时，合金中的树枝状消失，并且细化和球化明显。

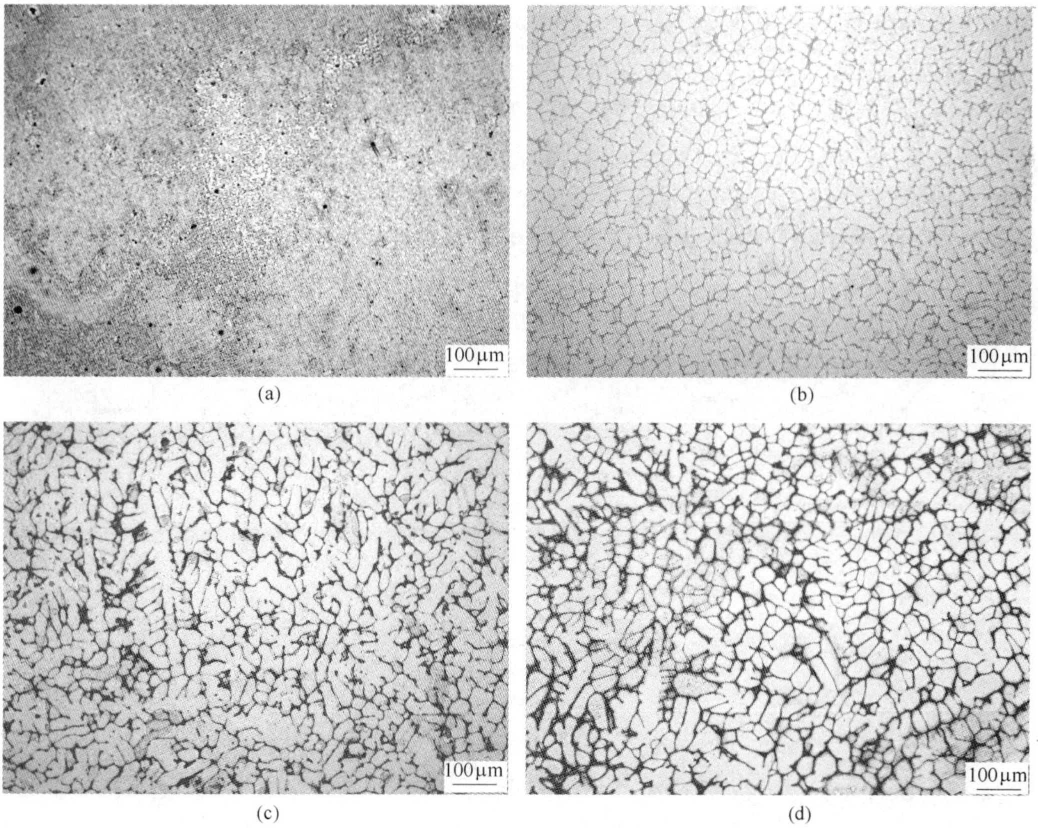

(a) (b) (c) (d)

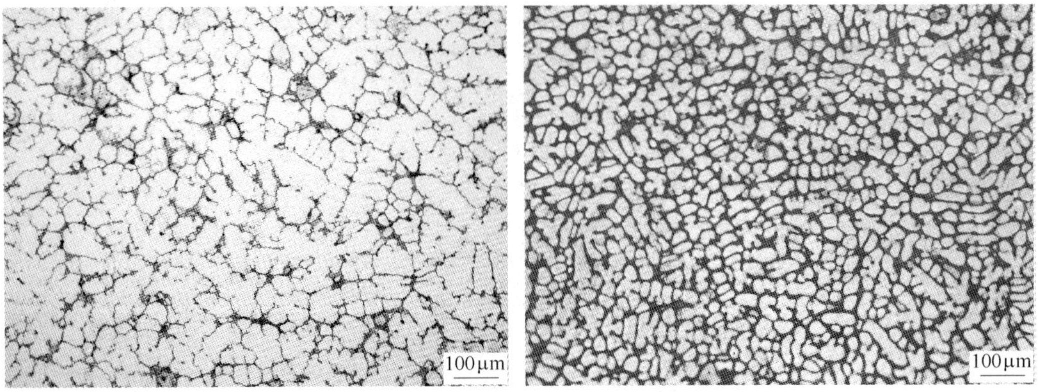

(e)　　(f)

图 5-36　合金的金相照片（×100）

(a) Mg－5Li 合金；(b) Mg－5Li－9Dy 合金；(c) Mg－5Li－10Dy 合金；(d) Mg－5Li－12Dy 合金；(e) Mg－5Li－16Dy 合金；(f) Mg－5Li－20Dy 合金

B　镁－锂－镨合金熔盐电解共电沉积

以 $MgCl_2$ + LiCl + KCl + KF 为电解质体系，各成分的质量百分比分别为 5%～14%、42%～45%、42%～45%、2%～5%，再按 $MgCl_2$ 重量的 1%～4% 加入氧化镨，以钼（Mo）为阴极，石墨为阳极，电解温度 640～750℃下，采取下沉阴极法，极距为 4 cm，阴极电流密度为 6～16 A/cm^2，阳极电流密度 0.5 A/cm^2，槽电压 5.7～8.2 V，经 1～2 h 的电解，在熔盐电解槽阴极附近沉积出 Mg－Li－Pr 合金。熔盐共电沉积制备的 Mg－Li－Pr 合金重量比组成为：镁 38.0%～92%，锂 2.0%～61.1%，镨 0.9%～6.0%。

图 5-37 所示为不同稀土 Pr 含量的 Mg－Li－Pr 合金金相显微组织。从图中可以看出，合金的显微结构为枝晶组织，从合金的金相照片还可以看出，随着稀土 Pr 含量的增加合金中 α 相逐渐减少而 β 相增多，并且随着稀土含量的增加 Mg－Li－Pr 合金试样的晶粒明显细化。图 5-37（a）不含稀土 Pr 的 Mg－Li 合金平均晶粒明显较大（300～500 μm），当合金中稀土 Pr 质量百分含量仅为 2% 时如图 5-37（b）合金晶粒明显细化，晶粒平均约 100～200 μm。当合金中稀土 Pr 质量百分含量大于或等于 3% 时，如图 5-37（c）和（d）合金晶粒细化更加明

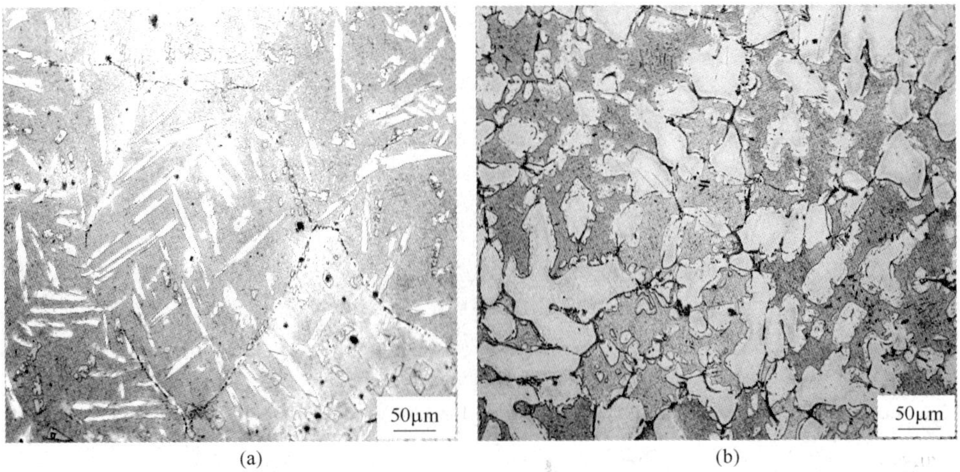

(a)　　(b)

(c) (d)

图 5-37 不同稀土含量的合金的 Mg-Li-Pr 合金相扫描照片
(a) Mg-7Li-0Pr 合金;(b) Mg-7Li-2Pr 合金;(c) Mg-7Li-2.5Pr 合金;(d) Mg-7Li-3.0Pr 合金

显并且 α 相消失。可以认为稀土 Pr 在合金中与镁形成金属间化合物,从合金的金相照片可以看出,随着稀土含量的增加 α 相不断减少最终消失。初晶 Mg 和稀土 Pr 与镁形成的金属间化合物会阻碍 α 相和 β 相的长大,从而细化合金的组织。

图 5-38 是 Mg-Li-Pr 合金的 XRD 图谱。由图 5-38(a)不同 Li 含量的 Mg-Li-Pr 合金的 XRD 图可以看出 Pr 在 Mg-Li-Pr 合金中以 Mg_3Pr 的形式存在,并且 Pr 存在的形式不随镁和锂含量的变化而改变。由图 5-38 (b)不同 Pr 含量的 Mg-Li-Pr 合金的 XRD 图可以看出 Pr 在合金中依然以 Mg_3Pr 的形式存在,与 Pr 在合金中的含量也无关,并且随着 Pr 含量的增加合金中 α 镁相的衍射峰减弱而 β 锂相的衍射峰增强,这与金相分析结果一致。

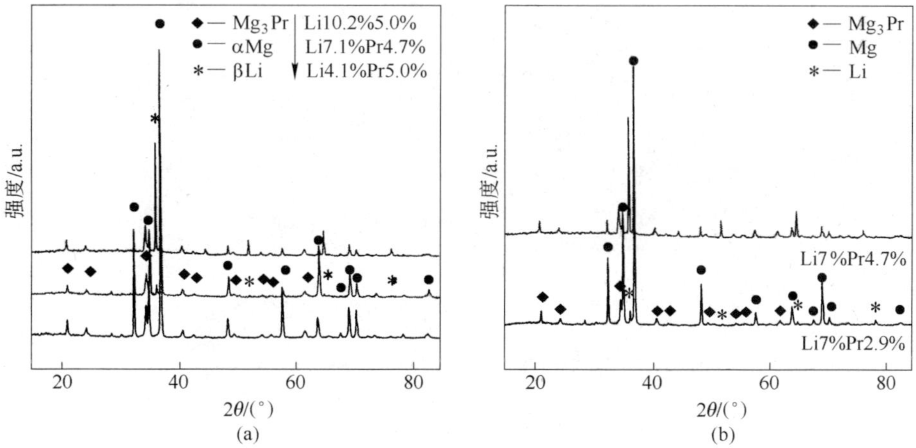

图 5-38 Mg-Li-Pr 合金的 XRD 图谱
(a) 不同 Li 含量 Mg-Li-Pr 合金 XRD;(b) 不同 Pr 含量的 Mg-Li-Pr 合金 XRD

C 镁-锂-钬合金熔盐电解共电沉积[173]

以 $MgCl_2$ + LiCl + KCl + KF 为电解质体系,加入 Ho_2O_3 加热至 650℃ 熔融,以金属钼(Mo)为阴极,石墨为阳极,电解温度 650 ~ 800℃ 下,采取下沉阴极法,在阴极电流密度为

12 ~ 16 A/cm^2，阳极电流密度 0.5 ~ 0.6 A/cm^2，槽电压 4.6 ~ 7.6 V，经 1 ~ 2 h 的电解，在熔盐电解槽于阴极附近沉积出 Mg – Li – Ho 合金。由熔盐电解共沉积制得的 Mg – Li – Ho 合金重量比为：锂 10% ~36%、钬 0.9% ~13.7% 和余量镁。

图 5-39(a) 所示为 Mg – Li – Ho 合金不同稀土 Ho 含量的金相显微组织。从图中可以看出稀土元素 Ho 的添加对 Mg – Li 合金有明显的细化晶粒的效果，而且随着 Ho 含量的增加，细化效果更加明显。图 5-39(b) 为 Mg – 6% Li – 2% Ho 的 SEM 图像及元素 Ho 和 Mg 的面分布图，从图中可以看出合金中金属镁和稀土钬的分布比较均匀，无偏析现象产生。

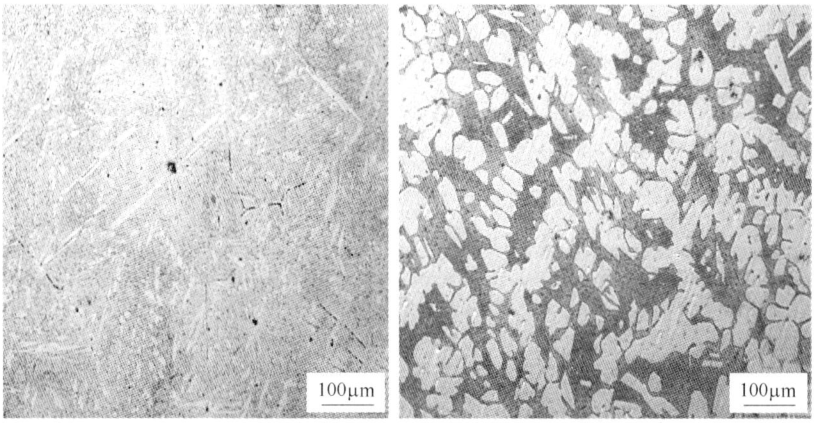

(a)　(b)

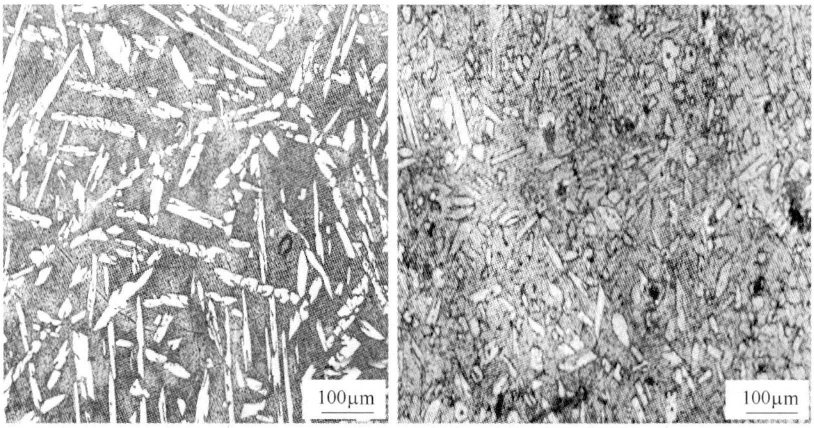

(c)　(d)

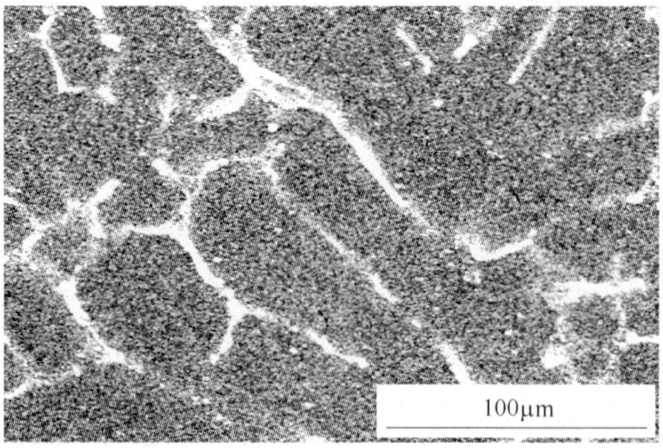

(e)

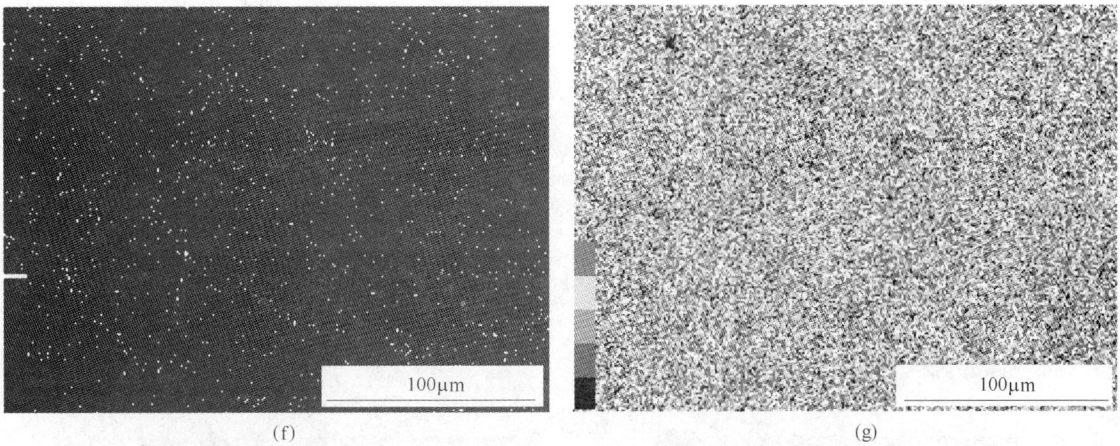

图 5-39 Mg - Li - Ho 合金的显微组织图、SEM 图像及元素 Ho 和 Mg 的面分布图
(a) 9.5% Li 显微组织图;(b) 0.4% Ho - 9.5% Li 显微组织图;(c) 0.6% Ho - 9.5% Li 显微组织图;
(d) 1.0% Ho - 9.5% Li 显微组织图;(e) SEM 图;(f) Ho 的面分布图(HoL);(g) Mg 的面分布图(MgK)

D 镁 - 锂 - 铈镧合金熔盐电解共电沉积[174]

以 $MgCl_2$ + LiCl + KCl + KF 为电解质体系,加入富铈碳酸稀土(碳酸铈和碳酸镧)后在 750 ~ 800℃下熔融,以惰性金属电极为阴极,石墨为阳极,电解温度 650 ~ 800℃下,采用下沉式阴极法,阴极电流密度为 12 ~ 20 A/cm^2,阳极电流密度为 0.5 A/cm^2,槽电压 5.5 ~ 9.0 V,经过 1 ~ 2 h 的电解,在熔盐电解槽于阴极附近沉积出 Mg - Li - Ce - La 合金。熔盐电解制备的 Mg - Li - Ce - La 合金质量比为:锂 2.8% ~ 52.9%、铈 1.9% ~ 3.1%、镧 0.4% ~ 3.9% 和余量的镁。

图 5-40 是电解制备的 Mg - Li - Ce - La 合金样品的扫描电子显微镜(SEM)照片及面扫描照片。SEM 附带能谱对样品的 007 点进行了 EDS 分析。EPMA 面扫描照片中可以清楚地看到:合金中金属镁和稀土镧、铈的分布较均匀,无偏析现象产生。

E 镁 - 锂 - 钕镧合金熔盐电解共电沉积

以 $MgCl_2$ + LiCl + KCl + KF 为电解质体系,各成分的质量百分比分别为 13.6%、40.9%、40.9%、4.5%,再按 $MgCl_2$ 质量的 3.3% 加入富钕氧化稀土(Nd_2O_3,La_2O_3),以惰性金属电极钼(Mo)为阴极,石墨为阳极,电解温度 640 ~ 650℃下,极距为 4 cm,阴极电流密度为 12.5 A/cm^2,阳极电流密度为 0.5 A/cm^2,槽电压 6 ~ 7 V,经过 2 h 的电解,在熔盐电解槽于阴极附近共沉积出 Mg - Li - Nd - La 合金,镁、锂、钕、镧的含量分别为 84.1%、3.2%、8.4%、4.2%。

F 镁 - 锂 - 钇合金熔盐电解共电沉积[175]

以 $MgCl_2$ + LiCl + KCl + KF (12∶45∶45∶8) 为电解质体系,各成分的质量百分比分别为 14.6%,38.8%,38.8%,7.8%,再按 $MgCl_2$ 质量的 3.3% 加入 Y_2O_3,以惰性金属电极钼(Mo)为阴极,石墨为阳极,电解温度 750℃下,极距为 4 cm,阴极电流密度为 12 A/cm^2,阳极电流密度为 0.5 A/cm^2,槽电压 8.1 ~ 8.3 V,经过 1 h 的电解,在熔盐电解槽阴极附近共沉积出 Mg - Li - Y 合金,镁、锂、钇的含量分别为 93.7%、3.2%、3.7%。

除了以上合金的熔盐电解研究外,哈尔滨工程大学张密林领导的实验室还进行了 400℃以下低温电解铝锂合金以及铝锂稀土合金的研究,也取得了较为理想的结果。由于熔盐电解制备合金,存在着合金化、固溶化、去极化、均匀化等一系列优点,有希望在高熔点合

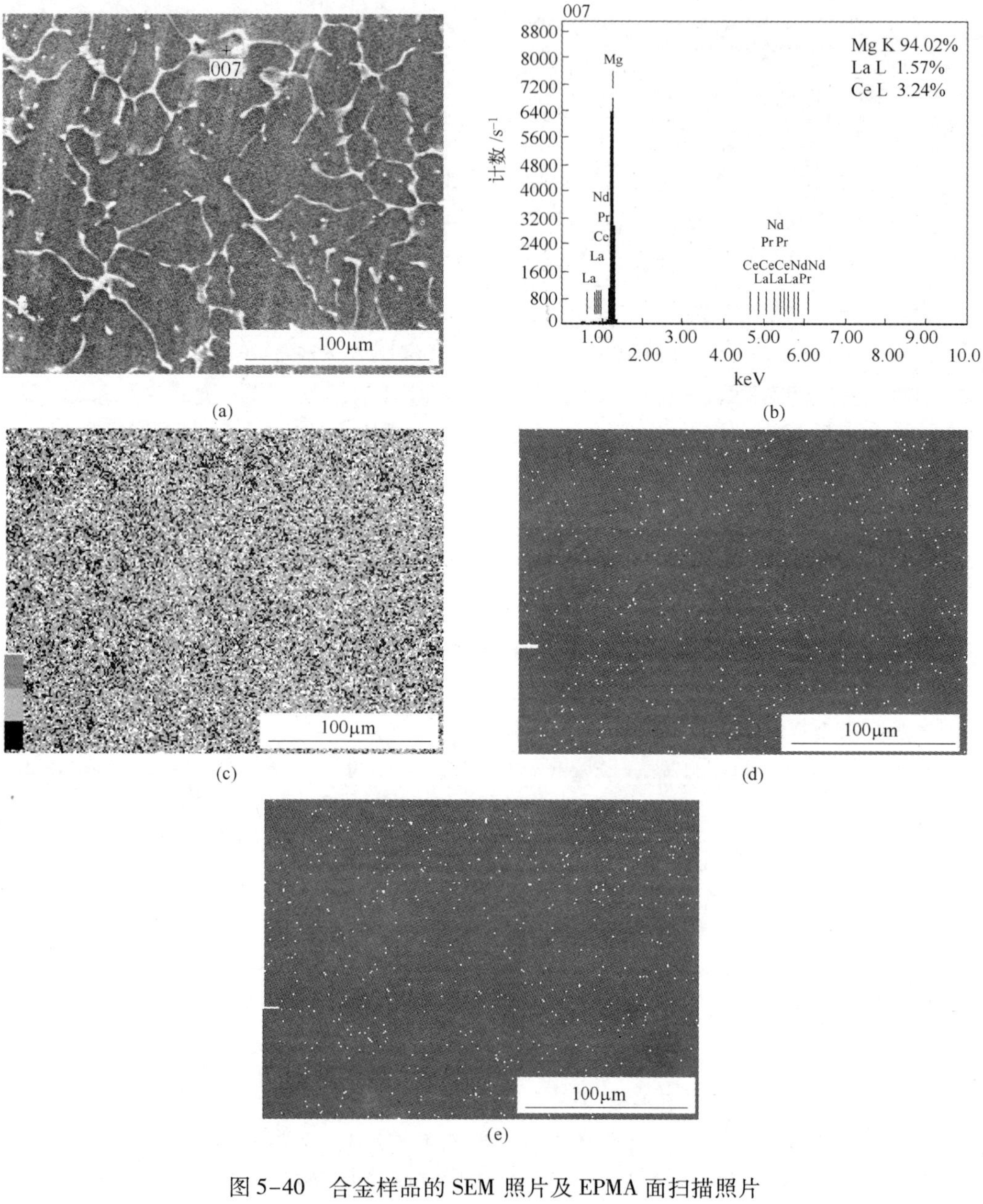

图 5-40 合金样品的 SEM 照片及 EPMA 面扫描照片

(a) SEM 照片；(b) 007 点的 EDS 图谱；(c) 合金中镁分布的面扫描(Mg K)；(d) 合金中镧分布的面扫描(La L)；(e) 合金中铈分布的面扫描照片(Ce L)

金的电解中取得突破性进展，近年来，我们进行的有关钛、锆等合金的电解研究有了一定的进展，这为开展新型合金的研究提供了可靠的依据。

低温熔盐电解多元合金是在工业上很有发展前途的新工艺方法。因此，通过熔盐电解可以实现合金成分的可控性，这对新型合金的研究有着重要意义。

5.5.2.2 稀土元素对镁锂合金组织与性能的影响

稀土在合金内主要是以与基体元素形成稀土化合物的形式存在，起第二相强化的作用，而且由于稀土化合物一般均具有较好的热稳定性，因此有利于合金高温稳定性的提高。此外，稀土在镁锂合金中最显著的作用是对合金起晶粒细化以及改善耐蚀性等，这些都有利于提高合金的综合力学性能。

A 钕元素在镁锂合金中的作用

钕在 Mg－Li－Al 三元合金中主要以 Al_2Nd 相的形式存在，Al_2Nd 相的形貌是星状或呈交叉的棒状（如图 5-41 所示），此外，钕的存在对 LA141 合金具有显著的晶粒细化作用，当钕含量为 0.6% 左右时，合金的晶粒尺寸最细小，晶粒尺寸减小 30%（如图 5-42 所示），在 Al_2Nd 相的存在和钕对合金晶粒细化效果的共同作用下，合金的强度随着钕含量的增加迅速提高，最高强度时，合金强度提高 45% 左右（如图 5-43 所示）[176]。徐伟等人[177]研究了 Mg－(0～6)Li－2Al－Zn－4Y－3Nd 合金中稀土的存在形式，结果表明，合金中主要有两种稀土化合物，它们分别是 Nd_3Zn_{11} 和 Al_2Y，其中 Nd_3Zn_{11} 相随着锂含量的增多而逐渐减少，但 Al_2Y 相的量基本保持不变。

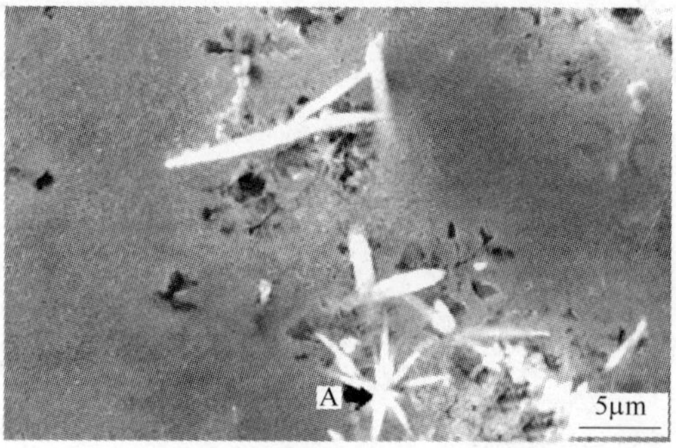

图 5-41 LA141－0.6Nd 合金的显微组织（×3000）

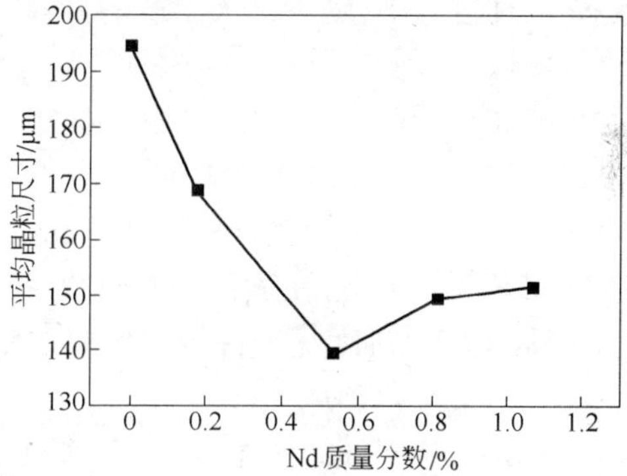

图 5-42 Nd 含量对 LA141 合金晶粒尺寸的影响

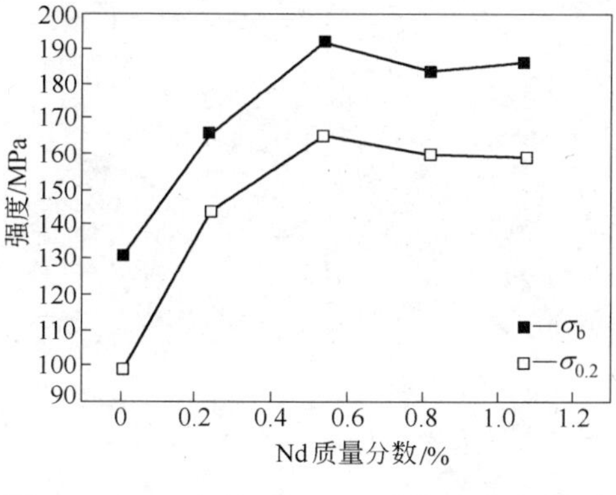

图 5-43 Nd 含量对 LA141 合金强度的影响

B 铈元素在镁锂合金中的作用

T. Wang 等[178]研究了铈在 Mg－Li 合金中的作用，认为铈在 Mg－Li－Al 三元合金中主要以 Al_2Ce 相的形式存在，在 LA81 合金中添加 1% 铈后，合金内 Al_2Ce 相呈棒状均匀分布，经挤压变形后，棒状 Al_2Ce 相被破碎成为短棒状并沿挤压方向分布，挤压后的强度和伸长率均得到提高，抗拉强度由 160 MPa 上升到 187 MPa，伸长率由 16% 上升至 33%。刘滨等[179]在实验中还发现，随着 Ce 含量（0.2%～1.0%）增加，Mg－16Li－5Al－xCe 中 Al_2Ce 相量增加，$Mg_{17}Al_{12}$ 和 LiAl 相量减少，晶粒得到细化，Al_2Ce 分布在晶界附近并钉扎晶界，使合金的断裂方式由沿晶断裂逐渐变为解理断裂，还能在 150℃ 有效阻止晶界滑移，从而提高合金的耐热性，当 Ce 含量大于 0.6% 时，Al_2Ce 相割裂基体，从而降低合金的力学性能。

C 钇元素在镁锂合金中的作用

日本学者 Ninomiya 等人[180]将 Mg－8.5Li 合金与 Mg－8.5Li－1.0Y 合金在室温下冷轧到预定厚度，然后进行拉伸试验，应变速度为 $4\times10^{-3}\ s^{-1}$。结果表明，含钇合金的强度在轧制态时比未加钇的高。Mg－8.5Li 合金在 350℃、应变速率为 $2\times10^{-4}\ s^{-1}$ 条件下的伸长率接近 600%，而 Mg－8.5Li－1Y 合金的最大伸长率为 400%，但此时的应变速率是 $4\times10^{-3}\ s^{-1}$，比 Mg－8.5Li 合金的高 20 倍。因此 Mg－8.5Li－1Y 合金虽然伸长率稍低，但在实用上其生产效率更高，更具有实际应用价值。

在高钇含量的 Mg－Li 二元合金中，将形成 $Mg_{24}Y_5$ 相，在 Mg－7.28Li－8.02Y 合金中除了存在呈长条状分布于基体相中外，还存在沿晶界分布且呈网状结构的 $Mg_{24}Y_5$ 相。此合金在淬火处理过程中，随着淬火温度的升高，试验合金中的 Mg 和 $Mg_{24}Y_5$ 的固溶度随之增加，导致硬度增加；同时温度的升高使得 $Mg_{24}Y_5$ 的形貌逐渐变为圆球状且均匀分布。因此，固溶度的提高和 $Mg_{24}Y_5$ 相的球化和均匀分布是导致在升高淬火温度时合金硬度和强度提高的原因。淬火态合金经 150 ℃时效后，会使合金的强度和塑性均有所下降，分析其原因：一方面，在时效过程中合金的晶粒长大；另一方面，长时间的保温时效后 Mg 的固溶度降低，$Mg_{24}Y_5$ 相沿晶界析出，导致合金的强韧性下降。

王涛等人[181]研究了钇对 LA83 双相镁锂合金组织的影响，钇的加入使得呈板条分布的第二相逐渐被细化和球化（如图 5-44 所示）。且当钇含量达 3% 时，在合金内形成大量块状物质，经 EDS 测试，此块状物为 Al_2Y 稀土化合物。

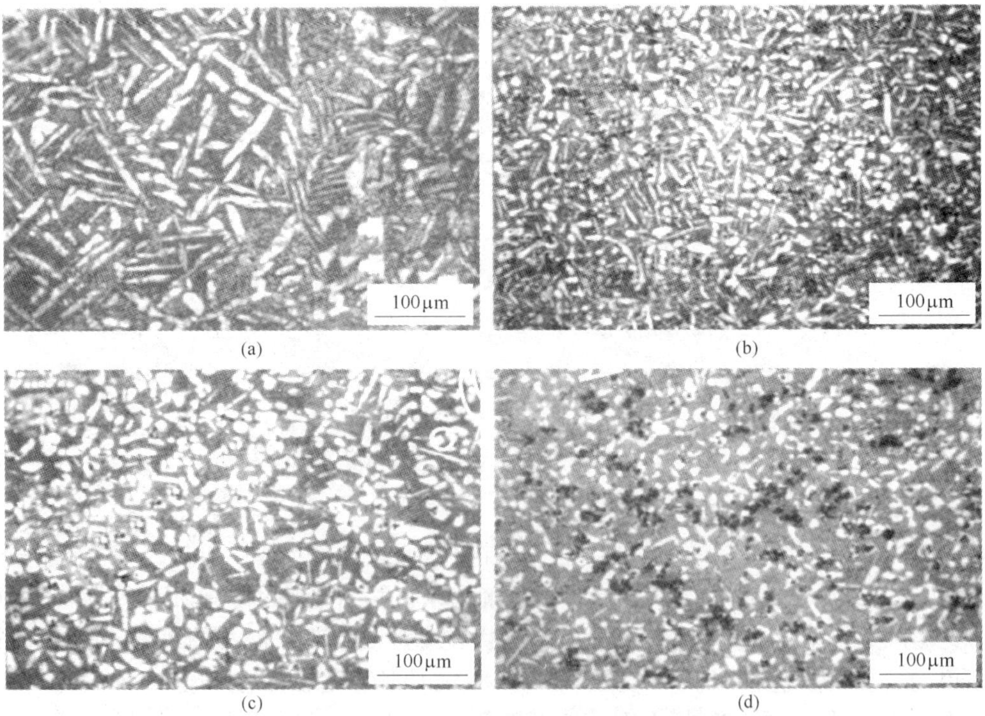

图 5-44 在 LA83 合金中添加 Y 对组织的影响

(a) Mg－8Li－3Al 合金；(b) Mg－8Li－3Al－0.5Y 合金；(c) Mg－8Li－3Al－1Y 合金；(d) Mg－8Li－3Al－3Y 合金

D 钪元素在镁锂合金中的作用

H. Y. Wu 等[182]研究了微量 Sc(含量为 0.01%)对于 LAZ1010 合金组织和性能的影响,微量 Sc 的加入使得合金只能在室温下进行时效处理,否则将发生时效软化现象,而不加 Sc 的合金可在室温或 50℃下进行时效硬化热处理,如图 5-45 所示。认为时效温度下降的原因可能是与时效过程中在 LAZ1010Sc 合金内存在 Widanstätten 型组织的 α 相有关(如图 5-46 所示)。微量 Sc 的加入将促进 $AlLi_2$ 相分解成 AlLi 平衡相。合金在加入微量 Sc 后,力学性能发生微小变化,屈服强度由 154.8 MPa 上升到 172.1 MPa,抗拉强度由 172.5 MPa 上升到 186.4 MPa,伸长率由 28.9% 下降至 25.2%。

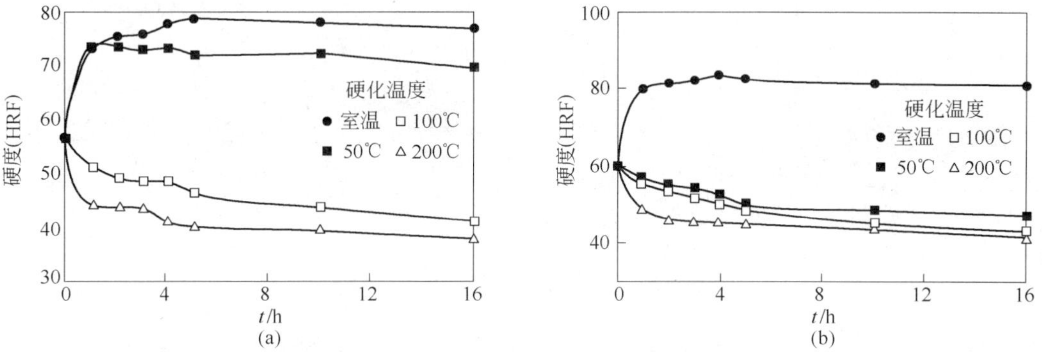

图 5-45 不同温度下合金的时效曲线

(a) LAZ1010;(b) LAZ1010Sc

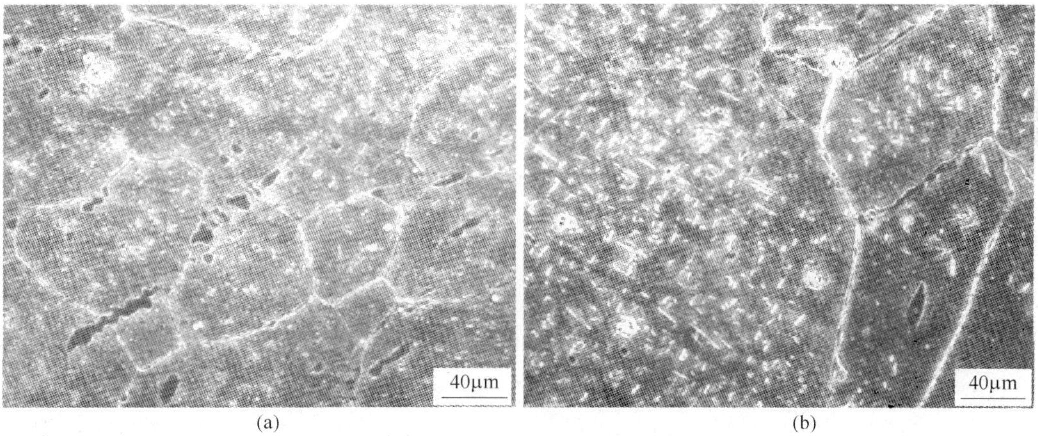

图 5-46 时效后合金的显微组织

(a) LAZ1010;(b) LAZ1010Sc

E 混合稀土金属在镁锂合金中的作用

一般来说,混合稀土金属尤其是 LaCe/LaPrCe 的价格比单一纯稀土金属便宜,用混合稀土对镁锂合金进行合金化更加具有工业应用价值,因此,混合稀土对镁锂合金的合金化研究受到了广泛的重视[183,184]。1992 年,Tanno 等人[185]研究了混合稀土在 Mg-8Li 合金中的作用,在合金内添加 1% 和 2% 的 RE 时,对于镁锂合金的晶粒尺寸有细化作用;当稀土含量较高时,稀土还与镁形成稀土化合物,这使得合金的伸长率下降,此外,由于稀土与镁结合形成金属间化合物消耗了一定量的镁，从而降低了合金基体的镁锂比，使得合金基体内稀土相的比例减少，强化效果减弱，导致合金的强度下降；稀土化合物的形成使得合金的高温热稳定性提高。Sanschagrin 等人[186]在 Mg－8Li－7Al－Si 合金中加入 4.5% 的富铈混合稀土（质量比 Ce∶La∶Nd∶Pr＝57.7∶16.5∶11.8∶6.7），在合金内观察到合金基体中存在大量均匀分布的 $REAl_3$、$REAl_4$ 和 REAlSi 等相，混合稀土还使得 Mg－8Li－7Al－Si 合金中的大块状的 $MgAlLi_2$ 相和 Mg_2Si 相在合金组织中存在的比例减少，如图 5-47 所示。混合稀土的加入使得合金的弹性模量显著提高，强度也有所提高，但伸长率降低，密度也稍有提高，如表 5-18 所示。

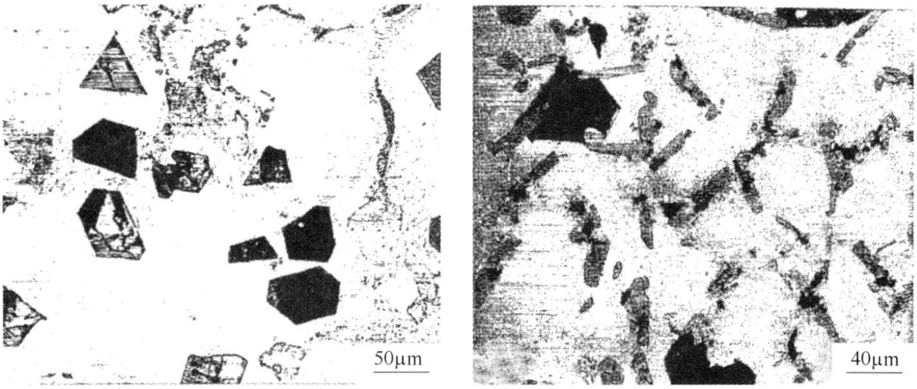

(a) (b)

图 5-47 Mg－8Li－7Al－Si 合金加稀土前后的金相照片

（a）Mg－8Li－7Al－Si；（b）Mg－8Li－7Al－Si－4.5RE

表 5-18 不同合金化元素条件下 Mg－8Li 基合金的室温性能对比

合 金	E/GPa	$\sigma_{0.2}$/MPa	σ_b/MPa	δ/%	ρ/g · cm^{-3}
L8	40	93	132	52	1.51
LA87	39	184	239	33	1.53
LAS871	44	145	225	20	1.59
LAS871－4.5RE	53	200	260	14	1.60

T. Wang 等[187]的研究表明，在 Mg－7Li－6Al－6Zn－xLPC（x＝0～1.0%，质量比为 La∶Pr∶Ce＝85∶10∶5）合金内，在晶界处会生成稳定的 $LaAl_2Zn_2$ 化合物，从而抑制了热稳定性差的 $Mg_{17}Al_{12}$ 的生成和晶粒长大，还可钉扎晶界从而阻止晶界滑移和形变，提高合金的室温和高温强度。当在 Mg－7Li－Al 合金中加入 0.5% 的 LPC（80%～85% La，5%～10% Pr，Ce≤5%，Nd≤1%）时，稀土不能完全溶解于基体中，合金中会析出 Al_3La[183]，使合金组织略变粗大，硬度和强度提高。但在 Mg－9Li－5Al－Zn 合金中添加 0.6% 的 LPC（质量比为 La∶Pr∶Ce＝85∶10∶5）时，可使所加入的稀土元素全部溶解[188]。

富镧混合稀土（质量比为 La∶Pr∶Ce＝85∶10∶5）在 Mg－10Li－4Al 合金中加入 0～1.2% 时，在合金凝固过程中 La 富集于固液前沿而导致成分过冷，使晶粒细化，稀土添加量小于 0.6% 时，晶粒细化明显[189]。La 与 Al 结合形成 Al_3La，并使合金内 $Mg_{17}Al_{12}$ 相和 AlLi 相数量减少。随着稀土加入量的增加，强度和伸长率均增大，但强度的增大速率随稀土量的增加而减小，当稀土含量大于0.9%后，合金的伸长率开始下降。

对混合稀土中各元素对于Mg－7Li－14Zn合金的影响进行成分优化的研究表明，混合稀土中Nd、Ce、La对于合金的力学性能影响逐渐减弱，优化的添加量为：1.1%～1.3% Nd、0.4%～0.6% La、0.8%～1.0% Ce[190]，其中Nd主要起固溶强化作用；Ce和La分别以Mg_3Ce、$Mg_{17}Ce_2$和$Mg_{17}La_2$相的形式析出。

刘鹏等[191]研究Mg－8.16Li－4.10Zn－0.59Zr－2.68Y－2.14LPC（80%～85% La，5%～10% Pr，Ce≤5%，Nd≤1%）合金的组织和性能时发现：合金中还存在大量稳定的MgLiZnRE四元网状化合物，此化合物属于脆性相，它减少了Zn在基体中的固溶量，从而影响其固溶强化效果，使合金强度降低。把此合金在480℃、氢气压力为0.1MPa下保温24h，可使直径为12mm的样品完全氢化，网状相完全消失，氢与四元化合物中的RE反应生成小颗粒状的稀土氢化物，释放出的Zn重新进入合金基体，从而使得强度提高。

5.5.3 含稀土的耐蚀镁合金

5.5.3.1 镁合金的耐蚀性能和提高其耐蚀性的合金化途径

虽然镁合金具有许多优良特性，但其耐蚀性和耐热性上却存在明显的不足，而且镁合金的耐蚀性差已成为大规模工业应用的重要障碍。

镁和镁合金很容易遭受腐蚀，除了在干燥的空气中和强碱中镁具有良好的耐蚀性能外，在潮湿空气、含盐的气氛和溶液与酸性溶液中，镁都会产生严重的腐蚀。镁的耐蚀性差一方面与镁的化学和电化学的活性有关，Mg的标准电极电位$V_{NHE}=-2.37V$（NHE为标准氢电极）为所有金属结构材料中最低的（见表5-19）[192]，在电化学介质中镁对其他结构金属呈阳极，镁的基体对其第二相或杂质元素也呈阳极，这就不可避免地导致镁的接触腐蚀和微电偶腐蚀。另一方面又与镁的腐蚀产物膜往往疏松多孔、保护性差有关。镁合金表面形成的氧化膜（MgO）本身就不致密，其PB值小于1（即氧化过程形成的氧化膜的体积小于生成这些氧化膜所消耗的金属的体积），不能形成有效的致密的氧化膜（见表5-20）。在溶液中镁合金在较宽的pH值范围内形成$Mg(OH)_2$膜，但它也是一种呈蜂窝状的结构疏松的膜[192]，而且在水中微弱溶解，除了在强碱溶液中较稳定外，$Mg(OH)_2$膜所能提供的保护性也是较弱的和不充分的。

表5-19 金属在25℃下水溶液中的标准电极电位

电 极	反 应	电位/V
Li, Li^+	$Li^+ + e \longrightarrow Li$	-3.02
K, K^+	$K^+ + e \longrightarrow K$	-2.92
Na, Na^+	$Na^+ + e \longrightarrow Na$	-2.71
Mg, Mg^{2+}	$Mg^{2+} + 2e \longrightarrow Mg$	-2.37
Al, Al^{3+}	$Al^{3+} + 3e \longrightarrow Al$	-1.71
Zn, Zn^{2+}	$Zn^{2+} + 2e \longrightarrow Zn$	-0.76
Fe, Fe^{2+}	$Fe^{2+} + 2e \longrightarrow Fe$	-0.44
Cd, Cd^{2+}	$Cd^{2+} + 2e \longrightarrow Cd$	-0.40
Ni, Ni^{2+}	$Ni^{2+} + 2e \longrightarrow Ni$	-0.24
Sn, Sn^{2+}	$Sn^{2+} + 2e \longrightarrow Sn$	-0.14
Cu, Cu^{2+}	$Cu^{2+} + 2e \longrightarrow Cu$	+0.34
Ag, Ag^+	$Ag^+ + e \longrightarrow Ag$	+0.80

表 5-20 一些金属氧化物的 PB 近似值[193]

金 属	Mg	Al	Be	La	Ce	Y	Sc
氧化物	MgO	Al_2O_3	BeO	La_2O_3	Ce_2O_3	Y_2O_3	Sc_2O_3
PB 近似值	0.81	1.28	1.68	1.10	1.16	1.39	1.19

因此改进镁合金的耐蚀性能已成为镁合金发展和应用必须解决的重要科技问题。至今的研究表明：镁合金的纯净化、耐蚀合金化和表面处理是提高镁合金耐蚀性能的有效途径，而通过镁合金的耐蚀合金化使镁合金材料本身具有高耐蚀性则是后两种办法中更为有效的办法。国内外的研究已表明：稀土元素是提高镁合金耐蚀性能十分有益的元素，稀土镁合金一般具有良好的耐蚀性能，添加稀土元素的镁合金其耐蚀性能一般均高于不含稀土的成分相近的镁合金[194~196]。而且近年来通过多元稀土复合与稀土元素和碱土金属的复合实现了镁合金耐蚀性能的突破，已研制成一些具有高耐蚀性的镁合金[197~199]。因此镁合金的稀土耐蚀合金化是提高镁合金耐蚀性能最有效最有前途的发展方向，稀土耐蚀镁合金具有广泛的应用前景。

5.5.3.2 含稀土镁合金的腐蚀行为和耐蚀性能

A 稀土镁合金的耐蚀性能

一定量的稀土元素加入镁合金，不仅能改进镁合金的铸造性能、高温蠕变性能，而且能显著提高镁合金的耐蚀性能。稀土元素加入镁合金有以纯元素的形式，也有以混合稀土的形式。稀土镁合金根据合金组成、铸造过程和晶粒细化机制的不同可以分为两大类：即 Mg－RE－Zr 系和 Mg－Al－RE 系。WE 系合金是 Mg－RE－Zr 系的代表，它适用于重力铸造和锻造产品，而 AE 系合金则是 Mg－Al－RE 系的代表，它适合于压铸生产。

表 5-21 给出了各种 Mg－RE 合金和它们在 NaCl 溶液中的腐蚀速率。一些高纯的 Mg－Al 合金（其耐蚀性是比较好的）的腐蚀数据也列于表中作为对比[194]。从表 5-21 中可以看出：不论是 Mg－RE－Zr 系还是 Mg－Al－RE 系，很多含稀土的镁合金具有良好的耐蚀性，而耐蚀性最好的镁合金也是稀土镁合金。AZ91D 镁合金是杂质含量很低的 Mg－9Al 合金，其杂质限量是：$Fe < 0.005\%$，$Ni < 0.002\%$，$Cu < 0.030\%$，因此，它具有良好的耐蚀性。它在 NaCl 溶液中的腐蚀率 0.3～0.6 mm/a。而 AM60B 也是杂质含量很低的 Mg－6Al 合金，其杂质限量是：$Fe < 0.005\%$，$Ni < 0.002\%$，$Cu < 0.010\%$。它在 NaCl 溶液中的腐蚀率达 1.3～2.0 mm/a。含稀土的 WE54A（Mg－5Y－3.3（Nd＋HRE））和 AE81（Mg－8Al－1RE）等合金在 NaCl 溶液中的年腐蚀率为 0.3 mm。它们的耐蚀性能显著地超过了高纯的不含稀土的镁铝合金，是工业用镁合金中最耐蚀的镁合金。

表 5-21 Mg－RE 合金名义组成和它们在 NaCl 溶液中的腐蚀速率

合 金	化学组成/%						腐蚀速率/$mm \cdot a^{-1}$
	RE	Mg	Al	Mn	Zn	Zr	
EK31A	3.7（Mm^a）	余量				0.7	0.5～1.0
EQ21A	2.1（Mm^a）	1.5（银）					5.1～7.6
EZ33A	3.3（Mm^a）				2.7	0.6	5.1～7.6
QE22A	2.1（Mm^a）	2.5（银）				0.7	9.0

续表 5-21

合金	化学组成/%						腐蚀速率/mm·a^{-1}
	RE	Mg	Al	Mn	Zn	Zr	
WE43A	4.0(Y) 3.3(Nd+HRE)					0.7	0.4
WE54A	5.2(Y) 3.3(Nd+HRE)					0.7	0.3
ZE41A	1.2(Mm^b)				4.2	0.7	8.9~12.7
ZE63A	2.6(Mm^b)				5.8	0.7	
Mg-Gd-Nd-Zr	9.9(Gd) 3.0(Nd)					0.3	0.4~1.2
Mg-Dy-Nd-Zr	9.3(Dy) 3.2(Nd)					0.3	0.3~0.7
AE42	2.0(Mm^b)		4.0	0.3			0.9~1.8
AE61	1.1(Mm^b)		6.2	0.01			0.4
AE81	1.2(Mm^b)		7.9	0.01			0.3
EA55B-RS	5.6(Nd)		5.2		4.8		0.3~0.4
EA65-RS	5.5(Y)		5.2		4.8		0.3
AZ91D			9.0	0.1	0.7		0.3~0.6
AM60B			6.0	0.1			1.3~2.0

注:a 表示富 Nd;b 表示富 Ce;HRE 表示重稀土元素,主要是 Y、Er、Dy、Gd。

B 稀土元素对 Mg-Al-RE 系合金腐蚀性能的影响

镁铝系合金是目前应用最广泛的商用镁合金材料之一,具有较好的铸造性、强度、塑性等综合性能。研究表明:稀土元素加入到不同铝含量的 Mg-Al 合金中均能提高其耐腐蚀性能。表 5-22 为几种不同的稀土元素对 Mg-9Al 镁合金在 3.5% NaCl 溶液中腐蚀速率的影响[198]。图 5-48 为 RE(Ce+La)加入量对 Mg-6Al-0.3Mn 合金在 5% NaCl 溶液中腐蚀速率的影响。

从表 5-22 和图 5-48 可以看出:添加稀土元素改进镁铝合金的耐蚀性能的作用是十分显著的。

表 5-22 不同稀土元素对 Mg-9Al 镁合金在 3.5%NaCl 溶液中腐蚀速率的影响

合金名义成分	腐蚀速率/g·(m^2·d)$^{-1}$
Mg-9Al	777.08
Mg-9Al-1.0Ce	21.84
Mg-9Al-1.0Nd	18.29
Mg-9Al-1.0Ymm	15.94
Mg-9Al-1.0LPC	9.58

显然稀土镁铝合金耐蚀性的改进还与加入的稀土元素的种类和它们的加入量有关，如表 5-22 和图 5-48 ~ 图 5-50 所示[195,198,107]。大多数研究表明：La，Y 和 LPC 的加入提高镁合金耐蚀性的作用最为显著。而对改进镁铝合金耐蚀性来说，合适的稀土加入量通常为 0.5% ~1.0%。

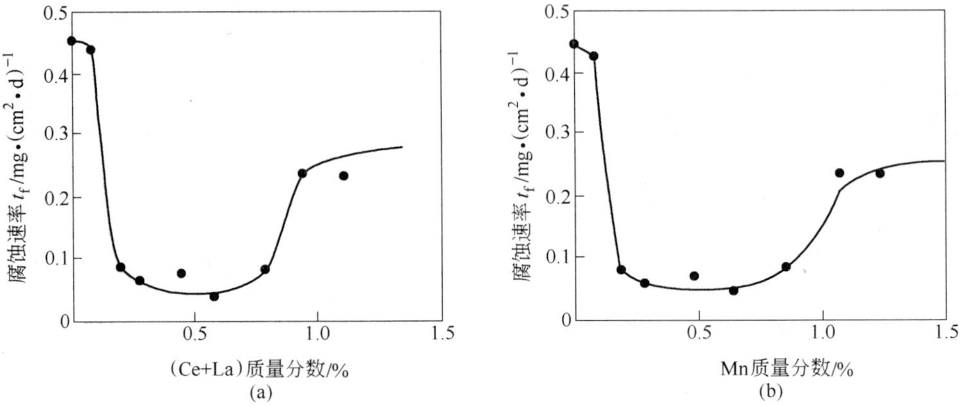

图 5-48 RE(Ce + La)加入量对 Mg - 6Al - 0.3Mn 合金在 5% NaCl 溶液中腐蚀速率的影响

(a) Mg - 6% Al - 0.3% Mn - x% (Ce + La)合金；(b) Mg - 6% Al - 0.3% Mn - x% Mm 合金

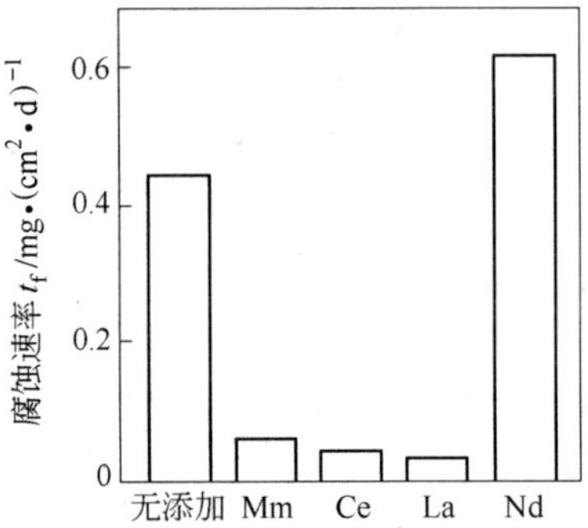

图 5-49 加入 0.5% 不同稀土元素对 Mg - 6Al - 0.3Mn 镁合金在 5% NaCl 溶液中腐蚀速率的影响

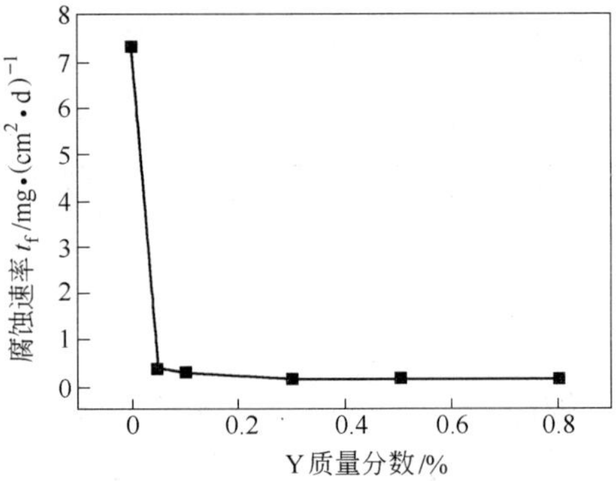

图 5-50 富 Y 混合稀土对 Mg - 9Al 镁合金腐蚀速率的影响[107]

（在 5% NaCl 盐雾，35℃，5 天的腐蚀失重速率）

C 稀土元素对 Mg - RE - Zr 系合金腐蚀性能的影响

Mg - RE - Zr 系镁合金往往稀土元素含量较大，而其耐蚀性一般是较好的。WE54A 合金在 NaCl 溶液中的腐蚀速率仅为 0.3 mm/a。Geary[200] 指出：WE43 合金在他研究的 Al、Mg 合金中具有最小的点蚀深度。Kamado 等开发了在高温下具有比 WE54 更高机械强度的 Gd 或 Dy 基的 Mg - RE 合金、Mg - Nd - Zr 合金和 EK31 合金这些含有较多稀土元素的合金，其耐蚀性和 WE54 合金相同或接近[201,202]。因此稀土元素对这类合金耐蚀性的有益作用也是十分明显的。

5.5.3.3 稀土元素提高镁合金耐蚀性能的作用机理

对于稀土元素提高镁合金耐蚀性能的原因，许多研究者已做了分析研究，并对其作用机

制提出了以下解释:

(1) 稀土元素加入镁合金,能和镁合金中的强阴极性杂质元素(如 Fe 等)形成金属间化合物,“捕捉”杂质元素 Fe 等,形成“沉渣”,被清除出合金液,或形成分散分布的阴极性较弱的 AlFeRE 多元金属间化合物,从而显著减轻 Fe 等杂质元素强阴极性的有害作用[203,204]。稀土元素的这种有益作用与 Mn 对镁合金的作用有类似性。而且周学华等人[205]的研究也指出 RE 和 Mn 的组合添加对 Mg-Al 合金的耐蚀性有更好的协同作用。他们的分析结果表明:在 Mg-9Al-RE 合金中,RE 和 Mn 的组合添加,能形成含 Fe 的 MgAlMnRE 相,有效地抑制了 Fe 的强阴极相的危害(见表 5-23)[205]。

表 5-23 Mg-9Al-RE 合金中含稀土相的化学组成(质量分数) (%)

含稀土相	Mg	Al	Mn	La	Ce	Nd	O	Fe
$MgAlMnRE_{(1)}$ 相	6.07	34.43	28.32	3.22	11.68	4.03	12.25	
$MgAlMnRE_{(2)}$ 相	11.00	32.48	26.32	2.98	10.27	4.29	11.75	0.97

(2) 稀土元素加入 Mg-Al 合金中能减少 β 相($Mg_{17}Al_{12}$),并形成更细小分散分布的粒状、针状或片状的阴极性较弱的含稀土金属间化合物(如 Al_4RE 为基的相),尽管它们比基体有更正的腐蚀电位,但其阴极活性较低,降低了析出相与镁基体的电位差,减弱了阴极反应,抑制了析氢过程,这就使镁合金的微电偶腐蚀明显减轻[205,206]。

图 5-51 给出了 Mg-9Al 和 Mg-9Al-RE 合金在 NaCl 溶液中的动电位极化曲线[205]。图 5-51 表明:加入 RE 的 Mg-9Al-RE 合金与未加 RE 的 Mg-9Al 合金相比,其阴极极化过程受到明显抑制,析氢显著减小,其腐蚀电流要比不加 RE 的合金小得多。

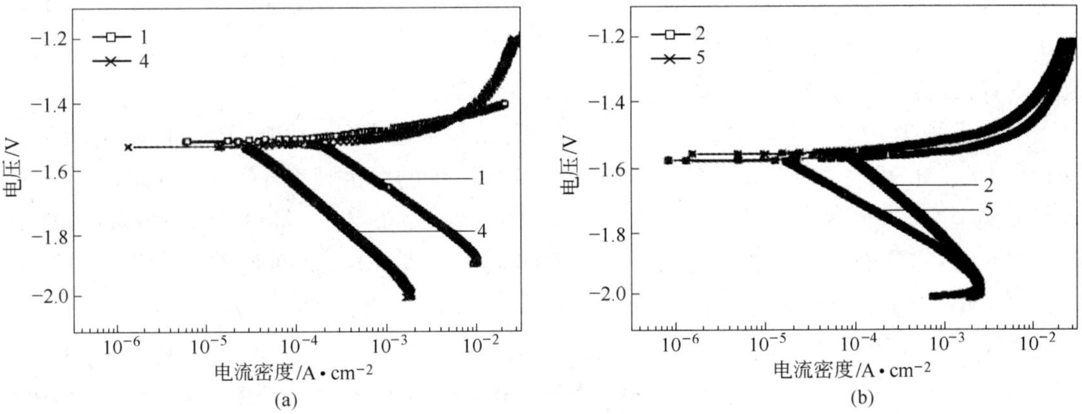

图 5-51 Mg-9Al 和 Mg-9Al-RE 合金在 3.5% NaCl,pH 值 0.5,25℃ 的溶液中的动电位极化曲线
(a) Mg-9Al 合金;(b) Mg-9Al-RE 合金

(3) 稀土元素在表面膜中的富集,增强了表面膜的保护性。Lunder 等假设在镁合金表面,特别在氧化膜中存在稀土元素的微量富集[207]。Nordien 等指出了浸在蒸馏水中的 Mg-0.15% RE 合金的表面氧化膜切片中存在 RE 的富集[208]。M. Kirynu 等对 Mg-Dy-Nd-Zr 合金在 3% NaCl 溶液中浸泡 60 min 后的表面膜进行 XPS 分析结果表明:在表面膜中 RE 的

富集是十分明显的。

张景怀等的研究表明：在 Mg – Al – RE 合金表面腐蚀产物膜中，不仅存在稀土元素的微量富集，还存在 Al 的富集。这种 RE 和 Al 的富集不仅改进了表面膜的微结构，使膜更为致密，而且促使表面膜 PB 比的增大（PB 比即金属元素的氧化物和其消耗的金属元素的体积比，氧化镁、氧化铝、氧化镧和氧化铈的 PB 比分别为 0.81、1.28、1.10 和 1.16）[196,209]。因此，稀土元素在镁合金表面一定程度的富集，改进了表面膜和界面的微结构，使表面膜的 PB 比增大，表面膜更为致密更有保护性，是稀土元素改进镁合金耐蚀性的重要原因。

（4）镁氢化物的形成，阻碍了镁的溶解。镁在水中能形成镁的氢化物 MgH_2，在一定条件下，它能稳定存在。I. Nakatsugawa 等假设 RE 的存在加速了 MgH_2 的形成，而足够量的镁氢化物将对镁的腐蚀溶解起阻挡层的作用[194,202]。他对 Mg – 10Dy – 3Nd – Zr 合金在用 $Mg(OH)_2$ 饱和的 5% NaCl 溶液中的动电位极化行为进行研究，发现在合金阳极极化曲线上出现了腐蚀电流明显减少的“拐点”，认为这是由于在 MgH_2 合金表面氢被吸附并形成 Mg 所致。他并用弹性反冲鉴别分析法（ERDA）验证了氢化物层的存在。

因此，稀土元素提高镁合金耐蚀性能的作用机制是多方面综合作用的结果，当然其作用机制有待于进一步认识和完善。

5.5.3.4 高耐蚀含稀土镁合金的发展

近年来，国内外在含稀土的镁合金的耐蚀性方面取得了新的突破，开发了一些具有高耐蚀性的稀土镁合金，它们的耐蚀性比通用的 AZ91D 镁合金有数量级的提高，盐雾试验中的腐蚀率小于 0.1 mg/(cm^2 · d)，这类镁合金的高耐蚀性是通过在 Mg – Al 合金中加入多元稀土元素或稀土元素和碱土元素的复合添加来实现的。如日本专利 Mg – RE – Ca – Sr 合金[198]，其成分范围是：Al5% ~ 7%，Ca2% ~ 4%，Mn0.1% ~ 0.8%，Sr0.001% ~ 0.05%，RE0.1% ~ 0.6%，余量为 Mg。合金腐蚀速率按 100 h 盐雾试验后的失重计算，在合金成分范围内，腐蚀速率为 0.1 mg/(cm^2 · d)。

中国专利 Mg – Al – La – Ce 合金[197]，其成分范围是：Al1% ~ 8%，Mn0.1% ~ 1.5%，Ce 或 La0.1% ~ 0.9%，余量为 Mg，合金在 5% NaCl 溶液中的腐蚀速率小于 0.1 mg/(cm^2 · d)。其实施例合金，成分为 Al5.39%，Ce0.33%，La0.37%，Zn0.49%，Mn0.26%，Fe0.001%，余量为 Mg。该实施例合金的腐蚀速率仅为 0.018 mg/(cm^2 · d)，而对比的不含稀土的 Mg – 6Al – 0.3Mn 合金其腐蚀速率却为 0.45 mg/(cm^2 · d)。

中国专利高耐蚀铸造镁铝合金[210]其成分范围是：Al7.5% ~ 10.5%，Mn0.2% ~ 1.0%，La0.1% ~ 0.8%，Ce0.1% ~ 0.8%，Pr0.05% ~ 0.3%，Y0.1% ~ 0.8%，Zn0.1% ~ 0.5%，Sr0.2% ~ 1.5%，余量为 Mg。合金 100 h 盐雾试验的腐蚀率小于 0.01 mg/(cm^2 · d)，而对比合金 AZ91D 在同样条件下的腐蚀率大于 10 mg/(cm^2 · d)。

这些高耐蚀镁合金的成分特点是复合添加了稀土元素和碱土金属或多元稀土元素的组合，它们的协同作用增强了合金的钝化和表面膜的保护性。

钮洁欣等[199]系统研究了 Mg – 9Al – RE – 0.5Sr 合金的微结构，在 NaCl 溶液中的腐蚀行为和表面腐蚀产物膜，认为稀土元素和碱土金属 Sr 的复合添加对提高 Mg 合金的耐蚀性具有以下有益作用：

（1）增强合金的钝化能力，显著降低合金的腐蚀速率。图 5-52 为 Mg-9Al-RE-0.5Sr 合金和对比合金在 NaCl 溶液中的极化曲线。如图 5-53 所示，Mg-9Al-RE-0.5Sr 合金在 NaCl 溶液中的阳极极化出现了一定程度的钝化区域，而 Mg-9Al 合金则没有类似的钝化区域。表 5-24 指出了 Mg-9Al-1RE-0.5Sr 合金和对比合金在 3.5% NaCl 溶液中的自腐蚀电位和腐蚀电流密度。从表 5-24 可知：Mg-9Al-RE-0.5Sr 合金的腐蚀电流密度显著低于 AZ91D 合金。

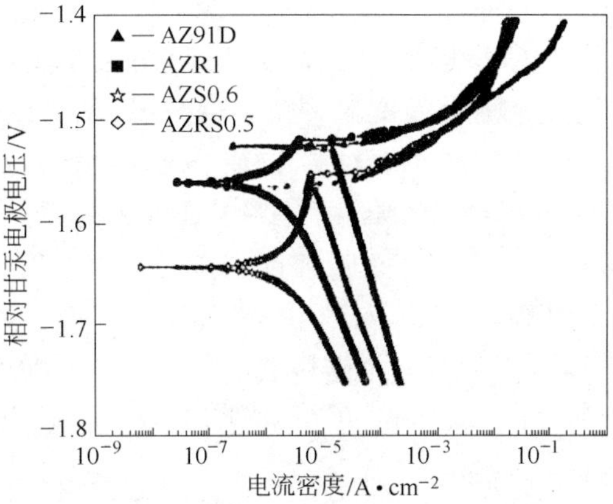

图 5-52 四种合金在溶液中的极化曲线

图 5-52 为 AZ91D（Mg-9Al）、AZR1（Mg-9Al-RE）、AZS0.6（Mg-9Al-0.6Sr）、AZRS0.5（Mg-9Al-RE-0.5Sr）四种合金在 3.5%，pH=10.5，25℃ NaCl 溶液中极化曲线。

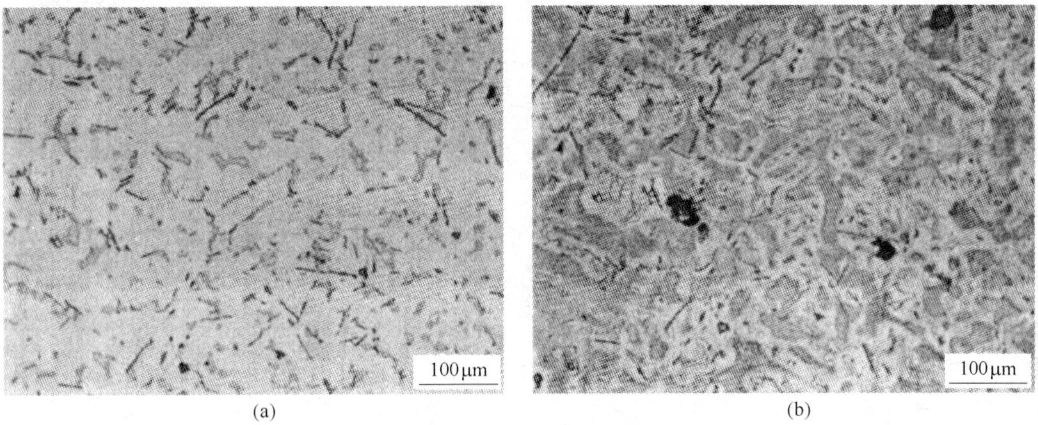

图 5-53 Mg-9Al-1RE-0.5Sr 合金在 3.5% NaCl 溶液（pH=10.5，25℃）浸泡前后的腐蚀形貌 ×200
（a）0h；（b）0.5h

表 5-24，Mg-9Al、Mg-9Al-1RE、Mg-9Al-0.6Sr、Mg-9Al-1RE-0.5Sr 四种合金在 3.5% NaCl 溶液中（pH=10.5，25℃）的自腐蚀电位和腐蚀电流密度。

表 5-24 四种合金在溶液中的自腐蚀电位和腐蚀电流密度

合 金	I_{corr}/μA·cm^{-2}	E_{corr}（相对甘汞电极）/V
AZ91D	16.85	-1.52
Mg-9Al-1RE	2.37	-1.56
Mg-9Al-0.6Sr	6.75	-1.56
Mg-9Al-1RE-0.6Sr	2.01	-1.64

（2）形成了较均匀的由含 RE 和 Sr 的相等构成的耐蚀的、弱阴极性金属间化合物析出相并形成均匀的网络组织，促进了基体相的钝化。图 5-53 给出了 Mg-9Al-1RE-0.5Sr

合金在 3. 5% NaCl 溶液(pH = 10. 5,25℃)浸泡前后的组织形貌。从图 5-53 可以看出:在 Mg-9Al-1RE-0. 5Sr 合金中,由条状或粒状的 β 相,Al_4RE 相和 Al_4Sr 等构成较均匀,细小分布的析出相网络,而在 NaCl 溶液中浸泡后,析出相区呈现白亮不腐蚀的网络图形,而 α 相基体区则表面覆盖着黄色保护膜,从而使合金整体非常耐蚀。

(3) 提高了腐蚀产物膜的铝浓度和致密性,改进了腐蚀产物膜的结构和保护性。图 5-54 给出了 Mg-9Al-1RE-0. 5Sr 合金和对比合金在 3. 5% NaCl(pH = 10. 5,25℃)溶液中浸泡后表面腐蚀产物膜 O、Al 元素分布俄歇能谱分析。从图 5-54 可以看出 Mg-9Al-1RE-0. 5Sr 合金的表面腐蚀产物膜中的 Al 浓度要高于 Mg-9Al 合金几倍,显然由于 RE 和 Sr 的协同作用,大大增加了腐蚀产物膜中 Al 的浓度,促进镁铝复合氧化物的形成,增加了表面膜的稳定性、致密性,还提高了表面膜的 PB 比,导致表面膜的保护性增强。

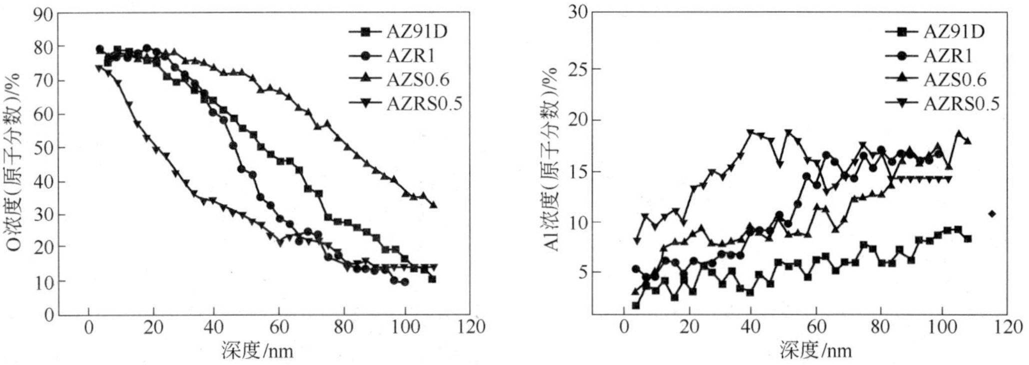

图 5-54 Mg-9Al-1RE-0. 5Sr 合金和对比合金在 3. 5% NaCl(pH = 10. 5,25℃)溶液中浸泡 2 h 后表面腐蚀产物膜的氧、铝元素分布的 AES 分析

当然,稀土元素和碱土金属在提高镁合金耐蚀性能的协同作用机制方面还有待于进一步深入研究,而高耐蚀稀土镁合金的性能也有待于进一步改进和完善,但现有的研究表明:稀土元素和某些碱金属的复合和多元稀土元素的复合是发展高耐蚀镁合金的有效合金化途径,镁合金耐蚀性能的进一步提高是可以期待的。

5.5.4 含稀土的阻燃镁合金

5.5.4.1 引言

镁易氧化和燃烧,可以做燃烧弹,镁合金必须在有保护的情况下熔炼、浇铸以阻止其氧化燃烧。镁合金易氧化和燃烧的性质阻碍了其在工业上的应用,因此人们希望研发应用能够阻燃的镁合金。

A 镁合金的高温氧化

固态镁合金在高温下的氧化层是疏松的,而且高温下镁与空气中的氧反应会放出大量的热。

$$2Mg + O_2 = 2MgO + Q$$

即使在使用沙子扑灭时,由于氧化镁的绝热性好,内部温度仍会继续升高,当温度高于1170℃时,镁发生气化,可以膨胀沙子继续燃烧。镁合金容易氧化燃烧的根本原因是氧化层的结构疏松,可用 Pilling-Bedworth 比表征,即:

$$PB=\frac{\text{氧化物的体积}}{\text{金属体积}}$$

当氧化物体积大于金属体积时,表面因体积膨胀而变得致密;相反,当氧化物体积小于金属体积时,表面因体积缩小,里层的金属暴露出来,导致多孔疏松。绝大部分金属的致密度 $PB<1$,只有少量金属如:K、Ca、Na、Mg 等的 PB 值小于 1。

B 镁合金的燃烧

以前人们在讨论镁合金的燃烧时有意无意地把固态燃烧和液态燃烧混为一谈,这对讨论燃烧机理、规律和阻燃方法是不利的。固态燃烧是指固态的镁合金在高温下自燃的现象,多见于热处理、热加工过程中,在没有经验的情况下,容易造成烧坏炉子,烧损设备的事故。液态燃烧是熔炼时液体表面易发生自燃的现象,通常用熔剂保护、气体保护达到阻燃的效果。

固态燃烧存在一个起燃点的问题,而液态燃烧基本不存在这个问题,原因是常见镁合金的起燃点一般都低于熔点温度。固态和液态的起燃机理也不同。固态起燃往往源于基体中的第二相,当温度高于第二相熔点时,第二相熔化形成小范围的液相区。第二相熔点高时,起燃点提高;第二相熔点低时,起燃点降低。液态起燃点的变化与熔体的表面氧化层和熔体的物理性质(黏度、表面张力)等有关。因为液体容易流动,始终能够保持表面能最低,氧化层在张力作用下结构相对致密,所以不易引燃。熔炼金属时发生燃烧,往往是挂在坩埚壁上,或者搅动液体后,带起的氧化皮,迅速凝固,形成尖锐突出的部分。一个常见的例子是,镁合金在浇铸时,锭子由于液体表面张力而成圆滑弧形的部分不易燃烧,而浇铸完成时,收口瞬间变细的金属流快速凝固而形成的尖锐部分,最易燃烧。导致镁合金液体燃烧主要有两个因素:温度达到或超过起燃点;比表面积增大。尖锐突出的部分能量产生集中是易燃的原因,而平滑的表面即使高于起燃点也未必会燃烧。

5.5.4.2 含稀土的阻燃镁合金的研究

A 起燃点试验

固态燃烧的原因在于温度达到或超过了起燃点。起燃点的定义为:物质在无火源存在时发生自行燃烧的最低温度,其数值与被测条件有关。事实上很多实验测定的起燃点都是不同的。图 5-55 所示为 B. L. Bobryshev 等人测起燃点的装置[211]。其原理是用热电偶记录加热温度随时间的变化,由于镁在燃烧时放出大量的热,表面温度急剧升高,在加热曲线上会出现一个拐点,在拐点处作两条切线,交点被认为是合金的起燃点。相类似的有图 5-56 所示江西理工大学赵鸿金等人为测 Ce 对 AZ91 合金燃点的影响而做的一套装置[212]。

这两种测定方法存在的问题是升温速度越快,距真实起燃点的偏高幅度越大。还有一些实验是用眼睛看起燃点,当然就更不准确了。一个简单实用的方法是:预先设定好炉子温度,把小块合金放入其中,经过 12 h 之后,自燃成灰的最低温度即是起燃点。用这种方法得到的数据列于表 5-25。

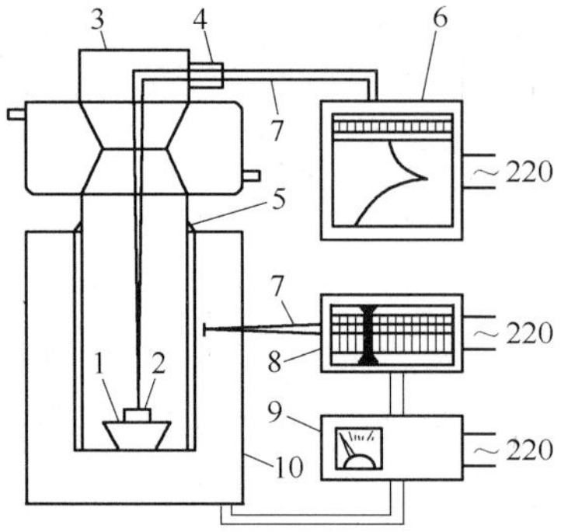

图 5-55　测定起燃点温度的实验装置
1—底座；2—样品；3—观察窗；4—热电偶插口；
5—石英瓶；6—KSP-4 分压计；7—热电偶；
8—EPB2-11A 分压计；
9—稳温器；10—电阻炉

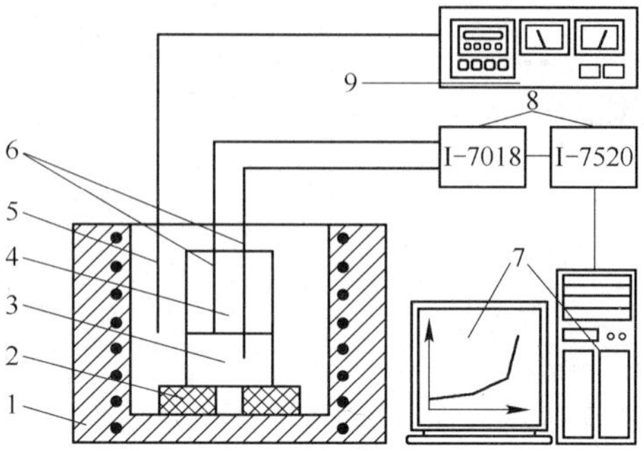

图 5-56　燃点测试装置示意图
1—电阻加热炉；2—耐火砖垫；3—镁合金块(液)；
4—不锈钢坩埚；5—控温热电偶；6—测温热电偶；
7—计算机温度采集系统；8—温度采集及数据
传输模块；9—加热炉炉温控制器

表 5-25　常见镁合金燃点的测量值　(℃)

样　品	纯 Mg	AZ31	AZ91
自燃成灰的最低温度	570	480	430
全俄轻合金研究所提供的经验值	595	450	430
B. L. Bobryshev 的数据	625	585	540

与 B. L. Bobryshev 的数据相比，起燃点平均降低了大约 100℃，但实验规律是相同的。在没有区分固态燃烧和液态燃烧时，起燃点高于熔点似乎是很正常的，但有了固态燃烧这个概念后，起燃点高于熔点意味着不会发生固态燃烧(在没有火源的情况下)，这与在浇铸时经常发生燃烧现象不符。B. L. Bobryshev 的纯镁起燃点为 625℃，接近熔化温度，与试验的结果相差较多。

虽然在起燃点的绝对值上存在分歧(多由于测试方法不同而产生)，但 B. L. Bobryshev 文章中的实验规律是有意义的。常用的合金元素对起燃点的影响分成三类：

(1) 没影响。Mn、Zr、Cd、Si、Cu。

(2) 起提高作用。所有稀土金属，特别是 Er、Dy、Gd、Nd、Y。

(3) 起降低作用。Al、Zn。

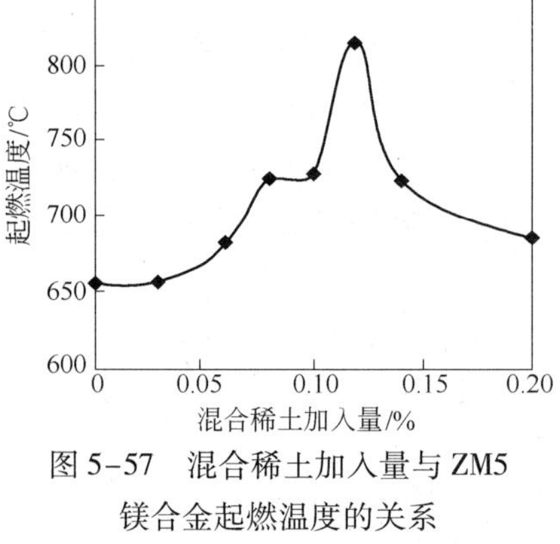

图 5-57　混合稀土加入量与 ZM5
镁合金起燃温度的关系

遗憾的是没有 Ca 和 Be 的数据，而很多后来的文献对各种阻燃元素(包括 Ca、Be)的研究只是局限于液态，而非固态。

大量研究表明在镁合金中添加稀土能够提高起燃点，并改善其抗氧化性能，邹永良等[213]在镁合金 ZM5 中加入混合稀土，发现对起燃点的提高作用明显，如图 5-57 所示，当不含稀土时，起燃温度约为 654℃，当混合稀土加入量增加时，起燃温度不断升高，当稀土加入量为 0.12% 时，起燃温度可升至约 820℃，与未加稀土的 ZM5 镁合金相比，起燃温度提高约166℃,Ce和Y混合加入镁合金中也有突出的表现。Fan J F等人[214]发现,Ce、Y混合后加入镁合金的起燃点要高于相同量单独加入的起燃点,Mg - Y - Ce合金的起燃点都在680℃左右。

B 氧化膜阻燃及其结构

致密的氧化膜对液态和固态镁合金都有保护作用。氧化膜对液态金属起保护作用,一般有两个特点:(1)膜比较致密可以防止氧气进入液体;(2)成膜速度快,这样在液体流动时也可起保护作用。现在认为在镁及镁合金表面能够形成氧化膜保护的元素有稀土元素(La、Ce、Y等)、Be和Ca等。

稀土元素的氧化膜有特殊的颜色,凝固后很容易辨别,而且稀土元素是表面活性元素,有在表面聚集的特点,加入少量即可看到效果。图5-58所示是重庆大学邓正华等[215]在ZM5镁合金里添加0.1%的混合稀土后测得的氧化层结构和成分(见表5-26),可以看出其具有明显的LaCe稀土氧化物层。

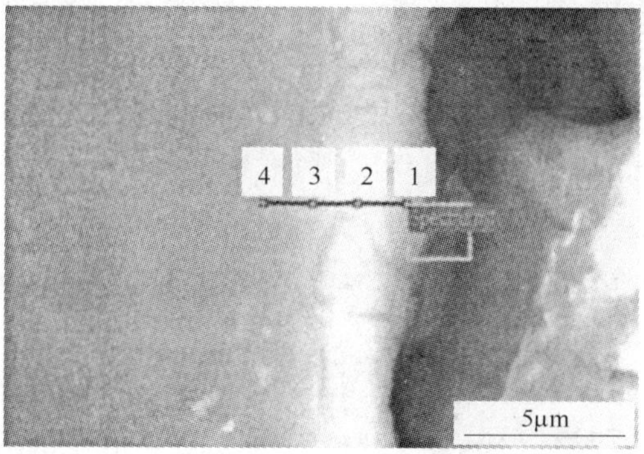

图5-58 ZM5 - 0.1% RE合金氧化膜截面的SEM形貌

表5-26 截面上各点的化学成分 (%)

元 素	点1	点2	点3	点4
Mg	54.20	37.30	90.64	90.87
Al	5.10	6.20	8.03	8.12
O	40.70	30.11	0.53	0
Ce	0	12.71	0.04	0.06
La	0	10.52	0.03	0.02
Mn	0	0	0.70	0.23
Zn	0	0	0	0.50
Nd	0	3.16	0.03	0

北京有色金属研究总院樊建锋等人的研究表明[216],Mg - 3.5Y - 0.8Ca具有良好的阻燃性质,其表面生成一层以Y_2O_3为主的氧化膜。该膜结构致密,铺展性强,在高温下为固态且不易挥发,电导率低,这些性能决定了它是一种优良的保护性氧化膜,能够阻碍镁合金基体的进一步氧化。图5-59为该合金氧化膜成分分析。

上海交通大学的曾小勤等[217]对AZ91中加入0.3Be形成的氧化膜结构进行了研究(见图5-60),发现Mg - 9Al - 0.5Zn - 0.3Be合金在液态温度条件下,表面形成致密的氧化膜,使得合金可以直接暴露在大气中熔炼。氧化膜由外向内可以依次分为氧化镁层、中间致密复合层(氧化铍、氧化镁和氧化铝的混合物)和内层(向熔体过渡层)。

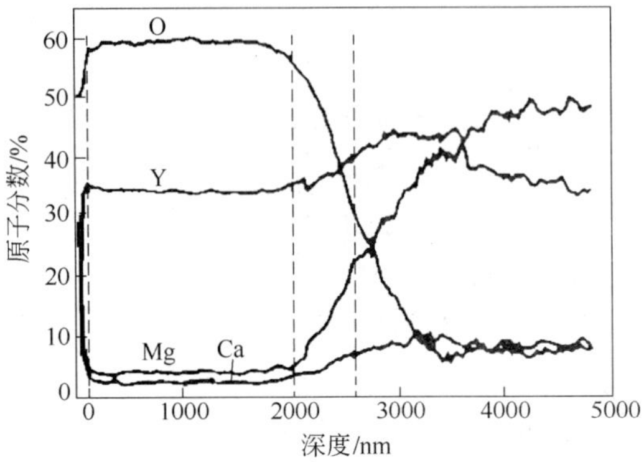

图 5-59 Mg-3.5Y-0.8Ca 合金在 900℃下保持 30 min 表面氧化膜元素浓度在深度方向 AES 分析

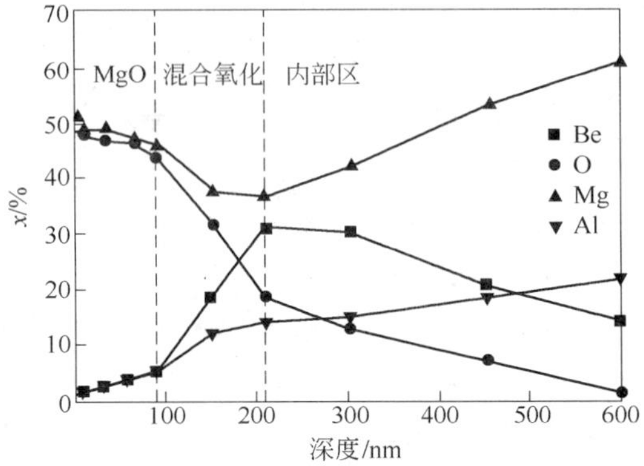

图 5-60 含 Be 阻燃镁合金表面各种元素的浓度

对 Ca 增强镁合金阻燃性能的解释,山东理工大学的崔红卫等人[218]另辟蹊径从黏度的角度考虑发现,随着 Ca 量的增加,动力黏度增加,而黏滞性增大,镁合金的起燃点则提高。为什么黏度会影响易燃性呢?回到镁合金的液态燃烧性质,如果液体黏度大,则表面张力就大,润湿性差,不易与工具、坩埚等发生粘连,不易形成突起,液体表面在张力的作用下结构相对紧密,防止进一步氧化,所以可以起到阻燃效果。

最常用的例子就是 AZ91 合金具有良好的浇铸性能和阻燃性能,但是 Al 的加入是使起燃点降低的,为何 AZ91 在熔炼时却比 AZ31、AZ61 更不易燃烧?原因是 Al 的加入提高了溶液的黏度。镁在熔点时的黏度是 1.25 mPa · s,铝的熔点黏度是 1.35 mPa · s,根据二元合金的黏度关系[219]:

$$\mu^E = -2(x_1\mu_1 + x_2\mu_2)\frac{H^E}{RT}$$

$$\mu^E = \mu_A - (x_1\mu_1 + x_2\mu_2)$$

式中 μ^E——剩余黏度,mPa · s;

μ_A——二元合金黏度,mPa · s。

Al-Mg 合金系的 H^E 为负值,则剩余黏度为正值,即加入铝后,镁合金溶液的黏度是非线性增加的,大致如图 5-61 所示。

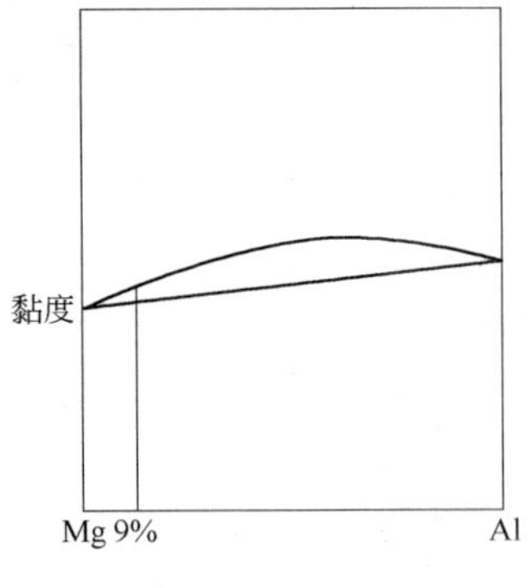

图 5-61 Mg-Al 二元合金的黏度规律

5.5.4.3 结语

当讨论阻止镁合金固体燃烧选择添加元素时,要考虑添加元素与其他合金元素形成第二相的熔点对起燃点的影响,熔点越高起燃点越高。在讨论阻止液相镁合金燃烧选择添加元素时,一是要选择能在合金表面汇聚的表面活性物质,二是能在表面形成致密的氧化物层。如果添加元素浓度高时,合金黏度和表面张力增大,则会有助于阻燃。

不少报道在镁合金中添加 Be 和 Ca 可以提高阻燃性能,但 Be 有剧毒,且足量的 Be 和 Ca 都会损害镁合金的力学性能,而稀土元素不但阻燃效果好,且对力学性能和耐腐蚀性能亦有较大提升,因此在工业上大量应用的前景看好。

5.5.5 含稀土的阻尼镁合金

随着现代工业化不断发展，对以人为本的社会和谐要求不断提升，人们对于扰环境安宁、和谐的问题日益重视，噪声和振动对社会环境、人们身体健康、机械产品质量、机械部件寿命等造成的危害，引起了各国政府、专家学者的高度重视。高阻尼合金的开发应用，是有效防止和减少噪声源发出噪声和阻止噪声传播的重要措施之一。

5.5.5.1 纯镁及其合金的阻尼性能和阻尼机制

A 纯镁及其合金的阻尼性能

镁的密度在所有金属结构材料中最小，仅为 1.74 g/cm^3，同时纯镁的阻尼性能也很好，见表 5-27，当应变振幅 $\varepsilon=10^{-4}$ 时，达到了 $Q^{-1}=0.11$ 的高阻尼值。纯镁虽然具有最好的阻尼性能，但其力学性能较差，抗拉强度仅为 100 MPa，弹性模量只有 45 GPa[220]，这些缺点不适合使用。研究发现以镁为基体，加入其他碱土元素、稀土元素等镁合金以及石墨纤维、颗粒和短纤维为增强物的镁基复合材料兼有较好的阻尼性能和力学性能[221]。

表 5-27 纯镁及其合金的阻尼性能[222]

应力为 0.1σ_{ys} 时的 ψ/%	η	高阻尼材料
10.00	15.90×10^{-3}	Mg 合金 AZ31B－F
25.00	39.80×10^{-3}	Mg 合金 MI－F
50.00	79.60×10^{-3}	变形纯 Mg
55.00	87.50×10^{-3}	Mg 合金 SI－F(铸态)
60.00	95.50×10^{-3}	纯 Mg(铸态)，Mg 合金 K1X1－F 或 T4(铸态)

B 纯镁及其合金的阻尼机制

晶体材料的阻尼机制可分为以下四类：热弹性阻尼、磁阻尼、黏性阻尼、缺陷阻尼。纯镁及其合金的阻尼机制属于缺陷阻尼的位错阻尼，其内耗可以分为阻尼共振型和静滞后型两类，前者与应变振幅无关，与频率有关；后者与应变振幅有关，与频率无关。工程上应用的高阻尼主要利用静滞后型内耗。镁合金的阻尼机理是属于位错阻尼。由外界振动引起位错移动，发生从弱钉扎点(如溶质原子、空位等)上出现脱钉，然后在强钉扎点(位错网节点、沉淀相等)周围形成位错环，由此导致应力松弛和机械振动能的消耗[223,224]。

5.5.5.2 几种稀土元素对纯镁及镁合金的阻尼性能的影响

对含有稀土元素的二元及多元镁合金如 Mg－Ce、Mg－La、Mg－Nd、Mg－Y、Mg－Al－Zn－RE、Mg－Zn－Zr－RE、Mg－Zr－RE 等的研究，揭示了 La、Ce、Cemm、Nd、Y 等添加元素对镁合金的阻尼和力学性能的影响：

A Mg－La

在纯镁中加入 0.1%～0.2% La，显著降低镁合金的阻尼内耗值，加入一定量的 La 后，阻尼内耗基本恒定，其比阻尼 S.D.C＝16%。在 Mg－0.5Zr 基础上加入少量 La，镁合金的阻尼内耗不变化[222]。

B Mg－Ce

在纯镁中加入 Ce 后，显著降低镁合金的阻尼内耗值，加入一定量后，镁合金的阻尼内耗值极低，Ce 是镁合金的最有效强化元素之一。在 Mg - 9Al - 1Zn - Ce 合金中，Ce 能够有效的细化 AZ91 合金的显微组织，可显著提高合金的耐热性并减少显微缩松和热裂倾向。在 AZ91D 合金中添加 0.7% Ce 后，由于晶粒细化效果最佳并且增加了晶界处位错密度，合金的阻尼性能比纯 AZ91D 合金增加了 61%，此时镁合金的力学性能 $\sigma_b = 180 \sim 195$ MPa，$\sigma_{0.2} = 110 \sim 120$ MPa，$\delta = 1.5\% \sim 2.0\%$[225]。

C Mg - Nd

纯镁中加入一定量的 Nd 后，降低了镁合金的阻尼内耗值，但是 Nd 的加入又有效的提升了镁及镁合金的强度。Mg - 0.5% Zr - 0.1% Zn - 0.02% Nd 以及高阻尼高强度镁合金 ZMJD - 1S[226]（Mg - 0.6% Zr - 0.17% Zn - 0.15% Mn - 0.06% Nd）的典型性能达到 S.D.C = 48%（$Q^{-1} = 0.076$），$\sigma_b = 165$ MPa，$\delta = 10.5\%$。

D Mg - Y

苏联学者研究了在 Mg - 0.5% Zr 的基础上添加了 1% 的 Y，镁合金的阻尼内耗不改变，但是就合金力学性能而言，当加入（0.05% ~ 0.15%）Y 时，镁合金的屈服强度就高达 70 ~ 80 MPa，伸长率达 25% ~ 30%。Mg - 0.5% Zr - 0.3% Zn + 0.05% Y 和 Mg - 0.5% Zr - 0.5% Cd + (0.05 ~ 0.1)% Y，这两种镁合金的阻尼内耗维持在 S.D.C = (20 ~ 70)%。加入(0.1 ~ 0.3)% Zn + (0.4 ~ 1.0)% Cd + (0.025 ~ 0.05)% Y 时的力学性能是 $\sigma_b = (171 \sim 180)$ MPa，$\sigma_{0.2} = (58 \sim 68)$ MPa，$\delta = (16 \sim 36)\%$。Mg - 0.6 % Zr 与 Mg - 0.6 Zr - 0.15Y 合金都具有良好的室温阻尼性能。添加 0.15 Y 后[227]，由于固溶 Y 原子对位错线的钉扎，使合金的应变振幅无关阻尼略有降低，临界应变振幅显著增大，应变振幅相关阻尼相差不大。

E Mg - Cemm

研究了富铈混合稀土 Cemm 对 Mg - 8Zn - 4Al - 0.3Mn 镁合金阻尼性能的影响。结果表明，加入 Cemm 后降低了合金低温下的阻尼性能，但明显提高了其在高温下（≥120℃）的阻尼性能，Cemm 的加入推迟了合金中内耗峰的出现温度[228]。在 Mg - 9Al - 1Zn 的基础上加入 1.5% 的 Cemm，其冲击吸收功能提高 2 ~ 3 倍，抗振性能得到提高。

5.5.5.3 小结与展望

纯镁在各种金属材料中具有很好的阻尼性能，但强度差不实用，添加少量的锆[229]、稀土元素[225]、碱土金属[230]等合金元素可在一定程度上提高镁的强度并保持较好的阻尼性能。除了利用合金化改善阻尼性能，还可通过热处理工艺、变形工艺、控制晶粒尺寸和取向、添加复合材料增强等手段来改善合金的阻尼性能和综合性能。但以往工作者对阻尼镁合金材料的研究并不多，研究内容也比较零散，现有的阻尼镁合金材料强度普遍偏低，因此深入系统地研究稀土对现有各牌号镁合金材料的阻尼特性和综合物化性能的影响、开发具有优异的力学性能和阻尼性能的新型镁合金材料有望成为材料研究者新的探索项目之一。

5.5.6 稀土提升镁合金耐摩擦磨损性能的作用

5.5.6.1 镁合金的摩擦磨损特性

磨损是一种零部件失效的基本类型，是指零部件几何尺寸（体积）变小，失去原有功能的状态。衡量材料的摩擦磨损性能，通常采用不同时间或不同载荷条件下材料表面摩擦因数与磨损质量的变化作为参考指标。

虽然镁合金通常不期望被用于承受严重磨损的场合，但在某些应用中，如汽车制动装置、发动机部件等，镁合金材料仍然要面对磨损失效的可能。另外，由于镁合金零部件工作时要和其他材料发生接触，在材料加工、成形和装配过程中，磨损也是重要的考虑因素。因此，研究镁合金的摩擦磨损性能是很有必要的。按照表面破坏机理特征，镁合金磨损可以分为磨料磨损、黏着磨损、表面疲劳磨损、腐蚀磨损等[231~234]。

在低载荷条件下，镁合金磨损过程主要以磨粒磨损和氧化磨损进行[234,235]。磨损表面的氧化物层不仅起到润滑作用，而且可以有效隔离摩擦表面，减少了金属与偶件的直接接触，使材料的摩擦因数减小，磨损量减少，磨损区域边缘通常伴有微量的变形。在较大载荷下，镁合金磨损过程主要以剥层磨损进行，磨损区域边缘变形程度增大，剥层更加严重，磨损表面的犁沟变得深而宽，局部区域可观察到唇边及裂纹现象[235,236]。同时，分离脱落的磨粒又进一步对材料产生磨损，从而加速了材料的流失。在高载荷下，镁合金磨损过程主要以黏着磨损进行，此时可以观察到磨痕表面的犁沟更加平滑，同时存在明显的塑性变形流动迹象，磨道两侧存在大量片状磨屑堆积。在更高载荷下，镁合金磨损过程主要以熔融磨损为主，磨损表面光滑，并存在严重塑性变形现象，磨道两侧的磨屑由片状变成颗粒团状堆积，并辅以黏着磨损的形式进行。在这一过程中对磨偶件上材料的转移及熔化镁合金的氧化，最终导致镁合金材料的磨损量反而减小。

决定镁合金摩擦磨损特性的机制在于[237~239]：镁合金表面很容易形成以 MgO 为主的氧化薄膜，MgO 薄膜耐磨性较差，在连续接触切应力的往复作用下极易脱落，而裸露表面又生成新氧化薄膜而产生氧化磨损，剥落的 MgO 磨屑不能及时排除将导致磨粒磨损。同时，摩擦过程产生大量的热，当载荷较高时，这些热不能及时散失会使摩擦表面局部温度持续升高，当温度达到一定条件时将会出现塑性变形流动，更严重的是黏着磨损和熔融磨损。

以最常用的 AZ91 压铸镁合金为例[231,235,237,239]。图 5-62 给出的是 AZ91 压铸镁合金在铸态、T4 和 T6 热处理状态下其磨损质量损失随载荷的变化情况。当载荷小于 50 N 时，AZ91 镁合金发生轻微磨损，磨损质量损失增大缓慢；当载荷增大到 50 N 之后，发生严重磨损，磨损质量损失迅速增大；当载荷增大到 200 N 之后，镁合金材料的磨损质量损失反而减小。AZ91 压铸镁合金经过 T4 热处理之后，硬度值有所下降，因此其磨损质量损失比未热处理 AZ91 镁合金的磨损质量损失要小。AZ91 压铸镁合金经过 T6 热处理之后，提高了材料的硬度，其磨损质量损失因此增大[231]。

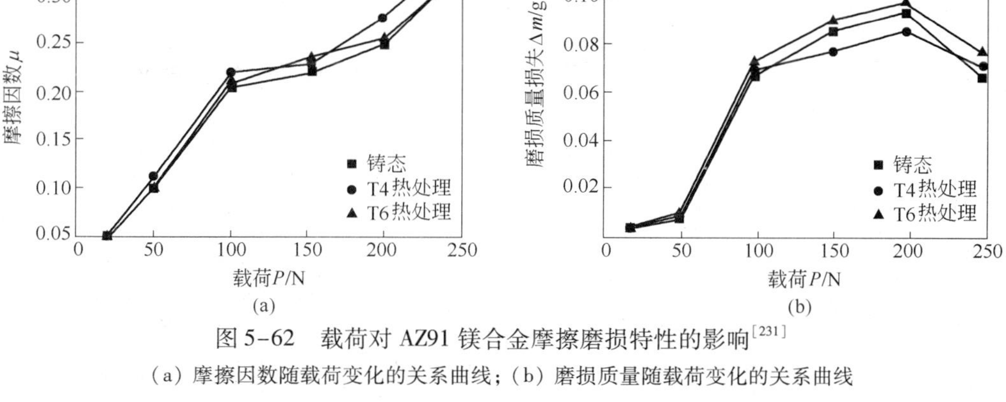

图 5-62 载荷对 AZ91 镁合金摩擦磨损特性的影响[231]

(a) 摩擦因数随载荷变化的关系曲线；(b) 磨损质量随载荷变化的关系曲线

AZ91 压铸镁合金在铸态、T4 和 T6 热处理状态下其磨损质量损失和摩擦因数随磨损时间的变化情况如图 5-63 所示。从图中可以看出，AZ91 压铸镁合金在各种状态下的磨损质量损失均随着磨损时间的增加呈线性比例增大。试样经过 T6 热处理之后，其磨损质量损失稍有增大，T4 热处理则减小了材料的磨损质量损失。AZ91 压铸镁合金在各种状态下的摩擦因数均在 0.22～0.235 范围内波动，T4 和 T6 热处理试样的摩擦因数较铸态时均有不同程度的提高，并且 T6 热处理试样摩擦因数的增幅更大些。

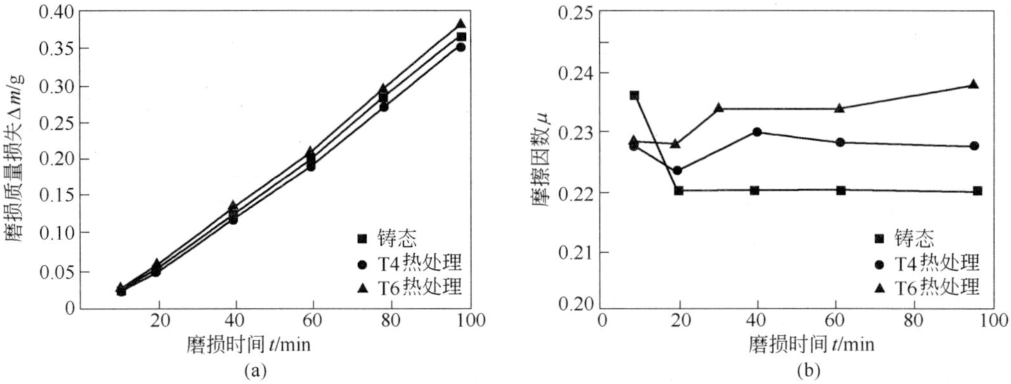

图 5-63 时间对 AZ91 镁合金摩擦磨损特性的影响[231]

（a）磨损质量随磨损时间变化的关系曲线；（b）摩擦因数随磨损时间变化的关系曲线

上述情况说明：镁合金在实际应用过程中伴随的摩擦磨损问题不小，而常用的热处理强化方法所起的作用有限，亟待采用不同的解决措施。

5.5.6.2 稀土对镁合金摩擦磨损性能的影响

不少资料表明：优化合金成分，尤其是以稀土元素作为合金的添加剂，是改善镁合金组织与性能，提升镁合金摩擦磨损性能的有效措施之一[233,236,238～240]。图 5-64 所示为含稀土镁合金与不含稀土镁合金的摩擦因数与载荷的关系曲线。由图可以看出，加入稀土的镁合金的摩擦因数均低于镁合金基体，反映了含稀土镁合金与不含稀土镁合金在摩擦性能上的不同。图 5-65 所示为含稀土镁合金与不含稀土镁合金的磨损质量损失与载荷的关系曲线。相比之下，含稀土镁合金的磨损量增加较缓。总而言之，含稀土镁合金的转变点要比基体合金更高，磨损量要比基体镁合金更低，因此，在相同磨损条件下，含稀土的镁合金要比基体镁合金明显耐磨[238,240,241]。

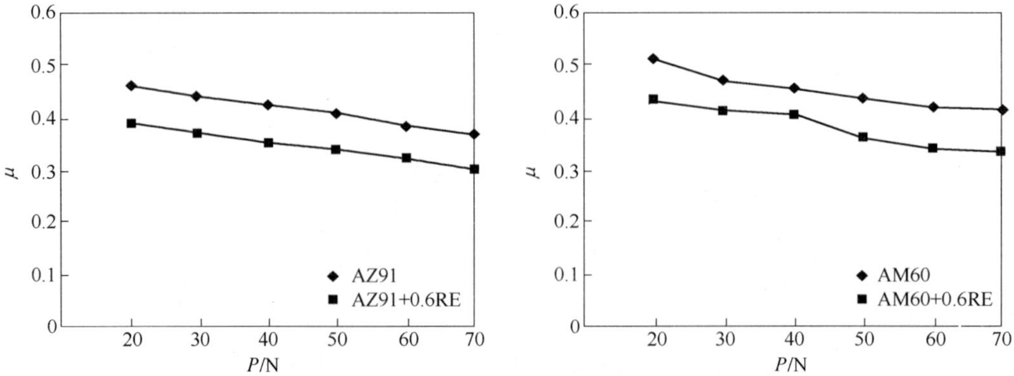

图 5-64 稀土对常用镁合金摩擦因数的影响[238]

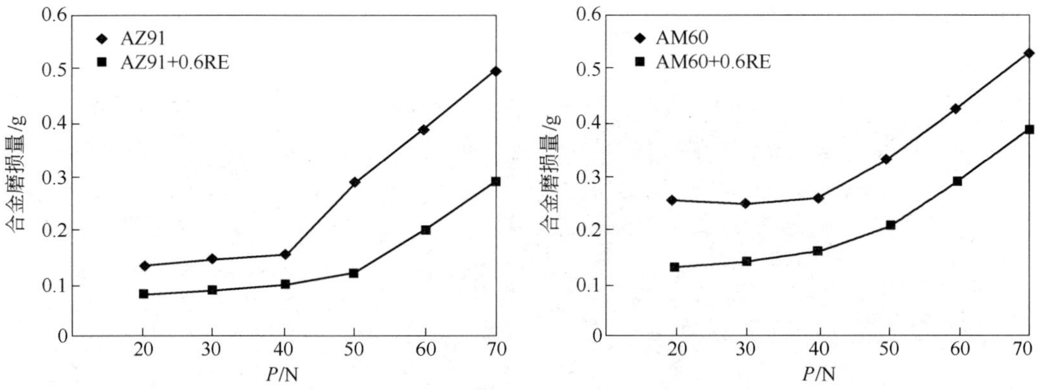

图 5-65 稀土对常用镁合金磨损量的影响[238]

稀土对镁合金磨损性能的改善作用在高载荷下更为显著。在材料摩擦过程中,磨损表面不可避免会发生温度升高,在大气环境中因此产生的表面氧化作用使金属摩擦副的摩擦性能几乎无法避免氧化作用的影响。根据上文的机理分析,摩擦表面产生的氧化物层对镁合金的摩擦磨损性能起着非常重要的作用。由于稀土元素是表面活性元素,摩擦磨损过程中稀土元素能够在氧化物膜与基体界面处发生偏聚,有助于提高氧化物膜的黏着力,细化膜的组织,有助于提高膜的耐磨性和抗剥离能力,这样形成的氧化物膜比较稳定,故增强了含稀土镁合金的抗磨损承载能力。加入稀土后,稀土化合物在镁合金中的固溶强化作用提高了镁合金材料的硬度与屈服强度,并且随着稀土含量的增加,镁合金的硬度与屈服强度也逐渐升高,这也在一定程度上改善了镁合金的耐磨损性能。因此稀土的加入有效推迟了镁合金从轻微磨损到严重磨损的转变。对于含稀土镁合金与不含稀土镁合金来说,在严重阶段的磨损机理都是相同的,均为剥层磨损。在周期性的交变摩擦应力和热应力的共同作用下,镁合金摩擦表面的氧化层不可避免地会产生显微裂纹。裂纹的不断扩展,导致氧化膜最终破裂剥落而形成磨屑,进而影响镁合金材料的磨损过程。由于稀土的加入能有效阻碍合金表面显微裂纹的扩展,因此含稀土镁合金的磨屑尺寸要比基体合金的小很多,较小尺寸磨屑的产生对含稀土镁合金磨损表面影响较小(图 5-66 所示),摩擦副接触表面的状态不会发生明显变化,因此含稀土镁合金的磨损率可以长期保持稳定,可以有效推迟镁合金从轻微磨损到严重磨损的转变。而不含稀土镁合金在摩擦磨损过程中所产生的尺寸较大磨屑则会使基体合金的摩擦接触表面状态恶化,切削作用及剥层磨损加剧,磨损质量损失随载荷的增加而急剧上升。

除上述的物理化学机理外,稀土元素还通过降低镁合金的铸造缺陷程度,从而对镁合金力学性能和摩擦学特性产生有益的影响,其原因在于[238,241]:

(1) 稀土元素与氧、硫等杂质元素有较强的结合力,抑制了这些杂质元素所引起的组织疏松。

(2) 在熔炼过程中,稀土元素能与水气和镁液中的氢反应,生成稀土氢化物和稀土氧化物以除去氢气,减少气孔、针孔及缩松等铸造缺陷,提高了铸件质量,减少了在摩擦过程中裂纹源的产生。

(3) 稀土元素还可以净化晶界,增加晶界强度,使裂纹不易在晶界处产生。

(4) 稀土元素还可以产生细晶强化与析出强化作用,从而提高镁合金材料的表面强度,改善摩擦磨损性能。

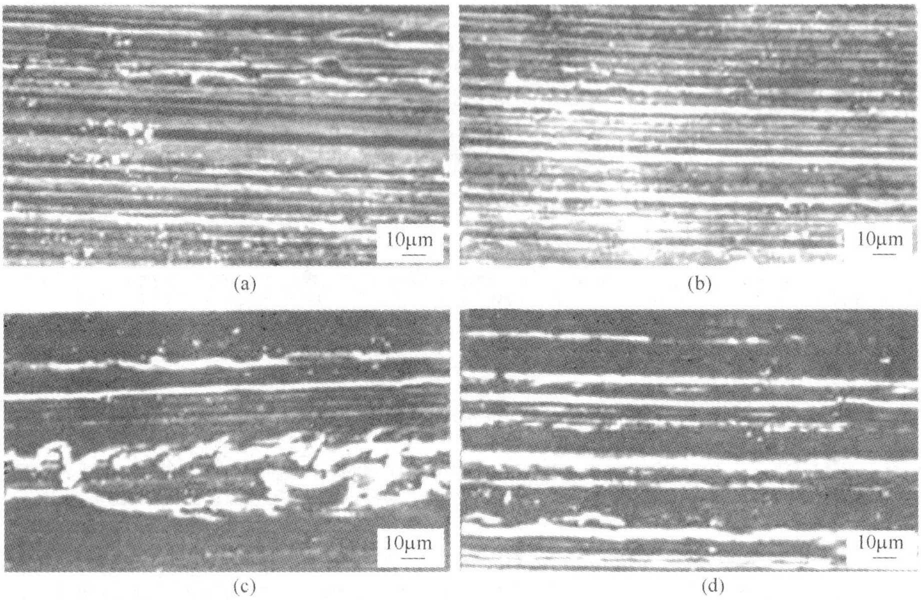

图 5-66 含与不含稀土的镁合金磨损形貌[235]

(a) AZ91D(30N); (b) AZ91D +0.6RE(30N); (c) AZ91D(90N); (d) AZ91D +0.6RE(30N)

5.6 稀土镁合金存在的问题和建议

5.6.1 镁合金的研发应用事关全球和中国金属材料结构的发展战略

当今人们关注的问题是能源、环保、安全和健康。镁合金与这些息息相关。它的质轻、高阻尼(减振降噪)、导热、抗辐射、回收不产生污染等特点,被认为是制造业特别是交通工业实现轻量化的支撑材料,再由于镁资源特别丰富(而占据材料第一位的铁和第二位的铝资源日趋枯竭),可供持续发展成千上万年,因此镁合金被誉为是“21 世纪轻质绿色结构材料”。这是材料科学发展潮流的大趋势,通过宣传和工作,让广大科研工作者认清并顺应这个总趋势,认清我国镁业必然要大发展,认清要把我国镁资源优势成为技术优势发展,就要把镁合金结构材料作为中国镁业的主攻方向,将生产、出口原镁提升为生产、出口技术含量与附加值高的镁合金及其加工制品,为 21 世纪全球和中国金属材料持续发展,为制造业实现轻量化目标提供支撑材料,我们应将此作为奋斗方向而全力以赴。

5.6.2 如何面对金属镁的价格高、波动大等问题

镁的价格一度与铝持平甚至更便宜,大大激发了研发应用镁合金的积极性。然而 2008 年镁的价格一度翻了一番,导致镁合金及其制品的工作者叫苦连天,不少人和工厂转向去搞铝合金,刚刚兴起的镁合金事业严重受挫。2009 年 3 月太原国际镁业会议上,人们尤其是外国人发出的大声疾呼,不得不令人反思。如何面对这个问题呢?笔者认为最要紧的是落实科学发展观、提升对镁及镁合金的认识,制定中国镁业全局战略谋划。首先看到镁合金是

21世纪全球需要的轻质绿色工程材料，用以支撑制造业旨在节能减排可持续发展战略计划。镁合金部分代替资源日益枯竭的钢铁和铝合金，它涉及世界金属材料结构改变的大问题，这又是社会发展的大趋势；其次认清镁资源是我国得天独厚、为数不多的资源优势之一，从国家战略需要可持续发展和将资源优势转变为技术优势、经济优势全局战略着想，早应高瞻远瞩制定出镁资源综合利用→金属镁→镁合金→镁合金制品及零部件，支撑现代制造业轻量化的要求，而不单是着想发展原镁、出口原镁、靠原镁赚钱。20世纪六七十年代，镁的价格比铝高，限制了镁合金的发展；到了90年代，镁的价格和铝相当，甚至一度比铝还低，镁合金事业得到了巨大的发展；2008年，镁的价格突然升高，镁合金发展受到了极大的挫折。可见，镁合金的发展与镁的价格息息相关，有关部门应该吸取历史的教训，不能只顾眼前利益，高价出口原镁而忽略镁合金的发展。原镁涨价应顾及镁合金及其制品的承受能力，要看是否有利于镁业全面长远发展，否则，一年间是赚了钱，但不长久。镁合金及其制品没人要，金属镁的价格和销量自然就掉了下来，这是得不偿失的经验教训。

有些从事镁业的企业家或管理人员认为镁的某些性能优于铝，所以镁的价格比铝高是自然之事。但是，他没有全面考虑到镁的成形性能不如铝，加工和表面处理费用也都比铝的要高。如果人为的把金属镁的价格定位在比铝高，势必影响我国镁合金事业的大发展。不出所料，2009年8~9月间又回到与铝相近的水平。还应挖掘潜力进一步降低原镁的价格。

就如何发展金属镁来说，当前不是追求数量，而是保证质量。前提是力求降低成本，使其售价与铝相近，才能占有市场。一是改善皮江法：力求进一步节能降耗，提高劳动生产率，走循环经济之路，提高资源综合利用效益。再从经营管理方面看，应整合分散小厂，重组成像中国铝业那样集冶炼、加工、运营于一体的有实力的大公司，提高国际竞争力，在平稳价格，保证供给方面发挥应有作用，保证出口第一的大国地位和良好形象。二是发展电解镁新技术：采用脱水新技术、现代大型电解槽、高效回收利用副产品氯气等综合措施，千方百计降低成本，充分发挥其大规模、连续化、劳动生产率高、更节能降耗的优势。中国科学院长春应用化学研究所提出的在新型镁电解槽中供给氯化镁同时添加氯化稀土直接一步生产稀土镁合金的设想，它比电解镁的经济效益要高，而比其他方法生产稀土镁合金的成本要低，可供考虑。

5.6.3 开发新型稀土镁合金大有作为

由于稀土金属电子结构特殊而显示出特殊的化学特性与活性。产生除气除杂等净化作用和细化组织的变质作用，多数稀土金属的晶体结构与镁一样，同属密排六方。稀土与镁的原子半径差异大小不一，大多在15%以内，就稀土在钢、铁、镁、铝、铜、锌等金属材料中的固溶度而言，稀土在镁中凸显出宽范围特色，质量分数从0.7%到41%。而稀土在钢中的固溶度仅为十万分之几到万分之几，轻稀土在铝中也才万分之几。换言之，稀土与镁形成合金化/微合金化的几率极大。由于稀土原子半径较大，在镁中原子扩散能力弱，因此，稀土既可提高镁合金再结晶温度，减缓再结晶过程，又可析出热稳定性高的弥散颗粒，大幅提高其高温强度和抗蠕变能力；既能改善传统镁合金熔炼、铸造和加工的过程和质量，又能提升其耐热、耐蚀、抗氧化和蠕变抗力等综合性能。所以稀土成为镁合金最实用、最具有开发潜力的合金化元素。随着稀土镁合金研发工作的扩大和深入，人们对稀土镁合金的认识越益深化。

例如,在占压铸镁合金总量 80% 的 AZ 和 AM 系合金中,以稀土金属作为添加剂,加入量不高于 1%,效果却非常明显;减少镁合金在熔炼、浇铸和加工过程中被氧化燃烧程度(可提高起燃温度 150 ~230℃);降低蠕变速率(有的降低一个数量级);降低腐蚀速率几倍到几十倍。作为合金主要成分的稀土金属是高性能镁合金的创新源头,可望借以研发出一系列高温、高强、高塑新型镁合金。例如,中国科学院长春应用化学研究所新近研发出来的 AlCeLa44 镁合金所用原料是提钕、镨钕后剩余的大量廉价镧铈混合稀土;而获 2006 年国际大奖的挪威 Hydro 发明的 AE44 合金是用含镨、钕的混合稀土为原料,这不仅成本高,而且原料难以持续供应;而我国开发的 AlCeLa44 性能还高于 AE44。这有利于创新,又有助于解除钕镨紧缺、镧铈滞销的“稀土产销不平衡矛盾”,因此,AlCeLa44 颇具竞争力,可望开发成为中国名牌产品,成为扩大镁合金应用的动力源和突破点。

由此看出:稀土镁合金的发展空间很大,它的市场前景很好,期待更多的“官、产、学、研、商”有识之士更多地投入,开发出更多的、更具中国特色的稀土镁合金供给社会,造福人民。

5.6.4 优化稀土加入工艺,开发低成本稀土镁合金

近年来,中外镁合金工作者普遍认同稀土对镁合金无论作为添加剂,还是作为合金主成分,都显示出独特作用,但是还存在两大问题:一是稀土价格昂贵;二是加入稀土工艺有待优化、稳定。对此提出以下意见供参考:

(1) 稀土种类要优选。不少人说稀土贵,这只说对了一部分。稀土是属于稀有物类,但有的储量并不稀有,其中用于光学材料的 Eu、Tb 和用于磁学的 Dy、Tb、Nd 和 Pr 是贵的,但将这些贵重稀土分离除去之后的轻稀土 La、Ce 和重稀土 Y、富 Y、Gd 并不贵。目前,镧铈混合金属的价格是最低的。所以说,镁合金采用稀土嫌贵,想用钙锶代替稀土之说并不符合国情,但是我们赞成选用稀土与包括碱土金属在内的非稀土组合加入,发挥各自效用。因此,镁合金用的稀土要选择那些能明显提升其综合性能而又价格低廉的稀土种类,要选用储量大、配分高、可持续供应、成本低的那些稀土。目前实验室里比较常用的稀土金属顺序是:La、Ce、Y、Gd、Sm、Er、Dy、Yb,主要目的是用以研究稀土对镁合金组织、结构、性能的影响及其机理;而从商业角度去看,以往常用的顺序是:富铈混合稀土(含镨钕的),富钇(75%)稀土,富钕(85%)稀土。1990 年以后,由于稀土永磁材料高速发展,Nd 和 Pr 紧缺和稀土分离技术突飞猛进,因而出现了大量 LaCe 剩余物滞销,和其他金属一样,镁合金中利用 LaCe/LaPrCe 或者 Ce 者必将日益增多[242]。

(2) 稀土加入量。作为添加剂,无论是加轻稀土或重稀土抑或轻重稀土协同加入,通常不大于 1%。作为主成分大多在 2% ~7% 之间,也有高达 10% 甚至 20% 的。镁合金中的稀土含量太高,不仅密度大,成本高,持续供应大规模生产的稀土原料也是值得深思的问题。

(3) 稀土金属加入方式。大多以小块稀土镁中间合金形式加入才能加的均匀,其中稀土含量以接近稀土 - 镁二元合金低共熔点适宜,就镧而言,16% ~20% 的质量分数较好;在保护气氛下用钟罩压入或者悬挂加搅拌溶入。最好是喂丝加入。

(4) 加入工艺。一般在镁和其他合金成分熔合之后,在保护气氛下加入中间合金。切记不要将稀土元素和其他合金元素同时放在一起而又无保护气氛下加热熔化。混熔温度、保温温度、保温时间以及浇铸冷却速度要视合金品种牌号而定。

5.6.5 加强稀土在镁合金中的作用机理及其规律的研究

为了实现稀土在镁合金中作用效果最大化,必须深谙稀土的作用机理、不同稀土的作用大小以及它们与稀土自身属性之间的内在规律;要弄清楚某个具体合金中,以净化、细化为主还是以固溶强化、时效硬化或弥散强化为主;要了解稀土合金化/微合金化形成的金属间化合物第二相粒子的结构、颗粒大小、热稳定性、形状、分布、与基体的润湿性等属性对合金力学和物理性能的影响;要弄清不同稀土金属自身的原子半径、电子结构、电负性之间的内在规律;要研究不同稀土在镁合金表面层的行为、表面结构、稀土抑制合金被氧化/燃烧、提升合金表层耐蚀,耐磨性的机理。只有掌握了不同稀土对镁合金性能影响大小、规律和作用机理,才能针对不同用户提出的不同要求,开发出高性能低成本,实实在在好用的新型稀土镁合金。

参考文献

[1] F. H. Spedding, A. H. Daane, The Rare Earths[M]. John Wiley and Sons, Inc. 1961, 456.

[2] F. Sauerwald, Der Stand der Entwicklungen der Zwei- und Vielstoffegierungen auf der Basis Magnesium-Zirkon und Magnesium-Thorium-Zirkon[M]. Metallkde Z, 1954, 45: 257 ~269.

[3] T. E. Leontis, The properties of sand cast Mg-RE alloys[J]. Trans. AIME,1949,191: 257 ~269.

[4] R. J. M. Payne,N. Bailey, Improvement of the age hardening properties of Mg-RE alloys by addition of Ag [J], J. Inst. Met,1959-1960,88:417 ~427.

[5] G. Foerster. Proc. 7th SDCE International Die Casting Congress'[C], 1972: 9372.

[6] E. G. Sieracki,J. J. Velazquez and K. Kabiri[C]//SAE Technical Paper 960421, Warrendale, PA, Society of Automotive Engineers, 1996.

[7] 张洪杰,孟健,唐定骧. 高性能镁—稀土结构材料的研制、开发与应用[J],中国稀土学报,2004, 22:40 ~46

[8] Polmear I J. Magnesium alloys applications [J]. Mater Sci and Tech, 1994, 10: 1 ~14.

[9] Cahn R W, 师昌绪,柯俊. 非铁合金的结构与性能 [M]. 北京:科学出版社,1999.

[10] 陈振华. 变形镁合金[M]. 北京:化学工业出版社, 2005.

[11] 特别报道,第63届世界镁业大会备受瞩目[J]. 中国金属通报,2006,21:1 ~20.

[12] H. H. Zou,X. Q. Zeng, C. Q. Zhai, W. J. Ding, The effect of yttrium element on microstructure and mechanical properties of Mg-5Zn-2Al alloy [J]. Materials Science and Engineering A, 2005, 402:142 ~148.

[13] 姚素娟,易丹青,李旺兴,褚丙武. 高温镁合金成分、组织设计与制备加工技术进展[J]. 轻金属, 2007,9:55 ~58.

[14] X. Gao, S,M. He, X. Q. Zeng, L. M. Peng, W. J. Ding, J. F. Nie, Microstructure evolution in a Mg-15Gd-0.5Zr(wt. %) alloy during isothermal aging at 250℃[J]. Materals Science and Engineering A, 2006, 431:322 ~327.

[15] 杨明波,潘复生,李忠盛,张静. Mg-Al系耐热镁合金的合金元素及其作用[J]. 材料导报,2005,4: 46 ~49.

[16] Jinghuai Zhang, Jun Wang, Xin Qiu, Deping Zhang, Zheng Tian, Xiaodong Niu, Dingxiang Tang, Jian Meng. Effect of Nd on the microstructure, mechanical properties and corrosion behavior of die-cast Mg-

4Al-based alloy[J]. Journal of Alloys and Compounds, 2008, 464:556 ~ 564.

[17] Q. M. Peng, Y. M. Wu, D. Q. Fang, J. Meng, L. M. Wang, Microstructures and Properties of Melt-Spun and As-cast Mg-20Gd Binary alloy[J]. Journal of Rare Earths, 2006, 24: 466 ~ 470.

[18] 徐杰,刘子利,沈以赴,等. 镁合金焊接的研究和发展[J]. 宇航材料工艺,2006,19:21 ~ 26.

[19] 刘畅,周宏,孙广平,李伟. 稀土对 AM60B 镁合金组织遗传性和性能的影响[J]. 机械工程材料,2007,2:5 ~ 8.

[20] 李铮,赵凯,邸洪双,王国栋. 双辊铸轧法生产变形镁合金薄带新工艺的研究[J]. 轻金属,2003,12:10 ~ 12.

[21] 黄德明,刘红梅,陈云贵,等. 耐热铸造镁合金的研究应用进展[J]. 轻金属,2005,8:49 ~ 54.

[22] 刘海峰,侯骏,刘耀辉,等. 压铸镁合金高温蠕变研究现状及进展[J]. 铸造,2002,51:330 ~ 335.

[23] 师昌绪,李恒德,王淀佐,等. 加速我国金属镁工业发展的建议[J]. 材料导报,2001,15(4):5.

[24] 王渠东,丁文江. 镁合金研究开发现状与展望[J]. 世界有色金属,2004,(7):8.

[25] Robert Brown. International magnesium association 55th annual word conference [J]. Light Metal Age. 1998,56:86.

[26] 权高峰,严峰,刘赵铭. 镁合金与我国的轨道交通[J]. 科学中国人,2007,(2):81.

[27] Polmear I J. Magnesium alloys and applications [J]. Materials Science and Technology,1994,10(1):1.

[28] 马刚,郭胜利. 稀土在镁合金中的应用[J]. 宁夏工程技术, 2005, 4(3): 268 ~ 272.

[29] 徐光宪. 稀土[M]. 2 版. 北京:冶金工业出版社,1997. 358.

[30] 孙茂才. 金属力学性能[M]. 哈尔滨:哈尔滨工业大学出版社,2003. 46.

[31] 周学华,卫中领,陈秋荣,等. 含稀土耐蚀 Mg-9Al 铸造镁合金腐蚀行为研究[J]. 腐蚀与防护,2006,27:487.

[32] 祁庆琚,刘勇兵,杨晓红. 稀土对镁合金 AZ91D 摩擦磨损性能的影响[J]. 中国稀土学报,2002,20:428.

[33] 杨友,刘勇兵,杨晓红. 压铸稀土镁合金高周疲劳试验研究[J]. 铸造技术,2006,27:470.

[34] 张景怀,唐定骧,张洪杰,王利民,王军,孟健. 稀土元素在镁合金中的作用及其应用[J]. 稀有金属,2008,32(5):659.

[35] 中国科学院长春应用化学研究所. WE54 稀土镁基合金的遗传制法. 中国, 200810051611. 3 [P]. 2009.

[36] 张君尧. 美国铝业公司对中间合金的质量要求[J]. 轻合金加工技术,1994, 22(10):34.

[37] Mathieson Alkall Wors. Preparation fusions containing magnesium chloride. US, 2,406,935[P], 1946.

[38] General Motors Corporation. Electrolytic magnesium production process using mixed chloride-fluoride electrolytes. US, 5,853,560[P]. 1998.

[39] 中国科学院青海盐湖研究所. 利用水氯镁石脱水制取无水氯化镁的方法. 中国, 02114406 [P],2003.

[40] 中国科学院青海盐湖研究所. 制备无水氯化镁过程中脱水尾气中水分的除去方法. 中国, 200810232280[P]. 2009.

[41] 中国科学院青海盐湖研究所. 利用二水合氯化镁生产无水氯化镁的装置. 中国, 02224408 [P]. 2002.

[42] 联邦科学及工业研究组织, 澳大利亚镁制品经营有限责任公司. 无水氯化镁及其制备方法. 中国, 94194221[P],1996.

[43] 清华大学. 一种利用水氯镁石脱水制备无水氯化镁的方法. 中国, 200610114323[P]. 2007.

[44] 南开大学. 二水氯化镁的制备方法. 中国, 94119264[P]. 1996.

[45] 宜兴市田园轻合金材料有限公司. 水合稀土氯化物真空脱水耐蚀设备. 中国, 200520069256

[P]. 2006.
[46] 中国科学院长春应用化学研究所. 无水氯化富钇混合稀土的制备方法. 中国, 01131688.8 [P]. 2002.
[47] 孙宏伟等. 稀土和西部资源开发与利用[J]. 北京:中国轻工业出版社,2003:130.
[48] 陈丽霓. 轻金属冶炼与环境保护[M]. 沈阳: 东北工学院出版社, 1991.
[49] Х. Л. 斯特雷列兹, А. Ю. 泰茨, В. С. 古略尼茨基. 炼镁学(上册)[M]. 重工业部有色金属工业管理局编译科译. 北京: 重工业出版社, 1955.
[50] 徐光宪. 稀土(中册)[M]. 北京: 冶金工业出版社, 2005.
[51] 中国科学院长春应用化学研究所. 镁-镧镨铈中间合金的制备方法. CN 200710300339.3 [P]. 2008.
[52] 中国科学院长春应用化学研究所. 一种新型熔盐电解槽. CN 00267763[P]. 2001.
[53] 中国科学院长春应用化学研究所. 低温下沉液态阴极电解制备镁稀土中间合金的方法. 中国 200510017229.7[P]. 2006.
[54] 中国科学院长春应用化学研究所. 复合阴极熔盐电解稀土-镁中间合金的制备方法. 中国 200510119117.2[P]. 2006.
[55] 中国科学院长春应用化学研究所. 富钇稀土铝中间合金制备方法. 中国 01138655[P]. 2002.
[56] 赣南师范学院,中国科学院长春应用化学研究所. 镁合金真空虹吸出炉浇铸机. 中国 200610019035.5[P]. 2006.
[57] 张永健,胡宏杰. 复合阳极电解制镁的研究[J]. 轻金属,1990(8):34.
[58] Deutscher R L, Cathro K J. Organochlorine formation in magnesium electrowinning ceils[J]. Chemosphere,2001;43(1):147.
[59] Hoffman R V,Eiceman G A,Long,Y T,et al. Mechanism of chlorination of aromatic compounds adsorbed on the surface of fly ash from municipal incinerators[J]. Environ mental Science & Technology Research, 1990,24(11):1635.
[60] 中国科学院长春应用化学研究所,广州市德启环保设备有限公司. 电解熔融氯化物阳极产生的氯气吸收装置. 中国 200720094552.9[P]. 2008.
[61] 中国科学院长春应用化学研究所. 电解熔融氯化物阳极产生的氯气吸收装置及吸收方法. 中国 200710056003.7[P]. 2008.
[62] 中国科学院长春应用化学研究所. 用高含水料电解制备稀土-镁中间合金的方法. 中国 200510119121.9[P]. 2006.
[63] 中国科学院长春应用化学研究所. 熔盐电解生产稀土-镁中间合金的复合坩埚及其制备方法. 中国 200510119114.9[P]. 2006.
[64] 赣南师范学院. 氟化体系共电沉积制备 Gd-Mg 中间合金的方法. 中国 200710035462.7[P]. 2008.
[65] 有研稀土新材料股份有限公司. 一种高稀土含量镁中间合金的制备方法. 中国 200610075921.X [P]. 2007.
[66] 姜锋等. 氧化钪—氯化铝镁热还原法制备钪中间合金新工艺研究[J]. 稀土,2001,22(3):34.
[67] 汪友华. 制备铝镁钪中间合金的方法. 中国 200610054097.X[P]. 2006.
[68] 昆明理工大学. 一步法从含钪矿物制备铝钪中间合金工艺. 中国 200510010813.X[P]. 2005.
[69] T. Kaneko, M. Suzuki. Automotive Applications of Magnesium Alloys[J]. Materials Science Forum, 2003, 419 ~ 422:67 ~ 72.
[70] 陈振华, 严红革, 陈吉华等. 镁合金[M]. 北京: 化学工业出版社,2004,29.
[71] Haughton J L, Prytherch W E. Magnesium and its alloys[M]. His Majesty's Stationery office, 1937.
[72] F. Sauerwald, Der Stand der Entwicklungen der Zwei- und Vielstoffegierungen auf der Basis Magnesium-

Zirkon und Magnesium-Thorium-Zirkon[J]. Metallkde Z, 1954, 45:257 ~ 269.

[73] T. E. Leontix, The properties of sand cast Mg-RE alloys[J]. Trans. AIME, 1949, 191:257 ~ 269.

[74] Drits M E, Sviderkaya Z A, Rokhlin L L, Nikitina N I. Effect of Alloying on the Properties of Mg-Y Alloys[J]. Metal Science and Heat Treatment, 1979, 21(11 ~ 12):887 ~ 889.

[75] 余琨,黎文献,李松瑞,谭敦强. 含镁稀土合金的研究与开发[J]. 特种铸造及有色金属,2001,1: 41 ~ 43.

[76] Lyon P, King J F, Nuttall K, Proceedings of the Third International Magnesium Conference[C]. 1996: 99.

[77] 丁文江,等. 镁合金科学与技术[M]. 北京:科学出版社,2007.

[78] 郭旭涛, 李培杰, 熊玉华, 刘树勋, 曾大本. 稀土在铝、镁合金中的应用[J]. 材料工程, 2004, 8: 60 ~ 64.

[79] 特别报道,第 63 届世界镁业大会倍受瞩目[J]. 中国金属通报, 2006, 21:1 ~ 20.

[80] H. H. Zou, X. Q. Zeng, C. Q. Zhai, W. J. Ding, The effects of yttrium element ofn microstructure and mechanical properties of Mg-5Zn-2Al alloy[J]. Materials Science and Engineering A, 2005, 402: 142 ~ 148.

[81] 姚素娟,易丹青,李旺兴,褚丙武. 高温镁合金的成分、组织设计与制备加工技术进展[J]. 轻金属, 2007, 9:55 ~ 58.

[82] X. Gao, S. M. He, X. Q. Zeng, L. M. Peng, W. J. Ding, J. F. Nie, Microstructure evolution in a Mg-15Gd-0.5Zr (wt. %) alloy during isothermal aging at 250℃[J]. Materials Science and Engineering A, 2006, 431:322 ~ 327.

[83] 杨明波, 潘复生, 李忠盛, 张静. Mg-Al 系耐热镁合金中的合金元素及其作用[J]. 材料导报, 2005, 4:46 ~ 49.

[84] J. Chen, J. Q Wang, E. H Han, J. H Dong, W. Ke, States and Transport of Hydrogen in the Corrosion Process of an AZ91 Magnesium Alloy in Aqueous Solution[J]. Corrosion Science, In Press.

[85] Q. M Peng, Y. M Wu, D. Q Fang, J. Meng, L. M Wang, Microstructures and Properties of Melt-Spun and As-Cast Mg-20Gd Binary Alloy[J]. Journal of Rare Earths, 2006, 24: 466 ~ 470.

[86] 徐杰,刘子利,沈以赴,等. 镁合金焊接的研究和发展[J]. 宇航材料工艺, 2006, 19:21 ~ 26.

[87] 刘畅, 周宏, 孙广平, 李伟. 稀土对 AM60B 镁合金组织遗传性和性能的影响[J]. 机械工程材料, 2007, 2:5 ~ 8.

[88] 李铮, 赵凯, 邸洪双, 王国栋. 双辊铸轧法生产变形镁合金薄带新工艺的研究[J]. 轻金属, 2003, 12:12 ~ 14.

[89] 黄德明, 刘红梅, 陈云贵,等. 耐热铸造镁合金的研究应用进展[J]. 轻金属, 2005, 8: 49 ~ 54.

[90] 刘海峰,侯骏,刘耀辉,等. 压铸镁合金高温蠕变研究现状及进展[J]. 铸造,2002,51:330 ~ 335.

[91] 刘子利, 丁文江, 袁广银,等. 镁铝基耐热铸造镁合金的进展[J]. 机械工程材料, 2001, 25(11): 1 ~ 4.

[92] F. von Buch, J. Lietzau, B. L. Mordike, et al. Development of Mg-Sc-Mn alloys[J]. Materials Science and Engineering A, 1999, 263: 1 ~ 7.

[93] B. L. Mordike, I. Stulíková, and B. Smola. Mechanisms of Creep Deformation in Mg-Sc-Based Alloys [J]. Metallurgical and Materials Transactions A, 36A (2005):1729 ~ 1736.

[94] Mordike B L. Creep-resistant magnesium alloys[J]. Materials Science and Engineering A, 2002, 224 (1 ~ 2): 103 ~ 112.

[95] A. A. Luo. Recent Magnesium Alloy Development for Elevated Temperature Applications[J]. International Materials Reviews, 2004, 49(1):13 ~ 30.

[96] A. Luo, M. O. Pekguleryuz. Review Cast magnesium alloys for elevated temperature applications[J]. Journal of Materials Science, 1994, 29: 5259 ~ 5271.

[97] B. L. Mordike. Development of highly creep resistant magnesium alloys[J]. Journal of Materials Processing Technology, 2001, 117: 391 ~ 394.

[98] L. L. Rokhlin, Magnesium alloys containing rare earth metals[M]. New York: Taylor & Francis, 2003, 158 ~ 223.

[99] 陈振华. 耐热镁合金[M]. 北京: 化学工业出版社, 2007. 149 ~ 225.

[100] 郭旭涛, 李培杰, 曾大本. 稀土在耐热镁合金中的应用[J]. 稀土, 2002, 23(2):63 ~ 67.

[101] 陈振华. 变形镁合金[M]. 北京: 化学工业出版社, 2005. 21 ~ 49.

[102] 宋余九. 金属材料的设计[M]. 北京: 机械工业出版社, 1998.

[103] B. Smola, I. Stulíková, F. von Buch, B. L. Mordike. Structural aspects of high performance Mg alloys design[J]. Materials Science and Engineering A, 2002, 324(1 ~ 2): 113 ~ 117.

[104] 李德辉,董杰,曾小勤,等. 高性能稀土镁合金研究进展[J]. 材料导报, 2005, 19(8):15 ~ 54.

[105] 里達雄. マグネシウム系時効析出合金[J]. 金属,2001, 71(6):42250.

[106] 国翔译. 镁系时效析出合金的发展[J]. 金属, 2001, 71(6): 23 ~ 30.

[107] Jinghuai Zhang, Xiaodong Niu, Xin Qiu, Ke Liu, Changming Nan, Dingxiang Tang, Jian Meng. Effect of yttrium-rich misch metal on the microstructures, mechanical properties and corrosion behavior of die cast AZ91 alloy[J]. Journal of Alloys and Compounds,JALCOM-17739; No. of Pages9.

[108] Foerster G. A new approach to magnesium die casting[J]. Adv Mater Pro 10/98, 79 ~ 81.

[109] Emley E F. Principles of Magnesium Technology[D]. Pergamon, Oxford, 1966, p. 242 ~ 249.

[110] 杨洁. 镁 - 锌 - 稀土系合金的组织和性能研究[D]. 北京: 中国科学院研究生院,2008.

[111] 董闯. 准晶材料[M]. 北京:国防工业出版社,1998.

[112] C. Antion, P. Donnadieu, F. Perrard, et al. Hardening precipitation in a Mg-4Y-3RE alloy[J], Acta Materialia, 2003, 51: 5335 ~ 5348.

[113] 吴安如,董丽君,夏长青,武文花. 稀土元素对镁合金高温力学性能的影响[J]. 热加工工艺(热处理版). 2006, 35(4): 26 ~ 30.

[114] J. F. Nie, B. C. Muddle. Precipitation in Magnesium Alloys WE54 during Isothermal Ageing at 250℃ [J]. Scripta Materialia. 1999, 40(10): 1089 ~ 1094.

[115] J. F. Nie, B. C. Muddle. Characterisation of Strengthening Precipitate Phases in A Mg-Y-Nd Alloy[J]. Acta mater. 2000,48: 1691 ~ 1703.

[116] L. L. Rokhlin, Magnesium alloys containing rare earth metals[M]. New York: Taylor & Francis, 2003, 10 ~ 100.

[117] S. Iwasawa, Y. Negishi, S. Kamado, Y. Kojima, R. Ninomiy. Age hardening characteristics and high temperature tensile properties of Mg-Gd and Mg-Dy alloys[J]. J. Japan. Inst. Light Metals, 1994, 44: 3 ~ 8.

[118] P. Vostry, B. Smola, I. Stulikova, F. Von Buch, B. L. Mordike, Microstructure Evolution in Isochronally Heat Treated Mg-Gd Alloys[J]. phys. stat. sol. (a), 1999, 175:491 ~ 500.

[119] P. J. Apps, H. Karimzadeh, J. F. King, G. W. Lorimer, Phase compositions in magnesium-rare earth alloys containing yttrium, gadolinium or dysprosium[J]. Scripta Materialia, 2003,48:475 ~ 481.

[120] P. J. Apps, H. Karimzadeh, J. F. King, G. W. Lorimer, Precipitation reactions in Magnesium-rare earth alloys containing Yttrium, Gadolinium or Dysprosium [J]. Scripta Materialia, 2003, 48: 1023 ~ 1028.

[121] S. M. He, X. Q. Zeng, L. M. Peng, et al. Precipitation in a Mg-10Gd-3Y-0.4Zr (wt. %) alloy during

isothermal ageing at 250 ℃[J]. Journal of Alloys and Compounds 2006, 421: 309 ~ 313.

[122] K. Y. Zheng, J. Dong, X. Q. Zeng, W. J. Ding. Precipitation and its effect on the mechanical properties of a cast Mg-Gd-Nd-Zr alloy[J]. Materials Science and Engineering A, 2008, 489:44 ~ 54.

[123] T. Honma, T. Ohkubo, K. Hono, S. Kamado, Chemistry of nanoscale precipitates in Mg-2.1Gd-0.6Y-0.2Zr (at. %) alloy investigated by the atom probe technique[J]. Materials Science and Engineering A, 2005, 395:301 ~ 306.

[124] M. Yamasaki, M. Sasaki, M. Nishijima, K. Kiraga, Y. Kawamura, Formation of 14H long period stacking ordered structure and profuse stacking faults in Mg-Zn-Gd alloys during isothermal aging at high temperature[J]. Acta Materialia, 2007, 55:6798 ~ 6805.

[125] M. Yamasaki, T. Anan, S. Yoshimoto, Y. Kawamura, Mechanical properties of warm-extruded Mg-Zn-Gd alloy with 14H long periodic stacking ordered precipitate[J]. Scripta Materialia, 2005, 53:799 ~ 803.

[126] Drits M. E., Padezhnova E. M., Muratova E. V., Relationship Between Heat Resistance and Composition and Structural State of Alloys of Systems Mg-Y, Mg-Dy, and Mg-Sm[J]. Russian Metallurgy (Metally), 1984, 1, 195 ~ 198.

[127] Dehui Li, Jie Dong, Xiaoqin Zeng, Chen Lu, Wenjiang Ding. Characterization of precipitate phases in a Mg-Dy-Gd-Nd alloy[J]. Journal of Alloys and Compounds, 2007, 439: 254 ~ 257.

[128] D. H. Li, J. Dong, X. Q. Zeng, C. Lu, W. J. Ding. Characterization of β″ precipitate phase in a Mg-Dy-Gd-Nd alloy[J]. Materials Characterization, 2007, 58: 1025 ~ 1028.

[129] 李德辉. 上海交通大学博士生毕业论文[D]. 上海: 上海交通大学, 2007.10: 61 ~ 90.

[130] J. F. Nie, X. Gao, S. M. Zhu. Enhanced age hardening response and creep resistance of Mg-Gd alloys containing Zn[J]. Scripta Materialia, 2005, 53: 1049 ~ 1053.

[131] Kun Yu, Wenxian Li, Jun Zhao, Zhengqing Ma, Richu Wang. Plastic deformation behaviors of a Mg-Ce-Zn-Zr alloy[J]. Scripta Materialia, 2003, 48: 1319 ~ 1323.

[132] 彭卓凯, 张新明, 陈健美, 等. Zr 在 Mg-9Gd-4Y 合金中的晶粒细化机制[J]. 北京科技大学学报, 2006, 28(2): 148 ~ 152.

[133] 张新明, 陈健美, 邓运来, 等, Mg-Gd-Y-(Mn,Zr)合金的显微组织和力学性能[J]. 中国有色金属学报, 2006, 16(2): 219 ~ 227.

[134] Y. Negishi, T. Nishimura, M. Kiryuu, S. Kamado, Y. Kojima, R. Ninomiya, Phase diagrams of Mg-rich portion, aging characteristics and tensile properties of Mg-Heavy rare earth metal alloys[J]. J. Japan. Inst. Light Metals, 1994, 45: 57 ~ 63.

[135] 张新明, 陈健美, 邓运来, 等. Mn、Zr 对 Mg2Gd2Y 合金组织与力学性能的影响[J]. 中国有色金属学报, 2006, 15(6): 917 ~ 922.

[136] 肖阳, 张新明, 陈健美, 蒋浩. Mg-9Gd-4Y-0.6Zr 合金挤压 T5 态的高温组织与力学性能[J]. 中国有色金属学报, 2006, 16(4): 609 ~ 714.

[137] 肖阳, 张新明, 陈健美, 蒋浩, 等. 高强耐热 Mg-9Gd-4Y-0.6Zr 合金的性能[J]. 中南大学学报, 2006, 37(5): 850 ~ 855.

[138] 张新明, 肖阳, 陈健美, 蒋浩. 挤压温度对 Mg-9Gd-4Y-0.6Zr 合金组织与力学性能的影响[J]. 中国有色金属学报, 2006, 16(3): 518 ~ 532.

[139] Qiuming Peng, Yaoming Wu, Daqing Fang, Jian Meng, Limin Wang. Microstructures and Mechanical Properties of Mg-8Gd-0.6Zr-xNd (x = 0, 1, 2 and 3 mass%) Alloys[J]. Journal of Material Science, 2007, 42: 3908 ~ 3913.

[140] Qiuming Peng, Jianli Wang, Yaoming Wu, Jian Meng, Limin Wang, The Effect of La or Ce on Aging

Response and Mechanical Properties of Mg-Gd-Zr Alloys[J]. Materials Characterization, 2008, 59: 435 ~ 439.

[141] Qiuming Peng, Yaoming Wu, Daqing Fang, Jian Meng, Limin Wang, Microstructures and Properties of Mg-7Gd Alloy Containing Y[J]. Journal of Alloys and Compounds, 2007, 403: 252 ~ 256.

[142] Qiuming Peng, Hanwu, Dong, Lidong Wang, Yaoming Wu, Limin Wang, Microstructure and Mechanical Property of Mg-8.31Gd-1.12Dy-0.38Zr Alloy[J]. Materials Science and Engineering A, 2008, 477: 193 ~ 197.

[143] Qiuming Peng, Hanwu Dong, Yaoming Wu, Limin Wang, Aging Behavior and Mechanical Properties of Mg-Gd-Ho Alloys[J]. Materials Characterization. 2008, 59: 983 ~ 986.

[144] Qiuming Peng, Hanwu, Dong, Yaoming Wu, Limin Wang, Age Hardening and Mechanical Properties of Mg-Gd-Er Alloy[J]. Journal of Alloys and Compounds, 2008, 456: 395 ~ 399.

[145] S. M. He, X. Q. Zeng, L. M. Peng, X. Gao, J. F. Nie, W. J. Ding. Microstructure and strengthening mechanism of high strength Mg-10Gd-2Y-0.5Zr alloy[J]. Journal of Alloys and Compounds 2007, 427: 316 ~ 323.

[146] K. Y. Zheng, J. Dong, X. Q. Zeng, W. J. Ding. Effect of pre-deformation on aging characteristics and mechanical properties of a Mg-Gd-Nd-Zr alloy[J]. Materials Science and Engineering A, 2008, 59: 857 ~ 862.

[147] Jun Wang, Jian Meng, Deping Zhang, Dingxiang Tang. Effect of Y for enhanced age hardening response and mechanical properties of Mg-Gd-Y-Zr alloys[J]. Materials Science and Engineering A, 2007, 456: 78 ~ 84.

[148] K. Y. Zheng, J. Dong, X. Q. Zeng, W. J. Ding. Effect of thermo-mechanical treatment on the microstructure and mechanical properties of a Mg-6Gd-2Nd-0.5Zr alloy[J]. Materials Science and Engineering A, 2007, 454 ~ 455: 314 ~ 321.

[149] Qiuming Peng, Jianli Wang, Yaoming Wu, Jian Meng, Limin Wang. Microstructures and Tensile Properties of Mg-8Gd-0.6Zr-xNd-yY ($x + y = 3$, mass%) Alloys[J]. Materials Science and Engineering A, 2006, 433: 133 ~ 138.

[150] X. B. Liu, R. S. Chen, E. H. Han. Effects of ageing treatment on microstructures and properties of Mg-Gd-Y-Zr alloys with and without Zn additions[J]. Journal of Alloys and Compounds, 2008, 465(1 - 2): 232.

[151] I. Stulikova, B. Smola, F. von Buch, B. L. Mordike. Microstructure properties and creep of Mg-rare earth-Sc-Mn squeeze cast alloys[J]. Mat.-wiss. u. Werkstofftech, 2003, 34: 102 ~ 108.

[152] B. Smola, I. Stulíkovű, J. Pelcovű, B. L. Mordike. Significance of stable and metastable phases in high temperature creep resistant magnesium-rare earth base alloys[J]. Journal of Alloys and Compounds. 2004, 378: 196 ~ 201.

[153] I. Stulíkovű, B. Smola, F. von Buch, B. L. Mordike, Development of creep resistant Mg-Gd-Sc alloys with low Sc content[J]. Mat.-wiss. u. Werkstofftech, 2001, 32: 20 ~ 24.

[154] Technology Utilization Report NASA SP-5028[C]. Technical and Economic Status of Magnesium-Lithium Alloys August, 1965.

[155] Technology Utilization Report NASA SP-5068[C]. Properties and Current Applications of Magnesium-Lithium Alloys July, 1965.

[156] T. G. Byrer, E. L. Wbite and P. D. Frost. The Development of magnesium-lithium alloys for structural application[C]. NASA CR-79 June, 1964.

[157] 马图哈 K H,等. 非铁合金的结构和性能[M]. 丁道云译. 北京:科学出版社,1999. 142.

[158] Haferkamp H, Niemeryer M, Boehem R, et al. Development, processing and applications range of magnesium Lithium alloys[J]. Mater Sci Forum, 2000, 31:350 ~ 351.

[159] Erhard. Hombogen. Knut, Schemme. International, Magnesium Association. 1990: R65878.

[160] 徐光宪．稀土(下)[M]．北京:冶金工业出版社,1997.

[161] O Tanno, K Ohuchi, K Matuzawa, S Kamado, et al. Effect of Rare-earth on Structures and Mechanical Properties of Mg-8% Li Alloys[J]. J. Jpn Inst Light Metals. 1992, 42(1):3 ~ 9.

[162] 于化顺, 闵光辉．合金元素在 Mg-Li 基合金中的作用[J]．稀有金属材料与工程,1996,25(2):1 ~ 5.

[163] 大内清明,岩泽秀, 镰土重晴．Mg-8Li 合金的组织与机械性质及稀土元素的影响．轻金属[J]. 1992,8:446 ~ 452.

[164] 丹野敦,大内清明,松泽和夫．Mg-8Li 合金的组织与机械特性及稀土元素的影响．轻金属[J]. 1992,1:3 ~ 9.

[165] T Wang, M L Zhang, Z Y Niu, et al. Influence of Rare Earth Elements on Microstructure and Mechanical Properties of Mg2Li Alloys[J]. J. Rare Earth, 2006, 24: 797 ~ 800.

[166] B Liu, M L Zhang, Z. Y. Niu, Influence of RE on Microstructure and Mechanical Properties of Mg-Li-Al Alloys[J]. Materials Science Forum 2007, 546 ~ 549: 211 ~ 216.

[167] R Z Wu, M L Zhang, et al. Microstructure Characterization and Mechanical Properties of Mg-9Li-5Al-1Zn-0. 6RE Alloy[J]. Trans. Nonferrous Met. Soc. China, 2007, 17: s448 ~ 451.

[168] R Z Wu, M L Zhang, et al. Influence of Misch Metal on the Microstructure and Mechanical Properties [J]. J. Rare Earth(in publication).

[169] B Liu, M L Zhang, R Z Wu. Influence of RE on the Microstructure and Mechanical Properties of Mg-14Li-3Al deformation alloys[J]. J. Rare Earth(in publication).

[170] Tanno, K. Ohuchi, K. Matuzawa, S. Kamado, Y. Kojima. Effect of rare-earth elements on the structures and mechanical properties of Mg-8% Li alloys[J]. J. Jpn. Inst. Light Metals, 1992, 42(1): 3 ~ 9.

[171] D K Xu, L Liu, Y B Xu, E H Han. The strengthening effect of icosahedral phase on as-extruded Mg-Li alloys[J]. Scripta Mater., 2007, 57: 285 ~ 288.

[172] 张密林,韩伟,杨育圣,张兴梅,李凯峰．一种熔盐电解制备镁锂镝合金的方法,中国: 200810064626. 3[P]. 2008.

[173] 张密林,李梅,赵全友,韩伟．镁锂钬合金的熔盐电解制备方法及装置,中国: 200810064663. 4 [P]. 2008.

[174] 张密林,韩伟,田阳,谷家运,薛云．一种镁锂铈镧合金及其熔盐电解法制备的方法,中国: 200810064664. 9[P]. 2008.

[175] Mi Lin ZHANG, Yong De YAN, Wei HAN, Yun XUE, Xiao Yan JING, Xiu Ling LIU, Sha Sha WANG, and Xing Mei ZHANG, Electrochemical Preparation of Mg-Li-Y Alloys by Codeposition from LiCl-KCl-$MgCl_2$-YCl_3 Melts[J]. Electrochemistry, 2009, 77(8):1 ~ 3.

[176] B. Liu, M. L. Zhang, R. Z. Wu. Effects of Nd on microstructure and mechanical properties of as-cast LA141 alloys[J]. Mater. Sci. Eng. A, 2008, 487: 347 ~ 351.

[177] 徐伟,刘滨,张密林．Li 含量对 Mg-2Al-1Zn-4Y-3Nd 合金铸态组织的影响[J]．化学工程师,2007, 138(3):51 ~ 53.

[178] T. Wang, M. L. Zhang, R. Z. Wu. Microstructure and properties of Mg-8Li-1Al-1Ce alloy[J]. Mater. Lett., 2008, 62: 1846 ~ 1848.

[179] 刘滨,张密林．Ce 对 Mg-Li-Al 合金组织及力学性能的影响[J]．特种铸造及有色合金,2007,27 (5): 329 ~ 331.

[180] Ninomiya, K. Miyake. A study of superlight and superplastic Mg-Li based alloys[J]. J. Jpn. Inst.

Light Metals, 2001, 51(10): 509 ~ 513.
[181] 王涛,张密林,牛中毅. Y 对 Mg-8Li-3Al 合金组织和性能的影响[J]. 轻合金加工技术,2007,35(10):35 ~ 37.
[182] H. Y. Wu, Z. W. Gao, J. Y. Lin, C. H. Chiu. Effects of minor scandium addition on the properties of Mg-Li-Al-Zn alloy[J]. J. Alloys Cmpd. , 2009,474:158 ~ 163.
[183] 马洪涛,赵平. Y 和混合稀土对 Mg-Li-Al 合金力学性能的影响. 材料热处理技术,2008,37(2):34 ~ 37.
[184] 刘鹏,赵平. 热处理对 Mg-Li-Zn-Zr-RE 系镁合金组织及性能的影响[J]. 热加工工艺,2006,35(4):40 ~ 42.
[185] Tanno, K. Ohuchi, K. Matuzawa, S. Kamado, Y. Kojima. Effect of rare-earth elements on the structures and mechanical properties of Mg-8% Li alloys[J]. J. Jpn. Inst. Light Metals, 1992, 42(1): 3 ~ 9.
[186] A. Sanschagrin, R. Tremblay, R. Angers, et al. Mechanical properties and microstructure of new magnesium-lithium base alloys[J]. Mater. Sci. Eng. A, 1996, 220: 69 ~ 77.
[187] T. Wang, M. L. Zhang, Z. Y. Niu, et al. Influence of rare earth elements on microstructure and mechanical properties of Mg-Li alloys[J]. J. Rare Earths, 2006, 24: 797 ~ 800.
[188] R. Z. Wu, M. L. Zhang, T. Wang. Microstructure characterization and mechanical properties of Mg-9Li-5Al-1Zn-0.6RE alloy[J]. Trans. Nonferrous Metals Soc. Chin. , 2007, 17: 448 ~ 451. R.
[189] 刘滨,张密林,胡耀宇,巫瑞智. 富镧混合稀土对 Mg-10Li-4Al 合金组织和力学性能的影响[J]. 航空材料学报,2007,27(5):17 ~ 21.
[190] 乐启炽,李洪晓,崔建忠. 稀土和银对 Mg-Li 合金显微组织及力学性能的影响[J]. 兵器材料科学与工程,1997,20(4):9 ~ 14.
[191] 刘鹏,赵平. 氢化处理铸造镁锂合金[J]. 铸造,2006,55(5): 505 ~ 508.
[192] Avedesian. M. M. Magnesium and Magnesium Alloy[M]. ASM Special Handbook. ASM International. Materials Park. OH. 1999: 194.
[193] X. Zhou, Y. Huang, Z. Wei, Q. Chen, F. Gam. Corr. Sci. 48 (2006),4223.
[194] I. Nakatsugawa et al. Corrosion of Magnesium Alloys Containing Rare Earth Elements[J]. Corrosion Reviews. 1998, 1 ~ 2(16): 139 ~ 158.
[195] 卫中领,黄亮,等. 中国镁业发展高层论坛文集[C]. 2004,341.
[196] Jinghuai Zhang et al. Microstructures, tensile properties and corrosion behavior of die-cast Mg-4Al-based alloys containing La and/or Ce. Materials Science and Engineering A, 2008, 489: 113 ~ 119.
[197] 内田良平,等. 中国: 1401805A[P](申请号:02130182.4)[JP252764/2001]
[198] 西野直久. 高耐蚀性およびその制造方法, 日本: 2003166031A[P].
[199] 钮洁欣,陈秋蓉,等. Effect of combinative addition of strontium and rare earth element on corrosion resistance of AZ91D magnesium alloy[J]. Trans. Nonferrous Met, soc. China, 2008, 18: 1058 ~ 1064.
[200] B. Geary, Corrosion resistant magnesium casting alloys[C]. Proc Int. Conf, Advanced Aluminum and Magnesium Alloys, Amsterdam, ASM Europe. 1990, 773 ~ 780.
[201] M. Kiryuu, S. Kamado et al. Corrosion resistance of heat resistant magnesium alloy containing heavy rare earth element[J]. J. Japan Institute of light Metals. 1996, 49(1): 39 ~ 44.
[202] I. Nakatsugawa. S. Kamada et al. Corrosion behavior of magnesium alloys containing heavy rare earth elements[C]. Proc 3rd Int. Magnesium conf. Manchester. The Institute of Materials 1997: 687 ~ 698.
[203] K. Nisancioglu et al. Corrosion mechanism of AZ91 magnesium alloy[C]. Proc 47th Annual World Magnesium Conference. Cannes. International Magnesium Association, 1990: 43 ~ 50.
[204] W. E Mercer and J. E. Hills, The critical contaminant limit and salt water corrosion performance of mag-

nesium AE42 alloy[J], SAE Technical paper, 1992: No. 920073.

[205] 周学华,卫中领,等. 添加 RE 和 Mn 元素对 Mg-9Al 合金耐蚀性的影响[J]. 轻合金加工技术, 2006. 34(10): 49 ~ 54.

[206] O. Lunder and K. Nisancioglu, Surface modification of aluminum-base intermetallics and its significance in the corrosion of aluminum and magnesium alloys[C]. Proc of 10th European Corrosion Congrese. Barcelona 1993: 66.

[207] J. H. Nordlien, K. Nisancioglu, Improving the corrosion resistance of cast magnesium aluminum alloys [J]. J. surface Finishing Society of Japan. 1993, 44(11): 883 ~ 889.

[208] J. H. Nordlien et al. Morphology and structure of water-formed oxides on ternary Mg-Al alloys [J]. J. Electrochem. Soc. 1997, 144(2): 461 ~ 466.

[209] 刘斌,刘顺华,等. 稀土在镁合金中的作用和影响[J]. 上海有色金属,2003,1:27 ~ 31.

[210] 黄元伟,等. 中国: CN1306052C[P]. 专利申请号:ZL200510055930. 8.

[211] B L Bobryshev, Yu P Aleksandrova. Igntition of Magnesium and its Alloys[J]. Metallovedenic Termicheskaya Obrabotka Metallov,1998, (3):219.

[212] 赵鸿金,张迎晖,康永林. 稀土元素 Ce 对 AZ91D 镁合金燃点的影响[J]. 轻金属加工技术,2008, 36(2):42.

[213] 邹永良,李华基,薛寒松,等. 混合稀土对 ZMS 镁合金熔炼起燃温度的影响[J]. 重庆大学学报(自然科学版),2003,26(5):33 ~ 36.

[214] Fan J F,Yang G C,Cbeng S L,et al. Surface oxidation behavior of Mg-Y-Ce alloys at high temperature [J]. Metallurgical and Materials Transactions A,2005,36(1):235 ~ 239.

[215] 邓正华,李华基,等. ZM5-10. 1% RE 阻燃镁合金表面氧化膜的结构及阻燃机理[J]. 机械工程材料,2008,32(10): 81.

[216] 樊建锋,杨根仓,等. Mg-3. 5Y-0. 8Ca 阻燃镁合金的表面氧化膜结构研究[J]. 稀有金属材料与工程,2007,36(8):1326.

[217] 曾小勤,吕宜振,等. Mg-9Al-0. 5Zn-0. 3Be 熔体表面氧化行为[J]. 中国有色金属学报,2000,10 (5):667.

[218] 崔红卫,刘俊成,耿浩然. Ca 和 Ba 对镁合金 AZ63 的燃点与熔体黏度的影响[J]. 铸造技术,2005, 26(11):1049.

[219] 冼爱平,王连立,译. 液态金属的物理性能[M]. 北京: 科学出版社,2006.

[220] 张津,章宗和. 镁合金及应用[M]. 北京:化学工业出版社,2004.

[221] 叶青. ZMTD-1S 阻尼合金研制[D]. 上海:上海交通大学,1988.

[222] 丁文江. 镁合金科学与技术[M]. 北京:科学出版社,2007.

[223] 任志远,范永革. 镁合金的阻尼性能研究进展[J]. 材料热处理,2006,35:64 ~ 67.

[224] 胡小石,张永锟,吴昆. AZ91D 镁合金阻尼性能的研究[J]. 功能材料,2004,35:2199 ~ 2201.

[225] HUANG Zheng-hua,GUO Xue-feng,ZHANG Zhong-ming. Effects of Ce on damping capacity of AZ91D magnesium alloy[J]. Trans Nonfer-Rous Met Soc China,2004,14(2):311 ~ 315.

[226] 黄良余,叶青,翟春泉,等. 高阻尼高强度镁合金 ZMJD-1S 的应用研究[J]. 特种铸造及有色合金, 1992,5:15 ~ 20.

[227] 林琳,王改芳,陈先毅,等. 稀土元素 Y 对 Mg-0. 6% Zr 合金力学性能与阻尼行为的影响[J]. 铸造技术,2008,29:22 ~ 26.

[228] 王建强,关绍康,王迎新. RE 对 Mg-8Zn-4Al-0. 3Mn 镁合金阻尼性能的影响[J]. 材料科学与工程学报,2004,22:280 ~ 283.

[229] 李明. 镁及镁-锆合金阻尼特性的研究[D]. 上海: 上海交通大学,1998.

[230] 纪仁峰,刘楚明,刘子娟,等. 微量 Ca 对 Mg-0.6% Zr 合金力学性能及阻尼行为的影响[J]. 材料科学与工程学报,2006,24:105 ~ 108.

[231] 李东南,肖雪清,王黎明,吴树森,罗吉荣. 压铸镁合金 AZ91D 摩擦磨损性能的研究[J]. 中国机械工程,2006,19(17):2072 ~ 2079.

[232] Clow, Byron B, Magnesium Industry Overview [J]. Advanced Materials & Processes, 1996, 150(4): 33 ~ 34.

[233] Chen H, Alpas A T. Sliding Wear Map for Magnesium alloy Mg-9Al-0.9Zn(AZ91D) [J]. Wear, 2000, 246(1):106 ~ 116.

[234] Mordike B L, Ebert T, Magnesium Properties-applications-potentials [J]. Materials Science and Engineering, 2001, A302:37 ~ 45.

[235] 祁庆琚,刘勇兵,杨晓红. 稀土对镁合金 AZ91D 摩擦磨损性能的影响 [J]. 中国稀土学报,2002,20(5):428 ~ 432.

[236] 马颖,任峻,陈体军,李元东,李炳. AZ91D 镁合金的摩擦磨损行为及其机理探讨 [J]. 兰州理工大学学报,2006(2):33 ~ 36.

[237] 赵旭,黄维刚,郑天群,王燕. 镁合金 AZ31 的磨损性能研究 [J]. 材料工程,2008(5):1 ~ 3.

[238] 祁庆琚. 含稀土镁合金的摩擦磨损性能 [J]. 中国有色金属学报,2006(7):1220 ~ 1226.

[239] Polmear I J, Recent developments in light alloy [J]. Trans JIM, 1996, 37(1):12 ~ 31.

[240] 刘正,张奎,曾小勤. 镁基轻质合金理论基础及其应用 [M]. 北京:机械工业出版社,2002,120.

[241] BLAU P J, WALUKASM, Sliding friction and wear of magnesium alloy AZ91D produced by two different methods [J]. Tribology International, 2000(33):573 ~ 579.

[242] 张德平,唐定骧,张洪杰,陈云贵,薛江,张景怀,孟健. 滞销镧铈/镧镨铈混合稀土金属在金属材料中的应用[J]. 稀土,2009,30(5):70 ~ 77.

(唐定骧、张洪杰、孟　健、张密林、王立民、
吴耀明、张德平、韩　伟、颜永德、陈云贵、
王立东、鲁化一、李远发、姜永正、单巍巍、
李扬德、李卫荣、姚　远、卫中领、黄元伟、
邱　鑫、房大庆、田　政、孙　伟、牛晓东)

6 稀土铝合金

6.1 引言

铝及铝合金具有以下优点：一是品质轻；二是导电导热性能好；三是耐腐蚀性能好；四是塑性好，易加工；五是易于回收利用。因此，在工程结构材料领域被认为是最经济实用、最有竞争力、最易加工的轻金属材料。然而，欲实现上述优点，必须注意以下几个环节：一是提高金属及其合金品质；二是优化合金成分；三是改善熔铸工艺；四是细化、强韧化合金组织；五是提升铝合金机械和综合物理性能。

稀土以其特殊的核外电子排布结构具有特殊的化学活性，被认为是“工业的维生素”，是最适于铝及铝合金使用的合金及微合金化元素之一。将适当的稀土适量地加入合金中，对上述五个环节要求将会产生不同程度的正面作用：

(1) 除气、除杂的净化作用。稀土金属能与铝及其铝合金中的氢、氧、硫、卤素、碳、硅、氧化物夹杂等非金属杂质以及铁等金属杂质作用生成化合物，一部分被排除，一部分滞留在合金中起着异质成核的作用，消除或减少杂质的危害，达到除气精炼、净化熔体、提升冶金质量的目的。

(2) 改善合金熔铸工艺和性能。稀土金属是表面活性元素，可以降低合金表面张力，提高其流动性，可减少合金在熔化、浇铸过程被氧化，提升焊接性能，连同上述净化作用，可以减少铸品针孔、气孔、疏松、夹杂、裂纹等缺陷，提高成品率。

(3) 具有良好的细化、变质作用。稀土加入合金中，增加了结晶核心，它富集在固液界面前沿，造成成分过冷，缩小二次枝晶间距。稀土吸附在富铁、硅相表面生成一层阻碍晶粒生长的膜，形成含稀土的新的富铁、硅的化合物，使原来呈针状、片状的铁及硅相变为球团状，细小均匀分布于晶界，从而达到变质和细化目的。

(4) 改善铝合金加工过程和性能。上述三个作用提升了合金的塑性，此外，稀土原子半径较大，原子扩散较慢，可减缓再结晶过程。稀土与铝(锆)等元素形成细小、弥散的金属间化合物，提高合金再结晶温度和延展性能，减少挤压阻力，提高加工速度，改善冲压性能。

(5) 提升铝及铝合金力学性能和综合物理性能。如前所述，稀土与铝及铝合金中的元素发生合金化及微合金化作用，形成热稳定性好的高熔点金属间化合物，以第二相粒子弥散分布于晶界及晶内，减慢晶界滑移和晶内位错运动，是提高铝合金力学性能，特别是耐热、抗高温蠕变性能的主要途径，晶粒细化，固溶化和时效沉淀也起着相当大的作用。通过上述诸作用，使铝及其铝合金组织得以细化，使其腐蚀电位变正，电化学反应电阻增加，腐蚀速度降低。向铝合金中加稀土金属或通过微弧氧化在合金表层形成致密的结合力强的多元氧化物涂层，从而提升其耐蚀和耐磨性能。此外，稀土还能提高铝合金电导率、导热性能和铝箔电容，减小热膨胀系数，提高其光学性能，使其表面更光亮、美观，所以，稀土铝合金的应用领域在不断扩大。

6.2 稀土铝合金的发展概况

早在第一次世界大战中,法国人就使用了 Ce - Al 合金。第二次世界大战期间法国人开发了四种牌号的稀土铝合金作为发动机零件。20 世纪 40 年代,美国开始了稀土对 Al - Si 合金变质研究。苏联、英国也进行了相应工作,尤其是苏联对铝 - 稀土相图进行了系统的基础研究。国外所有工作充分肯定了稀土对铝及铝合金的净化作用和细化变质作用。美、苏、英在稀土铸造铝合金方面都有标准化、系列化产品。

我国稀土铝合金的开发应用萌芽于 20 世纪 60 年代,比发达国家晚 40 多年,首先是将稀土金属用于铝硅活塞合金。70 年代为初创时期,将混合轻稀土用于多种牌号的铸造铝合金和加强型铝镁硅输电线变形铝合金中,铁铬铝电热丝中也用上了轻稀土和富钇稀土。1980 ~ 1985 年为发展时期,在冶炼方面,低温液态铝阴极电解制取轻稀土、重稀土和镧、铈、钇单一稀土与铝组成的一系列稀土铝合金,为研发稀土在铝合金中应用提供了支撑材料。之后,又发明了在铝电解槽中添加稀土化合物(包括混合轻稀土镧、镨、铈及镧铈稀土的碳酸稀土、氧化稀土和氧氯稀土)直接生产铝合金,同时提高电溶效率的新工艺,为大规模工业应用打开了大门[1~3]。

在应用方面,发现加入稀土可以改善铝及铝合金的导电率和加工及物理等性能,在铝导体和铝制品中的应用取得突破性进展。20 世纪 80 ~ 90 年代为黄金时期,在国务院稀土领导小组办公室下设立了全国稀土有色协作网,组织了全国以铝为代表的有色合金企业、科研院所约 100 个单位协作,进行稀土铝的科研、生产和应用推广工作,以惊人的速度取得了几十项科研成果,绝大多数得到推广应用。据统计,1989 年稀土在有色金属(主要是铝)中的用量达到 400t(以 REO 计),占我国全部稀土消耗量的 5.9%;而同年在钢中为 370t,占全国消耗量的 5.5%;同年农用稀土为 380t,占全部消耗量的 5.6%[4]。换言之,稀土在铝等有色金属中的应用增长速度最快,已超过了钢用和农用,其应用领域很广,从飞机、飞船、潜艇、舰船到逾吨的导电稀土铝排、可悬空的铝箔、集装箱和化妆小盒,都有稀土铝合金的踪迹,可以说稀土铝合金已经应用到所有重要领域和民生各个角落,其中,稀土铝导体是最令人鼓舞的成功典范,正如中国工程院院士张国成和稀土专家红枫 2005 年所说"受我国铝资源的影响,我国生产的铝锭含硅量普遍处于国外同等级铝锭的上限值,使得我国以往生产的数十万吨铝电线电缆的导电性能低于国际电工委员会标准,产品几乎全部不合格,我国铝电线电缆行业长期处于困境之中。广州有色金属研究院和长春应用化学研究所等单位的科技工作者利用稀土独特的化学活性,用微量稀土处理铝液,稀土与溶解于铝液中的硅作用,使之呈硅化物形式析出于晶界,加上稀土的微合金化作用,不仅提高了我国电线电缆的导电性,还细化了晶粒,强化了基体,提高了强度,改善了加工性能。现在我国生产的铝电线电缆的导电性能略高于国际电工委员会标准,而且强度提高了 20%,耐蚀性高出 10 倍,一举改变了我国铝电线电缆业的落后面貌,为我国铝电线电缆行业全面赶超世界先进水平铺平了道路。稀土铝电线电缆已经成为国家级电网的规范性产品,成功用于各种级别高压和超高压输电线路。国内各大中电线厂已经开始稀土铝电线电缆的生产,年产能力超过 800 kt。铝电线电缆的投入使用,每年又可为国家节电 80 亿千瓦时,效益为 40 亿元"[5]。

国务院稀土领导小组办公室对稀土铝评价说"中国稀土铝与我国自己开发的稀土农用、毛织物染色、稀土铸铁并驾齐驱,在世界上颇具特色,处于领先地位"。这一事实获得了国际上有关方面承认,如 1987 年美国化学经济手册评论说:"除了美国、西欧和日本大部分应用(领域)之外,中国稀土有某些独特应用。例如中国人生产的铝合金高压线就含有稀土,还将稀土的铝合金用做炒菜锅。”著名稀土冶金专家美国稀土情报中心主任格希耐德尔(K. A. Gschneidner)就说:“很可能中国熔盐电解稀土金属的工艺超过西方世界(包括日本),……中国人似乎在某些领域优于西方国家和日本,如稀土加入铝和其他金属(如铜、银、钼)中的技术[6~8]”。20 世纪末期,稀土有色协作网停止工作以后,稀土有色研发应用工作受阻,但是电容铝箔、应用了稀土的 A356 高强铝合金、快速凝固 Al - 8.4% Fe - 3.4% Ce 耐热合金都取得了很好的成果。此外具有高强度、高韧性、优良可焊性和耐蚀性的用于新一代航天、航空用结构材料铝钪合金,在俄罗斯和我国都有很大进展。今后的任务是如何继续前进,继续扩大稀土铝合金的研发领域,恢复我国稀土铝合金在世界上的领先地位。

关于在铝及铝合金中应用稀土的种类和加入量,专家们也有许多探讨。由于稀土分离技术成熟较晚,所以初期都用未分离的混合轻稀土(少数应用富钇混合重稀土),随着钕及镨钕在永磁材料中的推广应用,近期则用分离钕及镨钕后剩余的镧镨铈及镧铈混合稀土,单一稀土金属基本上用于研究或作为添加剂。

稀土加入量通常为 0.1% ~0.3%,作为硅合金变质剂有的加到 1% ~2%,作为合金主要成分的稀土加入量大都高于 1%,如 Al - 8.4% Fe - 3.4% Ce 和 ZL401(4.4% ~5% RE,3% ~3.4% Cu,1.6% ~20% Si,0.9% ~12% Mn)和 ZL206(1% RE,7% Cu,0.5% ~1.0% Mn,0.15% ~0.2% Zr)。特种合金中,钪和铒作为添加剂特别引人关注[9,10]。

6.3 稀土在铝和铝合金中的作用机理

稀土元素由于其独特的电子结构特性,使其在铝和铝合金中具有多种功能。稀土在铝及铝合金中的作用可归结为:净化、细化、变质、微合金化、活化等作用机理。若以稀土对铝和铝合金的强化作用来分,稀土在铝和铝合金中的作用则可归结为“四强”,即固溶强化、弥散强化、沉淀强化、细晶强化。

6.3.1 净化作用机理

铝及铝合金在熔炼及浇注过程中容易吸气和形成夹杂,直接影响其产品的质量。稀土在铝及铝合金中的净化作用表现为:明显减少铝液中的含气量、减少铝液中的夹杂物、降低铝液中的有害元素含量等,从而降低了铸件针孔率和孔隙度。

6.3.1.1 除气作用

氢是唯一能大量溶解于铝熔体中的气体。在铝熔体中溶解的气体,氢气占了 80% 以上(除氢气以外的主要气体是氧和氮),而且氢在固态铝中的溶解度要比在液态铝中的溶解度小得多。在熔体凝固过程中,氢在熔体内的溶解度随着温度的降低而降低,且在铝的熔点处有一明显的阶跃(如图 6-1 所示,1℉ = (5/9)℃ +32)。

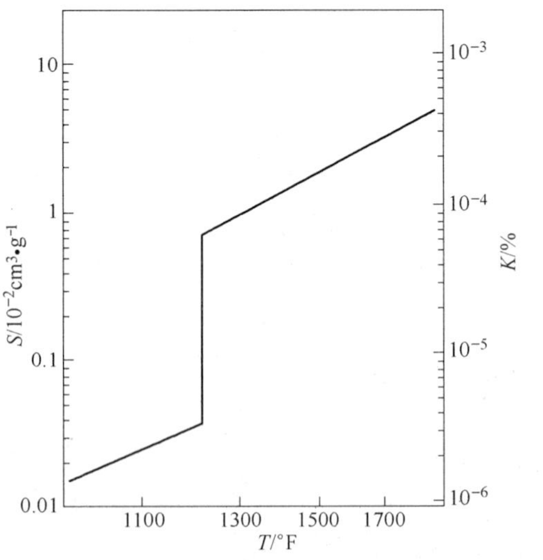

图 6-1 氢在纯铝中的溶解度与温度之间的关系

因此,铝材凝固后,只有大约5%的液态铝中的氢仍然存在于固态铝中,其余95%的氢都将从铝中析出并形成分子态的氢气[11],进而在凝固后的铝材中形成针孔或气孔等缺陷。

在铝及铝合金熔体内加入适量的稀土(0.1%~0.5%)可使所得铸件的针孔率和气孔率明显下降。稀土在熔体内的除气作用主要有以下两方面:

(1) 稀土与氢有较大的亲和力,能大量吸附和溶解氢,稀土与氢生成稳定的高熔点化合物(REH_2或REH_3),降低了熔体内的溶解态氢含量,使铝的含氢量和针孔率明显降低,而高熔点的稀土化合物以渣的形式被排除。此外,某些稀土金属间化合物(如Al-Ce-Si、Al-Ce-Cu)或稀土氧化物(如Ce_2O_3、Ce_2O_7等)对氢有吸附或溶解作用[12]。

(2) 氢气泡在铝及铝合金内不可能均质形核,只能通过非均质形核。形核的核心可以是熔体内的固态颗粒、型壁、固液接口前沿以及初生相等。在熔体内加入稀土后,由于稀土的化学性质极为活泼,它能与熔体内的Al_2O_3夹杂反应,使得夹杂含量下降或改变夹杂的形貌(球化、细化),而且,稀土对于熔体在凝固过程中的一些初生相(如铝硅合金内的初生硅相)也具有变质作用,初生相由粗大的条片状转变为细小的球状,使得气泡在熔体内的形核核心大量减小,进而减少了铝及铝合金铸件内的气孔。

胡鹏飞等人研究了稀土对纯铝中孔隙率的影响,结果表明,当铝液中加入适量稀土后,铝件的孔隙率明显降低,当稀土加入量为0.15%时,孔隙率最小。当稀土量超过0.15%时,稀土含量的增加反而能够使铸件孔隙率上升[13]。此外,宋人英等人研究了去气条件对于ZL102合金内氢含量的影响,结果如表6-1所示,从表6-1中可知,在所列的精炼剂中,稀土对于ZL102合金的除氢效果最好。

表6-1 去气条件对ZL102含氢量的影响[14]

精炼剂	含氢量/10^{-2}mL·g^{-1}	精炼剂加入量/%
$ZnCl_2$	0.198	未加
	0.143	0.3
La	0.194	未加
	0.159	0.1
	0.152	0.2
	0.119	0.3
$RECl_3$	0.240	0.1
	0.192	0.2
	0.164	0.3
	0.127	0.5

此外,稀土是表面活性元素,它能使熔体的表面张力下降,这样,即使在熔体内形成的气泡,也容易上浮至熔体表面从而排至大气内,这间接地起到除气的作用。

6.3.1.2 除杂作用

铝和铝合金熔体内的夹杂主要是铝的氧化物,夹杂对铝及铝合金的危害不仅在于其对材料性能有不利的影响,而且,如前所述,夹杂含量对熔体内的氢含量有一定的影响,它是氢在熔体内的良好载体,因此夹杂含量也影响着铸件的气孔或针孔量。

在铝和铝合金熔体内加入一定量的稀土后,可有效地降低熔体的夹杂含量。稀土在熔体除杂过程中主要从两方面产生作用:

(1) 稀土元素在铝及铝合金内的固溶度较低,在熔体凝固过程中,稀土将在晶界处或固液界面处富集,而氧化夹杂 Al_2O_3 在凝固过程中同样也在晶界处富集,这样就为稀土和 Al_2O_3夹杂提供了良好的接触反应条件。它们之间的反应为:

$$2RE(s) + Al_2O_3(s) = 2Al(l) + RE_2O_3(\text{或稀土铝多元复合氧化物})$$

这样,夹杂物 Al_2O_3 中的铝被还原为单质铝并重新回到熔体内,而形成的 RE_2O_3 或稀土铝多元复合氧化物是高熔点氧化物,且密度比铝熔体大,因此通过静置可使其下沉至坩埚底部以便排除,从而实现除杂的目的[15]。

(2) 稀土是表面活性元素,当稀土用于表面覆盖剂时,在熔体表面形成稀土复合氧化物,使得表面氧化膜更加致密,进一步阻止了熔体的氧化[16]。

孙宝德、倪红军等人研制用于铝及铝合金纯净化的含稀土熔剂(JDN-I)[17],图 6-2 为此熔剂与其他通用无稀土熔剂对于合金夹杂含量的影响。从图中可知,含稀土的 JDN-I 熔剂具有最好的除杂效果。

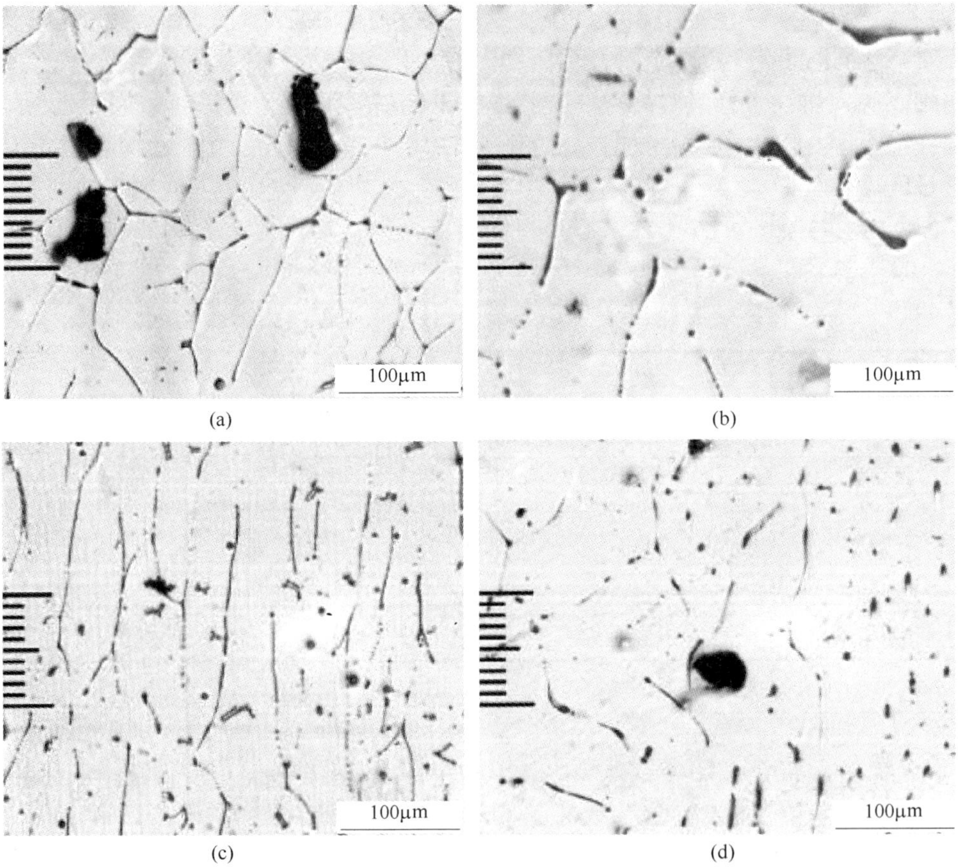

图 6-2 不同熔剂对 A00 纯铝进行处理后对于合金金相的影响
(a) 未净化;(b) JDN-I 熔剂净化;(c) C_2Cl_6 净化;(d) 熔剂 B 净化

此外,稀土极易与硫、磷、砷等元素化合,生成化合物的熔点较高、密度小,易于上浮成渣,其中的微小质点,则成为铝结晶过程的异质晶核,从而达到了去除这些杂质元素不利影响的目的。表 6-2 列出了加入 0.15% 稀土时,铝合金内的硫、氧含量变化。

表 6-2 加入稀土元素后铝合金中的 S、O 的含量 (%)

稀土加入量	S 含量		O 含量	
	加稀土前	加稀土后	加稀土前	加稀土后
0.15	0.042	0.032	0.011	0.0057

6.3.2 细化作用机理

稀土在铝和铝合金中的细化作用主要表现在：细化晶粒及枝晶；使沿晶内分布的粗大块状相消失，形成球状相；晶界处条状及碎块状化合物明显减少。稀土元素在铝合金中具有良好细化作用的主要原因是：由于稀土的加入，可以增加液态金属的结晶核心、过冷度，且在析出相或生长相的表面生成一层吸附膜，阻碍晶粒继续长大，进而达到细化晶粒的目的[18]。

稀土在铝和铝合金中的细化作用机理主要有以下几个方面：

(1) 稀土在铝及铝合金中的固溶度较小，且平衡分配系数 k 远小于 1，在凝固过程中，大部分稀土富集在晶界处或固液接口前沿，使得该处的成分过冷增大，从而使合金的二次枝晶间距缩小。

(2) 稀土的原子半径(0.174 ~ 0.204 nm)比铝及铝合金内原子(如铝、硅等)的半径大，稀土固溶到合金内的各相中时使晶格扭曲从而形成位错。此外，凝固时造成固液接口前沿稀土原子的富集，溶液浓度不均匀也导致熔体凝固后位错产生。位错密度超过一定值后，促使硅等由光滑接口转变为粗糙接口，导致晶粒细化。

(3) 稀土电负性(1.10 ~ 1.36)较大(只有 Eu 和 Yb 小于 1)，比较活泼，它溶于铝液中，极易填补合金相的表面缺陷，从而降低固液相接口处的表面张力，使得凝固过程的形核速率增大。同时，稀土的存在还在晶粒与熔体之间形成表面活性膜，阻止晶粒的长大。因此，使得铝及铝合金的组织得到细化。

(4) 稀土与杂质元素的亲和作用较大，能与杂质生成金属间化合物或非金属化合物，它们偏聚在晶界上，加大了过冷度，也具有细化晶粒的作用。

图 6-3 和图 6-4 所示为稀土对 ZL205A 合金组织结构的影响。从金相照片的比较中能够看出，不含稀土试样的晶粒粗大，含有稀土合金的晶粒明显细小，且夹杂含量和尺寸均减少，这证明了稀土有细化晶粒和净化合金的作用。另外从合金的断口扫描电镜照片图 6-4 对比也可以看出，含有稀土合金的断口扫描图像中有大量的韧窝出现，属韧性断裂，试样的伸长率较好。不含稀土的试样的扫描图像是典型的解理型，说明是脆性断裂，试样的伸长率较差[19]。

图 6-5 为含稀土的 JDN-I 熔剂对 A356 合金组织的影响[20]。经过对图像的统计测量，未加熔剂进行处理的试样的平均晶粒尺寸都为 43.8 μm，而采用了 JDN-I 熔剂后 A356 合金晶粒明显变细，平均晶粒尺寸为 34.7 μm，后者比前两者减小 20.8%，并且未采用熔剂处理的 A356 合金固溶体的二次枝晶臂间距平均为 23.88 μm，加入 JDN-Ⅰ熔剂后枝晶臂间距平均为 21.43 μm，后者比前两者分别减小 17.4%。因此，JDN-Ⅰ型熔剂既可细化铸态晶粒，又能减少固溶体的二次枝晶臂间距。

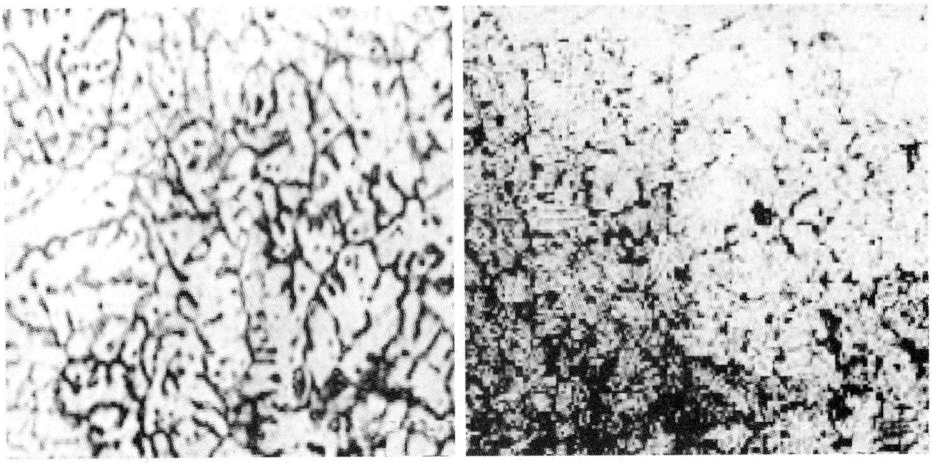

(a)　　(b)

图 6-3　稀土对 ZL205A 合金金相的影响(×200)

(a) 未加稀土;(b) 加稀土

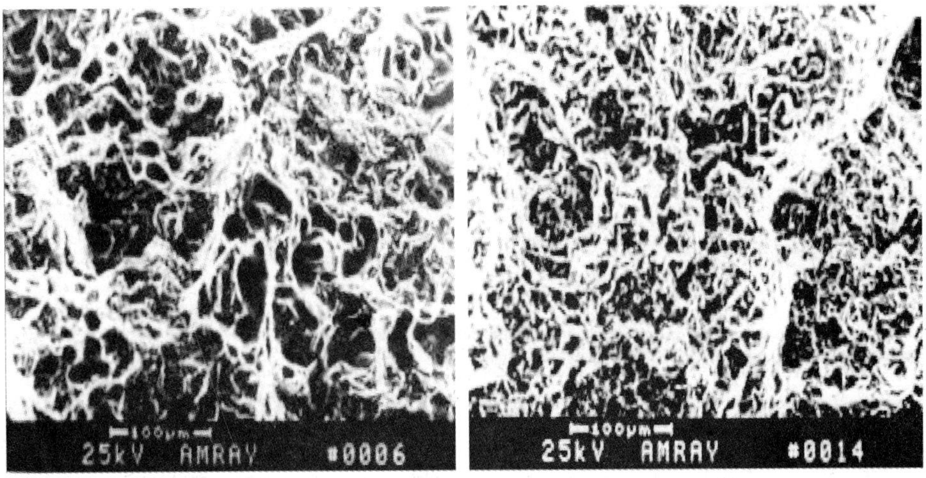

(a)　　(b)

图 6-4　稀土对 ZL205A 合金断口组织的影响

(a) 未加稀土;(b) 加稀土

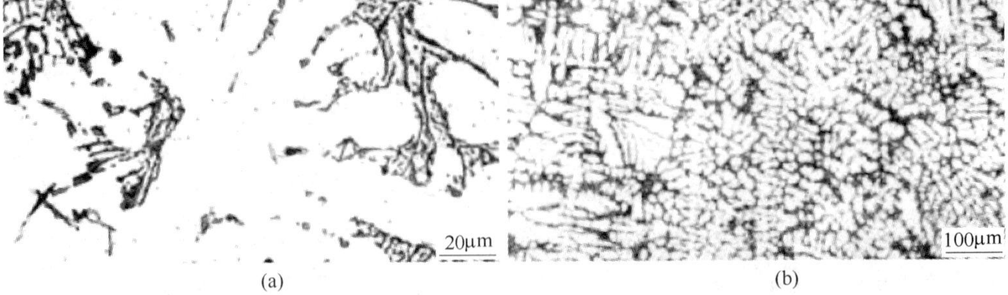

(a)　　(b)

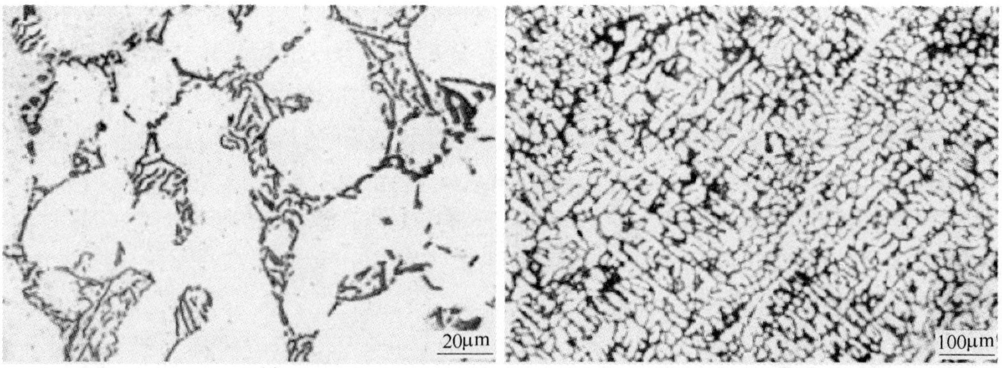

(c) (d)

图 6-5 JDN-I 熔剂对 A356 合金组织的影响
(a),(b)未加 JDN-I 熔剂;(c),(d) 加 JDN-I 熔剂

6.3.3 变质作用机理

变质处理是指在金属及合金中加入少量或微量的变质剂,用以改变合金的结晶条件,使其组织形貌得到改善并提高合金力学性能的过程,变质剂又称孕育剂。稀土作为变质剂具有很好的长效性、重熔稳定性,且无腐蚀作用。稀土对铝合金的变质处理方法通常是:直接添加单一稀土或混合稀土,采用铝稀土中间合金,添加稀土化合物(如氯化物)等。由于稀土元素较活泼,直接添加时烧损严重,故一般以中间合金或稀土化合物形式加入。

稀土作为变质元素在铝硅合金中作用时,使针、片状共晶硅变成粒状,并使初晶硅的尺寸有所减小。不同稀土元素的变质能力可用临界变质冷却速度(v_c)来衡量,v_c 越小,则其变质效果越明显;当合金液的凝固冷却速度小于 v_c 时,任何浓度的稀土元素均不能引起合金变质,这是稀土与其他变质剂的主要差别之一[21]。

稀土对 Al-Si 系合金的变质作用,不是由形核作用引起的,而是由于稀土的加入影响了共晶硅的孪晶生长方式。未变质合金的硅相中往往有一定夹角生长孪晶,而在变质合金中,孪晶的沟槽、夹角已明显钝化;其次,吸附在硅相孪晶沟槽中的稀土原子并不全都随固-液界面的推移而推移,而是相当一部分嵌入硅相晶格中成为异类原子缺陷,引起晶格畸变,这种畸变会使硅在更多的方向产生孪晶,从而减小了硅相在不同方向上的尺寸差异;另外,稀土在凝固中的富集和偏聚,加大了成分过冷,促进了硅相的颈缩和熔断,使少量的共晶硅相呈短棒状和块状[22]。

稀土元素对 Al-Cu 系合金也具有明显的变质效果,稀土元素在 Al-Cu 合金内不仅能明显细化铸态晶粒,还能细化二次枝晶间距,并改善 θ 相($CuAl_2$)的形貌及分布,从而使铸件内晶粒内部偏析、缩松和夹杂物的尺寸都明显减小,合金的机械性能显著提高。研究表明,在 ZL203 合金中加入 0.0070% ~0.0075% RE 后,合金的力学性能显著提高(强度达 270 MPa 左右,伸长率达 20% 左右),晶粒尺寸由 44.5 μm 下降至 23 μm 左右,作为硬脆相的 θ 相由原来的封闭网状变为不完全连续网状,从而使合金塑性得到改善。

稀土元素对 Al-Mg 系合金也具有变质作用。研究表明[23],稀土元素的加入使得 Al-Mg 系合金铸态组织的二次枝晶间距明显减小,二次分枝数量明显增多,并出现三次分枝。

出现这些变化的原因主要是由于稀土的加入增加了合金凝固过程的成分过冷度。

在 Al－Li 合金中添加 0.15% ～0.30% 的稀土元素能明显细化晶粒，减弱有害元素特别是钠对断裂韧性的不利影响，从而改善力学性能[24]。将元素 Sc 添加到 Al－Li 合金中，能够细化晶粒、抑制再结晶，并能抑制晶间无沉淀带的形成和生长，大幅度提高合金的延展性[25]。俄罗斯系统研究了 16 种稀土元素在 Al－Li 合金中的作用，证明 Sc、Ce、Y 是 Al－Li 合金中最有效的稀土元素，并发展出一系列含 Sc 的 Al－Li 合金[26]。

在压铸 Al－Zn 和 Al－Zn－Mg－Mn 合金中添加稀土元素能提高合金的流动性能、耐蚀性能和组织均匀性，并能减少 Zn 的损失[27]。

孙海斌等研究表明[28]，富铈混合稀土是一种有效的变质剂，可使细晶铝锭晶界上的富 Fe 杂质相由细小的针状变为短棒状；可使 α－Al 基体上富 Fe 杂质相的内部结构由紊乱状变为规则的束状。随着稀土含量的增加，细晶铝锭的晶界变厚；α－Al 基体上球团状 Fe 相的数量越来越多。富铈混合稀土的变质机理主要是因为稀土进入富 Fe 相中形成（AlFeSiRE）复杂化合物。

采用稀土变质的 ZA－27 合金，其强度稍有提高，而伸长率提高 68%，冲击韧性提高 70%，耐磨性为未变质合金的 1.5 倍[29]。

在消失模铸造条件下，RE 的质量分数为 0.2% 时可使 B319 铝合金的硅相得到较好的变质，组织中存在珊瑚状的 Al_2Cu 相和文字状的 α－Fe 相及针状的 β－Fe 相，且 Si 相和针状 β－Fe 相可以作为 Al_2Cu 的形核基底。当 RE 含量达到 0.3% 时，会出现富稀土的金属间化合物 $La_3Al_8Si_2$[30]。

稀土加入量对其变质效果影响很大，加入量过多，将使得合金中首先形成大量稀土化合物，减少稀土在固/液接口上的富集使其成分过冷作用减小，合金组织逐渐粗化。有研究指出[31]，在稀土含量较高的工业纯铝中发现 $CeAl_4$，$Al_{2.12}La_{0.88}$ 共晶化合物，这不仅消耗了一定量的稀土，对合金组织和性能也十分不利，RE 不宜超过 0.3%。此外，稀土量过多，由于其具有夺 Fe、Si 的作用[32]，使 Fe、Si 在 Al 中的固溶量减少，而在固/液界面前沿含量增多，将导致第二相（稀土化合物或杂质相）数量明显增多，且主要沿晶界分布，造成第二相强化倾向增大，从而降低了材料的塑性，因此稀土加入量不宜过高。

6.3.4 微合金化作用机理

稀土在铝合金中主要以 3 种形式存在：固溶在基体 α（Al）中；偏聚在相界、晶界和枝晶界；固溶在化合物中或以化合物形式存在。

当稀土含量较低时，稀土主要以前两种形式分布。固溶在基体中的稀土起到了有限固溶强化的作用。偏聚在相界、晶界和枝晶界处的稀土具有以下几个作用：

（1）偏聚在相界、晶界和枝晶界处的稀土增加了合金的变形阻力，促进位错增殖，有利于提高合金的强度。

（2）由于稀土偏聚在相界、晶界和枝晶界处，加大了过冷度，具有细化晶粒的作用，同时可以改变铝合金组元 Si、Fe、Mg 的形态，减少针状晶，增加球状晶，从而提高铝合金的机械性能。

（3）稀土沿相界、枝晶和晶界分布，形成连续或不连续的网膜，提高了铝合金晶界强度和抗蠕变能力，使晶间裂纹不易扩展，进而提高合金的热强性。

铸造铝合金的耐热性要比相同成分的变形铝合金好的原因主要是由于:在加工变形过程中,这种由稀土构成的连续或不连续的网膜组织形态被消除,从而导致合金的耐热性能下降。

当稀土加入量足以形成金属间化合物时,与合金中的元素形成许多新相,这些新相大多具有粒子化、球化和细化等特征,这些呈弥散分布的高熔点化合物具有很好的热稳定性与耐热性,同时稀土与杂质形成化合物并在晶界析出,改变了杂质原来的固溶存在方式,消除了分布在晶界处微量杂质的有害作用的同时,又强化稳定了晶界,延缓合金元素在高温下的扩散速度,提高了合金的耐热性和高温性能。

稀土元素与其他合金元素一起形成稳定的化合物相是提高铝合金耐热性能的主要途径。铝合金中稀土化合物相晶格结构复杂,和 α 固溶体的结构差别大,所形成的新相扩散过程慢,在高温工作时溶解度变化小;同时,稀土与铝之间的共晶温度较高,稀土元素沉淀、聚集生成化合物的速度要比其他合金元素(如 Si)慢得多,这也是稀土能够提高铝合金耐热性的原因之一[33]。

随着 RE 含量增加,晶间稀土化合物数量增加,铝合金高温强度显著增加,但晶间脆性相的增多将导致合金塑性下降,因此 RE 的添加应控制在合适的比例。ZL401 合金的 RE 元素含量应控制在 4.4% ~5.0%;ZL206 合金中稀土化合物相的数量控制在 10% 左右为宜。利用铝 - 稀土多元金属间化合物可提高铝合金耐热性的机理,人们成功地开发出了快速凝固的 Al - 8.4% Fe - 3.4% Ce 合金。这种合金中沉淀相细小、分布均匀且稳定,使铝合金的耐热性能有了进一步突破[34]。

6.3.5 活化作用机理

稀土的性质极为活泼,能与绝大多数物质或元素进行反应,降低熔体的表面张力。如前所述,稀土在铝及铝合金中的其他各种作用(净化、细化、变质、微合金化等)均可直接或间接地利用稀土的活化作用进行解释。

6.3.6 强化作用机理

6.3.6.1 固溶强化

通过加入合金元素形成固溶体,使金属强度提高的现象称为固溶强化。固溶强化的机理为:由于溶质原子与基体金属原子大小不同,因而使基体的晶格发生畸变,造成一个弹性应力场。此应力场与位错本身的弹性应力场交互作用,增大了位错运动的阻力。此外,溶质原子还可以通过与位错的化学交互作用而阻碍位错运动,从而导致强化。

根据固溶强化的机理可知,影响合金元素固溶强化作用的主要因素是错配度和固溶度两方面。对于不同的稀土元素,由于其在铝中的错配度与固溶度均不同,因此在选择稀土元素作为固溶强化合金元素时,应对错配度与固溶度进行综合考虑,错配度越大、固溶度越高的稀土元素对于铝合金的固溶强化潜力越大。对于某一种固定的稀土元素,其错配度和固溶度是确定的,这一元素固溶在合金内的浓度越大,使得铝合金基体的晶格畸变量越大,从而固溶强化效果越好,由于稀土元素在铝中的固溶度(固溶极限)普遍不高(其中钪和钇比其他稀土元素在铝中的固溶度要高数倍),因此,为进一步扩大稀土元素对铝合金的固溶强化空间,各种快速凝固技术被用于获得具有尽可能大的过饱和度的含稀土铝合金,以提高稀土的固溶强化效果。

然而，由于稀土元素在铝合金内的固溶度普遍不高，利用稀土的固溶强化机理来提高铝合金性能的空间不是很大，因此，稀土在铝合金中的固溶强化作用一般只是被用来作为一个附加手段，稀土的主要强化作用体现在弥散强化和细晶强化。

铸铝 ZL10 系合金中加入 0.3% RE，其 σ_b 由 205.9 MPa 提高到 274 MPa，HB 由 80 提高到 108。而 Sc 改善合金性能尤为明显（7005 合金加入 0.42% 的 Sc，其 σ_b 由 314 MPa 增加到 414 MPa，$\sigma_{0.2}$ 由 282 MPa 增加到 378 MPa，塑性由 6.8% 增加到 10.1%，而且高温稳定性显著增强）。

6.3.6.2 时效沉淀强化

时效沉淀强化是在固溶强化的基础上，通过时效热处理在基体内析出第二相粒子，从而实现强化的目的。时效强化的前提条件是合金元素在高温时在基体金属内有较大的固溶度，而且固溶度要随温度的降低而减小，减小的越多，高温与低温下的固溶度差越大，就可以利用淬火热处理得到过饱和程度越大的固溶体，从而在以后的时效过程中析出越多的第二相强化粒子，以获得更大的强化效果。此外，时效强化的效果还与强化相即过饱和固溶体在时效过程中析出的第二相的结构和特性有关。

7B04 铝合金预拉伸厚板在 120℃ 人工时效 8 h，其横向极限抗拉强度可达到 570 MPa，时效 22 h 后达到极限强度峰值点，此时极限抗拉强度为 595 MPa，并且随时效时间的延长，材料的强度一直保持在峰值强度水平，无明显的过时效特性；当材料固溶处理淬火后，合金的极限抗拉强度和屈服强度分别为 395 MPa 和 206 MPa，伸长率为 23.9%，而淬火态材料在室温下时效 100 h 后，其抗拉强度增加到 535 MPa，屈服强度增加到 387 MPa，伸长率下降至 15.8%[35]。

如前所述，由于稀土元素在铝合金内的固溶度普遍不高，因此，稀土在铝合金中的时效强化作用一般也只是作为一个附加手段来进行。

6.3.6.3 弥散强化

当金属中添加某一合金元素，并使其量超过极限溶解度时，超过极限溶解度的部分则不能溶入，过剩元素常常与其他合金元素作用形成高熔点、热稳定性高的金属间化合物。在两相交界的接口上，原子排列就不再是完整的，其结果是相界就会阻止位错的滑移；弥散分布的第二相质点，对位错起钉扎作用，也阻止位错的滑移，从而使金属强化。这种由过剩相产生的强化，通常被称为弥散强化。

以具有较好综合性能的铝钪合金为例，其高性能主要是由于在合金内处于弥散分布的 Al_3Sc 相[36,37]，从而提高了合金的力学性能。但由于钪的成本较高，寻求钪的替代元素已成为广大研究者们的一个研究重点[38,39]，其中，铒由于结构与钪相近，其替代的效果也较好。

6.3.6.4 细晶强化

晶粒的大小是决定材料力学性能的重要因素。一般地，晶粒越小，材料的力学性能越好。晶粒大小对材料性能的影响源于晶界，因为晶界是位错运动的障碍，在一个晶粒内部，必须塞积足够数量的位错才能提供必要的驱动力，使相邻晶粒中的位错源开动并产生宏观可见的塑性变形。因而，减小晶粒尺寸将增加位错运动障碍的数目，使材料的强度得到提高，同时又不降低其塑性和韧性。许多金属和合金的屈服强度与晶粒尺寸之间的关系在常温下均符合霍尔 – 派奇公式。

利用反复重迭轧制法制备的5083铝合金,其晶粒的粒径达到280 nm,与一般的粒径为10 μm的材料线比较,在200℃时的抗拉强度有明显的提高(见图6-6)[40]。

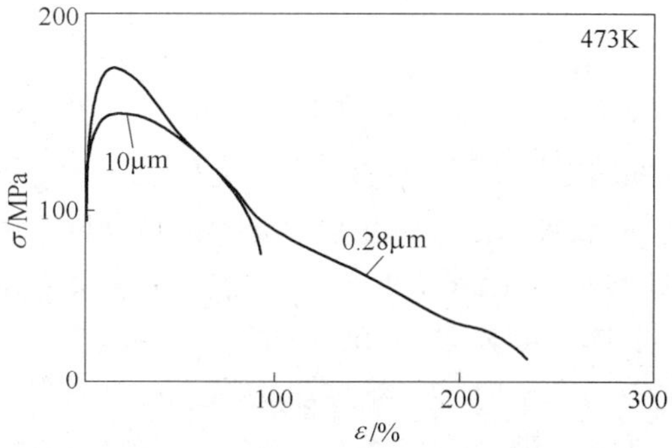

图6-6 5083铝合金在200℃时的应力-应变曲线

稀土元素中,钪对铝合金的细化作用较为明显,俄罗斯在这方面做了大量的工作。在铝硅合金内加入钪可明显细化共晶硅和初晶硅,并使共晶硅分布更加明显。钪的细化作用同样也体现在提高合金的力学性能上,使得合金的强度由230 MPa左右上升到240 MPa左右[41],体现了钪的细晶强化效果。

6.4 稀土铝中间合金

如前所述,稀土对于提高铝合金的性能具有多重功能,因此,为获得高性能的铝合金,往往在铝合金内加入适量的稀土元素。由于稀土元素较活泼,易氧化,烧损严重,且由于稀土的熔点与铝合金的熔点差异较大,直接添加时烧损严重,且不易均匀加入,故一般以中间合金的形式加入铝合金内。稀土-铝中间合金的制备方法,目前主要有混熔法、电解法和还原法三种方法。

6.4.1 混熔法

混熔法亦称对掺法,是将稀土或混合稀土金属按比例加到高温铝液中,直接制得中间合金。此法的优点是设备简单、便于操作、熔解速度快、合金元素加入方便,合金成分含量稳定。缺点是稀土金属在铝液中容易局部过浓,易发生包晶反应,产生夹杂物,稀土烧损大,成本高。

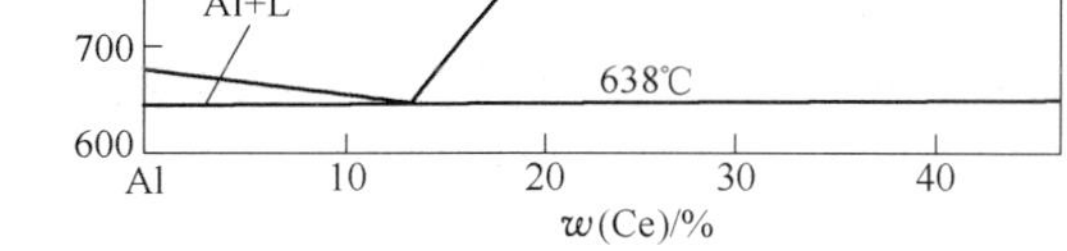

图6-7 Al-Ce合金二元相图

配制铝-稀土中间合金时,稀土含量一般选择在共晶成分附近,如在配制铝-铈中间合金时,铈含量应选择在10%左右(在共晶成分附近,如图6-7所示)[42],若铈含量过高,使得合金熔点升高,增加熔制的困难。

王正军等人采用漏勺直接逐次加入铈块的方法熔制了Al-10Ce中间合金在石墨坩埚中把纯铝锭完全熔化后,把铈料放置在铁制的有孔漏勺中,然后一起放入铝液内,漏勺旋置在坩埚中部,待前一块铈料熔化后,再如此加入第二块,直到全部铈料都熔化完再将合金液升温至810℃,静置保温20~25 min,每8 min搅拌一次。最后一次搅拌后,进行初次扒渣。用占炉料总重量的0.3%~0.5%除气剂、除渣剂精炼合金液5~8 min后,进行二次扒渣,并将合金液浇入锭模中,从而得到中间合金。

在中间合金熔制过程中，熔炼温度是一个重要的工艺参数，若熔炼温度过高，容易使铈烧损，若温度过低，铈熔化较慢，且容易造成铝铈互熔不均。从图 6-7 中可以看出，铝和铈的共晶点温度为 638℃，因此，从理论上讲，熔炼温度只需高于此温度即可，但由于 Ce 加入铝液后，由于 Ce 与 Al 生成的 Al_4Ce 密度（4050 kg/m^3）较大，沉淀至坩埚底部，导致坩埚底部熔体含铈量远大于 10%。因此，除非对熔体进行充分搅拌，使 Al_4Ce 均匀分散在熔体中，否则，只有在更高温度下，方可使底部的 Al_4Ce 较充分地熔解在铝熔体中。但在此温度下，由于熔体黏度较大，人工搅拌是不可能把沉淀在坩埚底部的 Al_4Ce 充分搅拌起来的，因此，熔制中间合金时熔炼温度必须高于此温度值。

在三个温度下（680℃、700℃、720～740℃）熔炼发现，在 680℃熔炼时，Ce 在 Al－Ce 中间合金熔体中的分布是很不均匀的；熔炼温度为 700℃时，Ce 分布的均匀性虽有较大改善，但仍不符合要求，且由于过热度较小，浇注熔体因温度迅速下降而变得黏稠，不易浇注成型；当熔炼温度为 720～740℃时，熔体较易被人工搅动起来，使 Al_4Ce 中间合金的成分均匀性比 680℃和 700℃时有显著改善，且由于过热度较高，浇注时合金流动性较好而易浇注成型。由此确定 Al－Ce 中间合金的最佳浇注温度为 720～740℃。

图 6-8 是所制备的 Al－10Ce 中间合金的铸态扫描电镜显微组织，图中黑色中间合金基体上较均匀地分布着一些白色颗粒。用能谱仪对此白色颗粒进行多点成分分析，测定其分子比为 $C_{Al}:C_{Ce}=(3\sim4):1$，由此可定性分析此白色颗粒为 Al_4Ce。X 射线衍射分析结果也验证了这一分析结果（如图 6-9 所示）。

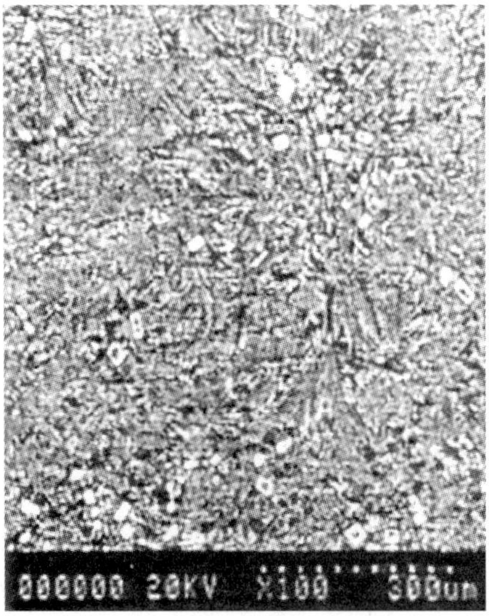

图 6-8 Al－10Ce 中间合金的显微组织

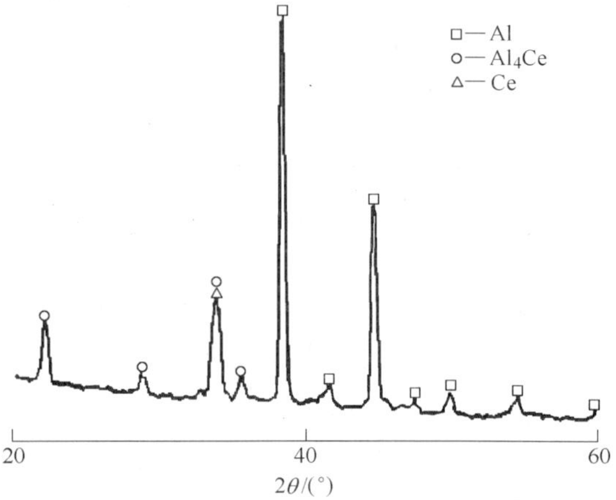

图 6-9 Al－10Ce 中间合金的 XRD 分析图

任峻等人[43]采用混熔法往 Al－Ti－B 细化剂成分中添加具有特殊性质的稀土（富镧混合稀土）以改善 Al－Ti－B 细化剂的缺陷，使得中间合金不仅细化能力更强，而且细化效果更加稳定，基本消除细化“中毒”现象，细化衰减现象也得到极大抑制。其制备工艺过程为：加入经过充分预热的铝锭后加热，待其熔化后加入一定量的覆盖剂（KCl），铝锭完全熔化后分批加入 Ti 粉、KBF_4、稀土等试验坯料，静置一段时间后浇铸成型，从而得到 Al－Ti－B－RE 中间合金。

制备 Al－Ti－B－RE 中间合金过程中，Ti 粉、KBF_4、稀土加入顺序和方式的差异，均会对组织性能产生直接影响。试验中将 Ti 粉、KBF_4混合均匀并压结成块，稀土元素采取在其前、在其后和与其混合的三种方式加入。图 6-10 为三种加入方式对中间合金组织的影响，图 6-10(a)中 TiAl 相和 AlTiRE 稀土相尺寸偏大且第二相粒子 TiB_2稀少。说明先加稀土时，稀土元素可能先与 Al 熔体反应生成 AlRE 相，待 KBF_4和 Ti 粉加入后发生第二次反应，生成白亮色 AlTiRE 相；硼元素吸收率不高，细化效果不理想。图 6-10(b)中 AlTi 及 AlTiRE 相尺寸较小且分布均匀，TiB_2相也明显增多；硼元素的吸收率也明显提高，但搅拌不充分导致 TiB_2存在偏聚现象。分析原因可能是：稀土元素在铝熔体中固溶度很低，当温度降低发生凝固时较先析出，其中一部分在 α－Al 和 AlTi 相接口析出阻碍 AlTi 相进一步长大和偏聚。图 6-10(c)稀土在 KBF_4和 Ti 粉之后加入和图 6-10(d)的 Al－Ti－B 中间合金的显微组织相差不大。说明后加稀土时，相当于先制备 Al－Ti－B 中间合金，然后向熔融的 Al－Ti－B 中加入稀土元素，这时合金中以 AlTi 和 TiB_2相为主，白亮的 AlTiRE 相几乎不存在。

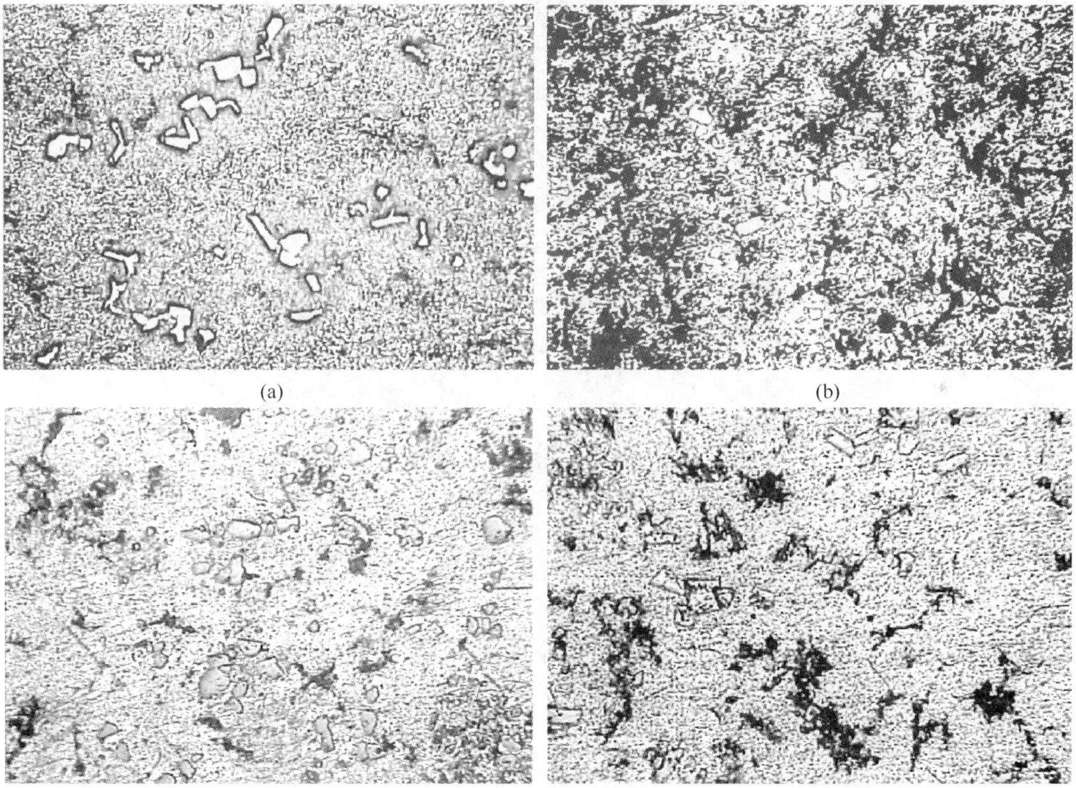

(a) (b) (c) (d)

图 6-10 稀土加入方式对中间合金组织的影响(×400)

(a) RE 在 KBF_4 和 Ti 粉之前加入；(b) RE、KBF_4 和 Ti 粉一起加入；(c) RE 在 KBF_4 和 Ti 粉之后加入；(d) 混合加料制备的 Al－Ti－B 中间合金

试验中发现熔体的过热温度也会对所制得的中间合金显微组织产生影响，图 6-11 是当熔体过热温度(反应温度)分别为 810℃、820℃、830℃时 Al－Ti－B－RE 中间合金的显微组织。由图中可以看出，存在发亮或发灰的块状相，黑色的团聚 TiB_2 相。不同的熔体过热

温度，AlTi 相的形态和数量不尽相同，且 TiB_2 相和 AlTiRE 稀土相的数量也存在差异。810℃时 TiB_2 相数量较少，由稀土元素形成的 AlTiRE 稀土相数量多但尺寸较大；820℃时 TiB_2 相数量明显增多但局部区域存在少量偏聚现象，AlTi 和 AlTiRE 相尺寸减小，数量增多；830℃时 TiB_2 相数量有所减少，在较小区域存在偏聚现象，但整体上表现出长程分散趋势，并且随着熔体过热温度的逐渐升高，TiB_2 相的分散性明显提高，偏聚团的尺寸变小，偏聚倾向减弱。若不考虑稀土元素和试验本身的影响，其原因主要是 Ti 原子与 B 原子在 Al 熔体中扩散机制与熔剂 Al 原子结合接口生长机制共同作用的结果。

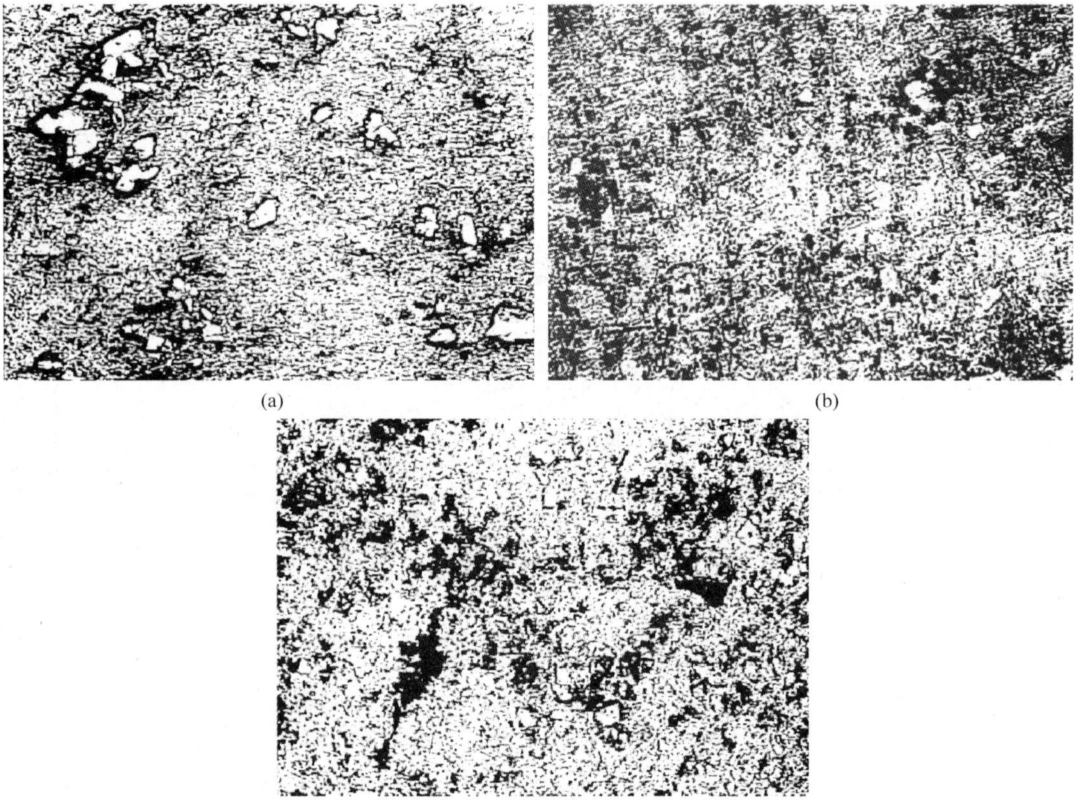

(a) (b) (c)

图 6-11 过热温度对 Al - Ti - B - RE 细化剂中间合金显微组织的影响（×400）
（a）过热温度为 810℃；（b）过热温度为 820℃；（c）过热温度为 830℃

当在较低温度制备 Al - Ti - B - RE 中间合金时，Ti 在 Al 熔体中呈过饱和状态，理论上容易生成 TiAl 相，但溶解在 Al 熔体中的 RE 元素活性很高，它的介入最终生成了 TiAl 和 AlTiRE 的混合相。并且，低温下 Ti 原子难以形成长程扩散，导致它对 AlTiRE 相和 TiAl 相生长影响不大，同时，AlTiRE 相和 TiAl 相各晶面基本均衡生长，从而形成了块状分布。当温度升高时，Ti 原子扩散能力加强，细小的 TiAl 相合并后逐渐长大。

TiB_2 相中的 B 原子是由 KBF_4 引入 Al 熔体的，KBF_4 热稳定性较差易发生（KBF_4 ══ $KF + BF_3$ ↑）分解反应，挥发性 BF_3 气体会降低 B 的吸收率。TiB_2 相的形成主要受 B 原子吸收率和其长程扩散的影响。随着温度的升高，B 原子的扩散影响逐渐减小，反应速度加快，从而降低 TiB_2 相的生长择优趋势，最终 TiB_2 相形成大块团状的趋势变小；同时温度升高时黏度降低，细小 TiB_2 相聚集倾向降低。因此温度升高，TiB_2 相聚集成团的倾向减小。

同时，稀土是一种表面活性物质，稀土元素的加入，铝熔体与 AlTiRE、TiAl、TiB_2 颗粒之间的润湿角增大，铺展性更好，从而有效避免粒子聚集或沉淀现象。

图 6-12 为静置温度对 Al-Ti-B-RE 细化剂中间合金显微组织的影响。从图中可以看出，显微组织的最大变化在于第二相粒子 TiB_2 的含量及分布，随静置温度的升高而明显减少，且出现偏聚现象。分析认为，当静置温度升高时，铝熔体黏度降低，短时间内有利于 TiB_2 粒子扩散而均匀分布，但时间延长，TiB_2 粒子长程偏聚，从而增大沉淀速度。稀土元素加入后，它的高表面活性使 TiB_2 粒子与铝熔体的润湿角增大，铺展性更好，有效避免粒子聚集或沉淀；但 TiB_2 等粒子的严重偏聚倾向只能在一定程度上延缓，因此整个制备过程中均需有强力的搅拌。

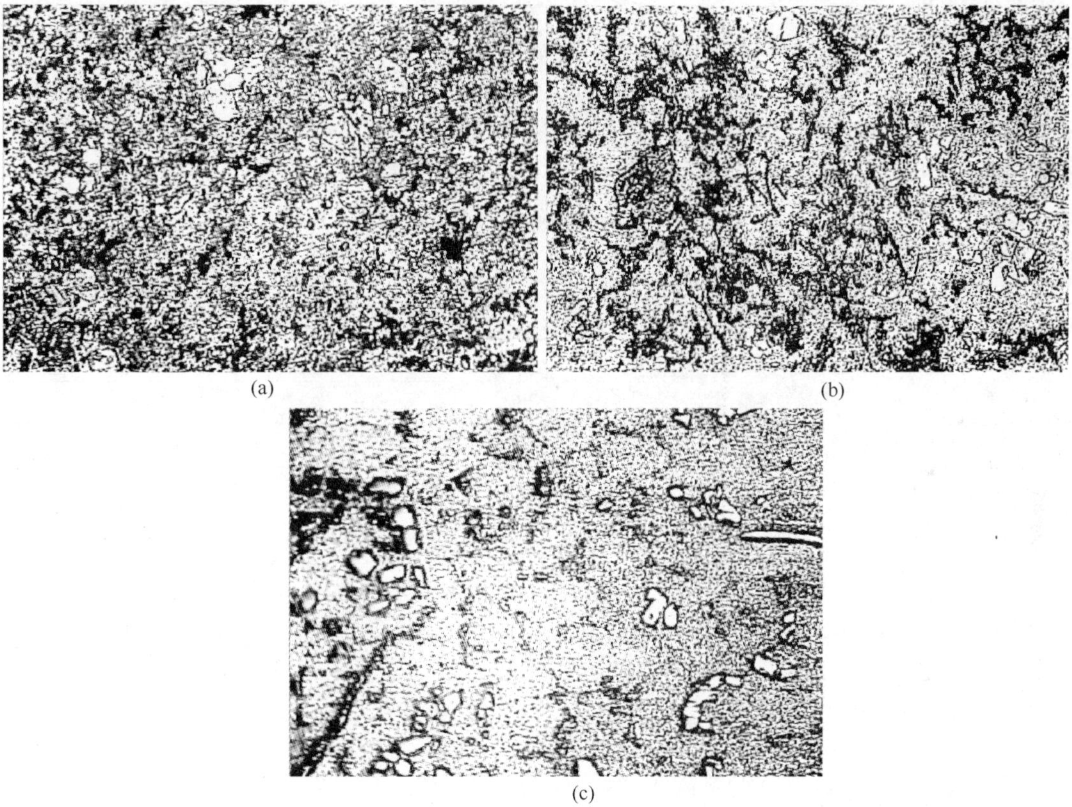

图 6-12 静置温度对 Al-Ti-B-RE 细化剂中间合金显微组织的影响（×400）
（a）静置温度为 800℃；（b）静置温度为 820℃；（c）静置温度为 840℃

6.4.2 电解法

电解法主要有两种方法：一是在较低温度下液态铝阴极上电解氯化稀土制取一系列稀土铝合金；二是在电解铝时，向工业铝电解槽中加入稀土氧化物或稀土盐类，使得加入的稀土氧化物或稀土盐类与氧化铝一起电解，即稀土与铝共电沉积以制取稀土铝合金。

6.4.2.1 在较低温度下液态铝阴极上电解氯化稀土制取一系列稀土铝合金

电解制取稀土中间合金同电解稀土金属相似，主要研究目标是提高电流效率、电能效率和稀土回收率以及降低材料消耗。以往电解生产稀土铝合金的电解温度为 850 ~ 900℃，此时稀土的挥发损失达 10% 以上。热分析结果表明，同一试样在 850℃下的失重比 750℃下的失重高一倍以上，因此，要避免高温电解造成的这一不良影响，就必须降低电解温度。

朴东奎、唐定骧等人[44]为降低稀土 - 铝中间合金的电解温度，将产品中的稀土含量控制在其低熔点组成附近（10% ~15%），用简易搅拌装置加强稀土在铝中的扩散，采用了 $RECl_3$ - KCl - $CaCl_2$体系，其熔点低于 655℃。极化曲线表明，稀土在液态铝阴极上的析出电位比固态钼阴极低 0.9 V 左右，显示出电解稀土 - 铝合金比电解稀土金属有利。在此基础上，进行了低温电解制取稀土 - 铝中间合金的主要工艺条件研究和连续电解实验，获得了电流效率 86%，直收率 100%，总收率 91%，材料和电能消耗显著降低的效果。

表 6-3 列出了利用示差精密热天平测得的不同 $LaCl_3$ 含量的 KCl - NaCl（等摩尔分数）- $LaCl_3$体系熔点和失重值。由表中可见，$LaCl_3$ 含量在 15% ~45% 范围内时，其熔点均低于 655℃，这一体系在 750℃和 850℃恒温 1 h 的失重值如表 6-4 所示，可以看出，无论在铂坩埚还是在石英坩埚中，同一试样在 750℃时的失重比 850℃时的失重均要低一倍多。因此，在电解实验中采用 700 ~750℃的电解温度是可行的，它已超出体系的熔点 50 ~100℃，满足了电解工艺的基本条件。

表 6-3 KCl - NaCl - $LaCl_3$ 体系的熔点

$LaCl_3$ 含量/%	熔点/℃	
	石英坩埚	铂坩埚
0	661	661
15	650	641
20	639	631
30	629	615
45	—	614
100	859	858

表 6-4 KCl - NaCl - $LaCl_3$ 熔体的热失重（恒温 1 h）

$LaCl_3$ 含量/%	失重/%			
	石英坩埚		铂坩埚	
	750℃	850℃	750℃	850℃
0	0.6	1.5	0.2	0.5
15	2.0	3.5	0.7	1.5
20	1.7	4.2	0.6	1.5
30	2.8	5.5	0.6	1.7
45	—	6.1	1.0	2.4
100	0.7	1.5	0	0.1

在等摩尔分数的 KCl－NaCl 熔体中添加不同含量的 $LaCl_3$ 时，在 DHZ-I 型电化学综合测试仪上，采用三电极系统的电解槽测得液态铝阴极和固态钼阴极的极化曲线，从极化曲线中获得的液体铝阴极去极化作用的相关资料列于表 6-5。由表 6-5 可以看出，稀土氯化物在液态铝阴极上的分解电势和去极化值随 $LaCl_3$ 浓度和温度的增加而降低。当 $LaCl_3$ 浓度低时，有金属钠析出。同固态钼阴极相比，液态铝阴极的去极化值为 0.9 V 左右。因此，利用液态铝阴极电解熔融氯化物制取稀土－铝合金，有助于提高电解的经济效果。

表 6-5 $LaCl_3$ 在 KCl－NaCl 中的分解电压（相对氯电极）

温度/℃	$LaCl_3$ 含量/%	E_{Al}/V	$E_{(Al-La)-Na}$/V	E_{Mo-La}/V	ΔE/V
750	10.1	-2.456	-3.023	-3.408	0.952
	18.2	-2.444	—	-3.383	0.939
	29.3	-2.410	—	-3.250	0.840
	34.8	-2.383	—	-3.20	0.817
800	6.5	-2.430	-2.95	-3.34	0.910
	10.0	-2.420	—	-3.290	0.870
	12.2	-2.418	—	-3.285	0.815
	26.0	-2.37	—	-3.161	0.791

注：E_{Al}—在铝阴极上；$E_{(Al-La)-Na}$—析出 La 后 Na 析出；E_{Mo-La}—在钼阴极上析出；ΔE—去极化值。

在电解试验中，采用如图 6-13 所示的装置图，用内径为 100 mm，深 110 mm 的刚玉或瓷坩埚作为合金的接受器；石墨电解槽内径为 110 mm、深 180 mm，兼作阳极；用直径为 8～10 mm 的钼棒（套以陶瓷管）作阴极导电棒；由调压变压器控制的硅碳棒电炉外部加热，用铂－铂铑热电偶测温。电解电源是 500 A/20 V 硅整流器。

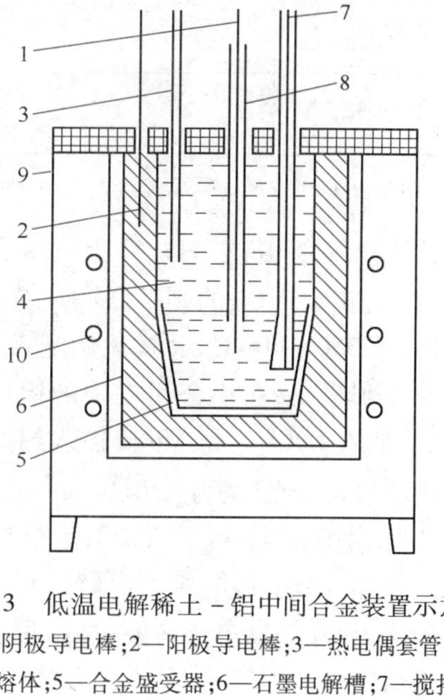

图 6-13 低温电解稀土－铝中间合金装置示意图
1—阴极导电棒；2—阳极导电棒；3—热电偶套管；4—熔体；5—合金盛受器；6—石墨电解槽；7—搅拌装置；8—磁套管；9—炉壳；10—硅碳棒

试验过程中，将带有合金盛受器的石墨电解槽置于炉内，放入预先配好的电解质，加热熔化至电解温度，加入规定量的铝（固体或熔融的），插入阴极导电棒和搅拌器进行电解（同时开始搅拌）。在电解过程中，不断加入氯化稀土原料，按加入的铝量决定电解电量。

在以液态铝阴极制取稀土－铝合金时，其电解过程主要由稀土在铝中的扩散控制。因此，必须使稀土在铝表面上的析出速度与其向铝中的扩散速度相适应，这样才能正常电解。通常在高温下用较小的电流密度进行电解可以满足这一要求，但是这不利于提高产量和自热生产。为此，在试验中采用了简便易行的机械搅拌装置，并获得了很好的结果，如表 6-6 所示。试验过程中还可发现，不进行搅拌时，无论在 750℃ 还是 850℃，合金表面都生成硬壳，且渣较多，以至无法维持正常电解。这是由于稀土金属的析出速度远大于其向铝中的扩散速度，同时液态铝表面形成的高熔点稀土－

铝金属间化合物阻碍了稀土向合金内部扩散。而加入搅拌以后，电流效率和直收率都很高。因此在较低温度下电解时，加入机械搅拌有助于电解的进行。

表 6-6 搅拌对电解的影响

搅 拌	电解温度/℃	合金产量/g	合金中稀土含量/%	电流效率/%	稀土直收率/%
有	750	4600	12.17	~100	~100
无	750	4130	3.69	28	31
有	850	4790	10.20	89	98
无	850	3970	4.20	30	41

注：电解质组成 KCl: NaCl = 60: 40（质量比），$RECl_3$ 30%，阴极电流密度 2 A/cm^2，电解电量 315 A · h。

表 6-7 是采用两种不同的电解质分别在不同的温度下电解所得到的试验结果，结果表明，在所给的条件下，700 ~ 750℃ 足以使电解质和合金保持良好的流动状态，顺利进行电解，并不需要 850℃ 的高温条件，而在 850℃ 电解时，电解质的挥发明显，电解槽和合金盛受器等材料的腐蚀也明显加剧。

表 6-7 电解温度对电解的影响

$CaCl_2$: KCl: NaCl（质量比）	氯化稀土含量/%	电解温度/℃	合金产量/g	合金中稀土含量/%	电流效率/%
0: 60: 40	30	750	4660	12.17	约 100
		850	4790	10.20	89
20: 48: 32	35	750	4510	11.52	95
		850	4530	11.84	97

注：阴极电流密度 2 A/cm^2，电解电量 315 A · h。

苏明忠等[45]开展了以 Al 为液体阴极在熔盐中电解制备 Al - Dy 合金的研究，在试验过程中，首先进行 $DyCl_3$ 的制备，将 Dy_2O_3 与 NH_4Cl 按 1: 15 的比例混合，然后在瓷蒸发皿中加热翻炒，至 350 ~ 400℃，并按比例配入 NaCl · KCl 等摩尔分数的盐，此盐用来电解。石墨电解槽兼作阳极，盛在小瓷坩埚中的铝作为阴极，将一定量的 NaCl · KCl 放入石墨坩埚中熔融，然后加入 $DyCl_3$。将 Mo 棒插入到液体铝阴极中，随后进行电解实验。

当阴极电流密度为 1.0 A/cm^2，电解质含 30% $DyCl_3$ 时，四个不同温度的电流效率见图 6-14。由图 6-14 可见，750℃ 为最佳温度，对电解制备 Al - Dy 合金最为有利，温度过低电解质发黏，流动性差，影响电解过程中的传质过程，降低电流效率，同时温度太低，影响合金表面张力，降低合金排渣能力，出现合金包渣现象。电解温度太高，电解质挥发多，增加金属在熔盐中溶解损失，降低电流效率。

图 6-15 为选择四种不同的熔盐组成，在阴极电流密度为 1.0 A/cm^2，750℃ 下电解的结果。析出金属的二次反应是电流效率与理论值偏差的主要原因，稀土金属在自身盐中的溶解度都很高，为此加入 NaCl · KCl 降低 $DyCl_3$ 含量，以降低稀土金属的溶解损失，但 $DyCl_3$ 的浓度不能太低，因为没有足够的 Dy^{3+} 在液体阴极上析出，会导致底盐分解，碱金属析出。$DyCl_3$ 含量也不能太高，否则会增加金属的溶解损失，也降低电流效率。由试验测得含 $DyCl_3$ 为 30% 的电流效率最高。

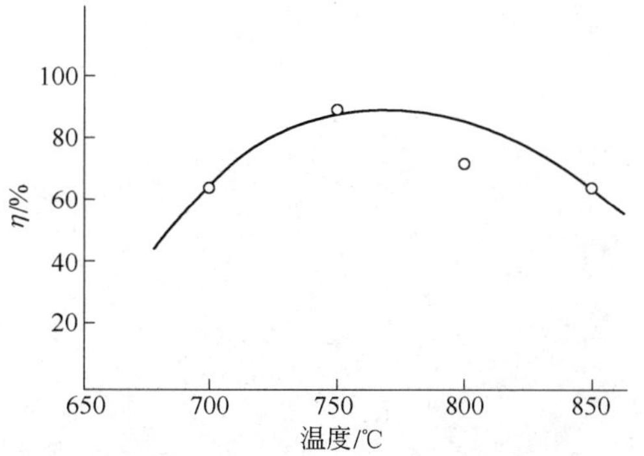

图 6-14 电解温度对电流效率的影响

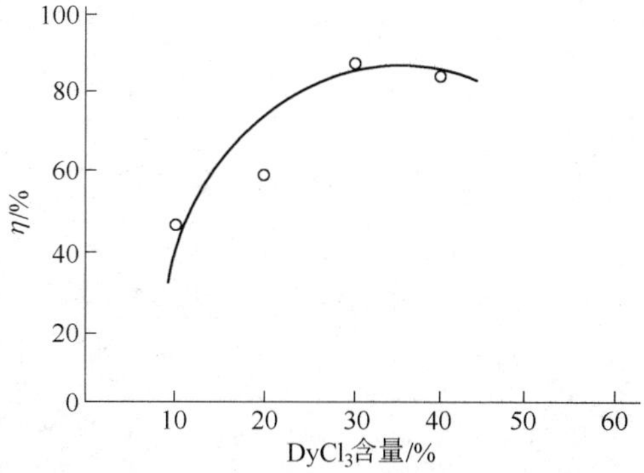

图 6-15 $DyCl_3$ 含量对电流效率的影响

在温度为 750℃，含 $DyCl_3$ 为 30% 的条件下研究阴极电流密度对电流效率的影响，实验结果示于图 6-16。阴极电流密度支配着金属在液体铝阴极上沉积速度，决定 Al - Dy 合金化的进程，当 Dy^{3+} 在液体铝阴极表面析出时，Dy 原子向液体阴极的内部扩散，后一过程是控制阴极过程的步骤，上述两个过程在最佳的匹配条件下电流效率最高，并且是改善合金成分均匀性的重要条件，阴极电流密度太高，金属的电化学沉积速度快，在单位时间内沉积的金属 Dy 量大，而在 Al 表面析出的 Dy 来不及向液体阴极深处扩散，使 Dy 在 Al 表面富集。由于 Dy 金属熔点高（1412℃），则液体铝阴极表面形成固体电极壳，液体阴极的去极化作用消失，析出的金属不断溶解在熔盐中，降低了电流效率。而当阴极电流密度过低时，析出的金属 Dy 少，电流效率也低，搅拌液体阴极可加速析出 Dy 向液体阴极深处扩散，提高 Al - Dy 合金的含 Dy 量和电解电流效率。

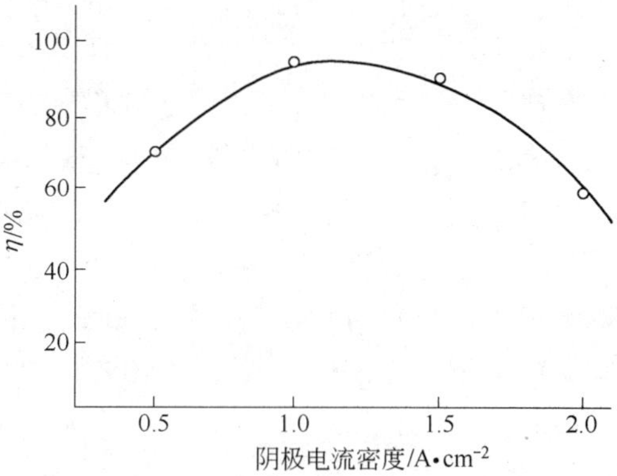

图 6-16 阴极电流密度对电流效率的影响

综上所述，在以液体铝阴极电解 $DyCl_3$ - KCl · NaCl 熔盐制备 Al - Dy 合金时，最佳工艺条件为：电解质组成：$DyCl_3$:（KCl: NaCl = 1: 1 摩尔分数）= 30: 70，电解温度为 750℃，阴极电流密度为 1.0 A/cm^2，合金含 Dy 量为 15% ~20%，最高可达 40%。

付静等人[46]采用 Na_3AlF_6 - CaF_2 - MgF_2 - Al_2O_3 - Er_2O_3 作为电解质，其中 Al_2O_3 和 Er_2O_3 为电解原料。

研究结果得出：电解产出铝铒合金中的 Er 含量与电解质中 Er_2O_3浓度、阴极电流密度和电解时间均有关，Er_2O_3浓度越高，铝铒合金中的 Er 含量越高，在研究 Er_2O_3浓度范围（2% ~10%）内，最佳浓度值为 10%；阴极电流密度越大，铝铒合金中的 Er 含量越高，最佳值为铝电解的最大阴极电流密度（如图 6-17 所示）；电解时间越长，铝铒合金中的 Er 含量越高，但为在增大 Er 的百分含量的同时，节约能耗，在研究电解时间范围内（1 ~3 h），最佳电解时间为 1 h。

在上述最佳电解工艺条件下获得的 Al - Er 合金的组织形貌如图 6-18 所示，图中黑色部分为 Al 基体，白色部分为 AlEr 化合物相。从图 6-18 中可以看出，合金中有大量 AlEr 化合物相存在,且宏观上看,含 Er 相在合金中的分布比较均匀。因此可以认为,在铝电解工艺条件下制取的 Al - Er 合金具有较好的均匀性。

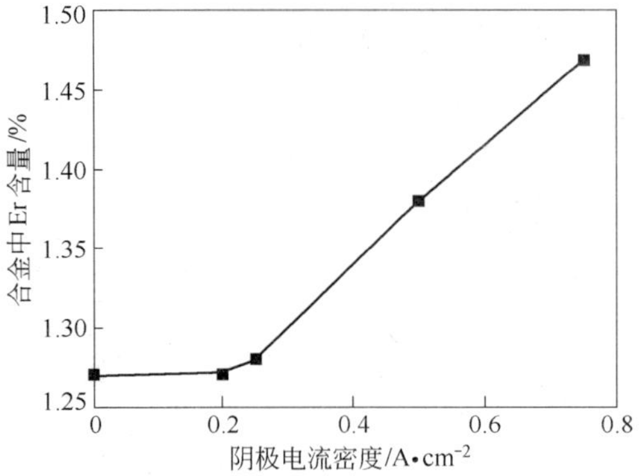

图 6-17 阴极电流密度与合金中 Er 含量关系图

图 6-18 电解样品的组织形貌图

长春应用化学研究所研究了熔盐制取稀土铝合金的电化学及物理化学因素[47~49],提出了在等摩尔氯化钾、氯化钠熔体中,在较低温度(690 ~ 750℃)电解稀土氯化物制取含稀土 10% 的稀土铝合金系列的新工艺。研究表明,在 750℃ 时稀土挥发损失比 850℃ 时低 1 倍。在电解稀土氯化物过程中伴随有铝热还原作用发生,因而减少了高温下电解的不利因素,使得制取稀土铝合金的电流效率达 90% 以上,稀土收得率达 90% 。

6.4.2.2 在铝电解槽中添加稀土化合物和 Al_2O_3 直接生产稀土铝合金

近几年来,工业铝电解槽中添加稀土化合物如稀土碳酸盐、稀土氧氯化物或稀土氧化物等直接生产铝 - 稀土合金的新工艺获得成功,这是中国科学院长春应用化学研究所和东北大学与包头铝厂、盘石铝厂、连城铝厂等工厂协作完成的首创。这几种工艺已被国内 20 多个厂家在生产中采用(先后采用稀土碳酸盐工艺的有 14 个厂家,采用稀土氧氯化物工艺的有 5 个厂家,采用稀土氧化物工艺的有 3 个),极大地推动了稀土在铝及铝合金中的应用。

A 理论基础

(1) 铝和稀土可共电沉积:稀土氧化物(稀土碳酸盐热分解后亦呈氧化物形式)较氧化铝的理论分解电压大 0.3V 以上,在惰性阴极常用电解条件下,铝和稀土两种离子是不能共电沉积的。但是在液态铝阴极上,由于稀土的活度降低及析出的稀土金属与铝合金化,使其析出的电位向正方向偏移,使稀土与铝可共电沉积。

(2) 冰晶石熔体中铝可以还原稀土氧化物生成铝 - 稀土合金。

(3) 稀土碳酸盐的热分解产物,稀土离子均呈 +3 价,而 +3 价铈和镨在冰晶石中的溶解度比 +4 价的价格高 5 倍以上,前者为 13% ,后者为 2% ~3% 。

(4) 冰晶石 - 氧化铝熔体中添加稀土氧化物,对熔体的电导率没有明显的影响。

B 工艺过程

(1) 添加稀土碳酸盐:将稀土碳酸盐撒在电解槽扒去氧化铝粉的两个"火眼"之间的壳面上(<700℃),然后覆盖 Al_2O_3 层,预热 2 ~3h。由于阳极气体是 CO_2 和 CO 混合物,对 4 价稀土离子来说是还原性气氛,使碳酸稀土的热分解产物均呈 +3 价状态,在冰晶石熔体中活性高,溶解度大而且溶解速度快。

(2) 添加稀土氧氯化物：$RECl_3 \cdot 6H_2O$ 在空气中加热脱水，破碎后再在空气中吸湿水解，然后在电解槽壳面上预热 2~3h，与 Al_2O_3 粉一起打壳加入电解槽内。

(3) 添加稀土氧化物：由草酸盐经 800℃ 以上灼烧而来的 RE_xO_y（其中铈呈 CeO_2，镨呈 Pr_6O_{11}），加在电解槽壳面上，预热 2~3h，与 Al_2O_3 粉一起打壳加入电解槽内。

6.4.3 还原法

长春应用化学研究所鲁化一等人提出了用碱金属氟化物为稀土氧化物的络合剂，以改变原料中稀土存在的状态，用碱金属氯化物为熔剂，以降低体系的熔点和改善其物理化学性质，在 740~850℃ 熔化铝的过程中直接加 RE_2O_3，以制取稀土铝合金。炉渣可重复使用，稀土利用率可达 80% 以上。

以上方法的特点是由于采用了氟化物与氯化物的混合熔体，可使还原温度下降到 740~850℃，并起到了保护介质的作用，故可减少金属的烧损。此外用于还原的稀土化合物，既可以是氧化物，也可以是氢氧化物、氯氧化物或碳酸盐，因而还原工艺的适应性较强。此法还能通过调节原料的加入量来控制合金中稀土的含量。稀土一次合金化的回收率可达 70% 以上[47]。

铝热还原法的关键是熔剂的选择。熔剂的作用，一是降低体系的熔点同时又能改变体系的物理化学性质，如降低表面张力和黏度等；二是起到络合剂的作用，使得在体系中的 RE^{3+} 和 Al^{3+} 与其发生络合反应，而前者是使稀土的存在状态发生改变，后者是离子被络合，降低体系的自由焓，使还原过程向所希望的方向进行。一旦稀土被还原，在大量液态铝存在下立即同铝形成合金，这种合金化作用要释放能量供给体系，以利于还原过程进行。采用铝热还原法的优点是工艺简单，操作方便，不需要额外的设备投资和能源消耗，适用于铝加工厂大量生产稀土铝合金，此法由于避免了二次重熔造成的大约 10% 的稀土烧损和减少了中间环节，生产成本明显降低。稀土一次合金化率可达 85% 以上。目前采用铝热还原制取稀土铝合金的单位已越来越多。其优点是流程短，单台设备产能大，可以合理利用季节性电源，对原料要求也相对较宽。其缺点是电热还原法只能得到含铝 60%~65% 的粗合金，必须经精炼才能获得使用合金。

杨庆山等[50]采用铝热还原法进行 Al-Sc 中间合金的制备，制备过程的工艺流程如图 6-19 所示。实验结果表明：在 nNaF·AlF_3-KCl-NaCl 熔盐体系中，加入适量的 ScF_3，可以提高 Sc_2O_3 在熔盐体系中的溶解度，用液态铝还原 Sc_2O_3 制备 Al-Sc 中间合金，可以提高 Al-Sc 中间合金中 Sc 的含量（质量分数可达 2%），并提高 Sc 的收得率和中间合金的质量，降低生产成本，为 Al-Sc 中间合金的广泛应用创造有利条件。最佳还原温度为 850℃，最佳还原时间为 60min。

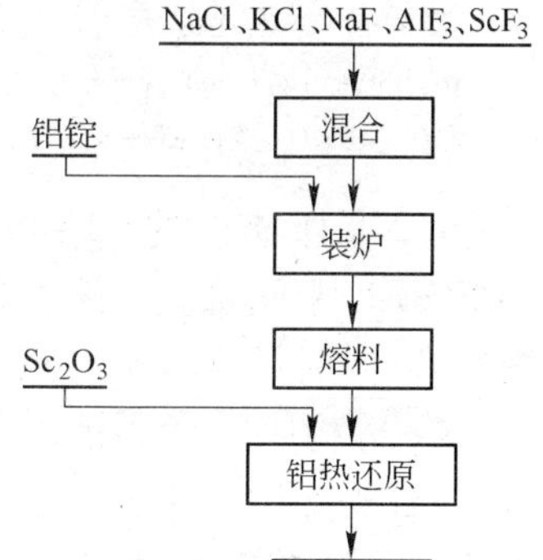

图 6-19 铝热还原法制备 Al-Sc 中间合金的工艺流程图

曹大力等人[51]采用 A00 铝锭、一级冰晶石（Na_3AlF_6）、工业级混合稀土碳酸盐[$RE_2(CO_3)_3$]为原料，将配比好的冰晶石-混合稀土碳酸盐混匀后放入坩埚内，升温至冰晶石完全熔化后，搅动冰晶石熔体

5 ~ 10 min，达到预定温度后，加入定量的金属铝。在 1000 ~ 1200℃ 保持恒温条件下进行热还原试验，还原时间为 2 h，应注意使冰晶石熔体完全覆盖金属铝液的表面，以免空气污染合金液。还原结束后，将电解质与铝液一同倒出，冷却后将合金取出。图 6-20 为试验装置的示意图。

经试验，还原温度与所获得的中间合金的稀土含量之间的关系如图 6-21 所示，由图中可以看出，在还原时间为 2 h，1000 ~ 1200℃ 温度范围内，Al - RE 合金中稀土含量随还原温度的升高而增加，1000℃ 时制备的合金中稀土含量只有 2% 左右，1100℃ 时合金中稀土含量接近 6%，1150℃ 时合金中稀土含量接近 8%，1200℃ 时合金中稀土的含量达到了 9.75%。可见还原温度对合金中稀土含量有很大影响，还原温度提高，稀土含量增加，因此可根据所需合金中稀土的含量，选择反应温度，以提高生产效率。

从图 6-21 还可以看出拟合曲线与数据曲线拟合得较好，稀土含量（Y）与还原温度（X）的关系如下：$Y = -0.74673 - 0.02813X + 3107273 \times 10^{-5} X^2$。公式的可信度 $B = 0.995$，标准方差值 $D = 1123$。

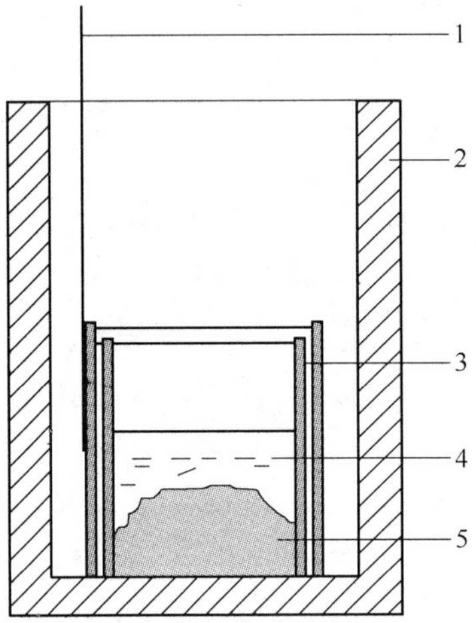

图 6-20 热还原装置示意图

1—带柄的钢坩埚；2—电炉；3—石墨坩埚；
4—冰晶石 - RE_2O_3 熔体；5—Al - RE 中间合金

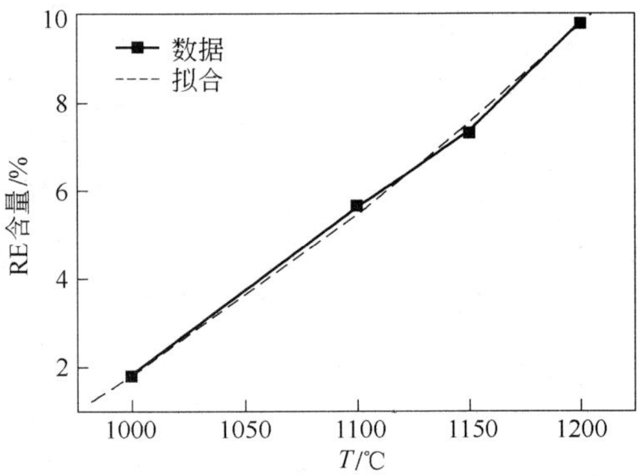

图 6-21 Al - RE 合金中 RE 含量与温度之间的关系曲线

图 6-22 是所获得的 Al - RE 中间合金的扫描电镜显微组织图像，从图中可以看出，Al - 9.75% RE 中间合金在铝基体上分布许多析出相，这些析出相呈网状、颗粒状、块状等细小组织较多，同时还含有部分粗大的组织。由 EDS 分析（图 6-23）可知，这些析出相主要是 Al 与 La、Ce 等构成的合金相。合金的 X 射线衍射图谱表明合金主要由 Al 和一些其他的相组成，由于数据库中缺少相关的数据，故借助图 6-24 中 Al - Ce 二元相图[52] 可以判断析出相可能为 α - $Al_{11}RE_3$ 及 Al_3RE 相。

在定性分析铝热还原反应的热力学过程中，吴文远认为[53]：混合稀土碳酸盐受热后在 830℃ 时将完全分解为稀土氧化物，故还原过程实际是铝热还原稀土氧化物。由图 6-25 稀土金属的吉布斯自由能与温度关系可见，金属 Al 还原氧化稀土的能力较弱，金属 Al 还原 La_2O_3 的自由能基本在零附近，Nd_2O_3 完全不能被 Al 热还原，只有 CeO_2 可能被 Al 还原成为金属 Ce。

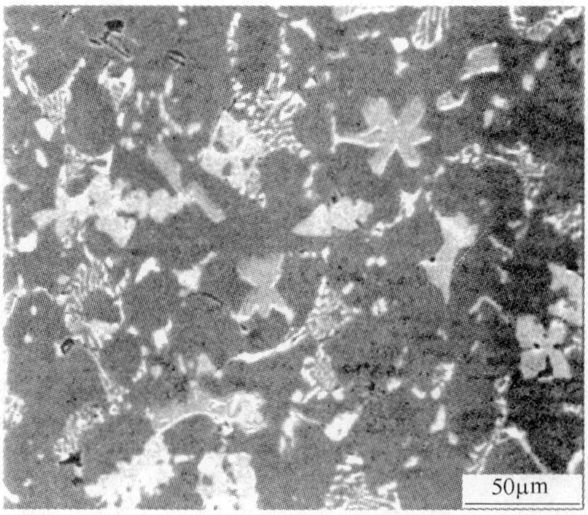

图 6-22 Al-9.75RE 中间合金的 SEM 照片

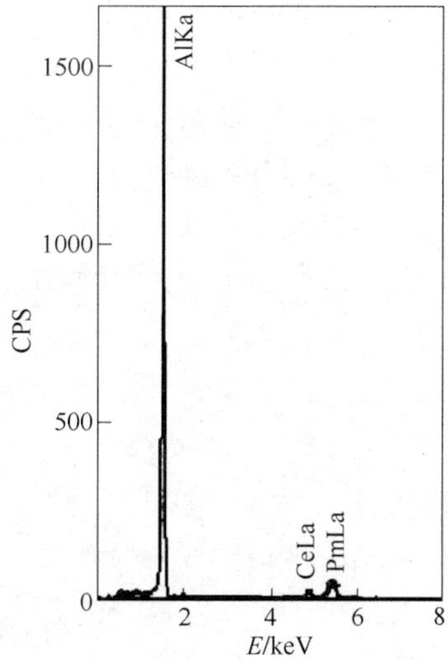

图 6-23 Al-9.75RE 中间合金的 EDS 图谱

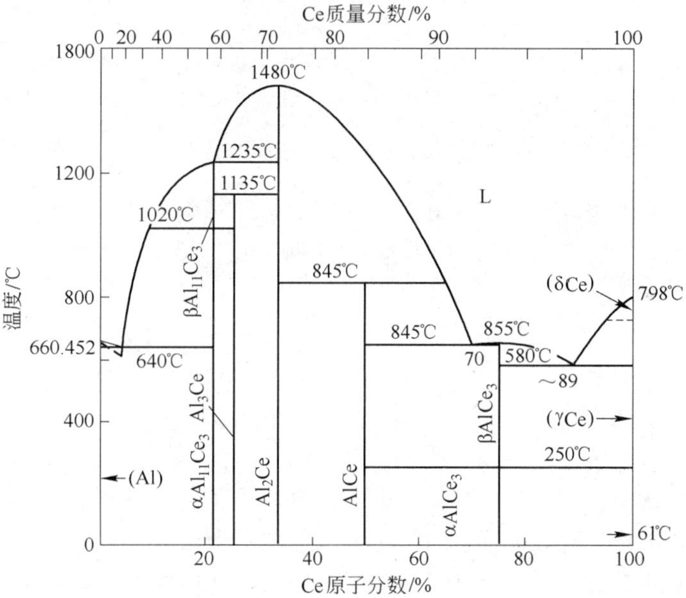

图 6-24 Al-Ce 二元相图

但铝热还原制备 Al-RE 中间合金是在冰晶石熔体中及冰晶石熔体与液态合金的相接触面上进行的，反应体系是由液态的冰晶石相和合金相组成，铝热还原稀土氧化物的反应可示意为：

$$\frac{1}{2}(RE_2O_3) + [Al] \longrightarrow [RE] + \frac{1}{2}(\gamma - Al_2O_3) \tag{6-1}$$

$$\Delta G_T = \Delta G_T^\ominus + RT\ln[\alpha_{RE} \cdot \alpha_{Al_2O_3}^{\frac{1}{2}} / (\alpha_{RE_2O_3}^{\frac{1}{2}} \cdot \alpha_{Al})] \tag{6-2}$$

式中 ΔG_T——反应的自由焓变；

$\Delta G_T^\ominus$——反应的标准自由焓变；

α_{RE}——合金中稀土的活度；

$\alpha_{Al_2O_3}$——冰晶石熔体中 $\gamma-Al_2O_3$ 的活度；

$\alpha_{RE_2O_3}$——冰晶石熔体中稀土氧化物的活度；

α_{Al}——合金中铝的活度。

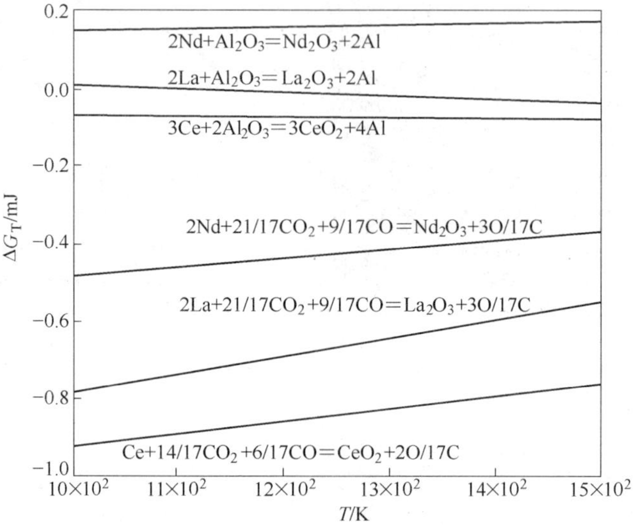

图 6-25 稀土氧化物被 Al 和 C 还原的吉布斯自由能图

若使反应式 6-1 向生成稀土金属的方向进行，必须 $\Delta G_T<0$，而 $\Delta G_T^{\ominus}$ 在特定的温度下为常数，故增大反应物的活度和减小产物的活度有利于反应式 6-1 向正向进行，下面分别讨论反应物和生成物的活度。

（1）冰晶石熔体中稀土氧化物的活度 $\alpha_{RE_2O_3}$。研究表明熔体中稀土氧化物的活度随着稀土氧化物的浓度增加而增加，根据离子理论，RE_2O_3 的活度可用下式表示：

$$\alpha_{RE_2O_3}=\alpha_{RE^{3+}}^{2}\cdot\alpha_{O^{2-}}^{3}$$

在冰晶石熔体中，稀土氧化物将电离成稀土阳离子和氧阴离子，而稀土氧化物在冰晶石熔体中的电离度随着温度的升高而增加，故增加温度有利于反应式 6-1 的正向进行。

（2）合金中铝的活度 α_{Al}。合金中铝液的活度可近视为 1，对反应的影响较小；但温度升高，金属铝在冰晶石中的溶解度会略有增加，可能对铝稀土合金的产率略有影响。

（3）冰晶石熔体中 $\gamma-Al_2O_3$ 的活度 $\alpha_{Al_2O_3}$。随着反应式 6-1 的正向进行，冰晶石熔体中 $\gamma-Al_2O_3$ 的浓度逐渐增加，活度也将逐渐增加，将抑制反应式 6-1 的正向进行，当冰晶石熔体中 $\gamma-Al_2O_3$ 的浓度达到饱和时，反应式 6-1 将达到平衡，故 [RE_2O_3] 不能全部转化为 RE。

随着温度的升高，$\gamma-Al_2O_3$ 在冰晶石熔体溶解度也随之增大，同时冰晶石熔体中的 $\gamma-Al_2O_3$ 将吸收氧阴离子，因此升高温度有利于提高稀土氧化物的转化率。

（4）合金中稀土的活度 α_{RE}。随着反应的进行，合金中稀土的浓度增大，但如前对铝稀土中间合金分析表明，稀土与铝生成稳定的化合物，使其在铝液中的活度大大降低，有利于反应式 6-1 向正向进行。

在C存在的条件下(石墨坩埚内壁或冰晶石熔体中的C屑),C与稀土氧化物的反应自由能为负(图6-25),表明C可与稀土氧化物反应生成稀土金属,但初始还原出来的稀土金属与铝生成合金促进该反应进行。

负极:电极反应 $C(s) + (O^{2-}) \longrightarrow CO + 2e$

正极:电极反应 $(RE^{3+}) + 3e \longrightarrow RE(s)$

电池反应为
$$\frac{2}{3}C(s) + (RE_2O_3) \longrightarrow \frac{3}{2}CO + RE(s) \tag{6-3}$$

由
$$\Delta G_T = \Delta G_T^{\ominus} + RT\ln\frac{\left(\frac{p_{CO}}{p^{\ominus}}\right)}{\alpha_{RE_2O_3}} = -ZFE$$

可知冰晶石熔体中可能存在电池反应式6-3。

根据上述热力学分析可知:稀土氧化物的熔点均在2273 K以上,在1273 ~ 1473 K的温度区间内,稀土氧化物与熔融铝水的浸润很差。故直接用铝热还原稀土氧化物形成Al - RE中间合金的反应热力学可能性较小,甚至不能进行反应。稀土氧化物熔于冰晶石之后,反应速度增大,在2 h之内可制备出Al - 10% RE中间合金。其机制可能如下:

(1) 将混合碳酸稀土与Na_3AlF_6混合,加热到830℃时,稀土碳酸盐分解为稀土氧化物;加热到冰晶石熔化之后,稀土氧化物熔于冰晶石熔体之中,此时高熔点RE_2O_3熔于冰晶石中转变为熔融液相(RE_2O_3)。

(2) 加入Al块之后,Al块在高温冰晶石 - 稀土氧化物熔体中有一定的溶解度,加之搅拌的作用,使Al液在冰晶石中的含量增加,改善了稀土氧化物与铝液的浸润性,增大了反应几率,在冰晶石融体中及冰晶石熔体与液态合金的相界面上,Al还原稀土氧化物的反应机理发生变化,由固态反应转变为液态溶液中的化学反应,即:

$$(RE_2O_3)_L + 2Al_L = (Al_2O_3)_L + 2[RE]_L$$

或:

$$x(RE_2O_3)_L + 2yAl_L = 2y(Al_2O_3)_L + 2[RE_xAl_y]_L$$

同时冰晶石熔体中熔融液相(RE_2O_3)与石墨坩埚壁起反应:

$$17(RE_2O_3)_L + 30C_s \longrightarrow 21CO_2 + 9CO + 34[RE]_L$$

或发生电化学反应:

$$2(RE_2O_3) + 3C(s) \longrightarrow 3CO + 2RE(s)$$

(3) 反应生成的RE或RE_xAl_y与熔于冰晶石中的部分铝反应,或一部分扩散至铝液中与Al熔体反应生成RE_3Al_{11}或$REAl_3$等其他的稀土铝金属间化合物。

路贵民等人[54]对在冰晶石熔体中的Al热还原法制备Al - Sc合金进行了研究,在熔盐体系中添加Sc_2O_3,以液体Al作为还原剂,在常压、非惰性气氛下制取Al - Sc合金。实验所采用的熔盐成分为:

$$60\%\ n\text{NaF} \cdot \text{AlF}_3 + 20\%\ \text{KCl} + 20\%\ \text{NaCl}$$

在此熔盐体系中,冰晶石起到熔解Sc_2O_3的作用,同时还熔解液Al表面的氧化膜及反应生成的Al_2O_3,促进接口化学反应的进行;KCl与NaCl既可以降低体系熔点(该体系的熔点在700℃左右),还可降低熔盐与Al液之间的界面张力,改善熔盐对Al的润湿性,有利于反应的进行和Sc的扩散。

首先将混合盐在高纯石墨坩埚中熔化，加入 100 g 工业纯铝，待 Al 熔化后，加入所需量的 Sc_2O_3，用刚玉棒搅拌。当 Sc_2O_3 加入量较多时，考虑到 Sc_2O_3 在熔盐中的溶解速度及溶解度，应分批加入。待反应一定时间后取出合金样。为了避免熔盐的大量挥发，坩埚用石墨盖封闭。

图 6-26 为温度对热还原反应的影响，从图中可以看出，当温度为 1093 K 时，Sc 的收得率最高。在所研究的反应体系中，反应过程由 Sc_2O_3 的溶解、扩散、化学反应及合金化等诸多步骤组成。当温度低时，Sc_2O_3 的溶解度、溶解速度以及化学反应速度、扩散速度均比较小，因此，金属的收得率及合金中 Sc 含量很难达到要求。当温度在 1053 ~ 1093 K 之间时，随着温度的升高，Sc 的收得率提高；当温度继续升高时，化学反应速度可能提高，但 Sc 在熔盐中的溶解速度加大，此时 Sc 向金属中的扩散及合金化过程可能成为控制步骤，造成了 Sc 的反向溶解，从而降低了 Sc 的收得率。由此可见，在此工艺中，反应温度在 1093 K 左右是适宜的，反应温度不应过高。

图 6-27 为 Sc_2O_3 含量对热还原反应过程的影响效果，从图中可以看出，随着 Sc_2O_3 加入量的增加，合金中 Sc 的百分含量是增加的，但 Sc 的收得率却有所下降。随着 Sc_2O_3 浓度的增加，应有利于反应向着生成 Al - Sc 合金的方向进行，导致 Sc 收得率的下降的原因是由于添加总量（分母）的增大。

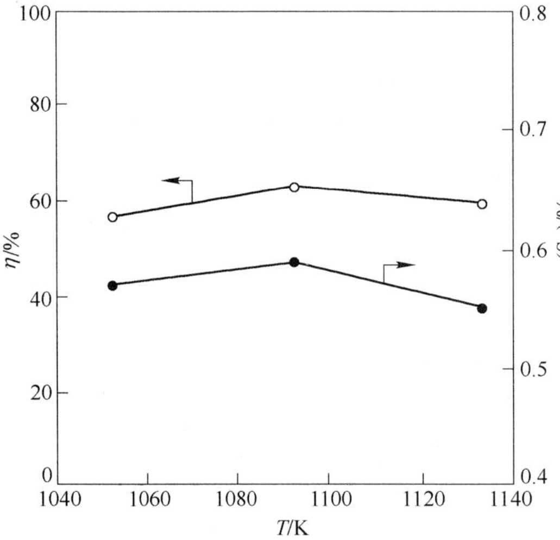

图 6-26 温度对 Sc 含量 w(Sc) 及收率 η 的影响

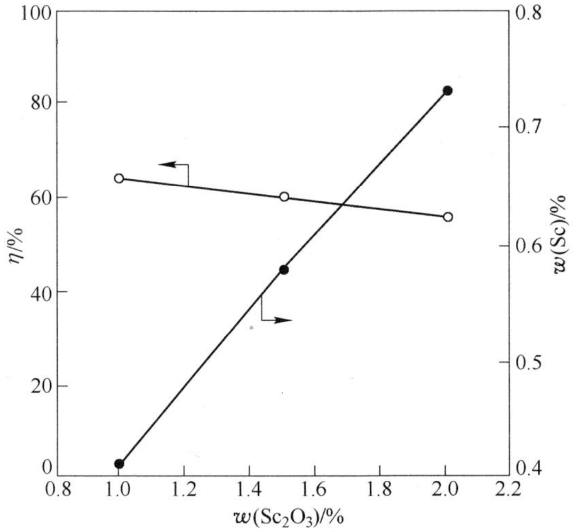

图 6-27 Sc_2O_3 含量对 Sc 含量 w(Sc) 及收率 η 的影响

图 6-28 为反应时间对热还原反应效果的影响，由图中可以看出，随着时间的延长，Sc 的收得率与合金中 Sc 的含量均呈升高的趋势，因此，延长时间将有利于收得率的提高。从极差分析可以看出，时间是最主要的因素，其极差远远大于其他二因素的极差。因此，我们选取时间因素进行单因素展开实验，研究 1093 K 下 Sc_2O_3 加入量为 2% 时，金属收得率随时间的变化规律，实验结果如图 6-29 所示。从图 6-28 可以看出，反应初期，合金中的 Sc 含量上升较快；随着时间延长，其上升速度逐渐下降；当时间超过 120 min 以后，其上升速度极为缓慢，几乎达到了恒值。因为随着合金中 Sc 含量的上升，Sc 向 Al 中扩散及合金化阻力加大，最后当合金中 Sc 的含量及熔盐中钪离子浓度达到一定值时，过程逐渐趋于平衡，此时，

再提高 Sc 的收得率是困难的，但仍可以补加 Sc_2O_3 而提高合金中 Sc 的含量。

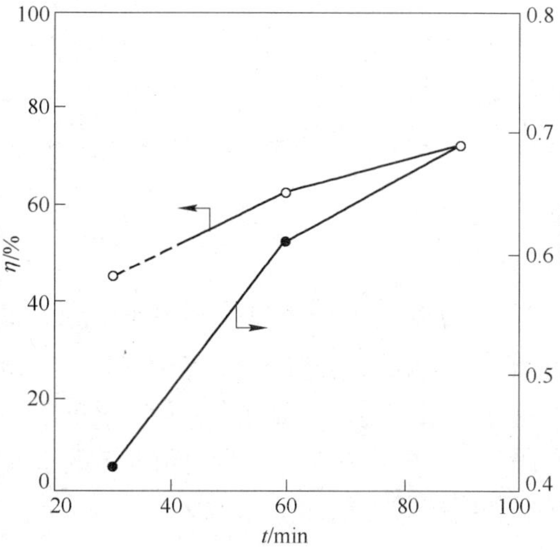

图 6-28　反应时间对 Sc 含量 $w(Sc)$ 及收率 η 的影响

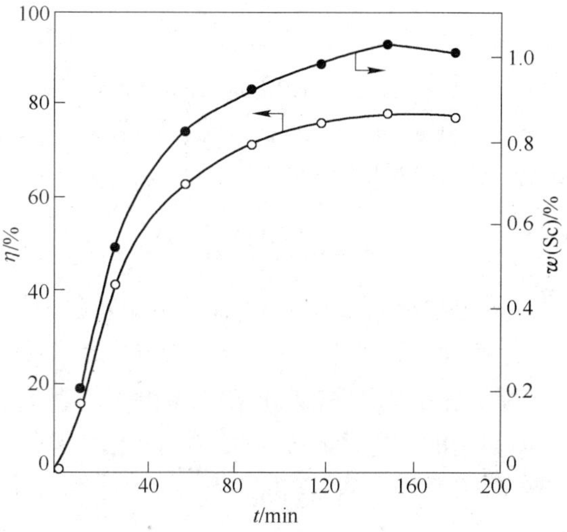

图 6-29　Sc 含量 $w(Sc)$ 及收率 η 随时间的变化

由此可见，采用此工艺制备 Al－Sc 中间合金时，金属的收得率并不很高，但并不是烧损所造成的。所加入的 Sc_2O_3 并没有损失，而是存留在熔盐中，对于工业生产来说，熔盐是循环使用的，这样可以大大提高金属的收得率。

对铝热还原反应制备 Al－Sc 合金的反应热力学进行分析，一般认为：铝热还原氧化钪的反应为：

$$2Al(l) + Sc_2O_3(s) \xlongequal{\quad} 2Sc(s) + Al_2O_3(s) \tag{6-4}$$

由文献[55]可查得：

$$\Delta G_2^{\ominus} = 219100 + 32.37T \tag{6-5}$$

从热力学角度来讲，反应 6-4 是根本不能进行的。但本研究体系中，反应式 6-4 应写为：

$$2Al(l) + [Sc_2O_3] = 2[Sc]_{inAl} + [Al_2O_3] \tag{6-6}$$

式中，$[Sc_2O_3]$、$[Al_2O_3]$ 分别表示溶解在冰晶石熔体中的 Sc_2O_3 与 Al_2O_3；$[Sc]_{inAl}$ 表示 Al－Sc 合金中溶解的 Sc，对于反应式 6-6 有

$$\Delta G_3 = \Delta G_3^{\ominus} + RT\ln\frac{\alpha_{[Sc]}^2 \cdot \alpha_{[Al_2O_3]}}{\alpha_{Al}^2 \cdot \alpha_{[Sc_2O_3]}} \tag{6-7}$$

在实验条件下，可以近似认为 $\alpha_{Al} = 1$，同时假设冰晶石熔体中的 Sc_2O_3 达到饱和，则式 6-7 可以写成：

$$\Delta G_3 = \Delta G_3^{\ominus} + RT\ln\alpha_{[Sc]}^2 \cdot \alpha_{[Al_2O_3]}$$

由于热力学数据的缺乏，我们近似用反应式 6-4 的 $\Delta G_2^{\ominus}$ 代替反应式 6-6 的 $\Delta G_3^{\ominus}$，则

$$\Delta G_3 = \Delta G_2^{\ominus} + RT\ln\alpha_{[Sc]}^2 \cdot \alpha_{[Al_2O_3]}$$

令 $\Delta G_3 = 0$，则可得反应进行的条件是：

$$\alpha_{[Sc]}^2 \cdot \alpha_{[Al_2O_3]} \leqslant 2 \times 10^{-9}$$

反应仍然是很难进行的，由此说明，在此熔盐体系中，铝还原 Sc_2O_3 的反应并不是完全按照式 6–4 或式 6–6 进行的。此过程存在着更加复杂的反应步骤。详细反应机理有待于进一步深入研究。但无疑降低熔盐中 Al_2O_3 浓度及合金中 Sc 的活度是有利于反应进行的，因此，熔盐对氧化物的熔解能力及氧化物在其中的扩散是至关重要的。此外，钪离子一经还原，在大量液态铝存在下形成铝钪合金。这种合金化作用可以大大降低体系中钪的活度，促进还原反应的进行。

6.5 稀土在铝合金中的应用

稀土在铝合金中的应用国外开展的较早，我国稀土铝合金的开发应用始于 20 世纪 60 年代，比先进国家晚约 40 年。60 年代，我国将稀土金属应用于铝硅活塞合金。70 年代初期，稀土在加强型铝镁硅输电线和铁铬铝电热丝中获得应用。经研究发现，加入稀土可以改善铝合金的导电率和加工性能，稀土可细化铝合金晶粒，对共晶体具有变质作用，降低杂质和氧化夹杂的危害作用，因此，稀土在铝合金中的应用获得很大发展。

6.5.1 稀土在铸造铝合金中的应用

铸造铝合金可分为热处理强化型和非热处理强化型两大类。尽管世界各国已开发出大量铸造铝合金，但目前具有广泛工业应用背景的铸造铝合金主要有 Al – Cu 合金、Al – Si 合金、Al – Mg 合金、Al – Zn 合金几类：表 6–8 列出了这几类合金中一些常用合金的牌号及成分。

表 6–8 一些常用铝合金的牌号及成分[56]

合金牌号	合金代号	除铝以外的主要元素含量（质量分数）/%						
		Si	Cu	Mg	Zn	Mn	Ti	其他
ZAlSi7Mg	ZL101	6.5 ~ 7.5		0.25 ~ 0.45				
ZAlSi7MgA	ZL101A	6.5 ~ 7.5		0.25 ~ 0.45			0.08 ~ 0.20	
ZAlSi12	ZL102	10.0 ~ 13.0						
ZAlSi9Mg	ZL104	8.0 ~ 10.5		0.17 ~ 0.35		0.2 ~ 0.5		
ZAlSi5Cu1Mg	ZL105	4.5 ~ 5.5	1.0 ~ 1.5	0.4 ~ 0.6				
ZAlSi8Cu1Mg	ZL106	7.5 ~ 8.5	1.0 ~ 1.5	0.3 ~ 0.5		0.3 ~ 0.5	0.10 ~ 0.25	
ZAlSi7Cu4	ZL107	6.5 ~ 7.5	3.5 ~ 4.5					
ZAlSi12Cu2Mg1	ZL108	11.0 ~ 13.0	1.0 ~ 2.0	0.4 ~ 1.0		0.3 ~ 0.9		
ZAlSi12Cu2Mg1Ni1	ZL109	11.0 ~ 13.0	0.5 ~ 1.5	0.8 ~ 1.3				Ni0.8 ~ 1.3
ZAlSi5Cu6Mg	ZL110	4.0 ~ 6.0	5.0 ~ 8.0	0.2 ~ 0.5				
ZAlSi7Mg1A	ZL114A	6.5 ~ 7.5		0.45 ~ 0.60			0.10 ~ 0.20	Be0.04 ~ 0.07
ZAlSi5Zn1Mg	ZL115	4.8 ~ 6.2		0.4 ~ 0.65	1.2 ~ 1.8			Sb0.1 ~ 0.25
ZAlSi8MgBe	ZL116	6.5 ~ 8.5		0.35 ~ 0.55	0.10 ~ 0.30			Be0.15 ~ 0.40
ZAlCu5Mn	ZL201		4.5 ~ 5.3			0.6 ~ 1.0	0.15 ~ 0.35	
ZAlCu4	ZL203		4.0 ~ 5.0					
ZAlCu5MnCdA	ZL204A		4.6 ~ 5.3			0.6 ~ 0.9	0.15 ~ 0.35	Cd0.15 ~ 0.25

续表 6-8

合金牌号	合金代号	除铝以外的主要元素含量(质量分数)/%						
		Si	Cu	Mg	Zn	Mn	Ti	其 他
ZAlRE5Cu3Si2	ZL207	1.6~2.0	3.0~3.4	0.15~0.25		0.9~1.2		Ni0.2~0.3 RE4.4~5.0
ZAlMg10	ZL301			9.5~11.0				Er0.15~0.25
ZAlMg5Si1	ZL303	0.8~1.3		4.5~5.5		0.1~0.4		
ZAlMg8Zn1	ZL305			7.5~9.0	1.0~1.5		0.1~0.2	Be0.03~0.1
ZAlZn11Si7	ZL401	6.0~8.0		0.1~0.3	9.0~13.0			
ZAlZn6Mg	ZL402			0.5~0.65	5.0~6.5		0.15~0.25	

在铸造铝合金时加入稀土具有提高合金性能以及提高铸造产品的合格率等功能。如在ZL104铸造铝合金中加入不同量稀土金属后,使合金抗拉强度由260 MPa增加到300 MPa,布氏硬度(HB)由114增加到123,高温强度(300℃时)提高16%,因而被广泛应用于发动机的缸体、缸盖、曲轴、轴承盖等的铸件中,而且能大大提高产品的合格率。据某厂几年来废品统计表明,原用ZL104合金铸造发动机缸盖时,由于疏松、微孔、气孔、针孔、夹渣等导致废品率为8%~10%,而加入稀土后废品率仅为2%左右。又如某厂在铸造三轮摩托车发动机时使用了稀土铝合金,使产品的合格率,由原来的30%左右提高到了85%左右[57]。下面分别介绍稀土在几种铸造铝合金内的应用情况。

6.5.1.1 ZL101

ZL101A合金是应用较广泛的铝硅合金之一,由于其质轻,因此特别受到航空航天以及汽车工业的青睐,尤其是轿车、摩托车轮毂材料几乎都是用ZL101A合金。ZL101合金的特点是成分简单、容易熔炼和铸造、铸造性能好、气密性好、焊接和切削加工性能也比较好,但力学性能不高。适合铸造薄壁、大面积和形状复杂的、强度要求不高的各种零件,如泵的壳体、齿轮箱、仪表壳(框架)及家电产品上的零件等。ZL101合金经T6处理后,抗拉强度227.4 MPa,显微硬度102HV,伸长率2.6%。

A 加入复合稀土的影响

往ZL101合金加入混合稀土(Y60%,Ce27%,La8%)后,复合稀土能明显细化变质ZL101铸造合金中的共晶硅,使铸态合金中的共晶硅由长针片状转变为均匀分布的圆点,α-Al树枝晶也得到明显细化。合金的力学性能提高,抗拉强度达337.5 MPa,显微硬度117HV,伸长率5.8%[58]。

B 加入富镧混合稀土的影响[59]

富镧混合稀土是ZL101A合金的一种长效变质剂,它在细化共晶硅的同时,对初生α-Al也起到一定细化作用,该变质剂的合理加入量为0.12%~0.8%;富镧混合稀土在合金热处理条件下将比铸态产生更好的变质效果,突出表现在延伸率有较大幅度的提高;在控制合金的Fe含量小于0.30%条件下,用富镧混合稀土变质的ZL101A合金低压铸造整体车轮采用固溶热处理工艺,力学性能完全可以达到我国汽车行业规定的标准。

C 稀土La对ZL101合金的影响

稀土La对ZL101A合金的组织及力学性能有很大的影响[60],稀土La在ZL101A合金中具有很强的晶粒细化能力，图6-30所示为加入不同La含量下合金的宏观组织，从图中可以看出，加入适量的La(0.6%)可以将合金晶粒尺寸由未变质态的3 mm细化到1 mm。图6-31为不同La加入量的条件下，ZL101A合金经T6处理后的力学性能。当La添加量为0.6%时，合金的抗拉强度和伸长率均达到最高值(抗拉强度和伸长率分别为318 MPa和5.3%)，对La含量为0.6%的ZL101A合金的显微组织进行观测后发现，当稀土元素La添加量为0.6%时，合金中的共晶硅全部转变为点状。

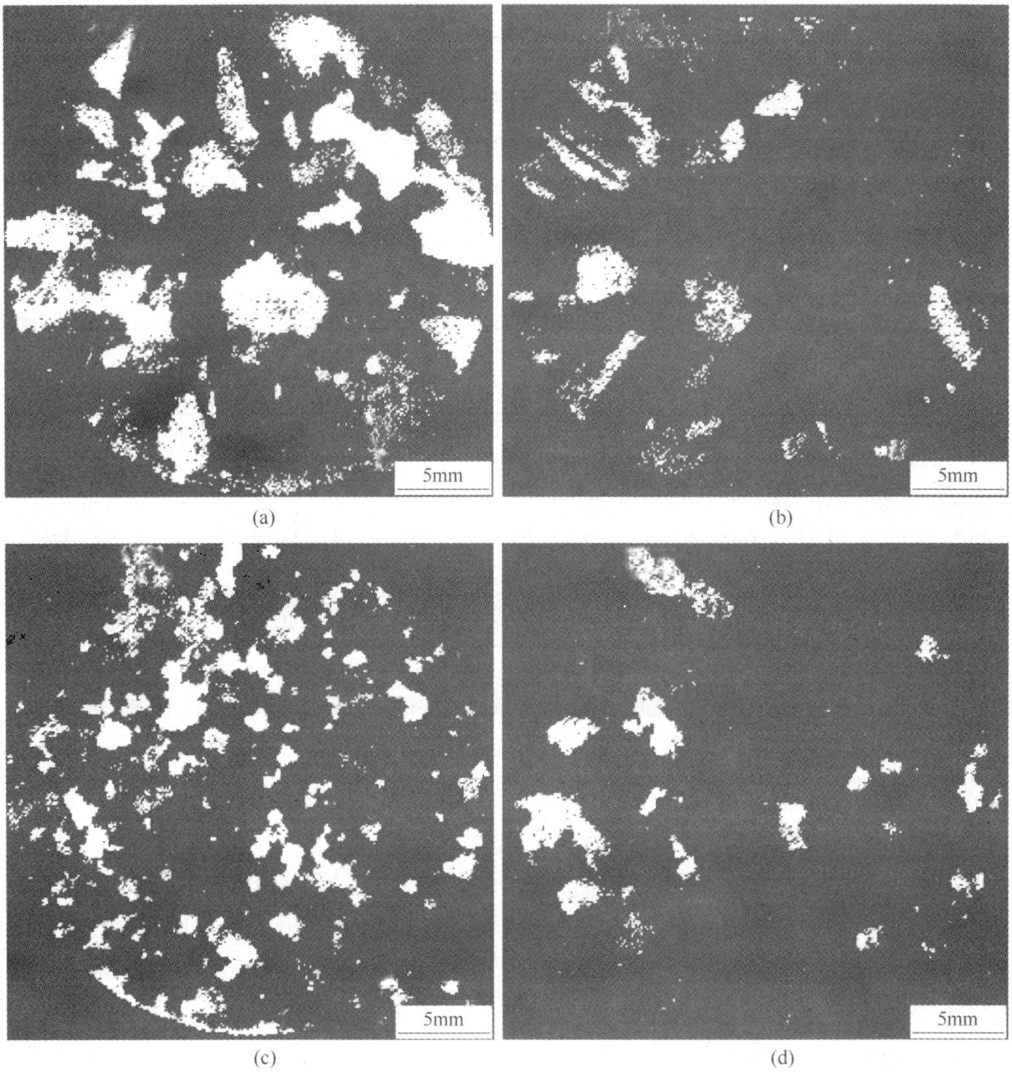

图6-30 不同La含量条件下，LZ101A合金的宏观组织

(a) La含量为0%；(b) La含量为0.2%；(c) La含量为0.6%；(d) La含量为0.8%

从图6-32中可以看出，在无变质处理的条件下，初生α-Al晶粒较粗大，晶粒平均等积圆直径约为50 μm左右，共晶硅形态为板片状或针片状的粗大组织，并有很少量的块状初生硅。在同样的浇铸条件下，加入稀土变质剂后，经过变质的ZL101合金其铸态组织中初生α-Al晶粒和共晶硅与未变质的组织形态有较大的差异。初生α-Al晶粒比较细小，晶

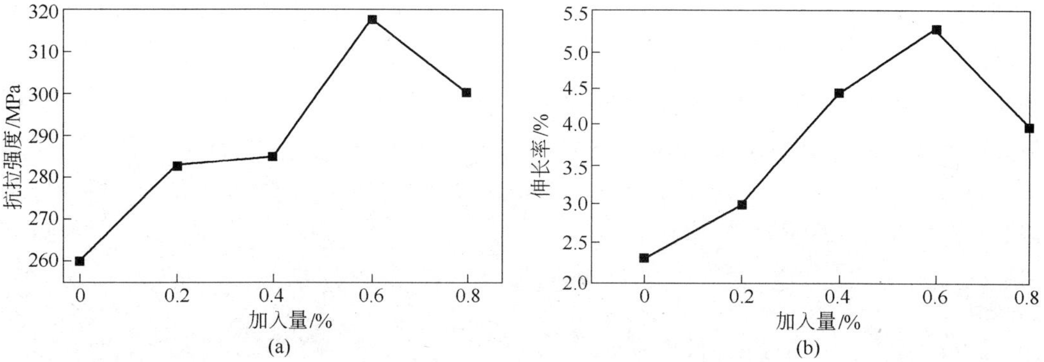

图 6-31 不同 La 含量条件下,LZ101A 合金的力学性能

(a) 抗拉强度;(b) 伸长率

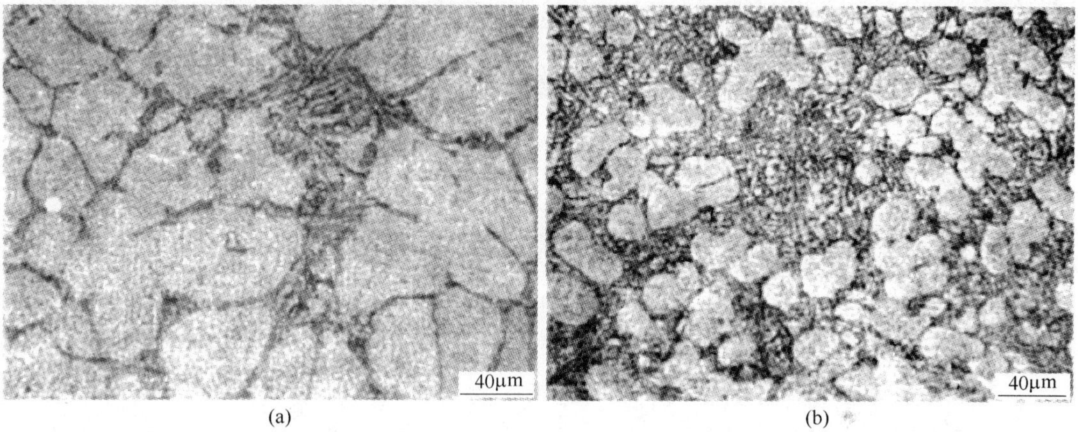

图 6-32 ZL101 合金内加入 1% 的稀土变质合金(Al-10% La)后合金的组织变化

(a) 变质处理前;(b) 变质处理后

粒数量明显增多,大部分初生 α-Al 晶粒被细化为等积圆直径在 30~45 μm 左右的等轴晶;共晶硅尺寸显著减小细化,弥散程度增加,同时其形态也发生较大变化,呈细小的短纤维状。说明一定量的 La 促进了 α-Al 形核生长,稀土 La 的变质效果较为理想。这些结果表明:La 对共晶 Si 有很好的变质作用,在抑制 Si 形核和生长的同时促进了较粗大的 α-Al 晶粒的形核,表现出细化与变质互相促进的作用。

6.5.1.2 ZL107

ZL107 合金成分为 Si6.8%, Cu3.8%,余量为 Al,ZL107 合金有优良的铸造性能和气密性能,力学性能也较好,焊接和切削加工性能一般,抗蚀性能稍差,适合制作承受一般动负荷或静负荷的结构件及有气密性要求的零件(如汽车轮毂、摩托车减震器底筒等)。

孟繁琴等人研究了稀土和碲共同对 ZL107 合金复合变质条件下合金组织的变化[62]。图 6-33 为稀土单独变质、碲单独变质以及稀土和碲复合变质的条件下分别获得的合金组织,经研究表明,单独加入稀土进行变质处理时,共晶硅由原来的较大片状随着稀土量的逐渐增加而逐渐细化、蠕化、颗粒化;单独加入碲进行变质处理时,共晶硅也会随着碲含量的增加而细化,变质后共晶硅已由较大片状变成分枝增多的片状组织,其变质效果没有稀土的变质效果明显;如果把稀土和碲一起对 ZL107 合金进行复合变质处理,变质效果比单一变质效果还要明显,组织更加细化(如图 6-33(c)所示)。经力学性能测试表明,经稀土和碲复合变质后,ZL107 合金的力学性能得到显著提高(抗拉强度和伸长率分别提高 32% 和 45%)。

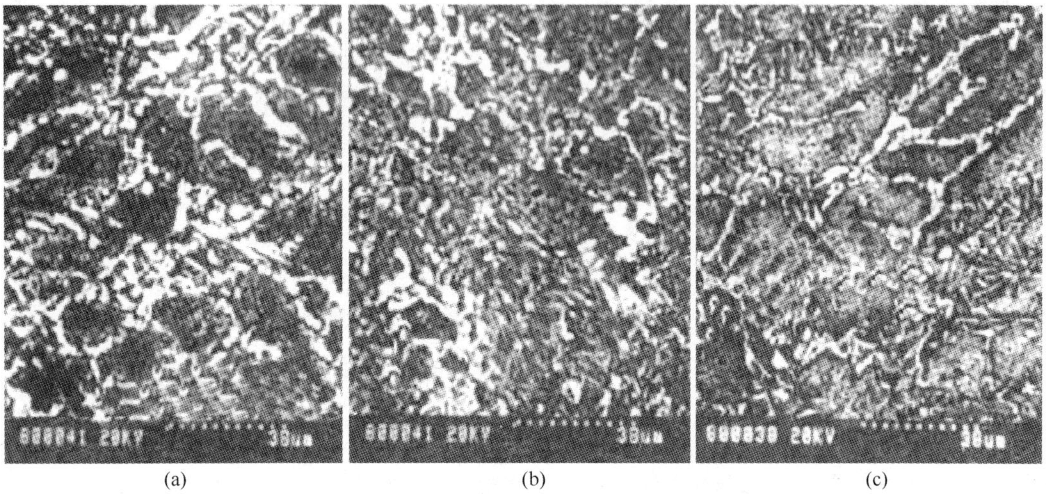

图 6-33 稀土和碲对于 ZL107 合金变质对合金组织的影响

(a) 稀土单独变质;(b) 碲单独变质;(c) 稀土和碲复合变质

陈玉勇等人利用氯化稀土变质剂对 GJ85 汽缸用材料 ZL107A 合金进行变质,并把其变质效果与 Al-RE 变质剂对合金的变质效果进行比较[63]。经氯化稀土变质剂对 ZL107A 合金进行处理后,GJ85 汽缸的表面颜色由暗淡银白色转变为黑亮银白色,改进了铸件的表面质量。图 6-34 是稀土以不同形式作为变质剂加入后对于 ZL107A 合金力学性能的影响,从图中可以看出,无论是对于合金的抗拉强度还是伸长率,当利用氯化稀土作为变质剂时对合金力学性能的提高均要比用 Al-RE 中间合金作为变质剂时的提高要明显,当加入 0.45% 的氯化稀土变质剂时,就能使合金的抗拉强度及伸长率分别提高 13% 和 25%,当氯化稀土变质剂的加入量为 0.8% 时,合金获得完全变质组织,可使抗拉强度及伸长率提高 28% 和 70%。

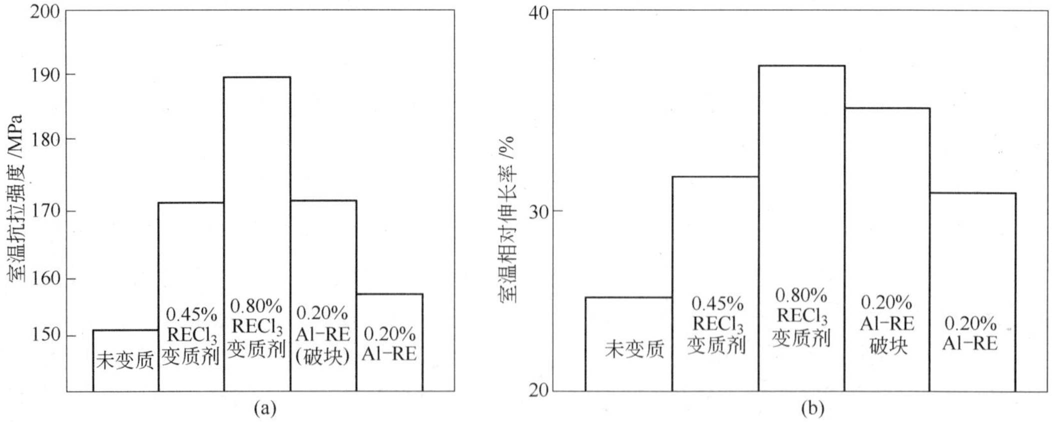

图 6-34 稀土以不同形式作为变质剂加入后对于 ZL107A 合金力学性能的影响

(a) 合金室温强度;(b) 合金的伸长率

对于ZL107A氯化稀土作为变质剂不但对合金的组织和力学性能的改善有很好的效果，而且对合金的净化有一定的效果。表6-9列出了不同变质条件下合金的针孔率，从表中可以看出，与未加稀土时的结果相比，在最佳效果时，可使合金针孔级别提高两级，使密度提高近2%，这说明稀土作为变质剂对铝硅合金变质时，不但不使合金吸气，反而降低合金含气量。因此采用稀土作为变质剂对铝合金进行变质处理时，可避免Na、Sr在变质铝硅合金时使合金熔体吸气，降低铸件品质的缺陷。

表6-9 不同变质剂条件下ZL107A合金的针孔率等级和密度

变质剂	合金针孔等级	合金密度/$g \cdot cm^{-3}$
未加变质剂	3	2.66
0.2% RE(Al-RE)	2	2.69
0.2% RE(Al-RE)(碎块)	1	2.71
0.45% $RECl_3$盐类变质剂	1	2.70
0.80% $RECl_3$盐类变质剂	1	2.71

6.5.1.3 ZL108

ZL108合金由于含Si量较高，又加入了Mg、Cu、Mn等，使合金的铸造性能优良，并且线膨胀系数小，耐磨性好，强度高，并具有较好的耐热性能，但抗蚀性稍低。主要用于制作内燃发动机的活塞及其他要求耐磨的零件以及要求尺寸、体积稳定的零件。

ZL108合金组织中的共晶硅呈粗大的针片状，分布于基体中的比例相当大，这种针片状的共晶硅较硬且脆，对基体的强度和韧性都有较大的危害性，因此其强度和韧性均较低。往ZL108合金内加入混合稀土后，其合金组织发生了变化，针片状的共晶硅已得到很好的细化，同时也使α-Al相得到一定程度的细化，如图6-35所示。稀土对于ZL108合金组织的影响也使合金的强度和韧性得以提高，如图6-36所示。不含稀土的ZL108合金的强度和伸长率分别为174.5 MPa和1.8%，加入混合稀土(加入量为0.3%)后，ZL108合金的强度和伸长率均有所提高，当处理时间达到5 min后，强度达213.39 MPa，合金的强度提高了23%，伸长率为3.23%，提高了79.4%，而且在继续延长处理时间，合金的力学性能虽有所下降，但下降不多，且下降后的力学性能仍比加入稀土前的力学性能高不少，说明稀土在ZL108合金内的作用具有长效性。

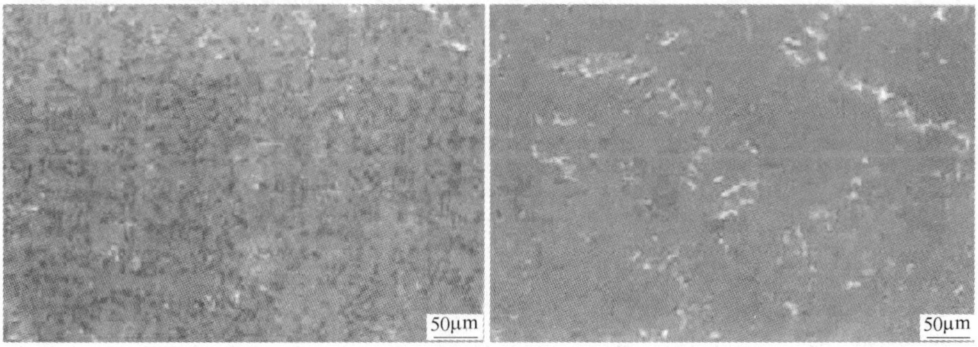

(a)　　(b)

图6-35 稀土对ZL108合金组织的影响

(a) 未加稀土；(b) 加稀土后

此外，稀土添加剂还可降低 ZL108 合金内的氢含量。稀土处理前试样中氢的总含量要略高于稀土处理后的样品，在未加入稀土时，合金中氢的总含量为 0.29 ml/100g(Al)，采用稀土处理后，合金中氢的总含量有所下降，但基本保持在相同的水平上，表明稀土加入后仍有相当部分的氢留在了合金中(见图 6-37)。结合稀土对合金力学性能及组织形态的改变情况，说明稀土的加入在改变合金组织的同时也改变了氢的存在状态。由于稀土的加入细化了合金组织，减小了二次枝晶的间距，提高了合金的抗拉强度和伸长率，降低了合金的针孔率，在冷却过程中使部分氢从合金中溢出，稀土与氢又比较容易形成稀土氢化物，可改变氢的存在状态，减少合金内部可能发生的游离氢聚集现象，有利于合金性能的提高[64]。

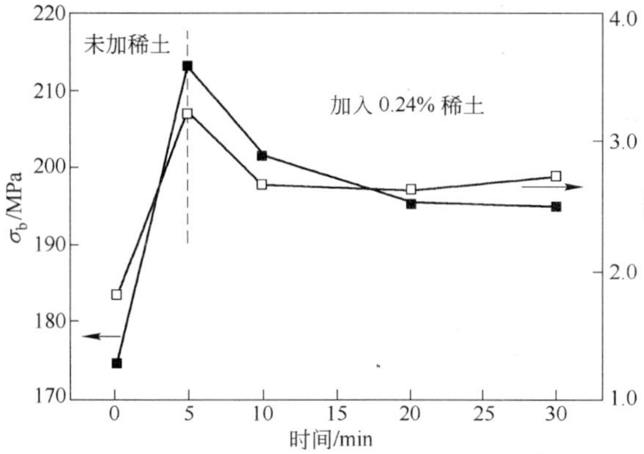

图 6-36 稀土对 ZL108 合金性能的影响

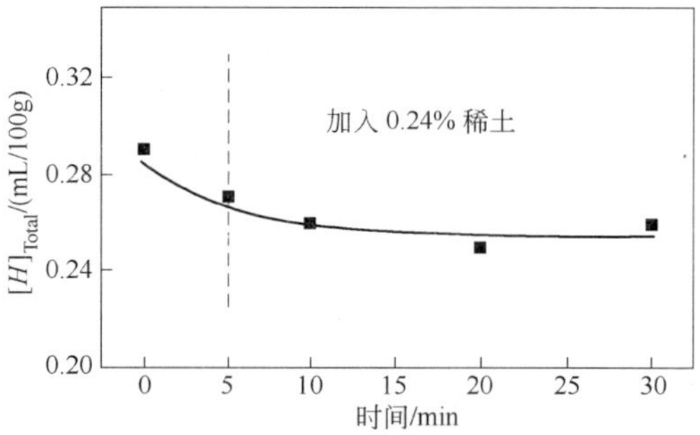

图 6-37 加入稀土不同时间后 ZL108 合金内的氢含量

图 6-38 所示为加入稀土添加剂前后 ZL108 合金的断口扫描电镜照片，从图中可以看出，未加稀土的 ZL108 铝合金断口表面呈准解理和韧窝状态，表现出脆性与韧性结合的混合断裂特征，这种局部区域内准解理花样向周围发散的现象遍布于整个断口。加入混合稀土处理合金 5 min 后样品的拉伸断口形貌，清晰地表明了断口的韧性特征，其上以韧窝为主，断面具有明显的塑性变形和撕裂的痕迹，脆性断裂的特征大大减少。说明稀土元素的加入细化了合金中的共晶硅和基体 α - Al，从而抑制了诱发合金脆性断裂的因素，提高了合金的力学性能。

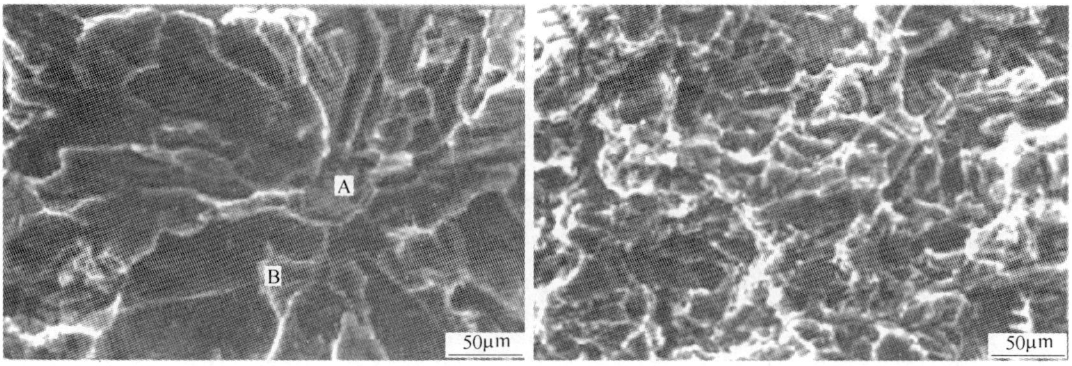

(a) (b)

图 6-38 稀土对 ZL108 合金断口组织的影响

(a) 未加稀土；(b) 加稀土后

经研究,利用 RE－Ba－P 复合变质剂对 ZL108 合金进行变质比单独利用 P 变质剂进行变质对于合金力学性能的提高效果要好。ZL108 合金经 RE－Ba－P 复合变质后,其 σ_b、HB 较 P 变质前分别提高 17% 和 13%(如表 6-10 所示)[65]。RE－Ba－P 复合变质后的初晶 Si 数量增多且进一步细化,组织分布更趋均匀,使合金力学性能提高。

表 6-10 不同变质条件下 ZL108 合金的力学性能

变质剂	σ_b/MPa	δ/%	硬度(HB)
未变质	192	0.8	86
P 变质	221	0.5	97
RE－Ba－P 复合变质	258.7	1.0	100

除了以上稀土对 ZL108 合金的作用外,在 ZL108 合金内的添加稀土还有利于改善合金的铸造性能[66]。La 不溶于 Al 和 Si,微量 La 全部与 Al 和 Si 作用,形成熔点较高的金属间化合物 Al_4La 和 LaSi 等,使收缩性变小,最终效果是 La 稀土和以改善 ZL108 合金的铸造性能(见表 6-11)。生产中常在 ZL108 合金中加入微量 Al－10% La 中间合金,不仅能同时提高 ZL108 合金的常温和高温力学性能,而且可以改善铸造性能。生产实践证明,不需要改变 ZL108 毛坯的铸造工艺和浇注工艺,选用该新材质没有给生产工艺带来任何不便。因纯 La 加入甚少,其成本要比加镍(1%)低得多,即使与加入混合稀土(1.5%)的相比,成本也是较低的。

表 6-11 La 对 ZL108 合金流动性及线收缩的影响

	螺旋线长度/mm			平均值/mm	线收缩率 ε_L/%	线收缩系数 α_L/℃$^{-1}$
未加 La	1235	1260	1200	1232	1.19	19.50×10^{-6}
加 La	1300	1220	1215	1245	1.05	16.72×10^{-6}

6.5.1.4 ZL109

ZL109 合金的成分、组织及性能均与 ZL108 相似,只是由于在 ZL108 合金成分的基础上添加了少量的 Ni,在合金组织内出现了 AlNiCu 骨骼状金属间化合物,使得 ZL109 强度和耐热性稍高于 ZL108。

ZL109 铝合金加入富铈混合稀土后,合金中 AlNiCu 骨骼状化合物的数目增加,该相在合金中所占的体积分数明显增大,同时出现了新的颗粒状 Al－Ce－La－Ni－Cu －Si 稀土化合物相,在合金内的 AlNiCu 骨骼状化合物和颗粒状 Al－Ce－La－Ni－Cu－Si 稀土化合相在高温下起到第二相强化作用,合金内的 AlNiCu 骨骼状化合物如图 6-39 所示,EPMA 分析还发现,RE 可以与 Ni、Cu、Al、Si 结合,形成一种新的金属间化合物,其形貌如图 6-40 所示。该化合物呈细小的颗粒状,尺寸 4 μm 左右。经 EDS 测试,此类颗粒状的相富含 Ce、La、Ni、Cu,不同于以往文献中报道过的 Al_8Cu_4Ce、$Al_{24}Cu_8CeMn$、LaAl4 等铝合金中的稀土化合物,是一种新的稀土化合物,该颗粒状化合物的形成为 ZL109 合金的进一步强化开辟了新思路[67]。加入混合稀土的合金室温强度提高不大,但在 300℃、350℃下,强度提高较明显,平均分别达到 123.8 MPa 和 76.52 MPa,分别比原来提高 17.1% 和 15%。

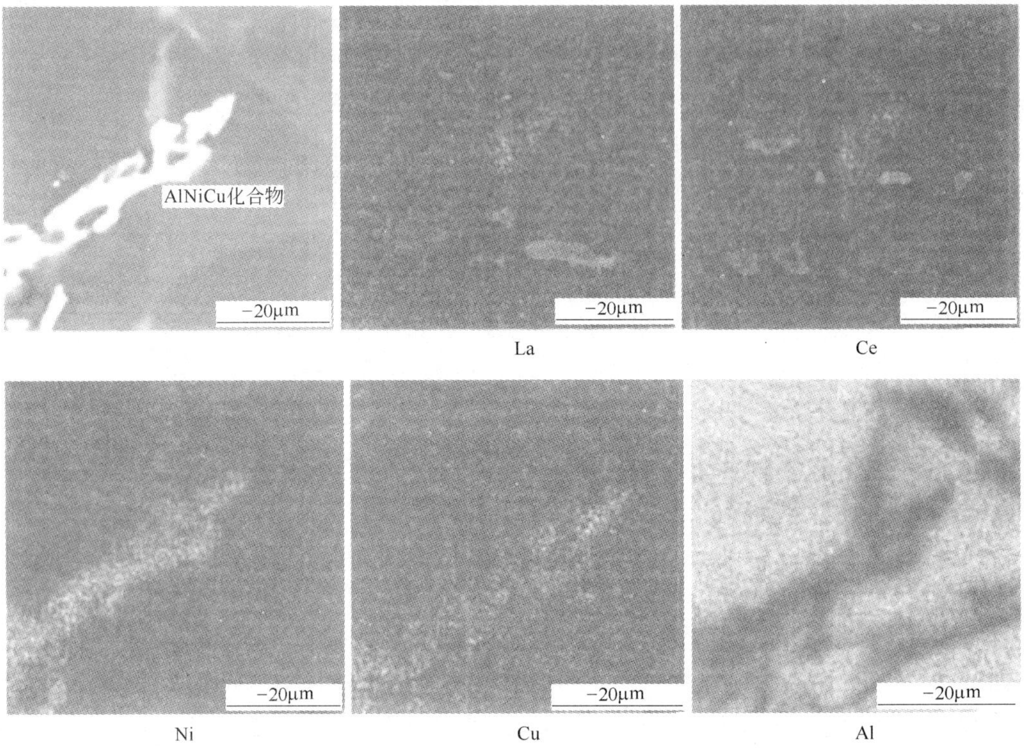

图 6-39 ZL109 合金内 AlNiCu 骨骼状化合相的形貌及 EPMA 照片

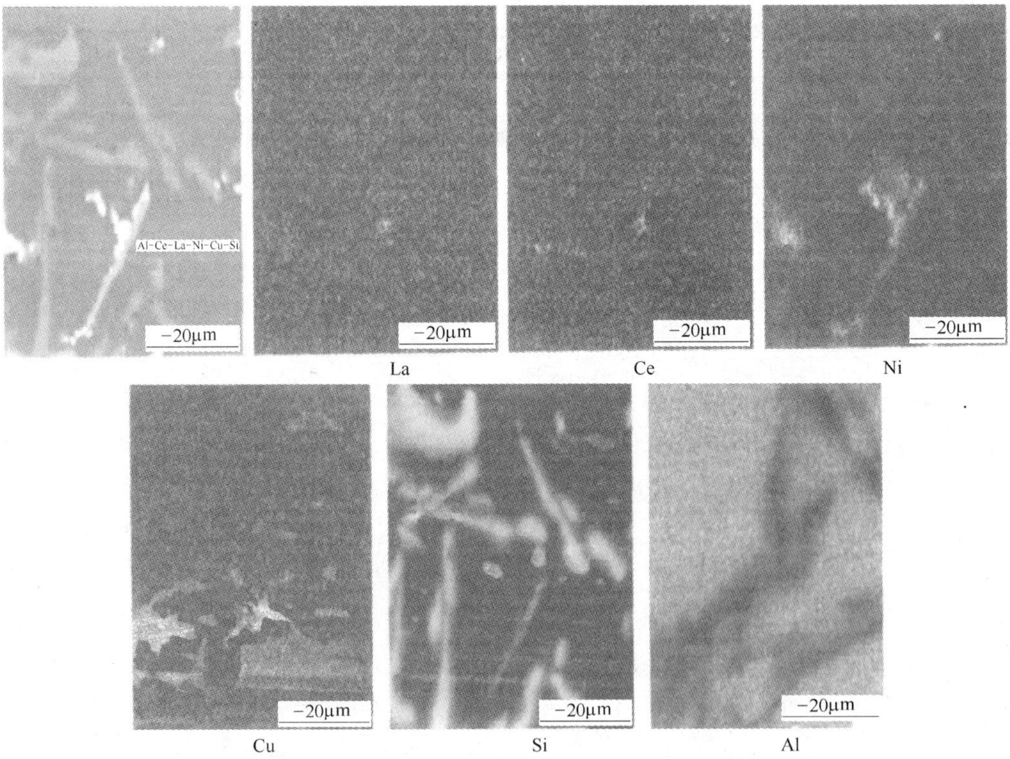

图 6-40 加入混合稀土后合金中形成的稀土化合相及其 EPMA 分析

黄鹰[68]在研究稀土 Pr 对 $Al_2O_3-SiO_2$(sf)/ZL109 复合材料组织及性能的影响时发现:未加稀土元素的复合材料中的共晶硅主要分布在短纤维之间的位置,远离纤维的地方共晶硅分布稀少,共晶硅主要呈现长条状形态。而随着稀土元素的加入,复合材料基体上的共晶硅的形态发生变化,随着稀土加入量的增加,长条状的共晶硅逐渐变为块状的共晶硅。这些组织的变化将对材料的力学性能产生影响,表 6-12 列出了稀土的增加对复合材料耐磨性的影响。

表 6-12 不同稀土含量复合材料的摩擦磨损

稀土含量/%	磨损体积 $\Delta V/mm^3$	磨损率 $W_s/mm^3\cdot m^{-1}$
0.0	2.51	14.17×10^{-4}
0.19	2.32	13.09×10^{-4}
0.29	1.48	8.35×10^{-4}
0.44	1.14	6.44×10^{-4}
0.73	0.64	3.61×10^{-4}

6.5.1.5 ZL203

由于 ZL203 合金属于铝铜合金,铜在合金内的作用使合金具有较强的时效硬化能力和热稳定性,随着铜含量的提高,热处理后的强化效果迅速提高。但由于合金内 Si 的含量极低,流动性稍差,热裂倾向较大,抗蚀性也比较差,但有较好的高温强度和焊接及切削加工性能。适合于工作温度在 250℃以下承受载荷不大的零件以及常温下有较大载荷的零件,如仪表零件,曲轴箱体等。

ZL203 铝合金加入富铈混合稀土的量低于 0.1% 时,合金的铸态组织被细化,不同的稀土加入量与 ZL203 合金显微组织晶粒尺寸之间的关系如表 6-13 所示,当加入量大于 0.1% 时,晶粒细化作用逐渐减弱[69]。这是由于稀土元素在 LZ203 中的溶解度很小,当稀土的含量适当时,形成高温下稳定的微质点弥散分布在铝铜合金的熔液中,结晶开始后有些质点作为结晶核心,提高了形核率,此外,有些质点分布在晶界处,可有效地阻止晶粒长大。当稀土含量过多时,形成硬脆的针状稀土化合物,不能作为形核的中心,反而形成穿晶和沿晶混合分布的脆性相,从而降低合金力学性能。稀土加入量与 ZL203 合金力学性能(热处理态,510℃,10~15 h,水淬,然后 130℃,24 h,空冷)之间的关系如表 6-14 所示,由表中可知,与稀土含量对合金晶粒尺寸的影响规律一样,合金的力学性能指标先随稀土含量的增加而相应提高,当稀土加入量为 0.1% 时,合金的力学性能指标均达到最高值,此时,合金强度达 271.8 MPa,比未加稀土的合金提高 30% 左右,伸长率 20%(比未加稀土时的合金提高 3 倍多),硬度值为 78.3HB。从稀土对力学性能影响的试验结果中还可以看出,在这三个力学性能指标中,稀土元素的添加对于合金的塑性改善是最显著的,这是由于在 ZL203 合金内,含有 4%~5% Cu,合金内的第二相主要是 $CuAl_2$ 相,在不加稀土时,此相在合金内呈封闭网状分布,使合金变脆,加入稀土元素后,使得该相的网络变薄,甚至可以呈不完全连续网状(如图 6-41 所示),这些都有利于改善合金的塑性[70]。

表 6-13 不同稀土加入量时 ZL203 合金的晶粒尺寸

稀土含量/%	0	0.02	0.04	0.08	0.10	0.15
晶粒尺寸/μm	42.7	33.5	30.4	29.6	24.5	25.2
	44.5	31.9	29.0	26.2	23.3	29.4

表 6-14 不同稀土加入量时 ZL203 合金的力学性能

稀土含量/%	0	0.02	0.04	0.08	0.10	0.15
抗拉强度 σ_b/MPa	209.8	219.6	225.9	269.2	271.8	247.9
伸长率/%	6	16	14.3	18	20	16.7
硬度(HB)	61.2	59.2	64.6	70.2	78.3	76.3

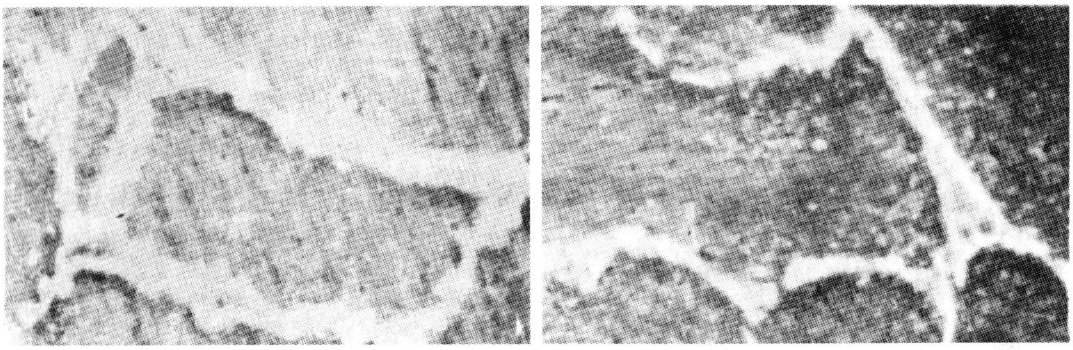

(a) (b)

图 6-41 稀土对 ZL203 合金组织结构的影响

(a) 未加稀土;(b) 加稀土

6.5.1.6 ZL204A

ZL204A 合金是高纯度、高强度铸造 Al - Cu 合金,有较好的塑性和较好的焊接和切削加工性能,但铸造性能较差。适用于具有较大载荷的结构件,如支撑座、支臂等零件。

在 ZL204A 合金内添加富铈混合稀土,对于合金的力学性能影响不大,但能有效地提高合金的铸造性能[71],如图 6-42 所示。随着稀土量的增加,合金的抗拉强度和伸长率呈现较缓慢的下降趋势。稀土加入量为 0.5% 左右时,抗拉强度为 514 MPa,伸长率为 5.8% 。但当稀土加入量超过 0.5% 时,抗拉强度下降程度增大。因而,在合金内加入的稀土量小于 0.5% 时,稀土对合金的力学性能影响较小,并能满足铝合金技术条件的要求。

图 6-43 为不同稀土加入量条件下合金熔体的流动性能,从图中可以看出,随着稀土量的增加,合金的流动性增强,并在 0.3% ~0.5% RE 时提高幅度较大。超过 0.5% 后,流动性的增加较为平缓。随着稀土量的增加,合金的热裂倾向性下降,当稀土加入量为 0.5% 时,未出现热裂纹的最大环宽为 22.5 mm。

图 6-44 为加入不同稀土含量时的金相照片,从图中可以看出,随着稀土加入量的增加,晶间出现骨骼状的化合物,利用电子探针对合金中的 Cu、Mn 和 Ce 进行微区和面分布分析发现(如图 6-45 所示),金相组织中出现的骨骼状化合物为 Al_8CuCe 和 $Al_{24}Cu_3Ce_3Mn$,且这两种化合物均分布于晶界处。这些稀土化合物的出现使得铜在固溶体中的溶解度下降,造成基体在热处理过程中的强化效果减弱。同时,由于这些稀土化合物分布于晶间,合金在变形时,对晶界的滑移有一定的阻碍作用,随着这些晶间化合物数量的增多,对晶间的封闭

作用增大,合金的伸长率下降。因此,在合金中加入少量的稀土(<0.5%)时,对力学性能的影响较小,但稀土的加入量超过一定值时,对合金力学性能的影响程度增大。

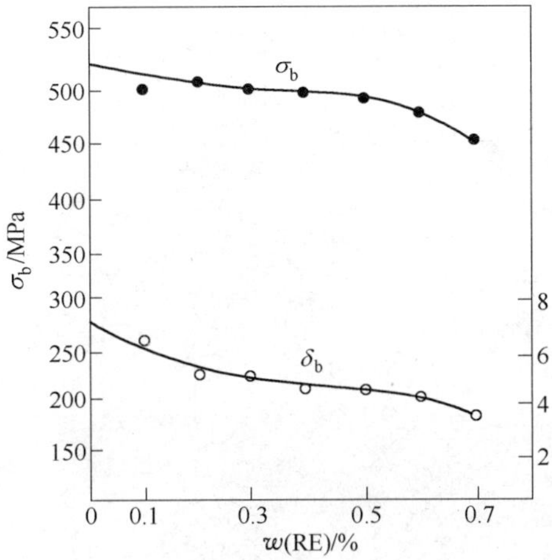

图 6-42 稀土含量与 ZL204A 合金力学性能的关系

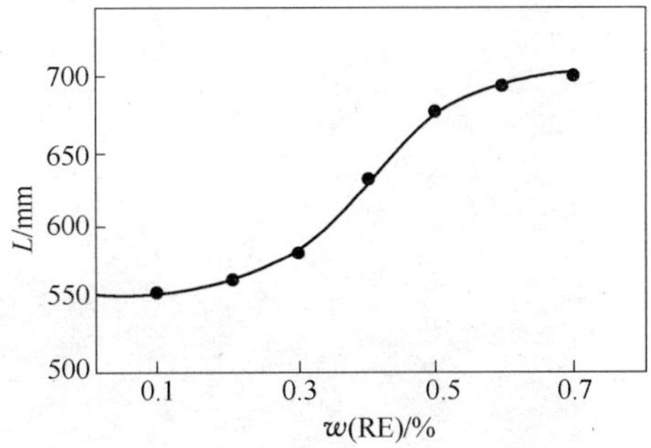

图 6-43 稀土含量与 ZL204A 合金熔体流动性能之间的关系

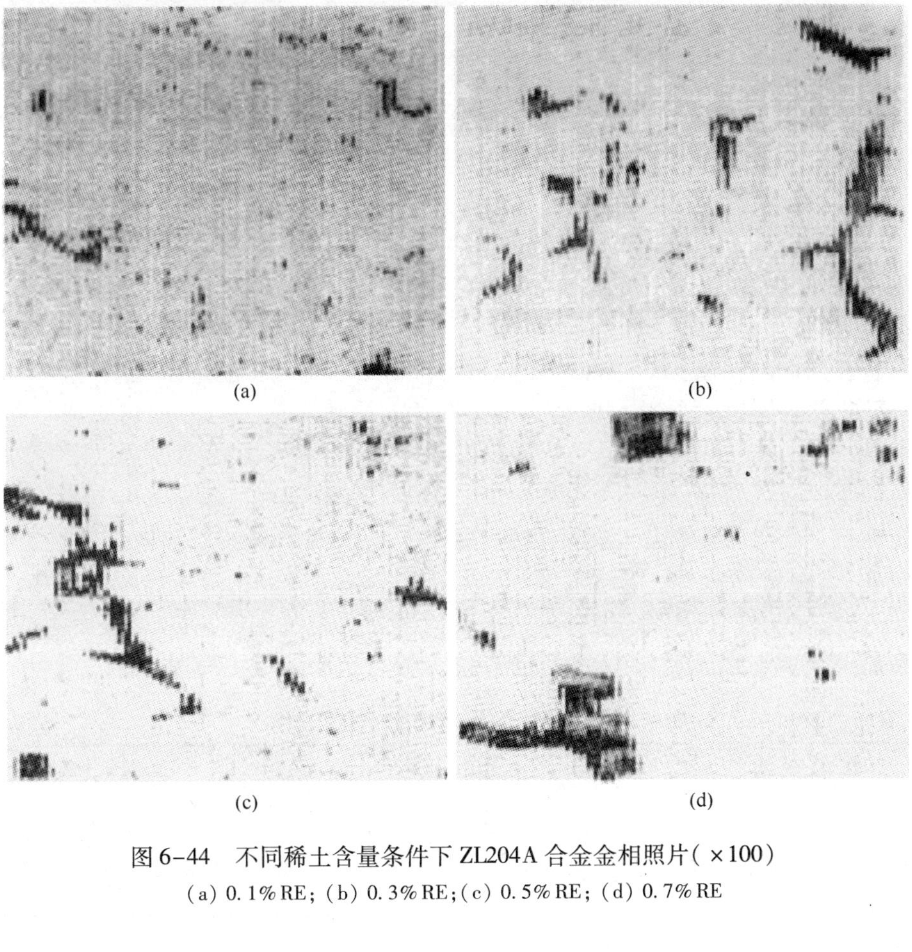

图 6-44 不同稀土含量条件下 ZL204A 合金金相照片(×100)

(a) 0.1% RE; (b) 0.3% RE; (c) 0.5% RE; (d) 0.7% RE

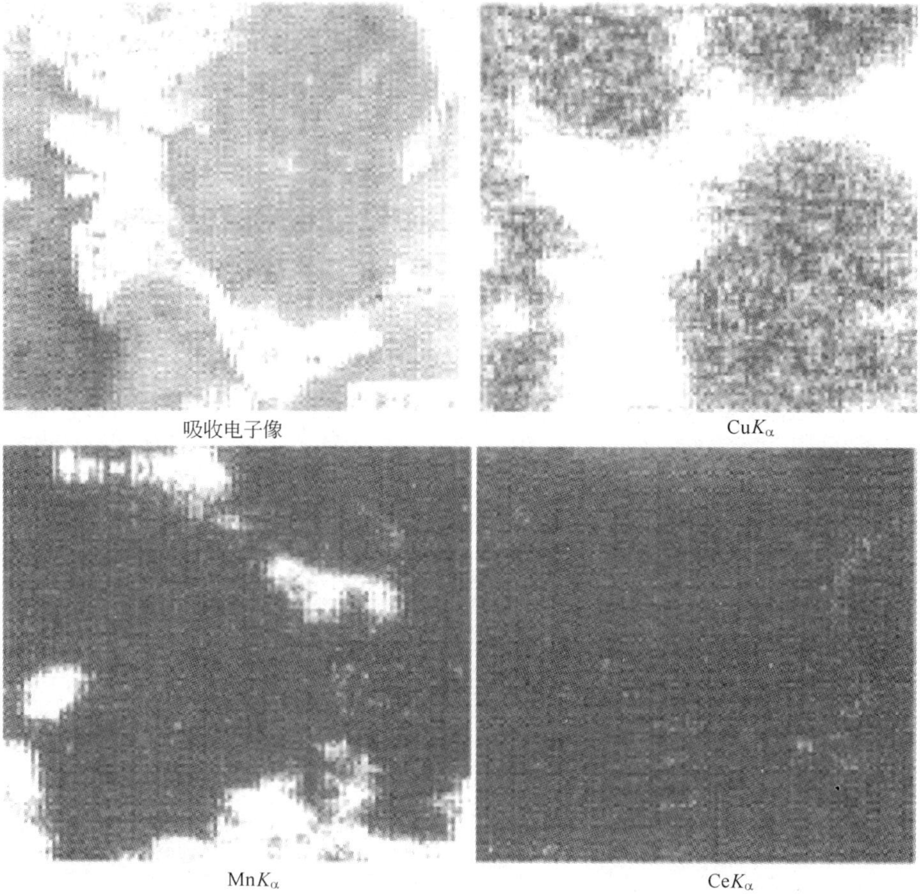

图 6-45 利用电子探针对合金中的 Cu、Mn 和 Ce 进行微区和面分布分析

由于稀土化合物均分布于晶界，说明合金在凝固过程中，稀土富集于液固接口前沿，使成分过冷增大，促使枝晶细化，这样可以使枝晶连成骨架的温度推迟，从而使得在合金凝固过程中有较长时间对由凝固产生的收缩进行补缩，同时减少了合金在凝固过程中的收缩变形量，提高了合金抗热裂的能力，使合金的铸造性能得到改善。

6.5.2 稀土在变形铝合金中的应用

稀土在变形铝合金中的应用发展迅速，取得了很好的经济效益和社会效益。特别是在铝电线电缆、铝制品、铝纱窗、铝建筑型材和铝活塞合金等领域的应用已经很成熟，但稀土在高强耐热合金、超塑性合金、铝锂合金、高强度低密度的非晶合金、铝合金表面耐蚀性等方面的开发和研究需要加强。表 6-15 为稀土在变形铝合金中的应用简况。

表 6-15 稀土在变形铝合金中的应用情况[71]

应用领域	组分	效果和特点
高强电缆（高压输电线和电车线）	Al - Mg - Si - RE，纯铝等	强度高，质量轻，弧垂性好，使用寿命长
高导电铝导体（铝绞线，钢芯铝绞线，铝母排，铝盘条）	Al - RE（RE 为富铈或富镧混合稀土）	提高导电率，减少输电损耗，降低断头率

续表 6-15

应用领域	组分	效果和特点
耐热铝导线(变电站母线或大电流输电线)	Al - Zr - RE(RE 为 Y, La 或混合稀土)	提高使用温度、改善耐热耐震性,载流量为一般铝线的 1 ~ 2 倍
铝制品(铝锅、壶、盖、桶、易拉罐、洗衣机内胆等)	Al - RE, Al - Mg - RE, Al - Mn - RE(RE 为富 La 或富铈混合稀土)	除气除杂、细化晶粒,提高强度、硬度、耐蚀能力和成品率
铝箔和薄板(用作电容或包装,工业用铝薄板 0.5 ~ 1 mm)	Al - RE(RE 为混合稀土, Y, Nd, Ce)	除气,细化组织,提高热轧和冷轧带板的变形塑性,减少断带,提高电容性能
铝镁合金(用于仪表框架、外壳、拉链、计算机铝合金磁盘基片)	Al - Mg - RE, Al - Mg - Zn - Cu - RE(RE 为混合稀土, Ce, Y)	提高耐蚀性和光洁度,减少热轧板材强度各向异性
铝锌超塑合金	Al - Zn - Mg - RE	提高超塑性,降低变形阻力,大幅度提高超塑性变形速度
铝合金纱网(窗纱和水产品养殖护网)	Al - Mg - Si - RE(RE 为混合轻稀土)	提高耐蚀性、强度和白亮度
建筑型材铝合金	Al - Mg - Si - Fe - RE(RE6063 合金)	除气除杂,细化晶粒、枝晶和晶间析出物,强化晶界,提高耐蚀性和表面光洁度,降低热变形阻力
高强铝合金(用于自行车、羽毛球拍、棒球棒和纺织导轨等)	Al - ZnMg - RE AL - Mg - Cu - RE Al - Sc	除气除杂,细化组织,大幅度提高热塑性,改善加工性能

6.5.2.1 稀土在导电铝材中的应用

近代量子力学的理论认为,电子在金属内的运动可用波动力学来解释[69]:在外电场作用下,电子波沿着金属内部传播时,碰到晶格结点的障碍造成散射即形成电阻;当温度升高时,金属晶格振动振幅加大,使其原来排列整齐的晶格的规律性遭到破坏,因而使电子波在其中传播时受到的阻力增强,导致电阻增加。

由于我国铝土矿含硅量高,因而我国生产的电解铝一般含硅量均在 0.1% 以上,比国外的电解铝(Si 含量为 0.08%)含硅量高,影响了铝的性能,不能用作电工用铝。我国广大科研工作者努力攻关,开展了稀土铝导体的研发。

广东有色院汪良宣等首先从事这方面的研究工作[73]。图 6-46 和表 6-16 为稀土含量对铝合金导电性能的影响,从结果可以看出,稀土可以在一定程度上改善含硅的工业铝和 Al - Mg - Si 合金的导电性能,但稀土对高纯铝的导电率却是有害无益的。各种稀土对于工业纯铝的电阻率具有相似的影响,但加入过量反而导致恶化。稀土改善含硅量较高的工业纯铝的导电性

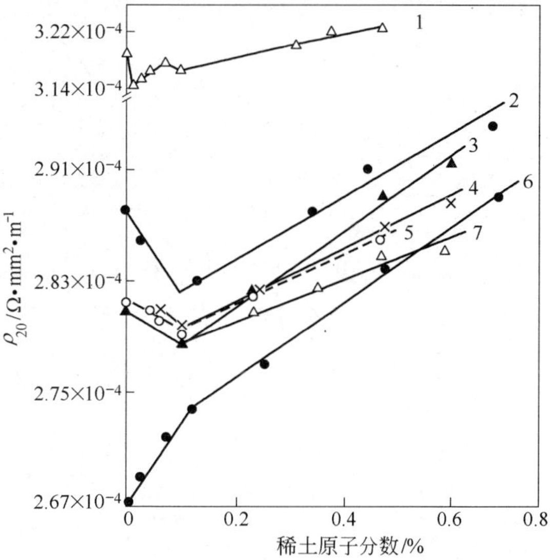

图 6-46 稀土用量与电阻率之间的关系

1—Al - Mg - Si - 混合轻稀土;2—A0 - 富钇稀土;3—A00 - 混合轻稀土;4—A00 - La;5—A00 - 富铈稀土;6—高纯铝 - Ce;7—A00 - Ce

能，主要是因为稀土与固溶在铝中的硅形成稳定的 Ce_5Si_3 类化合物，改变了硅的存在状态，从而相对提高了铝的导电性能，此外，稀土对合金的除杂效果也是提高铝材的导电性能的原因之一。

表 6-16　稀土除杂效果与电阻率关系

稀土量/%	杂质含量/%				电阻率 ρ_{20} /Ω · mm² · m⁻¹
	Fe	Si	H_2	O_2	
0.0	0.109	0.109	0.0069	0.019	28.592×10^{-3}
0.5	0.111	0.113	0.0044	0.027	27.898×10^{-3}
1.2	0.121	0.101	0.0052	0.022	28.114×10^{-3}
1.8	0.131	0.100	0.0072	0.031	28.304×10^{-3}

图 6-47 是分别在两种不同加工工艺下加入不同含量和种类的稀土对合金导电性能的影响[74]。图中工艺Ⅰ为：铸锭经车削后在拔丝机经过 16 道次冷拔，制成 $\phi2.28$ mm 的铝导线；工艺Ⅱ为：熔炼工艺同工艺Ⅰ，把熔炼好的铝液浇入铁模，制成 $\phi50\times50$ mm 的铝锭，然后在 400℃下预热 2 h，在挤压机上挤成 $\phi9.5$ mm 的铝杆，然后冷拔成 $\phi2.28$ mm 的铝导线。Al－1 试样所用的铝材为特一级铝；Al－2 试样所用的铝材为普通工业纯铝。

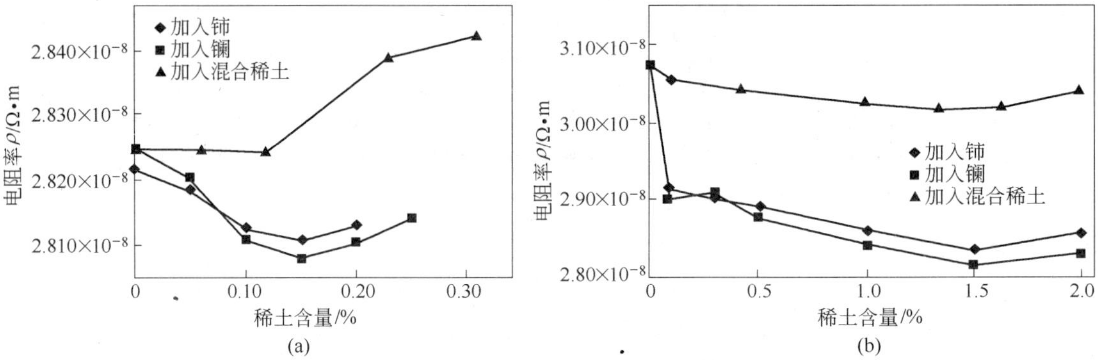

图 6-47　不同加工工艺、不同稀土添加条件下试样的电阻率

(a) 工艺Ⅰ制备 Al－1 试样稀土含量与电阻率的关系；(b) 工艺Ⅱ制备 Al－2 试样稀土含量与电阻率的关系

由图 6-47 可以看出，混合稀土加到特一级铝中，随着加入量的增加而铝导体的电阻率不但没有下降，反而上升；而加到普通工业纯铝中，铝导体的电阻率略有改善，如添加 1.32% 混合稀土时，电阻率降至 3.0157×10^{-8} Ω · m，降低了 1.8%，但添加量继续增加就会使电阻率升高。

用单一铈、镧加到特一级铝中，开始随着加入量的增加，铝导体电阻率有明显下降；当添加量接近 0.15% 时，单一铈可使电阻率降至最低值 2.8106×10^{-8} Ω · m，而单一镧可使其电阻率降到 2.8081×10^{-8} Ω · m；如果添加量超过 0.15%，电阻率就呈现上升趋势；与加入到特一级纯铝中相比，铈、镧加入普通工业纯铝中对电阻率的影响有同样规律，只是稀土元素的最佳添加量应为 1.5%。

已有的金属导电理论认为，金属的晶体越完整，异类原子等引起的晶格畸变、晶界等缺陷越少，其电阻越小；杂质元素在金属中以固溶态存在时，对导体电阻率的增大作用远大于析出态。

对于加入稀土元素的工业纯铝，经金相组织分析，并对晶粒内部晶界进行透射、衍射和能谱分析，发现有如下现象：

（1）铝中的晶粒被细化，稀土的加入量小于0.5%时细化尤为明显；

（2）加铈后，经透射、衍射分析发现，铝的晶粒内部出现短柄状相和球状颗粒相（如图6-48和图6-49），可推断这两种相分别为$SiCe_5$相和CeSi相，这表明添加稀土元素铈后，原来固溶在铝中的硅从固溶态变为析出态，这将明显地降低铝的电阻率。

（3）加入稀土后，合金的晶界形态有所改变，工业纯铝的晶界为网络状（（Al）+针状物（$FeAl_3$）），而添加稀土后晶界的针状物（$FeAl_3$）变成了沿晶界分布的断续长条相（$Al_{10}FeCe$），即铁由一种化合态变为另一种化合态，这对铝的电阻率不会有太大的影响。

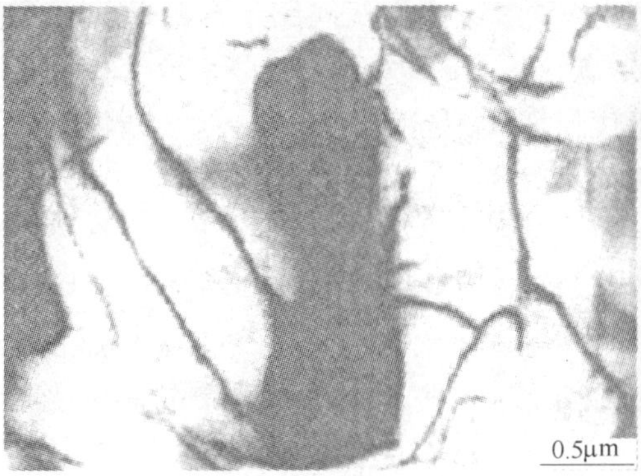

(a)

(b)

图6-48 合金晶粒内析出柄状相（$SiCe_5$）的SEM形貌及其衍射花样（1.0% Ce）
（a）SEM形貌；（b）衍射花样（1.0% Ce）

综合以上三个因素，在纯铝中添加铈、镧和混合稀土后对于纯铝电阻率的影响规律将如图6-47所示，纯铝中杂质元素硅从固溶态中脱析出来转变为析出态是添加稀土使铝导体电阻率降低的主要原因，尤其在含硅量较高的工业纯铝中添加铈或镧时铝材电阻率下降的原因更是如此。

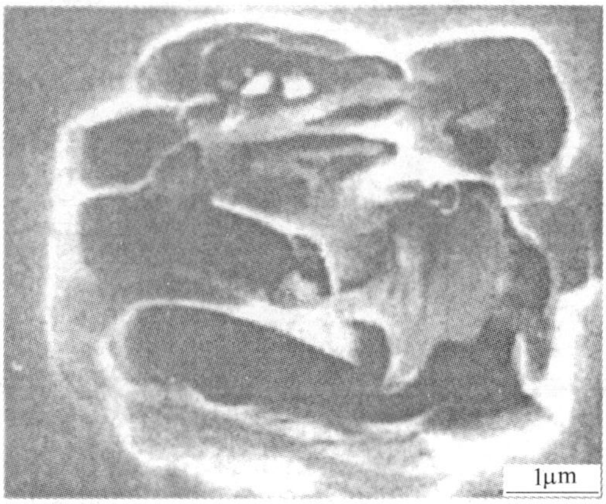

图6-49 晶粒内析出球状相（CeSi）的SEM形貌（2.0% Ce）

对于导体材料，除了要求其具有良好的导电性能外，在一些使用环境下，还要求具有一定的强度和耐热性，如在架空输电线上使用的导线，即要求具有一定的强度，在某些高压输电或高压设备上使用的导体材料，则要求具有良好的耐热性。

在架空输电线上使用的导线，对于导线有一定的强度要求以支持其自身的重量及外来的自然载重（风荷载、冰荷载）[75]。在大跨距高压架空输电线路上，目前使用最多的是钢芯铝合金绞线，该种导线的生产和应用技术基本成熟，但其耐热性能、抗腐蚀能力相对较弱，线路的输电容量受到一定限制[76]。随着科技的高速发展,在线路上用高强耐热铝合金绞线代替钢芯铝合金绞线已在国际上受到普遍关注。

为获得高强耐热的全铝导线,我国对稀土铝材进行了科技攻关[77~78],目前,我国高导电稀土铝合金(Al－Si－Mg－RE, Al－RE)取得了突破性进展,稀土铝合金产量达到几十万吨规模,且这些高导电稀土铝合金裸绞线已在110 kV 和35 kV 输电线路上获得应用。普铝加稀土后的电阻率可达到国际电工委员会标准 $28.26\times10^{-8}\ \Omega\cdot m$,比国内旧标准降低3%。高导电稀土铝合金的成品率较普铝提高3% ~5%。采用高导电稀土铝合金线架设的110kV 输电线路,每年每百公里降低线路电能损耗36.25 万度电。

在含Zr量为0.1% ~0.5%的铝合金中添加少量的铈、混合稀土、钇、或其他稀土金属制成的高强度稀土铝合金导线,具有高的抗拉强度、耐热、耐震和抗腐蚀性能,而不影响导电率,这类合金材料已用于35kV 和10kV 输电线及12 路载波通信线路上。这些产品在数年的使用过程中经历过12 级以上的台风及盐雾的袭击,仍安然无恙。这些铝合金导线由于强度高,不用钢芯加强即可使用,因而节省了大量优质镀锌钢丝。采用这种合金线做高频载波通信线,由于电气性能好,线路中的增音站可减少1/3 左右。

稀土耐热铝合金导线是在铝中添加少量的锆和稀土元素制成的。稀土元素在铝中除了起细化晶粒、除气净化作用外,还与锆一起形成较多细小且均匀分布的高熔点金属间化合物,从而促进了铝再结晶温度的提高。纯铝导线的连续使用温度只有90℃,而稀土铝合金耐热导线连续使用温度可达150℃。稀土耐热铝合金与日本TAL 型耐热铝合金线性能比较见表6-17。含有约0.2%混合稀土金属的Al－(0.1 ~0.5)Zr 合金在200℃经过2 h 后,其强度和室温时强度相同。

表6-17 耐热铝导线材料性能比较

合 金 型 号	TAL(日本)	NRLH58(中国)
抗拉强度/MPa	>157	177.5
伸长率/%	>2.0	3.6
导电率/%	>58	>58
电阻温度系数/K^{-1}	0.0039	0.0039
线膨胀系数/K^{-1}	2.3×10^{-6}	2.3×10^{-6}
强度残存率/%	>90	97
长期使用温度/℃	150	150

由于稀土对导电性能有很好的影响,使原来不能用作导体材料的工业纯铝,通过添加稀土,可以使其成为符合国际电工标准的电工材料。例如:工业纯铝制成的导线,当硅和铁等主要杂质含量为0.3%时,显著降低了铝的塑性、耐腐蚀性和导电性;当铝中添加0.1% ~0.5%(有的资料认为稀土加入量不宜超过0.3%)稀土时,可使其导电率提高0.5% ~3%,铝中硅、铁含量高达0.3%时,其导电率仍符合IEC 的规定。

综上所述,稀土在铝材导体材料中具有显著提高其导电性能、力学性能、耐热性能等综合性能的作用。

6.5.2.2 稀土在铝箔材料中的应用

铝箔材料在现代工业发展过程中具有重要的地位，其应用范围很广，归结起来主要在四个领域内具有广泛应用[79]：(1)汽车用复合箔。汽车用箔有两种，一种是汽车空调器用复合箔，另一种是汽车散热器用复合箔，用于制造汽车水箱散热器、汽车冷凝器和蒸发器。(2)药箔。医药包装铝箔主要包括水剂、针剂的易开型瓶盖和药用 PTP 铝箔，由于 PTP 铝箔具有防潮、携带方便、安全卫生等优点，在国际医药行业应用非常广泛。(3)软包装铝箔。软包装是利用软复合包装材料制成的袋式容器，软包装的出现极大地提高了食品饮料业的机械化、自动化水平，加快了人们饮食生活的现代化、社会化进程，在发达国家，软包装已成为食品、饮料的主要包装形式之一，在一定范围之内取代了罐装和瓶装。(4)电解电容器用铝箔。电解电容器所用铝箔是一种在苛刻的腐蚀条件下工作的材料，对铝箔的组织结构有较高的要求，所用铝箔分为阴极箔、高压箔和低压箔三种。阴极箔厚度为 0.015 ~ 0.06 mm，高压箔厚度为 0.065 ~ 0.1 mm，要求铝箔用高纯铝生产；低压箔厚度为 0.06 ~ 0.1 mm。

在铝箔材料中加入稀土可改善铝箔的腐蚀性能和力学性能，有研究表明[80]，在高纯铝中添加微量稀土 Ce，可提高阳极铝箔中再结晶立方织构的组分，进而提高铝箔的比电容。根据电容公式 $C=\varepsilon_0 \cdot \varepsilon_r \cdot S/d$ 可知，电容的大小与介电常数 ε、表面积 S、距离 d 有关系，因此，增加铝箔表面积可提高铝箔电容器的电容。为了获得较大的比表面积，在铝箔制备及热处理后要求获得较多的立方织构即{100}〈001〉织构，由于{100}面的〈001〉方向的弹性模量最小，强度最低，表明在该方向上的原子间的结合力最差，在腐蚀介质中通直流电作用下腐蚀便在{100}面上沿〈001〉方向扩展，形成柱状腐蚀隧道，有效地增加了比电容值。

在高纯铝箔内添加不同量的 Ce 后，将铝箔在 18 V 的电压下通直流电腐蚀 70 s 后，把铝箔冲洗晾干，然后在光学显微镜下观察得到的腐蚀箔的表面蚀坑形貌如图 6-50 所示，从图中可以看出，在不加 Ce 的条件下，高纯铝箔的腐蚀坑孔径比较大，腐蚀坑较稀，如图 6-50(e)所示；加入稀土后，铝箔的腐蚀坑孔径明显减小，腐蚀坑密度明显增加，而且，随着稀土 Ce 含量的增加，腐蚀箔的孔径呈逐渐减小的趋势，不同稀土 Ce 含量的稀土铝箔腐蚀密度之间又有所差别，其中 Ce 含量为 0.012% 时的腐蚀密度最大(如图 6-50(c))，Ce 含量为 0.019% 时的腐蚀密度最小(如图 6-50(d))。因此，在高纯铝箔内加入一定量的 Ce 后，在腐蚀时可获得孔径小、密度大的腐蚀坑。

Ce 在高纯铝箔内对于铝箔腐蚀坑孔径和腐蚀坑密度的影响可归结为以下原因：加入适量稀土 Ce 后，高纯铝中的微量元素 Fe、Si、Cu、Mg 等便与 Ce 形成 $CeFe_2Al_{10}$、$CeSi_2Al_3$、$CeMn_4Al_8$、$Ce_2Mn_7Al_{10}$、$(CeMg)Al_2$、$Ce_3Cu_8MnAl_{24}$ 等多种化合物，这些化合物的形成能净化铝箔基体[81]，从而减少了各微量杂质元素对铝箔腐蚀的负面影响，在进行腐蚀处理时，使孔径减小，密度增大，此外，稀土 Ce 还有可能偏聚(或称吸附)在位错线，而位错线在晶体内又不能中断，只能闭合成网，形成位错环或在铝箔表面露头，这样，Ce 在位错线的富集便降低了位错应变能，使腐蚀坑变小。

将腐蚀后稀土铝箔沿厚度方向切开，用扫描电镜观察其腐蚀侧面，结果如图 6-51 所示，出现较深的腐蚀隧道。腐蚀隧道的出现有效地增加了铝箔的表面积，从而提高了铝箔的比电容，改善了作为电解电容器用铝箔材料的性能。

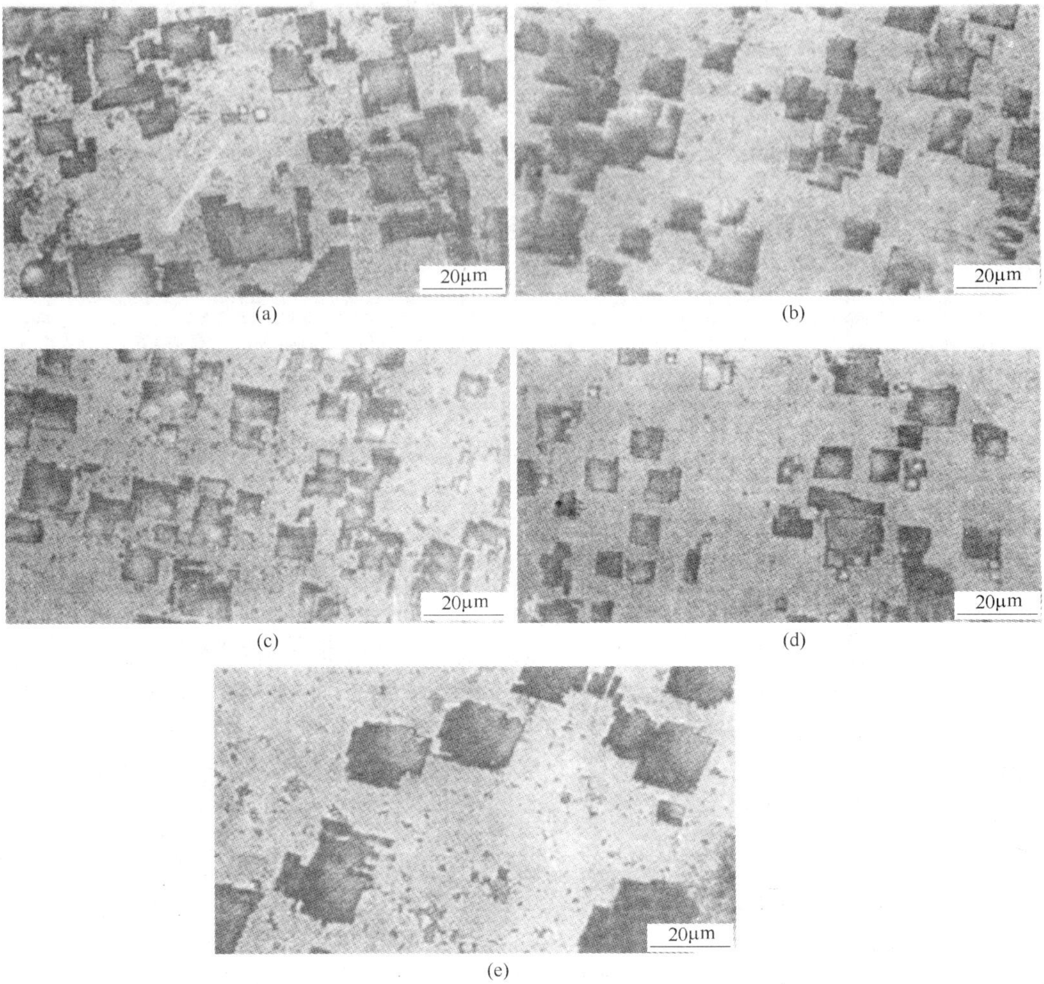

图 6-50 不同 Ce 含量条件下铝箔腐蚀后的形貌

(a) 0.006% Ce;(b) 0.0074% Ce;(c) 0.012% Ce;(d) 0.019% Ce;(e) 不含 Ce

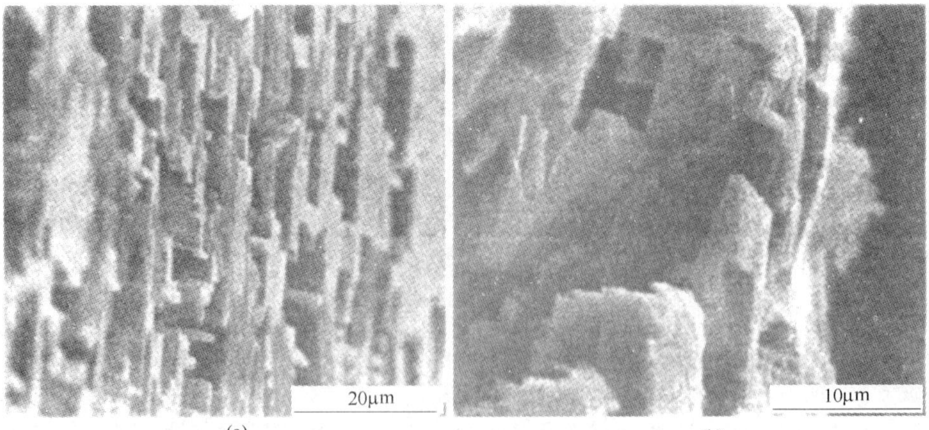

图 6-51 腐蚀后铝箔的截面 SEM 形貌

(a) 含 0.006% Ce;(b) 含 0.0074% Ce

将腐蚀后稀土铝箔进行比电容测试，获得的交流阻抗曲线如图 6-52 所示，通过该曲线，可以计算出腐蚀后铝箔的比电容值，如图 6-53 所示，其中，5 号和 1 号 ~4 号试样所对应的 Ce 的质量分数分别为 0%、0.006%、0.0074%、0.012% 和 0.1019%，这些试样经腐蚀后的确切比电容值依次为 1.610 $\mu F/cm^2$、1.196 $\mu F/cm^2$、2.230 $\mu F/cm^2$、2.847 $\mu F/cm^2$ 和 0.356 $\mu F/cm^2$。从图 6-52 中还可以看出，2 号和 4 号试样的交流阻抗曲线分居最内层和最外层，3 号仅次于 2 号，而 5 号和 1 号几乎重合，这与前面所列比电容值大小刚好对应，即 2 号最大，3 号次之，1 号与 5 号比 3 号小，4 号最小。这说明：加入微量稀土 Ce 可提高腐蚀后铝箔的比电容，且以 2 号稀土铝箔的比电容最大，所以在高纯铝箔中加入质量分数为 0.0074% 的稀土 Ce 时，有利于腐蚀后铝箔比电容的提高，过多的添加稀土 Ce，反而会使腐蚀后铝箔的比电容下降。稀土 Ce 为表面活性元素，有净化铝箔基体的作用，高纯铝箔中加入少量的 Ce，能使铝箔腐蚀时的各相邻蚀坑之间不易发生横向合并，而使蚀坑向纵深发展，从而能使腐蚀后铝箔的比电容显著提高，但若添加过量，则本身便成为杂质元素，故此时其比电容反而下降。

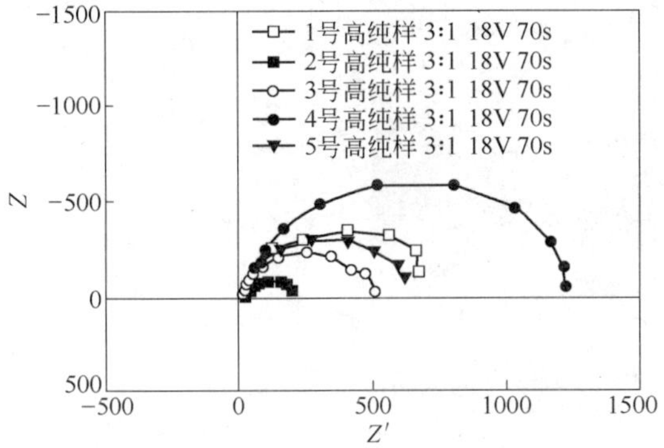

图 6-52 不同稀土 Ce 含量的铝箔材料的交流阻抗谱

1 号样—0.006% Ce；2 号样—0.0074% Ce；3 号样—0.012% Ce；4 号样—0.019% Ce；5 号样不含 Ce

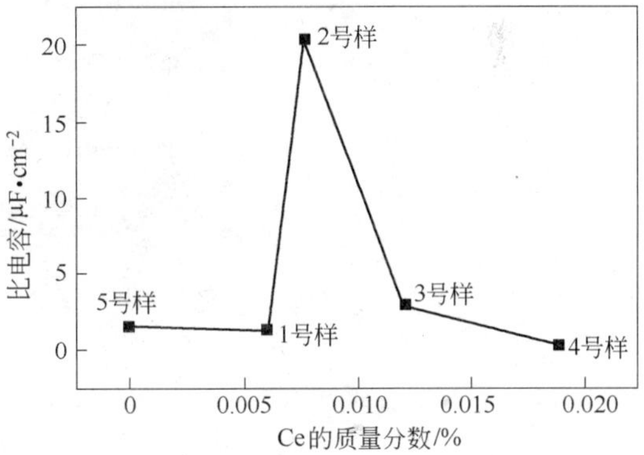

图 6-53 图 6-52 所对应的 5 种不同 Ce 含量铝箔的比电容

黄丽颖等人还对不同 Ce 含量的高纯铝箔在热处理条件下的组织、织构及硬度等进行了研究[82]。将 0.0074% Ce（1 号）、0.019% Ce（2 号）和高纯铝（3 号）试样轧制成铝箔，进行 350℃，10 min 的再结晶退火。退火后的组织如图 6-54 所示。由图 6-54 可以看出，3 号高纯铝箔的再结晶退火组织最为粗大，2 号稀土铝箔的最细小。这说明稀土有细化晶粒的作用，且稀土含量越高组织越细。这是因为：稀土元素的原子半径为 0.174 ~0.204 nm，大于铝原子半径（0.143 nm）。稀土元素比较活泼，它熔于铝液中，极易填补合金相的表面缺陷，从而降低新旧两相接口上的表面张力，使得形核速度增大，同时还在晶粒与合金液之间形成表面活性膜，阻止生成的晶粒长大，使合金的组织细化。此外，铝与稀土形成的化合物在金属液结晶时作为外来的结晶晶核，因晶核数的大量增加而使合金的组织细化。

对 Ce 含量为 0.0074% 的 1 号稀土铝箔进行不同温度再结晶退火的研究，其不同温度退火的组织如图 6-55 所示。可以看出：在 230℃ 退火时与原始轧制组织相比，在变形纤维组织基础上开始出现细小再结晶晶芽，表示材料已经开始再结晶；350℃ 时变形纤维组织已

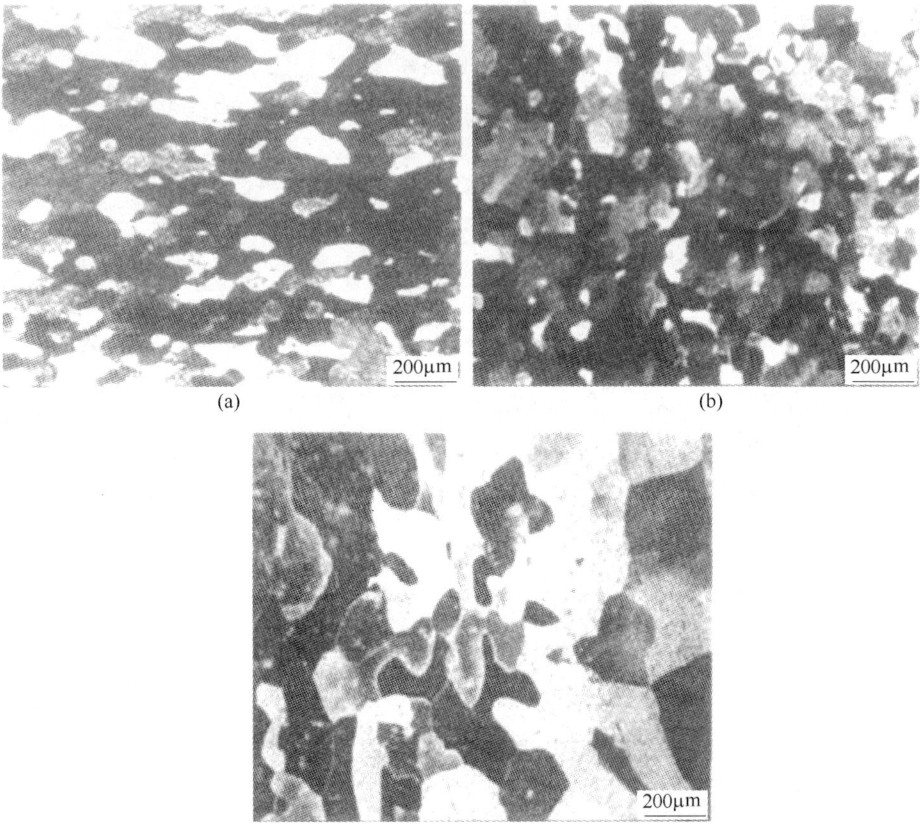

图 6-54 不同 Ce 含量的铝箔经 350℃ 再结晶退火后的组织

(a) w(Ce) = 0. 0074%；(b) w (Ce) = 0. 019%；(c) 高纯铝

经完全被再结晶组织取代；450℃和 530℃时已经发生了晶粒长大现象。这说明了稀土铝箔的再结晶过程经历了回复、再结晶和晶粒长大三个阶段。

将 w(Ce) = 0. 0074%(1 号)、w(Ce) = 0. 019%(2 号)和高纯铝(3 号)冷轧试样进行 530℃，10 min 再结晶退火，测定其{111}极图，如图 6-56 所示，由图中可以看出：在 530℃，10 min 再结晶退火时稀土铝箔的织构类型已经比较单一，基本全是立方织构；加入 Ce 以后立方织构的取向密度增加，但是 2 号稀土铝箔的立方织构的取向密度反而不及 1 号。

将 w(Ce) = 0. 0074%(1 号)的试样在 230℃、350℃、530℃温度进行再结晶退火，测定不同温度时的{111}极图，如图 6-57 所示。由图 6-57 可以看出：随着再结晶退火温度升高，立方织构的取向密度逐渐增加；在 230℃和 350℃再结晶退火时织构类型比较多，有少量的立方织构；530℃再结晶退火时基本上只有立方织构了，此时立方织构取向密度最大。

把不同稀土含量的铝箔进行 350℃，10 min 再结晶退火，其退火后的硬度曲线如图 6-58 所示。可以看出：不加稀土时铝箔的硬度最小，随着稀土含量的增加，铝箔的硬度逐渐增加。这是因为：随稀土含量的增加，铝箔原始组织变细小，根据晶界强化理论，首先由于晶界的存在，使变形晶粒中的位错运动在晶界处受阻，每一晶粒中的滑移带也要终止于晶界附近；其次，由于各晶粒间存在着位向差，为了协调变形，要求每个晶粒进行滑移，而多滑移时必然要发生位错的相互交割。这两者均提高了金属材料的硬度。而晶粒越细小，晶界就越多，这样

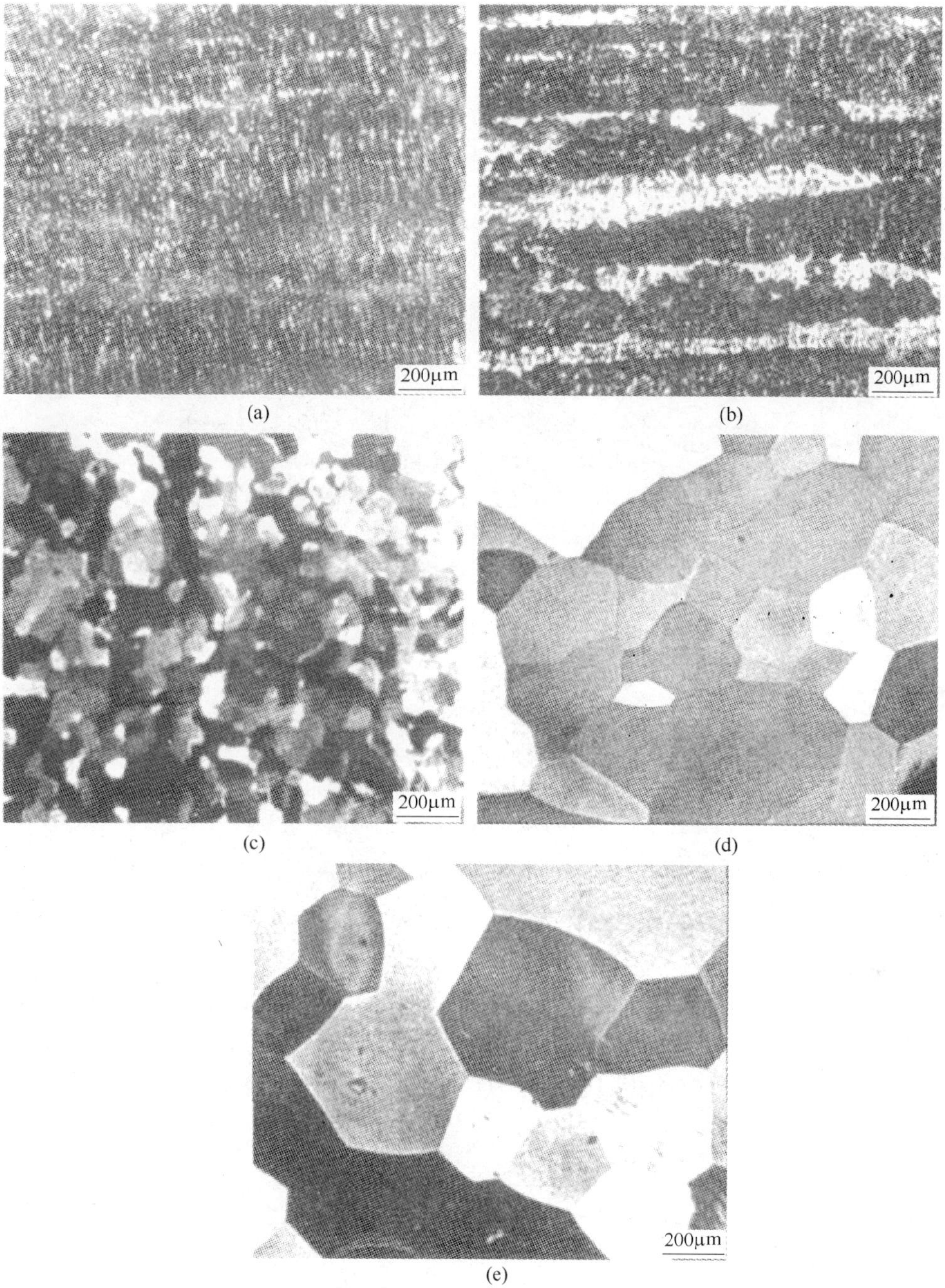

图 6-55 Ce 含量为 0.0074% 的铝箔冷轧和再结晶退火后的组织
(a) 冷轧;(b) 230℃退火;(c) 350℃退火;(d) 450℃退火,(e) 530℃退火

就大大提高了上述两方面对材料硬度的影响,致使材料硬度提高得更多,因此,稀土含量越高,其硬度值越大。

将 w(Ce) = 0. 0074%(1 号)的试样在 230℃、350℃、530℃进行再结晶退火,不同温度退火时的硬度曲线如图 6-59 所示。可以看出:稀土铝箔从冷轧态到 230℃退火时硬度值有所下降,但是下降幅度不大,230℃之后硬度值下降得比较快。这是因为:在 230℃时,稀土

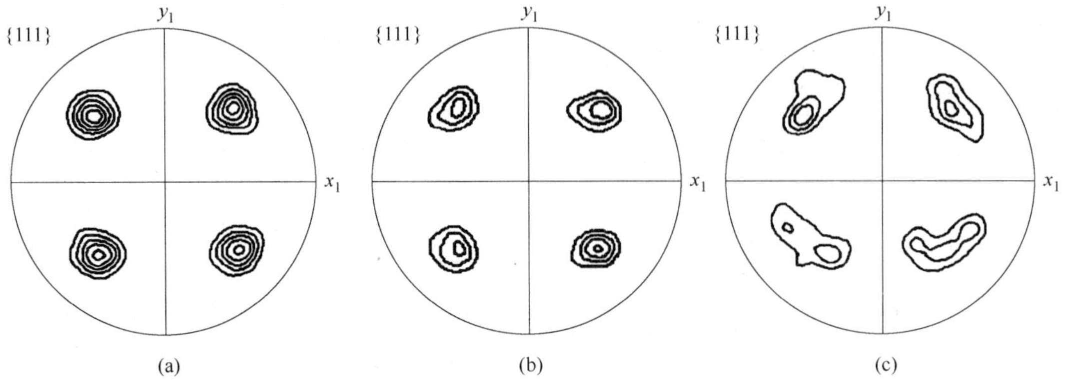

图 6-56 不同含量的铝箔经再结晶退火后的{111}极图

(a) 1 号试样；(b) 2 号试样；(c) 3 号试样

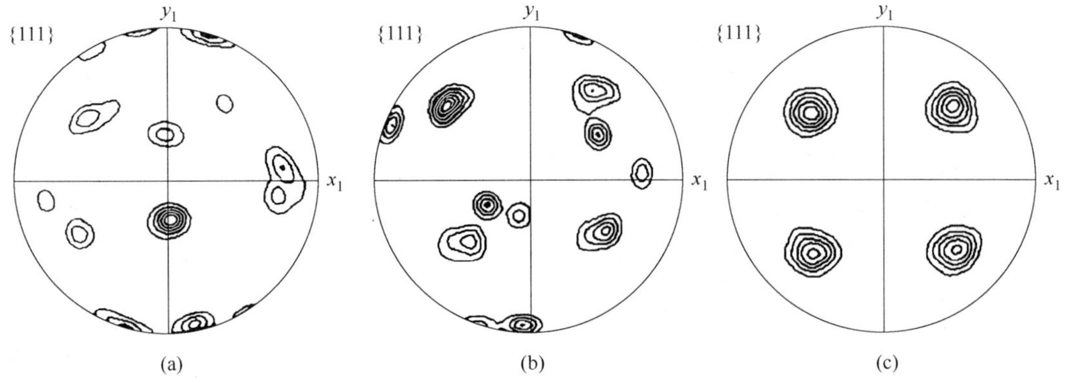

图 6-57 Ce 含量为 0.0074% 的铝箔在不同的再结晶退火温度下退火后的{111}极图

(a) 230℃退火；(b) 350℃退火；(c) 530℃退火

铝箔刚刚开始再结晶，此阶段是回复阶段，而回复阶段时变形金属仍然保持很高的位错密度，所以硬度也很高，相对冷轧态时的硬度有所下降。而发生完全再结晶后位错密度显著降低，所以硬度明显下降。

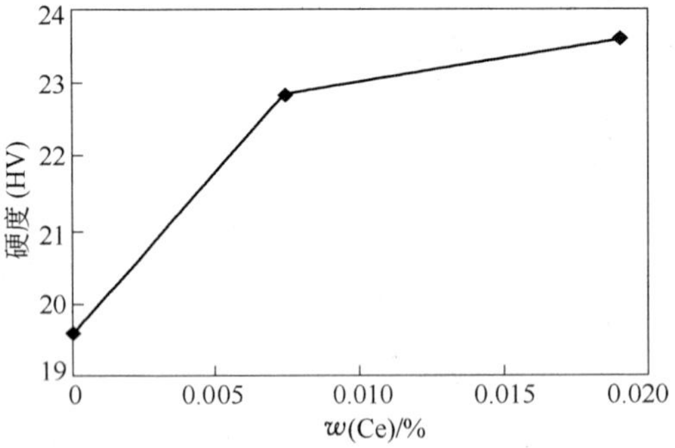

图 6-58 不同稀土含量铝箔在再结晶退火后的硬度(350 ℃,10 min)

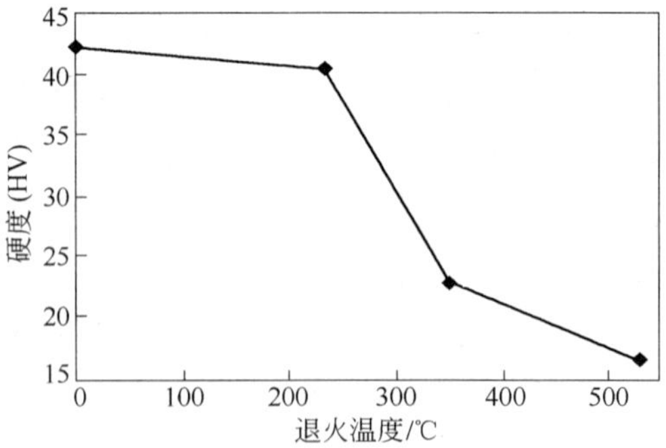

图 6-59 w(Ce)＝0. 0074% 的铝箔在不同温度下再结晶退火后的硬度

6.5.2.3 稀土在民用铝制品中的应用

由于稀土金属化学活性强及有较强的吸氢能力，加入到铝及铝合金后能大大提高其强度、硬度、韧性，还会使表面氧化膜结构发生变化，从而使产品表面光亮、美观，提高了产品的耐腐蚀性能。稀土铝合金与纯铝比较，屈服强度提高 29% ~64%；抗拉强度提高 8% ~11%；硬度提高 6% ~12%；伸长率提高 1.8% ~3.7%；耐腐蚀性能提高 1.4 倍，一级品率提高 15%。

由于稀土具有除气除杂、细化晶粒、提高强度、硬度、耐蚀能力和成品率的作用，使其在民用铝制品中的应用近几年来迅速发展，是稀土应用新开辟的一个重要分支，目前我国广泛应用于制造洗衣机内缸、高压饭锅、饭盒、菜盒、食品盒等。全国有八个省的民用铝制品厂，在纯铝或铝-锰系合金中添加稀土，其主要制品是锅、壶、饭盒和水杯等。目前，也有些厂家用含稀土的铝合金来制作洗衣机内衬、铝自行车部件、大型聚光灯的反射罩和装饰用镜框等。

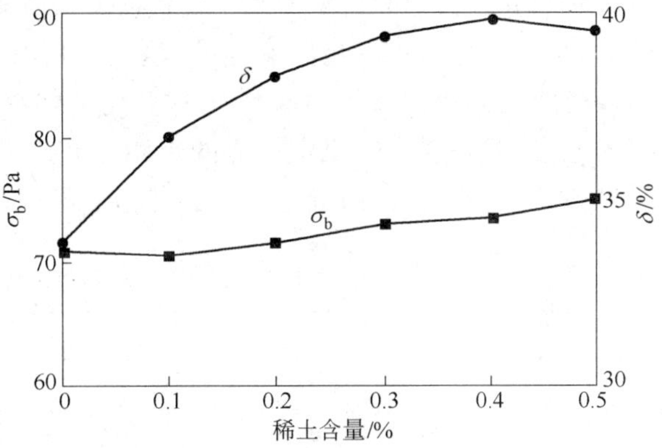

图 6-60 不同稀土含量对于铝材力学性能的影响

石路等人研究了混合稀土在民用铝制品中的作用[83]，采用工业用 L2 铝锭和混合稀土作为熔铸原料，熔铸后进行轧制、剪切、退火等加工工序得到样品。图 6-60 为加入混合稀土后对于合金力学性能的影响，从这些试验数据中可以看出，随着混合稀土在铝中的含量增加，力学性能有以下变化：抗拉强度 σ_b 提高不大，但合金的室温伸长率则有较大的提高。图 6-61 为不同混合稀土加入量对于铝材冲压性能的影响，从图中可以看出，最能反映材料冲压性能的指针硬化指数（$\bar{n}$ 值）和板材宽厚度变形比（$\bar{R}$ 值）均随着稀土含量的增加而上升。$\bar{n}$ 值的提高，说明硬化引起的变形抗力增加，可以抵消局部缩颈处因截面变小而引起的承载能力下降。$\bar{R}$ 值的增加，使板面方向愈容易变形，而厚度方面较难变形，减少了材料的变形量，从而提高板材的抗拉失稳能力，对改善极限变形程度是有益的。

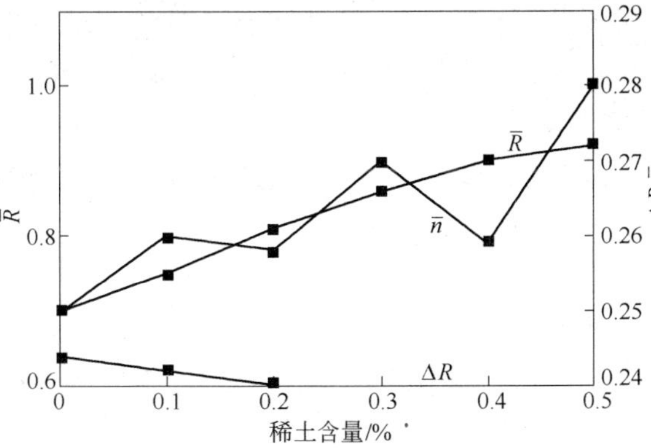

图 6-61 不同稀土含量对于铝材冲压性能的影响

从图 6-60 和图 6-61 中还可以看出，加入稀土后，合金板面方向性有明显的改善，含 1% RE 试样的 ΔR 值较小，这使得冲压件制耳率减小，从而减少了在冲压时边部起皱而形成的废品。

上述性能的改善主要是由于稀土原子半径（1.74×10^{-10} ~ 2.04×10^{-10} m）

比铝原子(1.24×10^{-10} m)大，容易填补生长中的铝晶粒新相的表面缺陷，阻碍晶粒继续生长，从而使组织细化；同时稀土与铝液中的有害气体生成稳定的 RE_2H、RE_2O 等高熔点化合物，具有除气、精炼和净化熔体的作用。这两个因素将改善和提高材料的加工性能和力学性能。

对于以上综合性能(力学性能和冲压性能)进行综合分析，择优确定了 0.15% ~0.30% 混合稀土含量为最佳范围，并在相关企业进行投产生产铝制品，自 1987 年投产以来，稀土铝制品的综合性能皆好于纯铝制品，其中水壶的成品率由原来的 80% 提高到现在的 90%。此外，还按工厂工艺流程分别考核了水壶身、壶嘴、饭盒等铝制品的轧制、深冲等性能指标试验，稀土铝制品与纯铝制品的产品质量对比如表 6-18 所示。从表 6-18 可以看出，稀土铝耐蚀性有很大提高，均满足国家标准，这主要是由于：稀土与铝中的主要杂质铁、硅等形成稳定的金属间化合物($CeFe_5$、YSi 等)，这些化合物在晶界上析出后，消除了分布在晶界上微量杂质的危害，起到强化和稳定晶界的作用。此外，经食品卫生、放射性等检验，认为稀土铝制品对人体无害，质量较好，允许大批量生产。

表 6-18 稀土铝制品与纯铝制品质量比较

产 品	综合性能		
	表面质量	耐蚀性试验(ZBY73011—1985)	力学性能
纯铝水壶和饭盒	表面略有夹灰，光洁度一般，有拉伸痕迹	腐蚀 90 s，表面呈金黄色	制耳较大
稀土铝水壶和饭盒	夹灰基本消除，光洁度好，拉伸痕迹减少，刚度好	腐蚀 120 s，易着色，色泽鲜艳	制耳较小

在纯铝中加入微量稀土元素钇后，铝板轧制后出现了反常的高强织构 - 旋转立方织构，而通常在轧制织构中容易出现的铜型及黄铜型织构取向密度则很低。这种单一的高强织构，造成在冲压过程中形成 4 个 45°方位的制耳。通过再结晶热处理，虽然旋转立方织构强度有所增加，但同时又出现了具有较高强度的{111}〈112〉织构，在两种织构的相互作用下，板材在冲压过程中制耳率明显下降，并形成微弱的 90°方位制耳，有效改善了高纯铝板的冲压性能[84]。

通过织构检测，由图 6-62 和图 6-63 取向分布函数(ODF)图可发现含有微量钇的高纯铝板织构主要由高强的旋转立方织构组成，而其他织构强度则很小，立方织构也很弱，其中 F_{max} 表示取向分布函数的最大值。旋转立方织构取向在轧制过程中属于不稳定取向，是由于轧制不均匀剪切形变所产生的剪切织构[85]，当板料表面所受应力达到临界剪切应力时，开始产生剪切变形，并形成旋转立方织构。随着变形的深入，依据位错的滑移机制，晶体将绕横向方向旋转，旋转立方取向会逐渐转向稳定的铜取向。依据试验结果可知，稀土元素对轧制织构造成很大的影响[86]。由于微量稀土元素钇的加入，在弥散强化的作用下，含稀土化合物的粒子将阻碍位错运动，使得旋转立方织构难以向稳定的铜取向转动，在变形过程中得以保存下来。且随稀土元素钇的增加，F_{max} 增大，旋转立方织构的强度增加，表明钇导致轧制不均匀变形程度增加。但当钇的含量较大时(图 6-62)，弥散强化作用消失，F_{max} 减小，旋转立方的强度反而降低。

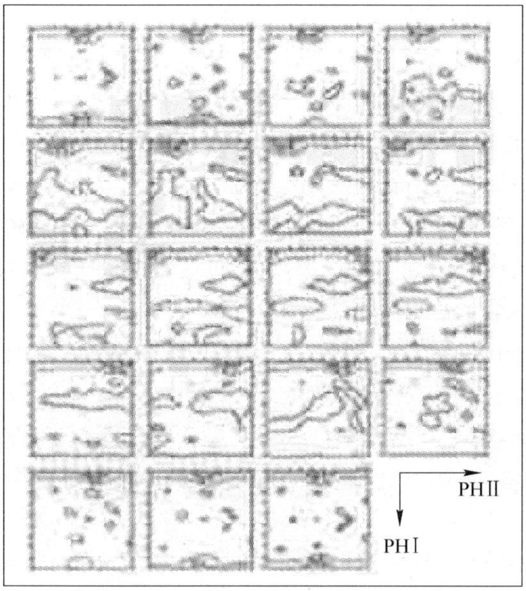

图 6-62 0.1% 钇高纯铝变形(90% 轧制量)织构 ODF 图(F_{max} = 20.40)

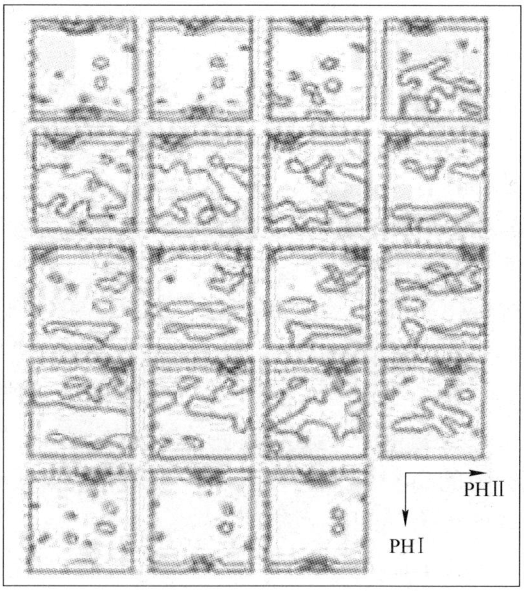

图 6-63 0.04% 钇高纯铝变形(90% 轧制量)织构 ODF 图(F_{max} = 27.75)

经过退火以后,旋转立方织构取向强度增加,并出现较高强度的{111}〈112〉织构(图 6-64 和图 6-65),而通常期望的退火立方织构强度则很低。根据再结晶选择生长规律,对于面心立方晶体,S 取向和立方织构具有很好的 40°〈111〉关系。因此在通常的退火过程中,由于 S 取向的存在可促使再结晶过程中立方织构的形核及长大,在轧制铝板主要形

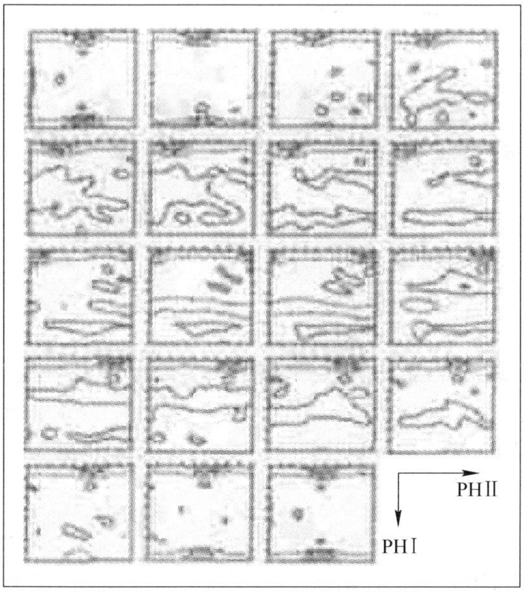

图 6-64 0.01% 钇高纯铝变形(90% 轧制量)织构 ODF 图(F_{max} = 22.78)

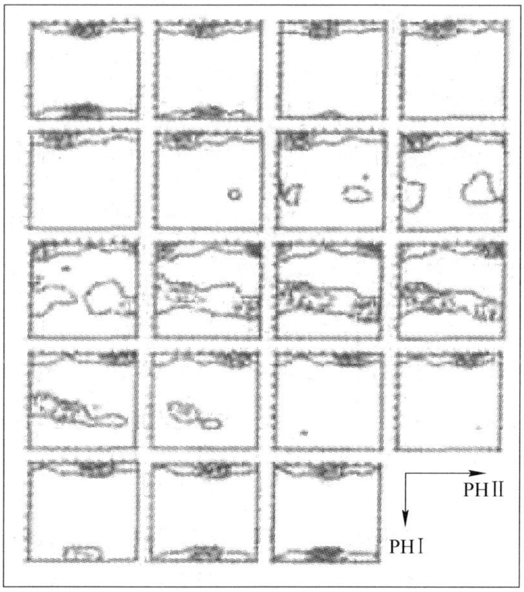

图 6-65 0.01% 钇高纯铝退火织构 ODF 图(F_{max} = 31.73)

成再结晶立方织构。在研究中,由于钇的加入,在轧制过程中主要形成旋转立方织构,S 织构的取向密度本身就很小,因此在退火过程中难以出现立方织构取向。根据再结晶定向形核理论,由于在轧制过程中,晶粒主要位于旋转立方取向附近,在再结晶初始阶段,变形基体中会出现经回复造成的具有低缺陷的亚结构。由于旋转立方织构为不稳定取向,形成的亚结构具有较大的取向梯度,因而这些亚结构容易形成再结晶晶核,退火后旋转立方织构就成为主要的再结晶织构,并且强度有所增加。虽然轧制{111}〈112〉织构体积分数较少,但在退火过程中其织构强度有明显增加。由于其他织构组分都较弱,很难判断是由何种形变织构转化而来,因此退火{111}〈112〉织构的形成还有待进一步研究。

不同的晶体取向,具有不同的弹性模量及表征多晶体塑性各向异性程度的泰勒因子 M 值,晶体变形时应力应变强烈地依赖于晶体取向或晶体取向分布函数。由于板材在冲压过程中,晶体取向会向特定取向方位偏转,使得与轧向成不同夹角的部位具有不同的材料性能,并且材料的性能及其变化程度取决于轧制织构和退火织构之间的相对均衡。

在平面应力屈服轨迹上,各向异性将造成屈服轨迹的歪曲。从织构学角度分析材料的屈服行为,判断材料的各向异性,要在纯剪切平面上观察。基于微观织构学理论,刘守荣提出[87]具有理想单一立方织构材料的屈服曲线 Tresca 正六边形是宏观解析理论 Mises 屈服函数的织构学原型。一旦材料的织构组分被确定,就可以利用微观晶体学理论计算相应的织构学原型,从而得出该类织构的屈服曲线织构原型。

对于旋转立方织构材料,其织构原型为:

$$f(\sigma_{ij}) = |\sigma_{xx}|^n + |\sigma_{yy}|^n + c|\tau_{xy}|^n = 2\overline{\sigma}^n$$

式中 $\sigma_{ij}, \sigma_{xx}, \sigma_{yy}, \tau_{xy}$——应力分量;

n——材料硬化指数;

c——常数;

σ——等效应力;

x, y——试样坐标方向。

依据流动法则可得到塑性应变比 $R(\theta)$ 与屈服函数 f 的关系式:

$$R(\theta) = \frac{\dfrac{\lambda nf}{\sigma_{xx'}}}{\left(\dfrac{\partial f}{\partial \sigma_{xx'}} + \dfrac{\partial f}{\partial \sigma_{yy'}}\right)} - 1 = \frac{2n\overline{\sigma}^n}{\left(\dfrac{\partial f}{\partial \sigma_{xx'}} + \dfrac{\partial f}{\partial \sigma_{yy'}}\right)\sigma_{xx'}} - 1$$

式中,xx' 及 yy' 代表与宏观坐标成 θ 方向的局部坐标方向。依据上式就可以得出具有旋转立方织构的材料在与轧向成 45°方向具有最大的塑性应变比,与轧向成 0°及 90°方向的塑性应变比则很小。因此,$\Delta r < 0$,将造成板材具有 45°方位的制耳。同理,{111}〈112〉织构则形成 0°/90°方位的制耳。

图 6-66 为轧制板材及退火板材 B 冲压后的杯形件外形图,可见具有单一高强旋转立方织构的高纯铝板制耳率较大,形成 4 个 45°方位的制耳;而板材退火以后,由于有限的高强度的织构——黄铜 R 织构的出现,与轧制织构构成了相对的均衡,抵消了部分轧制织构形成的 45°方位的制耳,所以极大地降低了制耳率。

图 6-66 0.01 % 钇高纯铝冲压杯形件外形
(a) 轧制铝板;(b) 退火铝板

6.5.2.4 稀土在超塑性铝合金中的应用

材料塑性的高低标志着材料在压力加工中的变形能力,一般金属材料的伸长率即使在高温下也难以达到100%。然而在特定条件下(特定的温度和特定的变形速率),金属材料会具有一种特殊的软化状态和异常高的伸长率,呈现出的“超塑性”状态,在此超塑性状态下,金属材料的伸长率可达百分之几百,甚至高达3000%~5000%,而所需变形力却很小,所以可用较小压力一次大变形量成型复杂工件。且变形后常温下则恢复原有强度和硬度[88]。因此,金属合金超塑性一直以来均受到材料研究者们广泛的关注。铝合金超塑性的研究主要集中在 Al-Li、Al-Zn、Al-Mg 等铝合金系上,大量研究表明,稀土在这些合金系内有助于提高合金的超塑性能。含稀土的超塑性铝合金,可用于成形加工仪器仪表壳罩件、塑料制品的成形模具、复杂形状的构件以及汽车和飞机制造部门的零部件。因此,无论是从我国的稀土资源看,还是从发展超塑性技术和新材料看,进行稀土超塑性铝合金方面的研究是很有价值的。

在 Al-Zn 系超塑性合金中,除铝元素外,合金元素主要有 Zn 和 Mg(多数合金还添加了 Zr),其中 Zn 是有利于超塑性的合金元素,因此其含量一般均在5%以上,有时甚至达到10%左右。但 Zn 含量高对合金的综合性能和光亮度都有所损害,若在 Al-Zn-Mg 基体合金的基础上添加一定量的稀土,则可在降低 Zn 含量的同时得到了良好的超塑性[89]。

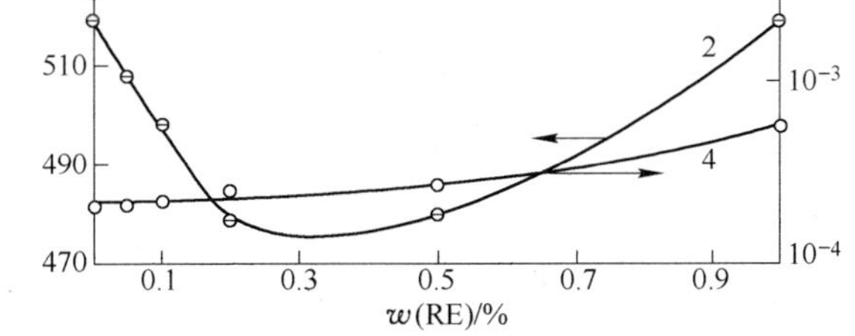

图 6-67 混合稀土添加量对 Al-Zn-Mg 合金超塑性变形的温度和速度的影响

图 6-67 为不同混合稀土含量条件下 Al-Zn-Mg 合金(Zn 含量为3%~4%,Mg 含量为1%左右)的超塑性变形温度和变形速度的影响。图中曲线 1 是各试样呈现超塑性的上限温度,曲线 2 是各试样呈

现超塑性的下限温度。从图 6-67 中可以看到，在 Al – Zn – Mg 合金内添加稀土能扩大合金超塑变形的温度区间。值得指出的是：适量的稀土添加量能降低 Al – Zn – Mg 合金的超塑变形温度，具有重要的工业应用价值。图中曲线 3 是各试样呈现超塑性的上限速度（初时应变速度），曲线 4 是各试样呈现超塑性的下限速度。从这两个曲线中可以看出，稀土的添加提高了 Al – Zn – Mg 合金超塑变形的速度，且效果非常显著，这在工业应用中有重大价值。

此外，通过试验发现，混合稀土在 Al – Zn – Mg 合金中的添加，还可降低合金在超塑性变形过程中的变形抗力（变形抗力的降低幅度为 50% 左右），这对于工业成形加工也具有重要的意义。

对于超塑性合金材料，晶粒尺寸是影响其超塑性能的重要因素之一。把适量的混合稀土加入到 Al – Zn – Mg 合金中，对合金的晶粒尺寸有较大的影响。首先，电子探针分析表明，在合金中稀土主要是以化合物的形式存在于晶界，因为即使在 500℃ 的温度下，混合稀土 RE（Ce、La、Pr、Nd 等）在 Al 中的溶解度也不到 0.01%；其次，X 射线衍射确定出合金中一种主要的化合物是 Al_2CeZn_2，图 6-68（a）曲线 1 表明了合金中 Al_2CeZn_2 含量随稀土含量的变化情况，Al_2CeZn_2 相在合金中的含量随着混合稀土 RE 含量的增加而增加；图 6-68（a）曲线 2 为合金晶粒尺寸随稀土含量的变化情况，随着稀土含量的增加，合金的晶粒尺寸基本呈线性下降。图 6-68（b）为定量金相分析所得的稀土含量对晶粒形状 R（轧向晶粒线尺寸与横向晶粒线尺寸之比）和晶粒尺寸均匀度 M_s（最大晶粒的截面积与所有晶粒的平均截面积之比）的影响，其中曲线 1 为稀土含量对晶粒尺寸均匀度 M_s 的影响，从此曲线可以看出，随着混合稀土 RE 含量的增加，晶粒尺寸均匀度随之下降，逐渐接近 1；曲线 2 为稀土含量对晶粒形状 R 的影响，随着混合稀土 RE 含量的增加，晶粒形状因子 R 随之下降（在 RE 含量为 1% 时，R 值显著上升），逐渐接近 1。因此，综合图 6-68 中的 4 条曲线，可以认为：混合稀土

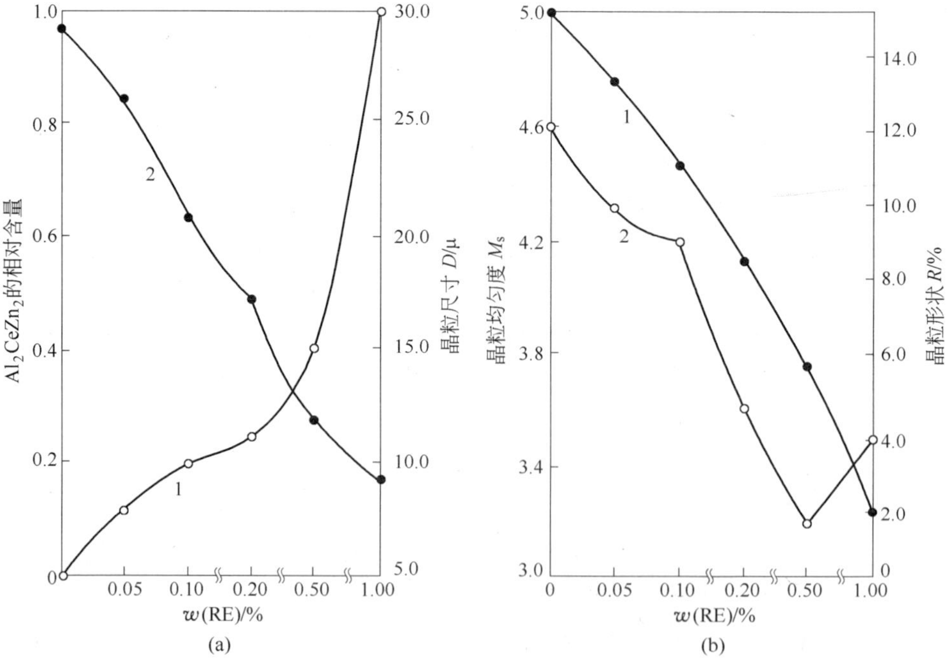

图 6-68 稀土含量对合金中 Al_2CeZn_2 含量和晶粒尺寸的影响

的加入可使 Al-Zn-Mg 合金的晶粒得到细化、晶粒尺寸更加均匀、晶粒更加等轴化。而组织均匀、晶粒细小且等轴正是超塑性最基本的条件。因此,稀土在 Al-Zn-Mg 合金的添加将有助于合金超塑性的改善。

在超塑变形过程中,合金若具有不稳定的晶粒取向,则有利于调节和诱发晶界滑移,从而可以增强合金的超塑性效应。极图测量结果表明,冷轧态不含稀土的合金试样晶粒具有(110)[$1\bar{1}2$]取向,而添加稀土后试样的晶粒具有(110)[001]取向。根据 Pickus 和 Mathewson 的形变织构理论,对于面心立方金属,(110)[$1\bar{1}2$]、(110)[001]、(110)[110]和(112)[$11\bar{1}$]的稳定性顺序为(110)[$1\bar{1}0$] ⟶(110)[001]⟶(112)[$11\bar{1}$] ⟶(110)[$1\bar{1}2$](箭头方向为稳定性增加方向)。由此可见,不添加稀土的试样经冷轧后,晶粒形成稳定的(110)[$1\bar{1}2$]取向,含稀土的试样的晶粒取向为(110)[$1\bar{1}2$],是亚稳定的。

图 6-69 是含混合稀土 0.21% 的 Al-Zn-Mg 合金扫描电镜照片[90],从图中可以看出,在合金基体上分布着大量的第二相粒子。为了解合金内分布的第二相和基体的成分,利用电子探针的能量分析谱仪(EPA)对第二相和基体进行定量和半定量的成分分析,分析结果如表 6-19 所示,从结果中可以看出,绝大部分的第二相含有稀土元素,可称为稀土第二相,而基体不含稀土元素,此外,根据文献记载[91],除稀土第二相外,合金内还应有 $MgZn_2$、Al_2MgZn 等化合物。

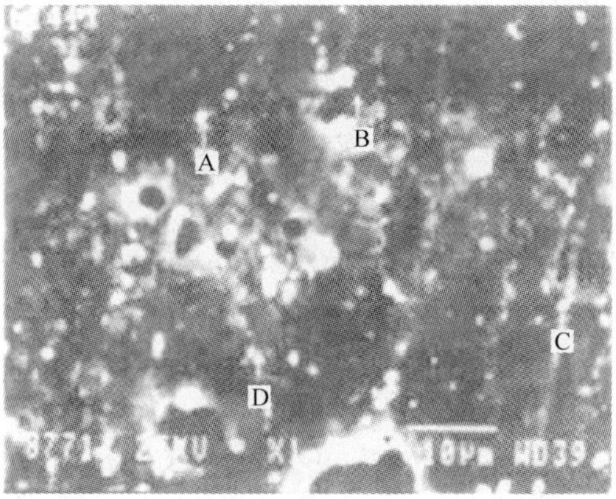

图 6-69 含稀土 0.21% 的 Al-Zn-Mg 合金的 SEM 照片

表 6-19 图 6-69 中第二相(图中 A、B、C、D 四点)**与基体成分的原子分数** (%)

元 素	A	B	C	D	基 体
Mg	1.27	1.21	1.10	1.05	0.86
Al	95.89	96.14	96.00	96.03	96.58
Ce	0.10	0.00	0.13	0.11	0.00
Zn	2.74	2.65	2.77	2.81	2.56

为了研究稀土对第二相的影响,采用金相显微镜和扫描电镜观察并分析稀土含量不同的合金的显微组织,并测量和计算各种条件下第二相尺寸(d)、面密度(n)和基体晶粒度(L)。图 6-70 给出了具有不同稀土含量的合金中第二相尺寸、面密度与应变的关系,从图中可以看出,含稀土合金的第二相尺寸随稀土含量的增加而减小,而面密度则随之增加。由于配制合金时,随着稀土含量的增加,特意把 Zn 和 Mg 的含量减少了,所以含 Zn 和 Mg 的第二相 MgZn2、Al2MgZn 等第二相不会增加。图 6-70 中 2 号、3 号、4 号合金高出 1 号合金的那部分面密度,即稀土第二相随稀土含量增加而增加的部分。显然,稀土第二相占整个第二相的比例也在增加,3 号和 4 号合金中稀土第二相占整个第二相的绝大部分。因此,稀土对第二相的影响,应主要考虑稀土对含有稀土第二相的影响,稀土是过渡族元素,根据其自身

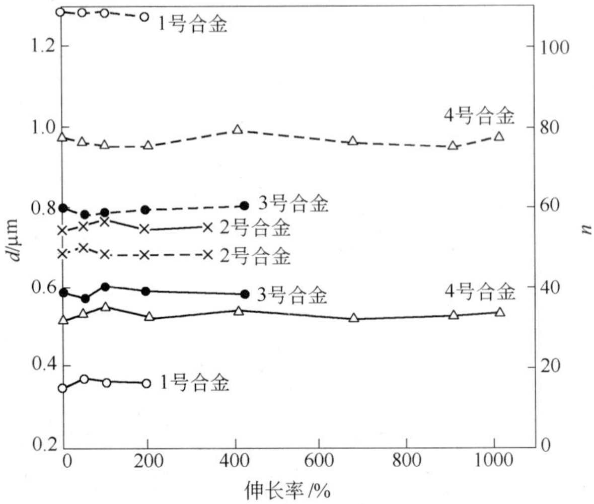

图 6-70 d、n 值与合金伸长率的关系

实线—第二相尺寸;虚线—第二相面密度

1 号合金 0.00% RE; 2 号合金 0.06% RE;

3 号合金 0.21% RE; 4 号合金 0.49% RE

电子结构特点,它具有一定活性,在形成合金时,易于与 Zn、Mg 或 Al 形成稳定的核,进而发展成为化合物。由能量观点来看,稳定的物质,一定程度上应该是体积越小越稳定,稀土含量越高,在合金中分布均匀时,体积越小的第二相核的成核几率就越大,发展成体积越小的第二相的几率就越多。这也是稀土元素成为变质剂的原因[92,93]。随着稀土含量的增加,第二相数量增加,尺寸减少,稀土第二相占整个合金第二相相当大的部分或绝大部分,因而使第二相面密度增加,平均尺寸减少。同时,扫描电镜观察结果也表明第二相分布与稀土含量多少有关,稀土含量提高,第二相分布弥散度增加。1 号合金含稀土量为零,第二相粒子数量少,尺寸大,分布不均匀;4 号合金含稀土量最多,第二相尺寸小,数量多,分布弥散(如图 6-71 所示)。

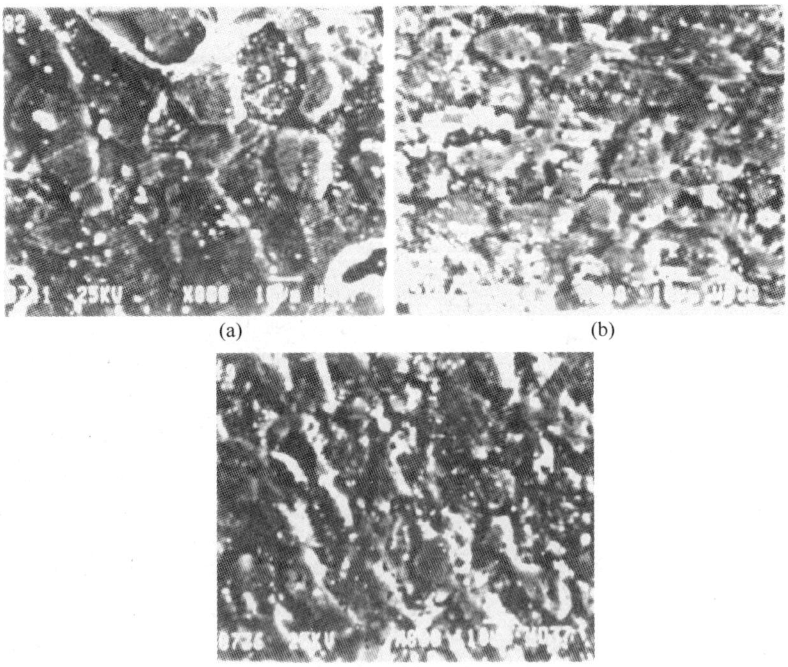

图 6-71 合金在超塑拉伸状态下的 SEM 照片

(a)1 号合金,伸长率为 200%;(b)4 号合金,伸长率为 200%;(c)4 号合金,伸长率为 600%

此外,从图 6-70 中还可以看出,第二相尺寸、面密度随应变增长基本保持稳定状态,由表 6-19 知,含稀土的合金中,稀土绝大部分存在于第二相中,Mg、Zn 在第二相中含量也高于基体,在高温超塑变形时,合金元素由基体向第二相扩散速度减慢,第二相稳定性提高。稀土含量越高的合金,这种稳定性会更高。比较图 6-71(b)和(c)可知,随伸长率增长,第二相大小、分布、数量基本保持不变。

图 6-72 给出了不同稀土含量的合金在伸长率为 0% 与 200% 时的基体晶粒度。从图中可以看出,在相同伸长率时,稀土含量不同的合金,基体晶粒度是不同的。稀土含量越高,晶粒度越小,当伸长率为 0% 时,2 号合金的基体晶粒度比 1 号合金的晶粒度约减小了 5 μm,若用两种伸长率下基体晶粒度之差来衡量晶粒生长速度的话,则 4 号合金稀土量最高,它的晶粒生长速度大约是 2 号合金的 1/2 倍,是 1 号合金的 1/3 倍。可见,稀土含量影响着基体晶粒的稳定性,稀土含量越增加,超塑变形中晶粒生长速度也越小。观察和分析表明,基体晶粒度的大小与第二相粒子尺寸及分布有着密切的关系,稀土添加到 Al-Zn-Mg 合金后,增加了大量的稀土第二相,并随其含量提高,第二相尺寸减少,数量增加,分布趋于弥散(图 6-69 和图 6-71(b)、(c)中可见第二相均匀分布在晶内和晶界),且在应变增长时,基本保持稳定状态。这样,处于晶界和其附近的细小第二相组成了天然屏障,阻碍了晶粒生长,抵制了晶界迁移。可见,有着稳定的细小的弥散分布的第二相可稳定基体晶粒结构。

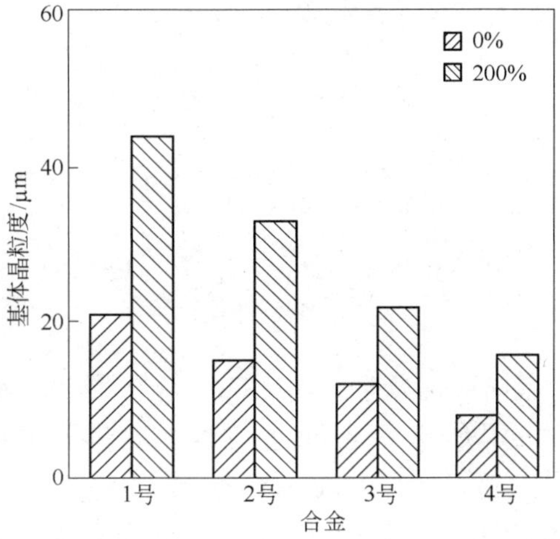

图 6-72 稀土含量与基体晶粒度的关系

总之,稀土元素的重要作用就是细化了 Al-Zn-Mg 合金的显微组织,且在长时间高温变形中稳定了这种晶粒结构,帮助 Al-Zn-Mg 合金实现了超塑性中重要的组织条件,在保证足够多的晶界条件下,促进了合金的超塑性。

稀土 Ce 在 Al-Li 系超塑性合金材料中也对提高合金的超塑性能具有有利的影响,稀土 Ce 的添加能有效使合金在一个更宽的温度范围内保持较高的伸长率[94]。图 6-73 为在 2090 铝锂合金内加入 0.12% 的稀土 Ce 后,在应变速率为 8×10^{-2}/s、变形温度 440~560℃ 对应的伸长率,由图中可见,在 440~560℃ 变形温度范围内,伸长率先随变形温度的升高而增加,在 530℃ 出现最大值(410%),随后温度的升高反而使延伸率降低。试验发现在 560℃ 的高温下试样表面氧化现象严重。本实验条件下,在较宽的温度范围内获得了较高的超塑性,说明在 8×10^{-2}/s 的高应变速率下,温轧态含铈(0.12% Ce)2090 铝锂合金在不同温度下可以显现较为理想的超塑性。图 6-74 为与图 6-73 对应的不同温度条件下超塑拉伸后的试样照片。

在 Al-Mg 系超塑性合金的基础上添加微量的钪可使合金在较宽温度和应变速率范围内获得超塑性。在温度为 520℃,初始应变速率为 $1.67\times10^{-3}\ s^{-1}$ 的条件下拉伸变形时,最大伸长率可达 396%[95]。

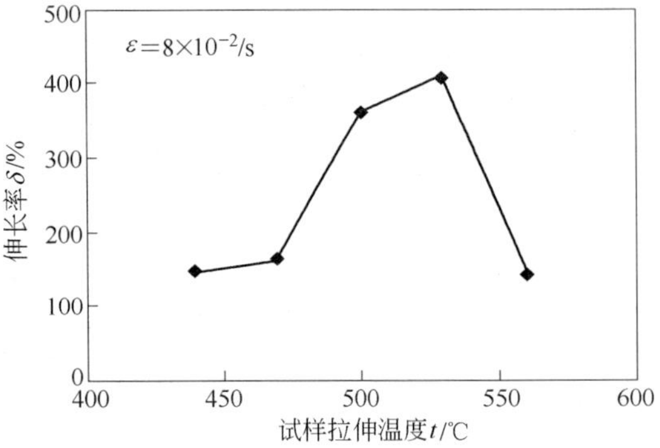

图 6-73 不同温度下含 Ce0.12% 的铝锂合金的伸长率

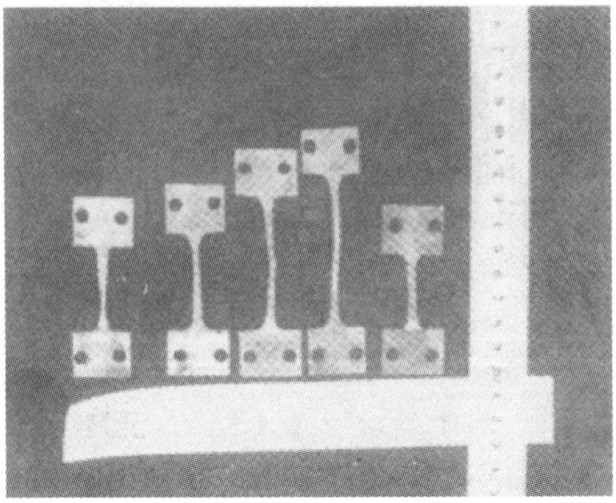

图 6-74 不同温度下含 Ce0.12% 的铝锂合金拉伸后的试样照片

图 6-75 为含钪 Al - Mg 合金（含 Mg 量 4.43%，含 Sc 量 0.41%）的超塑拉伸伸长率 δ 与初始应变速率 ε_0 和变形温度 t 之间的关系曲线。从图中可以看出，伸长率与变形工艺参数（ε_0, t）有较强的依赖关系，变形温度越高，合金塑性越好。当变形温度为 520℃，初始应变速率为 $1.67 \times 10^{-3}\ s^{-1}$ 时，合金具有最大伸长率（$\delta_{max} = 396\%$）。

图 6-76 为合金在 520℃、初始应变速率为 $1.67 \times 10^{-3}\ s^{-1}$ 条件下根据所记录的载荷 - 时间曲线计算出的真应力 - 真应变（$\sigma - e$）曲线。由图可以看出，合金超塑变形过程可划分为 3 个阶段：第 Ⅰ 阶段，e 在 0 ~ 0.56 范围内，合金在应变硬化达到峰值后出现明显的应变软化现象，为典型的动态再结晶曲线形式；第 Ⅱ 阶段，e 在 0.56 ~ 1.09 范围内，合金的应变软化趋势逐渐降低；第 Ⅲ 阶段，当 $e > 1.09$ 时，出现一个无应变硬化和应变软化的稳态流动。

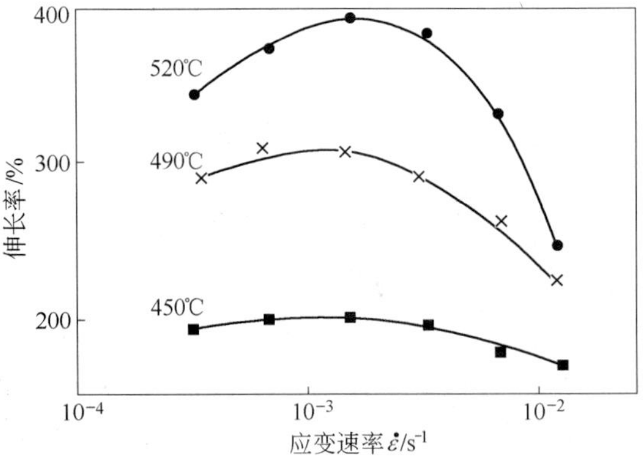

图 6-75 合金伸长率与变形参数（t, ε_0）之间的关系

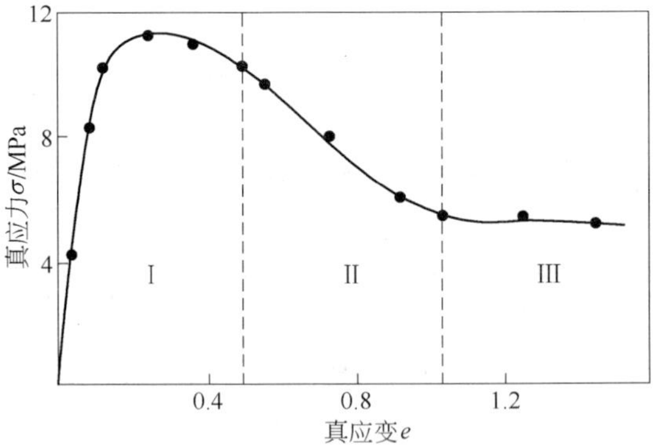

图 6-76 合金超塑变形中的真应力 - 真应变曲线

图 6-77 为合金在超塑变形样品中所观察到的透射电子显微照片。可见在变形初期（$\varepsilon = 6\%$），合金具有典型的小角度亚晶组织（图 6-77a），并且晶内残留了部分混乱位错，这表明冷轧变形使合金内部产生了较多的位错缠结，以至于在超塑变形初期还有未来得及回复的位错结构。同时还可以看出在某些三叉晶界处形成了无畸变的细小再结晶晶粒。随着

变形程度的增大,再结晶晶粒越多,当变形至75%时,合金已形成均匀细小的等轴晶,即发生了完全动态再结晶现象(图6-77b)。继续变形至120%,可见晶界向晶内发射位错,位错列沿相同方向排列(图6-77c)。在变形后期($\varepsilon=305\%$)晶内位错与弥散分布的第二相质点发生交互作用,如图6-77d所示。位错的运动明显受到第二相的阻碍作用,有的位错被第二相钉扎,也有的位错正在通过攀移越过第二相质点。在整个变形过程中,这些第二相质点始终均匀分布在晶内或晶界上,不发生溶解和长大。已经证实,这些质点为Al_3Sc粒子,具有$L1_2$型结构,与基体共格[96]。

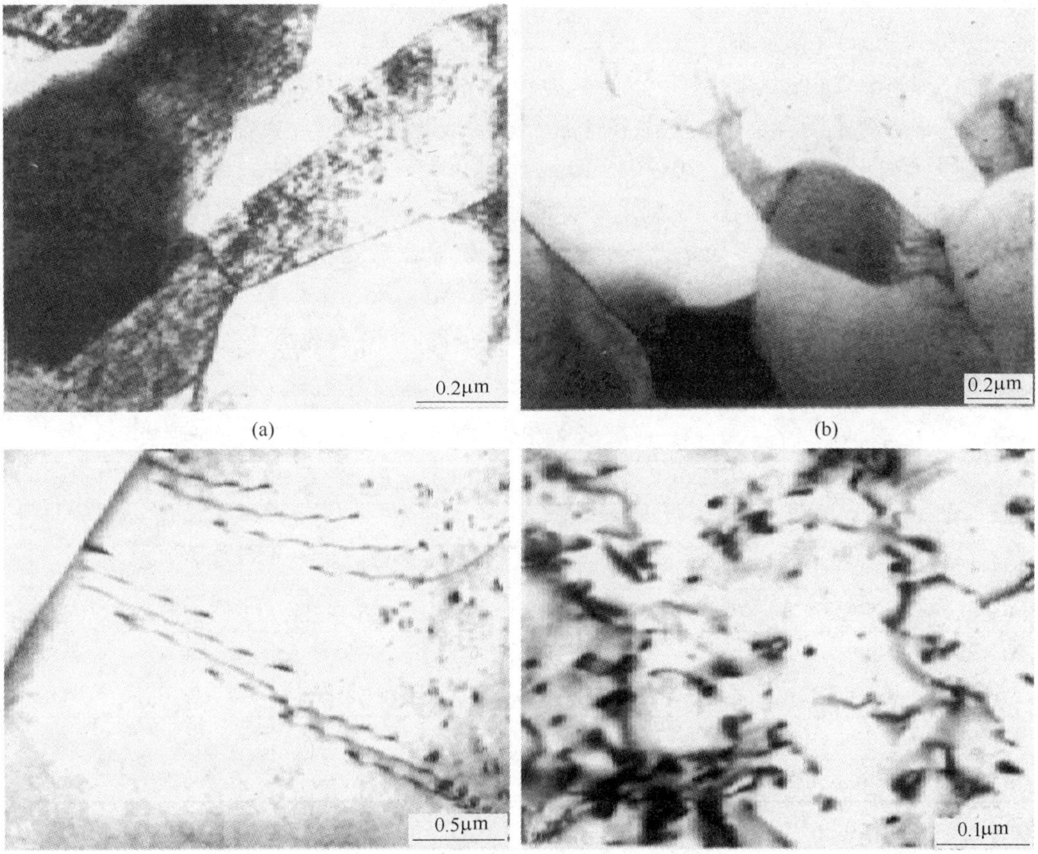

(a) (b) (c) (d)

图6-77 合金在超塑变形过程中显微组织的变化
(a) $\varepsilon=6\%$;(b) $\varepsilon=75\%$;(c) $\varepsilon=120\%$;(d) $\varepsilon=305\%$

6.5.2.5 稀土在高强铝合金中的应用

随着科技的发展和人们生活水平的提高,尤其是在汽车、电子、包装、建材等行业的拉动下,对铝合金的需求越来越大,为适应交通工具轻量化,家用电器、电子产品微小型化的要求,满足日益广阔的市场需求,人们对质量轻、价格低、易加工的铝合金在强度性能上提出了更高的要求。然而,常用高强、高韧性铝合金(2.7 g/cm^3),如7475、7050、7175等牌号铝合金的强度还处于较低的水平,如拉伸强度和屈服强度皆在大约400~600 MPa之间,很难逾越600 MPa。强度不足,使铝合金零部件在重量和厚度上进一步减轻、减薄的要求无法得到满足。

因此，为提高航空航天和地面交通工具的工作性能，必须寻找新的合金化元素，使高强铝合金的综合机械性能进一步提高，稀土作为提高铝合金机械性能的合金元素之一，是非常理想的合金化元素，其中，在高强铝合金中，使用效果最好的稀土元素是钪。

原子序数为 21 的钪在周期表中是铝、钛的近邻，在元素发现史上曾被称作为“类铝”，因此，作为铝合金的添加元素有着巨大的应用潜力。自 20 世纪 60 年代末以来，苏联经多年系统研究，认为：钪在铝中起弥散强化剂、晶粒细化剂、再结晶抑制剂的作用，钪还能提高焊料合金的可焊性及铝合金的抗蚀性[97,98]。

A 钪在高强铝合金中的弥散强化效应

添加0.2%～0.6%的钪到铝合金中能产生高度强化效应。属于 7×××系的 Al－Zn－Mg－Cu 合金是铝合金中在室温和低温下强度最高的品种，其低温（77 K）和室温（298 K）强度分别为 670～720 MPa 和 570～630 MPa，加入 0.15% Sc 和起协同效应的 0.1% Zr 后，其强度和延性均有明显提高，在 T6 制度下，室温屈服强度达 760～805 MPa，极限拉伸强度达 770～810 MPa，伸长率 3%～9%，温度下降至 77 K，伸长率虽有所下降，但强度明显提高，屈服强度 1005～1065 MPa，极限拉伸强度 1010～1065 MPa。Milman 等[99]列出了合金成分与相应的拉伸性能，见表 6-20。由表可知用钪和锆协同改性，在延性水平维持 5.8% 的条件下极限拉伸强度最高可达 820 MPa。

表 6-20 铝－锌－镁－铜合金的组成与挤压后和 T6 状态下的拉伸性能

合金成分/%	断裂强度/MPa	屈服强度/MPa	伸长率/%
Al－11.0Zn－3.3Mg－1.2Cu	554	—	0
Al－9.0Zn－3.1Mg－1.2Cu－0.2Zr	786	727	5.0
Al－10.8Zn－3.5Mg－1.2Cu－0.15Zr－0.39Sc	790	748	10.0
Al－10.2Zn－2.9Mg－1.3Cu－0.15Zr－0.43Sc	782	721	8.6
Al－10.0Zn－3.1Mg－1.1Cu－0.16Zr－0.28Cr－0.45Sc	775	742	10.7
Al－10.3Zn－2.7Mg－1.3Cu－0.15Zr－0.4Mn－0.49Sc	793	738	8.7
Al－12.0Zn－3.3Mg－1.2Cu－0.13Zr－0.4Mn－0.49Sc	820	790	5.8

一般地说，每添加 0.1% Sc（原子分数），强度提高约 97 MPa。故 Al－Mg 合金添加钪形成的 Al－Mg－Sc 合金在强度和断裂韧性上达到了 Al－2024－T3 合金的水平。

B 钪在高强铝合金中的晶粒细化效应

钪与铝基体类质同晶，能与铝形成稳定的 Al_3Sc 相，因此 Al_3Sc 在 Al－Sc 合金内形核的启动能小，而高度弥散和强化的颗粒在某些有利条件下的沉淀密度就大。某些含钪铸造铝合金当钪含量达到 0.2%～0.4% 的饱和度时，所形成的 Al_3Sc 颗粒的最小晶粒尺寸达 30～60 μm。实验表明，当冷却速率为 10^5～10^6℃/s，钪含量介于 0.3%～1%，晶粒可细化到10～1 μm。铸造合金晶粒尺寸的细化将明显改善合金的显微组织。对于变形铝合金而言，如添加锆的 Al－Mg－Sc 合金，除 Al_3Sc 和 Al_3Zr 弥散体协同的强化作用外，晶粒细化还产生了额外的强化作用，从而保证了合金在预期使用温度下的力学性能与合金的热稳定性。美国宇航局在 2002 年评估的 C557 Al－Mg－Sc 合金有可能在－184～107℃的使用温度下应用。

C 钪在高强铝合金中的抑制再结晶效应

用钪改性或用钪增强的铝合金和其他高强铝合金相比，其最显著的特点之一是能够抑制或完全防止再结晶。对于大多数高强沉淀强化铝合金说来，它们的固溶热处理皆在再结晶温度以上的温度下进行，因此处理前所进行的热加工和冷加工量往往经受一定程度的再结晶，从而导致强度的损失。但是钪可将铝合金的再结晶温度提高到600℃以上，恰好高于所有常用可热处理铝合金的固溶热处理温度。但在实际操作中，添加钪要与添加锆协同进行，通过形成极细的热稳定相 $Al_3(Zr_xSc_{1-x})$ 才能极有效地抑制再结晶过程的出现。

以 Al－Zn－Cu－Zr 变形合金为例，该合金的典型屈服强度为 630 MPa，经 84% 冷轧接着进行热处理之后，下降为 605 MPa。而该合金中加入极少量钪经加工和热处理后，不仅没有强度损失，反而提高到 643 MPa。Al－Mg－Zn 类 7×××合金的情况也类似，普通 7×××合金在初始变形状态和受 84% 冷轧及热处理状态对屈服强度的影响，与添加少量钪的影响截然不同，见图 6-78。

D 钪在减少/消除高强铝合金焊缝处热裂的效应

钪能使铝基钎料合金改性，达到与被焊铝基材相当的程度，从而防止出现热裂。如铝合金 2618 用普通焊料钎焊时出现明显的热裂，但用含钪铝基钎料代替普通钎料，其对热裂的敏感程度将下降。而 2618 基体合金用钪改性，再使用含钪钎料则可以迭加消除热裂，其他诸如 6061 和 7×××合金的可焊性当使用含钪钎料合金如 5×××钎料合金时，均有很大改善，见图 6-79。

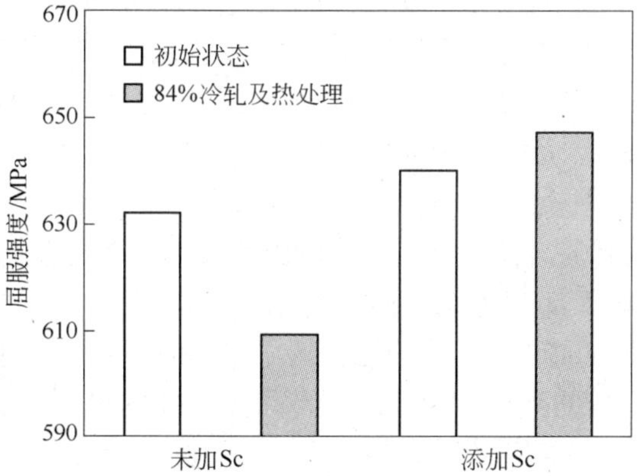

图 6-78 普通 7×××合金与经钪改性的 7×××合金在初始变形状态和经受 84% 冷轧并进行热处理状态下的屈服强度

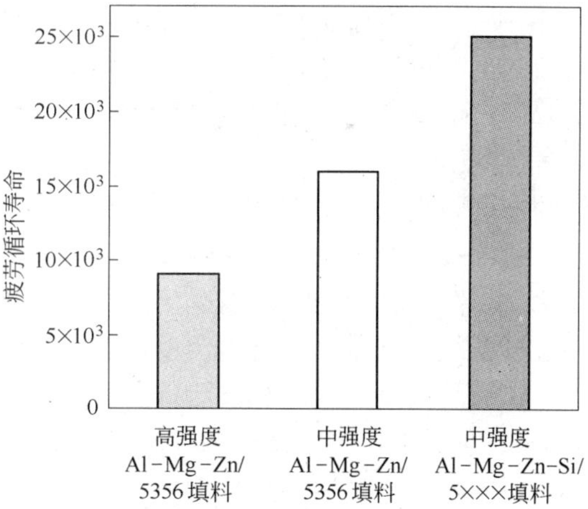

图 6-79 使用经钪改性的 5×××填料焊接的高强 Al－Mg－Zn 合金的疲劳循环寿命

此外，使用含钪铝合金钎料还能明显提高焊件如 Al－7×××的极限拉伸强度。Al－Mg－Zn 合金的疲劳寿命只有 16000 个循环，使用钪改性后，疲劳寿命增高到 25000 个循环。

E 钪在高强铝合金的抗蚀性效应

对 Al－Mg－Sc 合金腐蚀行为进行的研究表明[94,95]，Al－2.5Mg－0.1Sc 在 3.5% NaCl 溶液中经 800 h 浸泡后，和常用的 5456 和 6061 铝镁合金比，其腐蚀率从每年 0.038 mm/g 下降到0.023 mm/g。被蚀重量下降的原因是形成了一层拜耳石(β - Al_2O_3 · $3H_2O$)或一水软铝石(Al_2O_3 · H_2O)(亦称勃姆石)构成的保护膜。对它们点蚀坑的研究还表明,Al - Mg - Sc 合金的蚀坑电位较 A16061、A16013、A12024、A15456 等更正,有极好的抗点蚀能力。

以上即是钪在高强铝合金中的作用时产生的有利效应,显然,在高强铝合金的基础上添加钪对于提高合金的各项综合性能指标是有利的。铝合金中添加少量元素钪,强度、塑性、抗蚀性与可焊性都有很大提高。因此,在20世纪60年代苏联研发的基础上,俄罗斯、乌克兰及美国、日本、加拿大等国于近十几年来研发出多种含钪铝合金,形成了包括 Al - Mg - Sc、Al - Zn - Mg - Sc、Al - Mg - Li - Sc、Al - Cu - Li - Sc、Al - Zn - Mg - Sc 等近20个含钪铝合金牌号。但是,钪价昂贵,每千克钪价约1400美元。因此,在研制含钪铝合金时,应把钪的最佳加入量与合金性能及合金制备成本综合考虑。

据美国铝业公司物理冶金实验室的 Al - Sc 二元相图,钪在铝中的最高平衡溶解度为0.35% ~0.4%,其在铝中的过饱和溶液也仅为近0.6%。因此,铝合金中钪的添加量一般以0.1% ~0.5%为宜。这个添加量使铝合金的成本陡长了数倍,但钪在某些应用中其性能提高带来的巨大效益完全能够化解其在成本上带来的压力[100]。

苏联通过约10年的研发,已使得 Al - Sc 合金在低密度和高强度方面优于 Al - Mg 和 Al - Li 等航空合金,并于70年代末首次用于米格(MIG)29战斗机和导弹的导向尾翼上。苏联解体后,信息交流的加强使得钪资源流向西方,Al - Sc 合金的优异性能开始得到其他国家的重视,西方国家通过多种渠道和手段积极展开了研发工作。譬如美国空军研究实验室与乌克兰材料科学研究所联合开展了用钪改性 Al - Zn - Mg - Cu 合金低温力学性质的研究,结果表明:添加0.49% Sc,在T6热处理制度下形成了含初始 Al_3(Sc,Zr)颗粒的细化而均匀的显微组织。再经热挤压和固溶处理,即形成室温屈服强度、极限拉伸强度分别高达790 MPa和820 MPa,室温伸长率5% ~8%的强度与塑性大幅度提高的新型铝合金,就强度而言达到了与中等强度钛合金(如 Ti - 5Al - 2.5Sn,我国牌号为TA7)相抗衡的程度。鉴于钛的密度为铝的1.5 ~1.7倍,从而开辟了用铝替代钛的可能性。

目前一些用钪改性的铝合金已在军事和商业航空航天中使用,如飞机的舱壁、热屏蔽、翼梁、上部蒙皮用的薄板,制造机座导轨,各种旋转轮和运动齿轮可用的锻件和挤压件,燃料和排放系统都已启用含钪铝合金。它们在航空航天部门的应用潜力是巨大的[101]。

在民品用途方面,由于近10余年来钪的供应渠道畅通,钪价在缓慢下跌,钪的可获量明显提高,且由于含钪铝合金具有比普通铝合金更高的强度、足够的延展性及上佳的可焊性,对于要求轻量化且用量不大的民用产品而言,Al - Sc 合金已成为极具吸引力的时尚和前卫十足的新材料。钪在铝中极少的用量,使成本不再是走向民用的重要障碍。1996年美国阿什赫斯特(Ashust)工艺公司通过与乌克兰合作率先开发出用于运动器械如长曲棍球杆手柄、棒球棒和垒球棒的高强度、轻质的含钪铝合金。由于球棒质轻、刚度高,目前在美国球具市场上已占有一定的份额。一只球棒300余美元,高的附加值已吸引知名的耐克公司涉足钪铝球棒市场。

此外,阿什赫斯特工艺公司还开发了能提高焊接强度、抗疲劳性能提高3倍,并减少热开裂的钪铝合金焊丝。钪铝焊丝的加盟,使近年强度已上升到650 MPa、塑性与可焊性俱佳的含钪铝合金成为制造轻量化自动车的理想材料,目前含钪铝合金已用于制造山地车和公路自行车的车架及零配件,和最热销的铝自行车比,车架重量减轻了12%,屈服强度提高了

50%,疲劳寿命延长了24%。一家叫伊斯顿(Easton)自行车产品集团的美国公司已将这种新材料用于车架、轮圈、前叉用铝合金管的制造。该公司已将车架的重量减轻到只有1kg左右。此外我国台湾的穗高工业公司也积极参与了含钪铝合金在自行车上的应用开发。2003年该公司已接到欧洲市场5万台钪铝自行车的订单,每台单价高达8000新台币(合人民币2000元),大幅度提高了产品的附加值[102]。

美国还将含钪铝合金用于制造最新款式的防身用左轮手枪上,除枪管外,其枪身结构主要由铝钪合金制成。野外露营支持帐篷的支架等要求强度高、质地轻巧的民用产品,笔记本计算机、手机等3C电子电信产品等也都开始使用这种新材料。用含钪铝合金薄板经冲压制造的计算机机壳,制造程序简单(镁合金机壳要经过压铸、精整等多道工序,且成品率低),现已开始向制造手机机壳发展。

可以说,铝合金用钪改性正在由常用结构材料向高附加值材料转型。汽车轻量化向全铝车过渡的过程中,将涉及大量铝零部件的焊接,而含钪铝合金焊料在解决铝件的焊接难题方面将开辟一个巨大的市场。Al－Mg－Zn－Sc等5×××系焊料合金在运输业中将大有可为。

我国拥有丰富的钪资源,在资源开发与钪的提取方面都取得了突破性进展,而我国自2002年后已成为世界排名第一的产铝大国,且在稀土铝的生产中积累了丰富的经验。因此,以轻量化、节能降耗、有益环保为目标,积极研发钪铝合金及其在航空航天、陆运、海运交通工具上的应用,同时扩展它们在民品开发方面的技术和市场规模,利用资源、技术、国内市场(如自行车)等优势,有着极大的研发与应用前景[103]

6.5.2.6 稀土在建筑铝型材中的应用

Al－Mg－Si合金由于具有重量轻、耐蚀性好、优良的切削性和断裂韧性等特点而成为建筑铝型材主要合金牌号,广泛应用在高大建筑物的门窗、装潢及一些交通工具的零部件上。

在建筑铝型材中加入适量稀土,可使铝型材的晶粒细化,使合金的力学性能、耐蚀性、抗氧化性均有改善,并提高合金的流动性和加工性能;此外,建筑铝型材中加入适量稀土后,可使Mg_2Si相析出增多,从而使得合金的表面氧化减弱[104]。

表6-21为在Al－(0.5%～0.6%)Mg－(0.3%～0.4%)Si合金的基础上添加不同含量的混合稀土元素后对合金挤压加工性能的影响。从表中看出,原建筑铝型材的挤压预热温度为450℃,挤压速度为5.06mm/s,当挤压预热温度降到430℃,把挤压速度提高到5.76mm/s时,挤压工作可以顺利进行,但是,当挤压速度超过6.28mm/s时,就发生堵模现象,或者型材表面拉毛过多,表面质量不好,挤压不能正常进行。当合金加入一定量稀土后,挤压预热温度可降到430℃,挤压速度可达到6.28～7.36mm/s,型材表面无拉毛,也无堵模现象,从表6-21中看出挤压速度随着稀土含量增加而提高,这主要是因为铝合金加入稀土后,表面张力小,提高了流动性与可塑性[105]。

表6-21 不同稀土含量对Al－Mg－Si合金挤压预热温度及挤压速度的影响

w(RE)/%	挤压预热温度/℃	挤压速度/$mm \cdot s^{-1}$
0.000	450	5.06
0.085	450	5.05
0.170	450	5.08
0.254	450	5.07

续表 6-21

w(RE)/%	挤压预热温度/℃	挤压速度/mm · s^{-1}
0. 341	450	5. 06
0. 000	430	6. 12
0. 085	430	6. 28
0. 170	430	6. 52
0. 254	430	6. 74
0. 341	430	7. 36

图 6-80 为加稀土与未加稀土的 Al - Mg - Si 合金型材的金相组织照片，从图 6-80(a)中可以看出，合金的晶粒粗大，有呈针状割裂合金本体的 Al_3FeSi 相存在；加入添土后，改变了硅铁相的形貌，使其由长针状变成球团状，图 6-80(b)为加入 0. 085% 稀土的合金的金相

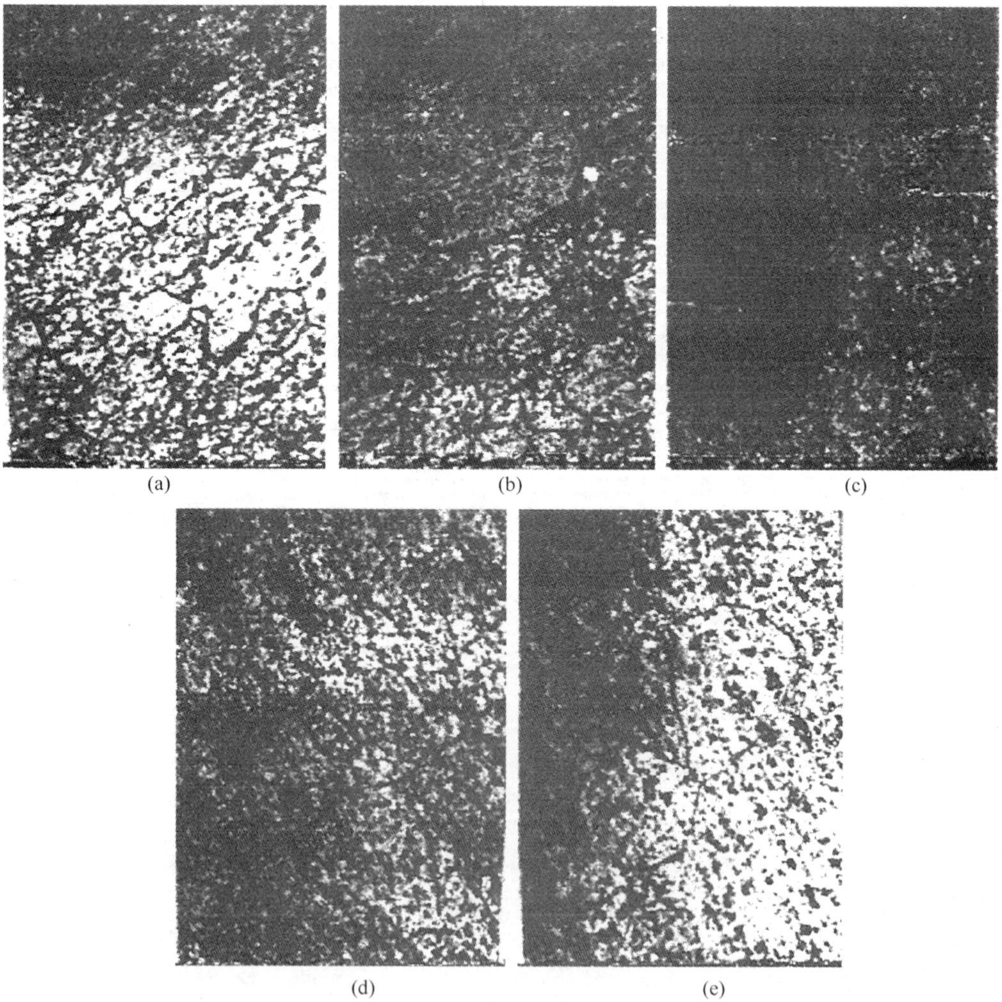

图 6-80　Al - Mg - Si 建筑铝型材加入不同稀土的金相照片(×200)

(a) 0. 000% RE；(b) 0. 085% RE；(c) 0. 170% RE；(d) 0. 254% RE；(e) 0. 341% RE

组织，此图中晶粒有所减少，说明稀土细化了一部分晶粒；当稀土加入量为 0.17% 时，晶粒细化较好，这是因为稀土和杂质铁形成球状化合物，减少了 Al_3FeSi 针状化合物的存在（如图 6-80(c)）；随着稀土含量的增加，晶粒细化越来越明显，当稀土加入量达 0.341% 后（如图 6-80(e)），晶粒又变得粗大，这说明在建筑铝型材中，加入过量的稀土反而引起掺杂，生成 Al - RE 类化合物，使组织变得粗大。

图 6-81 和图 6-82 是 Al - Mg - Si 系合金的相图，从图中可以看出，在 Al - Mg - Si 合金中存在两种化合物 Mg_2Si 和 Mg_2Al_3，从图 6-81 中可以看出，Mg_2Si 相在铝中的最大溶解度为 1.85%（595℃时），到 300℃时其溶解度仅为 0.27%，在室温下更低，因此该合金可进行热处理强化，在相同热处理条件下，即 12h 内进行人工时效，时效温度 200℃ ±5℃，保温 2h。经此工艺热处理后，不同稀土加入量对力学性能的影响见表 6-22，从表中可以看出，稀土元素的添加使得合金的各项力学性能指标均得到改善，尤其是对于型材的硬度和弹性模量的改善更为明显，当稀土添加量为 0.170% 左右时，各项力学性能指标达到最佳值。

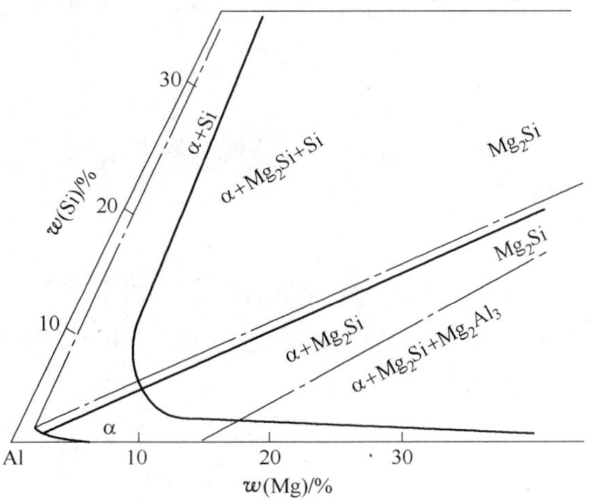

图 6-81 Al - Mg - Si 系合金近铝角部分相区分布

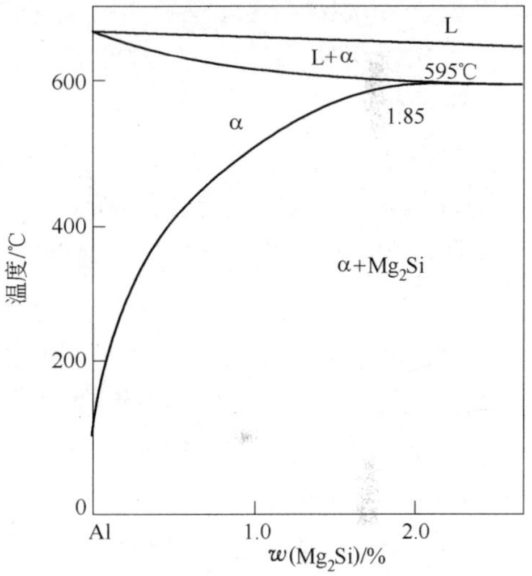

图 6-82 α(Al) - Mg_2Si 伪二元相图

表 6-22 稀土对建筑铝型材力学性能的影响

编 号	$w(RE)/\%$	σ_b/MPa	$\sigma_{0.2}$/MPa	$\delta/\%$	硬度(HV)	E/GPa
1	0.000	200	180	8.4	750	78.8
2	0.085	210	185	8.7	800	80.8
3	0.170	214	190	8.9	812	80.8
4	0.254	200	162	8.6	711	83.1
5	0.341	180	148	9.2	676	71.9

稀土对于 Al - Mg - Si 合金耐腐蚀性能的提高也是有益的，表 6-23 为含不同稀土元素的 Al - Mg - Si 合金在不同的溶液中腐蚀 4h 后的失重情况，从表中可以发现，试样在三种不同浓度的 NaCl 溶液中及在浓度相同的不同介质中腐蚀时，其失重的趋势是一致的，均是随着稀土含量的增加，失重率减小，稀土含量在 0.170% ~0.254% 时，失重最小，当稀土量再

增加时，失重量略有增加，但也比未加稀土的合金腐蚀失重小，这说明稀土加入 Al－Mg－Si 合金后，可增加膜层的耐腐蚀性能。

表 6-23 稀土含量对 Al－Mg－Si 合金氧化膜耐腐蚀性的影响

稀土含量/%	不同溶液中的失重量/$g\cdot(cm^2\cdot h)^{-1}$				
	3% NaCl	5% NaCl	20% NaCl	3% HCl	3% NaOH
0.000×10^{-6}	6.981×10^{-6}	9.625×10^{-6}	11.581×10^{-6}	2.975×10^{-6}	1.967×10^{-6}
0.085×10^{-6}	6.179×10^{-6}	7.658×10^{-6}	9.458×10^{-6}	2.146×10^{-6}	1.529×10^{-6}
0.170×10^{-6}	5.245×10^{-6}	5.291×10^{-6}	8.450×10^{-6}	1.794×10^{-6}	1.348×10^{-6}
0.254×10^{-6}	5.945×10^{-6}	6.851×10^{-6}	9.821×10^{-6}	2.258×10^{-6}	1.689×10^{-6}
0.341×10^{-6}	6.748×10^{-6}	8.945×10^{-6}	11.325×10^{-6}	2.849×10^{-6}	1.766×10^{-6}

用光电子能谱分析 Al－Mg－Si 及 Al－Mg－Si－RE 铝型材的表面状态，发现两种合金均出现了 Al_{2P}双峰，Al_{2P}双峰代表的是金属铝和 Al_2O_3，Al_{2P}能级自旋分裂在能谱上是不可分辨的。比较两种合金的 Al_{2P}双峰可知，加稀土的双峰比未加稀土的双峰稍低些，也就是说，加稀土的铝合金的 Al_2O_3的峰比较低。同时，对于 Mg_{2P}双峰，加稀土的要高于未加稀土的，这说明稀土使镁沉淀析出增多。为了解铝合金氧化的深度，用氩离子进行剥层，大约剥离 0.7 μm 以上后，含稀土合金的 Mg_{2P}双峰要高于不含稀土合金的 Mg_{2P}双峰，这可能是由于稀土存在使 Mg_2Si 析出增多，并使铝合金表面氧化减少。

6.5.2.7 稀土在铝合金纱网中的应用

铝合金纱网是易老化的塑料纱网和易腐蚀的铁丝纱网的新型代替材料，主要用于家用窗纱和水产品养殖护网等使用场合要求其具备一定的强度和良好的耐腐蚀性，此外，由于合金必须加工成丝状，因此还要求合金具有良好的塑性。铝合金纱网多采用 Al－Mg 系合金，目前国内约有几十家工厂生产铝合金纱网，其材料采用 Al－Mg 系或 Al－Mg－Si 系合金，其中含 Mg 量一般在 4% 以内，这类合金的特点是强度高，但塑性较差，深拉过程中易断头，成品率低。

若在 Al－Mg 系或 Al－Mg－Si 系合金的基础上添加稀土，则可提高合金的塑性和耐腐蚀性能，其机械性能、加工工艺性能均优于其他材料的纱网，耐腐蚀性能相当于铁丝纱网和塑料纱网的 7～10 倍。稀土铝窗纱与一般的铝镁窗纱比较具有以下优点：

（1）强度高。ϕ0.25 mm 编织窗纱线经试验，稀土铝合金线抗拉强度最高可达 5.0×10^8 Pa，比国内铝镁合金线高 $4.9\times10^7\sim1.5\times10^8$ Pa，比美国铝镁窗线纱平均高 2.9×10^7 Pa；

（2）耐腐蚀能力强。在 50±10℃ 食盐溶液中浸泡 2 h 后称重，铁窗纱失重 0.38%，铝镁窗纱失重 0.13%，稀土铝窗纱则几乎不失重；

（3）白亮度高。在同样抛光条件下，用 BO－2 型白度计测量，稀土铝窗纱比铝镁窗纱的平均白度要高 2～4 度。

表 6-24 为稀土铝镁纱网与铝镁纱网、铁纱网在 NaCl 溶液、H_2SO_4溶液和自来水中腐蚀时的失重情况[106]，试验中纱网线材的直径为 ϕ0.25 mm，结果表明，在 15% 和饱和 NaCl 介质中，Al－Mg－RE 合金纱网均无失重现象，而 Al－Mg 合金纱网则随介质中 NaCl 浓度的升高失重量明显增加。Al－Mg－RE 合金纱网在济南地区自来水中浸泡半月无失重情况，并发现在自来水介质中，Al－Mg 合金和 Al－Mg－RE 合金纱网均有增重现象，Al－Mg 合金纱

网的增重为 0.272%，Al－Mg－RE 合金纱网的增重为 0.021%，从样品的表面情况看，此增重系样品在自来水中结垢所致。但 Al－Mg－RE 合金纱网垢着物少而疏松，较易清除，而 Al－Mg 纱网垢着物多且不易清除。

表 6-24　各种纱网在不同介质中的失重情况　（%）

腐蚀介质		铁纱网失重	铝镁纱网失重	稀土铝镁纱网失重
NaCl（50℃ ± 0.5℃，2 h）	15%	−0.120	−0.23	无
	饱　和	−0.590	−0.074	无
10% H_2SO_4（30℃，0.5 h）		−16.459	−0.224	−0.182
室温、自来水、15 天（7 天后更换新介质）			+0.272	+0.021

为考查 Al－Mg－RE 合金纱网在不同环境下（如工业过滤、食品柜罩、南北方海域）使用的可行性，把 Al－Mg－RE 合金纱网在 3.5% NaCl 溶液，35℃条件下进行盐雾腐蚀试验，试验发现，Al－Mg－RE 合金纱网在两周内无变化。把其放入取自威海至刘公岛间的天然海水浸泡月余无明显变化。把 Al－Mg－RE 合金纱网与市售塑料纱网进行比较试验，把其分别在 3.5% NaCl 溶液中，在 80℃条件下和存放在 −20℃的棒冰机中放置 7 天时间，结果是 Al－Mg－RE 合金纱网在两种条件下均能保持卷舒自如，而塑料纱网却已发生老化。

对不同 RE 含量的 Al－Mg 合金分别在天然海水和 0.05 mol/L 的 Na_2SO_4 介质中测量其电极电位，结果如图 6-83 所示，从图中可以看出，在两种介质中，合金的电极电位均随着稀土含量的增加而线性上升，说明随着稀土含量的增加，Al－Mg－RE 合金的耐腐蚀性能随之提高。

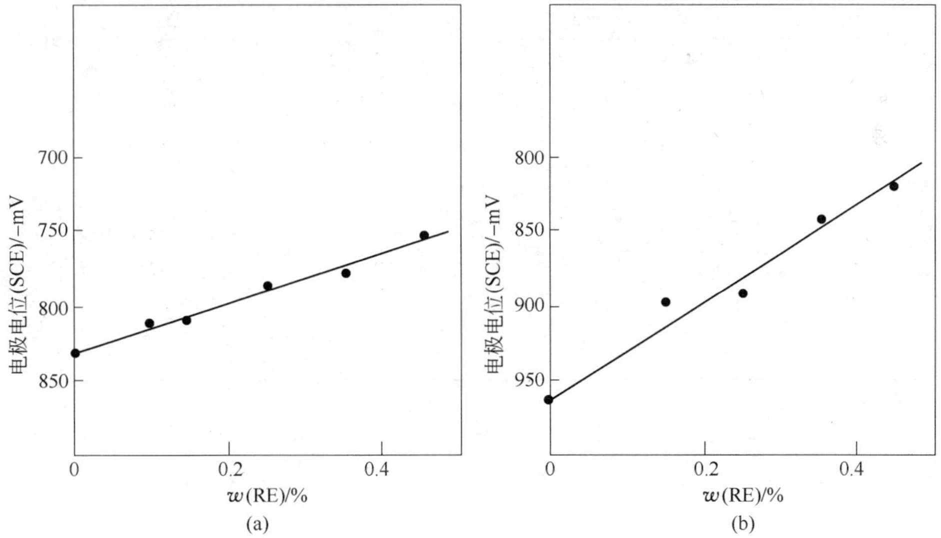

图 6-83　在介质中不同 RE 含量与电极电位之间的关系
（a）天然海水；（b）0.05 mol/L Na_2SO_4

6.5.2.8　稀土铝锂合金

Li 是最轻的金属元素，在铝中每加入 1% 的 Li，可使合金的密度减少 3%，弹性模量提高 6%。由于铝锂合金具有低密度、高比强度和比刚度等特性，被公认是航空航天工业中最为理想的结构材料。先进工业国家已有 40 多年的使用历史，但是铝锂合金存在塑性差、断裂韧性和强度较低，力学性能各向异性较高等缺点，妨碍了铝锂合金在航天航空工业上的推广应用。为了解决这些问题，在铝锂合金中加入微量的稀土元素，试验证实上述合金化方法铝锂合金性能得到显著改善。

1924 年德国第一种含 Li 的铝合金"Scleron"研制成功，美国和苏联相继开发了 X2020 和 BAД23 合金，当时由于生产困难和价格昂贵，未能得到推广使用。20 世纪 70 年代 Al－Li 合金从新得到发展，代表性的有苏联研制的 1420 系列合金，美国 Alcoa 公司研制的 2090 合金，英国 Alcan 公司的 8090 和 8091 合金，法国 Pechiney 公司开发的 2091 合金等。20 世纪 90 年代左右，西方各国加强了 Al－Li 合金的研究，Al－Li 合金迅速发展。美国 Reynolds Metal 公司研制出了超高强 Weldalite049 合金，该合金室温强度超过 680MPa，250℃仍然能保持 483MPa，并在此基础上成功开发 2094～2097、2195、2197 等系列合金。1994 年，美国研制出了高抗疲劳裂纹性能的 C155 合金。美国空军 Wright 材料实验室与 Dayton 大学和 Alcoa 公司共同开发了低向各异性的 AFC489 和 AFC458 新型变形铝锂合金。目前国外已有 20 多种 Al－Li 合金的生产达到工业化水平，美、俄、欧等国 Al－Li 合金轧制、挤压、锻造的生产技术已达到常规铝合金水平。表 6-25、表 6-26 分别给出了新型铝锂合金的化学成分和力学性能[107]。

表 6-25 新型铝锂合金的化学成分 （%）

合金牌号	Li	Cu	Mg	Zr	Ag	Zn	Mn	其他
1460	1.9～2.5	2.5～3.5	—	0.12	—	—	—	Sc0.10～0.20
Weldalite049	0.7～1.8	2.3～5.2	0.25～0.8	0.14	0.25～0.8	—	—	—
2094	1.3	4.5	0.4	0.14	0.4	—	—	—
2095	1.1	4.2	0.9	0.14	0.4	—	—	—
2096	1.3～1.9	2.3～3.0	0.25～0.9	0.14	0.25～0.6	—	—	—
2195	0.8～1.2	3.7～4.3	0.25～0,8	0.14	0.25～0.6	<0.25	<0.25	Ti<0.1
Weldalite210	1.3	4.5	0.4	0.14	0.4	0.5	—	—
2097	1.2～1.8	2.5～3.1	0.35	0.14	—	0.35	0.1～0.6	Ti0.15
2197	1.3～1.7	2.5～3.1	0.25	0.12	—	<0.05	0.1～0.5	Ti0.12
AFC489	2.1	2.7	0.3	0.05	—	0.6	0.3	—
AFC458	1.7	2.7	0.3	0.08	—	0.6	0.3	—

表 6-26 新型铝锂合金的力学性能

合金牌号	材料状态	σ_b/MPa	$\sigma_{0.2}$/MPa	δ/%
1460	20 mm 厚板	570	490	8.0
	挤压型材	620	530	0.8
	冷轧薄板纵向	540	485	6.0
	冷轧薄板横向	560	495	8.0
	冷轧薄板 45°	530	470	11.0
Weldalite049	挤压棒材 T6	720	681	3.7
	挤压棒材 T8	714	692	5.3

续表 6-26

合金牌号	材料状态	σ_b/MPa	$\sigma_{0.2}$/MPa	δ/%
2094	挤压棒材 T6	706	672	4.5
	挤压棒材 T8	717	696	8.5
2095	挤压棒材 T6	718	683	3.8
	挤压棒材 T8	700	667	8.0
2195	7.8 mm 板 T6 纵向	612	581	9.8
	7.8 mm 板 T6 横向	592	551	12.1
	7.8 mm 板 T6 45°	522	489	12.6
Weldalite210	挤压棒材 T6	758	731	2.8
	挤压棒材 T8	751	733	7.5
2197	38 mm 厚板 T8(L)	440	420	4.0
	38 mm 厚板 T8(LT)	440	420	8.0
	38 mm 厚板 T8(ST)	420	380	2.0
AFC489	热轧厚板 T8 纵向	550	500	3.0
	热轧厚板 T8 横向	538	468	1.5
	热轧厚板 T8 45°	545	474	3.0
AFC458	12.7 mm 厚板 T8 纵向	530	496	10.7
	12.7 mm 厚板 T8 横向	544	475	8.9
	12.7 mm 厚板 T8 45°	503	419	12.8

国外 Al－Li 合金在航天航空领域的应用已进入实用阶段[108]。航空领域战斗机苏－27、苏－30、米格－29、米格－33 等飞机都大量采用了 Al－Li 合金，英国 EH101 直升机有 25% 的构件用 AA8090 制造，其用量占飞机结构总量的 15%，美国将 2197 铝锂合金用于 F－16 和 F－22 战斗机的后隔框，显著改善了抗疲劳性能。EFA 战斗机 2000 多个零部件采用铝锂合金，重量占结构总重的 20%。在航天领域，铝锂合金已在许多航天构件上取代了常规高强铝合金。美国洛克希德公司采用 8090 铝锂合金制造大力神运载火箭有效载荷舱，使其减轻质量 182 kg。美国"发现号"航天飞机外贮箱采用 Weldalite™049 系列的 2195 铝锂合金取代 2219 合金，使航天飞机的运载能力提高了 3.6 t。俄罗斯已将 1460 铝锂合金用于"能源号"运载火箭的低温贮箱。

我国铝锂合金研究起步于 20 世纪 60 年代初，最早东北轻合金加工厂仿制 2020 合金，"七五"由国家立项中南大学等开始仿 2091 中强铝锂合金的研究，"八五"期间试制了 1420 和 2090 铝锂合金的小规格板材和型材。"九五"期间我国从俄罗斯引进 6 t 级铝锂工业化熔铸生产线，由西南铝业(集团)有限公司和中南大学对 Weldalite™049 系列铝锂合金进行组元成分、组织强化和热处理强化工艺和大规格挤压型材的试制。21 世纪初对 2195 合金试制取得了突破性的进展，初步解决了 2195 合金在工业化生产条件下的一系列关键工艺技术，成功试制出了 ϕ360 mm × 15 mm × 1200 mm 大规格挤压管材及(2 ~ 5) mm × 700 mm × 800 mm 板材。这表明我国已经具备了 2195 铝锂合金的大规模研制和开发能力，对我国航空、航天工业具有非常重要的意义。总之，目前我国铝锂合金研究开发的基地已建立，其规模和水平已达到美、俄等国 90 年代初的水平。

俄罗斯关于稀土铝锂合金方面研究较早。苏联对稀土元素在铝锂合金中的作用十分重视,做了大量系统的研究工作,优选出稀土元素钇、铈、钪。从合金成分分析[109],俄罗斯研制的牌号为 1421 和 1423 铝锂合金中含有微量的 Sc,1450 合金中含有微量的 Ce,1430 合金中含有微量的 Y 和 Sc。有报道称 1460 合金中则含有 Y、Sc、Ce 三种微量的稀土元素,也有报道 1460 只含有 Sc 一种稀土元素。据报道苏联在 20 世纪 80 年代已经将 1430 和 1460 铝锂合金大量使用在飞机和火箭上。20 世纪末俄罗斯运用 1460 铝锂合金制作运载火箭的低温贮箱。

我国分别在 1991、1993、1996 年召开了三次全国铝锂合金研讨会,我国在铝锂合金微合金化,特别是稀土铝锂合金的研究方面已形成了自己的研究特色,而且我国稀土资源丰富,这些为今后将来稀土铝锂合金在我国的应用创造了条件。但目前我国稀土铝锂合金的研制距生产和应用还有一定的距离,今后的工作应尽快研究和完善稀土在 Al - Li 合金中的作用机理。为开发铝锂系合金新材料、新用途奠定基础。表 6-27 和表 6-28 为部分稀土铝锂合金的合金成分和力学性能[110~114]。

表 6-27 稀土铝锂合金成分 (%)

合 金	Li	Cu	Mg	Zr	Be	RE	其 他
1421	1.8~2.2		4.5~5.3	0.06~0.10		Sc0.16~0.21	
1423	1.7~2.0		3.2~4.2	0.06~0.10	0.02~0.2	Sc0.06~0.10	Mn0.05~0.25
1450	1.8~2.3	2.3~2.6	<0.1	0.09~0.14	0.01~0.1	Ce0.005~0.03	
1430	1.5~1.9	1.5~1.8	2.5~3.0	0.08~0.14	0.02~0.2	Y0.05~0.25 Sc0.02~0.3	
合金 1	2.56	1.15	0.65	0.08		Sc0.37	
合金 2	1.5	3.5		0.12		Sc0.10	
合金 3	2.55	1.3	0.69	0.10		Y0.50	
合金 4	2.17		5.51	0.10		Ce0.15	

表 6-28 稀土 Ce 和杂质元素 Fe、Si、K、Na 对 Al - Li - Cu - Zr 韧化水平的影响

影响因素	w(Fe + Si) /%	w(Na + K) /%	w(Ce)/%	δ/%	K_c /MPa · $m^{1/2}$	K_{test}/%	K_{intr}/%	K_{extr}/%
Fe + Si	0.08	0.0039		5.5	25.9			
	0.42	0.0030		3.2	18.3	-29	-24	-5
Na + K	0.61	0.0023	0.05	5.7	32.0			
	0.40	0.0132	0.06	0.9	22.7	-29	-60	31
Ce	0.42	0.0030		3.2	18.3			
	0.61	0.0023	0.05	5.7	32.0	75	34	41
	0.45	0.0053	0.12	5.6	34.7	90	32	58
	0.50	0.0038	0.25	5.3	28.3	55	29	26
Fe + Si 及 Ce	0.08	0.0039		5.5	25.9			
	0.45	0.0053	0.12	5.6	34.7	34	0.9	33
Na + K 及 Ce	0.42	0.0030		3.2	18.3			
	0.40	0.0132	0.06	0.9	22.7	24	-47	71

关于微量稀土元素在铝锂合金中的作用，苏联进行过系统的试验分析，对17种主要的稀土元素都进行过对比试验和综合比较。总的来说，稀土元素的作用在于减少杂质元素的影响，增加合金元素的活性，改变析出物的形态而改善铝锂合金的性能。但是，具体来说，各种稀土元素具有互不相同的作用。苏联的系统研究结果是，钇、铈和钪是铝锂合金附加组元中最有效果的稀土元素，微量的Y可以改善合金的塑性，Ce可提高合金的热强度和耐热性，Sc的作用最佳，是其他稀土元素不可取代的。微量的Sc可以明显改善可焊铝锂合金的焊接性能。

Ce在铝锂合金中的作用国内外研究的比较多，研究者从Ce对铝锂合金组织、力学性能、高温力学性能、焊接性能和各向异性等各个方面进行了研究。

Buttinelli等[115]研究了Ce含量对Al－Li二元合金晶粒尺寸及含Fe杂质的Al－Li－Mg铸造合金性能的影响。随Ce含量增加至1.1%，晶粒尺寸线性下降；在Al－Li－Mg铸造合金中添加适量Ce，其力学性能可得到改善，并且Fe杂质的负面影响也可被控制。彭德林等[116]研究发现微量Ce使合金Al－Li－Cu－Mg－Zr（8090）时效硬化加强，拉伸性能提高。孟亮等[117,118]研究表明0.05%～0.25%的Ce微合金化在塑性水平较低的Al－Li－Cu－Zr（2090）合金中，能够同时提高内、外韧化水平，改善合金的断裂韧性，抑制杂质对韧化水平造成的危害（见表6-28）。Ce微合金化在塑性水平较高的Al－Li－Mg－Zr（1420）合金中对材料的韧化不能产生有益作用，甚至危害材料的外韧化。耿东生等研究表明1420合金添加0.06% Ce时有利于提高合金塑性，添加0.15% Ce有利于提高合金强度。

陈铮[119～121]等发现Ce对铝锂合金的平面滑移倾向有着双重影响。2090合金中Li含量少，时效温度低，δ相的尺寸小，抑制平面滑移依赖于T1相，Ce有效细化和弥散化T1相，因而可大幅度改善其本征疲劳裂纹扩展抗力。8090合金中Li的含量多，时效温度较高，δ′相本身的抑制平面滑移效果成为重要方面，而加入Ce降低δ′相{111}面反相畴界的不利作用充分暴露，超过其细化和弥散S′相的有益作用，因而宏观表现为使本征疲劳裂纹扩展抗力下降。

彭德林等[122]在研究合金Al－3Li－1Cu－Zr热裂倾向时发现稀土Ce显著改善了合金的热倾向性。张敏刚等[123,124]研究认为Ce能够抑制2090铝锂合金在多次热循环后弹性模量降低的倾向，有益于合金的高温力学性能的改善。

贺勇[125,126]等通过焊缝合金化手段，添加适量的合金元素Ce，能够明显改善稀土2090铝锂合金焊缝凝固组织，增加焊缝的断裂韧性。但过量的Ce进入焊缝金属，将使焊缝断裂韧性下降。适量的稀土元素Ce有益于降低铝锂合金焊接热影响区的软化倾向。但过量的Ce则作用降低。Ce能够消除或减轻Fe、Si、Na、K等杂质元素的有害作用，细化晶粒，有利于提高焊缝热影响区的塑性。

张敏刚等[127]研究发现Ce可减小2090铝锂合金屈服强度各向异性。许越[128]等发现：稀土元素Ce浸入铝锂合金2195薄片可以减轻合金的各向异性，可使合金屈服强度$\sigma_{0.2}$提高30 MPa，抗拉强度σ_b提高25 MPa。但赵志龙等[129]研究认为固溶状态下2090＋Ce铝锂合金板材的屈服强度的各向异性程度高于2090合金板材。

严卫东等发现[130]2090合金中加入微量Ce（＜0115%）可以明显提高合金耐剥蚀性能，但过量则有害。

从以上研究结果可以看出,适量 Ce 加入铝锂合金,可以细化合金组织,提高合金塑性、断裂韧性,降低热裂倾向,提高合金焊接性能,改善合金各向异性等作用。Ce 加入过量则作用效果减弱,甚至对合金有害。这主要是由于:

(1) Ce 能够弥散 Fe、Si、Na、K 等杂质原子,阻碍其向晶界偏聚形成粗大平衡相,能够消除或减轻杂质元素的有害作用,强化晶界,改善合金的断裂韧性。

(2) 适量的 Ce 可以抑制再结晶,细化再结晶晶粒,改善影响各向异性的晶体学织构组成与分布。

(3) 细化和弥散析出相粒子,使 δ′相的尺寸和间距减小,弥散度增加。细化 2090 合金中的 T1 相和 8090 合金中的 S′相并使分布更为均匀。

(4) 过量的 Ce 会形成大量的低熔点共晶组织,这些组织呈连续薄膜状分布,降低了晶间结合力。

在铝锂合金中加微量元素 Sc 是苏联铝锂合金的一大特点,60 年代生产的 1420 铝锂合金,为了提高其强度和可焊性,特别是屈服强度和热循环载荷,在合金中加入了 0.1% ~1.2% 的 Sc,形成 1421 与 1423 合金,80 年代末研制的 1460 铝锂合金也加入了 0.05% ~0.14% 的 Sc,其性能大为改善。在俄罗斯开发的含 Sc 铝锂合金已获得了大量生产和实际应用。70 年代以来,美国、日本、德国对 Sc 在铝合金中重要作用也倍加重视,对 Sc 在铝锂合金中的作用研究也取得进展。

我国的一些学者也对 Sc 在铝锂合金中的作用进行了研究。尹登峰等[131]在 Al – Li – Cu – Mg – Ag – Zr 合金中加入 0.15% 的 Sc,可以细化晶粒(如图 6-84 所示),达到最佳时效态的时间加长。郑子樵等研究发现[132]添加微量的 Sc 能使 Al – Li – Cu – Mg – Ag – Zr 合金获得较好综合力学性能,有效地改善其塑性,并且能改善 Al – Li – Cu – Mg – Ag – Zr 合金的断裂模式。蒋晓军等研究发现 Sc 明显改善了 Al – Li – Cu – Mg – Zr 合金拉伸性能,缩短合金峰值时效时间,使合金具有良好的强塑性配合。周昌荣等研究发现在 Al – 3.5Cu – 1.5Li – 0.12Zr 合金中加入微量 Sc 微合金化能提高合金的强度和塑性,但加入量不宜超过 0.15%,超过 0.15% 会降低合金的强度,见表 6-29。

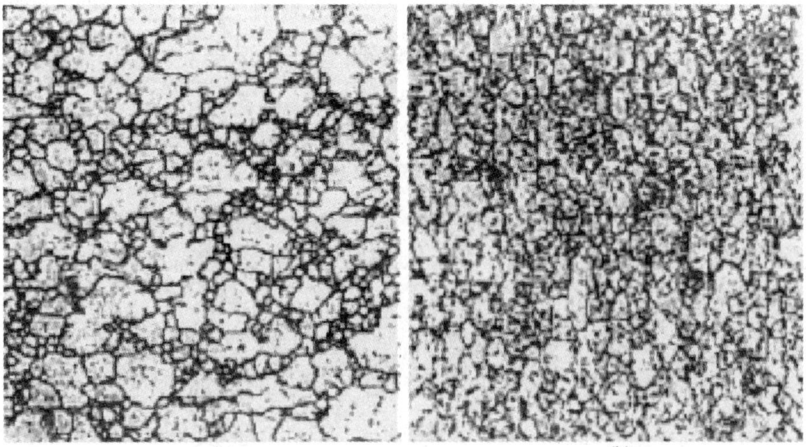

(a) (b)

图 6-84 Sc 对 Al – Li – Cu – Mg – Ag – Zr 组织的影响(T8 态)

(a) 不加 Sc;(b) 加 0.15% Sc

表 6-29 Al - 3.5Cu - 1.5Li - 0.12Zr 合金加不同量 Sc 在 T8 态下的拉伸性能

（525℃固溶 1 h + 4.0% 预拉伸量 + 160℃时效 24 h）

$w(Sc)/\%$	σ_b/MPa	$\sigma_{0.2}$/MPa	$\delta/\%$
0	530	504	5.0
0.1	553	518	7.6
0.15	533	507	8.2
0.25	456	433	8.6

在铝锂合金中添加 Sc 可以提高合金强度、塑性、抗蚀性、焊接性等。Sc 在铝锂合金作用机理主要有：

（1）Sc 可以细化合金的晶粒组织，这是由于 Sc 形成的具有 LI2 结构的 Al_3Sc 高熔点粒子在合金结晶时优先析出，合金凝固时成为因熔体非均质形核的核心，从而细化了晶粒和组织，起到了细晶强化的效果[133]。

（2）Sc 添加到铝合金中、除少量在合金凝固时以一次 Al_3Sc 相形式析出外，大部分过饱和地固溶在 α(Al) 中，在随后的均匀化退火及热加工过程中，Sc 又从其过饱和固溶体中以二次 Al_3Sc 相的形式均匀析出，二次 Al_3Sc 相质点非常细小，分布弥散，与母相共格，在 463K 时效时基本 Al_3Sc 相不长大和回溶，可以强烈地钉扎位错和晶界，稳定合金亚结构，有效地阻止亚晶界的迁移和合并，从而显著抑制了合金的再结晶发生，对合金产生亚结构强化作用。在时效过程中 Al_3Li 相将包覆在已析出的球状 Al_3Sc 上，形成复合结构的析出相 Al_3Li/Al_3Sc，与 Al_3Li 相比较位错切割这种复合相更为困难，使合金的强度或硬度进一步提高。因此铝锂合金中加入 Sc 明显改善了合金拉伸性能，使合金具有良好的强塑性配合。

（3）Sc 能够改变铝锂合金中主要强化相。Sc 的加入能够延缓 T1 相的生长，使 T1 相在小角度晶界上大量析出，阻止粗大的 T1 相在大角度晶界上析出，造成了 T1 相的细化，几乎不出现明显的晶界无析出带（PFZ），所以有效改善铝锂合金的性能。

（4）钪对铝锂合金焊接性能的影响[134]。苏联采用含 Sc 的焊丝焊接铝锂合金 1420、1421、1423 合金时可以显著提高了焊缝强度，改善了焊缝组织，降低了晶粒尺寸。焊缝平整去除余高，提高焊透率。焊后退火热处理效果更好。不过也有人认为含 Sc 的焊丝使焊接接头的塑性和冲击韧性有所下降。

（5）Sc 元素加入到铝锂合金中可以提高含锂固溶体的稳定性及淬透性。研究表明含 Sc 的 1421、1423 铝锂合金的淬透性高于不含 Sc 的 1420 铝锂合金，含 Sc 的 1460 铝锂合金的淬透性高于不含 Sc 的 1450 铝锂合金。Sc 的作用是通过改变固溶体中的 Mg/Li 及 Cu/Li 比，来提高铝锂合金的稳定性及淬透性。

（6）在 Al - Mg - Li 系中添加 Sc 取得了良好效果，但在 Al - Cu - Li 系中，分析 Al - Cu - Sc 相图表明，当 Cu 含量大于 1.5% 和 Sc 含量大于 1.2% 时，会形成粗大难熔 W 相（$Al_{3-8}Cu_{2-4}Sc$），周昌荣等研究发现在 Al - 3.5Cu - 1.5Li - 0.12Zr 合金中加入微量 Sc 微合金化能提高合金的强度和塑性，当加入量超过 0.15% 会形成粗大的 W（Al_3 $-8Cu_2$ $-4Sc$）相，会降低合金的强度，W 相一方面会促使 Al 合金发生再结晶，另一方面 Cu 和 Sc 进入 W 相而使合金中的强化相减少。因此，Sc 合金化主要在低铜和无铜合金中应用。

关于稀土元素在铝锂合金中的作用，研究最多的是稀土 Ce 和 Sc，元素 La 和 Y，以及一些混合稀土，其他稀土元素在铝锂合金中的相关报道则很少。

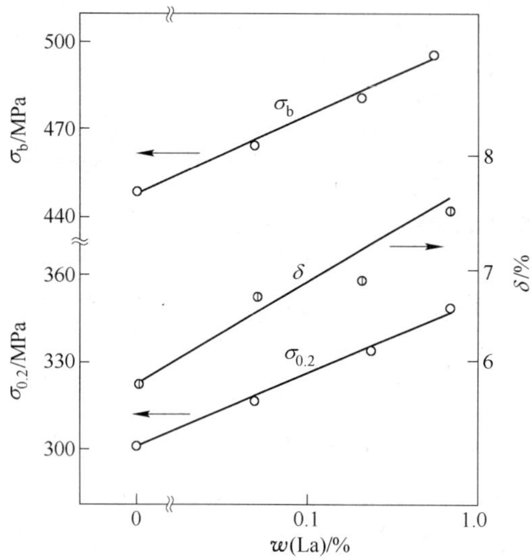

图 6-85 La 对 Al－Mg－Li 合金 σ_b、$\sigma_{0.2}$、δ 的影响

崔建忠[135]等在 Al－Mg－Li 合金中加入不同量的稀土元素 La 后，对其组织与性能进行了研究，结果表明：加入稀土 La 后，峰值时效时间推迟，峰值硬度增加。随含 La 量增加，σ_b，$\sigma_{0.2}$，δ 一致增加，其中 σ_b 增加最显著（见图 6-85）。La 促进了 Al_2MgLi 相析出，并使之细化。这就使 Al_2MgLi 相强化作用增强，这是含 La 合金峰值时效强度增加的主要原因。La 可以促进过渡元素（如 Zr、Cr、Mn）质点析出和细化，这些析出的质点阻碍了晶界的迁移，抑制了合金的再结晶，这也是含 La 合金强化的原因之一。郑子樵[136,137]等研究含 0.05% La 的 Al－Li－Cu－Mg－Zr 合金的时效形为时发现：La 使合金达到峰值时效的时间延长，组织观察 La 使析出相较细小，La 在一定程度上抑制了相的长大。这是由于相的长大需要锂原子的扩散，而原子的扩散要借助空位的移动，而 La 加入会占据空位从而降低了原子的扩散速率，因而抑制了相的长大，所以时效时达到峰值的时间延长。另外还发现 La 在 Al－Li 合金作用表明加入微量 La 可降低 Fe、Si、Na 等杂质元素在晶界的偏聚，可明显提高 Al－Li 合金的韧性。

桂全红[138]等对稀土 Y 对 Al－Li－Cu－Mg－Zr 合金析出相，拉伸性能和断裂机制的影响做了研究，结果表明：Y 可明显细化合金的铸态晶粒，加入 0.1% Y 可使合金中相分布均匀化（见图 6-86），所以改善了合金的塑性。当 Y 加入量增加到 0.5%，合金的强度提高，但过量的 Y 会导致 Y 在晶界偏聚，塑性比加入 0.1% Y 时有所下降。加入一定量的 Y 会使合金的断裂方式发生改变，不加 Y 时合金断口为穿晶韧窝型和沿晶塑性混合特征，并且沿晶有二次裂纹，加入 0.5% Y 时合金断口为穿晶剪切特征。另外添加少量的稀土 Y 可改善合金的高温抗氧化性能[139]。

另外一些研究者对铝锂合金中添加混合稀土进行了研究。彭德林[140]等研究了混合稀土（45% Ce、20% Nd、其余为其他稀土）对 Al－Li－Cu－Mg－Zr 合金凝固组织的影响发现，稀土元素使铝锂合金铸态晶粒组织及二次枝晶臂间距均得到细化，稀土元素铜、镁等元素的显微偏析得到显著改善，能够与有害杂质铁形成化合物沉入坩埚底部，从而减轻了杂质铁的有害作用。王立民[141]等分别研究和对比了稀土 La、Ce、Pr、Nd、Y、Mm 对定向凝固 Al－3Li 合金组织的影响，发现当稀土含量 0.2% 以上时，枝晶的间距随着稀土含量的增加而下降，影响效果由强到弱依次 La、Ce、Pr、Nd、Y、Mm。稀土对组织的影响实质上是由于在凝固时增加了成分过冷。

稀土 Al－Li 合金的研制，为开发 Al－Li 合金开辟了新途径，对进一步发展 Al－Li 合金

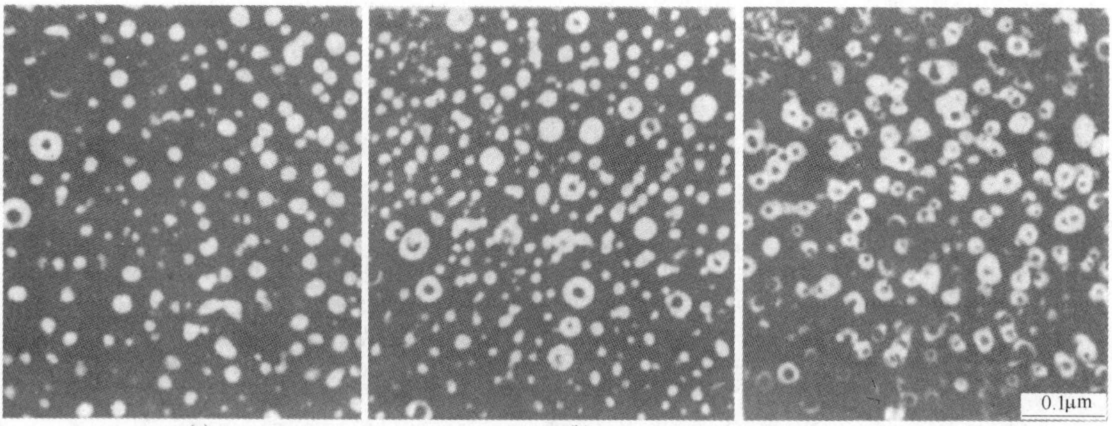

(a) (b) (c)

图 6-86 时效后复合相的形貌

(a) Al-Li-Cu-Mg-Zr 463K 2h;(b) Al-Li-Cu-Mg-Zr-0.1Y 463K 6h;
(c) Al-Li-Cu-Mg-Zr-0.15Y 463K 10h

有着十分重要的意义。我国在此方面研究的较多。但由于研究目的和条件限制还有很多的不足。

(1) 关于稀土 Al-Li 合金缺乏系统的研究和探索,目前我国只是集中对 Ce、Sc 等几种稀土在 Al-Li 合金中的作用进行了研究,但对其他多数稀土研究的很少,机理方面的研究还不够。

(2) 由于缺乏集中进行研究,不同研究者由于合金成分、工艺条件等差异以及实验手段和观察角度不同,得到的结果也不一致。

(3) 缺乏持续深入的研究,稀土铝锂合金在 20 世纪 90 年代掀起了研究高潮,但在最近几年研究报道的比较少,成果也比较少。

(4) 研究较为分散,缺乏系统性。国家要大力支持,航天、航天企业要与科研院所密切配合,稀土铝锂合金的设计和研制应面向实际应用。

稀土在 Al-Li 合金中的应用还处于开始阶段,稀土的作用和影响机理有许多尚未清楚。虽然目前各种新材料不断涌现,但 Al-Li 合金在航空、航天领域依旧是不可缺失的材料。因此,我国在 Al-Li 合金的研究,特别是在稀土铝锂合金研究方面断续拓展深入。

6.6 稀土铝合金存在的问题、对策和建议

6.6.1 要加强导电稀土铝合金的推广应用

稀土在导电铝中的应用技术早已成熟,已经列为国家级电网的规范性产品,节电效果和经济效益巨大,现已全面推广应用。可惜的是近年组织监管力度减弱,有些单位出现反弹现象。为了省钱不加稀土,以次充好,以高电阻产品代替高导电产品出售。国家应当仿照节能灯办法,对厂家给予补贴,鼓励节能的稀土铝导电电线电缆的推广应用。

6.6.2 推广新型廉价滞销的镧铈稀土在铝合金中的应用

铝合金和钢铁、有色合金一样,以往大多使用含镨钕的普通富铈混合稀土作原料,随着

钕铁硼永磁材料的快速发展,钕镨市场紧俏,分离出去钕镨后剩下大量镧铈积压滞销,形成稀土产销不平衡的矛盾。研究结果表明:用镧铈稀土完全可以代替普通富铈稀土在铝合金中应用。好处是:降低成本;节约镨钕资源,使之"物尽其用";缓解稀土产销不平衡矛盾,促进稀土平稳发展。

6.6.3　大力开发高强、高韧新型稀土铝合金

我国高强、超高压、高韧铝合金全靠进口,急待自主开发添加稀土元素钪、铒这类既实用又颇具发展潜力的新型高性能合金。钪、铒等稀土元素是一类强有力的晶粒细化剂和净化剂。加入千分之几就能对铝合金组织和性能产生显著影响,这就可生产高强/超高强、高韧、优良耐热、可焊的高端铝合金产品,以满足航天、航空(大飞机)、舰艇等高技术国防军工等方面的需要。

6.6.4　快速凝固、含稀土、过渡族元素新型耐热铝基合金的研发应用

以 Al - Fe - Ce 和 Al - Cr - Y 为代表的耐热铝合金,利用快速凝固技术,形成细小的高熔点金属间化合物第二相颗粒,它与铝基体错配度小、界面能低、热稳定性高,钉扎晶界能力强,具有工业价值。

6.6.5　面对铝资源日趋枯竭如何发展稀土铝合金以及如何加以综合利用

铝资源日趋枯竭,这是包括中国在内的全球性问题。应对措施总是开源节流两方面:发掘新矿藏,寻找代用品,这是不言而喻的事;对材料工作者而言,用稀土等合金元素提升传统铝合金性能以减重降耗,延长使用寿命,也是节约铝资源的有力措施。提高铝稀土合金废料、旧料回收利用也是值得重视的课题。这一方面要消除对稀土的不正确认识,比如说稀土有放射性(放射性是有伴随稀土矿物中的钍而来,在冶炼过程中已把它完全清出去),稀土是铝合金中的有害杂质(其实稀土是工农业的"维生素",在黑色、有色合金材料中是有益合金化/微合金化元素);另一方面,要将稀土铝合金与传统铝合金分门别类回收,把握好回收技术,做成正规产品,重熔再用(研究结果表明,稀土是铝合金长效变质剂)。

6.6.6　扩大稀土在铸造和变形铝合金中应用的发展空间

比如稀土在铝箔和海底电缆套管涂铝等方面都有其用武之地,建议优选一些项目,一项一项进行攻关,从合金成分优化、合金加入工艺分析、质量稳定控制、稀土作用及其机理、应用示范工程到扩大应用领域和应用量,认真务实抓出实效,形成一批像稀土导电铝那样有规模、有显示度的稀土铝合金产业。

全国稀土有色协作网在国家计委、国家发改委稀土办领导下,曾对包括稀土铝在内的稀土有色合金的发展发挥过明显的作用,建议予以恢复。

参 考 文 献

[1]　潘复生,张津,张喜燕,等. 轻合金材料新技术[M]. 北京:化学工业出版社,2008,7.

[2] 曹大力,石忠宁,杨少华,王吉坤,王兆文,邱竹贤. 稀土在铝及铝合金中的作用[J],稀土,2006,5:88~92.
[3] 唐定骧,王成辉. 我国独具特色的稀土电工铝和稀土铝合金[J],四川有色金属,2003,2,19~24.
[4] 赵敏寿,党平,吕翔平. 稀土元素在铝合金中的分布及其作用机理[J]. 中国稀土学报,1994,451~455.
[5] 张国成. 稀土应用发展战略研究. 2004,139.
[6] 唐定骧,鲁化一,赵敏寿,汪良宣. 我国稀土在铝及其他有色金属中的应用[J]. 中国稀土学报,1995,13(7),309~404.
[7] 孙伟成,张涉荣,侯爱芹. 稀土在铝合金中的行为[M]. 北京:兵器工业出版社,1992.
[8] 傅高升,孙锋山,任立英,陈文哲,钱匡武. 微量稀土对工业纯铝中杂质相的变质行为[J]. 中国稀土学报,2001,2,133~137.
[9] 刘余九. 稀土在有色金属工业中应用现状[J]. 中国稀土学报,1995,(7),387~389.
[10] 杜挺. 稀土元素在金属材料中的作用与机理[J]. 中国有色金属学报,1996,6(6),13~18.
[11] 巫瑞智,疏达,孙宝德,等. 铝熔体除氢[J]. 材料科学与工艺,2006,14(2):218~221.
[12] 倪红军. 新型熔剂对铝熔体覆盖保护和净化的研究[D]. 上海:上海交通大学博士学位论文,2003.
[13] 胡鹏飞,张伟. 稀土在铝合金中的应用[J]. 河南科技,2006,1:35~36.
[14] 宋人英,于年中. 稀土在铝及铝合金中的作用研究[J]. 江苏冶金. 1994,5:29~31.
[15] 韩奎,毛协民,欧阳志英,苗传莱,章光全. 稀土 Ce 去除纯 Al 熔体中氧化夹杂的机理[J]. 铸造技术,2004,25(3):194~195.
[16] H. J. Ni, B. D. Sun, W. J. Ding. Purification of scrap aluminum foil and aluminum melt covering and protecting & atomic purification theory[J]. Trans. Nonferrous Met. Soc. China, 2003, 13(3):521~526.
[17] R. Z. Wu, B. D. Sun, H. J. Ni, et al. Effects of Melt Temperature on Mechanical Properties and Fracture Structure of Commercial purity aluminum Purified with Salt-based Flux[J]. J. Mater. Sci., 2004, 39:2867~2869.
[18] 苏婕,肖于德,黎文献,吴永玉. 锆和稀土元素细化 Al-Mg 合金铸态组织的机理探讨[J]. 材料与冶金学报,2005,4(1):55~59.
[19] 张中可,车云. 稀土对 ZL205A 合金组织结构的影响[J]. 贵州科学,2008,26(1):52~56.
[20] H. J. Ni, B. D. Sun, H. Y. Jian, et al. Effect of JDN-I flux on DAS of A356 alloy at different cooling rate [J]. Materials Science and Engineering A, 2003, 348:1~5.
[21] 汤顺意,周年润. 铸造 Al-Si 合金变质处理的概况和发展趋势[J]. 浙江冶金,2007,5(2):1~5.
[22] 李金富,李建新,郝建军,等. 稀土盐与稀土中间合金变质铝硅合金的比较[J]. 机械工程材料,1993,15(10):39~42.
[23] 贺素霞,刘忠侠,张天清,等. 含稀土 Al-Mg-Si 汽车板材的时效特性和组织性能[J]. 轻合金加工技术,2007,35(3):49~53.
[24] L. Meng, X. L. Zhang. Overview of effects of impurities and rare earth elements in Al-Li alloy[J]. Mater. Sci. Eng. 1997, A237:109~118.
[25] C. Tan, Z. Zhang, C. Xia, et al. The aging feature of Al-Li-Mg-Cu-Zr alloy of containing Sc[J]. Journal of Centural South University of Technology, 2000, 7(2):65~67.
[26] O. G. Senatorova, A. N. Uksusnikow, S. F. Legoshina, et al. Influence of different minor addition on structure and properties of high-strength Al-Zn-Mg-Cu alloy sheets[J]. Materals Science Forum, 2000, 331~337:1249~1254.
[27] 陈玉勇,李庆春,蒋祖龄. 稀土金属在我国铸造有色合金中的应用[J]. 稀土,1983,3:69~73.

[28] 孙海斌,左秀荣,仲志国．稀土对细晶铝锭中 Fe(Si) 杂质相的变质作用[J]．稀土,2007,28(5):83～87.

[29] 彭日升,刘杰,刘智勇等．ZA－27 合金稀土变质机理研究[J]．中国稀土学报,1993,11(2):148～152.

[30] 吴国华,马春江,王叶双等．稀土对 B319 铝合金组织性能的影响[J]．金属学报,2002,38(7):703～708.

[31] 韩其勇,霍成章．铝及铝镁合金中铈的合金化量及其显微分布[J]．中国稀土学报,1986,4(2):83～85.

[32] 聂祚仁,尹志民,张新明．微量稀土元素在铝中的分布及其作用机理[J]．中国有色金属学报,1995,5(增刊2):133～136.

[33] 司乃潮,郭毅,李国强．稀土 Ce 对 Al－Cu4.5% 合金热疲劳性能的影响[J]．中国有色金属学报,2006,16(4):606～611.

[34] 王建华,易丹青,陈康华,卢斌,刘沙．耐热铝合金研究进展[J]．宇航材料工艺,2000,(6):10～13.

[35] 李志辉,熊柏青,张永安．7B04 铝合金的时效沉淀析出及强化行为[J]．中国有色金属学报．2007,17(2):248～253.

[36] Robson J D,Jones M J,Prangnell P B. Extension of the N-model to predict competing homogeneous and heterogeneous precipitation in Al－Sc alloys[J]. Acta Meter. 2003,51 (5) :1453～1468.

[37] Iwamura S,Miura Y. Loss in coherency and coarsening behavior of Al_3Sc precipitates[J]. Acta Mater. 2004,52:591～600.

[38] 阮海琼,金头男,等．含稀土 Er 的 Al－Zn－Mg 合金的组织与性能[J]．北京工业大学学报,2004,30 (4) :483～487.

[39] 杨军军,聂祚仁,等．稀土元素铒对 Al－4Cu 合金组织与性能的影响[J]．中国稀土学报,2002,20:159～162.

[40] 刘秀华,汤永琴,孙伯勤．铝合金超微细晶粒技术的发展[J]．轻合金加工技术．2000,28(7):8～9.

[41] 魏作山,冯增建,钱钊,高晓波．钪在 Al－ Si 活塞合金中的应用研究[J]．铸造,2007,56(8):875～877.

[42] 王正军,杨在志,潘卫军．Al－10Ce 中间合金的制备及其对 Al 的变质长效性和重熔性的影响 [J]．有色金属(冶炼部分),2008,(3):44～47.

[43] 任峻,陶钦贵,马颖．中间合金铝晶粒细化剂 Al－Ti－B－RE 的研究[J]．铸造技术,2006,27(11):1223～1226.

[44] 朴东奎,申家成,唐定骧,等．较低温度下电解制备铈族混合稀土－铝中间合金的研究[J]．稀有金属,1981,(5):19～23.

[45] 苏明忠,宋丕莹,邹天楚,路连清,刘素兰,杜森林．熔盐电解制备 Al－Dy 合金[J]．稀土,1995,16(5):61～63.

[46] 付静,吴文远,涂赣峰,王兆文,杨红晓．熔盐电解法制取铝铒合金的研究[J]．稀有金属,2003,27(6):718～720.

[47] 唐定骧,宋人英,赵敏寿,等．较低温度下熔盐电解 RE－Al 合金的物化性质研究[J]．中国稀土学报,1985,(3):38～42.

[48] 张密林,鲁化一．稀土铝合金制备方法的应用研究[J]．有色金属·冶炼部分,1991,(3):20～21.

[49] 张密林,常铁军,辛艳凤,李影,鲁化一,唐定骧．La－Al、Ce－Al 合金的制备及 La、Ce 对纯铝组织及性能的影响[J]．稀有金属,1991,(2):140～142.

[50] 杨庆山,陈建军,陈卫平．铝热还原 Sc_2O_3 制备 Al－Sc 中间合金[J]．稀有金属与硬质合金．2007,35(2):5～7.

[51] 曹大力,王吉坤,石忠宁,王兆文. 铝热还原法制备铝-稀土中间合金研究[J]. 中国稀土学报,2008,26(2):82~86.

[52] American Society for Metal. Metals Handbook Metallurgraphy,Structures and Phase Diagrams [M]. Ohio:Metal Park,1973.

[53] 吴文远. 稀土冶金学[M]. 北京:化学工业出版社,2005.

[54] 路贵民,刘学山. 冰晶石熔体中Al热还原法制备Al-Sc合金[J]. 中国有色金属学报,1999,9(1):171~174.

[55] 梁英教,车荫昌. 无机物热力学手册[M]. 沈阳:东北大学出版社,1993.

[56] 林钢,林慧国,赵玉涛. 铝合金应用手册[M]. 北京:机械工业出版社,2006.

[57] 刘毅. 稀土铝合金的应用及其铝母合金的生产[J]. 江西冶金,1994,14(3):21~24.

[58] 魏春雷. 复合稀土对ZL101合金的细化变质作用[J]. 南方农机,2003,(3):36~37.

[59] 李华基,谭会辛,祝阵超,杜祥清. 富镧混合稀土对ZL101A合金组织和机械性能的影响[J]. 中国稀土学报,1996,14(4):321~324.

[60] 米国发,巩琦,文涛,龚海军. 稀土La对ZL101A合金组织及性能的影响[J]. 热加工工艺,2007,36(17):8~11.

[61] 胥锴,刘萍. 稀土La对ZL101合金的变质研究[J]. 热加工工艺,2008,37(1):12~14.

[62] 孟繁琴,陈廉清,陈伟文. 稀土和碲对ZL107复合变质的研究[J]. 佳木斯大学学报,2003,21(3):266~268.

[63] 陈玉勇,贾均,等. 氯化稀土变质剂在ZL107A合金中的实际应用[J]. 特种铸造及有色合金,1990(6):18~20.

[64] 王晓秋,丁伟中,王新国等. 混合稀土对ZL108铝合金组织和性能的影响[J]. 中国稀土学报,2004,22(2):243~246.

[65] 黄兴波,陈渭臣,林艾. 稀土、钡、磷对铝合金的复合变质作用[J]. 特种铸造及有色合金,1999,1:39~40.

[66] 银建民,张莲英. 稀土对ZL108合金铸造性能的影响[J]. 热加工工艺,1993,1:19~20.

[67] 钱钊,刘相法,冯增建等. 微量混合RE对Al-Si多元活塞合金的高温强化及组织分析[J]. 铸造,2007,56(2):141~144.

[68] 黄鹰,李文芳,蒙继龙. 稀土Pr对$Al_2O_3-SiO_2$(sf)/ZL109复合材料组织及性能的影响[J]. 材料科学与工程,2002,20(2):196~199.

[69] 唐良龙. 稀土元素对ZL203铝铜合金机械性能和组织的影响[J]. 机车车辆工艺,1994,(1):36~37.

[70] 沈焕祥,苏升贵,王国山. 稀土元素对ZL203合金铸态组织和性能的影响[J]. 稀土,1990,11(4):35~38.

[71] 曾明,魏晓伟. 微量稀土对高强度铸造铝铜合金组织与性能的影响[J]. 新技术新工艺,1996,(3):30~31.

[72] 唐定骧,鲁化一,赵敏寿,汪良宣. 我国稀土在铝及其他有色金属中的应用[J]. 中国稀土学报,1995,15:394~430.

[73] Hirschhorn I S. Recent applications of the rare earth metals in nonferrous metallurgy[J]. J Metal,1970,22(10):40~41.

[74] 刘顺华,王贵芹,高洪吾,李长茂,梁效礼,张应俊. 稀土元素对铝导体导电性能的影响[J]. 机械工程材料,2005,29(10):46~49.

[75] 龚志学. 全铝合金导线的制造[J]. 电线电缆,1991 (4):22~24.

[76] 方浩. 铝包钢绞线、铝合金导线的性能介绍[J]. 华东电力,2003 (9):63~66.

[77] 孙德勤,潘琰峰,高健,吴文祥,曹春艳. 高强耐热全铝合金导线的研究与开发[J]. 轻合金加工技术,2006,34(8):5~8.

[78] 钟俊辉. 稀土在合金中应用的新进展[J]. 世界有色金属,1994,(11):24~29.

[79] 潘复生,张静,等. 铝箔材料[M]. 北京:科学出版社,2007.

[80] 王向阳,李文学. Ce 含量对稀土铝箔直流电解腐蚀的影响[J]. 内蒙古科技大学学报,2007,26(4):310~313.

[81] 张靖,刘楚明. 蚀坑法研究微量 Ce 及退火对高纯铝箔立方织构的影响[J]. 轻合金加工技术,2004,32 (9):47~50.

[82] 黄丽颖,李文学. Ce 含量和再结晶退火温度对稀土铝箔再结晶组织与硬度的影响[J]. 轻合金加工技术,2007,35(4):49~52.

[83] 石路,陈祖锦,马玉祥. 混合稀土在民用铝制品中的应用[J]. 沈阳黄金学院学报,1991,10(1):40~44.

[84] 张少睿,彭颖红,李大永. 含有微量稀土元素钇的高纯铝板主要织构及其冲压制耳的研究[J]. 机械工程材料,2005,29(1):49~52.

[85] Lee C S,Duggan B J. A simple theory for the development of inhomogeneous rolling textures[J]. Metall Trans A,1911,22A:2637~2643.

[86] 邓运来,张新明,刘楚明,等. 微量稀土对高压阳极电容铝箔织构演变的影响[J]. 功能材料,2002,(1):60~62.

[87] 刘守荣. 汽车用金属板材成形性及变形行为的微观及宏观理论与实验研究[D]. 长春:吉林工业大学博士学位论文,1998.

[88] 文九巴,杨蕴林,杨永顺. 超塑性应用技术[M]. 北京:机械工业出版社,2005.

[89] 李世春,赵友昌. 稀土元素对铝锌镁合金超塑性的影响[J]. 中国稀土学报,1990,8(4):332~336.

[90] 刘玉梅,高玉芹,刘国涛,梅显秀. 稀土量不同的 Al-Zn-Mg 合金超塑变形中第二相状态[J]. 吉林大学自然科学学报,1996,(4):68~70.

[91] 赵友昌,郭晓梅. 含微量稀土元素的 Al-Zn-Mg 合金超塑变形机制[J]. 材料科学进展,1992,6(2):93~97.

[92] Miao B H,Fang K M,Bian W M,et al. On the microstructure of graphite spherulites in cast irons by TEM and HRTEM[J]. Acta Metall. et Mater,1990,38:2167~2174.

[93] Miao B H,Northwood D O,Bian W M,et al. Structure and growth of platelets in graphite spherulites in cast iron. J. Mater. Sci. 1994,29:255~261.

[94] 马勤. 温轧态稀土铝锂合金高应变速率超塑性[J]. 甘肃科技纵横,2002,31(3):31~32.

[95] 潘青林,尹志民,杨磊,左铁镛. 含 Sc 铝镁合金超塑变形行为与显微组织特征[J]. 中南工业大学学报,1999,30(2):179~181.

[96] 刘润广,蒋浩民,姜勇,等. 2214 铝合金超塑变形机制[J]. 金属学报,1996,32(12):1244~1247.

[97] 杨遇春. 大有作为的含钪铝合金[J]. 金属世界,2004,(1):34~37.

[98] Zaki A. The properties and application of scandium-reinforced aluminum[J]. JOM,2003,(2):35~38.

[99] Milman Y V,Sirko A I,Lotsko D V,Senkov O N,Miracle D B. Microstructure and mechanical properties of cast and wrought Al-Zn-Mg-Cu alloys modified with Zr and Sc[J]. Mater. Sci. Forum,2002,396~402:1217~1221.

[100] Kramer L S,Tack W T,Fernandws M T. Scandium in aluminum alloys[J]. Advanced Materials & Processes,1997,152(4):23~25.

[101] Senkov O N,Miracle D B,Milman Y V,Scatt J M,Latsko D V,Sirko A. Low temperature mechanical properties of Scandium-modified Al-Zn-Mg-Cu alloys[J]. Mater. Sci. Forum,2002,396~402:

1127 ~ 1130.
[102] 朱旭山．铝钪（Al - Sc）合金在自行车工业上的应用[J]．工业材料杂志（台湾），2003，198:138 ~ 140.
[103] 张欣．含钪铝合金及其应用[J]．稀有金属,2007,31(6):857 ~ 861.
[104] 张淑芬,王岚．稀土对 Al - Mg - Si 建筑铝型材性能的影响[J]．特种铸造及有色合金,1997,(5):28 ~ 30.
[105] 王绍苓,周小平,童华,等．铈对 Al - Mg - Si 合金显微组织及性能的影响[J]．武汉大学学报(自然科学版),1987,(2):104 ~ 106.
[106] 王玉集,公茂秀,包吉文,孙福依．稀土铝镁合金纱网耐海水腐蚀性能的研究[J]．海洋与湖沼,1991,22(1):50 ~ 55.
[107] 杨守杰,陆政,苏彬等．铝锂合金研究进展[J],材料工程,2001,(5):44.
[108] 尹登峰,郑子樵．铝锂合金研究开发的历史与现状[J],材料导报,2003,17(2):18.
[109] 周自强．苏联的铝锂合金现状与发展趋向[J]．材料导报,1991,(7):7.
[110] 魏建锋,何明．铝锂合金研制进展[J]．稀有金属材料与工程,1994,23(1):1.
[111] 耿东生,韩栋．稀土元素及时效工艺对 1420 合金组织和性能的影响[J]．西北工业大学学报,1996,14(2):185.
[112] 蒋晓军,李依依,师昌绪等．Sc 对 Al - Li - Cu - Mg - Zr 合金组织与性能的影响[J]．金属学报,1994,30(8):A356.
[113] 周昌荣,刘心宇,潘青林．含钪 Al - Cu - Li 合金的研究[J]．材料工程,2006(3):22.
[114] 桂全红,马禄铭,蒋晓军,等．Y 对 8090Al - Li 合金拉伸性能和断裂行为的影响[J]．材料科学进展,1993,7(5):396.
[115] Buttinelli D, Felli F, Lupi C, et al. In: Peters M, Winkler P-J, Eds, Aluminium-Lithium[M], Vol. 1, Oberursel(FRG): DGM Informationsgesellschaft mbH, 1992. 433 ~ 438.
[116] 彭德林,安阁英,闵光辉．铈对铝锂合金(8090)时效组织与性能的影响[J]．宇航材料工艺,1994,(3):14.
[117] 孟亮,涂江平,刘茂森．杂质及 Ce 含量对 Al - Li - Cu - Zr 和 Al - Li - Mg - Zr 合金韧化水平的影响[J]．浙江大学学报,2000,34(2):201.
[118] L. Meng, T. P. Tu, Y. Z. Yang and M. S. Liu. Effects of impurities and rare earth addition on the toughening levels of Al - Li based alloys 2090 and 1420[J]. ACTA METALL. SIN., 11(3):163.
[119] 陈铮,倪永峰,何明．Ce 对高强和中强铝锂合金疲劳长裂纹扩展特性的影响[J]．稀土,1995,16(1):22.
[120] 陈铮,倪永峰,何明．Ce 对 Al - Li 合金物理短裂纹扩展特性的影响[J]．金属学报,1995,31(8):A363.
[121] Chen Zheng, Wang Yongxin, Ding Zhanlai. Fatigue and Fracture Mechanisms of Aluminum-Lithium Alloy Containing Cerium[J]. Journal of Rare Earths, 17(1):74.
[122] 彭德林,邢大伟,杨贵谦,安阁英．Al - 3Li - 1Cu - Zr 合金的收缩特性及热裂倾向的研究[J]．铸造,1996,(11):1.
[123] Mingang Zhang, Zhiliang Chang, Junmin Yan, Jin Zhihao. Investigation of the Behavior of Rare Earth Element Cerium in Aluminm-Lithium Alloys by the Method of Internal friction[J]. Journal of Materials Processing Technology, 115(2004):294.
[124] Zhang Mingang, Yan Junmin, Chai Yuesheng and Jin Zhihao. Investigation on Behavior of Rare Earth Element Cerium in Aluminm-Lithium Alloys by Internal Friction Method[J]. RARE METALS, 2000, 19(3):204.

[125] 贺勇,王忠平. 焊缝合金化对稀土铝锂合金焊缝组织及韧性的影响[J]. 机械科学与技术,1995,(5):153.
[126] 贺勇,王引真,王忠平,等. 稀土铝锂合金 2090Ce 焊接热影响区组织和性能研究[J]. 材料工程,1996,(11):26.
[127] 张敏刚,金志浩,严隽民,等. 铈对 2090 铝锂合金织构和力学性能的影响[J]. 中国稀土学报,1999,17(4):329.
[128] Xu Yue,Geng Jiping,Liu Yufeng. Effect of Rare Earth Elements on Anisotropy and Microstructure of Al – Li Alloy 2195 Sheets[J]. Journal of Rare Earths,24(2006):793.
[129] 赵志龙,刘林,陈铮. 铈对铝锂合金板材屈服强度各向异性的作用及其理论预测[J]. 中国稀土学报,2004,22(1):130.
[130] 严卫东,费敬银,刘林等. 稀土元素 Ce 和时效处理对 Al – Li 合金剥蚀性能的影响[J]. 腐蚀科学与防护技术,2002,14(5):292.
[131] 尹登峰,郑子樵,余志明. Sc 对 Al – Li – Cu – Mg – Ag – Zr 合金组织和性能的影响[J]. 稀有金属材料与工程,2003,32(9):736.
[132] 黄兰萍,郑子樵,刘红卫,等. 微量 Sc 对 Al – Li – Cu 合金组织和性能的影响[J]. 粉末冶金材料科学与工程,2003,8(3):265.
[133] 王芝秀,郑子樵,李海. 铝锂合金的微合金化及其作用机理[J]. 材料导报,2003,17(10):11.
[134] 夏德顺. 含钪的铝和铝锂合金[J]. 航天工艺,1999,(2):37.
[135] 崔建忠,胡骏,马龙翔. La 对 Al – Mg – Li 合金组织和性能的影响[J]. 材料科学进展,1991,5(2):147.
[136] 郑子樵,崔祺. 含微量镧的 2091 Al – Li 合金时效行为和时效组织的研究[J]. 中国稀土学报,1992,10(4):368.
[137] 郑子樵,赵永庆,谭澄宇. La 对 Al – Li 合金时效组织和断裂韧性的影响[J]. 中南矿冶学院学报,1992,23(5):546.
[138] 桂全红,蒋晓军,马禄铭,等. 微量 Y 对 Al – Li 合金的析出相和力学性能的影响[J]. 金属学报,1993,29(4):A165.
[139] 桂全红,马禄铭,蒋晓军,等. 稀土元素 Y 对 Al – Li – Cu – Mg – Zr 合金抗氧化性能的影响[J]. 兵器材料科学与工程,1992,15(11):16.
[140] 彭德林,安阁英,周彼德等. 稀土元素对铝锂合金凝固组织影响的研究[J]. 铸造,1993,(9):19.
[141] Wang Limin,Dang Ping,Du Fuying and Zhao Minshou. Effect of rare earth metals on microstructure of directional Solidified Al – 3Li alloy[J]. Journal of Rare Earths,1994,12(3):198.

(巫瑞智、唐定骧、张密林、张洪杰、孟　健、王立民、张德平、鲁化一)

7 稀土在有色金属及合金中的应用

稀土金属具有特殊的化学活性，除了在铝、镁金属和合金中，在铜、银、锌、难熔金属和钴、镍、钛、铅等合金中添加适量稀土也会产生奇特的效果。几十年来，我国和世界其他国家的金属材料研究人员对稀土金属在各种合金中的作用机理、新产品开发、生产和应用方面都做了大量系统的研究工作，已将其添加到铜和铜合金、银和银合金、锌和锌合金等线材、板材、带材、箔材、涂层合金和铸造(含压铸)零件中。由于稀土的净化、细化(变质)和合金化及微合金化等作用改善了冶金和成形过程，提高了材料和零件的物化性能和使用效果，因此添加稀土的这些合金被广泛用于电力、通信、机械制造、五金零部件、家具装饰、基础设施等诸多领域。

7.1 稀土有色合金

7.1.1 稀土在铜及铜合金中的应用

7.1.1.1 概述

铜及铜合金由于具有很好的导电、导热性能，良好的耐蚀性，无磁性和对水中微生物及藻类的防腐性等一系列特殊性能，以及便于铸造，易于塑性加工和良好的可焊性等工艺性能，已成为现代工业的重要材料，被广泛应用于电子、机电、航空、航天等部门。稀土元素具有它独特的性质，是冶金工业中的“维生素”，能改善铜合金的物理和力学性能，在20世纪50年代就引起了各国的重视，并着手开展这方面的研究。

随着科学技术的飞跃发展，人们对材料的性能提出了越来越高的要求。我国早在20世纪60年代就开始了稀土在铜及铜合金中的应用研究，当时的研究较多地集中在改善铜合金的冷热加工性能、耐蚀性能和耐磨性能上，并取得了一些有实用价值的成果，但这些研究一直进展缓慢，开发应用的领域也不多。直到20世纪90年代，随着应用范围的扩大，研发速度加快，取得了一些突破性的进展。

7.1.1.2 稀土－铜合金的冶金学原理

A 铜－稀土的相图[1~3]

由于稀土具有很强的化学活性，当加入铜或铜基合金时，除了与Cu生成化合物外，还与铜及铜合金中的其他合金元素和非金属夹杂发生作用。现主要以La、Ce及Y为例，说明铜－稀土化合物的相及相结构。

a Cu－La系

Cu－La系相图如图7-1所示。

晶体结构为：

LaCu，FeB型正交；

$LaCu_2$，AlB_2型六方；

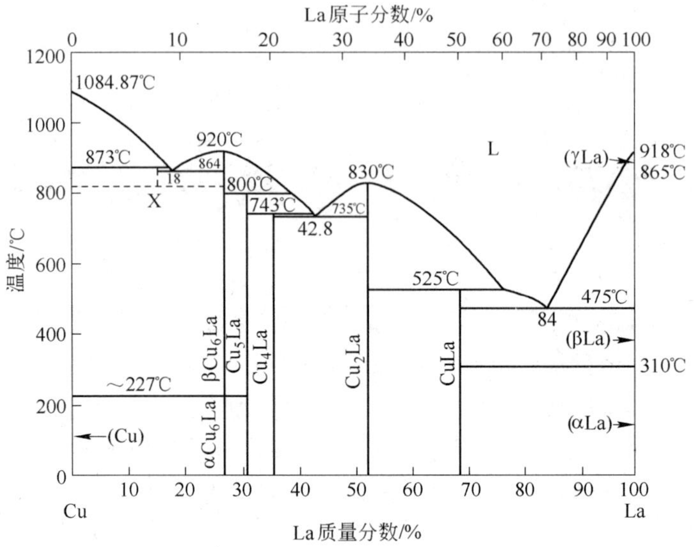

图 7-1　Cu－La 系相图

$LaCu_5$，$CaCu_5$型六方；

$LaCu_6$，$CeCu_6$型正交。

La 与 Cu 之间极限溶解度不大，彼此都不影响对方的点阵常数。

b　Cu－Ce 系

Cu－Ce 系相图如图 7-2 所示。

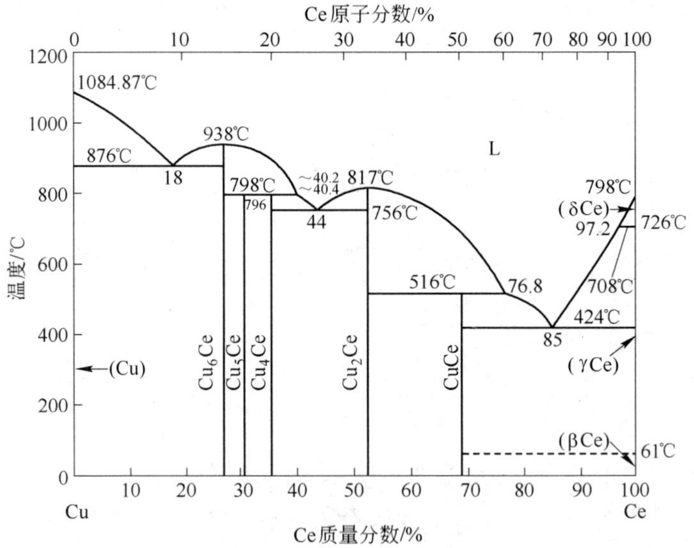

图 7-2　Cu－Ce 系相图

晶体结构为：

CeCu，FeB 型正交；

$CeCu_2$，体心正交；

$CeCu_4$，$CaCu_5$型六方；

$CeCu_5$,$CaCu_5$型六方;
$CeCu_6$,正交。
Ce 在铜中的溶解度:770℃,小于 1%;800℃,为 0.1%;20℃,为 0.06%。

c　Cu-Y 系

Cu-Y 系相图如图 7-3 所示。

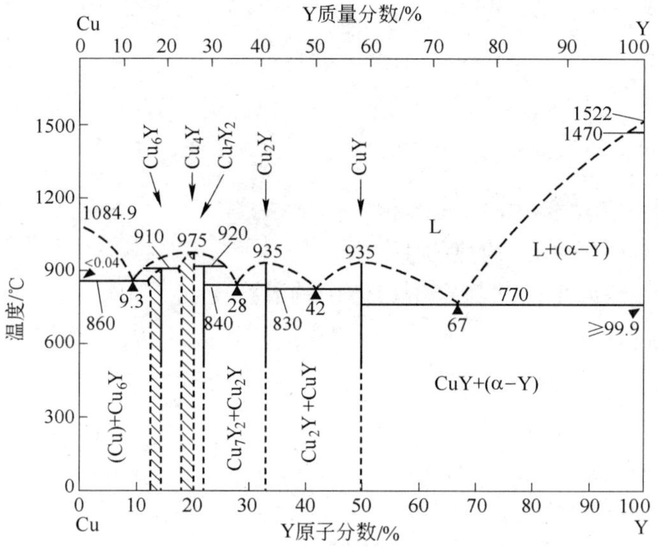

图 7-3　Cu-Y 系相图

晶体结构为:
YCu,CsCl 型立方;
YCu_2,$CeCu_2$型体心正交;
YCu_4,$CaCu_5$型六方;
YCu_6,$CeCu_6$型正交;
Y 与 Cu 的相互溶解度小于 1%。

B　R-Cu 二元系生成的各种金属间化合物

稀土与铜能生成多种金属间化合物中间相,如表 7-1 所示。

表 7-1　RE-Cu 二元系生成的各种金属间化合物

RE-Cu 二元系	金属间化合物
RE-Cu 系(RE 为 La、Ce、Pr、Nd、Y)	RECu,$RECu_2$,$RECu_4$,$RECu_6$
Sm-Cu 系	SmCu,$SmCu_2$,$CmCu_4$,$SmCu_6$
Gd-Cu 系	GdCu,$GdCu_2$,$GdCu_4$,$GdCu_5$
Tb-Cu 系	TbCu,$TbCu_2$,$TbCu_4$,$TbCu_5$,$TbCu_7$
Dy-Cu 系	DyCu,$DyCu_2$,$DyCu_5$,$DyCu_7$
Er-Cu 系	ErCu,$ErCu_2$,$ErCu_3$,$ErCu_4$,$ErCu_5$
Yb-Cu 系	YbCu,$YbCu_2$,$YbCu_{3.5}$,$YbCu_{4.5}$,$YbCu_5$
Sc-Cu 系	ScCu,$ScCu_2$,$ScCu_4$

7.1.1.3 稀土与铜及铜合金作用的热力学性质

A Cu－M－O (M＝Ce、La、Y 等稀土元素或 RE)体系的热力学[4,5]

稀土元素与铜液中氧的反应归纳如下：

$$[\mathrm{M}]_{\mathrm{Cu}}+\frac{Y}{X}[\mathrm{O}]_{\mathrm{Cu}}=\!=\!=\frac{1}{X}\mathrm{M}_X\mathrm{O}_Y(\mathrm{s})$$

对上述反应，由化学反应等温方程式计算出一定条件下的自由焓(ΔG)为：

$$\Delta G=\Delta G^{\ominus}+RT\ln\frac{a_{\mathrm{M}_X\mathrm{O}_Y}^{1/X}}{a_{[\mathrm{M}]}a_{[\mathrm{O}]}^{Y/X}}$$

其中，活度为：$a_i=f_i[\%i]$，活度系数为：$f_i=\sum_{j=2}^{n}e_i^j[\%i]$

式中，e_i^j 为铜液中 j 元素对 i 组元的相互作用系数。

下面简单介绍 Cu－O－La 的热力学性质。

用固体电解质氧浓差电池法测定铜熔体中的氧活度 a_{O}：

$$a_{\mathrm{O}}=\exp(-\Delta G_{\mathrm{O}}^{\ominus}/RT)[(p_{\mathrm{e'}}^{1/4}+p_{\mathrm{ref}}^{1/4})(-EF/RT)-p_{\mathrm{e'}}^{1/4}]^2$$

式中 E——氧浓差电池电动势；

R——气体常数；

T——绝对温度；

F——法拉第常数；

$p_{\mathrm{e'}}$——固体电解质电子导电特征氧分压；

p_{ref}——参比电极 Cr、Cr_2O_3的平衡氧分压，$\ln p_{\mathrm{ref}}=-86428/T+18.65$；

$\Delta G_{\mathrm{O}}^{\ominus}$——氧在铜溶体中标准溶解自由能，$\Delta G_{\mathrm{O}}^{\ominus}=-86650+18.53T$ (J/mol)。

由铜中的 a_{O} 值和 La 的含量，可以求得有关的热力学数据。

a 脱氧常数

按式 $$La_2O_3(\mathrm{s})=\!=\!=2[\mathrm{La}]_{\mathrm{Cu}}+3[\mathrm{O}]_{\mathrm{Cu}}$$

令 $$K'=[\%\mathrm{La}]^2\cdot a_{\mathrm{O}}^3$$

则 $$\lg K'=2\lg[\%\mathrm{La}]+3\lg a_{\mathrm{O}}$$

对于 La 的脱氧反应，脱氧常数 K 为：

$$K=\frac{a_{\mathrm{O}}^3\cdot a_{\mathrm{La}}^2}{a_{La_2O_3}}$$

由于 $a_{La_2O_3}=1$，

所以 $$K=a_{\mathrm{O}}^3\cdot a_{\mathrm{La}}^2=a_{\mathrm{O}}^3\cdot f_{\mathrm{La}}^2[\%\mathrm{La}]^2$$

$$\lg K=\lg a_{\mathrm{O}}^3\cdot[\%\mathrm{La}]^2+\lg f_{\mathrm{La}}^2=\lg K'+\lg f_{\mathrm{La}}^2$$

取 La 在铜液中的假想 1% 溶液为标准态，无限稀为参考态，以 $\lg K'$ 对[%La]作图(图略)，当[%La]→0 时，$f_{\mathrm{La}}\to1$，所以 $\lg K'\to\lg K$，即当铜液趋于无限稀状态时，图中曲线延长至纵轴 $\lg K'$ 上的截距接近于 $\lg K$。

由此得：

1390K $\lg K_{La_2O_3}=-28.83$ $K_{La_2O_3}=1.5\times10^{-29}$

1430K $\lg K_{La_2O_3}=-27.08$ $K_{La_2O_3}=8.3\times10^{-28}$

1475K $\lg K_{La_2O_3} = -25.64$ $K_{La_2O_3} = 2.3 \times 10^{-28}$

将 lgK 对 1/T 作图,并用最小二乘法回归处理得:

$$\lg K_{La_2O_3} = -\frac{76.630}{T} + 26.4$$

b 标准溶解自由能 $\Delta G^\ominus$

根据:$2La(l) + (3/2)O_2(g) = La_2O_3(s)$ $\Delta G^\ominus = -1792369 + 282.65T$,J/mol

$(1/2)O_2 = [O]_{Cu}$ $\Delta G^\ominus = -85272 + 18.52T$,J/mol

$La_2O_3(s) = 2[La]_{Cu} + 3[O]_{Cu}$ $\Delta G^\ominus = 1582966 - 592.31T$,J/mol

进行线性组合得到: $La(l) = [La]_{Cu}$

其溶解自由能为: $\Delta G^\ominus = 24100 - 182.8T$,J/mol

c 活度系数 γ_{La}

稀溶液中符合亨利定律的元素 γ_{La}与 $\Delta G^\ominus$ 存在的关系为:

$$\Delta G^\ominus = RT\ln\gamma_{La}\frac{M_1}{100M_2}$$

式中 M_1——Cu 的原子量;

M_2——La 的原子量。

假设 La 在铜熔体中遵守亨利定律,则

$$\ln\gamma_{La}^0 = \frac{2900}{T} - 16.6$$

d 自相互作用系数 e_{La}^{La}和 ε_{La}^{La}

规则溶液中,交互作用系数 ε_i^i 与活度系数 γ_i^0 的关系为:$\varepsilon_i^i = -2\ln\gamma_i^0$

$$\varepsilon_{La}^{La} = -\frac{5800}{T} + 33.2$$

$$e_{La}^{La} = -\frac{5800}{T} + 0.068$$

Cu –M–O 体系的一些热力学数据可参考表 7–2。

表 7–2 Cu –M–O 体系的热力学数据

体 系	反 应	脱氧常数 lgK	标准自由能 $\Delta G^\ominus$/kJ·mol^{-1}	活度系数 $\ln\gamma^0$	相互作用系数 e_i^i 及 ε_i^i
Cu–Ce–O	$Ce_2O_3(s) = 2[Ce]_{Cu} + 3[O]_{Cu}$	–79474.3/T +28.38	1521.7 –0.543T	476.0/T –14.52	$e_{Ce}^{Ce} = -2.356/T - 0.682$ $\varepsilon_{Ce}^{Ce} = -951.8/T + 29.04$
Cu–RE–O	$RE_2O_3(s) = 2[RE]_{Cu} + 3[O]_{Cu}$	–80380.6/T +28.95	1539.1 –0.554T	—	—
Cu–La–O	$2[La]_{Cu} + 3[O]_{Cu} = La_2O_3(s)$	– 76630/T +26.4	–1582.9 +0.592T	2900/T –16.6	$e_{La}^{La} = -11.52/T + 0.068$ $\varepsilon_{La}^{La} = -5800/T + 33.2$

若以 S 代替 Cu–O–M 合金中的氧,则 Cu–S–M 合金的热力学性质与 Cu–O–M 相似。

由以上分析结果可知,稀土在铜液中和在铁液中相似,有强烈的脱氧脱硫作用,脱氧常数极小,用稀土处理的铜可以认为接近于无氧铜。

B Cu – M – N(M = Ce、Y、La、RE 等稀土元素,N = Sn、Zn、Pb)体系的热力学

Sn、Zn、Pb 在铜中的含量低时是杂质元素,而在含量高时却是合金元素,可以从热力学角度探讨稀土元素与这些元素之间的作用,从而为改善铜合金性能提供依据。

a Cu – Ce – N(N = Sn、Zn、Pb)溶液体系的热力学性质

杜挺和李国栋[6]利用 C – CO 控制反应 $2[Ce]+3CO═Ce_2O_3+3C$ 的平衡氧位,使多孔石墨坩埚中[Ce]达到等活度的原理,结合解病态方程组的共轭斜量法,求解出 1200℃ 铜液中 Ce 与 Sn、Zn、Pb 的活度相互作用系数,见表 7–3。

表 7–3 Cu – Ce – N(N = Sn、Zn、Pb)相互作用系数

体系 \ 相互作用系数	e	γ	ε
Cu – Ce – Sn	$e_{Ce}^{Sn}=-0.131$ $e_{Sn}^{Ce}=-0.110$	$\gamma_{Ce}^{Sn}=0.284$ $\gamma_{Ce}^{Sn}=0.284$ $\gamma_{Ce}^{Sn,Ce}=1.660$	$\varepsilon_{Sn}^{Ce}=\varepsilon_{Ce}^{Sn}=-57.2$
Cu – Ce – Zn	$e_{Ce}^{Zn}=-0.794$ $e_{Zn}^{Ce}=-0.368$	$\gamma_{Ce}^{Zn}=0.162$ $\gamma_{Zn}^{Ce}=0.563$ $\gamma_{Ce}^{Zn,Ce}=1.053$	$\varepsilon_{Ce}^{Zn}=\varepsilon_{Zn}^{Ce}=-187.9$
Cu – Ce – Pb	$e_{Ce}^{Pb}=-0.680$ $e_{Pb}^{Ce}=-1.01$	$\gamma_{Ce}^{Pb}=0.247$ $\gamma_{Pb}^{Ce}=1.483$ $\gamma_{Ce}^{Pb,Ce}=0.875$	$\varepsilon_{Ce}^{Pb}=\varepsilon_{Pb}^{Ce}=-512.3$

由铜液中 Ce 与 Sn、Zn、Pb 的活度相互作用系数可以得到反应 $3[O]+[Ce]═Ce_2O_3$ 的平衡常数和铜液中 Ce_2O_3 的吉布斯标准生成自由能。

将求得的活度相互作用系数代入下式:

$$\lg a_{Ce}=\lg f_{Ce}+\lg[\%Ce]$$
$$=e_{Ce}^{Ce}[\%Ce]+\gamma_{Ce}^{Ce}[\%Ce]^2+e_{Ce}^{M}[\%M]+\gamma_{Ce}^{M}[\%M]^2+\gamma_{Ce}^{M,Ce}[\%M][\%Ce]+\lg[\%Ce]$$

计算得到 a_{Ce} 的平均值为 $\overline{a_{Ce}}=0.234$,所以反应 $3[O]+2[Ce]═Ce_2O_3$ 的平衡常数为:

$$K=\frac{1}{a_O^3\cdot a_{Ce}^2}=\frac{1}{(3.3\times10^{-7})^3\times(0.234)^2}=5.08\times10^{20}$$

Ce 的脱氧常数为 $K_{Ce_2O_3}=1/K=1.97\times10^{-21}$

铜液中 Ce_2O_3 的吉布斯标准生成自由能为:

$$\Delta G_{Ce_2O_3}^{\ominus}=-RT\ln K=-583.87\ \text{kJ/mol}$$

b Cu – Y – N(N = Sn、Zn、Pb)溶液体系的热力学性质

杜挺和李国栋[7]利用 C – CO 控制反应 $2[Y]+3CO═Y_2O_3+3C$ 的平衡氧位,使多孔石墨坩埚中[Y]达到等活度的原理,结合解病态方程组的共轭斜量法,求解出 1200℃ 铜液中 Y 与 Sn、Zn、Pb 的活度相互作用系数,见表 7–4。

表 7-4 Cu - Y - N(N = Sn、Zn、Pb)体系的相互作用系数

体系 \ 相互作用系数	e	γ	ε
Cu - Y - Sn	$e_Y^{Sn}=1.544$ $e_{Sn}^Y=2.060$	$\gamma_Y^{Sn}=-0.280$ $\gamma_{Sn}^Y=-1.528$ $\gamma_Y^{Sn,Y}=-1.005$	$\varepsilon_Y^{Sn}=\varepsilon_{Sn}^Y=662.5$
Cu - Y - Zn	$e_Y^{Zn}=0.062$ $e_{Zn}^Y=0.047$	$\gamma_Y^{Zn}=-0.445$ $\gamma_{Zn}^Y=0.142$ $\gamma_Y^{Zn,Y}=0.169$	$\varepsilon_Y^{Zn}=\varepsilon_{Zn}^Y=14.7$
Cu - Y - Pb	$e_Y^{Pb}=-0.183$ $e_{Pb}^Y=-0.432$	$\gamma_Y^{Pb}=-0.100$ $\gamma_{Pb}^Y=0.315$ $\gamma_Y^{Pb,Y}=0.119$	$\varepsilon_Y^{Pb}=\varepsilon_{Pb}^Y=-139.5$

由铜液中 Y 与 Sn、Zn、Pb 的活度相互作用系数，可以得到反应 $2[O]+2[Y]=Y_2O_3$ 的平衡常数和铜液中 Y_2O_3 的吉布斯标准反应自由能。

将求得的活度相互作用系数代入下式：

$$\lg a_Y=\lg f_Y+\lg[\%Y]$$
$$=e_Y^{Y[\%Y]}+\gamma_Y^Y[\%Y]^2+e_Y^M[\%M]+\gamma_Y^M[\%M]^2+\gamma_Y^{M,Y}[\%M][\%Y]+\lg[\%Y]$$

计算得到 a_Y 的平均值 $\overline{a_Y}=0.918$，所以反应 $3[O]+2[Y]=Y_2O_3$ 的平衡常数为：

$$K=\frac{1}{a_O^3\cdot a_Y^2}=\frac{1}{(3.3\times10^{-7})^3\times(0.918)^2}=3.3\times10^{19}$$

Y 的脱氧常数 $K_{Y_2O_3}=1/K=3.03\times10^{-20}$

铜液中 Y_2O_3 的吉布斯标准生成自由能为

$$\Delta G_{Y_2O_3}^{\ominus}=-RT\ln K=-550.53\,\text{kJ/mol}$$

C 稀土夹杂相生成的热力学条件与顺序[8]

稀土元素在铜液中脱氧脱硫的产物，一方面可借助于近代物理手段进行观测鉴定；另一方面可以利用已有的冶金热力学数据，预测稀土夹杂物生成的热力学条件及生成顺序。先由稀土夹杂物的标准自由焓数据求出实验温度下的各种稀土夹杂物的活度积，再依据稀土夹杂物相互转换的化学反应式，利用自由焓分析其转换的热力学条件，最后确定它们的生成顺序。

a $CeO_2(s)$ 与 $Ce_2O_3(s)$ 相互转换条件

在 1473 K 时，根据反应 $Ce_2O_3(s)+[O]=2CeO_2(s)$，有 $\Delta G^{\ominus}=RT\ln\dfrac{\prod^2 a_1}{\prod^2 a_2}$

由化学反应等温方程式得到：

$$\Delta G=\Delta G^{\ominus}+RT\ln\frac{1}{a_O}=RT\ln\frac{\prod^2 a_1}{\prod^2 a_2\cdot a_O}$$

当 $\Delta G<0$，即 $\dfrac{\prod^2 a_1}{\prod^2 a_2\cdot a_O}<1$ 或 $a_O>\dfrac{\prod^2 a_1}{\prod^2 a_2}=1.9\times10^{-5}$ 时，生成 CeO_2 夹杂；反之，生成 $Ce_2O_3(s)$ 夹杂。

b $Ce_2O_3(s)$与$Ce_2O_2S(s)$夹杂物相互转换的热力学条件

由反应$Ce_2O_3(s)+[S]═Ce_2O_2S(s)+[O]$得到：

$$\Delta G=\Delta G^{\ominus}+RT\ln\frac{a_O}{a_S}=RT\ln\frac{\prod^2 a_3\cdot a_O}{\prod^2 a_2\cdot a_S}$$

若$\Delta G<0$，即$\frac{\prod^2 a_3\cdot a_O}{\prod^2 a_2\cdot a_S}<1$或$\frac{a_O}{a_S}<\frac{\prod^2 a_2}{\prod^2 a_3}=1.39\times10^{-3}$生成$Ce_2O_2S(s)$夹杂；反之，生成$Ce_2O_3(s)$夹杂。

c $Ce_3S_4(s)$与$CeS(s)$夹杂物的相互转换热力学条件

由反应$Ce_3S_4(s)═3CeS(s)+[S]$得：

$$\Delta G=\Delta G^{\ominus}+RT\ln a_S=RT\ln\frac{\prod^2 a_5\cdot a_S}{\prod^2 a_7}$$

若$\Delta G<0$，即$\frac{\prod^2 a_5\cdot a_S}{\prod^2 a_7}<1$或$a_S<\frac{\prod^2 a_7}{\prod^2 a_5}=2.26\times10^{-5}$生成$CeS(s)$夹杂；反之，生成$Ce_3S_4(s)$夹杂。

d $Ce_2S_3(s)$与$Ce_3S_4(s)$相互转换的热力学条件

由反应$3Ce_2S_3(s)═2Ce_3S_4+[S]$得：

$$\Delta G^{\ominus}=RT\ln\frac{\prod^6 a_7}{\prod^6 a_6}$$

$$\Delta G=RT\ln\frac{\prod^6 a_7\cdot a_S}{\prod^6 a_6}$$

若反应向右进行，生成$Ce_3S_4(s)$夹杂，则$\Delta G<0$，即$\frac{\prod^6 a_7\cdot a_S}{\prod^6 a_6}<1$或$a_S<\frac{\prod^6 a_6}{\prod^6 a_7}=4.69\times10^{-4}$；相反，$a_S>4.69\times10^{-4}$时，生成$Ce_2S_3(s)$夹杂。表7-5为不同稀土夹杂物的吉布斯自由能及活度积。

表7-5 不同稀土夹杂物的吉布斯自由能及活度积

反 应	$\Delta G^{\ominus}$/J·mol^{-1}	ΔG/J·mol^{-1}	活度积$\prod a_i$(1473K)
$[Ce]+2[O]═CeO_2(s)$	$-1228708+474.78T$	$-1228708+600.02T$	$\prod a_1=1.69\times10^{-19}$
$[Ce]+3/2[O]═1/2Ce_2O_3(s)$	$-1074469+415.28T$	$-1074469+511.42T$	$\prod a_2=3.88\times10^{-17}$
$[Ce]+[O]+1/2[S]═1/2Ce_2O_2S(s)$	$-1027589+410.84T$	$-1027589+507.04T$	$\prod a_3=1.04\times10^{-15}$
$[Ce]+[S]═CeS(s)$	$-749898+386.2T$	$-749898+453.44T$	$\prod a_4=3.8\times10^{-7}$
$[Ce]+3/2[S]═1/2Ce_2S_3(s)$	$-871909+428.8T$	$-871909+525.13T$	$\prod a_5=3.01\times10^{-9}$
$[Ce]+4/3[S]═1/3Ce_3S_4$	$-830793+411.55T$	$-830793+498.14T$	$\prod a_6=1.08\times10^{-5}$

7.1.1.4 稀土在铜及铜合金中的物理化学作用

工业用铜一般含有多种杂质，其杂质总量甚至可达0.05%～0.8%，其中有些杂质含量虽不大，但往往严重影响纯铜或铜合金材料的优良性能。很多杂质（有的只含有万分之几或十几万分之几）剧烈降低铜的导电性、导热性和压力加工性能。如99.95%纯度的铜，其杂质含量见表7-6。

表 7-6 铜中杂质含量(质量分数) (%)

Bi	Sb	As	Fe	Ni	Pb	Sn	S	P	Zn	O	总和
0.002	0.002	0.002	0.005	0.002	0.005	0.002	0.005	0.001	0.005	0.002	0.05

氧、硫和铜形成的脆性化合物(Cu_2O 及 Cu_2S)降低了铜的塑性，冷拉时会使铜产生毛刺，并降低铜的导电性、耐蚀性和焊接性能。含氢量达 0.003% 的铜，即显“氢病”，即在 H_2(或 H_2、CO、CH_4等还原气氛)中加热时，H_2(或 CO)渗入铜中，与 Cu_2O 作用产生高压水蒸气(或 CO_2)，形成微小气泡或显微裂缝，压力加工时，易使铜破裂。在铜或铜合金中加入稀土添加剂，能有效地脱气和去除杂质，改善或提高各种性能。

A 稀土的脱氧、脱硫、脱氢作用

a 脱氧

稀土与氧的亲和势很强，稀土氧化物具有良好的热稳定性，故脱氧产物固相浮于铜液表面进入渣相而被除去。利用稀土金属脱除铜及其合金中的少量氧，可获得明显效果。从表 7-7 可看出，稀土元素 Y 对铜中氧的影响有最佳点。当铜中 Y 含量为 0.12% ~0.58% 时，铜中氧含量达到最低值，为 0.11% 左右，这一点也可以从热力学角度解释[9]。

稀土脱氧反应的通式是：

$$X[RE] + Y[O] = RE_XO_Y(s)$$

脱氧常数 $$K = a_{RE}^X a_O^Y = (f_{RE}[\%RE])^X (f_O[\%O])^Y$$

取对数，并对[%RE]微分得到：

$$\frac{d[\%O]}{d[\%RE]} = \frac{(Xe_{RE}^{RE} + Ye_O^{RE}) + (X/2.303[\%RE])}{(Xe_{RE}^{O} + Ye_O^{O}) + (Y/2.303[\%O])}$$

当$\frac{d[\%O]}{d[\%RE]} = 0\left(\frac{d^2[\%O]}{d[\%RE]^2} > 0\right)$时，稀土脱氧有最低值。于是得到：

$$X/2.303[\%RE] = -(Xe_{RE}^{RE} + Ye_O^{RE})$$

将有关数据代入后发现，当稀土 Y 含量为 0.29% 时，铜液中的氧具有最低值。理论计算结果与实际基本吻合。热力学计算表明，镧、铈、镨、钕是较钛、锗、锆更强的脱氧剂，在高温下，它们的脱氧能力显著高于铝和锆，也超过铍、镁的脱氧能力，而与钙的脱氧能力相近。

表 7-7 稀土元素 Y 对氧含量的影响

铜中 Y 含量/%	0	0.0015	0.002	0.12	0.58
铜中 O 含量/%	0.19	0.18	0.17	0.11	0.35

b 脱硫

硫在铜中是最常见而又有害的杂质之一。稀土与硫可以生成多种熔点很高、热稳定性强、比重较小的稀土硫化物。生成的固态硫化物很易上浮随渣除去，借助稀土，有可能将铜中残留的少量硫杂质去除得比较干净。

稀土在铜液中脱硫的原理与脱氧的原理相似。以稀土 Ce 为例，可近似的把它看为以下简式：

$$Cu_2S + Ce = 2Cu + CeS$$

根据热力学数据，可计算出其标准生成自由焓 $\Delta G_T^\ominus$ 与温度 T 的关系式[7]为：

$$\Delta G_T^\ominus = -192360 + 9.2T\lg T - 11.8T$$

在 1400 K 下，$\Delta G^{\ominus}_{1400} = -707103$ J/mol。此时，脱硫反应的平衡常数 $K_p = 4.461 \times 10^{26}$。

由此可见，在铜液中，稀土脱硫反应的热力学趋势很大，它能把铜中的少量硫杂质除去。

c 脱氢[10]

铜液对氮气、二氧化碳和水蒸气基本上不溶解，但对 O_2、SO_2 和 H_2 都有较强的溶解能力。氢以原子状态溶解在铜液中，稀土元素很容易与氢原子发生作用，生成 REH_2 和 REH_3 型的稳定氢化物（RE 代表稀土金属），是强烈的放热反应。

稀土在铜液中的脱氢过程可以近似地描述为：

$$H_2 = 2[H]_{Cu}$$

$$RE + [H]_{Cu} = [REH]_{固溶体}$$

$$[REH]_{固溶体} + (x-1)[H]_{Cu} = REH_x$$

由此可见，稀土元素是极强的吸氢剂，由于一般氢在铜中的溶解量较小，加入稀土后，氢将优先被稀土所吸收，并呈 RE－H 系的固溶体状态溶于铜及合金中，此时虽不会减少氢含量，但氢与稀土已形成稳定的固溶体，故可避免在加热情况下由于氢还原铜中的氧化物产生水蒸气而导致铜变脆的氢病发生，消除氢的有害作用。

B 稀土与低熔点杂质的相互作用

铅、铋和硫等元素在铜及其合金中属低熔点杂质，大多不溶于铜，对铜及某些铜合金的加工会产生有害影响。稀土元素化学活性较强，能与许多易熔成分生成难熔的二元或多元化合物。例如稀土与低熔点元素硫（112.8℃）、磷（44.1℃）、硒（220℃）、锡（232℃）、铋（271℃）、铅（327℃）、砷（817℃）均能相互作用，结合成各种原子比的熔点很高的稀土化合物和金属间化合物，大多超过或较大超过铜的熔点（见表 7-8）。这些高熔点稀土化合物将保持固体状态与熔渣一起从液体铜中排除，从而达到脱除有害杂质（如 Pb、Bi 等）的目的。

表 7-8 铅、铋、磷、硒与一些稀土元素生成化合物的熔点

化合物	Ce_3Pb	CePb	$CePb_2$	$BiCe_4$	$BiCe_3$	BiCe	PrP	PrSe
熔点/℃	1200	1160	1140	1630	1400	1552	2850	2100

7.1.1.5 稀土对铜及铜基合金组织的影响和作用

A 细化组织

在铜及铜合金中添加稀土，具有细化晶粒，减少或消除柱状晶，扩大等轴晶区等作用。

细化晶粒的作用机理[11~13]主要有以下几种看法：

(1) 形成新晶核作用。稀土在铜及其合金中能形成高熔点化合物，常以极微细颗粒悬浮于熔体之中，成为弥散的结晶核心，从而细化晶粒。

(2) 微晶化作用。由于稀土元素的原子半径（0.174～0.204 nm）比铜的原子半径（0.127 nm）要大 36%～60%，故稀土原子很容易填补正在生长中的铜或合金的晶粒新相的表面缺陷，生成能阻碍晶粒继续生长的膜，从而细化为微晶。从凝固原理及热力学观点看，由于稀土大量聚集在固液界面前沿的液相中，使合金在凝固时成分过冷增大，以树枝状方式凝固成长。同时在分支节点处产生细颈、熔断，增多了结晶核心，从而细化了晶粒。

(3) 在晶体长大过程中，富含稀土元素的液相被长大的晶体推向晶界，并在晶界处析出富 RE 相，通过阻碍晶界迁移和原子扩散而阻止晶粒长大；又富 RE 相在热处理过程中阻止晶界迁移而减小了热处理时的晶粒长大。

(4) 由于稀土原子半径大于铜,进入铜相晶格内引起较大的晶格畸变,使系统能增加,为保持系统自由能最低,稀土原子只能向原子排列不规则的晶界上富集,所以在铸态组织中,稀土大都分布于晶界,并阻止晶粒长大。

在 Cu - Cr 合金[12]中加入 RE,发现加入 RE 的 Cu - Cr 合金比没有加入 RE 的 Cu - Cr 合金的网络状亚结构更细(见图 7-4),其原因在于富含 RE 原子的溶质在固液界面前沿富积,造成此处溶质浓度升高,导致成分过冷程度加剧,使枝晶的分支更密。另外加入 RE 以后,共晶组织也更细密。认为由于 RE 原子的富集,且 RE 原子尺寸比 Cu 和 Cr 原子大,可能会导致结晶时产生更多的空位,这些空位有利于 Cr 在基体中的固溶。另一方面合金的共晶组织中增加了 CuRE 化合物,共晶组织生长时 Cr 与 CuRE 化合物交替长大,互相影响,阻碍对方的进一步长大。这些因素都导致 Cu - Cr - RE 中的共晶组织更细小。RE 不仅影响了网络和共晶组织的大小,也影响了初生 Cr 相。CuCr 合金中的初生 Cr 球更大,有的已呈现出明显粗枝晶状。而 CuCrRE 中的则较小,它们也有聚积现象,但是程度远不及 CuCr 合金。这种现象可能是因为 RE 原子产生的空位等缺陷使 Cr 在 Cu 中的固溶量有所增大,致使析出长大的 Cr 较少。CuCrRE 合金的晶界变粗的原因也可认为是 RE 原子在此处的聚积造成晶界处原子错排更严重,导致晶界粗化。

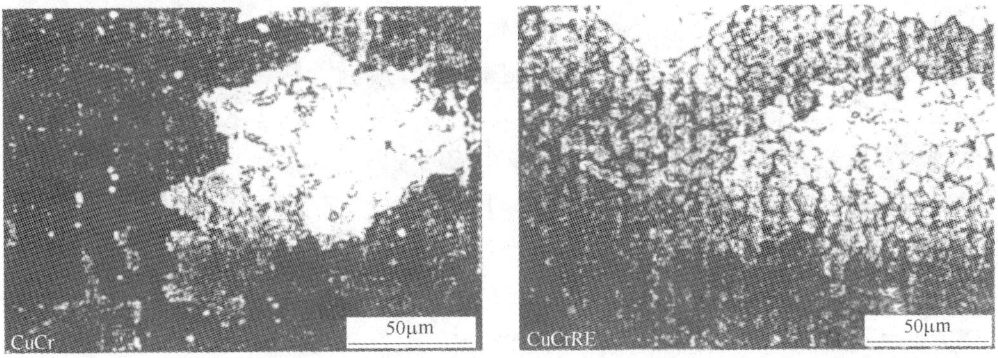

图 7-4 CuCr 及 CuCrRE 合金的铸态组织

在纯铜中加入 0.035% Ce,其晶粒尺寸明显减小[27],在 Cu - 30Ni 合金中加入 0.034% 富 CeRE,也可使铸态树枝晶更加细化。[31]

B 改变杂质形态和分布

稀土改变杂质的形态和分布主要表现有以下 4 种[13]:

(1) 减轻或消除合金结构中的树枝状晶形和柱状结晶,这与稀土同某些杂质形成难熔化合物并呈弥散状态有关。

(2) 使合金中某些呈条状、片状甚至块状的杂质(其中有的杂质可形成低熔点共晶)转变成点状或球状,从而改善或提高了金属和合金的力学及加工性能。稀土促使铜中某些有害杂质(如 Pb、Bi 等)由条、片状转变为点、球状的原因,可能是由于活性很强的稀土金属能使像铅这样的一些杂质对铜的润湿性急剧降低,这些杂质在其自身表面张力的作用下,可使体积大大缩小。

(3) 使合金中的某些有害杂质(如 S、P、Pb、Bi 等)由集中分布于枝晶或晶界间,改变为较均匀分布于整个晶体中,使杂质实现在金属微观体积上的再分布,或对某些杂质的宏观偏析发生影响，使各种性能得以提高。

(4) 能使稀土被吸附在金属或合金的晶界上，减少合金晶界上低熔点有害杂质的数量，这就大大减少和阻碍了在热加工时，这些杂质从固溶体中析出，从而减弱合金的高温回火脆性。

铍铜合金[14]中未加稀土前，夹杂物多为不规则棱角形的 Cu_2O 和 Cu_2S，当稀土增至 0.05% 时，部分夹杂物已球化；当增加至 0.32% 时，夹杂物全部球化，稀土夹杂物取代了 Cu_2O 和 Cu_2S，使夹杂物由固溶态变为稀土化合物析出。

C 稀土在铜中的合金化作用

稀土在铜中的溶解度很小，一般仅千分之几到万分之几，但稀土与铜能生成多种金属间化合物。它们在常温下的韧性和强度普遍比纯铜高一至数倍，某些稀土金属（如 Y、Ce 等）与铜形成的金属间化合物相，还可能具有热强性和高温抗氧化性能，因此，稀土在铜中的合金化，对于提高铜及铜合金的机械性能、耐热性和高温抗氧化性有良好作用。

稀土元素的合金化在一定程度上促进了 Cu－Co－Ni 合金[15~17]的过饱和固溶体的分解。由于稀土元素与 Cu、Co 间的原子半径差别较大，因此可以提高固溶体中的点缺陷密度，增加过饱和固溶体的应变能，促进过饱和固溶体的分解。稀土元素微合金化的优点还在于当 Cu－Co－Ni 合金的巨磁电阻达到最大值后，由于富 Co 相的长大速度较慢，所以可以在一定的时效时间内保持巨磁电阻最大值基本不变，其性能较为稳定。但是，过量的稀土元素也会使基体缺陷密度过分提高，使巨磁电阻值减小，稀土元素在 Cu、Co 固溶体中的溶解度很小，当稀土的添加量达到一定值后，会形成无磁的稀土－Cu 基化合物，使巨磁电阻值下降，因此稀土元素的添加量必须控制在一个很小的范围内。

7.1.1.6 稀土对铜及铜合金工艺性能的影响

A 稀土对铸造性能的影响

由于稀土元素具有脱氧除气的作用，因而它们能减少铸锭的夹杂物和气眼，使结晶组织细密，还能使铸锭柱状晶区的宽度减小，晶粒细化。

随着 HPb59－1 铅黄铜[18]中稀土含量的增加，晶粒变细，当稀土加入量为 0.05%～0.06% 时，晶粒细化效果极为明显。这是因为不加稀土时，形成柱状晶，晶粒比较粗大，而加入稀土后，由于稀土在铅黄铜中的溶解度很小，凝固过程中常聚集在液固界面前沿，促进了新晶核的形成，不利于柱状晶的生长，因而稀土有缩小柱状晶区的作用，使晶粒细化，可减少由于粗大柱状晶而引起的开裂现象。

0.5%～1.0% 混合稀土能有效地防止高铅青铜（ZQPb25－5）[19]中铅的比重偏析和逆偏析，这是由于稀土在高铅青铜中主要以化合物形态分布在铜的基体上，促使 α 枝晶细化并提早析出，从而抑制富铅熔体的下沉，导致铅偏析倾向明显减弱。

在铜合金中加入适量稀土金属，可提高流动性 30%～40%，不同种类的铜合金，其流动性提高程度不同[57]。对高锰铝青铜[20]，当 Y 和 La 的加入量分别不超过 0.10% 和 0.20% 时，流动性随稀土加入量的增加而增加，其中，分别以 0.10% Y 和 0.20% La 时的流动性最好。研究认为，其原因是加入适量的稀土，净化了合金液并降低其表面张力，使流动性得到改善。同时稀土也可以降低合金的液相线。但是，随着稀土加入量的继续增加，合金的流动性显著下降，铸件表面不光洁，断面上产生分散缩孔。其原因是过量稀土易生成熔点高、密度大的稀土氧化物黏性渣，玷污了铜合金熔体，使其流动性大大降低。

在铜铅轴承合金（Pb25%，Cu75%）[21]中添加稀土元素，与未加稀土的铅青铜相比，其组织性能及逆偏析现象都得到了改善。

适量 Ce 加入到锡青铜（含 7% ~8% Sn）[22]中可改善合金偏析现象。

B 稀土对热、冷变形性能的影响

电极线用含稀土 CuZnCr 合金试样，见表 7-9[23]。从图 7-5 可以看出，混合稀土、铬分别加入电极线铜合金中，均可提高材料的高温 σ_b 值，且稀土效果好于铬；同时添加混合稀土和铬，对电极线铜合金的高温 σ_b 提高程度更大。

又从图 7-6 可以看出，小于 600℃时，随着温度升高，合金高温 δ 下降，只有当温度大于 600℃时，高温 δ 才回升；铬使合金的高温 δ 下降，在含铬电极线合金中加入稀土后，有利于高温塑性的改善；在电极线铜合金中单独添加稀土，对高温 δ 的提高最为明显；添加稀土，对合金中温脆化现象有改善作用。

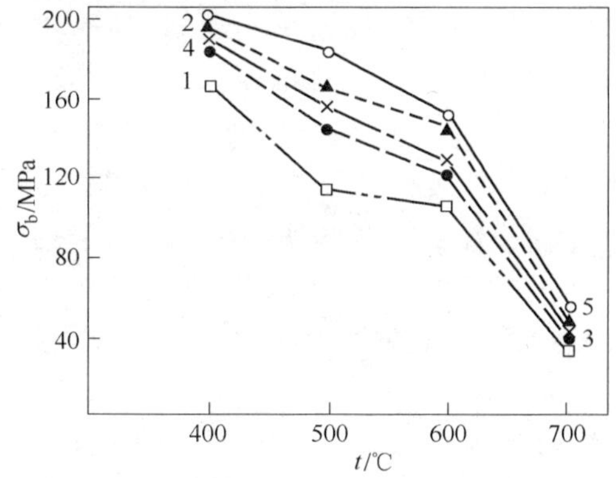

图 7-5 金属型试样的高温抗拉强度

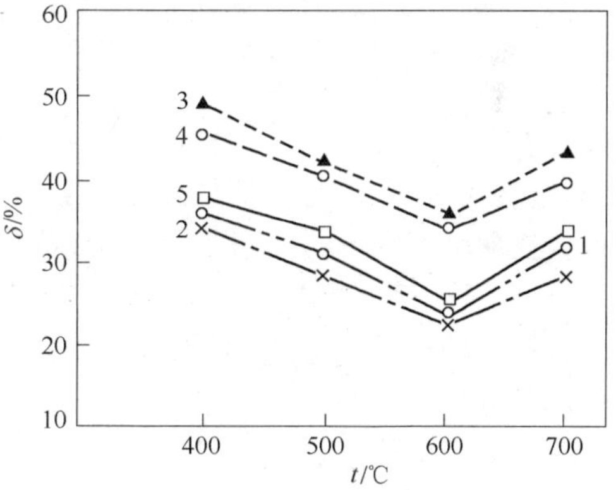

图 7-6 金属型试样的伸长率

表 7-9 试验合金化学成分 （%）

试样号	Cu	Cr	RE	Zn
1	64.96			余量
2	64.96	0.20		余量
3	64.96		0.03	余量
4	64.96		0.01	余量
5	64.96	0.20	0.03	余量

稀土元素加入铜合金中，由于其具有极强的化学活性，会与不加稀土时偏聚于铜合金晶界的杂质元素发生作用，从易熔共晶状态转变为高熔点化合物。与非金属杂质形成的稀土化合物比重较轻，熔炼过程中随渣排除；与金属杂质形成的高熔点化合物减轻了低熔点杂质的有害作用。这些作用的结果，使晶界的强度提高，脆化相数量减少，因而使合金的高温 σ_b 和 δ 均得以提高[23]。

从图 7-7 可以看出，添加铬导致电极线铜合金冷变形后残余应力值增大；加稀土在一定范围内(变形度小于14%)有利于降低合金表面冷加工后的残余应力值,改善冷变形性能;当合金冷变形度超过一定范围(大于17%)后,加稀土会使残余应力急剧上升,恶化合金的冷变形性能。

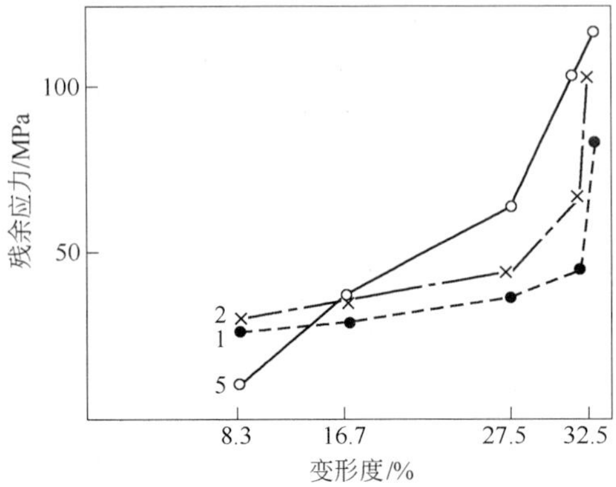

图7-7 变形度与残余应力的关系

所谓铜合金的中温脆化现象系指在中温区间(300~650℃)铜合金的塑性急剧下降,并发生晶间断裂现象。稀土对铜合金中温脆化现象具有减免作用,是由于一般用铜合金含有微量Pb、Bi杂质元素,杂质元素在晶界处富集并与铜形成熔点较低的共晶,因而在中温区间,以液状或半液状分布于晶界,尤其是Bi,与铜的润湿角为零,因而常以连续液膜状分布于晶界,当合金受拉应力时,产生脆断,塑性很差。稀土加入后,由于其化学活性,优先与Pb、Bi等杂质元素反应,反应物Ce_3Pb熔点高达1200℃,BiCe熔点高达1552℃[23]。

稀土在一定变形度范围内可提高材料的冷变形能力,稀土对铜合金的晶粒具有细化作用,变形度较小时,以晶内变形为主,晶粒越细,则多晶体滑移面越多,材料越易于变形,因而在一定变形度范围内,加入稀土可使残余应力值降低;随着变形度增加,合金以晶间变形为主,多晶体难变形区沿晶界分布,晶粒越细,晶界长度越长,材料越难变形。强制变形后,必然产生较大的残余应力值,恶化冷变形性能。因而在加稀土电极线生产过程中,必须注意控制冷变形度[23]。

研究表明[24~26],添加微量稀土可显著提高变形铅黄铜的高温伸长率,改善热加工性能,减轻或消除热轧开裂现象。其原因在于稀土细化晶粒及铅粒子,减少或消除柱状晶,促进高温时β相转变,与铅形成高熔点化合物等作用;或认为是由于稀土减弱了液体铅对黄铜基体的浸润能力。

据报道,在Cu-4.4mol% Sn合金含有0.1mol%的稀土(Y、Ce或La),可大幅度地改善973K以上温度的延性,原因是由于稀土元素抑制晶界预先氧化,导致晶界强度提高。在H68[28]黄铜中加入稀土元素,可消除因Pb造成的热脆性。

研究证明[29],为了提高紫铜管的塑性,可添加稀土。添加稀土后由于其净化作用,可提高紫铜管的冷拔次数,节省中间退火工序,并改善铜管表面质量,提高成品率。在含Ni、Zn的铝青铜[30]中,添加少量La,在固溶状态下,La能改善其冷加工性能,并使之成为可热处理强化合金。在一种黄铜中加入铈镧合金,其冷轧压下率可提高到48%~50%,退火温度可比一般含等量锌的黄铜提高100℃。

C 稀土对焊接性能的影响

焊缝金属中的杂质如微量Pb、Fe、Si、Bi可引起热裂纹,添加稀土元素可有效地防止这一倾向[32]。

在电子器件用的铜导丝[33]中加入微量Ce,可使其具有优良的焊接性能,这是由于铈降低了铜中杂质的含量,提高了纯铜的高温、常温塑性及晶间结合力,防止熔焊时产生大的收缩应力而出现热裂;此外,加Ce可细化焊合区晶粒。

稀土添加剂对改善铜及其合金的焊接工艺性能具有良好的效果,但目前应用于生产还不够稳定,有待进一步研究。

D 稀土对切削加工性能的影响

在变形铅黄铜[24]中添加0.03% ~0.05%的混合稀土金属,可大大改善其切削加工性能,尤为显著的是可降低表面粗糙度、毛刺和刀具磨损。研究还表明,铅含量对切削性能的影响最大,稀土元素主要起细化铅粒并促进更多铅粒存在于β相内的“间接作用”,同时也有减小柱状晶区宽度的“直接作用”,从而改善了切削加工性。

在铅黄铜HPb60-2[24,34]中添加微量稀土,能使铅粒呈均匀细晶分布于基体之中,这些铅晶粒不仅存在于α/β晶界上,而且有的铅粒近于球状存在于硬而脆的电子化合物相内部。基于这一事实,由于铅粒子软而细,它的存在可视为合金基体中产生了微小的空间,从而割断了基体的连续性,成为应力集中源,产生所谓的“切口效应”,构成许多弱化微区。在温度较低的剪切区,这些铅粒是很好的内部固体润滑剂,在温度较高时,铅粒熔融后成为液态润滑剂,即铅粒的存在起着“自润滑”的作用。根据这一机理,切削这类材料时,在刀刃的接触线上就有大量软而细的铅粒存在,相当于减小了切削层面积,所以使得刀具磨损减小,切削温度和切削力降低,已加工表面粗糙度也减小。这些铅粒分割基体后,促使剪切滑移变得容易,故剪切角φ增大,切屑呈分散的片状或粒状,刀与屑接触长度减小。由于常温下材料的伸长率和硬化指数下降,以及加入稀土后也减小或消除了柱状晶区,从而减轻和消除了毛刺的产生。

但添加微量混合稀土金属到高锰铝青铜[35]中,由于表面硬度略有提高,其切削加工性能略有降低。

7.1.1.7 稀土对铜及铜合金力学性能的影响

稀土添加剂对铜及铜合金力学性能的影响主要表现在硬度、强度、常温塑性、高温塑性、疲劳强度等方面。

从图7-8可以看出,纯铜中随着稀土含量的增加,稀土化合物粒子数量增多,对位错运动的阻力增大,合金被强化的程度增加,导致硬度增加。当稀土的加入量过多时,稀土与杂质反应的渣相过多,残留在铜熔体中未被排除的反应物就形成了大量氧化物夹杂,在铜液中分布不均匀,在受力的过程中易产生应力集中,致使硬度值下降。稀土元素对纯铜及铜合金

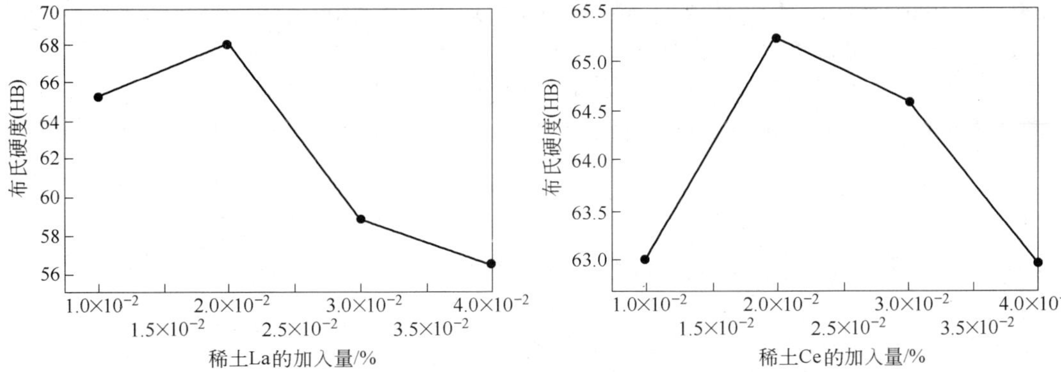

图7-8 稀土元素对Cu硬度的影响

的硬度的影响主要取决于金属材料的化学成分和组织结构。这是由于稀土和铜的原子半径与电负性相差很大,加入后两者能形成金属间化合物,这些金属间化合物粒子较硬,弥散分布于基体中,是位错运动的阻力[36]。

稀土对 H68[37] 黄铜的作用表现在多方面,从有利方面讲,稀土的加入会影响到结晶时的溶质再分配,阻碍晶粒的长大,促进分枝;稀土在基体中的微溶,又有固溶强化的作用;同时,稀土作为活性很强的元素,极易与材料中的杂质元素如 Fe、Sn、Pb 等形成化合物,有利于净化材料。而从不利方面讲,稀土的加入将产生较多数量的新的化合物,在凝固时,来不及上浮形成夹杂物或聚集在晶界和亚晶界处,严重割裂材料,使材料在受载时微裂纹的形成以及扩展、聚合的几率增加。当稀土的加入量未达到某一数值前,稀土的有利作用占主导地位,宏观表现为性能的上升。当加入量超过某一数值时,稀土的有害作用掩盖了有利作用,宏观上表现为性能的恶化。总之,稀土对 H68 黄铜强度的影响具有双重作用,可以认为是稀土元素对强度影响的基本规律。材料的塑性取决于材料本身的晶体学特点,在多晶体中,又与晶粒在受载时变形的协调性有关。由于稀土的微量固溶,在一定程度上改变了 H68 的晶体结构的完整性,点、线缺陷增多,有效滑移系的数量下降,导致滑移困难,塑性下降。另一方面,稀土和其他元素形成的化合物多聚集在晶界,在晶界处形成连续的网状,恶化了晶粒在受载时适应变形而发生扭转的协调性,因此造成材料的塑性下降。

混合稀土可以提高无氧铜的强度和硬度[38],稀土含量在 0.1% ~0.2% 时,强度提高幅度较大,高于 0.2% 时,强度提高缓慢。研究还发现,在退火过程中无论是升高温度或延长退火时间,其晶粒长大速度远较未加混合稀土的无氧铜缓慢,特别是低于 350℃ 退火,始终保持较小晶粒,因此改善了铜的强度。

稀土对纯铜(及导电铜)作用机理的研究[39~41]表明,添加稀土可以明显提高纯铜的力学性能,纯铜中的氧以氧化亚铜(Cu_2O)的形式分布于晶界处,使铜产生热脆性,恶化了纯铜的各种性能,稀土纯铜优良的力学性能与其较低的含氧量是一致的。

在 HPb59 -1[17,25] 铅黄铜中添加稀土后,无论是铸态,还是退火态,其抗拉强度和伸长率均有一定程度的提高。可见,加入微量稀土,有助于拉拔时成品率的提高。微量稀土元素之所以能使 HPb59 -1 铅黄铜线材的力学性能有所提高,是由于稀土有细化晶粒和改善铅分布的作用。稀土阻碍了微裂纹的形成和扩展,阻止裂纹的发生,因而能提高塑性。又因稀土在晶界产生偏聚作用,不仅可减少晶界缺陷还可通过与位错的交互作用来强化晶界,减少晶界强度与晶内强度的差异,因而使力学性能得到改善。

加入稀土元素后,铜铅合金[42]中的铅相趋于孤立状晶间分布,从而使合金在疲劳破坏时,裂纹的扩展速度减慢,提高了疲劳寿命。

Ce 对 ZQSn7 -0.2 锡青铜[22]力学性能的影响是铈能使锡青铜中的位错密度增高,且出现较小的孪晶块,从而使含铈青铜的强度、硬度提高。另外,锡青铜中加铈后,可形成含铈和磷的化合物,它既可存在于晶内也可存在于晶界和亚晶界上,这种化合物使合金的硬度明显增高。

7.1.1.8 稀土对铜及铜合金导电性能的影响

稀土元素对铜及铜合金导电性能影响的研究一直方兴未艾。关于稀土对铜及铜合金导电性影响的机理一般认为是稀土对铜及铜合金的净化和晶粒细化作用所致。因为,一方面,加入稀土使铜晶粒细化晶界增加,电子散射几率增大,导致电阻率增大,导电性下降;另一方面,稀土的净化作用使铜中杂质减少,晶格畸变减弱,电子散射几率减少,导电性改善。这两个对导电性起相反作用的因素同时存在,其影响随稀土加入量的变化而变化。这个理论与实验比较相吻合。

从图 7-9 可以看到,纯铜的导电性随稀土加入量的变化波动较大。当稀土加入量少时,由于所形成的可作为非均质形核基底的难熔化合物固体微粒数量较少,对晶粒的细化作用较弱,故净化对导电性的影响起主导作用,导致铜的电阻率降低;随着稀土加入量的增多,可用作非均质形核基底的难熔化合物固体微粒的数量越来越多,使晶粒细化作用增强而导致铜的电阻率增大;当稀土加入量增加到一定程度时,可作为非均质形核基底的难熔化合物固体微粒的数量达到饱和,此时稀土对铜的晶粒细化效果达到极值而使铜的电阻率达到最大,此后随稀土加入量的继续增大其对铜的晶粒细化效果不再增强而净化作用却继续增强,使铜的电阻率再度下降;当稀土加入量超过 0.08% 时,由于活化作用过强,易形成大量氧化夹杂物,使铜的导电性恶化[43]。

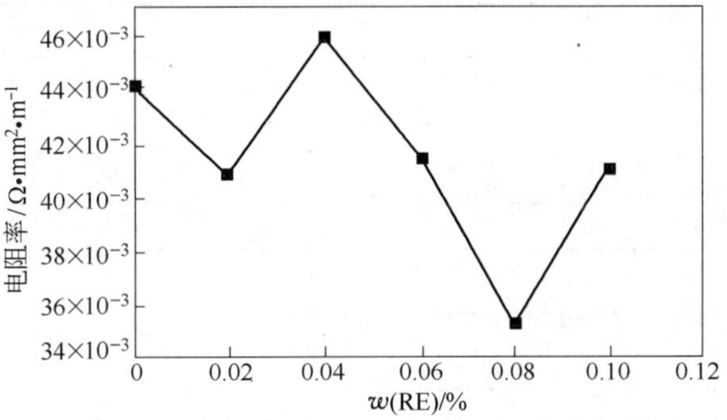

图 7-9 稀土对纯铜电阻率的影响

Cu - Ni - Si 合金[44]电阻率和电阻温度系数随稀土含量的变化而发生的改变与稀土加入引起合金组织变化有关,其关系可以从图 7-10 看出。当加入少量稀土时,稀土对合金的基体和晶界有净化作用,从而对传导电子的散射减弱,使电阻率降低;稀土加入量进一步增加,造成合金基体相中生成大量的针状析出,这些析出物会增加对传导电子的散射,阻碍其运动,引起电阻率上升。

在制备 Cu - Ni - Si 电阻合金及薄膜电阻时常加入 La、Y、Eu 等稀土元素来获得低的电阻温度系数。对 Cu - Ni - Si 合金,La 等元素加入合金后,易与合金中的氧反应生成氧化物,氧化物表现出较强烈的负的电阻温度系数的特性,使合金的电阻温度系数有较明显的降低。从实验中已经知道,稀土元素的加入使合金基体相中出现针状析出,在一定数量和温度范围内析出相对传导电子的散射作用不明显,因此合金的电阻温度系数呈下降趋势,当温度进一步上升时,电子的热运动加剧,使得散射作用加剧,电阻温度系数增大。

对 Cu - Cr 合金加入稀土后的导电性进行的研究[45]认为,Cu - Cr 合金的电阻随着热处理温度的升高而成线性下降,Cu - Cr 合金与 Cu - Cr - Y 合金的电阻相差不是太大,但是都具有很好的热稳定性,如图 7-11 所示。

从表 7-10 可以看出,随着触点载荷的增加,合金的触点电阻逐渐减小,但是 Cu - Cr - Y 合金的触点电阻比 Cu - Cr 合金的要低。

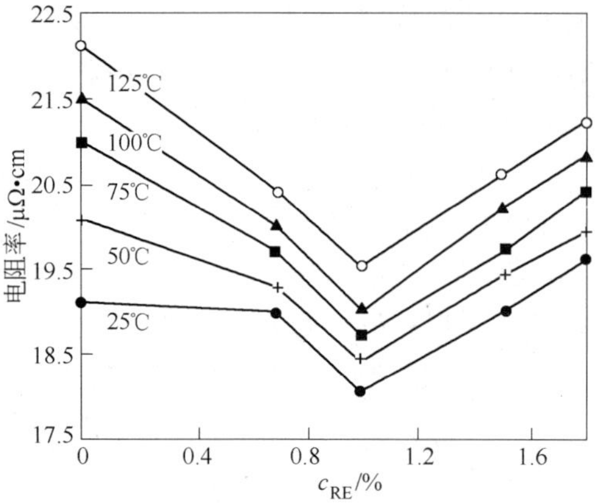

图 7-10 合金的电阻率、电阻温度系数与稀土含量的关系

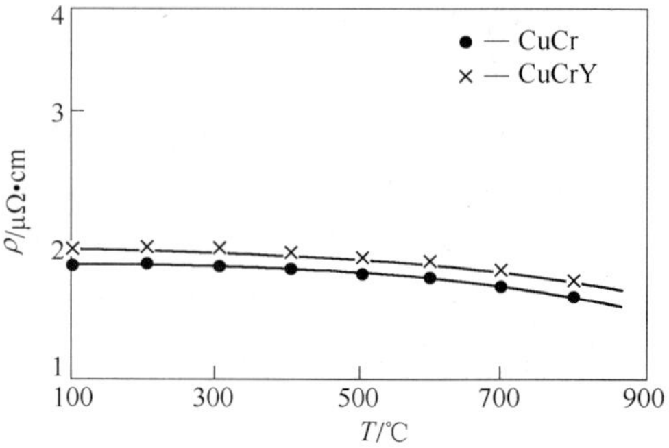

图 7-11 Cu-Cr 合金与 Cu-Cr-Y 合金的电阻率 ρ 与退火温度之间的关系

表 7-10 变形合金的触点电阻 (mΩ)

合 金	荷重/g				
	20	40	60	80	100
	接触电阻				
Cu-Cr	5.9	4.4	2.8	2.2	1.7
Cu-Cr-Y	3.0	2.1	1.8	1.7	1.5

7.1.1.9 稀土对提高铜及铜合金耐蚀性的作用

A 稀土对铜及铜合金抗氧化性能的影响

铜及铜合金在高温下易被空气氧化，改善铜合金抗氧化性能的一般方法是在金属中加入适量的合金元素，但是在改善铜抗氧化性的同时会降低铜的导电性。为了解决抗氧化性能和高电导率之间的矛盾，采用添加稀土金属作为铜及铜合金的合金元素，发现在适当加入量时，电导率不但没有降低反而略有提高，同时还发现铜中加钇能明显改善抗氧化性能[46]。从图 7-12 可以看到，在 400℃下，氧化增重随时间变化曲线的规律由不加稀土时的抛物线关系变为加入 0.2% RE 的对数关系，说明由于 RE 的加入使铜离子穿越氧化层的扩散过程受到很大的抑制，从而大大降低了氧化速率。当温度较高时（600℃），铜离子穿越氧化层的扩散过程受稀土抑制作用减弱，但其氧化速率仍明显低于纯铜。

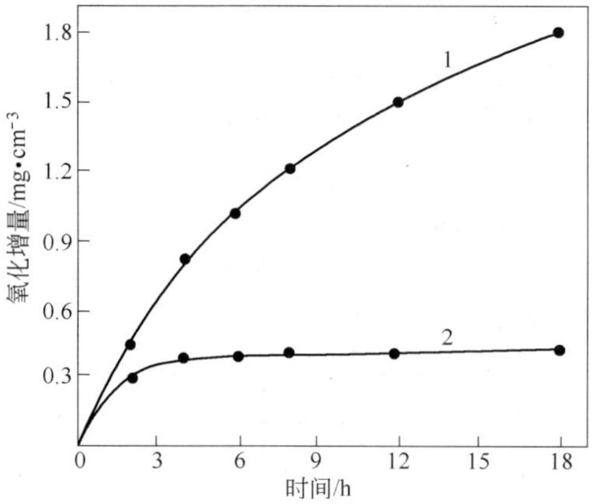

图 7-12 400℃下氧化试验结果
1—纯铜；2—加入 0.2% RE 的稀土铜合金

黄寿洪等[47]通过化学热处理方法将 Si、Al、RE 元素在 850℃渗入铜合金中，其试样表面形状如图 7-13 所示，发现有凸起点状结构（如荔枝皮状），凸起点处因在垂直于基体的拉应力及平行于基体的压应力下形成氧化膜脱离基体的显微凸起。此膜形成一扩散屏障，使氧难穿过膜与基体接触，从而提高抗氧化作用。

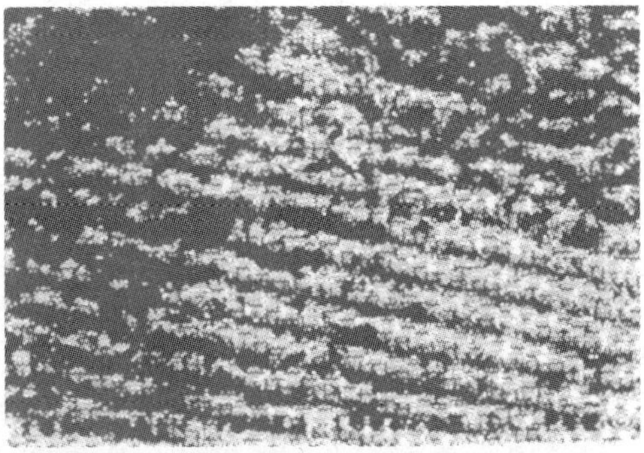

图 7-13 600℃、氧化 22h 后含 Ce 铜的表面形貌（×1000）

从凸起处的化学成分（见图 7-14 和表 7-11）可以看出，稀土提高铜及铜合金抗氧化性能，是由于加入稀土后，易出现稀土金属间化合物，使 SiO_2、Al_2O_3 等氧化膜结构更加致密，与基体间黏附性增加，并构成渗层与基体间的扩散屏障，阻碍渗层中元素向内或基体元素向外扩散，使其抗氧化性能进一步提高。

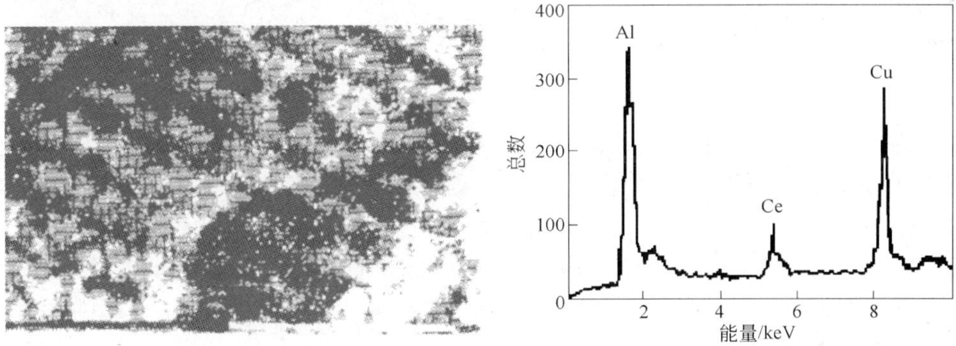

(a) (b)

图 7-14 600℃、氧化 22 h 含 Ce 的 Cu-Sn 合金表面形貌（×4000）及能谱图

（a）Cu-Sn 合金表面形貌；（b）能谱图

表 7-11 凸起处元素成分 （%）

Cu	Sn	Al	Si	Ce
20.05	7	67.1	2.1	3.75

B 稀土对溶液介质中的铜及铜合金耐蚀性的影响

稀土金属对铜及其合金腐蚀性能影响的研究远不如物理性能和力学性能研究的广泛和深入。当前这方面的研究都表明，在铜及铜合金中加入稀土可以有效提高其在溶液中的耐蚀性能。

一般认为铜及铜合金中加入稀土后耐蚀性能均有不同程度的提高，对此现象的解释[48~52,75]主要有：

（1）稀土的净化作用，消除了铜基体中的杂质，减少了原电池的数目。金属内部的杂质是促进腐蚀作用的一个主要因素。铜及铜合金中的电负性较高可以作为阴极的杂质元素（如氧、硫等）嵌入金属基体内部，容易和基体形成原电池，加速腐蚀。而稀土与氧、硫之间具有很高的亲和力，能与它们生成高熔点、低密度的稀土化合物，容易上浮到渣中，从而净化了基体，降低了腐蚀速度。

（2）在铜及铜合金表面形成致密的氧化层，阻止基体原子的扩散。稀土加入铜合金后，不仅可以使合金表面的氧化膜更加致密，增加氧化膜与基体的结合强度，而且可以在其表面氧化膜下形成了一层新的含稀土的氧化层，这层氧化层极薄，但非常细密均匀，能够在相当程度上阻止铜合金中原子向外扩散和减轻氧原子向内扩散，从而延缓了氧化和其他腐蚀过程，使得合金耐蚀性能大大提高。

（3）提高铜及铜合金的腐蚀电位。含铈黄铜在 NaCl 水溶液中的自腐蚀电位比没有加铈的黄铜要高，此时电流密度变小，表明合金极化阻力变大，自腐蚀速度变小。稀土元素的加入可以提高黄铜的电位，H70 黄铜在正常冷却条件下只有 α 相，但在快速冷却条件下有可能出现 β 相，β 相中含锌量较高，电极电位较低，在腐蚀介质中它首先被腐蚀。微量的稀土加入会使合金中的 β 相减少，提高了合金的耐腐蚀能力。

（4）稀土的加入缩小了铜合金的结晶温度范围。对于加入稀土后的 ZQSn10－1 合金，凝固时液相线和固相线温度降低，从而减轻了枝晶偏析，合金的成分更加均匀分布，促使了耐蚀性能的进一步提高。

混合稀土的加入不仅可以改善锡黄铜的耐蚀性能，还可以改变锡黄铜的腐蚀形貌，不仅减小了易脱落层的厚度，同时也大大减小了渗透层的厚度，这是由于稀土极其活泼的性质所致，稀土的作用为：

（1）除气、去杂、净化金属、细化晶粒，使合金组织致密，增加锌原子的扩散阻力；

（2）稀土易存在于界面上形成氧化膜，阻止锌原子扩散；

（3）能够抑制 Cu_2Cl_2 的分解，阻止 Cu^+ 向 Cu^{2+} 的转变，减少 Cu^{2+} 再沉积[52]。

H68 黄铜[53]中加入 0.07%～0.10% Ce，可显著提高其耐蚀性和抗局部腐蚀倾向，这是由于 Ce 的加入阻碍了铜、锌的进一步溶解，且对锌的抑制效应优于铜，从而抑制了黄铜的脱锌。

在锰黄铜 ZHM55－3－1[21]中添加 0.015%～0.04% 混合稀土，可使其耐蚀性有较大提高，腐蚀疲劳极限约可提高 16%。

在 HAl77－2 铝黄铜[54]中加入 0.04%～0.02% 混合稀土，可有效地抑制其脱锌和晶间腐蚀。在铝青铜中添加微量 RE，可显著提高耐蚀性能，腐蚀疲劳强度提高 20% 左右，耐空泡腐蚀性能提高 44%。

在 QBe2 合金[55]中加入适量稀土，可使之在 NaCl 溶液（3% 水溶液）以及 1N 的 H_2SO_4 溶液中的耐蚀性均有所提高。

在 BFe10－1－1 中添加 0.1% 左右的 RE 可使合金在 3.5% NaCl 溶液中腐蚀电位升高 30 mV，腐蚀电流降低 1.8 $\mu A/cm^2$[40]。而在 Cu－30Ni 合金中添加 0.03%～0.1%。的混合稀土 RE，则在 0.6 mol/L[Cl^-]溶液和 0.6 mol/L[Cl^-]＋0.0133 mol/L[S^{2-}]溶液中，腐蚀电位分别提高了＋40 mV 和＋45 mV，而腐蚀电流分别降低了 0.47 $\mu A/cm^2$ 和 4.5 $\mu A/cm^2$[74]。

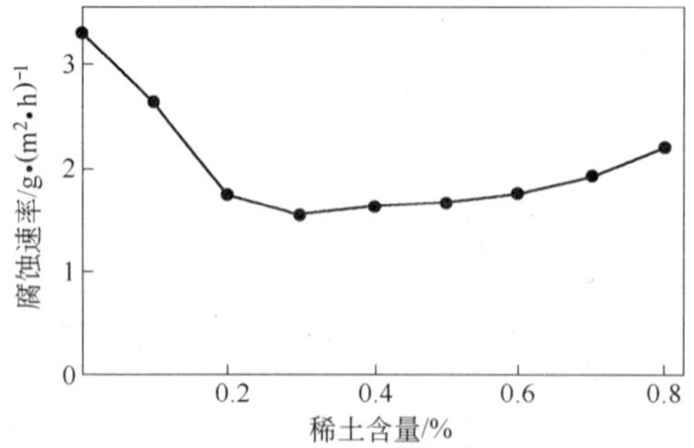

图 7-15 腐蚀速度随稀土含量的变化曲线

稀土的加入量应该有一个最佳值及适当的用量范围，如 H70 黄铜[48]的腐蚀速度与稀土添加量的关系曲线见图 7-15，从曲线走势来看，腐蚀速度先是随稀土含量的增加逐渐降低，但是当稀土含量超过 0.3% 后，随着稀土含量的增加，腐蚀速度也逐渐增加，所以稀土的添加量也是有限制的，不能任意地加入，一般在黄铜中稀土的添加量以0.3%为最佳。当稀土加入过量时，形成的稀土化合物增多，并引起金属熔体黏度增大，使净化熔体作用减弱，不能消除氧、硫等杂质的影响；另外，稀土元素主要富集于晶界处，而稀土元素的电极电位较低，如镧和铈的电极电位分别是 -2.522 V和 -2.483 V，铜的电极电位为0.337 V，稀土的过量加入就降低了晶界的电极电位，增加了晶界腐蚀的程度，而降低了黄铜的耐蚀性能。

7.1.1.10 稀土在改善铜及铜合金耐磨性方面的作用

耐磨铜合金的理想组织为软基体+硬质点，硬质点要均匀弥散分布于基体相上。微量稀土可以提高铜合金的耐摩擦性能。稀土可细化晶粒，减轻偏析，使质点分布均匀，提高铜合金的综合力学性能，却不降低硬度，从而提高铜合金的耐磨性。稀土和铜可形成金属间化合物，这些金属间化合物粒子较硬，分布于基体中，成为位错运动的阻力；而且稀土可以有效地改善夹杂的存在形式和分布，减少其弱化晶界的可能，减少了承受载荷时沿晶界开裂的几率，因而提高了耐磨性。

铸造黄铜[56]中加入稀土后，铜合金的组织为α相基体上分布着β相及κ相(FeAl)。其中α相较软，保证了铜合金具有一定的塑性，而β相及κ相较硬，提高了合金的强度和耐磨性，同时在组织中还可以观察到圆球状的第二相，这种第二相是由于稀土与铜合金的杂质反应形成金属间化合物，况且这种金属间化合物具有很高的硬度。添加稀土后，铜合金具有较高的硬度及良好的塑性及韧性，可以缩短跑合阶段的时间，延长稳定磨损的阶段，从而达到减少磨耗，延长工件使用寿命的目的。

在高锰铝青铜中添加Ce和B[57]，可使其干摩擦磨损减少20%左右，润滑摩擦磨损量减少50%左右。如添加稀土的ZQPb25铅青铜[58]用于代替ZQSn6-6-3制作轴承套，轴承内径磨损量减少了5倍左右，也减少了对主轴外径的磨损，提高了轴承套和主轴的使用寿命，降低了铸件成本。

稀土加入量对铜及铜合金的耐磨性有一个最佳值。稀土对纯铜耐磨性的影响见图7-16。当稀土加入量不超过0.07%时，铜的磨损率随稀土加入量的增加而逐渐减小；当稀土加入量超过0.07%时，铜的耐磨性随稀土加入量的增加而下降。这表明，当稀土加入量适当时，一方面可通过稀土对铜的晶粒细化作用提高铜的强度，使铜在高比压下不易产生变形，减少因压皱而导致的磨损，并使铜的塑性改善，通过一定程度的塑性变形使铜的磨损很快被磨合起来而增加有效工作面积，从而提高其耐磨性；另一方面，适量稀土的净化作用可减少铜中的夹杂，提高铜的强度和耐磨性。此外，也不排除因加入适量稀土导致一定程度的晶格畸变而强化铜，提高其耐磨性的可能。但过量稀土会在铜中形成大量氧化夹杂物，使铜的缺陷增多而耐磨性下降[46]。

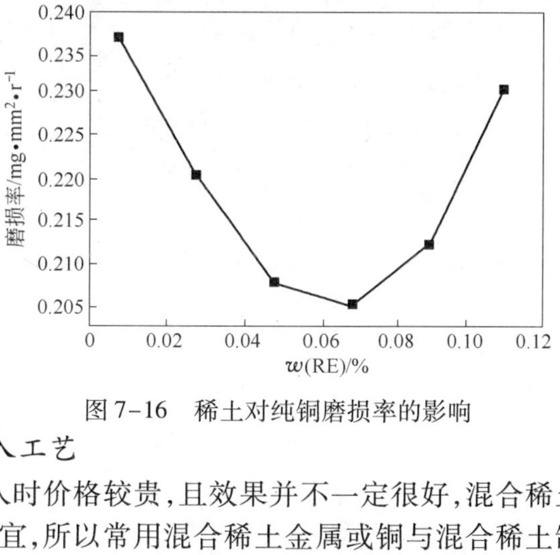

图7-16 稀土对纯铜磨损率的影响

7.1.1.11 铜-稀土添加剂及稀土加入工艺

稀土在铜及铜合金中应用，单一稀土加入时价格较贵，且效果并不一定很好，混合稀土尤其是镧铈或镧镨铈混合稀土较单一稀土便宜，所以常用混合稀土金属或铜与混合稀土制备的中间合金的形式加入。也有添加稀土化合物的，熔炼时，将它和一定量的碳粉混合，高温下被碳还原出来一定量的稀土金属进入铜液中，达到添加稀土的目的。

稀土的各种加入方法及效果如表7-12所示[59]。

表7-12 铜中稀土的加入方法及收得率

加入方法	加入工艺		分析结果/%	稀土收得率/%
	成 分	加入量/%		
稀土与铜共熔	混合稀土	0.08	微	
铜皮包卷压入	混合稀土	0.08	0.015	18
钟罩渗入	混合稀土	0.08	0.04~0.05	50~62
铝膜渗入	混合稀土	0.08	0.05	62
加入RE-Cu中间合金	混合稀土	0.08	0.045~0.065	69~81
氯化钠保护	混合稀土	0.08	0.035~0.05	43~62
石墨钟罩压入	镧	0.15	0.078~0.085	50~56
石墨钟罩压入	镧	0.10	0.03~0.058	30~58
真空冶炼	镧	0.10	0.098	98

由表7-12可见，石墨套钟罩压入法较好，收率高，易掌握，适合于工业大规模采用。真空冶炼法收得率虽高，但需要特殊设备，适用于精密稀土铜合金的生产。稀土烧损与温度有密切关系，温度高，烧损大。稀土在铜及铜合金中应用，成功与否的关键是加入量要适宜。加入量适当时，对材料的各项性能有益，过量反而有害。

7.1.1.12 稀土在铜及铜合金中应用存在的问题、发展与对策

A 存在的问题

稀土在铜及铜合金中应用存在的问题如下：

(1) 稀土在铜及铜合金中的应用成果和产品数量不多、涉及领域小、工艺技术水平较低，低档产品多，真正实现产业化、大规模工业化生产的成果少。20世纪80年代以后，我国出现了稀土在铜及铜合金中应用的实验研究和探索，然而由于多数实验研究工作不够系统深入，导致许多应用成果难以实现工业化生产。稀土在部分铜及铜合金牌号中已经开始应用和工业化生产，但是规模不是太大。

(2) 稀土添加剂种类、添加方法、工艺条件等参数的不同，导致稀土在铜及铜合金中的实际含量很难控制，各炉(批)产品稀土含量波动较大，造成产品质量不稳定，出现稀土添加效果时好时坏的现象，难以稳定批量生产。

(3) 稀土添加剂或中间合金产品的种类少，没有形成系列化。针对不同的铜合金牌号，有时用混合稀土作为添加剂，有时需用各种单一稀土与铜配制成中间合金作为添加剂，由于受到稀土生产企业的效益制约和用户的制备技术限制，仍然不能满足生产需要，影响了稀土在铜合金工业生产中的发展。

(4) 稀土对铜及铜合金的作用机理、影响规律、关键工艺技术等问题的研究尚不系统，对开发应用缺乏理论指导。

B 发展与对策

由于稀土应用在铜及铜合金中可以改善铜及铜合金的加工性能、耐蚀耐磨性能、力学性

能及导电性等，所以人们对用稀土来改善铜及铜合金的性能寄予了更多的期望，国内外对稀土在铜及铜合金中应用的研究一直方兴未艾，并取得了显著成效。目前虽已成功开发出不少具有工业意义和实用价值的含稀土的铜合金材料，但是更多的铜及铜合金尚未应用稀土，有待于开发出更多的含稀土的铜及铜合金新材料。对于已经开发的新材料，还有待于进一步完善，使其达到生产实用水平。目前许多的研究还停留在实验阶段，对于稀土能改善铜及铜合金性能的机理仍需要进一步探讨；稀土在铜及铜合金中的分布规律和存在状态等还需要定量研究。为了充分发挥我国稀土资源的优势，必须加强稀土在铜及其合金中的应用研究和基础理论研究，以期促进我国稀土科技进步和扩大稀土的应用范围。

7.1.2　稀土在银及银合金中的应用

7.1.2.1　概述

银及银合金具有优异的导电性、导热性和对可见光的反射性，并具有良好的延展性，是电子工业、宇航、冶金等工业不可缺少的关键性材料，长期以来，主要被用作电接触材料、焊料、催化剂等，然而其强度和硬度低、易腐蚀、耐热性差等缺点限制了其在工业上的广泛使用。

稀土在银及银合金中的应用，虽然不像在铝、镁、铜及其合金中应用那么广泛，但是随着科学技术的发展，工农业生产及尖端科学领域对银及银合金性能的要求不断提高，利用稀土的独特性质来改善银及其合金的某些物理和力学性能，已引起世界各国不同程度的重视。国外在20世纪50年代就着手这方面的研究工作，我国在20世纪70年代也开始进行银及银合金中加入稀土的研究，并取得了不少有价值的研究成果。

7.1.2.2　稀土在银及银合金中的作用

A　银－稀土的相图[60~62]

稀土具有很强的化学活性，在一定的条件下，其能够与银反应生成化合物。从Ag与稀土的相图（主要为La、Ce及Y）可以看出银与稀土反应生成化合物的相及相结构。

(1) Ag－La系相图如图7-17所示。Ag－La系主要化合物的晶体结构是$LaAg_2$为体心正交，LaAg为FeB型正交。

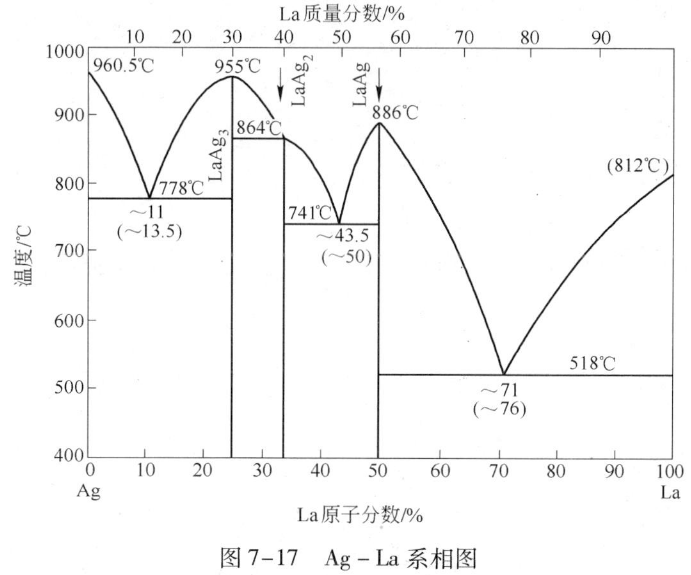

图7-17　Ag－La系相图

（2）Ag－Ce 系相图如图 7-18 所示。Ag－Ce 系主要化合物的相及晶体结构是 Ag_2Ce 为体心正交，AgCe 为 FeB 型正交。

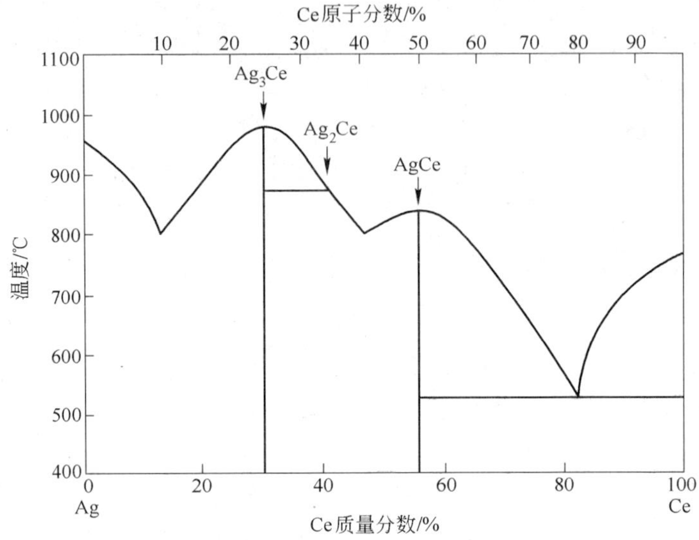

图 7-18　Ag－Ce 系相图

（3）Ag－Y 系的相图如图 7-19 所示，Ag－Y 系主要化合物的相及晶体结构是 Ag_2Y 为体心正交，AgY 为 FeB 型正交。

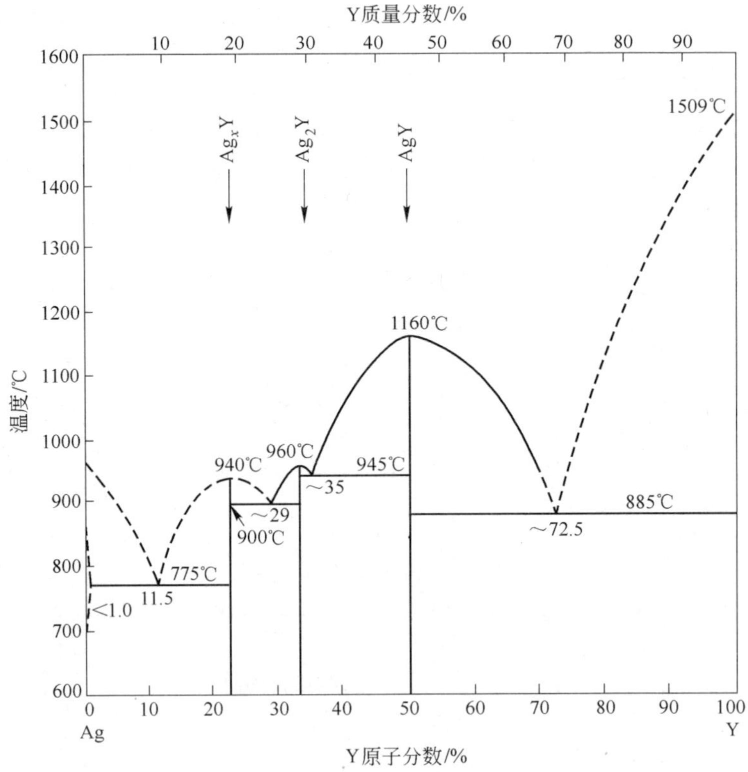

图 7-19　Ag－Y 系相图

B 稀土对银及银合金组织的影响

a 稀土在铸态银及其合金中的分布形式

表 7-13 所示是稀土含量不同的银基合金的化学成分。随着稀土含量的不同，稀土在铸态银中的分布呈现不同的形式[63]：

（1）当稀土含量较低时，如 1 号合金含 0.016% La，稀土含量低于其在银中的固溶度，则稀土全部固溶于银基体中，此时合金的铸态组织和纯银铸态组织相似，呈现出大的晶粒（见图 7-20(a)）。

（2）随着稀土含量的增加，当稀土含量超过其在银中的固溶度时，除在基体中固溶少量稀土外，还会形成第二相稀土金属间化合物，分布在银基体中，此时银合金仍为大晶粒组织（见图 7-20(b)）。

（3）当稀土含量达到 1% 左右时，银稀土金属间化合物急剧增加，在银合金凝固过程中，稀土在银的树枝晶之间富集，枝晶生长受到稀土富集层的阻碍，最终导致了银稀土化合物沿枝晶边界分布，并形成完整的枝晶网（见图 7-20(c)、(d)）。

表 7-13 银基合金的化学成分（质量分数） （%）

样品编号	1	3	4	5
Ce	0	0.076	1.29	0.59
La	0.016	0.040	0	0.58

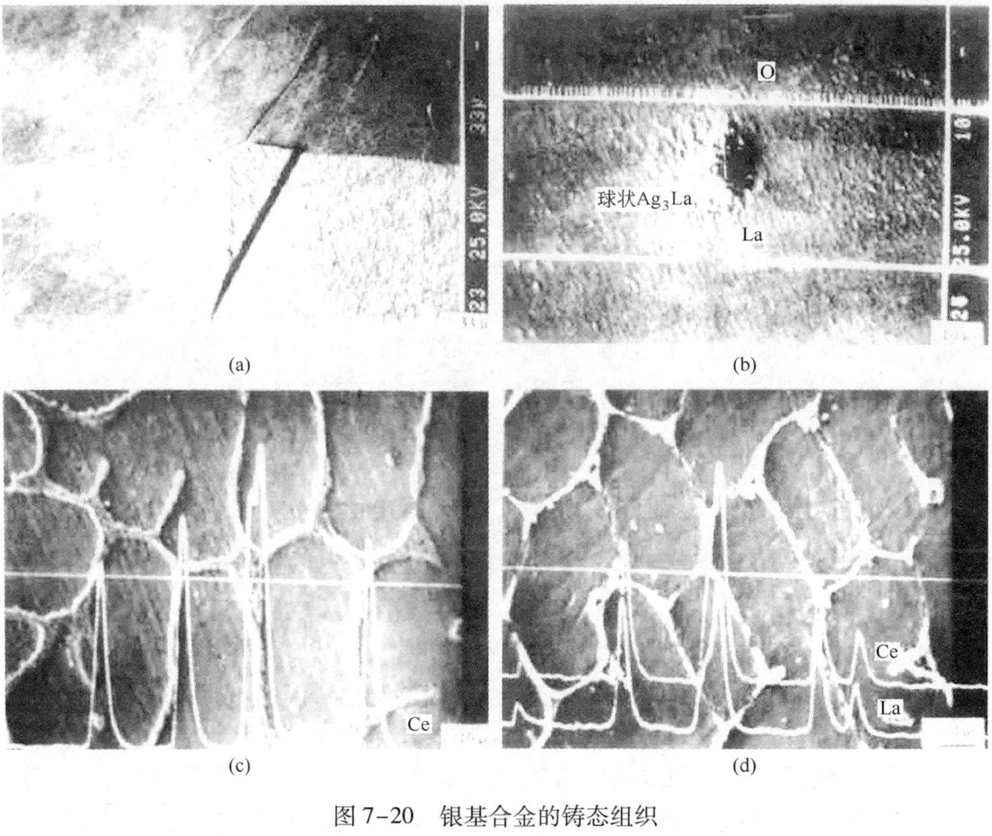

图 7-20 银基合金的铸态组织

(a) 1 号试样；(b) 3 号试样；(c) 4 号试样；(d) 5 号试样

b 稀土对银及其合金的再结晶过程及晶粒组织的影响

微量稀土 La、Y、Ce 对细化银合金再结晶晶粒有显著的效果(见图 7-21),这是由于稀土原子半径都比银的原子半径大 25% 以上,稀土的存在增加了层错的数量,具有较大原子半径的稀土原子钉扎了层错缺陷,有效地阻碍了再结晶晶粒的长大[63,64]。

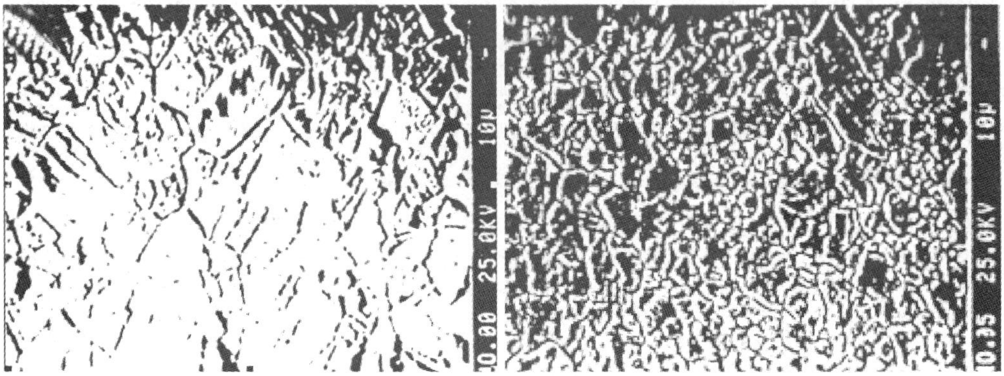

(a) (b)

图 7-21 纯银和含有稀土的银合金的显微组织形貌

(a) 纯银;(b) 含有稀土的银合金

稀土元素的加入也可以推迟银及银合金的回复和再结晶过程,有效地延缓了银合金的软化[63,65]。这主要是由于固溶少量稀土的银基体中,弥散分布的第二相稀土化合物对加热时合金内部的位错滑移和攀移有钉扎作用,从而显著提高了银及银合金的热稳定性。加入稀土的银合金对时效软化有较强的抑制作用,与纯银相比较好地延缓了冷变形银材时效后硬度的下降。含稀土的银及银合金抗时效软化能力与其热稳定性是一致的,都是由于稀土元素及其化合物提高了再结晶温度,有效地延缓了银及银合金的回复和再结晶过程,增强了抗时效软化能力。

对纯银和 AgCe 0.5 合金铸态、退火态和加工态金相组织的研究[66]指出:(1) 铸态组织中纯银为单一的 α 等轴晶,而 AgCe0.5 为等轴晶中分布有细小的 Ag_4Ce 化合物,即组织为 $\alpha + Ag_4Ce$。(2) 退火态时,Ag 和 AgCe0.5 同在 400℃/30min 的退火条件下,Ag 的晶粒度比 AgCe0.5 大几倍至十几倍,而且 AgCe0.5 经 700℃/24h 大气中退火处理后,晶粒长大仍不明显。(3) 加工态时,Ag 和 AgCe0.5 以相同的变形量进行加工,因银铈合金晶粒细些,加工过程中阻力小,晶粒转向少,所以银铈合金能获得发达的纤维组织。(4) 显微硬度的测试结果为:基体相银为 981.05 MPa,Ag_4Ce 为 1062.06 MPa,很显然,它们的硬度接近,故具有良好的加工性能。

C 稀土对银及银合金力学性能的影响

加入稀土后,银合金的硬化效果明显,其强化机理[63,65,67]主要有:

(1) 基体强化。这是由于稀土在具有面心立方结构银中具有一定的固溶度,银基体为 1 价,稀土 Y、La、Ce 均为 3 价,稀土加入银后使基体金属的堆垛层错能降低,这就导致位错组态发生变化,并使其处于更稳定的低能状态,从而提高了位错密度,强化了合金基体。

(2) 第二相强化。稀土元素活性很大,多与基体金属或夹杂物形成稳定分散的第二相金属间化合物或稀土氧化物,这些第二相于基体中呈现分散球状分布(见图 7-20(b))或呈现枝晶网状分布(见图 7-20(c)、(d)),从而可以钉扎层错和晶界的运动,有效地强化合金。

加入稀土的银合金材料经多道塑性变形和退火后,可以破碎铸态形成的枝晶边界,消除稀土在枝晶边界的偏析,再结晶退火后,稀土元素又重新聚集,形成了团絮状第二相组织(见图 7-22),这种团絮组织以更分散的第二相形式钉扎层错和晶界,从而有效地提高了合金的强度和塑性,改善了银合金的综合性能[68]。

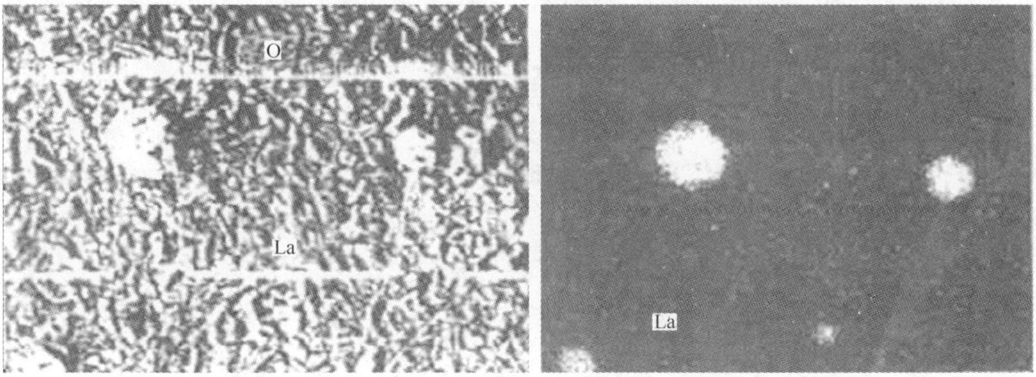

图 7-22 含 La 银合金的 EPMA 线扫描和 La 元素的区域扫描图像

加入稀土元素可以提高银及银合金的热稳定性,由于少量稀土固溶于基体中,或者析出第二相银稀土化合物,这都有利于钉扎层错和晶界,可有效地阻碍层错和晶界的热运动,增强了冷变形银合金制品的热稳定性,对于稀土银合金接点材料可以提高其稳定性[69]。

图 7-23 显示出 AgLa1.0[70]经过不同冷变形后力学性能与电阻率的变化,通常工业纯银经 60% 冷变形后 σ_b 为 340 MPa,而对 AgLa1.0 合金则为 400 MPa,显然,添加 1.0% 的镧使银的强度提高近 18%;电阻率在小于 60% 变形时,随冷变形量的增大而上升,然后出现下降的趋势,这可能与拉拔时形成的织构有关系。图 7-24 表示经冷变形后的 AgLa1.0 在 80℃ 抗拉强度、伸长率与电阻率随时间而变化的规律。AgLa1.0 合金在一个不长时间内,抗拉强度和电阻率均有所下降(约 7%),以后则基本保持不变(变形为 50% 的试样),或者略有升高(变形为 90% 的试样)。两种变形量试样的伸长率没有什么区别,均呈现缓慢上升趋势。这是由于稀土镧的加入抑制了银合金的自然时效软化特性,从而改善了银合金的力学性能。

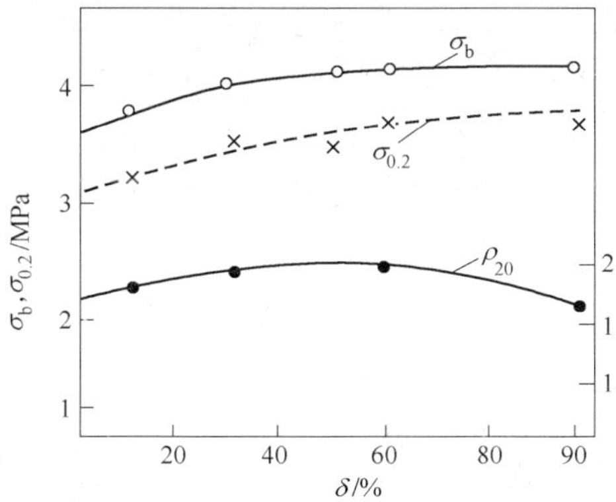

图 7-23 冷变形量对 AgLa1.0 力学性能和电阻率的影响

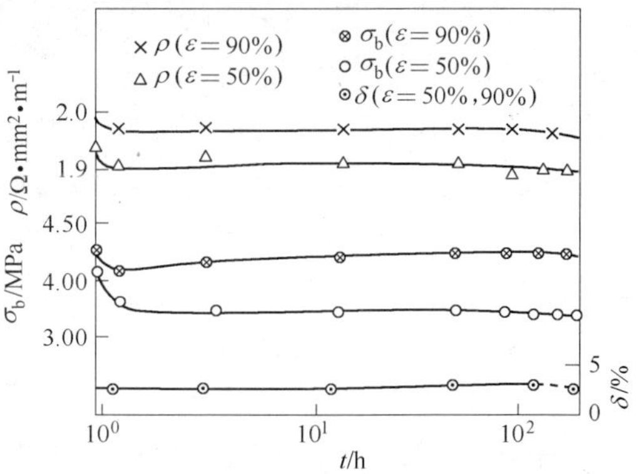

图 7-24 AgLa1.0 合金的时效对性能的影响

D 稀土对银及银合金高温氧化行为的影响

添加微量稀土元素，可以降低合金粉末的快速氧化增重温度。Ce 等稀土元素的活性远高于 Sn、Zn 等元素。在较低温度下，稀土元素优先氧化，使合金增重，同时稀土氧化物成为 Sn、Zn 氧化物成核的核心，降低了它们的氧化物生成自由能。但是在高温下 Sn、Zn 等元素能大量迅速地被氧化，稀土元素的作用也就消失了[71]。在 AgCu10 合金中加入稀土元素，由于稀土的优先氧化而抑制铜的扩散，形成富银的次外层，在 600℃左右，稀土可明显减缓 AgCu10 合金中铜的氧化；在高温（700℃左右）下，稀土的加入增强了 AgCu10 合金的内氧化作用，且 Ce 效果好于 Nd[72]。

吴春萍等[73]研究了银稀土合金内氧化的热力学和动力学问题。研究结果表明，AgY 和 AgCe 合金发生氧化反应在热力学上是可行的。AgCe 合金粉的氧化速率比 AgY 合金粉的速率大（见图 7-25）。

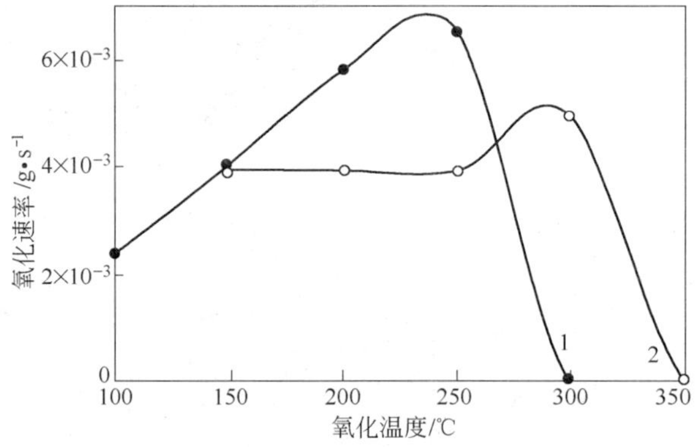

图 7-25 银稀土氧化速率曲线

1—Ag/Ce 的氧化速率；2—Ag/Y 的氧化速率

7.1.2.3 稀土在银及银合金中的应用

A 稀土在银触头材料方面的应用

银是最重要、最经济的贵金属接触材料，被广泛应用于中等负荷和重负荷电器中，如各种开关、继电器、接触器等。在 Ag 中加入铈的银铈合金可用作中等及大功率的直流接触器、继电器的节点。铈在银中的固溶度极小，在 780℃时约为 0.04% ~0.06%，银和铈基本上不形成固溶体。用作接触材料的银铈合金中铈通常控制在 1.0% 以下。银铈合金导电系数高、接触电阻低而稳定、灭弧作用强、抗电烧损和抗熔焊性好、加工性能优良。研究认为当稀土添加量达到 0.05% 时，Ag 的硬度增加 38%，而对电阻没有大的影响。目前在 Ag 中加入锑或锌的基础上加入 0.005% ~5% 的 Y，制成进行内氧化的触头材料，这种材料在不降低导电性的作用下，提高了材料的力学性能、耐腐蚀性和耐热性，改善了银硬度低不能应用在较大接触压力下的缺点[80]。

按 10% La 的银镧合金粉末 83%，氧化银 17%，合金粉末和氧化银总重量 0.1% B（硼）的比例配制原料，经过 10h 混合，在钢模中双向压制成形，然后样品烧结后再压制，再烧结，最后冷拉拔成线（丝）材，从而制备出银稀土氧化物电接触材料。这种材料加工简单、生产成本低，可大批量生产。

采用粉末冶金方法制备新型银稀土氧化物触头材料 Ag/La_2O_3[76]，发现 La_2O_3 在 Ag 基体中呈现极细小球状（直径小于 0.5 μm）及不规则形（直径小于 3.0 μm）两种形态（见图 7-26），经激光模拟电弧作用后，La_2O_3 呈细小球状（直径小于 2.5 μm）分布于 Ag 熔化区中，有助于减少 Ag 液的飞溅侵蚀。经与 Ag/SnO_2 及 Ag/CdO 触头材料的主要物理、力学性能相对比，所研制的 Ag/La_2O_3 触头材料与后两者性能相近，因此有可能成为一种可替代 Ag/CdO 的新型触头材料。

(a) (b)

图 7-26 Ag/La_2O_3 的显微组织形貌

（a）La_2O_3 呈细小球状；（b）La_2O_3 呈不规则形状

B 稀土在银饰品中的应用

银饰品的主要缺陷是变色问题和自然时效软化问题，微量稀土 Y、La、Ce 加入银中可以提高银合金饰品材料的强化效果和抗软化能力，当存在弥散分布的稀土化合物时效果更显著[77]。而银钇固溶态合金兼有良好的抗硫化、抗变色能力和抗时效软化性能，其综合性能均优于纯银，适于制作银饰品材料[64]。

向银合金中添加稀土元素如 La 和 Y 等能提高银合金抗变色能力[78]。银饰品的硫化腐蚀实质上是一个电化学腐蚀过程，银饰品试样由于晶界、杂质、偏析及变形不均匀等因素都可以引起金属中产生电化学差别，金属中的第二相颗粒与合金基体的电极电位明显不同，试样在硫化钠水溶液中会发生以下反应：

阳极区 $$Ag = Ag^+ + e$$

阴极区 $$H^+ + e = H$$

$$H_2O + 2e + 1/2O_2 = 2OH^-$$

在硫化钠水溶液中：

$$Na_2S = 2Na^+ + S^{2-}$$

$$2Ag + H_2O + 1/2O_2 + Na_2S = Ag_2S + 2NaOH$$

稀土元素 Y 具有特殊的结构和性质，Y 的加入使 Ag－Y 固溶体晶内与晶界的电极电位下降，可使腐蚀反应减缓，从而使银合金抗硫化、抗变色能力增强。银合金中添加 0.05% 的 Ce，可提高银合金抗自然时效软化的能力，并能细化晶粒，对提高银合金抗变色能力也是有益的。

王佳夫等[79]通过对银－微量稀土银饰品材料研究认为：微量稀土以固溶形式或以化合物形式存在于银中，有效地延缓了银合金的回复过程，提高了银合金的抗时效软化能力，Ag

-0.068Y、Ag-0.036Y-0.03Ce 均可作为良好的银饰品材料，其中 Ag-0.068Y 具有良好的抗硫化物腐蚀能力，对银饰品抗变色更有利，而 Ag-0.036Y-0.03Ce 在强化合金及抗时效软化能力方面表现更突出。

C 稀土-银在催化剂方面的应用[80]

La 与 Ag 分子比从 4∶96 到 24∶76 的 La-Ag 合金，其作为催化剂尺寸为 10 μm 或者更小，这种材料通常用离心铸造的方法制成带或丝。这种催化剂省掉了铂，降低了材料的价格，而且进一步改善了催化活性，降低了催化剂的使用温度。试验证明，在把 CO 转变成 CO_2 的过程中，Ag-La 催化剂比铂催化剂的转变效率大约高 2.7 倍，转变 NO_2 的能力大约高 9 倍，而价格相对降低 165 倍，在低于 250℃时，铂催化剂已经失效，而 Ag-La 合金催化剂则完全有效。所以用 Ag-La 合金可望替代处理汽车废气用的 Pt 催化剂。

D 稀土在含银焊料方面的应用[80]

在 Ag 焊料中加 0.001% ~0.05% La、0.1% ~1.0% Pd，焊接处的层间组织显微硬度显著降低，从而提高了合金承受塑性变形的能力，改进了焊缝质量。

E 稀土在含银齿科材料方面的应用[80]

通过在 Ag-Sn-Hg 合金中加入 1% 以上的稀土金属来改善齿科材料的特性，这主要是稀土元素表面活性高，在和水银混合时，金属颗粒表面会形成耐蚀性薄膜，促进汞齐化，同时颗粒内部未反应的稀土元素的活动也引起汞齐化，迅速形成硬固层，增加填充材料的强度，从而达到改善 Ag 基填充材料耐蚀性和耐磨性的目的。

F 稀土在银及银合金中其他方面的应用

添加少量稀土可以改进 60% 钯合金低电阻微细丝的性能，从而在不影响钯合金使用性能的条件下，降低钯的用量，节省了成本。可以把稀土加入含 Ag 的釉料中，克服因加热素材发生变形的缺点，而且陶瓷制品色泽鲜艳[80]。

7.1.2.4 稀土在银及银合金中应用存在的问题和发展趋势

向银及银合金中添加少量的稀土元素，可以提高银及银合金的综合性能指标，已经引起国内外研究者的广泛重视，并取得了一些成果，如银铈触点材料、银稀土首饰等。近年来，又有向银及银合金中添加双稀土元素的研究，发现可以发挥添加元素优化性能的共乘作用（互补作用），明显可以改善基体金属的综合性能，如向银中加入 La 和 Y。但是目前，稀土在银及银合金中的应用仍处于实验研究阶段，应用范围较小；对于稀土对银及银合金性能的改善及作用机理研究较少。为扩大稀土应用领域及发挥稀土在金属工业中的“维生素”的作用，深入研究稀土在银及银合金中的作用机理是非常必要的，这将有助于提高稀土在银及银合金中的作用效果，有利于开发新型稀土银及银合金材料。随着科学技术的发展和人们对具有优良综合性能材料的要求，以及节省、代用贵金属，降低材料成本的趋势，利用添加稀土金属，改善银及银合金性能，研制节省或代替某些贵金属的新材料研究将日益引起广大材料工作者的关注，并具有一定的实际意义。

7.1.3 稀土在锌及锌合金中的应用

7.1.3.1 概述

古老的青铜文化使我国首先制得了锌。我国的锌产量居世界首位，大部分锌用作锌合金(其中镀锌30% ~40%、压铸合金9%、铜合金12%)。随着科学技术和现代工业的发展,人们对各种锌合金的性能有了更高的要求。探索低成本、高性能的多用锌合金一直是广大科研工作者的目标。稀土在金属材料中有除气、除杂的净化作用、细化晶粒变质强化作用、耐蚀作用和改善加工性能等作用。20 世纪 80 年代初,国际铅锌研究组织(ILZRO)资助比利时国立冶金研究中心(CRM)开发出商品名为 Galfan(锌 - 铝 5% -(镧、铈)0.05%)新型锌铝合金浸镀层[81],率先把稀土应用到热镀锌行业,此后国内外对稀土在热镀锌中的应用开展了大量研究工作。目前,德国、美国、日本、加拿大、印度等国均建立了 Galfan 合金镀层钢丝生产线,我国株洲冶炼厂在 1993 年获得了生产 Galfan 合金的专利使用许可,此后天津钢丝厂等获得 Galfan 镀层钢丝成套生产(设备)专利使用许可[82]。由于 Galfan 合金中铝含量高达 5%,我国现有的镀锌设备和氯化物干溶剂法生产工艺难以适用,至今在管、型钢和铸件等镀锌行业尚未应用。20 世纪 80 年代中后期,中国科学院长春应用化学研究所立足我国丰富的稀土资源和国内热镀锌生产状况研制成功了两种低铝量(低于 1%)合金镀层(锌 - 铝 - 稀土和锌 - 铝 - 稀土 - 镁),其性能与 Galfan 合金镀层相当,已在国内有关钢管、钢丝、型钢和可锻铸铁件镀锌生产中应用[83]。20 世纪 80 年代初,我国又率先把稀土引进铸造锌铝 ZA 合金系列及低熔点模具合金中,并处于国际领先地位[84~86]。

7.1.3.2 稀土在锌和锌合金中的作用

A 稀土的除气、除杂的净化作用

(1) 锌或锌合金中的氧和/或氧化锌是强烈影响锌和锌合金性能的杂质。由于稀土具有比锌更强的活性,加入锌或锌合金中,与其中的氧/或氧化物夹杂发生相互作用,产生稀土氧化物而除去氧和/或氧化锌夹杂。

$$2RE + 2O_2 \longrightarrow RE_2O_3$$

$$2RE + 3ZnO \longrightarrow RE_2O_3 + 3Zn$$

(2) 溶解于锌和锌合金熔液中的氢,是铸件产生气孔、针孔及疏松等铸造缺陷的原因,当稀土加入锌或锌合金中,稀土与其中的[H]反应生成 REH_2 相。

$$RE + 2[H] \longrightarrow REH_2$$

稀土与锌合金中的水作用,发生以下反应:

$$3H_2O(g) + 5RE \longrightarrow 3REH_2 + RE_2O_3$$

从而达到稀土加入锌和/或锌合金熔液中获得除氢的效果。

(3) 锌和/或锌合金中常有少量硫化物杂质,当稀土金属加入该熔液中可与其中的硫反应生成高熔点稀土硫化物:

$$2RE(l) + 3[S](g) \longrightarrow RE_2S_3(s)$$

这些化合物的熔点大大超过锌和(或)锌合金的熔点(La_2S_3 熔点 2127℃,CeS_3 熔点 1887℃),呈固态析出,从而达到脱硫作用。

B 稀土对锌和锌合金流动性的影响

从表 7-14 可以看出,添加稀土元素使锌液的流动性提高,在 460℃ 和 480℃ 时分别从 120 mm 和 133 mm 提高到 146 mm 和 188 mm,锌 - 铝 - 稀土和锌 - 铝 - 稀土 - 镁合金的流动性均高于锌和锌 - 铝合金,在 460℃ 分别提高 18.26% 和 20%,在 480℃ 时分别提高 13.11% 和 16.39%。从图 7-27 中可以看出,在 ZA27 锌基铸造合金中添加稀土元素可以提高该合金的流动性[86]。热力学研究表明,稀土能与多数合金元素相互降低活度,相互增加溶解性,所以稀土元素能起提高锌液流动性的作用。

表 7-14 流动性比较表 (mm)

温度/℃	Zn	Zn - RE	Zn - Al	Zn - Al - RE	Zn - Al - RE - Mg
460	120	146	115	136	138
480	133	188	122	138	142

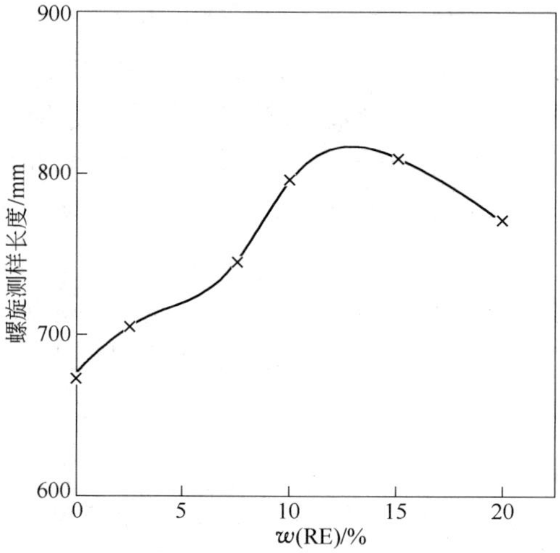

图 7-27 稀土含量对 ZA27 合金流动性的影响

C 稀土对锌和锌合金润湿角和表面张力的影响

从表 7-15 中看出,锌和锌铝合金的润湿角均随温度升高而逐渐变小,当锌中添加铝并在 500℃以下时,润湿角比锌大,而在锌铝合金中添加稀土元素,润湿角就显著变小(缩小一半左右),这有助于锌铝熔液对钢铁表面的润湿。

表 7-15 稀土对 Zn 和 Zn - Al 合金润湿角的影响

合金	温度/℃							
	410	420	440	460	480	500	520	540
Zn	—	24.0	23.0	20.5	17.0	10.0	—	12.0
Zn - Al	—	33.0	28.0	24.5	20.0	14.0	7.5	6.0
Zn - Al - RE	15	14.5	14.0	12.0	10.0	5.5	4.5	5.0
Zn - Al - RE - Mg	14	13.5	12.3	10.0	9.0	5.0	4.5	4.0

从表 7-16 中可以看出,在锌铝合金中添加稀土元素使其表面张力降低,且随稀土含量增加而加强,但增加到一定量时此作用不再增加。

表 7-16 稀土含量对 Zn - Al 合金表面张力的影响(460℃)

RE 含量/%	0.00	0.02	0.03	0.04	0.06	0.08	0.09
表面张力/dyn · cm^{-1}	818	730	725	721	715	713	710

稀土有突出的化学活性和很强的亲和力，与锌液中微量金属元素能形成金属间化合物，同时也能与非金属元素形成高熔点化合物，一部分上浮到锌液面上起净化作用；一部分微粒分散在锌液中能削弱组分之间的作用力，提高锌液流动性，降低表面张力；还有部分稀土元素在界面上吸附而使界面活化，促进新相形成，宏观表现为缩短合金层生成的孕育期，提高润湿速度[87~91]。

7.1.3.3 稀土的晶粒细化、变质、强化作用

稀土能降低锌液的表面张力，从而降低了形成临界尺寸的晶核所需要的功，使结晶核心增加，组织细化[88,89]。从图7-28可见，加入稀土可提供异质晶核，使二次晶臂间距变小，减少杂质元素偏析，从而细化晶粒，此外未成为异质晶核的稀土富集在合金结晶前沿，可阻碍晶粒长大，也为细化组织作出了贡献[92~94]。

根据Hall-Petch的关系式

$$\sigma_{\varepsilon}=\sigma_{\varepsilon0}+K_{\varepsilon}\bar{d}^{-1/2} \qquad (7-1)$$

式中，σ_{ε}是流变量为ε时的应力大小，$\sigma_{\varepsilon0}$为单晶强度；K_{ε}为晶界强化系数；$\bar{d}$为晶粒平均直径。K_{ε}和$\sigma_{\varepsilon0}$两者皆为试验确定的常数。

从而可以看出$\bar{d}$越小则σ_{ε}越大，故稀土的细化晶粒作用可起到强化作用，从表7-17可以看出，加入稀土后合金的抗拉强度、拉压强度和布氏硬度等都显著提高，强化了合金的力学性能。

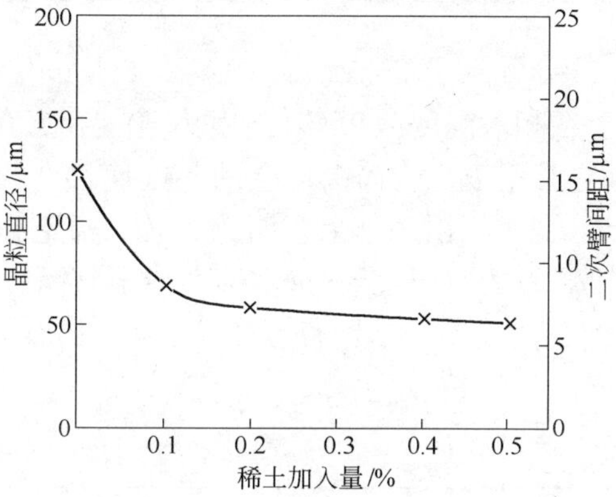

图7-28 稀土加入量与晶粒直径和二次枝晶臂间距关系（数据测自基尔试块）

表7-17 稀土对锌基低熔点合金力学性能的影响

合金种类	抗拉强度/MPa	抗压强度/MPa	布氏硬度	凝固收缩率/%	伸长率/%
Zn-Al-Cu-Mg	232	500 550	120 130	1.2	1.2
Zn-Al-Cu-Mg-RE	440	911 1071	140 150	1.2	1.5

7.1.3.4 稀土对锌和锌合金耐腐蚀性的影响

用化学和电化学方法研究锌合金中铝含量小于1%的情况下，稀土元素对锌基合金镀层耐腐蚀性的影响[87]。

A 在NaCl体系中进行的腐蚀实验

盐雾试验是一种人工强化腐蚀试验方法，以pH值6.5~7.2的5%NaCl溶液为腐蚀剂，温度为35+1℃，在离心式盐雾腐蚀箱中进行。结果列入表7-18，从表中看出两种含有稀土的镀层比锌镀层耐蚀性好。

45天试验结果无论是样品出锈数量还是腐蚀面积都相应降低2~3倍。将试样在20℃、3%NaCl溶液中浸泡10天，用失重法观察其均匀腐蚀情况，锌-铝-稀土和锌-铝-稀土-镁镀层失重量均低，其中锌-铝-稀土-镁镀层失重量不到镀锌层失重量的1/6。

用 X 射线分析镀锌层的腐蚀产物主要是 ZnO，而稀土－锌镀层腐蚀产物为 $ZnCl \cdot Zn(OH)_2$。因后者的电导率远远小于 ZnO 的电导率，镀层的溶解速度减慢，从而提高了镀层的耐蚀性。

表 7-18 镀层盐雾腐蚀性能比较

镀层种类	镀层厚度/μm	初出锈时间/d	第 45 天出黄、红锈数量占样品分数/%	腐蚀面积占总面积分数/%
Zn	81.2	27.8	100	2.1
Zn－Al	73.5	34.5	58.4	0.5
Zn－Al－RE	56.9	38.0	33.3	0.3
Zn－Al－RE－Mg	55.7	43.5	25.0	0.2

B 水蒸气湿热试验

在相对湿度为 95%，温度为 70～75℃ 条件下的湿热试验是高温条件下对镀层腐蚀的试验，它常用于检验锌铝合金的晶间腐蚀。而晶间腐蚀是锌－铝合金腐蚀的主要方式之一。表 7-19 中列出的结果表明，添加铝、稀土和镁元素对镀层耐湿热腐蚀性能均有提高。由于稀土和镁的协同效果，锌－铝－稀土－镁镀层性能最佳，其腐蚀产物为均匀、细密的灰白锈，在整个试验期间生锈程度不大，表面仍有金属光泽，稀土和镁元素的添加降低了晶间腐蚀速度。

表 7-19 25 天湿热腐蚀试验结果

镀层种类	出锈时间/d		表现情况	镀层种类	出锈时间/d		表现情况
	白锈	红锈			白锈	红锈	
Zn	1	7.5	差	Zn－Al－RE	2.0	22.0	良
Zn－Al	1.5	16.0	中	Zn－Al－RE－Mg	>3	>5	优

C 土壤腐蚀试验

试验用的土壤为芳因型草甸土酸性壤，含水率 30%，pH＝5.89，在 25℃ 下自然状态埋放 35 天，结果列入表 7-20。从表中看出锌－铝－稀土和锌－铝－稀土－镁合金镀层耐酸性土壤腐蚀性能比锌镀层提高显著，失重量分别降低 4.9 倍和 8.3 倍，也表明添加镁元素对镀层耐酸性土壤腐蚀性能有良好的作用。

表 7-20 镀层耐酸性土壤腐蚀性能比较

镀 层 种 类	失重量/$g \cdot m^{-2}$	与镀锌层相对降低数量/$g \cdot m^{-2}$	失重量减少倍数
Zn	1.32	0	—
Zn－Al	0.84	0.48	1.6
Zn－Al－RE	0.27	1.05	4.9
Zn－Al－RE－Mg	0.16	1.16	8.3

D 电化学腐蚀试验

利用极化曲线和交流阻抗法研究锌中添加铝、稀土和镁的锌基合金在 NaCl 溶液中的耐腐蚀性能，结果示于表 7-21。各种合金镀层的腐蚀电位 E_{corr} 都在不同程度上正移，腐蚀电流 I_{corr} 明显减小，表明腐蚀反应被延滞，因此其牺牲阳极保护作用比锌和锌铝合金更好。

表 7-21 锌和锌合金在 NaCl 溶液中的电化学参数(25℃)

镀层种类	E_{corr}/mV		I_{corr}/μA·cm^{-2}	
	0.3% NaCl	3% NaCl	0.3% NaCl	3% NaCl
Zn	-993.09	-1030	27.400	34.010
Zn-Al	-950.35	-1018	5.768	15.899
Zn-Al-RE	—	—	3.600	12.012
Zn-Al-RE-Mg	-954.74	+1012	1.905	10.018

图 7-29 是在 0.3% NaCl 溶液中得到的代表性的交流阻抗谱图。根据此图数据经计算机处理求得反应电阻 R_p 及电极的双层电容 C_p，其中锌的 $R_p = 4662.67\ \Omega \cdot cm^2$、$C_p = 0.311\ \mu F \cdot cm^2$，锌-铝-稀土合金的 $R_p = 6531.4\ \Omega \cdot cm^2$、$C_p = 0.0616\ \mu F \cdot cm^2$。看出合金的 R_p 比锌的增大很多，合金 C_p 值比锌的 C_p 值减小。表明总阻抗增加，腐蚀电流减小，合金在 NaCl 溶液中的稳定性比锌好。这一点进一步表明稀土的加入改善了锌合金的耐腐蚀性能，阻抗谱图结果与极化曲线的结果完全一致[95]。

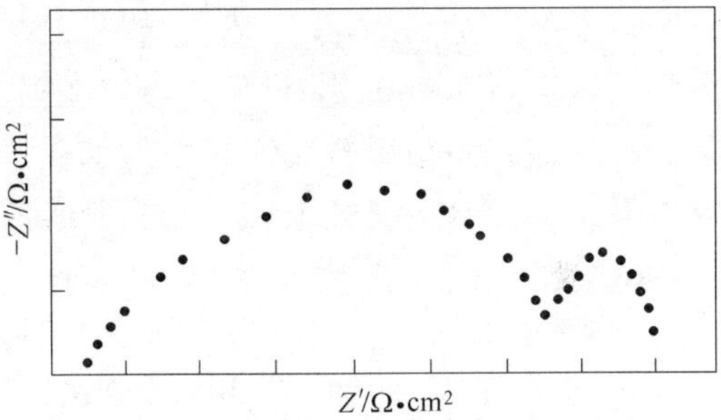

图 7-29 交流阻抗谱图

Z'—锌-铝-稀土合金的电阻；Z''—纯锌的电阻

上述四组化学与电化学腐蚀试验结果表明，稀土可提高锌及锌合金的耐腐蚀性能，其主要原因是：

(1) 合金中稀土元素为表面活性物质，有富集于体表的倾向，在表面能形成致密均匀的保护膜，在相当程度上阻止了外界杂质原子向合金镀层内部扩散，从而延缓了氧化和腐蚀过程；

(2) 稀土消除晶间腐蚀的机理认为，金属内部的硫、氧等杂质是促进腐蚀作用的主要因素，而稀土对硫、氧具有显著的脱除能力，这不仅减少由于杂质所引起的镀层缺陷，更主要的是减少活性阴极面，阻止阴极过程的进行，从而提高了锌基合金耐蚀性；

(3) 在镀层冷却时，稀土优先富集于铝相中，提高了铝相的腐蚀电位，又使锌合金腐蚀电流减少，电极双层电容 C_p 值减小，反应电阻 R_p 值增大，从而抑制了晶界腐蚀的发生[96,97]。

7.1.3.5 稀土对锌合金变质的长效性

有色金属及合金常用钠作变质剂，其有效变质时间很短只有半小时左右，并且变质作用仅一次有效，重熔后变质作用完全消失。而用稀土变质的合金，经 10 次重熔后仍有变质效果[98]。在 650℃下，用氯化锌或氯化铵精炼锌-铝合金后，加入稀土变质剂，经 15~20 min 静置，铸棒，三次重熔、精炼，每次测试结果，稀土锌基低熔点合金的抗拉强度为 440~460 MPa，伸长率为 1.0%~1.8% 之间，其性能变化不大，说明了在此重熔次数内，稀土的变质作用不衰退。

7.1.3.6 稀土在锌和锌合金中的应用

A 稀土在锌基热镀层合金中的应用

把熔融状态的锌覆在钢铁制品表面上作为防腐及装饰用，是1742年法国化学家马洛英（MALOUTN）首创的。热浸镀技术于1837年由法国工程师孛勒研制成功，并应用于工业生产。镀锌已有170年历史，日、美、英、澳、德等国的热镀锌生产走在世界前列，而在我国是近30年才得到飞速发展。自1996年我国钢产量连续近10年超亿吨，其产量跃居世界首位；我国锌产量也连续10年超百万吨，已成为世界产锌大国。其中30%～40%锌用于镀锌。板、带、管、丝、网、型钢结构件等镀锌钢材广泛地应用在工业、农业、能源、交通、化工、家电、建筑等各领域。据估计，我国拥有1500多家镀锌工厂，2005年估计镀锌钢铁产量约达到435万吨，仅次于欧洲（643万吨），消耗锌37万吨。有90多家工厂的锌锅容锌量超过250t，最大的锌锅容量为700t，为世界之最。在国家计划的驱动之下，基础设施建设（电力、通信、建筑、高速公路等）对镀锌钢铁材料需求强劲。目前我国镀锌钢铁材料的年增长率为13%，是发展最快的国家。现已正式成立了中国腐蚀与防护学会热浸镀专业委员会。国际锌协会在中国进行了一项发展项目，项目目标为：优化能源消费，降低环境影响，提高生产力，最终提高行业效率，四家示范工厂将用新技术来提高生产能力[100]。

在20世纪80年代初国际铅锌组织的资助下，比利时国立冶金研究中心（CRM）研究开发成功Galfan合金涂层锌－铝5%－（La－Ce）0.05%。20世纪90年代末我国引进了此项技术。Galfan镀层钢丝生产通过近20年的徘徊才开始走出低谷。而钢管、型钢、铸铁构件等镀锌生产均没能应用。Galfan合金中Al含量高致使我国绝大部分热镀锌工厂采用钢板焊制的锌锅腐蚀严重，又因铝与氯化物助镀剂反应产生$AlCl_3$，而失去其助镀剂的作用，此外铝还会溶解于助镀剂与钢件表面氧化反应形成黏稠状物，附着钢件表面产生露镀缺陷。针对该问题，中国科学院长春应用化学研究所的科技人员立足国内丰富的稀土资源，充分利用国内现有的热镀锌设备和生产工艺，研制开发出铝含量低于1%的锌－铝－稀土三元合金，后发现铝、镁和稀土组合能够产生协同耐蚀作用，又研制出锌－铝－稀土－镁四元热镀锌合金，它们比锌和锌－铝合金的流动性提高约20%、粗糙度降低30%、耗锌量降低20%左右，提升了耐化学和电化学腐蚀性能。锌－铝－稀土－镁四元热镀锌合金因其性能与Galfan合金相当，颇受工厂青睐，20多年来在全国各地推广应用于钢管、型钢、护栅板、钢丝、丝网和可锻铸铁件等热镀锌工业中，有些产品已销往国外。专家评议该项成果是一项“取得突破性进展的创新成果”，被国家列入科研成果重点推广计划，100项创亿元产值之一[101]。

a 热镀锌与其他镀锌方式的比较

镀锌技术被应用于钢板材料防腐蚀以来，发展迅速，目前有热镀锌、电镀锌、喷镀锌、粉末镀锌、机械镀锌和富锌漆等技术。表7-22列出了各种镀锌产品的性能。

表7-22 各种镀锌方式产品性能比较

镀层性能＼镀锌方式	热 镀	电 镀	喷 镀	粉末镀	富锌漆	机械镀
电化学保护性	A	A	B	B	C	B
与钢铁表面合金化	A	D	D	A	D	D

续表 7-22

镀层性能＼镀锌方式	热 镀	电 镀	喷 镀	粉末镀	富锌漆	机械镀
镀层韧性	A	D	B	B	C	B
抗机械损伤	A	C	B	B	C	C
耐磨性	A	C	B	A	C	C
镀件尺寸限制	小	大	无	大	无	小
变形危险性	小	大	无	大	无	小
投 资	低	高	低	低	低	低
检查难度	易	难	难	易	难	难

注:A、B、C、D 分别表示为非常好、好、较差、非常差四个级别。

热镀锌与其他工艺方法相比较具有一些特点:(1) 操作过程及其所用设备比较简单,能够对大批量钢铁部件进行镀层处理,日生产效率高。(2) 能得到较厚的镀层。(3) 有效防护期长。实践证明,热镀锌钢材的寿命比未镀锌的延长了 11 ~28 倍,其产品在一般大气中能存放 15 ~20 年。(4) 镀层附着性好,镀后可以进行适当的成形、焊接装饰和涂漆等加工处理。(5) 生产成本低。

b 稀土对锌和低铝锌基合金热镀层性能的影响

(1) 稀土对锌和低铝锌基合金镀层成形性的影响。表 7-14、表 7-15 和表 7-16 所列出的工业试验实际结果,证实了稀土元素提高锌和锌铝合金的流动性,降低了表面张力,减小了润湿角。这三个作用有利于浸镀,改善了镀层的均匀性、表观质量和减薄镀层厚度等成形性。

镀层的粗糙度测试结果列入表 7-23。锌 - 铝 - 稀土和锌 - 铝 - 稀土 - 镁镀层的粗糙度 R_2 值低,锌 - 铝 - 稀土 - 镁镀层最为光洁平滑,这表明镁元素能增加合金的光亮度。

表 7-23 镀层表面粗糙度 R_2 值

镀 层 种 类	R_2/μm	R_2 平均值/μm
Zn	45.36 23.31 12.60	27.09
Zn - Al	31.40 14.49 11.34	19.08
Zn - Al - RE	10.20 9.45 3.78	7.81
Zn - Al - RE - Mg	8.30 6.30 3.78	6.13

(2) 稀土元素对锌及锌合金镀层附着性的影响。以镀层的脱落和裂纹为判断依据,观察镀层的附着性和韧性(按国家标准要求,对钢管进行弯折实验;对钢丝进行缠绕实验;对型材、铸件进行锤击实验)。在同等条件下均未发现锌 - 铝 - 稀土和锌 - 铝 - 稀土 - 镁合金镀层脱落或产生裂纹,直到钢基断裂时镀层仍完好无损,而镀锌层则外表面沿晶界有明显裂纹,表明稀土合金镀层比镀锌层具有更优良的附着性、塑性和加工成形性。这主要是由镀层结构所决定的,镀锌层靠基体侧为铁锌合金层,表面为纯锌层,其附着力的好坏取决于钢基与合金层的交界上是否能形成阻止锌和铁互相扩散的 Fe_2Al_5 的抑制相,共晶型的锌 - 铝 - 稀土合金镀层在钢基与镀层交界面上未存在铁锌合金层。因为铝同铁的亲和力大于锌同铁的亲和力,铁 - 铝化合物的形成抑制或延缓了铁 - 锌合金化过程,并阻止了界面产生裂

纹,这是使其附着力好的主要原因[102]。

(3) 稀土对锌及锌合金镀层耐腐蚀性的影响。稀土在锌及锌合金中能起除杂、除气净化作用,细化变质强化作用,延缓表面氧化作用,提高锌及锌合金镀层的耐化学腐蚀性能;稀土使合金镀层腐蚀电位正移,腐蚀电流减少,双层电容值减小,从而提高锌及锌合金镀层的耐电化学腐蚀性能[87]。

(4) 微量的 RE、Ce、La 和 Y 对锌基合金镀层性能影响。通过三者对锌基合金的镀层的成形性、耐蚀性能影响实验,发现三者均能起改善作用,其中以 La 为最佳[103]。

B　稀土在高强耐磨锌基合金中的应用

20 世纪 60 年代,国际上推出 ZA12,20 世纪 70 年代又相继推出了 ZA8 和 ZA27 合金[104~106],从而构成了铸造锌铝(ZA)合金系列。20 世纪 80 年代以来,ZA 合金在国内外得到迅速发展,被广泛用来代替青铜、巴氏合金、铝合金乃至铸铁制造耐磨件和结构件,并取得了较好效果。为了进一步提高 ZA 合金的性能,扩大其应用领域,发挥资源优势,我国科技工作者率先把稀土引进 ZA 合金,并且该研究处于国际领先地位[104]。

(1) 稀土元素对高强耐磨锌基合金铸造性能的影响。图 7-27 展示了在 ZA27 合金中(Zn-27%Al-2%Cu-0.02%Mg)添加不同含量的混合稀土对 ZA27 合金流动性的影响,测定结果表明稀土元素明显提高了该合金的流动性,但稀土对合金的线收缩率无明显影响。

(2) 稀土对高强耐磨锌基合金表面层性能的影响。ZA27 合金以其价廉的优势代替昂贵的青铜(ZQSn6-6-3 和 ZQAl9-4)制作耐磨件,但与青铜相比,ZA27 合金存在着摩擦系数偏高,合金组织中缺少减摩的耐磨质点,耦合件间易产生咬合、黏着等问题[28]。稀土的加入促进晶粒细化,并能防止耦合间粘合件的黏着,合金表面能同时形成一层含有锌、铝、镁、碳等厚而牢固的氧化膜,这层氧化膜中的碳与油有亲和作用,因而增强了自润滑性,防止了黏着及咬焊[110]。

(3) 稀土对高强耐磨锌基合金硬度的影响。ZA 合金经微量稀土变质后,稀土元素与锌、铝、铜形成金属间化合物,呈球状或多边球状,并以细小弥散相分布于晶界[109]。从表 7-24 可见,稀土化合物硬质相比基体的硬度高得多,因而起耐磨硬质点作用,提高了合金的硬度。

表 7-24　RE、ZA 合金微区显微硬度(荷重 5 g)

测试位置	树枝晶	枝晶间
显微硬度	98.5	47.3
	92.7	50.9
	107	73.9
	131	103

(4) 稀土对 ZA27 合金耐磨性的影响。稀土元素对 ZA 合金强化基体,净化晶界,减轻锡、镉和铁杂质的有害影响都有一定作用。稀土细化晶粒,可使晶粒边缘上软相和硬质相 ε 分布更加均匀,因而硬质点承受的压力和软基承受的剪切力也随之更加均匀和分散,这使得硬质点不易脱落,合金磨损率自然随之降低,稀土化合物硬质相的硬度比基体高得多,且几何形状比较规则,摩擦对基体先磨形成沟槽,硬质相突出表面成为支撑点,在保证润滑的条件下,润滑剂充满沟槽,使油膜保持连续性,从而改善了润滑状况,提高了合金的耐磨性,减轻了对轴的磨损[107]。稀土对 ZA27 合金耐磨性的影响见表 7-25。

表 7-25 RE 对 ZA27 合金耐磨性的影响

合金牌号	湿摩擦系数 μ	磨痕宽度/mm	45 号调制钢轴磨损量/g
REZA27	0.0068	2.66	0.0016
ZQSn6 - 6 - 3	0.0074	3.09	0.0080
ZQSn10 - 1	0.0068	2.94	0.0020
锡基巴氏合金	0.0063	2.90	0.0050

注：测试设备、条件为埃姆斯勒磨损试验机，负荷 30 kg，转速 0.81 m/s，30 号机油，6 滴/min，磨损 50 min。

（5）稀土对 ZA27 合金力学性能的影响。高铝锌基合金的凝固温度范围宽（375 ~ 487℃），容易形成偏析、缩松等缺陷，致使伸长率、冲击韧性、抗拉强度等性能指标偏低。用稀土变质处理，随着稀土元素加入量的增加，合金抗拉强度 σ_b 增加，当稀土加入量为 0.09% 时，其抗拉强度达最高值（约 400 MPa 左右），合金的塑性 δ 显著提高，可达 10% 以上[110,111]。即使合金在保持较高强度的基础上获得高的塑性，保证合金具有较理想的综合力学性能，为该合金在许多应用领域中与传统的铸造合金相竞争提供了可靠的保证。表 7-26 为 Zn - Al27% - RE0.1% 合金与几种主要合金的性能对比。

表 7-26 Zn - Al27% - RE0.1% 合金与几种主要合金的性能对比

合金牌号	抗拉强度 σ_b/MPa	伸长率 δ/%	硬度(HB)	密度 /g · cm^{-3}	熔点/℃	机加工性能
可锻铸铁 KT_{30-6}	280	6	120	7.5	>1200	中等
	320	10	160			
黄铜 $ZHPb_{59-1}$	190	10	80	8.9	>1000	中等
	230	20	90			
铝合金 ZL_{104}	190	3	60	2.6	>600	差
	280	6	70			
Zn - 27% Al	300	<2	100	5.6	<450	良好
	350		120			
Zn - 27% Al - 0.1% RE	350	10	100	5.6	<450	良好
	420	20	120			

C 稀土在锌基合金模具中的应用

锌基合金模具的应用虽然只有 50 多年的历史，可是由于它具有制造工艺简单、制模周期短、制造成本低和适用范围广等一系列优点，已广泛用于制作冲压模具、塑料模具和熔模精密铸造压型等多类模具。但锌基合金比钢铁材料的强度和硬度低、使用寿命短。微量稀土的加入，可使锌基合金中稀土与铝、铜、镁和锌形成新的聚集相，除原有的富锌相 η、富铝相 β 和富铜相 ε 外，稀土富集于合金组织白亮相，显著提高了锌基合金的强度、硬度和耐蚀性，延缓了合金的“老化”过程，增加了材料的使用寿命[112]。

a 稀土在锌基合金超塑挤压成形模具中的应用

锌基合金超塑成形是少或无切削的塑料、橡胶和石蜡压型等模具型腔的加工方法。$ZnAl_{22}$ 是典型的最先应用的超塑合金（δ > 1500%），但它的室温强度低，抗老化性差。我国研制的新型稀土高强度锌基合金 $REZnAl_{27}Cu_2$，熔炼工艺简单，且微量稀土的加入，能净化材料，细化晶粒,所以综合性能好,不仅能保持良好的超塑性($\delta>650\%$),而且强度、硬度比 ZnAl22 有明显的提高。ZnAl22 的性能指标为:$\sigma_b\approx400\sim450$ MPa,HB≈105 ~ 107,$REZnAl_{27}Cu_2$ 的性能指标为:$\sigma_b\approx470\sim500$ MPa,HB≈110 ~ 130,其耐磨性能可与铜合金相媲美,同时其抗腐蚀性能也提高了 30% ~40%,故能延缓老化进程,提高模具寿命。此合金是超塑成形塑料、橡胶模型腔及石蜡压型等广泛采用的新型材料[113]。

b 稀土在锌基低熔点铸模合金中的应用

近年来,低熔点合金制模技术发展很快,英、美、日等国家对此很重视。我国从 20 世纪 60 年代起步,相继研制出了铋基、锌基和铅锡锑铜四元合金等多种低熔点合金模具。我国锌资源丰富,但锌基低熔点合金的强度和硬度比钢铁低,影响了它的广泛应用。中国科学院长春应用化学研究所于 20 世纪 80 年代初率先采用添加微量稀土来强化合金的力学性能,改善合金的耐蚀性能,使合金的性能达到了国际先进水平[106]。由表 7-27 可见,添加稀土后,合金的抗拉强度为 446 MPa,相对未添加稀土的合金增长了 20%,布氏硬度为 140 ~150。该合金力学性能接近 20 号钢($\sigma_b\approx420$ MPa,HB≈156)。150℃高温时该合金的抗拉强度为 190 MPa,仍能满足一般热塑性塑料的注射压力(40 ~130 MPa)要求,接近国内原有锌基合金室温强度的最低值(200 MPa)[114]。从表 7-28 可见,我国研制的锌-铝-铜-镁-稀土低熔点合金的抗拉强度、抗压强度、布氏硬度均超过其他几国,比美国 1979 年研制的锌基低熔点合金的抗拉强度(350 ~390 MPa)和布氏硬度(102 ~125),分别提高了 14.4% 和 12.0%。

表 7-27 稀土对锌基合金力学性能的强化作用

合金成分	抗拉强度/MPa	布氏硬度	伸长率/%
Zn-Al-Cu-Mg	372	122.4 132.6	0.7
Zn-Al-Cu-Mg-RE	446	142.8 153.0	1.8

表 7-28 锌基低熔点合金材料的性能对比

性能 \ 国别	中国	苏联	日本	美国	英国	德国
密度/g·cm^{-3}	6.1	6.1	6.7	6.7	6.7	6.7
熔点/℃	380	380	380	380	380	380
布氏硬度	140 150	110 125	100 115	100	107	105
抗拉强度/MPa	446	250 280	240 290	266	236	220 240
抗压强度/MPa	911 1070	700 950	550 600	420 530	798	600 700
凝固收缩率/%	1.2	—	1.1 1.2	0.2 1.2	1.1	1.1
伸长率/%	1.8	1.0 2.0	2.0 3.4	3.0	1.25	1.0
高温(150℃)强度/MPa	183 193					

D 稀土在锌基合金牺牲阳极中的应用

采用牺牲阳极进行阴极保护,能够大大延长金属设施的使用寿命。目前在国内外牺牲阳极材料已在海水、淡水、土壤及某些化工介质环境中广泛地用于各类设施的腐蚀防护中。锌是使用最早的牺牲阳极材料，已有一百多年的历史。在锌基、镁基和铝基三大系牺牲阳极中，锌基牺牲阳极使用较为普遍。

锌基牺牲阳极作为一种较好的牺牲阳极具有蚀物容易脱落，在所处的条件下能均匀溶解等特点。加入0.5%～2.0%的稀土可以抑制收缩及偏析倾向，减小热裂程度和线性收缩，改善锌基牺牲阳极材料的性能，使晶粒得到细化和均匀，改善阳极表面腐蚀产物分布和溶解性能。当严格控制稀土的含量为1.0%时，锌基合金达到开路电位为1.0519V，自腐蚀电流为328.1$\mu A/cm^2$，失重率为0.01051g/cm^2的最佳性能。当铝、镉和稀土含量分别为0.5%、0.1%和1.0%时，锌-铝-镉-稀土合金性能最好，其组织均匀、晶粒细小、表面腐蚀产物易脱落、溶解性能良好[115]。

7.1.3.7 稀土在锌和锌合金中的加入量

镧铈稀土金属的比重小于金属锌，因此稀土容易在镀浴表面富集。稀土的化学性质非常活泼，随着浸镀时间的延长，镀浴中的稀土不断因氧化而损失，其烧损率根据损失情况，经数学处理，利用最小二乘法计算，得直线的近似方程（见下式）

$$\sqrt{C} = \sqrt{C_0} - 0.216T \tag{7-2}$$

式中 C——温度为480℃情况下T天后的稀土含量，$\times 10^{-2}\%$；

C_0——初始稀土含量，%；

T——试验天数。

当初始稀土含量不大于0.10%时，式（7-2）成立[112]，根据这一规律，在镀覆过程中可根据生产需要随时间向锌池添加稀土中间合金，以调整镀液的成分，维持镀液中成分稳定。

7.1.3.8 稀土-锌基合金的制备

A 稀土-铝等中间合金的制备

熔配金属合金所用原料分别要求符合国家标准规定的相应技术条件，考虑到稀土、铝、镁、铜和锌等金属的熔点具有很大的差异，直接熔配势必存在熔损大、易形成高熔点金属间化合物、合金成分难以控制等问题。因此应设计出中间合金的特殊熔配工艺。稀土-锌基合金种类很多，如热镀合金、高强耐磨锌基合金、锌基低熔点模具合金、超塑挤压锌基合金和锌基牺牲阳极合金等，分别为三元、四元和五元合金。为保证合金组元的含量，根据各种合金成分，依据相关的二元合金相图，预先配成相应的中间合金：锌-铝、铝-铜、锌-镁、铝-稀土和锌-铝-镉等。配料计算需要考虑各组元的熔炼烧损量：锌2%、铝1%、铜1%、镁15%和稀土15%。配料总量按合金数量A的1.1倍计算，同时根据各组元烧损量E_i的不同，按式（7-3），计算各组元需要量Q_i，按计算结果配料[85]。

$$Q_i = [K/(1 - E_i)] \times 1.1A \tag{7-3}$$

式中 i——锌、铝、铜、镁、稀土；

K——组元在合金中的含量，%。

B 稀土-锌基合金的制备

先将熔炉中的石墨坩埚清理干净，预热到500～600℃，加入锌，待锌熔后，加入铝-铜中间合金及锌-镁（或锌-铝-镉）中间合金（炉温严格控制在700℃以下），加热熔化至650℃以后，加入0.1%～0.15%净化剂（如干燥的$ZnCl_2$和/或C_2Cl_6）除气精炼，然后加入铝－稀土中间合金进行变质处理，变质后经静置、扒渣、测温、充分搅拌后浇注成形，浇注温度为550～600℃。

7.1.3.9 存在问题和发展趋势

在锌和锌合金中加入微量稀土元素能显著改善其性能和大幅度降低生产成本，是公认的最为经济的方法，已用于工业生产实践。但在对某些问题的认识上仍处于20世纪80年代的认识水平，特别是在热浸镀锌合金层形成机理这个根本性问题上存在分歧，参考文献中引用的多是国内外十多年前甚至是几十年前的研究成果。现在还存在着许多有待进一步研究和探讨的问题，如稀土在镀锌层界面上的行为等[116]。此外，在镀锌表面稀土转化膜的研究中还存在许多尚待解决的问题，如在镀锌表面形成的稀土转化膜在耐腐蚀性能方面还不及铬酸盐转化膜，需进一步调整工艺，使稀土转化膜的耐腐蚀性能提高，这是该领域今后一段时间的研究重点[117]。

7.1.4 稀土在贵金属中的应用

7.1.4.1 稀土在贵金属材料中应用的意义[118]

贵金属通常指金、银、铂、钯、铑、铱、锇、钌诸元素的总称。由于贵金属具有良好的导电、导热、耐氧化、耐腐蚀等性能，在电子、电气工业、民生装饰中获得了广泛应用。然而贵金属本身又存在着强度硬度低、耐高温性能差等弱点，限制了更高层次的应用。提高贵金属综合性能最实用的方法是采用多元合金化方法，其中稀土金属又是最有效而最具潜力的合金化元素。所以说，稀土金属在贵金属中应用的首要意义是提高贵金属的性能；其次，由于稀土的作用，可以减少材料中贵金属的含量、延长其使用寿命，从而节约贵金属的消耗量。对于缺乏贵金属资源的我国，又具有重要的经济实用意义。

7.1.4.2 稀土金属在贵金属及其合金中的作用

化学活性特殊的稀土金属，加入贵金属及其合金中，与所有有色金属和合金一样，具有净化、细化、合金化三重作用，合金化中的弥散强化作用尤为凸显。

A 净化作用

在熔炼和铸造贵金属及其合金过程中，稀土金属与熔体的杂质容易结合形成化合物，一部分造渣排出，一部分留在熔体中，稀土使合金中的杂质减少，净化了熔体、提升了熔体的冶金质量。例如往Pd中加入Nd、Tb和Yb后（见表7-29），Pd中金属杂质含量大多数明显降低[119]。

表7-29 Pd中加入Nd、Tb和Yb后某些金属杂质光谱分析结果

杂质元素	纯Pd	Pd + Nd0.1	Pd + Tb0.37	Pd + Yb0.17
Cu	0.001	0.007	0.002	0.001
Mg	0.001	0.0002	0.0005	0.0005
Al	0.1	0.05	0.1	0.001
Pb	0.001	<0.001	<0.001	0.0005

B 细化作用

稀土与合金中杂质形成高熔点金属间化合物，部分弥散分布在合金熔体中，成为形核核心阻止晶粒长大;稀土是表面活性元素,凝固过程中在固液界面前沿富集,形成过冷,使晶粒细化。有报道[120],往钯中分别加入 9 种不同稀土元素,加入量为 0.5% RE,加稀土后的 Pt-RE 晶粒都比纯铂小很多。文献[118]指出:向钯中加入 3 种稀土金属 Nd、Tb 和 Yb(含量 0.1% ~0.37% RE)也能使 Pd 合金的晶粒显著细化。

C 微合金化作用

加入的少量稀土金属,一部分固溶在基体金属合金当中,增大了合金的晶格畸变,增大了位错密度,产生固溶强化的效果,大部分与其他合金元素生成高熔点化合物,或偏聚在晶界上强化晶界,或形成细小弥散质点,起弥散强化作用。

7.1.4.3 稀土在贵金属中的应用

A 稀土在 Au 和 Au 合金中的应用

在贵金属接点材料中,银的地位很重要(见 7.1.2 节),但银不宜在大电流负载下使用,银在电弧作用下容易烧损、飞溅和流失,因此人们仍采用金基电接点材料。文献[121]介绍了含三种稀土的金基材料:Au-0.4% CeO_2、Au-3.5% Ce 和 Au-3.0% La。这些合金中有高熔点、高硬度的第二相物质($CeAu_3$、$LaAu_3$)。这类新材料导电、导热性能好,接触电阻低而稳定,且抗熔焊能力强,适于低电容条件下用作电接点、电刷和导电环。

在 Au-Ni9 电刷材料中加入适量钇可提高该合金的硬度、强度和再结晶温度,利用 Au-Ni9-0.5Y 作电刷-5 金属镍丝绕阻匹配成精密电位器,可靠性好[122]。

B 稀土在 Pt 和 Pt 合金中的应用

在铂合金中加入 0.5% RE 可使再结晶温度提高 200 ~300℃,退火态的 Pt-RE 的硬度和抗拉强度比纯铂提高了 2 ~3 倍[123]。向铂中加入少量钇和锆(0.01% ~1.0%),可明显地提高铂的高温持久寿命,见表 7-30。沈阳黄金学院发明了一项专利,即向铂中添加痕量稀土元素钇实现弥散强化,解决了铂丝超过 1000℃使用时晶粒长大、材质变脆的问题。新型热电偶使用寿命延长一倍,节省铂用量 35%,在市场上已完全取代了原来的铂铑热电偶。在玻璃纤维工业中,传统采用 PtRh 作玻璃纤维漏板和铂坩埚,容易受玻璃熔体侵蚀,使用寿命短。向 PtRh 和 Pt 中添加 Y_2O_3弥散剂 1%,大大提升了其高温撕裂强度和抗蠕变性能,延长了其使用寿命,并节铂 10%,因此获得了广泛应用。资料[124]报道,用氧化钇稳定的铂可用于空间站辅助操作装置,在有二氧化碳、氢和氨存在的 1300℃条件下,稳定寿命可高达 10 万小时。

表 7-30 Pt 和 PtYZr 高温持久寿命比较

性 能	Pt	PtYZr
持久寿命/h (1000℃,25 MPa)	0.1	120
持久寿命/h (1300℃,7.5 MPa)	4.5	30.5

C 稀土在钯合金中的应用

Pd-40Ag 合金常用作滑动接点,作为精密电阻的优点是电阻小,不发火花,缺点是硬度低不耐磨。在其中加入 1.0% Y 可提升合金的力学性能、高温持久强度和硬度。研究结果表明,Sm、Eu、Gd 等稀土也能提高合金的强度和耐热性能。

稀土钯合金的另一重要用途是可作氢气净化材料。

含20%银的钯银合金，吸氢后不发生变形，并能提高氢的渗透率，因而获得实际应用。资料[125]报道，国外研究发现 Pd - 6.3Y - 5Ag 或 Pd - 6.3Gd - 5Ag 是制造氢扩散的更为理想的材料，其渗透率比常用的 Pd - 24%（原子分数）Ag 合金约高 2 ~ 2.5 倍。张海琍等对几种稀土钯合金进行了比较研究，结果见表7-31。

表7-31 几种稀土钯银合金的硬度比较

钯合金	Pd - Dy	Pd - Gd	Pd - Sm	Pd - Y8	Pd - Y12	Pd - 23Ag - 3Au - 0.3Ni
稀土成分(原子分数)/%	8	8	8	8	10	
硬度(HV)	195	242	268	226	242	108

由表7-31可见，Pd - Sm 固溶强化效果最好，透氢量最高。

D 存在的问题、对策和建议

稀土金属在贵金属中的应用有美好的远景，应大力发挥我国稀土资源优势，利用稀土特征，开发出综合性能更好的稀土贵金属新材料，一是满足国防军工高技术的需要，二是延长贵金属材料的使用寿命、节省消耗量。以往我国对稀土在贵金属材料中的应用研究发展不平衡，在银、金、铂、钯中应用较多，而对铱、锇、钌、铑研发较少，就是前者也还欠缺广泛深入，存在着很大的发展空间。以往较多关注添加稀土的作用和效果，对稀土作用机理关注较少，对稀土的形态、尺寸、分布、第二相的结构和性能等方面有待深入研究。以往只注意某个单一稀土对贵金属的作用，以后要注意轻稀土与重稀土元素以及稀土与非稀土金属组合的效应；另一方面要优先推广在应用过程中的稀土原料，如用富钇、用铈镧稀土代替铈镧镨钕的稀土，以降低成本，扩大应用范围。

7.1.5 稀土在钴、镍及其合金中的应用

稀土能够改善镍基合金的热加工性能，而且还能改善合金的抗氧化和耐热强度。纯镍中添加微量稀土元素，结果产生晶粒界面偏析，使晶粒界面能量增加。在稀土含量（原子分数）在 $0.5 \times 10^{-3}\%$ 时，晶粒界面能量达到最大值。当稀土含量小于此值时，镍的强度及延性都降低，这是由于晶粒界面上形成稀土原子的单原子层的缘故。适量稀土能提高合金的强度和延性[127]。0.13% ~0.2%轻稀土或 Y 及 Sc 加入到99.99%纯 Ni 中，能提高600℃时的拉伸强度及抗应力破裂强度，稀土元素提高了镍的再结晶温度。涡轮机中镍基合金的主要问题是热废气反应产生的氧化作用和硫化作用。添加少量稀土后，不仅增加了镍基合金的抗氧化性能及抗硫化性能，而且增加了高温强度和热塑性，同时也可以用含稀土的特殊涂料及其涂覆方法来改善镍基合金的抗氧化及抗硫化作用。如在美国 InCo713C 合金及其他超级合金上，涂覆含稀土的铝涂层来提高其抗热疲劳和抗硫化作用的性能。将合金置在 Al - 60%混合稀土的混合粉末中，并在惰性气氛中加热到 815 ~ 1035℃，保持 2 ~ 8 h。在涂层的外层含 $NiAl_3$ 量高，在其下形成 NiAl 层。

含稀土元素的 XNiRE（见表7-32）合金粉末拓宽了稀土的应用领域，使粉末颗粒表面圆整、粒度均匀、组织细化、抗氧化性提高，并且已经在粉末冶金及热喷涂领域得到了应用[128]。铁镍合金中加入微量的稀土（见表7-33），能使材料组织均匀细化、硬度提高、性能稳定，并且不需要热处理，从而降低了生产成本。新型耐高温抗氧化耐磨蚀合金粉体材料

XNiRE,能够提高油浆泵泵体、泵盖的使用寿命,通过采用氧－乙炔喷熔工艺,将合金复合在工件基体表面上,形成牢固的冶金结合层,耐磨耐蚀,达到保护基体材料的作用,使油浆泵的使用寿命也提高了2倍以上。含有微量稀土的耐磨铁镍合金[129]具有良好的淬透性,硬度稳定,可达HRC 65,力学性能良好。这种铁镍合金的耐磨性能优于100V和高碳高铬铸铁,使泥浆泵缸套的成本大幅度降低。

表7-32 XNiRE粉末的化学成分

牌号	化学成分/%							
	C	Cr	B	Si	Ni	Fe	RE	其他杂质
XNiRE	1.0	16.70	3.30	3.70	余量	4.10	0.20	≤1.0

表7-33 含有稀土的铁镍合金化学成分

牌号	化学成分/%						
	C	Cr	B	Si	Ni	Fe	RE
Fe－Ni－RE	2.0～3.0	16～18	3.0～4.0	2.5～3.5	18～20	余量	0.2～0.25
100V	0.95～1.05	V0.15～0.20	Mn0.5～0.8	0.2～0.4	P≤0.02	S≤0.02	—
高铬铸铁	2.4～3.0	13～20	Mn0.6～1.2	0.6～1.0	Mo0.6～1.0	Cu0.5～1.0	P,S≤0.04

稀土高铬镍多元合金高温耐磨钢[130]以高铬高镍耐热钢为基础,并加入适量的稀土、钼、钒、钛合金元素,这种高温耐磨钢高温耐磨性强,耐热性好,抗氧化性好,对于高温氧化铝粉粒对冷却旋风中心筒表面金属和表面氧化膜的冲蚀、摩擦有较强的抵抗作用,高温条件下不易变形和产生裂纹。在氧化铝气态悬浮焙烧炉CO_1、CO_2中心筒上使用该材料,比原材料的使用寿命延长了10倍以上。

稀土对钴基耐热合金的影响与对镍基耐热合金相似,能改善合金的热加工性能,提高合金的抗氧化和持久强度,还能增加Co基合金的抗热腐蚀性能。Co－Cr合金中,加稀土能提高1100℃下氧化皮的附着力,加0.1%～0.3%的稀土,特别是添加熔点与Co相似的稀土Ho或Dy,能提高合金的抗硫化性能。加入0.05%～2.0% RE和0.05%～3.0% Nb的铌钴合金粉末可有效地细化合金的金相组织及晶粒大小,大幅度提高材料的抗磨性能、抗高温燃气腐蚀性能、抗热冲击性能[131]。在Co－30% Cr合金中,加Y能显著增加合金的抗热腐蚀性能。Co基合金上涂以含稀土的涂料也能获得较好的抗热腐蚀性能。稀土铌钴合金粉末(见表7-34)材料由于在真空电磁感应加工过程中的涂敷烧结性能较好,所以采用真空电磁感应涂敷烧结方式加工的火车、汽车、摩托车气门能够装机使用。

表7-34 稀土铌钴合金粉末试样成分(质量分数) (%)

试样名称	C	Be	Si	Cr	W	Mo	Nb	Ni	RE	Mn	Co
稀土铌钴合金	1.14	1.15	1.18	25.71	6.37	0.32	1.56	3.38	0.12	0.13	余
钴基合金	0.83	1.10	1.24	30.47	5.06	0.30		2.89		0.14	余

7.1.6 稀土在钛、锆、铪、钒、铌、钽合金和发火合金中的应用

7.1.6.1 稀土钛及钛基合金的应用

Ce、La、Nd、Gd、Er、Y与Ti的二元相图中未发现金属间化合物。稀土元素在600℃的

$\alpha-Ti$ 中的溶解度：Ce 是 1.2%（质量），La 是 1.5%（质量），Nd 是 1.8%（质量），Y 是 0.8% ~0.9%（质量）。稀土可使 Ti 和 Ti 基合金的晶粒细化，提高拉伸强度，增加抗应力断裂强度，改善抗蠕变性能，得到较好的耐腐蚀性能[132]。当加入大于 0.3% Y 时，晶粒显著减小；加入 0.1% 左右的 Sm 及 Gd 时，拉伸强度提高最大。随着晶粒显著减小和稀土量的增加，强度继续增加，但韧性降低。加入不大于 0.05% 的 Gd 或稍高些的 Pr 及 Yb 会增加抗应力断裂强度；铸造或可锻钛合金，含 0.1% ~6% 的均匀分布的 Ce、La 颗粒或它们的硫化物以及 Sc、Y 或其他镧系元素及其可溶于液态钛而不溶于固态钛的化合物时，在高温下具有较好的抗腐蚀性。稀土元素是钛合金的强化剂，能提高耐热性能和弹性模量，并可改善焊接性能。稀土元素是 $\alpha-Ti$ 的稳定剂，微量 Ce（0.001% ~0.01%）可增加瞬时强度 20% ~30%（500 ~600℃），也能增加持久强度，但不降低塑性。小于 0.05% Y 和 Er 可减少 Ti-6Al-4V 轧制时的边裂；含 0.8% Er 的 Ti-6Al-4V 和 1% Gd 的 IMI829 合金在高温下是可锻的，但含 0.75% Gd 的 Ti-6Al-4V 合金却是不可锻的，会发生沿晶断裂[133]。

Gd 在钛中的固溶度极微，不能产生固溶强化作用。在 IMI829（Ti-6Al-3Sn-3Zr-1Nb-0.3Mo）合金中加入 0.2% 的 Gd，细化了合金组织，提高了合金塑性和疲劳性能；通过细化组织，增加了硅化物 $S_2-(TiZr)_8Si_3$ 的分散度，避免了粗大硅化物粒子的脆性危害，提高了 IMI829 合金蠕变抗力和热稳定性[134]（见表 7-35）。Al-5Ti-1B-1RE 合金对于铝合金细化晶粒效果显著，长效性好、添加量小、抗熔体过热性能好，还改善了铝材的加工性能，大大提高了铝材的综合成材率[135]。

表 7-35 IMI829 合金 550℃蠕变性能的比较

合 金	载荷/MPa	达到 0.2% 残余变形的时间/h
IMI829	300	85,100
IMI829 +0.2Gd	300	196

注：热处理条件为固溶处理 1050℃，45 min/空冷 + 时效 625℃，120 min/空冷。

在新开发出来的低成本近 α 型 Ti 合金 Ti-6Al-1Mo-1Fe（Ti8LC）及近 β 型 Ti-4.5Al-6.8Mo-1.5Fe（Ti12LC）及（$\alpha+\beta$）型 Ti-6Al-4V 合金成分的基础上，添加稀土元素 Nd，结果表明促进了粉末钛合金的致密化，并可细化晶粒。烧结后，稀土钕以氧化物颗粒形式存在于钛基体中。颗粒尺寸从几百纳米到 20 μm，起到了弥散强化作用。同时稀土元素夺取了钛基体中的氧，使氧的固溶强化作用减弱，同时提高了粉末钛合金的塑性，两者共同作用的结果使强度变化不大，而伸长率得到大大改善。其中含 1.2% 稀土 Nd 的 Ti12LCC 材料拉伸强度达到 935 MPa，伸长率 14%；含 0.8% 稀土 Nd 的 Ti8LCC 材料拉伸强度 935 MPa，伸长率 14%；均相当于本合金锻造退火态性能水平。根据稀土元素对粉末钛烧结致密化促进作用及对合金性能的影响，设计出新型低成本的粉末冶金 Ti-1.5Fe-2.25Mo-1.2Nd-0.4Al 合金（命名为 TN 合金）。

可加入钛合金中的稀土元素包括 Ce、Dy、Er、Gd、La、Lu、Nd、Tb、Th 以及 Y，稀土元素在钛中的溶解度即使在高温下也是很低的，它在钛中的溶解热为正，因而倾向于与其他元素（C、N、O、S）等形成不可混合相，起到了弥散强化作用。快凝技术提高了稀土元素在钛中的溶解度，在快凝过程中及随后的时效过程中产生非常细小弥散的稀土相沉淀离子，因此含稀土钛合金的快速凝固材料成为研究的热门课题，人们正期待发展具有优异高温性能的弥散强化型高温钛合金。

研究发现,Ti－RE 合金系中的沉淀粒子是 RE_2O_3类型的稀土氧化物,如 Ti－0.7% Er 合金中就有两种不同形态的 Er_2O_3沉淀相,两相都是 *bcc* 晶体结构,但晶格常数稍有不同。

除了稀土氧化物形式存在外,还可能存在其他的稀土相。如 La 加入 Ti－Al 合金中形成了六角的 Al_3La 和正交的 Al_4La 相以及六角的 La_2Sn 相。含稀土的快凝钛合金各种稀土相沉淀粒子的晶体结构参数总结见表 7-36。

表 7-36 在含稀土钛合金中各稀土沉淀粒子的晶体结构参数

合金成分（质量分数）	时效温度/℃	颗粒尺寸/mm	化学式	晶格参数			β 或 c/a
				a	*b*	*c*	
Ti－1.0% Ce	800℃,500 min	200～2000	$CeOCe_2O_3$	0.5089 1.1126 0.3889	— — —	— — 0.6054	— — 1.557
Ti－6% Al－2% Sn－4% Zr－1% Ce－0.5% S	—	25～150	$CeSCe_4O_4S_3$	0.5778 0.6851	— 1.4529	— 0.3958	— —
Ti－6% Al－0.5% Dy	800℃,4 h	—	Dy_2O_3	1.0654 1.387	— 0.3518	— 0.8589	— 100.2
Ti－0.7% Er	700℃,20 h	5～25	Er_2O_3(Ⅰ) Er_2O_3(Ⅱ)	1.015 1.0547	— —	—	— —
Ti－11% Al－0.5% Er	800℃,4 h	—	Er_2O_3	1.012	—	—	—
Ti－1.0% Gd	800℃,1000 min	250	Gd_2O_3	—	—	—	—
Ti－11% Al－0.5% Gd	800℃,4 h	—	Gd_2O_3	1.0812 1.4091	— 0.3574	— 0.8761	— 100.4
Ti－5% Al－3% La	700℃,2 h	—	Al_3La Al_4La	0.6667 0.4434	— 1.3148	0.4616 1.0125	0.692 —
Ti－8.9% Al－0.9% La	激光处理 700℃,10 h	100 —	La La_2O_3	0.5600 0.3938	— —	— 0.6136	— 1.558
Ti－9.5% Sn－5.3% La	700℃,2 h	—	La_2Sn	0.6500	—	0.6360	0.978
Ti－8% Al－4% Y	激光处理	8～20	Y_2O_3	1.0607	—	—	—
Ti－5% Sn－3% Y	800℃,100 h	—	Y_5Sn_3	0.8902	—	0.6536	0.734

快速凝固钛合金中的稀土弥散相粒子通常只有几纳米大小,在随后的热成型、热加工和热处理过程中稀土相沉淀粒子会粗化。含 Dy、La、Er 和 Nd 的沉淀粒子比较稳定,其直径都小于 100 nm,粒子间距为 0.3～0.8 μm,其中 Er_2O_3粒子最为稳定。沉淀粒子的稳定性是由其溶解度和扩散能力的乘积来决定的,溶解度低、扩散速度慢的元素,即两者乘积小的元素所形成的沉淀相是最稳定的。

中科院金属研究所自主开发的 Ti55 合金(Ti－5% Al－4% Sn－2% Zr－1% Mo－0.025% Si－1% Nd)满足了航空航天的发展需要[136,137]。

7.1.6.2 稀土锆及锆基合金的应用

文献上已有 Y、Er、Gd、Dy 与 Zr 二元相图。相图中无金属间化合物。Y 在 B－Zr 中的溶解度约为 4%(质量)。核反应堆的冷却法兰和燃烧室用的 Zr 合金,加钇和轻稀土能延长使用寿命。燃烧室的 Zr 合金衬以稀土金属作吸氢剂，能防止 Zr 合金的脆化。

7.1.6.3 稀土钒及钒基合金的应用

文献上已有 V 与 Ce、La、Y 的二元相图。相图中无金属间化合物，在液态下是互不相溶的液体。室温下 La 和 Ce 在 V 中的最大溶解度分别为 0.4% 和 0.1%（质量）。

在 9% ~99.9% V 的含量内，Y - V 相图中在 1900℃以上是两个互不溶的液体。稀土元素、钇和难熔金属（如 V、Cr、Nb、Ta、W、Mo、Re 等）在二元相图液态下是互不溶的液体，都可以利用钇或其他稀土元素来达到纯化难熔金属的目的，所以钇和其他稀土对钒起强烈的脱氧作用。用钇能有效地除钒中的氧夹杂，达到纯化的目的。只加 0.1% ~0.4% Y 的钒中，加工后仍出现裂纹，若把钇增加到 0.5% ~2.0% 就能使钒轧成 0.18 mm 厚的薄箔，弯曲时的塑性也很好。加 Ce 与 La 也有这样的作用。

V -20% Mo -10% Ti -0.1% C -0.5% Si -0.5% Y 合金在 1200℃有特别好的强度，比普通的超级合金要好。强化是通过互溶和弥散机理达到的。然而，加 Y 主要是改善了这种合金的可加工性。

钒和稀土复合微合金化能够推迟钢中形变奥氏体动态再结晶，抑制奥氏体晶粒长大和细化晶粒，稀土和 V、C、N，交互作用，促进碳氮化钒在铁素体上弥散析出，显著细化铁素体晶粒，有利于提高钢的强韧性，使钢的屈服强度提高 20%，钢的冲击韧性值提高 35%[136]。

7.1.6.4 稀土铌及铌基合金的应用

文献上已有 Nb 与 Ce、La、Y 的二元相图。相图中无金属间化合物，在液态下是互不相溶的液体。La 和 Ce 在固态铌中的溶解度均不大于 0.05%（质量），Nb 和 Y 相互固溶度不大于 0.1%（原子）[137]。

稀土有脱氧作用并能预防脆变，也能细化晶粒和改善晶粒组织。加入少量 Y 能使铌基合金的再结晶温度在 60% 冷加工以后从约 1200℃提高到大于 1600℃。稀土加入量小时能增加铌基合金强度，稀土加入量大时却降低铌基合金强度，但增加其延性。Nb -10% W -10% Hf -0.1% Y 合金在 1000 ~1200℃时的蠕变强度可以通过高温下预退火来得到改善，因预退火会形成 Y_2O_3 弥散物。

Nb 基合金使用的关键问题是抗氧化。使用 2% ~3% Y 和 1% ~2% Ti 或 Hf 的铬合金涂层，含 50% ~60% 的硅酸釉被用到涂层的最上层，铌基合金在 1200℃的氧化试验中显示出了良好的特征。

反应堆用于携带熔融 Li 的 Nb 合金，焊缝的氧浓度高会变脆，可以通过使用 3% ~3.6% Y 的 Nb 合金焊条得到低氧焊缝，如 2.5% Y 和 ~3% Zr 合金，可得到 0.014% ~0.033% 的氧含量，而不加 Y 时，氧量高达 0.037% ~0.098%。义齿材料 Ti - Fe - Mo - Mn - Nb - Zr 合金加入适量的稀土 Ce 后，Ce 能够细化其晶粒，提高材料的综合力学性能，并且实验表明加入 Ce 的 Ti - Fe - Mo - Mn - Nb - Zr 合金还具有良好的生物安全性[138]。

7.1.6.5 稀土钽及钽合金中的应用

稀土与钽的应用少有报道，硬质合金中添加稀土的应用始于 20 世纪 60 年代，但直到 20 世纪 80 年代，才获得了较大进展[139]。硬质合金中添加 2% 以上的 TaC 能提高合金的高温硬度和强度等性能，微量稀土也能使硬质合金的强度提高 10% 以上。硬质合金在微量 TaC 和微量稀土的共同作用下，其性能大幅度提高。当硬质合金 WC -8% Co 加入 0.01% ~

1%的 TaC 和0.01% ~0.6%的混合轻稀土后，由于稀土使合金中的 α - Co 含量大大提高和 Ta 对 Co 相的强化作用，因此添加适量的 TaC 和稀土都可以提高 WC - 8% Co 合金的抗弯强度，而且添加稀土提高的幅度更大且添加范围宽；稀土不能细化 WC 晶粒，因而硬度没有得到改善。而随着 TaC 加入量的增加，合金晶粒越来越细，硬度随之增大；微量 TaC 的加入会降低合金抗韧冲击性，而稀土将提高合金的冲击韧性，保持韧性降低不大；TaC 和稀土的加入，易于控制合金中 C 的含量，TaC 使烧结温度允许提高 10 ~20℃，而稀土可以改善 Co 相对 WC 的润湿性，致使烧结温度可以降低 10 ~20℃；同时添加微量 TaC 和稀土，获得常温综合性能优异的新型 WC - 8% Co 硬质合金[140]，见表 7-37。

表 7-37 稀土与 TaC 与单独添加混合轻稀土、TaC 对 WC - 8%Co 的影响

编 号	Sm/%	TaC/%	硬度(HRA)	矫顽磁力 /kA · m^{-1}	冲击韧性 /N · m · cm^{-2}	抗弯强度 /MPa	密度/g · cm^{-3}
1			90.0	13.2	438	2091	14.72
2	0.6		90.2	13.0	442	2630	14.71
3		0.5	90.5	13.7	358	2339	14.72
4	0.6	0.5	90.8	14.4	370	2483	14.67

7.1.6.6 稀土发火合金

鉴于稀土发火合金里面的主合金元素有 Fe、Mg、Zn、Cu 等，属于多元合金材料，所以把发火合金归列于稀土有色合金领域。发火合金是第一个在工业上起到开拓性的应用，节约了木材，为人和自然环境和谐相处起到了极大的作用。

稀土发火合金是用混合稀土金属（以铈为主的稀土合金）与纯铁及少量镁、锌、铜等制成的一种功能材料。1903 年，奥地利科学家冯 · 威尔斯巴赫最先发明了稀土发火合金，并用于制造民用打火石。到现在稀土发火合金的应用已经有 100 多年的历史了，而我国稀土发火合金的研发开始于20 世纪 50 年代，上海跃龙化工厂首先开发成功。2000 年以来，我国稀土发火合金及打火石的生产均实现了工业化、规模化，产能达到了千吨级水平，产量已位居全球第一，可以充分满足国内外的各种需求。现在我国已有 8 个主要生产打火石的地区，全国年产量已达400 吨（其中出口约占 50%）[141]。我国拥有世界上最丰富的稀土资源，因此，我国仍将继续保持世界上最大的稀土发火合金生产国、消费国和贸易国的地位。

A 稀土发火合金的成分、性能和用途

一般制造发火合金广泛应用的主要原料是稀土元素，其中以铈为主，还含有镧、镨、钕等轻稀土金属元素。稀土是稀土发火合金的基体，是主要成分。发火合金的原理是稀土金属的化学性质活泼，而稀土中的铈与氧的亲和力大且燃点很低，易于摩擦生火（如铈的燃点为 165℃）。在该合金中稀土的量以占 78% ~80% 为宜。

而有了稀土金属原料后，还必须加入铁（Fe）、镁（Mg）、锌（Zn）和铜（Cu）等辅助金属，才可生产出性能优越的稀土发火合金。加入铁，提高了合金硬度；加入镁，降低了合金燃点，增强了发火性能；加入锌，增加了合金密度和防腐蚀性能；加入铜，对降低合金压力有效。一般来讲，这些辅料的加入量为：Fe18% ~ 22%，Mg2% ~ 3%，Zn0.5% ~ 2.5%，Cu 0.5% ~2.0%。

打火石合金密度约为 6.7 ~6.8 g/cm^3，熔点为 670 ~700℃，维氏硬度为 130 ~170HV。

目前，稀土打火石的生产工艺如下：将稀土金属和铁、镁、锌、铜等少量元素以及溶剂（KCl、$CaCl_2$、NaCl、$MgCl_2$等）加入到石墨坩埚中，用中频电炉加热熔炼、烧铸成锭；热挤压成型单孔连续出条后再进行切粒、选粒、喷漆等一系列加工处理。

B 主要技术指标

合金回收率≥95%，合金发火率≥98%每千克发火合金产品约消耗0.95kg混合稀土金属原料。

C 稀土发火合金的用途

林河成对稀土发火合金的广泛应用状况做了较为详细的介绍[142]：在民用领域中的应用，主要是制作打火石，这是日常生活中所用打火机引火的重要来源；在各种玩具中的应用，如制成带有发火装置的小汽车、手枪和炮车玩具等；在国防军工中的应用，是将稀土发火合金加工成不同的元件，分别装入各类武器上，可获得满意的军火效果，如用于曳光弹、子弹和炮弹的引信、点火装置以及其他军用设施等；在其他方面，将稀土发火合金加工成元件后，可用于工业汽灯、矿用安全灯、焊枪点火器和体育用火炬的点火装置等。

7.1.7 稀土在铬、钼、钨合金中的应用

7.1.7.1 稀土在铬及铬合金中的应用

文献上已有 Cr 与 Ce、La、Y 的二元相图。在液态是互不溶的，无金属间化合物。稀土元素在1260℃固态铬中的溶解度见表7-38。

表 7-38 稀土元素在1260℃固态铬中的溶解度（质量分数） （%）

La	Ce	Pr	Nd	Sm	Gd	Tb	Dy	Ho	Er	Tu	Yb	Lu	Y
<0.12	<<0.34	≤0.37	<0.30	不溶	≤0.25	≤0.39	~0.20	~0.22	~0.33	>0.33	不溶	≤0.37	<0.1

铬在冷却过程中吸收氮而变脆是影响铬使用前途的主要问题。在铬合金中加入稀土金属及在表面上涂以含稀土金属的涂料可防止N-脆变。稀土特别是钇能提高氧化铬对氮的渗透阻力，使抗氧化温度达到1260~1370℃。分别加铝、硅、硼、钛、铌、锆虽然能改善铬的抗氧性，但不能阻止氮的渗入。只有加2% Pr、2% Nd、2% Y、5% Er、1% Pr以及1% Y才能改变氧化膜的结构，减小对氮的吸收，Cr-15%~20% Al-0.7% Y的合金中，氧化层是Cr_2O_3皮及Al_2O_3皮，而20%~30% Al的合金中仅是Al_2O_3皮，后一种合金较低铝合金具有高很多的抗氧化性能。如氧化层内存在Cr_2O_3，则内氧化皮的表面形成Cr及Al的氮化物。纯Al_2O_3皮可减小空气的侵袭。Y的存在会形成Y_2O_3和$YCrO_3$，并改善氧化物的附着力，在缓慢的空气或O_2流中降低了空气腐蚀速度，$YCrO_3$阻碍了Cr_2N的形成。含有0.2% Al、0.8% Si、3% Y或者10% Y_2O_3的Cr合金是公认的在高速气流中具有较好的抗氮化性的合金。

合金表面涂以含稀土的涂料也能防止N-脆变，如Fe-变性硅化物涂层对Cr-0.17% Y合金具有良好的保护作用。含CrY和La的组合粘结的涂料具有最好的防护潜力，单一的Y涂料也是非常有效的。

为了提高铬的延性，从溶解度数据看出：Ce、Pr或Nd以0.2%~0.3%（原子）为宜。添加1%以下的稀土对铬的室温延性有很好的影响。加0.24% La，作用很好。含0.5%稀土的铬合金的室温延性可与纯铬在550~1000℃温度的延性相比。Ce、La可提高铬合金的低

温延性,而重稀土及 Y 则降低铬合金低温延性,使金属变脆。La、Ce、Pr、Nd 和 Y 降低 Cr 的延性 – 脆性转变温度,而 Sc、Tb、Dy、Ho、Er 和 Lu 增加延性 – 脆性转变温度。加 1% 稀土元素可提高铬的再结晶温度约 70 ~ 100℃。

铬铜铸铁磨球中加入微量的稀土元素使沿晶界分布的碳化物变为断状和链状,改善了热塑性,使铸球在铸态下有良好的韧性,降低了磨球在湿磨、含酸度值含碱度值物料条件下的腐蚀速率;同时磨球体的冲击吸收功和硬度均较高,组织致密,内外硬度差值较小[143]。通过采用重稀土 Y 对铬合金铸造磨球进行复合处理,以及多元微合金化及优化热处理工艺技术,使磨球的硬度、韧度及抗疲劳能力均有较大幅度的提高,磨耗亦明显降低[144]。

7.1.7.2 稀土在钼及钼合金中的应用

与纯钼制品相比,稀土钼制品具有更优越的性能,价格较低,同时也避免了以往添加钍元素的放射性污染,完全具有替代性而广泛应用于冶金、机械、石油、化工、国防、航空、电子等领域。稀土二氧化钼粉经还原、筛分、混料、检验合格得稀土钼粉。稀土杆、条、丝是以稀土钼粉为原料,加入适量甘油酒精液以改善粉末成型性加工而成的;稀土钼异型件和稀土钼顶头、稀土钼板以稀土钼粉为原料,经压制成型,压坯在烧结炉中烧结而成。烧结板坯经过温轧、碱洗、表面打磨、热切、精轧、退火等工序加工成各种规格的板材。

稀土钼制品与纯钼制品相比:烧结态稀土钼的断裂韧性是纯钼的 2.5 倍;稀土钼抗弯强度较纯钼提高 30% ~50%;稀土钼的弯曲角从纯钼的 5°提高到 15°;稀土钼板材的高温抗拉强度比纯钼板提高 100 MPa 以上,且在 1400℃时,稀土钼的高温抗拉强度超过了 TZM 合金;稀土钼合金蠕变性能较纯钼提高近 1 倍,抗拉强度和塑性显著提高;稀土钼的冲击韧性是纯钼的 4.5 倍以上;稀土钼箔带性能明显优于纯钼箔带,达到稀土钼 MY-ESS 带的水平。稀土钼制品价格大约是进口材料的 1/4,性能价格比很高。稀土钼阴极与钍钨阴极相比,具有良好的热电子发射能力,且发射稳定,没有放射性污染[145]。

稀土钼丝主要用作电光源灯泡、电火花加工、高温炉发热体的生产原料;稀土钼片用于晶闸管用的圆片,电子管隔热屏蔽材料、飞船蒙皮、导向片等;钼丝轧制成钼带,用于点焊方式的钨丝和钼丝引出线。钼合金可做优质的钢铁热穿孔顶头,还可作宇航和核工业材料、X 射线极靶、压铸模具和挤压模具,此外钼异型产品还在玻璃、稀土冶炼电极、坩埚、流口、导轨、钼铜电极等方面应用。稀土钼阴极 FU-6501 三极电子管,较同型号钍钨电子管节省阴极加热功率 40% 以上,工作温度降低 200 ~ 300℃,发射效率提高 43%[146]。

7.1.7.3 稀土在钨及钨合金中的应用

在电子工业中,钼钨材料主要用作生产电真空器件。在航空航天工业领域,钼钨合金材料是制造高推力喷气涡轮发动机的关键材料,是火箭发动机的重要组成材料。在核工业中,钼钨合金用作核反应堆的防护墙、屏蔽板等。在机器制造工业领域,钼钨合金可代替巴比合金。在采掘机械、化工机械中,钼钨合金是高强度、耐磨损、抗腐蚀部位的关键材料[147]。通过稀土掺杂得到的高性能稀土钼钨制品比纯钼钨制品性能大幅度提高。在 La_2O_3(4%) – Mo 阴极表面通过还原 La_2O_3 产生足够的 La,单质 La 促进了阴极的发射;$La_2O_3 - Y_2O_3 - Mo$ 次级发射材料经过高温激活处理后,最大次级发射系数 δ_{max} 可达 5.24,采用该种阴极磁控管的输出功率高于钡钨磁控管;钪钨基扩散阴极具有优良的热发射能力,850℃下阴极的发射电流密度可达 42 A/cm^2,在 950℃,70 A/cm^2 的实验条件下寿命可达 500 h 以上[148]。高性能绿色系列稀土钨电极材料,主要用于氩弧焊、等离子切割与焊接等。

通过粉末冶金法制备，在 93W - 4.9Ni - 2.1Fe 合金基础上添加 0.10% ~0.15% 的 La 或 Ce，稀土元素 La、Ce 能改善钨合金的力学性能，特别是动态力学性能；稀土元素 La、Ce 能够减少钨合金中游离态杂质元素氧、硫等在钨颗粒与粘结相界面的偏析，净化钨颗粒与粘结相界面，增大了钨颗粒与粘结相的界面结合强度，同时减小了钨颗粒的连接度，使钨合金性能得到改善[149]。

7.2　稀土金属新材料

目前正在研发应用具有前景的稀土新材料有以下几类：(1) 稀土基块状玻璃；(2) 医用稀土金属材料；(3) 核工业用稀土金属材料；(4) 稀土铅酸蓄电池铅基板栅合金材料。

7.2.1　稀土基块体非晶合金

块体非晶合金(Bulk metallic glasses，简称 BMGs)是一类具有短程有序长程无序结构的新型金属材料。与具有平移对称性的晶态合金材料相比，块体非晶合金表现出更为优异的力学性能(如：高强度、高硬度、高弹性极限、高断裂韧性、低阻尼衰减以及良好的抗磨损性能等)和过冷液体的精密复写性以及易铸造成型等特征，可以用于纳米至毫米级微型机械的结构部件超精密成型[150,151]。块体非晶合金以其优于传统晶态材料的物理化学性能，有望作为高性能结构、功能材料而得以广泛应用，并被期望以此为契机引发新一轮的科学技术革命。

20 世纪 80 年代末期，日本东北大学金属材料研究所的井上、张涛及其合作者在利用熔体旋淬技术(Melt Spinning Technique)研究多元稀土基非晶合金 La - Al - Ni 和 La - Al - Cu 时，发现了“异常高”的玻璃形成能力的合金成分[152,153]。他们通过引入常规合金铸造工艺，发展出了铜模铸造的快速凝固技术(Copper Mold Casting Technique)，并首次采用该方法成功制备得到成分为 $La_{55}Al_{25}Ni_{20}$ 的 2.5 mm 直径的非晶棒材以及 1.5 mm × 5 mm 的非晶板材[154]。此后，在 1991 年，他们又成功的开发出轻质高强度 Mg 基三元块体非晶合金以及高玻璃形成能力的 Zr 基块体非晶合金[155~157]。由于铜模铸造法方法引入突破了原有快速凝固技术中只能够制备一维或二维线状或带状试样的局限，可获得三维块体非晶合金材料，且方法简单，更接近传统的合金成型铸造工艺，因此该技术及其衍生的高压铸造技术(High-Pressure Die Casting Technique)、吸铸技术(Suction Casting Technique)等一经发明，就被全世界非晶领域的研究工作者所广泛采用[157,158]。

开发块体非晶合金的重要性很快被美国加州理工大学的 Johnson 认识到，他与合作者于 1993 年通过成分找寻，发现了五元高形成能力的新型 Zr 基非晶合金 Vitreloy 1 (Vit1)，成分为 $(Zr_3Ti)_{55}(Be_9Cu_5Ni_4)_{45}$，其非晶形成的临界直径也达到了厘米级[159]。此结果与井上实验室的结果一起，被公认为块体非晶合金通向结构材料应用的开端。在此后的十五年间，块体非晶合金得到了长足的发展，人们打破了以往只在简单组元合金体系(三元以下和部分四元合金)中研究其玻璃形成能力的局限，逐步开始将研究的对象拓展至多组元非晶合金体系。事实证明通过对各个组元的成分调整，在一个固定的体系中，可以找到最佳的高玻璃形成能力的合金成分。目前，已经在以 Ti、Zr、Fe、Co、Ni、Cu、Ca、Mg、Y、Pd、Pt、Au、Ln(Ln 为稀土元素)为基体的合金系中，找寻开发得到了毫米级以上高玻璃形成能力的块体非晶合金。其中，通过组成和成分优化的详细找寻，在部分合金体系中还发现了具有厘米级超高玻璃形成能力的非晶合金组分[160~187]。

自以 La-Al-Ni-(Cu)为代表的一系列多组元稀土基块体非晶合金组分被发现以来，稀土基块体非晶合金就受到了广泛的关注。该类合金表现出丰富的物理现象和新奇的物理性能，如超高的玻璃形成能力、低的玻璃转变温度、过冷液体区间热塑性和超塑性、硬磁特性、低温磁制冷等特性，这些都使稀土基块体非晶不仅对基础科学研究而且对工业应用均有重要利用价值。

下面将主要介绍近20年来与稀土相关的块体非晶合金研究进展，其中包括以稀土元素为基体和稀土元素作为微量添加的块体非晶合金的研究情况，并对其应用前景进行了分析。

7.2.1.1 稀土基块体非晶合金的玻璃形成能力

稀土基块体非晶合金的制备方法与其它块体非晶合金类似，主要有熔炼和成型两步。熔炼过程是将合金元素按照设定组成比放在高真空电弧炉中熔化均匀。熔炼母合金至少反复3次以上，以便获得均匀的成分。将熔融的母合金采用吹铸成型、吸铸成型或浇注成型等制备手段注入铜模中，根据铜模内腔的形状和尺寸制备出相应的铸态块体非晶合金样品。图7-30为不同形态的稀土基块体非晶合金的实物图。

图7-30 各种形状尺寸的镧铈基完全非晶合金棒、板、环试样的外观照片[188]

合金的玻璃形成能力是指某种组分的合金在一定的制备方法条件下，能够形成非晶态结构的能力，其通常采用非晶合金形成的临界冷却速率来表示。临界冷却速率 dT_c/dt 是能够形成非晶合金的最慢冷却速度，其值越小玻璃形成能力就越大，该参数是衡量合金的玻璃形成能力的标准。由于块体非晶合金是亚稳态材料，其形成过程必须通过非平衡态制备手段来实现。对于通常的从熔体冷却凝固制备块体非晶合金过程而言，其冷却速度需要达到足够高。自从1989年，La-Al-Ni(Cu)稀土基块体非晶合金被成功开发以来[152]，日本东北大学的 Inoue 总结了低临界冷却速率的块体非晶合金形成规律，提出了具有高玻璃形成能力的合金体系应该遵守的三个经验原则[189]，其中包括：(1)合金组成元素至少为三种元素；(2)合金中主要组成元素的原子尺寸应有显著的差异，通常大于12%；(3)元素之间应当存在负的混合热。该原则说明具有显著原子尺寸和物理化学特性差异的相异元素能够明显提高添加后合金的玻璃形成能力。基于该经验原则，此后井上及其合作者又开发了 Pr-Al-Fe 和 Nd-Al-Fe 等新型稀土基块体非晶合金成分[179,180]。近期张涛及其合作者将相似元素(具有相近的原子尺寸和相似的化学性质的元素)引入之前的由相异元素组成的非晶组元构架中,提出了“相似相异块体非晶合金组成设计法则”,并通过设计实验和理论分析进一步揭示了该现象的普遍性及其机理[188,190~192]。基于此思路,开发出一系列具有超高玻璃形成能力的 La(Ce)基非晶合金以及具有低成本、高军事应用价值的混合稀土基非晶合金[193]。

研究表明稀土基块体非晶合金有较好的玻璃形成能力和较宽的成分范围,其绝大部分组元表达式可以写为 Ln－Al－TM(Ln 为一种或多种稀土元素;TM 为过渡元素 Ni,Cu,Co,Fe 中的一种或多种)。在以除放射性元素 Eu 以外的各个稀土元素为基体,均可以通过合适的组分配比形成毫米级的块体非晶合金[152,158,169,174~185,188,190~193];其中部分利用相似相异元素对构建的多组元稀土基块体非晶合金(LaCe、YSc 和 ErY 基)的最大玻璃形成尺寸可达厘米级[169,182,192]。图 7-31 为通过浇注法获得的直径为 32 mm 的 LaCe 基块体非晶合金试样,该合金是目前已知的玻璃形成能力最高的稀土基非晶合金[192]。表 7-39 列出了各稀土基中研究较多的一些代表性体系和相异的热学参数[152,158,169,174~185,188,190~193]。

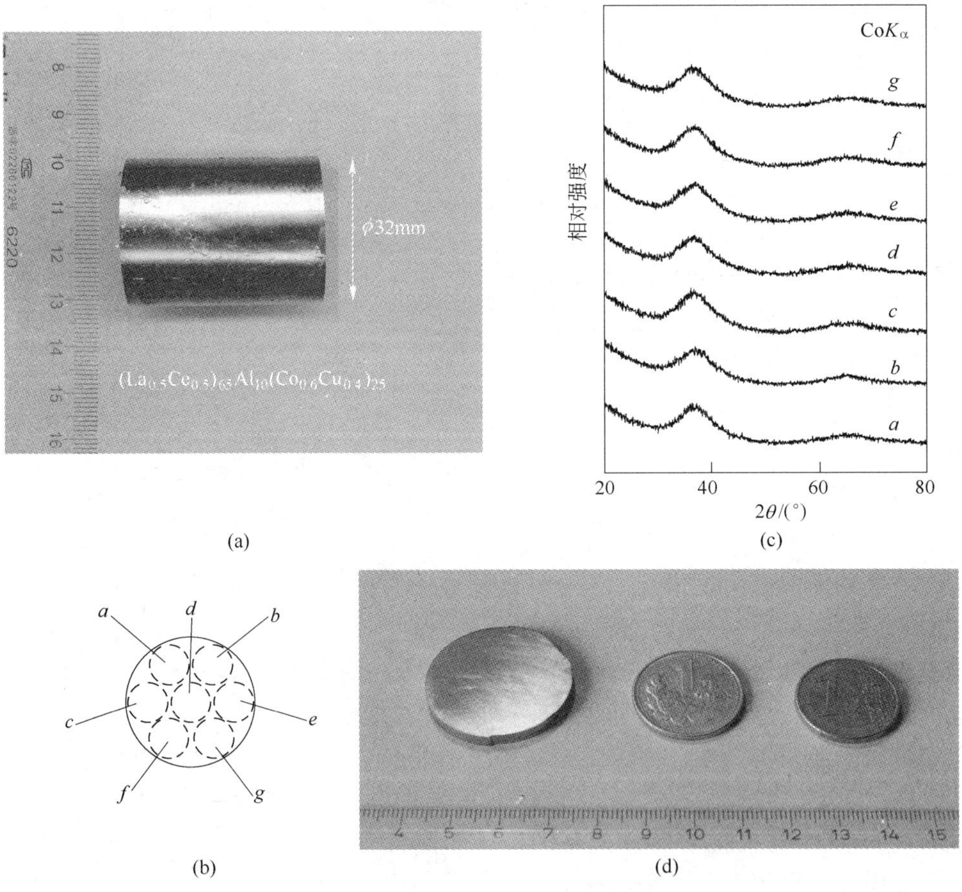

图 7-31 LaCe 基块体非晶合金试样形貌及结构特征

(a) 直径为 32mm $(La_{0.5}Ce_{0.5})_{65}Al_{10}(Co_{0.6}Cu_{0.4})_{25}$ 块体非晶合金铸造试样表面及外观;
(b) 试样截面 X 射线检测区域示意图;(c) 不同区域内的 XRD 图谱;
(d) 合金试样截面尺寸比较

表 7-39 各种常见的高玻璃形成能力的稀土基非晶合金组成及热学性能

基体	合金组分	T_g/K	T_x/K	T_m/K	T_l/K	ΔT_x/K	T_g/T_l	d_c/mm
Sc -	$Sc_{36}Y_{20}Al_{24}Co_{20}$	662	760	970	1048	98	0.63	3
Y -	$Y_{56}Al_{24}Co_{20}$	636	690	1035	—	74	—	1.5
	$Y_{36}Sc_{20}Al_{24}Co_{20}$	645	760	976	—	115	—	≥20
La -	$La_{55}Al_{25}Ni_{20}$	487	545	—	—	58	—	2.5
	$La_{60}Al_{20}Co_{20}$	467	524	689	902	57	0.52	6
	$La_{55}Al_{25}Ni_{10}Cu_{10}$	460	527	—	—	57	—	7
	$La_{55}Al_{25}Ni_5Cu_{10}Co_5$	460	~540	—	—	~80	—	9
	$La_{62.0}Al_{15.7}(Cu_{0.5}Ni_{0.5})_{22.3}$	422	460	675	722	38	0.58	11
	$La_{62}Al_{14}(Cu_{5/6}Ag_{1/6})_{14}(Ni_{1/2}Co_{1/2})_{10}$	418	491	637	703	73	0.60	≥20
	$(La_{0.7}Ce_{0.3})_{65}Al_{10}Co_{25}$	437	472	710	850	35	0.51	25
	$(La_{0.5}Ce_{0.5})_{65}Al_{10}(Co_{0.6}Cu_{0.4})_{25}$	400	430	634	725	29	0.55	≥32
Ce -	$Ce_{65}Al_{15}Co_{20}$	414	436	668	836	22	0.50	4
	$Ce_{70}Al_{10}Cu_{20}$	341	408	647	722	67	0.47	2
	$Ce_{68}Al_{10}Cu_{20}Co_2$	352	419	615	716	67	0.49	10
	$(Ce-La-Pr-Nd)_{65}Al_{10}Co_{25}$	431	455	701	729	24	0.59	15
	$Mm_{65}Al_{10}Co_{25}$	430	457	698	742	27	0.58	10
Pr -	$Pr_{70}Al_{10}Fe_{20}$	—	770	854	—	—	—	3
	$Pr_{65}Co_{25}Al_{10}$	454	477	758	786	23	0.42	4
Nd -	$Nd_{70}Al_{10}Fe_{20}$	—	778	863	—	—	—	12
Gd -	$Gd_{60}Cu_{20}Ni_{10}Al_{10}$	481	514	880	925	33	0.52	1.5
	$Gd_{36}Y_{20}Al_{24}Co_{20}$	606	666	1010	1048	60	0.60	3
	$Gd_{55}Al_{25}Co_{20}$	588	647	947	1027	59	0.57	3
	$(Gd_{0.5}Tb_{0.5})_{55}Al_{25}Co_{20}$	594	647	957	1013	53	0.59	5
Tb -	$Tb_{36}Y_{20}Al_{24}Co_{20}$	619	686	994	1021	67	0.62	5
	$Tb_{55}Al_{25}Co_{20}$	605	664	970	1047	59	0.58	3
Dy -	$Gd_{40}Y_{16}Al_{24}Co_{20}$	633	682	1011	1031	49	0.62	5
Ho -	$Ho_{39}Y_{25}Al_{20}Co_{16}$	649	706	1030	1071	57	0.61	~5
Er -	$Gd_{36}Y_{20}Al_{24}Co_{20}$	661	719	1039	1071	58	0.62	8
Tm -	$Tm_{55}Al_{25}Co_{20}$	678	733	1059	1103	55	0.6	~3

注：T_g为玻璃转变温度；T_x为结晶化开始温度；T_m为熔化温度；T_l为液相线温度；ΔT_x为过冷液体区间（$\Delta T_x = T_x - T_g$）；d_c为玻璃形成临界直径。

7.2.1.2 稀土基块体非晶合金的物理特性

稀土基块体非晶合金作为块体非晶合金的一个系列，展现出许多奇特的物理特性。如镧基 BMGs 具有低温超导现象[194]，镧、铈基 BMGs 可以在近室温进行热塑性和超塑性成形[195,196]，镧铈基 BMGs 在高压下发生电子结构相变[197]，镨基及钕基 BMGs 的硬磁性质[178,179]，钆基 BMGs 的大磁熵效应[184]等，这些 BMGs 材料不但为基础科学研究提供了很好的模型，同时还具有潜在的工业应用前景。

A　热塑性和超塑性成形

与其它非晶态固体材料相类似，块体非晶合金在加热至玻璃转变温度点(T_g)以上其黏度随着温度的升高迅速降低，直至发生结晶化转变，在玻璃转变点到结晶化转变开始温度点(T_x)这一区域内(称为：过冷液体区间)，该类材料具有过冷液体的特性，可以像传统氧化物玻璃一样进行加工变形。吹塑成形在传统氧化物玻璃和塑料领域里面有着广泛的应用，如我们日常所使用的瓶、杯等器皿均是用该类方法制备成形的。在 La 基块体非晶合金发现之初，由于其具有低的 T_g(250℃以下)，张涛及其合作者就对其进行了类塑料的吹塑成形和超塑性变形加工。具体方法为通过铜模铸造获得直径为 35 mm，厚度为 2.2 mm 的 $La_{55}Al_{25}Ni_{20}$ 非晶合金圆盘浸入硅油中加热至 510 K，采用 0.2 MPa 的气压对其进行吹铸成形。图 7-32(a)为获得的变形均匀中空非晶球样品。此外，他们还将铸造获得的非晶棒材置于 510K 的温度条件下进行拉伸，获得了 14000% 的均匀粘弹性变形。图 7-32(b)为变形前后的试样照片。该结果表明非晶合金具有优异的过冷液态加工成形性，而这是传统晶体金属材料所不具备的特征。

(a)

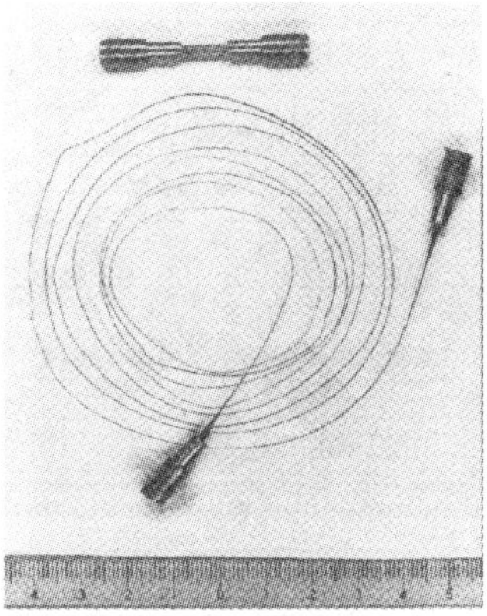

(b)

图 7-32　La 基非晶合金的热塑和超塑成形试样照片

(a) 在 510 K 油浴中经过吹塑成形获得的空心 $La_{55}Al_{25}Ni_{20}$ 非晶球样品；

(b) 经过拉伸超塑性变形前后的试样照片[195]

近期发现在 Ce 基块体非晶合金中可以在近开水的温度附近像塑料那样进行复杂的成型加工，这种具有优异加工特性的非晶态金属合金被称为非晶态金属塑料，简称金属塑料。由于金属塑料的玻璃转变温度与通常的聚合物玻璃类似，因此完全可以利用它的过冷液体的特性进行超塑性变形。在室温时，金属塑料表现出和其他块状金属玻璃相类似的脆性断裂，几乎没有明显的压缩塑性。但是当温度增加几十度，如在 90℃时，金属塑料就可以在很低的压力下实现超塑性压缩。所以 Ce 基金属塑料可以在开水中十分方便的进行压缩、拉伸、扭曲、压印等塑性加工和变形，图 7-33 所示为典型的 $Ce_{70}Al_{10}Cu_{20}$ 金属塑料在开水中表现出超塑性的照片。

金属塑料在很低的温度下(如 70 ~ 130℃)就进入了黏流态，只需要很低的应力就可以变形，在 $10^{-3}s^{-1}$ 应变速率下，变形压力仅为 50 MPa。但在室温时，金属塑料的强度却很高，其断裂强度为 490 MPa，接近于普通 Al 和 Mg 合金的强度，如 Al 合金 2014 - T651 和 Mg 合

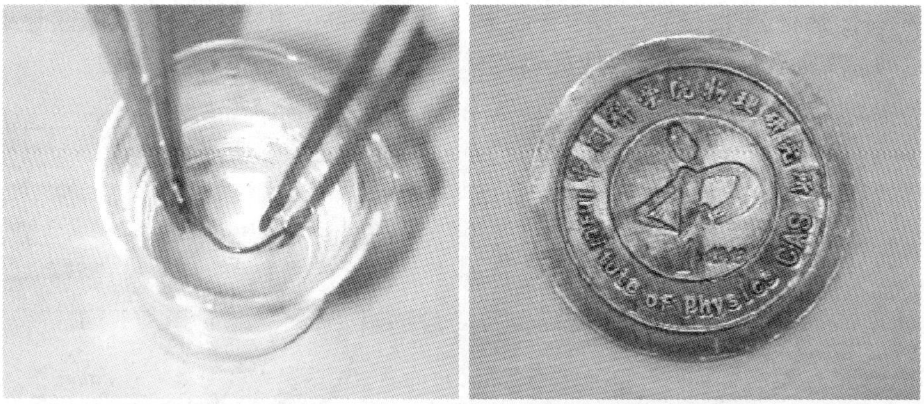

(a) (b)

图 7-33 $Ce_{70}Al_{10}Cu_{20}$金属塑料在开水中表现出的超塑性

（a）金属塑料在开水中用镊子夹着弯曲的图片；

（b）金属塑料在开水中压印的中国科学院物理研究所的所徽图案[169,171]

金 ZE63A－T6。将 Ce 基金属塑料作为微米压印成型材料，它的显著特点是比一般塑料的强度高，但软化点和塑料类似，所以不需要高的温度和能量就可以方便地实现高精度的微米甚至纳米尺度的压印成型。

B 磁热效应

随着低温凝聚态物理的发展和人类对环境问题日益重视，近十几年磁热效应在材料界、物理界和工程界都获得了广泛的关注。相对传统的气体压缩制冷，磁制冷具有高效节能、无环境污染、运行可靠、体积小、重量轻、噪声小等一系列优点。因此，寻找高效的制冷材料成为很多材料学家和技术专家关注的问题。非晶材料由于其自身的优越性而受到广泛的关注，其成分连续可调，涡流损耗小，具有良好的抗腐蚀性，制备方便等优点都为其作为制冷材料提供了方便。通过对稀土基块体非晶磁热效应的系统研究，中科院物理所的汪卫华及合作者发现在 2～100 K 的温度区间，稀土基块体非晶在较宽的温度区间都表现出较大的磁熵变，说明其作为制冷材料具备独特的优势[184,198]。

图 7-34(a)是 Gd－基块体非晶随温度变化的磁化曲线。由图可见，在离居里温度较远的温区，其磁化强度的变化比较平滑，表明了材料的均匀性，同时在居里温度附近其陡峭的变化则预示着大的磁熵变。图 7-34(b)是 Ho－基和 Dy－基大块非晶的磁化强度随温度的变化曲线。图中加磁场冷却和零磁场冷却的磁化曲线出现分岔说明这两种非晶表现出类似自玻璃的特点。图 7-34(b)的插图为 Ho 基大块非晶的交流磁化率随频率的变化，此变化关系进一步证实了其类似自选玻璃的动力学行为。图 7-35 所示是由麦克斯韦关系计算的 Gd－、Tb－、Ho－、Dy－、Er－基块体非晶在外场 5T 变化下导致的磁熵变化。典型的块体非晶 $Gd_{53}Al_{24}Co_{20}Zr_3$、$Ho_{30}Y_{26}Al_{24}Co_{20}$、$Dy_{50}Gd_7Al_{23}Co_{20}$ 和 $Er_{50}Al_{24}Co_{20}Y_6$ 磁熵变化分别为 9.40 J/(kg·K)、10.76 J/(kg·K)、9.77 J/(kg·K)和 15.91 J/(kg·K)，这些值与典型的制冷材料如 Gd 单质和 $Gd_5Si_2Ge_{1.9}Fe_{0.1}$ 的磁熵变化值相当甚至更大。

稀土基块体金属玻璃结构的无序没有损害稀土单质所拥有的大磁熵变，相反，降低磁滞的同时把大的磁熵变拓展到更宽的温区，从而导致其拥有更大的制冷效率。结合方便的制备方法，良好的热稳定性，优异的力学和抗腐蚀性能，较高的电阻，优良的软磁性能及过冷液相区优越的加工处理能力等特点，使得该类材料在磁制冷应用方面独具魅力。

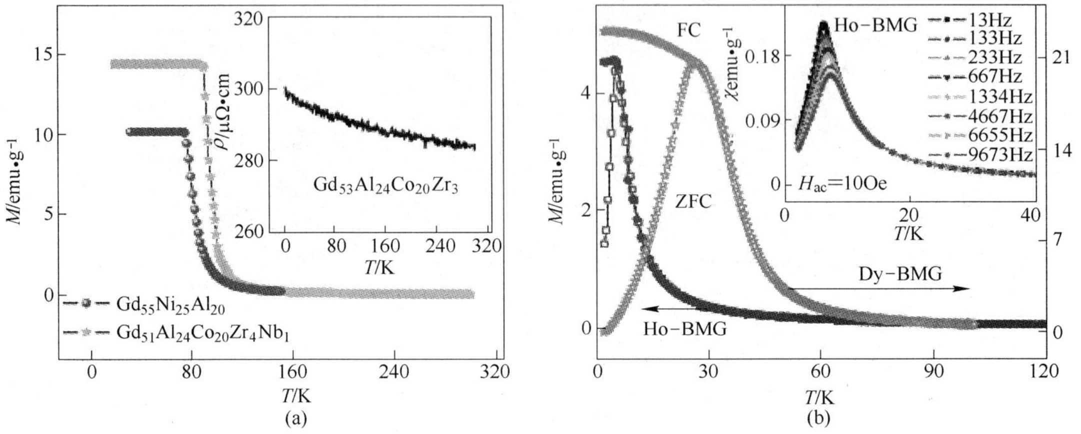

图 7-34 磁化曲线

(a) 两种 Gd 基块体非晶的磁化曲线，插图为 Gd 基块体非晶的电阻随温度的变化；(b) Ho 和 Dy 基块体非晶的加磁场冷却和零磁场冷却下的磁化曲线，插图为 Ho 基块体非晶不同频率下的交流磁化率[184,198]

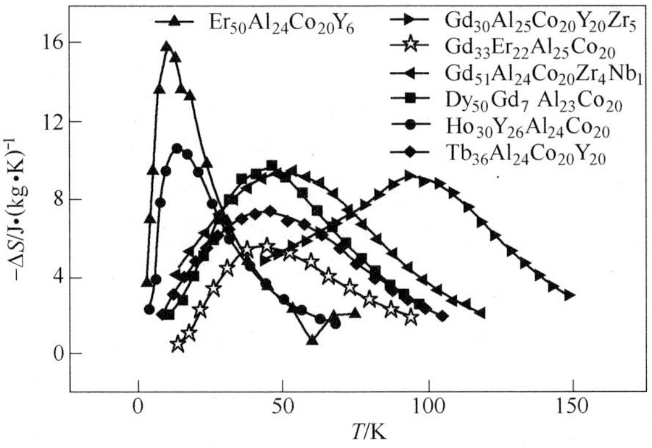

图 7-35 几种典型的稀土基块体非晶在 5T 外场变化下磁熵随温度的变化[198]

C 重费米子行为

重费米子现象是近代凝聚态物理中的热点问题之一[199]。这一问题关系到一系列拥有 f 电子的材料，它们的热力学和输运性质在低温下出现反常现象。无序可以影响重费米子行为，一些无序的重费米子化合物表现出非费米液行为。然而，这些晶体化合物中的无序主要来自部分组成元素的替代，无序度只能从理论的角度分析，没有直接的实验证据证明无序对重费米子行为的影响[200]。

对于同时拥有结构无序和 4f 电子的 Ce 基大块非晶，无序是一种强的结构无序，很容易通过 X 射线衍射和电子衍射的方法界定，同时也可用退火的方法来调制非晶中无序的强度。考虑到价态和离子半径的相似性，用非磁性的 La 取代含 4f 电子的 Ce，在较宽的成分范围内能形成单一的非晶相，这有利于在没有改变无序结构的基础上研究无序对 4f 电子的影响。

图 7-36(a)显示了大块非晶 $Ce_xLa_{65-x}Cu_{20}Al_{10}Co_5$ ($x=0,10,20,65$) 的低温比热容 c_p。

从图中可以看出，当温度低于10K时，含Ce块体金属玻璃的低温比热容明显比对应的La基块体非晶的比热容大（La基块体非晶的c_p在3.2K时跃变是由于其发生了超导转变）。由于该组大块非晶结构具有相似性，所以两者的比热差即是Ce的4f电子的比热容c_{el}（图7-36(b)）。图7-36(c)显示了4f电子比热容的温度系数$\gamma = c_{el}/T$与T关系。从图中可看出，对于$x=10,20,65$的块体非晶$Ce_xLa_{65-x}Cu_{20}Al_{10}Co_5$，在0.53K时4f电子比热的温度系数$\gamma$分别为1789mJ/(mol·$K^2$)，2282mJ/(mol·$K^2$)和811mJ/(mol·$K^2$)，表现为重费米子行为。通过磁化率及低温电阻的测量，进一步证实了该结论[201]。

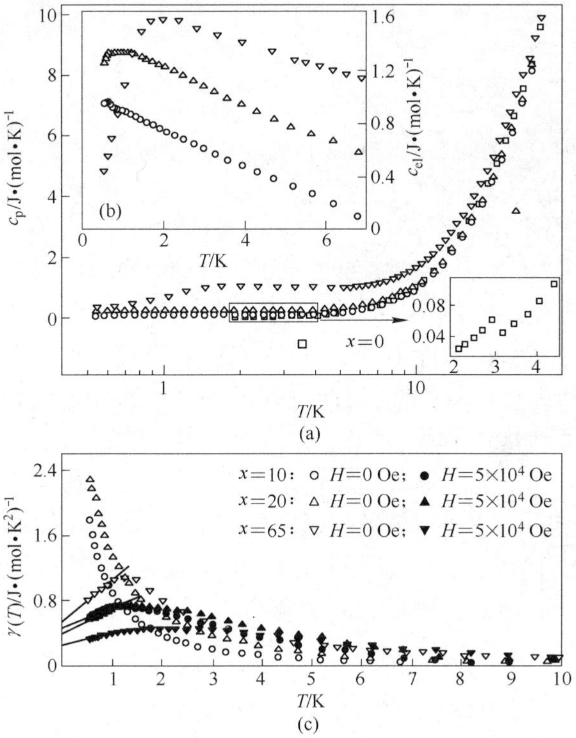

图7-36 大块非晶$Ce_xLa_{65-x}Cu_{20}Al_{10}Co_{15}$（$x=0,10,20,65$）的低温比热容

（a）$H=0$ Oe时比热容c_p与$\log_{10}T$的关系；（b）$H=0$ Oe时4f电子的比热容c_{el}与温度T的关系；

（c）$H=0$ Oe和$H=5\times10^4$Oe时4f电子比热的温度系数$\gamma(T)$与T的关系[201]

为了进一步研究无序对重费米子行为的影响，对$Ce_{65}Cu_{20}Al_{10}Co_5$的弛豫态进行了研究。随着退火时间的延长，非晶结构发生弛豫，无序度逐渐降低。该合金不同退火时间下4f电子比热系数的外推值γ(0K)如图7-37所示。当在玻璃转变温度以下退火90h后，其4f电子比热系数γ(0K)由原始态的540mJ/(mol·K^2)下降到431mJ/(mol·K^2)。退火120h后，样品开始晶化，其γ(0K)比非晶态的要小得多。随着无序度的降低，样品4f电子比热系数γ(0K)呈减小的趋势，说明无序在重费米子形成过程中起重要作用。

非晶结构中的重费米子行为对理解低温下的电子强关联具有重要作用。先前研究的重费米子行为只在晶体中出现，一些重费米子理论指出无序可能导致重费米子行为，但很难在实验上给出直接的证明。Ce基非晶中的重费米子行为，对研究无序对重费米子的影响提供了很好的模型，在研究重费米子的起源问题中具有十分重要的作用。

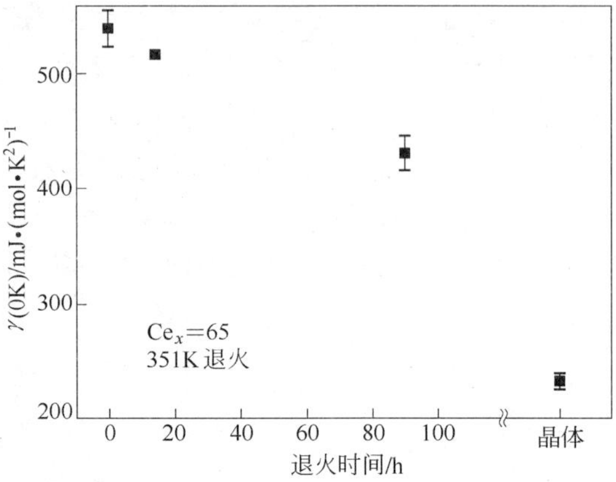

图 7-37 不同退火时间下 $Ce_{65}Cu_{20}Al_{10}Co_5$ 的 4f 电子比热系数的外推值(0 K)[201]

D Nd 基的硬磁性

1996 年,人们发现了具有硬磁性质的三元块体金属玻璃 Nd - Fe - Al 和 Pr - Fe - Al,该材料在室温下即表现出硬磁性,引起了广泛关注[179,180,202]。传统意义上的非晶是原子无序堆积的结构,应为各向同性,在磁性上常表现为软磁性,但 Nd - Fe - Al 系列和 Pr - Fe - Al 系列的块体金属玻璃却表现出硬磁性,因此对其硬磁性的来源与结构的研究具有重要的科学和应用价值。

图 7-38 为 $Nd_{60}Al_{10}Fe_{20}Co_{10}$ 块体非晶在不同退火温度下(退火时间均为 0.5 h),内禀矫顽力(H_c)、饱和磁化强度(M_s)和剩余磁化强度(M_r)的变化,插图为样品在室温下的磁滞回线。由图 7-38 可见,未退火样品的矫顽力、饱和磁化强度和剩磁分别为 326 kA/m、10.8 Am²/kg、7.2 Am²/kg,因此为硬磁材料。当退火温度达到 760K 后,材料完全晶化,其硬磁性质消失而呈顺磁性。

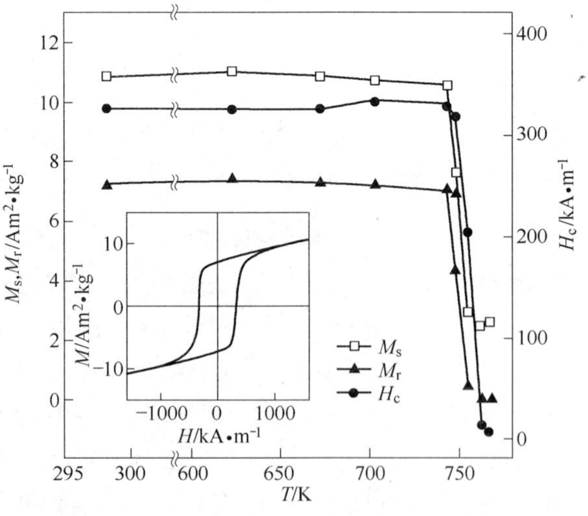

图 7-38 $Nd_{60}Al_{10}Fe_{20}Co_{10}$ 块体非晶在不同退火温度下其内禀矫顽力(H_c)、饱和磁化强度(M_s)和剩余磁化强度(M_r)的变化

(插图为样品在室温下的磁滞回线[203])

$Nd_{60}Al_{10}Fe_{20}Co_{10}$铸态样品的磁力显微镜照片显示，该材料具有平均周期约为360nm的磁畴结构，与纳米晶复合永磁材料的磁畴结构非常相似。一般认为，Nd-Fe-Al系块体非晶中存在大量短程有序的原子团簇，团簇之间的交换耦合作用可以导致非晶体系高的矫顽力。考虑到X射线衍射可以检测出大于2nm的有序结构，因此铸态$Nd_{60}Al_{10}Fe_{20}Co_{10}$样品短程有序的原子团簇最大尺度只有几纳米。磁力图显示样品的磁畴尺度为亚微米量级，一个磁畴中应有$10^3\sim10^4$个磁性短程有序原子团簇组成，强烈的交换耦合相互作用使这些团簇的磁矩处于一致的磁化方向。

铸态的$Nd_{60}Al_{10}Ni_{10}Cu_{20}$室温下为顺磁性，用Fe元素对Cu元素进行替代，可以得到一系列$Nd_{60}Al_{10}Ni_{10}Cu_{20-x}Fe_x$的成分。随着Fe含量的增加，材料由顺磁性逐渐变为硬磁性。通过高分辨电子透射显微镜观察其结构，发现随着铁含量的增加，非晶基底中纳米颗粒的含量逐渐增多，最终变为纳米晶[203]，说明Nd-Fe-Al系列块体非晶中的硬磁性来源于磁性原子团簇之间的交换耦合作用。Pr-Fe-Al系列的块体非晶中硬磁性的机制与Nd基块体非晶类似。

综上可见，稀土基块体非晶普遍具有较好的形成能力，又拥有丰富多样的现象和特性。这些丰富特性的起源一般认为与稀土元素特殊的电子结构和原子结构密切相关。Ce基块体非晶的低温塑性和其他很多反常的现象已被证实与其较低的模量、Ce元素特殊的4f电子结构和体系中某种可能的共价键结构有关联。Nd(Pr)基块体非晶硬磁性来源于其特殊的富稀土的纳米晶(少量)和富Fe的非晶基底(大量)的复合结构。可见稀土基块体非晶的性能对电子和原子结构非常敏感，进一步澄清二者的关系有待于对更多稀土基非晶材料的开发和更多结构、性能的研究。

7.2.1.3 稀土基块体非晶合金的潜在应用

作为块体非晶的一个特别的系列，稀土基块体金属玻璃已经展现出独特的物理、化学、力学特性，这使其成为材料领域非常具有理论研究和应用价值的材料。轻稀土系列的La、Ce基块体非晶不仅拥有很好的形成能力而且拥有所有块体非晶中最低的玻璃转变温度点，这两点赋予Ce基块体非晶独特的近室温加工特性。优良的导电性、优异的力学性能和热稳定性以及类似塑料的优良的近室温加工成型的超塑性能，表明该材料在用于微纳米级的微塑性变形和微加工器件材料方面拥有良好的应用前景。具有硬磁特性的Nd(Pr)-Fe-Al系列大块金属玻璃，相比其他同类材料，在过冷液相区有高的塑性应变，非常容易制成球状、薄片、环形、柱体、卷材以及其他形状，可应用于永磁体以及电子设备中的组件或器件。重稀土(Gd、Tb、Dy、Ho等)基块体金属玻璃具备丰富的磁结构和热稳定性，不仅是理想的研究电输运特性、磁转变和低温磁激发等系列基本问题的理想材料，而且在作为功能材料方面有一定的应用前景。研究已经证实，重稀土基块体非晶在磁制冷方面表现出自己独特的优势，具备潜在的应用价值。

与非晶薄膜相比，稀土基块体金属玻璃可获得三维尺寸的铸件，有易于加工成型等优势，作为潜在的功能材料诸如磁光记录材料、磁制冷材料、磁致伸缩材料等方面，具有更大的应用价值和潜力。随着对稀土基块体金属玻璃研究的不断深入，相信稀土基块体金属玻璃将展现出更广阔的应用前景。

7.2.1.4 微量添加稀土元素对其他块体非晶合金性能的影响

稀土元素有工业“黄金”之称，由于其具有优良的光电磁等物理特性，能与其他材料组成性能各异、品种繁多的新型材料，其最显著的功能就是大幅度提高其他产品的质量和性能，在冶金工业、石油化工、玻璃陶瓷和新材料领域有着广泛的应用，如大幅度提高用于制造坦克、飞机、导弹的钢材、铝合金、镁合金、钛合金的战术性能。而且，稀土同样是电子、激光、核工业、超导等诸多高科技的润滑剂。在非晶合金领域，以稀土元素作为基体的非晶合金具有高的非晶形成能力，而微量添加稀土元素也能有效地提高非晶合金的形成能力。由于稀土元素及相关的晶态化合物具有许多特殊的物理性能，在功能材料领域应用广泛，因而，稀土基及含有稀土元素的非晶合金在功能材料领域具有潜在的应用前景。

A 微量添加稀土元素对块体非晶合金形成及热学性能的影响

稀土元素是很活泼的金属元素，具有相似的物理化学性质，微量元素添加法被广泛用于开发高非晶形成能力的非晶合金。通过选取适宜的元素进行微量添加，往往可以显著地提高合金的非晶形成能力。稀土元素具有较大的原子半径，与氧结合的能力强，能起到除氧除杂的效果，是设计高非晶形成能力合金成分的重要合金化元素。目前研究表明，绝大多数的稀土元素都能提高非晶合金的形成能力。其中以 Y 的研究最为广泛，也是被认为最为有效的一种添加元素之一。目前，研究表明在锆基、铜基、铁基、钴基、镁基、铝基等非晶合金中添加微量的稀土元素对非晶合金形成能力提高有着重要的作用。

一般认为，氧对非晶合金的形成有破坏作用，因而制备非晶合金往往要求有较高的真空度，并在氩气保护下进行制备。锆元素与氧元素有较高的形成焓，氧对锆基非晶合金形成的破坏作用更为敏感。但是稀土元素与氧元素的形成焓更高，当合金熔体与氧接触时，稀土元素会优先与氧反应生成稀土氧化物，从而纯化了合金熔体，所以人们常常添加微量稀土元素来提高 Zr 基合金的非晶形成能力。图 7-39 是直径 5 mm 的 $(Zr_{55}Al_{15}Ni_{10}Cu_{20})_{100-x}Y_x$（$x$ = 0，0.5%，1%，2%，4%，6%，原子分数）合金圆棒的 XRD 图谱，从图中可以看出直径 5 mm 的 $Zr_{55}Al_{15}Ni_{10}Cu_{20}$ 合金的 XRD 图谱中存在着 Laves 相 Zr_2Ni 的衍射峰，添加 0.5%（原子分数）的 Y 后，合金中 Laves 相 Zr_2Ni 的析出被抑制，但是有另一种 AlNiY 相从非晶基体中析出。随着 Y 含量的增加，AlNiY 相的含量逐渐减少。当 Y 含量达到 4%（原子分数）时，所得合金为完全非晶相。随着 Y 含量的进一步增加到 6%（原子分数），又有 AlNiY 相从非晶基体中析出。图 7-40 为 $(Zr_{55}Al_{15}Ni_{10}Cu_{20})_{100-x}Y_x$（$x$ = 0，0.5%，1%，2%，4%，6%，原子分数）合金的差热扫描量热分析（DSC）曲线，图中随着 Y 的引入可以显著降低合金的熔化温度，从而有效地提高了非晶形成能力[204]。

同样，微量添加其他稀土元素也能起到提高 Zr 基合金非晶形成能力。通过添加（300～600）$\times 10^{-6}$ Sc，使得 $Zr_{52.5}Al_{10}Ti_5Cu_{17.9}Ni_{14.6}$ 非晶合金的临界尺寸从 4.5 mm 增大到 12 mm[205]。适量的 Y，La，Ce，Nd，Gd，Dy，Er 添加有利于提高 $Zr_{55}Al_{15}Ni_{10}Cu_{20}$ 合金的非晶形成能力，临界直径可达 15 mm[206]；适量的 Y，Gd，Dy，Er，Lu 则提高了 $Zr_{50}Al_{10}Cu_{40}$ 合金系的非晶形成能力，其临界直径可达 15 mm[207]；添加 Er 也有利于 Zr-Al-Co 和 Zr-Al-Co-Cu 非晶合金的形成能力[208]；Zhao 等[209,210]利用铜模铸造法制备得到的 $Zr_{58}Nb_3(Cu_{0.55}Ni_{0.45})_{29}Al_{10}$ 块体非晶合金其临界直径达 7 mm；在此基础上通过添加稀土元素的方法，进一步开发具有更高非晶形成能力的 Zr-Nb-Cu-Ni-Al-RE（RE = Y，Pr，Tb，Dy，Ho，Er，Tm，Lu）合金成分，其中含 2%（原子分数）Lu 合金的非晶形成临界直径达 20 mm。对 Zr-Nb-Cu-Ni-Al-

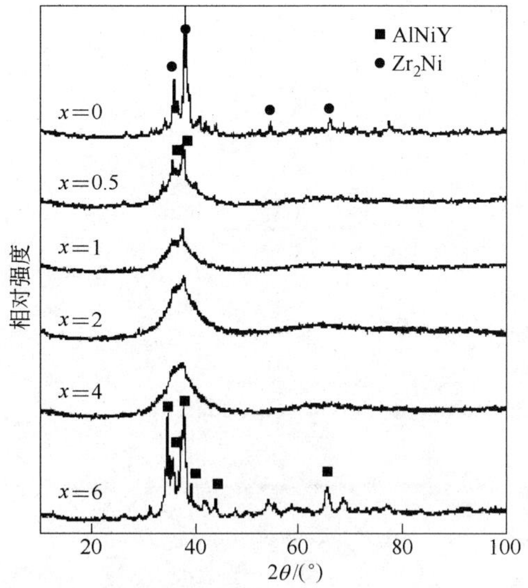

图 7-39 直径 5 mm 的$(Zr_{55}Al_{15}Ni_{10}Cu_{20})_{100-x}Y_x$ (x = 0,0.5%,1%,2%,4%,6%,原子分数)合金的 XRD 图谱[204]

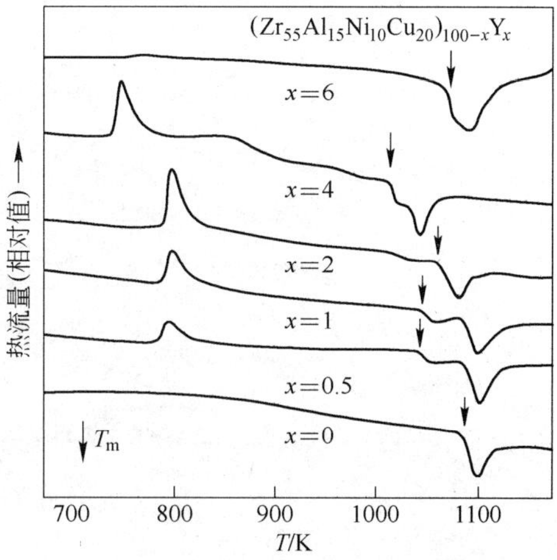

图 7-40 $(Zr_{55}Al_{15}Ni_{10}Cu_{20})_{100-x}Y_x$($x$ = 0,0.5%,1%,2%,4%,6%,原子分数)的 DSC 曲线[204]

RE 非晶合金晶化行为的研究表明,其晶化行为与稀土元素的种类有关:La,Ce,Nd,Gd,Pr,Tb,Er 稀土元素没有改变合金的晶化析出相,而含 1.5(原子分数)% Y 或 Dy、含 2(原子分数)% Ho,Tm 或 Lu 合金的晶化初始相都为二十面体准晶相,但最终晶化产物都没有发生变化。图 7-41 和图 7-42 分别为 $Zr_{58}Nb_3Cu_{16}Ni_{13}Al_{10}$和$(Zr_{58}Nb_3Cu_{16}Ni_{13}Al_{10})_{98.5}Y_{1.5}$非晶合金在不同温度下退火处理后的 XRD 图谱,从图中可以看出为添加 Y 的合金初始晶化相为 FCC - Zr_2Ni 和 Tetra - Zr_2Ni 相,而$(Zr_{58}Nb_3Cu_{16}Ni_{13}Al_{10})_{98.5}Y_{1.5}$的初始晶化相为二十面体准晶相。

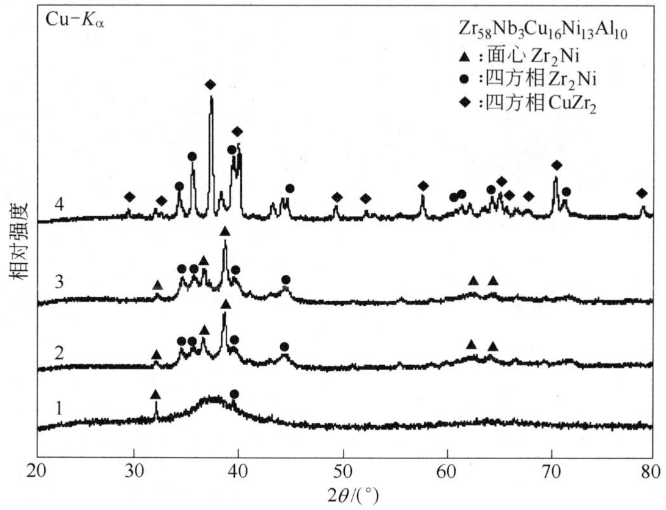

图 7-41 $Zr_{58}Nb_3Cu_{16}Ni_{13}Al_{10}$非晶条带加热到不同温度后的 XRD 图谱

1—735 K;2—755 K;3—773 K;4—973 K[209,210]

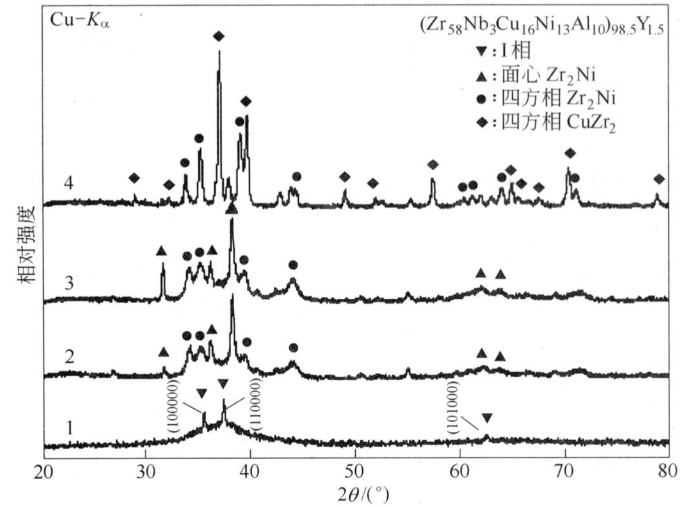

图 7-42 $(Zr_{58}Nb_3Cu_{16}Ni_{13}Al_{10})_{98.5}Y_{1.5}$非晶条带加热到不同温度后的 XRD 图谱

1—747 K;2—757 K;3—773 K;4—973 K[209,210]

添加微量稀土元素也能显著提高 Fe、Co、Cu、Mg 基非晶合金的形成能力。在 Fe-Cr-Mo-C-B[211]合金中添加 2%(原子分数)Er 后得到 $Fe_{48}Cr_{15}Mo_{14}C_{15}B_6Er_2$[212]合金,非晶形成临界直径由 2.5 mm 增加到 12 mm,适量添加 Sm 也能提高其临界直径。图 7-43[213]是 Fe-Cr-Co-Mo-Mn-C-B-(Y)合金的 XRD 图谱,其中 A 为 $Fe_{44.3}Cr_5Co_5Mo_{12.8}Mn_{11.2}C_{15.8}B_{5.9}$,B 为 $(Fe_{44.3}Cr_5Co_5Mo_{12.8}Mn_{11.2}C_{15.8}B_{5.9})_{98.5}Y_{1.5}$,C 为 $(Fe_{44.3}Cr_{10}Mo_{13.8}Mn_{11.2}C_{15.8}B_{5.9})_{98.5}Y_{1.5}$。结果表明在 $Fe_{44.3}Cr_5Co_5Mo_{12.8}Mn_{11.2}C_{15.8}B_{5.9}$ 中添加 1.5%(原子分数)Y 后可以使非晶合金的临界直径由不到 7 mm 增加到 12 mm。图 7-44 为 A 和 B 试样的 DSC 曲线,

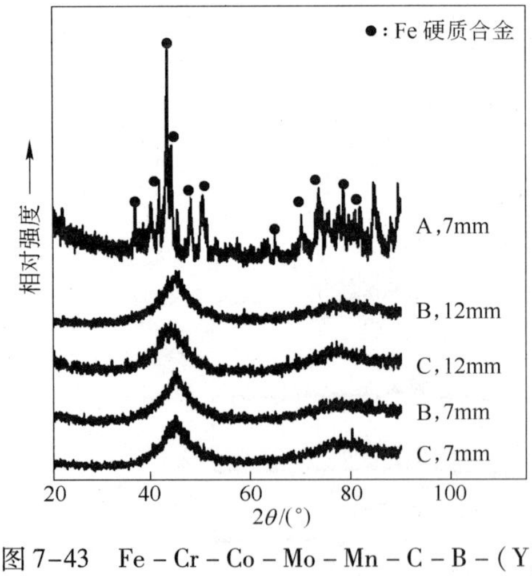

图 7-43 Fe-Cr-Co-Mo-Mn-C-B-(Y)合金的 XRD 图谱

A—$Fe_{44.3}Cr_5Co_5Mo_{12.8}Mn_{11.2}C_{15.8}B_{5.9}$;

B—$(Fe_{44.3}Cr_5Co_5Mo_{12.8}Mn_{11.2}C_{15.8}B_{5.9})_{98.5}Y_{1.5}$;

C—$(Fe_{44.3}Cr_{10}Mo_{13.8}Mn_{11.2}C_{15.8}B_{5.9})_{98.5}Y_{1.5}$[213]

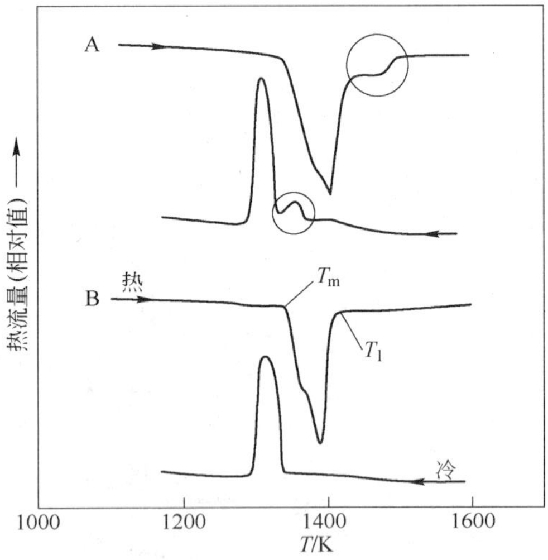

图 7-44 Fe-Cr-Co-Mo-Mn-C-B-(Y)合金的 DSC 曲线[213]

在 A 曲线中的圆圈内的峰是对应于碳化铁的析出与熔化，说明其成分不是共晶成分。而 B 的冷却曲线是单一的放热峰，说明了添加 Y 元素能调整合金 A 的成分使之更接近共晶点，从而提高非晶合金的形成能力[213]。通过进一步调整成分，$Fe_{41}Co_7Cr_{15}Mo_{14}Mn_{11.2}C_{15}B_6Y_2$[214] 的临界直径则高达 16 mm。

在 Co－Cr－Mo－C－B 中添加 2%（原子分数）Er 后得到的 $Co_{48}Cr_{15}Mo_{14}C_{15}B_6Er_2$ 合金其临界直径由 2 mm 提高到 10 mm[215]，研究发现添加微量 Er 能抑制 Co_6Mo_6C 相的析出，从而提高了非晶形成能力。添加 2%（原子分数）Er 后 $Cu_{46.25}Zr_{(46.25-x)}Al_{7.5}Er_x$ 非晶合金的临界直径从 2 mm 增加到 12 mm[216]；在 $(Cu_{55}Zr_{40}Al_5)_{100-x}RE_x$（RE = Y，Pr，Tb，Dy，Ho，Er）合金体系中，加入适量稀土后可使其非晶形成临界直径由 2 mm 提高到 5 mm[217]。Xu[216] 等研制出了具有高非晶形成能力的 $Cu_{46}Zr_{47-x}Al_7Y_x$（$0<x\leqslant10\%$（质量分数））合金，利用铜模铸造法制备出了直径达 14 mm 的合金圆棒，该合金过冷液相区达到了 100 K，$Cu_{46}Zr_{47-x}Al_7Y_x$ 合金的样品外形及其 X 射线衍射结果见图 7-45。图 7-46 是 $Cu_{46}Zr_{47-x}Al_7Y_x$（$0<x\leqslant10\%$（原子分数））合金的 DSC 曲线。该合金具有高非晶形成能力的原因是由于添加的 Y 降低了液相线温度，使合金成分更趋近于四元共晶点。组成元素不同原子大小相互匹配使合金

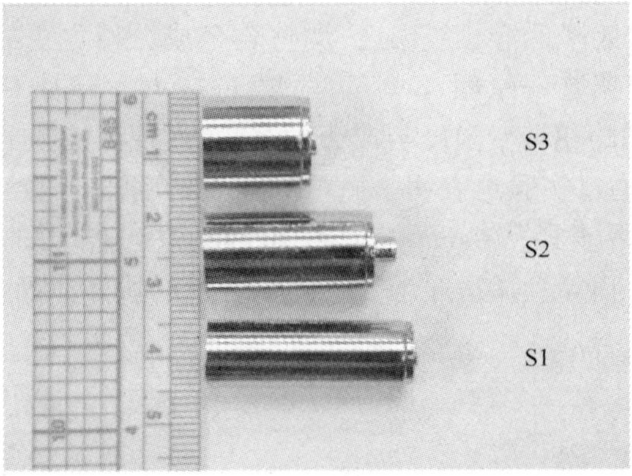

(a)

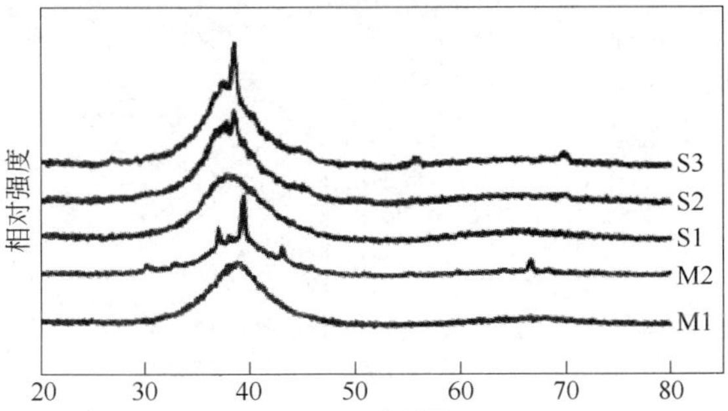

(b)

图 7-45 $Cu_{46}Zr_{42}Al_7Y_5$ 合金的样品外形及其 X 射线衍射图谱

(a) $Cu_{46}Zr_{42}Al_7Y_5$ 合金样品外形；(b) 合金样品 X 射线衍射图谱

S1、S2、S3—直径分别为 10 mm、12 mm 和 14 mm；

M1、M2—分别为 $Cu_{46}Zr_{47}Al_7$ 合金 3 mm 和 4 mm 试样[216]

达到了拓扑学密排结构，从化学结合力的角度考虑，Y－Al、Y－Cu 和 Zr－Cu 之间的混合焓分别为－31 kJ/mol、－22 kJ/mol 和－23 kJ/mol，这样的负混合焓增加了元素间的相互作用，促进了元素间形成短程序结构，避免了长程有序结构的形成。

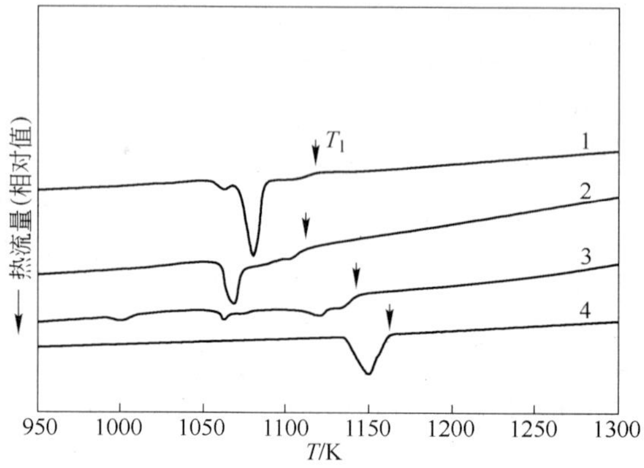

图 7-46　$Cu_{46}Zr_{47-x}Al_7Y_x$（$0<x\leqslant10\%$（原子分数））合金的 DSC 曲线[216]

1—$Cu_{46}Zr_{37}Al_7Y_{10}$；2—$Cu_{46}Zr_{42}Al_7Y_5$；3—$Cu_{46}Zr_{45}Al_7Y_2$；4—$Cu_{46}Zr_{47}Al_7$

由于添加稀土元素能降低液相线温度，调整合金成分使之更靠近共晶成分从而提高合金的非晶形成能力。根据这一原理，Cao 等[218]通过热力学计算 Cu－Zr－Ti－Y 合金系相图，图 7-47 是该合金系的相转变温度与成分关系图，发现该体系的液相线温度随着 Y 含量的增加先降低后升高，通过实验也表明了微量添加 2%（原子分数）的 Y 使 $Cu_{54.1}Zr_{38.2}Ti_{7.7}$ 的形成能力大大提高，临界直径从 4 mm 增大到 10 mm，进一步增加 Y 的含量，形成能力又降低。通过该方法制备了临界直径达厘米级的高铜含量的块体非晶合金。

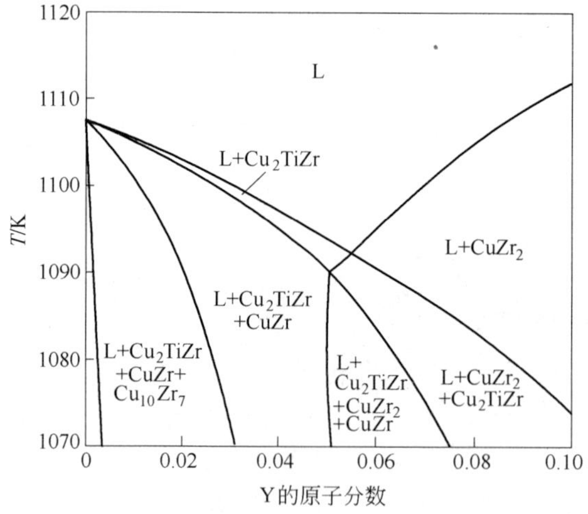

图 7-47　采用热力学计算的 Cu－Zr－Ti－Y 的温度与成分关系图[218]

在 Mg 基非晶合金中，含有稀土元素的 $Mg_{58.5}Cu_{30}Dy_{11.5}$[219]，$Mg_{54}Cu_{28}Ag_7Y_{11}$[220]和 $Mg_{54}Cu_{26.5}Ag_{8.5}Gd_{11}$[220]等非晶合金都有较高的形成能力，其非晶形成临界直径分别为 12 mm、16 mm、25 mm。

B 微量添加稀土元素对块体非晶合金其他物理化学性能的影响

非晶合金的可制造性和形成能力对制备条件非常敏感,如氧气或者杂质会大大降低非晶合金的形成能力,破坏其可制造性。稀土元素与氧气的形成焓比较高,可作为吸氧剂在合金冷却过程中形成稀土氧化物,阻止其他氧化物形成,抑制非均匀成核的产生,提高合金的非晶形成能力,从而改善非晶合金的可制造性,使得部分含有稀土元素的非晶合金能在低真空度和低原料纯度下制备得到。例如,在 Mg 基非晶合金中,通过添加稀土元素可以明显提高非晶合金的形成能力,在较低真空度的条件下通过铜模铸造法,可以制备一系列具有高非晶形成能力和高抗氧化性的三元 Mg - Cu - Re 非晶合金[221~223]。

图 7-48 是在大气气氛和氩气气氛下采用铜模铸造法制备的直径 5 mm 的 $Mg_{65}Cu_{25}Tb_{10}$ 块体非晶合金的 XRD 图谱,结果表明在不同气氛下制备的合金都具有非晶结构。图 7-49 是在大气气氛和氩气气氛下制备的直径 5 mm 的 $Mg_{65}Cu_{25}Tb_{10}$ 块体非晶合金的 DSC 曲线,通过对比两个试样的 T_{rg} 和晶化焓大小,可以发现在大气气氛下制备的非晶合金与在氩气气氛下制备的非晶合金基本上没有什么变化。图 7-50 是 $Mg_{72}Cu_{28}$ 和 $Mg_{65}Cu_{25}Tb_{10}$ 母合金的表面照片,$Mg_{65}Cu_{25}Tb_{10}$ 合金熔体冷却后具有光滑的表面,它的氧化层与 $Mg_{72}Cu_{28}$ 合金的氧化层有很大的不同,$Mg_{72}Cu_{28}$ 合金的氧化层呈菜花状形貌。通过 EDS 分析合金靠近表面区域的成分发现在合金表层具有较高的氧含量,而其他区域的成分则接近 $Mg_{65}Cu_{25}Tb_{10}$ 名义成分,氧含量仅有 0.1% ~0.2%(原子分数)。以上结果表明了添加稀土元素后非晶合金形成能力以及抗氧化性能的提高是由于在合金表面形成了一层致密的氧化膜,该氧化膜的存在阻止了剩余合金熔体的进一步氧化。同样,其他稀土元素的微量添加对于 Mg 基非晶合金形成能力的提高和可制造性的改善也有同样的促进作用。

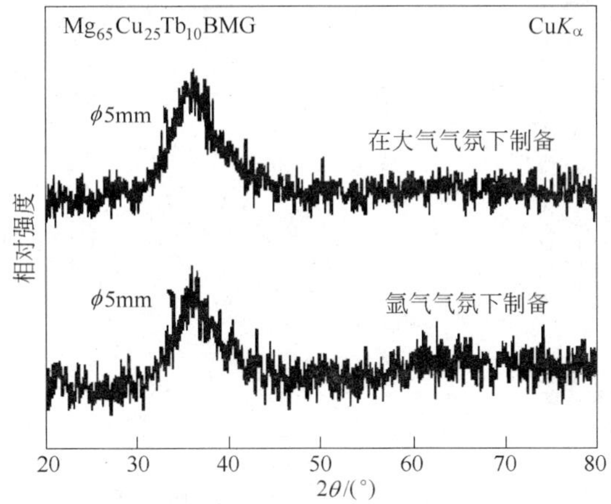

图 7-48 在大气和氩气气氛下铜模铸造制备的 $Mg_{65}Cu_{25}Tb_{10}$ 合金的 XRD 图谱[222]

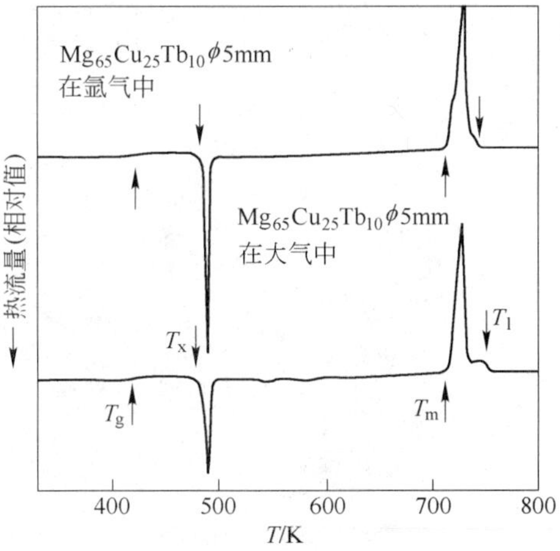

图 7-49 在大气和氩气气氛下铜模铸造制备的 $Mg_{65}Cu_{25}Tb_{10}$ 合金的 DSC 曲线[222]

同样,在其他基体如 Fe 基、Zr 基非晶合金中微量添加稀土元素也能提高非晶形成能力和抗氧化性。添加了 2%(原子分数)的 Ho 的 $Fe_{44}Mn_{11}Cr_{10}Mo_{12}C_{15}B_6Ho_2$ 非晶合金具有高的抗氧化性,在大气气氛中采用铜模铸造法制备的非晶合金临界尺寸为 6 mm,而该成分在氩气保护气氛下制备的非晶合金临界尺寸为 8 mm,说明在大气气氛条件下制备的非晶合金的

图 7-50 $Mg_{72}Cu_{28}$和 $Mg_{65}Cu_{25}Tb_{10}$母合金表面照片[222]

(a) $Mg_{72}Cu_{28}$;(b) $Mg_{65}Cu_{25}Tb_{10}$

形成能力并没有明显下降[224]。Pan 等[225]采用工业纯度的原料在低真空和大气条件下制备了 $Fe_{43.7}Co_{7.3}Cr_{14.7}Mo_{12.6}C_{15.5}B_{4.3}Y_{1.9}$非晶合金。图 7-51 为 $Fe_{43.7}Co_{7.3}Cr_{14.7}Mo_{12.6}C_{15.5}B_{4.3}Y_{1.9}$在 1.5 Pa 和大气下($10^5$ Pa)条件下制备的非晶合金的外观照片和 XRD 图谱。可以看出在低真空下和大气气氛下都可以制备出完全非晶态的块体非晶合金,图 7-52 中(a)为 $Fe_{43.7}Co_{7.3}Cr_{14.7}Mo_{12.6}C_{15.5}B_{4.3}Y_{1.9}$母合金表层区域的 XRD 图谱,(b)为该合金内部区域的 XRD 图谱,(c)为采用铜模铸造的直径 3 mm 的 $Fe_{44.6}Co_{7.4}Cr_{15}Mo_{12.8}C_{15.8}B_{4.4}$合金的 XRD 图谱,从图中可以看出,添加稀土元素 Y 后合金表面生成了 Y_2O_3氧化膜,且该氧化膜主要存在于合金的表层区域。从热力学角度来分析,生成 Y_2O_3的形成焓(-1905 kJ/mol)比在合金中生成其他氧化物的形成焓要高得多(例如 Fe_2O_3形成焓为 -825 kJ/mol,MoO_2形成焓为 -588 kJ/mol,B_2O_3形成焓为 -1270 kJ/mol,Cr_2O_3形成焓为 -1130 kJ/mol,CoO 形成焓为 -238 kJ/mol),因此,由于合金中 Y 的存在,当制备合金的氧气浓度较高时,Y_2O_3会优先形成并存在于合金表面,从而阻止了合金的进一步氧化。

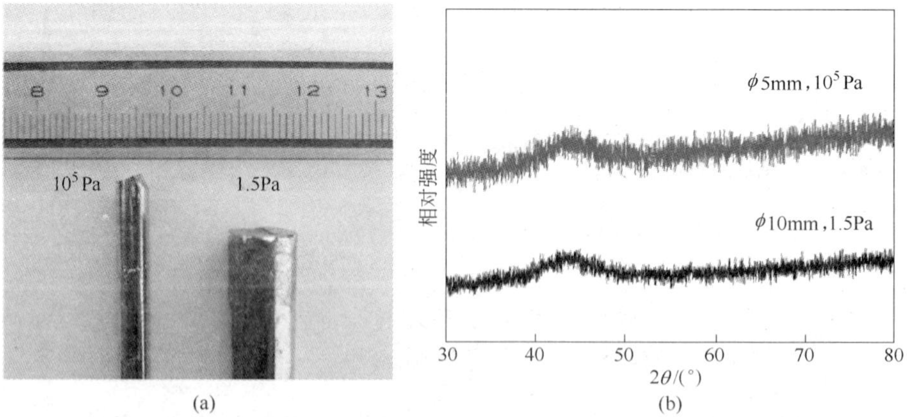

图 7-51 $Fe_{43.7}Co_{7.3}Cr_{14.7}Mo_{12.6}C_{15.5}B_{4.3}Y_{1.9}$在 1.5 Pa 和大气下($10^5$ Pa)条件下制备的非晶合金的外观照片和 XRD 图谱[225]

(a) 外观照片;(b) XRD 图谱

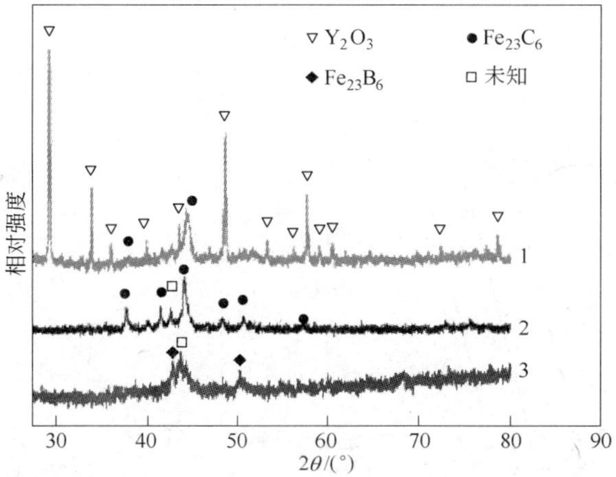

图 7-52 铁基合金铸态及母合金不同区域 XRD 图谱比较

1—$Fe_{43.7}Co_{7.3}Cr_{14.7}Mo_{12.6}C_{15.5}B_{4.3}Y_{1.9}$母合金表面区域的 XRD 图谱；2—该合金内部区域的 XRD 图谱；
3—采用铜模铸造的直径 3 mm 的 $Fe_{44.6}Co_{7.4}Cr_{15}Mo_{12.8}C_{15.8}B_{4.4}$合金的 XRD 图谱[225]

稀土元素能有效地提高非晶合金的形成能力，改善其可制造性，同时对非晶合金的力学性能也有一定的影响。Luo 等[206]研究了稀土元素微量添加对 $Zr_{55}Al_{10}Ni_5Cu_{30}$块体非晶合金力学性能的影响。添加 1%（原子分数）的不同稀土元素显著影响 $Zr_{55}Al_{10}Ni_5Cu_{30}$块体非晶合金的力学性能。其中添加 Y、Er、Tm、Yb 将显著提高非晶合金的压缩断裂强度和塑性；而添加 La、Ce、Nd、Gd、Tb 将降低基体非晶合金的压缩断裂强度和塑性。不同含量的稀土元素将对 $Zr_{55}Al_{10}Ni_5Cu_{30}$块体非晶合金的力学性能有明显的影响。实验发现，添加 0.5% ~3%（原子分数）的 Y 或添加 0.5% ~5%（原子分数）的 Er 有助于基体合金力学性能的提高，图 7-53 为$(Zr_{55}Al_{10}Ni_5Cu_{30})_{100-x}Y_x$（$x$=0.5，1，2，3，5）非晶合金的应力－应变曲线图，添加 1%（原子分数）Y 的锆基非晶合金的力学性能最好。Chang 等[217]研究了稀土元素微量添加对 $Cu_{55}Zr_{40}Al_5$力学性能的影响。添加稀土元素 Er、Y、Tb、Tm、Dy、Ho、Pr 等对 Cu 基合金的压缩断裂强度影响不大，压缩断裂强度值大约在 1900 ~2000 MPa，大部分稀土元素可以提高合金的塑性变形能力，当添加 2%（原子分数）Er 时，合金塑性变形量值达到 2.5%。非晶合金试样压缩断裂断口形貌为典型非晶合金断裂出现的脉状花纹。微量添加稀土元素对合金的压缩断裂强度影响不大，当添加量大于一定值后，压缩断裂强度值迅速降低；添加稀土元素可以提高 Cu 非晶合金的塑性变形能力，当大于一定含量后，塑性变形量值随稀土含量的增大逐渐降低。

稀土元素由于内部原子 f 壳层没有完全填满，因而具有一定的磁性。因此，微量添加具有磁性的稀土元素不仅能影响非晶合金的形成能力，还能影响其磁性能。通过对 $Fe_{70-x}Dy_xZr_8Mo_5W_2B_{15}$（$0<x$（原子分数）$<5\%$）合金微量添加 Dy，研究其 *dc* 和 *ac* 磁化率。发现该非晶合金有重入自旋玻璃行为，这是由于 Dy 的微量添加导致的。说明可以通过改变稀土元素的添加量来调整其磁性能。图 7-54 为在 10 Oe 和 1000 Hz 下的 $Fe_{70-x}Dy_xZr_8Mo_5W_2B_{15}$（$0<x$（原子分数）$<5\%$）合金磁相图[226]。

近年来，微量添加稀土元素对块体非晶合金耐腐蚀性能影响也有一定的研究。Huang 等[261]研究了 $Zr_{55}Al_{10}Ni_5Cu_{30}$和$(Zr_{55}Al_{10}Ni_5Cu_{30})_{98.5}Y_{1.5}$在模拟人体溶液中的循环阳极极化

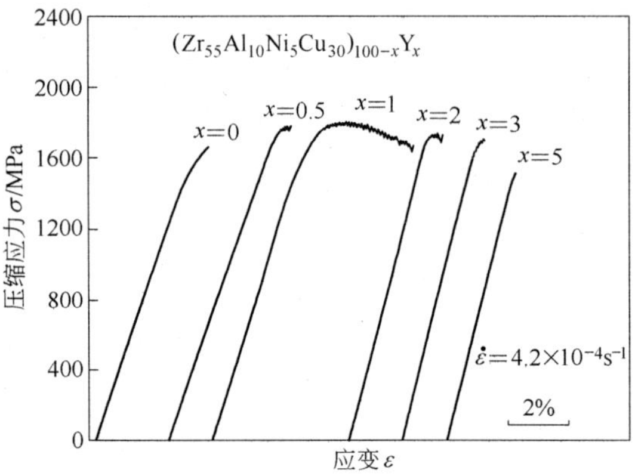

图 7-53 $(Zr_{55}Al_{10}Ni_5Cu_{30})_{100-x}Y_x$（x = 0.5，1,2,3,5）非晶合金的应力－应变曲线图[206]

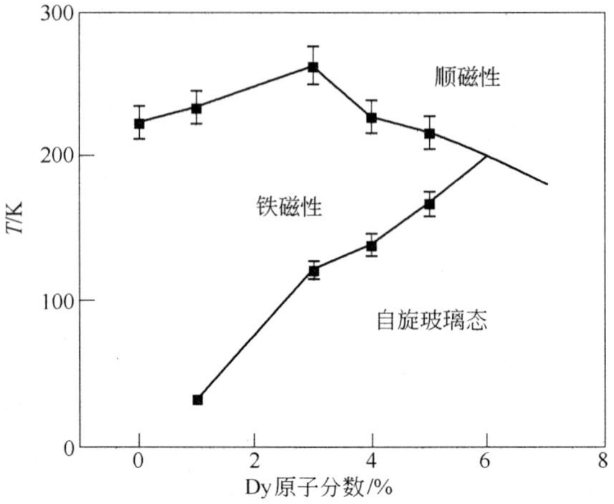

图 7-54 在 10 Oe 和 1000 Hz 下的 $Fe_{70-x}Dy_xZr_8Mo_5W_2B_{15}$（0 < x（原子分数）< 5%）合金磁相图[226]

曲线，并与常规的医用合金进行对比，见图 7-55。结果表明 $(Zr_{55}Al_{10}Ni_5Cu_{30})_{98.5}Y_{1.5}$ 合金具有更高的耐腐蚀性，具有较低的腐蚀电流密度（ < 1 mA/m²）和低的腐蚀速率（ < 1 mm/a），而 $Zr_{55}Al_{10}Ni_5Cu_{30}$ 具有较高的腐蚀电流密度（ ~5 mA/m²）和较高的腐蚀速率（ ~10 mm/a）。这可能是因为 Y 的添加改变了合金表面膜的成分和结构所致。Wang 等[262]研究了在 1M HCl 中微量添加 Y 对非晶钢的耐腐蚀性能的影响。XPS 和 Mott-Schottky 测试分析了表面膜的成分和半导体性能，结果表明 Y 的添加改变了合金的表面膜成分并影响了其半导体性能，稳定了其表面膜，因此增加了表面膜的稳定性。

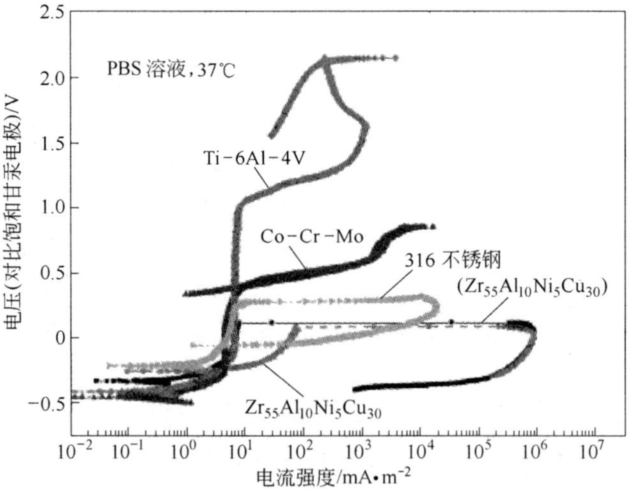

图 7-55 $Zr_{55}Al_{10}Ni_5Cu_{30}$，$(Zr_{55}Al_{10}Ni_5Cu_{30})_{98.5}Y_1$，Ti－6Al－4V，Co－Cr－Mo 和 316 不锈钢的循环阳极极化曲线[227]

7.2.2 医用稀土金属材料

镁是促进身体生长发育的必需元素，是人体新陈代谢元素之一。镁合金作为一种轻质的结构材料，不仅力学性能接近自然骨，而且它在人体植入实验中表现出杰出的生物相容性。在中性环境和含氯环境里，镁种植体腐蚀分解后形成可溶性的无毒氧化物，通过人体尿液直接排出体外。此外，镁实际上对新生骨组织具有刺激促进生长作用[227]。镁的这些特性吸引了生物降解骨移植方面研究者的高度重视，有望开发出全降解的新一代生物用镁体材料。

但是，以纯镁作为结构材料植入，腐蚀速率太快。在新骨骼组织愈合之前，其机械完整性已完全损坏。同时，镁合金在腐蚀过程中，会产生大量的氢气。这样一方面不利于实际应用尺寸控制，另一方面也不利于病人康复。因此，选择合适的合金成分就成了镁合金医用的前提。自 20 个世纪中期开始，人们对镁钙基、镁铝基和镁锌基等体系进行了系统研究。结果表明，这些合金的腐蚀速率过快，机械完整性差，没有足够的时间愈合（理想时间至少 12 周）。因此，提高镁生体材料的耐腐蚀性，特别是在人体环境中的耐蚀性，是开发医用镁合金的前提。

稀土作为镁合金中一类活泼的合金化元素，可以明显改善合金的力学性能、腐蚀性能及蠕变性能。一般情况下，添加的稀土可分为两类，第一类在镁合金中具有较大固溶度，如钇（Y）、钆（Gd）、铽（Tb）、镝（Dy）、钬（Ho）、铒（Er）、铥（Tm）、镱（Yb）和镥（Lu）可以通过固溶强化和时效析出强化改善合金性能；第二类是在镁合金中具有较低固溶度，如钕（Nd）、镧（La）、铈（Ce）、镨（Pu）、铕（Eu）、钐（Sm）可以通过形成高熔点的第二相提高合金力学性能。同时，这类合金化元素都能形成致密的氧化物保护膜，从而提高合金的耐蚀性。

稀土医用合金作为一类特殊的材料，除了对其力学性能、腐蚀性能有特殊的要求外，对其合金化元素的毒性也有严格的限制。以前的结果发现，大部分稀土超过一定含量对人体细胞是有毒的，而且各个稀土的毒化作用的浓度范围各不相同。Frank 等[228]对镁合金中常见的稀土合金化元素在人体环境中的毒性进行了系统研究，结果见表 7-40。

表 7-40 不同稀土元素在不同的细胞中的实验结果

元素	RAW264.7		MG63		HUCPV	
	IIC/mmol	LD_{50}/mmol	IIC/mmol	LD_{50}/mmol	IIC/mmol	LD_{50}/mmol
Yttrium	200	n/a	2000	>1000	2000	n/a
Lanthanum	50	>400	400	>500	500	>1000
Cerium	30	>1000	60	>1000	90	>1000
Praseodymium	600	>1000	2000	>1000	2000	n/a
Neodymium	700	>1000	2000	>1000	2000	n/a
Europium	500	>1000	2000	>1000	n/a	n/a
Gadolinium	2000	>1000	2000	>1000	2000	n/a
Dysprosium	2000	>1000	2000	>1000	2000	n/a

注：RAW264.7—巨噬细胞；MG63—造骨细胞；HUCPV—干细胞；IIC—开始抑制细胞分裂的浓度；LD_{50}—细胞半致死剂量；n/a—实验浓度范围中无影响。

实验结果表明：(1) 低浓度轻稀土元素已超过细胞毒化作用范围。镧和铈最早开始毒性作用，对人体作用的毒化也最强，最不适合制备镁稀土生体材料。(2) 不同类型细胞的敏感性是不相同的。RAW 巨噬细胞最迟钝，HUCPV 干细胞最敏感。(3) 和轻稀土元素相比较，重稀土元素具有更高的毒化作用浓度，而且，高溶解度的 Gd、Eu 和 Dy 展现出突出的生物友好性。考虑到 Mg－Gd 基、Mg－Eu 基和 Mg－Dy 基合金优异的力学性能，这种材料将是未来镁合金生物医学领域研究的重点。

近年来，Witte 等[229,230,231]研究了 LAE442 和 WE43 在人体环境中的腐蚀性能，发现了镁稀土材料在人体中特殊的降解过程。植入棒在 18 周完全降解，其机械完整性在 12 周后基本保留。植入物包括棒直径 1.5 mm，长度 20 mm，插入豚鼠股骨实验。一个相同尺寸的聚乳酸棒被用作参比物。相对于聚合物控制，在相同时间内，镁植入增加骨面积明显比聚合物大，这说明镁植入能促进骨骼生长。同时，能量色散 X 射线分析对腐蚀层和新的骨组织的元素形式进行了表征(图 7-56)，发现稀土元素只存在于局部腐蚀层，并没有在周围骨的腐蚀层中观察到稀土，同时，含有高钙、磷和一定无定形的磷酸钙已富集在植入物周围。这重要的发现为镁稀土生体材料提供了直接的依据：一方面，降解的稀土不一次性往体液中扩散，或者扩散的速度很慢，经过人体体液稀释后的稀土浓度明显降低，对人体的毒化作用也明显减弱；另一方面，镁稀土生体材料能促进骨骼生长，有益于伤口恢复。这些结果表明含稀土(无毒)镁合金是一种潜在的理想生物材料。

为了制备出优良的镁稀土生体合金，Peng 等[232]采用区域固化，控制温度梯度场的方法制备出大块高纯的镁稀土合金，这为后续的加工和成型奠定了基础。同时，用激光加工的方法可以加工出不同的镁稀土合金产品(图 7-57)。

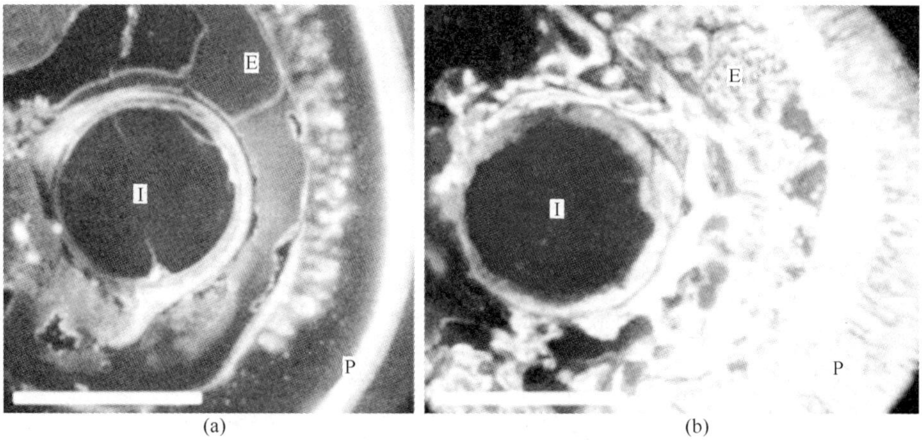

图 7-56 可降解聚合物和镁棒在细胞内新骨形成部位的荧光染色图像[4]

(a) 可降解聚合物；(b) 镁棒

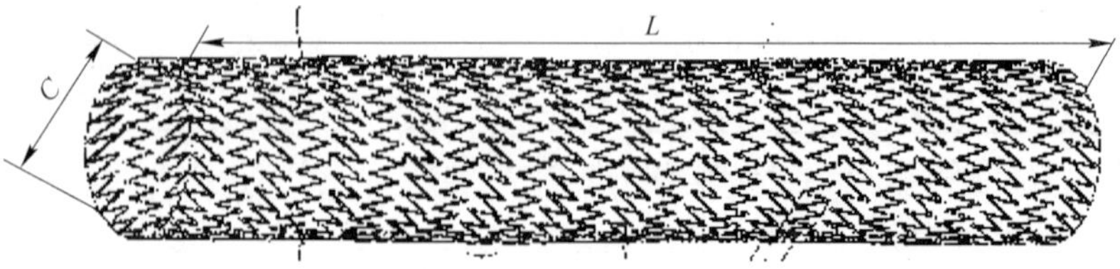

图 7-57 心血管支架示意图[233]

镁稀土合金作为一种新型的生体材料,具有广阔的应用前景。目前,镁稀土合金种类不多,腐蚀性能不稳定,降解机理不太清楚,加工方法短缺是制约其应用的主要原因。开展物理学、化学、生物力学和临床科学等多学科交叉研究,是开发新型镁稀土生体医用合金的关键。

7.2.3 核工业用稀土金属材料

核材料是用于核科学和核工程的材料总称。反应堆的创始人费米早在1946年就曾指出"核技术成功的关键取决于堆内强辐射下材料的行为[234]",这个预言已被反应堆的实践和发展所证实。通常情况下核材料是指裂变反应堆和聚变反应堆使用的材料。当前核能应用的重点仍是裂变反应堆,裂变堆材料研究已取得巨大的成就,目前全世界已经有上千座各种反应堆在成功运行,而且还在不断地发展中;聚变堆至今尚未得到正式应用,聚变堆材料还处在开发阶段。

反应堆是利用原子能的一种最重要的大型设备,按不同的使用目的和要求,反应堆有许多的堆型。虽然它们的结构和用途各异,但在实现核裂变反应的自持和可控过程是相同的,都需要由核燃料、堆内构件、控制棒、反射层、冷却剂和慢化剂(快堆除外)以及包容它们的容器或压力容器等部件组成。核材料除必须满足常规能源材料的要求外,还必须满足核反应堆的一些特殊要求:(1) 为保证核反应高效运行,堆芯材料必须是核纯的;(2) 核燃料必须和包壳材料相容性好;(3) 核材料必须耐辐射损伤;(4) 核材料必须耐腐蚀;(5) 核材料必须是高质量且其运行特性是可以预测的。

为了提高核燃料的利用率,改善反应堆的性能,近年来很多新型反应堆(如快中子增殖反应堆)已相继问世。研究者预期快中子增殖堆将在21世纪核能发展中起主要作用,采用增殖堆可使铀资源的利用率提高60~70倍。美国、前苏联、日本和法国都分别建有这种反应堆。要使快中子增殖堆达到安全可靠、发电经济,尚需大量的改进提高,其中材料问题就是其中急需解决的重要方面。稀土金属由于具有不同的热中子俘获截面和其他特殊的性能,使其在核工业中得到广泛应用。根据不同稀土元素的核性能特点,很多稀土元素在反应堆的结构材料、控制材料以及制作慢化剂和核燃料稀释剂等上得到研究和应用[235]。

A 燃料包壳(包套)材料[236~238]

镁诺克斯是无氧化的镁的英文名简称(Magnox, Magnesium No Oxidation)。由于镁合金抗CO_2的氧化能力强、热中子俘获截面小、与铀相容性好,并具有较好的延性、蠕变强度和导热性能,所以被选作石墨气冷堆(镁诺克斯堆)的燃料元件包壳材料。此外,由于镁合金的热中子俘获截面小(比铝小4倍),因此设计上允许镁包壳的管壁可以增厚,并且可以采用较大的散热肋条。具有镁合金包壳的燃料元件的强度由金属铀保证,包壳则防止芯体受冷却剂的腐蚀作用,对镁合金的基本要求除了高的腐蚀稳定性外,足够高的弹性、塑性是另一重要的性能要求,而拉伸强度则不是很重要。一种合格的镁合金包壳材料需要满足以下条件:(1)细晶粒,以防止空穴效应;(2)在工作温度下抑制晶粒的长大;(3)良好的蠕变延展性;(4)低的热中子俘获截面,也就是说合金中不存在易吸收中子的合金化元素或杂质;(5)良好的蠕变抗力阻止散热肋条在高压气流中扭曲;(6)良好的焊接性能保证完全密封,无泄漏。

AL80(Mg-0.80% Al-0.005% Be)是英国卡德霍尔(Calder Hall)反应堆的燃料包壳材

料,ZR55(Mg - 0.55% Zr)是法国同类型反应堆的燃料包壳材料。表 7-41 列出了这两种常用镁合金的力学性能。表中数据是每小时应变速率为 1075% 时的结果。监测英国卡德霍尔堆上用过的 110 万个元件,发现 AL80 镁合金包壳因破损而从堆内传出破损监测信号的只占 0.05%。然而,已采用的镁合金材料还存在需要改进的地方,例如(1)耐高温性能差,限制用在 460℃以下,不能作自立型元件包壳;(2)200℃左右时具有较差的蠕变延展性,400℃左右时具有晶粒长大的倾向等;(3)合金有空穴效应,即在 200 ~ 300℃发生应变时,空位易迁移到晶界并连接起来形成空腔,随着应变增加,空腔再连接起来,沿晶界会形成连续的空穴;晶粒越大,空穴尺寸越大,易使包壳发生泄漏。因此,改善镁合金材料性能,尤其是高温性能引起了相关研究者的关注。如前面所述,含稀土的镁合金一般都具有优良的高温性能,因而通过添加稀土铈试制了 Mg - Ce - Zr、Mg - Ce - Zn - Zr、Mg - Ce - Mn、Mg - Ce - Mn - Zr 等系列合金试图提高合金的高温蠕变性能。表 7-42 给出了几种含稀土铈的镁合金的蠕变性能。其中的一些合金在 350 ~ 400℃表现出非常好的抗蠕变性能,但在更高的温度下,由于强化相的变粗糙或溶解合金蠕变抗力迅速下降。因此作为核燃料元件包壳用镁合金材料还有待进一步研究,其性能还有待进一步提高。此外,据悉在国外镁 - 重稀土 - 锆合金已在反应堆导热管上得到应用。

表 7-41 AL80 和 ZR55 合金的力学性能

温度/℃	抗拉强度/MPa		总伸长率/%	
	AL80	ZR55	AL80	ZR55
20	150	215	8	11
50	138	224	9	5
150	108	116	34	36
250	49	75	56	62
350	25	36	60	122
400	20	19	58	142
450	12	8	57	186

表 7-42 一些含稀土镁合金的蠕变测试结果

合金组成/%	一定条件下的蠕变应变/%					
	2.5 MPa,400℃		1.5 MPa,450℃		0.1 MPa,500℃	
	100 h	1000 h	100 h	1000 h	100 h	1000 h
Mg - 0.75Ce	3	> 14(200 h)	5.7	> 14(170 h)	0.06	0.26
Mg - 0.75Ce - 0.4Mn	0.45	> 7(600 h)	1.6	> 8(300 h)	0.07	0.11
Mg - 0.75Ce - 0.5Zn - 0.5Zr	0.1	> 6(500 h)	4.4	> 11(200 h)	0.2	0.4
Mg - 0.75Ce - 0.25Mn - 0.25Zr	1.3	2.1	0.15	7.8	0.01	0.1

B 结构件材料[235,239~241]

反应堆要求结构部件具有一定的强度、耐蚀性和高的热稳定性,同时还要防止裂变产物进入冷却剂。稀土金属钇的热中子俘获截面小,并且它的密度小(4.47 g/cm^3),熔点高(1526℃),不与液体铀和钚起反应,此外它吸氢能力也很强,可用作反应堆热强性结构材料。例如钇用作在热中子下工作的运送反应堆中液体燃料的管道材料,钇管输送含有 5% 铬的铀液体燃料,在 1000℃下完全不被腐蚀,在钇管外面套以不锈钢管(两管之间充氦气),防止大气对钇管的腐蚀;钇作吸氢剂,吸气剂合金含不小于 5% 的钇,可防止反应堆中的锆合金燃烧罐的氢－脆变，在300℃下，YH_2中的H在$\alpha-Zr$中与1×10^{-6}H相平衡；实践证明，钇可以在快速增殖反应堆中使用。

研究发现，含铕的银合金具有特别好的强度和抗腐蚀性能，含9%铕的银合金在360℃和19.2MPa的水中具有足够的耐蚀性和强度，因而具有很高的实用价值。含铕、钆的银合金的化学成分和力学性能见表7-43。

表7-43 含铕、钆的银合金的化学成分和力学性能

化学成分/%			力学性能			
Ag	Eu	Gd	HV/MPa	σ_b/MPa	$\sigma_{0.2}$/MPa	δ/%
90.0	0.0	10	265	157	98	58
89.1	0.9	10	539	235	186	16
85.3	4.5	9.9	1010	284	255	3
81.3	9.0	9.7	1570	—	—	—

C 控制材料[235,237,240]

控制材料是指中子俘获截面大的元素及其合金、氧化物、水溶液和陶瓷材料等，用于控制和储备堆芯反应性，使核反应堆具有可控和自持功能。总之，反应堆是否安全、平稳和正常运行，控制材料起着十分重要的控制和保障作用。稀土金属钐、铕、钆、镝和铒的核吸收中子能力很强，是优良的核反应堆控制材料，可用作反应堆的控制棒、可燃毒物、中子通量抑制剂以及防护层的中子吸收剂。主要控制材料的核性能见表7-44。由表可以看出，某些稀土

表7-44 主要控制材料的核性能

元素	主要核反应	吸收同位素质量数（磁单位）	同位素存在百分数/%	热中子吸收截面 $\sigma_a/10^{-28}\ m^2$
硼	$^{10}B(n,2)$	10	18.8	383.7
铪	(n,γ)链式反应	176 177 178 179 180	5.2 18.2 27.1 13.8 35.2	30 370 80 65 10
铕	(n,γ)链式反应	151 152 153 154 155	47.8 — 52.2 — —	9000 5000 420 1500 13000
钆	(n,γ)无链式反应	155 157	14.7 15.7	70000 18000
钐	(n,γ)	149	13.8	66000
镝	(n,γ)	161	28.2	2340
铒	(n,γ)	167	22.8	612
银	(n,γ)	107 109	51.4 48.6	30 84
镉	(n,γ)	113	12.3	27000
铟	(n,γ)	113 115	4.2 95.8	63 197

元素如钐、铕、钆都很容易吸收中子。其中钆的俘获截面最大，但它吸收中子后产生的同位素的俘获截面小，而且钆是短寿命的吸收剂，燃耗过快，因此只能用来作停闭一般动力堆的停堆棒或作短寿命反应堆的控制棒。钐－149 也有很大的俘获截面，但它存在量很少，仅对燃耗低的核反应堆有价值，钐既可以单独也可以和钆一起作控制棒，不过它的寿命短。镝和铒都有一定的俘获截面，它们是有价值的可燃毒物和控制材料，在一定条件下铒可弥散在不锈钢中作反应堆控制棒。在众多的稀土控制材料中，铕具有最佳的核性能。首先，铕含有两种俘获截面大的同位素，对于高中通量的长寿命反应堆而言，铕是除铪以外核性能接近理想的中子吸收体；其次，铕在超热区有很强的共振吸收，吸收中子后通过(n,γ)反应还能产生5个中子，吸收截面高并能够吸收中子的同位素素列。因此铕不但是一个寿命长的吸收体，而且适于作为紧凑型反应堆的控制棒材料，如潜水艇核动力反应堆的控制棒。铕不但被广泛用来制造控制棒，而且还适于制造补偿棒和事故时紧急备用棒。将这些稀土金属与基体金属（如不锈钢、钛锆、银等）制成合金材料是它们使用的形式之一。如含铕为5%的银镉三元合金 Ag－9.9Cd－4.5Eu（%），除热中子俘获截面大外，还具有良好的力学性能、机械加工性能和对高温水的耐蚀性，可作为动力堆的控制棒和停堆棒。

D 慢化剂和核燃料稀释剂[235,236]

钇、铈、镧的热中子俘获截面小，其中铈的俘获截面为 0.73b。它们吸氢后都能形成相应的氢化物，作为氢的载体可用于反应堆芯的固体减缓剂，以慢化中子速度、增加核反应几率。氢化钇含有大量的氢原子，相当于水的数量，其热稳定性非常好，直到 1200℃ 氢化钇只失掉很少的氢，是很有前途的高温堆减速材料。在金属铀钚核系统中，可用金属铈制造的低熔点合金为燃料，用于快中子反应堆。

核能发电是一种清洁能源，工业发达国家已把核电作为一种主要能源，一般占整个发电量的 15% 以上。国际原子能机构关于 2030 年能源前景的报告中认为全球核电装机将超过5 亿千瓦，报告统计目前全球运行的核电站 435 座，29 座正在建设中。我国也正在大力开发核电能源，据国务院批准的《核电中长期规划》，我国在沿海六省规划了 13 个厂址，60 个核电机组，5946 万千瓦装机[242]。因此，核反应堆用材料会不断增加。稀土及其金属材料在核工业上的应用潜力巨大。前苏联和日本的核事故，引起人们对核电站安全予以最高度的关注，对核工业用材料包括稀土合金材料的质量和性能特别是可靠性、安全性绝对要经得起最严格的检验和考验。

7.2.4 稀土铅酸蓄电池铅基板栅合金材料

7.2.4.1 概述

迄今为止，铅酸蓄电池以其较大的实用性、较高的性价比，在化学电源应用中仍然占据重要地位，其产量约占化学电源总量的 60 % 以上。随着电力、通信事业的发展，特别是电动自行车、电动摩托车等电动交通工具的需求，铅酸蓄电池显示出愈来愈大的应用前景。

通常铅酸蓄电池板栅采用的是 Pb－Sb 和 Pb－Ca 合金。Pb－Sb 合金长期用作板栅材料是由于它良好的硬度和抗拉、抗张强度以及优越的浇铸性能，合金中的锑促进了板栅与活性物质的结合，提高了正极充放电容量，特别是增强了正极耐过放电能力，延长了电池深放电的使用寿命。但在充放电过程中转移到负极板上的锑会造成氢过电位的降低，引起大量失水和自放电，而不能用于少维护和免维护电池。过充时，还会逸出有毒气体，而且，正极板栅腐蚀速率随锑含量的增加而增加。Pb – Ca 合金随密封式免维护电池的推广得以广泛应用。采用铅钙合金做板栅材料的铅酸电池低温启动性能好,失水性能良好,自放电小,但循环寿命差,尤其是需要深循环时,再充接受能力较差,易发生早期容量损失。

稀土铅基(Pb – RE)板栅合金具有 Pb – Sb 和 Pb – Ca 合金的优点,同时能克服这两大系列合金的不足,而且无环境危害。稀土铅基板栅合金可望成为能满足新型铅酸蓄电池高性能指标要求的第三系合金。

稀土在铅酸蓄电池铅基板栅合金中的应用,有以下三方面的优势和特点:(1)能大幅度提高铅酸蓄电池的性能指标,降低生产成本,延长使用寿命 2 ~3 倍;(2)可避免铅酸蓄电池现有板栅合金中镉、砷等有害元素的使用,有效保护环境;(3)能拓展稀土的应用领域,充分利用我国稀土资源的优势。

7.2.4.2 铅酸蓄电池板栅合金的性能要求

作为铅酸蓄电池的板栅合金,尤其是正极板栅合金,要满足以下性能要求:

(1) 力学性能。板栅合金必须有足够的硬度和强度以承受制造过程中及随后的电池工作期间的机械作用和所遭受的各种变形。

(2) 耐腐蚀性能。板栅合金应具有良好的耐腐蚀性,它的结构和组织应能抵抗充放电或搁置期间电解液的腐蚀。

(3) 活性物质和板栅之间的机械接触和电接触。板栅合金应能与活性物质接触,即通过机械化学的、化学的或电化学的作用使得板栅和活性物质之间存在良好的“裹附力”。板栅的结构应不妨碍活性物质的膨胀、收缩,不然就容易使板栅变形,从而导致活性物质的脱落或龟裂和翘曲。

(4) 导电能力。板栅合金本身的电阻要小,以便加强极板的导电能力和使电流均匀分布的能力。此外,合金中的添加剂不能对上述性能产生有害的影响,即合金被氧化的成分既不能增加电流传导方向上氧化物腐蚀层的电阻,也不能有助于活性物质钝化。

(5) 铸造性能。如果板栅是通过浇铸而制造的,则合金必须具有良好的铸造性能。因此,在具备采用铸片机高速生产的条件下,当模具温度低于熔融金属的温度时,模腔必须被熔融合金所充满。

(6) 优良的可焊性。因为在电池装配过程中,正极群和负极群是通过正极板的和负极板分别焊接而成的,因此,板栅合金必须有良好的焊接性能。

(7) 成本及价格。低含量的、且价值不贵的添加剂可用于标准合金生产中以保证板栅的价格不至过高,同时这些添加剂还必须满足高效率的生产技术。

除此之外,还应该注意到其他的物理和化学性能也会影响到制造板栅的工艺性,诸如抗蠕变性、结晶结构、韧性及流动性以及在合金与二氧化铅界面产生的不良导电膜等都能导致蓄电池使用期限的缩短。目前广泛使用的 Pb – Sb 和 Pb – Ca 两大系列合金均无法完全满足上述性能要求,特别是现有板栅合金中存在的镉、砷等添加元素具有较大的环境危害性,迫切需要开发出一种能满足免维护、高功率、能深放电、长寿命、充电接受能力强以及低成本、绿色环保的铅酸蓄电池板栅材料。

7.2.4.3 稀土铅基(Pb – RE)板栅合金的可行性

稀土铅基板栅合金无环境危害,具有 Pb – Sb 和 Pb – Ca 合金的优点,同时能克服这两大系列合金的不足,能克服铅锑合金较低析氢过电位引起的不耐腐,水耗高,析气量大和铅钙合金再充接受能力较差,易发生早期容量损失,不能大电流、深放电等缺点。稀土铅基板栅合金可能成为能满足新型铅酸蓄电池性能要求的第三系合金。

稀土元素与铅的原子半径和电负性相近,晶体结构相同,易于与铅形成固溶体,而且具有极高的析氢、析氧过电位和较强的耐腐蚀能力,具有比铅、钙更高的硬度和更优良的力学性能,可制成具有广泛共熔的且性能更好的铅合金。利用稀土元素替代砷配制新型无砷稀土低锑合金,具有免维护铅酸电池所要求的高析氢过电位和强耐腐蚀性能,腐蚀产物是导电性能良好的 $\alpha-PbO_2$,改善了腐蚀膜的导电性,有利于改善免维护电池的深充放电性能,其硬度值也达到了板栅合金的力学性能要求。采用混合稀土制得的板栅合金,具有极强的耐腐蚀能力,可提高铅酸电池寿命两倍以上。

Pb-Sb 系 和 Pb-Ca 系合金中添加稀土或用稀土元素代替 Ca 都可以降低析氢、析氧电流,增加析氢、析氧过电位,完全可以用于免维护电池。稀土元素与铅可形成高熔点的金属间化合物,能中和某些铅合金晶间撕裂现象,并能提高合金的热加工性,增加合金的韧性和抗蠕变性。

含稀土的铅钙锡合金深充放循环性能明显优于铅钙锡合金,主要是由于经过深循环后,新型含稀土合金与多孔活性物质(PAM)形成的腐蚀膜具有良好的导电性。稀土铅基(Pb-RE)合金无需添加镉、砷等有毒元素,合金板栅无毒、无辐射,对环境无污染,对人体无害,完全达到国家环保要求。稀土铅基(Pb-RE)合金与 Pb-Sb 和 Pb-Ca 合金比较具有显著的优越性(见表 7-45)。

表 7-45 Pb-Sb、Pb-Ca 和 Pb-RE 系合金性能比较

合金种类	力学性能	耐腐蚀性能	深循环性能	析气性能	成本	加工性能
Pb-Sb 系合金	好	差	好	差	高	好
Pb-Ca 系合金	较好	较好	差	好	高	较好
Pb-RE 系合金	很好	很好	很好	很好	低	好

7.2.4.4 稀土对铅酸蓄电池板栅用低锑合金的影响

低锑合金用于免维护铅酸蓄电池的正极或负极板栅材料,使电池具有良好的深循环性能,但其蠕变阻力差、深充电能力差和腐蚀阻抗高的缺点一直制约着低锑合金的应用。为了满足人们对铅酸蓄电池性能要求的日益提高,低锑合金成为人们研究的重点。

稀土(铈、钇、钐等)添加剂已成为铅酸蓄电池板栅合金研究的热点。稀土元素与铅的原子半径和电负性相近,晶体结构相同,易于与铅形成固溶体,而且具有极高的氧过电位,具有比铅、钙更优良的机械性能,是铅基合金极好的添加剂。稀土元素中研究最多的是铈,它可改善阳极腐蚀膜的组成。

稀土属表面活性类元素,当没超过溶解限度时,结晶时,它被吸附富集在晶界表面上和晶界的边缘部上,从而降低了晶体长大时的表面能,降低形成临界尺寸的晶核所需要的功,从而急剧增多结晶,使晶粒细化、弥散、均匀。细化和均匀铅合金晶粒可能提高合金的硬度和耐腐蚀等性能。当超过溶解限度时,合金倾向于形成金属间化合物。铈在铅合金中溶解度小,合金凝固时主要形成 Pb_xCa_y 晶体,并作为成核中心,细化晶粒,结晶成均一。由于固相的重结晶,形成 Pb_xCa_y 金属间化合物的细晶粒沉淀,使合金的机械性能得到改善。

A 稀土对低锑合金阳极腐蚀膜的影响

在阳极氧化过程中,板栅与活性物质之间极易生成电阻率高达 $10^{11}\ \Omega \cdot cm$ 的 $\alpha - PbO$ 晶体,形成厚而致密的高阻抗膜,容易使电池出现容量损失、正极板性能减退和再充电接受能力差等问题。尤其是电池要做深充放电循环时,阻抗膜造成的早期容量损失成为影响电池寿命的主要问题。

杨兰生[243]等利用稀土元素替代砷配制新型无砷稀土低锑合金,结果表明,腐蚀产物是导电性能良好的 $\alpha - PbO_2$。魏杰等[244]证明添加金属铈和钇可以抑制腐蚀膜中导电性差的非化学计量氧化铅的形成,使腐蚀膜导电性增强,以致消除早期容量衰减现象的发生。毛贤仙[245]等的研究也得到了一致的结果,并用电镜扫描技术观察到腐蚀膜已形成一个整体,空穴大大减少,腐蚀膜的颗粒趋于细化均匀,活性物质与硫酸的接触面积增大,并改善了板栅与活性物质以及活性物质之间的接触,进而改善腐蚀膜的导电性。杨炯等[246]还比较了 Pb - Ca - Sn、Pb - Ce 和 Pb - Sb 合金的耐腐蚀性能,实验表明他们的耐腐蚀性能依次增强。周彦葆等[247]提出 Pb - Sm - Sn 合金作为板栅合金的可能性,该合金在 0.9 V 和 1.28 V 电位下均可抑制铅合金阳极膜的生长和降低阳极膜的阻抗。杨春晓[248,249]等的研究表明,稀土元素 Yb 和 Gd 可显著抑制铅合金上阳极 Pb(Ⅱ)膜的生长和降低阳极 Pb(Ⅱ)膜的阻抗。柳厚田等[250~252]深入研究含铈铅钙合金在硫酸中的阳极电化学行为,发现铈的添加抑制了阳极氧化过程中 Pb(Ⅱ)膜的生长,对改善铅阳极膜的阻抗特性有着较大作用,但对 Pb(Ⅱ)膜生长速率的抑制仅限于低铈含量,有利于改善面维护电池的深充放电性能,用含铈的与不含铈的同种 Pb - Ca - Sn 作为正极板栅制作的铅蓄电池,含 Ce 的 Pb - Ca - Sn 合金的深充放循环性能明显优于不含铈的。在铅中添加 Sm 有利于抑制铅的阳极腐蚀和降低阳极 Pb(Ⅱ)膜的阻抗,La 亦可降低阳极 Pb(Ⅱ)膜的阻抗,但其作用不如 Sm 明显。杨习文[253]等的研究表明富铈稀土能细化铅锑合金晶粒,薄化晶界,减少晶体缺陷,降低整体腐蚀速度和腐蚀的危害性;富铈稀土能抑制阳极膜中的 PbO 生长,生成的 PbO 也易于还原,降低阳极膜的阻抗,提高板栅合金的深循环性能;当富铈稀土含量为 0.5% 时,铈与铅生成金属间化合物(Pb_xCe_y),锑在合金中分布均匀。

B 稀土对低锑合金微观组织的影响

根据合金组成元素及其原子相互作用的不同,固态下所形成的合金相基本上分为固溶体和中间相两大类。前者相当于以合金某一组元为溶剂,在其晶体点阵中溶入其他组元原子(溶质),从而组成异类原子混合的固态溶体,其结构保持溶剂的点阵类型;后者为异类原子组成具有与该相组元均不相同的点阵结构,若组成该相的异类原子数有固定比例,则有时又称为金属间化合物[254]。

合金组元间的相互作用及其所形成的合金相的性质与异类原子各自的结构有关,其中主要取决于电化学性、电子浓度、原子尺寸等因素的影响。

通常以元素的负电性(吸收外来电子形成负离子的倾向性)作为合金组元原子间的电化学亲和能力及其形成化合物倾向的判据。显然,两个组元间的负电性相差越大,形成中间相的倾向越强。反之,则越有利于形成固溶体。因此,在负电性相差较大的情况下,由异类原子结合的合金相,有可能使其结合方式从金属键向离子键过渡。

稀土易和氧、硫、铅等元素化合生成熔点高的化合物,同夹杂物反应生成的稀土化合物熔点较高,在熔液凝固前析出,这些细小的质点,可作为非均质形核中心,降低结晶过程的过冷度，因此，不但可以减少偏析还可细化铅合金的凝固组织，从而使晶粒细化而提高合金的性能。杨兰生[243]等用扫描电镜观察稀土铅锑合金的微观组织时，发现铅稀土合金晶粒小而均匀，使得晶间夹层很小，有利于阻止腐蚀的深入。通过金相图观察合金微观组织比较晶粒和晶界的大小，推测合金的耐腐蚀能力。陈燕[255]等研究证明，微量稀土 Ce 的加入合金可以细化组织，抑制金属间化合物的生长。稀土 Ce 含量为 0.03%（质量分数）时，合金组织均匀、细小。

C 稀土对低锑合金析氢性能的影响

由于屏蔽效应，稀土元素原子核对外层电子的引力较小，所以稀土元素很活泼，在合适的条件下，活动性很强，其活动能量仅次于具有放射性的锕系元素。稀土元素的原子内层 4f 轨道的电子未充满，留有填充电子的空位多，对电子的吸引力较强，当其核外电子层处于全充满或半充满时，化学性质十分稳定。人们研究稀土金属在有色合金中的作用机理时发现，稀土元素能使金属和合金的晶粒急剧细化。稀土元素的原子半径在 1.74 ~2.04 之间，很容易填补合金的晶粒新相的表面缺陷，生成能阻碍晶粒继续生长的膜，从而使晶粒细化。晶粒细化后不但能提高金属或合金的塑性，而且还能减少表面缺陷，有利于降低合金的析氢电位。杨兰生[243]等测试稀土铅锑合金的析氢电流和析氢量，结果表明，稀土不会改变铅合金的析氢机理，但可以减少合金充电和储存期间的析氢量。魏杰等人[244]研究含铈和钇的铅酸蓄电池板栅合金的电化学性能，结果表明，铈和钇都能提高铅钙和铅锑合金的析氢和析氧过电位，有利于铅酸电池的密封。杨春晓[239]等人的研究表明，稀土元素 Yb 对铅上的析氢和析氧过程无明显影响。

D 稀土对低锑合金力学性能的影响

铅酸蓄电池板栅的作用之一是用来支撑活性物质，由于板栅在腐蚀过程中会产生机械应力，在此种应力的作用下，正极板栅会“增大”，该过程破坏了活性物质和板栅之间的结合，导致了电池性能的不断衰退。而且板栅合金要承受制造过程中及随后的电池工作期间的机械作用和所遭受的各种变形，这就要求板栅合金具备一定的机械强度。稀土具有较 Pb 和 Ca 更高的硬度和力学性能，而且稀土作为合金的变性剂用来增强合金的耐蚀和耐磨性而广泛用于冶金工业。杨兰生[244,250]等利用稀土元素替代砷配制新型无砷稀土低锑合金，结果表明，稀土低锑合金硬度值达到了板栅合金的力学性能要求。姚靓[256]等证明，铅基低锑合金中添加稀土，合金的强度和塑性得到大幅度的提高，硬度虽然略有下降，但仍可满足少维护铅酸电池对板栅合金的力学性能要求；时效对于低锑合金的力学性能影响显著，强度和硬度的提高趋于稳定，稀土的加入缩短了低锑合金的时效周期；固溶处理能够明显地提高稀土铅锑合金的时效硬度，在 255 ℃时这种影响效果达到最佳。赵金珠[257]等研究了添加稀土元素的铅蓄电池板栅合金的力学性能，测试结果表明，随着稀土元素含量的增加，合金的力学性能呈现规律性的变化，一般随着稀土元素含量的增加，合金的性能呈现抛物线形式的变化。仝明信[258]等研究了低钙高锡铅合金添加稀土对合金力学性能的影响，研究结果表明，新型铅合金具有良好的力学性能和耐腐蚀性能，稀土的加入提高了合金的强度，增加合金的塑性。

E 稀土对低锑合金耐腐蚀性能的影响

铅酸蓄电池板栅合金应具有良好的耐腐蚀性，它的结构和组织应能抵抗充放电或搁置

期间电解液 H_2SO_4的腐蚀。

铅合金的显微结构一般由共晶网络所组成的晶粒所组成，它们处在最初形成的铅固溶体结晶的枝晶周围。许多这样的相和界面的存在产生了不同腐蚀类型的可能性。晶粒间的腐蚀发生在晶粒的界面上，并显著地降低了板栅的力学性能。腐蚀的程度取决于因腐蚀而渗透到板栅筋条内的深度。当共晶体以最快的速度被氧化时，会发生枝晶间的晶间腐蚀，当初形成的铅固溶体枝晶的氧化达最快时，就发生枝晶体腐蚀，后两种称为整体腐蚀。这是一种均匀性的腐蚀，其腐蚀程度决定于总体失重。一般来说，前者即晶间腐蚀对板栅造成的危害性更大。因此，用于制造板栅材料的铅合金，尽量需要总体腐蚀必须以最小的速度进行，但更必须力求避免晶间腐蚀。

魏杰[244]等人考察了在铅钙合金中添加稀土金属铈和钇对合金性能的影响，结果表明，铈和钇能提高铅钙合金的耐腐蚀能力。杨兰生等[243]利用稀土元素替代砷配制新型无砷稀土低锑合金，结果表明，稀土低锑合金具有强耐腐蚀性能，腐蚀产物是导电性能良好的 α-PbO_2。仝明信[258]等的研究表明了低钙高锡铅合金添加稀土提高了合金的耐腐蚀性能。李党国[259]等研究了稀土低钙高锡型铅钙合金在硫酸中的阳极行为，研究结果表明稀土的加入改善了合金的电化学性能，新型铅钙合金的耐腐蚀性能较好，稀土的加入使阳极腐蚀膜具有良好的力学性能，有利于电池深循环性能的提高和板栅与活性物质之间的结合，对延长电池的使用寿命有促进作用。张绍辉[260]等研究表明当添加了 Ce 后，铅锑合金的腐蚀都受到抑制，腐蚀量减少，有利于提高板栅的耐腐蚀性能。

F 稀土对低锑合金结构和性能的影响

稀土对低锑合金结构和性能的影响有以下几个方面：

(1) 稀土能够使低锑合金晶粒细化、均匀，减轻晶界的腐蚀；提高低锑合金的硬度，改善合金的力学性能。

(2) 稀土能抑制低锑合金阳极腐蚀膜中导电性能差的非化学计量氧化铅的形成以及 $PbSO_4 \cdot PbO$ 和 PbO 膜的生长，降低阳极腐蚀膜中的高阻抗的 Pb(Ⅱ)的含量，提高阳极腐蚀膜的电导率；减少合金阳极腐蚀膜中 PbO_2的还原，使得 $PbSO_4$更容易氧化为高电导率的 PbO_2，降低阳极腐蚀膜的钝化作用，提高阳极腐蚀膜的电导率。

(3) 稀土能减少低锑合金的晶间腐蚀，降低腐蚀对合金的危害性。

(4) 稀土可提高低锑合金的析氢过电位，减少失水量，但是同时也轻微地降低了析氧过电位。

稀土在铅酸蓄电池铅基板栅合金中的应用，符合市场对铅酸蓄电池性能指标的要求，是铅酸蓄电池技术发展的突破。Pb-RE 系合金保留 Pb-Sb 系和 Pb-Ca 系合金优点，又克服了它们的缺点，并且价格更低，可使目前铅酸电池产品全面更新换代。

中南大学化学电源与材料研究所联合铅酸蓄电池生产企业的研究实践表明，稀土铅基(Pb-RE)板栅合金具有如下优势和特点：

(1) 能大幅度提高铅酸蓄电池的性能指标，降低生产成本，延长使用寿命。

(2) 可避免铅酸蓄电池现有板栅合金中镉、砷等有害元素的使用，有效保护环境。

(3) 能拓展稀土的应用领域，充分利用我国稀土资源的优势。稀土铅基(Pb-RE)合金的开发应用，具有巨大的经济效益和社会效益。

7.3 存在问题和建议

如上所述,稀土在铝、镁以外的有色金属及其合金中的应用,同样是大有可为的,但尚未获得实实在在的预期效益。主要问题是:研究与产业脱节;有的研究工作不够深入、细致,应用推广效果不够稳定,规模效益不够大;科研成果转化为生产力困难、滞后;对用稀土提升有色金属及其合金综合性能的认知度有待提高;缺乏稀土 - 有色合金材料战略规划和攻关计划。

对此,提出如下建议:

(1) 政府或行业协会牵头组织“官、产、学、研、商、贸”结合沟通平台。20 世纪 80 年代国务院稀土办所属稀土有色合金协作网,曾将全国有关“官、产、学、研”几十个单位、上百个科技人员组织起来,年年召开会议沟通,交换有关科技生产情况和要求,交流成果和经验,提供联合攻关计划和长远战略规划供政府参考,大大地促进了稀土在有色合金中的应用,可惜 90 年代以后该协作网停止了工作。建议创造条件予以恢复,或由有色金属工业协会有色分会承担该协作网的功能作用。

(2) 自主创新研发一批有重大效果的稀土有色合金新材料。比如高强、高耐蚀稀土合金镀层钢丝和钢制品;高电导率、高导热系数、耐高温稀土铜合金;高寿命、高性能铅酸蓄电池板栅稀土铅合金;能大量节省贵金属原料或能延长使用寿命的稀土贵金属合金,特别是高新技术用的高端稀土贵金属材料;稀土有色合金回收利用实用技术等等。

(3) 优选一批具有开发前景的稀土有色合金实用项目进行联合攻关,形成一批有特色、上规模的产业。根据需要,在已有工作基础上,选出一批有重大效益的项目,一项一项联合攻关,从合金冶炼、稀土加入工艺(加入方式、加入稀土种类和加入量)、合金成分在线分析、质量稳定控制、合金加工、性能测试、稀土作用机理,从实验室工作到产业化都要做细做透,形成一批像稀土铝合金那样有中国特色、上规模、有显示度和竞争力的稀土有色合金产业。

参考文献

[1] Hagh Baker. ASM Handbook, Volume 3: Alloy phase Diagrams[M]. ohio: ASM International, 1992: 171.

[2] Dr. William G. Moffatt. The Handbook of Binary. Phase Diagrams[M]. New York: General Electric Company, 1984: 82.

[3] 虞觉奇,易文质,等. 二元合金状态图集[M]. 上海:上海科学技术出版社,1987. 289 ~ 351.

[4] 洪澜,隋智通,王常珍. Cu - Ce - O 和 Cu - RE - O 体系的热力学[J]. 中国稀土学报,1995,13(2): 111 ~ 114.

[5] 于化龙,王常珍,邝占领. Cu - La - O 体系热力学研究[J]. 东北工学院学报,1990,11(1): 28 ~ 33.

[6] 杜挺,李国栋. Cu - Ce - M(M = Sn,Zn,Pb)溶液的热力学性质[J]. 中国有色金属学报,1994,4(3): 25 ~ 28.

[7] 杜挺,李国栋. Cu - Y - M(M = Sn,Zn,Pb)溶液体系的热力学性质[J]. 中国有色金属学报,1997,7(4): 49 ~ 52.

[8] 王玉集,王俭,李文超,等. 导电铜中稀土夹杂物生成的热力学计算方法[J]. 山东冶金,1990,(3): 39 ~ 44.

[9] 李文超,王俭,朱元凯,等. 稀土在导电铜中应用工艺试验分析[J]. 稀土,1992,13(3): 24 ~ 26.

[10] 廖乐杰,何福忠. 稀土在铜及铜合金中的作用及其应用效果[J]. 特种铸造及有色合金,1997,(2):52~53.
[11] 贾志红,司乃潮. 复合稀土细化的 CuZnAl 形状记忆合金[J]. 铸造,1994,(4):6~9.
[12] 陈晓芳,许彪,张萌. 稀土元素对铜合金显微组织的影响[J]. 南昌大学学报,2003,27(1):33~36.
[13] 谈荣生,孙连超. 稀土在纯铜和铜合金中的应用和研究现状[J]. 中国稀土学报,1995,13(7):446.
[14] 董超群,汪治军,阎永,等. 稀土在铍铜合金中的应用[J]. 稀有金属,2003,27(1):139~143.
[15] 孙占波,胡柱东,宋晓平,等. 稀土元素的微合金化对 Cu-Co-Ni 合金巨磁电阻的影响[J]. 西安交通大学学报,2001,35(9):966~969.
[16] Wecker J,Von Helmolt R,Schultz L,et al. Giant magnetoresistance in melt spun Cu-Co alloy[J]. Appl phys Lett,1993,52(16):1985~1987.
[17] Yu R H,Zhang X X,Tejada J,et al. Structure magneticproperties and giant magnetoresistance in melt-spaun metallic copper-cobllt ribbons [J]. Appl Phys,1996,79(4):1979~1990.
[18] 魏绪钧,徐秀芝,冯法伦. 稀土对 HPb59-1 铅黄铜金相组织及性能的影响[J]. 稀土,1992,12(4):56~59.
[19] 李道韫,徐连棠,傅念新,等. 稀土防止高铅青铜偏析的研究[J]. 中国稀土学报,1991,9(1):56~60.
[20] 季玮. 稀土对高锰铝青铜铸态组织和性能的影响[J]. 中国稀土学报,1995,13(1):54~58.
[21] 范传光,王琦. 重稀土氧化物及稀土硅合金对铜铅铸件的影响[J]. 江西冶金,1987,7(7):10~12.
[22] 吕琛,陈祖锦,李香兰,等. 铈对锡青铜合金性能作用的探讨[J]. 稀土,1984,(4):35~38.
[23] 谈荣生,孙连超,杨超. 混合稀土对电极线铜合金高温和冷变形性能的影响[J]. 中国稀土学报,1995,13(7):450~453.
[24] 万迪慧,汤铭权,谈荣生. 含稀土元素易切削铅黄铜切削加工性研究[J]. 东南大学学报,1990,2(1):123~126.
[25] 谈荣生,孙连超. 稀土对变形铅黄铜高温性能的研究[J]. 中国稀土报,1992,10(3):139~242.
[26] 赵美江,谈荣生,孙连超. 含稀土元素的 HPb60-2 合金高温塑性的研究[J]. 机械工程材料,1989,(4):14~16.
[27] Zhengfeng Zhang,Gaoyong Lin,Shenghua Zhang,Jia Zhou. Effects of Ce on microstructure and mechanical properties of pure copper[J]. Materials Science and Engineering A,2007,457(1~2):313~318.
[28] 汪志勋. 稀土 La 对黄铜热加工及深冲性能的影响[J]. 江西冶金,1989,10(4):17~19.
[29] 邱聿成,叶英宁,李革. 稀土在铜合金中的应用现状[J]. 稀土,1980,(4):72~75.
[30] 党平,赵连山,等. 稀土在纯铜中的作用及作用机理[C]//中国稀土学会第二届年会会议论文集,1990:128.
[31] MAO Xiangyang,FANG Feng,JIANG Jianqing,and TAN Rongsheng,Effect of rare earth on microstructure and mechanical properties of as-cast Cu-30Ni alloy[J],Rare Metals,2009,28(6):590~595.
[32] 徐光宪. 稀土[M]. 第2版. 北京:冶金工业出版社,1995. 489~496.
[33] 朱元凯,王俭,等. 稀土在导电铜中应用工艺试验分析[C]. 中国稀土学会第二届年会会议论文集. 1990:93.
[34] 赵美江. 稀土元素对铅黄铜组织及性能影响的研究[D]. 南京:东南大学硕士学位论文,1988:47~88.
[35] 程骥,方大成,沈梧,等. 混合稀土金属对高锰铝青铜耐蚀性能的影响[J]. 铸造,1984,(5):15~21.
[36] 马壮,狄丽莉,朱玉军. 稀土元素 La 和 Ce 对纯铜性能的影响[J]. 铸造技术,2005,26(3):227~229.

[37] 郭峰,梅敦,韩允斌. 稀土元素对H68黄铜机械性能影响的细观分析[J]. 内蒙古工业大学学报,1997,16(3):143~148.

[38] 涂远军,孙孝华,余宗森,等. 稀土对无氧铜组织和性能的影响[J]. 稀土,1987,(5):18~24.

[39] 凌燕平,李文超,陈卫金,等. 稀土元素在导电铜中的作用[J]. 北京科技大学学报,1988,10(3):354.

[40] 张胜华,魏笔,林高用,王耿,张振峰. 稀土对BFe10-1-1合金组织和性能的影响[J]. 中国材料科学与设备,2007,4(4):78~81.

[41] J. L. Dion, J. O. Edwards. Deoxidation of Copper for high-conductivity castings[J]. AFS International Cast Metals Journal, June, 1979, 7~11.

[42] 贾均,陈先朝,赵忠义. 硫和稀土对铜铅合金组织及疲劳性能影响的研究[J]. 铸造,1987,(4):21~24.

[43] 仲伟深,付大军,孙跃军. 稀土对电气化电路电车线纯铜性能的影响[J]. 铸造,2001,50(2):81~83.

[44] 王家敏,吴建生,刘岩,等. 混合稀土对Cu-Ni-Si铸态合金组织和电性能的影响[J]. 中国稀土学报,1997,15(1):35~39.

[45] MingXie, Jianliang Liu. et al. Studied solidified Cu-Cr-RE alloys[J]. Science and Technology of Advanced Materials, 2001, 2:79~82.

[46] 黄文德,张玉柱,刘文生,等. 在铜中加入少量混合稀土金属对其抗氧化性能的影响[J]. 稀土,1990,11(4):39~40.

[47] 黄寿洪. 含有RE铜合金的抗氧化性能[J]. 华南理工大学学报(自然科学版),1992,20(3):115~125.

[48] 燕峰,王东兴. 稀土对铸造锡青铜ZQSn10-2合金耐蚀性能影响的研究[J]. 鞍山钢铁学院学报. 1996,19(6):16~18.

[49] 李勇,朱应禄. 黄铜脱锌腐蚀的研究进展[J]. 腐蚀与防护,2006,27(5):222~225.

[50] 赵争荣. 稀土对铜合金耐蚀性能的影响[J]. 山西机械,1999 增刊2:164~165.

[51] 孙连超,谈荣生. 提高冷凝器用锡黄铜耐蚀性的研究[J]. 中国机械工程,1994,5(5):32~34.

[52] 谈荣生,蒋建清,孙连超,稀土锡黄铜的耐蚀性能及腐蚀机理研究[J]. 中国稀土学报,1995,13(7):457~461.

[53] 梁远玲,蒋诚. 含铈黄铜在NaCl水溶液中耐蚀规律的研究[J]. 中国稀土学报,1988,6(3):63.

[54] 张海南,陈本存. 稀土元素对HA177-2铝黄铜耐蚀性能的影响[J]. 江西冶金,1987,7(1):10~12.

[55] 高后秀,陈复民,李国俊,等. 稀土元素对铍青铜(QBe2)组织和性能影响的研究[J]. 功能材料,1983,14(5):23~32.

[56] 钱继锋,高珊,杨飞宇,等. RE对铸造黄铜干摩擦性能的影响[J]. 铸造设备研究,2004,(2):9~10.

[57] 施瑞鹤,林凡,沈嘉猷. 稀土金属对铜合金流动性影响的研究[J]. 稀土,1986,(1):16~18.

[58] 邱聿成,等. 稀土耐磨铅青铜的研究和应用[C]. 第二届中国稀土学会年会会议论文集. 1990:308.

[59] 刘达发. 稀土在电机铜排合金中的应用[J]. 稀土,1981,(2):63.

[60] Hagh Baker. ASM Handbook, Volume 3: Alloy phase Diagrams[M]. ohio: ASM International, 1992: 132.

[61] Dr. William G. Moffatt. The Handbook of Binary Phase Diagrams[M]. New York: General Electric Company, 1984:8.

[62] 虞觉奇,易文质,等编译. 二元合金状态图集[M]. 上海:上海科学技术出版社,1987:111~127.

[63] 高彩茹,李晋霞,郃振中,等. 稀土银合金铸态及再结晶组织的观察与分析[J]. 铸造,2001,5(50):

266～269.
[64] 王继周,石路,王力军,等．稀土在银饰品材料中的作用的研究[J]．稀土,2001,5(22):26～30.
[65] 黎鼎鑫,秦国义．稀土元素对银的再结晶及晶粒组织的影响[J]．贵金属,1988,9(4):1～9.
[66] 杨玉路．银铈合金的金相与分析[J]．贵金属,1985,(2):11～14.
[67] 石路,李晋霞,王佳夫,等．复合稀土银合金的组织与性能[J]．中国有色金属学报,1998,(2)增刊2:181～184.
[68] 石路,王力军,王佳夫,等．抗自然时效软化银饰品材料的研究[J]．稀有金属材料与工程,2000,29(5):350～353.
[69] 石路,王继周,陈祖锦．稀土镧在银中作用的研究[J]．矿业工程,2000,20(1):56～58.
[70] 石路,李晋霞,王继周．AgLa1.0银合金组织与性能的研究[J]．黄金学报,2001,1(3):36～39.
[71] 周继扣,马福康,任洪岩,等．触头用银合金粉末的氧化性能和氧化后的组织结构[J]．中国稀土学报,1997,15(9):224～227.
[72] 陈祖锦,王继周,马玉祥,等．稀土对AgCu10合金高温氧化行为的影响[J]．中国稀土学报,1989,1(7):49～52.
[73] 吴春萍,陈敬超,鲜春桥,等．银稀土合金的氧化研究[J]．贵金属,2005,26(9):34～38.
[74] Mao Xiangyang. Fang Feng, Jiang Jianqing. Tan Rongsheng. Effect of rare earth on the corrosion resistance of copper－30nickel alloys in simulated seawater[J]. Journal of Rare Earths, 2009, 27(6):1037～1041.
[75] 张胜华,黄政权,稀土铈对冷凝管用锡黄铜组织及性能的影响[J]．材料保护,2006,39(3):62～65.
[76] 王景芹,陆俭国,温鸣,等．银－稀土氧化物触头材料的性能[J]．稀有金属材料与工程,2001,30(3):205～207.
[77] 雷卓,白晓军,向雄志,等．饰品用银合金的研究进展[J]．2006,(20)专辑Ⅵ:434～436.
[78] 李永涛,熊惟皓,杨青青．首饰用抗变色银合金研究进展[J]．材料导报,2006,20(5):67～69.
[79] 王佳夫,林清华,石路,等．银－微量稀土银饰品材料的研究[J]．矿冶工程,2004,24(1):89～91.
[80] 徐国富,赵慕岳．稀土在银及银合金中的作用[J]．冶金丛刊,1994,(2):31～32.
[81] F. R. S Chrade, C. H. Donald[J]. J. Less-Common Metals, 1983, 93, 253.
[82] 陈冬,金向雷．我国大陆热镀锌的现状、技术进展和发展方向[C]//第七届全国热浸镀会议论文集,2004:1～4.
[83] 宋人英,殷素云,等．稀土对锌基合金镀层耐腐蚀性能的影响[J]．中国稀土学报,1991,9(4):315～318.
[84] 项宏瑶,等．铸造耐磨锌基合金发展[C]//第二届全国金属耐磨材料学术会议论文,1983.
[85] 宋人英,等．稀土在锌基低熔点合金中应用的研究[J]．中国稀土学报,1986,4(4):89～91.
[86] 徐光宪．稀土[M]．第2版．北京:冶金工业出版社,2005:489.
[87] 宋人英,王兴杰,等．稀土在锌合金中的作用[J]．中国稀土学报,1995,13(专辑):479～483.
[88] 刘淑荣,陈丽娟．稀土对锌铝合金镀层作用机理的研究[J]．中国稀土学报,1993,11(2):139～143.
[89] 姜镇崧．稀土在热镀钢管合金中应用的研究[J]．材料保护,1999,32(5):7～8.
[90] 杨云,余宗森．稀土对Zn－5% Al合金与钢板润湿性的影响[J]．中国稀土学报,1993,11(3):242～246.
[91] 吴申庆．界面物理化学[M]. 1986.
[92] 彭日升．稀土对高铝锌合金抗蚀性的影响[J]．稀土,1993,14(5):33～36.
[93] 赵显欧,韩青有,等．稀土改善锌基合金抗蚀性的影响[J]．中国稀土学报,1992,10(3):243～246.
[94] 韩数楷．稀土对高强锌合金耐磨性和耐蚀性的影响[J]．中国稀土学报,1996,14(1):47～51.
[95] 王妍,黄楚宝．微量铝、稀土掺杂对锌在NH_4Cl溶液中电化学行为的影响[J]．吉林大学研究生论

文集刊,1989,(4):107~114.
[96] 尹敬群,田君,等. 稀土铝添加剂在热浸镀锌中的应用试验[J]. 江西冶金,2003,23(6):99~101.
[97] 吴俊琳,余仲兴,等. 微量添加稀土对锌基镀层性能的影响[J]. 上海有色金属,2002,23(3):97~102.
[98] 张启运,等. 金属学报. 1981,17(12):9.
[99] 王建兵,魏绪钧,等. 微量混合稀土对低碳钢板热浸镀锌制品合金过渡层层厚度的影响[C]//中国稀土学报第二届年会会议论文,1990:271~274.
[100] 陈冬. 镀锌产业发展及国际锌协会资助活动回顾[C]//第七届亚太镀锌大会论文集,2007:22~30.
[101] 倪嘉缵,洪广言. 中国科学院稀土研究50周年[M]. 北京:科学出版社. 2005.
[102] Richanrd F,Lynch[J]. Journal of Metals,1987,39(8):41.
[103] 张洪杰,宋人英. 微量的稀土Ce、La和Y对锌基合金镀层性能影响[C]//第五届中国热浸镀学术技术交流会论文集,1999:104~108.
[104] AFS Trans. 1980,88:183.
[105] AFS Trans. 1983,91:569.
[106] Casting Engineering[C]. Foundry World,Summer,1985:33.
[107] 项宏瑶,宫本奎,等. 稀土在高强耐磨锌合金中的应用[C]//中国稀土学会第二届年会会议论文集,1990:243~247.
[108] 皮亚南,傅国清. 稀土高铝锌基合金摩擦性能的研究[J]. 南昌大学学报(工科版),1997,19(4):89~93.
[109] 付旭力,刘友鹏,等. 稀土在高铝锌基合金中的应用[C]//中国稀土学会第二届年会会议论文集,1990,1分册:222~225.
[110] 於冬娥. 稀土元素对Zn-27% Al锌基合金组织和性能的影响[J]. 江西工业大学学报,1990,12(2):37~43.
[111] 曾裕斐. 稀土锌基合金耐磨性能的研究[J]. 南方冶金学院学报,2001,22(3):202~208.
[112] 陈慈浩,王宏业. 稀土锌基合金的组织性能与应用[J]. 南方冶金学院学报,1992,13(3):191~197.
[113] 刘或. 稀土锌基合金超塑成形制模技术[J]. 兵器材料科学与工程,1992,15(8):26~40.
[114] 钱锦荣,赵建虹. 低熔点合金制模技术及应用[G]. 山西省科技情报研究所专辑,1983.
[115] 符岩,翟秀静,等. 添加稀土元素的锌基合金牺牲阳极的研究[J]. 稀土,2005,26(1):49~52.
[116] 江静华,蒋建清,等. 稀土化学热处理及其发展现状[J]. 中国表面工程,2003,(5):10~14.
[117] 于兴文,曹楚南,等. 稀土在钢铁、锌及镀锌防腐蚀应用研究中的进展[J]. 材料保护,2004,33(4):39~41.
[118] 杜连民,朱建国. 稀土在贵金属中的应用[J]. 有色金属与稀土应用,2003,(3):10.
[119] 文飞,宁远涛,赵怀志、邓德国. 微量稀土元素对钯的组织结构之影响[J]. 贵金属,1992,13(3):10.
[120] 何华春,胡昌义. 微量稀土元素对钯的组织结构之影响[J]. 贵金属,1992,13(3):15~22.
[121] 陶正炎,石振凯,新型金基电接触材料[J]. 航空材料学报,1990,10(A09):162~167.
[122] 徐光宪. 稀土(下). 北京:冶金工业出版社,1978,412(452).
[123] 何华春,胡昌义. 微量稀土元素对钯的组织结构之影响[J]. 贵金属,1992,13(3):10.
[124] 吴宝元,袁桂兰. 新型铂-铂铑热电偶丝[J]. 钢铁研究学报,1989,3(4):57~62.
[125] 蒋柏泉. 氢在Pd/Ag合金膜中渗透性能的研究[J]. 南昌大学学报:工科版,1995,17(4):1~5.
[126] 杨遇春. 稀土与有色金属合金[J]. 有色金属与稀土应用,1991,12(2):19~24.

[127] 杜挺. 杜挺科技文集——冶金、材料及其物理化学[M]. 北京: 冶金工业出版社,1996:22~23.
[128] 梁补女,张振宇. 含稀土的镍基粉末的研制及应用研究[J]. 兰州工业高等专科学校学报,2007,14(1):28~30.
[129] 张振宇,梁补女,陈百明. 铁镍稀土合金在泥浆泵缸套上的应用[J]. 兰州工业高等专科学校学报,2005,12(1):1~5.
[130] 刘强,靳古功,鲁玉第,党希生. 稀土高铬镍多元合金高温耐磨钢在氧化铝气态悬浮焙烧炉[J]. 有色设备,2005,4(1):15~16.
[131] 苏义祥,门志慧. 稀土铌钴合金粉末材料研究与应用[J]. 粉末冶金技术,2006,24(2):106~109.
[132] 杜挺. 杜挺科技文集——冶金、材料及其物理化学[M]. 北京: 冶金工业出版社,1996: 21.
[133] 邓炬,杨冠军. 稀土元素在钛及钛合金中的作用[J]. 稀有金属材料与工程,1993,22(5):1~10.
[134] 邓炬,吴之乐,陈杜娟. 一种稀土改性的先进高温钛合金[J]. 航空材料学报,1990,10(1):1~7.
[135] 朱云,谢旭红. 稀土铝钛硼晶粒细化剂的生产及应用[J]. 轻合金加工技术,1999,27(1):19~21.
[136] 林勤,王怀斌,唐历,朱天佑,贾连弟,宋波. 微合金钢中稀土钒复合作用的研究[J]. 中国稀土学报,2001,19(2):146~149.
[137] 杜挺. 杜挺科技文集——冶金、材料及其物理化学[M]. 北京: 冶金工业出版社,1996:22~23.
[138] 张新平,于思荣,张学军. 用作人体植入物的含铈钛合金的生物安全性评价[J]. 中国稀土学报,2004:22(2):261~265.
[139] 梁平,苏华. 添加微量的 Sm 对 YT15 合金性能的影响[J]. 稀有金属与硬质合金,1992,108:9~14.
[140] 邓秋元,罗重麟. 稀土元素强化 WC－TiC－Co 硬质合金的机理[J]. 硬质合金 1990,1:7~11.
[141] 杜挺. 杜挺科技文集——冶金、材料及其物理化学[M]. 北京: 冶金工业出版社,1996:24
[142] 林河成. 稀土发火合金的生产应用及市场[J]. 四川稀土,2007 ,3:10~14.
[143] 林良超,姚新荣,张心明. 铬铜稀土铸铁球的研制与应用[J]. 冶金矿山与冶金设备,1997,6:13~15.
[144] 高杰. 钇基重稀土在铬系铸造磨球生产中的应用实践[J]. 铸造工程,2009,3:22~24.
[145] 张燕红. 稀土钼制品的替代性及其应用[J]. 稀有金属,2003,27(1):69~71.
[146] 周美玲,张久兴,聂祚仁,王金淑,左铁镛. 稀土钨、钼电极电子发射性能研究与应用开发[J]. China Tungsten Industry,2001,16(5):52~56.
[147] 张燕红. 高性能稀土钼钨制品产业化前景[J]. 有色金属,2003,55(2):18~21.
[148] 王金淑,周美玲,左铁镛. 稀土难熔金属阴极材料的研究进展[J]. 中国材料进展,2009,28(3):1~5.
[149] 张朝晖,苗凯,王玮洁,王富耻. 稀土含量对高密度钨合金性能的影响[J]. 稀有金属材料与工程,2007,36(2):287~290.
[150] F. E. Luborsky. Amorphous Metallic Alloys[M]. London: Butterworth & Co (Publishers) Ltd., 1983:1~7.
[151] M. F. Ashby, A. L. Greer. Metallic glasses as structural materials[J]. Scripta Materialia, 2006, V54:321~326.
[152] A. Inoue, T. Zhang, T. Masumoto, Al－La－Ni Amorphous Alloys with a Wide Supercooled Liquid Region[J]. Mater. Trans., JIM, 1989, V30: 965~972.
[153] A. Inoue, H. Yamaguchi, T. Zhang, et al. Al－La－Cu Amorphous Alloys with a Wide Supercooled Liquid Region[J]. Mater. Trans., JIM, 1990, V31: 104~109.
[154] A. Inoue, T. Zhang, T. Masumoto. Production of Amorphous Cylinder and Sheet of La55Al25Ni20 Alloy by a Metallic Mold Casting Method[J]. Mater. Trans., JIM, 1990, V31: 425~428.

[155] A. Inoue, A. Kato, T. Zhang, et al. Mg – Cu – Y Amorphous Alloys with High Mechanical Strengths Produced by a Metallic Mold Casting Method[J]. Mater. Trans., JIM, 1991, V32: 609 ~ 616.

[156] T. Zhang, A. Inoue, T. Masumoto. Amorphous Zr – Al – TM(TM = Co, Ni, Cu) Alloys with Significant Supercooled Liquid Region of Over 100K[J]. Mater. Trans., JIM, 1991, V32: 1005 ~ 1010.

[157] A. Inoue, T. Zhang. Fabrication of Bulk Glassy Zr55Al10Ni5Cu30 Alloy of 30mm in Diameter by a Suction Casting Method[J]. Mater. Trans., JIM, 1996, V37: 185 ~ 187.

[158] A. Inoue, T. Nakamura, T. Sugita, et al. Bulky La – Al – TM (TM = Transition Metal) Amorphous Alloys with High Tensile Strength Produced by a High – Pressure Die Casting Method[J]. Mater. Trans., JIM, 1993, V34: 351 ~ 358.

[159] A. Peker, W. L. Johnson. A highly processable metallic glass Zr41.2Ti13.8Cu12.5Ni10.0Be22.5[J]. Appl. Phys. Lett., 1993, V63: 2342 ~ 2344.

[160] F. Guo H. – J. Wang, S. J. Poon, et al. Ductile titanium-based glassy alloy ingots[J]. Appl. Phys. Lett., 2005, V86: 091907 – 1 – 3.

[161] V. Ponnambalam, S. J. Poon, G. J. Shiflet. Fe – based bulk metallic glasses with diameter thickness larger than one centimeter[J]. J. Mater. Res., 2004, V19: 1320 ~ 1323.

[162] Z. P. Lu, C. T. Liu, J. R. Thompson, et al. Structural Amorphous Steels[J]. Phys. Rev. Lett., 2004, V92: 245503 – 1 – 3.

[163] D. Xu, G. Duan, W. L. Johnson. Unusual Glass – Forming Ability of Bulk Amorphous Alloys Based on Ordinary Metal Copper[J]. Phys. Rev. Lett., 92 (2004) 245504.

[164] C. Daia, H. Guo, Y. Shen, et al. A new centimeter-diameter Cu-based bulk metallic glass[J]. Scripta Mater., 2006, V54: 1403 ~ 1408.

[165] H. Men, S. J. Pang, T. Zhang. Effect of Er doping on glass-forming ability of Co50Cr15Mo14C15B6 alloy[J]. J. Mater. Res., 2006, V21: 958 ~ 961.

[166] A. Inoue, B. L. Shen, H. Koshiba, et al. Ultra-high strength above 5000 MPa and soft magnetic properties of Co – Fe – Ta – B bulk glassy alloys[J]. Acta Mater. 2004, V52: 1631 ~ 1637.

[167] T. Zhang, A. Inoue. New Bulk Glassy Ni-based Alloys with High Strength of 3000 MPa[J]. Mater. Trans., 2002, V43: 708 ~ 711.

[168] E. S. Park, D. H. Kima. Effect of atomic configuration and liquid stability on the glass-forming ability of Ca-based metallic glasses[J]. Appl. Phys. Lett., 2005, V86: 201912 – 1 – 4.

[169] Guo F, Poon S J, G. J. Shiflet, Metallic glass ingots based on yttrium[J]. Appl. Phys. Lett., 2003, V83: 2575 ~ 2577.

[170] Ma H, Shi L L, Xu J, et al. Discovering inch-diameter metallic glasses in three – dimensional composition space[J]. Appl. Phys. Lett., 2005, V87 (18): 181915 – 1 – 3.

[171] A. Inoue, N. Nishiyama, H. Kimura, Preparation and Thermal Stability of Bulk Amorphous Pd40Cu30Ni10P20 alloy cylinder of 72mm in Diameter[J]. Mater. Trans., JIM, 1997, V38: 179 ~ 183.

[172] T. Zhang, A. Inoue. Bulk Glassy Alloys with Low Liquidus Temperature in Pt – Cu – P System[J]. Mater. Trans., 2003, V44: 1143 ~ 1146.

[173] J. Schroers, B. Lohwongwatana, W. L. Johnson, et al. Gold based bulk metallic glass[J]. Appl. Phys. Lett., 2005, V87: 061912 – 1 – 3.

[174] H. Tan, Y. Zhang, D. Ma, et al. Optimum glass formation at off – eutectic composition and its relation to skewed eutectic coupled zone in the La based La – Al – (Cu, Ni) pseudo ternary system[J]. Acta Mater. 2003, V51: 4551 ~ 4561.

[175] A. Inoue, T. Nakamura, T. Sugita, et al. Bulky La – Al – TM (TM = Transition Metal) Amorphous Alloys with High Tensile Strength Produced by a High-Pressure Die Casting Method[J]. Mater. Trans., JIM, 1993, V34: 351 ~ 358.

[176] Q. K. Jiang, G. Q. Zhang, L. Y. Chen, et al. Glass formability, thermal stability and mechanical properties of La-based bulk metallic glasses[J]. J. Alloys and Comp., 2006, V424(1 – 2): 183 ~ 186.

[177] B. Zhang, D. Q. Zhao, M. X. Pan, et al. Formation of cerium-based bulk metallic glasses[J]. Acta Mater., 2006, V54: 3025 ~ 3032.

[178] A. Inoue, T. Zhang, W. Zhang, et al. Bulk Nd – Fe – Al Amorphous Alloys with Hard Magnetic Properties[J]. Mater. Trans., JIM, 1996, V37: 99 ~ 108.

[179] A. Inoue, T. Zhang, A. Takeuchi, et al. Hard Magnetic Bulk Amorphous Nd – Fe – Al Alloys of 12 mm in Diameter Made by Suction Casting[J]. Mater. Trans., JIM, 1996, V37: 636 ~ 640.

[180] A. Inoue, T. Zhang, A. Takeuchi. Preparation of Bulk Pr – Fe – Al Amorphous Alloys and Characterization of their Hard Magnetic Properties[J]. Mater. Trans., JIM, 1996, V37: 1731 ~ 1740.

[181] S. Li, D. Q. Zhao, M. X. Pan, W. H. Wang. A bulk metallic glass based on heavy rare earth gadolinium[J]. J. Non – Cryst. Solids. 2005, V351: 2568 ~ 2571.

[182] S. Li, X. K. Xi, Y. X. Wei, et al. Formation and properties of new heavy rare-earth-based bulk metallic glasses[J]. Sci. Tech. Adv. Mater., 2005, V6: 823 ~ 827.

[183] S. Li, R. J. Wang, M. X. Pan, et al. Bulk metallic glasses based on heavy rare earth dysprosium[J]. Scripta Mater. 2005, V53: 1489 ~ 1492.

[184] Q. Luo, D. Q. Zhao, M. X. Pan, et al. Hard and fragile holmium-based bulk metallic glasses[J]. Appl. Phys. Lett., 2006, V88: 181909 – 1 – 3.

[185] X. K. Xi, S. Li, R. J. Wang, et al. Bulk scandium-based metallic glasses[J]. J. Mater. Res., 2005, V20 (9): 2243 ~ 2247.

[186] L. Q. Ma, L. M. Wang, T. Zhang, et al. Fabrication of Bulk Glassy Hf50Cu30Ni10Al10 Alloy by Copper Mold Casting[J]. Mater. Trans., 2002, V43: 2357 ~ 2359.

[187] T. Zhang, A. Inoue. Thermal and Mechanical Properties of Ti – Ni – Cu – Sn Amorphous Alloys with a Wide Supercooled Liquid Region before Crystallization[J]. Mater. Trans., JIM, 1998, V39: 1001 ~ 1006.

[188] R. Li, F. J. Liu, S. Pang, C. L. Ma, T. Zhang, The influence of similar element coexistence in (La – Ce) – Al – (Co – Cu) bulk metallic glasses[J], Materials Transactions, 48 (2007) 1680 ~ 1683.

[189] A. Inoue. Bulk Amorphous Alloys[M]. Switzerland: Trans Tech Publications, 1998: 1 ~ 7.

[190] R. Li, S. J. Pang, C. L. Ma, T. Zhang, Influence of similar atom substitution on glass formation in (La – Ce) – Al – Co bulk metallic glasses[J], Acta Materialia, 55 (2007) 3719 ~ 3726.

[191] R. Li, S. J. Pang, H. Men, C. L. Ma, T. Zhang, Formation and mechanical properties of (Ce – La – Pr – Nd) – Co – Al bulk glassy alloys with superior glass-forming ability[J], Scripta Materialia, 54 (2006): 1123 ~ 1126.

[192] T. Zhang, R. Li, S. J. Pang: Effect of similar elements on improving glass – forming ability of La – Ce – based alloys[J], Journal of Alloys and Compounds 483 (2009) 60 ~ 63.

[193] R. Li, Q. Yang, S. J. Pang, C. L. Ma, T. Zhang, Misch metal based metallic glasses[J], Journal of Alloys and Compounds, 450 (2008) 181 ~ 184.

[194] M. B. Tang, H. Y. Bai, M. X. Pan, D. Q. Zhao and W. H. Wang, Bulk metallic superconductive La60Cu20Ni10Al10 glass[J], Journal of Non-Crystalline Solids, 351 (2005) 2572 ~ 2575.

[195] T. Zhang, A. P. Tsai, A. Inoue and T. Masumoto, Production of Amorphous Alloy Balloons by Utilizing

Viscous Flowability[J], Sci. Rep. RITU, A36 (1992), 261 ~ 271.

[196] B. Zhang, D. Q. Zhao, M. X. Pan, W. H. Wang, and A. L. Greer, Amorphous metallic plastic[J]. Phys. Rev. Lett. 94, 205502(2005).

[197] Q. S. Zeng, Y. C. Li, C. M. Feng, P. Liermann, M. Somayazulu, G. Y. Shen, H. -k. Mao, R. Yang, J. Liu, T. D. Hu, and J. Z. Jiang, Anomalous compression behavior in lanthanum/cerium-based metallic glass under high pressure[J]. PNAS 104, (2007) 13565 ~ 13568.

[198] Q. Luo, D. Q. Zhao, W. H. Wang, et al. Magnetocaloric effect of Ho - , Dy - , and Er - based bulk metallic glasses in helium and hydrogen liquefaction temperature range[J]. Appl Phys Lett, 2007, 90 (21): 211903.

[199] C. M. Varma, Thirty years of heavy fermions: Scientific setting for their discovery and partial understanding[J]. Phys B, 2006, 378 ~ 380: 17 ~ 22.

[200] E. Miranda, V. Dobrosavljevic, Disorder-driven non-Fermi liquid behavior of correlated electrons[J]. Rep Phys Phys, 2005, 68: 2337 ~ 2408.

[201] M. B. Tang, W. H. Wang, H. Y. Bai, et al. Heavy-fermion behavior in cerium-based metallic glasses [J]. Phys Rev B, 2007, 75(17): 172201.

[202] A. Inoue Bulk amorphous alloys with soft and hard magnetic properties[J]. Mater Sci Eng A, 1997, 226 ~ 228: 357 ~ 363.

[203] B. C. Wei, M. X. Pan, W. H. Wang, et al. Domain structure of a Nd60Al10Fe20Co10 bulk metallic glass[J]. Phys Rev B, 2001, 64(1): 012406.

[204] Zhang Y., Pan M. X., Zhao D. Q., Wang R. J., Wang W. H., Formation of Zr - Based bulk metallic glasses from low purity of materials by yttrium addition. Mater. Trans. JIM, 2000, 41(11): 1410 ~ 1414.

[205] Kundig A. A., Lepori D., Perry A. J., Rossmann S., Blatter S. A., Dommann A, Uggowitzer P. J. Influence of low oxygen contents and alloy refinement on the glass forming ability of $Zr_{52.5}Cu_{17.9}Ni_{14.6}Al_{10}Ti_5$. Mater. Trans. JIM, 2002, 43(12): 3206 ~ 3210.

[206] 罗俊. 添加稀土元素对 Zr 基非晶合金形成能力和性能的影响[D]. 北京: 北京航空航天大学, 2006.

[207] 傅军英. 新型 Zr 基和 Cu 基非晶合金的制备及性能研究[D]. 北京: 北京航空航天大学, 2007.

[208] 郭瑶峰. Zr - Al - Co - Cu - RE 块体非晶合金的形成与性能[D]. 北京: 北京航空航天大学, 2008.

[209] 赵相金. Zr 基块体非晶合金的制备及性能研究[D]. 北京: 北京航空航天大学, 2009.

[210] Zhao X. J., Ma C. L., Pang S. J., Zhang T., Glass-forming ability and I-phase formation in Y-doped Zr - Nb - Cu - Ni - Al glassy alloys. Phil. Mag. Lett., 2009, 89(1): 11 ~ 18.

[211] Pang S. J., Zhang T., Inoue A., Asami K., Synthesis of Fe - Cr - Mo - C - B - P bulk metallic glasses with high corrosion resistance. Acta Mater., 2002, 50(3): 489 ~ 497.

[212] Ponnambalam V., Joseph P. S., Gary J. S., Fe-based bulk metallic glasses with diameter thickness larger than one centimeter. J. Mater. Res., 2004, 19(5): 1320 ~ 1323.

[213] Lu Z. P., Liu C. T., Thompson J. R., Porter W. D., Structure amorphous steels. Phys. Rev. Lett., 2004, 92(24): 245503 - 4.

[214] Shen J., Chen Q. J., Sun J. F., Fan H. B., Wang G., Exceptionally high glass-forming ability of an FeCoCrMoCBY alloy. Appl. Phys. Lett. 2005, 86(15): 151907 - 3.

[215] Men H., Pang S. J., Li R., Zhang T., Crystallization kinetics of $Co_{48}Cr_{15}Mo_{14}C_{15}B_6Er_2$ bulk metallic glass with high thermal stability. Chin. Phys. Lett., 2006, 23(2): 417 ~ 419.

[216] Xu D. H., Duan G., Johnson W. L., Unusual glass-forming ability of bulk amorphous alloys based on or-

dinary metal copper. Phys. Rev. Lett. ,2004,92 (24):245504 - 4.

[217] 常青. 添加稀土元素对铜基块体非晶合金形成能力及性能的影响[D]. 北京：北京航空航天大学,2006.

[218] Cao H. P. ,Pan Y. ,Ding L. ,Synthesis of copper-rich amorphous alloys by computational thermodynamics. Acta Mater. 2008,56(9):2032 ~ 2036.

[219] 田伟. Mg 基块体非晶合金的制备和性能[D]. 北京：北京航空航天大学,2007.

[220] Ma H. , Shi L. L. , Xu J. , Discovering inch-diameter metallic glasses in three-dimensional composition space. Appl. Phys. Lett. ,2005,87(18):181915 - 3.

[221] Men H. , Kim D. H. , Fabrication of ternary Mg - Cu - Gd bulk metallic glass with high glass-forming ability under air atmosphere. J. Mater. Res. 2003,18(7):1502 ~ 1504.

[222] Xi X. K. ,Zhao D. Q. ,Pan M. X. ,Wang W. H. ,Highly processable $Mg_{65}Cu_{25}Tb_{10}$ bulk metallic glass. J. Non-Cryst. Solids. 2004,344(3):189 ~ 192.

[223] Wei Y. X. ,Xi X. K. ,Zhao D. Q. ,Pan M. X. ,Wang W. H. ,Formation of MgNiPr bulk metallic glasses in air. Mater. Lett. 2005;59(8 - 9):945 ~ 947.

[224] Luo C. Y. ,Zhao Y. H. ,Xi X. K. ,Making amorphous steel in air by rare earth microalloying. J. Non-Cryst. Solids. 2006,352 (2):185 ~ 188.

[225] Pan J. ,Chen Q. ,Li N. ,Liu L. Formation of centimeter Fe-based bulk metallic glasses in low vacuum environment. J. Alloys Comp. 2008,463 (1 - 2):246 ~ 249.

[226] Zhao Y. H. , Pan M. X. , Wang W. H. , Eckert J. , Magnetic transitions in Dy - microalloyed Fe-based bulk metallic glasses. J. Phys. D: Appl. Phys. 2005,38(13):2162 ~ 2165.

[227] L. Huang, D. C. Qiao, B. A. Green, P. K. Liaw, J. F. Wang, S. J. Pang, T. Zhang, Bio-corrosion study on zirconium-based bulk-metallic glasses[J]. Intermetallics 2009, 17(4):195 ~ 199.

[228] Z. M. Wang, J. Zhang, X. C. Chang, W. L. Hou, J. Q. Wang, Susceptibility of minor alloying to corrosion behavior in yttrium-containing bulk amorphous steel[J]. Intermetallics 2008.

[229] Witte F, Hort N, Vogt C, Cohen S, Kainer K U, Willumeit R, et al. Degradable biomaterials based on magnesium corrosion. Current Opinion in Solid State and Materials Science 2008;12:63 ~ 72.

[230] Witte F, Kaese V, Haferkamp H, Switzer E, Meyer-Lindenberg A, Wirth C J, et al. In vivo corrosion of four magnesium alloys and the associated bone response. Biomaterials 2005;26:3557 ~ 3563.

[231] Witte F, Fischer J, Nellesen J, Beckmann F. Microtomography of magnesium implants in bone and their degradation. In: Progress in biomedical optics and imaging-proceedings of SPIE 2006, San Diego, CA; 2006.

[232] Peng Q M, Huang Y D, Zhou L, Hort N, Kainer K U. Preparation and properties of high purity Mg - Y biomaterials. Biomaterials 2010; 31: 398 ~ 403.

[233] Harder C, Kuttler M, Gerold B. Endoprosthesis comprising a Mg alloy, patent number US 2006/0052863.

[234] R. W. 卡恩,等. 材料科学与技术丛书(第 10B 卷):核材料[M]. 周邦新等译. 北京:科学出版社,1999.

[235] 刘光华. 稀土材料与应用技术[M]. 北京:化学工业出版社,2005.

[236] B. B. 格拉西莫夫,A. C. 莫纳霍夫. 核工程材料[M]. 吕允文,高绣雯,译. 北京:原子能出版社,1987.

[237] 杨文斗. 反应堆材料学[M]. 北京:原子能出版社,2000.

[238] 徐河,刘静安,谢水生. 镁合金制备与加工技术[M]. 北京:冶金工业出版社,2007.

[239] E. M. Савицкий, В. Ф. Терехова. 稀土金属学[M]. 张宝琦,孙志臣,刘志富合译. 包头:包头市科学技术委员会,1975.

[240] 王继周,高科,陈祖锦. 稀土在贵金属材料中的应用[J]. 中国稀土学报,1995,13:488 ~ 497.
[241] 杜挺. 杜挺科技文集——冶金、材料及其物理化学[M]. 北京:冶金工业出版社,1996.
[242] 刘资甫,廖维凯. 关于尽快启动钍燃料核反应堆研发的建议[J]. 四川稀土,2007,(04):9 ~ 10.
[243] 杨兰生,刘黎,潘颖辉,等. 稀土铅锑合金的性能[J]. 电源技术,1995,19(3):15 ~ 17.
[244] 魏杰,赵力,孙芬莉,等. 含铈和钇的铅酸蓄电池板栅合金添加剂[J]. 中国有色金属学报,2003,13(2):497 ~ 501.
[245] 毛贤仙,唐征,胡信国,等. 铅钙锡铈合金腐蚀膜的结构和性能[J]. 电池,2003,33(6):345 ~ 347.
[246] 杨炯,梁海河,柳厚田,等. 铅铈和常用板栅合金在硫酸溶液中生成的阳极膜的比较[J]. 复旦学报,2000,39(4):427 ~ 431.
[247] 周彦葆,马敏,张新华,等. 稀土元素 Sm 代替 Pb – Ca – Sn 合金中的 Ca 对铅合金在硫酸溶液中的阳极行为的影响[J]. 复旦学报,2003,42(6):930 ~ 934,938.
[248] 杨春晓,张新华,周彦葆,等. Pb – Gd 合金在硫酸溶液中生长的阳极 Pb(Ⅱ)膜的阻抗研究[J]. 复旦学报(自然科学版),2004,43(4):584,587.
[249] 杨春晓,王会锋,马敏,等. 铅 – 镱合金在硫酸溶液中的阳极行为[J]. 复旦学报:自然科学版,2005,44(6):1023 ~ 1027,1032.
[250] 柳厚田,张新华,杨炯,等. 铈降低在硫酸溶液中生长的阳极 Pb(Ⅱ)氧化物膜的电阻的研究[J]. 化学学报,2002,60(4):643 ~ 646.
[251] 柳厚田,杨春晓,梁河海,等. 铅镧和铅钐合金在硫酸溶液中生长的阳极膜性质的研究[J]. 电化学,2001,7(4):439 ~ 444.
[252] 柳厚田,杨炯,梁河海,等. 铈含量对铅铈合金在硫酸溶液中的阳极行为的影响[J]. 复旦学报:自然科学版,2001,40(4):401 ~ 403,407.
[253] 杨习文,唐有根,舒宏,等添加富铈稀土对低锑合金结构及电化学性能的影响[J]. 中国有色金属学报,2006,16(10):1817 ~ 1822.
[254] 李超. 金属学原理[M]. 哈尔滨:哈尔滨工业大学出版社,1996.
[255] 陈燕,薛松柏,吕晓春,等. 稀土元素 Ce 对锡银铜无铅钎料显微组织的影响[J]. 焊接学报,2005,26(12):69 ~ 72.
[256] 姚靓,周根树,李党国,等. 稀土低锑铅合金的时效特性[J]. 有色金属,2007,59(1):1 ~ 4.
[257] 赵金珠,戴长松. 铅蓄电池板栅合金概述[J]. 电源技术,2002,26(2):119 ~ 121.
[258] 仝明信 林冠发. 稀土铅基板栅材料的性能研究[J]. 理化检验:物理分册,2006,42(2):60 ~ 62,71.
[259] 李党国,周根树,林冠发,等. 稀土 – 铅合金在硫酸溶液中阳极行为研究[J]. 中国稀土学报,2005,23(2):224 ~ 227.
[260] 张绍辉,闫智刚,陈怀林,等. 铈对铅锑合金电化学性能的影响[J]. 蓄电池,2003(1):3 ~ 6.
[261] Huang L., Qiao D. C, Green B. A., Liaw P. K., Wang J. F., Pang S. J., Zhang T., Bio-corrosion study on zirconium-based bulk-metallic glasses. Intermetallics 2009, 17(4):195 ~ 199.
[262] Wang Z. M., Zhang J., Chang X. C., Hou W. L., Wang J. Q., Susceptibility of minor alloying to corrosion behavior in yttrium-containing bulk amorphous steel. Intermetallics 2008.

(谈荣生、蒋建清、毛向阳、方　峰、涂益友、宋人英
唐定骧、张德平、唐有根、张景怀、王成辉、赵　昆
罗　强、汪卫华、彭秋明、张　清、张　涛、李　然)

8 稀土钢

我国拥有丰富的稀土资源，近年来我国钢产量也达到了世界第一，但还不是钢铁强国，有些高品质、特殊用途的钢材还不能生产，需要进口。微量稀土元素在钢中可以深度净化钢液，变质有害夹杂物，改善钢的组织，提高钢的各项性能，有着不可替代的独特微合金化作用。稀土有望作为发展新世纪高强韧钢、高品质钢的重要元素，在提高钢的各项特殊性能中发挥其独到的作用。

在20世纪七八十年代，稀土在钢中应用，主要集中在变质硫化物的作用，提高钢的横向冲击性能，当时通常把这种钢叫做稀土处理钢。随着钢的洁净度越来越高，稀土在钢中合金化、微合金化和复合微合金化的作用也越来越凸显，且相继开发出了具有自主创新的稀土耐候钢、稀土重轨钢、稀土低合金钢、稀土合金钢等。后者显然不应该叫稀土处理钢。稀土在钢中变质硫化物的同时往往也发挥了合金化、微合金化作用，因此我们认为上述两种情况，应该统一称之为稀土钢是比较合理的。在本章中，都一律统一称为稀土钢。

8.1 稀土在炼钢过程中的冶金物理化学

8.1.1 稀土化合物的标准生成自由能

1974年威尔逊等人[1]由热力学计算给出了稀土化合物的标准生成自由能与温度变化的关系（图8-1），说明在炼钢温度下稀土首先生成 RE_2O_3，然后是 RE_2O_2S、RE_xS_y、RES、$RE_x(As、Sn、Sb、Pb、Bi)_y$、REN、REC_2。北京钢铁研究总院杜挺研究组[2~4]实验测定了炼钢温度下铁基溶液中钇的一些化合物的标准生成自由能（图8-2）及稀土元素在铁基溶液中的热力学性质（见表8-1），得出这些钇的化合物生成先后次序为 $Y_2O_3 > Y_2O_2S > Y_2S_3 > YS > YSb > YN > YC_2$。可见，威尔逊等的热力学估算（$REC_2$的值除外）结果在趋势上基本是正确的，只是绝对值偏大。但应指出，他们认为 YC_2 的标准生成自由能随温度降低而增大，则与实测值不相符。

表8-1 稀土元素在铁基溶液中的热力学性质[2~4]

体　系	反应方程式	热力学性质与温度的关系		
		反应式平衡常数的对数	平衡产物的标准自由能变化/$J\cdot mol^{-1}$	活度相互作用系数
Fe - S - Ce	CeS(s)＝[Ce]+[S]	$-37670/T+15.36$	$-721130+294.0T$	$e_S^{Ce}=-23330/T+11.60$
Fe - S - La	LaS＝[La]+[S]	$-33330/T+11.86$	$-637900+227.0T$	$e_S^{La}=-24620/T+10.35$
Fe - S - Nd	NdS＝[Nd]+[S]	$-47440/T+20.99$	$-908100+401.8T$	$e_S^{Nd}=-21260/T+10.59$
Fe - S - Sm	SmS＝[Sm]+[S]	$-27580/T+9.01$	$-527980+172.5T$	$e_S^{Sm}=-26820/T+11.93$
Fe - S - Y	YS＝[Y]+[S]	$-16700/T+4.74$	$-321080+91.0T$	

续表 8-1

体 系	反应方程式	热力学性质与温度的关系		
		反应式平衡常数的对数	平衡产物的标准自由能变化/J·mol^{-1}	活度相互作用系数
Fe-O-Y	Y_2O_3═2[Y]+3[O]	$-93650/T+34.40$	$-1792600+658.0T$	$e_O^Y=-566200/T+286$
				$e_Y^Y=-22.3/T+0.006$
Fe-S-O-Y	Y_2O_2S═2[Y]+2[O]+[S]	$-79490/T+28.03$	$-1521000+536.0T$	$\varepsilon_Y^Y=-8178/T-2.693$
Fe-C_{sat}-S-Ce	Ce_2S_3═2[Ce]+3[S]	$-70030/T+26.00$	$-1340000+497.7T$	$e_S^{Ce}=-4090/T+0.07$
Fe-C_{sat}-S-La	La_2S_3═2[La]+3[S]	$-66110/T+21.83$	$-1266000+417.9Y$	$e_S^{La}=-4830/T+1.021$
Fe-C_{sat}-S-La	LaS═[La]+[S]	$-23257/T+7.39$	$-445180+141.5T$	
Fe-C_{sat}-S-Nd	Nd_2S_3═2[Nd]+3[S]	$-53030/T+17.02$	$-1015000+325.8T$	$e_S^{Nd}=-6610/T+1.586$
Fe-C_{sat}-S-Sm	Sm_2S_3═2[Sm]+3[S]	$-54470/T+15.89$	$-1043000+304.2T$	$e_S^{Sm}=-6510/T+1.681$
Fe-C_{sat}-S-Y	Y_2S_3═2[Y]+3[S]	$-61190/T+23.10$	$-1171000+441.0T$	
Fe-C_{sat}-S-Y	YS═[Y]+[S]	$-22663/T+7.90$	$-433800+151.2T$	$e_S^Y=-27490/T+14.12$
Fe-C_{sat}-Ce	CeC_2═[Ce]+2[C]	$-10505/T+6.54$	$-202790+125.27T$	$e_C^{Ce*}=-48.2/T+0.0178$ $e_C^{Ce}=-150.0/T+0.0500$
Fe-C_{sat}-La	LaC_2═[La]+2[C]	$-22633/T+13.43$	$-433190+256.99T$	$e_C^{La*}=-102.7/T+0.0485$ $e_C^{La}=-341.4/T+0.158$
Fe-C_{sat}-Nd	NdC_2═[Nd]+2[C]	$-6750/T+4.44$	$-129190+84.98T$	$e_C^{Nd*}=-43.4/T+0.0159$ $e_C^{Nd}=-133.9/T+0.0440$
Fe-C_{sat}-Sm	SmC_2═[Sm]+2[C]	$-14709/T+9.42$	$-281530+180.34T$	$e_C^{Sm*}=-43.9/T+0.0165$ $e_C^{Sm}=-136.4/T+0.0460$
Fe-C_{sat}-Y	YC_2═[Y]+2[C]	$-8902/T+6.49$	$-170380+124.18T$	$e_C^{Y*}=-485/T+0.0178$ $e_C^Y=-1514/T+0.0501$
Fe-N-Ce	CeN═[Ce]+[N]	$-20960/T+7.97$	$-401200+153T$	$e_N^{Ce}=-6230/T+2.670$ $e_{Ce}^{Ce}=-79.72/T+0.0167$
Fe-N-Y	YN═[Y]+[N]	$-20440/T+7.86$	$-391246+151T$	$e_N^Y=-6640/T+2.986$ $e_Y^Y=-64.51/T+0.014$
Fe-C_{sat}-Sb-Ce	CeSb═[Ce]+[Sb]	$-46894/T+21.69$	$-903287+418T$	$e_{Sb}^{Ce}=-63217/T+33.18$
Fe-C_{sat}-Sb-Y	YSb═[Y]+[Sb]	$-36249/T+15.86$	$-689590+301T$	$e_{Sb}^Y=-29905/T+9.77$
Fe-C_{sat}-Pb-Ce				$e_{Pb}^{Ce}=-2.11$(1300℃) $e_{Ce}^{Pb}=-1.43$
Fe-Sn-Ce	Ce_2O_2S═2[Ce]+2[O]+[S]	$-29420/T+1.58$	$-563150+30.24T$	$e_{Sn}^{Ce}=-95889/T+48.50$
Fe-P-Ce	Ce_2O_2S═2[Ce]+2[O]+[S]	1600℃ -14.59	1600℃ -261570×2	$e_P^{Ce}=0.39$,$e_{Ce}^P=1.77$
Fe-Cu-Ce	Ce_2O_2S═2[Ce]+2[O]+[S]	-14.56	-261032×2	$e_{Cu}^{Ce}=-0.22$,$e_{Ce}^{Cu}=-0.49$
Fe-Ti-Ce	Ce_2O_2S═2[Ce]+2[O]+[S]	-14.43	-258700×2	$e_{Ti}^{Ce}=-1.23$,$e_{Ce}^{Ti}=-3.62$
Fe-Nb-Ce	Ce_2O_2S═2[Ce]+2[O]+[S]	-14.36	-257393×2	$e_{Nb}^{Ce}=-2.306$,$e_{Ce}^{Nb}=-3.481$
Fe-V-Ce	Ce_2O_2S═2[Ce]+2[O]+[S]	$-35000/T+4.65$	$-669960+89.01T$	$e_V^{Ce}=-2836/T+1.40$

注:“*”表示在碳饱和的 Fe 液中。

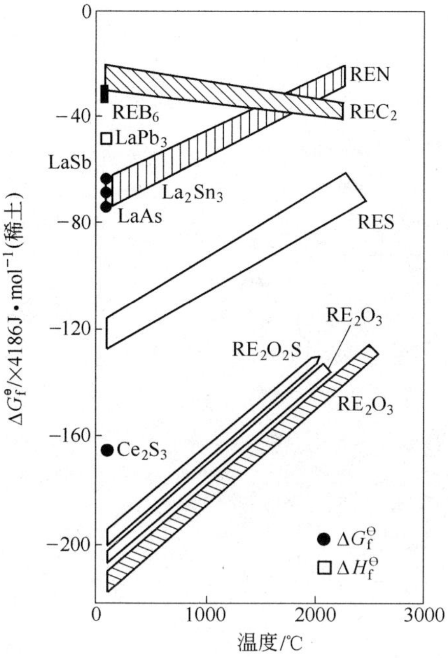

图 8-1 稀土化合物的标准生成自由能[1]

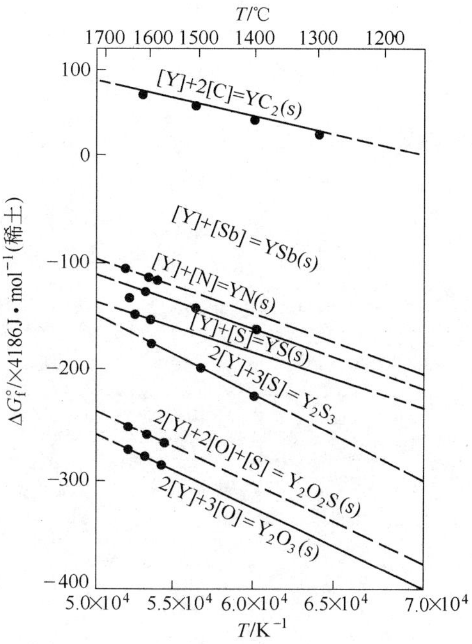

图 8-2 炼钢温度下铁液中钇化合物的标准生成自由能[2~4]

8.1.2 稀土元素在铁液中的脱氧热力学

自 20 世纪 60 年代起，国内外一些研究者实验测定或理论计算了稀土元素在铁液中的脱氧常数(1600℃)。表 8-2 为铁液中 $RE_2O_3(s) = 2[RE] + 3[O]$，(RE = La，Ce，Nd 和 Y)的平衡数据。表中没有列入希乔恩等[14]和费希尔与伯特伦[9]关于 La 和 Ce 的与其他作者的结果相比过高的数据。即使这样，表中所列脱氧常数值仍有很大的差异。它们由 10^{-13} 至 10^{-20}，相差达 7 个数量级。其原因有三：

(1) 大多数实测稀土含量为稀土总量，实际包括铁液中溶解的稀土量和呈夹杂物存在的稀土量，从而导致所测的浓度积偏高，以致所求的平衡常数过高；

(2) 铁液中稀土与 Al_2O_3 坩埚反应生成稀土铝酸盐，并非稀土氧化物，以致所测之值难以确定为稀土脱氧常数。

(3) 热力学计算值低于实验测定值甚多，可能是由于稀土在液铁中的溶解自由能值估计欠准确造成的。

表 8-2 La、Ce、Nd 和 Y 在铁液中的脱氧常数 *K*

$\lg[\%RE]^2 a_O^3$	平衡产物	K(1600℃)	方法		文献
			测试方法	坩埚/气氛	
$\frac{-81000}{T}+20.20$	Ce_2O	7.96×10^{-24}	热力学计算		[30]
$\frac{-76000}{T}+21.00$	Ce_2O_3	2.65×10^{-20}	间接法，光谱分析	Al_2O_3/真空	[5]

续表 8-2

$\lg[\%RE]^2a_O^3$	平衡产物	$K(1600℃)$	方法		文献
			测试方法	坩埚/气氛	
$\frac{-68500}{T}+19.60$	Ce_2O_3	1.0×10^{-17}	$ThO_2(Y_2O_3)$定氧	Al_2O_3	[6]
	Ce_2O_3	4.05×10^{-15} (1650℃)	气液平衡法	CaO/H_2O-H_2	[7]
	Ce_2O_3	1.18×10^{-17}	热力学计算		[8]
	Ce_2O_3	9.38×10^{-18}	$ThO_2(Y_2O_3)$定氧	Al_2O_3/Ar 气	[9]
$\frac{-74712}{T}+18.80$	Ce_2O_3	8.11×10^{-22}	热力学计算		[29]
	Ce_2O_3	1.0×10^{-14} ~ 3.2×10^{-13}	直接法	Al_2O_3/Ar 气	[10]
$\frac{-98611}{T}+35.34$	Ce_2O_3	4.9×10^{-18}	固液平衡,$ZrO_2(MgO)$定氧,放射性测量	MgO/Ar 气	[11]
	Ce_2O_3	2.7×10^{-19}	直接法	Al_2O_3/真空	[12]
	La_2O_3	4.0×10^{-20}	热力学计算		[13]
$\frac{-62050}{T}+14.10$	La_2O_3	9.3×10^{-20}	间接法	Al_2O_3/真空	[5]
	La_2O_3	1.0×10^{-18}	热力学计算		[14]
	La_2O_3	1.0×10^{-19}	间接法	SiO_2/Ar 气	[15]
$\frac{-75380}{T}+17.60$	La_2O_3	2.24×10^{-23}	热力学计算		[1]
	La_2O_3	4.19×10^{-17}	热力学计算		[8]
$\frac{-77300}{T}+20.79$	La_2O_3	3.3×10^{-21}	热力学计算		[30]
	La_2O_3	4.07×10^{-19} (1680℃)	$ThO_2(Y_2O_3)$定氧	Al_2O_3/Ar 气	[9]
$\frac{-76100}{T}+19.50$	Nd_2O_3	7.41×10^{-17}	热力学计算		[30]
$\frac{-81970}{T}+27.04$	Nd_2O_3	1.9×10^{-17}	固液平衡,$ZrO_2(MgO)$定氧,放射性测量	CaO,MgO/Ar 气	[11]
$\frac{-61000}{T}+13.43$	Nd_2O_3	7.3×10^{-20}	$Nd-Al_2O_3$,光谱分析	Al_2O_3/真空	[5]
	Y_2O_3	9.5×10^{-20}	$Y-SiO_2$	SiO_2	[15]
$\frac{-93653}{T}+34.4$	Y_2O_3	2.5×10^{-18}	固液平衡,$ZrO_2(Y_2O_3)$	MgO/Ar 气	[16]
$\frac{-50748}{T}+11.39$	Y_2O_3	2.75×10^{-18}	固液平衡,$ZrO_2(Y_2O_3)$	MgO/Ar 气	[17]

我国韩其勇研究组、杜挺研究组、王常珍研究组为了解决以上问题,采用低温有机溶液,电解分离平衡试样中的稀土夹杂;用固体电解质探头直接定氧和采用 MgO 或 CaO 坩埚材料,获得了比较准确的实测结果。

镧、铈、镨、钕、钇在 1600℃铁液内的脱氧能力大于铝和锆,因而它们是很强的脱氧剂。各稀土元素脱氧能力的递增顺序为镧、钇、镨、钕、铈。不过,文献[5]的作者认为,如果铈的脱氧产物为 CeO_2,则脱氧能力的递增顺序应为铈、镧、镨、钕。然而,Kay 等[18]和魏寿昆[19]估算,若要发生 $Ce_2O_3+[O]=2CeO_2$反应,在 1900K 下氧的亨利活度必须大于 0.53,这比 Fe 与 FeO 平衡时氧的活度大得多,因此认为在炼钢时不会生成 CeO_2。

综上所述，对于纯铁液中 RE_2O_3 ══ 2[RE] + 3[O] 的平衡常数，取 10^{-18}(RE = Ce)、10^{-17}(RE = Nd) 和 10^{-16}(RE = Y) 的数量级比较合理。

8.1.3 稀土元素在铁液中的脱硫热力学

稀土元素与硫生成稀土硫化物，如 RES、RE_3S_4、RE_2S_3、RES_2 等，重稀土元素甚至能生成 RE_5S_7 型硫化物。稀土硫化物熔点在 1500 ~ 2450℃ 范围内，密度在 3.3 ~ 6.4 g/cm^3 范围内，比铁液低。有些纯稀土硫化物在其溶化温度时还有一定的蒸发率：LaS 60%、La_2S_3 10%、La_3S_4 8%、YS 50%、Y_5S_7 10%、SmS 50%、CeS 9%、Ce_3S_4 8%。稀土硫化物不但密度较低，而且有部分蒸发，因此较容易从铁液中排除。

一些研究者已经实验测定或根据热力学计算了稀土在铁液中的脱硫常数，表 8-3 汇集了这些结果。由表 8-3 中数据可见，稀土元素生成 RES 的脱硫常数为 10^{-3} ~ 10^{-6}，这证明稀土元素具有强的脱硫能力。同样，由于大多数实验者所测定的铁样中的稀土含量为稀土总量（包括稀土夹杂物），因此，所求得之值均偏高。只有通过测定试样中溶解态的稀土量和硫含量而求得的稀土 - 硫平衡常数值才是较准确的[17,31]。此外，在一些稀土 - 硫平衡实验中，实验者采用了 Al_2O_3 坩埚，或因测定时的气氛是空气，故其反应产物是否是稀土硫化物以及因此所测定结果的准确性都值得怀疑。由此可见，铁液中反应 RES ══ [RE] + [S] 的平衡常数，其较准确的数量级在 10^{-6}（对 RE = Ce, La, Nd）和 10^{-4} ~ 10^{-5} 之间（对 RE = Y）。

表 8-3 Ce、La、Nd 和 Y 在铁液中的脱硫常数 *K*（活度积）和 *K′*（浓度积）

（反应式：RES = [RE] + [S]）

$\lg K \sim 1/T$	平衡产物	K'（浓度积）(1600℃) 或 K（活度积）	研究浓度范围	方 法	文献
	CeS	1.5×10^{-3}		CeS, MgO/Ar 气	[20]
	CeS	1.0×10^{-3}		MgO/真空	[21]
	CeS	2.0×10^{-3}		热力学计算	[22]
	CeS	2.5×10^{-4}		MgO/真空	[23]
	CeS	1.0×10^{-3}		MgO/Ar 气	[24]
	CeS	1.9×10^{-4}		CaO/真空	[9]
	CeS	1.2×10^{-3}		ZrO_2, Al_2O_3/真空	[25]
$\frac{-20600}{T}+6.39$	CeS	2.6×10^{-5}	[%Ce] = 0.05 ~ 2.0	CeS 衬的 Al_2O_3/Ar 气	[26]
	CeS	3.0×10^{-4}		MgO/Ar 气，真空	[27]
	CeS	1.7×10^{-4}		CaO/Ar 气，真空	[28]
	CeS	3.2×10^{-6}		热力学计算	[29]
	CeS	1.9×10^{-5}		Al_2O_3/Ar 气	[10]
	CeS	2.8×10^{-5}		MgO/Ar 气，放射性测定	[30]
	LaS	1.5×10^{-4}	[%La] + 4.34[%S] = 0.07 ~ 0.60	CaO/真空	[9]
$-\frac{20100}{T}+5.574$	LaS	7.6×10^{-6}		热力学计算	[1]
	LaS	$\sim1.2\times10^{-3}$	[%La] = 0.1 ~ 7.2	热力学计算	[15]

续表 8-3

$\lg K \sim 1/T$	平衡产物	K'(浓度积)(1600℃)或 K(活度积)	研究浓度范围	方 法	文献
$\frac{-26000}{T}+8.98$	LaS	4.0×10^{-6}	[%La]+4.34[%S]=0.02~0.37	LaS 衬 Al_2O_3/Ar 气	[26]
	LaS	$(0.77\sim7.35)\times10^{-6}$ 7.4×10^{-7}	[%La]+4.34[%S]=0.048~0.655	MgO/Ar 气,放射性测量	[30]
	NdS	2.6×10^{-6}		MgO/Ar 气,放射性测量	[30]
$\frac{-16773}{T}+4.74$	YS	6.1×10^{-5}		MgO/Ar 气,放射性测量	[31]
	YS	8.5×10^{-5}		MgO/Ar 气,放射性测量	[17]

表 8-4 汇集了发生反应 RE_2S_3══2[RE]+3[S]时稀土在铁液中的脱硫常数。由表 8-4 可见,热力学计算值与实验测定值的差异很大,远超过发生反应 RES ══[RE]+[S]时稀土在铁液中脱硫常数计算值与实测值的差异。

表 8-4 La、Ce 和 Y 在铁液中的脱硫常数 *K*(1600℃)

(反应式:RE_2S_3 =2[RE]+3[S])

$\lg K \sim 1/T$	平衡产物	K(1600℃)	方 法	文 献
	La_2S_3	4×10^{-5}	热力学计算	[22]
	La_2S_3	6×10^{-10}	空气	[13]
	Ce_2S_3	5.0×10^{-11}	MgO/Ar 气	[32]
	Ce_2S_3	8.6×10^{-6}	热力学计算	[22]
$\frac{-56100}{T}+17.049$	Ce_2S_3	3.3×10^{-13}	热力学计算	[1]
$\frac{-44130}{T}+11.40$	Y_2S_3	6.8×10^{-3}	热力学计算	[33]
$\frac{-61185}{T}+23.05$	Y_2S_3	2.4×10^{-10}	MgO/Ar 气	[37]

根据文献[34],各单一稀土金属溶于铁液时吸收率的顺序为 Y≈Dy≈Gd>Ce≈Sm≈Nd≈Pr>La;单位稀土原子浓度在铁液中脱硫率的顺序为 La≥Sm≥Ce≈Pr≈Nd>Y≈Dy≈Gd。

8.1.4 稀土元素在铁液中的脱硫氧平衡常数

在含有氧、硫的铁液中,一定条件下,稀土元素能与氧、硫生成稀土硫氧化物 RE_2O_2S。这是稀土不同于其他脱氧、脱硫元素的一大特点。铈、镧和钇的硫氧化物熔点为 1900~2200℃,密度为 4.8~7.0g/cm³。由一些 RE_2O_2S 的标准生成自由能数据[39]及稀土、氧、硫在铁液中的标准溶解自由能数据,能计算出 RE_2O_2S 在铁液中的标准生成自由能。表 8-5 为不同研究者研究得到的铈、镧、钕和钇在铁液中脱硫、氧的热力学数据。由表 8-5 可见,实测结果与计算值相差较大。

表 8-5 La、Ce、Nd 和 Y 在铁液中的脱硫、氧常数(1600℃)

(反应式:$RE_2O_2S(s) = 2[RE] + 2[O] + [S]$)

$K = f(T)$	平衡产物	K'(浓度积)	K(活度积)	方 法	文 献
	La_2O_2S		2.2×10^{-22}	热力学计算	[29]
	La_2O_2S		3.7×10^{-22}	热力学计算	[35]
$\frac{10217}{T} - 12.79$	La_2O_2S		5.7×10^{-19}	MgO/Ar 气,放射性测量	[36]
	Ce_2O_2S	1.0×10^{-14}		热力学计算	[38]
	Ce_2O_2S		3.8×10^{-21}	热力学计算	[29]
	Ce_2O_2S		3.9×10^{-14}	Al_2O_3/Ar 气	[10]
$\frac{-41300}{T} + 7.46$	Ce_2O_2S		2.6×10^{-15}	MgO/Ar 气,放射性测量	[32]
$\frac{-70930}{T} + 23.91$	Nd_2O_2S		1.1×10^{-14}	MgO/Ar 气,放射性测量	[32]
$\frac{-51524}{T} + 13.14$	Y_2O_2S		4.3×10^{-15}	MgO/Ar 气,放射性测量	[32]
	Y_2O_2S		1.0×10^{-21}	热力学计算	[33]
$\frac{-79487}{T} + 28.03$	Y_2O_2S		4.1×10^{-15}	MgO/Ar 气	[37]

8.1.5 铁液中稀土元素对其他组元的相互作用系数

表 8-6 汇集了不同实验者所报道的 1600℃ 铁液中稀土元素对其他组元的相互作用系数值及稀土元素的自相互作用系数值。根据相互作用系数 e_i^j 的定义,实验测定时必须保证溶液为极稀溶液。近年来各实验者[11,26,30~32,40]略去了一些较小的杂质元素活度系数项以后,近似地以$\frac{\partial \lg K'}{\partial [\%j]_{[\%j]\to 0}}$代替$\frac{\partial \lg f_i^j}{\partial [\%j]_{[\%j]\to 0}}$来确定 e_i^j。由于某些实验者以稀土总量代替铁液中平衡的溶解稀土量,因此,所得 K' 值(平衡值)欠准确;此外,由于难以保证溶液为极稀溶液,因此所测 e_i^j 值也欠准确。不过,最近我国研究人员采取措施减小了上述两个原因造成的误差,得到了较准确的 e_i^j 值。

表 8-6 铁液中稀土元素对其他组元的相互作用系数及自相互作用系数(1600℃)

X	e_O^X	$\%X$	文 献	e_S^X	$\%X$	文 献	e_X^X	文 献
La	-5①	≤0.1	[41]	-20.5	<0.1	[42]	-0.0078	[26]
	-7.55①	≤0.2	[42]	-1	0.2~0.6	[42]		
	-0.57②		[43]	-0.259	0.7~7.2	[42]		
	-0.20		[44]	-1.51		[32]		
	-8②	≤0.1	[45]	-4.8		[36]		
	-0.97		[46]	-19		[26]		
				-20		[47]		
Ce	-4.93	≥0.003	[42]	-19	<0.08	[42]	0.0032	[10]
	-1.16②	~1	[46]	-9.5	<0.14	[42]	0.0066	[11]
	-3①	≤0.2	[41,44]	-2	0.16~0.25	[42]	0.014	[11]
	-14	≤0.05	[48]	-1	0.30~0.45	[42]		
	-8.5	<0.1	[48]	-0.24	0.5~2.5	[42]		
	-0.52②	~1	[49]	-0.327		[45]		
	-12.1		[50]	-9.1		[26]		
				-9.0		[47]		
				-2.36		[32]		

续表 8-6

X	e_O^X	%X	文 献	e_S^X	%X	文 献	e_X^X	文 献
Nd	−10.5		[50]	−1.54		[30]	0.017	[11]
				−1.26		[32]		
Y	−6.3		[51]	−21.3		[37]	0.006	[37]
	−16.7		[16]	−7.7		[40]	0.0177	[36]
	−9	<0.1	[45]	−11.4		[36]		
	−1.75②	~1	[46]	−2.64		[32]		
	−8.5	<0.1	[42]	−1.8		[52]		
	−0.7	>0.15	[42]	−0.275		[15]		
	0.46	0.2~2.0	[15]					

① 为 1680℃;② 为理论计算值。

8.1.6 稀土元素脱氧脱硫产物生成规律热力学

格施奈德纳[39,53,54]对稀土硫氧化物的标准生成热和生成自由能作了估算,并对各种稀土硫化物的稳定性进行了比较。按生成热 ΔH(298 K)来考虑 Ce_2O_2S 为 −578.9 kJ/mol $\left(\frac{1}{3}O_2+\frac{1}{6}S_2\right)$,硫化铈 CeS 为 −558.4 kJ/mol$\left[\frac{1}{2}S_2(气)\right]$,另外两个铈的硫化物 Ce_3S_4、Ce_2S_3 的相应值为 −505.7 kJ/mol 和 −483.6 kJ/mol$\left[\frac{1}{2}S_2(气)\right]$。这几个硫化物按不稳定性增加的程度排列依次为 Ce_2O_2S、CeS、Ce_3S_4、Ce_2S_3。为了了解在钢中加入一定量的铈时形成的哪一种化合物最稳定,需要以每摩尔的铈为单位来比较,在这种情况下,CeS、Ce_3S_4、Ce_2S_3、Ce_2O_2S的 $\Delta H^\ominus$(298 K)值分别是 −558.4 kJ/mol、−674.4 kJ/mol、−725.9 kJ/mol、−868.6 kJ/mol,因此,Ce_2O_2S 是其中最稳定的,其稳定性降低的顺序为 Ce_2O_2S、Ce_2S_3、Ce_3S_4、CeS。因此,钢中有硫和氧同时存在时,铈在钢中首先倾向于形成硫氧化合物。但是,在炼钢温度(1600℃)下,稀土元素脱氧脱硫产物的实际生成情况比上述情况要复杂得多。

威尔逊和瓦赫德等[1,29]以格施奈德纳等的结果为基础,计算了冶炼时一些稀土化合物的标准生成自由能,结果列于表 8-7,并由此计算了这些化合物的亨利活度积,进而求出了以亨利活度表示的铈与镧的脱氧常数和脱硫常数,绘制了 Ce − O − S 空间沉淀图,并借以预测钢液中稀土元素脱氧脱硫产物的生成顺序。图 8-3 是文献[29]计算出的 $h_{Ce}-h_O-h_S$空间的沉淀图,h_{Ce}、h_O和 h_S分别代表铁液中铈、氧、硫的亨利活度。

表 8-7 一些稀土化合物在炼钢温度下的标准生成自由能和 1900 K、1950 K 和 2000 K 时的亨利活度积[1,29]

化合物	$\Delta G^\ominus$(4.186 J/mol)	活度积(1900 K)	活度积(1950 K)	活度积(2000 K)
CeO_2	$-204040+59.8T$	$h_{Ce}\times h_O{}^2=4.0\times10^{-11}$	1.6×10^{-10}	6.0×10^{-10}
Ce_2O_3	$-341810+86.0T$	$h_{Ce}^2\times h_O{}^3=3.0\times10^{-21}$	3.0×10^{-20}	2.8×10^{-19}
La_2O_3	$-344865+80.5T$	$h_{La}^2\times h_O{}^3=8.4\times10^{-23}$	9.2×10^{-22}	8.4×10^{-21}
CeS	$-100980+27.9T$	$h_{Ce}\times h_S=3.0\times10^{-6}$	6.0×10^{-6}	1.2×10^{-6}
Ce_3S_4	$-357180+105.1T$①	$h_{Ce}^3\times h_S{}^4=7.6\times10^{-19}$	8.6×10^{-18}	8.6×10^{-17}
Ce_2S_3	$-256660+78.0T$①	$h_{Ce}^2\times h_S{}^3=3.3\times10^{-13}$	1.9×10^{-12}	1.0×10^{-11}
LaS	$-91750+25.5T$			

续表 8-7

化合物	$\Delta G^{\ominus}$(4.186 J/mol)	活度积(1900 K)	活度积(1950 K)	活度积(2000 K)
Ce_2O_2S	$-323300+79.2T$	$h_{Ce}^2\times h_O{}^2\times h_S=1.3\times10^{-20}$	1.2×10^{-19}	9.8×10^{-19}
La_2O_2S	$-320340+71.9T$①	$h_{La}^2\times h_O{}^2\times h_S=7.3\times10^{-22}$	6.7×10^{-21}	5.3×10^{-20}

① 为估计值。

如前所述，与实验测定值相比，文献[29]所计算出的脱氧常数似乎偏低；此外，根据文献[29]的计算，认为在炼钢温度下，CeO_2 是不能存在的，但文献[10,11,50]均发现在1600℃ Fe－Ce－O 平衡的脱氧产物中有 CeO_2。

此外，文献[17]、[26]也都绘制了类似的空间沉淀图，同样是由于受到文献所报道的数据的局限，选用的脱氧、脱硫常数又欠准确，从而与实际情况有相当大的偏离。文献[56]采用以同一种方法测定的铈脱氧、脱硫常数值[11,30,32,50]，绘制了 $\alpha_{[Ce]}-\alpha_{[O]}-\alpha_{[S]}$ 空间沉淀图（见图 8-3 和图 8-4）和投影图（见图 8-5）。

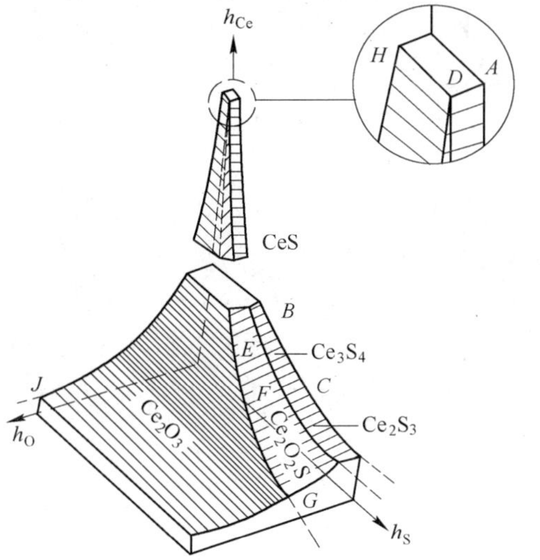

图 8-3　$h_{Ce}-h_O-h_S$ 空间沉淀图[29]（1600℃）

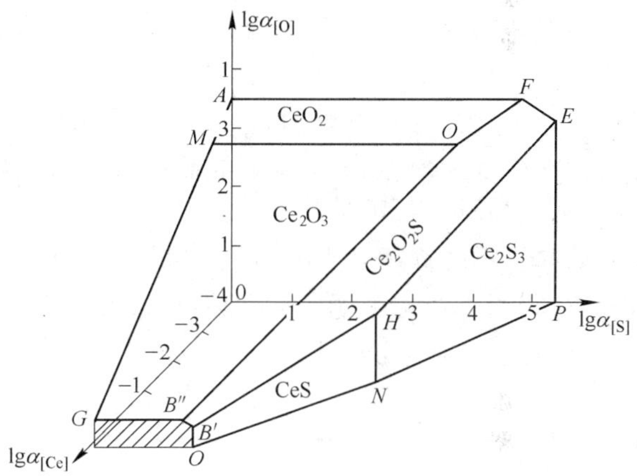

图 8-4　$\lg\alpha_{[Ce]}-\lg\alpha_{[O]}-\lg\alpha_{[S]}$ 空间沉淀图

由图 8-4 及其相应的定量计算结果，根据铁液中的 $\alpha_{[O]}$ 和 $\alpha_{[S]}$，即可判断所生成的稀土夹杂物的类型和生成条件如下：

（1）生成稀土氧化物的条件，当 $\alpha_{[O]}>0.10$，$\alpha_{[S]}/\alpha_{[O]}^2<100$ 时，生成的夹杂物是 CeO_2；当 $\alpha_{[O]}<0.10$，$\alpha_{[S]}/\alpha_{[O]}<10$ 时，生成的夹杂物是 Ce_2O_3。

（2）生成稀土硫氧化物的条件，在满足 $\alpha_{[O]}<0.10$，$10<\alpha_{[S]}/\alpha_{[O]}<263$ 或 $\alpha_{[S]}<0.51$，$100<\alpha_{[S]}/\alpha_{[O]}^2<135000$ 的条件时，生成的夹杂物是稀土硫氧化物 Ce_2O_2S。

（3）生成稀土硫化物的条件，当 $\alpha_{[S]}<0.51$，$\alpha_{[S]}/\alpha_{[O]}^2>135000$ 时，生成的夹杂物是

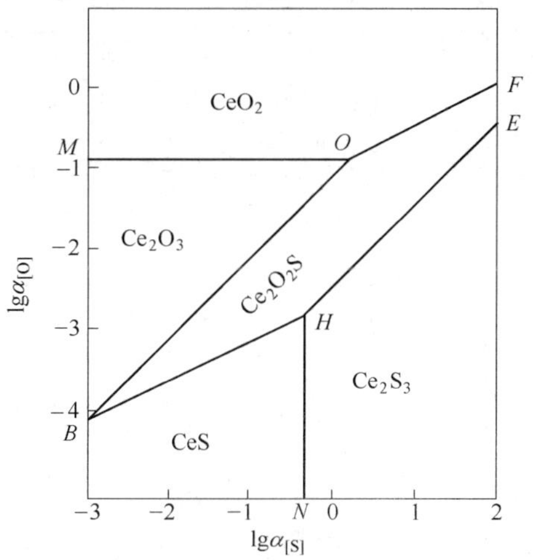

图 8-5　$\lg\alpha_{[Ce]}-\lg\alpha_{[O]}-\lg\alpha_{[S]}$ 空间的投影图（1600℃）

CeS；当 $\alpha_{[S]} > 0.51$，$\alpha_{[S]}/\alpha_{[O]} > 263$ 时，生成的夹杂物是 Ce_2S_3。

综上所述，根据热力学计算及实验测定的铁液中稀土脱氧、脱硫氧平衡常数，可预测铁液在加稀土后，将首先生成稀土氧化物，然后才是稀土硫氧化合物，最后是稀土硫化物。可以预测，在一般情况下，稀土加入铁液中首先脱氧，然后生成稀土硫氧化物，只有当[O]量降低到一定程度时稀土才有明显的脱硫作用。

随着冶炼装备及工艺技术的不断发展，炉外精炼的普及，目前钢水的洁净度越来越高，通常钢中全氧小于 $(50 \sim 100) \times 10^{-6}$，有些可以达到全氧小于 $(10 \sim 50) \times 10^{-6}$，硫也能控制在较低或很低的水平，这个时候加入稀土元素，往往能生成微米级或小于微米级的稀土硫氧化物。这些细小的稀土硫氧化物能起到非均质形核的第二相粒子作用，达到改善凝固组织的作用。

8.1.7 钢中常见稀土夹杂物的特征

钢中常见稀土夹杂物的金相特征列于表 8–8。和钢中非稀土夹杂物相比，它们具有如下特点：

（1）在明场下，除 RES 具有一定色彩外，其余稀土夹杂物皆呈浅灰色。其灰色的深浅程度按下列顺序增加：MnS（含稀土）、RE_2S_3、RE_2O_2S、RE_2O_3、$REAlO_3$。

（2）除含稀土的 MnS 外，其余稀土夹杂物的塑性都很差。RE_2O_3、RE_2O_2S 和 RE_2S_3 都是不变形或很少变形的，稀土铝酸盐则属脆性夹杂物。

（3）在暗场下，稀土夹杂物大多具有鲜艳的色彩，而非稀土夹杂物，除 Cr_2O_3 呈绿色、铁锰硅酸盐呈不同程度的黑红色外，大多无鲜艳的色彩。由 RE_2S_3、RE_2O_2S、RE_2O_3 至稀土铝酸盐，在暗场下的透明度由黑变亮，颜色由红变为黄和黄绿色。关于钢中稀土夹杂物的彩色图谱，可参阅文献[59]。

表 8–8 钢中常见稀土夹杂物的特征

序号	夹杂物类型	光学特征					显微硬度 HV，MPa	化学性质	晶体结构（X 射线分析）
		金相			岩相				
		明场	暗场	偏光	透射光	偏光			
1	RES	金红色小颗粒，往往成群分布，其颜色随 Ce/La 比值降低由偏黄向偏红变化	黑色不透明有亮边	各向同性	黑色细小颗粒	各向同性		溶于 2.5% 碘甲醇（37 ~ 40℃）	面心立方 $a = 0.5834$ nm
2	$\beta - RE_2S$	浅灰色，圆球或椭球状，分散分布，有时呈短串状	黑红	弱异性	黑红色颗粒	弱异性	4410 左右	溶于 2.5% 碘甲醇（37 ~ 40℃）	正交晶系 $a = 0.735$ nm $b = 1.073$ nm $c = 1.324$ nm
3	$\gamma - RE_2S_3$	浅灰色，大多呈圆球状，分散分布	黑色不透明	各向异性	黑色不透明颗粒	各向异性		溶于 2.5% 碘甲醇（37 ~ 40℃）	体心立方 $a = 0.8632$ nm

续表 8-8

序号	夹杂物类型	光学特征					显微硬度 HV, MPa	化学性质	晶体结构（X 射线分析）
		金相			岩相				
		明场	暗场	偏光	透射光	偏光			
4	RE_2O_2S	中灰色,颗粒状或纺锤状易于成群分布	大多深黄、橙黄	各向异性	大多深黄、橙黄	各向异性	4900 左右	基本不溶于2.5%碘甲醇(37～40℃)	六方晶系 $a=0.4028$ nm $c=0.6868$ nm
5	RE_2O_3	中灰色,稍变形的条状和块状,往往聚集成群	浅黄、黄红	各向异性	浅黄、黄红	各向异性		基本不溶于2.5%碘甲醇(37～40℃)	六方晶系 $a=0.3891$ nm $c=0.6064$ nm
6	$REAlO_3$	深灰色,不规则颗粒,往往成串链状	灰黄、灰黄带绿	弱异性或同性	灰黄、灰黄带绿	弱异性或同性	通常在 10780 左右	基本不溶于2.5%碘甲醇(37～40℃)	立方晶系 $a=0.3774$ nm（有多型性转变,但衍射数据与立方系相近）
7	αMnS	浅灰色,沿加工方向延伸的长条状	黄、黄绿（含微量稀土）,不同程度红色（稀土含量稍高）	大多同性	黄、黄绿(含微量稀土),不同程度红色(稀土含量稍高)	大多同性	2900 ～ 4900,随稀土含量增加而提高	溶于2.5%碘甲醇(37～40℃)	与 αMnS 相同,点阵常数增加不明显

8.2 稀土在钢中的主要作用及机理

早在20世纪50年代稀土在钢中应用就开始了,20世纪70年代中期,由于喷吹法(如TN法等)的出现,钙处理在钢中逐渐大量应用。没有稀土资源的西欧和日本采用钙处理取代了稀土处理。但随着稀土作用机理研究的深入以及钙处理显现的诸多弊端,如钙沸点低、蒸气压高、溶解度小,对硫化物形态不能进行彻底控制;钙不能消除铅、锑、锡、铋、砷等低熔点杂质的危害作用;钙处理设备复杂污染大;钢水中稀土能存在的浓度远比钙高;钙不具有稀土因固溶形成的合金化效果等。20世纪90年代,美国著名冶金学者 Luyckx A 提出了反替代的概念。在控制钢液洁净度的条件下,稀土在钢铁工业中仍将具有不可替代的作用,稀土在洁净低合金高强高韧钢,在特殊用途合金钢种中具有广泛的应用前景。利用优势资源发展具有中国特色的稀土钢,对于提高钢材质量、开发新钢种具有重要意义。

20世纪是钢铁行业腾飞的世纪,全世界的钢产量平均年增幅为3.4%,伴随着产量的增加,炼钢技术也得到了迅速发展,新工艺新技术不断产生,尤其是最近20年,随着连铸技术和炉外精炼技术的推广和发展,钢材的质量得到显著提高,使生产低硫低氧钢成为可能。在钢材质量日益提高的今天,在新的条件下进一步了解稀土在钢中的作用及作用机理,对于更加有效地合理利用稀土资源、研制开发性能更加优异的稀土钢种具有重大意义。

稀土加入钢中,可以改善钢的凝固组织,可起到脱氧、脱硫、脱硫氧、改变夹杂物形态和组织的作用,在洁净钢中微量稀土可以深度净化钢液,稀土与钢中低熔点有害元素如P、Pb、As、Sn、Bi、Sb等反应形成高熔点化合物,降低或消除低熔点元素对钢带来的有害作用,可以有效起到微合金化的作用。稀土能够提高钢的抗大气及耐其他介质腐蚀性能,提高钢的高温抗氧化能力,提高钢的高温强度和塑性,提高钢的韧性、耐磨性、耐蚀性、抗疲劳性能,改善焊接性能及低温性能,提高抗氢致脆性等。

8.2.1 稀土对钢凝固组织的影响及机理

8.2.1.1 稀土元素对钢凝固过程的影响及机理

稀土元素影响钢的凝固过程和改变凝固组织,扩大等轴晶区域,细化等轴晶晶粒,缩小柱状晶区域,细化柱状晶晶粒[60~63],在铬镍钼高强钢中加入稀土后柱状晶区缩小,等轴晶区扩大的面积与不加稀土的相比增加了 2~3 倍[61]。文献[62]指出,钢锭中不加稀土时,等轴晶区一般占 32%~33%,加稀土后增加到 44%~55%;在连铸坯中,则由 20% 增加到 50% 以上。在排除稀土夹杂物的条件下,对 16Mn 钢进行自下而上没有搅拌作用的定向结晶实验表明,0.51% Ce 可使高硫(0.022% S)的试样中柱状晶区长度缩短 4%,使低硫(0.003% S)的试样中柱状晶区长度缩短 11%,两者的等轴晶晶粒细化率分别为 14% 和 33%[63]。在不排除稀土夹杂物的定向凝固实验中,0.14% Ce 可使高硫(0.05% S)的碳钢晶粒细化率达 46.7%,而 0.23% Ce 使低硫(0.003% S)碳钢中的值达 16.4%[64]。对无相变的高合金铁素体钢和奥氏体钢,例如 ZGMn13、ZGCr25Ni20Si、ZGCr28 等,钢铸造晶粒组织粗大,添加稀土可以细化晶粒[65]。1994 年,武汉钢铁(集团)公司在冶金工业部稀土处理钢发展规划技术交流和推广会议上报告了稀土改善连铸坯凝固组织的实验结果,见表 8-9。

表 8-9 稀土改善连铸坯凝固组织的实验结果[66]

炉号	钢种	铸坯断面 /mm × mm	RE/S	等轴晶宽度/mm	等轴晶百分率 /%	等轴晶率 增加值/%
304525	08Al	210 × 1300	0	10	4.8	
			2.3	30	14.3	9.5
304570	08Al	210 × 1300	0	30	14.3	
			1.9	50	23.8	9.5
311083	08Al	210 × 1050	0	0	0	
			1.6	30	14.3	14.3
311084	08Al	210 × 1050	0	0	0	
			2.2	35	16.7	16.7
105074	16Mn	210 × 1300	0	35	16.7	
			2.4	55	26.2	9.5
221280	16Mn	210 × 1300	0	20	9.5	
			2.3	40	19.0	9.5

稀土元素对钢凝固组织的影响机理有如下研究报道:

(1) 稀土元素夹杂作为非自发晶核的作用,Bramfitt[67] 曾提出匹配度理论,用以判断夹杂是否可以成为新结晶时的非自发晶核,他提出了一个两相晶格之间错配度的概念,即

$$\delta = \frac{a_C - a_N}{a_N}$$

式中 a_C——夹杂的点阵间距；

a_N——新结晶相的点阵间距。

δ 值越小，两相匹配越好，夹杂越易成为非自发晶核。

大桥等人[68,69]按照上述概念对稀土氧化物及硫化物在纯铁及钢凝固时的行为进行研究，发现 CeS 与 δ—Fe 晶格错配度最小，其形核过冷度也最小；其次是 RE_2O_3，其过冷度远比 Al_2O_3、SiO_2及 MnO 小。从冶金物化及凝固理论还可以知道，两相匹配度越好，晶格错配度越小，说明两相的界面能越小，夹杂越易成为良好的形核剂。稀土作为表面活性元素，加入钢液后，使钢液的界面张力下降，润湿角 θ 减小，非均质形核功小，易于形核。同时表面活性的稀土元素，在晶体表面形成吸附薄膜，提高了核的稳定性，阻止母液原子扩散，因而使晶粒细化。文献[70,71]报道了稀土对 35CrNiMoV 和 20CrMoV 低合金钢形核过冷度的影响，发现稀土使钢的初生相形核过冷度减小，甚至消失（见表 8-10）。稀土加入钢中后所形成的细小稀土硫化物、稀土氧化物和稀土硫氧化物夹杂均可成为钢的非自发晶核，其形核过冷度小，因而使等轴晶区增大，并使等轴晶细化，同时限制柱状晶的发展，使柱状晶区缩短。

表 8-10 钢中稀土含量对形核过冷度的影响

钢种	w(Ce)/%	ΔT/℃
35CrNiMoV	0	2~3
	0.026	0
	0.016	0
20CrMoV	0	6~8
	0.048	1~2
	0.317	0
低硫碳钢	0	0.5
	0.01	0
	0.08	0

（2）稀土元素的平衡分配系数 K_0值很小，它在液相中完全可以溶解，在固相中溶解度很小，一旦凝固，稀土富集在正在生长的结晶前沿液相中，阻止晶体发育长大。稀土在固液界面上的富集促使枝晶熔断、游离，等轴晶粒细化[13]。文献[70]报道实验用低硫高锰钢在排除夹杂物影响的定向凝固装置进行，控制凝固工艺参数使之获得胞晶组织，当稀土达到一定量时，发现胞晶前沿失稳，产生了缩颈、枝晶熔断及游离的晶块（见图 8-6），从照片上可以看出这些游离晶块不是由稀土夹杂作为非自发晶核引起的，因为它们与原来的晶胞有明显的缩颈联系着，或者存在着熔断的痕迹。图 8-7 为图 8-6 放大后在缩颈处 Ce 的分布扫描图像，可以看出，在缩颈处 Ce 的线扫描出现了很明显的峰值，说明 Ce 在这里有很大的溶质富集。正是由于这种富集导致了该处熔点温度的降低，促使枝晶熔断及游离，这些游离的晶块如果不被熔化掉，势必会增加等轴晶区的宽度，并使等轴晶晶粒细化。

8.2.1.2 稀土元素对枝晶偏析的影响及机理

稀土元素可减小一些溶质元素的枝晶偏析。涂嘉夫等报道了连铸钢坯中添加稀土后减小了 C、P、Mn、Si 在柱状晶区及等轴晶区的偏析[68]。文献[73]指出，稀土显著降低了 Ni4V 钢和 CrMn2Mo 钢中 Cr、Mn、Mo、Ni、V、P 等元素的偏析指数$\left(I_s=\dfrac{\text{枝晶间溶质的最大浓度 } C_{max}}{\text{枝晶间溶质的最小浓度 } C_{min}}\right)$。

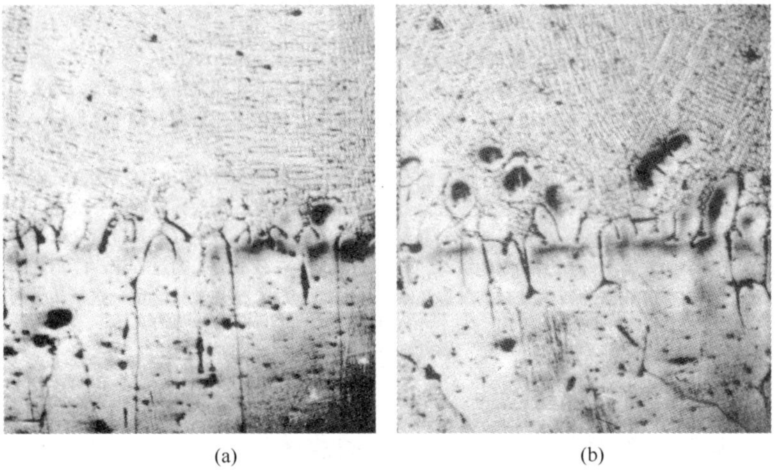

图 8-6 低硫高锰钢加 Ce 后胞晶前沿形成的游离晶块

(a) w(Ce) = 0.2%；(b) w(Ce) = 0.38%

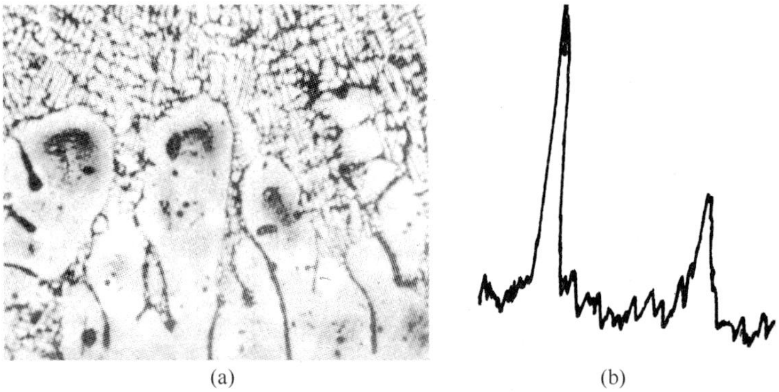

图 8-7 低硫高锰钢胞晶前沿缩颈处的 Ce 分布

(a) 胞晶前沿缩颈；(b) Ce 的分布扫描图像

表 8-11 列出了 20CrMoV 钢中稀土含量对 Cr、Mo、V、Mn 枝晶偏析比的影响[74]。显然，随着钢中铈含量的增加，一些合金元素的枝晶偏析减少了。稀土元素对枝晶偏析的影响机制可以从三个方面来分析：(1) 溶质分配系数 K；(2) 二次枝晶臂间距 d_2；(3) 固相中合金元素的扩散系数 D。而三者中溶质分配系数 K 值起着决定性作用。通常用 $|1-K|$ 值表示偏析系数，该值越大，偏析越严重。文献[75]测定了 16Mn 及高锰钢中一些元素 K 值随铈含量的变化，结果表明，铈提高 C、Mn 而降低 Si 的 K 值，这同高锰钢中锰的偏析比与铈含量的变化趋势是一致的。此外，由于稀土能减小二次枝晶臂间距和推迟 δ - Fe 向 γ - Fe 的转变，而合金元素（如 Cr）在 δ - Fe 中的扩散系数（当 1480℃ 时，0.3×10^{-6} cm/s）大于在 γ - Fe 中的值（0.8×10^{-8} cm/s），两者相差很大[73]。稀土推迟了 δ - Fe向 γ - Fe 转变的温度，意味着将使其他溶质元素在固相中总的扩散系数增大，这就有利于在凝固期间减少这些元素的偏析。同时，稀土元素促使二次枝晶臂间距减小，因此也使枝晶偏析减少。

表 8-11 20CrMoV 钢中稀土含量对 Cr、Mo、V 和 Mn 枝晶偏析比的影响[74]

$w(Ce)/\%$	I_{sCr}	I_{sMo}	I_{sV}	I_{sMn}
0	$\frac{1.08 \sim 1.19}{1.21}$	$\frac{1.49 \sim 1.78}{1.67}$	$\frac{1.20 \sim 2.17}{1.59}$	$\frac{1.21 \sim 1.29}{1.24}$
0.048	$\frac{1.05 \sim 1.17}{1.10}$	$\frac{1.07 \sim 1.77}{1.49}$	$\frac{1.20 \sim 1.65}{1.48}$	$\frac{1.02 \sim 1.16}{1.07}$
0.347	$\frac{1.04 \sim 1.08}{1.07}$	$\frac{1.21 \sim 1.59}{1.45}$	$\frac{1.32 \sim 1.46}{1.37}$	$\frac{1.05 \sim 1.07}{1.06}$

8.2.2 稀土对夹杂物的形态控制和变质作用

对夹杂物的形态控制和变质作用是稀土在钢中的主要作用之一。

在含有少量锰并用铝脱氧的钢中，硫化物通常以 MnS（或 MnS - FeS 的固溶体）的形式存在。按 MnS 铸态特征可将其分为三类：第Ⅰ类 MnS 铸态下呈球状分散分布，热加工时塑性较低，形成于钢中氧含量较高的条件下；第Ⅱ类 MnS 形成于钢脱氧比较完全（$[O] < 10^{-4}$）时，铸态时沿晶界呈共晶分布，热加工时则沿加工方向延伸；第Ⅲ类 MnS 形成于过量铝脱氧时，铸态下呈多角形分散分布，热加工时塑性较好。在一般的镇静钢中，常存在第Ⅱ类 MnS 夹杂，它对钢的性能危害最大。这是因为：

（1）它沿晶界分布，降低了铸态钢材的韧、塑性。

（2）它在热加工时沿加工方向延伸，明显地降低了热轧钢材在横向和厚度方向的强度、韧性和塑性。MnS 沿加工方向延伸越长，影响越严重。这将导致钢在冷弯及冲压成型时的开裂和横向冲击韧性严重下降，并将造成脆性断裂和事故。钢材强度越高，MnS 的影响也越严重。

（3）MnS 在钢板偏析区中呈条带状集中分布，引起层状撕裂的发生。

（4）高温时溶解的 MnS 在冷却时沿晶界析出，导致“过热”的发生，这在硫含量较低的钢材中更为严重。

（5）MnS 导致焊缝热影响区产生平行于熔合线的裂纹，造成焊接件冲击韧性的下降。

（6）氢在夹杂物与基体的界面上聚集，导致氢致开裂。

钢中添加稀土，通过对第Ⅱ类 MnS 的变质作用，可显著减轻 MnS 的上述危害。

当用铝脱氧时，MnS 夹杂对钢的横向塑性和韧性的危害，特别是在连轧钢板中的危害，十分突出。未加稀土前，钢中夹杂物主要是长条状的 MnS 和少量成串的 Al_2O_3 和铝酸盐；加入稀土后，随稀土加入量的增加，钢中夹杂物首先出现不变形或难变形的 RE_2O_2S 和 RE_2S_3，进而甚至出现 RES，而横向冲击韧性也逐渐增大，直到接近纵向冲击韧性的水平（见图 8-8）。

如图 8-8 所示，当钢中 RE/S 值达到 3 时，16Mn 连铸汽车钢板的横向冲击韧性达到最佳值。

但钢中的最佳 RE/S 值不仅与钢中氧含量有关，而且与钢中的合金元素有关。当钢中 $[S]/[O]$ 值较高时，变质硫化物以 RE_2S_3 为主；当 $[S]/[O]$ 值较低时，稀土夹杂物则以 $REAlO_3$ 和 RE_2O_2S 为主，显然，此时将使硫化物变质的最佳 RE/S 值升高。当钢中存在强的硫化物形成元素，如 Ti、Ca 等时，它们将会固定部分硫或降低硫的活度，进而降低钢中变质 MnS 的最佳 RE/S 值。例如，在 25MnTiBRE 钢中，由于部分硫已形成了较稳定的 TiS，RE/S

的最佳值被降至 1 ~2[77]。又如，在用 Si－Ca 和稀土进行复合变质处理时，对于硫含量较高（0.017% ~0.030%），在加入钙 0.015% 的条件下，RE/S 值不低于 1.5 时，钢中长条状硫化物夹杂基本消失，形成了细小的圆形或椭圆形稀土硫化物（RES）、稀土硫氧化合物（RE_2O_2S）及含钙的硫化物[78]。

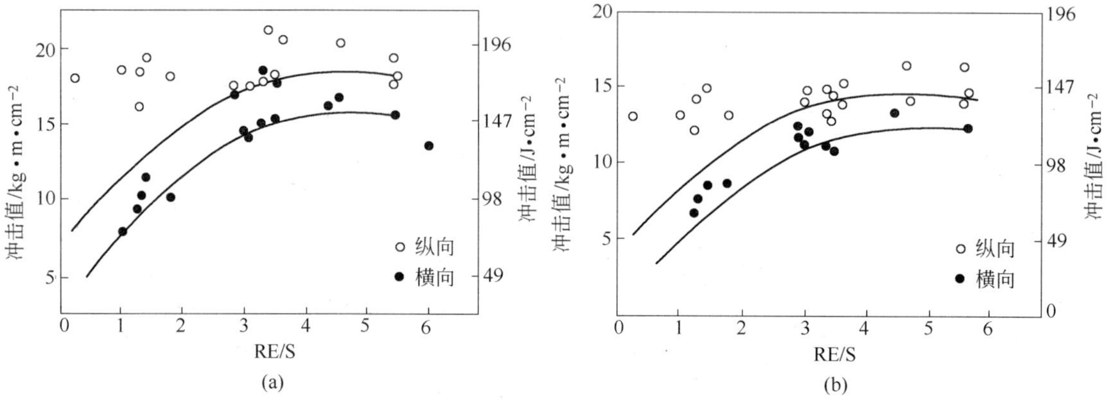

图 8-8 16Mn 连轧汽车钢板中 RE/S 对室温和 －10℃ 冲击韧性的影响
（试样为板厚 6 mm 的 U 形缺口试样）[76]
（a）室温；（b）－10℃

为了消除硫化物的危害，采用 20 世纪 70 年代发展起来的许多行之有效的脱硫工艺可生产出含硫量低于 0.01% 的钢。但是在低硫钢中，特别是用喷吹 Si－Ca 处理的低硫钢中，硫化物形态控制往往不够彻底。例如，在喷吹 Si－Ca 后的低硫 16Mn 钢中，Ca/S＝0.81 时，钢中仍有约占夹杂物总数 10% 的长条状 MnS（相当于约 0.001% S）。喷吹 Si－Ca 后再加入少量（0.03 ~0.1%）稀土，可以保证在钢板各部位完全消除 MnS，从而进一步提高钢的横向冲击韧性和降低钢的韧－脆转变温度。例如，经喷吹 Si－Ca 后硫含量仅为 0.007% 的 16Mn 钢，横向冲击平台能为 83 J/cm^2，横向试样脆性转变温度为 －42℃，而经喷吹 Si－Ca，又添加稀土（0.03% RE）的钢（硫含量 0.0055%），平台能提高到 102 J/cm^2，脆性转变温度降至 －48℃。可见，在低硫洁净钢中添加稀土能充分合理地发挥稀土对硫化物的形态控制及变质作用。

在低硫钢中添加稀土，稀土的作用表现更突出，低硫含量为稀土对夹杂变质作用的发挥提供了更好的冶金物化条件。含硫 0.005% ~0.008% 的管线钢经稀土处理后与国外经钙处理的超低硫（0.0005% ~0.003%）管线钢比较，强度相当，而伸长率、低温冲击韧性和抗 H_2S 裂纹敏感率等优于国外的，见表 8-12[79]。

表 8-12 武钢稀土处理和国外厂家钙处理效果比较（X65）

厂家	横向冲击性能 α_k/J · cm^{-2}						$\sigma_{0.5}$/MPa	σ_b/MPa	δ/%	抗 H_2S 裂纹敏感率 CSR/%
	0℃	－20℃	－40℃	－60℃	－80℃	－100℃				
武钢	83	79	76	70	68	55	495	575	37	0.02
住友	59	54	48	44	35	19	485	575	21	0.49
日本钢管	85	83	81	79	55	50	475	560	31	0.11
蒂森	74	70	63	54	47	51	455	560	31	0.24

在钢的冶炼控制、精炼技术和钢洁净度不断提高的条件下，为发挥稀土元素控制和变质夹杂物的作用提供了更好的冶金物化平台。在洁净钢中微量的稀土元素就能很好及有效地控制和变质夹杂物。文献[80]报道当钢中全氧为接近 10^{-6}，硫含量为 0.006% ~0.009%，稀土总量为 0.018% 时，夹杂物分布较均匀，且大部分夹杂都呈椭圆或圆形，尺寸大的为 5 ~7 μm，多数小于 2 μm（见图 8-9(a)），未观察到条状 MnS 夹杂，说明在该稀土含量下（RE/S =2.0），硫化锰夹杂已变质为稀土硫化物夹杂（见表 8-13）。

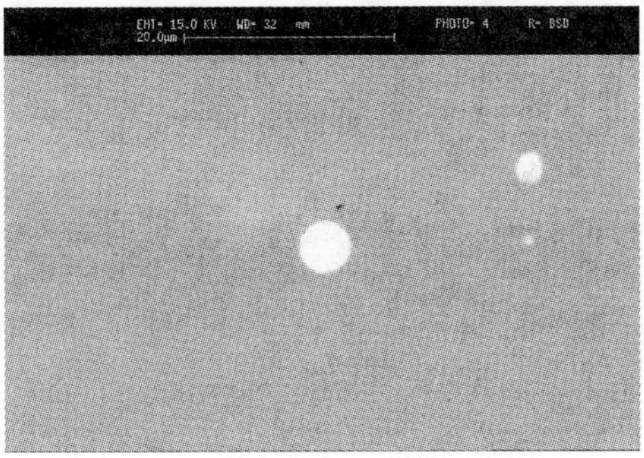

(a)

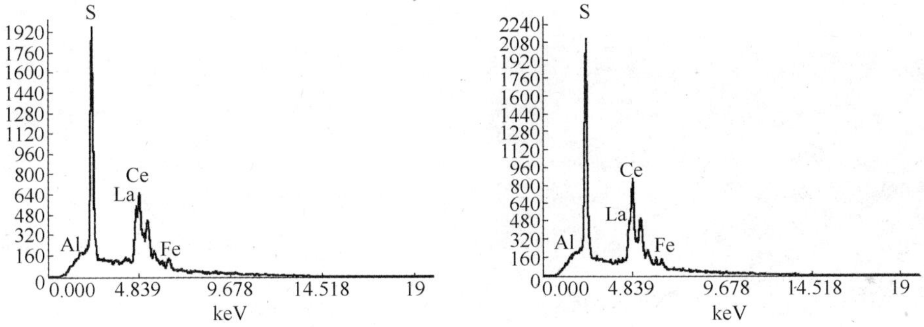

(b)

图 8-9　球状稀土硫化物夹杂及对应的能谱图

表 8-13　稀土硫化物夹杂能谱分析结果

元　素	*k* 比	ZAF 修正值	质量分数/%	原子分数/%
Al-(K)	0.00040	0.6030	0.0584	0.1649
S-(K)	0.24263	0.9433	22.8311	54.2884
Fe-(K)	0.04135	0.8679	4.2290	5.7734
La-(L)	0.24163	0.8719	24.5980	13.5010
Ce-(L)	0.47399	0.8714	48.2836	26.2723

从表 8-13 得出 RE 与 S 的原子比约为 0.74，与 RE_3S_4 的 RE 与 S 原子比 0.75 十分接近，因此可判定该类型夹杂为 RE_3S_4（图 8-9(a)）。在稀土硫化物夹杂能谱分析中（见图 8-9(b)），还有稀土/硫原子比接近 0.67 的 RE_2S_3 类型稀土硫化物夹杂。文献[81,82]报道，在洁净的耐候钢中，当全氧接近 22×10^{-6}，硫含量为 0.003% ~0.0045% 时，钢中存留微量的稀土（0.009%），研究结果表明，主要形成了细小弥散分布的硫氧化物夹杂物，小于 1 μm 的夹杂物

总数占 80% 以上，见图 8-10。稀土夹杂物在热加工时变形，仍保持细小的球形或纺锤形，较均匀地分布在钢材中，消除了原先存在的沿钢材轧制方向分布的呈长条状 MnS 等夹杂，明显地改善了钢的横向韧性、高温塑性、焊接性能、疲劳性能、耐大气腐蚀性能等。稀土夹杂物的热膨胀系数和钢的近似，可以避免钢材热加工冷却时在夹杂物周围产生大的附加应力，有利于提高钢的疲劳强度。稀土变质的夹杂物，能增加夹杂物与晶界抵抗裂纹形成与扩展的能力。

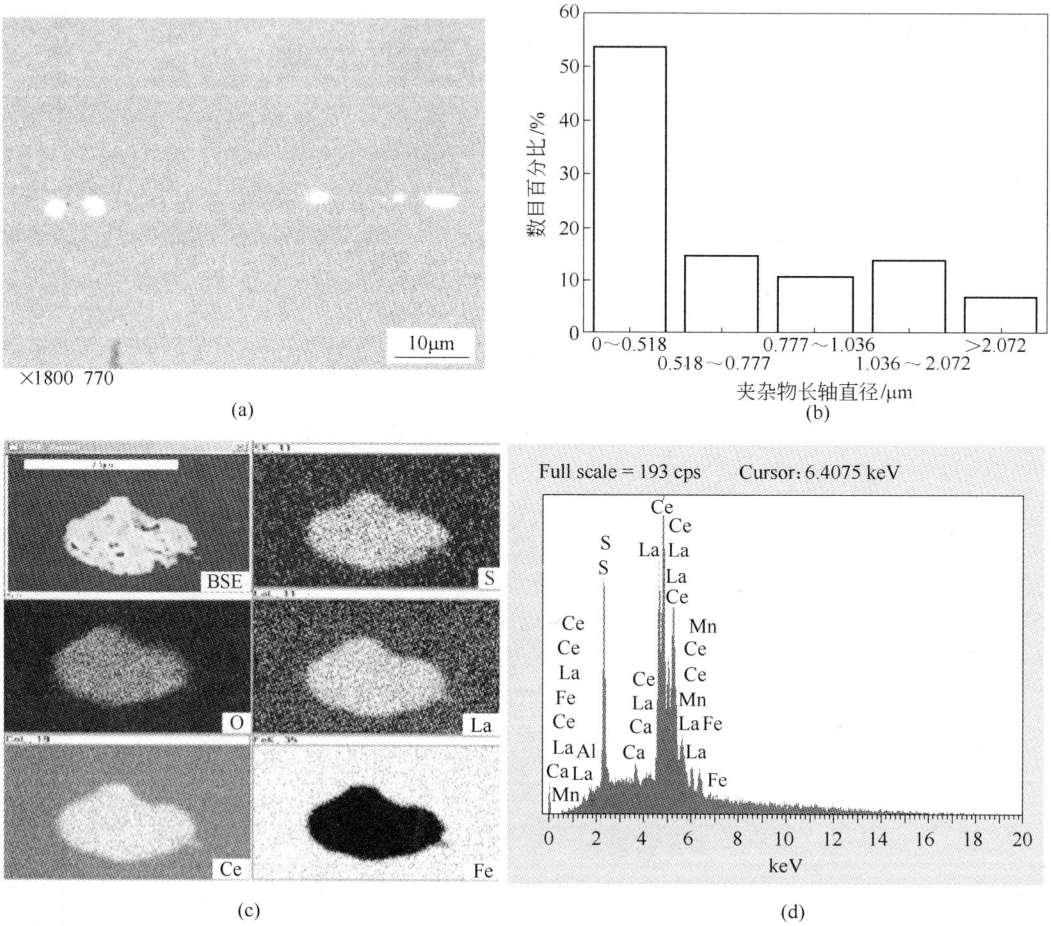

图 8-10 钢中稀土与硫、氧形成硫氧化物的形貌和分布

（a）球状稀土硫氧化物夹杂形貌；（b）夹杂物长轴直径对应的百分数；

（c）稀土硫氧化物夹杂物的面扫描；（d）对应的成分能谱

表 8-14 中数据是用电子探针在图 8-10（a）所示夹杂上随机取两点所测成分，结果表明夹杂为稀土氧硫化物。

表 8-14 图 8-10（a）中稀土夹杂物的成分 （%）

元 素	Al	Si	S	Ca	Mn	Fe	La	Ce	Nd	O
含量	0.04	0.05	6.32	0.07	0.00	15.45	26.81	36.24	0.06	14.72
	0.01	0.06	6.61	0.08	0.00	11.73	27.94	37.07	0.05	15.29

2001 年日本冶金学家[83]报道了在 Si - Mn 镇静钢帘线钢中，用微量稀土控制夹杂物的

组分和形态，在控制溶解铝为 2×10^{-6}，溶解稀土为 1.59×10^{-6}时，钢中夹杂物的组分和形态得到了改善，当 $SiO_2-MnO-Al_2O_3$夹杂物组分中 RE 氧化物含量在10%时，热轧过程中夹杂物的塑性指标提高了。

8.2.3 稀土对钢液净化和深度净化作用

在一般钢中加入稀土，稀土可以夺取钢中可能生成的硫化锰、氧化铝和硅铝酸盐夹杂物中的氧与硫，形成稀土或稀土复合夹杂物。在控制好反应及夹杂物上浮的冶金条件下，这些夹杂物大部分可以从钢液中上浮进入渣中，从而使钢液中的夹杂物减少，钢液得到净化，这就是稀土对钢的净化作用。随着冶金工艺技术的进步，钢的洁净度越来越高，稀土在洁净钢中可起到深度净化钢液的作用。文献[82] 报道，当钢中全氧在 10×10^{-6}，加入微量稀土，2 min 后，硫含量从0.008% 迅速降到0.002%。在洁净钢中(氧:0.0012%，硫:0.0011%，磷:0.0034%)，稀土仍可有效减少或消除硫和磷在晶界的偏聚(见表8-15[84])，起到深度净化钢液的作用。从表8-15可见，未加 La 的试样，晶界上检测到的 P、S 含量是材料平均含量的几十倍，说明杂质含量低的洁净钢中，S、P 仍严重趋于晶界偏析；含镧(La0.0049%)试样，晶界上 La 比材料中平均含量高得多，而 S、P 在晶界的偏析明显消失了，其含量小于能谱分析灵敏度。

表 8-15 晶界能谱分析结果 (%)

试 样	铁素体或珠光体晶界			铁素体或铁素体晶界		
	La	P	S	La	P	S
$w_{RE}=0$	—	0.06	0.02	—	0.12	0.05
$w_{RE}=0.0049$	1.59	—	—	1.69	—	—

文献[85]报道了微量稀土对3Cr2W8V 热作模具钢中(当钢中氧含量为[O]29×10^{-6})五害元素在晶界的偏析影响(见表8-16)，研究结果表明稀土不仅能有效地改善钢中的共晶碳化物的偏析程度，还可减少 P、Pb、Sn、As、Sb 等有害元素在晶界的偏析，有深度强化净化晶界的作用。

表 8-16 加与未加稀土的 3Cr2WSV 钢中晶内和晶界处残余元素含量[85] (%)

炉号	RE 加入情况	P		Pb		Sn		As		Sb	
		晶内	晶界	晶内	晶界	晶内	晶界	晶内	晶界	晶内	晶界
87977	未加 RE	0.263	0.281	0.169	0.256	0.100	0.173	0.021	0.069	0.136	0.278
87957	加 RE	0.276	0.257	0.241	0.147	0.100	0.072	0.011	0.000	0.200	0.006

从图8-11 可以清楚地看到在洁净的重轨钢中，稀土有抑制三元磷共晶组织(即 $Fe_3P+Fe_3C+\alpha-Fe$)及 Fe-P 共晶相的作用，加 RE、Nb 有显著降低和几乎消除这种共晶组织的作用[86]。

在洁净的钢液中，一方面微量稀土能与砷、锑、铋、铅、锡等低熔点有害元素作用，形成较高熔点的化合物；另一方面稀土可以与这些残余杂质元素交互作用，抑制这些杂质低熔点元素在晶界的偏析。图8-12 为 La-P、As 相的背散射电子像及能谱分析[79]，稀土镧与磷、砷、锑等低熔点元素结合，减少了这些元素在晶界的偏聚。在低碳钢中，当{[RE]+[As]}/{[O]+[S]}≥6.7 时，出现稀土的脱砷产物[87]；在低氧硫纯铁中加入少量的稀土足以与锑起反应并促使晶界的锑转移到晶内[88]，减少锑在 α-Fe 晶界上的偏聚[89]。稀土也可抑制

锡在 α－Fe 晶界上的偏聚[90]。图 8-13 为稀土元素与锑、磷低熔点残余元素结合相的二次电子像形貌及 EDS 能谱分析结果。图 8-14 为 La－Sn、P 的析出相形貌及对应的 EDS 能谱图，图 8-12～图 8-14 的结果表明稀土元素可以与这些砷、锑、锡、磷等有害元素相互作用或形成稳定的化合物，降低这些元素在钢中的活度，有利于降低这些有害元素在晶界的平衡偏聚浓度，抑制这些元素对钢的性能造成危害。

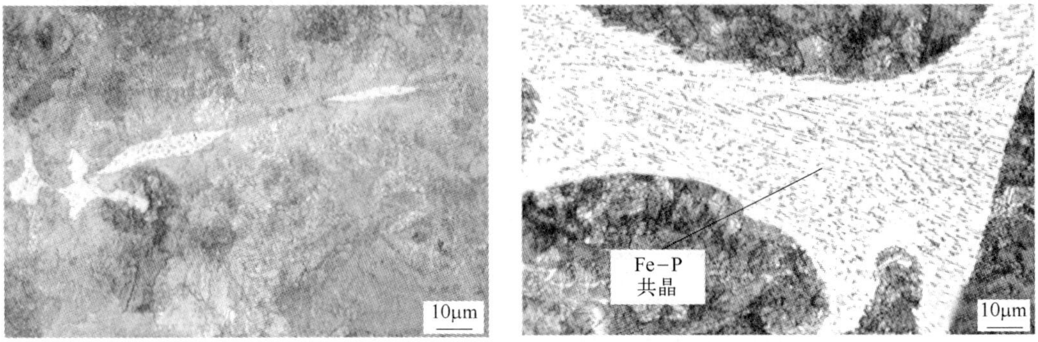

(a) (b)

图 8-11 洁净重轨钢中微量稀土抑制 Fe－P 共晶相

(a) 加 RE；(b) 未加 RE

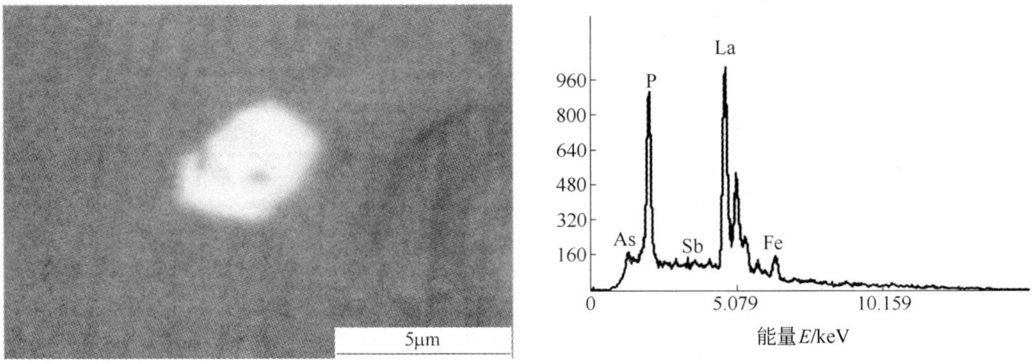

(a) (b)

图 8-12 La－P、As 相的背散射电子像及能谱分析

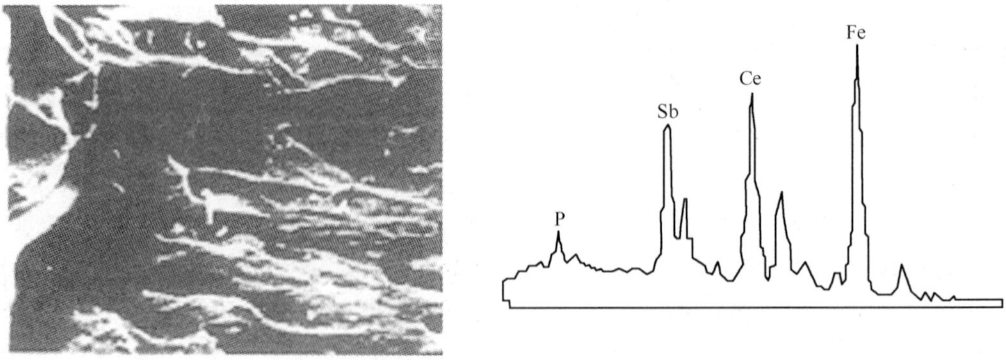

(a) (b)

图 8-13 Ce－Sb、P 相的二次电子像形貌及 EDS 能谱图[91]

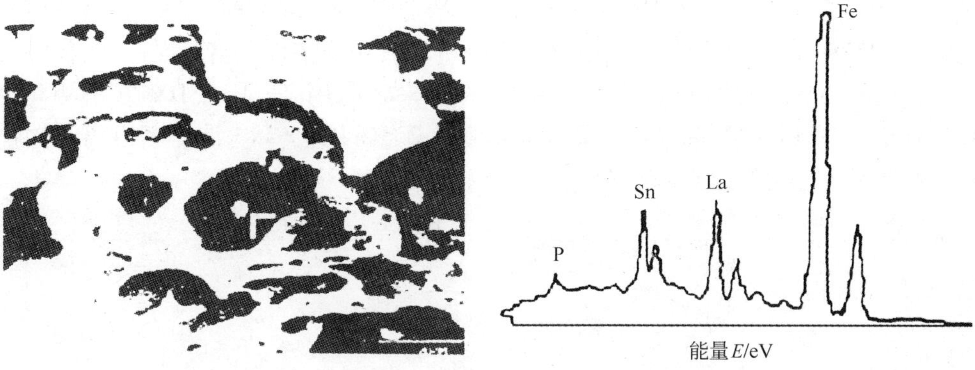

(a) (b)

图 8-14 La-Sn、P 析出相及 EDS 能谱图[92]

8.2.4 稀土在钢中的微合金化作用

8.2.4.1 稀土在钢中的固溶及规律

文献[93]应用钢中固溶量的测定方法，系统研究了低合金高强钢中稀土的固溶规律及分布，发现钢中稀土固溶量在 MnS 夹杂完全变质后，有一个上升的转折点，见图 8-15。

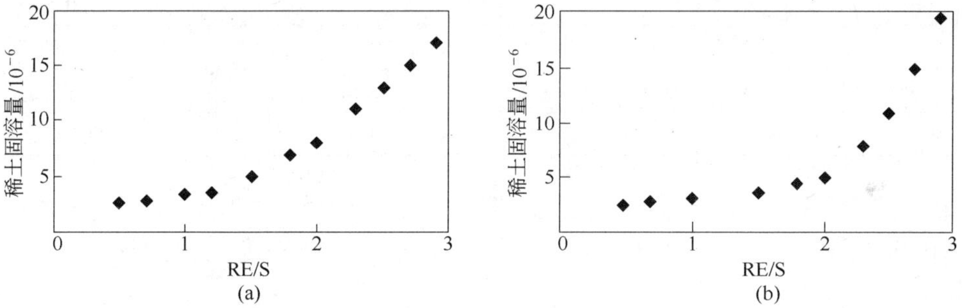

(a) (b)

图 8-15 钢中固溶稀土量和 RE/S 的比值关系

图 8-15(a)和(b)是 09CuPTi 和 16Mn 钢中固溶稀土量和 RE/S 的比值关系，表明在 RE/S = 1.5 和 2.0 附近有个转折点(转折点对应于 MnS 夹杂完全变质的 RE/S 比值附近)。在 MnS 夹杂完全变质后，钢中固溶稀土量随 RE/S 比值的增加明显增大。在 X60、15MnHp、20MnVB、25MnTiB、09SiV 等钢中都证实有转折点。不同钢种转折点对应的钢中稀土含量或 RE/S 的比值不同。要获得高而稳定的稀土固溶量，先决条件是钢中氧硫等杂质要低。如 [S] = 0.0018% ~ 0.0026%，[O] = 0.0015% ~ 0.0025% 的铌钛微合金钢中，固溶稀土量达到 0.0076%，占钢中总稀土量的 50%。纯净钢的生产为稀土作为合金元素的应用奠定了基础。合金元素对钢中固溶稀土量有明显影响。图 8-16 表明 Nb、Ti、酸溶铝均有利于提高钢中稀土固溶量。

应用化学法和物理法相结合，测定了室温下铈在低硫 16Mn 钢中的固溶度为 0.0092% ~ 0.011%[94]。应用放射线同位素示踪法[95]观察到镧在铁中的 ss 峰和镧对内耗峰的影响[96]，也都证实了室温下钢中能够固溶稀土。超低氧硫微合金钢中稀土固溶量可达到 10^{-5} ~

10^{-4}[97]。随着温度的升高,钢中稀土固溶量显著增加,如在900℃时,10MnV 钢中稀土固溶量可达到0.0257%[98]。离子探针和俄歇能谱分析均表明固溶稀土富集在晶界,但晶内也有稀土固溶,不锈钢自射线照相也表明有同样的结果。应用 TEM + EDX 方法测定 950 ~ 1150℃含有0.15% Ce 的样品,Ce 在晶界偏聚高达2.5%以上[99]。沿晶断口离子探针分析表明稀土富集晶界,其离子强度是晶内的2~3倍,见表8-17。

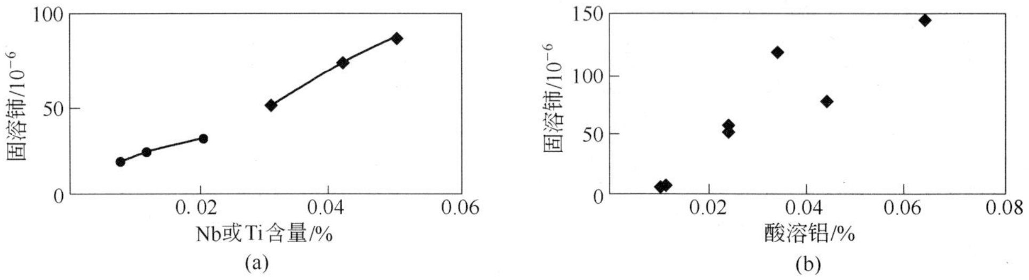

图 8-16 合金元素 Nb、Ti 及酸溶铝对固溶稀土量的影响[93]

表 8-17 晶界和晶内离子探针质谱分析(离子相对强度)[93]

w(RE)/%	固溶量/%	晶界 I^+_{Ce}/I^+_{Fe}	晶内 I^+_{Ce}/I^+_{Fe}
0	0	0	0
0.011	0.0035	0.61	0.20
0.014	0.0076	0.81	0.40
0.023	0.0132	0.92	0.66

在低硫16Mn钢中铁素体显微硬度随钢中稀土固溶量增加呈线性增大。HV = 116.8 + 6.97(固溶 Ce 量),相关系数0.99,而珠光体显微硬度随钢中稀土固溶量增加更快[93]。

在高碳钢晶内和晶界,铁素体和渗碳体中俄歇能谱分析表明,稀土在晶界多于晶内,渗碳体中多于铁素体,在铁素体上观察不到 La 和 Ce 的俄歇峰,而在碳化物中却出现了 La 和 Ce 的俄歇峰。X 射线衍射分析结果表明(见表8-18)[100],由于固溶稀土的存在,分别引起 $\alpha-Fe$ 和 Fe_3C 晶格面间距的增大,其增加幅度随稀土固溶量的增加而增大。说明固溶稀土不仅存在于晶界,也存在于晶内;固溶稀土既存在于 $\alpha-Fe$ 中,也存在于 Fe_3C 中。比较表8-18中 $\alpha-Fe$ 和 Fe_3C 的 Δd 值,可见固溶稀土对 Fe_3C 晶格面间距的影响比对 $\alpha-Fe$ 的影响大,也说明固溶稀土更多地存在于渗碳体中,使 Fe_3C 晶格发生了较大的畸变。实验证实珠光体的显微硬度随钢中固溶稀土量的增加高于铁素体。

表 8-18 稀土对 T8 钢中 $\alpha-Fe$ 和 Fe_3C 晶格面间距的影响[100]

固溶稀土/%		$\alpha-Fe$					Fe_3C			
	hkl	110	200	211	220	310	200	210	022	130
0	d	0.2025	0.1435	0.0170	0.1013	0.0907	0.2242	0.2025	0.2069	0.1586
11×10^{-4}	Δd	0.0005	0.0003	0.0001	0.0001	0.000	0.0005	0.0017	0.0005	0.0005
23×10^{-4}	Δd	0.0017	0.0007	0.0004	0.0002	0.0001	0.0021	0.0020	0.0017	0.008

图像分析仪测定退火样品中平均珠光体面积百分数(见表8-19),结果表明,稀土使10号钢、20号钢、16Mn、X60和20MnVB钢珠光体数量减少,铁素体量增加。J55钢中固溶有15×10^{-6}的稀土,使铁素体量平均增加10%。随着钢中固溶稀土量的增加,珠光体量减少。

表8-19 稀土对钢中珠光体数量的影响[93]

钢 号	10号钢		20号钢		16Mn				X60			20MnVB		
固溶稀土/10^{-6}	0	4	0	8	0	3	35	92	0	5	11	2.2	3.0	3.8
珠光体/%	11	9	25	19	33	31	27	20	12	10	8	24	23	22

低硫MnNbTi低合金钢中[101]珠光体面积$A(\mu m^2)$和固溶铈量占总铈量的百分数有下列关系:

$$A = 44.8 - 0.96[Ce_{固溶}/Ce_{总铈量},\%]$$

珠光体平均直径$R(\mu m)$和固溶铈量占总铈量的百分数也有下列关系:

$$R = 8.61 - 0.13[Ce_{固溶}/Ce_{总铈量},\%]$$

以上关系表明随钢中稀土固溶量的增加,珠光体数量和尺寸都减小,细化了珠光体组织,但总铈量超过0.05%,析出铁铈相后,又使珠光体数量和平均直径增大。固溶有0.0092%稀土的退火16Mn钢,SEM分析表明,稀土使珠光体片间距减小15%~25%,渗碳体厚度减小15%~23%,细化了珠光体组织。同样过量稀土,又使珠光体片层间距和渗碳体厚度增大。14MnNb钢正火组织,也表明一定量的固溶稀土,可使大片不规则珠光体细化和球化,数量减少并消除魏氏组织。稀土抑制奥氏体晶粒长大和细化晶粒,均有利于消除魏氏组织。同样在高碳钢中稀土使珠光体中渗碳体由长片状变为短片状,随着固溶稀土量的增加,局部珠光体转变为粒状,发生珠光体形貌退化[100]。

根据电子结构理论进行计算,结果表明,“稀土-空位-间隙碳”模型有利于降低体系的能量。首先,稀土和碳相互作用,降低了碳的活度,增大了铁素体的溶碳能力,导致珠光体数量减少和依赖晶界形核的状况,也有利于珠光体弥散的分布;其次,稀土在奥氏体晶界的偏聚,改变了晶界状态,增加了珠光体新相形核功,使形核率降低。珠光体中固溶稀土更多存在于渗碳体中,使Fe_3C晶格发生较大的畸变,使铁素体和珠光体两相相互促进的生长方式被破坏,从而导致珠光体形貌退化[100]。

8.2.4.2 稀土对临界点、相变温度等的影响

钢的临界点是制定热处理规范的重要依据。16Mn钢中含RE<0.1%时,A_{C3}点升高35~40℃,A_{C1}点降低26~50℃[102]。铈加入纯铁以后,降低液相线、固相线和$\delta\rightarrow\gamma$转变温度[103]。

文献[65]报道了前期冶金工作者系统地测定加稀土与未加稀土的18Cr2Ni4WA、35CrNi4MoV和30MnCrNi3Mo等钢种的临界点的数据。

从表8-20数据不难看出,稀土元素使A_{C1}、B_s、B_f和M_s点降低。稀土元素除使18Cr2Ni4WA钢的A_{C3}点降低外,对其余两种钢,均使其A_{C3}点提高。这说明稀土元素在不同钢种中对A_{C3}点的影响并无规律,因此,很难得出结论RE是扩大γ区还是缩小γ区的元素。

但有一点可以肯定，即稀土元素影响钢的临界点，表明它们有微合金化作用。

表 8-20 试验钢的临界点

钢 种	钢的临界点/℃				
	A_{C1}	A_{C3}	B_s	B_f	M_s
18Cr2Ni4WA	663	781	430	310	250
18Cr2Ni4WRE	655	755	370	270	180
35CrNi4MoV	700	780	390	280	295
35CrNi4MoVRE	695	790	335	240	270
30MnCrNi3Mo	658	755	—	—	270
30MnCrNi3MoRE	640	770	—	—	200

从表 8-20 还可以看出，稀土元素使三种钢的 M_s点分别下降了 70℃、25℃和 30℃。除钢中碳含量对其有一些影响外，主要是稀土元素的作用。众所周知，开始形成马氏体的温度（即 M_s点）主要随奥氏体的成分（尤其是碳）变化[104]，而母相强度是影响 M_s的一个最敏感的因素[105]。似乎可以认为，稀土元素固溶于奥氏体中，使奥氏体的成分、母相的晶粒尺寸和强度发生了变化，因而使奥氏体向马氏体转变的温度降低。当然，对此问题今后尚需继续研究。

稀土和碳相互作用也表现在固溶稀土对淬火钢回火过程中的马氏体及残余奥氏体分解温度和热效应的影响上（见表 8-21）[106]。

表 8-21 稀土对马氏体及残余奥氏体分解温度和热效应的影响

样 号	固溶稀土/%	马氏体分解		残余奥氏体分解	
		分解温度/℃	$\Delta H/J \cdot g^{-1}$	分解温度/℃	$\Delta H/J \cdot g^{-1}$
1	0	145	-2.09	284	-8.10
2	11×10^{-4}	147	-2.12	285	-5.76
6	23×10^{-4}	151	-1.33	287	-5.07

随着钢中溶解稀土的增加，马氏体和残余奥氏体的分解温度均升高，表明稀土元素和碳的相互作用，阻碍了钢中碳原子的扩散，延缓了钢在回火时的转变，有利于碳素工具钢回火稳定性的提高。由于稀土与碳的相互作用，形成非均匀奥氏体，非均匀奥氏体淬火将促进马氏体板条化。稀土降低马氏体分解的热效应，是由于稀土促进马氏体板条化，板条马氏体的畸变程度小于片状马氏体，因而板条马氏体的畸变能低于片状马氏体，故分解时热效应值 ΔH 减小，马氏体相变产生的应力很大一部分集中到残余奥氏体中，因而残余奥氏体分解将大量放热，由于稀土促使马氏体板条化，也将减少残余奥氏体的数量；同时马氏体相变应力减小，使加稀土后残余奥氏体贮存的应力也减少。因此，随着钢中稀土固溶量的增加，残余奥氏体分解的热效应值 ΔH 显著减小[106]。

8.2.4.3 稀土对碳锰纯净钢渗碳体组织结构的影响

文献[107]报道了在碳锰纯净钢中（O + P + S + N 的总量小于 0.0095%，O:0.0012% ~ 0.0015%，S:0.0003% ~0.0012%）固溶稀土的重要存在形式之一是稀土在渗碳体中能够固溶形成合金渗碳体。在结构钢中,碳起固溶强化铁素体的作用,并与铁形成渗碳体,成为钢的主要组成相。La 与碳的相互作用及其对组织的影响是研究稀土合金化作用的重要内容。图 8-17 为含 La = 0.0049% 试样中珠光体的透射电镜衬度像以及对碳化物所做的微区成分分析。分析表明,在碳化物中存在 La,La 进入渗碳体取代部分铁原子,从而减小了渗碳体中铁碳的比例(见表 8-22)。

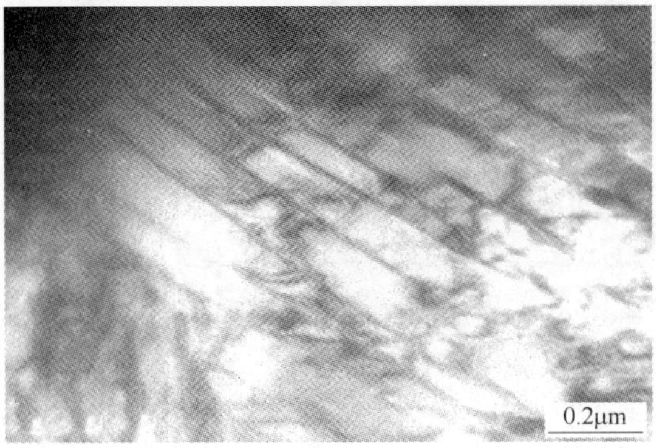

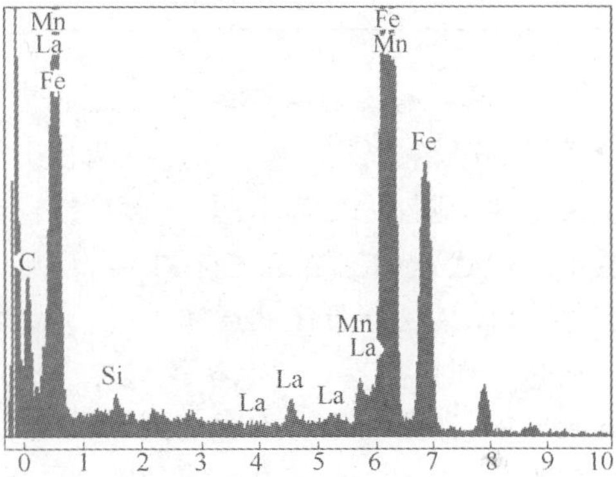

图 8-17 珠光体的 TEM 像及渗碳体成分分析[107]

表 8-22 渗碳体中元素分析(原子分数)[107] (%)

试样(质量分数)	Fe	C	La	Fe/C
$w_{La}=0$	71.9	26.6	0	2.70
$w_{La}=0.0049$	71.6	26.9	0.15	2.66
$w_{La}=0.0393$	70.8	26.7	0.43	2.65

电子选区衍射和电解分离出碳化物的 X 射线衍射分析(见图 8-18)结果表明,稀土元素 La 并没有改变 Fe_3C 的结构,La 只是以固溶的形式存在于渗碳体中,导致渗碳体的晶格常数发生变化,晶胞体积 V 增大(表 8-23)。La 在渗碳体中能够固溶形成合金渗碳体,说明纯净钢中稀土和碳之间有强的作用,稀土在渗碳体中的固溶将提高渗碳体的强度和稳定性。

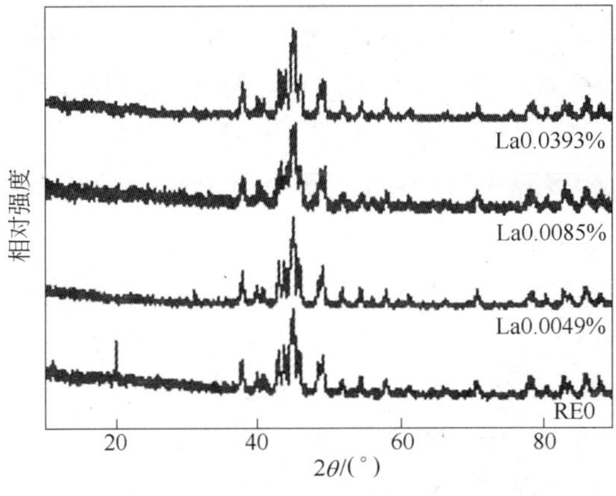

图 8-18 渗碳体的 X 射线谱图[107]

表 8-23 Fe_3C 的晶格常数和晶胞体积[107]

试样/%	a/nm	b/nm	c/nm	V/nm³
$w_{La}=0$	0.50777	0.67261	0.45324	0.1548
$w_{La}=0.0049$	0.50876	0.67416	0.45268	0.15526
$w_{La}=0.0085$	0.50918	0.67481	0.45217	0.15537
$w_{La}=0.0393$	0.50967	0.67935	0.45118	0.15622

8.2.4.4 稀土对碳锰纯净钢组织中珠光体形貌、分布和片层间距的影响

碳锰纯净钢为铁素体－珠光体两相组织，珠光体作为强化相，其分布和形貌对材料的性能至关重要。图 8-19 为不同 La 含量碳锰纯净钢的锻态金相组织，不含稀土的组织中，珠光体基本呈块状分布在晶界，而在 La＝0.0049% 的试样中，珠光体呈现出粒化的特点，不但分布在晶界，而且还分布在铁素体晶内。但当稀土的含量更高时，珠光体粒状形貌特点减退大多以块状出现在晶界。亚共析钢过冷奥氏体中，共析铁素体转变的同时，碳原子通过扩散进入奥氏体中，当温度和碳浓度达到奥氏体的共析转变条件时，由于晶界上有利于能量、成分和结构起伏，珠光体将在奥氏体与铁素体的界面上形核，随后渗碳体和铁素体伴随生长，完成共析转变过程。

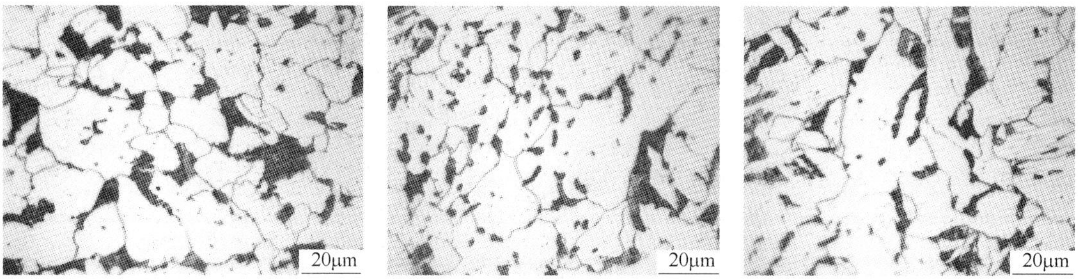

w_{La}=0%　　w_{La}=0.0049%　　w_{La}=0.0393%

图 8-19 镧对珠光体形貌及分布的影响[107]

但在有稀土固溶的情况下，奥氏体晶粒内部存在稀土固溶产生的晶格畸变区域，畸变产生的应力场会对半径较小的碳原子产生强烈的吸引，碳原子趋向于在缺陷位置聚集以降低体系的能量。加之稀土原子与碳原子之间的电负性相差较大，两者有很强的化学吸引力，碳原子将向稀土原子的周围聚集。因此，在固溶稀土原子的周围将形成碳的聚集区，碳化物有可能在此区域形核和生长，减少对晶界或伴随铁素体生长的依赖，最终导致在奥氏体的内部形成粒状珠光体[108]。但如果稀土含量较高，稀土在晶界的偏析量将增加，碳原子趋向于晶界偏析，将在晶界位置形成块状珠光体。

稀土的加入将降低碳的活度和扩散系数，增加碳在铁素体和奥氏体中的溶解度，使珠光体的数量减少（见表 8-24），铁素体的数量增加。但稀土含量过高，将形成非平衡的珠光体，造成珠光体相比例统计结果偏高[95]。La 进入珠光体组织的渗碳体相中，能减少珠光体中的 Fe_3C/α 相界面能，从而有利于减小珠光体片间距[98]（见表 8-24）。La 不仅减小了珠光体的片间距，而且还减小了珠光体中渗碳体片的厚度（见图 8-20），均有利于提高材料的强度[96]。

表 8-24 镧对珠光体数量和珠光体片间距的影响[107]

试样/%	$w_{La}=0$	$w_{La}=0.0049$	$w_{La}=0.0085$	$w_{La}=0.0393$
珠光体比例/%	19.2	18.5	17.6	22.7
珠光体片间距/μm	0.38	0.32	0.28	0.23
Fe_3C/α 相界面能/$J\cdot m^{-2}$	0.530	0.438	0.410	0.301

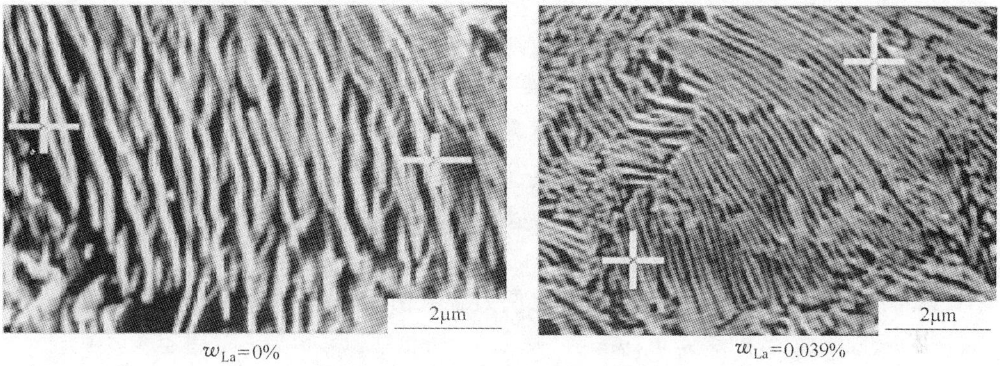

图 8-20 La 对珠光体的片间距和渗碳体片厚度的影响(SEM)[107]

8.2.4.5 稀土对动态再结晶、晶粒长大和晶粒度的影响

文献[109]采用非水电解和等离子光谱法分析了 10MnVL 钢中稀土固溶量,试验结果见表 8-25。采用 Gleeble-1500 型热模拟试验机测定应力松弛曲线和真应力-真应变曲线,试验结果见图 8-21。

表 8-25 10MnVL 钢中稀土固溶量($\times10^{-6}$)(质量分数)

钢 号	RE	RE/S	RE 固溶量	La 固溶量	Ce 固溶量	$\frac{\text{RE 固溶量}}{\text{RE}}$/%	RE 固溶量①
10MnVL	610	4.7	80	21	49	0.13	—
	810	8.1	114	26	64	0.14	257

① 900℃,保温 2h,淬火。

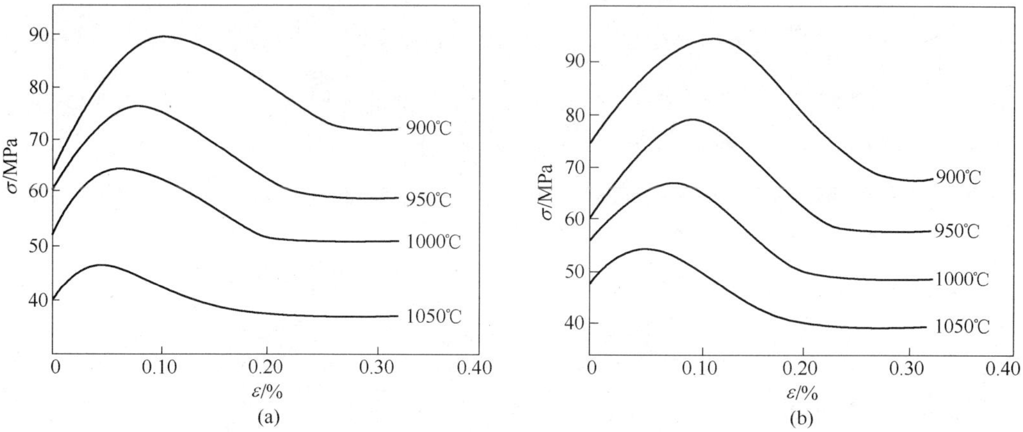

图 8-21 10MnVL 钢真应力-真应变曲线[109]

(a) $w_{RE}=0$;(b) $w_{RE}=0.081\%$

图 8-21 是 10MnVL 钢在不同温度和稀土含量时的真应力 - 真应变曲线。钢中加入稀土使曲线的峰顶应变值和峰谷应变值增大,并达到同样的应变量,含稀土钢比未含稀土钢的流变应力大,即稀土钢变形抗力大,这与稀土在位错上的偏聚和钉扎作用有关。

再结晶是一个在形变态的组织中重新生核和长大的过程,热流变曲线的波峰和波谷分别代表动态再结晶的开始和结束。根据形变速率可以计算出各温度下动态再结晶开始(R_s)和结束时间(R_f),并将其绘于温度和时间坐标图中,构成在一定应变速率下的再结晶 - 温度 - 时间(RTT)动力学曲线。由图 8-22 可见稀土使动态再结晶 RTT 曲线右移,即加入稀土推迟了动态再结晶的进行。稀土和钒复合作用有更强的抑制作用,随着稀土固溶量的增加,抑制再结晶的作用更加显著。一般溶质和溶剂尺寸差异越大,合金元素(溶质)对奥氏体再结晶的推迟效应就越强。稀土和铁原子尺寸差别很大,固溶稀土又易在晶界上偏聚,稀土和晶界的相互作用及对晶界迁移的影响,势必影响再结晶过程中晶核的形成和生长速率,因此稀土对再结晶有强的固溶拖曳作用,从而可细化形变再结晶晶粒尺寸[97]。高温金相分析(10℃/min)表明,稀土使 10MnVL 钢晶粒长大温度由 1000℃提高到 1100℃。稀土元素为表面活性物质,固溶稀土主要分布在晶界,降低界面张力和晶界能,使晶粒长大的驱动力减小,从而抑制奥氏体晶粒长大,把奥氏体晶粒长大移到更高的温度。

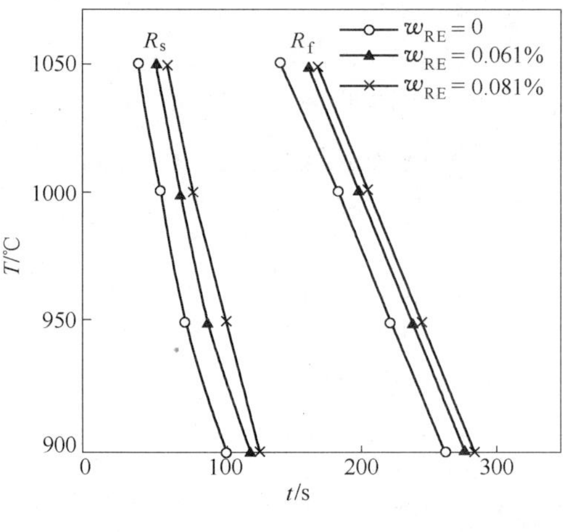

图 8-22　10MnVL 钢动态再结晶 RTT 曲线

稀土抑制再结晶进行和提高奥氏体晶粒长大温度都导致钢的晶粒细化。晶粒度测定结果表明,稀土使 10MnVL 钢奥氏体晶粒度提高 1 级,使铁素体晶粒度提高 2.5 级,细化晶粒有利于提高钢的强韧性。

8.2.4.6　稀土对钒、铌和钛沉淀相溶解析出规律的影响

A　稀土在奥氏体中对钒、铌和钛沉淀相溶解析出的影响

将锻态 14MnNb、10MnV 钢样品在奥氏体区不同温度下保温 45min,淬火分析钢中残余沉淀相量。图 8-23 和图 8-24 表明,未加稀土的 14MnNb 和 10MnV 钢沉淀相完全溶解温度分别为 1250℃和 1000℃,钒的碳氮化物较容易溶解。加稀土(0.081%)后,奥氏体中沉淀相完全溶解温度分别下降到 1140℃和 900℃,表明稀土均使奥氏体中沉淀相的完全溶解温度降低,沉淀相的稳定性降低,有促进沉淀相溶解的作用。

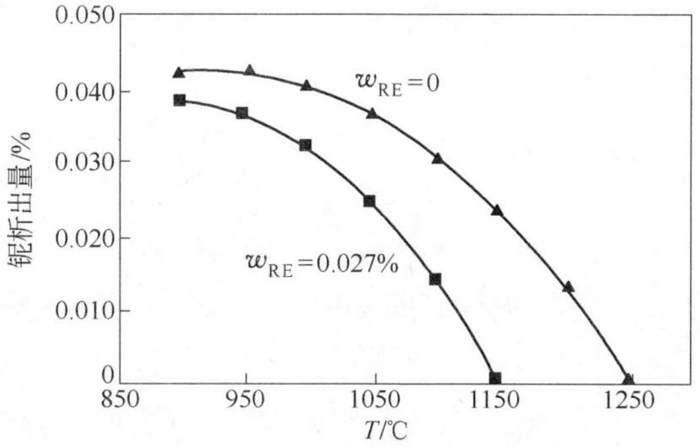

图 8-23 稀土对 14MnNb 钢中沉淀相的溶解温度的影响[110]

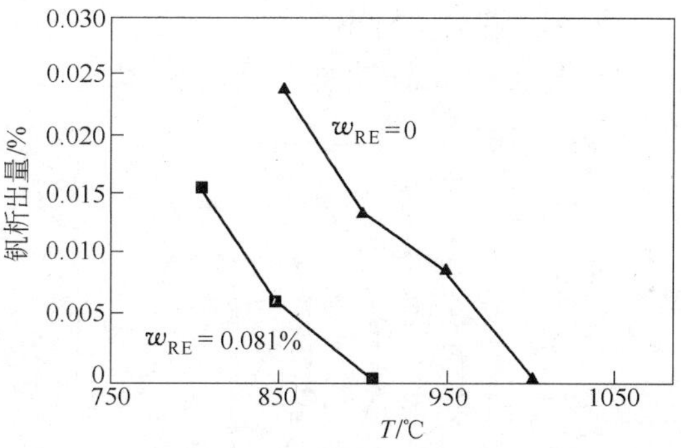

图 8-24 稀土对 10MnVL 钢中沉淀相的溶解温度的影响[110]

表 8-26 是无应变诱导时，稀土对奥氏体中沉淀相析出的影响。高温固溶处理后的 14MnNb、X60 和 10MnV 钢，在 900 ~ 1000℃ 下，保温时间分别为 10^4 s 和 2.16×10^4 s (10MnV)。在没有应变诱导时，10MnV 钢中 V(C,N) 在奥氏体中几乎不能析出。同应变诱导析出结果相同，稀土抑制了 14MnNb 和 X60 钢沉淀相的析出，并随着温度的升高，抑制作用加强。因此，稀土在奥氏体区，无论有没有应变诱导，都抑制沉淀相的析出。

表 8-26 稀土对奥氏体中沉淀相析出量的影响[110] (%)

温度/℃	14MnNb		X60		10MnV	
	$w_{RE}=0$	$w_{RE}=0.027$	$w_{RE}=0$	$w_{RE}=0.014$	$w_{RE}=0$	$w_{RE}=0.081$
900	79	78	85	84	<1.5	<1.5
950	98	84	99	87	<1.5	
1000	94	76	96	78		

文献[109]、[110]通过应力松弛法研究了 10MnVL、14MnNb 和 X60 钢沉淀相析出动力学，通过测定应力松弛曲线(曲线上的两个拐点分别代表沉淀相开始析出和析出的结束)，根据曲线上开始析出时间(P_s)和析出结束时间(P_f)，绘制成沉淀-温度-时间(PTT)曲线(见图 8-25 ~ 图 8-27)。结果表明，在奥氏体中，稀土均有抑制沉淀相动态析出的作用。PTT 曲线为 C 形曲线，鼻尖温度为最快析出温度，对应沉淀析出的最短孕育期。稀土加入均未改变不同沉淀相的最快析出温度(900℃左右)，但对最短孕育期和析出持续时间有不同的影响。在 900℃下，稀土使 14MnNb 钢中 Nb(C,N) 析出孕育期延长 30s，析出持续时间延长 95s。稀土使 X60 钢中(Nb,Ti)(C,N) 析出孕育期延长 6s，析出持续时间延长 30s。稀土使 10MnV 钢中 V(C,N) 析出孕育期延长 5s，析出持续时间

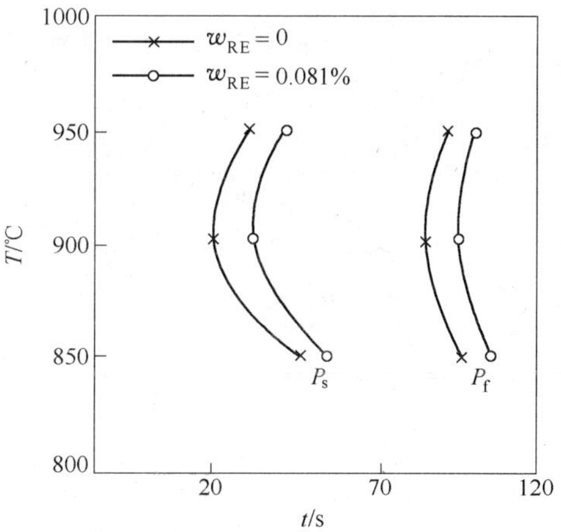

图 8-25 10MnVL 钢 PTT 曲线[109]

延长 11 s。稀土使析出持续时间延长，沉淀相析出速率降低。稀土抑制 Nb(C,N) 析出作用大于对 V(C,N)，铌钛复合处理，使稀土抑制沉淀相析出作用大大减弱。

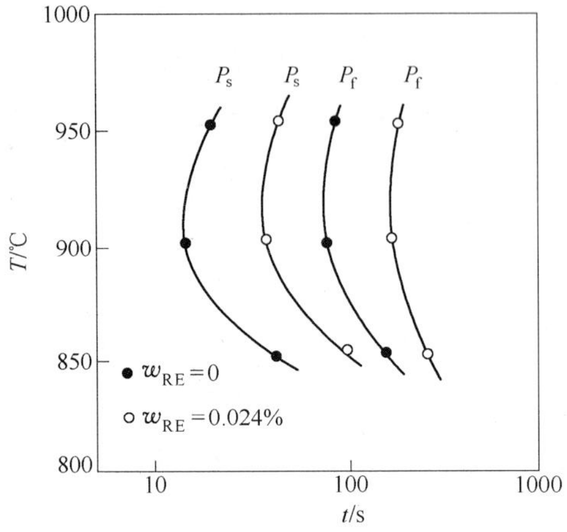

图 8-26 14MnNb 钢 PTT 曲线[110]

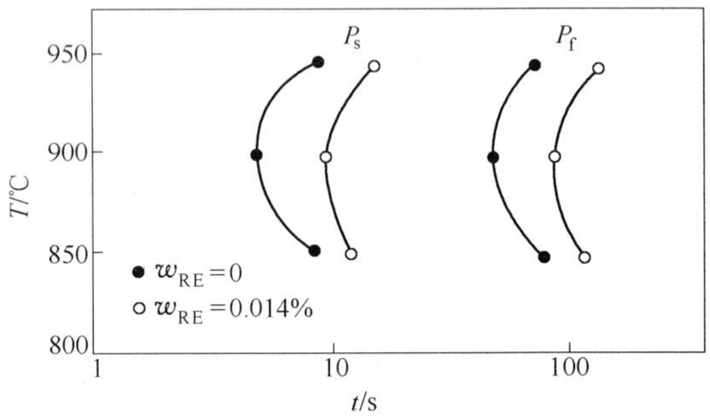

图 8-27 X60 钢 PTT 曲线[110]

根据 Ce 和 C、N、V 活度相互作用系数和温度的关系式[111]，计算出 950℃下活度相互作用系数 $e_{C}^{Ce} = -0.073$、$e_{N}^{Ce} = -2.424$、$e_{V}^{Ce} = -0.919$ 及 $e_{Nb}^{Ce} = -2.31$、$e_{Ti}^{Ce} = -1.23$[112]，在奥氏体区及炼钢温度下 Ce 对 Nb、Ti、V 、C、N 的活度相互作用系数均为负值，说明稀土的加入，使 Nb、Ti、V、C、N 的活度降低，增大了这些元素在钢中的溶解，所以不利于碳氮化钒、铌、钛的析出。

因此，在奥氏体区稀土能抑制沉淀相析出和促进沉淀相的溶解。其中铈对铌的相互作用系数绝对值较钛和钒大，对应有最强的抑制沉淀相析出的作用，而稀土对钒的沉淀相析出抑制作用最弱，这些都被上述的实验结果证实。

B 稀土在铁素体区对钒、铌和钛沉淀相的影响

表 8-27 列出了 10MnVL 钢在 700℃和 600℃时，不同保温时间碳氮化钒的析出量。

表 8-27 铁素体区稀土对 10MnVL 钢沉淀析出量的影响[109] (%)

温度 T/℃	稀土含量 w_{RE}/%	保温时间/s							
		120	300	1200	2400	4800	7200	14400	21600
700	0	0.008	0.013	0.016	0.024	0.025	0.027	0.030	0.031
	0.081	0.013	0.013	0.018	0.023	0.029	0.029	0.034	0.034
600	0	0.002	0.003	0.005	0.006	0.009	0.011	0.012	0.013
	0.081	0.002	0.004	0.005	0.007	0.013	0.014	0.019	0.021

表 8-27 和表 8-28 所示结果表明，在铁素体相区和在奥氏体中稀土对沉淀相的影响规律不同，稀土均促进铁素体中铌或钒的沉淀析出。稀土使铌的平衡析出量由 70% 提高到 82%，使钒的平衡析出量由 46% 提高到 52%。10MnV 钢中钒在铁素体相区沉淀析出动力学研究[103]表明，稀土使沉淀析出速率由 $5.4\times10^{-4}s^{-1}$(700℃)、$1.2\times10^{-4}s^{-1}$(600℃)提高到 $3.4\times10^{-3}s^{-1}$(700℃)、$2.0\times10^{-3}s^{-1}$(600℃)，约提高 1 个数量级，并使析出活化能由 106 kJ/mol 降低至 38 kJ/mol，但稀土不改变沉淀析出的动力学机制。同样铈在铌、钛微合金钢中也有显著促进(Nb,Ti)(C,N) 析出的作用[104]。但过量稀土，促进沉淀相析出作用反而减弱。

表 8-28 铁素体区稀土对 14MnNb 钢中铌析出量的影响(660℃)[110] (%)

保温时间/s	316	562	1000	1778	3162	5623	10000	17783
$w_{RE}=0$	0.0159	0.0177	0.0200	0.0243	0.0287	0.0300	0.0309	0.0310
$w_{RE}=0.027$	0.0183	0.0209	0.0248	0.0300	0.0326	0.0346	0.0361	0.0359

稀土对沉淀相大小、形状和分布有明显的影响。透射电镜分析结果表明,在 14MnNb 钢中碳氮化铌多为球形或椭圆形,颗粒尺寸为 50～100 nm,加稀土后其形状为球形,细小弥散分布,尺寸多小于 20 nm[105]。在 X60 管线钢中,(Nb,Ti)(C,N)多为近方形和球形,尺寸多在 80 nm 以上,加稀土后其沉淀相球化、细化并均匀分布,尺寸多在 40 nm 以下[97],见表 8-29 和图 8-28。10MnV 钢中碳氮化钒多为方形或椭圆形,分布在晶界或晶界附近,颗粒尺寸平均尺寸为 120 nm,加稀土后细小弥散分布,平均尺寸为 50 nm[113]。因此,稀土对沉淀相的析出有细化、球化、弥散分布的作用。由于稀土在奥氏体中抑制了沉淀相的析出,从而增大了这些析出相在铁素体中的过饱和度,有利于析出细小弥散的沉淀相。稀土和 Nb、Ti、V、C、N 的交互作用抑制奥氏体中沉淀相的析出,促进这些 Nb、Ti、V 沉淀相在铁素体相区的大量细小和弥散的析出,有利于提高 Nb、Ti、V 沉淀强化的效果[116]。

表 8-29 稀土对低合金钢析出相粒子尺寸的影响 (nm)

钢 种	未加 RE	微量 RE
10MnV	～120	～50
14MnNb	50～100	≤20
X60(Nb,Ti)	≥80 以上	<40

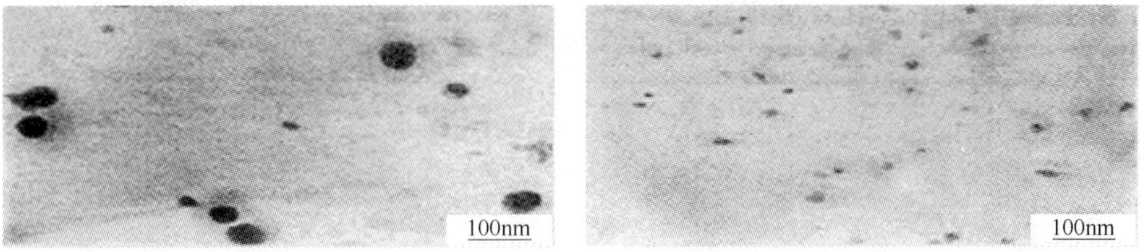

(a) (b)

图 8-28 稀土对 V、Ti、Nb 沉淀相大小的影响

(a) $w_{RE}=0$;(b) $w_{RE}=0.014\%$

微合金钢中 V、Ti、Nb 的细化晶粒作用和沉淀强化作用是通过这些元素碳氮化物沉淀析出起作用的,稀土和 V、Ti、Nb、C、N 交互作用,促进这些 V、Ti、Nb 沉淀相在铁素体上弥散析出,显著细化铁素体晶粒,使钢的屈服强度提高 20%,钢的冲击韧性值提高 35%,有利于提高钢的强韧性。

8.3 稀土对钢各项性能的影响

8.3.1 稀土对钢冲击韧性的影响

武钢 1994 年的工业性试验结果[117],阐明了稀土与钢中硫含量的比值是重要的工艺参数,碳锰钢系的稀土硫比大于 1.7,才能明显提高钢板的性能(见表 8-30)。横向 U 形检验冲击韧性的 16Mnq，稀土硫比值大于 1.7 的炉次比低于 1.7 的炉次钢板的冲击值提高 76%（-40℃）及 56%（10% 应变时效）。对于纵向 V 形检验冲击韧性的 14MnNbq，热轧状态时，冲击功提高 53%（-40℃）和 133%（10% 应变时效）；正火状态时，冲击功分别提高 50%（-40℃）和 41%（10% 应变时效）。

表 8-30 试验钢化学成分

钢种	序号	炉号	化学成分(质量分数)/%						
			RE/S	C	Si	Mn	P	S	Nb
14 MnNbq	1	330646 乙	1.36	0.138	0.35	1.47	0.016	0.022	0.028
	2	330646 甲	1.50	0.134	0.33	1.25	0.013	0.020	0.029
	3	310458 乙	1.50	0.13	0.40	1.38	0.023	0.020	0.031
	4	770782 乙	1.77	0.14	0.28	1.35	0.024	0.017	0.036
	5	830644 甲	2.14	0.14	0.40	1.49	0.017	0.014	0.043
	6	830644 乙	2.14	0.14	0.42	1.41	0.014	0.014	0.036
16Mnq	1	550591 甲	0.70	0.16	0.34	1.40	0.022	0.020	
	2	850542 乙	1.36	0.14	0.38	1.39	0.024	0.022	
	3	770290 甲	1.57	0.16	0.38	1.44	0.022	0.026	
	4	770290 乙	1.58	0.16	0.37	1.50	0.022	0.025	
	5	870238 甲	1.74	0.15	0.38	1.42	0.018	0.019	
	6	350766 甲	1.78	0.14	0.38	1.34	0.023	0.023	
	7	870238 乙	2.32	0.14	0.34	1.36	0.019	0.019	

14MnNbq 钢中稀土硫比值对钢板热轧性能造成了明显的影响，对纵向 V 形 -40℃低温冲击功的影响绘制在图 8-29(a)，对纵向 V 形 10% 应变时效冲击功的影响绘制在图 8-29(b)。图中每个点代表 1 个批号三个冲击检验结果的平均值，横坐标上除标明 RE/S 值外还标明炉号及板厚(mm)，从图 8-29 上各试验数据分布的情况，可以比较详细直观地了解 RE/S 值对钢板性能的影响，在图 8-29 中用两条直线画出了主要试验数据的大致集中分布范围。直线的走势表明，随着 RE/S 值的升高，-40℃V 形冲击功和 10% 应变时效冲击功都明显升高，而且对时效冲击功的影响更为明显，图 8-29 中仅标出四个炉号钢板的数据，其他两个炉号轧厚规格钢板按协议正火交货不作热轧态性能检验。图中 310458 乙与 330646 甲 RE/S 值同样为 1.50，而 310458 乙的性能比 330646 甲好，这与 330646 甲的含锰量低(1.25)可能有一定关系，含锰量低时钢的脱氧程度弱一些，加稀土必须在钢充分脱氧的情况下才能取得较好效果。

具有不同稀土硫比值的 6 个炉号正火钢板的 -40℃ 冲击功检验结果绘于图 8-30 中。图中每个点仍为一个批号三个冲击检验结果的平均值。用两条曲线将大部分试验点划在一个范围内，个别不在曲线内的点是由于正火温度不足引起的。由图 8-30 可知，RE/S≥1.7 的炉号比 RE/S<1.7 的炉号钢的性能明显提高。RE/S≥1.7 的 770782 乙和 8300644 甲、乙，正火后其 -40℃V 形纵向冲击功基本在 110J 以上，而 RE/S<1.7 的 310458 乙和 330646

甲、乙大部分在110J以下。14 MnNbq钢板中含有铌,铌在钢中存在的形态和分布对钢板性能会产生明显影响,这会造成个别值偏离一般规律的情况,但无论如何,RE/S值对钢板 -40℃冲击功影响的规律性是十分明显的。板厚对性能也有一定影响,RE/S低时一般都轧为薄规格。在本试验中,加稀土工艺对改善厚板性能有较好的效果。

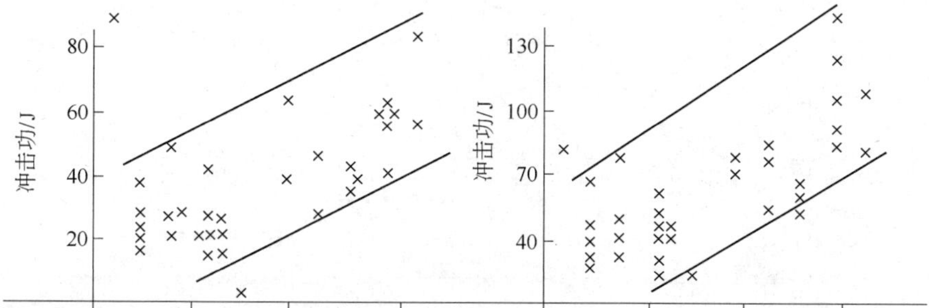

板厚/mm	12 16 20	10 24	16 24 32	24 32 36	12 16 20	10 24	16 24 32	24 32
炉号	330646乙	330646甲	310458乙	830644甲	330346乙	330646甲	310458乙	830644甲
RE/S	1.36	1.50	1.50	2.14	1.36	1.50	1.50	2.14

(a) (b)

图8-29 RE/S值对14 MnNbq冲击功的影响

(a) -40℃;(b) 10%时效应变

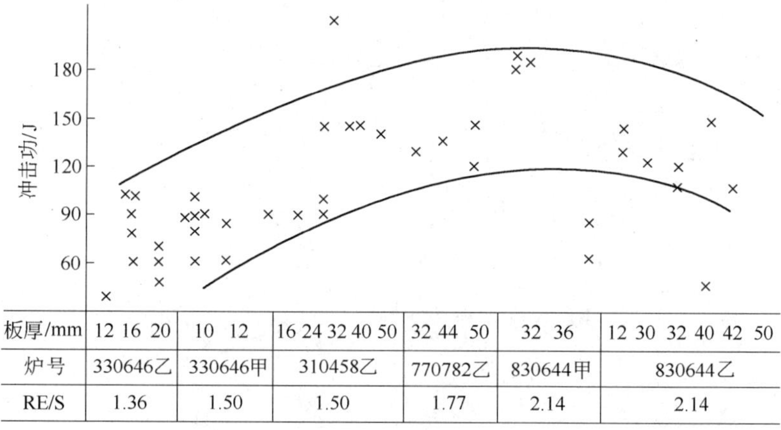

板厚/mm	12 16 20	10 12	16 24 32 40 50	32 44 50	32 36	12 30 32 40 42 50
炉号	330646乙	330646甲	310458乙	770782乙	830644甲	830644乙
RE/S	1.36	1.50	1.50	1.77	2.14	2.14

图8-30 RE/S值对14 MnNbq正火态纵向V形 -40℃冲击功的影响

稀土硫比值对14MnNbq10%应变时效冲击功的影响试验结果见图8-31,由图可知,10%应变时效随RE/S变化的规律如同 -40℃冲击功随RE/S的变化。从图8-30和图8-31可知,无论 -40℃低温冲击功还是时效冲击功,当RE/S大于2时都有下降的趋势,说明稀土量不是越多越好,不同洁净度钢都有一个最佳值。

稀土硫比值对16Mnq热轧性能的影响绘制于图8-32和图8-33,由图8-32可知,16Mnq RE/S≥1.7的炉号其 -40℃横向U形冲击值明显高于RE/S<1.7的炉号。RE/S≥1.7的炉号 -40℃冲击值在70J以上,而从RE/S对10%应变时效的影响更能明显看出RE/S大到2.32时,时效冲击值开始下降,RE/S最佳值为1.7左右。总体上讲稀土硫比值高的比低的10%应变时效冲击值高。

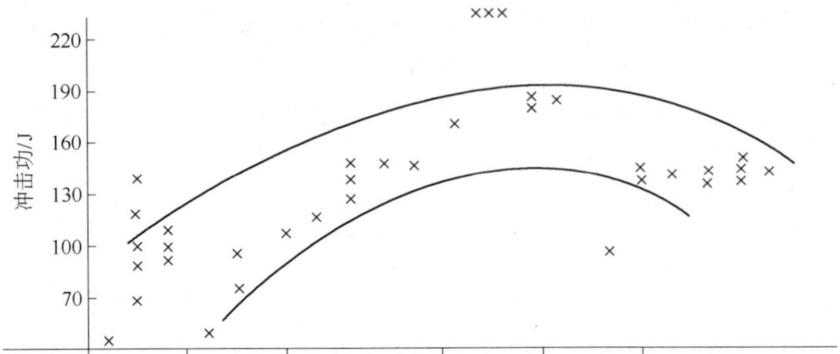

板厚/mm	12 16 20	10 12	16 24 32 40 50	32 50	32 36	12 30 32 40 42 50
炉号	330646乙	330646甲	310458乙	770782乙	830644甲	830644乙
RE/S	1.36	1.50	1.50	1.77	2.14	2.14

图 8-31 RE/S 值对 14 MnNbq 正火态 10% 应变时效冲击功的影响

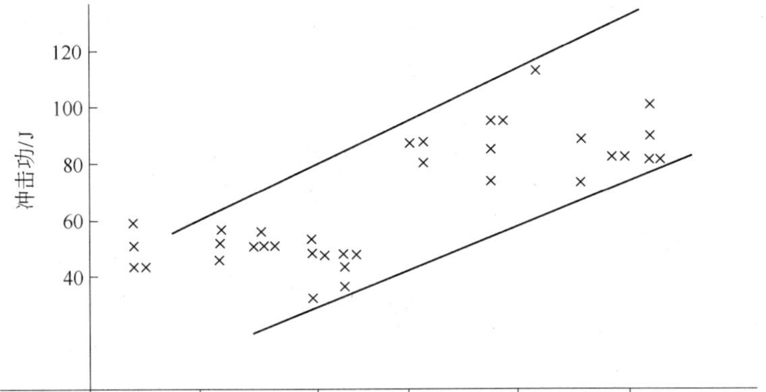

板厚/mm	30	20 32	12 20	40	12 14	25 36 40
炉号	550291甲	850542乙	770290	870238甲	350766甲	870238乙
RE/S	0.70	1.36	1.57	1.74	1.78	2.32

图 8-32 RE/S 值对 16Mnq 热轧态横向 U 形冲击值的影响

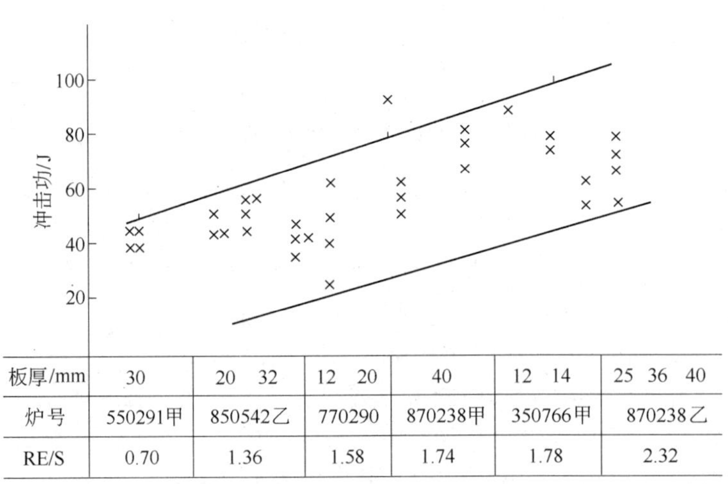

板厚/mm	30	20 32	12 20	40	12 14	25 36 40
炉号	550291甲	850542乙	770290	870238甲	350766甲	870238乙
RE/S	0.70	1.36	1.58	1.74	1.78	2.32

图 8-33 RE/S 值对 16Mnq 热轧态横向 U 形 10% 应变时效冲击值的影响

稀土对14MnNbq钢板纵向V形冲击韧性的影响参见图8-34。稀土对16Mnq钢板横向U形冲击韧性的影响见图8-35。

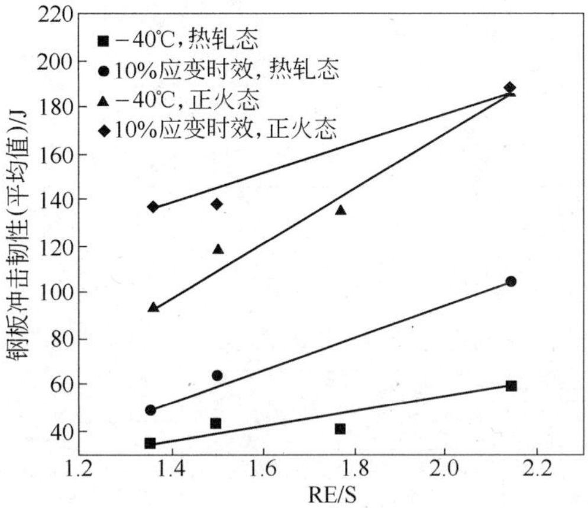

图8-34 稀土对14 MnNbq钢板纵向V形冲击韧性的影响[117]

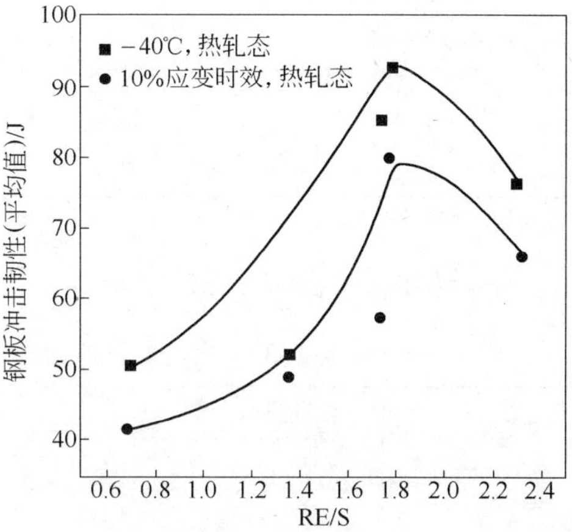

图8-35 稀土对16 Mnq钢板横向U形冲击韧性的影响[117]

从图8-35和图8-36可以看到,稀土硫比值及稀土含量分别对16Mnq钢板及高韧性管线钢(X60H)横向冲击性能的影响,结果表明不同钢有一个最佳的稀土硫比值范围,不同硫含量的钢也对应一个最佳的稀土含量值范围。

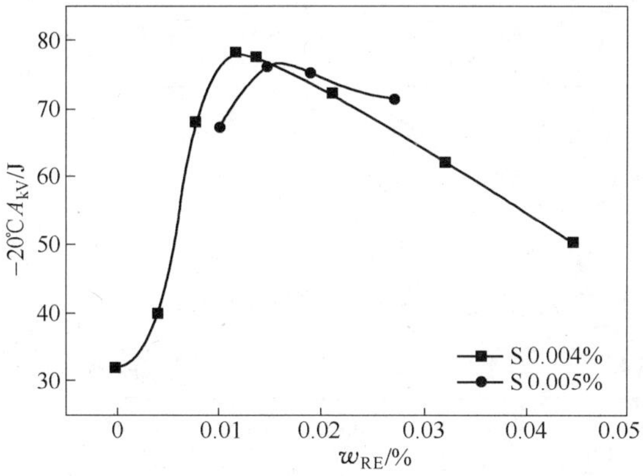

图8-36 稀土对高韧性管线钢(X60H)横向冲击性能的影响[118]

文献[119]研究了稀土元素对抗时效深冲用S20A钢(制造弹壳药筒的良好材料)冲击性能的影响,见表8-31。表中数据表明稀土使抗时效深冲用S20A钢横向冲击值显著提高,5炉钢的平均横向冲击值提高达75%之多。

表8-31 稀土对抗时效深冲用S20A钢横向冲击值的影响

炉 号	横向 A_k/J·cm^{-2}	
	未加稀土	加稀土
1	57	127
2	59	123

续表 8-31

炉 号	横向 A_k/J · cm^{-2}	
	未加稀土	加稀土
3	112	150
4	52	97
5	76	128

注:调质处理:冲击试样经 10% 压变形,250℃,1 h,空冷时效处理。

稀土对抗时效深冲用 S20A 钢(-60 ~0℃)横向冲击值的影响见表 8-32[119]。

表 8-32 稀土对抗时效深冲用 S20A 钢低温横向冲击值的影响 (J/cm^2)

炉 号	w(RE)/%	室温 A_k	0℃ A_k	-20℃ A_k	-40℃ A_k	-60℃ A_k
1	—	76	—	—	35	—
	0. 028	133	133	93	76	62
2	—	59	57	48	32	25
	0. 031	123	75	68	70	24
3	—	113	—	—	35	—
	0. 026	157	143	96	71	71
4	—	50	38	32	24	12
	0. 028	104	79	65	52	42
5	—	69	48	34	18	18
	0. 32	128	110	90	74	63

从表 8-32 可看到稀土使抗时效深冲用 S20A 钢 -40℃低温横向冲击值提高了一倍以上,并使其低温脆性转变温度降低了 20℃。为测定钢的抗时效性能,将试样进行“人工时效”后再测定其冲击值,并用时效敏感系数“K”来衡量材料抗时效性能的优劣,稀土对 S20A 钢“人工时效”后冲击值的影响,测定结果列于表 8-33[119]。

表 8-33 稀土对 S20A 钢“人工时效”后冲击值的影响

炉 号	w(RE)/%	横向 A_k/J · cm^{-2}		时效敏感系数 K/% ②
		不时效	时效①	
1	—	93	70	25. 1
	0. 028	148	133	10
4	—	105	50	52. 2
	0. 028	146	104	28. 2
5	—	113	69	39
	0. 032	195	163	16. 6
平 均	—	104	63	39. 5
	加稀土	164	133	18. 2

① 人工时效试样经 10% 压变形再经 250℃保温 1 h;

② K = (不时效 - 时效)/不时效。

1994 年武钢报道[120]在 09CuPTiRE 耐候钢中加稀土可提高其冲击值,见表 8-34。

表 8-34 稀土对 09CuPTiRE 耐候钢冲击值的影响

炉号	w(RE)/%	w(S)/%	板厚/mm	取样部位	室温(U形)/J·cm^{-2}			-40℃(U形)/J·cm^{-2}		
					纵向	横向	纵/横	纵向	横向	纵/横
22280	0	0.031	12	头	148.0	58.8	2.48	144.1	48.1	3.13
				中	152.0	58.3	2.58	100.9	42.1	2.40
				尾	124.5	62.7	1.98	148.0	60.8	2.43
22280	0.03	0.031	12	头	168.6	101.9	1.65	118.6	79.4	1.49
				中	103.7	93.1	1.70	122.5	82.3	1.49
				尾	162.7	102.9	1.58	120.5	114.7	1.05

文献[121]报道了在低硫低合金钢中(S:0.0018% ~0.0026%),稀土提高低硫低合金钢的冲击值的结果,见表 8-35。0.023%稀土可使低硫低合金钢的 -60℃的冲击值提高 104%。

表 8-35 稀土对低硫低合金钢冲击韧性的影响[121]

w(RE)/%	α_k/ J·cm^{-2}				
	18℃	0℃	-20℃	-40℃	-60℃
0	67	61	43	37	22
0.006	72	54	41	33	18
0.011	86	75	56	40	25
0.014	79	69	65	44	30
0.023	76	63	57	50	45

文献[122]报道了在低合金钢中(S:0.0020% ~0.0048%),稀土提高低合金钢的冲击值的结果,见表 8-36。从表 8-36 可看到,稀土与 Nb、V 元素的复合合金化作用,使 14MnNb 钢 -60℃的冲击值提高 130%,使 X60 钢的冲击值提高 36%,使 10MnV 钢 -20℃的冲击值提高 24%。

表 8-36 稀土对低合金钢冲击韧性的影响[122]

钢 种	α_k/ J·cm^{-2}				
	w(RE)/%	20℃	-20℃	-40℃	-60℃
14MnNb	00	62	34	30	27
	0.027	150	109	85	62
X60	00	67	43	37	22
	0.014	79	65	44	30
10MnV	00	139	94	63	
	0.081	142	111	76	

表 8-37 是几种铸钢在相同试验条件下,稀土处理前后其冲击韧性的变化情况。可以看出,经稀土处理后的铸钢,其冲击韧性大幅度提高,最高可提高 3 倍左右,最少也可提高约

1.5 倍。研究还表明,稀土处理后的铸钢性能,特别是低温冲击韧性,提高的幅度更大,且稀土可降低钢的韧脆转变温度,提高材料的断裂韧性。

表 8-37 稀土处理前后铸钢的冲击韧性变化[123] (J/cm^2)

钢 种	冲击韧性		提高幅度/%
	未处理	处 理	
中碳耐磨铸钢	28.0	49.0	75
20MnVB	19.2	37.0	103
贝氏体铸钢	16.0	52.0	225
H13	23.2	54.4	134
ZGMn13	16.2	39.0	141
MnSiCrB 贝氏体铸钢	24.0	73.6	207
高 CrNi 铸钢	7.2	11.0	52.7
高碳铬铸钢	3.3	7.8	136
31Mn2Si	9.4	19.6	109
ZG35CrMo	22.7	31.9	40.5
ZG50SiMn	21.7	29.2	34.5
ZG25Mn	46.0	60.4	31.3

8.3.2 稀土对钢强度及钢塑性等的影响

稀土元素可通过细化铸态组织而稍稍提高铸钢的室温强度。对于锻态钢,稀土有可能通过细化晶粒,$\alpha-Fe$ 和 $\gamma-Fe$ 相中固溶稀土的微弱强化效应,以及生成复合稀土碳化物,减小渗碳体片间距来提高钢的室温强度[124],但提高的幅度相当小。

例如,文献[125]报道,16Mn 钢中铁素体及珠光体的显微硬度及整个材料的硬度皆随“合金化稀土量”的增加而增加,而珠光体硬化率大大高于铁素体的硬化率。其结果表明,稀土在 $\alpha-Fe$ 中固溶强化的作用比由于珠光体中稀土引起的碳化物,包括渗碳体片的尺寸及片间距的变化而发生的硬化作用小。因而,整个材料硬度的提高主要是由于珠光体硬度提高的缘故。而文献[126]指出,珠光体中的稀土含量多于铁素体中的量,说明稀土形成复合碳化物或在渗碳体/铁素体界面上富集[127],引起渗碳体片的均匀、细化和片间距的减小作用[124],大于稀土固溶强化铁素体的作用。文献[128]给出钢的显微硬度与固溶稀土的线性关系式:$HV = 116.8 + 6.97[固溶\ Ce]$。

文献[125]还报道,“合金化稀土量”(钢中除夹杂物以外的稀土量)增加 1×10^{-6},低硫管线钢样品横向强度提高约 30 MPa,强度与钢中“合金化稀土量”呈线性关系;对于 09PCuTi 钢,钢中 RE/S 值增大,纵、横向强度均提高,稀土对 σ_s 的影响大于对 σ_b 的影响;对于 20MnVB 钢,“稀土合金化量”由 0 增加到 4.5×10^{-6},σ_s 由 1003 MPa 增加到 1177 MPa,σ_b 由 1223 MPa 增加到 1410 MPa;对于低硫 16Mn 钢,“稀土合金化量”由 0 增加到 92×10^{-6} 时,σ_s 由 326 MPa 增加到 346MPa,σ_b 由 525 MPa 增加到 540 MPa;铁素体 HV 由 1127 MPa 增加到 1579 MPa;珠光体 HV 由 1667 MPa 增加到 2393 MPa。

对于 Fe－Cr－Al 合金，由于添加稀土和稀土在高温下的内氧化，内氧化质点的弥散强化将提高合金基体的强度，特别是高温短时强度，如 1200℃ 短时拉断负荷由不含稀土的 5.85MPa 增加到 6.05～7.03 MPa（对含 0.103% La 或 0.092% Ce 的合金）和 9.75 MPa（对含 0.25% Y 的合金）[129]。

对于无相变的高合金铁素体钢或奥氏体钢，例如 ZGMn13、ZGCr25Ni20Si、ZGCr28 等，其钢铸造晶粒组织粗大，通过添加稀土细化晶粒，可以提高铸钢的屈服强度和韧性、塑性[130]，并可减轻枝晶偏析，提高铸钢的高温塑性，消除铸件及锻件中的热裂纹[130]。

文献[131]系统研究了 16Mn、14MnNb 和 X60 钢中稀土对强度的影响规律（见图 8-37），结果表明钢中添加适量稀土对强度影响不明显，但对冲击韧性影响明显。

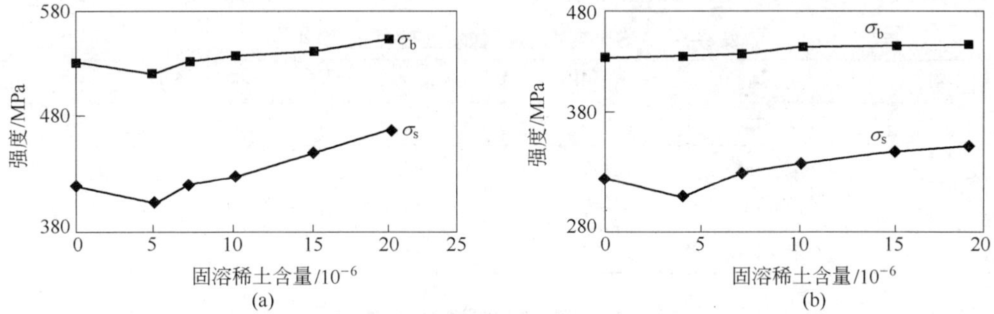

图 8-37 固溶稀土对钢的强度的影响

（a）X60；（b）16Mn

随着钢中稀土量的增加，钢的强度多数呈现先下降后上升的规律。稀土对钢的强度影响有两面性。一方面是稀土净化钢液，与 C、N、P 交互作用，减少珠光体数量等作用，会导致钢强度的降低；另一方面，稀土固溶，细化晶粒，减少珠光体片层间距及渗碳体片厚度和促进碳氮化物的细小，弥散析出[132]等作用有利于钢强度的提高。在稀土量不高时，前者作用大于后者，造成加稀土后，钢强度的下降；随着钢中稀土量的增加，后者作用增大，导致钢强度的升高。在多数钢中，强度下降或升高一般幅度都不是很大（波动在 ±15%）。稀土对强度的影响和钢中稀土的量及稀土存在形态密切相关。当含有过量稀土，尤其有铁铈相析出时，会造成钢的强韧性下降。这些是造成文献报道稀土对钢强度影响相互矛盾的重要原因。

其次，多数碳锰钢研究表明，稀土提高屈服强度作用大于提高抗拉强度作用，从而导致加稀土后钢的屈强比升高（见表 8-38）。

表 8-38 稀土对低硫 15MnHP 钢强度的影响[131]

w(RE)/%	0.0	0.010	0.012	0.017	0.024
σ_s/MPa	323	325	365	378	335
σ_b/MPa	466	450	468	495	474
σ_s/σ_b	0.69	0.72	0.78	0.76	0.71

首先，屈服强度和片层间距的 －1/2 次方成正比，而片层间距对抗拉强度的作用要弱些，稀土能减小珠光体片层间距，因此稀土使屈服强度提高得多。其次，固溶强化的主要原

因在于固溶体的结构特点(短程有序、偏聚及其他结构)和溶质原子及位错的交互作用,当溶质原子稀土与位错之间引起交互作用形成 Cottrell 气团后,位错要挣脱气团进行运动就需要很大的外力,导致固溶稀土的钢屈服强度有较大的提高。对于钢中含有强的强化元素,如含 Nb 或 Mo、Ti,稀土对屈强比的影响变得不显著。

钢中加入稀土对强度的影响,无论是升高还是降低,幅度都不太大,但是对钢的冲击值的提高却是很显著的。例如含稀土 0.032% 的低硫铌钢,稀土仅使其横向屈服强度和抗拉强度分别提高 2% 和降低 3%,却能使横向冲击值提高 23%(-20℃)和 50%(-40 ℃)。这是稀土在低合金高强度钢中作用的重要优势,稀土有利于提高钢的综合性能。

通过稀土高锰钢与普通高锰钢的力学性能对比,可见稀土变质后其强度、伸长率均有明显增加(见表 8-39),同时稀土高锰钢的铸件质量比未加稀土的得到不少改善(见表 8-40)。

表 8-39 稀土对高锰钢强度及塑性的影响[133]

组 别	钢 种	σ_w/MPa	δ/%	α_k/J · cm^{-2}	硬度(HB)
1	ZGMn13	640	41	202	224
	RE,ZGMn13	755	52	260	212
2	ZGMn13	655	46	210	244
	RE,ZGMn13	750	54	275	230

表 8-40 稀土对高锰钢的影响[133]

钢 种	合格率/%	废品率/%	气孔/%	裂纹/%	砂眼/%	其他缺陷/%
ZGMn13	83	17	7	5	2	3
RE,ZGMn13	96	4	2	—	1	1

微合金钢中 Nb、V、Ti 的强韧化作用有两方面,一是抑制形变奥氏体再结晶和再结晶后的晶粒长大,起到细化晶粒的效果。二是在铁素体上的沉淀相的弥散析出,产生沉淀强化的作用[134]。稀土在含有 Nb、V、Ti 的微合金钢中促进沉淀相的大量细小弥散析出,并且稀土对再结晶有强的固溶拖曳和抑制奥氏体晶粒长大的作用,使含 Nb、V、Ti 的微合金钢晶粒细化[135],这些都有利于改善钢的强韧性。在表 8-36 中列出了稀土对这些微合金钢不同温度下冲击韧性的影响,表 8-41 给出了稀土对其强度值的影响。

表 8-41 稀土对微合金钢强度值的影响[136]

钢 种	w(RE)/ %	σ_s/MPa	σ_b/MPa
14MnNb	0	629	695
	0.027	580	678
X60 (0.019% Ti,0.04% Nb)	0	468	598
	0.014	452	638
10MnV	0	330	532
	0.081	373	530

8.3.3 稀土对钢耐磨及抗疲劳性能等的影响

文献[137]的作者在 BNbRE 淬火钢轨和轧态轨轨头轨角切取 40 mm × 10mm 的磨耗试

样，在 Amsler 试验机上进行试验。试验条件为：上轴装钢轨试样，转速为 180 r/min；下轴装车轮试样，转速为 200 r/min，10% 滑动，在 50 kg 力的载荷下进行干磨耗。在一定转数后称取试样失重。由试验结果可知，BNbRE 淬火钢轨试样的抗磨耗性能比未处理的钢轨提高了 30% ~50%。

从表 8-42 试验结果看到，BNbRE 钢轨热处理后的疲劳极限得到很大的提高，达到甚至超过日本淬火轨水平。稀土 BNbRE 微合金钢轨经喷风冷却淬火后原奥式体晶粒由 5 ~6 级细化到 10 级，珠光体片层间距及珠光体团明显细小，从而大大提高了钢轨的强韧性，满足了线路铺设使用要求。线路铺设使用表明，稀土 BNbRE 微合金钢喷风冷却淬火钢轨比未处理钢轨的使用寿命提高了一倍以上，不仅耐磨而且不易出现剥离掉块和不均匀磨耗。

表 8-42 BNbRE 等钢轨旋转弯曲疲劳试验结果[137]

钢 轨	BNbRE	日本 DHH	日本 NDHH
疲劳极限 σ_{-1}/MPa	526	491	491

高铬铸铁轧辊是一种性能优良的耐磨轧辊，但同时其脆性较大，在使用中容易出现剥落、掉肉。文献[138]研究了稀土对高铬铸铁耐磨轧辊的冶金力学及使用性能的影响，见表 8-43。

表 8-43 稀土对高铬铸铁轧辊的冶金力学及使用性能的影响[138]

轧 辊	抗压强度/MPa	冶金结合强度/MPa	轧辊硬度(HSD)	毫米轧制量/t · mm^{-1}
未加稀土变质	1510	247 ~268	77 ~79	6200
加稀土变质	1820	318 ~367	78 ~80	7300

由表 8-43 可见，经稀土变质处理后的高铬铸铁轧辊毫米轧制量提高了约 18%，而且使用中抗热裂性能效果较好，没有发生严重事故，从而明显地延长轧辊的使用寿命。

文献[138]研究了多元高合金冷作模具钢中加入的钒、钛、铌、1 号稀土硅铁合金等变质剂，结果发现稀土可以起到细化晶粒，消除网状碳化物，降低脆性的作用。淬火温度在 950 ~980℃左右时，该冷作模具钢可获得较高的硬度，与传统高速钢 W18Cr4V 耐磨性比较，所研制的冷作模具钢耐磨性较高，见表 8-44。

表 8-44 稀土对多元高合金冷作模具钢耐磨性的影响

钢 种	HRC	磨损量/g	磨损率/g · h^{-1}	耐磨性/h · g^{-1}	相对耐磨性
W18Cr4V	66 ~67	0.025	0.0025	400	1
稀土多元高合金冷作模具钢	62 ~64	0.021	0.0021	472.3	1.183

文献[139]研究了稀土(RE)变质热锻模具铸钢的高温磨损性能，并与热锻模具钢 H13 钢和 3Cr2W8V 钢进行对比，探讨了稀土元素的作用和热锻模具铸钢的高温磨损机理。结果表明：随着 RE 加入量的增加，热锻模具铸钢的磨损率先减后增，RE 加入量在质量分数为 0.05% 时，热锻模具铸钢具有最佳的高温磨损性能(见表 8-45)。RE 变质热锻模具铸钢的高温耐磨性明显高于 H13 钢和 3Cr2W8V 钢。高温磨损机理为氧化磨损和氧化物的疲劳剥

落,磨屑为块状的 Fe_2O_3 等。

表 8-45 稀土变质热锻模具铸钢与锻钢的高温磨损率[139] （$10^{-14}m^3 \cdot N^{-1} \cdot m^3$）

钢 种	稀土变质热锻模具铸钢		H13		3Cr2W8V	
HRC	45	39	48	41	47	41
磨损率	1.92164	1.86193	6.6474	6.457	10.0242	7.9086

文献[139]同时对稀土的作用机理进行了分析。经稀土变质后热锻模具铸钢中硫含量明显降低,从 0.01329% 降到了 0.00483%,但磷的含量几乎未发生变化。加入质量分数为 0.05% 稀土的热锻模具铸钢在高温滑动摩擦时磨损率降低,表面剥落层较浅。这是因为 RE 含量的增加,细化了合金组织,改善了热锻模具铸钢中夹杂物的形态,提高了热锻模具铸钢的强韧性,并且稀土固溶于基体,提高了钢的抗氧化性,使高温磨面形成的氧化物不易剥落,因此耐磨性能得到改善。

从表 8-45 看到,RE 变质热锻模具铸钢具有良好的高温耐磨性,磨损率明显低于 H13 和 3Cr2W8V 锻钢。锻钢无论硬度高还是低,其高温磨损率都很大,高温耐磨性差。

适宜湿法棒球磨机的钢棒必须具备 3 个条件:一是耐磨性能好;二是具有良好的抗冲击韧性,保证钢棒不断;三是耐腐蚀性能好。文献[140]报道采用加入稀土合金锻造的低铬稀土钢棒,使其耐腐蚀性能大大提高,从而提高了耐磨性能,使其每吨生料消耗大幅降低,单位生产成本降低(见表 8-46)。

表 8-46 低铬稀土钢棒与原普通碳钢棒使用性能和成本的比较

棒 种	每吨生料消耗/g	2002 年价格/元·t^{-1}	单位成本/元·t^{-1}
普通碳钢棒	100	3600	0.36
低铬稀土钢棒	53.7	4750	0.225
	降低 46.3	提高 1150	降低 0.105

文献[141]研究表明,在中碳硅锰钢 31Mn2Si 中加入少量稀土合金后,其铸造性能、力学性能都能得到较大提高,韧性和耐磨性也得到提高(见表 8-47),使中碳稀土钢作为拖拉机履带板、链轮等耐磨零件材料成为可能。

表 8-47 稀土对硅锰钢的冲击韧性和磨损失重的影响(含碳量 0.27%)[141]

RE	冲击韧性 α_k/kg·cm^{-2}	磨损失重/g
未加稀土	2.52	0.2198
加稀土	3.1	0.206

文献[142]对 Cr12MoV 钢进行单一渗硼和硼与稀土共渗对比试验,研究了稀土对 Cr12MoV 钢渗硼层组织和性能的影响(见图 8-38)。研究结果表明,稀土与硼共渗层耐磨性优于单一渗硼层,而稀土-硼共渗后再经 970℃ 淬火、200℃ 回火,渗硼层耐磨性显著高于前两者。

文献[143]报道了稀土对低合金铸钢耐磨性能的影响,经 RE-Ca 复合处理后的 ZG35CrMo 相对磨损量比 ZG55 降低了 4.16 倍,比 ZG35CrMo 降低了 1.86 倍,见表 8-48。

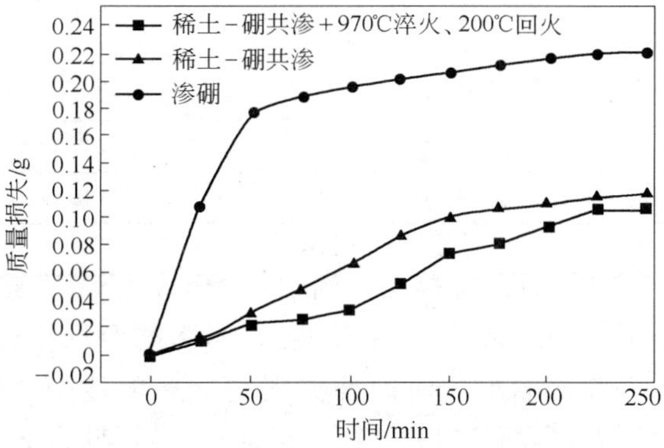

图 8-38 稀土对渗硼工艺的影响[142]

表 8-48 稀土对低合金铸钢耐磨性能的影响[143]

钢 号	处理条件	预磨后重/g	磨损后重/g	磨损量/mg	相对磨损量
ZG35CrMo	未处理	137.7080	137.6642	43.8	1.86
ZG35CrMo	RE - Ca	136.6329	136.6093	23.6	1.00
ZG55	未处理	137.2682	137.1701	98.1	4.16

文献[123]综合叙述了稀土对各种铸钢耐磨性能的影响,见表 8-49。

表 8-49 稀土变质和 Cr 合金化处理的高锰钢耐磨性能比较[123]

状 态	中碳耐磨铸钢耐磨寿命	20MnVB 磨损率 $/mg \cdot h^{-1}$	贝氏体铸钢冲击磨损质量损失/mg	高 Cr、Ni 铸钢耐磨寿命	ZG35CrMo 磨损量/mg	ZG50SiMn 磨损量/mg
未处理	处理后提高 1~4 倍	2.002	199.9	处理后提高 1.5 倍	43.8	13.6
处理		1.866	127.4		23.6	3.5

文献[144] 报道经稀土变质和 Cr 合金化处理的高锰钢耐磨性能较传统高锰钢提高近一倍,见表 8-50。

表 8-50 稀土变质和 Cr 合金化处理对高锰钢耐磨性能的影响[144]

w(RE)/%	w(Cr)/%	磨损失重/mg	相对磨损率
0.044	5.1	0.1959	0.54
0	5.1	0.2304	0.63
0	0	0.3640	1

文献[145]报道了稀土复合变质处理对低合金铸钢的疲劳寿命及耐磨性的影响,由表 8-51和表 8-52 可以看出,经 RE - Ca 复合处理的 ZG35CrMo 试样,其耐磨性比未处理的磨损量降低了 1.86 倍。

表 8-51 RE - Ca 处理对钢疲劳寿命的影响[145]

钢号及处理条件	ZG35CrMo 未处理	ZG35CrMo RE - Ca 处理
循环次数 n	5.15×10^5	8.75×10^5

表 8-52 RE – Ca 对钢耐磨性能的影响[145]

钢号及处理条件	热处理工艺	预磨 2 h 后称重/g	连续 36 h 磨损试验后称重/g	磨损量 /mg	相对磨损量
ZG35CrMo,未处理	900℃正火 +600℃回火	137. 7080	137. 6642	43. 8	1. 86
ZG35CrMo,RE – Ca 处理	900℃正火 +600℃回火	136. 6329	136. 6093	23. 6	1. 00

文献[146]报道了干摩擦条件下,稀土 – Mo_5Si_3/ $MoSi_2$(RMM 复合材料)对摩擦磨损性能的影响,表 8-53 给出了在相同条件下,RMM 复合材料的磨损率远低于纯 $MoSi_2$ 材料,至少比纯 $MoSi_2$ 材料降低了 72% 以上。对两种材料磨损率的比较,基本符合材料的耐磨性($1/w$)正比于材料的硬度(H)和断裂韧性(K_{IC})的结论 。低载荷下,RMM 复合材料的磨损率随转速的增加而增加;中、高载荷下,随转速的增加而降低。

表 8-53 稀土与 Mo_5Si_3/ $MoSi_2$(RMM 复合材料)对摩擦磨损性能的影响

pv 值/N · m · s^{-1}	载荷 P/N	速度 v/ m · s^{-1}	摩擦系数 μ		磨损率/mg · h^{-1}	
			$MoSi_2$	RMM	$MoSi_2$	RMM
40. 56	78	0. 52	0. 29	0. 72	25. 21	5. 91
81. 12	78	1. 04	0. 12	0. 57	28. 25	7. 89
91. 52	176	0. 52	0. 68	0. 42	48. 77	10. 18
142. 48	274	0. 52	0. 55	0. 27	46. 50	12. 63
183. 04	176	1. 04	0. 37	0. 25	59. 50	9. 40
284. 96	274	1. 04	0. 26	0. 14	22. 42	5. 39

注:pv 为载荷和速度的乘积。

文献 [147]研究了稀土元素对高碳铬钢冲击疲劳性能的影响,从表 8-54 的结果可以看到稀土及变质处理能有效地提高高碳铬钢的冲击疲劳性能。

表 8-54 稀土及变质处理对高碳铬钢冲击疲劳性能的影响[147]

编号	w(RE) /%	变质条件	裂纹总条数	不同尺寸的裂纹条数(根)			冲击疲劳抗力 N/次	裂纹扩展速率 v/mm · 200 次$^{-1}$
				>100 μm	50 ~ 100 μm	<50 μm		
1	0	铸态 +950℃,4 h 空冷	13	3	4	6	1.42×10^3	10.34×10^{-2}
2	0. 25	变质铸态	11	1	3	7	3.58×10^3	6.34×10^{-2}
3	0. 25	变质铸态 +950℃,4 h 空冷	8	0	2	6	4.75×10^3	3.35×10^{-2}

注:裂纹条数在冲击次数为 2000 次,100 倍视场下测定,测定 3 次取平均值。

Cr12MoV 钢属高耐磨微变形钢,广泛地应用于制造冷冲、冷挤压等冷作模具。文献[148]研究了钇基中重稀土对 Cr12MoV 钢耐磨性和热处理变形的影响,研究结果表明,微量中重稀土钇显著地提高了 Cr12MoV 钢的抗滑动磨损性能,对抗磨料磨损性能也有所改善,并减小了 Cr12MoV 钢的热处理变形。

滑动磨损和磨料磨损的试验结果分别示于图 8 – 39,由图可见,重稀土钇不仅对 Cr12MoV 钢的抗滑动磨损性能有显著的影响,可使其磨损量降低近 50% ,而且也可减少试验钢的磨料磨损量,但效果不如滑动磨损。

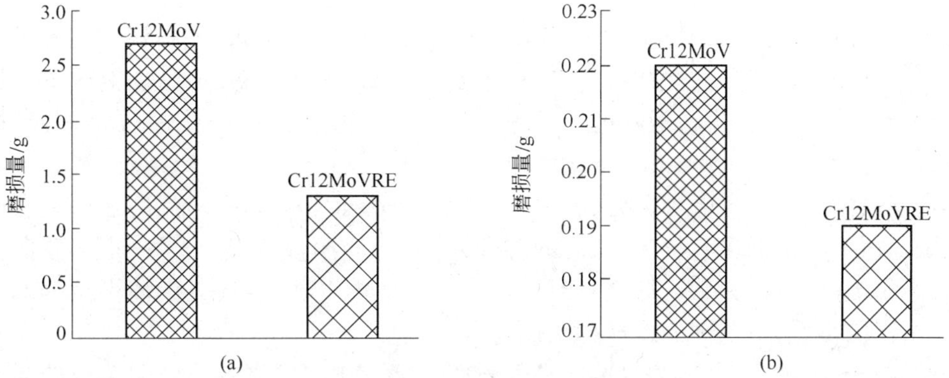

图 8-39 稀土对试验钢滑动磨损和磨料磨损的影响

(a) 对试验钢滑动磨损的影响;(b) 对试验钢磨料磨损的影响

试验钢热处理变形试验结果见表 8-55。由表可见,添加中重稀土元素钇可以大幅减小 Cr12MoV 钢的热处理变形。因中重稀土元素钇在钢中具有微合金化作用,稀土元素的加入使钢的相变点发生了变化,这势必影响淬火回火后的残余奥氏体量,故影响钢热处理后的变形率。在设计的试验条件下,稀土增加了过冷奥氏体的稳定性,使残留奥氏体量增多,故使钢的热处理变形减小。

表 8-55 稀土对试验钢热处理变形的影响[148]

试验钢	热处理后试样径向变形		热处理后试样纵向变形	
	尺寸变化/%	稀土的影响	尺寸变化/%	稀土的影响
Cr12MoV	0.049	减少 44.9%	0.16	减少 25.0%
Cr12MoVRE	0.027		0.12	

文献[149]报道了新型中碳多元低合金稀土耐磨钢衬板的研制和应用,新型含稀土低合金钢元素含量低,不含镍、钛等贵重合金元素,价格低廉,熔炼容易控制。铸件热处理后,经空冷淬火和低温回火,硬度可达 HRC58 以上,冲击韧性达 $22J/cm^2$ 以上,耐磨性达到高锰钢(ZGMn13)衬板的 2.1 倍。

这种新型含稀土耐磨钢是一种优良、适用的新型耐磨钢,可广泛应用于冶金、矿山、电力、煤炭、水泥等工业领域的耐磨件。

2001 年 7 月 4 日开始,在使用 5081 h,处理铁矿石 609720 t 后,新型含稀土低合金钢衬板与相同工况下的高锰钢衬板的质量变化情况对比见表 8-56。由表可知,新型中碳低合金稀土马氏体耐磨钢衬板的耐磨性可达到高锰钢(ZGMn13)衬板的 2.1 倍。

表 8-56 新型含稀土低合金钢衬板与相同工况下的高锰钢衬板的耐磨性对比[149]

衬板材质	原始质量/kg	使用后质量/kg	质量减量/kg	磨损率/%	相对耐磨性
ZGMn13 高锰钢	326	277.3	48.7	14.9	1
新型含 RE 低合金钢	332	308.2	23.8	7.2	2.1

8.3.4 稀土对钢热强性、热塑性及抗高温氧化性能的影响

应用稀土改善钢的热塑性早在20世纪50年代就有报道，那时人们就发现稀土能提高坦克装甲板一类铸钢产品的性能。1951年，美国人Post等[150]用铈做添加剂改善不锈钢的热加工性能，使原来不能进行锻轧的不锈耐热钢成功地轧成带材、板材，锻成各种部件，取得了专利权。

不锈钢热塑性的优劣颇为重要，它在很大程度上决定着不锈钢产品的合格率和产品的使用范围。由于不锈钢含有较多、较高的合金元素如Cr、Ni、Mo、Cu、Si等，钢的高温变形抗力大，铸态组织一般较为粗大，加之有时还有少量铁素体出现，致使奥氏体不锈钢的热塑性较差，热加工困难，使不锈钢的成材率很低。

不锈钢铸态组织粗大，在某些情况下因开坯不良造成的损失要比轧制造成的损失大得多。文献[151]研究了稀土对Cr(12～13)Ni(24～25)奥氏体不锈钢热塑性的影响，研究结果表明，稀土可以提高铸态组织的热塑性。

不加稀土时，冲击值较低，加稀土后（钢中稀土残留量为0.051%），虽然不改变冲击值随温度升高而降低的趋势，但冲击值明显提高。在1050℃试验温度下，α_k值提高46%，在整个试验温度内α_k值平均提高20%。楔轧试验结果也表明有同样规律，且稀土的作用更为明显（见图8-40）。可以看出，不加稀土的对比钢在900～1200℃温度范围内，钢的临界压下率为36%～42%，加稀土后则提高到42%～48%，平均提高了15%，这给钢锭的锻轧开坯创造了有利条件，明显具有提高锻轧材合格率的经济效益。

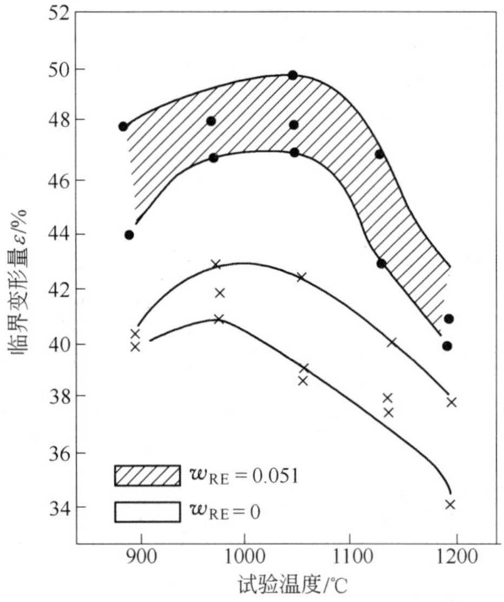

图8-40 稀土对CrNi奥氏体不锈钢临界变形量的影响[151]

文献[15]还指出，不加稀土时，热扭转圈数低，在950～1200℃温度范围内，扭转圈数为8～13圈。当钢中稀土残留量为0.035%时，扭转圈数达9～19圈，平均提高30%。当钢中稀土残留量为0.081%时，扭转圈数为10～15圈，平均提高了20%。这显然有利于钢材拔丝和穿管成材率的提高。实验结果还表明，加稀土后使冲击值大幅度提高，直到1200℃时，α_k值仍保持40 J/cm^{2}以上，比不加稀土的α_k值提高1倍。冲击试样的未折断面积的变化也能反映出塑性提高的规律。不加稀土的冲击试样，全部打断，而加稀土的试样大部分打不断，未折断面积增加。

文献[151]的试验结果充分说明，不论铸态或锻态，加稀土均能使钢的热塑性增加，最宜稀土残留量为0.004%～0.04%。文献[151]分析了稀土改善热塑性的主要原因为：

（1）钢中加稀土，可以控制硫化物形态和分布，而且所生成的稀土化合物RE_2S_3、RE_2O_2S、$REAl_{11}O_8$和$REAl_2O_3$等熔点高，具有较为合适的晶体结构，它与钢液之间的晶体错配度小，容易成为异质结晶核心，增加非自发成核能，从而增加等轴晶区，缩小枝晶间距，细化铸态组织，减少偏析，最终使钢的塑性提高。用金相和探针对试验钢中Mo、Cu、Si、Nb等的偏析情

况进行观测得出，加稀土后铸态组织致密，偏析相尺寸细小，分布均匀。在热加工过程中这种细小的偏析相易于扩散得更均匀。

(2) 对铸态试样裂纹和断口的扫描分析表明，无论是试样表面还是内部裂纹，都在枝晶间界和晶界处产生，并沿晶界扩散，只有少量裂纹穿越枝晶间界，所研究的钢种在试验条件下的破断均为沿晶破断，这意味着材料的薄弱环节是晶界。而稀土的良好作用正是通过强化晶界而起作用的。断口的扫描图像清晰地显示，稀土虽然不能改变沿晶破断特征，但加入稀土的钢破断时，晶界发生较大变形，有一定数量的韧窝。

中国水泥产量的大幅度提高加快了水泥生产工业装备现代化的进程，同时也对水泥热工设备抗磨耐热件的性能提出了更高的要求。国外目前主要采用高铬镍耐热钢，如 SCH-21、HH、HI 及 Cr25Ni20 等。用这些耐热钢制造水泥热工设备抗磨耐热件，一则由于其含碳量较低，其耐磨性偏低；二则由于含镍量高，使其成本较高，影响了这些钢种的大量应用。为了保证水泥热工设备的安全运行和进一步提高其抗磨耐热件的寿命，亟需研究开发适应水泥热工设备抗磨耐热件工况条件的抗磨耐热钢及其零部件。文献[152]报道了采用稀土改善耐热钢 Cr(26～30)Ni(8～10)N(0.2～0.3)高温下的强度、耐磨性和抗高温氧化性能，研究结果表明：铬镍氮稀土抗磨耐热钢抗氧化性能好，在 1200℃ 时平均氧化速度小于 $0.3g/(m^2 \cdot h)$，属抗氧化材料；室温抗拉强度为 640～760MPa，冲击韧度为 $15 \sim 20J/cm^2$，洛氏硬度为 HRC23～28；材料熔铸及焊接工艺性能好，适合制造各种水泥热工设备抗磨耐热件。用铬镍氮稀土抗磨耐热钢制备的水泥热工设备抗磨耐热件使用寿命比常用的 Cr25Ni20 耐热件提高了 20%～40%，节约了贵重镍元素的使用量，降低了生产成本。

文献[152]的作者对稀土作用进行分析后指出，稀土元素可显著提高钢的抗氧化性能、耐腐蚀性能、抗蠕变性能、持久强度和高温断裂韧性；稀土元素在钢中有良好的脱氧去硫作用，能减少非金属夹杂物，改善夹杂物形态，并在高温下稳定钢的组织，阻止晶粒粗化和碳化物的分解析出，从而提高钢的高温强度和高温稳定性；并认为稀土元素（混合稀土）的适合加入量为 0.05%～0.15%。

用作高温还原反应罐的 H_0 耐热钢(1Cr25Ni20)性能优良，但生产成本高。文献[153]报道了其研制开发的含氮稀土 H_1 耐热钢(3Cr25Ni8REN)具有镍低、性能优良的特点。H_1 钢的高温抗氧化性能、高温持久强度和抗热疲劳性能均优于 H_0 钢（见表 8-57），可以长期在 1200℃ 左右高温下工作，用其制造的还原罐的使用寿命为 H_0 钢还原罐的 1.5 倍左右。H_1 钢的生产成本仅为 H_0 钢的 2/3 左右，其经济效益十分显著。

文献[153]作者研制的稀土氮 H_1 耐热钢的三项性能指标均优于 H_0 钢。其中 H_1 钢的高温氧化速度比值为 H_{0-2} 钢的 60.81%～67.80%（见表 8-60）。高温持久强度为 H_{0-1} 钢的 119.73%（载荷为 60kg 时）或 297.10%（载荷为 50kg 时），见表 8-58。抗热疲劳性能指标变形相对比值仅为 H_{0-1} 钢的 10.24% 左右，见表 8-58。结果表明 H_1 钢的镍含量仅为 H_0 钢的 40%，节省了价格昂贵的金属镍，有利于降低生产成本。同时，H_1 钢还原罐的高温使用寿命为 H_0 钢罐的 1.5 倍左右，有利于降低生产金属镁、钙和钛工厂的生产成本。

生产 H_1 钢还原罐的成品率比 H_0 钢还原罐高 15%～20%，生产成本则为 H_0 还原罐的 60%～65%，因此经济效益十分显著。

由表 8-59 看到，H_1 钢出现裂纹的急热急冷次数略高于 H_{0-1} 钢，但开始变形的急热急冷次数则远大于 H_{0-1} 钢。

表 8-57 稀土对耐热钢高温抗氧化性能影响[153]

试 样	I		II	
	氧化速度 /g·(m^2·h)$^{-1}$	氧化速度比值 /%	氧化速度 /g·(m^2·h)$^{-1}$	氧化速度比值 /%
H_1,3Cr25Ni8REN	0.0256	60.81	0.0333①/0.0299②	55.82①/67.80②
H_{0-1},1Cr25Ni20	0.0342	81.23	0.0399/0.0367	67.08/83.33
H_{0-2},1Cr25Ni20	0.0421	100.0	0.0595/0.0440	100.00/100.00

注：H_{0-1}、H_1耐热钢采用钢模铸锭，H_{0-2}采用砂模铸锭。

① 为 1150℃、100 h 平均数值；

② 为 950 ~ 1150℃、200 h 平均数值。

表 8-58 稀土对耐热钢高温持久强度的影响[153]

试 样	载 荷					
	60 kg		50 kg		35 kg	
	σ/MPa	h/%	σ/MPa	h/%	σ/MPa	h/%
H_1	37.5	16.20/119.73	32.5	160.58/297.10	32.5	211.0/196.04
H_{0-1}	37.2	100.00	31.3	54.04/100.00	31.5	107.63/100.00

注：σ 为试样单位截面积上承受的载荷；h/% 为断裂时间/相对比值。

表 8-59 稀土对耐热钢试样出现裂纹及开始变形情况的影响[153] （次）

试 样	裂 纹	抗变形能力(耐急热急冷)	穿通裂纹
H_1	54	141	180(尚未穿通)
H_{0-1}	51	51	93

由表 8-60 看到，H_1钢的变形相对比值仅为 H_{0-1}钢的 10.24%，可见 H_1钢的强度和刚度很好。H_1钢的减重相对比值仅为 H_{0-1}钢的 64.74%，表明在急热急冷时 H_1钢的抗氧化性能仍比 H_{0-1}钢好。

表 8-60 稀土对耐热钢热疲劳性能的影响[153]

试 样	单次平均变形值/mm	变形相对比值/%	单次平均减重量/g	减重相对比值/%
H_1	0.00336/0.00391	10.20/10.24	0.00055	64.71
H_{0-1}	0.03293/0.03781	100.00/100.00	0.00085	100.00

文献[154]报道了稀土元素对铬钢、铬镍钢及铬镍氮型等耐热钢热强性能影响的研究结果，其研究表明在钢中加入适量的金属 Ce 或 La，可显著地提高各种耐热钢的蠕变强度。该文献还讨论了稀土元素改善耐热钢热强性的机理。

铁素体型耐热钢不含镍，比较便宜。但往往由于高温强度太低而限制了它的应用范围。作者研究了稀土金属 Ce 对铁素体 Cr18Si2 钢性能的影响。锻造试样经 780℃ 加热 1h 空冷处理，进行了 650℃ 的持久强度试验，结果如表 8-61 所示，表 8-61 的结果表明，稀土的加入延长了钢的持久断裂时间。

表 8-61 稀土对铁素体型耐热钢在 650℃时的持久强度的影响[154]

钢 号	下列应力下的断裂时间/h			
	58.8 MPa	49.0 MPa	39.2 MPa	29.4 MPa
Cr18Si2	1.5	2.5	7.1	36
Cr18Si2RE	2.0	6	37	92

文献[154]研究了稀土金属 Ce 对 Cr21Ni32AlTi 奥氏体耐热不锈钢(Incoloy800)性能的影响。试样经 1150℃固溶处理(水淬)后,进行 800℃、900℃持久强度试验,结果如表 8-62 及表 8-63 所示。

表 8-62 稀土对铬镍奥氏体钢在 800℃时持久强度的影响[154]

钢 号	试验温度/℃	下列应力下的断裂时间/h	
		78.4 MPa	49.0 MPa
Cr21Ni32AlTi	800	14	143
Cr21Ni32AlTiRE	800	18	1044

表 8-63 稀土对铬镍奥氏体钢在 900℃时持久强度影响[154]

钢 号	试验温度/℃	下列应力下的断裂时间/h		
		34.3 MPa	24.5 MPa	14.7 MPa
Cr21Ni32AlTi	900	47	222	1506
Cr21Ni32AlTiRE	900	43	168	6726

从表 8-62 和表 8-63 的结果可以看出稀土明显地改善了 Cr21Ni32AlTi 钢的持久强度,特别是应力较低时效果更为显著。如 800℃、49.0MPa 应力下,加稀土后试样的断裂时间是不加稀土试样的 7 倍。

文献[154]作者研究了稀土金属 Ce 对 Cr18Ni8N 及 Cr23Ni13N 铬镍氮型奥氏体钢高温持久性能的影响,试样前者经 1100℃、后者经 1150℃ 固溶处理,试验结果如表 8-64 和表 8-65 所示,同样表明了稀土改善热强性的良好效果。

表 8-64 稀土金属对铬镍氮型奥氏体钢高温持久性能的影响(700℃)[154]

钢 号	试验温度/℃	下列应力下的断裂时间/h		
		147 MPa	88.2 MPa	58.8 MPa
Cr18Ni8N	700	49	632	2363
Cr18Ni8NRE	700	78	898	5742

表 8-65 稀土金属对铬镍氮型奥氏体钢高温持久性能的影响(900℃)[154]

钢 号	试验温度/℃	下列应力下的断裂时间/h			
		78.4 MPa	49.0 MPa	39.2 MPa	29.4 MPa
Cr23Ni13N	900	71	304	455	1774
Cr23Ni13NRE	900	92	512	940	5613

稀土不仅对上述变形材的持久强度有良好的作用,图 8-41 和图 8-42 分别表示稀土对

Cr24Ni7N 钢及 Cr25Ni20 钢(HK40)铸造材 1000℃持久强度的影响,结果表明铸钢中加入稀土后使同一应力下的断裂时间几乎延长了 3 ~5 倍。

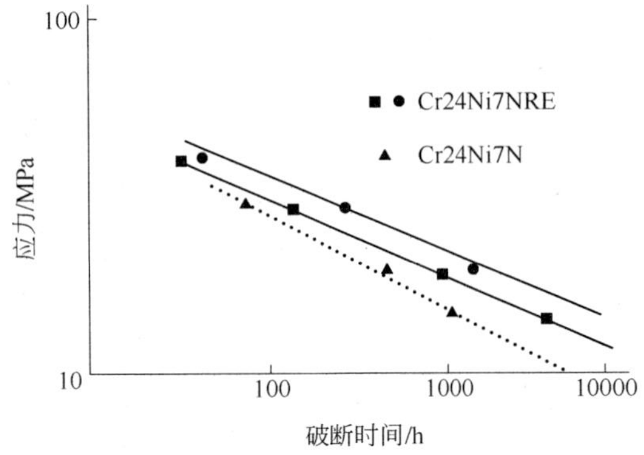

图 8-41 稀土对 Cr24Ni7N(RE)1000℃的持久强度的影响[154]

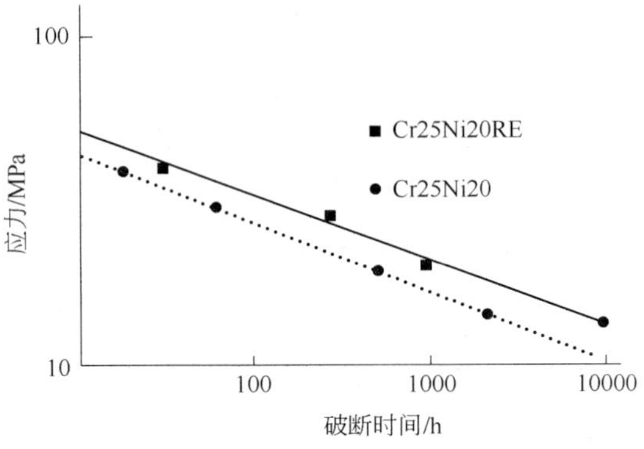

图 8-42 稀土对 Cr25Ni20(RE)1000℃的持久强度的影响[154]

钢的持久强度主要取决于钢的组织特点及纯净度,但抗氧化较好的钢由于表面烧蚀少也有好的作用。为了排除氧化影响的因素,文献[154]作者对 Cr24Ni7N(RE)钢铸造材做了 1000℃的真空持久试验,结果也表明了稀土改善持久强度的效果,见表 8-66 所示。

表 8-66 稀土对耐热铸钢持久强度的影响[154]

钢 号	试验温度/℃	下列应力下的断裂时间/h	
		39. 2 MPa	29. 4 MPa
Cr24Ni7N	1000	4	30
Cr24Ni7NCe		21	62
Cr24Ni7NLa		17	63

图 8-43 为 Cr24Ni7N(RE)钢铸态试样 870℃高温蠕变的试验结果。钢中加入金属 La 后,蠕变速度由 1.14×10^{-3}%/h 降到 3.6×10^{-4}%/h,并延长了断裂时间。

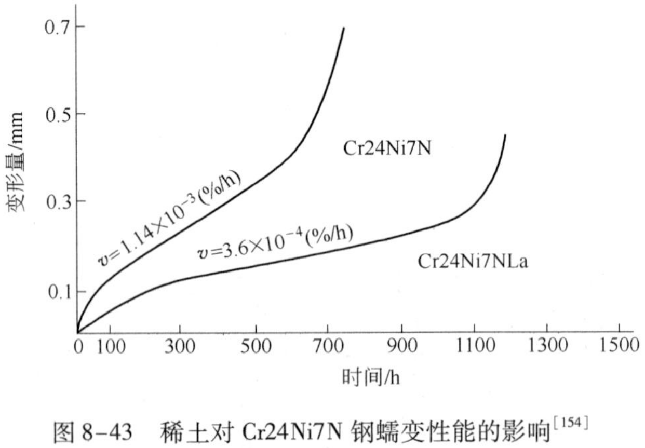

图 8-43 稀土对 Cr24Ni7N 钢蠕变性能的影响[154]

文献[154]作者在对稀土改善热强性能的机理进行分析时指出,高温断裂特别是高温持久断裂,一般是沿晶断裂(在铸态下亦可是沿枝晶断裂),所以对耐热钢而言,影响热强性的关键是晶界强度。通过对 Cr24Ni7NLa 钢 1000℃的真空持久断口用离子探针方法进行了断口表面(即晶界面)稀土的深度分析,结果如图 8-44 所示。随着溅射时间的增长,远离断口表面(晶界面)的稀土含量明显降低,说明稀土富集于晶界。

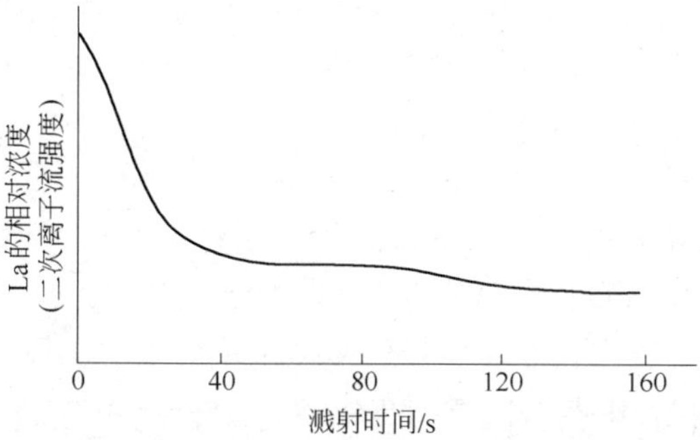

图 8-44 离子探针分析 Cr24Ni7NLa 钢 1000℃真空持久断口 La 的分布[154]

稀土元素 La 和 Ce 的原子半径远远比 Fe 大,它们溶解在铁中将会产生较大的点阵畸变能。根据溶质原子平衡偏聚理论,将会使它们偏聚在晶界上,这在试验结果中得到了证实。晶界上偏聚的稀土,趋于占据晶界中的空位和畸变区,这样有可能降低基体原子的晶界扩散速率,使由扩散控制的晶界滑动受到阻碍,使晶界裂纹不易形成,晶界得到强化。稀土净化了晶界,减少了晶界的杂质元素,改善了钢的热塑性,使晶界裂纹尖端的应力集中容易因形变而松弛,裂纹难于扩展,从而延长了断裂寿命。

文献[155]报道了向 ZG3Cr18Mn9Ni4Si2N 节镍少铬的耐热钢水中加入一定量的稀土合金,其高温抗氧化性:在 1000℃经 500h 服役的增重速度,不加稀土≤0.5g/(m^2·h),加稀土≤0.2g/(m^2·h);其高温持久强度:在 900℃经 1000h 服役的断裂应力,不加稀土为 16.7~19.6MPa,加稀土为 34.3~41.2MPa;高温蠕变极限:在 900℃经 1000h 服役,蠕变量为 0.1%的最大允许应力,不加稀土为 6.9~8.8MPa,加稀土为 9.8~13.7MPa。提高幅度平均分别为 2.5 倍、2.1 倍和 1.5 倍,这三项高温性能指标接近或相当于 1Cr25Ni20Si2 高镍铬耐热钢的水平(见表 8-67)。

表 8-67 三种耐热钢三项高温性能指标比较表

钢 种	抗氧化性			持久强度		蠕变极限	
	温度/℃	时间/h	氧化率 /g·(m^2·h)$^{-1}$	规范	$\sigma_{0.2}$/MPa	规 范	$\sigma_{1/10^4}$/MPa
2Cr20Mn9Ni3Si2N	1000	500	≤0.5	900℃ 1000h	16.7~19.6	900℃,0.1% 1000h	6.9~8.8
ZG3Cr18Mn9Ni4Si2NRE	1000	500	≤0.2	900℃ 1000h	34.3~41.2	900℃,0.1% 1000h	9.8~13.7
1Cr25Ni20Si2	1000	500	≤0.17	900℃ 1000h	39.2~40.8	900℃,0.1% 1000h	12.7~14.7

文献[156]综合叙述了稀土对钢高温抗氧化性能的影响,指出在其研究的 40 年前就已经知道在不锈钢和耐热钢中加入微量稀土会大大改善钢的高温抗氧化性。但是,其效果却视所加稀土的种类、多少和方法而不同,并与材料的服役工况密切相关。稀土对普通碳钢、铬钢、铬铝钢、铬镍钢以及高温合金的抗氧化性都有良好的影响[157]。

对于普通碳钢，在800℃氧化的情况下，铈含量超过0.08%后氧化速度随铈含量的增加而减少并显著地低于不加铈的钢；在1000℃氧化的情况下，尽管铈含量大于0.08%后抗氧化速度会明显下降，但却高于不加铈的钢[158]。

对于含铬和含铬不锈钢，含铬量大于13%的钢在高温氧化中生成的氧化皮主要为Cr_2O_3[159]。在铬含量从10%到37.5%的钢中加入不同的稀土对其高温抗氧化性几乎都有良好的作用[160,161]。

Fe－Cr(10%～20%)钢在1000℃的0.315BarO_2＋1BarHe混合气体中氧化时，由于加入了0.1%的铈或铈的氧化物在钢中因而优先形成了保护性的Cr_2O_3膜，这样不但氧化皮的生长速度减慢而且氧化皮的黏附性也得到了改善[160]。

在Fe－18Cr钢中复合添加0.042%～0.894%的Cr和0.09%～0.98%的Si后，提高了该钢在1000～1200℃的抗氧化性。这是因为铈促进了合金中硅的扩散，因而形成了能抑制铁扩散的SiO_2阻挡层[161]。

加入1%Y的Fe－25Cr钢，在1000℃下的CO_2气氛中引起合金的内氧化并在基体和氧化皮的界面上生成了Y_2O_3，从而改善了氧化皮的黏附性，又由于一部分钇在氧化皮中优先氧化，因而使Cr^{3+}在氧化皮中的扩散速度减小，该钢的氧化速度也下降[162]。

在Fe－20Cr钢中分别加入与氧亲和力极大的元素La、Gd或Y后，虽然增加了该钢在1000℃的大气中的初期氧化增重，但后来却增加极少。研究表明，所添加稀土元素对抗氧化性的改善作用大小与该元素和氧的亲和力大小密切相关[163,164]。当La＞0.5%后，长时间氧化后的氧化皮中出现了La_2O_3和$LaCrO_3$，这样就使氧化物的分解压降低，从而增加了氧化物的稳定性[163]。

在Fe－25Cr合金中加入1%Y后由于超过了Y在该合金中的固溶度，因此在晶界上形成了YFe_9。由于内氧化，在合金基体与氧化皮的界面形成了起楔子作用的Y_2O_3，从而改善了Cr_2O_3的黏附性[165]。

在Fe－25Cr和Fe－37.5Cr钢中分别加入Y、La、Gd或Er后，在1000℃氧化时，在晶界上生成了R_2O_3型内氧化物；在1200℃氧化时，内氧化物主要是$RECrO_3$，这些内氧化物起着楔子的作用，改善了氧化皮的黏附性[166]。

在铬钢中加入稀土氧化物也同样能改善高温抗氧化性，下面就是一些例子。

Fe－18Cr、Fe－16Cr－3Vol%Y_2O_3、Fe－18Cr－0.1Y和Fe－18Cr－0.05Zr四种钢在1100℃和1200℃的100Torr氧气的气氛下氧化时，加3Vol%Y_2O_3的钢的氧化皮最薄而且黏附性良好，由于其氧化皮Cr_2O_3中不含有Fe，在周期氧化条件下也不剥落[167]。

分散加入Y_2O_3或La_2O_3可明显改善Fe－20Cr烧结合金的抗氧化性。为防止出现崩溃性氧化物，随着氧化的温度升高，所需的Y_2O_3或La_2O_3量要增加才行。试验证明，La_2O_3的作用比Y_2O_3更有效[168]。

Fe－20Cr烧结合金同时添加Y_2O_3－Al、Y_2O_3－Si或La_2O_3－Si可降低1000～1250℃下的氧化速率；同时加入La_2O_3－Si比其他情况更有效，特别是温度更高时尤其如此。同时添加稀土氧化物还能很好地阻止氧化皮的剥落[169]。

Fe－Cr钢表面涂布稀土氧化物也能使氧化速度和氧化皮的剥落量减小[170,171]，比如在Fe－25Cr合金表面涂布CeO_2粉末，就能使其氧化速度显著下降[171]。

对铬铝钢，Cr_2O_3在1000℃以上的高温下会进一步氧化生成CrO_3，这种氧化物容易蒸发而损失[172]，为了提高钢的抗氧化性必须在 Fe－Cr 合金中加铝才行。由于铝和氧的亲和力大于铬与氧的亲和力，因此铝会受到选择性氧化。在 Fe－Cr 合金中只要添加适量的铝，其表面层氧化物的主要成分就会变成 Al_2O_3。由于 Al_2O_3 氧化皮的保护性比 Cr_2O_3 大而且生成 Al_2O_3 氧化皮的氧化速度本来就小，所以加入稀土后对其氧化的速度的影响几乎不显著[173]。但是，在 Fe－Cr－Al 合金基体和氧化物的界面处存在着空洞，稀土加入 Fe－Cr－Al 合金中的主要作用是提高氧化皮的黏附性，特别是改善该合金在周期氧化中的剥落抗力[174]。这是因为稀土加入钢中后，铝在稀土附近会优先氧化并成为钉状氧化物，这些钉状氧化物的钉扎作用防止了氧化皮的剥落。

Fe－27Cr－4Al 合金在 1200℃ 氧化时，氧化皮凹凸不平，由于氧化皮呈波浪形，在冷却时就容易与合金基体分离而剥落。加入 0.023% 的 Y 后，氧化皮表面变得平滑，氧化皮的黏附性得到改善[175]。Fe－25Cr－4Al 合金加入 0.01%～0.1% 的 Y 或 0.2% 的 Sc，在 1200℃ 的周期氧化条件下其表面的 Al_2O_3 的黏附性也将得到改善[176]。Fe－20Cr－(3～4)Al 合金在 1100～1300℃ 氧化的情况下加入微量的 Ce，其氧化抗力就可提高[177]，加入 La、Y 或 Gd 也有同样的效果[178]。Fe－20Cr－(3～4)Al 合金加入 0.5% 的 Sc、Y、La 或 Er 后的氧化行为与所加稀土的原子半径有关。加入原子半径最小的元素 Sc 时，其氧化皮的剥落量以及氧化增量都最大，而加入原子半径最大的元素 La，其氧化皮剥落量和氧化增重都最小。这说明稀土改善该合金抗高温氧化的效果随加入元素的原子半径增大而增大。其原因为，稀土原子的半径越大，其在基体中产生的内应力就越高，这样就促进了基体中 Al 原子的扩散，有利于较早形成 Al_2O_3 保护膜。

骆继勋等人发现[179]，在 Fe－Cr－Al 合金中加入 0.49% 的稀土钇可明显改善该合金氧化膜的致密性和黏附性。但这种作用并不是提高 Fe－Cr－Al 电热丝寿命的唯一因素。该合金在高温下长时间加热后晶粒迅速长大所引起的力学性能下降也是导致 Fe－Cr－Al 电热丝早期断裂的原因。钇在 Fe－Cr－Al 合金中形成弥散状分布的 YFe_3 或 Y(Ni、Fe)，能有效地阻止晶粒长大，减缓力学性能下降，从而能有效地提高 Fe－Cr－Al 电热丝的使用寿命。

Fe－Cr－Al 合金中弥散状分布的稀土氧化物 Y_2O_3 也能和 Al_2O_3 形成复合氧化物如 $2Y_2O_3 \cdot Al_2O_3$ 和 $3Y_2O_3 \cdot 5Al_2O_3$ 等等，这些氧化物能阻止该合金在高温下长期加热所导致的晶粒长大，因而也能提高 Fe－Cr－Al 合金的使用寿命[180]。

对铬镍钢，稀土金属对降低铬镍钢在高温下的氧化速率和提高氧化膜的黏附性也有良好的作用[181～193]。

20Cr－25Ni－Nb 奥氏体钢加入钇后所形成的 YNi_5 或 YFe_9 这样的金属间化合物会无秩序地分布于钢中。Y 在晶界上的选择性氧化提高了氧化皮的黏附性[181、182]。

受到 1000℃ 以上温度周期加热的汽车排气净化装置多采用 19Cr－13Ni－2Si 奥氏体钢。该钢用稀土强制脱氧后，改善了 1000℃ 下的周期氧化抗力[183]。若用 0.02% 稀土脱硫，可使硫降到 0.005%，这时其高温抗氧化性与 25Cr－20Ni 钢相当[184]。加入少量稀土可提高 1200℃ 下的抗氧化性[185]。在 1100℃ 的周期氧化条件下，加入 0.1% 的稀土金属则可提高氧化皮的抗剥落性[186]。

20Cr－32Ni 是原子能发电用蒸气发生器用钢管以及化学工业用配管的耐高温耐腐蚀奥氏体不锈钢，如果复合添加 2.5% Si 和稀土金属则其抗氧化性能可得到显著改善[187]。

在 18Cr－10Ni 和 25Cr－10Ni 不锈钢中加入稀土改善了氧化皮的黏附性，使其在周期氧化下剥落的时间延长[188]。

3Cr24Ni7N 是我国开发的一种性能优良的奥氏体耐热钢，加入微量稀土后，氧化速度大大下降，氧化皮的黏附性变好[188]。适量的稀土可使该钢在 1100 ~ 1200℃ 的抗氧化性达到 Cr25Ni20Si2 钢的水平[190]。

由于在 Fe – Ni – Cr – Al 奥氏体钢中添加了稀土金属 Y，因而促进了氧化铝保护膜的生成。这样不但降低了氧化速度，也改善了氧化皮在周期氧化时的抗剥落性[191]。

00Cr11Ni10Mo2Ti 马氏体时效钢中的铬恰好处于临界状态。若不加稀土则在高温氧化时很难形成保护性良好的氧化膜；即使形成了保护膜，在很短的时间里也会很快崩溃。若在该钢中加入 0.01% ~0.1% Y 或 Ce，就可使其在 800℃ 和 900℃ 空气中的氧化增重降低大约 20 倍[190]。

在 Fe – 26Cr – 21Ni – 1.8Si 奥氏体钢的表面涂覆 Y_2O_3 也可改善该钢在 1100℃ 时氧化皮的黏附性[192]。

在 20Cr – 25Ni – Nb 奥氏体不锈钢表面（ ~0.2 μm 深）注入 0.2% ~0.8% 的 Y 或 Ce 可抑制该钢在 800 ~850℃ 的 CO_2 气体中的氧化并防止氧化皮剥落[193]。

文献[194]研究了稀土元素对 430 铁素体不锈钢抗高温氧化性能的影响，通过实测的氧化增重量随稀土总量的变化，见图 8–45。氧化层的增重量在添加稀土之后最多降低近 15 倍；加稀土后，试样氧化层的致密度与基体的附着力明显改善，稀土元素使 430 铁素体不锈钢的抗高温氧化性能显著提高。

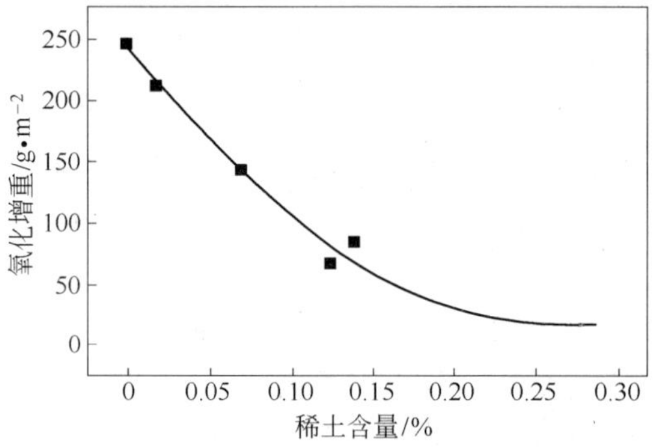

图 8–45 稀土元素对 430 铁素体不锈钢抗高温氧化性能的影响

稀土元素在 Fe – Cr – Al 合金中大部分以金属相状态存在，当合金在 1300℃ 氧化时，稀土原子从固溶体及稀土金属间化合物向氧化皮/合金基体界面或合金表面扩散，在表面形成含稀土的氧化皮和在合金基体表层形成含稀土内氧化质点密集区，从而导致了 Fe – Cr – Al 合金氧化皮组织、结构和成分的一系列变化，最后表现为高温试验寿命的提高[195]。另一种观点认为[196]，稀土提高了氧化皮对基体的黏附性，从而减缓了快速试验时合金中铝的消耗，他们还认为稀土减慢合金恒温氧化速率也是快速试验寿命提高的原因。不过，不论持何种观点，都得承认添加稀土的作用是通过固溶于 α – Fe 中的稀土和稀土金属间化合物中的稀土来实现的。

在 00Cr11Ni10Mo2Ti 马氏体时效不锈钢中添加 0.01% ~0.1% 的 Y 或 Ce，钢在 800℃ 及 900℃ 空气中的氧化增重降低至未加稀土钢的 1/20，其氧化动力学曲线也由原来的近似直线变为抛物线，氧化皮则由针状的氧化铁变为有保护性的 Cr_2O_3[197]。

加入 La 或 Ce 可改善 Cr25Ni20Si2、Cr25Ni35WNb 及 Cr24Ni7N 钢在 1100 ~ 1200℃ 时的循环及等温氧化抗力[198]。

稀土提高形成 Cr_2O_3 型氧化皮合金抗氧化性能的机制，与稀土提高 Fe – Cr – Al 合金该项性能的机制有很多类似之处。例如，稀土也进入氧化皮，改变了氧化皮的性质；稀土也发生内氧化也抑制氧化皮的卷旋变形和推迟氧化皮/基体界面上空腔的生成，最终提高了氧化皮强度[199]。不过，在形成 Cr_2O_3 型氧化皮的钢和合金中，稀土确定可更快地促进致密完整的 Cr_2O_3 保护膜的生成和减慢合金恒温氧化速度。

稀土除了能提高形成 $\alpha - Al_2O_3$ 型或 Cr_2O_3 型氧化皮的钢和合金的抗氧化性外，还可提高形成其他类型氧化皮的合金和钢的抗氧化性，但其效果不如在前述两种材料中那么肯定和稳定。

例如，我国研制的几种含稀土的 NiCr – NiSi 热电偶可在低于 1300℃ 的温度下代替铂铑 – 铂热电偶使用，其中：(Ni – 10Cr – 0.36Si – 0.7Co – 0.05Ca – 0.05RE) – (Ni – 25Si – 0.32Co – 0.6Mn – 0.05Ca – 0.05RE) 在 1300℃ 时工作 406 h 后，电势变化小于 0.3%。而不含稀土的合金，变化却大于 1%[200]。

在目前国产的 84 种定型高温合金中，含稀土的有 31 种。添加稀土除可提高合金的热塑性和热强度外，还可改善合金的抗间歇氧化能力和抗热蚀能力。例如，加入 0.1% 和 0.8% 的 Ce 能降低 Ni – 30Cr – 1Cu 合金的 1200℃ 间歇氧化速率[201]；添加 0.3% 的 La 使 GH181 合金 1100℃ 氧化 100 h 的增重由 0.08 g/m^2 降至 0.04 g/m^2[202]；添加 0.061% 的 Y 改善了 M38 合金在 1000℃ 的循环氧化行为[203]；添加 0.1% 和 0.2% La 的 KU – 5 合金经 850℃ 100 h 热腐蚀（以 Na_2SO_4 为介质），渗透层厚度分别为 0.11 mm 和 0.056 mm，大大低于未加稀土的值 0.26 mm[204]。

对于 Fe – Cr – Al 合金，由于添加稀土和稀土在高温下的内氧化，内氧化质点的弥散强化将提高合金基体的强度。特别是高温短时强度，如 1200℃ 短时拉断负荷由不含稀土的 5.85 MPa 增加到 6.05 ~ 7.03 MPa（对含 0.103% La 或 0.092% Ce 的合金）和 9.75MPa（对含 0.25% Y 的合金）[205]。

文献[206]报道，含钇 0.13% ~ 0.73% 的 Fe – 20Cr – 4Al 合金，形成含钇金属间化合物 $Y_2(FeCrAl)_{约(17\sim19)}$，熔点为 1343℃。该相具有比 α – 相高 4 ~ 5 倍的硬度，可有效地阻止由于晶粒长大、位错湮没和碳、磷等杂质原子引起的高温脆化。当使用温度高于 1350℃ 时，含钇相的这一作用将很快消失，合金也会变脆。轻稀土元素的添加并不会起到像钇那样的作用。

8.3.5 稀土对钢耐腐蚀性能的影响

文献[207]研究了稀土对 10PCu 耐候钢耐大气腐蚀性能的影响，通过周期性浸润腐蚀试验对加稀土和未加稀土的 Cu – P 系耐候钢和 A3 钢进行了腐蚀性能的测定，结果表明：加稀土和未加稀土的 Cu – P 系耐候钢的耐蚀性均远远好于 A3 钢的耐蚀性能，见图 8–46，而加稀土的耐候钢比不加稀土的耐候钢的耐腐蚀性更好。通过极化试验、扫描电镜及能谱仪和 X 射线衍射仪等分析测试手段，对稀土耐候钢的耐蚀机理进行了研究，发现稀土变质钢中的夹杂物使钢的耐蚀性提高，在腐蚀过程中稀土的存在有利于稳定的腐蚀产物 αFeOOH 的形成（见表 8–68），使耐蚀锈层更加均匀致密（见图 8–47），因此提高了钢的耐蚀性。

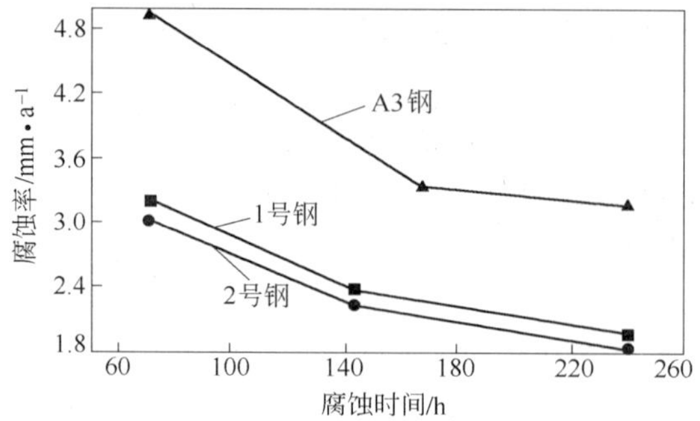

图 8-46 腐蚀率与腐蚀时间的关系[207]

(1 号耐候钢 RE =0,2 号耐候钢 RE =0.12%)

表 8-68 锈层中各物相的相对含量(体积分数)[207]

试样号	w(RE)/%	锈层位置	$\alpha-FeOOH$	$\gamma-FeOOH$	$\gamma-Fe_2O_3$
1	0	外锈层	38.09	34.0	27.0
		内锈层	60.8	19.4	19.8
2	0.12	外锈层	36.5	32.6	30.9
		内锈层	68.7	5.2	26.1

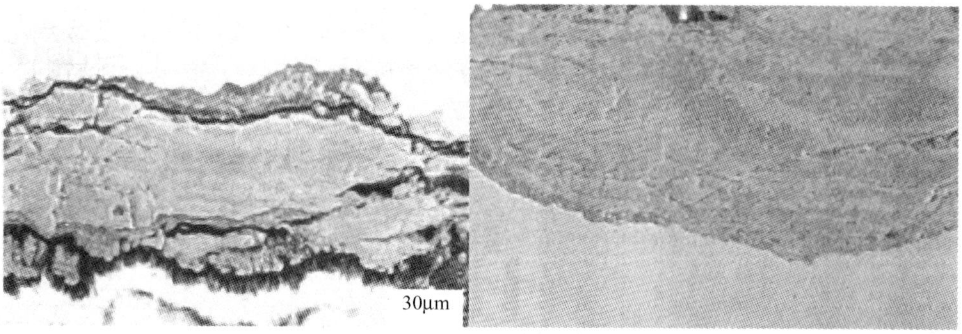

(a) (b)

图 8-47 加稀土与不加稀土锈层的断面形貌比较[207]

(a) 不加稀土;(b) 加稀土

用 X 射线衍射仪对周期性浸润 240h 后的 1 号、2 号试样锈层的物相组成进行分析,看出锈层的主要物相成分相同,都含有 $\alpha-FeOOH$、$\gamma-FeOOH$、$\gamma-Fe_2O_3$。根据锈层粉末的 XRD 谱得到各物相特征峰的相对强度值,由大致估算出锈层中各物相的相对含量,可以看出 1 号、2 号试验钢外锈层中各物相含量的数值大小为 $\alpha-FeOOH>\gamma-FeOOH>\gamma-Fe_2O_3$,内锈层中各物相的含量为 $\alpha-FeOOH>\gamma-Fe_2O_3>\gamma-FeOOH$,在腐蚀过程中,$\gamma-FeOOH$ 不断向 $\alpha-FeOOH$ 转变。从外锈层到内锈层 $\alpha-FeOOH$ 逐渐增多,$\alpha-FeOOH$ 不断减少,说明 $\gamma-FeOOH$ 溶解,向稳定的 $\alpha-FeOOH$ 转变。2 号钢与 1 号钢相比,$\alpha-FeOOH$ 增加得更多,而且 $\gamma-FeOOH$ 减少得更多,这是由于稀土的存在促进了 $\gamma-FeOOH$ 向更稳定的 $\alpha-FeOOH$ 转变,从而有利于形成稳定的腐蚀产物,生成致密稳定的腐蚀锈层。

文献[208]通过观察纯净钢中稀土夹杂物的形态,测试电化学腐蚀 EIS 谱和极化曲线,研究稀土元素镧对纯净钢耐腐蚀性能的影响。试验结果表明,镧加入纯净钢中,可变质夹杂物和改善夹杂物的形态,从而提高了纯净钢耐腐蚀性能。从表 8-69 和表 8-70 可分别看到,随着稀土含量的增加,极化电阻 R 逐渐增大,电极界面电容 C_d 逐渐减小,耐腐蚀效果越好;随着稀土含量的增高,纯净钢的自腐蚀电位正移,腐蚀电流密度逐渐降低,耐腐蚀性能逐步提高。

表 8-69 稀土对纯净钢自然腐蚀电位下的 EIS 谱参数的影响[208]

试样编号	稀土残留量/%	R_s/Ω	R_P/Ω	ω_B/Hz	C_d/F
0	0	6.254	1020	0.03155	0.031074
1	0.011	4.587	1095	0.07924	0.011525
2	0.029	3.428	1241	0.19905	0.004048

表 8-70 稀土对纯净钢自腐蚀电位及腐蚀电流密度的影响[208]

试样编号	稀土含量/%	自腐蚀电位 E_{corr}/V	腐蚀电流密度 J/A·cm^{-2}
0	0	−1.04680	3.0782×10^{-4}
1	0.011	−1.04190	5.5267×10^{-5}
2	0.029	−0.98412	4.4191×10^{-5}

文献[209]研究了稀土改善 09CuPTiRE 耐候钢耐蚀性的作用机理,表 8-71 为所研究耐候钢的化学成分,图 8-48 为稀土对耐候钢耐大气腐蚀速率的影响,从图 8-48 看到 4 号样稀土脱硫率最高达 48%,腐蚀速率比未加稀土样降低了 56%(6 年)。而 3 号和 4 号样两者稀土含量相差不多,3 号样稀土含量与硫含量的比值为 1.5,腐蚀速率也比未加稀土样降低了 29%(6 年)。稀土能显著提高耐候钢的耐大气腐蚀性能。图 8-49 所示为钢中 RE/S 值对耐候钢腐蚀速率的影响,图 8-49 表明随着钢中 RE/S 值的增加,钢腐蚀速率不断降低。钢中力学性能最佳的 RE/S 值在 1.2～1.5 之间[210],而耐蚀性的最佳比值可以更高些。这与稀土脱硫作用有关。

表 8-71 耐候钢的化学成分 (%)

试 样	C	Si	Mn	P	S	Cu	Ti	RE
1 号样	0.08	0.34	0.40	0.094	0.023	0.30	0.010	0
2 号样	0.08	0.34	0.40	0.094	0.023	0.30	0.010	0.015
3 号样	0.10	0.35	0.41	0.088	0.016	0.27	0.011	0.024
4 号样	0.10	0.35	0.41	0.088	0.012	0.27	0.011	0.029

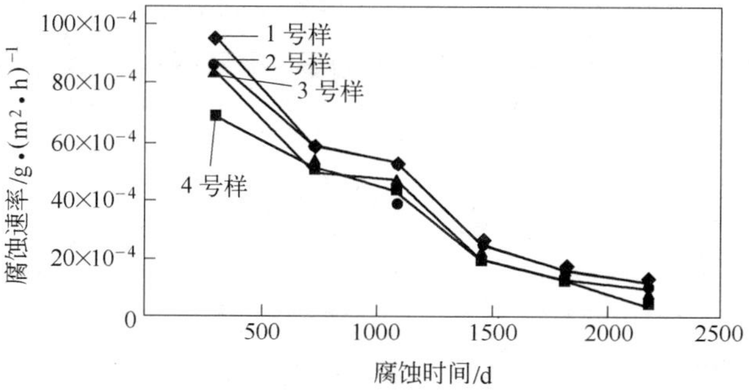

图 8-48 稀土含量对耐候钢大气腐蚀速率的影响[209]

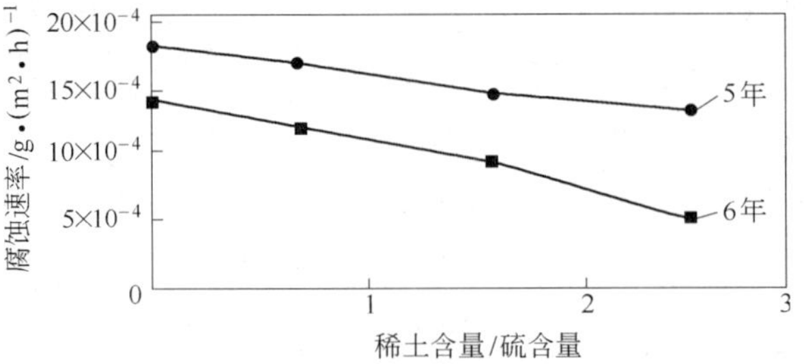

图 8-49 腐蚀速率与钢中稀土含量及硫含量值的关系[209]

金相和扫描电镜观察表明,不加稀土样品,锈层呈疏松网状结构,连续但多孔,锈层较厚,平均厚度为 0.104 mm,而与金属基体相邻的致密层薄而不连续,致密层平均厚度为 0.0089 mm。稀土含量最高的 4 号样锈层平均厚度为 0.051 mm,明显分层,外层呈网络状结构,与基体接触的内锈层连续致密,平均厚度为 0.0161 mm,比未加稀土厚。致密内锈层随稀土含量增加而增厚。断面内锈层、外锈层和基体钢的 X 光射线能谱成分分析结果见表 8-72(均为五点分析的平均值)。结果表明,未加稀土的 1 号样 Cu、P 富集不明显,Si 富集的少;而加稀土的 4 号样 Cu、P 和 Si 均在锈层富集,但 Cu 和 Si 内锈层多于外锈层,P 是外锈层多于内锈层。硫在锈层中均有富集,外锈层多于内锈层,未加稀土钢的锈层多于加稀土钢的锈层。

表 8-72 锈层 SEM 能谱分析(原子分数)[209] (%)

试样		Si	Cu	P	S	Mn	Ca	Fe
1 号样 $w(RE)=0.00\%$	外	0.33	0.28	0.12	0.92	0.40	0.40	97.55
	内	0.41	0.30	0.10	0.80	0.43	0.42	97.54
	基体	0.36	0.31	0.10	0.02	0.41	—	98.80
4 号样 $w(RE)=0.29\%$	外	0.70	0.77	0.30	0.35	0.42	0.17	97.29
	内	0.98	0.88	0.18	0.21	0.41	0.15	97.19
	基体	0.38	0.30	0.09	0.01	0.40	—	98.82

由于离子探针元素分析灵敏度高,因此多用于重点探测锈层及其与钢基体界面是否有稀土富集。将外锈层细心去除,用离子束溅射清洁分析区 10s 后开始测定。分析 3 年和 6 年的 4 号样内锈层的稀土分布,结果仅在 6 年内锈层及与钢基体的界面观测到稀土存在,表 8-73 所示数据是分析任意三个区域的平均值。分析结果表明,加稀土内锈层有明显的 Si、Ce 和 Cu 的富集,而 Si、Cu 在未加稀土内锈层的富集不显著。

表 8-73 离子探针内锈层元素分析[209]

离子相对强度	I^+_{Ce}/I^+_{Ar}		I^+_{Si}/I^+_{Ar}		I^+_{Cu}/I^+_{Ar}	
	1 号样	4 号样	1 号样	4 号样	1 号样	4 号样
锈 层	0.15	0.61	0.12	0.43	—	0.42
基 体	0.14	0.15	0.11	0.10	—	0.08

为了了解锈层中各原子的结合状态,应用 XPS 光电子能谱,配合机械方法和 Ar^+ 离子束溅射,分析沿锈层深度的变化情况。

根据 XPS 数据手册[211]，未加稀土的 1 号样的内外锈层的 Fe 2p 光电子能谱峰束缚能为 710.00eV，是 Fe^{2+}；在束缚能 530.30eV 处出现 O1s 峰，接近 FeO。加稀土的 4 号样锈层中铁的状态不同，不仅有 710.00eV 的 Fe^{2+} 峰，而且有 710.60eV 的 Fe^{3+} 峰；在束缚能 531.20eV 处出现 O1s 峰，接近 Fe_2O_3。X 射线锈层粉末衍射分析结果证实，未加稀土锈层的主相是 FeO(OH)，而加稀土的主相是 $Fe_2O_3 \cdot H_2O$ 和 FeO (OH)。$Fe_2O_3 \cdot H_2O$ 的生成有助于改善锈层的连续致密性和黏附性[210]。

加稀土的钢内锈层 Si 明显富集，出现 Si 2p 束缚能为 102.80eV 的 Si^{4+} 峰，并在内锈层与基体钢界面探测到单质硅(99.60eV)。未加稀土钢基本探测不到 Si^{4+} 峰。稀土钢内锈层 Si^{4+} 富集，${SiO_3}^{2-}$ 所形成的硅酸盐遮盖膜起阳极阻化剂的作用，可减缓铁的电化学腐蚀。

未加稀土钢锈层均未探测到 Cu 和 P 的光电子能谱峰，而加稀土钢内锈层探测到 Cu^+ 峰 (932.38eV) 和 P^{5+} 峰(133.80eV)，产生的 ${PO_4}^{3-}$ 有缓蚀作用，P^{5+} 和 Cu^+ 有抑制 Fe_2O_3 结晶生长，降低结晶度和细化晶粒的作用[212]。

硫在锈层外表面富集的多，这与大气中 SO_2 的污染有关。能探测到较强的 S 2p 的 S^{6+} 峰，外锈层以 S^{2-} 为主(161.80eV)，从锈层由外至里 S^{6+} 迅速减少。内锈层仅有 S^{2-}，比外锈层少。加稀土内锈层 S^{2-} 比未加稀土少得多，这和钢中稀土的脱硫作用有关(见表 8-71)。

耐候钢中合适的稀土含量有利于显著提高耐候钢的抗大气腐蚀性能。稀土能促进硅、铜、磷在内锈层的富集和 $Fe_2O_3 \cdot H_2O$ 的生成，SiO_3^{2-}、${PO_4}^{3-}$ 等均有缓蚀作用，有助于形成致密、连续、厚而黏附性好的含硅铜稀土的复合铁锈层，从而提高耐候钢的耐大气腐蚀性能。

文献[213]通过电化学试验和试验室加速腐蚀试验，研究了稀土对低碳钢耐大气腐蚀性能的影响。结果表明：在低碳钢中，仅添加稀土也能明显地提高钢的耐大气腐蚀性能，见图 8-50。

图 8-50 为用弱极化区三点法测量并计算出的稀土对低碳钢腐蚀速率影响的结果。从图 8-50 可以看出，稀土对试验钢的腐蚀速率有显著的影响，含 0.043 % 稀土的 1 号样钢的腐蚀速率比无稀土的 0 号样钢的腐蚀速率降低了 42%，含 0.091% 稀土的 2 号样钢的腐蚀速率比含 0.043% 稀土的 1 号样钢的腐蚀速率降低了 49%，而稀土含量最高的 3 号样钢与含 0.091% 稀土的 2 号样钢的耐腐蚀性能相接近，随着试验钢中稀土含量的增加，试验钢的耐腐蚀性能明显提高。

图 8-51 为不同稀土含量试验钢的干湿交替加速腐蚀试验结果。从图 8-51 可以看出：(1) 四种试验钢腐蚀速率均随腐蚀时间的增加而减小；(2) 在各时间段，随试验钢中稀土含量的增加，腐蚀率明显降低，含 0.043% 稀土的 1 号试样腐蚀速率和含 0.091 % 稀土的 2 号试样接近，而稀土含量高的 3 号试样比 0 号试样腐蚀速率降低了 32% (288 h)；(3) 在 192 h 以前，随着试验时间的增加，四种试验钢的腐蚀速率下降较快；超过 192 h 以后，随着试验时间的增加，四种试验钢的腐蚀率下降较缓慢。

对 X 射线衍射图谱进行半定量分析。结果表明 (见表 8-74)：(1)试验钢锈层中以 α - FeOOH 的含量居多；(2)随着试验钢中稀土含量的增加，锈层中 α - FeOOH 的含量增加，而 γ - FeOOH 和 γ - Fe_2O_3 的含量减少；(3)两种含稀土的试验钢，随着试验时间的延长，锈层中 α - FeOOH 的含量增加。Yamashita M 等[214]认为作为最初的锈层组成物 γ - FeOOH，在长期的大气腐蚀过程中，经过非晶态的 FeOOH 物质转化为最终的稳定锈层组成物 α - FeOOH。这说明稀土促进了 γ - FeOOH 和 γ - Fe_2O_3 向 α - FeOOH 转化。

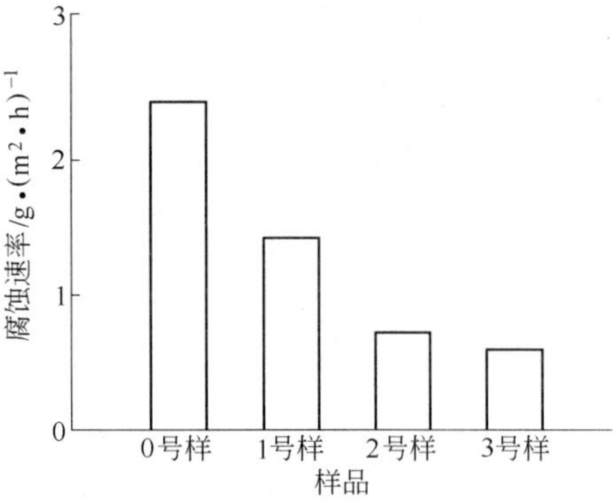

图 8-50 稀土对低碳钢裸钢腐蚀速率的影响[213]
0 号样 - w(RE) = 0;1 号样 - w(RE) = 0.043%;
2 号样 - w(RE) = 0.091%;3 号样 - w(RE) = 0.12%

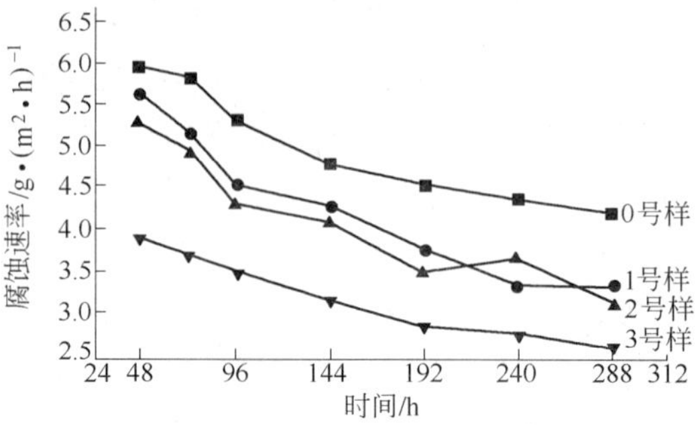

图 8-51 稀土对试验钢的干湿交替加速腐蚀的影响[213]

表 8-74 不同稀土含量试验钢的干湿交替加速腐蚀试验锈层分析结果 (%)

锈层相	锈层相组成(48 h)			锈层相组成(192 h)		
	0 号样	1 号样	3 号样	0 号样	1 号样	3 号样
α - FeOOH	53	54	58	53	58	66
γ - Fe_2O_3	46	45	26	36	29	27
γ - FeOOH			15	10	11	6
其 他	1	1	1	1	2	1

文献[213]分析讨论了稀土提高低碳钢的耐大气腐蚀性能的原因,认为稀土作为碱性金属在钢中主要以稀土夹杂物的形式存在。其夹杂物呈碱性,在模拟加速腐蚀试验条件下稀土夹杂物水解,从而提高了锈层内微区 pH 值,加速 γ - Fe_2O_3/γ - FeOOH 向稳定的保护性的 α - FeOOH 转变。锈层 XRD 分析结果(见表 8-72)表明,稀土促进了稳定的保护性腐蚀产物 α - FeOOH 的形成。在相同试验时间内稳定的保护性腐蚀产物 α - FeOOH 形成得越多,其尺寸越小,并且锈层中的空洞和裂纹也越少,其锈层也越致密。因此,稀土提高了低碳钢的耐大气腐蚀性能。

文献[214]采用失重法测量了年蚀率,研究了 09CuPTiRE 耐候钢与 Q235、09CuPCrNi 以及日本耐候钢的耐候性能,见表 8-75 及图 8-52。

表 8-75 四种研究钢种的化学成分 (%)

钢 号	C	Si	Mn	P	S	Cu	Ti	Cr	Ni	Al	RE
Q235 (1 号样)	0.2	0.4	0.4	0.03	0.03						
09CuPTiRE (2 号样)	0.1	0.32	0.45	0.08	0.01	0.31	0.02				0.026
09CuPCrNi (3 号样)	0.08	0.33	0.44	0.094	0.011	0.32		0.55	0.28	0.02	
日本耐候钢 (4 号样)	0.06	0.319	0.318	0.095	0.011	0.292		0.317	0.158		

从图 8-52 可以看出：四种钢的年腐蚀率均随时间的增长而增加，在 36 h 以前腐蚀速率随试验时间的增加快速增加，超过 36 h 后腐蚀率减慢，年蚀率随时间变化趋缓。这表明无论是耐候钢还是 Q235 钢在未生锈之前都是不耐蚀的，说明对耐候钢具有保护作用的锈层的生成需要较长的时间。图 8-52 曲线还表明在各时间段，09CuPTiRE 钢的年腐蚀率均小于 Q235 钢，与 09CuPCrNi 钢的耐蚀性能相当。四种钢浸渍干湿循环腐蚀 60 h 后带锈样的离子传递电阻分析结果也同样表明（见表 8-76），09CuPTiRE 钢与其余两种耐候钢的 R_t 和 R_p 值远高于 Q235 钢，表明 09CuPTiRE 钢与另两种耐候钢的耐候性显著优于 Q235 钢。

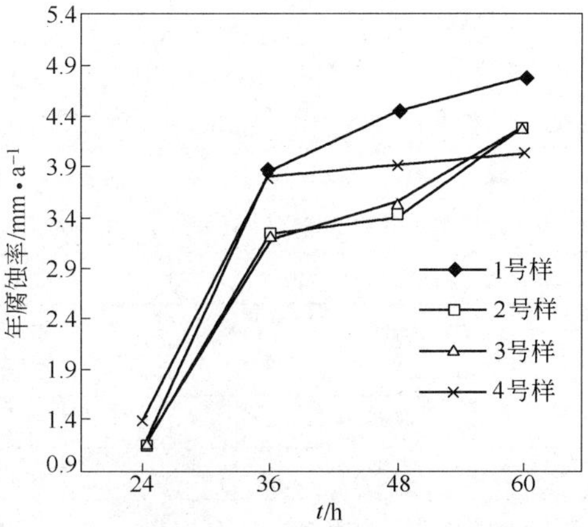

图 8-52 四种钢试样浸渍干湿循环试验的年蚀率曲线

表 8-76 四种钢浸渍干湿循环腐蚀 60 h 后带锈样的离子传递电阻

试 样	R_p/Ω	R_t/Ω
Q235	178	0
09CuPTiRE	355.2	140.3
09CuPCrNi	314.8	127.4
日本耐候钢	416.6	143.3

文献[216] 研究了通过化学气相扩渗稀土方法提高 1Cr18Ni9 钢表面耐腐蚀性能的作用。结果表明，经过 65% 硝酸腐蚀三个周期试验，扩渗稀土试样质量损失腐蚀速率明显减小；阳极极化曲线的测定结果证明了扩渗稀土后的试样临界钝化电流密度和稳定钝态下溶解电流密度降低，钝态电位区间加宽。经扩渗稀土处理的 1Cr18Ni9 钢晶界和晶内元素铬含量趋于一致，不存在贫铬区，钢表面耐腐蚀性能显著提高。

文献[216]作者将经不同扩渗温度处理的 1Cr18Ni9 钢和 1Cr18Ni9Ti 钢分别进行 65% 硝酸腐蚀试验，试验分三个周期进行，每个周期 48 h，每个周期完成后都换用新的试验溶液，共进行 144 h。试验结果如表 8-77 ~ 表 8 - 79 所示。

表 8-77 第一周期试验结果

试 样	腐蚀前质量/g	腐蚀后质量/g	腐蚀速率/g·$(m^2\cdot h)^{-1}$
未扩渗稀土 1Cr18Ni9 钢	6.9693	6.9121	1.901
860℃渗稀土 1Cr18Ni9 钢	8.2603	8.2301	0.920
900℃渗稀土 1Cr18Ni9 钢	7.5623	7.5349	0.891
940℃渗稀土 1Cr18Ni9 钢	7.6718	7.6433	0.913
未扩渗稀土 1Cr18Ni9Ti 钢	26.8675	26.7862	0.912

表 8-78 第二周期试验结果

试　　样	腐蚀前质量/g	腐蚀后质量/g	腐蚀速率/g·$(m^2 \cdot h)^{-1}$
未扩渗稀土 1Cr18Ni9 钢	6.9121	6.8536	1.945
860℃渗稀土 1Cr18Ni9 钢	8.2301	8.1978	1.036
900℃渗稀土 1Cr18Ni9 钢	7.5349	7.5065	0.917
940℃渗稀土 1Cr18Ni9 钢	7.6433	7.6145	0.926
未扩渗稀土 1Cr18Ni9Ti 钢	26.7862	26.7025	0.939

表 8-79 第三周期试验结果

试　　样	腐蚀前质量/g	腐蚀后质量/g	腐蚀速率/g·$(m^2 \cdot h)^{-1}$
未扩渗稀土 1Cr18Ni9 钢	6.8536	6.7872	2.207
860℃渗稀土 1Cr18Ni9 钢	8.1978	8.1639	1.057
900℃渗稀土 1Cr18Ni9 钢	7.5065	7.4758	0.992
940℃渗稀土 1Cr18Ni9 钢	7.6145	7.5832	1.003
未扩渗稀土 1Cr18Ni9Ti 钢	26.7025	26.6138	0.995

从表 8-77～表 8-79 中结果可见，经过稀土表面扩渗处理的 1Cr18Ni9 钢，其质量损失腐蚀速率比未进行稀土表面扩渗处理的 1Cr18Ni9 钢明显下降，其中经过 900℃处理的 1Cr18Ni9 钢试样在 65% 硝酸溶液中的质量损失腐蚀速率最低，在第一、第二、第三腐蚀周期的腐蚀速率均小于经过稳定化处理的 1Cr18Ni9Ti 钢试样，从腐蚀后试样的外观上看也比较明显。

在 900℃，将稀土扩渗到 1Cr18Ni9 钢的表面，可以显著改善钢的耐腐蚀性能，而且经扩渗稀土处理的 1Cr18Ni9 钢晶界和晶内铬元素含量趋于一致，不存在明显的贫铬区，见表 8-80。

表 8-80 晶界及晶内元素铬分析结果

试　　样	未处理 1Cr18Ni9 钢	900℃渗稀土 1Cr18Ni9 钢	未处理 1Cr18Ni9Ti 钢
晶内铬质量分数/%	19.05	19.32	19.42
晶界铬质量分数/%	18.55	19.30	19.02

从表 8-80 分析结果可以看出，900℃下扩渗稀土的试样，晶界铬元素含量为 19.30%，而晶内为 19.32%，晶间和晶内铬含量近似相等，几乎不存在贫铬区，其表面各处电位一致，耐腐蚀性能好。而未扩渗稀土的 1Cr18Ni9 钢在晶界处明显存在贫铬区，在腐蚀介质的作用下，晶界贫铬区成为小阳极，与整个合金的基体组成腐蚀电池，腐蚀速率增大。1Cr18Ni9Ti 钢试样晶界和晶内元素铬含量比较高，但两者仍存在一定的差距，存在贫铬区。但由于其含有一定量的强碳化物形成元素 Ti，从而阻止了碳与铬的结合，另外，由于钛原子尺寸比铬小，其晶界扩散速率比铬快，所以 1Cr18Ni9Ti 钢在腐蚀介质中具有较好的耐腐蚀性能。

文献[217]等报道的硫酸－硫酸铁腐蚀试验的结果也证实了 900℃渗稀土 1Cr18Ni9 钢表现出了最好的抗硫酸－硫酸铁腐蚀的能力，见表 8-81。

表 8-81 硫酸-硫酸铁腐蚀试验结果

试　样	失重/g	腐蚀速率/g·$(m^2·h)^{-1}$
未扩渗稀土 1Cr18Ni9 钢	0.9868	12.50
860℃渗稀土 1Cr18Ni9 钢	0.7521	9.482
900℃渗稀土 1Cr18Ni9 钢	0.6235	8.047
940℃渗稀土 1Cr18Ni9 钢	0.6994	8.753
未扩渗稀土 1Cr18Ni9Ti 钢	2.1347	9.363

在 65% 的硝酸腐蚀试验结果见表 8-82，也证实了 900℃渗稀土 1Cr18Ni9 钢其表现出最好的抗硫酸-硫酸铁的腐蚀能力。

表 8-82 在 65% 的硝酸腐蚀试验数据

试　样	第一周期		第二周期		第三周期	
	失重/g	腐蚀速率/g·$(m^2·h)^{-1}$	失重/g	腐蚀速率/g·$(m^2·h)^{-1}$	失重/g	腐蚀速率/g·$(m^2·h)^{-1}$
1	0.0572	1.901	0.0585	1.494	0.0664	2.207
2	0.0295	0.920	0.0332	1.036	0.0339	1.057
3	0.0276	0.891	0.0284	0.917	0.0307	0.992
4	0.0285	0.913	0.0288	0.926	0.0313	1.003
5	0.0813	0.912	0.0837	0.939	0.0887	0.995

表 8-80 中的 5 个不同试样的尺寸及热处理工艺见表 8-83。

表 8-83 试验试样的尺寸及热处理工艺

试样编号	试样尺寸/mm	处理工艺	处理时间/h
1	ϕ15.96×4.52	未渗的 1Cr18Ni9	0
2	ϕ15.96×5.34	860℃扩渗的 1Cr18Ni9	2
3	ϕ15.96×4.88	900℃扩渗的 1Cr18Ni9	2
4	ϕ15.96×4.96	940℃扩渗的 1Cr18Ni9	2
5	ϕ29.80×4.94	未渗的 1Cr18Ni9Ti 在 860℃稳定化处理	4

文献[218]在原抗 H_2S 应力腐蚀专用钢 12Cr2AlMoV 的基础上进行元素优化，研究得到用稀土（RE）元素代替钒（V），同时降低 C、S、P 的含量，制得的稀土合金钢 09Cr2AlMoRE 的冲击韧性、焊接性能和耐腐蚀性能明显优于 12Cr2AlMoV，经 720h H_2S 恒载应力腐蚀试验，09Cr2AlMoRE 基体及焊缝的恒负荷拉伸应力腐蚀试验临界拉伸断裂应力 σ_{th} 分别为 $0.75\sigma_s$ 和 $0.70\sigma_s$，远高于美国腐蚀工程师协会（NACE）在《MRO175—97》中规定的 $\sigma_{th} \geq 0.45\sigma_s$ 的要求，适合在 H_2S 腐蚀环境中应用。

稀土合金钢 09Cr2AlMoRE 的抗均匀腐蚀能力，在不同的介质环境中明显优于不含稀土的 12Cr2AlMoV 和 08Cr2AlMo 钢，与 10 号钢相比，耐 H_2S 均匀腐蚀性能提高了 5.87 倍。试验方法采用 GB10124—1984《金属材料试验室均匀腐蚀全浸试验方法》。

文献[219]研究了稀土对铬锰不锈钢的腐蚀性能及腐蚀磨损性能的影响。结果表明，稀土使铬锰氮不锈钢的腐蚀电位正移、维钝电流降低、热力学稳定性提高，最终表现为耐蚀性提高，抗磨性改善。

试验用铬锰不锈钢的成分为：≤0.1% C，(16.0～18.0)% Cr，(13.0～15.0)% Mn，>2.0% Mo，>0.8% Cu，(0.25～0.30)% N，<0.03% P 和 S。钢液用 10kg 的中频感应炉熔炼。试验钢的稀土含量见表 8-84。

表 8-84 试验钢的稀土含量

钢 号	A_0	A_1	A_2	A_3	A_4
$w(RE)/\%$	0	0.022	0.042	0.069	0.085

腐蚀介质分别为5% H_2SO_4、40% H_3PO_4 + 800 μg/g Cl^-、10% 草酸和 20% 醋酸，用分析纯试剂及去离子水配制。腐蚀率用浸泡法测得，温度为室温，浸泡时间为 240h。晶间腐蚀和点蚀试验分别按 GB4334.3—1984 硝酸 - 氢氟酸法及 GB4334.7—1984 三氯化铁腐蚀法进行，以腐蚀率来评定材料的耐晶间腐蚀及耐点蚀性能。极化曲线及腐蚀电位均在 HDV - 7型恒电位仪上测得。以腐蚀磨损速率来评定材料的耐腐蚀磨损性能。

表 8-85 列出了试验钢在不同介质中的腐蚀率。显然，添加适量稀土的 A_1 钢在各种介质中的耐蚀性均最优，而添加过量稀土的 A_4 钢的耐蚀性甚至低于不含稀土的 A_0 钢。可见，适量稀土有利于提高铬锰氮不锈钢的耐蚀性。

表 8-85 试验钢在几种介质中的腐蚀速度 ($g/(m^2 \cdot h)$)

介 质	A_0	A_1	A_2	A_3	A_4
5% H_2SO_4	0.004	0.002	0.003	0.005	0.006
40% H_3PO_4 + 800μg/g Cl^-	0.004	0.001	0.002	0.003	0.005
10% 草酸	0.006	0.004	0.005	0.006	0.007
20% 醋酸	0.004	0.002	0.003	0.003	0.005

图 8-53 为 A_0及 A_1 钢在 5% H_2SO_4中的静态极化曲线以及试样分别在 0.2 和 0.5kg 载荷作用下磨损时的动态极化曲线，并将曲线上最具特征和有明显区别的自然电位和维钝电流值列入表 8-86。

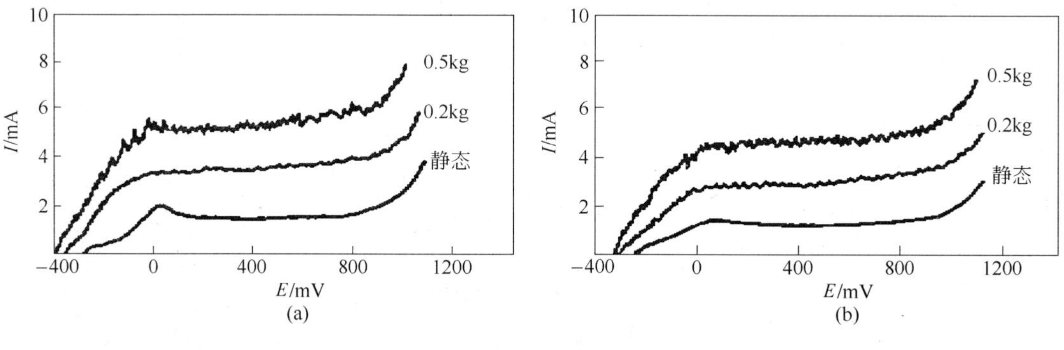

图 8-53 试样在 5% H_2SO_4中阳极极化曲线

(a) A_0钢；(b) A_1钢

从静态极化曲线上看，加入适量稀土后试验钢的腐蚀电位由不含稀土 A_0的 -320mV 提高到 A_1的 -290mV，表征钝态下腐蚀速度大小的维钝电流则相应地由 A_0钢的 1.6mA 降低到 A_1钢的 1.2mA（见表 8-86）。可见，加入适量稀土后，在静态下试验钢的耐蚀性提高了。再从动态极化曲线上看，随着载荷的增加，试样钢腐蚀电位均不同程度地负移，这表明磨损使材料表面活性增加。在同一载荷（0.2kg）作用下，A_0 钢的维钝电流由 1.6mA 增至 3.6mA，增幅 ΔI_{p1} 达 2.0mA，而 A_1 钢则由 1.2mA 增至 2.8mA，增幅 ΔI_{p1} 达 1.6mA，前者的增幅大于后者。在 0.5kg 载荷下也呈现出类似的规律（见表 8-86）。这表明不加稀土时，磨损促进腐蚀较为强烈，而加入适量稀土后，磨损对腐蚀的促进相对缓和。

表 8-86 试验钢的腐蚀电位和维钝电流

试样	腐蚀电位/mV			维钝电流/mA				
	静态	动态		静态	动态			
	E_r	$E_r(0.2kg)$	$E_r(0.5kg)$	I_{p0}	$I_{p1}(0.2kg)$	$\Delta I_{p1}=I_{p1}-I_{p0}$	$I_{p2}(0.5kg)$	$\Delta I_{p2}=I_{p2}-I_{p0}$
A_0	-320	-370	-400	1.6	3.6	2.0	5.2	3.6
A_1	-290	-330	-360	1.2	2.8	1.6	4.4	3.2

由于稀土元素本身具有较高的标准化学电位，它的加入提高了铬锰氮不锈钢的自然腐蚀电位，使其在腐蚀性介质中的稳定性提高，从而提高了不锈钢的耐蚀性。此外，稀土元素的加入改善了不锈钢钝化膜的特性[220]。由于稀土元素的加入，抑制了构成钝化膜的氧化物晶粒的长大，细化了氧化物的晶粒，从而改善了钝化膜的塑性和韧性，使之不易破裂和脱落。另一方面，由于稀土元素原子半径较大，使基体金属点阵扩张，促进了铬的扩散，从而使保护性的三氧化二铬膜容易形成[221]。正是由于上述原因，使得在磨损状态下钝化膜不易破坏，即使一旦破坏，也极易修复，从而导致了磨损对腐蚀促进程度的减轻。

总之，适量稀土(0.02% ~0.06%)使铬锰氮不锈钢的热力学稳定性提高，同时使铬锰氮不锈钢表面能较快地形成一层致密完整，并与基体结合较为牢靠的钝化膜，从而显著提高铬锰氮不锈钢的耐蚀性能，并导致磨损对腐蚀的促进程度相对减弱。

选择试样 A_0、A_1 和 A_3 进行晶间腐蚀试验，A_0、A_1 和 A_3 的晶间腐蚀速度分别为：6.477 g/(m^2·h)、3.898 g/(m^2·h)和6.370 g/(m^2·h)。同时又进行了点蚀试验，A_0、A_1和A_3三者的点蚀速度依次为：10.260 g/(m^2·h)、3.880 g/(m^2·h)和8.260 g/(m^2·h)。可见，铬锰氮不锈钢的晶间腐蚀速度和点蚀速度均按下列次序递增：$A_1 < A_3 < A_0$。

稀土元素在晶界上均匀分布[222]，抑制了晶界上有害夹杂物的析出，有效地净化了相界，因而钢抗晶间腐蚀性能明显提高。此外，稀土元素降低了钢中氧含量和硫含量，净化了钢液，使钢中夹杂物总量减少，即减少了点蚀源，从而提高了不锈钢的抗点蚀性能。

表 8-87 列出了 A_0 和 A_1 试验钢在 5% H_2SO_4 中腐蚀磨损性能的详细测试结果。从表 8-87可以明显看出，添加适量稀土的铬锰氮不锈钢(A_1)的纯腐蚀速度 v_{C0}、纯磨损速度 v_{W0}、腐蚀速度 v_C、磨损速度 v_W 以及腐蚀与磨损的交互作用 Δv_{CW} 均下降，进而获得了较低的腐蚀磨损速度 v，见图 8-54。

表 8-87 试样在 5% H_2SO_4 中的腐蚀磨损测试结果 (g/(m^2·h))

试样	v	v_{C0}	v_{W0}	v_C	v_W	Δv_{CW}	Δv_C	Δv_W	$(\Delta v_{CW}/v)$ /%	$(\Delta v_C/v)$ /%	$(\Delta v_W/v)$ /%
A_0	6.870	0.004	5.324	0.4186	6.4514	1.542	0.4146	1.1274	22.4	6.0	16.4
A_1	5.774	0.002	5.037	0.2861	5.4879	0.735	0.2841	0.4509	12.7	4.9	7.8

适量稀土的加入，可净化钢液，细化晶粒，因而提高了钢的抗磨性，纯磨损速度从 A_0 钢的 5.324 g/(m^2·h)降至 A_1 钢的 5.037 g/(m^2·h)。抗磨性的提高，势必降低腐蚀磨损过程中磨损对腐蚀的促进作用，使 $\Delta v_C/v$ 从 A_0 钢的 6.0% 降为 A_1 钢的 4.9%。此外，如前所述，稀土的加入也显著提高了铬锰氮不锈钢的耐蚀性能。耐蚀性好，在腐蚀磨损过程中腐蚀对磨损的促进作用就小，例如 Δv_W 和 $\Delta v_W/v$ 分别从 A_0 钢的 1.1274 g/(m^2·h)和 16.4% 降为

A_1钢的0.4509 g/(m^2 · h)和7.8%。因此,腐蚀促进磨损和磨损促进腐蚀的共同贡献,即腐蚀与磨损的交互作用Δv_{CW}就大大降低了,交互作用所占比值$\Delta v_{CW}/v$从A_0钢的22.4%降为A_1钢的12.7%,其最终表现为铬锰氮不锈钢的抗腐蚀磨损性能提高了。

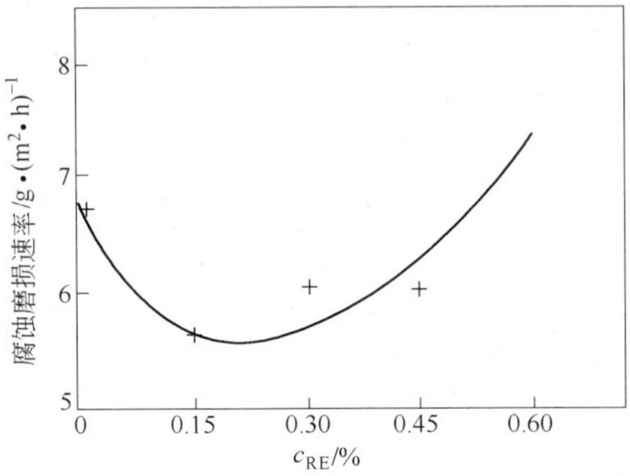

图8-54 不同稀土含量对试样腐蚀磨损性能的影响

8.4 稀土钢种及性能

余景生等在1993年主编出版了《稀土处理钢手册》一书[223]。在《稀土处理钢手册》中,各生产稀土钢的企业对当时开发生产的稀土处理钢种作了很全面的介绍,内容包括钢种、牌号、技术标准、性能(机械力学性能、焊接性能、物理化学和耐蚀性能以及其他特有性能等)。

随着钢的洁净度越来越高,稀土在钢中合金化、微合金化和复合微合金化的作用也越来越凸显。在此基础上,近一些年来相继开发出了具有自主创新的一批高品质的稀土耐候钢,稀土重轨钢,稀土低合金、合金钢(稀土耐磨钢、不锈钢、稀土耐热钢等)。为了不重复,且考虑篇幅的限制,本节主要介绍上述三类稀土钢,其余稀土钢可以查阅余景生等主编的《稀土处理钢手册》一书。

8.4.1 高强稀土耐候钢

铁道车辆常用高强度稀土耐大气腐蚀钢[224],长期以来,国内铁道车辆用耐大气腐蚀钢一直以屈服强度为295MPa的09CuPTiRE和屈服强度为345MPa的09CuPCrNi为主,货车中梁采用屈服强度为295MPa的09V(310乙字钢)为主,承载能力较小。而美国等一些国家已可提供强度水平高达550MPa的铁道车辆用耐大气腐蚀钢。随着国民经济的快速增长,铁路运输的提速重载显得更为迫切,攀钢是国内最大的铁路用钢生产基地,自2002年7月份国家十五科技攻关项目“稀土钢新工艺新品种关键技术及产业化研究”立项以来,攀钢着重自己的资源优势,以“V－Ti－N微合金化”,加入微量稀土元素,生产出了高强度稀土耐大气腐蚀钢(最大厚度为12.0mm),成功开发出了综合性能指标优良的400MPa、450MPa和500MPa级新一代铁道车辆用高强度稀土耐大气腐蚀热轧钢板,并且产品通过了铁道部认证(全国3家之一)。经株洲和眉山车辆厂的装车使用结果表明,产品完全满足新型铁道车辆的加工工艺要求。经过近几年的研究和工业生产,攀钢铁道车辆用高强度稀土耐大气腐蚀钢已具备了批量和稳定生产的能力。

8.4.1.1 高强稀土耐候钢

主要有如下几种钢种钢号。

PQ400NQR1	PQ450NQR1	PQ500NQR1
PQ400NQR2	PQ450NQR2	PQ500NQR2

8.4.1.2 技术标准

参照或执行 GB/T4171—1984(高耐候性结构钢)、《铁道部运输局文件——运装货车[2000]137 号和[2002]387 号》。

8.4.1.3 化学成分

化学成分见表 8-88。

表 8-88 化学成分 (%)

牌 号	C	Si	Mn	P	S	Cu	Cr	Ni	RE
PQ400NQR1	≤0.12	0.15~0.75	≤1.10	≤0.025	≤0.008	0.20~0.50	0.30~1.25	0.12~0.65	0.02~0.03
PQ450NQR1	≤0.12	0.15~0.75	≤1.30	≤0.025	≤0.008	0.20~0.50	0.30~1.25	0.12~0.65	0.02~0.03
PQ500NQR1	≤0.12	0.15~0.75	≤1.30	≤0.025	≤0.008	0.20~0.50	0.30~1.25	0.12~0.65	0.02~0.03
PQ400NQR2	≤0.12	0.15~0.75	≤1.10	0.06~0.12	≤0.010	0.20~0.50	0.30~1.25	0.12~0.65	0.025~0.038
PQ450NQR2	≤0.12	0.15~0.75	≤1.30	0.06~0.12	≤0.010	0.20~0.50	0.30~1.25	0.12~0.65	0.025~0.038
PQ500NQR2	≤0.12	0.15~0.75	≤1.30	0.06~0.12	≤0.010	0.20~0.50	0.30~1.25	0.12~0.65	0.025~0.038

8.4.1.4 应用概况

PQ400NQR1、PQ450NQR1、PQ500NQR1 和 PQ400NQR2、PQ450NQR2、PQ500NQR2 主要用于生产铁道车辆用高强耐腐蚀热轧钢板和钢带。

8.4.1.5 生产工艺

脱 S 铁水→120tLD 转炉(炉内加 Cu、Ni 合金)→测温→挡渣出钢→铝锰铁脱氧、加入其余合金、调渣→炉后底吹氩、测温、定氧→LF 站底吹氩、调温→RH 真空处理、成分微调→1350 mm 板坯连铸(结晶器喂稀土丝)→连铸坯摊检→1450 mm 热连轧→步进式加热炉→高压水除鳞→粗轧(宽度自动控制)→热卷箱(恒温)→高压水除鳞→6 机架精轧(厚度自动控制,厚度范围 2.0~12.0 mm)→层流冷却(卷取温度自动控制)→卷取→精整分卷(切板)。

8.4.1.6 钢板、钢带的力学和工艺性能

钢板、钢带的力学和工艺性能见表 8-89。

表 8-89 钢板、钢带的力学性能和工艺性能(横向值)

牌 号	厚度/mm	R_{eL}/MPa	R_m/MPa	力学性能		工艺性能(180°冷弯)
				A/%	−40℃ A_{KV}/J	
PQ400NQR2	≤6 >6~12	≥400	≥500	≥24 ≥22	≥30	$D=a$ $D=2a$
PQ450NQR2	≤6 >6~12	≥450	≥550	≥22 ≥20		$D=a$ $D=2a$
PQ500NQR2	≤6 >6~12	≥500	≥600	≥18		$D=a$ $D=2a$

续表 8-89

牌 号	厚度/mm	R_{eL}/MPa	R_m/MPa	力学性能		工艺性能（180°冷弯）
				A/%	−40℃ A_{KV}/J	
PQ400NQR1	≤6 >6 ~ 12	≥400	≥500	≥24 ≥22	≥60	$D=a$ $D=2a$
PQ450NQR1	≤6 >6 ~ 12	≥450	≥550	≥22 ≥20		$D=a$ $D=2a$
PQ500NQR1	≤6 >6 ~ 12	≥500	≥600	≥18		$D=a$ $D=2a$

注:厚度小于 12 mm 时可采用 5 mm × 10 mm × 55 mm 或 7.5 mm × 10 mm × 55 mm 小尺寸试样做冲击试样,试验结果不小于规定值的 50% 或 75%,当钢材厚度小于 6 mm 时不做冲击试验。

8.4.1.7 钢板、钢带的腐蚀性能

钢板、钢带的腐蚀性能见表 8-90。

表 8-90 耐候性能（72 h 周期浸润试验）

牌 号	相对腐蚀率
PQ400NQR2	
PQ450NQR2	≤55%
PQ500NQR2	
Q235A	100%
PQ400NQR1	
PQ450NQR1	≤55%
PQ500NQR1	
Q345B	100%

8.4.1.8 钢板、钢带的晶粒度及非金属夹杂物

钢板、钢带的晶粒度及非金属夹杂物见表 8-91。

表 8-91 非金属夹杂物及晶粒度（沿轧向）

晶粒度/级	非金属夹杂物/级	
	氧化物夹杂	硫化物夹杂
≥7	≤2.0	≤2.5

8.4.1.9 使用情况

按铁道车辆用 Cu - P - Cr - Ni 系高强度耐大气腐蚀热轧钢板焊接评价试验的试板尺寸要求,带试板(牌号 PQ400NQR2,炉号 P03106540,卷号 30913003030,厚度 10 mm)在株洲车辆厂进行焊接评价试验。实芯焊丝(牌号为 H08MnSiCuCrNiⅡ),采用 Ar80% + $CO_2$20% 的混合气体保护焊,对 PQ400NQR2 进行了斜 Y 坡口裂纹试验(小铁研试验)和焊接接头性能试验。

试验结果表明:攀钢生产的 PQ400NQR2 高强度耐大气腐蚀热轧钢板的焊接性优良,采用常规的焊接方法,在常温下焊接不会产生裂纹,焊接接头性能满足新型车辆造车要求。2003 年株洲车辆厂使用了攀钢近 3000 t 高强度耐大气腐蚀钢板(包括 Cu - P - Cr - Ni 系和

Cu－Cr－Ni 系),均用于制造出口巴西车,使用情况良好。同年 PQ450NQR2 热轧钢板(厚度规格为 4.0、5.0 和 7.0mm)在眉山车辆厂首次组装了 3 辆 Cxy 型运煤专用敞车的样车,使用结果表明,PQ450NQR2 热轧钢板冲压成形性好,焊接性优良,满足了新车型的制造工艺。

8.4.2 高强耐磨稀土重轨钢[225]

中国铁路的高速发展对钢轨提出了新的更高要求。钢轨的高强度、高耐磨,易焊、抗冲击等优良的使用性能已成为重要的考核目标。包钢钢铁(集团)公司为适应这一需要,根据自己的设备特点和资源优势,于 20 世纪 90 年代成功开发了新一代高强度耐磨“U76NbRE(BNbRE)”钢轨钢。客运专线用铌稀土高速轨的开发成功,不仅促进了高速铁路用轨的国产化,同时增强了国产高级别钢轨的国际竞争力。

8.4.2.1 钢种钢号

高强耐磨稀土重轨钢钢号主要有:U76NbRE(BNbRE)。

8.4.2.2 技术标准

参照或执行《时速 200 公里客运专线 60kg/m 钢轨暂行技术条件》。

8.4.2.3 化学成分

U76NbRE 钢的化学成分见表 8-92。

表 8-92 U76NbRE 钢化学成分 (%)

钢 号	C	Si	Mn	P	S	Nb①	RE①
U76NbRE	0.70～0.82	0.60～0.90	1.00～1.30	≤0.030	≤0.030	0.020～0.05	0.020～0.05

① 为 Nb、RE 的加入量。

8.4.2.4 应用概况

U76NbRE 主要用于高速重载铁路运输的钢轨。

8.4.2.5 生产工艺

铁水预处理→顶底复吹氧气转炉冶炼→挡渣出钢→无铝终脱氧→LF 钢包炉精炼→VD 深真空脱气→VD 后弱搅拌→自动开浇→保护浇注→结晶器液位自动控制－电磁搅拌→气雾冷却→火焰切割→自动打号。

8.4.2.6 力学性能

BNbRE 重轨钢抗拉强度 $\sigma_b \geqslant 980$ MPa,伸长率 $\delta \geqslant 10\%$。

8.4.2.7 磨损和接触疲劳性能

U76NbRE(BNbRE)钢轨的磨损和接触疲劳性能与其他钢轨的比较见表 8-93。

表 8-93 BNbRE 钢轨的磨损和接触疲劳性能与其他钢轨的比较

指 标	U76NbRE	BNb	BVRE	BV	U74RE	U74
磨损量/g	0.3440	0.4096	0.4370	0.4919	0.6829	0.7615
特征寿命 V_s/次	647	410	629	561	305	296
额定寿命 L_{10}/次	282	196	265	204	148	144
中值寿命 L_{50}/次	565	364	546	476	271	263

8.4.2.8 内部质量及非金属夹杂物

U76NbRE 内部质量及非金属夹杂物见表 8-94。

表 8-94 U76NbRE 内部质量及非金属夹杂物

项 目	钢 轨		时速 350 km 钢轨条件
	U76NbRE	法 国	
$T[O]/\times10^{-6}$	≤18.0	15.3 – 19.0	≤20
$[H]/\times10^{-6}$	≤1.20	0.67 – 2.10	≤1.5
非金属夹杂物（级）	A:1.5 – 2.0 级 B:0.5 – 1.0 级 C:0.0 – 1.0 级 D:0.5 – 1.0 级	A:2.0 – 2.5 级 B:0.5 – 1.0 级 C:1.0 – 1.5 级 D:0.5 – 1.0 级	A 类≤2.0 级 B、C、D 类≤1.0 级

8.4.2.9 断裂韧性

U76NbRE 钢轨的断裂韧性与其他钢轨的比较见表 8-95。

表 8-95 U76NbRE 钢轨的断裂韧性(K_x)与其他钢轨的比较 (MPa)

规 格	常 温		–20℃	
	范 围	平均值	范 围	平均值
U76NbRE 轨 60 kg/m 连铸	40.6 ~ 41.5	41.7	39.7 ~ 44.0	42.02
U71Mn 54 kg/m	38.5 ~ 45.7	41.37	32.0 ~ 35.5	34.84
攀钢 60PD3 60 kg/m	32.0 ~ 42.0	35.80	28.0 ~ 35.0	30.50

8.4.2.10 使用性能

1999 年 11 月在兰新线 K191 ~ K211 五个 300 m 曲线段铺设的 60 kg/m BNbRE 轨经两年多的使用磨耗为 2.5 ~ 3 mm/a，普通材质钢轨磨耗为 8 ~ 9 mm/a。2001 年 6 月铺设 60 kg/m BNbRE 轨使用 1 年多，磨耗为 1 ~ 1.5 mm。在 K295 区间使用 1 年半，钢轨磨耗小于 0.67 mm/a。

在济南局京沪下行 K375 ~ K378 的 600 m 曲线段铺设了 2.239 km 60 kg/m 的 BNbRE 轨，经过 3 年的使用，磨耗为 3.5 mm/a，由于该路段车速快、运量大，普通材质钢轨磨耗为 8 ~ 9 mm/a，使用寿命提高了 3 倍。

在沈山线 K316 + 059 ~ K318 + 784.35 上行和 K355 + 346 ~ K340 + 156 下行两个区间铺设时速 200 km 的客运专线 60 kg/mBNbRE 轨，运行两年多，未见磨损，钢轨使用较好。

以上钢轨使用情况证明包钢连铸 BNbRE 轨具有良好的耐磨性能。

8.4.3 稀土低合金钢及稀土合金钢

稀土低合金钢及稀土合金钢包括稀土耐热钢、稀土不锈钢、低合金耐蚀钢、稀土耐磨钢等。

8.4.3.1 抗 H_2S 应力腐蚀稀土钢[226]

1999 年国内的石油加工量已接近 2 亿吨，其中 5000 多万吨为进口的中东含硫原油。同时，国内中东部油田基本已进入后期开采阶段，其腐蚀性也逐年加剧。为了解决 H_2S 应力腐蚀问题，1999 年湖北长江石化设备制造厂在 12Cr2AlMoV 的基础上，用稀土(RE)代替钒(V)，以改善钢材的焊接性能和使用性能。目前，稀土合金钢(09Cr2AlMoRE)已批量生产,用稀土合金钢生产的产品已得到大量的推广应用, 09Cr2AlMoRE 钢的各种性能指标均超过 12Cr2AlMoV。

在原抗 H_2S 应力腐蚀专用钢 12Cr2AlMoV 的基础上进行元素优化,用稀土(RE)元素代替钒(V),同时降低 C、S、P 的含量,开发的稀土合金钢 09Cr2AlMoRE 的冲击韧性、焊接性能和耐腐蚀性能明显优于 12Cr2AlMoV,经 720 小时 H_2S 恒载应力腐蚀试验,09Cr2AlMoRE 基体及焊缝的恒负荷拉伸应力腐蚀试验的临界拉伸断裂应力 σ_{th} 分别为 $0.75\sigma_s$ 和 $0.70\sigma_s$,远高于美国腐蚀工程师协会(NACE)MRO175—97 中规定的 $\sigma_{th} \geqslant 0.45\sigma_s$ 的要求,适合在 H_2S 腐蚀环境中应用。

A 钢种钢号

抗 H_2S 应力腐蚀稀土钢主要有 09Cr2AlMoRE。

B 化学成分

09Cr2AlMoRE 的化学成分见表 8-96。

表 8-96 09Cr2AlMoRE 的化学成分 (%)

C	Si	Mn	Cr	Al	Mo	RE(加入量)	S	P
≤0.10	0.20~0.50	0.30~0.90	2.00~2.30	0.30~0.70	0.30~0.50	见企业标准	≤0.015	≤0.020

C 力学性能

09Cr2AlMoRE 的力学性能见表 8-97~表 8-100。

表 8-97 09Cr2AlMoRE 的力学性能

09Cr2AlMoRE	σ_s/MPa	σ_b/MPa	δ_5/%
锻 件	≥300	450~600	≥21
管 材	≥250	400~550	≥25
板 材	≥300	490~620	≥21

表 8-98 力学性能比较

钢 种	σ_s/MPa	σ_b/MPa	δ_5/%	HB	弯曲角/(°)	冲击功 A_{KV}/J	
						20℃	-20℃
09Cr2AlMoRE	365	510	33	165	180	180	124
12Cr2AlMoV	435	580	28	188	180	127	87

表 8-99 热处理后的拉伸和冲击韧性试验结果

钢 种	热处理温度/℃	σ_s/MPa	σ_b/MPa	δ_5/%	冲击功 A_{KV}/J	
					20℃	-20℃
09Cr2AlMoRE	740	365	505	33	187	134
	700	360	505	33	193	138
	650	360	505	33	184	149
12Cr2AlMoV	740	360	510	30	126	88
	700	385	525	31	134	91
	650	390	540	29	150	113

表 8-100 落锤试验测定无塑性转变温度 NDTT(740℃SR 处理后)

钢 种	试验温度/℃			NDTT/℃
	-10	-15	-20	
09Cr2AlMoRE	未断、未断	未断、未断	断	-20
12Cr2AlMoV	未断、未断	未断、未断	断	-20

D 焊接性能

低温(-20℃)状态下,其冲击韧性(A_{KV})比 12Cr2AlMoV 提高了 40%以上。冲击功性能的提高有利于弯管、贴胀、焊接、热处理等,使加工时不致出现裂纹(见表 8-101)。

表 8-101 斜 Y 型坡口焊接裂纹试验结果(平均值)

钢 号	预热温度/℃	表面裂纹率/%	断面裂纹率/%	消氢处理
09Cr2AlMoRE	100	0	0.7~1.0	250℃,0.5 h
	150	0	0.8~1.2	
	200	0	0	
	250	0	0	
12Cr2AlMoV	100	0	0.66~1.0	250℃,0.5 h
	150	0	0.76~1.2	
	200	0	0.46~0.92	
	250	0	0	

E 焊接接头力学性能

09Cr2AlMoRE 和 12Cr2AlMoV 各选项三组管子对接,焊接接头经力学性能测试,其面弯、背弯全部合格,性能良好,见表 8-102 和表 8-103。

表 8-102 焊接接头拉伸和冲击试验结果(平均值)

钢 种	焊条 ϕ4 mm	预热 /℃	线能量 /kJ	σ_b /MPa	冲击韧性		冷弯 α /(°)	焊后热处理	消氢处理
					焊缝 A_{KV}/J	热影响区 A_{KV}/J			
09Cr2AlMoRE	R317	250	12	480~500	88	133	180	740℃,1 h	250℃,0.5 h
			17	475~490	95	134	180		
			25	470~480	91	127	180		
			17	510~530	70	114	180	焊态	
12Cr2AlMoV	R317	250	12	540~530	102	93	180	740℃,1 h	250℃,0.5 h
			17	520~515	83	97	180		
			25	515~510	95	126	180		
			17	525~530	69	92	180	焊态	

表 8-103 管子管板角焊缝 *H* 值和金相组织

钢 号	焊条 ϕ4 mm	预热 /℃	消氢处理	焊后热处理	角焊缝 *H* 值 /mm	宏 观	微 观
09Cr2AlMoRE	R317	250	250℃,0.5 h	740℃,1 h	3.2 3.2	无缺陷	铁素体+珠光体
12Cr2AlMoV	R317	250	250℃,0.5 h	740℃,1 h	4.04 4.08	无缺陷	铁素体+珠光体+贝氏体

F 耐 H_2S 应力腐蚀及耐均匀腐蚀性能

稀土低合金钢 09Cr2AlMoRE 的抗均匀腐蚀能力,在不同的介质环境中明显优于不含稀土的 12Cr2AlMoV 和 08Cr2AlMo 钢见表 8-104,与 10 号钢相比,耐 H_2S 均匀腐蚀性能提高了 5.87 倍,见表 8-105。试验方法采用《(GB10124—1984)金属材料试验室均匀腐蚀全浸试验方法》。

表 8-104 稀土合金钢均匀腐蚀速率对比

介质浓度、温度、浸泡时间	09Cr2AlMoRE	12Cr2AlMoV	08Cr2AlMo
3% HCl,80℃,24 h	5.17	7.68	12.7
50% H_2SO_4,70℃,6 h	17.0	25.0	37.0

注:腐蚀速率单位为 mg/(cm^2·h)。

表 8-105 H_2S 介质模拟工况的腐蚀试验对比(浸泡时间 144 h)

催化系统塔顶油气 H_2S:979 μg/g 温度/100℃	09Cr2AlMoRE	12Cr2AlMoV	08Cr2AlMo	10 号钢
腐蚀速率 v /10^{-2}mg·(cm^2·h)$^{-1}$	1.58	2.28	2.42	9.28

G 使用及应用前景

目前稀土低合金钢(09Cr2AlMoRE)已批量生产,用稀土低合金钢生产的产品已得到大量推广应用,09Cr2AlMoRE 钢的各种性能指标均超过 12Cr2AlMoV。自 1997 年开始生产抗 H_2S 腐蚀的 12Cr2AlMoV 换热器专用管材以及 1999 年试制 09Cr2AlMoRE 钢管材和锻件后,湖北长江石化设备制造厂承担设备制造,并完成了焊接试制等多项工作,均达到并高于规定的用材要求,共生产出抗 H_2S 腐蚀用专用换热器 1000 多吨,锻件 100 多吨,其中 09Cr2AlMoRE 钢 300 多吨,广泛应用于炼油行业的常减压、催化等装置中的冷换设备及空冷器的管束,主要使用单位有独山子石化总厂、乌鲁木齐石化总厂、兰州炼化总厂、玉门炼油厂、胜利炼油厂等,其使用性能良好,用户基本满意。2000 年湖北长江石化设备制造厂又与国内特大型钢铁企业武钢合作,试制出了 09Cr2AlMoRE 钢板材。稀土钢板材的开发将扩大石化企业的选材应用范围,也将更广泛地为国内加工高硫原油提供配套用材。

8.4.3.2 稀土合金耐磨钢[227]

在国内建材行业球磨机衬板中仍使用高锰钢。由于高锰钢在研磨工况条件下无法发挥其加工硬化的耐磨特性,因而使用寿命很低,在水泥球磨机中的使用寿命往往不足一年,而且由于高锰钢的屈服强度低,在使用过程中衬板极易产生变形,拆卸极为困难,甚至螺栓拉断造成事故。结合生产设备及工艺状况,采用多元合金元素复合变质处理以及高温淬火、低温回火的处理等工艺研制了具有良好综合力学性能和耐磨性的 ZG45Cr3MnSiMoVTiRE 合金耐磨钢,已在几家水泥企业推广使用,均收到良好的社会和经济效益。

A 钢种钢号

稀土低合金耐磨钢主要为ZG45Cr3MnSiMoVTiRE。

B 化学成分

ZG45Cr3MnSiMoVTiRE的化学成分见表8-106。

表8-106 化学成分 (%)

C	Cr	Mo	Si	Mn	P、S	V	Ti	RE
0.4~0.6	2~4	0.3~0.5	0.5~0.9	0.8~1.2	<0.04	0.2~0.3	0.15~0.2	0.15~0.2

C 生产工艺

采用1000kg的中频感应电炉熔炼,酸性炉衬。采用炉内加入和包内冲入相结合的复合变质处理方法。终脱氧插铝后加入钒铁,钒铁熔化后立即出钢。包内加钛铁和稀土硅铁进行冲熔。要求经复合变质处理的钢液在10~15min内浇注完毕,浇注温度为1520~1560℃。

D 力学性能

衬板的力学性能见表8-107。

表8-107 衬板的力学性能

状 态	硬度(HRC)	α_k/J · cm^{-2}	组 织
铸态	43	18.7	珠光体+马氏体+奥氏体
淬火态	53	26.3	马氏体+贝氏体+残留奥氏体
淬火+回火	51	28	回火马氏体+贝氏体+碳化物+残留奥氏体

E 硬度和冲击韧性

ZG45Cr3MnSiMoVTiRE在不同淬火温度下的硬度与冲击韧度见表8-108。

表8-108 不同淬火温度下钢的硬度与冲击韧度

T/℃	920	940	960	1000	1020
硬度(HRC)	48.0	51.0	53.6	47.0	47.3
α_k/J · cm^{-2}	27.0	26.8	25.1	27.3	27.5

注:1. 冲击试样10mm×10mm×55mm无缺口,淬火前留磨量,淬火后磨到规定尺寸。

2. 冲击韧度为3个试样的平均值,硬度在冲断的试样上测试。

F 使用寿命及应用

中碳多元稀土合金耐磨钢衬板在水泥球磨机中的使用寿命相当于高锰钢衬板的3倍以上,该钢衬板在陕西省药王山水泥有限责任公司ϕ2.2m×7.5m水泥球磨机装机已服役2年多,仍在安全使用。据使用厂家报告,使用寿命能达到3年以上;在宇通水泥有限责任公司ϕ3.5m×12m水泥球磨机中使用也已2年多,未发现变形、断裂,且耐磨性高,使用厂家满意。

8.4.3.3 节镍型稀土抗磨耐热钢[228]

中国水泥产量的大幅度提高加快了水泥生产工业装备现代化的进程,同时也对水泥热工设备抗磨耐热件的性能提出了更高的要求。国外目前主要采用高铬镍耐热钢,如SCH-21、HH、HI及Cr25Ni20等。用这些耐热钢制造水泥热工设备抗磨耐热件,一则由于其含碳量较低,使其耐磨性偏低;二则由于其含镍量高,使其成本较高,影响了这些钢种的大量应用。为了保证水泥热工设备的安全运行和进一步提高其抗磨耐热件的寿命,研究开发了适应水泥热工设备抗磨耐热件工况条件的稀土抗磨耐热钢及其零部件。

A 钢种

钢种主要为节镍型铬镍氮稀土抗磨耐热钢。

B 化学成分

铬镍氮稀土抗磨耐热钢的化学成分见表 8-109。

表 8-109 铬镍氮稀土抗磨耐热钢的化学成分 (%)

C	Cr	Ni	Si	Mn	N	RE	Ti	P	S
0.4~0.8	26.0~30.0	8.0~10.0	0.6~1.2	0.8~1.6	0.2~0.3	0.05~0.15	0.1~0.3	≤0.05	≤0.04

C 力学性能

节镍型铬镍氮稀土抗磨耐热钢的力学性能见表 8-110。

表 8-110 力学性能

钢 种	抗拉强度 σ_b/MPa	冲击韧性 σ_k/J · cm^{-2}	洛氏硬度(HRC)
节镍型铬镍氮稀土抗磨耐热钢	640~760	15~20	23~28

D 高温抗氧化性能(参照 YB48—1964)

在 1200℃,节镍型铬镍氮稀土抗磨耐热钢的平均氧化速度 <1.0g/(m^2 · h)

E 金相组织

奥氏体+碳化物。

F 使用性能

此稀土抗磨耐热钢试制件分别在河南省水泥厂、江西赣英水泥厂、贵州遵义水泥厂、湖南雪峰水泥集团公司、陕西省蒲白水泥厂等 20 余家厂家应用。应用结果表明:该抗磨耐热件抗氧化性能好、耐磨损、寿命长,箅冷机箅板寿命比 Cr25Ni20 箅板提高了 20%,煤粉燃烧器喷嘴寿命比 Cr25Ni20 喷嘴提高了 30%~40%,保证了水泥热工设备的安全运行,提高了生产效率,获得了良好的应用效果。

8.4.3.4 节镍型含氮稀土耐热钢[229]

随着我国镁、钙、钛工业的迅速发展,作为生产这些金属必须使用的还原罐的用量越来越大。还原罐通常采用 H_0(1Cr25Ni20)耐热钢离心铸造而成,或用耐热不锈钢钢板焊接而成。H_0钢含 Ni 高达 20%,镍价格昂贵,因此研制开发节镍型耐热钢势在必行。研制开发的含氮稀土 H_1(3Cr25Ni8REN)耐热钢具有含镍低、性能优良的特点。

A 钢种钢号

节镍型含氮稀土耐热钢主要有 3Cr25Ni8REN。

B 生产工艺

熔炼工艺为:废钢熔化,加石灰、萤石粉造渣,加硅铁、锰铁、铬铁、含氮铬铁和镍块合金化,加铝粒脱氧,加稀土硅铁合金化除去钢液中气体和杂质,化验成分合格后出钢铸锭或离心浇注成耐热钢管。

C 高温持久强度

节镍型含氮稀土耐热钢的高温持久强度见表8-111。

表8-111 高温持久强度

钢种	载荷					
	60 kg		50 kg		35 kg	
	σ/MPa	h/%	σ/MPa	h/%	σ/MPa	h/%
3Cr25Ni8REN	37.5	16.20/119.73	32.5	160.58/297.10	32.5	211.0/196.04
1Cr25Ni20	37.2	13.53/100.00	31.3	54.04/100.00	31.5	107.63/100.00

注：σ为试样单位截面积上承受的载荷；h/%为断裂时间/相对比值。

D 热疲劳性能

节镍型含氮稀土耐热钢的热疲劳性能见表8-112、表8-113。

表8-112 出现裂纹及开始变形情况的影响

钢种	出现裂纹/次	抗变形能力（耐急热急冷）/次数	穿通裂纹/次
3Cr25Ni8REN	54	141	180（尚未穿通）
1Cr25Ni20	51	51	93

表8-113 热疲劳性能

钢种	单次平均变形值/mm	变形相对比值/%	单次平均减重量/g	减重相对比值/%
3Cr25Ni8REN	0.00336/0.00391	10.20/10.24	0.00055	64.71
1Cr25Ni20	0.03293/0.03781	100.00/100.00	0.00085	100.00

E 高温抗氧化性能（950～1150℃）

节镍型含氮稀土耐热钢的高温抗氧化性能见表8-114。

表8-114 高温抗氧化性能

钢种	950℃，50 h①		1150℃，100 h		950～1150℃，200 h	
	氧化速度/$g\cdot(m^2\cdot h)^{-1}$	氧化速度比值/%	氧化速度/$g\cdot(m^2\cdot h)^{-1}$	氧化速度比值/%	氧化速度/$g\cdot(m^2\cdot h)^{-1}$	氧化速度比值/%
3Cr25Ni8REN	0.0256	75	0.0333	83	0.0299	81
1Cr25Ni20	0.0342	100	0.0399	100	0.0367	100

① 950℃恒温50 h，干燥冷却后称重，循环操作10次。

F 使用寿命及经济效益

3Cr25Ni8REN耐热钢的三项性能指标均优于1Cr25Ni20钢。其中3Cr25Ni8REN钢的高温氧化速度为1Cr25Ni20钢的75%～83%。高温持久强度为1Cr25Ni20钢的119.73%（载荷60 kg时）或297.10%（载荷50 kg时）。抗热疲劳性能指标变形相对比值仅为1Cr25Ni20钢的10.24%左右。3Cr25Ni8REN钢还原罐的高温使用寿命为1Cr25Ni20钢罐的1.5倍左右,有利于降低生产金属镁、钙和钛工厂的生产成本。同时3Cr25Ni8REN钢镍含量仅为1Cr25Ni20钢的40%,节省了价格昂贵的金属镍,有利于降低生产成本。

生产3Cr25Ni8REN钢还原罐的成品率比1Cr25Ni20钢还原罐高15%~20%,生产成本则为1Cr25Ni20还原罐的60%~65%,因此经济效益十分显著。

8.4.3.5 稀土双相不锈钢[230]

随着化学工业的发展,对不锈耐蚀钢的需求与日俱增,铁素体—奥氏体双相不锈钢也以其耐蚀性好、强度高的独特优点而得到迅速的发展和广泛的应用。近几年来,为了进一步改善双相不锈钢的性能,国内外开始研究新型稀土双相不锈钢。兵器工业第五二研究所自主研制成功了新型稀土双相不锈钢——SG52。

A 钢种钢号

新型稀土双相不锈钢主要有SG52。

B 化学成分

SG52钢的化学成分见表8-115。

表8-115 SG52钢的化学成分 (%)

C	Si	Mn	S	P	Ni	Cr	Mo	Cu	N	Ce
≤0.08	1.00~1.50	1.20~1.70	≤0.025	≤0.030	5.50~8.50	21.0~24.0	2.00~3.00	0.30~2.00	0.18~0.30	0.01~0.10

C 耐蚀性能

稀土双相不锈钢在沸腾温度下,5%的H_2SO_4水溶液中的腐蚀速率见表8-116。

表8-116 稀土双相不锈钢在沸腾温度下,5%H_2SO_4水溶液中的腐蚀速率

钢 号	腐蚀速率	
	C/g·(m²·h)⁻¹	r/mm·a⁻¹
SG52	2.0208	2.27
316L	19.394	21.75
0Cr18Ni12Mo2Ti	11.097	12.45
2207型双相不锈钢U50	7.518	8.48

D 力学性能

新型稀土双相不锈钢SG52具有优良的力学性能。SG52的屈服强度大约是316L的2倍,比0Cr18Ni12Mo2Ti约提高了200 MPa,并有良好的延性、塑性和常低温冲击韧性。该钢高温性能好,500℃时的高温断裂强度高达600 MPa左右。SG52钢的横向力学性能见表8-117。

表8-117 新型稀土双相不锈钢SG52的横向力学性能

热处理状态	拉伸性能					冲击功				硬度(HRC)
	$\sigma_{0.2}$/MPa	σ_s/MPa	σ_b/MPa	δ_5/%	ψ/%	室温 A_{KV}/J	-40℃ A_{KV}/J	室温 A_{KV}/J	-40℃ A_{KV}/J	
铸钢	450	505	650	15	19	30	20	25	20	18
固溶处理	630	650	735	38	64	127	105	117	98	21

续表 8-117

热处理状态	拉伸性能					冲击功				硬度(HRC)
	$\sigma_{0.2}$/MPa	σ_s/MPa	σ_b/MPa	δ_5/%	ψ/%	室温 A_{KV}/J	-40℃ A_{KV}/J	室温 A_{KV}/J	-40℃ A_{KV}/J	
锻钢	455	585	722	39	45	143	138	135	110	18
固溶处理	870	920	1020	44	66	181	217	160	150	22

E 工艺性能

新型稀土双相不锈钢 SG52 的工艺性能良好。

F 冶铸性能

SG52 冶铸工艺便于掌握,冶炼成分容易控制。正常浇铸温度(1540 ~ 1550℃)下,SG52 钢液流动性好,易于铸造成型。

G 热加工性能

SG52 热加工性能好,在通常锻造温度下具有良好的延塑性,可锻制成各种阶梯形轴类和板坯,并可穿轧成各种规格的管材与板材。

H 焊接性能

SG52 焊接性能优良,采用普通铬镍不锈钢的焊接工艺和设备均可满足要求,一般可用电弧焊和氩弧焊进行焊接,且在常温下焊前无须预热,焊后也不用消除应力回火。在无本钢种焊条的情况下,可根据工件的要求选择耐蚀性能和力学性能符合要求的奥氏体焊条施焊。例如,用奥 312、奥 022 等焊条或焊丝进行 SG52 与 SG52 的对接焊及 SG52 与 Q235 - A 低碳钢、316L 或 0Cr18Ni12Mo2Ti 不锈钢的对接焊,其焊缝质量均可达到一级 X 光片的水平。

I 应用成果及应用前景

(1) 在硫酸工业中的应用。包头市第一化工厂硫酸净化系统中内喷文氏管的工作环境相当恶劣。气相为 340 ~ 400℃ 的含 SO_2 气体,SO_2 浓度为 8% ~ 10%;液相为循环稀硫酸,硫酸浓度为 3% ~ 5%,温度约为 30℃,液压约为 0.3 MPa。1994 年 5 月 1 日该硫酸分厂开工前,请内蒙古金属材料研究所用 SG52 赶制了 3 套内喷文式管喷嘴、蜗壳、外壳和进酸管,使用了 1 年零 8 个月,使用情况良好。此外,采用 SG52 制造的稀酸循环泵轴套、背母在温度约为为 30℃、浓度为 3% ~ 5% 的硫酸水溶液中运行 18 个月后,与介质接触面仍光亮完好,无明显腐蚀痕迹,SG52 显示了优良的耐蚀性能。

(2) 在含酚污水处理工程中的应用。包头市第一化工厂苯酚生产车间,316L 和 0Cr18Ni12Mo2Ti 挂片在室温、含酚酸性污水中吊挂 1927 h 后,它们的腐蚀速率分别比 SG52 挂片高 20 倍和 103 倍以上,SG52 的腐蚀速率不超过 0.002364 g/(m^2 · h)。由此可见,SG52 可作为此种介质中的耐蚀材料。零部件在室温、含酚污水中的实际使用结果表明:采用 SG52 制造的搅拌桨、锁母运行 107 天后金属光泽依存,而用 1Cr18Ni9Ti 制造的搅拌桨运行 40 天后全部蚀透,不能再使用;采用 SG52 制造的离心萃取机主轴运行 317 天后(浸泡 360 天未计入)仍完好无损。

(3) 在化肥生产中的应用。在高温高压尿素的生产设备中,SG52 被用于取代 316L、0Cr18Ni12Mo3Ti、00Cr17Ni14Mo3 以及 0Cr17Mn13Mo2N 制造高温高压尿素阀门的阀芯。其工况、介质为:温度约为 190℃,压力为 20 MPa、NH_3:CO_2:H_2O = 4:1:0.7。目前,包头阀门总厂采用SG52制造的阀芯主要有K7－12.5mm、K7－25mm、K7－50mm、K8－76mm、K8－150mm。上述阀芯在镇海石化厂、宁夏化肥厂和乌鲁木齐化肥厂已使用2年多,均能满足生产使用的要求。

（4）应用前景。最近,新型稀土双相不锈钢SG52在甘肃银光化学工业公司TDI生产设备的挂片试验中进一步展示了其优良的耐蚀性能。工业性挂片试验结果表明,SG52挂片在冷却器和主反应塔吊挂156天后表面仍发白,无点蚀痕迹,失重很少,其腐蚀速率仅为0.0859g/(m^2·h);而在同样工况条件下(温度约90℃、压力1.5～1.6MPa,介质约30% HCl、70% $COCl_2$、0.3% H_2O),德国奥氏体不锈钢1.4571(0Cr18Ni10Mo2Ti)和国产奥氏体不锈钢0Cr18Ni12Mo2Ti的化学腐蚀与点蚀均很严重,原2mm厚管材被腐蚀到不足1mm,好些点蚀坑竟达1mm多深,管材已不能使用。用户鉴定认为,SG52在该工况条件下的耐蚀性能明显优于1.4571和0Cr18Ni12Mo2Ti,而与德国的双相不锈钢1.4462(00Cr22MnNi5Mo3Ti)基本相当。综上所述,SG52稀土双相不锈钢在化学工业领域具有十分广阔的应用前景。

8.4.3.6 高温耐磨高铬稀土钢[231]

唐山发电总厂从国外引进的两台850t/h燃煤锅炉(25万千瓦发电机组),其煤粉喷燃器头部装有火嘴,该火嘴在1100～1300℃的高温状态下运行,并受煤粉的高速冲刷,其质量的优劣关系着燃煤锅炉的正常运行和煤耗。为了使引进设备备件立足于国内,唐山发电总厂委托包头电力修造厂研制了高铬稀土钢喷燃器火嘴,经在唐山发电总厂422天的装炉运行考核,表明该喷燃器火嘴的结构性能和使用寿命已达到了使用要求,其主要性能已超过国外喷燃器火嘴的水平。

A 钢种

钢种为高温耐磨高铬稀土钢。

B 化学成分

高温耐磨高铬稀土钢的化学成分见表8-118。

表8-118 钢的化学成分

C	Si	Mn	Cr	Ni	Mo	V	S	P	RE
1.00～1.40	0.85～1.05	1.20～2.0	24.0～28.0	1.50～2.60	0.40～0.60	0.15～0.35	≤0.015	≤0.020	0.002～0.20

C 生产工艺

应在无铁芯、非真空中频感应炉中熔炼,选用优质原材料,以保证得到符合要求的钢水成分。熔炼时,渣量为4%,以保护钢水。钢水精炼期脱氧:扩散脱氧用0.1%硅钙粉;沉淀脱氧用0.1%硅钙块和0.075%铝,为终脱氧。钢中气体含量保持非常低。铁合金(锰铁、硅铁、钒铁)、1号稀土合金、渣料和脱氧剂均经过充分烘烤后装炉熔炼。出钢温度控制在1530～1550℃,保证浇注温度在1430～1450℃。

D 铸造工艺

用金属芯盒制造泥芯,尺寸精确,操作方便,功效提高。采用的芯砂配比为石英砂:黏土砂:桐油:糖稀为100:3:3:4。泥芯经过电炉烘烤,烘烤温度为180℃±10℃,保温3h。烘烤后的泥芯用三氧化二铝90%、膨润土5%、钛白粉3%、糖浆2%、水分适量的涂料涂匀,工件表面光洁,清砂方便,质量可大为改善。使用冷铁后,喷燃器火嘴消除了裂纹,减少了缩松,超过了进口件的质量。

E 高温力学性能

高温耐磨高铬稀土钢的高温力学性能及高温硬度值分别见表8-119和表8-120。

表8-119 高温力学性能(平均值)

性能 \ 材料	进口件	高温耐磨稀土钢件
σ_b/MPa	143.2	236.3
ψ/%	35.2	26.5
δ/%	16.6	19.6

表8-120 高温硬度值

性能 \ 材料	进口件	高温耐磨稀土钢件
试验温度/℃	750	800
硬度(HB)	77.9	124.0

F 使用寿命及应用

为了考核产品的高温冲刷磨损情况,高温耐磨稀土钢火嘴经10128h使用后,测定其磨损量。高温耐磨稀土钢火嘴平均磨损为1.1kg,进口件的平均磨损为1.4kg。高温耐磨稀土钢火嘴的高温耐磨性能很好,它的使用寿命可达22296h,而进口件的使用寿命是17520h,即高温耐磨稀土钢火嘴的耐磨性比进口件提高了27.3%。有较好的焊接性能。对两种喷燃器火嘴装炉运行后进行检查,高温耐磨稀土钢喷燃器火嘴装炉运行后未出现变形,而进口件有变形。

8.4.3.7 稀土铬锰氮耐热铸钢[232]

A 钢种钢号

稀土铬锰氮耐热铸钢主要有ZG3Cr21Mn8Ni4Si2NRE等。

B 化学成分

稀土铬锰氮耐热铸钢的化学成分见表8-121。

表8-121 化学成分 (%)

C	Cr	Mn	Ni	Si	P	S	N	RE①
0.26~0.36	20.0~22.0	8.50~9.50	3.50~4.50	1.60~2.60	≤0.05	≤0.05	0.22~0.32	0.1~0.3

① RE加入量。

C 生产工艺

生产工艺主要采用中频感应炉等冶炼炉熔炼。

D 常温及高温力学性能

稀土铬锰氮耐热铸钢的常温及高温力学性能见表8-122。

表 8-122 常温及高温力学性能

钢 种	常温性能			900℃瞬时性能 σ_b/MPa	1000℃,500 h 抗氧化性 /g·(m^2·h)$^{-1}$
	σ_b/MPa	δ_5/%	α_k/10^5 J·m^{-2}		
ZG3Cr18Ni25Si2	637.0	25			0.20
ZG3Cr19Mn12Si2N	588.0	8	3	98.0	0.50
ZG3Cr18Mn12Ni3Si3N	686.0			127.4	0.15(900℃)
ZG3Cr21Mn8Ni4Si2NRE	781.1	49.7	18.7	203.8	0.091

E 高温抗氧化性能

ZG3Cr21Mn8Ni4Si2NRE 的高温抗氧化性能为:1000℃,500 h 的平均氧化速度为 0.091 g/(m^2·h),见表 8-120。

F 使用寿命及应用

ZG3Cr21Mn8Ni4Si2NR 钢具有良好的综合力学性能和高温抗氧化性能。稀土铬锰氮耐热铸钢于 1987 年 8 月通过省级技术鉴定,已广泛应用于冶金机械、电力等工业,适用于制造 1000℃下各种箱式电炉炉底板、气体渗碳炉炉罐、料盘等, 钢铁厂焙烧炉的炉条以及许多非标准加热炉的其他耐热构件。喷燃器火嘴是火力发电厂锅炉的关键零件,其寿命直接影响着电厂锅炉的费用和企业的经济效益。20 世纪 80 年代以前,该零件主要用高 CrNi 的奥氏体钢 Cr20Ni14Si2 和 1Cr18Ni9Ti 的钢板焊接而成,使用寿命仅为 4 个月,采用 ZG3Cr21Mn8Ni4Si2NR 钢后,其寿命提高了 3 ~5 倍,从而减少了停炉检修、更换喷火嘴的时间,具有较好的经济效益。靖江特种钢机械厂从 1987 年起正式批量生产耐热钢铸件, 已为全国几家电厂、冶金厂等生产各种耐热钢铸件 1000 多吨。GPE 型电站锅炉喷燃器火嘴于 1989 年 12 月通过能源部部级技术鉴定,并已投入批量生产。

8.4.3.8 稀土耐热不锈钢[233]

稀土耐热不锈钢在锅炉和压力容器中有着广泛的应用。锅炉和压力容器的用户为了延长设备的使用寿命,制造厂为了降低原材料成本,简化工艺,总是要求钢铁的研究和生产单位不断地开发出性能价格比更好的新钢种来替代传统的钢种。例如,在锅炉上的应用,近年来为了实现清洁煤燃烧技术,流化床(CFB)锅炉特别是内循环流化床(IR - CFB)锅炉的发展很快,其炉膛出口处的分离元件如"U"形槽钢板原设计就往往选用美国钢铁学会标准 AISI 310 和 310S 型奥氏体不锈钢,在垃圾锅炉上,也需要耐腐蚀性高的材料。在压力容器的应用上,当介质具有强烈的腐蚀性时,也需要选用像 800 和 601 等价格昂贵的镍基合金。

253MA、153MA 和 353MA 奥氏体耐热不锈钢,是分别在 310 和 310S 型(21Cr - 11Ni), 304 型(18Cr - 9Ni)和 353 型(25Cr - 35Ni)传统铬 - 镍奥氏体不锈钢的基础上,通过添加铈(Cerium)、镧(Lanthanum)、钕(Neodymium)、镨、(Praseodymium)等稀土元素(RE),并加入氮(Nitrogen)元素微合金化,在 20 世纪 80 年代中、后期发展而成的耐热不锈钢。在世界上较早完成开发并可以批量生产该钢种的钢厂有瑞典的 Avesta Sheffield AB 公司和 Sandvik 公司,还有美国的 RA 公司等。由于这三种材料从 1995 年起已经按美国 UNS 合金编号 S30815、S30415 和 S35315 相继被纳入 ASME 或 ASTM 材料标准中,因此在材料选用上已经完全可以作为成熟钢种和规范许用材料看待。

对于三种材料中的 253MA 钢,它和美国 AISI 309S 型(23Cr - 13Ni) 或 310S 型(25Cr -

20Ni)奥氏体耐热不锈钢以及与 800(21Cr－32Ni,ASTM N08800)或 601(23Cr－60Ni,ASTM N06601)型镍基合金相比,具有综合性能良好的明显优势的原因是:首先,253MA 钢的化学成分中只含有 21% 的 Cr,11% 的 Ni;由于加入很少量的但是加以严格控制的稀土元素,而使得它与具有更高合金含量的不锈钢有同样良好的抗氧化性能和良好的高温蠕变强度;另一方面,通过加入氮元素微合金化更利于改善高温蠕变性能,并使该材料成为全奥氏体组织。所以,尽管 253MA 钢的化学成分中只含有相对较少量的 Cr 和 Ni,但却可以在很多高温使用场合下替代含有更高合金的钢种以及价格昂贵的镍基合金。在冶金上,为了使得该材料具有更好的抗氧化性需要控制并保持较少的钼和锰的含量。

A 钢种钢号

稀土耐热不锈钢主要有 253MA、153MA 和 353MA 奥氏体耐热不锈钢(对应的美国 ASME/ASTM 标准为:S30815、S30415、S35315;对应的德国 DIN 标准为:1.4893、1.4891)。

B 化学成分

253MA、153MA 和 353MA 奥氏体耐热不锈钢的化学成分见表 8-123。

表 8-123 253MA、153MA 和 353MA 奥氏体耐热不锈钢的化学成分 (%)

阿维斯塔谢菲尔德有限公司	ASME/ASTM	C	Si	Cr	Ni	N	其他元素	DIN
153MA	S30415	0.05	1.3	18.5	9.5	0.15	Ce	1.4891
253MA	S30815	0.09	1.7	21	11	0.17	Ce	1.4893
353MA	S35315	0.05	1.5	25	35	0.15	Ce	—

C 力学性能

253MA、153MA 和 353MA 钢的力学性能见表 8-124。

表 8-124 253MA、153MA 和 353MA 钢的力学性能

材 料	抗拉强度/MPa	屈服强度/MPa	伸长率/%	硬度(HB)	弯曲试验	冲击强度/J · cm^{-2}
153MA(S30415)	600	290	40	217	不要求	
253MA(S30815)	600	310	40	217	—	
Avesta 253MA	650	310	40	210	—	120
353MA(S35315)	650	270	40	217	不要求	

D 高温力学性能

253MA 钢的短时高温强度、高温抗蠕变强度及持久强度分别见表 8-125 和表 8-126。

表 8-125 253MA 钢的短时高温强度(最小值)

温度/℃	50	100	200	300	400
屈服强度/MPa	280	230	185	170	160
抗拉强度/MPa	630	585	545	535	530
温度/℃	500	600	700	800	900
屈服强度/MPa	150	140	130	—	—
抗拉强度/MPa	495	445	360	(260)	(150)

表 8-126 253MA 钢的高温抗蠕变强度及持久强度(平均值)

温度/℃	600	700	800	900	1000	1100
蠕变强度/MPa						
R_a 1/10000	126	45	19	10	(5)	(2.5)
R_a 1/100000	80	26	11	6	(3)	(1.2)
持久强度/MPa						
R_{km} 10000	157	63	27	13	(7)	(4)
R_{km} 100000	88	35	15	8	(4)	(2.3)

E 金相组织和高温性能

重点介绍253MA钢,253MA钢是全奥氏体钢,通过添加氮元素得到稳定的奥氏体组织。但是,当铬和硅元素的含量相对较高时会成为“奥氏体—铁素体”双相钢。由于253MA钢是一种有着较高碳含量的奥氏体钢,所以253MA钢的金相组织中含有碳化物。253MA钢具有很高的抵抗 σ 相沉淀的稳定性。

253MA钢在空气介质中具有很高的氧化皮生成温度,该温度为1150℃。253MA有着良好的高温抗氧化性能,国外的研究表明,即使是在大幅度快速变化的温度条件下,253MA钢表面的氧化皮和基体仍结合得很牢固,不易出现氧化皮剥落现象。

253MA钢在高温和快速循环温度变动条件下具有很好的抵抗热变形能力,同时具有良好的抗氧化性和抗热变形综合能力。253MA钢的抗热变形能力源于它非常好的高温蠕变强度和韧性。

253MA钢在不要求高温蠕变强度的较低的温度条件下,也具有良好的力学性能。

F 253MA 钢抗腐蚀性能

(1) 湿态条件下的抗腐蚀性:253MA钢并不是液体介质条件下使用的钢种,由于它的碳含量较高,所以抗晶界腐蚀能力较低。对253MA钢通常不做晶界腐蚀试验。

(2) 其他抗高温腐蚀性能

1) 硫侵蚀。253MA钢在含硫烟气中仍保持良好的抗氧化性能。炉内烟气含硫会使镍基合金和镍合金耐热钢发生硫侵蚀。镍含量越高受硫侵蚀的风险越高。253MA的镍含量相对比较低,在氧化条件下形成的氧化膜层较薄富有弹性并且结合牢固,因此可以阻止硫的侵蚀;253MA的氧化膜层不容易发生裂纹因而烟气不会穿透而侵蚀基体材料。据资料介绍,253MA的晶间氧化和硫化侵蚀深度仅为309S和310S奥氏体钢的二分之一。

2) 高温渗碳和渗氮。高温渗碳会降低材料的抗氧化性及抗硫侵蚀性,并且导致脆性。业已证实,尽管253MA的镍含量相对比较低,在表面形成的较薄富有弹性并且结合牢固的氧化膜层可以阻止高温渗碳。高温渗氮和高温渗碳的危害相似,同样的原因使253MA钢在氧化环境条件下具有良好的抗渗氮能力。

G 工艺技术参数

253MA钢尽管强度高,但容易成形,并具有良好的可焊接性。生产经验表明只要制造设备适合于加工和压制成形,该钢的加工制造就不会有困难。

H 成形

253MA钢的热成形应在900~1150℃范围内进行。因为材料在运行中是处于高温条件下的,因此,一般不必要进行固溶退火热处理。253MA 钢可以冷成形。当钢中的含氮量较高时强度增加,须加大成形力。

I 机加工

253MA 钢不容易机加工,它的硬度较高并有应变硬化倾向,所以机加工时应加注意。

J 焊接

253MA 钢具有良好的可焊接性,可以用药皮焊条手工电弧焊,纯氩气保护 TIG 或 MIG 焊(以纯净的氩气作保护气体)或埋弧焊。

K 热处理

对于 253MA 钢,推荐固溶退火温度为 1050 ~ 1100℃,随之快冷。

最新 2001 版的第 II 卷 A 篇中 SA—213 标准和 2001 版"规范案例"集中 1998. 3. 5 批准的案例 2033 - 2 中规定:S30815 钢的热处理应最低加热到 1050 ℃或在 1050 ~ 1100 ℃温度进行固溶热处理,随后进行水淬或以其他方式快速冷却。

8.5 存在的问题、对策和建议

我国稀土在钢中的应用,通过国家"七五"、"八五"、"九五"、"十五"科技攻关,基本解决了一般拉速连铸坯和模铸钢的稀土加入工艺问题,稀土喂丝机已成功地在钢厂连铸工艺中应用。钢中稀土作用机理的研究也取得了重大突破,如稀土在钢液中的物理化学行为、存在形式,特别是晶界偏聚特征、稀土在钢中的微合金化作用等,为推广稀土在钢中的应用打下了一定的理论基础。与此同时,我国也已形成了一支实力较强、有关专业相配套的稀土在钢中的应用科研队伍。在稀土产品方面,稀土丝、棒和稀土复合包芯线能基本满足各钢厂发展稀土钢的需要。在科技部和原国家计委的关怀下,我国稀土在钢中应用取得了很大成绩,为国家创造了重大的经济效益。但是在稀土钢不断发展的历程中,稀土钢进一步发展依然存在的主要问题有:(1) 稀土钢应用推广深度不够;(2) 稀土钢的应用发展不平衡;(3) 稀土钢新品种开发力度不够。

进一步发展我国稀土钢需要深入掌握钢中稀土元素具有极强的化学活性,在低合金钢、合金钢中加入微量稀土元素,充分发挥稀土元素深度净化、有效变质和强效合金化作用,利用稀土与富产微量合金元素的优势互补作用,用稀土这个战略元素提高钢的质量和开发稀土钢新品种,尤其是高强不锈、耐蚀、耐磨、耐热钢,把稀土的资源优势转化为钢材的品种优势和经济优势。面对存在的问题,稀土钢的发展趋势,应该集中在以下的应用研究及应用推广:

(1) 推广我国现有钢厂已经行之有效的一些稀土钢种,从工艺入手。

1) 针对目前企业稀土耐候钢、含锰低合金钢新工艺的要求,研究优化加入方法,优化加入量等。

2) 针对稀土重轨钢新工艺的要求,研究优化加入工艺,优化稀土加入量。

(2) 更好利用稀土在钢中的综合作用,加强应用研究,扩大新型优质品种。

钢中加入微量稀土在我国是一种价格合理,并能提高钢铁产品的质量,把稀土资源优势转化为稀土钢品种优势的行之有效方法。

1) 稀土耐候钢新品种的研制和推广应用。研究开发稀土耐候钢新品种,应用于集装箱、建筑用轻钢结构、网架结构,满足高强、耐候、耐火、冷弯等综合性能要求。

2）含 Mn 稀土低合金钢新品种的研制和推广应用。研究开发含 Mn 稀土低合金钢新品种,应用于焊接气瓶、汽车大梁等,满足高强、高韧、成形性及钢板优良横向性能等综合性能要求。

3）新型稀土耐热耐磨钢和含稀土的不锈钢的研制和推广应用。研究开发新型稀土耐热耐磨钢和含稀土的不锈钢(耐高温含稀土铁素体系不锈钢、稀土节镍型不锈钢、超高温抗氧化不锈钢极薄材钢(Al - Ti - Fe - RE)等),加大提高稀土抗氧化性、抗耐磨性和抗腐蚀性机理的研究等。

(3) 利用稀土与富产微量合金元素的优势互补作用。稀土对钢的力学性能的影响主要是提高钢的塑性和韧性,如果将稀土与钒、钛、硼等微合金化元素分别或二三种共同加入钢中,不仅能净化钢液,控制夹杂物形态,改善一次组织,而且有固溶强化和沉淀强化的作用,又有良好的塑性,发挥微量稀土元素强的抑制局域弱化作用,起到综合改善钢的性能的作用。

(4) 利用稀土减少低熔点金属(如锑、锡、铅、锌、砷、铋、铜等)在钢中的危害作用或变有害为有利作用,将有大的开发应用前途。

(5) 利用稀土显著改善耐热钢抗氧化等性能的作用。稀土,特别是钇能显著地改善钢的抗氧化和耐蚀性能,在耐热、耐蚀钢中具有明显的经济效益。

(6) 利用稀土可消除钢中的氢致裂纹。20 世纪七八十年代的一些研究发现,稀土能减少和消除氢致裂纹。随着海洋、石油和化学工业的发展,这将是稀土在钢中重要的开发应用领域,将有比较好的经济和社会效益。

(7) 利用稀土和硅钙的双重有利作用。稀土和硅钙各有优点,综合利用两者的优点,将稀土与硅钙合金用合适的方法加入钢中。

参 考 文 献

[1] Wilson, W. G., D. A. R. Kay, Vahed A. The use of thermodynamics and phase equilibria to predict the behavior of the rare earth elements in steel. J of Metals, 1974, 26(5): 14.

[2] 杜挺, 乐可襄, 李继宗,等. 铈、钇、镧、钕、钐在铁液中与碳的相互平衡[J]. 北京钢铁研究总院学报, 1987, 7(4): 15.

[3] 乐可襄, 杜挺, 李继宗,等. Ce,Y 在 Fe 液中与氮的相互作用[J]. 金属学报, 1987, 23(1): A99.

[4] 周谦利. Fe - C - Sb, Fe - C - Sb - Ce, Fe - C - Sb - Y, Fe - Nb - Ce [D]. 北京: 钢铁研究总院, 1987.

[5] Кинне Г., А. Ф. Вишиарев., В. И. Явойский, Иэв. ВУЭ, Чёрная Металлургия. 1963, (5): 65.

[6] Jacquemot A., C. gatelier. Report IRSID. PCM., 1973, 63.

[7] 石川辽平, 井上博文, 三本木贡治. 东北大学造铁制炼研究所学报, 1973, 29: 193.

[8] Куликов H,C., Раскисленне Металлов. 1975, 182.

[9] Fischer W. A., H. Bertram, Arch. Eisenbuttenwes. 1973, 44(2): 97.

[10] 王常珍, 王福珍, 杜英敏,等. 溶铁中 Ce - S - O 平衡的研究[J]. 金属学报, 1980, 16(1): 83.

[11] 韩其勇, 刘士伟, 牛红兵,等. 纯铁液中 Ce - O,Nd - O 平衡常数的测定[J]. 金属学报, 1982, 18(2):176 ~ 186.

[12] Turkdogan, E. T., Ladle Peoxidation, Desulphurization and Inclusion in Steel – Fundamentals and Observations in Practice,1981.
[13] Richerd, J., Mem. Sci. Rev. Metallurg, 1962, 59: 527, 597.
[14] Hitchon, J. W. F., A. Chsillou, M. Olette. Cerium and Lanthanum as Deoxidizers and Desulfurizers in Liquid Iron. Report IRSID (1966).
[15] Buzek, Z. Chemical Metallurgy of Iron and Steel, International Symposium on Metallurgical Chemistry, University of Sheffield England, 1971, 173.
[16] 王龙妹，杜挺. 铁液中[Y]-[O]平衡的研究[J]. 稀土，1984，4: 39.
[17] 项长祥，杨斯馥，韩其勇. 纯铁液中 Y-O、Y-S 平衡[J]. 北京钢铁学院学报，1987，9(2): 78.
[18] Kay, D. A. R., W. K. Lu, A. McLean. "Sulfide Inclusions in Steel" ASM, 1975, 23.
[19] 魏寿昆. 稀土钢冶炼的物理化学问题[C]. 稀土钢冶炼工艺及加工方法会议文集，1978.
[20] Langenberg, F. C. Chipman, J. Trans, Metall. Soc. AIME, 1955, 212: 290.
[21] Singleton, R. H. Trans. Metall. Soc. AIME, 1959, 215: 675.
[22] 成田贵一，宫本醇，高桥荣治. 鉄と鋼，1964，50: 2011.
[23] 草川隆次，大谷利勝. 鉄と鋼，1965，51: 1987.
[24] Buzek, Z., V. Schinderova, Sbornik Vedeckych Praci, VSB. Ostrav, 1965, 3: 149.
[25] Turkdogan, E. T., Sulfide Inclusions in Steel, Proc Int, Symp. 7~8, 1974, 1.
[26] Ejima, A., K. Suznki, N. Marade, K. Sambongi, Trans, Iron Steel Insi. Jpn, 1977, 17: 349.
[27] 丁美芝，等. 稀土与铌，1975，(1).
[28] Scurmann, E., J. Brauchwann, H. J. Voss, Arch Eisenhuttenwes, 1976, 47: 1.
[29] Vahed A., D. A. R. Kay, Metall. Trans., 1976, 7B: 375.
[30] 韩其勇，董元篪，韦锡安，等. 铁液中稀土元素-硫平衡的研究[J]. 金属学报，1984，20(3): 204.
[31] 王龙妹，杜挺. 铁液中[Y]-[S]平衡研究[J]. 钢铁研究总院学报，1985，5(1): 29.
[32] 韩其勇，项长祥，董元篪，等. 纯铁液中稀土元素-氧-硫平衡的研究[J]. 钢铁，1984，19(7): 9.
[33] 王龙妹，杜挺. 铁液中[Y]-[S]-[O] 平衡研究[J]. 钢铁研究总院学报，1983，3(1): 29.
[34] 韩其勇. 稀土元素在冶金熔体中的物理化学特性[J]. 北京科技大学学报，1980，(2): 31.
[35] 王龙妹，杜挺. 铁液中[La]-[S]-[O]平衡的研究[J]. 稀土，1986，(2): 19~25.
[36] 陈冬，韩其勇，王涛，等. Fe-La-O-S 系平衡的研究[J]. 金属学报，1986，22(2):68~74.
[37] 王龙妹. 稀土元素在铁基、镍基、铝基溶液中的热力学性质及相平衡研究: [D]. 北京: 冶金部钢铁研究总院，1988.
[38] McLean, A., S. K. Lu. Metals and Materials, 1974, 8(10): 452.
[39] Gschneidner Jr., K. A., N. Kippenhan, O. D. McMaster. Rare Earth Information Center, Iowa tate Univ. Report No IS-RIC-6.
[40] 王龙妹，杜挺，李文采. Fe-Y-S, Ni-Y-S, Fe-C-La,, Fe-C-Y, Fe-C-La-S 和 Fe-C-Y-S 熔体的平衡研究[J]. 钢铁研究总院学报，1984，4(4): 481.
[41] Fruchan. R. J., Metall. Trans., 1974, (5): 345.
[42] Buzek Z. Hutnicke Listy, 1977, (10): 718.
[43] Worrell W. L., J. Chipman, Transaction TMS-AIME, 1964, (230): 1682.
[44] Sigworth, G. K., J. F. Elliott, Metal Science, 1974, 8(4): 298.
[45] Lorenz, L. VDI-Z. B. 1975, (117): 977.
[46] Куликов, И. С., Раскисления Мегаллов. Москва Изв Металлургин. 1975, 26.
[47] 杜挺. 国际稀有金属加工和应用学术会议论文集，1982.
[48] Buzek, Z., A. Hutla, Sbornik Vedeckych Praci, VSB Ostrava, 1965, 11(3): 389.

[49] Buzek, Z., V. Schindlerova. CVTS VUHZ. Praha, 1974.
[50] 丰锡安.［学位论文］. 北京钢铁学院, 1982.
[51] 韩其勇. 稀土在钢铁冶炼中的物理化学. 稀土在钢铁中的应用[M]. 北京:冶金工业出版社, 1987.
[52] Buzek. Z. Hutnicke Listy, 1979, 34(10): 699.
[53] Gschneidner Jr., K. A., "Sulfide Inclusion in Steel" ASM, 1975, 159.
[54] Gschneidner Jr, K. A., Kippenhan, N., Rare Earth Information Center, Iowa State Univ. Report No. IS RIC 5.
[55] 王纪鑫. [Ce]—[O]—[S]空间及其在预测钢中稀土夹杂类型上的应用[J]. 稀土, 1982, (2): 20.
[56] 董元篪, 韩其勇. 铁液中[Ce] - [O] - [S]沉淀图及其应用[J]. 金属学报, 1986, 22(2): A149.
[57] 杜挺. 全国第三届冶金物理化学会议,广州,1980.
[58] 海瀬幸重, 迟泽浩一男, 根本力男. 日本金属学会誌, 1969, (33): 40.
[59] 沈阳金属研究所. 钢中稀土夹杂物彩色图谱. 1977.
[60] 王龙妹,等. 稀土对430铁素体不锈钢凝固组织和薄板成型性能的影响[J]. 中国稀土学报, 2006, 24(专辑): 486~489.
[61] 郑州机械科学研究所. 0Cr13Ni16MoRE马氏体不锈钢——大型水轮机叶片永钢研究. 1976.
[62] 涂嘉夫ら. 鉄と鋼, 1980, 618~637.
[63] 胡汉起,等. Ce与CaSi对低硫16Mn钢一次结晶的影响[J]. 北京钢铁学院, 1984.
[64] 杨家振. 精铸45稀土钢的研究与应用. 沈阳第一机床厂, 1982.
[65] 余宗森. 稀土在钢中的应用[M]. 北京: 冶金工业出版社, 1987, 223~230, 275~280.
[66] 冶金部稀土处理钢发展规划技术交流和推广会议资料汇编. 武钢第二炼钢厂, 1994.
[67] B. L Bramfitt. Met. Traus., 1970, (1): 614.
[68] 涂嘉夫ら. 鉄と鋼, 1979, (65): A17-20.
[69] 大桥彻郎朗ぅ. 鉄と鋼, 1976, 614.
[70] 胡汉起,钟雪友,力航. Ce对高锰钢奥氏体结晶形貌及Mn的枝晶偏析的影响[J]. 金属学报, 1984, 20(4): A247.
[71] 高瑞珍, 陈慧青. 稀土元素对钢的凝固特性及结晶组织的影响[J]. 稀土, 1985, (3): 27.
[72] 高瑞珍, 陈晓光, 刘树模. 稀土元素铈对钢的凝固和枝晶偏析的影响[J]. 北京钢铁学院学报, 1983, (1): 53.
[73] Fridberg. J., Jernrontovets Annaler, 1969, (153): 263~276.
[74] 高瑞珍, 陈晓光, 刘树模. 北京钢铁学院学报, 1981, (3), 53.
[75] 钟雪友, 胡汉起, 刘昌明. 高锰钢中铈的溶质平衡分配系数 K_0 的测定及铈对锰、硅 K_0 值的影响[J]. 北京钢铁学院学报, 1981, (3): 16.
[76] Lu, W. K., A. Mclean. Ironmaking nad Steelmaking, 1974, (1): 4208.
[77] Wilson, W. G., E. F. P., 1973, (31): 154~161.
[78] Wauby. P. E., International Metals Reviews, 1978, 23(2): 4~98.
[79] 林勤. 北京科技大学, 内部资料.
[80] 张路明, 林勤,等. 高强耐候钢中稀土含量对夹杂物和性能的影响规律[J]. 稀土, 2005, 26(5).
[81] 岳丽杰,王龙妹,徐成海. Cu-P耐候钢中稀土对夹杂物和耐蚀性的影响[J]. 东北大学学报(自然科学版), 2004, 25(12): 1179~1182.
[82] Longmei Wang, Qin Lin. Jingwen Ji and Denian Lan New study concerning development of application of rare earth metals in steels. Journal of Alloys and Compounds, 2006, 408~412: 384~386.
[83] Seiji NABESHIMA et. al. Effect of Al and RE metal concentration on the composition of inclusions in Si-Mn killed steel. Sino-Janp Symoposium on Science & Tech. of Iron & Steel[C], 2001, Xian: 59~63.

[84] 郭锋. 碳锰纯净钢中稀土元素镧、铈的行为及合金化作用 [D]. 北京: 北京科技大学. 2004.
[85] 陈列, 佐辉苗, 红生, 等, 3Cr2W8V 热作模具钢的稀土合金处理[J]. 特殊钢, 2005, 26(5): 51.
[86] 于宁, 孙振岩, 戢景文, 等. 稀土(铌)对重轨钢铸、轧态组织与性能的影响[J]. 中国稀土学报, 2005, 23(23): 621 ~626.
[87] 林勤, 李文超, 叶文, 等. 稀土在含砷低硫钢中作用的热力学[J]. 北京钢铁学院学报, 1982.
[88] 龙骥, 朱定华, 刘志毅. 稀土铈对低硫低氧纯铁中锑的作用[J]. 吉林大学学报, 1982.
[89] 张东彬, 吴承建, 赵锡霖. 铈对 Fe - Sb 合金之凝固境界偏聚的影响[J]. 北京钢铁学院学报, 1984.
[90] 兰高华. [学位论文]. 北京钢铁学院, 1985.
[91] 王福明, 魏丽娟, 沙爱学, 等. 稀土铈与钢中残余元素的作用研究[J]. 中国稀土学报, 2002; 20(专辑): 294.
[92] 沙爱学, 王福明, 吴承建, 等. 稀土镧与残余元素的固定作用[J]. 中国稀土学报, 2000, 24(4): 287.
[93] 林勤, 宋波, 郭兴敏, 等. 钢中稀土微合金化作用与应用[J]. 稀土, 2002, 22(4): 31.
[94] Lin Qin, Ye Wen, Du Yuansheng. Behavior of Rare earth in solid solution in steel. J. Chin J. Met Tech., 1990, (6): 415 ~420.
[95] 朱元凯, 韩其勇. 稀土在钢铁中的应用[M]. 北京: 冶金工业出版社, 1987, 238.
[96] 戢景文, 车韵怡, 刘爱生, 等. 钢铁中稀土合金化的内耗研究及其理论[J]. 中国稀土学报, 1996, 14(4): 350.
[97] 林勤, 叶文, 陈宁. 超低硫微合金钢中稀土元素的作用[J]. 中国稀土学报, 1997, 15: 223 ~228.
[98] 林勤, 王怀斌, 唐历. 稀土钒复合微合金化作用研究[J]. 中国稀土学报, 2001, 19:146.
[99] 李平安, 吴承建. 稀土在钢铁中的应用[M]. 北京: 冶金工业出版社, 1987, 263.
[100] Lin Qin, Fu Tingling, Yu Zongsen. Study on the interaction between rare earth and carbon in high carbon steel [J]. J Rare Earths, 1995, 13(3): 190 ~194.
[101] 朱兴元. 低硫低合金钢中铈合金化作用规律的研究[D]. 北京: 北京科技大学, 2000.
[102] 贾常志. 利用数理统计分析稀土元素对钢材强度的影响[C]. 中国稀土学会第一届稀土在钢中应用学术会议论文摘要, 1982.
[103] 陈晓光, 高瑞珍. 铈在工业纯铁中的行为[C]. 中国稀土学会第一届稀土在钢中应用学术会议论文摘要, 1982.
[104] 徐祖耀. 马氏体相变[M]. 北京: 科学出版社, 1982.
[105] 徐祖耀. 面心立方→体心立方(正方)马氏体相变热力学[J]. 上海交通大学学报, 1979, (3).
[106] Lin Qin, Fu Tingting, Du Yuansheng. Effect of rare earths on the tempering transform ation kinetics of high carbon steel [J]. J Rare Earths, 1994, 12(4): 274 ~277.
[107] 林勤, 郭锋, 张路明, 等. 镧在碳锰纯净钢中合金化作用的研究[J]. 稀土, 2006, 26(5): 25.
[108] 张振忠, 黄一新, 颜银标. 稀土对 16Mn 钢等温相变及显微组织的影响[J]. 稀土, 2001, 22(4): 56 ~59.
[109] 林勤, 王怀斌, 卢先利, 等, Effects of RE and Vanadium on Microalloyed Steel. J of Rare Earth, 2002, 20(1): 146.
[110] 林勤, 朱兴元, 王怀斌, 等. 稀土在钢中微合金化作用研究[J]. 冶金研究, 2002, 295.
[111] 杜挺. 稀土元素在铁基溶液中的热力学[J]. 钢铁研究学报, 1994, 6(3).
[112] 杜挺, 韩其勇, 王常珍. 稀土碱土等元素的物理化学及在材料中的应用[M]. 北京: 科学出版社, 1995.
[113] 王怀斌. 钒微合金钢中稀土作用的研究 [D]. 北京科技大学, 1996.
[114] 朱兴元. 低硫低合金钢中铈合金化作用规律的研究 [D], 北京科技大学, 2000.

[115] 郭世宝. 稀土铌微合金元素在低合金钢中的应用研究 [D], 北京科技大学, 1993.
[116] 雍岐龙. 微合金钢 - 物理和力学冶金 [M]. 北京: 机械工业出版社, 1989.
[117] 贺桂英, 董汉雄, 祝庆和, 等. 冶金部稀土处理钢发展规划技术交流和推广会议资料汇编, 1994.
[118] 陈琳. 稀土在高韧性热轧管线钢中的作用[G]. 冶金部稀土处理钢发展规划技术交流和推广会议资料汇编, 1994.
[119] 齐欣. 稀土元素对 S2OARe 钢性能的影响[J]. 黑龙江冶金, 2005, (4): 13.
[120] 陈邦文, 刘力. 稀土在铜磷钢中的作用[G]. 冶金部稀土处理钢发展规划技术交流和推广会议资料汇编, 1994.
[121] 刘勇华, 林勤, 叶文, 等. Behavior of Rare Earths in Ultra-Low Sulfur Microallyed Steel, J. of Rare Earths, 1999, 17(3): 207.
[122] 林勤, 陈邦文, 唐厉, 等. 微合金钢中稀土对沉淀相和性能的影响. 中国稀土学报, 2002, 20 (3): 254.
[123] 赵路遇. 微量稀土元素在铸钢中的应用[J]. 材料开发与应用, 2003, 18 (3): 43.
[124] 陈守煦, 孙新军, 陈全德, 等. 中国稀土学会第二届年会会议论文, 1990, 3 分册: 140.
[125] 林勤, 叶文, 余宗森, 等. 中国稀土学会第二届年会会议论文, 1990, 3 分册: 29.
[126] 林勤, 叶文, 李栓禄, 等. 钢中固溶规律及作用研究 Behavior of Rare Earths in Solid Solution in Steel J. the Chinese Rare Earth Soc., 1990(2).
[127] 刘和, 郑登慧, 徐祖耀. 稀土对 20Mn 钢等温相变及组织形态的影响[D]. 中国科学院上海冶金研究所, 2000.
[128] 朱元凯, 韩其勇. 稀土在钢铁中的应用[M]. 北京: 冶金工业出版社, 1987, 245.
[129] 杜国维. 稀土在钢铁中的应用[M]. 北京: 冶金工业出版社, 1987. 328 ~ 336.
[130] 高瑞珍, 胡汉起. 稀土在钢铁中的应用[M]. 北京: 冶金工业出版社, 1987, 195.
[131] 林勤, 宋波, 郭兴敏, 等. 钢中稀土微合金化作用与应用前景[J]. 稀土, 2001, 22(4): 31.
[132] 林勤, 宋波, 张梅. 中国稀土科技进展[M]. 北京: 冶金工业出版社, 2000, 268 ~ 272.
[133] 王仲钰. 稀土变质处理改善高锰钢的性能[J]. 新技术新工艺热加工技术, 2001, (4): 28.
[134] 雍岐龙. 微合金钢 - 物理和力学冶金 [M]. 北京: 机械工业出版社, 1989.
[135] 朱兴元. 低硫低合金钢中铈合金化作用规律的研究[D]. 北京: 北京科技大学, 2000.
[136] 林勤, 朱兴元, 王怀斌, 等. 稀土在钢中微合金化作用研究[J]. 冶金研究, 2002, 295 ~ 300.
[137] 李计珍, 王树青. 稀土微合金钢轨淬火工艺性能研究[J]. 工程力学, 2001, (增刊): 418.
[138] 刘炳, 居来提 · 买提肉孜. 多元高合金冷作模具钢的研究[J]. 铸造, 2005, 54(14): 975.
[139] 崔向红, 王树奇, 姜启川, 等. 稀土变质热锻模具铸钢高温磨损性能的研究[J]. 中国稀土学报, 2002, 230(6): 734.
[140] 李曼强, 李国庆, 胡正良. 低铬稀土钢棒在湿法棒球生料磨上的使用效果[J]. 水泥, 2003, (2): 24.
[141] 赵华. 稀土对 31Mn2Si 性能的影响. 新技术新工艺[J]. 材料与表面处理技术, 2006, (4): 1244.
[142] 郝少祥, 王宇平, 陈静. 稀土对 Cr12MoV 钢渗硼层组织和性能的影响[J]. 河南科学, 2006, 24(1): 20.
[143] 秦紫瑞, 魏广开, 赵君, 等. 低合金铸钢稀土复合变质处理的研究[J]. 机械工艺师, 1998, 28.
[144] 何力, 金志浩, 卢锦德, 等. 稀土变质处理及合金化对高锰钢组织结构的影响[J]. 金属热处理学报, 2000, 21(3): 51.
[145] 秦紫瑞, 赵军, 钟蕊, 等. 稀土复合变质处理低合金铸钢的组织与性能[J]. 汽车工艺与材料, 2000, (1): 21.
[146] 唐思文, 张厚安, 刘心宇. 干摩擦条件下稀土 - Mo5Si3/MoSi_复合材料的摩擦磨损性能[J]. 矿冶

工程,2006, 26(2): 97.
[147] 于升学. 稀土元素对高碳铬钢冲击疲劳性能的影响[J]. 上海金属,2002, 24(4): 18.
[148] 陆德平, 张友亮, 谢仕芳,等. 钇基重稀土对 Cr12MoV 钢耐磨性和热处理变形的影响[J]. 热加工工艺, 2001, (5): 59.
[149] 冯胜山,杨应凯,叶学贤,等. 新型中碳多元低合金稀土耐磨钢衬板的研制和应用[J]. 铸造,2003, 52: 557.
[150] Post C. B. et al. , Carpenter Steel Co. , "Hot Workbility alloy" Pat. U. S. 2553330, 1951.
[151] 高振寰. 稀土对奥氏体不锈钢热塑性的影响[J]. 稀土,1993, 14(4): 18.
[152] 孙玉福,高英民,赵靖宇. 铬镍氮稀土抗磨耐热钢的实验研究[J]. 铸造技术,2003, 24(52): 428.
[153] 蒋汉祥,孙善长,杨德鑫. 含氮稀土耐热钢 H1 的研制[J]. 重庆大学学报,2002, 254(3): 94.
[154] 胥继华,路岩. 稀土元素对耐热钢热强性能影响的研究[J]. 金属热处理,1999, (8): 1.
[155] 汤国华. 稀土在含氮奥氏体耐热钢中的作用机理和冶炼[J]. 铸造技术,1996, (1): 7 ~ 9.
[156] 沈保罗. 稀土在改善钢的抗氧化、硫化、高温腐蚀以及抗渗碳性能的应用[J]. 四川冶金,1995, (2): 45.
[157] 斎藤安俊. 鉄と鋼, 1979, 65(7): 747.
[158] 中山忠行, 富士川尚男. 日本金属学会誌, 1965, 29(10): 990.
[159] Seybolt A. V. , J. Electrochem. Soc. , 1960, 107: 147.
[160] Rhy - Jones T. N. , Grabbee H. J. , Kudielka H. , Werks, u Korrs. , 1987, 38(2): 65.
[161] 中山忠行, 渡け靖. 日本金属学会誌, 1967, 31(4): 385.
[162] Francis J. M. and Whitlow W. H. , CorroS, Sci, 1965, 5: 701.
[163] 永井宏, 村井照幸, 三谷裕康. 日本金属学会誌, 1978, 42(8): 756.
[164] 永井宏, 村井照幸, 三谷裕康. 日本金属学会誌, 1978, 42(12): 1138.
[165] Francis J. M. and Whitlow W. H. , JISI, 1966, 201(4): 355.
[166] Felten E. J. , J. Electrochem. Soc, 1951, 108: 490.
[167] Wright I. G. and Wilocx B. A. , Oxid. Metals, 1974, 8(5): 283.
[168] 永井宏, 武林庆树, 渡け和弘等. 粉体および粉末冶金, 1982, 29(7): 246.
[169] 永井宏, 武林庆树, 渡け和弘等. 粉体および粉末冶金, 1982, 29(7): 250.
[170] 小林孝雄, 伊藤卓雄, 大林斡男. 鉄と鋼, 1984, 70(2): 262.
[171] Ecer G. M. , Singh R. B. and Meler G. H. , Oxid. Metals, 1982, 1: 55.
[172] Ecer G. M. , and Meler G. H. , Script. Met. , 1973, 7(11): 1189.
[173] Francis J. M. and Whitlow W. H. , Corr. Sci. , 1965, 5: 701.
[174] 新居和嘉, 防食技术, 1977, 26: 389.
[175] Golightly F. A. , Stoott F. H. and Wood G. C. , Oxid. Metals, 1976, 16(3): 163.
[176] Tien J. K. and Pettit F. S. , Met. Trans. , 1972, 3(6): 1587.
[177] 矢岛圣使, 天野忠昭, 斎藤安俊. 金属学会秋期大会シンポシゥム讲演予稿, 1975, 10: 116.
[178] 丸野重雄, 槽谷修身, 匹田茂行. 日本金属学会誌, 1976, 40(11): 1145.
[179] 骆继勋等. 稀土金属对铁铬铝电热合金质量的影响. 金属学报, 1977, No. 4.
[180] Wilson F. G. , Knott B. R. and Benjamin J. S. , Met. Trans. , 1978, 9A: 275.
[181] Antill J. E. , and Peakall K. A. , JISI, 1967, 205(11): 1136.
[182] Antill J. E. , Werks. U. Korrs. , 1971, 22(6): 513.
[183] 深濑幸男, 根本力男. 鉄と鋼, 1977, 63(5): 688.
[184] 庄司雄次, 秋山俊一郎, 私市优, 等. 鉄と鋼, 1978, 64(4): S402.
[185] 藤钢外喜夫, 衣笠雅普, 饭泉省三. 鉄と鋼, 1975, 61(4): S191.

[186] 庄司雄次，秋山俊一郎，永井匡辅，等. 鉄と鋼，1976，62(11)：S755.
[187] 根本力男，迟迟浩一郎，涤濑幸重. 日本金属学会秋期大会一般讲演概要，1977，10：370.
[188] 庄司雄次，秋山俊一郎，私市优，等. 鉄と鋼，1977，63(5)：700.
[189] 韩桂春，靳达申，孙才荣，等. RE对3Cr24Ni7N合金高温抗氧化性能的影响[J]. 钢铁，1984，19(12)：19.
[190] 赵先存. 稀土元素对某些合金钢性能的影响[J]. 钢铁，1984，19(6)：32.
[191] Lagrange M. H., Huntz A. M., Davidson J. H., Corr. Sci., 1984, 24: 513.
[192] 小林孝雄，伊藤卓雄，大林干男. 鉄と鋼，1984，70(2)：262.
[193] Antil S. E., Bennett M. J., Garney R. F. A., Dearnaley G., Ferm F. H., Goode P. D., Corr Sci., 1976, 16(10): 729.
[194] 朱京希. 稀土在430铁素体不锈钢中的行为及作用机理的研究. [D]. 北京：钢铁研究总院，2006.
[195] 章复中，孙传岳. 铁铬铝合金中铈和镧的扩散、聚集和内氧化[J]. 中国稀土学报，1987，5(1)：65.
[196] 李碚，骆继群，于洪香. 稀土提高Fe－Cr－Al电热合金寿命的原因[J]. 钢铁，1981，16(9)：44.
[197] 高唯，赵先存. 钇和铈对马氏体时效不锈钢00Cr11Ni10Mo2Ti抗高温氧化性的影响[J]. 钢铁研究总院学报，1983，(4)：547.
[198] 赵先存，宋为顺. 稀土在钢铁中的应用[M]. 北京：冶金工业出版社，1987：285.
[199] 李碚，颜玉新，高怀荪，等. Ce对Fe－Cr合金高温氧化行为的影响[J]. 中国腐蚀与防护学报，1985，5：100.
[200] 上海热电偶会战组，镍铬－镍硅热电偶向高温(1300℃)延伸研究报告仪表材料，1975，(5)：1.
[201] 卢亚轩，高景海，刘万生，等. Ce对Ni－Cr－Cu合金抗氧化性的影响[J]. 中国腐蚀与防护学报，1982，2(2)：20.
[202] 北京钢铁研究总院，GH181镍基高温合金，1983.
[203] 银耀德，吕曼其，张万贞. 钇对M38′合金1000℃氧化性能的影响[J]. 中国腐蚀与防护学报，1984，4(1)：70.
[204] 范垂孚，侯全荣，胡本夫，等. 金属材料研究，1979，5(2)：111.
[205] 章复中，余宗森. 稀土在钢中应用的物理基础. [D]. 北京：北京科技大学，1991.
[206] Li Bei, Meng Guanwen, Wu Shuangxia et al. Chinese J. Met. Set. Technol., 1989, 5: 446.
[207] 岳丽杰，王龙妹，朴秀玉，等. 10PCuRE钢的耐大气腐蚀性与耐蚀机理[J]. 钢研总院学报，2006，18(1).
[208] 蒋学智，王宝峰，李春龙，等. 镧对纯净钢夹杂物和耐腐蚀的影响[J]. 稀有金属与硬质合金，2005，33(4)：28.
[209] 林勤，陈帮文，郭锋等. 稀土改善09CuPTiRE耐候钢耐蚀性的作用机理[J]. 稀土，2003，24(5)：2.
[210] 林勤，叶文，余宗森. 稀土在钢中的作用规律与最佳控制[J]. 稀土，1992，14(2)：225～230.
[211] Mouler J. F, Stickle W. F, Sobol P E. Handbook of X-ray Photoelectron Spectroscopy [M]. Eden Prairie Physical Electronics, Inc, Press, 1995.
[212] 于敬敦. 08CuPVRE钢耐大气腐蚀的机理[J]. 中国腐蚀与防护学报，1994，14(1)：81～85.
[213] 李春艳，王向东，江社明，等. 稀土对低碳钢耐大气腐蚀性能影响的研究[J]. 稀土，2005，26(6)：23.
[214] Yamashita M, Miyuki H, Matsuda Y, et al. [J]. Corrosion Science, 1994, 36(2): 283～299.
[215] 白玉光，田妮，刘春明，等. 09CuPTiRE钢耐候性能及腐蚀过程研究[J]. 材料与冶金学报，2003，2(1)：63.
[216] 王锐，许越，吕祖舜，等. 扩渗稀土对1Cr18Ni9钢耐腐蚀性能的影响[J]. 稀土，2001，22(4)：76.

[217] 王锐,吕祖舜,许越. 表面扩渗稀土(La、Ce)对1Cr18Ni9钢晶间腐蚀性能的影响[J]. 材料科学与工艺,1998, 24(3):71.

[218] 束润涛. 耐H2S腐蚀的稀土合金钢(09Cr2AlMoRE)[J]. 石油化工腐蚀与防护,2001, 8(18):21.

[219] 丁晖, 袁广银, 余刚,等. 稀土对铬锰氮不锈钢在稀硫酸介质中腐蚀磨损性能的影响[J]. 中国稀土学报, 1997, 15(2):146.

[220] 余宗森. 稀土在钢铁中的应用[M]. 北京:冶金工业出版社, 1987.

[221] 永井宏, 村井照幸, 冈林真, 等. 日本金属学会誌, 1979, 43(6):479.

[222] 饶启昌, 高义民, 刘福玲. 高铬铸铁三体腐蚀磨损机理及影响因素的研究[J]. 西安交通大学学报, 1992, 26(1):81.

[223] 余景生, 余宗森,章复中. 稀土钢处理手册[M]. 北京:冶金工业出版社,1993.

[224] 攀钢国家"十五"科技攻关"铁路用高强度稀土耐候钢开发研究"验收工作报告.

[225] 包钢国家"十五"科技攻关"铁路用高强耐磨稀土重轨钢研究"验收工作报告.

[226] 束润涛. 耐H_2S腐蚀的稀土合金钢(09Cr2AlMoRE)[J]. 石油化工腐蚀与防护,2001, 18(18):21.

[227] 曹瑜强,雷百战,邓宏运. 中碳多元稀土合金耐磨钢衬板的研制[J]. 热加工工艺,2003, (5):48.

[228] 孙玉福,高英民,赵靖宇. 铬镍氮稀土抗磨耐热钢的试验研究[J]. 铸造技术,2003, 24(52):428.

[229] 蒋汉祥,孙善长,杨德鑫. 含氮稀土耐热钢H1的研制[J]. 重庆大学学报,2002, 254(3):94.

[230] 孙文山,丁桂荣,马建中,等. 新型稀土双相不锈钢SG52在化学工业中的应用[J]. 硫酸工业,1998, (2):33 .

[231] 寇生瑞. 高铬稀土钢喷燃器火嘴的研制. 钢铁研究学报,1991, 3(1):53.

[232] 刘忠元,史正兴. 稀土铬锰氮耐热铸钢的研究机械工程材料,1992, 76(1):41.

[233] 韩肇俊,可以替代310S和601合金的新型奥氏体耐热不锈钢253MA性能及相近钢种介绍. 北京巴威公司工程,http://www.caci.org.cn/3asmeforum/4cl/METE2002-41.htm.

(王龙妹)

9 含稀土的铸铁

9.1 前言

稀土在铸铁中的应用是稀土的重要应用领域之一，含稀土的铸铁的发展是从1948年英国人H. Morrogh等人发明用铈制取球墨铸铁并实现工业化生产开始的。与此同时也发现了蠕虫状石墨，当时被称为"伪片状石墨"[1]。这是铸铁材质发展的重要里程碑。20世纪60年代又开展了稀土在灰口铸铁中的应用研究，1961年发现将混合稀土金属加入到铁水中后，对灰口铸铁有很好的孕育作用，1967年R. L. Mickelson研究出了可应用于生产的稀土硅铁合金，对促进灰口铸铁质量提高起了重要作用。随后又相继研究了稀土在白口铸铁，可锻铸铁，球墨可锻铸铁中的应用都取得了很好的效果。1984年清华大学稀土铸铁课题组在系统的研究稀土对铸铁组织和性能影响的基础上，首次把球墨铸铁、蠕墨铸铁、孕育铸铁综合在一起作为一个系统考虑，提出了反映稀土合金加入量与铸铁性能之间对应关系的"双峰值曲线"[2]。根据这曲线能很方便地确定在生产球墨铸铁、蠕墨铸铁、孕育铸铁时合理的稀土金属（稀土合金）加入量的范围。稀土金属稀土合金既能作球化剂、蠕化剂，又能作孕育剂的独特作用是其他金属和合金不能比拟的。稀土提高了铸铁材质的质量，稀土在铸铁中的应用是稀土的重要应用领域之一。

9.2 稀土在铸铁中应用的理论基础

9.2.1 稀土金属的基本特性[3,4]

根据普通化学及应用化学联合会的推荐意见，把钪（Sc）、钇（Y）以及镧系15个元素镧（La）、铈（Ce）、镨（Pr）、钕（Nd）、钷（Pm）、钐（Sm）、铕（Eu）、钆（Gd）、铽（Tb）、镝（Dy）、钬（Ho）、铒（Er）、铥（Tm）、镱（Yb）和镥（Lu）共计17个元素统称为"稀土元素"。因为这些元素在化学周期表上都同属一族。它们具有相同的原子价（除铕、镱外），相同的晶体结构及一系列相近的性质。稀土元素分为两组，轻稀土：镧（La）、铈（Ce）、镨（Pr）、钕（Nd）、钷（Pm）、钐（Sm）、铕（Eu）和重稀土钆（Gd）、铽（Tb）、镝（Dy）、钬（Ho）、铒（Er）、铥（Tm）、镱（Yb）、镥（Lu）和钇（Y）。

9.2.1.1 稀土元素的电子结构

17个稀土元素位于周期表中的ⅢB族，钪、钇和镧分别是四、五、六长周期中过渡元素系列的第一个元素，在第六个周期中镧以后的14个元素和镧处于周期表中同一个格内，性质十分相近。在K、L、M、N、O、P、Q七个电子层及每一个电子层中s、p、d、f四个电子亚层上电子的排列，镧和其后的14个元素有共同的特点，原子最外层$6s^2$电子已排满，次外层$5s^2$，$5p^6$的电子也已排满，$5d$还空着或仅有一个电子，而处在内层$4f$亚层电子则在0～14之间变化，4*f* 电子数随着原子序数增大而递增，直至镥为 14 个电子把 4*f* 亚层全部充满。钪的最外层是 $4s^2$，次外层的 3*d* 亚层只有一个电子，钇的最外层是 $5s^2$，次外层的 4*d* 亚层也只有一个电子。所以 17 个稀土元素的最外层都是两个电子，电子结构相似。它们与别的元素结合时通常失去最外层 *s* 亚层的两个电子和次外层 *d* 亚层上的一个电子，当次外层上 *d* 亚层无电子时则失去前一个电子层 *f* 亚层上的一个电子，所以稀土元素正常的原子价是三价，这导致它们有相同的化学性质。

从稀土元素的电子层结构和原子层、从离子半径还可看到，从镧到镥 15 个元素其原子的电子层数相同，但其离子半径却随着原子序数的增大而减小镧的三价离子半径为 0.1061 nm，而镥的三价离子半径则只有 0.0848 nm，这种现象叫"镧系收缩"稀土元素电子层结构及原子离子半径如表 9-1 所示。

表 9-1 稀土元素电子层结构及原子离子半径

原子序数	元素	原子量	电子层														原子半径/nm	三价离子半径/nm
			K	L		M			N				O			P		
			s	*s*	*p*	*s*	*p*	*d*	*s*	*p*	*d*	*f*	*s*	*p*	*d*	*s*		
57	镧 La	138.9	2	2	6	2	6	10	2	6	10		2	6	1	2	0.1877	0.1061
58	铈 Ce	140.1	2	2	6	2	6	10	2	6	10	2	2	6		2	0.1824	0.1034
59	镨 Pr	140.9	2	2	6	2	6	10	2	6	10	3	2	6		2	0.1828	0.1031
60	钕 Nd	144.2	2	2	6	2	6	10	2	6	10	4	2	6		2	0.1822	0.0995
61	钷 Pm	(147)	2	2	6	2	6	10	2	6	10	5	2	6		2		(0.098)
62	钐 Sm	150.3	2	2	6	2	6	10	2	6	10	6	2	6		2	0.1802	0.0964
63	铕 Eu	151.9	2	2	6	2	6	10	2	6	10	7	2	6		2	0.1983	0.0950
64	钆 Gd	157.2	2	2	6	2	6	10	2	6	10	8	2	6	1	2	0.1081	0.0938
65	铽 Tb	158.9	2	2	6	2	6	10	2	6	10	9	2	6		2	0.1783	0.0923
66	镝 Dy	162.5	2	2	6	2	6	10	2	6	10	10	2	6		2	0.1775	0.0908
67	钬 Ho	164.9	2	2	6	2	6	10	2	6	10	11	2	6		2	0.1767	0.0894
68	铒 Er	167.2	2	2	6	2	6	10	2	6	10	12	2	6		2	0.1758	0.0881
69	铥 Tm	168.9	2	2	6	2	6	10	2	6	10	13	2	6		2	0.1747	0.0869
70	镱 Yb	173.0	2	2	6	2	6	10	2	6	10	14	2	6	1	2	0.1939	0.0858
71	镥 Lu	174.9	2	2	6	2	6	10	2	6	10	14	2	6	1	2	0.1735	0.0848
21	钪 Sc	44.9	2	2	6	2	6	1	2								0.1641	0.068
39	钇 Y	88.9	2	2	6	2	6	10	2	6	1		2				0.1803	0.088

9.2.1.2 稀土元素的物理性能

所有的稀土元素都是金属。一般呈银白色或灰色，镨、钕略带黄色。镧系元素密度介于 6～9 g/cm³，铸铁中常用镧是 6.1453 g/cm³，铈是 6.672 g/cm³，此外钪是 3.1 g/cm³，钇是 4.3 g/cm³。镧、铈相当柔软，具有良好的可塑性，力学性能与锡相似，铈的熔点 799℃最低，镥的熔点最高 1663℃，镧的熔点 921℃，钇的熔点 1522℃。

9.2.1.3 稀土元素的化学性质[4]

稀土金属各自的化学性质有很大的差别。在室温下轻稀土金属很容易被氧化，由于它们的氧化膜不致密，不能阻止它们被进一步氧化，因此必须保存在煤油或石蜡内。重稀土金属在室温下是稳定的。这是由于它们能生成一层致密的氧化膜，阻止其进一步氧化。温度高于 300℃时所有的稀土金属都会被氧化。一般的说稀土金属的相对氧化速度与它们的原子序数成反比。但钪和钇是属于稀土金属中最稳定的金属。稀土金属也很容易与硫、氟、氯等其他的金属与非金属元素形成化合物。Y、La、Ce 的氧化物、硫化物、氟化物、氯化物性质见表 9-2。它们的密度都小于铁水的密度,易于从铁水中排除。

表 9-2 Y、La、Ce 的氧化物、氟化物、氯化物、硫化物性质

Y、La、Ce 的氧化物			
氧化物	颜 色	熔点/℃	密度/kg · cm^{-3}
Y_2O_3	白	2410	5.01
La_2O_3	白	2217	6.51(15℃)
CeO_2	黄白	2397	7.132(22℃)
Ce_2O_3	灰绿	2142	6.86
Y、La、Ce 的氟化物			
氟化物	颜 色	熔点/℃	密度/kg · cm^{-3}
YF_3	白	1152	5.069
LaF_3	白	1490	5.93
CeF_3	黄带白	1470	6.157
Y、La、Ce 的氯化物			
氯化物	颜 色	熔点/℃	密度/kg · cm^{-3}
YCl_3	白	904	2.81
$LaCl_3$	白	852	3.858
$CeCl_3$	淡黄	802	3.92

Y、La、Ce 的硫化物		
硫化物	熔点/℃	密度/kg · cm^{-3}
$\delta-Y_2S_3$		3.87
La_2S_3	2127	
$\alpha-La_2S_3$		5.0
$\beta-La_2S_3$		4.98
$\gamma-La_2S_3$		4.98
Ce_2S_3	1887	
$\alpha-Ce_2S_3$		5.18
$\beta-Ce_2S_3$		5.07
$\gamma-Ce_2S_3$		5.19

9.2.1.4 稀土金属的力学性能[5]

稀土金属的硬度、强度、塑性、弹性等均已测出了详细数据。硬度(HB)在 10 ~ 130 之间,钪最高 120 ~ 130 HB(纯度为 96% ~98% 时),铕最低 10 ~ 15 HB(纯度为 98% 时)。稀土金属的硬度随其纯度提高而降低。因此硬度可以作为判断稀土金属纯度的标志之一。稀土金属的抗拉强度不高,在 73 ~ 316 MPa 之间,除钐以外均有良好的伸长率在 4.6% ~34% 之间,钐的伸长率为 2.5%。稀土金属的力学性能是用纯度为 99% 的铸态金属试样测定的结果。Y、La、Ce 上述性能见表 9-3。

表 9-3 Y、La、Ce 的力学性能

Y、La、Ce 的硬度					
Y	硬度(HB)	La	硬度(HB)	Ce	硬度(HB)
纯度 97% ~98%	90 ~ 100	纯度 98.2%	32	纯度 98.5%	28
99%	80				
99.8%	40 ~ 50				

续表 9-3

Y、La、Ce 的力学性能				
金 属	屈服强度 $\sigma_{0.2}$ /MPa	强度极限 σ_b /MPa	伸长率 δ/%	冲击性能 α_K /J · cm^{-2}
Y	175	316	34	2.08
La	116	170	8.2	6.26
Ce	80	123	32.6	3.04

9.2.1.5 稀土与铸铁中诸元素之间反应热力学

稀土与铸铁中诸元素之间反应热力学已被进行了详细的研究，包括可能进行的反应、反应的方向和限度。研究指出铸铁中的有害元素氧、硫等与稀土有极强的亲和力，它们的反应产物的标准自由焓 $\Delta G << 0$，即它们之间的反应热力学条件非常好(见图 9-1 和图 9-2)。各元素与氧的亲和力从大到小顺序为钙、钍、镧、铍、铈、镁、铀、锆、铝、钛、硅、硼、钒、钽、锰、铬。各元素与硫的亲和力从大到小顺序为铈、钙、镧、钡、镁、氧、碳、锰等。图 9-1 和图 9-2 显示了有代表性的氧、硫与不同元素的最稳定的化合物的生成热，说明在铁水熔化温度范围内稀土元素与铁水中的氧、硫等元素之间的反应能自动进行。此外稀土元素几乎能与铁液中的所有元素相互作用生成化合物，它们的生成热都是一个很大的负值，表明它们是稳定的(见图 9-1、图 9-2)。这些热力学参数对稀土在铸铁中的应用具有重要的指导作用。

除了与氧、硫作用以外，稀土元素还能与铁液中的其他元素，特别是球化干扰元素相互作用，生成不同的化合物，其生成热是一个很大的负数，表明有很大的稳定性[6]。这些都为改善和提高含稀土铸铁的品质提供了依据。

A 稀土金属 - 碳的相互作用

稀土碳化物有 REC_2、RE_2C_3、RE_3C、REC，这些化合物其熔点都在 2400℃ 左右。有关研究表明 REC_2 存在共价键、金属键和离子键的混合组合。

B 稀土金属 - 硅的相互作用

稀土金属 - 硅存在多种化合物，主要有 $RESi_3$、$RESi_2$ 和 RE_5Si_4。

C 稀土金属 - 锰的相互作用

已发表了十余个 RE - Mn 系相图，Mn - La 和 Mn - Ce 系不存在化合物，其余系统生成 $REMn_2$、RE_6Mn_{23} 和 $REMn_{12}$ 3 种金属间的化合物。

D 稀土金属 - 磷的相互作用

对稀土金属 - 磷的化合物研究的很不充分，已确认的有 REP、RE_3P_2、REP_3、REP_7、REP_2。固溶于钢铁中的磷与稀土形成化合物后，就可以降低由磷引起的钢铁的脆性。

E 稀土金属 - 镁的相互作用

对稀土金属 - 镁的相互作用已经研究得十分详细，已建立了多种镁 - 稀土相图，这些体系中稀土化合物有 REMg、$REMg_2$、$REMg_3$、$REMg_9$ 等类型。大多数稀土化合物在镁中的溶解度不超过 0.5% ~1.0%，温度升高溶解度可增加至 2% ~5%。而镁在稀土中的溶解度则大得多，如在共析温度下，镁在镧、铈金属中最大的溶解度分别为 9.4%(原子分数)和 8.2%

（原子分数）。稀土可作为镁合金的合金化元素和强化添加元素，可以改善镁合金的强度、可焊性、可加工性，甚至能提高合金的耐热性。镁合金所以能发生强化作用是由于合金在时效时，化合物成弥散相析出。

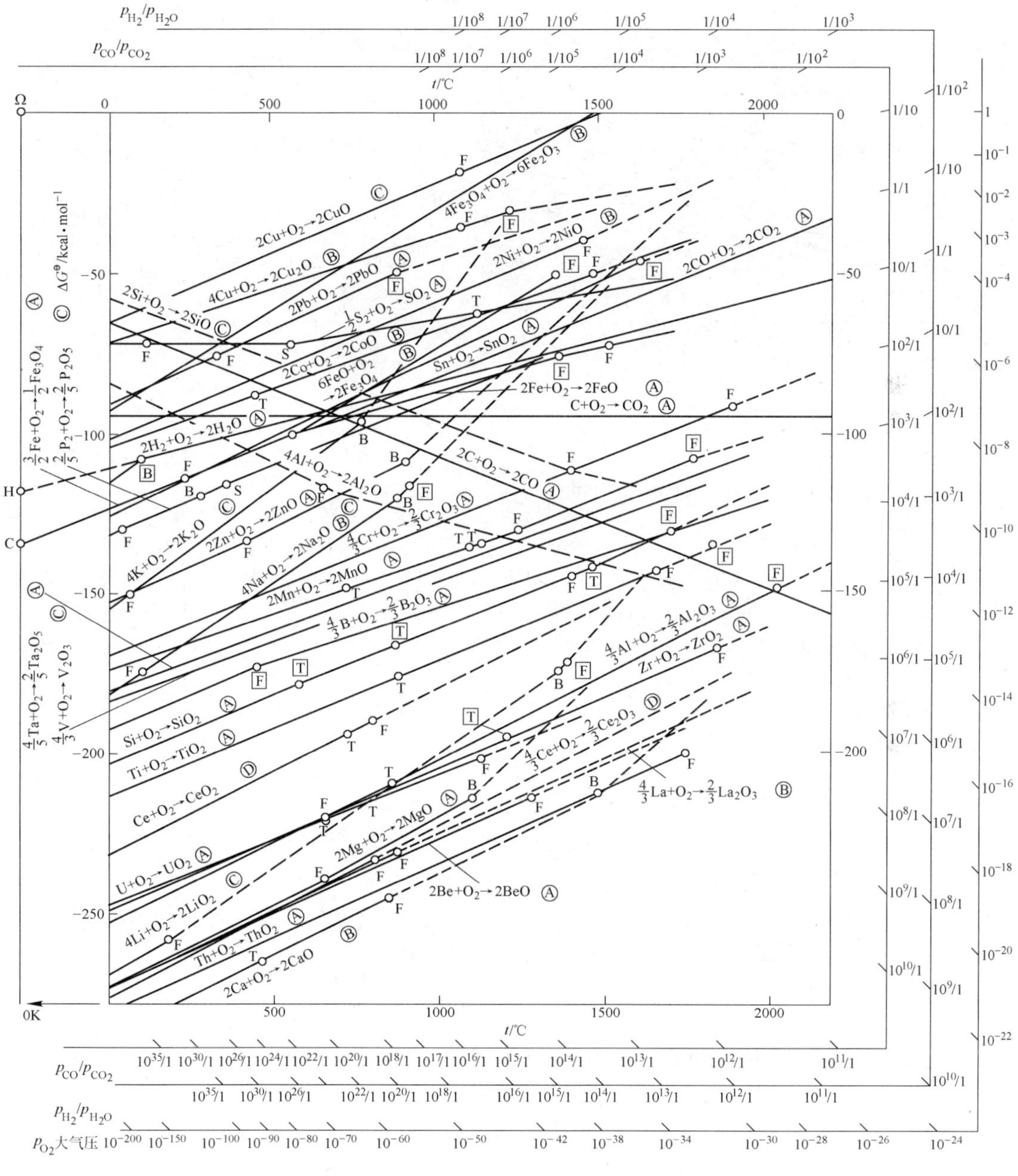

图 9-1　氧化物的吉布斯自由能图[5]

准确度符号：Ⓐ ±4 kJ；Ⓑ ±12 kJ；Ⓒ ±20 kJ；Ⓓ ±40 kJ。

相态变化符号：相变点 T；熔点 F；沸点 B；升华点 S（不加方框为元素，加方框为氧化物）。

标准吉布斯自由能坐标 $\Delta G^\ominus$（即 $\Delta G^\ominus$）单位为 kcal，将其数值乘 4.184 即换算为 kJ。

氧分压坐标为大气压，将其数值的指数 +5 即换算为 Pa

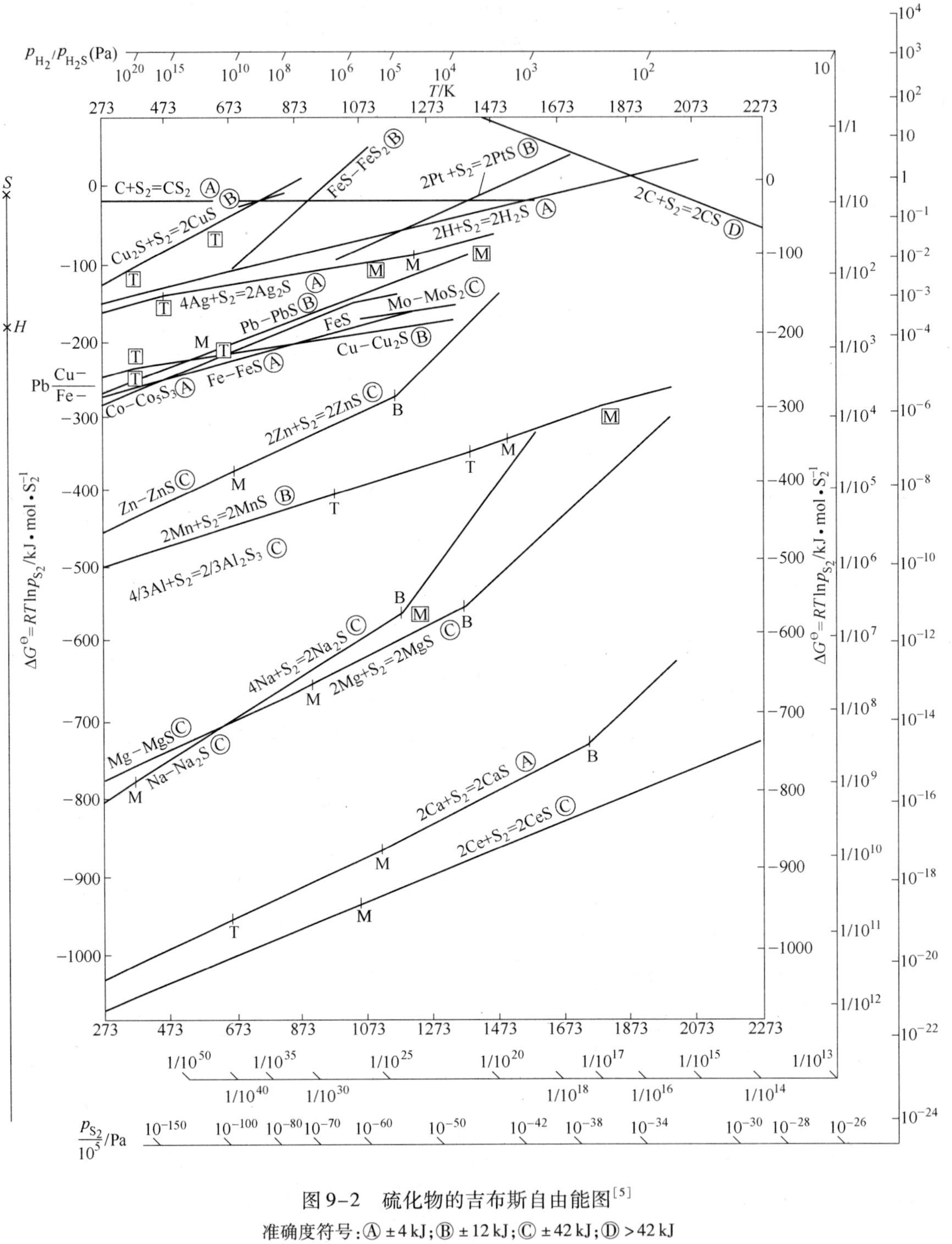

图 9-2　硫化物的吉布斯自由能图[5]

准确度符号：Ⓐ ±4 kJ；Ⓑ ±12 kJ；Ⓒ ±42 kJ；Ⓓ >42 kJ

相态变化符号：相变点 T；熔点 M；沸点 B；升华点 S

（图中不加方框的为元素，加方框的为氧化物）

F　稀土金属－铝的相互作用

稀土金属－铝之间能形成大量化合物，如 RE_3Al、RE_2Al、RE_3Al_2、REAl、$REAl_2$、$REAl_3$、

RE_3Al_{11}、$REAl_4$。在室温下除钪在铝中的溶解度为0.85%外，一般稀土金属在铝中的溶解度不大，在0.1% ~0.3%左右。稀土金属与铝的合金及化合物具有较高的抗腐蚀稳定性、强度、耐热性、耐磨性及较小的密度。稀土金属与铝的化合物良好的磁特性也是其重要特性之一。稀土金属与铝的合金及化合物在不同的新技术领域有广泛的应用前景。

G 稀土金属-锡的相互作用

已发表的二元状态图有La-Sn、Ce-Sn、Pr-Sn、Sm-Sn、Y-Sn等，镧、铈、镨与锡状态图上有三个化合物，如Ce_2Sn、Ce_2Sn_3、$CeSn_3$。在钐钇与锡的状态图上有五个化合物，如Y_5Sn_3、Y_5Sn_4等。

H 稀土金属-铅的相互作用

已建立了镧、钇等与铅的二元状态图，化合物有RE_5Pb_3、RE_5Pb_4、$REPb_3$。

I 稀土金属-砷的相互作用

稀土金属与砷的化合物主要有REAs，这类化合物有很高的熔点。

J 稀土金属-锑的相互作用

已建立了镧、钕、钇、镱与锑的二元状态图，镧-锑系中有四个化合物：RE_2Sb、RE_3Sb_2、$RESb$、$RESb_2$。

K 稀土金属-铋的相互作用

已发表的有Ce-Bi、Nd-Bi、Y-Bi二元状态图，Ce-Bi系中有四个化合物：Ce_3Bi、Ce_4Bi_3、$CeBi$、$CeBi_2$。

L 稀土金属-锌的相互作用

镧、铈、谱、钕、钐、铒、钇、镱都能与锌相互作用。La-Sn系有五个化合物：$LaZn$、$LaZn_2$、$LaZn_3$、$LaZn_{8-9}$、$LaZn_{11}$。Ce-Zn系有八个化合物：$CeZn$、$CeZn_2$、$CeZn_3$、$CeZn_{3.5}$、$CeZn_{4.5}$、$CeZn_7$、$CeZn_9$、$CeZn_{11}$。

M 稀土金属-硒的相互作用

稀土金属-硒二元系中所生成的化合物的组成和晶体学常数都非常近似于稀土金属-硫二元系中所确定的化合物。所有的稀土金属与硒都生成RESe化合物。

N 稀土金属-碲的相互作用

已发表了镧、钕、铒、镨、镱与碲的二元状态图，它们包括有不同数量的化合物。铈组元素与碲有七个到九个化合物。

稀土金属能与铸铁液中的几乎所有元素之间有良好的反应热力条件，它们之间的反应在铸铁液的温度范围内均能自发进行，其反应产物是稳定的。此外稀土金属与低熔点元素（熔点：铅327℃、锡232℃、铋271℃、锑631℃、砷814℃、硫113℃、磷44℃、硒220℃、碲450℃）所生成的化合物共同的特点是有相对高的熔化温度。这些都为改善铸铁组织和性能提供了条件。

9.2.1.6 稀土元素在铁中的固溶度

稀土元素在铁中的固溶度是指固态下统计地分布于铁晶格格点上的稀土量，它不包括在晶界、晶体缺陷等处的偏聚量，更不包括行成金属间化合物中的稀土量，用精确测定点阵常数法所得的结果较真实地反映固溶度的大小，从已发表的数据看，高温下稀土在铁中的固溶度小于 0.4%，室温下稀土在铁中的固溶度为 0.1%。

9.2.2 稀土在铸铁中的反应动力学

稀土(包括钇和钪)元素的平均密度为 6.9311 g/cm³，不包括钇和钪的稀土元素的密度在 6.1453～9.8404 g/cm³之间，其平均密度为 7.5006 g/cm³，均与铸铁的密度 7.2 g/cm³非常接近，因此试图用它们的密度差，加速稀土在铸铁中的扩散是困难的。铁的原子半径为 0.127 nm，稀土元素的原子半径 0.1641～0.1983 nm 之间均大于铁的原子半径，因此它们在铁原子之间运动也是困难，此外稀土氧化物稀土硫化物的熔点均高于铁水温度，这些化合物一旦包覆在稀土金属或稀土合金表面，将阻止稀土元素和铁液中的诸元素进一步反应。稀土元素在铁液中的反应动力学条件是不良的，是造成稀土在铸铁中分布不均匀，吸收不稳定的重要原因。在铸铁中应用稀土时必须采取适当措施以改善稀土在铁液中的反应动力学条件。如以惰性气体为载体喷吹稀土粉末，或用机械搅拌，或把稀土金属与低沸点金属(如镁和锌)配成合金，利用蒸气搅动铁液等，这些都是改善稀土在铁液中与诸元素反应动力学条件的有效措施。

9.2.3 稀土对铸铁组织和性能的影响[7]

铸铁是石墨和铁的基体的机械混合物，石墨和铁的基体状况对铸铁的性能和组织都有重要影响，稀土对石墨和铁的基体状况都有很大的作用。

9.2.3.1 稀土对铸铁中石墨形态的影响

按照稳定体系凝固的铸铁，在室温下所获得的铸铁中的石墨，可能有三种形态：球状、蠕虫状和片状。在常规条件下能获得片状石墨，而经过特殊处理后才能获得球状和蠕虫状石墨。

铸铁是铁/碳系统，它的生核、长大与金属/非金属系统的生核、长大的基础理论是相同的。在铸铁中石墨生成与长大都需要推动力。金属的固、液界面按原子尺寸是高低不平的。这种界面叫“粗糙界面”或“非小平面”，液体中的金属原子能很容易地吸附在“粗糙界面”上。只要很小的推动力就能使金属原子吸附到固液界面上去，这种推动力如此之小，甚至可以忽略不计，因此金属能很容易地在各种晶体学方向上长大。如铁凝固时生长的奥体枝晶，由于它很容易在各个晶体学方向长大，因此在长大方向上表现出球形特征。

非金属(如石墨)与金属不同，它的固液界面按原子尺度衡量是平滑的，液体中的非金属原子不容易吸附到这样的界面上去，它长大是很困难的。非金属只能在某几个晶体学方向上长大，它在长大过程中需要很大的推动力。如铸铁中的石墨，由于只能在某几个晶体学方向上长大而生成典型的六角形的外形。铸铁凝固时所需要的推动力可按下述公式进行计算

$$\mathrm{d}G = G_1 - G_s \tag{9-1}$$

式中 $\mathrm{d}G$——液相转变为固相时自由焓的差(即推动力的大小)，J/mol；

G_1——液相自由焓的大小，J/mol；

G_s——固相自由焓的大小，J/mol；

$$G_1 = U_1 - TS_1 = H_1 - TS_1 \tag{9-2}$$

式中 $H_1 = U_1 + PV_1$。

$$G_s = U_s - TS_s + PV_s$$

其中

$$H_s = U_s + PV_s \tag{9-3}$$

式中 U_l——液相内能,J/mol;

S_l——液相的熵,J/K;

V_l——液相的体积,m^3;

H_l——液相的热焓,J/mol;

U_s——固相内能,J/mol;

S_s——固相的熵,J/K;

V_s——固相的体积,m^3;

H_s——固相的热焓,J/mol。

将式9-2、式9-3代入式9-1

$$\begin{aligned} dG &= (H_l - TS_l) - (H_s - TS_s) \\ &= (H_l - H_s) - T(S_l - S_s) \\ &= L_m - T(S_l - S_s) \end{aligned} \tag{9-4}$$

其中

$$L_m = H_l - H_s$$

在熔点 T_m时,$dG = 0$

即

$$L_m - T_m(S_l - S_s) = 0$$

$$S_l - S_s = L_m / T_m \tag{9-5}$$

将式9-5代入式9-4

$$\begin{aligned} dG &= L_m - T(L_m / T_m) \\ &= L_m(T_m - T)/T_m \\ &= L_m \Delta T / T_m \end{aligned}$$

在一定系统中 L_m、T_m是常数,因此凝固的推动力大小与过冷度成正比。此外凝固的推动力大小与过饱和度成正比。在铸铁凝固时由于铁的生核与长大所需要的推动力很小,在铁/碳系中推动力主要是石墨生核与长大所需要的推动力。

石墨是密排六方晶,在棱面上两个相邻原子间最近的距离为0.142 nm,最远的为0.364 nm。在基面上两个相邻原子间最近的距离为0.142 nm,最远的为0.284 nm。表明基面组织比棱面致密。基面上两个相邻原子间的结合能为418 kJ/mol,在棱面上两个相邻原子间的结合能为4.18~8.36 kJ/mol,在基面上的界面能低于棱面上的界面能。按热力学规律石墨更容易在基面上长大,倾向于生成球状石墨或蠕虫状石墨。这一点已经为低氧、低硫铸铁在真空中凝固生成球状石墨所证实。在有硫氧存在的情况下由于硫、氧这类活性元素的原子半径很小(硫为0.104 nm,氧为0.066 nm),要比在棱面上两个相邻原子间最近的距离小得多,因此很容易吸附在棱面上,棱面吸附了硫氧后界面能大大降低并低于基面上的界面能,为石墨在棱面上优先长大提供了条件,最终生成片状石墨。在铸铁中加入稀土后,由于稀土和硫、氧有很强的亲和力,与硫、氧生成稳定的化合物,把硫、氧从棱面上清除掉,这样又提高了棱面的界面能,使其重新高于基面的界面能,结果是铸铁中的石墨生成球状,因此稀土及其合金是良好的球化剂。

9.2.3.2 稀土能细化铸铁共晶团

稀土和硫、氧有很强的亲和力，与硫、氧生成稳定的化合物，而这些化合物与石墨晶格的失配度都小于6%（见表9-4），因此它们可以作为外来核心，存在于铸铁中，使铸铁中的共晶团数大大增加，促进了铸铁组织细化，性能提高。稀土的这一孕育作用对亚共晶、共晶、过共晶铸铁均有效。

表9-4 石墨晶格与稀土硫化物的失配度

硫化物	石墨(d-110)/nm	硫化物(d-110)/nm	失配度	
			室 温	1150℃
CeS	0.570	0.403	-5.5	-4.1
LaS	0.585	0.414	-2.9	-1.5

9.2.3.3 稀土能中和铸铁中的反球化元素的作用

铸铁中的硫与氧是最常见的反球化元素，此外铸铁中还存在其他的微量反球化元素。反球化元素分为三类：消耗型的反球化元素，如硫、氧、硒、碲等，它们与镁稀土等球化元素结合成化合物，一部分尺寸合适的化合物成为石墨的外来核心，大部分作为渣而排出铸铁。另一类为晶界偏析型的反球化元素，如锡、锑、砷、硼、钛、铝等，在共晶结晶时，它们富集在共晶团的边界，促使碳在共晶后期结晶成畸型的枝晶状石墨，如果这些元素浓度较高，也可在共晶中期促成石墨畸变，形成团状和厚片状石墨。三是中间型的反球化元素，如铅和铋，它们含量较低时，主要通过偏析作用促成石墨畸变，含量较高时也消耗球化元素。反球化元素的原子量越大，反球化作用越强。即做球铁时这些元素在铸铁中的允许含量越小。此外铸件壁厚越大，反球化元素的破坏作用越大。

由于稀土能和这些干扰元素形成高熔点化合物，从而降低或消除它们在晶界偏析造成的石墨畸变的危害。在大断面球铁中消除干扰元素的干扰作用尤为重要，这是因为大断面球铁件凝固过程缓慢，会使干扰元素偏析增大，因而对球化的破坏作用加剧。但并不是稀土加入量越多越好。加入过量的稀土元素不仅无利反而有害。如为了消除铸铁中微量钛、铝、锑、铅的反球化作用，分别加入铈0.005%～0.007%、0.014%、0.015%和0.008%即可中和这些元素的有害作用。

9.2.3.4 稀土对铸铁的白口倾向有双重影响

微量稀土或稀土合金加入到铸铁中，在铸铁中增加了大量外来核心，对铸铁起孕育作用，可大大减轻铸铁的白口倾向，甚至可以消除铸铁的白口。但加入过量反而会增大铸铁的白口。因为稀土能促使铁-碳原子间结合力加强，它本质上是一个反石墨化的元素，加入过量以后促进渗碳体形成，抑制石墨析出的影响尤为明显，因此大大加重了铸铁的白口倾向。

9.2.3.5 稀土能改善和提高铸铁的力学性能

传统的铸铁是脆性材料，不具有冲击韧性和伸长率，通常抗拉强度为150～200 MPa，而球墨铸铁的性能则有成倍的提高。根据现有的国际标准和各国的国家标准，球墨铸铁的抗拉强度最低350 MPa，最高1585 MPa，最大伸长率18%，而实际上球铁试样伸长率可达22%。

稀土或稀土合金加入到铁水中可改善和提高铸铁的力学性能。稀土合金加入量与力学性能之间有明显的对应关系，随着稀土加入量的增加，力学性能出现两个峰值点，呈现出双峰值曲线，即随着稀土量的增加，力学性能也增大，当达到最佳孕育效果时，力学性能出现第一个峰值点，与原铁水的相应值相比可提高20%左右，亚共晶铸铁提高幅度较大，共晶和过共晶铸铁同样有效，但提高的幅度较小。随着稀土量的继续增加，铸铁抗拉强度非但不增加反而出现下降趋势，并逐渐达到一个波谷点（低点），其值与原铁水的相应值相当，也可能低于此值。再随着稀土量的继续增加，铸铁的抗拉强度又呈上升趋势，提高的幅度更大，而且提高速度更快，逐渐达到第二个峰值点。其值与原铁水相应值相比，可提高一倍以上，因为这时铸铁中的石墨已经由片状变为球状（或球状加蠕虫状）。其关系曲线即双峰值曲线。无论用稀土金属处理还是用稀土合金处理，都有相同的变化趋势，但所处理的铸铁达到峰值点时，稀土的加入量随所处理铸铁成分和所用的稀土类型（稀土金属或合金）的不同而变化（见图9-3和图9-4）。

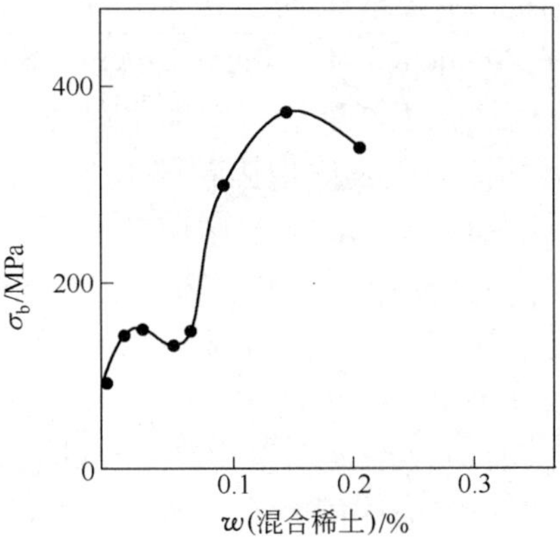

图9-3 共晶铸铁的抗拉强度与混合稀土金属加入量的关系

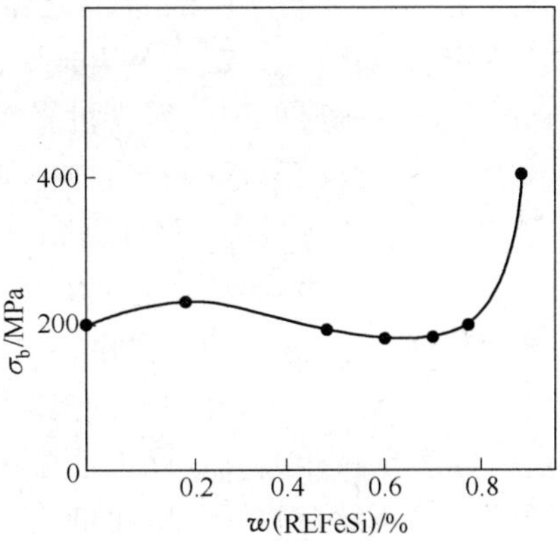

图9-4 亚共晶铸铁的抗拉强度与稀土合金加入量的关系

稀土不仅能提高铸铁的常温性能，还能提高铸铁的高温性能，图9-5显示了含稀土的球墨铸铁和灰口铸铁及灰铁的抗拉强度随温度变化的关系曲线。

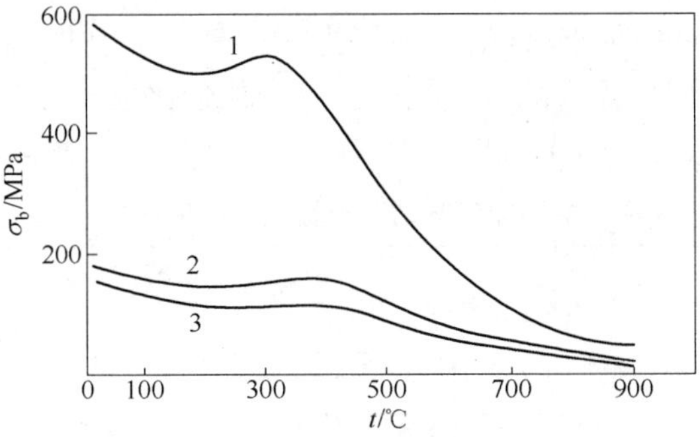

图9-5 几种铸铁的抗拉强度－温度曲线

1—球铁；2—稀土灰铁；3—灰铁

9.3 稀土三剂和含稀土铸铁的处理方法

9.3.1 稀土三剂[7,8]

稀土三剂是指含稀土的球化剂、蠕化剂和孕育剂。稀土三剂质量的好坏对所制取的球墨铸铁、蠕墨铸铁和稀土灰铁的质量好坏有重要的影响。世界各国的铸造工作者对此进行了长期的和系统的研究。

9.3.1.1 含稀土的球化剂

对各元素的研究表明,在化学周期表中有球化能力的元素可分为三类(见表9-5)。

表9-5 球化元素球化能力的分类

球化能力	球化元素	应用条件
强	Mg、Ce、La、Ca、Y	常规条件
中	Li、Sr、Ba、Tb	非常低的硫
弱	Na、K、Zn、Cd、Sn、Sb、Al	非常低的硫+高冷速

镁和稀土都是球化剂中的重要元素,1947年稀土作为球化剂已在工业生产中使用。1948年3月M. Morrogh和W. J. Williams在论文The Production of Nodular Graphite Structures in Cast Iron中宣布获得成功。尽管世界上第一个在工业化生产中应用的球化剂是稀土金属及其合金,其球化效果好,且中和铁水中的干扰元素的能力很强。但因价格较贵,稀土在铁水中的反应动力学条件较差,而且白口倾向较大,过量时会使球状石墨畸变。随后很快在1948年5月人们又开发研制了镁球化剂,镁作为球化剂使用时,促使石墨由片状变为球状能力很强,又因其沸点低于铁水温度,在铁水中镁变为镁蒸气,对铁水起强烈的搅拌作用,因此镁在铁水中反应动力学条件非常好。很长时期内作为主要球化剂在各国使用。但在处理时会产生大量镁光和镁蒸气。这也使生产环境恶化,有时甚至会引发生产安全事故。因此又研制开发了镁和稀土的复合球化剂,使两种元素的优点互补,同时克服两者的不足。我国是最早研制应用稀土镁球化剂的国家。20世纪60年代研制出了著名的稀土镁硅铁合金,即6号合金(镁8%,稀土8%)和4号合金(镁8%,稀土18%)。国外则在镁球化剂中加入少量稀土,称为改进型的球化剂。目前中国的稀土镁硅铁合金中的稀土含量逐渐降低,常用球化剂中的稀土含量降低到了0.5%~4.0%,同时也保留了部分高稀土含量的球化剂。国外球化剂中稀土含量略有增加,从0增加到3%左右,两者之间的镁与稀土的比值逐渐接近。但有部分中国球化剂中稀土/镁的比值略大于国外球化剂的相应值。随着生产的不断发展,人们确定在球化剂中,镁和稀土之间应有一个最佳比值。球化剂中应以镁为主要球化元素,稀土为辅助球化元素。即在球化剂中镁/稀土大于1。中国的国家标准见表9-6。

表9-6 中国球化剂的国家标准(GB/T4138—1993)

牌号	成分(质量分数)/%						
	RE	Mg	Ca	不大于			Fe
				Si	Mn	Ti	
FeSiMg6RE1	0.5~<2.0	5.0~7.0	1.5~3.0	44.0	1.0	1.0	余量
FeSiMg7RE1	0.5~<2.0	6.0~8.0	≤1.5	44.0	1.0	1.0	余量
FeSiMg7RE3	2.0~<4.0	6.0~8.0	2.0~3.5	44.0	1.0	1.0	余量
FeSiMg8RE3-A	2.0~<4.0	7.0~9.0	≤2.0	44.0	1.0	1.0	余量
FeSiMg8RE3-B	2.0~<4.0	7.0~9.0	2.0~3.5	44.0	1.0	1.0	余量
FeSiMg8RE5	4.0~<6.0	7.0~9.0	≤3.0	44.0	2.0	1.0	余量
FeSiMg8RE7	6.0~<8.0	7.0~9.0	≤3.0	44.0	2.0	1.0	余量
FeSiMg10RE7	6.0~<8.0	9.0~11.0	≤3.0	44.0	2.0	1.0	余量
FeSiMg9RE9	8.0~<10.0	8.0~10.0	≤3.0	44.0	2.0	1.0	余量
FeSiMg8RE18	17.0~<20.0	7.0~10.0	≤3.0	42.0	4.0	2.0	余量

稀土镁硅铁合金除了生产成块状外，随着喂丝法工艺的发展，球化剂还制成包心线的形式，用薄钢板（厚约 0.3 mm）把稀土硅铁镁包成截面为方形（9 mm × 4 mm，12 mm × 5 mm，14 mm × 7 mm，16 mm × 7 mm）或圆形的（ϕ6 mm，ϕ8 mm，ϕ10 mm，ϕ12 mm）线状球化剂。

世界上应用的不含稀土的合金有硅铁镁合金、纯镁（Mg > 99%）、镍镁（Mg15%，20%，50%，余为 Ni）、镍铜镁等。

目前除了研究球化剂的成分外，还对球化剂中氧化镁含量对球化效果的影响进行了研究，表明氧化镁也是球化的干扰因素之一，在球化剂中有一个临界含量，超过此量将影响球化效果，造成球化不良，研究表明球化剂中的氧化镁与镁的比值应小于 0.1，其表达式为氧化镁/镁小于 $0.1^{+0.02}$。此外对球化剂颗粒的形态对球化处理的影响也进行了研究，同样尺寸的球化剂颗粒，四面体单位体积球化剂拥有的面积最大，多面的相应值随着其面数增大而减小，球体的此值最小。在同样铁水温度下，球化剂在铁水中的反应速度，从四面体→多面体→球体依次减小。这些因素受生产工艺水平控制[8]。

9.3.1.2 含稀土的蠕化剂

M. Morrogh 和 W. J. Williams 用铈制取球墨铸铁时，同时得到了蠕墨铸铁（当时称之为伪片状铸铁），应该说铈是最早发明的含稀土的蠕化剂。由于认为蠕虫状石墨是一种不稳定的球化不良的石墨形态，未受到足够的重视。1955 年有研究者在系统研究后指出：蠕墨铸铁是处在灰口铸铁和球墨铸铁中间的一种材料，是能稳定的制取的，促进了这种铸铁的研究。由于镁球化剂的发明，也对镁用作为蠕化剂进行了研究，发现只有铸铁中镁的残留量在 0.015% ~0.020% 之间，即只有在 0.005% 范围内才能得到蠕墨铸铁，因此很难实现工业生产。20 世纪 60 年代，由于美国国际镍公司的 R. D. Schelleng 在 1966 年发明了用镁钛系合金制取蠕墨铸铁的专利和奥地利 W. Thury 等人在 1968 年获得了用混合稀土金属制取蠕墨铸铁的专利，并相继用于生产后，蠕墨铸铁的生产才有了迅速发展。我国为了在铸铁炉料中少用废钢，而用稀土硅铁合金处理铁水，得到了厚片状石墨铸铁，即蠕墨铸铁，并在 1966 年发表了在生产中应用的结果。镁钛系合金制取蠕墨铸铁在一个时期内得到很大发展，但由于含钛的蠕铁混入回炉料中，会对球铁原铁水起到污染作用，因此其应用逐渐减少，目前趋于应用稀土镁系合金。

国内外研究表明稀土是使石墨蠕化的有效元素，含稀土的蠕化剂可分为四类：稀土金属或混合稀土金属、稀土硅铁合金、稀土硅钙铁合金和稀土镁硅铁合金。

A 稀土金属或混合稀土金属

稀土金属或混合稀土金属，在混合稀土金属中分低铈混合稀土金属和高铈混合稀土金属，目前单一稀土金属铈用的较少，大多采用低铈混合稀土金属（稀土总量高于 99%，其中含铈约 50%）。加入混合稀土金属比较容易获得蠕墨铸铁，混合稀土金属加入量和铁水中硫、氧含量有关，硫、氧含量升高，混合稀土金属加入量加大，但最终只要稀土残留量大于 0.02% 即可获得蠕墨铸铁（见表 9-7）。

表 9-7 混合稀土金属加入量与原铁水含硫量的关系

原铁水含硫量/%	混合稀土金属加入量/%	原铁水含硫量/%	混合稀土金属加入量/%
0.003（用 CaC_2 脱硫后）	0.05	0.132	1.05
0.012	0.10	0.160	1.20

一般情况下混合稀土金属加入量范围较宽，因此有足够的把握避免出现加入量不足或加入量过大的现象。因混合稀土金属价格较贵，只有在铁水中含硫量很低时使用才是合理的。

B　稀土硅铁合金

作为蠕化剂使用的稀土硅铁合金中通常含稀土 20% ~30%，硅 40% ~50%，余为铁。蠕化处理时合金的加入量与原铁水的含硫量有关（见表 9-8）。

表 9-8　稀土硅铁合金加入量与原铁水含硫量的关系

硫含量/%	0.03	0.04	0.05	0.06	0.07	0.08	0.09	0.10	0.11
稀土硅铁加入量/%（含稀土 21.5%）	0.82	0.98	1.14	1.30	1.47	1.63	1.79	1.97	2.15

由于稀土的沸点远高于铁水温度，处理时无烟气和铁水飞溅，处理比较安全，但因稀土金属是重原子金属，原子半径较大，在铁水中自扩散能力弱，容易造成偏析，因此在处理时应采取必要的工艺措施，改进稀土在铁水中的反应动力学条件，促使稀土分布均匀，制取合格的蠕铁。

C　稀土钙硅铁合金

鉴于稀土硅铁合金制取蠕墨铸铁还不够稳定，加入量也偏窄，又有一定的白口倾向，随后开发了稀土钙硅铁合金（RE 10% ~15%，Ca 15% ~20%，Si 约 50%，余量为铁）。应用结果表明稀土和钙都能使石墨变态，和稀土硅铁相比，临界加入量范围变宽了，白口倾向减小了。钙虽然有很好的脱氧和脱硫以及促使石墨变态的作用，但由于氧化钙和硫化钙熔点很高，一旦包覆在合金表面，会阻止合金进一步反应，因此处理时铁水温度要高，同时要强烈的搅拌，打破其包覆层，使反应进一步进行。

D　稀土镁硅铁合金

稀土镁硅铁合金即可作球化剂也可作蠕化剂，作蠕化剂时，一般用稀土含量高的合金如四号合金（RE 18%，Mg 8%）和六号合金（RE 8%，Mg8%）。稀土和镁的优点相互补充，同时又克服了彼此的缺点。处理时即有良好的反应热力学条件，又有良好的反应动力学条件。在稀土镁硅铁基础上，有时还加入钙、锌、铝、钛等，进一步改善其品质。稀土镁硅铁合金是目前国际上比较认同的蠕化剂（见表 9-9 和表 9-10）。

表 9-9　国外部分蠕化剂专利

牌　号	成分（质量分数）/%						备　注
镁钛合金	Mg	Ti	Ce	Ca	Al	Si	美国专利 No. 3421886
	4.5 ~5.5	8.5 ~10.5	0.25 ~0.35	4.0 ~5.5	1.0 ~1.5	48.0 ~52.0	
混合稀土金属	RE >99，其中 Ce >48						奥地利专利 No. 290592

表 9-10　中国部分蠕化剂

牌　号	成分（质量分数）/%								
	Mg	Ti	RE	Ca	Al	Si	Mn	Zn	Fe
4 号合金	7 ~10	<2	17 ~20	<5.0		<42	<4		余
稀土硅铁			29 ~32	<4.0		<40	<4		余
稀土钙合金			10 ~15	1015		<60	≤5		余

续表 9-10

牌号	成分(质量分数)/%								
	Mg	Ti	RE	Ca	Al	Si	Mn	Zn	Fe
稀土钙合金			15~20	7~10		<55			余
稀土钙镁合金	5~7		7~10	≥10		<48			余
稀土钙镁合金	3~5		10~15	≥8		<48			余
稀土镁钛合金	4~6	4~7	0.5~2	4~6		<48			余
稀土镁钛合金	4~6	7~10	0.5~2	4~6		<48			余
稀土镁钛合金	4~6	4~7	7~10			<48			余
稀土镁锌合金	3~5		18~22		1~2	<45	2~5		余

和球化剂一样，蠕化剂除了颗粒状以外，也有包心线，其尺寸规格与球化剂一样。

9.3.1.3 含稀土的孕育剂

1924 年美国人获得了世界上一个孕育铸铁的专利，此后运用孕育技术控制灰口铸铁组织与性能取得了很大的进展，标志着铸铁性能和质量有了一个飞跃。随后出现了“孕育”一词，国际铸造词典中对“孕育”的定义为“往液体金属中加入某种物质的一种操作，由此引起物理化学变化，这个变化与该物质作为合金元素时所产生的变化是不同的”。孕育在铸造生产中主要有三方面的应用：

(1) 早期主要对白口麻口铸铁孕育，以消除白口，提高强度，细化石墨，制取高强度的孕育灰口铸铁，近年来发展要求通过孕育有效的控制毛坯的硬度，使铸件的硬度既不过高也不过低，在一个适当范围内。主要孕育剂是硅铁。

(2) 可锻铸铁的孕育与灰口铸铁的目的相反，是要防止铸态出现灰点，获得全白口组织，并在退火过程中增加石墨核心，缩短碳原子扩散距离加速石墨化过程。

(3) 是对球墨铸铁蠕墨铸铁孕育可有效地消除白口，细化石墨球直径和蠕墨尺寸，提高球化率，增加单位面积上的共晶团数并在防止缩松和石墨畸变方面有重要作用。1961 年道森将混合稀土加入铁水中，发现稀土对灰口铸铁也有良好的孕育作用。1967 年又研究出了可用于生产的稀土硅铁合金。20 世纪 60 年代，我国和苏联也都开展了稀土在铸铁中作用的研究，80 年代初清华大学的研究者，把稀土在制取球墨铸铁、蠕墨铸铁和稀土灰口铸铁作为一个整体系统地进行了研究，发现稀土铸铁性能并不是随着稀土加入量增加而呈线性变化，而是出现两个峰值点、一个波谷点。第一个峰值点的抗拉强度与原铁水相应值比较，提高约 20% 左右。第二个峰值点处则提高一倍以上，波谷点处的抗拉强度与原铁水相应值比较，其值相当或略低。在第一峰值点处，石墨为均匀的 A 型石墨，第二个峰值点处则是球状石墨加蠕虫状石墨，或是球状石墨，在波谷点处则是 D、E 型等混杂石墨。此曲线被称为双峰值效应曲线。稀土合金这一特性是其他合金所不具备的。目前除了稀土硅铁合金以外，还发展了大量含有钡、锶、钙等元素的稀土合金。修定后的稀土硅铁合金中国的国家标准见表 9-11。

表 9-11 稀土硅铁国家标准(GB/T4137—1993)

牌号	成分(质量分数)/%					
	RE	Si	Mn	Ca	Ti	Fe
		不大于				
FeSiRE23	21.0~24.0	44.0	3.0	5.0	3.0	余量
FeSiRE26	24.5~<27.0	43.0	3.0	5.0	3.0	余量

续表 9-11

牌 号	成分(质量分数)/%					
	RE	Si	Mn	Ca	Ti	Fe
	不大于					
FeSiRE29	27.0 ~ <30.0	42.0	3.0	5.0	3.0	余量
FeSiRE32 - A	30.0 ~ <33.0	40.0	3.0	4.0	3.0	余量
FeSiRE32 - B	30.0 ~ <33.0	40.0	3.0	4.0	1.0	余量
FeSiRE35 - A	33.0 ~ <36.0	39.0	3.0	4.0	3.0	余量
FeSiRE35 - B	33.0 ~ <36.0	39.0	3.0	4.0	1.0	余量
FeSiRE38	36.0 ~ <39.0	38.0	3.0	3.0	2.0	余量
FeSiRE41	39.0 ~ <42.0	37.0	3.0	3.0	2.0	余量

9.3.2 含稀土铸铁的各种处理方法

9.3.2.1 铁水的预处理[7]

铁水的预处理包括温度的调整和脱硫处理。保持始终如一的处理温度，对稳定铁水对球化剂和蠕化剂的吸收率和所生产铸件的质量优良具有重要的作用。理想的处理温度为1480 ~ 1500℃，温度过高，镁的烧损加大吸收率降低；温度过低则对夹杂物的排除和铁水的充型不利。

对要进行球化和蠕化处理的铁水进行预脱硫，是获得高质量球铁和蠕铁的重要措施，一般希望原铁水的含硫量小于0.03%，铁水中含硫量高于此值时应进行预脱硫，为了达到良好的脱硫效果，必须考虑以下基本因素：

(1) 铁水温度足够高；

(2) 脱硫剂与铁水能充分接触；

(3) 脱硫产物要易于清除；

(4) 脱硫处理时烟气要少；

(5) 脱硫工艺简便脱硫剂供应充足；

(6) 脱硫装置维修方便。

铁水的预处理有以下几种方法：

(1) 包内冲入法。把苏打粉(Na_2CO_3)置于浇包底部或冲天炉的出铁槽，然后冲入铁水，这时发生分解反应：

$$Na_2CO_3 = Na_2O + CO_2$$

然后

$$Na_2O + MnS = Na_2S + MnO$$

$$Na_2O + FeS = Na_2S + FeO$$

Na_2CO_3分解时产生CO_2使铁水翻腾，加速了脱硫反应的进行，Na_2S的密度小于铁水的密度，很快浮入渣中可予以排除，从而达到了脱硫的目的。

苏打粉的加入量一般为0.3% ~ 0.5%。此法脱硫效率较低，一般仅为20% ~ 30%，最高为50%，且只有铁水中硫大于0.1%时效果较好。此法脱硫时烟雾较大，苏打对浇包的侵蚀严重，目前应用已不多。

(2) 多孔(透气)塞法。气体通过多孔塞进使铁水搅动,使铁水与脱硫剂充分接触,达到脱硫目的。多孔塞一般用高铝耐火材料制成,并置于浇包底部,输入氮气,脱硫剂为CaC_2,加入量0.75%,处理温度应大于1450℃,处理时间为3~4min,耗气量0.3~0.7m^3,硫可自0.1%脱至0.01%。图9-6是多孔塞脱硫示意图。

(3) 机械搅拌法。将一个空心"T"型耐火材料管插入铁水,用电机使其转动,利用虹吸原理使铁水不断从底部吸入,从"T"型耐火材料管上部两端排出,使铁水和CaC_2充分接触,达到脱硫目的。"T"型耐火材料管转速为70r/min,用0.5%~0.7% CaC_2,在4 min内,硫从0.07%脱至0.005%。图9-7是机械搅拌法装置示意图。

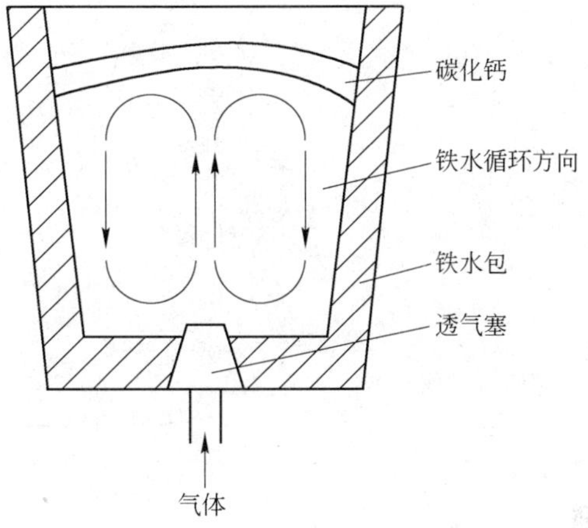

图9-6 多孔塞脱硫示意图

(4) 摇包脱硫法。把处理包放在一个偏心转盘上,以一定的时间(15 s)间隔正逆变换转动,在铁水面上的CaC_2,在摇包正逆变换转动时与铁水充分接触,达到脱硫目的,用1.0% CaC_2,在2 min内,硫从0.11%脱至0.008%。图9-8是摇包脱硫法装置示意图。此法降温较大,约100℃,只有当铁水温度高于1450℃,铁水量大于1t时适用。

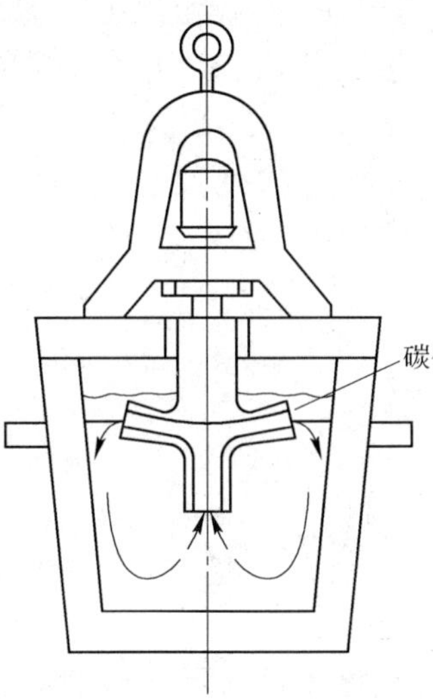

图9-7 机械搅拌法装置示意图

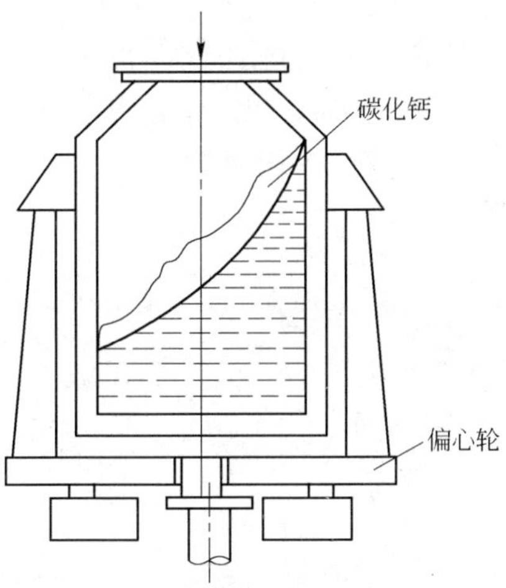

图9-8 摇包脱硫法装置示意图

(5) 冲天炉连续脱硫法。冲天炉连续脱硫法是将多孔(透气)塞法在冲天炉前使用。其装置见图9-9。

9.3.2.2 铁水球化、蠕化处理工艺

球化剂、蠕化剂一般都含有镁和稀土,因此国内外开发的球化处理工艺和蠕化处理工艺非常类似,甚至完全相同。球化处理工艺和蠕化处理工艺的好坏,是能否获得高质量的球铁

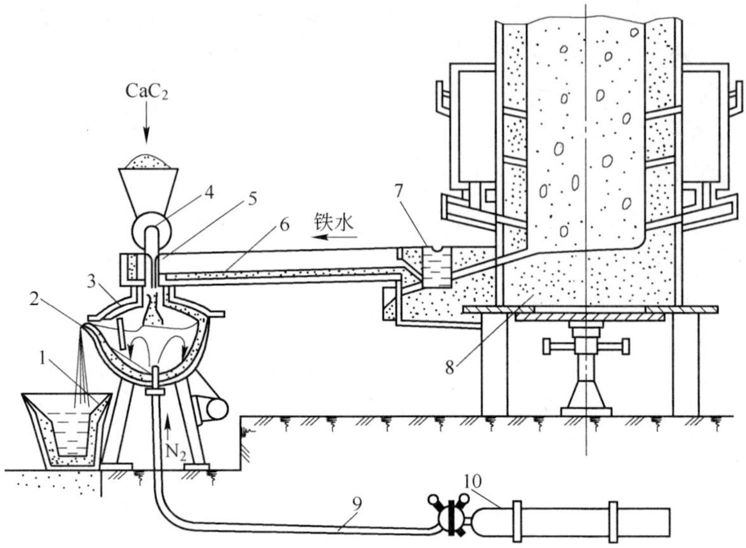

图9-9 冲天炉连续脱硫法示意图

1—铁水包;2—多孔塞;3—电动转包;4—旋转加料器;5—石墨管;6—冲天炉出铁槽;7—撇渣器;8—冲天炉;9—氮气导管;10—氮气瓶

和蠕铁的重要因素之一。目前常用的铁水球化、蠕化处理工艺有以下几种:

(1)冲入法。冲入法分简单冲入(或开包法)法和夹心法。简单冲入法是直接把合金置于浇包底部,随后冲入高温铁水。这种处理工艺简便,但合金吸收率波动大,此法已基本不用。夹心法则是在球化剂和蠕化剂置于浇包底部后,在其上方覆盖孕育剂后,再覆盖无锈钢屑或球铁或薄的低碳钢板,然后再冲入铁水,此法又称"三明治"法。这是一种连续完成的球化、蠕化和孕育的处理方法。用冲入法处理时,处理包的尺寸十分重要,当处理包的高度 $H=1.5-2D$(处理包的直径)时有较好的效果。处理包的示意图见图9-10。

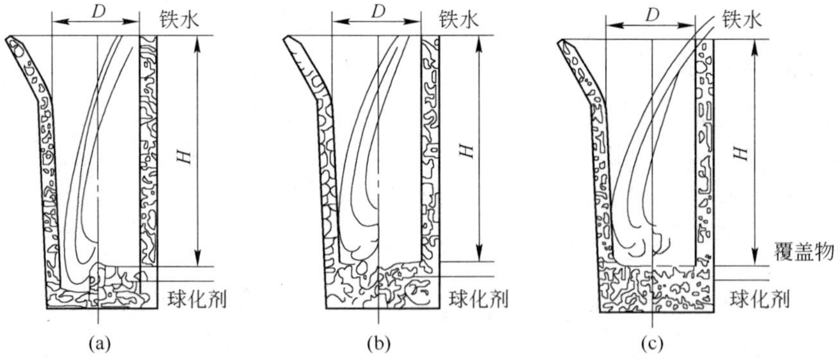

图9-10 冲入法、夹心法处理工艺简图

(a)堤坝式处理包开包法;(b)中间凹坑式处理包开包法;(c)侧凹坑式处理包(加心法)

(2)多孔(透气)塞法。用多孔(透气)塞法进行球化或蠕化处理时,其使用装置同图9-6。不过在铁液面上放置的不是脱硫剂而是球化剂或蠕化剂。这种方法的优点是脱硫球化或蠕化孕育在同一装置中进行，低镁高稀土或无镁稀土合金更适用此法。

多孔（透气）塞一般用高铝耐火材料制成，处理铁水超过10t时，耗氮气或氩气为0.198～0.283 m^3/t。

（3）钟罩压入法。钟罩压入法使用装置见图9-11。

使用时先将合金置于钟罩内，然后将钟罩压入铁水，并上下运动直至反应完毕。其优点是可防止合金上浮被空气中的氧所氧化，可提高合金的吸收率；缺点是需要制造专用的钟罩，操作上比冲入法麻烦和在处理时有较大的烟雾对环境有污染。所以处理时在包上通常加一盖板。此法适用于高镁合金，现在已应用不多。

（4）压力加镁法。压力加镁法是对钟罩压入法的改进。处理时采用能承受10 MPa左右的密封包，密封包可由镁金属沸腾产生的镁蒸气自建压力，或是由外部通入惰性气体来建立压力。自建压力法用得较多。此法主要在镁金属作为球化剂时使用。此法工艺稳定，镁吸收率高，是一种成熟的球化处理工艺。密封包结构复杂，操作要求高，稍有不慎就会出现安全事故。图9-12是一种压力加镁包处理的示意图。

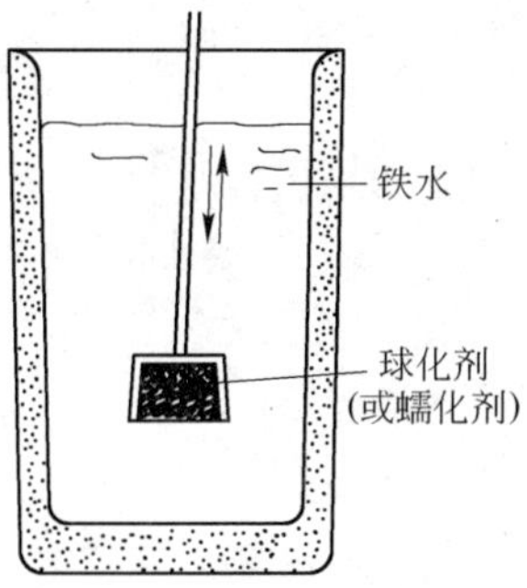

图9-11　钟罩压入法示意图

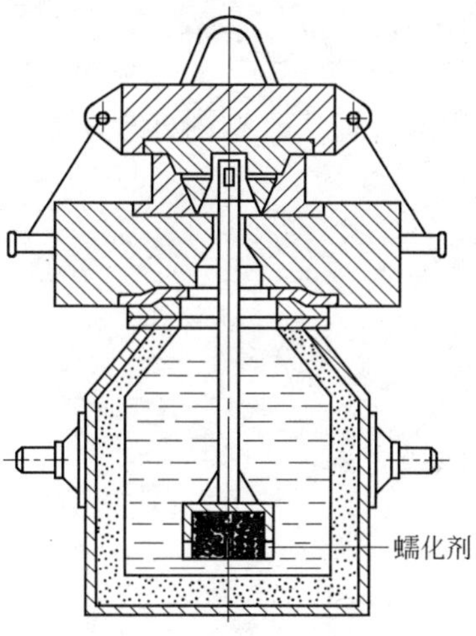

图9-12　一种压力加镁包处理的示意图

（5）中间盖包法。中间盖包法是一种改进了的冲入法，其装置示意图见图9-13。

处理时铁水从中间盖包上直径为 D 的孔流入处理包，因而球化反应是在密闭式的处理包中进行，提高了处理稳定性和合金吸收率，并减少在处理时产生的烟雾，铁水的温度也降低的较少。此结构的关键是喂槽盖上孔的直径 D，D 可根据公式进行计算：

$$D=2.2\sqrt{\frac{W}{t\sqrt{h}}}$$

式中　W——处理铁水量，kg；

t——浇注时间，s；

h——铁水高度，cm。

（6）密流法。密流法是将球化剂或蠕化剂放在一个特殊结构中，连续进行球化或蠕化处理。此法可省去处理包，铁水经特殊设计的反应室，即可完成球化或蠕化处理的目的。合金无氧化，少烟雾，铁水纯净度较高。示意图见图9-14。

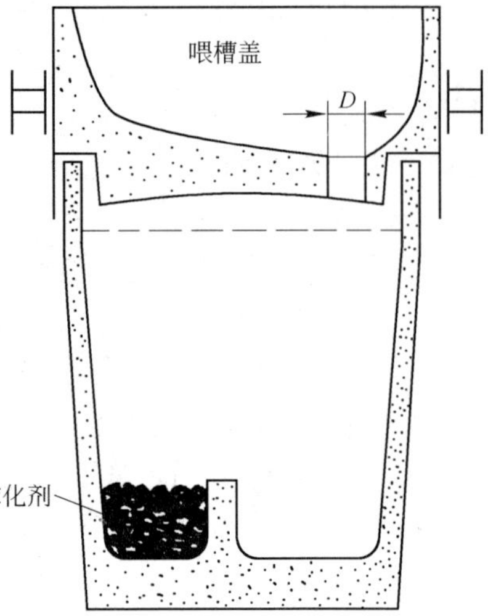

图9-13 盖包法装置示意图

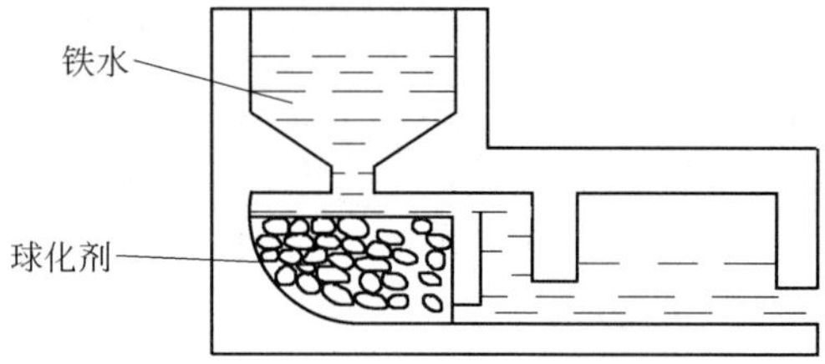

图9-14 密流法示意图

(7) 型内处理法。型内处理法是一种先进的处理工艺，适用于流水生产，其浇注系统示意图见图9-15。

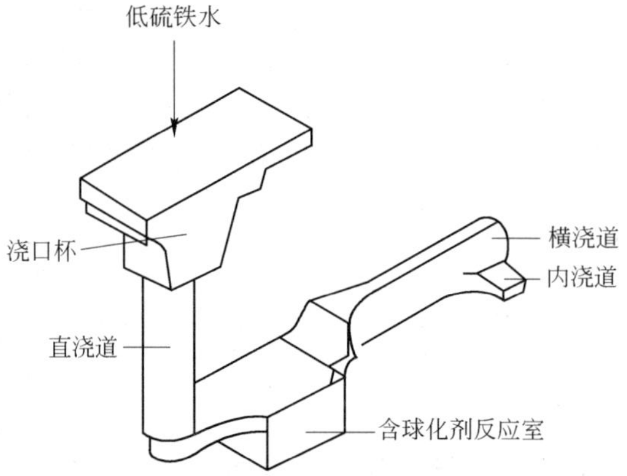

图9-15 型内处理浇注系统示意图

处理时将合金置于反应室内，当铁水流经反应室时即完成了球化或蠕化处理。用此法处理时，铁水流量与反应室断面面积有关。用这一工艺可获得优良的球铁和蠕铁，处理时烟雾较少，合金吸收率提高，球化蠕化与孕育可同时完成，处理过程温度降低小，并可取消处理包，没有球化、蠕化、孕育衰退现象。但处理时对铁水温度、流速和合金尺寸要求较高并要求稳定。原铁水含硫量小于0.01%最好采用压力式浇注系统。

(8) 转包处理法(又称GF转包法)。转包法是瑞士George Fisher的专利。其处理示意图见图9-16。

处理前将镁金属置于反应室内，然后将高温铁水倒入并关盖。再将转包转至垂直位置，镁在铁水中反应结束后去渣、浇铸。转包法可提高合金吸收率，降低成本。处理时间一般在

10 ~ 90 s,最终可使铁水含硫量小于 0.006%。

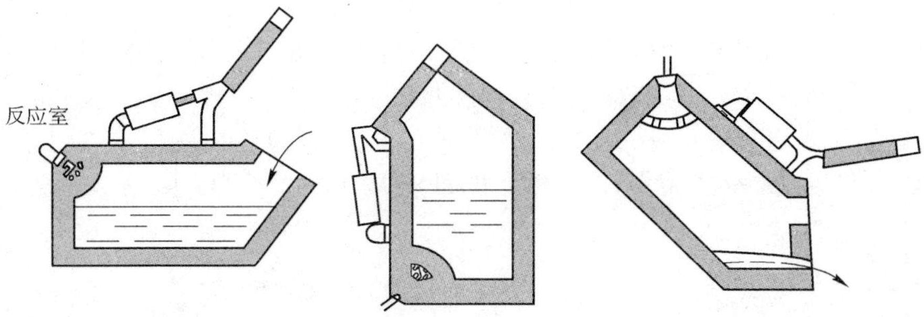

图 9-16 转包法处理示意图

(9) 喂丝法。这是一种近年来发展起来的新工艺,处理工艺稳定,合金吸收率高,适于进行自动化生产,球化剂或蠕化剂包覆在薄钢板(或铜板)中,可防止合金被大气中的氧所氧化,并直接进到铁水底部,可通过用计算机控制喂丝的速度,根据原铁水含硫量,精确加入合金量。使用这种工艺可减少处理对环境的污染。喂丝法既适用于球铁生产也适用于蠕铁生产。特别是用于对合金加入量要求极为严格的蠕铁的生产。因此近年来获得很快发展。在德国应用此工艺的铸造企业已达到 30% 以上[13]。但在处理时应使包芯线与铁液面垂直,这样可避免包芯线漂浮在液面上,顺利插入铁液底部。为此已有一种改进的喂线机,机器呈直立状,在输入包芯线时,不需要转 90°,而直接插入铁水。这种喂线机安装较困难。喂丝法处理示意图见图 9-17。

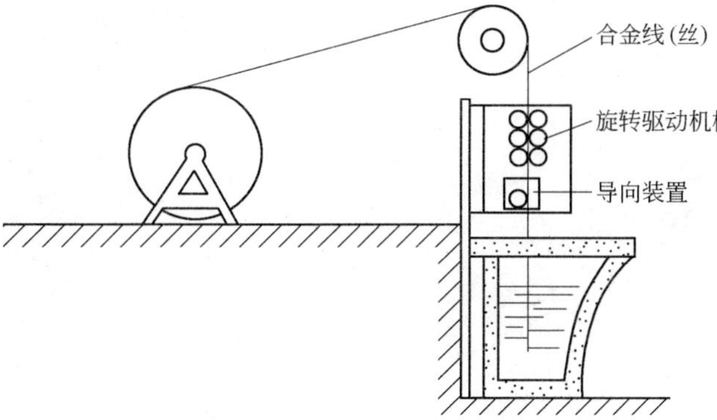

图 9-17 喂丝法处理示意图

(10) 喷吹法。喷吹法是借助于气体通过流化床,使处于喷吹罐内的合金粉流态化,随后经助喷器和喷枪进入铁水完成球化或蠕化处理大大改善了合金与铁水间的反应动力学条件,特别适用于用稀土合金对铁水进行处理,合金吸收率高,处理效果稳定,并可使球化(或蠕化)与孕育一次完成。其缺点是喷吹设备较贵,高镁含量合金不宜用此法,同时处理时粉尘较大,对环境有污染(见图 9-18)。

(11) 炉内及中间包处理。为了改善稀土在铁水中反应动力学条件又避免使用需较大

投资的喷吹设备,减少维修工作量,生产中又发展了一些简易的处理工艺:

1)炉内处理法。此法只适用工频、中频和高频感应电炉。当炉内铁水达到所要求的温度后,扒渣使铁水液面清洁,然后把稀土合金撒在液面上,由于磁力搅拌作用,稀土合金与铁水充分反应,合金被铁水充分吸收而达到很好的蠕化效果。

2)出铁槽撒入法和中间包处理法。这两种方法在处理时均加强了对稀土合金的搅拌作用,提高了合金吸收率,使蠕化效果稳定(见图 9-19 和图 9-20)。

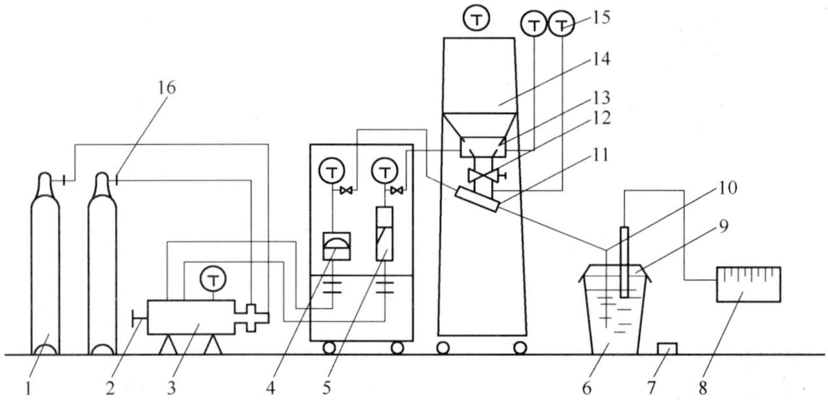

图 9-18 喷吹处理流程图

1—氮气瓶;2—截止阀;3—储气罐;4—流量计;5—玻璃转子流量计;6—铁水包;7—样杯;8—温度记录仪;9—热电偶;10—喷枪;11—助喷器;12—球阀;13—流化床;14—喷粉罐;15—压力表;16—减压器

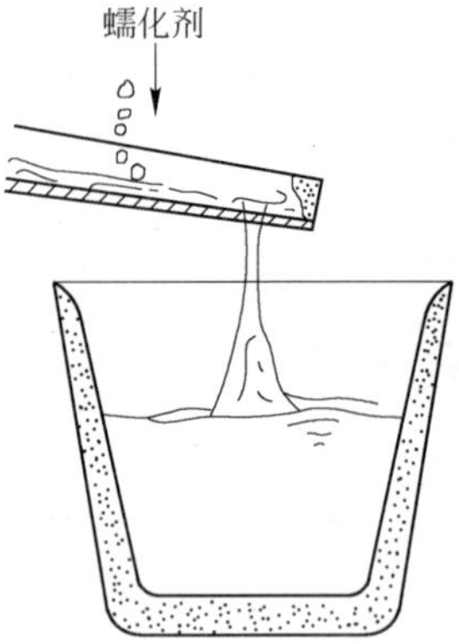

图 9-19 出铁槽撒入法示意图

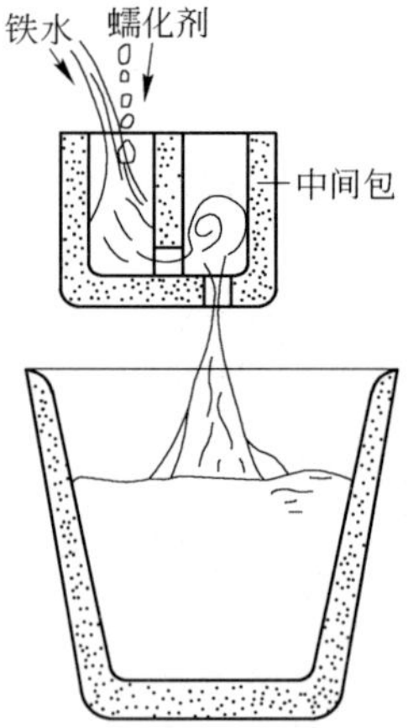

图 9-20 中间包处理法示意图

9.3.3 孕育处理工艺

有些球化(蠕化)处理工艺,如冲入法、多孔塞法、型内处理法、喂丝法、喷吹法和中间包法均适宜做孕育处理工艺,此外还有浇口杯孕育法、瞬时孕育法和浮硅孕育法。这些方法都能达到很好的孕育效果和防止孕育衰退(见图 9-21、图 9-22 和图 9-23)。

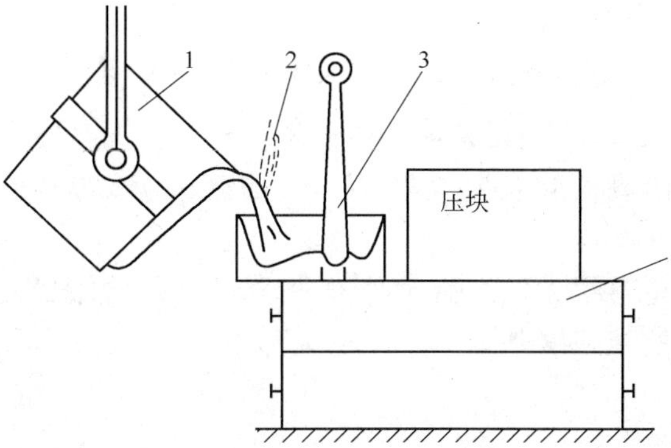

图 9-21 浇口杯孕育法

1—浇包;2—孕育剂;3—浇口杯和塞杆;4—铸型

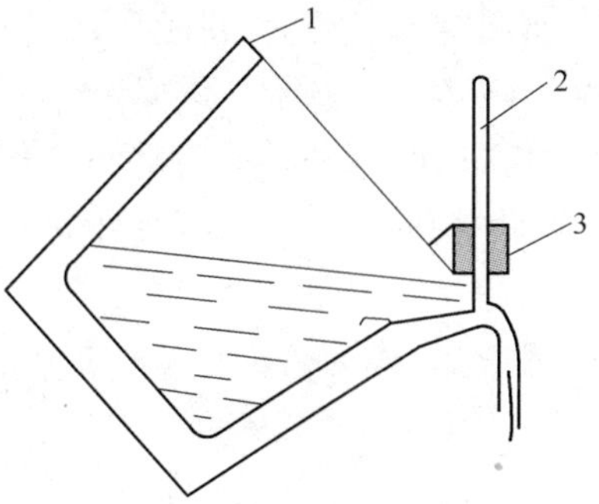

图 9-22 瞬时孕育法

1—铁水包;2—硅铁棒;3—导管

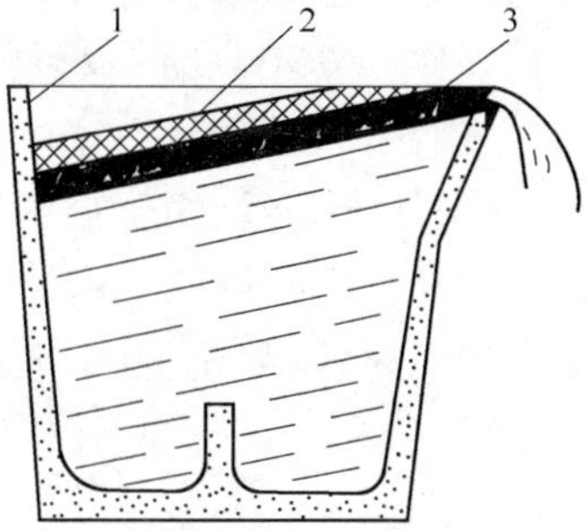

图 9-23 浮硅孕育法

1—铁水包;2—草灰; 3—硅铁

9.4 含稀土的球墨铸铁和蠕墨铸铁[7,10~13]

9.4.1 原铁水的成分控制

配制出质地优良的原铁水是获得合格的含稀土的球墨铸铁的第一个重要环节。其控制要点是:高碳、低硅、少干扰元素、大孕育。主要成分控制如下(图 9-24)。

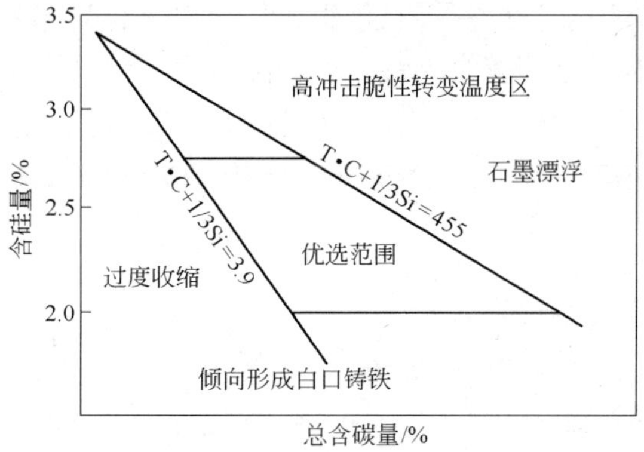

图 9-24 工业生产球墨铸铁碳、硅含量范围图[9]

9.4.1.1 碳

碳是促进石墨化元素，碳量提高可提高球铁石墨化程度，减少碳化物，体膨胀增大，在铸型刚度较大的条件下可减少缩松，提高球墨铸铁的致密性。而在铸型刚度较小的条件下，球墨铸铁的致密性减小。碳高镁的吸收率高，有利于球化。碳太高也不好，会使石墨漂浮的可能性增大。

含碳量对铸铁性能也有很大的影响。对铸态球铁而言，含碳量提高，球铁屈服点和硬度下降，伸长率略有提高，抗拉强度基本不变。退火后抗拉强度、屈服点、硬度、伸长率均略有下降。

9.4.1.2 硅

硅也是促进石墨化元素。在硅量较低时，硅对石墨化影响较大，以孕育方式加入的硅比炉料中的硅对石墨化作用更为强烈。如果充分利用饱和孕育状态（即加入孕育剂后，铁水中石墨结晶的外来核心数很快增加，然后逐渐减少，当外来核心数达到最大数量时，称为饱和孕育状态），在碳当量不高时，少量孕育硅也可以消除铸态渗碳体，孕育处理不仅促进石墨化，并可细化晶粒，改善球状石墨的圆整度，提高冲击韧性，当通过孕育获得全部铁素体基体后，如再继续增加含硅量，由于硅固溶于铁素体，使晶格扭曲，提高铁素体的强度、硬度和脆性转变温度，同时扩大共析转变温度范围。

制取球墨铸铁时，一般是把碳、硅含量综合在一起考虑，称为碳当量 CE

$$w(\mathrm{CE}) = w(\mathrm{C}) + 1/3w(\mathrm{Si})$$

在不引起石墨漂浮的前提下一般选共晶（$w(\mathrm{CE}) = 4.3\%$）或微过共晶（$w(\mathrm{CE})$略大于4.3%）成分，并采用高碳低硅原则。在铸件凝固时冷却速度快（薄壁小件、金属型铸造），选较高的碳当量，中等壁厚普通球墨铸铁件碳当量可在4.5%～4.8%，碳含量取3.6%～4.0%，珠光体球墨铸铁含硅量为2.0%～2.8%，退火铁素体球铁含硅量为2.4%～2.7%，铸态铁素体球铁含硅量为2.5%～3.2%，在−40℃下工作的韧性球铁含硅量不应超过2.7%。

9.4.1.3 锰

锰是形成碳化物能力较强的元素。在一次结晶过程中，锰增加铸铁的过冷倾向，促进碳化物$(\mathrm{FeMn})_3\mathrm{C}$形成。在共析转变过程中，能降低共析转变温度，稳定并细化珠光体。

制取高伸长率的铁素体球铁时，锰应小于0.4%，制取珠光体球铁时，锰应大于0.8%。在球墨铸铁中，因镁和稀土的存在并与硫、氧生成稳定的化合物，此时锰主要起合金化和稳定渗碳体和珠光体的作用。适当提高含锰量可提高强度、硬度，降低韧性和塑性。锰过量则恶化铸铁的力学性能，增加缩松倾向，并提高脆性转变温度。

锰可以稳定奥氏体，近年来发展起来的奥贝球铁的研究中，许多研究者进行了以锰代镍的工作取得了很大进展，并开始应用于生产。而中锰耐磨球墨铸铁在生产中应用已经有很长时间了，其主要成分中含锰5%～9.5%，硅3.3%～3.5%，配合快速冷却，可得到针状马氏体和奥氏体基体为主的球墨铸铁。

在厚大铸件中，锰易在共晶团边界富集，偏析，形成珠光体或碳化物，严重的时候形成网状渗碳体。在淬火、回火后则在晶界处有黑色网状组织，等温淬火后出现白色的奥氏体区，这种偏析产物用很长时间的高温退火也很难消除。锰在生产韧性球铁，特别是大断面韧性球铁时，应给予必要的限制。

9.4.1.4 磷

磷是铁水中的有害元素，超过0.05%时将析出磷共晶。二元磷共晶为$Fe-Fe_3P$，含磷10.5%，熔点1050℃，三元磷共晶为$Fe-Fe_3P-C_3P$，含磷6.98%，熔点930℃。磷共晶分布在晶界，严重时成网状。磷共晶严重降低球铁的韧性和塑性。三元磷共晶比二元磷共晶危害更大。加强孕育，减少反石墨化元素，在保证球化的前提下，尽量降低镁和稀土的含量都可以减少或避免三元磷共晶，使磷共晶以二元磷共晶的形式析出。一般的球墨铸铁中，$w(P) \leqslant 0.10\%$，铁素体高韧性球墨铸铁中$w(P) \leqslant 0.08\%$，在低温（-40℃）下工作时$w(P) \leqslant 0.07\%$。

9.4.1.5 硫

硫也是球墨铸铁中的有害元素。它与球化剂中的镁和稀土有极强的亲和力，它在球化处理时首先起脱硫、脱氧作用，生成RES、RE_2O_3、MgS、MgO等化合物，大部分作为渣被排除，少部分以外来核心的形式存在于铁水中，同时由于铁水中大量的硫和氧被清除，改变了石墨基面和棱面的界面能关系，促进了球状和蠕虫状石墨的形成。

原铁水含硫量高，消耗球化剂量大，产生并残留在铁水中的硫化物也越多，球化难，且衰退快，低硫（$w(S) \leqslant 0.01\%$）铁水不仅球化稳定，球化处理时球化剂加入量少，球化衰退时间延长，而且产生夹渣和皮下气孔的可能性也减小，因此当球铁的原铁水中含硫量大于0.03%时应进行预脱硫处理。

9.4.1.6 干扰元素

生产球铁时，原铁水中有些元素大于一定量以后，会阻碍球状石墨形成或使球状畸变，这些元素叫干扰元素。干扰元素有Al、As、B、Bi、Cr、Pb、Sb、Se、Sn、Te、Ti。在生产蠕墨铸铁时，则可利用这些元素的干扰作用，促进蠕虫状石墨的形成，如Al、Ti等元素就是某些蠕化剂中的主要成分。

（1）当Al含量小于0.1%时，不阻碍球化；当大于1.0%时，对球化是有害的。

（2）一般As含量应控制在小于0.05%，当含量大于或等于0.1%时阻碍球化，并出现畸变石墨。

（3）B含量为0.004%时，就会促进渗碳体在基体中产生。小于0.005%时，对球化无阻碍。

（4）在无稀土存在时，Bi含量为0.003%时，即产生片状石墨。大于0.006%时，完全不能球化，一般不应大于0.002%，但稀土可中和Bi的有害作用。

（5）Cr含量通常控制在不大于0.08%。

（6）在无稀土存在时，Pb含量大于或等于0.002%，即可产生微细片石墨，原铁水中Pb含量应小于0.002%。但有稀土存在时，可中和Pb的有害作用。0.01%的稀土可中和0.05% Pb的有害作用。

（7）Sb含量为0.005%时，即产生片状石墨，如有Ti存在其危害更大。稀土可中和其有害作用。

（8）Se含量小于0.03%时干扰作用不大，稀土也可中和其干扰作用。

（9）Sn含量大于0.1%时，在球状石墨间会析出不完全球状石墨和微细片状石墨，含量应控制在0.08%以下。

(10) Te 允许含量不大于0.01%。

(11) Ti 促进石墨畸变但作用缓和,但与 As、Bi、Pb、Sb、Sn 同时存在时破坏作用严重。允许含量是小于0.07%。

还有文献同时给出了在生产不同基体的球墨铸铁和蠕墨铸铁时的有害元素的允许含量,见表9-12。

表9-12 原铁水中有害元素允许含量

有害元素	允许含量/%	
	铁素体球墨铸铁（蠕墨铸铁）	珠光体球墨铸铁（蠕墨铸铁）
Cr	< 0.05	0.10
S	≤0.02	≤0.02
Ti	0.05(<0.07)	0.10
Al	0.02(0.05)	0.02(0.05)
Pb	0.002(0.005)	0.005
As	0.02	0.10
Sn	0.02	0.10
Bi	0.001	0.10
Cu	0.15	1.5(1.0 ~ 1.2)
Sb	0.002	0.003
V	0.02(0.10)	0.10

应该指出原铁水中的有害元素是有遗传性的。因此在使用含有这些元素的回炉料生产球墨铸铁时,它的影响依然存在,应拒绝使用。

球墨铸铁中残留的镁和稀土量,随铸件的壁厚不同而变化(见表9-13)。

表9-13 轻稀土镁球铁中适宜的镁和稀土残留量范围

铸件类型	断面尺寸/mm	含镁量/%	含稀土量/%
小 件	<30	0.03 ~0.05	0.025 ~0.035
中 件	30 ~100	0.04 ~0.06	0.03 ~0.05
大 件	100 ~200	0.05 ~0.08	0.015 ~0.03
特 大	>200	0.05 ~0.09	<0.04

9.4.2 球墨铸铁和蠕墨铸铁的热处理

热处理是提高球墨铸铁和蠕墨铸铁性能的重要工艺措施,它能改变铸铁的基体,改善铸铁的组织,提高铸铁的性能。热处理方法包括有:退火、正火、淬火、回火、调质处理、等温淬火和表面淬火热处理。

9.4.2.1 高温退火

高温退火是将铸件加热至900 ~950℃,待基体中初生碳化物和渗碳体分解后,炉冷至700℃,在此保温2h,再炉冷至345℃,然后气冷,可得高韧性铁素体基体。

9.4.2.2 中温退火

在不存在大量碳化物,只有少量均匀分布碳化物情况下,可在稍高于临界温度820 ~900℃进行退火。温度高低主要依据铸铁件的含硅量,含硅量高加热温度高,加热后炉冷至

345℃,再气冷。一般情况下,中温比高温退火时间短。

9.4.2.3 低温退火

低温退火主要是把珠光体变为铁素体,一般加热至刚好在共析转变温度以上(740℃左右)保温,加热后炉冷至345℃,再气冷。铸件每25 mm 厚度要保温1 h。

9.4.2.4 正火

将铸件退火后,降至临界温度范围以上,气冷以得到较高的硬度,加热温度为870~900℃。

9.4.2.5 淬火和等温淬火

铸件通过淬火、回火硬化处理,可提供最大可能的硬度和最高的强度。一般淬火是先进行奥氏体化处理,然后淬火(在水或油中快速冷却),得到马氏体基体。等温淬火则是在奥氏体化处理后,直接淬入200~425℃热油或熔盐,可获得贝氏体或奥氏体-贝氏体组织。

9.4.2.6 回火

将铸件加热至共析温度以下保温,以降低硬度消除应力。140~250℃低温回火,主要是消除残于应力和脆性,而保持淬火后的高硬度和耐磨性。在这个温度范围内马氏体开始分解,析出极为细小的碳化物微粒,使马氏体中含碳量低于淬火马氏体的含碳量,这种马氏体称为回火马氏体,其耐磨性低于淬火马氏体。350~500℃为中温回火,在此温度马氏体分解,形成铁素体和细小弥散状渗碳体质点的混合组织,即回火屈氏体,它具有较高的弹性和韧性。500~600℃为高温回火,此时从马氏体中析出的渗碳体显著聚集长大,即回火索氏体,硬度在HB215~330左右,经淬火和高温回火的热处理工艺为调质处理,使铸件可得到高塑性、高韧性和高强度相结合的综合性能。但回火温度高于600℃时,球铁强度显著降低,调质温度一般选为550~600℃较好。

9.4.2.7 表面淬火热处理

表面淬火热处理是获得所需要的耐磨性的好方法。如果对一个高应力部位进行淬火处理,也能提高其硬度。表面淬火热处理加热的方法有:乙炔氧火焰加热铸件表面,激光快速加热淬火表面和浸入加热法等。

9.4.2.8 几个典型的热处理工艺

A 高韧性铁素体球铁

高韧性铁素体球铁的基体为铁素体,我国有三种牌号的铁素体QT400-18、QT400-15、QT400-10,前两个为退火高韧性铁素体球铁,后者为铸态高韧性铁素体球铁。它们具有如下特征:

(1)球化级别高。

(2)铁素体含量多,当铁素体含量大于60%时,球铁伸长率可达10%,铁素体含量大于90%时,球铁伸长率可达17%以上。

(3)渗碳体量小于3%。

(4)磷共晶小于1%。

退火和铸态高韧性铁素体成分推荐如下:

退火高韧性铁素体成分,C3.5%~4.0%,Si2.0%~2.7%,Mn≤0.6%,P≤0.7%,S≤0.02%,Mg0.03%~0.04%,RE0.02%~0.04%。在常温下工作要求韧性较低的铸件可放

宽硅、锰、磷的上限，Si≤3.2%，Mn≤0.8%，P≤1.0%。

孕育对获取高韧性铁素体球铁有很大作用，尤其对铸态高韧性铁素体球铁，孕育更是关键，除了用常规的冲入法加入孕育剂外，还有下述强化孕育的方法：浇杯孕育、型内孕育和瞬时孕育等。孕育后 20 ~ 100 s 出现孕育最佳状态，然后会出现孕育衰退现象。随铁水保温停留时间延长，石墨球数减少，石墨直径增大，珠光体及渗碳体增多，冲击值下降。包内孕育后，冲入大量铁水，将大大削弱孕育作用。孕育后铁水温度越高，衰退越快，增大孕育剂量和孕育剂粒度尺寸，可降低孕育衰退速度。

热处理使用高温退火工艺一般加热至 900 ~ 960℃，温度低，渗碳体分解太慢，温度过高奥氏体晶粒粗大甚至氧化。适当提高热处理温度，可降低脆性转变温度，但温度过高又会提高脆性转变温度。低温退火一般在 720 ~ 750℃，为提高韧性取下限。球铁热处理速度根据铸件厚度确定，大件、复杂铸件升温慢一些，保温时间按每 25 mm 保温一小时确定。保温后随炉冷至 600℃后可出炉空冷。

B　高强度珠光体球铁

高强度珠光体球铁主要应用于要求较高强度，一定的疲劳强度和耐磨的铸件。我国有三个牌号的高强度珠光体球铁：QT500 – 7、QT600 – 3、QT700 – 2，其基体主要是珠光体或索氏体和少量铁素体。这种铸铁可采用正火工艺热处理，或通过加铜锡等元素在铸态下获得。

推荐用化学成分：C_E4.4% ~4.7%，C3.7% ~4.0.%，Si2.0% ~2.5%，铸态珠光体取下限。

对正火珠光体球铁中小型铸件 Mn0.6% ~0.9%，大型铸件和铸态珠光体球铁，Mn 小于 0.5%，原铁水 S≤0.06%，P≤1.0%。

合金元素 Mo0.2% ~0.3%，Cu <0.5%，一般不超过 1.0%，V <0.3%，Sn0.095% ~0.10%。

生产高强度珠光体球铁可采用完全奥氏体化正火，低碳奥氏体化正火，正火加调质处理工艺，处理后珠光体含量可达 70% ~95%。

C　等温淬火球铁（奥贝球铁）

在 20 世纪 70 年代末，中国，美国和芬兰几乎同时宣布，各自研制成功了奥贝球铁，中国研制成功的是下贝氏体球铁，美国研制成功的是上贝氏体球铁，芬兰研制成功的是上贝氏体加奥氏体球铁（简称奥贝球铁）。其中以芬兰研制成功的奥贝球铁性能最佳。它兼有高强度、高韧性、耐磨性和相当高的低温冲击韧性。它一出现就得到工业界的关心和重视，增强了球铁在工程材料中的竞争地位，目前仍是国内外的研究热点[10~12]。

奥贝球铁的成分中的 C、Si、Mn、P、S 含量与高韧性铁素体球铁中相应的元素相当，并加入 Cu、Mo、Ni 等元素。其中 Ni 的价格较贵，国内外正在研究代用元素。

奥贝球铁是通过等温淬火热处理而获得。处理时将球墨铸铁件加热至奥氏体化温度以上某一温度，根据铸件壁厚确定保温时间。然后等温淬火。在 350 ~ 500℃ 温度内等温淬火，可得羽毛状上贝氏体。在 250 ~ 350℃ 温度内等温淬火，可得竹叶状下贝氏体。上述两个温度之间淬火，选择适当保温时间，则可保留一定数量的奥氏体，当残留奥氏体含量为 30% ~40% 时，奥贝球铁有最高伸长率。热处理中奥氏体化温度对性能有重大的影响，奥氏体化温度高奥氏体化过程较短，但基体中含碳量也高，温度过高会导致塑性与韧性降低。奥氏体化温度一般在 900℃左右，其最佳温度与球铁含硅量有关（见表 9–14）。

表 9-14 球铁最低奥氏体化温度与含硅量关系

w(Si)/%	2.0	2.1	2.2	2.3	2.4	2.5
奥氏体化温度/℃	799	804	810	815	821	827
w(Si)/%	2.6	2.7	2.8	2.9	3.0	3.1
奥氏体化温度/℃	833	840	847	854	861	866
w(Si)/%	3.2	3.4	3.6	3.8	4.0	4.2
奥氏体化温度/℃	875	(891)	(907)	(924)	(942)	(866)

近年来对球铁淬透性研究表明，奥氏体化时间，对许多合金球铁来说（ϕ25 mm 试棒），要达到完全奥氏体化，时间为 2 h 是必要的，如果超过 2 h，淬透性只轻微增加，只有延长到 1000 h 以后，淬透性才明显增加。等温淬火池应保证从奥氏体化温度冷却到等温转变温度时，必须要有足够快的淬火速度，否则在石墨球周围出现典型的珠光体。对含钼的球铁来说，淬火激烈程度不足时，会在石墨周围出现铁素体和珠光体。淬火激烈程度以 H 表示：

350℃盐 + 搅拌　　$H = 0.3$

350℃盐 + 2% 水 + 搅拌　　$H = 0.5$

350℃盐 + 12% 水 + 搅拌　　$H = 1.3$

20℃盐水　　$H = 1.0$

附加过饱和水，可在很大程度上增加淬火激烈程度，使更大断面的球铁件可进行等温转变，或采取加饱和水的淬火池和少量合金，以降低成本。根据铸件壁厚和要求的基体组织确定等温转变温度和时间。等温转变低于 250℃，获马氏体组织。270 ~ 330℃ 为下贝氏体组织，350 ~ 500℃ 为上贝氏体加奥氏体组织，等温转变时间为 0.25 ~ 2 h。

D 等温淬火蠕墨铸铁(奥贝蠕铁)

蠕墨铸铁中的石墨 - 蠕虫状石墨形态与球状石墨形态完全不同。介于片状石墨和球状石墨之间。它显示出蠕虫状外形，其厚度/长度比要小于片状石墨的相应值，侧面高低不平，并有和片状石墨类似的分叉结构，端部呈球状。蠕墨铸铁是在研制球墨铸铁时同时发现的，所以两者的制取和热处理工艺基本相同。但制取蠕墨铸铁的难度稍大一些。且比较容易获得铁素体基体，蠕墨铸铁和球墨铸铁一样有良好的力学性能，但蠕墨铸铁的机械性能略低于球墨铸铁的相应值。蠕墨铸铁有和片状石墨铸铁类似的导热性，这又优于球墨铸铁。它良好的综合性能受到工业界的广泛重视，获得很快的发展。

蠕墨铸铁原铁水成分，一般取微过共晶成分，C_E4.3% ~ 4.7%，C 3.6% ~ 3.8%，Si 1.5% ~ 1.8%，处理后达 2.0% ~ 3.0%，P≤0.8%，防止磷共晶，S≤0.04%，对铁素体基体 Mn≤0.4%，对珠光体基体 Mn 可达 1%。

奥贝蠕墨铸铁制取实例：蠕墨铸铁成分，C3.32%，Si3.04%，Mn0.26%，P0.48%，S0.012%，RE 0.052%。奥氏体化温度为 920℃，保温时间 90 ~ 120 min，盐浴液淬温度为 280℃，获下贝氏体奥贝蠕墨铸铁，盐浴液淬温度为 335 ~ 420℃，获上贝氏体奥贝蠕墨铸铁，当盐浴液淬温度为 380℃，保温时间 90 min，金相组织为 25% ~ 30% 上贝氏体加奥氏体[14]。

9.4.3 球墨铸铁、蠕墨铸铁的性能和应用

9.4.3.1 球墨铸铁、蠕墨铸铁的组织和性能

球墨铸铁、蠕墨铸铁的性能已经研究的很充分，世界各国均已制定了相应的标准，其基

本性能各国已取得共识。

A　球墨铸铁、蠕墨铸铁的组织(GB 9441—1998)

球墨铸铁、蠕墨铸铁是由金属基体和游离石墨组成的机械混合物,包括铁素体珠光体(粗片状、中等片状、细片状、索氏体)、马氏体、下贝氏体、上贝氏体、奥氏体和少量渗碳体、磷共晶,渗碳体、磷共晶是基体中的有害组分,这二者一般应限制在3%以下。其中马氏体、下贝氏体、上贝氏体、奥氏体必须通过热处理才能获得。

球墨铸铁中的石墨为球状(见图9-25),蠕墨铸铁中的石墨为蠕虫状(见图9-26)。

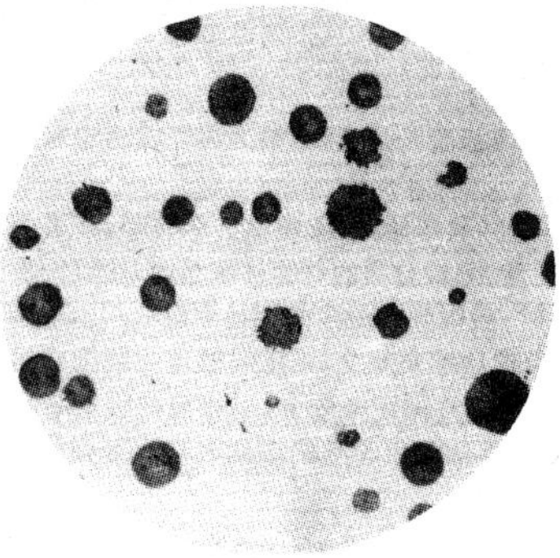

图9-25　球状石墨

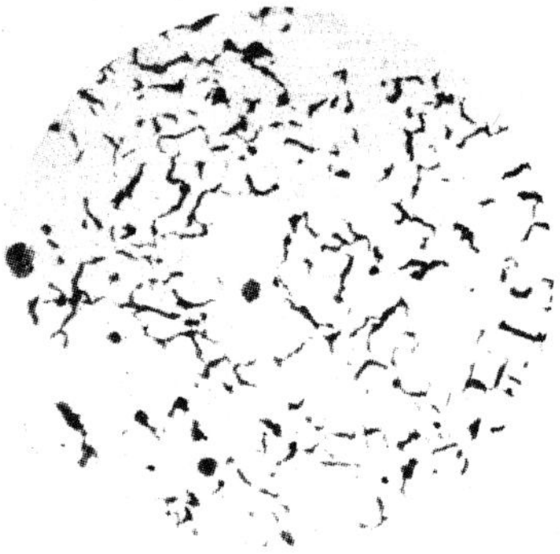

图9-26　蠕虫状石墨

球状石墨按球形好坏分为6级。1级球化石墨呈球状,少量团状,允许极少量团絮状,球化率不低于95%。2级球化大部分石墨呈球状,余为团状和极少量团絮状,球化率90%～95%。3级球化大部分石墨呈团状和球状,余为极少量团絮状,允许极少量蠕虫状,球化率80%～90%。4级球化大部分石墨呈团絮状和团状,余为球状和少量蠕虫状,球化率70%～80%。5级球化石墨呈聚集分布的蠕虫状和片状、及球状、团状、团絮状,球化率60%～70%。6级球化石墨呈散分布的蠕虫状和球状、团状、团絮状,球化率小于70%。

B　球墨铸铁的性能

我国球墨铸铁国家标准(GB 1348—2009)规定了各种牌号球铁力学性能的标准值(见表9-15)。

表9-15　球墨铸铁单铸试块的力学性能

材料牌号	抗拉强度 R_m/MPa (min)	屈服强度 $R_{p0.2}$/MPa(min)	伸长率 A/% (min)	布氏硬度 HBW	主要基体组织
QT350-22L	350	220	22	≤160	铁素体
QT350-22R	350	220	22	≤160	铁素体
QT350-22	350	220	22	≤160	铁素体
QT400-18L	400	240	18	120～175	铁素体
QT400-18R	400	250	18	120～175	铁素体
QT400-18	400	250	18	120～175	铁素体
QT400-15	400	250	15	120～180	铁素体
QT450-10	450	310	10	160～210	铁素体
QT500-7	500	320	7	170～230	铁素体+珠光体
QT550-5	550	350	5	180～250	铁素体+珠光体

续表 9-15

材料牌号	抗拉强度 R_m/MPa (min)	屈服强度 $R_{p0.2}$ /MPa(min)	伸长率 A/% (min)	布氏硬度 HBW	主要基体组织
QT600-3	600	370	3	190～270	珠光体+铁素体
QT700-2	700	420	2	225～305	珠光体
QT800-2	800	480	2	245～335	珠光体或索氏体
QT900-2	900	600	2	280～360	回火马氏体或屈氏体+索氏体

注：1. 如需求球铁 QT500-10 时，其性能要求见附录 A。
2. 字母"L"表示该牌号有低温(－20℃或－40℃)下的冲击性能要求；字母"R"表示该牌号有室温(23℃)下的冲击性能要求。
3. 伸长率是从原始标距 $L_o=5d$ 上测得的，d 是试样上原始标距处的直径。其他规格的标距见 9.1 及附录 B。

球墨铸铁件的力学性能以抗拉强度和伸长率两个指标为验收指标。除特殊情况外，一般不做屈服强度试验。但当需方对屈服强度有要求时，经供需双方商定，屈服强度也可作为验收指标。

抗拉强度和硬度是相互关联的，当需方认为硬度性能对使用很重要时，硬度指标也可作为检验项目。

奥贝球铁我国已有金相组织的国家标准，但尚无相应的关于力学性能国家标准，其组织与性能对应关系见表 9-16。

表 9-16 奥贝球铁按强度分类

组织	力学性能最低值			硬度(HB)	盐浴温度/℃
	抗拉强度 σ_b/MPa	屈服强度 $\sigma_{0.2}$/MPa	伸长率 δ/%		
马氏体(硬)	1300	1000	0.5	430～550	<250
下贝(半硬)	1200	800	2	350～480	270～330
奥氏体加上贝氏体(软韧)	1000～850	680～550	5～10	280～350	>350

美国、德国、英国和芬兰已有奥贝球铁相应的参考标准(见表 9-17)。

表 9-17 美国、德国、英国和芬兰奥贝球铁标准

牌号		σ_b(不大于)/MPa	σ_s(不大于)/MPa	δ(不大于)/%	硬度(HB)
美国	Grade 1	860	550	10	269～321
	Grade 2	1035	690	7	302～363
	Grade 3	1205	830	4	363～444
	Grade 4	1380	965	2	388～477
	Grade 5	1450	1105	—	418～512
	Grade 6	1585	1240	—	444～555
德国	GGG－80B	800	500	6	250～310
	GGG－100B	1000	700	5	280～340
	GGG－120B	1200	950	2	330～390
	GGG－140B	1400	1200	1	400～442
	GGG－150B	1500	—	—	421～475
英国	950/6	950	670	6	300～310
	1050/3	1050	780	3	345～355
	1200/1	1200	940	1	390～400
芬兰	K－9007	900	730	6	280～310
	K－10005	1000	800	3	300～350
	K－12003	1200	1000	1	380～430

C 蠕墨铸铁和奥贝蠕铁

国际铸造协会蠕墨铸铁7.6委员会，于1981年8月27日在英国伦敦的会议上，制定了蠕墨铸铁暂行技术规范（见表9-18）。各国均暂无国家标准，只有相应的部门与行业标准。我国提供的部门标准是1984年制定的，1999年第二次修定，目前正在执行（见表9-19）。1986年罗马尼亚提出了关于奥贝蠕铁标准的建议草案（见表9-20）。

表9-18 蠕墨铸铁暂行技术规范

分 类	σ_b（不大于）	σ_{02}（不大于）①	HB②	δ/%	组织③
铁素体基体	40000PSI	28000 PSI	>120	>3	蠕墨>80%
	（280 MPa，28.6 kgf/mm²）	（200 MPa，20.4 kgf/mm²）			珠光体<20%
铁素体珠光体	45000 PSI	30000 PSI	>140	>1	蠕墨>80%
混合基体	（310 MPa，31.6 kgf/mm²）	（206.8 MPa，21 kgf/mm²）			
珠光体基体	55000 PSI	40000 PSI	>180	>1	蠕墨>80%
	（385 MPa，39.3 kgf/mm²）	（206.8 MPa，28.6 kgf/mm²）			珠光体>85%

① 铁素体基体系软化退火处理；

② 根据各国报告汇总；

③ 石墨组织：一般蠕墨>80%，余为球墨，但对于某些铸件允许球墨到50%，允许有5%的片状石墨。

表9-19 蠕墨铸铁的标准（JB/T4403—1999）

牌 号	σ_b/MPa	$\sigma_{0.2}$/MPa	硬度（HB）	δ/%	组 织
RuT450	≥450	≥335	200～270	≥0.75	蠕墨不少于80%，珠光体
RuT400	≥400	≥300	193～255	≥0.75	蠕墨不少于80%，珠光体
RuT350	≥350	≥270	163～229	≥1	蠕墨不少于80%，珠光体+铁素体
RuT300	≥300	≥240	140～207	≥1.5	蠕墨不少于80%，铁素体+珠光体
RuT250	≥250	≥175	≤197 >180～		蠕墨不少于80%，铁素体

表9-20 罗马尼亚蠕铁标准的建议草案

牌 号	σ_b/MPa	δ/%	硬度（HB）	组 织
Fgv300	≥300	≥2	130～280	铁素体+不大于20%珠光体
Fgv350	≥350	≥1	140～240	铁素体+珠光体
Fgv400	≥400	≥1	200～280	珠光体+不大于20%铁素体
Fgv600	≥600	≥1	250～350	上贝氏+奥氏体
Fgv800	≥800	≥0.5	350～550	下贝氏+奥氏体

9.4.3.2 球墨铸铁、蠕墨铸铁的应用

球墨铸铁、蠕墨铸铁由于具有优良的性能，自发现以来获得了快速发展。汽车零件是球墨铸铁、蠕墨铸铁的主要用户。

A 球墨铸铁的应用

球墨铸铁全世界产量2001年已达13 Mt。中国产量达2.7 Mt，位居世界第二位[15]。奥

贝球铁的发明又给球墨铸铁应用提供了更广阔的空间。汽车、机车与车辆、农业机械、机床、冶金机械、通用机械、动力机械、纺织机械、城市工程机械及配件、铸铁管等生产中获得了广泛的应用。我国第二汽车制造厂生产的东风卡车中，铸件总重为1067 kg，其中球铁件占41.5%、蠕铁占1.8%，包括球铁曲轴、减速器壳、轮壳轮、鼓制动器等。其中球铁曲轴装车跑车100 km后，轴颈尺寸仍在公差范围内。

在北美用在汽车工业中的奥贝球铁已占铸件总产量的二分之一，主要零件有：轿车上的控制臂、轻型卡车的牵引钩、拖拉机的液压悬挂件、汽车刹车片等。北美奥贝球铁的市场分布为：轻型卡车25%、重型卡车20%、铁路设备16%、通用制造业11%、建筑及矿山8%。英国奥贝球铁的应用分布为：轻型卡车34%、农业28%、建筑及矿山26%、其他工业12%。

我国奥贝球铁应用也获得了快速发展，主要应用领域为：各类汽车、拖拉机等机械中发动机中的齿轮、曲轴，铁道车辆和重型载重汽车上的斜楔和衬套，货车心盘垫，16 t载重汽车后钢板弹簧支架，及其他工程结构零件和抗磨耐磨件上，如凸轮轴、磨球、衬板均获得了广泛的应用。

B 蠕墨铸铁的应用[7,13,16]

蠕墨铸铁有与球铁的力学性能相接近，同时又有与片状铸铁类似的良好的导热性和机械加工性能，组织致密，且有优良的流动性。这种优良的综合性能，特别适用于在应用中产生热疲劳的铸件。在汽车和各种发动机生产中获得了广泛的应用。如我国第二汽车制造厂生产的汽车排气管，使用寿命与球铁件灰铁件相比，有大幅度提高，灰铁排气管跑车10000 km开裂，球铁虽然不开裂，但跑车一定里程后变形严重，通道口错开漏气而报废，蠕铁排气管行车30000 km不发生开裂，变形也比球铁排气管小，因此建立了世界上第一个蠕铁排气管生产流水线，此外中硅钼耐热蠕墨铸铁排气管应用也有很好效果[16]。我国第一汽车制造厂无锡柴油机铸造分厂生产的大马力柴油机缸盖，压水合格率从73%提高到95%，原用合金铸铁制造，可行车300000 km左右，蠕铁缸盖可运行400000 km以上。生产中减小了冒口重量24%，并改善了加工性能和降低了生产成本[7,17]。蠕铁在各类泵体、阀体、壁厚相差大的铸件生产中也获得了广泛应用，如单极叶片泵351泵体，电液换向阀783阀体，最大壁厚/最小壁厚=12的60 t万能材料试验机的机座。国外近期开发了各种发动机的机体，如宝马汽车公司的V8柴油发动机缸体，戴姆勒克莱斯勒汽车公司的12 L排量8缸发动机缸体，达夫公司12.6 L排量8缸发动机缸体，功率为360 kW的六缸发动机缸体，主要是蠕铁缸体可降低缸体的比质量（kg/kW）和比功率（kW/排量L），与灰铁相比，比质量（kg/kW）降低了29.8%。国外已把它作为一种材料在发动机缸体等重要铸件上广泛使用，在200 km/h高速客车蠕铁制动盘及合成闸片应用，能满足我国高速列车制动技术条件的规定，即在200 km/h速度紧急刹车，制动距离小于2700 m，制动盘面最高温度不大于400℃，盘面光洁无任何损伤[18]。

国内外对奥贝蠕铁也进行了相应的研究。其应用领域正在逐步扩大。中国研究已获得了抗拉强度达937.5 MPa，伸长率为0.59%[14]奥贝蠕铁。国外对奥贝蠕铁也进行了相应的研究，其应用领域正在逐步扩大。特别是在汽车用铸件中有广阔的发展前景。

9.5 含稀土的灰口铸铁和其他铸铁

9.5.1 含稀土的灰口铸铁[7]

灰口铸铁是一种非常重要的工程材料，在全部铸件产量中所占比例最大，约达75%左右。提高灰口铸铁材质的性能,仍在不断的进行研究。用稀土对灰口铸铁进行处理,是提高和改善灰口铸铁品质的重要途径之一。

9.5.1.1 稀土在灰口铸铁中的作用

A 孕育作用

孕育处理是提高灰口铸铁性能的一个重要方法,其工艺简单。孕育效果主要决定于孕育剂和孕育方法。据1982年统计资料,世界上已有1000多种孕育剂,但稀土孕育剂出现得较晚,1961年才由J. V. Dawson提出稀土是有效孕育剂的见解和试验依据。随后许多研究者对稀土在铸铁中的作用进行了更加深入的研究,并开发了许多含稀土的孕育剂。稀土能与铸铁中的氧、硫作用形成大量非金属化合物,大量细小的这类化合物颗粒悬浮在铁液中,为铸铁结晶提供了大量外来核心,促进了石墨化,减小了白口,细化了共晶团,优化和细化石墨。在铁水中加入微量稀土,如0.05%的铈、镧等就能起到这个作用。稀土对高碳当量铸铁和低碳当量铸铁都可起孕育作用,这是其他孕育剂无法与之相比的。

稀土元素是强烈稳定碳化物元素,其减白口作用与铁水含硫量和稀土加入量有关,适量时有强烈的减白口作用,过量反而会增加白口。稀土中用镧处理时白口倾向最小。表9-21和图9-27、图9-28提供了不同孕育剂对比试验的结果。

表9-21 对比试验用的不同孕育剂的成分 (%)

序号	Si	Ca	Al	Mn	C	Fe	其他	
M	80.39	1.63	0.91			余量		
N	75.40	1.02	1.3			余量	Zn	Ba
P	63.4	1.65	0.95	5.75		余量	6.6	2.8
Q	64.1	2.7	0.88	6.2		余量	6.4	
R	47.1				0.61	9.20	39.5 Ti	
S	54.8	6.36	0.85			余量	9.05	
T	0.05		0.52			余量	68.12 Ce	RE
U	38.0					余量	10.75	12.83
V	28.96	0.31	0.34			余量	17.49	32.70
W	34.93				0.12	34.14	Ba	26.711
X	61.28	2.32	1.16	10.88		余量	5.23 Sr	
Y	76.76	0.03	0.39			余量	0.83	

表9-21中U、V、W三种孕育剂是含稀土的。不同孕育剂对白口深度和共晶团数的影响分别示于图9-27和图9-28。其白口深度均在1 cm以下。用它们处理后铸铁的共晶团数与原铁水的相应值比较,均有较大幅度的提高。鉴于用稀土处理铸铁工艺简单,提高性能效果明显,在生产中已获得了大量应用,并已取得很好的经济效益。

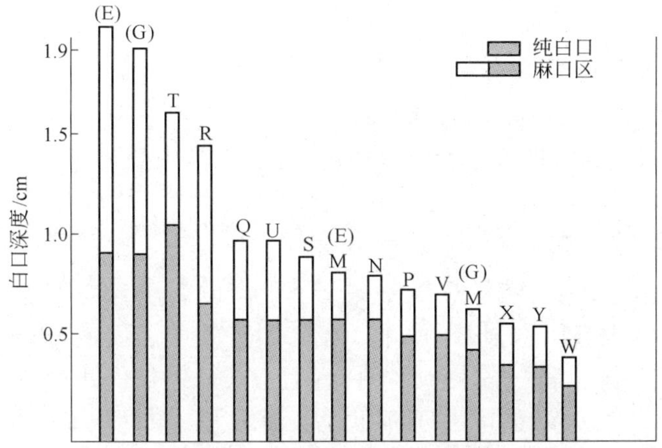

图 9-27 不同孕育剂对白口深度的影响

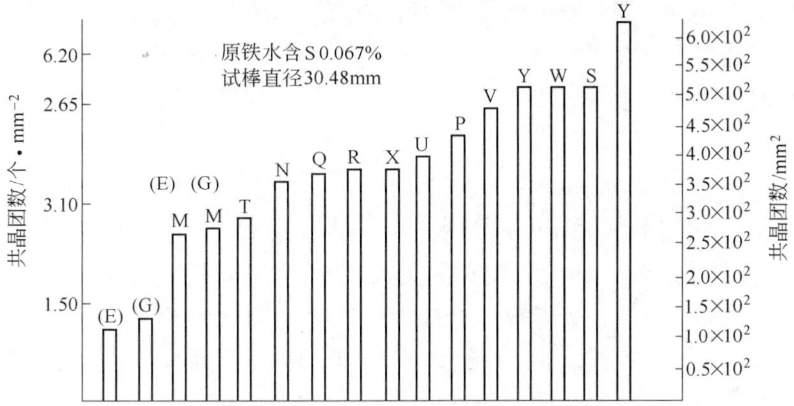

图 9-28 不同孕育剂对共晶团数的影响

B 稀土可提高灰口铸铁性能

稀土可改善和提高在常温下和高温下灰口铸铁性能，常温下抗拉强度可提高 20% ~ 30%，抗拉强度提高值，随温度提高而减少（见图 9-29）。

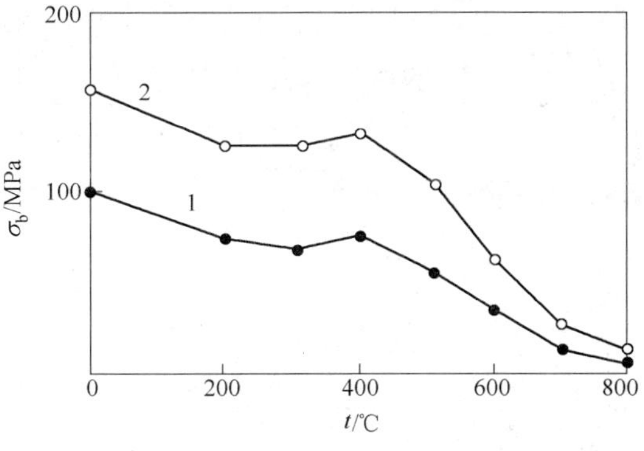

图 9-29 普通高炉铸铁、稀土高炉铸铁抗拉强度 - 温度关系曲线

1—普通高炉铸铁；2—稀土高炉铸铁

C 稀土可净化铁水

稀土可净化铁水提高铸铁密度，并可减少某些铸造缺陷，如缩松、针孔等。

9.5.1.2 含稀土灰口铸铁的应用

由于含稀土灰口铸铁性能优于普通灰口铸铁，在生产中获得了广泛的应用并取得了很大的经济效益。

A 稀土灰口铸铁高压暖气片

高层建筑的大量出现，对铸铁暖气片提出了更高的要求，普通灰口铸铁暖气片，只能保证在 0.4 MPa(4 个大气压力)以下使用。在高层建筑中需要使用能在更大压力下使用的暖气片。在“六五”国家科技攻关项目中，将稀土灰口铸铁高压暖气片列为研究内容之一。清华大学与河北春风冀暖集团(原河北冀县暖气片厂)共同承担了此课题，研制出了保证工作压力为 0.8 MPa(8 个大气压)的稀土高压暖气片。生产所用原铁水成分为：C 3.5% ~3.9%，Si 1.8% ~2.2%，Mn 0.48% ~0.75%，P 0.08% ~0.16%，S0.06% ~0.09%。生产时采用冲入法，加入稀土硅铁合金 0.4% 左右。具体加入量根据原铁水实际含硫量确定。处理温度大于 1380℃。其试验压力为 1.2 MPa(12 个大气压)，保证工作压力为 0.8 MPa(8 个大气压)。1984 年投产至今，满足了国内外市场的需要，企业经济效益也连年增长。

B 稀土灰口铸铁管

与普通灰口铸铁管相比，稀土灰口铸铁管主要性能与经济效益均获得提高，如包头水暖器材厂制造生产的铸铁管，其原铁水成分为：C 3.5% ~4.32%，Si 2.20% ~2.95%，Mn 0.50% ~0.73%，P <0.30%，S <0.12%。稀土硅铁成分为：RE29.3%，Si 37.8%，Ca1.8%，余为铁。处理温度高于 1380℃。与普通灰口铸铁相比，抗拉强度提高 27.9 MPa，与普通灰口铸铁管相比，提高 15.7%，管环压环强度 63.7 MPa，ϕ400 mm 的铸铁管成品率，由普通铸铁管的 86.6% 提高到 93.9%。

C 稀土灰口铸铁在泵类等产品中的应用

水泵的叶轮、叶片泵盖、法兰等用稀土灰口铸铁生产后，质量有很大提高，消除了叶片泵盖等铸件的缩松缺陷，大大减少了在法兰上的缩孔，消除了叶轮、叶片尖端及放置冷铁处经常产生的白口，改善了加工性能。

生产压缩机的缸体缸盖等铸件，过去用含铬的铸铁生产，性能很难达到 HT250 的指标，用稀土灰口铸铁生产后，不但达到 HT250 的指标，而且可以超过 5% ~20%，铸件合格率由过去不足 50% 提高到 93%，并可对原铁水中的含硅量和含碳量范围适当放宽，并成功的解决了渗水问题[20]。

在活塞环生产中，应用了稀土灰铁，其废品率下降，热稳定性与耐磨性有较大的提高，已在生产中应用[21]。

D 稀土在机床铸件中的应用

工厂生产 K 系列铣床，要求铸件本体抗拉强度大于 300 MPa。工厂为降低碳当量大幅度增加废钢用量，强度满足了要求，但铸件中含气量增加，断面敏感性加大，很难加工。工厂改用稀土灰铁生产，解决了难题，铸铁中的含气量下降，保证了 K 系列铣床对质量的要求。

9.5.2 含稀土的白口铸铁和其他铸铁

9.5.2.1 稀土在中锰白口铸铁中的应用[22,23]

锰系白口铸铁是成本较低,韧性较好的抗磨材料,用锰对白口铸铁进行处理可提高其淬透性,但又会降低 M_s 点,而使残余奥氏体增加,影响了基体的显微硬度、冲击性能和疲劳性能。锰系白口铸铁中加入稀土,可改变碳化物的形态和分布,使碳化物由连续网状变为断开的网状,并逐步变成孤立的团块状。使强度和韧性有较大的提高其性能可和15CrMo白口铸铁相比。铸态中锰白口铸铁的成分为:C 3.0% ~3.5%,Si 1.2% ~1.8%,Mn 2.89 % ~3.99%,Cu 0.95% ~2.0%,Cr 1.0% ~2.0%,Mo 0.72% ~1.0%,稀土合金加入量在0.2% ~1.2%。综合淬透性因子(MnE)I = 9Mn + 1/8Cu + Mo + 3/4Cr + 1/2Cu 大于5.34%时,铸态组织中只有马氏体和残余奥氏体。(MnE)Ⅱ =(Mn + 1/8Cu + 2/3Cr + 1/3Mo + 1/2Ni)从4.80%增至6.14%,残余奥氏体从28.6%增至46.9%。当Mn≤3%,(MnE)Ⅱ >5.5% ~6.0%时,铸态奥氏体中锰白口铸铁在550℃时效处理硬度稍有增加,韧性则稍有降低。进行空淬及回火热处理可获得期望的组织。在金属矿山用的砂浆泵体、分级机衬铁和球磨机衬板等产品中应用,使用寿命为中锰球铁和高锰钢制造的同类产品的2~6倍,成本可降低30%左右。

9.5.2.2 稀土在高铬白口铸铁中的应用[24]

高铬白口铸铁是20世纪60年代发展起来的一种新型工程材料,强度好、硬度高、抗氧化、耐腐蚀、耐磨损。现已广泛应用于建材、化工、矿山、冶金等行业中,典型产品为磨球、球磨机的衬板、球团焙烧机的炉条等。它们在高温下工作,有良好的性能。使用中有很好的经济效益。

如用稀土高铬白口铸铁生产在870 ~937℃下工作的球团焙烧机的炉条,其成分为:C2.4% ~2.8%,Si <2.0%,Mn <2.0%,P <0.045%,S <0.04%,Cr22% ~28%,Ni0.5% ~1.2%,Mo0.8% ~1.2%,Cu0.6%,RE 0.04% ~0.06%。

用重稀土钇制取高炉炉顶耐磨铸铁件,加入重稀土钇前后化学成分见表9-22[24]。

表9-22 加入重稀土钇前后化学成分和硬度及冲击性能

合金成分/%				状态	硬度(HRC)	冲击性能 α_k/J·cm^{-2}	备注
Cr	Mo	Cu	Ni				
20	1.8	1.0	1.0	铸态	52~54	3.8~4.2	未加重稀土钇
				淬火+回火	60~62	4.5~4.8	
20	0.8	0.6	0.6	铸态	49~51	5.5~5.8	加重稀土钇
				淬火+回火	59~61	7.4~7.6	

9.5.2.3 稀土在镍基耐腐蚀合金中的应用

镍基合金中加适量稀土,能明显细化晶粒,改善碳化物的形状和分布,阻止碳化物聚集,使夹杂物含量减少,形态改变,使其细化,成球状弥散状分布,提高合金的耐腐蚀性能和强度并改善了切削加工性能。所研究的合金成分为:C≤0.03%,Si≤0.5%,Mn≤1.0%,P≤0.03%,S≤0.03%,Cr16.0% ~18.0%,Mo15.0% ~18.0%,Ni48.0% ~62.0%,Fe为余量。加入含钇27%的稀土硅铁合金0.3%、0.6%后强度提高了,塑性有所下降。特别是机械加工性能有较大的改善。因为镍基合金是高韧性合金，其加工性能很差，被加工时不仅需要很大的切削力，刀具产生的温度高，而且加工时经常发生振动，加工表面粗糙，加入稀土后主切削力下降，大大改善了合金的切削性能，因而减小了刀具的磨损。

9.5.2.4 含稀土的可锻铸铁

可锻铸铁和灰口铸铁不同，它要求先制成全白口的毛坯，然后经热处理制成，一般要加入可锻铸铁的专用孕育剂，或叫防灰剂。含稀土的复合合金 REFeSiBi，REMgFeSiBi。已经作为可锻铸铁的专用孕育剂，应用于生产。因为稀土与氧硫及其他的气体亲和力很强，加入铸铁后能起脱氧除气去硫作用，这些元素与稀土的化合物，在可锻铸铁退火时起核心作用。RE、Si、Bi 共同细化了渗碳体。RE、Si、Ca 共同作用，在凝固时在渗碳体界面上析出细小的石墨，界面上两种高碳相自由能之差，促使渗碳体失稳，因此在缩短退火时间上起很大作用。这种合金在可锻铸铁生产时一般加入量为 0.2% ~0.4%。

9.5.2.5 含稀土的球墨可锻铸铁

球墨可锻铸铁是一种新的工程材料，它兼有球墨铸铁和可锻铸铁的某些优点，又弥补了这两种铸铁的不足。可锻铸铁要求碳、硅量低，含碳量 C2.2% ~2.8%，含硅量 1.15% ~1.9%，因此要用大量废钢，而球墨铸铁对硫有严格的限制。球墨可锻铸铁则可用高碳当量铁水，含碳量可达 C3.3% ~4.0%，对硫也限制不严，只要低于 0.2% 即可。退火时间则短于可锻铸铁所需要的退火时间，易于组织生产。球化剂与生产球墨铸铁时所用的相同，加入量为 1.2% ~1.4%，以保证 $RE_{残} + Mg_{残}$大于一个特定值时，才能得到合格的白口坯件。例如 $S < 0.03\%$ 时，$RE_{残} + Mg_{残} \geq 0.85\%$。经 900℃，退火 8 h，后 730℃，5 h 保温，即可获得无碳化物的含稀土的球墨可锻铸铁。获得的铁素体基体的含稀土的球墨可锻铸铁性能为：抗拉强度 327.32 ~437.38 MPa，伸长率 5% ~12.5%；珠光体基体的含稀土的球墨可锻铸铁性能为：抗拉强度 490 ~588 MPa，伸长率 2% ~4%。

经等温淬火的含稀土的球墨可锻铸铁的研究表明，其性能优良。920℃ 退火，保温 30 min，在 370℃ 等温淬火 60 min，所获得的性能为：抗拉强度不低于 950 MPa，伸长率大于 5%，冲击值大于 50 J/cm^2[25]。

9.6 含稀土的铸铁在中国遇到的挑战与发展前景

9.6.1 含稀土的铸铁在中国遇到的挑战

（1）新工艺新材料的竞争。稀土在铸铁中的应用一直是我国消耗稀土量很大的领域之一，在很长一段时期内处于首位，由于稀土在新兴部门和新工艺应用的发展，使其所占的百分比逐渐减少。随着技术的进步，稀土在铸铁中的应用的传统领域遇到了挑战。有些消耗稀土量大的领域的稀土应用量减少，如钢锭模由于连铸钢应用的发展已大大减产，对稀土在铸铁中的消耗量有一定影响。此外镁合金、铝合金与铝镁合金应用的扩大，使含稀土的铸铁应用受到一定的冲击。

（2）含稀土的铸铁在中国各地发展不平衡。在中国各地区稀土在铸铁中的应用是有差别的。在中国的东北和东部稀土在铸铁中应用水平高，其组织也是健全的，产量也大。但西北、西南（除了重庆等少数城市）稀土在铸铁中的应用很少，在这些地区资金和技术力量均甚感不足，增加投资，训练技术骨干和选择试点非常重要。

（3）一些新的含稀土的铸铁应用研究力度还不够。如一些应用稀土的新产品奥贝球铁、奥贝蠕铁开发应用还很不够，我国与先进国家之间还有一定的差距。

（4）现在仍有些基础问题需要去研究。如磷和稀土之间的相互作用和稀土在消除磷的有害影响能起哪些作用等问题都需进一步研究。

9.6.2 含稀土的铸铁发展前景[26]

（1）含稀土的铸铁的人均占有量还很小，还有很大发展空间。与先进国家相比，含稀土的球铁人均占有量还很小。含稀土的球墨铸铁是稀土在铸铁中的最大用户，据统计虽然我国球墨铸铁总产量在世界上已处于前列，但人均占有量却与先进国家有很大差距。根据2003年的资料统计，中国、日本、美国的人均拥有的球铁量分别为2.83kg、12.4kg和13.27kg。中国和日本以及中国和美国之间有很大的差距。中国必须付出很大努力才能赶上世界先进水平。同时随着经济建设的发展，由于加强了中国西部的开发市场扩大，含稀土的铸铁仍有很大的发展潜力。

（2）含稀土的球铁管的发展具有潜力。球墨铸铁管是输送煤气、水和油的重要铸件。在2003年间它的产量已达190.2万吨。经济建设，特别是西部大开发需要更多的球墨铸铁管。西部大开发是中国的重要政策之一，它为球铁管的生产发展提供了很大的发展空间。根据球铁管增长率的资料，它仍将以高增长率发展，2010年预计产量可达300万吨以上，为扩大稀土在铸铁中的应用提供了空间。

（3）含稀土的汽车铸件的增长率与汽车产量增长率保持一致。促进汽车的发展是中国的重要政策之一。在1996~1999年间，和汽车增长率相比，汽车铸件有类似的增长率。由于汽车产量将要增加，汽车铸件有同样的发展空间，这样增产的铸件才能满足汽车生产发展的需要。

（4）含稀土的铸铁的新材料（ADI & AVGCI）扩大应用范围。在中国含稀土奥贝球铁（ADI）和含稀土奥贝蠕铁（AVGCI）的生产工艺已经被很好的掌握，它已被许多工厂生产，还有很多应用领域有待去开发，这为含稀土的球铁和含稀土的蠕铁的发展提供了很大的空间。

综上所述，稀土在铸铁中的消耗将进一步扩大，其发展仍有很大的空间。稀土在铸铁中的应用有良好的历史，有美好的昨天和今天，也必将会有光明的明天。

参考文献

[1] Morrogh H, Williams W J. The Production of Nodular Structure in Cast Iron[J]. Journal of the Iron and Steel Institute, March, 1948.

[2] 盛达，黄惠松，柳葆铠，等．微量稀土对灰口铸铁组织和性能的影响[J]，现代铸铁，1984(3)：5~8.

[3] 高等学校普通化学编写组．普通化学[M]．龙门联合书局，1955，1~95.

[4] 中山大学金属系．稀土物理化学常数[M]．北京：冶金工业出版社，1978.

[5] 董若璟．冶金原理[M]．北京：机械工业出版社，1982.

[6] E. M. Савцкий, В. Ф. Терехова, Металловедение Редкоэемельных Металлов, Издтество < Наука > Москва. 1975.

[7] 盛达，郭成会．稀土铸铁[M]，北京：冶金工业出版社，1994.

[8] 盛达．含稀土的球化剂及其品质的评价[M]，北京：清华大学出版社，2005.
[9] 童本行，欧阳真，余笃武．铸铁手册[M]，北京：清华大学出版社，1990.
[10] 曾艺成，张忠仇，李克锐．我国等温淬火球铁生产现状及发展前景[M]．现代铸铁，2005(2)：26～32.
[11] 孙国雄，刘金城．ADI的研究与应用——2002年ADI国际会议简介[J]．现代铸铁，2004(1)：1～8.
[12] 朱松林，向纲玉．提高奥贝球铁(ADI)综合性能的探讨及实践[J]．现代铸铁，2004(3)：12～15.
[13] 张伯明．蠕墨铸铁最新发展[J]．现代铸铁 2006，1：12～18.
[14] 盛达，颜丙祥，贾志杰．高温下奥贝蠕铁的组织与性能[J]，钢铁研究学报，1997(1)：37～41.
[15] Anonymous Modern Casting Staff Report[J]．Modern Casting，2004，94(12)：25.
[16] 万仁芳．汽车蠕墨铸铁件的应用和发展[J]．现代铸铁，2006，(1)：12～18.
[17] 金永锡．中硅钼耐热蠕墨铸铁排汽歧管材料和工艺探讨[J]．现代铸铁，2006(1)：32～41.
[18] 张惟得，蒋智慧．蠕墨铸铁缸盖的生产及应用[J]．现代铸铁，2006(1)：60～64.
[19] 钱坤才，张棣．200km/h高速客车蠕铁制动盘及合成闸片的研究[J]．现代铸铁，2006(1)：54～58.
[20] 孟宪亭，等．用复合孕育剂处理铁水的方法防止气缸盖渗漏[J]．铸造，1989，1：30～31.
[21] 陈君德，等．稀土在铸铁活塞环生产中的应用[J]．现代铸铁，1991，4：34～37.
[22] 符寒光，等．冷却速度对中锰稀土白口铸铁组织与性能的影响[J]．铸造，1992(1)：17～21.
[23] 王兆昌．白口铸铁磨球与衬板的技术经济优越性与抗磨性[J]．铸造，1991(11)：1～6.
[24] 朱福生，杨宇鹏，许端高，等．重稀土钇对铬系合金白口铸铁组织及性能的影响[J]．现代铸铁，2005(5)：33～36.
[25] 刘生发，艾小玲．等温淬火对球墨可锻铸铁力学性能的影响[J]．现代铸铁，2005，1：7～11.
[26] 盛达．中国球墨铸铁现状与发展前景[G]．2005年中国铸造活动周论文集，沈阳：2005，75～78.

（盛　达）

10 稀土金属材料中稀土元素测定方法

10.1 概述[1~5]

稀土金属材料包括的范围很广，本章就本书论及的有关此类材料中稀土元素的测定方法进行介绍，内容包括稀土总量、铈组稀土或钇组稀土合量、单一稀土分量的测定。有关稀土以及其他项目的测定原理可参考文献[1~5]。

常量稀土总量的测定最常用的是草酸盐重量法。该法准确度高，但由于不少共存元素也被草酸沉淀而需要进行预先分离，使测定步骤增加而费时间。由于测定过程最终称量的是稀土氧化物的质量，其分析结果常以混合稀土氧化物(RE_xO_y)的含量来表示。

容量法以 EDTA 滴定法为主，也是测定常量稀土的常用方法，其最大优点是简单、快速，但需要预知试样所含稀土的稀土配分才能计算准确结果。

微量混合稀土总量的测定常用分光光度法，该法设备简单，速度也较快，适用于各种稀土金属材料分析。我国分析工作者合成了许多性质优良的稀土显色剂，不仅灵敏度高，而且选择性好，很多场合可以进行直接测定。此外，也经常结合萃取、色谱分离或流动注射等方法将稀土进行预富集。

利用电位滴定法、极谱催化波等也可测定稀土总量，但在实际生产中应用较少，本章不另作介绍。

在许多场合，不仅需要知道稀土总量，还需要测定单一稀土的含量，ICP - AES 法是最常用的方法。当试样中仅含有一种常量单一稀土时也可以采用重量法、容量法和分光光度法。常量单一稀土的测定也可采用 X 荧光光谱法，该法精密度高但设备较昂贵；分光光度法和火焰原子吸收法可用于部分常量单一稀土的测定；氧化还原滴定法常用于测定常量铈。

对于微量单一稀土的测定，最常用的是发射光谱法，尤其是等离子体发射光谱法(ICP - AES)。在分析测定时要特别注意校正主体成分对测定的影响。

近年来，等离子体质谱仪的使用越来越多，由于该法的灵敏度高、选择性好，成为测定微量单一稀土的重要手段。

石墨炉原子吸收法也可用于部分微量单一稀土的测定，灵敏度很高，由于分析速度慢而实际应用很少。火焰原子吸收法测定稀土元素的灵敏度较低，主要用于非稀土成分的测定。

10.2 关于稀土总量测定的若干问题

10.2.1 稀土总量两种表达式的换算

稀土总量的分析结果一般以混合稀土氧化物的含量 $w(RE_xO_y)$ 来表示，在某些理论研究或稀土金属及其合金制备等研究工作中往往需要用稀土元素含量 $w(RE)$ 来表示稀土总量，以便进行各种计算，因此工作中常常遇到将试样的稀土总量由 $w(RE_xO_y)$ 换算成$w(RE)$的问题，或求得两者的换算系数$f_{RE}[w(RE)/w(RE_xO_y)]$。

如果能够测定试样中各种单一稀土氧化物的含量$[w(La_2O_3, CeO_2, \cdots, Y_2O_3)]$，就可以按下式换算成$w(RE)$：

$$w(RE) = w(La_2O_3) \times 0.8527 + w(CeO_2) \times 0.8141 + w(Pr_6O_{11}) \times 0.8277 + w(Nd_2O_3) \times 0.8573 + w(Sm_2O_3) \times 0.8624 + w(Eu_2O_3) \times 0.8636 + w(Gd_2O_3) \times 0.8676 + w(Tb_4O_7) \times 0.8502 + w(Dy_2O_3) \times 0.8713 + w(Ho_2O_3) \times 0.8730 + w(Er_2O_3) \times 0.8745 + w(Tm_2O_3) \times 0.8756 + w(Yb_2O_3) \times 0.8782 + w(Lu_2O_3) \times 0.8794 + w(Y_2O_3) \times 0.7874$$

式中，$w(La_2O_3)\cdots$等为试样中 $La_2O_3\cdots$等的质量分数；0.8527…等为某单一稀土(La)…等的相对原子质量与其相应的氧化物($LaO_{3/2}$)…的相对分子质量的比值。在上述计算中，铈、镨、铽氧化物的价态或分子式视为 CeO_2、Pr_6O_{11}、Tb_4O_7，其他稀土都是三价氧化物。

如果试样中所含的都是三价稀土元素，其氧化物为 RE_2O_3，则此种换算可按下式计算：

$$w(RE) = w(RE_2O_3) \times \left[1 - \frac{1.5A_\tau(O)}{1/2M_{\tau平均}(RE_2O_3)}\right] = w(RE_2O_3) \times \left[1 - \frac{24}{1/2M_{\tau平均}(RE_2O_3)}\right]$$

式中，$M_{\tau平均}(RE_2O_3)$为混合三价稀土氧化物的平均相对分子质量，它可以通过已知浓度的EDTA 滴定已知质量的混合稀土氧化物（其稀土配分与试样所含混合稀土的稀土配分相同）来求算，详细见 10.2.2。

如果混合稀土氧化物(RE_xO_y)中尚有非三价稀土氧化物：CeO_2、Pr_6O_{11}、Tb_4O_7，可以按下式换算：

$$w(RE) = w(RE_2O_3)\left[1 - \frac{24 + 8w(CeO_2) + 5.33w(Pr_6O_{11}) + 4w(Tb_4O_7)}{M_{\tau平均}(RE_2O_3)}\right]$$

式中，$w(CeO_2)$、$w(Pr_6O_{11})$、$w(Tb_4O_7)$分别为混合稀土中 CeO_2、Pr_6O_{11}、Tb_4O_7对总稀土的质量分数。

如果铈、镨、铽的氧化物实际分子式中氧原子数有所变化，就会带来一定误差。

10.2.2 容量法测定稀土总量的混合稀土平均摩尔质量的测定

容量法也是测定常量稀土的常用方法，其最大优点是简单快速，对于只含一种单一稀土的试样，按下列公式来计算被测物的质量(m)：

$$m = c(EDTA)V(EDTA)M_\tau(B)$$

式中 $c(EDTA)$——EDTA 标准溶液的摩尔浓度；

$V(EDTA)$——消耗 EDTA 标准溶液的体积；

$M_\tau(B)$——待测元素的相对摩尔质量。

如果试样所含的是单一稀土，$M_\tau(B)$查表即得。如果试样所含的是混合稀土金属(RE)，则需要预先求算该混合稀土的平均相对摩尔质量 $M_{\tau平均}(RE)$，方法如下：

(1) 如果知道该混合稀土的“稀土配分”，按下式求算其平均摩尔质量 $M_{\tau平均}(RE)$。

$$M_{\tau平均}(RE) = \sum[M_\tau(RE)P(RE)]$$

式中 $M_\tau(RE)$——混合稀土试样中某单一稀土的摩尔质量；

$P(RE)$——该单一稀土对试样所含总稀土的摩尔分数。

(2) 如果某混合稀土氧化物的“稀土配分”是未知的,也可以通过络合滴定来求得其平均摩尔质量 $M_{\tau\text{平均}}(RE_xO_y)$:

称取一定量的混合稀土金属,用 EDTA 标准溶液滴定,按下式求得该混合稀土金属的平均摩尔质量 $M_{\tau\text{平均}}(RE)$。

$$M_{\tau\text{平均}}(RE)=\frac{m}{c(EDTA)\ V(EDTA)}$$

有时分析结果不是以“稀土元素”含量,而是以“稀土氧化物”含量表示,以上计算按下列方法进行:

(1) 某一混合稀土氧化物的平均摩尔质量 $M_{\tau\text{平均}}(RE_xO_y)$,可按下式计算:

$$M_{\tau\text{平均}}(RE_xO_y)=\sum[M_\tau(RE_xO_y)P(RE_xO_y)]$$

式中 $M_\tau(RE_xO_y)$——混合稀土氧化物试样中某单一稀土氧化物的摩尔质量;

$P(RE_xO_y)$——该单一稀土氧化物在混合稀土氧化物中的摩尔分数。

(2) 称取一定量的混合稀土氧化物,用 EDTA 标准溶液滴定,按下式求得该混合稀土氧化物的平均摩尔质量 $M_{\tau\text{平均}}(RE_xO_y)$。

$$M_{\tau\text{平均}}(RE_xO_y)=\frac{m(RE_xO_y)}{c(EDTA)V(EDTA)}$$

式中 $m(RE_xO_y)$——该混合稀土氧化物的质量;

$c(EDTA)$——EDTA 的摩尔浓度;

$V(EDTA)$——消耗 EDTA 的体积。

由混合稀土氧化物的平均摩尔质量 $M_\tau(RE_xO_y)$ 来换算该混合稀土元素平均摩尔质量 $M_{\tau\text{平均}}(RE)$ 有两种情况:

(1) 当混合稀土氧化物中各种单一稀土均为三价时,可根据混合稀土氧化物的平均相对摩尔质量 $M_{\tau\text{平均}}(RE_xO_y)$ 求得相应的混合稀土元素的平均摩尔质量 $M_{\tau\text{平均}}(RE)$:

$$M_{\tau\text{平均}}(RE)=1/2\ M_{\tau\text{平均}}(RE_xO_y)-1.5M_\tau(O)$$

式中 $M_\tau(O)$——氧的相对原子质量,即 16。

(2) 当混合稀土氧化物中除了三价稀土氧化物以外尚有 CeO_2,Pr_6O_{11},Tb_4O_7 时,应按下式计算混合稀土元素的平均摩尔质量:

$$M_{\tau\text{平均}}(RE)=1/2\ M_{\tau\text{平均}}(RE_xO_y)-[1.5-0.5w(CeO_2)-0.33w(Pr_6O_{11})-0.25w(Tb_4O_7)]\ M_\tau(O)$$

10.2.3 分光光度法测定稀土总量的统一标准问题

合金材料中的微量稀土总量的测定主要采用吸光光度法。由于各单一稀土的灵敏度(单位质量的信号值)对于某一种显色剂来讲往往各不相同的,因此,当试样所含的混合稀土的稀土配分与绘制工作曲线用的混合稀土标准物的稀土配分不一致时就会带来分析误差,尤其是当试样的稀土配分未知或变化很大时,误差就更大。这就是人们称为“统一标准”的难题。可以通过以下办法来减少此类误差。

10.2.3.1 根据试样的稀土配分制备合适的混合稀土标准物

配制标准系列用的混合稀土的制备办法主要有两种:

(1) 对于稀土配分相同的同类试样,可以将试样中所含的混合稀土分离(提纯)出来,作为该类试样测定稀土总量用的统一标准；对于某些使用同一种混合稀土为原料的稀土制品试样，如果在制备过程中原料和制品的稀土配分没有变化的话，就可用其混合稀土原料作为试样分析的标准。例如，以包头产的混合稀土或龙南产的混合稀土为原料的各种稀土合金材料的分析，可以分别用包头混合稀土或龙南混合稀土来配制标准。

（2）对于已知稀土配分的试样，可以按其稀土配分来配制混合稀土标准，或按近似于试样的稀土配分的混合稀土来配制标准，此时要根据测定的显色体系对各单一稀土的灵敏度的实际情况来确定混合稀土标准中各种稀土的比例，从而使显色体系对试样中的稀土的灵敏度与对标准中的稀土的灵敏度尽量接近。

10.2.3.2 显色剂的选择

如果能够选择一种对各种稀土元素的灵敏度都相等（质量浓度相同时具有相同的吸光度）的显色剂来测定稀土总量的话，前述的“统一标准”问题就不存在了。事实上，这样的稀土显色剂不存在，人们只能选择那些对各单一稀土的灵敏度尽量接近的显色剂以提高测定混合稀土总量的准确度。

10.2.3.3 测定条件的选择

对于同一显色剂来讲，在不同显色条件（主要是酸介质、酸度、掩蔽剂等）下各种稀土的灵敏度相差较大，尤其对目前常用的偶氮氯膦类显色剂更具有这种性质，选择合适的显色条件可以使各种稀土的灵敏度尽量接近。对于不同的显色剂来讲，酸介质、酸度的影响是不同的，应进行详细试验来选定。钇组稀土元素还易生成 β 型络合物，这也是值得注意的。

10.2.3.4 测定波长的选择

在光度分析中，测定波长一般采用有色待测物的最大吸收峰的波长，以便达到最高的灵敏度。测定稀土总量时，为了使各种稀土的灵敏度尽量接近，有时选用非最大吸收处的波长为测定波长。

10.3 稀土中间合金分析[6~15]

某些稀土合金材料的制备需要先制成稀土中间合金，如硅铁（镁）稀土中间合金、镁稀土中间合金、铝稀土中间合金等。使用稀土中间合金制备稀土应用合金材料过程中，两者的稀土配分一般是不变的。稀土总量是稀土中间合金的主要测定项目，其含量在百分之几至几十，常用的方法是草酸盐重量法、EDTA 滴定法，也可采用 XRF 或 ICP - AES 测定单一稀土分量，再加和求算稀土总量，或直接报出单一稀土含量。

10.3.1 草酸盐重量法测定硅铁稀土合金中稀土总量

试样中稀土约 10%，SiO_2约 30%，Fe_2O_3约 60% 以上。试样经王水 - HF 溶解，以 MIBK 萃取分离大部分 Fe，在 pH 为 2 介质中，以草酸沉淀稀土，灼烧成氧化稀土，重量法测定。

10.3.1.1 分析步骤

称取 0.3 g 试样，加 20 mL 水，分次加入 20 mL 王水，低温加热，不时滴加 HF 直至试样溶清。将溶液蒸发至 1 ~ 2 mL，加 5 mL 水，加热使盐类溶解，溶液转移至分液漏斗中，保持体积为 10 mL 左右，加入等体积浓 HCl，混匀；加 10 mL MIBK，振荡萃取 1 min。水相放入 300 mL 烧杯中，蒸发至近干。加 1 mL HCl，加热使溶液清亮，用稀氨水调节 pH = 1.7 ~ 2，加 100 mL

水，煮沸。加50 mL 近沸的草酸溶液(50 g/L)，煮沸。放置2～3 h 后过滤，沉淀在900℃灼烧90 min，称量稀土氧化物。

10.3.1.2 注意事项

(1) 合金试样硬而脆，易破碎，有时因含有 Mg 和 Ca，敲击或溶样时易产生火花，应注意安全；

(2) 试样的均匀性较差，取样时应注意代表性和均匀性，必要时多次测定求平均值。

10.3.2 EDTA 滴定法测定硅铁稀土合金中稀土总量

试样经王水－HF 溶解，以 MIBK 萃取大部分 Fe，继以铜铁试剂－三氯甲烷萃取剩余的 Fe，在 pH＝5～6 条件下用 EDTA 滴定稀土。

10.3.2.1 分析步骤

称取0.2 g 试样，按10.3.1.1 溶样和用 MIBK 萃取 Fe，水相转移至100 mL 容量瓶中，以水定容。移取20mL 溶液于分液漏斗中，调节 pH 约为1，加10 mL 铜铁试剂－三氯甲烷溶液(10 g/L)，反复两次萃取铁等。弃去有机相，水相放入300 mL 烧杯中，加入少许抗坏血酸，调节 pH 为4～5，加5 mL 六亚甲基四胺溶液(100 g/L)，以二甲酚橙为指示剂，用 $c(C_{10}H_{14}N_2O_8Na_2)=0.01$ mol/L 的 EDTA 标准溶液滴定至溶液由红变黄。

10.3.2.2 注意事项

用制备硅铁稀土合金的混合稀土金属原料为基准物标定 EDTA 标准溶液的滴定度，或由 EDTA 标准溶液的浓度计算相应的混合稀土氧化物的平均相对分子量，应预先知道 $f(RE/RE_xO_y)$ 值。

10.3.3 稀土硅铁合金、稀土镁硅铁合金中稀土总量的快速测定——铈量换算法

对于采用包头产的混合稀土作原料的中间合金，由于其中铈与总稀土的比例基本稳定为1∶2，可以通过测定铈量换算出稀土总量。试样以磷酸、硝酸、氢氟酸溶解，高氯酸冒烟，将铈氧化成四价，在4％的硫酸介质中，以硫酸亚铁铵标准溶液滴定铈。

10.3.3.1 主要试剂

尿素溶液(20 g/L)；亚砷酸钠－亚硝酸钠消锰液(0.02 mol/L)；硫酸亚铁铵标准溶液(0.00518 mol/L)；苯代邻氨基苯甲酸指示剂(2 g 溶解于2 g/L 的碳酸钠溶液中)。

10.3.3.2 分析步骤

准确称取0.2 g 试样于300 mL 烧杯中，滴加浓硝酸数滴，滴加氢氟酸至试样全部分解。加磷酸10～15 mL，高氯酸1 mL，加热到高氯酸冒烟，取下冷却到80～90℃，用硫酸(1＋24)稀释到约100 mL，摇匀，冷却至室温，加2～4 mL 尿素溶液(20 g/mL)，滴加亚砷酸钠－亚硝酸钠(0.02 mol/L)消锰液至红色消失，过量5～10 滴，加苯代邻氨基苯甲酸指示剂3 滴，用硫酸亚铁铵标准溶液滴定至紫红色变为黄绿色为终点。

10.3.3.3 结果计算

$$w(\sum RE)=\frac{M\times V\times 172.12\times 0.835}{m}\times 100\%\times 2$$

式中 m——试样重，g；

M——硫酸亚铁铵标准液的摩尔浓度，mol/L；

V——硫酸亚铁铵标准液消耗的毫升数，mL；

2——适合于以包头混合稀土为原料的中间合金的换算系数，即 $RE_xO_y\% = 2CeO_2\%$；

0.835——稀土氧化物换算成金属的系数；

172.12——二氧化铈的相对分子质量。

10.3.3.4 注意事项

分解试样时要不断摇动，溶样时间不宜过长，特别是高氯酸冒烟时，温度要严格控制，防止大量焦磷酸盐生成，使结果偏低。

10.3.4 草酸盐重量法测定铝稀土中间合金中稀土总量

试样以 NaOH 溶解并分离大部分 Al，再用 HCl 溶解沉淀中的稀土，用草酸盐重量法测定稀土总量。其分析步骤为：

称取 0.5 g 试样，加入 20 mLNaOH 溶液(200 g/L)，加热，直至反应平静。加 20 mL 水，煮沸。过滤，弃去滤液。将沉淀连同滤纸放回原烧杯中，加 10 mL HCl，煮沸。加 1 mLH_2O_2，煮沸使 H_2O_2分解完全。加 100 mL 水，调节 pH 约为 2，煮沸。加入 50 mL 近沸的草酸溶液(50 g/L)沉淀稀土。冷却放置 2 h 以上，过滤。弃去滤液，沉淀于 900℃ 灼烧 2 h，称量(稀土氧化物)。

10.3.5 EDTA 滴定法测定铝稀土中间合金中稀土总量

试样以 NaOH 溶解并分离大部分 Al，再用 HCl 溶解稀土。以磺基水杨酸和乙酰丙酮掩蔽残存的 Al 和 Fe，EDTA 滴定稀土。

10.3.5.1 分析步骤

称取 0.5 g 试样，同 10.3.4 节用 NaOH 溶解，过滤后以 HCl 溶解稀土，加 H_2O_2还原铈，加热破坏 H_2O_2后定容于 100 mL 容量瓶中。取 10.00 mL 溶液，加 2 mL 乙酰丙酮，5 mL 磺基水杨酸溶液(100 g/L)，20 mL 水，用氨水调节至 pH 约为 4，加 5 mL 六亚甲基四胺溶液(100 g/L)，2 滴二甲酚橙(1 g/L)，以 $c(C_{10}H_{14}N_2O_8Na_2) = 0.01$ mol/L EDTA 标准溶液滴定至溶液由红变黄。

10.3.5.2 注意事项

试样中稀土含量大于 20% 时，可以用 HCl 直接溶解，定容，分取部分溶液后用 EDTA 直接滴定，但磺基水杨酸和乙酰丙酮用量要加倍。

10.3.6 草酸盐重量法测定镁稀土中间合金中稀土总量

试样以酸溶解，用氨水沉淀稀土并分离 Mg，以草酸盐重量法测定。其分析步骤为：称取 0.5 g 试样，加 10 mL 水，5 mL HCl (1+1)，加热至试样溶清。加 50 mL 水，煮沸。加 10 mL 氨水，煮沸。过滤，弃去滤液。用 25 mL HCl(1+4)溶解沉淀并煮沸，重复用氨水沉淀、过滤。将沉淀连同滤纸放回原烧杯中，加 2 mL HCl，煮沸。加 100 mL 热水，调节 pH 至 1.7~2.0，煮沸。加 50 mL 草酸溶液(50 g/L)，煮沸。放置 2 h 后过滤，沉淀于 900℃ 灼烧 2 h，称量(稀土氧化物)。

10.3.7 EDTA 滴定法测定稀土镁合金中稀土总量

采用苦杏仁酸、磺基水杨酸、乙酰丙酮等为掩蔽剂，加入过量的 EDTA 络合稀土，然后用 NH_4F 释出与稀土等摩尔的 EDTA，用铜标准溶液反滴定。

10.3.7.1 分析步骤

称取 0.25 g 试样，加 5 mL 水，分次加入 40 mL HCl(1+1)，待反应完毕后加少量 HNO_3，加热煮沸使之完全溶清，溶液定容于 250 mL 容量瓶中。移取 25.00 mL 试液，加 10 mL 苦杏仁酸溶液(50 g/L)，5 mL 磺基水杨酸溶液(100 g/L)，5 mL 乙酰丙酮，5 mL 邻菲罗啉－乙醇溶液(0.5 g/L)，摇匀。加 5 mLEDTA 溶液(50 g/L)，振摇 10 min，放置片刻。用 NaOH(50 g/L) 调节 pH 值约为 5，加 10 mL 乙酸－乙酸钠缓冲溶液(pH=5)，5 滴 1－(2－吡啶偶氮)－2－萘酚溶液，摇匀。用 $c(Cu^{2+})=0.02$ mol/L 标准溶液滴定至绿色恰变为微红色或紫色(不必计体积)。加 25 mL H_3BO_3 溶液(50 g/L)，1 gNH_4F，振摇 10 s，放置片刻，用 $c(Cu^{2+})=0.02$ mol/L 标准溶液滴定至绿色恰变为微红色或紫色。根据混合稀土的平均摩尔质量计算稀土总量。

10.3.7.2 注意事项

试样中没有 Fe、Al 等杂质元素时，也可用氨水沉淀稀土，再用 HCl 溶解后，在 pH=5～6 条件下，用 EDTA 直接滴定稀土。

10.3.8 ICP－AES 法测定稀土硅铁合金中 La, Ce, Pr, Nd, Si, Fe, Mn, Ti, Al, Ca[4]

试样用 $Na_2O_2-Na_2CO_3$ 熔融，热水浸解熔块，浓盐酸酸化后稀释，ICP－AES 法测定。

10.3.8.1 主要试剂

$Na_2O_2-Na_2CO_3$ 混合熔剂(2:1)；Ce、Pr、Nd、Sm 单元素标准储存溶液:(以 REO 计浓度为 1.00 mg/mL。铈标准为 5% HNO_3 介质，其他为 5% HCl)。

10.3.8.2 仪器

顺序扫描型电感耦合等离子体发射光谱仪，倒数线色散率不大于 0.26 nm/mm。分析线波长:La398.852 nm、Ce413.765 nm、Pr417.939 nm、Nd396.152 nm、Fe259.940 nm、Al430.357 nm、Si288.158 nm、Mn257.610 nm、Ti334.941 nm、Ca393.366 nm。

10.3.8.3 标准系列溶液

Si 单独配制标准溶液，其他各单元素标准储存溶液配制成高、低浓度混合标准溶液，介质为 5% HCl；标准系列溶液中各元素的浓度见表 10-1。

表 10-1 标准系列溶液中各元素的浓度 (μg/mL)

被测元素	Si	Ti	Fe	Mn	Al	Ca	La	Ce	Pr	Nd
低标	1	0.1	1	0.1	0.1	0.1	1	1	0.1	0.1
高标	40	2	40	2	2	2	20	20	5	5

10.3.8.4 分析步骤

准确称取 0.2 g 试样，置于银坩埚中，加 4 g $Na_2O_2-Na_2CO_3$ 混合熔剂，搅匀，再覆盖一薄层混合熔剂，放入 650℃高温炉中熔融 15 min，取出冷却。用 60 mL 热水于 250 mL 烧杯中溶解熔块，在不断搅拌下一次性加入 25 mL 浓盐酸，使试液酸化。坩埚及盖用稀盐酸(1+19)

和蒸馏水洗净并取出，洗液并入烧杯中，加热煮沸至试液澄清（杯底有少量 AgCl 沉淀不影响结果），冷却后定容至 250 mL 容量瓶中。用稀盐酸（1 + 19）定量稀释 10 倍，待 ICP - AES 测定。

随同试样操作制备空白试液。

将试样溶液、空白试液与标准溶液同时进行氩等离子体光谱测定。

10.3.8.5 结果计算

以质量分数表示结果：

$$w_i = \frac{m_1 - m_2}{m} \times 100\%$$

式中 w_i——被测成分 i 质量分数，%；

m_1——试样中被测成分 i 的质量，g；

m_2——空白中被测成分 i 的质量，g；

m——试样质量，g。

10.3.8.6 注意事项

（1）碱熔时加入的大量钠和酸，影响试液的提升量，故在标准系列溶液中，应加入相应量的试剂空白液，加以校正；

（2）Nd 和 Ce 对 Pr 有光谱干扰、La 对 Ce 有光谱干扰，采用系数校正法加以校正。

10.4 稀土铁基合金分析

稀土铁基合金分析主要包括稀土球墨铸铁和稀土钢中稀土总量和稀土分量的测定，文献[16, 17]曾有综述。

稀土铁基合金中稀土总量一般小于 1%，主要采用分光光度法来测定，所用的显色剂有偶氮胂类[18~26]，偶氮氯膦类[27~34]，偶氮溴膦类[35~37]或其他显色剂[38~44]。由于大部分显色剂对铈组稀土灵敏度高，对钇组稀土灵敏度低，因此实际上适合于铈组稀土总量的测定；基于目前稀土铁基合金的稀土原料基本上来自包头产的，其主成分是铈组稀土，因此，用上述显色剂测定的结果基本上可以代表稀土总量。为了消除基体主成分对直接测定的影响，常常在标准系列中加入无稀土的铁基体主成分。必要时可以采用萃取与萃取色谱等方法将稀土与主成分进行预分离。电化学、X 射线荧光光谱法和原子吸收法的使用很少[45~47]。钢铁中固溶稀土和夹杂物的分析主要采用化学分析法[48~51]。

稀土铁基合金中稀土分量的测定主要采用等离子体发射光谱法[52~58]，基体铁的光谱干扰、基体效应以及稀土元素间的光谱干扰是值得关注的问题。

10.4.1 稀土总量的测定

10.4.1.1 PMBP 萃取分离偶氮氯膦 mA 光度法测定钢铁中铈组稀土总量

试样以酸分解后，于 pH = 2 左右以乙酸丙酮、三氯甲烷萃取分离铁，在硫氰酸铵和磺基水杨酸存在下，于 pH = 5.5 用 PMBP - 苯萃取稀土与其他共存元素分离。经稀盐酸反萃，用草酸和 EDTA - 锌掩蔽残余的铁、铝等干扰元素，用偶氮氯膦 mA 光度法测定稀土总量。本法采用钆作标准系列，适用于碳钢、合金钢、高温合金和精密合金中 0.001% ~0.200% 以包头稀土为原料的稀土总量的测定。

A 主要试剂

乙酸丙酮－三氯甲烷混合液(2+3)；乙酸－乙酸铵缓冲液(77 g 乙酸铵溶于 420 mL 水中，加 11 mL 冰乙酸，混匀)；萃洗液(100 mL 硫氰酸铵溶液、10 mL 磺基水杨酸溶液、120 mL 乙酸－乙酸铵缓冲液和 270 mL 水混匀)；PMBP－苯萃取液(5 g/L 苯溶液)；Zn－EDTA 溶液(14.7 g 乙酸锌和 25 gEDTA 用水溶解并稀释至 1000 mL)；偶氮氯膦 mA 溶液(0.2 g/L)；钆标准溶液(0.10 mg/mL、10 μg/mL 钆)。

B 分析步骤

称取试样 0.1～1.0 g 于 100 mL 烧杯中，加 10～30 mL 盐酸和硝酸混合酸，加热溶解，蒸发到约 3 mL，加 50 mL 水，加热煮沸 2 min，冷却到室温，定容于 100 mL 容量瓶中，如有沉淀，干过滤除之。

移取 5～10 mL 试液于 50 mL 分液漏斗中，用氢氧化铵(1+2)调节到 pH 为 2 左右，出现大量氢氧化铁沉淀，加 10 mL 乙酸丙酮－三氯甲烷的混合液，振摇 1 min，分层后弃去有机相。如溶液还呈深红色，再调节 pH～2，重复萃取一次，分层后弃去有机相。

水相加入 2 mL 抗坏血酸溶液(100 g/L)，放置 5 min。加 5 mL 硫氰酸铵溶液(600 g/L)，2 mL 磺基水杨酸溶液(600 g/L，pH=5)，用氨水(1+2)调节至 pH=3～4，加 5 mL HAc－NH_4Ac 缓冲溶液，加入 15 mL PMBP－苯溶液，振摇 1 min。静置分层后弃去水相，有机相用 5 mL 萃洗液洗两次，每次振摇 10 s，静置分层后，弃去水相。用 4～5 mL 水洗分液漏斗壁两次，弃去水相。有机相加 5 mL 盐酸(1+24)，振摇 30 s，分层后，水相放入 25 mL 容量瓶中。用 5 mL 水冲洗分液漏斗壁 2 次，水相合并于 25 mL 容量瓶中。加入 1 mL 草酸溶液，1 mL 锌－EDTA 溶液，5 mL 偶氮氯膦 mA 溶液(0.2 g/L)，以水定容，待测。

C 标准系列配制

准确移取 0 mL、1.0 mL、2.0 mL、4.0 mL、7.0 mL、10 mL 钆标准溶液于一系列 25 mL 容量瓶中，加 5 mL 盐酸(1+24)，用水稀释至约 17 mL，加 1 mL 草酸溶液(25 g/L)，1 mL 锌－EDTA 溶液，5 mL 偶氮氯膦 mA 溶液(0.2 g/L)，以水定容，待测。

用分光光度计，在波长 670 nm 处，3 cm 皿，以试剂空白作参比测量标准系列和试样溶液吸光度。绘制工作曲线求得相应稀土量。

D 结果计算

$$w(\mathrm{RE}) = \frac{m_1 \times 10^{-6}}{m \times \frac{V_1}{V}} \times 100\%$$

式中 $w(\mathrm{RE})$——稀土元素的质量分数，%；

m——试样量，g；

m_1——从工作曲线求得的钆量，即铈组稀土量，μg；

V_1——分取试液的体积，mL；

V——试样液总体积，mL。

E 注意事项

用钆代替混合稀土作为标准溶液是从实验结果得到的结论，即钆的工作曲线和几种混合稀土的工作曲线几乎重合。

10.4.1.2 三溴偶氮胂直接光度法测定钢铁中铈组稀土总量

试样经硝酸、盐酸、高氯酸分解，在 1 mol/L 盐酸介质中，以抗坏血酸还原铁，三溴偶氮胂测定铈组稀土。本法适用于生铁、普通钢、低合金钢中铈组稀土的测定。

A 主要试剂

三溴偶氮胂显色液（0.5 g/L）；铈组稀土标准溶液（用与包头稀土矿原矿的稀土配分相同的混合铈组稀土配制成稀土氧化物浓度为 5 μg/mL 的微酸性溶液）。

B 分析步骤

准确称取试样 0.1 ~ 0.25 g 于 150 mL 锥形瓶中，加 8 mL 硝酸（1 + 3），1 mL 盐酸，加热溶解后，加 2 mL 高氯酸，加热蒸发至冒浓厚白烟，冷却。加 10 mL 水，加热使盐类溶解，冷至却室温，移入 50 mL 容量瓶中，以水定容。

分取上述试液 1 ~ 5 mL 于 25 mL 容量瓶中，加抗坏血酸 50 ~ 70 mg，摇动使其溶解，加 4.2 mL 盐酸（1 + 1），2 mL 三溴偶氮胂显色液，以水定容，待测。

C 标准系列配制

于一系列 25 mL 容量瓶中，分别加入 0 μg，1.0 μg，2.0 μg，4.0 μg，8.0 μg，12.0 μg，16.0 μg 铈组稀土氧化物，加抗坏血酸 50 ~ 70 mg，加 4.2 mL 盐酸（1 + 1），2 mL 三溴偶氮胂溶液，以水定容。

用分光光度计，波长 630 nm 处，以试剂空白作参比，用 1 cm 皿测定标准系列和试样溶液的吸光度，绘制工作曲线和查得稀土量。

D 结果计算

$$w(\mathrm{RE}) = \frac{m_1 \times 0.835 \times 10^{-6}}{m \times \dfrac{V_1}{V}} \times 100\%$$

式中 $w(\mathrm{RE})$——稀土元素的质量分数，%；

m——试样重，g；

m_1——从工作曲线查得稀土的质量；μg

V_1——分取试液的体积，mL；

V——试样液的总体积，mL；

0.835——按包头稀土原矿的稀土配分求算出的混合氧化稀土与混合稀土的换算系数。

E 注意事项

（1）本法也可适用生铁、铸铁等试样分析，试样分解后，滤去游离碳即可。

（2）对含铬高的试样如高铬不锈钢、高铬硅硼镍基合金，试样分解后，高氯酸冒烟，加盐酸使铬成铬酰赶掉，然后分取显色。

（3）显色酸度在 0.024 ~ 1.68 mol/L 盐酸介质，铈组元素吸光度几乎恒定。

（4）如钢中加入包头矿组成的混合稀土金属，本法所测得的铈组稀土含量可视为稀土总量。

10.4.1.3 氟化铵分离 - 偶氮胂Ⅲ光度法测定高合金钢中铈组稀土

试样以王水或硫酸分解，氟化铵沉淀稀土使与镍、铬、钛、铌、铁等干扰元素分离。在

pH =2,以抗坏血酸还原铁,磺基水杨酸掩蔽铝,以偶氮胂Ⅲ光度法测定稀土总量。

A 主要试剂

氟化铵溶液(200 g/L);氟化铵 - 盐酸洗液(25 mL 氟化铵溶液,5 mL 盐酸混合,稀释至500 mL);pH =2 缓冲溶液(119 毫升 0.1 mol/L 盐酸,加 0.2 mol/L 氯化钾 440 mL,混合后以水稀至 1000 mL);偶氮胂Ⅲ溶液(0.5 g/L)。

B 分析步骤

称取试样 0.5 ~ 1.0 g 于 300 mL 烧杯中,加 30 mL 硫酸(1 +5),加热溶解后,稀释体积到100 mL,加热煮沸数分钟,移入 300 mL 塑料杯中,用热水稀释到 150 mL,加 25 mL 氟化铵溶液,少许纸浆,煮沸 2 min,在 80℃保温 15 ~ 20 min,用慢速滤纸过滤,用氟化铵 - 盐酸混合洗液洗杯 4 ~ 5 次、沉淀 8 ~ 10 次,再用热水洗沉淀 5 次。

将沉淀连同滤纸放入 100 mL 烧杯中,加 15 mL 硝酸,5 mL 高氯酸,加热使溶液清亮,并蒸发到干。稍冷,加 3 mL 盐酸(1 +1),用水稀释到 25 ~ 30 mL,加一小块刚果红试纸,用氨水和盐酸(1 +4)调节到试纸呈紫红色,转移至 50 mL 容量瓶中,以水定容。

准确移取上述试液 2 ~ 10 mL 于 25 mL 容量瓶中,加 1 mL 抗坏血酸溶液(10 g/L),1 mL 磺基水杨酸溶液(100 g/L),5 mL 缓冲溶液,5 mL 偶氮胂Ⅲ显色液,以水定容。于分光光度计,波长 655 nm 处,3 cm 皿,以试剂空白作参比,测量吸光度。

C 标准系列配制

称取 8 份不含稀土之钢样 1 g,分别加入 0 μg,50 μg,100 μg,200 μg,400 μg,600 μg,800 μg,1000 μg 的混合稀土标准溶液。以下按分析步骤进行氟化分离、分取、显色、测定。以吸光度对稀土含量绘制工作曲线。

D 结果计算

同 10.4.1 节。

E 注意事项

(1) 不锈钢可用稀王水溶解后,稀释到 150 mL,加 30 mL 氟化铵溶液(200 g/L)进行氟化分离。

(2) 对高合金钢试样要滴加硝酸破坏碳化物,否则合金元素碳化物混入氟化稀土沉淀将影响测定。

(3) 含钨高的试样如有钨析出,可过滤除去,沉淀不吸附稀土。

(4) 在用硝酸分解试样后,三价铁最好用抗坏血酸还原成二价。氟化分离时三价铁干扰比二价铁严重。

(5) 铝超过 100 g/L,由于形成稀土、铝、氟三元络合物,稀土损失严重。

10.4.2 稀土分量的测定

10.4.2.1 光电直读光谱法分析钢中微量 La 和 Ce

A 试剂与仪器

MS 型 NZ 光电直读光谱仪(德国 Spectr. 公司);测定波长(nm)/内标线:La 433.373/273.074(Fe4) 火花 Spark 光源激发;Ce 413.765/281 329(Fe3s) 痕量火花(Saft)光源激发。

B 标准系列

测量线性范围：La(0.001% ~0.030%)；Ce(0.001% ~0.055%)。

C 分析步骤

采用自动取样器在钢水中浸取样品，切柄后在 HB 3000 型磨样机上先用砂轮粗磨，再用砂带细磨，使样品表面平整光洁。

D 结果计算

将标准系列样品激发后，使用 Regression 回归软件，以强度比作自变量，绘制校准曲线。

10.4.2.2 2-乙基己基磷酸单(2-乙基己基)酯树脂色层分离 ICP-AES 法测定钢中稀土元素

A 主要试剂

P-507 树脂(粒径 0.18 ~0.30 mm，浓度 40%)；各稀土元素标准储备液(均 1 g/mL)。

B 仪器

Plasma 200 ICP-AES 光谱仪：主光栅刻度 1200/mm，二级光谱分辨率 0.02 nm。

分析线波长：La333.75 nm、Ce418.66 nm、Pr 422.54 nm、Nd 406.11 nm、Sm 359.26 nm、Y 377.43 nm，Gd 335.05 nm。

C 分析步骤

称取 0.6000 g 样品于 200 mL 烧杯中，加入 2 mL 浓 HNO_3，8 mL 浓 HCl 及 5 mL 水，加热溶解，待反应基本结束后，保持溶液 50 ~ 60℃，滴加甲醛至不再有气泡产生，除去过量的 HNO_3，煮沸，除去过量甲醛，冷却后加入 0.6 g 抗坏血酸还原 Fe^{3+}，调 pH 值为 2.5，倾入处理好的 P-507 色层柱，流速为 0.8 mL/min。用 20 mL 氯化铵(50 g/L，pH = 2.5)，抗坏血酸(10 g/L)和磺基水杨酸(20 g/L)混合淋洗液，洗脱非稀土元素，以 12 mL HCl (3.0 mol/L)洗脱稀土元素，接收液蒸至近干，用 3 mL HNO_3 和 $HClO_4$ 混合液加热冒烟，冷却后定容于 25 mL 容量瓶，待测。

D 结果计算

用干扰系数 A 校正光谱干扰，本仪器条件下，A(Nd/Sm) = 0.0283，A(Gd/Sm) = 0.239，A(Sm/Pr) = 0.293，A(Y/Pr) = 0.0158。

E 注意事项

不同性能仪器的干扰系数 A 各异，应自行测算。

10.4.2.3 ICP-AES 法测定铸铁中的镧、铈、镨、钕、钐

A 主要试剂

单一稀土标准贮备溶液：1 mg/mL。

B 仪器

美国热电公司 IRISII 型 ICP-AES 仪，主光栅刻度 1200/mm。

分析线波长：La 408.672 nm、Ce 413.380 nm、Pr 414.311 nm、Nd 430.358 nm、Sm 359.260 nm。

C 分析步骤

称取样品 0.1000 g 置于 250 mL 聚四氟乙烯杯中。加 5 mL 硝酸、5 mL 氢氟酸。待试样溶解后，加 5 mL 高氯酸。低温加热至冒高氯酸烟，近干后稍冷，加少量水溶解盐类，移入

250 mL容量瓶中，以水定容，进行 ICP－AES 测定。

10.4.2.4 萃取分离－ICP－AES 法测定钢中的微量稀土元素

A 主要试剂

N－苯甲酰苯胺(BPHA)/甲基异丁基酮(MIBK)溶液(10 g/L)。

B 仪器

Plasma 200 ICP－AES 光谱仪，主光栅刻度 1200/mm，二级光谱分辨率 0.02 nm。分析线波长：La333.75 nm、Ce418.66 nm、Pr 422.54 nm、Nd 406.11 nm、Sm 359.26 nm、Y377.43 nm、Gd 335.05 mm。

C 分析步骤

称取 3.0000 g 钢样于 250 mL 聚四氟乙烯烧杯中，加 25 mL HCl、5 mL HNO_3 和 20 mL 水。当反应平稳后，加入 8 mL HF，加热蒸发除 Si。当反应不再进行时，加 8 mL $HClO_4$，加热至冒烟以除 HF，冷却后以 HCl(1＋1)溶解，并调节 HCl 酸度为 7 mol/L。将上述溶液转入 250 mL 分液漏斗中，加入 80 mL BPHA－MIBK 溶液，萃取 2 min，水相转入 150 mL 烧杯中，加热蒸至近干。加5 mL HNO_3 和 $HClO_4$ 混合液，加热冒烟破坏有机相，冷却后定容于 50 mL 容量瓶中，待测定。

D 结果计算

用干扰系数 A 校正光谱干扰，本仪器条件下，A(Nd/Sm)＝0.0283，A(Gd/Sm)＝0.239，A(Sm/Pr)＝0.293，A(Y/Pr)＝0.0158。

10.5 稀土磁性材料分析

本节主要介绍稀土永磁材料、超磁致伸缩材料、磁光材料及磁致冷材料等的分析。

稀土永磁材料一般包括稀土钴型(稀土主成分为 Sm，部分代之以 Pr、Ce、Gd、Er 等，非稀土除 Co 外有 Cu、Fe、Zr 等)和稀土铁永磁材料(以 $Nd_2Fe_{14}B$ 为主，可能部分代之以 Co、Dy、Ga、Al 等)，此外还有更新的 RE－Fe－N 稀土永磁合金。

稀土超磁致伸缩材料主要指稀土铁系金属间化合物，稀土主成分有 Tb、Dy、Ho、Sm 等，Fe 也可以被 Al、Mn 等其他金属部分替代。

磁光材料包括钇铁石榴石($Y_3Fe_5O_{12}$系列)及稀土铁族非晶薄膜 GdTbFeCo 及 NdDyFe-Co 等。

磁制冷材料有钆－镓－石榴石、镝－铝－石榴石等，以及 Er_3Ni 系、$REAl_2$ 系、$RENi_2$ 系、RE_3Al 系、RE－Al、RE－Ag、RE－Cu 和 Fe－Zr 等系列及 La(Fe、Co、Al)等。

稀土磁性材料涉及到多种元素的检测，用于常量稀土元素检测的化学分析方法有容量法、分光光度法[59~64]、X 荧光光谱法由于精密度高而被重视[65~69]、等离子发射光谱法(ICP－AES)[71~79]；等离子质谱法(ICP－MS)法[80]也用于镝铁中稀土杂质的测定。由于稀土永磁材料应用很广泛，其分析方法研究报道很多，也是本节讨论的重点。

10.5.1 稀土总量的测定

10.5.1.1 草酸盐重量法测定稀土磁性材料中稀土总量

试样以盐酸溶解，用氢氟酸沉淀稀土与铁分离；用硝酸、高氯酸溶解沉淀后，在 pH 值大于 9 时氨水沉淀稀土，分离钙、镁、钡；再用硝酸和高氯酸处理脱硅；最后用草酸沉淀稀土，灼烧成稀土氧化物,称量。

A 主要试剂

氢氟酸－盐酸洗液(100 mL 水中含盐酸及氢氟酸各 5 mL);草酸溶液(100 g/L);草酸洗液(10 g/L); 氯化铵洗液(20 g/L,pH =9 ~10)。

B 分析步骤

(1) 称取 0.4000 g 试样置于 300 mL 烧杯中,加 15 mL 盐酸(1 +1),低温加热溶解后移入 250 mL 聚四氟乙烯烧杯中,稀释至 100 mL,低温加热,在不断搅拌下缓缓加入 15 mL 氢氟酸,保温 30 ~40 min,每隔 10 min 搅拌一次,冷却至室温。用慢速滤纸过滤,沉淀以氢氟酸～盐酸洗液洗 8 ~10 次,水洗两次。将沉淀连同滤纸放入原玻璃烧杯中,加 30 mL 硝酸及5 mL 高氯酸,加热破坏滤纸并溶解沉淀。继续冒烟并蒸至体积为 2 ~3 mL 后稍冷。

(2) 加 2 mL 盐酸(1 +1)及 2 ~3 滴过氧化氢,低温加热溶解盐类。加 150 mL 热水和 2 g 氯化铵,加热至沸,稍冷。用氨水(1 +1)中和至沉淀出现,加 3 ~4 滴过氧化氢,再加 15 ~20 mL氨水(1 +1),加热煮沸 2 min,稍冷,补加氨水(1 +1)至 pH 值大于 9。用中速滤纸过滤,用氯化铵洗液(20 g/L)洗涤沉淀 7 ~8 次。

(3) 将沉淀连同滤纸放入原玻璃烧杯中,加 25 mL 硝酸及 5 mL 高氯酸,加热破坏滤纸和溶解沉淀。继续冒烟并蒸至体积约为 2 ~3 mL,稍冷,加 30 mL 热水溶解盐类。用中速滤纸过滤,接收滤液于烧杯中,用盐酸(1 +49)洗涤沉淀 7 ~8 次,弃去滤纸、沉淀。

(4) 滤液加水至 150 mL,加热至沸,加 25 mL 热草酸溶液(100 g/L),用氨水(1 +1)调节溶液 pH 值为 1.8 ~2.0,在 70 ~80℃保温 30 min,静置 4 h 或过夜。用慢速滤纸过滤,用草酸洗液(10 g/mL)洗涤沉淀 7 ~8 次。将沉淀连同滤纸置于已恒重的铂金坩埚中,灰化,于 900℃灼烧 40 min,烧成物于干燥器中冷却 30 min,称量。重复此操作直至质量恒定。

C 结果计算

按下式计算稀土氧化物的质量分数:

$$w_{REO} = \frac{m_1 - m_2}{m} \times 100\%$$

式中 m_1——铂坩埚及烧成物的质量,g;

m_2——铂坩埚的质量,g;

m——样品的质量,g;

按下式计算稀土金属的质量分数:

$$w_{RE} = k^* \times w_{REO}(\%)$$

式中 k^*——稀土元素平均相对原子量(A_{RE})与其相应稀土氧化物的平均相对摩尔质量($M_{REO y/x}$)的比值。

D 注意事项

(1) 本法适用于包括钕铁硼合金在内的大多数稀土磁性材料的分析,对于成分较简单的试样可以适当简化或另拟分析步骤,如:镝铁、钕铁合金(硅、钙、镁含量很低者)可以用盐酸溶样,先在 6 ~7 mol/L 的 HCl 介质中用 MIBK 萃取除铁后用草酸沉淀稀土;钐钴合金、镨钐钴合金可以用盐酸溶样以后,用氨水沉淀稀土以分离钴,然后用草酸沉淀稀土。

（2）如果试样仅含钕、或钐、或镝时 k 分别为 0.8573、0.862 或 0.871。

（3）若磁性材料中含有不止一种稀土元素时，应先测定稀土配分再计算 k 值。

10.5.1.2 氟化分离－EDTA 容量法测定稀土总量

试样以盐酸溶解，用氢氟酸沉淀稀土并与铁分离，用硝酸、高氯酸破坏滤纸，在 pH 值为 5.5 的盐酸介质中，以二甲酚橙为指示剂，用 EDTA 滴定稀土量。

A 主要试剂

HF－HCl 洗液（100mL 水中含有 HF、盐酸各 5mL）；乙酰丙酮（1＋19）；六次甲基四胺缓冲溶液（200g 试剂溶于 200mL 水中，加 35mL 盐酸，用水稀释至 1000mL）；二甲酚橙（1g/L）；锌标准溶液（称取 0.2000g 纯锌于 250mL 烧杯中，加 10mL 水，3.5mL 盐酸，低温加热至完全溶解，定容于 200mL 容量瓶中）；EDTA 标准溶液（称取 1.1167g 经 80℃烘干 2h 的 EDTA，以少量水溶解，定容于 200mL 容量瓶中。用锌标准溶液标定准确浓度）。

B 分析步骤

称取 0.1000g 试样于 300mL 玻璃烧杯中，加 20mL 盐酸（1＋1），加热至试样完全溶解，溶液转移至聚四氟乙烯烧杯中并稀释至 50mL 左右。加入少许纸浆，低温加热片刻，在不断搅拌下，滴加 15mL 氢氟酸，保温 30min，稍冷。用慢速滤纸过滤，用 HF－HCl 洗液洗沉淀 7～8次。将沉淀连同滤纸放入原玻璃烧杯中，加入 25mL 硝酸，5mL 高氯酸，于低温电炉上破坏滤纸，并冒高氯酸烟至体积为 2～3mL，稍冷，以水稀释至体积约为 100mL，加少许抗坏血酸，六次甲基四胺溶液和乙酰丙酮溶液各 5mL，用氨水（1＋1）或盐酸（1＋1）调节 pH 值为 5～5.5，加 2 滴二甲酚橙指示剂，用 EDTA 标准溶液滴定至溶液由紫红色变为亮黄色即为终点。

C 结果计算

按下式计算稀土的质量分数：

$$w_{\mathrm{RE}} = \frac{C \times M \times V \times 10^{-3}}{m} \times 100$$

式中 C——EDTA 标准溶液的浓度，mol/L；

M——稀土元素的相对原子质量或平均相对原子质量；

V——滴定试液消耗 EDTA 标准溶液的体积，mL；

m——样品的质量，g。

D 注意事项

（1）若试样含有其他稀土元素时，应根据稀土配分求算混合稀土的平均相对摩尔质量 $M_{平均}$。

（2）可以增加铜试剂－四氯化碳萃取微量过渡元素步骤，使滴定终点明显。

10.5.1.3 甲基异丁基甲酮萃取分离－EDTA 滴定法测定稀土总量

试样经酸分解，在 7mol/L 的盐酸介质中，用甲基异丁基甲酮（MIBK）萃取除铁，于 pH＝5.5～6，在掩蔽剂存在下（如邻菲啰啉掩蔽钴），EDTA 滴定稀土。本法适用于钐钴、钕铁、镝铁等合金中常量稀土的测定。

A 主要试剂

邻菲啰啉（20g/L 乙醇溶液）；六次甲基四胺缓冲液（40g 六次甲基四胺，加水 10mL 溶解，加 10 mL 盐酸）；EDTA 标准溶液（0.015 mol/L），用锌或试样所含的纯单一稀土标定。

B 分析步骤

称取试样 0.1000 g 于 100 mL 烧杯中，加 10 mL 盐酸（1 + 1），3 mL 硝酸，加热分解试样，蒸发体积至 1 ~ 2 mL，冷却，移入 60 mL 分液漏斗中，用水稀释至 15 mL 左右，加 16 mL 浓盐酸，10 mL MIBK，振摇 1 min，分层后将水相放入 100 mL 容量瓶中，有机相再用 10 mL 盐酸（7 mol/L）洗一次，水相放入同一容量瓶中，以水定容。

分取试液 10 mL，加 100 mL 水，用氢氧化铵（1 + 1）调 pH 值为 4 ~ 5，加 10 mL 六次甲基四胺缓冲液，加 10 mL 邻菲啰啉溶液（10 g/L），加 4 滴二甲酚橙指示剂，用 EDTA 标准溶液滴定至红色变为亮黄色为终点。

C 结果计算

参见 10.5.2 节。

D 注意事项

（1）钕铁、镝铁合金试样可分取试液 10 mL 于 60 mL 分液漏斗中，用氢氧化铵（1 + 1）调 pH = 1 ~ 2，加 2 g 铜试剂，10 mL 四氯化碳，振荡 1 min，弃去有机相，水相用水稀释至 100 mL，加 1 g 抗坏血酸代替邻菲啰啉，用氢氧化铵（1 + 1）调 pH = 4 ~ 5，以下同上操作。

（2）根据试样所含稀土种类的相对原子量来计算结果，如钐钴、钕铁、镝铁合金试样中 Sm、Nd、Dy 的相对原子量分别为 150.35、144.2、162.5。

（3）如果存在一种以上稀土则采用平均相对原子量。

10.5.2 稀土分量的测定

10.5.2.1 ICP – AES 法测定钕铁硼合金中硼、钴、铝、钕

试样以硝酸分解，在稀硝酸介质中，直接以氩离子激发，进行光谱测定。

A 主要试剂

钕、钴标准储备溶液（10 mg/mL）；硼、铝标准溶液（1 mg/mL）。

B 仪器

JY – 38P 计算机控制程序扫描单色仪：倒数线色散不大于 0.26 nm/mm。

分析线波长：B 208.9 nm、Co 237.8 nm、Al 396.1 nm、Nd 401.2 nm。

C 标准系列溶液制备

将钕、硼、钴、铝标准溶液按以下浓度分别移入 2 个 200 mL 容量瓶，加 10 mL 硝酸，以水定容。各元素浓度（mg/mL）为：

1 号标样	B 0.02	Nd 0.35	Co 0.05	Al 0.005	Fe 0.57
2 号标样	B 0.002	Nd 0.035	Co 0.005	Al 0.0005	Fe 0.057

D 分析步骤

称取 0.1000 g 试样于 100 mL 聚四氟乙烯烧杯中，加入 10 mL 硝酸（1 + 1），加热分解，移入 200 mL 容量瓶中，以水定容，待测。

将标准溶液和试样溶液同时测定，由计算机计算并输出分析结果。

E 注意事项

因为一般交换水有硼离子，最好用高纯水。

10.5.2.2 ICP－AES 法测定钕铁硼合金中镧、铈、镨、镝

试样以硝酸溶解，在稀酸介质中，以氩等离子激发，进行光谱测定。

A 主要试剂

镧、铈、镨、镝标准溶液（均为 2 mg/mL）。

B 仪器

JY－38P 计算机控制程序扫描单色仪。

分析线波长：La 333.7 nm、Ce 418.6 nm、Pr 390.6 nm、Dy 338.5 nm。

C 标准系列溶液配制

将镧、铈、镨、镝的标准溶液按表 10–2 分别移入 2 个 200 mL 容量瓶，加 10 mL 硝酸，以水定容。溶液中各元素浓度见表 10–2。

表 10–2 标准系列溶液中各元素浓度 (mg/mL)

标 号	La	Ce	Pr	Dy	B	Nd	Fe
1	0.02	0.01	0.01	0.05	0.02	0.35	0.54
2	0.002	0.001	0.001	0.005	0.002	0.035	0.054

D 分析步骤

准确称取 0.1000 g 试样，于 100 mL 聚四氟乙烯烧杯中，加入 20 mL 硝酸（1＋1），加热分解，移入 200 mL 容量瓶中，以水定容，待测。

将标准系列溶液和试样溶液同时测定，由计算机计算并输出分析结果。

10.5.2.3 ICP－AES 法测定钕铁硼合金中镧、铈、钐、铽、钇量

样品用盐酸溶解，以氩等离子体光源激发进行光谱测定。

A 主要试剂

镧、铈、钐、铽、钇标准贮存溶液（均为 1.00 mg/mL）。

B 仪器

电感耦合等离子体光谱仪：分辨率优于 0.006 nm。

分析线波长：La 333.7 nm、Ce 456.2 nm、 Sm443.4 nm、Tb 350.9 nm、Y 371.0 nm。

C 标准系列溶液配制

标准系列溶液的浓度（μg/mL）：

标 1：	La 0.10	Ce 0.50	Sm 0.50	Tb 0.50	Y 0.10
标 2：	La 0.20	Ce 1.0	Sm 1.0	Tb 1.0	Y 0.20
标 3：	La 1.0	Ce 5.0	Sm 5.0	Tb 5.0	Y 1.0

D 分析步骤

称取 0.2000 g 样品置于 200 mL 烧杯中，加入 20 mL 盐酸（1＋1），低温加热溶解，冷却至室温，移入 200 mL 容量瓶中，用水定容。将待测溶液、空白与标准系列溶液同时进行氩等离子体光谱测定。

E 结果计算

参见其他方法。

10.5.2.4 ICP－AES 测定镨钐钴合金中的镨、钐

试样以硝酸溶解，在稀酸介质中，以氩等离子激发，进行光谱测定。

A 主要试剂

镨、钐标准溶液（均为 2 mg/mL）；钴标准溶液（10 mg/mL）。

B 仪器

JY－38P 计算机控制程序扫描单色仪。

分析线波长：Pr 390.6 nm Sm 359.2 nm。

C 标准系列溶液配制

将镧、铈、镨、镝的标准溶液分别移入 2 个 250 mL 容量瓶，加 10 mL 硝酸，以水定容。各元素浓度（mg/mL）为：

1 号标液： Pr 0.08 Sm 0.08 Co 0.24

2 号标液： Pr 0.008 Sm 0.008 Co 0.24

D 分析步骤

称取试样 0.1 g 于 100 mL 烧杯中，加 20 mL 硝酸（1＋1）加热分解试样后，溶液移入 250 mL 容量瓶中，以水定容。

将标准系列溶液和试样溶液同时测定，由计算机计算并输出分析结果。

10.5.2.5 ICP－AES 法测定铽镝铁合金中铽、镝、铁量

试样以盐酸溶解，在稀盐酸介质中，直接以氩等离子光源激发，进行光谱测定。结果进行归一化计算。本法适用范围：铽 15%～25%，镝 35%～45%，铁 35%～45%。

A 主要试剂

铽、镝、铁标准贮存溶液（1.00 mg/mL）。

B 仪器

ICP－AES 光谱仪：分辨率优于 0.006 nm（200 nm 处）。光源：氩等离子体光源。分析线波长：Tb 332.4 nm、Dy 394.4 nm、Fe 259.9 nm。

C 标准系列溶液配制

铽、镝、铁标准系列溶液浓度见表 10-3。

表 10-3 铽、镝、铁标准系列溶液浓度 （μg/mL）

元　素	Tb	Dy	Fe
No. 1	4.00	8.00	8.00
No. 2	20.00	40.00	40.00

D 分析步骤

称取 0.2000 g 试样置于 200 mL 烧杯中，加入 10 mL 盐酸（1＋1），低温溶解后冷却至室温，移入 100 mL 容量瓶中，用水稀释至刻度，混匀。移取 5.00 mL 试液于 100 mL 容量瓶中，加 2 mL 盐酸（1＋1），用水稀释至刻度，混匀待测。

将待测溶液、空白与标准系列溶液同时进行氩等离子体光谱测定，由计算机计算并输出分析试液中各待测元素的质量浓度。

10.5.2.6 X射线荧光薄样法测定钕铁硼合金中镧、钕、铁、钴

本方法采用钒作内标，以滤纸片作测定样片，用X射线荧光光谱测定。

A 主要试剂

钒内标溶液（称取高纯五氧化二钒1.000 g置于250 mL烧杯中，加盐酸(1+1)30 mL，低温加热溶解，滴加过氧化氢助溶。待溶解完全后煮沸，驱尽过氧化氢，冷却后移入500 mL容量瓶中，以水定容。此溶液1 mL含2 mgV_2O_5）；氧化镧、氧化钕、三氧化二铁、四氧化三钴标准溶液（氧化镧等浓度均为20 mg/mL）。

B 仪器

X射线荧光光谱仪：波长色散型，X射线管功率不低于2 kW。分光晶体：LiF200。

C 分析步骤

(1) 标准样品的制备：标准样品按氧化物换算成金属百分含量计算，分别移取氧化镧、氧化钕、氧化铁、氧化钴标液于10 mL烧杯中，在红外灯下烘干后，加入钒内标溶液2 mL，摇匀，吸取0.1 mL滴于滤纸片上，烘干，待测。

(2) 分析样品的制备：称取试样80 mg于10 mL烧杯中，加入5 mL盐酸(1+1)，在电热板上溶解，蒸干，加入钒内标溶液2 mL，摇匀，吸取0.1 mL于滤纸片上，烘干，待测。

(3) 监控样片的制备：称取氧化镧、氧化钕、三氧化二铁、四氧化三钴和五氧化二钒各50 mg，纤维素1 g于玛瑙研钵中研磨15 min，混匀，压片。

(4) 按表10-4条件进行测定，计算机计算分析结果。

表10-4 测定条件

元素	谱线	晶体	上限	下限	角度	正偏角	负偏角
La	Lα	LiF200	56	10	83.160	.00	1.00
Nd	Lα	LiF220	54	12	113.000	.00	2.00
Fe	Kα	LiF200	68	20	57.700	.00	2.00
Co	Kβ	LiF200	68	20	47.670	.00	2.00
V	Kα	LiF200	88	22	76.960	.00	0.00

D 注意事项

加入内标溶液时，一定要用移液管准确加入，杯壁上不得留有此溶液，否则会影响计算结果。

10.5.2.7 X射线荧光光谱法测定钐钴合金中钐、钴量

试样以硝酸分解，以钒为内标，制成滤纸片薄样，采用内标法选择相应的数学模型，用X射线荧光光谱法测定。

A 主要试剂

钐、钴标准贮存溶液（50 mg/mL）；钒内标溶液（V_2O_5浓度10 mg/mL）；氩-甲烷气体（10%甲烷，90%氩气）；定量滤纸（ϕ35～40 mm）。

B 仪器

X射线荧光光谱仪：波长色散型，X射线管功率不低于2 kW。分光晶体：LiF200。分析线：SmL_α、CoK_α、VK_α。

C 标准系列溶液制备

按表10-5分别移取标准溶液，置于一系列10 mL容量瓶中，各加入1.00 mL五氧化二钒溶液，稀释至刻度，混匀。移取0.2 mL试液均匀滴于定量滤纸上，在红外灯下烘干，保存于干燥器中待测。

表10-5 Sm、Co移取量

元 素	编 号						
	1	2	3	4	5	6	7
Sm移取量/mL	0.40	0.50	0.60	0.70	0.80	0.90	1.00
Co移取量/mL	1.60	1.50	1.40	1.30	1.20	1.10	1.00

D 分析步骤

称取0.1000 g试样置于50 mL烧杯中，加入0.6 mL硝酸(1+1)，低温溶解，冷却后移入10 mL容量瓶中，加入1.0 mL钒内标溶液，以水定容。移取0.2 mL试液均匀滴于定量滤纸上，在红外灯下烘干，保存于干燥器中待测。

按选定的工作条件将待测薄样片与标准系列薄样片同时进行X射线荧光光谱测定。将测得标准系列各元素分析线的强度比，选用数学模型进行回归分析。

E 结果计算

按式10-1计算Sm、Co元素的质量分数，数值以%表示：

$$w(i)=D(i)+E(i)\times\frac{R(i)}{R(iR)} \tag{10-1}$$

式中 $w(i)$——归一化前元素 i 的含量(质量分数)；

$D(i)$——分析元素 i 的曲线的截距；

$E(i)$——分析元素 i 的曲线的斜率；

$R(i)/R(iR)$——分析元素与内标元素的强度比。

按式10-2进行归一化处理

$$w(i)=w'(i)\times100-\frac{\sum w(j)}{\sum w'(i)} \tag{10-2}$$

式中 $w(i)$——归一化后分析元素 i 的含量(质量分数)；

$\sum w'(i)$——归一化前分析元素含量(质量分数)之和；

$\sum w(j)$——杂质元素总和。

10.5.2.8 亚铁滴定法测定钐钴铜铁磁性材料中钐

试样以硝酸分解，在硫酸介质中，以硝酸银作催化剂，过硫酸铵将三价铈氧化成四价，用苯代邻氨基苯甲酸为指示剂，硫酸亚铁铵标准溶液进行滴定。

A 主要试剂

苯代邻氨基苯甲酸指示剂(0.2 g苯代邻氨基苯甲酸，加0.2 g无水碳酸钠，加100 mL水加热溶解)；硫酸亚铁铵标准溶液(0.02 mol/L，用重铬酸钾标准溶液标定)。

B 分析步骤

准确称取0.2 g试样于250 mL锥形瓶中，用少量水润湿，加10mL硝酸(1+2)，加热溶解样品，蒸发体积约为4~5 mL，加100 mL硫酸(1+9)，5 mL硝酸银(10 g/L)，3~4 g过硫酸铵，加热煮沸至无小气泡产生，再煮沸约2 min，冷却至室温，加2滴苯代邻氨基苯甲酸指示剂，用硫酸亚铁铵标准溶液滴定至试液由紫色变成亮绿色为终点。

C 结果计算

$$w_{Ce}=\frac{M\times V\times 140.12}{m}\times 100$$

式中 m——试样重量，g；

M——硫酸亚铁铵标准溶液的摩尔浓度，mol/L；

V——滴定消耗的硫酸亚铁铵标准溶液的体积，mL；

140.12——Ce的相对原子量。

D 注意事项

(1) 硝酸浓度小于4%对测定无影响。

(2) 测定铈的适当酸度为6%~10%，如酸度太小易生成碱式硫酸铈沉淀。酸度太大时，则可能由于过硫酸铵的分解而产生过氧化氢，会使四价铈还原成三价，使结果偏低。

10.5.2.9 ICP-AES法测定光纤预制棒中Tm、Er、Yb

试样用氢氟酸和硝酸溶解，ICP-AES法测定。

A 主要试剂

氢氟酸；硝酸。

B 仪器

ARL公司3580 ICP光谱仪，采用耐腐蚀雾化器。

分析线波长：Tm 313.126 nm，Er 337.270 nm和Yb328.937 nm。

C 分析步骤

将预制棒切成薄片(厚度为1 mm左右)，称取0.5~2 g，置于压力溶样器的聚四氟乙烯内套中，加入20 mL氢氟酸和1 mL硝酸，在180℃反应4 h，冷却后，转移至30 mL铂坩埚中，在低温石墨电炉上挥发基体，蒸至近干。转移到5 mL塑料管中，加入0.5 mL盐酸，定容。进行ICP-AES测定。

D 结果计算

预制棒芯部稀土元素浓度

$$c_{芯}=\frac{c\cdot V}{W}\times\frac{R^2}{r^2}$$

式中 c——溶液中稀土元素浓度，μg/mL；

V——溶液体积，mL；

R，r——分别为预制棒截面半径和预制棒芯部的半径，cm；

W——预制棒的质量，g。

10.5.2.10 ICP-MS法测定镝铁合金中稀土杂质量

试样以硝酸溶解，直接以氩等离子体光源激发，进行质谱测定。

A 主要试剂

各单一稀土标准溶液(均为1 mg/mL)；稀土混合标准溶液(1.0 μg/mL，1%硝酸介质)；

铯内标溶液(1 mg/mL,用时稀释成 1 μg/mL);氩气(>99.99%)。

B　仪器

电感耦合等离子体质谱仪,质量分辨率优于 0.8 amu。测量同位素见表 10-6。

表 10-6　测量同位素

元素	质量数	元素	质量数	元素	质量数	元素	质量数	元素	质量数
Y	89	Pr	141	Eu	153	Ho	165	Yb	171
La	139	Nd	146	Gd	155	Er	166	Lu	175
Ce	140	Sm	147	Tb	159	Tm	169	Cs	133

C　分析步骤

(1) 标准系列溶液配制:各个稀土元素浓度依次为 0.00 ng/mL,2.00 ng/mL,10.00 ng/mL,50.00 ng/mL,100.0 ng/mL;Cs 内标浓度均为 10.0 ng/mL,1% 硝酸介质。

(2) 待测试液的制备:依据试样中待测元素含量按表 10-7 称取试样于 50 mL 烧杯中,加 4 mL HNO_3(1+3),加热溶解至清,冷却至室温,移入 100 mL 容量瓶中,以水定容。按表 10-7 分取试液于 100 mL 容量瓶中,加入 1 mL 铯内标溶液,4 mL HNO_3(1+3),以水定容。待测。

表 10-7　待测试液的制备

含量范围/%	称样量/g	溶液总体积/mL	移取体积/mL	测定液体积/mL
>0.01~0.1	0.2	100	5	100
>0.1~0.5	0.1	100	2	100

将分析试液与标准系列溶液同时进行测定。

D　结果计算

由计算机计算,并输出分析试液中待测元素的浓度。

10.6　稀土铝合金分析

稀土铝合金中稀土总量、铈组稀土的测定多采用分光光度法,三溴偶氮胂法快速、简便[81],偶氮氯膦类和偶氮溴膦类也有应用[82~90],个别方法可用于钇组稀土的测定[91,92]。

稀土元素分量的测定以 ICP-AES 法为主,基体铝有一定的干扰[93,94],一般情况下,同时测定稀土元素和非稀土元素[95~104],也可以采用光电直读光谱仪进行测定[105],结合计算技术测定稀土分量也有研究报道,在生产中应用不多[106]。

10.6.1　二溴一氯偶氮氯膦(DBC-CPA)光度法测定稀土铝合金中稀土总量[118]

试样用 HCl 溶解,以草酸作掩蔽剂,于 645 nm 处光度法测定稀土总量。

10.6.1.1　主要试剂

混合稀土标准(用盐酸溶解混合稀土氧化物,配成 RE_xO_y 浓度为 1 mg/mL 的储备液,用时稀释为 5 μg/mL);六偏磷酸钠(50 g/L);DBC-CPA 显色剂溶液(0.5 g/L)。

10.6.1.2　标准系列配制

准确移取 0 μg、1.0 μg、3.0 μg、5.0 μg、7.0 μg、10.0 μg 混合稀土标准于 25 mL 容量瓶中,

加 6 mLHCl(1 + 1),5 mL 草酸溶液(50 g/L),摇匀。加入 2 mLDBC – CPA 溶液(0.5 g/L),用水定容。

10.6.1.3 分析步骤

(1) 试样溶液的制备:称取 0.100 g 试样于 50 mL 烧杯中,加入 4 mLHCl(1 + 1),加热溶解后,加入 2 滴过氧化氢,蒸发至小体积,加水溶解后转移、定容于 100 mL 容量瓶中。

吸取 1.0 mL 上述溶液于 25 mL 容量瓶中,加入 6.0 mL 盐酸(1 + 1),5 mL 草酸(50 g/L),摇匀。加入 2 mLDBC – CPA 溶液,以水定容。

(2) 校正溶液的制备及校正值 ΔA 的测定:从 100 mL 容量瓶中吸取 0、1.0 mL 试样溶液于 a、b 两个 25 mL 容量瓶中,各加入 6.0 mL 盐酸(1 + 1),5 mL 草酸(50 g/L),5 mL 六偏磷酸钠(50 g/L),摇匀。加入 2 mLDBC – CPA,以水定容。用 2 cm 比色皿,在 645 nm 波长处以 a 溶液为参比液,测量 b 溶液的吸光度即为 ΔA。

(3) 用 2 cm 比色皿,在 645 nm 波长处以标准系列溶液的试剂空白为参比液,测量标准系列溶液和试样溶液的吸光度。

(4) 以标准系列溶液吸光度对其浓度绘制标准曲线;用试样溶液的吸光度与校正值 ΔA 的差值从标准曲线查得试样溶液的稀土量。

(5) 据试样溶液稀释倍数计算试样的稀土含量。

10.6.1.4 注意事项

混合稀土标准的成分应根据试样所含稀土的稀土配分来决定。

10.6.2 三溴偶氮胂直接光度法测定纯铝中铈组稀土

试样经氢氧化钠分解,盐酸酸化,在 1 mol/L 盐酸介质中,以抗坏血酸还原铁,三溴偶氮胂直接光度法测定铈组稀土元素。

10.6.2.1 主要试剂

三溴偶氮胂溶液(0.5 g/L);铈组混合稀土标准液(每 mL 含 2 μg 与包头稀土矿原矿稀土配分相一致的铈组混合稀土)。

10.6.2.2 标准系列配制

准确移取 0 μg,2 μg,4 μg,6 μg,8 μg,10 μg,14 μg,16 μg 铈组稀土于一系列 25 mL 容量瓶中,加 50 ~ 70 mg 抗坏血酸,4.2 mL 盐酸(1 + 1),加 2 mL 三溴偶氮胂(0.5g/L)显色液,以水定容。

10.6.2.3 分析步骤

称取试样 0.1000 ~ 0.2000 g 于 100 mL 锥形瓶中,加氢氧化钠 2 ~ 3 g,加水少许,微热溶解样品后,加 5 mL 盐酸(1 + 1),溶清后移至 100 mL 容量中,以水定容。

分取上述试液 1 ~ 10 mL 于 25 mL 容量瓶中,加抗坏血酸 50 ~ 70 mg,加 4.2 mL 盐酸(6 mol/L),加 2 mL 三溴偶氮胂显色液(0.5 g/L),以水定容。

于分光光度计,波长 630 nm 处,1 cm 比色皿,以试剂空白作参比测量标准系列溶液和试样溶液吸光度并绘制工作曲线,查得试样溶液的铈组稀土含量。

10.6.2.4 结果计算

参见前法。

10.6.2.5 注意事项

(1) 对低含量试样可用3 cm 比色皿进行测定,铈组稀土工作曲线范围为0~6 μg。

(2) 如铝合金所含稀土源自包头混合稀土配分相一致,本法测得的铈组稀土可视为稀土总量。

10.6.3 ICP-AES 法测定铝基稀土合金中微量镧、铈、镨、钕

试样以盐酸溶解,基体匹配法校正铝基体影响,直接氩离子激发,进行光谱测定。

10.6.3.1 主要试剂

铝基体储备溶液(10 mg/mL);镧、铈、镨、钕标准储备溶液(1 mg/mL)。

10.6.3.2 仪器

JY-38P 计算机控制程序扫描单色仪。

分析线波长:La 398.8 nm、La 379.0 nm;Ce 413.7 nm、Ce 418.66 nm;Pr 414.3 nm、Pr 390.80 nm、Pr 422.53 nm;Nd 401.2 nm、Nd 406.11 nm;Sm 350.2 nm、Sm359.26 nm。

10.6.3.3 标准系列制备

将铝、镧、铈、镨、钕、钐标准储备溶液按表10-8 配制2个标准溶液。

表10-8 铝、镧、铈、镨、钕、钐浓度 (μg/mL, 5% HCl 介质)

标 号	Al	La	Ce	Pr	Nd	Sm
1号	1000	2.0	5.0	1.0	2.0	1.0
2号	1000	0.1	0.25	0.05	0.1	0.05

10.6.3.4 分析步骤

称取0.1000 g 试样置于100 mL 烧杯中,加20 mLHCl(1+1),加过氧化氢数滴,加热溶解,定容于100 mL 容量瓶中,待测。

将标准系列溶液和试样溶液同时测定,由计算机计算并输出分析结果。

10.6.3.5 注意事项

(1) 溶样时可以加少量 HNO_3,但残留太多会影响 Ce 的分析结果。

(2) 酸度上升信号下降。

(3) Pr、Nd、Sm 之间产生的光谱干扰用系数校正法校正。

10.7 稀土镁合金分析

稀土镁合金中稀土总量的测定可以采用分光光度法[107~109],20世纪90年代,曾经采用光度法测定镁钇合金中的钇[110~113]。

10.7.1 ICP AES 法测定多种稀土镁合金中稀土元素

试样用硝酸溶解,转换成 HCl 介质,ICP-AES 法测定。

10.7.1.1 主要试剂

各单一稀土标准储备溶液(均为1 mg/mL, 5% HCl 介质)

10.7.1.2 仪器

顺序扫描或全谱直读 ICP-AES 仪:

各文献采用的分析线见表10-9[114~117]

表10-9 分析线 (nm)

La	Ce	Pr	Nd	Sm	Gd	Dy
408.67 324.51	418.66 413.38 399.92	417.9 406.28 440.82	401.22 354.35 415.61	411.86	342.24 376.84	394.47
Ho	**Er**	**Tm**	**Yb**	**Lu**	**Y**	
381.07	369.26 326.48	370.03	328.93 303.11	291.14	371.02 305.05	

10.7.1.3 标准系列配制

按表10-10配制标准系列，HCl(1+49)介质。

表10-10 各个元素的工作曲线及相对应的元素含量 (%)

标号	各稀土元素	Zr	Mn	Fe	Cu	Ni	Si	Ca	Al	Zn
0	0	0	0	0	0	0	0	0	0	0
1	0.1	0.1	0.1	0.05	0.05	0.01	0.01	0.1	0.1	0.1
2	0.5	0.5	0.5	0.1	0.1	0.05	0.05	0.1	0.5	0.5
3	1	1	1	0.5	0.5	0.1	0.1	0.5	1	1

10.7.1.4 分析步骤

溶样方法1：称取0.1000 g试样置于250 mL烧杯中，加少量水将样品，湿匀，加5 mL浓HNO_3，加热溶解完全，蒸发至近干，冷却。加5 mL浓HCl，加热至样品溶解完全，移入100 mL容量瓶中，以水定容。

溶样方法2：称取0.1000 g试样于100 mL烧杯中，加入10 mL HCl(1+1)，加热溶解，将溶液转移到100 mL容量瓶中，以水定容。

将标准溶液和试样溶液同时测定，由计算机计算并输出分析结果。

10.7.1.5 注意事项

(1) HNO_3残留多了会影响Ce的分析结果。

(2) 基体Mg浓度增加各元素信号下降，采用基体匹配法校正。

(3) 酸度上升信号下降。

(4) Nd为主元素时，浓度大于250 μg/mL时产生光谱干扰。

(5) 根据试样情况选用溶样方法。

10.7.2 偶氮氯膦Ⅲ(CPAⅢ)光度法测定稀土镁合金中稀土总量

试样经硝酸－氢氟酸溶解，高氯酸冒烟蒸干。在0.44～0.87 mol/L的酸性介质中，草酸掩蔽干扰离子，在672 nm处测量偶氮氯膦Ⅲ(CPAⅢ)－稀土络合物吸光度。

10.7.2.1 主要试剂

硫酸－硝酸混合酸（硫酸＋硝酸＋水＝200＋40＋760）；CPAⅢ－草酸混合显色剂（70 mgCPAⅢ，35 g草酸，用水溶解后定容于100 mL容量瓶）；混合稀土标准储备溶液（La_2O_3、

CeO_2、Gd_2O_3浓度均为0.20 mg/mL，使用时稀释至0.02 mg/mL）。

10.7.2.2 分析步骤

分别称取0.0500 g试样和纯铁置于聚四氟乙烯烧杯中，各加10 mL硝酸，滴加氢氟酸至试样完全溶解并过量3 mL。加10 mL高氯酸，加热冒烟蒸干。加30 mL硫酸－硝酸混合酸，1 mL H_2O_2，煮沸5 min后，冷至室温。定容于250 mL容量瓶中。

移取上述试样溶液和纯铁溶液各5.00 mL分别置于50 mL容量瓶中，各加15.0 mLCPAⅢ－草酸混合显色剂，用水定容。

10.7.2.3 标准系列配制

移取数份上述纯铁溶液5.00 mL分别置于50 mL容量瓶中，根据试样的稀土含量，分别加入0～100 g不同级差量的混合稀土标准溶液，各加15.0 mL CPAⅢ－草酸混合显色剂，用水定容。

10.7.2.4

以纯铁空白溶液为参比，用3 cm比色皿，于波长672 nm处，测量标准系列、试样溶液的吸光度。

10.7.2.5 结果计算

由标准系列的稀土量和吸光度绘制工作曲线并查得试样的稀土量。

10.7.2.6 注意事项

（1）如果试样主要含有重稀土应改变标准溶液的稀土配分。

（2）下列离子（以mg计）共存下干扰测定：Fe^{3+}（2.5）；Mn^{2+}（0.05）；Ca^{2+}（0.1）；Mg^{2+}（0.5）；Ti（0.05）。

10.8 铜、铅、锌、锡、镍等稀土合金分析

10.8.1 铜合金中稀土分析

铜合金中稀土总量或铈组稀土的测定常用分光光度法[118－125]。单一稀土分量的测定常用ICP－AES法[126－128]。

10.8.1.1 氢氧化铵沉淀分离－对硝基偶氮氯膦光度法测定铜基合金中微量铈及铈组稀土

在氯化铵存在下，以铁作载体，氨水沉淀富集稀土，草酸掩蔽铁，对硝基偶氮氯膦（CPA－PN）光度法测定稀土。

A 主要试剂

铈标准储备溶液（100 μg/mL、2 μg/mL）；铁（Ⅲ）载体溶液（5 mg/mL、1 mg/mL）；CPA－pN溶液（0.2 g/L）；氯化铵。

B 分析步骤

称取试样1.0000 g于250 mL烧杯中，加入20 mg铁，30 mL HNO_3（1＋2），加热溶解，煮沸赶尽氮氧化物。加100 mL水，5 g氯化铵，加热至70～80℃。加氨水至出现氢氧化铁沉淀，再加20 mL氨水，加热煮沸。过滤，用热稀氨水（1＋49）洗涤沉淀数次，弃去滤液。以20 mL热HCl（1＋1）分次完全溶解沉淀于原烧杯中，用热水充分洗涤滤纸。滤液中加8 mLH_2SO_4

(1+1)，加热蒸发至硫酸冒烟，冷却，加20 mL 水，加热溶解盐类，冷却。以水定容于100 mL容量瓶中。

分取10 mL 试液于25 mL 容量瓶中，补足4 mg 铁，加5 mL 草酸(100 g/L)，5 mLCPA - pN，以水定容。

用3 cm 比色皿，在680 nm 处以相应的试剂空白[补加1.6 mL H_2SO_4(1+3)]作参比，测量吸光度。

C 标准系列制配

取4 mg 铁数份于一组25 mL 容量瓶中，各加5 mL 草酸(100 g/L)和1.6 mL H_2SO_4(1+3)，分别加0 μg、2 μg、5 μg、10 μg 铈，混匀。各加5 mL CPA - pN，以水定容。同试样测量条件以0号系列点为参比，测量吸光度并绘制校正曲线。

D 注意事项

(1) 由于铈与包头混合稀土在本显色体系中灵敏度很接近，因此用铈绘制工作曲线。

(2) Cu 的残留量不宜大于1 mg。

(3) Ti、V 干扰严重。

10.8.1.2 ICP - AES 法测定铜稀土合金中稀土元素[铜 A1 149 - A3 151]

试样用盐酸 - 硝酸溶解，在5%(V/V) HCl 介质中，ICP - AES 法测定诸元素。

A 主要试剂

单一稀土标准储备溶液(均为1 mg/mL)；混合稀土标准溶液(各稀土浓度均为1 μg/mL)。

B 仪器

岛津 ICPQ - 1012 型 ICP 光谱仪或其他等。

分析线波长：La398 85 nm❶、La 398.8 nm❷、La 405.0 nm❸；Ce418 66 nm❶、Ce 413.7 nm❷、Ce 357.75 nm❸；Pr417.94 nm❶、Pr414.3 nm❷、Pr390.84 nm❸；Nd406 10 nm❶、Nd415.6 nm❷、Nd386.34 nm❸；Sm442 43 nm❶、Sm359.2 nm❷、Sm388.52 nm❸；Eu420.50 nm❶；Gd376.84 nm❶；Tb350 91 nm❶；Dy353 17 nm❶；Ho345 60 nm❶；Er337 27 nm❶；Tm313 12 nm❶；Yb328 93 nm❶；Lu261.54 nm❶。

C 标准系列制备

1 号标样溶液 HCl(1+19)；2、3、4 号标样溶液 各稀土元素浓度分别为1 μg/mL、5 μg/mL、10 μg/mL，均为5%(V/V) HCl 介质。

D 分析步骤

准确称取0.05 ~ 0.1000 g 试样于50 mL 烧杯中，加5 mL 硝酸(1+1)溶解，低温蒸至近干。用50 mL 盐酸(1+9)溶清试样，移入100 mL 容量瓶中，以水定容。将标准溶液和试样溶液同时测定，由计算机计算并输出分析结果。

E 注意事项

(1) 基体铜浓度大于1 mg/mL 时，标准系列中应加入与试样溶液相同浓度的基体铜。

(2) 试样溶液的酸度控制在5%(V/V)左右。

(3) 稀土元素间的光谱干扰用系数校正法校正。

---

❶、❷、❸分别引自文献[126]、[127]和[128]。

(4) Ti 对 Er 分析线 337.275 nm、Be 对 Tm 分析线 313.126 nm 有较强的谱线干扰。必要时需另选分析线。

(5) 可以 Sc 作内标。

10.8.2 铅合金中稀土元素的分析

铅合金中稀土总量的测定主要采用分光光度法[129,130]。

10.8.2.1 二溴-氯偶氮胂(DBC 偶氮胂)直接光度法测定铅合金中微量稀土总量

试样用硝酸溶解,在 1.7 mol/L 盐酸介质中,铈组稀土元素与 DBC 偶氮胂络合,光度法测定。以六偏磷酸钠破坏有色络合物的褪色溶液作参比液,以校正铅的干扰。

A 主要试剂

六偏磷酸钠(100 g/L);DBC 偶氮胂溶液(0.5 g/L);混合稀土标准溶液(用与试样稀土配分相一致的混合稀土配制成浓度为 2 μg/mL);铅基体溶液(1.000 g 纯铅,加 10 mL 水,10 mLHNO$_3$,加热溶清后定容于 1 L 容量瓶中,铅浓度为 1 mg/mL)。

B 分析步骤

准确称取试样 0.1000 g 于 200 mL 烧杯中,加 10 mL 硝酸(1+1),低温加热溶解后移入 100 mL 容量瓶中,以水定容。

准确移取上述试液 1~5 mL 于 25 mL 容量瓶中,加 7 mL 盐酸(6 mol/L),3 mLDBC 偶氮胂(0.5 g/L)溶液,以水定容。

参比液制备:取等体积上述试液于另一 25 mL 容量瓶中,加 1.5 mL 六偏磷酸钠溶液(100 g/L),7 mL 盐酸(6 mol/L),…,以下同上操作。

C 工作曲线绘制

在两组 25 mL 容量瓶中分别加入与试样溶液同样量的铅,然后加入 0 mL、1 mL、2 mL、3 mL、4 mL、5 mL 铈组稀土标准溶液(2 μg/mL),各组分别按上述方法制备参比液,于分光光度计上,用 1 cm 比色皿,波长 630 nm 处,以上述参比液作参比测定试样溶液的吸光度。从工作曲线求得铈组稀土含量。

D 注意事项

(1) 一般铅合金中都添加包头混合轻稀土,所以本结果也可以看作稀土总量。

(2) 如试样中含锡,可加 10 mL 酒石酸-硝酸混合液[200 mL 酒石酸溶液(50 g/L)与 100 mL 硝酸混合],加 10 mL 氯化钾溶液(100 g/L),继续溶解至清亮,移入 100 mL 容量瓶中,以水定容,待测。

(3) 铅对显色有一定的影响,显色液中铅含量要尽量与标准系列一致,特别是铅量大于 4 mg 时。

10.8.2.2 氟化分离-二溴-氯偶氮胂分光光度法测定铅合金中微量稀土总量

试样以硝酸分解,以钙作载体,氟化物沉淀分离大部分铅,沉淀以硝酸和高氯酸溶解,在 1.7 mol/LHCl 介质中以二溴-氯偶氮胂(DBC 偶氮胂)显色,光度法测定之。

A 主要试剂

稀土标准溶液(含包头混合稀土 5 mg/mL、2 μg/mL、0.5 μg/mL);DBC 偶氮胂溶液(0.5 g/L);氯化钙载体溶液(CaO 浓度 2 mg/mL,5% HNO$_3$介质); HF-HNO$_3$洗液(10 mLHNO$_3$加10 mLHF用

水稀至500mL)。

B 分析步骤

称取试样1.0g于250mL烧杯中,加20mL硝酸(1+1),加热溶解完全,溶液移入聚四氟乙烯杯中,加1mL氧化钙液(2g/L)和少许纸浆,加水至约150mL,加热到60~70℃,加20mL HF,充分搅拌后,保温20min。用慢速滤纸过滤,用HF-HNO_3混合洗液洗杯3~5次,洗沉淀8~10次。将沉淀放入原烧杯中,加20mLHNO_3(1+1),5mL高氯酸,加热到冒高氯酸烟并蒸发至近干。稍冷,移入50mL容量瓶中,以水定容。

移取试液5mL于25mL容量瓶中,加7mLHCl(6mol/L),3mLDBC偶氮胂显色液(0.5g/L),以水定容。于分光光度计630nm处,用3cm皿,以试剂空白作参比测量吸光度,从工作曲线求得稀土含量。

C 工作曲线的绘制

在一系列25mL容量瓶中,分别加入0μg,1μg,2μg,4μg,6μg,8μg,10μg稀土标准,各加7mL盐酸(6mol/L)、3mLDBC偶氮胂显色液(0.5g/L),以水定容。于分光光度计630nm处,用3cm皿,以试剂空白作参比,测量吸光度。以吸光度对稀土量绘制工作曲线。

D 注意事项

(1)本法适用于所含稀土为轻稀土的试样。

(2)显色时,铅和钙量超过500μg将干扰测定,本法显色液中Pb/Ca比都小于此值。

(3)显色反应即刻完成,至少稳定7h。

10.8.3 锌合金中稀土元素的分析[131~143]

锌合金中稀土总量测定多用分光光度法,稀土分量的测定主要采用ICP-AES法。

10.8.3.1 ICP-AES法测定RZnAl$_5$RE合金中的镧铈铁铝铅镉

试样以HCl溶解,ICP-AES法测定。

A 主要试剂

HCl(优级纯);La、Ce、Fe、Al、Pb、Cd标准储备溶液(均为1mg/mL)。

B 仪器

ICP-1000Ⅱ型扫描等离子发射光谱仪(日本岛津)。

分析线波长:La 398.852nm;Ce 413.380nm;Fe 259.940nm;Al 394.403nm;Pb 405.782nm;Cd 228.802nm。

C 标准系列溶液配制

高标准溶液:Zn 9.5mg/mL,Al 0.8mg/mL;La、Ce、Fe 0.02mg/mL;Pb、Cd 0.002mg/mL。
低标准溶液:Zn 9.5mg/ mL:Al 0.3mg;La、Ce、Fe 0.001mg/mL;Pb、Cd 0.0001mg/mL。

D 分析步骤

称取试样10.000g于500mL烧杯中,加50mL HCl(1+1),低温加热溶解,冷却后移入1 000mL容量瓶中,以水定容,待测。

将标准溶液和试样溶液同时测定,由计算机计算并输出分析结果。

E 注意事项

(1)锌基体浓度在10mg/L以内影响不大,以基体匹配法消除此类干扰;

（2）采用了仪器的轮廓模式软件扣除背景干扰。

10.8.3.2 ICP－AES 法测定锌合金中稀土杂质

试样用盐酸溶解，在 4%（V/V）HCl 介质中，ICP－AES 法测定诸元素。

A 主要试剂

锌－铝（95% Zn＋5% Al）合金基体储备液（用金属锌和纯铝用 HCl 加热溶解，配成 5% HCl 介质含锌铝总浓度为 50 mg/mL）；镧、铈、镨、钕、钐、钇储备溶液（100 μg/mL）。

B 仪器

法国 JY－38Plus 单道顺序扫描式 ICP 光谱仪。

分析线波长：La 408.672 nm、Pr 405.654 nm、Sm 442.434 nm、Ce 446.021 nm、Nd 394.151 nm、Y 324.228 nm。

C 标准系列溶液制备

1～4 号标样中锌铝总浓度均为 10 mg/mL，5%（V/V）HCl；各稀土元素的浓度依次为 0 μg/mL、2.5 μg/mL、5 μg/mL、10 μg/mL。

D 分析步骤

称取 0.5000 g 试样于 200 mL 烧杯中，加 10 mLHCl（1＋1），微热溶解试样至清，加热蒸发至近干，以 HCl（1＋19）定容于 50 mL 容量瓶中。

将标准溶液和试样溶液同时测定，由计算机计算并输出分析结果。

E 注意事项

锌－铝合金基体储备液的成分应与试样所含的锌、铝比例一致。

10.8.3.3 三溴偶氮胂测定锌镀液中微量稀土元素

试样用盐酸溶解，在 pH＝1.0 的 HCl 介质中，于 640 nm 测定三溴偶氮胂与铈络合物的吸光度。

A 主要试剂

铈标准储备液（100 mg/mL，用时稀释成 10 μg/mL）；三溴偶氮胂（0.2 g/L）；2，4－二硝基酚溶液（1 g/L）；

B 分析步骤

称取含稀土的锌镀液试样 0.1000 g 于 150 mL 三角瓶中，加 3 mL 盐酸（1＋1），加热溶解试样，滴加过氧化氢 2～3 滴，煮沸分解多余的过氧化氢，冷却，以水定容于 100 mL 容量瓶中。

分取试液 5 mL 于 25 mL 容量瓶中，加 2 mL 抗坏血酸（20 g/L），2 滴 2.4－二硝基酚指示剂，用氢氧化钠（50 g/L）调至刚出现黄色，加入 1 mL 盐酸（3 mol/L），准确加入 5 mL 三溴偶氮胂，以水定容，待测。

C 标准系列溶液配制

称取不含稀土的锌镀液 0.1000 g 于 150 mL 三角瓶中，同试样一样操作，用盐酸、过氧化氢加热溶解，定容于 100 mL 容量瓶中。移取五份 5 mL 溶液分别置于 5 个 25 mL 容量瓶中，分别加入稀土标准 0 μg、1 μg、3 μg、5 μg、7 μg，加抗坏血酸（20 g/L），以下按分析试样的步骤显色，以水定容，待测。

以标准系列中不含稀土的溶液作参比，用 2 cm 比色皿，在 640 nm 波长处测量标准系列和试样溶液的吸光度，绘制标准工作曲线并查得试样所含稀土量。

D 注意事项

只有以包头混合稀土为原料的试样可用铈作为标准。

10.8.3.4 偶氮氯膦III分光光度法测定Zn－Al－Mg－RE四元合金及锌液中稀土总量

试样用盐酸溶解。用磺基水杨酸掩蔽Al，在弱酸性条件下，偶氮氯膦Ⅲ作显色剂，于675 nm波长，分光光度法测定稀土总量。

A 主要试剂

混合稀土标准溶液A（镧、铈各50%，稀土总浓度为120 μg/mL）；混合稀土标准溶液B（镧、铈各50%，稀土总浓度为6 μg/mL）；铝基体储备液（1 g/L）；锌－铝基体储备液（称取0号锌1.000 g，加40 mL铝基体储备液，5 mL盐酸，溶解煮沸2 min后冷却，以水定容于250 mL容量瓶中）；锌－铝－铁基体储备液（称取0号锌3.000 g，纯铁屑4.5 mg，纯铝丝2.5 mg，加入5 mL盐酸，溶解后以水定容于100 mL容量瓶）。

B 仪器

分光光度计

C 标准系列溶液配制

吸取25 mL锌－铝基体储备液6份，分别置于6个100 mL容量瓶，分别加入0（空白）、1.0 mL、2.0 mL、2.5 mL、3.0 mL、4.0 mL的混合稀土标准溶液A，稀释至刻度。按顺序移取10 mL上述系列溶液于6个25 mL容量瓶中，各加5 mL乙酸（1＋7），1滴百里酚蓝，用氨水（1＋3）调至黄色（pH＝3），再加2 mL磺基水杨酸溶液（20 g/L），2 mL偶氮氯膦Ⅲ溶液（0.5 g/L），以水定容。用2 cm比色皿于分光光度计675 nm波长处，以空白液作参比，测量吸光度并绘制校正曲线。

D 分析步骤

称取四元合金试样0.1000 g，置于250 mL锥形瓶中，加入10 mL盐酸（1＋1），溶解煮沸2 min后以水定容于100 mL容量瓶中。吸取10 mL试液于25 mL容量瓶中，加5 mL乙酸（1＋7），……，以下同标准系列溶液配制操作。

另取显色液10 mL，加入1～2滴六偏磷酸钠（50 g/L）使之褪色作为参比液。用2 cm比色皿于分光光度计675 nm波长处，测量吸光度并由校正曲线求算稀土量。

E 注意事项

（1）根据试样所含稀土量及稀土配分调整稀土标准溶液的稀土量和稀土组成。

（2）根据试样中基体成分的变化调整基体溶液的组成。

10.8.4 锡合金中稀土元素的分析

锡合金中稀土的测定主要采用分光光度法[144,145]。下面介绍二溴一氯偶氮氯膦（DBC－CPA）光度法测定焊锡中稀土元素。

试样用HBr－HCl－H_2O_2处理，在0.15 mol/L硫酸介质中，光度法测定稀土总量。

10.8.4.1 主要试剂

稀土标准溶液（0.1 mg/mL、5 ug/mL）；DBC－CPA溶液（0.5 g/L）。

10.8.4.2 分析步骤

称取试样 0.5000 g 于 100 mL 烧杯中，加 5 mLHBr、5 mLHCl、2 mLH_2O_2，低温加热至试样溶清，蒸至近干。补加 2 mLHBr、2 mLHCl、2 mLH_2O_2，再次蒸至近干。加 2 mLH_2SO_4，加热至冒白烟，冷却后以水定容于 50 mL 容量瓶中。

称取上述清液 5 mL 于 25 mL 容量瓶中，加 5 mLEDTA 溶液（0.05 mol/L）、2 mL 酒石酸（100 g/L）、1 mL 硫脲（100 g/L）、2 mLDBC - CPA 溶液（0.5 g/L），以水定容。

10.8.4.3 标准系列溶液配制

分取与试样溶液等体积的空白溶液 6 份，分别加入 0 μg、2.0 μg、4.0 μg、6.0 μg、8.0 μg 稀土标准于 25 mL 容量瓶中，加 5 mL EDTA 溶液（0.05 mol/L），…，以下同上操作。

以标准系列的试剂空白为参比，用 2 cm 比色皿于 670 nm 处测量标准系列和试样溶液的吸光度，绘制校正曲线和查得试样中稀土量并计算结果。

10.8.4.4 注意事项

（1）对于 10 μg 稀土，Fe^{3+}、Pb^{2+}、Sn^{4+}、As^{3+} 允许量为 0.5 mg；Ca^{2+}、Sb^{3+} 允许 0.05 mg。

（2）H_2SO_4介质中易于分离铅，合适的显色酸度为 0.05 ~ 0.5 mol/L。

10.8.5 镍基合金中稀土元素的分析

镍基合金中稀土的测定主要采用分光光度法，常用的显色剂有偶氮胂类[146,147]、偶氮氯膦类[148~155]以及其他方法[156~159]。下面介绍二溴羧基偶氮胂光度法测定镍基合金中微量铈及铈组稀土。

在 0.3 mol/L 硫酸介质中，铈与二溴羧基偶氮胂形成蓝紫色配合物，于 632 nm 处，光度法测定镍基合金中微量铈及铈组稀土。

10.8.5.1 主要试剂

铈标准溶液（200 μg/mL、1 μg/mL）；二溴羧基偶氮胂（0.8 g/L）。

10.8.5.2 分析步骤

称取 0.1000 g 试样于 150 mL 锥形瓶中，加 15 mL 稀王水，加热溶清后，加 10 mL 硫酸（1 + 1），继续加热至硫酸冒烟，冷却。加入 20 mL 水溶解盐类，冷却至室温，移入 50 mL 容量瓶中，以水定容。

分取 5 mL 试液 a、b 两份于 25 mL 容量瓶中，均加入 5 mL 草酸溶液（50 g/mL）和 6 mL 二溴羧基偶氮胂，b 另加入 1 mL 六偏磷酸钠（200 g/L）作参比液，以水定容，放置 2 ~ 5 min。

在 632 mm 处，3 cm 比色皿，b 作参比测定吸光度，从标准曲线上查出相应的铈浓度。

10.8.5.3 工作曲线绘制

取铈标液 0 μg，1 μg，2 μg，3 μg，4 μg，5 μg 分别置于 25 mL 容量瓶中，各加入 1.6 mL 硫酸（1 +3），10 mL 水，6 mL 二溴羧基偶氮胂溶液，以水定容。同上条件绘制工作曲线。

10.8.5.4 注意事项

镍允许量小于 10 mg，而以六偏磷酸钠褪色作参比时镍的允许量达 20 mg。

10.9 贵金属稀土合金分析

贵金属合金中添加的稀土往往是单一稀土，20 世纪 90 年代大多采用分光光度法测定稀土,有些文献提供的方法,由于已经知道试样中只含某种单一稀土,分析结果就以该单一稀土的含量报出,如果试样含有多种稀土,实际上方法对稀土的显色没有选择性,测定的是稀土总量[160~167]。有些文献提供的方法对于少数几种稀土元素共存时可以选择性地测定单一稀土,如铈、钇、镧[168~171]。多种单一稀土的测定主要采用 ICP - AES 法[172,173]和 ICP - MS 法[174]。

10.9.1 光度法测定铂合金及银合金中的铕或钕

用王水、硝酸分别溶解铂合金、银合金试样,在磷酸介质中,二溴羧基偶氮氯膦与稀土元素生成蓝色络合物,光度法测定铕或钕。

10.9.1.1 主要试剂

铕或钕标准贮存溶液(1 g/L);二溴羧基偶氮氯膦溶液(0.5 g/L);EDTA 溶液(0.01 mol/L)。

10.9.1.2 标准系列溶液配制

在数个 25 mL 容量瓶中,分别加入 0 μg、5 μg、10 μg、20 μg、30 μg、40 μg 铕或钕标准溶液,按分析步骤测定吸光度并绘制工作曲线。

10.9.1.3 分析步骤

铂稀土合金试样分析:称取试样 0.05 g,加入盐酸 18 mL 和硝酸 6 mL,加热至完全溶解,移至红外灯下蒸至近干,用 HCl(1 +1)加热赶硝酸三次,剩约 0.5 mL,用水定容于 25 mL 容量瓶中。移取部分试液于 25 mL 容量瓶中,加入 1.7 mL 磷酸溶液,15 mL 水,2.0 mL EDTA 溶液,摇匀,加 4.0 mL 二溴羧基偶氮氯膦溶液,以水定容。以对应试剂空白作参比,用 1 cm 比色皿,在 650 nm 处测量溶液的吸光度。

银稀土合金试样分析:称取样品 0.05 g,用 HNO_3(1 +1)溶解后,蒸至近干,用水定容于 25 mL 容量瓶中。移收部分试液于 25 mL 容量瓶中,以下同上操作。

10.9.1.4 注意事项

如有其他稀土元素存在同样显色,测得值为稀土总量。

10.9.2 ICP - AES 法测定 Au - RE 合金中的稀土元素

试样用王水溶解,在 10% HCl 介质中,用 ICP - AES 法直接测定稀土元素。

10.9.2.1 主要试剂

稀土单元素标准储备溶液(1 mg/mL,10% HCl)。

10.9.2.2 仪器

岛津 ICPQ - 1012 型 ICP 光谱仪。

分析线波长:La398.852 nm、Tb350.917 nm、Ce418.660 nm、Dy353.170 nm、Pr417.939 nm、Ho345.600 nm、Nd406.108 nm、Er 337.275 nm、Sm442.434 nm、Tm313.126 nm、Eu 402.505 nm、Yb328.937 nm、Gd376.845 nm、Lu 261.542 nm。

10.9.2.3 标准系列配制

根据试样成分配制 10% HCl 介质,稀土浓度为 0.5 μg/mL、10 μg/mL、15 μg/mL。

10.9.2.4 分析步骤

称取 0.05 g、0.1 g、0.25 g 试样分别置于 50 mL 烧杯中,加 4 mL 王水溶解。用盐酸赶硝酸 2 次,低温蒸至近干,用 10% 盐酸分别定容于 100 mL、100 mL、50 mL 容量瓶中(根据含量高低选用不同浓度的试样)。

试样和标准系列同时进行测定并计算结果。

10.9.2.5 注意事项

Ti 对 Er 分析线 337.275 nm、Be 对 Tm 分析线 313.126 nm 有光谱干扰。

10.9.3 电感耦合等离子体质谱法测定高纯金中痕量杂质

采用 Cs 内标补偿基体对待测信号的抑制作用,ICP－MS 法测定稀土等杂质元素。

10.9.3.1 主要试剂

高纯硝酸(由优级纯硝酸制备);王水;二次去离子水;稀土单元素标准贮备液(1 g/L);稀土混合标准液(10 mg/L);Au 基体溶液(2 g/L);Cs 内标溶液(100 mg/L)。

仪器:Perkin－Elmer Sciex Elan5000 型 ICP－MS 仪。

10.9.3.2 测量同位素

Y 89、La139、Ce140、Pr141、Nd142、Sm152、Eu153、Gd158、Tb159、Dy164、Ho165、Er166、Tm169、Yb174、Lu175。

10.9.3.3 标准系列配制

在一组 10 mL 比色管中,各加入 1 mL 王水、10 mg 高纯金、0.5 μgCs 内标,分别加入 0 ~ 1 μg 稀土元素,最后用二次去离子水定容。

10.9.3.4 分析步骤

称取 10 mg 高纯金置于 25 mL 烧杯中,加入 1 ~ 2 mL 王水,低温加热至溶解完全,冷却,移入 10 mL 比色管中,加入 0.5 μgCs 内标溶液后用二次去离子水定容。此溶液金的质量浓度为 1 g/L。在 ICP－MS 仪上直接测定并计算结果。

参考文献

[1] 武汉大学化学系,等. 稀土元素分析化学(上)[M]. 北京:科学出版社,1981.

[2] 武汉大学化学系,等. 稀土元素分析化学(下)[M]. 北京:科学出版社,1983.

[3] 刘文华,江祖成,陆世鑫. 稀土分析(有色金属工业分析丛书第 7 册)[M]. 北京: 冶金工业出版社, 1995.

[4] 倪德桢,庄永泉,王琳,许涛,等. 稀土冶金分析手册[M]. 北京:中国稀土学会《稀土》杂志编辑部出版,1994.

[5] 江祖成,蔡汝秀,张华山. 稀土元素分析化学(第二版)[M]. 北京:科学出版社,2000.

[6] GB/T16477.1—1996,稀土硅铁合金及硅镁铁合金化学分析方法 稀土总量的测定.

[7] 杨炯. 稀土硅铁镁合金中的快速分析[J]. 理化检验,1988,24(4):242 ~ 224.

[8] 吕水源,等. ICP－AES 法测定稀土(镁)硅铁中 La 和 Ce[J]. 冶金分析,2002,22(6):38 ~ 39,42.

[9] 刘毅生,卢先勇,林秀华. 稀土硅铁的 ICP－AES 法分析[J]. 冶金分析,1996,6(1):49 ~ 51.

[10] 刘毅. 络合滴定法测定 Y－Al 合金中稀土总量[J]. 江西冶金,1988,8(4):43 ~ 46.

[11] GB/T 14635.1—1993 稀土金属及其化合物化学分析方法 草酸盐重量法测定稀土总量.

[12] 杨春生,汤永铭. 电导镝定法快速测定硅铁稀土镁中间合金中钙和镁[J]. 冶金分析,1999,19(4):40 ~ 42.

[13] 李虬玉．稀土镁硅铁合金中锰、钛、铝、钙、镁 ICP－AES 分析方法[J]．现代科学仪器，2000(2):34～35.
[14] 阎雁，任英．稀土高氯酸溶液导数光谱的研究及其在分析中的应用：Ⅲ 四阶导数分光光度法直接测定混合稀土氧化物中镱和镝[J]．应用化学，1990,7(1):58～61.
[15] 孟福海，石磊．快速滴定法测定铅稀土中中间合金中稀土总量[J]．冶金分析，2000,20(5):50～51.
[16] 傅锦华，顾明通，等．钢铁及其合金和铁矿中稀土分析方法进展[J]．理化检验，1996,32(5)：301～303,305.
[17] 傅锦华，顾明通，等．国内钢铁及其合金、铁矿石中稀土分析方法进展[J]．冶金分析，1997,17(3)：35～39,24.
[18] 包钢稀土研究院分析室编著．稀土冶金分析手册[M]. 1994:144.
[19] 李善祥，季德霖，等．用 DBC－偶氮胂直接光度法测定球墨铸铁中铈组稀土总量[J]．理化检验，1988,24(1):36～37.
[20] 李维翰，谌文华，等．DBC－偶氮胂双波长增敏法测定球墨铸铁中稀土[J]．冶金分析，1995,15(6)：35～36.
[21] 金伟，陈利荣．二溴羧基偶氮胂光度法测定钢铁中微量铈组稀土[J]．浙江冶金，1993,(4):60～62.
[22] 潘教麦，吴岚．用新显色剂二溴羧偶氮胂光度法测定钢铁中的铈组稀土[J]．化学世界，1990,31(2):71～73.
[23] 殷探月．新显色剂偶氮胂－DBS 直接光度法快速测定铜铁中稀土[J]．痕量分析，1989,5(4)：65～68.
[24] 杨浩义．对甲基二溴偶氮胂直接光度法测定高温合金中微量铈[J]．冶金分析，1991,11(5):40～41.
[25] 包钢稀土研究院分析室编著．稀土冶金分析手册 [M]. 1994:P142.
[26] 叶青，等．新显色剂 AsA－TB 直接光度法测定球墨铸铁中铈组稀土[J]．理化检验，2002,38(2):87～88.
[27] 孙健，等．偶氮氯膦Ⅲ光度法快速测定球铁中残余稀土[J]．山东冶金，2003,25(5):47～48.
[28] 邹本义，等．偶氮氯膦Ⅲ褪色光度法测定球墨铸铁中铈[J]．冶金分析，2002,22(5):47～48.
[29] 潘教麦，杨茹，等．对氯偶氮氯膦光度法测定钢铁中的稀土总量[J]．冶金分析，1989,9(3):5～7.
[30] 包钢稀土研究院分析室编著．稀土冶金分析手册[M]. 1994:146.
[31] 张统．用偶氮氯膦 mk 测定不锈钢中铈组稀土[J]．理化检验，1988,24(5):303～304.
[32] 罗守宽．DBC－偶氮氯膦光度法直接测定高速钢中稀土总量[J]．四川有色金属，1990(3):43～45.
[33] 刘伟业，宗兰会．新试剂二溴羧基偶氮氯膦光度法测定钢铁中稀土总量[J]．山东冶金，1995,17(6):43～46.
[34] 黎心懿，陈怀霞．新显色剂三溴偶氮氯膦直接光度法测定钢铁中 881023[J]．冶金分析，1987,[75]:19～21.
[35] 唐金华，康平．偶氮溴膦－PSN 高速分析球铁及碳钢中稀土总量[J]．理化检验，1990,26(2):77.
[36] 戴豪谦．偶氮溴膦－PSN 与钇的显色反应及钢铁中微量钇的测定[J]．冶金分析，1991,11(6):28～30.
[37] 郭茂兴．偶氮溴膦－PSN 直接测定钢铁中稀土总量[J]．冶金分析，1996,16(6):45～47.
[38] 玄志葵，江崇球．分光光度滴定法测定稀土合金钢中稀土总量[J]．冶金分析，1992,12(6):42～43.
[39] 柳亚雄，等．分光光度法测定钢铁中稀土总量[J]．冶金分析，2001,21(6):64～65.
[40] 章映雪，戴传荣．钢铁中稀土总量测定方法的改进[J]．江苏化工，1988,(2):53～54.

[41] 林开利,周伟良,等. 人工神经网络-分光光度法同时测定合金钢样中的铈组各个稀土元素[J]. 分析科学学报,2001,17(3):193~197.

[42] 谢能泳,朱纯金,等. 直接光度法测定合金钢中稀土总量[J]. 冶金分析,1989,9(2):24~27.

[43] 杨安香,等. 高温合金中微量铈的快速测定[J]. 江西冶金,2003,23(1):32~34.

[44] 余体芳. 稀土三元络合物选择萃取高温合金中微量轻稀土元素的测定[J]. 理化检验,1993,29(3):153~154.

[45] 刘国根,黄宗献,等. 钢中稀土的极谱测定[J]. 稀土,1995,16(6):27~30.

[46] 齐郁,等. X射线荧光法分析钢中的稀土总量[J]. 冶金分析,2002,22(6):20~23.

[47] 毛善成. 原子吸收光谱法测定钢中铈[J]. 冶金分析,2002,22(6):32~33.

[48] 朱惠兰. 钢中固溶稀土的分离与分析方法[J]. 冶金分析,1990,10(1):56~57.

[49] 冶金分析. 情报网推荐方法. 冶金分析,1989,9(2):60~61.

[50] 朱映志. 钢中稀土夹杂物与金属相中稀土测定[J]. 冶金分析,1991,11(1):57~58.

[51] 沈汝美. 高铬钢中固溶稀土的直接测定[J]稀土,1987,(3):11~14.

[52] 张亚杰,尹志辉. 2-乙基己基膦酸单(2-乙基己基)酯树脂色层分离电感耦合等离子体原子发射光谱法测定钢中微量稀土元素[J]. 分析化学,1995,23(11):1288~1291.

[53] 李小杰. ICP-AES法测定钢中微量镧铈镨钕钐[J]. 理化检验,1996,32(6):366~367.

[54] 贺与平,李露明. ICP-AES法测定耐磨合金钢中Ni、Cr、Mo、V和W等十二种元素[J]. 光谱实验室,1998,15(6):51~54.

[55] 王宝如. ICP-AES法测定铁-镍-钴基高温合金中的镧、钇[J]. 光谱实验室,1999,16(2):161~164.

[56] 赵玉珍,吕佩德,等. ICP-AES法同时测定硼铁中的主要成分及杂质[J]. 光谱实验室,1997,14(6):28~31.

[57] 尹志辉,张亚杰. 萃取分离电感耦合等离子体原子发射光谱法测定钢中的微量稀土元素[J]. 分析化学,1995,23(11):1292~1296.

[58] 董利珍,等. ICP-AES法测定普碳钢及低合金钢中铝等23种元素[J]. 冶金分析,2001,21(5):27~30.

[59] 刘瑛,管韵,等. 2,6-二溴-4-甲基偶氮磺分光光度法测定钕铁硼合金中的钕[J]. 化学分析计量,2004,13(1):30~31.

[60] 劳光启,陈利荣. 磁性稀土合金中钐钆镝钕的个别测定:导数吸光光度法[J]. 理化检验,1992,28(6):353~354.

[61] 胡绪英,张帆. 钕铁硼永磁合金的化学分析[J]. 冶金分析,1988,8(3):56.

[62] 肖勇. 氢氟酸分离-EDTA容量法测定钕铁硼废料中稀土总量[J]. 江西有色冶金,2007,21(1):40~41.

[63] 任英,余晓格. 紫外及导数吸收光谱法直接测定钕铁合金中铁和谱、钕[J]. 应用化学,1987,4(5):55~57.

[64] 张敏刚,周俊琪,等. α-Fe/Nd_2Fe_(14)B稀土永磁合金定量相分析[J]. 稀土,1999,20(3):27~30.

[65] 曹金平,等. Sm-Fe-Co-Cu-Zr合金的X射线荧光光谱分析[J]. 稀有金属,1990,14(2):148~150.

[66] 宁德亮. 钕铁硼稀土永磁合金中钕铁钴的X射线荧光光谱分析[J]. 稀有金属,1988,7(4):305~307.

[67] 梁钰理. 钕铁硼永磁材料的X射线荧光光谱测定[J]. 化检验 1990,26(3):157~158,161.

[68] XB/T 610.1—2007 钐钴1:5型永磁合金粉化学分析方法 钐钴量的测定 X-射线荧光光谱法.

[69] 卜赛斌. 钐-钴磁粉中钐、钴含量的X-射线荧光光谱分析[J]. 分析化学,1996,24(7):841~843.

[70] GB/T 15679.1—1995 钐钴永磁合金粉化学分析方法 钐钴量的测定.

[71] 刘永明 . ICP – AES 法测定钕铁硼永磁材料中常量元素[J]. 光谱学与光谱分析,2004,1. 24(10):1257 ~ 1259.

[72] 罗仕莲,邓汉芹,宋耀,等 . ICP – AES 测定钕铁硼永磁合金中主量元素[J]. 光谱实验室,2006,1. 23(5):956 ~ 958.

[73] 叶晓英,等 . ICP – AES 测定铁钕合金中 Ho、Er、Tb、Tm、Cu、Mo、Nb 等 7 种杂质元素[J]. 光谱实验室,2003,20(1):113 ~ 116.

[74] 叶晓英,等 . ICP – AES 法测定铁钕合金中主量元素钕及 7 种杂质元素的研究[J]. 光谱实验室,2001,18(5):697 ~ 699.

[75] 张春昕,王琳 . ICP – AES 法测定稀土永磁材料中镧铈镨钕钐钆硼[J]. 分析试验室,1987,6(7):63.

[76] 赵玉珍,吕佩德 . ICP – AES 法同时测定硼铁中的主要成分及杂质[J]. 分析试验室,1997,1. 16(6):25 ~ 28.

[77] 赵勇,邵芳 . 国产 ICP 扫描光谱仪直接测定钕铁硼中 Nd、B、Co、Dy、Al、Tb、V、Cr 量的研究[J]. 稀土,1993,14(2):36 ~ 38,59.

[78] 李慧,范乐巧 . 钕铁硼磁性材料中 La、Ce、Sm、Pr、Gd 五元素的 ICP – AES 法测定[J]. 光谱实验室,1991,8(4,5):48 ~ 54.

[79] 倪德桢,单道扫描 ICP – AES 法测定稀土钴永磁合金中钐铈铜铁[J]. 理化检验,1987,23(4):227 ~ 228.

[80] 梁永利,张翼明,郝冬梅,郝茜,张雪梅 . ICP – MS 法测定镝铁合金中稀土杂质及非稀土杂质[N]. 科技与经济,2006(17):82 ~ 83.

[81] 包钢稀土研究院分析室编著 . 稀土冶金分析手册[M]. 1994:149.

[82] 李纪辰,李伟 . 对马尿酸偶氮氯膦光度法直接测定 2024 铝合金中的稀土总量[J]. 材料工程,1993(11):37 ~ 39.

[83] 罗斌,张晓梅 . 对马尿酸偶氮氯膦 – 双波长分光光度法测定轻稀土铝合金中的稀土总量[J]. 理化检验(化),1987,23(5):286 ~ 287.

[84] 王正矩,等 . 二溴邻羧基偶氮氯膦光度法测定铝合金中稀土[J]. 江西冶金,2000,20(1):41 ~ 43.

[85] 赵亚秋,李纪辰 . 二溴一氯偶氮氯膦测定 2024 铝合金中稀土总量[J]. 冶金分析,1994,14(5):48 ~ 49.

[86] 罗守宽 . 铝合金中稀土总量的快速测定:DBC – 偶氮氯膦光度法[J]. 四川有色金属,1989,(2):35 ~ 38.

[87] 张自强 . 应用偶氮溴膦 – PSN 快速测定铝基、铜基合金和球墨铸铁中的稀土总量[J]. 分析试验室,1988,7(11):63 ~ 64.

[88] 符连社,任英 . 反相流动注射分光光度法测定稀土铝合金中的稀土总量[J]. 冶金分析,1993,13(6):18 ~ 20.

[89] 张自强 . 应用偶氮溴膦 – PSN 快速测定铝基、铜基合金和球墨铸铁中的稀土总量[J]. 分析化学,1987,7(4):17.

[90] 安宝兰,李波,等 . 铝 – 钕 – 钛三元合金中钕的测定:草酸盐质量法[J]. 稀有金属材料与工程,1999,28(5):333 ~ 335.

[91] 谭红 . ∑RE – XO – CPB 三元络合物在铝合金中稀土总量轻重稀土分组测定[J]. 黑龙江冶金,2000,(2):8 ~ 11.

[92] 张佩勋,石威,等 . 可变误差多面体法测定铝合金中钇及稀土总量[J]. 分析化学,1989,17(3):222 ~ 226.

[93] 邵宏翔,等 . ICP – AES 中基体干扰效应的研究[J]. 岩矿测试,1987,6(3):163 ~ 167.

[94] 胡小云,宋武元 . 金属铝中杂质元素的测定及其基体影响的探讨[J]. 光谱实验室,1995,12(6):15 ~ 19.

[95] 倪德祯 . 纯铝中微量镧铈镨钕的 ICP – AES 法测定[J]. 光谱学与光谱分析,1987,7(1):53 ~ 56.

[96] 刘毅生,江瑞源,刘昭 . 硅铝合金中稀土及非稀土元素的 ICP – AES 法测定[J]. 分析试验室,1989,8(6):56 ~ 57.

[97] 陈浩,等. 铝合金中痕量稀土和非稀土杂质的化学分离富集和 ICP 光谱测定[J]. 稀土,1990,11(2):23 ~ 25.

[98] 王淑英,刘杰. 电感耦合等离子体发射光谱测定稀土铝合金中稀土和非稀土元素[J]. 分析化学,1991,19(10):1165 ~ 1168.

[99] 庞纪士,彭祖寿. 电感耦合等离子体发射光谱测定铝合金中钛、锆、铈、铁、硅[J]. 冶金分析,1992,12(3):30 ~ 32.

[100] 朱海燕,于永栗,等. 电感耦合等离子体发射光谱法测定铝合金中 La,Ce、Pr、Nd、Sm[J]. 光谱学与光谱分析,1992, 12(6): 47 ~ 50.

[101] 包钢稀土研究院分析室编著. 稀土冶金分析手册[M]. 1994:455.

[102] 李跃萍,张元凯,钱攸倩. ICP - AES 法测定稀土铝合金中微量镧、铈、镨、钕[J]. 轻金属,1994(6):51 ~ 53.

[103] 李天瑞,等. ICP - AES 法直接测定纯铝合金的杂质元素[J]. 中国有色金属学报,1994,3(5):43 ~ 46.

[104] 田丹华,李莉. ICP - AES 法测定铝合金中铁、硅、钼、锆、钛、钇的研究[J]. 光谱实验室,2000,17(1):65 ~ 71.

[105] 付执中,金建华,姜凤祥,等. 光电直读光谱仪测定金属铝中稀土元素[J]. 冶金分析,1987,1. 7(1): 73.

[106] 赵凯元,王敢清. 用回归正交设计多波长分光光度法同时测定稀土铝合金中的镧、铈、镨、钕[J]. 冶金分析,1990,10(5):10 ~ 14.

[107] 龙如成,孟平,甘培新. 偶氮氯膦 III 光度法测定稀土镁合金中稀土总量[J]. 冶金分析,2004,24(1):42 ~ 43,47.

[108] 潘教麦,等. 新试剂二溴羧基偶氮氯膦用作镁、稀土的显色剂 II:光度测定稀土的研究和应用[J]. 冶金分析,1993, 13 (4):4 ~ 6.

[109] 许敬英,李平. 分光光度法测定稀土 - 镁合金中的钇[J]. 分析化学,1988,16(1):91.

[110] 宋现来,吴斌才. 偶氮溴膦 - mB 光度法直接测定镁钇合金中的钇[J]. 理化检验,1988,24(4):206 ~ 207.

[111] 许敬英. 偶氮溴膦 - PB 分光光度法测定镁合金中低品位钇[J]. 冶金分析,1990,10(5):19 ~ 21.

[112] 刘毅,张宝勇. 钇镁合金钇和镁的连续测定[J]. 理化检验,1991,27(2):118,120.

[113] 张德平,王鸿燕,等. 稀土镁合金中元素的 ICP 分析方法研究[C]. 第十二届稀土分析报告会论文集. 292 ~ 294.

[114] 王淑英,等. 电感耦合等离子体原子发射光谱测定镁 - 钕合金中稀土和非稀土元素[J]. 分析化学,1993. 21(12):1452 ~ 1454.

[115] 王淑英,等. ICP - 发射光谱测定镁钇合金中稀土和非稀土元素[J]. 分析化学,1988. 16(9):834 ~ 836.

[116] 吴云,等. ICP - AES 法测定稀土镁合金(ZM6)中钕、锌、锆、铁、硅元素[J]. 分析测试技术与仪器,2003,19(4):251 ~ 253.

[117] 赵海,等. ICP - AES 测定镁合金中的 Zn、Mn、Zr、Ce[J]. 光谱实验室,2003,20(2):295 ~ 297.

[118] 张佩勋,任英. 铜试剂沉淀分离 - DBC - 偶氮氯膦光度法测定耐磨铜合金中的痕量分析[J]. 痕量分析,1987,3(1,2):63 ~ 67.

[119] 虞光禹,Ars III - Cu - Phen - Re 体系光度法测定铜合金中稀土元素[J]. 分析试验室,1987,6(7):62 ~ 63.

[120] 张自强. 应用偶氮溴膦 - PSN 快速测定铝基、铜基合金和球墨铸铁中的稀土总量[J]. 分析试验室,1988,7(11):63 ~ 64.

[121] 蓝蔚,李莹. 铜合金中微量稀土总量的快速测定[J]. 冶金分析,1990,10(4);56 ~ 57.

[122] 季德霖．三溴偶氮胂直接光度法测定稀土铜合金中稀土总量[J]．冶金分析,1991,11(6):48.
[123] 洪澜,隋智通,等．铜中稀土固溶量测定方法的研究[J]．稀土,1993,15(6):16～19.
[124] 王致真,陈洁,等．偶氮氯膦 mA 直接光度法测定铜合金中稀土总量[J]．湖南冶金,1995,(4):54～56.
[125] 金伟,杨润兴．铜基合金中微量铈及铈组稀土分光光度测定[J]．分析试验室,1992,11(4):40～41.
[126] 刘继升,邱红莲．ICP－AES 法测定铜稀土合金中的稀土元素[J]．光谱实验室,1999,16(4):415～417.
[127] 王淑英,等．ICP－AES 法测定混合稀土铜金属中 14 种元素[J]．光谱学与光谱分析,1992,12(1):67～71.
[128] 王淑英,刘杰．电感耦合等离子体发射光谱测定稀土铜合金中稀土和非稀土元素[J]．分析化学,1991,19(1):80.
[129] 包钢稀土研究院分析室编著．稀土冶金分析手册[M]. 1994:152.
[130] 包钢稀土研究院分析室编著．稀土冶金分析手册[M]. 1994:150.
[131] 叶世源．PMBP 萃取分离偶氮胂 III 光度法测定锌基稀土合金中镧和铈[J]．理化检验,2001,37(6):281～282.
[132] 沈伟莲,钱俊,等．镀锌中微量铈的快速测定[J]．电镀与精饰,1993,15(2):41～43.
[133] 陆侠,欧忠平,刘芳,等．新显色剂二溴羧基偶氮胂直接光度法测定合金中铈[J]．理化检验,1992,28(2):75～77.
[134] 邓爱玲．均三溴偶氮胂光度法快速测定锌镀液中稀土元素[J]．冶金分析,1996,16(4):42～43.
[135] 游文玮,刘彦,等．四环素体系分光光度法测定电镀液中钐的研究[J]．厦门大学学报(自然)1998,37(5):718～721.
[136] 高胜利,杨秉勤,等．稀土、锌的同时配合滴定法[J]．稀土,1991,12(3):46～48.
[137] 邓爱玲,张玉清．锌镀液中微量稀土元素的测定[J]．理化检验,1997,30 (10):467～471.
[138] GB/T 12689. 11—2004. 锌及锌合金化学分析方法 镧、铈合量的测定 三溴偶氮胂分光光度法,8.
[139] 欧忠平．用二溴硝基偶氮氯膦直接分光光度法测定纯锌中的铈[J]．南京师大学报(自然科学版),1991,14(2):50～ 54.
[140] 邓良平．ICP－AES 法测定 RZnAl5Re 合金中的镧、铈、铁、铝、铅、镉[J]．分析试验室,2000, 19(3):67～70.
[141] 余丽萍,何为．ICP－AES 法测定合金中的稀土杂质[J]．江西冶金,1998,18(5):26～28.
[142] GB/T 12689. 12—2004 锌及锌合金化学分析方法 镧、铈合量的测定 三溴偶氮胂分光光度法,8～12.
[143] 赖志辉,马玉英．锌铝稀土合金中 La、Ce 的光谱分析[J]．湖南有色金属,1993,9(1):47.
[144] 戴凤英．分光光度法测定焊锡中痕量稀土元素[J]．冶金分析,1999,19(4):45～46.
[145] 安宝兰．铜－锡合金中微量铈的分光光度测定[J]．稀有金属材料与工程,1990(2):60～63.
[146] 陈利荣,金伟．二溴羧基偶氮胂直接光度法测定镍基合金中微量铈及铈组稀土[J]．上海钢研,1995(2):50～53.
[147] 金伟,陈利荣．二溴羧基偶氮胂直接光度法测定镍基合金中微量铈组稀土[J]．有色金属与稀土应用,1995,(1):27～29.
[148] 沈伟莲,等．镀锌中微量铈的快速测定[J]．电镀与环保,1993,13(3):24.
[149] 凌岱彬．偶氮氯膦－锰直接测定镍硅中的稀土元素[J]．理化检验,1989,25(1):58～59.
[150] 欧忠平,潘教麦,等．新显色剂二溴硝基偶氮氯膦的研究和应用 I:光度法直接测定镍基合金中的铈组稀土[J]．分析化学,1989,17(3):239～241.

[151] 何艺,蔡洁琪,等. 二溴硝基偶氮氯膦与铈的反应直接测定镍铬铈合金[J]. 理化检验,1993,29(5):306~307.

[152] 黄留庆,孙慧芳,连航. 用二溴硝基偶氮氯磷光度法直接测定铜合金中稀土的方法[J]. 电工合金文集,1990(4):33~34.

[153] 王文智,吴建平,等. 用对硝基偶氮氯膦光度法测定镍基合金中钇[J]. 分析化学,1983,11(12):913.

[154] 李虹,徐钟隽,等. 用对乙酰基偶氮氯膦(CPApA)-胶束掩蔽-等吸收点光度法测定镍基合金中铈组稀土和总量[J]. 华东师范大学学报,1995,2:55~59.

[155] 陈婉如,潘教麦,等. 对氧偶氮氯膦分光光度法测定钴基合金中微量钇[J]. 冶金分析,1989,9(4):33~36.

[156] 郑静,潘教麦,等. 偏最小二乘分光光度法同时测定镍基合金中的铈和钇[J]. 分析试验室,1998,17(5):25~27.

[157] 佘体芳. 稀土-二安替比林甲烷-I—CHCI3 选择性萃取铁镍合金中稀土元素及其测定[J]. 分析试验室,1992,11(5):48~50.

[158] 刘瑞贤,等. 镍基合金镀层中镧的测定[J]. 电镀与精饰,1993,15(6):31.

[159] 黄炎琳,王尊本. 镍铁合金电镀液中微量钐的二阶导数分光光度法测定[J]. 厦门大学学报,1997,36(3):404~407.

[160] 宋焕云,吴瑞林. 贵金属合金中铈的 DBC-偶氮氯膦光度法[J]. 冶金分析,2001,21(1):44~45.

[161] 金娅秋,吴瑞林. 光度法测定铂合金和银合金中的铕和钕[J]. 分析试验室,1999,18(4):42~45.

[162] 宋焕云,吴瑞林. 偶氮氯膦-DBC 光度法测定银合金中镨[J]. 理化检验,2001,37(2):68~69,72.

[163] 陈学源. 银铈合金中铈的测定[J]. 稀有金属材料与工程,1989,(1):67~70.

[164] 吴瑞林,朱利亚. 新试剂 DBS 偶氮胂与稀土元素显色反应的研究:银合金中铈或镧的测定[J]. 痕量分析,1987,3(1.2):72~75.

[165] 宋焕云,吴瑞林. 贵金属合金中铈的 DBC-偶氮氯膦光度法[J]. 稀土,2000,21(2):34~36.

[166] 朱利亚,吴瑞林. DBC-偶氮胂光度法测定银合金中钇、钆或镧[J]. 冶金分析,1988,8(4):51~52.

[167] 吴瑞林,朱利亚. DBS-偶氮胂与稀土元素显色反应的研究 II:银合金中铈的测定[J]. 理化检验,1988,24(1):38~39.

[168] 吴瑞林,朱利亚. DBS-偶氮胂与稀土显色反应研究 I:银试样中镧、钇同时测定[J]. 稀土,1988,9(4):46~49.

[169] 朱利亚,吴瑞林. 银合金中镧、铈的同时测定[J]. 贵金属,1990,11(I):29~33.

[170] 吴瑞林,朱利亚. 某些稀土元素共存下银合金中铈的光度测定[J]. 冶金分析,1990,10(5):17~19.

[171] 吴瑞林,洪英. 新试剂 DBS-偶氮氯膦光度法测定铂含金及银、铜合金中稀土元素[J]. 稀土,1990,11(4):45~47.

[172] 徐光,冯忠. ICP-AES 法对 Pr-Pd-Rh-RE 合金中各组分的同时测定[J]. 贵金属,1995,16(2):51~54.

[173] 邱红莲,刘继升. ICP-AES 法测定 Au-RE 合金中的稀土元素[J]. 贵金属,1999,20(4):38.

[174] 刘湘生,张安定,刘玉龙,鲁毅强,等. 电感耦合等离子体质谱法测定高纯金中痕量杂质[J]. 分析化学,2000,128(3):322~325.

(刘文华)